执业资格考试丛书

一级注册结构工程师
基础考试教程

（上册）

荣彬　姜南　主编

中国建筑工业出版社

图书在版编目（CIP）数据

一级注册结构工程师基础考试教程：上下册/荣彬，姜南主编．—北京：中国建筑工业出版社，2020.2
（执业资格考试丛书）
ISBN 978-7-112-24625-0

Ⅰ.①一… Ⅱ.①荣…②姜… Ⅲ.①建筑结构-资格考试-自学参考资料 Ⅳ.①TU3

中国版本图书馆CIP数据核字(2020)第011083号

本书按照"一级注册结构工程师基础考试大纲"编写，全书分为上、下两册及附赠的模拟试题，上册包括数学、物理学、化学、理论力学、材料力学、流体力学、电气与信息、法律法规、工程经济的复习知识点及习题；下册包括土木工程材料、工程测量、职业法规、土木工程施工与管理、结构设计、结构力学、结构试验、土力学与地基基础复习知识点及习题；附赠的三套模拟试题（上下午卷）为近三年一级注册结构工程师基础考试真题。

本书适用于一级注册结构工程师基础考试的考生使用。

* * *

责任编辑：李天虹 李 明 赵云波
责任校对：党 蕾

执业资格考试丛书
一级注册结构工程师基础考试教程
荣彬 姜南 主编
*
中国建筑工业出版社出版、发行（北京海淀三里河路9号）
各地新华书店、建筑书店经销
北京红光制版公司制版
北京市密东印刷有限公司印刷
*

开本：787×1092毫米 1/16 印张：90¾ 字数：2204千字
2020年3月第一版 2020年3月第一次印刷
定价：**198.00元**（上、下册）(附赠：模拟试题)
ISBN 978-7-112-24625-0
(35288)

版权所有 翻印必究
如有印装质量问题，可寄本社退换
（邮政编码 100037）

前　言

本书按照"一级注册结构工程师基础考试大纲"编写，全书分为上、下两册及附赠的模拟试题，上册包括数学、物理学、化学、理论力学、材料力学、流体力学、电气与信息、法律法规、工程经济的复习知识点及习题；下册包括土木工程材料、工程测量、职业法规、土木工程施工与管理、结构设计、结构力学、结构试验、土力学与地基基础复习知识点及习题；附赠的三套模拟试题（上下午卷）为近三年一级注册结构工程师基础考试真题。

目前，一级注册结构工程师基础考试大纲的相关图书主要为三类形式。复习教程类：以详细讲解考试的知识点为主要内容；习题解析类：以复习题的解答为主要内容，通过大量的复习题练习，达到应试要求；模拟试题类：以模拟考试试题的方式将复习题组合，检验复习效果。

本书力求将三类形式融为一体，主体部分按"一级注册结构工程师基础考试大纲"的要求，分章分节讲解知识点，知识点中融入例题讲解，每节知识点后为本节习题及详细解答，在做题中查漏补缺，巩固复习效果。附赠的模拟试卷及详细解答，让考生模拟考试状态检验复习成效。

本书在撰写过程中注重覆盖基本考点，突出近年来的高频考点，讲解内容精炼且图文并茂。本书的特色在于：

1. 每章开篇为考试大纲的对应要求，知识点讲解紧扣考试大纲要求并力求简洁，避免大篇幅内容的枯燥堆砌，并将易考知识点用阴影重点标注。

2. 分析历年真题，每一节前设"考情分析"版块，梳理本节知识点近三年的考试频次。

3. 例题选取需有针对性地覆盖知识点内容，让考生在做题中掌握知识点，并能做到举一反三。

4. 附赠近三年一级注册结构工程师基础考试真题并给出详细和准确的解答。

5. 选取典型例题，录制讲解微课，读者可通过扫描二维码观看讲解视频和解题步骤。

本书第1章由荣彬、周扬锋编写，第2章由郑雪晶、孙启航编写，第3章由姜南、刘辉编写，第4章由郑雪晶、胡方舒编写，第5章由张若瑜、陈六合编写，第6章由孙启航、郑雪晶编写，第7章由胡方舒、郑雪晶编写，第8章由郭宇、张质文编写，第9章由荣彬、胡耀伟编写，第10章由徐敏、荣彬编写，第11章由刘辉、姜南编写，第12章由陈六合、张若瑜编写，第13章由荣彬、郭宇编写，第14章由孙建英、荣彬编写，第15章由荣彬、徐敏编写，第16章由周扬锋、张质文编写，第17章由胡耀伟、荣彬编写。本书的编写过程中，参考和借鉴了相关文献的内容，在此对相关文献的作者们表示感谢！同时，本书的出版得到了中国建筑工业出版社的大力支持，在此表示感谢！

希望本书的出版能为一级注册结构工程师基础考试考生提供帮助。鉴于笔者水平和经验有限，书中难免有疏漏和不足之处，真诚欢迎广大读者提出宝贵的意见和建议，联系邮箱 civilfinal@163.com，以利于本书的不断完善。

2019年12月

目　录

（上　册）

第1章　数学 1
　1.1　空间解析几何 2
　1.2　微分学 12
　1.3　积分学 36
　1.4　无穷级数 56
　1.5　常微分方程 64
　1.6　概率与数理统计 69
　1.7　线性代数 81
第2章　物理学 96
　2.1　热学 96
　2.2　波动学 117
　2.3　光学 127
第3章　化学 144
　3.1　物质的结构和物质状态 144
　3.2　溶液 155
　3.3　化学反应速率及化学平衡 166
　3.4　氧化还原反应与电化学 177
　3.5　有机化学 187
第4章　理论力学 206
　4.1　静力学 206
　4.2　运动学 227
　4.3　动力学 242
第5章　材料力学 272
　5.1　材料在拉伸压缩时的力学性能 272
　5.2　拉伸和压缩 274
　5.3　剪切和挤压 281
　5.4　扭转 285
　5.5　截面几何性质 293
　5.6　弯曲 302
　5.7　应力状态 320
　5.8　组合变形 329

4

| 5.9 | 压杆稳定 | 338 |

第6章 流体力学 345
6.1	流体的主要物性与流体静力学	345
6.2	流体动力学基础	360
6.3	流动阻力和能量损失	373
6.4	孔口管嘴管道流动	381
6.5	明渠恒定流	388
6.6	渗流、井和集水廊道	393
6.7	相似原理和量纲分析	400

第7章 电气与信息 408
7.1	电磁学概念	409
7.2	电路知识	413
7.3	电动机与变压器	435
7.4	信号与信息	441
7.5	模拟电子技术	451
7.6	数字电子技术	465
7.7	计算机系统	477
7.8	信息表示	483
7.9	常用操作系统	488
7.10	计算机与网络	492

第8章 法律法规 501
8.1	中华人民共和国建筑法	502
8.2	中华人民共和国安全生产法	514
8.3	中华人民共和国招标投标法	526
8.4	中华人民共和国合同法	536
8.5	中华人民共和国行政许可法	549
8.6	中华人民共和国节约能源法	561
8.7	中华人民共和国环境保护法	570
8.8	建设工程勘察设计管理条例	579
8.9	建设工程质量管理条例	585
8.10	建设工程安全生产管理条例	598

第9章 工程经济 609
9.1	资金的时间价值	610
9.2	财务效益与费用估算	616
9.3	资金来源与融资方案	624
9.4	财务分析	630
9.5	经济费用效益分析	638
9.6	不确定性分析	643
9.7	方案经济比选	648

| 9.8 | 改扩建项目的经济评价特点 | 652 |
| 9.9 | 价值工程 | 653 |

（下　册）

第10章　土木工程材料 …………………………………………………… 661
10.1	材料科学与物质结构基础知识	661
10.2	无机胶凝材料	669
10.3	混凝土	680
10.4	沥青及改性沥青	702
10.5	建筑钢材	709
10.6	木材、石材和黏土	719

第11章　工程测量 ………………………………………………………… 731
11.1	测量基本概念	731
11.2	水准测量	738
11.3	角度测量	745
11.4	距离测量	752
11.5	测量误差基本知识	757
11.6	控制测量	762
11.7	地形图测绘	772
11.8	地形图应用	781
11.9	建筑工程测量	784

第12章　职业法规 ………………………………………………………… 793
| 12.1 | 法律法规 | 793 |
| 12.2 | 职业道德 | 804 |

第13章　土木工程施工与管理 …………………………………………… 815
13.1	土石方工程与桩基础工程	815
13.2	钢筋混凝土工程与预应力混凝土工程	836
13.3	结构吊装工程与砌体工程	852
13.4	施工组织设计	862
13.5	流水施工原理	868
13.6	网络计划技术	878
13.7	施工管理	888

第14章　结构设计 ………………………………………………………… 897
14.1	钢筋混凝土结构部分	898
14.2	钢结构部分	994
14.3	砌体结构部分	1042

第15章　结构力学 ………………………………………………………… 1077
| 15.1 | 平面体系的几何组成 | 1077 |
| 15.2 | 静定结构受力分析与特性 | 1090 |

15.3 静定结构的位移 ·· 1107
15.4 超静定结构受力分析及特性 ··· 1117
15.5 影响线及应用 ··· 1132
15.6 结构动力特性与动力反应 ··· 1138

第16章 结构试验 ·· 1147
16.1 试件设计、荷载设计、观测设计与材料试验 ·· 1147
16.2 结构试验的加载设备和量测仪器 ·· 1157
16.3 结构静力（单调）加载试验 ·· 1169
16.4 结构低周反复加载试验 ·· 1177
16.5 结构动力试验 ·· 1183
16.6 模型试验 ·· 1187
16.7 结构试验的非破损技术 ·· 1193

第17章 土力学与地基基础 ··· 1203
17.1 土的物理性质和工程分类 ··· 1203
17.2 土中应力 ·· 1211
17.3 地基变形 ·· 1216
17.4 土的抗剪强度 ·· 1230
17.5 土压力、地基承载力和边坡稳定 ·· 1237
17.6 地基勘察 ·· 1253
17.7 浅基础 ··· 1258
17.8 深基础 ··· 1275
17.9 地基处理 ·· 1282

附赠：模拟试题

第1章 数　　学

考试大纲：
1.1　空间解析几何
向量的线性运算；向量的数量积、向量积及混合积；两向量垂直、平行的条件；直线方程；平面方程；平面与平面、直线与直线、平面与直线之间的位置关系；点到平面、直线的距离；球面、母线平行于坐标轴的柱面、旋转轴为坐标轴的旋转曲面的方程；常用的二次曲面方程；空间曲线在坐标面上的投影曲线方程。

1.2　微分学
函数的有界性、单调性、周期性和奇偶性；数列极限与函数极限的定义及其性质；无穷小和无穷大的概念及其关系；无穷小的性质及无穷小的比较极限的四则运算；函数连续的概念；函数间断点及其类型；导数与微分的概念；导数的几何意义和物理意义；平面曲线的切线和法线；导数和微分的四则运算；高阶导数；微分中值定理；洛必达法则；函数的切线及法平面和切平面及切法线；函数单调性的判别；函数的极值；函数曲线的凹凸性、拐点；偏导数与全微分的概念；二阶偏导数；多元函数的极值和条件极值；多元函数的最大、最小值及其简单应用。

1.3　积分学
原函数与不定积分的概念；不定积分的基本性质；基本积分公式；定积分的基本概念和性质（包括定积分中值定理）；积分上限的函数及其导数；牛顿—莱布尼兹公式；不定积分和定积分的换元积分法与分部积分法；有理函数、三角函数的有理式和简单无理函数的积分；广义积分；二重积分与三重积分的概念、性质、计算和应用；两类曲线积分的概念、性质和计算；求平面图形的面积、平面曲线的弧长和旋转体的体积。

1.4　无穷级数
数项级数的敛散性概念；收敛级数的和；级数的基本性质与级数收敛的必要条件；几何级数与 p 级数及其收敛性；正项级数敛散性的判别法；任意项级数的绝对收敛与条件收敛；幂级数及其收敛半径、收敛区间和收敛域；幂级数的和函数；函数的泰勒级数展开；函数的傅里叶系数与傅里叶级数。

1.5　常微分方程
常微分方程的基本概念；变量可分离的微分方程；齐次微分方程；一阶线性微分方程；全微分方程；可降阶的高阶微分方程；线性微分方程解的性质及解的结构定理；二阶常系数齐次线性微分方程。

1.6　概率与数理统计
随机事件与样本空间；事件的关系与运算；概率的基本性质；古典型概率；条件概率；概率的基本公式；事件的独立性；独立重复试验；随机变量；随机变量的分布函数离

散型随机变量的概率分布；连续型随机变量的概率密度；常见随机变量的分布；随机变量的数学期望、方差、标准差及其性质；随机变量函数的数学期望；矩、协方差、相关系数及其性质；总体；个性；简单随机样本；统计量；样本均值；样本方差和样本矩；χ^2 分布；t 分布；F 分布；点估计的概念；估计量与估计值；矩估计法；最大似然估计法；估计量的评选标准；区间估计的概念；单个正态总体的均值和方差的区间估计；两个正态总体的均值差和方差比的区间估计；显著性检验；单个正态总体的均值和方差的假设检验。

1.7 线性代数

行列式的性质及计算；行列式按行展开定理的运用；矩阵的运算；逆矩阵的概念、性质及求法；矩阵的初等变换和初等矩阵；矩阵的秩；等价矩阵的概念和性质；向量的线性表示；向量的线性相关和线性无关；线性方程组有解的判定；线性方程组求解；矩阵的特征值和特征向量的概念与性质；相似矩阵的概念和性质；矩阵的相似对角化；二次型及其矩阵表示；合同矩阵的概念和性质；二次型的秩；惯性定理；二次型及其矩阵的正定性。

本章试题配置：24 题

1.1 空间解析几何

高频考点梳理

知识点	向量	旋转曲面方程，直线方程	坐标平面方程
近三年考核频次	3	2	1

1.1.1 向量代数

掌握向量的概念、向量的加减法、向量与数量的乘积、向量的坐标、向量的数量积与向量积。

1. 向量的加减法运算规律
$$a+b=b+a;(a+b)+c=a+(b+c);$$

向量与数量的乘积运算规律
$$\lambda(\mu a)=\mu(\lambda a)=(\lambda\mu)a;(\lambda+\mu)a=\lambda a+\mu a;$$
$$\lambda(a+b)=\lambda a+\lambda b$$

2. 向量的坐标

向量 $a=\overrightarrow{M_1M_2}$ 是以 $M_1(x_1,y_1,z_1)$ 为起点，$M_2(x_2,y_2,z_2)$ 为终点的向量，则向量 a 用坐标表达式为：
$$a=\overrightarrow{M_1M_2}=(x_2-x_1)i+(y_2-y_1)j+(z_2-z_1)k$$
或 $a=(x_2-x_1,y_2-y_1,z_2-z_1)$

向量的模

设非零向量 $a=(a_x,a_y,a_z)$，a 与三条坐标轴正向的夹角分别为 α、β、γ，即方向角，则有：

$$|a| = \sqrt{a_x^2 + a_y^2 + a_z^2}$$

$$\cos\alpha = \frac{a_x}{\sqrt{a_x^2 + a_y^2 + a_z^2}} = \frac{a_x}{|a|} ; \cos\beta = \frac{a_y}{\sqrt{a_x^2 + a_y^2 + a_z^2}} = \frac{a_y}{|a|}$$

$$\cos\gamma = \frac{a_z}{\sqrt{a_x^2 + a_y^2 + a_z^2}} = \frac{a_z}{|a|}$$

$$\cos^2\alpha + \cos^2\beta + \cos^2\gamma = 1$$

向量在轴上的投影，向量 a 在轴 u 上的投影（记作 $prj_u a$）等于向量 a 的模乘以轴与向量 a 的夹角 φ 的余弦，即：

$$prj_u a = |a|\cos\varphi$$

有限个向量的和在轴上的投影等于该轴上的投影的和，即：

$$prj_u(a_1 + a_2 + \cdots + a_n) = prj_u a_1 + prj_u a_2 + \cdots + prj_u a_n$$

3. 向量的数量积与向量积

设向量 $a = (a_x, a_y, a_z)$，$b = (b_x, b_y, b_z)$，向量 a 与 b 的夹角为 $\theta(0 \leqslant \theta \leqslant \pi)$，则有：

$$a \cdot b = |a||b|\cos\theta = |a|prj_a b = |b|prj_b a$$

$$a \cdot b = a_x b_x + a_y b_y + a_z b_z$$

$$a \times b = (a_y b_z - a_z b_y, a_z b_x - a_x b_z, a_x b_y - a_y b_x)$$

$$a \times b = \begin{vmatrix} i & j & k \\ a_x & a_y & a_z \\ b_x & b_y & b_z \end{vmatrix}$$

$$|a \times b| = |a||b|\sin\theta$$

【例1.1-1】若向量 α, β 满足 $|\alpha| = 2, |\beta| = \sqrt{2}$，且 $\alpha \cdot \beta = 2$，则 $|\alpha \times \beta|$ 等于（　　）。

A. 2　　　　　　B. $2\sqrt{2}$　　　　　　C. $2 + \sqrt{2}$　　　　　　D. 不能确定

解析：设两向量 $\alpha、\beta$ 的夹角为 θ，根据 $\alpha \cdot \beta = 2$，解得：

$$\cos\theta = \frac{\alpha \cdot \beta}{|\alpha||\beta|} = \frac{\sqrt{2}}{2}$$

故 $\sin\theta = \frac{\sqrt{2}}{2}$

$$|\alpha \times \beta| = |\alpha||\beta|\sin\theta = 2。$$

$$\begin{cases} x = x(t) \\ y = y(t) \\ z = z(t) \end{cases}$$

该方程组称为空间曲线 C 的参数方程。故选 A。

【例1.1-2】设有直线 $L_1: x+1 = \dfrac{y+5}{-2} = z+8$ 与 $L_2: \begin{cases} x - y = 6 \\ 2y + z = 3 \end{cases}$，则 L_1 与 L_2 的夹角为（　　）。

A. $\dfrac{\pi}{6}$　　　　　　B. $\dfrac{\pi}{4}$　　　　　　C. $\dfrac{\pi}{3}$　　　　　　D. $\dfrac{\pi}{2}$

解析：$a_1 = \{1, 2, -1\}$

$$a_2 = \{1, -1, 0\} \times \{0, 2, 1\}$$
$$= \{-1, -1, 2\}$$

所以 $\cos\langle a_1, a_2\rangle = \dfrac{a_1 \cdot a_2}{|a_1||a_2|}$

$$= \dfrac{1}{2}$$

故 $\langle a_1, a_2\rangle = \dfrac{\pi}{3}$ 故选 C。

【例 1.1-3】已知两直线 $\dfrac{x}{2} = \dfrac{y+2}{-2} = \dfrac{1-z}{-1}$ 和 $\dfrac{x-1}{4} = \dfrac{y-3}{M} = \dfrac{z+1}{-2}$ 相互垂直。则 $M=(\qquad)$。

A. 2 　　　　　B. 5 　　　　　C. -2 　　　　　D. -4

解析：$a_1 = \{2, -2, 1\}$，$a_2 = \{4, M, -2\}$

由 $a_1 \cdot a_2 = 0$

得 $M=2$ 故选 A。

【例 1.1-4】设 $\boldsymbol{\alpha}=-\boldsymbol{i}+3\boldsymbol{j}+\boldsymbol{k}$，$\boldsymbol{\beta}=\boldsymbol{i}+\boldsymbol{j}+t\boldsymbol{k}$，已知 $\boldsymbol{\alpha}\times\boldsymbol{\beta}=-4\boldsymbol{i}-4\boldsymbol{k}$，则 t 等于($\qquad$)。

A. -2 　　　　　B. 0 　　　　　C. -1 　　　　　D. 1

解析：依题意可以得到：

$$\boldsymbol{\alpha}\times\boldsymbol{\beta} = \begin{vmatrix} \boldsymbol{i} & \boldsymbol{j} & \boldsymbol{k} \\ -1 & 3 & 1 \\ 1 & 1 & t \end{vmatrix} = (3t-1)\boldsymbol{i} + (t+1)\boldsymbol{j} - 4\boldsymbol{k}$$

根据对应分量的系数相等可知，$3t-1=-4$，解得 $t=-1$。故选 C。

【例 1.1-5】若向量 $\boldsymbol{\alpha}$，$\boldsymbol{\beta}$ 满足 $|\boldsymbol{\alpha}|=4$，$|\boldsymbol{\beta}|=2$，若 $|\boldsymbol{\alpha}\times\boldsymbol{\beta}|=8$，则 $\boldsymbol{\alpha}\cdot\boldsymbol{\beta}=(\qquad)$。

A. 8 　　　　　B. -8 　　　　　C. 4 　　　　　D. 0

解析：设向量 $\boldsymbol{\alpha}$，$\boldsymbol{\beta}$ 的夹角为 θ，由 $|\boldsymbol{\alpha}\times\boldsymbol{\beta}|=|\boldsymbol{\alpha}||\boldsymbol{\beta}|\sin\theta=8$，可知 $\sin\theta=1$。故 $\theta=90°$，$\boldsymbol{\alpha}\cdot\boldsymbol{\beta}=|\boldsymbol{\alpha}||\boldsymbol{\beta}|\cos\theta=0$。故选 D。

【例 1.1-6】设 $\boldsymbol{\alpha}=\boldsymbol{i}+2\boldsymbol{j}+3\boldsymbol{k}$，$\boldsymbol{\beta}=\boldsymbol{i}-3\boldsymbol{j}-2\boldsymbol{k}$，与 $\boldsymbol{\alpha}$，$\boldsymbol{\beta}$ 都垂直的单位向量为($\qquad$)。

A. $\pm(\boldsymbol{i}+\boldsymbol{j}-\boldsymbol{k})$ 　　　　　B. $\pm\dfrac{1}{\sqrt{3}}(\boldsymbol{i}-\boldsymbol{j}+\boldsymbol{k})$

C. $\pm\dfrac{1}{\sqrt{3}}(-\boldsymbol{i}+\boldsymbol{j}+\boldsymbol{k})$ 　　　　　D. $\pm\dfrac{1}{\sqrt{3}}(\boldsymbol{i}+\boldsymbol{j}-\boldsymbol{k})$

解析：根据题意，先将向量表示为：$\boldsymbol{\alpha}=(1, 2, 3)$，$\boldsymbol{\beta}=(1, -3, -2)$；设与它们垂直的单位向量为 $\boldsymbol{\gamma}=(x, y, z)$，单位向量的模为 1，则有

$$\begin{cases} x+2y+3z=0 \\ x-3y-2z=0 \\ x^2+y^2+z^2=1 \end{cases}$$

【例1.1-6】

解得：
$$\begin{cases} x = \dfrac{1}{\sqrt{3}} \\ y = \dfrac{1}{\sqrt{3}} \\ z = -\dfrac{1}{\sqrt{3}} \end{cases}$$

或

$$\begin{cases} x = -\dfrac{1}{\sqrt{3}} \\ y = -\dfrac{1}{\sqrt{3}} \\ z = \dfrac{1}{\sqrt{3}} \end{cases}$$

表示成单位向量为：
$$\pm \dfrac{1}{\sqrt{3}}(\boldsymbol{i} + \boldsymbol{j} - \boldsymbol{k})$$

故选 D。

1.1.2 平面

掌握平面的点法式方程、平面的一般方程、平面的截距式方程、两平面的夹角、空间一点到某平面的距离。

1. 平面的点法式方程

设 $M_0(x_0, y_0, z_0)$ 是平面 π 上的任一点，平面 π 的法向量 $\boldsymbol{n} = (A, B, C)$，则平面的方程为：
$$A(x - x_0) + B(y - y_0) + C(z - z_0) = 0$$

2. 平面的一般方程

设平面 π 的法向量 $\boldsymbol{n} = (A, B, C)$，则平面 π 的一般方程为：
$$Ax + By + Cz + D = 0$$

3. 平面的截距式方程

设平面 π 与 x，y，z 轴分别交于 $P(a, 0, 0)$、$Q(0, b, 0)$、$R(0, 0, c)$ 三点其中 ($a \neq 0, b \neq 0, c \neq 0$)，则平面 π 的截距式方程为：
$$\dfrac{x}{a} + \dfrac{y}{b} + \dfrac{z}{c} = 1$$

4. 两平面的夹角

平面 $\pi_1: A_1x + B_1y + C_1z + D_1 = 0$ 和平面 $\pi_2: A_2x + B_2y + C_2z + D_2 = 0$，则平面 π_1 和 π_2 的夹角 θ（通常指锐角）为：
$$\cos\theta = \dfrac{|\boldsymbol{n}_1 \cdot \boldsymbol{n}_2|}{|\boldsymbol{n}_1||\boldsymbol{n}_2|} = \dfrac{|A_1A_2 + B_1B_2 + C_1C_2|}{\sqrt{A_1^2 + B_1^2 + C_1^2}\sqrt{A_2^2 + B_2^2 + C_2^2}}$$

π_1 与 π_2 互相垂直相当于 $A_1A_2 + B_1B_2 + C_1C_2 = 0$

π_1 与 π_2 互相平行相当于 $\dfrac{A_1}{A_2} = \dfrac{B_1}{B_2} = \dfrac{C_1}{C_2}$

5. 点到平面的距离

空间一点 $P_0(x_0, y_0, z_0)$ 到平面 $Ax + By + Cz + D = 0$ 的距离 d 为：

$$d = \dfrac{|Ax_0 + By_0 + Cz_0 + D|}{\sqrt{A^2 + B^2 + C^2}}$$

【例 1.1-7】已知直线 $L: x/3 = (y+1)/-1 = (z-3)/2$，平面 $\pi: -2x + 2y + z - 1 = 0$，则（　　）。

A. L 与 π 垂直相交　　　　　　　　B. L 平行于 π 但 L 不在 π 上

C. L 与 π 非垂直相交　　　　　　　D. L 在 π 上

解析：直线 L 的方向向量为 $\pm(3, -1, 2)$，平面 π 的法向量为 $(-2, 2, 1)$，$3/(-2) \neq -1/2 \neq 2/1$，故直线 L 与平面 π 不垂直；又 $3 \times (-2) + (-1) \times 2 + 2 \times 1 \neq 0$，所以直线 L 与平面 π 不平行。则直线 L 与平面 π 非垂直相交。直线 L 与平面 π 的交点为 $(0, -1, 3)$。故选 C。

1.1.3　直线

掌握空间直线的一般方程、空间直线的对称式方程与参数方程、两直线的夹角、直线与平面的夹角。

1. 空间直线的一般方程

设空间直线 L 是平面 $\pi_1: A_1x + B_1y + C_1z + D_1 = 0$ 和平面 $\pi_2: A_2x + B_2y + C_2z + D_2 = 0$ 的交线，则 L 的一般方程为：

$$\begin{cases} A_1x + B_1y + C_1z + D_1 = 0 \\ A_2x + B_2y + C_2z + D_2 = 0 \end{cases}$$

2. 空间直线的对称式方程与参数方程

设空间直线 L 过点 $M_0(x_0, y_0, z_0)$，它的一方向向量 $\boldsymbol{S} = (m, n, p)$，则直线 L 的对称式方程为：

$$\dfrac{x - x_0}{m} = \dfrac{y - y_0}{n} = \dfrac{z - z_0}{p}$$

直线 L 上点的坐标 x, y, z 用另一变量 t（称为参数）的函数来表达，如设：

$$\dfrac{x - x_0}{m} = \dfrac{y - y_0}{n} = \dfrac{z - z_0}{p} = t$$

则

$$\begin{cases} x = x_0 + mt \\ y = y_0 + nt \\ z = z_0 + pt \end{cases}$$

上述方程组称为直线 L 的参数方程。

两直线的夹角

设有直线 $L_1: \dfrac{x - x_1}{m_1} = \dfrac{y - y_1}{n_1} = \dfrac{z - z_1}{p_1}$ 和直线 $L_2: \dfrac{x - x_2}{m_2} = \dfrac{y - y_2}{n_2} = \dfrac{z - z_2}{p_2}$，则直线 L_1 和 L_2 的夹角 φ（通常指锐角）为：$\cos\varphi = \dfrac{|\boldsymbol{s}_1 \cdot \boldsymbol{s}_2|}{|\boldsymbol{s}_1||\boldsymbol{s}_2|} = \dfrac{|m_1m_2 + n_1n_2 + p_1p_2|}{\sqrt{m_1^2 + n_1^2 + p_1^2}\sqrt{m_2^2 + n_2^2 + p_2^2}}$

直线 L_1 和 L_2 互相垂直相当于 $m_1m_2 + n_1n_2 + p_1p_2 = 0$

直线 L_1 与 L_2 互相平行相当于 $\dfrac{m_1}{m_2}=\dfrac{n_1}{n_2}=\dfrac{p_1}{p_2}$

3. 直线与平面的夹角

设有直线 $L: \dfrac{x-x_0}{m}=\dfrac{y-y_0}{n}=\dfrac{z-z_0}{p}$ 和平面 $\pi: Ax+By+Cz+D=0$，则直线 L 与平面 π 的夹角 φ（通常为锐角）为：

$$\sin\varphi = \dfrac{|Am+Bn+Cp|}{\sqrt{A^2+B^2+C^2}\sqrt{m^2+n^2+p^2}}$$

直线与平面垂直相当于 $\dfrac{A}{m}=\dfrac{B}{n}=\dfrac{C}{p}$

直线与平面平行或直线在平面上相当于 $Am+Bn+Cp=0$

【例 1.1-8】 一条直线连点 $(2, -3, 4)$，且垂直于直线 $x-2=1-y=\dfrac{z+5}{2}$ 和 $\dfrac{x-4}{3}=\dfrac{y+2}{-2}=z-1$ 则该直线方程是（　　）。

A. $\dfrac{x-2}{3}=\dfrac{y+3}{5}=z-4$　　　　B. $\dfrac{x-1}{3}=\dfrac{y+3}{5}=z-4$

C. $\dfrac{x-2}{3}=\dfrac{y+2}{5}=z-4$　　　　D. $\dfrac{x-2}{3}=\dfrac{y+3}{5}=z-3$

解析： $a_1=\{1, -1, 2\}$，$a_2=\{3, -2, 1\}$

所以 $a = a_1 \times a_2$
$= \{3, 5, 1\}$

故所求直线方程为

$$\dfrac{x-2}{3}=\dfrac{y+3}{5}=z-4$$

故选 A。

【例 1.1-9】 设有直线 $L_1: \begin{cases} x+3y+2z+1=0 \\ 2x-y-10z+3=0 \end{cases}$ 及平面 $\pi: 4x-2y+z-2=0$，则直线 L（　　）。

A. 平行于 π　　B. 在 π 上　　C. 垂直于 π　　D. 与 π 斜交

解析： 因为直线的方向向量

$$\boldsymbol{a}=\{1, 3, 2\}\times\{2, -1, -10\}$$
$$=-7\{4, -2, 1\}$$

平面 π 的法向量为

$$\boldsymbol{n}=\{4, -2, 1\}$$

所以 $\boldsymbol{a}\parallel\boldsymbol{n}$，因而 $\boldsymbol{a}\perp\pi$。

故选 C。

【例 1.1-10】 设平面方程 $x+y+z+1=0$，直线方程为 $1-x=y+1=z$，则直线与平面（　　）。

【例 1.1-10】

A. 平行　　　　　B. 垂直　　　　　C. 重合　　　　　D. 相交但不垂直

解析： 平面的法向量为 (1, 1, 1)，直线的方向向量为 (−1, 1, 1)，由于 1/(−1) ≠ 1/1=1/1，即平面的法向量和直线的方向向量不平行，所以直线与平面不垂直。又 1×(−1)+1×1+1×1=1≠0，即平面的法向量和直线的方向向量不垂直，所以直线与平面不平行。故直线与平面相交但不垂直。故选 D。

【例 1.1-11】 已知平面 π 过点 M_1 (1, 1, 0)，M_2 (0, 0, 1)，M_3 (0, 1, 1)，则与平面 π 垂直且过点 (1, 1, 1) 的直线的对称方程为(　　)。

A. $(x-1)/1=(y-1)/0=(z-1)/1$
B. $(x-1)/1=(z-1)/1$，$y=1$
C. $(x-1)/1=(z-1)/1$
D. $(x-1)/1=(y-1)/0=(z-1)/(-1)$

解析： 过 M_1、M_2、M_3 三点的向量为：

$$\boldsymbol{S}_{M_1M_2} = \{-1, -1, 1\}$$
$$\boldsymbol{S}_{M_1M_3} = \{-1, 0, 1\}$$

则平面法向量

$$\boldsymbol{n} = \boldsymbol{S}_{M_1M_2} \times \boldsymbol{S}_{M_1M_3}$$
$$= \begin{vmatrix} \boldsymbol{i} & \boldsymbol{j} & \boldsymbol{k} \\ -1 & -1 & 1 \\ -1 & 0 & 1 \end{vmatrix}$$
$$= -\boldsymbol{i} - \boldsymbol{k}$$

直线的方向向量 $\boldsymbol{S} = \boldsymbol{n} = -\boldsymbol{i} - \boldsymbol{k}$。已知点坐标 (1, 1, 1)，故所求直线的点向式方程为：$(x-1)/(-1)=(y-1)/0=(z-1)/(-1)$，即：$(x-1)/1=(y-1)/0=(z-1)/1$。故选 A。

1.1.4　旋转曲面

一般地，一条平面曲线绕其平面上的一条定直线旋转一周所成的曲面称为旋转曲面，旋转曲线和定直线分别称为旋转曲面的母线和轴。

掌握圆锥面方程。顶点在坐标原点 O，旋转轴为 z 轴，半顶角为 α 的圆锥面方程：
$$z^2 = a^2(x^2+y^2) \quad (a=\cot\alpha)$$
或 $z = \pm\sqrt{x^2+y^2}\cot\alpha$

掌握旋转双曲面方程。将双曲线 $\dfrac{x^2}{a^2}-\dfrac{z^2}{c^2}=1$ 绕 x 轴旋转所成的旋转双曲面方程为：
$$\frac{x^2}{a^2} - \frac{y^2+z^2}{c^2} = 1$$

一般地，若已知旋转曲面的母线 C 的方程：$\begin{cases} f(y,z)=0 \\ x=0 \end{cases}$

将该母线绕 z 轴旋转，只要将母线方程 $f(y,z)=0$ 中的 y 换成 $\pm\sqrt{x^2+y^2}$，即得该曲线 C 绕 z 轴旋转而成的旋转曲面的方程，即：
$$f(\pm\sqrt{x^2+y^2}, z) = 0$$

同理，该曲线 C 绕 y 轴旋转而成的曲面的方程为：
$$f(y, \pm\sqrt{x^2+z^2}) = 0$$

【例 1.1-12】yoz 坐标面上的曲线
$$\begin{cases} y^2 + z = 1 \\ x = 0 \end{cases}$$

绕 Oz 轴旋转一周所成的旋转曲面方程是（　　）。

A. $x^2 + y^2 + z = 1$ 　　　　B. $x^2 + y^2 + z^2 = 1$

C. $y^2 + \sqrt{x^2+z^2} = 1$ 　　D. $y^2 - \sqrt{x^2+z^2} = 1$

解析： 一条平面曲线绕其平面上的一条直线旋转一周所形成的曲面为旋转曲面。若 yOz 平面上的曲线方程为 $f(y,z)=0$，将此曲线绕 Oz 轴旋转一周得到的旋转曲面方程为
$$f(\pm\sqrt{x^2+y^2}, z) = 0$$

又
$$\begin{cases} y^2 + z = 1 \\ x = 0 \end{cases}$$

故 $x^2 + y^2 + z = 1$

故选 A。

【例 1.1-13】下列方程中代表锥面的是（　　）。

A. $x^2/3 + (y^2/2) - z^2 = 0$

B. $x^2/3 + (y^2/2) - z^2 = 1$

C. $x^2/3 - (y^2/2) - z^2 = 1$

D. $x^2/3 + (y^2/2) + z^2 = 1$

解析： 锥面方程的标准形式为：$x^2/a^2 + (y^2/b^2) - z^2/c^2 = 0$。根据正负号及等式右边常数即可判断。故选 A。

1.1.5 柱面

一般地，平行于定直线并沿定曲线 C 移动的直线 L 形成的轨迹称为柱面，定曲线 C 称为柱面的准线，动直线 L 称为柱面的母线。

掌握圆柱面方程。以 xoy 平面上的圆 $x^2+y^2=R^2$ 为准线，平行于 z 轴的直线为母线的圆柱面方程为：
$$x^2 + y^2 = R^2$$

掌握抛物柱面方程。以 xoy 平面上的抛物线 $y^2=4x$ 为准线，平行于 z 轴的直线为母线的抛物柱面方程为：
$$y^2 = 4x$$

一般地，如果曲面方程 $F(x, y, z) = 0$ 中，缺少某个变量，那么该方程一般表示一个柱面。如方程 $F(x, y) = 0$ 一般表示一个母线平行于 z 轴的柱面。同样，如方程 $x-z=0$ 表示过 y 轴的柱面。

【例 1.1-14】在三维空间中方程 $y^2 - z^2 = 1$ 所代表的图形是（　　）。

A. 母线平行 x 轴的双曲柱面 　　B. 母线平行 y 轴的双曲柱面

C. 母线平行 z 轴的双曲柱面 　　D. 双曲线

解析： 由于 $\begin{cases} y^2 - z^2 = 1 \\ x = 0 \end{cases}$ 表示为在 $x=0$ 的平面上的双曲线，故在三维空间里 $y^2 - z^2 = 1$ 表示母线平行 x 轴的双曲柱面。故选 A。

1.1.6 二次曲面

三元二次方程所表示的曲面称为二次曲面。熟悉标准的二次曲面方程如下：

1. 椭球面：$\dfrac{x^2}{a^2} + \dfrac{y^2}{b^2} + \dfrac{z^2}{c^2} = 1$

2. 球面：$(x - x_0)^2 + (y - y_0)^2 + (z - z_0)^2 = R^2$

3. 椭圆抛物面：$\dfrac{x^2}{a^2} + \dfrac{y^2}{b^2} = z$

4. 双曲抛物面：$\dfrac{x^2}{a^2} - \dfrac{y^2}{b^2} = z$

5. 单叶双曲面：$\dfrac{x^2}{a^2} + \dfrac{y^2}{b^2} - \dfrac{z^2}{c^2} = 1$

6. 双叶双曲面：$\dfrac{x^2}{a^2} - \dfrac{y^2}{b^2} - \dfrac{z^2}{c^2} = 1$

【例 1.1-15】 方程 $x^2 - (y^2/4) + z^2 = 1$，表示（　　）。

A. 旋转双曲面　　B. 双叶双曲面　　C. 双曲柱面　　D. 锥面

解析： 方程 $x^2 - (y^2/4) + z^2 = 1$，即 $x^2 + z^2 - (y^2/4) = 1$，可由 xOy 平面上双曲线 $\begin{cases} x^2 - \dfrac{y^2}{4} = 1 \\ z = 0 \end{cases}$ 绕 y 轴旋转得到或由 yOz 平面上双曲线 $\begin{cases} z^2 - \dfrac{y^2}{4} = 1 \\ x = 0 \end{cases}$ 绕 y 轴旋转得到。故方程 $x^2 + z^2 - (y^2/4) = 1$ 表示旋转双曲面。故选 A。

1.1.7 空间曲线

空间曲线可以视为两个曲面的交线。设曲面 $F(x, y, z) = 0$ 和 $G(x, y, z) = 0$ 的交线为 C，则曲线 C 的一般方程为：

$$\begin{cases} F(x, y, z) = 0 \\ G(x, y, z) = 0 \end{cases}$$

若空间 C 上动点的坐标 x, y, z 表示为参数 t 的函数：

$$x = x(t)$$
$$y = y(t)$$
$$z = z(t)$$

【例 1.1-16】 曲线 $x^2 + 4y^2 + z^2 = 4$ 与平面 $x + z = a$ 的交线在 yOz 平面上的投影方程是（　　）。

A. $\begin{cases} (a-z)^2 + 4y^2 + z^2 = 4 \\ x = 0 \end{cases}$

B. $\begin{cases} x^2 + 4y^2 + (a-x)^2 = 4 \\ z = 0 \end{cases}$

C. $\begin{cases} x^2 + 4y^2 + (a-x)^2 = 4 \\ x = 0 \end{cases}$

D. $(a-z)^2+4y^2+z^2=4$

解析：在 yOz 平面上投影方程必有 $x=0$，排除 B 项。交线方程为：
$$\begin{cases} x^2+4y^2+z^2=4 \\ x+z=a \end{cases}$$
消去 x，$(a-z)^2+4y^2+z^2=4$。则曲线在 yOz 平面上投影方程为：
$$\begin{cases} (a-z)^2+4y^2+z^2=4 \\ x=0 \end{cases}$$
故选 A。

习 题

【1.1-1】在空间直角坐标系中，方程 $x^2+y^2-z=0$ 表示的图形是（   ）。
A. 圆锥面　　　　B. 圆柱面　　　　C. 球面　　　　D. 旋转抛物面

【1.1-2】设有直线 $L_1: \dfrac{x-1}{1}=\dfrac{y-3}{-2}=\dfrac{z+5}{1}$ 与 $L_2:\begin{cases} x=3+t \\ y=1-t \\ z=1+2t \end{cases}$ 则 L_1 与 L_2 的夹角 θ 等于（   ）。
A. $\pi/2$　　　　B. $\pi/3$　　　　C. $\pi/4$　　　　D. $\pi/6$

【1.1-3】已知向量 $\boldsymbol{\alpha}=(-3,-2,1)$，$\boldsymbol{\beta}=(1,-4,-5)$，则 $|\boldsymbol{\alpha}\times\boldsymbol{\beta}|$ 等于（   ）。
A. 0　　　　B. 6　　　　C. $14\sqrt{3}$　　　　D. $14\boldsymbol{i}+16\boldsymbol{j}-10\boldsymbol{k}$

【1.1-4】设直线方程为 $x=y-1=z$，平面方程为 $x-2y+z=0$，则直线与平面（   ）。
A. 重合　　　　B. 平行不重合　　　　C. 垂直相交　　　　D. 相交不垂直

【1.1-5】设直线方程为 $\begin{cases} x=t+1 \\ y=2t-2 \\ z=-3t+3 \end{cases}$ 则该直线（   ）。
A. 过点（$-1,2,-3$），方向向量为 $\boldsymbol{i}+2\boldsymbol{j}-3\boldsymbol{k}$
B. 过点（$-1,2,-3$），方向向量为 $-\boldsymbol{i}-2\boldsymbol{j}+3\boldsymbol{k}$
C. 过点（$1,2,-3$），方向向量为 $\boldsymbol{i}-2\boldsymbol{j}+3\boldsymbol{k}$
D. 过点（$1,-2,3$），方向向量为 $-\boldsymbol{i}-2\boldsymbol{j}+3\boldsymbol{k}$

【1.1-6】设 $\boldsymbol{\alpha},\boldsymbol{\beta},\boldsymbol{\gamma}$ 都是非零向量，若 $\boldsymbol{\alpha}\times\boldsymbol{\beta}=\boldsymbol{\alpha}\times\boldsymbol{\gamma}$，则（   ）。
A. $\boldsymbol{\beta}=\boldsymbol{\gamma}$　　　　　　　　　　B. $\boldsymbol{\alpha}//\boldsymbol{\beta}$ 且 $\boldsymbol{\alpha}//\boldsymbol{\gamma}$
C. $\boldsymbol{\alpha}//(\boldsymbol{\beta}-\boldsymbol{\gamma})$　　　　　　　D. $\boldsymbol{\alpha}\perp(\boldsymbol{\beta}-\boldsymbol{\gamma})$

习题答案及解析

【1.1-1】**答案**：D

解析：在平面直角坐标系中，$z=x^2$ 为关于 z 轴对称的抛物线。方程 $x^2+y^2-z=0$ 表示的图形为在平面 xOz 内的抛物线 $z=x^2$ 绕 z 轴旋转得到的图形，即旋转抛物面。

【1.1-2】**答案**：B

解析：由题意可知，两直线的方向向量分别为：$n_1=(1,-2,1)$，$n_2=(-1,-1,2)$，故 $\cos\theta=\dfrac{|m_1m_2+n_1n_2+p_1p_2|}{\sqrt{m_1^2+n_1^2+p_1^2}\cdot\sqrt{m_2^2+n_2^2+p_2^2}}$，所以 L_1 与 L_2 的夹角 $\theta=\pi/3$。

【1.1-3】答案：C

解析：向量积公式为：

$$\alpha\times\beta=\begin{vmatrix} i & j & k \\ -3 & -2 & 1 \\ 1 & -4 & -5 \end{vmatrix}=14i-14j+14k$$

所以向量积的模为：

$$|\alpha\times\beta|=\sqrt{14^2+(-14)^2+14^2}=14\sqrt{3}$$

【1.1-4】答案：B

解析：直线的方向向量 $s=(1,1,1)$，平面的法向量 $n=(1,-2,1)$，其向量积 $s\cdot n=1-2+1=0$，则这两个向量垂直，即直线与平面平行。又该直线上的点 $(0,1,0)$ 不在平面上，故直线与平面不重合。

【1.1-5】答案：D

解析：把直线的参数方程化成点向式形式，得到：$(x-1)/1=(y+2)/2=(z-3)/(-3)$，则直线的方向向量取 $s=\{1,2,-3\}$ 或 $s=\{-1,-2,3\}$，且由方程可知，直线过点 $(1,-2,3)$。

【1.1-6】答案：C

解析：根据题意可得：$\alpha\times\beta-\alpha\times\gamma=\alpha\times(\beta-\gamma)=0$，故 $\alpha//(\beta-\gamma)$。

1.2 微 分 学

高频考点梳理

知识点	洛必达法则	参数方程求导	函数的性质	导数
近三年考核频次	1	2	3	2

1.2.1 极限

掌握函数极限的概念，左、右极限，极限运算法则，极限存在准则，常见的两个重要极限，无穷小的比较。

1. 极限运算法则

若 $\lim f(x)=A$，$\lim g(x)=B$，则：

$\lim[f(x)\pm g(x)]=\lim f(x)\pm\lim g(x)$

$\lim[f(x)\cdot g(x)]=\lim f(x)\cdot\lim g(x)$

$\lim\dfrac{f(x)}{g(x)}=\dfrac{\lim f(x)}{\lim g(x)}$（当 $\lim g(x)=B\neq 0$）

$\lim\limits_{x\to x_0}f[g(x)]=\lim\limits_{u\to u_0}f(u)=A$

若 $\varphi(x)\geqslant\Psi(x)$，且 $\lim\varphi(x)=a$，$\lim\Psi(x)=b$，则有 $a\geqslant b$。

2. 极限存在准则

准则一（夹逼准则）。若数列 x_n、y_n 及 z_n 满足条件：$y_n\leqslant x_n\leqslant z_n(n=1,2,3,\cdots)$，

且 $\lim\limits_{n\to\infty} y_n = \lim\limits_{n\to\infty} z_n = a$，则数列 x_n 的极限存在且 $\lim\limits_{n\to\infty} x_n = a$。

准则二（单调有界准则）。单调有界的数列（或函数）必有极限。

3. 常见的两个重要极限

$$\lim_{x\to 0}\frac{\sin x}{x}=1$$

$$\lim_{x\to\infty}\left(1+\frac{1}{x}\right)^x=e \quad \lim_{x\to 0}(1+x)^{\frac{1}{x}}=e$$

4. 无穷小的比较

若 $\lim\dfrac{\beta}{\alpha}=0$，就称 β 是比 α 高阶的无穷小，记作 $\beta=o(\alpha)$；

若 $\lim\dfrac{\beta}{\alpha}=c\neq 0$，就称 β 是与 α 同阶的无穷小；

若 $\lim\dfrac{\beta}{\alpha}=1$，就称 β 是与 α 等阶的无穷小，记 $\alpha\sim\beta$。

【例 1.2-1】下列极限式中，能够使用洛必达法则求极限的是（　　）。

A. $\lim\limits_{x\to 0}\dfrac{1+\cos x}{e^x-1}$

B. $\lim\limits_{x\to 0}\dfrac{x-\sin x}{\sin x}$

C. $\lim\limits_{x\to 0}\dfrac{x^2\sin\dfrac{1}{x}}{\sin x}$

D. $\lim\limits_{x\to\infty}\dfrac{x+\sin x}{x-\sin x}$

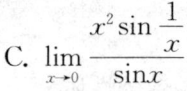
【例1.2-1】

解析： 求极限时，洛必达法则的使用条件有：
① 属于 0/0 型或者无穷/无穷型的未定式；② 变量所趋向的值的去心邻域内，分子和分母均可导；③ 分子分母求导后的商的极限存在或趋向于无穷大。A 项不属于 0/0 型，不符合条件；C 项，分子在 $x=0$ 处的去心邻域处不可导，不符合条件；D 项不符合条件③；则只有 B 项正确。故选 B。

【例 1.2-2】已知 $\lim\limits_{x\to\infty}\left(\dfrac{x^2}{x+1}-ax-b\right)=0$，其中 a,b 是常数，则（　　）。

A. $a=b=1$　　　　B. $a=-1, b=1$　　　C. $a=1, b=-1$　　　D. $a=b=-1$

解析： 由题意得

$$\lim_{x\to\infty}\left(\frac{x^2}{x+1}-ax\right)=b$$

即 $\lim\limits_{x\to\infty}\left(\dfrac{x^2}{x+1}-ax\right)=\lim\limits_{x\to\infty}\dfrac{x^2-ax^2-ax}{x+1}$ 存在。所以

$$1-a=0 \text{ 得 } a=1$$

故

$$b=\lim_{x\to\infty}\left(\frac{x^2}{x+1}-ax\right)$$

$$=\lim_{x\to\infty}\left(\frac{x^2}{x+1}-x\right)$$

$$=-1$$

故选 C。

【例 1.2-3】 若
$$\lim_{x\to 0}\frac{\sin x}{e^x-a}(\cos x-b)=5$$
则（　　）。

A. $a=1$，$b=4$
B. $a=1$，$b=-4$
C. $a=-1$，$b=4$
D. $a=-1$，$b=-4$

解析：由分子
$$\lim_{x\to 0}[\sin x(\cos x-b)]=0$$
可得分母
$$\lim_{x\to 0}(e^x-a)=0$$
计算得 $a=1$。利用等价无穷小及 $a=1$，原极限化为：
$$\lim_{x\to 0}\frac{\sin x}{e^x-a}(\cos x-b)$$
$$=\lim_{x\to 0}\frac{x}{x}(\cos x-b)$$
$$=1-b=5$$

计算得 $b=-4$。故选 B。

1.2.2 连续

掌握函数的连续性与间断点，初等函数的连续性，闭区间上连续函数的性质。

1. 函数的连续性与间断点

函数 $f(x)$ 在一点 x_0 处连续的条件是：(1) $f(x_0)$ 有定义；(2) $\lim_{x\to x_0}f(x)$ 存在；(3) $\lim_{x\to x_0}f(x)=f(x_0)$。

若上述条件中任何一条不满足，则 $f(x)$ 在 x_0 处就不连续，不连续的点称为函数的间断点。间断点分为如下两类：

第一类间断点：x_0 是 $f(x)$ 的间断点，但 $f(x_0^-)$ 及 $f(x_0^+)$ 均存在。它又进一步又分为跳跃间断点（指 $f(x_0^-)$ 及 $f(x_0^+)$ 均存在但不相等）和可去间断点（指 $f(x_0^-)$ 及 $f(x_0^+)$ 均存在且相等）。第二类间断点：不是第一类的间断点。

2. 闭区间上连续函数的性质

设函数 $f(x)$ 在闭区间 $[a,b]$ 上连续，则：

(1)（最大值最小值定理）$f(x)$ 在闭区间 $[a,b]$ 上必有最大值和最小值；

(2)（介值定理）对介于 $f(a)=A$ 及 $f(b)=B$ 之间的任一数值 C，在 (a,b) 内至少有一点 ξ，使得 $f(\xi)=C$；

(3)（零点定理）当 $f(a)f(b)<0$ 时，在 (a,b) 内至少有一点 ξ，使得 $f(\xi)=0$。

【例 1.2-4】 $f(x)$ 在点 x_0 处的左、右极限存在且相等是 $f(x)$ 在点 x_0 处连续的（　　）。

A. 必要非充分的条件
B. 充分非必要的条件
C. 充分且必要的条件
D. 既非充分又非必要的条件

解析：函数 $f(x)$ 在点 x_0 处连续的充要条件为：在该点处的左右极限存在且相等，并等于函数在该点处的函数值,即:$\lim_{x \to x_0^+} f(x) = \lim_{x \to x_0^-} f(x) = f(x_0)$ 故 $f(x)$ 在点 x_0 处的左、右极限存在且相等,并不能得出 $f(x)$ 在点 x_0 处连续,也可能是可去间断点,为必要非充分条件。故选 A。

【例 1.2-5】设 $\lim_{x \to x_0} f(x)$ 及 $\lim_{x \to x_0} g(x)$ 均存在,则 $\lim_{x \to x_0} \dfrac{f(x)}{g(x)}$ (　　)。

A. 存在　　　　　B. 不存在　　　　　C. 不一定存在　　　　　D. 存在但非零

解析：例如 $\begin{matrix} f(x) = x \\ g(x) = x^2 \end{matrix}$ 在 $x = 0$ 处均存在极限 $\lim_{x \to 0} \dfrac{f(x)}{g(x)} = \dfrac{1}{x}$ 不存在极限　故选 C。

【例 1.2-6】函数 $y = \sin \dfrac{\pi x}{2(1+x^2)}$ 的值域是(　　)。

A. $[-1, 1]$　　　B. $\left[-\dfrac{\sqrt{2}}{2}, \dfrac{\sqrt{2}}{2}\right]$　　　C. $[0, 1]$　　　D. $\left[-\dfrac{1}{2}, \dfrac{1}{2}\right]$

解析：因为 $1 + x^2 \geqslant 2|x|$

所以 $$-\dfrac{1}{2} \leqslant \dfrac{x}{1+x^2} \leqslant \dfrac{1}{2}$$

故选 B。

【例 1.2-7】设 $x \to 0$ 时,$e^{x^2} - (ax^2 + bx + C)$ 是比 x^2 高阶的无穷小,其中 a, b, c 是常数,则(　　)。

A. $a=1, b=2, c=0$　　　　　B. $a=c=1, b=0$

C. $a=c=2, b=0$　　　　　D. $a=b=1, c=0$

解析：由题意得
$$\lim_{x \to 0} [e^{x^2} - (ax^2 + bx + c)] = 0$$

所以 $c = 1$

又 $$\lim_{x \to 0} \dfrac{e^{x^2} - (ax^2 + bx + c)}{x^2} = 0$$

即 $$\lim_{x \to 0} \left(\dfrac{e^{x^2} - 1}{x^2} - a - \dfrac{b}{x}\right) = 0$$

所以　$b = 0, a = 1$　故选 B。

【例 1.2-8】设 $f(x)$ 为奇函数,$g(x)$ 为偶函数,且它们可以构成复合函数 $f[f(x)]$,$g[f(x)]$,$f[g(x)]$,$g[g(x)]$,则其中为奇函数的是(　　)。

A. $f[f(x)]$　　　B. $g[f(x)]$　　　C. $f[g(x)]$　　　D. $g[g(x)]$

解析：$f[f(-x)] = f[-f(x)] = -f[f(x)]$　故选 A。

【例 1.2-9】若函数 $f(x)$ 在点 x_0 间断,$g(x)$ 在点 x_0 连续,则 $f(x)g(x)$ 在点 x_0 (　　)。

A. 间断　　　　　　　　　　　B. 连续

C. 第一类间断　　　　　　　　D. 可能间断可能连续

解析：可用举例法来判断。

设 $x_0 = 0$,函数：
$$f(x) = \begin{cases} 1, & x \geqslant 0 \\ -1, & x < 0 \end{cases}$$

$g(x)=0$，则 $f(x)$ 在点 x_0 间断，$g(x)$ 在点 x_0 连续，而函数 $f(x)g(x)=0$ 在点 $x_0=0$ 处连续；

另设 $x_0=0$，函数：

$$f(x)=\begin{cases}1, & x\geqslant 0 \\ -1, & x<0\end{cases}$$

$g(x)=1$，同理可以判断，函数 $f(x)g(x)=0$ 在点 $x_0=0$ 处间断。故 $f(x)g(x)$ 在 x_0 处可能间断可能连续。故选 D。

【例 1.2-10】 函数

$$f(x)=\begin{cases}2x, & 0\leqslant x<1 \\ 4-x, & 1\leqslant x\leqslant 3\end{cases}$$

在 $x\to 1$ 时，$f(x)$ 的极限是（　　）。

A. 2　　　　　　　　B. 3
C. 0　　　　　　　　D. 不存在

解析： 根据题意，$x=1$ 是函数 $f(x)$ 的间断点，所以在求其极限时要分别求其左极限和右极限。

左极限为：

$$\lim_{x\to 1^-}f(x)=2\times 1=2$$

右极限为：

$$\lim_{x\to 1^+}f(x)=4-1=3$$

由于左极限不等于右极限，故 $x\to 1$ 时，$f(x)$ 的极限不存在。故选 D。

1.2.3　导数

掌握导数的定义与几何意义，求导基本公式与求导法则，高阶导数的求导法则。

1. 求导基本公式

(1) $(C)'=0$　　　　　　　　　(2) $(x^\mu)'=\mu x^{\mu-1}$

(3) $(\sin x)'=\cos x$　　　　　　(4) $(\cos x)'=-\sin x$

(5) $(\tan x)'=\sec^2 x$　　　　　(6) $(\cot x)'=-\csc^2 x$

(7) $(\sec x)'=\sec x\tan x$　　　　(8) $(\csc x)'=-\csc x\cot x$

(9) $(a^x)'=a^x\ln a(a>0,a\neq 1)$　(10) $(e^x)'=e^x$

(11) $(\log_a x)'=\dfrac{1}{x\ln a}(a>0,a\neq 1)$　(12) $(\ln x)'=\dfrac{1}{x}$

(13) $(\arcsin x)'=\dfrac{1}{\sqrt{1-x^2}}$　(14) $(\arccos x)'=-\dfrac{1}{\sqrt{1-x^2}}$

(15) $(\arctan x)'=\dfrac{1}{1+x^2}$　(16) $(\text{arccot}\,x)'=-\dfrac{1}{1+x^2}$

2. 函数的和、差、积、商的求导法则

设 $u=u(x)$，$v=v(x)$ 都可导，则

(1) $(u\pm v)'=u'\pm v'$　　　　(2) $(Cu)'=Cu'$（C 是常数）

(3) $(uv)'=u'v+uv'$　　　　　(4) $\left(\dfrac{u}{v}\right)'=\dfrac{u'v-uv'}{v^2}(v\neq 0)$

3. 反函数的求导法则

设 $x=f(y)$ 在区间 I_y 内单调、可导且 $f'(y)\neq 0$，则它的反函数 $y=f^{-1}(x)$ 在 $I_x=f(I_y)$ 内也可导，且

$$[f^{-1}(x)]'=\frac{1}{f'(y)} \text{ 或 } \frac{\mathrm{d}y}{\mathrm{d}x}=\frac{1}{\frac{\mathrm{d}x}{\mathrm{d}y}}$$

4. 复合函数求导法则

设 $y=f(u)$，而 $u=g(x)$ 且 $f(u)$ 及 $g(x)$ 都可导，则复合函数 $y=f[g(x)]$ 的导数为：

$$\frac{\mathrm{d}y}{\mathrm{d}x}=\frac{\mathrm{d}y}{\mathrm{d}u}\cdot\frac{\mathrm{d}u}{\mathrm{d}x} \text{ 或 } y'(x)=f'(u)\cdot g'(x)$$

5. 高阶导数

如果函数 $u=u(x)$ 及 $v=v(x)$ 都在点 x 处具有 n 阶导数，那么显然 $u(x)+v(x)$ 及 $u(x)-v(x)$ 也在点 x 处具有 n 阶导数，且

$$(u(x)\pm v(x))^n = u^n \pm v^n$$

但乘积 $u(x)v(x)$ 的 n 阶导数并不简单，由

$$(uv)' = u'v + uv'$$

首先得出

$$(uv)'' = u''v + 2u'v' + uv''$$
$$(uv)''' = u'''v + 3u''v' + 3u'v'' + uv'''$$

用数学归纳法可以证明

$$(uv)^n = u^n v + nu^{n-1}v' + \frac{n(n-1)}{2!}u^{n-2}v'' + \cdots$$
$$+ \frac{n(n-1)\cdots(n-k+1)}{k!}u^{n-k}v^k + \cdots + uv^n$$

上式被称为莱布尼茨公式。这公式可以这样记忆：把 $(uv)^n$ 按二项式定理展开写成

$$(uv)^n = u^n v + nu^{n-1}v' + \frac{n(n-1)}{2!}u^{n-2}v'' + \cdots$$
$$+ \frac{n(n-1)\cdots(n-k+1)}{k!}u^{n-k}v^k + \cdots + uv^n$$

即

$$(u+v)^n = \sum_{k=0}^{n} C_n^k u^{n-k}v^k$$

然后把 k 次幂换成 k 阶导数（零阶导数理解为函数本身），再把左端的 $u+v$ 换成 uv，这样就得到莱布尼茨公式

$$(uv)^n = \sum_{k=0}^{n} C_n^k u^{n-k}v^k$$

6. 隐函数的求导法则

设方程 $F(x,y)=0$ 确定一个隐函数 $y=y(x)$，F_x、F_y 连续且 $F_y\neq 0$，则该隐函数 $y=y(x)$ 可导，且有：$\dfrac{\mathrm{d}y}{\mathrm{d}x}=-\dfrac{F_x}{F_y}$。

参数方程的求导法则

假定函数 $x=\varphi(t)$、$y=\psi(t)$ 都可导，而且 $\varphi'(t)\neq 0$。于是根据复合函数的求导法则与反函数的求导法则，就有

$$\frac{dy}{dx}=\frac{dy}{dt}\cdot\frac{dt}{dx}=\frac{dy}{dt}\frac{1}{\frac{dx}{dt}}=\frac{\psi'(t)}{\varphi'(t)}$$

即

$$\frac{dy}{dx}=\frac{\psi'(t)}{\varphi'(t)}$$

上式也可写为

$$\frac{dy}{dx}=\frac{\frac{dy}{dt}}{\frac{dx}{dt}}$$

【例 1.2-11】设

$$\begin{cases} x=t-\arctan t \\ y=\ln(1+t^2) \end{cases}$$

则 $(dy/dx)|t=1$ 等于(　　)。

A. 1　　　　　B. -1　　　　　C. 2　　　　　D. 1/2

解析：根据参数方程分别求 x、y 对 t 的导数：$dx/dt=t^2/(1+t^2)$，$dy/dt=2t/(1+t^2)$，故 $dy/dx=(dy/dt)/(dx/dt)=2/t$。当 $t=1$ 时，$dy/dx=2$。故选 C。

【例 1.2-12】设 $f(x)$ 是可导函数，且

$$\lim_{x\to 0}\frac{f(1)-f(1-x)}{2x}=-1$$

则曲线 $y=f(x)$ 在点 $(1,f(1))$ 处的切线斜率为(　　)。

A. -1　　　　　B. -2　　　　　C. 0　　　　　D. 1

解析：因为

$$\lim_{x\to 0}\frac{f(1)-f(1-x)}{2x}=\frac{1}{2}\lim_{x\to 0}\frac{f(1-x)-f(1)}{-x}$$
$$=\frac{1}{2}f'(1)$$

所以 $f'(1)=-2$　　故选 B。

【例 1.2-13】设 $f(x)=\begin{cases}\dfrac{x^3}{3}, & x\leqslant 1 \\ x^2, & x>1\end{cases}$，则 $f(x)$ 在 $x=1$ 处(　　)。

A. 左导数存在，但右导数不存在

B. 左右导数都存在

C. 左右导数都不存在

D. 左导数不存在，但右导数存在

解析：$f'_-(1)=\lim\limits_{x\to 1^-}\dfrac{f(x)-f(1)}{x-1}=\lim\limits_{x\to 1^-}\dfrac{\left(\dfrac{x^3}{3}-\dfrac{1}{3}\right)}{x-1}=1$

$$f'_+(1) = \lim_{x \to 1^-} \frac{f(x)-f(1)}{x-1} = \lim_{x \to 1^-} \frac{(x^2-\frac{1}{3})}{x-1} \text{ 不存在}$$

故选 A。

【例 1.2-14】 设 $f(x)$ 在 $x=0$ 处可导，$F(x)=f(x)(1+|x|)$，则 $f(0)=0$ 是 $F(x)$ 在 $x=0$ 处可导的（　　）。

A. 必要条件但非充分条件

B. 既非必要条件也非充分条件

C. 充分必要条件

D. 充分条件但非必要条件

解析：因为

$$F'_+(0) = \lim_{x \to 0^+} \frac{f(x)(1+x)-f(0)}{x}$$
$$= \lim_{x \to 0^+} \frac{f(x)-f(0)}{x} + f(x)$$
$$= f'(0) + f(0)$$
$$F'_-(0) = \lim_{x \to 0^-} \frac{f(x)(1-x)-f(0)}{x}$$
$$= \lim_{x \to 0^-} \left[\frac{f(x)-f(0)}{x} - f(x)\right]$$
$$= f'(0) - f(0)$$

故选 C。

【例 1.2-15】 设函数

$$f(x) = \begin{cases} 1+x, & x \geq 0 \\ 1-x^2, & x < 0 \end{cases}$$

在 $(-\infty, +\infty)$ 内（　　）。

A. 单调减少　　　　B. 单调增加　　　　C. 有界　　　　D. 偶函数

解析：对函数求导得：

$$f'(x) = \begin{cases} 1, & x \geq 0 \\ -2x, & x < 0 \end{cases}$$

$f'(x) > 0$，则 $f(x)$ 在 $(-\infty, +\infty)$ 内单调增加。故选 B。

【例 1.2-16】 函数 $y = \cos^2(1/x)$ 在 x 处的导数是（　　）。

A. $(1/x^2)\sin(2/x)$ 　　　　　　　　B. $-\sin(2/x)$

C. $-(2/x^2)\cos(1/x)$ 　　　　　　　D. $-(1/x^2)\sin(2/x)$

解析：由复合函数求导法则，有：

$$y' = \left(\cos^2\frac{1}{x}\right)' = 2\cos\frac{1}{x}\left(\cos\frac{1}{x}\right)' = 2\cos\frac{1}{x}\left(-\sin\frac{1}{x}\right)\left(-\frac{1}{x^2}\right) = \frac{1}{x^2}\sin\frac{2}{x}$$ 故选 A。

【例 1.2-17】 设 $y = f(\ln x)$，其中 f 为可导函数，则 $y' = $（　　）。

A. $f'(x)/x$ 　　　　　　　　　　　　B. $f'(\ln x)/x$

C. $f'(\ln x)/\ln x$ 　　　　　　　　　D. $f'(\ln x)/(x\ln x)$

解析： $y=f(\ln x)$ 可以写成两个函数 $y=f(u)$，$u=\ln x$ 的复合，故 $y'=(\mathrm{d}f/\mathrm{d}u)\cdot(\mathrm{d}u/\mathrm{d}x)=f'(\ln x)/x$。故选 B。

【例 1.2-18】函数

$$f(x)=\begin{cases} x^2\sin\dfrac{1}{x}, & x\neq 0 \\ 0, & x=0 \end{cases}$$

在点 $x=0$ 处（　　）。

A. 不连续 　　　　　　　　　　B. 连续但不可导
C. 可导但导函数不连续　　　　　D. 导函数连续

解析： 因为 $|x^2\sin(1/x)|\leqslant x^2$，所以由夹逼定理可得：

$$\lim_{x\to 0}f(x)=0=f(0)$$

所以 $f(x)$ 在 $x=0$ 点连续。又因为无穷小量×有界量＝无穷小量，则

$$\lim_{\Delta x\to 0}\frac{\Delta y}{\Delta x}=\lim_{\Delta x\to 0}\frac{f(0+\Delta x)-f(0)}{\Delta x}$$

$$=\lim_{\Delta x\to 0}\frac{\Delta x^2\sin\dfrac{1}{\Delta x}}{\Delta x}$$

$$=\lim_{\Delta x\to 0}\Delta x\sin\frac{1}{\Delta x}$$

$$=0$$

所以 $f(x)$ 在 $x=0$ 点可导，$f(x)$ 的导函数为

$$f'(x)=\begin{cases} 2x\sin\dfrac{1}{x}-\cos\dfrac{1}{x}, & x\neq 0 \\ 0, & x=0 \end{cases}$$

则 $\lim\limits_{x\to 0}f'(x)$ 不存在，所以 $f(x)$ 的导函数不连续。故选 C。

【例 1.2-19】如果奇函数 $f(x)$ 在区间 $[3,7]$ 上是增函数且最大值为 5，则 $f(x)$ 在区间 $[-7,-3]$ 上是（　　）。

A. 增函数且最小值是 -5　　　　B. 增函数且最大值是 -5
C. 减函数且最小值是 -5　　　　D. 减函数且最大值是 -5

解析： 奇函数 $f(x)$ 在区间 $[3,7]$ 上是增函数且最大值为 5，则得 $f(7)=5$，利用奇函数的性质，知 $f(x)$ 在区间 $[-7,-3]$ 上也是增函数，则 $f(x)$ 在区间 $[-7,-3]$ 上有最小值 $f(-7)=-f(7)=-5$。故选 A。

【例 1.2-20】函数 $y=\sin^2(1/x)$ 在 x 处的导数 $\mathrm{d}y/\mathrm{d}x$ 是（　　）。

A. $\sin(2/x)$　　　　　　　　　B. $\cos(1/x)$
C. $(-1/x^2)\sin(2/x)$　　　　　D. $1/x^2$

解析： 函数 y 是关于 x 的复合函数，利用复合函数求导法则，求导过程为：

$$\frac{\mathrm{d}y}{\mathrm{d}x}=\left(\sin^2\frac{1}{x}\right)'$$

$$=2\sin\frac{1}{x}\cos\frac{1}{x}\cdot(-x^{-2})$$

$$=-\frac{1}{x^2}\sin\frac{2}{x}$$

故选 C。

【例 1.2-21】 已知 $f(x)$ 是二阶可导的函数，$y=e^{2f(x)}$，则 $d^2y/(dx^2)$ 为（ ）。

A. $e^{2f(x)}$
B. $e^{2f(x)}f''(x)$
C. $e^{2f(x)}(2f'(x))$
D. $2e^{2f(x)}[2(f'(x))2+f''(x)]$

解析：y 是关于 x 的复合函数，利用复合函数的求导法则可得：

$$\frac{d^2y}{dx^2}=\frac{d\left(\frac{dy}{dx}\right)}{dx}=\frac{d[2(f'(x))e^{2f(x)}]}{dx}$$
$$=2[2(f'(x))^2e^{2f(x)}+f''(x)e^{2f(x)}]$$
$$=2e^{2f(x)}[2(f'(x))^2+f''(x)]$$

故选 D。

【例 1.2-22】 曲线 $y=x^3-6x$ 上，切线平行于 x 轴的点是（ ）。

A. $(0,0)$
B. $(\sqrt{2},1)$
C. $(-\sqrt{2},4\sqrt{2})$ 和 $(\sqrt{2},-4\sqrt{2})$
D. $(1,2)$ 和 $(-1,2)$

解析：设该点为 (x_0,y_0)，因为切线平行于 x 轴，则说明切线的斜率为 0，于是有

$$\begin{cases} y'=3x^2-6=0 \\ y=x^3-6x \end{cases}$$

解得：

$$\begin{cases} x=\sqrt{2} \\ y=-4\sqrt{2} \end{cases}$$

或

$$\begin{cases} x=-\sqrt{2} \\ y=4\sqrt{2} \end{cases}$$

故选 C。

【例 1.2-23】 设函数 $f(x)$ 在 $(-\infty,+\infty)$ 上是偶函数，且在 $(0,+\infty)$ 内有 $f'(x)>0$，$f''(x)>0$，则在 $(-\infty,0)$ 内必有（ ）。

A. $f'>0, f''>0$
B. $f'<0, f''>0$
C. $f'>0, f''<0$
D. $f'<0, f''<0$

解析：由 $f(x)$ 为偶函数可知，$f(x)$ 关于 y 轴对称，又 $f(x)$ 在 $(0,+\infty)$ 内 $f'(x)>0$，$f''(x)>0$，故在 $(-\infty,0)$ 内 $f'<0$，$f''>0$。故选 B。

【例 1.2-24】 若在区间 (a,b) 内，$f'(x)=g'(x)$，则下列等式中错误的是（ ）。

A. $f(x)=cg(x)$
B. $f(x)=g(x)+c$
C. $\int df(x)=\int dg(x)$
D. $df(x)=dg(x)$

解析：A 项，对等式两边同时求导得：$f'(x)=cg'(x)$，与题意不符。故选 A。

【例 1.2-25】设函数
$$f(x) = \begin{cases} 1+x, & x \geqslant 0 \\ 1-x^2, & x < 0 \end{cases}$$
在 $(-\infty, +\infty)$ 内（　　）。

A. 单调减少　　　　B. 单调增加　　　　C. 有界　　　　D. 偶函数

解析：对函数求导得：
$$f'(x) = \begin{cases} 1, & x \geqslant 0 \\ -2x, & x < 0 \end{cases}$$

$f'(x) > 0$，则 $f(x)$ 在 $(-\infty, +\infty)$ 内单调增加。故选 B。

1.2.4 微分

掌握微分的概念、基本微分公式与微分法则、微分的应用。

微分的定义

设函数 $y = f(x)$ 在某区间内有定义，x_0 及 $x_0 + \Delta x$ 在这区间内，如果函数的增量
$$\Delta y = f(x_0 + \Delta x) - f(x_0)$$
可表示为
$$\Delta y = A\Delta x + o(\Delta x)$$
其中 A 是不依赖于 Δx 的常数，那么称函数 $y = f(x)$ 在点 x_0 是可微的。而 $A\Delta x$ 叫做函数 $y = f(x)$ 在点 x_0 相应于自变量增量 Δx 的微分，记作 $\mathrm{d}y$，即
$$\mathrm{d}y = A\Delta x$$

（1）函数可微分的充分必要条件

函数 $y = f(x)$ 在点 x_0 可微分的充分必要条件是 $f(x)$ 在点 x_0 可导。

（2）函数和、差、积、商的微分法则

由函数和、差、积、商的求导法则，可推得相应的微分法则，为了便于对照，列成下表（表中 $u = u(x), v = v(x)$ 都可导）。

函数和、差、积、商的求导法则	函数和、差、积、商的微分法则
$(u \pm v)' = u' \pm v'$	$\mathrm{d}(u \pm v) = \mathrm{d}u \pm \mathrm{d}v$
$(Cu)' = Cu'$	$\mathrm{d}(Cu) = C\mathrm{d}u$
$(uv)' = u'v + uv'$	$\mathrm{d}(uv) = v\mathrm{d}u + u\mathrm{d}v$
$\left(\dfrac{u}{v}\right)' = \dfrac{u'v - uv'}{v^2} (v \neq 0)$	$\mathrm{d}\left(\dfrac{u}{v}\right) = \dfrac{v\mathrm{d}u - u\mathrm{d}v}{v^2} (v \neq 0)$

（3）复合函数的微分法则

设 $y = f(u)$，而 $u = g(x)$ 且 $f(u)$ 及 $g(x)$ 都可导，则复合函数 $y = f[g(x)]$ 的微分为：
$$y'(x) = f'(u) \cdot g'(x)\mathrm{d}x$$

（4）微分的应用

前面说过，如果 $y = f(x)$ 在点 x_0 处的导数 $f'(x_0) \neq 0$，且 $|\Delta x|$ 很小时，有
$$\mathrm{d}y \approx \Delta y = f'(x_0)\Delta x$$
这个式子也可以写为
$$\Delta y = f(x_0 + \Delta x) - f(x_0) = f'(x_0)\Delta x$$

或
$$f(x_0+\Delta x) \approx f(x_0) + f'(x_0)\Delta x$$

【例 1.2-26】若函数 $z=f(x,y)$ 在点 $P_0(x_0,y_0)$ 处可微，则下面结论中错误的是( )。

A. $z=f(x,y)$ 在 P_0 处连续

B. $\lim\limits_{\substack{x\to x_0 \\ y\to y_0}} f(x,y)$ 存在

C. $f'_x(x_0,y_0)$，$f'_y(x_0,y_0)$ 均存在

D. $f'_x(x,y)$，$f'_y(x,y)$ 在 P_0 处连续

解析：二元函数 $z=f(x,y)$ 在点 $P_0(x_0,y_0)$ 处可微，可得到如下结论：①函数在点 $P_0(x_0,y_0)$ 处的偏导数一定存在，C 项正确；②函数在点 $P_0(x_0,y_0)$ 处一定连续，AB 两项正确；可微，可推出一阶偏导存在，但一阶偏导存在不一定一阶偏导在 P_0 点连续，也有可能是可去或跳跃间断点，故选 D 项。

【例 1.2-27】设 $z=f(x^2-y^2)$，则 $\mathrm{d}z$ 等于( )。

A. $2x-2y$
B. $2x\mathrm{d}x-2y\mathrm{d}y$
C. $f'(x^2-y^2)\mathrm{d}x$
D. $2f'(x^2-y^2)(x\mathrm{d}x-y\mathrm{d}y)$

解析：此题为复合函数的求微分，需要分层求导，对函数两边求微分得：$\mathrm{d}z=2f'(x^2-y^2)(x\mathrm{d}x-y\mathrm{d}y)$。故选 D。

【例 1.2-28】二元函数 $f(x,y)$ 在点 (x_0,y_0) 处两个偏导数 $f'_x(x_0,y_0)$，$f'_y(x_0,y_0)$ 存在是 $f(x,y)$ 在该点连续的( )。

A. 充分条件而非必要条件
B. 必要条件而非充分条件
C. 充分必要条件
D. 既非充分又非必要条件

解析：因为 $f'_x(x_0,y_0)$ 和 $f'_y(x_0,y_0)$ 存在仅能分别推出 $f(x,y_0)$ 在 $x=x_0$ 处连续和 $f(x_0,y)$ 在 $y=y_0$ 处连续，推不出 $f(x,y)$ 在点 (x_0,y_0) 处连续。反之，$f(x,y)$ 在点 (x_0,y_0) 的连续性，当然推不出两个偏导数 $f'_x(x_0,y_0)$ 和 $f'_y(x_0,y_0)$ 的存在性，所以应选 D。

1.2.5 导数的应用与中值定理

掌握罗尔定理与拉格朗日中值定理，洛必达法则求极限，函数单调性、极值与拐点的判定，函数的最大值最小值问题，曲线的弧微分与曲率。

中值定理

(1)（罗尔定理）

如果函数 $f(x)$ 满足

1) 在闭区间 $[a,b]$ 上连续；
2) 在开区间 (a,b) 内可导；
3) 在区间端点处的函数值相等，即 $f(a)=f(b)$，

那么在 (a,b) 内至少有一点 $\xi(a<\xi<b)$，使得 $f'(\xi)=0$。

(2) 拉格朗日中值定理

如果函数 $f(x)$ 满足

1) 在闭区间 $[a,b]$ 上连续；

2) 在开区间 (a,b) 内可导;

那么在 (a,b) 内至少有一点 $\xi(a<\xi<b)$,使等式
$$f'(\xi)(b-a)=f(b)-f(a)$$
成立。

(3) 洛必达法则

未定式 $\dfrac{0}{0}$ 的情形,设:

1) 当 $x\to a$(或 $x\to\infty$)时,$f(x)\to 0$ 且 $F(x)\to 0$;

2) 在点 a 的某去心邻域内(或当 $|x|>N$ 时),$f'(x)$ 及 $F'(x)$ 都存在且 $F'(x)\ne 0$;

3) $\lim\limits_{\substack{x\to a\\(x\to\infty)}}\dfrac{f'(x)}{F'(x)}$ 存在(或为无穷大);

则:$\lim\limits_{\substack{x\to a\\(x\to\infty)}}\dfrac{f(x)}{F(x)}=\lim\limits_{\substack{x\to a\\(x\to\infty)}}\dfrac{f'(x)}{F'(x)}$

(4) 函数单调性、极值与拐点

定理 1

设函数 $y=f(x)$ 在闭区间 $[a,b]$ 上连续,在开区间 (a,b) 内可导。

1) 如果在 (a,b) 内 $f'(x)\geqslant 0$,且等号仅在有限多个点处成立,那么函数 $y=f(x)$ 在 $[a,b]$ 上单调增加;

2) 如果在 (a,b) 内 $f'(x)\leqslant 0$,且等号仅在有限多个点处成立,那么函数 $y=f(x)$ 在 $[a,b]$ 上单调减少。

如果把这个判定法中的闭区间换成其他各种区间(对于无穷区间,要求在任一有限的子区间上满足定理的条件),那么结论也成立。

定理 2(第一充分条件)

设函数 $f(x)$ 在 x_0 处连续,且在 x_0 的某去心邻域内可导。

1) 若 $x\in(x_0-\delta,x_0)$ 时,$f'(x)>0$,而 $x\in(x_0,x_0+\delta)$ 时,$f'(x)<0$,则 $f(x)$ 在 x_0 处取得极大值;

2) 若 $x\in(x_0-\delta,x_0)$ 时,$f'(x)<0$,而 $x\in(x_0,x_0+\delta)$ 时,$f'(x)>0$,则 $f(x)$ 在 x_0 处取得极小值;

3) 若在 x_0 的某去心邻域内,$f'(x)$ 的符号保持不变,则 $f(x)$ 在 x_0 处没有极值。

定理 3(第二充分条件)

设函数 $f(x)$ 在 x_0 处具有二阶导数且 $f'(x_0)=0$,$f''(x_0)\ne 0$,则

1) 当 $f''(x_0)<0$ 时,函数 $f(x)$ 在 x_0 处取得极大值;

2) 当 $f''(x_0)>0$ 时,函数 $f(x)$ 在 x_0 处取得极小值。

曲线凹凸性判定可利用二阶函数的符号判定,即:当 $f''(x)$ 在区间上为正,$f(x)$ 的图形为凹;当 $f''(x)$ 在区间上为负,$f(x)$ 的图形为凸。曲线的拐点:若 $f''(x_0)=0$,且 $f''(x)$ 在 x_0 的左右两侧邻近异号,则点 $(x_0,f(x_0))$ 就是一个拐点。

(5) 曲线的弧微分与曲率

弧微分公式:$ds=\sqrt{1+y'^2}\,dx$

曲率公式:$K=\dfrac{|y''|}{(1+y'^2)^{3/2}}$

【例 1.2-29】 设 $f(x) = x(x-1)(x-2)$，则方程 $f'(x) = 0$ 的实根个数是（　　）。
A. 3　　　　　B. 2　　　　　C. 1　　　　　D. 0

解析：先对方程求导，得：$f'(x) = 3x^2 - 6x + 2$，再根据二元函数的判别式 $\Delta = b^2 - 4ac = 12 > 0$，判断可知方程有两个实根。故选 B。

【例 1.2-30】 设函数 $f(x)$ 在 (a,b) 内可微，且 $f'(x) \neq 0$，则 $f(x)$ 在 (a,b) 内（　　）。
A. 必有极大值　　　　　　　　　B. 必有极小值
C. 必无极值　　　　　　　　　　D. 不能确定有还是没有极值

解析：可导函数极值判断：若函数 $f(x)$ 在 (a,c) 上的导数大于零，在 (c,b) 上的导数小于零，则 $f(x)$ 在 c 点处取得极大值；若函数 $f(x)$ 在 (a,c) 上的导数小于零，在 (c,b) 上的导数大于零，则 $f(x)$ 在 c 点处取得极小值。即可导函数极值点处，$f'(x) = 0$。函数 $f(x)$ 在 (a,b) 内可微，则函数在 (a,b) 内可导且连续；又 $f'(x) \neq 0$，则在 (a,b) 内必有 $f'(x) > 0$ 或 $f'(x) < 0$，即函数 $f(x)$ 在 (a,b) 内单调递增或单调递减，必无极值。故选 C。

【例 1.2-31】 曲线 $y = \dfrac{x^2}{1+x^2}$ 的拐点是（　　）。

A. $\left(\pm\dfrac{\sqrt{3}}{3}, \dfrac{1}{4}\right)$　　　　　　　　B. $\left(\pm\dfrac{\sqrt{3}}{3}, \dfrac{1}{3}\right)$

C. $\left(\pm\dfrac{\sqrt{3}}{2}, \dfrac{1}{4}\right)$　　　　　　　　D. $\left(\pm\dfrac{\sqrt{3}}{3}, \dfrac{1}{5}\right)$

解析：$y = \dfrac{x^2}{1+x^2} = 1 - \dfrac{1}{1+x^2}$

$y' = \dfrac{2x}{(1+x^2)^2}$；$y'' = 2\left[\dfrac{1}{(1+x^2)^2} - \dfrac{4x^2}{(1+x^2)^3}\right]$。令 $y'' = 0$ 得拐点的横坐标 $x = \pm\dfrac{1}{\sqrt{3}}$，故拐点为 $\left(\pm\dfrac{\sqrt{3}}{3}, \dfrac{1}{4}\right)$。故选 A。

【例 1.2-32】 设 $\lim\limits_{x \to a} \dfrac{f(x) - f(a)}{(x-a)^2} = -1$，则在点 $x = a$ 处（　　）。

A. $f(x)$ 的导数存在，且 $f'(a) \neq 0$
B. $f(x)$ 取得极大值
C. $f(x)$ 取得极小值
D. $f(x)$ 的导数不存在

解析：当 x 充分接近 a 时，$\dfrac{f(x) - f(a)}{(x-a)^2} < 0$，而其中的分母为正，所以 $x = a$ 是 $f(x)$ 的极大值点。故选 B。

【例 1.2-33】 设 $f(x)$ 和 $g(x)$ 在 $(-\infty, +\infty)$ 内有定义。$f(x)$ 为连续函数，且 $f(x) \neq 0$，$g(x)$ 有间断点，则（　　）。
A. $g[f(x)]$ 必有间断点　　　　　B. $g(x)/f(x)$ 必有间断点
C. $[g(x)]^2$ 必有间断点　　　　　D. $f[g(x)]$ 必有间断点

解析：若 $F(x) = \dfrac{g(x)}{f(x)}$ 为连续函数，则

$$g(x)=f(x)F(x)$$

必为连续函数,矛盾。故选 B。

【例 1.2-34】 设两函数 $f(x)$ 及 $g(x)$ 均在 $x=x_0$ 处取极大值,则函数 $h(x)=f(x)g(x)$ 在 $x=a$ 处( )。

A. 取极大值　　　　　　　　　　B. 取极小值
C. 不可能取极值　　　　　　　　D. 是否取极值不能确定

解析: 举例如下:(1) $f(x)=-x^2$,$g(x)=-x^4$ 显然 $f(x)$,$g(x)$ 都在 $x=0$ 处取极大值,但 $h(x)=f(x)g(x)=x^6$ 在 $x=0$ 处取极小值。

(2) $f(x)=-x^2$,$g(x)=\cos x$,$x_0=0$,这时 $f(x)$ 与 $g(x)$ 在 $x=x_0$ 点处取极大值,$f(x)g(x)$ 也在 $x=x_0$ 点处取极大值。

综上可知应选 D。

【例 1.2-35】 设 $y=f(x)$ 是 (a,b) 内的可导函数,x,$x+\Delta x$ 是 (a,b) 内的任意两点,则( )。

A. $\Delta y=f'(x)\Delta x$
B. 在 x,$x+\Delta x$ 之间恰好有一点 ξ,使 $\Delta y=f'(\xi)\Delta x$
C. 在 x,$x+\Delta x$ 之间至少有一点 ξ,使 $\Delta y=f'(\xi)\Delta x$
D. 对于 x,$x+\Delta x$ 之间的任意一点 ξ,均有 $\Delta y=f'(\xi)\Delta x$

解析: 根据拉格朗日中值定理:如果函数 $f(x)$ 在闭区间 $[a,b]$ 上连续,在开区间 (a,b) 内可导,则至少存在一点 $\varepsilon\in(a,b)$,使得下式成立: $f(b)-f(a)=f'(\varepsilon)(b-a)$。因此,依题意可得:$y=f(x)$ 在闭区间 $[x,x+\Delta x]$ 上可导,满足拉格朗日中值定理,即在 $[x,x+\Delta x]$ 之间至少有一点 ξ,使 $\Delta y=f'(\xi)\Delta x$。故选 C。

【例 1.2-36】 函数 $y=x^3-5x^2+3x+5$ 的拐点是( )。

A. $(-5/3,20/27)$　　　　　　　B. $(5/3,20/27)$
C. $(-5/3,-20/27)$　　　　　　D. $(5/3,-20/27)$

解析: 计算得 $y'=3x^2-10x+3$,$y''=6x-10$,令 $y''=0$,计算得 $x=5/3$。通过计算知,y'' 在 $x=5/3$ 的左、右两侧异号,又 $y(5/3)=20/27$,所以点 $(5/3,20/27)$ 为拐点。故选 B。

【例 1.2-37】 设 $y=f(x)$ 是 (a,b) 内的可导函数,x,$x+\Delta x$ 是 (a,b) 内的任意两点,则( )。

A. $\Delta y=f'(x)\Delta x$
B. 在 x,$x+\Delta x$ 之间恰好有一点 ξ,使 $\Delta y=f'(\xi)\Delta x$
C. 在 x,$x+\Delta x$ 之间至少有一点 ξ,使 $\Delta y=f'(\xi)\Delta x$
D. 对于 x,$x+\Delta x$ 之间任意一点 ξ,均有 $\Delta y=f'(\xi)\Delta x$

解析: 根据拉格朗日中值定理:如果函数 $f(x)$ 在闭区间 $[a,b]$ 上连续,在开区间 (a,b) 内可导,则至少存在一点 $\varepsilon\in(a,b)$,使得下式成立: $f(b)-f(a)=f'(\varepsilon)(b-a)$。因此,依题意可得:$y=f(x)$ 在闭区间 $[x,x+\Delta x]$ 上可导,满足拉格朗日中值定理,即在 $[x,x+\Delta x]$ 之间至少有一点 ξ,使 $\Delta y=f'(\xi)\Delta x$。故选 C。

1.2.6 偏导数和全微分

掌握偏导数的概念,多元复合函数求导,高阶偏导数,全微分概念,多元函数可偏导与可微分的关系，偏导数的运用。

1. 多元复合函数求导法则

如果函数 $u = \varphi(x, y)$ 及 $v = \psi(x, y)$ 都在点 (x, y) 具有对 x 及对 y 的偏导数，函数 $z = f(u, v)$ 在对应点 (u, v) 具有连续偏导数，那么复合函数 $z = f[\varphi(x, y), \psi(x, y)]$ 在点 (x, y) 的两个偏导数存在，且有

$$\frac{\partial z}{\partial x} = \frac{\partial z}{\partial u}\frac{\partial u}{\partial x} + \frac{\partial z}{\partial v}\frac{\partial v}{\partial x}$$

$$\frac{\partial z}{\partial y} = \frac{\partial z}{\partial u}\frac{\partial u}{\partial y} + \frac{\partial z}{\partial v}\frac{\partial v}{\partial y}$$

在求解多元复合函数的偏导数时，关键是辨清函数的复合结构，可借助结构图来表示出因变量经过中间变量，再通过自变量的途径。

2. 函数可微分的条件

若函数 $z = f(x, y)$ 在点 (x, y) 可微分，则偏导数 $\frac{\partial z}{\partial x}$，$\frac{\partial z}{\partial y}$ 必定存在。

函数可微分的充分条件是函数具有连续偏导数。

3. 多元函数连续、可偏导、可微分的关系

多元函数连续与可偏导没有必然的联系；多元函数可微分必定可偏导，但反之不成立；当偏导数存在且连续时，函数必定可微分，但反之不成立；多元函数可微分，则函数必定连续，但反之不成立。

4. 偏导数的应用

掌握运用偏导数求空间曲线的切线与法平面、曲面的切平面与法线、方向导数与梯度、多元函数的极值。

多元函数的极值判定。设 $z = f(x, y)$ 在点 (x_0, y_0) 具有偏导数，则它在点 (x_0, y_0) 取得极值的必要条件是：$f_x(x_0, y_0) = 0$，$f_y(x_0, y_0) = 0$。

设 $z = f(x, y)$ 在点 (x_0, y_0) 具有二阶连续偏导数，且 $f_x(x_0, y_0) = 0$，$f_y(x_0, y_0) = 0$，$f_{xx}(x_0, y_0) = A$，$f_{xy}(x_0, y_0) = B$，$f_{yy}(x_0, y_0) = C$，则有：

1) 当 $AC - B^2 > 0$ 时，具有极值 $f(x_0, y_0)$，且当 $A < 0$ 时，$f(x_0, y_0)$ 为极大值，当 $A > 0$ 时，$f(x_0, y_0)$ 为极小值；

2) 当 $AC - B^2 < 0$ 时，$f(x_0, y_0)$ 不是极值。

【例 1.2-38】 设 $z = (3^{xy}/x) + xF(u)$，其中 $F(u)$ 可微，且 $u = y/x$，则 $\partial z/\partial y$ 等于（　）。

A. $3^{xy} - (y/x)F'(u)$　　　　　　　B. $\frac{1}{x}3^{xy}\ln 3 + F'(u)$

C. $3^{xy} + F'(u)$　　　　　　　　　D. $3^{xy}\ln 3 + F'(u)$

解析：多元函数求偏导要遵循"明确求导路径，一求求到底"的原则。本题中，求解如下：$\partial z/\partial y = (1/x) \times x3^{xy}\ln 3 + xF'(u) \times (1/x) = 3^{xy}\ln 3 + F'(u)$。故选 D。

【例 1.2-39】 设 $z = f(xy^2, x^2y)$，其中 f 具有二阶连续偏导数，则 $\frac{\partial^2 z}{\partial x \partial y} = ($　$)$。

A. $4xy^3 f_{11} + 5x^2 y^2 f_{12} + 4x^3 y f_{22} + 2y f_1 + 2x f_2$
B. $2xy^3 f_{11} + 5x^2 y^2 f_{12} + 2x^3 y f_{22} + 2y f_1 + 2x f_2$
C. $4xy^3 f_{11} + 4x^2 y^2 f_{12} + 4x^3 y f_{22} + y f_1 + x f_2$
D. $2xy^3 f_{11} + 4x^2 y^2 f_{12} + 2x^3 y f_{22} + y f_1 + x f_2$

解析：由二元复合函数偏导数的链式法则，有

$$\frac{\partial z}{\partial x} = f_1 y^2 + f_2 2xy,$$

$$\frac{\partial^2 z}{\partial x \partial y} = (f_{11} 2xy + f_{12} x^2) y^2 + 2 f_1 y + (f_{21} 2xy + f_{22} x^2) 2xy + f_2 2x,$$

因为 f 具有二阶连续偏导数，所以 $f_{12} = f_{21}$，则

$$\frac{\partial^2 z}{\partial x \partial y} = 2xy^3 f_{11} + 5x^2 y^2 f_{12} + 2x^3 y f_{22} + 2y f_1 + 2x f_2 \text{。故选 B。}$$

【例 1.2-40】已知 $f(x, y) = x^2 \arctan\left(\dfrac{y}{x}\right) - y^2 \arctan\left(\dfrac{x}{y}\right)$，则 $\partial^2 f / \partial x \partial y = ($　　$)$。

A. $\dfrac{x^2 + y^2}{x^2 - y^2}$　　　　B. $\dfrac{x^2 - y^2}{x^2 + y^2}$　　　　C. $\dfrac{x^2 + y^2}{x^2}$　　　　D. $\dfrac{x^2}{x^2 - y^2}$

解析：记 $g(x, y) = x^2 \arctan\left(\dfrac{y}{x}\right)$，$h(x, y) = y^2 \arctan\left(\dfrac{x}{y}\right)$，则

$$\frac{\partial g}{\partial y} = \frac{x^3}{x^2 + y^2}$$

$$\frac{\partial}{\partial x}\left(\frac{\partial g}{\partial y}\right) = \frac{x^2 (x^2 + 3y^2)}{(x^2 + y^2)^2}$$

同理

$$\frac{\partial}{\partial y}\left(\frac{\partial h}{\partial x}\right) = \frac{y^2 (y^2 + 3x^2)}{(x^2 + y^2)^2}$$

因此

$$\frac{\partial^2 f}{\partial x \partial y} = \frac{\partial}{\partial x}\left(\frac{\partial g}{\partial y}\right) - \frac{\partial}{\partial y}\left(\frac{\partial h}{\partial x}\right)$$

$$= \frac{x^2 - y^2}{x^2 + y^2}$$

故选 B。

【例 1.2-41】设 $f(x, y) = \begin{cases} (x^2 + y^2) \cos\left(\dfrac{1}{\sqrt{x^2 + y^2}}\right), & x^2 + y^2 \neq 0 \\ 0, & x^2 + y^2 = 0 \end{cases}$

则 $f(x, y)$ 在点 $(0, 0)$ 处（　　）。

A. $\dfrac{\partial f}{\partial x}$，$\dfrac{\partial f}{\partial y}$ 不存在　　　　　　B. $\dfrac{\partial f}{\partial x}$，$\dfrac{\partial f}{\partial y}$ 连续

C. 可微　　　　　　　　　　　　　D. 不连续

解析：$\lim\limits_{x \to 0} \dfrac{f(x, 0) - f(0, 0)}{x} = \lim\limits_{x \to 0} x \cos\left(\dfrac{1}{|x|}\right) = 0$

说明 $\dfrac{\partial f}{\partial x}(0, 0)$ 存在且为 0；同理可知 $\dfrac{\partial f}{\partial y}(0, 0)$ 也存在并为 0。我们有

$$f'_x(x,y) = \begin{cases} 2x\cos\left(\dfrac{1}{\sqrt{x^2+y^2}}\right) + \dfrac{x}{\sqrt{x^2+y^2}}\sin\left(\dfrac{1}{\sqrt{x^2+y^2}}\right), & x^2+y^2 \neq 0 \\ 0, & x^2+y^2 = 0 \end{cases}$$

当 (x,y) 沿着 $y=x$ 方向趋于 $(0,0)$ 时，$\lim\limits_{\substack{x\to 0\\y\to 0}} f_x(x,y)$ 不存在，所以 $f'_x(x,y)$ 在 $(0,0)$ 不连续。另外，很显然有 $\lim\limits_{\substack{x\to 0\\y\to 0}} f(x,y) = 0 = f(0,0)$，所以 $f(x,y)$ 在 $(0,0)$ 连续。综上所述，ABD 皆被排除了。仅需要看一看 C 是否正确：由

$$\lim_{\substack{x\to 0\\y\to 0}} \frac{f(x,y)-f(0,0)}{\sqrt{x^2+y^2}} = \lim_{\substack{x\to 0\\y\to 0}} \sqrt{x^2+y^2}\cos\left(\frac{1}{\sqrt{x^2+y^2}}\right) = 0$$

可知 $f(x,y)$ 在 $(0,0)$ 点可微，且 $\mathrm{d}f(0,0) = 0$。故选 C。

【例 1.2-42】 二元函数 $f(x,y) = 4(x-y) - x^2 - y^2$ 的极值为（ ）。

A. 6 B. 7 C. 8 D. 9

解析： 由方程组

$$\begin{cases} f_x = 4 - 2x = 0 \\ f_y = -4 - 2y = 0 \end{cases}$$

求得驻点 $(2, -2)$。又 $A = f_{xx}(2,-2) = -2 < 0$，$B = f_{xy}(2,-2) = 0$，$C = f_{yy}(2,-2) = -2$，$AC - B^2 > 0$。

由判断极值的充分条件知：在点 $(2,-2)$ 处，函数取得极大值 $f(2,-2) = 8$。故选 C。

【例 1.2-43】 设

$$u = e^{x^2}\sin\frac{x}{y}$$

则 $\partial u / \partial x = ($ $)$。

A. $e^{x^2}\sin\dfrac{1}{y}$
B. $2xe^{x^2}\sin\dfrac{1}{y}$
C. $2xe^{x^2}\sin\dfrac{x}{y} + \dfrac{1}{y}e^{x^2}\cos\dfrac{x}{y}$
D. $2xe^{x^2}\sin\dfrac{x}{y} + e^{x^2}\cos\dfrac{x}{y}$

解析： 计算得：

$$\frac{\partial u}{\partial x} = 2xe^{x^2}\sin\frac{x}{y} + \frac{1}{y}e^{x^2}\cos\frac{x}{y}$$

故选 C。

习　题

【1.2-1】 若 $\lim\limits_{x\to 0}(1-x)^{\frac{k}{x}}$ 则常数 k 等于（ ）。

A. $-\ln 2$ B. $\ln 2$ C. 1 D. 2

【1.2-2】 点 $x=0$ 是函数 $y = \arctan(1/x)$ 的（ ）。

A. 可去间断点 B. 跳跃间断点 C. 连续点 D. 第二类间断点

【1.2-3】$\dfrac{\mathrm{d}(\ln x)}{\mathrm{d}\sqrt{x}}$ 等于( )。

A. $\dfrac{1}{2x^{3/2}}$ B. $\dfrac{2}{\sqrt{x}}$ C. $\dfrac{1}{\sqrt{x}}$ D. $2/x$

【1-2-4】设 $a_n = [1+(1/n)]^n$，则数列 $\{a_n\}$ 是( )。

A. 单调增而无上界 B. 单调增而有上界
C. 单调减而无下界 D. 单调减而有上界

【1.2-5】下列说法中正确的是( )。

A. 若 $f'(x_0)=0$ 则 $f(x_0)$ 必是 $f(x)$ 的极值
B. 若 $f(x_0)$ 是 $f(x)$ 的极值，则 $f(x)$ 在点 x_0 处可导，且 $f'(x_0)=0$
C. 若 $f(x_0)$ 在点 x_0 处可导，则 $f'(x_0)=0$ 是 $f(x)$ 在 x_0 取得极值的必要条件
D. 若 $f(x_0)$ 在点 x_0 处可导，则 $f'(x_0)=0$ 是 $f(x)$ 在 x_0 取得极值的充分条件

【1.2-6】设方程 $x^2+y^2+z^2=4z$ 确定可微函数 $z=z(x,y)$，则全微分 $\mathrm{d}z$ 等于( )。

A. $[1/(2-z)](y\mathrm{d}x+x\mathrm{d}y)$ B. $[1/(2-z)](x\mathrm{d}x+y\mathrm{d}y)$
C. $[1/(2+z)](\mathrm{d}x+\mathrm{d}y)$ D. $[1/(2-z)](\mathrm{d}x-\mathrm{d}y)$

【1.2-7】若 $\lim\limits_{x\to 1}\dfrac{2x^2+ax+b}{x^2+x-2}=1$ 则必有( )。

A. $a=-1, b=2$ B. $a=-1, b=-2$
C. $a=-1, b=-1$ D. $a=1, b=1$

【1.2-8】若 $\begin{cases} x=\sin t \\ y=\cos t \end{cases}$ 则 $\mathrm{d}y/\mathrm{d}x$ 等于( )。

A. $-\tan t$ B. $\tan t$ C. $-\sin t$ D. $\cot t$

【1.2-9】已知 $f(x)$ 为连续的偶函数，则 $f(x)$ 的原函数中( )。

A. 有奇函数 B. 都是奇函数
C. 都是偶函数 D. 没有奇函数也没有偶函数

【1.2-10】设 $f(x)=\begin{cases} 3x^2, & x\leqslant 1 \\ 4x-1, & x>1 \end{cases}$ 则 $f(x)$ 在点 $x=1$ 处( )。

A. 不连续 B. 连续但左、右导数不存在
C. 连续但不可导 D. 可导

【1.2-11】函数 $y=(5-x)x^{2/3}$ 的极值可疑点的个数是( )。

A. 0 B. 1 C. 2 D. 3

【1.2-12】设 $z=z(x,y)$ 是由方程 $xz-xy+\ln(xyz)=0$ 所确定的可微函数，则 $\partial z/\partial y$ 等于( )。

A. $-xz/(xz+1)$ B. $-x+(1/2)$
C. $z(-xz+y)/[x(xz+1)]$ D. $z(xy-1)/[y(xz+1)]$

【1.2-13】若 $f(-x)=-f(x)(-\infty<x<+\infty)$，且在 $(-\infty, 0)$ 内 $f'(x)>0$，$f''(x)<0$，则 $f(x)$ 在 $(0,+\infty)$ 内是( )。

A. $f'(x)>0, f''(x)<0$ B. $f'(x)<0, f''(x)>0$

C. $f'(x) > 0, f''(x) > 0$ 　　　　　　D. $f'(x) < 0, f''(x) < 0$

【1.2-14】若 $z = f(x, y)$ 和 $y = \varphi(x)$ 均可微，则 dz/dx 等于(　　)。

A. $\partial f/\partial x + \partial f/\partial y$ 　　　　　　B. $\dfrac{\partial f}{\partial x} + \dfrac{\partial f}{\partial y} \dfrac{d\varphi}{dx}$

C. $\dfrac{\partial f}{\partial y} \dfrac{\partial \varphi}{\partial x}$ 　　　　　　D. $\dfrac{\partial f}{\partial x} - \dfrac{\partial f}{\partial y} \dfrac{d\varphi}{dx}$

【1.2-15】设 $f(x) = \begin{cases} \cos x + x\sin\dfrac{1}{x} & (x < 0) \\ x^2 + 1 & (x \geqslant 0) \end{cases}$ 则 $x = 0$ 是 $f(x)$ 的下面哪一种情况？(　　)

A. 跳跃间断点　　B. 可去间断点　　C. 第二类间断点　　D. 连续点

【1.2-16】设 $\alpha(x) = 1 - \cos x$, $\beta(x) = 2x^2$，则当 $x \to 0$ 时，下列结论中正确的是(　　)。

A. $\alpha(x)$ 与 $\beta(x)$ 是等价无穷小

B. $\alpha(x)$ 是 $\beta(x)$ 的高阶无穷小

C. $\alpha(x)$ 是 $\beta(x)$ 低阶无穷小

D. $\alpha(x)$ 与 $\beta(x)$ 是同阶无穷小但不是等价无穷小

【1.2-17】当 $a < x < b$ 时，有 $f'(x) > 0$, $f''(x) < 0$，则在区间 (a, b) 内，函数 $y = f(x)$ 的图形沿 x 轴正向是(　　)。

A. 单调减且凸的　　　　　　B. 单调减且凹的
C. 单调增且凸的　　　　　　D. 单调增且凹的

【1.2-18】当 $x \to 0$ 时，$3^x - 1$ 是 x 的(　　)。

A. 高阶无穷小　　　　　　B. 低阶无穷小
C. 等价无穷小　　　　　　D. 同阶但非等价无穷小

【1.2-19】函数 $f(x) = (x - x^2)/(\sin\pi x)$ 的可去间断点的个数为(　　)。

A. 1个　　B. 2个　　C. 3个　　D. 无穷多个

【1.2-20】如果 $f(x)$ 在 x_0 可导，$g(x)$ 在 x_0 不可导，则 $f(x) \cdot g(x)$ 在 x_0 (　　)。

A. 可能可导也可能不可导　　B. 不可导
C. 可导　　　　　　　　　　D. 连续

【1.2-21】当 $x > 0$ 时，下列不等式中正确的是(　　)。

A. $e^x < 1 + x$　　B. $\ln(1+x) > x$　　C. $e^x < ex$　　D. $x > \sin x$

【1.2-22】若函数 $f(x, y)$ 在闭区域 D 上连续，下列关于极值点的陈述中正确的是(　　)。

A. $f(x, y)$ 的极值点一定是 $f(x, y)$ 的驻点

B. 如果 P_0 是 $f(x, y)$ 的极值点，则 P_0 点处 $B^2 - AC < 0$ (其中：$A = \partial^2 f/\partial x^2$, $B = \partial^2 f/(\partial x \partial y)$, $C = \partial^2 f/\partial y^2$)

C. 如果 P_0 是可微函数 $f(x, y)$ 的极值点，则在 P_0 点处 $df = 0$

D. $f(x, y)$ 的最大值点一定是 $f(x, y)$ 的极大值点

【1.2-23】设 $f(x) = (e^{3x} - 1)/(e^{3x} + 1)$，则(　　)。

A. $f(x)$ 为偶函数，值域为 $(-1, +1)$

B. $f(x)$ 为奇函数，值域为 $(-\infty, 0)$

C. $f(x)$ 为奇函数，值域为 $(-1, +1)$

D. $f(x)$ 为奇函数，值域为 $(0, +\infty)$

【1.2-24】下列命题正确的是（　　）。

A. 分段函数必存在间断点

B. 单调有界函数无第二类间断点

C. 在开区间内连续，则在该区间必取得最大值和最小值

D. 在闭区间上有间断点的函数一定有界

【1.2-25】设函数 $f(x)=\begin{cases}\dfrac{2}{x^2+1} & x\leqslant 1 \\ ax+bx & x>1\end{cases}$ 可导，则必有（　　）。

A. $a=1, b=2$ B. $a=-1, b=2$

C. $a=1, b=0$ D. $a=-1, b=0$

【1.2-26】求极限 $\lim\limits_{x\to 0}\dfrac{x^2\sin\dfrac{1}{x}}{\sin x}$ 时，下列各种解法中正确的是（　　）。

A. 用洛必达法则后，求得极限为 0

B. 因为 $\lim\limits_{x\to 0}\sin\dfrac{1}{x}$ 不存在，所以上述极限不存在

C. 原式 $=\lim\limits_{x\to 0}\dfrac{x}{\sin x}x\sin\dfrac{1}{x}=0$

D. 因为不能用洛必达法则，故极限不存在

【1.2-27】下列各点中为二元函数 $z=x^3-y^3-3x^2+3y-9x$ 的极小值点的是（　　）。

A. $(3,-1)$ B. $(3,1)$ C. $(1,1)$ D. $(-1,-1)$

习题答案及解析

【1.2-1】答案：A

解析：$\lim\limits_{x\to 0}(1-x)^{\frac{k}{x}}=\lim\limits_{x\to 0}[(1-x)^{\frac{-1}{x}}]^{-k}=e^{-k}=2$

两边同时取自然对数，得：$-k=\ln 2$，所以 $k=-\ln 2$。

【1.2-2】答案：B

解析：第一类间断点：如果 $f(x)$ 在点 x_0 处间断，且 $f(x_0^+)$，$f(x_0^-)$ 都存在。其中，如果 $f(x_0^+)\neq f(x_0^-)$，则称点 x_0 为函数 $f(x)$ 的跳跃间断点。本题中，因为 $y(0^+)=\pi/2$，$y(0^-)=-\pi/2$，则 $y(0^+)\neq y(0^-)$，所以点 $x=0$ 是函数 $y=\arctan(1/x)$ 的跳跃间断点。

【1.2-3】答案：B

解析：原式 $=\dfrac{\mathrm{d}(\ln x)/\mathrm{d}x}{\mathrm{d}\sqrt{x}/\mathrm{d}x}=\dfrac{1/x}{1/(2\sqrt{x})}=2/\sqrt{x}$

【1.2-4】答案：B

解析：判断 $\lim\limits_{n\to\infty}\dfrac{a_{n+1}}{a_n}$ 等价于判断 $\lim\limits_{n\to\infty}\sqrt[n]{a_n}$，因为 $\lim\limits_{n\to\infty}\sqrt[n]{a_n}>1$，所以 $\lim\limits_{n\to\infty}\dfrac{a_{n+1}}{a_n}>1$（单调

递增），又 $\lim\limits_{n\to\infty} a_n = e$ 故数列 $\{a_n\}$ 单调增且有上界。

【1.2-5】答案：C

解析：当 $f(x_0)$ 在点 x_0 处可导时，若 $f(x)$ 在 x_0 取得极值，则可知 $f'(x_0) = 0$；若 $f'(x_0) = 0$，而 $f'(x_0^+) \cdot f'(x_0^-) \geqslant 0$ 时，则 $f(x)$ 在 x_0 不能取得极值。因此，若 $f(x_0)$ 在点 x_0 处可导，则 $f'(x_0) = 0$ 是 $f(x)$ 在 x_0 取得极值的必要条件。

【1.2-6】答案：B

解析：对等式两边同时取微分得：$2xdx + 2ydy + 2zdz = 4dz$。所以，$dz = [1/(2-z)](xdx + ydy)$。

【1.2-7】答案：C

解析：因为 $\lim\limits_{x\to 1}\dfrac{2x^2+ax+b}{x^2+x-2}=1$ 分母趋于零，所以分子也趋于零，故 $\lim\limits_{x\to 1} 2x^2+ax+b=0$ 得：$2+a+b=0$。又由洛必达法则，有：$\lim\limits_{x\to 1}\dfrac{4x+a}{2x+1}=1$ 故 $a=-1$，$b=-1$。

【1.2-8】答案：A

解析：根据隐函数求导法则可知，$dy/dx = (dy/dt)/(dx/dt) = -\sin t/\cos t = -\tan t$。

【1.2-9】答案：A

解析：连续偶函数的原函数，可以是奇函数也可以是非奇非偶函数。举例：$f(x) = x^2$，$\int f(x)dx = x^3/3 + C$，原函数 $x^3/3 + C$ 的奇偶性根据 C 值的取值而不同。当 $C=0$ 时，所求原函数为奇函数；当 $C=1$ 时，$\int f(x)dx = x^3/3+1$ 为非奇非偶函数。

【1.2-10】答案：C

解析：$x=1$ 处的左极限为 3，右极限为 3，函数值为 3，故 $f(x)$ 在 $x=1$ 处连续；$x=1$ 处的左导数 $f'^-(1) = 6$，右导数 $f'^+(1) = 4$，$f(x)$ 在 $x=1$ 处的左、右导数不相等，故 $f(x)$ 在 $x=1$ 处不可导。

【1.2-11】答案：C

解析：极值可疑点为导数不存在或者导数为零的点。函数求导得：$y' = (5/3)x^{-1/3}(2-x)$，可见函数在 $x=0$ 处导数不存在（分母等于零），在 $x=2$ 处导数为零，所以有两个极值可疑点。

【1.2-12】答案：D

解析：本题为隐函数求导，需要对等式两边求导。等式 $xz - xy + \ln(xyz) = 0$，两边对 y 求偏导，得：$xz'_y - x + \dfrac{1}{xyz}x(z + y \cdot z'_y) = 0$ 整理得：

$$z'_y = \dfrac{z(xy-1)}{y(xz+1)}$$

【1.2-13】答案：C

解析：由奇函数的定义：$f(-x) = -f(x)(-\infty < x < +\infty)$ 可知，$f(x)$ 为奇函数，奇函数关于原点对称。根据奇函数图形，故在 $(0, +\infty)$ 内，$f'(x) > 0$，$f''(x) > 0$。

【1.2-14】答案：B

解析：此题为复合函数的微分过程，需要逐层进行微分，求解过程如下：

$$\frac{\mathrm{d}z}{\mathrm{d}x} = \frac{\partial f}{\partial x}\frac{\mathrm{d}x}{\mathrm{d}x} + \frac{\partial f}{\partial y}\frac{\mathrm{d}y}{\mathrm{d}x} = \frac{\partial f}{\partial x} + \frac{\partial f}{\partial y}\frac{\mathrm{d}\varphi}{\mathrm{d}x}$$

【1.2-15】答案：D

解析：函数在某一点处，左右极限相等且有定义，则函数在这一点处连续。函数的左右极限分别为：

$$\lim_{x \to 0^+}(x^2+1) = 1 \qquad \lim_{x \to 0^-}\left(\cos x + x\sin\frac{1}{x}\right) = 1$$

$f(0) = (x^2+1)\big|_{x=0} = 1$，所以

$$\lim_{x \to 0^+} f(x) = \lim_{x \to 0^-} f(x) = f(0)$$

即 $x=0$ 是 $f(x)$ 的连续点。

【1.2-16】答案：D

解析：因 $\lim\limits_{x \to 0}\dfrac{1-\cos x}{2x^2} = \lim\limits_{x \to 0}\dfrac{\frac{1}{2}x^2}{2x^2} = \dfrac{1}{4} \neq 1$ 故 $\alpha(x)$ 与 $\beta(x)$ 是同阶无穷小，但不是等价无穷小。

【1.2-17】答案：C

解析：在定义域内，一阶导数大于零，函数单调递增，一阶导数小于零，函数单调递减；二阶导数大于零，函数图形是凹的，二阶导数小于零，函数图形是凸的。由 $f'(x) > 0$ 且 $f''(x) < 0$ 可知，函数 $y = f(x)$ 的图形沿 x 轴正向是单调增且凸的。

【1.2-18】答案：D

解析：因为 $\lim\limits_{x \to 0}\dfrac{3^x - 1}{x}$ 为 0/0 型，运用洛必达法则，可得：$\lim\limits_{x \to 0}\dfrac{3^x - 1}{x} = \lim\limits_{x \to 0}\dfrac{3^x \ln 3}{1} = \ln 3$ 故 $3^x - 1$ 是 x 的同阶但非等价无穷小。

【1.2-19】答案：B

解析：函数分母不能为零，分母为零的点有 0，±1，±2，±3…；分子为零的点有 0，1。当 $x=0$，1 时，$\lim\limits_{x \to 0}\dfrac{x - x^2}{\sin \pi x} = \lim\limits_{x \to 1}\dfrac{x - x^2}{\sin \pi x} = \dfrac{1}{\pi}$

而 $\lim\limits_{x \to k}\dfrac{x - x^2}{\sin \pi x} = \infty (k = -1, \pm 2, \cdots)$ 故 $f(x)$ 有两个可去间断点 0、1。

【1.2-20】答案：A

解析：两可导函数的乘积函数不一定可导，举例说明，令

$$g(x) = \begin{cases} -x, & x \leqslant x_0 \\ x, & x > x_0 \end{cases}$$

$f(x) = 0$，此时 $f(x)g(x)$ 在 x_0 可导。

令

$$g(x) = \begin{cases} -x, & x \leqslant x_0 \\ x, & x > x_0 \end{cases}$$

$f(x) = 1$，此时 $f(x)g(x)$ 在 x_0 不可导。

【1.2-21】答案：D

解析：记 $f(x) = x - \sin x$，则当 $x > 0$ 时，$f'(x) = 1 - \cos x \geqslant 0$，$f(x)$ 单调增加，所

以 $f(x) > f(0) = 0$，即 $x > \sin x$。

【1.2-22】答案：C

解析：对于可微函数，极值点为驻点，则

$$\begin{cases} \dfrac{\partial f}{\partial x} = 0 \\ \dfrac{\partial f}{\partial y} = 0 \end{cases}$$

又由于 $\mathrm{d}f = (\partial f/\partial x)\mathrm{d}x + (\partial f/\partial y)\mathrm{d}y$，故 $\mathrm{d}f = 0$。最值点可能没有导函数，故最值点和极值点没有必然联系。

【1.2-23】答案：C

解析：根据题意可得：

$$f(-x) = \frac{e^{-3x}-1}{e^{-3x}+1} = \frac{1-e^{3x}}{1+e^{3x}} = -\frac{e^{-3x}-1}{e^{-3x}+1} = -f(x)$$

所以 $f(x)$ 为奇函数；由于 $f'(x) = \dfrac{6e^{3x}}{(e^{3x}+1)^2} > 0$ 则 $f(x)$ 在 $(-\infty, +\infty)$ 上为单调递增函数，且当 $x \to -\infty$ 时，$f(x) = -1$，当 $x \to +\infty$ 时，$f(x) = 1$，所以 $f(x)$ 的值域为 $(-1, +1)$。

【1.2-24】答案：B

解析：若函数单调有界，则一定没有第二类间断点。A项，例如分段函数

$$f(x) = \begin{cases} x, & 0 < x \leqslant 1 \\ 2x-1, & 1 < x < +\infty \end{cases}$$

在定义域内没有间断点；C项，函数 $f(x) = x$，$0 < x < 1$ 在开区间（0,1）内单调连续，没有最大值和最小值；D项，若函数在闭区间内有第二类间断点，则函数在该区间内不一定有界。

【1.2-25】答案：B

解析：若函数 $f(x)$ 在 $x=1$ 处可导，则 $f(x)$ 在 $x=1$ 处连续，

$$\lim_{x \to 1^-} f(x) = \lim_{x \to 1^+} f(x)$$

且

$$f'_-(1) = f'_+(1)$$

故 $\lim\limits_{x \to 1^-} f(x) = \lim\limits_{x \to 1^-} \dfrac{2}{x^2+1} = 1$

$\lim\limits_{x \to 1^+} f(x) = \lim\limits_{x \to 1^+} ax + b = a + b$

$f'_-(1) = \lim\limits_{x \to 1^-} -\dfrac{4x}{(x^2+1)^2} = -1$

$f'_+(1) = a$

所以 $\begin{cases} a+b=1 \\ a=-1 \end{cases}$ 解得：$\begin{cases} b=2 \\ a=-1 \end{cases}$

【1.2-26】答案：C

解析：C项，求解步骤如下：

$$\lim_{x\to 0}\frac{x^2\sin\frac{1}{x}}{\sin x}=\lim_{x\to 0}\frac{x}{\sin x}x\sin\frac{1}{x}=\lim_{x\to 0}\frac{x}{\sin x}\cdot\lim_{x\to 0}x\sin\frac{1}{x}=1\cdot 0=0$$

A项，因为$\lim\limits_{x\to 0}\sin\frac{1}{x}$不存在，故不能用洛比达法则求极限；B项，该极限存在；D项，该极限存在。

【1.2-27】答案：A

解析：由方程组 $\begin{cases}f'_x=3x^2-6x-9=0\\ f'_y=-3y^2+3=0\end{cases}$ 解得，f的稳定点为：$P_0(-1,-1)$，$P_1(-1,1)$，$P_2(3,-1)$，$P_3(3,1)$。而由$A=f''_{xx}=6x-6$，$B=f''_{xy}=0$，$C=f''_{yy}=-6y$可得，在$P_0(-1,-1)$处，$A=-12<0$，$B=0$，$C=6$，$AC-B^2=-72<0$，则f不能取得极值；在$P_1(-1,1)$处，$A=-12<0$，$B=0$，$C=-6$，$AC-B^2=72>0$，则f取得极大值；在$P_2(3,-1)$处，$A=12>0$，$B=0$，$C=6$，$AC-B^2=72>0$，则f取得极小值；在$P_3(3,1)$处，$A=12>0$，$B=0$，$C=-6$，$AC-B^2=-72<0$，则f不能取得极值。

1.3 积 分 学

高频考点梳理

知识点	不定积分的求解	对坐标的曲线积分	二重积分
近三年考核频次	3	2	3

1.3.1 不定积分与定积分

掌握不定积分与定积分的性质，基本积分公式，换元积分法与分部积分法，微积分基本公式。

1. 不定积分性质

（1）设函数$f(x)$及$g(x)$的原函数存在，则

$$\int[f(x)+g(x)]\mathrm{d}x=\int f(x)\mathrm{d}x+\int g(x)\mathrm{d}x$$

（2）设函数$f(x)$的原函数存在，k为非零常数，则

$$\int kf(x)\mathrm{d}x=k\int f(x)\mathrm{d}x$$

2. 定积分性质

（1）设α与β均为常数，则

$$\int_a^b[\alpha f(x)+\beta g(x)]\mathrm{d}x=\alpha\int_a^b f(x)\mathrm{d}x+\beta\int_a^b g(x)\mathrm{d}x$$

（2）设$a<c<b$，则

$$\int_a^b f(x)\mathrm{d}x=\int_a^c f(x)\mathrm{d}x+\int_c^b f(x)\mathrm{d}x$$

(3) 如果在区间 $[a,b]$ 上 $f(x)=1$，那么

$$\int_a^b 1\mathrm{d}x = b-a$$

(4) 如果在区间 $[a,b]$ 上 $f(x) \geqslant 0$，那么

$$\int_a^b f(x)\mathrm{d}x \geqslant 0 (b>a)$$

(5) 设 M 及 m 分别是函数 $f(x)$ 在区间 $[a,b]$ 上的最大值及最小值，则

$$m(b-a) \leqslant \int_a^b f(x)\mathrm{d}x \leqslant M(b-a)(b>a)$$

(6)（定积分中值定理）如果函数 $f(x)$ 在区间 $[a,b]$ 上连续，那么在 $[a,b]$ 上至少存在一点 ξ，使得下式成立：

$$\int_a^b f(x)\mathrm{d}x = f(\xi)(b-a)(a \leqslant \xi \leqslant b)$$

3. **基本积分公式**

(1) $\int k\mathrm{d}x = kx + C(k$ 是常数$)$ (2) $\int x^\mu \mathrm{d}x = \dfrac{x^{\mu+1}}{\mu+1} + C(\mu \neq -1)$

(3) $\int \dfrac{\mathrm{d}x}{x} = \ln|x| + C$ (4) $\int \dfrac{1}{1+x^2}\mathrm{d}x = \arctan x + C$

(5) $\int \dfrac{\mathrm{d}x}{\sqrt{1-x^2}} = \arcsin x + C$ (6) $\int \cos x \mathrm{d}x = \sin x + C$

(7) $\int \sin x \mathrm{d}x = -\cos x + C$ (8) $\int \dfrac{1}{\cos^2 x}\mathrm{d}x = \tan x + C$

(9) $\int \dfrac{\mathrm{d}x}{\sin^2 x} = -\cot x + C$ (10) $\int \sec x \tan x \mathrm{d}x = \sec x + C$

(11) $\int \csc x \cot x \mathrm{d}x = -\csc x + C$ (12) $\int e^x \mathrm{d}x = e^x + C$

(13) $\int a^x \mathrm{d}x = \dfrac{a^x}{\ln a} + C$

4. **换元积分法与分部积分法**

第一类换元法：

设 $f(u)$ 具有原函数，$u = \varphi(x)$ 可导，则有换元公式

$$\int f[\varphi(x)]\varphi'(x)\mathrm{d}x = \left[\int f(u)\mathrm{d}u\right]_{u=\varphi(x)}$$

第二类换元法：

设 $x = \psi(t)$ 是单调的可导函数，并且 $\psi'(t) \neq 0$。又设 $f(\psi(t))\psi'(t)$ 具有原函数，则有换元公式

$$\int f(x)\mathrm{d}x = \left[\int f(\psi(t))\psi'(t)\right]_{t=\psi^{-1}(x)}$$

分部积分法：
$$\int uv' \mathrm{d}x = uv - \int u'v \mathrm{d}x$$

5. 微积分基本公式

若 $f(x)$ 在 $[a, b]$ 上连续，$F'(x) = f(x)$，则：
$$\int_a^b f(x)\mathrm{d}x = F(b) - F(a)$$

【例 1.3-1】设 $\int_0^x f(t)\mathrm{d}t = \frac{\cos x}{x}$ 则 $f(\pi/2)$ 等于（　　）。

A. $\pi/2$　　　　　B. $-2/\pi$　　　　　C. $2/\pi$　　　　　D. 0

解析：将方程两边分别对 x 取一阶导数得：$f(x) = (-x\sin x - \cos x)/x^2$，故：
$$f\left(\frac{\pi}{2}\right) = \frac{-\frac{\pi}{2}\sin\frac{\pi}{2} - \cos\frac{\pi}{2}}{\frac{\pi^2}{2^2}} = -\frac{2}{\pi} \quad \text{故选 B。}$$

【例 1.3-2】若 $\sec^2 x$ 是 $f(x)$ 的一个原函数，则 $\int xf(x)\mathrm{d}x$ 等于（　　）。

A. $\tan x + C$　　　　　　　　　　B. $x\tan x - \ln|\cos x| + C$
C. $x\sec^2 x + \tan x + C$　　　　D. $x\sec^2 x - \tan x + C$

解析：由于 $\sec^2 x$ 是 $f(x)$ 的一个原函数，令 $F(x) = \sec^2 x + C$，则 $\int xf(x)\mathrm{d}x = \int x\mathrm{d}[F(x)] = xF(x) - \int F(x)\mathrm{d}x = x\sec^2 x - \tan x + C$。故选 D。

【例 1.3-3】若 $\int f'(x^3)\mathrm{d}x = x^3 + C$，则 $f(x) = $（　　）。

A. $x + C$　　　　B. $x^3 + C$
C. $\frac{9}{5}x^{\frac{5}{3}} + C$　　D. $\frac{6}{5}x^{\frac{5}{3}} + C$

解析：由 $\int f'(x^3)\mathrm{d}x = x^3 + C$ 知
$$f'(x^3) = 3x^2$$
令 $x^3 = u$，则 $f'(u) = 3u^{\frac{2}{3}}$
$$f(u) = 3\int u^{\frac{2}{3}}\mathrm{d}u = \frac{9}{5}u^{\frac{5}{3}} + C$$

所以应选 C。

【例 1.3-4】若 $f(x)$ 的导函数是 $\sin x$，则 $f(x)$ 有一个原函数为（　　）。

A. $1 + \sin x$　　　　B. $1 - \sin x$　　　　C. $1 + \cos x$　　　　D. $1 - \cos x$

解析：**解一**　由原题知 $f'(x) = \sin x$，则
$$f(x) = -\cos x + C_1$$

$$\int f(x)\mathrm{d}x = -\sin x + C_1 x + C_2$$

当 $C_1 = 0, C_2 = 1$，右端为 $1 - \sin x$，故应选 B。

解二 利用求导的方法，由题意得 $f'(x) = \sin x$，若所选选项记为 $F(x)$，则应有 $F'(x) = f(x)$。从而 $F''(x) = f'(x) = \sin x$，又 $(1 - \sin x)'' = \sin x$，所以选 B。

【例 1.3-5】 设 $f(x)$ 连续，则 $\dfrac{\mathrm{d}}{\mathrm{d}x}\displaystyle\int_0^x tf(-t^2 + x^2)\mathrm{d}t = ($ $)$。

A. $\dfrac{1}{2}f(x^2)$ B. $xf(x^2)$ C. $2xf(x^2)$ D. $-2xf(x^2)$

解析： 令 $-t^2 + x^2 = u$，则

$$\int_0^x tf(-t^2 + x^2)\mathrm{d}t = \frac{1}{2}\int_0^{x^2} f(u)\mathrm{d}u$$

$$\frac{\mathrm{d}}{\mathrm{d}x}\int_0^x tf(-t^2 + x^2)\mathrm{d}t = \frac{1}{2}\frac{\mathrm{d}}{\mathrm{d}x}\int_0^{x^2} f(u)\mathrm{d}u$$

$$= \frac{1}{2}f(x^2) \cdot 2x = xf(x^2)$$

所以选 B。

【例 1.3-6】 设 $f(x)$ 是连续函数，$F(x)$ 是 $f(x)$ 的原函数，则下列结论正确的是( )。

A. 当 $f(x)$ 是奇函数时，$F(x)$ 必是偶函数

B. 当 $f(x)$ 是偶函数时，$F(x)$ 必是奇函数

C. 当 $f(x)$ 是周期函数时，$F(x)$ 必是周期函数

D. 当 $f(x)$ 是单调增函数时，$F(x)$ 必是单调增函数

解析： 解一 排除法，对 B、C 和 D 举反例，如

B. $f(x) = \cos x, F(x) = \sin x + 1$

C. $f(x) = \cos x + 1, F(x) = \sin x + x$

D. $f(x) = x, F(x) = \dfrac{x^2}{2}$

所以 B、C 和 D 都不对，应选 A。

解二 直接法，由于 $f(x)$ 连续，$F(x)$ 是 $f(x)$ 的原函数，则 $F(x) = \displaystyle\int_0^x f(t)\mathrm{d}t + C$，若 $f(x)$ 是奇函数，则 $F(-x) = \displaystyle\int_0^{-x} f(t)\mathrm{d}t + C = \displaystyle\int_0^x f(u)\mathrm{d}u + C = F(x)$，从而 $F(x)$ 是偶函数，应选 A。

【例 1.3-7】 $\displaystyle\int \dfrac{\cos 2x}{\sin^2 x \cos^2 x}\mathrm{d}x$ 等于( )。

A. $\cot x - \tan x + C$ B. $\cot x + \tan x + C$

C. $-\cot x - \tan x + C$ D. $-\cot x + \tan x + C$

解析： 连续函数可积分，所以积分可得：

$$\int \frac{\cos 2x}{\sin^2 x \cos^2 x} dx = \int \frac{\cos^2 x - \sin^2 x}{\sin^2 x \cos^2 x} dx$$

$$= \int \frac{1 - \tan^2 x}{\sin^2 x} dx$$

$$= \int (\tan^2 x - 1) d\cot x$$

$$= \int \left(\frac{1}{\cot^2 x} - 1\right) d\cot x$$

$$= -\tan x - \cot x + C$$

故选 C。

【例 1.3-8】若 $\int f(x) dx = F(x) + C$，则 $\int \frac{1}{\sqrt{x}} f(\sqrt{x}) dx$ 等于（　　）。

A. $\frac{1}{2} F(\sqrt{x}) + C$　　　　　　　B. $2F(\sqrt{x}) + C$

C. $F(x) + C$　　　　　　　　　D. $\frac{F(\sqrt{x})}{\sqrt{x}}$

解析：由题意：

$$\int \frac{1}{\sqrt{x}} f(\sqrt{x}) dx = 2\int \frac{1}{2\sqrt{x}} f(\sqrt{x}) dx = 2\int f(\sqrt{x}) d\sqrt{x}$$

又已知 $\int f(x) dx = F(x) + C$，故

$$\int \frac{1}{\sqrt{x}} f(\sqrt{x}) dx = 2\int f(\sqrt{x}) d\sqrt{x} = 2F(\sqrt{x}) + C$$

故选 B。

【例 1.3-9】$\frac{d}{dx} \int_0^{\cos x} \sqrt{1 - t^2} dt$ 等于（　　）。

A. $\sin x$　　　　B. $|\sin x|$　　　　C. $-\sin 2x$　　　　D. $-\sin x |\sin x|$

解析：此题为积分函数的求导，需要对积分求导后再对内层函数求导：

$\frac{d}{dx} \int_0^{\cos x} \sqrt{1 - t^2} dt = (\cos x)' \sqrt{1 - \cos^2 x} = -\sin x |\sin x|$　　故选 D。

【例 1.3-10】微分方程 $y' = e^{x-y}$ 满足 $y(1) = \ln 2$ 的特解是（　　）。

A. $\ln(e^x + 2)$　　　B. $\ln(e^x + 1)$　　　C. $\ln(e^x + 2 - e)$　　　D. $e^x + 2$

解析：因为 $y' = e^{x-y}$，所以 $dy/dx = e^x/e^y$，得 $\int e^y dy = \int e^x dx$，则 $e^y = e^x + C$，因此 $y = \ln(e^x + C)$。又 $y(1) = \ln 2$，解得 $C = 2 - e$，即 $y = \ln(e^x + 2 - e)$。

故选 C。

【例 1.3-11】积分 $\int_0^\pi \sqrt{1 - \sin x} dx = $（　　）。

A. π　　　　　　B. $\pi/2$　　　　　　C. $\sqrt{2} + 1$　　　　　　D. $4(\sqrt{2} - 1)$

解析：计算得：

$$\int_0^\pi \sqrt{1-\sin x}\,dx = \int_0^\pi \sqrt{\sin^2\frac{x}{2} + \cos^2\frac{x}{2} - 2\sin\frac{x}{2}\cos\frac{x}{2}}\,dx$$

$$= \int_0^\pi \sqrt{\left(\sin\frac{x}{2} - \cos\frac{x}{2}\right)^2}\,dx$$

$$= \int_0^{\frac{\pi}{2}} \left(\cos\frac{x}{2} - \sin\frac{x}{2}\right)dx + \int_{\frac{\pi}{2}}^\pi \left(\sin\frac{x}{2} - \cos\frac{x}{2}\right)dx$$

$$= 4(\sqrt{2}-1)$$

故选 D。

【例 1.3-12】 设函数 $f(x)$ 在 $[0,+\infty)$ 上连续，且满足

$$f(x) = xe^{-x} + e^x\int_0^1 f(x)\,dx$$

则 $f(x)$ 是（   ）。

A. xe^{-x} B. $xe^{-x} - e^{x-1}$ C. e^{x-1} D. $(x-1)e^{-x}$

解析：等式

$$f(x) = xe^{-x} + e^x\int_0^1 f(x)\,dx$$

左右两边从 0 到 1 对 x 积分可得：

$$\int_0^1 f(x)\,dx = \int_0^1 xe^{-x}\,dx + \int_0^1 f(x)\,dx\int_0^1 e^x\,dx$$

$$\int_0^1 f(x)\,dx = \frac{1-\dfrac{2}{e}}{2-e} = -e^{-1}$$

因此

$$f(x) = xe^{-x} + e^x\int_0^1 f(x)\,dx$$

$$= xe^{-x} + e^x \times (-e^{-1})$$

$$= xe^{-x} - e^{x-1}$$

故选 B。

【例 1.3-13】 $\int \dfrac{\cos 2x}{\sin^2 x\cos^2 x}\,dx$ 等于（   ）。

A. $\cot x - \tan x + C$ B. $\cot x + \tan x + C$
C. $-\cot x - \tan x + C$ D. $-\cot x + \tan x + C$

解析：连续函数可积分，所以积分可得：

$$\int \frac{\cos 2x}{\sin^2 x\cos^2 x}\,dx = \int \frac{\cos^2 x - \sin^2 x}{\sin^2 x\cos^2 x}\,dx = \int \frac{1-\tan^2 x}{\sin^2 x}\,dx$$

$$= \int (\tan^2 x - 1) \mathrm{d}\cot x = \int (\frac{1}{\cot^2 x} - 1) \mathrm{d}\cot x$$

$$= -\tan x - \cot x + C$$

故选 C。

1.3.2 广义积分（反常积分）

1. 若极限 $\lim\limits_{t \to \infty} \int_a^t f(x) \mathrm{d}x$ 存在，则 $\int_a^\infty f(x) \mathrm{d}x = \lim\limits_{t \to \infty} \int_a^t f(x) \mathrm{d}x$

2. 若反常积分 $\int_{-\infty}^0 f(x) \mathrm{d}x$ 与 $\int_0^{+\infty} f(x) \mathrm{d}x$ 均收敛，

则 $\int_{-\infty}^{+\infty} f(x) \mathrm{d}x = \int_{-\infty}^0 f(x) \mathrm{d}x + \int_0^{+\infty} f(x) \mathrm{d}x$

3. 若 $f(x)$ 在 $(a, b]$ 上连续，而在点 a 的右邻域内无界，极限 $\lim\limits_{t \to a^+} \int_t^b f(x) \mathrm{d}x$ 存在，则 $\int_a^b f(x) \mathrm{d}x = \lim\limits_{t \to a^+} \int_t^b f(x) \mathrm{d}x$，且反常积分 $\int_a^b f(x) \mathrm{d}x$ 称为收敛。

【例 1.3-14】 若

$$\int_{-\infty}^{+\infty} \frac{A}{1+x^2} \mathrm{d}x = 1$$

则常数 A 等于（　）。

A. $\dfrac{1}{\pi}$　　　　B. $\dfrac{2}{\pi}$　　　　C. $\dfrac{\pi}{2}$　　　　D. π

解析：反常积分上下限均为无穷，在 0 处分开求，即：

$$\int_{-\infty}^{+\infty} \frac{A}{1+x^2} \mathrm{d}x = \int_{-\infty}^0 \frac{A}{1+x^2} \mathrm{d}x + \int_0^{+\infty} \frac{A}{1+x^2} \mathrm{d}x$$

$$= A\arctan x \big|_{-\infty}^0 + A\arctan x \big|_0^{+\infty}$$

$$= \pi A$$

$$= 1$$

解得：$A = \dfrac{1}{\pi}$

故选 A。

【例 1.3-15】 $\int_{-\infty}^{+\infty} \dfrac{\mathrm{d}x}{x^2 + 2x + 2} = (\quad)$。

A. $\pi/2$　　　　B. $\pi/3$　　　　C. π　　　　D. 2π

解析：计算得：

$$\int_{-\infty}^{+\infty} \frac{\mathrm{d}x}{x^2+2x+2} = \int_{-\infty}^0 \frac{\mathrm{d}(x+1)}{(x+1)^2+1} + \int_0^{+\infty} \frac{\mathrm{d}(x+1)}{(x+1)^2+1}$$

$$= [\arctan(x+1)]_{-\infty}^0 + [\arctan(x+1)]_0^{\infty}$$

$$= \left[\frac{\pi}{4} - \left(-\frac{\pi}{2}\right)\right] + \left(\frac{\pi}{2} - \frac{\pi}{4}\right) = \pi$$

故选 C。

【例 1.3-16】广义积分
$$\int_0^{+\infty} \frac{c}{2+x^2}dx = 1$$
则 c 等于(　　)。

A. π　　B. $\dfrac{\pi}{\sqrt{2}}$　　C. $\dfrac{2\sqrt{2}}{\pi}$　　D. $-2/\pi$

解析：根据题意，有
$$\int_0^{+\infty} \frac{c}{2+x^2}dx = \int_0^{+\infty} \frac{c}{2\left(1+\dfrac{x^2}{2}\right)}dx$$
$$= \frac{c}{\sqrt{2}}\int_0^{+\infty} \frac{1}{1+\left(\dfrac{x}{\sqrt{2}}\right)^2}d\frac{x}{\sqrt{2}}$$
$$= \frac{c}{\sqrt{2}}\arctan\frac{x}{\sqrt{2}}\Big|_0^{+\infty}$$
$$= \frac{c}{\sqrt{2}}\cdot\frac{\pi}{2} = \frac{\pi c}{2\sqrt{2}} = 1$$

解得
$$c = \frac{2\sqrt{2}}{\pi}$$

故选 C。

【例 1.3-17】下列结论中正确的是(　　)。

A. $\int_{-1}^{1} \dfrac{1}{x^2}dx$ 收敛　　B. $\dfrac{d}{dx}\int_0^{x^2} f(t)dt = f(x^2)$

C. $\int_1^{+\infty} \dfrac{1}{\sqrt{x}}dx$ 发散　　D. $\int_{-\infty}^{0} e^{\frac{x}{2}}dx$ 收敛

解析：A 项，在 $x=0$ 处无定义，故
$$\int_{-1}^{1}\frac{1}{x^2}dx = \int_{-1}^{0}\frac{1}{x^2}dx + \int_0^{1}\frac{1}{x^2}dx$$

不收敛。

B 项，
$$\frac{d}{dx}\int_0^{x^2} f(t)dt = f(x^2)\cdot 2x$$

C 项，
$$\int_1^{+\infty}\frac{1}{\sqrt{x}}dx = 2\sqrt{x}$$

发散。

D 项，

$$\int_{-\infty}^{0} e^{\frac{x}{2}} \mathrm{d}x$$

发散。

故选 C。

1.3.3 二重积分

1. 二重积分的性质

(1) 设 α 与 β 为常数，则

$$\iint_D [\alpha f(x,y) + \beta g(x,y)] \mathrm{d}\sigma = \alpha \iint_D f(x,y) \mathrm{d}\sigma + \beta \iint_D g(x,y) \mathrm{d}\sigma$$

(2) 如果闭区域 D 被有限条曲线分为有限个部分闭区域，那么在 D 上的二重积分等于在各部分闭区域上的二重积分的和。这个性质表示二重积分对于积分区域具有可加性。

(3) 如果在 D 上，$f(x,y) = 1$，σ 为 D 的面积，那么

$$\sigma = \iint_D f(x,y) \mathrm{d}\sigma$$

(4) 如果在 D 上，$f(x,y) \leqslant g(x,y)$，那么有

$$\iint_D f(x,y) \mathrm{d}\sigma \leqslant \iint_D g(x,y) \mathrm{d}\sigma$$

(5) 设 M 及 m 分别是函数 $f(x,y)$ 在闭区域 D 上的最大值及最小值，则

$$m\sigma \leqslant \iint_D f(x,y) \mathrm{d}\sigma \leqslant M\sigma$$

(6)（定积分中值定理）如果函数 $f(x)$ 在区间 $[a,b]$ 上连续，那么在 $[a,b]$ 上至少存在一点 ξ，使得下式成立：

$$\iint_D f(x,y) \mathrm{d}\delta = f(\xi, n)\delta$$

2. 二重积分的计算法

方法一（<u>直角坐标法</u>），将二重积分转化为先对 x，后对 y，或先对 y，后对 x 的二次积分，即：

$$\iint_D f(x,y) \mathrm{d}x\mathrm{d}y = \int_c^d \mathrm{d}y \int_{\psi_1(y)}^{\psi_2(y)} f(x,y) \mathrm{d}x$$

方法 2（极坐标法），将 $x = \rho\cos\theta$，$y = \rho\sin\theta$ 代入二重积分中，则：

$$\iint_D f(x,y) \mathrm{d}x\mathrm{d}y = \iint_D f(\rho\cos\theta, \rho\sin\theta) \rho \mathrm{d}\rho \mathrm{d}\theta$$

【例 1.3-18】 若 D 是由 $x=0$，$y=0$，$x^2+y^2=1$ 所围成在第一象限的区域，则二重积分 $\iint_D x^2 y \mathrm{d}x \mathrm{d}y$ 等于( )。

A. $-1/15$ B. $1/15$ C. $-1/12$ D. $1/12$

解析：采用极坐标法求二重积分，具体计算如下：

$$\iint_D x^2 y \mathrm{d}x \mathrm{d}y = \int_0^{\frac{\pi}{2}} \mathrm{d}\theta \int_0^1 \cos^2\theta \sin\theta \rho \mathrm{d}\rho$$

$$= \frac{1}{5}\int_0^{\frac{\pi}{2}}\cos^2\theta\sin\theta d\theta = \frac{1}{15} \quad 故选 B。$$

【例 1.3-19】 积分 $\iint_{|x|+|y|\leqslant 1}(x+y)^2 dxdy = ($ ___ $)$。

A. $\dfrac{4}{5}$ B. $\dfrac{2}{3}$ C. $\dfrac{3}{4}$ D. $\dfrac{5}{6}$

解析：被积函数 $(x+y)^2 = x^2 + 2xy + y^2$，由积分区域对称性知 $\iint_D xy d\sigma = 0$；

而 $\iint_D x^2 d\sigma = \iint_D y^2 d\sigma = 4\iint_{D_1} x^2 d\sigma$ 其中 D_1 是 D 在第一象限部分，故

原积分 $= 8\int_0^1 dx \int_0^{1-x} x^2 dy = 8\int_0^1 (x^2 - x^3) dx = \dfrac{2}{3}$。

故选 B。

【例 1.3-20】 在极坐标下，与二次积分 $\int_{-R}^0 dx \int_{-\sqrt{R^2-x^2}}^{\sqrt{R^2-x^2}} f(x,y) dy$ 相等的是(___)。

A. $\int_0^{\pi} d\theta \int_{-R}^R rf(r\cos\theta, r\sin\theta) dr$

B. $\int_{\pi/2}^{3\pi/2} d\theta \int_{-R}^R rf(r\cos\theta, r\sin\theta) dr$

C. $\int_0^{\pi} d\theta \int_0^R rf(r\cos\theta, r\sin\theta) dr$

D. $\int_{\pi/2}^{3\pi/2} d\theta \int_0^R rf(r\cos\theta, r\sin\theta) dr$

解析：积分区域是 $x^2 + y^2 \leqslant R^2$ 在第 2，3 象限部分的半圆，故应选 D。

【例 1.3-21】 已知 D 是由圆周 $x^2 + y^2 = 4$ 所围成的闭区域，则(___)。

A. e^4 B. e C. $\pi(e^4 - 1)$ D. $\pi(e^4 + 1)$

解析：在极坐标中，积分区域 $D = \{(\rho, \theta) \mid 0 \leqslant \rho \leqslant 2, 0 \leqslant \theta \leqslant 2\pi\}$，则

$$\iint_D e^{x^2+y^2} d\sigma = \iint_D e^{\rho^2}\rho d\rho d\theta$$

$$= \int_0^{2\pi} d\theta \int_0^2 e^{\rho^2}\rho d\rho$$

$$= 2\pi \cdot \left[\frac{e^{\rho^2}}{2}\right]\Big|_0^2 = \pi(e^4 - 1)$$

故选 C。

【例 1.3-22】 设函数 $f(x, y)$ 连续，则二次积分

$$\int_{\frac{\pi}{2}}^{\pi} dx \int_{\sin x}^1 f(x, y) dy$$

等于(___)。

A. $\int_0^1 dy \int_{\pi+\arcsin y}^{\pi} f(x, y) dx$ B. $\int_0^1 dy \int_{\pi-\arcsin y}^{\pi} f(x, y) dx$

C. $\int_0^1 dy \int_{\frac{\pi}{2}}^{\pi+\arcsin y} f(x, y) dx$ D. $\int_0^1 dy \int_{\frac{\pi}{2}}^{\pi-\arcsin y} f(x, y) dx$

解析：通过观察选项，知题意要求将先 y 后 x 的二次积分转化为先 x 后 y 的二次积

分,通过已知二次积分表达式,知 $\pi/2 \leqslant x \leqslant \pi$, $\sin x \leqslant y \leqslant 1$。可知,$x$ 为第二象限的角,因此得:

$$\begin{cases} \pi - \arcsin y \leqslant x \leqslant \pi \\ 0 \leqslant y \leqslant 1 \end{cases}$$

故答案选 B。

1.3.4 三重积分

三重积分具有跟二重积分类似的性质,其计算法如下:

方法 1（直角坐标法）,将三重积分转化为三次积分计算。如若空间闭区域 Ω 可表示为 $\Omega = \{(x, y, z) \mid z_1(x, y) \leqslant z \leqslant z_2(x, y), (x, y) \in D\}$,则三重积分可化为先对 z 的积分,再在 D 上求解二重积分,即:

$$\iiint_\Omega f(x, y, z) \mathrm{d}x\mathrm{d}y\mathrm{d}z = \iint_D \left[\int_{z_1(x,y)}^{z_2(x,y)} f(x, y, z) \mathrm{d}z \right] \mathrm{d}x\mathrm{d}y$$

方法 2（柱面坐标法）,将 $x = \rho\cos\theta$, $y = \rho\sin\theta$, $z = z$ 代入三重积分中,则:

$$\iiint_\Omega f(x, y, z) \mathrm{d}x\mathrm{d}y\mathrm{d}z = \iiint_\Omega F(\rho, \theta, z) \mathrm{d}\rho\mathrm{d}\theta\mathrm{d}z$$

其中 $F(\rho, \theta, z) = f(\rho\cos\theta, \rho\sin\theta, z)$。

方法 3（球面坐标法）,将 $x = r\sin\varphi\cos\theta$, $y = r\sin\varphi\sin\theta$, $z = r\cos\varphi$ 代入三重积分中,则:

$$\iiint_\Omega f(x, y, z) \mathrm{d}x\mathrm{d}y\mathrm{d}z = \iiint_\Omega F(r, \varphi, \theta) r^2 \sin\varphi \mathrm{d}r\mathrm{d}\varphi\mathrm{d}\theta$$

其中 $F(r, \varphi, \theta) = f(r\sin\varphi\cos\theta, r\sin\varphi\sin\theta, r\cos\varphi)$。

【例 1.3-23】曲面 $x^2 + y^2 + z^2 = 2z$ 之内以及曲面 $z = x^2 + y^2$ 之外所围成的立体的体积 V 等于( )。

A. $\int_0^{2\pi} \mathrm{d}\theta \int_0^1 r\mathrm{d}r \int_r^{\sqrt{1-r^2}} \mathrm{d}z$
B. $\int_0^{2\pi} \mathrm{d}\theta \int_0^1 r\mathrm{d}r \int_{r^2}^{1-\sqrt{1-r^2}} \mathrm{d}z$

C. $\int_0^{2\pi} \mathrm{d}\theta \int_0^1 r\mathrm{d}r \int_r^{1-r} \mathrm{d}z$
D. $\int_0^{2\pi} \mathrm{d}\theta \int_0^1 r\mathrm{d}r \int_{1-\sqrt{1-r^2}}^{r^2} \mathrm{d}z$

解析：记曲面 $x^2 + y^2 + z^2 = 2z$ 之内以及曲面 $z = x^2 + y^2$ 之外所围成的立体为 Ω,Ω 的图形如下图所示,Ω 的体积

$$V = \iiint_\Omega \mathrm{d}V$$

因 Ω 在 xOy 面的投影是圆域 $x^2 + y^2 \leqslant 1$,所以有 $0 \leqslant \theta \leqslant 2\pi$, $0 \leqslant r \leqslant 1$,$Z$ 是从球面 $x^2 + y^2 + z^2 = 2z$ 的下半部到抛物面 $z = x^2 + y^2$,化为柱坐标有:

$$\sqrt{1-r^2} \leqslant z \leqslant r^2$$

故原积分化为柱坐标下的三重积分有:

$$V = \iiint_\Omega \mathrm{d}V = V = \iiint_\Omega r\mathrm{d}r\mathrm{d}\theta\mathrm{d}z$$

$$= \int_0^{2\pi} \mathrm{d}\theta \int_0^1 r\mathrm{d}r \int_{1-\sqrt{1-r^2}}^{r^2} \mathrm{d}z$$

故选 D。

1.3.5 平面曲线积分

1. 对弧长的曲线积分的性质

设 α、β 均为常数

$$\int_L [\alpha f(x,y) + \beta g(x,y)] ds = \alpha \int_L f(x,y) ds + \beta \int_L g(x,y) ds$$

2. 对坐标的曲线积分的性质

$$\int_L P dx + Q dy = \int_{L_1} P dx + Q dy + \int_{L_2} P dx + Q dy \quad (L = L_1 + L_2)$$

3. 对弧长的曲线积分的计算法

设 $f(x,y)$ 在曲线弧 L 上连续，L 的参数方程为：$\begin{cases} x = \varphi(t) \\ y = \psi(t) \end{cases} (\alpha \leqslant t \leqslant \beta)$，其中 $\varphi(t)$、$\psi(t)$ 具有一阶连续导数，且 $\varphi'^2(t) + \psi'^2(t) \neq 0$，则：

$$\int_L f(x,y) ds = \int_\alpha^\beta f[\varphi(t), \psi(t)] \sqrt{\varphi'^2(t) + \psi'^2(t)} dt \quad (\alpha < \beta)$$

4. 对坐标的曲线积分的计算法

设 $P(x,y)$、$Q(x,y)$ 在有向曲线弧 L 上连续，L 的参数方程为：$\begin{cases} x = \varphi(t) \\ y = \psi(t) \end{cases}$，当参数 t 单调地由 α 变到 β 时，对应的动点从 L 的起点 A 运动到终点 B。$\varphi(t)$、$\psi(t)$ 具有一阶连续导数，且 $\varphi'^2(t) + \psi'^2(t) \neq 0$，则：

$$\int_L P(x,y) dx + Q(x,y) dy = \int_\alpha^\beta \{P[\varphi(t), \psi(t)] \varphi'(t) + Q[\varphi(t), \psi(t)] \psi'(t)\} dt$$

其中 α 对应起点 A，β 对应终点 B。

【例 1.3-24】设 L 是抛物线 $y = x^2$ 上从点 $A(1,1)$ 到点 $O(0,0)$ 的有向弧线，则对坐标的曲线积分 $\int_L (x dx + y dy)$ 等于（　　）。

A. 0　　　　　　　B. 1　　　　　　　C. -1　　　　　　　D. 2

解析：选择 x 的积分路线，有：

$$\int_L (x dx + y dy) = \int_1^0 (x + 2x^3) dx = \left(\frac{1}{2} x^2 + \frac{1}{2} x^4\right)\Big|_1^0 = -1$$

故选 C。

【例 1.3-25】设 L 为曲线 $y = e^{-x}$ 从 $(0,1)$ 至 $(-1,e)$ 的弧段，则积分 $\int_L (y^2 - y) dx + (2xy - x) dy = ($　　$)$。

A. $e - e^2$　　　　B. $e + e^2$　　　　C. $-e - e^2$　　　　D. $-e^2$

解析：被积表达式 $(y^2 - y) dx + (2xy - x) dy = d(xy^2 - xy)$ 是全微分。故

原积分 $= (xy^2 - xy)\Big|_{(0,1)}^{(-1,e)} = e - e^2$

故选 A。

【例 1.3-26】求正数 a 的值，使 $\int_L y^3 dx + (2x + y^2) dy$ 的值最小。其中 L 是沿曲线 $y = a\sin x$ 自 $(0,0)$ 至 $(\pi, 0)$ 的那段，则 $a = ($　　$)$。

A. 2   B. $\dfrac{1}{2}$ C. 3   D. 1

解析： 原积分 $= \int_0^\pi (a^3 \sin^3 x + 2xa\cos x) \mathrm{d}x$

$$= \dfrac{4}{3} a^3 - 4a$$

令 $\left(\dfrac{4}{3} a^3 - 4a\right)' = 4(a^2 - 1) = 0$

得 $a = 1$ 故选 D。

1.3.6 积分应用

1. 定积分求平面图形面积

直角坐标下，设平面图形由曲线 $y = f(x)$，$y = g(x)(f(x) \geqslant g(x))$ 和直线 $x = a$，$x = b(a < b)$ 所围成，则面积 A 为：

$$A = \int_a^b [f(x) - g(x)] \mathrm{d}x$$

极坐标系下，设平面图形由曲线 $\rho = \varphi(\theta)$，及射线 $\theta = \alpha$、$\theta = \beta (\alpha < \beta)$ 所围成，则其面积 A 为：

$$A = \dfrac{1}{2} \int_\alpha^\beta [\varphi(\theta)]^2 \mathrm{d}\theta$$

2. 定积分求体积

旋转体的体积公式：$V = \int_a^b \pi [f(x)]^2 \mathrm{d}x$

平行截面面积为已知的立体体积公式：$V = \int_a^b A(x) \mathrm{d}x$

3. 定积分求平面曲线的弧长

直角坐标系下：$s = \int_a^b \sqrt{1 + y'^2} \mathrm{d}x$

参数方程下，$x = \varphi(t)$，$y = \psi(t) (\alpha \leqslant t \leqslant \beta)$，则：

$$s = \int_\alpha^\beta \sqrt{[\varphi'(t)]^2 + [\psi'(t)]^2} \mathrm{d}t$$

极坐标系下，$\rho = \rho(\theta)(\alpha \leqslant \theta \leqslant \beta)$，则：

$$s = \int_\alpha^\beta \sqrt{[\rho(\theta)]^2 + [\rho'(\theta)]^2} \mathrm{d}\theta$$

4. 二重积分求曲线的面积

设曲面 Σ 的方程为 $z = f(x, y)$，Σ 在 xoy 面上的投影区域为 D，$f(x, y)$ 在 D 上具有一阶连续偏导数，则曲面 Σ 的面积 A 为：

$$A = \iint_D \sqrt{1 + \left(\dfrac{\partial z}{\partial x}\right)^2 + \left(\dfrac{\partial z}{\partial y}\right)^2} \mathrm{d}x\mathrm{d}y$$

【例 1.3-27】 下列广义积分中发散的是（　　）。

A. $\int_{-1}^1 \dfrac{1}{\sin x} \mathrm{d}x$ B. $\int_{-1}^1 \dfrac{\mathrm{d}x}{\sqrt{1 - x^2}}$

C. $\int_0^{+\infty} e^{-x^2} dx$ D. $\int_2^{+\infty} \dfrac{dx}{x \ln^2 x}$

解析：由于 $\int_0^1 \dfrac{1}{\sin x} dx$ 与 $\int_0^1 \dfrac{dx}{x}$ 同敛散，而 $\int_0^1 \dfrac{dx}{x}$ 发散，则 $\int_{-1}^1 \dfrac{1}{\sin x} dx$ 发散，所以应选 A。

【例 1.3-28】 由 $y=x^3$，$x=2$，$y=0$ 所围成的图形绕 x 轴旋转所得的体积为（　　）。

A. $91\pi/3$ B. $128\pi/7$ C. 4π D. $33\pi/5$

解析：图形绕 x 轴旋转，该体积为：

$$V = \int_0^2 \pi (x^3)^2 dx = \dfrac{128}{7}\pi$$

【说明】 由连续曲线 $y=f(x)$，直线 $x=a$、$x=b$ 及 x 轴所围成的曲边梯形绕 x 轴旋转一周而成的立体，其体积公式为：

$$V = \int_a^b \pi [f(x)]^2 dx$$

故选 B。

【例 1.3-29】 D 域由 x 轴、$x^2+y^2-2x=0(y\geqslant 0)$ 及 $x+y=2$ 所围成，$f(x,y)$ 是连续函数，化

$$\iint_D f(x,y) dx dy$$

为二次积分是（　　）。

A. $\int_0^{\frac{\pi}{4}} d\varphi \int_0^{2\cos\varphi} f(\rho\cos\varphi, \rho\sin\varphi)\rho d\rho$ B. $\int_0^1 dy \int_{1-\sqrt{1-y^2}}^{2-y} f(x,y) dx$

C. $\int_0^{\frac{\pi}{2}} d\varphi \int_0^1 f(\rho\cos\varphi, \rho\sin\varphi)\rho d\rho$ D. $\int_0^1 dx \int_0^{\sqrt{2x-x^2}} f(x,y) dy$

解析：作出 D 域。

$$x \in (1-\sqrt{1-y^2}, 2-y); y \in (0,1)$$

故二次积分

$$\iint_D f(x,y) dx dy = \int_0^1 dy \int_{1-\sqrt{1-y^2}}^{2-y} f(x,y) dx$$

故选 B。

【例 1.3-30】 在区间 $[0, 2\pi]$ 上，曲线 $y=\sin x$ 与 $y=\cos x$ 之间所围图形的面积是（　　）。

A. $\int_{\frac{\pi}{4}}^{\pi} (\sin x - \cos x) dx$ B. $\int_{\frac{\pi}{4}}^{\frac{5\pi}{4}} (\sin x - \cos x) dx$

C. $\int_0^{2\pi} (\sin x - \cos x) dx$ D. $\int_{\frac{\pi}{4}}^{\frac{5\pi}{4}} (\sin x - \cos x) dx$

解析：$y=\sin x$ 与 $y=\cos x$ 的交点分别在 $x=\pi/4$ 和 $x=5\pi/4$ 处，所以积分区间为 $x=\pi/4$ 到 $x=5\pi/4$，只有 B 项定义域符合。故选 B。

习　　题

【1.3-1】$\dfrac{\mathrm{d}}{\mathrm{d}x}\displaystyle\int_{2x}^{0} e^{-t^2}\mathrm{d}t$ 等于（　　）。

A. e^{-4x^2}　　　　B. $2e^{-4x^2}$　　　　C. $-2e^{-4x^2}$　　　　D. e^{-x^2}

【1.3-2】不定积分 $\displaystyle\int \dfrac{x^2}{\sqrt[3]{1+x^3}}\mathrm{d}x$ 等于（　　）。

A. $\dfrac{1}{4}(1+x^3)^{\frac{4}{3}}$ 　　　　　　　　B. $(1+x^3)^{\frac{1}{3}}+C$

C. $\dfrac{3}{2}(1+x^2)^{\frac{2}{3}}+C$ 　　　　　　D. $\dfrac{1}{2}(1+x^3)^{\frac{2}{3}}+C$

【1.3-3】抛物线 $y^2=4x$ 与直线 $x=3$ 所围成的平面图形绕 x 轴旋转一周形成的旋转体体积是（　　）。

A. $\displaystyle\int_0^3 4x\,\mathrm{d}x$ 　　　　　　　　B. $\pi\displaystyle\int_0^3 (4x)^2\,\mathrm{d}x$

C. $\pi\displaystyle\int_0^3 4x\,\mathrm{d}x$ 　　　　　　　D. $\pi\displaystyle\int_0^3 \sqrt{4x}\,\mathrm{d}x$

【1.3-4】设 L 为从点 $A(0,-2)$ 到点 $B(2,0)$ 的有向直线段，则对坐标的曲线积分 $\displaystyle\int_L \dfrac{1}{x-y}\mathrm{d}x+y\mathrm{d}y$ 等于（　　）。

A. 1　　　　　B. -1　　　　　C. 3　　　　　D. -3

【1.3-5】设 D 是由 $y=x$，$y=0$ 及 $y=\sqrt{a^2-x^2}\,(x\geqslant 0)$ 所围成的第一象限区域，则二重积分 $\displaystyle\iint_D \mathrm{d}x\mathrm{d}y$ 等于（　　）。

A. $\pi a^2/8$　　　　B. $\pi a^2/4$　　　　C. $3\pi a^2/8$　　　　D. $\pi a^2/2$

【1.3-6】设 $f(x)$ 有连续的导数，则下列关系式中正确的是（　　）。

A. $\displaystyle\int f(x)\mathrm{d}x=f(x)$ 　　　　　　B. $\left(\displaystyle\int f(x)\mathrm{d}x\right)'=f(x)$

C. $\displaystyle\int f'(x)\mathrm{d}x=f(x)\mathrm{d}x$ 　　　　D. $\left(\displaystyle\int f(x)\mathrm{d}x\right)'=f(x)+C$

【1.3-7】下列广义积分中发散的是（　　）。

A. $\displaystyle\int_0^{+\infty} e^{-x}\mathrm{d}x$ 　B. $\displaystyle\int_0^{+\infty} \dfrac{1}{1+x^2}\mathrm{d}x$ 　C. $\displaystyle\int_e^{+\infty} \dfrac{\ln x}{x}\mathrm{d}x$ 　D. $\displaystyle\int_0^1 \dfrac{1}{\sqrt{1-x^2}}\mathrm{d}x$

【1.3-8】二次积分 $\displaystyle\int_0^1 \mathrm{d}x\int_{x^2}^{x} f(x,y)\mathrm{d}y$ 交换积分次序后的二次积分是（　　）。

A. $\displaystyle\int_{x^2}^{x} \mathrm{d}y\int_0^1 f(x,y)\mathrm{d}x$ 　　　　B. $\displaystyle\int_0^1 \mathrm{d}y\int_{y^2}^{y} f(x,y)\mathrm{d}x$

C. $\displaystyle\int_y^{\sqrt{y}} \mathrm{d}y\int_0^1 f(x,y)\mathrm{d}x$ 　　　　D. $\displaystyle\int_0^1 \mathrm{d}y\int_y^{\sqrt{y}} f(x,y)\mathrm{d}x$

【1.3-9】设 L 是连接点 $A(1,0)$ 及点 $B(0,-1)$ 的直线段，则对弧长的曲线积分 $\displaystyle\int_L (y-x)\mathrm{d}s$ 等于（　　）。

A. -1 B. 1 C. $\sqrt{2}$ D. $-\sqrt{2}$

【1.3-10】$f(x)$ 的一个原函数为 e^{-x^2}，则 $f'(x)$ 等于（ ）。

A. $2(-1+2x^2)e^{-x^2}$ B. $-2xe^{-x^2}$
C. $2(1+2x^2)e^{-x^2}$ D. $(1-2x^2)e^{-x^2}$

【1.3-11】$f'(x)$ 连续，则 $\int f'(2x+1)dx$ 等于（ ）。（C 为任意常数）

A. $f(2x+1)+C$ B. $f(2x+1)/2+C$
C. $2f(2x+1)+C$ D. $f(x)+C$

【1.3-12】定积分 $\int_0^{\frac{1}{2}} \frac{1+x}{\sqrt{1-x^2}}dx$ 等于（ ）。

A. $\frac{\pi}{3}+\frac{\sqrt{3}}{2}$ B. $\frac{\pi}{6}-\frac{\sqrt{3}}{2}$

C. $\frac{\pi}{6}-\frac{\sqrt{3}}{2}+1$ D. $\frac{\pi}{6}+\frac{\sqrt{3}}{2}+1$

【1.3-13】若 D 是由 $y=x$，$x=1$，$y=0$ 所围成的三角形区域，则二重积分 $\iint_D f(x,y)dxdy$ 在极坐标系下的二次积分是（ ）。

A. $\int_0^{\frac{\pi}{4}}d\theta\int_0^{\cos\theta}f(r\cos\theta,r\sin\theta)rdr$ B. $\int_0^{\frac{\pi}{4}}d\theta\int_0^{\frac{1}{\cos\theta}}f(r\cos\theta,r\sin\theta)rdr$

C. $\int_0^{\frac{\pi}{4}}d\theta\int_0^{\frac{1}{\cos\theta}}rdr$ D. $\int_0^{\frac{\pi}{4}}d\theta\int_0^{\frac{1}{\cos\theta}}f(x,y)dr$

【1.3-14】下列函数在给定区间上不满足拉格朗日定理条件的是（ ）。
A. $f(x)=x/(1+x^2)$，$[-1, 2]$ B. $f(x)=x^{2/3}$，$[-1, 1]$
C. $f(x)=e^{1/x}$，$[1, 2]$ D. $f(x)=(x+1)/x$，$[1, 2]$

【1.3-15】曲线 $y=(\sin x)^{3/2}$。$(0\leqslant x\leqslant \pi)$ 与 x 轴围成的平面图形绕 x 轴旋转一周而成的旋转体体积等于（ ）。
A. $4/3$ B. $4\pi/3$ C. $2\pi/3$ D. $2\pi 2/3$

【1.3-16】$\int \frac{dx}{\sqrt{x}(1+x)}=$（ ）。

A. $\arctan\sqrt{x}+C$ B. $2\arctan\sqrt{x}+C$
C. $\tan(1+x)$ D. $1/2\arctan x+C$

【1.3-17】设 $f(x)$ 是连续函数，且 $f(x)=x^2+2\int_0^2 f(t)dt$ 则 $f(x)=$（ ）。

A. x^2 B. x^2-2 C. $2x$ D. $x^2-(16/9)$

【1.3-18】$\int_{-2}^2 \sqrt{4-x^2}dx$（ ）。

A. π B. 2π C. 3π D. $\pi/2$

【1.3-19】设 L 为连接 $(0, 2)$ 和 $(1, 0)$ 的直线段，则对弧长的曲线积分 $\int_L (x^2+y^2)ds=$（ ）。

A. $\dfrac{\sqrt{5}}{2}$ B. 2 C. $\dfrac{3\sqrt{5}}{2}$ D. $\dfrac{5\sqrt{5}}{3}$

【1.3-20】曲线 $y=e^{-x}$ ($x\geqslant 0$) 与直线 $x=0$，$y=0$ 所围图形绕 Ox 轴旋转所得旋转体的体积为( )。

A. $\pi/2$ B. π C. $\pi/3$ D. $\pi/4$

【1.3-21】若函数 $f(x)$ 的一个原函数是 e^{-2x}，则 $\int f''(x)\,dx=($)。

A. $e^{-2x}+C$ B. $-2e^{-2x}$ C. $-2e^{-2x}+C$ D. $4e^{-2x}+C$

【1.3-22】$\int xe^{-2x}dx$ 等于( )。

A. $(-1/4)e^{-2x}(2x+1)+C$ B. $(1/4)e^{-2x}(2x-1)+C$
C. $(-1/4)e^{-2x}(2x-1)+C$ D. $(-1/2)e^{-2x}(x+1)+C$

【1.3-23】下列广义积分中收敛的是( )。

A. $\int_0^1 \dfrac{1}{x^2}dx$ B. $\int_0^2 \sqrt{\dfrac{1}{2-x}}dx$ C. $\int_{-\infty}^0 e^{-x}dx$ D. $\int_1^{+\infty}\ln x\,dx$

【1.3-24】圆周 $\rho=\cos\theta$，$\rho=2\cos\theta$ 及射线 $\theta=0$，$\theta=\pi/4$ 所围的图形的面积 S 等于( )。

A. $3(\pi+2)/8$ B. $1(\pi+2)/16$ C. $3(\pi+2)/16$ D. $7\pi/8$

【1.3-25】计算 $I=\iiint\limits_{\Omega}z\,dv$ 其中 Ω 为 $z^2=x^2+y^2$，$z=1$ 围成的立体，则正确的解法是( )。

A. $I=\int_0^{2\pi}d\theta\int_0^1 r\,dr\int_0^1 z\,dz$
B. $I=\int_0^{2\pi}d\theta\int_0^1 r\,dr\int_r^1 z\,dz$
C. $I=\int_0^{2\pi}d\theta\int_0^1 z\,dz\int_0^1 r\,dr$
D. $I=\int_0^{2\pi}d\theta\int_0^\pi d\theta\int_0^z zr\,dr$

习题答案及解析

【1.3-1】答案：C

解析：如果 $\varphi(x)$ 可导，则：
$$\dfrac{d}{dx}\int_a^{\varphi(x)}f(t)dt=f[\varphi(x)]\varphi'(x)$$

得
$$\dfrac{d}{dx}\int_{2x}^0 e^{-t^2}dt=-\dfrac{d}{dx}\int_0^{2x}e^{-t^2}dt=-2e^{-(2x)^2}=-2e^{-4x^2}$$

【1.3-2】答案：D

解析：原式 $=\int\dfrac{\frac{1}{3}}{\sqrt[3]{1+x^3}}d(x^3)$

$=\int\dfrac{1}{2}d(1+x^3)^{\frac{2}{3}}$

$=\dfrac{1}{2}(1+x^3)^{\frac{2}{3}}+C$

【1.3-3】答案：C

解析：根据定积分的应用，抛物线 $y^2=4x$ 与直线 $x=3$ 所围成的平面图形绕 x 轴旋转一周形成的旋转体体积为：

$$V=\int_a^b \pi[f(x)]^2\mathrm{d}x=\pi\int_a^b[f(x)]^2\mathrm{d}x=\pi\int_0^3 y^2\mathrm{d}x=\pi\int_0^3 4x\mathrm{d}x$$

【1.3-4】答案：B

解析：AB 直线的方程为：$y=x-2$，曲线积分 $\int_L \dfrac{1}{x-y}\mathrm{d}x+y\mathrm{d}y$ 化成 x 的积分有：

$$\int_0^2 \frac{1}{x-(x-2)}\mathrm{d}x+(x-2)\mathrm{d}x=\int_0^2\left(x-\frac{3}{2}\right)\mathrm{d}x=-1$$

【1.3-5】答案：A

解析：直线 $y=x$，$y=0$ 及曲线 $y=\sqrt{a^2-x^2}(x\geqslant 0)$ 所围成的是一个处于第一象限内的以 a 为半径的 $1/8$ 的圆的区域，而二重积分 $\iint\limits_D\mathrm{d}x\mathrm{d}y$ 表示上述区域的面积，所以二重积分

$$\iint\limits_D\mathrm{d}x\mathrm{d}y=\int_0^{\frac{\pi}{4}}\mathrm{d}\theta\int_0^a r\mathrm{d}r=\frac{\pi a^2}{8}$$

【1.3-6】答案：B

解析：$f(x)$ 有连续的导数，积分函数必然都是连续的，则有关系式：$\int f(x)\mathrm{d}x=F(x)+C$，$\int f'(x)\mathrm{d}x=f(x)+C$，$\left(\int f(x)\mathrm{d}x\right)'=f(x)$。

【1.3-7】答案：C

解析：A 项，$\int_0^{+\infty}e^{-x}\mathrm{d}x=-\int_0^{+\infty}e^{-x}\mathrm{d}(-x)=-e^{-x}\big|_0^{+\infty}=1$

B 项，$\int_0^{+\infty}\dfrac{1}{1+x^2}\mathrm{d}x=\arctan x\big|_0^{+\infty}=\dfrac{\pi}{2}$

C 项，$\int_0^{+\infty}\dfrac{\ln x}{x}\mathrm{d}x=\int_0^1 \dfrac{\ln x}{x}\mathrm{d}x+\int_1^{+\infty}\dfrac{\ln x}{x}\mathrm{d}x=\int_0^1 \ln x\mathrm{d}\ln x+\int_1^{+\infty}\ln x\mathrm{d}\ln x$

$=\dfrac{1}{2}(\ln x)^2\big|_0^1+\dfrac{1}{2}(\ln x)^2\big|_1^{+\infty}=[0-(-\infty)]+(+\infty-0)=+\infty$

D 项，$\int_0^1 \dfrac{1}{\sqrt{1-x^2}}\mathrm{d}x=\arcsin x\big|_0^1=\dfrac{\pi}{2}$

【1.3-8】答案：D

解析：根据原积分上下限，积分区域为曲线 $y=x^2$ 和直线 $y=x$ 包围的区域，交换积分次序后，y 范围应为 $0\sim 1$，x 范围应为 $y\sim\sqrt{y}$，即

$$\int_0^1\mathrm{d}y\int_y^{\sqrt{y}}f(x,y)\mathrm{d}x$$

【1.3-9】答案：D

解析：曲线积分分为对坐标的曲线积分和对弧长的曲线积分。L 是连接 AB 两点的直线，则直线的方程为 $y=x-1$；对直线 L 的部分积分，有：

$$\int_L (y-x)\mathrm{d}s = \int_0^1 (x-1-x)\sqrt{1+y'^2}\,\mathrm{d}x = -\sqrt{2}$$

【1.3-10】答案：A

解析：e^{-x^2} 是 $f(x)$ 的一个原函数，由公式 $F(x) = \int f(x)\,\mathrm{d}x$，两边求导，得：
$f(x) = -2x e^{-x^2}$ 再对 $f(x)$ 两边求导，得：
$$f'(x) = -2e^{-x^2} + (-2x)e^{-x^2}(-2x) = 2(-1+2x^2)e^{-x^2}$$

【1.3-11】答案：B

解析：微分和积分互为逆运算，连续函数必有积分，所以可通过以下计算公式计算积分：
$$\int f'(2x+1)\mathrm{d}x = \frac{1}{2}\int f'(2x+1)\mathrm{d}(2x+1) = \frac{1}{2}f(2x+1) + C$$

【1.3-12】答案：C

解析：无理函数的定积分求解可分为分部求解和换元求解，用换元求解，得：
$$\int_0^{\frac{1}{2}} \frac{1+x}{\sqrt{1-x^2}}\mathrm{d}x = \int_0^{\frac{1}{2}} \sqrt{1-x^2}\,\mathrm{d}x - \frac{1}{2}\int_0^{\frac{1}{2}} \frac{\mathrm{d}(1-x^2)}{\sqrt{1-x^2}}$$
$$= \arcsin x \Big|_0^{\frac{1}{2}} - \sqrt{1-x^2}\Big|_0^{\frac{1}{2}}$$
$$= \frac{\pi}{6} - \frac{\sqrt{3}}{2} + 1$$

【1.3-13】答案：B

解析：采用三角换元求解定积分，先画出区域 D 的图形，在极坐标下，区域 D 可表为：$0 \leqslant \theta \leqslant \pi/4$，$0 \leqslant r \leqslant 1/\cos\theta$。变量可表示为：$x = r\cos\theta$，$y = r\sin\theta$，$\mathrm{d}x\mathrm{d}y = r\mathrm{d}r\mathrm{d}\theta$。故
$$\iint_D f(x,y)\mathrm{d}x\mathrm{d}y = \int_0^{\frac{\pi}{4}} \mathrm{d}\theta \int_0^{\frac{1}{\cos\theta}} f(r\cos\theta, r\sin\theta) r\,\mathrm{d}r$$

【1.3-14】答案：B

解析：在拉格朗日中值定理中，函数 $f(x)$ 应满足：在闭区间 $[a,b]$ 上连续，在开区间 (a,b) 上可导。$f(x) = x^{2/3}$ 在 $[-1, 1]$ 连续。$f'(x) = (2/3)x^{(-1/3)}$ 在 $(-1, 1)$ 不可导（因为 $f'(x)$ 在 $x=0$ 处导数不存在），所以不满足拉格朗日定理的条件。

【1.3-15】答案：B

解析：采用积分法坐标求解旋转体体积：
$$V = \int_0^{\pi} \pi y^2\,\mathrm{d}x = \int_0^{\pi} \pi \left[(\sin x)^{\frac{3}{2}}\right]^2 \mathrm{d}x = \pi\int_0^{\pi} \sin x^3\,\mathrm{d}x$$
$$= \pi \int_0^{\pi} \sin^2(x)\mathrm{d}(-\cos x) = -\pi\int_0^{\pi}(1-\cos^2 x)\mathrm{d}\cos x = \frac{4}{3}\pi$$

【1.3-16】答案：B

解析：因为 $(\arctan\sqrt{x})' = \dfrac{1}{2(1+x)\sqrt{x}}$

故 $\int \dfrac{\mathrm{d}x}{\sqrt{x}(1+x)} = 2\arctan\sqrt{x} + C$

【1.3-17】答案：D

解析：因为 $f'(x)=2x$，故 $f(x)=x^2+C$；又令 $\int_0^2 f(x)\mathrm{d}x = A$

则 $A = \int_0^2 f(x)\mathrm{d}x = \int_0^2 (x^2+2A)\mathrm{d}x$ 得：$A=-8/9$。因此

$$f(x) = x^2 + 2\int_0^2 f(t)\mathrm{d}t = x^2 + 2A = x^2 - \frac{16}{9}$$

【1.3-18】答案：B

解析：$\int_{-2}^2 \sqrt{4-x^2}\mathrm{d}x$ 的几何意义为圆心在原点，半径为 2 的上半圆面积，故

$$\int_{-2}^2 \sqrt{4-x^2}\mathrm{d}x = \frac{1}{2}\pi 2^2 = 2\pi$$

【1.3-19】答案：D

解析：直线 L 方程为：$y=-2x+2$。使用第一类曲线积分化定积分公式并代入 y 有：

$$\int_L (x^2+y^2)\mathrm{d}s = \int_0^1 [x^2+(-2x+2)^2]\sqrt{1+(-2)^2}\mathrm{d}x = \frac{5\sqrt{5}}{3}$$

【1.3-20】答案：A

解析：旋转体的体积可用坐标积分法求解，解得旋转体的体积为：

$$V = \int_0^{+\infty} \pi y^2 \mathrm{d}x = \int_0^{+\infty} \pi (e^{-x})^2 \mathrm{d}x = \frac{1}{2}\pi$$

【1.3-21】答案：D

解析：根据原函数的性质可知，$f(x) = (e^{-2x})' = -2e^{-2x}$，则 $f'(x) = 4e^{-2x}$。$f'(x)$ 为 $f''(x)$ 的一个原函数，故 $\int f''(x)\mathrm{d}x = 4e^{-2x}+C$。

【1.3-22】答案：A

解析：利用分部积分法求解：

$$\int x e^{-2x}\mathrm{d}x = -\frac{1}{2}\int x\mathrm{d}e^{-2x}$$

$$= -\frac{1}{2}x e^{-2x} + \frac{1}{2}\int e^{-2x}\mathrm{d}x$$

$$= -\frac{1}{2}x e^{-2x} - \frac{1}{4} e^{-2x} + C$$

$$= -\frac{1}{4} e^{-2x}(2x+1) + C$$

【1.3-23】答案：B

解析：A 项，$\int_0^1 \frac{1}{x^2}\mathrm{d}x = -\frac{1}{x}\Big|_0^1 = +\infty$ 发散。

B 项，令 $2-x = t^2, t \in (\sqrt{2},0), \mathrm{d}x = -2t\mathrm{d}t \int_0^2 \sqrt{\frac{1}{2-x}}\mathrm{d}x = \int_{\sqrt{2}}^0 \frac{1}{t}(-2t)\mathrm{d}t = 2\sqrt{2}$ 收敛。

C 项，$\int_{-\infty}^0 e^{-x}\mathrm{d}x = -e^{-x}\Big|_{-\infty}^0 = +\infty$ 发散。

D项，$\int_1^{+\infty}\ln x\mathrm{d}x=x\ln x\Big|_1^{+\infty}-\int_1^{+\infty}\mathrm{d}x=(x\ln x-x)\Big|_1^{+\infty}=+\infty$ 发散。

【1.3-24】答案：C

解析：所围成图形的面积

$$S=\iint\limits_{\Sigma}\mathrm{d}s=\int_0^{\frac{\pi}{4}}\mathrm{d}\theta\int_{\cos\theta}^{2\cos\theta}\rho\mathrm{d}\rho=\frac{3}{16}(\pi+2)$$

【1.3-25】答案：B

解析：采用柱坐标变换 $\begin{cases}x=r\cos\theta\\y=r\sin\theta\\z=z\end{cases}$ 则区域 Ω 可表示为 $\Omega'=\{(r,\theta,z),r\leqslant z\leqslant 1,0\leqslant r\leqslant 1,0\leqslant\theta\leqslant 2\pi\}$；所以

$$I=\iiint\limits_{\Omega}z\mathrm{d}r=\iiint\limits_{\Omega'}z\mathrm{d}r=\int_0^{2\pi}\mathrm{d}\theta\int_0^1 r\mathrm{d}r\int_r^1 z\mathrm{d}z$$

1.4 无穷级数

高频考点梳理

知识点	级数的敛散性	幂级数的和函数
近三年考核频次	3	2

1.4.1 数项级数

掌握常数项级数的概念与性质，常数项级数的审敛法。

1. 常数项级数的性质

(1) 如果级数 $\sum\limits_{n=1}^{\infty}u_n$ 收敛于和 s，那么级数 $\sum\limits_{n=1}^{\infty}ku_n$ 也收敛，且其和为 ks；k 为常数；

(2) 如果级数 $\sum\limits_{n=1}^{\infty}u_n$ 与 $\sum\limits_{n=1}^{\infty}v_n$ 分别收敛于 s 与 σ，那么级数 $\sum\limits_{n=1}^{\infty}(u_n\pm v_n)$ 也收敛，且其和为 $s\pm\sigma$；

(3) 在级数中改变有限项，不影响其收敛性；

(4) 收敛级数加括号后所成的级数仍收敛于原来的和；

(5) 若级数 $\sum\limits_{n=1}^{\infty}u_n$ 收敛，则 $\lim\limits_{n\to\infty}u_n=0$；反之，不一定成立。

2. 典型级数的敛散性

(1) 几何级数 $\sum\limits_{n=1}^{\infty}aq^{n-1}$，当 $|q|<1$ 时，收敛于 $\frac{a}{1-q}$；当 $|q|\geqslant 1$ 时，级数发散；

(2) p 级数 $\sum\limits_{n=1}^{\infty}\frac{1}{n^p}(p>0)$，当 $p>1$ 时，级数收敛；当 $0<p\leqslant 1$ 时，级数发散。

3. 正项级数审敛法

正项级数审敛法的充要条件是其部分和有界。正项级数审敛法：

(1) 比较审敛法

设级数 $\sum_{n=1}^{\infty} u_n$ 与 $\sum_{n=1}^{\infty} v_n$ 都是正项级数，且 $u_n \leqslant v_n (n=1,2,\cdots)$，若级数 $\sum_{n=1}^{\infty} v_n$ 收敛，则级数 $\sum_{n=1}^{\infty} u_n$ 收敛；反之，若级数 $\sum_{n=1}^{\infty} u_n$ 发散，则级数 $\sum_{n=1}^{\infty} v_n$ 发散。

比较审敛法的极限形式。若 $\lim\limits_{n \to \infty} \dfrac{u_n}{v_n} = \rho$，当 $0 < \rho < +\infty$ 时，$\sum_{n=1}^{\infty} u_n$ 和 $\sum_{n=1}^{\infty} v_n$ 同时收敛或同时发散。

(2) 比值审敛法

设级数 $\sum_{n=1}^{\infty} u_n$ 是正项级数，如果

$$\lim_{n \to \infty} \frac{u_{n+1}}{u_n} = \rho$$

那么当 $\rho < 1$ 时级数收敛，$\rho > 1$ (或 $\lim\limits_{n \to \infty} \dfrac{u_{n+1}}{u_n} = \infty$) 时级数发散，$\rho = 1$ 时级数可能收敛也可能发散。

(3) 根值审敛法

设级数 $\sum_{n=1}^{\infty} u_n$ 是正项级数，如果

$$\lim_{n \to \infty} \sqrt[n]{u_n} = \rho$$

那么当 $\rho < 1$ 时级数收敛，$\rho > 1$ (或 $\lim\limits_{n \to \infty} \sqrt[n]{u_n} = \infty$) 时级数发散，$\rho = 1$ 时级数可能收敛也可能发散。

4. 交错级数与任意项级数的审敛法

若级数 $\sum_{n=1}^{\infty} u_n$ 为任意项级数，而 $\sum_{n=1}^{\infty} |u_n|$ 收敛，则称级数 $\sum_{n=1}^{\infty} u_n$ 绝对收敛；若级数 $\sum_{n=1}^{\infty} u_n$ 收敛，而 $\sum_{n=1}^{\infty} |u_n|$ 发散，则称级数 $\sum_{n=1}^{\infty} u_n$ 条件收敛。

设 $\sum_{n=1}^{\infty} u_n$ 为任意项级数，若 $\lim\limits_{n \to \infty} \left| \dfrac{u_{n+1}}{u_n} \right| = \rho$ (或 $\lim\limits_{n \to \infty} \sqrt[n]{|u_n|} = \rho$)，当 $\rho < 1$ 时，级数绝对收敛；当 $\rho > 1$ 或 $\rho = +\infty$ 时，级数发散；当 $\rho = 1$ 时，级数可能收敛也可能发散。

【例 1.4-1】 下列级数中，绝对收敛的级数是（　　）。

A. $\sum_{n=1}^{\infty} (-1)^n \dfrac{1}{n}$　　B. $\sum_{n=1}^{\infty} (-1)^n \dfrac{1}{\sqrt{n}}$　　C. $\sum_{n=1}^{\infty} \dfrac{n^2}{1+n^2}$　　D. $\sum_{n=1}^{\infty} \dfrac{\sin \frac{3}{2} n}{n^2}$

解析：可将各项分别取绝对值后判别敛散性。

A 项，取绝对值后为调和级数，发散；

B 项，取绝对值后为 p 级数，且 $p=1/2<1$，发散；

C 项，由 $\lim a_n \neq 0$ 可得，级数发散；

D 项，

$$\left| \frac{\sin \frac{3}{2} n}{n^2} \right| < \frac{1}{n^2}$$

因为 $\sum_{n=1}^{\infty}\frac{1}{n^2}$ 收敛，由比较法知 $\sum_{n=1}^{\infty}\left|\frac{\sin\frac{3}{2}n}{n^2}\right|$ 收敛，故 $\sum_{n=1}^{\infty}\frac{\sin\frac{3}{2}n}{n^2}$ 绝对收敛。

故选 D。

1.4.2 幂级数与泰勒级数

掌握幂级数的收敛性判定，收敛半径法，幂级数的性质，泰勒级数的概念，常用函数的幂级数展开式。

1. 幂级数的收敛性与收敛半径

若级数 $\sum_{n=0}^{\infty}a_n x^n$，当 $x=x_0(x_0\neq 0)$ 时收敛,则对适合 $|x|<|x_0|$ 的一切 x，该级数绝对收敛；当 $x=x_0$ 时发散，则对适合 $|x|>|x_0|$ 的一切 x，该级数发散。

对幂级数 $\sum_{n=0}^{\infty}a_n x^n$，若 $\lim_{n\to\infty}\left|\frac{a_{n+1}}{a_n}\right|=\rho$（或 $\lim_{n\to\infty}\sqrt[n]{|a_n|}=\rho$），则该级数的收敛半径 R 为：

$$R=\begin{cases}\dfrac{1}{\rho}(\text{当}\rho\neq 0)\\+\infty(\text{当}\rho=0)\\0(\text{当}\rho=+\infty)\end{cases}$$

2. 幂级数的性质

幂级数的收敛区间是指开区间 $(-R,+R)$，它的收敛域是四个区间：$(-R,R)$、$[-R,R)$、$(-R,R]$、$[-R,R]$ 之一。

幂级数的性质 1：幂级数 $\sum_{n=0}^{\infty}a_n x^n$ 的和函数在其收敛域上连续；

幂级数的性质 2：幂级数 $\sum_{n=0}^{\infty}a_n x^n$ 的和函数在其收敛区间内可导，且有逐项求导、逐项积分公式

$$s'(x)=\left(\sum_{n=0}^{\infty}a_n x^n\right)'=\sum_{n=0}^{\infty}(a_n x^n)'=\sum_{n=0}^{\infty}a_n n x^{n-1}$$

$$\int_0^x s(x)\mathrm{d}x=\int_0^x\left(\sum_{n=0}^{\infty}a_n x^n\right)\mathrm{d}x=\sum_{n=0}^{\infty}\int_0^x a_n x^n\mathrm{d}x=\sum_{n=0}^{\infty}\frac{a_n}{n+1}x^{n+1}$$

逐项求导、逐项积分后得到的幂级数和原级数有相同的半径。

3. 泰勒级数

常用函数的幂级数展开式：

$$e^x=1+x+\frac{1}{2!}x^2+\frac{1}{3!}x^3+\cdots+\frac{1}{n!}x^n+\cdots(-\infty<x<+\infty)$$

$$\sin x=x-\frac{1}{3!}x^3+\frac{1}{5!}x^5+\cdots+(-1)^n\frac{1}{(2n+1)!}x^{2n+1}+\cdots(-\infty<x<+\infty)$$

$$\ln(1+x)=x-\frac{1}{2}x^2+\frac{1}{3}x^3+\cdots+(-1)^n\frac{1}{n+1}x^{n+1}+\cdots(-1<x\leqslant 1)$$

$$\frac{1}{1+x}=1-x+x^2-x^3+\cdots+(-1)^n x^n+\cdots(-1<x<1)$$

$$(1+x)^u=1+ux+\frac{u(u-1)}{2!}x^2+\cdots+\frac{u(u-1)\cdots(u-n+1)}{n!}+\cdots(-1<x<1)$$

【例1.4-2】幂级数 $\sum_{n=0}^{\infty} \frac{(-1)^n}{2^n} x^n$ 在 $|x|<2$ 的和函数是（　　）。

A. $2/(2+x)$　　　B. $2/(2-x)$　　　C. $1/(1-2x)$　　　D. $1/(1+2x)$

解析：因为 $|x|<2$，所以 $|x/2|<1$，$q=-x/2$，$|q|=|x/2|<1$，故和函数

$$\sum_{n=0}^{\infty} \frac{(-1)^n}{2^n} x^n = \sum_{n=0}^{\infty} \left(-\frac{1}{2}x\right)^n = \frac{1}{1-\left(-\frac{1}{2}x\right)} = \frac{2}{2+x}$$

【例1.4-2】

故选 A。

【例1.4-3】设 a 是常数，则级数 $\sum_{n=1}^{\infty}\left[\frac{\sin(na)}{n^2} - \frac{1}{\sqrt{n}}\right]$（　　）。

A. 绝对收敛　　　　　　　　　B. 条件收敛

C. 发散　　　　　　　　　　　D. 收敛性与 a 的取值有关

解析：由于 $\left|\frac{\sin(na)}{n^2}\right| \leqslant \frac{1}{n^2}$，则 $\sum_{n=1}^{\infty} \frac{\sin(na)}{n^2}$ 收敛，而 $\sum_{n=1}^{\infty} \frac{1}{\sqrt{n}}$ 发散，则原级数发散，则应选 C。

【例1.4-4】设 $0 \leqslant a_n < \frac{1}{n}$，$(n=1,2,\cdots)$，则下列级数中肯定收敛的是（　　）。

A. $\sum_{n=1}^{\infty} a_n$　　　　　　　　　　　B. $\sum_{n=1}^{\infty} (-1)^n a_n$

C. $\sum_{n=1}^{\infty} \sqrt{a_n}$　　　　　　　　　　　D. $\sum_{n=1}^{\infty} (-1)^n a_n^2$

解析：因为 $0 \leqslant a_n < \frac{1}{n}$，所以 $|(-1)^n a_n^2| = a_n^2 < \frac{1}{n^2}$，而 $\sum_{n=1}^{\infty} \frac{1}{n^2}$ 收敛，则 $\sum_{n=1}^{\infty} (-1)^n a_n^2$ 绝对收敛，故应选 D。

【例1.4-5】设常数 $k>0$，则级数 $\sum_{n=1}^{+\infty} (-1)^n \frac{k+n}{n^2}$（　　）。

A. 发散　　　　　　　　　　　B. 绝对收敛

C. 条件收敛　　　　　　　　　D. 收敛与发散与 k 有关

【例1.4-5】

解析：由于 $\sum_{n=1}^{+\infty} (-1)^n \frac{k+n}{n^2} = \sum_{n=1}^{+\infty} \frac{(-1)^n k}{n^2} + \sum_{n=1}^{+\infty} \frac{(-1)^n}{n}$，而 $\sum_{n=1}^{+\infty} \frac{(-1)^n k}{n^2}$ 绝对收敛，$\sum_{n=1}^{+\infty} \frac{(-1)^n}{n}$ 条件收敛，则原级数条件收敛，则应选 C。

【例1.4-6】函数 $1/(3-x)$ 展开成 $(x-1)$ 的幂级数是（　　）。

A. $\sum_{n=0}^{\infty} \frac{x^n}{2^n}$　　　　　　　　　　　B. $\sum_{n=0}^{\infty} \frac{(1-x)^n}{2}$

C. $\sum_{n=0}^{\infty} \frac{(x-1)^n}{2^{n+1}}$　　　　　　　　　D. $\sum_{n=0}^{\infty} (-1)^n \frac{x^n}{4^{n+1}}$

解析：由

$$\frac{1}{1-x} = \sum_{n=0}^{\infty} x^n, x \in (-1,1)$$

得：

$$\frac{1}{3-x} = \frac{1}{2} \cdot \frac{1}{1-\frac{x-1}{2}} = \frac{1}{2} \sum_{n=0}^{\infty} \left(\frac{x-1}{2}\right)^n$$

其定义域为：$-1 < x < 3$。故选 C。

【例 1.4-7】 已知级数 $\sum_{n=1}^{\infty}(u_{2n}-u_{2n+1})$ 是收敛的，则下列结论成立的是(　　)。

A. $\sum_{n=1}^{\infty} u_n$ 必收敛   　　　　　　B. $\sum_{n=1}^{\infty} u_n$ 未必收敛

C. $\lim_{n \to \infty} u_n = 0$ 　　　　　　D. $\sum_{n=1}^{\infty} u_n$ 发散

解析：采用举例法求解：

取级数 $\sum_{n=1}^{\infty} 1$，级数 $\sum_{n=1}^{\infty}(1-1)$ 收敛，但级数 $\sum_{n=1}^{\infty} 1$ 发散；再取级数 $\sum_{n=1}^{\infty} \frac{1}{n^2}$，

$$\sum_{n=1}^{\infty}\left[\frac{1}{(2n)^2} - \frac{1}{(2n+1)^2}\right] = \sum_{n=1}^{\infty} \frac{4n+1}{4n^2(2n+1)^2}$$

收敛，而 $\sum_{n=1}^{\infty} \frac{1}{n^2}$ 也收敛。故选 B。

【例 1.4-8】 函数 $f(x) = 1/x$ 展开成 $x-3$ 的幂级数为(　　)。

A. $\sum_{n=0}^{\infty} \frac{1}{3^n}(x-3)^n, x \in (0,6)$ 　　B. $\sum_{n=0}^{\infty} \frac{1}{3^{n+1}}(x-3)^n, x \in (0,6)$

C. $\sum_{n=0}^{\infty} \frac{(-1)^n}{3^n}(x-3)^n, x \in (0,6)$ 　　D. $\sum_{n=0}^{\infty} \frac{(-1)^n}{3^{n+1}}(x-3)^n, x \in (0,6)$

解析：利用

$$\frac{1}{1-x} = \sum_{n=0}^{\infty} x^n, x \in (-1,1)$$

得：

$$\frac{1}{x} = \frac{1}{3+x-3} = \frac{1}{3} \cdot \frac{1}{1+\frac{x-3}{3}}$$

$$= \frac{1}{3} \cdot \frac{1}{1-\left(-\frac{x-3}{3}\right)}$$

$$= \frac{1}{3} \cdot \sum_{n=0}^{\infty} \left(-\frac{x-3}{3}\right)^n, \frac{x-3}{3} \in (-1,1)$$

即：

$$\frac{1}{x} = \sum_{n=0}^{\infty} \frac{(-1)^n}{3^{n+1}}(x-3)^n, x \in (0,6)$$

故选 D。

【例 1.4-9】 下列各级数中发散的是(　　)。

A. $\sum_{n=1}^{\infty} \frac{1}{2n-1}$ 　　　　　　B. $\sum_{n=1}^{\infty} \frac{1}{[\ln(n+1)]^n}$

C. $\sum_{n=1}^{\infty}(-1)^n\ln\left(1+\frac{1}{\sqrt{n}}\right)$ D. $\sum_{n=1}^{\infty}(-1)^{n-1}\left(\frac{2}{3}\right)^n$

解析：A 项，因为

$$\lim_{n\to\infty}\frac{\frac{1}{2n-1}}{\frac{1}{n}}=\frac{1}{2}$$

而 $\sum_{n=1}^{\infty}\frac{1}{n}$ 发散，故由极限形式的比较审敛法知 $\sum_{n=1}^{\infty}\frac{1}{2n-1}$ 发散。

B 项，因为

$$\lim_{n\to\infty}\sqrt[n]{u_n}=\lim_{n\to\infty}\frac{1}{\ln(n+1)}=0<1$$

由根值审敛法知 $\sum_{n=1}^{\infty}\frac{1}{[\ln(n+1)]^n}$ 收敛。

C 项，级数为一个交错级数，又 $\ln\left(1+\frac{1}{\sqrt{n}}\right)$ 随着 n 的增大，其值越来越小，且

$$\lim_{n\to\infty}\ln\left(1+\frac{1}{\sqrt{n}}\right)=0$$

利用莱布尼兹定理知 $\sum_{n=1}^{\infty}(-1)^n\ln\left(1+\frac{1}{\sqrt{n}}\right)$ 收敛。

D 项，$\sum_{n=1}^{\infty}(-1)^{n-1}\left(\frac{2}{3}\right)^n$ 是关于公比 $q=-2/3$ 的等比级数，$|q|=2/3<1$，收敛。

故选 A。

【例 1.4-10】 幂级数的和函数是(　　)。

A. $(e^x+e^{-x})/2$ B. $(e^x-e^{-x})/2$
C. $(\sin x+\cos x)/2$ D. $(\sin x-\cos x)/2$

解析：因为

$$e^x=\sum_{n=0}^{\infty}\frac{x^n}{n!}=1+x+\frac{x^2}{2!}+\cdots+\frac{x^n}{n!}+\cdots$$
$$e^{-x}=\sum_{n=0}^{\infty}\frac{(-1)^n x^n}{n!}=1-x+\frac{x^2}{2!}-\cdots+\frac{(-1)^n x^n}{n!}+\cdots$$

两式相加得：

$$e^x+e^{-x}=2\left[1+\frac{x^2}{2!}+\cdots+\frac{x^{2n}}{(2n)!}+\cdots\right]=2\sum_{n=0}^{\infty}\frac{x^{2n}}{(2n)!}$$

故有：

$$\sum_{n=0}^{\infty}\frac{x^{2n}}{(2n)!}=\frac{e^x+e^{-x}}{2}$$

故选 A。

习　题

【1.4-1】 级数 $\sum_{n=1}^{\infty}(-1)^n\frac{1}{n^{p-1}}$ (　　)。

A. 当 $1<p\leqslant 2$ 时条件收敛   B. 当 $p>2$ 时条件收敛

C. 当 $p<1$ 时条件收敛　　　　　　D. 当 $p>1$ 时条件收敛

【1.4-2】级数 $\sum_{n=1}^{\infty} \dfrac{(2x+1)^n}{n}$ 的收敛域是(　　)。

A. $(-1, 1)$　　B. $[-1, 1]$　　C. $[-1, 0)$　　D. $(-1, 0)$

【1.4-3】正项级数 $\sum_{n=1}^{\infty} a_n$ 的部分和数列 $\{S_n\}$ $(S_n = \sum_{k=1}^{n} a_k)$ 有上界是该级数收敛的(　　)。

A. 充分必要条件　　　　　　B. 充分条件而非必要条件
C. 必要条件而非充分条件　　D. 既非充分而又非必要条件

【1.4-4】下列幂级数中，收敛半径 $R=3$ 的幂级数是(　　)。

A. $\sum_{n=0}^{\infty} 3\,x^n$　　　　　　　　B. $\sum_{n=0}^{\infty} 3^n\,x^n$

C. $\sum_{n=0}^{\infty} \dfrac{1}{3^{\frac{1}{2}n}} x^n$　　　　　　D. $\sum_{n=0}^{\infty} \dfrac{1}{3^{n+1}} x^n$

【1.4-5】下列级数中，条件收敛的是(　　)。

A. $\sum_{n=1}^{\infty} \dfrac{(-1)^n}{n}$　　　　　　B. $\sum_{n=1}^{\infty} \dfrac{(-1)^n}{n^3}$

C. $\sum_{n=1}^{\infty} \dfrac{(-1)^n}{n(n+1)}$　　　　D. $\sum_{n=1}^{\infty} (-1)^n \dfrac{n+1}{n+2}$

【1.4-6】当 $|x|<1/2$ 时，函数 $f(x)=1/(1+2x)$ 的麦克劳林展开式正确的是(　　)。

A. $\sum_{n=0}^{\infty} (-1)^{n+1}(2x)^n$　　　　B. $\sum_{n=0}^{\infty} (-2)^n x^n$

C. $\sum_{n=1}^{\infty} (-1)^n 2^n x^n$　　　　D. $\sum_{n=1}^{\infty} 2^n x^n$

【1.4-7】若级数 $\sum_{n=1}^{\infty} u_n$ 收敛，则下列级数中不收敛的是(　　)。

A. $\sum_{n=1}^{\infty} k u_n\,(k \neq 0)$　　　　B. $\sum_{n=1}^{\infty} u_{n+100}$

C. $\sum_{n=1}^{\infty} \left(u_{2n} + \dfrac{1}{2^n}\right)$　　D. $\sum_{n=1}^{\infty} \dfrac{50}{u_n}$

【1.4-8】设幂级数 $\sum_{n=0}^{\infty} a_n x^n$ 的收敛半径为 2，则幂级数 $\sum_{n=1}^{\infty} n a_n (x-2)^{n+1}$ 的收敛区间是(　　)。

A. $(-2, 2)$　　B. $(-2, 4)$　　C. $(0, 4)$　　D. $(-4, 0)$

【1.4-9】下列各级数中发散的是(　　)。

A. $\sum_{n=1}^{\infty} \dfrac{1}{\sqrt{n+1}}$　　　　B. $\sum_{n=1}^{\infty} (-1)^{n-1} \dfrac{1}{\ln(n+1)}$

C. $\sum_{n=1}^{\infty} \dfrac{n+1}{3^n}$　　　　　　D. $\sum_{n=1}^{\infty} (-1)^{n-1} \left(\dfrac{2}{3}\right)^n$

【1.4-10】幂级数 $\sum_{n=1}^{\infty} \dfrac{(x-1)^n}{3^n n}$ 的收敛域是(　　)。

A. $[-2, 4)$ B. $(-2, 4)$ C. $(-1, 1)$ D. $[1/3, 4/5)$

习题答案及解析

【1.4-1】答案：A

解析：$\sum_{n=1}^{\infty}(-1)^n\frac{1}{n^{p-1}}$ 条件收敛，即 $\sum_{n=1}^{\infty}\frac{1}{n^{p-1}}$ 发散，$\sum_{n=1}^{\infty}(-1)^n\frac{1}{n^{p-1}}$ 收敛。已知 $\sum_{n=1}^{\infty}\frac{1}{n}$ 发散，故 $0<p-1\leqslant 1$。所以当 $1<p\leqslant 2$ 时，级数 $\sum_{n=1}^{\infty}(-1)^n\frac{1}{n^{p-1}}$ 条件收敛。

【1.4-2】答案：C

解析：采用排除法求解。当 $x=0$ 时，原级数可化为 $\sum_{n=1}^{\infty}\frac{1}{n}$ 级数是发散的，排除 AB 两项；当 $x=-1$ 时，代入可知级数是交错级数，收敛。

【1.4-3】答案：A

解析：正项级数的部分和 S_n 构成一个单调增加（或不减少）的数列 $\{S_n\}$。由极限存在准则可知，正项级数收敛的充要条件是其部分和数列 $\{S_n\}$ 有上界。

【1.4-4】答案：D

解析：幂级数收敛半径 $R=1/\rho$。D 项，

$$\rho = \lim_{n\to\infty}\left|\frac{a_{n+1}}{a_n}\right| = \frac{3^{n+1}}{3^{n+2}} = \frac{1}{3}$$

$R=3$。

【1.4-5】答案：A

解析：如果级数各项和收敛，但各项绝对值的和发散，则称该级数条件收敛。用莱布尼茨判别法可知，$\sum_{n=1}^{\infty}\frac{(-1)^n}{n}$ 条件收敛。而 $\sum_{n=1}^{\infty}\frac{(-1)^n}{n^3}$ 和 $\sum_{n=1}^{\infty}\frac{(-1)^n}{n(n+1)}$ 绝对收敛，$\sum_{n=1}^{\infty}\frac{(-1)^n(n+1)}{(n+2)}$ 的一般项不趋近于零，发散。

【1.4-6】答案：B

解析：因为

$$\frac{1}{1+x} = \sum_{n=1}^{\infty}(-1)^n x^n \quad x \in (-1,1)$$

故

$$f(x) = \frac{1}{1+2x} = \sum_{n=0}^{\infty}(-1)^n(2x)^n$$

定义域 $2x \in (-1,1)$，所以 $|x|<1/2$。

【1.4-7】答案：D

解析：因为级数 $\sum_{n=1}^{\infty}u_n$ 收敛，故 $\lim_{n\to\infty}u_n=0$ 因此级数 $\lim_{n\to\infty}\frac{50}{u_n}=\infty$ 一般项不趋于 0，故 $\sum_{n=1}^{\infty}\frac{50}{u_n}$ 不收敛。

【1.4-8】答案：C

解析：由于幂级数 $\sum_{n=0}^{\infty} a_n x^n$ 的收敛半径 R 为 2，故

$$\lim_{n\to\infty}\frac{a_{n+1}}{a_n}=\frac{1}{R}=\frac{1}{2}$$

则 $\lim_{n\to\infty}\frac{(n+1)a_{n+1}(x-2)^{n+2}}{na_n(x-2)^{n+1}}=\frac{x-2}{2}$ 因此需满足 $\left|\frac{(x-2)}{2}\right|<1$ 时，得：$x\in(0,4)$。所以幂级数 $\sum_{n=1}^{\infty} na_n(x-2)^{n+1}$ 的收敛区间是 (0, 4)。

【1.4-9】答案：A

解析：令 $a_n=\frac{1}{\sqrt{n+1}}$

$b_n=1/n$，则 $\lim_{n\to\infty}\frac{a_n}{b_n}=\lim_{n\to\infty}\frac{\frac{1}{\sqrt{n+1}}}{\frac{1}{n}}=\lim_{n\to\infty}\frac{n}{\sqrt{n+1}}=+\infty$ 又调和级数 $\sum_{n=1}^{\infty}\frac{1}{n}$ 发散，故 $\lim_{n\to\infty}\frac{1}{\sqrt{n+1}}$ 发散。

【1.4-10】答案：A

解析：设 $a_n=1/(3^n n)$，则

$$\rho=\lim_{n\to\infty}\left|\frac{a_{n+1}}{a_n}\right|=\frac{3^{n+1}}{3^{n+2}}=\frac{1}{3}$$

所以收敛半径 $R=1/\rho=3$，$-3<x-1<3$，$-2<x<4$，当 $x=-2$ 时，幂级数为交错项级数，$\sum_{n=1}^{\infty}\frac{(-1)^n}{n}$ 收敛；当 $x=4$ 时，幂级数 $\sum_{n=1}^{\infty}\frac{1}{n}$ 为调和级数，发散。故幂级数的收敛域为 [−2, 4)。

1.5 常微分方程

高频考点梳理

知识点	二阶常系数微分方程	微分方程的通解	可分离变量的方程
近三年考核频次	2	2	1

1.5.1 可分离变量方程

一阶可分离变量方程：$\frac{dy}{dx}=\frac{f(x)}{g(y)}$，可分离变量为：$\int g(y)dy=\int f(x)dx$，设 $g(y)$、$f(x)$ 的原函数分别为 $G(y)$、$F(x)$，则可解出方程的通解：

$$G(y)=F(x)+c$$

【例 1.5-1】设 $y=y(x)$ 在点 (0,1) 处与抛物线：$y=x^2-x+1$ 相切，并满足方程 $y''-3y'+2y=2e^x$，则 $y=y(x)=(\quad)$。

A. $e^{2x}-xe^x$
B. $2e^{2x}-e^x+xe^x$
C. $(1-2x)e^x$
D. $(1-x)e^x$

【例1.5-1】

解析：由 $y(0)=1, y'(0)=-1$，解方程，设特解为 Axe^x 代入得 $A=-2$。通解为
$$y=c_1e^{2x}+c_2e^x-2xe^x, c_1=0, c_2=1$$
$$y=(1-2x)e^x$$
故选 C。

1.5.2 一阶线性方程

一阶线性方程：$y'+p(x)y=Q(x)$

当 $Q(x)=0$ 时，上式称为线性齐次方程；当 $Q(x)\neq 0$，则称为线性非齐次方程。

线性齐次方程的通解为：$\ln|y|=-\int p(x)\mathrm{d}x+c$，或 $y=ce^{-\int p(x)\mathrm{d}x}$

线性非齐次方程的通解为：$y=e^{-\int p(x)\mathrm{d}x}[\int Q(x)e^{\int p(x)\mathrm{d}x}\mathrm{d}x+c]$

【例 1.5-2】微分方程 $\mathrm{d}y/\mathrm{d}x=1/(xy+y^3)$ 是（　　）。

A. 齐次微分方程　　　　　　　　B. 可分离变量的微分方程
C. 一阶线性微分方程　　　　　　D. 二阶微分方程

解析：一阶线性微分方程一般有两种形式：$\mathrm{d}y/\mathrm{d}x+P(x)y=Q(x)$，或 $\mathrm{d}x/\mathrm{d}y+P(y)x=Q(y)$。对题中方程两边分别取倒数，整理得：$\mathrm{d}x/\mathrm{d}y-yx=y^3$，显然属于第二种类型的一阶线性微分方程。故选 C。

1.5.3 常系数线性方程

1. 常系数线性齐次方程

二阶常系数线性齐次方程的一般形式为：$y''+py'+qy=0$，其中 p、q 为常数，它的特征方程为：$r^2+pr+q=0$，其中 r 为特征根。根据 r 的情况，二阶常系数齐次方程的通解为：

r_1、r_2 为两个不等实根时，$y=c_1e^{r_1x}+c_2e^{r_2x}$

$r_1=r_2=r$ 时，$y=(c_1+c_2x)e^{rx}$

r 为一对共轭复根 $\alpha\pm\beta i$ 时，$y=e^{\alpha x}(c_1\cos\beta x+c_2\sin\beta x)$

2. 常系数线性非齐次方程

设 $y=y^*(x)$ 是非齐次方程 $y''+py'+qy=f(x)$ 的一个解，$y=\bar{y}(x)$ 是对应的齐次方程 $y''+py'+qy=0$ 的通解，则非齐次方程的通解为：$y=\bar{y}(x)+y^*(x)$

(1) 当 $f(x)=P_m(x)e^{\lambda x}$，求 $y''+py'+qy=f(x)$ 的一个特解 $y^*(x)$，可设 $y^*(x)=x^kQ_m(x)e^{\lambda x}$，其中 k 为数 λ 作为特征根的重数（即当 λ 不是特征根时，k 取 0；当 λ 是特征单根时，k 取 1；当 λ 是特征重根时，k 取 2），且
$$Q_m(x)=A_0x^m+A_1x^{m-1}+\cdots+A_{m-1}x+A_m$$

将 $y^*(x)$ 的上述表达式代入非齐次方程中，比较同类项的系数，即可确定出 A_0、A_1、$\cdots$、A_m 系数。

(2) 当 $f(x)=p_l(x)\cos\omega x+p_n(x)\sin\omega x$，其中 $p_l(x)$ 为 l 次多项式，$p_n(x)$ 为 n 次多项式，求 $y''+py'+qy=f(x)$ 的一个特解 $y^*(x)$。

可设 $y^*(x)=x^k[Q_m(x)\cos\omega x+R_m(x)\sin\omega x]$

其中 k 是复数 $i\omega$ 作为特征根的重数，$m=\max\{l,n\}$，$Q_m(x)$、$R_m(x)$ 都是 m 次多项式，各含 $m+1$ 个待定系数（A_0、A_1、$\cdots$、A_m；B_0、B_1、$\cdots$、B_m）。

【例 1.5-3】微分方程 $y''-2y'+y=0$ 的两个线性无关的特解是（　　）。
A. $y_1=x, y_2=e^x$
B. $y_1=e^{-x}, y_2=e^x$
C. $y_1=e^{-x}, y_2=xe^{-x}$
D. $y_1=e^x, y_2=xe^x$

解析：本题中，二阶常系数线性微分方程的特征方程为：$r^2-2r+1=0$，解得：$r_1=r_2=1$，故方程的通解为：$y=e^x(c_1+c_2x)$，则两个线性无关解为 c_1e^x、c_2xe^x（c_1、c_2 为常数）。故选 D。

【例 1.5-4】设 a, b, A, φ 均是待定常数，则方程 $y''+y=\cos x$ 的一个特解形式（　　）。
A. $ax\cos x+b\sin x$
B. $Ax\sin(x+\varphi)$
C. $x\cos(Ax+\varphi)$
D. $x\sin(Ax+\varphi)$

解析：由 $\pm i$ 是相应齐次方程的特征根，故特解形式为：
$$x(c_1\sin x+c_2\cos x)=Ax\sin(x+\varphi)$$
故选 B。

【例 1.5-5】满足方程 $f(x)+2\int_0^x f(x)\mathrm{d}x=x^2$ 的解是 $f(x)=$（　　）。
A. $-\dfrac{1}{2}e^{-2x}+x+\dfrac{1}{2}$
B. $\dfrac{1}{2}e^{-2x}+x-\dfrac{1}{2}$
C. $ce^{-2x}+x-\dfrac{1}{2}$
D. $ce^{-2x}+x+\dfrac{1}{2}$

解析：由于 $f(0)=0$，两边求导得
$$f'(x)+2f(x)=2x \text{ 即 } (f(x)e^{2x})'=2xe^{2x}$$
故 $f(x)e^{2x}=xe^{2x}-\dfrac{1}{2}e^{2x}+c$

由初始条件得 $c=\dfrac{1}{2}$，故
$$f(x)=\dfrac{1}{2}e^{-2x}+x-\dfrac{1}{2}$$
故选 B。

【例 1.5-6】方程 $y''+y=\cos x$ 的一个特解的形式为 $Y=$（　　）。
A. $Ax\cos x$
B. $Ax\cos x+B\sin x$
C. $A\cos x+Bx\sin x$
D. $Ax\cos x+Bx\sin x$

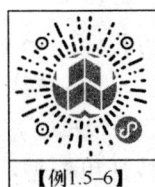
【例 1.5-6】

解析：因 $\pm i$ 是相应齐次方程的特征方程的两个根，故特解应设为 $Ax\cos x+Bx\sin x$。
故选 D。

【例 1.5-7】微分方程 $(3+2y)x\mathrm{d}x+(1+x^2)\mathrm{d}y=0$ 的通解为（　　）。
A. $1+x^2=Cy$
B. $(1+x^2)(3+2y)=C$
C. $(3+2y)^2=C/(1+x^2)$
D. $(1+x^2)^2(3+2y)=C$

解析：分离变量可以得到：$[-1/(3+2y)]\mathrm{d}y=[x/(1+x^2)]\mathrm{d}x$。对等式两边积分得：$-\int[1/(3+2y)]\mathrm{d}y=\int[x/(1+x^2)]\mathrm{d}x$。整理得：$-(1/2)\ln(3+2y)=(1/2)\ln(1+x^2)+C$，即 $(1+x^2)(3+2y)=C$。

故选 B。

【例 1.5-8】 微分方程 $y''+ay'^2=0$ 满足条件 $y|x=0=0$，$y'|x=0=-1$ 的特解是（ ）。

A. $(1/a)\ln|1-ax|$　　　　　　B. $(1/a)\ln|ax|+1$
C. $ax-1$　　　　　　　　　　D. $(1/a)x+1$

解析： 将已知条件 $y|x=0=0$，$y'|x=0=-1$ 代入 4 个选项中，只有 A 项符合要求。故选 A。

习　　题

【1.5-1】 微分方程 $xy'-y=x^2e^{2x}$ 的通解 y 等于（ ）。
A. $x[(1/2)e^{2x}+C]$　　　　　B. $x(e^{2x}+C)$
C. $x[(1/2)x^2e^{2x}+C]$　　　　D. $x^2e^{2x}+C$

【1.5-2】 函数 $y=C_1e^{-x+C_2}$（C_1，C_2 为任意常数）是微分方程 $y''-y'-2y=0$ 的（ ）。
A. 通解　　　　　　　　　　B. 特解
C. 不是解　　　　　　　　　D. 解，既不是通解又不是特解

【1.5-3】 微分方程 $xy'-y\ln y=0$ 的满足 $y(1)=e$ 的特解是（ ）。
A. $y=ex$　　B. $y=e^x$　　C. $y=e^{2x}$　　D. $y=\ln x$

【1.5-4】 微分方程 $y''-3y'+2y=xe^x$ 的待定特解的形式是（ ）。
A. $y=(Ax^2+Bx)e^x$　　　　　B. $y=(Ax+B)e^x$
C. $y=Ax^2e^x$　　　　　　　　D. $y=Axe^x$

【1.5-5】 设 $y=\ln(\cos x)$，则微分 dy 等于（ ）。
A. $(1/\cos x)dx$　　B. $\cot x dx$　　C. $-\tan x dx$　　D. $-(1/\cos x \sin x)dx$

【1.5-6】 已知微分方程 $y'+p(x)y=q(x)\cdot(q(x)\neq 0)$ 有两个不同的特解 $y_1(x)$，$y_2(x)$，C 为任意常数，则该微分方程的通解是（ ）。
A. $y=C(y_1-y_2)$　　　　　　B. $y=C(y_1+y_2)$
C. $y=y_1+C(y_1+y_2)$　　　　D. $y=y_1+C(y_1-y_2)$

【1.5-7】 以 $y_1=e^x$，$y_2=e^{-3x}$ 为特解的二阶线性常系数齐次微分方程是（ ）。
A. $y''-2y'-3y=0$　　　　　　B. $y''+2y'-3y=0$
C. $y''-3y'+2y=0$　　　　　　D. $y''+3y'+2y=0$

【1.5-8】 微分方程 $dy/dx+x/y=0$ 的通解是（ ）。
A. $x^2+y^2=C(C\in R)$　　　　B. $x^2-y^2=C(C\in R)$
C. $x^2+y^2=C^2(C\in R)$　　　D. $x^2-y^2=C^2(C\in R)$

【1.5-9】 微分方程 $xydx=\sqrt{2-x^2}dy$ 的通解是（ ）。
A. $y=e^{-C\sqrt{2-x^2}}$　　　　　　B. $y=e^{-\sqrt{2-x^2}}+C$
C. $y=Ce^{-\sqrt{2-x^2}}$　　　　　　D. $y=C-\sqrt{2-x^2}$

【1.5-10】 微分方程 $dy/dx-(y/x)=\tan(y/x)$ 的通解是（ ）。
A. $\sin(y/x)=Cx$　　　　　　B. $\cos(y/x)=Cx$

C. $\sin(y/x) = x + C$ D. $Cx\sin(y/x) = 1$

【1.5-11】微分方程 $y'' + 2y = 0$ 的通解是(　　)。

A. $y = A\sin 2x$ B. $y = A\cos x$

C. $y = \sin\sqrt{2}x + B\cos\sqrt{2}x$ D. $y = A\sin\sqrt{2}x + B\cos\sqrt{2}x$

【1.5-12】微分方程 $y dx + (x - y) dy = 0$ 的通解是(　　)。

A. $\left(x - \dfrac{y}{2}\right)y = C$ B. $xy = C\left(x - \dfrac{y}{2}\right)$

C. $xy = C$ D. $y = \dfrac{C}{\ln\left(x - \dfrac{y}{2}\right)}$

习题答案及解析

【1.5-1】答案：A

解析：当 $x \neq 0$ 时，原微分方程可改为：$y' - (1/x)y = xe^{2x}$，则

$$y = e^{-\int -\frac{1}{x}dx}\left[\int xe^{2x} e^{\int -\frac{1}{x}dx} + C\right]$$
$$= x\left(\frac{1}{2}e^{2x} + C\right)$$

【1.5-2】答案：D

解析：微分方程 $y'' - y' - 2y = 0$ 的特征方程为：$r^2 - r - 2 = 0$。解特征方程得：$r_1 = 2$，$r_2 = -1$。故该微分方程的通解应为：$y = C_1 e^{2x} + C_2 e^{-x}$。因此，函数 $y = C_1 e^{-x+C_2} = C_1 e^{C_2} e^{-x} = Ce^{-x}$ 是微分方程的解，但既不是通解又不是特解。

【1.5-3】答案：B

解析：将各项答案代入已知条件判断如下：

代入可得，$ex - ex\ln(ex) \neq 0$，不满足；

代入可得，$xe^x - xe^x = 0$，当 $x = 1$ 时，$y(1) = e$，满足；

代入可得，$2xe^{2x} - 2xe^{2x} = 0$，$y(1) = e^2$，不满足；

代入可得，$1 - \ln x \ln(\ln x) \neq 0$，不满足。

【1.5-4】答案：A

解析：当形如 $y'' + py' + qy = P(x)e^{\alpha x}$ 的非齐次方程的特解为：$y* = x^k Q(x)e^{\alpha x}$，其中 k 的取值视 α 在特征方程中的根的情况而定，$Q(x)$ 的设法视 $P(x)$ 的次数而定。在此，特征方程 $r^2 - 3r + 2 = 0$ 的特征根为 $r = 2$，$r = 1$，为单根形式，故 $k = 1$；$P(x) = x$，为一次函数，可设 $Q(x) = Ax + B$。故原微分方程的待定特解的形式为：$x(Ax + B)e^x = (Ax^2 + Bx)e^x$。

【1.5-5】答案：C

解析：该式为隐函数的求导，需要对等式两边同时微分，得：$dy = f'(x)dx = (1/\cos x)(-\sin x)dx = -\tan x dx$。

【1.5-6】答案：D

解析：该方程为非齐次微分方程，其通解的形式为其对应齐次方程 $y' + p(x)y = 0$ 的通解加上该方程的一个特解。由题意可知，$(y_1 - y_2)$ 是齐次方程 $y' + p(x)y = 0$ 的一个特

解，故 $C(y_1-y_2)$ 是齐次方程的通解。又 $y_1(x)$ 为该方程的特解，故该微分方程的通解为：$y=y_1+C(y_1-y_2)$。

【1.5-7】答案：B

解析：因 $y_1=e^x$，$y_2=e^{-3x}$ 是特解，故特征值 $r_1=1$，$r_2=-3$ 是特征方程的根，因而特征方程为：$r^2+2r-3=0$。故二阶线性常系数齐次微分方程是：$y''+2y'-3y=0$。

【1.5-8】答案：C

解析：采用分离变量法求解，对微分方程 $dy/dx=-x/y$ 进行分离变量得，$ydy=-xdx$。故对等式两边积分得，$x^2-y^2=C_1$，这里常数 C_1 必须满足 $C_1 \geq 0$，故方程的通解为：$x^2+y^2=C^2 (C \in R)$。

【1.5-9】答案：C

解析：利用分离变量法，原式等价可化为：

$$\frac{x}{\sqrt{2-x^2}}dx=\frac{1}{y}dy$$

对等式两边积分得：

$$-\sqrt{2-x^2}=\ln y+C$$

整理得：$y=Ce^{-\sqrt{2-x^2}}$

【1.5-10】答案：A

解析：令 $y/x=u$，则 $dy/dx=x(du/dx)+u$，原式等价于 $du/\tan u=dx/x$，对等式两边分别积分得：$\ln(\sin u)=\ln x+C_1$，这里常数 C_1 必须满足 $C_1 \geq 0$。则微分方程 $(dy/dx)-y/x=\tan(y/x)$ 的通解是：$\sin(y/x)=Cx$。

【1.5-11】答案：D

解析：该微分方程为二阶常系数线性齐次方程，其特征方程为 $p^2+2=0$，特征根为：$P=0\pm\sqrt{2}i$，故方程的通解为：

$$y=e^{0x}(C_1\cos\sqrt{2}x+C_2\sin\sqrt{2}x)=C_1\cos\sqrt{2}x+C_2\sin\sqrt{2}x$$

【1.5-12】答案：A

解析：微分方程 $ydx+(x-y)dy=0$，可写成：$ydx+xdy=ydy$。右端仅含 y，求积分得 $y^2/2$。左端即含 x 又含 y，它不能逐项积分，但却可以化称 $d(xy)$，因此，直接求积分得到 xy，从而便得到微分方程的隐式解：$xy=(y^2/2)+C$，即

$$\left(x-\frac{y}{2}\right)y=C$$

1.6 概率与数理统计

高频考点梳理

知识点	数学期望	随机事件的概率计算	概率密度的性质
近三年考核频次	2	2	1

1.6.1 随机事件与概率及古典概型

掌握随机事件之间的关系(包含、相等、互斥),随机事件之间的运算(和事件、积事件、对立事件、差事件),概率的计算公式,条件概率与相互独立性,古典概型。

1. 概率的计算公式

(1) $P(\bar{A}) = 1 - P(A)$(求逆公式)

(2) $P(A+B) = P(A) + P(B) - P(AB)$。当 A、B 互相不相容时,
$$P(A+B) = P(A) + P(B)$$

(3) $P(B-A) = P(B) - P(BA)$。当 $A \subset B$ 时,$P(A) \leqslant P(B)$,且
$$P(B-A) = P(B) - P(A)$$

(4) $P(AB) = P(A|B)P(B) = P(B|A)P(A)$。当 A、B 相互独立时,
$$P(AB) = P(A)P(B)$$

(5)(全概率公式)如果事件 $A_1, A_2, \cdots, A_n$ 构成一个完备事件组,即 $A_1, A_2, \cdots, A_n$ 两两互不相容,$A_1 + A_2 + \cdots + A_n = U$,且 $P(Ai) > 0$,则有:
$$P(B) = \sum_{i=1}^{n} P(B|Ai)P(Ai) \quad (i=1,2,\cdots,n)$$

(6)(贝叶斯公式)如果事件 $A_1, A_2, \cdots, A_n$ 构成一个完备事件组,当 $P(B) > 0$ 时,则有:
$$P(A_k|B) = \frac{P(B|A_k)P(A_k)}{\sum_{i=1}^{n} P(B|Ai)P(Ai)} \quad (k=1,2,\cdots,n)$$

2. 条件概率与相互独立性

在事件 A 发生的前提条件下事件 B 发生的概率称为条件概率,记作 $P(B|A)$,其计算公式为:
$$P(B|A) = \frac{P(AB)}{P(A)}$$

事件 A 与 B 相互独立的充分必要条件是:$P(AB) = P(A)P(B)$。

事件 A 与 B 相互独立时,$P(B|A) = P(B)$,$P(A|B) = P(A)$。

【例 1.6-1】设有事件 A 和 B,已知 $P(A) = 0.8, P(B) = 0.7$,且 $P(A|B) = 0.8$,则下列结论中正确的是( )。

A. A 与 B 独立 B. A 与 B 互斥
C. $B \supset A$ D. $P(A \cup B) = P(A) + P(B)$

解析: 条件概率的计算公式为:$P(A|B) = P(AB)/P(B)$。代入数据,解得:$P(AB) = 0.56 = P(A)P(B)$,所以事件 A 和 B 相互独立。故选 A。

【例 1.6-2】设 A,B 为随机事件,$P(B) > 0$,则( )。

A. $P(A \cup B) \geqslant P(A) + P(B)$ B. $P(A-B) \geqslant P(A) - P(B)$
C. $P(AB) \geqslant P(A)P(B)$ D. $P(A|B) \geqslant \dfrac{P(A)}{P(B)}$

解析: 由概率的运算性质知,$P(A \cup B) = P(A) + P(B) - P(AB) \leqslant P(A) + P(B)$,排除选项 A;$P(A-B) = P(A) - P(AB) \geqslant P(A) - P(B)$,故正确选项为 B。

而 $P(A\mid B)=\dfrac{P(AB)}{P(B)}\leqslant \dfrac{P(A)}{P(B)}$，排除 D 项；当 A,B 互斥，且 $P(A)>0,P(B)>0$ 时，$P(AB)=0<P(A)P(B)$，排除 C 项。故选 B。

【例 1.6-3】设 A,B 是两个随机事件，$0<P(B)<1$，且 $AB=\bar{A}\,\bar{B}$，则（　　）。

A. A,B 互斥但不对立　　　　　　B. A,B 相互独立

C. A,B 相互对立　　　　　　　　D. $A\cup B=A$

解析：由已知条件 $AB=\bar{A}\,\bar{B}$ 及事件之间的运算法则可知

$$(AB)(\bar{A}\,\bar{B})=AB=\bar{A}\,\bar{B}=(A\bar{A})(B\bar{B})=\phi,$$

而 $\bar{A}\,\bar{B}=\overline{A\cup B}=\phi$，于是 $A\cup B=\Omega$，即 A 与 B 是对立事件。应选 C。

【例 1.6-4】若 $P(A)=0.5,P(B)=0.4,P(\bar{A}-B)=0.3$，则 $P(A\cup B)$ 等于(　　)。

A. 0.6　　　　B. 0.7　　　　C. 0.8　　　　D. 0.9

【例1.6-4】

解析：由题意，$P(\bar{A}-B)=1-P(A+B)=1-P(A\cup B)=0.3$，则 $P(A\cup B)=0.7$。故选 B。

【例 1.6-5】A,B 为随机事件，已知 $P(A)=1/4$，$P(B\mid A)=1/2$，$P(A\mid B)=1/3$，则 $P(A\cup B)=($　　$)$。

A. 1/8　　　　B. 1/4　　　　C. 3/8　　　　D. 1/2

解析：由 $P(A)=1/4$，$P(B\mid A)=1/2$，得 $P(AB)=P(A)P(B\mid A)=1/8$，而 $P(A\mid B)=P(AB)/P(B)=1/3$，则 $P(B)=3/8$，所以 $P(A\cup B)=P(A)+P(B)-P(AB)=1/4+3/8-1/8=1/2$。故选 D。

1.6.2　一维随机变量的分布和数字特征

1. 离散型随机变量的概率分布表

离散型随机变量 X 的概率分布表为：

X	x_1	x_2	$\cdots$	x_k	$\cdots$
p_r	p_1	p_2	$\cdots$	p_k	$\cdots$

其中 $\sum\limits_{k}p_k=1$，$p_k>0$，$k=1,2,\cdots$。由此表可计算概率：$P(X\in I)=\sum\limits_{k:x_k\in I}p_k$

2. 连续型随机变量的概率密度函数

连续型随机变量 X 的概率密度函数 $p(x)$ 应满足条件：$p(x)\geqslant 0$，$(-\infty<x<+\infty)$；

$$\int_{-\infty}^{+\infty}p(x)\mathrm{d}x=1。$$

由上述 $p(x)$ 可计算概率：

$$P(a<X\leqslant b)=P(a\leqslant X\leqslant b)=P(a\leqslant X<b)=P(a<X<b)=\int_a^b p(x)\mathrm{d}x$$

3. 随机变量的分布函数

随机变量 X 的分布函数 $F(x)$ 的性质：

(1) $0 \leqslant F(x) \leqslant 1, -\infty < x < +\infty$；

(2) 当 $x_1 < x_2$ 时，$F(x_1) \leqslant F(x_2)$；

(3) $\lim\limits_{x \to -\infty} F(x) = 0$，$\lim\limits_{x \to +\infty} F(x) = 1$。

设 X 为连续型随机变量，其概率密度函数为 $p(x)$，则有：

(1) 在 $p(x)$ 的连续点处，$F'(x) = p(x)$；

(2) $F(x) = \int_{-\infty}^{x} p(t)dt$，$-\infty < x < +\infty$。

4. 随机变量函数的分布

设 X 为连续型随机变量，其概率密度函数为 $p(x)$，$Y = f(x)$ 的分布函数：

$$F_Y(y) = P(Y \leqslant y) = P(f(x) \leqslant y) = P(x \in I_y) = \int_{I_y} p(x)dx$$

其中 $I_y = \{x \mid f(x) \leqslant y\}$ 是实数轴上的某个集合。再对 $F_Y(y)$ 求导可得 $Y = f(x)$ 的概率密度函数 $p_Y(y)$。

5. 随机变量的期望（$E(X)$）

$$E(X) = \sum_k x_k p_k \quad (X \text{ 为离散型随机变量})$$

$$E(X) = \int_{-\infty}^{+\infty} xp(x)dx \quad (X \text{ 为连续型随机变量})$$

期望的性质如下：

(1) $E(c) = c$（c 为常数）；

(2) $E(kX) = kE(X)$（k 为常数）；

(3) $E(X+c) = E(X) + c$；

(4) $E(kX + lY + c) = kE(X) + lE(Y) + c$。

设 $Y = f(X)$，当 X 为离散型随机变量时，有：

$$E(Y) = E[f(X)] = \sum_k f(x_k) p_k$$

当 X 为连续型随机变量时，有：

$$E(Y) = E[f(X)] = \int_{-\infty}^{+\infty} f(x) p(x)dx$$

6. 随机变量的方差（$D(X)$）

$$D(X) = E[X - E(X)]^2 = E(X^2) - [E(x)]^2$$

方差的性质如下：

(1) $D(c) = 0$（c 为常数）；

(2) $D(kX) = k^2 D(X)$（k 为常数）；

(3) $D(X+c) = D(X)$；

(4) 当 X 与 Y 相互独立时，$D(kX + lY + c) = k^2 D(X) + l^2 D(Y)$。

7. 常用随机变量的分布和数字特征

(1) 两点分布（或伯努利分布）。参数为 p，$0 < p < 1$，它的概率分布为：$X=0$，$P_{r1} = 1-p$；$X=1$，$P_{r2} = p$，且 $E(X) = p$，$D(X) = p(1-p)$。

(2) 二项分布。参数为 n、p，$0 < p < 1$，它的概率分布为：

$$P(X = k) = c_n^k p^k (1-p)^{n-k} \quad (k = 0, 1, \cdots, n)$$

且 $E(X)=np$，$D(X)=np(1-p)$。

(3) 泊松分布。参数为 λ，$\lambda>0$，它的概率分布为：
$$P(X=k)=e^{-\lambda}\frac{\lambda^k}{k!}(k=0,1,\cdots,n)$$

且 $E(X)=D(X)=\lambda$

(4) 均匀分布。参数为 a、b，$a<b$，它的概率密度函数为：
$$p(x)=\begin{cases}\dfrac{1}{b-a}(a<x<b)\\ 0(其余)\end{cases}$$

且 $E(X)=\dfrac{1}{2}(a+b)$，$D(X)=\dfrac{1}{12}(b-a)^2$

(5) 指数分布。参数为 λ，$\lambda>0$，它的概率密度函数为：
$$p(x)=\begin{cases}\lambda e^{-\lambda x}(x>0)\\ 0(其余)\end{cases}$$

且 $E(X)=\dfrac{1}{\lambda}$，$D(X)=\dfrac{1}{\lambda^2}$

(6) 正态分布 $N(\mu,\sigma^2)$。参数为 μ、σ^2，它的概率密度函数为：
$$p(x)=\frac{1}{\sqrt{2\pi}\sigma}e^{-\frac{(x-\mu)^2}{2\sigma^2}}(-\infty<x<+\infty)$$

且 $E(X)=\mu$，$D(X)=\sigma^2$

8. 正态分布的概率计算

当 $X\sim N(0,1)$ 时，$P(a<X\leqslant b)=\Phi(b)-\Phi(a)$，其中 $\Phi(x)$ 为标准正态分布的分布函数，且满足：$\Phi(0)=\dfrac{1}{2}$；$\Phi(-x)=1-\Phi(x)$。

当 $X\sim N(\mu,\sigma^2)$ 时，X 的分布函数：
$$F(X)=\Phi\left(\frac{X-\mu}{\sigma}\right)$$
$$P(a<X\leqslant b)=\Phi\left(\frac{b-\mu}{\sigma}\right)-\Phi\left(\frac{a-\mu}{\sigma}\right)$$

【例 1.6-6】某店有 7 台电视机，其中 2 台次品。现从中随机地取 3 台，设 X 为其中的次品数，则数学期望 $E(X)$ 等于（　　）。
A. 3/7　　　　　B. 4/7　　　　　C. 5/7　　　　　D. 6/7

解析：随机变量 X 的取值为 0、1、2，则相应的概率分别为：
$$P(X=0)=\frac{C_2^0 C_5^3}{C_7^3}=\frac{2}{7}$$
$$P(X=1)=\frac{C_2^1 C_5^2}{C_7^3}=\frac{4}{7}$$
$$P(X=2)=\frac{C_2^2 C_5^1}{C_7^3}=\frac{1}{7}$$

故 $E(X)=0\times(2/7)+1\times(4/7)+2\times(1/7)=6/7$。故选 D。

【例 1.6-7】设随机变量 X 的分布函数 $F(x)=0.3\Phi(x)+0.7\Phi\left(\dfrac{x-1}{2}\right)$，其中 $\Phi(x)$

为标准正态分布函数，则 $E(X)=(\quad)$。

A. 0　　　　　B. 0.3　　　　　C. 0.7　　　　　D. 1

解析：X 的概率密度为

$$f(x)=F'(x)=0.3\Phi(x)+0.7\phi\left(\frac{x-1}{2}\right)\cdot\frac{1}{2}=0.3\Phi(x)+0.35\Phi\left(\frac{x-1}{2}\right),x\in R,$$

其中 $\Phi(x)$ 为标准正态分布的概率密度，则

$$E(X)=\int_{-\infty}^{+\infty}xf(x)\mathrm{d}x=0.3\int_{-\infty}^{+\infty}x\Phi(x)\mathrm{d}x+0.35\int_{-\infty}^{+\infty}x\Phi\left(\frac{x-1}{2}\right)\mathrm{d}x,$$

其中 $\int_{-\infty}^{+\infty}x\Phi(x)\mathrm{d}x=0$,

$$\int_{-\infty}^{+\infty}x\Phi\left(\frac{x-1}{2}\right)\mathrm{d}x\xrightarrow{\text{令}y=\frac{x-1}{2}}\int_{-\infty}^{+\infty}(2y+1)\Phi(y)2\mathrm{d}y=4\int_{-\infty}^{+\infty}y\Phi(y)\mathrm{d}y+2\int_{-\infty}^{+\infty}\Phi(y)\mathrm{d}y$$
$$=4\cdot0+2\cdot1=2$$

故 $E(X)=0.3\times0+0.35\times2=0.7$。应选 C。

【例 1.6-8】 设总体 X 服从正态分布 $N(\mu,\sigma^2)$，$X_1,X_2,\cdots X_n$ 是来自总体 X 的样本，其均值为 $\bar{X}$，若 $P\{|X-\mu|<a\}=P\{|\bar{X}-\mu|<b\}$，则比值 $\frac{a}{b}$（　　）。

A. 与 σ 及 n 都有关　　　　　　B. 与 σ 及 n 都无关

C. 与 σ 无关及 n 有关　　　　　D. 与 σ 有关及 n 无关

解析：由已知 $X\sim N(\mu,\sigma^2)$，则 $\frac{X-\mu}{\sigma}\sim N(0,1)$，$\bar{X}\sim N\left(\mu,\frac{\sigma^2}{n}\right)$，$\frac{\sqrt{n}(\bar{X}-\mu)}{\sigma}\sim N(0,1)$，

若 $P\{|X-\mu|<a\}=P\{|\bar{X}-\mu|<b\}$，则有

$$P\left\{\frac{X-\mu}{\sigma}<\frac{a}{\sigma}\right\}=P\left\{\frac{|\bar{X}-\mu|}{\frac{\sigma}{\sqrt{n}}}<\frac{b\sqrt{n}}{\sigma}\right\},$$

因此 $\frac{a}{\sigma}=\frac{b\sqrt{n}}{\sigma}$，即 $\frac{a}{b}=\sqrt{n}$。故比值 $\frac{a}{b}$ 只与 n 有关，与 σ 无关。应选 C。

【例 1.6-9】 设随机变量 X 的概率密度为

$$f(x)=\begin{cases}\frac{3}{8}x^2,0<x<2\\0,\text{其他}\end{cases}$$

则 $Y=1/X$ 的数学期望是（　　）。

A. 3/4　　　　　B. 1/2　　　　　C. 2/3　　　　　D. 1/4

解析：由题意，$Y=1/X$ 的数学期望为：

$$E(Y)=\int_{-\infty}^{+\infty}\frac{1}{x}f(x)\mathrm{d}x$$
$$=\int_0^2\frac{3}{8}x\mathrm{d}x$$
$$=\frac{3}{16}x^2\Big|_0^2=\frac{3}{4}$$

故选 A。

【例 1.6-10】设随机变量 X 的概率密度为
$$f(x) = \begin{cases} e^{-x}, x > 0 \\ 0, x \leq 0 \end{cases}$$
则 $Y = e^{-2X}$ 的数学期望是( )。

A. 2　　　　B. 3　　　　C. 1/2　　　　D. 1/3

【例1.6-10】

解析：由题意，$Y = e^{-2X}$ 的数学期望为：
$$E(Y) = E(e^{-2x}) = \int_{-\infty}^{+\infty} e^{-2x} f(x) dx$$
$$= \int_{-\infty}^{0} e^{-2x} \cdot 0 dx + \int_{0}^{+\infty} e^{-2x} \cdot e^{-x} dx$$
$$= \int_{0}^{+\infty} e^{-3x} dx = -\frac{1}{3} e^{-3x} \Big|_{0}^{\infty} = \frac{1}{3}$$

故选 D。

1.6.3　数理统计

样本均值：$\bar{X} = \frac{1}{n} \sum_{i=1}^{n} X_i$

样本方差：$S^2 = \frac{1}{n-1} \sum_{i=1}^{n} (X_i - \bar{X})^2$

样本标准差：$S = \sqrt{S^2}$

设 $E(X) = \mu$，$D(X) = \sigma^2$，则：$E(\bar{X}) = \mu$，$D(\bar{X}) = \frac{\sigma^2}{n}$，$E(S^2) = \sigma^2$

【例 1.6-11】设随机变量 X 的概率密度为 $f(x) = \begin{cases} A x^7 e^{-\frac{x^2}{2}}, x > 0 \\ 0, x \leq 0 \end{cases}$ 则 $A = ($　　$)$。

A. $\frac{1}{12}$　　　　B. $\frac{1}{24}$　　　　C. $\frac{1}{48}$　　　　D. $\frac{1}{96}$

解析：本题求解时要用到积分公式：$\int_{0}^{+\infty} x^n e^{-x} dx = n!$。

由概率密度的性质知：

$$\int_{-\infty}^{+\infty} f(x) dx = \int_{0}^{+\infty} A x^7 e^{-\frac{x^2}{2}} dx = 8A \int_{0}^{+\infty} \left(\frac{x^2}{2}\right)^3 e^{-\frac{x^2}{2}} d\left(\frac{x^2}{2}\right) \xrightarrow{\diamondsuit t = \frac{x^2}{2}} 8A \int_{0}^{+\infty} t^3 e^{-t} dt = 8A \cdot 3! = 48A = 1,$$

得 $A = \frac{1}{48}$。

故选 C。

【例 1.6-12】设总体 X 的概率密度为
$$f(x, \theta) = \begin{cases} e^{-(x-\theta)}, x \geq \theta \\ 0, x < \theta \end{cases}$$

而 $X_1, X_2, \cdots, X_n$ 是来自该总体的样本，则未知参数 θ 的最大似然估计是(　　)。

A. $\bar{X}-1$ B. $n\bar{X}$
C. $\min(X_1, X_2, \cdots, X_n)$ D. $\max(X_1, X_2, \cdots, X_n)$

解析：计算最大似然估计的方法步骤如下：①计算似然函数 $L(\theta)$；②计算似然函数的对数 $\ln L(\theta)$；③求导数 $\partial[\ln L(\theta)]/\partial\theta$；④解似然方程 $\partial[\ln L(\theta)]/\partial\theta=0$。只要似然方程的解是唯一的，似然方程的解便是 θ 的最大似然估计。

本题中，似然函数为：

$$L(\theta) = \prod_{i=1}^{n} e^{-(x_i-\theta)}$$

似然函数的对数为：

$$\ln L(\theta) = n\theta - \sum_{i=1}^{n} x_i$$

又 $\partial[\ln L(\theta)]/\partial\theta = n$ 无解，而

$$\ln L = n\theta - \sum_{i=1}^{n} x_i$$

关于 θ 单调递增，要使 $\ln L$ 达到最大，θ 应最大，又由题意可知 $x_i \geqslant \theta$，故 θ 的最大值为 $\min(X_1, X_2, \cdots, X_n)$。故选 C。

1.6.4 参数估计

1. 正态总体 $N(\mu,\sigma^2)$ 中，均值 μ 的置信区间：

(1) 当 σ^2 已知为 σ_0^2 时，在置信度 $1-\alpha$ 下 μ 的置信区间是 $\left[\bar{x}-\lambda\cdot\dfrac{\sigma_0}{\sqrt{n}}, \bar{x}+\lambda\cdot\dfrac{\sigma_0}{\sqrt{n}}\right]$，其中 λ 满足 $P(|U|\leqslant\lambda)=1-\alpha$，$U\sim N(0,1)$。

(2) 当 σ^2 未知时，在置信度 $1-\alpha$ 下 μ 的置信区间是 $\left[\bar{x}-\lambda\cdot\dfrac{s}{\sqrt{n}}, \bar{x}+\lambda\cdot\dfrac{s}{\sqrt{n}}\right]$，其中 λ 满足 $P(|T|\leqslant\lambda)=1-\alpha$，$T$ 服从自由度为 $n-1$ 的 t 分布。

2. 正态总体 $N(\mu,\sigma^2)$ 中，方差 σ^2 的置信区间：

当 μ 未知，在置信度 $1-\alpha$ 下 σ^2 的置信区间是 $\left[\dfrac{1}{\lambda_2}\sum_{i=1}^{n}(x_i-\bar{x})^2, \dfrac{1}{\lambda_1}\sum_{i=1}^{n}(x_i-\bar{x})^2\right]$。

σ 的置信区间是 $\left[\dfrac{1}{\sqrt{\lambda_2}}\sum_{i=1}^{n}(x_i-\bar{x})^2, \dfrac{1}{\sqrt{\lambda_1}}\sum_{i=1}^{n}(x_i-\bar{x})^2\right]$，其中 λ_1、λ_2 满足 $P(\chi^2<\lambda_1)=P(\chi^2>\lambda_2)=\dfrac{\alpha}{2}$，$\chi^2$ 服从自由度为 $n-1$ 的 χ^2 分布。

【例 1.6-13】 设总体 $X\sim N(0,\sigma^2)$，$X_1, X_2, \cdots X_n$ 是来自总体的样本，

$$\hat{\sigma}^2 = \dfrac{1}{n}\sum_{i=1}^{n} x_i^2$$

则下面结论中正确的是（　　）。

A. $\hat{\sigma}^2$ 不是 σ^2 的无偏估计量
B. $\hat{\sigma}^2$ 是 σ^2 的无偏估计量
C. $\hat{\sigma}^2$ 不一定是 σ^2 的无偏估计量
D. $\hat{\sigma}^2$ 不是 σ^2 的估计量

解析：若 $E(\hat{\theta})=\theta$ 则称 $\hat{\theta}$ 是 θ 的无偏估计量。样本 X_1，X_2，$\cdots X_n$ 与总体 X 同分布，$X_i \sim N(0, \sigma^2)$，即：

$$E(\hat{\sigma^2}) = E\left(\frac{1}{n}\sum_{i=1}^{n} X_i^2\right) = E(X_i^2) = D(X_i) + [E(X_i)]^2 = \sigma^2$$

故 $\hat{\sigma^2}$ 是 σ^2 的无偏估计量。故选 B。

【例 1.6-14】 设 $\hat{\theta}$ 为未知参数 θ 的无偏、一致估计，且 $D(\hat{\theta})>0$，但 $\hat{\theta}^2$ 是 θ^2 的（　　）。

A. 无偏一致估计　　　　　　　　　　B. 无偏但非一致估计
C. 非无偏但一致估计　　　　　　　　D. 非无偏非一致估计

解析：由已知条件得：$E(\hat{\theta})=\theta$，$\hat{\theta} \xrightarrow{P} \theta$，所以 $\hat{\theta}^2 \xrightarrow{P} \theta^2$；又 $E(\hat{\theta}^2) = D(\hat{\theta}) + E^2(\hat{\theta}) = D(\hat{\theta}) + \theta^2 > \theta^2$。故 $\hat{\theta}^2$ 是 θ^2 的一致估计，但不是 θ^2 的无偏估计。应选 C。

【例 1.6-15】 设随机变量 $X \sim N(0, \sigma^2)$，则对任何实数 λ，都有（　　）。

A. $P(X \leqslant \lambda) = P(X \geqslant \lambda)$　　　　B. $P(X \geqslant \lambda) = P(X \leqslant -\lambda)$
C. $X - \lambda \sim N(\lambda, \sigma^2 - \lambda^2)$　　　　D. $\lambda X \sim N(0, \lambda \sigma^2)$

解析：A 项，由正态分布的性质可得，$P(X \leqslant \lambda) = 1 - P(X > \lambda)$；B 项，$P(X \geqslant \lambda) = P(X \leqslant -\lambda)$；C 项，$X - \lambda \sim N(-\lambda, \sigma^2)$；D 项，$\lambda X \sim N(0, \lambda^2 \sigma^2)$。故选 B。

【例 1.6-16】 设 $X_1, X_2, \cdots, X_m$ 为来自二项分布总体 $B(n, p)$ 的简单随机样本，$\bar{X}$ 和 S^2 分别为样本均值和样本方差。若 $\bar{X} + kS^2$ 为 np^2 的无偏估计量，则 k 等于（　　）。

A. 1　　　　　　B. -1　　　　　　C. 2　　　　　　D. -2

解析：由题设可知，$E(\bar{X}) = np$，$E(S^2) = np(1-p)$。若 $\bar{X} + kS^2$ 为 np^2 的无偏估计量，则 $E(\bar{X} + kS^2) = np^2$，得 $np + knp(1-p) = np^2$，解得 $k = -1$。故选 B。

习　题

【1.6-1】 设 A 与 B 是互不相容的事件，$P(A)>0$，$P(B)>0$，则下列式子一定成立的是（　　）。

A. $P(A) = 1 - P(B)$　　　　　　　B. $P(A \mid B) = 0$
C. $P(A \mid \bar{B}) = 1$　　　　　　　　D. $P(\overline{AB}) = 0$

【1.6-2】 设 (X, Y) 的联合概率密度为 $f(x,y) = \begin{cases} k, 0<x<1, 0<y<x \\ 0, 其他 \end{cases}$ 则数学期望 $E(XY)$ 等于（　　）。

A. $1/4$　　　　　B. $1/3$　　　　　C. $1/6$　　　　　D. $1/2$

【1.6-3】 设 X_1，X_2，$\cdots$，X_n 与 Y_1，Y_2，$\cdots$，Y_n 都是来自正态总体 $X \sim N(\mu, \sigma^2)$ 的样本，并且相互独立，$\bar{X}$ 与 $\bar{Y}$ 分别是其样本均值，则 $\dfrac{\sum_{i=1}^{\infty}(X_i - \bar{X})^2}{\sum_{i=1}^{\infty}(Y_i - \bar{Y})^2}$ 服从的分布是（　　）。

A. $t(n-1)$ B. $F(n-1, n-1)$
C. $\chi^2(n-1)$ D. $N(\mu, \sigma^2)$

【1.6-4】若 A 与 B 为两个相互独立事件,且 $P(A)=0.4, P(B)=0.5$,则 $P(A \cup B)$ 等于( )。
A. 0.9   B. 0.8   C. 0.7   D. 0.6

【1.6-5】下列函数中,可以作为连续型随机变量的分布函数的是( )。

A. $\varphi(x)=\begin{cases} 0, x<0 \\ 1-e^x, x \geqslant 0 \end{cases}$ B. $F(x)=\begin{cases} e^x, x<0 \\ 1, x \geqslant 0 \end{cases}$

C. $G(x)=\begin{cases} e^{-x}, x<0 \\ 1, x \geqslant 0 \end{cases}$ D. $H(x)=\begin{cases} 0, x<0 \\ 1+e^{-x}, x \geqslant 0 \end{cases}$

【1.6-6】设总体 $X \sim N(0, \sigma^2)$, $X_1, X_2, \cdots, X_n$ 是来自总体的样本,则 σ^2 的矩估计是( )。

A. $\dfrac{1}{n}\sum_{i=1}^{n} X_i$ B. $n\sum_{i=1}^{n} X_i$

C. $\dfrac{1}{n^2}\sum_{i=1}^{n} X_i^2$ D. $\dfrac{1}{n}\sum_{i=1}^{n} X_i^2$

【1.6-7】设事件 A、B 互不相容,且 $P(A)=p, P(B)=q$,则 $P(\bar{A}\bar{B})$ 等于( )。
A. $1-p$ B. $1-q$ C. $1-(p+q)$ D. $1+p+q$

【1.6-8】若随机变量 X 与 Y 相互独立,且 X 在区间 $[0,2]$ 上服从均匀分布,Y 服从参数为 3 的指数分布,则数学期望 $E(XY)$ 等于( )。
A. 4/3   B. 1   C. 2/3   D. 1/3

【1.6-9】设 $x_1, x_2 \cdots, x^n$ 是来自总体 $N(\mu, \sigma^2)$ 的样本,μ, σ^2 未知,
$$\bar{x}=\frac{1}{n}\sum_{i=1}^{n} x_i \quad Q^2=\sum_{i=1}^{n}(x_i-\bar{x})^2$$
$Q>0$。则检验假设 $H_0: \mu=0$ 时应选取的统计量是( )。

A. $\sqrt{n(n-1)}\dfrac{\bar{x}}{Q}$ B. $\sqrt{n}\dfrac{\bar{x}}{Q}$

C. $\sqrt{(n-1)}\dfrac{\bar{x}}{Q}$ D. $\sqrt{n}\dfrac{\bar{x}}{Q^2}$

【1.6-10】三个人独立地去破译一份密码,每人能独立译出这份密码的概率分别为 1/5,1/3,1/4,则这份密码被译出的概率为( )。
A. 1/3   B. 1/2   C. 2/5   D. 3/5

【1.6-11】设随机变量 X 的概率密度为 $f(x)=\begin{cases} 2x, 0<x<1 \\ 0, 其他 \end{cases}$ 用 Y 表示对 X 的 3 次独立重复观察中事件 $\{X \leqslant 1/2\}$ 出现的次数,则 $P\{Y=2\}=$( )。
A. 3/64   B. 9/64   C. 3/16   D. 9/16

【1.6-12】设随机变量 X 和 Y 都服从 $N(0,1)$ 分布,则下列叙述中正确的是( )。
A. $X+Y \sim$ 正态分布   B. $X^2+Y^2 \sim \chi^2$ 分布

C. X^2 和 Y^2 均 $\sim \chi^2$ 分布   D. $X^2/Y^2 \sim F$ 分布

【1.6-13】设事件 A,B 相互独立，且 $P(A)=1/2, P(B)=1/3$，则 $P(B|A\cup \bar{B})$ 等于（ ）。

  A. 5/6   B. 1/6   C. 1/3   D. 1/5

【1.6-14】将 3 个球随机地放入 4 个杯子中，则杯中球的最大个数为 2 的概率为（ ）。

  A. 1/16   B. 3/16   C. 9/16   D. 4/27

【1.6-15】设随机变量 X 的概率密度为 $f(x)=\begin{cases}\dfrac{1}{x^2}, & x\geqslant 1\\ 0, & \text{其他}\end{cases}$，则 $P(0\leqslant X\leqslant 3)$ 等于（ ）。

  A. 1/3   B. 2/3   C. 1/2   D. 1/4

【1.6-16】设随机变量 (X,Y) 服从二维正态分布，其概率密度为

$$f(x,y)=\frac{1}{2\pi}e^{-\frac{1}{2}(x^2+y^2)}$$，则 $E(X^2+Y^2)$ 等于（ ）。

  A. 2   B. 1   C. 1/2   D. 1/4

习题答案及解析

【1.6-1】答案：B

解析：A 与 B 是互不相容的事件，则 $P(AB)=0$，

所以 $P(A|B)=P(AB)/P(B)=0$。

【1.6-2】答案：A

解析：由于 $\int_{-\infty}^{+\infty}\int_{-\infty}^{+\infty}f(x,y)\mathrm{d}x\mathrm{d}y=\int_0^1\int_0^x k\mathrm{d}y\mathrm{d}x=\dfrac{k}{2}=1$

解得：$k=2$。则：

$$E(XY)=\int_{-\infty}^{+\infty}\int_{-\infty}^{+\infty}xyf(x,y)\mathrm{d}x\mathrm{d}y=\int_0^1\int_0^x 2xy\mathrm{d}y\mathrm{d}x=\frac{1}{4}$$

【1.6-3】答案：B

解析：若 X,Y 相互独立，且 $X\sim\chi^2(n_1)$、$Y\sim\chi^2(n_2)$，则称 $F=(X/n_1)/(Y/n_2)$ 服从 F 分布，记作 $F\sim F(n_1,n_2)$。本题中，

$$\frac{\sum_{i=1}^n(X_i-\bar{X})^2}{\sigma^2}\sim\chi_1^2(n-1)$$

$$\frac{\sum_{i=1}^n(Y_i-\bar{Y})^2}{\sigma^2}\sim\chi_2^2(n-1)$$

且相互独立，所以服从 $F(n-1,n-1)$ 分布。

【1.6-4】答案：C

解析：事件和的概率公式为：$P(A\cup B)=P(A)+P(B)-P(AB)$，因 A 与 B 相互独立，故 $P(AB)=P(A)P(B)=0.2$，故 $P(A\cup B)=0.7$。

【1.6-5】答案：B

解析：根据分布函数 $F(x)$ 的性质，有：
$$\lim_{x \to -\infty} F(x) = 0$$
$$\lim_{x \to +\infty} F(x) = 1$$

可知 AC 两项错误；又因为是连续型随机变量的分布函数，故 $H(x)$ 必须单调不减，D 项错误。

【1.6-6】答案：D

解析：样本 k 阶矩公式为：$A_k = \dfrac{1}{n}\sum\limits_{i=1}^{n} X_i^k, k=1,2\cdots$ 本题中，$k=2$，逐项相加的平均值为 $\dfrac{1}{n}\sum\limits_{i=1}^{n} X_i^2$，故 D 项正确。

【1.6-7】答案：C

解析：由德摩根定律：$P(\overline{A}\,\overline{B}) = P(\overline{A \cup B}) = 1 - P(A \cup B)$ 再由事件 A、B 互不相容得：$P(A \cup B) = P(A) + P(B) = p + q$。因此，$P(\overline{A}\,\overline{B}) = 1 - (p+q)$。

【1.6-8】答案：D

解析：由于 X 与 Y 独立，则 $E(XY) = E(X)E(Y)$。又 X 在 $[a,b]$ 上服从均匀分布时，$E(X) = (a+b)/2$，即有 $E(X) = 1$。当 Y 服从参数为 3 的指数分布时，$E(Y) = 1/\lambda$，即有：$E(Y) = 1/3$。故 $E(XY) = E(X)E(Y) = 1/3$。

【1.6-9】答案：A

解析：当 σ^2 未知时检验假设 $H_0: \mu = \mu_0 = 0$，应选取统计量
$$T = \frac{\bar{x} - \mu_0}{s}\sqrt{n} = \frac{\bar{x}}{s}\sqrt{n}$$

式中
$$s^2 = \frac{1}{n-1}\sum_{i=1}^{n}(x_i - \bar{x})^2 = \frac{1}{n-1}Q^2$$
$$s = \frac{Q}{\sqrt{n-1}}$$

【1.6-10】答案：D

解析：三个人独立译出密码的概率分别为：$P(A) = 1/5, P(B) = 1/3, P(C) = 1/4$。三个事件独立，三人都不能译出密码的概率为：
$$P(\overline{A}\,\overline{B}\,\overline{C}) = P(\overline{A})P(\overline{B})P(\overline{C}) = \frac{4}{5} \cdot \frac{2}{3} \cdot \frac{3}{4} = \frac{2}{5}$$

则这份密码被译出的概率为：
$$P(A \cup B \cup C) = 1 - P(\overline{A}\,\overline{B}\,\overline{C}) = 1 - \frac{2}{5} = \frac{3}{5}$$

【1.6-11】答案：B

解析：设事件 $\{X \leq 1/2\}$ 为事件 A，则事件 A 发生的概率为：
$$P(A) = \int_0^{\frac{1}{2}} 2x\,dx = \frac{1}{4}$$

随机变量 Y 服从 $n=3, p=1/4$ 的二项分布，故

$$P\{Y=2\} = C_3^2 \left(\frac{1}{4}\right)^2 \frac{3}{4} = \frac{9}{64}$$

【1.6-12】答案：C

解析：当 $X \sim N(0,1)$ 时，有 $X^2 \sim \chi^2$，故 X^2 和 Y^2 都 $\sim \chi^2$ 分布，C 项正确；ABD 三项，χ^2 分布与 F 分布都要求 X 与 Y 独立。

【1.6-13】答案：D

解析：由条件概率公式得：

$$P(B \mid A \cup \bar{B}) = \frac{P(B \cap (A \cup \bar{B}))}{P(A \cup \bar{B})} = \frac{P(AB)}{P(A \cup \bar{B})}$$

又 A、B 相互独立，故：$P(A \cup \bar{B}) = P(A) + P(\bar{B}) - P(A\bar{B}) = (1/2) + (2/3) - (1/2) \times (2/3) = 5/6$，$P(AB) = (1/2) \times (1/3) = 1/6$，则 $P(B \mid A \cup \bar{B}) = 1/5$。

【1.6-14】答案：C

解析：把 3 个球放到 4 个杯子，每个球都有 4 种方法，共 4^3 种放法。杯中球的最大个数为 2 的放法为：从 3 个球中取 2 球放入其中的一个杯子，剩下的一个球放入到另外的一个杯子中，共有 $2C_3^2 C_4^2 = 36$ 种放法。故杯中球的最大个数为 2 的概率：$P = 36/4^3 = 9/16$。

【1.6-15】答案：B

解析：$P(0 \leqslant X \leqslant 3) = \int_1^3 f(x)\mathrm{d}x = \int_1^3 \frac{1}{x^2}\mathrm{d}x = \left(-\frac{1}{x}\right)\bigg|_1^3 = \frac{2}{3}$

【1.6-16】答案：A

解析：从密度函数可以看出 X、Y 是独立的标准正态分布，所以 $X^2 + Y^2$ 是符合自由度为 2 的 χ^2 分布，χ^2 分布的期望值等于其自由度，故 $E(X^2 + Y^2) = 2$。

1.7 线 性 代 数

高频考点梳理

知识点	矩阵的秩	矩阵的特征值	行列式计算
近三年考核频次	1	2	1

1.7.1 行列式

掌握行列式的性质，计算行列式的值。

行列式的性质如下：

1. 设 $D = \begin{vmatrix} a_{11} & \cdots & a_{1n} \\ \vdots & \ddots & \vdots \\ a_{n1} & \cdots & a_{nn} \end{vmatrix}$，记 $D^T = \begin{vmatrix} a_{11} & \cdots & a_{n1} \\ \vdots & \ddots & \vdots \\ a_{1n} & \cdots & a_{nn} \end{vmatrix}$

则 $D^T = D$，D^T 称为 D 的转置行列式。

2. 互换行列式中的两行（列），则行列式的值变号。

3. 行列式中若有两行（列）的元素相同，则行列式的值为零。

4. 以数 k 乘以行列式的某一行（列）的所有元素，则等于 k 乘以该行列式。

5. 行列式中若有两行（列）的元素对应成比例，则该行列式的值为零。

6. 将行列式的某一行（列）的各元素乘以同一数，然后加到另一行（列）的对应元素上，行列式的值不变。

7. 行列式中任一行（列）的元素与它对应的代数余子式的乘积之和等于行列式的值。

8. 行列式中任一行（列）的元素与另一行（列）对应元素的代数余子式乘积之和等于零。

行列式的计算方法：

1. 对二阶和三阶行列式的值常用对角线法则；

2. 对 n 阶（$n \geqslant 4$）行列式的值常用降阶的方法求解，即：

（1）应用行列式的性质6，把主对角线以下的元素全化为0；其值为主对角线上各元素之积。

（2）选定一行（列），把该行（列）除一个非零元素外其余元素全化为0，即将 n 阶行列式降为 $n-1$ 阶行列式。

【例 1.7-1】设对方阵 A 施行若干次初等变换得到方阵 B，则下列选项中一定正确的是（　　）。

A. $|B|=|A|$　　　　　　　　　　B. $|B|=-|A|$

C. $|B| \neq |A|$　　　　　　　　　D. $|B|=-k|A|$，其中 k 为常数

解析： 方法一　从四个选项的特点观察出，应选D。事实上，如果ABC中有一个正确。则 $D(k=1$ 或 $k=-1$ 或 $k \neq 1)$ 正确。

方法二　设方阵 A 施行一次初等变换得到 B，如果交换 A 的两行（列），则 $|B|=-|A|$；如果用非零数 k 乘 A 的某行（列），则 $|B|=k|A|$；如果 A 的某一行（列）的常数倍加到另一行（列）上，则 $|B|=|A|$。方阵 A 施行若干次初等变换得到 B；则结果仍然如此，故选D。

1.7.2　矩阵

1. 矩阵的运算

（1）设 $A=(a_{ij})$ 与 $B=(b_{ij})$ 是同型矩阵，矩阵 A 与 B 的和记作 $A+B$，规定：$A+B=(a_{ij}+b_{ij})$。

矩阵加法：$A+B=B+A$；$(A+B)+C=A+(B+C)$

数乘矩阵：$\lambda(\mu A)=(\lambda\mu)A$；$(\lambda+\mu)A=\lambda A+\mu A$；

$$\lambda(A+B)=\lambda A+\lambda B$$

（2）矩阵与矩阵相乘，设 $A=(a_{ij})_{m \times s}$，$B=(b_{ij})_{s \times n}$，则 A 与 B 的乘积 $AB=(c_{ij})_{m \times n}$ 是一个 $m \times n$ 矩阵，且：

$$c_{ij}=a_{i1}b_{1j}+a_{i2}b_{2j}+\cdots+a_{is}b_{sj}(i=1,\cdots,m;j=1,2,\cdots,n)$$

$$(AB)C=A(BC),(\lambda A)B=A(\lambda B)=\lambda(AB),$$

$$(A+B)C=AC+BC,A(B+C)=AB+AC$$

需注意矩阵相乘不满足交换律，一般 $AB \neq BA$。

（3）单位阵（E）的运算：

$$E_m A_{m \times n}=A_{m \times n}E_n=A_{m \times n}$$

（4）方阵的幂。

设 A 是 n 阶方阵，规定：$A^1 = A$、$A^{n+1} = A^n A$，

方阵的幂满足：$A^k A^l = A^{k+l}$；$(A^k)^l = A^{kl}$

(5) 矩阵的转置。设 $A = (a_{ij})_{m \times n}$，$B = (b_{ij})_{m \times n}$，如果 $b_{ij} = a_{ji}$，则称 B 为 A 的转置矩阵，记作 $B = A^T$。

矩阵的转置满足：$(A^T)^T = A$，$|\lambda A| = \lambda^n |A|$（$n$ 为 A 的阶数）；

$|AB| = |A||B|$（当 A、B 均为 n 阶方阵时）。

特别地，$|A| = 0$ 时称 A 为奇异矩阵；$|A| \neq 0$ 时称 A 为非奇异矩阵。

2. 逆矩阵

(1) 对 n 阶方阵 A，若存在 n 阶方阵 B，使得 $AB = E$ 或 $BA = E$，则称方阵 A 是可逆的，B 是 A 的逆矩阵，记作 A^{-1}。

当 A 可逆时，规定 $A^0 = E$，$A^{-k} = (A^{-1})^k$。

可逆矩阵的性质：$(A^{-1})^{-1} = A$，$(\lambda A)^{-1} = \dfrac{1}{\lambda} A^{-1}$

$(A^T)^{-1} = (A^{-1})^T$，$(AB)^{-1} = B^{-1} A^{-1}$

(2) 由 $|A|$ 的代数余子式 A_{ij} 所构成的 n 阶方阵：

$$A^* = \begin{pmatrix} A_{11} & \cdots & A_{n1} \\ \vdots & \ddots & \vdots \\ A_{1n} & \cdots & A_{nn} \end{pmatrix}$$

称为方阵 A 的伴随矩阵，且有：$AA^* = A^* A = |A| E$。

(3) n 阶方阵 A 可逆的充分必要条件是 $|A| \neq 0$。当 $|A| \neq 0$ 时，则：

$$A^{-1} = \dfrac{1}{|A|} A^*$$

3. 矩阵的初等变换

(1) 若矩阵 A 经初等变换变为 B，则称矩阵 A 与 B 等价，记作 $A \sim B$。

(2) $A_{m \times n} \sim B_{m \times n}$ 的充分必要条件是：存在 m 阶可逆矩阵 P 和 n 阶可逆矩阵 Q，使得 $PAQ = B$。

(3) 方阵 A 可逆的充分必要条件是 $A \sim E$。

(4) 矩阵经初等变换可变为行阶梯形和行最简形，再经初等变换可变为标准形，然后，可求矩阵的秩和解线性方程组。

(5) 用初等变换求逆矩阵。对 $(A | E)$ 施行行变换，当 A 化为 E 时，E 就化为 A^{-1}。

4. 矩阵的秩

如果在矩阵 A 中有一个 r 阶非零子式 D_r，而所有 $r+1$ 阶子式全为 0，则 D_r 称为矩阵 A 的最高阶非零子式，数 r 称为 A 的秩，记作 $R(A)$。若 $A \sim B$，则 $R(A) = R(B)$。

【例 1.7-2】下列结论中正确的是（　　）。

A. 矩阵 A 的行秩与列秩可以不等

B. 秩为 r 的矩阵中，所有 r 阶子式均不为零

C. 若 n 阶方阵 A 的秩小于 n，则该矩阵 A 的行列式必等于零

D. 秩为 r 的矩阵中，不存在等于零的 $r-1$ 阶子式

【例1.7-2】

解析：A 项，矩阵 A 的行秩与列秩一定相等。B 项，由矩阵秩的定义

可知，若矩阵 $A(m\times n)$ 中至少有一个 r 阶子式不等于零，且 $r<\min(m,n)$ 时，矩阵 A 中所有的 $r+1$ 阶子式全为零，则矩阵 A 的秩为 r。即秩为 r 的矩阵中，至少有一个 r 阶子式不等于零，不必满足所有 r 阶子式均不为零。C 项，矩阵 A 的行列式不等于零意味着矩阵 A 不满秩；当 n 阶矩阵的秩 $<n$ 时，所对应的行列式的值等于零。D 项，秩为 r 的矩阵中，有可能存在等于零的 $r-1$ 阶子式，如秩为 2 的矩阵 $\begin{bmatrix} 0 & 1 & 0 \\ 0 & 0 & 1 \\ 0 & 0 & 0 \end{bmatrix}$ 中存在等于 0 的 1 阶子式。故选 C。

【例 1.7-3】设 A，B 均为 n 阶可逆矩阵，且 $(A+B)^2=E$，其中 E 为 n 阶单位矩阵，则 $(E+A^{-1}B)^{-1}=(\quad)$。

A. $B(A+B)$ B. $E+B^{-1}A$ C. $(A+B)A$ D. $A(A+B)$

解析：因为 $(A+B)^2=E$，即 $(A+B)(A+B)=E$，所以 $(A+B)^{-1}=A+B$，于是 $(E+A^{-1}B)^{-1}=(A^{-1}A+A^{-1}B)^{-1}=[A^{-1}(A+B)]^{-1}=(A+B)^{-1}(A^{-1})^{-1}=(A+B)A$

故选 C。

1.7.3 n 维向量

1.（定义）设有向量组 $A：\boldsymbol{\alpha}_1,\boldsymbol{\alpha}_2,\cdots,\boldsymbol{\alpha}_m$，如果有一组不全为零的数 $k_1,k_2,\cdots,k_m$，使得：$k_1\boldsymbol{\alpha}_1+k_2\boldsymbol{\alpha}_2+\cdots+k_m\boldsymbol{\alpha}_m=0$，则向量组 A 是线性相关的，否则 A 是线性无关的。

2.（定理）设向量组 $\boldsymbol{\alpha}_1,\boldsymbol{\alpha}_2,\cdots,\boldsymbol{\alpha}_m$ 线性无关，而向量组 $\boldsymbol{\alpha}_1,\boldsymbol{\alpha}_2,\cdots,\boldsymbol{\alpha}_m,\boldsymbol{\beta}$ 线性相关，则 $\boldsymbol{\beta}$ 可由 $\boldsymbol{\alpha}_1,\boldsymbol{\alpha}_2,\cdots,\boldsymbol{\alpha}_m$ 线性表示，且表示式唯一。

3.（定义）设有向量组 A，如果在 A 中能选出 r 个向量 $\boldsymbol{\alpha}_1,\boldsymbol{\alpha}_2,\cdots,\boldsymbol{\alpha}_r$，满足：$\boldsymbol{\alpha}_1,\boldsymbol{\alpha}_2,\cdots,\boldsymbol{\alpha}_r$ 线性无关；A 中任意 $r+1$ 个向量组都线性相关，则向量组 $\boldsymbol{\alpha}_1,\boldsymbol{\alpha}_2,\cdots,\boldsymbol{\alpha}_r$ 称为向量组 A 的最大线性无关向量组，或简称最大无关组，数 r 称为向量组 A 的秩。

由上述定义推知：向量组 A 线性相关的充分必要条件是 A 的秩小于 A 所含向量的个数；线性无关的充分必要条件是 A 的秩等于 A 所含向量的个数。

4.（定理）若向量组 A 能由向量组 B 线性表示，则向量组 A 的秩不大于向量组 B 的秩。若向量组 A 与 B 等价，则它们的秩相等。

5.（定理）若矩阵 A 经行变换变为矩阵 B，则 A 的行向量组与 B 的行向量组等价；若矩阵 A 经列变换变为 B，则 A 的列向量组与 B 的列向量组等价；矩阵 A 的行向量的秩及列向量的秩都等于矩阵 A 的秩。

由上述定理可推知：

设 n 个 n 维向量构成方阵 A，则此 n 个向量线性相关的充分必要条件是 $|A|=0$。

设 $C=AB$，则 $R(C)\leqslant R(A),R(C)\leqslant R(B)$。当 B 可逆时，$R(C)=R(A)$；当 A 可逆时，$R(C)=R(B)$。

【例 1.7-4】若使向量组 $\alpha_1=(6,t,7)^T$，$\alpha_2=(4,2,2)^T$，$\alpha_3=(4,1,0)^T$ 线性相关，则 t 等于（ ）。

A. -5 B. 5 C. -2 D. 2

解析：α_1、α_2、α_3 三个列向量线性相关，则由三个向量组成的行列式对应的值为零，即：$\begin{vmatrix} 6 & 4 & 4 \\ t & 2 & 1 \\ 7 & 2 & 0 \end{vmatrix} = 8t - 40 = 0$ 解得：$t=5$。故选 B。

1.7.4 线性方程组

1. 齐次线性方程组

$$\begin{cases} a_{11}x_1 + a_{12}x_2 + \cdots + a_{1n}x_n = 0 \\ \cdots\cdots\cdots\cdots\cdots\cdots\cdots\cdots \\ a_{m1}x_1 + a_{m2}x_2 + \cdots + a_{mn}x_n = 0 \end{cases} \quad (1.7\text{-}1)$$

其系数矩阵记为 A，则式（1.7-1）可记为：$Ax = 0$ (1.7-2)

设 $x = \xi_1, x = \xi_2$ 是方程（1.7-2）的两个解，则其线性组合 $k_1\xi_1 + k_2\xi_2$ 满足方程（1.7-2）的解。

（定理）设齐次线性方程组（1.7-1）的系数矩阵 A 的秩 $R(A) = r$，则其解集 S 的秩为 $n-r$，即它的基础解系含 $n-r$ 个线性无关的解向量。

设方程组（1.7-1）的一个基础解系为 $\xi_1, \xi_2, \cdots, \xi_{n-r}$，则方程组（1.7-1）的通解为：

$$x = k_1\xi_1 + k_2\xi_2 + \cdots + k_m\xi_{n-r}$$

其中 $k_1, k_2, \cdots, k_m$ 为任意实数。

2. 非齐次线性方程组

$$\begin{cases} a_{11}x_1 + a_{12}x_2 + \cdots + a_{1n}x_n = b_1 \\ \cdots\cdots\cdots\cdots\cdots\cdots\cdots\cdots \\ a_{m1}x_1 + a_{m2}x_2 + \cdots + a_{mn}x_n = b_m \end{cases} \quad (1.7\text{-}3)$$

其系数矩阵记为 A，则式（1.7-1）可记为：$Ax = b$ (1.7-4)

$$记\ B = \begin{bmatrix} a_{11} & a_{12} & \cdots & a_{1n} & b_1 \\ a_{21} & a_{22} & \cdots & a_{2n} & b_2 \\ \cdots & \cdots & \cdots & \cdots & \cdots \\ a_{m1} & a_{m2} & \cdots & a_{mn} & b_m \end{bmatrix}$$

B 称为方程组（1.7-3）的增广矩阵。

（定理）非齐次线性方程组（1.7-3）有解的充分必要条件是其系数矩阵和增广矩阵有相同的秩，即 $R(A) = R(B)$ 当 $R(A) = R(B) = n$ 时，方程组（1.7-3）有唯一解；当 $R(A) = R(B) < n$ 时，方程组（1.7-3）有无限多个解。

设 $x = \eta$ 是非齐次方程（1.7-3）的一个解，$x = k_1\xi_1 + k_2\xi_2 + \cdots + k_m\xi_{n-r}$ 是对应的齐次方程（1.7-1）的通解，则非齐次方程（1.7-3）的通解为：

$$x = k_1\xi_1 + k_2\xi_2 + \cdots + k_m\xi_{n-r} + \eta$$

【例 1.7-5】 设线性方程组 $\begin{cases} bx_1 - ax_2 = -2ab \\ -2cx_2 + 3bx_3 = bc \\ cx_1 + ax_3 = 0 \end{cases}$ 则（   ）。

A. 当 a, b, c 为任何实数时，方程组均有解
B. 当 $a=0$ 时，方程组无解
C. 当 $b=0$ 时，方程组无解
D. 当 $c=0$ 时，方程组无解

解析： 方程组的系数行列式

$$|A| = \begin{vmatrix} b & -a & 0 \\ 0 & -2c & 3b \\ c & 0 & a \end{vmatrix} = -2abc - 3abc = -5abc$$

当 $|A| = -5abc \neq 0$ 时,方程组有唯一解;

当 $a = 0$ 时,$|A| = 0$,方程组变为

$$\begin{cases} bx_1 = 0 \\ -2cx_2 + 3bx_3 = 0 \\ c_1 x_1 = 0 \end{cases}$$

此时,方程组显然有解,同理,当 $b = 0$ 或 $c = 0$ 时,$|A| = 0$,方程组也有解。应选 A。

【例 1.7-6】设线性方程组 $\begin{cases} a_{11}x_1 + a_{12}x_2 + \cdots a_{1n}x_n = b_1 \\ a_{21}x_1 + a_{22}x_2 + \cdots a_{2n}x_n = b_2 \\ \cdots \\ a_{n1}x_1 + a_{n2}x_2 + \cdots a_{nn}x_n = b_n \end{cases}$ 的系数矩阵为 A,则有( )。

A. 如果方程组无解,则必有系数行列式 $|A| = 0$
B. 如果方程组有解,则必有系数行列式 $|A| \neq 0$
C. 如果行列式 $|A| = 0$,则方程组必无解
D. 如果行列式 $|A| = 0$,则方程组必有无穷多解

解析: 由克拉默法则,当 $|A| \neq 0$ 时,方程组有唯一的解;当 $|A| = 0$ 时,方程组有可能无解,也可能有无穷多解。由此排除 BCD。应选 A。

【例 1.7-7】设 β_1,β_2 是线性方程组 $Ax = b$ 的两个不同的解,α_1、α_2 是导出组 $Ax = 0$ 的基础解系,k_1、k_2 是任意常数,则 $Ax = b$ 的通解是( )。

A. $(\beta_1 - \beta_2)/2 + k_1\alpha_1 + k_2(\alpha_1 - \alpha_2)$ B. $\alpha_1 + k_1(\beta_1 - \beta_2) + k_2(\alpha_1 - \alpha_2)$
C. $(\beta_1 + \beta_2)/2 + k_1\alpha_1 + k_2(\alpha_1 - \alpha_2)$ D. $(\beta_1 + \beta_2)/2 + k_1\alpha_1 + k_2(\beta_1 - \beta_2)$

解析: 非齐次线性方程组 $Ax = b$ 的通解由导出组 $Ax = 0$ 的基础解系与某一特解构成。

A 项,$(\beta_1 - \beta_2)/2$,$\alpha_1 - \alpha_2$ 都是导出组 $Ax = 0$ 的一个解,该项中不包含特解;

B 项,$\beta_1 - \beta_2$ 是导出组 $Ax = 0$ 的一个解,该项也不包含特解;

C 项,$(\beta_1 + \beta_2)/2$ 是 $Ax = b$ 的特解,$\alpha_1 - \alpha_2$ 与 α_1 线性无关,可作为导出组 $Ax = 0$ 的基础解系;

D 项,包含特解,但 $\beta_1 - \beta_2$ 与 α_1 未必线性无关,不能作为导出组 $Ax = 0$ 的基础解系。故选 C。

【例 1.7-8】设 A 是 $m \times n$ 的非零矩阵,B 是 $n \times l$ 非零矩阵,满足 $AB = 0$,以下选项中不一定成立的是( )。

A. A 的行向量组线性相关   B. A 的列向量组线性相关
C. B 的行向量组线性相关   D. $r(A) + r(B) \leqslant n$

解析: 由 $AB = 0$ 可得,$r(A) + r(B) \leqslant n$。又由于 A,B 都是非零矩阵,则 $r(A) > 0$,$r(B) > 0$,得 $r(A) < n$,$r(B) < n$。因此 A 的列向量组线性相关,B 的行向量组线性相关。故选 A。

【例 1.7-9】已知齐次线性方程组

$$\begin{cases} x_1 + 2x_2 + x_3 = 0 \\ x_1 + ax_2 + 2x_3 = 0 \\ ax_1 + 4x_2 + 3x_3 = 0 \\ 2x_1 + (a+2)x_2 - 5x_3 = 0 \end{cases}$$

有非零解,则 a 等于( )。

A. 1　　　　B. 2　　　　C. 3　　　　D. 4

解析:齐次线性方程组有非零解的充要条件是系数矩阵的秩小于 n。因为

$$A = \begin{bmatrix} 1 & 2 & 1 \\ 1 & a & 2 \\ a & 4 & 3 \\ 2 & a+2 & -5 \end{bmatrix} \to \begin{bmatrix} 1 & 2 & 1 \\ 0 & a-2 & 1 \\ 0 & 4-2a & 3-a \\ 0 & a-2 & -7 \end{bmatrix}$$

$$\to \begin{bmatrix} 1 & 2 & 1 \\ 0 & a-2 & 1 \\ 0 & 0 & 5-a \\ 0 & 0 & -8 \end{bmatrix}$$

得秩 $r(A) < 3$,计算得 $a = 2$。

故选 B。

【**说明**】若 n 元齐次线性方程组 $Ax = 0$ 有非零解,则 $r(A) < n$。

1.7.5　特征值与特征向量

1.(定义)设 A 为 n 阶方阵,若数 λ 与非零向量 x 使 $Ax = \lambda x$,则数 λ 称为方阵 A 的特征值,非零向量 x 称为 A 的对应特征值 λ 的特征向量。令 $f(\lambda) = |A - \lambda E| = 0$ 为特征方程,它的根就是 A 的特征值。

2.(定理)设方阵 A 有特征值 λ_0,则 $\varphi(A)$ 有特征值 $\varphi(\lambda_0)$,其中多项式 $\varphi(\lambda) = a_0 + a_1\lambda + \cdots + a_m\lambda^m$。

【**例 1.7-10**】已知矩阵 $A = \begin{bmatrix} 5 & -3 & 2 \\ 6 & -4 & 4 \\ 4 & -4 & a \end{bmatrix}$ 的两个特征值为 $\lambda_1 = 1$,$\lambda_2 = 3$,则常数 a 和另一特征值 λ_3 为( )。

A. $a = 1$,$\lambda_3 = -2$　　　　　　B. $a = 5$,$\lambda_3 = 2$

C. $a = -1$,$\lambda_3 = 0$　　　　　　D. $a = -5$,$\lambda_3 = -8$

解析:矩阵 A 的特征行列式和特征方程具体计算如下:

$$\begin{vmatrix} 5-\lambda & -3 & 2 \\ 6 & -4-\lambda & 4 \\ 4 & -4 & a-\lambda \end{vmatrix}$$

$= (5-\lambda)(4+\lambda)(\lambda-a) - 96 + 8(4+\lambda) + 18(a-\lambda) + 16(5-\lambda)$

$= 0$

将 $\lambda_1 = 1$ 代入特征方程,解得:$a = 5$。根据特征值性质有,$\lambda_1 + \lambda_2 + \lambda_3 = 5 - 4 + a$,解得:$\lambda_3 = 2$。故选 B。

【**例 1.7-11**】设三阶矩阵 A 的特征值为 $-2, 1, \lambda$,如果 $|2A^{-1}| = 2$,则 $\lambda = ($)。

A. 1　　　　B. -1　　　　C. 2　　　　D. -2

解析:由方阵的行列式的性质,得

$$|2A^{-1}|=2^3|A^{-1}|=8\frac{1}{|A|}。$$

由 $|A|=-2\cdot1\cdot\lambda=-2\lambda$ 及已知条件 $|2A^{-1}|=2$，得 $\frac{8}{-2\lambda}=2,\lambda=-2$。应选 D。

【例 1.7-12】设 A 是 3 阶实对称矩阵，P 是 3 阶可逆矩阵，$B=P^{-1}AP$，已知 α 是 A 的属于特征值 λ 的特征向量，则 B 的属于特征值 λ 的特征向量是（　　）。

A. $P\alpha$　　　　　　B. $P^{-1}\alpha$　　　　　　C. $P^T\alpha$　　　　　　D. $(P^{-1})^T\alpha$

解析：α 是 A 的属于特征值 λ 的特征向量，则有 $A\alpha=\lambda\alpha$。又由 $B=P^{-1}AP$ 可得，$A=PBP^{-1}$。因此，$PBP^{-1}\alpha=\lambda\alpha$，整理得，$BP^{-1}\alpha=\lambda P^{-1}\alpha$。令 $P^{-1}\alpha=\beta$，则 $B\beta=\lambda\beta$。故 B 的属于特征值 λ 的特征向量是 $P^{-1}\alpha$。故选 B。

【例 1.7-13】已知 $\alpha=(1,-2,3)^T$ 是矩阵

$$A=\begin{pmatrix}3 & 2 & -1\\ a & -2 & 2\\ 3 & b & -1\end{pmatrix}$$

的一个特征向量，则（　　）。

A. $a=-2, b=6$　　　　　　B. $a=2, b=-6$
C. $a=-2, b=-6$　　　　　　D. $a=2, b=6$

解析：由特征值、特征向量定义，有

$$\begin{pmatrix}3 & 2 & -1\\ a & -2 & 2\\ 3 & b & -1\end{pmatrix}\begin{pmatrix}1\\ -2\\ 3\end{pmatrix}=\lambda\begin{pmatrix}1\\ -2\\ 3\end{pmatrix}$$

即

$$\begin{cases}3-4-3=\lambda\\ a+4+6=-2\lambda\\ 3-2b-3=3\lambda\end{cases}$$

可解出 $a=-2, b=6$。故选 A。

1.7.6 二次型

二次齐次函数 $f(x_1,x_2,\cdots,x_n)=a_{11}x_1^2+a_{22}x_2^2+\cdots+a_{nn}x_n^2+2a_{12}x_1x_2+\cdots+2a_{n-1,n}x_{n-1}x_n$ 称为二次型。只含有平方项的二次型称为二次型的标准型。

（定理）对于对称阵 A，必有正交矩阵 P，使 $P^{-1}AP=\Lambda$（即 $P^TAP=\Lambda$）

其中 $\Lambda=\begin{pmatrix}\lambda_1 & & & \\ & \lambda_2 & & \\ & & \ddots & \\ & & & \lambda_n\end{pmatrix}$ 是一个对角阵，$\lambda_1,\lambda_2,\cdots,\lambda_n$ 为对称阵 A 的 n 个特征值，

正交阵 P 的 n 个列向量是 A 的两两正交的单位特征向量。

对于二次型 $f = \boldsymbol{x}^\mathrm{T} A \boldsymbol{x}$，有正交变换 $\boldsymbol{x} = P\boldsymbol{y}$，使：
$$f = \boldsymbol{y}^\mathrm{T} P^\mathrm{T} A P \boldsymbol{y} = \boldsymbol{y}^\mathrm{T} \Lambda \boldsymbol{y} = \lambda_1 y_1^2 + \lambda_2 y_2^2 + \cdots + \lambda_n y_n^2$$

【例 1.7-14】设矩阵 $A = \begin{bmatrix} 2 & -1 & -1 \\ -1 & 2 & -1 \\ -1 & -1 & 2 \end{bmatrix}$，$B = \begin{bmatrix} 1 & 0 & 0 \\ 0 & 1 & 0 \\ 0 & 0 & 0 \end{bmatrix}$，则 A 与 B（　　）。

A. 合同，且相似　　　　　　　　B. 合同，但不相似

C. 不合同，但相似　　　　　　　D. 既不合同，也不相似

解析：矩阵 A 的特征多项式

$$|\lambda E - A| = \begin{vmatrix} \lambda-2 & 1 & 1 \\ 1 & \lambda-2 & 1 \\ 1 & 1 & \lambda-2 \end{vmatrix} = \begin{vmatrix} \lambda & 1 & 1 \\ \lambda & \lambda-2 & 1 \\ \lambda & 1 & \lambda-2 \end{vmatrix} = \begin{vmatrix} \lambda & 1 & 1 \\ 0 & \lambda-3 & 0 \\ 0 & 0 & \lambda-3 \end{vmatrix} = \lambda(\lambda-3)^2,$$

由 $|\lambda E - A| = 0$，得 A 的特征值为 $\lambda_1 = \lambda_2 = 3$，$\lambda_3 = 0$。

因为矩阵 B 的特征值 $\mu_1 = \mu_2 = 1$，$\mu_3 = 0$，即 A 与 B 的特征值不同，所以 A 与 B 不相似。

因为 A 是实对称矩阵，其特征值为 $\lambda_1 = \lambda_2 = 3$，$\lambda_3 = 0$，所以二次型 $f(x_1, x_2, x_3) = x^\mathrm{T} A x$ 的秩与正惯性指数为 2，故 f 的规范型为 $f = y_1^2 + y_2^2$，即 A 与 B 合同。应选 B。

【例 1.7-15】设
$$A = \begin{pmatrix} 1 & 1 \\ 1 & 2 \end{pmatrix}$$

与 A 合同的矩阵是（　　）。

A. $\begin{pmatrix} 1 & -1 \\ -1 & 2 \end{pmatrix}$　　　　　　　　B. $\begin{pmatrix} -1 & 1 \\ 1 & -2 \end{pmatrix}$

C. $\begin{pmatrix} 1 & 1 \\ -1 & -2 \end{pmatrix}$　　　　　　　　D. $\begin{pmatrix} 1 & -1 \\ 1 & 2 \end{pmatrix}$

解析：矩阵 A 为实对称矩阵，合同矩阵的特征值相同，矩阵 A 的特征方程与
$$\begin{pmatrix} 1 & -1 \\ -1 & 2 \end{pmatrix}$$

的特征方程一致，均为：$\lambda^2 - 3\lambda + 1 = 0$。故特征值相同，因此两矩阵合同。故选 A。

【例 1.7-16】下列矩阵中，正定矩阵的是（　　）。

A. $\begin{bmatrix} 1 & 2 & 1 \\ 2 & 5 & 0 \\ 1 & 0 & -3 \end{bmatrix}$　　　　　　　　B. $\begin{bmatrix} 1 & 3 & 4 \\ 3 & 9 & 2 \\ 4 & 2 & 6 \end{bmatrix}$

C. $\begin{bmatrix} 1 & 2 & 3 \\ 2 & 5 & 7 \\ 3 & 7 & 10 \end{bmatrix}$　　　　　　　　D. $\begin{bmatrix} 2 & -2 & 0 \\ -2 & 5 & -1 \\ 0 & -1 & 2 \end{bmatrix}$

解析：A 项，$a_{33} = -3 < 0$，不是正定矩阵；B 项，二阶主子式
$$\begin{vmatrix} 1 & 3 \\ 3 & 9 \end{vmatrix} = 0$$

C 项，矩阵对应的行列式 $|A|=0$，不是正定矩阵；D 项，矩阵的三个顺序主子式 $\Delta_1=2$，$\Delta_2=6$，$\Delta_3=10$ 全大于 0，因此 D 项的矩阵为正定矩阵。故选 D。

习 题

【1.7-1】设 A，B 为三阶方阵，且行列式 $|A|=-1/2$，$|B|=2$，A^* 为 A 的伴随矩阵，则行列式 $|2A^*B-1|$ 等于（ ）。

    A. 1   B. -1 C. 2   D. -2

【1.7-2】下列结论中正确的是（ ）。

A. 如果矩阵 A 中所有顺序主子式都小于零，则 A 一定为负定矩阵

B. 设 $A=(a_{ij})\ m\times n$，若 $a_{ij}=a_{ji}$，且 $a_{ij}>0$ ($i,j=1,2\cdots,n$)，则 A 一定为正定矩阵

C. 如果二次型 $f(x_1,x_2,\cdots,x_n)$ 中缺少平方项，则它一定不是正定二次型

D. 二次型 $f(x_1,x_2,x_3)=x_1^2+x_2^2+x_3^2+x_1x_2+x_1x_3+x_2x_3$ 所对应的矩阵是

$$\begin{pmatrix} 1 & \frac{1}{2} & 1 \\ \frac{1}{2} & 1 & \frac{1}{2} \\ 1 & \frac{1}{2} & 1 \end{pmatrix}$$

【1.7-3】已知 n 元非齐次线性方程组 $Ax=B$，秩 $r(A)=n-2$，$\alpha_1,\alpha_2,\alpha_3$ 为其线性无关的解向量，k_1,k_2 为任意常数，则 $Ax=B$ 的通解为（ ）。

    A. $x=k_1(\alpha_1-\alpha_2)+k_2(\alpha_1+\alpha_3)+\alpha_1$

    B. $x=k_1(\alpha_1-\alpha_3)+k_2(\alpha_2+\alpha_3)+\alpha_1$

    C. $x=k_1(\alpha_2-\alpha_1)+k_2(\alpha_2-\alpha_3)+\alpha_1$

    D. $x=k_1(\alpha_2-\alpha_3)+k_2(\alpha_1+\alpha_2)+\alpha_1$

【1.7-4】已知向量组 $\alpha_1=(3,2,-5)^T$，$\alpha_2=(3,-1,3)^T$，$\alpha_3=(1,-1/3,1)^T$，$\alpha_4=(6,-2,6)^T$，则该向量组的一个极大线性无关组是（ ）。

    A. α_2,α_4 B. α_3,α_4 C. α_1,α_2 D. α_2,α_3

【1.7-5】若非齐次线性方程组 $Ax=b$ 中，方程的个数少于未知量的个数，则下列结论中正确的是（ ）。

    A. $Ax=0$ 仅有零解   B. $Ax=0$ 必有非零解

    C. $Ax=0$ 一定无解   D. $Ax=b$ 必有无穷多解

【1.7-6】已知矩阵 $A=\begin{pmatrix} 1 & -1 & 1 \\ 2 & 4 & -2 \\ -3 & -3 & 5 \end{pmatrix}$ 与 $B=\begin{pmatrix} \lambda & 0 & 0 \\ 0 & 2 & 0 \\ 0 & 0 & 2 \end{pmatrix}$ 相似，则 λ 等于（ ）。

    A. 6   B. 5   C. 4   D. 14

【1.7-7】已知 n 阶可逆矩阵 A 的特征值为 λ_0，则矩阵 $(2A)^{-1}$ 的特征值是（ ）。

    A. $2/\lambda_0$ B. $\lambda_0/2$ C. $1/(2\lambda_0)$ D. $2\lambda_0$

【1.7-8】设 $\alpha_1,\alpha_2,\alpha_3,\beta$ 是 n 维向量组，已知 α_1,α_2,β 线性相关，α_2,α_3,β 线性无关，则下列结论中正确的是（ ）。

A. β 必可用 α_1，α_2 线性表示

B. α_1 必可用 α_2，α_3，β 线性表示

C. α_1，α_2，α_3 必线性无关

D. α_1，α_2，α_3 必线性相关

【1.7-9】要使得二次型 $f(x_1, x_2, x_3) = x_1^2 + 2tx_1x_2 + x_2^2 - 2x_1x_3 + 2x_2x_3 + 2x_3^2$ 为正定的，则 t 的取值条件是（　　）。

A. $-1 < t < 1$　　B. $-1 < t < 0$　　C. $t > 0$　　D. $t < -1$

【1.7-10】设 $A = \begin{pmatrix} 1 & 0 & 1 \\ 0 & 1 & 2 \\ -2 & 0 & -3 \end{pmatrix}$ 则 $A^{-1} = $（　　）。

A. $\begin{pmatrix} 3 & 0 & 1 \\ 4 & 1 & 2 \\ 2 & 0 & 1 \end{pmatrix}$

B. $\begin{pmatrix} 3 & 0 & 1 \\ 4 & 1 & 2 \\ -2 & 0 & -1 \end{pmatrix}$

C. $\begin{pmatrix} -3 & 0 & -1 \\ 4 & 1 & 2 \\ -2 & 0 & -1 \end{pmatrix}$

D. $\begin{pmatrix} 3 & 0 & 1 \\ -4 & -1 & -2 \\ 2 & 0 & 1 \end{pmatrix}$

【1.7-11】设 3 阶矩阵 $A = \begin{pmatrix} 1 & 1 & a \\ 1 & a & 1 \\ a & 1 & 1 \end{pmatrix}$ 已知 A 的伴随矩阵的秩为 1，则 $a = $（　　）。

A. -2　　B. -1　　C. 1　　D. 2

【1.7-12】设 A 是 3 阶矩阵，$P = (\alpha_1, \alpha_2, \alpha_3)$ 是 3 阶可逆矩阵，

且 $P^{-1}AP = \begin{pmatrix} 1 & 0 & 0 \\ 0 & 2 & 0 \\ 0 & 0 & 0 \end{pmatrix}$ 若矩阵 $Q = (\alpha_2, \alpha_1, \alpha_3)$，则 $Q^{-1}AQ = $（　　）。

A. $\begin{pmatrix} 1 & 0 & 0 \\ 0 & 2 & 0 \\ 0 & 0 & 0 \end{pmatrix}$

B. $\begin{pmatrix} 2 & 0 & 0 \\ 0 & 1 & 0 \\ 0 & 0 & 0 \end{pmatrix}$

C. $\begin{pmatrix} 0 & 1 & 0 \\ 2 & 0 & 0 \\ 0 & 0 & 0 \end{pmatrix}$

D. $\begin{pmatrix} 0 & 2 & 0 \\ 1 & 0 & 0 \\ 0 & 0 & 0 \end{pmatrix}$

【1.7-13】齐次线性方程组 $\begin{cases} x_1 - x_2 + x_4 = 0 \\ x_1 - x_3 + x_4 = 0 \end{cases}$ 的基础解系为（　　）。

A. $\alpha_1 = (1, 1, 1, 0)^T$，$\alpha_2 = (-1, -1, 1, 0)^T$

B. $\alpha_1 = (2, 1, 0, 1)^T$，$\alpha_2 = (-1, -1, 1, 0)^T$

C. $\alpha_1 = (1, 1, 1, 0)^T$，$\alpha_2 = (-1, 0, 0, 1)^T$

D. $\alpha_1 = (2, 1, 0, 1)^T$，$\alpha_2 = (-2, -1, 0, 1)^T$

【1.7-14】设 A 是 m 阶矩阵，B 是 n 阶矩阵，行列式 $\begin{vmatrix} 0 & A \\ B & 0 \end{vmatrix}$ 等于（　　）。

A. $-|A||B|$　　　　　　　　B. $|A||B|$

C. $(-1)^{m+n}|A||B|$ D. $(-1)^{mn}|A||B|$

【1.7-15】设 A 是 3 阶矩阵，矩阵 A 的第 1 行的 2 倍加到第 2 行，得矩阵 B，则下列选项中成立的是( )。

A. B 的第 1 行的 -2 倍加到第 2 行得 A

B. B 的第 1 列的 -2 倍加到第 2 列得 A

C. B 的第 2 行的 -2 倍加到第 1 行得 A

D. B 的第 2 列的 -2 倍加到第 1 列得 A

【1.7-16】已知 3 维列向量 α, β 满 $\alpha^T\beta=3$，设 3 阶矩阵 $A=\beta\alpha^T$，则( )。

A. β 是 A 的属于特征值 0 的特征向量

B. α 是 A 的属于特征值 0 的特征向量

C. β 是 A 的属于特征值 3 的特征向量

D. α 是 A 的属于特征值 3 的特征向量

【1.7-17】齐次线性方程组 $\begin{cases} x_1 - kx_2 = 0 \\ kx_1 - 5x_2 + x_3 = 0 \\ x_1 + x_2 + x_3 = 0 \end{cases}$ 当方程组有非零解时，k 值为( )。

A. -2 或 3   B. 2 或 3   C. 2 或 -3 D. -2 或 -3

习题答案及解析

【1.7-1】答案：A

解析：因为 $|kA|=k^n|A|$，$|A^*|=|A|^{n-1}$，$|A^{-1}|=1/|A|$，而且 A、B 为三阶方阵，所以行列式 $|2A^*B^{-1}|=2^3\times|A|^2\times(1/|B|)=8\times(1/4)\times(1/2)=1$。

【1.7-2】答案：C

解析：由惯性定理可知，实二次型 $f(x_1,x_2,\cdots,x_n)=x^TAx$ 经可逆线性变换化为标准型时，其标准型中正、负平方项的个数是唯一确定的。对于缺少平方项的 n 元二次项的标准型或规范型中正惯性指数不会等于未知数的个数 n，所以一定不是正定二次型。

A 项，对称矩阵 A 为负定的充分必要条件是：奇数阶主子式为负，而偶数阶主子式为正。

B 项，对称矩阵 A 为正定的充分必要条件是：A 的各阶主子式都为正。对于满足题干要求的矩阵 $\begin{bmatrix} 1 & 2 \\ 2 & 1 \end{bmatrix}$ 其 2 阶主子式为负，故其不是正定矩阵。

D 项，二次型 $f(x_1,x_2,x_3)=x_1^2+x_2^2+x_3^2+x_1x_2+x_1x_3+x_2x_3$ 所对应的矩阵为

$$\begin{bmatrix} 1 & \frac{1}{2} & \frac{1}{2} \\ \frac{1}{2} & 1 & \frac{1}{2} \\ \frac{1}{2} & \frac{1}{2} & 1 \end{bmatrix}$$

【1.7-3】答案：C

解析：$Ax=B$ 的通解为 $Ax=0$ 的通解加上 $Ax=B$ 的一个特解。因为 $r(A)=n-2$，$Ax=0$ 的解由两个线性无关的向量组成，所以 $\alpha_2-\alpha_1$、$\alpha_2-\alpha_3$ 是 $Ax=0$ 的两个线性无关解。所以 $Ax=B$ 的通解为 $x=k_1(\alpha_2-\alpha_1)+k_2(\alpha_2-\alpha_3)+\alpha_1$。

【1.7-4】答案：C

解析：极大线性无关组的个数即为向量组的秩，线性无关组个数公式为：

$$(\alpha_1,\alpha_2,\alpha_3,\alpha_4)=\begin{pmatrix} 3 & 3 & 1 & 6 \\ 2 & -1 & -\dfrac{1}{3} & -2 \\ -5 & 3 & 1 & 6 \end{pmatrix} \to \begin{pmatrix} 1 & 0 & 0 & 0 \\ 0 & 3 & 1 & 6 \\ 0 & 0 & 0 & 0 \end{pmatrix}$$

从最简式中可知 α_1，α_2 是该向量组的一个极大线性无关组。

【1.7-5】答案：B

解析：因非齐次线性方程组未知量个数小于方程个数，可知系数矩阵各列向量必线性相关，则对应的齐次线性方程组必有非零解。

【1.7-6】答案：A

解析：A 与 B 相似，故 A 与 B 有相同的特征值，又因为特征值之和等于矩阵的积，即矩阵对角线元素之和相等。故 $1+4+5=\lambda+2+2$，故 $\lambda=6$。

【1.7-7】答案：C

解析：由矩阵特征值的性质可知，$2A$ 的特征值为 $2\lambda_0$，因此 $(2A)^{-1}$ 的特征值为 $1/(2\lambda_0)$。

【1.7-8】答案：B

解析：任何一个向量都可用线性无关组表达，由 α_1，α_2，β 线性相关可知，α_1，α_2，α_3，β 线性相关。再由 α_2，α_3，β 线性无关可知，α_1 必可用 α_2，α_3，β 线性表示。

【1.7-9】答案：B

解析：该方程对应的二次型的矩阵为：

$$A=\begin{pmatrix} 1 & t & -1 \\ t & 1 & 1 \\ -1 & 1 & 2 \end{pmatrix}$$

若二次型为正定，其各阶顺序主子式均大于零，由二阶主子式大于零，有 $1-t^2>0$，求得：$-1<t<1$。再由三阶主子式也大于零，得：$-1<t<0$。

【1.7-10】答案：B

解析：矩阵秩的公式为：$A\cdot A^*=|A|\cdot E$，得：$A^{-1}=A^*/|A|$，其中，$|A|=-1$；

$$A^*=\begin{pmatrix} -3 & 0 & -1 \\ -4 & -1 & -2 \\ 2 & 0 & 1 \end{pmatrix}$$

故可得：

$$A^{-1}=\dfrac{A^*}{-1}=\begin{pmatrix} 3 & 0 & 1 \\ 4 & 1 & 2 \\ -2 & 0 & -1 \end{pmatrix}$$

【1.7-11】答案：A

解析：矩阵与伴随矩阵秩的关系式为：
$$r(A^*) = \begin{cases} n, r(A) = n \\ 1, r(A) = n-1 \\ 0, r(A) < n-1 \end{cases}$$

则 $r(A)=2$，故 $|A|=0$，有：

$$|A| = \begin{vmatrix} 1 & 1 & a \\ 1 & a & 1 \\ a & 1 & 1 \end{vmatrix} = \begin{vmatrix} a+2 & 1 & a \\ a+2 & a & 1 \\ a+2 & 1 & 1 \end{vmatrix} = (a+2)\begin{vmatrix} 1 & 1 & a \\ 1 & a & 1 \\ 1 & 1 & 1 \end{vmatrix}$$

$$= (a+2)\begin{vmatrix} 0 & 0 & a-1 \\ 0 & a-1 & 0 \\ 1 & 1 & 1 \end{vmatrix} = -(a+2)(a-1)^2 = 0$$

解得：$a=-2$，$a=1$。当 $a=1$ 时，$r(A)=1$，故 $a=-2$。

【1.7-12】答案：B

解析：由题意可知，$\lambda_1=1$，$\lambda_2=2$，$\lambda_3=0$ 是矩阵 A 的特征值，而 α_1，α_2，α_3 是对应的特征向量，故有：

$$Q^{-1}AQ = \begin{pmatrix} 2 & 0 & 0 \\ 0 & 1 & 0 \\ 0 & 0 & 0 \end{pmatrix}$$

【1.7-13】答案：C

解析：该齐次方程组的特征矩阵为：

$$\begin{bmatrix} 1 & -1 & 0 & 1 \\ 1 & 0 & -1 & 1 \end{bmatrix}$$

化为行最简型为：

$$\begin{bmatrix} 1 & -1 & 0 & 1 \\ 0 & 1 & -1 & 0 \end{bmatrix}$$

故可得到该方程的基础解系为：$\alpha_1 = (1, 1, 1, 0)^T$，$\alpha_2 = (-1, 0, 0, 1)^T$。

【1.7-14】答案：D

解析：行列式 $\begin{vmatrix} 0 & A \\ B & 0 \end{vmatrix}$ 经过 $m \times n$ 次列变换得到行列式 $\begin{vmatrix} A & 0 \\ 0 & B \end{vmatrix}$

即 $\begin{vmatrix} 0 & A \\ B & 0 \end{vmatrix} = (-1)^{mn}\begin{vmatrix} A & 0 \\ 0 & B \end{vmatrix} = (-1)^{mn}|A||B|$

【1.7-15】答案：A

解析：设矩阵

$$A = \begin{pmatrix} a_{11} & a_{12} & a_{13} \\ a_{21} & a_{22} & a_{23} \\ a_{31} & a_{32} & a_{33} \end{pmatrix} \xrightarrow{2r_1+r_2} \begin{pmatrix} a_{11} & a_{12} & a_{13} \\ a_{21}+2a_{11} & a_{22}+2a_{12} & a_{23}+2a_{13} \\ a_{31} & a_{32} & a_{33} \end{pmatrix} = B$$

$$B = \begin{pmatrix} a_{11} & a_{12} & a_{13} \\ a_{21}+2a_{11} & a_{22}+2a_{12} & a_{23}+2a_{13} \\ a_{31} & a_{32} & a_{33} \end{pmatrix} \xrightarrow{-2r_1+r_2} A$$

故将 B 的第 1 行的 -2 倍加到第 2 行得 A。

【1.7-16】答案：C

解析：由题意可得：Aβ＝βα^{T}β＝3β，所以 β 是 A 的属于特征值 3 的特征向量。

【1.7-17】答案：A

解析：当方程组有非零解时，系数矩阵的行列式为 0，即

$$|A|=\begin{vmatrix} 1 & -k & 0 \\ k & -5 & 1 \\ 1 & 1 & 1 \end{vmatrix}=0$$

得：$k^2-k-6=0$，所以 $k=3$ 或 $k=-2$。

第 2 章 物 理 学

考试大纲：
2.1 热学
气体状态参量；平衡态；理想气体状态方程；理想气体的压强和温度的统计解释；自由度；能量按自由度均分原理；理想气体内能；平均碰撞频率和平均自由程；麦克斯韦速率分布律；方均根速率；平均速率；最概然速率；功；热量；内能；热力学第一定律及其对理想气体等值过程的应用；绝热过程；气体的摩尔热容量；循环过程；卡诺循环；热机效率；净功；制冷系数；热力学第二定律及其统计意义；可逆过程和不可逆过程。
2.2 波动学
机械波的产生和传播；一维简谐波表达式；描述波的特征量；阵面，波前，波线；波的能量、能流、能流密度；波的衍射；波的干涉；驻波；自由端反射与固定端反射；声波；声强级；多普勒效应。
2.3 光学
相干光的获得；杨氏双缝干涉；光程和光程差；薄膜干涉；光疏介质；光密介质；迈克尔逊干涉仪；惠更斯-菲涅尔原理；单缝衍射；光学仪器分辨本领；衍射光栅与光谱分析；X射线衍射；布拉格公式；自然光和偏振光；布儒斯特定律；马吕斯定律；双折射现象。
本章试题配置：12题

2.1 热 学

高频考点梳理

知识点	理想气体状态方程	理想气体温度的统计解释	能量按自由度均分原理	理想气体内能	平均碰撞频率和平均自由程	麦克斯韦速率分布率	热力学第一定律	绝热过程	热力学第二定律	卡诺循环
近三年考核频次	1	1	1	1	1	1	3	1	2	1

概述：热学主要包括两部分内容：气体分子动理论和热力学基础

气体分子动理论是热学的基础，主要是研究宏观热现象的本质，对大量气体分子运用统计平均方法揭示压强、温度的微观本质。其中，理想气体状态方程，能量按自由度均分原理，理想气体的内能是这三年的高频考点。

热力学基础研究的是热力学系统状态变化时所遵循的规律，核心是两个热力学定律，热力学第一定律，即热、功和内能之间的相互关系；热力学第二定律，研究热力学过程的进行方向。两个热力学定律是考试的"必考"内容，务必理解掌握。

2.1.1 平衡态和状态参量

1. 热力学系统和平衡态

在热学中通常把大量分子或原子组成的宏观物理体系称为**热力学系统**，简称为**系统**。系统以外的外部环境物质都称为外界。

一个系统的各种性质**不随时间改变**的状态叫做**平衡态**。

2. 宏观状态参量

系统的宏观物理性质，需要一些物理量来描述，这样的描述称为**宏观描述**，这些物理量叫做系统的**宏观状态参量**。

（1）体积，常用符号 V 表示，单位是 m^3，它是从几何特征来描述气体状态的物理量。宏观上讲，气体的体积就是指容纳气体容器的容积；从微观角度看，气体体积则是气体分子所能达到的空间。

（2）压强，常用符号 p 表示，它是从力学特征来描述气体状态的物理量。宏观上讲，气体压强是指作用在容器壁单位面积上的正压力；从微观角度看，气体压强是大量气体分子对器壁碰撞的平均效果的宏观体现。压强的国际单位是帕斯卡（Pa），但压强的常用单位还有标准大气压（atm）、毫米汞柱（mmHg）。

$$1atm = 1.013 \times 10^5 Pa = 760 mmHg$$

（3）温度是表示物体冷热程度的物理量，宏观上讲，物体越热温度就越高；从微观角度看，温度是反映物质内部分子热运动剧烈程度的物理量。为了定量的描述温度，就必须规定温度数值的表示方法，即温标。常用温标有两种：一种是**热力学温标**，也称开尔文温标，常用符号 T 表示，单位是开尔文（K），简称开；另一种是**摄氏温标**，常用符号 t 表示，单位是摄氏度（℃），简称度。在热力学计算中一般用热力学温标。

$$T = t + 273.15 \tag{2.1-1}$$

2.1.2 理想气体状态方程

1. 气体实验定律

（1）玻意耳-马略特定律：一定质量的气体，在一定温度下，其压强和体积的乘积是一个常量。

$$pV = 常量（温度不变） \tag{2.1-2}$$

（2）查理定律：一定质量的气体在体积不变的情况下，它的压强和热力学温度比值是一个常数。

（3）盖·吕萨克定律：一定质量的气体在压强不变情况下，气体的体积与热力学温度的比值是一个常数。

2. 理想气体状态方程

（1）理想气体

各种气体都近似遵守气体实验定律，为了表示气体的共性，我们引入理想气体的概念。在任何情况都严格遵守气体实验定律的气体可以看成是**理想气体**。

（2）理想气体状态方程

通过气体实验定律，不难推出，对一定质量的理想气体，任一状态下的 pV/T 值都相等，因而可以有

$$\frac{pV}{T} = \frac{p_0 V_0}{T_0} \tag{2.1-3}$$

其中 p_0、V_0、T_0 为标准状态下相应的状态参量值。

实验又指出，在一定温度和压强下，气体的体积和它的质量或摩尔数成正比，若以 $V_{m,0}$ 表示气体在标准状态下的摩尔体积，则 ν mol 气体在标准状态下的体积 $V_0 = \nu V_{m,0}$，代入公式，可得

$$pV = \nu \frac{p_0 V_{m,0}}{T_0} T \tag{2.1-4}$$

阿伏伽德罗定律又指出，在相同温度和压强下，1mol 的各种理想气体的体积都相同，所以 $\frac{p_0 V_{m,0}}{T_0}$ 是理想气体的一个常量，将其用 R 表示，即

$$R = \frac{p_0 V_{m,0}}{T_0} = \frac{1.013 \times 10^5 \times 22.4 \times 10^{-3}}{273.15} = 8.314 \text{J/(mol·K)}$$

R 称为普适气体常数，代入公式 (2.1-4) 得

$$pV = \nu RT \tag{2.1-5}$$

$$pV = \frac{m}{M} RT \tag{2.1-6}$$

式中 m 是气体的质量，M 是气体的摩尔质量，(2.1-4) 和 (2.1-5) 表示了**理想气体在任一平衡态下各宏观状态参量之间的关系，称为理想气体状态方程**。

1mol 的任意气体中都有 N_A 个分子，N_A 被称为阿伏伽德罗常数。

$$N_A = 6.023 \times 10^{23}/\text{mol}$$

若以 N 表示体积 V 中的气体分子总数，并引入另一普适常量 k，称为玻尔兹曼常量。

$$\nu = \frac{N}{N_A} \tag{2.1-7}$$

$$k = \frac{R}{N_A} = 1.38 \times 10^{-23} \text{J/K} \tag{2.1-8}$$

理想气体状态方程也可以写作

$$pV = NkT \tag{2.1-9}$$

$$p = nkT \tag{2.1-10}$$

其中，$n = \frac{N}{V}$，是单位体积内气体分子的个数，称为气体分子密度。

3. 微观描述和微观参量

基于实际的热力学系统都是由分子构成的这一事实，也可以通过对分子运动状态的说明来描述系统的宏观状态，这样的描述称为**微观描述**。但由于分子的数量巨大，且各分子的运动在相互作用和外界的作用下极其复杂，要逐个说明各分子的运动是不可能的。所以对系统的微观描述都采用统计的方法。在平衡态下，系统的宏观参量就是说明单个分子运动的**微观参量**（如质量、速度、能量等）的**统计平均值**。

(1) 压强的微观意义

气体对容器壁有压强作用，是大量气体分子在无规则运动中对容器壁碰撞的结果，利

用气体分子无规则运动的规律和力学规律，可推得压强公式为

$$p = \frac{2}{3}n\bar{\varepsilon}_t \tag{2.1-11}$$

式中，$n = \frac{N}{V}$，是气体分子密度，$\bar{\varepsilon}_t = \frac{1}{2}m\overline{v^2}$，是分子的**平均平动动能**，该式是气体动理论的压强公式，它把宏观量 p 和统计平均值 n 和 $\bar{\varepsilon}_t$ 与 $\overline{v^2}$ 联系起来，表明气体压强的统计意义。

（2）温度的微观意义

联立气体动理论的压强公式和理想气体状态方程，可得

$$p = \frac{2}{3}n\bar{\varepsilon}_t = nkT \tag{2.1-12}$$

即

$$\bar{\varepsilon}_t = \frac{3}{2}kT$$

此式说明，==各种理想气体在平衡态下，它们的分子**平均平动动能**只和温度有关，并且与热力学温度成正比。说明了温度的微观意义，即热力学温度是分子平均平动动能的量度。==粗略地说，温度反映了物体内部分子无规则运动的激烈程度。

【例 2.1-1】

如图 2.1-1 所示，一定量的理想气体从状态 a 沿直线变化到状态 b，在此过程中，其压强（　　）。

A. 逐渐增大　　　　　　　　B. 逐渐减小
C. 始终不变　　　　　　　　D. 先增大后减小

解析： 根据理想气体状态方程 $pV = \nu RT$，变形可得 $p = \nu R \frac{T}{V}$，状态 a 沿直线变化到状态 b，体积变小，温度升高，压强逐渐增大，故答案选 A。

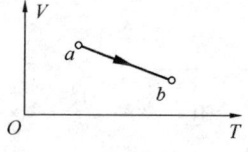

图 2.1-1　例 2.1-1 图

2.1.3　能量按自由度均分原理

1. 气体分子的自由度

自由度是一个力学概念，是决定一物体在空间位置所需的独立坐标数。通常把构成气体分子的每个原子看成一质点，且各原子之间的距离固定不变（称刚性分子，即视为刚体）。

单原子分子可视为自由质点，只有平动，其自由度 $i=3$；刚性双原子分子具有 3 个平动自由度，2 个转动自由度，总自由度 $i=5$；刚性三原子以上分子通常有 3 个平动自由度，3 个转动自由度，总自由度 $i=6$，如表 2.1-1 所示。

分子自由度　　　　　　　　　　　　　　　表 2.1-1

分子种类	平动自由度	转动自由度	总自由度
单原子分子	3	0	3
刚性双原子分子	3	2	5
刚性多原子分子	3	3	6

2. 能量按自由度均分原理

==气体处于平衡态时，气体分子的每个自由度的平均能量都相等，而且等于 $\frac{1}{2}kT$，这就==

是**能量按自由度均分原理**。

单原子分子的平均动能

$$\bar{\varepsilon}_k = \frac{3}{2}kT \tag{2.1-13}$$

刚性双原子分子的平均动能

$$\bar{\varepsilon}_k = \frac{5}{2}kT \tag{2.1-14}$$

刚性三原子分子的平均动能

$$\bar{\varepsilon}_k = \frac{6}{2}kT = 3kT \tag{2.1-15}$$

2.1.4 理想气体内能

1. 内能的定义

作为质点系的总体，宏观上气体具有内能。气体的**内能**是指它所包含的所有分子的无规则运动的**动能**和分子间的相互作用**势能**的总和。对于理想气体由于分子之间无相互作用力，所以分子之间无势能，因而 理想气体的**内能**就是它的所有分子的**动能**的总和。

2. 内能的计算

由公式 (2.1-13)，(2.1-14)，(2.1-15)，可计算气体分子动能，而理想气体的内能就是它的所有分子的动能的总和。若以 N 表示一定的理想气体的分子总数，则气体内能应是

$$E = N\bar{\varepsilon}_k = N\frac{i}{2}kT \tag{2.1-16}$$

由于 $k = \frac{R}{N_A}$，$\nu = \frac{N}{N_A}$，所以内能又可以写成

$$E = \frac{i}{2}\nu RT \tag{2.1-17}$$

对于已讨论的几种理想气体，它们的内能如下：

单原子分子气体 $\qquad E = \frac{3}{2}\nu RT \tag{2.1-18}$

刚性双原子分子气体 $\qquad E = \frac{5}{2}\nu RT \tag{2.1-19}$

刚性多原子分子气体 $\qquad E = \frac{6}{2}\nu RT \tag{2.1-20}$

从上述结果中，不难看出 一定的理想气体的内能只是**温度的函数**，而且和**热力学温度成正比**。

【例 2.1-2】

质量相同的氢气（H_2）和氧气（O_2），处在相同的室温下，则它们的分子平均平动动能和内能关系为（　　）。

A. 分子平均平动动能相同，氢气的内能大于氧气的内能

B. 分子平均平动动能相同，氧气的内能大于氢气的内能

C. 内能相同，氢气的分子平均平动动能大于氧气的分子平均平动动能

D. 内能相同，氧气的分子平均平动动能大于氢气的分子平均平动动能

解析： 气体分子的平均平动动能均为 $\frac{3}{2}kT$，两种气体处于相同的室温下，所以分子平均平动动能相同，气体内能 $E = \frac{i}{2}\nu RT = \frac{i}{2}\frac{m}{M}RT$，氢气的相对分子质量为 2，而氧气的相对分子质量为 32，所以氢气的内能大于氧气的内能，故答案选 A。

【例 2.1-3】

（1）自由度为 i 的理想气体，温度为 T 的热平衡态下，物质分子的每个自由度都具有的平均动能为_____。

（2）自由度为 i 的理想气体，温度为 T 的热平衡态下，每个分子的内能是_____。

（3）自由度为 i 的理想气体，温度为 T 的热平衡态下，ν mol 分子的平均总能量是_____。

（4）自由度为 i 的理想气体，温度为 T 的热平衡态下，每个分子的平均平动动能是_____。

解析： 要区分每个分子的内能与气体总内能的计算公式，以及了解自由度的组成，平动自由度和转动自由度，根据能量按自由度均分原理，计算分子的平均平动动能和转动动能。故答案应为（1）$\frac{1}{2}kT$ （2）$E = \frac{i}{2}RT$ （3）$E = \frac{i}{2}\nu RT$ （4）$E = \frac{3}{2}RT$

【例 2.1-4】

有 A、B 两种容积不同的容器，A 中装有单原子理想气体，B 中装有双原子理想气体，若两种气体的压强相同，则这两种气体的内能和容积比的关系为：（　　）。

A. $\left(\dfrac{E}{V}\right)_A > \left(\dfrac{E}{V}\right)_B$ 　　B. $\left(\dfrac{E}{V}\right)_A < \left(\dfrac{E}{V}\right)_B$

C. $\left(\dfrac{E}{V}\right)_A = \left(\dfrac{E}{V}\right)_B$ 　　D. 无法确定

【例2.1-4】

解析： 本题需要利用，气体内能公式和理想气体状态方程联合求解

根据内能公式得 $\dfrac{E}{V} = \dfrac{i\nu RT}{2V}$

理想气体状态方程：$pV = \nu RT$，代入上式，可得

$$\frac{E}{V} = \frac{i\nu RT}{2V} = \frac{ip}{2}$$

$$\left(\frac{E}{V}\right)_A = \frac{3p}{2} < \frac{5p}{2} = \left(\frac{E}{V}\right)_B$$

故答案选 B。

【例 2.1-5】

如图 2.1-2 所示，若在某个过程中，一定量的理想气体的热力学能（内能）U 随压强 P 的变化关系为一直线（其延长线过 U-P 图的原点），则该过程为（　　）。

A. 等温过程　　　　　　B. 等压过程
C. 等容过程　　　　　　D. 绝热过程

解析： 首先要明白内能和压强有什么关系，根据气体内能公

图 2.1-2　例 2.1-5 图

式 $E = \frac{i}{2}\nu RT$，可知，一定量的确定气体的内能与温度成正比，由理想气体状态方程 $pV = \nu RT$ 可知，当 V 一定时，温度和压强成正比，则内能也与压强成正比，故答案选 C。

2.1.5 麦克斯韦速度分布律

但从整体上统计地说，气体分子的速度还是有规律的。如果不管分子运动速度的方向如何，只考虑分子按速度的大小即速率的分布，理想气体的分子按速率的分布是有确定的规律的，这个规律就叫做**麦克斯韦速度分布律**。

1. 速率分布函数

$$\left.\begin{array}{l} \dfrac{\mathrm{d}N_v}{N} = f(v)\mathrm{d}v \\ f(v) = \dfrac{\mathrm{d}N_v}{N\mathrm{d}v} \end{array}\right\} \tag{2.1-21}$$

式中 N 表示气体分子总数，v 是分子速率，$\mathrm{d}N_v$ 是指速率在 v 到 $v+\mathrm{d}v$ 的区间的分子数，$\dfrac{\mathrm{d}N_v}{N}$ 是速率在 v 到 $v+\mathrm{d}v$ 的区间的分子数占总数的百分比，而函数 $f(v)$ 就叫**速率分布函数**，它的**物理意义**是：速率在速率 v 所在的单位速率区间内的分子数占分子总数的百分比。在概率论中，$f(v)$ 是分子速度分布的**概率密度函数**，如要表示速率在 v_1 到 v_2 之间的分子所占百分比，可将 $f(v)$ 积分

$$\frac{N_{v_1 \sim v_2}}{N} = \int_{v_1}^{v_2} f(v)\mathrm{d}v \tag{2.1-22}$$

2. 麦克斯韦速率分布律

麦克斯韦速率分布律就是在一定条件下的速率分布函数的具体形式。它指出：平衡态下，气体分子速率在 v 到 $v+\mathrm{d}v$ 区间内的分子数占总分子数的百分比为

$$\left.\begin{array}{l} \dfrac{\mathrm{d}N_v}{N} = 4\pi\left(\dfrac{m}{2\pi kT}\right)^{3/2} v^2 e^{-mv^2/2kT}\mathrm{d}v \\ f(v) = 4\pi\left(\dfrac{m}{2\pi kT}\right)^{3/2} v^2 e^{-mv^2/2kT} \end{array}\right\} \tag{2.1-23}$$

式中，T 是气体的热力学温度；m 是一个分子的质量；k 是玻耳兹曼常量。

由上式可知，麦克斯韦速率分布函数只与温度有关，可画出**麦克斯韦速率分布曲线**，表示不同温度下，气体分子按速率的分布情况。

3. 三个速率

（1）最概然速率 v_p

在**麦克斯韦速率分布曲线**中，可以看出，按麦克斯韦速率分布函数确定的速率很小和速率很大的分子数都很少。在某一速率处函数有一极大值，叫**最概然速率**，它的物理意义是：若把整个速率范围分成许多相等的小区间，则 v_p 所在的区间内的分子数占分子总数的百分比最大。可由下式计算

$$\left.\begin{array}{l} \left.\dfrac{\mathrm{d}f(v)}{\mathrm{d}v}\right|_{v_p} = 0 \\ v_p = \sqrt{\dfrac{2kT}{m}} = \sqrt{\dfrac{2RT}{M}} \end{array}\right\} \tag{2.1-24}$$

式中 T 是气体的热力学温度；m 是一个分子的质量；k 是玻耳兹曼常量；M 是相对分子质量。

通过计算我们可以看出，v_p 随温度的升高而增大，又随 m 增大而减小。图 2.1-3 中画出了氮气在不同温度下的速率分布函数，可以看出温度对速率分布的影响，温度越高，速率较大的分子数越多。这就是通常所说的温度越高，分子运动越剧烈的真正含义。

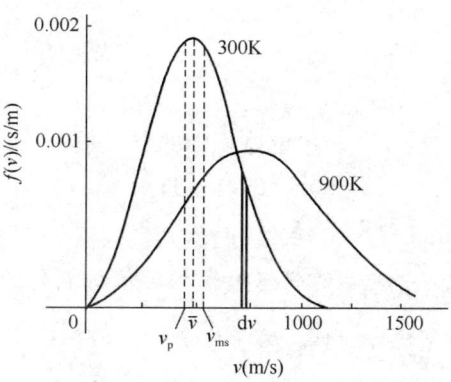

图 2.1-3 N_2 气体的麦克斯韦速率分布曲线

（2）平均速率 $\bar{v}$

$$\bar{v} = \int_0^\infty v f(v) \mathrm{d}v = \sqrt{\frac{8kT}{\pi m}} = \sqrt{\frac{8RT}{\pi M}} \tag{2.1-25}$$

（3）方均根速率 v_{rms}

$$\left. \begin{aligned} \overline{v^2} &= \int_0^\infty v^2 f(v) \mathrm{d}v = \frac{3kT}{m} \\ v_{rms} &= \sqrt{\overline{v^2}} = \sqrt{\frac{3kT}{m}} = \sqrt{\frac{3RT}{M}} \end{aligned} \right\} \tag{2.1-26}$$

三个速率值都是在统计意义上说明大量分子的运动速率的典型值。它们都与 $\sqrt{T}$ 成正比，与 $\sqrt{m}$ 成反比。其中 v_{rms} 最大，$\bar{v}$ 次之，v_p 最小。三种速率有不同的应用，讨论**速率分布**时要用 v_p，计算分子的**平均平动动能**时要用 v_{rms}，以后讨论**分子的碰撞次数**时要用 $\bar{v}$。

【例 2.1-6】

某种理想气体的总分子数为 N，分子速率分布函数为 $f(v)$，则速度在 $v_1 \sim v_2$ 区间内的分子数是（　　）。

A. $\int_{v_1}^{v_2} f(v) \mathrm{d}v$ 　　　　　　　　B. $N \int_{v_1}^{v_2} f(v) \mathrm{d}v$

C. $\int_0^{v_2} f(v) \mathrm{d}v$ 　　　　　　　　D. $N \int_0^{v_2} f(v) \mathrm{d}v$

解析：$f(v)$ 是分子速度分布的概率密度函数，如要表示速率在 v_1 到 v_2 之间的分子所占百分比，可将 $f(v)$ 积分 $\dfrac{N_{v_1 \sim v_2}}{N} = \int_{v_1}^{v_2} f(v) \mathrm{d}v$

需要注意的是本题要求的是分子数 $N_{v_1 \sim v_2} = N \int_{v_1}^{v_2} f(v) \mathrm{d}v$

故答案选 B。

2.1.6 平均碰撞频率和平均自由程

一个分子在任意连续两次碰撞之间所经历的路程叫做自由程。对个别分子来说，自由程时长时短，是不确定的；但对大量分子，则遵从完全确定的统计分布规律。

一个气体分子在连续两次碰撞间所可能经历的各段自由程的平均值叫平均自由程，用 $\bar{\lambda}$ 表示；单位时间内分子通过的平均路程叫平均速率，用 $\bar{v}$ 表示；单位时间内分子所受的平均碰撞次数叫平均碰撞次数，用 $\bar{Z}$ 表示。

对于平均碰撞次数和平均自由程

$$\overline{Z} = \sqrt{2}\pi d^2 \overline{v} n \tag{2.1-27}$$

$$\lambda = \frac{\overline{v}}{\overline{Z}} = \frac{1}{\sqrt{2}\pi d^2 n} \tag{2.1-28}$$

式中：n——单位体积中的分子数；

d——分子的有效直径。

【例 2.1-7】

一定量的理想气体，在容积不变的条件下，当温度升高时，分子的平均碰撞次数 $\overline{Z}$ 和平均自由程 $\overline{\lambda}$ 的变化是（ ）。

A. $\overline{Z}$ 增大，$\overline{\lambda}$ 不变
B. $\overline{\lambda}$ 增大，$\overline{Z}$ 不变
C. $\overline{Z}$ 和 $\overline{\lambda}$ 都增大
D. $\overline{Z}$ 和 $\overline{\lambda}$ 都不变

解答： 将根据分子平均自由程 $\overline{\lambda}$ 的计算公式：$\overline{\lambda} = \frac{1}{\sqrt{2}\pi d^2 n}$，可知，平均自由程与温度无关，所以 $\overline{\lambda}$ 不变；平均碰撞次数 $\overline{Z} = \sqrt{2}\pi d^2 \overline{v} n$，根据麦克斯韦速率分布律 $\overline{v} = \sqrt{\frac{8RT}{\pi M}}$，温度升高，$\overline{v}$ 升高，$\overline{Z}$ 增大。故应选 A。

【例 2.1-8】

在恒定不变的压强下，气体分子的平均碰撞频率 $\overline{Z}$ 与温度 T 的关系为（ ）。

A. $\overline{Z}$ 与 T 无关
B. $\overline{Z}$ 与 $\sqrt{T}$ 成正比
C. $\overline{Z}$ 与 $\sqrt{T}$ 成反比
D. $\overline{Z}$ 与 T 成反比

解析： 平均碰撞次数 $\overline{Z} = \sqrt{2}\pi d^2 \overline{v} n$，根据麦克斯韦速率分布律可知，$\overline{v} = \sqrt{\frac{8RT}{\pi M}}$，根据理想气体状态方程 $p = nkT$，得 $n = p/(kT)$。代入 $\overline{Z}$ 的方程，可得

$$\overline{Z} = \sqrt{2}\pi d^2 \sqrt{\frac{8RT}{\pi M}} \frac{p}{kT} = \sqrt{2}\pi d^2 \sqrt{\frac{8R}{\pi MT}} \frac{p}{k}$$

当压强 p 恒定不变时，$\overline{Z}$ 与 $\sqrt{T}$ 成反比，故答案选 C。

2.1.7 热力学第一定律

1. 热力学第一定律的基本内容

热力学第一定律： 外界向热力学系统传递的热量，一部分用于系统对外做功，另一部分使系统内能增加。

热力学第一定律是包括功热量、内能在内的能量守恒定律，其数学表达形式为

$$Q = E_2 - E_1 + W$$

或

$$Q = \Delta E + W \tag{2.1-29}$$

式中，Q 和 W 分别表示在系统状态变化过程中系统与外界之间交换热量以及系统对外做的功，ΔE 表示系统内能的变化量。Q、ΔE、W 可以取正值，也可以取负值。正负的规定如下：系统从外界吸收热量时，热量 Q 为正，系统向外界放出热量时，热量 Q 为负；系统对外界做功时，功 W 为正，外界对系统做功时，功 W 为负；系统的内能增加时，内能的增

量 ΔE 为正，系统的内能减少时，内能增量 ΔE 为负。

热力学第一定律是能量转换与守恒定律在热力学中的应用，它确定了热力过程中各种能量在数量上的相互关系。热力学第一定律可以表述为：当热能与其他形式的能量相互转换时，能的总量保持不变。根据热力学第一定律，为了得到机械能必须花费热能或其他形式能量。因此，第一定律可表述为：第一类永动机是不可能制造成功的。

对于任何系统，各项能量之间的平衡关系可一般地表示为：

进入系统的能量－离开系统的能量＝系统储存能的变化

2．准静态过程和状态图

（1）准静态过程

一个系统的状态发生变化时，我们说系统在经历一个过程。在过程进行中的任一时刻，系统的状态当然不是平衡态。例如，推进活塞压缩汽缸内的气体时，气体的体积、密度、温度或压强都将发生变化，如图 2.1-4 所示，在这一过程中任一时刻，气体各部分的密度、压强、温度并不完全相同。靠近活塞表面的气体密度要大些，压强也要大些，温度也高些。在热力学中，为了能利用系统处于平衡态时的性质来研究过程的规律，引入了**准静态过程**的概念。所谓准静态过程是这样的过程，在过程中任意时刻，系统都无限地接近平衡态，因而任何时刻系统的状态都可以当平衡态处理。这也就是说，准静态过程是由一系列依次接替的平衡态所组成的过程。

准静态过程是一种理想过程。实际过程进行得越缓慢，经过一段确定时间系统状态的变化就越小，各时刻系统的状态就越接近平衡态。当实际过程进行得无限缓慢，各时刻系统的状态也就无限地接近平衡态，而过程也就成了准静态过程。

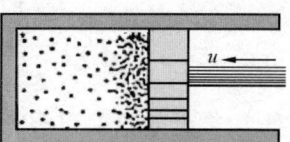

图 2.1-4 气缸活塞运动过程

（2）状态图

准静态过程可以用系统的**状态图**，如 p-V 图（或 p-T 图、V-T 图）中的一条曲线表示。在状态图中，任何一点都表示系统的一个平衡态，所以一条曲线就表示由一系列平衡态组成的准静态过程，这样的曲线叫**过程曲线**，在图 2.1-5 的 p-V 图中画出了几种等值过程的曲线：a 是**等压过程**曲线；b 是**等体积过程**曲线；c 是**等温过程**（理想气体的）曲线。

（注意：非平衡态不能用一定的状态参量描述，非准静态过程也就不能用状态图上的条线来表示。）

3．热力学计算

在此，以理想气体的准静态过程为例讲解热力学计算

（1）内能的变化：

根据公式（2.1-17）可得

$$\left.\begin{array}{l}\Delta E = E_2 - E_1 \\ E_2 = \dfrac{i}{2}\nu RT_2 \\ E_1 = \dfrac{i}{2}\nu RT_1\end{array}\right\} \quad (2.1\text{-}30)$$

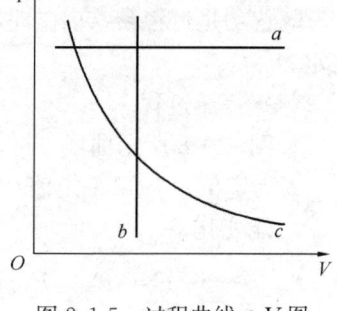

图 2.1-5 过程曲线 p-V 图

通过上式，内能 E 是由系统的状态决定的而与过程无关，因而称为"状态量"。

（2）对外界做功：

对于准静态过程，功的大小可以直接利用系统的状态参量来计算。在系统保持静止的情况下常讨论的功是和系统体积变化相联系的机械功。如图 2.1-6 所示，设想汽缸内的气体进行无摩擦的准静态的膨胀过程，以 S 表示活塞的面积，以 p 表示气体的压强。气体对活塞的压力为 pS。当气体推动活塞向外缓慢地移动一段微小位移 dl 时，气体对外界做的微量功为

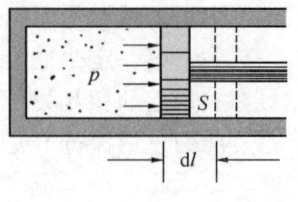

图 2.1-6 气缸内的膨胀过程

$$\left.\begin{aligned} dA &= pSdl \\ Sdl &= dV \\ A &= \int dA = \int_{V_1}^{V_2} pdV \end{aligned}\right\} \quad (2.1\text{-}31)$$

由积分的意义可知，用上式求出的功的大小等于 p-V 图上过程曲线下的面积，如图 2.1-7 所示。

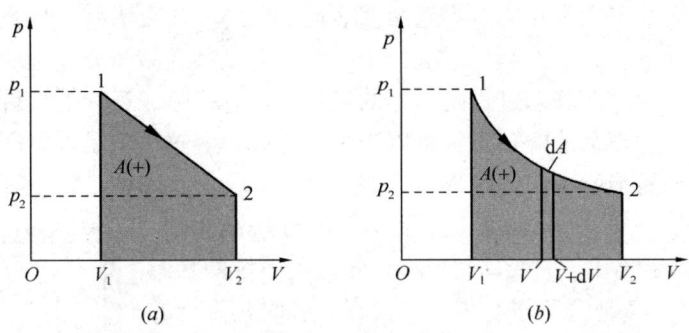

图 2.1-7 做功 p-V 图

比较图 2.1-7(a)，(b) 两图还可以看出，使系统从某一初态 1 变化到末态 2，功 A 的数值与过程进行的具体形式，即过程中压强随体积变化的具体关系直接有关，只知道初态和末态并不能确定功的大小。因此，功是"过程量"。不能说系统处于某一状态时，具有多少功，即功不是状态的函数。

(3) 热量

根据热力学第一定律：

$$Q = \Delta E + A \quad (2.1\text{-}32)$$

既然功是过程量，内能是状态量，则热量 Q 也是过程量，即由系统的状态变化过程决定。

(4) 等压过程

如图 2.1-8 所示曲线 a

p 为定值，T/V 是定值

内能变化

$$\Delta E = E_2 - E_1 = \frac{i}{2}\nu R(T_2 - T_1) \quad (2.1\text{-}33)$$

对外做功

$$A = \int_{V_1}^{V_2} pdV = p(V_2 - V_1) \quad (2.1\text{-}34)$$

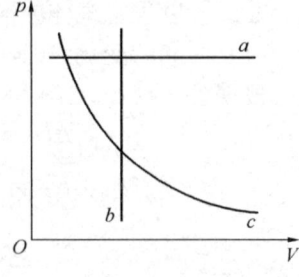

图 2.1-8 等压过程、等体积过程、等温过程

利用理想气体状态方程 $pV = \nu RT$，带入上式，可得
$$A = p(V_2 - V_1) = \nu R(T_2 - T_1) \tag{2.1-35}$$

吸放热量
$$Q = \Delta E + A = \frac{i+2}{2}\nu R(T_2 - T_1) \tag{2.1-36}$$

(5) 等体积过程（等容过程）

如图 2.1-8 所示曲线 b

V 为定值，T/p 是定值

内能变化
$$\Delta E = E_2 - E_1 = \frac{i}{2}\nu R(T_2 - T_1) \tag{2.1-37}$$

对外做功
$$A = \int_{V_1}^{V_2} p\mathrm{d}V = 0 \tag{2.1-38}$$

吸放热量
$$Q = \Delta E + A = \Delta E = \frac{i}{2}\nu R(T_2 - T_1) \tag{2.1-39}$$

可以理解为，吸收的热量 Q 全部用于提升内能。

(6) 等温过程

如图 2.1-8 所示曲线 c

T 为定值，pV 是定值

内能变化
$$\Delta E = E_2 - E_1 = \frac{i}{2}\nu R(T_2 - T_1) = 0 \tag{2.1-40}$$

对外做功

由理想气体状态方程可知 $p = \dfrac{\nu RT}{V}$

$$A = \int_{V_1}^{V_2} p\mathrm{d}V = \int_{V_1}^{V_2} \frac{\nu RT}{V}\mathrm{d}V = \nu RT\ln\frac{V_2}{V_1} = \nu RT\ln\frac{p_1}{p_2} \tag{2.1-41}$$

吸放热量
$$Q = \Delta E + A = A = \nu RT\ln\frac{V_2}{V_1} = \nu RT\ln\frac{p_1}{p_2} \tag{2.1-42}$$

可以理解为，吸收的热量 Q 全部用于对外做功。

(7) 热容

系统和外界之间的热传递会引起系统本身温度的变化，这温度的变化和热传递的关系用热容表示。不同物质升高相同温度时吸收的热量一般不相同。1mol 的物质温度升高 $\mathrm{d}T$ 时，如果吸收的热量为 $\mathrm{d}Q$，则该物质的摩尔热容定义为

$$C = \frac{\mathrm{d}Q}{\mathrm{d}T} \tag{2.1-43}$$

常用的摩尔热容有**定压热容**和**定容热容**两种，分别由定压和定体条件下物质吸收的热量决定。对于液体和固体，由于体积随压强的变化甚小，所以摩尔定压热容和摩尔定体热

容常可不加区别。气体的这两种摩尔热容则有明显的不同。

由定压过程的热计算,可得定压热容:

$$C_P = \frac{1}{\nu}\frac{dQ}{dT} = \frac{i+2}{2}R \tag{2.1-44}$$

由定容过程的热计算,可得定容热容:

$$C_V = \frac{1}{\nu}\frac{dQ}{dT} = \frac{i}{2}R \tag{2.1-45}$$

比较 C_P 和 C_V,可得 $C_P - C_V = R$,该式称为**迈耶公式**。

以 γ 表示 C_P 和 C_V 的比值,称为比热比,则有

$$\gamma = \frac{C_P}{C_V} = \frac{i+2}{i} \tag{2.1-46}$$

比热比,只由分子的类型决定,对于单原子分子气体有

$$i = 3, C_V = \frac{3}{2}R, C_P = \frac{5}{2}R, \gamma = \frac{5}{3} = 1.67$$

对于刚性双原子分子气体有

$$i = 5, C_V = \frac{5}{2}R, C_P = \frac{7}{2}R, \gamma = \frac{7}{5} = 1.40$$

对于刚性多原子分子气体有

$$i = 6, C_V = 3R, C_P = 4R, \gamma = \frac{4}{3} = 1.33$$

(8) 绝热过程

绝热过程中,$Q=0$,根据热力学第一定律,可知 $\Delta E + A = 0$,微分之后有

$$\frac{i}{2}\nu R dT + p dV = 0 \tag{2.1-47}$$

再利用理想气体状态方程,联立可解得绝热过程的过程方程为

$$\begin{aligned} pV^\gamma &= C_1 \\ TV^{\gamma-1} &= C_2 \\ p^{\gamma-1}T^{-\gamma} &= C_3 \end{aligned} \tag{2.1-48}$$

上式中 C_1, C_2, C_3 均为定值。

内能变化和对外做功

$$\Delta E = -A = \frac{i}{2}(p_2V_2 - p_1V_1) \tag{2.1-49}$$

【例 2.1-9】

气缸内有一定量的理想气体,先使气体做等压膨胀,直至体积加倍,然后做绝热膨胀,直至降到初始温度,在整个过程中,气体的内能变化 ΔE 和对外做功 W 为(　　)。

A. $\Delta E = 0, W > 0$ 　　　　　　　　B. $\Delta E = 0, W < 0$

C. $\Delta E > 0, W > 0$ 　　　　　　　　D. $\Delta E < 0, W < 0$

解析:气缸经过等压膨胀和绝热膨胀两个过程,温度最后回到初始温度,则有 $\Delta E = \frac{i}{2}\nu R(T_2 - T_1) = 0$。本题中两个过程都是膨胀过程 $dA = p dV$,则两个过程都对外做正功,从而 $W > 0$。故答案选 A。

【例 2.1-10】

一个气缸内有一定量的单原子理想气体，在压缩过程中对外界做功 209J，此过程中气体的内能增加 120J，则外界传给气体的热量为（　　）。

A. －89J　　　　B. 89J　　　　C. 329J　　　　D. 0

【例2.1-10】

解析：根据热力学第一定律，$Q=\Delta E+A$。需要注意的是，此题需要判断对外界做功的正负，因为是压缩过程，所以气缸对外界做负功，$A=-209J$，$\Delta E=120J$，解得 $Q=-89J$，即系统对外放热 89J，即外界传给气体的热量为 －89J。故答案选 A。

2.1.8 循环过程和卡诺循环

1. 循环过程及效率

<u>物质系统经历一系列的变化过程后，又回到**初始状态**的整个过程称为循环过程，简称**循环**</u>。循环过程在图中可用一条闭合曲线来表示。循环的重要特征是：经历一个循环后，<u>**系统内能不变**</u>。

如果一个系统所经历的循环过程的各个阶段都是准静态过程，这个循环过程就可以在状态图（如 p-V 图）上用一个闭合曲线表示如图 2.1-9 所示。从状态 a 经状态 b 达到状态 c 的过程中，系统对外做功，其数值 A_1 等于曲线段 abc 下面到 V 轴之间的面积；从状态 c 经状态 d 回到状态 a 的过程中，外界对系统做功，其数值 A_2 等于曲线段 cda 下面到 V 轴之间的面积。整个循环过程中系统对外做的净功的数值为 $A=A_1-A_2$，即循环过程曲线所包围的面积。在 p-V 图中，<u>循环过程沿顺时针方向进行时，系统对外做功，这种循环叫**正循环**（或**热循环**）</u>。循环过程沿逆时针方向进行时，外界将对系统做净功，<u>这种循环叫**逆循环**（或**制冷循环**）</u>。

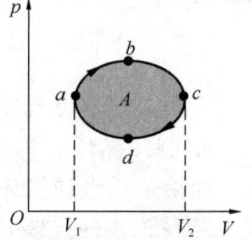

图 2.1-9　闭合曲线表示循环过程

热机的循环为正循环，其一般特征为：一定量的工作物质在一次循环过程中要从高温热库（如锅炉）吸热 Q_1，对外做净功 A，又向低温热库（如冷凝器）放出热量 Q_2。由于工质回到初态，所以内能不变。根据热力学第一定律，工质吸收的净热量应该等于它对外做的净功，即

$$A=Q_1-Q_2 \tag{2.1-50}$$

对于热机的正循环，<u>循环的效率是在一次循环过程中工质对外做的净功占它从高温热库吸收的热量的比率</u>。这是热机效能的一个重要指标。以 η 表示循环的效率：

$$\eta=\frac{A}{Q_1}=1-\frac{Q_2}{Q_1} \tag{2.1-51}$$

2. 卡诺循环及其效率

为了提高热机效率，卡诺提出了一个理想循环，该循环体现了热机循环的最基本的特征，<u>该循环是一种**准静态循环**，在循环过程中工质只和两个**恒温热库**交换热量</u>。这种循环叫卡诺循环，具体循环过程如图 2.1-10 所示。

如图 2.1-10 所示，该循环是以理想气体为工质的卡诺循环，它由两个绝热过程和两个等温过程组成。

1→2：使汽缸和温度为 T_1 的高温热库接触，气体做**等温膨胀**，体积由 V_1 增大到 V_2，

在这一过程中，它从高温热库吸收的热量 Q_1；

2→3：将汽缸从高温热库移开，使气体做绝热膨胀，体积变为 V_3，温度降到 T_2；

3→4：使汽缸和温度为 T_2 的低温热库接触，气体**等温压缩**，体积缩小到 V_4，气体向低温热库放出的热量 Q_2；

4→1：气体**绝热压缩**，直到它回复到起始状态 1 而完成一次循环。

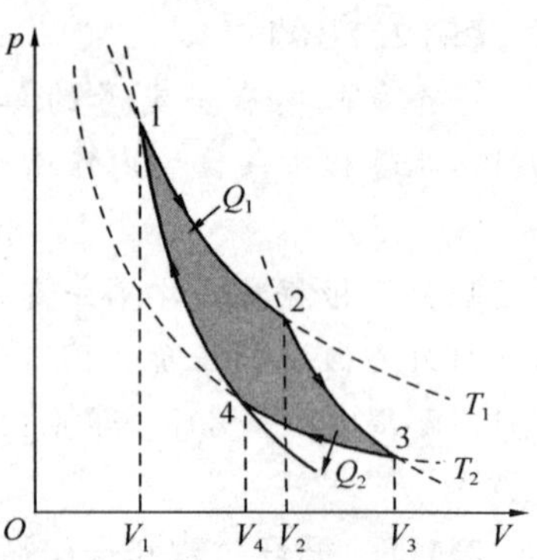

在一次循环中，气体对外做的净功为

$$A = Q_1 - Q_2 \quad (2.1\text{-}52)$$

图 2.1-10 理想气体的卡诺循环

根据等温过程的吸放热公式，可以推出卡诺循环的效率为

$$\eta = \frac{A}{Q_1} = 1 - \frac{Q_2}{Q_1} = 1 - \frac{T_2}{T_1} \quad (2.1\text{-}53)$$

上式表明，以理想气体为工质的卡诺循环的效率只由两热源的温度 T_1、T_2 决定。

3. 制冷循环

如果工质做**逆循环**，即沿着与热机循环相反的方向进行循环过程，则在一次循环中，工质将从低温热库吸热 Q_2，向高温热库放热 Q_1，这种循环叫做**制冷循环**。

在制冷循环中，从低温热库吸收热量 Q_2 是我们需求的效果，而必须对工质做的功 A 是我们付出的功。因此制冷循环的效能用 Q_2/A 表示，这一比值称为制冷循环的**制冷系数**，以 w 表示，则

$$w = \frac{Q_2}{A} = \frac{Q_2}{Q_1 - Q_2} \quad (2.1\text{-}54)$$

以理想气体为工质的逆卡诺循环，也是制冷循环，其制冷系数为

$$w = \frac{Q_2}{Q_1 - Q_2} = \frac{T_2}{T_1 - T_2} \quad (2.1\text{-}55)$$

这一制冷系数是在 T_1 和 T_2 两恒温热源之间工作的各种制冷循环的制冷系数的最大值。

2.1.9 热力学第二定律

1. 可逆过程和自然过程的方向性

（1）可逆过程和不可逆过程

一个系统由一个状态开始，经过某一过程达到另一个状态，如果存在另外一个过程，它能使系统和外界完全复原（即系统回到初始状态，外界未发生任何变化），则原来的过程称为**可逆过程**；反之，如果无论用任何方法都不可能使系统和外界完全复原，则原来的过程称为**不可逆过程**。

（2）三个不可逆过程和自然过程的方向性

a. 转动着的飞轮，撤除动力后，总是要由于轴处的摩擦而逐渐停下来。通过摩擦而使功变热的过程是不可逆的。"热自动地转换为功的过程不可能发生"也常说成是不引起其他任何变化因而唯一效果是一定量的内能（热）全部转变成了机械能（功）的过程是不可能发生的。说明功热转换过程具有**方向性**。

b. 两个温度不同的物体互相接触（这时二者处于非平衡态），热量总是自动地由高温

物体传向低温物体，从而使两物体温度相同而达到热平衡。从未发现过与此相反的过程，即热量自动地由低温物体传给高温物体，而使两物体的温差越来越大，虽然这样的过程并不违反能量守恒定律。对于这个事实我们说，热量由高温物体传向低温物体的过程是不可逆的。

c. 气体的绝热自由膨胀，绝热容器中，一半存放着一定量的气体，另一半处于真空状态，中间用隔板分开，当绝热容器中的隔板被抽去的瞬间，气体都聚集在容器的左半部，这是一种非平衡态。此后气体将自动地迅速膨胀充满整个容器，最后达到一平衡态。而相反的过程，即充满容器的气体自动地收缩到只占原体积的一半，而另一半变为真空的过程，是不可能实现的。对于这个事实，我们说，气体向真空中绝热自由膨胀的过程是不可逆的。

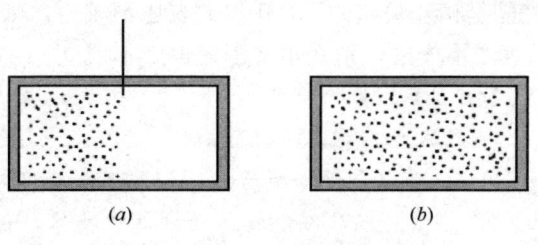

图 2.1-11 气体的绝热膨胀
(a) 为膨胀前；(b) 为膨胀后

以上三个实际过程都按一定的方向进行，是不可逆的，由于自然界中一切与热现象有关的实际宏观过程都涉及热功转换或热传导，特别是，都是由非平衡态向平衡态的转化，因此可以说，一切与热现象有关的实际宏观过程都是不可逆的。

2. 热力学第二定律

自然宏观过程是不可逆的，而且都是按确定的方向进行的。说明自然宏观过程进行的方向的规律叫做热力学第二定律。

(1) 热力学第二定律开尔文表述：不可能从单一热源吸收热量，使之完全变为有用功而不产生其他影响。

理解热力学第二定律开尔文表述的含义，要注意以下两点。

a. "单热源"，表述中单一热源是指温度均匀并且恒定不变的热源。如果热源不是单一热源，工作物质就能从热源的温度较高的部分吸收热量，而在温度较低的部分放出热量。这种热源从效果上看等同于两个热源。

b. "其他影响"，表述中其他影响是指除了从单一热源吸收热量，把吸收的热量用来做功以外的任何其他变化。例如理想气体等温膨胀过程，理想气体与单一热源接触，从热源吸收热量并全部转化为功而不放出任何热量，但是在此过程中会产生其他影响——理想气体的体积膨胀。即当有其他影响产生时，从单一热源吸收的热量全部转化为功是可以实现的。

如果能制造一台热机，它只利用一个恒温热库工作，工质从它吸热，经过一个循环后，热量全部转变为功而未引起其他效果，这样我们就实现了一个"其唯一效果是热全部转变为功"的过程。这是不可能的，因而只利用一个恒温热库进行工作的热机是不可能制成的。这种假想的热机叫单热源热机，有能量输入的单热源热机叫**第二类永动机**，由于违反了热力学第二定律，它也是不可能的。

(2) 热力学第二定律克劳修斯表述：热量不能自动地从低温物体传向高温物体。

在克劳修斯表述中应当注意"自动"二字。没有"自动"二字时是可以实现的。例如制冷机，它是把热量从低温物体传向高温物体，但是此过程中外界必须做功。由此可见，要把热量从低温物体传向高温物体，就定会引起其他变化。同时，热力学第二定律克劳修斯表述还指出了热量传递是有方向性的。

3. 两种表述之间的关系

从表面上看，热力学第二定律的两种表述形式上是不同的，但其本质是统一的，它们之间是相互关联的。若开尔文表述不成立，则克劳修斯表述也必不成立；相反，若克劳修斯表述不成立，则开尔文表述也必不成立。

【例 2.1-11】

根据热力学第二定律可知(　　)。

A. 功可以全部转换为热，但热不能全部转换为功

B. 热量可以从高温物体传到低温物体，但不能从低温物体传到高温物体

C. 不可逆过程就是不能向相反方向进行的过程

D. 一切自发过程都是不可逆的

解析：一切自发过程都是不可逆的。A 项，热力学第二定律的达尔文表述是，不可能从单一热源吸收热量，使之完全变为有用功而不产生其他影响。功可以全部转换为热，但在产生其他影响的条件下，热不能全部转换为功；B 项，克劳修斯表述，是热量不能自动地从低温物体传向高温物体，注意这里是"自动地"，热量可以从低温物体传到高温物体，但不可能是自动的；C 项，一个系统由一个状态开始，经过某一过程达到另一个状态，无论用任何方法都不可能使系统和外界完全复原，则原来的过程称为不可逆过程。故答案选 D。

【例 2.1-12】

"理想气体和单一热源接触做等温膨胀时，吸收的热量全部用来对外做功。"对此说法，有如下几种讨论，正确的是(　　)。

A. 不违反热力学第一定律，但违反热力学第二定律

B. 不违反热力学第二定律，但违反热力学第一定律

C. 不违反热力学第一定律，也不违反热力学第二定律

D. 违反热力学第一定律，也违反热力学第二定律

解析：理想气体吸收热量，等温膨胀，对外做功，整个过程能量守恒，不违反热力学第一定律。热力学第二定律，系统不可能从单一热源吸收热量，使之完全变为有用功而不产生其他影响。本题是理想气体等温膨胀过程，理想气体与单一热源接触，从热源吸收热量并全部转化为功而不放出任何热量，但是在此过程中会产生其他影响——理想气体的体积膨胀。即当有其他影响产生时，从单一热源吸收的热量全部转化为功是可以实现的，所以也不违反热力学第二定律。故答案选 C。

习　题

【2.1-1】已知某理想气体的摩尔数为 ν，气体分子的自由度为 i，k 为玻耳兹曼常量，R 为摩尔气体常用量，当该气体从状态 1（P_1, V_1, T_1）到状态 2（P_2, V_2, T_2）的变化过程中，其内能的变化为(　　)。

A. $\dfrac{ik}{2}\nu(P_2V_2 - P_1V_1)$ B. $\dfrac{i}{2}(P_2V_2 - P_1V_1)$

C. $\frac{i}{2}R(T_2-T_1)$ D. $\frac{i}{2}k(T_2-T_1)$

【2.1-2】两种摩尔质量不同的理想气体，它们的压强、温度相同，体积不同，则它们的（　　）。
A. 单位体积内的分子数不同
B. 单位体积内气体的质量相同
C. 单位体积内气体分子的总平均平动动能相同
D. 单位体积内气体内能相同

【2.1-3】1mol 刚性双原子理想气体，当温度 T 时，每个分子的平均平动动能为（　　）。
A. $\frac{3}{2}RT$　　　　　　　　　　B. $\frac{5}{2}RT$

C. $\frac{3}{2}kT$　　　　　　　　　　D. $\frac{5}{2}kT$

【2.1-4】一定量的刚性双原子分子理想气体储于一容器中，容器的容积为 V，气体压强为 p，则气体的动能为（　　）。
A. $3pV/2$　　　B. $5pV/2$　　　C. $pV/2$　　　D. pV

【2.1-5】理想气体的压强公式是（　　）。
A. $p=nmv^2/3$　　　　　　　　　B. $p=nm\overline{v}/3$
C. $p=nm\overline{v^2}/3$　　　　　　　　　D. $p=n\overline{v^2}/3$

【2.1-6】一瓶氦气和一瓶氮气它们每个分子的平均平动动能相同，而且都处于平衡态，则它们（　　）。
A. 温度相同，氦分子和氮分子的平均动能相同
B. 温度相同，氦分子和氮分子的平均动能不同
C. 温度不同，氦分子和氮分子的平均动能相同
D. 温度不同，氦分子和氮分子的平均动能不同

【2.1-7】1mol 理想气体从平衡态 $2P_1$、V_1 沿直线变化到另一平衡态 P_1、$2V_1$，则此过程中系统的功和内能的变化是（　　）。
A. $A>0$，$\Delta E>0$　　　　　　　B. $A<0$，$\Delta E<0$
C. $A>0$，$\Delta E=0$　　　　　　　D. $A<0$，$\Delta E>0$

【2.1-8】A、B、C 三个容器皆装有理想气体，它们的分子数密度之比为 $n_A:n_B:n_C=1:2:3$，分子的平均平动动能之比也为 $(\overline{\varepsilon}_{kt})_A:(\overline{\varepsilon}_{kt})_B:(\overline{\varepsilon}_{kt})_C=1:2:3$，它们的压强之比 $p_A:p_B:p_C=$（　　）。
A. $1:2:3$　　B. $1:1:1$　　C. $1:4:9$　　D. $1:8:27$

【2.1-9】下列各式表示气体分子的平均平动动能的是（式中 m' 为气体的质量，m 为气体分子的质量，M 为气体摩尔质量，n 为气体分子数密度，N_A 为阿伏伽德罗常数）（　　）。
A. $\frac{3m}{2m'}pV$　　B. $\frac{3m}{2N_A}pV$　　C. $\frac{3m}{2n}pV$　　D. $\frac{3m}{2M}pV$

【2.1-10】已知 $f(v)$ 为麦克斯韦速率分布函数，N 为总分子数，则速率大于 v_0 的分

子数的表达式为( )。

A. $\int_{v_0}^{\infty} f(v)\mathrm{d}v$
B. $\int_{v_0}^{\infty} f(v)\mathrm{d}v$
C. $\int_{v_0}^{\infty} Nf(v)\mathrm{d}v$
D. $\int_{v_0}^{\infty} \dfrac{f(v)}{N}\mathrm{d}v$

【2.1-11】在相同温度下,氧气和氢气分子的最概然速率之比 $(v_P)_{O_2} : (v_P)_{H_2} = ($)。

A. 1:2　　　　B. 1:4　　　　C. 1:8　　　　D. 1:16

【2.1-12】在一个容积不变的容器中,储有一定量的理想气体,温度为 T_0 时,气体分子的平均速率为 $\bar{v}_0$,分子平均碰撞频率为 $\bar{Z}_0$,平均自由程为 $\bar{\lambda}_0$。当气体温度升高至 $4T_0$ 时,气体分子的平均速率 $\bar{v}_0$、平均碰撞频率 $\bar{Z}_0$ 和平均自由程 $\bar{\lambda}_0$ 分别为( )。

A. $\bar{v} = \bar{v}_0, \bar{Z} = \bar{Z}_0, \bar{\lambda} = \bar{\lambda}_0$
B. $\bar{v} = 2\bar{v}_0, \bar{Z} = 2\bar{Z}_0, \bar{\lambda} = \bar{\lambda}_0$
C. $\bar{v} = 2\bar{v}_0, \bar{Z} = 2\bar{Z}_0, \bar{\lambda} = 2\bar{\lambda}_0$
D. $\bar{v} = 4\bar{v}_0, \bar{Z} = 4\bar{Z}_0, \bar{\lambda} = 4\bar{\lambda}_0$

【2.1-13】容器储有某种理想气体,其分子平均自由程为 $\bar{\lambda}_0$,若气体的热力学温度降到原来的一半,但体积不变,分子作用球半径不变,则此时平均自由程为( )。

A. $\sqrt{2}\bar{\lambda}_0$　　　B. $\bar{\lambda}_0$　　　C. $2\bar{\lambda}_0$　　　D. $\bar{\lambda}_0/2$

【2.1-14】对于理想气体系统来说,在下列过程中,( )系统所吸收的热量、内能的增量和对外做的功三者均为负值。

A. 等体降压过程　　　　B. 等温膨胀过程
C. 绝热膨胀过程　　　　D. 等压压缩过程

【2.1-15】一定量的理想气体经历 acb 过程时吸热 500J,则经历 $acbda$ 过程时,吸热为( )。

A. 1200J　　　B. -700J
C. -500J　　　D. 1900J

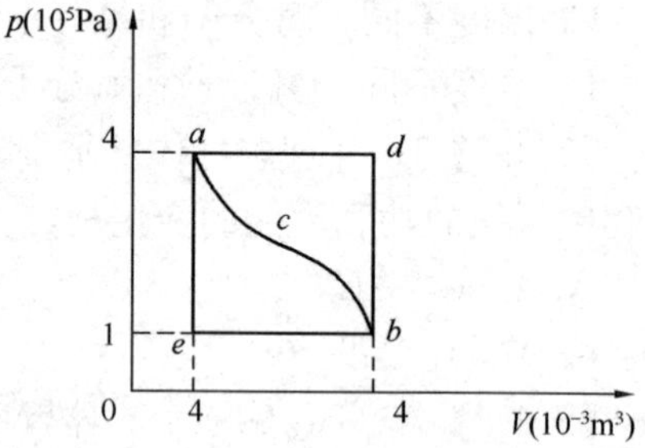

【2.1-16】设计一台卡诺热机,每循环一次可从 400K 的高温热源吸热 1800J,向 300K 的低温热源放热 800J,同时对外做功 1000J,这样的设计是( )。

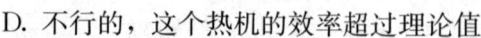

图 2.1-12　题 2.1-15 图

A. 可以的,符合热力学第一定律
B. 可以的,符合热力学第二定律
C. 不行的,卡诺循环所做的功不能大于向低温
    热源放出的热量
D. 不行的,这个热机的效率超过理论值

【2.1-17】可逆卡诺热机,其效率为 η,它逆向运转时便成为一台制冷机,该制冷机的制冷系数为 ε,则 η 和 ε 的关系是( )。

A. $\varepsilon = \dfrac{1}{\eta + 1}$　　B. $\varepsilon = \dfrac{1}{\eta}$　　C. $\eta = \dfrac{1}{\varepsilon - 1}$　　D. $\eta = \dfrac{1}{\varepsilon + 1}$

【2.1-18】某理想气体分别进行了如图所示的两个卡诺循环:Ⅰ($abcda$) 和 Ⅱ($a'b'c'$

$d'a'$),且两个循环曲线所围面积相等,设循环Ⅰ的效率为 η_1,每次循环在高温热源处吸收的热量为 Q_1,循环Ⅱ的效率为 η_2,每次循环在高温热源处吸收的热量为 Q_2,则( )。

A. $\eta_1 < \eta_2, Q_1 < Q_2$
B. $\eta_1 < \eta_2, Q_1 > Q_2$
C. $\eta_1 > \eta_2, Q_1 > Q_2$
D. $\eta_1 > \eta_2, Q_1 < Q_2$

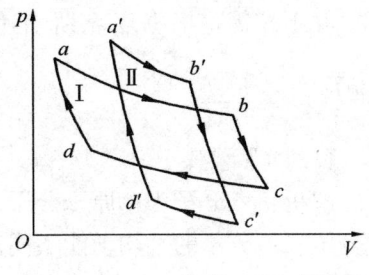

图 2.1-13 题 2.1-18 图

习题答案及解析

【2.1-1】答案:B

解析:理想气体的内能变化公式 $\Delta E = \frac{i}{2}\nu R(T_2 - T_1)$,根据理想气体状态方程,$pV = \nu RT$,可得 $\Delta E = \frac{i}{2}\nu R(T_2 - T_1) = \frac{i}{2}(P_2V_2 - P_1V_1)$。故答案选 B。

【2.1-2】答案:C

解析:C 选项,$E_k = \frac{3}{2}\nu RT$,根据理想气体状态方程 $pV = \nu RT$,则 $E_k = \frac{3}{2}pV$,单位体积下,体积相同,且压强相同,则单位体积内气体分子的总平均平动动能相同,正确。A 选项,根据 $P = nkT$,若压强温度均相同,则单位体积内分子数必定相同,错误;B 选项,根据 $PV = (m/M)RT$,压强和温度相同,单位体积下,体积相同,但摩尔质量不同,则质量一定不同,错误;D 选项,根据 $E = \frac{i}{2}\nu RT = \frac{i}{2}pV$,单位体积下,体积相同,压强相同,但自由度不确定,内能不确定是否相同,错误。

【2.1-3】答案:C

解析:根据能量均分原理可知,气体处于平衡态时,气体分子的每个自由度的平均能量都相等,而且等于 $\frac{1}{2}kT$,刚性双原子分子具有 3 个平动自由度,2 个转动自由度,每个分子的平均平动动能为 $\frac{3}{2}kT$。

【2.1-4】答案:B

解析:理想气体在平衡态下的动能为 $E = \frac{i}{2}\nu RT$,刚性双原子分子具有 5 个自由度,刚性双原子分子组成的理想气体的动能为 $\frac{5}{2}\nu RT$,根据理想气体状态方程 $pV = \nu RT$,所以 $\frac{5}{2}\nu RT = \frac{5}{2}pV$。

【2.1-5】答案:C

解析:根据气体动理论的压强公式 $p = \frac{2}{3}n\overline{\varepsilon_t} = \frac{2}{3}n\frac{1}{2}m\overline{v^2} = \frac{1}{3}nm\overline{v^2}$,故答案选 C。需要注意的是这里是分子运动速率平方的平均值,不是速率平均值的平方,因为是统计值

所以并不相等，根据麦克斯韦速率分布律，可知 $v_{\text{rms}} = \sqrt{\overline{v^2}} = \sqrt{\dfrac{3kT}{m}} = \sqrt{\dfrac{3RT}{M}}$，$\bar{v} = \sqrt{\dfrac{8kT}{\pi m}} = \sqrt{\dfrac{8RT}{\pi M}}$。

【2.1-6】答案：B

解析：氦分子为单原子分子，没有转动动能，$i=3$；氮分子为双原子分子，$i=5$，故氦分子和氮分子的平均动能不同。故答案选 B。

【2.1-7】答案：C

解析：因 $T_1 = T_2$，故内能的变化为：$\Delta E = \dfrac{i}{2}\nu R(T_2 - T_1) = 0$；此过程中系统的功 $\mathrm{d}A = p\mathrm{d}V$，$A = \int \mathrm{d}A = \int_{V_1}^{V_2} p\mathrm{d}V$，A 为正数。

【2.1-8】答案：C

解析：根据压强的统计学解释，$p = \dfrac{2}{3}n\bar{\varepsilon}_{\text{kt}}$，$n_A : n_B : n_C = 1:2:3$，$(\bar{\varepsilon}_{\text{kt}})_A : (\bar{\varepsilon}_{\text{kt}})_B : (\bar{\varepsilon}_{\text{kt}})_C = 1:2:3$，则 $p_A : p_B : p_C = 1:4:9$。

【2.1-9】答案：A

解析：根据理想气体状态方程，可以推导出，$pV = \dfrac{m'}{m}kT$，气体分子的平均平动动能为，$\bar{\varepsilon}_{\text{kt}} = \dfrac{3}{2}kT = \dfrac{3m}{2m'}pV$

【2.1-10】答案：C

解析：麦克斯韦速度分布律的意义是速率在速率 v 所在的单位速率区间内的分子数占分子总数的百分比，$\dfrac{N_{v_1 \sim v_2}}{N} = \int_{v_1}^{v_2} f(v)\mathrm{d}v$，则速率大于 v_0 的分子数为 $\int_{v_0}^{\infty} Nf(v)\mathrm{d}v$。

【2.1-11】答案：B

解析：根据麦克斯韦速率分布律计算可得，最概然速率 $v_p = \sqrt{\dfrac{2kT}{m}} = \sqrt{\dfrac{2RT}{M}}$，$(v_p)_{O_2} : (v_p)_{H_2} = \sqrt{M_{H_2}} : \sqrt{M_{O_2}} = 1:4$

【2.1-12】答案：B

解析：$\bar{v} = \int_0^{\infty} vf(v)\mathrm{d}v = \sqrt{\dfrac{8kT}{\pi m}} = \sqrt{\dfrac{8RT}{\pi M}}$，$\bar{Z} = \sqrt{2}\pi d^2 \bar{v} n$，$\bar{\lambda} = \dfrac{\bar{v}}{\bar{Z}} = \dfrac{1}{\sqrt{2}\pi d^2 n}$

当气体温度升高至 $4T_0$ 时，$\bar{v} = 2\bar{v}_0$，$\bar{Z} = 2\bar{Z}_0$，$\bar{\lambda} = \bar{\lambda}_0$。

【2.1-13】答案：B

解析：$\bar{\lambda} = \dfrac{\bar{v}}{\bar{Z}} = \dfrac{1}{\sqrt{2}\pi d^2 n}$，热力学温度降到原来的一半，但体积不变，分子作用球半径不变，则平均自由程不变。

【2.1-14】答案：D

解析：在等体过程中，气体做功为零。在膨胀过程中，气体对外做正功。在压缩过程中，外界对气体做正功，即气体对外做负功；压强不变、体积减小，则气体温度降低，内能降低；在等压过程中温度降低，气体吸热为负。

【2.1-15】答案：B

解析：由图可知，$T_a = T_b$，$\Delta E_{acb} = 0$，根据热力学第一定律，可计算，acb 过程对外做功量，$Q_{acb} = W_{acb} = 500J$，bd 过程为等体积过程，$W_{bd} = 0$，da 过程为等压过程，$W_{da} = -3 \times 4 \times 10^2 = -1200J$，过程 $acbda$，$Q = W_{acbda} = W_{acb} + W_{bd} + W_{da} = -1200J + 500J = -700J$。

【2.1-16】答案：D

解析：题中 $W = Q_1 - Q_2 = 1800J - 800J = 1000J$，符合热力学第一定律，且有吸热、有放热，符合热力学第二定律。可逆卡诺热机效率，$\eta_卡 = (T_1 - T_2)/T_1 = 25\%$，这台卡诺机的效率，$\eta = W/Q = 55.5\% > 25\%$，效率超过理论值，故不能实现。

【2.1-17】答案：D

解析：卡诺循环的热机效率，$\eta = \dfrac{T_1 - T_2}{T_1}$，逆卡诺循环的制冷系数，$\varepsilon = \dfrac{T_2}{T_1 - T_2}$，可以推出 $\eta = \dfrac{1}{\varepsilon + 1}$

【2.1-18】答案：B

解析：$\eta = \dfrac{T_1 - T_2}{T_1}$，则 $\eta_1 < \eta_2$，所围面积相等，则对外做功相等，$W_1 = W_2$，循环在高温热源处吸收的热量，$Q = \dfrac{W}{\eta}$，因 $\eta_1 < \eta_2$，则 $Q_1 > Q_2$。

2.2 波 动 学

高频考点梳理

知识点	平面简谐波表达式	波的特征量	波的能量	波的干涉	多普勒效应
近三年考核频次	4	2	2	1	1

概述：这节主要讨论机械波的产生、描述和能量。其中平面简谐波的波动方程为本节重点。理解波动方程时要特别注意理解建立波动方程的思路，要从三个不同角度，理解波动方程的物理意义。

2.2.1 机械波的产生与传播

1. 机械波的产生与传播

在弹性介质中，各质点之间都存在着弹性恢复力的作用。弹性介质中一个质点的振动会引起与其邻近质点的振动，而邻近质点的振动又会引起另一些质点的振动，这样依次带动，就使振动以一定的速度传播出去，从而形成**机械波**。由此

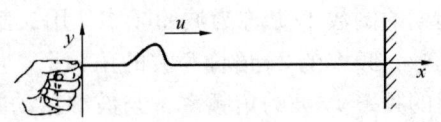

图 2.2-1 脉冲横波的产生

可见，要产生机械波，首先要有作机械振动的物体，即波源；其次还要有能够传播机械振动的弹性介质。**波源和弹性介质**是产生机械波的两个必备条件。

振动方向与波的传播方向相垂直的波，称为**横波**（图 2.2-1）；振动方向与波的传播方向在一条直线上的波称为纵波或疏密波。在固体中既可以激起横波又可以激起纵波，而在液体、气体中只能激起**纵波**（图 2.2-2）。

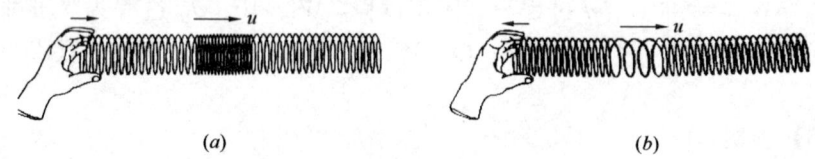

图 2.2-2 脉冲纵波的产生
(a) 密脉波；(b) 疏脉波

需要注意的是，在波的传播过程中，介质中各质点并不随波一起前进，而只是在各自平衡位置附近振动，波动只是振动状态在介质中的传播。由于振动状态常用相位来描述，所以振动状态的传播也可以用相位的传播来描述。

2. 描述波的特征量

（1）波面和波线

在波传播过程中，任一时刻介质中振动相位相同的点连接成的曲面叫**波面**，也称为波振面或同相面。波面为球面的波称为球面波，波面为平面的波称为平面波。

沿波的传播方向作一些带有箭头的线段，这样的线段称为**波线**。波线的指向表示播的传播方向。在各向同性介质中，波线恒与波面垂直。平面波的波线是垂直于波面的平行线；球面波的波线是沿半径方向的直线。平面波和球面波的波面和波线如图 2.2-3 所示。

（2）描述波的物理量

沿着波线方向，于同一时刻看，在后面的那些波面的振动相位总是滞后于前面那些波面的振动相位。有些波面它们在同一时刻的相位正好相差 2π 的整数倍，从而具有相同的振动状态，称为同相波面。相邻同相波面的距离称为波长，用 λ 表示。波长是表征波的空间周期性的物理量。

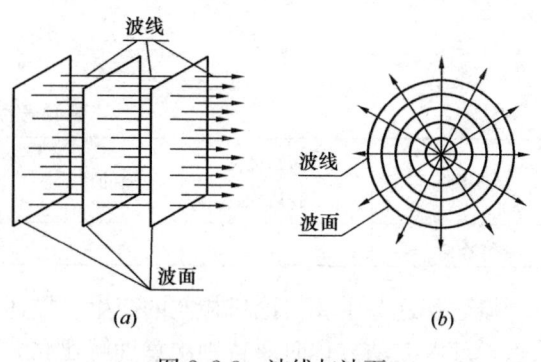

图 2.2-3 波线与波面
(a) 平面波；(b) 球面波

波动传播个波长的距离所需要的时间称为波的周期，用 T 表示。波的周期表征波的时间周期性，它也是空间某个定点在振动过程中完成一次全振动所需要的时间。波的周期的倒数 $1/T$ 称为波的频率，用 ν 表示。波的频率表示单位时间（1s）内波动传播的波长数，频率的 2π 倍称为波的角频率，用 ω 表示，即 $\omega=2\pi\nu$。对于线性介质，波的周期 T、波的频率 ν、波的角频率 ω 与波源振动的周期 T、频率 ν、角频率 ω 是对应相同的，与介质无关。

沿波线方向，波动在单位时间内传播的距离称为波速，又称相速度，用 u 表示，根据

前面有关波的波长和波的周期的定义可知，波速为

$$u = \frac{\lambda}{T} = \lambda\nu \tag{2.2-1}$$

波速表征波扰动或者说是振动状态传播的快慢程度。对于机械波，介质中的波速与介质的密度以及介质的弹性性质有关。

【例 2.2-1】

有两频率不同的声波在空气中传播，已知频率 $f_1 = 500\text{Hz}$ 的声波在其传播方向相距为 L 的两点的振动相位差为 π，那么频率 $f_2 = 1000\text{Hz}$ 的声波在其传播方向相距为 $L/2$ 的两点的相位差为（　　）。

A. $\pi/2$ B. π
C. $3\pi/4$ D. $3\pi/2$

【例2.2-1】

解析：波的传播速度只与介质有关，所以两个声波的波速相等。由 $u = \frac{\lambda}{T} = \lambda\nu$，波速相同的情况下，波长与频率成反比，$\lambda_1/\lambda_2 = 2$。已知频率 $f_1 = 500\text{Hz}$ 的声波在其传播方向相距为 L 的两点的振动相位差为 π，因为 $\Delta\varphi = 2\pi x/\lambda$，那么频率 $f_2 = 1000\text{Hz}$ 的声波在其传播方向相距为 $L/2$ 的两点的相位差也是 π，故答案选 B。

【例 2.2-2】

在波的传播方向上，有相距为 10m 的两质元，两者的相位差为 $\pi/2$，若波的周期为 5s，则此波的波长和波速分别为（　　）。

A. 40m 和 6m/s   B. 40m 和 8m/s
C. 12m 和 8m/s   D. 8m 和 40m/s

解析：在波的传播过程中，波长和位移差的关系为：$\frac{\Delta\varphi}{2\pi} = \frac{\Delta x}{\lambda}$，依题意可知，$\Delta x = 10\text{m}$，$\Delta\varphi = \frac{\pi}{2}$，可解得 $\lambda = 40\text{m}$；波速 $u = \frac{\lambda}{T} = 8\text{m/s}$。故答案选 B。

2.2.2　简谐波

以在"无限长的"细绳上所传播的横波为例，来建立一维简谐行波的波动方程。将细绳拉直，细绳所在的直线为 x 轴，将细绳某处一个小质元视为质点，该质点正以角频率 ω 做简谐振动，振幅为 A，初相位 ϕ，所形成的简谐波沿 x 轴正向以波速 u 传播。坐标原点 O 处质元在时刻 t 的振动方程为

$$y(0, t) = A\cos(\omega t + \phi) \tag{2.2-2}$$

在时刻 t，距离坐标原点 O 为 x 处的 P 点的振动将与 O 点的振动具有相同的振幅和角频率，只是相比 O 点滞后。这是因为 P 点开始振动的时刻比 O 点要晚一些，所滞后的时间就是波从 O 点传播到 P 点所经历的时间，其值为 $\Delta t = \frac{x}{u}$，于是 P 点的振动方程为

$$y(x, t) = A\cos\left[\omega\left(t - \frac{x}{u}\right) + \phi\right] \tag{2.2-3}$$

这时，$y(x, t)$ 是随空间 x 和时间 t 两个变量变化而变化的方程，它已经不能再称为振动方程了，而称为一维简谐行波的波动方程，波动方程在有些情况下也称为波函数。

波动方程是一个二元函数，其中 $[\omega(t - x/u) + \phi]$ 决定坐标 x 处质元在时刻 t 的振动

状态，称为**波的相位**。下面分几种情况讨论波动方程所表示的物理意义。

1. 当时间变量一定时，位移 $y(x,t)$ 仅为坐标 x 的函数，例如 $t=t_1$ 时，波动方程为

$$y(x,t_1) = A\cos\left[\omega\left(t_1 - \frac{x}{u}\right) + \phi\right] = A\cos\left(\frac{\omega}{u}x - \omega t - \phi\right) = A\cos(kx - \phi_0) \tag{2.2-4}$$

式中，$\phi_0 = \omega t + \phi$ 为常量，位移 y 随坐标 x 而变化。

在坐标 x 处与坐标 $(x+\lambda)$ 处的振动状态完全相同，表明波动过程在空间上具有周期性，波长 λ 就是波动过程的空间周期。

2. 当坐标 x 一定时，位移 $y(x,t)$ 仅为时间 x 的函数。例如 $x=x_1$，波动方程为

$$y(x_1, t) = A\cos\left(\omega t - \frac{\omega x_1}{u} + \phi\right) = A\cos(\omega t - \phi_1) \tag{2.2-5}$$

式中，$\phi_1 = \phi - \frac{\omega x_1}{u}$ 为常量，位移 y 随时间 t 而变化。

此式为简谐振动方程，表明坐标 x_1 处质元做与坐标原点 O 处质元同振幅、同频率的简谐振动，但比原点 O 处质元滞后 $\phi_1' = \frac{\omega x_1}{u} = \frac{2\pi x_1}{\lambda}$ 的相位，x 值越大，相位滞后的就越多。

3. 时间 t 与坐标 x 均为变量，但保持 $[\omega(t-x/u)+\phi]$ 一定，即波的相位一定。例如 $[\omega(t-x/u)+\phi]=\phi'$ 为某一常量，此时由于波的相位既是时间的函数，又是空间的函数，它随时间的增加而增加，随离开坐标原点距离的增加而减小，所以，要想保持某相位 ϕ 恒定不变，随着时间的增加，波必须在空间传播一定的距离。单位时间内某确定的相位 ϕ'，在空间传播的距离称为相位速度，用 u_p 表示。将 $[\omega(t-x/u)+\phi]=\phi'$ 两边对时间求导，可得

$$\omega - \frac{\omega}{u}\frac{dx}{dt} = \omega - \frac{\omega}{u}u_p = 0 \tag{2.2-6}$$

$$u_p = u \tag{2.2-7}$$

这就是说，波速 u 就是相位或者说振动状态传播的速度。

综合以上讨论可以看出，波动方程具有完整的波动意义：它既描述了 x 轴上一系列质元或者说是质点的振动情况，以及各质元之间振动相位上的差异，同时又表示出随着时间的推移，波形沿着波传播方向的运动情况，所以可以简单地说，波动过程是波形的移动过程。

将 $y(x,t)$ 对 t 求偏导数，便可得到 x 坐标处的质元在时刻 t 的振动速度 $v(x,t)$：

$$v(x,t) = \frac{\partial y}{\partial t} = -\omega A\sin\left(\omega t - \frac{\omega x}{u} + \phi\right) \tag{2.2-8}$$

再对时间求偏导数，可得 x 坐标处的质元在时刻 t 振动的加速度 $a(x,t)$：

$$a(x,t) = \frac{\partial y}{\partial t} = -\omega^2 A\cos\left(\omega t - \frac{\omega x}{u} + \phi\right) \tag{2.2-9}$$

【例 2.2-3】

一平面简谐横波的波动表达式为 $y(x,t)=0.05\cos(20\pi t+4\pi x)$,取 $k=0,\pm 1,\pm 2,\cdots$。则 $t=0.5$s 时各波峰所在处的位置为( )。

A. $(2k-10)/4$(m)
B. $(k+10)/4$(m)
C. $(2k-9)/4$(m)
D. $(k+9)/4$(m)

解析:简谐横波的波动表达式为 $y(x,t)=0.05\cos(20\pi t+4\pi x)$,波峰的位置即位移 y 达到最大时,当 $t=0.5$s 时,$y(x,0.5)=0.05\cos(10\pi+4\pi x)=0.05$,解得 $x=\dfrac{2k-10}{4}$,$k=0,\pm 1,\pm 2\cdots$。故答案选 A。

【例 2.2-4】

已知平面简谐波的方程为 $y=A\cos(Bt-Cx)$,式中 A,B,C 为正常数,此波的周期和波长为( )。

A. π/C,$2\pi/C$
B. $2\pi/B$,$2\pi/C$
C. $4\pi/C$,$2\pi/C$
D. $2\pi/C$,π/B

解析:平面简谐波的波动方程为 $y(x,t)=A\cos\left(\omega t-\dfrac{\omega x}{u}+\phi\right)$,对比平面简谐波的方程,可得 $\omega=B$,$u=B/C$,计算波长 $\lambda=uT=\dfrac{u2\pi}{\omega}=\dfrac{2\pi}{C}$,周期 $T=\dfrac{2\pi}{\omega}=\dfrac{2\pi}{B}$ 故答案选 B。

2.2.3 波的能量

在波传播的过程中,介质中各质点(质元)都在各自的平衡位置附近振动。由于各质点具有振动速度,所以它们具有振动动能;同时介质要产生弹性形变,因而具有势能。随着波的传播,能量也由近及远传播,所以波的传播过程也是能量的传播过程。这是波动过程的一个重要特征。

设在质量密度为 ρ 的弹性媒质中,有一平面简谐波以 u 沿 x 轴正向传播,设波动方程以及质元的振动速度方程为:

$$y(x,t)=A\cos\left[\omega\left(t-\frac{x}{u}\right)+\phi\right] \qquad (2.2\text{-}10)$$

$$v(x,t)=\frac{\partial y}{\partial t}=-\omega A\sin\left[\omega\left(t-\frac{x}{u}\right)+\phi\right] \qquad (2.2\text{-}11)$$

坐标 x 处质元 $\mathrm{d}m$ 所对应的体积元 $\mathrm{d}V$ 中波的能量,其中振动的动能,即体积元 $\mathrm{d}V$ 中波的**动能**为

$$\mathrm{d}E_k=\frac{1}{2}\mathrm{d}mv^2=\frac{1}{2}\rho\omega^2A^2\sin^2\left[\omega\left(t-\frac{x}{u}\right)+\phi\right]\mathrm{d}V \qquad (2.2\text{-}12)$$

此外,体积元 $\mathrm{d}V$ 还有**弹性势能**,利用弹性力的相关定律,可以证得

$$\mathrm{d}E_p=\frac{1}{2}\rho\omega^2A^2\sin^2\left[\omega\left(t-\frac{x}{u}\right)+\phi\right]\mathrm{d}V \qquad (2.2\text{-}13)$$

由以上讨论可知,总的**机械能**为:

$$\mathrm{d}E=\mathrm{d}E_p+\mathrm{d}E_k=\rho\omega^2A^2\sin^2\left[\omega\left(t-\frac{x}{u}\right)+\phi\right]\mathrm{d}V \qquad (2.2\text{-}14)$$

单位体积中波的能量称为波的能量密度，简称**波能密度**，用 w 表示

$$w = \frac{\mathrm{d}E}{\mathrm{d}V} = \rho\omega^2 A^2 \sin^2\left[\omega\left(t - \frac{x}{u}\right) + \phi\right] \tag{2.2-15}$$

需要注意的是， 简谐波的传播过程中，任一质元的动能和势能都随时间而变化，但是在任何时刻，势能与动能都是同相位的，其值也是完全相等的。动能达到最大值时，势能也达到最大值；动能为零时，势能也为零。在波的传播过程中，任意质元的总机械能不是一个常量，而是随时间做周期性变化的。

在波动传播过程中，任一质元附近的波能密度也是随时间周期性变化的。一个周期内波能密度的平均值称为**波的平均能量密度**，用 $\overline{w}$ 表示。

$$\overline{w} = \frac{1}{T}\int_0^T w\,\mathrm{d}t = \frac{1}{2}\rho\omega^2 A^2 \tag{2.2-16}$$

可见，波的平均能量密度与介质的密度 ρ、角频率 ω 的平方以及波的振幅 A 的平方均成正比。这结论虽然是由平面简谐波导出的，但是对于各种机械波都是适用的。

【例 2.2-5】
以平面简谐波在弹性媒质中传播，在某一瞬间，某质元正处于其平衡位置，此时它的（　　）。

A. 动能为零，势能最大 　　　　B. 动能为零，势能为零
C. 动能最大，势能最大 　　　　D. 动能最大，势能为零

解析：当平面简谐波中的质元正处于其平衡位置时，加速度 $a=0$，速度 V 达到最大，动能是最大的，此时的弹性介质的形变也达到最大，势能也是最大的，也说明在简谐波的传播过程中，在任何时刻，势能与动能都是同相位的，其值也是完全相等的。动能达到最大值时，势能也达到最大值；动能为零时，势能也为零。故答案选 C。

【例 2.2-6】
一平面简谐波在弹性媒质中传播时，某一时刻在传播方向上一质元恰好处在负的最大位移处，则它的（　　）。

A. 动能为零，势能最大 　　　　B. 动能为零，势能为零
C. 动能最大，势能最大 　　　　D. 动能最大，势能为零

解析：当平面简谐波中的质元正处于负的最大位移处，即位移 y 的最小值，速度 $V=0$，动能是零，动能为零时，势能也为零。故选 B。

2.2.4　波的能流密度

波动过程是波的能量"流动"过程，因此有必要引入表征波的能量流动的物理量——波的能流密度。

在某均匀介质中，在与波速垂直的方向取一截面 S，以 S 为底，以速度 u 与时间间隔 t 的乘积 ut 为长边，作一小棱柱体，则在时间 t 内，处于棱柱体中的波的能量将全部通过截面 S，因为通过截面 S 的波的平均能量为 $\overline{w}Sut$。

单位时间内通过截面 S 的波的能量称为**波的平均能流**，用 Q 表示：

$$Q = \overline{w}Su \tag{2.2-17}$$

通过单位面积的波的平均能流称为**波的能流密度**或波的强度，用 I 表示：

$$I = \overline{w}u \tag{2.2-18}$$

为了能将能流密度和能量的传播方向同时表示出来，能流密度也常写成矢量形式

$$\vec{I} = \overline{w}\vec{u} \tag{2.2-19}$$

这时，$\vec{I}$ 称为能流密度矢量。

无论是机械波还是电磁波，上述公式均适用。对于机械波，根据机械波的能量公式 $\overline{w} = \frac{1}{2}\rho\omega^2 A^2$，其平面简谐波的能流密度可以进一步表示：

$$I = \overline{w}u = \frac{1}{2}\rho\omega^2 A^2 u \tag{2.2-20}$$

$$\vec{I} = \overline{w}\vec{u} = \frac{1}{2}\rho\omega^2 A^2 \vec{u} \tag{2.2-21}$$

2.2.5 波的干涉和驻波

1. 波的干涉

两列波的频率相同、振动方向相同、相位差恒定，则称这两列波为相干波，两列波的波源称为相干波源。在相干波相遇叠加的区域内，有些点的振动减弱，有些点的振动增强，称为波的干涉现象。

2. 干涉条件

设两相干波源 S_1 和 S_2 的振动方程为

$$y_1 = A_1\cos(\omega t + \varphi_1) \tag{2.2-22}$$

$$y_2 = A_2\cos(\omega t + \varphi_2) \tag{2.2-23}$$

两波源发出的两列平面简谐波在媒质中分别经 r_1 和 r_2 的波程后在一点相遇，设这一点为 P 点，两列简谐波在 P 点的振动方程分别为

$$y_1 = A_1\cos\left(\omega t - \frac{2\pi r_1}{\lambda} + \varphi_1\right) \tag{2.2-24}$$

$$y_2 = A_2\cos\left(\omega t - \frac{2\pi r_2}{\lambda} + \varphi_2\right) \tag{2.2-25}$$

合振动方程为

$$y = A\cos(\omega t + \varphi) \tag{2.2-26}$$

合振动的振幅为

$$A = \sqrt{A_1^2 + A_2^2 + 2A_1A_2\cos(\Delta\varphi)} \tag{2.2-27}$$

$$\Delta\varphi = \varphi_2 - \varphi_1 - \frac{2\pi r_2}{\lambda} + \frac{2\pi r_1}{\lambda} \tag{2.2-28}$$

若 $\Delta\varphi$ 为 π 的偶数倍时，合振幅最大，$A = A_1 + A_2$，当 $\Delta\varphi$ 为 π 的奇数倍时，合振幅最小，$A = |A_1 - A_2|$。

3. 驻波

两列振幅相同的相干波，在同一直线上沿相反方向传播，叠加的结果，被称为驻波。设两列振幅相同的相干波的振动方程为

$$y_1 = A\cos\left[2\pi\left(\nu t - \frac{x}{\lambda}\right)\right] \tag{2.2-29}$$

$$y_2 = A\cos\left[2\pi\left(\nu t + \frac{x}{\lambda}\right)\right] \tag{2.2-30}$$

叠加之后的形成驻波，其振动方程为

$$y = 2A\cos 2\pi \frac{x}{\lambda} \cos 2\pi \nu t \tag{2.2-31}$$

在 $x=k\lambda/2$ 处的各质点，振幅最大，为 $2A$，这些位置称为驻波的波腹；在 $x=(2k+1)\lambda/4$ 处的各质点，振幅最小，为零，这些位置称为驻波的波节。

2.2.6 多普勒效应

波源和接收器相对于介质都是静止的，所以波的频率和波源的频率相同，接收器接收到的频率和波的频率相同，也和波源的频率相同。如果波源或接收器或两者相对于介质运动，则发现接收器接收到的频率和波源的振动频率不同。这种接收器接收到的频率有赖于波源或观察者运动的现象，称为**多普勒效应**。例如，当高速行驶的火车鸣笛而来时，我们听到的汽笛音调变高，当它鸣笛离去时，我们听到的音调变低，这种现象是声学的多普勒效应。

假定波源和接收器在同一直线上运动。波源相对于介质的运动速度用 V_S 表示，接收器相对于介质的运动速度用 V_R 表示，波速用 u 表示。波源的频率、接收器接收到的频率和波的频率分别用 ν_S，ν_R 和 ν 表示。

波源静止时：

$$\nu_R = \frac{u+V_R}{u}\nu_S \tag{2.2-32}$$

接收器向波源运动时 V_R 取正值。

接收器静止时：

$$\nu_R = \frac{u}{u-V_S}\nu_S \tag{2.2-33}$$

波源向接收器运动时 V_S 取正值。

当波源和接收器相向运动时：

$$\nu_R = \frac{u+V_R}{u-V_S}\nu_S \tag{2.2-34}$$

当波源和接收器相向运动时：

$$\nu_R = \frac{u-V_R}{u+V_S}\nu_S \tag{2.2-35}$$

习 题

【2.2-1】一简谐振动的旋转矢量图，如图 2.2-4 所示，设图中圆的直径为 R，则该简谐振动的振动方程为（　　）。

A. $x = R\cos\left(\pi t + \frac{\pi}{4}\right)$ B. $x = R\cos\left(\frac{\pi t}{2} + \frac{\pi}{4}\right)$

C. $x = R\sin\left(\pi t + \dfrac{\pi}{4}\right)$ D. $x = R\sin\left(\dfrac{\pi t}{2} + \dfrac{\pi}{4}\right)$

【2.2-2】质点做简谐振动，振动方程为 $x=A\cos(\omega t+\varphi)$，当时间 $t=T/2$（T 为周期）时，质点的速度为（   ）。

A. $A\omega\cos\phi$ B. $-A\omega\cos\varphi$

C. $A\omega\sin\varphi$ D. $-A\omega\sin\varphi$

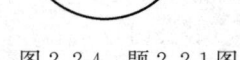

图 2.2-4　题 2.2-1 图

【2.2-3】已知两个简谐振动的振动曲线如图 2.2-5 所示，两个简谐振动的最大速率之比 $\dfrac{(v_{\max})_1}{(v_{\max})_2}=$（   ）。

A. 4∶1   B. 2∶1   C. 1∶1   D. 1∶2

【2.2-4】一平面余弦波在 $t=0$ 时刻的波形如图 2.2-6 所示，则 O 点的振动初相为（   ）。

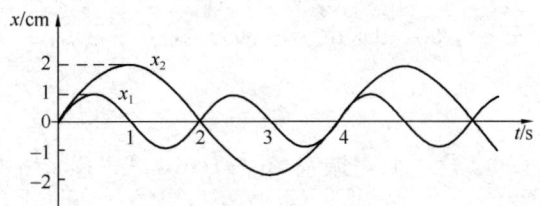
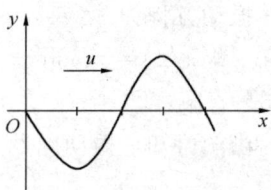

图 2.2-5　题 2.2-3 图   图 2.2-6　题 2.2-4 图

A. 0   B. $\pi/2$ C. π D. $3\pi/2$

【2.2-5】一平面简谐波沿 Ox 轴正方向传播，其波长为 λ，则位于 $x_1=\lambda/2$ 处的质点与位于 $x_2=\lambda$ 处的质点振动的相位差等于（   ）。

A. $\pi/3$ B. $\pi/2$ C. π D. $3\pi/2$

【2.2-6】一列机械横波在 t 时刻的波形曲线如图 2.2-7 所示，则该时刻能量为最大的介质质元的位置是（   ）。

A. a,c,e,g B. b,d,f,h C. c,g D. a,e

【2.2-7】如图 2.2-8 所示，S_1 和 S_2 和为同相位的两相干波源，相距为 L，P 点与 S_1 距离为 r；波源 S_1 在 P 点引起的振幅为 A_1，波源 S_2 在 P 点引起的振幅为 A_2，两波波长都是 λ，则 P 点的合振幅为（   ）。

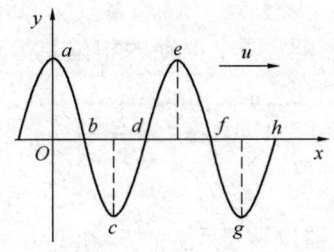
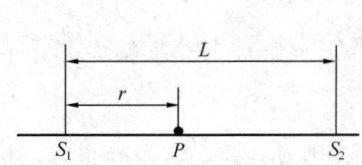

图 2.2-7　题 2.2-6 图   图 2.2-8　题 2.2-7 图

A. $\sqrt{A_1^2+A_2^2+2A_1A_2\cos\left(2\pi\dfrac{L}{\lambda}\right)}$ B. $\sqrt{A_1^2+A_2^2+2A_1A_2\cos\left(2\pi\dfrac{L-r}{\lambda}\right)}$

C. $\sqrt{A_1^2+A_2^2+2A_1A_2\cos\left(2\pi\dfrac{L-2r}{\lambda}\right)}$ D. $\sqrt{A_1^2+A_2^2+2A_1A_2\cos\left(2\pi\dfrac{r}{\lambda}\right)}$

【2.2-8】一静止的报警器，其频率为 1000Hz，当有一汽车以 79.2km/h 的时速驶向和背离报警器时，坐在汽车里的人听到前后报警的频率差为（   ）。（音速为 340m/s）

A. 1065Hz   B. 935Hz
C. 130Hz   D. 40Hz

习题答案及解析

【2.2-1】答案：A

解析：通过图可列出简谐振动的振动方程，$x=R\cos\left(\pi t+\dfrac{\pi}{4}\right)$。

【2.2-2】答案：C

解析：振动方程为 $x=A\cos(\omega t+\varphi)$，$v=\mathrm{d}x/\mathrm{d}t=-A\omega\cos(\omega t+\varphi)$，$t=T/2$ 时，$v=-A\omega\cos(\varphi+\pi/2)=A\omega\sin\varphi$。

【2.2-3】答案：C

解析：由图可知，振动周期 $T_1=2$s，$T_2=4$s，振幅 $A_1=1$cm，$A_2=2$cm，根据振动方程可以推出，简谐振动的最大速率为 $v_{\max}=A\omega=\dfrac{2\pi A}{T}$，$\dfrac{(v_{\max})_1}{(v_{\max})_2}=1:1$。

【2.2-4】答案：D

解析：该波为余弦波，根据波在 $t=0$ 时刻的振动图像，可以写出振动方程，$y=A\cos\left(\dfrac{2\pi}{\lambda}x+\dfrac{3\pi}{2}\right)$，$O$ 点的振动初相为 $3\pi/2$。

【2.2-5】答案：C

解析：$x_1=\lambda/2$，$x_2=\lambda$，相位差 $\delta=\dfrac{x_2-x_1}{\lambda}2\pi=\pi$。

【2.2-6】答案：B

解析：平衡位置能量最大，即 b，d，f，h 处能量最大。

【2.2-7】答案：C

解析：波源 S_1 在 P 点引起振动的方程为 $y=A_1\cos\left(\omega t-\dfrac{2\pi}{\lambda}r+\phi\right)$，波源 S_1 在 P 点引起振动的方程为 $y=A_2\cos\left(\omega t-\dfrac{2\pi}{\lambda}(L-r)+\phi\right)$，两个振动的相位差为 $\Delta\phi=-\dfrac{2\pi}{\lambda}r+\dfrac{2\pi}{\lambda}(L-r)=\dfrac{2\pi}{\lambda}(L-2r)$，其合振幅为 $\sqrt{A_1^2+A_2^2+2A_1A_2\cos\left(2\pi\dfrac{L-2r}{\lambda}\right)}$

【2.2-8】答案：C

解析：根据多普勒效应，波源静止时，接收器以速度 $V_R=79.2$km/h$=22$m/s，驶向波源时，$\nu_R=\dfrac{u+V_R}{u}\nu_S=\dfrac{340+22}{340}\times1000Hz=1065$Hz，背离波源时，$\nu_R=\dfrac{u+V_R}{u}\nu_S=\dfrac{340-22}{340}\times1000Hz=935$Hz，频率差为 130Hz。

2.3 光　　学

高频考点梳理

知识点	杨氏双缝干涉	光程和光程差	薄膜干涉	衍射光栅	布儒斯特定律	马吕斯定律
近三年考核频次	3	2	4	2	1	1

概述：光是一种在真空中波长介于 400～760nm 之间的电磁波。这样的电磁波可以被眼睛直接观察到，通常称为光波。光波与其他频段的电磁波一样，也具有干涉、衍射、偏振等波动最重要的特征，本节将逐一对这些特征进行较为详细的介绍。

2.3.1 光程

相差的计算在分析光的叠加现象时十分重要。为了方便地比较、计算光经过不同介质时引起的相差，引入了**光程**的概念。

光在介质中传播时，光振动的相位沿传播方向逐点落后。以 λ' 表示光在介质中的波长，通过路程 r 时，光振动相位落后的值为

$$\Delta\varphi = \frac{2\pi}{\lambda'}r \tag{2.3-1}$$

同一束光在不同介质中传播时，频率不变而波长不同，以 λ 表示光在真空中的波长。以 n 表示介质的折射率，则光在介质中的波长 $\lambda' = \frac{\lambda}{n}$，代入上式可得

$$\Delta\varphi = \frac{2\pi}{\lambda}nr \tag{2.3-2}$$

此式的右侧表示光在真空中传播路程 nr 时所引起的相位落后。这时 nr 就叫做与路程 r 相应的光程。它实际上是把光在**介质**中通过的路程按相位变化相同折合到**真空**中的路程。这样折合的好处是可以统一地用光在真空中的波长 λ 来计算光的相位变化。

在干涉和衍射装置中，经常要用到透镜。下面简单说明通过透镜的各光线的等光程性。平行光通过透镜后，改变了光线的传播方向，各光线要会聚在焦点，但不附加光程，平行光的各个光束，到达焦点的光程相等。

【例 2.3-1】

一束波长为 λ 的单色光分别在空气中和在玻璃中传播，则在相同的时间内（　　）。

A. 传播的路程相等，走过的光程相等

B. 传播的路程相等，走过的光程不相等

C. 传播的路程不相等，走过的光程相等

D. 传播的路程不相等，走过的光程不相等

解析：光传播的路程为 r，相对应的光程为 nr。光在真空中的传播速度 v_0，因为光速与折射率成反比，所以 $v_1 = v_0/n$，所以在相同的时间内，光在不同的介质中（n 不同）传播的路程不相等，但光程相等。故答案选 C。

2.3.2 杨氏双缝干涉

1. 相干光源和光的干涉

（1）光的干涉

光是一种电磁波，也服从叠加原理。满足一定条件的两束光叠加时，在叠加区域光的强度或明暗有一稳定的分布。这种现象称作**光的干涉**。

（2）相干光源

要发生合振动强弱在空间稳定分布的干涉现象，这两列波必须振动方向相同，频率相同，相位差恒定。这些要求叫做波的**相干条件**。满足这些相干条件的波叫**相干波**。

为了实现光的干涉，就必须制备相干光源，总体上可以采用两类方法：一种称为**分波阵面法**；一种称为**分振幅法**。

a. 分波阵面法，就是考虑到波阵面是由振动状态完全相同的点所构成的曲面。如果在同一个波振面上，设法取出两个或两个以上很小的区域作为光波的子波源的话。就可以制备出理想的相干光源，这种制备相干光源的方法，就称为分波阵面法。利用分波阵面法的例子有，杨氏双缝干涉、多光束干涉、劳埃德镜等，本节主要介绍杨氏双缝干涉。

b. 分振幅法，是将一列光波分成两列光波，这两列光波的振动状态是完全相同的，彼此是相干的，所以当这两列光波再度相遇，就会产生干涉。薄膜干涉是典型的分振幅法。

2. 杨氏双缝干涉

该实验用两块不连光的挡板 1 和 2，在遮光板 1 上开出条细狭缝 S；在遮光板 2 上开出两条相互平行细狭缝为 S_1、S_2，S_1 和 S_2 相距非常近（约 0.1mm 数量级），两块遮光板一前一后拉开适当的距离，三条狭缝彼此平行。当一束光垂直照射在遮光板 1 上时，透过细狭缝 S 的光就形成了一个线状光源 S。线状光源 S 的光照射在遮光板 2 上，透过 S_1 和 S_2 的光就形成了两个线状光源。

由于 S_1 和 S_2 相距非常近，足以保证它们能够位于由 S 发出光波的相同一个波阵面上，这样，S_1 和 S_2 就成为了两个线状的相干光源。它们在后面屏幕 E 上相遇于是产生了光的干涉。

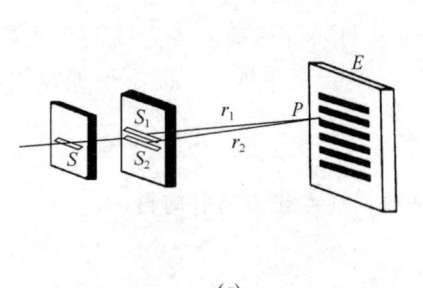

图 2.3-1 杨氏双缝干涉

为了说明方便起见，设线状光源 S、S_1 和 S_2 均垂直于该纸面，S_1 和 S_2 之间的距离为 d；双缝到屏 E 的距离为 D，且 $D \gg d$。

过双缝 S_1 与 S_2 连线的中点，作一垂线使之相交于屏幕 E 上的 O 点。再以 O 点为原点，沿垂直于条纹排列方向向上设立 x 轴。

设双狭缝光源 S_1 和 S_2 所发出的光在屏上的 P 点相遇，P 点在 x 轴的坐标为 x，且 $x \ll D$。

考虑屏上离屏中心 O 点较近的任一点 P，从 S_1 和 S_2 到 P 的距离分别为 r_1 和 r_2。由于在图示装置中，从 S 到 S_1 和 S_2 等远，所以 S_1 和 S_2 是两个同相波源。因此在 P 处两列光波引起的振动的相（位）差就仅由从 S_1 和 S_2 到 P 点的波程差决定。由图可知，这一波程差为

$$\delta = r_2 - r_1 \approx d\sin\theta \tag{2.3-3}$$

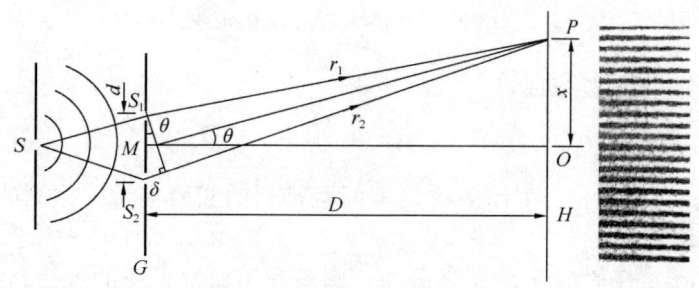

图 2.3-2　双缝干涉的光程图

式中 θ 是 P 点的角位置，即 S_1S_2 的中垂线 MO 与 MP 之间的夹角。通常这一夹角很小。

由于从 S_1 和 S_2 传向 P 的方向几乎相同，它们在 P 点引起的振动的方向就近似相同。根据同方向的振动叠加的规律，当从 S_1 和 S_2 到 P 点的波程差为波长的整数倍，即

$$\delta = d\sin\theta = \pm k\lambda, k = 0, 1, 2, \cdots \tag{2.3-4}$$

亦即从 S_1 和 S_2 发出的光到达 P 点的相位差为

$$\Delta\varphi = \frac{2\pi\delta}{\lambda} = \pm 2k\pi, k = 0, 1, 2, \cdots \tag{2.3-5}$$

此时，两束光在 P 点叠加的合振幅最大，因而光强最大，就形成明亮的条纹。这种合成振幅最大的叠加称作**相长干涉**。通过上式就可以得出明条纹中心的角位置 θ，其中 k 称为明条纹的级次。$k=0$ 的明条纹称为零级明纹或中央明纹，$k=1, 2, \cdots$ 的分别称为第 1 级、第 2 级⋯明纹。

当从 S_1 和 S_2 到 P 点的波程差为波长的半整数倍，即

$$\delta = d\sin\theta = \pm(2k-1)\frac{\lambda}{2}, k = 1, 2, 3, \cdots \tag{2.3-6}$$

亦即从 S_1 和 S_2 发出的光到达 P 点的相位差为

$$\Delta\varphi = \frac{2\pi\delta}{\lambda} = \pm(2k-1)\pi, k = 1, 2, 3, \cdots \tag{2.3-7}$$

此时，叠加后的合振幅最小，强度最小而形成暗纹。这种叠加称为**相消干涉**。公式即给出暗纹中心的角位置，而 k 即暗纹的级次。波程差为其他值的各点，光强介于最明和最暗之间。

在实际的实验中，可以在屏 H 上看到稳定分布的明暗相间的条纹。这与上面给出的结果相符：中央为零级明纹，两侧对称地分布着较高级次的明暗相间的条纹。

若以 x 表示 P 点在屏 H 上的位置，则由图可得它与角位置的关系为

$$x = D\tan\theta \tag{2.3-8}$$

由于 θ 一般很小，所以有 $\tan\theta \approx \sin\theta$。再利用公式可得明纹中心的位置为

$$x = \pm k\frac{D}{d}\lambda, k = 0, 1, 2, \cdots \tag{2.3-9}$$

利用公式，可得暗纹中心的位置为：

$$x = \pm(2k-1)\frac{D}{2d}\lambda, k = 0,1,2,\cdots \tag{2.3-10}$$

相邻两明纹或暗纹间的距离都是

$$\Delta x = \frac{D}{d}\lambda \tag{2.3-11}$$

此式表明 Δx 与级次 k 无关，因而条纹是**等间距**排列的实验上常根据测的 Δx 值和 D，d 的值求出光的波长 λ。

若要更仔细地考虑屏 H 上的光强分布，则需利用振幅合成的规律。以 A 表示光振动在 P 点的合振幅，以 A_1 和 A_2 分别表示单独由 S_1 和 S_2 在 P 点引起的光振动的振幅，由于两振动方向相同，所以有

$$A^2 = A_1^2 + A_2^2 + 2A_1A_2\cos\Delta\varphi \tag{2.3-12}$$

其中 $\Delta\varphi$ 是两分振动的相差。由于**光的强度**正比于**振幅的平方**，所以在 P 点的光强为

$$I = I_1 + I_2 + 2\sqrt{I_1I_2}\cos\Delta\varphi \tag{2.3-13}$$

这里 I_1，I_2 分别为两相干光单独在 P 点处的光强。根据此式得出的双缝干涉的强度分布如图 2.3-3 所示。

【例 2.3-2】

在双缝干涉实验中，光的波长 600nm，双缝间距 2mm，双缝与屏的间距为 300cm，则屏上形成的干涉图样的相邻条纹间距为（　　）。

A. 0.45mm　　　　B. 0.9mm
C. 9mm　　　　　D. 4.5mm

解析：双缝干涉实验中相邻明纹间距 $\Delta x_1 = (D/d)\lambda = (3000/2) \times 600 \times 10-6 = 0.9$mm，故干涉图样的相邻条纹间距 $\Delta x_2 = \Delta x_1/2 = 0.45$mm。故选 A。

【例 2.3-3】

在双缝干涉实验中，入射光的波长为 λ，用透明玻璃纸遮住双缝中的一条缝（靠近屏一侧），若玻璃纸中光程比相同厚度的空气的光程大 0.5λ，则屏上原来的暗纹处（　　）。

A. 不会产生干涉现象　　　B. 变为明条纹
C. 既非明纹也非暗纹　　　D. 仍为暗条纹

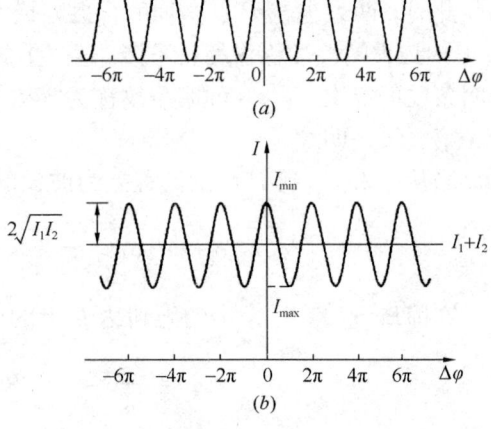

图 2.3-3 双缝干涉的强度分布

【例2.3-3】

解析：用透明玻璃纸遮住双缝中的一条缝，光程差就会增大 0.5λ，则原来发生相消干涉的暗纹位置就会发生相长干涉，就会变成明纹位置，原来的明纹位置就会变成暗纹位置。故答案选 B。

2.3.3 薄膜干涉

在日常生活中，我们常见到在阳光的照射下，肥皂泡、水面上的油膜呈现出五颜六色的花纹，这是光波在透明介质薄膜上、下表面反射后相互叠加所产生的干涉现象，称为**薄**

膜干涉。这种干涉是由于薄膜上表面直接反射光的能量和经过透射进入薄膜内部再被薄膜下表面反射，最后又回到原空间光的能量，都是从入射光的能量中拆分而来的，这两列光波的振动状态是完全相同的，彼此是相干的，所以当这两列光波再度相遇，就会产生干涉。

1. 等倾干涉

如图 2.3-4 所示，一厚度为 e，折射率为 n 的薄膜，置于折射率为 n_1 的空间内，一束波长为 λ 的单色光以入射角 i 照射在薄膜的上表面的入射点 A，入射光束被拆分为两束，a 光束和 b 光束：a 光束是直接返回原空间的反射光；b 光束首先经折射进入薄膜内，到达薄膜的下表面 B 点后，经反射到达点 C，再经折射回到折射率为 n 的空间形成 b 光束。a、b 两束光将在膜的反射方向产生干涉（后称为反射光干涉）。至于那些在膜内经三次、五次等多次反射再折回膜上方的光线，由于强度迅速下降等原因，可以不必考虑。由于 a、b 两束光线是平行的，所以只能在无穷远处相交而发生干涉，在实验室中可用透镜将它们会聚在焦平面处的屏上进行观察。

在前边的双缝干涉实验中已经知道，a 和 b 两束相干光相遇后，是否能出现干涉加强（即出现明条纹），或干涉相消（即出现暗条纹），完全取决于 a 和两束相干光相遇时的光程差。

如图 2.3-4 所示，a、b 两束光在焦平面上 p 点相遇时的光程差为

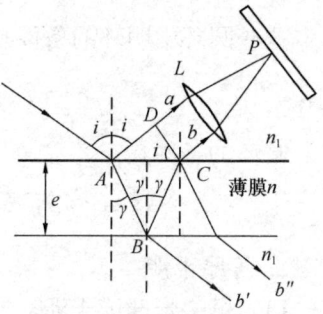

图 2.3-4 等倾干涉

$$\delta = n(AB + BC) - n_1 AD + \frac{\lambda}{2} \qquad (2.3\text{-}14)$$

式中 $\lambda/2$ 是附加光程差，由图 2.3-4 可知

$$AB = BC = \frac{e}{\cos r} \qquad (2.3\text{-}15)$$

$$AD = AC \sin i = 2e \tan \gamma \sin i \qquad (2.3\text{-}16)$$

利用折射定律 $n_1 \sin i = n \sin \gamma$，可得光程差为

$$\delta = 2nAB - n_1 AD + \frac{\lambda}{2} = 2n\frac{e}{\cos \gamma} - 2n_1 e \tan \gamma \sin i + \frac{\lambda}{2} = 2ne\cos\gamma + \frac{\lambda}{2}$$

$$\delta = 2ne\cos\gamma + \frac{\lambda}{2} \text{ 或 } \delta = 2e\sqrt{n^2 - n_1^2 \sin^2 i} + \frac{\lambda}{2} \qquad (2.3\text{-}17)$$

此式表明，光程差决定于倾角（指入射角 i），凡以**相同倾角 i** 入射到厚度均匀的平膜上的光线，经膜上、下表面反射后产生的相干光束有相等的光程差，因而它们干涉相长或相消的情况一样。因此，这样形成的干涉条纹称为**等倾条纹**。

实际上观察等倾条纹的实验装置如图 2.3-5 所示。S 为一面光源，M 为半反半透平面镜，L 为透镜，H 为置于透镜焦平面上的屏。先考虑发光面上一点发出的光线。这些光线中以相同倾角入射到膜表面上的应该在同一圆锥面上，它们的反射线经透镜会聚后应分别相交于焦平面上的同一个圆周上。因此，形成的等倾条纹是一组明暗相间的**同心圆环**。如图 2.3-6 所示。

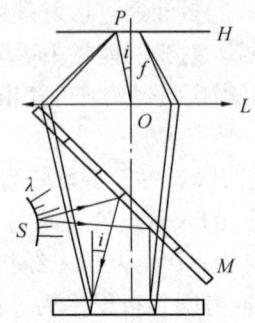
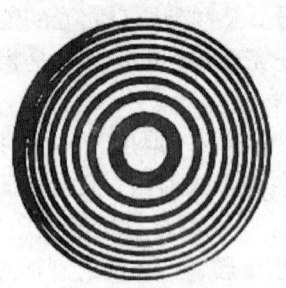

图 2.3-5　等倾条纹的实验装置　　　　图 2.3-6　等倾条纹

这些圆环中明环的条件是

$$\delta = 2e\sqrt{n^2 - n_1^2 \sin^2 i} + \frac{\lambda}{2} = k\lambda, \quad k = 1,2,3\cdots \quad (2.3\text{-}18)$$

暗环的条件是

$$\delta = 2e\sqrt{n^2 - n_1^2 \sin^2 i} + \frac{\lambda}{2} = (2k+1)\frac{\lambda}{2}, \quad k = 0,1,2\cdots \quad (2.3\text{-}19)$$

2. 等厚干涉

（1）劈尖形薄膜干涉

用两个透明介质片，并使它们之间存在一个非常小的夹角时，就可以形成一个劈尖形薄膜，简称**劈尖**。若这样的两个透明介质片放置在空气中，它们之间的空气就形成一个空气劈尖；若放置在某透明液体中，就形成液体劈尖。

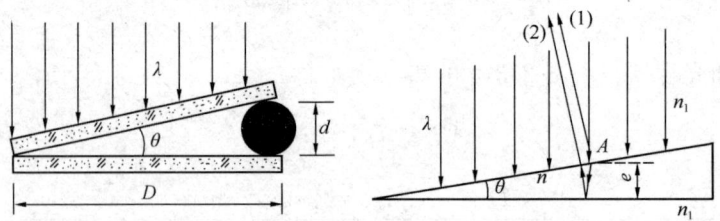

图 2.3-7　两个透明介质片之间形成的劈尖

当光照射在劈尖上时，就会出现干涉条纹，当光是垂直劈尖表面入射时，对于反射光的干涉来说，可以近似地认为，所有干涉条纹出现在劈尖的上表面上。这种干涉称为**劈尖干涉**，劈尖干涉是一种**等厚干涉**。

俩透明介质片放在空气中面形成空气劈尖，当用单色平行光垂直照射到劈尖上时，劈尖上、下表面的反射光相互干涉，形成了平行于底边、等间隔分布的干涉条纹。

以 e 表示在入射点 A 处膜的厚度，则两束相干光的反射光在相遇时的光程差为

$$\delta = 2ne + \frac{\lambda}{2} \quad (2.3\text{-}20)$$

式中前一项是由于光线 2 在介质膜中经过了约为

图 2.3-8　劈尖上的干涉条纹

$2e$ 的几何路程引起的，后一项 $\lambda/2$ 是附加光程差。由于各处的膜的厚度 e 不同，所以光程差也不同，因而会产生相长干涉或相消干涉。

相长干涉产生明纹的条件是

$$\delta = 2ne + \frac{\lambda}{2} = k\lambda, \quad k = 1, 2, 3, \cdots \quad (2.3\text{-}21)$$

相消干涉产生暗纹的条件是

$$\delta = 2ne + \frac{\lambda}{2} = (2k+1)\frac{\lambda}{2}, \quad k = 0, 1, 2, \cdots \quad (2.3\text{-}22)$$

这里 k 是干涉条纹的级次。以上两式表明，每级明或暗条纹都与一定的膜厚 e 相对应。因此在介质膜上表面的同一条等厚线上，就形成同级次的一条干涉条纹。这样形成的干涉条纹因而称为**等厚条纹**，故劈尖干涉属于**等厚干涉**。

相邻明（或暗）条纹中心之间的厚度差为

$$\Delta e = \frac{\lambda}{2n} \quad (2.3\text{-}23)$$

相邻明（或暗）条纹中心之间的距离（简称条纹间距）为

$$\Delta l = \frac{\Delta e}{\theta} = \frac{\lambda}{2n\theta} \quad (2.3\text{-}24)$$

(2) 牛顿环干涉

在一块平板玻璃 B 上，凸面向下地放置一个曲率半径 R 较大的平凸透镜 A，如图 2.3-9 所示，在玻璃片和凸透镜之间形成厚度不等的空气薄膜。

点光源 S 发出的光，通过一个凸透镜 L 后，成为一束**平行光**。当该光照射在一个倾角为 $45°$ 的半透明平面镜 M 上后，被反射的光将垂直照射到牛顿环装置中的空气薄膜上，并在薄膜的上表面分成的反射光 a 和入射光 b，b 光进入薄膜后，经薄膜的下表面反射后，将通过薄膜回到薄膜上表面的外空间，与 a 光汇合，两束光依然垂直于牛顿环，沿入射光相反的方向，部分光通过半透明平面镜 M 后汇聚于显微镜，通过显微镜就可以观察到，在透镜表面上出现了一组以接触点 O 为中心的同心圆环形状的干涉条纹，这些条纹就是牛顿环。

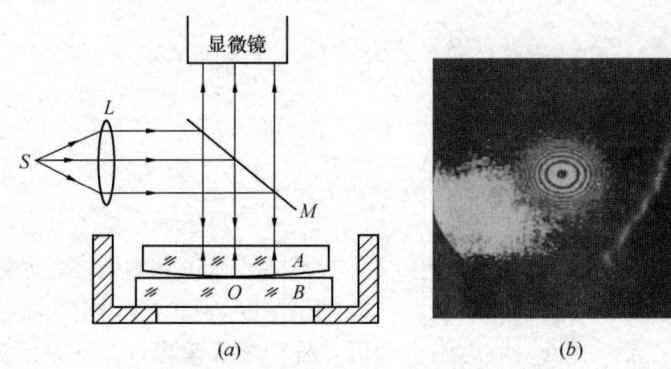

图 2.3-9 牛顿环干涉

(a) 装置简图；(b) 牛顿环的照片

在牛顿环干涉中，薄膜的每一个局部都可以视为一个小的劈尖，但沿中心 O 点向外，

劈尖角 a 是由小到大逐渐变化的，因此条纹的间距并不相等，越靠近中心 O 点处，条纹越稀疏，反之则密集。

牛顿环干涉仍属于等厚干涉，其明、暗纹下所对应的薄膜厚度，仍遵从等厚干涉的一般规律。若玻璃板和凸透镜的折射率同为 n_1；薄膜的折射率为 n，干涉光束的光程差为：

$$\delta = 2ne + \frac{\lambda}{2} \tag{2.3-25}$$

干涉明纹：

$$\delta = 2ne + \frac{\lambda}{2} = k\lambda, k = 1,2,3,\cdots \tag{2.3-26}$$

干涉暗纹：

$$\delta = 2ne + \frac{\lambda}{2} = (2k+1)\frac{\lambda}{2}, k = 0,1,2,\cdots \tag{2.3-27}$$

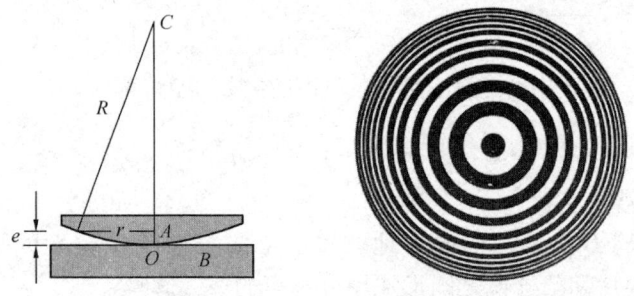

图 2.3-10　牛顿环干涉的计算

如图 2.3-10 所示，可求得：

$$r^2 = R^2 - (R-e)^2 = 2eR - e^2 \tag{2.3-28}$$

因为 $R \gg e$，所以 e^2 可以忽略，得

$$r^2 = 2eR \tag{2.3-29}$$

由明纹暗纹的公式可得 e，代入上式，即可得到明环半径为

$$r = \sqrt{\frac{(2k-1)R\lambda}{2n}}, k = 1,2,3,\cdots \tag{2.3-30}$$

暗环半径为

$$r = \sqrt{\frac{kR\lambda}{n}}, k = 0,1,2,\cdots \tag{2.3-31}$$

牛顿环干涉条纹的分布与劈尖干涉条纹有所不同。首先它为圆环形条纹，这是由薄膜的对称性决定的。透镜和玻璃板的接触点（即薄膜厚度 $e=0$ 处），仍为零级暗纹中心。但由于接触不可能为一点，所以一般为一个暗斑，称为**零级暗斑**；其次是干涉圆环的间距不相等，由于条纹的半径与级次 k 的 1/2 次方成正比，故级次越高，离中心越远，条纹就越密集。

【例 2.3-4】

波长为 λ 的单色光垂直照射到置于空气中的玻璃劈尖上，玻璃的折射率为 n，则第三级暗条纹处的玻璃厚度为(　　)。

A. $3\lambda/2n$　　B. $\lambda/2n$
C. $3\lambda/2$　　D. $3n/2\lambda$

解析：暗条纹出现的条件为：$\delta = 2ne + \dfrac{\lambda}{2} = (2k+1)\dfrac{\lambda}{2}$，$k=0,1,2$，……。则出现第三级暗条纹时，$k=3$，则 $\delta = 2ne + \dfrac{\lambda}{2} = (2\times 3+1)\dfrac{\lambda}{2} = \dfrac{7\lambda}{2}$，即得 $e = 3\lambda/2n$。故答案选 A。

2.3.4　光的衍射（图 2.3-11）

1. 衍射的基本概念

波的衍射是指波在其传播路径上如果遇到障碍物，它能绕过障碍物的边缘而进入几何阴影内传播的现象。作为电磁波，光也能产生衍射现象。

用激光照射障碍物，很容易演示光的衍射现象。根据观察方式的不同，通常把衍射现象分为两类：一类是光源和（或）观察屏离开衍射缝或衍射孔的距离有限，这种衍射称为**菲涅耳衍射，或近场衍射**；另一类是光源和观察屏都距离衍射缝或衍射孔无限远处，这种衍射称为**夫琅禾费衍射，或远场衍射**。夫琅禾费衍射实际上是菲涅耳衍射的极限情形。由于两个透镜的作用，对衍射缝或衍射孔来讲，就相当于把光源和观察屏都移到了无限远了。

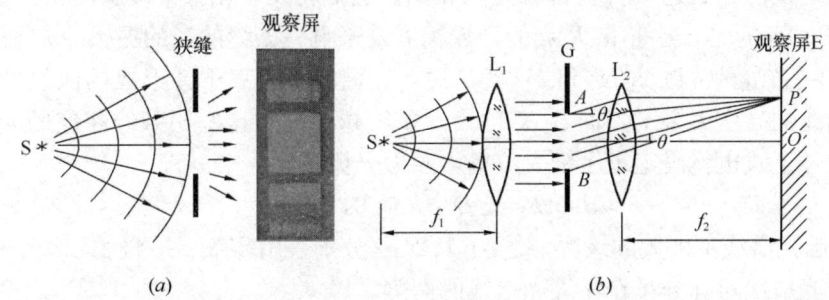

图 2.3-11　光的衍射
(a) 菲涅耳衍射；(b) 夫琅禾费衍射

2. 惠更斯-菲涅尔原理

基本内容是把波阵面上各点都看成是子波波源，已经指出它只能定性地解决衍射现象中光的传播方向问题。为了说明光波衍射图样中的强度分布，菲涅耳又补充指出：衍射时波场中各点的强度由各子波在该点的相干叠加决定。利用相干叠加概念发展了的惠更斯原理叫**惠更斯-菲涅耳原理**。

2.3.5　衍射光栅

如图 2.3-12 所示，所谓光栅，实际上是在空间具有周期性分布的透射光或反射光的光学元件。通常用 $d=a+b$ 来反映光栅的空间周期性，称为**光栅常量**。若在宽度为 L 的平面上等间距的刻有 N 条刻痕线，则光栅常量为

$$d = \dfrac{L}{N} \tag{2.3-32}$$

在衍射角为 θ 时，光栅上从上到下，相邻两缝发出的光到达屏 H 上 P 点时的光程差

都是相等的。由图 2.3-13 可知，光程差等于 $d\sin\theta$。由振动的叠加规律可知，当 θ 满足

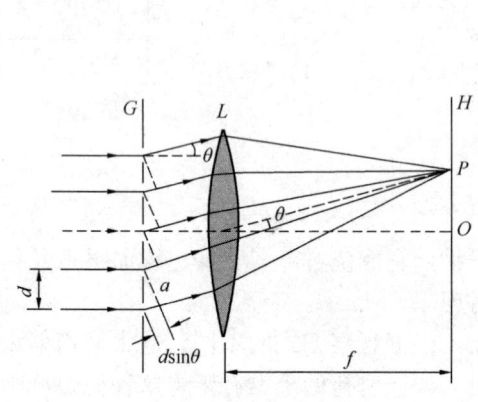

图 2.3-12　光栅的多光束干涉

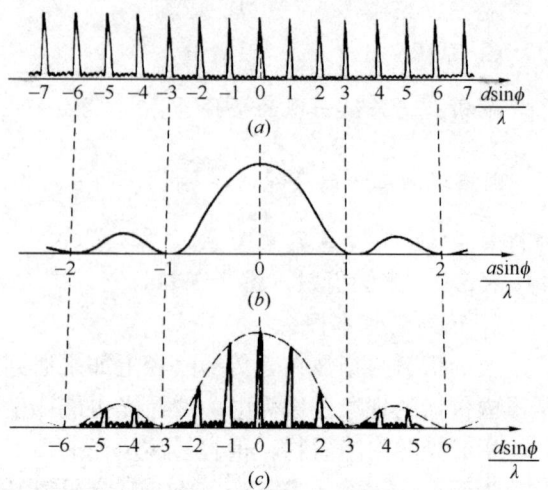

图 2.3-13　单缝衍射和多狭缝干涉形成的光栅衍射
(a) 干涉效果；(b) 衍射效果；(c) 干涉和衍射的综合效果

$$d\sin\theta = \pm k\lambda, \quad k = 0, 1, 2, \cdots \tag{2.3-33}$$

时，所有的缝发的光到达 P 点时都将是同相的。它们将发生相长干涉从而在 θ 方向形成明条纹。值得注意的是，这时在 P 点的合振幅应是来自一条缝的光的振幅的 N 倍，而合光强将是来自一条缝的光强的 N^2 倍。这就是说，光栅的**多光束干涉**形成的明纹的亮度要比一条缝发的光的亮度大多了，而且 N 越大，条纹越亮。和这些明条纹相应的光强的极大值叫**主极大**，上式也就决定了主极大位置，叫做**光栅方程**：

$$d\sin\theta = \pm k\lambda, \quad k = 0, 1, 2, \cdots \tag{2.3-34}$$

式中，k 表示光谱线主极大的级次，$k = 0, 1, 2, \cdots$ 分别表示零级、一级、二级……光谱线，$\pm$ 表示各级光谱线对称分布在零级光谱线的两侧。

还应指出的是，由于单缝衍射的光强分布在某些 θ 值时可能为零，所以，如果对应于这些 θ 值按多光束干涉出现某些级的主极大时，这些主极大将消失。这种衍射调制的特殊结果叫缺级现象，所缺的级次由光栅常数 d 与缝宽 a 的比值决定。

主极大满足 $d\sin\theta = \pm k\lambda$，衍射极小满足 $a\sin\theta = \pm k'\lambda$，如果 θ 同时满足这两个方程，则 k 级主极大会缺级，此时有

$$k = \pm \frac{d}{a} k', \quad k' = 1, 2, 3, \cdots \tag{2.3-35}$$

2.3.6　光的偏振

光波是特定频率范围内的电磁波，在这种电磁波中起光作用的主要是电场矢量。因此，电场矢量又叫光矢量。由于电磁波是横波，所以光波中光矢量的振动方向总和光的传播方向垂直。光波的这一基本特征就叫光的**偏振**。在垂直于光的传播方向的平面内，光矢量可能有不同的振动状态，各种振动状态通常称为光的偏振态。就其偏振状态加以区分，光可以分为三类：非偏振光、完全偏振光（简称偏振光）和部分偏振光。

1. 非偏振光（图 2.3-14）

非偏振光在垂直于其传播方向的平面内，沿各方向振动的光矢量都有，平均来讲，光矢量的分布各向均匀，而且各方向光振动的振幅都相同。这种光又称自然光。自然光中各光矢量之间没有固定的相位关系。常用两个相互独立而且垂直的振幅相等的光振动来表示自然光。

2. 完全偏振光

如果在垂直于其传播方向的平面内，光矢量 E 只沿一个固定的方向振动，这种光就是一种**完全偏振光**，叫**线偏振光**。线偏振光的光矢量方向和光的传播方向构成的平面叫振动面。图 2.3-15 是线偏振光的图示方法，其中短线表示光矢量在纸面内，点表示光矢量与纸面垂直。

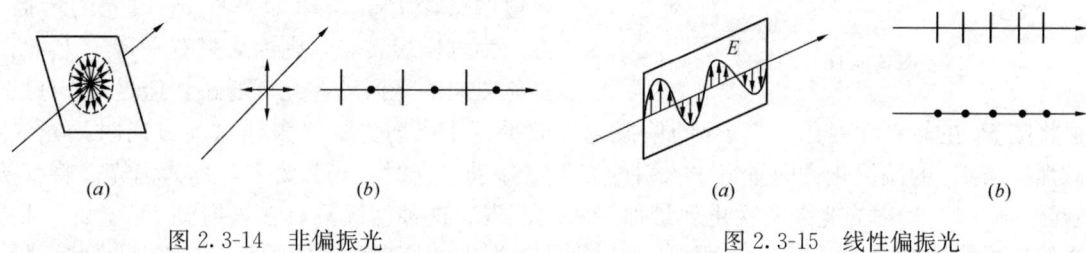

图 2.3-14 非偏振光　　　　　　图 2.3-15 线性偏振光

还有一种完全偏振光叫**椭圆偏振光**（包括圆偏振光）。这种光的光矢量 E 在沿着光的传播方向前进的同时，还绕着传播方向均匀转动。如果光矢量的大小不断改变，使其端点描绘出一个椭圆，这种光就叫椭圆偏振光。如果光矢量的大小保持不变，这种光就成了圆偏振光。根据光矢量旋转的方向不同，这种偏振光有左旋光和右旋光的区别。如图 2.3-16 所示，画出了某一时刻的左旋偏振光在半波长的长度内光矢量沿传播方向改变的情形。

3. 部分偏振光

部分偏振光是介于偏振光与自然光之间的情形，在这种光中含有自然光和偏振光两种成分。一般地，部分偏振光都可看成是自然光和线偏振光的混合。

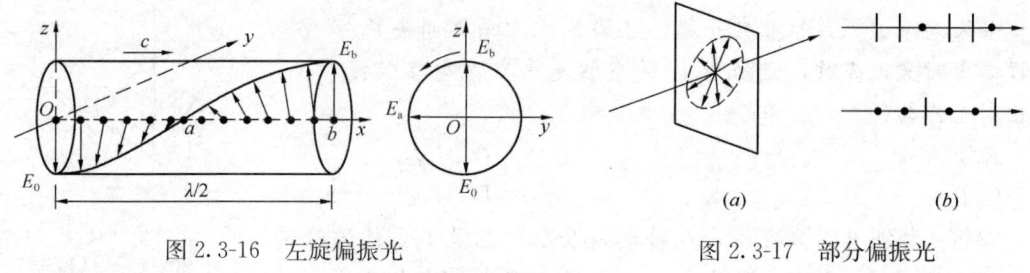

图 2.3-16 左旋偏振光　　　　　　图 2.3-17 部分偏振光

自然界中我们看到的许多光都是部分偏振光，仰头看到的"天光"和俯首看到的"湖光"就都是部分偏振光。

2.3.7 线偏振光

1. 偏振片

偏振片是一种在透明的基片上蒸镀一层某种晶体微粒做成的。这种晶粒对某一方向振动的光矢量有强烈的吸收，而对其垂直方向振动的光矢量吸收很少，这种性能称为二向色性。这就使得做成的偏振片基本上只允许某一特定方向振动的线偏振光通过。这一方向称为偏振片的偏振化方向或透振方向。图 2.3-18 画出了两个平行放置的偏振片 P_1 和 P_2，它们的偏振化方向分别用它们上面的虚平行线表示。

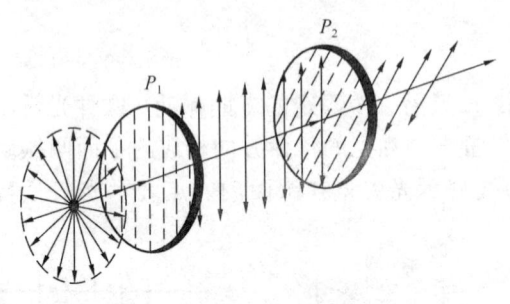

图 2.3-18 偏振片

当自然光垂直入射 P_1 时，透过的光将成为线偏振光。由于自然光中光矢量均匀对称，所以将 P 绕光的传播方向为轴慢慢转动时，透过 P 的光强不随 P 的转动而变化，但只有入射光强的一半。当偏振片用来产生偏振光时，叫做**起偏器**。再使透过 P_1 形成的线偏振光入射偏振片 P_2，这时如果将 P_2 以光的传播方向为轴慢慢转动，则因为只有平行于 P_2 偏振化方向的光振动才允许通过，透过 P_2 的光强将随 P_2 的转动而变化。当 P_2 的偏振化方向平行于入射光的光矢量振动方向时，光强最强；当 P_2 的偏振化方向垂直于入射的光矢量振动方向时，光强为零，称为消光。将 P_2 旋转一周时，透射光光强两次出现最强，两次消失。这种情况只有在入射到 P_2 上的光是线偏振光时才会发生，因而它也就成为识别线偏振光的依据。偏振片用来检验光的偏振状态时，叫做**检偏器**。

2. 马吕斯定律

如图 2.3-19 所示，以 A_0 表示线偏振光的光矢量的振幅，当入射的线偏振光的光矢量振动方向与检偏器的偏振化方向成 θ 角时，透过检偏器的光矢量振幅 A 只是 A_0 在偏振化方向的投影，即 $A = A_0\cos\theta$。因此，以 I_0 表示入射线偏振光的光强，则透过检偏器后的光强为

$$I = I_0 \cos^2\theta \tag{2.3-36}$$

这一公式称为**马吕斯定律**。由此式可见，当 $\theta = 0$ 或 $\theta = 180°$ 时，$I = I_0$，光强最大；当 $\theta = 90°$ 或 $\theta = 270°$ 时，$I = 0$，没有光从检偏器射出，这就是消光位置。

【例 2.3-5】

如果两个偏振片堆叠在一起，且偏振化方向之间夹角为 $45°$，假设二者对光无吸收，光强为 I_0 的自然光垂直入射在偏振片上，则出射光强为（　　）。

A. $I_0/4$ B. $3I_0/8$

C. $I_0/2$ D. $3I_0/4$

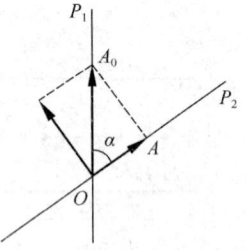

图 2.3-19 马吕斯定律用图

解析：根据马吕斯定律，入射线偏振光的光强 I_0，透过检偏器后的光强为 I，则有 $I = I_0\cos^2\alpha$。由于自然光中光矢量均匀对称，经过第一个偏振片后的光强为原来的一半，$I_1 = I_0/2$，经过第二个偏振片后的光强为：$I_2 = I_1\cos^2 45° = I_0/4$。故答案选 A。

【例 2.3-6】

一束自然光通过两块叠放在一起偏振片，若两偏振片的偏振化方向间夹角由 $60°$ 转到 $45°$，则转动前后透射光强度之比为（　　）。

A. 2   B. 1/2   C. 4   D. 1/4

解析：自然光通过第一个偏振片时变为线偏振光，光强度为原来的一半，根据马吕斯定律，入射线偏振光的光强 I_0，透过检偏器后的光强为 I，则有 $I = I_0\cos^2\alpha$，式中，α 是线偏振光的光振动方向与检偏器透振方向间的夹角。故 $I_1 = I_0\cos^2 60°$，$I_2 = I_0\cos^2 45°$，则 $I_1/I_2 = \cos^2 60°/\cos^2 45° = 1/2$，故答案选 B。

2.3.8 反射与折射引起的偏振

自然光在两种各向同性介质分界面上反射和折射时，不仅光的传播方向要改变，而且偏振状态也要发生变化。一般情况下，反射光和折射光不再是自然光，而是**部分偏振光**。在反射光中垂直于入射面的光振动大于平行振动，而在折射光中则是平行于入射面的光振动大于垂直振动，如图 2.3-20 所示。

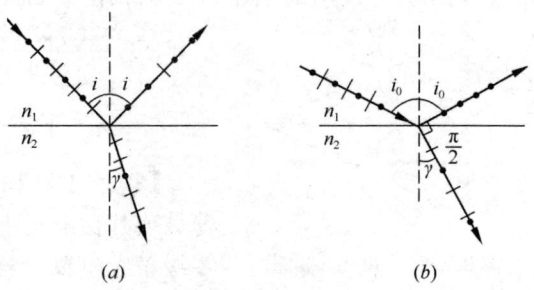

图 2.3-20 反射与折射引起的偏振
(a) 反射光和折射光的偏振状态；(b) 布儒斯特定律

当入射角等于某一特定值 i_0 时，反射光是光振动垂直于入射面的线偏振光。这个特定的入射角 i_0 称为**起偏振角**，或称**布儒斯特角**。同时还发现，当光线以起偏振角 i_0 入射时，反射光和折射光的传播方向相互垂直，即

$$i_0 + \gamma = 90° \tag{2.3-37}$$

式中，γ 为反射角。根据折射定律，有 $n_1\sin i_0 = n_2\sin\gamma = n_2\cos i_0$，即

$$\tan i_0 = \frac{n_2}{n_1} = n_{21} \tag{2.3-38}$$

式中，$n_{21} = n_2/n_1$，是介质 2 对介质 1 的相对折射率。该式称为**布儒斯特定律**。

当入射角等于布儒斯特角时，反射光是完全偏振光，但反射光只占总光强的很少部分，垂直入射面的光振动大部分仍在折射光之中，所以折射光是部分偏振光。

【**例 2.3-7**】

一束自然光从空气投射到玻璃板表面上，当折射角为 30° 时，反射光为完全偏振光，此玻璃的入射角为（　　）。

A. 30°　　　　B. 45°　　　　C. 60°　　　　D. 90°

解析：当入射角等于布儒斯特角时，反射光是光振动垂直于入射面的线偏振光也就是完全偏振光，同时还发现，反射光和折射光的传播方向相互垂直，因为折射角为 30°，且反射光为完全偏振光，故入射角 $i_0 = 60°$，即布儒斯特角。故答案选 C。

习　题

【2.3-1】在空气中用波长为 λ 的单色光进行双缝干涉实验，观测到相邻明条纹间的间距为 1.33mm，当把实验装置放入水中（水的折射率为 $n = 1.33$）时，则相邻明条纹的间距为（　　）。

A. 1.33mm　　　B. 2.66mm　　　C. 1mm　　　D. 2mm

【2.3-2】若一双缝装置的两个缝分别被折射率为 n_1 和 n_2 的两块厚度均为 e 的透明介质所遮盖，此时由双缝分别到屏上原中央极大所在处的两束光的光程差 δ 为（　　）。

A. $n_1 e$ B. $n_2 e$ C. $(n_1+n_2)e$ D. $(n_1-n_2)e$

【2.3-3】如图 2.3-21 所示，假设有两个同相的相干点光源 S_1 和 S_2，发出波长为 λ 的光。A 是它们连线的中垂线上的一点。若在 S_1 与 A 之间插入厚度为 e 折射率为 n 的薄玻璃片，则两光源发出的光在 A 点的相位差 $\Delta\varphi$ 为（　　）。

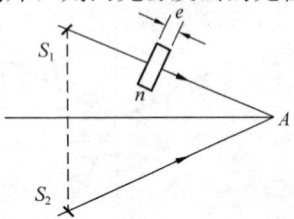

A. $\dfrac{2\pi(n-1)e}{\lambda}$ B. $\dfrac{\pi(n-1)e}{\lambda}$

C. $(n-1)e$ D. $\dfrac{2\pi n e}{\lambda}$

图 2.3-21　题 2.3-3 图

【2.3-4】在杨氏双缝干涉试验中，用折射率 $n=1.60$ 的薄玻璃片覆盖其中的一个狭缝，发现第六级明纹移动到原来零级条纹位置，若入射光波长为 $\lambda=589$ nm，则该薄玻璃片厚度为（　　）。

A. $5.89\mu m$ B. $5.89 nm$ C. $2.21\mu m$ D. $2.21 nm$

【2.3-5】在杨氏双缝干涉试验中，如果用一很薄的玻璃片覆盖其中的一个狭缝，则（　　）。

A. 干涉条纹移动，条纹宽度不变

B. 干涉条纹移动，条纹宽度变动

C. 干涉条纹中心不动，条纹宽度不变

D. 干涉条纹中心不动，条纹宽度变动

【2.3-6】在双缝干涉实验中，为使屏上的干涉条纹间距变大，可以采取的办法是（　　）。

A. 使屏靠近双缝   B. 使两缝的间距变小

C. 把两个缝的宽度稍微调窄   D. 改用波长较小的单色光源

【2.3-7】用白光光源进行双缝实验，若用一个纯红色的滤光片遮盖一条缝，用一个纯蓝色的滤光片遮盖另一条缝，则（　　）。

A. 干涉条纹的宽度将发生改变   B. 产生红光和蓝光的两套彩色干涉条纹

C. 干涉条纹的亮度将发生改变   D. 不产生干涉条纹

【2.3-8】在空气中有一劈形透明膜，其劈尖角 $\theta=1.0\times10^{-4}$ rad，在波长 $\lambda=700$ nm 的单色光垂直照射下，测得两相邻干涉明条纹间距 $l=0.25$ cm，由此可知此透明材料的折射率 n 为（　　）。

A. 1.4   B. 1.2   C. 1.45   D. 1.3

【2.3-9】下列实验干涉条纹中，（　　）属于等倾干涉条纹。

A. 牛顿环   B. 劈尖干涉

C. 均匀厚度的薄膜干涉   D. 杨氏双缝干涉

【2.3-10】用白光做牛顿环实验，得到一系列的同心彩色环状条纹。在同一级环状条纹中，偏离圆心最远的是（　　）。

A. 红光   B. 黄光   C. 蓝光   D. 紫光

【2.3-11】在牛顿环实验中，曲率半径为 R 的平凸透镜与平板玻璃在中心处恰好接触，它们之间充满折射率为 n 的透明介质，垂直入射到牛顿环上的平行单色光在真空中的波长

为 λ，则反射光形成的干涉条纹中，暗环半径的表达式为（　　）。

A. $r_k = \sqrt{k\lambda R}$ B. $r_k = \sqrt{\dfrac{k\lambda R}{n}}$

C. $r_k = \sqrt{nk\lambda R}$ D. $r_k = \sqrt{nkR}$

【2.3-12】用波长为 λ 的单色光垂直照射如图 2.3-22 所示的牛顿环装置，观察从空气膜上下表面反射的光形成的牛顿环。若使平凸透镜慢慢地垂直向上移动，从透镜顶点与平面玻璃接触到两者距离为 d 的移动过程中，移过视场中某固定观察点的条纹数目为（　　）。

A. $\dfrac{d}{\lambda}$ B. $\dfrac{2d}{\lambda}$

C. $\sqrt{\dfrac{d}{\lambda}}$ D. $\sqrt{\dfrac{2d}{\lambda}}$

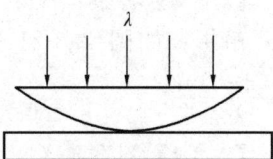

图 2.3-22　题 2.3-12 图

【2.3-13】若波长为 625nm 的单色光垂直入射到一个每毫米有 800 条刻线的光栅上时，则第一级谱线的衍射角为（　　）。

A. 15°　　B. 45°　　C. 30°　　D. 60°

【2.3-14】波长为 λ 的单色平行光垂直入射在一块多缝光栅上，其光栅常量 $d=3\mu m$，缝宽 $a=1\mu m$，则位于单缝衍射的中央明条纹中的谱线条数（或光栅主极大的数目）为（　　）。

A. 3　　B. 4　　C. 5　　D. 6

【2.3-15】三个偏振片 P_1、P_2 与 P_3 堆叠在一起，P_1 与 P_3 的偏振化方向相互垂直，P_2 与 P_1 的偏振化方向间的夹角为 30°。强度为 I_0 的自然光垂直入射于偏振片 P_1 并依次透过偏振片 P_1、P_2 与 P_3，则通过三个偏振片后的光强为（　　）。

A. $\dfrac{5I_0}{32}$ B. $\dfrac{I_0}{8}$ C. $\dfrac{3I_0}{32}$ D. $\dfrac{I_0}{16}$

【2.3-16】两个偏振片堆叠在一起，其偏振化方向相互垂直。若一束强度为 I_0 的线偏振光入射，其光矢量振动方向与第一偏振片偏振化方向夹角为 $\pi/4$，则穿过第一偏振片后的光强和连续穿过两个偏振片后的光强分别为（　　）。

A. $\dfrac{I_0}{2},\dfrac{I_0}{8}$ B. $\dfrac{I_0}{2},0$

C. $\dfrac{I_0}{4},\dfrac{I_0}{8}$ D. $\dfrac{I_0}{4},0$

【2.3-17】自然光以 30°入射角由空气投射于玻璃板，反射光为完全线偏振光，则此玻璃板的折射率为（　　）。

A. 0.50　　B. 0.58　　C. 1.00　　D. 1.73

习题答案及解析

【2.3-1】答案：C

解析：双缝干涉时，条纹间距 $\Delta x = \dfrac{D}{d}\lambda$。波长为 λ 的光在水中的波长 λ' 为 $\lambda' = \lambda/n$，

依题意可知 D, d 均不变，则条纹间距为：

$$\Delta x' = \frac{D}{d}\lambda' = \frac{D}{d}\frac{\lambda}{n} = \frac{\Delta x}{n} = \frac{1.33\text{mm}}{1.33} = 1\text{mm}$$

【2.3-2】答案：D

解析：在放透明介质之前，双缝到屏上中央极大所在处的光程相同，若分别放透明介质，则在折射率为 n_1，厚度为 e 的透明介质上的光程，为 $n_1 e$，在折射率为 n_2，厚度为 e 的透明介质上的光程，为 $n_2 e$，则两缝的光的光程差为 $(n_1 - n_2)e$。

【2.3-3】答案：A

解析：如图 2.3-21 所示，可以计算光程差 $\delta = (n-1)e$，其相位差为 $\Delta\varphi = \dfrac{2\pi(n-1)e}{\lambda}$。

【2.3-4】答案：A

解析：第六级明纹满足光程差 $\delta = 6\lambda$，覆盖薄玻璃片（设厚度为 e），两狭缝到原来中央明纹位置的光程差为 $\delta = (n-1)e = 6\lambda$，则 $e = \dfrac{6\lambda}{n-1} = 5.89\mu m$。

【2.3-5】答案：A

解析：用一很薄的玻璃片覆盖其中的一个狭缝，导致两缝到光屏上各点的光程差都有改变，干涉条纹移动，但明纹的宽度 $\Delta x = \dfrac{D}{d}\lambda$，其中 d 为两狭缝间距，D 为狭缝到屏的距离，盖上玻璃片后，屏上相邻明纹中心间距未变，仍等于 $\dfrac{D}{d}\lambda$。

【2.3-6】答案：B

解析：条纹宽度 $\Delta x = \dfrac{D}{d}\lambda$，$d$ 为两狭缝间距，D 为狭缝到屏的距离，使两缝的间距变小，干涉条纹的间距则变大。

【2.3-7】答案：D

解析：红光和蓝光频率不同，不满足相干条件。

【2.3-8】答案：A

解析：劈尖干涉形成的干涉条纹相邻明纹或暗纹间距为 $l = \dfrac{\Delta e}{\theta} = \dfrac{\lambda}{2n\theta}$，$n = \dfrac{\lambda}{2\theta l} = 1.4$。

【2.3-9】答案：C

解析：均匀厚度的薄膜干涉属于等倾干涉条纹。

【2.3-10】答案：A

解析：牛顿环干涉中，明纹半径为 $r = \sqrt{\dfrac{(2k-1)\lambda R}{2n}}$，入射光波长越大，条纹的半径越大。

【2.3-11】答案：B

解析：牛顿环干涉中，暗纹半径为 $r = \sqrt{\dfrac{kR\lambda}{n}}$，$k = 0,1,2,\cdots$

【2.3-12】答案：B

解析：透镜顶点与平面玻璃接触时，第 k 级明纹满足 $2e+\lambda/2=k\lambda$；在原位置处，移动凸透镜后的空气厚度变为 $e+d$，设此时对应的明纹级数为 k'，有 $2(e+d)+\lambda/2=k'\lambda$，则过程中移过该位置的条纹数目为 $\Delta k=k'-k=2d/\lambda$。

【2.3-13】答案：C

解析：每毫米有 800 条刻线的光栅，则 $d=\dfrac{10^{-3}}{800}\text{m}=1.25\times10^{-6}\text{m}$，光栅衍射公式为 $d\sin\theta=k\lambda$，代入 $d=1.25\times10^{-6}\text{m},\lambda=625\times10^{-9}\text{m},k=1$，可得 $\sin\theta=\dfrac{1}{2}$，$\theta=30°$。

【2.3-14】答案：C

解析：因 $d=3a$ 故第三级谱线 $d\sin\varphi=3\lambda$，与单缝衍射第 1 个暗纹 $a\sin\varphi=\lambda$ 的衍射角 φ 相同。由此可知在单缝衍射中央明条纹中共有 5 条谱线，它们是 $d\sin\varphi=k\lambda$（$k=0$，±1，±2）。

【2.3-15】答案：C

解析：自然光通过 P_1 时，$I_1=I_0/2$；P_2 与 P_1 的偏振化方向间的夹角为 $30°$，通过 P_2 时，$I_2=I_1\cos^2 30°=3I_0/8$；P_1 与 P_3 的偏振化方向相互垂直，通过 P_3 时，$I_3=I_2\cos^2(90°-30°)=3I_0/32$。

【2.3-16】答案：B

解析：光矢量振动方向与第一个偏振片偏振化方向夹角为 $\pi/4$，通过第一个偏振片时，$I_1=I_0\cos^2 45°=I_0/2$；两个偏振片偏振化方向相互垂直，通过第二个偏振片时，$I_2=I_1\cos^2 90°=0$。

【2.3-17】答案：B

解析：当入射角等于布儒斯特角时，反射光是光振动垂直于入射面的线偏振光也就是完全偏振光，入射角为 $30°$，即布儒斯特角，根据布儒斯特定律，$\tan 30°=\dfrac{n_2}{n_1}=\dfrac{\sqrt{3}}{3}$，$n_2=\dfrac{\sqrt{3}}{3}$。

第3章 化　　学

考试大纲：
3.1　物质的结构和物质状态
原子结构的近代概念；原子轨道和电子云；原子核外电子分布；原子和离子的电子结构；原子结构和元素周期律；元素周期表；周期族；元素性质及氧化物及其酸碱性；离子键的特征；共价键的特征和类型；杂化轨道与分子空间构型；分子结构式；键的极性和分子的极性；分子间力与氢键；晶体与非晶体；晶体类型与物质性质。
3.2　溶液
溶液的浓度；非电解质稀溶液通性；渗透压；弱电解质溶液的解离平衡；分压定律；解离常数；同离子效应；缓冲溶液；水的离子积及溶液的pH值；盐类的水解及溶液的酸碱性；溶度积常数；溶度积规则。
3.3　化学反应速率及化学平衡
反应热与热化学方程式；化学反应速率；温度和反应物浓度对反应速率的影响；活化能的物理意义；催化剂；化学反应方向的判断；化学平衡的特征；化学平衡移动原理。
3.4　氧化还原反应与电化学
氧化还原的概念；氧化剂与还原剂；氧化还原电对；氧化还原反应方程式的配平；原电池的组成和符号；电极反应与电池反应；标准电极电势；电极电势的影响因素及应用；金属腐蚀与防护。
3.5　有机化学
有机物特点、分类及命名；官能团及分子构造式；同分异构；有机物的重要反应：加成、取代、消除、氧化、催化加氢、聚合反应、加聚与缩聚；基本有机物的结构、基本性质及用途：烷烃、烯烃、炔烃、芳烃、卤代烃、醇、苯酚、醛和酮、羧酸、酯；合成材料：高分子化合物、塑料、合成橡胶、合成纤维、工程塑料。
本章试题配置：10题

3.1　物质的结构和物质状态

高频考点梳理

知识点	原子核外电子分布	原子结构和元素周期律	离子键的特征	晶体类型与物质性质
近三年考核频次	1	2	2	1

3.1.1　原子核外电子分布

1. 核外电子的运动状态

核外电子作为一种微观粒子，具有粒子性和波动性两大特性。核外电子的运动往往不能用经典的牛顿力学去描述，必须要用量子化的方法来解决。

波函数和量子数

1) 核外单电子的运动规律可以采用一个二阶偏微分方程来描述，这个方程就是薛定谔方程。

$$\frac{\partial^2 \psi}{\partial x^2}+\frac{\partial^2 \psi}{\partial y^2}+\frac{\partial^2 \psi}{\partial z^2}+\frac{8\pi^2 m}{h^2}(E-V)\psi=0$$

式中，x、y、z 为对应电子在空间的位置坐标，m 为电子的质量，h 为普朗克常量（6.626×10^{-34} J·s），E 为电子的总能量，V 为电子的势能，ψ 即为描述电子运动的波函数。

2) 为了得到合理的描述电子运动状态的波函数，需要引入三个参数（主量子数 n、角量子数 l、磁量子数 m），称之为量子数。研究发现，以上三个量子数还不能完全描述核外电子的运动状态，又提出了自旋量子数 m_s。

① **主量子数** n 是决定电子运动能量高低最主要的因素，也是描述电子运动距离原子核远近的重要参数。n 越大，电子出现位置离核的平均距离越远，能量也越高。一个原子内具有相同的主量子数的电子，近乎在同样的空间范围内运动，可以划分为一个电子层。

主量子数 n 的取值为 1，2，3，4，5，6，…；分别表示 K，L，M，N，O，P，…电子层。

② **角量子数** l 是决定电子能量的因素之一，同时决定了轨道的形状。即处于同一电子层的电子能量也有高低之分，因而在同一电子层之内又可划分若干个亚层。随着角量子数的增大，电子的能量也越大。

角量子数 l 的取值为 0，1，2，…，$n-1$；分别表示 s，p，d，…亚层。

③ **磁量子数** m 决定着原子轨道的空间伸展方向和个数，它的取值受到 l 的制约，m 的取值个数，就是原子轨道空间伸展方向的个数。

磁量子数 m 取值为 0，±1，±2，…，$\pm l$。如 $l=4$ 时，m 可取 0、±1、±2、±3、±4 共 9 个值，说明 g 亚层共有 9 个空间伸展方向，即 9 个原子轨道。

④ **自旋量子数** m_s 用来表示电子自旋的方向。当两个电子自旋方向相同，称为自旋平行；自旋方向相反，称为自旋反平行。

自旋量子数 m_s 取值为 $+\frac{1}{2}$，$-\frac{1}{2}$。

【**例 3.1-1**】决定着原子轨道的空间伸展方向和电子自旋方向的量子数分别是：（　　）。

A. 自旋量子数、磁量子数
B. 角量子数、自旋量子数
C. 磁量子数、自旋量子数
D. 角量子数、磁量子数

解析：主量子数决定了电子运动能量高低和电子运动距离原子核远近，用于划分电子层；角量子数决定了电子能量和轨道的形状，用于划分电子亚层；磁量子数决定着原子轨道的空间伸展方向和个数；自旋量子数决定了电子自旋的方向。因此答案选择 C。

2. 核外电子分布规律

(1) 原子轨道的能级

处于不同原子轨道的电子具有不同的能量，因而我们认为原子轨道具有不同的能量，被称为原子轨道的能级。决定原子轨道能级高低最主要的因素是主量子数 n 和角量子数 l。单电子原子核外只有一个电子，其能量只决定于原子核的吸引，只与主量子数 n 有关；多电子原子中的电子的能量是由原子核的吸引作用和其他电子的排斥作用共同决定的，原子轨道的能量与主量子数 n 和角量子数 l 有关。

1) 能级与主量子数和角量子数的关系

① 当角量子数相同时，主量子数越大，原子轨道的能级越高。

② 当主量子数相同时，角量子数越大，原子轨道的能级越高。

③ 当主量子数和角量子数都不同时，有时会发生能级交错的现象。

2) 近似能级图（图 3.1-1）

美国化学家鲍林根据实验结果，提出了多电子原子轨道近似能级图，考虑了能级交错，将原子轨道按照能量的高低顺序排列起来。

$$E_{1s}<E_{2s}<E_{2p}<E_{3s}<E_{3p}<E_{4s}<E_{3d}$$
$$<E_{4p}<E_{5s}<E_{4d}<E_{5p}<\cdots$$

3) 能级经验方法

我国化学家徐光宪提出的经验方法：根据公式 $(n+0.7l)$ 数值的大小，来比较轨道能量的高低，数值越大能级越高。

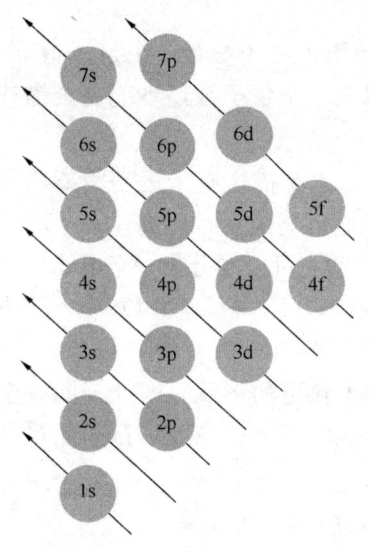

图 3.1-1 近似能级图

（2）原子核外电子常用规律

处于基态的原子，其核外电子在特定的原子轨道上运动并且能量最低；基态原子得到能量后，电子跃迁，处于高能量的激发态。基态原子的核外电子是按照规律分布在原子核外的。

1) 能量最低原理

系统总是尽量处于低能量的状态，能量越低，系统越稳定。同样，稳定状态的原子，其核外的电子分布也是尽量使整个原子能量处于最低状态。所以，电子在核外进行分布时，必然首先占据能量较低的轨道，然后再占据能量较高的轨道。

2) 泡利不相容原理

每个原子轨道所能容纳的电子是有限的，同一个原子内不可能存在四个量子数完全相同的两个电子，即每个原子轨道最多只能容纳两个电子，而且它们的自旋方向相反。如果两个电子的 n、l、m 都相同的话，欲使得四个量子数不完全相同，n 必须分别是 $+\dfrac{1}{2}$ 和 $-\dfrac{1}{2}$，所以每个原子轨道最多只能容纳两个电子。因而，每个电子亚层和主层所能容纳的电子也是有限的。

3) 洪德规则

在每个电子亚层中，电子将尽可能以自旋平行的方式首先单独占据不同的轨道。

4) 全充满和半充满规律

当电子在同一亚层轨道中的分布处于全满或者半充满情况时，系统的能量较低，原子结构比较稳定。而对于某些原子的 d 和 f 亚层来说，处于半充满状态时原子结构也比较稳定，这个规律称为全充满和半充满规律。

（3）核外电子分布式及外层电子构型

1）核外电子分布式

利用表达式来表示电子在核外各层的分布情况，这一表达式叫做核外电子分布式。电子的分布首先要满足能量最低原则，即电子是从低能级轨道逐步填充到高能级轨道，并且各轨道原子数要满足泡利不相容原理，同时原子核外电子分布情况要满足洪德规则、全充满和半充满规律。

2）外层电子构型（表3.1-1）

原子在发生化学反应时，往往是外层电子的得失，因而真正关注的是外层电子的分布情况，我们称之为外层电子构型。

比如，Ca 是主族元素，核外电子分布式为 $1s^22s^22p^63s^23p^64s^2$，外层电子构型是 $3p^64s^2$。

电子亚层和电子层的最大容纳电子数　　　　表 3.1-1

主量子数 n	1	2		3			4				…
电子层符号	K	L		M			N				
角量子数 l	0	0	1	0	1	2	0	1	2	3	
电子亚层符号	s	s	p	s	p	d	s	p	d	f	
磁量子数 m	0	0	0 ±1	0	0 ±1	0 ±1 ±2	0	0 ±1	0 ±1 ±2	0 ±1 ±2 ±3	
亚层轨道空间伸展方向总数 $(2l+1)$	1	1	3	1	3	5	1	3	5	7	
自旋量子数 m_s	$\pm\frac{1}{2}$	$\pm\frac{1}{2}$	$\pm\frac{1}{2}$	$\pm\frac{1}{2}$	$\pm\frac{1}{2}$	$\pm\frac{1}{2}$	$\pm\frac{1}{2}$	$\pm\frac{1}{2}$	$\pm\frac{1}{2}$	$\pm\frac{1}{2}$	
亚层最大容量 $2(2l+1)$	2	2	6	2	6	10	2	6	10	14	
电子层最大容量 $2n^2$	2	8		18			32				

【例 3.1-2】某原子序数为 22，其基态原子的核外电子分布中，未成对电子数是：（　　）。

A. 0　　　　　B. 1　　　　　C. 2　　　　　D. 3

解析：根据原子核外电子常用规律将各个电子按照规律填入相应的轨道。首先，应当按照原子轨道按照能量的高低顺序排列（$E_{1s}<E_{2s}<E_{2p}<E_{3s}<E_{3p}<E_{4s}<E_{3d}$），确定原子的分布情况为 $1s^22s^22p^63s^23p^63d^24s^2$；再由洪德规则：在每个电子亚层中，电子将尽可能以自旋平行的方式首先单独占据不同的轨道。最终确定未成电子数为 2。答案选 C。

【例3.1-2】

3.1.2 原子结构和元素周期律

元素的性质随着核电荷数的增大呈现出周期性的变化，称之为元素周期律。元素周期律的具体表现方式为元素周期表。目前，常采用的是依据原子的外层电子构型得到的长式周期表。

1. 元素的周期

（1）能级组：将轨道能量相差较小的若干个能级划分成一个能级组。

常见的能级组有：1s、2s2p、3s3p、4s3d4p、5s4d5p、6s4f5d6p、7s5f6d7p、…

（2）元素周期的划分与能级组的划分相关。元素在周期表中所处的周期数，等于该元素原子所具有的最高能级组数。因此，元素的周期数可以根据元素原子的最高能级组数来确定，元素的周期数也可以确定元素原子的最高能级组数。

2. 元素周期表

（1）元素的划分

周期表把元素分为16族，包括7个主族(A族)，1个零族，7个副族(B族)和1个Ⅷ族。元素周期表可以分为s区、p区、d区、ds区和f区。

s区元素包括了第一主族和第二主族，外层电子构型为ns^1和ns^2；

p区元素包括了第三主族到第七主族和零族，外层电子构型为ns^2np^1和ns^2np^6（He除外）；

d区元素包括第三副族到第七副族和第八族，外层电子构型$(n-1)d^1ns^2$到$(n-1)d^8ns^2$；

ds区元素包括了第一副族到第二副族，外层电子构型为$(n-1)d^{10}ns^1$和$(n-1)d^{10}ns^2$；

f区元素除了镧和锕两个元素属于第三副族外，不属于任何一族，叫做镧系元素和锕系元素。

（2）元素的周期性

1) 最高氧化数

定义：最高氧化数等于该元素原子形成化合物所能提供的最高原子数。

规律：主族元素原子的最高氧化数从+1到+7，等于元素对应的族数；第二副族到第七副族元素原子的最高氧化数从+2到+7，等于元素对应的族数。

2) 元素电离数

第一电离能：气态原子失去一个电子成为气态正离子所需要的能量。

第二电离能：气态+1价离子失去一个电子成为气态+2价离子所需要的能量。依次类推。

规律：稀有气体元素的第一电离能很高，原子不易失去电子，表现很稳定；碱金属元素的第一电离能普遍很低，易失去一个电子，表现出很强的金属性；随着核电荷数的增加，第一电离能呈小波折逐渐增大的规律；随着元素序数增加，副族元素的第一电离能增加较缓慢。

3) 电子亲合能

第一电子亲合能：气态原子结合一个电子形成一价气态负离子时所放出的能量。

第二电子亲合能：一价气态负离子结合一个电子形成二价气态负离子时所放出的能

量。以此类推。

规律：电子亲合能可以表示元素原子得电子的能力，电子亲合能为负数时，绝对值越大，说明元素原子越易获得电子，表现出越强的非金属性；一般地，同一周期元素原子从左往右放出的能量越多；同一族至上而下放出的热量也逐渐减小。

4) **元素电负性**

电负性：原子在分子中把电子吸向自己的本领，用于衡量原子在形成化合物时得失电子的能力。电负性越大，说明原子吸引电子的能力越大，非金属性越强，最高价态氧化物的水化物酸性越强；电负性越小，说明原子吸引电子的能力越小，金属性越强，最高价氢氧化物碱性越强。

规律：主族元素的电负性从左至右逐渐增大，由上至下逐渐减小；副族元素的电负性变化规律不明显，电负性相差不大，特别是 f 区元素电负性相差更小。另外，金属元素电负性一般小于 2.0，非金属元素电负性大于 2.0。

5) **原子半径**

共价半径：以共价单键结合的两个同种元素的原子，其核间距离的一半叫做共价半径。

金属半径：金属单质晶体相邻原子的核间距的一半，叫做金属半径。

范德华半径：分子晶体相邻分子间，相邻原子核间距的一半，叫做范德华半径。

规律：同一周期主族元素从左到右有效核电荷逐渐增加，原子半径逐渐减小，副族元素的原子半径略有减小；同一族元素从上到下，主族元素原子半径递增，副族元素略有增大但不明显。

【例 3.1-3】下列元素中，电负性最大的是（ ），原子半径最大的是（   ）。
A. I   B. F   C. Cl   D. Br

解析：主族元素的电负性从左至右逐渐增大，由上至下逐渐减小；同一周期主族元素从左到右有效核电荷逐渐增加，原子半径逐渐减小。因此电负性 F＞Cl＞Br＞I，原子半径 F＜Cl＞Br＜I，答案选 B、A。

3.1.3 离子键的特征

1. 离子键

离子键：电负性相差较大的金属和非金属原子相遇时，金属原子的外层电子转移到非金属原子上，形成核外具有稳定结构电子构型的正负离子，然后正负离子通过静电吸引力结合在一起而形成离子化合物。这种由正负离子之间通过强烈的静电引力形成的化学键叫离子键。

特点：离子键没有方向性和饱和性。

2. 离子键强度影响因素

离子键强度影响因素有离子所带的电荷和离子的半径。离子键的强度与离子所带电荷成正比，与离子半径成反比。一般地，离子所带电荷越多，离子半径越小，离子键强度就越大，相应的离子化合物的熔点、沸点、硬度等也越高。这正是由于离子半径的增加，静电引力减小，离子键强度降低造成的。

3. 离子半径

离子半径是影响离子键强度和极化性的重要因素。离子半径的大小与离子所带电荷、自身电子分布和离子化合物结构类型有关。

规律：随着离子电荷数绝对值增大，同周期各元素原子的离子半径减小；随着电子层数的增加，电荷相同的同族元素离子半径增大。

4. 离子的极化

离子的极化：在两个正负离子相互接近时，正（负）离子要吸引负（正）离子的电子云并排斥其原子核，使得负（正）离子电子云发生变形的现象称为离子的极化。由于负离子半径较大，电子云更容易发生变形，所以一般只考虑正离子对负离子的极化作用。

规律：正离子的极化作用影响因素有离子的半径和所带电荷。当正离子的半径越小，所带电荷越多，正离子的极化作用越强；反之，当离子半径越大、电荷越少时，极化作用越弱。特别地，当正负离子之间相互的极化作用很强烈时，离子间的作用将由离子键逐渐变为共价键。

5. 共价键

共价键：原子通过共用电子对形成的化学键。

特点：共价键具有饱和性和方向性。饱和性，即一个电子与另一个电子配对后达到饱和，不能再与其他电子配对，因此原子所能形成最大的共价键数等于最大成键电子数。方向性，即各原子轨道沿着一定方向重叠，形成的共价键才能最牢固，因此共价键有方向性。

共价键的重要参数：

键能：分子发生破坏前后焓的变化，叫做键能（$kJ·mol^{-1}$）。同种共价键在不同的多原子分子中，键能不同。键能越大，说明破坏该共价键越难，共价键越牢固，分子越稳定。

键长：分子中成键的两个原子核的平均距离，叫做键长。单键键长越短，对应的键能越大，分子也就越稳定。

键角：分子相邻两个化学键间的夹角，叫做键角。键角和键长可以用来确定分子的空间构型。

键的极性：形成共价键的原子由于电负性的不同，使得电子云偏向电负性大的一侧，从而形成电荷分布不对称的现象，这一现象称为该共价键的极性。电负性相差越大，键的极性越强。

6. 分子间作用力

（1）取向力：指极性分子和极性分子之间的作用力。极性分子是一种偶极子，它们具有正负两极。当2个极性分子相互靠近时，同极排斥、异极相吸，使分子按一定的取向排列，系统处于一种比较稳定的状态。这种固有偶极子之间的静电引力叫做取向力。

特点：分子的极性越大，取向力越大；温度升高会降低分子定向排列的趋势，取向力减弱。

（2）诱导力：发生在极性分子与非极性分子之间以及极性分子与极性分子之间的作用力。当极性分子与非极性分子相遇时，极性分子的固有偶极所产生的电场使非极性分子电子云变形（电子云偏向极性分子偶极的正极），结果非极性分子正、负电荷重心不再重合，从而形成诱导偶极子。极性分子固有偶极与非极性分子诱导偶极间的这种作用力称为诱导力。

特点：极性分子的偶极矩越大，非极性分子的变形性越大，诱导力越强。在极性分子之间，由于它们相互作用，每一个分子也会由于变形而产生诱导偶极，使极性分子极性增加，从而使分子之间的相互作用力也进一步加强。

（3）色散力：非极性分子在一定条件下也都可以液化或固化，说明非极性分子间也存在相互作用力。非极性分子没有固有偶极，但是，由于分子中电子和原子核都在不停地运动，电子云与核之间经常产生瞬时偶极，瞬时偶极间的作用力叫做色散力。相对分子质量越大的分子越容易变形，色散力也就越强。

（4）在非极性分子之间只有色散力；在非极性分子和极性分子之间存在着色散力和诱导力；在极性分子之间同时存在着取向力、诱导力和色散力。

【例 3.1-4】下列元素中，离子极化作用最大的是（   ），离子键最强是的（   ），离子半径最大的是（   ）。

A. Na^+ B. Mg^{2+} C. K^+ D. Ca^{2+}

解析：本题需要先确定离子半径的大小，再由离子半径、所带电荷等比较离子的极化作用和离子键强弱。随着离子电荷数绝对值增大，同周期各元素原子的离子半径减小，且随着电子层数的增加，电荷相同的同族元素离子半径增大；一般地，离子所带电荷越多，离子半径越小，离子键强度就越大；当正离子的半径越小，所带电荷越多，正离子的极化作用越强。因此离子半径关系 $K^+>Na^+>Mg^{2+}$ 且满足 $K^+>Ca^{2+}$，离子极化作用 $Mg^{2+}>Na^+>K^+$ 且满足 $Mg^{2+}>Ca^{2+}$，离子极化作用 $Mg^{2+}>Na^+>K^+$ 且满足 $Mg^{2+}>Ca^{2+}$，因此答案选择 B、B、C。

【例 3.1-5】在 CO 和 N_2 分子之间存在的分子间的作用力有（   ）。

A. 取向力、诱导力、色散力   B. 氢键
C. 色散力   D. 色散力、诱导力

解析：本题需要先确定判定分布 CO 和 N_2 分子是否有极性，再由分子间作用力的一般规律得到答案。CO 和 N_2 分子分别属于极性分子和非极性分子，且都没有氢原子。在非极性分子之间只有色散力；在非极性分子和极性分子之间存在着色散力和诱导力；在极性分子之间同时存在着取向力、诱导力和色散力。因此答案选 D。

3.1.4 晶体类型与物质性质

固态物质可以分成晶体和非晶体两大类，自然界中大部分的固态物质表现为晶体状态。内部微粒有规律的排列构成的固态物质，称之为晶体。

1. 晶体的类型

根据晶体粒子间作用力性质的不同，可以将晶体分成离子晶体、原子晶体、分子晶体和金属晶体四种基本类型。

（1）离子晶体

离子晶体：晶体结点上交替排列着正负离子，正负离子间以离子键结合构成的晶体。

常见的离子晶体有：NaCl、NaF、MgO、CaO、ZnS、$BaCl_2$、⋯

特点：由于离子键没有饱和性和方向性，因此晶体中的离子将会同尽可能多的异号离子结合形成稳定的结构。离子晶体中不存在单独的分子，晶体处于电中性，晶体表达式代表的是晶体中离子的比例。离子电荷越大、离子半径越小，晶格能越大，相对应的离子晶体的熔点和硬度更大。

离子晶体在室温下呈固态，一般有较高的熔点和硬度，但延展性差，比较脆。大部分离子晶体易溶于水，且水溶液和熔融状态下导电性良好。

（2）原子晶体

原子晶体：晶体结点上排列着原子，原子间以共价键结合构成的晶体。

常见的原子晶体有：晶体 C、Si、Ge、SiC、SiO_2、⋯

特点：原子晶体一般具有极高的硬度和熔点，但延展性较小、脆性大，难溶于溶剂，一般情况下不导电，在熔融状态也不导电。

（3）分子晶体

分子晶体：晶体结点上排列着中性分子，分子内的各原子以共价键相结合，分子间原子间以分子间作用力结合构成的晶体。

常见的分子晶体有：固态 CO_2、H_2、Cl_2、N^2、H_2O、SO_2、⋯

特点：分子晶体的硬度和熔点一般都很低，有些有较大的挥发性。分子晶体固态和熔化状态下都不导电，一般情况下，原子晶体在水溶液也不导电（除 HCl 等极性分子晶体外）。

（4）金属晶体

金属晶体：晶体结点上排列着金属原子或者正离子，微粒间靠金属原子上的自由电子以金属键结合构成的晶体。

常见的金属晶体有：绝大多数的金属单质和合金。

特点：金属晶体具有金属光泽、良好的导电性和导热性，熔点普遍较高，具有良好的机械加工性能和延展性。元素晶体中的原子是按照紧密堆积的方式排列着。

（5）混合型晶体

混合型晶体：又称过渡型晶体，内部可能存在两种或者两者以上的不同作用力的晶体。

1）层状结构晶体

以石墨为例，每个碳原子的 p 轨道相互重叠，形成一个整层的大 π 键，使得石墨具有良好的导电性和导热性。

2）链状结构晶体

以石棉为例，硅原子和氧原子通过共价键组成长链，链与链之间填充着金属正离子，长链与金属正离子通过静电作用连接。因此，在平行链方向的力作用下，晶体易发生柱状或者纤维状撕裂。

2. **晶体的物质性质**

（1）有规则的几何外形，微粒有序排列

（2）具有确定的熔点

（3）具有各项同异性

（4）可发生衍射效应

【例 3.1-6】下列四种物质中，熔点最高的是（　　）。

A. CO_2　　　　　　B. MgO　　　　　　C. Si　　　　　　D. Na

解析：本题需要先确定四种物质所对应的晶体类型，分别对应了分子晶体、离子晶体、原子晶体和金属晶体。一般情况下，这四种晶体的熔点大小比较为：原子晶体＞金属晶体＞离子晶体＞分子晶体。因此，本题应当选择属于原子晶体的 Si，答案选择 C。

习　题

【3.1-1】可以决定电子运动能量高低的两个量子数是(　　)。
A. 主量子数和磁量子数　　　　　　B. 磁量子数和自旋量子数
C. 自旋量子数和角量子数　　　　　D. 角量子数和主量子数

【3.1-2】决定电子运动轨道形状和空间延伸方向的量子数分别是(　　)。
A. 磁量子数和主量子数　　　　　　B. 主量子数和自旋量子数
C. 自旋量子数和角量子数　　　　　D. 角量子数和磁量子数

【3.1-3】下列各组量子数中正确的是(　　)。
A. $n=3, l=3, m=0$　　　　　　　B. $n=4, l=1, m=-1$
C. $n=2, l=-1, m=-1$　　　　　　D. $n=5, l=0, m=5$

【3.1-4】下列说法中，正确的是(　　)。
A. 任何的原子核外电子都与两个量子数有关
B. 原子核外电子轨道能级按离核远近的顺序排列，离原子核越远轨道能量越高
C. 电子在核外的运动，必须要用量子化的方法来解决
D. 自旋量子数的取值只有 $+\frac{1}{2}, -\frac{1}{2}, 0$

【3.1-5】某元素的原子序数是 21，则该原子的核外电子分布式是(　　)。
A. $1s^2 2s^2 2p^6 3s^2 3p^6 3d^1 4s^2$　　　　B. $1s^2 2s^2 2p^6 3s^2 3p^6 3d^2 4s^1$
C. $1s^2 2s^2 2p^6 3s^2 3p^6 4s^2 3d^1$　　　　D. $1s^2 2s^2 2p^6 3s^2 3p^6 3d^2 4s^1$

【3.1-6】某原子序数为 24，其基态原子的核外电子分布中，未成对电子数是(　　)。
A. 0　　　　　　B. 2　　　　　　C. 4　　　　　　D. 6

【3.1-7】下列各元素中，第一电离能最高是(　　)。
A. He　　　　　B. B　　　　　　C. Na　　　　　D. Zn

【3.1-8】下列各元素中，原子半径最大是(　　)。
A. C　　　　　　B. Li　　　　　C. Na　　　　　D. Si

【3.1-9】下列各元素中，离子半径最大是(　　)。
A. F^-　　　　　B. I^-　　　　　C. Br^-　　　　D. Cl^-

【3.1-10】下列各元素中，离子的极化作用最大是(　　)。
A. F^-　　　　　B. I^-　　　　　C. Br^-　　　　D. Cl^-

【3.1-11】下列物质中，酸性最强的是(　　)。
A. H_2SiO_3　　　　　　　　　　　B. $HClO_4$
C. H_2SO_4　　　　　　　　　　　　D. H_3AlO_3

【3.1-12】下列物质中，碱性最强的是(　　)。
A. KOH　　　　B. NaOH　　　C. $Ca(OH)_2$　　D. $Mg(OH)_2$

【3.1-13】下列晶体中，各微粒靠静电引力互相结合的是(　　)。
A. 晶体 MgO　　B. 晶体 SiO_2　　C. 固态 CO_2　　D. 晶体 Mg

【3.1-14】下列晶体中，熔点最高的是(　　)。

A. 晶体 NaCl   B. 晶体 SiC   C. 固态 CO_2 D. 晶体 Mg

【3.1-15】多电子原子中同一电子层原子轨道能级（量）最高的亚层是(　　)。
A. s 亚层   B. p 亚层   C. d 亚层   D. f 亚层

习题答案及解析

【3.1-1】答案：D

解析：主量子数决定了电子运动能量高低和电子运动距离原子核远近，用于划分电子层；角量子数决定了电子能量和轨道的形状，用于划分电子亚层。

【3.1-2】答案：D

解析：角量子数决定了电子能量和轨道的形状，用于划分电子亚层；磁量子数决定着原子轨道的空间伸展方向和个数。

【3.1-3】答案：B

解析：主量子数 n 的取值为 1，2，3，4，5，6，…；角量子数 l 的取值为 0，1，2，…，$n-1$；磁量子数 m 取值为 0，±1，±2，…，±l；自旋量子数 m_s 取值为 $+\frac{1}{2}$，$-\frac{1}{2}$。

【3.1-4】答案：C

解析：A 选项中，氢原子核外电子因为只有一个电子，能量只与原子核吸引有关，即与主量子数有关与角量子数无关；B 选项中，轨道能级存在能级错乱，不是按照按离核远近的顺序排列；D 选项，自旋量子数取值只有 +1/2，-1/2。

【3.1-5】答案：A

解析：原子的排布应当满足能力最低原理，即首先占据能量低的轨道；此外，在书写电子式的时候，要按照主量子数进行排序，此处应当将 3d 轨道放在 4s 轨道前面书写。

【3.1-6】答案：D

解析：原子的排布应当满足洪德规则及全充满和半充满规律，即当电子在同一亚层轨道中的分布处于全满或者半充满情况时，系统的能量较低，原子结构比较稳定。因而该原子的电子排布式为 $1s^2 2s^2 2p^6 3s^2 3p^6 3d^5 4s^1$，3d 和 4s 轨道均处于半充满，因此未成对电子数包括了 3d 轨道的五个电子和 4s 轨道的一个电子，总共有六个未成对电子。

【3.1-7】答案：A

解析：稀有气体元素的第一电离能很高，原子不易失去电子，表现很稳定；碱金属元素的第一电离能普遍很低，易失去一个电子，表现出很强的金属性；随着核电荷数的增加，第一电离能呈小波折逐渐增大的规律；随着元素序数增加，副族元素的第一电离能增加较缓慢。

【3.1-8】答案：C

解析：同一周期主族元素从左到右有效核电荷逐渐增加，原子半径逐渐减小，副族元素的原子半径略有减小；同一族元素从上到下，主族元素原子半径递增，副族元素略有增大但不明显。因而，原子半径 Na>Li，Na>Si>C。

【3.1-9】答案：B

解析：随着离子电荷数绝对值增大，同周期各元素原子的离子半径减小；随着电子层数的增加，电荷相同的同族元素离子半径增大。因而，离子半径的大小关系为 F^- < Cl^-

$<Br^-<I^-$。

【3.1-10】答案：B

解析：离子的极化作用影响因素有离子的半径和所带电荷。当离子的半径越小，所带电荷越多，正离子的极化作用越强；反之，当离子半径越大、电荷越少时，极化作用越弱。因而，离子极化作用的大小关系为 $F^-<Cl^-<Br^-<I^-$。

【3.1-11】答案：B

解析：主族元素的电负性从左至右逐渐增大，由上至下逐渐减小。电负性越大，说明原子吸引电子的能力越大，非金属性越强；电负性越小，说明原子吸引电子的能力越小，金属性越强。因而，氯原子的电负性最大，非金属性最大，对应的最高价态氧化物的水化物酸性最大。

【3.1-12】答案：A

解析：主族元素的电负性从左至右逐渐增大，由上至下逐渐减小。电负性越大，说明原子吸引电子的能力越大，非金属性越强；电负性越小，说明原子吸引电子的能力越小，金属性越强。因而，钾原子的电负性最小，金属性最大，对应的最高价态氧化物的水化物碱性最大。

【3.1-13】答案：A

解析：晶体 MgO 属于离子晶体，SiO_2 属于原子晶体，固态 CO_2 属于分子晶体，Mg 属于金属晶体。离子晶体结点上交替排列着正负离子，正负离子间以静电引力（离子键）结合构成的；原子晶体结点上排列着原子，原子间以共价键结合构成的；分子晶体结点上排列着中性分子，分子内的各原子以共价键相结合，分子间原子间以分子间作用力结合构成的；金属晶体微粒间靠金属原子上的自由电子以金属键结合构成的晶体。

【3.1-14】答案：B

解析：晶体 NaCl 属于离子晶体，SiC 属于原子晶体，固态 CO_2 属于分子晶体，Mg 属于金属晶体。四种基本类型的晶体熔点高低：原子晶体＞金属晶体＞离子晶体＞分子晶体。

【3.1-15】答案：D

解析：当主量子数相同时，角量子数越大，原子轨道的能级越高。

3.2 溶　　液

高频考点梳理

知识点	弱电解质溶液的解离平衡	水的离子积及溶液的pH值	盐类的水解及溶液的酸碱性
近三年考核频次	1	2	2

3.2.1　分散系统

1. 分散系统的定义

一种物质（或几种物质）分散在另一种物质之中所组成的系统叫做分散系统。例如，将少量食盐或糖加入水中，两者分别以离子、分子状态分散于系统中，将黏土投入水中搅拌后，黏土以微小的粒子分散在水中。

被分散的物质叫做分散质，又称为分散相，如上述的食盐、糖和黏土等；起分散作用的物质，也就是分散质周围的介质则叫做分散介质，如水等。

2. 分散系统的分类

(1) 按照分散相粒子直径分类

1）粗分散系统

分散相粒子直径大于 100nm，不但用普通显微镜能看出，而且用肉眼可直接观察到粒子的存在，系统呈浑浊状态，是不均匀的多相分散系统，如悬浊液和乳浊液。分散质为固态的浊液称悬浊液，如泥浆；分散质液态的浊液称乳浊液，如牛奶和水基切削液等。

2）胶体分散系统

分散相粒子直径为 1~100nm，普通显微镜也难以观察，从外表看整个系统是清澈的。胶体中分散质的粒子较大，往往是由许多分子聚集而成，这些粒子各以一定的界面与周围的介质分开，成为一个不连续相，而分散介质则是一个连续的相。因此，胶体是多相分散系统。

3）胶体分散系统

分散相粒子直径小于 1nm，尺寸相当于分子或离子的大小。此时，分散相和分散介质形成均匀的系统，是一个单相分散系统。

(2) 按照分散相粒子数目分类

1）高分子溶液

通常把原子数目很多、相对分子质量很大的高分子，如蛋白质、纤维、橡胶等所形成的溶液叫做高分子溶液。高分子溶液有时呈现出溶胶的一些性质。

2）低分子溶液

把含原子数目不多，相对分子质量通常在 1000 以下，粒子较小的低分子物质所形成的溶液叫做低分子溶液，简称溶液。

3. 溶液浓度的表示方法

(1) 质量浓度（ρ_A），又称质量密度，溶质 A 的质量除以溶液的体积，即

$$\rho_A = \frac{m_A}{V}$$

其中 m_A 表示溶质 A 的质量；V 为溶液的体积。ρ_A 的单位有：$kg \cdot m^{-3}$ 和 $g \cdot L^{-1}$。

(2) 物质的量浓度（c_A），简称量浓度，物质的量除以溶液的体积，即

$$c_A = \frac{n_A}{V}$$

式中，n_A 为物质 A 的物质的量；V 为溶液的体积。c_A 的单位有：$mol \cdot m^{-3}$ 和 $mol \cdot L^{-1}$。

(3) 质量摩尔浓度（b_A），又称溶质的质量摩尔浓度，溶液中溶质 A 物质的量除以溶剂 B 的质量，即

$$b_A = \frac{n_A}{m_B}$$

单位为 $mol \cdot kg^{-1}$，此处 m_B 是指溶剂的质量，其单位为 kg。

当水溶液很稀时，此时溶剂质量（单位 kg）的数值与溶液体积（单位 L）的数值非常接近。

(4) 物质 A 的摩尔分数（x_p），也称量分数或数分数，溶液中任一组分 A 的物质的量与各组分的物质的量之和的比值，即

$$x_A = \frac{n_A}{\sum n_i}$$

其中，$\sum n_i$ 为各组分的物质的量之和，n_A 是量纲为 1 的量。

4. 稀溶液的依数性

溶液按溶质类型不同，有电解质溶液和非电解质溶液之分；按溶质相对含量不同，又有稀溶液和浓溶液之分。

各类难挥发非电解质稀溶液与纯溶剂相比，溶液的蒸气压下降、沸点升高、凝固时仅析出纯溶剂时凝固点降低和产生渗透压。若使用同一种溶剂，则这些通性都和溶液中溶解的溶质粒子数（浓度）有关，而与溶质的种类无关，并且测定了一种性质，还能推算其他几种性质，这类性质称为稀溶液的依数性。

(1) 稀溶液的蒸气压下降

1) 蒸气压

在一定温度下，把纯液体（如水）置于密闭的容器中，一方面液面上那些能量较高的分子会克服液体分子间的引力，从液体表面逸出成为蒸气，即从液相进入气相，这个过程叫液体的蒸发或汽化；另一方面，气相中的蒸气分子在液面上不停地运动，某些蒸气分子有可能碰撞到液面上，为液体分子吸引而重新进入液相，这个过程叫凝结。

在给定温度下，H_2O 的汽化速率是恒定的。在汽化刚开始时，气相中 H_2O 分子不多，凝结速率远小于汽化速率。随着汽化的进行，气相中 H_2O 分子的量逐渐增加，凝结速率也会随之加大，到某一时刻凝结速率等于汽化速率时，液体与它的蒸气处于平衡状态，这种处于两相之间的平衡称为相平衡。相平衡状态为饱和状态，此状态下的蒸气称为饱和蒸气。饱和蒸气所具有的压强称为该液体的饱和蒸气压，简称蒸气压。

温度一定时，液体的蒸气压是定值。一般地讲，纯液体的蒸气压随温度的升高而增大，而与液体的量、容器的形状、气相中是否存在其他惰性气体无关。在相同温度下，不同液体的蒸气压是不同的。液体的蒸气压越大，意味着该液体越易挥发。

固体也能蒸发（称为升华），也具有蒸气压。一般情况下，固体的蒸气压较小，但冰、萘、碘、樟脑等有较大的蒸气压。

2) 蒸汽压的下降

在同一温度下溶液的蒸气压总是低于纯溶剂的蒸气压。由于溶质是难挥发的，这里讲的溶液蒸气压实际上是指溶液中溶剂的蒸气压。

纯溶剂蒸气压与溶液蒸气压之差称为溶液的蒸气压下降。溶液蒸气压下降的原因：由于溶质加入，必然会降低单位体积溶液内所含溶剂分子的数目，溶液的部分表面也被难挥发的溶质分子所占据，因此单位时间内逸出液面的溶剂分子数相应减少，这样蒸气中含有较少的溶剂分子已能和溶液处于平衡态，所以溶液的蒸气压要比纯溶剂的蒸气压低。

3) 根据拉乌尔定律，可得溶液的蒸气压下降值的计算公式：

$$\Delta p = p_A^* - p_{液} = p_A^* \cdot x_B = p_A^* \cdot \frac{\frac{m_B}{M_B}}{\frac{m_A}{M_A} + \frac{m_B}{M_B}}$$

$$p_\text{液} = p_A^* \cdot x_A$$

其中，p_A^* 为纯溶剂的蒸气压，$p_\text{液}$ 为溶液的蒸气压，x_B 为溶质摩尔分数，x_A 为溶剂摩尔分数。

(2) 稀溶液的沸点升高和凝固点降低

1) 液体的沸点和凝固点

液体的沸点：一种液体的蒸气压等于外压时，液体就会沸腾，此时的温度称为液体的沸点。液体的沸点随外压的增大而升高。通常所说液体的沸点，是指正常沸点（即 1 个大气压时的液体的沸点）。

液体的凝固点：一种液体的正常凝固点是指在 101.3kPa 外压下，该物质的液相与固相成平衡时的温度。

2) 沸点升高和凝固点降低

一切纯液体都有一定的沸点和凝固点。纯溶剂在一定温度下有一定的蒸气压，并且随温度的升高而增大。如果在溶剂中加入难挥发的溶质，溶液蒸气压就下降。由于溶液的蒸气压下降，而导致溶液的沸点升高和凝固点降低。

溶液的沸点升高和凝固点降低的根本原因是溶液的蒸气压下降。而溶液蒸气压下降的程度与溶液的浓度成正比，因此溶液的沸点升高和凝固点降低也与溶液的浓度成正比。拉乌尔用实验确立了下列关系：溶液的沸点升高和凝固点降低与溶液的质量摩尔浓度成正比，而和溶质的种类无关，这也是拉乌尔定律。

用公式表示为：

$$\Delta T_b = K_b \cdot b_B$$
$$\Delta T_f = K_f \cdot b_B$$

其中，K_b 与 K_f 分别表示溶剂沸点上升常数和凝固点下降常数；b_B 表示溶质 B 的质量摩尔浓度。

凝固点降低效应是抗冻剂的作用基础。最常用的汽车抗冻剂是乙二醇。在冰水中加食盐或氯化钙固体，由于溶液中水的蒸气压小于冰的蒸气压，使冰迅速溶化而大量吸热，使周围物质的温度降低，也可以用作制冷剂。

3) 渗透压

半透膜能有选择地允许水或某些分子透过，而不允许其他分子透过，这叫做半透膜的选择性。这种由于半透膜的存在，使两种不同浓度溶液间产生水的扩散的现象，叫做渗透现象。实验发现，稀溶液中的水总是要向浓溶液中渗透，这是由于稀溶液水分子通过半透膜进入浓溶液的速度大于水分子从浓溶液通过半透膜而进入稀溶液的速度，结果使浓溶液体积增大，液面上升。渗透作用达到平衡时，半透膜两边的静压强差，称为渗透压。

产生渗透压的根本原因是溶质加入后溶液的蒸气压降低。在一定温度下，溶液越浓，渗透压越大。

范特霍夫方程：

$$\Pi V = n_B RT$$
$$\Pi = \frac{n_B}{V}RT = c_B RT$$

其中，Π 为溶液的渗透压；n_B 为溶质的物质的量；R 为摩尔气体常数；T 为热力学温度；c_B 为溶液中 B 溶质的体积摩尔浓度。

如果在渗透装置中外加在溶液上的压强超过了渗透压，反而会使浓溶液中的溶剂向稀溶液中扩散，这种现象叫做反渗透。反渗透为海水淡化、工业废水或污水处理溶液浓缩等提供了重要的方法。反渗透技术应用的关键在于反渗透膜必须具有优良的性能，目前常用的半透膜是有机高分子聚合物的复合膜。

【例 3.2-1】下列水溶液中，蒸气压最大的是( )。

A. $1mol \cdot L^{-1}$ NaCl 溶液　　　　　　B. $1mol \cdot L^{-1}$ $C_6H_{12}O_6$ 溶液

C. $0.1mol \cdot L^{-1}$ NaCl 溶液　　　　　D. $1mol \cdot L^{-1}$ H_2SO_4 溶液

解析： NaCl 和 H_2SO_4 在水溶液中电离数分别为 2 和 3，而 $C_6H_{12}O_6$ 不电离，根据依数性可知，向水中加入其他粒子会使其蒸气压降低，得到蒸气压降低值 D>A>B，又因为 C 中溶液物质的量浓度才 $0.1mol \cdot L^{-1}$，因此答案选择 C。

【例 3.2-2】设某物质 1.0g 溶于水配成了 100cm³ 溶液，溶液在 20℃ 时的渗透压为 732Pa。则溶液的物质的量浓度为( )。

A. $1.5mol \cdot L^{-1}$　　　　　　　　　B. $3.0 \times 10^{-4} mol \cdot L^{-1}$

C. $0.1mol \cdot L^{-1}$　　　　　　　　　D. $3.0 \times 10^{-3} mol \cdot L^{-1}$

【例3.2-2】

解析： 根据公式 $\Pi = \dfrac{n_B}{V}RT = c_B RT$，则

$$c_B = \frac{\Pi}{RT} = \frac{732Pa}{8.314J \cdot mol^{-1} \cdot K^{-1} \times 293.15K} = 3.0 \times 10^{-4} mol \cdot L^{-1}$$

因此答案选择 B。

3.2.2 弱电解质的解离平衡

1. 一元弱酸、弱碱的解离平衡

(1) 一元弱酸和一元弱碱，它们在水溶液中只是部分解离，绝大部分以未解离的分子存在。溶液中始终存在着未解离的弱电解质分子与解离产生的正、负离子之间的平衡，这种平衡称为解离平衡。

$$AB \rightleftharpoons A^- + B^-$$

(2) 解离平衡常数：

$$K^{\ominus}(AB) = \frac{[c(A^+)/c^{\ominus}] \cdot [c(B^-)/c^{\ominus}]}{[c(AB)/c^{\ominus}]}$$

由于 $c^{\ominus} = 1mol \cdot L^{-1}$，一般在不考虑 $K^{\ominus}(AB)$ 的单位时，可将上式简化为

$$K^{\ominus}(AB) = \frac{c(A^+) \cdot c(B^-)}{c(AB)}$$

其中，$c(A^+)$、$c(B^-)$、$c(AB)$ 分别表示平衡状态下 A^+、B^-、AB 的平衡浓度，单位为 $mol \cdot L^{-1}$。

对于一元弱酸，

$$K^{\ominus}(AB) = K_a^{\ominus}$$

对于一元弱碱，

$$K^{\ominus}(AB) = K_b^{\ominus}$$

解离常数可以判断弱电解质的相对强弱。在给定的电解质而言，解离常数与温度有关，而与浓度无关。解离常数越大，表示弱电解质解离越容易，即电解质越强。一般地，认为

电离常数不大于 10^{-4} 的电解质称为弱电解质。

一元弱酸弱碱的电离常数推论：

$$c(OH^-) = \sqrt{K_b^\ominus \cdot C}$$

$$c(H^+) = \sqrt{K_a^\ominus \cdot C}$$

其中，$c(OH^-)$、$c(H^+)$ 均表示达到解离平衡时 OH^-、H^+ 的浓度，C 表示一元弱酸弱碱的浓度。

（3）解离度

弱电解质在水中解离达到平衡后，以及弱电解质分子的百分数，称为解离度。一般地，常用已解离的弱电解质浓度百分数表示。解离度可以表示弱电解质解离程度的大小，在相同温度和浓度情况下，解离度越小，电解质越弱。

$$\text{解离度}(\alpha) = \frac{\text{解离部分弱电解质的浓度}}{\text{未解离前弱电解质的浓度}} \times 100\%$$

解离度和解离常数都可以表示酸碱的强弱，两者间有一定的关系。但是在一定温度下，解离度随着弱电解质的物质的量浓度的变化而变化，而解离常数不随弱电解质的物质的量浓度的变化而变化。

在水溶液中，中性 $c(H^+) = c(OH^-)$，酸性 $c(H^+) > c(OH^-)$，碱性 $c(H^+) < c(OH^-)$。

特别地，当处于室温时，

中性 $c(H^+) = 1.0 \times 10^{-7} \text{mol} \cdot \text{L}^{-1} = c(OH^-)$，

酸性 $c(H^+) > 1.0 \times 10^{-7} \text{mol} \cdot \text{L}^{-1} > c(OH^-)$，

碱性 $c(H^+) < 1.0 \times 10^{-7} \text{mol} \cdot \text{L}^{-1} < c(OH^-)$。

2. 水的离子积及溶液的 pH 值

（1）水的离子积：水中 H^+ 和 OH^- 浓度的乘积，称作为水的离子积。在稀溶液中，水的离子积常数不随着离子浓度的变化而变化，在温度一定时为常数。

（2）丹麦生物化学家泽伦森于 1909 年首先提出用氢离子浓度的负对数表示酸碱性，称为 pH 值。

$$pH = -\lg[c(H^+)]$$

$$pOH = -\lg[c(OH^-)]$$

很明显，pH 越小，$c(H^+)$ 越大，酸度越高；相反，pH 越大，$c(H^+)$ 越小，酸度越低。中性溶液的 pH 是 7。pH+pOH=14。

pH 只适用于 pH 为 1~14 的溶液，对于高浓度的强酸、强碱，往往直接用物质的量浓度表示，否则 pH 会成为负值或者大于 14。

3. 多元弱电解质的分级解离

分子中含有两个或两个以上可解离氢原子的酸，称为多元酸。氢硫酸（H_2S）、碳酸（H_2CO_3）为二元弱酸，磷酸（H_3PO_4）为三元中强酸。多元弱酸在溶液中的解离平衡比一元弱酸要复杂些。一元弱酸的解离平衡是一步完成的。多元弱酸的解离是分步（级）进行，氢离子是依次解离出来的，其解离常数分别用 $K_{a1}^\ominus$, $K_{a2}^\ominus$, ……

在一般情况下，二元弱酸的 $K_{a1}^\ominus \gg K_{a2}^\ominus$，表示第二步解离比第一步解离困难得多，这是因为第一步解离出的 H^+，会对第二步的解离有抑制作用。溶液的酸性主要由第一步解离所决定。因此，比较无机多元酸的酸性强弱时，只需比较一级解离常数即可；近似计算 H^+ 浓度时，可只考虑一级解离。

一般来说，任何单一的二元弱酸中两价负离子的浓度均约等于其二级解离常数。

4. 共同离子效应和缓冲溶液

(1) 共同离子效应

弱酸、弱碱的解离平衡与其他的化学平衡一样，是一种暂时的、相对的动态平衡。当溶液的温度、浓度等条件改变时，解离平衡也要发生移动。就浓度的改变来说，除用稀释的方法外，还可以在弱电解质溶液中加入具有相同离子的强电解质，从而改变某种离子的浓度，以引起弱电解质解离平衡的移动。在弱电解质溶液中，加入与弱电解质具有相同离子的强电解质时，可使弱电解质的解离度降低，这种现象叫做共同离子效应。

同离子效应可以控制弱酸或弱碱溶液中的 H^+ 和 OH^- 浓度，所以经常利用同离子效应来调节溶液的酸碱性。

(2) 缓冲溶液

向某溶液中加入少量强酸或强碱，或将溶液适当稀释，溶液本身 pH 能保持相对稳定，该溶液称为缓冲溶液。缓冲溶液作为各种反应和过程的载体或介质，具有稳定溶液反应环境的作用，可以说这是缓冲溶液最大的应用。一种溶液要具有缓冲作用，一般必须要有两种物质组成缓冲对。弱酸及其盐、弱碱及其盐和多元酸的酸式盐及其相应的次级盐均可组成缓冲对，起到缓冲作用。

衡量缓冲溶液具有缓冲能力的尺度，称为缓冲容量（或者称缓冲能力）。缓冲容量与缓冲对的浓度和缓冲对的组分的比值有关。缓冲对的浓度越大，缓冲容量越大；当弱酸与弱酸盐的总浓度固定时，缓冲组分比例为 1∶1 的缓冲溶液的缓冲容量最大。缓冲组分的比例离 1∶1 越远，缓冲容量越小。

缓冲范围：任何一个缓冲系统，都有一个有效的缓冲范围，这个范围就在 $pK_a^{\ominus}$（$pK_b^{\ominus}$）两侧各一个 pH（或 pOH）单位内。

5. 溶度积和溶度积规则

(1) 多相离子平衡：难溶电解质的沉淀-溶解平衡是一种存在于固体和它的溶液中相应离子间的平衡，也叫做多相离子平衡。

习惯上把溶解度小于 0.01 g/(100gH_2O) 的物质称为难溶物。$AgCl$、$BaSO_4$ 等都是难溶物，为常见的难溶电解质。

(2) 溶度积

溶度积表示当温度一定时，在难溶电解质的饱和溶液中，有关离子相对浓度的乘积为一常数。它的大小与物质的种类有关，因而称为难溶电解质的溶度积。每种难溶电解质在一定温度下都有自己的溶度积。以 A_mB_n 为例，来表示

$$A_mB_n(s) \rightleftharpoons mA^{n-} + nB^{m-}$$

$$K_{sp}^{\ominus} = [c(A^{n+})/c^{\ominus}]^m \cdot [c(B^{m-})/c^{\ominus}]^n$$

由于 $c^{\ominus} = 1 mol \cdot L^{-1}$，一般在不考虑 $K_{sp}^{\ominus}$ 的单位时，可将上式简化为

$$K_{sp}^{\ominus} = [c(A^{n+})]^m \cdot [c(B^{m-})]^n$$

$K_{sp}^{\ominus}$ 是表示难溶电解质溶解能力的特征常数，与其他平衡常数一样，是温度的函数。

(3) 溶度积与溶解度的换算

溶度积和溶解度都能代表难溶电解质的溶解能力，它们之间可以互相换算。从溶度积的表达式可知，若在饱和溶液中相应离子浓度互为简单的整倍数，就可从溶度积计算出离子浓度，进而算出难溶电解质的溶解度。同理，也可从溶解度求算难溶电解质的溶度积。其换算过程为：以 $A_m B_n$ 为例，来表示

$$A_m B_n(s) \rightleftharpoons mA^{n-} + nB^{m-}$$

平衡浓度 $\qquad\qquad\qquad\qquad ms \qquad ns$

$$K_{sp}^{\ominus} = [ms]^m \cdot [ns]^n$$

则 AB 型：$K_{sp}^{\ominus} = s^2, s = \sqrt{K_{sp}^{\ominus}}$

对于同一类型的难溶电解质，可以通过溶度积来比较溶解度的大小。溶度积大者，其溶解度必大；溶度积小者，其溶解度必小。但对于不同类型的难溶电解质，却不能直接由溶度积来比较溶解度的大小。

(4) 溶度积规则

某一难溶电解质在一定条件下，沉淀能否生成或溶解，可以根据溶度积规则判断。

1) 浓度积：表示在难溶电解质溶液中，任意情况下离子浓度的乘积，用 J_c 表示。在任意情况下，以 $A_m B_n$ 为例

$$J_c = [c(A^{n+})]^m \cdot [c(B^{m-})]^n$$

2) 溶度积规则：溶度积和浓度积之间的关系

① 当溶度积和浓度积相等时，即 $J_c = K_{sp}^{\ominus}$，溶液中有难溶盐固体时，是饱和溶液。此时沉淀和溶解达到动态平衡。

② 当浓度积小于溶度积相等时，即 $J_c < K_{sp}^{\ominus}$，是不饱和溶液，若系统里尚有难溶盐固体存在沉淀将溶解直至达到饱和溶液为止。

③ 当浓度积大于溶度积相等时，即 $J_c > K_{sp}^{\ominus}$，是不饱和溶液，若系统里尚有难溶盐固体存在沉淀将溶解直至达到饱和溶液为止。

上述 J_c 与 $K_{sp}^{\ominus}$ 的关系及其结论称为溶度积规则，它是难溶电解质多相离子平衡移动规律的总结。在一定温度下，控制难溶电解质溶液中离子的浓度，使溶液中浓度积 J_c 大于或小于溶度积 $K_{sp}^{\ominus}$，就可使难溶电解质产生沉淀或使沉淀溶解。

【例 3.2-3】通常情况下，$K^{\ominus}$、$K_a^{\ominus}$、$K_b^{\ominus}$、$K_{sp}^{\ominus}$，它们的共同特性是（　　）。

A. 与有关气体分压有关　　　　　　B. 与反应物浓度有关
C. 与温度有关　　　　　　　　　　D. 与催化剂种类有关

解析：$K^{\ominus}$、$K_a^{\ominus}$、$K_b^{\ominus}$，解离常数可以判断弱电解质的相对强弱。在给定的电解质而言，解离常数与温度有关，而与浓度无关。$K_{sp}^{\ominus}$ 是表示难溶电解质溶解能力的特征常数，与其他平衡常数一样，是温度的函数。因此选择 C。

【例 3.2-4】已知 $K_b^{\ominus}(NH_3 \cdot H_2O) = 1.8 \times 10^{-5}$，则 $0.1 mol \cdot L^{-1}$ 的 $NH_3 \cdot H_2O$ 溶液的 pH 为（　　）。

A. 11.13　　　　　　　　　　　　B. 2.37
C. 2.88　　　　　　　　　　　　　D. 11.63

【例3.2-4】

解析： 根据一元弱酸弱碱的电离常数推论，可得 OH^- 的浓度 $c(OH^-) = \sqrt{K_b^\ominus \cdot C}$ = $\sqrt{1.8 \times 10^{-5} \times 0.1} \approx 1.34 \times 10^{-3} mol \cdot L^{-1}$，再有 pH 值计算公式得到 pH = 14 − pOH = 11.13。因此答案选择 A。

习　　题

【3.2-1】现有 100ml 浓硫酸，测得其质量分数为 98%，密度为 $1.84g \cdot ml^{-1}$，其物质的量浓度为（　　）。

  A. $18.4 mol \cdot L^{-1}$ B. $18.8 mol \cdot L^{-1}$
  C. $18.0 mol \cdot L^{-1}$ D. $1.84 mol \cdot L^{-1}$

【3.2-2】设某物质摩尔质量为 $40g \cdot mol^{-1}$，已知水的 K_f 为 $1.86 K \cdot kg \cdot mol^{-1}$，2.0g 该物质溶于 50g 的水中，则得到的难挥发非电解质溶液的凝固点是（　　）。

  A. 373.15K   B. 371.29K
  C. 273.15K   D. 275.01K

【3.2-3】已知反应（1）$H_2(g) + S(s) \rightleftharpoons H_2S(g)$，其平衡常数为 $K_1^\ominus$；反应（2）$S(s) + O_2(g) \rightleftharpoons SO_2(g)$，其平衡常数为 $K_2^\ominus$；则反应（3）$H_2(g) + SO_2(g) \rightleftharpoons O_2(g) + H_2S(g)$，其平衡常数为 $K_3^\ominus$ 为（　　）。

  A. $K_1^\ominus - K_2^\ominus$ B. $K_1^\ominus + K_2^\ominus$
  C. $K_1^\ominus \cdot K_2^\ominus$ D. $K_1^\ominus / K_2^\ominus$

【3.2-4】已知 $K_a^\ominus(CH_3COOH) = 1.75 \times 10^{-5}$，则 $0.1 mol \cdot L^{-1}$ 的 CH_3COOH 溶液的 pH 为（　　）。

  A. 11.13   B. 2.37
  C. 2.88   D. 11.63

【3.2-5】已知 $K_a^\ominus(CH_3COOH) = 1.75 \times 10^{-5}$，则 $0.1 mol \cdot L^{-1}$ 的 CH_3COOH 溶液的溶解度为（　　）。

  A. 1.23%   B. 1.32%
  C. 2.13%   D. 2.31%

【3.2-6】已知 298.15K 时，AgI 的 $K_s^\ominus$ 为 8.51×10^{-17}，则 AgI 在水中的溶解度为（　　）。

  A. $8.51 \times 10^{-17} mol \cdot L^{-1}$ B. $4.25 \times 10^{-17} mol \cdot L^{-1}$
  C. $9.22 \times 10^{-8} mol \cdot L^{-1}$ D. $4.25 \times 10^{-8} mol \cdot L^{-1}$

【3.2-7】已知 H_2S 的 $K_{a1}^\ominus$ 为 9.1×10^{-8}、$K_{a2}^\ominus$ 为 1.1×10^{-12}，则 $0.1 mol \cdot L^{-1}$ 的饱和 H_2S 溶液中 S^{2-} 的浓度为（　　）。

  A. $9.5 \times 10^{-5} mol \cdot L^{-1}$ B. $9.1 \times 10^{-8} mol \cdot L^{-1}$
  C. $1.1 \times 10^{-12} mol \cdot L^{-1}$ D. $4.25 \times 10^{-8} mol \cdot L^{-1}$

【3.2-8】浓度均为 $0.1 mol \cdot L^{-1}$ 的 NH_4Cl、NaCl、$NaHCO_3$、Na_3PO_3 溶液中，pH 值最大的是（　　）。

  A. NH_4Cl B. NaCl
  C. Na_2CO_3 D. Na_3PO_3

【3.2-9】298.15K 时，在密闭容器中进行如下反应 $2A(g)+B(g) \rightleftharpoons C(g)+D(g)$，开始时，$p(A)=p(B)=500kPa$，$p(C)=0kPa$，$p(D)=100kPa$，平衡时 $p(C)=100kPa$，则此时反应的标准平衡常数是（　　）。

A. 0.01 B. 0.1
C. 1   D. 10

【3.2-10】将 $0.1mol \cdot L^{-1}$ 的 $NH_3 \cdot H_2O$ 溶液冲稀一倍，则下列表述错误的是（　　）。

A. $NH_3 \cdot H_2O$ 的解离度增大 B. 溶液中相关离子浓度减小
C. $NH_3 \cdot H_2O$ 解离常数增大 D. 溶液的 pH 值降低

【3.2-11】已知 $K_a^{\ominus}(CH_3COOH)=1.75 \times 10^{-5}$，将 $0.2mol \cdot L^{-1}$ 的 CH_3COOH 溶液和 $0.2mol \cdot L^{-1}$ 的 NaOH 溶液等体积混合，则混合后溶液的 pH 值是（　　）。

A. 10.76 B. 11.34
C. 8.21   D. 5.79

【3.2-12】已知反应 $2A(g)+B(g) \rightleftharpoons C(g)+D(g)$，$\Delta H<0$，下列措施中，不能增大其平衡常数的是（　　）。

A. 使用催化剂   B. 增大 A 的分压
C. 降低反应温度 D. 减小 D 的分压

【3.2-13】将 NH_4Cl 加入到 $0.1mol \cdot L^{-1} NH_3 \cdot H_2O$ 溶液后，发生的变化是（　　）。

A. 溶液的 pH 值降低 B. 溶液的 pH 值升高
C. Ka 值增加   D. Ka 值减小

习题答案及解析

【3.2-1】答案：A

解析：质量分数等于溶质质量除以溶液质量；物质的量浓度等于物质的量除以溶液的体积。物质的量浓度 $c_A = \dfrac{n_A}{V}$，其中摩尔数 $n=100 \times 1.84 \times 98\%/98=1.84mol$，体积 $V=0.1L$，因此物质的量浓度 $c_A=\dfrac{n_A}{V}=1.84/0.1=18.4mol \cdot L^{-1}$。

【3.2-2】答案：B

解析：该物质的质量摩尔浓度 $b_B=\dfrac{n_B}{m_A}=\dfrac{2.0g/40g \cdot mol^{-1}}{50g}=1mol \cdot kg^{-1}$，在计算凝固点上升值 $\Delta T_f = K_f \cdot b_B = 1.86K \cdot kg \cdot mol^{-1} \times 1mol \cdot kg^{-1} = 1.86K$，最后得到溶液的凝固点 $273.15K-1.86K=371.29K$。

【3.2-3】答案：D

解析：根据解离平衡常数的概念可以推知，当某一反应可以由两个或者两个以上反应总和表示时，那么总反应的平衡常数是其他各反应的平衡常数的乘积。特别地，某一反应的平衡常数同其逆反应的平衡常数互为倒数。本题中，反应(1)-反应(2)=反应(3)。

【3.2-4】答案：C

解析：根据一元弱酸弱碱的电离常数推论，可得 H^+ 的浓度 $c(H^+)=\sqrt{K_a^{\ominus} \cdot C}=$

$\sqrt{1.75\times10^{-5}\times0.1}\approx1.32\times10^{-3}\text{mol}\cdot\text{L}^{-1}$，再有 pH 值计算公式得到 $\text{pH}=-\log c(\text{H}^+)=2.88$。

【3.2-5】答案：B

解析：根据一元弱酸弱碱的电离常数推论，可得 H^+ 的浓度 $c(\text{H}^+)=\sqrt{K_a^{\ominus}\cdot C}=\sqrt{1.75\times10^{-5}\times0.1}\approx1.32\times10^{-3}\text{mol}\cdot\text{L}^{-1}$，再有溶解度计算公式得到

$$\text{解离度}(\alpha)=\frac{\text{解离部分弱电解质的浓度}}{\text{未解离前弱电解质的浓度}}\times100\%=\frac{1.32\times10^{-3}\text{mol}\cdot\text{L}^{-1}}{0.1\text{mol}\cdot\text{L}^{-1}}=1.32\%$$

【3.2-6】答案：C

解析：根据 AB 型溶度积与溶解度换算规律知：AB 型：$K_{sp}^{\ominus}=s^2$，$s=\sqrt{K_{sp}^{\ominus}}=\sqrt{8.51\times10^{-17}}=9.22\times10^{-8}\text{mol}\cdot\text{L}^{-1}$。

【3.2-7】答案：C

解析：首先应当先考虑 H_2S 的一级解离，可以得到 $c(\text{H}^+)=c(\text{HS}^-)=\sqrt{K_{a1}^{\ominus}\cdot C}=\sqrt{9.1\times10^{-8}\cdot0.1}\approx9.5\times10^{-5}\text{mol}\cdot\text{L}^{-1}$；再考虑 H_2S 的二级解离，由于 H_2S 的一级解离远远大于二级解离且远远大于水的解离，因此可以认为 $c(\text{H}^+)\approx9.5\times10^{-5}\text{mol}\cdot\text{L}^{-1}$，根据二级解离平衡得到，$c(\text{S}^{2-})=\dfrac{K_{a2}^{\ominus}\cdot c(\text{HS}^-)}{c(\text{H}^+)}=\dfrac{1.1\times10^{-12}\times9.5\times10^{-5}}{9.5\times10^{-5}}=1.1\times10^{-12}\text{mol}\cdot\text{L}^{-1}$。

【3.2-8】答案：D

解析：首先应当先考虑溶液的酸碱性，NH_4Cl 为弱碱强酸盐呈酸性，NaCl 为强碱强酸盐呈中性，NaHCO_3、Na_3PO_3 均为强碱弱酸盐呈碱性；再比较两种强碱弱酸盐的酸碱性，由于 NaHCO_3 的 $K_{a1}^{\ominus}$ 值远远大于 Na_3PO_3 的 $K_{a3}^{\ominus}$ 值，因此 Na_3PO_3 的碱性最大，pH 值最大。

【3.2-9】答案：A

解析：本题主要考查的是对平衡常数的理解，因为气体具有扩散性在密闭容器中会均匀地充满容器，因而浓度的比值等于气压的比值。根据题意可以推知：

$$2A(g)+B(g)\rightleftharpoons C(g)+D(g)$$

开始时	300	300	0	100
平衡时	100	200	100	200

则标准平衡常数 $=\dfrac{100\times200}{100^2\times100}=0.01$。

【3.2-10】答案：C

解析：本题主要考查的是对平衡常数的理解，A 选项中解离度是指达到平衡后，电解质已解离部分和原有部分的比值，溶液稀释，溶液的溶解度会增大；B 选项中溶液稀释，溶液的溶解度会增大，但是溶液体积增大，导致离子浓度降低；C 选项中因为温度和物质性质不变，解离常数应当不变；D 选项中由于 OH^- 的浓度降低，将导致溶液的 pH 值降低。

【3.2-11】答案：A

解析：混合后，生成的 CH_3COONa 的浓度为 $c(\text{CH}_3\text{COONa})=0.2/2=0.1\text{mol}\cdot\text{L}^{-1}$

$\approx c(CH_3COO^-)$，$c(OH^-) = \sqrt{c(CH_3COO^-) \times K_w/K_a} = \sqrt{0.1 \times 1 \times 10^{-14}/1.75 \times 10^{-5}}$
$\approx 5.7 \times 10^{-4}$ mol·L^{-1}，pH=14-pOH=14-$(-\log 5.7 \times 10^{-4})$ = 14-3.24=10.76。

【3.2-12】答案：A

解析：本题考查的是对于反应平衡的影响。A 选项中，催化剂可以影响反应速率，但是不影响反应平衡；B 选项中，其他条件不变的情况下，增大反应物的浓度，可以使反应平衡正向移动；C 选项中，本反应为放热反应，其他条件不变的情况下，降低温度，可以使反应平衡正向移动；B 选项中，其他条件不变的情况下，减小生成物的浓度，可以使反应平衡正向移动。

【3.2-13】答案：A

解析：本题考查的是对于反应平衡和平衡常数的理解。平衡常数 K_a 只与温度有关，与离子的浓度无关；NH_4Cl 加入到 $NH_3·H_2O$ 溶液中，将会使 $NH_3·H_2O$ 解离平衡向左移动，则 $c(OH^-)$ 将会降低，$c(H^+)$ 将会升高，溶液的 pH 值降低。

3.3 化学反应速率及化学平衡

高频考点梳理

知识点	反应热与热化学方程式	化学反应速率	化学平衡的特征
近三年考核频次	1	2	3

3.3.1 反应热与热化学方程式

1. 反应热

反应热：某化学反应发生后，系统不做非体积功，反应终态温度等于反应始态温度时，系统吸收或放出的热量。

(1) 热力学第一定律

系统与环境之间的能量交换有两种方式，一种是热传递，另一种是做功。

1) 热力学能：系统内分子的平动能转动能、振动能、分子间势能、原子间键能、电子运动能、核内基本粒子间核能等能量的总和称为热力学能（U）。

2) 热力学第一定律：若封闭系统由状态 1（设热力学能为 U_1）变化到状态 2（设热力学能为 U_2），同时系统从环境吸热 Q，环境对系统做功 W，则系统热力学能的变化为

$$\Delta U = U_2 - U_2 = Q + W$$

这是封闭系统的热力学第一定律的表达式。其实质就是能量守恒，说明封闭系统以热和功的形式传递的能量必定等于系统热力学能的变化。

热力学中规定，凡是能使系统热力学能增加的取正值。即若系统吸热，Q 取正值，系统放热，Q 取负值；若环境对系统做功，W 取正值，系统对环境做功，W 取负值。

(2) 等容反应热

若化学反应在固定体积的容器中进行，因体积恒定，并只做体积功，所以 $W=0$。根据热力学第一定律可得：

$$\Delta U = U_2 - U_2 = Q_v$$

其中，Q_v 为等容反应热，v 表示恒容过程。说明：在恒容条件下，化学反应的反应

热在数值上等于该反应系统热力学能的改变量。

(3) 等压反应热

若化学反应在等压条件下中进行，因此体积可能变化，所以 $W = -p\Delta V = -p(V_2 - V_1)$，$Q = Q_p$。根据热力学第一定律可得：

$$\Delta U = U_2 - U_1 = Q_p - p\Delta V = Q_p - p(V_2 - V_1)$$

其中，Q_p 为等压反应热，p 表示恒压过程。

(4) 等容反应热与等压反应热的关系

$$Q_v = Q_p - p\Delta V = Q_p - p(V_2 - V_1)$$

对于理想气体 $pV = nRT$，

$$Q_v = Q_p - RT(n_2 - n_1) = Q_p - \Delta nRT$$

$$Q_p = Q_v + \Delta nRT$$

其中，Δn 为反应前后所有气体物质的量和的改变量。特别地，不能将反应物和生成物的固体和液体的 n 计算在内。

(5) 焓与焓变

$$Q_p = (pV_2 + U_2) - (pV_1 + U_1) = H_2 - H_1 = \Delta H$$

焓：$H = pV + U$。

焓变：焓的改变量，用 ΔH 表示。

在等压反应下，恒压反应热可以用焓的改变量来衡量，只取决于始态和终态。

(6) 热力学标准态

热力学标准态：用于测量温度和压强这样的参数引起热力学的变化值的基线。

1) 对于气体物质的标准态（单一组分或气体混合物），都是在标准压强 $p^\ominus = 100\text{kPa}$ 时表现出理想气体特性的（假想）状态的纯物质。

2) 对于纯液体物质，其标准态定义为在标准压强 $p^\ominus = 100\text{kPa}$ 时的纯液体。

3) 对于纯固体物质，其标准态定义为在标准压强 $p^\ominus = 100\text{kPa}$ 时的纯固体。

4) 对于溶液系统，对于溶液的溶剂来说，标准态是压强为 $p^\ominus = 100\text{kPa}$ 纯液体 A（对液体溶液）或纯固体 A（对固体溶液）；对于溶液的溶质 B 来说，标准态为 $1\text{mol} \cdot \text{L}^{-1}$（标准物质的量浓度），两者的压强为 $p^\ominus = 100\text{kPa}$。

特别地，标准态的定义没有固定温度，因此随着温度的变动，可能有多个物质的标准态。常使用 298.15K 作为参考温度。

2. 热化学方程式

(1) 热化学方程式：表示化学反应和反应热关系的方程式称为热化学方程式。

例：

$$\text{Hg(s)} + \frac{1}{2}\text{O}_2(\text{g}) \longrightarrow \text{HgO(s)} \quad \Delta_r H_m^\ominus(298.15\text{K}) = -90.83\text{kJ} \cdot \text{mol}^{-1}$$

其中，式中，$\Delta_r H_m^\ominus(298.15\text{K})$ 称为反应的标准摩尔焓变；H 的左下标 r 表示化学反应；右下标 m 表示摩尔，指的是反应进度为 1mol；298.15K 表示反应温度；右上标的符号表示热力学标准态。$\Delta_r H_m^\ominus(298.15\text{K}) < 0$，表示反应正方向为放热反应；反之，为吸热反应。

化学反应热效应与活化能的关系：

$$\Delta H = \varepsilon_{正} - \varepsilon_{逆}$$

其中，$\varepsilon_{正}$、$\varepsilon_{逆}$ 分别表示正、逆反应的活化能。

书写热力学方程式的要点：

1）在热化学方程式中必须标出有关物质的聚集状态（包括晶型）。通常用 g、l 和 s 分别表示气态、液态和固态，cr 表示晶态，am 表示无定形固体，aq 表示水溶液。

2）在热化学反应方程式中物质的化学计量数不同，虽为同一反应，其反应热的数值也不同。

3）正、逆反应的反应热的绝对值相同，符号相反。

4）书写热化学方程式时，应注明反应温度和压强条件，如果反应发生在 298.15K 和 100kPa 下，习惯上不注明。

（2）化学反应的标准摩尔焓变

1）反应的标准摩尔焓变

反应的摩尔焓变：指反应进度为 1mol 时的焓变。

反应的标准摩尔焓变：如果反应式中的各物质都处于标准态，则此时反应的摩尔焓变就称为反应的标准摩尔焓变。

2）物质的标准摩尔生成焓

物质的标准摩尔生成焓：对于单质和化合物的相对焓值，规定在标准状态时，由指定单质生成单位物质的量的纯物质时反应的标准摩尔焓变，称作该物质的标准摩尔生成焓。

物质的标准摩尔生成焓定义中，反应物全部为指定单质，生成物只有一种，且系数为 1。

对于水合离子的相对焓值，规定以水合氢离子的标准摩尔生成焓为零，参考温度通常也选定为 298.15K。据此，可以获得其他水合离子在 298.15K 时的标准摩尔生成焓。

3）反应的标准摩尔焓变计算

根据赫斯定律和物质的标准摩尔生成焓的定义，对于一般的化学反应方程式：

$$0 = \sum_{R} v_R R$$

在 298.15K 时反应的标准摩尔焓变的计算公式为

$$\Delta_r H_m^{\ominus}(298.15K) = \sum_{R} v_R \Delta_f H_{m,R}^{\ominus}(298.15K)$$

在 298.15K 下反应的标准摩尔焓变等于同温度下此反应中各物质的标准摩尔生成焓与其化学计量数乘积之和。

（3）化学反应的标准摩尔熵

1）物质的标准摩尔熵

熵：用来衡量系统内物质微观粒子的混乱度的值，即系统的熵是系统内物质微观粒子混乱度（或无序度）的量度，以符号 S 来表示。公式为：

$$S = k\ln\Omega$$

其中，其中 Ω 为热力学概率（又称混乱度），是与一定宏观状态对应的微观状态总数，k 为玻耳兹曼常量。系统内物质微观粒子的混乱度越大，系统的熵值也越大。

2）物质的标准摩尔熵：单位物质的量的纯物质在标准状态下的规定熵叫做该物质的

标准摩尔熵，参考温度通常也选定为298.15K，以符号$S_m^\ominus(298.15K)$来表示。

3）反应的标准摩尔熵变的计算

对于一般的化学反应方程式：

$$0 = \sum_R v_R R$$

在298.15K和标准状态时，反应1mol时反应的标准摩尔熵变的计算公式为

$$\Delta_r S_m^\ominus(298.15K) = \sum_R v_R S_{m,R}^\ominus(298.15K)$$

在298.15K下反应的标准摩尔熵变等于同温度下此反应中各物质的标准摩尔熵与其化学计量数乘积之和。熵变会随着温度的变化而变化。

(4) 化学反应的自发性

1）吉布斯函数变

吉布斯函数：状态函数H、T和S的组合，把焓和熵组合在一起的热力学函数。

$$G = H - TS$$

在等温条件下，反应的吉布斯函数变为：

$$\Delta G = \Delta H - T\Delta S$$

2）**反应的自发性判断**

对于恒温、恒压、不做非体积功的一般反应，反应自发性的判断方法为：

$\Delta G < 0$ 属于自发反应，反应正方向自发进行；

$\Delta G = 0$ 反应达到平衡状态；

$\Delta G > 0$ 属于非自发反应，反应逆方向自发进行。

特别地，由于$T > 0$恒成立，

$\Delta H < 0$，$\Delta S > 0$属于自发反应，反应正方向自发进行；

$\Delta H > 0$，$\Delta S < 0$属于非自发反应，反应逆方向自发进行；

$\Delta H < 0$，$\Delta S < 0$在低温下能正方向自发反应；

$\Delta H > 0$，$\Delta S > 0$在高温下能正方向自发反应。

【例3.3-1】与环境之间没有物质交换，但可以有能量交换的系统，在热力学中称为是（　　）。

A. 敞开系统　　　　　　　　　　　B. 开放系统

C. 封闭系统　　　　　　　　　　　D. 隔离系统

解析：本题考查的是对于系统的分类。敞开系统，是与环境之间既有物质交换又有能量交换的系统，又称开放系统；封闭系统，是与环境之间没有物质交换，但可以有能量交换的系统；隔离系统，是与环境之间既无物质交换又无能量交换的系统。因此答案选择C。

【例3.3-2】已知$Hg + O_2 \longrightarrow HgO$中消耗$1molO_2$反应热为$-181.66kJ \cdot mol^{-1}$，则下列热化学方程式书写正确的是（　　）

A. $Hg(s) + O_2(g) \longrightarrow HgO(s)$　　$\Delta_r H_m^\ominus(298.15K) = -181.66kJ \cdot mol^{-1}$

B. $Hg + \frac{1}{2}O_2 \longrightarrow HgO$　　$\Delta_r H_m^\ominus(298.15K) = -90.83kJ \cdot mol^{-1}$

C. $Hg(s) + \frac{1}{2}O_2(g) \longrightarrow HgO(s)$　　$\Delta_r H_m^\ominus(298.15K) = -90.83kJ \cdot mol^{-1}$

D. $2Hg(s) + O_2(g) \longrightarrow HgO(s)$ $\Delta_r H_m^{\ominus}(298.15K) = -90.83 kJ \cdot mol^{-1}$

解析：本题考查的是对于热化学方程式的书写。在热化学方程式中必须配平并且标出有关物质的聚集状态；在热化学反应方程式中物质的化学计量数不同，同一反应的反应热的数值也不同，反应热的数值应当随着物质的化学计量数的变化而变化；正、逆反应的反应热的绝对值相同，符号相反；书写热化学方程式时，应注明反应温度和压强条件，如果反应发生在298.15K和100kPa下，习惯上不注明。因此答案选择C。

【例3.3-3】 关于系统的状态函数，下列说法中错误的是（　　）。
A. 系统的状态函数是由其所处的状态唯一确定的
B. 其状态函数的改变量不仅取决于系统的起始状态和最终状态，还受具体途径影响
C. 只有化学变化或物质平衡态的变化达到平衡，系统的平衡态才能不随时间变化
D. 如果系统处于平衡态，则系统的温度、压强一定与环境的相同

解析：本题考查的是对于系统的状态函数。A、B选项中，由于系统的状态函数是由其所处的状态唯一确定的，因而当系统从一种状态变化到另一种状态时，其状态函数的改变量只取决于系统的起始状态和最终状态，而与发生这种变化所经历的具体途径无关；C、D选项中，如果系统处于平衡态，则系统的温度、压强一定与环境的相同，系统内部各种性质均匀，若有化学变化或物质平衡态的变化也已达到平衡，只有这样，系统的平衡态才能不随时间变化。因此B选项应当为其状态函数的改变量只取决于系统的起始状态和最终状态，答案选择B。

【例3.3-4】 化学反应要在任何温度下都能自发进行，需要满足的要求是（　　）。
A. $\Delta H > 0, \Delta S < 0$ B. $\Delta H < 0, \Delta S > 0$
C. $\Delta H < 0, \Delta S < 0$ D. $\Delta H > 0, \Delta S > 0$

解析：本题考查的是对于自发反应的判断。A选项中，$\Delta H > 0, \Delta S < 0$属于非自发反应，反应逆方向自发进行；B选项中，$\Delta H < 0, \Delta S > 0$属于自发反应，反应正方向自发进行；C选项中，$\Delta H < 0, \Delta S < 0$在低温下能正方向自发反应；D选项中，$\Delta H > 0, \Delta S > 0$在高温下能正方向自发反应。因此答案选择B。

3.3.2　化学反应速率及影响因素

（1）反应进度

反应进度：用某一反应物或生成物的物质的量的变化量除以其化学计量数来表示，来描述进行的程度的变量。

计算公式：

$$\xi = \frac{n_B(\xi) - n_B(0)}{v_B}$$

其中，v_B为B的化学计量数；v_B对反应物取为负值，对生成物取为正值。同一化学反应的任一物质的ξ数值都相同，所以反应进度的数值与选用何种物质的量的变化来进行计算无关。

（2）化学反应速率

化学反应速率：在单位时间单位体积内，发生的反应进度。

计算公式为：

$$v = \frac{1}{v} \cdot \frac{dc_R}{dt}$$

v 为化学计量数；反应速率的数值与所选择的物质都无关，即选择任何一种反应物或者产物来表达反应速率都能得到相同的数值。化学反应速率常用单位为 $mol \cdot L^{-1} \cdot s^{-1}$。

(3) 化学反应速率影响因素

影响反应速率的因素主要有三类：一是反应物本身的性质，二是反应物的浓度和系统的温度、压力、催化剂等条件，三是光、电、磁、微波等外场。

1) 浓度

对于元反应，反应速率与反应物浓度以化学反应方程式中相应物质化学计量数的绝对值为指数的乘积成正比。

质量作用定律表达式（只适用于元反应）：

$$V = k[c(A)]^a \cdot [c(B)]^b$$

式中，比例常数 k 称为反应速率常数。对于某给定的反应，k 值与反应物的浓度无关，而与反应物的性质、温度和催化剂等有关。不同的反应或同一反应在不同的温度和催化剂等条件下 k 值不同。k 的物理意义是各反应物浓度都为 $1 mol \cdot L^{-1}$ 时的反应速率。

对于复合反应，质量作用定律往往不适用，其反应级数要通过实验测定。

2) 温度

对于大多数反应，温度升高反应速率增大，即速率常数随温度升高而增大。但也有一些特殊情况，如爆炸反应和酶催化反应等。

范特霍夫根据大量的实验结果，提出：当温度每上升 10℃，反应速率大约要变为原来速率的 2～4 倍。可以看出，温度对反应速率的影响是很大的。

阿伦尼乌斯关系式：

$$k = Ae^{-\frac{E_a}{RT}}$$

$$\ln k = -\frac{E_a}{RT} + \ln A$$

$$\ln \frac{k_2}{k_1} = 2.303 \log \frac{k_2}{k_1} = -\frac{E_a}{R}\left(\frac{1}{T_2} - \frac{1}{T_1}\right)$$

A 为指前因子，与速率常数 k 具有相同的纲；E 称反应的活化能，常用单位为 $kJ \cdot L^{-1}$；R 为摩尔气体常量。A 与 E_a 都是反应的特性常数，与温度无关，主要可通过实验来求得。

由上述关系式可以知道，一般地，温度升高可以增大正反应速率，也可以增大逆反应速率，但是增大的幅度不同。

活化能的大小反映了反应速率随温度变化的程度。当活化能 E 为正值时，所以对活化能较大的反应，温度对反应速率的影响较显著，升高温度能显著地加快反应速率；活化能较小的反应则不显著。

3) 催化剂

正催化剂：凡能加快反应速率的催化剂，叫正催化剂。

负催化剂：凡能减慢反应速率的催化剂，叫负催化剂。一般提到催化剂，若不明确指出是负催化剂时，则指的是加快反应速率的正催化剂。

催化剂之所以能加快反应速率，主要是由于催化剂改变了反应的历程，有催化剂参加的新的反应历程可以降低无催化剂时的原反应历程的活化能，因此反应速率加快。催化剂对反应速率的影响十分显著。催化剂不仅会加快正反应速率，同时也加快逆反应的速率。

【例3.3-5】关于加快化学反应速率的方式，下列叙述不正确的有（　　）。

A. 加入催化剂，可以加快逆反应的速率

B. 催化剂之所以能加快反应速率，主要是由于改变了活化能

C. 温度升高反应速率增大，速率常数随温度升高而增大

D. 选择任何一种反应物或者产物来表达反应速率都能得到相同的数值

解析：本题考查的是对于化学反应速率的影响因素。A选项中，催化剂不仅会加快正反应速率，同时也加快逆反应的速率；B选项中，催化剂能加快反应速率，是由于催化剂改变了反应的历程，有催化剂参加的新的反应历程可以降低无催化剂时的原反应历程的活化能；C选项中，对于大多数反应，温度升高反应速率增大，即速率常数随温度升高而增大，不是对于所有反应都满足；D选项中，反应进度计算中，用某一反应物或生成物的物质的量的变化量除以其化学计量数来表示，而化学反应速率是在单位时间单位体积内发生的反应进度。因此答案选择C。

【例3.3-6】对于反应 $2A(g)+B(g) \rightleftharpoons 3D(g)$ 平均速率的表示方法，下列叙述不正确的有（　　）。

A. $-\dfrac{\Delta c(A)}{2\Delta t}$　　　　　　　　B. $-\dfrac{\Delta c(B)}{\Delta t}$

C. $-\dfrac{\Delta c(D)}{3\Delta t}$　　　　　　　　D. $\dfrac{\Delta c(D)}{3\Delta t}$

解析：本题考查的是对于化学反应速率的计算。计算公式为：$v = \dfrac{1}{\nu} \cdot \dfrac{dc_R}{dt}$，特别地，由于反应物随着反应的进行减少，生成物会增加，因而反应物表示化学反应的速率时需要加负号，生成物表示化学反应的速率时需要加正号。因此答案选择C。

【例3.3-7】已知某反应的速率方程为：$v = kc_A^3 \cdot c_B$，如果使封闭的反应容积变为原来的二分之一，则反应速率会变为原来的（　　）。

A. 4　　　　　　　　　　　　B. 8

C. 12　　　　　　　　　　　D. 16

解析：本题考查的是对于化学反应速率的计算。计算公式为：$v = kc_A^3 \cdot c_B$，使封闭的反应容积变为原来的二分之一，A、B的浓度都将变成原来的两倍，因而反应速率会变为原来的16倍。因此答案选D。

3.3.3　化学平衡

1. 化学平衡

（1）可逆反应：在同一个条件下，既能向一个方向进行，又能向相反方向进行的反应。

（2）化学平衡：随着反应进行，反应物减少，生成物增多，正反应速率逐渐减小；当反应进行到一定限度，正反应速率等于逆反应速率时，称为反应达到化学平衡。

（3）化学平衡的特点

微观上：正反应速率与逆反应速率相等。

宏观上：反应物和生成物的浓度或者分压不变化。

热力学：反应失去推动力，即 $\Delta G = 0$。

化学平衡是一种动态平衡。

2. 平衡常数

平衡常数：反应物和生成物平衡浓度间的定量关系，叫做平衡常数。

(1) 实验平衡常数：在一定温度下，当化学反应达到平衡状态，各产物和反应物的平衡浓度或分压按方程式中计量数的绝对值为指数的乘积之比，通过实验数据计算得到的常数。

$$aA + bB \rightleftharpoons dD + fF$$

达到平衡后，各平衡浓度的关系：

$$K_c = \frac{\{c(D)\}^d \cdot \{c(E)\}^e}{\{c(A)\}^a \cdot \{c(B)\}^b}$$

其中，K_c 是该反应在温度 T 时的浓度平衡常数。

若发生的是气相物质的可逆反应，由于在一定温度下气体的压强正比于浓度，可得到压强平衡常数：

$$K_p = \frac{\{p(D)\}^d \cdot \{p(E)\}^e}{\{p(A)\}^a \cdot \{p(B)\}^b}$$

一般情况下，K_c 与 K_p 量纲不一定是 1，与反应方程式有关。

(2) 标准平衡常数

标准平衡常数：从热力学推导得来的，又称热力学平衡常数，简称平衡常数。对于气相反应，在标准平衡常数表达式中，气相反应各组分气体的平衡分压除以标准态压强，使用的是该组分气体的相对分压；溶液中的反应，标准平衡常数表达式中各溶质组分的物质的量浓度均应除以标准态时的标准浓度。

$$aA + bB \rightleftharpoons dD + fF$$

溶液中的反应计算公式：（假设各物质均为离子）

$$K_c^{\ominus} = \frac{\{c(D)/c^{\ominus}\}^d \cdot \{c(E)/c^{\ominus}\}^e}{\{c(A)/c^{\ominus}\}^a \cdot \{c(B)/c^{\ominus}\}^b}$$

气相反应中的反应计算公式：（假设各物质均为气体）

$$K_p^{\ominus} = \frac{\{p(D)/p^{\ominus}\}^d \cdot \{p(E)/p^{\ominus}\}^e}{\{p(A)/p^{\ominus}\}^a \cdot \{p(B)/p^{\ominus}\}^b}$$

其中，溶液中溶质的标准态指溶质浓度 $c^{\ominus}$ 为 $1.0 \text{mol} \cdot \text{L}^{-1}$；$K_c^{\ominus}$、$K_p^{\ominus}$ 的量纲均为 1。

在给定反应条件下，同一类型的反应，标准平衡常数越大，说明正反应进行得越完全。在一定温度下，对于不同反应，各有其特定的标准平衡常数值。对于指定反应，其平衡常数的值只是温度的函数，与参与平衡的各物质的量无关。

标准平衡常数表达式的书写要求：

① 各产物相对分压（或相对浓度）幂的乘积在表达式的分子上，各反应物相对分压（或相对浓度）幂的乘积在表达式的分母上；各有关物质的相对分压（或相对浓度）必须是平衡态时的相对分压（或相对浓度）。

② 标准平衡常数的表达式要与相应的化学计量方程式对应。

③ 化学反应中以固态、纯液态和稀溶液溶剂等形式的组分，它们的分压或浓度不写入表达式中。

(3) 多重平衡常数

如果某个反应可以看成是两个或多个反应的组合，若反应方程式①、②、③和④可以用下列关系表示：① = $\frac{1}{2}$×② + 2×③ − ④

则反应①的平衡常数可以表示为：

$$K_1^\ominus = \frac{(K_2^\ominus)^{\frac{1}{2}} \cdot (K_3^\ominus)^2}{K_4^\ominus}$$

3. 化学平衡的移动

（1）浓度对化学平衡的影响

增加反应物浓度或减少产物浓度时，平衡正反应方向移动；减少反应物浓度或增加产物浓度时，平衡则沿逆反应方向移动。

（2）压强对化学平衡的影响

改变压强的实质是改变浓度，压强变化对平衡的影响实质是通过浓度的变化起作用的。由于固、液相浓度几乎不随压强而变化，因而，系统无气相参与时，平衡受压强的影响很小。

对于有气态物质参加的平衡系统，无论总压或分压发生变化，都可能会引起化学平衡的移动。

1）部分物质分压的变化。增加平衡系统中某气体的分压，平衡将向减少该气体分压的方向移动；减少某气体的分压，平衡将向增加该气体分压的方向移动。这等同于增加或减少物质浓度的结果。

2）总压改变对平衡的影响。对反应方程式两边气体分子总数不等的反应，压强对化学平衡的影响如表 3.3-1 所示。

压强对化学平衡的影响　　　　　　　　　　　　　　　表 3.3-1

压强变化	反应类型	
	气体分子总数增加的反应（$\Delta n > 0$）例如：C(石墨)+CO_2(g)$\rightleftharpoons$2CO(g)	气体分子总数减少的反应（$\Delta n < 0$）例如：N_2(g)+$3H_2$(g)$\rightleftharpoons$$2NH_3$(g)
压缩体积以增加系统总压强	$J > K^\ominus$ 平衡向逆反应方向移动	$J < K^\ominus$ 平衡向正反应方向移动
	均向气体分子总数减少的方向移动	
体积膨胀以减小系统总压强	$J > K^\ominus$ 平衡向正反应方向移动	$J < K^\ominus$ 平衡向逆反应方向移动
	均向气体分子总数增多的方向移动	

对反应方程式两边气体分子总数相等的反应，由于系统总压强的改变，虽然改变了反应物和生成物的分压（降低或增加同等倍数），但 J 值不变，仍等于平衡常数，对平衡不影响。

如果在等温等容条件下，引入不参与反应的气气体，这时虽然可使总压改变，但由于系统中各物质的分压不会改变，所以平衡不会发生移动。

（3）温度对化学平衡的影响

温度变化对化学平衡的影响，是由于平衡常数发生了变化；而浓度和压强改变，能使

化学平衡移动，但平衡常数不变。

当升高温度时，平衡向吸热反应方向移动；当降低温度时，平衡向放热反应方向移动。

【例 3.3-8】 已知反应 $2A(g)+B(g) \rightleftharpoons C(g)+D(g)$，$\Delta H < 0$，欲使反应平衡后反应向左移动，下列措施中正确的是（　　）。

A. 升温，升压　　　　　　　　B. 升温，降压
C. 降温，升压　　　　　　　　D. 降温，降压

解析： 本题考查的是对于反应平衡的影响。先分析反应的特点，随着正反应的进行，压强会逐渐减小，且反应为放热反应；要使反应平衡向左（逆向）移动，随着逆反应的进行，压强会逐渐增大，且逆反应为吸热反应，应当减小压强、升高温度。因此答案选择 B。

【例 3.3-9】 已知反应 $2A(g) \rightleftharpoons C(g)+2D(g)$ 在密闭环境下恒温条件下达到平衡，如果使封闭的反应容积变为原来的二分之一，则平衡常数会变为原来的（　　）。

A. 4　　　　　　　　　　　　B. 2
C. 1/2　　　　　　　　　　　D. 1

解析： 本题考查的是对于平衡常数的影响因素。平衡常数是只与温度有关，而与浓度的大小无关。本题中因为在恒温条件下，容积改变后，各物质的浓度比会发生改变，但是平衡常数不变。因此答案选择 D。

【例 3.3-10】 已知反应 $2A(g)+B(g) \rightleftharpoons C(g)$，$\Delta H < 0$ 在温度升高后，下列说法正确的是（　　）。

A. 正反应速率增大，逆反应速率减小
B. 正反应速率增大，逆反应速率增大
C. 正反应速率减小，逆反应速率减小
D. 正反应速率减小，逆反应速率增大

解析： 本题考查的是对于反应速率的影响因素。由阿伦乌尼斯关系式可以知道，一般地，温度升高可以增大正反应速率，也可以增大逆反应速率，但是增大的幅度不同。因此答案选择 B。

【例 3.3-11】 已知某放热反应的正反应的活化能为 30 kJ/mol，则其逆反应的活化能为（　　）。

A. -30 kJ/mol　　　　　　　B. 30 kJ/mol
C. 大于 30 kJ/mol　　　　　　D. 小于 30 kJ/mol

解析： 本题考查的是化学反应热效应与活化能的关系。其关系可以表示为：$\Delta H = \varepsilon_正 - \varepsilon_逆$。其中，$\varepsilon_正$、$\varepsilon_逆$ 分别表示正、逆反应的活化能，反应为放热反应 $\Delta H < 0$，即 $\varepsilon_正 - \varepsilon_逆 < 0$。其逆反应的活化能大于 30 kJ/mol。因此答案选 C。

习　题

【3.3-1】 已知在一定温度下，

$$2A(g)+\frac{1}{2}B(g) \rightleftharpoons C(g), K_1 = 0.1$$

$$3F(g) + B(g) \rightleftharpoons D(g), K_2 = 0.2$$
$$3F(g) + 2C(g) \rightleftharpoons D(g) + 4A(g), K_3$$

则在相同的条件下，反应的平衡常数 K_3 为（　　）。

A. 0.02　　　　　　　　　　　　B. 0.2

C. 2　　　　　　　　　　　　　D. 20

【3.3-2】已知某反应 $\Delta H < 0, \Delta S < 0$，则该反应为（　　）。

A. 属于自发反应，反应正方向自发进行

B. 属于非自发反应，反应逆方向自发进行

C. 在低温下能正方向自发反应

D. 在高温下能正方向自发反应

【3.3-3】已知某反应 $\Delta H > 0, \Delta S < 0$，则该反应为（　　）。

A. 属于自发反应，反应正方向自发进行

B. 属于非自发反应，反应逆方向自发进行

C. 在低温下能正方向自发反应

D. 在高温下能正方向自发反应

【3.3-4】已知反应 $2A(g) \rightleftharpoons C(g) + B(g), \Delta H < 0$ 在温度升高后，下列说法正确的是（　　）。

A. 正反应速率增大，逆反应速率减小

B. 正反应速率减小，逆反应速率增大

C. 正反应速率和逆反应速率均不变

D. 正反应速率增大，逆反应速率增大

【3.3-5】已知某吸热反应的逆反应的活化能为 30kJ/mol，则其正反应的活化能为（　　）。

A. -30kJ/mol　　　　　　　　　B. 30kJ/mol

C. 大于 30kJ/mol　　　　　　　　D. 小于 30kJ/mol

【3.3-6】已知某反应的速率方程为：$v = kc_A^3 \cdot c_B^2$，如果使封闭的反应容积变为原来的两倍，则反应速率会变为原来的（　　）。

A. 1/5　　　　　　　　　　　　B. 1/16

C. 1/8　　　　　　　　　　　　D. 1/32

习题答案及解析

【3.3-1】答案：D

解析：反应的关系可以表示为③=②-2×①，反应的平衡常数 K_3：

$$K_3 = \frac{K_2}{K_1^2} = \frac{0.2}{0.1^2} = 20$$

则反应的平衡常数 K_3 为 20。

【3.3-2】答案：C

解析：对于恒温、恒压、不做非体积功的一般反应，反应自发性的判断方法为，由于 $T > 0$ 恒成立，$\Delta H < 0, \Delta S > 0$，属于自发反应，反应正方向自发进行；$\Delta H > 0, \Delta S < 0$，

属于非自发反应，反应逆方向自发进行；$\Delta H<0$，$\Delta S<0$，在低温下能正方向自发反应；$\Delta H>0$，$\Delta S>0$，在高温下能正方向自发反应。

【3.3-3】答案：B

解析：对于恒温、恒压、不做非体积功的一般反应，反应自发性的判断方法为，由于 $T>0$ 恒成立，$\Delta H<0$，$\Delta S>0$，属于自发反应，反应正方向自发进行；$\Delta H>0$，$\Delta S<0$，属于非自发反应，反应逆方向自发进行；$\Delta H<0$，$\Delta S<0$，在低温下能正方向自发反应；$\Delta H>0$，$\Delta S>0$，在高温下能正方向自发反应。

【3.3-4】答案：D

解析：本题考查的是对于反应速率的影响因素。由阿伦乌尼斯关系式可以知道，一般地，温度升高可以增大正反应速率，也可以增大逆反应速率，但是增大的幅度不同。因此答案选 D。

【3.3-5】答案：C

解析：本题考查的是化学反应热效应与活化能的关系。其关系可以表示为：$\Delta H = \varepsilon_\text{正} - \varepsilon_\text{逆}$。其中，$\varepsilon_\text{正}$、$\varepsilon_\text{逆}$ 分别表示正、逆反应的活化能，反应为吸热反应 $\Delta H>0$，即 $\varepsilon_\text{正} - \varepsilon_\text{逆} > 0$。其正反应的活化能大于 30kJ/mol。因此答案选 C。

【3.3-6】答案：D

解析：本题考查的是对于化学反应速率的计算。计算公式为：$v = kc_A^3 \cdot c_B^2$，使封闭的反应容积变为原来的两倍，A、B 的浓度都将变成原来的二分之一，因而反应速率会变为原来的 1/32。因此答案选 D。

3.4 氧化还原反应与电化学

高频考点梳理

知识点	氧化还原反应方程式的配平	原电池的组成和符号	原电池和电极电势
近三年考核频次	1	1	1

3.4.1 氧化还原反应

1. 氧化还原的概念

化学反应可以分为两大类：一类是在反应过程中，反应物之间没有电子转移的反应，例如酸碱中和反应、复分解反应和沉淀反应等；另一类是在反应过程中，反应物之间有电子转移的氧化还原反应。

氧化还原反应的主要特征是：反应前后元素的化合价有变化。

氧化数是某一元素一个原子的电荷数，这个电荷数可以由假设把每个键中的电子指定给电负性较大的原子而求得。由此可见，元素的氧化数是指元素原子在其化合态中的形式电荷数。

1) 一般规律

在离子化合物中，简单阳离子、简单阴离子所带的电荷数即该元素原子的氧化数。

在非极性键共价分子中，两个相同原子间的电子对是均匀分配给双方的，每个原子的电荷数均为 0，因此元素的氧化数为 0。

在极性键共价分子中，假定不同原子间的共用电子对从一个原子完全转移到另一种电负性较大的元素的原子时，每个原子所带的正、负电荷数，就是该两种元素的氧化数。

2) 确定氧化数的规则

在单质中，元素原子的氧化数为零。

H 的氧化数一般为 +1，只有在与活泼金属生成的离子型氢化物中，H 的氧化数为 −1。

O 的氧化数一般为 −2，但在过氧化物中，O 的氧化数为 −1；超氧化物中，O 的氧化数为 $-\frac{1}{2}$；在氟化物中，O 的氧化数分别为 +1，+2。在中性分子中，各元素原子的氧化数的代数和为零。在复杂离子中，各元素原子的氧化数的代数和等于这个复杂离子的总电荷数。

2. 氧化还原反应方程式的配平

氧化还原反应方程式配平最常用的方法有离子-电子法和氧化数法。

(1) 离子-电子法

1) 配平原则

① 反应过程中氧化剂得到电子的总数必须等于还原剂失去电子的总数。

② 反应前后各元素的原子总数相等。

2) 配平步骤

① 写出未配平的离子方程式。

② 将反应分解为两个半反应方程式，并使每一个半反应式两边相同元素的原子数目相等。

③ 用加减电子数的方法使两边电荷数相等。

④ 根据配平原则，用适当系数乘以两个半反应式然后将两个半反应方程式相加、整理，即得配平的离子方程式。

3) 在配平半反应方程式时，如果反应物和生成物内所含的氧原子数目不等，可以根据介质的酸碱性，分别在半反应式中加 H^+、OH^- 或 H_2O 使反应式两边的氧原子数目相等。

若反应在酸性介质中进行，则生成物中不得有 OH^-；若反应在碱性介质中进行，则生成物不得有 H^+。

4) 离子-电子法的优点与局限

① 用离子-电子法配平时不需要知道元素的氧化数。

② 在配平过程中，非氧化还原部分的一些物质可自然添入反应式中，直接书写出离子反应方程式，能清楚地反映出在水溶液中氧化还原反应的实质。

③ 只适用于水溶液中进行的反应，不可用于气相和固相反应式的配平。

(2) 氧化数法

1) 配平原则

① 元素原子氧化数升高的总数等于元素原子氧化数降低的总数。

② 反应前后各元素的原子总数相等。

2) 配平步骤

① 写出未配平的离子方程式。

② 确定被氧化元素原子氧化数的升高值和被还原元素原子氧化数的降低值。
③ 上述元素原子氧化数的变化值乘以相应的系数，使其符合第一条原则。
④ 用观察法配平氧化数未改变的元素原子数目。

3）优点与局限

① 配平步骤简便、快速。
② 既适用于水溶液中的氧化还原反应，也适用于非水系统的氧化还原反应。

3. 常见的氧化剂和还原剂（表 3.4-1）

常用氧化剂、还原剂及其主要生成物　　　　表 3.4-1

氧化剂	反应中的主要生成物
浓 HNO_3	NO_2+H_2O(红棕色气体)
稀 HNO_3	$NO+H_2O$(或 N_2O, N_2, NH_3)
MnO_4^- 紫红色（酸性介质中）	$Mn^{2+}+H_2O$(无色或浅肉红色)
MnO_4^-（中性介质中）	MnO_2(棕色沉淀)
MnO_4^-（碱性介质中）	$MnO_4^{2-}+H_2O$(绿色，不稳定)
F_2(浅黄色气体)，Cl_2(黄绿色气体)	F^-，Cl^-(无色)
Br_2(红棕色液体)	Br^-(无色)
I_2(黑紫色晶体)	I^-(无色)
Fe^{3+}(黄棕色)	Fe^{2+}(浅绿色)
MnO_3	Mn^{2-}
$KClO_3$	KCl
H_2O_3	H_2O
H_2SO_4(浓)	SO_2
$K_2Cr_2O_7$ 橙红色（或 K_2CrO_4 黄色）	Cr^{2+}(绿色)
还原剂	反应中的主要生成物
金属	金属阳离子
H_2S	S 或 SO_2，SO_4^{2-}
S	SO_2，SO，SO_4^{4-}
HCl，HBr，HI	卤素单质
Fe^{2+}	Fe^{3+}
Sn^{2+}	Sn^{2+}
$C_2O_4^{2-}$（草酸盐）	CO_4+H_2O
SO_3^{2-}	SO_4^{2-}
C，CO	CO_2
HNO_2	HNO_3
H_2O_2	O_4

物质的氧化性和还原性与其组成元素的氧化数有关。一般来说，氧化数为零的单质，若电负性较大，是较强的氧化剂；电负性较小，是较强的还原剂。在化合物中，某元素的氧化数若已达到它的最高值时，因为它的氧化数已不能再升高了，所以该化合物只可能作

氧化剂；反之，某元素的氧化数已达到了它的最低值时，则只可能作为还原剂。

【例 3.4-1】 下列叙述中，表述正确的是(　　)。

A. Fe_3O_4 中铁元素的氧化数是 $+2$。

B. MnO_2 中锰元素的氧化数是 $+2$。

C. 氧原子的氧化数可能有 -1、-2、$+1$、$+2$。

D. $KClO_3$ 中氯元素的氧化数是 -1。

解析： 本题主要考查了氧化数的计算规则。A 选项中，Fe_3O_4 中铁元素的氧化数计算：$3\times x+(-2)\times 4=0$，解得：$x=+\dfrac{8}{3}$；B 选项中，MnO_2 中锰元素的氧化数计算：$1\times x+(-2)\times 2=0$，解得：$x=+4$；C 选项中，O 的氧化数一般为 -2，但在过氧化物中，O 的氧化数为 -1；超氧化物中，O 的氧化数为 -2；在氟化物中，O 的氧化数分别为 $+1$、$+2$；D 选项中，$KClO_3$ 中氯元素的氧化数计算：$1+x+(-2)\times 3=0$，解得：$x=+5$。因此答案选择 C。

3.4.2 原电池和电极电势

1. 原电池的组成和符号

(1) 原电池的组成

任何自发的氧化还原反应均为电子从还原剂转移到氧化剂的过程。随着反应的进行，溶液的温度升高，一部分的化学能转变为热能。此外，反应所释放的有一部分化学能转变为电能，借助氧化还原反应，将化学能直接转变为电能的装置称为原电池。一般说来，凡是能自发进行的氧化还原反应都可以用来组成原电池，产生电流。

原电池由三部分组成：两个半电池、盐桥和导线。盐桥的作用是沟通内电路，使反应顺利进行使两溶液维持电中性，保证了氧化还原继续进行，同时也起到了使整个装置构成闭合回路的作用。按电化学的惯例，发生氧化反应的电极称为阳极，而发生还原反应的电极称为阴极。对于铜锌原电池，锌极就是阳极，而铜极就是阴极。

半电池也称为电极，由电极的金属部分和溶液部分组成。在铜锌原电池中，Zn 和 $ZnSO_4$ 溶液为锌半电池，称为锌电极；Cu 和 $CuSO_4$ 溶液为铜半电池，称为铜电极。每个半电池含有同一元素不同氧化数的两种物质，其中高氧化数的称为氧化态物质，如铜锌原电池中锌半电池的 Zn^{2+} 和铜半电池的 Cu^{2+}；低氧化数的称为还原态物质，如锌半电池的 Zn 和铜半电池的 Cu。同一种元素的氧化态物质和还原态物质构成氧化还原电对（简称电对），通常用氧化态/还原态来表示，如 Zn^{2+}/Zn，Cu^{2+}/Cu。

不仅金属与其离子可以构成氧化还原电对，而且同种元素不同氧化数的离子、非金属单质及其相应的离子等均可构成氧化还原电对。另外，金属及其难溶盐也可构成电对。

(2) 原电池的符号

电化学中原电池的装置可用简便的符号来表示，

把负极（一）写在左边，正极（十）写在右边，其中"｜"表示电极导体与电极溶液接触的两相界面"，"‖"表示盐桥；c 分别表示溶液的浓度（气体以分压表示）。当浓度为标准浓度 $1\ mol\cdot L^{-1}$ 时，可不用表示出。若溶液中含有两种或两种以上离子参与电极反应，可用逗号将它们隔开。

如果组成电极的物质没有固体导体，是非金属单质及其相应的离子，或者具同一种元素不同氧化数的离子,则必须外加个能导电而不参与电极反应的惰性电极。

例如,铜锌原电池可以表示为

$$(-)Zn \mid ZnSO_4(c_1) \mid\mid CuSO_4(c_2) \mid Cu(+)$$

2. 电极电势

(1) 定义

在金属晶体中存在有金属离子和自由电子。当把金属浸入其盐溶液时,金属表面晶格上的处于热运动的金属离子受到溶液中水分子的吸引,有可能脱离晶格并以水合离子的状态进入溶液,金属越活泼,溶液越稀,这种倾向越大。另一方面,盐溶液中的金属离子又有受金属表面自由电子的吸引而沉积在金属表面上的倾向,金属越不活泼,溶液越浓,这种倾向越大。当金属在溶液中溶解和沉积的速率相等时,这两种对立的倾向可达到动态平衡。

金属越活泼、盐溶液的浓度越小,都有利于正反应。金属离子进入溶液的速率大于沉积速率直至建立平衡,结果是金属带负电荷,溶液带正电荷。溶液中的金属离子并不是均匀分布的,由于异性电荷相吸,金属离子聚集在金属片表面附近与金属片表面的负电荷形成双电层。这时在金属片和盐溶液之间产生了一定的电势差。这种金属与其盐溶液界面上的电势差称为金属的平衡电极电势,也称为电极电势,符号 E(氧化态/还原态)表示,其单位为 V。

(2) 电极划分

电极电势较大的电极叫正极,电极电势较小的电极称为负极。例如,铜锌原电池锌极是负极铜极是正极(注意原电池的阳极是负极,而阴极是正极)。

(3) 原电池的电动势

原电池的电动势就等于正极的电极电势减去负极的电极电势。即

$$E = E_{正} - E_{负}$$

式中,$E_{正}$是正极电极电势,$E_{负}$是负极电极电势,E就是原电池的电动势。

(4) 标准电极电势

电极电势的大小反映了金属得失电子能力的大小。如能确定电极电势的绝对值,就可以定量地比较金属在溶液中的活泼性。但至今尚无办法直接测量任何单个电极电势的绝对值,然而可用比较的方法确定它的相对值。通常采用标准氢电极作为标准,并把它的电极电势规定为零。

欲确定某电极的电极电势,可把该电极与标准氢电极组成原电池,测量该原电池的电动势 E,得出欲测电极的相对电势差值,即为该电极的电极电势。若待测电极处于标准态(物质皆为纯净物,组成电对的有关物质的浓度为 $1.0\ mol \cdot L^{-1}$,涉及的气体的分压为 100kPa),所测得的电动势称为标准电动势,所测得的电极电势称为标准电极电势。

常用氧化还原电对在酸性或碱性条件下的标准电极电势数据,它们是按照标准电极电势由低到高的顺序排列的,叫做标准电极电势表,应当注意的是:

1) 对应于每一电对,电极反应都以还原反应的形式统一写出。

2) 各种电对按标准电极电势由负值到正值的顺序排列。在电对 H^+/H_2 上方的,标准电极电势为负值;在电对 H^+/H_2 下方的,标准电极电势为正值。

3) 每个电对的标准电极电势的正、负号不随电极反应进行的方向而改变。因为标准

电极电势是在标准态下,电对的氧化态和还原态处在动态平衡时的平衡电势。

4) 若将电极反应乘以某系数,其标准电极电势不变。

(5) 标准电极电势

常用一种制备简单、使用方便、性能稳定的电极作为间接比较的标准,称为参比电极,其电势值可根据标准氢电极准确测知。最常用的参比电极是甘汞电极,它制备、保存都方便,电极电势也极稳定,应用很广。甘汞电极是由汞、汞和甘汞混合研磨成的糊状物(甘汞糊)及KCl溶液所组成,并以铂丝为电极导体由饱和KCl溶液组成的,称为饱和甘汞电极。

(6) 电极电势影响因素

电极电势的影响因素:有关电对的性质,溶液中离子的浓度(气体的分压)和温度电极电等实验条件的影响。其间的定量关系可由能斯特从热力学推导出的体温度的关系的能斯特方程式表明。

$$E = E^{\ominus} + \frac{RT}{zF} \cdot \ln \frac{\{c(氧化态/c^{\ominus})\}^a}{\{c(还原态/c^{\ominus})\}^b}$$

由于 $c^{\ominus} = 1\text{mol} \cdot \text{L}^{-1}$,一般在不考虑数项中的单位时,可将上式简化为

$$E = E^{\ominus} + \frac{RT}{zF} \cdot \ln \frac{\{c(氧化态)\}^a}{\{c(还原态)\}^b}$$

若温度为298.15K,带入各个常数值,化简后得:

$$E = E^{\ominus} + \frac{0.0592}{z} \cdot \lg \frac{\{c(氧化态)\}^a}{\{c(还原态)\}^b}$$

式中,E 是电对在某一浓度下的电极电势;z 是电极反应中转移的电子数;c(氧化态)和 c(还原态)分别表示氧化态物质和还原态物质的浓度;a、b 分别表示电极反应式中氧化态、还原态物质前面的系数。

(7) 电极电势的应用

电极电势是电化学中很重要的数据,除了用以判断原电池的正、负极,计算原电池的电动势外,还可以比较氧化剂和还原剂的相对强弱,判断氧化还原反应进行的方向和程度等。

1) 判断原电池的正、负极

从原电池的介绍已经知道,在原电池中,电极电势代数值较大的电极为正极,电极电势代数值较小的电极为负极。

原电池的电动势(E)=正极电极电势(E^+)-负极电极电势(E^-)。

2) 比较氧化剂和还原剂的相对强弱

电对的电极电势代数值越小,则该电对中的还原态物质越易失去电子,是越强的还原剂,对应的氧化态物质就越难得到电子,是越弱的氧化剂。电极电势的代数值越大,则该电对中氧化态物质是越强的氧化剂,对应的还原态物质就是越弱的还原剂。

一般来说,当电对的氧化态或还原态离子浓度不是 $1\text{mol} \cdot \text{L}^{-1}$,或者还有 H^+ 或 OH^- 参加电极反应时,应考虑离子浓度或溶液酸碱性对电极电势的影响,运用能斯特方程式计算 E 后,再比较氧化剂或还原剂的相对强弱。

3) 判断氧化还原反应进行的方向

若电动势 $E>0$,吉布斯自由能变就一定小于0,氧化还原反应就可以自发进行。因

此，原电池电动势 E 也可以作为氧化还原反应自发进行的判据。又因为 $E = E_+ - E_-$，可知只有电极电势代数值较大的电对的氧化态物质才能与代数值较小的电对的还原态物质反应。

氧化还原反应的规律是较强的氧化剂＋较强的还原剂—较弱的还原剂＋较弱的氧化剂。

4）<u>判断氧化还原反应进行的程度</u>

任何化学区应进行的程度都可以用平衡常数来衡量。标准平衡常数 $K^{\ominus}$ 与物质的浓度无关，与温度、反应中转移的电子数 z 及 $E^{\ominus}$ 有关。当温度一定时，$E_+^{\ominus} - E_-^{\ominus}$ 越大，$K^{\ominus}$ 越大，反应进行的程度越大。

必须指出，由电极电势的相对大小能够判断氧化还原反应的方向、程度，但是电极电势的大小并不能说明氧化还原反应速率的大小。

【例 3.4-2】下列反应中，各点对的电极电势与 H^+ 浓度有关的是（   ）。

A. Cu^{2+}/Cu B. MnO_2/Mn^{2+}

C. $AgCl/Ag$ D. Br_2/Br^-

解析：本题主要考查了电极反应的书写。A 选项中，$Cu^{2+} + 2e^- = Cu$；B 选项中，$MnO_2 + 2e^- + 4H^+ = Mn^{2+} + H_2O$；C 选项中，$AgCl + e^- = Ag + Cl^-$；D 选项中，$Br_2 + 2e^- = 2Br^-$。可以得到仅 B 选项中与 H^+ 有关，因此答案选择 B。

【例 3.4-3】向铜锌原电池中的铜半电池加入 NaCl 溶液，则原电池的电动势变化为（   ）。

A. 变大   B. 变小

C. 不变   D. 不能确定

【例3.4-3】

解析：本题主要考查了电极电势的计算。因为铜半电池中还原态为固态，取值为 1；能斯特方程式化简后得 $E(Cu^{2+}/Cu) = E^{\ominus} + \dfrac{0.0592}{z} \cdot \lg \dfrac{\{c(\text{氧化态})\}^a}{\{c(\text{还原态})\}^b} = E^{\ominus} + \dfrac{0.0592}{1} \cdot \lg c(Cu^{2+})$。加入 NaCl 溶液后，$c(Cu^{2+})$ 将减小，导致正极 $E(Cu^{2+}/Cu)$ 减小，再根据原电池的电动势（E）＝正极电极电势（E^+）－负极电极电势（E^-），因而原电池的电动势减小。因此答案选择 B。

3.4.3 金属腐蚀及防护

1. 金属腐蚀

（1）当金属在使用过程中，与周围介质接触，由于发生化学作用或电化学作用而遭受破坏的现象叫做金属腐蚀。

（2）根据腐蚀过程的不同特点和机理，金属腐蚀分为化学腐蚀和电化学腐蚀两大类。

1）化学腐蚀

化学腐蚀就是一般的氧化还原反应，是由金属表面与介质发生化学作用引起的，特点是<u>在作用进行中没有电流产生</u>。化学腐蚀可分为两类。

① 气体腐蚀，金属在干燥气体中发生的腐蚀，称为气体腐蚀。常发生在高温时的金属腐蚀。

② 在非电解质溶液中的腐蚀：指金属在不导电液体中发生的腐蚀。

2) 电化学腐蚀

电化学腐蚀是电化学反应，在进行的过程中有电流产生。电化学腐蚀与金属表面发生原电作用有关，所形成的原电池又称腐蚀电池。腐蚀电池中发生氧化反应的电极称为阳极，发生还原反应的电极称为阴极。电化学腐蚀可分为四类。

① 大气腐蚀：腐蚀在潮湿的气体中进行。

② 土壤腐蚀：埋没在地下的金属构筑物（如管道、电缆等）的腐蚀。

③ 在电解质溶液中的腐蚀：天然水及大部分水溶液对金属结构的腐蚀。

④ 在熔融盐中的腐蚀：在热处理车间，熔盐加热炉中的盐炉电极和所处理的金属发生的腐蚀。

特别地，当金属表面氧气分布不均时，也会引起金属的腐蚀。

2. 金属腐蚀防护

金属腐蚀的防护方法很多，常用的有下列几种。

（1）选择合适的耐蚀金属或合金

合金能提高电极电势，减少电极活性，从而使金属的稳定性大大提高。在钢中加入 Cr，Al，Si 等元素可增加钢的抗氧化性，加入 Cr，Ti，V 等元素可防止氧的腐蚀。

（2）覆盖保护层法

可将耐腐蚀的非金属材料（如油漆、塑料、橡胶陶瓷、玻璃等）覆盖在要保护的金属表面上，使金属和大气隔绝，提高耐蚀性。另外，可用耐腐蚀性较强的金属或合金覆盖欲保护金属，覆盖的主要方法是电镀。

特别地，在实际应用时，不能只看标准电极电势，还要考虑其他条件，尤其是介质的条件。

（3）缓蚀剂法

缓蚀剂法：在腐蚀介质中，加入少量能减小腐蚀速率的物质以达到防止腐蚀的方法。所加的物质叫做缓蚀剂。

在中性或碱性介质中主要采用无机缓蚀剂，如铬酸盐、重铬酸盐、磷酸盐磷酸氢盐等。它们能使金属表面形成氧化膜或沉淀物。在酸性介质中，无机缓蚀剂的效率比较低，因而常采用有机缓蚀剂。

有机缓蚀剂若能形成吸附膜。吸附时它的极性基团吸附于金属表面，非极性基团则背向金属表面，形成的单分子层使酸性介质中的 H^+ 难以接近金属表从而阻碍了金属的腐蚀。若有机缓蚀剂在金属氧化物的表面不被吸附。除锈就是利用这个特性，在酸性溶液中，既达到除去金属表面氧化皮或铁锈的目的，又可减缓金属被酸腐蚀。

（4）电化学保护法

电化学保护法分为阴极保护和阳极保护两种。阴极保护就是使被保护金属成为电化学系统中的阴极，从而不被腐蚀。

1) 外加电流阴极保护法：在外加直流电的作用下，用废钢或石墨等不溶性的辅助件作为阳极，被保护金属作为阴极，从而达到防止腐蚀的目的。这种方法广泛用于土壤、海水和河水中设备的防腐，尤其是对地下管道（水管、煤气管）、电缆的保护。

2) 牺牲阳极阴极保护法：在欲保护金属上附加一块电极电势比它更低的较活泼的金属或合金，使被保护金属在腐蚀原电池中成为阴极而被保护。

牺牲阳极通常是占被保护金属表面积的1%~5%，分散分布在被保护金属的表面上。此法适用于海轮外壳海底设备的保护。

牺牲阳极保护：当金属在给定的条件下有可能变成钝态时，如果给它通上适当的阳极电流，它就发生阳极极化使电极电势往正方向移动。当电极电势达到足够正的数值时，金属就由活性状态转变为钝态。常用于铁、镍铬、钛和不锈钢等既具有活性又具有钝性转变特性的金属和合金。这种方法在强腐蚀的酸性介质中应用较多。

【例3.4-4】 电化学腐蚀和化学腐蚀最本质的区别是(　　)。

A. 在作用进行中有无电流产生

B. 金属所属的环境是否干燥

C. 腐蚀的环境是否高温

D. 是否有氧气参与

解析：本题主要考查了金属腐蚀的理解。电化学腐蚀和化学腐蚀最本质的区别是在作用进行中有无电流产生，电化学腐蚀有电流产生，化学腐蚀没有。因此答案选择B。

习　题

【3.4-1】 关于电解的应用，下列叙述中正确的是(　　)。

A. 电镀过程中阴极溶解成金属离子，溶液中的欲镀金属离子在阳极表面析出

B. 电抛光的原理都是利用阳极溶解

C. 阳极氧化和电解加工的原理是金属表面形成氧化膜

D. 电镀时，把被镀的零件作阳极

【3.4-2】 反应 $MnO_2 + Cl^- + (\quad) \longrightarrow MnCl_2 + Cl_2 + \underline{\quad}$，下列表述正确的是(　　)。

A. 括号内应当填入 H_2O

B. MnO_2 中锰原子失电子，被还原

C. 方程式配平后，Cl^- 的系数是4

D. 氯原子发生氧化反应，氧化数降低

【3.4-3】 反应 $Cr_2O_7^{2-} + I^- + H^+ \longrightarrow Cr^{3+} + I_2 + H_2O$，配平后 I^- 的系数是(　　)。

A. 6　　　　　　B. 4　　　　　　C. 2　　　　　　D. 3

【3.4-4】 用石墨作电极，电解 $CuCl_2$ 水溶液，下列叙述不正确的是(　　)。

A. 阴极主要反应：$Cu^{2+} + 2e^- \rightleftharpoons Cu$

B. 阳极失电子，发生氧化反应

C. 和直流电源负极相连的是阳极

D. 电解液中的阴离子移向阳极

【3.4-5】 向铜锌原电池中的铜半电池加入Cu，则原电池的电动势变化为(　　)。

A. 变大　　　　　　　　　　　　B. 变小

C. 不变　　　　　　　　　　　　D. 不能确定

【3.4-6】 向原电池 $(-)Zn \mid Zn(NO_3)_2(c_1) \parallel AgNO_3(c_2) \mid Ag(+)$ 中的银半电池加入NaCl，则原电池的电动势变化为(　　)。

A. 变大　　　　B. 变小　　　　C. 不变　　　　D. 不能确定

【3.4-7】下列反应中，各点对的电极电势与pH值有关的是（　　）。
A. Zn^{2+}/Zn B. I_2/I^-
C. $AgCl/Ag$ D. $Cr_2O_7^{2-}/Cr^{3+}$

【3.4-8】关于铜锌原电池，下列说法中正确的是（　　）。
A. 铜半电池进行的是还原剂的还原，接受电子
B. 锌原子被氧化，失电子，锌半电池为负极
C. 正极发生的反应是 $Zn^{2+}+2e^-\rightleftharpoons Zn$
D. 电子通过盐桥移动到锌半电池

习题答案及解析

【3.4-1】答案：B

解析：本题主要考查了电解的应用。A选项中，阳极溶解成金属离子，溶液中的欲镀金属离子在阴极表面析出；C选项中，电解加工的原理是利用阳极溶解；D选项中，电镀时，把被镀的零件作阴极，镀层金属作阳极。

【3.4-2】答案：C

解析：本题主要考查了氧化还原反应的配平和理解。本反应方程式配平后为：$MnO_2+4Cl^-+4H^+\longrightarrow MnCl_2+Cl_2+2H_2O$。A选项中，括号内应当填入 H^+；B选项中，锰原子的氧化数由+4降低为+2，得电子，还原反应；D选项中，部分氯原子氧化数由-1升高为0，失电子，氧化反应。

【3.4-3】答案：A

解析：本题主要考查了氧化还原反应的配平。本反应方程式配平可以采用氧化数法。确定被氧化元素原子氧化数的升高值和被还原元素原子氧化数的降低值（铬原子氧化数由+6变为+3，降低值3，碘原子氧化数由-1变为0，升高值1）；上述元素原子氧化数的变化值乘以相应的系数，使其符合元素原子氧化数升高的总数（6）等于元素原子氧化数降低的总数（6）；用观察法配平氧化数未改变的元素原子数目。配平后，$Cr_2O_7^{2-}+6I^-+14H^+\longrightarrow 2Cr^{3+}+3I_2+7H_2O$。

【3.4-4】答案：C

解析：本题主要考查了电解反应的理解。A选项中，阴极主要反应：$Cu^{2+}+2e^-\rightleftharpoons Cu$，阳极主要反应：$2Cl^--2e^-\rightleftharpoons Cl_2$；B选项中，电子从阴极进入电解池，从阳极离开而回到电源，阳极失电子发生氧化反应；C选项中，和直流电源的负极相连接的是阴极，和直流电源的正极相连接的是阳极；D选项中，电解液中阳离子移向阴极，阴离子移向阳极。

【3.4-5】答案：C

解析：本题主要考查了电极电势的计算。因为铜半电池中还原态Cu为固态，取值为1；能斯特方程式化简后得 $E(Cu^{2+}/Cu)=E^{\ominus}+\dfrac{0.0592}{z}\cdot\lg\dfrac{\{c(氧化态)\}^a}{\{c(还原态)\}^b}=E^{\ominus}+\dfrac{0.0592}{1}\cdot\lg c(Cu^{2+})$。加入Cu后，$E(Cu^{2+}/Cu)$不变，因而原电池的电动势不变。

【3.4-6】答案：B

解析：本题主要考查了电极电势的计算。因为银半电池中还原态为固态，取值为1；

能斯特方程式化简后得 $E=E^{\ominus}+\dfrac{0.0592}{z}\cdot\lg\dfrac{\{c(\text{氧化态})\}^a}{\{c(\text{还原态})\}^b}=E^{\ominus}+\dfrac{0.0592}{1}\cdot\lg c(\text{Ag}^+)$。加入 NaCl 后,将产生 AgCl 沉淀,$c(\text{Ag}^+)$ 将减小,导致原电池的电动势减小。

【3.4-7】答案:D

解析:本题主要考查了电极反应的书写。与 pH 值有关,也就是与 H^+/OH^- 浓度有关。A 选项中,$Zn^{2+}+2e^-=Zn$;B 选项中,$I_2+2e^-=2I^-$;C 选项中,$AgCl+e^-=Ag+Cl^-$;D 选项中,$Cr_2O_7^{2-}+6e^-+14H^+=2Cr^{3+}+7H_2O$。可以得到仅 D 选项中与 H^+ 有关。

【3.4-8】答案:B

解析:本题主要考查了原电池的概念。铜锌原电池 $(-)Zn\mid ZnSO_4(c_1)\parallel CuSO_4(c_2)\mid Cu(+)$,铜半电池进行的是氧化剂的还原:$Cu^{2+}+2e^-\rightleftharpoons Cu$ 接受电子的正极;锌半电池进行的是还原剂的氧化:$Zn-2e^-\rightleftharpoons Zn^{2+}$ 失去电子的负极;电子通过导线从锌半电池移动到铜半电池。

3.5 有 机 化 学

高频考点梳理

知识点	有机物特点、分类及命名	分子构造式	加成、取代、消除、氧化、催化加氢、聚合反应、加聚与缩聚	基本有机物的结构
近三年考核频次	1	1	4	2

3.5.1 有机物特点、分类及命名

1. 有机物的特点

有机物:碳氢化合物及其衍生物,又称有机化合物。

与无机化合物相比,有机物的一般特点:

(1) 性质特点

1) 可燃烧。有机化合物一般可以燃烧,而绝大多数无机化合物不易燃烧。

2) 熔点、沸点较低。有机化合物的熔点较低,一般不超过 400℃,而无机化合物通常熔点高,难于熔化。

3) 难溶于水,易溶于有机溶剂。有机化合物大多难溶于水,易溶于有机溶剂,而无机化合物则相反。

4) 反应速率小,产物多。有机化合物的反应速率一般较小,通常需要加热或加催化剂促进反应,而且副反应较多,而多数无机化合物的反应可在瞬间完成且产物单一。

当然这些并不是绝对的,例如,四氯化碳不但不易燃烧,而且可用作灭火剂;蔗糖和乙醇极易溶于水;三硝基甲苯(TNT)在引爆时分解速率很快,能以爆炸方式进行。但这些特性仅属于极少数有机化合物,其一般特性仍是如上所述。有机化合物的这些特性是由其内在因素结构所决定的。

(2) 结构特点

1) 碳原子与碳原子之间以及碳原子与其他原子之间能够形成稳定的共价键,可以通

过单键、双键、三键连接成链状或环状化合物，且参与成键的碳原子可多可少。

2）即使组成相同但原子的连接次序不同也会形成不同的化合物，因此有机化合物的异构现象很普遍。

2. 有机物的分类

有机化合物常采用两种方法，一种是按碳（骨）架分类，另一种是按照官能团分类。

(1) 按碳架分类

1) 开链化合物：分子中的碳原子连接成链状，由于脂肪类化合物具有这种结构，因此开链化合物亦称脂肪族化合物。其中碳原子之间可以通过单键、双键或三键相连。

例如：　　　CH₃CH₃　　　　CH₃CH₂CH=CH₂　　　　CH₃C≡CH
　　　　　　乙烷　　　　　　　1-丁烯　　　　　　　　丙炔

2) 脂环（族）化合物：分子中的碳原子连接成环状，其性质与脂肪族化合物相似。其中成环的两个相邻碳原子可以通过单键、双键或三键相连。

例如：

环己烷　　环己醇

3) 芳香族化合物：分子中一般含有苯环结构，其性质不同于脂环化合物，而具有"芳香性"。

例如：　　苯　　硝基苯

4) 杂环（族）化合物：分子中一般含有苯环结构，其性质不同于脂环化合物，而具有"芳香性"。

例如：　　1,4-二氧杂环己烷　硝基苯

(2) 按官能团分类

官能团：指分子中比较活泼而容易发生反应的原子或基团，它常常决定着化合物的主要性质，反映着化合物的主要特征。含有相同官能团的化合物具有相类似的性质，将它们归于一类常见的重要官能团。如表 3.5-1 所示。

重要官能团　　　表 3.5-1

化合物类别	化合物举例	官能团构造	官能团名称
硝基化合物	CH₃NO₂	=N⁺(=O)(−O⁻)	硝基
卤代烃	C₂H₃X	=X	卤原子
烯烃	CH₂=CH₂	C=C	双键（烯键）
炔烃	CH≡CH	−C≡C−	三键（炔键）

续表

化合物类别	化合物举例	官能团构造	官能团名称
胺	CH_2NH_2	$-NH_2$	胺基
醇、酚	C_2H_3OH，C_4H_3OH	$-OH$	羟基
硫醇	C_2H_3SH	$-SH$	巯基
醚	$CH_3CH_2OCH_2CH_3$	(C)—O—(C)	醚键
腈	CH_2CN	$-C\equiv N-$	氰基
酮	CH_2COCH_3	(C)—C(=O)—(C)	(酮)羰基
醛	CH_3CHO	(H或C)—C(=O)—(H)	(醛)羰基
羧酸	CH_3COOH	—C(=O)OH	羧基
碳酸	$C_6H_3SO_3H$	—S(=O)(=O)OH	磺酸基

3. 有机物的命名

现在我国常用的命名法是普通命名法、衍生物命名法和系统命名法。

(1) 普通命名法

普通命名法，又称习惯命名法。碳原子数在十以内者，分别用甲、乙、丙、丁、戊、己、庚、辛、壬、癸（即天干，亦称十干，是传统用做表示次序的汉字）表示碳原子的数目，十个碳原子以上则用十一、十二……表示。以"正""异""新"等前缀区别不同的构造异构体。

"正"代表直链烃；"异"指仅在一末端具有$(CH_3)_2CH-$构造而无其他支链的烃；"新"一般指具有$(CH_3)_3C-$构造的含五六个碳原子的烃。

(2) 链烃及其衍生物的系统命名法

1) 链烃及其衍生物常采用系统命名法，具体步骤如下：

① 选主链。从构造式中选取最长的连续碳链作为主链，支链作为取代基。当最长碳链不止一种选择时，应选取包含支链最多的最长碳链作为主链；烯烃、炔烃则需要选择含有重链在内的最长碳链作为主链。碳原子数在十以内者，分别用甲、乙、丙、丁、戊、己、庚、辛、壬、癸表示碳原子的数目，十个碳原子以上则用十一、十二……表示。

② 主链编号。将主链上的碳原子从靠近支链的一端开始依次用阿拉伯数字编号；烯烃、炔烃需要选择最靠近重链的一端开始编号；当主链编号有几种可能时，应选择支链具

有"最低系列"的编号（通称"最低系列"原则）。

"最低系列"是指碳链以不同方向编号时，若有不止一种可能的系列，则需顺次逐项比较各系列的不同位次，最先遇到的位次最小者，定为"最低系列"。

③ 写出全称。

命名时将取代基的名称写在主链名称之前，用主链上碳原子的编号表示取代基所在的位次，写在取代基名称之前，两者之间用半字线"一"相连。

当含有几个不同的取代基时，取代基排列的顺序是，按次序规则排序，"较优"基团后列出。当含有多个相同的取代基时，相同基团合并，用二、三、四等表示其数目，并逐个标明其所在位次，位次号之间用半字符的逗号","分开。烯烃、炔烃位次用编号小的位次表示。

当支链上还连有取代基时，把含取代基在内的支链的全名放在括号中。支链上取代基的编号要从与主链直接相连的侧链碳原子编起。

例如：

$$CH_2-CH_2-CH-CH_2-CH-CH_2-CH_2-CH_3$$
$$||$$
$$CH_2CH_3CH_3$$

5-甲基-3-乙基辛烷

2) 芳香烃及其衍生物的系统命名法

① 单环芳烃

选母体。单环芳烃既可以将苯环作为母体，也可以将苯环作为取代基来命名，主要根据取代基的类型而定。当苯环上连的是简单烃基（如甲基、乙基等）、—NO_2、—X（卤素）等基团时，常以苯环为母体，称为某基苯，有时"基"可以省略。例如：

甲苯　　　　　氯苯

若苯环上仅有两个取代基，也常用邻、间、对等字头表示其相对位次；若苯环上连有三个相同的取代基时，也常用连、偏、均等字头表示。

命名。特别地，当苯环上连有—COOH、—SO_3H、—NH_2、—OH、—CHO、—CH=CH等官能团或 R 较复杂时，则把苯环作为取代基。芳环去掉一个氢原子所剩下的基团通称为芳基。例如：

苯酚　　　　　苯乙烯

② 二元取代苯

若苯环上仅有两个取代基，也常用邻、间、对表示其相对位次。

第一步，选母体。可以将苯环作为母体，若两个取代基不相同，且有一个取代基是重要官能团或含有重要官能团，可将另一取代基连同苯环一起作为取代基，将重要官能团作为母体。

第二步，写编号。芳环上的编号从重要官能团连接的碳原子开始，并给其他取代基以尽可能小的编号。

第三步，写出化合物名称。例如：

邻二甲苯（1,2-二甲苯）　　　间二甲苯（1,3-二甲苯）　　　对二甲苯（1,4-二甲苯）

邻甲基苯酚　　　　　　　　　间甲基苯磺酸　　　　　　　　对甲基苯甲酸

③ 三元取代苯

若苯环上连有三个相同的取代基时，也常用连、偏、均等字头表示。

若芳环上存在三个或多个不相同的取代基，其命名规则与含两个不同取代的二元取代苯相同。首先是选择合适的母体，其次是进行正确的芳环编号，写出化合物的名称。

若芳环上存在几个不同官能团时，不同取代基作为母体的优先权是不同的般按照"官能团优先次序"排在最后的官能团作为母体，排在前面的则作为取代上写取代基时，次序规则较小的基团优先列出。芳环上的编号从母体官能团碳原子开始，并给其他取代基以尽可能小的编号。

（3）<mark>官能团重要性优先顺序（由优到次）</mark>

—NO_2、—X、—OR（烷氧基）、—R（烷基）、—NH_2、—OH、—COR、—CHO、—CN、—$CONH_2$（酰胺）、COX（酰卤）、—COOR（酯）、—SO_3H、—COOH、—NR_3 等。

<mark>排在最后的官能团作为母体，排在前面的则作为取代上写取代基时，次序规则较小的基团优先列出。</mark>

【例3.5-1】按照系统命名法，下列有机物命名，其中有机化合物命名正确的是（　　）。

A. 3-甲基-3-甲烯己烷　　　　　　　B. 2-甲基-2-乙基-1-戊烯
C. 2，2-二甲基戊烷　　　　　　　　D. 2，2，3-三甲基戊烯

解析： 本题主要考查烷烃系统命名法的规则。

① 选主链。从构造式中选取最长的连续碳链作为主链，支链作为取代基。当最长碳链不止一种选择时，应选取包含支链最多的最长碳链作为主链；烯烃、炔烃则需要选择含有重链在内的最长碳链作为主链。碳原子数在十以内者，分别用甲、乙、丙、丁、戊、己、庚、辛、壬、癸表示碳原子的数目，十个碳原子以上则用十一、十二……表示。② 主链编号。将主链上的碳原子从靠近支链的一端开始依次用阿拉伯数字编号；烯烃、炔烃需要选择最靠近重链的一端开始编号；当主链编号有几种可能时，应选择支链具有"最低系列"的编号

（通称"最低系列"原则）。③写出全称。该有机物命名为 2-甲基-2-乙基-1-戊烯。因此答案选择 B。

3.5.2 分子构造式

1. 分子构造式

分子结构：分子是由组成的原子按照一定的键合顺序和空间排列而结合在一起的整体，这种键合顺序和空间排列关系称为分子结构。

分子结构式：分子的结构式就是能够表明分子中各原子相互连接次序和连接方式的一种图示式；由于本部分结构式并不能完全代表分子的真实结构，因此又称分子构造式。

(1) 分子结构式一般性规定：

为了表示有机分子结构式，规定分子中的原子用其元素符号代表，共享电子对或共价键用短线"—"表示，并置于两个成键原子之间。若两个原子之间有两对共享电子或形成两个共价键，用两根平行的短线"="表示。若两个原子之间共享三对电子或形成三个共价键就用三根平行的短线"≡"表示。

(2) 分子结构式的分类

一般的结构式有短线式、缩简式和键线式。

1) 短线式：又称价线式，一般在说明反应规律或者机理时才使用。

例如：

甲烷　　　　乙烯

2) 缩简式：或称为紧缩式，结构式中省略所有代表氢原子形成的键和碳碳单键的短线，仅保留用于表示碳碳重键（双键和三键）和碳原子与其他原子（非碳、氢原子）之间的化学键的短线。

例如：

CH_4　　　　$CH_2=CH_2$
甲烷　　　　乙烯

3) 键线式：又称骨架结构，是在缩简式结构的基础上进一步省略碳原子和氢原子的符号。只有在需要强调某一个碳原子或氢原子时才将其元素符号表示出来。键线式中，用于表示化学键的短线之间的交叉点就代表碳原子，短线的末端也表示碳原子。每个碳原子上的氢原子数目可以根据碳原子四价和氢原子一价推算出来。

例如：

1-丁烯　　　　丁酸

2. 同分异构现象

(1) 同系物

同系物：具有同一通式，结构和化学性质相似，组成相差一个或多个 CH_2 单位的一系列化合物称为同系列；同系列中的不同化合物互称为同系物，相邻同系物之间的差称为同系差。

例如：甲烷、乙烷、丙烷互为同系物。

（2）同分异构现象

1）**同分异构**：分子式相同而结构式不同的现象称为同分异构现象，具有这一种现象的化合物之间互称为同分异构体，也称结构异构体。

2）同分异构体是所有异构体的总称，可分为构造异构体和立体异构体两大类。

①构造异构体：因分子中原子的连接次序或键合性质的不同产生的异构体。

②立体异构体：构造式相同的分子，只是因为原子的空间排列不同而产生的异构体。

（3）异构体的数目

1）**烷烃碳架异构体数目**（表 3.5-2）

烷烃碳架异构体的数目　　　　　　　　　表 3.5-2

碳原子数	异构体数目	碳原子数	异构体数目	碳原子数	异构体数目	碳原子数	异构体数目
1	1	5	3	9	35	13	802
2	1	6	5	10	75	14	1858
3	1	7	9	11	159	15	4347
4	2	8	18	12	355	20	366319

2）**烯烃、炔烃和芳香烃异构体的数目**：除了考虑碳价异构外，还有官能团位次异构、立体异构体等的数目。

【例 3.5-2】下列各组有机物中，不属于同分异构体的是（　　）。

A. 正己烷和 3-甲基戊烷

B. 2-甲基戊烷和 2-甲基丁烷

C.

D. $CH_3-CH-CH_2-CH-CH_3$ 和 $CH_3-CH_2-CH-CH_2-CH_3$
　　　　　　　$|$　　　　$|$　　　　　　　　　　　　$|$
　　　　　　CH_3　CH_3　　　　　　　　　CH_2-CH_3

解析：本题主要考查同分异构体的理解。分子式相同而结构式不同的现象称为同分异构现象，具有这一种现象的化合物之间互称为同分异构体，也称结构异构体。A 选项中，分子式均为 C_6H_{14}；B 选项中，前者为 C_6H_{14}，后者为 C_5H_{12}；C 选项中，分子式均为 C_6H_{10}；D 选项中，分子式均为 C_7H_{16}。因此答案选择 B。

【例 3.5-3】下列各组有机物中，与苯属于同分异构体的是（　　）。

A. 　　　　　　　　　　　　B.

C. 　　　　　　　　　　　　D.

解析：本题主要考查同分异构体的理解。分子式相同而结构式不同的现象称为同分异构现象，具有这一种现象的化合物之间互称为同分异构体，也称结构异构体。A 选项中，分子式均为 $C_{10}H_8$；B 选项中，前者为 C_6H_{12}，后者为 C_5H_{12}；C 选项中，分子式均为 C_5H_4；D 选项中，分子式均为 C_6H_6。因此答案选择 D。

3.5.3 有机物的重要反应

有机物的重要反应，包括了加成、取代、消除、氧化、催化加氢、聚合反应、加聚与缩聚等反应。

(1) 加成反应

加成反应：不饱和键（包括双键、三键）打开，分子 π 键断裂，原子或者原子团加到不饱和键两个原子上的反应，叫做加成反应。

1) 不饱和烃的加成

不饱和烃的加成反应，可以根据反应物的不同分成对称不饱和烃与非极性、不对称不饱和烃与非极性、对称不饱和烃与极性、不对称不饱和烃与极性四类。

① 对称不饱和烃与非极性的加成，例如：
$$CH_2=CH_2 + H_2 \longrightarrow CH_3-CH_3$$

② 不对称不饱和烃与非极性的加成，例如：
$$CH_3CH_2=CH_2 + Cl_2 \longrightarrow CH_3CH_2Cl-CH_2Cl$$

③ 对称不饱和烃与极性的加成，例如：
$$CH_2=CH_2 + HCl \longrightarrow CH_3CH_2Cl$$

④ 不对称不饱和烃与极性的加成，例如：
$$CH_3CH_2=CH_2 + HCl \longrightarrow CH_3CH_3CH_2Cl$$

马尔科夫尼科夫规律：不对称烯烃与不对称试剂发生加成反应时，氢原子总是加到含氢较多的碳原子上，卤原子或其他原子或基团加到含氢原子较少的碳原子上。

2) 含其他不饱和键的加成

含其他不饱和键的加成，包括酮和醛的加成反应。由于酮和醛的分子中都含有羰基，其 C=O 双键也属于不饱和键，也能发生加成反应。特别地，当酮和醛与极性试剂加成时，极性试剂中带负电的一部分加到碳原子上，另一部分加到氧原子上。例如：

$$\rangle{=}O + H-CN \longrightarrow \rangle C\begin{smallmatrix}OH\\CN\end{smallmatrix}$$

(2) 取代反应

取代反应：化合物分子中的一个原子或者基团被其他原子或基团代替的反应。常见的取代反应的有：酯化反应、卤化反应、硝化反应、磺化反应和氯甲基化反应。

1) 酯化反应：醇能与无机酸或其衍生物作用生成酯。以甲醇和乙酸为例，
$$CH_3OH + CH_3COOH \xrightleftharpoons{H^+} CH_3COOCH_3 + H_2O$$

2) 卤化反应：在光照、加热或者催化剂的作用下，化合物分子中的氢原子被卤原子取代，生成卤素衍生物和卤化氢的反应。例如：
$$CH_3-CH_3 + Cl_2 \xrightarrow{420℃, 78\%} CH_3-CH_2Cl + HCl$$

3) 硝化反应：苯与浓硝酸和浓硫酸的混合物在 50~60℃ 反应，环上的一个氢原子被

硝基取代，生成硝基苯的反应。例如：

在浓硫酸和 50~60℃ 的条件下，

$$\text{C}_6\text{H}_6 + \text{HNO}_3 \longrightarrow \text{C}_6\text{H}_5\text{NO}_2 + \text{H}_2\text{O}$$

特别地，硝基苯在高温条件下可继续与混酸反应，生成物以间二硝基苯为主。

4) 磺化反应：苯与浓硫酸或发烟硫酸作用，环上的一个氢原子被磺酸基取代，生成苯磺酸的反应。例如：

$$\text{C}_6\text{H}_6 + \text{H}_2\text{SO}_4 \rightleftharpoons \text{C}_6\text{H}_5\text{SO}_3\text{H} + \text{H}_2\text{O}$$

与卤化反应和硝化反应不同的是，磺化反应是一个可逆反应。

5) 氯甲基化：在无水氯化锌存在下，芳烃与甲醛及氯化氢作用，环上的氢原子被氯甲基取代的反应。

(3) 消除反应

消除反应：从有机化合物分子中脱去小分子物质的反应。例如：

$$\text{CH}_3\text{CHClCH}_3 \xrightarrow[\Delta]{\text{C}_2\text{H}_5\text{ONa}/\text{C}_2\text{H}_5\text{OH}} \text{CH}_3\text{CH}=\text{CH}_2 + \text{HCl}$$

札依采夫规则：如果分子中存在几种不同的 $\beta\text{-H}$，反应是有选择性的，主要是从含氢较少的 $\beta\text{-C}$ 上脱去氢原子，即主要生成双键碳原子上连有较多烷基的稳定烯烃。

(4) 氧化还原反应

有机物中的氧化还原反应，常指分子中氧或者氢的加入或者失去；加入氢和失去氧的反应，称为还原反应，失去氢和加入氧的反应，称为氧化反应。

1) 燃烧是最常见的氧化还原反应

有机物在高温和足够的空气中燃烧，生成二氧化碳和水，并放出大量的热量。例如：

$$\text{CH}_4 + 2\text{O}_2 \longrightarrow \text{CO}_2 + 2\text{H}_2\text{O}$$

2) 烷烃的氧化

烷烃在室温下一般不与氧化剂或空气中的氧反应，但在适合的条件下，可以使其部分氧化，生成各种含氧衍生物，如醇、醛、酸等。例如：

$$\text{CH}_4 + \text{O}_2 \xrightarrow{\text{NO}, 600℃} \text{HCHO} + \text{H}_2\text{O}$$

3) 不饱和烃的氧化

不饱和烃容易被氧化，其氧化产物与结构、氧化剂和氧化条件有关。下面以烯烃为例，说明反应原理。

① 高锰酸钾氧化：用稀的碱性或者中性高锰酸钾溶液在较低温度下氧化烯烃是，在双键处引入两个羟基，生成邻二醇。

$$3\text{CH}_3\text{CH}=\text{CH}_2 + 2\text{KMnO}_4 + 4\text{H}_2\text{O} \longrightarrow 3\text{CH}_3\text{CH}(\text{OH})\text{CH}_2(\text{OH}) + 2\text{MnO}_2 + 2\text{KOH}$$

反应过程中，高锰酸钾溶液的紫色褪去，并且生成棕褐色的二氧化锰沉淀，所以这个反应可以用来鉴别烯烃。若用酸性高锰酸钾溶液氧化烯烃，碳链在双键处断裂。如果双键碳原子没有氢，裂解后生成酮；如果有一个氢原子，生成羧酸，链端的双键碳原子则氧化成二氧化碳。

不同结构的烯烃的氧化产物不同，通过分析氧化得到的产物，可以推断原烯烃的结构。

② 臭氧氧化。例如：

$$\diagup\!\!\!\!=\!\!\!\!\diagdown \xrightarrow[\text{2. Zn/H}_2\text{O}]{\text{1. O}_3} \underset{\text{丙酮}}{\overset{H_3C}{\underset{H_3C}{>}}C=O} + \underset{\text{甲醛}}{\overset{O}{\underset{H}{\overset{\parallel}{C}}}H}$$

因此，烯烃经过臭氧化/水解反应后，可以推测原来烯烃的结构。如果只生成一氧化产物，说明烯烃具有对称性，双键在碳链中间；如果产物有甲醛，则说明存在双键在链端。如果氧化结果未发生分子断链，说明产物中同时出现两个羰基，说明双键在碳环上。

③ 催化氧化。例如：在银催化下，将乙烯与空气或氧气混合，乙烯被氧化生成环氧乙烷。

$$2H_2C=CH_2 + O_2 \xrightarrow[250℃]{Ag} 2\triangle^O$$

这是工业上生产环氧乙烷的主要方法。

4）醇的氧化

伯醇可以被氧化得到醛，然后进一步的氧化得到羧酸；仲醇可以氧化得到酮，但是一般不能进一步氧化。

5）醛的氧化

醛可以发生氧化得到羧酸。

（5）催化加氢反应

常温常压下，烯烃很难同氢气发生反应，但是在催化剂（如铂、钯、镍等）存在下，烯烃与氢可比较容易地发生加成反应，生成相应的烷烃。这是因为催化剂可以降低加氢反应的活化能，使反应容易进行。

$$RCH=CH_2 + H_2 \xrightarrow{\text{催化剂}} RCH_2CH_3$$

特别地，由于反应是定量进行的，可以通过测定氢气体积的办法确定烯烃中双键的数目。

（6）聚合反应

聚合反应：在催化剂作用下，许多不饱和烃通过 π 键断裂和不同分子间 C-Cσ 键的形成，将分子一个接一个地互相连接在一起而形成相对分子质量巨大的化合物（又称高分子化合物）的反应，称为聚合反应。

$$n\,CH_2=CH_2 \xrightarrow{\text{催化剂}} \overset{}{\underset{}{\text{\textemdash}}}CH_2\text{\textemdash}CH_2\overset{}{\underset{n}{\text{\textemdash}}}$$

聚合物：这种由许多单个分子以共价键相连而形成的高分子化合物称为聚合物。合成高分子化合物的主要直接原料称为单体；n 为聚合度。

低聚物：由少数分子聚合而成的聚合物，叫做低聚物。

高聚物：由许多分子聚合为相对分子质量很大的聚合物，称为高聚物，亦称高分子化合物。

(7) 加聚反应和缩聚反应

1) 加聚反应：通过打开双键互相连接起来而形成聚合物的反应称为加聚反应，是含活泼氢功能基的亲核化合物与含亲电不饱和功能基的亲电化合物间的聚合，所得聚合物称为加聚物。

例如：

$$n\text{O}=\text{C}=\text{N}-\text{CH}_2-\text{N}=\text{C}=\text{O} + n\text{HO}-\text{CH}_2-\text{OH} \longrightarrow \left[\begin{array}{c}\text{C}-\text{N}-\text{CH}_2-\text{N}-\text{C}-\text{O}-\text{CH}_2-\text{O}\\ \| \ | \ \ \ \ \ \ \ \ \ \ \ | \ \| \\ \text{O H} \ \ \ \ \ \ \ \ \ \ \ \ \ \text{H C}\end{array}\right]_n$$

2) 缩聚反应：通常是单体分子的官能团间的反应，在形成缩聚物的同时，伴有小分子产物的失去。缩聚物在组成上和单体不同，主链结构中通常有单体官能团间反应生成的键。缩聚反应的单体需要含有两个及以上的官能团。例如：

$$n\text{HOOC}-\text{COOH} + n\text{HO}-\text{CH}_2\text{CH}_2-\text{OH} \xrightleftharpoons{\text{缩聚}} \text{HO}-\text{OC}\!\!-\!\!\left[\text{COO}-\text{CH}_2\text{CH}_2-\text{O}\right]_n\!\!+(2n-1)\text{H}_2\text{O}$$

3) 缩聚反应基本特征

① 聚合反应是通过单体功能基之间的反应逐步进行的。缩聚反应的单体常带有的官能团有—OH、—COOH、—NH$_2$、—COX（酰卤）、—COOR（酯基）、—H、—X、—SO$_3$H、—SO$_2$Cl等。

② 每步反应的机理相同，因而反应速率和活化能相同。

③ 反应体系始终由单体和相对分子质量递增的一系列中间产物组成，任何两分子的单体及中间产物之间都能发生反应。

④ 聚合产物的相对分子质量是随反应时间的增加而逐步增大的，但单体的转化率却与反应时间无关。

4 反应中有小分子（如 H$_2$O、HX、NH$_3$、ROH 等）产生。聚合物的化学组成与单体不同。

【例3.5-4】下列有机物中，不能发生缩聚反应的是（　　）。

A. CH$_2$(COOH)CH$_2$COOH　　　　　　B. CH$_2$(OH)CH$_2$OH
C. CH$_3$OH　　　　　　　　　　　　　　D. CH$_3$COOH

解析：本题主要考查缩聚反应的理解。缩聚反应：通常是单体分子的官能团间的反应，在形成缩聚物的同时，伴有小分子产物的失去。缩聚物在组成上和单体不同，主链结构中通常有单体官能团间反应生成的键。缩聚反应的单体需要含有两个及以上的官能团。A选项中，有两个羧基；B选项中，有两个羟基；C选项中，只有一个羟基；D选项中，只有一个羧基，但是可以看作是一个羧基和羟基。因此答案选择C。

【例3.5-5】下列反应中，属于取代反应的是（　　）。

A. $3\text{CH}_3\text{CH}=\text{CH}_2 + 2\text{KMnO}_4 + 4\text{H}_2\text{O} \longrightarrow 3\text{CH}_3\text{CH(OH)CH}_2(\text{OH}) + 2\text{MnO}_2 + 2\text{KOH}$

B. $\underset{\text{Cl}}{\text{(CH}_3)_2\text{CHCl)}} \xrightarrow[\triangle]{\text{C}_2\text{H}_5\text{ONa/C}_2\text{H}_5\text{OH}} \text{CH}_2=\text{CHCH}_3 + \text{HCl}$

C. $CH_3OH + CH_3COOH \xrightleftharpoons[]{H^+} CH_3COOCH_3 + H_2O$

D. $nCH_2=CH_2 \xrightarrow{\text{催化剂}} {\vphantom{\big|}}{\text{─}}\!\!{\Big[}CH_2\text{─}CH_2{\Big]}_n\!\!{\text{─}}$

解析：本题主要考查取代反应的理解。A 选项中，属于氧化反应；B 选项中，属于消除反应；C 选项中，属于酯化反应，也属于取代反应；D 选项中，属于聚合反应。答案选择 C。

【例 3.5-6】以下有机物中，不可以发生加成反应的是（　　）。

A. HCHO 　　　　　　　　　　B.

C. $CH_3CH_2=CH_2$　　　　　　　D. CH_3OCH_3

解析：本题主要考查对加成反应的理解。有机物能够发生的反应主要有官能团决定的，加成反应需要有不饱和键。A 选项中，存在羰基属于不饱和键，可以发生加成反应；B 选项中，存在碳碳叁键，可以发生加成反应；C 选项中，存在碳碳双键，可以发生加成反应；D 选项中，可以写成 CH_3—O—CH_3，不存在不饱和键，不能发生加成反应。因此，答案选择 D。

3.5.4 基本有机物

1. 烷烃

烷烃：分子中不含碳碳重键的只有碳氢两种元素组成的化合物。通式可以写成 $C_nH_{(2n+2)}$。烷烃不含官能团，分子中只有 C—C 键和 C—H 键，都是 σ 键，比较牢固，既不容易发生异裂，也不容易均裂。

在一般情况下，烷烃具有高度的化学稳定性，与强酸、强碱及常用的氧化剂、还原剂都不发生反应。相对而言，烷烃更容易通过化学键的均裂而发生化学反应。化学键均裂的条件一般是光照、加热或有引发剂存在。

烷烃和环烷烃都是无色的，具有一定气味，都可以燃烧，不溶于水，易溶于有机溶剂。直链烷烃和无取代基的环烷烃的熔点、沸点和相对密度随着碳原子数的增加而有规律地升高。其中，环烷烃的熔点、沸点和相对密度比相同碳原子数的烷烃高，这主要是因为环烷烃具有较大的刚性和对称性，使得分子之间的作用力变强。

2. 烯烃

烯烃：分子中含有碳碳双键的碳氢化合物。碳碳双键是烯烃的官能团。通式为 $C_nH_{(2n)}$。

在常温下，含 2~4 个碳原子的烯烃为气体，含 5~18 个碳原子的为液体，19 个碳原子以上的为固体。沸点、熔点和相对密度都随相对分子质量的增加而升高，但相对密度都小于 1，都是无色物质，不溶于水，易溶于非极性和弱极性的有机溶剂。含相同碳原子数目的直链烯烃的沸点比支链的高。对于碳架相同的烯烃，双键向碳链中间移动时，沸点和熔点都升高。顺式异构体的沸点比反式的高，熔点则比反式的低。

一般地，烯烃能够发生加成反应、取代反应、氧化反应、聚合反应，可以使溴水和酸性高锰酸钾溶液褪色。乙烯就是植物中存在的促使水果成熟的植物激素；含有 11 个不饱和双键的 β-胡萝卜素是人类饮食中不可缺少的多烯烃类化合物，它是生成维生素 A 的前体物质。

3. 炔烃

炔烃：分子中含有碳碳三键的碳氢化合物。碳碳三键是炔烃的官能团。通式为 $C_nH_{(2n-2)}$。

乙炔（HC≡CH）是最简单的炔烃，早先曾广泛应用于制造乙醛、乙酸、氯乙烯和其他高附加值化学品。

与烷烃和烯烃一样，炔烃分子也是由 C-C 键和 C-H 键形成的，因此也属非极性化合物，不溶于水，易溶于石油醚、乙醚、苯和四氯化碳等非极性溶剂，熔点、沸点均较低。另外，由于炔烃分子中含有三键，分子较短小、细长，在液态和固态中，分子可以彼此靠得很近，分子间的范德华力较强。因此，简单炔烃的沸点、熔点及相对密度一般比碳原子数相同的烯烃高。炔碳上的氢可表现为弱酸性。一般地，炔烃能够发生加成反应、取代反应、氧化反应、聚合反应，可以使溴水和酸性高锰酸钾溶液褪色，但是炔烃的加成反应的活性比烯烃差。

4. 芳烃

芳烃：狭义的芳香烃是指分子中含苯环结构的一类碳氢化合物，广义的芳香烃是指具有和苯相同或相似结构及化学性质（易取代、难加成、难氧化的性质）的一类碳氢化合物。苯及其同系物的同系物为 $C_nH_{(2n-6)}$。

苯是最常见的芳香烃。其的分子式为 C_6H_6，其不饱和度为 4。苯是一个十分稳定的化合物，其化学性质既不具有不饱和烃的容易加成、氧化、聚合的反应特征，也不具有环丙烷的化学性质。因而苯在一般条件下，不使溴水或者高锰酸钾溶液褪色。相反，苯有自己的一些特殊性质：容易发生取代反应，不易发生加成反应；具有较低的能量和较高的热力学稳定性；具有特殊的光谱学性质。

芳香烃具有烃类的通性，即不溶于水，易溶于非极性有机溶剂，如乙醚、四氯化碳、石油醚等，密度比水小，具有可燃性。单环芳烃的相对密度一般为 0.8~0.9，比同碳数的脂肪烃和脂环烃稍大，单环芳烃有特殊的气味，蒸气有毒，会对呼吸道、中枢神经和造血器官造成损害。有的稠环芳烃对人体有致癌作用。由于苯及其同系物中含碳量比较多，燃烧时常因不彻底而火焰带有黑烟。

5. 卤代烃

卤代烃：烃分子中的一个或者几个氢原子被卤原子取代后的化合物。其官能团为卤原子。在卤代烃（氯代烃除外）中，只有氯甲烷、氯乙烷、溴甲烷、氯乙烯和溴乙烯是气体，其余均为无色液体或固体。

很多卤代烃有不愉快的气味，卤代烷蒸气有毒。氯乙烯对眼睛有刺激性，是一种致癌物，苄基型与烯丙型卤代烃常具有催泪性。卤代烃均不溶于水，而溶于乙醇、乙醚、苯和烃等有机溶剂。某些卤代烃本身即是很好的有机溶剂，如二氯甲烷、氯仿和四氯化碳等。

在卤代烃分子中，随卤原子数目的增多，化合物的可燃性降低。某些含氯和含溴的烃或其衍生物还可作为阻燃剂，如含氯量约为 70% 的氯化石蜡主要用作合成树脂的阻燃剂，以及不燃性涂料的添加剂等。

6. 醇和酚

醇：羟基(-OH)与饱和碳原子相连的有机物，叫做醇。

酚：羟基(-OH)与苯环碳原子相连的有机物，叫做酚。

直链饱和一元醇中，C_4 以下的醇为具有酒味的流动液体，C_5-C_{11} 的醇为具有不愉快气味的油状液体，C_{12}以上的醇为无臭无味的蜡状固体；除少数烷基酚为液体外，多数酚是无色固体。

与相对分子质量相近的非极性或弱极性化合物如烃类相比，醇和酚的沸点、熔点和在水中的溶解度等与之有明显差别。

醇和酚由于具有极性和分子间能形成氢键，同样也影响着其熔点。低级醇和某些酚，因羟基在分子中所占比例较大，也能与水分子形成氢键而溶于水。多元醇由分子中羟基数目增多，与水形成氢键的数目更多，因此在水中的溶解度也更大。

7. 醛和酮

醛：羰基与一个烃基和一个氢原子相连的化合物，其官能团为醛基（—CHO）。

酮：羰基与两个烃基相连的化合物，其官能团为醛基（—CHO）。

常温下，除甲醛是气体外，C_{12}以下的脂肪醛、酮一般是液体，C_{12}以上的醛、酮一般为固体；芳醛、芳酮为液体或固体。低级脂肪醛具有强烈的刺激气味；某些C_9和C_{10}的醛酮具有花果香味，常用于香料工业。

由于羰基具有极性，因此醛、酮的沸点比相对分子质量相近的烃及醚高。但由于醛、酮分子间不能形成氢键，因此沸点较相应的醇低。因为醛、酮的羰基能与水中氢形成氢键，故低级的醛、酮可溶于水；但芳醛、芳酮微溶或者不溶于水。

8. 羧酸

羧酸：含有羧基（ $-\overset{O}{\underset{\|}{C}}-OH$ ）官能团的化合物。除甲酸外，羧酸可以看作烃的羧基衍生物。

常温下，C_1—C_9的直链羧酸是液体，癸酸以上的羧酸是固体，芳香族羧酸是结晶状固体；甲酸、乙酸和丙酸是有刺激性气味，丁酸至壬酸有腐败气味，癸酸以上的羧酸通常无气味。甲酸和乙酸的相对密度大于1，其他直链饱和一元羧酸的相对密度通常小于1。

羧酸是极性分子，属于弱酸，能与水形成氢键，因而甲酸、丁酸可与水互溶。随着相对分子质量的增加，羧酸在水中的溶解度逐渐减小，癸酸以上的羧酸不溶于水。羧酸的沸点比相对分子质量相同的醇高。羧酸熔点随着羧酸碳原子数的增大，呈周期性降升规律，即随着羧酸偶数倍增大熔点增大。

羧酸的官能团是由羰基和羟基复合而成，它们相互影响，使羧酸分子具有独特的化学性质，而不是这两个基团性质的简单加合。根据羧酸分子结构的特点，羧酸的反应可在分子的四个部位发生：①反应涉及O—H键，主要是酸的解离；②反应发生在羰基上，如羰基被还原及羰基上的亲核取代反应；③脱羧反应，C—C键断裂失去CO_2，生成R—CH_3；④α-氢原子的取代反应。

【例3.5-7】下列有机物中，能够使溴水褪色的是（　　）。

A. 丙醇　　　　　　　　　　　　　B. 乙酸乙酯
C. 1-溴乙烷　　　　　　　　　　　D. 丙烯

解析：本题主要考查烯烃的性质。烯烃和炔烃易于卤素发生亲电加成反应，因此能够使溴水褪色。而其他三种有机物均不能与溴水反应。因此，答案选择D。

3.5.5 高分子化合物

1. 高分子化合物

(1) 定义

高分子化合物：由很多相同的、简单的结构单元通过共价键或者配位键重复连接而成的化合物。例如：

$$-\!\!\!-\!\!\!\left[\!\!\begin{array}{c}CH_2-CH_2\end{array}\!\!\right]_{\!n}\!\!\!-\!\!\!-$$

能够聚合成高分子化合物的小分子化合物，叫做 单体；以单体结构为基础，化学组成和结构重复出现的最小基本单位，叫做 链节；n 重复单元的数量，叫做 聚合度。

(2) 分类

1) 按照来源分类

① 天然高分子，例如多糖、核酸、蛋白质、天然橡胶等。

② 合成高分子，例如塑料、尼龙等。

2) 按照主链结构分类

① 碳链聚合物：主链全部由碳元素组成，其他元素在侧键上。

② 杂链聚合物：主链以碳元素为主，还存在其他元素。

③ 元素有机聚合物：主链没有碳元素，而是 Si、B、N、P、O 等元素组成，其侧链上有有机基团。

5 无极高分子：主链和侧链上都没有碳元素。

3) 按照受热后的形态变化分类

① 热塑性高分子：线型结构的高分子，在受热后会从固体状态逐步转变为流动状态，这种转变理论上可重复无穷多次。热塑性高分子是可以再生的。聚乙烯、聚丙烯、聚氯乙烯、聚苯乙烯和涤纶树脂等均为热塑性高分子。

② 热固性高分子：体型结构的高分子，在受热后先转变为流动状态，进一步加热则转变为固体状态。这种转变是不可逆的，经固化成型便不能再加热软化和重新成型。换言之，热固性高分子是不可再生的。能通过加入固化剂使流体状转变为固体状的高分子，也称为热固性高分子。典型的热固性高分子有酚醛树脂、环氧树脂、氨基树脂、不饱和聚酯聚氨酯、硫化橡胶等。

4) 按照用途分类

高分子化合物可分为 橡胶、化学纤维、塑料、涂料、黏合剂和功能高分子 六大类。

① 橡胶具有良好的延伸性和回弹性，弹性模量较低。橡胶大多为热固性高分子。近年来也发展了热塑性弹性体，如 SBS 等。

② 化学纤维在外观上为纤维状，弹性模量很高，对温度的敏感性较低，尺寸稳定性良好。重要的化学纤维高分子有涤纶（聚对苯二甲酸乙二酯）、锦纶（聚 ε-己内酰胺）、维尼纶（聚乙烯醇缩甲醛）、氯纶（聚氯乙烯纤维）、丙纶（聚丙烯纤维）等。

③ 塑料的性能一般介于橡胶和化学纤维之间。

④ 涂料的基本特点是：在一定条件下能成膜，对基材起到装饰和保护作用。大部分高分子均可用作涂料。重要的涂料高分子有聚丙烯酸酯、聚酯树脂、氨基树脂、聚氨酯醇酸树脂、酚醛树脂和有机硅树脂等。

⑤ 黏合剂的特点是对基材有很高的黏结性，可将不同材质的材料黏合在一起。重要的黏结剂高分子有环氧树脂、聚乙酸乙烯酯、聚丙烯酸酯、聚氨酯、聚乙烯醇等。

⑥ 功能高分子包含了一大批高分子类型。它们是些具有特殊功能的高分子，如导电性感光性高吸水性高选择吸附性、药理功能医疗功能等。

2. 合成橡胶

（1）橡胶是一类在很宽的温度范围内具有弹性的高分子化合物，可以分成自然橡胶和合成橡胶。

天然橡胶：相对分子质量不等的异戊二烯的高相对分子质量聚合物的混合体，其干馏产物是2-甲基-1,3-丁二烯。

合成橡胶：通过人工合成的方式，制得的具有天然橡胶性质的有机高分子材料。共轭二烯烃的聚合反应是制备合成橡胶的基本反应。

（2）常见的合成橡胶

1）顺丁橡胶：其耐磨性、耐寒性都比天然橡胶好。

$$n\text{CH}_2=\text{CH}-\text{CH}=\text{CH}_2 \xrightarrow{\text{催化剂}} {\left[\begin{array}{c}\text{CH}_2\\ \ \ \ \ \ \ \ \ \text{C}=\text{C}\\ \text{H}\ \ \ \ \ \ \ \text{H}\end{array}\begin{array}{c}\text{CH}_2\\ \ \end{array}\right]}_n$$

2）异戊橡胶：其结构和性质均与天然橡胶相似，被称为合成天然橡胶。

$$n\text{CH}_2=\underset{\underset{\text{CH}_3}{|}}{\text{C}}-\text{CH}=\text{CH}_2 \xrightarrow{\text{催化剂}} {\left[\begin{array}{c}\text{CH}_2\ \ \ \ \ \ \ \ \text{CH}_2\\ \text{C}=\text{C}\\ \text{H}_3\text{C}\ \ \ \ \ \text{H}\end{array}\right]}_n$$

3）丁苯橡胶：由1,3-丁二烯与苯乙烯共聚而成的，具有良好的耐老化性、耐油性、耐热性和耐磨性等，主要用于制备轮胎和其他工业制品。目前丁苯橡胶是世界上产量最大的合成橡胶。

$$n\text{CH}_2=\text{CH}-\text{CH}=\text{CH}_2+n\text{C}_6\text{H}_5\text{CH}=\text{CH}_2 \xrightarrow{\text{过硫酸钠}} {\left[\text{CH}_2-\text{CH}=\text{CH}-\text{CH}_2-\text{CH}-\text{CH}_2-\underset{\text{C}_6\text{H}_5}{|}\right]}_n$$

4）氯丁橡胶：其耐油性、耐老化性和化学稳定性比天然橡胶好。

$$n\text{CH}_2=\text{CH}-\underset{\underset{\text{Cl}}{|}}{\text{C}}=\text{CH}_2 \xrightarrow{\text{催化剂}} {\left[\text{CH}_2-\text{CH}=\underset{\underset{\text{Cl}}{|}}{\text{C}}-\text{CH}_2\right]}_n$$

常见的橡胶还有丁腈橡胶、乙丙橡胶等。橡胶是日常生活、交通运输、国防建设等方面必不可少的物质。但是天然橡胶和合成橡胶均是线性高分子化合物，在加热下需要先用硫黄或者其他物质交联处理。

【例3.5-8】制得下列有机物，反应物的组合可以是（　　）。

$${\left[\text{CH}_2-\text{CH}=\text{CH}-\text{CH}_2-\text{CH}-\text{CH}_2-\underset{\text{C}_6\text{H}_5}{|}\right]}_n$$

A. $CH_2=CH-CH=CH_2$ 和 (苯乙烯:苯环带$CH=CH_2$)

B. $CH_2-CH=CH-CH_2$ 和 (苯环带$CH_2=CH_3$)

C. $CH_2-CH=CH-CH_2$ 和 (苯环带$O-CH_3$)

D. $CH_2=CH_2$ 和 (苯环带$CH_2=C=CH_2$)

解析：本题主要考查聚合反应的性质。丁苯橡胶是由1,3-丁二烯与苯乙烯共聚而成的。

$$nCH_2=CH-CH=CH_2 + n\underset{\text{苯乙烯}}{CH=CH_2} \xrightarrow{\text{过硫酸钠}} \left[CH_2-CH=CH-CH_2-CH-CH_2 \right]_n$$

因此，答案选择 A。

【例3.5-9】 下列物质中，受热后不会发生软化的是（　　）。

A. 聚氯乙烯　　　　　　　　B. 涤纶树脂
C. 氨基树脂　　　　　　　　D. 聚苯乙烯

解析：本题主要考查高分子化合物受热后的形态变化。高分子化合物可以分成热塑性高分子和热固性高分子。热塑性高分子：线型结构的高分子，在受热后会从固体状态逐步转变为流动状态，这种转变理论上可重复无穷多次，常见的有聚乙烯、聚丙烯、聚氯乙烯、聚苯乙烯和涤纶树脂。热固性高分子：体型结构的高分子，在受热后先转变为流动状态，进一步加热则转变为固体状态，典型的热固性高分子有酚醛树脂、环氧树脂、氨基树脂、不饱和聚酯聚氨酯、硫化橡胶等。因此，答案选择 C。

习　题

【3.5-1】 按照系统命名法，对下列有机物命名，其中有机化合物命名不正确的是（　　）。

A. 2-甲基丁烷　　　　　　　B. 2-乙基丁烷
C. 2,2-二甲基戊烷　　　　　D. 2,2,3-三甲基戊烯

【3.5-2】 下列物质中，属于天然高分子化合物的是（　　）。

A. 单晶硅　　　　　　　　　B. 蔗糖
C. 氨基酸　　　　　　　　　D. 蛋白质

【3.5-3】 下列有机物中，属于醇类的是（　　）。

A. C_6H_5OH　　　　　　　　B. CH_3OCH_3
C. CH_3COCH_3　　　　　　　D. 甘油

【3.5-4】 下列有机物中，不能够发生反应的是（　　）。

A. 氧化反应 B. 银镜反应
C. 聚合反应 D. 取代反应

【3.5-5】以下有机物可以发生的反应的是(　　)。

A. 氧化反应 B. 缩聚反应
C. 聚合反应 D. 加成反应

【3.5-6】下列处于同一平面的最多原子数,最多的是(　　)。

A. ⌬(邻二甲苯) B. ⬡(环己烷)
C. —C≡C—C≡C— D. 亚甲基环戊二烯

【3.5-7】按照系统命名法,下列有机化合物命名错误的是(　　)。

A. 2-甲基丁烷 B. 2-乙基丁烷
C. 2,2-二甲基戊烷 D. 2,2,3-三甲基戊烷

【3.5-8】下列合成橡胶中,其结构和性质均与天然橡胶相似的是(　　)。

A. 顺丁橡胶 B. 异戊橡胶
C. 丁苯橡胶 D. 氯丁橡胶

习题答案及解析

【3.5-1】答案:B

解析:本题主要考查烷烃系统命名法的规则。

①选主链。从构造式中选取最长的连续碳链作为主链,支链作为取代基。当最长碳链不止一种选择时,应选取包含支链最多的最长碳链作为主链;烯烃、炔烃则需要选择含有重链在内的最长碳链作为主链。碳原子数在十以内者,分别用甲、乙、丙、丁、戊、己、庚、辛、壬、癸表示碳原子的数目,十个碳原子以上则用十一、十二……表示。②主链编号。将主链上的碳原子从靠近支链的一端开始依次用阿拉伯数字编号;烯烃、炔烃需要选择最靠近重链的一端开始编号;当主链编号有几种可能时,应选择支链具有"最低系列"的编号(通称"最低系列"原则)。③写出全称。B选项中,应当为3-甲基戊烷。

【3.5-2】答案:D

解析:本题主要考查天然高分子化合物的概念。高分子化合物是由很多相同的、简单的结构单元通过共价键或者配位键重复连接而成的化合物,天然高分子有:多糖、核酸、蛋白质、天然橡胶等。A选项中,单晶硅属于无机化合物;B选项中,蔗糖属于小分子化合物;C选项中,氨基酸也属于小分子化合物;D选项中,蛋白质是天然高分子化合物。

【3.5-3】答案:D

解析:本题主要考查醇类的概念。醇类是指羟基(-OH)与饱和碳原子相连的有机物,特别地羟基(-OH)与苯环碳原子相连的有机物叫做酚。A选项中,属于酚类,而非醇类;B选项中,不存在羟基,不属于醇类;C选项中,不存在羟基,而是酮类;D选项中,甘

油中含有羟基且与饱和碳原子相连。

【3.5-4】答案：B

解析：本题主要考查官能团的性质。该有机物存在的官能团有：羧基、羰基和碳碳双键；该有机物可以发生取代反应和燃烧，羧基可以发生酯化反应（属于取代反应），羧基、羰基和碳碳双键均存在不饱和键，可以发生聚合反应；但是不存在醛基，因此不能发生银镜反应。

【3.5-5】答案：C

解析：本题主要考查反应的理解。有机物能够发生的反应主要有官能团决定的，该有机物包含的有机物有：羟基、羧基、碳碳双键。A选项中，属于氧化反应；B选项中，属于消除反应；C选项中，属于酯化反应，也属于取代反应；D选项中，属于聚合反应。

【3.5-6】答案：A

解析：本题主要考查有机物结构的理解。甲基和甲基直接相连的原子，最多可以达到3个原子处于同一平面内；碳碳双键两端的碳原子、碳原子直接相连的原子均处于一个平面上，即最多可达6个原子在同一平面；碳碳三键两端的碳原子及其直接相连的原子均处于一个平面上，即最多可达4个原子在同一平面。A选项中，处于同一平面的最多原子数是14个；B选项中，原子数是12个；C选项中，原子数是7个；D选项中，原子数是12个。

【3.5-7】答案：B

解析：本题主要考查烷烃系统命名法的规则。

①选主链。从构造式中选取最长的连续碳链作为主链，支链作为取代基。当最长碳链不止一种选择时，应选取包含支链最多的最长碳链作为主链；烯烃、炔烃则需要选择含有重链在内的最长碳链作为主链。碳原子数在十以内者，分别用甲、乙、丙、丁、戊、己、庚、辛、壬、癸表示碳原子的数目，十个碳原子以上则用十一、十二……表示。②主链编号。将主链上的碳原子从靠近支链的一端开始依次用阿拉伯数字编号；烯烃、炔烃需要选择最靠近重链的一端开始编号；当主链编号有几种可能时，应选择支链具有"最低系列"的编号（通称"最低系列"原则）。③写出全称。B选项中，应当为3-甲基戊烷。

【3.5-8】答案：B

解析：本题主要考查合成橡胶的性质。顺丁橡胶的耐磨性、耐寒性都比天然橡胶好；异戊橡胶的结构和性质均与天然橡胶相似，被称为合成天然橡胶；丁苯橡胶由1,3-丁二烯与苯乙烯共聚而成的，具有良好的耐老化性、耐油性、耐热性和耐磨性等，主要用于制备轮胎和其他工业制品，是世界上产量最大的合成橡胶；氯丁橡胶：其耐油性、耐老化性和化学稳定性比天然橡胶好。

第4章 理 论 力 学

考试大纲：
4.1 静力学
平衡；刚体；力；约束及约束力；受力图；力矩；力偶及力偶矩；力系的等效和简化；力的平移定理；平面力系的简化；主矢；主矩；平面力系的平衡条件和平衡方程式；物体系统（含平面静定桁架）的平衡；摩擦力；摩擦定律；摩擦角；摩擦自锁。
4.2 运动学
点的运动方程；轨迹；速度；加速度；切向加速度和法向加速度；平动和绕定轴转动；角速度；角加速度；刚体内任一点的速度和加速度。
4.3 动力学
牛顿定律；质点的直线振动；自由振动微分方程；固有频率；周期；振幅；衰减振动；阻尼对自由振动振幅的影响——振幅衰减曲线；受迫振动；受迫振动频率；幅频特性；共振；动力学普遍定理；动量；质心；动量定理及质心运动定理；动量及质心运动守恒；动量矩；动量矩定理；动量矩守恒；刚体定轴转动微分方程；转动惯量；回转半径；平行轴定理；功；动能；势能；动能定理及机械能守恒；达朗贝尔原理；惯性力；刚体做平动和绕定轴转动（转轴垂直于刚体的对称面）时惯性力系的简化；动静法。
本章试题配置：12题

4.1 静 力 学

高频考点梳理

知识点	受力分析与受力图	力的分解与投影	力矩	力偶和力偶矩	力系的简化	力系的平衡	摩擦力
近三年考核频次	8	9	7	4	2	9	3

4.1.1 静力学公理和物体的受力分析

1. 静力学的基本概念

（1）刚体

所谓刚体，是指在力的作用下，形状和大小都保持不变的物体，也就是不变形体。

（2）力

力是物体间的相互机械作用，这种作用使物体的运动状态发生改变或者发生变形。

力对物体的作用效果决定于力的大小、方向和作用点这三个要素。

在国际单位制中，力的单位是牛(N)或千牛(kN)。在工程单位制中，力的单位是公斤力(kgf)或吨力(tf)。牛和公斤力的换算关系是：

$$1kgf=9.81N$$

力的方向包含方位和指向两个意思，如铅直向下、水平向右等。

作用点是指力在物体上的作用位置。

2. 静力学公理

(1) 公理1　力的平行四边形法则

作用在物体上同一点的两个力，可以合成为一个合力，如图4.1-1所示。

(2) 公理2　二力平衡条件

两个力大小相等、方向相反，且在同一直线上。如图4.1-2所示。

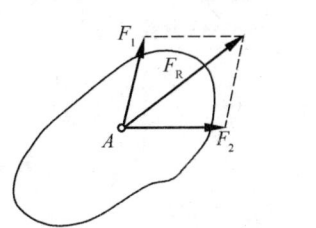 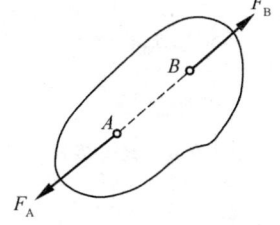

图4.1-1　力的平分四边形法则　　图4.1-2　二力平衡图

(3) 公理3　加减平衡力系原理

在已知力系上加上或减去任意的平衡力系，并不改变原来力系对刚体的作用效果。

(4) 公理4　作用与反作用定律

作用力和反作用力总是同时存在、同时消失，且两个力大小相等、方向相反，沿着同一作用线分别作用在两个不同的物体上。

(5) 公理5　刚化原理

如果变形体在某一力系作用下处于平衡，那么将此变形体刚化为刚体，平衡状态保持不变。

(6) 推论1　力的可传性

作用于刚体上某点的一个力，可以沿着它的作用线移动到刚体内任一点，并不改变该力对刚体的作用效果。

(7) 推论2　三力平衡汇交定理

作用于刚体上三个相互平衡的力，若其中两个力的作用线汇交于一点，则第三个力的作用线也汇交于该点。

3. 约束和约束反力

有的物体不受限制可以自由运动，称为自由体，例如自由落体。有的物体受到限制而使其沿某些方向的运动成为不可能，称为非自由体，例如落体落到桌面上，桌面限制其继续下落，成为非自由体。

对非自由体的运动起限制作用的周围其他物体成为约束，例如上述的桌面。约束对物体运动的阻碍作用称为约束反力，简称反力。有些力主动地使物体运动或有运动趋势，这种力称为主动力。

(1) 光滑接触

如图 4.1-3 所示，一重物放在固定接触面上，当重物与接触面间摩擦力很小可以忽略不计时，就可以看作光滑接触。光滑接触的约束反力作用在接触点，并沿着接触面在该点的公法线指向受力物体，是压力，通常称为法向反力。

(2) 柔软的绳索（皮带、链条）

如图 4.1-4 所示，绳索 AB 一端固定，另一端悬挂一重物，绳索对物体的约束反力作用在接触点，并沿着绳索中心线背离物体，是拉力，或称张力。

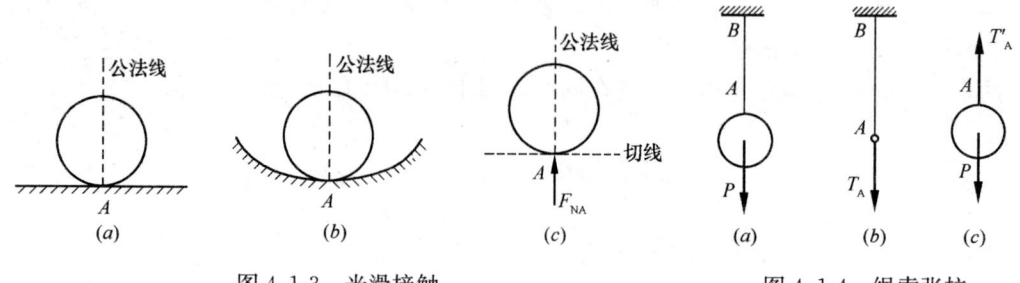

图 4.1-3 光滑接触　　　　　　　　图 4.1-4 绳索张拉

(3) 光滑圆柱铰链

光滑圆柱铰链约束实质为光滑接触约束，约束反力过铰中心指向被约束构件，方向不定，通常表示为两个互相垂直的分力。

(4) 固定铰支座

固定铰支座的约束反力在垂直于销钉轴线的平面内，通过销钉中心，方向不定，通常表示为两个互相垂直的分力。

(5) 活动铰支座

活动铰支座的约束反力通过销钉中心，垂直于支承面，指向不定（可能是压力或拉力）。

(6) 连杆约束

连杆的约束反力沿着连杆两端连线，但指向不定。

4. 物体的受力分析和受力图

为了求解未知的约束反力，首先要明确物体受到哪些力作用，每个力的作用位置和方向，这个分析过程称为物体的受力分析。

为了清晰地表示物体的受力情况，我们把所要研究的物体从周围其他物体中分离出来，单独画出它的简图，这个步骤叫做取隔离体。然后把作用在研究对象上的主动力和约束反力全部画出来，标明已知、未知情况，这种表示物体受力情况的简明图形称为受力图。

【例 4.1-1】求图 4.1-5 (a) 所示机构中各个构件的受力图以及整体的受力图。

解析：该机构中有 GD 和 BD 两根二力杆，将其当作连杆约束，画出构件 EDC 的受力图如图 4.1-5 (b) 所示，构件 EGH 的受力图如图 4.1-5 (c) 所示。在节点 E 处要注意作用力与反作用力的关系。

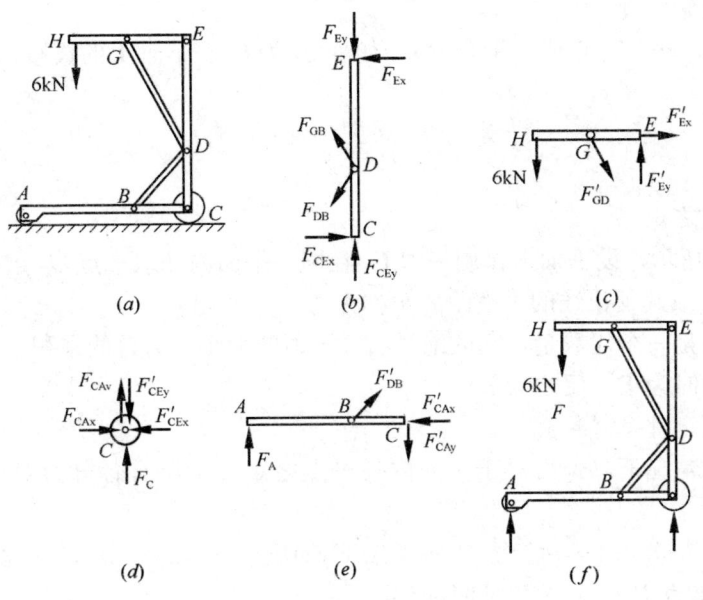

图 4.1-5 例 4.1-1 图

滚轮和销钉 C 可以放在一起分析，滚轮上受到支承面的法向反力，销钉 C 上则分别受到构件 EDC 和构件 ABC 给其的作用力，因方向未知，进行正交分解，画出受力图如图 4.1-5（d）所示。构件 ABC 的受力图如图 4.1-5（e）所示。

画整体的受力图时可以直接由整体分析，也可以将各个构件的受力图组合，并注意到作用力和反作用力相互抵消，只剩下主动力和外约束反力，最后得到整体的受力图如图 4.1-5（f）所示。

4.1.2 力的投影、力矩和力偶

1. 力的投影

（1）力在平面上的投影

如图 4.1-6 所示，从力 F 的两端 A 和 B 分别向 H 平面作垂线 AA' 及 BB'，连接 $A'B'$ 得一新矢量 F'，则称 F' 为力 F 在 H 平面上的投影。

（2）力在轴上的投影

如图 4.1-7 所示，从力 F 两端 A 和 B 分别向 x 轴作垂线，垂足为 a 和 b，线段 ab 的长度冠以适当的正负号，就表示这个力在 x 轴上的投影，记为 X 或 F_x。

需要指出的是，力在轴上的投影是代数量，而力沿轴分解的分力是矢量。

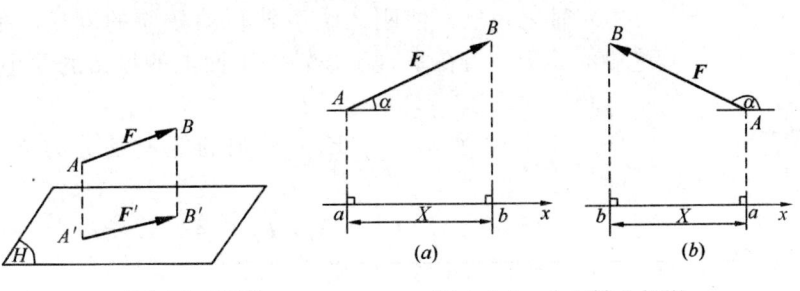

图 4.1-6 力在平面投影　　图 4.1-7 力在轴上投影

(3) 合力投影定理

假设 $F_1, F_2, \cdots, F_n$ 合成一个合力 F,如令 X_i 为 F_i 在 x 轴上的投影,X 为 F 在 x 轴上的投影,则有:

$$X = X_1 + X_2 + \cdots + X_n \tag{4.1-1}$$

2. 力矩

(1) 力对点之矩

如图 4.1-9 所示,设平面上作用一力 F,在同一平面内任取一点 O,点 O 称为矩心,点 O 到力 F 作用线或其延长线的垂直距离 h 称为力臂。

力对点之矩是一个代数量,它的绝对值等于力的大小与力臂的乘积。力使物体绕矩心逆时针转向转动时为正,反之为负。

(2) 合力矩定理

在有合力的情况下,合力对于平面内任一点之矩等于所有各分力对于该点之矩的代数和。

【例 4.1-2】如图 4.1-8 所示直角折杆 ABC,$AB = a$,$BC = b$,C 点作用力 F,力 F 与水平夹角为 α,求力 F 对 A 点之矩 $M_A(F)$。

解析:如图 4.1-8 所示,力 F 对 A 点的力臂 h 未知,不容易求解。若将力 F 分解为 $F_x(F\cos\alpha)$ 和 $F_y(F\sin\alpha)$,则两个分力对 A 点的力臂很容易判断为 a、b。根据合力矩定理,有:

$$\begin{aligned} M_A(F) &= M_A(F_x) + M_A(F_y) = -F_x a + F_y b \\ &= -Fa\cos\alpha + Fb\sin\alpha \\ &= F(b\sin\alpha - a\cos\alpha) \end{aligned}$$

(3) 力对轴之矩(图 4.1-9)

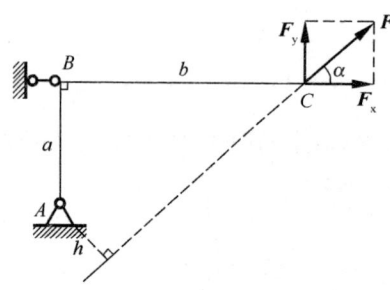

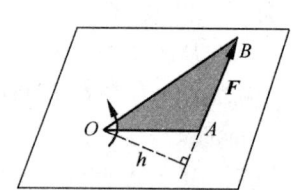

图 4.1-8 例 4.1-2 图   图 4.1-9 力对轴之矩

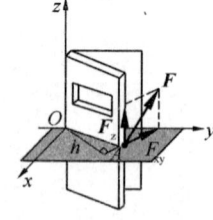

图 4.1-10 力对轴之矩

力对轴之矩是力使刚体绕该轴转动效应的度量,是个代数量,其绝对值等于该力在垂直于该轴的平面上的投影的大小和它与轴间的垂直距离的乘积。

如图 4.1-10 所示,力 F 对 z 轴的矩就是分力 F_{xy} 对 O 点之矩,即:

$$M_z(F) = M_O(F_{xy}) = \pm F_{xy} \cdot h \tag{4.1-2}$$

其正负号按右手螺旋法则确定。

3. 力偶和力偶矩

(1) 概念

由两个大小相等、作用线不重合的反向平行力组成的力系，称为力偶，记作 (F, F')。力偶的两力作用线间的垂直距离称为力偶臂，力偶所在的平面称为力偶作用面。

平面力偶矩是一个代数量，其绝对值等于力的大小与力偶臂的乘积，即：

$$M(F, F') = \pm Fd \qquad (4.1-3)$$

正负号表示力偶的转向：正号为逆时针转向；负号为顺时针转向。

(2) 特性

力偶在任意坐标轴上的投影等于零。

力偶对任意点取矩都等于力偶矩，不因矩心的改变而改变。

任一力偶可在其作用面内任意移动或转动，而不改变它对刚体的作用。

只要保持力偶矩的大小和转向不变，可以同时改变力偶中力的大小和力偶臂的长短，而不改变力偶对刚体的作用。

(3) 平面力偶系的合成与平衡条件

平面力偶系合成为一个合力偶，合力偶矩等于力偶系中各力偶矩的代数和。平面力偶系平衡的充要条件是力偶系中各力偶矩的代数和等于零。

【例 4.1-3】如图 4.1-11 (a) 所示，AB 梁上作用一力偶，力偶矩 $M = 20\text{kN} \cdot \text{m}$，已知 $\alpha = 30°$，$l = 5\text{m}$，求 A 与 B 支座反力。忽略梁的重力。

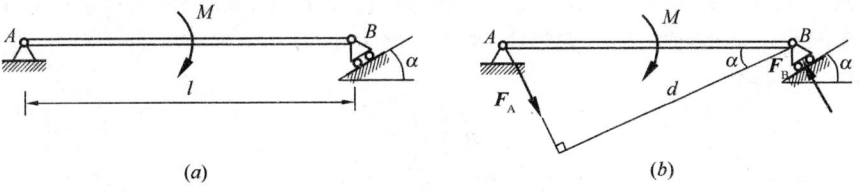

图 4.1-11　例 4.1-3 图

解析：选 AB 梁为研究对象。可知 AB 梁受到一个力偶和支座 A、B 的反作用力。根据力偶只能用力偶平衡的特性，支座反力必组成一力偶，即 $F_A = F_B$，方向假设如图 4.1-11 (b) 所示。由力偶系的平衡条件：

$$\sum M = 0, \quad F_B l\cos\alpha - M = 0$$

解得

$$F_A = F_B = \frac{M}{l\cos\alpha} = \frac{20}{5\cos30°} = 4.62\text{kN}$$

4.1.3 平面任意力系的简化

1. 力的平移定理

可以把作用在刚体上某点的力平行移动到刚体上任意一点，但必须同时附加一个力偶，这个附加力偶的矩等于原力对新作用点的力矩。

2. 平面任意力系向作用面内一点简化

设刚体上作用一平面任意力系 F_1、F_2、$\cdots$、F_n，如图 4.1-12 所示。将力系中的各力向作用平面内任选的简化中心 O 平移。这样，原力系等效成为两个简单的力系，一是汇交

于 O 点的平面汇交力系；一是平面力偶系。

平面汇交力系中各力的大小和方向分别与原力系中对应的各力相同，而各附加力偶的力偶矩分别等于原力系中各力对简化中心 O 的力矩。

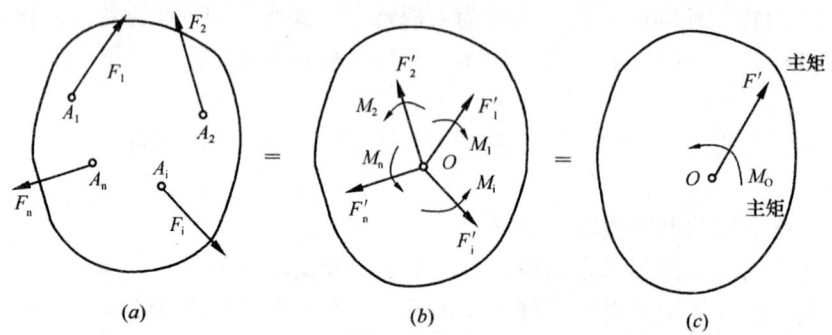

图 4.1-12 平面任意力系

上述平面汇交力系可以进一步简化成一个力 F'，称为原力系的主矢，该力的作用线通过简化中心 O，其大小和方向由各分力的矢量和决定。平面力偶系可以进一步简化为一个力偶，该力偶矩等于各附加力偶矩的代数和，称为原力系对 O 点的主矩，用 M_O 表示。

3. 平面任意力系的简化结果

最一般的情况是主矢量和主矩均不为零。根据力的平移定理的逆过程，可将力和力偶合成，得到一个力，具体做法如图 4.1-13 所示。合力 F_R 的大小和方向与主矢量相同，合力作用线在简化中心的哪一侧，需根据主矢量和主矩的方向确定，合力作用线到点 O 的距离 d 可按下式计算：

$$d = \frac{M_O}{F'_R} \tag{4.1-4}$$

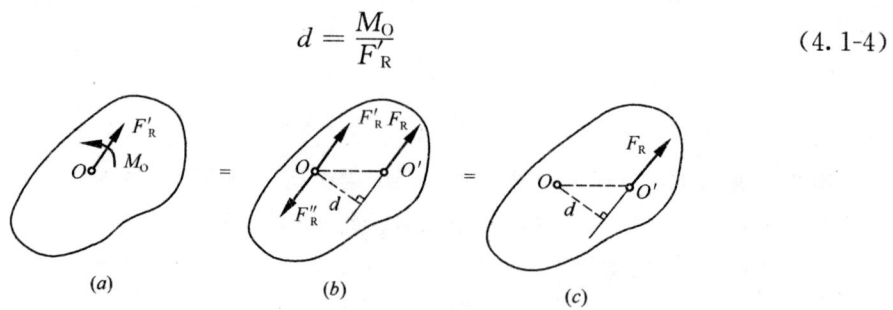

图 4.1-13 平面任意力学

合力作用线位置除可直接求简化中心到合力作用线的距离以外，也可求合力作用线方程，或者求合力作用线与坐标轴交点的坐标值，即两个截距 x_R 与 y_R，如图 4.1-14 所示。

假设合力 F_R 作用在点 $A(x, y)$，根据合力矩定理有：

$$M_O = M_O(\boldsymbol{F}_R) = M_O(F_{Rx}) + M_O(F_{Ry}) = xF'_{Ry} - yF'_{Rx} \tag{4.1-5}$$

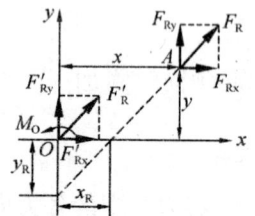

图 4.1-14 平面合力

先令 $y=0$，求 F_R 与 x 轴交点的坐标值，即截距 x_R：

$$M_O = x_R F'_{Ry} \longrightarrow x_R = \frac{M_O}{F'_{Ry}} \tag{4.1-6}$$

再令 $x=0$，求 $\boldsymbol{F}_R$ 与 y 轴交点的坐标值，即截距 y_R：

$$M_O = -y_R F'_{Rx} \longrightarrow y_R = -\frac{M_O}{F'_{Rx}} \tag{4.1-7}$$

上式中的 M_O、F'_{Rx}、F'_{Ry} 都是代数量，具体计算时应连同其正负号一并代入。

【例 4.1-4】 混凝土重力坝截面形状如图 4.1-15（a）所示。为了计算方便，取坝的单位长度（垂直于坝面）$B=1$m 计算。已知混凝土的容重 $\gamma_h = 23.5$kN/m³，水的容重 $\gamma_s = 9.81$kN/m³，坝前水深 45m。试求作用在坝上的坝体重力与水压力的合力 $\boldsymbol{F}_R$（大小、方向、位置）。

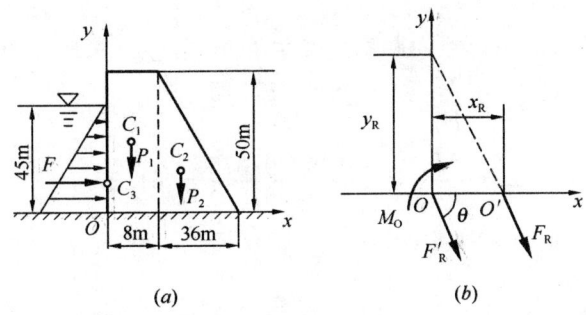

图 4.1-15　例 4.1-4 图

解析：（1）简化中心选在 O 点，求作用在坝上力系的主矢量 $\boldsymbol{F}'_R$ 与主矩 M_O。将坝体分成规则的两部分，则可求出坝体的重力：

$$P_1 = \gamma_h V_{h1} = 23.5 \times (8 \times 50 \times 1) = 9400\text{kN}$$

$$P_2 = \gamma_h V_{h2} = 23.5 \times \left(\frac{1}{2} \times 36 \times 50 \times 1\right) = 21150\text{kN}$$

二力作用点位置为：

$$x_{C_1} = 4\text{m},\ x_{C_2} = 20\text{m}$$

水压力为三角形分布的荷载，坝底压强为：

$$p_0 = \gamma_s h = 9.81 \times 45 = 441.45\text{kN/m}^2$$

水压力的合力为：

$$F = \frac{1}{2} p_0 h B = \frac{1}{2} 441.45 \times 45 \times 1 = 9932.625\text{kN}$$

作用点位置：

$$y_{C_3} = 15\text{m}$$

从而主矢量 $\boldsymbol{F}'_R$ 为：

$$F'_{Rx} = \Sigma X_i = F = 9932.625\text{kN}$$
$$F'_{Ry} = \Sigma Y_i = -P_1 - P_2 = -9400 - 21150 = -30550\text{kN}$$
$$F'_R = \sqrt{(\Sigma X_i)^2 + (\Sigma Y_i)^2} = \sqrt{9932.625^2 + 30550^2} = 32124\text{kN}$$

$$\cos\theta = \left|\frac{\sum X_i}{F'_R}\right| = \frac{9932.625}{32124} = 0.3092$$

$$\theta = 72°$$

主矩为:

$$M_O = \sum M_O(F_i) = -P_1 x_{C_1} - P_2 x_{C_2} - F y_{C_3}$$

$$= -9400 \times 4 - 21150 \times 20 - 9932.625 \times 15$$

$$= -609589.375 \text{kN} \cdot \text{m}$$

主矢量和主矩画在图 4.1-13 (b) 上。

(2) 求合力 F_R

合力 F_R 与主矢量的大小、方向相同,其位置 x_R 与 y_R (截距) 为:

$$x_R = \frac{M_O}{F'_{Ry}} = \frac{-609589.375}{-30550} = 19.95\text{m}$$

$$y_R = \frac{M_O}{F'_{Rx}} = \frac{-609589.375}{9932.625} = 61.37\text{m}$$

合力 F_R 如图 4.1-15 (b) 所示。

4.1.4 力系的平衡

1. 平面任意力系的平衡

平面任意力系平衡的必要和充分条件是:该力系的主矢和力系对任一点的主矩分别为零。

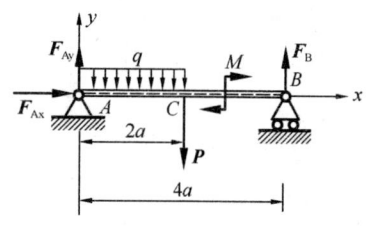

图 4.1-16 例 4.1-5 图

【例 4.1-5】如图 4.1-16 所示的均质水平横梁 AB,自重为 P,AC 段受均布荷载 q 作用,BC 段受力偶作用,$M = Pa$。试求 A、B 支座反力。

解析:(1) 选梁 AB 为研究对象。

(2) 受力分析,画受力图。主动力有均布荷载 q、重力 P 和矩为 M 的力偶,还有 A 处反力 F_{Ax}、F_{Ay},B 处反力为 F_B,这些未知反力指向均为假设。

(3) 选坐标系 Axy,列平面任意力系的平衡方程为:

$$\sum X = 0, \quad F_{Ax} = 0$$

$$\sum M_A(F_i) = 0, \quad -M + F_B \cdot 4a - P \cdot 2a - q \cdot 2a \cdot a$$

$$= 0 \longrightarrow F_B = \frac{3}{4}P + \frac{1}{2}qa$$

$$\sum Y = 0, \quad F_{Ay} - q \cdot 2a - P + F_B = 0 \longrightarrow F_{Ay} = \frac{P}{4} + \frac{3}{2}qa$$

2. 平面物体系统的平衡

若几个物体及其受力都在一个平面内,或可简化到其对称平面内,则称为平面物体系统。

系统内各物体之间的联系构成内约束,系统与外界的联系构成外约束。当系统受到主动力作用时，不论内约束还是外约束，一般都将产生约束反力。内约束反力是系统内各物体之间互相作用的力，称为系统的内力；而主动力和外约束力则是其他物体作用于系统的力，称为系统的外力。

若物体系统在主动力和内外约束反力共同作用下平衡，则组成该系统的每一物体都处于平衡状态。

【例 4.1-6】 水平梁由 AC、CD 两部分组成，C 处用铰链连接，A 处是固定端约束，B 处是可动铰支座，荷载及几何尺寸如图 4.1-17（a）所示。已知：$F_1=1\text{kN}$，$F_2=2\text{kN}$，$q_1=0.6\text{kN/m}$，$q_2=0.5\text{kN/m}$，求 A、B 处支座反力。

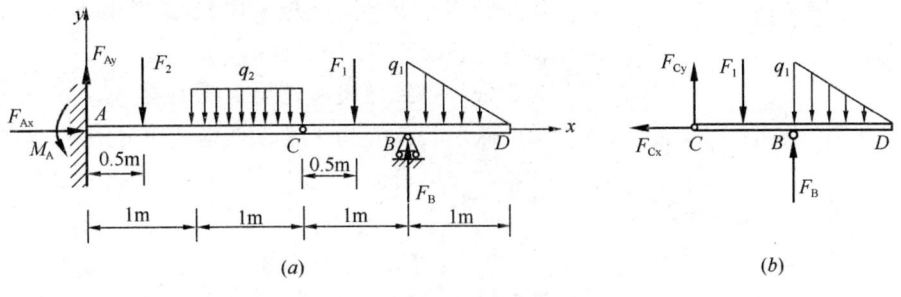

图 4.1-17 例 4.1-6 图

解析：选整体为研究对象，其受力图如图 4.1-17（a）所示。取图示坐标轴，列整体平衡方程：

$$\Sigma X = 0, \quad F_{Ax} = 0$$

$$\Sigma Y = 0, \quad F_{Ay} + F_B - F_2 - F_1 - q_2 \times 1 - \frac{1}{2} q_1 = 0$$

$$\Sigma M_A(F_i) = 0$$

$$M_A + F_B \times 3 - F_2 \times 0.5 - F_1 \times 2.5 - q_2 \times 1 \times 1.5 - \frac{1}{2} q_1 \times 1 \times \left(3 + \frac{1}{3}\right) = 0$$

以上 3 个方程包含 4 个未知量，需补充一个方程，故再选 DC 梁为研究对象，其受力图如图 4.1-17（b）所示，列出对 C 点的力矩方程：

$$\Sigma M_C(F_i) = 0, \quad F_B \times 1 - \frac{1}{2} q \times 1 \times \left(1 + \frac{1}{3}\right) - F_1 \times 0.5 = 0$$

由上式解得：$F_B = 0.9\text{kN}$，代入前面 3 个方程得：$F_{Ax} = 0$，$F_{Ay} = 2.9\text{kN}$，$M_A = 2.55\text{kN·m}$。

4.1.5 摩擦

1. 摩擦力

摩擦力作用在接触处，方向与相对滑动趋势或相对滑动的方向相反，大小根据主动力的作用情况来确定。当物体间仅有相对滑动的趋势时，该摩擦力称为静滑动摩擦力；当物体间发生相对滑动时，该摩擦力称为动滑动摩擦力。

最大静摩擦力的大小与两物体间的正压力成正比，即：

$$F_{s\max} = f_s F_N \tag{4.1-8}$$

式中，f_s 称为静滑动摩擦因数，是一个无量纲的比例常数。

当静滑动摩擦力达到最大值后，若主动力继续增大，接触面之间将出现相对滑动，此

时接触面对物块产生的阻力即为动摩擦力,其大小由动滑动摩擦定律决定,即:

$$F_s = fF_N \tag{4.1-9}$$

式中,f 称为动滑动摩擦因数,它是一个无量纲的比例常数。

【例 4.1-7】 物体重 $P=980$N,放在倾角为 $\alpha=30°$ 的斜面上。已知接触面间的静摩擦系数 $f_s=0.2$。已知沿斜面向上的推物体的力 $F=558$N,如图 4.1-18 所示。问物体在斜面上是处于静止还是滑动?这时摩擦力为多大?

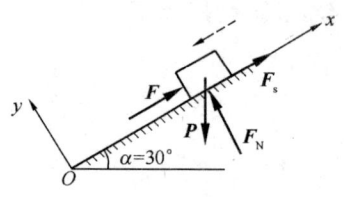

图 4.1-18 例 4.1-7 图

解析: 不知物体是否静止,可先假定物体静止,并分别由静平衡方程计算摩擦力 F_s 和 F_N,再由静摩擦定律计算最大静摩擦力 F_{smax},然后比较 F_s 是否小于 F_{smax},就可以确定物体是否静止了。

假定物体静止的同时还要假定物体的滑动趋势,本题中可以先假定物体有向下滑动趋势,且未达到临界平衡状态。这样,物体受力 P、F_s、F_N 和 F 作用而平衡,受力图如图 4.1-18 所示。列平衡方程:

$$\Sigma X = 0, \quad F - P\sin\alpha + F_s = 0 \longrightarrow F_s = 980\sin30° - 558 = -68\text{N}$$

$$\Sigma Y = 0, \quad F_N - P\cos\alpha = 0 \longrightarrow F_N = 980\cos30° = 848.7\text{N}$$

根据静摩擦定律计算可能达到的最大静摩擦力,即:

$$F_{smax} = f_s F_N = 0.2 \times 848.7 = 169.74\text{N}$$

最后,比较 F_s 与 F_{max} 的大小,发现 $|F_s| < F_{smax}$,说明物体的确未达到临界平衡,假设物体静止是正确的。但求出 $F_s = -68$N,负号说明 F_s 真实方向与图 4.1-18 中所画方向相反,即应沿斜面向下,所以物体的真实情况是保持静止且有向上滑动的趋势,摩擦力大小为 68N,方向沿斜面向下。

2. 摩擦角

如图 4.1-19 所示,当物块受拉力 F 作用而静止,把它所受的法向反力 F_N 和摩擦力 F_s 合成为一个全反力 F_{RA},全反力的作用线与接触面的公法线成一偏角 φ,如图 4.1-20 (a) 所示。当拉力 F 逐渐增大时,静摩擦力 F_s 也随之增大,因而 φ 角也相应地增大。当拉力增至临界值 F_{max},物块处于平衡的临界状态时,静摩擦力达到最大值 F_{smax},偏角 φ 也达到最大值 φ_m,如图 4.1-20 (b) 所示所示。把全反力与法线间夹角的最大值 φ_m 称为摩擦角。

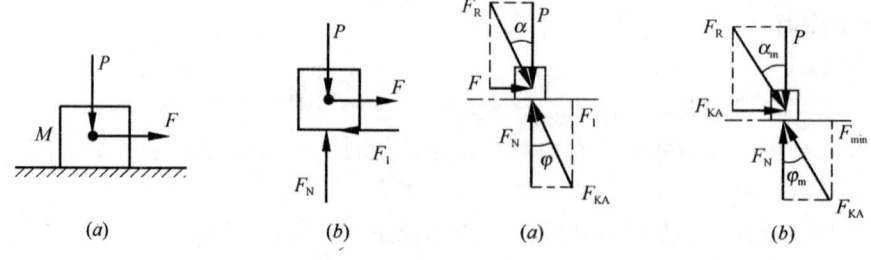

图 4.1-19 物体受拉力   图 4.1-20 受力分析图

由图 4.1-20 (b) 可得:

$$\tan\varphi_{\mathrm{m}} = \frac{F_{\mathrm{smax}}}{F_{\mathrm{N}}} = \frac{f_{\mathrm{s}}F_{\mathrm{N}}}{F_{\mathrm{N}}} = f_{\mathrm{s}} \qquad (4.1\text{-}10)$$

因此可得摩擦角的正切值等于静摩擦系数。

习 题

【4.1-1】 作用在一个刚体上的两个力 F_1 和 F_2，满足 $F_1 = -F_2$，该二力可能是（   ）。
A. 作用力和反作用力或一个力偶
B. 一对平衡的力或一个力偶
C. 一个力和一个力偶
D. 作用力和反作用力或一对平衡的力

【4.1-2】 在图示四个力三角形中，表示 $F_{\mathrm{R}} = F_1 + F_2$ 的图是（   ）。

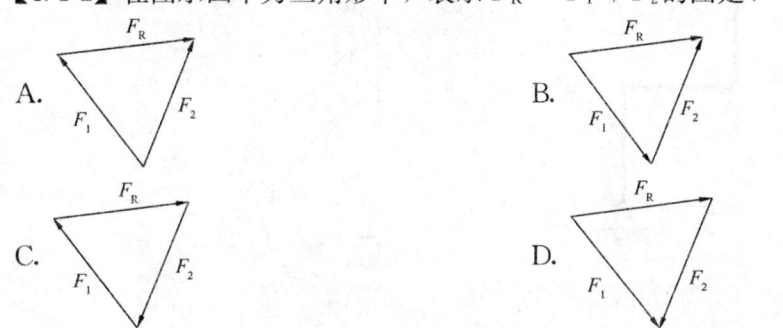

【4.1-3】 图 4.1-21 所示构架由 AC、BD、CE 三杆组成，A、B、C、D 处为铰接，E 处光滑接触。已知：$F_{\mathrm{p}} = 2\mathrm{kN}$，$\theta = 45°$，杆及轮重均不计，则 E 处约束力的方向与 x 轴正向所成的夹角为（   ）。
A. 0°
B. 45°
C. 90°
D. 225°

【4.1-4】 图 4.1-22 所示刚架中，若将作用于 B 处的水平力 P 沿其作用线移至 C 处，则 A、D 处的约束力为（   ）。
A. 都不变
B. 都改变
C. 只有 A 处改变
D. 只有 D 处改变

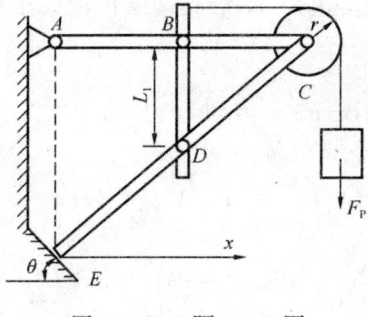

图 4.1-21　题 4.1-3 图　　　　图 4.1-22　题 4.1-4 图

【4.1-5】 两直角刚杆 AC、CB 支承如图 4.1-23 所示，在铰 C 处受力 F 作用，则 A、B 两处约束力的作用线与 x 轴正向所成的夹角分别为（   ）。

A. 0°，90° B. 90°，0°
C. 45°，60° D. 45°，135°

【4.1-6】图 4.1-24 所示结构直杆 BC，受荷载 F，q 作用，BC = L，F = qL，其中 q 为荷载集度，单位为 N/m，集中力以 N 计，长度以 m 计。则该主动力系对 O 点的合力矩为（　　）。

A. $M_O = 0$ B. $M_O = \dfrac{qL^2}{2} \text{N} \cdot \text{m}(\curvearrowleft)$

C. $M_O = \dfrac{3qL^2}{2} \text{N} \cdot \text{m}(\curvearrowleft)$ D. $M_O = qL^2 \text{N} \cdot \text{m}(\curvearrowleft)$

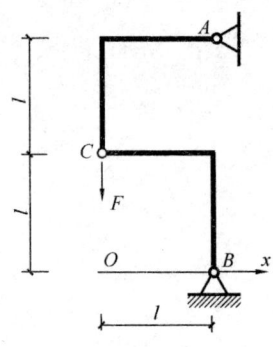
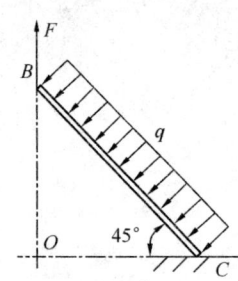

图 4.1-23　题 4.1-5 图　　图 4.1-24　题 4.1-6 图

【4.1-7】如图 4.1-25 所示，将大小为 100N 的力 F 沿 x、y 方向分解，若 F 在 x 轴上的投影为 50N，而沿 x 方向的分力的大小为 200N，则 F 在 y 轴上的投影为（　　）。

A. 0N B. 50N
C. 200N D. 100N

【4.1-8】如图 4.1-26 所示，作用在平面上的三力 F_1、F_2、F_0 组成等边三角形，此力系的最后简化结果为（　　）。

A. 平衡力系 B. 一合力
C. 一合力偶 D. 一合力与一合力偶

【4.1-9】图 4.1-27 所示的等边三角板 ABC，边长 a，沿其边缘作用大小均为 F 的力，方向如图所示，则此力系简化为（　　）。

A. $F_R = 0$；$M_A = \dfrac{\sqrt{3}}{2}Fa$ B. $F_R = 0$；$M_A = Fa$

C. $F_R = 2F$；$M_A = \dfrac{\sqrt{3}}{2}Fa$ D. $F_R = 2F$；$M_A = \sqrt{3}Fa$

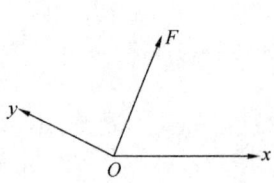
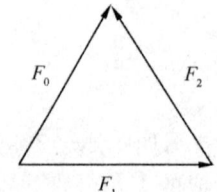
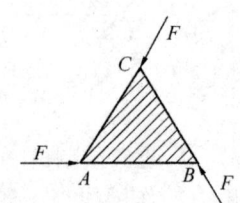

图 4.1-25　题 4.1-7 图　　图 4.1-26　题 4.1-8 图　　图 4.1-27　题 4.1-9 图

【4.1-10】平面任意力系向作用面内一点简化，若最后结果简化为一个力，则该力系的简化结果可能是(   )。

A. 主矢为零，主矩为零 B. 主矢为零，主矩不为零
C. 一定是主矢不为零，主矩为零 D. 主矢和主矩均不为零

【4.1-11】图4.1-28所示的绞盘有三个等长为l的柄，三个柄均在水平面内，其间夹角都是120°。如在水平面内，每个柄端分别作用一垂直于柄的力F_1、F_2、F_3，且有$F_1 = F_2 = F_3 = F$，该力系向O点简化后的主矢及主矩应为(   )。

A. $F_R = 0$，$M_O = 3Fl(\curvearrowright)$ B. $F_R = 0$，$M_O = 3Fl(\curvearrowleft)$
C. $F_R = 2F(\rightarrow)$，$M_O = 3Fl(\curvearrowright)$ D. $F_R = 2F(\leftarrow)$，$M_O = 3Fl(\curvearrowright)$

【4.1-12】图4.1-29所示平面构架，不计各杆自重。已知：物块M重F_p，悬挂如图示，不计小滑轮D的尺寸与重量，A、E、C均为光滑铰链，$L_1 = 1.5$m，$L_2 = 2$m。则支座B的约束力为(   )。

A. $F_B = \frac{3}{4}F_p(\rightarrow)$ B. $F_B = \frac{3}{4}F_p(\leftarrow)$

C. $F_B = F_p(\leftarrow)$ D. $F_B = 0$

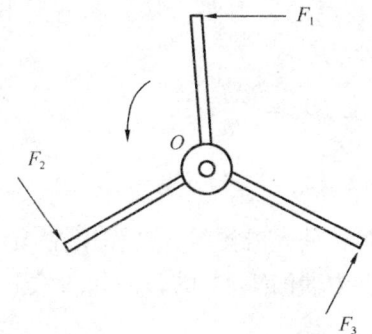
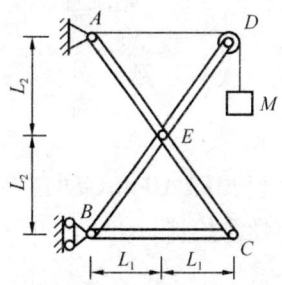

图4.1-28 题4.1-11图　　图4.1-29 题4.1-12图

【4.1-13】图4.1-30所示为起重机的平面构架，自重不计，且不计滑轮重量。已知：$F = 100$kN，$L = 70$cm，B、D、E为铰链连接。则支座A的约束力为(   )。

A. $F_{Ax} = 100$kN($\leftarrow$)，$F_{Ay} = 150$kN($\downarrow$)
B. $F_{Ax} = 100$kN($\rightarrow$)，$F_{Ay} = 50$kN($\uparrow$)
C. $F_{Ax} = 100$kN($\leftarrow$)，$F_{Ay} = 50$kN($\downarrow$)
D. $F_{Ax} = 100$kN($\leftarrow$)，$F_{Ay} = 100$kN($\downarrow$)

【4.1-14】均质杆AB长为l，重W，受到如图4.1-31所示的约束，绳索ED处于铅垂位置，A、B两处为光滑接触，杆的倾角为α，又$CD = l/4$。则A、B两处对杆作用的约束力大小关系为(   )。

A. $F_{NA} = F_{NB} = 0$ B. $F_{NA} = F_{NB} \neq 0$

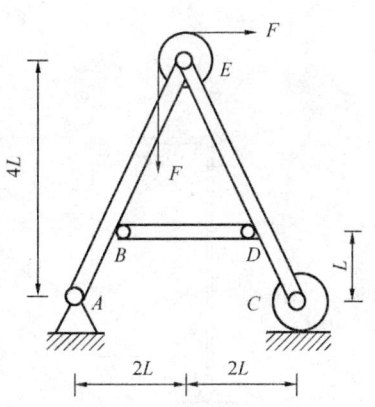

图4.1-30 题4.1-13图

C. $F_{NA} \leqslant F_{NB}$ D. $F_{NA} \geqslant F_{NB}$

【4.1-15】简支梁受分布荷载作用如图 4.1-32 所示,支座 A、B 的约束为( )。

A. $F_A = 0, F_B = 0$ B. $F_A = \frac{1}{2}qa(\uparrow), F_B = \frac{1}{2}qa(\uparrow)$

C. $F_A = \frac{1}{2}qa(\uparrow), F_B = \frac{1}{2}qa(\downarrow)$ D. $F_A = \frac{1}{2}qa(\downarrow), F_B = \frac{1}{2}qa(\uparrow)$

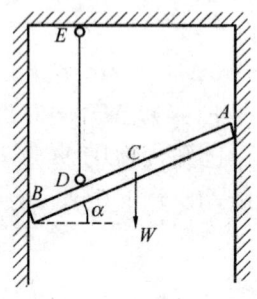
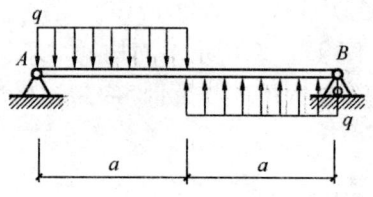

图 4.1-31 题 4.1-14 图   图 4.1-32 题 4.1-15 图

【4.1-16】三铰拱上作用有大小相等、转向相反的二力偶,其力偶矩大小为 M,如图 4.1-33 所示。略去自重,则支座 A 的约束力大小为( )。

A. $F_{Ax} = 0, F_{Ay} = \frac{M}{2a}$ B. $F_{Ax} = \frac{M}{2a}, F_{Ay} = 0$

C. $F_{Ax} = \frac{M}{a}, F_{Ay} = 0$ D. $F_{Ax} = \frac{M}{a}, F_{Ay} = M$

【4.1-17】已知杆 AB 和 CD 自重不计,且在 C 处光滑接触,若作用在 AB 杆上力偶的矩为 M_1,则欲使系统保持平衡,作用在 CD 杆上力偶的矩 M_2 的转向如图 4.1-34 所示,其矩值为( )。

A. $M_1 = M_2$ B. $M_2 = \frac{4M_1}{3}$

C. $M_2 = 2M_1$ D. $M_2 = 3M_1$

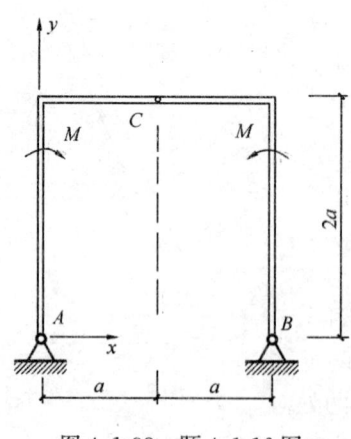
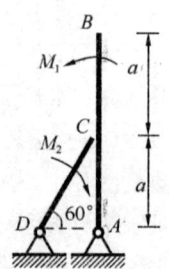

图 4.1-33 题 4.1-16 图   图 4.1-34 题 4.1-17 图

【4.1-18】如图 4.1-35 所示,水平梁 CD 的支承与载荷均已知,其中 $F_P = aq$, M =

a^2q,支座 A、B 的约束力分别为( )。

A. $F_{Ax}=0$, $F_{Ay}=aq(\uparrow)$, $F_{By}=\dfrac{3}{2}aq(\uparrow)$

B. $F_{Ax}=0$, $F_{Ay}=\dfrac{3}{4}aq(\uparrow)$, $F_{By}=\dfrac{5}{4}aq(\uparrow)$

C. $F_{Ax}=0$, $F_{Ay}=\dfrac{1}{2}aq(\uparrow)$, $F_{By}=\dfrac{5}{2}aq(\uparrow)$

D. $F_{Ax}=0$, $F_{Ay}=\dfrac{1}{4}aq(\uparrow)$, $F_{By}=\dfrac{7}{4}aq(\uparrow)$

【4.1-19】如图 4.1-36 所示,平面桁架的尺寸与载荷均已知。其中,杆 1 的内力大小 F_{S1} 为( )。

A. $F_{S1}=\dfrac{5}{3}F_P$(压) B. $F_{S1}=\dfrac{5}{3}F_P$(拉)

C. $F_{S1}=\dfrac{4}{3}F_P$(压) D. $F_{S1}=\dfrac{4}{3}F_P$(拉)

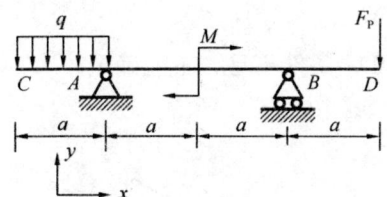
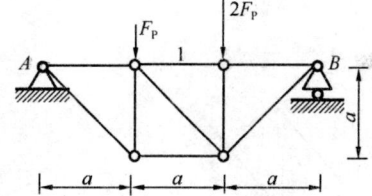

图 4.1-35 题 4.1-18 图   图 4.1-36 题 4.1-19 图

【4.1-20】如图 4.1-37 所示,平面刚性直角曲杆的支承,尺寸与载荷均已知,且 $F_{Pa}>m$,B 处插入端约束的全部约束力各为( )。

A. $F_{Bx}=0$, $F_{By}=F_P(\uparrow)$, 力偶 $m_B=F_Pa(\curvearrowright)$

B. $F_{Bx}=0$, $F_{By}=F_P(\uparrow)$, 力偶 $m_B=0$

C. $F_{Bx}=0$, $F_{By}=F_P(\uparrow)$, 力偶 $m_B=F_Pa-m(\curvearrowright)$

D. $F_{Bx}=0$, $F_{By}=F_P(\uparrow)$, 力偶 $m_B=F_Pb-m(\curvearrowright)$

【4.1-21】物块重为 W,置于倾角为 α 的斜面上,如图 4.1-38 所示。已知摩擦角 $\varphi_m>\alpha$,则物块处于的状态为( )。

A. 静止状态   B. 临界平衡状态
C. 滑动状态   D. 条件不足,不能确定

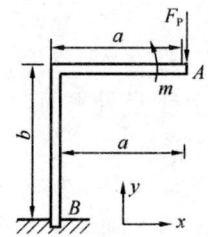
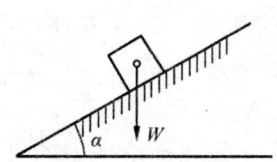

图 4.1-37 题 4.1-20 图   图 4.1-38 题 4.1-21 图

【4.1-22】物块重 $W=100$N，置于倾斜角为 $60°$ 的斜面上，如图 4.1-39 所示，与斜面平行的力 $F_P=80$N，若物块与斜面间的静摩擦系数 $\mu=0.2$，则物块所受的摩擦力为（　　）。

A. 10N　　　　　　　　　　　　B. 20N
C. 6.6N　　　　　　　　　　　　D. 100N

【4.1-23】如图 4.1-40 所示，重 W 的物块能在倾斜角为 α 的粗糙斜面上滑下，为了维持物块在斜面上平衡，在物块上作用向左的水平力 F_Q，在求解力 F_Q 的大小时，物块与斜面间的摩擦力 F 方向为（　　）。

A. F 只能沿斜面向上
B. F 只能沿斜面向下
C. F 既可能沿斜面向上，也可能向下
D. $F=0$

【4.1-24】如图 4.1-41 所示，重 W 的物块自由地放在倾角为 α 的斜面上，若物块与斜面间的静摩擦因数 $f=0.4$，$W=60$kN，$\alpha=30°$，则该物块的状态为（　　）。

A. 静止状态　　　　　　　　　　B. 临界平衡状态
C. 滑动状态　　　　　　　　　　D. 条件不足，不能确定

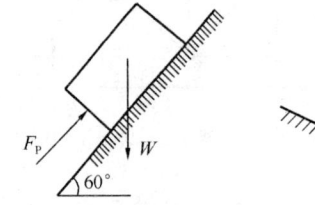

图 4.1-39　题 4.1-22 图　　图 4.1-40　题 4.1-23 图　　图 4.1-41　题 4.1-24 图

习题答案及解析

【4.1-1】答案：B

解析：作用力与反作用力分别作用在两个刚体上，大小相同，方向相反；一个力偶作用在一个刚体上，大小相同，方向相反；一对平衡的力作用在一个刚体上，大小相同，方向相反；一个力和一个力偶共三个力，且可以合成为一个合力。

【4.1-2】答案：B

解析：根据力的三角形法则，合力是从第一个力的起点指向第二个力的终点，只有 B 选项符合该法则。

【4.1-3】答案：B

解析：E 处为光滑接触，因此 E 处约束力的方向垂直于 E 处平面，故 E 处约束力的方向与 x 轴正向所成的夹角为 $45°$。

【4.1-4】答案：A

解析：根据静力学公理推论 1-力的可传性可知，作用于刚体上某点的一个力，可沿着它的作用线移动到刚体内任一点，并不改变该力对刚体的作用效果。

【4.1-5】答案：D

解析：杆 AC、BC 均为二力杆。对 C 点进行受力分析，由于 C 点处于平衡状态，因此必有一力 F' 与力 F 平衡，力 F' 小与力 F 大小相等，方向相反，因此说明杆 AC 与杆 BC 给铰 C 的合力与力 F 的方向相反，受力分析如图 4.1-42 所示，从图中可看出，A 处约束力 F_A 作用线与 x 轴正向夹角为 45°，B 处约束力 F_B 作用线与 x 轴正向夹角为 135°。

【4.1-6】答案：A

解析：合力矩等于所有各分力对于该点之矩的代数和。力 F 作用线通过点 O，力 qL 作用线垂直于杆 BC，且位于杆 BC 的中心线上，故力 qL 的作用线也通过点 O，因此力 F 和力 qL 对 O 点的合力矩均为零，从而合力矩为零。

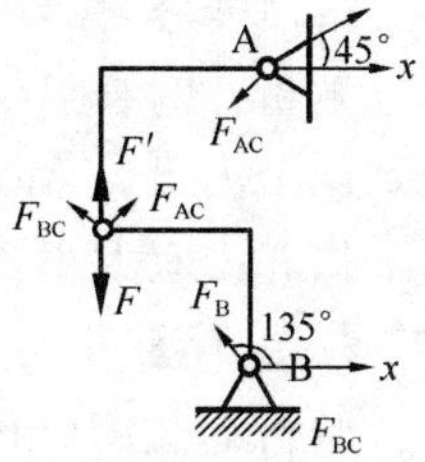

图 4.1-42
题 4.1-5 解析图

【4.1-7】答案：A

解析：由于力 F 在 x 轴上的投影为 50N，力 F 为 100N，因此力 F 的方向与 x 轴的夹角为 60°，又由于力 F 沿 x 方向的分力的大小为 200N，因此可推出力 F 的方向与 y 轴的夹角为 90°，从而 F 在 y 轴上的投影为 0N，且沿 y 方向的分力的大小为 $100\sqrt{3}$N。

【4.1-8】答案：B

解析：根据力的三角形法则，力 F_1 与力 F_2 的合力为 F_0，因此最终简化结果为 $2F_0$，是一合力。

【4.1-9】答案：A

解析：将三个力均移动到 A 点处，由于该三角板等边，且三个力大小相同，因此这三个力合力为零。根据力的平移定理，把作用在刚体上某点的力平行移动到刚体上任意一点，但必须同时附加一个力偶，这个附加力偶的矩等于原力对新作用点的力矩。由于 C 点的力的作用线是通过 A 点的，因此该附加力偶的矩为零，B 点的力对 A 点的矩为 $\frac{\sqrt{3}}{2}Fa$，因此该力系简化后对 A 点的总力矩为 $\frac{\sqrt{3}}{2}Fa$。

【4.1-10】答案：D

解析：主矢和主矩均为零时，该平面任意力系平衡；主矢为零，主矩不为零时，该平面任意力系简化为一个力偶；主矢不为零，主矩为零以及主矢和主矩均不为零时，均可简化为一个合力。

【4.1-11】答案：B

解析：将力 F_1、F_2、F_3 向 E 点平移，根据力的平移定理，同时应各附加一个力偶 $M_O(F_i) = F_1 l = F_2 l = F_3 l = Fl$，且方向是逆时针。经简化，该力系最终得到一个主矢和主矩，由于三力平衡，故主矢为零，即合力 F_R 为零；主矩 M_O 为 $3Fl(\curvearrowleft)$。

【4.1-12】答案：A

解析：支座 B 处的约束力只能沿着水平方向，且向右。令该平面力系对 A 点取矩，由于该力系处于平衡状态，因此 $\Sigma M_A = 0$，所以 $F_B \times 2L_2 - F_P \times 2L_1 = 0$，故 $F_B = \frac{3}{4}F_P$，方向向右。

【4.1-13】答案：C

解析：选整体为研究对象。假设力 F_{Ax} 水平向左，由于该力系平衡，因此 $\Sigma F_x = F - F_{Ax} = 0$，解得 $F_{Ax} = F = 100\text{kN}$，结果为正值，因此假设正确，即水平向左。假设力 F_{Ay} 竖直向上，对 C 点取矩，同样由于该力系平衡，因此 $M_C(F_i) = F \times 2L - F \times 4L - F_{Ay} \times 4L = 0$，解得 $F_{Ay} = -50\text{N}$，结果为负值，因此真实方向与假设方向相反，即竖直向下。

【4.1-14】答案：B

解析：对杆 AB 进行受力分析，可知杆 AB 竖直方向受到两个力 W 和 F_{DE}，水平方向受到两个力 F_{NA} 和 F_{NB}。由于该力系平衡，水平方向与竖直方向的合力都应为零，因此 F_{NA} 和 F_{NB} 应大小相等、方向相反；对 C 点取矩，可知 F_{NA} 与 F_{NB} 均不为零。

【4.1-15】答案：C

解析：受力分析如图 4.1-43 所示。由于水平方向平衡，且只有 F_{Ax} 一个力，故 F_{Ax} 为零。对 B 点取矩：

$$\Sigma M_B = -F_{Ay} \times 2a + qa \times \frac{3}{2}a - qa \times \frac{1}{2}a = 0 \longrightarrow F_{Ay} = \frac{1}{2}qa$$

该力系在竖直方向平衡，因此：

$$F_{Ay} - qa + qa + F_B = 0 \longrightarrow F_B = -F_{Ay} = -\frac{1}{2}qa$$

由于解得的值为负值，说明图中假设方向相反，真实方向应竖直向下。

【4.1-16】答案：B

解析：由于 C 点处是平衡的，且该结构对称，因此 C 点受到的两个力大小相等、方向相反，且方向是 x 轴方向。取左半边进行受力分析，如图 4.1-44 所示，C 点只受到 x 轴方向的力，y 轴方向没有力，因此 A 点处 y 轴方向同样没有力。对 C 点取矩，则：

$$M_C = -M + F_{Ax} \times 2a = 0 \longrightarrow F_{Ax} = \frac{M}{2a}$$

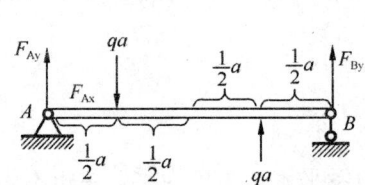
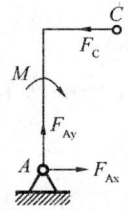

图 4.1-43 题 4.1-15 解析图   图 4.1-44 题 4.1-16 解析图

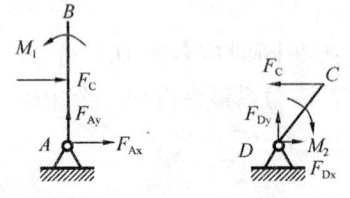

图 4.1-45 题 4.1-17 解析图

【4.1-17】答案：A

解析：将杆 AB 与杆 CD 分开进行受力分析，如图 4.1-45 所示。

首先对 A 点取矩：

$$M_A = M_1 - F_C \times a = 0 \longrightarrow M_1 = aF_C$$

对 D 点取矩：

$$M_D = F_C \times a - M_2 = 0 \longrightarrow M_2 = aF_C = M_1$$

【4.1-18】答案：D

解析：A 点处为固定铰支座，因此 A 点处表示为两个互相垂直的分力；B 点处为活动铰支座，因此 B 点处表示为垂直于支承面的力。受力分析如图 4.1-46 所示。

首先对 A 点取矩：

$$M_A = qa \times \frac{1}{2}a - M + F_{By} \times 2a - F_P \times 3a$$
$$= 0 \to F_{By} = \frac{7}{4}qa$$

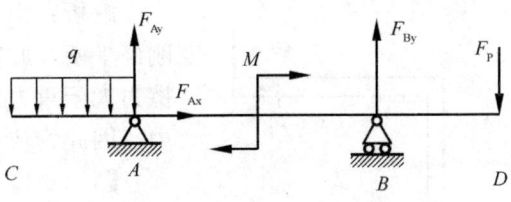

图 4.1-46　题 4.1-18 解析图

计算结果为正值，因此力 F_{By} 在图 4.1-46 中的假设方向正确，即竖直向上。

对 B 点取矩：

$$M_B = qa \times \frac{5}{2}a - F_{Ay} \times 2a - M - F_P \times a = 0 \to F_{Ay} = \frac{1}{4}qa$$

同样，计算结果为正值，因此力 F_{Ay} 的假设方向正确，即竖直向上。
该力系中水平方向没有力的作用，因此 $F_{Ax} = 0$。

【4.1-19】答案：A

解析：首先对整体进行受力分析，如图 4.1-47（a）所示。对 A 点取矩：

$$M_A = F_B \times 3a - 2F_P \times 2a - F_P \times a = 0 \to F_B = \frac{5}{3}F_P$$

对右半边进行受力分析，如图 4.1-47（b）所示。对 C 点取矩：

$$M_C = F_{S1} \times a + F_B \times a = 0 \to F_{S1} = -\frac{5}{3}F_P$$

计算结果为负值，说明力 F_{S1} 的实际方向图 4.1-47（b）中假设的方向相反，因此力 F_{S1} 的实际方向水平向右，即杆受压。

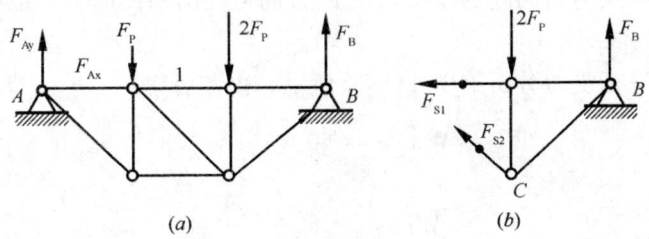

图 4.1-47　题 4.1-19 解析图

【4.1-20】答案：C

解析：对该刚性直角曲杆进行受力分析，如图 4.1-48 所示。由于该力系平衡，因此 x 轴方向的合力 F_x 与 y 轴方向的合力 F_y 均为零，即：

$$\Sigma F_x = F_{Bx} = 0$$
$$\Sigma F_y = F_{By} - F_P = 0 \to F_{By} = F_P$$

F_{By} 计算结果为正值，因此实际方向与图 4.1-48 中假设方向一致，即竖直向上。另外该力系中还作用一力偶，因此 B 点处还应有一力偶与该力偶 m 平衡。对 B 点取矩：

$$M_B = m - F_P a - m_B = 0 \to m_B = m - F_P a$$

由于 $F_P a > m$，因此 m_B 计算结果为负值，说明图 4.1-48 中 m_B 的假设方向与实际方向相反，实际方向应为逆时针。

【4.1-21】答案：A

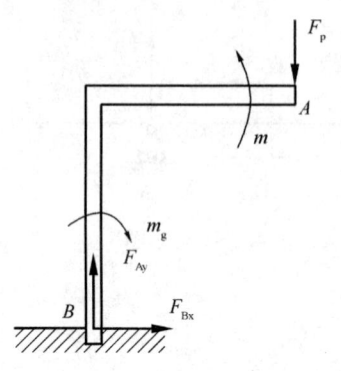

图 4.1-48 题 4.1-20 解析图

解析：当 $\varphi_m = \alpha$ 时，摩擦力与重力沿斜面方向的分力刚好平衡，此时物块处于临界平衡状态。当 $\varphi_m > \alpha$ 时，摩擦力大于重力沿斜面方向的分力，此时的摩擦力为静摩擦力，因此物块处于静止状态。

【4.1-22】答案：C

解析：对物块进行受力分析，如图 4.1-49 所示。
沿斜面垂直方向合力为零，因此：

$$F_N = W_y = W\cos60° = 100 \times \frac{1}{2} = 50\text{N}$$

$$W_x = W\sin60° = 100 \times \frac{\sqrt{3}}{2} = 50\sqrt{3} = 86.6\text{N}$$

由于 $W_x > F_P$，因此摩擦力与力 F_P 同向。最大静摩擦力为：

$$F_{s\max} = \mu F_N = 0.2 \times 50 = 25\text{N}$$

$$F_f = W_x - F_P = 86.6 - 80 = 6.6\text{N} < 25\text{N}$$

物块依然处于静止状态，且摩擦力为 6.6N。

【4.1-23】答案：C

解析：摩擦力的方向与相对滑动趋势或相对滑动的方向相反，大小根据主动力的作用情况来确定。因此在求解力 F_Q 的大小时，物块的相对滑动趋势可能沿斜面向上，也可能沿斜面向下，因此物块与斜面间的摩擦力 F 的方向可能沿斜面向下，也可能沿斜面向上。

【4.1-24】答案：C

解析：对物块进行受力分析如图 4.1-50 所示。由图可得：

$$W_x = W\sin\alpha = 60 \times \frac{1}{2} = 30\text{kN}$$

$$F_N = W_y = W\cos\alpha = 60 \times \frac{\sqrt{3}}{2} = 30\sqrt{3}\text{kN}$$

$$F_f = fF_N = 0.4 \times 30\sqrt{3} = 12\sqrt{3} = 20.78\text{kN} < W_x$$

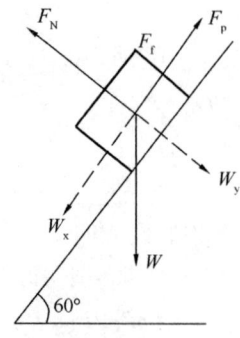 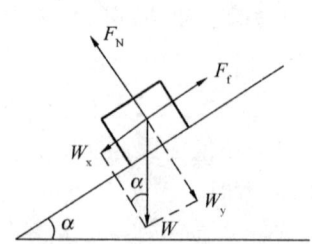

图 4.1-49 题 4.1-22 解析图　　图 4.1-50 题 4.1-24 解析图

因此物块处于滑动状态。

4.2 运 动 学

高频考点梳理

知识点	点的运动方程	速度	加速度	切向加速度	法向加速度	平动和绕定轴转动	角速度	角加速度	刚体内任一点的速度和加速度
近三年考核频次	4	4	6	2	3	5	2	2	2

4.2.1 点的运动

1. 点运动的矢量法

（1）运动方程

设点 M 在空间做曲线运动，任选某固定点 O，则点 M 在某一瞬时的位置可用矢径（或位置矢量）r 表示（图 4.2-1）。所以矢径 r 可表示为时间 t 的单值连续函数，即：

$$r = r(t) \tag{4.2-1}$$

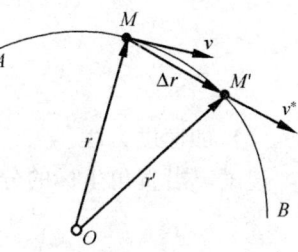

图 4.2-1　点的曲线运动

（2）速度方程

点在 t 瞬时的速度，以 v 表示：

$$v = \lim_{\Delta t \to 0} v^* = \lim_{\Delta t \to 0} \frac{\Delta r}{\Delta t} = \frac{\mathrm{d} r}{\mathrm{d} t} \tag{4.2-2}$$

（3）加速度方程

点在瞬时 t 的速度变化率，以 a 表示：

$$a = \lim_{\Delta t \to 0} a^* = \lim_{\Delta t \to 0} \frac{\Delta v}{\Delta t} = \frac{\mathrm{d} v}{\mathrm{d} t} = \frac{\mathrm{d}^2 r}{\mathrm{d} t^2} \tag{4.2-3}$$

2. 点运动的直角坐标法

（1）运动方程

过固定点 O 建立一直角坐标系 $Oxyz$。设点 M 在 t 瞬时的矢径为 r，其坐标为 x、y、z，如图 4.2-2 所示。M 的坐标就是矢径 r 在相应坐标轴上的投影。若以 i、j、k 分别表示各相应坐标轴上的单位矢量，则矢径 r 可写为：

$$r = x\boldsymbol{i} + y\boldsymbol{j} + z\boldsymbol{k} \tag{4.2-4}$$

点 M 运动时，其坐标随时间变化，可表示为时间 t 的单值连续函数，即：

$$\begin{cases} x = f_1(t) \\ y = f_2(t) \\ z = f_3(t) \end{cases} \tag{4.2-5}$$

（2）速度方程

将式（4.2-4）代入式（4.2-2），并注意单位矢量 i、j、k 为常矢量，得：

$$\boldsymbol{v} = \frac{\mathrm{d} r}{\mathrm{d} t} = \frac{\mathrm{d} x}{\mathrm{d} t}\boldsymbol{i} + \frac{\mathrm{d} y}{\mathrm{d} t}\boldsymbol{j} + \frac{\mathrm{d} z}{\mathrm{d} t}\boldsymbol{k} \tag{4.2-6}$$

于是，速度矢量 v 在直角坐标轴上的投影为：

$$\begin{cases} v_x = \dfrac{dx}{dt} \\ v_y = \dfrac{dy}{dt} \\ v_z = \dfrac{dz}{dt} \end{cases} \tag{4.2-7}$$

式（4.2-7）完全确定了速度矢量 v 的大小和方向，其大小为：

$$v = \sqrt{v_x^2 + v_y^2 + v_z^2} \tag{4.2-8}$$

速度 v 的方向可由方向余弦来确定：

$$\begin{cases} \cos(v,i) = \dfrac{v_x}{v} \\ \cos(v,j) = \dfrac{v_y}{v} \\ \cos(v,k) = \dfrac{v_z}{v} \end{cases} \tag{4.2-9}$$

（3）加速度方程

速度 v 沿直角坐标的分解式为：

$$v = v_x i + v_y j + v_z k \tag{4.2-10}$$

将式（4.2-10）代入式（4.2-3），得：

$$a = \dfrac{dv}{dt} = \dfrac{dv_x}{dt}i + \dfrac{dv_y}{dt}j + \dfrac{dv_z}{dt}k = \dfrac{d^2x}{dt^2}i + \dfrac{d^2y}{dt^2}j + \dfrac{d^2z}{dt^2}k \tag{4.2-11}$$

于是，加速度 a 在直角坐标轴上的投影为：

$$\begin{cases} a_x = \dfrac{dv_x}{dt} = \dfrac{d^2x}{dt^2} \\ a_y = \dfrac{dv_y}{dt} = \dfrac{d^2y}{dt^2} \\ a_z = \dfrac{dv_z}{dt} = \dfrac{d^2z}{dt^2} \end{cases} \tag{4.2-12}$$

式（4.2-12）完全确定了加速度 a 的大小和方向，其大小为：

$$a = \sqrt{a_x^2 + a_y^2 + a_z^2} \tag{4.2-13}$$

加速度 a 的方向由方向余弦来确定：

$$\begin{cases} \cos(a,i) = \dfrac{a_x}{a} \\ \cos(a,j) = \dfrac{a_y}{a} \\ \cos(a,k) = \dfrac{a_z}{a} \end{cases} \tag{4.2-14}$$

【例 4.2-1】已知一点的运动方程为：

$$x = r\cos\omega t, \quad y = r\sin\omega t, \quad z = h\dfrac{\omega t}{2\pi} \tag{1}$$

式中，r、ω、h 都是常量。试求点的速度方程与加速度方程。

解析：（1）用直角坐标表示点的速度方程为：

$$\begin{cases} v_x = \dfrac{dx}{dt} = -r\omega\sin\omega t \\ v_y = \dfrac{dy}{dt} = r\omega\cos\omega t \\ v_z = \dfrac{dz}{dt} = h\dfrac{\omega}{2\pi} \end{cases} \tag{2}$$

速度的大小为：

$$v = \sqrt{v_x^2 + v_y^2 + v_z^2} = \dfrac{\omega}{2\pi}\sqrt{4\pi^2 r^2 + h^2} \tag{3}$$

可见速度 v 的大小为一常量。v 与 z 轴夹角的余弦为：

$$\cos(\boldsymbol{v}, \boldsymbol{k}) = \dfrac{v_z}{v} = \dfrac{h}{\sqrt{4\pi^2 r^2 + h^2}} \tag{4}$$

也是一个常量。

（2）用直角坐标表示点的加速度方程为：

$$\begin{cases} a_x = \dfrac{dv_x}{dt} = -r\omega^2\cos\omega t = -\omega^2 x \\ a_y = \dfrac{dv_y}{dt} = -r\omega^2\sin\omega t = -\omega^2 y \\ a_z = \dfrac{dv_z}{dt} = 0 \end{cases} \tag{5}$$

加速度的大小为：

$$a = \sqrt{a_x^2 + a_y^2 + a_z^2} = r\omega^2 \tag{6}$$

由（5）、（6）二式可见，加速度的大小不变；加速度的方向垂直于 z 轴。

3. 点运动的自然法

（1）运动方程

当点的轨迹已知时，可在轨迹上任选一点 O 作为计算弧长 s 的原点，同时规定轨迹的正负方向，如图 4.2-2 所示。沿轨迹的正方向所量得的弧长为正值，反之为负值。因此，点 M 在已知轨迹上的位置，可用点 M 到原点 O 的弧长 s 表示，并将 s 称为弧坐标。当点 M 运动时，其弧坐标 s 随时间变化，s 可表示为时间 t 的单值连续函数，即：

$$s = f(t) \tag{4.2-15}$$

（2）曲线的曲率和自然轴系

1）曲线的曲率

在曲线运动中，轨迹的曲率或曲率半径表示曲线的弯曲程度。如点 M 沿轨迹经过弧长 Δs 达到点 M'，如图 4.2-3 所示。设点 M 处曲线切向单位矢量为 $\boldsymbol{\tau}$，点 M' 处单位矢量为 $\boldsymbol{\tau}'$，而切线经过 Δs 时转过的角度为 $\Delta\varphi$。曲率定义为曲线切线的转角对弧长一阶导数的绝对值。曲率的倒数称为曲率半径。如曲率半径以 ρ 表示，则：

$$\dfrac{1}{\rho} = \lim_{\Delta s \to 0}\left|\dfrac{\Delta\varphi}{\Delta s}\right| = \left|\dfrac{d\varphi}{ds}\right| \tag{4.2-16}$$

$$\frac{d\boldsymbol{\tau}}{ds} = \lim_{\Delta s \to 0} \frac{\Delta \boldsymbol{\tau}}{\Delta s} = \lim_{\Delta s \to 0} \frac{\Delta \varphi}{\Delta s} \boldsymbol{n} = \frac{1}{\rho} \boldsymbol{n} \qquad (4.2\text{-}17)$$

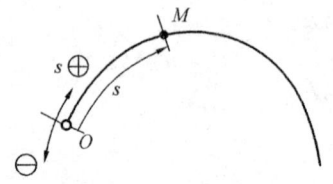

图 4.2-2 点的运动

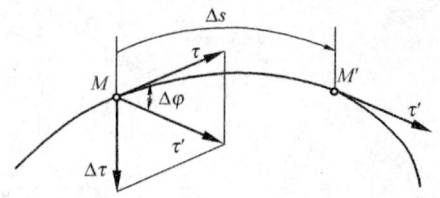

图 4.2-3 曲线的曲率

2) 自然轴系

在点的运动轨迹曲线上取极为接近的两点 M 和 M_1，这两点切线的单位矢量分别为 $\boldsymbol{\tau}$ 和 $\boldsymbol{\tau}_1$，其指向与弧坐标正向一致，如图 4.2-4 所示为自然轴系。将 $\boldsymbol{\tau}_1$ 平移至点 M，则 $\boldsymbol{\tau}$ 和 $\boldsymbol{\tau}_1$ 决定一平面。令 M_1 无限趋近点 M，则此平面趋近于某一极限位置，此极限平面称为曲线在点 M 的密切面。过点 M 并与切线垂直的平面称为法平面，法平面与密切面的交线称为主法线。令主法线的单位矢量为 $\boldsymbol{n}$，指向曲线内凹一侧。过点 M 且垂直于切线及主法线的直线称副法线，其单位矢量为 $\boldsymbol{b}$，指向与 $\boldsymbol{\tau}$、$\boldsymbol{n}$ 构成右手系，即：$\boldsymbol{b} = \boldsymbol{\tau} \times \boldsymbol{n}$。

以点 M 为原点，以切线、主法线和副法线组成的正交坐标系称为曲线在点 M 的自然坐标系，这三个轴称为自然轴。

(3) 速度

点在已知轨迹上运动，设在 t 瞬时点位于 M，弧坐标为 s；在 $t + \Delta t$ 瞬时，点位于 M'，弧坐标的增量为 Δs，位移为 $\Delta \boldsymbol{r}$，如图 4.2-6 所示。

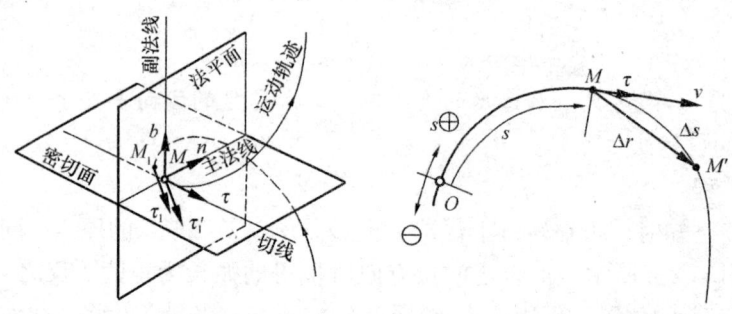

图 4.2-4 自然轴系　　图 4.2-5 点在某点速度

点在 t 时刻的速度大小为：

$$|\boldsymbol{v}| = \left|\frac{d\boldsymbol{r}}{dt}\right| = \lim_{\Delta t \to 0} \left|\frac{\Delta \boldsymbol{r}}{\Delta t}\right| = \lim_{\Delta t \to 0} \left|\frac{\Delta \boldsymbol{r}}{\Delta s} \cdot \frac{\Delta s}{\Delta t}\right| = \lim_{\Delta t \to 0} \left|\frac{\Delta \boldsymbol{r}}{\Delta s}\right| \cdot \left|\frac{\Delta s}{\Delta t}\right| = \lim_{\Delta t \to 0} \left|\frac{\Delta s}{\Delta t}\right| = \left|\frac{ds}{dt}\right|$$

应该注意，导数 $\dfrac{ds}{dt}$ 是一个代数量，若把速度 v 也表示为代数量，则有：

$$v = \frac{ds}{dt} \qquad (4.2\text{-}18)$$

若以 $\boldsymbol{\tau}$ 表示切线正向的单位矢量，则：

$$\boldsymbol{v} = v\boldsymbol{\tau} = \frac{ds}{dt}\boldsymbol{\tau} \tag{4.2-19}$$

(4) 加速度

将式（4.2-19）两边对时间 t 求导数，得：

$$\boldsymbol{a} = \frac{d\boldsymbol{v}}{dt} = \frac{d}{dt}(v\boldsymbol{\tau}) = \frac{dv}{dt}\boldsymbol{\tau} + v\frac{d\boldsymbol{\tau}}{dt} = \frac{d^2s}{dt^2}\boldsymbol{\tau} + v\frac{d\boldsymbol{\tau}}{dt} \tag{4.2-20}$$

上式右端两项都是矢量，第一项反应速度大小变化的加速度，记为 $\boldsymbol{a}_\tau$；第二项是反应速度方向变化的加速度，记为 $\boldsymbol{a}_n$。

1）切向加速度

$$\boldsymbol{a}_\tau = \frac{dv}{dt}\boldsymbol{\tau} = \frac{d^2s}{dt^2}\boldsymbol{\tau} \tag{4.2-21}$$

切向加速度反映点的速度值对时间的变化率，它的代数值等于速度的代数值对时间的一阶导数或弧坐标对时间的二阶导数，它的方向沿轨迹切线。当速度 v 与 $\boldsymbol{a}_\tau$ 的指向相同时，速度的绝对值不断增加，点做加速运动，如图 4.2-6 所示。当速度 v 与 $\boldsymbol{a}_\tau$ 的指向相反时，速度的绝对值不断减小，点做减速运动，如图 4.2-7 所示。

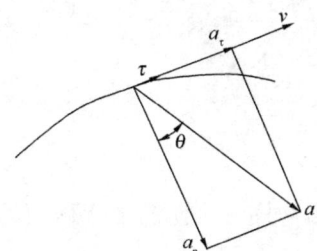

图 4.2-6 点的加速运动

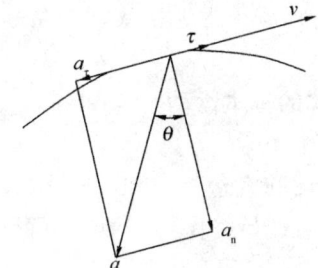

图 4.2-7 点的减速运动

2）法向加速度

$$\boldsymbol{a}_n = v\frac{d\boldsymbol{\tau}}{dt} = v\frac{d\boldsymbol{\tau}}{ds}\frac{ds}{dt} = \frac{v^2}{\rho}\boldsymbol{n} \tag{4.2-22}$$

法向加速度反映点的速度方向改变的快慢程度，它的方向沿着主法线，指向曲率中心。

由于 $\boldsymbol{a}_\tau$、$\boldsymbol{a}_n$ 均在密切面内，因此全加速度 $\boldsymbol{a}$ 也在密切面内。这表明加速度沿副法线上的分量为零，即：

$$\boldsymbol{a}_b = 0 \tag{4.2-23}$$

故全加速度的大小为：

$$a = \sqrt{a_\tau^2 + a_n^2} \tag{4.2-24}$$

它与法线夹角的正切为：

$$\tan\theta = \frac{a_\tau}{a_n} \tag{4.2-25}$$

【**例 4.2-2**】 如图 4.2-8 所示，飞轮以 $\varphi = 2t^2$ 的规律转动（φ 以 rad 计，t 以 s 计），其半径 $R = 50\text{cm}$。试求飞轮轮缘一点 M 的速度与加速度。

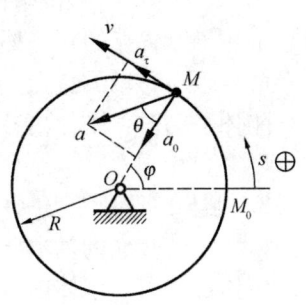

图 4.2-8 例 4.2-2 图

解析： 点 M 的运动轨迹是半径为 $R=50$cm 的圆周。以 M_0 作为弧坐标的原点，轨迹的正向如图 4.2-6 所示，则点沿轨迹的运动方程为：

$$s = R\varphi = 100\,t^2$$

速度方程为：

$$v = \frac{\mathrm{d}s}{\mathrm{d}t} = 200t$$

速度的方向是沿着轨迹的切线方向，并指向轨迹的正向。加速度则为：

$$a_\tau = \frac{\mathrm{d}v}{\mathrm{d}t} = 200\,\mathrm{cm/s^2}$$

$$a_n = \frac{v^2}{\rho} = \frac{(200t)^2}{50} = 800\,t^2\,\mathrm{cm/s^2}$$

$$a = \sqrt{a_\tau^2 + a_n^2} = 200\sqrt{1 + 16\,t^4}\,\mathrm{cm/s^2}$$

$$\tan\theta = \frac{a_\tau}{a_n} = \frac{1}{4\,t^2}$$

【例4.2-2】

由于 v 与 a_τ 同号，a_τ 为常量，所以点做匀加速圆周运动。又因为速度越来越大，a_n 增长得很快，θ 随时间减小得也很快，可见速度方向的变化不断加剧，全加速度的方向趋近于主法线。

4.2.2 刚体的基本运动

1. 刚体的平行移动

（1）平行移动的概念

刚体上任一直线始终保持与原来位置平行的运动称为刚体的平行移动，简称平动。

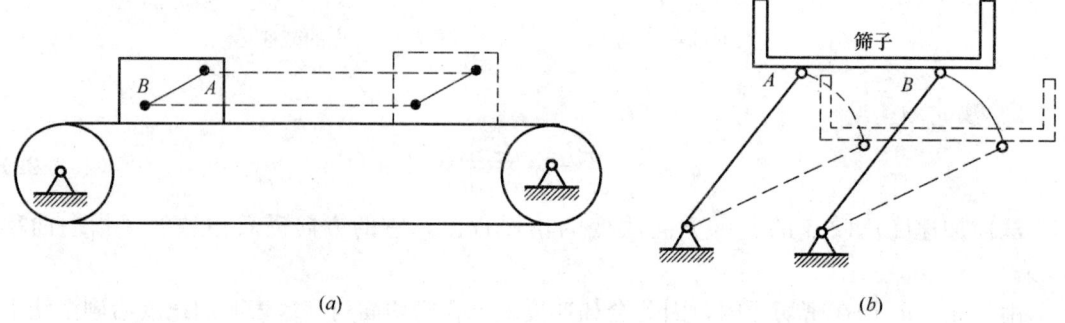

图 4.2-9 刚体平行移动

图 4.2-9 (a) 中箱体平动时，体内各点的轨迹都是直线，称为直线平动；图 4.2-9 (b) 中筛子上各点的轨迹都是曲线，称为曲线平动。

（2）平行移动的特点

刚体平动时，刚体内各点的轨迹形状完全相同且互相平行；任一瞬时，各点的速度和加速度完全相同。

2. 刚体的定轴转动

（1）定轴转动的基本概念

刚体运动时，刚体内（或其延展部分）有一直线始终保持不动，该直线称为转动轴或转轴，这种刚体的运动称为刚体的定轴转动，简称转动。如图 4.2-10 所示。

(2) 刚体转动的运动方程

如图 4.2-10（a）所示，过转轴取一固定不动的平面Ⅰ，再取一个随刚体一起转动的平面Ⅱ，刚体转动时的位置可以用平面Ⅱ和平面Ⅰ的夹角 φ 完全确定。从 z 轴正端朝负端看去，φ 也就是直线 OM 与固定直线 OM_0 的夹角，如图 4.2-10（b）所示。其中，固定直线 OM_0 称为基线，代表基平面Ⅰ，O 点代表 z 轴，夹角 φ 称为转角，以弧度计。转角是一个代数量，其正负号规定如下：从 z 轴正端朝负端看去，按逆时针向量取的转角为正；反之为负。当刚体转动时，φ 是时间 t 的单值连续函数，即：

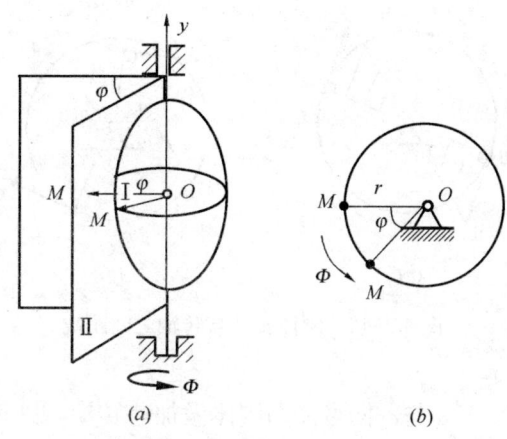

图 4.2-10 刚体定轴转动

$$\varphi = f(t) \tag{4.2-26}$$

(3) 角速度

刚体在 t 瞬时的角速度，以 ω 表示，即：

$$\omega = \lim_{\Delta t \to 0} \omega^* = \lim_{\Delta t \to 0} \frac{\Delta \varphi}{\Delta t} = \frac{d\varphi}{dt} \tag{4.2-27}$$

角速度的单位为弧度每秒（rad/s），角速度描述了刚体转动的快慢。

在工程上，转动的快慢还常有每分钟的转数 n 来表示，称为转速，其单位为转每分（r/min）。则角速度与转速的换算关系为：

$$\omega = \frac{2\pi n}{60} = \frac{\pi n}{30} \tag{4.2-28}$$

(4) 角加速度

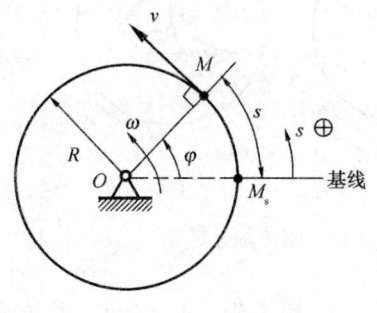

图 4.2-11 刚体转动

刚体在 t 瞬时的角加速度，以 α 表示，即：

$$\alpha = \lim_{\Delta t \to 0} \alpha^* = \lim_{\Delta t \to 0} \frac{\Delta \omega}{\Delta t} = \frac{d\omega}{dt} = \frac{d^2\varphi}{dt^2} \tag{4.2-29}$$

3. 转动刚体内各点的速度和加速度

(1) 转动刚体内各点的速度

如图 4.2-11 所示，取当转角为零时点 M 所在位置 M_0 为弧坐标的原点，以转角增加的方向为弧坐标的正向，则在任一瞬时点 M 的弧坐标可以表示为：

$$s = R\varphi$$

从而点 M 的速度大小为：

$$v = \frac{ds}{dt} = R\frac{d\varphi}{dt} = R\omega \tag{4.2-30}$$

由式 (4.2-33) 可知，在每一瞬时，转动刚体内任一点的速度的大小都与该点到转轴的距离成正比，如图 4.2-12 所示。

(2) 转动刚体内各点的加速度

由式 (4.2-21) 和式 (4.2-22) 可知，点 M 的加速度在轨迹的切线上和主法线上的投

233

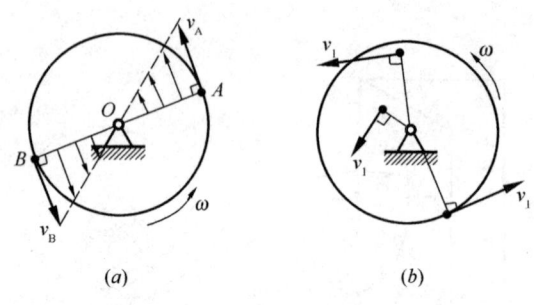

图 4.2-12 刚体转动与转轴之间距离

影分别为：

$$a_\tau = \frac{dv}{dt} = R\frac{d\omega}{dt} = R\alpha \quad (4.2\text{-}31)$$

$$a_n = \frac{v^2}{\rho} = \frac{R^2\omega^2}{R} = R\omega^2 \quad (4.2\text{-}32)$$

切向加速度方向沿该点圆周的切线，顺着 α 的转向指向前方；法向加速度的方向始终指向该点圆周的中心，如图 4.2-13 所示。

若 α 与 ω 同号，即刚体做加速转动，则切向加速度 a_τ 与速度 v 的指向相同，如图 4.2-13（a）所示；若 α 与 ω 异号，即刚体做减速转动，则 a_τ 与 v 的指向相反，如图 4.2-13（b）所示。

点 M 的全加速度的大小为：

$$a = \sqrt{a_\tau^2 + a_n^2} = R\sqrt{\alpha^2 + \omega^4} \quad (4.2\text{-}33)$$

其方向可由全加速度与转动半径 OM 的夹角 θ 表示为：

$$\tan\theta = \frac{|a_\tau|}{a_n} = \frac{|R\alpha|}{R\omega^2} = \frac{|\alpha|}{\omega^2} \quad (4.2\text{-}34)$$

根据式（4.2-33）和式（4.2-34）可知，任一瞬时，转动刚体内任一点加速度的大小，都与该点到转轴的距离成正比，各点的全加速度与转动半径之间的夹角 θ 都相同，如图 4.2-14 所示。

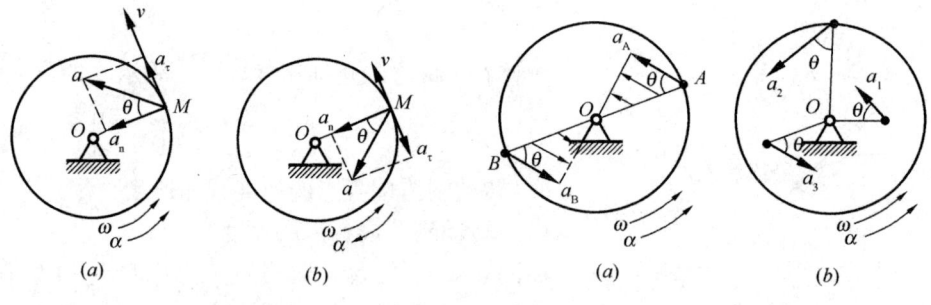

图 4.2-13 转动刚体　　　　　图 4.2-14 刚体加速转动

【**例 4.2-3**】 图 4.2-15 所示为卷筒提取重物的装置，卷筒 O 的半径 $r=0.2$m，其转动方程 $\varphi = 3t - t^2$（φ 以 rad 计，t 以 s 计），转动方向如图所示。钢丝绳与卷筒间无滑动，不计钢丝绳的伸长。试求 $t=1$s 时卷筒边缘上任一点 M 的速度和加速度，并求此时重物 A 的速度和加速度。

解析：（1）计算卷筒转动的角速度和角加速度。

$$\omega = \frac{d\varphi}{dt} = 3 - 2t, \quad \alpha = \frac{d\omega}{dt} = -2$$

将 $t=1$s 代入，得：

$$\omega = 1\text{rad/s}, \alpha = -2\text{rad/s}^2$$

这里 α 与 ω 的符号相反，可知卷筒做减速运动。

(2) 计算卷筒边缘上任一点 M 的速度和加速度。

点 M 的速度为：

$$v_M = \omega r = 1 \times 0.2 = 0.2\text{m/s}$$

其方向如图 4.2-15 所示。

点 M 的切向加速度和法向加速度分别为：

$$a_M^\tau = \alpha r = -2 \times 0.2 = -0.4\text{m/s}^2$$

$$a_M^n = \frac{v_M^2}{r} = \frac{0.2^2}{0.2} = 0.2\text{m/s}^2$$

它们的方向如图 4.2-15 所示。

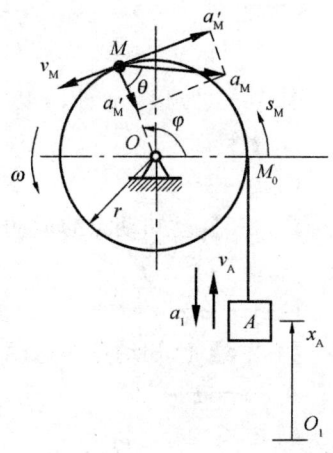

图 4.2-15　例 4.2-3 图

点 M 的全加速度的大小及其与半径 OM 的夹角分别为：

$$a_M = \sqrt{(a_M^\tau)^2 + (a_M^n)^2} = \sqrt{(-0.4)^2 + (0.2)^2} = 0.447\text{m/s}^2$$

$$\theta = \arctan\frac{|\alpha|}{\omega^2} = \arctan\frac{2}{1^2} = 63.4°$$

(3) 求重物 A 的速度和加速度。

因为不计钢丝绳的伸长，且钢丝绳与卷筒无滑动，所以重物 A 上升的距离 x_A 与卷筒边缘上点 M 在同一时间所走的弧长 s_M 应相等，即：

$$x_A = s_M$$

将上式两边对时间分别求一阶和二阶导数，得：

$$v_A = v_M, a_A = a_M^\tau$$

可见，重物 A 的速度和加速度的大小分别等于卷筒边缘上点 M 的速度和切向加速度的大小。因此，在 $t=1$s 时，得：

$$v_A = 0.2\text{m/s}, a_A = -0.4\text{m/s}^2$$

v_A 的方向显然是向上的，而 a_A 的方向是向下的，重物此时做减速运动。

习　题

【4.2-1】当点运动时，若位置矢大小保持不变，方向可变，则其运动轨迹为（　　）。

A. 直线　　　　　　　　　　　　B. 圆周

C. 任意曲线　　　　　　　　　　D. 不能确定

【4.2-2】已知点沿其轨迹的运动方程为 $s = a + bt$，式中 a、b 均为常量则（　　）。

A. 点的轨迹必为直线　　　　　　B. 点的轨迹必为曲线

C. 点必做匀速运动　　　　　　　D. 点的加速度必等于零

【4.2-3】动点在运动过程中，有 $a_\tau = c$（c 为常量），$a_n \neq 0$，则点做（　　）运动。

A. 加速曲线运动　　　　　　　　B. 匀变速曲线运动

C. 匀变速直线运动　　　　　　　D. 变速直线运动

【4.2-4】动点 A 和 B 在同一坐标系中的运动方程分别为：

$$\begin{cases} x_A = t \\ y_A = 2t^2 \end{cases} \quad \begin{cases} x_B = t^2 \\ y_B = 2t^4 \end{cases}$$

其中 x、y 以 cm 计，t 以 s 计，则两点相遇的时刻为（   ）。

A. $t = 1s$ 　　　　　　　　　　　　B. $t = 0.5s$
C. $t = 2s$ 　　　　　　　　　　　　D. $t = 1.5s$

【4.2-5】已知动点的运动方程为 $x = t$，$y = 2t^2$。则其轨迹方程为（   ）。

A. $x = t^2 - t$ 　　　　　　　　　　B. $y = 2t$
C. $y - 2x^2 = 0$ 　　　　　　　　　D. $y + 2x^2 = 0$

【4.2-6】已知动点的运动方程为 $x = 2t$，$y = t^2 - 2t$，则其轨迹方程为（   ）。

A. $y = t^2 - 2t$ 　　　　　　　　　B. $x = 2t$
C. $x^2 - 2x - 4y = 0$ 　　　　　　D. $x^2 + 2x + 4y = 0$

【4.2-7】点在平面 Oxy 内的运动方程为：

$$\begin{cases} x = 3\cos t \\ y = 3 - 5\sin t \end{cases}$$

式中，t 为时间。点的运动轨迹应为（   ）。

A. 直线 　　　B. 圆 　　　C. 正弦曲线 　　　D. 椭圆

【4.2-8】已知质点沿半径为 40cm 的圆做圆周运动，其运动规律为：$s = 20t$（s 以 cm 计，t 以 s 计），若 $t = 1s$，则点的速度与加速度的大小为（   ）。

A. 20cm/s；$10\sqrt{2}$ cm/s^2 　　　　B. 20cm/s；10cm/s^2
C. 40cm/s；20cm/s^2 　　　　　　　D. 40cm/s；10cm/s^2

【4.2-9】某点的运动方程为 $x = 75\cos 4t^2$，$y = 75\sin 4t^2$，x 和 y 以 cm 计，t 以 s 计。则它的速度、切向加速度与法向加速度为（   ）。

A. $600t$ cm/s，600cm/s^2，$4800t^2$ cm/s^2 　B. $500t$ cm/s，500cm/s^2，$4000t^2$ cm/s^2
C. $600t$ cm/s，600cm/s^2，$4000t^2$ cm/s^2 　D. $500t$ cm/s，500cm/s^2，$4800t^2$ cm/s^2

【4.2-10】一炮弹以初速度和仰角 α 射出。对于如图 4.2-16 所示直角坐标的运动方程为 $x = v_0\cos\alpha t$，$y = v_0\sin\alpha t - \dfrac{1}{2}gt^2$，则当 $t = 0$ 时，炮弹的速度和加速度的大小分别为（   ）。

A. $v = v_0\cos\alpha$，$a = g$ 　　　　　B. $v = v_0$，$a = g$
C. $v = v_0\sin\alpha$，$a = -g$ 　　　　D. $v = v_0$，$a = -g$

【4.2-11】如图 4.2-17 所示，点沿轨迹已知的平面曲线运动时，其速度大小不变，加速度 a 应为（   ）。

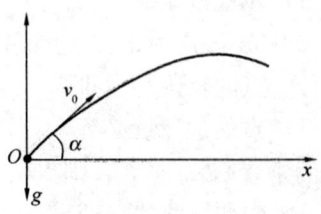
图 4.2-16 题 4.2-10 图
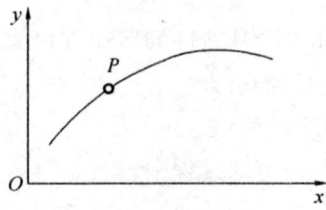
图 4.2-17 题 4.2-11 图

A. $a_n = a \neq 0$,$a_\tau = 0$(a_n 指法向加速度,a_τ 指切向加速度)
B. $a_n = 0$,$a_\tau = a \neq 0$
C. $a_n \neq 0$,$a_\tau \neq 0$,$a_\tau + a_n = a$
D. $a = 0$

【4.2-12】动点以常加速度 2m/s² 作直线运动。当速度由 5m/s 增加到 8m/s 时,则点运动的路程为(　　)。

A. 7.5m   B. 12m   C. 2.25m   D. 9.75m

【4.2-13】若某点按 $s = 8 - 2t^2$（s 以 m 计）的规律运动,则 $t = 3$s 时点经过的路程为(　　)。

A. 10m   B. 8m
C. 18m   D. 8～18m 以外的一个数值

【4.2-14】如图 4.2-18 所示的平面机构中,$O_1A = O_2B = r$,$O_1O_2 = AB$,O_1A 以匀角速度 ω_0 绕垂直于图面的 O_1 轴逆时针转动,图示瞬时 C 点的速度为(　　)。

A. $v_C = 0$ B. $v_C = \sqrt{r^2 + a^2}$,水平向右
C. $v_C = \omega_0 r$,铅直向上   D. $v_C = \omega_0 r$,水平向右

【4.2-15】直角刚杆 OAB 在图 4.2-19 所示瞬时角速度 $\omega = 2$rad/s,角加速度 $\varepsilon = 5$rad/s²,若 $OA = 40$cm,$AB = 30$cm,则 B 点的速度大小、法向加速度的大小和切向加速度的大小为(　　)。

A. 100cm/s；200cm/s²；250cm/s²   B. 80cm/s；160cm/s²；200cm/s²
C. 60cm/s；120cm/s²；150cm/s²   D. 100cm/s；200cm/s²；200cm/s²

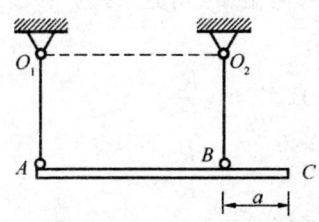

图 4.2-18　题 4.2-14 图

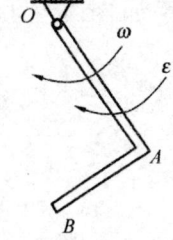

图 4.2-19　题 4.2-15 图

【4.2-16】刚体作平动时,某瞬时体内各点的速度与加速度为(　　)。

A. 体内各点速度不相同,加速度相同
B. 体内各点速度相同,加速度不相同
C. 体内各点速度相同,加速度也相同
D. 体内各点速度不相同,加速度也不相同

【4.2-17】在图 4.2-20 所示机构中,杆 $O_1A = O_2B$,$O_1A \parallel O_2B$,杆 $O_2C = O_3D$,$O_2C \parallel O_3D$,且 $O_1A = 20$cm,$O_2C = 40$cm,若杆 O_1A 以角速度 $\omega = 3$rad/s 匀速转动,则 CD 杆上任意点 M 的速度及加速度大小为(　　)。

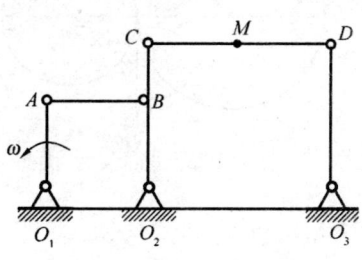

图 4.2-20　题 4.2-17 图

A. 60cm/s，180cm/s²   B. 120cm/s，360cm/s²
C. 90cm/s，270cm/s²   D. 120cm/s，150cm/s²

【4.2-18】如图 4.2-21 所示机构，已知 $O_1A = O_2B = CM = R$，又知图示瞬时 O_1A 杆的 ω 与 α，则点 M 的速度与加速度为（　　）。

A. $v_M = \omega R$，$a_M = R\sqrt{\alpha^2 + \omega^4}$ B. $v_M = \omega R$，$a_M = R\alpha$

C. $v_M = \omega R$，$a_M = R\omega^2$ D. $v_M = \omega R$，$a_M = R\sqrt{\alpha^2 + \omega^2}$

【4.2-19】如图 4.2-22 所示，杆 $OA = l$，绕定轴 O 以角速度 ω 转动，同时通过 A 端推动滑块 B 沿轴 x 运动，设运动的时间内杆与滑块不脱离，则滑块的速度 v_B 的大小用杆的转角 φ 与角速度 ω 表示为（　　）。

A. $v_B = l\omega \sin\varphi$ B. $v_B = l\omega \cos\varphi$

C. $v_B = l\omega \cos^2\varphi$ D. $v_B = l\omega \sin^2\varphi$

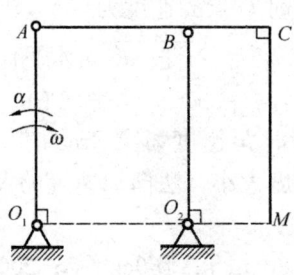

图 4.2-21　题 4.2-18 图

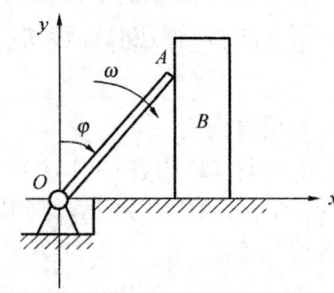

图 4.2-22　题 4.2-19 图

【4.2-20】两摩擦轮如图 4.2-23 所示。则两轮的角速度与半径关系的表达式为（　　）。

A. $\dfrac{\omega_1}{\omega_2} = \dfrac{R_1}{R_2}$ B. $\dfrac{\omega_1}{\omega_2} = \dfrac{R_2}{R_1^2}$

C. $\dfrac{\omega_1}{\omega_2} = \dfrac{R_1}{R_2^2}$ D. $\dfrac{\omega_1}{\omega_2} = \dfrac{R_2}{R_1}$

【4.2-21】一木板放在两个半径 $r = 0.25$m 的传输鼓轮上面，如图 4.2-24 所示。在图示瞬时，木板具有不变的加速度 $a = 0.5$m/s²，方向向右；同时，鼓轮边缘上的点具有一大小为 3m/s² 的全加速度。如果木板在鼓轮上无滑动，则此木板的速度为（　　）。

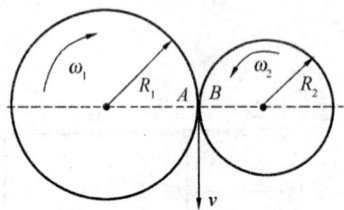

图 4.2-23　题 4.2-20 图   图 4.2-24　题 4.2-21 图

A. 0.86m/s   B. 3m/s
C. 0.5m/s   D. 1.67m/s

【4.2-22】物体作定轴转动的运动方程为 $\varphi=4t-3t^2$（φ 以 rad 计，t 以 s 计）。此物体内，转动半径 $r=0.5\text{m}$ 的一点，在 $t_0=0$ 时的速度和法向加速度的大小为（　　）。

A. 2m/s，8m/s^2　　　　　　　　B. 3m/s，3m/s^2

C. 2m/s，8.54m/s^2　　　　　　　D. 0，8m/s^2

【4.2-23】如图 4.2-25 所示，绳子的一端绕在滑轮上，另一端与置于水平面上的物块 B 相连，若物块 B 的运动方程为 $x=kt^2$，其中 k 为常数，轮子半径为 R。则轮缘上 A 点的加速度大小为（　　）。

A. $2k$　　　　　　　　　　　　　　B. $\sqrt{\dfrac{4k^2t^2}{R}}$

C. $\dfrac{2k+4k^2t^2}{R}$　　　　　　　　　　D. $\sqrt{4k^2+\dfrac{16k^4t^4}{R^2}}$

【4.2-24】在图 4.2-26 所示圆锥摆中，球 M 的质量为 m，绳长 l，若 α 角保持不变，则小球的法向加速度为（　　）。

A. $g\sin\alpha$　　　　　　　　　　　　B. $g\cos\alpha$

C. $g\tan\alpha$　　　　　　　　　　　　D. $g\cot\alpha$

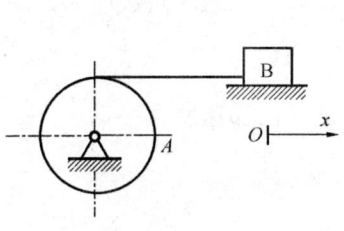
图 4.2-25　题 4.2-23 图

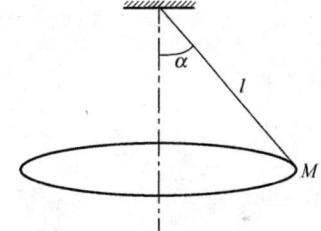
图 4.2-26　题 4.2-24 图

习题答案及解析

【4.2-1】答案：B

解析：位置矢大小保持不变，说明点与固定点 O 之间的距离保持不变，同时方向可变，说明该点的运动轨迹是圆周。

【4.2-2】答案：C

解析：从题中轨迹方程中看不出轨迹是什么，可能是直线，也可能是曲线。将轨迹方程两边对时间 t 求一阶导数：$\dfrac{\mathrm{d}s}{\mathrm{d}t}=v=b$，因此可得速度为常数，即点做匀速运动。将轨迹方程两边对时间 t 求二阶导数：$\dfrac{\mathrm{d}^2s}{\mathrm{d}t^2}=a_\tau=0$，因此只能得出切向加速度为零，而并不能确定法向加速度的大小。

【4.2-3】答案：B

解析：由于切向加速度为常数，因此速度变化是均匀的；另外，法向加速度不为零，因此该动点做的是曲线运动。

【4.2-4】答案：A

解析：当 $x_A = x_B$、$y_A = y_B$ 时，两点相遇，因此令 $x_A = x_B$、$y_A = y_B$，解得：$t = 1\text{s}$。

【4.2-5】答案：C

解析：由于要求的是轨迹方程，方程中应只含有位置参数，因此将题目二式中的时间参数 t 消去，即将 $x = t$ 代入到 $y = 2t^2$ 中，则：
$$y = 2x^2 \to y - 2x^2 = 0$$

【4.2-6】答案：C

解析：由于要求的是轨迹方程，方程中应只含有位置参数，因此将题目二式中的时间参数 t 消去，即将 $x = 2t \to t = \frac{x}{2}$ 代入到 $y = t^2 - t$ 中，则：
$$y = \frac{x^2}{4} - \frac{x}{2} \to x^2 - 2x - 4y = 0$$

【4.2-7】答案：D

解析：轨迹方程中应只含有位置参数，因此将题目二式中的时间参数 t 消去，轨迹方程即为：$\frac{x^2}{9} + \frac{(y-3)^2}{25} = 1$，从轨迹方程中可看出该点的运动轨迹应为椭圆。

【4.2-8】答案：B

解析：点的速度大小 $v = \frac{ds}{dt} = 20\text{cm/s}$。点的切向加速度大小 $a_\tau = \frac{dv}{dt} = 0$，点的法向加速度大小 $a_n = \frac{v^2}{\rho} = \frac{20^2}{40} = 10\text{cm/s}^2$，故点的全加速度大小 $a = \sqrt{a_\tau^2 + a_n^2} = 10\text{cm/s}^2$。

【4.2-9】答案：A

解析：该点的速度为：
$$v_x = \frac{dx}{dt} = -600t\sin 4t^2 \quad v_y = \frac{dy}{dt} = 600t\cos 4t^2 \quad v = \sqrt{v_x^2 + v_y^2} = 600t\text{cm/s}$$

切向加速度为：
$$a_\tau = \frac{dv}{dt} = 600\text{cm/s}^2$$

将该点的运动方程中的时间 t 消去，即得到轨迹方程：
$$x^2 + y^2 = 75^2$$

说明该点的运动轨迹为半径为 75cm 的圆。

因此，法向加速度为：
$$a_n = \frac{v^2}{\rho} = \frac{600t^2}{75} = 4800t^2\text{cm/s}^2$$

【4.2-10】答案：B

解析：$t = 0$ 时，炮弹的速度和加速度为初速度和初始加速度，由题目的图中可以看出，炮弹的初速度为 v_0，初始加速度为 g。

【4.2-11】答案：A

解析：题目中说速度大小不变，说明切向加速度为零；图中可看出速度的方向发生了改变，因此存在法向加速度；综上，全加速度即法向加速度。

【4.2-12】答案：D

解析：根据加速度 $a=\dfrac{\Delta v}{\Delta t}$，因此 $\Delta t=\dfrac{\Delta v}{a}=\dfrac{8-5}{2}=1.5\text{s}$，再根据 $x=v_0 t+\dfrac{1}{2}at^2$，将 $v_0=5\text{m/s}$，$t=1.5\text{s}$，$a=2\text{m/s}^2$ 代入到公式中，计算得 $x=9.75\text{m}$。

【4.2-13】答案：C

解析：当 $t=0$ 时，弧坐标 $s=8$；当 $t=3\text{s}$ 时，弧坐标 $s=8-18=-10$。用 $t=0$ 时的弧坐标减去 $t=3\text{s}$ 时的弧坐标即为该点走过的总路程，即 $8-(-10)=18$。

【4.2-14】答案：D

解析：杆 AB 做平动，根据刚体平动的特点，刚体内各点的轨迹形状完全相同且互相平行；任一瞬时，各点的速度和加速度完全相同。因此 C 点的速度与 A 点的速度完全相同，因此 $v_C=v_A=\omega_0 r$，且方向水平向右。

【4.2-15】答案：A

解析：OB 的长度 $r_B=\sqrt{30^2+40^2}=50\text{cm}$，A、B 两点处的角速度与角加速度一样，即 $\omega_B=\omega=2\text{rad/s}$，$\varepsilon_B=\varepsilon=5\text{rad/s}^2$。B 点处的速度则为 $v_B=\omega_B r_B=2\times 50=100\text{cm/s}$；B 点处的法向加速度 $a_B^n=\omega_B^2 r_B=2^2\times 50=200\text{cm/s}^2$；B 点处的切向加速度 $a_B^\tau=\dfrac{\text{d}v_B}{\text{d}t}=\dfrac{\text{d}\omega_B r_B}{\text{d}t}=\varepsilon_B r_B=5\times 50=250\text{cm/s}^2$。

【4.2-16】答案：C

解析：根据刚体平动的特点可知，刚体平动时，刚体内各点的轨迹形状完全相同且互相平行；任一瞬时，各点的速度和加速度完全相同。

【4.2-17】答案：B

解析：杆 O_1A 以角速度 $\omega=3\text{rad/s}$ 匀速转动，带动杆 AB 与杆 CD 作平动，因此杆 AB 与杆 CD 上任一点的角速度均相同，即 $\omega_M=\omega=3\text{rad/s}$。根据 $v=\omega r$ 可求得点 M 的速度大小为 $v_M=\omega_M r=3\times 40=120\text{cm/s}$。由于杆 O_1A 匀速转动，各点无切向加速度，只有法向加速度，因此点 M 的加速度大小为 $a_M=a_M^n=\omega_M^2 r=3^2\times 40=360\text{cm/s}^2$。

【4.2-18】答案：A

解析：刚体 ACM 做平动，因此根据刚体平动的特点，M 点的速度和加速度与 A 点的速度、加速度完全一致。即：
$$v_M=v_A=\omega R$$
$$a_M^\tau=\dfrac{\text{d}v_M}{\text{d}t}=\dfrac{\text{d}\omega R}{\text{d}t}=R\alpha \qquad a_M^n=a_A^n=\dfrac{v_A^2}{R}=R\omega^2$$
$$a_M=\sqrt{a_M^{\tau 2}+a_M^{n 2}}=R\sqrt{\alpha^2+\omega^4}$$

【4.2-19】答案：B

解析：杆 OA 上 A 点的速度 $v=\omega l$，将 A 点的速度在直角坐标系上进行分解，如图 4.2-27 所示。滑块的速度 v_B 即 A 点的速度在 x 轴上的分量 v_x，因此，$v_B=v_x=\omega l\cos\varphi$。

【4.2-20】答案：D

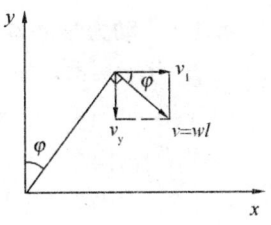

图 4.2-27 题 4.2-19 解析图

解析：由于两摩擦轮的线速度相等，因此 $v_1 = v_2$，即 $\omega_1 R_1 = \omega_2 R_2$。

【4.2-21】答案：A

解析：木板的加速度 $a = 0.5 \mathrm{m/s^2}$，说明鼓轮的切向加速度 $a_\tau = 0.5 \mathrm{m/s^2}$。鼓轮边缘上的点具有大小为 $3 \mathrm{m/s^2}$ 的全加速度，根据 $a = \sqrt{a_\tau^2 + a_n^2}$，鼓轮的法向加速度 $a_n = \sqrt{a^2 - a_\tau^2} = \sqrt{3^2 - 0.5^2} = 2.96 \mathrm{m/s^2}$，再根据 $a_n = \dfrac{v^2}{r}$，可计算出 $v = \sqrt{a_n r} = \sqrt{2.96 \times 0.25} = 0.86 \mathrm{m/s}$。

【4.2-22】答案：A

解析：该物体的角速度 $\omega = \dfrac{\mathrm{d}\varphi}{\mathrm{d}t} = 4 - 6t$，$t_0 = 0$ 时，角速度 $\omega_0 = 4 \mathrm{rad/s}$，速度 $v_0 = \omega_0 r = 4 \times 0.5 = 2 \mathrm{m/s}$，法向加速度 $a_n = \dfrac{v^2}{r} = \dfrac{4}{0.5} = 8 \mathrm{m/s^2}$。

【4.2-23】答案：D

解析：轮缘上 A 点的切向加速度 a_τ 与物块 B 的加速度一样，即 $a_\tau = \dfrac{\mathrm{d}^2 x}{\mathrm{d}t^2} = 2k$；$A$ 点的速度 v_A 与物块 B 的速度 v_B 一样，即 $v_A = v_B = \dfrac{\mathrm{d}x}{\mathrm{d}t} = 2kt$，因此 A 点的法向加速度 $a_n = \dfrac{v_A^2}{R} = \dfrac{4k^2 t^2}{R}$；从而 A 点的全加速度 $a = \sqrt{a_\tau^2 + a_n^2} = \sqrt{4k^2 + \dfrac{16 k^4 t^4}{R^2}}$。

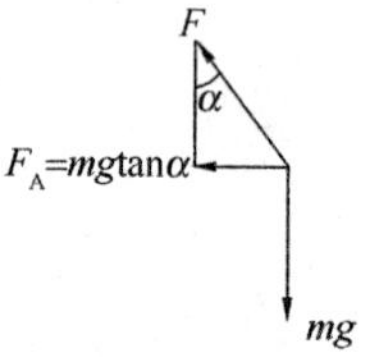

【4.2-24】答案：C

解析：对球 M 进行受力分析如图 4.2-28 所示。$F_合 = mg\tan\alpha = m a_n$，因此，$a_n = g\tan\alpha$。

图 4.2-28 题 4.2-24 解析图

4.3 动　力　学

高频考点梳理

知识点	牛顿定律	动量	动量守恒	动量矩定理	转动惯量	功	动能	势能	达朗贝尔原理	刚体惯性力系的简化	自由振动	固有频率
近三年考核频次	2	1	1	1	1	2	1	1	1	2	3	3

4.3.1 动力学基本定律与质点动力学

1. 动力学基本定律

（1）第一定律（惯性定律）

不受力作用的质点，将保持静止或做匀速直线运动。

（2）第二定律（力与加速度关系定律）

质点的质量与加速度的乘积，等于作用于质点的力的大小，加速度的方向与力的方向相同。

如果用 m 表示质点的质量，用 F 和 a 分别表示作用力和加速度，则此定律可用数学式表示为：

$$ma = F \tag{4.3-1}$$

质点的质量越大，它的运动状态越不容易改变。因此，质量是质点惯性的度量。另一方面，当质点上不只受到一个力作用时，式（4.3-1）中的 F 应理解为作用在该质点上的所有力的合力。

（3）第三定律（作用与反作用定律）

两个物体间的作用力与反作用力总是大小相等，方向相反，沿着同一直线，且同时分别作用在这两个物体上。

2. 质点的运动微分方程

已知质点 M 的质量为 m，在 $F_1, F_2, \cdots, F_n$ 等力共同作用下所得加速度为 a，由牛顿第二定律可得：

$$ma = m\frac{d^2 r}{dt^2} = \Sigma F_i = F \tag{4.3-2}$$

（1）质点运动微分方程在直角坐标轴上的投影

如图 4.3-1 所示，取直角坐标系 $Oxyz$ 为惯性坐标系，质点 M 的矢径 r 在直角坐标轴上的投影分别为 x、y、z，力 F_i 在轴上的投影分别为 X_i、Y_i、Z_i，则式（4.3-2）在直角坐标轴上的投影形式为：

$$\begin{cases} m\dfrac{d^2 x}{dt^2} = \Sigma X_i = X \\[4pt] m\dfrac{d^2 y}{dt^2} = \Sigma Y_i = Y \\[4pt] m\dfrac{d^2 z}{dt^2} = \Sigma Z_i = Z \end{cases} \tag{4.3-3}$$

（2）质点运动微分方程在自然轴上的投影

如图 4.3-2 所示，某瞬时点的全加速度 a 在该瞬时 τ 与 n 形成的密切面内，全加速度在副法线上的投影等于零，即：

$$a = a_\tau \tau + a_n n + 0b = a_\tau \tau + a_n n \tag{4.3-4}$$

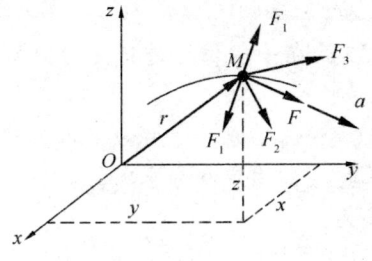

图 4.3-1　质点投影

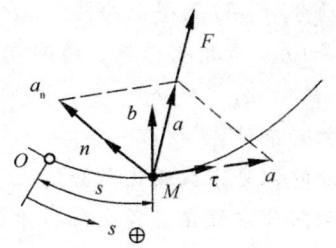

图 4.3-2　质点运动

质点运动微分方程（4.3-2）在自然轴系上的投影式为：

$$\begin{cases} ma_\tau = m\dfrac{dv}{dt} = m\dfrac{d^2s}{dt^2} = \sum F_{\tau i} = F_\tau \\ ma_n = m\dfrac{v^2}{\rho} = \sum F_{ni} = F_n \\ 0 = \sum F_{bi} = F_b \end{cases} \quad (4.3\text{-}5)$$

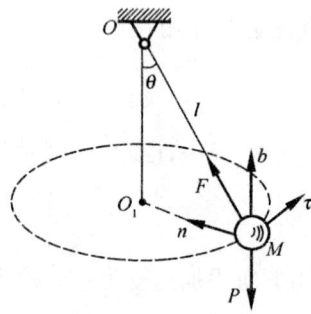

图 4.3-3 例 4.3-1 图

【例 4.3-1】有一圆锥摆,如图 4.3-3 所示,质点 M 的质量 $m=1\mathrm{kg}$,质点 M 系于长 $l=30\mathrm{cm}$ 的绳上,绳的另一端则系在固定点 O。如质点 M 在水平面内做匀速圆周运动,绳与铅直线成 $\theta=60°$ 角,求质点 M 的速度 v 与绳子的张力 F 的大小。

解析:(1)取质点 M 为研究对象。
(2)运动分析

点 M 做匀速圆周运动,因为已知点 M 的运动轨迹,选用自然轴系。$a_\tau=0$,$a_n=\dfrac{v^2}{\rho}$。已知点 M 的运动,求速度和力,属综合性问题。

(3)受力分析:点 M 受重力 P ($P=mg$) 与绳子张力 F。质点 M 在自然轴 n 与 b 上投影的微分方程为:

$$ma_n = \sum F_{ni} \to m\dfrac{v^2}{\rho} = m\dfrac{v^2}{l\sin\theta} = F\sin\theta \quad (1)$$

$$0 = \sum F_{bi} = F\cos\theta - P \quad (2)$$

由式(2)解得:

$$F = \dfrac{P}{\cos\theta} = \dfrac{mg}{\cos 60°} = \dfrac{1\times 9.8}{0.5} = 19.6\mathrm{N}$$

将上述解答代入式(1),解得:

$$v = \sin\theta\sqrt{\dfrac{Fl}{m}} = \dfrac{\sqrt{3}}{2}\times\sqrt{\dfrac{19.6\times 0.3}{1}} = 2.1\mathrm{m/s}$$

【例 4.3-2】炮弹以初速度 v_0 发射,v_0 与水平线的夹角为 θ,如图 4.3-4 所示。若不计空气阻力,求炮弹在重力作用下的运动。

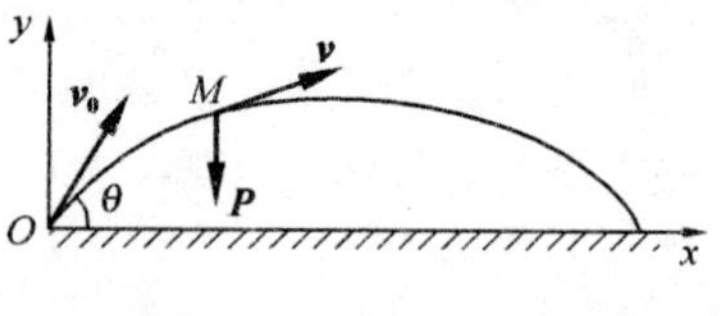

解析:(1)选炮弹 M 为研究对象。
(2)运动分析:M 做平面曲线(抛物线)运动。

图 4.3-4 例 4.3-2 图

(3)选择 Oxy 直角坐标系,将研究对象点 M 放在一般位置进行受力分析:只受重力 P(为常力),$P=mg$。

本题的初始条件:$t=0$ 时,$x_0=0$,$y_0=0$,$v_{0x}=v_0\cos\theta$,$v_{0y}=v_0\sin\theta$。用初始条件来确定不定积分的积分常数或定积分的上下限,本题我们用定积分求解。

质点运动微分方程在直角坐标轴上的投影式为:

$$m\dfrac{d^2x}{dt^2} = 0 \to \dfrac{d^2x}{dt^2} = 0 \quad (1)$$

$$m\dfrac{d^2y}{dt^2} = -mg \to \dfrac{d^2y}{dt^2} = -g \quad (2)$$

改写式（1），得：

$$\frac{d^2 x}{d t^2} = \frac{d v_x}{dt} = 0$$

积分一次，即：

$$\int_{v_{0x}}^{v_x} d v_x = 0$$

得：$v_x = v_{0x} = v_0 \cos\theta$

改写上式，得：

$$v_x = \frac{dx}{dt} = v_0 \cos\theta$$

再积分一次，即：

$$\int_0^x dx = \int_0^t v_0 \cos\theta dt$$

$$x = v_0 \cos\theta \cdot t \tag{3}$$

再改写式（2），得：

$$\frac{d^2 y}{d t^2} = \frac{d v_y}{dt} = -g$$

积分一次，即：

$$\int_{v_{0y}}^{v_y} d v_y = \int_0^t (-g) dt$$

得：$v_y = v_0 \sin\theta - gt$

改写上式，得：

$$v_y = \frac{dy}{dt} = v_0 \sin\theta - gt$$

再积分一次，即：

$$\int_0^y dy = \int_0^t (v_0 \sin\theta - gt) dt$$

$$y = v_0 \sin\theta \cdot t - \frac{1}{2} g t^2 \tag{4}$$

式（3）和式（4）就是以直角坐标表示的点 M 的运动方程。从（3）、（4）二式中消去时间 t，得质点在铅直平面 Oxy 内的轨迹方程：

$$y = x\tan\theta - \frac{g}{2 v_0^2 \cos^2\theta} x^2$$

由解析几何可知，这是一条抛物线。

【例 4.3-3】 重 $P = 100\text{kN}$ 的电车可沿直线行驶，在起动时牵引力 F 随时间 t 的变化规律为 $F = 1.2 t$，式中 t 以 s 计，F 以 kN 计。设行车阻力 $F_1 = 2\text{kN}$，求起动过程中电车的运动方程。

解析：（1）选电车为研究对象。因为电车做直线平动，可视为一质点 M。

（2）取 x 轴沿电车运动的直线，坐标原点在电车的静止位置（图 4.3-5）。将电车放在一般位置进行受力分析，作用在电车上的力有：重力 $\boldsymbol{P}$、路面对电车的铅锤反力 $\boldsymbol{F}_N$、牵引力 $\boldsymbol{F}$ 和行车阻力 $\boldsymbol{F}_1$。因电车做水平直线运动，沿铅锤方向的加速度为零，$\boldsymbol{P}$ 与 $\boldsymbol{F}_N$ 构成一平衡力系，$F_N = P$。

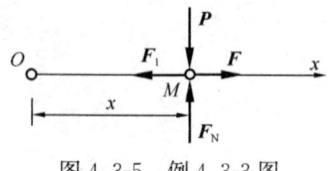

图 4.3-5 例 4.3-3 图

将电车的起动过程分为两个阶段来考虑。

第一阶段：从 $t=0$ 开始到牵引力 F 增大到 2kN。在此阶段中，电车处于静止平衡状态，因为牵引力还不足以克服行车阻力 $\boldsymbol{F}_1 = 2\text{kN}$。牵引力按 $F=1.2t$ 的规律逐渐增大到 2kN 所需的时间为：

$$t_1 = \frac{2}{1.2} = 1.67\text{s}$$

第二阶段：在 1.67s 以后，牵引力仍按 $F=1.2t$ 继续增大，它克服行车阻力 $\boldsymbol{F}_1$，使电车加速起动。如以 τ 表示第二阶段开始以后的时间，在第二阶段中牵引力可表示为 $F=1.2(\tau+1.67)$。可写出第二阶段在 x 轴投影的质点运动微分方程为：

$$m\frac{\mathrm{d}^2 x}{\mathrm{d}\tau^2} = F - F_1 = 1.2(\tau + 1.67) - 2 = 1.2\tau$$

$$\frac{\mathrm{d}^2 x}{\mathrm{d}\tau^2} = \frac{\mathrm{d}v}{\mathrm{d}\tau} = \frac{1}{m}(F-F_1) = \frac{g}{P}(F-F_1) = 1.2\frac{g}{P}\tau = 1.2 \times \frac{9.8}{100}\tau = 0.1176\tau$$

$$\mathrm{d}v = 0.1176\tau\mathrm{d}\tau$$

在 $\tau = 0$ 时，$v_0 = 0$，而在任意瞬时 τ，质点的速度为 v。则用定积分可求：

$$\int_0^v \mathrm{d}v = \int_0^\tau 0.1176\tau\mathrm{d}\tau$$

$$v = \frac{\mathrm{d}x}{\mathrm{d}\tau} = 0.0588\,\tau^2$$

$$\mathrm{d}x = 0.0588\,\tau^2\mathrm{d}\tau$$

在 $\tau = 0$ 时，$x_0 = 0$，而在任意瞬时 τ，质点的坐标为 x。则用定积分可求：

$$\int_0^x \mathrm{d}x = \int_0^\tau 0.0588\,\tau^2\mathrm{d}\tau$$

$$x = 0.0196\,\tau^3$$

这就是电车在第二阶段的运动方程。

【例 4.3-4】 从地球表面以铅垂向上的初速度 v_0 发射一质量为 m 的火箭。如不计空气阻力，求火箭脱离地球的引力场在宇宙飞行所需的最小初速度 v_0。

解析：（1）取火箭为研究对象。

（2）火箭做直线运动。

（3）选地心 O 为坐标原点，坐标向上为正，如图 4.3-6 所示。根据牛顿万有引力公式：

$$F = f\frac{m m_\text{s}}{x^2}$$

即力 F 是质点坐标的函数。式中，m 为火箭的质量；x 为火箭的重心到地球中心的距离；f 是万有引力常数；m_s 是地球的质量。fm_s 可以通过已知在地球表面上，地球对火箭的引力等于火箭重力来计算，已知 $x = R \approx 6371\text{km}$ 时，$F = mg$，可

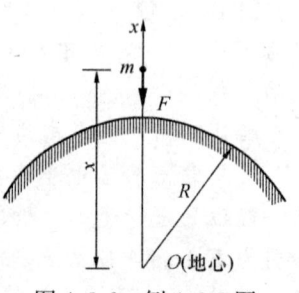

图 4.3-6 例 4.3-4 图

得：
$$mg = f\frac{m\,m_s}{R^2} \to fm_s = R^2 g$$

因此：
$$F = \frac{m}{x^2} \cdot R^2 g = \frac{mR^2 g}{x^2}$$

写出质点运动微分方程如下：
$$m\frac{d^2 x}{dt^2} = -\frac{mR^2 g}{x^2}$$
$$\frac{dv}{dt} = -\frac{R^2 g}{x^2} \tag{1}$$

上式中包含 v、t、x 三个变量，必须化为两个变量才能积分。

因为
$$\frac{dv}{dt} = \frac{dv}{dx} \cdot \frac{dx}{dt} = v\frac{dv}{dx}$$

于是式（1）可改写成如下形式：
$$v\frac{dv}{dx} = -\frac{R^2 g}{x^2} \to vdv = -\frac{R^2 g}{x^2}dx$$

用定积分时积分的下限由运动初始条件确定：$t=0$ 时，$v=v_0$，$x=R$，即：
$$\int_{v_0}^{v} vdv = \int_{R}^{x} -\frac{R^2 g}{x^2}dx$$

解得：
$$v_0^2 = v^2 + 2R^2 g\left(\frac{1}{R} - \frac{1}{x}\right)$$

火箭要实现脱离地球引力飞行的条件是：当 $x=\infty$ 时，$v \geqslant 0$。取 $v=0$，得 v_0 的最小值为：
$$v_{0\min} = \sqrt{0 + \lim_{x \to \infty} 2R^2 g\left(\frac{1}{R} - \frac{1}{x}\right)} = \sqrt{2Rg} = 11174.6 \text{m/s}$$

【例 4.3-5】如图 4.3-7 所示，质量为 m 的质点 M，自 O 点抛出，其初速度 v_0 与水平线夹角为 φ。设空气阻力 F 的大小为 mkv（k 为一常数），方向与质点的速度 v 相反。求质点的运动方程。

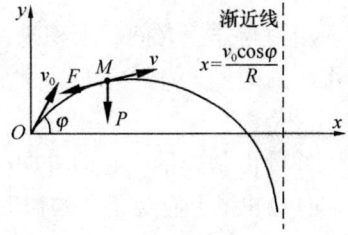

图 4.3-7 例 4.3-5 图

解析：（1）选质点 M 为研究对象。

（2）点 M 做曲线运动。

（3）选 Oxy 直角坐标系，把质点 M 放在坐标的一般位置上进行受力分析。质点 M 受的力有重力 P 和空气阻力 F。

质点 M 的运动微分方程为：
$$m\frac{d^2 x}{dt^2} = -mkv_x \to \frac{dv_x}{dt} = -kv_x \tag{1}$$

$$m\frac{d^2 y}{dt^2} = -mg - mk\,v_y \rightarrow \frac{dv_y}{dt} = -g - k\,v_y \tag{2}$$

在初始瞬时，即 $t=0$ 时，$x_0=0$，$y_0=0$，$v_{0x}=v_0\cos\varphi$，$v_{0y}=v_0\sin\varphi$。

将式（1）、式（2）分离变量并分别积分一次，得：

$$\int_{v_0\cos\varphi}^{v_x}\frac{1}{v_x}dv_x = -\int_0^t k\,dt \rightarrow v_x = \frac{dx}{dt} = v_0\cos\varphi\, e^{-kt} \tag{3}$$

$$\int_{v_0\sin\varphi}^{v_y}\frac{1}{g+k\,v_y}dv_y = -\int_0^t dt \rightarrow v_y = \frac{dy}{dt} = \left(v_0\sin\varphi + \frac{g}{k}\right)e^{-kt} - \frac{g}{k} \tag{4}$$

将式（3）、式（4）再积分一次，得：

$$\int_0^x dx = \int_0^t v_0\cos\varphi\, e^{-kt}\,dt$$

$$\int_0^y dy = \int_0^t \left[\left(v_0\sin\varphi + \frac{g}{k}\right)e^{-kt} - \frac{g}{k}\right]dt$$

可得：

$$x = \frac{v_0\cos\varphi}{k}(1-e^{-kt}) \tag{5}$$

$$y = \left(\frac{v_0\sin\varphi}{k} + \frac{g}{k^2}\right)(1-e^{-kt}) - \frac{g}{k}t \tag{6}$$

式（5）、式（6）即是所要求的质点 M 的运动方程。

4.3.2 动量定理

1. 质点的动量定理

（1）动量

质点的质量与速度的乘积称为质点的动量，记为：

$$\boldsymbol{P} = m\boldsymbol{v} \tag{4.3-6}$$

质点的动量是矢量，它的方向与质点速度的方向一致。在国际单位制中，动量的单位是千克米/秒（kg·m/s）。

（2）冲量

用力与作用时间的乘积来衡量力在该段时间内的积累作用效果，称为该力的冲量。当作用时间间隔 t 内，力 $\boldsymbol{F}$ 是常量时，力 $\boldsymbol{F}$ 的冲量为：

$$\boldsymbol{I} = \boldsymbol{F}t \tag{4.3-7}$$

冲量也是矢量，它的方向与力 $\boldsymbol{F}$ 的方向一致。若力 $\boldsymbol{F}$ 随着时间变化，则力 $\boldsymbol{F}$ 在时间 $0\sim t$ 内的冲量 $\boldsymbol{I}$ 应等于在这段时间内无数元冲量的矢量和，用定积分表示为：

$$\boldsymbol{I} = \int_0^t \boldsymbol{F}\,dt \tag{4.3-8}$$

设作用在一质点上有 n 个力 $\boldsymbol{F}_1$，$\boldsymbol{F}_2$，$\cdots$，$\boldsymbol{F}_n$，它们的合力为 $\boldsymbol{F}$，即 $\boldsymbol{F}=\boldsymbol{F}_1+\boldsymbol{F}_2+\cdots+\boldsymbol{F}_n$。则合力 $\boldsymbol{F}$ 在时间 $0\sim t$ 内的冲量为：

$$\boldsymbol{I} = \int_0^t \boldsymbol{F}\,dt = \int_0^t (\boldsymbol{F}_1+\boldsymbol{F}_2+\cdots+\boldsymbol{F}_n)\,dt$$

$$= \int_0^t \boldsymbol{F}_1\,dt + \int_0^t \boldsymbol{F}_2\,dt + \cdots + \int_0^t \boldsymbol{F}_n\,dt \tag{4.3-9}$$

$$= I_1 + I_2 + \cdots + I_n = \Sigma I_i$$

在国际单位制中,冲量的单位是千克米每秒(kg·m/s)。

(3) 质点的动量定理及其应用

设一质点 M,如图 4.3-8 所示,它的质量为 m,速度为 v,加速度为 a,作用在质点 M 上的合力为 F。对动量求一阶导数,则:

$$\frac{d(mv)}{dt} = \frac{dP}{dt} = F \qquad (4.3-10)$$

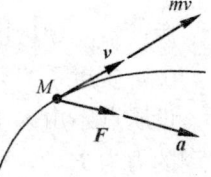

图 4.3-8 质点运动

将式(4.3-10)改写为 $d(mv) = dP = Fdt$,然后左右两侧同时积分,时间由 0 到 t,速度由 v_0 到 v,得:

$$mv - mv_0 = \int_0^t F dt = I \rightarrow P - P_0 = I \qquad (4.3-11)$$

(4) 质点的动量守恒定律

若作用在质点上的合力 F 恒等于零,由式(4.3-11)得:

$$mv - mv_0 = \int_0^t F dt = 0$$

因此 $mv = mv_0 =$ 常矢量。

【例 4.3-6】 如图 4.3-9(a)所示,物块沿斜面向下滑动,其与斜面间的动滑动摩擦系数为 f,斜面的倾角为 θ,并且 $\tan\theta < f$,如物块向下的初速度为 v,求物块达到静止时的时间。

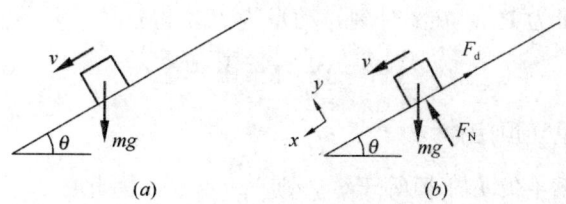

图 4.3-9 例 4.3-6 图

解析: 由 $\tan\theta < f$ 可知,$mg\cos\theta(\tan\theta - f) = mg\sin\theta - fmg\cos\theta < 0$,即重力在 x 方向的分力要小于物块受到的滑动摩擦力,因此物块将沿斜面做减速运动直至静止。

选物块为研究对象,其受力分析如图 4.3-9(b)所示,并选取图示的坐标系。由质点冲量定理:

$$P - P_0 = I$$

将上式沿 y 轴投影,得:

$$0 - 0 = (F_N - mg\cos\theta)t \rightarrow F_N = mg\cos\theta$$

从而滑动摩擦力为:

$$F_d = fF_N = fmg\cos\theta$$

将冲量定理的矢量方程沿 x 轴投影,得:

$$0 - mv = (P\sin\theta - fmg\cos\theta)t \rightarrow t = \frac{v}{g(f\cos\theta - \sin\theta)}$$

2. 质点系的动量定理

(1) 质点系的动量

设质点系由 n 个质点组成，每个质点的质量与速度均为已知，则质点系的动量为：

$$\boldsymbol{P} = \Sigma \boldsymbol{P}_i = \sum_{i=1}^{n} m_i \boldsymbol{v}_i = M\boldsymbol{v}_C \qquad (4.3\text{-}12)$$

质点系的动量也可以用质点系的总质量与其质心速度的乘积表示。

(2) 质点系的动量定理及其应用

设质点系由 n 个质点组成，第 i 个质点的质量为 m_i，速度为 $\boldsymbol{v}_i$；外界物体对该质点作用的力为 $\boldsymbol{F}_i^{(e)}$，称为外力；质点系内其他质点对该质点作用的力为 $\boldsymbol{F}_i^{(i)}$，称为内力。

根据微分形式的质点动量定理，可得：

$$\frac{\mathrm{d}}{\mathrm{d}t}(m_i \boldsymbol{v}_i) = \boldsymbol{F}_i^{(e)} + \boldsymbol{F}_i^{(i)}$$

针对每个质点都可写出这样的方程，共有 n 个，将 n 个方程的两端分别相加，得：

$$\frac{\mathrm{d}}{\mathrm{d}t}(\Sigma m_i \boldsymbol{v}_i) = \Sigma \boldsymbol{F}_i^{(e)} + \Sigma \boldsymbol{F}_i^{(i)}$$

式中，$\Sigma m_i \boldsymbol{v}_i = \boldsymbol{P}$。另外，因为质点系内质点相互作用的内力总是大小相等、方向相反地成对出现，因此内力的矢量和等于零，即 $\Sigma \boldsymbol{F}_i^{(i)} = 0$。

由此可得：

$$\frac{\mathrm{d}\boldsymbol{P}}{\mathrm{d}t} = \Sigma \boldsymbol{F}_i^{(e)} = \boldsymbol{F}_R^{(e)} \qquad (4.3\text{-}13)$$

将式 (4.3-13) 改写为 $\mathrm{d}\boldsymbol{P} = \Sigma \boldsymbol{F}_i^{(e)} \mathrm{d}t$，然后左右两侧同时积分，时间由 0 到 t，设 $t = 0$ 时，质点系的动量为 $\boldsymbol{P}_0$，在 t 时刻，动量为 $\boldsymbol{P}$，得：

$$\boldsymbol{P} - \boldsymbol{P}_0 = \Sigma \int_0^t \boldsymbol{F}_i^{(e)} \mathrm{d}t = \Sigma \boldsymbol{I}_i^{(e)} \qquad (4.3\text{-}14)$$

(3) 质点系的动量守恒定律

若质点系的外力系主矢 $\boldsymbol{F}_R^{(e)}$ 恒等于零，则 $\dfrac{\mathrm{d}\boldsymbol{P}}{\mathrm{d}t} = 0$，因此：

$$\boldsymbol{P} = \boldsymbol{P}_0 = 常矢量$$

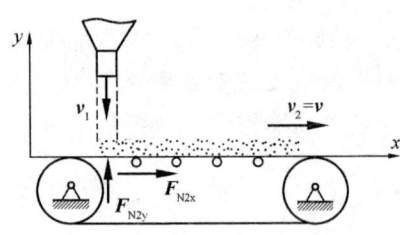

图 4.3-10 例 4.3-7 图

【例 4.3-7】图 4.3-10 所示水泥运输装置，每秒从水泥仓输出的水泥质量为 $m = 36\mathrm{kg}$，水泥下落到输送胶带上的速度为 $v_1 = 1.5\mathrm{m/s}$，输送带的速度为 $v = 5.5\mathrm{m/s}$，设输送胶带水平。求水泥对输送带的附加动反力 F_{N2} 为多少。

解析：选取落在输送胶带上的水泥为所研究的质点系。由于水泥落在输送胶带上的水泥为 $\boldsymbol{v}_1$，而离开输送胶带的速度为 $\boldsymbol{v}_2 = \boldsymbol{v}$，因此，该质点系动量有变化，从而引起水泥对输送胶带有附加动反力。附加动反力为：

$$\boldsymbol{F}_{N2} = m(\boldsymbol{v}_2 - \boldsymbol{v}_1)$$

将上式在图 4.3-10 所示 x、y 轴上投影，得：

$$F_{N2x} = m(v_2 - 0) = 36 \times 5.5 = 198\mathrm{N}$$

$$F_{N2y} = m(0 - (-v_1)) = 36 \times (-1.5) = 54\mathrm{N}$$

因此，F_{N2x} 实际方向为水平向右，F_{N2y} 实际方向为竖直向下。

4.3.3 动量矩定理

1. 质点的动量矩定理

(1) 质点的动量矩

设质点 M 沿轨迹运动，某瞬时的动量为 mv，质点 M 相对定点 O 的位置矢径为 r，如图 4.3-11 所示。质点 M 的动量 mv 对于点 O 的矩为：

$$L_O = M_O(mv) = r \times mv \tag{4.3-15}$$

L_O 是矢量，垂直于矢径 r 与动量 mv 所构成的平面，其指向由右手法则确定，它的大小为：

$$L_O = |M_O(mv)| = mvr\sin\varphi = mvh = 2S_{\triangle OMA} \tag{4.3-16}$$

式中，h 称为动量臂，如图 4.3-11 所示。

(2) 质点的动量矩定理及其应用

质点对定点 O 的动量矩为 $M_O(mv)$，作用力 F 对同一点的矩为 $M_O(F)$，如图 4.3-12 所示。将动量矩对时间取一阶导数，得：

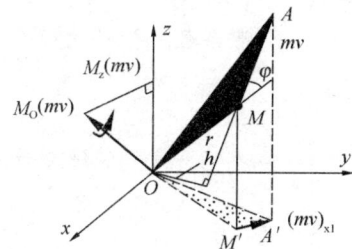
图 4.3-11 质点对定点动量矩

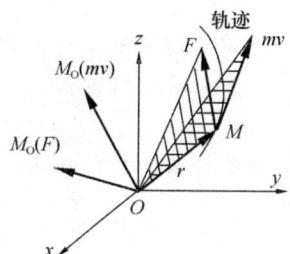
图 4.3-12 质点对定点动量矩

$$\frac{d}{dt}M_O(mv) = \frac{d}{dt}(r \times mv) = \frac{dr}{dt} \times mv + r \times \frac{d(mv)}{dt} = v \times mv + r \times F$$

因为 $v \times mv = 0$，$r \times F = M_O(F)$，于是得：

$$\frac{d}{dt}M_O(mv) = \frac{dL_O}{dt} = M_O(F) \tag{4.3-17}$$

式（4.3-17）为质点动量矩定理：质点对某定点的动量矩对时间的一阶导数，等于作用力对同一点的矩。

(3) 质点动量矩守恒定律

若作用在质点上的力对于某定点 O 的矩 $M_O(F)$ 恒等于零，由式（4.3-17），得：

$$\frac{d}{dt}M_O(mv) = 0 \rightarrow M_O(mv) = 常矢量$$

【**例 4.3-8**】如图 4.3-13 (a) 所示的单摆摆长 l，摆锤 M 重为 P，已知在初始瞬时（$t=0$）时，$\varphi = \varphi_0$，$\dot{\varphi}_0 = 0$，然后单摆开始做微幅摆动。求单摆的运动方程。

解析：(1) 选摆锤 M 为研究对象。

(2) 运动分析：摆锤 M 绕 O 做往复圆弧运动，圆弧半径为 l。选取如图 4.3-13 (b) 所示的转动坐

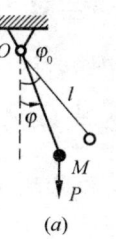
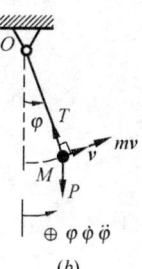

图 4.3-13 例 4.3-8 图

标 φ，摆锤 M 的速度 $v=l\dot\varphi$，方向如图 4.3-13（b）所示。

（3）受力分析：将摆锤放在一般位置（坐标 φ 为正值）进行受力分析，其受到重力 $\boldsymbol{P}$ 与绳子的拉力 $\boldsymbol{T}$。

（4）建立方程。质点 M 在图示一般位置的动量为 $\dfrac{P}{g}v=\dfrac{P}{g}l\dot\varphi$，方向同速度方向，它对点 O 的动量矩为：

$$M_O(mv)=\frac{P}{g}l^2\dot\varphi$$

方向为逆时针方向。作用在质点 M 上的所有力对点 O 之矩为：

$$M_O(F)=M_O(T)+M_O(P)=-Pl\sin\varphi$$

式中，负号表示力矩与动量矩的逆时针方向相反。由动量矩定理可列出：

$$\frac{\mathrm{d}}{\mathrm{d}t}\left(\frac{P}{g}l^2\dot\varphi\right)=-Pl\sin\varphi \to \ddot\varphi+\frac{g}{l}\sin\varphi=0$$

因为单摆做微幅摆动，$\sin\varphi\approx\varphi$，并令 $\omega_n^2=\dfrac{g}{l}$，则上式可化为：

$$\ddot\varphi+\omega_n^2\varphi=0$$

这就是微幅摆动时单摆的运动微分方程，它是一个二阶常系数线性齐次微分方程。根据常微分方程理论，其通解形式可写成：

$$\varphi=A\sin(\omega_n t+\theta)$$

本题中，初始条件为 $t=0$ 时，$\varphi=\varphi_0$，$\dot\varphi_0=0$，代入式（1）求得积分常数，得出单摆的运动方程为：

$$\varphi=\varphi_0\cos\sqrt{\frac{g}{l}}\,t$$

2. 质点系的动量矩定理

（1）质点系的动量矩

设质点系由 n 个质点所组成，质点系对固定点 O 的动量矩等于各质点对同一点 O 动量矩的矢量和，即：

$$\boldsymbol{L}_O=\Sigma\boldsymbol{L}_{Oi}=\Sigma\boldsymbol{M}_O(m_i\boldsymbol{v}_i) \tag{4.3-18}$$

注：转动刚体对转轴 z 的动量矩等于刚体对转轴 z 的转动惯量与角速度 ω 的乘积。用公式表示，即为：

$$L_z=J_z\omega \tag{4.3-19}$$

（2）质点系的动量矩定理及其应用

设质点系内有 n 个质点，作用于任一质点 M_i 的力分为内力 $\boldsymbol{F}_i^{(i)}$ 与外力 $\boldsymbol{F}_i^{(e)}$。根据质点的动量矩定理有：

$$\frac{\mathrm{d}}{\mathrm{d}t}\boldsymbol{M}_O(m\boldsymbol{v}_i)=\boldsymbol{M}_O(\boldsymbol{F}_i^{(i)})+\boldsymbol{M}_O(\boldsymbol{F}_i^{(e)})$$

这样的方程共有 n 个，相加后得：

$$\Sigma\frac{\mathrm{d}}{\mathrm{d}t}\boldsymbol{M}_O(m\boldsymbol{v}_i)=\Sigma\boldsymbol{M}_O(\boldsymbol{F}_i^{(i)})+\Sigma\boldsymbol{M}_O(\boldsymbol{F}_i^{(e)})$$

由于内力总是大小相等、方向相反地成对出现，因此：

$$\Sigma\boldsymbol{M}_O(\boldsymbol{F}_i^{(i)})=0$$

上式左端为：

$$\Sigma \frac{\mathrm{d}}{\mathrm{d}t} \boldsymbol{M}_O(m\boldsymbol{v}_i) = \frac{\mathrm{d}}{\mathrm{d}t} \Sigma \boldsymbol{M}_O(m\boldsymbol{v}_i) = \frac{\mathrm{d}\boldsymbol{L}_O}{\mathrm{d}t}$$

于是得：

$$\frac{\mathrm{d}\boldsymbol{L}_O}{\mathrm{d}t} = \Sigma \boldsymbol{M}_O(\boldsymbol{F}_i^{(\mathrm{e})}) = \boldsymbol{M}_O^{(\mathrm{e})} \qquad (4.3\text{-}20)$$

（3）质点系的动量矩守恒定律

若作用在质点系的外力系对某一固定点的主矩 $\boldsymbol{M}_O^{(\mathrm{e})} = \Sigma \boldsymbol{M}_O(\boldsymbol{F}_i^{(\mathrm{e})})$ 恒等于零，则由式 (4.3-20) 得：

$$\frac{\mathrm{d}\boldsymbol{L}_O}{\mathrm{d}t} = 0 \rightarrow \boldsymbol{L}_O = 常矢量$$

4.3.4 刚体对轴的转动惯量

1. 均质细杆对于 z 轴的转动惯量

长为 l、质量为 m 的均质细杆，其对 z 轴的转动惯量为：

$$J_z = \frac{1}{3}ml^2 \qquad (4.3\text{-}21)$$

2. 均质薄圆环对于中心轴的转动惯量

质量为 m、半径为 R 的圆环，其对中心轴 z 的转动惯量为：

$$J_z = mR^2 \qquad (4.3\text{-}22)$$

3. 均质圆板对于中心轴的转动惯量

质量为 m、半径为 R 的圆板，其对中心轴 z 的转动惯量为：

$$J_z = \frac{1}{2}mR^2 \qquad (4.3\text{-}23)$$

4. 转动惯量的平行移轴定理

刚体对任一轴的转动惯量，等于刚体对通过质心 C，并与该轴平行的轴的转动惯量加上刚体的质量与两轴间距离 l 平方的乘积，即：

$$J_z = J_{zC} + ml^2 \qquad (4.3\text{-}24)$$

4.3.5 动能定理

1. 力的功

如图 4.3-14 所示，力 $\boldsymbol{F}$ 在一段路程 s 内积累的作用效果可用力的功来度量，用 W 表示，并定义为：

$$W = Fs\cos\theta = \boldsymbol{F} \cdot \boldsymbol{s} \qquad (4.3\text{-}25)$$

当质点 M 在变力 $\boldsymbol{F}$ 作用下沿曲线运动时，如图 4.3-15 所示。力 $\boldsymbol{F}$ 在微小位移中可视为常力，在微小位移中力所做的功称为元功，记为 δW，于是有：

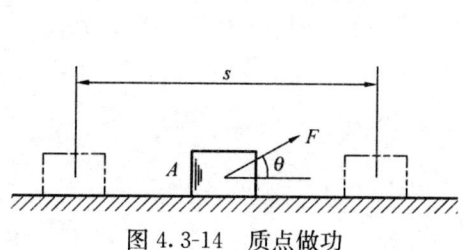

图 4.3-14 质点做功

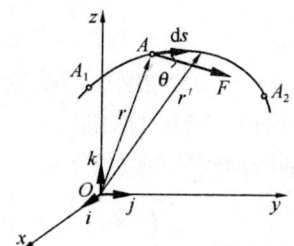

图 4.3-15 质点沿曲线运动

$$\delta W = \boldsymbol{F} \cdot \mathrm{d}\boldsymbol{r} = F\cos\theta \mathrm{d}s \tag{4.3-26}$$

力在有限路程 $A_1 A_2$ 上所做的功为：

$$W_{12} = \int_{A_1}^{A_2} \boldsymbol{F} \cdot \mathrm{d}\boldsymbol{r} = \int_{A_1}^{A_2} F\cos\theta \mathrm{d}s \tag{4.3-27}$$

（1）重力的功

重力做功仅与重心 C 始末位置的高度差 $(z_1 - z_2)$ 有关，与运动路径无关，即：

$$W_{12} = P(z_1 - z_2) \tag{4.3-28}$$

（2）弹性力的功

弹性力所做的功只决定与弹簧在初始和终了时的变形量（分别用 δ_1 和 δ_2 表示），而与运动路径无关，即：

$$W_{12} = \frac{1}{2}k(\delta_1^2 - \delta_2^2) \tag{4.3-29}$$

式中，k 为弹簧的刚度系数。

（3）定轴转动刚体上作用力的功

力 F 在刚体从角 φ_1 到 φ_2 的转动过程中所做的功为：

$$W_{12} = \int_{\varphi_1}^{\varphi_2} M_z(\boldsymbol{F}) \mathrm{d}\varphi \tag{4.3-30}$$

当作用在刚体上的力矩为常值时，可得：

$$W_{12} = M_z(\varphi_2 - \varphi_1) \tag{4.3-31}$$

如果在刚体上作用的是力偶，则力偶所做的功仍可用上式计算，其中 M_z 为力偶矩矢 $\boldsymbol{M}$ 在 z 轴上的投影。

2. 动能

（1）质点的动能

设质点的质量为 m，速度为 $\boldsymbol{v}$，则质点的动能为 $\frac{1}{2}mv^2$。

（2）质点系的动能

质点系的动能等于质点系内所有质点动能的算术和，即：

$$T = \sum \frac{1}{2} m_i v_i^2 \tag{4.3-32}$$

1）平动刚体的动能

刚体做平动时，同一瞬时各质点的速度都相同，若以质心的速度 v_C 表示，则平动刚体的动能为：

$$T = \sum \frac{1}{2} m_i v_i^2 = \frac{1}{2} v_C^2 \sum m_i = \frac{1}{2} m v_C^2 \tag{4.3-33}$$

式中，$m = \sum m_i$ 是刚体的质量。

2）定轴转动刚体的动能

绕定轴转动刚体的动能为：

$$T = \sum \frac{1}{2} m_i v_i^2 = \sum \left(\frac{1}{2} m_i r_i^2 \omega^2\right) = \frac{1}{2} \omega^2 \sum m_i r_i^2$$

式中，ω 是刚体转动的角速度，r_i 是质点 m_i 到转轴的距离。由于 $\sum m_i r_i^2 = J_z$，是刚体对于 z 轴的转动惯量，于是得：

$$T = \frac{1}{2} J_z \omega^2 \qquad (4.3\text{-}34)$$

3) 平面运动刚体的动能

平面运动刚体的动能，等于随质心平动的动能与绕质心转动的动能之和，即：

$$T = \frac{1}{2} m v_C^2 + \frac{1}{2} J_C \omega^2 \qquad (4.3\text{-}35)$$

【例 4.3-9】 如图 4.3-16 所示，轮 O_1 和轮 O_2 为均质盘，质量均为 $2m$，半径均为 R。轮 O_1 转动的角速度为 ω，轮 O_2 在地面上滚动而不滑动，两轮由质量为 m、长为 $6R$ 的均质细杆 AO_2 连接。求图示位置时系统的动能。

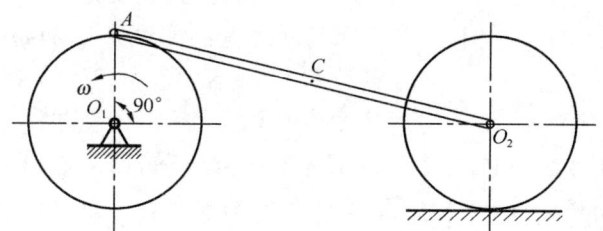
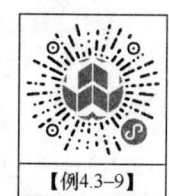

图 4.3-16　例 4.3-9 图

解析：系统由轮 O_1、轮 O_2 和细杆 AO_2 组成，它们都为刚体，故应根据它们的运动形式分别计算各刚体的动能。

轮 O_1 定轴转动，角速度为 ω，其动能为：

$$T_1 = \frac{1}{2} J_{O_1} \omega^2 = \frac{1}{2}\left(\frac{1}{2} \times 2mR^2\right)\omega^2 = \frac{1}{2} m R^2 \omega^2$$

细杆 AO_2 在图示位置做瞬时平动，质心速度 $v_C = v_A = R\omega$，则动能为：

$$T_2 = \frac{1}{2} m v_C^2 = \frac{1}{2} m R^2 \omega^2$$

轮 O_2 做平面运动，质心速度 $v_{O_2} = v_A = R\omega$，角速度 $\omega_{O_2} = \dfrac{v_{O_2}}{R} = \omega$，则动能为：

$$T_3 = \frac{1}{2} \times 2m v_{O_2}^2 + \frac{1}{2} J_{O_2} \omega_{O_2}^2 = mR^2\omega^2 + \frac{1}{2}\left(\frac{1}{2} \times 2mR^2\right)\omega^2 = \frac{3}{2} m R^2 \omega^2$$

于是，整个系统的动能为各刚体动能之和：

$$T = T_1 + T_2 + T_3 = \frac{5}{2} m R^2 \omega^2$$

3. 动能定理

(1) 质点的动能定理

质点运动的某个过程中，质点动能的改变量等于作用于质点的力在这段过程中所做的功，即：

$$\frac{1}{2} m v_2^2 - \frac{1}{2} m v_1^2 = W_{12} \qquad (4.3\text{-}36)$$

(2) 质点系的动能定理

质点系在某一段运动过程中，起点和终点的动能改变量，等于作用于质点系的全部力在这段过程中所做功之和，即：

$$T_2 - T_1 = \Sigma W_i \tag{4.3-37}$$

注：刚体所有内力做功的和等于零。

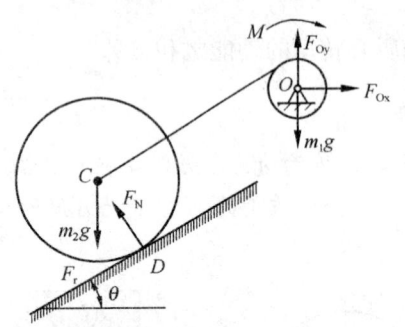

图 4.3-17 例 4.3-10 图

【例 4.3-10】卷扬机如图 4.3-17 所示。鼓轮在常力偶 M 的作用下将圆柱由静止沿斜坡上拉。已知鼓轮的半径为 R_1，质量为 m_1，质量分布在轮缘上；圆柱的半径为 R_2，质量为 m_2，质量均匀分布。设斜坡的倾角为 θ，圆柱只滚不滑。求圆柱中心 C 经过路程 s 时的速度与加速度。

解析：研究圆柱和鼓轮组成的质点系。作用于该质点系的外力有：重力 $m_1\boldsymbol{g}$ 和 $m_2\boldsymbol{g}$，外力偶 M，水平轴约束力 $\boldsymbol{F}_{Ox}$ 和 $\boldsymbol{F}_{Oy}$，斜面对圆柱的法向约束力 $\boldsymbol{F}_N$ 和静摩擦力 $\boldsymbol{F}_s$。

因为点 O 没有位移，力 $\boldsymbol{F}_{Ox}$、$\boldsymbol{F}_{Oy}$ 和 $m_1\boldsymbol{g}$ 所做的功等于零；圆柱沿斜面只滚不滑，因此作用于点 D 的法向约束力 $\boldsymbol{F}_N$ 和静摩擦力 $\boldsymbol{F}_s$ 不做功，此系统只受理想约束，且内力做功为零。主动力所做的功为：

$$W_{12} = M\varphi - m_2 g \sin\theta \cdot s$$

开始时，整个系统静止，动能为：$T_1 = 0$。

圆柱中心 C 经过路程 s 时，质点系的动能为：

$$T_2 = \frac{1}{2} J_1 \omega_1^2 + \frac{1}{2} m_2 v_C^2 + \frac{1}{2} J_C \omega_2^2$$

式中，$J_1 = m_1 R_1^2$，$J_C = \frac{1}{2} m_2 R_2^2$ 分别为鼓轮对于中心轴 O 和圆柱对于过质心 C 的轴的转动惯量；$\omega_1 = \dfrac{v_C}{R_1}$，$\omega_1 = \dfrac{v_C}{R_2}$ 分别为鼓轮和圆柱的角速度。于是有：

$$T_2 = \frac{v_C^2}{4}(2m_1 + 3m_2)$$

由质点系的动能定理，得：

$$\frac{v_C^2}{4}(2m_1 + 3m_2) - 0 = M\varphi - m_2 g \sin\theta \cdot s \tag{a}$$

将 $\varphi = \dfrac{s}{R_1}$ 代入上式，解得：

$$v_C = 2\sqrt{\frac{(M - m_2 g \sin\theta)s}{R_1(2m_1 + 3m_2)}}$$

系统运动过程中，速度 v_C 与路程 s 都是时间的函数，将式（a）两端对时间求一阶导数，有：

$$\frac{1}{2}(2m_1 + 3m_2)v_C a_C = M\frac{v_C}{R_1} - m_2 g \sin\theta \cdot v_C$$

解得圆柱中心 C 的加速度为：

$$a_C = \frac{2(M - m_2 g R_1 \sin\theta)}{R_1(2m_1 + 3m_2)}$$

4.3.6 势力场和势能

如果物体在某力场内运动,作用于物体的力所做的功只与力作用点的初始位置和终了位置有关,而与该点的路径无关,这种力场称为势力场。在势力场中,物体受到的力称为有势力。

在势力场中,质点从点 M 运动到任选的点 M_0,有势力所做的功称为质点在点 M 相对于点 M_0 的势能。点 M_0 的势能等于零,称之为零势能点。

1. 重力场中的势能

取 M_0 为零势能点,则质点在 M 处的势能为:

$$V = mg(z - z_0) \tag{4.3-38}$$

2. 弹性力场中的势能

弹簧的刚度系数为 k,取点 M_0 为零势能点,则 M 处的弹性势能为:

$$V = \frac{k}{2}(\delta^2 - \delta_0^2) \tag{4.3-39}$$

式中,δ 和 δ_0 分别为弹簧端点在 M 和 M_0 处弹簧的变形量。

4.3.7 达朗贝尔原理

1. 质点和质点系的达朗贝尔原理

(1) 质点的达朗贝尔原理

一个质量为 m 的质点 M,在主动力 $\boldsymbol{F}$、约束力 $\boldsymbol{F}_N$ 的作用下,沿轨迹 AB 运动,在任意瞬时,它的加速度为 $\boldsymbol{a}$,如图 4.3-18 所示。根据牛顿第二定律:

$$m\boldsymbol{a} = \boldsymbol{F} + \boldsymbol{F}_N$$

移项后,并整理得:

$$\boldsymbol{F} + \boldsymbol{F}_N + \boldsymbol{F}_I = 0 \tag{4.3-40}$$

式中,$\boldsymbol{F}_I = -m\boldsymbol{a}$ 称为惯性力。

式 (4.3-37) 表明:在质点运动的任意瞬时,如果在其质点上假想地加上一惯性力 $\boldsymbol{F}_I$,则此惯性力与主动力、约束力在形式上组成一平衡力系。这就是质点的达朗贝尔原理。

【例 4.3-11】 圆锥摆如图 4.3-18 (a) 所示,摆球 M 的质量 $m = 1\text{kg}$,绳长 $l = 30\text{cm}$。若摆球 M 在水平面内做匀速圆周运动,$\theta = 60°$,求摆球的速度 v 与绳子的张力 T。

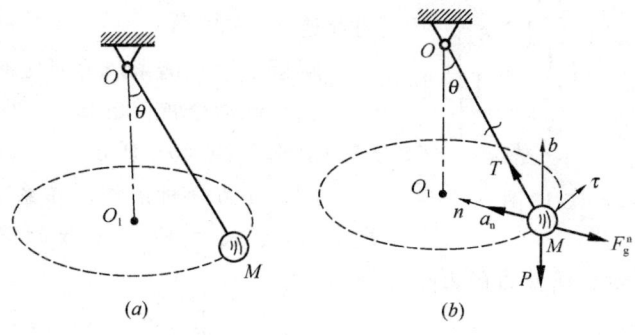

图 4.3-18 例 4.3-11 图

解析:(1) 选摆球 M 为研究对象。

(2) 运动分析：M 做匀速圆周运动，只有指向圆心 O_1 的法向加速度法向加速度 a_n，如图 4.3-18（b）所示，其大小为：

$$a_n = \frac{v^2}{\rho} = \frac{v^2}{l\sin\theta}$$

(3) 受力分析：摆球所受的力除重力 $\boldsymbol{P}$、绳子张力 $\boldsymbol{T}$ 以外，再假想地加上惯性力 $\boldsymbol{F}_g^n$，如图 4.3-18（b）所示。其中：

$$F_g^n = ma_n = m\frac{v^2}{l\sin\theta}$$

(4) 列式、求解。$\boldsymbol{P}$、$\boldsymbol{T}$、$\boldsymbol{F}_g^n$ 组成形式上的平衡力系，即：

$$\boldsymbol{P} + \boldsymbol{T} + \boldsymbol{F}_g^n = 0$$

将上式在自然轴上投影，即：

$$\Sigma F_n = 0 \rightarrow T\sin\theta - F_g^n = 0 \quad (1)$$
$$\Sigma F_b = 0 \rightarrow T\cos\theta - P = 0 \quad (2)$$

式 (1)、式 (2) 联立求解，得：

$$T = \frac{mg}{\cos\theta} = \frac{1 \times 9.8}{\cos 60°} = 19.6\text{N}$$

$$v = \sqrt{\frac{Tl\sin^2\theta}{m}} = \sqrt{\frac{19.6 \times 0.3 \times (\sin 60°)^2}{1}} = 2.1\text{m/s}$$

(2) 质点系的达朗贝尔原理

对于整个质点系来说，在运动的任意瞬时，虚加于质点系上各质点的惯性力与作用于该系上的主动力、约束力将组成一平衡力系，即：

$$\Sigma \boldsymbol{F}_i + \Sigma \boldsymbol{F}_{Ni} + \Sigma \boldsymbol{F}_{Ii} = 0 \quad (4.3\text{-}41)$$
$$\Sigma \boldsymbol{M}_O(\boldsymbol{F}_i) + \Sigma \boldsymbol{M}_O(\boldsymbol{F}_{Ni}) + \Sigma \boldsymbol{M}_O(\boldsymbol{F}_{Ii}) = 0 \quad (4.3\text{-}42)$$

这就是质点系的达朗贝尔原理。

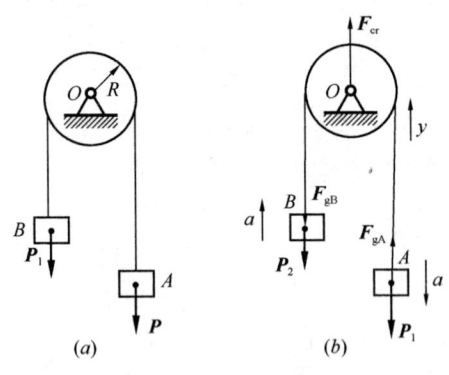

图 4.3-19　例 4.3-12 图

【例 4.3-12】如图 4.3-19（a）所示的滑轮系统，半径为 R 的滑轮可绕水平轴 O 转动，轮缘上跨过的软绳两端各挂重为 P_1 与 P_2 的重物，且 $P_1 > P_2$。设系统初始静止，不计绳和滑轮重量以及摩擦，绳与滑轮之间无相对滑动，求重物 P_1 的加速度。

解析：（1）选系统为研究对象。

（2）运动分析：已知 $P_1 > P_2$，则加速度方向如图 4.3-19（b）所示。

（3）受力分析：作用在系统上的力有主动力 $\boldsymbol{P}_1$ 与 $\boldsymbol{P}_2$、反力 $\boldsymbol{F}_N$、重物的惯性力 $\boldsymbol{F}_{gA}$ 和 $\boldsymbol{F}_{gB}$，如图 4.3-19（b）所示。惯性力的大小分别为：

$$F_{gA} = \frac{P_1}{g}a \qquad F_{gB} = \frac{P_2}{g}a$$

轮 O 不计重量，故没有惯性力。

（4）列式求解

$$\Sigma M_O = 0 \rightarrow (P_1 - F_{gA} - P_2 - F_{gB})R = 0$$

解得：

$$a = \frac{(P_1 - P_2)}{P_1 + P_2}g$$

2. 刚体惯性力系的简化

（1）刚体平移

在任一瞬时，平移刚体的惯性力系可简化为一合力，即：

$$\boldsymbol{F}_{RI} = -M\boldsymbol{a}_C \tag{4.3-43}$$

式中，M 为刚体质量，$\boldsymbol{a}_C$ 为刚体质心的加速度。

该合力的作用线通过刚体的质心，其方向与平移加速度方向相反，大小等于刚体质量与加速度的乘积。

（2）定轴转动

当刚体绕定轴转动时，惯性力系向转轴上任一点简化得一个力和一个力偶。这个力等于刚体的质量与质心加速度的乘积，方向与质心加速度方向相反；这个力偶的矩矢在笛卡尔坐标轴上的投影，分别等于惯性力系对于三个轴的矩。用公式表示，即：

$$\boldsymbol{F}_{RI} = -M\boldsymbol{a}_C \tag{4.3-44}$$

$$J_{xz} = \Sigma m_i x_i z_i \quad J_{yz} = \Sigma m_i y_i z_i \tag{4.3-45}$$

$$M_{Ix} = J_{xz}\alpha - J_{yz}\omega^2 \quad M_{Iy} = J_{yz}\alpha + J_{xz}\omega^2 \quad M_{Iz} = -J_z\alpha \tag{4.3-46}$$

式中，M 为刚体质量，$\boldsymbol{a}_C$ 为刚体质心的加速度，m_i 为第 i 个质点的质量，x_i、y_i、z_i 为第 i 个质点的坐标，J_{xz}、J_{yz} 为刚体对于 z 轴的离心转动惯量，J_z 为刚体对于 z 轴的转动惯量，ω 为刚体的角速度，α 为刚体的角加速度。

如果刚体有对称平面 S，并且该平面与转轴 z 垂直，则：

$$M_{Ix} = M_{Iy} = 0$$

$$M_{IC} = M_{Iz} = -J_z\alpha$$

$$\boldsymbol{F}_{RI} = -M\boldsymbol{a}_C$$

【**例 4.3-13**】图 4.3-20（a）所示的均质杆 OA 长为 l，重为 P，用一根不可伸长的绳索将其固定在水平位置。然后将绳突然剪断，杆开始绕轴 O 转动，求杆转到与水平夹角为 φ 时的角速度与角加速度及轴 O 的反力。

【例4.3-13】

解析：（1）选 OA 均质杆为研究对象。

（2）运动分析：杆 OA 绕 O 轴做定轴运动，令在 φ 角位置，杆的角速

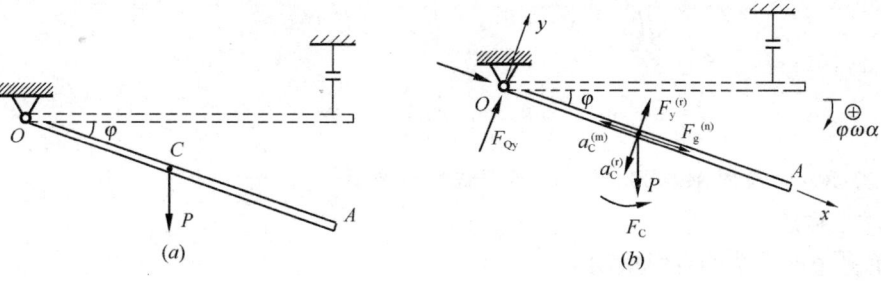

图 4.3-20　例 4.3-13 图

度为 ω，角加速度为 α，其角加速度如图 4.3-20 (b) 所示。在该位置上，质心 C 的加速度为：

$$a_C^{(\tau)} = \frac{l}{2}\alpha \qquad a_C^{(n)} = \frac{l}{2}\omega^2$$

其方向如图 4.3-20 (b) 所示。

(3) 受力分析：杆 OA 受力分析如图 4.3-20 (b) 所示，受到的主动力有重力 $\boldsymbol{P}$，约束反力有 $\boldsymbol{F}_{Ox}$ 与 $\boldsymbol{F}_{Oy}$。简化中心选为质心 C，主矢量画在质心上，大小为：

$$F_g'^{(\tau)} = \frac{P}{g}\frac{l}{2}\alpha \qquad F_g'^{(n)} = \frac{P}{g}\frac{l}{2}\omega^2$$

主矩大小为：

$$M_{gC} = J_C\alpha = \frac{Pl^2}{12g}\alpha$$

转向与 α 反向。

(4) 选坐标、列式、求解。

根据达朗贝尔原理，有：

$$\Sigma M_O = 0 \to M_{gC} - P\frac{l}{2}\cos\varphi + F_g'^{(\tau)} \cdot \frac{l}{2} = 0 \to \alpha = \frac{3g\cos\varphi}{2l} \tag{1}$$

由式 (1) 可以积分求 ω，即：

$$\alpha = \frac{d\omega}{dt} = \frac{d\omega}{d\varphi}\frac{d\varphi}{dt} = \frac{d\omega}{d\varphi}\omega = \frac{3g\cos\varphi}{2l}$$

$$\omega d\omega = \frac{3g\cos\varphi}{2l}d\varphi \to \int_0^\omega \omega d\omega = \int_0^\varphi \frac{3g\cos\varphi}{2l}d\varphi$$

解得：

$$\omega^2 = \frac{3g\sin\varphi}{l} \tag{2}$$

另外，还可以写出两个力的投影平衡方程：

$$\Sigma F_x = 0 \to F_{Ox} + F_g'^{(n)} + P\sin\varphi = 0$$

结合式 (2)，解得：

$$F_{Ox} = -\frac{5}{2}P\sin\varphi$$

F_{Ox} 实际方向与图 4.3-20 (b) 所示假设方向相反。

$$\Sigma F_y = 0 \to F_{Oy} + F_g'^{(\tau)} - P\cos\varphi = 0$$

结合式 (1)，解得：

$$F_{Oy} = \frac{1}{4}P\cos\varphi$$

F_{Oy} 实际方向与图 4.3-20 (b) 所示假设方向相同。

4.3.8 振动

1. 单自由度系统的自由振动

(1) 自由振动方程

$$x = A\sin(\omega_0 t + \alpha) \tag{4.3-47}$$

$$\begin{cases} A = \sqrt{x_0^2 + \left(\dfrac{v_0}{\omega_0}\right)^2} \\ \alpha = \arctan\left(\dfrac{\omega_0\, x_0}{v_0}\right) \end{cases} \quad (4.3\text{-}48)$$

$$\omega_0 = \sqrt{\dfrac{k}{m}} \quad (4.3\text{-}49)$$

式中，x_0 为 $t=0$ 时物块偏离平衡位置的距离，v_0 为 $t=0$ 时物块的速度，k 为弹簧的刚度系数，m 为物块的质量。

（2）振幅、初相位和频率

式（4.3-46）中的 A 和 α 分别称为振幅和初相位角。

系统振动的周期：

$$T = \dfrac{2\pi}{\omega_0} = 2\pi\sqrt{\dfrac{m}{k}} \quad (4.3\text{-}50)$$

系统振动的频率：

$$f = \dfrac{1}{T} = \dfrac{\omega_0}{2\pi} = \dfrac{1}{2\pi}\sqrt{\dfrac{k}{m}} \quad (4.3\text{-}51)$$

系统振动的圆频率：

$$\omega_0 = 2\pi f = \sqrt{\dfrac{g}{\delta_{st}}} \quad (4.3\text{-}52)$$

式中，δ_{st} 为平衡条件下弹簧的变形量。

振幅、初相位和频率称为简谐振动的三要素。

（3）等效刚度系数

1）并联情况

$$k = k_1 + k_2 \quad (4.3\text{-}53)$$

式中，k_1、k_2 分别为并联两弹簧的刚度系数。

2）串联情况

$$\dfrac{1}{k} = \dfrac{1}{k_1} + \dfrac{1}{k_2} \rightarrow k = \dfrac{k_1 k_2}{k_1 + k_2} \quad (4.3\text{-}54)$$

式中，k_1、k_2 分别为串联两弹簧的刚度系数。

2. 计算固有频率的能量法

在图 4.3-21 所示无阻尼单自由度振动系统中，作用在该系统上的重力和弹性力都是保守力。根据保守力场中的机械能守恒定律，该系统在振动过程中，其势能与动能之和保持不变，即：

$$T + V = 常量$$

式中，T 是动能，V 是势能。如果取平衡位置 O 为势能的零点，则系统在任一位置时：

$$\begin{cases} T = \dfrac{1}{2}mv^2 \\ V = \dfrac{1}{2}kx^2 \end{cases}$$

当系统在平衡位置时，$x=0$，势能为零，速度为最大，动能具有最大值 T_{max}；当系统在最大偏离位置时，速度为零，动能为零，而势能具有最大值 V_{max}。由于系统的机械能守恒，因此：

$$T_{max} = V_{max} \tag{4.3-55}$$

【例 4.3-14】 计算图 4.3-21 所示系统的频率。

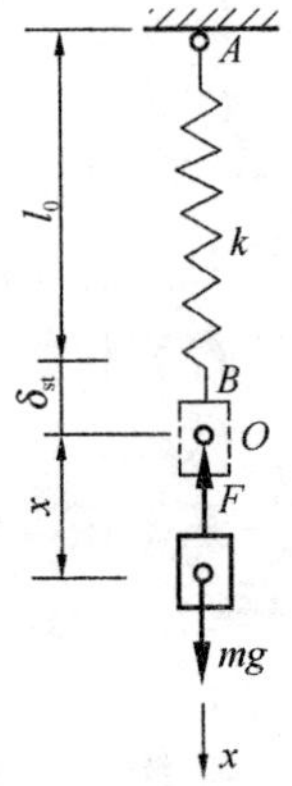

解析：系统的自由振动方程和速度分别为：

$$x = A\sin(\omega_0 t + \alpha)$$

$$v = \frac{dx}{dt} = A\omega_0 \cos(\omega_0 t + \alpha)$$

速度的最大值为：

$$v_{max} = A\omega_0$$

该系统的动能、势能的最大值分别为：

$$T_{max} = \frac{1}{2} m v_{max}^2 = \frac{1}{2} m A^2 \omega_0^2$$

$$V_{max} = \frac{1}{2} k x_{max}^2 = \frac{1}{2} k A^2$$

由于 $T_{max} = V_{max}$，因此：

$$\frac{1}{2} m A^2 \omega_0^2 = \frac{1}{2} k A^2 \rightarrow \omega_0 = \sqrt{\frac{k}{m}}$$

图 4.3-21 无阻尼单自由度振动

习　题

【4.3-1】 如图 4.3-22 所示，自同一地点，以相同大小的初速 v 斜抛两质量相同的小球，对选定的坐标系 Oxy，问两小球的①运动微分方程、②运动初始条件、落地速度的③大小和④方向是否相同（　　）。

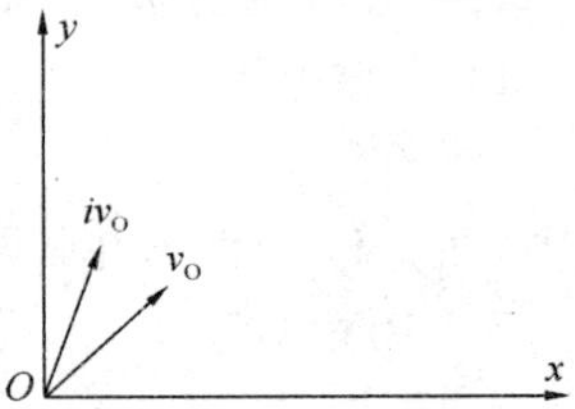

A. ①和②不同，③和④相同
B. ①相同，②不同，③相同，④不同
C. ①和②相同，③和④不同
D. ①和②不同，③相同，④不同

图 4.3-22　题 4.3-1 图

【4.3-2】 重为 W 的人乘电梯铅垂上升，当电梯加速上升、匀速上升及减速上升时，人对地板的压力分别为 P_1、P_2、P_3，它们之间的关系为（　　）。

A. $P_1 = P_2 = P_3$　　　　　　　　B. $P_1 > P_2 > P_3$
C. $P_1 < P_2 < P_3$　　　　　　　　D. $P_1 < P_2 > P_3$

【4.3-3】 质量为 m 的质点 M，受有两个力 F 和 R 的作用，产生水平向左的加速度 a，如图 4.3-23 所示，它的动力学方程为（　　）。

A. $m\boldsymbol{a} = \boldsymbol{R} - \boldsymbol{F}$　　　　　　　　B. $-m\boldsymbol{a} = \boldsymbol{F} - \boldsymbol{R}$
C. $m\boldsymbol{a} = \boldsymbol{R} + \boldsymbol{F}$　　　　　　　　D. $-m\boldsymbol{a} = \boldsymbol{R} - \boldsymbol{F}$

【4.3-4】 质点系动量的微分等于（　　）。

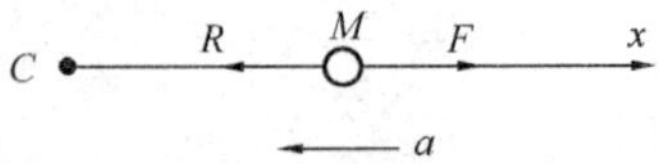

A. 外力的主矢
B. 所有外力的元冲量的矢量和

图 4.3-23　题 4.3-3 图

C. 内力的主矢

D. 所有内力的元冲量的矢量和

【4.3-5】图 4.3-24 所示均质链条传动机构的大齿轮以角速度 ω 转动，已知大齿轮半径为 R，质量为 m_1，小齿轮半径为 r，质量为 m_2，链条质量不计，则此系统的动量为（　　）。

A. $(m_1 + 2m_2)v(\rightarrow)$

B. $(m_1 + m_2)v(\rightarrow)$

C. $(2m_2 - m_1)v(\rightarrow)$

D. 0

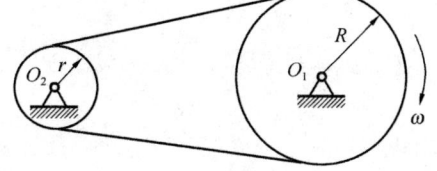

图 4.3-24　题 4.3-5 图

【4.3-6】质点系动量守恒的条件是（　　）。

A. 作用于质点系的主动力的矢量和恒为零

B. 作用于质点系的内力的矢量和恒为零

C. 作用于质点系的约束力的矢量和恒为零

D. 作用于质点系的外力的矢量和恒为零

【4.3-7】如图 4.3-25 所示，两重物 M_1 和 M_2 的质量分别为 m_1 和 m_2，两重物系在不计重量的软绳上，绳绕过均质定滑轮，滑轮半径为 r，质量为 M，则此滑轮系统的动量矩为（　　）。

A. $(m_1 - m_2 + \dfrac{M}{2})rv(\curvearrowright)$
　　　　　　B. $(m_1 - m_2)rv(\curvearrowright)$

C. $(m_1 + m_2 + \dfrac{M}{2})rv(\curvearrowright)$
　　　　　　D. $(m_1 - m_2)rv(\curvearrowright)$

【4.3-8】如图 4.3-26 所示，匀质杆 AB 长 l，质量 m，质心为 C，点 D 距点 A 为 $l/4$，杆对通过点 D 且垂直于 AB 的轴 y 的转动惯量为（　　）。

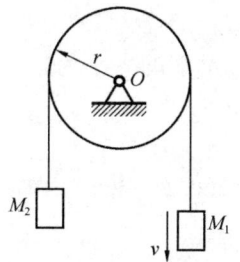
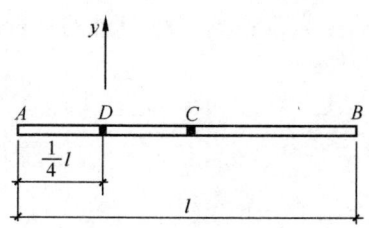

图 4.3-25　题 4.3-7 图　　　　图 4.3-26　题 4.3-8 图

A. $J_{Dy} = \dfrac{1}{12}ml^2 + m\left(\dfrac{l}{4}\right)^2$
　　　　B. $J_{Dy} = \dfrac{1}{3}ml^2 + m\left(\dfrac{l}{4}\right)^2$

C. $J_{Dy} = \dfrac{1}{3}ml^2 + m\left(\dfrac{3l}{4}\right)^2$
　　　　D. $J_{Dy} = m\left(\dfrac{l}{4}\right)^2$

【4.3-9】如图 4.3-27 所示的摆，已知均质杆 OA 质量为 m_A，固结在杆 OA 上的均质圆盘 B 质量为 m_B，杆长 $OA = l$，圆盘半径为 R。则摆对于通过悬挂点 O 的水平轴的转动惯量为（　　）。

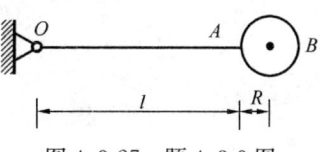

图 4.3-27　题 4.3-9 图

A. $J_O = \frac{1}{3} m_A l^2 + \frac{1}{2} m_B R^2 + m_B (l+R)^2$

B. $J_O = \frac{1}{3} m_A l^2 + \frac{1}{2} m_B R^2$

C. $J_O = \frac{1}{3} m_A l^2 + m_B (l+R)^2$

D. $J_O = \frac{1}{3}(m_A + m_B)(l+R)^2$

【4.3-10】如图 4.3-28 所示,质量 $m = 20\text{kg}$ 的物块在力 F 的作用下沿一水平直线运动。设力 F 的大小按 $F = 4s$(F 以 N 计,s 以 m 计)的规律变化,方向与水平线夹角 $\theta = 60°$,当物块经过 $s = 6\text{m}$ 时,力 F 所做的功为(　　)。

A. 36J　　　　　　　　　　　　B. 62J
C. 72J　　　　　　　　　　　　D. 124J

【4.3-11】A 块与 B 块叠放如图 4.3-29 所示,各接触面处均考虑摩擦。当 B 块受力 F 作用沿水平面运动时,A 块仍静止于 B 块上,于是(　　)。

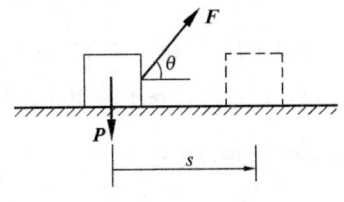
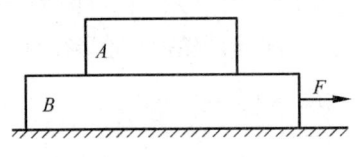

图 4.3-28　题 4.3-10 图　　　　　图 4.3-29　题 4.3-11 图

A. 各接触面处的摩擦力都做负功　　B. 各接触面处的摩擦力都做正功
C. A 块上的摩擦力做正功　　　　　D. B 块上的摩擦力做正功

【4.3-12】如图 4.3-30 所示,均质圆盘质量为 m,半径为 R,在铅垂图面内绕 O 轴转动,图示瞬时角速度为 ω,则其对 O 轴的动量矩和动能的大小为(　　)。

A. $mR\omega$,$\frac{mR\omega}{4}$　　　　　　　　B. $\frac{mR\omega}{2}$,$\frac{mR\omega}{4}$

C. $\frac{mR^2\omega}{2}$,$\frac{mR^2\omega^2}{2}$　　　　　　　D. $\frac{3mR^2\omega}{2}$,$\frac{3mR^2\omega^2}{4}$

【4.3-13】图 4.3-31 所示均质圆轮,质量为 m,半径为 r,在铅垂图面内绕通过圆盘中心 O 的水平轴以匀角速度 ω 转动。则系统动量、对中心 O 的动量矩、动能的大小分别为(　　)。

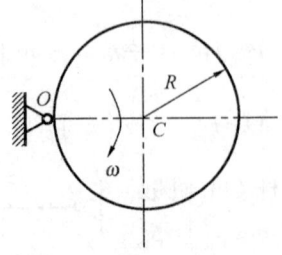
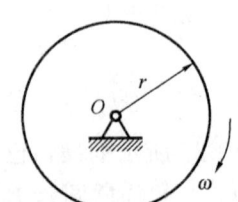

图 4.3-30　题 4.3-12 图　　　　　图 4.3-31　题 4.3-13 图

A. 0, $\frac{1}{2}mr^2\omega$, $\frac{1}{4}mr^2\omega^2$
B. $mr\omega$, $\frac{1}{2}mr^2\omega$, $\frac{1}{4}mr^2\omega^2$
C. 0, $\frac{1}{2}mr^2\omega$, $\frac{1}{2}mr^2\omega^2$
D. 0, $\frac{1}{4}mr^2\omega$, $\frac{1}{4}mr^2\omega^2$

【4.3-14】均质圆柱体半径为 R，质量为 m，绕关于对墙面垂直的固定水平轴自由转动，初瞬时静止（G 在 O 轴的铅垂线上），如图 4.3-32 所示，则圆柱体在位置 $\theta=90°$ 时的角速度是（　　）。

A. $\sqrt{\dfrac{g}{3R}}$　　　B. $\sqrt{\dfrac{2g}{3R}}$　　　C. $\sqrt{\dfrac{4g}{3R}}$　　　D. $\sqrt{\dfrac{g}{2R}}$

【4.3-15】质量为 m，长为 $2l$ 的均质杆初始位于水平位置，如图 4.3-33 所示。A 端脱落后，杆绕轴 B 转动，当杆转到铅垂位置时，AB 杆 B 处的约束力大小为（　　）。

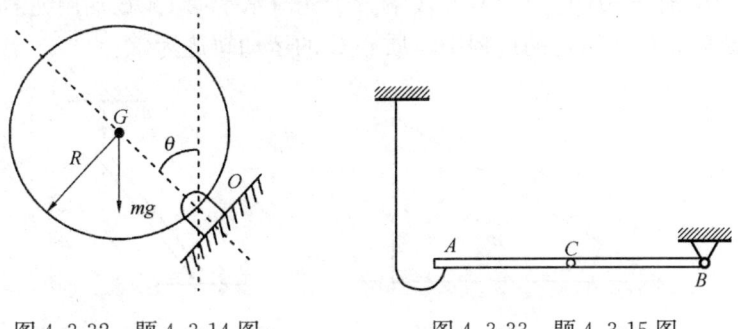

图 4.3-32　题 4.3-14 图　　　　图 4.3-33　题 4.3-15 图

A. $F_{Bx}=0$，$F_{By}=0$
B. $F_{Bx}=0$，$F_{By}=\dfrac{mg}{4}$
C. $F_{Bx}=0$，$F_{By}=mg$
D. $F_{Bx}=0$，$F_{By}=\dfrac{5mg}{2}$

【4.3-16】均质细杆 AB 重 P、长 $2L$，A 端铰支，B 端用绳系住，处于水平位置，如图 4.3-34 所示。当 B 端绳突然剪断瞬时，AB 杆的角加速度大小为（　　）。

A. 0　　　　　　　　　　　B. $\dfrac{3g}{4L}$

C. $\dfrac{3g}{2L}$　　　　　　　　　D. $\dfrac{6g}{L}$

【4.3-17】质量为 m，半径为 R 的均质圆轮，绕垂直于图面的水平轴 O 转动，其角速度为 ω。在图示 4.3-35 瞬时，角加速度为 0，轮心 C 在其最低位置，此时将圆轮的惯性力系向 O 点简化，其惯性力主矢和惯性力主矩的大小分别为（　　）。

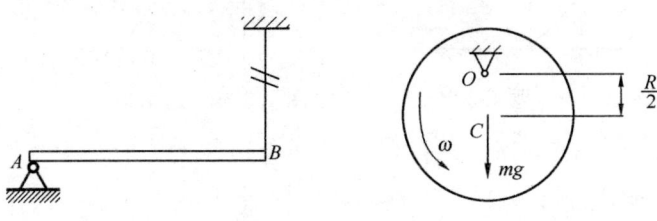

图 4.3-34　题 4.3-16 图　　　　图 4.3-35　题 4.3-17 图

A. $\frac{1}{2}mR\omega^2$, 0 B. $mR\omega^2$, 0

C. 0, 0 D. 0, $\frac{1}{2}mR^2\omega^2$

【4.3-18】质量为 m 的物块 A，置于与水平面成 θ 角的斜面 B 上，如图 4.3-36 所示。A 与 B 间的摩擦系数为 f，为保持 A 与 B 一起以加速度 a 水平向右运动，则所需的加速度 a 至少是（   ）。

A. $a = g\dfrac{f\cos\theta + \sin\theta}{\cos\theta + f\sin\theta}$ B. $a = g\dfrac{f\cos\theta}{\cos\theta + f\sin\theta}$

C. $a = g\dfrac{f\cos\theta - \sin\theta}{\cos\theta + f\sin\theta}$ D. $a = g\dfrac{f\sin\theta}{\cos\theta + f\sin\theta}$

【4.3-19】均质细杆 AB 重力为 W，A 端置于光滑水平面上，B 端用绳悬挂，如图 4.3-37 所示。当绳断后，杆在倒地的过程中，质心 C 的运动轨迹为（   ）。

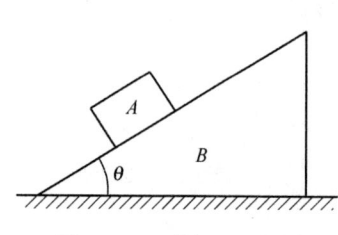
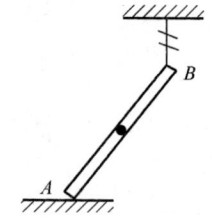

图 4.3-36　题 4.3-18 图　　　图 4.3-37　题 4.3-19 图

A. 圆弧线　　　B. 曲线　　　C. 铅垂直线　　　D. 抛物线

【4.3-20】边长为 L 的均质正方形平板，位于铅垂平面内并置于光滑水平面上，如图 4.3-38 所示，若给平板一微小扰动，使其从图示位置开始倾倒，平板在倾倒过程中，其质心 C 点的运动轨迹是（   ）。

A. 半径为 $L/2$ 的圆弧　　　B. 抛物线

C. 椭圆曲线　　　D. 铅垂直线

【4.3-21】图 4.3-39 所示质量为 m、长为 l 的均质杆 OA 绕 O 轴在铅垂平面内作定轴转动。已知某瞬时杆的角速度为 ω，角加速度为 α，则杆惯性力系合力大小为（   ）。

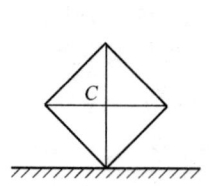
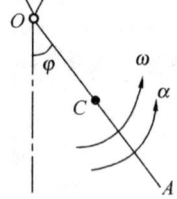

图 4.3-38　题 4.3-20 图　　　图 4.3-39　题 4.3-21 图

A. $\dfrac{l}{2}m\sqrt{\alpha^2 + \omega^4}$ B. $\dfrac{l}{2}\sqrt{\alpha^2 + \omega^4}$

C. $\dfrac{l}{2}m\alpha$ D. $\dfrac{l}{2}m\omega^2$

【4.3-22】如图 4.3-40 所示，一弹簧质量系统，置于光滑的斜面上，斜面的倾角 α 可以在 0～90°之间改变，则随 α 的增大系统振动的固有频率（　　）。

A. 增大　　　　　B. 减小　　　　　C. 不变　　　　　D. 不能确定

【4.3-23】如图 4.3-41 所示系统中，当物块振动的频率比为 1.27 时，k 的值是（　　）。

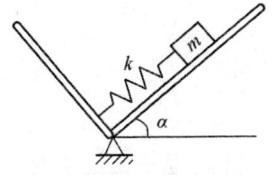

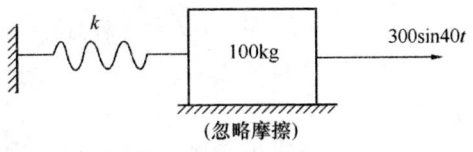

图 4.3-40　题 4.3-22 图　　　　　图 4.3-41　题 4.3-23 图

A. $1 \times 10^5 \text{N/m}$　　　　　　　　　B. $2 \times 10^5 \text{N/m}$

C. $1 \times 10^4 \text{N/m}$　　　　　　　　　D. $1.5 \times 10^5 \text{N/m}$

【4.3-24】质量为 110kg 的机器固定在刚度为 $2 \times 10^6 \text{N/m}$ 的弹性基础上，当系统发生共振时，机器的工作频率为（　　）。

A. 66.7rad/s　　　　　　　　　B. 95.3rad/s

C. 42.6rad/s　　　　　　　　　D. 134.8rad/s

习题答案及解析

【4.3-1】答案：B

解析：两小球质量相同，说明其受力是相同的，因此运动微分方程相同；两小球初速度大小虽相同，但方向不同，因此运动初始条件不同；根据动能定理，当小球落地时，重力做功为零，因此落地时的速度与初速度是一样的，即落地速度大小相同；两小球水平方向不受力，因此水平方向的分速度大小与方向均不变，竖直方向仅受重力作用，因此落地时两小球竖直方向的分速度与初速度竖直方向的分速度大小相等，方向相反，从而两小球落地时的速度方向是不同的。

【4.3-2】答案：B

解析：针对题中三种情况对乘电梯的人进行受力分析，电梯加速上升、匀速上升及减速上升的受力分析分别如图 4.3-42 (a)、(b)、(c) 所示。设电梯在加速上升与减速上升时的加速度大小均为 a，则根据牛顿第二定律：

$$\begin{cases} P_1 - W = ma \rightarrow P_1 = W + ma \\ P_2 - W = 0 \rightarrow P_2 = W \\ P_3 - W = -ma \rightarrow P_3 = W - ma \end{cases}$$

图 4.3-42　题 4.3-2 解析图

从以上各式中可看出：$P_1 > P_2 > P_3$。

【4.3-3】答案：C

解析：题中的两个力 **F** 和 **R** 均表示矢量，即同时表示了大小和方向。质点动力学方向为质点的质量与加速度的乘积等于合力之和，因此题中质点的动力学方程即为 $m\boldsymbol{a} = \boldsymbol{R}$

$+\boldsymbol{F}$。

【4.3-4】答案：B

解析：每个质点所受到的外力用 $\boldsymbol{F}_i^{(e)}$ 表示，内力用 $\boldsymbol{F}_i^{(i)}$ 表示。因为质点系内质点相互作用的内力总是大小相等、方向相反地成对出现，因此内力的矢量和等于零，即 $\Sigma \boldsymbol{F}_i^{(i)} = 0$，因此，质点系动量的微分为：

$$d(\Sigma m_i \boldsymbol{v}_i) = (\Sigma \boldsymbol{F}_i^{(e)} + \Sigma \boldsymbol{F}_i^{(i)}) dt = \Sigma \boldsymbol{F}_i^{(e)} dt$$

即：所有外力的元冲量的矢量和。

【4.3-5】答案：D

解析：质点系的动量可以用质点系的总质量与其质心速度的乘积表示。由于两个齿轮的质心速度均为零，因此该系统的动量为零。

【4.3-6】答案：D

解析：每个质点所受到的外力用 $\boldsymbol{F}_i^{(e)}$ 表示，内力用 $\boldsymbol{F}_i^{(i)}$ 表示。因为质点系内质点相互作用的内力总是大小相等、方向相反地成对出现，因此内力的矢量和等于零，即 $\Sigma \boldsymbol{F}_i^{(i)} = 0$。若动量守恒，则：

$$\frac{d}{dt}(\Sigma m_i \boldsymbol{v}_i) = \Sigma \boldsymbol{F}_i^{(e)} + \Sigma \boldsymbol{F}_i^{(i)} = \Sigma \boldsymbol{F}_i^{(e)} = 0$$

因此，质点系动量守恒的条件是作用于质点系的外力的矢量和恒为零。

【4.3-7】答案：C

解析：重物 M_1 对 O 点的动量矩为 $m_1 rv$，方向顺时针；重物 M_2 对 O 点的动量矩为 $m_2 rv$，方向顺时针；滑轮自身对 O 点的动量矩为 $J_O \omega = \frac{1}{2} M r^2 \omega = \frac{1}{2} M rv$，方向顺时针。

综上，此滑轮系统的动量矩为 $m_1 rv + m_2 rv + \frac{1}{2} M rv = (m_1 + m_2 + \frac{1}{2} M) rv$，方向为顺时针。

【4.3-8】答案：A

解析：根据转动惯量的平行移轴定理：

$$J_{Dy} = J_{Cy} + m\left(\frac{l}{4}\right)^2 = \frac{1}{12} m l^2 + m\left(\frac{l}{4}\right)^2$$

【4.3-9】答案：A

解析：摆对于悬挂点 O 的水平轴的转动惯量为：

$$J_O = J_{OA} + J_{OB} = J_{OA} + J_B + m_B (l+R)^2 = \frac{1}{3} m_A l^2 + \frac{1}{2} m_B R^2 + m_B (l+R)^2$$

【4.3-10】答案：A

解析：物块做水平直线运动，因此力 $\boldsymbol{F}$ 在水平方向的分力 $F\cos\theta$ 做功，而在竖直方向的分力 $F\sin\theta$ 不做功。从而，力 $\boldsymbol{F}$ 所做的功为：

$$W = \int_0^6 F\cos\theta ds = \int_0^6 2s ds = 36 \text{J}$$

【4.3-11】答案：C

解析：首先对 A 进行受力分析，由于当 B 块沿水平面运动时，A 块是静止于 B 块上的，因此，A 块在水平方向上必然受到一个向右的静摩擦力，此摩擦力做正功，只有这样，A 块才会产生向右的加速度；而 B 块沿水平面运动时受到的摩擦力为滑动摩擦力，与运动方向相反，因此做负功。

【4.3-12】答案：D

解析：绕定轴转动刚体的动量矩大小为 $J_O\omega$。根据转动惯量的平行移轴定理，$J_O = J_C + mR^2 = \frac{1}{2}mR^2 + mR^2 = \frac{3}{2}mR^2$，因此，该均质圆盘对 O 轴的动量矩为 $\frac{3}{2}mR^2\omega$。

绕定轴转动刚体的动能大小为 $\frac{1}{2}J_O\omega^2 = \frac{1}{2} \times \frac{3}{2}mR^2\omega^2 = \frac{3}{4}mR^2\omega^2$。

【4.3-13】答案：A

解析：质点系的动量可以用质点系的总质量与其质心速度的乘积表示，由于均质圆轮的质心速度为零，因此系统动量为零。

转动刚体对转轴的动量矩等于刚体对转轴的转动惯量与角速度的乘积，因此系统对中心 O 的动量矩为：

$$L_O = J_O\omega = \frac{1}{2}mr^2\omega$$

定轴转动刚体的动能为：

$$T = \frac{1}{2}J_O\omega^2 = \frac{1}{2} \times \frac{1}{2}mr^2\omega^2 = \frac{1}{4}mr^2\omega^2$$

【4.3-14】答案：C

解析：该均质圆柱体只有重力做功，因此做功为 mgR；初动能为零，$\theta = 90°$ 时的动能为 $\frac{1}{2}J_O\omega^2$，其中 $J_O = \frac{1}{2}mR^2 + mR^2 = \frac{3}{2}mR^2$。综上，根据动能定理：

$$mgR = \frac{1}{2} \times \frac{3}{2}mR^2\omega^2 - 0 \rightarrow \omega = \sqrt{\frac{4g}{3R}}$$

【4.3-15】答案：D

解析：对 AB 杆在一般位置进行受力分析，如图 4.3-43（a）所示。根据图中受力分析列方程组：

$$\begin{cases} \sum M_O = 0 \rightarrow M_{gC} + F_g^\tau l - mg\cos\varphi l = 0 \\ M_{gC} = J_B\alpha = \frac{1}{3}ml^2\alpha \\ F_g^\tau = ma_C^\tau = ml\alpha \end{cases}$$

解得：

$$\alpha = \frac{3g}{4l}\cos\varphi$$

当 $\varphi = 90°$ 时，$\alpha = 0$。

由于：

$$\alpha = \frac{d\omega}{dt} = \frac{d\omega}{d\varphi}\frac{d\varphi}{dt} = \frac{d\omega}{d\varphi}\omega = \frac{3g}{4l}\cos\varphi \rightarrow \omega d\omega = \frac{3g}{4l}\cos\varphi d\varphi$$

$$\int_0^\omega \omega d\omega = \int_0^{90°} \frac{3g}{4l}\cos\varphi d\varphi \rightarrow \omega^2 = \frac{3g}{2l}$$

因此：

$$F_g^n = m\omega^2 l = \frac{3}{2}mg$$

再对 AB 杆在铅垂位置时进行受力分析，如图 4.3-43（b）所示。根据图中受力分析列方程组：

$$\begin{cases} \Sigma F_{xi} = 0 \rightarrow F_{Bx} = 0 \\ \Sigma F_{yi} = 0 \rightarrow F_{By} = F_g^n + mg = \frac{5}{2}mg \end{cases}$$

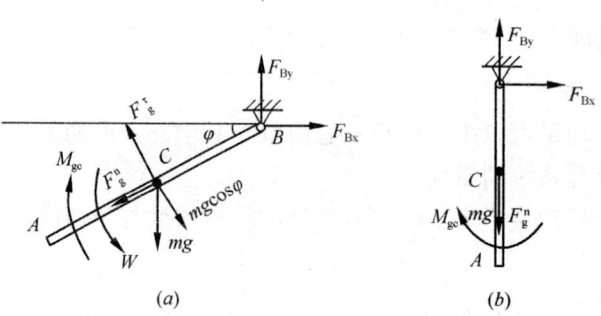

图 4.3-43　题 4.3-15 解析图

【4.3-16】答案：B

解析：对 B 端剪断瞬时的 AB 杆进行受力分析，如图 4.3-44 所示。由于 B 端剪断瞬时 AB 杆的角速度为零，因此法向惯性力为零。根据图中受力分析列方程组：

$$\begin{cases} \Sigma M_A = 0 \rightarrow M_{gC} + F_g^\tau L - PL = 0 \\ M_{gC} = J_A \alpha = \frac{1}{3}\frac{P}{g}L^2\alpha \\ F_g^\tau = \frac{P}{g}a_C^\tau = \frac{P}{g}L\alpha \end{cases}$$

解得：

$$\alpha = \frac{3g}{4L}$$

【4.3-17】答案：A

解析：题干中提到在图示瞬时，角加速度为 0，因此无切向加速度，即无切向惯性力，同时，惯性力主矩为 0；另外，法向加速度为 $\frac{R}{2}\omega^2$，因此，法向惯性力为 $\frac{1}{2}mR\omega^2$。综上，惯性力主矢即法向惯性力，方向竖直向下。

【4.3-18】答案：C

解析：由于要保持 A 与 B 一起以加速度 a 水平向右运动，因此物块 A 受到一个沿斜面向上的静摩擦力，对物块 A 进行受力分析如图 4.3-45 所示。

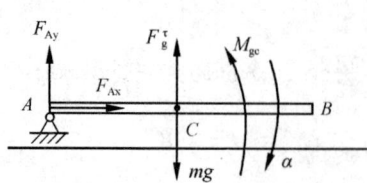

图 4.3-44　题 4.3-16 解析图

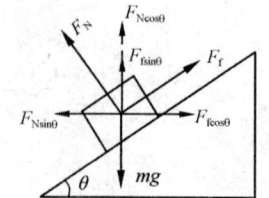

图 4.3-45　题 4.3-18 解析图

对物块 A 列平衡方程：
$$\begin{cases} F_N\cos\theta + F_f\sin\theta = mg \\ F_f\cos\theta - F_N\sin\theta = ma \\ \quad F_f = fF_N \end{cases}$$

解得：
$$a = g\frac{f\cos\theta - \sin\theta}{\cos\theta + f\sin\theta}$$

【4.3-19】答案：C

解析：当绳断后，均质细杆 AB 水平方向不受力的作用，只有铅垂方向受到了力的作用，因此质心 C 的轨迹为铅垂直线。

【4.3-20】答案：D

解析：正方形平板水平方向不受力，只受到铅垂方向的力，因此质心 C 的运动轨迹是铅垂直线。

【4.3-21】答案：A

解析：刚体定轴转动时简化的力等于刚体的质量与质心加速度的乘积。质心的切向加速度为：
$$a_C^\tau = \alpha\frac{l}{2}$$

法向加速度为：
$$a_C^n = \omega^2\frac{l}{2}$$

综上，质心的总加速度为：
$$a_C = \sqrt{a_C^{\tau 2} + a_C^{n 2}} = \frac{l}{2}\sqrt{\alpha^2 + \omega^4}$$

因此，杆惯性力系合力的大小为：
$$F_{gC} = ma_C = \frac{l}{2}m\sqrt{\alpha^2 + \omega^4}$$

【4.3-22】答案：C

解析：系统振动的固有频率只与其自身的质量 m 和刚度系数 k 有关，与其他因素无关。

【4.3-23】答案：A

解析：物块振动的频率比为 1.27，说明 $\frac{\omega}{\omega_0} = 1.27$，其中 $\omega = 40\text{rad/s}$，$\omega_0 = \sqrt{\frac{k}{m}}$，将 $m = 100\text{kg}$ 代入，即可求得 $k = 9.92\times10^4 \approx 1\times10^5$。

【4.3-24】答案：D

解析：系统发生共振时，机器的工作频率即为固有频率。因此，机器的工作频率为：
$$\omega_0 = \sqrt{\frac{k}{m}} = \sqrt{\frac{2\times10^6}{110}} = 134.8\text{rad/s}$$

第5章 材 料 力 学

考试大纲：
5.1 材料在拉伸压缩时的力学性能
低碳钢、铸铁拉伸、压缩试验的应力-应变曲线；力学性能指标。
5.2 拉伸和压缩
轴力和轴力图；杆件横截面和斜截面上的应力；强度条件；胡克定律；变形计算。
5.3 剪切和挤压
剪切和挤压的实用计算；剪切面；挤压面；剪切强度；挤压强度；剪切胡克定律。
5.4 扭转
扭矩和扭矩图；圆轴扭转切应力；切应力互等定理；圆轴扭转的强度条件；扭转角计算及刚度条件。
5.5 截面几何性质
静矩和形心；惯性矩和惯性积；平行轴公式；形心主轴及形心处惯性矩概念。
5.6 弯曲
梁的内力方程；剪力图和弯矩图；分布荷载、剪力、弯矩之间的微分关系；正应力强度条件；切应力强度条件；梁的合理截面；弯曲中心概念；求梁变形的积分法、叠加法。
5.7 应力状态
平面应力状态分析的解析法和应力圆法；主应力和最大切应力；广义胡克定律；四个常用的强度理论。
5.8 组合变形
拉/压-弯组合、弯-扭组合情况下杆件的强度校核；斜弯曲。
5.9 压杆稳定
压杆的临界荷载；欧拉公式；柔度；临界应力总图；压杆的稳定校核。
本章试题配置：12题

5.1 材料在拉伸压缩时的力学性能

高频考点梳理

知识点	应力-应变曲线
近三年考核频次	1

5.1.1 低碳钢拉伸、压缩试验

低碳钢（含碳量在0.3%以下的钢）拉伸和压缩时的$\sigma-\varepsilon$曲线图如图5.1-1所示。由

图可以看出整个拉伸过程可分为以下四个阶段。

1. 弹性阶段（Oa'段）

这一阶段可分为两部分：斜直线Oa和微弯曲线aa'。斜直线Oa表示应力与应变成正比关系，此直线段的斜率即材料的弹性模量E，即：

$$\tan\alpha = \frac{\sigma}{\varepsilon} = E$$

直线最高点a的应力σ_p称为比例极限，当应力不超过比例极限σ_p时材料服从胡克定律：$\sigma = E\varepsilon$

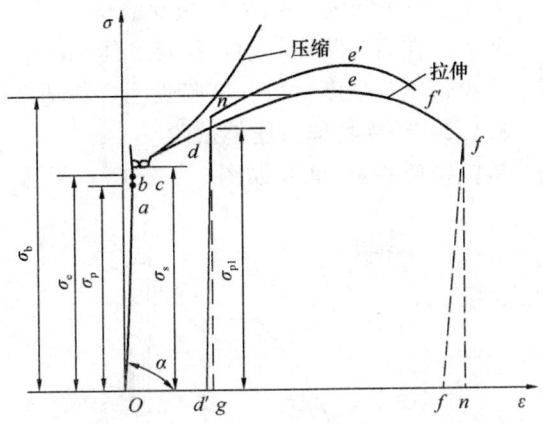

图 5.1-1 低碳钢拉伸、压缩的力学性质

当试件应力小于a'点应力时，试件只产生弹性变形，a'点的应力σ_e称为弹性极限。

2. 屈服阶段（bc段）

在该段内，应力几乎不变，此时的应变却显著增加，这种现象称为屈服。这个阶段的应变成分，除了弹性应变，还有较为明显的塑性应变。

以数值较为稳定的σ_s作为材料屈服时的应力，称为屈服极限。工业上对于无明显屈服阶段的其他塑性材料，以能产生 0.2% 塑性应变的应力作为名义屈服极限，用$\sigma_{0.2}$表示。

若试件表面光滑，在试件表面出现与轴线约成 45° 的一系列迹线。因为在 45° 的斜截面上作用着数值最大的切应力，所以这些迹线即是材料沿最大切应力作用面发生滑移的结果。

3. 强化阶段（ce段）

试件内所有晶粒都发生了一定程度滑移之后，沿晶粒错动面产生了新的阻力，屈服现象终止。要使试件继续变形，必须增加外力，这种现象称为材料强化。强化阶段的变形绝大部分也是塑性变形。该段中最高点e点对应的应力σ_b称为强度极限。在强化阶段中，会发生"冷作硬化"现象。

4. 颈缩阶段（ef段）

E点过后，试件局部显著变细，出现颈缩现象。由于颈缩，试件局部截面显著缩小，因此使试件继续变形所需的载荷反而减小，到达f点最终试件断裂。

工程上用试件拉断后遗留的变形来表示材料的塑性性能。常用的塑性指标有两个：

(1) 延伸率

$$\delta = \frac{l_1 - l_0}{l_0} \times 100\%$$

式中：l_0——试件标距，通常取$l_0 = 5d_0$或$l_0 = 10d_0$；

l_1——拉断后的标距长度。

一般认为$\delta \geq 5\%$的材料为塑性材料，$\delta < 5\%$的材料为脆性材料。

(2) 截面收缩率

$$\psi = \frac{A_0 - A_1}{A_0} \times 100\%$$

式中：A_0——变形前的试件横截面面积；

A_1——拉断后断口处横截面面积。

低碳钢在屈服阶段以前，拉伸和压缩时的 σ-ε 曲线基本是重合的，基本上可以认为低碳钢是拉、压等强度材料。试验表明多数塑性材料压缩时的力学性能与拉伸时相似。

5.1.2 铸铁拉伸、压缩试验

铸铁拉伸的 σ-ε 曲线如图 5.1-2（a）所示，压缩的 σ-ε 曲线如图 5.1-2（b）所示。

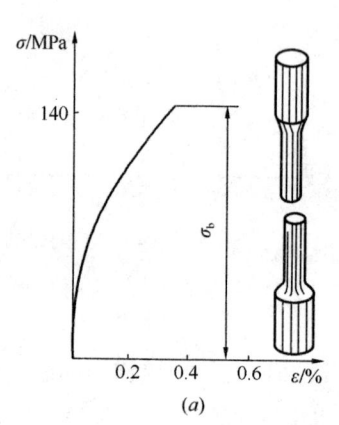
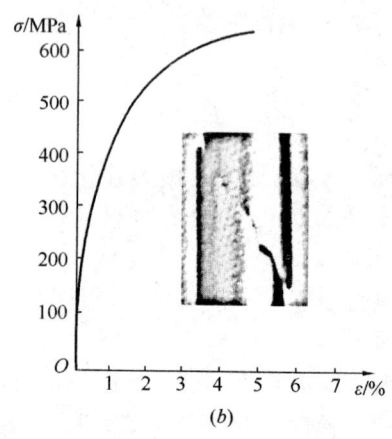

图 5.1-2 铸铁拉伸、压缩试验
（a）拉伸曲线；（b）压缩曲线

从 5.1-2（a）中可以看出，该曲线在很小的应力下就不是直线，但可近似地认为 σ-ε 曲线在一定范围内仍是直线，并且服从胡可定律。此外，铸铁无屈服和颈缩现象，在没有明显的塑性变形下就断裂，并且断口平齐，可以测得断裂的拉伸强度极限 σ_b。脆性材料压缩时的抗压能力显著高于抗拉能力。

5.1.3 力学性能指标

1. 极限应力 σ_u

对于某种材料，应力的增长是有限度的，超过这一限度，材料就要破坏。应力可能达到的这个限度称为材料的极限应力 σ_u。对于塑性材料，极限应力 σ_u 通常取屈服极限 σ_s（或名义屈服极限 $\sigma_{0.2}$）。对于脆性材料，极限应力 σ_u 通常取强度极限 σ_b。

2. 许用应力 $[\sigma]$

将极限应力 σ_u 适当降低，作为杆件能安全工作的应力最大值，该应力称为许用应力 $[\sigma]$。通常把材料的极限应力 σ_u 除以一个大于 1 的数 n 作为许用应力 $[\sigma]$，即：

$$[\sigma] = \frac{\sigma_u}{n}$$

这里 n 为安全系数，其数值通常由安全规范规定。

5.2 拉伸和压缩

高频考点梳理

知识点	拉压杆应力	胡克定律
近三年考核频次	3	2

5.2.1 拉伸和压缩概念

1. 力学模型

杆件沿轴线收到向外或向内的外力或外力的合力作用，杆件发生轴向伸长或缩短变形，如图 5.2-1 所示。

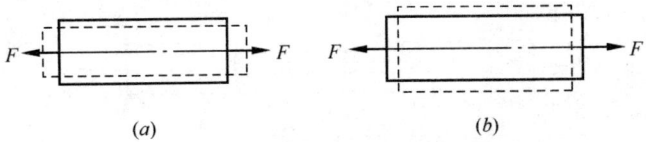

图 5.2-1 力学模型
（a）轴向伸长；（b）轴向缩短

2. 轴力和轴力图

轴向拉压杆件横截面上的内力，其作用线必然与轴线重合，称为轴力 N，并且规定轴力 N 背离截面时为正，指向截面时为负。

表示轴力沿杆轴线变化的图形，为轴力图。

3. 截面法求轴力

以图 5.2-2（a）所示的轴向拉伸直杆为例，求该杆 $m-m$ 横截面的内力。为此假想用一平面在 $m-m$ 截面处将杆截开，取左半部分为研究对象，如图 5.2-2（b）所示。由于直杆原来处于平衡状态，切开后各部分仍应保持平衡。由平衡方程 $\Sigma F_x = 0$，可知 $m-m$ 截面上必有一个作用线与杆轴重合的内力 F_N，并且 $F_N = F$。如果以右半部分为研究对象，如图 5.2-2（c）所示，同理可得 $F'_N = F$。

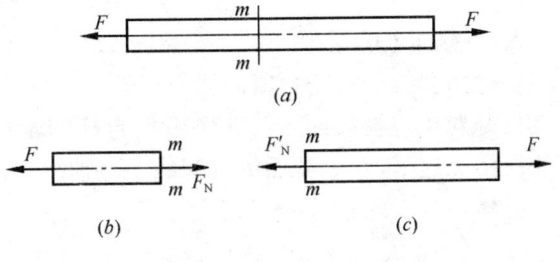

图 5.2-2 轴向拉伸直杆

将杆件假想地切开，利用平衡方程简化内力和外力之间的关系，进而确定截面内力的方法，就是截面法。

【例 5.2-1】 求图 5.2-3（a）杆 1-1、2-2、3-3 截面的轴力，并作出杆轴力图。

解析：对于 A-1 段的 1-1 截面，由力学平衡方程式可以得到：$F_{N1} - 20\text{kN} = 0$
$$F_{N1} = 20\text{kN}$$

同理可以得到：$F_{N2} = -20\text{kN}, F_{N3} = 40\text{kN}$

因此可以做出图 5.2-3（b）所示的轴力图。

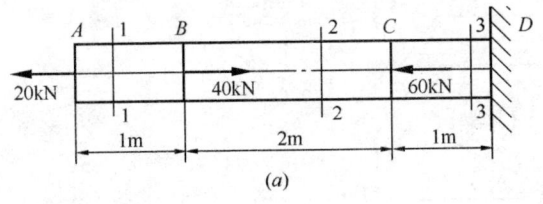

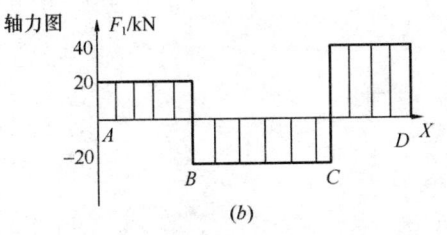

图 5.2-3 例 5.2-1 图

5.2.2 轴向拉压杆件的应力和变形

1. 横截面上的应力

先取一等截面直杆，在其表面画出许多与轴线平行的纵线和与轴线垂直的横线，如图 5.2-4（a）所示。在两端施加轴向拉力 F 后，杆件发生变形，如图 5.2-4（b）所示。

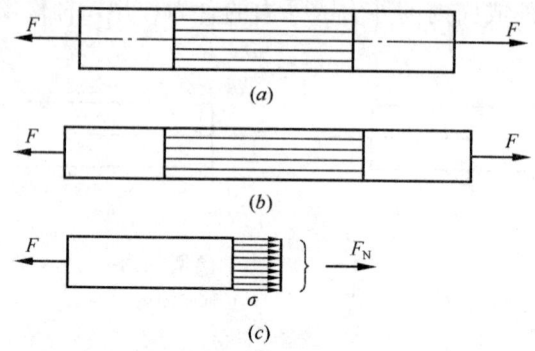

图 5.2-4 轴向拉压杆

轴力 F_N 均匀分布在杆的横截面上，若横截面面积为 A，于是

$$\sigma = \frac{F_N}{A}$$

2. 斜截面上的应力

假想将受拉杆沿任意斜截面 k-k 切开，如图 5.2-5（a）所示，将杆分成两部分，取左端为研究对象。斜截面 k-k 上作用着与杆的轴线平行且均匀分布的应力 p_α，如图 5.2-5（b）所示。这里，k-k 截面的外法线 n 与轴线 x 的夹角为 α，对于自 x 轴逆时针方向旋转 n 时，α 为正号，反之为负号。

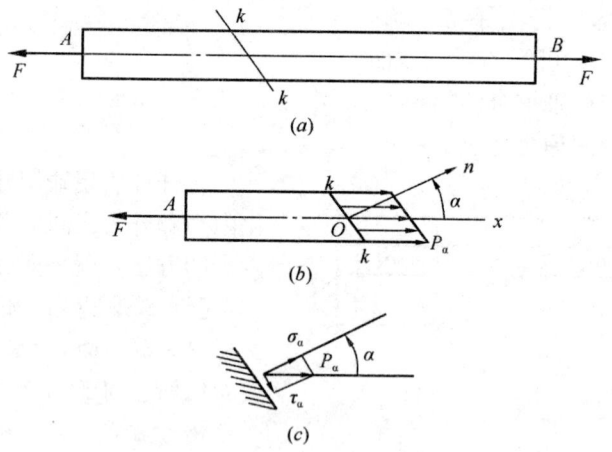

图 5.2-5 斜截面应力图

斜截面上总应力：

$$p_\alpha = \frac{F}{A_\alpha} = \sigma\cos\alpha$$

式中，σ 为杆横截面正应力，$\sigma = \frac{F}{A}$。

斜截面上的正应力：

$$\sigma_\alpha = p_\alpha \cdot \cos\alpha = \sigma \cdot \cos^2\alpha$$

斜截面上的切应力：

$$\tau_\alpha = p_\alpha \cdot \sin\alpha = \frac{\sigma}{2}\sin2\alpha$$

切应力正负按以下规则：若切应力对所在截面内测任一点之矩为顺时针方向时，为正号；反之，则为负号。图 5.2-5（c）的切应力 τ_α 为正号。由上式可以看出，当 $\alpha=0$ 时，σ_α 最大，$\sigma_{max}=\sigma$；当 $\alpha=45°$ 时，τ_α 最大，$\tau_{max}=\sigma/2$。当 $\alpha=-45°$ 时，τ_α 最小，$\tau_{min}=-\dfrac{\sigma}{2}$。故轴向拉、压杆件的最大正应力发生在横截面上，数值最大的切应力发生在与轴线成 $\pm45°$ 的斜截面上，其值为最大的正应力的一半。

3. 强度条件

在拉压问题中为了满足安全工作的要求，杆件必须符合如下的强度条件：

$$\sigma_{max} = \frac{F_{Nmax}}{A} \leqslant [\sigma]$$

强度计算的三类问题：

（1）强度校核：

$$\sigma_{max} = \frac{F_{Nmax}}{A} \leqslant [\sigma]$$

（2）截面设计：

$$A \geqslant \frac{F_{Nmax}}{[\sigma]}$$

（3）确定许用载荷：

$$F_{Nmax} \leqslant [\sigma]A$$

【例 5.2-2】如图 5.2-6 结构中，已知 BC 杆 $[\sigma]=160\text{MPa}$，AC 杆 $[\sigma]=100\text{MPa}$，两杆的横截面面积均为 $A=200\text{ mm}^2$，求许用载荷 $[F]$。

解析：点 C 处：

$$F_{AC}\sin45° = F_{BC}\sin30°$$
$$F_{AC}\cos45° + F_{BC}\cos30° = F$$

解得：

$$F_{AC} = \frac{\sqrt{6}-\sqrt{2}}{2}F,\ F_{BC} = (\sqrt{3}-1)F$$

由 $[\sigma] = \dfrac{F}{A}$

得：$[F]_{AC} = 20\text{kN}, [F]_{BC} = 32\text{kN}$
带入 $[F]_{AC}$ 得 $[F]_1 = 38.64\text{kN}$
带入 $[F]_{BC}$ 得 $[F]_2 = 43.71\text{kN}$

$$38.64\text{kN} < 43.71\text{kN}$$

所以许用载荷 $[F] = 38.64\text{kN}$

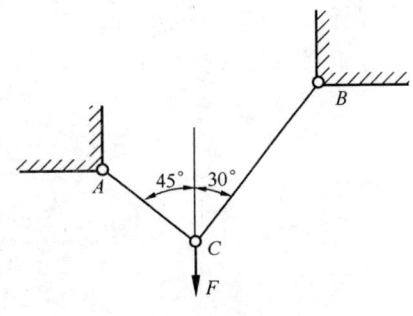

图 5.2-6 例 5.2-2 图

4. 拉压杆件的变形——胡克定律

直杆原始长度为 l，在轴向拉伸或压缩下，杆的长度变为 l'，杆件拉伸时轴向伸长，

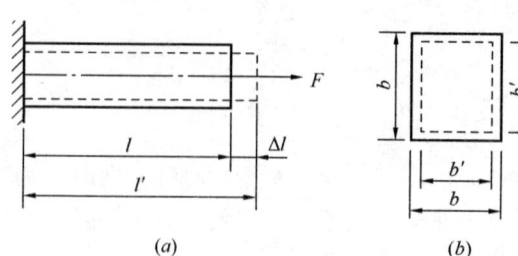

图 5.2-7 轴向拉杆的变形

横向缩短,如图 5.2-7 所示;杆件压缩时轴向缩短,横向伸长。

轴向变形:
$$\Delta l = l' - l$$

轴向应变:
$$\varepsilon = \frac{\Delta l}{l}$$

横向变形:
$$\Delta b = b' - b$$

横向应变:
$$\varepsilon' = \frac{\Delta b}{b}$$

在材料发生变形的弹性阶段内,应力与应变成正比:
$$\sigma = E\varepsilon$$

式中:E——弹性模量或杨氏模量。

上式也可以改写为:
$$\frac{F_N}{A} = E \cdot \frac{\Delta l}{l}$$

式中:EA——杆件的抗拉(压)刚度。

【例 5.2-3】 图 5.2-8 所示结构中,AB 杆直径 $d=30\text{mm}$,$a=1\text{m}$,$E=210\text{GPa}$。若 AB 杆的许用应力 $[\sigma]=160\text{MPa}$,试求许用载荷 $[F]$ 及对应的 D 点铅锤位移 v_D。

解析: 设 CD 杆为刚杆。

对于 C 点进行受力分析:
$$M_C(F) = 0$$
$$F_{AB} \cdot a - F \cdot 2a = 0$$

解得:$F_{AB} = 2F$

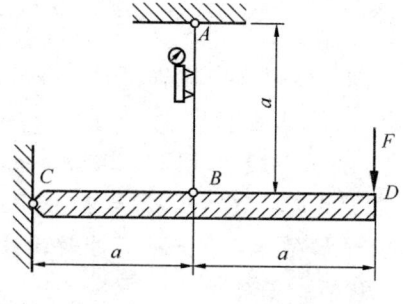

图 5.2-8 例 5.2-3 图

截面面积:
$$A = \pi \frac{d^2}{4} = 2.25\pi \times 10^{-4} \text{ m}^2$$

$$[\sigma] = \frac{[F_{AB}]}{A}$$

许用载荷:$[F] = 56.5\text{kN}$

由相似三角形可以得到:
$$2\Delta L_{AB} = v_D$$

且:$\Delta L_{AB} = [\sigma]\dfrac{a}{E}$

得:$v_D = 1.52\text{mm}$

5. 泊松比

横向应变 ε' 和纵向应变 ε 之比的绝对值称为泊松比或横向变形因数(量纲为 1):

$$\mu = \left|\frac{\varepsilon'}{\varepsilon}\right| = \frac{\varepsilon'}{\varepsilon}$$

在弹性范围内，泊松比 μ 是一个材料常数。

习 题

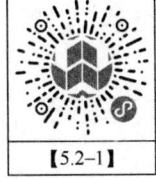
【5.2-1】

【5.2-1】如图 5.2-9 所示，圆截面杆 ABC 轴向受力如图。已知 BC 杆得直径 $d=100\text{mm}$，AB 杆得直径为 $2d$。杆的最大的拉应力是（   ）。

A. 30MPa   B. 40MPa
C. 50MPa   D. 60MPa

【5.2-2】如图 5.2-10 所示，拉杆承受轴向拉力 P 的作用，设斜截面 m-m 的面积为 A，则 $\sigma = \dfrac{P}{A}$ 为（   ）。

A. 横截面上的正应力   B. 斜截面上的正应力
C. 斜截面上的应力   D. 斜截面上的剪应力

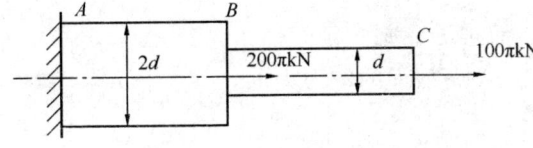
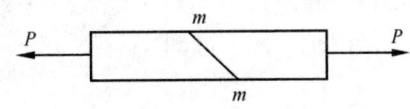

图 5.2-9 题 5.2-1 图   图 5.2-10 题 5.2-2 图

【5.2-3】如图 5.2-11 所示，自由悬挂的直杆杆长 l、横截面面积 A、弹性模量 E 已知，则直杆由纵向均匀分布载荷 q（力/长度）引起的变形（忽略重力影响）为（   ）。

A. $\Delta l = \dfrac{ql^2}{EA}$

B. $\Delta l = \dfrac{ql^2}{2EA}$

C. $\Delta l = \dfrac{2ql^2}{EA}$

D. $\Delta l = \dfrac{ql^2}{4EA}$

【5.2-3】

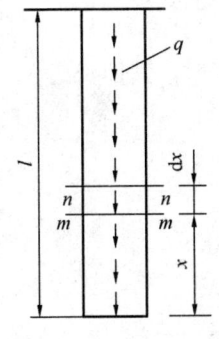

图 5.2-11 题 5.2-3 图

【5.2-4】如图 5.2-12 所示，等截面直杆材料的抗压刚度为 EA，杆中距离 A 端 $1.5L$

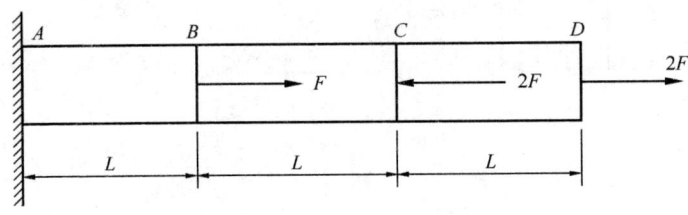

图 5.2-12 题 5.2-4 图

279

处横截面的轴向位移是（　　）。

A. FL/EA　　　　　　　　　　　B. $2FL/EA$

C. $3FL/EA$　　　　　　　　　　　D. $4FL/EA$

【5.2-5】两拉杆的材料和所受拉力都相同，且均处在弹性范围内，若两杆长度相等，横截面面积 $A_1 < A_2$，则（　　）。

A. $\Delta l_1 > \Delta l_2, \varepsilon_1 > \varepsilon_2$　　　　　　B. $\Delta l_1 > \Delta l_2, \varepsilon_1 = \varepsilon_2$

C. $\Delta l_1 = \Delta l_2, \varepsilon_1 > \varepsilon_2$　　　　　　D. $\Delta l_1 = \Delta l_2, \varepsilon_1 = \varepsilon_2$

习题答案及解析

【5.2-1】答案：B

解析：运用公式：$\sigma = N/A$，可以算出 BC 段的轴向拉应力 $\sigma = N/A = (4 \times 100\pi)/[\pi d^2] = 40\text{MPa}$，同理算出 AC 段的轴向拉应力 $\sigma = 30\text{MPa}$，故杆的最大拉应力为 40MPa。

【5.2-2】答案：C

解析：$\sigma = P/A$ 公式中，A 为任意截面 $m-m$ 的面积，σ 指的是对应截面 $m-m$ 应力。

【5.2-3】答案：B

解析：在距杆下端为 x 处取一任意横截面 $m-m$，则此界面轴力为 $F_N(x) = qx$，根据此式可做出轴力图，如图 5.2-13（b）所示。$M-m$ 截面的应力为 σ_x，

$$\sigma_x = \frac{F_N(x)}{A} = \frac{qx}{A}$$

由上式可知 $\sigma_{\max} = \frac{qx}{A}$，故悬挂端横截面的轴力及正应力最大。求伸长时，分析 dx 微端的变形，其伸长为 $\frac{F_N(x)dx}{EA}$。

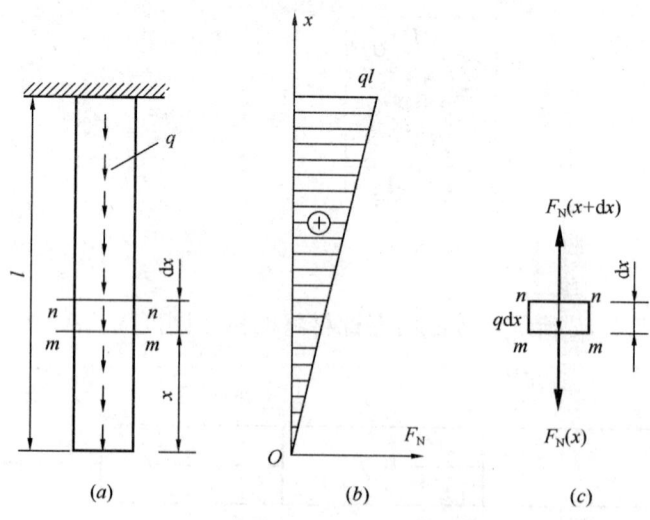

图 5.2-13　题 5.2-3 解析图

整个杆件的总伸长：

$$\Delta l = \int_0^l \frac{F_N(x)\mathrm{d}x}{EA} = \int_0^l \frac{qx}{EA}\mathrm{d}x = \frac{q}{EA}\int_0^l x\mathrm{d}x = \frac{ql^2}{2EA}$$

【5.2-4】答案：A

解析：CD 段轴力为 $2F$，BC 段轴力为 0，AB 段轴力为 F，则所求截面轴向位移相当于 AB 段的伸长量，伸长量公式 $\Delta L = FL/EA$。

【5.2-5】答案：A

解析：根据胡克定律，纵向变形 $\Delta l = \dfrac{Fl}{EA}$，纵向应变 $\varepsilon = \dfrac{\Delta l}{l} = \dfrac{F}{EA}$，由题意可得 $A_1 < A_2$，因此选 A。

5.3 剪切和挤压

高频考点梳理

知识点	剪切和挤压的实用计算	剪切面
近三年考核频次	2	1

5.3.1 剪切

1. 剪切的概念

剪切的力学模型如图 5.3-1 所示。

(1) 力学特征：一对大小相等，方向相反，作用线很近，且与截面切向平行的内力。

(2) 变形特征：相邻截面间相互错动。

(3) 剪切面：构件即将发生相对错动的截面。

2. 剪切的实用计算

(1) 名义剪应力

工程上假设切应力 τ 在受剪面上均匀分布，以 A 表示受剪面的面积，则：

$$\tau = \frac{F_S}{A}$$

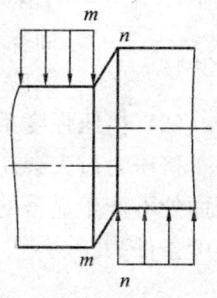

图 5.3-1 剪力的力学模型

式中，F_S——截面剪力。

(2) 剪切强度条件

为保证构件不被剪断，切应力不应超过材料的许用切应力 $[\tau]$。许用切应力 $[\tau]$ 是通过实验得到的。由破坏载荷计算受剪面上的平均切应力，即剪切强度极限 τ_b，除以安全因数即得到该种构件的许用切应力 $[\tau]$。

于是可以得到剪切强度条件为：

$$\tau = \frac{F_S}{A} \leqslant [\tau]$$

【例 5.3-1】如图 5.3-2 所示，冲床要在厚 4mm 的钢板上冲出 $d=70$mm 的圆孔，钢板

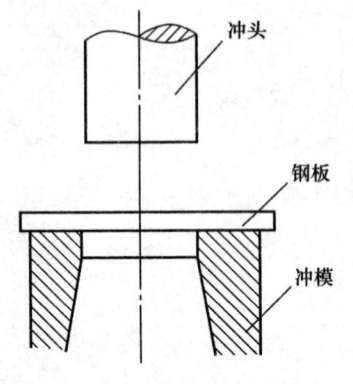

图 5.3-2 例 5.3-1 图

的剪切强度极限 $\tau_b = 360\text{MPa}$,则需要的冲压力 F 是（　　）。

A. $50.4\pi\text{kN}$
B. $100.8\pi\text{kN}$
C. $882\pi\text{kN}$
D. $441\pi\text{kN}$

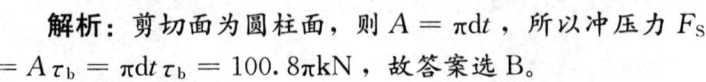

解析：剪切面为圆柱面,则 $A = \pi dt$,所以冲压力 $F_S = A\tau_b = \pi dt\tau_b = 100.8\pi\text{kN}$,故答案选 B。

5.3.2 挤压

1. 挤压的概念

以图 5.3-3 所示销钉左段为例,销钉上半个圆柱面与拉杆圆孔表面相互挤压,这部分表面就叫挤压面。

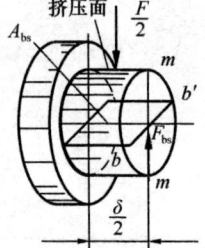

图 5.3-3 销钉左端受力模型

(1) 挤压面 A_{bs}。两构件相互接触的面。
(2) 挤压力 F_{bs}。受压接触面上的总压力。

2. 挤压的实用计算

(1) 名义挤压应力

假设挤压力在名义挤压面上均匀分布,即：

$$\sigma_{bs} = \frac{F_{bs}}{A_{bs}}$$

式中,A_{bs}——计算挤压面面积。当挤压面为平面,计算挤压面面积等于实际承压接触面面积；当挤压面为曲面时,计算挤压面面积等于实际承压接触面在垂直于挤压应力方向的投影面积。

(2) 挤压强度条件

挤压力过大会使构件被压扁或者构件的孔边被压皱,导致连接失效。为保证构件在挤压面处不产生显著的塑性变形,要求最大挤压应力不超过许用挤压应力 $[\sigma_{bs}]$。于是挤压强度条件为：

$$\sigma_{bs} = \frac{F_{bs}}{A_{bs}} \leqslant [\sigma_{bs}]$$

许用挤压应力 $[\sigma_{bs}]$ 确定方法与许用切应力 $[\tau]$ 相同。

【例 5.3-2】 如图 5.3-4 所示,在平板和受拉螺栓之间垫上一个垫圈,可以提高（　　）。

A. 螺栓的剪切强度
B. 螺栓的挤压强度
C. 螺栓的拉伸强度
D. 平板的挤压强度

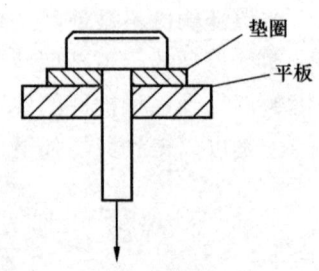

图 5.3-4 例 5.3-2 图

解析：增加了垫圈之后,平板与螺栓之间的接触面积增大,增强了平板的挤压强度。故答案选 D。

5.3.3 剪切胡克定律

1. 剪切互等定理

在单元体两个相邻且垂直的表面，垂直于两平面交线的一对剪应力同时指向交线或者背离交线，且大小相等。

2. 剪切胡克定律

当剪应力不超过材料的剪切应力强度极限时，剪应力 τ 与剪应变 γ 成正比，即：

$$\tau = G\gamma$$

式中，G——材料的剪切弹性模量。

对于各向同性材料，弹性模量 E、剪切弹性模量 G、泊松比 μ 只有两个独立常数，即：

$$G = \frac{E}{2(1+\mu)}$$

习 题

【5.3-1】钢板用两个铆钉固定在支座上，铆钉的直径为 d，在图 5.3-5 图示载荷下，铆钉的最大切应力是（　　）。

A. $2F/\pi d^2$
B. $4F/\pi d^2$
C. $8F/\pi d^2$
D. $12F/\pi d^2$

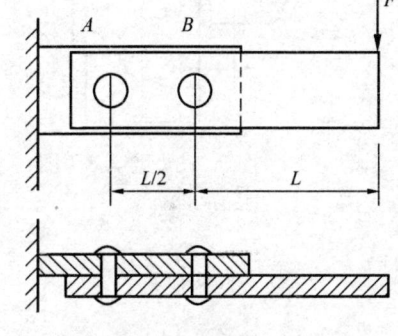

图 5.3-5 题 5.3-1 图

【5.3-2】已知铆钉的许可切应力为 $[\tau]$，许可挤压应力为 $[\sigma_{bs}]$，钢板的厚度为 t，则图 5.3-6 所示铆钉直径 d 与钢板厚度 t 的关系是（　　）。

A. $d = \pi[\tau]/8t[\sigma_{bs}]$
B. $d = \pi[\tau]/4t[\sigma_{bs}]$
C. $d = 4t[\sigma_{bs}]/\pi[\tau]$
D. $d = 8t[\sigma_{bs}]/\pi[\tau]$

【5.3-3】图 5.3-7 所示两根木杆连接结构，已知木材的许用切应力为 $[\tau]$，许用挤压应力为 $[\sigma_{bs}]$，则 a 与 h 的合理比值是（　　）。

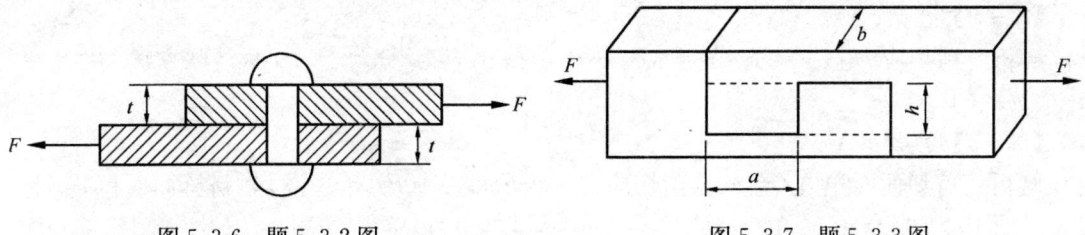

图 5.3-6 题 5.3-2 图　　　图 5.3-7 题 5.3-3 图

A. $h/a = [\tau]/[\sigma_{bs}]$
B. $h/a = [\tau]b/[\sigma_{bs}]a$
C. $h/a = [\sigma_{bs}]/[\tau]$
D. $h/a = [\sigma_{bs}]b/[\tau]a$

【5.3-4】两轴以凸缘相连接，如图 5.3-8 所示，沿直径 $D=150$mm 的圆周上用四个螺

栓来传递力偶矩 M_e。已知 $M_e=2500\text{N}\cdot\text{m}$，凸缘厚度 $h=10\text{mm}$，螺栓材料为 Q235 钢，许用切应力 $[\tau]=80\text{MPa}$，许用挤压应力 $[\sigma_{bs}]=200\text{MPa}$。则下列螺栓直径中最小可取(　　)。

A. 6mm　　　　　　　　　　B. 8mm
C. 10mm　　　　　　　　　 D. 12mm

【5.3-4】

【5.3-5】如图 5.3-9 所示螺钉承受轴向拉力 F，螺钉头与钢板之间的挤压应力是(　　)。

A. $\sigma_{bs}=4F/[\pi(D^2-d^2)]$　　　　B. $\sigma_{bs}=F/\pi dt$
C. $\sigma_{bs}=4F/\pi D^2$　　　　　　　D. $\sigma_{bs}=4F/\pi d^2$

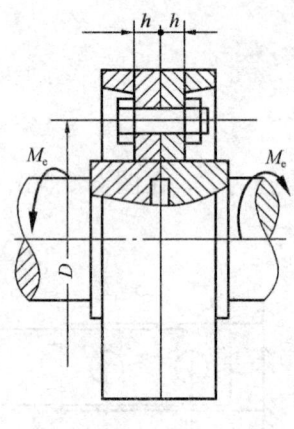
图 5.3-8　题 5.3-4 图

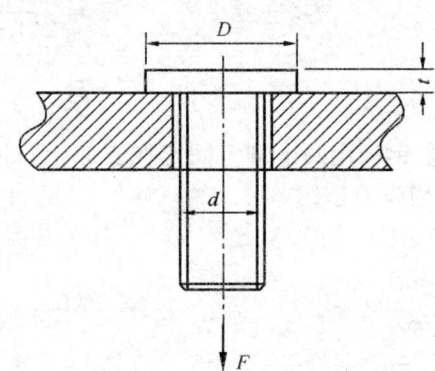
图 5.3-9　题 5.3-5 图

习题答案及解析

【5.3-1】答案：D

解析：铆钉组的形心位于 AB 的中点，将力 F 作用点平移到形心后，铆钉组将额外受到顺时针力偶矩 $M_e=5FL/4$ 的作用，根据合力矩定理，可以得到一对方向相反的力 $F_{A1}=F_{B1}=5F/2$，同时力 F 作用铆钉组产生方向向下的作用力 $F_{A2}=F_{B2}=F/2$，则 $F_{\max}=3F$，于是得到最大切应力 $\tau_{\max}=F_{\max}/A=3F/(\pi d^2/4)=12F/(\pi d^2)$

【5.3-2】答案：C

解析：剪切应力 $[\tau]=F/A=4F/\pi d^2$，挤压应力 $[\sigma_{bs}]=F/dt$，联立解得：$d=4t[\sigma_{bs}]/\pi[\tau]$

【5.3-3】答案：A

解析：剪切面面积 $A_s=ab$，剪切应力 $\tau=F_s/A_s=F/ab\leqslant[\tau]$，挤压面面积 $A_{bs}=hb$，挤压应力 $\sigma_{bs}=F_{bs}/A_{bs}=F/bh\leqslant[\sigma_{bs}]$，联立可以解得：$h/a=[\tau]/[\sigma_{bs}]$

【5.3-4】答案：D

解析：因螺栓对称排列，故可假设每个螺栓受力相同。假想沿凸缘接触面切开，考虑右边部分的平衡（图 5.3-10b），写出平衡方程：
$$\sum M=0$$

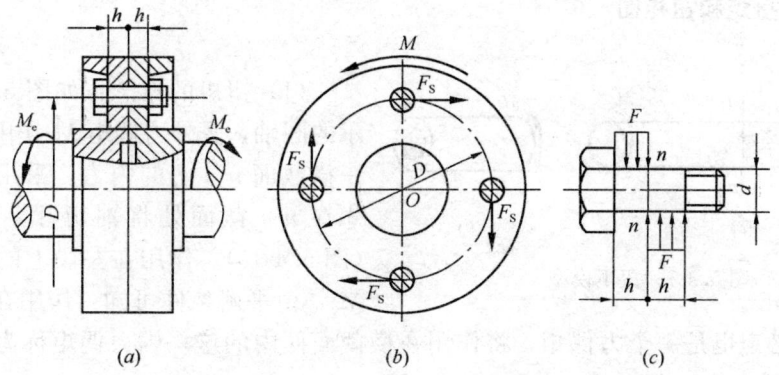

图 5.3-10 题 5.3-4 解析图

$$M - 4 \cdot F_s \cdot \frac{D}{2} = 0$$

式中，F_s 为螺栓受剪面 n-n（图 5.3-10c）的剪力。
由上式得：

$$F_s = M/2D = \frac{2500 \times 10^3}{2 \times 150} \text{N} = 8330 \text{N}$$

切应力

$$\tau = \frac{F_s}{A} = \frac{8330}{\pi d^2/4} \leqslant 80 \text{MPa}$$

求得

$$d \geqslant 11.5 \text{mm}$$

螺栓承受的挤压力 $F_{bs} = F_s = 8330\text{N}$，挤压面面积 $A_{bs} = hd$
挤压应力

$$\sigma_{bs} = \frac{F_{bs}}{A_{bs}} = \frac{8330}{10d} \leqslant 200 \text{MPa}$$

求得

$$d \geqslant 4.17 \text{mm}$$

应根据较大的 d 来选择螺栓，所以取 $d \geqslant 11.5$mm。

【5.3-5】答案：A
解析：螺栓挤压面为栓帽部分，则挤压面积 $A = \pi(D^2 - d^2)/4$，所以挤压应力 $\sigma_{bs} = F/A = 4F/[\pi(D^2 - d^2)]$

5.4 扭 转

高频考点梳理

知识点	扭矩和扭矩图	扭转切应力	扭转角的计算
近三年考核频次	3	1	1

5.4.1 扭矩和扭矩图

1. 扭矩

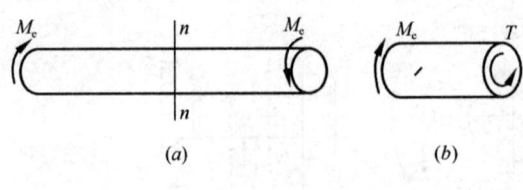

图 5.4-1 扭矩模型

（1）扭矩的概念：如图 5.4-1（a）所示的圆轴，受外力偶矩 M_e 作用，现分析任一横截面 n-n 上的内力。采用截面法，假想在 n-n 截面处将轴切开，并保留左段（图 5.4-1b）。作用在左段上的外力偶矩为 M_e，由平衡条件可知：作用在 n-n 截面上的内力合成必定也是一个力偶矩，将作用在横截面面内的这一内力偶矩称为该截面的扭矩，以 T 表示。

（2）扭矩的力学特征：一对方向相反、大小相等、与杆轴线垂直的力偶矩。

（3）扭转的变形特征：整个横截面绕轴线转动，从整个杆件看是杆件表面纵向线变成螺旋线。

（4）扭转角 φ：右端面相对左端面转动的角度 φ 称为扭转角，它表示杆的扭转变形。

（5）扭矩的正负：按右手螺旋法则用矢量表示扭矩，如果此矢量离开截面则该扭矩定为正号（图 5.4-2a）；如此矢量指向截面则定为负号（图 5.4-2b）。

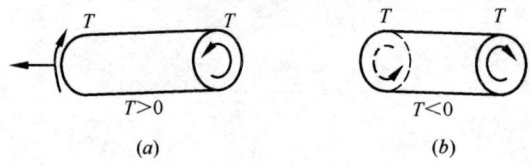

图 5.4-2 扭矩的正负号

2. 扭矩图

对于承受几个转矩的轴，其不同截面的扭矩可能不同。为了表示扭矩随截面位置的变化，可画出轴的扭矩图（简称 T 图）。

3. 外力偶矩的计算

力偶在单位时间内作的功，即功率 P，等于力偶矩 M_e 与角速度 ω 之积。

$$P = M_e \times \omega$$

在工程中，通常采用：

$$M_e = 9.55 \times \frac{P}{n}$$

式中：P——传递功率（kW）；

M_e——力偶矩（kN·m）；

n——转速（r/min）。

【例 5.4-1】已知传动轴（图 5.4-3a）的转速 $n = 300$r/min，主动轮 A 的输出功率 $P_A = 400$kW，三个从动轮的输出功率分别为 $P_B = 120$kW，$P_C = 120$kW，$P_D = 160$kW。试画出轴的扭矩图。

解析：

首先算出作用在各轮上的力偶矩 M_e。因为 A 是主动轮，故 M_A 的转向与轴的转向一致，而从动轮上的力偶矩是轴转动时受到的阻力，故从动轮 B、C、D 上的力偶矩的转向与轴的转向相反。

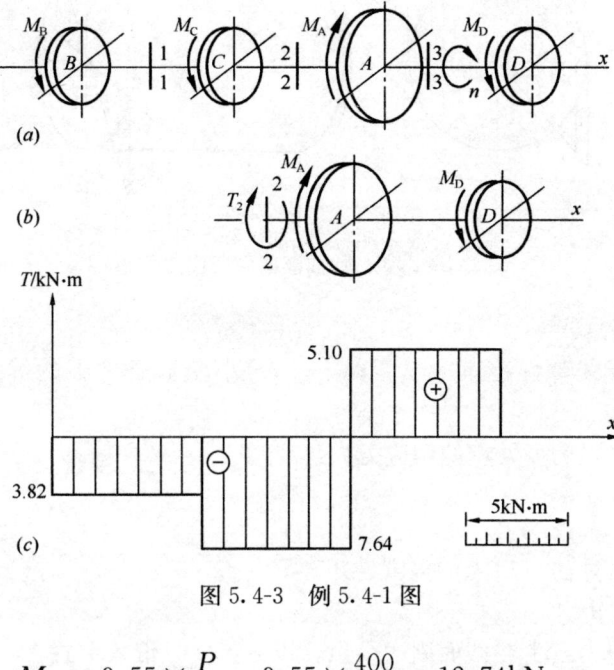

图 5.4-3　例 5.4-1 图

$$M_A = 9.55 \times \frac{P}{n} = 9.55 \times \frac{400}{300} = 12.74 \text{kN} \cdot \text{m}$$

同理，求出

$$M_B = M_C = 3.82 \text{kN} \cdot \text{m}$$
$$M_D = 5.10 \text{kN} \cdot \text{m}$$

用截面法求各段的扭矩，本例中需计算 1-1、2-2、3-3 三个截面的扭矩。现以 2-2 截面为例，从该截面切开，保留右段，如图 5.4-3（b）所示，假设截面上作用正扭矩 T_2。由平衡方程得：

$$\sum M_x = 0, M_D - M_A - T_2 = 0$$

故

$$T_2 = -M_A + M_D = -7.64 \text{kN} \cdot \text{m}$$

这里 T_2 得负号说明该截面得扭矩时负的。在 A、C 轮之间所有截面的扭矩都等于 $-7.64 \text{kN} \cdot \text{m}$。类似地得出

$$T_1 = -3.82 \text{kN} \cdot \text{m}, T_3 = +5.10 \text{kN} \cdot \text{m}$$

以横坐标表示截面位置，以纵坐标表示对应截面的扭矩，按选定的比例尺做出 BC、CA、AD 三段轴的扭矩图，因为在每一段内的扭矩是不变的，扭矩图是由三段水平线组成，如图 5.4-3 所示。由图可见数值最大的扭矩 7.64kN·m 发生在中间段。

5.4.2　圆轴扭转的应力

1. 横截面剪应力的分布规律

圆轴横截面任一点处切应力方向与半径方向垂直，切应力随半径 ρ 按直线变化，在横截面的周边各点处切应力最大，如图 5.4-4 所示。

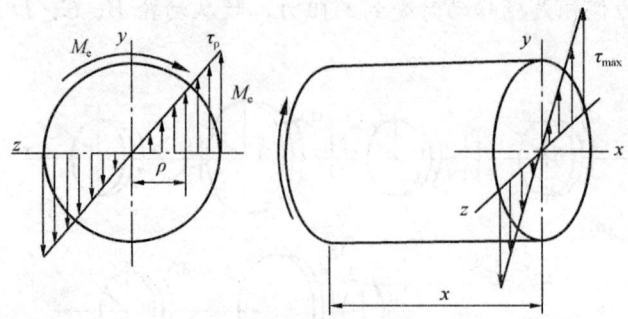

图 5.4-4 实心圆轴横截面切应力分布

2. 剪应力计算公式

下列公式适用于线弹性范围（$\tau_{max} \leqslant [\tau]$）、小变形条件下的等截面实心或空心圆直杆。

横截面上任一半径为 ρ 处点的切应力为：

$$\tau_\rho = \frac{T}{I_P}\rho$$

式中：I_P——横截面对轴心 O 点的极惯性矩；

T——截面扭矩。

截面上最大切应力发生在截面周边个点，以 $\rho = \rho_{max}$ 带入上式：

$$\tau_{max} = \frac{T}{I_P}\rho_{max} = \frac{T}{I_P/\rho_{max}} = \frac{T}{W_P}$$

式中：W_P——抗扭截面系数。

极惯性矩 I_P、抗扭截面系数 W_P 数值与截面尺寸参数和截面形状有关。

对于所有圆杆，定义极惯性矩 I_P：

$$I_P = \int_A \rho^2 \mathrm{d}A$$

对于所有圆杆，定义抗扭截面系数 W_P：

$$W_P = \frac{I_P}{\rho_{max}}$$

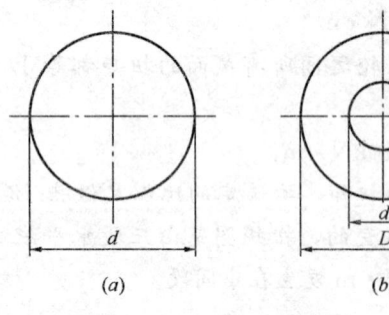

图 5.4-5 实心圆截面

通常情况下，对于图 5.4-5（a）所示的实心圆截面，其极惯性矩和抗扭截面系数分别是：

$$I_P = \frac{\pi d^4}{32}$$

$$W_P = \frac{I_P}{d/2} = \frac{\pi d^3}{16}$$

如果圆轴是外径为 D、内径为 d 的空心截面，如图 5.4-5（b）所示，把空心圆截面设想为大圆面积减去小圆面积，得：

$$I_P = \frac{\pi}{32}D^4(1-\alpha^4)$$

$$W_P = \frac{\pi}{16} D^3 (1-\alpha^3)$$

式中：$\alpha = \frac{d}{D}$ 为空心截面内、外径之比。

【例 5.4-2】 下列选项中切应力分布图正确的是（　　）。（其中 T 为截面扭矩）。

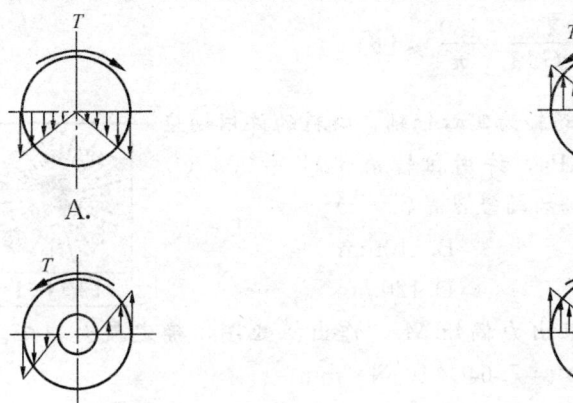

解析：圆轴横截面切应力大小与半径成正比且空心轴内部无应力，且是由截面扭矩造成。故答案选 D。

5.4.3 圆轴扭转的变形和强度条件

1. 圆轴扭转角的计算

单位长度扭转角 θ (rad/m)：

$$\theta = \frac{T}{GI_P}$$

相距为 l 的两个截面间的扭转角 φ 为：

$$\varphi = \int_0^l \frac{T}{GI_P} dx$$

如果相距 l 的两截面间的 T、G、I_P 均不变（如图 5.4-6），则有：

$$\varphi = \frac{Tl}{GI_P}$$

对于长度 l 和扭矩 T 相同的圆轴，上式中 GI_P 愈大，扭转角 φ 愈小，故称 GI_P 为圆轴的**抗扭刚度**。

2. 圆轴扭转的强度条件和刚度条件

对于等截面圆轴，最大切应力发生在扭矩最大截面的周边各点，则计算求出的 τ_{max} 不超过材料的许用切应力 $[\tau]$，得圆轴扭转时得强度条件为：

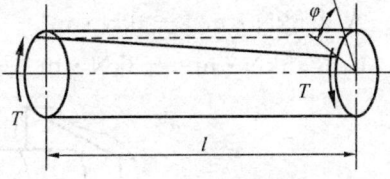

图 5.4-6 圆轴扭转变形

$$\tau_{max} = \frac{T_{max}}{W_P} \leqslant [\tau]$$

式中 $[\tau]$ 可根据静载下薄壁筒扭转试验来确定。

有些轴，为了能正常工作，除要求强度条件外，还需对它得扭转变形，即单位长度扭转角 θ 加以限制，也就是要求满足刚度条件。一般来说，凡是有精度要求或限制振动的机械，都需要考虑轴的刚度。通常限制单位长度最大扭转角 $\theta_{\max}$ 不超过许用扭转角 $[\theta]$。通常 $[\theta]$ 的得单位为 °/m，需要将 $\theta_{\max}$ 单位换算。这样，刚度条件为：

$$\theta_{\max} = \frac{T_{\max}}{G I_P} \cdot \frac{180}{\pi} \leqslant [\theta]$$

【例 5.4-3】设【例 5.4-1】中的传动轴为实心钢轴，材料的许用切应力 $[\tau] = 30\text{MPa}$，切变模量 $G = 80\text{GPa}$，许用扭转角 $[\theta] = 0.3$ (°/m)，则下列选项中最小可适用于该钢轴的轴径 d 是（　　）。

A. 105mm　　　　　　　　　　　　B. 110mm
C. 115mm　　　　　　　　　　　　D. 120mm

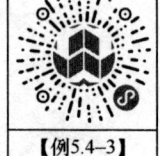
【例5.4-3】

解析：首先应根据传递的功率，求出力偶矩 M_e，作出扭矩图，确定最大扭矩。在【例 5.4-1】已经完成求解，已得到 $T_{\max} = 7.64 \times 10^6 \text{N} \cdot \text{mm}$。

根据强度条件得出：

$$d \geqslant \sqrt[3]{\frac{16 T_{\max}}{\pi [\tau]}} = \sqrt[3]{\frac{16 \times 7.64 \times 10^6 \text{N} \cdot \text{mm}}{\pi \times 30 \text{MPa}}} = 109 \text{mm}$$

再根据刚度条件，将已知的 $[\theta]$、$T_{\max}$、G 等值带入刚度条件式。注意：如运算中以 N、mm 作为单位，则 $[\theta]$ 值乘以 10^{-3}，单位化为°/mm，于是：

$$d \geqslant \sqrt[4]{\frac{T_{\max} \times 32 \times 180}{G \pi^2 [\theta]}} = \sqrt[4]{\frac{7.64 \times 10^6 \text{N} \cdot \text{mm} \times 32 \times 180}{80 \text{GPa} \times 10^3 \times \pi^2 \times 0.3 \times 10^{-3} \text{°/mm}}} = 117 \text{mm}$$

两个直径应选较大者，则实心轴直径 $d \geqslant 117\text{mm}$，故答案选 D。

习　题

【5.4-1】如图 5.4-7 所示，左端固定的直杆受扭转力偶作用，在截面 1-1 和 2-2 处的扭矩为（　　）。

A. 2.5kN·m　　−3kN·m　　　　　B. 12.5kN·m　　3kN·m
C. 12.5kN·m　　−3kN·m　　　　　D. 2.5kN·m　　3kN·m

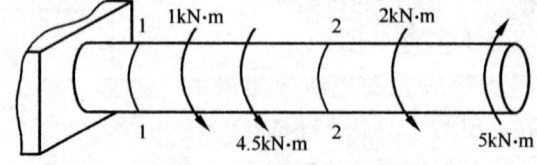

图 5.4-7　题 5.4-1 图

【5.4-2】直径为 d 的实心圆轴受扭，若使扭转角减小为原来的十六分之一，圆轴的直径需变为（　　）。

A. $0.5d$ B. $\sqrt[3]{16}d$ C. $0.25d$ D. $2d$

【5.4-3】如图 5.4-8 所示，左端固定的直杆 AB 段上承受均匀分布扭矩 t，它表示的是沿圆轴长每单位长度上的扭矩值（N·m/m），D 端受扭矩作用，则圆轴的最大切应力位置和大小为（ ）。

A. A 端 $\tau_{\max} = \dfrac{8 M_e}{\pi d^3}$

B. BC 段 $\tau_{\max} = \dfrac{2 M_e}{\pi d^3}$

C. CD 段 $\tau_{\max} = \dfrac{8 M_e}{\pi d^3}$

D. CD 段 $\tau_{\max} = \dfrac{16 M_e}{\pi d^3}$

【5.4-4】圆轴受力如图 5.4-9 所示，下面四个扭矩图中正确的是（ ）。

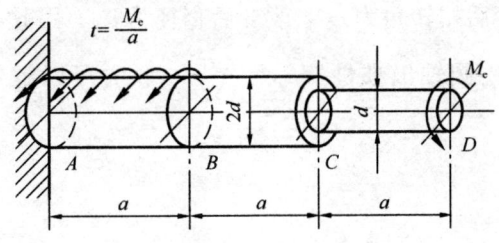
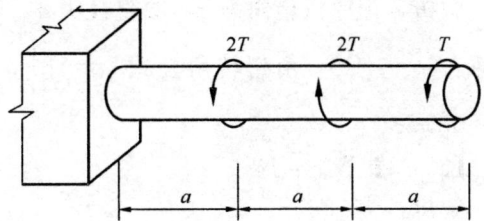

图 5.4-8　题 5.4-3 图　　　　图 5.4-9　题 5.4-4 图

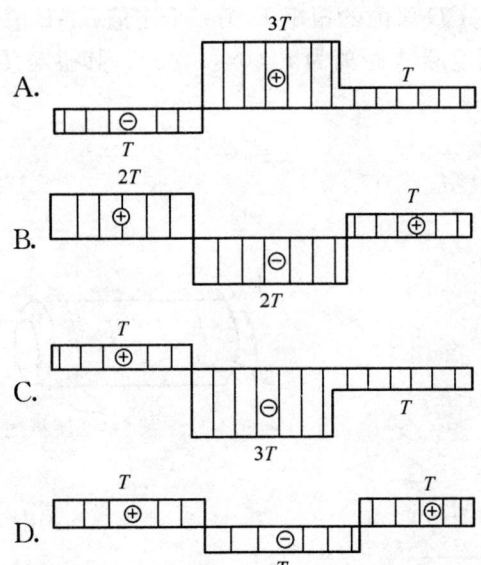

【5.4-5】图 5.4-10 所示两根圆轴，横截面面积相同，但分别是实心圆轴和空心圆轴。在相同的扭矩 T 作用下，两轴最大切应力的关系是（ ）。

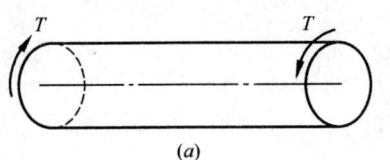

图 5.4-10　题 5.4-5 图

( )。

A. $\tau_1 > \tau_2$ B. $\tau_1 = \tau_2$ C. $\tau_1 < \tau_2$ D. 不能确定

习题答案及解析

【5.4-1】答案：A

解析：

对于 2-2 截面，由力矩平衡可得：$T_2 - 2 + 5 = 0$，解得 $T_2 = -3$ kN·m

同理，对于 1-1 截面，由力矩平衡可得：$T_1 - 1 - 4.5 - 2 + 5 = 0$，解得 $T_1 = 2.5$ kN·m。

【5.4-2】答案：A

解析：记原扭转角为 φ，原直径为 d，改变后扭转角为 φ_1，改变后直径为 d_1，因此由关系：$\varphi_1 = \varphi/16$，由扭转角公式 $\varphi = \dfrac{Tl}{GI_P}$，实心圆轴极惯性矩 $I_P = \dfrac{\pi d^4}{32}$，联立可以解得 $d_1 = 0.5d$。

【5.4-3】答案：D

解析：

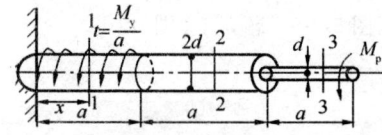

图 5.4-11 题 5-4-3 解析图一

如图 5.4-11 所示，分别在轴 AB 段、BC 段、CD 段取三个横截面 1-1、2-2、3-3。其中易得在 BC 段内的扭矩 T_2、CD 段内的扭矩 T_3 为一个定值，AB 段 1-1 截面距离固定端 A 距离为 x（$0 \leqslant x \leqslant a$），其扭矩 T_1 大小与 x 有关。

对于圆杆整体受力分析，可以得到：

$$M_A - t \cdot a - M_e = 0$$

解得：$M_A = 2M_e$，方向指向 A 端截面外。

如图 5.4-12，对于 A-1 段，

$$M_A - M_1 - tx = 0$$

得到：

$$M_1 = 2M_e - \dfrac{M_e}{a}x \quad (0 \leqslant x \leqslant a)$$

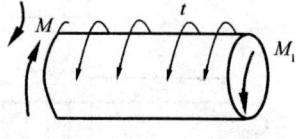

图 5.4-12 题 5-4-3 解析图二

因此求得扭转切应力：

$$\tau_1 = \dfrac{M_1}{W_{P1}} = \dfrac{2\left(2M_e - \dfrac{M_e}{a}x\right)}{\pi d^3} \quad (0 \leqslant x \leqslant a)$$

所以 AB 段的最大切应力：

$$\tau_{1\max} = \dfrac{4M_e}{\pi d^3}$$

同理，可以求得：

$$\tau_{2\max} = \dfrac{2M_e}{\pi d^3}$$

$$\tau_{3\max} = \dfrac{16M_e}{\pi d^3}$$

因而整个圆杆的最大切应力：

$$\tau_{\max} = \frac{16 M_e}{\pi d^3}$$

发生在 CD 段。

【5.4-4】答案：D

解析：对整体受力分析，可得左端反力偶为 T，方向指向截面外。由左端依次向右端截面分析，可以得到扭矩依次为：$+T$、$-T$、$+T$。

【5.4-5】答案：A

解析：设 d_1 为实心圆直径，D_2 为空心圆外径，d_2 为空心圆内径，$\alpha_2 = d_2/D_2$，由两轴横截面面积相等可以得到：

$$\frac{\pi d_1^2}{4} = \frac{\pi D_2^2 (1-\alpha^2)}{4}$$

即：

$$\frac{d_1}{D_2} = \sqrt{1-\alpha_2^2}$$

对于实心圆轴，抗扭截面系数：

$$W_{P1} = \frac{\pi d_1^3}{16}$$

对于空心圆轴，抗扭截面系数：

$$W_{P2} = \frac{\pi D_2^3 (1-\alpha^4)}{16}$$

两轴受到相同扭矩 T 的作用，则两轴最大切应力比值：

$$\frac{\tau_{1\max}}{\tau_{2\max}} = \frac{\dfrac{T}{W_{P1}}}{\dfrac{T}{W_{P2}}} = \frac{W_{P2}}{W_{P1}} = \frac{\dfrac{\pi D_2^3 (1-\alpha_2^4)}{16}}{\dfrac{\pi d_1^3}{16}} = \frac{D_2^3}{d_1^3} \cdot \frac{1}{(1-\alpha_2^4)} = \frac{(1+\alpha_2^2)}{\sqrt{1-\alpha_2^2}} > 1$$

故，$\tau_1 > \tau_2$。

5.5 截面几何性质

高 频 考 点 梳 理

知识点	静矩和形心	平行轴公式	形心主轴和形心主惯性矩的概念
近三年考核频次	1	1	1

5.5.1 形心和截面一次矩（静矩）

1. 形心和截面一次矩的概念

若某杆件的截面如图 5.5-1 所示的平面图形 Ω，面积为 A。则截面对于 x、y 轴的一次矩（也称截面的静矩）：

$$S_x = \int_\Omega y \, dA$$

$$S_y = \int_\Omega x \, dA$$

截面静矩的单位量纲为长度的三次方。

截面形心 C 位置的确定：

$$x_C = \frac{S_y}{A} = \frac{\int_\Omega x\,dA}{A}$$

$$y_C = \frac{S_x}{A} = \frac{\int_\Omega y\,dA}{A}$$

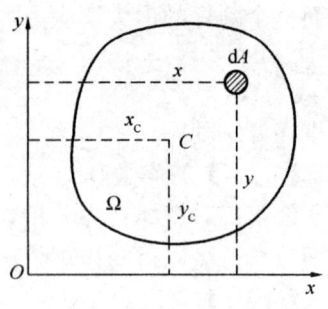

图 5.5-1　截面图形

形心 C 可能在截面 Ω 的内部或外部的某个位置。

特别地，当某轴通过截面形心时，该截面对此轴的静矩为零；反之，若截面对某轴的静矩为零，则该轴必然通过截面的形心。

2. 组合截面的形心和一次矩

将圆形（含环形）、矩形、三角形、半圆形等面积和形心均很容易计算的平面图形称为简单图形，相应的截面称为简单截面。由若干个简单截面组合而成的截面称为组合截面，如图 5.5-2 所示。

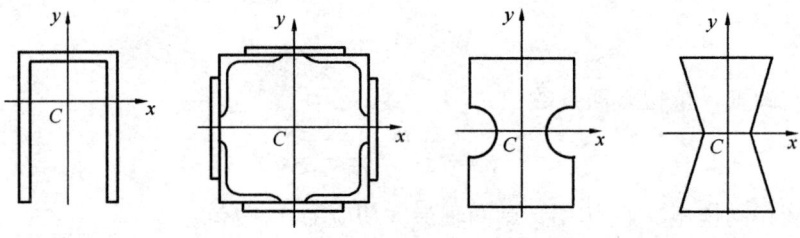

图 5.5-2　组合截面

若组合截面 Ω 由 n 个面积为 A_i 的简单截面 Ω_i 组成，记为 $\Omega = \sum_{i=1}^{n}\Omega_i$，组合截面的面积 $A = \sum_{i=1}^{n} A_i$，则组合截面 Ω 的静矩

$$S_x = \int_\Omega y\,dA = \sum_{i=1}^{n} S_{xi} = \sum_{i=1}^{n} A_i y_{Ci}$$

$$S_y = \int_\Omega x\,dA = \sum_{i=1}^{n} S_{yi} = \sum_{i=1}^{n} A_i x_{Ci}$$

若 C 为组合截面的形心，则组合截面形心 C 的坐标为

$$x_C = \frac{S_y}{A} = \frac{\sum_{i=1}^{n} S_{yi}}{\sum_{i=1}^{n} A_i} = \frac{\sum_{i=1}^{n} A_i x_{Ci}}{\sum_{i=1}^{n} A_i}$$

$$y_C = \frac{S_x}{A} = \frac{\sum_{i=1}^{n} S_{xi}}{\sum_{i=1}^{n} A_i} = \frac{\sum_{i=1}^{n} A_i y_{Ci}}{\sum_{i=1}^{n} A_i}$$

以上各式中 x_{Ci}、y_{Ci} 为第 i 个简单截面的形心坐标，A_i 为第 i 个简单截面的面

积。特别地,截面的面积可正也可负,对于截面中的空洞部分,可取负面积计算。

【例 5.5-1】如图 5.5-3 所示半径为 R 的半圆形截面,则其形心 C 的位置为( )。

A. $(0, 0)$ B. $\left(0, \dfrac{R}{2}\right)$

C. $\left(0, \dfrac{4R}{3\pi}\right)$ D. $\left(0, \dfrac{R}{2\pi}\right)$

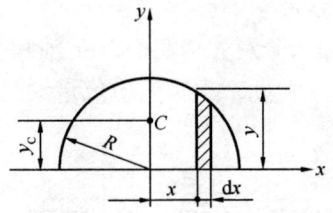

图 5.5-3 例 5.5-1 图

解析:半圆形截面关于 y 轴对称,所以形心 C 必定在 y 轴上,即 $x_C = 0$。半圆形截面的截面面积 $A = \dfrac{\pi R^2}{2}$。

在坐标内,半圆周线的方程为

$$y = \sqrt{R^2 - x^2}$$

图中阴影微面积 $dA = y dx$,微面积的中心高度为 $\dfrac{y}{2}$。因而该微面积对 x 轴的静矩

$$dS_x = \dfrac{y}{2} dA = \dfrac{1}{2} y^2 dx = \dfrac{1}{2}(R^2 - r^2) dx$$

半圆形截面对 x 轴的静矩

$$S_x = \int_A dS_x = \dfrac{1}{2} \int_{-R}^{R} (R^2 - r^2) dx = \dfrac{2R^3}{3}$$

所以半圆形截面形心 C 的纵坐标

$$y_C = \dfrac{S_x}{A} = \dfrac{4R}{3\pi}$$

故答案选 C。

5.5.2 截面二次矩和惯性半径

1. 惯性矩、极惯性矩

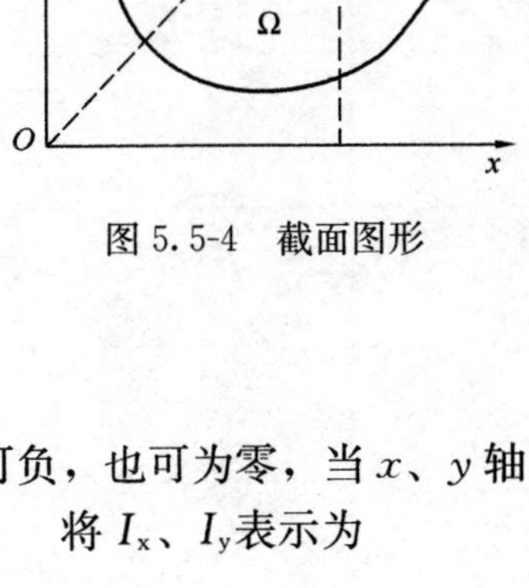

某杆件的截面为图 5.5-4 所示平面图形 Ω,面积为 A,记 I_x、I_y 分别为截面对 x 轴、y 轴的惯性矩,I_{xy} 为截面对 x、y 二轴的惯性积,I_P 为截面对原点 O 的极惯性矩。则

$$I_x = \int_\Omega dI_x = \int_\Omega y^2 dA$$

$$I_y = \int_\Omega dI_y = \int_\Omega x^2 dA$$

$$I_{xy} = \int_\Omega xy dA$$

$$I_P = \int_\Omega dI_P = \int_\Omega \rho^2 dA = \int_\Omega (x^2 + y^2) dA$$

图 5.5-4 截面图形

且有

$$I_P = I_x + I_y$$

惯性矩 I_x、I_y 及极惯性矩 I_P 恒为正值。惯性积 I_{xy} 可正可负,也可为零,当 x、y 轴中有一个轴为截面的对称轴时,就会有 $I_{xy} = 0$。

将 I_x、I_y 表示为

$$I_x = A i_x^2,\ I_y = A i_y^2$$

解出来

$$i_x = \sqrt{\frac{I_x}{A}}, i_y = \sqrt{\frac{I_y}{A}}$$

i_x、i_y 分别称为截面对 x 轴和 y 轴的惯性半径。

截面二次矩的单位量纲是长度的四次方，惯性半径的单位量纲为长度。

简单截面的几何性质　　　　　　　表 5.5-1

截　面	面积与形心	惯性矩和惯性积	惯性半径
(直角三角形)	$A = \dfrac{bh}{2}$ $x_C = \dfrac{b+c}{3}$ $y_C = \dfrac{h}{3}$	$I_x = \dfrac{bh^3}{36}$ $I_y = \dfrac{(b^2-bc+c^2)bh}{36}$ $I_{xy} = \dfrac{(b-2c)bh^2}{72}$ $I_p = \dfrac{(h^2+b^2-bc+c^2)bh}{36(a+b)}$	$i_x = \dfrac{h}{3\sqrt{2}}$ $i_y = \dfrac{\sqrt{b^2-bc+c^2}}{3\sqrt{2}}$
(梯形)	$A = \dfrac{(a+b)h}{2}$ $y_C = \dfrac{(2a+b)h}{3(a+b)}$	$I_x = \dfrac{(a^2+4ab+b^2)h^3}{36(a+b)}$	$i_x = \dfrac{h\sqrt{a^2+4ab+b^2}}{3\sqrt{2}(a+b)}$
(半圆)	$A = \dfrac{\pi r^2}{2}$ $y_C = \dfrac{4r}{3\pi}$	$I_x = \dfrac{(9\pi^2-64)r^4}{72\pi}$ $I_y = \dfrac{\pi r^4}{8}$ $I_{xy} = 0$	$i_x = \dfrac{r\sqrt{9\pi^2-64}}{6\pi}$ $i_y = \dfrac{r}{2}$
(椭圆)	$A = \pi ab$ $x_C = a$ $y_C = b$	$I_x = \dfrac{\pi ab^3}{4}$ $I_y = \dfrac{\pi ba^3}{4}$ $I_{xy} = 0$	$i_x = \dfrac{b}{2}$ $i_y = \dfrac{a}{2}$
(矩形)	$A = bh$ $x_C = 0$ $y_C = 0$	$I_x = \dfrac{bh^3}{12}$ $I_y = \dfrac{hb^3}{12}$	$i_x = \dfrac{h}{2\sqrt{3}}$ $i_y = \dfrac{b}{2\sqrt{3}}$

续表

截 面	面积与形心	惯性矩和惯性积	惯性半径
	$A = \dfrac{\pi D^2}{4}$ $x_C = 0$ $y_C = 0$	$I_x = I_y = \dfrac{\pi D^4}{64}$ $I_p = \dfrac{\pi D^4}{32}$	$i_x = i_y = \dfrac{D}{4}$
	$A = \dfrac{\pi D^2}{4}(1-\alpha^2)$ $x_C = 0$ $y_C = 0$ $\alpha = \dfrac{d}{D}$	$I_x = I_y = \dfrac{\pi D^4(1-\alpha^4)}{64}$ $I_p = \dfrac{\pi D^4(1-\alpha^4)}{32}$	$i_x = i_y = \dfrac{\sqrt{D^2+d^2}}{4}$

注：以上各坐标轴原点均在图形形心处。

【例 5.5-2】在 yOz 正交坐标系中，设图标对 y、z 轴得惯性矩分别为 I_y、I_z，则图标对坐标原点的极惯性矩为（　　）。

A. $I_p = I_y + I_z$　　　　　　　　　　B. $I_p = I_y^2 + I_z^2$

C. $I_p = 0$　　　　　　　　　　　　　D. $I_p = \sqrt{I_y^2 + I_z^2}$

解析： 由定义可得 $I_p = I_y + I_z$。故答案选 A。

2. 平行移轴公式

同一个截面对于彼此平行的两轴的二次矩是不同的，当其中一轴为形心轴时它们之间有比较简单的关系，亦即平行移轴公式。

如图 5.5-5 所示截面 Ω，C 是截面 Ω 的形心，C 在坐标系 xOy 内的坐标是 (b, a)，形心坐标系 x_0y_0 的原点在 C 处，且 Cx_0 与 Ox、Cy_0 与 Oy 彼此平行。则有

$$I_x = I_{x_0} + a^2 A$$
$$I_y = I_{y_0} + b^2 A$$
$$I_{xy} = I_{x_0 y_0} + abA$$

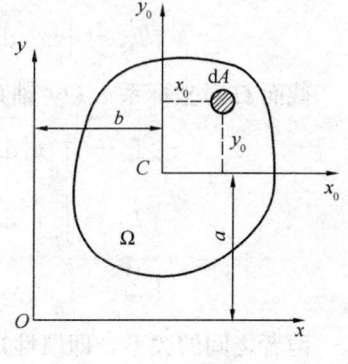

图 5.5-5　平行移轴

即平移轴公式。式中 I_{x_0}、I_{y_0}、$I_{x_0 y_0}$ 是截面 Ω 对形心轴系得二次矩。

可以看出，截面关于形心轴得惯性矩 I_{x_0}、I_{y_0} 为最小。

【例 5.5-3】图 5.5-6 所示矩形截面对 z_1 轴的惯性矩 I_{z1} 为（　　）。

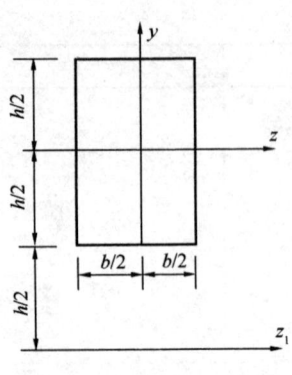

图 5.5-6　例 5.5-3 题图

A. $I_{z1}=\dfrac{13bh^3}{12}$　　B. $I_{z1}=\dfrac{2bh^3}{3}$

C. $I_{z1}=\dfrac{bh^3}{3}$　　D. $I_{z1}=\dfrac{bh^3}{12}$

解析：由平行移轴公式可以得到

$$I_{z1}=I_z+Ah^2=\dfrac{bh^3}{12}+bh^3=\dfrac{13bh^3}{12}$$

故答案选 A。

【例5.5-3】

3. 组合截面二次矩

组合截面 Ω 是由 n 个简单截面 Ω_i 组成，即 $\Omega=\sum\limits_{i=1}^{n}\Omega_i$。则组合截面 Ω 的二次矩

$$I_x=\sum_{i=1}^{n}I_{xi}$$

$$I_y=\sum_{i=1}^{n}I_{yi}$$

$$I_{xy}=\sum_{i=1}^{n}I_{xyi}$$

5.5.3　主惯性轴系

1. 转轴公式

如图 5.5-7 所示截面 Ω、坐标系 xOy、坐标系 x_1Oy_1。其中 x_1Oy_1 是由 xOy 逆时针转 α 角得到的。

截面 Ω 对坐标系 xOy 轴系的二次矩为：

$$I_x=\int_\Omega y^2 dA$$

$$I_y=\int_\Omega x^2 dA$$

$$I_{xy}=\int_\Omega xy\, dA$$

截面 Ω 对坐标系 x_1Oy_1 轴系的二次矩为：

$$I_{x1}=\int_\Omega y_1^2 dA$$

$$I_{y1}=\int_\Omega x_1^2 dA$$

$$I_{x1y1}=\int_\Omega x_1 y_1\, dA$$

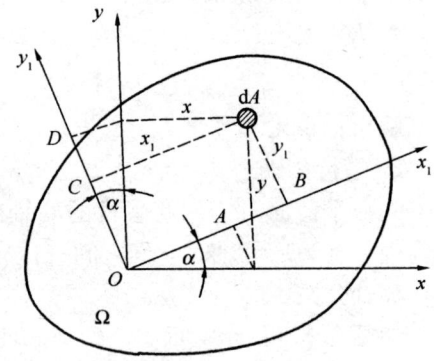

图 5.5-7　截面转轴

两者之间的关系，即惯性矩的转轴公式和惯性积的转轴公式为：

$$I_{x1}=\dfrac{I_x+I_y}{2}+\dfrac{I_x-I_y}{2}\cos 2\alpha-I_{xy}\sin 2\alpha$$

$$I_{y1}=\dfrac{I_x+I_y}{2}-\dfrac{I_x-I_y}{2}\cos 2\alpha+I_{xy}\sin 2\alpha$$

$$I_{x1y1}=\dfrac{I_x-I_y}{2}\sin 2\alpha+I_{xy}\cos 2\alpha$$

由此能够得到两个关系：

(1) $\tan 2\alpha = -\dfrac{2I_{xy}}{I_x - I_y}$；

(2) 截面关于互相垂直两轴的惯性矩之和为常量，即 $I_{x1} + I_{y1} = I_x + I_y = $ 常数。

2. 主惯性轴系

若截面图形通过的某点，该点有一对正交轴系，则称这对坐标轴为图形在该点的<u>主惯性轴</u>，图形关于该坐标轴系的惯性矩为<u>主惯性矩</u>。若正交轴系的 O 点为图形截面的形心，则该对坐标轴为图形的<u>形心主惯轴</u>，图形截面关于该坐标轴系的惯性矩为<u>形心主惯性矩</u>。

形心主惯性轴系有以下特点：

(1) 惯性积 $I_{xy} = 0$；

(2) 惯性矩为共原点各轴系惯性矩中的极值惯性矩。

$$I_{\max} = \frac{I_x + I_y}{2} + \frac{\sqrt{(I_x - I_y)^2 + 4I_{xy}}}{2}$$

$$I_{\min} = \frac{I_x + I_y}{2} - \frac{\sqrt{(I_x - I_y)^2 + 4I_{xy}}}{2}$$

即 $I_{\max}$、$I_{\min}$ 又称形心主惯性矩。

习　题

【5.5-1】面积相等的两个图形分别如图 5.5-8 的 (a)、(b) 所示，它们对对称轴 y、z 轴的惯性矩之间的关系为（　　）。

A. $I_z^a > I_z^b$，$I_y^a > I_y^b$　　　　　　B. $I_z^a > I_z^b$，$I_y^a = I_y^b$

C. $I_z^a = I_z^b$，$I_y^a > I_y^b$　　　　　　D. $I_z^a < I_z^b$，$I_y^a < I_y^b$

【5.5-2】矩形截面挖去一个边长为 a 的正方形，如图 5.5-9 所示，该截面对 z 轴的惯性矩 I_z 为（　　）。

A. $I_z = \dfrac{bh^3}{12} - \dfrac{4a^4}{3}$　　　　　　B. $I_z = \dfrac{bh^3}{12} - \dfrac{7a^4}{12}$

C. $I_z = \dfrac{bh^3}{12} - \dfrac{a^4}{3}$　　　　　　D. $I_z = \dfrac{bh^3}{12} - \dfrac{a^4}{12}$

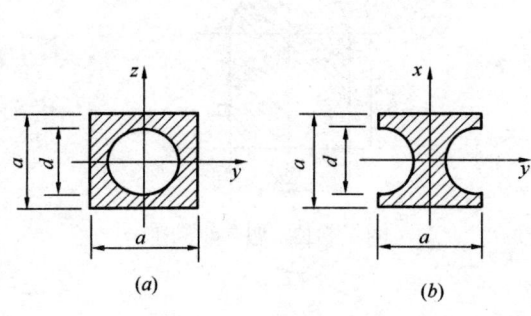

图 5.5-8　题 5.5-1 图

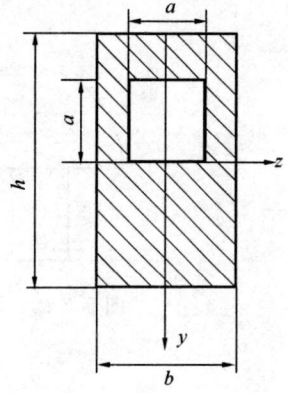

图 5.5-9　题 5.5-2 图

【5.5-3】图 5.5-10 所示截面的抗弯截面模量 W_z 为（　　）。

A. $W_z = \dfrac{\pi d^3}{32} - \dfrac{a^3}{6}$ 　　　　　　B. $W_z = \dfrac{\pi d^3}{32} - \dfrac{a^4}{6d}$

C. $W_z = \dfrac{\pi d^3}{64} - \dfrac{a^3}{6}$ 　　　　　　D. $W_z = \dfrac{\pi d^3}{64} - \dfrac{a^4}{6d}$

【5.5-4】图 5.5-11 所示矩形，$b=2h/3$，两侧各切去直径 $d=h/2$ 的半圆形，则切后图形的惯性矩 I_{x1} 与原矩形的惯性矩 I_x 的比值为（　　）。

A. $\dfrac{I_{x1}}{I_x} = 1 - \dfrac{9\pi}{256}$ 　　　　　　B. $\dfrac{I_{x1}}{I_x} = 1 - \dfrac{9\pi}{512}$

C. $\dfrac{I_{x1}}{I_x} = 1 - \dfrac{9\pi}{1024}$ 　　　　　　D. $\dfrac{I_{x1}}{I_x} = 1 - \dfrac{9\pi}{128}$

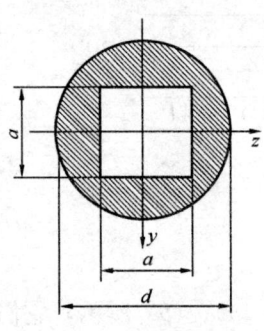

图 5.5-10　题 5.5-3 图　　　　　图 5.5-11　题 5.5-4 图

【5.5-5】图 5.5-12 半圆形的半径 $r=1\mathrm{m}$，则该图形对 x 轴的惯性矩为（　　）。

A. $I_x = \left(\dfrac{5\pi}{8} - \dfrac{8}{9\pi}\right) \mathrm{m}^4$ 　　　　　　B. $I_x = \left(\dfrac{5\pi}{8} + \dfrac{4}{3}\right) \mathrm{m}^4$

C. $I_x = \left(\dfrac{\pi}{8} - \dfrac{8}{9\pi}\right) \mathrm{m}^4$ 　　　　　　D. $I_x = \left(\dfrac{\pi}{2} + \dfrac{8}{9\pi} + \dfrac{4}{3}\right) \mathrm{m}^4$

【5.5-6】如图 5.5-13 所示的截面，其轴惯性矩的关系为（　　）。

A. $I_{z1} < I_{z2}$　　　　B. $I_{z1} = I_{z2}$　　　　C. $I_{z1} > I_{z2}$　　　　D. 不能确定

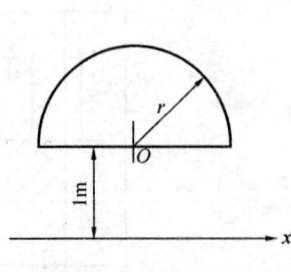 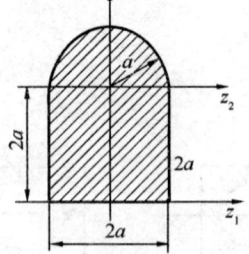

图 5.5-12　题 5.5-5 图　　　　　图 5.5-13　题 5.5-6 图

习题答案及解析

【5.5-1】答案：B

解析：由定义可以知道 $I_z = \int_A y^2 dA$，两个图形截面面积相等，比较 I_z 即比较截面对于 z 轴的距离，很明显可以得到图形 a 中截面面积距离 z 轴较远，因而 $I_z^a > I_z^b$，同理可以得到 $I_y^a = I_y^b$。

【5.5-2】答案：C
解析：正方形对形心 z_0 轴的惯性矩

$$I_{z0,\text{正}} = \frac{a^4}{12}$$

正方形对 z 轴的惯性矩

$$I_{z,\text{正}} = I_{z0,\text{正}} + Aa^2 = \frac{a^4}{12} + a^2 \cdot \left(\frac{a}{2}\right)^2 = \frac{a^4}{3}$$

所以该截面对应 z 轴的惯性矩

$$I_z = \frac{bh^3}{12} - \frac{a^4}{3}$$

【5.5-3】答案：B
解析：圆形对 z 轴的惯性矩

$$I_{z,y} = \frac{\pi d^4}{64}$$

正方形对 z 轴的惯性矩

$$I_{z,f} = \frac{a^4}{12}$$

截面对于 z 轴的惯性矩

$$I_z = I_{z,y} - I_{z,f} = \frac{\pi d^4}{64} - \frac{a^4}{12}$$

抗弯模量

$$W_z = \frac{I_z}{y_{\max}} = \frac{\frac{\pi d^4}{64} - \frac{a^4}{12}}{\frac{d}{2}} = \frac{\pi d^3}{32} - \frac{a^4}{6d}$$

【5.5-4】答案：B
解析：原矩形对 x 轴的惯性矩

$$I_x = \frac{bh^3}{12} = \frac{h^4}{18}$$

切后图形对 x 轴的惯性矩

$$I_{x1} = \frac{\left(\frac{2}{3}h\right)h^3}{12} - 2 \times \frac{\pi \left(\frac{h}{4}\right)^4}{8} = \frac{h^4}{18} - \frac{\pi h^4}{1024}$$

切后图形惯性矩与原矩形惯性矩之比

$$\frac{I_{x1}}{I_x} = \frac{\left(\frac{1}{18} - \frac{\pi}{1024}\right)h^4}{\frac{h^4}{18}} = 1 - \frac{9\pi}{512}$$

【5.5-5】答案：B
解析：形心 xC 轴距 x 轴的距离

$$a = \frac{4r}{3\pi} + r = \left(\frac{4}{3\pi} + 1\right) \mathrm{m}$$

则该图形对 x 轴的惯性矩

$$I_x = \frac{\pi r^4}{8} + \left(\frac{4r}{3\pi} + r\right)^2 \cdot \frac{\pi r^2}{2} = \frac{4}{3} + \frac{5\pi}{8} \ \mathrm{m}^4$$

【5.5-6】答案：C

解析：由平行移轴定理，得 I_z 与距离 a^2 成正比关系，可以得到整体得形心在矩形形心和半圆形形心之间，即距离 z_2 轴的距离小于距离 z_1 轴的距离，因而 $I_{z1} > I_{z2}$。

5.6 弯 曲

高 频 考 点 梳 理

知识点	梁的内力方程	弯矩图和剪力图	弯曲正应力求解和强度条件	弯曲剪应力的强度条件	梁的挠度计算
近三年考核频次	1	1	2	1	3

5.6.1 弯曲内力

1. 平面弯曲

当外力方向垂直于杆件轴线或外力偶作用在通过杆轴得平面内时，这些杆件的轴线将发生形状变化，如轴线由直变弯或曲率发生改变，这种变形形式称为弯曲。以弯曲变形为主的杆件称为梁。

当直梁的横截面具有对称轴（图 5.6-1），全梁有纵向对称面，并且所有外力都位于该对称面内，梁的轴线由直线弯成位于该对称平面内的一条平面曲线（图 5.6-2），这种弯曲称为平面弯曲。

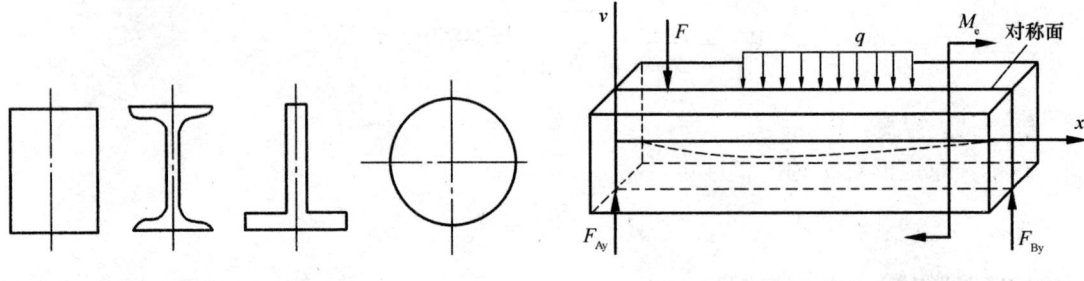

图 5.6-1 梁横截面图 　　　　　图 5.6-2 梁的平面弯曲

当梁的约束力数等于独立的平衡方程数目时，这种梁称为静定梁，静定梁通常可用平面力系的三个平衡方程求出其三个未知的约束力。当梁的约束力数目多于独立的平衡方程数目时，这时仅用平衡方程就不能确定约束力，这种梁称为超静定梁。

2. 弯曲内力——剪力与弯矩

（1）剪力：梁横截面上垂直于轴线（切向分布）内力的合力，称为剪力，用 F_S 表示。

（2）弯矩：梁横截面上法向分布内力形成的合力偶矩，称为弯矩，用 M 表示。

（3）弯矩与剪力的正负：自梁内取出 $\mathrm{d}x$ 小段，其错动趋势如图 5.6-3 所示，即顺时针错动时剪力为正（图 5.6-3a），反之为负（图 5.6-3b）。当 $\mathrm{d}x$ 小段弯成下凸时弯矩为正

（图 5.6-3c），反之为负（图 5.6-3d）。

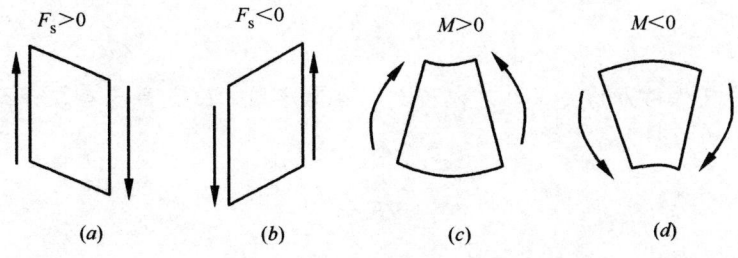

图 5.6-3 弯矩、剪力的正负

（4）弯矩、剪力的计算。采用截面法计算。

如图 5.6-4（a）所示梁，其两端约束力为 F_{Ay}、F_{Ax}、F_{By}，假想将梁在截面 C 截开，任选一段，研究其平衡。先取左段为研究对象，如图 5.6-4（b）所示，将左段梁上所有外力向截面 C 的形心 O 点简化，得主矢量 F_S' 和主矩 M'（图 5.6-4b 中虚线所示）由此可知，为了维护 AC 段的平衡，C 截面上必然作用着两个内力分量：与主矢量 F_S' 平衡的内力 F_S，和与主矩 M' 平衡的内力偶矩 M。由左段梁得平衡条件可得截面 C 上的剪力和弯矩。

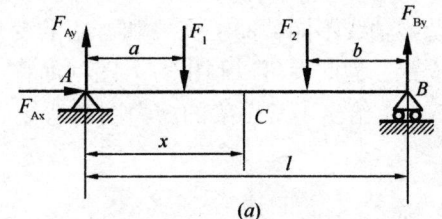

$$\Sigma F_x = 0, F_{Ax} = 0$$
$$\Sigma F_y = 0, F_{Ay} - F_1 - F_S = 0$$
$$F_S = F_{Ay} - F_1$$
$$\Sigma M_o = 0, M + F_1(x-a) - F_{Ay}x = 0$$
$$M = F_{Ay}x - F_1(x-a)$$

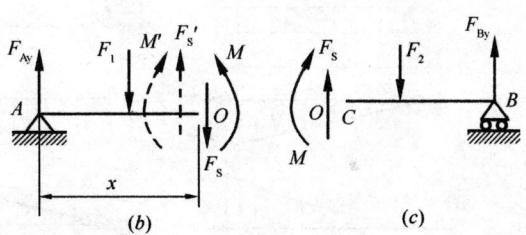

图 5.6-4 梁的弯矩剪力图

同理，若以右段为研究对象（图 5.6-4c），根据 CB 段的平衡条件求 C 截面内力，将得到与上式数值相同的剪力，但方向相反。这是因为它们是作用力与反作用力的关系。

【例 5.6-1】带有中间铰的静定梁受载情况如图 5.6-5 所示，则（　　）。

A. a 越大，则 M_A 越大

B. a 越大，则 R_A 越大

C. l 越大，则 M_A 越大

D. l 越大，则 R_A 越大

解析：在 C 点对梁拆开，进行受力分析，如图 5.6-6 所示。

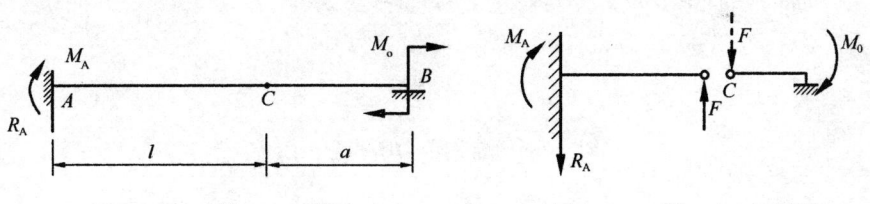

图 5.6-5 例 5.6-1 题图　　图 5.6-6 例 5.6-1 解析图

容易得到，在左半段，C 点截面存在方向向下的力 F，且

$$F = \frac{M_0}{a}$$

由作用力与反作用力的关系，可以得到，在右半段，C 点截面存在方向向上的力 F，对右半段进行受力分析

$$R_A = F = \frac{M_0}{a}$$

$$M_A = Fl = \frac{M_0}{a}l$$

因此，a 越大，R_A、M_A 越小；l 越大，M_A 越大，R_A 不变。故答案选 C。

3. 剪力图与弯矩图

通常，梁的剪力和弯矩随截面的位置不同而改变。为了作梁的强度和刚度计算，有必要知道沿梁轴线不同截面上剪力和弯矩的变化规律，尤其是最大剪力和弯矩的数值及其所在截面位置。为此，可以画出剪力图（简称 F_S 图）和弯矩图（简称 M 图）。

图 5.6-7 给出了常用梁的剪力图和弯矩图。可以通过叠加法画出大部分梁的剪力图和弯矩图。

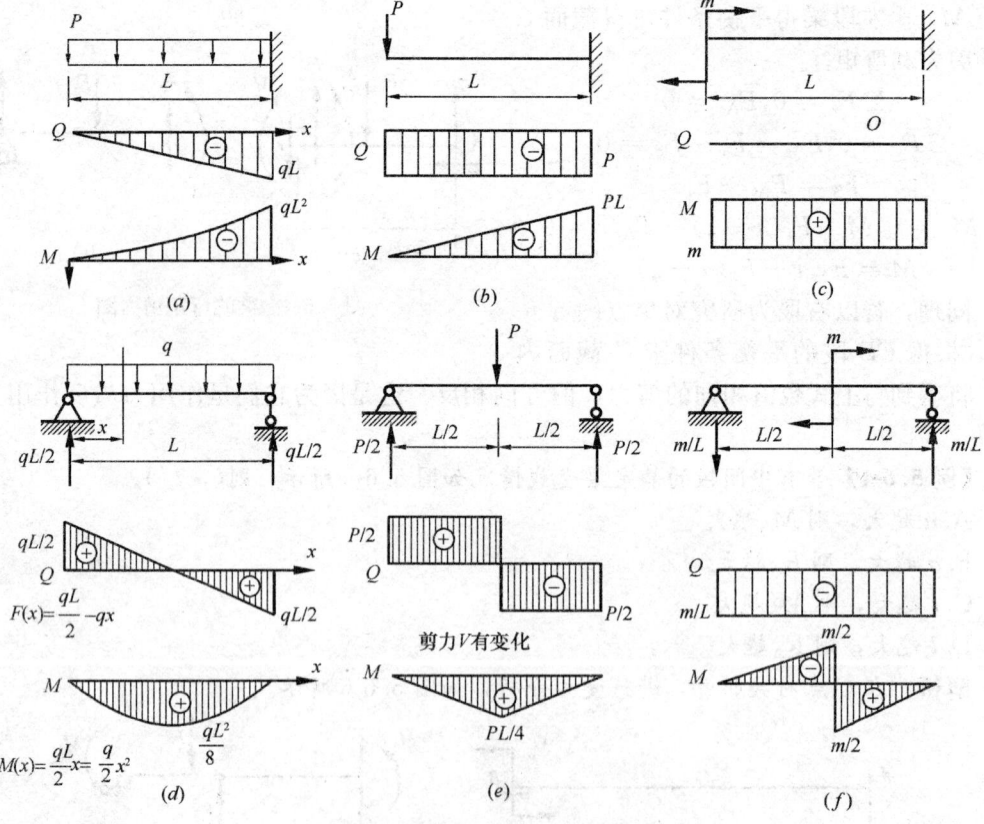

图 5.6-7 常用剪力图和弯矩图

4. 剪力、弯矩和分布载荷集度之间的关系

若规定分布载荷集度 q 向上为正，则弯矩、剪力和分布载荷集度间存在微分关系：

$$\frac{\mathrm{d}F_\mathrm{S}}{\mathrm{d}x} = q$$

$$\frac{\mathrm{d}M}{\mathrm{d}x} = F_\mathrm{S}$$

$$\frac{\mathrm{d}^2 M}{\mathrm{d}x^2} = q$$

上述关系式表明，F_S 图某点处的切线斜率等于相应截面处的载荷集度。M 图中某点处的切线斜率等于相应截面处的剪力 F_S。如表 5.6-1 所示。

几种常见外力与剪力图、弯矩图的关系　　　　表 5.6-1

外力	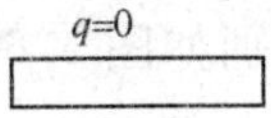 $q=0$	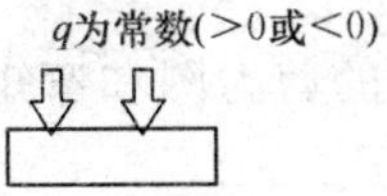 q 为常数(>0或<0)	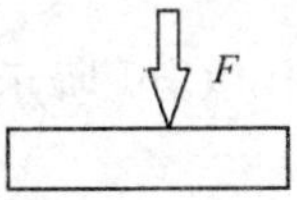 F（集中力）	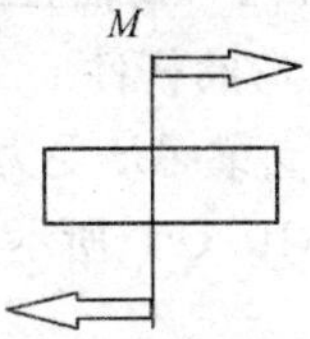 M（集中力偶）
剪力图	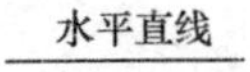 水平直线	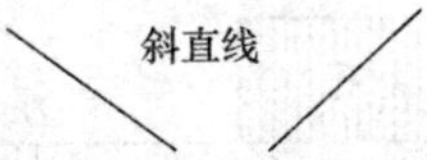 斜直线	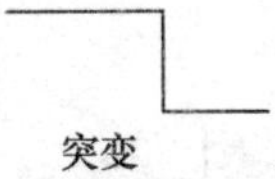 突变	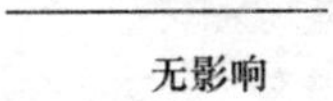 无影响
弯矩图	 斜直线	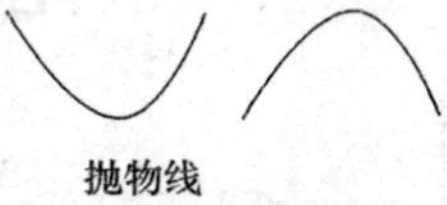 抛物线	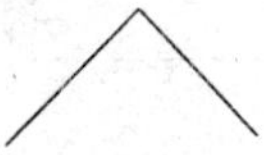 尖角	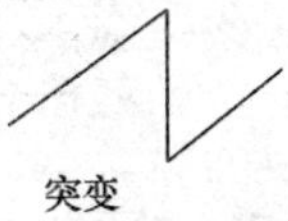 突变

注：$q<0$ 时，F_S 图切线斜率为负，弯矩图为向上凸的曲线；$q>0$ 时，F_S 图切线斜率为正，弯矩图为向下凹的曲线。

在没有集中力和集中力偶作用的区段 $[x_1, x_2]$，弯矩、剪力与分布载荷集度存在积分关系：

$$F_\mathrm{S}(x_2) = F_\mathrm{S}(x_1) + \int_{x_1}^{x_2} q\mathrm{d}x$$

$$M(x_2) = M(x_1) + \int_{x_1}^{x_2} F_\mathrm{S}\mathrm{d}x$$

在区段 $[x_1, x_2]$ 上，剪力和弯矩的右端值 $F_\mathrm{S}(x_2)$、$M(x_2)$ 分别等于左端值 $F_\mathrm{S}(x_1)$、$M(x_1)$ 与区段内 q 图及 F_S 图面积之和。

【例 5.6-2】梁的弯矩图如图 5.6-8 所示，最大值在 B 截面。在梁的 A、B、C、D 四个截面中，剪力为 0 的截面是（　　）。

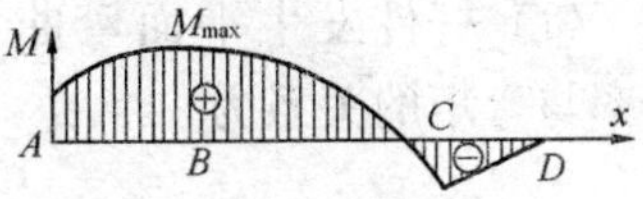

A. D 截面　　　　　　　　　　B. C 截面
C. B 截面　　　　　　　　　　D. A 截面

图 5.6-8 例 5.6-2 题图

解析：由弯矩、剪力与分布载荷集度之间的微分关系 $\dfrac{\mathrm{d}M}{\mathrm{d}x} = F_\mathrm{S}$ 可得，弯矩图中切线斜率为 F_S，故剪力 F_S 为 0 处是弯矩图中斜率为 0 的截面。故答案选 C。

【例 5.6-3】 试画出如图 5.6-9 所示梁的剪力图与弯矩图。

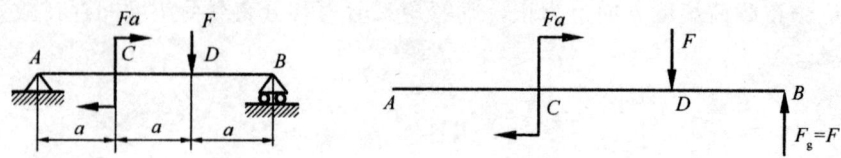

图 5.6-9　例 5.6-3 题图

解析： 首先需要对梁进行受力分析，得到梁所受外力和支持力 $F_B=F$ 方向向上。
答案： 剪力图和弯矩图如图：

5.6.2　弯曲正应力

1. 弯曲杆件

简支梁 AB 受力如图 5.6-10（a）所示，梁的剪力图和弯矩图分别如图 5.6-10（b）、图 5.6-10（c）所示。

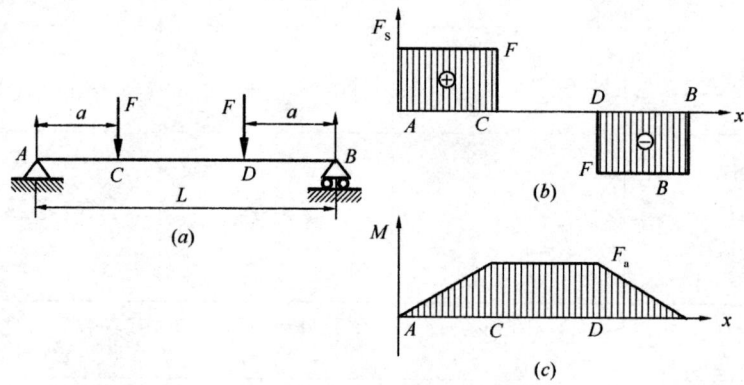

图 5.6-10　简支梁受力

（1）纯弯曲：平面弯曲梁的内力只有弯矩没有剪力，如在 CD 段上。
（2）横力弯曲：平面弯曲梁的内力既有弯矩又有剪力，如在 AB 段和 DB 段。
（3）中性层：梁弯曲时既不伸长、也不缩短的材料层。
（4）中性轴：中性层与横截面的交线称为中性轴，如图 5.6-11 所示。

2. 梁横截面上的正应力

（1）杆件发生平面弯曲且处于先弹性范围内时，曲率与弯矩的关系为

$$\frac{1}{\rho} = \frac{M}{EI_z}$$

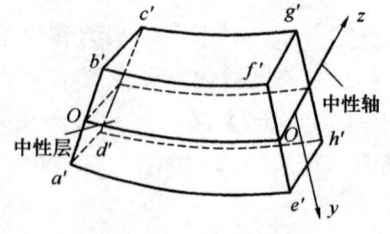

图 5.6-11　中性轴

式中：　　　ρ——变形后中性层的曲率半径；
$I_z = \int_A y^2 d$ ——横截面对中性轴 z 的惯性矩；

EI_z——梁的抗弯刚度。

上式表明：中性层的曲率与梁上的弯矩成正比，与梁的抗弯刚度成反比。

（2）平面弯曲梁横截面上的正应力

假设纵向纤维只承受轴向拉伸或压缩，于是在正应力不超过比例极限时，则横截面上正应力分布如图5.6-12所示。

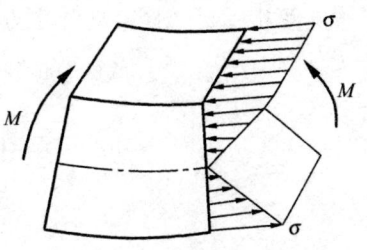

图5.6-12 横截面上应力

分布规律：横截面上任一点处的正应力与该点到中性轴的距离成正比，而在距中性轴等距离的各点的正应力相等，且横截面以中性层面为界，一半正应力为拉应力，另一半正应力为压应力。

梁横截面上的正应力公式：

$$\sigma = \frac{My}{I_z}$$

式中：y——距离中性轴 z 的距离。

在计算梁的正应力时，M 和 y 可用绝对值。

应力的正负号（拉、压）可直接由观察判断。

3. 弯曲正应力的强度条件及应用

对于等截面梁，最大正应力发生在最大弯矩截面上、下边缘处，即 $y=y_{max}$ 处，故

$$\sigma_{max} = \frac{M_{max} \cdot y_{max}}{I_z} = \frac{M_{max}}{I_z/y_{max}} = \frac{M_{max}}{W_z}$$

式中：$W_z = \dfrac{I_z}{y_{max}}$ 称为抗弯截面系数，它与截面形状和尺寸有关。

弯曲时正应力的强度条件为：

$$\sigma_{max} = \frac{M_{max}}{W_z} \leqslant [\sigma]$$

式中：$[\sigma]$——材料的许用应力。

对于铸铁等脆性材料，由于抗拉和抗压强度不同，则应按拉伸和压缩分别进行强度计算，要求最大拉应力和最大压应力分别不超过许用拉应力 $[\sigma_t]$ 和许用压应力 $[\sigma_c]$，即

$$\sigma_{tmax} \leqslant [\sigma_t], \sigma_{cmax} \leqslant [\sigma_c]$$

【例5.6-4】悬臂梁 AB 如图5.6-13（a）所示，载荷 $F=10kN$，力偶矩 $M_e=70kN \cdot m$，若该梁截面为 $120mm \times 200mm$ 的矩形，如图5.6-13（b）所示，则梁的最大弯曲应力是（　　）。

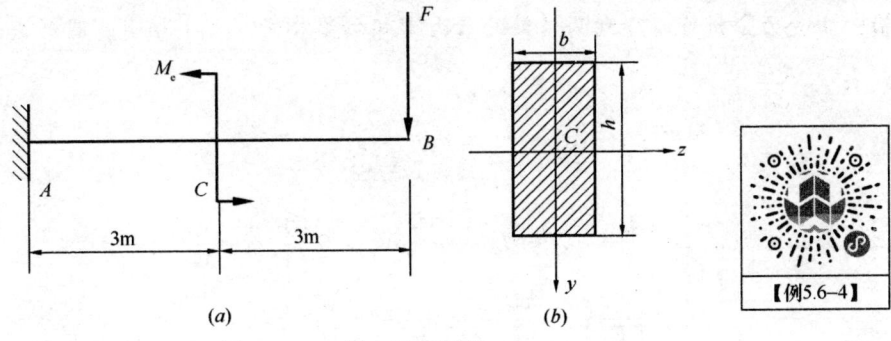

图5.6-13 例5.6-4题图

A. 40MPa　　　　　　B. 45MPa　　　　　　C. 50MPa　　　　　　D. 55MPa

解析：对 AB 梁进行受力分析，画出 AB 梁的弯矩图，如图 5.6-14 所示。

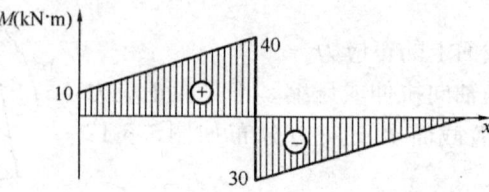

图 5.6-14　例 5.6-4 题图

可以得到，梁的最大正弯矩 $M_{max}^+ = 40\text{kN}\cdot\text{m}$，最大负弯矩 $M_{max}^- = -30\text{kN}\cdot\text{m}$，因此求解梁上最大正应力时取 $M_{max} = 40\text{kN}\cdot\text{m}$。

此梁为矩形梁，则梁的抗弯截面系数

$$W_z = \frac{I_z}{y_{max}} = \frac{bh^3/12}{h/2} = \frac{bh^2}{6} = \frac{120 \times 200^2}{6} = 8 \times 10^5 \text{mm}^3$$

则梁上最大正应力

$$\sigma_{max} = \frac{M_{max}}{W_z} = \frac{40 \times 10^6}{8 \times 10^5} = 50\text{MPa}$$

故答案选 C。

【例 5.6-5】 设图 5.6-15a、b 所示两根圆截面梁的直径分别为 d 和 $2d$，许可荷载分别为 $[P_1]$ 和 $[P_2]$。若二梁的材料相同，则 $[P_2]/[P_1]$ 等于（　　）。

A. 16　　　　　　B. 8　　　　　　C. 4　　　　　　D. 2

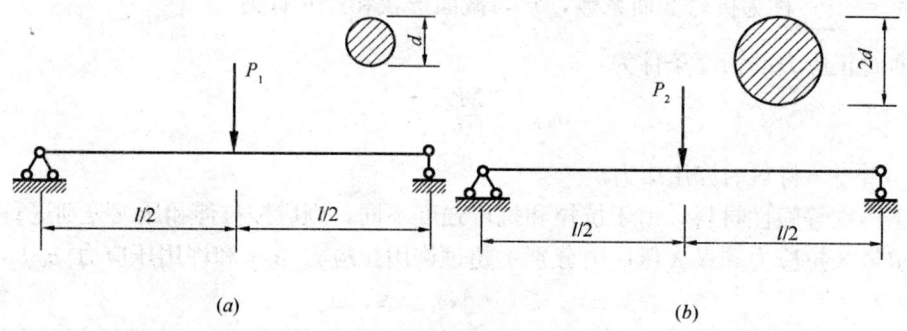

图 5.6-15　例 5.6-5 题图

解析：由受力分析可以得到两根梁的最大弯矩位置相同、大小相同。圆形截面的抗弯截面系数 $W_z = \frac{\pi d^3}{32}$，则

$$\frac{W_{z2}}{W_{z1}} = \frac{\pi d_2^3/32}{\pi d_1^3/32} = \frac{d_2^3}{d_1^3} = 8$$

梁上最大正应力 $\sigma_{max} = \frac{M_{max}}{W_z}$，即 $M_{max} = \sigma_{max} W_z$，且 $\frac{[P_2]}{[P_1]} = \frac{M_{2max}}{M_{1max}}$

故

$$\frac{[P_2]}{[P_1]} = \frac{M_{2max}}{M_{1max}} = \frac{\sigma_{2max}}{\sigma_{1max}} = \frac{W_{z2}}{W_{z1}} = 8$$

故答案选 B。

5.6.3 弯曲切应力

1. 矩形截面梁的弯曲切应力

矩形截面梁上的弯曲切应力分布如图 5.6-16 所示。

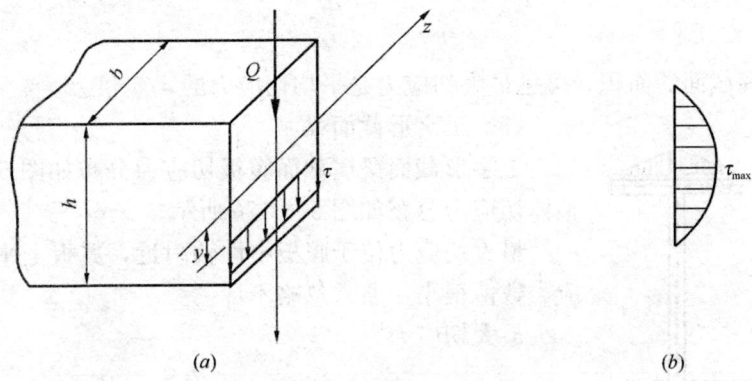

图 5.6-16 矩形截面梁弯曲切应力分布
(a) 沿截面宽度剪应力均匀分布；(b) 沿截面高度剪应力抛物线分布

有如下结论：
(1) 截面上距离中性轴 y 处各点，切应力沿 y 方向的分量相等。
(2) 由切应力互等定理，得截面左右边缘上各点的切应力均平行于侧边，即平行于 y 轴；而上下边缘上各点的切应力均为零。

切应力计算公式：

$$\tau = \frac{F_S S_z^*}{b I_z}$$

式中：F_S——横截面上的剪力；
  S_z^*——横截面上距离中性轴 y 处横线一侧的部分截面面积对中性轴的静矩；
  b——横截面的宽度；
  I_z——整个横截面面积对中性轴的惯性矩。

对于矩形截面的梁，根据静矩定义有

$$S_z^* = \int_A y_1 \mathrm{d}y_1 = \int_y^{\frac{h}{2}} b y_1 \mathrm{d}y_1 = \frac{b}{2}\left(\frac{h^2}{4} - y^2\right)$$

因而矩形截面梁的切应力

$$\tau = \frac{F_S}{2 I_z}\left(\frac{h^2}{4} - y^2\right)$$

因此可以得出矩形截面梁横截面上切应力沿截面高度呈抛物线规律变化（图 5.6-16b）

在上下边缘处：$y = \pm \frac{h}{2}$，$\tau = 0$

在中性轴上：$y = 0$，$\tau = \tau_{\max} = \frac{F_S h^2}{8 I_z}$

将惯性矩 $I_z = \frac{b h^3}{12}$ 代入上式，得 $\tau_{\max} = \frac{3 F_S}{2 b h}$，可见矩形截面梁的最大切应力为平均切应力 $\frac{F_S}{b h}$ 的 1.5 倍。

2. 其他截面梁的弯曲切应力

(1) 圆形截面梁

最大切应力

$$\tau_{max} = \frac{4}{3}\frac{F_S}{A}$$

式中：A——圆截面的面积，可见最大切应力是平均切应力的 4/3 倍。

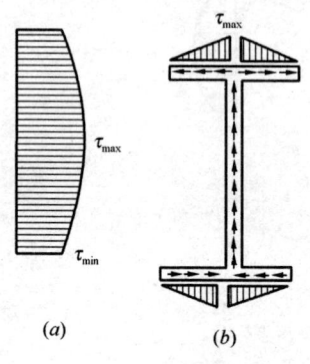

图 5.6-17 工字形截面切应力分布

(2) 工字形截面梁

工字形截面梁横截面腹板切应力分布如图 5.6-17a 所示，整体切应力分布如图 5.6-17b 所示。

最大切应力位于腹板中性轴附近，翼板上平行于 F_S 的切应力数值很小，通常忽略不计。

最大切应力

$$\tau_{max} = \frac{F_S S_{zmax}^*}{\delta I_z}$$

式中：δ 为腹板厚度，在工字形钢中，I_z/S_{zmax}^* 可查型钢表。

由截面推行对称性推知：下翼缘右半部分及上翼缘上的切应力如图 5.6-17b 所示。从中可看出，全截面上的切应力犹如水流，从下翼缘的最外侧"流"向里面，通过腹板，最后"流"向上翼缘外侧，故称为切应力流，它的流向与截面上的剪力有关，也叫剪流。

(3) 环形截面梁

最大切应力

$$\tau_{max} = 2\frac{F_S}{A}$$

3. 切应力强度条件

在弯曲问题中，梁既要满足正应力强度条件，还要满足切应力强度条件

$$\tau_{max} = \frac{F_{Smax} S_{zmax}^*}{b I_z} \leqslant [\tau]$$

式中：F_{Smax}——全梁上最大剪力；

S_{zmax}^*——中性轴一侧截面面积对中性轴的静矩；

b——梁横截面在中性轴的宽度；

I_z——整个横截面对中性轴的惯性矩。

【例 5.6-6】如图 5.6-18 所示受均布载荷的简支梁，则截面上 2 点的切应力和梁横截面上最大切应力为（　　）。

A. 3.47MPa　　6MPa
B. 3MPa　　　6MPa
C. 3.47MPa　　6.25MPa
D. 3MPa　　　6.25MPa

解析：易得 2 点距离中性轴距离 $y_2 = 60$mm

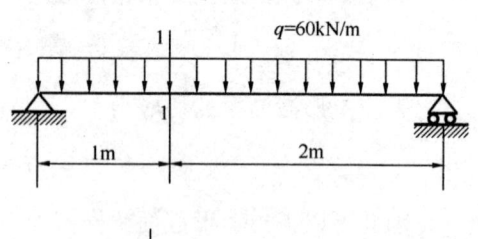

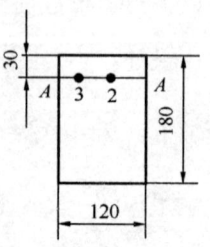

图 5.6-18 简支梁

对于矩形截面梁，切应力

$$\tau = \frac{F_S}{2I_z}\left(\frac{h^2}{4} - y^2\right), I_z = \frac{bh^3}{12}$$

分别带入 $y_2 = 60$，$y = 0$
解得

$$\tau_2 = 3.47\text{MPa}, \tau_{max} = 6.25\text{MPa}$$

故答案选 C。

5.6.4 梁的合理截面

一般情况下，梁横截面上既有正应力，也有切应力，而梁的强度主要由正应力控制。根据公式 $\sigma_{max} = M_{max}/W_z$ 可知，比较理想的截面形状是使用较少的截面面积却有较大的抗弯截面系数。对工字形、矩形和圆形三种形状的截面，工字形最为合理，矩形次之，圆形最差。对于 $[\sigma_t] = [\sigma_c]$ 的塑性材料，一般采用工字形这种上下对称于中性轴的截面，使得截面上下边缘的最大拉应力和最大压应力同时达到许用应力。对于抗压强度高于抗拉强度的脆性材料，采用中性轴偏向受拉一侧的上下不对称的截面，以使最大拉应力和最大压应力分别接近或达到拉、压许用应力，如图 5.6-19 所示。

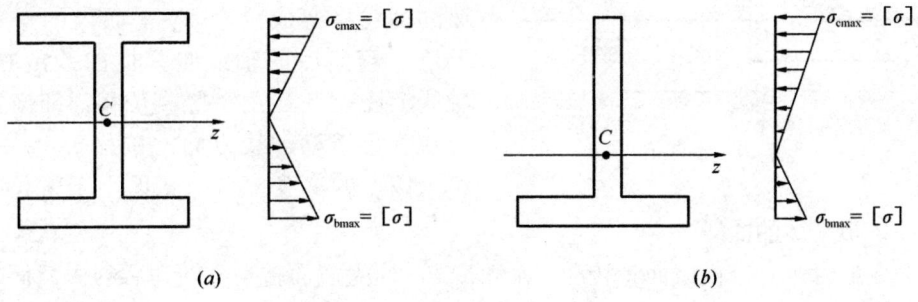

图 5.6-19 横截面上的应力分布
(a) 工字形；(b) T形

5.6.5 梁的弯曲中心

当梁在横向力作用下，在两个形心主惯性平面 xCy 和 xCz 内发生弯曲，及存在弯矩 M_z 和 M_y 同时作用，横截面上剪力 F_{Ry} 和 F_{Rz} 作用线的交点 A 称为截面的剪切中心（或弯曲中心）。

几种薄壁截面的弯曲中心 A 的位置　　　　表 5.6-2

截面形状					
弯心 A 的位置	与形心重合	在对称轴上 $e = r_0$	在对称轴上		两个狭长矩形中线的交点

弯曲中心的位置仅与截面的形状和尺寸有关。

当外力通过截面的弯曲中心时，截面的弯曲内力就能与之平衡，如果外力不过弯曲中心，则须将此力向弯曲中心简化，得到一个过弯曲中心的力 F 和一个转矩 F_{e1}。过弯曲中心的力 F 使杆产生横向弯曲，转矩 F_{e1} 将使杆扭转。

对于弯曲中心的位置有以下结论：

(1) 具有两个对称轴或反对称轴的截面，弯曲中心与形心重合；

(2) 具有一个对称轴的截面，弯曲中心在对称轴上；

(3) 若矩形的中线由若干相较于一点的直线段组成，则弯曲中心就是交点。

5.6.6 梁弯曲变形的度量——挠度和转角

1. 基本概念

图 5.6-20 所示的悬臂梁，坐标原点取在梁的左端，x 轴以向右为正，y 轴以向上为正。变形前的杆轴 AB 沿 x 轴方向，在外力 F 作用下，梁的轴线由直线变为曲线。y 轴为梁实心横截面的形心主轴，假设载荷 F 位于 xy 面内且与 y 轴平行，这时将发生平面弯曲。梁的轴线将弯成位于 xy 平面内的一条曲线 AB'。弯曲后的轴线叫弹性曲线或挠曲线。轴线上任一点 C 由一竖直位移，即横截面形心在垂直于梁轴线方向的位移 v，$v = CC'$，称为该点的挠度。当挠度远小于梁长时，挠曲线是一条很平缓的曲线。

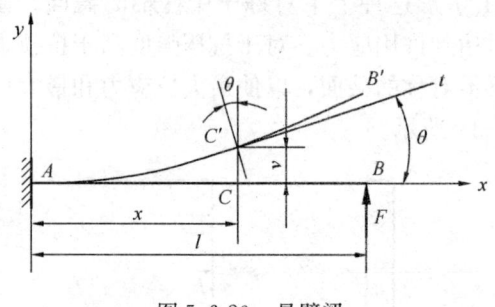

图 5.6-20 悬臂梁

当梁变形时，每个横截面将转动一个角度 θ，称为截面转角。转动后的横截面仍与挠曲线正交。

(1) 挠曲线可用 $v = f(x)$ 表示。式中，v 是曲线上各点的纵坐标，即梁轴线上各点的挠度。

(2) 如在 C' 点作挠曲线的切线 t，由于变形后横截面仍与受弯后的梁轴线正交，可知此切线与 x 轴的夹角也等于 θ。故横截面的转角等于挠曲线的切线与 x 轴的夹角：

$$\theta \approx \tan\theta = \frac{\mathrm{d}v}{\mathrm{d}x} = v'$$

挠度 v 向上为正，转角 θ 逆时针转为正（本章节均以此为标准推导公式）。（同理，若坐标系 y 轴向下为正，则 v 向下为正，转角 θ 顺时针转为正）

2. 挠曲线的近似微分方程

忽略剪力 F_S 对变形的影响，在横力弯曲情况下，线弹性范围、小变形条件，挠曲线的近似微分方程为

$$v'' = \frac{\mathrm{d}^2 v}{\mathrm{d}x^2} = \frac{M(x)}{EI}$$

式中，弯矩 M 是 x 的函数。

3. 积分法求梁变形

将梁的挠曲线的近似微分方程连续进行两次积分，得

$$\theta = \frac{dv}{dx} = \int \frac{M(x)}{EI} dx + C$$

$$v = \iint \frac{M(x)}{EI} dx dx + Cx + D$$

式中，C、D 为积分常数，可以通过梁上某些截面得已知挠度和转角边界来确定，进而确定转角 θ 和挠度 v 的表达式。当梁的弯矩方程分段列出的时候，微分方程也需要分段建立、积分，同时利用边界条件和分段处挠曲线的连续条件（在分段处梁的转角和挠度连续）求解。

4. 叠加法求梁变形

当梁的挠度与转角为梁上载荷的线性齐次式时，可应用叠加法来计算梁的变形，即梁上同时受几个载荷作用时的变形，等于各载荷单独作用时引起的变形的代数和，可以比较容易计算出梁受复杂载荷时的变形。

简单载荷下梁的剪力、弯矩、转角和挠度　　　　　　表 5.6-3

梁的形式及其载荷	挠曲线方程	最大挠度和梁端转角（绝对值）
悬臂梁，自由端受力偶 M_{eB}	$v = -\dfrac{M_{eB} x^2}{2EI}$	$\theta_B = \dfrac{M_{eB} l}{EI}$ (↘) $v_{max} = \dfrac{M_{eB} l^2}{2EI}$ (↓)
悬臂梁，自由端受集中力 F	$v = -\dfrac{F x^2}{6EI}(3l - x)$	$\theta_B = \dfrac{F l^2}{2EI}$ (↘) $v_{max} = \dfrac{F l^3}{3EI}$ (↓)
悬臂梁，均布载荷 q	$v = -\dfrac{q x^2}{24 EI}(x^2 + 6l^2 - 4lx)$	$\theta_B = \dfrac{q l^3}{6EI}$ (↘) $v_{max} = \dfrac{q l^4}{8EI}$ (↓)
悬臂梁，C 处受集中力 F	$v = -\dfrac{F x^2}{6EI}(3a - x),\ (0 \leqslant x \leqslant a)$ $v = -\dfrac{F a^2}{6EI}(3x - a),\ (a \leqslant x \leqslant l)$	$\theta_B = \dfrac{F a^2}{2EI}$ (↘) $v_{max} = \dfrac{F a^2}{6EI}(3l - a)$ (↓)
简支梁，B 端受力偶 M_{eB}	$v = -\dfrac{M_{eB} l x}{6EI}\left(1 - \dfrac{x^2}{l^2}\right)$	$\theta_A = \dfrac{M_{eB} l}{6EI}$ (↘) $\theta_B = \dfrac{M_{eB} l}{3EI}$ (↙) $v_C = \dfrac{M_{eB} l^2}{16 EI}$ (↓) $v_{max} = \dfrac{M_{eB} l^2}{9\sqrt{3} EI}$ (↓)， 在 $x = \dfrac{l}{\sqrt{3}}$ 处

续表

梁的形式及其载荷	挠曲线方程	最大挠度和梁端转角（绝对值）
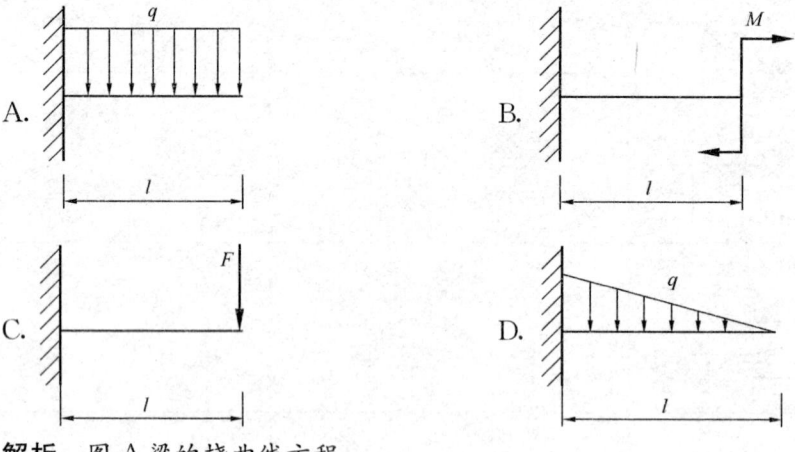	$v = -\dfrac{qx}{24EI}(l^3 - 2lx^2 + x^3)$	$\theta_A = \dfrac{ql^3}{24EI}(\searrow)$ $\theta_B = \dfrac{ql^3}{24EI}(\swarrow)$ $v_{\max} = \dfrac{5ql^4}{384EI}(\downarrow)$
	$v = -\dfrac{Fx}{12EI}\left(\dfrac{3}{4}l^2 - x^2\right)$ $\left(0 \leqslant x \leqslant \dfrac{l}{2}\right)$	$\theta_A = \dfrac{Fl^2}{16EI}(\searrow)$ $\theta_B = \dfrac{Fl^2}{16EI}(\swarrow)$ $v_{\max} = \dfrac{Fl^3}{48EI}$
	$v = -\dfrac{Fl^2 a}{6EI}\left(\dfrac{x^3}{l^3} - \dfrac{x}{l}\right), (0 \leqslant x \leqslant l)$ $v = -\dfrac{F}{6EI}(x-l)[2al + 3a(x-l)$ $- (x-l)^2], (l \leqslant x \leqslant l+a)$	$\theta_A = \dfrac{Fla}{6EI}(\searrow)$ $\theta_B = \dfrac{Fla}{3EI}(\searrow)$ $\theta_D = \dfrac{Fa}{6EI}(2l + 3a)(\searrow)$ $v_C = \dfrac{Fl^2 a}{16EI}(\uparrow)$ $v_D = \dfrac{Fa^2}{3EI}(l+a)(\downarrow)$

【例 5.6-7】图示四个悬臂梁中挠曲线是圆弧的为（   ）。

解析：图 A 梁的挠曲线方程

$$v = -\dfrac{qx^2}{24EI}(x^2 + 6l^2 - 4lx)$$

图 B 梁的挠曲线方程

$$v = -\dfrac{Mx^2}{2EI}$$

图 C 梁的挠曲线方程

$$v = -\dfrac{Fx^2}{6EI}(3l - x)$$

图 D 梁挠曲线方程相对于图 A 梁的挠曲线方程更为高阶。

故答案选 B。

【例 5.6-8】图 5.6-21 所示悬臂梁 AB 由两根相同的矩形截面梁胶合成，若胶合面全部开裂，假设开裂后两杆的弯曲变形相同，接触面之间无摩擦力，则开裂后梁的最大挠度是原来的（　　）。

A. 8 倍　　　　　　B. 4 倍　　　　　　C. 2 倍　　　　　　D. 两者相同

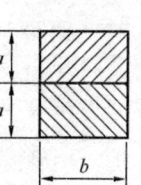

图 5.6-21　例 5.6-8 题图

解析： 悬臂梁端部受到集中力载荷作用，则最大挠度

$$v_{\max} = \frac{Fl^3}{3EI}$$

对于矩形截面梁，其惯性矩为

$$I = \frac{bh^3}{12}$$

故当胶合面全部开裂后，梁的抗弯惯性矩减小为原来的 1/8，两根梁受到相同力 F/2 作用，故开裂后梁的最大挠度为

$$v_{\max} = \frac{\left(\dfrac{F}{2}\right)l^3}{\left(\dfrac{3EI}{8}\right)} = \frac{4Fl^3}{3EI}$$

开裂后梁的最大挠度是原来的 4 倍。

故答案选 B。

习　题

【5.6-1】图 5.6-22 所示外伸梁，在 C、D 处作用相同的集中力 F，截面 A 的剪力和截面 C 的弯矩分别是（　　）。

A. $F_{SA}=0$，$M_C=0$　　　　　　B. $F_{SA}=0$，$M_C=2FL$

C. $F_{SA}=\dfrac{F}{2}$，$M_C=FL$　　　　D. $F_{SA}=F$，$M_C=FL$

【5.6-2】图 5.6-23 所示悬臂梁自由端承受集中力偶 M_e。若梁的长度减少一半，梁的最大挠度是原来的（　　）。

A. $\dfrac{1}{2}$　　　　　　B. $\dfrac{1}{4}$

C. $\dfrac{1}{8}$　　　　　　D. $\dfrac{1}{16}$

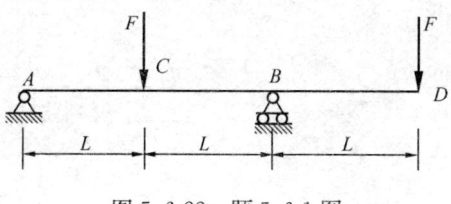

图 5.6-22　题 5.6-1 图

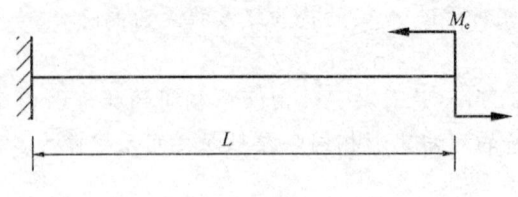

图 5.6-23 题 5.6-2 图

【5.6-3】图 5.6-24 所示悬臂梁 AB 由三根相同的矩形截面直杆胶合而成，材料的许可应力为 $[\sigma]$。若胶合面开裂，假设开裂后的三根杆的挠曲线相同，接触面之间无摩擦力。则开裂后的梁承载能力是原来的（　　）。

A. 3 倍　　　　　B. 两者相同　　　　　C. 1/3　　　　　D. 1/9

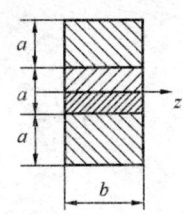

图 5.6-24 题 5.6-3 图

【5.6-4】矩形截面简支梁梁中点承受集中力 F，若 $h=2b$，分别采用图 5.6-25（a）、图 5.6-25（b）两种方式放置，图（a）梁的最大挠度是图（b）梁的（　　）。

A. 8 倍　　　　　B. 4 倍　　　　　C. 2 倍　　　　　D. 相同

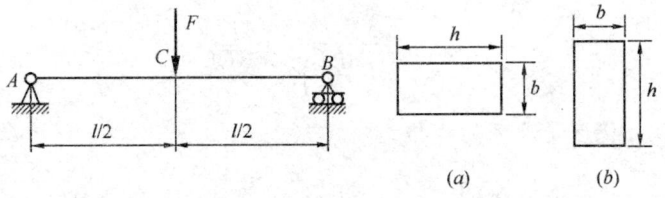

图 5.6-25 题 5.6-4 图

【5.6-5】梁 ABC 的弯矩图如图 5.6-26 所示，根据梁的弯矩图，可以断定该梁 B 处（　　）。

A. 无外载荷　　　　　　　　　　B. 只有集中力偶
C. 只有集中力　　　　　　　　　D. 有集中力和集中力偶

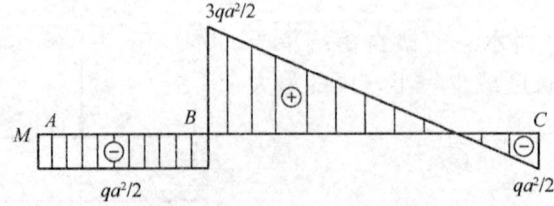

图 5.6-26 题 5.6-5 图

【5.6-6】悬臂梁的弯矩如图 5.6-27 所示，根据梁的弯矩图，梁上的载荷 F、m 的值应是（　　）。

A. $F=4$kN，$m=4$kN·m B. $F=4$kN，$m=6$kN·m

C. $F=6$kN，$m=6$kN·m D. $F=6$kN，$m=10$kN·m

【5.6-7】承受均布载荷的简支梁如图 5.6-28（a）所示，现将两端的支座同时向梁中间移动 1/8，如图 5.6-28（b）所示。两根梁的中点（1/2 处）弯矩之比 $\dfrac{M_a}{M_b}$ 为（　　）。

A. 1 B. 2 C. 4 D. 8

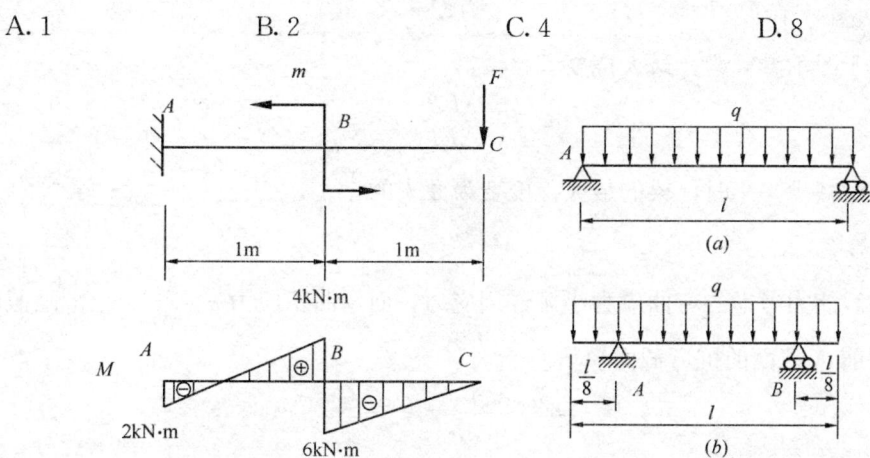

图 5.6-27　题 5.6-6 图　　　图 5.6-28　题 5.6-7 图

【5.6-8】在图 5.6-29 所示梁中，EI 已知，则 A 截面和 B 截面的转角分别为（　　）。

A. $\theta_A = \dfrac{qa^3}{6EI}(\searrow)$, $\theta_B = 0$ 　　B. $\theta_A = \dfrac{qa^3}{6EI}(\searrow)$, $\theta_B = \dfrac{qa^3}{3EI}(\searrow)$

C. $\theta_A = \dfrac{qa^3}{3EI}(\searrow)$, $\theta_B = \dfrac{qa^3}{3EI}(\swarrow)$ 　D. $\theta_A = \dfrac{qa^3}{6EI}(\searrow)$, $\theta_B = \dfrac{qa^3}{3EI}(\swarrow)$

【5.6-9】图 5.6-30 所示外伸梁，A 截面的剪力为（　　）。

A. $-\dfrac{m}{L}$ B. 0 C. $\dfrac{m}{L}$ D. $\dfrac{3m}{2L}$

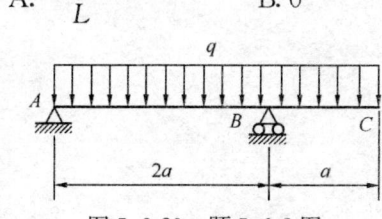 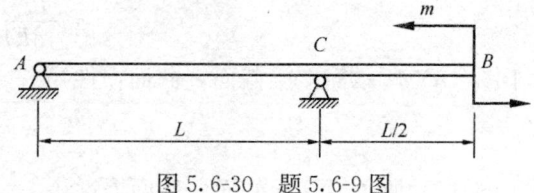

图 5.6-29　题 5.6-8 图　　　图 5.6-30　题 5.6-9 图

习题答案及解析

【5.6-1】答案：A

解析：需要对梁进行受力分析，算出支座 A 和支座 B 处的支反力。

对 A 点分析力矩平衡

$$\sum M_A = FL - F_B 2L + F3L = 0$$

求得支座 B 的支反力 $F_B = 2F(\uparrow)$

对梁进行整体的受力平衡分析

$$F_A - F + F_B - F = 0$$

求得支座 A 的支反力 $F_A = 0$

故在截面 A 的剪力 $F_{SA} = 0$。

同时使用截面法，取 AC 段为研究对象，可以求得截面 C 处的弯矩 $M_C = 0$

【5.6-2】答案：B

解析：对于图示悬臂梁，最大挠度

$$v_{\max} = \frac{M_e l^2}{2EI}$$

当梁的长度减少一半时，梁的最大挠度变为原来的 $\dfrac{1}{4}$。

【5.6-3】答案：C

解析：承载能力考虑的弯曲应力小于许用应力，而弯曲正应力 $\sigma = \dfrac{M}{W}$，故危险截面为 A 截面。开裂前 A 截面的抗弯截面模量

$$W_z = \frac{b(3a)^2}{6} = \frac{3ba^2}{2}$$

因此，开裂前 A 截面的拉应力为

$$\sigma_A = \frac{M_A}{W_z} = \frac{FL}{\dfrac{3ba^2}{2}} = \frac{2FL}{3ba^2}$$

开裂后 A 截面的拉应力为

$$\sigma'_A = \frac{M'_A}{W'_z} = \frac{\dfrac{FL}{3}}{\dfrac{ba^2}{6}} = \frac{2FL}{ba^2}$$

开裂后最大正应力为开裂前的 3 倍，故梁的承载能力为原来的 1/3。

【5.6-4】答案：B

解析：对于图示简支梁，最大挠度

$$v_{\max} = \frac{Fl^3}{48EI}$$

对于图（a）所示简支梁截面，截面惯性矩

$$I_a = \frac{hb^3}{12} = \frac{b^4}{6}$$

对于图（b）所示简支梁截面，截面惯性矩

$$I_b = \frac{bh^3}{12} = \frac{2b^4}{3}$$

故图（a）梁的最大挠度是图（b）梁的

$$\frac{v_{\max,a}}{v_{\max,b}} = \frac{\dfrac{Fl^3}{48EI_a}}{\dfrac{Fl^3}{48EI_b}} = \frac{I_b}{I_a} = \frac{\dfrac{2b^4}{3}}{\dfrac{b^4}{6}} = 4$$

【5.6-5】答案：D

解析：弯矩图中，切线斜率及斜率变化表示该段内的剪力大小及大小变化情况；在某点弯矩突变，表示该点存在弯矩作用。

AB 段内，弯矩不变，表示 AB 段剪力为零。BC 段，B 点弯矩突变，表示 B 点存在集中力偶作用，BC 段弯矩线性减小，表示 BC 段存在剪力，因而 B 点作用集中力。

【5.6-6】答案：D

解析：对于 BC 段，取右截面进行受力分析，在 B 截面处
$$F \times 1\text{m} = 6\text{kN} \cdot \text{m}$$
则 $F=6\text{kN}$。在 B 截面处弯矩突变，突变量为 m，则 $m=10\text{kN} \cdot \text{m}$。

【5.6-7】答案：B

解析：移动前后支座 B 的支反力
$$F_\text{B} = \frac{ql}{2}$$

支座为移动前中点处的弯矩
$$M_\text{a} + \frac{ql}{2} \cdot \frac{l}{4} - F_\text{B} \cdot \frac{l}{2} = 0$$

解得 $M_\text{a} = \dfrac{ql^2}{8}$

支座移动后，右端突出部分相当于弯矩 $M_\text{B} = \dfrac{ql^2}{128}$（↘），则中点处的弯矩
$$M_\text{b} - \frac{3ql}{8} \cdot \frac{3l}{8} + \frac{3ql}{8} \cdot \frac{3l}{16} + \frac{ql^2}{128} = 0$$

解得 $M_\text{b} = \dfrac{ql^2}{16}$

故 $\dfrac{M_\text{a}}{M_\text{b}} = 2$

【5.6-8】答案：A

解析：梁的受力可由叠加法，分解为图 5.6-31 所示。AB 受到均布载荷 q 的作用和弯矩 $M = \dfrac{qa^2}{2}$（↘）的作用。

在均布载荷作用下
$$\theta_{\text{A},q} = \frac{qa^3}{3EI}(\searrow), \theta_{\text{B},q} = \frac{qa^3}{3EI}(\swarrow)$$

在弯矩 $M = \dfrac{qa^2}{2}$（↘）作用下

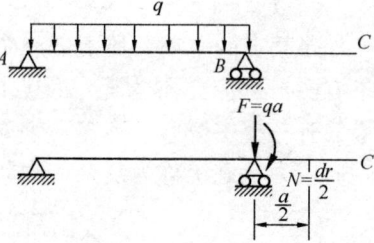

图 5.6-31 题 5.6-8 解析图

$$\theta_{\text{A},M} = \frac{\frac{qa^2}{2} \cdot 2a}{6EI} = \frac{qa^3}{6EI}(\swarrow), \theta_{\text{B},M} = \frac{\frac{qa^2}{2} \cdot 2a}{3EI} = \frac{qa^3}{3EI}(\searrow)$$

从而得到 A、B 截面的转角
$$\theta_\text{A} = \frac{qa^3}{6EI}(\searrow), \theta_\text{B} = 0$$

【5.6-9】答案：C

解析：设支座 A 的支座反力为 F_A，方向竖直向上，则对 C 点进行受力分析

$$\sum M_C = 0, m - F_A L = 0$$

解得 $F_A = \dfrac{m}{L}$，在 AC 段取左段剪力，可得 $F_{SA} = F_A = \dfrac{m}{L}$。

5.7 应 力 状 态

高 频 考 点 梳 理

知识点	平面应力状态分析	应力强度理论
近三年考核频次	2	1

5.7.1 两向应力状态

1. 基本概念

应力状态是指构件内部一点处沿不同方向斜截面上的应力状态。研究一点处的应力状态，通常取单元体作为研究对象。因为单元体的尺寸无限小，所以每个侧面上的应力都可以看成是均匀分布的；而且，在相对的两个侧面上的应力也是大小相等而方向相反。

从受力构件内的某一点处，取出一个单元体，一般说来，其侧面上既有正应力也有切应力。但在该点处以不同方位截取的诸单元体中，有一个特殊的单元体，在这个单元体的侧面上只有正应力而无切应力，这样的单元体称为该点处的主单元体。主单元体的侧面称为主平面。因为主平面上不存在切应力，所以通过某点处所取得诸截面中，没有切应力的那个截面即是该点处的主平面。主平面上的正应力称为主应力，主应力是正应力的极值。主平面的法线方向叫主方向，即主应力方向。

一般情况下，过一点所取得主单元体的六个侧面上有三对主应力，也就是通过受力物体的一点可以找出三个主应力，这三个主应力用 σ_1，σ_2，σ_3 表示，并按代数值顺序排列，即 $\sigma_1 \geqslant \sigma_2 \geqslant \sigma_3$。

如果某点的主单元体上的三个主应力皆不为零，该点的应力状态称为三向应力状态；如果有两根主应力不为零，该点的应力状态称为两向应力状态，如图 5.7-1（a）所示；如果只有一个主应力不为零，则属于单向应力状态，如图 5.7-1（b）所示。两向应力状态和三向应力状态统称为复杂应力状态。

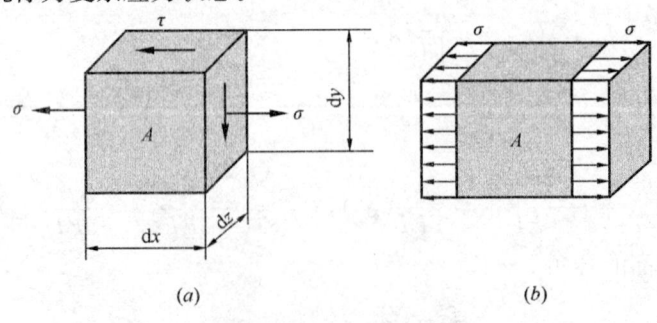

图 5.7-1 应力状态图

2. 两向应力状态的解析法

图 5.7-2 为两向应力状态单元体的平面图，作斜截面 EF，在该斜截面上，既有正应力又有切应力，分别记作 σ_α 和 τ_α，下标 α 表示斜截面外法线方向 n 和 x 轴之间的夹角，即斜截面的方位角。α 角由 x 轴逆时针转向 n 时为正。切应力 τ_x 和 τ_y 满足互等定理。τ 值使单元体顺时针旋转时为正。

则斜截面上应力

$$\sigma_\alpha = \frac{\sigma_x + \sigma_y}{2} + \frac{\sigma_x - \sigma_y}{2}\cos2\alpha - \tau_x\sin2\alpha$$

$$\tau_\alpha = \frac{\sigma_x - \sigma_y}{2}\sin2\alpha + \tau_x\cos2\alpha$$

如果通过单元体取两个互相垂直的斜截面，梁斜截面外法线方向与 x 轴之间的夹角分别为 α 和 β（$\beta=\alpha+90°$），如图 5.7-3 所示。则有应力关系

$$\sigma_\alpha + \sigma_\beta = \sigma_x + \sigma_y$$

即过单元体的两个相互垂直的截面上的正应力之和是一个常量。

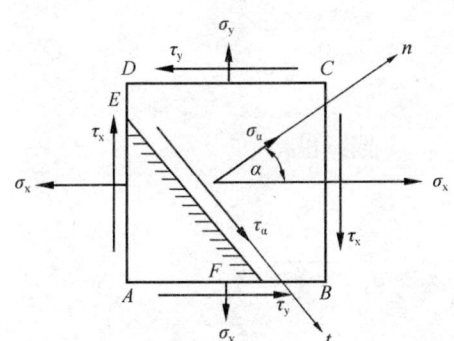

图 5.7-2 两向应力单元体

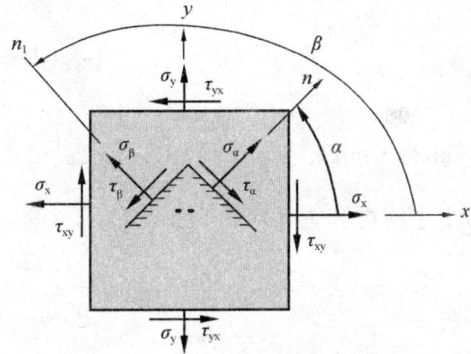

图 5.7-3 单元体斜截面应力状态

3. 两向应力状态的图解法——莫尔圆

由公式

$$\sigma_\alpha = \frac{\sigma_x + \sigma_y}{2} + \frac{\sigma_x - \sigma_y}{2}\cos2\alpha - \tau_x\sin2\alpha$$

$$\tau_\alpha = \frac{\sigma_x - \sigma_y}{2}\sin2\alpha + \tau_x\cos2\alpha$$

计算等号两侧的平方和，有

$$\left(\sigma_\alpha - \frac{\sigma_x + \sigma_y}{2}\right)^2 + \tau_\alpha^2 = \left(\frac{\sigma_x - \sigma_y}{2}\right)^2 + \tau_x^2$$

在以 σ 为横坐标、τ 为纵坐标的坐标系中，上式是一个圆的方程，分析表明：方程中的两个变量 σ_α 和 τ_α，即对于不同方位角 α 的斜截面上的正应力和切应力满足圆方程。此圆称为应力圆，又称莫尔圆或莫尔应力圆。此圆的圆心坐标是 $\left(\dfrac{\sigma_x + \sigma_y}{2},\ 0\right)$，半径是 $\sqrt{\left(\dfrac{\sigma_x - \sigma_y}{2}\right)^2 + \tau_x^2}$。

按照下列方法画应力圆，如图 5.7-4 所示。

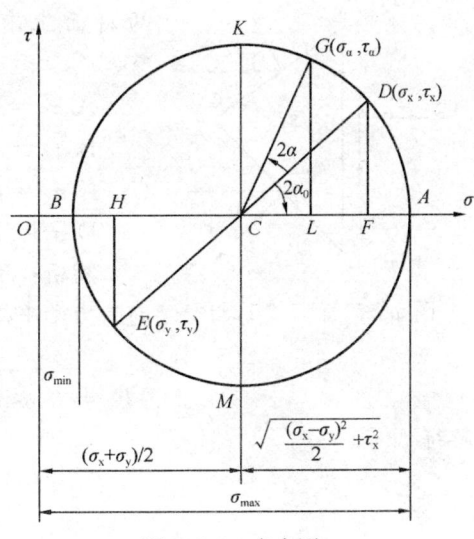

图 5.7-4 应力圆

(1) 选定合适的比例尺，剪力坐标系 $\sigma O\tau$。单元体上点 D 的应力 (σ_x, τ_x) 为应力圆上的已知点，在坐标系中得到点 E (σ_y, τ_y)($\tau_x=-\tau_y$，设 $\sigma_x>\sigma_y$)。

(2) 连接 DE 点与横轴交与 C 点，此点为圆心。

(3) 以 C 为圆心、$\overline{CA}$ 为半径画一圆，即为相应的应力圆。

应力圆确定后，欲求方位角为 α 的截面上的应力 σ_α 和 τ_α，顺序将半径 CD 沿方位角 α 的转动方向旋转 2α 至 CG 处，G 点对应的正应力和切应力即为 α 截面上的 σ_α 和 τ_α。

4. 两向应力状态下的主应力和主切应力的计算

两向应力状态下的主应力和主切应力可以通过莫尔圆得到，也可以通过解析法得到。

设截面旋转 α 后得到主应力，旋转 α' 后得到主切应力。

对于旋转角度有

$$\tan 2\alpha = -\left(\frac{2\tau_x}{\sigma_x-\sigma_y}\right)$$

$$\tan 2\alpha' = \frac{\sigma_x-\sigma_y}{2\tau_x}$$

可知，$\tan 2\alpha \cdot \tan 2\alpha' = -1$，即 2α 与 $2\alpha'$ 相差 $\frac{\pi}{2}$，α 与 α′相差 $\frac{\pi}{4}$。

对于主应力和主切应力有

$$\left.\begin{array}{c}\sigma_{\max}\\ \sigma_{\min}\end{array}\right\} = \frac{\sigma_x+\sigma_y}{2} \pm \sqrt{\left(\frac{\sigma_x-\sigma_y}{2}\right)^2+\tau_x^2}$$

$$\left.\begin{array}{c}\tau_{\max}\\ \tau_{\min}\end{array}\right\} = \pm\sqrt{\left(\frac{\sigma_x-\sigma_y}{2}\right)^2+\tau_x^2}$$

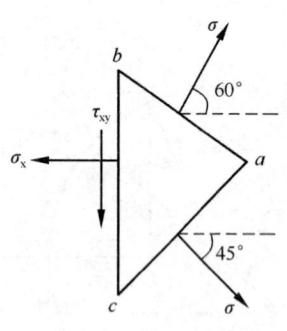

图 5.7-5　例 5.7-1 题图

【例 5.7-1】图 5.7-5 所示的三角形单元体，已知 ab、ca 两斜面上有正应力为 σ，剪应力为零，在竖直面 bc 上有(　　)。

A. $\sigma_x = \sigma\cos 60° + \sigma\cos 45°$，$\tau_{xy} = 0$

B. $\sigma_x = \sigma$，$\tau_{xy} = \sigma\sin 60° - \sigma\sin 45°$

C. $\sigma_x = \sigma\cos 60° + \sigma\cos 45°$，$\tau_{xy} = \sigma\sin 60° - \sigma\sin 45°$

D. $\sigma_x = \sigma$，$\tau_{xy} = 0$

解析： 运用解析法，列出三角形单元体竖直方向和水平方向的力学平衡方程。

$$\sum F_x = 0, \sigma_x - \sigma\cos 60° - \sigma\cos 45° = 0$$
$$\sum F_y = 0, \sigma\sin 60° - \tau_{xy} - \sigma\sin 45° = 0$$

解得

$$\sigma_x = \sigma\cos 60° + \sigma\cos 45°$$
$$\tau_{xy} = \sigma\sin 60° - \sigma\sin 45°$$

故答案选 C。

【例 5.7-2】 图 5.7-6 所示单元体，法线与 x 轴夹角 $\alpha=45°$ 的斜截面上切应力 τ_α 是（　　）。

A. $\tau_\alpha=0$　　　B. $\tau_\alpha=10\sqrt{2}$MPa
C. $\tau_\alpha=50$MPa　　D. $\tau_\alpha=60$MPa

解析：运用解析法中切应力的公式

$$\tau_\alpha = \frac{\sigma_x - \sigma_y}{2}\sin 2\alpha + \tau_x \cos 2\alpha$$

$$= \frac{50-(-50)}{2}\sin 90° + (-30)\cos 90°$$

$$= 50\text{MPa}$$

故答案选 C。

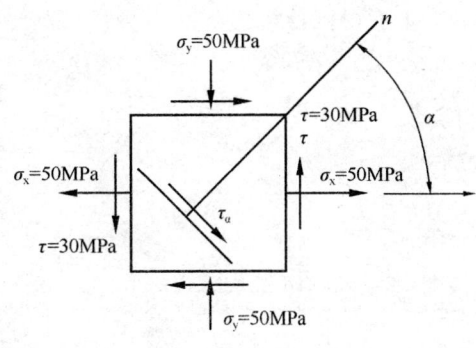

图 5.7-6　例 5.7-2 题图

5.7.2　三向应力状态、广义胡克定律

1. 三向应力状态的应力圆

对于物体内一点的应力状态，一般的情况是单元体的三对面上均有应力作用。如图 5.7-7 所示，任何方向对应的应力都在 σ_1 和 σ_2、σ_2 和 σ_3、σ_3 和 σ_1 三个应力圆上或圆内。

由图可以得到，三向应力状态下切应力的极值为

$$\left.\begin{array}{r}\tau_{\max}\\ \tau_{\min}\end{array}\right\} = \pm\frac{\sigma_1 - \sigma_3}{2}$$

2. 广义胡克定律

各向同性材料在弹性范围内，应力与应变存在如下关系，称为三向广义胡克定律，即

$$\left.\begin{array}{l}\varepsilon_x = \dfrac{1}{E}[\sigma_x - \mu(\sigma_y+\sigma_z)]\\[4pt] \varepsilon_y = \dfrac{1}{E}[\sigma_y - \mu(\sigma_z+\sigma_x)]\\[4pt] \varepsilon_z = \dfrac{1}{E}[\sigma_z - \mu(\sigma_x+\sigma_y)]\\[4pt] \gamma_{xy} = \dfrac{1}{G}\tau_{xy},\ \gamma_{yz} = \dfrac{1}{G}\tau_{yz},\ \gamma_{zx} = \dfrac{1}{G}\tau_{zx}\end{array}\right\}$$

式中：τ——切应变

$$G = \frac{E}{2(1+\mu)}$$

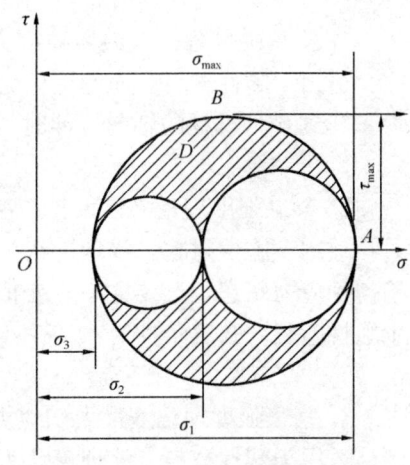

图 5.7-7　三向应力状态的应力圆

对于平面应力状态下的应力-应变关系：

$$\left.\begin{array}{l}\varepsilon_x = \dfrac{1}{E}(\sigma_x - \mu\sigma_y)\\[4pt] \varepsilon_y = \dfrac{1}{E}(\sigma_y - \mu\sigma_x)\\[4pt] \varepsilon_z = -\dfrac{\mu}{E}(\sigma_x + \sigma_y)\\[4pt] \gamma_{xy} = \dfrac{1}{G}\tau_{xy}\end{array}\right\}$$

上式可以反解出

$$\left.\begin{array}{l}\sigma_x = \dfrac{E}{1-\mu^2}(\varepsilon_x + \mu\varepsilon_y) \\ \sigma_y = \dfrac{E}{1-\mu^2}(\varepsilon_y + \mu\varepsilon_x) \\ \tau_{xy} = \dfrac{E}{2(1+\mu)}\gamma_{xy}\end{array}\right\}$$

其中，γ_{xy} 可以由下式求得

$$\gamma_{xy} = \varepsilon_x + \varepsilon_y - 2\varepsilon_{45°}$$

5.7.3 强度理论

各种材料因强度不足引起的失效现象是不同的，材料在静载荷作用下的破坏形式主要有两种：一种为断裂，另一种为屈服。因而强度理论也分为两种，即关于脆性断裂的强度理论和关于塑性屈服的强度理论。

$[\sigma]$——单向拉伸时材料的许用应力。

1. 第一强度理论（最大拉应力理论）

适用于脆性材料。该理论认为材料的断裂决定于最大拉应力，当危险点处的最大拉应力 σ_1 达到该种材料的轴向拉伸时的强度极限 σ_b 时材料发生断裂。强度条件为：

$$\sigma_1 \leqslant [\sigma]$$

2. 第二强度理论（最大拉应变理论）

适用于脆性材料。该理论认为材料的断裂是由于最大拉应变 ε_1 引起的，无论材料处于何种应力状态，只要这一应变值达到该种材料在单项拉伸断裂时应变值 ε_{1u}，材料就发生脆性断裂。强度条件为：

$$\sigma_1 - \mu(\sigma_2 + \sigma_3) \leqslant [\sigma]$$

3. 第三强度理论（最大切应力理论）

适用于塑性材料。该理论认为处于复杂应力状态下的材料，只要其最大切应力 τ_{max} 达到该材料在简单拉伸下出现屈服时的最大切应力值 τ_s，材料就会发生屈服而进入塑性状态。强度条件为：

$$\sigma_1 - \sigma_3 \leqslant [\sigma]$$

4. 第四强度理论（畸变理论）

适用于塑性材料。该理论认为当单元体储存的畸变能密度 v_d 达到单向拉伸发生屈服的畸变能密度 v_{ds} 时，材料就进入塑性屈服。强度条件为：

$$\sqrt{\dfrac{(\sigma_1-\sigma_2)^2+(\sigma_2-\sigma_3)^2+(\sigma_3-\sigma_1)^2}{2}} \leqslant [\sigma]$$

5. 单向与纯剪切组合应力状态

对于如图 5.7-8 所示平面应力状态，$\sigma_y = 0$，这种应力状态在梁的弯曲、圆周的扭转与弯曲或扭转与拉伸联合作用时会经常遇到。

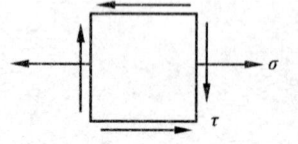

图 5.7-8 平面应力状态

根据第三强度理论，强度条件为：

$$\sigma_{r3} = \sqrt{\sigma^2 + 4\tau^2} \leqslant [\sigma]$$

根据第四强度理论，强度条件为：
$$\sigma_{r4} = \sqrt{\sigma^2 + 3\tau^2} \leqslant [\sigma]$$

【例 5.7-3】四种应力状态分别如图 5.7-9 所示，按照第三强度理论，其相当应力最小的是（ ）。

A. 状态 1　　　B. 状态 2　　　C. 状态 3　　　D. 状态 4

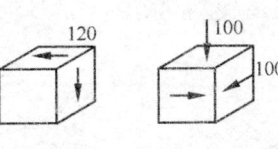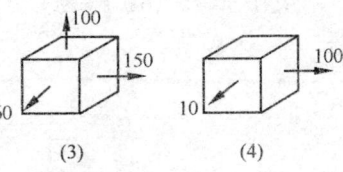

图 5.7-9　例 5.7-3 题图

解析： 第三强度理论
$$\sigma_{r3} = \sigma_1 - \sigma_3$$

对于图（1），有 $\sigma_x = \sigma_y = \sigma_z = 0$，$\tau_{xy} = \tau_{yx} = 120$，故
$$\left.\begin{array}{c}\sigma_1^1 \\ \sigma_3^1\end{array}\right\} = \frac{\sigma_x + \sigma_y}{2} \pm \sqrt{\left(\frac{\sigma_x - \sigma_y}{2}\right)^2 + \tau_x^2} = \begin{cases} 120 \\ -120 \end{cases}$$
$$\sigma_{r3}^1 = 240$$

对于图（2），有 $\sigma_y = -100$，$\sigma_x = \sigma_y = 0$，$\tau_{xz} = \tau_{zx} = 100$，此时由三向应力莫尔圆求解得到
$$\sigma_1^2 = 100, \sigma_3^1 = -100$$
$$\sigma_{r3}^2 = 200$$

对于图（3），为主应力状态，$\sigma_1^3 = 150$，$\sigma_2^3 = 100$，$\sigma_3^3 = 60$
$$\sigma_{r3}^3 = 90$$

对于图（4），$\sigma_1^4 = 100$，$\sigma_2^4 = 10$，$\sigma_3^4 = 10$
$$\sigma_{r3}^4 = 100$$

故答案选 C。

【例 5.7-4】按照第三强度理论，图 5.7-10 所示两种应力状态的危险程度是（ ）。

A. 无法判断　　B. 两者相同　　C.（a）更危险　　D.（b）更危险

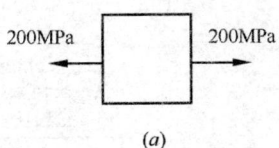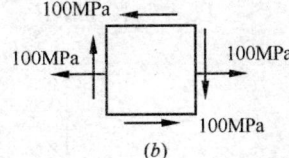

图 5.7-10　例 5.7-4 题图

解析： 第三强度理论
$$\sigma_{r3} = \sigma_1 - \sigma_3 \leqslant [\sigma]$$

对于图（a）单元体，$\sigma_1 = 200\text{MPa}$，$\sigma_2 = \sigma_3 = 0$，故
$$\sigma_{r3} = 200 - 0 = 200\text{MPa}$$

325

对于图（b）单元体，$\sigma_x = 100\text{MPa}$，$\tau_x = 100\text{MPa}$，故

$$\left.\begin{array}{l}\sigma_1\\ \sigma_3\end{array}\right\} = \frac{100+0}{2} \pm \sqrt{\left(\frac{100-0}{2}\right)^2 + 100^2} \approx \begin{cases}161.8\text{MPa}\\ -61.8\text{MPa}\end{cases}$$

$$\sigma_2 = 0$$

故

$$\sigma_{r3} = 161.8 - (-61.8) = 223.6\text{MPa}$$

∴（b）更危险

故答案选 D。

习　题

【5.7-1】在图示 4 种应力状态中，最大切应力值最小的应力状态是（　　）。

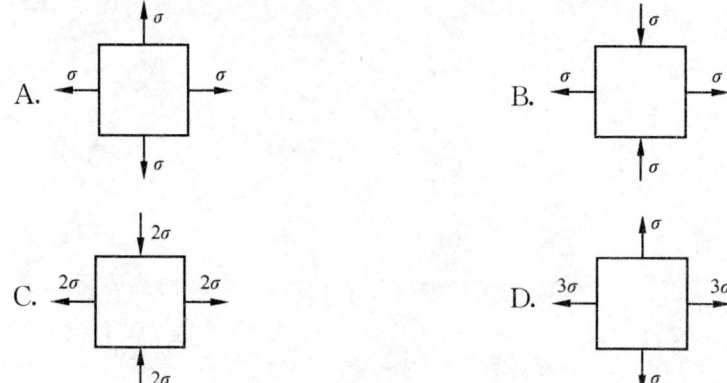

【5.7-2】受力体某点处的应力状态如图 5.7-11 所示，该点的最大主应力 $\sigma_{\max}$ 为（　　）。

A. 10MPa　　　　　B. 30MPa　　　　　C. 50MPa　　　　　D. 70MPa

【5.7-3】在如图 5.7-12 所示 xy 坐标系下，单元体的最大主应力 σ_1 大致指向（　　）。

A. 第一象限，靠近 x 轴　　　　　B. 第一象限，靠近 y 轴
C. 第二象限，靠近 y 轴　　　　　D. 第二象限，靠近 x 轴

【5.7-4】如图 5.7-13 所示单元体，法线与 x 轴夹角 $\alpha = 45°$ 的斜截面上切应力 τ_α 是（　　）。

A. $\tau_\alpha = 0$　　　　B. $\tau_\alpha = 10\sqrt{2}\text{MPa}$　　　C. $\tau_\alpha = 50\text{MPa}$　　　D. $\tau_\alpha = 60\text{MPa}$

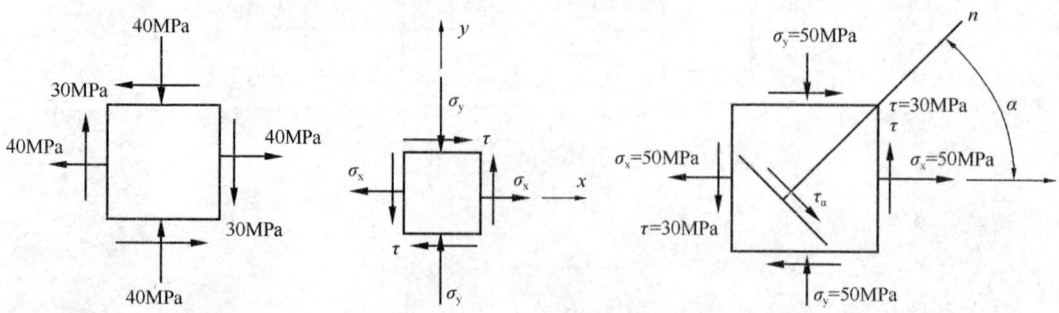

图 5.7-11　题 5.7-2 图　　　图 5.7-12　题 5.7-3 图　　　图 5.7-13　题 5.7-4 图

【5.7-5】图 5.7-14 所示正方形截面杆 AB，力 F 作用在 xOy 平面内，与 x 轴夹角 α。杆距离 B 端为 a 的横截面上最大正应力在 $\alpha=45°$ 时的值是 $\alpha=0$ 时值的(　　)。

A. $2\sqrt{2}$ 倍　　　　B. $\dfrac{5\sqrt{2}}{2}$ 倍

C. $3\sqrt{2}$ 倍　　　　D. $\dfrac{7\sqrt{2}}{2}$ 倍

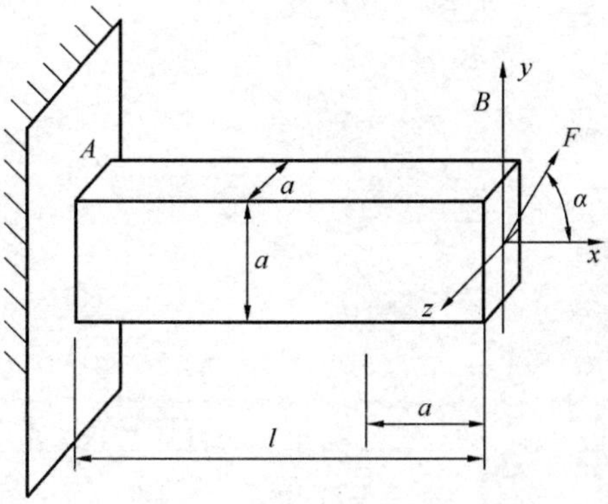

【5.7-6】按照第三强度理论，图 5.7-15 所示两种应力状态的危险程度是(　　)。

A.（a）更危险　　B.（b）更危险
C. 两者同样危险　　D. 无法辨别

【5.7-7】如图 5.7-16 所示单元体，根据第三强度理论，两种应力状态的危险程度是(　　)。

A.（a）更危险　　　　　　B.（b）更危险
C. 两者同样危险　　　　　D. 无法辨别

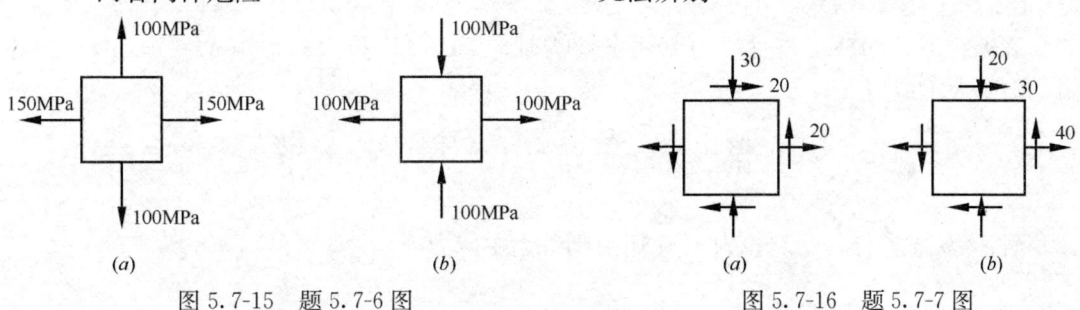

图 5.7-14　题 5.7-5 图

图 5.7-15　题 5.7-6 图　　　　图 5.7-16　题 5.7-7 图

【5.7-8】对于平面应力状态，以下说法正确的是(　　)。
A. 主应力就是最大正应力
B. 最大剪应力作用的平面上正应力必定为零
C. 主平面上无剪应力
D. 主应力必不为零

习题答案及解析

【5.7-1】答案：A
解析：注意应该用三向应力状态下的公式，图中应力状态，最大切应力为

$$\tau_{\max}=\dfrac{\sigma_1-\sigma_3}{2}$$

故能计算出：

A 选项，$\tau_{\max}=\dfrac{\sigma-0}{2}=\dfrac{\sigma}{2}$

B 选项，$\tau_{\max} = \dfrac{\sigma - (-\sigma)}{2} = \sigma$

C 选项，$\tau_{\max} = \dfrac{2\sigma - (-2\sigma)}{2} = 2\sigma$

D 选项，$\tau_{\max} = \dfrac{3\sigma - 0}{2} = \dfrac{3}{2}\sigma$

【5.7-2】答案：C

解析：由图可得，$\sigma_x = 40\text{MPa}$，$\sigma_y = -40\text{MPa}$，$\tau_x = 30\text{MPa}$，故最大主应力为

$$\sigma_{\max} = \dfrac{\sigma_x + \sigma_y}{2} + \sqrt{\left(\dfrac{\sigma_x - \sigma_y}{2}\right)^2 + \tau_x^2} = \dfrac{40 + (-40)}{2} + \sqrt{\left[\dfrac{40 - (-40)}{2}\right]^2 + 30^2} = 50\text{MPa}$$

【5.7-3】答案：A

解析：在应力圆的坐标系上，有一点坐标 $(\sigma_x, -\tau)$，在 x 轴下方，离 x 轴角度 $2\alpha < 90°$，故最大主应力 σ_1 大致指向第一象限且靠近 x 轴。

【5.7-4】答案：C

解析：由图可得 $\sigma_x = 50\text{MPa}$，$\sigma_y = -50\text{MPa}$，$\tau = -30\text{MPa}$，$\alpha = 45°$，故斜截面上切应力

$$\tau_\alpha = \dfrac{\sigma_x - \sigma_y}{2}\sin 2\alpha + \tau_x \cos 2\alpha = 50\text{MPa}$$

【5.7-5】答案：D

解析：当 $\alpha = 45°$，杆件受力 F 可分解为轴向 $F\cos 45°$ 拉力和弯矩 $M = Fl\sin 45°$ 的作用，则最大主应力

$$\sigma_1 = \dfrac{M}{W} + \dfrac{F}{A} = \dfrac{Fa\sin 45°}{\dfrac{a^3}{6}} + \dfrac{F\cos 45°}{a^2} = \dfrac{7\sqrt{2}F}{2a^2}$$

当 $\alpha = 0$ 时，杆件受到拉力 F 作用，则最大主应力

$$\sigma_1 = \dfrac{F}{A} = \dfrac{F}{a^2}$$

所以倍数为 $\dfrac{7\sqrt{2}}{2}$ 倍。

【5.7-6】答案：B

解析：对于 (a) 图，有 $\sigma_1 = 150\text{MPa}$，$\sigma_2 = 100\text{MPa}$，$\sigma_3 = 0\text{MPa}$，故

$$\sigma_{r3}^a = \sigma_1 - \sigma_3 = 150\text{MPa}$$

对于 (b) 图，有 $\sigma_1 = 100\text{MPa}$，$\sigma_2 = 0\text{MPa}$，$\sigma_3 = -100\text{MPa}$，故

$$\sigma_{r3}^b = \sigma_1 - \sigma_3 = 200\text{MPa}$$

因此 (b) 更危险。

【5.7-7】答案：B

解析：对于 (a) 图，有 $\sigma_x = -20\text{MPa}$，$\sigma_y = 30\text{MPa}$，$\tau_x = 20\text{MPa}$，故

$$\left.\begin{array}{r}\sigma_1 \\ \sigma_3\end{array}\right\} = \dfrac{\sigma_x + \sigma_y}{2} \pm \sqrt{\left(\dfrac{\sigma_x - \sigma_y}{2}\right)^2 + \tau_x^2} = \begin{cases} 37\text{MPa} \\ -27\text{MPa}\end{cases}$$

故

$$\sigma_{r3}^a = \sigma_1 - \sigma_3 = 64\text{MPa}$$

对于（b）图，有 $\sigma_x = 40\text{MPa}$，$\sigma_y = -20\text{MPa}$，$\tau_x = -30\text{MPa}$，故

$$\left.\begin{array}{c}\sigma_1\\\sigma_3\end{array}\right\} = \frac{\sigma_x + \sigma_y}{2} \pm \sqrt{\left(\frac{\sigma_x - \sigma_y}{2}\right)^2 + \tau_x^2} \approx \begin{cases}52.4\text{MPa}\\-32.4\text{MPa}\end{cases}$$

故

$$\sigma_{r3}^a = \sigma_1 - \sigma_3 \approx 84.8\text{MPa}$$

【5.7-8】答案：C

解析：主应力是最大正应力或者最小正应力。由应力圆图可以知道，主应力平面无剪应力，而最大剪应力作用的平面正应力可能存在，且主应力也可以为零。

5.8 组合变形

高频考点梳理

知识点	组合变形	
近三年考核频次	5	

5.8.1 斜弯曲

当梁上横向载荷未作用在形心主惯性轴系上时，梁将发生斜弯曲，此时可以将斜弯曲看作两个相互垂直平面内作用弯矩造成的平面弯曲的叠加，而斜弯曲的挠曲线所在平面不会和载荷所在平面重合，且危险点为单向应力状态，最大正应力为两个方向平面弯曲正应力的代数和。

对于有棱角的截面，危险点在凸角处，具体位置可以用观察法确定（所有应力为正的点为应力最大处，应力最小处同理）。强度条件为：

$$\sigma_{\max} = \frac{M_{y\max}}{W_y} + \frac{M_{z\max}}{W_z} \leqslant [\sigma]$$

式中：$M_{y\max}$，$M_{z\max}$——分别为危险截面上两个主惯性平面内的弯矩，方向分别为 y 轴、z 轴；

W_y，W_z——分别为危险截面对 y 轴、z 轴的抗弯截面系数。

对于没有凸角的截面，必须先确定中性轴的位置，中性轴是一条过截面形心的斜线，其与 z 轴的夹角 α

$$\tan\alpha = \frac{I_z M_y}{I_y M_z}$$

式中：I_y，I_z——分别为梁危险截面对 y 轴、z 轴的惯性矩；

M_y，M_z——分别为梁危险截面上两个形心主惯性平面内的弯矩，方向分别为 y 轴、z 轴。

设截面矩中性轴最远的危险点 a 的坐标为 y_a、z_a，则强度条件为：

$$\sigma_{\max} = \frac{M_{y\max}}{I_y} z_a + \frac{M_{z\max}}{I_z} y_a \leqslant [\sigma]$$

特别地，对于圆轴截面（或正多边形截面），由于任一形心轴均为形心主轴，则最大弯矩的方向为最大应力的方向，强度条件为：

$$\sigma_{\max} = \frac{M_{\max}}{W} = \frac{32\sqrt{M_y^2 + M_z^2}}{\pi d^3} \leqslant [\sigma]$$

5.8.2 拉（压）-弯组合变形

若构件受到轴向力和横向力的作用，或构件上仅作用着不与轴线重合的轴向力，此时构件的变形为拉（压）-弯组合变形，强度条件为：

$$\left.\begin{array}{c}\sigma_{\text{tmax}}\\ \sigma_{\text{cmax}}\end{array}\right\} = \pm \frac{F_S}{A} \pm \frac{M_y}{W_y} \pm \frac{M_z}{W_z}$$

$$\sigma_{\text{tmax}} \leqslant [\sigma_t]$$
$$\sigma_{\text{cmax}} \leqslant [\sigma_c]$$

式中：F_S，M_y，M_z——分别为危险截面上的轴力和两个形心主惯性平面内的弯矩；

W_y，W_z——分别为危险截面对 y 轴、z 轴的抗弯截面系数；

$[\sigma_t]$，$[\sigma_c]$——分别为梁的许用拉应力、许用压应力。

上式正负号由观察法确定。一般情况下，为危险点在危险截面的上、下边缘处，为单向应力状态，即不存在切应力，最大拉应力和最大压应力为轴向拉压正应力与两个方向平面弯曲正应力的代数和。

对于棱角的截面，危险点在凸角处；对于没有凸角的截面，必须确定中性轴的位置。由上文可得中性轴是一条不过截面形心的斜直线，则取对 y 轴、z 轴的截距：

$$y_a = -\frac{i_z^2}{y_P}, \quad z_a = -\frac{i_y^2}{z_P}$$

式中：i_y，i_z——分别为截面对 y 轴、z 轴的惯性半径；

y_P，z_P——分别为轴向力 F_S 的作用点距离 z 轴、y 轴的偏心距。

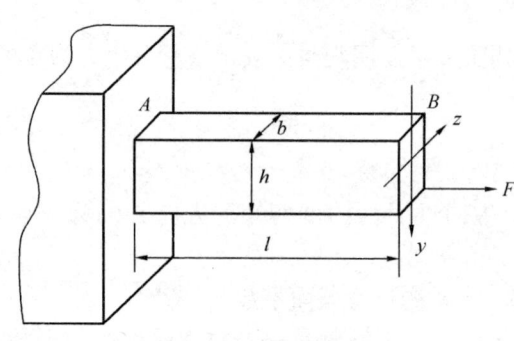

图 5.8-1　例 5.8-1 图

【例 5.8-1】如图 5.8-1 所示，矩形截面杆 AB，A 端固定，B 端自由，B 端右下角处承受与轴线平行的集中力 F，杆的最大正应力是（　　）。

A. $\sigma_{\max} = \dfrac{3F}{bh}$ B. $\sigma_{\max} = \dfrac{5F}{bh}$

C. $\sigma_{\max} = \dfrac{7F}{bh}$ D. $\sigma_{\max} = \dfrac{13F}{bh}$

解析：集中力 F 可以分解为轴向拉力 F，绕 y 轴方向的弯矩 M_y，绕 z 轴方向的弯矩 M_z，其数值分别为

$$F = F$$
$$M_y = \frac{Fb}{2}$$
$$M_z = \frac{Fb}{2}$$

【例 5.8-1】

则可以算出杆件的最大正应力位于 F 的斜对角上，其值为

$$\sigma_{\max} = \frac{F}{A} + \frac{M_y}{W_y} + \frac{M_z}{W_z} = \frac{F}{bh} + \frac{F\frac{b}{2}}{\frac{hb^2}{6}} + \frac{F\frac{b}{2}}{\frac{bh^2}{6}} = \frac{7F}{bh}$$

故答案选 C。

【例 5.8-2】 如图 5.8-2（a）所示正方形截面杆中间开有 $\dfrac{a}{2}$ 宽的槽，开槽部位的横截面如图 5.8-2（b）所示为危险截面，则最容易破坏的点和最大拉应力、最大压应力是（   ）。

A. A 点，$\sigma_{\text{tmax}} = 26 \dfrac{P}{a^2}$，$\sigma_{\text{cmax}} = -26 \dfrac{P}{a^2}$

B. A 点，$\sigma_{\text{tmax}} = 26 \dfrac{P}{a^2}$，$\sigma_{\text{cmax}} = -22 \dfrac{P}{a^2}$

C. C 点，$\sigma_{\text{tmax}} = 22 \dfrac{P}{a^2}$，$\sigma_{\text{cmax}} = -26 \dfrac{P}{a^2}$

D. C 点，$\sigma_{\text{tmax}} = 22 \dfrac{P}{a^2}$，$\sigma_{\text{cmax}} = -22 \dfrac{P}{a^2}$

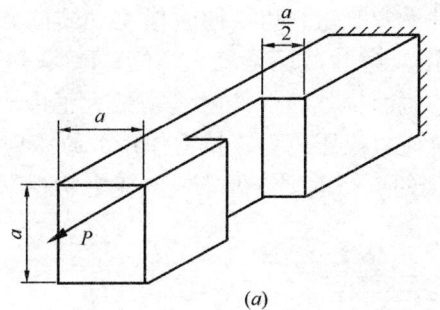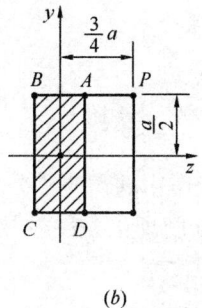

图 5.8-2　例 5.8-2 图
(a) 开槽的正方形截面杆；(b) 危险截面的剖面图

解析： 集中力 P 可以分解为轴向拉力 F，绕 y 轴的弯矩 M_y 和绕 z 轴的弯矩 M_z。图中四点的拉力情况如下表 5.8-1（"+"为拉应力，"-"为压应力）。

图中各点的应用情况　　　　　　　　　　表 5.8-1

点	P	M_y	M_z	应力
A	+	+	+	σ_{tmax}
B	+	-	+	
C	+	-	-	σ_{cmax}
D	+	+	-	

因此，可以算出最大拉应力和最大压应力

$$\sigma_{\text{tmax}} = \frac{P}{A} + \frac{M_y}{W_y} + \frac{M_z}{W_z} = \frac{P}{\dfrac{a^2}{2}} + \frac{P\dfrac{3a}{4}}{\dfrac{1}{6}a\left(\dfrac{a}{2}\right)^2} + \frac{P\dfrac{a}{2}}{\dfrac{1}{6}\dfrac{a}{2}a^2} = 26\frac{P}{a^2}$$

$$\sigma_{\text{cmax}} = \frac{P}{A} - \frac{M_y}{W_y} - \frac{M_z}{W_z} = \frac{P}{\dfrac{a^2}{2}} - \frac{P\dfrac{3a}{4}}{\dfrac{1}{6}a\left(\dfrac{a}{2}\right)^2} - \frac{P\dfrac{a}{2}}{\dfrac{1}{6}\dfrac{a}{2}a^2} = -22\frac{P}{a^2}$$

故危险点在 A 点。故答案选 B。

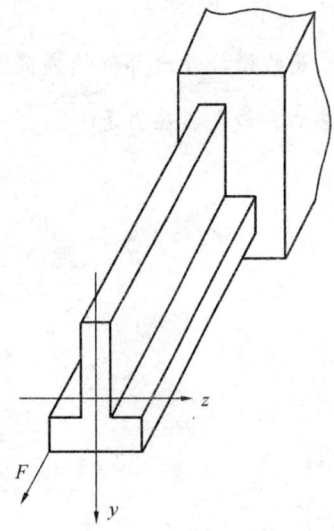

图 5.8-3 例 5.8-3 图

【例 5.8-3】如图 5.8-3 所示 T 形截面杆，一端固定一端自由，自由端的集中力 F 作用在截面的左下角点，并与杆件的轴线平行。该杆发生的变形为（ ）。

A. 轴向拉伸和绕 z 轴弯曲
B. 轴向拉伸和绕 y 轴、z 轴的双向弯曲
C. 绕 y 轴和绕 z 轴的双向弯曲
D. 轴向拉伸

解析：根据力的平移，将集中力 F 平移到形心处后，将会受到 y 轴和 z 轴两个方向的弯矩作用，故杆件产生的变形有轴向拉伸和绕 y 轴、z 轴的双向弯曲。故答案选 B。

5.8.3 弯-扭组合变形

杆件受到弯矩、扭矩同时作用（或拉力、弯矩、扭矩同时作用），危险截面是最大弯矩 M_{max} 和最大扭矩 T_{max} 同时作用的截面，截面上危险点是最大正应力 σ_{max} （由弯曲作用的拉应力或压应力、拉力作用的拉压应力）和最大切应力 τ_{max} （扭转作用的切应力）同时作用的点。危险点处于复杂应力状态下，按照第三强度理论或第四强度理论条件校核：

$$\sigma_{r3} = \sqrt{\sigma^2 + 4\tau^2} \leqslant [\sigma]$$

$$\sigma_{r4} = \sqrt{\sigma^2 + 3\tau^2} \leqslant [\sigma]$$

将 $\sigma = \pm \dfrac{M}{W}$ 和 $\tau = \dfrac{T}{W_P}$ 带入上式，且对于只受扭弯组合变形的圆截面杆，圆截面抗扭截面模量 W_P 是抗弯截面模量 W 的 2 倍，得到：

$$\sigma_{r3} = \frac{1}{W}\sqrt{M^2 + T^2} \leqslant [\sigma]$$

$$\sigma_{r4} = \frac{1}{W}\sqrt{M^2 + 0.75T^2} \leqslant [\sigma]$$

式中：M——危险截面上的弯矩（或合成弯矩），$M = \sqrt{M_y^2 + M_z^2}$；

T——危险截面上的扭矩；

W——杆的抗弯截面模量。

【例 5.8-4】图 5.8-4 所示圆轴，固定端外圆上 A 点（$y=0$）的单元体的应力状态是（ ）。

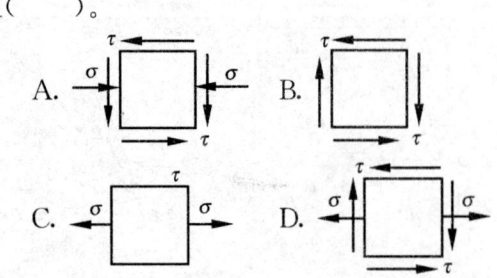

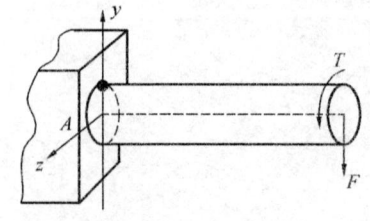

图 5.8-4 例 5.8-4 图

解析：力 F 作用效果为绕 z 轴的弯矩，故圆轴是弯-扭组合变形。由于 A 点坐标 $y=0$，处于弯曲的中性轴上，故没有弯曲正应力，单元体受纯剪切作用。故答案选 B。

【例 5.8-5】 图 5.8-5 所示正方形截面等直杆，抗弯截面模量为 W。在危险截面上，弯矩为 M，扭矩为 M_n，A 点处有最大正应力 σ 和最大剪应力 τ。若材料为低碳钢，则其强度条件为（　　）。

A. $\sigma \leqslant [\sigma]$，$\tau \leqslant [\tau]$

B. $\dfrac{1}{W}\sqrt{M^2+M_n^2} \leqslant [\sigma]$

C. $\dfrac{1}{W}\sqrt{M^2+0.75M_n^2} \leqslant [\sigma]$

D. $\sqrt{\sigma^2+4\tau^2} \leqslant [\sigma]$

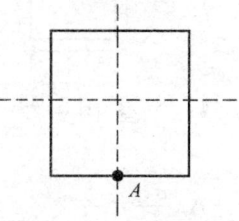

图 5.8-5　例 5.8-5 图

解析：材料为低碳钢，应采用第四强度理论。对于圆截面杆，抗扭截面模量 W_P 与抗弯截面模量 W 的关系为
$$W_P = 2W$$
因此截面的正应力和切应力为
$$\sigma = \frac{M}{W},\tau = \frac{M_n}{2W}$$

依据第四强度理论，可以得到
$$\sigma_{r4}=\sqrt{\frac{1}{2}[(\sigma_1-\sigma_2)^2+(\sigma_2-\sigma_3)^2+(\sigma_3-\sigma_1)^2]}=\sqrt{\sigma^2+3\tau^2}$$
$$=\frac{1}{W}\sqrt{M^2+0.75M_n^2} \leqslant [\sigma]$$

故答案选 C。

习　题

【5.8-1】 图 5.8-6 所示圆轴，在自由端圆周边界承受竖直向下的集中力 F，按第三强度理论，危险截面的相当应力 σ_{r3} 为（　　）。

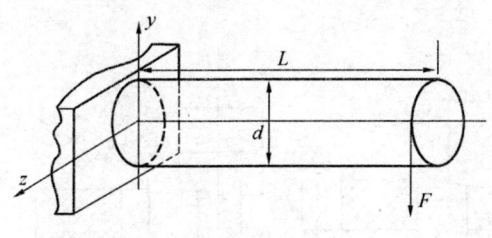

图 5.8-6　题 5.8-1 图

A. $\sigma_{r3} = \dfrac{32}{\pi d^3}\sqrt{(FL)^2+\left(\dfrac{Fd}{2}\right)^2}$

B. $\sigma_{r3} = \dfrac{32}{\pi d^3}\sqrt{(FL)^2+4\left(\dfrac{Fd}{2}\right)^2}$

C. $\sigma_{r3} = \dfrac{16}{\pi d^3}\sqrt{(FL)^2+\left(\dfrac{Fd}{2}\right)^2}$

D. $\sigma_{r3} = \dfrac{16}{\pi d^3}\sqrt{(FL)^2+4\left(\dfrac{Fd}{2}\right)^2}$

【5.8-2】 图 5.8-7 所示圆轴固定端最上缘 A 点的单元体的应力状态是（　　）。

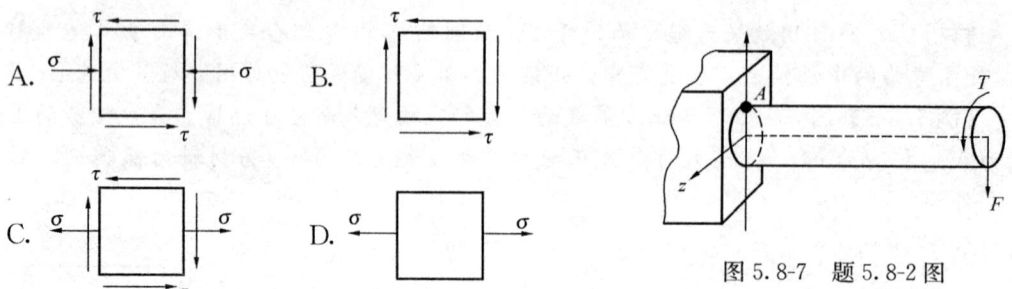

图 5.8-7 题 5.8-2 图

【5.8-3】图 5.8-8 所示变截面短杆，AB 段的压应力 σ_{AB} 与 BC 段压应力 σ_{BC} 的关系是（　　）。

A. $\dfrac{\sigma_{AB}}{\sigma_{BC}}=\dfrac{5}{4}$ B. $\dfrac{\sigma_{AB}}{\sigma_{BC}}=\dfrac{4}{5}$

C. $\dfrac{\sigma_{AB}}{\sigma_{BC}}=\dfrac{1}{2}$ D. $\dfrac{\sigma_{AB}}{\sigma_{BC}}=2$

【5.8-4】两根杆粘合在一起，截面尺寸如图 5.8-9 所示。杆 1 的弹性模量为 E_1，杆 2 的弹性模量为 E_2，且 $E_1=2E_2$。若轴向力作用在截面形心，则杆件发生的变形为（　　）。

A. 拉伸变形 B. 弯曲变形

C. 拉伸和向下弯曲变形 D. 拉伸和向上弯曲变形

【5.8-4】

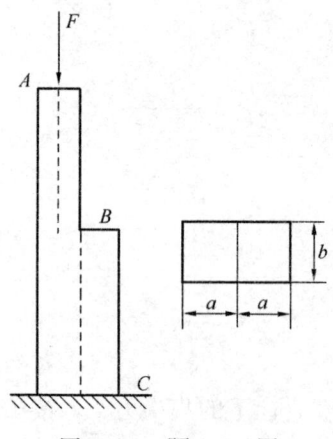

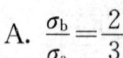

图 5.8-8 题 5.8-3 图

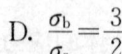

图 5.8-9 题 5.8-4 图

【5.8-5】图 5.8-10（a）所示矩形截面受压杆，杆的中间段右侧有一槽。若在杆的左侧，即槽的对称位置也挖出同样的槽（如图 5.8-10b），则 5.8-10（b）杆的最大压应力是图 5.8-10（a）最大压应力的（　　）。

A. $\dfrac{\sigma_b}{\sigma_a}=\dfrac{2}{3}$ B. $\dfrac{\sigma_b}{\sigma_a}=\dfrac{3}{4}$

C. $\dfrac{\sigma_b}{\sigma_a}=\dfrac{4}{3}$ D. $\dfrac{\sigma_b}{\sigma_a}=\dfrac{3}{2}$

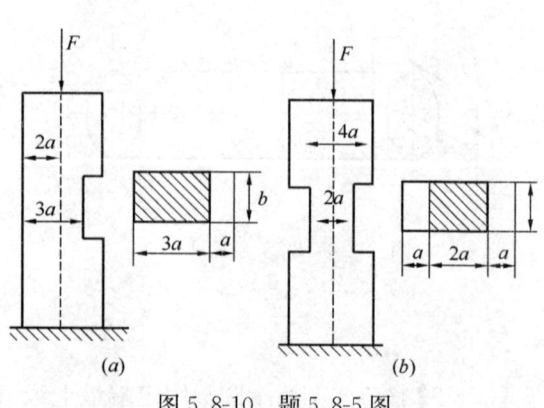

图 5.8-10 题 5.8-5 图

【5.8-6】如图 5.8-11 所示工字形截面梁在载荷 P 作用下，截面 $m-m$ 上的正应力分布为（　　）。

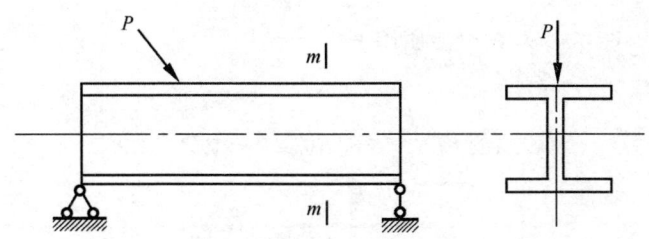

图 5.8-11　题 5.8-6 图

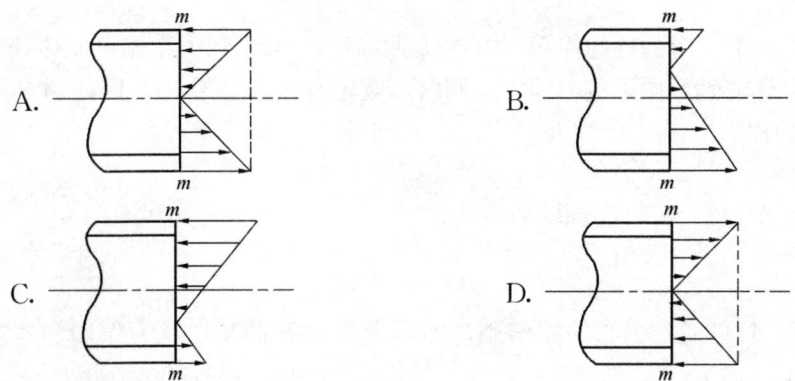

【5.8-7】如图 5.8-12 所示矩形截面杆的截面宽度沿杆长不变，杆的中段高度为 $2a$，左、右段高度为 $3a$，在图示三角形分布荷载作用下，杆的截面 $m-m$ 和截面 $n-n$ 分别发生（　　）。

A. 拉弯组合变形、拉弯组合变形　　B. 单向拉伸变形、拉弯组合变形
C. 单向拉伸变形、单向拉伸变形　　D. 拉弯组合变形、单向拉伸变形

【5.8-8】图 5.8-13 应力状态为其危险点的应力状态，则杆件为（　　）。

A. 偏心拉力变形　　　　　　　　　B. 偏心拉弯变形
C. 斜弯曲变形　　　　　　　　　　D. 拉扭组合变形

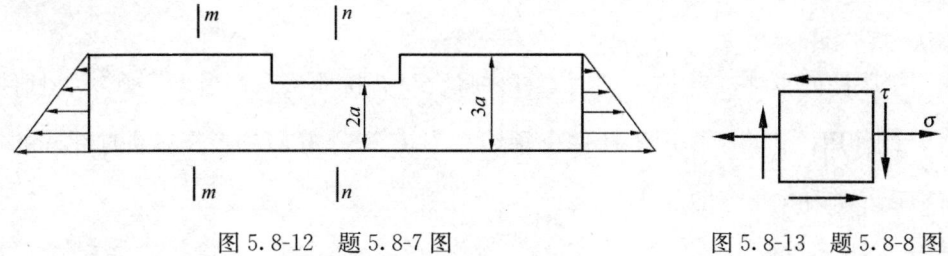

图 5.8-12　题 5.8-7 图　　　　图 5.8-13　题 5.8-8 图

习题答案及解析

【5.8-1】答案：A
解析：将 F 平移到形心轴处，则圆轴受到弯-扭组合作用，最大弯矩 $M=FL$，最大

扭矩 $T = \dfrac{Fd}{2}$。由于杆横截面为圆，则抗扭截面模量 W_P 与抗弯截面模量 W 的关系为

$$W_P = 2W$$

因此可以得到弯曲正应力和扭转切应力

$$\sigma = \frac{M}{W} = \frac{FL}{W}, \tau = \frac{T}{W_P} = \frac{F\dfrac{d}{2}}{2W} = \frac{Fd}{4W}$$

根据第三强度理论，危险截面的相当应力为

$$\sigma_{r3} = \sqrt{\sigma^2 + 4\tau^2} = \sqrt{\left(\frac{FL}{W}\right)^2 + 4\left(\frac{Fd}{4W}\right)^2} = \frac{32}{\pi d^3}\sqrt{(FL)^2 + \left(F\dfrac{d}{2}\right)^2}$$

【5.8-2】答案：C

解析：力 F 垂直向下，对圆轴的作用为方向 z 轴的弯矩，因而对 A 点单元体作用为拉伸，因此 A 点单元体受到弯曲正应力作用。同时，圆轴有扭矩 T 作用，因此 A 点单元体上还有扭转切应力作用。

【5.8-3】答案：B

解析：对于杆的 AB 段，杆件受到轴向压缩作用，则截面最大压应力

$$\sigma_{AB} = \frac{F}{ab}$$

对于杆的 BC 段，杆件受到偏心压缩作用，即有大小为 F 的轴向压力作用和弯矩 $M = F \cdot \dfrac{a}{2}$ 的作用，则截面最大压应力

$$\sigma_{BC} = \frac{F}{A} + \frac{M}{W} = \frac{F}{2ab} + \frac{F \cdot \dfrac{a}{2}}{\dfrac{1}{6}b(2a)^2} = \frac{5F}{4ab}$$

因此，可以得到

$$\frac{\sigma_{AB}}{\sigma_{BC}} = \frac{4}{5}$$

【5.8-4】答案：C

解析：

方法一：

使用极限法的思维，当 $E_1 = E_2$ 时，杆件将会只有拉伸状态；当 $E_2 \to 0$ 时，杆件受到偏心力 F 的作用，相当于作用于杆件 1 轴线拉力 F 和弯矩 $M = F\dfrac{h}{2}$（顺时针）的作用，杆件将出现拉伸和向下弯曲的状态。

方法二：

由于 $E_1 = 2E_2$，即 $E_1 > E_2$，因此杆件 2 的变形大于杆件 1 的变形，但是杆件 1 和杆件 2 接触部位粘合，就会造成杆件向下弯曲。

方法三：

使用解析法。

在杆件中性轴处，将轴向力拆为 F_1、F_2，其中杆件 1 受力为 F_1，杆件 2 受力为 F_2，

由中性轴处变形相等，即 $\Delta L_1 = \Delta L_2$，得

$$\begin{cases} \dfrac{F_1 \Delta L_1}{E_1 A} = \dfrac{F_2 \Delta L_2}{E_2 A} \\ F = F_1 + F_2 \end{cases}$$

解得

$$\begin{cases} F_1 = \dfrac{2}{3} F \\ F_2 = \dfrac{1}{3} F \end{cases}$$

因此，对于杆件 1，相当于受到弯矩 $M_1 = F_1 \dfrac{h}{2} = \dfrac{1}{3} Fh$（顺时针）作用；对于杆件 2，相当于受到弯矩 $M_2 = F_2 \dfrac{h}{2} = \dfrac{1}{6} Fh$（逆时针）作用，因此对于整体杆件，相当于受到弯矩

$$M = M_1 + M_2 \text{（顺时针）}$$

所以，杆件变形为拉伸和向下弯曲。

【5.8-5】答案：B

解析：两个杆件最大压应力都应在挖去槽的段。

对于杆件（a），挖去槽部分后杆截面如图 5.8-14 所示，杆件相当于受到 F 的偏心压力作用，偏心距 $e = \dfrac{a}{2}$，因此杆件（a）所受的最大压应力

$$\sigma_a = -\dfrac{F_S}{A} - \dfrac{M}{W} = -\dfrac{F}{3ab} - \dfrac{F \dfrac{a}{2}}{\dfrac{1}{6} b (3a)^2} = -\dfrac{2F}{3ab}$$

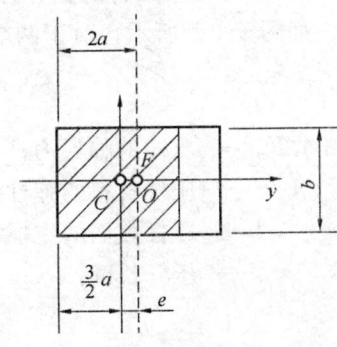

图 5.8-14 题 5.8-5 解析图

对于杆件（b），挖去槽部分后杆截面形心仍然不变，则只受到力 F 的压力作用，因此杆件（b）所受到的最大压应力

$$\sigma_b = -\dfrac{F_S}{A} = -\dfrac{F}{2ab}$$

因此可以得出

$$\dfrac{\sigma_b}{\sigma_a} = \dfrac{3}{4}$$

【5.8-6】答案：A

解析：对整体受力分析可以知道，右支座只存在垂直向上的支座反力，因而在截面 $m-m$ 右侧部分进行分析，可以得到截面 $m-m$ 上只存在垂直向下的反力，因此截面 $m-m$ 上正应力分布如选项 A 所示。

本题容易误选选项 B，是忽略了整体的受力分析，集中力 P 作用可以拆分为轴向压力作用 F_S 和垂直压力 F 的共同作用，但是观察支座情况，右侧支座不能存在水平方向支反力，所以左侧支座存在支反力，而到 P 点作用点时水平方向内力刚好归零。

【5.8-7】答案：D

解析：将三角形分布载荷简化成为轴向拉力 F，则力 F 作用点与下缘的距离 $y=\dfrac{3a}{3}=a$。

对于截面 $m-m$，力 F 作用点不在形心处，则力 F 作用为偏心力作用，因此截面 $m-m$ 的变形为拉弯组合变形。

对于截面 $n-n$，力 F 作用点位于形心处，则力 F 作用仅为拉伸作用。

【5.8-8】答案：D

解析：图示单元体中有切应力作用，而弯曲作用和拉伸作用下都不会存在切应力，只有扭转作用时会产生切应力。

5.9 压杆稳定

高频考点梳理

知识点	压杆的长度系数	欧拉公式	压杆稳定
近三年考核频次	1	1	1

5.9.1 细长压杆的临界力——欧拉公式

如图 5.9-1 所示，对于两端铰支的细长杆，临界载荷的欧拉公式如下

$$F_{cr}=\dfrac{\pi^2 EI}{l^2}$$

式中：F_{cr}——压杆的临界力；

E——压杆材料的弹性模量；

I——压杆截面的主惯性矩；

l——压杆长度。

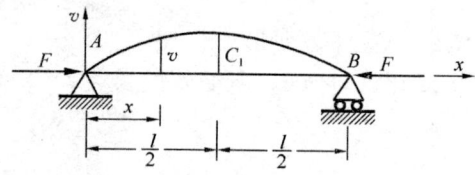

图 5.9-1 两端铰支的压杆

两端铰支的细长杆对应的挠曲线是半个正弦曲线

$$v=C_1\sin\left(\dfrac{\pi x}{l}\right)$$

式中：C_1——杆中点的最大挠度。

对于不同杆端约束的等截面压杆的临界载荷的欧拉公式统一写成

$$F_{cr}=\dfrac{\pi^2 EI}{(\mu l)^2}$$

式中，μ 是随杆端约束而异的一个因数（长度因数），而 μl 称为有效长度。压杆的长度因数见表 5.9-1。

压杆的长度因数　　　　　　　　　　表 5.9-1

杆端支承情况	一端自由，一端固支	两端铰支	一端铰支，一端固支	两端固支	一端固支，一端可移动，但不能转动
挠曲线图形	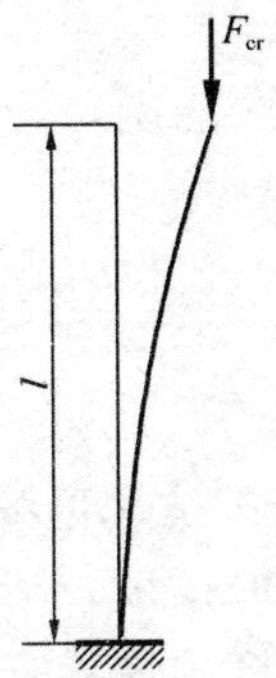	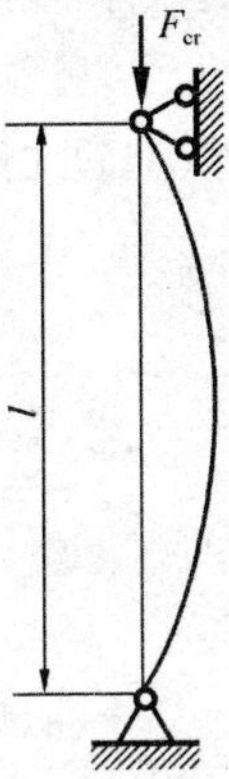	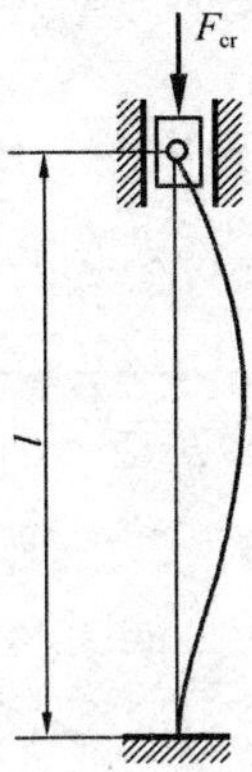	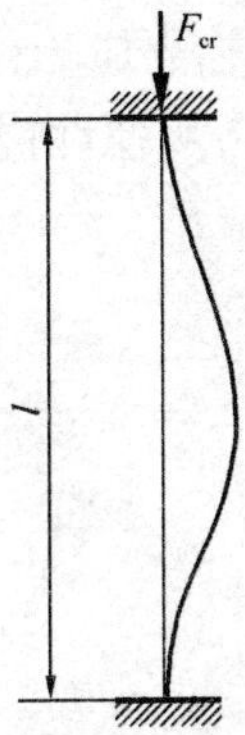	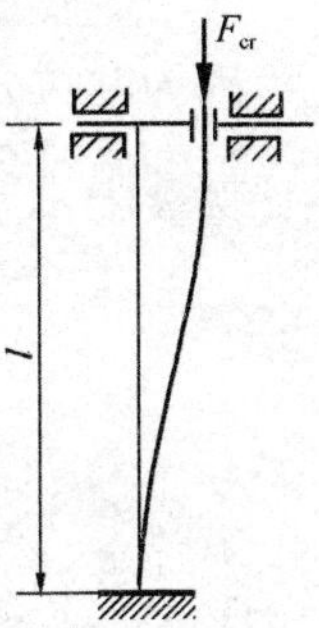
长度因数 μ	$\mu=2$	$\mu=1$	$\mu=0.7$	$\mu=0.5$	$\mu=1$

【例 5.9-1】如图 5.9-2 所示压杆下端固定，上端与水平弹簧相连，则该杆的长度系数 μ 值为（　　）。

A. $\mu>2$　　　　　　　　　　B. $0.7<\mu<2$
C. $0.5<\mu<0.7$　　　　　　D. $\mu<0.5$

解析：一端固支一端自由的压杆长度系数 $\mu=2$，一端固支一端铰支的压杆长度系数 $\mu=0.7$，一端固支一端弹簧支座介于两者之间。故答案选 B。

【例 5.9-2】圆截面细长压杆的材料和杆端约束保持不变，若将其直径减小一半，则压杆的临界压力为原压杆的（　　）。

A. $\dfrac{1}{32}$　　B. $\dfrac{1}{16}$　　C. $\dfrac{1}{8}$　　D. $\dfrac{1}{4}$

图 5.9-2　例 5.9-1 图

解析：压杆临界力公式

$$F_{cr}=\frac{\pi^2 EI}{(\mu l)^2}$$

材料不变，则 E、l 不变。根据圆截面细长杆件截面惯性矩公式

$$I=\frac{\pi D^4}{64}$$

知道若直径减小一半，压杆的临界压力为原压杆的 $\dfrac{1}{16}$。故答案选 B。

5.9.2　临界应力、柔度、欧拉公式的适用范围

1. 临界应力、柔度

将 F_{cr} 除以压杆的横截面面积 A，得到压杆的临界应力

$$\sigma_{cr}=\frac{F_{cr}}{A}=\frac{\pi^2 EI}{(\mu l)^2 A}=\frac{\pi^2 Ei^2}{(\mu l)^2}=\frac{\pi^2 E}{\left(\dfrac{\mu l}{i}\right)^2}=\frac{\pi^2 E}{\lambda^2}$$

$$i=\sqrt{\frac{I}{A}}$$

$$\lambda = \frac{\mu l}{i}$$

式中：i——惯性半径，反映截面形状和尺寸的一个几何量；

λ——柔度（或长细比），量纲为一，综合地反映了杆长、杆端约束以及截面形状和尺寸对临界应力的影响。

因为欧拉公式是从弹性挠曲线导出的，所以上式只能用于弹性范围，即要求 σ_{cr} 不超过比例极限 σ_p，即 $\frac{\pi^2 E}{\lambda^2} \leqslant \sigma_p$。于是欧拉公式的适用范围是

$$\lambda \geqslant \sqrt{\frac{\pi^2 E}{\sigma_p}} = \pi\sqrt{\frac{E}{\sigma_p}} = \lambda_p$$

2. 临界应力总图、欧拉公式的适用范围

如图 5.9-3 所示，根据压杆的柔度，可将其分为三类，应按不同的公式分别计算压杆的临界应力。

(1) 大柔度杆或细长杆：$\lambda \geqslant \lambda_p$，利用欧拉公式计算

$$\sigma_{cr} = \frac{\pi^2 E}{\lambda^2}$$

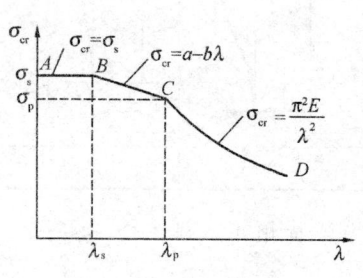

图 5.9-3 临界应力总图

(2) 中柔度杆：$\lambda_s \leqslant \lambda < \lambda_p$，$\lambda_s$ 与材料的压缩极限应力 σ_u 有关。利用直线型公式计算

$$\sigma_{cr} = a - b\lambda$$

(3) 小柔度杆：$\lambda < \lambda_s$，利用强度问题的相关理论计算

$$\sigma_{cr} = \sigma_s$$

则中长杆和短杆的柔度分界值为（a、b 是由试验得到的材料常数）

$$\lambda_s = \frac{a - \sigma_s}{b}$$

5.9.3 压杆的稳定条件

1. 安全系数法

为了保证实际受压杆件在工作压力 F 作用下不失稳，必须满足稳定条件为：

$$F \leqslant \frac{F_{cr}}{[n_{st}]}$$

即

$$n_{st} = \frac{F_{cr}}{F} \geqslant [n_{st}]$$

式中：F——压杆所受的实际轴向压力；

F_{cr}——压杆的临界压力；

n_{st}——压杆的工作稳定安全因数；

$[n_{st}]$——规范中压杆的稳定安全因数。

2. 稳定因数法

$$\sigma = \frac{F}{A} \leqslant [\sigma_{st}] = \varphi[\sigma]$$

式中：$[\sigma]$——强度许用应力；

φ——稳定因数（或折减系数），与构件的截面形状、尺寸及加工工艺等有关；

[σ_{st}]——稳定许用应力。

$\varphi=\dfrac{[\sigma_{st}]}{[\sigma]}$ 是一个小于 1 的系数，其值可根据有关材料的 $\varphi-\lambda$ 关系曲线或折减系数表查得，或由经验公式算得。对折减系数表中没有的非整数 λ 所对应值的 φ 值，可用线性插值公式计算：

$$\varphi = \varphi_1 - \dfrac{\lambda - \lambda_1}{\lambda_2 - \lambda_1}(\varphi_1 - \varphi_2)$$

式中：λ_1、λ_2——整数的柔度；

φ_1、φ_2——分别为 λ_1、λ_2 所对应的折减系数。

5.9.4 提高压杆稳定性的措施

1. 尽量减小压杆长度和加强约束的牢固性

随着压杆长度增加（λ 也增加），其临界应力迅速下降。所以在结构许可的条件下应尽量减小压杆长度。

2. 合理选择截面

压杆的临界应力会随柔度 λ 的增加而迅速降低，设法减低柔度是提高压杆稳定性的重要措施，柔度

$$\lambda = \dfrac{\mu l}{i} = \mu l \sqrt{\dfrac{A}{I}}$$

（1）对于一定长度和约束方式的压杆，在保持横截面面积 A 一定的情况下，应选择惯性矩 I 较大的截面形状。所以，压杆通常采用空心截面。

（2）考虑失稳的方向性。尽可能使压杆在两个形心主惯性平面内有相等或相近的稳定性，即 $\lambda_z \approx \lambda_y$。

3. 合理选用材料

对于细长杆，没必要选用合金钢、优质钢；对于非细长杆，优质钢材抗失稳能力较大。

习 题

【5.9-1】两根完全相同的细长（大柔度）压杆 AB 和 CD 如图 5.9-4 所示，杆的下端为固定铰链约束，上端与刚性水平杆固结。两杆的弯曲刚度均为 EI，其临界载荷 F_a 为（　　）。

A. $F_a = 2.04 \times \dfrac{\pi^2 EI}{L^2}$ 　　　　　　B. $F_a = 4.08 \times \dfrac{\pi^2 EI}{L^2}$

C. $F_a = 2 \times \dfrac{\pi^2 EI}{L^2}$ 　　　　　　D. $F_a = 8 \times \dfrac{\pi^2 EI}{L^2}$

【5.9-2】图 5.9-5 所示三根压杆均为细长（大柔度）压杆，且弯曲刚度均为 EI，三根压杆的临界载荷 F_{cr} 的关系为（　　）。

A. $F_{cra} > F_{crb} > F_{crc}$ 　　　　　　B. $F_{crc} > F_{crb} > F_{cra}$

C. $F_{crb} > F_{cra} > F_{crc}$ 　　　　　　D. $F_{crc} > F_{cra} > F_{crb}$

【5.9-3】一端固定一端自由的细长（大柔度）压杆，长为 L（如图 5.9-6a），当杆的长度减小一半时（如图 5.9-6b），其临界

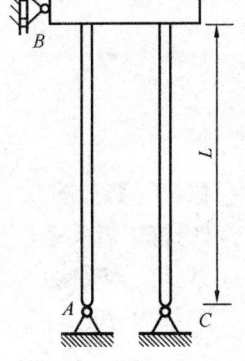

图 5.9-4 题 5.9-1 图

载荷 F_{cr} 是原来的（　　）。

A. 4 倍　　　　　B. 2 倍　　　　　C. $\dfrac{1}{2}$ 倍　　　　　D. $\dfrac{1}{4}$ 倍

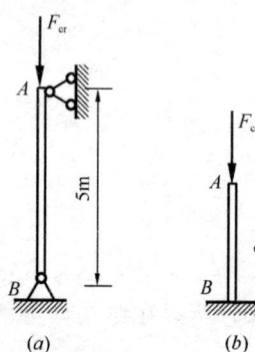

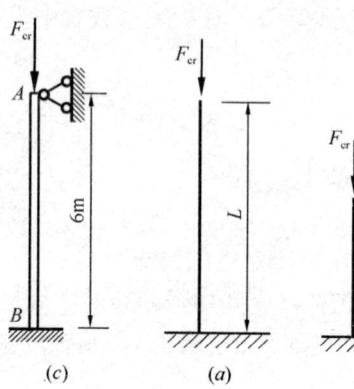

图 5.9-5　题 5.9-2 图　　　　　图 5.9-6　题 5.9-3 图

【5.9-4】图 5.9-7 所示矩形截面细长（大柔度）压杆，弹性模量为 E。该压杆的临界载荷 F_{cr} 为（　　）。

A. $F_{cr}=\dfrac{\pi^2 EI}{L^2} \cdot \dfrac{bh^3}{12}$　　　　　B. $F_{cr}=\dfrac{\pi^2 EI}{L^2} \cdot \dfrac{hb^3}{12}$

C. $F_{cr}=\dfrac{\pi^2 EI}{(2L)^2} \cdot \dfrac{bh^3}{12}$　　　　　D. $F_{cr}=\dfrac{\pi^2 EI}{(2L)^2} \cdot \dfrac{hb^3}{12}$

【5.9-5】图 5.9-8 所示细长压杆 AB 的 A 端自由，B 端固定在简支梁上。该压杆的长度系数 μ 是（　　）。

A. $0.5<\mu<0.7$　　B. $0.7<\mu<1$　　C. $1<\mu<2$　　D. $\mu>2$

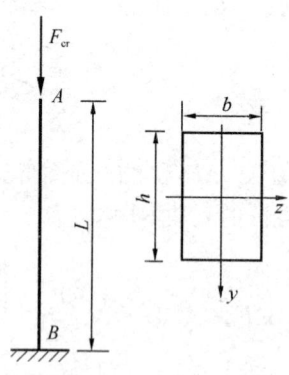
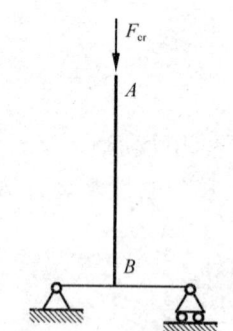

图 5.9-7　题 5.9-4 图　　　　图 5.9-8　题 5.9-5 图

【5.9-6】如图 5.9-9 所示三个受压结构失稳时临界压力分别为 F_{cr}^a、F_{cr}^b、F_{cr}^c，比较三者关系（　　）。

A. $F_{cr}^a > F_{cr}^b > F_{cr}^c$　　　　　B. $F_{cr}^a > F_{cr}^c > F_{cr}^b$

C. $F_{cr}^c > F_{cr}^b > F_{cr}^a$　　　　　D. $F_{cr}^c > F_{cr}^a > F_{cr}^b$

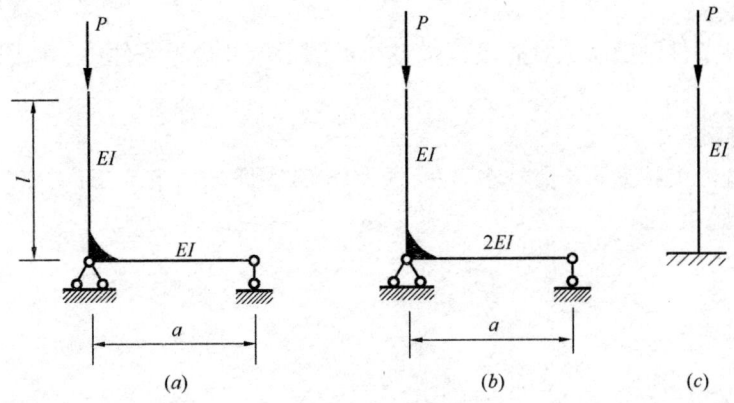

图 5.9-9 题 5.9-6 图

习题答案及解析

【5.9-1】答案：B

解析：临界载荷 F_a 是使杆 AB、杆 CD 同时到达临界状态，杆 AB 和杆 CD 均为一端固支一端铰支，则长度因数 $\mu=0.7$，因此可以得出临界载荷

$$F_a = 2F_{cr} = 2 \times \frac{\pi^2 EI}{(\mu L)^2} = 4.08 \times \frac{\pi^2 EI}{L^2}$$

【5.9-2】答案：D

解析：临界荷载

$$F_{cr} = \frac{\pi^2 EI}{(\mu l)^2}$$

对于图 (a) 杆，$\mu l = 1 \times 5 = 5\text{m}$；
对于图 (b) 杆，$\mu l = 2 \times 3 = 6\text{m}$；
对于图 (c) 杆，$\mu l = 0.7 \times 6 = 4.2\text{m}$。
因此可以得出：$F_{crc} > F_{cra} > F_{crb}$

【5.9-3】答案：A

解析：压杆的临界荷载

$$F_{cr} = \frac{\pi^2 EI}{(\mu l)^2}$$

故长度减小一半，临界荷载为原来的四倍。

【5.9-4】答案：D

解析：杆件一端固支一端自由，则长度系数 $\mu=2$，通过截面图可知，杆件的惯性矩

$$I_{min} = I_y = \frac{hb^3}{12}$$

故由压杆的临界荷载公式计算得

$$F_{cr} = \frac{\pi^2 EI}{(\mu l)^2} = \frac{\pi^2 EI}{(2L)^2} \cdot \frac{hb^3}{12}$$

【5.9-5】答案：D

解析：边界条件刚度越大，长度系数越小。图示压杆边界条件比一端固支一端自由压杆刚度小，则 $\mu>2$。

【5.9-6】答案：C

解析：杆端约束越强，μ 值越小，F_{cr} 越大。(a) 杆端约束为 EI，(b) 杆端约束为 $2EI$，(c) 杆端约束无限大。

第6章 流 体 力 学

考试大纲：
6.1 流体的主要物性与流体静力学
流体的压缩性与膨胀性；流体的黏性与牛顿内摩擦定律；流体静压强及其特性；重力作用下静水压强的分布规律；作用于平面的液体总压力的计算。
6.2 流体动力学基础
以流场为对象描述流动的概念；流体运动的总流分析；恒定总流连续性方程、能量方程和动量方程的运用。
6.3 流动阻力和能量损失
沿程阻力损失和局部阻力损失；实际流体的两种流态——层流和紊流；圆管中层流运动、紊流运动的特征；减小阻力的措施。
6.4 孔口管嘴管道流动
孔口自由出流、孔口淹没出流；管嘴出流；有压管道恒定流；管道的串联和并联。
6.5 明渠恒定流
明渠均匀水流特性；产生均匀流的条件；明渠恒定非均匀流的流动状态；明渠恒定均匀流的水平力计算。
6.6 渗流、井和集水廊道
土壤的渗流特性；达西定律；井和集水廊道。
6.7 相似原理和量纲分析
力学相似原理；相似准则；量纲分析法。
本章试题配置：8题

6.1 流体的主要物性与流体静力学

高频考点梳理

知识点	连续介质假设	流体的黏性与牛顿内摩擦定律	流体静压强及其特性	重力作用下静水压强的分布规律
近三年考核频次	1	1	1	2

6.1.1 流体的主要物理性质

1. 惯性

惯性是物体维持原有运动状态的能力的性质。表征某一流体的惯性大小可用该流体的密度。对于均质流体，单位体积的质量称为密度，以 ρ 表示：

$$\rho = \frac{m}{V} \tag{6.1-1}$$

式中：ρ——流体的密度，kg/m^3；
m——流体的质量，kg；
V——流体的体积，m^3。

各点密度不完全相同的流体，称为非均质流体，其密度定义为：

$$\rho = \lim_{\Delta V \to 0} \frac{\Delta M}{\Delta V} \qquad (6.1-2)$$

在流体力学中，密度ρ不仅是流体惯性的量度，也描述了流体在流场中分布的疏密程度，特别是在可压缩气体流动中，它是反映流体质点运动状态的参数之一。

在工程流体力学中，大量出现密度ρ和重力加速度g的乘积ρg。为了书写和表述的简便，用符号γ表示，并称之为"容重"。

$$\gamma = \rho g \qquad (6.1-3)$$

常用的流体密度和容重：

水：$\rho = 1000 kg/m^3$　　$\gamma = 9807 N/m^3$

汞：$\rho_{Hg} = 13595 kg/m^3$　　$\gamma_{Hg} = 133326 N/m^3$

流体密度随着温度和压强而变，液体变化甚微，但气体变化较大，在一个标准大气压下，空气的各项物理参数见表6.1-1。

空气的物理特性　　　　　　　　　表6.1-1

温度 (℃)	密度ρ (kg/m^3)	重度γ (N/m^3)	黏度 $\mu \times 10^4$ ($N \cdot s/m^2$)	运动黏度 $\times 10^3$ (m^2/s)
−40	1.515	14.85	1.49	0.98
−20	1.395	13.68	1.61	1.15
0	1.293	12.68	1.71	1.32
10	1.248	12.24	1.76	1.41
20	1.205	11.82	1.81	1.50
30	1.165	11.43	1.86	1.60
40	1.128	11.06	1.90	1.58
50	1.060	10.40	2.00	1.87
80	1.000	9.81	2.09	2.09
100	0.945	9.28	2.18	2.31
200	0.147	7.33	2.58	3.43

2. 黏滞性

流体内部质点间或流层间因相对运动而产生内摩擦力（内力）以反抗相对运动的性质，叫做黏滞性。此内摩擦力称为黏滞力。

以流体在管中流动为例，如图6.1-1所示。当流体在管中缓缓流动时，紧贴管壁的流体质点，粘附在管壁上，流速为零。位于管轴上的流体质点，离管壁的距离最远，受管壁的影响最小，因而流速最大。介于管壁和管轴之间的流体质点，将以不同的速度向右移动，它们的速度将从管壁至管轴线，由零增加至最大的轴心速度。流速u随垂直于流速方向y而变化规律如图所示，即$u = f(y)$的函数关系曲线，称为流速分布图。由于各流层的速度不相同，从而产生内摩擦力以抗拒相对运动。

实验证明当流体是层流流动时，黏滞力的大小有以下规律：

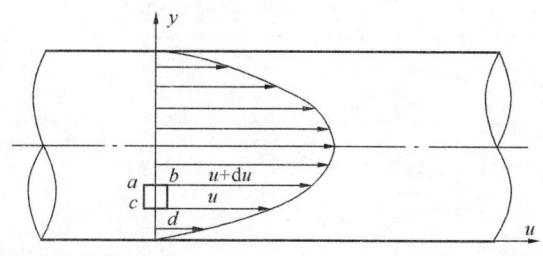

图 6.1-1 断面流速

(1) 与两流层间的速度差(即相对速度)du 成正比,和流层间距离 dy 成反比;
(2) 与流层的接触面积 A 的大小成正比;
(3) 与流体的种类有关;
(4) 与流体的压力大小无关。

内摩擦力的数学表达式可写作

$$T = \mu A \frac{du}{dy} \tag{6.1-4}$$

这就是牛顿内摩擦定律。若以 τ 表示单位面积上的内摩擦力,称为切应力,则有

$$\tau = \mu \frac{du}{dy} \tag{6.1-5}$$

上式就是常用的黏滞力的计算公式,式中 du/dy 是速度梯度,表示速度沿垂直于速度方向 y 的变化率,单位为 s^{-1};μ 是动力黏度,单位是 Pa·s,其物理意义可以理解为:单位速度梯度作用下的切应力。不同的流体有不同的 μ 值,μ 越大,黏滞性越强。在流体力学中,经常出现 μ/ρ,用 ν 表示,称为**运动黏度**,即

$$\nu = \frac{\mu}{\rho} \tag{6.1-6}$$

ν 的常用单位是 cm^2/s 或 m^2/s,其物理意义可以理解为,单位速度梯度作用下的切应力对单位体积质量作用产生的阻力加速度。

水的黏度   表 6.1-2

t (℃)	μ (10^{-3}Pa·s)	ν ($10^{-6}m^2/s$)	t (℃)	μ (10^{-3}Pa·s)	ν ($10^{-6}m^2/s$)
0	1.792	1.792	40	0.656	0.661
5	1.519	1.519	45	0.599	0.605
10	1.308	1.308	50	0.549	0.556
15	1.140	1.140	60	0.469	0.477
20	1.005	1.007	70	0.406	0.415
25	0.894	0.897	80	0.357	0.367
30	0.801	0.804	90	0.317	0.328
35	0.723	0.727	100	0.284	0.296

一个大气压下的空气的黏度　　　　　　　　表 6.1-3

t (℃)	μ (10^{-3}Pa·s)	ν (10^{-6}m²/s)	t (℃)	μ (10^{-3}Pa·s)	ν (10^{-6}m²/s)
0	0.0172	13.7	90	0.0216	32.9
10	0.0178	14.7	100	0.0218	23.6
20	0.0183	15.7	120	0.0228	26.2
30	0.0187	16.6	140	0.0236	28.5
40	0.0192	17.6	160	0.0242	30.6
50	0.0196	18.6	180	0.0251	33.2
60	0.0201	19.6	200	0.0259	35.8
70	0.0204	20.5	250	0.0280	42.8
80	0.0210	21.7	300	0.0298	49.9

从上表可以看出：水和空气的黏度随温度变化的规律不同，水的黏滞性随温度升高而减小，空气的黏滞性随温度升高而增大。

牛顿内摩擦定律只适用于一般流体，它对某些特殊流体是不适用的。为此，将在作纯剪切流动时满足牛顿内摩擦定律的流体称为**牛顿流体**。如水和空气等，均为牛顿流体。而将不满足该定律的称为非牛顿流体。如泥浆、污水、油漆和高分子溶液等。

3. 压缩性和膨胀性

流体受压体积缩小，密度增大的性质，称为流体的**压缩性**。流体受热，体积膨胀，密度减小的性质，称为流体的**热胀性**。

（1）液体的压缩性和热胀性

液体的压缩性，一般用压缩系数 β 来表示。设某一体积 V 的流体，密度为 ρ，当压强增加 dp 时，体积减小，密度增大 $d\rho$，密度增加率为 $d\rho/\rho$，$d\rho/\rho$ 与 dp 的比值，称为流体的**压缩系数**。

$$\beta = \frac{d\rho/\rho}{dp} \qquad (6.1\text{-}7)$$

β 越大，则流体的压缩性也越大，单位是 m²/N。流体被压缩时，质量不改变，压缩系数也可以用体积表示，即

$$\beta = \frac{d\rho/\rho}{dp} = -\frac{dV/V}{dp} \qquad (6.1\text{-}8)$$

压缩系数 β 的倒数称为流体的弹性模量，以 E 表示，即

$$E = \frac{1}{\beta} = \frac{dp}{d\rho/\rho} = \rho \frac{dp}{d\rho} \qquad (6.1\text{-}9)$$

弹性模量的单位是 N/m² 或 Pa。不同的液体在不同的压力下有不同的压缩系数和弹性模量。

液体的热胀性，一般用热胀系数 α 表示，与压缩系数相反，当温度增加 dT 时，液体的密度减小率 $-d\rho/\rho$，则热胀系数 α 为

$$\alpha = -\frac{d\rho/\rho}{dT} = \frac{dV/V}{dT} \qquad (6.1\text{-}10)$$

α单位为 T^{-1}，α越大，则液体的热胀性越大。

(2) 气体的压缩性和热胀性

气体与液体不同，具有显著的压缩性和热胀性。温度与压强的变化对气体密度的影响很大。在温度不过低，压强不过高时，气体密度、压强和温度三者之间的关系，服从理想气体状态方程。即

$$\frac{p}{\rho} = RT \tag{6.1-11}$$

式中：p——气体的绝对压强，单位是 N/m^2 或 Pa；

T——气体的热力学温度，单位是 K；

ρ——气体的密度，单位是 kg/m^3；

R——气体常数，单位是 J/(kg·K)。对于空气，$R=287$；对于其他气体，$R=8314/n$，其中 n 为气体的分子量。

4. 表面张力特性

由于分子间的吸引力，在液体的自由表面上能够承受极其微小的张力，这种张力称**表面张力**。表面张力不仅在液体与气体接触的周界面上发生，而且还会在液体与固体（汞和玻璃等），或一种液体与另一种液体（汞和水等）相接触的周界上发生。

气体不存在表面张力。因为气体分子的扩散作用，不存在自由表面。所以表面张力是液体的特有性质。即对液体来讲，表面张力在平面上并不产生附加压力，因此处的力处于平衡状态。它只有在曲面上才产生附加压力，以维持平衡。

由于表面张力的作用，如果把两端开口的玻璃细管竖立在液体中，液体就会在细管中上升或下降 h，如图 6.1-2 所示。这种现象称为**毛细管现象**。上升或下降取决于液体和固体的性质。表面张力的大小，可用表面张力系数 σ 表示，单位为 N/m。

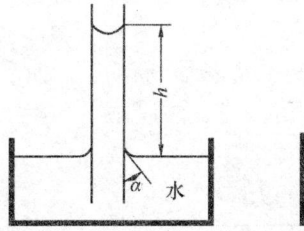
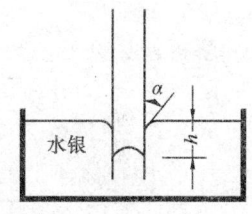

图 6.1-2 水和水银的毛细现象

水温为 20℃时，水在管中上升的高度为

$$h = \frac{15}{r}$$

水银为 20℃时，水银在管中上升的高度为

$$h = \frac{5.07}{r}$$

【例 6.1-1】空气的黏滞系数与水的黏滞系数 μ 分别随温度的降低而（   ）。

A. 降低、升高   B. 降低、降低
C. 升高、降低   D. 升高、升高

解析：水和空气的黏度随温度变化的规律是不同的，水的黏滞性随温度升高而减小，空气的黏滞性随温度升高而增大。这是因为黏滞性随分子间的吸引温度升高，分子间吸引力降低，动量增大；反之，温度降低，分子间吸引力增大，动量减小，对于液体，分子间的吸引力是决定性因素，所以液体的黏滞性随温度降低而升高；对于气体，分子间的热运

动产生动量交换是决定性的因素,所以气体的黏滞性随温度降低而降低。故选 A。

【**例 6.1-2**】在下列各组流体中,属于牛顿流体的为( )。
A. 水、新拌水泥砂浆、血浆
B. 水、新拌混凝土、泥石流
C. 水、空气、汽油
D. 水、汽油、泥浆

解析:将在作纯剪切流动时满足牛顿内摩擦定律的流体称为牛顿流体。如水和空气等,均为牛顿流体。而将不满足该定律的称为非牛顿流体。如泥浆、污水、油漆和高分子溶液等。答案选 C。

【**例 6.1-3**】半径为 R 的圆管中,横截面上流速分布为 $u=2[1-(r^2/R^2)]$,其中 r 表示到圆管轴线的距离。则在 $r_1=0.2R$ 处的黏性切应力与 $r_2=R$ 处的黏性切应力大小之比为( )。
A. 5
B. 25
C. 1/5
D. 1/25

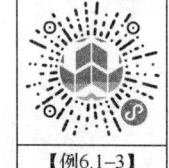

【例6.1-3】

解析:根据牛顿内摩擦定律,单位面积黏性切应力 $\tau=\mu\dfrac{du}{dr}$,黏性切应力与速度的梯度成正比,对题干中流速的分布求导可得,$du/dr=-4r/R^2$,可见黏性切应力的比等于 $r_1:r_2$,所以 $r_1=0.2R$ 处的黏性切应力与 $r_2=R$ 处的黏性切应力大小之比为 0.2,即 1/5。故选 C。

【**例 6.1-4**】某流体的密度为 800kg/m^3,运动黏度为 $3\times10^{-6}\text{m}^2/\text{s}$,其动力黏度为( )Pa·S。
A. 3.75×10^{-9}
B. 2.4×10^{-6}
C. 2.4×10^{-3}
D. 2.4×10^{3}

解析:区分好动力黏度和运动黏度,动力黏度=密度×运动黏度:
$\mu=\rho\nu=800\text{kg/m}^3\times3\times10^{-6}\text{m}^2/\text{s}=2.4\times10^{-3}\text{Pa}\cdot\text{s}$,故答案选 C。

6.1.2 流体静力学

1. 作用在流体上的力

力是使流体运动状态发生变化的外因,根据力作用方式的不同,可以分为质量力和表面力。

(1)质量力

质量力是作用在流体的每一个质点上的力,例如重力和惯性力。

设在流体中 M 点附近取质量为 dm 的微团,其体积为 dv,作用于该微团的质量力为 dF,则称极限

$$f=\lim_{\Delta v\to M}\frac{\Delta F}{\Delta M} \tag{6.1-12}$$

为作用于 M 点的单位质量的质量力,简称为单位质量力。用 f 或 (X,Y,Z) 表示。设 dF 在 x,y,z 坐标轴上的分量分别为 dF_x,dF_y,dF_z,则单位质量力的轴向分力可表示为

$$\left.\begin{aligned}X&=\lim_{\Delta v\to M}\frac{\Delta F_x}{\Delta m}\\Y&=\lim_{\Delta v\to M}\frac{\Delta F_y}{\Delta m}\\Z&=\lim_{\Delta v\to M}\frac{\Delta F_z}{\Delta m}\end{aligned}\right\} \tag{6.1-13}$$

质量力的单位是牛顿，N；单位质量力的单位是 N/kg。

在静止流体中，流体所受的质量力只有重力，重力 G 的大小与流体的质量成正比，$G=mg$。则静止流体单位质量力可表示为 $X=0$，$Y=0$，$Z=g$。

(2) 表面力

表面力是作用在所研究的流体系统表面上的力。表面力常采用单位表面力的**切向分力**和**法向分力**来表示。

设在流体分离体的表面上，围绕任意点 A 取一面积 ΔA，一般的，可将作用在该面上的表面力分解为表面法线方向的分力 ΔP 和切线方向的分力 ΔT。因为流体内部不能承受拉力，所以，表面法线方向的力只有沿内法线方向的压力。因此，表面应力可分解为

$$\left. \begin{array}{l} p = \lim\limits_{\Delta A \to A} \dfrac{\Delta P}{\Delta A} \\ \tau = \lim\limits_{\Delta A \to A} \dfrac{\Delta T}{\Delta A} \end{array} \right\} \tag{6.1-14}$$

p 称为 A 点的法向应力或压强或正应力，τ 称为 A 点的切应力。单位是帕斯卡，简称帕，用 Pa 表示，$1Pa=1N/m^2$。

2. 流体静压强及其特性

在静止或相对静止状态的流体中，质量力只有重力，而表面力，没有切应力，只有正应力（压强）。

(1) 流体静压强的定义

在静止或相对静止状态的均质流体中，取一个平面，面积为 ΔA，ΔP 是作用在平面上的流体静压力，它们的比值，称为面积 ΔA 上的平均流体静压强，以 $\bar{p}$ 表示：

$$\bar{p} = \dfrac{\Delta P}{\Delta A} \tag{6.1-15}$$

当面积 ΔA 无限缩小趋近于 0，即平面趋近于一个点时，比值趋近于某一个极限值，该值称为该点的流体静压强，以 p 表示，即

$$p = \lim\limits_{\Delta A \to 0} \dfrac{\Delta P}{\Delta A} \tag{6.1-16}$$

流体静压强，国际单位制中的常用单位是帕，用 Pa 表示；更大的单位用巴，以 bar 表示，$1bar=10^5 Pa$。

(2) 流体静压强的特性

流体静压强有两个特性：

第一个特性为**垂直性**，流体静压强的方向必然是沿着作用面的内法线方向，即压强方向垂直于作用面，方向向内。

第二个特性为**各向等值性**，在静止或相对静止的流体中，任一点的流体静压强的大小与作用面的方向无关，只与该点的位置有关。

3. 静压强的分布规律

根据静止流体质量力只有重力的这个特点，研究静止流体的分布规律

液体静压强的基本方程式

仅受重力作用的液体的微分方程为

$$dp = -\rho g \, dz = -\gamma \, dz$$

积分可得

$$p = -\gamma z + C$$

式中：C 为积分常数。从上式可以看出，在确定的静止流体中，压强只与深度有关。

如图 6.1-3 所示，在静止流体中，表面大气压力为 p_0，取两个点，A 点，深度 z_1，压强 $p_1 = -\gamma z_1 + C$，B 点，深度 z_2，压强 $p_2 = -\gamma z_2 + C$，则

$$\Delta p = p_2 - p_1 = \gamma \Delta h \tag{6.1-17}$$

即 $p_2 = p_1 + \gamma \Delta h$

把压强关系式应用于求静止液体内某一点的压强，根据关系式可得

$$p = p_0 + \gamma h \tag{6.1-18}$$

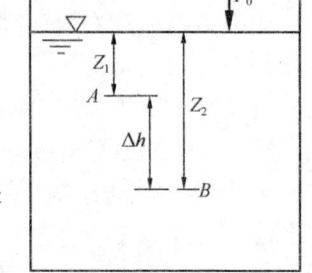

图 6.1-3 液体静压强

式中，p_0 是液面气体压强，Pa；γ 是液体的容重，N/m^3；h 是某点在液面下的深度，m。该式就是液体静力学压强的基本方程式，可以看出，压强的大小与容器的形状无关，深度相同的各点，压强也相同，水平面是等压面，压强增加的方向就是质量力——重力的作用方向。

4. 压强的计算基准和量度单位

(1) 计算基准

压强有两种计算基准：绝对压强和相对压强。

以毫无一点气体存在的绝对真空为零点起算的压强，称为绝对压强，以 p' 表示。当问题涉及流体本身的性质，例如采用气体状态方程进行计算时，必须采用绝对压强。

当地同高程的大气压强 p_a 为零点起算的压强，则称为相对压强，以 p 表示。采用相对压强基准，则大气压强的相对压强为零。

相对压强、绝对压强和大气压强的相互关系：

$$p = p' - p_a \tag{6.1-19}$$

某一点的绝对压强只能是正值，不可能出现负值。但是，某一点的绝对压强可能大于大气压强，也可能小于大气压强，因此，相对压强可正可负。当相对压强为正值时，称该压强为正压，为负值时，称为负压。负压的绝对值又称为真空度，以 p_v 表示。即当 $p < 0$ 时，

$$p_v = -p = p_a - p' \tag{6.1-20}$$

(2) 压强的三种量度单位

第一种单位是从压强的基本定义出发，用单位面积上的力表示，即力/面积。国际单位为 N/m^2，以符号 Pa 表示，工程单位为 kgf/m^2 或 kgf/cm^2。

第二种单位是用大气压的倍数来表示，国际上规定标准大气压用符号 atm 表示，（温度为 0℃ 时海平面上的压强，即 760mmHg）为 101.325kPa，即 1atm = 101.325kPa。工程单位中规定大气压用符号 at 表示（相当于海拔 200m 处正常大气压），为 $1kgf/cm^2$，即 $1at = 1kgf/cm^2 = 98kPa$，称为工程大气压。例如，某点绝对压强为 303.975kPa，则称该点的绝对压强为三个标准大气压，或称该点的相对压强为两个标准大气压。

第三种单位是用液柱高度来表示，常用水柱高度或汞柱高度，其单位为 mH_2O、

mmH$_2$O 或 mmHg，这种单位可从静止流体压强关系式推导出：

$$h = p/\gamma \tag{6.1-21}$$

例如一个标准大气压相应的水柱高度为：$h = p/\gamma = \dfrac{101325 \text{N/m}^2}{9807 \text{N/m}^3} = 10.33\text{m}$

相应的汞柱高度为：$h = p/\gamma = \dfrac{101325 \text{N/m}^2}{133375 \text{N/m}^3} = 0.76\text{m} = 760\text{mm}$

一个工程大气压相应的水柱高度为：$h = p/\gamma = \dfrac{98000 \text{N/m}^2}{9807 \text{N/m}^3} = 10\text{m}$ 即 $10\text{mH}_2\text{O} = 1\text{kgf/cm}^2$，$1\text{mmH}_2\text{O} = 1\text{kgf/m}^2$。

【例 6.1-5】 重力和黏滞力分别属于（ ）。
A. 表面力、质量力 B. 表面力、表面力
C. 质量力、表面力 D. 质量力、质量力

解析： 质量力和表面力的作用方式的不同。质量力是作用在流体的每一个质点上的力，重力属于质量力；而表面力是作用在所研究的流体系统表面上的力。表面力常采用单位表面力的切向分力和法向分力来表示，黏滞力就是表面力的切向分力。故答案选 C。

【例 6.1-6】 流体在静止时（ ）。
A. 既可以承受压力，也可以承受剪切力
B. 既不能承受压力，也不能承受剪切力
C. 不能承受压力，可以承受剪切力
D. 可以承受压力，不能承受剪切力

解析： 在静止或相对静止状态的流体中，质量力只有重力，而表面力，没有切应力（剪切力），只有正应力（压强）。故选 D。

【例 6.1-7】 静止的流体中，任一点的压强的大小与下列哪一项无关？（ ）。
A. 当地重力加速度 B. 受压面的方向
C. 该点的位置 D. 流体的种类

解析： 静水压强方程为 $p = p_0 + \rho g h$，ρ 取决于流体的种类，h 取决于该点的位置，ACD 都与压强的大小有关。静水压强有两个特性：①垂直性，流体静压强的方向必然是沿着作用面的内法线方向；②各向等值性，任一点的流体静压强的大小与作用面的方向无关。故答案选 B。

【例 6.1-8】 盛水容器 a 和 b 的上方密封，测压管水面位置如图 6.1-4 所示，其底部压强分别为 p_a 和 p_b。若两容器内水深相等，则 p_a 和 p_b 的关系为（ ）。

A. $p_a > p_b$
B. $p_a < p_b$
C. $p_a = p_b$
D. 无法确定

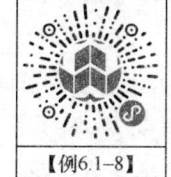

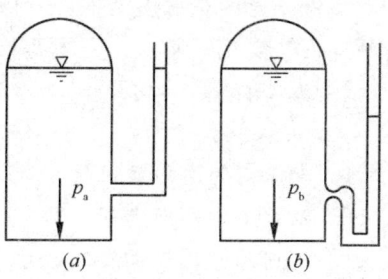

图 6.1-4　例 6.1-8 图

解析： 根据静止水压强公式 $p = p_0 + \gamma h$，大气压力为 p_0，两个容器所处的大气压力

相同，测压管里液面到底部的距离为 h，容器 a，测压管的液面较高，容器 b，测压管的液面较低，则有 $p_a > p_b$。故选 A。

【例 6.1-9】静止油面（油面上为大气）下 3m 深度处的绝对压强为下列哪一项？（油的密度为 $800 kg/m^3$，当地大气压为 $100 kPa$）（　　）。

A. 3kPa　　　　　　　　　　　　B. 23.5kPa
C. 102.4kPa　　　　　　　　　　D. 123.5kPa

解析：根据静止液体压强公式，并代入题干数据，则有
$p = p_0 + \rho g h = 100 kPa + 800 \times 9.8 \times 3 \times 10^{-3} kPa = 123.52 kPa$。故答案选 D。

6.1.3 流体的力学模型

1. 连续介质

不论是液体或气体，总是由无数的分子所组成，分子之间有一定的间隙，也就是说，流体实质上是不连续的。但是，流体力学是研究宏观的机械运动，而不是研究微观的分子运动，作为研究单元的质点，也是由无数的分子所组成，并具有一定的体积和质量。因此，将流体认为是充满其所占据空间无任何空隙的质点所组成的连续体。

这种"连续介质"的模型，是对流体物质结构的简化，分析问题时有两大优点：第一，不考虑复杂的微观分子运动，只考虑在外力作用下的宏观机械运动；第二，流体的物理量是连续函数，能运用数学分析的连续函数工具。

2. 无黏性流体

一切流体都具有黏性，提出无黏性流体，是对流体物理性质的简化。因为在某些问题中，黏性不起作用或不起主要作用。这种不考虑黏性作用的流体，称为**无黏性流体**。通常 理想流体即认为是流体是无黏性的流体。

3. 不可压缩流体

这是不计压缩性和热胀性而对流体物理性质的简化。液体的压缩性和热胀性均很小，密度可视为常数，通常用不可压缩流体模型。气体在大多数情况下，也可采用不可压缩流体模型。

【例 6.1-10】在连续介质假设下，流体的物理量（　　）。

A. 只是时间的连续函数　　　　　B. 只是空间坐标的连续函数
C. 与时间无关　　　　　　　　　D. 是空间坐标及时间的连续函数

解析：连续介质假设下，流体的物理量是连续函数，流体的物理量随着空间位置和时间的变化而变化，所以，流体的物理量是空间坐标及时间的连续函数。故选 D。

【例 6.1-11】连续介质的概念里，流体质点是指（　　）。

A. 流体分子
B. 流体内的固体颗粒面
C. 无大小的几何点
D. 几何尺寸同流动空间相比是极小量，又含有大量分子的微元体

解析："连续介质"的模型将流体认为是充满其所占据空间无任何空隙的质点所组成的连续体，作为研究单元的质点，也是由无数的分子所组成，并具有一定的体积和质量。故答案选 D。

【例 6.1-12】理想流体与实际流体的主要区别在于（　　）。

A. 是否考虑黏滞性　　　　　　　　B. 是否考虑易流动性
C. 是否考虑重力特性　　　　　　　D. 是否考虑惯性

解析：理想流体通常定义为没有摩擦的流体，也称无黏性流体。故答案选 A。

习　题

【6.1-1】牛顿流体是指(　　)。
　A. 可压缩流体　　　　　　　　　B. 不可压缩流体
　C. 满足牛顿内摩擦定律的流体　　 D. 满足牛顿第二定律的流体

【6.1-2】下面关于流体黏性的说法中，不正确的是(　　)。
　A. 黏性是流体的固有属性
　B. 黏性是运动流体抵抗剪切变形速率能力的量度
　C. 流体的黏性具有传递运动和阻滞运动的双重性
　D. 流体的黏性随着温度的升高而减小

【6.1-3】流体的动力黏度 μ 与(　　)等有关。
　A. 流体种类、温度　　　　　　　B. 流体种类、压力
　C. 压力、体积　　　　　　　　　D. 温度、压力

【6.1-4】如图 6.1-5 所示，一平板在油面上作水平运动，速度为 1m/s。已知平板运动速度 v 与固定边界的距离为 $\delta = 5\text{mm}$，油的黏度 $\mu = 0.1\text{Pa·s}$，则作用在平板单位力 τ 为(　　)。
　A. 10Pa　　　　　　　　　　　　B. 15Pa
　C. 20Pa　　　　　　　　　　　　D. 25Pa

【6.1-5】如图 6.1-6 所示，平板与固定壁面间距离 $\delta = 1\text{mm}$，油的黏度 μ 为 0.1 Pa·s，50N 的力拖动平板，速度为 1m/s，平板的面积是(　　)m^2。

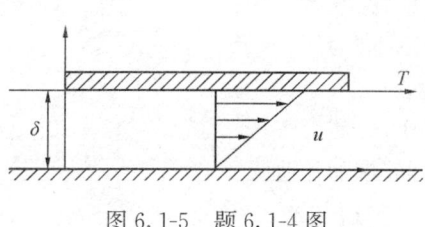 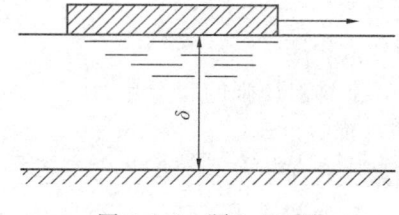

图 6.1-5　题 6.1-4 图　　　　　　　图 6.1-6　题 6.1-5 图

　A. 1　　　　　B. 0.5　　　　　C. 5　　　　　D. 2

【6.1-6】下列各组力中，都属于质量力的是(　　)。
　A. 剪切力、重力　　　　　　　　B. 压力、黏滞力
　C. 重力、惯性力　　　　　　　　D. 表面张力、压力

【6.1-7】牛顿内摩擦定律表明，决定流体切应力的因素是(　　)。
　A. 动力黏度和速度　　　　　　　B. 运动黏度和速度
　C. 动力黏度和速度梯度　　　　　D. 运动黏度和速度梯度

【6.1-8】流体静压强的作用方向为(　　)。
　A. 平行受压面　　　　　　　　　B. 指向受压面

C. 垂直指向受压面　　　　　　　　D. 无法确定

【6.1-9】下述叙述中正确的是(　　)。
A. 静止液体的动力黏度为0　　　　B. 静止液体的运动黏度为0
C. 静止液体受到的切应力为0　　　D. 静止液体受到的压应力为0

【6.1-10】静止液体所受的单位质量力为(　　)。
A. $f_x=-g$，$f_y=0$，$f_z=0$　　　B. $f_x=0$，$f_y=-g$，$f_z=0$
C. $f'_x=0$，$f_y=0$，$f_z=g$　　　D. $f_x=0$，$f_y=0$，$f_z=-g$

【6.1-11】根据静压强的特性，静止流体中同一点各方向的压强(　　)。
A. 数值相等　　　　　　　　　　　B. 数值不等
C. 仅水平方向数值相等　　　　　　D. 仅竖直方向数值相等

【6.1-12】如图6.1-7所示，容器内盛有两种不同的液体，密度分别为ρ_1，ρ_2，则有(　　)。

A. $z_A+\dfrac{p_A}{\rho_1 g}=z_B+\dfrac{p_B}{\rho_1 g}$

B. $z_A+\dfrac{p_A}{\rho_1 g}=z_C+\dfrac{p_C}{\rho_1 g}$

C. $z_B+\dfrac{p_B}{\rho_1 g}=z_D+\dfrac{p_D}{\rho_2 g}$

D. $z_B+\dfrac{p_B}{\rho_1 g}=z_C+\dfrac{p_C}{\rho_2 g}$

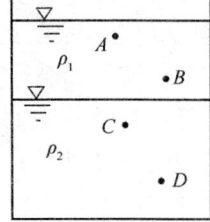

图6.1-7　题6.1-12图

【6.1-13】1个工程大气压等于(　　)。
A. 101.3kPa　　　　　　　　　　　B. 10.33mH$_2$O
C. 98kPa　　　　　　　　　　　　D. 760mmHg

【6.1-14】相对压强的起量点为(　　)。
A. 绝对真空　　　　　　　　　　　B. 标准大气压
C. 当地大气压　　　　　　　　　　D. 液面压强

【6.1-15】绝对压强的起量点为(　　)。
A. 绝对真空　　　　　　　　　　　B. 标准大气压
C. 当地大气压　　　　　　　　　　D. 液面压强

【6.1-16】如图6.1-8所示，容器内是水，左边与大气相连的开口管和右边真空管的水柱高度之差为(　　)。

A. 10m
B. 1.0m
C. 0.1m
D. 0.01m

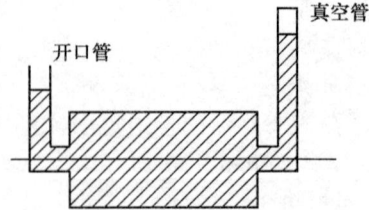

图6.1-8　题6.1-16图

【6.1-17】如图6.1-9所示，在上部为气体下部为水的封闭容器上装有U形水银测压计，其中1、2、3点位于同一平面上，其压强的关系为(　　)。
A. $p_1<p_2<p_3$　　　　　　　　　B. $p_1>p_2>p_3$
C. $p_1=p_2=p_3$　　　　　　　　　D. $p_2<p_1<p_3$

【6.1-18】如图 6.1-10 所示，设 A、B 两处液体的密度分别为 ρ_A 与 ρ_B，由 U 型管连接，已知水银密度为 ρ_m，1、2 面的高度差为 Δh，它们与 A、B 中心点的高度差分别是 h_1 和 h_2，则 A、B 两中心点的压强差 $P_A - P_B$ 为（　　）。

A. $(-h_1\rho_A + h_2\rho_B + \Delta h\rho_m)g$　　　　B. $(h_1\rho_A - h_2\rho_B - \Delta h\rho_m)g$

C. $[-h_1\rho_A + h_2\rho_B + \Delta h(\rho_m - \rho_A)]g$　　D. $[h_1\rho_A - h_2\rho_B - \Delta h(\rho_m - \rho_A)]g$

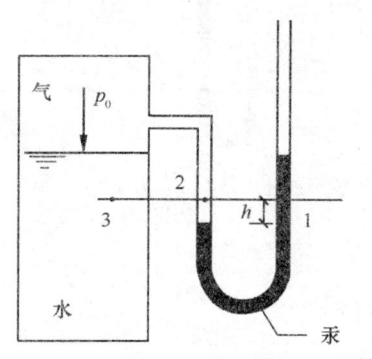

图 6.1-9　题 6.1-17 图　　　　　图 6.1-10　题 6.1-18 图

【6.1-19】如图 6.1-11 所示水下有一半径为 $R=0.1\text{m}$ 的半球形侧盖，球心至水面距离 $H=5\text{m}$，作用于半球盖上水平方向的静水压力是（　　）。

A. 0.98kN　　　　　　　　　　　B. 1.96kN

C. 0.77kN　　　　　　　　　　　D. 1.54kN

【6.1-20】密闭水箱如图 6.1-12 所示，已知水深 $h=2\text{m}$，自由面上的压强 $p_0=88\text{kN/m}^2$，当地大气压强为 $p_a=101\text{kN/m}^2$，则水箱底部 A 点的绝对压强与相对压强分别为（　　）。

A. 107.6kN/m² 和 −6.6kN/m²　　　B. 107.6kN/m² 和 6.6kN/m²

C. 120.6kN/m² 和 −6.6kN/m²　　　D. 120.6kN/m² 和 6.6kN/m²

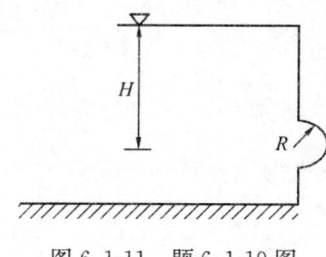 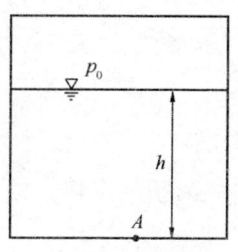

图 6.1-11　题 6.1-19 图　　　　　图 6.1-12　题 6.1-20 图

【6.1-21】如图 6.1-13 所示容器内盛有两种不同的液体（$\rho_1 < \rho_2$），则测压管内液体高度为（　　）。

A. $h_1 + h_2$　　　　　　　　　　B. $\rho_1 h_1 + h_2$

C. $\dfrac{\rho_1}{\rho_2} h_1 + h_2$　　　　　　　　　D. $\dfrac{\rho_2}{\rho_1} h_1 + h_2$

【6.1-22】如图 6.1-14 所示，用 U 形水银压差计测量水管 A、B 两点的压强差，水银面高差 $h_P=10\text{cm}$，p_A-p_B 为（　　）。

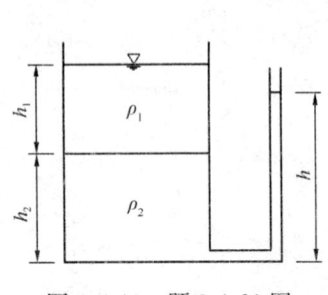
图 6.1-13　题 6.1-21 图

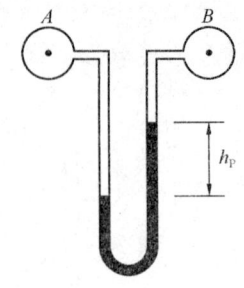
图 6.1-14　题 6.1-22 图

A. 13.33kPa
C. 9.6kPa

B. 12.35kPa
D. 4.8kPa

习题答案及解析

【6.1-1】答案：C

解析：满足牛顿内摩擦定律的流体称为牛顿流体。如水和空气等，均为牛顿流体。而将不满足该定律的称为非牛顿流体。如泥浆、污水、油漆和高分子溶液等。本书仅限于研究牛顿流体。

【6.1-2】答案：D

解析：水和空气的黏度随温度变化的规律不同，水的黏滞性随温度升高而减小，空气的黏滞性随温度升高而增大。

【6.1-3】答案：A

解析：流体的动力黏度 μ 与流体种类、温度有关，与压力、体积均无关。

【6.1-4】答案：C

解析：根据牛顿内摩擦定律，流体单位面积切应力可以表示为 $\tau = \mu \dfrac{du}{dy} = 0.1 \times \dfrac{1}{0.005} = 20\text{Pa}$

【6.1-5】答案：B

解析：根据牛顿内摩擦定律，流体切应力可以表示为 $T = \mu A \dfrac{du}{dy}$，$A = T/\mu \dfrac{du}{dy} = 50\text{N}/\left(0.1\text{Pa}\cdot\text{s} \times \dfrac{1\text{m/s}}{0.001}\right) = 0.5\text{m}^2$

【6.1-6】答案：C

解析：质量力是作用在流体的每一个质点上的力，例如重力和惯性力，表面张力、剪切力、黏滞力都属于表面力。

【6.1-7】答案：C

解析：根据牛顿内摩擦定律，流体切应力可以表示为 $T = \mu A \dfrac{du}{dy}$，所以决定流体切应力的因素是动力黏度和速度梯度。

【6.1-8】答案：C

解析：流体静压强的方向必然是沿着作用面的内法线方向，即垂直指向受压面。

【6.1-9】答案：C

解析：在静止或相对静止状态的流体中，质量力只有重力，而表面力，没有切应力，只有正应力（压强），任何流体都有黏滞性，动力黏度和运动黏度不为 0。

【6.1-10】答案：D

解析：在静止或相对静止状态的流体中，质量力只有重力，所以，单位质量力，只有 z 方向受到向下的单位质量重力，即 $f_x=0$，$f_y=0$，$f_z=-g$

【6.1-11】答案：A

解析：静压强具有各向等值性，即在静止或相对静止的流体中，任一点的流体静压强的大小与作用面的方向无关。

【6.1-12】答案：A

解析：设中间分界层的深度为 z_1，可以表示 ABCD，四个点的压强，$p_A=\rho_1 g z_A$，$p_B=\rho_1 g z_B$，$p_C=\rho_1 g z_1+\rho_2 g(z_C-z_1)$，$p_C=\rho_1 g z_1+\rho_2 g(z_D-z_1)$，则可以算出 $p_A-p_B=\rho_1 g z_A-\rho_1 g z_B$，不难证出 $z_A+\dfrac{p_A}{\rho_1 g}=z_B+\dfrac{p_B}{\rho_1 g}$，而其他选项均不正确。

【6.1-13】答案：C

解析：标准大气压：$1atm=101.325kPa=760mmHg=10.33mH_2O$

工程大气压：$1at=1kgf/cm^2=98kPa=10mH_2O$

【6.1-14】答案：C

解析：以当地的大气压强 p_a 为零点起算的压强，则称为相对压强，以 p 表示。

【6.1-15】答案：A

解析：以绝对真空为零点起算的压强，称为绝对压强，以 p' 表示。

【6.1-16】答案：A

解析：左侧水面与大气相连，认为水面压强为标准大气压，右侧为真空，认为水面压强为 0，两侧水面压差 $\Delta p=101.3kPa$，水柱高度差为：$h=\Delta p/\gamma=101.3kPa\div 9.8kN/m^3=10.33m$。

【6.1-17】答案：A

解析：容器中的气体压强为 p_0，2 点在气体环境中，$p_2=p_0$，根据静止液体压强公式，可计算点 3 处的压强为，$p_3=p_0+\gamma z$，z 是点 3 的深度，$p_3>p_2$；点 1 处的压强，$p_1=p_0-\gamma_{Hg}h$，$p_1<p_2<p_3$。

【6.1-18】答案：A

解析：利用静止液体压差的公式可表示 A 点压强，$P_A=P_1-\rho_A g h_1$，B 点压强，$P_B=P_2-\rho_B g h_2$，$P_2=P_1-\rho_m g\Delta h$；整理可得，$P_A-P_B=(-h_1\rho_A+h_2\rho_B+\Delta h\rho_m)g$。

【6.1-19】答案：D

解析：作用于半球盖水平方向的静水压力等效为球心处压强 p_C 与侧圆截面面积 A 的乘积，根据静水压强公式 $p=\rho g h$，水平静压力：

$P = Ap = A\rho gh = \pi \times 0.1^2 \times 1 \times 9.8 \times 5 = 1.54\text{kN}$。

【6.1-20】答案：B

解析：以毫无一点气体存在的绝对真空为零点起算的压强，称为绝对压强。当地同高程的大气压强 p_a 为零点起算的压强，则称为相对压强。A 点的绝对压强为：$p' = p_0 + \rho gh = 88\text{kPa} + 1 \times 9.8 \times 2\text{kPa} = 107.6\text{kPa}$；相对压强为

$p = p' - p_a = 107.6\text{kPa} - 101\text{kPa} = 6.6\text{kPa}$。

【6.1-21】答案：C

解析：设容器底部的压强为 p，$p = \rho_1 h_1 + \rho_2 h_2 = \rho_2 h$，则有 $h = \dfrac{\rho_1}{\rho_2} h_1 + h_2$。

【6.1-22】答案：B

解析：除了水银的压差外，注意考虑水的压差，$p_A - p_B = \gamma_{Hg} h_P - \gamma_{水} h_P = 133.3\text{kN/m}^3 \times 0.1\text{m} - 9.8\text{kN/m}^3 \times 0.1\text{m} = 12.35\text{kPa}$。

6.2 流体动力学基础

高频考点梳理

知识点	以流场为对象描述流动的概念	恒定总流连续性方程
近三年考核频次	1	2

6.2.1 描述流体运动的两种方法

1. 拉格朗日法

研究流动，存在着两种方法。一种是承袭固体力学的方法，把流场中流体看作是无数连续的质点所组成的质点系，如果能 对每一质点的运动进行描述，那么整个流动就被完全确定了，这种方法称为**拉格朗日法**。

在这种思路的指导下，把流体质点在某一时间 t_0 时的坐标 (a, b, c) 作为该质点的标志，则不同的 (a, b, c) 就表示流动空间的不同质点。随着时间的迁移，质点将改变位置，设 (x, y, z) 表示时间 t 时质点 (a, b, c) 的坐标，则下列函数形式：

$$\left. \begin{array}{l} x = x(a,b,c,t) \\ y = y(a,b,c,t) \\ z = z(a,b,c,t) \end{array} \right\} \quad (6.2\text{-}1)$$

就表示全部质点随时间 t 的位置变动。如果该表达式能够写出，那么，流体流动就完全确定，表达式中的 a、b、c、t 称为拉格朗日变量。显然，质点的速度也可以写出

$$\left. \begin{array}{l} u_x = \dfrac{\partial x(a,b,c,t)}{\partial t} \\ u_y = \dfrac{\partial y(a,b,c,t)}{\partial t} \\ u_z = \dfrac{\partial z(a,b,c,t)}{\partial t} \end{array} \right\} \quad (6.2\text{-}2)$$

拉格朗日法的基本特点是追踪流体质点的运动，它的优点就是可以直接运用理论力学中早已建立的质点或质点系动力学来进行分析。但是这样的描述方法过于复杂，实际上难

于实现。而绝大多数的工程问题并不要求追踪质点的来龙去脉，只是着眼于流场的各固定点，固定断面或固定空间的流动，在这种情况下，常常使用第二种描述方法——欧拉法。

2. 欧拉法

用流速场这个概念来描述流体的运动。它表示流速在流场中的分布和随时间的变化。也就是把流速 u 在各坐标轴上的投影 u_x、u_y、u_z 表示为 x、y、z、t 四个变量的函数，即

$$\left. \begin{array}{l} u_x = u_x(x, y, z, t) \\ u_y = u_y(x, y, z, t) \\ u_z = u_z(x, y, z, t) \end{array} \right\} \tag{6.2-3}$$

这样通过描述物理量在空间的分布来研究流体运动的方法称为欧拉法，式中变量 x、y、z、t 称为欧拉变量。

对比拉格朗日法和欧拉法的不同变量，就可以看出两者的区别：前者以 a、b、c 为变量，是以一定质点为对象；后者以 x、y、z 为变量，是以固定空间点为对象。只要对流动的描述是以固定空间，固定断面，或固定点为对象，应采用欧拉法，而不是拉格朗日法。

现讨论流体质点加速度的表达式。从欧拉法的观点来看，在流动中不仅处于不同空间点上的质点可以具有不同的速度，就是同一空间点上的质点，也因时间先后的不同可以有不同的速度。所以流体质点的加速度由两部分组成，一部分是由于时间过程而使空间点上的质点速度发生变化的加速度，称**当地加速度**，又称**时变加速度**，另一部分是流动中质点位置移动而引起的速度变化所形成的加速度，称为**迁移加速度**，又称**位变加速度**。

以欧拉法求加速度时，x，y，z，t 均为变量，需要根据复合函数求导法则，求流速 u 的全导数：

$$a_x = \frac{du_x}{dt} = \frac{\partial u_x}{\partial t} + \frac{\partial u_x}{\partial x}\frac{dx}{dt} + \frac{\partial u_x}{\partial y}\frac{dy}{dt} + \frac{\partial u_x}{\partial z}\frac{dz}{dt}$$

$$a_y = \frac{du_y}{dt} = \frac{\partial u_y}{\partial t} + \frac{\partial u_y}{\partial x}\frac{dx}{dt} + \frac{\partial u_y}{\partial y}\frac{dy}{dt} + \frac{\partial u_y}{\partial z}\frac{dz}{dt}$$

$$a_z = \frac{du_z}{dt} = \frac{\partial u_z}{\partial t} + \frac{\partial u_z}{\partial x}\frac{dx}{dt} + \frac{\partial u_z}{\partial y}\frac{dy}{dt} + \frac{\partial u_z}{\partial z}\frac{dz}{dt}$$

因为 $\frac{dx}{dt} = u_x$，$\frac{dy}{dt} = u_y$，$\frac{dz}{dt} = u_z$，代入加速度的公式可得

$$\left. \begin{array}{l} a_x = \dfrac{du_x}{dt} = \dfrac{\partial u_x}{\partial t} + \dfrac{\partial u_x}{\partial x}u_x + \dfrac{\partial u_x}{\partial y}u_y + \dfrac{\partial u_x}{\partial z}u_z \\[2mm] a_y = \dfrac{du_y}{dt} = \dfrac{\partial u_y}{\partial t} + \dfrac{\partial u_y}{\partial x}u_x + \dfrac{\partial u_y}{\partial y}u_y + \dfrac{\partial u_y}{\partial z}u_z \\[2mm] a_z = \dfrac{du_z}{dt} = \dfrac{\partial u_z}{\partial t} + \dfrac{\partial u_z}{\partial x}u_x + \dfrac{\partial u_z}{\partial y}u_y + \dfrac{\partial u_z}{\partial z}u_z \end{array} \right\} \tag{6.2-4}$$

【例 6.2-1】在工程流体力学中，描述流体运动的方法一般采用（　　）。

A. 欧拉法　　　　　　　　　　　B. 拉格朗日法
C. 瑞利法　　　　　　　　　　　D. 雷诺法

解析：工程问题并不要求追踪质点的具体运动，只是着眼于流场的各固定点，固定断面或固定空间的流动，所以在工程中常常使用欧拉法描述流体运动。故选 A。

【例 6.2-2】 欧拉法描述液体运动时，表示同一时刻因位置变化而形成的加速度称为（　　）。

A. 当地加速度
B. 迁移加速度
C. 液体质点加速度
D. 加速度

解析：用欧拉法描述流体运动时，流体质点的加速度由两部分组成：由于时间过程而使空间点上的质点速度发生变化的加速度，称当地加速度，又称时变加速度；因流动中质点位置移动而引起的速度变化所形成的加速度，称为迁移加速度，又称位变加速度。注意两者的区分。故选 B。

6.2.2 流体流动中的基本概念

1. 流线和迹线（图 6.2-1）

在采用欧拉法描述流体运动时，为了反映流场中的流速，分析流场中的流动，常用形象化的方法直接在流场中绘出反映流动方向的一系列线条，这就是流线。

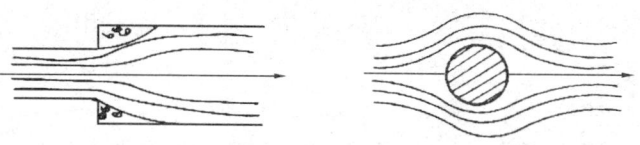

图 6.2-1　流线

在学习流线时，要注意和迹线相区别。在某一时刻，各点的**切线方向**与通过该点的流体质点的**流速方向重合的空间曲线称为流线**。而同一质点在各不同时刻所占有的空间位置联成的空间曲线称为**迹线**。流线是欧拉法对流动的描绘，迹线是拉格朗日法对流动的描绘。

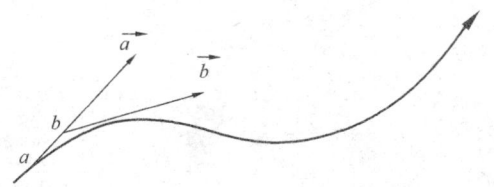

图 6.2-2　流线上的质点的切线

通过流场中的每点都可以绘一条流线，绘出流线簇后，流体的运动状况就一目了然了。某点流速的方向便是流线在该点的切线方向。（图 6.2-2）流速的大小可以由流线的疏密程度反映出来。流线越密处流速越大，流线越稀疏处流速越小。

根据流线的定义，流线上任一点的速度方向和曲线在该点的切线方向重合。沿流线的流动方向取微元距离 ds，流速向量 u 的三个轴向分量 u_x、u_y、u_z 和微元距离 ds 的三个轴向分量 dx、dy、dz 成比例，即：

$$\frac{dx}{u_x} = \frac{dy}{u_y} = \frac{dz}{u_z} = \frac{ds}{u} \tag{6.2-5}$$

这是流线的微分方程式。

流线不能相交（驻点处除外），也不能是折线，因为流场内任一固定点在同一瞬时只能有一个速度向量。流线只能是一条光滑的曲线或直线。

2. 流动的分类

(1) 恒定流与非恒定流

根据流动要素是否随时间变化可以分为恒定流和非恒定流。

流速等物理量的空间分布与时间有关的流动称为**非恒定流动**。例如在涨水期和落水期的流动，管道在开闭时间所产生的压力波动，都是非恒定流动。非恒定流的全面描述为

$$\left. \begin{array}{l} u_x = u_x(x,y,z,t) \\ u_y = u_y(x,y,z,t) \\ u_z = u_z(x,y,z,t) \end{array} \right\} \tag{6.2-6}$$

流场中各点流速不随时间变化，由流速决定的压强、黏性力和惯性力也不随时间变化，这种流动称为**恒定流动**。在恒定流动中，欧拉变量不出现时间 t，表达式可以简化为

$$\left. \begin{array}{l} u_x = u_x(x,y,z) \\ u_y = u_y(x,y,z) \\ u_z = u_z(x,y,z) \end{array} \right\} \tag{6.2-7}$$

描述恒定流动，只需了解流速在空间的分布即可，这比非恒定流还要考虑流速随时间变化简单得多，后面的讲解，主要是针对恒定流动。

在**恒定流**中，流线和迹线是**完全重合**的，能用**迹线**来代替**流线**。在非恒定流中，流线和迹线不重合。

(2) 均匀流与非均匀流（图6.2-3）

根据流速是否随流向变化，分为均匀流和不均匀流，不均匀流又按流速随流向变化的缓急分为渐变流动和急变流动。

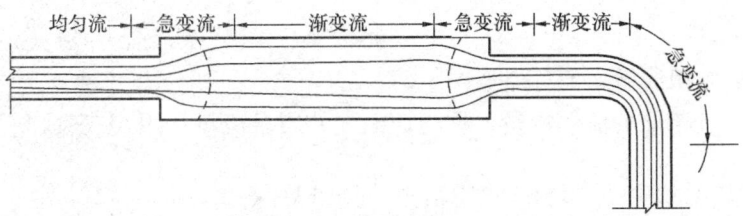

图 6.2-3 均匀流和不均匀流

在我们主要研究的恒定流中，质点流速的大小和方向均不变的流动叫均匀流动。均匀流的各种定义有所不同，如果将流动扩展到非恒定流，那么均匀流的定义为流线是相互平行的直线的流动。**均匀流的最主要特点**是流线是相互平行的直线，因而它的过流断面是平面。在断面不变的直管中的流动，是均匀流动最常见的例子。

许多流动情况虽然不是严格的均匀流，但接近于均匀流，这种流动称为**渐变流动**。渐变流的流线近乎平行直线，过流断面可认为是平面，在过流断面上，压强分布也可认为服从于流体静力学规律。也就是说，渐变流可近似地按均匀流处理。

流速沿流向变化显著的流动，是**急变流动**。急变流动是渐变流动的对立概念，这两者之间没有明显的分界，而是要根据具体情况，看在具体问题中，惯性力是否可以略而不计。

3. 一元流动模型

用欧拉法描写流动，虽然经过恒定流假设的简化，减少了欧拉变量中的时间变量，但还存在着 x、y、z 三个变量，是三元流动。问题仍然非常复杂。因此，下面我们将发展流线的概念，把某些流动简化为一元流动。

在流场内，取任意非流线的封闭曲线 l。经此曲线上全部点作流线，这些流线组成的管状流面，称为**流管**。如图 6.2-4 所示。流管以内的流体，称为**流束**。垂直于流束的断面，称为流束的**过流断面**。当流束的过流断面无限小时，这根流束就称为**元流**。整个流动可以看作无数元流相加，这样的流动总体称为**总流**。处处垂直于总流中全部流线的断面，是总流的过流断面。（图 6.2-5）断面上的流速一般是不相等的，中间的流速较大，边沿流速较低。

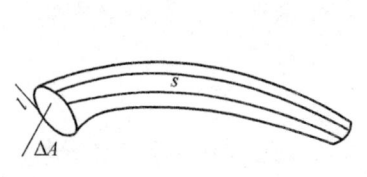

图 6.2-4　流管　　　　图 6.2-5　过流断面的微元面积

在断面上取微元面积 dA，u 为 dA 上的流速，因为断面 A 为过流断面，u 方向为 dA 的法向。而流过的体积为 udA。以 dQ 表示

$$dQ = udA \tag{6.2-8}$$

积分可得

$$Q = \int_A u\,dA \tag{6.2-9}$$

Q 称为该断面的**体积流量**，简称**流量**。

单位时间流过断面的流体质量，称为该断面的质量流量。用 Q_m 表示

$$Q_m = \int_A \rho u\,dA \tag{6.2-10}$$

断面上的流速一般是不相等的，中间较大，边沿较低，但通过积分可以求出断面上的平均流速 v。

$$v = \frac{Q}{A} = \frac{\int_A u\,dA}{A} \tag{6.2-11}$$

v 称为断面平均流速，用平均流速代替实际流速，流动问题就简化为断面平均流速如何沿流向变化问题。如果仍以总流某起始断面沿流动方向取坐标 s，则断面平均流速是 s 的函数，流速问题简化为**一元问题**。流量公式也可以化简为

$$Q = Av \tag{6.2-12}$$

【**例 6.2-3**】在工程流体力学中，若流动是一个坐标量的函数，又是时间的函数，则流动为(　　)。

A. 一元流动　　　　　　　　　　B. 二元流动

C. 一元非恒定流动   D. 一元恒定流动

解析：流动是一个坐标量的函数，所以是一元流动，又是时间的函数，所以是非恒定流，故答案选 C。

【例 6.2-4】对某一非恒定流，以下对于流线和迹线的正确说法是（　　）。

A. 流线和迹线重合

B. 流线越密集，流速越小

C. 流线曲线上任意一点的速度矢量都与曲线相切

D. 流线可能存在折弯

解析：注意题干中提到是非恒定流，在非恒定流中，流线与迹线不重合，A 错；流线越密集的地方，流速越大，B 错；流线的定义为，各点的切线方向与通过该点的流体质点的流速方向重合的空间曲线称为流线，C 正确；流线一定是由光滑的曲线或者直线，所以 D 错，故答案选 C。

【例 6.2-5】根据恒定流的定义，下列说法中正确的是（　　）。

A. 各断面流速分布相同

B. 各空间点上所有运动要素均不随时间变化

C. 流线是相互平行的直线

D. 流动随时间按一定规律变化

解析：流场中各点流速不随时间变化，由流速决定的压强，黏性力和惯性力也不随时间变化，这种流动称为恒定流动。故答案选 B。

【例 6.2-6】流线和迹线一般情况下是不重合的，若两者完全重合，则水流必为（　　）。

A. 恒定流   B. 均匀流

C. 非均匀流   D. 非恒定流

解析：只有在流体运动是恒定流时，流线才与迹线完全重合。故答案选 A。

6.2.3 连续性方程

在总流中取面积为 A_1 和 A_2 的 1、2 两断面，两断面间流动空间的质量收支平衡。设 A_1 的平均流速为 v_1，A_2 的平均流速为 v_2，则 dt 时间内，流入断面 1 的流体质量为 $\rho_1 A_1 v_1 dt = \rho_1 Q_1 dt$，流出断面 2 的流体质量为 $\rho_2 A_2 v_2 dt = \rho_2 Q_2 dt$，

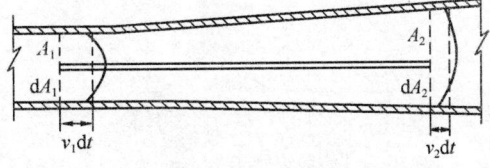

图 6.2-6　连续流动

在恒定流时两断面间流动空间内流体质量不变，流动是连续的，根据质量守恒定律流入断面 1 的流体质量必等于流出断面 2 的流体质量。

$$\rho_1 Q_1 dt = \rho_2 Q_2 dt \tag{6.2-13}$$

消去 dt，可得

$$\rho_1 Q_1 = \rho_2 Q_2 \text{ 或 } \rho_1 v_1 A_1 = \rho_2 v_2 A_2 \tag{6.2-14}$$

当流体不可压缩时，密度为常数，$\rho_1 = \rho_2$，则不可压缩流体的连续性方程为：

$$Q_1 = Q_2 \text{ 或 } v_1 A_1 = v_2 A_2 \tag{6.2-15}$$

从连续性方程，可以看出，在不可压缩流体一元流体中，平均流速与断面积成反比变化。由于断面 1、2 是任意选取的，上述关系可以推广至全部流动的各个断面。

$$Q_1 = Q_2 = \cdots = Q$$
$$v_1 : v_2 : \cdots : v = \frac{1}{A_1} : \frac{1}{A_2} : \cdots : \frac{1}{A} \tag{6.2-16}$$

连续性方程体现了恒定流中各个断面平均流速的变化规律，==断面面积越小的位置，断面平均流速越大==，反之，断面平均流速越小。

以上所列连续性方程，只反映了两断面之间的空间的质量收支平衡。应当注意，这个质量平衡的观点，还可以推广到任意空间。三通管的合流和分流，车间的自然换气，管网的总管流入和支管流出，都可以从质量平衡和流动连续观点，提出连续性方程的相应形式。例如==三通管道在分流和合流时==，根据质量守恒定律，显然可推广如下：

分流时：
$$Q_1 = Q_2 + Q_3$$
$$v_1 A_1 = v_2 A_2 + v_3 A_3 \tag{6.2-17}$$

合流时：
$$Q_1 + Q_2 = Q_3$$
$$v_1 A_1 + v_2 A_2 = v_3 A_3 \tag{6.2-18}$$

在这里需要提一下，流动的连续性可以由微分方程的形式表示，采用微元体积控制体的分析方法可以推出，不可压缩流体流动的连续性方程的微分形式为：$\frac{\partial u_x}{\partial x} + \frac{\partial u_y}{\partial y} + \frac{\partial u_z}{\partial z} = 0$，若为二维流动，则其方程为 $\frac{\partial u_x}{\partial x} + \frac{\partial u_y}{\partial y} = 0$。

【例 6.2-7】汇流水管如图所示，已知三部分水管的横截面积分别为 $A_1 = 0.01\text{m}^2$，$A_2 = 0.005\text{m}^2$，$A_3 = 0.01\text{m}^2$，入流速度 $v_1 = 4\text{m/s}$，$v_2 = 6\text{m/s}$，认为水的密度不变，求出流的流速 v_3 为（　　）。

A. 8m/s
B. 6m/s
C. 7m/s
D. 5m/s

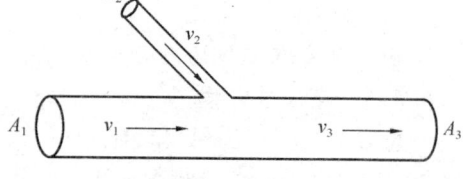

图 6.2-7　例 6.2-7 图

解析：根据连续方程可得，$Q_1 + Q_2 = Q_3$，即 $v_1 A_1 + v_2 A_2 = v_3 A_3$。因此，出流的流速为：$v_3 = (v_1 A_1 + v_2 A_2)/A_3 = (4 \times 0.01 + 6 \times 0.005)/0.01 = 7\text{m/s}$。故答案选 C。

【例 6.2-8】下列不可压缩二维流动中，哪个满足连续方程？（　　）。

A. $u_x = 2x$，$u_y = 2y$
B. $u_x = 0$，$u_y = 2xy$
C. $u_x = 5x$，$u_y = -5y$
D. $u_x = 2xy$，$u_y = -2xy$

【例6.2-8】

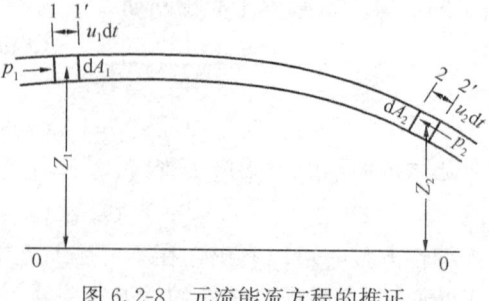

图 6.2-8　元流能流方程的推证

解析：不可压缩流体二维流动的连续性方程为 $\frac{\partial u_x}{\partial x} + \frac{\partial u_y}{\partial y} = 0$，将选项分别代入式

中，只有C项满足。故答案选C。

6.2.4 恒定元流能量方程

我们现在从功能原理出发，取不可压缩无黏性流体恒定流动这样的力学模型，推证元流的能量方程式。

在流场中选取元流如图 6.2-8 所示。在元流上沿流向取 1、2 两断面，两断面的高程和面积分别为 Z_1、Z_2 和 dA_1、dA_2，两断面的流速和压强分别为 u_1、u_2 和 p_1、p_2。dt 时间内断面 1、2 分别移动 $u_1 dt$、$u_2 dt$ 的距离，到达断面 $1'$、$2'$。

断面 1 所受压力 $p_1 dA_1$，所作的正功 $p_1 dA_1 u_1 dt$；断面 2 所受压力 $p_2 dA_2$，所作的负功 $p_2 dA_2 u_2 dt$。元流侧面压力和流段正交，不产生位移，不做功。压力做功为

$$p_1 dA_1 u_1 dt - p_2 dA_2 u_2 dt = (p_1 - p_2) dQ dt \tag{6.2-19}$$

流段所获得的能量，可以对比流段在 dt 时段前后所占有的空间。流段在 dt 时段前后所占有的空间虽然有变动，但 $1'$、2 两断面间空间则是 dt 时段前后所共有。在这段空间内的流体，不但位能不变，动能也由于流动的恒定性，各点流速不变，也保持不变。所以，能量的增加，只应就流体占据的新位置 $2-2'$ 所增加的能量，和流体离开原位置 $1-1'$ 所减少的能量来计算。

动能的增加为

$$\frac{1}{2} m_{2-2'} u_2^2 - \frac{1}{2} m_{1-1'} u_1^2 = \gamma dQ dt \left(\frac{u_2^2}{2g} - \frac{u_1^2}{2g} \right) \tag{6.2-20}$$

位能的增加为

$$m_{2-2'} g z_2 - m_{1-1'} g z_1 = \gamma dQ dt (z_2 - z_1) \tag{6.2-21}$$

压力做功等于机械能量增加，即

$$(p_1 - p_2) dQ dt = \gamma dQ dt (z_2 - z_1) + \gamma dQ dt \left(\frac{u_2^2}{2g} - \frac{u_1^2}{2g} \right) \tag{6.2-22}$$

整理可得

$$\left(p_1 + \gamma z_1 + \gamma \frac{u_1^2}{2g} \right) dQ = \left(p_2 + \gamma z_2 + \gamma \frac{u_2^2}{2g} \right) dQ \tag{6.2-23}$$

上式称为总能量方程式。表示全部流量的能量平衡方程。

除以 γdQ

$$\frac{p_1}{\gamma} + z_1 + \frac{u_1^2}{2g} = \frac{p_2}{\gamma} + z_2 + \frac{u_2^2}{2g} \tag{6.2-24}$$

这就是理想不可压缩流体恒定流元流能量方程，又称为伯努利方程。可以把这个关系推广到任意断面。

$$\frac{p}{\gamma} + Z + \frac{u^2}{2g} = H \tag{6.2-25}$$

式中：Z——是断面对于选定基准面的高度，水力学中称为**位置水头**，表示单位重量的位置势能，称为**单位位能**。

p/γ——是断面压强作用使流体沿测压管所能上升的高度，水力学中称为压强水头，表示压力作功所能提供给单位重量流体的能量，称为**单位压能**。

$u^2/2g$——是以断面流速 u 为初速的铅直上升射流所能达到的理论高度，水力学中称为流速 $2g$ 水头，表示单位重量的动能，称为**单位动能**。

$p/\gamma + Z$——表示断面测压管水面相对于基准面的高度，称为**测压管水头**，表明单位重量

流体具有的势能称为单位势能。

H——称为**总水头**，表明单位重量流体具有的总能量（总机械能），称为单位总能量。
理想不可压缩流体恒定元流中，各断面总水头相等，单位重量的总能量保持不变。

实际流动中，元流的黏性阻力做负功，使机械能不断衰减。以 h'_{l1-2} 表示元流 1、2 两断面间单位重量流体的能量衰减，称为**单位能量损失**。h'_{l1-2} 又称为**水头损失**。则原方程可改写为

$$\frac{p_1}{\gamma}+z_1+\frac{u_1^2}{2g}=\frac{p_2}{\gamma}+z_2+\frac{u_2^2}{2g}+h'_{l1-2} \tag{6.2-26}$$

6.2.5 恒定总流能量方程

通过对元流能量方程积分，可以得到总流的能量方程

$$Z_1+\frac{p_1}{\gamma}+\frac{\alpha_1 v_1^2}{2g}=Z_2+\frac{p_2}{\gamma}+\frac{\alpha_2 v_2^2}{2g}+h_{l1-2} \tag{6.2-27}$$

式 6.2-27 就是**恒定总流能量方程式**，或**恒定总流伯努利方程式**。

式中：Z_1、Z_2——选定的 1、2 渐变流断面上任一点相对于基准面的高度；

p_1、p_2——相应断面同一选定点的压强，同时用相对压强或绝对压强；

v_1、v_2——相应断面的平均流速；

α_1、α_2——相应断面的动能修正系数，根据流速在断面上分布的均匀性来决定。分布均匀时，$\alpha=1$，越不均匀 α 值越大；

h_{l1-2}——1、2 两断面间的平均单位水头损失。

恒定总流能量方程具有一定的适用范围

1. 方程的推导是在恒定流前提下进行的。但多数流动，流速随时间变化缓慢，由此所导致的惯性力较小，方程仍然适用。

2. 方程的推导是以不可压缩流体为基础的。但只有压强变化较大，流速甚高，才需要考虑气体的可压缩性。

3. 方程的推导是将断面选在渐变流段。当管路系统进口处在急变流段，一般不能选作能量方程的断面。

4. 方程的推导是在两断面间没有能量输入或输出的情况下提出的。如果有能量的输出或输入，可以将输入的单位能量项加在方程的左侧，将输出的单位能量项加在方程的右侧，以维持能量收支的平衡。

5. 方程的推导是根据两断面间没有分流或合流的情况下推得的。如果两断面之间有分流或合流，应当如何建立两断面的能量方程。

在分流时，如图 6.2-9 所示。纵然分流点是非渐变流断面，而离分流点稍远的 1、2 或 3 断面都是均匀流或渐变流断面，可以近似认为各断面通过流体的单位能量在断面上的分布是均匀的。而 $Q_1=Q_2+Q_3$，即 Q_1 的流体一部分流向 2 断面，一部分流向 3 断面。无论流到哪一个断面的流体，在 1 断面上单位重量流体所具有的能量都是 $Z_1+\frac{p_1}{\gamma}+\frac{\alpha_1 v_1^2}{2g}$，只不过压头损失不一样，流到 2 断面时产生的单位能量损失是 h_{l1-2}；流到 3 断面的流体的单位能量损失是 h_{l1-3}。则可列出 2 断面与 1 断面的能量方程：

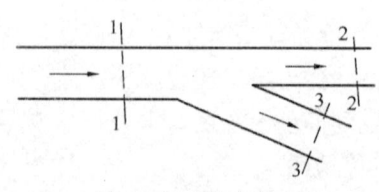

图 6.2-9 流动分流

$$Z_1+\frac{p_1}{\gamma}+\frac{\alpha_1 v_1^2}{2g}=Z_2+\frac{p_2}{\gamma}+\frac{\alpha_2 v_2^2}{2g}+h_{l1-2} \qquad (6.2\text{-}28)$$

断面 3 和断面 1 的能量方程：

$$Z_1+\frac{p_1}{\gamma}+\frac{\alpha_1 v_1^2}{2g}=Z_3+\frac{p_3}{\gamma}+\frac{\alpha_3 v_3^2}{2g}+h_{l1-3} \qquad (6.2\text{-}29)$$

【例 6.2-9】图中相互之间可以列总流伯努利方程的断面是(　　)。

A. 1—1 断面和 2—2 断面
B. 2—2 断面和 3—3 断面
C. 1—1 断面和 3—3 断面
D. 3—3 断面和 4—4 断面

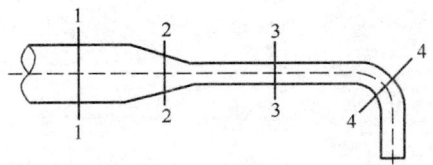

图 6.2-10　例 6.2-9 图

解析：伯努利方程具有一定的使用范围，一般不能选取急变流段的断面作为能量方程的断面，由图可知，2—2 断面和 4—4 断面属于急变流，不能作为总流伯努利方程的断面。故答案选 C。

【例 6.2-10】对某一流段，设其上、下游两断面 1—1、2—2 的断面面积分别为 A_1、A_2，断面流速分别为 v_1、v_2，两断面上任一点相对于选定基准面的高程分别为 Z_1、Z_2，相应断面同一选定点的压强分别为 p_1、p_2，两断面处的流体密度分别为 ρ_1、ρ_2，流体为不可压缩流体，两断面间的水头损失为 h_{l1-2}。下列方程表述一定错误的是(　　)。

A. 连续性方程：$v_1 A_1 = v_2 A_2$

B. 连续性方程：$\rho_2 v_1 A_1 = \rho_2 v_2 A_2$

C. 恒定总流能量方程：

$$Z_1+\frac{p_1}{\gamma}+\frac{\alpha_1 v_1^2}{2g}=Z_2+\frac{p_2}{\gamma}+\frac{\alpha_2 v_2^2}{2g}$$

D. 恒定总流能量方程：

$$Z_1+\frac{p_1}{\gamma}+\frac{\alpha_1 v_1^2}{2g}=Z_2+\frac{p_2}{\gamma}+\frac{\alpha_2 v_2^2}{2g}+h_{l1-2}$$

解析：实际流动中，恒定总流能量方程，不可能没有水头损失。故答案选 C。

【例 6.2-11】图示一水平放置的恒定变直径圆管流，不计水头损失，取两个截面标志为 1 和 2，当 $d_1 > d_2$ 时，则两截面形心压强关系是(　　)。

A. $p_1 < p_2$
B. $p_1 > p_2$
C. $p_1 = p_2$
D. 不能确定

【例 6.2-11】

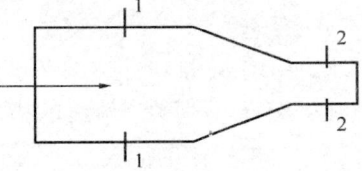

图 6.2-11　例 6.2-11 图

解析：根据流体连续性方程可知，两截面流量相等，$Q_1 = Q_2$，即 $A_1 v_1 = A_2 v_2$，由于 $d_1 > d_2$，则 $A_1 > A_2$，可推出 $v_1 < v_2$。根据伯努利方程，$Z_1+\frac{p_1}{\gamma}+\frac{\alpha_1 v_1^2}{2g}=Z_2+\frac{p_2}{\gamma}+\frac{\alpha_2 v_2^2}{2g}+h_{l1-2}$，由于 $Z_1 = Z_2$，不计水头损失，$v_1 < v_2$，则 $p_1 > p_2$。故答案选 B。

习 题

【6.2-1】欧拉法质点加速度在 x 方向的分量为(　　)。

A. $a_x = \dfrac{\partial u_x}{\partial t} + u_x \dfrac{\partial u_x}{\partial x} + u_y \dfrac{\partial u_x}{\partial y} + u_z \dfrac{\partial u_x}{\partial z}$

B. $a_x = \dfrac{\partial u_x}{\partial t} + u_x \dfrac{\partial u_x}{\partial x} + u_x \dfrac{\partial u_x}{\partial y} + u_x \dfrac{\partial u_x}{\partial z}$

C. $a_x = \dfrac{\partial u_x}{\partial t} + \dfrac{\partial u_x}{\partial x} + \dfrac{\partial u_x}{\partial y} + \dfrac{\partial u_x}{\partial z}$

D. $a_x = u_x \dfrac{\partial u_x}{\partial x} + u_y \dfrac{\partial u_x}{\partial y} + u_z \dfrac{\partial u_x}{\partial z}$

【6.2-2】恒定流是(　　)。

A. 流动随时间按一定规律变化的流动

B. 流场中任意空间点的运动要素不随时间变化的流动

C. 各过流断面的速度分布相同的流动

D. 各过流断面的压强相同的流动

【6.2-3】恒定流中质点的流动满足(　　)等于零。

A. 当地加速度　　　　　　　B. 迁移加速度

C. 重力加速度　　　　　　　D. 合加速度

【6.2-4】已知流动速度分布为 $u_X = x^2 y$，$u_Y = -xy^2$，$u_Z = xy$，则此流动属于(　　)。

A. 三元恒定流　　　　　　　B. 二元恒定流

C. 三元非恒定流　　　　　　D. 二元非恒定流

【6.2-5】流线(　　)。

A. 可以突然转折，但不能相交

B. 可以相交，但不可以突然转折

C. 不可相交也不能突然转折

D. 可以终止在管壁上

【6.2-6】在同一瞬时，流线上各个流体质点的速度方向总是在该点与此线(　　)。

A. 重合　　　　　　　　　　B. 相交

C. 相切　　　　　　　　　　D. 平行

【6.2-7】下列关于流线的描述不正确的是(　　)。

A. 非恒定流的流线与迹线重合

B. 流线不能相交

C. 恒定流流线不随时间变化

D. 流线上各质点的速度矢量与流线上该点处的切线方向相同

【6.2-8】在恒定流中，流线与迹线在几何上(　　)。

A. 相交　　　　B. 正交　　　　C. 平行　　　　D. 重合

【6.2-9】不可压缩流体恒定总流的连续性方程是(　　)。

A. $u_1 dA_1 = u_2 dA_2$　　　　　　B. $v_1 A_1 = v_2 A_2$

C. $\rho_1 u_1 dA_1 = \rho_2 u_2 dA_2$　　　　D. $\rho_1 v_1 A_1 = \rho_2 v_2 A_2$

【6.2-10】连续性方程的实质是在运动流体中应用（　　）。
A. 动量定理　　　　　　　　　B. 能量守恒定律
C. 质量守恒定律　　　　　　　D. 牛顿黏滞性定理

【6.2-11】当理想不可压缩均质重力流体做恒定流动时，沿流线始终保持不变的是（　　）。
A. 动能　　　　　　　　　　　B. 相对位能
C. 压强势能　　　　　　　　　D. 总机械能

【6.2-12】理想不可压缩流体变径管流时，细断面的直径为 d_1，粗断面直径为 $d_2=2d_1$，粗细断面速度水头的关系是（　　）。
A. 1∶2　　　B. 1∶4　　　C. 1∶8　　　D. 1∶16

【6.2-13】如图 6.2-12 所示，水平放置的渐缩管（忽略水头损失），渐变流断面 1-1 与渐变流断面 2-2 形心点的压强 p_1、p_2 满足（　　）。
A. $p_1 < p_2$
B. $p_1 = p_2$
C. $p_1 > p_2$
D. 不确定

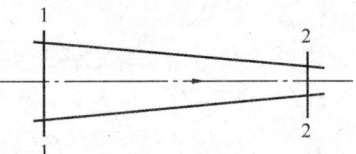

图 6.2-12　题 6.2-13 图

【6.2-14】理想流体经管道突然扩大断面时，其测压管水头线（　　）。
A. 只可能上升　　　　　　　　B. 只可能下降
C. 只可能水平　　　　　　　　D. 上述情况均可能

【6.2-15】密度为 800kg/m^3 的流体在铅直有压圆管中自上向下流动，上、下游断面压强分别为 $p_1=196\text{kPa}$，$p_2=392\text{kPa}$，管道直径与断面平均流速均不变，不计水头损失，则上、下游断面高差为（　　）m。
A. 10　　　　　　　　　　　　B. 15
C. 20　　　　　　　　　　　　D. 25

习题答案及解析

【6.2-1】答案：A
解析：以欧拉法求加速度时，需要根据复合函数求导法则，求流速 u 的全导数：$a_x = \dfrac{\partial u_x}{\partial t} + u_x\dfrac{\partial u_x}{\partial x} + u_y\dfrac{\partial u_x}{\partial y} + u_z\dfrac{\partial u_x}{\partial z}$

【6.2-2】答案：B
解析：恒定流动中各点流速不随时间变化，由流速决定的压强，黏性力和惯性力也不随时间变化，即流场中任意空间点的运动要素不随时间变化。

【6.2-3】答案：A
解析：恒定流动中各点流速不随时间变化，所以质点的时变加速度（当地加速度）为零。

【6.2-4】答案：B
解析：$u_x=x^2y$，$u_y=-xy^2$，$u_z=xy$，流动速度仅与 x、y 有关，与时间无关，所以是二元恒定流动。

【6.2-5】答案：C

解析：流线不能相交，也不能是折线，因为流场内任一固定点在同一瞬时只能有一个速度向量。流线只能是一条光滑的曲线或直线。

【6.2-6】答案：C

解析：各点的切线方向与通过该点的流体质点的流速方向重合的空间曲线称为流线，所以流线上各个流体质点的速度方向总是在该点与此线相切。

【6.2-7】答案：A

解析：在恒定流中，流线和迹线是完全重合的。在非恒定流中，流线和迹线不重合；BD，是流线性质；C，恒定流中，恒定流动中各点流速不随时间变化，所以流线也不随时间变化。

【6.2-8】答案：D

解析：在恒定流中，流线和迹线是完全重合的，能用迹线来代替流线。

【6.2-9】答案：B

解析：流体连续性方程：$\rho_1 Q_1 = \rho_2 Q_2$ 或 $\rho_1 v_1 A_1 = \rho_2 v_2 A_2$ 当流体不可压缩时，密度为常数，$\rho_1 = \rho_2$，则不可压缩流体的连续性方程为 $v_1 A_1 = v_2 A_2$。

【6.2-10】答案：C

解析：连续性方程的实质就是流体质量在流动过程中守恒，即质量守恒定律。

【6.2-11】答案：D

解析：当理想不可压缩均质重力流体做恒定流动时，不考虑阻力损失，则总的能量方程守恒，即

$$Z_1 + \frac{p_1}{\gamma} + \frac{v_1^2}{2g} = Z_2 + \frac{p_2}{\gamma} + \frac{v_2^2}{2g}$$

总机械能保持不变，即 ABC 三项之和保持不变，单独拿出来，都能变化。

【6.2-12】答案：B

解析：根据不可压缩流体连续性方程，$v_1 A_1 = v_2 A_2$，$d_2 = 2d_1$，则 $2v_2 = v_1$，粗细断面速度水头的比为 $\frac{v_2^2}{2g} : \frac{v_1^2}{2g} = 1 : 4$

【6.2-13】答案：C

解析：根据理想气体的连续性方程 $v_1 A_1 = v_2 A_2$，$A_1 > A_2$，则 $v_1 < v_2$，则 1—1 断面的速度水头小于 2—2 断面的速度水头，根据能量方程，$Z_1 + \frac{p_1}{\gamma} + \frac{\alpha_1 v_1^2}{2g} = Z_2 + \frac{p_2}{\gamma} + \frac{\alpha_2 v_2^2}{2g}$，两个断面的高度一样，所以 $p_1 > p_2$。

【6.2-14】答案：A

解析：理想流体，不考虑水头损失，测压管水头 $p/\gamma + Z = H_0 - Z + \frac{p}{\gamma} = H_0 - \frac{\alpha v^2}{2g}$，当理想流体经管道突然扩大断面时，流速减小，则测压管水头上升。

【6.2-15】答案：D

解析：水沿铅直管道流动，管道直径与断面平均流速均不变，不计水头损失，能量方

程可以写为：$Z_1 + \frac{p_1}{\gamma} = Z_2 + \frac{p_2}{\gamma}$，则 $Z_1 - Z_2 = \frac{p_2}{\gamma} - \frac{p_1}{\gamma} = \frac{392 - 196}{800 \times 10^{-3} \times 9.8} = 25\text{m}$。

6.3 流动阻力和能量损失

高频考点梳理

知识点	沿程阻力损失和局部阻力损失	圆管中层流运动	尼古拉斯实验（紊流运动的阻力）
近三年考核频次	2	1	1

6.3.1 沿程阻力损失和局部阻力损失

1. 流动过程中的能量损失

不可压缩流体在流动过程中，流体之间因相对运动切应力的作功，以及流体与固壁之间摩擦力的作功，都是靠损失流体自身所具有的机械能来补偿的。这部分能量均不可逆转地转化为热能。这种引起流动能量损失的阻力与流体的黏滞性和惯性，与固壁对流体的阻滞作用和扰动作用有关。

能量损失一般有两种表示方法：对于液体，通常用单位重量流体的能量损失（或称水头损失）h_l 来表示，其因次为长度；对于气体，则常用单位体积内的流体的能量损失（或称压强损失）p_l 来表示。它们之间的关系

$$p_l = \gamma h_l \tag{6.3-1}$$

2. 流动阻力和能量损失的分类

在工程的设计计算中，根据流体接触的边壁沿程是否变化，把能量损失分为两类：沿程损失 h_f 和局部损失 h_m。它们的计算方法和损失机理不同。

在边壁沿程不变的管段上（如图 6.3-1 中的 ab、bc、cd 段），流动阻力沿程也基本不变，称这类阻力为**沿程阻力**。克服沿程阻力引起的能量损失称为**沿程损失**。图中的 h_{fab}、h_{fbc}、h_{fcd} 就是 ab、bc、cd 段的沿程损失。由于沿程损失沿管段均布，即与管段的**长度**成正比，所以也称为长度损失。

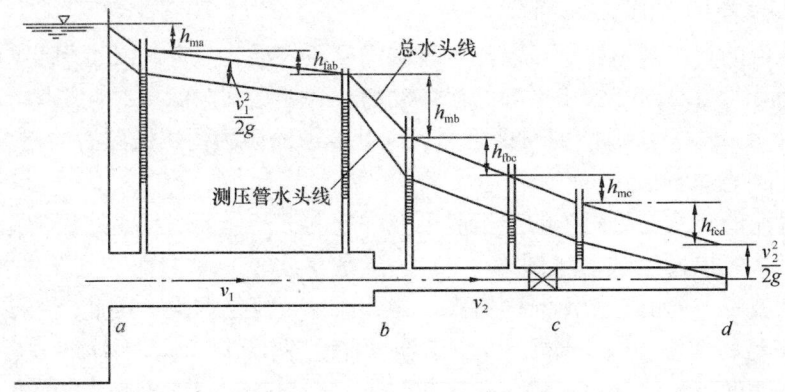

图 6.3-1 水头线

在边界急剧变化的区域，阻力主要地集中在该区域内及其附近，这种集中分布的阻力称为**局部阻力**。克服局部阻力的能量损失称为**局部损失**。例如图 6.3-1 中的管道进口、变径管和阀门等处，都会产生局部阻力，h_{ma}，h_{mb}，h_{mc} 就是相应的局部水头损失。

整个管路的能量损失等于各管段的沿程损失和各局部损失的总和，用 h_l 表示。即

$$h_l = \Sigma h_f + \Sigma h_m = h_{fab} + h_{fbc} + h_{fcd} + h_{ma} + h_{mb} + h_{mc} \tag{6.3-2}$$

3. 能量损失的计算公式

用水头损失表达时

沿程水头损失：达西公式

$$h_f = \lambda \frac{l}{d} \cdot \frac{v^2}{2g} \tag{6.3-3}$$

局部水头损失：

$$h_m = \zeta \frac{v^2}{2g} \tag{6.3-4}$$

用压强损失表达时

$$p_f = \gamma h_f = \lambda \frac{l}{d} \cdot \frac{\rho v^2}{2} \tag{6.3-5}$$

$$p_m = \gamma h_m = \zeta \cdot \frac{\rho v^2}{2} \tag{6.3-6}$$

式中：l——管长；

d——管径；

v——断面平均流速；

g——重力加速度；

λ——沿程阻力系数；

ζ——局部阻力系数。

6.3.2 层流与紊流

通过实验研究和工程实践，人们注意到流体运动有两种结构不同的流动状态，能量的损失和状态密切相关。

1. 层流与紊流的流动状态

流体质点的运动轨迹规则，流体各流层互不掺混，这种分层有规则的流动状态称为**层流**；流体质点的运动轨迹不规则，各部分流体发生剧烈掺混，这种流动状态称为**紊流**。

2. 层流与紊流的区别

层流和紊流的根本区别在于，**层流各流层间互不掺混，只存在黏性引起的各流层间的滑动摩擦阻力；** 紊流时则有大小不等的涡体动荡于各流层间。除了黏性阻力，还存在着由于质点掺混，互相碰撞所造成的**惯性阻力**。因此，**紊流阻力比层流阻力大得多。**

3. 层流到紊流的转变

层流到紊流的转变是与涡体的产生联系在一起的。流体原来作直线层流运动。由于某种原因的干扰，流层发生波动（图 6.3-2a）。于是在波峰一侧断面受到压缩，流速增大，压强降低；在波谷一侧由于过流断面增大，流速减小，压强增大。因此流层受到压差作用（图 6.3-2b）。这将使波动进一步加大，发展成涡体（图 6.3-2c）。涡体形成后，由于其一侧的旋转切线速度与流动方向一致，故流速较大，压强较小。而另侧旋转切线速度与流动方向相反，流速较小，压强较大。于是涡体在其两侧压差作用下，将由一层转到另一层（图 6.3-2d），这就是紊流掺混的原因。

层流受扰动后，当黏性的稳定作用起主导作用时，扰动就受到黏性的阻滞而衰减下来，层流就是稳定的。当扰动占上风，黏性的稳定作用无法使扰动衰减下来，于是流动便

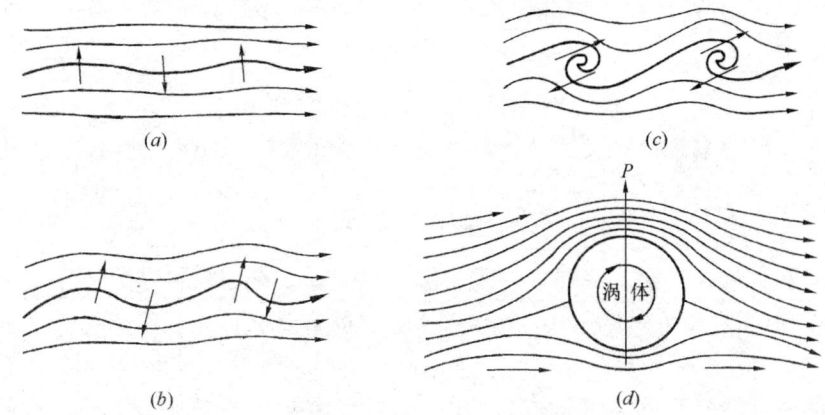

图 6.3-2 层流到紊流的转变过程

变为紊流。因此,流动呈现什么流态,取决于扰动的惯性作用和黏性的稳定作用相互斗争的结果。

4. 层流与紊流的判别准则——雷诺数

以圆管的管内流动为例,雷诺的实验表明:流动状态不仅和流速 v 有关,还和管径 d、流体的动力黏度 μ 和密度 ρ 有关,这四个参数可组成一个无因次数,叫做**雷诺数**,用 Re 表示。

$$Re = \frac{vd\rho}{\mu} = \frac{vd}{\nu} \tag{6.3-7}$$

式中:μ——动力黏滞系数,单位是 Pa·s;
ν——运动黏滞系数,单位是 m^2/s。

对应临界流速的雷诺数称临界雷诺数,用 Re_k 表示。实验表明:尽管当管径或流动介质不同时,临界流速 v 下不同,但对于任何管径和任何牛顿流体,判别流态的临界雷诺数却是相同的,其值约为 2000(有的教材规定 2300)。

Re 在 2000~4000 是由层流向紊流转变的过渡区,工程上为简便起见,认为当 $Re > Re_k$ 时,流动处于紊流状态,则有

层流: $Re = vd/\nu < Re_k = 2000$
紊流: $Re = vd/\nu > Re_k = 2000$

要注意的是临界雷诺数值 $Re_k = 2000$,是仅就圆管而言的,对于平板绕流和厂房内气流等边壁不同的流动,具有不同的临界雷诺数值。

【**例 6.3-1**】两根圆形输水管 A、B,管径相同,雷诺数相同,A 管为热水,B 管为冷水,则两管流量 q_A、q_B 的关系为( )。

A. $q_A > q_B$ B. $q_A = q_B$
C. $q_A < q_B$ D. 不能确定

【例6.3-1】

解析:液体的运动黏性系数随温度升高而减小,即 $\nu_A < \nu_B$,而雷诺数相等,由于管径相同,即 $Re = v_A d/\nu_A = v_B d/\nu_B$,则 A 管流速小于 B 管的流速,管径相同,因此,$q_A < q_B$。故答案选 C。

【**例 6.3-2**】一管径 $d = 50$mm 的水管,在水温 $t = 10$℃时,管内要保持层流的最大流

速是（　　）。（10℃时，水的运动黏滞系数 $\nu=1.31\times10^{-6}\text{m}^2/\text{s}$）

A. 0.21m/s
B. 0.115m/s
C. 0.105m/s
D. 0.0524m/s

解析：水在圆管中保持层流运动，则需要保证水的雷诺数 $Re<2000$，即 $\frac{vd}{\nu}<2000$，$v<\frac{2000\nu}{d}=\frac{2000\times1.31\times10^{-6}}{0.05}=0.0524\text{m/s}$。故选 D。

【例 6.3-3】 水流经过变直径圆管，管中流量不变，已知前段直径 $d_1=30\text{mm}$，雷诺数为 5000，后段直径变为 $d_2=60\text{mm}$，则后段圆管中的雷诺数为（　　）。

A. 5000　　　　B. 4000　　　　C. 2500　　　　D. 1250

解析：根据雷诺数公式 $Re=vd/\nu$，有：变径前 $Re_1=v_1d_1/\nu=5000$，$Re_2=v_2d_2/\nu$。根据连续性方程 $v_1A_1=v_2A_2$，则 $v_2/v_1=d_1^2/d_2^2$。因此，$Re_2/Re_1=d_1/d_2=1/2$，则后段圆管的雷诺数 $Re_2=Re_1/2=2500$。故选 C。

6.3.3 圆管中的层流运动和紊流运动

1. 均匀流动方程式

在圆管均匀流的条件下，可以推导出沿程阻力系数的计算公式

取均匀流中的一流段，流体的容重为 γ，长度为 l，圆管半径为 r_0，管壁切应力 τ_0，在该流段上的**沿程阻力损失** h_f：

$$h_f=\frac{2\tau_0 l}{\gamma r_0} \tag{6.3-8}$$

式中 h_f/l 为单位长度的沿程损失，称为**水力坡度**，用 J 表示，则

$$J=\frac{h_f}{l}=\frac{2\tau_0}{\gamma r_0} \tag{6.3-9}$$

整理可得

$$\tau_0=\gamma\frac{r_0}{2}J=\rho g\frac{r_0}{2}J \tag{6.3-10}$$

上式就是**均匀流动方程式**，它反映了沿程水头损失的管壁切应力之间的关系。

如取半径为 r 的同轴圆柱形流体来讨论，近似认为同轴半径为 r 的流束与总流的平均损失相同，可类似地求得管内任一点轴向切应力 τ 与沿程水头损失 J 之间的关系：

$$\tau=\rho g\frac{r}{2}J \tag{6.3-11}$$

$$\frac{\tau}{\tau_0}=\frac{r}{r_0} \tag{6.3-12}$$

式 6.3-12 表明圆管均匀流中，切应力与半径成正比，在断面上按直线规律分布，轴线上为零，管壁上达最大值。

2. 圆管中层流运动及沿程损失计算

圆管中的层流运动，可以看成无数无限薄的圆筒层，可以推导出

$$u=\frac{\gamma J}{4\mu}(r_0^2-r^2) \tag{6.3-13}$$

可见，断面流速分布是以管中心线为轴的**旋转抛物线**。

$r=0$ 时，流速最大：

$$u_{max} = \frac{\gamma J}{4\mu}r_0^2 = \frac{\gamma J}{16\mu}d^2 \tag{6.3-14}$$

对流速公式积分可得到，断面平均流速：

$$v = \frac{\gamma J}{8\mu}r_0^2 = \frac{\gamma J}{32\mu}d^2 = \frac{1}{2}u_{max} \tag{6.3-15}$$

即平均流速等于最大流速的一半。

根据均匀流的沿程阻力损失计算公式，可以推出

$$h_f = J \cdot l = \frac{32\mu v l}{\gamma d^2} \tag{6.3-16}$$

将上式写成计算沿程阻力损失的一般式，则

$$h_f = \lambda \frac{l}{d}\frac{v^2}{2g} = \frac{32\mu v l}{\gamma d^2} = \frac{64}{Re} \cdot \frac{l}{d} \cdot \frac{v^2}{2g} \tag{6.3-17}$$

可见，圆管层流的沿程阻力系数的计算式为

$$\lambda = \frac{64}{Re} \tag{6.3-18}$$

表明圆管层流的沿程阻力系数仅与雷诺数有关，且成反比，而和管壁粗糙度无关。

3. 圆管中紊流运动及沿程阻力计算

（1）紊流流动的特征

紊流流动是极不规则的流动，这种不规则性主要体现在紊流的**脉动现象**。所谓脉动现象，就是诸如速度、压强等空间点上的物理量随时间的变化作无规则的即随机的变动。在作相同条件下的重复试验时，所得瞬时值不相同，但多次重复试验的结果的算术平均值趋于一致，具有规律性。例如速度的这种随机脉动的频率在每秒 102 到 105 次之间，振幅小于平均速度的百分之十，如图 6.3-3 所示。

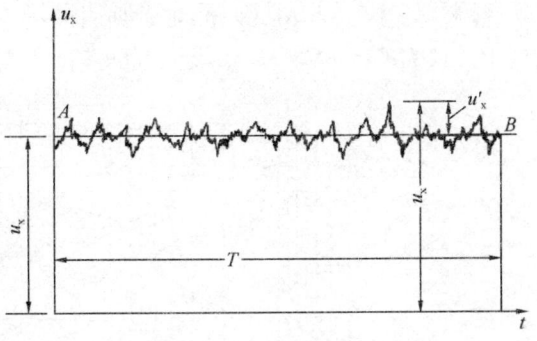

图 6.3-3 脉动现象

（2）紊流阻力

在紊流中，一方面因时均流速不同，各流层间的相对运动，仍然存在着黏性切应力，另一方面还存在着由脉动引起的动量交换产生的惯性切应力。因此，紊流阻力包括**黏性切应力和惯性切应力**。

黏性切应力可由牛顿内摩擦定律计算：

$$\tau_1 = \mu \frac{du_x}{dy} \tag{6.3-19}$$

惯性切应力根据普朗特的混合长度理论计算：

$$\tau_2 = \rho l^2 \left(\frac{du_x}{dy}\right)^2 \tag{6.3-20}$$

对于圆管紊流可以从理论上证明断面上流速分布是**对数型**的：

$$u = \frac{1}{\beta}\sqrt{\frac{\tau_0}{\rho}}\ln y + C \tag{6.3-21}$$

式中：y——离圆管管壁的距离；

β——卡门通用常数，由实验确定；

C——积分常数。

层流和紊流时圆管内流速分布规律的差异是由于紊流时流体质点相互掺混使流速分布趋于平均化造成的。层流时的切应力是由于分子运动的动量交换引起的黏性切应力；而紊流切应力除了黏性切应力外，还包括流体微团脉动引起的动量交换所产生的惯性切应力。由于脉动交换远大于分子交换，因此在紊流充分发展的流域内，惯性切应力远大于黏性切应力，也就是说，紊流切应力主要是惯性切应力。

4. 尼古拉兹实验

在尼古拉兹实验中，K 称为**绝对粗糙度**（相当于砂粒直径）来表示边壁的粗糙程度。但粗糙度对沿程损失的影响不完全取决于粗糙的凸起绝对高度 K，而是决定于它的相对高度，即 K 与管径 d 之比。K/d，称为**相对粗糙度**。

为了探索沿程阻力系数 λ 的变化规律，尼古拉兹用多种管径和多种粒径的砂粒，得到了六种不同的相对粗糙度。量测不同流量时的断面平均流速和沿程水头损失 h_f，并计算出 Re 和 λ，得到了沿程阻力系数的变化规律图。

根据 λ 变化的特征。图 6.3-4 中曲线可分为五个阻力区：

I区为层流区：当 $Re<2000$ 时，所有的试验点，不论其相对粗糙度如何，都集中在一根直线上。这表明 λ 仅随 Re 变化，而与相对粗糙度无关。该直线的方程恰是 $\lambda=64/Re$。

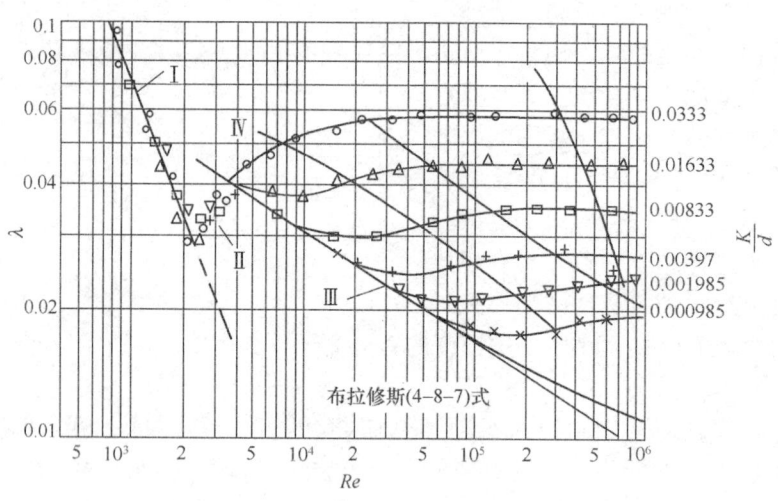

图 6.3-4 尼古拉兹粗糙管沿程损失系数

II区为临界区。在 $Re=2000\sim4000$ 范围内，是由层流向紊流的转变过程。λ 随 Re 的增大而增大，而与相对粗糙度无关。

III区为紊流光滑区。在 $Re>4000$ 后，不同相对粗糙的试验点，起初都集中在曲线III上。随着 Re 的加大，相对粗糙度较大的管道，其试验点在较低的 Re 时就偏离曲线III。而相对粗糙度较小的管道，其试验点要在较大的 Re 时才偏离光滑区。

IV区为紊流过渡区。在这个区域内，试验点已偏离光滑区曲线。不同相对粗糙度的试验点各自分散成一条条波状的曲线。λ 既与 Re 有关，又与 K/d 有关。

V区为紊流粗糙区。在这个区域里，不同相对粗糙度的试验点，分别落在与横坐标平行的直线上。λ只与K/d有关，而与Re无关。当λ与Re无关时，沿程损失就与流速的平方成正比。因此第Ⅴ区又称为**阻力平方区**。

【例6.3-4】圆管层流，沿程水头损失h_f（　　）。

A. 与流程长度成正比，与壁面切应力和水力半径成反比

B. 与流程长度和壁面切应力成正比，与水力半径成反比

C. 与水力半径成正比，与流程长度和壁面切应力成反比

D. 与壁面切应力成正比，与流程长度和水力半径成反比

解析：沿程阻力损失$h_f = \dfrac{2\tau_0 l}{\gamma r_0}$，可见，$h_f$与壁面切应力成正比；$h_f = \lambda \dfrac{l}{d} \cdot \dfrac{v^2}{2g}$，圆管层流时$\lambda = 64/Re$，$Re = vd/\nu$，水力半径$R = A/\chi = \pi d^2/4\chi$，代入沿程阻力计算公式得$h_f = \dfrac{32\nu v l}{d^2 g} = \dfrac{32\pi \nu v l}{4\chi R g}$，可见$h_f$与流程长度成正比，与水力半径成反比。故选B。

【例6.3-5】尼古拉斯实验的曲线图中，在以下哪个区域里，不同相对粗糙度的试验点，分别落在一些与横轴平行的直线上，阻力系数λ与雷诺数无关？（　　）。

A. 层流区　　　　　　　　　　B. 临界过渡区

C. 紊流光滑区　　　　　　　　D. 紊流粗糙区

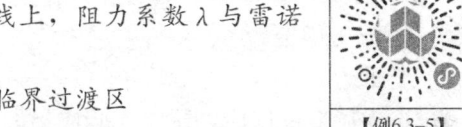

【例6.3-5】

解析：尼古拉斯实验的曲线图中，在紊流粗糙区时，阻力系数λ只与相对粗糙度K/d有关，而与Re无关。故选D。

【例6.3-6】圆管层流中，下述错误的是（　　）。

A. 水头损失与雷诺数有关　　　B. 水头损失与管长度有关

C. 水头损失与流速有关　　　　D. 水头损失与粗糙度有关

解析：圆管层流沿程阻力计算$h_f = \lambda \dfrac{l}{d} \dfrac{v^2}{2g} = \dfrac{32\mu v l}{\gamma d^2} = \dfrac{64}{Re} \cdot \dfrac{l}{d} \cdot \dfrac{v^2}{2g}$，$h_f$与雷诺数、管长度、流速均有关，但与粗糙度无关。故选D。

习　题

【6.3-1】均匀流基本方程表明，沿程水头损失与（　　）成正比。

A. 切应力　　　　　　　　　　B. 雷诺数

C. 水力半径　　　　　　　　　D. 流体容重

【6.3-2】某变径管的雷诺数之比$Re_1 : Re_2 = 1 : 4$，则其管径之比$d_1 : d_2 =$（　　）。

A. 1:4　　　B. 1:2　　　C. 2:1　　　D. 4:1

【6.3-3】一般来说，在小管径内的高黏性流体流动时，多为（　　）。

A. 恒定流　　　　　　　　　　B. 非恒定流

C. 层流　　　　　　　　　　　D. 紊流

【6.3-4】在圆管中，黏性流体的流动是层流还是紊流状态，主要依据于（　　）。

A. 流体黏性大小　　　　　　　B. 流速大小

C. 管径的大小　　　　　　　　D. 雷诺数的大小

【6.3-5】动力黏度为0.443Pa·s和密度为885kg/m³的流体，以流速0.51m/s在直径10cm的管内流动时的雷诺数为（　　）。

A. 1019　　　　B. 2160　　　　C. 7490　　　　D. 18698

【6.3-6】圆管层流过流断面上切应力分布为（　　）。
A. 在过流断面上是常数
B. 管轴处是零，且与半径成正比
C. 按抛物线分布
D. 管壁处是零，向管轴线性增大

【6.3-7】层流的沿程水头损失 h_f 与断面平均流速 v 的（　　）次方成正比。
A. 1.0　　　　B. 1.5　　　　C. 1.75　　　　D. 2.0

【6.3-8】输油管道直径为 0.2m，流动为层流状态，实测管轴流速为 0.4m/s，通过的流量为（　　）。
A. 3.14L/s　　　　　　　　　　B. 6.28L/s
C. 12.56L/s　　　　　　　　　 D. 31.4L/s

【6.3-9】产生紊流附加切应力的原因是（　　）。
A. 分子内聚力　　　　　　　　B. 分子运动产生的动量变换
C. 重力　　　　　　　　　　　D. 质点掺混引起的动量交换

【6.3-10】根据尼古拉兹实验成果知，紊流过渡区的沿程阻力系数 λ 与（　　）有关。
A. Re　　　　B. K/d　　　　C. $Re, K/d$　　　　D. K, d

【6.3-11】已知管内水流流动处于阻力平方区，此时，若增大流量，则管路沿程损失 h_f 与沿程损失系数 λ 的相应变化是（　　）。
A. 都增大　　　　　　　　　　B. 都减小
C. λ 不变，h_f 增大　　　　　D. λ 减小，但 h_f 增大

【6.3-12】若某管流的沿程阻力系数与雷诺数的一次方成反比，则该流动处于（　　）。
A. 层流区　　　　　　　　　　B. 紊流光滑区
C. 紊流过渡区　　　　　　　　D. 紊流粗糙区

【6.3-13】水管长 $l=10$m，直径 $d=50$mm，沿程阻力系数 $\lambda=0.0283$，沿程水头损失 $h_f=1.2$m，水管的流速为（　　）。
A. 1.23m/s　　　　B. 0.48m/s　　　　C. 2.04m/s　　　　D. 5.48m/s

习题答案及解析

【6.3-1】答案：A

解析：均匀流基本方程可以推出，$h_f=\dfrac{2\tau_0 l}{\gamma r_0}$，所以沿程水头损失与切应力成正比。

【6.3-2】答案：D

解析：雷诺数 $Re=vd/\nu$，根据连续性方程 $v_1 A_1=v_2 A_2$，则 $v_2/v_1=d_1^2/d_2^2$。因此，$Re_1/Re_2=d_2/d_1=1:4$，则 $d_1:d_2=4:1$。

【6.3-3】答案：C

解析：圆管雷诺数 $Re=vd/\nu$，当雷诺数较大时为紊流，较小时，为层流，高黏性的流体在小管径流动时，管径 d 较小，运动黏度 ν 较大，则雷诺数较小，多为层流。

【6.3-4】答案：D

解析：黏性流体的流动是层流还是紊流状态，主要看黏性力和惯性力的相对大小，所以，我们一般用雷诺数来判断黏性流体的流动是层流还是紊流。

【6.3-5】答案：A

解析：$Re=vd/\nu=\rho vd/\mu=Re=\dfrac{vd}{\nu}=\dfrac{\rho vd}{\mu}=\dfrac{885\times0.51\times0.01}{0.443}=1019$

【6.3-6】答案：B

解析：通过均匀流动方程，可以推导出，$\tau=\rho g\dfrac{r}{2}J$，该式可以说明，圆管均匀流中，切应力与半径成正比，在断面上按直线规律分布，轴线上为零，管壁上达最大值。

【6.3-7】答案：A

解析：层流，可以推出，$h_f=\dfrac{32\mu vl}{\gamma d^2}$，$h_f$ 与断面平均流速 v 的一次方成正比。

【6.3-8】答案：B

解析：题目中给出了管轴流速为 0.4m/s，断面平均流速 $v=0.4/2=0.2$m/s，通过的流量为 $q_V=v\dfrac{\pi d^2}{4}=0.00628\text{m}^3/\text{s}=6.28\text{L/s}$。

【6.3-9】答案：D

解析：除了黏性阻力，还存在着由于质点掺混，互相碰撞所造成的惯性阻力。因此，紊流阻力比层流阻力大得多。

【6.3-10】答案：C

解析：尼古拉兹实验中，在紊流过渡区，试验点已偏离光滑区曲线，不同相对粗糙度的试验点各自分散成一条条波状的曲线，λ 既与 Re 有关，又与 K/d 有关。

【6.3-11】答案：C

解析：阻力平方区，又叫紊流粗糙区，在这个区域里，λ 只与 K/d 有关，而与 Re 无关。λ 与 Re 无关时，沿程损失就与流速的平方成正比。因此，若增大流量，λ 不变，则管路沿程损失 h_f 增大。

【6.3-12】答案：A

解析：层流区，沿程阻力损失 $h_f=\lambda\dfrac{l}{d}\dfrac{v^2}{2g}=\dfrac{64}{Re}\cdot\dfrac{l}{d}\cdot\dfrac{v^2}{2g}$，沿程阻力系数与雷诺数的一次方成反比。

【6.3-13】答案：C

解析：沿程阻力公式，$h_f=\lambda\dfrac{l}{d}\dfrac{v^2}{2g}$，代入题中的数据，可得，$v=2.04$m/s，注意单位的统一。

6.4 孔口管嘴管道流动

高频考点梳理

知识点	孔口自由出流、孔口淹没出流	管嘴出流
近三年考核频次	1	2

6.4.1 孔口自由出流

在容器侧壁或底壁上开一孔口，容器中的液体自孔口出流到大气中，称为**孔口自由出流**。如出流到充满液体的空间，则称为**淹没出流**。

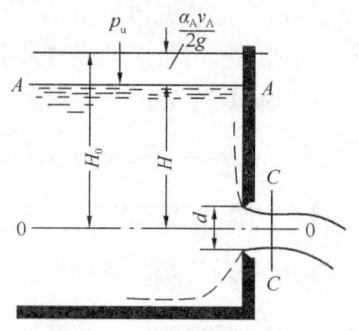

图 6.4-1 孔口自由出流

给出一孔口自由出流。容器中液体从四面八方流向孔口，由于质点的惯性，当绕过孔口边缘时，流线不能成直角突然地改变方向，只能以圆滑曲线逐渐弯曲。在孔口断面上仍然继续弯曲且向中心收缩，造成孔口断面上的急变流。直至出流流股距孔 $1/2d$（d 为孔径）处，断面收缩达到最小，流线趋于平直，成为渐变流，该断面称为**收缩断面**，即图中的 C-C 断面。

通过收缩断面形心引基准线 0-0，可列出 A-A 及 C-C 两断面的能量方程。

$$Z_A + \frac{p_A}{\gamma} + \frac{\alpha_A v_A^2}{2g} = Z_C + \frac{p_C}{\gamma} + \frac{\alpha_C v_C^2}{2g} + h_e \tag{6.4-1}$$

式中，h_e 为孔口处的能量损失。如图 6.4-1 中所示具有锐缘的孔口，出流流股与孔口壁接触仅是一条周线，这种条件的孔口称为**薄壁孔口**。若孔壁厚度和形状促使流股收缩后又扩开，与孔壁接触形成面而不是线，这种孔口称为**厚壁孔口或管嘴**。对于薄壁孔口 $h_e = \zeta_1 \frac{v_C^2}{2g}$，代入能量方程，可得

$$(\alpha_C + \zeta_1) \frac{v_C^2}{2g} = (Z_A - Z_C) + \frac{p_A - p_C}{\gamma} + \frac{\alpha_A v_A^2}{2g} = H_0 \tag{6.4-2}$$

则孔口的流速：

$$v_C = \frac{1}{\sqrt{\alpha_C + \zeta_1}} \sqrt{2gH_0} = \varphi \sqrt{2gH_0} \tag{6.4-3}$$

式中，H_0 称为作用水头，是促使出流的能量。因为自由出流 $p_C = p_a = p_A$，故压差为 0，而液面速度可忽略不计。所以有 $H_0 \approx H$；$\varphi = \frac{1}{\sqrt{\alpha_C + \zeta_1}}$，称为**孔口流速系数**，实验测得，对于圆形薄壁小孔口，流速系数 $\varphi = 0.97 \sim 0.98$。

孔口流量公式：

$$Q = v_C A_C \tag{6.4-4}$$

式中 A_C 是收缩断面的面积。由于一般情况下给出孔口面积 A，故引入

$$\varepsilon = \frac{A_C}{A}$$

式中 ε 称为**收缩系数**，实验测得，对于圆形薄壁小孔口收缩系数 $\varepsilon = 0.62 \sim 0.64$。流量公式可变为

$$Q = v_C \cdot \varepsilon \cdot A = \varepsilon \cdot \varphi \cdot A \sqrt{2gH_0} = \mu A \sqrt{2gH_0} \tag{6.4-5}$$

式中，$\mu = \varepsilon \cdot \varphi$，称为**流量系数**，$\mu = 0.60 \sim 0.62$。

6.4.2 孔口淹没出流

当液体通过孔口流到另一个充满液体的空间时称为**淹没出流**，如图 6.4-2 所示。

现以孔口中心线为基准线，取上下游自由液面 1-1 和 2-2，列能量方程

$$H_1+\frac{p_1}{\gamma}+\frac{\alpha_1 v_1^2}{2g}=H_2+\frac{p_2}{\gamma}+\frac{\alpha_2 v_2^2}{2g}+(\zeta_1+\zeta_2)\frac{v_C^2}{2g}$$
(6.4-6)

作用水头：

$$H_0=(H_1-H_2)+\frac{p_1-p_2}{\gamma}+\frac{\alpha_1 v_1^2-\alpha_2 v_2^2}{2g}=(\zeta_1+\zeta_2)\frac{v_C^2}{2g}$$
(6.4-7)

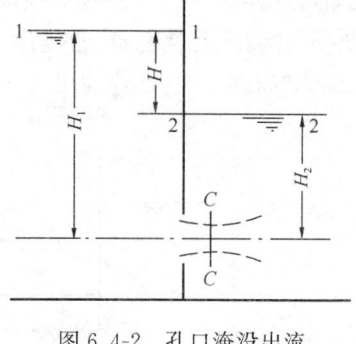

图 6.4-2 孔口淹没出流

C-C 断面孔口流速：

$$v_C=\frac{1}{\sqrt{\zeta_1+\zeta_2}}\sqrt{2gH_0}=\varphi\sqrt{2gH_0}$$
(6.4-8)

孔口流量：

$$Q=v_C\cdot\varepsilon\cdot A=\varepsilon\cdot\varphi\cdot A\sqrt{2gH_0}=\mu A\sqrt{2gH_0}$$
(6.4-9)

与自由出流类似，式中，$\varphi=\dfrac{1}{\sqrt{\zeta_1+\zeta_2}}$，是淹没出流速度系数，$\zeta_1$ 是液体经孔口处的局部阻力系数，ζ_2 是液体在收缩断面之后突然扩大的局部阻力系数；$\varepsilon=\dfrac{A_C}{A}$ 称为收缩系数；$\mu=\varepsilon\cdot\varphi$，称为**流量系数**。

如图 6.4-2 所示，1-1 与 2-2 的压力均为大气压，没有压差，而液面流速忽略不计，则作用水头近似等于液面高度差，$H_0\approx H$，$Q=\mu A\sqrt{2gH}$。

【例 6.4-1】 图 6.4-3 所示，当阀门的开度变小时，流量将（　　）。

A. 增大　　　　　　B. 减小
C. 不变　　　　　　D. 无法确定

解析： 图示为短管淹没出流，短管流量为：

$$Q=v_C\cdot\varepsilon\cdot A=\varepsilon\cdot\varphi\cdot A\sqrt{2gH_0}$$

式中，$\varphi=\dfrac{1}{\sqrt{\zeta_1+\zeta_2}}$ 当阀门开度变小时，φ 变小，因此流量 Q 减小。

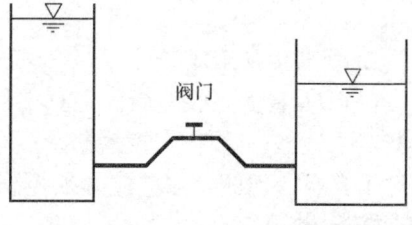

图 6.4-3 例 6.4-1 图

【例 6.4-2】 两孔口形状、尺寸相同，一个是自由出流，出流流量为 Q_1；另一个是淹没出流，出流流量为 Q_2。若自由出流和淹没出流的作用水头相等，则 Q_1 与 Q_2 的关系是（　　）。

A. $Q_1>Q_2$　　　B. $Q_1=Q_2$　　　C. $Q_1<Q_2$　　　D. 不确定

解析： 当自由出流孔口与淹没出流孔口的形状、尺寸相同，且作用水头相等时，出流量应相等。故选 B。

6.4.3 管嘴出流

1. 圆柱形外管嘴出流

当圆孔壁厚 δ 等于 $3\sim 4d$ 时，或者在孔口处外接一段长 $l=3\sim 4d$ 的圆管时，此时的出流称为**圆柱形外管嘴出流**，外接短管称为**管嘴**。水流进入管嘴时，流股也发生收缩，存

在着收缩断面C-C。在收缩断面C-C前后流股与管壁分离，中间形成旋涡区，产生负压，出现了管嘴的**真空现象**。管嘴出流中由于p_c小于大气压，从而使作用水头H_0增大，则出流流量亦增大，这是管嘴出流不同于孔口出流的基本特点。(图6.4-4)

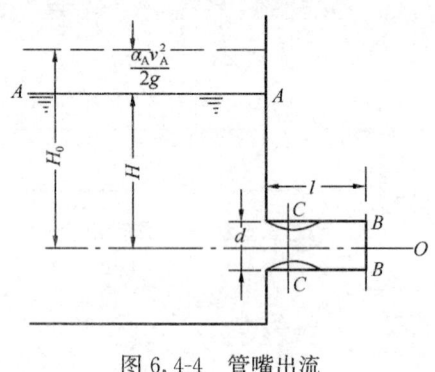

图6.4-4 管嘴出流

列 A-A 和 B-B 的能量方程：

$$Z_A + \frac{p_A}{\gamma} + \frac{\alpha_A v_A^2}{2g} = Z_B + \frac{p_B}{\gamma} + \frac{\alpha_B v_B^2}{2g} + \zeta \frac{v_B^2}{2g} \tag{6.4-10}$$

可推出：

$$v_B = \frac{1}{\sqrt{\alpha_B + \zeta}}\sqrt{2gH_0} = \varphi\sqrt{2gH_0} \tag{6.4-11}$$

$$Q = v_C A = \varphi \cdot A \sqrt{2gH_0} \tag{6.4-12}$$

相比孔口出流，$\varepsilon=1$，$\mu=\varphi=\frac{1}{\sqrt{\alpha_B + \zeta}}$，一般 $\alpha_B=1$，而锐缘进口 $\zeta=1$，$\mu=\varphi=\frac{1}{\sqrt{1+\zeta}}=0.82$；$H_0 \approx H$，$Q=\mu A\sqrt{2gH}$。

断面C-C的真空值，可以通过列C-C与B-B断面的能量方程推出

$$\frac{p_a - p_C}{\gamma} = \left[\frac{1}{\varepsilon^2} - 1 - \left(\frac{1}{\varepsilon} - 1\right)^2 - \lambda\frac{l}{d}\right]\varphi^2 H_0 \tag{6.4-13}$$

在一般情况下，取$\varepsilon=0.64$，$\lambda=0.02$，$\varphi=0.82$，$l/d=3$，代入可得

$$\frac{p_a - p_C}{\gamma} = 0.75 H_0 \tag{6.4-14}$$

2. 管嘴正常工作条件

(1) H_0愈大，收缩断面上真空值亦愈大。当真空值达到7~8mH$_2$O时，发生汽化而不断产生气泡，破坏了连续流动，同时空气在较大的压差作用下，B-B断面冲入真空区，破坏了真空。因此，真空值必须控制在7mH$_2$O以下，从而决定了作用水头H_0的极限值$[H_0]=9.3$m。

(2) 管嘴长度也有定极限值，太长阻力大，使流量减少；太短则流股收缩后来不及扩大到整个断面而呈非满流流出，因此 一般取管嘴长度$[l]=(3\sim4)d$。

3. 其他管嘴出流

对于其他类型的管嘴出流，速度、流量计算公式与圆柱形外管嘴公式形式相同。但速度系数、流量系数各有不同。

(1) 流线形管嘴，如图6.4-5(a)，流速系数$\varphi=\mu=0.97$，适用于要求流量大，水头损失小，出口断面上速度分布均匀的情况。

(2) 收缩圆锥形管嘴，如图6.4-5

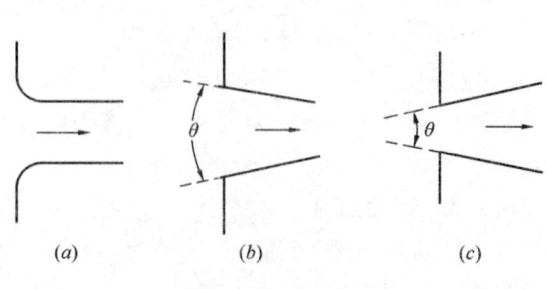

图6.4-5 常用管嘴

(b)，出流与收缩角度 θ 有关。θ=30°24′，φ=0.963，μ=0.943 为最大值。适用于要求加大喷射速度的场合。如消防水枪。

(3) 扩大圆锥形管嘴，如图 6.4-5 (c)，当 θ=5°～7° 时，φ=μ=0.42～0.50。适用于要求将部分动能恢复为压能的情况如引射器的扩压管。

【例 6.4-3】图 6.4-6 所示直径为 20mm，长 5m 的管道自水池取水并泄入大气中，出口比水池水面低 2m，已知沿程水头损失系数 λ=0.02，进口局部水头损失系数 ζ=0.5，则泄流量 Q 为(　　)L/s。

A. 0.88　　　　　　B. 1.90
C. 0.77　　　　　　D. 0.39

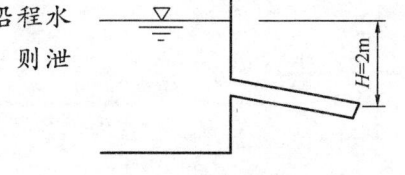

图 6.4-6　例 6.4-3 图

解析： 按圆柱管嘴出流计算，可列出水面和管嘴出口的能量方程 $H = \frac{\alpha v^2}{2g} + h_w = \frac{\alpha v^2}{2g} + \zeta \frac{v^2}{2g} + \lambda \frac{L}{d} \frac{v^2}{2g}$，代入题干条件，可计算出出口流速 $v = 2.456\text{m/s}$，则流量 $Q = \frac{v\pi d^2}{4} = \frac{2.456 \times 3.14 \times 0.02^2}{4} = 7.7 \times 10^{-4} \text{m}^3/\text{s} = 0.77\text{L/s}$

故选 C。

【例 6.4-4】正常工作条件下，若薄壁小孔口直径为 d_1，圆柱形管嘴的直径为 d_2，作用水头 H 相等，要使得孔口与管嘴的流量相等，则直径 d_1 与 d_2 的关系是(　　)。

A. $d_1 > d_2$　　　　　　B. $d_1 < d_2$
C. $d_1 = d_2$　　　　　　D. 条件不足无法确定

【例 6.4-4】

解析： 由于管嘴存在真空现象，增大的作用水头，若在相同直径 d、相同作用水头 H 条件下，管嘴过流量要大于孔口的过流量，要使得孔口与管嘴的流量相等，则孔口的直径要大于圆柱形管嘴的直径，即 $d_1 > d_2$，同时也可以通过流量的计算来证明，孔口管嘴的流量公式为：$Q = \mu A \sqrt{2gH_0}$；薄壁小孔口，$\mu_1 = 0.62$；圆柱形管嘴，$\mu_2 = 0.82$；因为 $Q_1 = Q_2$，则 $A_1 > A_2$，$d_1 > d_2$。故答案选 A。

【例 6.4-5】圆柱形管嘴的长度为 l，直径为 d，管嘴作用水头为 H_0，则其正常工作条件为(　　)。

A. $l = (3～4) d$，$H_0 > 9\text{m}$　　　　B. $l = (3～4) d$，$H_0 < 9\text{m}$
C. $l = (7～8) d$，$H_0 > 9\text{m}$　　　　D. $l = (7～8) d$，$H_0 < 9\text{m}$

解析： 对于圆柱形管嘴出流，H_0 愈大，收缩断面上真空值亦愈大。当真空值达到 7～8mH₂O 时，发生汽化而不断产生气泡，破坏了连续流动，同时空气在较大的压差作用下，破坏了真空，所以作用水头 H_0 的极限值 $[H_0] = 9.3\text{m}$；管嘴长度也有定极限值，太长阻力大，使流量减少；太短则流股收缩后来不及扩大到整个断面而呈非满流流出，因此一般取管嘴长度 $[l] = (3～4) d$。故选 B。

习　题

【6.4-1】薄壁小孔淹没出流时，其流量与(　　)有关。

A. 上游流速　　　　　　B. 下游流速

C. 孔口上、下游水面高差　　　　　D. 孔口壁厚

【6.4-2】如图所示，孔口淹没出流的作用水头 H_0 =(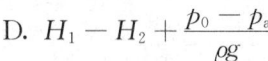)。

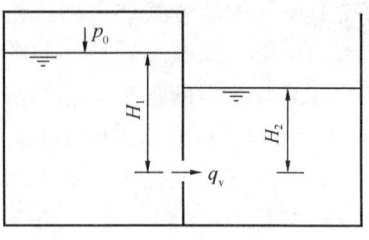

图6.4-7　题6.4-2图

A. $H_1 - H_2$

B. $H_1 + \dfrac{p_0}{\rho g}$

C. $H_1 - H_2 + \dfrac{p_0}{\rho g}$

D. $H_1 - H_2 + \dfrac{p_0 - p_a}{\rho g}$

【6.4-3】对于水箱水位恒定为4.9m的薄壁小孔口（孔径为10mm）自由出流，流经孔口的流量为(　　)L/s。

A. 0.48　　　　　　　　　　　　B. 0.63

C. 1.05　　　　　　　　　　　　D. 1.52

【6.4-4】当作用水头 H_0、孔口边缘情况一定时，孔口的流量系数 μ 一般与(　　)等有关。

A. 孔口位置、孔口大小、孔壁材料

B. 孔口位置、孔口形状、孔壁材料

C. 孔口形状、孔口大小、孔壁材料

D. 孔口位置、孔口大小、孔口形状

【6.4-5】作用水头相同时，孔口的过流量要比相同直径的管嘴过流量(　　)。

A. 大　　　　　　　　　　　　　B. 小

C. 相同　　　　　　　　　　　　D. 无法确定

【6.4-6】薄壁小孔口的流速系数 φ、流量系数 μ 与圆柱形外管嘴的流速系数 φ_n、流量系数 μ_n 的大小关系为(　　)。

A. $\varphi < \varphi_n$，$\mu < \mu_n$　　　　　　　　B. $\varphi > \varphi_n$，$\mu < \mu_n$

C. $\varphi > \varphi_n$，$\mu > \mu_n$　　　　　　　　D. $\varphi < \varphi_n$，$\mu > \mu_n$

【6.4-7】装满水的容器侧壁上开有3个小孔，水从小孔中流出，出流轨迹正确的是(　　)。

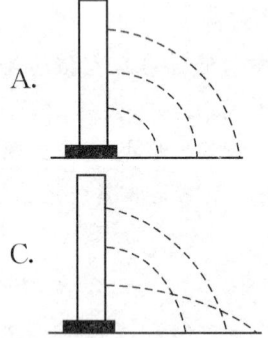

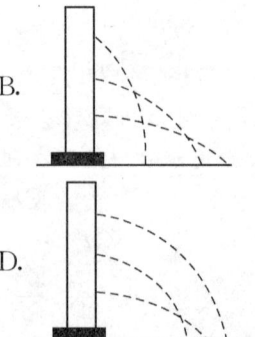

【6.4-8】在相同作用水头下，圆柱外管嘴的过流能力是相同直径孔口过流能力的(　　)。

A. 0.81 倍　　　　B. 0.95 倍　　　　C. 1 倍　　　　D. 1.32 倍

【6.4-9】在作用水头、管嘴与孔口直径相同的情况下，管嘴的出流比孔口大，其主要原因是（　　）。
A. 管嘴水头损失小　　　　B. 管嘴收缩系数大
C. 孔口收缩断面处产生了真空　　　　D. 管嘴收缩断面处产生了真空

【6.4-10】短管水力计算的特点是 $h_w=$（　　）。
A. 0　　　　B. $\sum h_f$　　　　C. $\sum h_l$　　　　D. $\sum h_f + \sum h_l$

【6.4-11】如图 6.4-8 所示，安装高度不同、其他条件完全相同的 3 根长管道的流量关系为（　　）。
A. $q_{V1} = q_{V2} = q_{V3}$
B. $q_{V1} < q_{V2} < q_{V3}$
C. $q_{V1} > q_{V2} > q_{V3}$
D. $q_{V1} < q_{V2} = q_{V3}$

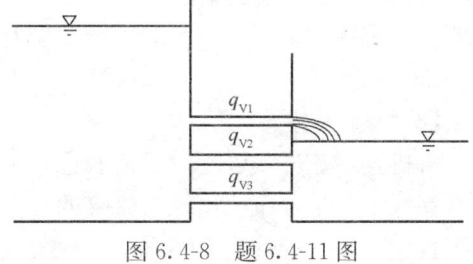

图 6.4-8　题 6.4-11 图

习题答案及解析

【6.4-1】答案：C

解析：薄壁小孔淹没出流，流量公式 $Q = \mu A \sqrt{2gH_0}$，流量与孔口上、下游水面高差 H_0 有关。

【6.4-2】答案：D

解析：如图所示，可以列出上下游液面的能量方程 $H_1 + \dfrac{p_0}{\gamma} + \dfrac{\alpha_1 v_1^2}{2g} = H_2 + \dfrac{p_a}{\gamma} + \dfrac{\alpha_2 v_2^2}{2g} + (\zeta_1 + \zeta_2)\dfrac{v_C^2}{2g}$，上下游液面的流速可以忽略，作用水头，除了上下游高度差以外，还有压差，$H_0 = H_1 - H_2 + \dfrac{p_0 - p_a}{\rho g}$。

【6.4-3】答案：A

解析：孔口自由出流流量公式：$Q = \mu A \sqrt{2gH_0}$，$\mu = 0.60 \sim 0.62$，$Q = 0.62 \times \dfrac{\pi 0.01^2}{4}\sqrt{2 \times 9.8 \times 4.9} = 4.77 \times 10^{-4} \text{m}^3/\text{s} = 0.48 \text{L/s}$。

【6.4-4】答案：D

解析：孔口的流量系数 μ 一般与孔口位置、孔口大小、孔口形状等有关，与孔壁材料无关。

【6.4-5】答案：B

解析：水流进入管嘴时，流股也发生收缩，在收缩断面处出现了管嘴的真空现象，使得管嘴比孔口的作用总水头增加，从而加大了过流量，即在相同直径 d、相同作用水头 H 条件下，管嘴过流量要大于孔口的过流量。

【6.4-6】答案：B

解析：对于薄壁小圆孔口出流，局部损失较小，$\varphi = 0.97 \sim 0.98$，$\varepsilon = 0.62 \sim 0.64$，$\mu$

$=0.60\sim 0.62$;对于圆柱形外管嘴出流,$\varepsilon=1$,$\mu=\varphi=\dfrac{1}{\sqrt{1+\zeta}}=0.82$。

【6.4-7】答案:B

解析:$v_C=\dfrac{1}{\sqrt{\alpha_C+\zeta_1}}\sqrt{2gH_0}=\varphi\sqrt{2gH_0}$,作用水头越大,水的流速越大,相应的出水的射程就越远。

【6.4-8】答案:D

解析:出流流量的通用公式为 $Q=\mu A\sqrt{2gH_0}$,对于孔口自由出流,$\mu_1=0.62$,对于圆柱外管嘴出流,$\mu_2=0.82$,所以圆柱外管嘴的过流能力是相同直径孔口过流能力的 1.32 倍。

【6.4-9】答案:D

解析:水流进入管嘴时,流股也发生收缩,在收缩断面前后流股与管壁分离,中间形成旋涡区,产生负压,出现了管嘴的真空现象,从而使作用水头 H_0 增大,则出流流量亦增大。

【6.4-10】答案:D

解析:短管内流体的流动,既要考虑,断面的收缩和扩大局部阻力损失,还要考虑,短管内流动的沿程阻力损失。

【6.4-11】答案:D

解析:管 1 为自由出流,管 2 和管 3 是淹没出流,出流流量 $Q=\mu A\sqrt{2gH_0}$,对于自由出流和淹没出流,三个流量系数相等,但管 1 出流的作用水头小于管 2 和管 3,管 2 和管 3 的作用水头相等,为上下游液面差,所以,管 2 和管 3 的流量相等,大于管 1 的流量。

6.5 明渠恒定流

高频考点梳理

知识点	明渠均匀水流特性	明渠恒定均匀流的水力计算
近三年考核频次	2	1

6.5.1 明渠恒定流和明渠的类型

1. 明渠恒定流

明渠是指人工修建的渠道或自然形成的河道。明渠流具自由表面,自由表面上各点压强均为大气压强,相对压强为零,故又称为**无压流**。天然河道、输水渠道、无压隧洞、渡槽、涵洞中的水流都属明渠水流。

当明渠中水流的运动要素不随时间变化时,称其为**明渠恒定流**,否则称为明渠非恒定流。在明渠恒定流中,如果水流运动要素不随流程变化,称为**明渠恒定均匀流**,否则称为**明渠恒定非均匀流**。在明渠非均匀流中,若流线接近于相互平行的直线,称为**渐变流**,否则称为**急变流**。

2. 明渠的类型

(1)顺坡、平坡和逆坡渠道

明渠的底的纵剖面为一长斜线，其纵向的倾斜程度称为底坡，用符号 i 表示。i 的大小用底坡线与水平面夹角的正弦表示，即 $i=\sin\theta$，式中，θ 为底坡线与水平面的夹角。通常土渠的底坡 i 不大，即 θ 很小，故常用 $i\approx\tan\theta$。

当渠底沿程为降低时，称为顺坡渠道，即 $i>0$，如图 6.5-1（a）所示；当渠底水平时，称为平坡渠道，即 $i=0$，如图 6.5-1（b）所示；当渠底沿程升高时，称为逆坡渠道，即 $i<0$，如图 6.5-1（c）所示。

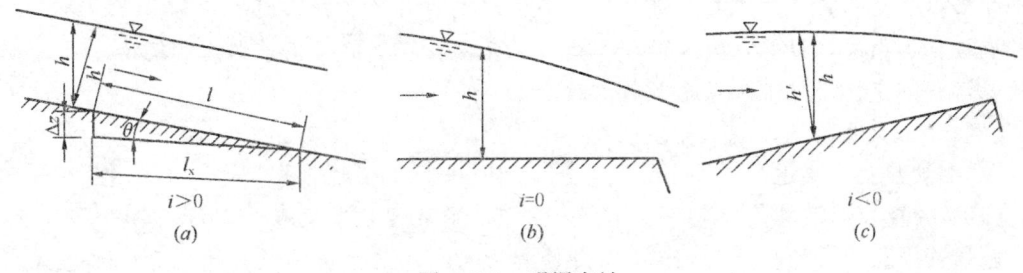

图 6.5-1 明渠底坡

（2）棱柱形渠道与非棱柱形渠道

按纵向几何条件，凡断面形状、尺寸及底坡沿程不变的长直渠道，称为棱柱形渠道。否则，称为非棱柱形渠道。断面规则的人工渠道、渡槽、涵洞是典型的棱柱形渠道。对于断面形状尺寸变化不大的顺直河段，在进行水力计算时往往按棱柱形渠道处理。

（3）明渠的横断面

人工明渠的横断面通常是对称的几何形状，常见的有矩形、梯形、圆形、半圆形，者横断面为梯形称之为梯形断面渠道，其他以此类推。

6.5.2 明渠均匀水流特性

1. 明渠均匀流水力特征

明渠均匀流的流线是与底坡平行的一簇平行直线，故有以下**水力特征**：

(1) 过流断面面积、水深沿程不变。

(2) 过流断面平均流速、过流断面上流速分布沿程不变。

(3) 底坡线、总能头线、水面线三线平行，坡度相等，即 $i=J=J_p$，如图 6.5-2 所示。

(4) 水体的重力沿水流方向的分力等于阻碍水流运动的摩阻力。

2. 产生均匀流的条件

根据明渠均匀流的水力特征，不难得出其形成的条件：

(1) 明渠中水流必须是恒定流。若是非恒定流，水面波动，流线不可能为平行直线，必然形成非均匀流。

(2) 渠道必须是长直棱柱形渠道，糙率系数 n 沿程不变，且无闸、坝、桥、涵等水工建筑物。

(3) 明渠中的流量沿程不变，即无支流汇入或流出。

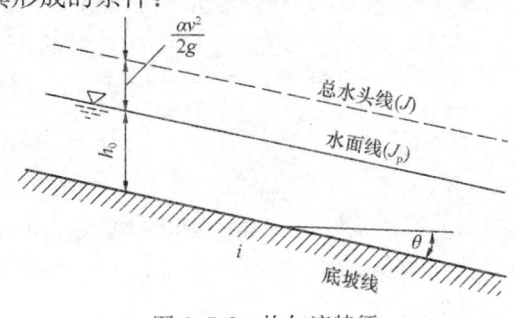

图 6.5-2 均匀流特征

(4) 渠道必须是顺坡，即 $i>0$。否则，水体重力沿水流方向的分力不等于摩阻力。

【例 6.5-1】下面对明渠均匀流的描述哪项是正确的？（　　）。

A. 明渠均匀流必须是非恒定流

B. 明渠均匀流的粗糙系数可以沿程变化

C. 明渠均匀流可以有支流汇入或流出

D. 明渠均匀流必须是顺坡

解析：产生明渠均匀流必须满足以下条件：①明渠中水流必须是恒定流；②渠道必须是长直棱柱形渠道，糙率系数 n 沿程不变，且无闸、坝、桥、涵等水工建筑物；③明渠中的流量沿程不变；④渠道必须是顺坡。故选 D。

【例 6.5-2】明渠均匀流只能发生在（　　）。

A. 顺坡棱柱形渠道　　　　　　B. 平坡棱柱形渠道

C. 逆坡棱柱形渠道　　　　　　D. 变坡棱柱形渠道

解析：产生明渠均匀流必须满足，渠道是顺坡，而且渠道是长直棱柱形。故选 A。

6.5.3 明渠均匀流的水力计算

1. 过水断面的水力要素

在工程中应用最广的是梯形断面渠道，其水力基本要素有，b 为渠底宽，h 为水深，$m=\cot\alpha$，是边坡系数，可以表现梯形渠道两侧边坡的倾斜程度；矩形断面可以看成是边坡系数为零的梯形断面，（图 6.5-3）断面各要素之间的关系为

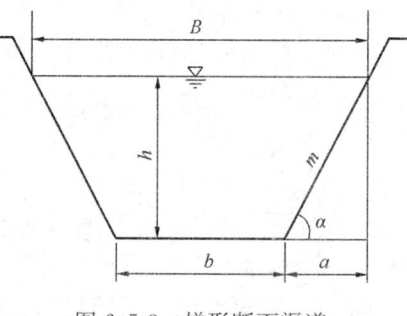

图 6.5-3 梯形断面渠道

水面宽度： $B = b + 2mh$ （6.5-1）

过水断面面积： $A = (b + mh)h$ （6.5-2）

湿周： $\chi = b + 2h\sqrt{1 + m^2}$ （6.5-3）

水力半径：$R = \dfrac{A}{\chi} = \dfrac{(b+mh)h}{b+2h\sqrt{1+m^2}}$ （6.5-4）

2. 水力计算

工程上明渠水流一般都属于紊流粗糙区。其水力计算的基本公式为

$$Q = Av = \text{const} \quad (6.5\text{-}5)$$

$$v = C\sqrt{RJ} \quad (6.5\text{-}6)$$

式 6.5-5 是连续性方程，流量为常数；式 6.5-6 为明渠均匀流的动力方程，又称谢才公式，式中 C 为谢才系数。由于明渠均匀流中，水力坡度 J 与底坡 i 相等，所以有

$$v = C\sqrt{RJ} = C\sqrt{Ri} \quad (6.5\text{-}7)$$

$$Q = AC\sqrt{Ri} = K\sqrt{i} \quad (6.5\text{-}8)$$

式中，$K = AC\sqrt{R}$，称为明渠水流的流量模数，单位为（m³/s），与流量相同，它综合反映明渠的断面形状尺寸和糙率对过流能力的影响。在明渠均匀流情况下，渠中水深定义为正常水深，用 h_0 表示，相应的过流断面面积为 A_0，水力半径为 R_0，谢才系数为 C_0，流量模数为 K_0。

通常谈到某一渠道的输水能力时，指的是在一定正常水深时通过的流量。谢才系数 C 与明渠的断面形状、尺寸、护面的粗糙系数 n 有关，即 $C=f(R,n)$，通常采用**曼宁公式**和**巴甫洛夫斯基公式**。

曼宁公式：

$$C = \frac{1}{n}R^{\frac{1}{6}} \tag{6.5-9}$$

曼宁公式在明渠和管道中均可应用，在 $n<0.020$ 及 $R<0.5\text{m}$ 范围内较好，水流一定在粗糙区。

巴甫洛夫斯基公式：

$$C = \frac{1}{n}R^y \tag{6.5-10}$$

式中 $y=2.5\sqrt{n}-0.13-0.75\sqrt{R}(\sqrt{n}-0.1)$，$n$ 为粗糙系数，y 值依公式计算，因其计算繁琐，根据巴甫洛夫斯基公式计算的谢才系数 C 的数值表，应用时可查相关手册。指数 y 亦可用近似公式确定，当 $R<1\text{m}$ 时，$y=1.5\sqrt{n}$；当 $R>1\text{m}$ 时，$y=1.3\sqrt{n}$。巴氏公式适用范围：$0.1\text{m}<R<3.0\text{m}$，管道、明渠中均可采用，水流一定在粗糙区。

【例 6.5-3】 明渠均匀流的流量一定，渠道断面形状、尺寸和壁面粗糙一定时，正常水深随底坡增大而（　　）。

A. 增大　　　　　　B. 减小　　　　　　C. 不变　　　　　　D. 不确定

解析： 对于明渠恒定均匀流，渠中水深为正常水深，用 h_0 表示。坡度 i 越大，底坡越陡，重力作用越大，流速增大，从而水深减小。故选 B。

习　题

【6.5-1】 下列明渠中不可能产生均匀流的底坡（　　）。

A. 陡坡　　　　　　B. 缓坡　　　　　　C. 平坡　　　　　　D. 临界坡

【6.5-2】 对于无压管道均匀流，必有（　　）。

A. $i=J_p$　　　　B. $i=J$　　　　C. $i=J_p=J$　　　　D. $i\neq J_p=J$

【6.5-3】 明渠均匀流，当水力坡度 $J=$（　　）时，流量模数 K 等于流量。

A. 1　　　　　B. 0　　　　　C. $\dfrac{8g}{C^2}$　　　　　D. 16

【6.5-4】 在工程流体力学中，正常水深是指明渠（　　）。

A. 均匀流水深　　　　　　　　B. 非均匀流水深

C. 临界水深面　　　　　　　　D. 断面平均水深

【6.5-5】 有一混凝土衬砌的矩形渠道，已知底宽 $b=2\text{m}$，水深 $h=1\text{m}$，粗糙系数 $n=0.01$，底坡 $i=0.001$，则断面平均流速 $v=$（　　）。

A. 4.47m/s　　　　　　　　　B. 3.98m/s

C. 3.16m/s　　　　　　　　　D. 1.99m/s

【6.5-6】 明渠梯形过流断面几何要素的基本量为（　　）。

A. 底宽 b、水深 h 和水力半径 R

B. 面积 A、水深 h 和边坡系数 m

【6.5-5】

C. 底宽 b、水深 h 和边坡系数 m
D. 面积 A、湿周 χ 和水力半径 R

【6.5-7】两明渠均匀流，流量相等，且断面形状尺寸、水深都相同，A 的粗糙系数是 B 的 2 倍，渠底坡度 A 是 B 的（　　）倍。

　　A. 0.5　　　　　B. 1　　　　　C. 2　　　　　D. 4

【6.5-8】矩形渠道断面宽度为 4m，水深为 2m，流量为 8m³/s，渠底坡度为 0.0001，其粗糙系数为（　　）。

　　A. 0.005　　　　B. 0.01　　　　C. 0.02　　　　D. 0.04

【6.5-9】梯形断面明渠均匀流，已知断面面积 $A=5.04\text{m}^2$，湿周 $\chi=6.73\text{m}$，粗糙系数 $n=0.025$，则谢才系数 C 为（　　）$\sqrt{\text{m}}/\text{s}$。

　　A. 30.80　　　　B. 30.12　　　　C. 38.12　　　　D. 50.34

习题答案及解析

【6.5-1】答案：C

解析：产生明渠均匀流必须满足渠道是顺坡，平坡明渠不可能产生均匀流。

【6.5-2】答案：C

解析：明渠均匀流的流线是与底坡平行的一簇平行直线，其水力特征有，底坡线、总能头线、水面线三线平行，坡度相等，即 $i=J=J_P$。

【6.5-3】答案：A

解析：明渠均匀流水力计算，可以得到流量 $Q=AC\sqrt{RJ}=K\sqrt{J}$，当水力坡度 $J=1$ 时，流量模数 K 等于流量。

【6.5-4】答案：A

解析：在明渠均匀流情况下，渠中水深定义为正常水深，用 h_0 表示。

【6.5-5】答案：D

解析：矩形断面的水力半径为，$R=\dfrac{bh}{b+2h}=0.5\text{m}$，利用曼宁公式可以计算出谢才系数 $C=\dfrac{1}{n}R^{\frac{1}{6}}=\dfrac{0.5^{\frac{1}{6}}}{0.01}=89.1\sqrt{\text{m}}/\text{s}$，断面平均流速，$v=C\sqrt{Ri}=89.1\times\sqrt{0.5\times 0.001}=1.99\text{m/s}$。

【6.5-6】答案：C

解析：明渠梯形过流断面几何要素的基本量有底宽 b、水深 h 和边坡系数 m。

【6.5-7】答案：D

解析：利用明渠均匀流流量公式和曼宁公式可以推出，$Q=AC\sqrt{Ri}=A\dfrac{1}{n}R^{\frac{1}{6}}\sqrt{Ri}$，流量相等，且断面形状尺寸、水深都相同，$\dfrac{i_A}{i_B}=\left(\dfrac{n_A}{n_B}\right)^2=4$。

【6.5-8】答案：B

解析：矩形渠道断面宽度为 4m，水深为 2m，可计算断面面积 $A=8\text{m}^2$，湿周 $\chi=8\text{m}$，水力半径 $R=\dfrac{A}{\chi}=1\text{m}$，结合明渠均匀流流量公式和曼宁公式，$Q=AC\sqrt{Ri}=A$

$\frac{1}{n}R^{\frac{1}{6}}\sqrt{Ri}$,代入数据可以计算得出,粗糙系数 $n=\frac{AR^{\frac{1}{6}}\sqrt{Ri}}{Q}=\frac{8\times 1^{\frac{1}{6}}\sqrt{1\times 0.0001}}{8}=0.01$。

【6.5-9】答案:C

解析:梯形断面的水力半径 $R=\frac{A}{\chi}$,利用曼宁公式可以计算谢才系数,$C=\frac{1}{n}R^{\frac{1}{6}}=\frac{\left(\frac{5.04}{6.73}\right)^{\frac{1}{6}}}{0.025}=38.1\sqrt{\text{m/s}}$。

6.6 渗流、井和集水廊道

高频考点梳理

知识点	土壤的渗流特性	井和集水廊道
近三年考核频次	2	1

6.6.1 土壤的渗流特性

渗流是液体在孔隙介质中流动。土是孔隙介质的典型代表,本节研究的渗流主要指水在土中的流动,是水流与土相互作用的产物,二者互相依存、互相影响。

1. 水在土中的状态

水在土中的状态可以分为气态水、附着水、薄膜水、毛细水和重力水。气态水以水蒸气的状态存在于土孔隙中,其数量很少,对于一般水利工程的影响可以不计。附着水和薄膜水都是由于土颗粒与水分子相互作用而形成的,也称结合水。结合水数量很少,很难移动,在渗流运动中也可以忽略不计。毛细水指由于表面张力(毛细)作用而保持在土中的水,它可在土中移动,可传递静水压力。除特殊情况(极细颗粒土中渗流)外,毛细水一般在工程中也是可以忽略不计的。

当土的含水量很大时,除少量水分吸附于土粒四周和存在于毛细区外,绝大部分的水受重力作用而在孔隙中流动,称为**重力水或自由水**。**重力水**是渗流运动研究的主要对象。毛细水区与重力水区分界面上的压强等于大气压强,此分界面称为**地下水面**或**浸润面**。重力水区内的孔隙一般为水所充满,故又称为**饱和区**。本节所研究的是**饱和区重力水**的渗流规律。

2. 土壤的渗流特性

土的性质对渗流有很大的制约作用和影响。土的结构是由大小不等的各级固体颗粒混合组成的,由土粒组成的结构称为骨架。水在土体孔隙中的渗流特性与土体孔隙的形状、大小等有关,而土体孔隙的形状大小又与土颗粒的形状、大小等有关。

土孔隙的大小可以用土的孔隙率来反映,它表示一定体积的土中,孔隙的体积ω与土体总体积W(包含孔隙体积)的比值:

$$n=\frac{\omega}{W} \tag{6.6-1}$$

孔隙率反映了土的密实程度。

土颗粒大小的均匀程度，通常用不均匀系数 η 来反映：

$$\eta = \frac{d_{60}}{d_{10}} \quad (6.6\text{-}2)$$

式中，d_{60} 和 d_{10} 分别表示小于这种粒径的土粒重量占土样总重量的 60% 和 10%。一般 η 值总是大于 1，η 值越大，表示组成土的颗粒大小越不均匀。均匀颗粒组成的土体，$\eta=1$。

3. 渗流模型

渗流模型，是认为流体和孔隙介质所占据的空间，其边界形状和其他边界条件均维持不变，假想渗流区全部空间都由水所充满，渗流运动就变为整个空间内的**连续介质运动**。渗流模型中任意过水断面上所通过的流量**等于**实际渗流中该断面所通过的真实流量，而渗流模型中的流速则与实际渗流中的孔隙平均流速不同。

在渗流模型中，任一微小过水断面面积 ΔA 上的渗流流速 u，应等于通过该断面上的真实流量 ΔQ 除以该面积，即

$$u = \frac{\Delta Q}{\Delta A} \quad (6.6\text{-}3)$$

ΔA 包括了土粒骨架所占横截面积，所以真实渗流的过水断面面积 $\Delta A'$ 要比 ΔA 小。考虑孔隙率为 n 的均质土，真实渗流的孔隙过水断面面积为 $\Delta A'=n\Delta A$，因而通过过水断面孔隙内的真实平均流速为

$$u' = \frac{\Delta Q}{\Delta A'} = \frac{\Delta Q}{n\Delta A} = \frac{u}{n} \quad (6.6\text{-}4)$$

引进渗流模型后，与一般水流运动一样，渗流也可以按照运动要素是否随时间变化而分为恒定渗流与非恒定渗流；根据运动要素是否沿程变化分为均匀渗流与非均匀渗流；非均匀渗流又可分为渐变渗流和急变渗流，此外，根据有无自由水面还可分为无压渗流和有压渗流等。

【例 6.6-1】渗流主要研究（　　）在多孔介质中的运动规律。

A. 气态水　　　B. 毛细水　　　C. 重力水　　　D. 薄膜水

解析：水在土中的状态可以分为气态水、附着水、薄膜水、毛细水和重力水。当土的含水量很大时，除少量水分吸附于土粒四周和存在于毛细区外，绝大部分的水受重力作用而在孔隙中流动，称为重力水或自由水。重力水是渗流运动研究的主要对象。故选 C。

6.6.2 达西定律

达西实验的装置如图 6.6-1 所示，渗流区为匀质柱形，圆筒横断面积为 A，渗流量为 Q，测压管直接的渗流距离为 l，由于渗流流速极小，可以不计流速水头，渗流中的总水头可以用测压管水头 h 表示，水头损失为 h_w。则

$$h_w = h_1 - h_2 \quad (6.6\text{-}5)$$

水力坡度：

$$J = \frac{h_w}{l} = \frac{h_1 - h_2}{l} \quad (6.6\text{-}6)$$

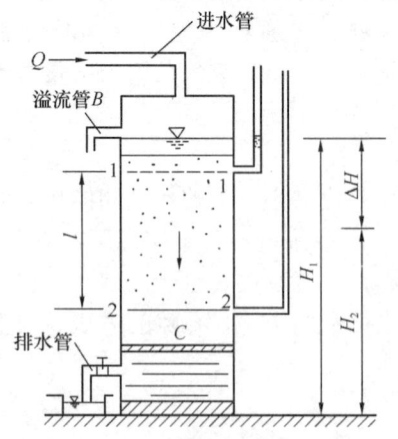

图 6.6-1 达西渗流实验装置

达西经过大量实验，发现渗流流量 Q 与过水断面 A 以及水力坡度 J 成正比，即

$$Q = kJA \tag{6.6-7}$$

$$v = kJ \tag{6.6-8}$$

式中：k——称为渗透系数，是反映土的透水性质的比例系数；

v——断面平均流速；

J——水力坡度。

上式称为**达西公式**，表明均质孔隙介质中**渗流流速**与**水力坡度**的**一次方**成**正比**，并与土的性质有关，即达西定律。

达西实验中的渗流为均匀渗流，**任意点**的渗流流速 u 等于断面平均渗流流速，故达西定律也可表示为

$$u = kJ \tag{6.6-9}$$

大量实践和研究表明，达西定律可以近似推广到非均匀渗流和非恒定渗流中去。此时达西定律表达式应采用以下的微分形式（非恒定渗流时需采用偏微分）

$$u = kJ = -k\frac{dH}{ds} \tag{6.6-10}$$

【例 6.6-2】 渗流流速 v 与水力坡度 J 的关系是(　　)。

A. v 正比于 J B. v 反比于 J

C. v 正比于 J 的平方 D. v 反比于 J 的平方

解析： 由达西定律可知，渗流流速与水力坡度成正比。故选 A。

【例 6.6-3】 在实验室中，根据达西定律测定某种土壤的渗透系数，将土样装在直径 $d=30$cm 的圆筒中，在 90cm 水头差作用下，8h 的渗透水量为 100L，两侧压管的距离为 40cm，该土壤的渗透系数为(　　)。

A. 0.9m/d B. 1.9m/d

C. 2.9m/d D. 3.9m/d

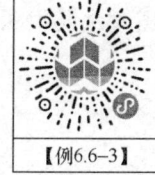

【例6.6-3】

解析： 达西定律的公式为：$Q=kAJ$。式中，k 为渗透系数；J 为水力坡度，且 $J=H/L=0.9/0.4=2.25$。已知当 8 小时的渗透水量为 100L 时，1 天的渗透水量 $Q=(0.1/8)\times 24=0.3$（m³），则该土壤的渗透系数为 $k=\dfrac{0.3}{2.25\times\pi\times 0.15^2}=1.9$m/d。故选 B。

6.6.3 井和集水廊道

1. 井的分类

井是一种汲取地下水或排水用的集水建筑物。根据水文地质条件，井可分为**普通井**（无压井）和**承压井**（自流井）两种基本类型。普通井也称为**潜水井**，指在地表含水层中汲取无压地下水的井。当井底直达不透水层称为**完全井**或完整井。如井底未达到不透水层则称为**非完全井**或非完整井。**承压井**指穿过一层或多层不透水层，而在有压的含水层中汲取有压地下水的井。

2. 井的渗流

(1) 完全普通井

水平不透水层上的完全普通井如图 6.6-2 所示，其含水层深度为 H，井的半径为 r_0，

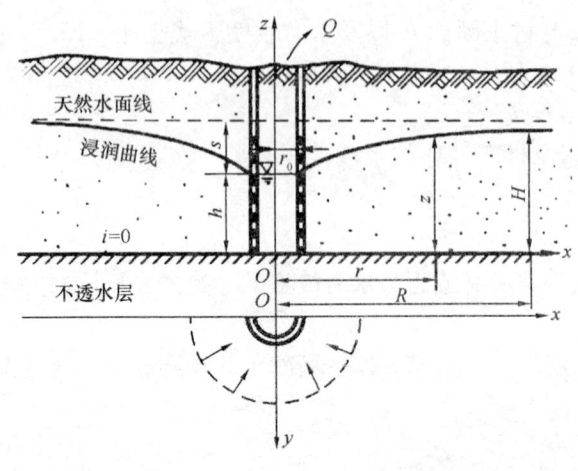

图 6.6-2 完全普通井

当不取水时，井内水面与原地下水的水位齐平。若从井内取水，则井中水位下降，四周地下水向井渗流，形成对于井中心垂直轴线对称的**漏斗形浸润面**。浸润面的位置高度符合下面的方程：

$$z^2 - h^2 = \frac{Q}{\pi k} \ln \frac{r}{r_0} \quad (6.6\text{-}11)$$

式中：Q 为井的出水流量，k 是土壤渗透系数；h_0 为井中水深，浸润面高度 z 随着半径 r 变化。浸润线在离井较远的地方逐步接近原有的地下水位。

为计算井的出水量，引入井的**影响半径** R 的概念：在浸润漏斗面上有半径 $r=R$ 的圆柱面，在 R 范围以外的区域，地下水面不受井中抽水影响，$z=H$，R 即称为井的影响半径。因此，完全普通井的产水量为

$$Q = \frac{\pi k (H^2 - h^2)}{\ln \dfrac{R}{r_0}} \quad (6.6\text{-}12)$$

式中水深 h 不易测量，设抽水时地下水水面的降幅 $S=H-h$，S 称为**水位降深**。流量计算式可以改为

$$Q = \frac{2\pi k H S}{\ln \dfrac{R}{r_0}} \left(1 - \frac{S}{2H}\right) \quad (6.6\text{-}13)$$

当含水层很深时，H 接近 h，S 较小，$S/2H \ll 1$，则上式可以简化为

$$Q = \frac{2\pi k H S}{\ln \dfrac{R}{r_0}} \quad (6.6\text{-}14)$$

影响半径最好使用抽水试验测定，也可以采用经验公式估算：

$$R = 3000 S \sqrt{k} \quad (6.6\text{-}15)$$

式中渗流系数 k，以 m/s 计算。

普通完全井的出水量 Q 与渗流系数 k，含水层厚度 H，水位降深 S 分别成正比关系。

（2）承压井

当含水层位于两个不透水层之间时，则这种含水层内的渗透压力将大于大气压力，从而形成了所谓的有压含水层（或承压层）。从有压含水层取水的水井，一般叫做**自流井**或称为**承压井**。

如图 6.6-3 所示为一自流井渗流层的纵断面，设渗流层具有水平不透水的基底和上顶，渗流层的均匀厚度为 t，完全井的半径为 r_0。当凿井穿过覆盖在含水层上的不透水层时，地下水位将上升到高度 H，H 为承压含水层的天然总水头。当从井中抽水并达到恒定流状态时，井内水深由 H 降至 h，在井周围的测压管水头面将下降形成漏头形曲面。

半径为 r 的过水断面的测压管水头为 z，其表达式为

$$z-h=\frac{Q}{2\pi kt}\ln\frac{r}{r_0} \quad (6.6\text{-}16)$$

同样引入影响半径 R 的概念，设 $r=R$ 时，$z=H$，则完全自流井的出水量为

$$Q=\frac{2.73kt(H-h)}{\lg(R/r_0)}=\frac{2\pi ktS}{\ln(R/r_0)} \quad (6.6\text{-}17)$$

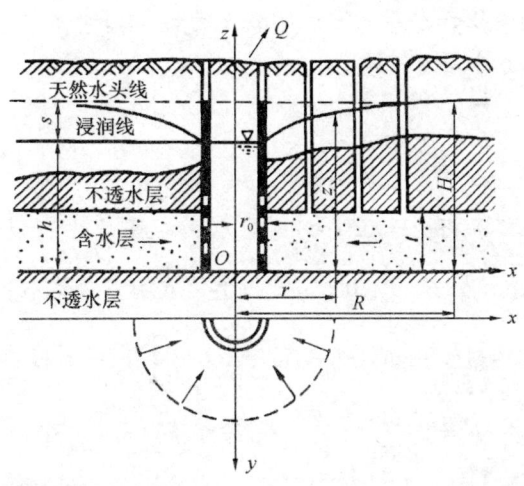

图 6.6-3 自流井（承压井）

3. 集水廊道

集水廊道是建于地下用来汲水或降低地下水位的水平廊道，由于长度很长，可以忽略两端的影响，而看成是沿轴线方向各断面流动无变化的二维（或称平面）渗流流动。

如图 6.6-4 所示是集水廊道示意图，与井的问题一样，抽水时廊道两侧的水位会形成对称的下降，设 q 为来自一侧的单位宽度上的流量（或称单宽流量），单位 m^2/s，x 为计算点到廊道侧边的距离，h 为廊道中水深，浸润线方程可以写成

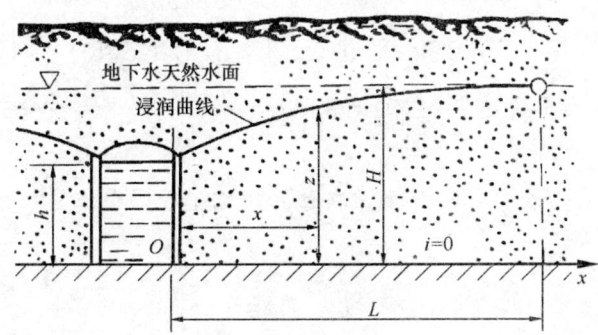

图 6.6-4 集水廊道横断面图

$$z^2-h^2=\frac{2q}{k}x \quad (6.6\text{-}18)$$

与井的影响半径类似，设 L 是集水廊道的影响范围，$x=L$ 处，$z=H$，集水廊道来自一侧的单位宽度上的流量 q 为：

$$q=\frac{k(H^2-h^2)}{2L} \quad (6.6\text{-}19)$$

从上式可以看出，<u>流量与渗透系数成正比</u>，并随含水层的厚度增加而增大，随水深的增加而减小，总的流量 Q 为：

$$Q=2ql \quad (6.6\text{-}20)$$

式中，l 为垂直纸面的廊道纵向宽度。

【例 6.6-4】 已知承压含水层的厚度 $t=7.5m$，用完井进行抽水试验，在半径 $r_1=6m$、$r_2=24m$ 处，测得相应的水头降落 $S_1=0.76m$、$S_2=0.44m$，井的出流量 $Q=0.01m^3/s$，

则承压含水层的渗流系数 k 为（　　）。

A. 9.2×10^{-3} m/s

B. 7.2×10^{-4} m/s

C. 9.2×10^{-4} m/s

D. 7.2×10^{-3} m/s

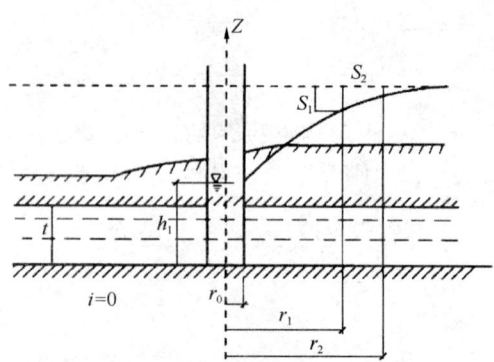

图 6.6-5　例 6.6-4 图

[注：$S=Q(\ln R-\ln r)/(2\pi kt)$，$R$ 为影响半径]

解析： 承压井测压管水头的高度方程满足 $z-h=\dfrac{Q}{2\pi kt}\ln\dfrac{r}{r_0}$，将两个位置的数据代入，可得到方程组：$H-S_1-h=\dfrac{Q}{2\pi kt}\ln\dfrac{r_1}{r_0}$，$H-S_2-h=\dfrac{Q}{2\pi kt}\ln\dfrac{r_2}{r_0}$，联立可得，$S_1-S_2=\dfrac{Q}{2\pi kt}\ln\dfrac{r_2}{r_1}$，解得，$k=9.2\times10^{-4}$ m/s。故选 C。

【例 6.6-5】一个普通完全井，其直径为 1m，含水层厚度为 $H=11$m，土壤渗透系数 $k=2$m/h。抽水稳定后的井中水深 $h_0=8$m，估算井的出水量（　　）。

A. $0.084\text{m}^3/\text{s}$ B. $0.017\text{m}^3/\text{s}$

C. $0.17\text{m}^3/\text{s}$ D. $0.84\text{m}^3/\text{s}$

解析： 井中水位降深 $S=H-h_0=3$m，估算其影响半径 $R=3000S\sqrt{k}=3000\times3\times\sqrt{2\div3600}=212.1$m，估算普通完全井的流量，$Q=\dfrac{\pi k(H^2-h^2)}{\ln\dfrac{R}{r_0}}=\dfrac{\pi\times2\div3600\times(11^2-8^2)}{\ln\dfrac{212.1}{0.5}}=0.017\text{m}^3/\text{s}$，需要注意的是单位的变化，在估算影响半径时要注意把渗透系数 k 的单位变成 m/s。故选 B。

习　题

【6.6-1】流体在（　　）中的流动称为渗流。

A. 多孔介质　　B. 地下河道　　C. 集水廊道　　D. 井

【6.6-2】下列关于渗流模型概念说法中，不正确的是（　　）。

A. 渗流模型认为渗流是充满整个多孔介质区域的连续水流

B. 渗流模型的实质在于把实际并不充满全部空间的流体运动看成是连续空间内的连续介质运动

C. 通过渗流模型的流量必须和实际渗流流量相等

D. 渗流模型的阻力可以与实际渗流不等，但对于某一确定的过流断面，由渗流模型所得出的动水压力，应当和实际渗流的动水压力相等。

【6.6-3】若地下水的运动规律服从达西渗流定律时，说明（　　）。

A. 地下水流的水头损失与渗流速度成正比

B. 地下水流的水头损失与渗流速度的平方成正比

C. 地下水流的水头损失与雷诺数成正比

D. 地下水流的水头损失与渗流系数 k 成正比

【6.6-4】在均质孔隙介质中，渗流流速与水力坡度的（　　）成正比。
A. 一次方　　　　B. 平方　　　　C. 0.5 次方　　　　D. 立方

【6.6-5】如图 6.6-6 所示，土样装在直径 $D=0.2\text{m}$，测量长度 $l=0.8\text{m}$ 圆筒中，测得水头差 $H_1-H_2=0.2\text{m}$，流量 $q_V=0.01\text{m}^3/\text{d}$，则渗流系数 $k=$（　　）m/d。
A. 1.274　　　　B. 0.2565
C. 0.3183　　　　D. 0.6365

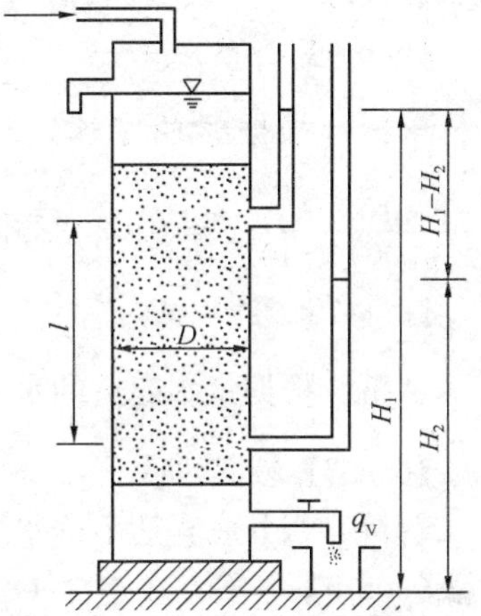

【6.6-6】均匀渗流的流速为 0.001cm/s，沿程 $s=100\text{m}$ 的渗流水头损失 $h_w=3\text{m}$，则渗流系数 k 为（　　）。
A. $3\text{m}^3/\text{s}$　　　　B. 3cm/s
C. $0.033\text{m}^3/\text{s}$　　　D. 0.033cm/s

【6.6-7】集水廊道的产水量 q_V 与（　　）成正比。
A. 含水层水头 H　　B. 廊道水深 h
C. 影响半径 R　　　D. 渗流系数 k

【6.6-8】完全潜水井与不完全潜水井的区别主要是（　　）。
A. 含水层的深度
B. 井的半径
C. 井的含水层是否位于两个不透水层之间
D. 井底是否达到不透水层

【6.6-9】产水量 q_V 与含水层水头 H 的平方成正比的井为（　　）。
A. 潜水完全井　　　　　　B. 集水廊道
C. 自流完全井　　　　　　D. 大口井

【6.6-10】随着过流断面到井轴距离 r 的增加，普通完全井浸润面高度 z 与过流断面平均流速 v 分别（　　）。
A. 减少，增加　　　　　　B. 减少，减少
C. 增加，减少　　　　　　D. 增加，增加

图 6.6-6　题 6.6-5 图

习题答案及解析

【6.6-1】答案：A
解析：渗流是液体在孔隙介质中流动。

【6.6-2】答案：D
解析：ABC，均是渗流模型的特点，渗流模型中任意过水断面上所通过的流量等于实际渗流中该断面所通过的真实流量，而渗流模型中的流速则与实际渗流中的孔隙平均流速不同，相应的动水压力也和实际渗流的动水压力也不同。

【6.6-3】答案：A
解析：达西定律表明均质孔隙介质中渗流流速与水力坡度的一次方成正比，$u=kJ=k\dfrac{h_w}{l}$，则地下水流的水头损失与渗流速度成正比。

【6.6-4】答案：A

解析：达西定律表明均质孔隙介质中渗流流速与水力坡度的一次方成正比。

【6.6-5】答案：A

解析：根据达西定律，$Q = kJA = kA\dfrac{H_1 - H_2}{l}$，代入题干条件可以计算出，$k = 1.274\text{m/d}$。

【6.6-6】答案：D

解析：根据达西定律，$v = kJ = k\dfrac{h_w}{s}$，代入题干条件可以计算出，$k = \dfrac{s}{h_w v} = \dfrac{100}{3 \times 0.001 \times 10^{-2}} = 0.00033\text{m/s} = 0.033\text{cm/s}$。

【6.6-7】答案：D

解析：根据集水廊道的水力计算，产水量 $q_V = \dfrac{k(H^2 - h^2)}{2L}$，与渗流系数 k 成正比。

【6.6-8】答案：D

解析：当井底直达不透水层称为完全井，若井底未达到不透水层则称为非完全井。

【6.6-9】答案：A

解析：普通完全井的出水量 Q 与渗流系数 k，含水层厚度 H，水位降深 S 分别成正比关系。

【6.6-10】答案：C

解析：普通完全井浸润面的位置高度 z 符合 $z^2 - h^2 = \dfrac{Q}{\pi k}\ln\dfrac{r}{r_0}$，则浸润面的位置高度 z 随 r 的增加而增加；根据达西定律，过流断面平均流速 $v = kJ = k\dfrac{\text{d}z}{\text{d}r}$，随 r 的增加而减少，亦可通过浸润面的位置变化图得出，水力坡度 J 随着 r 的增大，而变小，故过流断面平均流速也会减小。

6.7 相似原理和量纲分析

高频考点梳理

知识点	力学相似原理	量纲分析法
近三年考核频次	1	2

6.7.1 力学相似原理

两个同一类的物理现象，在对应的时空点，各标量物理量的大小成比例，各向量物理量除大小成比例外，且方向相同，则称**两个现象是相似的**。要保证两个流动问题的力学相似，必须是两个流动几何相似运动相似，动力相似以及两个流动的边界条件和起始条件相似。

1. 几何相似

几何相似是指流动空间几何相似。即形成此空间任意相应两线段夹角相同，任意相应线段长度保持一定的比例。 以角标 n 表示原型，m 表示相似的模型。

相应夹角相同：
$$\theta_n = \theta_m \tag{6.7-1}$$
相应长度成一定的比例：
$$\frac{d_n}{d_m} = \frac{l_n}{l_m} = \lambda_l \tag{6.7-2}$$

这个比例常数 λ_l，称为**长度比例常数**。相应的还有面积比例常数和体积比例常数

相应面积比：
$$\frac{A_n}{A_m} = \lambda_A = \lambda_l^2 \tag{6.7-3}$$

相应体积比：
$$\frac{V_n}{V_m} = \lambda_v = \lambda_l^3 \tag{6.7-4}$$

几何相似是力学相似的**前提**。有了几何相似，才有可能存在运动相似和动力相似。

2. 运动相似

两流动**运动相似，要求两流动的相应流线几何相似，或者相应点的流速大小成比例，方向相同。**

$$\frac{v_n}{v_m} = \lambda_v \tag{6.7-5}$$

λ_v，称为速度比例常数。

可以通过速度比例常数和长度比例常数推出时间比例常数：
$$\lambda_t = \frac{\lambda_l}{\lambda_v} \tag{6.7-6}$$

进一步可以推出加速度比例常数：
$$\lambda_a = \frac{\lambda_v}{\lambda_t} = \frac{\lambda_v^2}{\lambda_l} \tag{6.7-7}$$

由于流速场的研究是首要任务，所以运动相似是模型试验的**目的**。

3. 动力相似

流动的动力相似，要求同名力作用，相应的同名力成比例。这里所提的同名力，指的是同一物理性质的力。例如重力、黏性力、压力、惯性力、弹性力。

$$\frac{F_{vn}}{F_{vm}} = \frac{F_{pn}}{F_{pm}} = \frac{F_{Gn}}{F_{Gm}} = \frac{F_{In}}{F_{Im}} = \frac{F_{En}}{F_{Em}} \tag{6.7-8}$$

式中，v、p、G、I、E 分别表示黏性力、压力、重力、惯性力、弹性力。

动力相似是运动相似的**保证**。

6.7.2 相似准数

1. 欧拉准则

$$Eu = \frac{\Delta p}{\rho v^2} \tag{6.7-9}$$

Eu 称为流动的**欧拉数，是压差和惯性力的相对比值。**

原型水流和模型水流压力和惯性力的相似关系可以写为
$$Eu_n = Eu_m \tag{6.7-10}$$

2. 弗劳德准则

$$Fr = \frac{v^2}{gl} \tag{6.7-11}$$

Fr 称为流动的**弗劳德数，是惯性力和重力的相对比值。**

原型水流和模型水流惯性力和重力的相似关系可以写为

$$Fr_n = Fr_m \tag{6.7-12}$$

3. 雷诺准则

$$Re = \frac{vl}{\nu} \tag{6.7-13}$$

Re 称为**雷诺数，**是惯性力和黏滞力的比值，之前提到过，可以通过，雷诺数的大小，判断流体的流动状态。

原型水流和模型水流惯性力和重力的相似关系可以写为

$$Re_n = Re_m \tag{6.7-14}$$

以上所提出的一系列准则数，均是无量纲数，欧拉数、弗劳德数、雷诺数都是反映动力相似的相似准数。欧拉数是压力的相似准数，弗劳德数是重力的相似准数，雷诺数是黏性力的相似准数，马赫数是弹性力的相似准数。**两个流动现象如果是动力相似的，那么，它们的同名准则数相等。**

需要注意的是准则数的计算，这些相似准数包含有物理常数 ρ、ν、g，流速 v 和长度 l 等。除了物理常数外，在实际计算时需要采用对整个流动有代表性的量，具有代表性的物理量称为定性量，或称为特征物理量。例如在管流中，平均流速就是速度的定性量，称为定性流速；管径称为定性长度。

定性量可以有不同的选取。例如，定性长度可取管的直径、半径，或水力半径。所得到的相似准数值也因此而不同。但在相似的流体模型里，也要选取相应的定性长度。

【例 6.7-1】 模型与原形采用相同介质，为满足黏性阻力相似，若几何比尺为 10，设计模型应使流速比尺为（　　）。

A. 10　　　　B. 1　　　　C. 0.1　　　　D. 5

解析： 为满足黏性阻力相似，需要满足雷诺准则，原型与模型均用同一流体且温度相近，则黏度比尺 $\lambda_\nu = 1$，满足雷诺准则 $\frac{\lambda_v \lambda_l}{\lambda_\nu} = 1$，速度比尺与长度比尺的关系为 $\lambda_v = 1/\lambda_l = 1/10$。故选 C。

【例 6.7-2】 研究船体在水中航行的受力试验，其模型设计应采用（　　）。

A. 雷诺准则　　B. 弗劳德准则　　C. 韦伯准则　　D. 马赫准则

解析： 实际应用中，通常只保证主要作用力相似，对于有压管流、潜体绕流等，一般为黏性力起主要作用，模型设计一般选用雷诺准则；对于明渠水流、绕桥墩的水流、自由式孔口出流等，主要是受重力影响，模型设计一般选用弗劳德准则。故选 B。

【例 6.7-3】 烟气在加热炉回热装置中流动，拟用空气介质进行实验。已知空气黏度 $\nu_{空气} = 15 \times 10^{-6} \text{m}^2/\text{s}$，烟气运动黏度 $\nu_{烟气} = 60 \times 10^{-6} \text{m}^2/\text{s}$，烟气流速 $v_{烟气} = 3\text{m/s}$，如若实际与模型长度的比尺 $\lambda_l = 5$，则模型空气的流速应为（　　）。

A. 3.75m/s B. 0.15m/s C. 2.4m/s D. 60m/s

解析：烟气在加热炉回热装置中流动，主要受黏滞力和质量力作用，所以需要根据雷诺相似准则，保证雷诺数相同，$\frac{\lambda_v \lambda_l}{\lambda_\nu}=1$。黏度比尺 $\lambda_\nu = \nu_{烟气}/\nu_{空气}=4$，长度比尺 $\lambda_l=5$，故流速比尺 $\lambda_v=0.8$，$\upsilon_{空气}=\upsilon_{烟气}/\lambda_v=3/0.8=3.75$m/s。故选 A。

【例 6.7-4】 用同种流体，同一温度进行管道模型实验。按黏性力相似准则，已知模型管径 0.1m，模型流速 4m/s，若原型管径为 2m，则原型流速为（　　）。

A. 0.2m/s B. 2m/s C. 80m/s D. 8m/s

解析：对于有压管流，主要受黏滞力和质量力作用，所以应采用雷诺准则，保证雷诺数相同，$\frac{\lambda_v \lambda_l}{\lambda_\nu}=1$，因为采用同一种流体，黏度比尺 $\lambda_\nu=1$，$\lambda_l=\frac{2}{0.1}=20$，则 $\lambda_v=\frac{1}{\lambda_l}=\frac{1}{20}$，故 $\upsilon=4/20=0.2$m/s。故选 A。

6.7.3 量纲分析法

1. 量纲分析的概念和原理

量纲是指物理量的性质和类别，量纲又称因次。例如长度和质量，它们分别用 $[L]$ 和 $[M]$ 表达。量纲分析法就是通过对现象中物理量的因次以及量纲之间相互联系的各种性质的分析来研究现象相似性的方法。它是以方程式的量纲和谐性为基础的。

所谓方程式的量纲和谐性，是指在完整的物理方程式中各项的量纲应相同。例如，开敞容器中静水压强分布公式 $p=\gamma h$，两边的量纲均为 $[p]=[\gamma h]=ML^{-1}T^{-2}$

在量纲分析中常用到基本量纲和导出量纲的概念。某一类物理现象中，不存在任何联系的性质不同的量纲称为**基本量纲**；而那些可以由基本量纲导出的量纲称为**导出量纲**。在流体力学中，对可压缩流体流动，常采用 M-L-T-Θ 基本量纲系统。

质量 $[m]=M$　长度 $[l]=L$　时间 $[t]=T$　温度 $[T]=\Theta$

单位是度量物理量时采用的人为数值标准。由于单位和量纲具有一一对应的关系，有时也可以用单位分析来代替量纲分析，例如，动力黏滞系数 μ 的单位是 Pa·s，用 M、T、L 表示 μ 的量纲，采用单位分析：

$$\mathrm{Pa \cdot s} = \frac{\mathrm{N}}{\mathrm{m}^2}\mathrm{s} = \frac{\mathrm{kg \cdot m/s^2}}{\mathrm{m}^2}\mathrm{s} = \frac{\mathrm{kg}}{\mathrm{m \cdot s}}$$

所以，μ 的量纲表示为，$[\mu]=ML^{-1}T^{-1}$

对于无量纲数 x，需要满足其量纲表示为，$[x]=1$，以雷诺数为例：$Re=\rho\upsilon L/\mu$，根据量纲和谐原理可以证明

$$[Re]=\frac{ML^{-3}\cdot LT^{-1}\cdot L}{ML^{-1}T^{-1}}=1$$

无量纲数有两个主要的特点：一是，其数值无量纲，更能反映物理过程的本质；二是，可以参与指数、对数等函数运算。

2. 量纲分析法

根据量纲和谐原理，分析物理量之间的关系，推导和验证新方程的过程称为量纲分析。量纲分析法有两种，一种是适用于影响因素之间的关系为单项指数形式的场合，称为瑞利法；另一种是具有普遍性的方法，称为 π 定理法。

由于考试的特殊性，一般不必完整推导一个表达式，但必须熟练掌握各力学量的单位

和量纲。

【例6.7-5】 量纲和谐原理是指（   ）。

A. 量纲相同的量才可以乘除
B. 基本量纲不能与导出量纲相运算
C. 物理方程式中各项的量纲必须相同
D. 量纲不同的量才可以加减

解析：所谓方程式的量纲和谐性，是指在完整的物理方程式中各项的量纲应相同。故选 C。

【例6.7-6】 已知表面张力系数 σ 的单位为 N/m，则其量纲为（   ）。

A. MLT^{-1}　　　B. MT^{-2}　　　C. MT^{-1}　　　D. $ML^{-1}T^{-1}$

解析：$[\sigma] = \dfrac{M \cdot LT^{-2}}{L} = MT^{-2}$

故选 B。

【例6.7-7】 液体的压强为 p、速度 v、密度 ρ 正确的无量纲数组合是（   ）。

A. $p/(\rho v^2)$　　　　　　　　B. $\rho p/v^2$
C. $\rho/(pv^2)$　　　　　　　　D. $p/(\rho v)$

解析：单位分析，液体的压强 p 的单位是 $Pa = \dfrac{N}{m^2} = \dfrac{kg \cdot m/s^2}{m^2} = \dfrac{kg}{m \cdot s^2}$，速度 v 的单位是 m/s，密度 ρ 的量纲是 kg/m^3，则 $p/(\rho v^2)$ 为无量纲数组合。故选 A。

习 题

【6.7-1】 在工程流体力学中，常用的基本量纲为（   ）。

A. 质量量纲 M、长度量纲 L、时间量纲 T
B. 长度量纲 L、时间量纲 T、流速量纲 V
C. 长度量纲 L、时间量纲 T、流量量纲 q_V
D. 质量量纲 M、长度量纲 L、密度量纲 ρ

【6.7-2】 下列各组物理量中，属于同一量纲的是（   ）。

A. 长度、宽度、动力黏度　　　　B. 长度、高度、运动黏度
C. 长度、速度、密度　　　　　　D. 长度、管径、测压管水头

【6.7-3】 由体积弹性模量 K、密度 ρ 和流速 v 组成的量纲 1 的量是（   ）。

A. $K\rho v$　　　B. $\dfrac{K\rho}{v}$　　　C. $\dfrac{\rho v}{K}$　　　D. $\dfrac{\rho v^2}{K}$

【6.7-4】 角速度 ω，长度 l，重力加速度 g 的无量纲组合是（   ）。

A. $\dfrac{l\omega}{g}$　　　B. $\dfrac{l\omega g}{}$　　　C. $\dfrac{l\omega^2}{g}$　　　D. $\dfrac{l^2\omega}{g}$

【6.7-5】 弗劳德数 Fr 的物理意义在于它反映了（   ）的比值。

A. 惯性力与黏滞力　　　　　　　B. 重力与黏滞力

C. 惯性力与重力　　　　　　　　D. 重力与压力

【6.7-6】雷诺数 Re 的物理意义在于它反映了（　　）的比值。
A. 惯性力与黏滞力　　　　　　　B. 重力与黏滞力
C. 惯性力与重力　　　　　　　　D. 重力与压力

【6.7-7】欧拉数 Eu 的物理意义在于它反映了（　　）的比值。
A. 惯性力与黏滞力　　　　　　　B. 压力与惯性力
C. 惯性力与重力　　　　　　　　D. 重力与压力

【6.7-8】在进行水力模型实验时，要实现明渠水流的动力相似，一般应选（　　）。
A. 弗劳德准则　　　　　　　　　B. 雷诺准则
C. 欧拉准则　　　　　　　　　　D. 马赫准则

【6.7-9】在进行水力模型实验时，要实现有压管流的动力相似，一般应选（　　）。
A. 弗劳德准则　　　　　　　　　B. 雷诺准则
C. 欧拉准则　　　　　　　　　　D. 其他准则

【6.7-10】孔口自由出流模型实验设计应选用（　　）。
A. 弗劳德准则　　　　　　　　　B. 雷诺准则
C. 欧拉准则　　　　　　　　　　D. 其他准则

【6.7-11】进行石油输送管路的水力模型试验，要实现动力相似，应选的相似准则（　　）。
A. 弗劳德准则　　　　　　　　　B. 雷诺准则
C. 欧拉准则　　　　　　　　　　D. 其他准则

【6.7-12】已知明渠水流模型实验的长度比尺 $\lambda_l = 4$，若原型和模型采用同流体，则其流量比尺 $\lambda_{q_V} = $（　　）。
A. 4　　　　B. 8　　　　C. 16　　　　D. 32

【6.7-13】已知压力输水管模型实验的长度比尺 $\lambda_l = 8$，若原型和模型采用同一流体，则其流量比尺 $\lambda_{q_V} = $（　　）。
A. 2　　　　B. 4　　　　C. 8　　　　D. 16

【6.7-14】已知压力输水管模型实验的长度比尺 $\lambda_l = 8$，若原型和模型采用同一流体，则其压强比尺 $\lambda_p = $（　　）。
A. 1/8　　　B. 1/16　　　C. 1/32　　　D. 1/64

【6.7-15】某模型实验按重力相似准则设计，模型几何比尺 $\lambda_l = 100$，若测得模型中某点的流速 $v_m = 0.5\text{m/s}$，则原型中对应点的流速 $v_p = $（　　）m/s。
A. 15　　　B. 10　　　C. 5　　　D. 0.5

习题答案及解析

【6.7-1】答案：A
解析：工程流体力学中常采用 M-L-T-Θ 基本量纲系统，质量 $[m] = M$、长度 $[l] = L$、时间 $[t] = T$、温度 $[T] = \Theta$。

【6.7-2】答案：D
解析：可以通过单位判断，长度、管径、测压管水头的单位都是长度单位。

【6.7-3】答案：D

解析：单位分析，体积弹性模量 K 的单位是 $\mathrm{Pa} = \dfrac{\mathrm{N}}{\mathrm{m}^2} = \dfrac{\mathrm{kg \cdot m/s^2}}{\mathrm{m}^2} = \dfrac{\mathrm{kg}}{\mathrm{m \cdot s^2}}$，速度 v 的单位是 $\mathrm{m/s}$，密度 ρ 的量纲是 $\mathrm{kg/m^3}$，则 $\dfrac{\rho v^2}{K}$ 为无量纲数组合。

【6.7-4】答案：C

解析：角速度 ω 的单位是 s^{-1}，长度 l 的单位是 m，重力加速的单位是 $\mathrm{m/s^{-2}}$，则它们的无量纲组合为 $\dfrac{l\omega^2}{g}$。

【6.7-5】答案：C

解析：弗劳德数 Fr，是惯性力和重力的相对比值。

【6.7-6】答案：A

解析：雷诺数 Re，是惯性力和黏滞力的比值。

【6.7-7】答案：B

解析：欧拉数 Eu，是压力和惯性力的相对比值。

【6.7-8】答案：A

解析：实际应用中，通常只保证主要作用力相似，对于有压管流、潜体绕流等，一般为黏性力起主要作用，模型设计一般选用雷诺准则；对于明渠水流、绕桥墩的水流、自由式孔口出流等，主要是受重力影响，模型设计一般选用弗劳德准则。

【6.7-9】答案：B

解析：有压管流的流动中，主要考虑黏滞力和惯性力的影响，所以有压管流模型设计时，应该选用雷诺准则。

【6.7-10】答案：A

解析：孔口自由出流中，主要受重力影响，所以孔口自由出流模型设计时，应该选用弗劳德准则。

【6.7-11】答案：B

解析：石油输送管路中，主要考虑黏滞力和惯性力的影响，所以有压管流模型设计时，应该选用雷诺准则。

【6.7-12】答案：C

解析：在明渠水流模型实验中，长度比尺 $\lambda_l = 4$，要考虑到重力加速度是一样的，所以 $\lambda_g = 1$，则可以推出时间比尺 $\lambda_T = 4$，流量比尺 $\lambda_{q_V} = \lambda_l^3 / \lambda_T = 16$。

【6.7-13】答案：C

解析：压力输水管模型，主要考虑黏滞力和惯性力的影响，应该选用雷诺准则，保证雷诺数相同，$\dfrac{\lambda_v \lambda_l}{\lambda_\nu} = 1$，因为采用同一种流体，黏度比尺 $\lambda_\nu = 1$，则 $\lambda_v = \dfrac{1}{\lambda_l} = \dfrac{1}{8}$，$\lambda_{q_V} = \lambda_v \lambda_l^2 = 8$。

【6.7-14】答案：D

解析：压力输水管模型实验的长度比尺 $\lambda_l = 8$，通过雷诺准则，$\dfrac{\lambda_v \lambda_l}{\lambda_\nu} = 1$，因为采用同

一种流体，黏度比尺 $\lambda_\nu = 1$，密度比尺 $\lambda_\rho = 1$，则 $\lambda_v = \dfrac{1}{\lambda_l} = \dfrac{1}{8}$，压力比尺 $\lambda_P = \lambda_\rho \lambda_v^2 = \dfrac{1}{64}$。

【6.7-15】答案：C

解析：按重力相似准则设计，则弗劳德数相同，$\dfrac{\lambda_v^2}{\lambda_g \lambda_l} = 1$，认为重力加速度是一样的，$\lambda_g = 1$，则 $\lambda_v = 10$，原型对应点的流速 $v_p = 10 v_m = 5 \text{m/s}$。

第 7 章 电气与信息

考试大纲：
7.1 电磁学概念
电荷与电场；库仑定律；高斯定理；电流与磁场；安培环路定律；电磁感应定律；洛伦兹力。
7.2 电路知识
电路组成；电路的基本物理过程；理想电路元件及其约束关系；电路模型；欧姆定律；基尔霍夫定律；支路电流法；等效电源定理；叠加原理；正弦交流电的时间函数描述；阻抗；正弦交流电的相量描述；复数阻抗；交流电路稳态分析的相量法；交流电路功率；功率因数；三相配电电路及用电安全；电路暂态；R-C、R-L 电路频率特性。
7.3 电动机与变压器
理想变压器；变压器的电压变换、电流变换和阻抗变换原理；三相异步电动机接线、启动、反转及调速方法；三相异步电动机运行特性；简单继电—接触控制电路。
7.4 信号与信息
信号；信息；信号的分类；模拟信号与信息；模拟信号描述方法；模拟信号的频谱；模拟信号增强；模拟信号滤波；模拟信号变换；数字信号与信息；数字信号的逻辑编码与逻辑演算；数字信号的数值编码与数值运算。
7.5 模拟电子技术
晶体二极管；极型晶体三极管；共射极放大电路；输入阻抗与输出阻抗；射极跟随器与阻抗变换；运算放大器；反相运算放大电路；同相运算放大电路；基于运算放大器的比较器电路；二极管单相半波整流电路；二极管单相桥式整流电路。
7.6 数字电子技术
与、或、非门的逻辑功能；简单组合逻辑电路；D 触发器；JK 触发器；数字寄存器；脉冲计算器。
7.7 计算机系统
计算机系统组成；计算机的发展；计算机的分类；计算机系统特点；计算机硬件系统组成；CPU；存储器；输入/输出设备及控制系统；总线；数模/模数转换；计算机软件系统组成；系统软件；操作系统；操作系统定义；操作系统特征；操作系统功能；操作系统分类；支撑软件；应用软件；计算机程序设计语言。
7.8 信息表示
信息在计算机内的表示；二进制编码；数据单位；计算机内数值数据的表示；计算机内非数值数据的表示；信息及其主要特征。

> 7.9 常用操作系统
> Windows 发展；进程和处理器管理；存储管理；文件管理；输入/输出管理；设备管理；网络服务。
> 7.10 计算机与网络
> 计算机与计算机网络；网络概念；网络功能；网络组成；网络分类；局域网；广域网；因特网；网络管理；网络安全；Windows 系统中的网络应用；信息安全；信息保密。
> 本章试题配置：28 题

7.1 电磁学概念

高频考点梳理

知识点	电荷与电场	磁场	安培环路定律
近三年考核频次	1	1	1

7.1.1 电荷与电场

1. 库仑定律

真空中两个静止点电荷之间的相互作用力，与它们的电荷量 q_1、q_2 的乘积成正比，与它们距离 r 的二次方成反比，作用力的方向在它们的连线上。用公式表示，即：

$$F = k\frac{q_1 q_2}{r^2} \tag{7.1-1}$$

式中，k 为比例系数，称为静电力常量。

在国际单位制中，电荷量的单位是库伦（C）。

2. 电场强度 E

电荷在电场中某点受到的力 F 与电荷的电荷量 q 成正比，即：

$$F = qE \tag{7.1-2}$$

式中的 E 即为电场强度，其单位是牛/库伦（N/C）。

7.1.2 磁场

1. 磁感应强度 B

磁感应强度是表示磁场内某点磁场强弱（磁力线的多少）和磁场方向（磁力线的方向）的物理量，是矢量，方向可用右手螺旋定则确定，单位是特斯拉（T）。

磁感应强度的大小为：

$$B = \frac{F}{lI} \tag{7.1-3}$$

式中，F 是电磁力，l 是导体的长度，I 是通过磁体的电流。

2. 磁通 Φ 及其连续性原理

某一面积 A 的磁感应强度 B 的通量称为磁通，用符号 Φ 表示，表达式为：

$$\Phi = \int_A \boldsymbol{B} \mathrm{d}A \tag{7.1-4}$$

式中，$\mathrm{d}A$ 的方向为该面积元的法线 n 的方向，如图 7.1-1 所示。

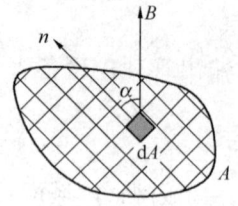

图 7.1-1　面积元

如果是均匀磁场,且磁场方向垂直于 A 面,则:

$$\Phi = \boldsymbol{B}A \tag{7.1-5}$$

在国际单位制中,磁通的单位是伏·秒,通常称为韦[伯](Wb)。

磁力线是没有起止的闭合曲线,穿入任一封闭曲面的磁力线总数必定等于穿出该曲面的磁力线总数,即磁场中任何封闭曲面的磁通恒为零,表达式为:

$$\oint_A \boldsymbol{B} dA = 0 \tag{7.1-6}$$

这就是磁通的连续性原理。

3. 磁导率 μ

磁导率 μ 是描述磁场介质导磁能力的物理量。

4. 磁场强度 H

磁场强度 H 为磁场中某一点磁感应强度 B 与该点介质的磁导率 μ 的比值,即:

$$H = \frac{\boldsymbol{B}}{\mu} \tag{7.1-7}$$

磁场强度 H 的单位是安/米（A/m）。

7.1.3　安培环路定律

在磁场中,对 H 的任意闭合环路的线积分等于该闭合环路所界定面的电流的代数和,即:

$$\oint \boldsymbol{H} dl = \Sigma \boldsymbol{I} \tag{7.1-8}$$

该积分称为安培环路定律。当电流的参考方向与环路的绕向符合右手螺旋定则时,该电流前取正号,反之取负号。

【例 7.1-1】如图 7.1-2 所示,在一圆形电流 I 所在的平面内,选取一个同心圆形成闭合回路 L,则由安培环路定理,$\oint \boldsymbol{H} dl$ 是否为零?环路上任一点的 H 是否为零?

解析: 由右手螺旋定则,在闭合回路 L 上每点的磁场强度方向均是由纸面指向外,因此环路上任一点的 H 不为零;另外,由于磁场强度的方向与环路 L 的方向的垂直的,因此 $\oint \boldsymbol{H} dl$ 为零。

7.1.4　电磁感应定律

电路中感应电动势的大小,跟穿过这一电路的磁通量的变化率成正比,这就是法拉第电磁感应定律。

如果时刻 t_1 穿过闭合电路的磁通量为 Φ_1,时刻 t_2 穿过闭合电路的磁通量为 Φ_2,则在时间 $\Delta t = t_2 - t_1$ 内,磁通量的变化量为 $\Delta\Phi = \Phi_2 - \Phi_1$,磁通量的变化率就是 $\frac{\Delta\Phi}{\Delta t}$。用 E 表示闭合电路中的感应电动势,那么电磁感应定律就可以表示为:

$$E = \frac{\Delta\Phi}{\Delta t} \tag{7.1-9}$$

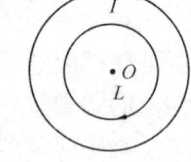

【例7.1-1】

图 7.1-2　圆形电流

式中电动势的单位是伏（V）、磁通量的单位是韦伯（Wb）、时间的单位是秒（s）。

闭合电路常常是一个匝数为 n 的线圈，而且穿过每匝线圈的磁通量总是相同的。由于这样的线圈可以看成是由 n 个单匝线圈串联而成的，因此整个线圈中的感应电动势是单匝线圈的 n 倍，即：

$$E = n\frac{\Delta\Phi}{\Delta t} \qquad (7.1\text{-}10)$$

习　题

【7.1-1】在一个孤立静止的点电荷周围(　　)。

A. 存在磁场，它围绕电荷呈球面状分布

B. 存在磁场，它分布在从电荷所在处到无穷远处的整个空间中

C. 存在电场，它围绕电荷呈球面状分布

D. 存在电场，它分布在从电荷所在处到无穷远处的整个空间中

【7.1-2】关于电场和磁场，下述说法中正确的是(　　)。

A. 静止的电荷周围有电场，运动的电荷周围有磁场

B. 静止的电荷周围有磁场，运动的电荷周围有电场

C. 静止的电荷和运动的电荷周围都只有电场

D. 静止的电荷和运动的电荷周围都只有磁场

【7.1-3】点电荷 $+q$ 和点电荷 $-q$ 相距 30cm，那么，在由它们构成的静电场中(　　)。

A. 电场强度处处相等

B. 在两个点电荷连线的中点位置，电场力为零

C. 电场方向总是从 $+q$ 到 $-q$

D. 位于两个点电荷连线的中点位置上，带负电的可移动体将向 $-q$ 移动

【7.1-4】在静电场中，有一个带电体在电场力的作用下移动，由此所做的功的来源是(　　)。

A. 电场能　　　　　　　　　　B. 带电体自身的能量

C. 电场能和带电体自身的能量　　D. 电场外部能量

【7.1-5】关于电场线的以下说法中，正确的是(　　)。

A. 电场线上每一点的切线方向都跟电荷在该点的受力方向相同

B. 沿电场线的方向，电场强度越来越小

C. 电场线越密的地方同一试探电荷受到的电场力就越大

D. 顺着电场线移动电荷，电荷受到的电场力大小一定不变

【7.1-6】对于某一回路 l，积分 $\oint H \mathrm{d}l$ 等于零，则可以断定(　　)。

A. 回路 l 内一定有电流　　　　B. 回路 l 内可能有电流

C. 回路 l 内一定无电流　　　　D. 回路 l 内可能有电流，但代数和为零

【7.1-7】电流 I_1 穿过一回路 l，而电流 I_2 则在回路的外面，于是有(　　)。

A. l 上各点的 H 及积分 $\oint H \mathrm{d}l$ 都只与 I_1 有关

B. l 上各点的 H 只与 I_1 有关，积分 $\oint H dl$ 与 I_1、I_2 有关

C. l 上各点的 H 与 I_1、I_2 有关，积分 $\oint H dl$ 与 I_2 无关

D. l 上各点的 H 及积分 $\oint H dl$ 都与 I_1、I_2 有关

【7.1-8】下列现象中属于电磁感应现象的是(　　)。

A. 磁场对电流产生力的作用

B. 变化的磁场使闭合电路中产生电流

C. 插在通电螺线管中的软铁棒被磁化

D. 电流周围产生磁场

【7.1-9】在图 7.1-3 中，线圈 a 的电阻为 R_a，线圈 b 的电阻为 R_b，两者彼此靠近如图所示，若外加激励 $u = U_M \sin\omega t$，则(　　)。

A. $i_a = \dfrac{u}{R_a}$, $i_b = 0$　　B. $i_a \neq \dfrac{u}{R_a}$, $i_b \neq 0$

C. $i_a = \dfrac{u}{R_a}$, $i_b \neq 0$　　D. $i_a \neq \dfrac{u}{R_a}$, $i_b = 0$

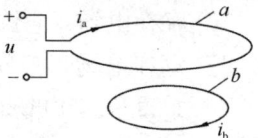

图 7.1-3　题 7.1-9 图

习题答案及解析

【7.1-1】答案 D

解析：导线中通过电流，才会在导线周围产生圆形磁场，因此孤立静止的点电荷周围不存在磁场；孤立静止点电荷周围存在电场，分布在从电荷所在处到无穷远处的整个空间中。

【7.1-2】答案：A

解析：静止的电荷周围只有电场，运动的电荷周围既有电场也有磁场。

【7.1-3】答案：C

解析：在靠近点电荷处电场强度大，在远离点电荷处电场强度小。由于两个点电荷异号，因此在两个点电荷连线的中点位置，二者产生的电场力同向，且大小相等。物理学中规定，电场方向跟正电荷所受的静电力的方向相同，因此电场方向从 $+q$ 到 $-q$。位于两个点电荷连线的中点位置上，带负电的可移动体受到的力与电场方向相反，将向 $+q$ 移动。

【7.1-4】答案：C

解析：带电体在电场中所受到的力为其电荷量与电场强度的乘积，在该力作用下带电体运动从而做功，因此，做功的能量来源是电场能和带电体自身的能量。

【7.1-5】答案：C

解析：电场线上每一点的切线方向都跟正电荷在该点的受力方向相同，而与正电荷在该点的受力方向相反；电场线越稀疏，电场强度越小，与沿电场线方向的长度无关；电场线越密的地方，电场强度越大，因此对同一试探电荷，所受到的电场力就越大；顺着电场线移动电荷，电场强度可能会发生改变，因此电荷受到的电场力大小也可能会发生改变。

【7.1-6】答案：D

解析：安培环路定律指出，在磁场中，对 H 的任意闭合环路的线积分等于该闭合环路所界定面的电流的代数和，因此，积分 $\oint H dl$ 等于零，闭合环路所界定面的电流的代数

和一定等于零。

【7.1-7】答案：C

解析：电流 I_1 与 I_2 均会产生磁场，因此 l 上各点的 H 与 I_1、I_2 都有关；安培环路定律指出，在磁场中，对 H 的任意闭合环路的线积分等于该闭合环路所界定面的电流的代数和，因此积分 $\oint Hdl$ 与 I_1 有关，而与 I_2 无关。

【7.1-8】答案：B

解析：电磁感应定律是指电路中感应电动势的大小，跟穿过这一电路的磁通量的变化率成正比。因此变化的磁场会在电路中感应出电动势，从而使闭合电路中产生电流。

【7.1-9】答案：B

解析：电压 u 是变化的，因此导致 i_a 不断变化，从而 i_a 产生的磁场发生变化，导致线圈 b 处产生感应电动势，因此 $i_b \neq 0$；同样，由 i_b 产生的磁场亦会影响 i_a，因此 $i_a \neq \dfrac{u}{R_a}$。

7.2 电 路 知 识

高频考点梳理

知识点	理想电路元件及其约束关系	基尔霍夫定律	支路电流法	叠加原理	正弦交流电的时间函数描述	正弦交流电的相量描述	RLC并联电路	交流电路功率	功率因数	电路暂态
近三年考核频次	1	3	1	1	1	2	1	1	3	1

7.2.1 理想电路元件及其约束关系

1. 无源元件

（1）电阻元件

电阻元件分为线性电阻元件和非线性电阻元件。线性电阻元件伏安特性如图 7.2-1 所示，是通过坐标原点的一条斜线，斜线与电流轴正方向夹角的正切值就是电阻 R，即电阻 R 等于该电阻两端的电压值与流过该电阻的电流值的比值。

$$R = \frac{U_R}{I_R} \tag{7.2-1}$$

在国际单位制中，电阻的单位是 Ω（欧姆）。

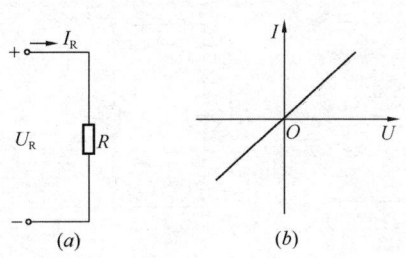

图 7.2-1 线性电阻元件伏安特性
(a) 图形符号；(b) 伏安特性

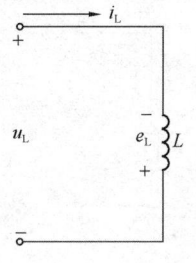

图 7.2-2 电感电路

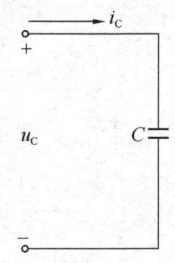

图 7.2-3 电容器

(2) 电感元件

当电路中有线圈存在时，电流通过线圈就会产生比较集中的磁场，电感是用来表征产生磁场、储存磁场能特性的电路元件。当通过电流为 i_L 时，将产生磁通 Φ，它通过每匝线圈。如果线圈有 N 匝，则电感的定义为：

$$L = \frac{N\Phi}{i_L} \tag{7.2-2}$$

电感的单位是 H（亨［利］）或 mH（毫亨）。

对于含有电感元件的电路，当通过电感线圈的磁通 Φ 或者电流 i_L 发生改变时，根据法拉第电磁感应定律，电感上会出现电动势来抵抗电流的改变，如图 7.2-2 所示。图 7.2-2 中电感两端的电压为：

$$u_L = -e_L = N\frac{d\Phi}{dt} = L\frac{di_L}{dt} \tag{7.2-3}$$

如果电感线圈中通过恒定电流，则电感两端电压 $u_L = 0$，所以此时电感元件可视为短路。

(3) 电容元件

电容器是由两块金属薄板及其中间隔有的绝缘介质组成。当电容器的两个极板间加上电压时，两个极板上就聚集起上下等量的异性电荷，如图 7.2-3 所示，介质内出现较强的电场，储存电场能量。绝大多数电容器都是线性的，其定义为：

$$C = \frac{q}{u_C} \tag{7.2-4}$$

电容的单位是 F（法［拉］）。

当电容元件上的电荷 q 或电压 u_C 发生变化时，则在电路中引起电流：

$$i_C = \frac{dq}{dt} = C\frac{du_C}{dt} \tag{7.2-5}$$

如果在电容元件两端加恒定电压，电流 i_C 为零，所以此时电容元件可视为开路。

在标定电路中的无源元件的电压和电流的参考方向时，两者常采用一致的参考方向，称为关联方向。

2. 有源元件

(1) 电压源

理想电压源是指电源两端的电压 U_S 恒定不变，其发出的电流由外电路决定，符号如图 7.2-4(a) 所示。而实际电压源在工作中具有发热效应，因此在电路模型中用恒压源 U_S 和内阻 R_0 串联形式表示，称为电压源，如图 7.2-4(b) 所示。

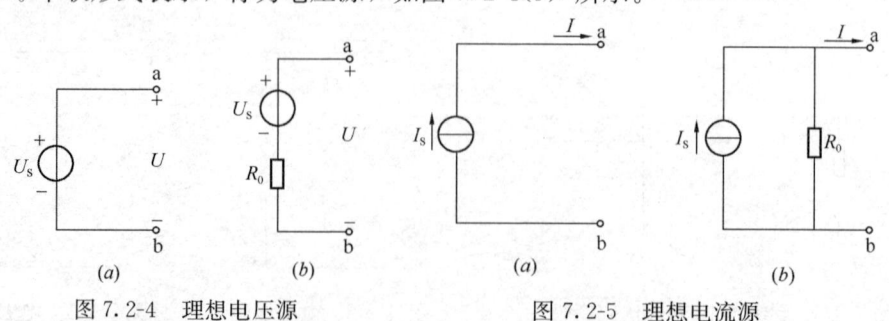

图 7.2-4　理想电压源　　　　图 7.2-5　理想电流源
(a) 理想电压源；(b) 电压源　　　(a) 理想电流源；(b) 电流源

（2）电流源

理想电流源（恒流源）是指电源支路的电流 I_S 恒定不变，其两端电压由外电路决定，符号如图 7.2-5(a) 所示。而实际电流源在工作中同样具有发热效应，在电路模型中用恒流源 I_S 和内阻 R_0 并联形式表示，称为电流源，如图 7.2-5(b) 所示。

7.2.2 欧姆定律

线性电阻元件是这样的理想元件：在电压和电流取关联参考方向下，在任何时刻它两端的电压和电流关系符合欧姆定律，即有：

$$u(t) = R \cdot i(t) \tag{7.2-6}$$

式中，u、i 是电路变量，R 是表征电阻元件上电压、电流关系的参数，称为电阻。在国际单位制中，电阻的单位是欧姆（Ω）。

在并联电路计算中，为了计算的方便，还可用另外一个参数——电导来表征电阻元件。电导用符号 G 来表示，它是电阻的倒数，即：

$$G = \frac{1}{R} \tag{7.2-7}$$

在国际单位制中，电导的单位为西门子，简称西（S）。

7.2.3 基尔霍夫定律

1. 基尔霍夫电流定律（KCL）

由于电流的连续性，电路中任何一点（包括节点在内）均不能堆积电荷，因此，在任一瞬时，流入电路中任一个节点的各支路电流之和等于从该节点流出的各支路电流之和。如图 7.2-6 所示的电路中，对于节点 a，在图示的各支路电流参考方向下，可写出：

$$I_1 + I_2 = I_3$$

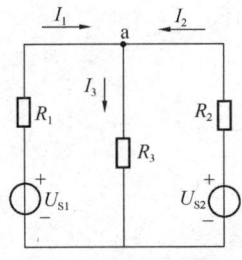

图 7.2-6 电流流向图

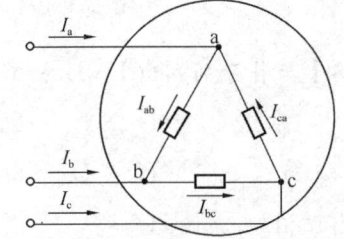

图 7.2-7 电流流向图

另外，在任一瞬时，通过任一闭合面的电流的代数和也恒等于零，如图 7.2-7 所示，即：

$$I_a + I_b + I_c = 0$$

【例 7.2-1】 在图 7.2-8 中，$I_1 = 5\text{A}$，$I_2 = -3\text{A}$，$I_3 = 1\text{A}$，试求支路电流 I_4 的大小。

解析：根据图中所标示的各支路电流的参考方向，由基尔霍夫电流定律可列出：

$$I_1 + I_3 = I_2 + I_4 \rightarrow I_4 = I_1 + I_3 - I_2 = 5 + 1 - (-3) = 9\text{A}$$

2. 基尔霍夫电压定律（KVL）

如果从回路中任意一点出发，以顺时针方向或逆时针方向沿回路循行一周，则在这个方向上的电位降之和应该等于电位升之和。电路中任一点的电位是不会发生变化的。如图 7.2-9 所示，电源电动势、电流和各段电压的参考方向均已标出，任意选定逆时针的绕行方向（虚线所示），可列出：
$$U_1+U_4=U_2+U_3$$

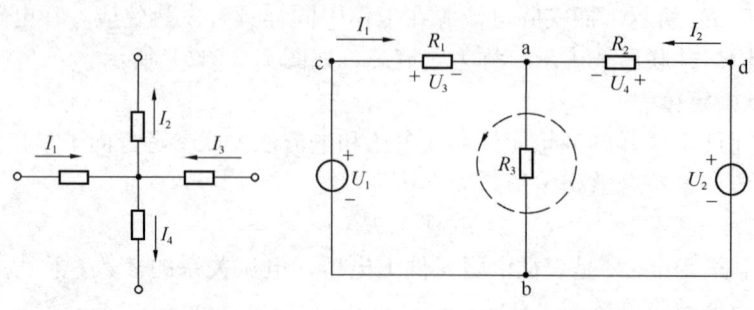

图 7.2-8　例 7.2-1 图　　　　图 7.2-9　电压图

【**例 7.2-2**】图 7.2-10 所示电路中，已知 $U_1=U_3=1\text{V}$，$U_2=4\text{V}$，$U_4=U_5=2\text{V}$，求电压 U_7。

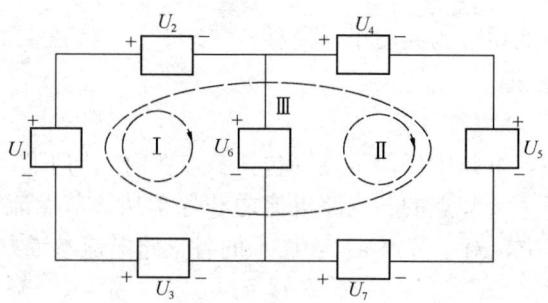

图 7.2-10　例 7.2-2 图

解析：对回路 Ⅰ 与 Ⅱ 分别列出 KVL 方程：
$$U_1-U_2-U_6+U_3=0$$
$$U_6-U_4-U_5+U_7=0$$

将上述两个方程相加，消去 U_6 得：
$$U_1-U_2+U_3-U_4-U_5+U_7=0$$
$$U_7=-(U_1-U_2+U_3-U_4-U_5)=6\text{V}$$

7.2.4　支路电流法

支路电流法以支路电流为求解对象，直接应用基尔霍夫定律，分别对节点和回路列出所需的方程组，然后解出各支路电流。

应用支路电流法进行网络分析时，可以按以下步骤进行：
1) 确定支路数 b，选定各支路电流的参考方向。
2) 确定节点数 n，列出 $(n-1)$ 个独立的节点电流方程。
3) 确定余下所需的方程数 $b-(n-1)$，选择网孔列出独立的回路电压方程。
4) 解联立方程组，求出各支路电流的数值。

【**例 7.2-3**】电路如图 7.2-11 所示，已知 $U_{S1}=12\text{V}$，$U_{S2}=12\text{V}$，$R_1=1\Omega$，$R_2=2\Omega$，

$R_3=2\Omega$,$R_4=4\Omega$,求各支路电流。

解析:选择各支路电流的参考方向如图 7.2-11 所示,列出节点和回路方程如下:

上节点:$I_1+I_2-I_3-I_4=0$
左网孔:$R_1I_1+R_3I_3-U_{S1}=0$
中网孔:$R_1I_1-R_2I_2+U_{S2}-U_{S1}=0$
右网孔:$R_2I_2+R_4I_4-U_{S2}=0$

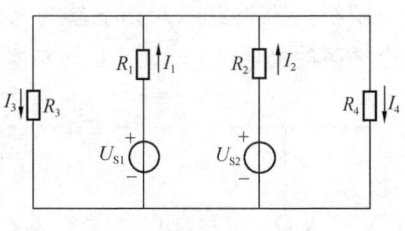

图 7.2-11 例 7.2-3 图

代入数据:
$$I_1+I_2-I_3-I_4=0$$
$$1\times I_1+2\times I_3-12=0$$
$$1\times I_1-2\times I_2+12-12=0$$
$$2\times I_2+4\times I_4-12=0$$

联立解得:
$$I_1=4\text{A},I_2=2\text{A},I_3=4\text{A},I_4=2\text{A}$$

7.2.5 叠加原理

在图 7.2-12(a) 所示电路中有两个电源,各支路中的电流是由这两个电源共同作用产生的。对于线性电路,任何一条支路中的电流,都可以看成是由电路中各个电源分别单独作用时在此支路中所产生的电流的代数和,如图 7.2-12(b)、(c) 所示,这就是叠加原理。

使用叠加原理时,应注意以下几点:

1) 叠加原理只适用于线性电路,不适用于非线性电路。
2) 叠加原理可以用于计算电压和电流,但不能直接应用叠加原理计算功率。
3) 应用叠加原理时,电路的连接以及电路中所有电阻和受控电源都不能改动。当考虑电路中某一电源单独作用时,其余不作用的理想电压源处用短路替代;不作用的理想电流源处用开路替代。
4) 叠加时要注意电流(或电压)的参考方向。如果电源单独作用时某电流(电压)分量的参考方向与所有电源共同作用时该电流(电压)的参考方向一致,则在叠加时该电流(电压)分量取正号,否则取负号。

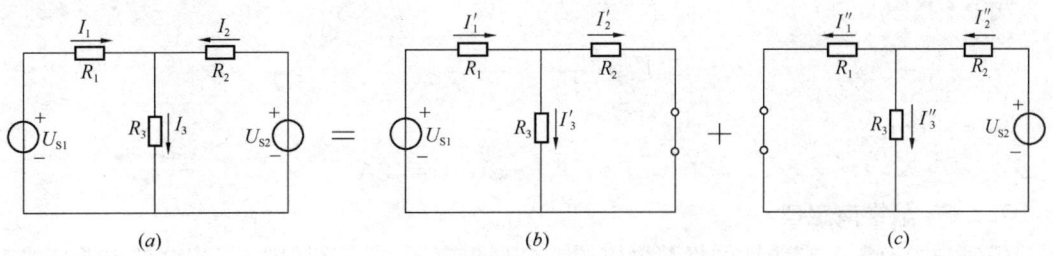

图 7.2-12 电路图
(a) 电路图;(b) 电压源 U_{S1} 单独作用的电路;(c) 电压源 U_{S2} 单独作用的电路

【例 7.2-4】 用叠加原理计算图 7.2-13 所示电路中的电流 I_3。已知 $I_S=12\text{A}$,$U_S=120\text{V}$,$R_1=20\Omega$,$R_2=20\Omega$,$R_3=5\Omega$。

解析： 图 7.2-13 所示电路的电流 I_3 可以看成是由图是由图 7.2-14(a) 和图 7.2-14(b) 两个电路的电流 I'_3 和 I''_3 叠加起来的。

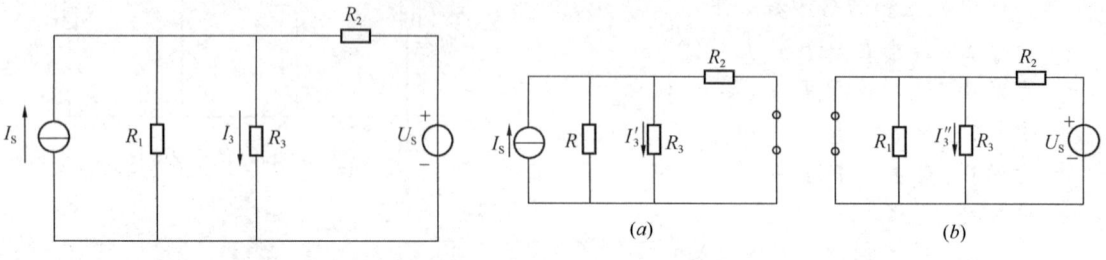

图 7.2-13　例 7.2-4 图　　　　图 7.2-14　例 7.2-4 解析图
(a) 电流源单独作用电路；(b) 电压源单独作用电路

（1）理想电流源 I_S 单独作用

分析该电路可知 R_1、R_2、R_3 并联。设该电路中总电阻为 R_{123}，则：

$$\frac{1}{R_{123}} = \frac{1}{R_1} + \frac{1}{R_2} + \frac{1}{R_3} \to R_{123} = \frac{R_1 R_2 R_3}{R_2 R_3 + R_1 R_3 + R_1 R_2}$$

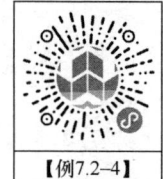

【例 7.2-4】

各支路两端的电压 U 为：

$$U = I_S R_{123} = \frac{I_S R_1 R_2 R_3}{R_2 R_3 + R_1 R_3 + R_1 R_2}$$

因此，I'_3 为：

$$I'_3 = \frac{U}{R_3} = \frac{I_S R_1 R_2}{R_2 R_3 + R_1 R_3 + R_1 R_2} = \frac{12 \times 20 \times 20}{20 \times 5 + 20 \times 5 + 20 \times 20} = 8\text{A}$$

（2）理想电流源 U_S 单独作用

分析该电路可知 R_1、R_3 并联，R_2 分别与 R_1、R_3 串联。设该电路中 R_1 与 R_3 的总电阻为 R_{13}，则：

$$\frac{1}{R_{13}} = \frac{1}{R_1} + \frac{1}{R_3} \to R_{13} = \frac{R_1 R_3}{R_1 + R_3} = 4\Omega$$

R_3 两端的电压 U_{13} 为：

$$U_{13} = U_S \frac{R_{13}}{R_{13} + R_2} = 120 \times \frac{4}{4 + 20} = 20\text{V}$$

因此，I''_3 为：

$$I''_3 = \frac{U_{13}}{R_3} = \frac{20}{5} = 4\text{A}$$

综上：

$$I_3 = I'_3 + I''_3 = 8 + 4 = 12\text{A}$$

7.2.6　戴维南定理

任何一个有源二端线性网络都可以用一个理想电压源 U_S 和内阻 R_0 串联的电源来等效代替，如图 7.2-15 所示。等效电源中的电压源电压 U_S 就是有源二端网络的开路电压 U_{∞}，即将负载断开后 a、b 两端之间的电压。等效电源的内阻 R_0 等于有源二端网络中所有电源均除去（将各个理想电压源短路，即其电压为零；将各个理想电流源开路，即其电流为零）后所得到的无源网络 a、b 两端之间的等效电阻。这就是戴维南定理。

图 7.2-15 所示的等效电路是一个最简单的电路。其中，电流可由下式计算：

$$I = \frac{U_S}{R_0 + R_L} \qquad (7.2\text{-}8)$$

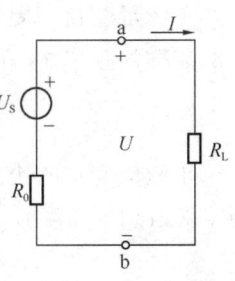

图 7.2-15 等效代替

【**例 7.2-5**】电路如图 7.2-16 所示，试用戴维南定理求：电流 I；3Ω 电阻所消耗的功率 $P_{3\Omega}$。

解析：在图 7.2-16(a) 所示电路中，将电流 I 所在支路与原电路在节点 a、b 处断开，而从 a、b 节点向左看的网络即为一有源二端网络，可等效为图 7.2-16(b) 所示的戴维南等效电路。欲求电流 I，只要求出等效电源的电压 U_S（即开路电压 U_{OC}）和戴维南等效电阻 R_0 即可。

(1) 求等效电源的电压 U_S，即开路电压 U_{OC}。

其等效电路如图 7.2-17 所示，可解得电流 I_1 为：

$$I_1 = \frac{4-2}{2+1} = 0.67\text{A}$$

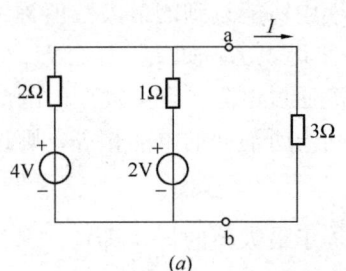
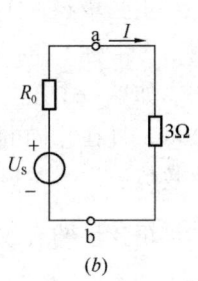

由基尔霍夫电压定律得：

$$2 + 1 \times I_1 - U_{OC} = 0 \to U_{OC} = 2.67\text{V}$$

$$U_S = U_{OC} = 2.67\text{V}$$

图 7.2-16　例 7.2-5 图
(a) 电路图；(b) 戴维南等效电路

(2) 求戴维南等效电阻 R_0。

其等效电路如图 7.2-18 所示，则：

$$R_0 = \frac{2 \times 1}{2+1} = 0.67\Omega$$

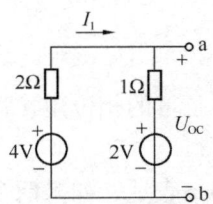
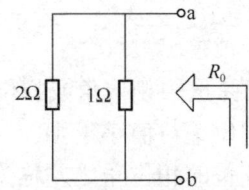

图 7.2-17　等效电路 1　　图 7.2-18　等效电路 2

(3) 在图 7.2-16(b) 中，由欧姆定律得电流为：

$$I = \frac{U_S}{R_0 + 3} = \frac{2.67}{0.67 + 3} = 0.73\text{A}$$

3Ω 电阻所消耗的功率 $P_{3\Omega}$ 为：

$$P_{3\Omega} = 3I^2 = 3 \times 0.73^2 = 1.6\text{W}$$

7.2.7　正弦交流电路

1. 正弦量的三要素

(1) 频率与周期

正弦电流的函数表达式是：

$$i(t) = I_m \sin(\omega t + \varphi) \qquad (7.2\text{-}9)$$

正弦量变化一周所需要的时间成为周期 T，单位是秒（s）。正弦量在每秒时间内变化的次数称为频率 f，单位是赫兹（Hz）。周期与频率之间的关系为：

$$f = \frac{1}{T} \tag{7.2-10}$$

正弦量变化的快慢除用周期和频率表示外，还可用角频率 ω 来表示。因为一周期内经历了 $2\pi\text{rad}$（弧度），所以角频率为：

$$\omega = \frac{2\pi}{T} = 2\pi f \tag{7.2-11}$$

角频率的单位为 rad/s。

(2) 幅度与有效值

正弦量在一个周期中所能达到的最大数值称为正弦量的最大值，也叫做幅值或峰值，用带有下标 m 的大写字母表示，如 I_m、U_m、E_m 分别表示电流、电压及电动势的幅值。

如果一个正弦电流通过电阻，在一周期时间内所消耗的电能和某一直流电流通过同一电阻、且在相同的时间内所消耗的电能相等，则这个直流电流的量值就叫做该正弦电流的有效值。

正弦量的有效值等于最大值的 $\frac{1}{\sqrt{2}}$，即：

正弦电流、正弦电压、正弦电动势的有效值分别为：

$$\begin{cases} I = \dfrac{I_m}{\sqrt{2}} \\ U = \dfrac{U_m}{\sqrt{2}} \\ E = \dfrac{E_m}{\sqrt{2}} \end{cases} \tag{7.2-12}$$

(3) 初相位和相位差

$(\omega t + \varphi)$ 称为正弦量的相位角或相位。$t = 0$ 时正弦量的相位角，称为初相位角或初相位。习惯上常取初相位绝对值小于 $180°$。

两个同频率正弦量的相位角之差称为相位差，用 φ 表示。如果两个同频率正弦量的初相位相同，则称它们是同相；若相位差等于 $180°$，则称反相；若相位差等于 $90°$，则称正交。

2. 正弦量的相量表示法

正弦量由频率、幅值和初相位三个要素来确定，在分析线性电路时，正弦激励和响应均为同频率的正弦量，频率是已知的，可不必考虑。因此，一个正弦量由幅值（或有效值）和初相位就可确定。

一个有向线段可用复数表示。如果用它来表示正弦量，则复数的模即为正弦量的幅值或有效值，复数的辐角即为正弦量的初相位。为了与一般的复数相区别，把表示正弦量的复数称为相量，并在大写字母上加"·"。其中有向线段长度等于正弦量幅值的相量称为幅值相量，用 $\dot{I}_m$ 或 $\dot{U}_m$ 表示，长度等于有效值的相量称为有效值相量，用 $\dot{I}$ 或 $\dot{U}$ 表示。表示正弦量的相量有 4 种形式，即代数式、三角式、指数式和极坐标式。

电压与电流的幅值相量可表示为：

$$\begin{cases} \dot{U}_m = U_m(\cos\varphi_1 + j\sin\varphi_1) = U_m e^{j\varphi_1} = U_m \angle \varphi_1 \\ \dot{I}_m = I_m(\cos\varphi_2 + j\sin\varphi_2) = I_m e^{j\varphi_2} = I_m \angle \varphi_2 \end{cases} \quad (7.2\text{-}13)$$

有效值相量可表示为：

$$\begin{cases} \dot{U} = U(\cos\varphi_1 + j\sin\varphi_1) = U e^{j\varphi_1} = U \angle \varphi_1 \\ \dot{I} = I(\cos\varphi_2 + j\sin\varphi_2) = I e^{j\varphi_2} = I \angle \varphi_2 \end{cases} \quad (7.2\text{-}14)$$

注意，相量只是表示正弦量，而不是等于正弦量。

【例 7.2-6】 已知 $i_1(t) = 5\sin(314t + 60°)\text{A}$，$i_2(t) = -10\cos(314t + 30°)\text{A}$，试写出这两个正弦电流的幅值相量，并作相量图。

解析： 相量图如图 7.2-19 所示。

$$\dot{I}_{1m} = 5\angle 60°\text{A}$$
$$\begin{aligned} i_2(t) &= -10\cos(314t + 30°) \\ &= 10\cos(314t + 210°) \\ &= 10\sin(314t + 300°) \\ &= 10\sin(314t - 60°)\text{A} \end{aligned}$$
$$\dot{I}_{2m} = 10\angle -60°\text{A}$$

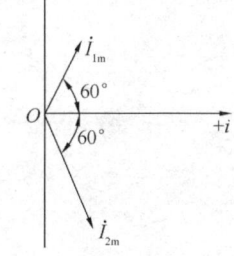

图 7.2-19　例 7.2-6 图

3. 单一参数元件的交流电路

（1）电阻元件的正弦交流电路

电阻元件的交流电路如图 7.2-20 所示。

设通过电阻的电流为参考正弦量：

$$i = I_m \sin\omega t \quad (7.2\text{-}15)$$

则电阻的端电压为：

$$u = Ri = RI_m \sin\omega t = U_m \sin\omega t \quad (7.2\text{-}16)$$

在电阻元件的交流电路中，电压和电流的相位差 $\varphi = 0$，即电压和电流是同相的。如果用相量表示电压与电流的关系，则为：

$$\dot{U} = R\dot{I} \quad (7.2\text{-}17)$$

因为电流和电压都随时间变化，所以电阻元件消耗的功率也随时间变化。在任意瞬时，电压瞬时值 u 和电流瞬时值 i 的乘积，称为瞬时功率，用 p 表示，即：

$$p = ui = U_m I_m \sin^2\omega t = \frac{U_m I_m}{2}(1 - \cos 2\omega t) = UI(1 - \cos 2\omega t) \quad (7.2\text{-}18)$$

通常，用一个周期内瞬时功率的平均值，即平均功率，宏观地表示元件所消耗的功率。平均功率也称为有功功率，用 P 表示。电阻元件的有功功率为：

$$P = UI = \frac{U^2}{R} = I^2 R \quad (7.2\text{-}19)$$

（2）电感元件的正弦交流电路

电阻元件的交流电路如图 7.2-21 所示。

电感元件的正弦交流电路是由非铁心线圈（线性电感元件）与正弦电源连接的电路。

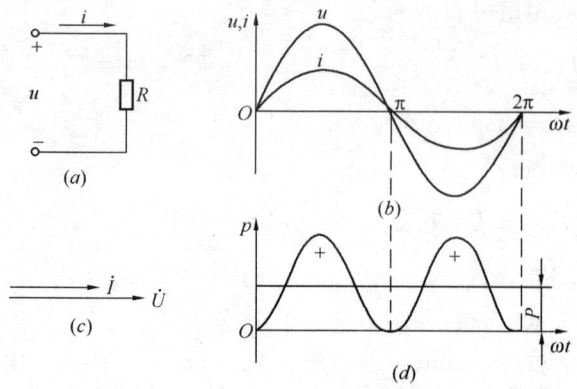

图 7.2-20 电阻元件交流电路
(a) 电路图；(b) 电压与电流的正弦波形；
(c) 电压与电流的相量图；(d) 功率波形

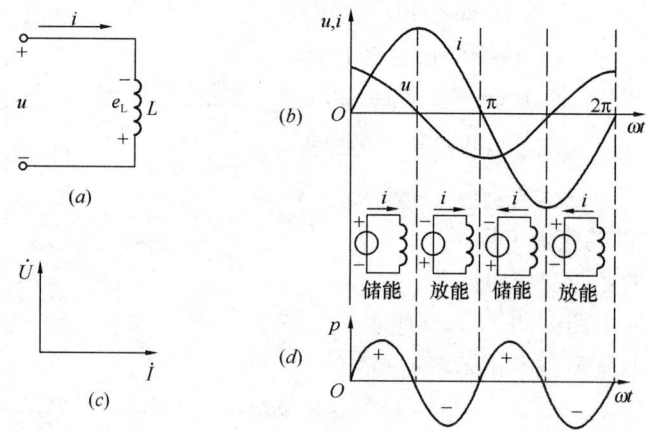

图 7.2-21 电阻元件交流电路
(a) 电路图；(b) 电压与电流的正弦波形；(c) 电压与
电流的相量图；(d) 功率波形

假定这个线圈只具有电感 L，而电阻 R 极小，可以忽略不计。当电感线圈中通过正弦电流 i 时，其中产生自感电动势 e_L，其方向与电流变化方向相反。设电流 i、电动势 e_L 和电压 u 的参考方向如图 7.2-21(a) 所示。

设通过电感的电流为参考正弦量：

$$i = I_m \sin\omega t \tag{7.2-20}$$

则：

$$u = -e_L = L\frac{di}{dt} = \omega L I_m \sin(\omega t + 90°) = U_m \sin(\omega t + 90°) \tag{7.2-21}$$

式中，$U_m = \omega L I_m$

由上式中可看出，电感元件交流电路中，电压的幅值（或有效值）与电流的幅值（或有效值）之比值为 ωL，即：

$$\omega L = \frac{U_m}{I_m} = \frac{U}{I} \tag{7.2-22}$$

ωL 为感抗，用 X_L 表示，即：

$$X_L = \omega L = 2\pi f L \tag{7.2-23}$$

在电感元件电路中，在相位上电流比电压滞后 $90°$。

感抗只能表示电感元件电压与电流幅值（或有效值）的比，不能表示它们瞬时值的比。如用相量表示电压与电流的关系，则为：

$$\dot{U} = jX_L\dot{I} = j\omega L\dot{I} \tag{7.2-24}$$

电感元件的有功功率为 0。另外，在电感元件的交流电路中，没有能量消耗，只有电源与电感元件间的能量互换。这种能量互换的规模，用无功功率 Q 来衡量。定义电感元件的无功功率等于瞬时功率的幅值，即：

$$Q = UI = I^2 X_L = \frac{U^2}{X_L} \tag{7.2-25}$$

无功功率的单位是乏（var）。

（3）电容元件的正弦交流电路

电容元件的交流电路如图 7.2-22 所示。

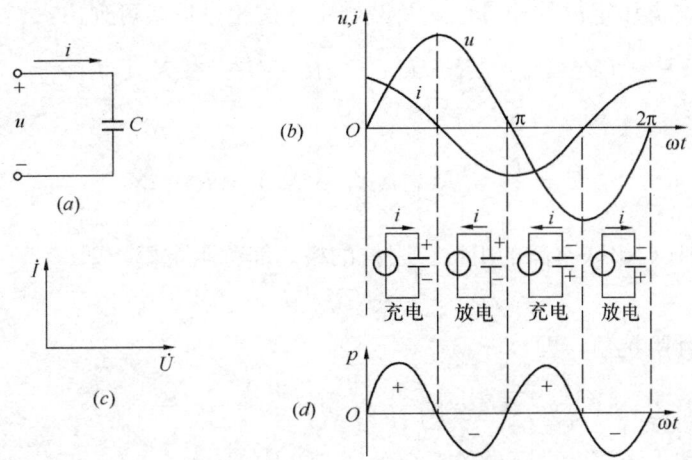

图 7.2-22 电容元件交流电路
（a）电路图；（b）电压与电流的正弦波形；（c）电压与电流的相量图；（d）功率波形

当电容器两端的电压发生变化时，电容器极板上的电荷量也要随之发生变化，在电路中就引起电流的变化。

设电压为参考正弦量，即：

$$u = U_m \sin\omega t \tag{7.2-26}$$

则：

$$i = C\frac{du}{dt} = C\frac{d(U_m\sin\omega t)}{dt} = \omega C U_m \sin(\omega t + 90°) = I_m \sin(\omega t + 90°) \tag{7.2-27}$$

由上式中可看出，电容元件交流电路中，电压的幅值（或有效值）与电流的幅值（或有效值）之比值为 $\frac{1}{\omega C}$。

与电阻元件交流电路比较，$\frac{1}{\omega C}$ 有类似于电阻 R 的作用，具有阻碍交流电流通过的性质，所以称 $\dfrac{1}{\omega C}$ 为容抗，用 X_C 表示。

在电容元件电路中，在相位上电流比电压超前 90°。如用相量表示电压与电流的关系，则为：

$$\dot{U} = -jX_C\dot{I} = -j\frac{1}{\omega C}\dot{I} = \frac{1}{j\omega C}\dot{I} \tag{7.2-28}$$

电容元件的有功功率为 0。

为体现电容与电感不同的性质，电容性无功功率取负值。无功功率为：

$$Q = -UI = -I^2 X_C = -\frac{U^2}{X_C} \tag{7.2-29}$$

4. RLC 串并联交流电路

（1）RLC 串联交流电路

RLC 串联交流电路如图 7.2-23 所示。当电路两端加上正弦交流电压 u 时，电路中各个元件流过同一电流 i。设在各个元件上产生的电压分别为 u_R、u_L 和 u_C，电流与各个电压的参考方向如图中所示。

根据基尔霍夫电压定律的相量形式及欧姆定律的相量形式可列出：

$$\dot{U} = \dot{U}_R + \dot{U}_L + \dot{U}_C = [R + j(X_L - X_C)]\dot{I} \tag{7.2-30}$$

将上式改写为：

$$Z = \frac{\dot{U}}{\dot{I}} = R + j(X_L - X_C) = R + jX \tag{7.2-31}$$

式（7.2-31）是 RLC 串联电路的阻抗。阻抗的模，简称阻抗模，即：

$$|Z| = \sqrt{R^2 + (X_L - X_C)^2} = \sqrt{R^2 + X^2} \tag{7.2-32}$$

阻抗的辐角，简称阻抗角，即：

$$\varphi_Z = \arctan\frac{X}{R} = \arctan\frac{X_L - X_C}{R} \tag{7.2-33}$$

用相量图描述电流与各电压的关系，如图 7.2-24 所示。

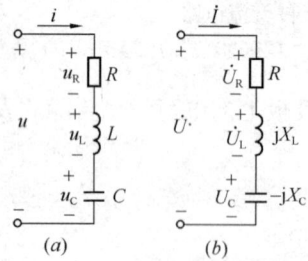
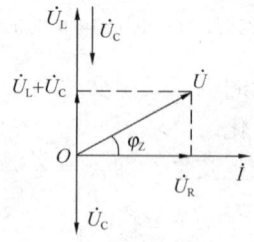

图 7.2-23 串联交流电路　　图 7.2-24 电压与电流关系

对于 RLC 串联电路，流过电阻、电感、电容三元件的电流相同，因此可以绘制出电压、阻抗三角形，如图 7.2-25 所示，它们都是直角三角形。

【例 7.2-7】 在 RLC 串联交流电路中，已知 $U = 20\text{V}$，$R = 6\Omega$，$X_L = 18\Omega$，$X_C = 10\Omega$，试求电流 I、U_R、

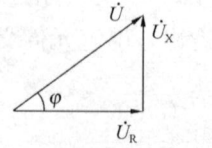
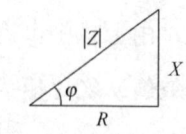

图 7.2-25 RLC 串联电路

U_C、U_L，并作出相量图。

解析：设 $\dot{U} = 20\angle 0°\text{V}$，电路的阻抗为：

$$Z = R + j(X_L - X_C) = 6 + j(18-10) = 6 + j8 = 10\angle 53.1°\Omega$$

因此电流 $\dot{I}$ 为：

$$\dot{I} = \frac{\dot{U}}{Z} = \frac{20\angle 0°}{10\angle 53.1°} = 2\angle -53.1°\text{A}$$

各元件上的电压为：

$$\dot{U}_R = \dot{I}R = 2\angle -53.1° \times 6 = 12\angle -53.1°\text{V}$$

$$\dot{U}_L = j\dot{I}X_L = 2\angle -53.1° \times 18\angle 90° = 36\angle 36.9°\text{V}$$

$$\dot{U}_C = -j\dot{I}X_C = 2\angle -53.1° \times 10\angle -90° = 20\angle -143.1°\text{V}$$

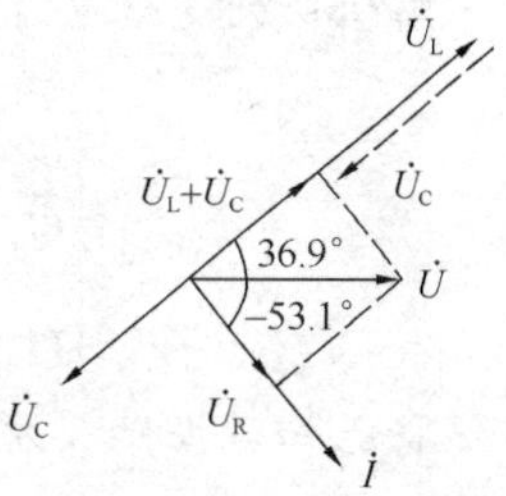

相量图如图 7.2-26 所示，则：

$$I = 2\text{A}, U_R = 12\text{V}, U_L = 36\text{V}, U_C = 20\text{V}$$

图 7.2-26 相量图

（2）RLC 并联交流电路

RLC 并联交流电路如图 7.2-27 所示。电路中各元件具有相同的端电压。电压与各个电流的参考方向如图 7.2-28 所示。

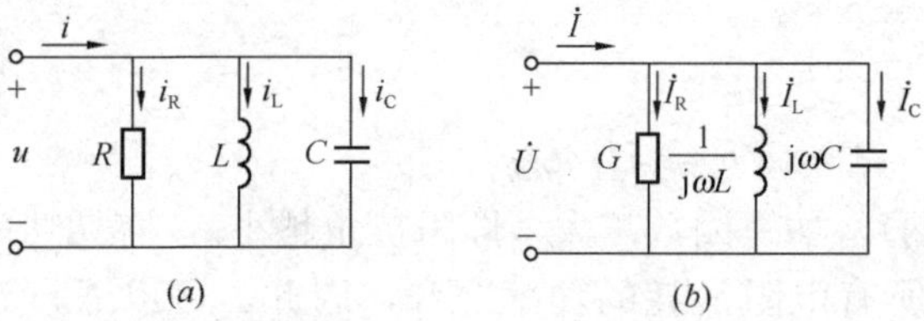

图 7.2-27 RLC 并联交流电路 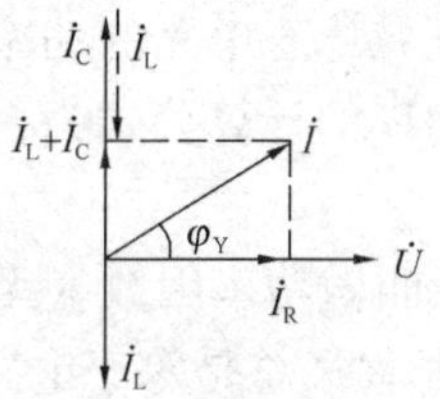　　图 7.2-28 电压电流关系

根据基尔霍夫电流定律的相量形式及欧姆定律的相量形式可列出：

$$\dot{I} = \dot{I}_R + \dot{I}_L + \dot{I}_C = G\dot{U} + \frac{1}{j\omega L}\dot{U} + j\omega C\dot{U} = \left[G + j\left(\omega C - \frac{1}{\omega L}\right)\right]\dot{U} \quad (7.2\text{-}34)$$

将上式改写为：

$$Y = \frac{\dot{I}}{\dot{U}} = G + j\left(\omega C - \frac{1}{\omega L}\right) = G + j(B_C - B_L) = G + jB \quad (7.2\text{-}35)$$

式（7.2-35）是 RLC 并联交流电路的导纳。导纳的模，简称导纳模，即：

$$|Y| = \sqrt{G^2 + (B_C - B_L)^2} = \sqrt{G^2 + B^2} \quad (7.2\text{-}36)$$

导纳的辐角，简称导纳角，即：

$$\varphi_Y = \arctan\frac{B}{G} = \arctan\frac{B_C - B_L}{G} \quad (7.2\text{-}37)$$

导纳的单位为西门子（S）。

用相量图描述电流与各电压的关系，如图 7.2-28 所示。

5. 正弦稳态电路的分析

（1）正弦稳态电路的电压、电流分析

运用相量对复杂稳态电路进行分析,首先应作出正弦稳态电路相量模型,然后运用电阻电路分析中所用的方法,如支路法、节点法、戴维南定理等进行分析。

【**例 7.2-8**】在图 7.2-29 所示的电路中,已知 $\dot{U}_1 = 100\angle 0°\text{V}$,$\dot{U}_2 = 60\angle 0°\text{V}$,$Z_1 = (1+j)\Omega$,$Z_2 = (1+j)\Omega$,$Z_3 = (2+j2)\Omega$。试用支路电流法求电流 $\dot{I}_3$。

解析:列支路电流法的相量表示方程:

$$\begin{cases} \dot{I}_1 + \dot{I}_2 - \dot{I}_3 = 0 \\ \dot{U}_1 = Z_1 \dot{I}_1 + Z_3 \dot{I}_3 \\ \dot{U}_2 = Z_2 \dot{I}_2 + Z_3 \dot{I}_3 \end{cases}$$

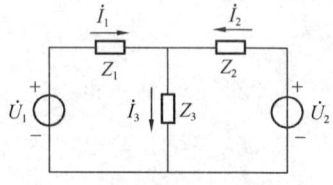

图 7.2-29 例 7.2-8 图

将已知数据代入方程,即:

$$\begin{cases} \dot{I}_1 + \dot{I}_2 - \dot{I}_3 = 0 \\ 100\angle 0° = (1+j)\dot{I}_1 + (2+j2)\dot{I}_3 \\ 60\angle 0° = (1+j)\dot{I}_2 + (2+j2)\dot{I}_3 \end{cases}$$

解得:

$$\dot{I}_1 = 18\sqrt{2}\angle -45°,\ \dot{I}_2 = -2\sqrt{2}\angle -45°,\ \dot{I}_3 = 16\sqrt{2}\angle -45°$$

(2) 正弦稳态电路的功率

有功功率的计算公式为:

$$P = I^2 R = UI\cos\varphi \tag{7.2-38}$$

其中,$\cos\varphi$ 叫做功率因数(无量纲),功率因数越大(即阻抗角越小),有功功率也越大。

有功功率 P 总是等于电路中所有电阻消耗的功率之和,因此,可以通过计算电路中电阻消耗的功率来计算电路的有功功率。

无功功率的计算公式为:

$$Q = I^2 X = UI\sin\varphi \tag{7.2-39}$$

工程上将交流电路的端电压 U 与总电流 I 的乘积叫做视在功率,用大写字母 S 表示,单位是伏安(VA),即:

$$S = UI = I^2|Z| = \frac{U^2}{|Z|} \tag{7.2-40}$$

有功功率 P、无功功率 Q 和视在功率 S 之间满足功率三角形,即:

$$S = \sqrt{P^2 + Q^2} \tag{7.2-41}$$

【**例 7.2-9**】在图 7.2-30 所示电路中,已知 $U = 100\text{V}$,电阻 $R = 12\Omega$,感抗 $X_L = 4\Omega$,容抗 $X_C = 8\Omega$。求电路的有功功率 P、无功功率 Q 和视在功率 S。

解析:由图中电路关系得:

$$\dot{U} = \dot{I}_1(R + jX_L) = \dot{I}_2(-jX_C)$$

$$\dot{I}_1 = \frac{\dot{U}}{R + jX_L}\ \dot{I}_2 = \frac{\dot{U}}{-jX_C}$$

$$\dot{I} = \dot{I}_1 + \dot{I}_2 = \frac{\dot{U}}{R + jX_L} + \frac{\dot{U}}{-jX_C}$$

因此，电路的等效导纳 Y 为：

$$Y = \frac{\dot{I}}{\dot{U}} = \frac{1}{R+jX_L} + \frac{1}{-jX_C} = \frac{1}{12+j4} + \frac{1}{-j8} = 0.075 + j0.1 = 0.125\angle 53°\text{S}$$

电路的等效阻抗 Z 为：

$$Z = \frac{1}{Y} = 8\angle -53°\Omega$$

电流 I 的大小为：

$$I = \frac{U}{|Z|} = \frac{100}{8} = 12.5\text{A}$$

因此，电路的有功功率 P、无功功率 Q 和视在功率 S 分别为：

$$P = UI\cos\varphi = 100 \times 12.5 \times \cos(-53°) = 750\text{W}$$
$$Q = UI\sin\varphi = 100 \times 12.5 \times (-53°) = -1000\text{var}$$
$$S = \sqrt{P^2+Q^2} = \sqrt{750^2+(-1000)^2} = 1250\text{VA}$$

(3) 功率因数的提高

提高含电感性负载电路的功率因数的目的是减少负载与电源之间的能量交换，而电感性负载又能获得所需的无功功率。常用方法就是与电感性负载并联适当容量的电容器。其电路图和相量图如图 7.2-31 所示。

并联电容器以后，电感性负载的电流和功率因数均未变化，这是因为它的端电压和参数未变。但端电压与总电流之间的相位差小了，即功率因数变大了。另外，并联电容器以后有功功率未改变，这是因为电容器不消耗电能。

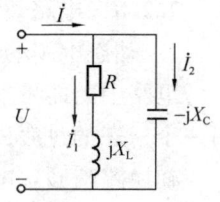

图 7.2-30　例 7.2-9 图

【例 7.2-10】有一电感性负载，其功率 $P=60$W，功率因数 $\cos\varphi=0.5$，接在电压 $U=220$V 的工频电源上。(1) 要将功率因数提高到 $\cos\varphi=0.9$，试求与负载并联电容器的电容值和并联前后的线路电流；(2) 若要将功率因数从 0.9 再提高到 1，试求并联电容器的电容值还需增加多少。

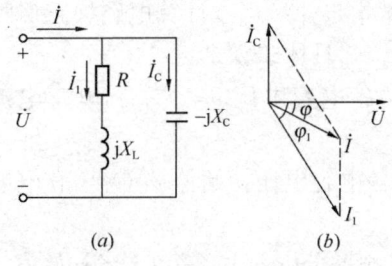

图 7.2-31　电路与相量图
(a) 电路图；(b) 相量图

解析：由图 7.2-31 的相量图可得计算并联电容器电容值的公式：

$$I_C = I_1\sin\varphi_1 - I\sin\varphi$$
$$= \frac{P}{U\cos\varphi_1}\sin\varphi_1 - \frac{P}{U\cos\varphi}\sin\varphi$$
$$= \frac{P}{U}(\tan\varphi_1 - \tan\varphi)$$
$$I_C = \frac{U}{X_C} = \omega CU$$

因此：

$$\omega CU = \frac{P}{U}(\tan\varphi_1 - \tan\varphi)$$

$$C = \frac{P}{\omega U^2}(\tan\varphi_1 - \tan\varphi)$$

(1) $\cos\varphi_1 = 0.5$，即 $\varphi_1 = 60°$；$\cos\varphi = 0.9$，即 $\varphi = 25.8°$，则所需电容值为：

$$C = \frac{P}{\omega U^2}(\tan\varphi_1 - \tan\varphi) = \frac{60}{2\pi \times 50 \times 220^2}(\tan 60° - \tan 25.8°) = 4.9\mu F$$

电容器并联前的线路电流为：

$$I_1 = \frac{P}{U\cos\varphi_1} = \frac{60}{220 \times 0.5} = 0.55A$$

电容器并联后的线路电流为：

$$I = \frac{P}{U\cos\varphi} = \frac{60}{220 \times 0.9} = 0.30A$$

(2) 若要将功率因数从 0.9 再提高到 1，需增加的电容值为：

$$C = \frac{P}{\omega U^2}(\tan\varphi_1 - \tan\varphi) = \frac{60}{2\pi \times 50 \times 220^2}(\tan 25.8° - \tan 0°) = 1.9 MF$$

7.2.8 电路暂态

1. 动态电路的方程及初始条件

电路中的能量发生变化，但这种变化是不能跃变的。因此，电路中产生从一个稳态向另一个稳态的过渡过程，称为暂态过程。

在换路瞬间，电容元件上的电压 u_C 和电感元件中的电流 i_L 不能跃变，这个规律称为换路定则。用数学公式表示为：

$$\begin{cases} u_C(0_+) = u_C(0_-) \\ i_L(0_+) = i_L(0_-) \end{cases} \tag{7.2-42}$$

换路定则仅适用于换路瞬间。应用换路定则和电路基本定律，可以计算电路换路后瞬间 $t = 0_+$ 电路中电压和电流之值，即暂态过程的初始值。其具体步骤是：

(1) 按照换路前的电路，计算换路前瞬间 $t = 0_-$ 的各电容电压 $u_C(0_-)$ 和电感电流 $i_L(0_-)$。

(2) 应用换路定则，首先确定换路后瞬间 $t = 0_+$ 的各电容电压初始值 $u_C(0_+)$ 和电感电流初始值 $i_L(0_+)$。

(3) 按照换路后的电路，应用电路基本定律，采用直流电路分析方法计算其余各初始值。

【例 7.2-11】 确定图 7.2-32 所示电路中各电流的初始值。换路前电路已处于稳态。

解析： 在 $t = 0_-$ 时，电路处于稳态，电感元件可视为短路，由图 7.2-32 得出：

$$i_L(0_-) = \frac{6}{4+2} = 1A$$

在 $t = 0_+$ 时，$i_L(0_+) = 1 A$，由图 7.2-32 得出：

$$u_L(0_+) = -4 \times 1 = -4V$$

$$i(0_+) = \frac{6}{2} = 3A$$

$$i_S(0_+) = i(0_+) - i_L(0_+) = 3 - 1 = 2A$$

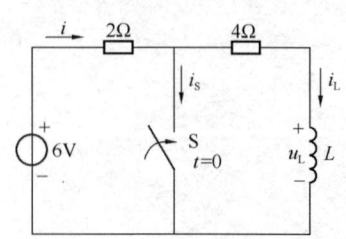

图 7.2-32 例 7.2-11 图

[例7.2-11]

2. RC 电路的零输入响应

所谓零输入响应，就是动态电路在没有外加激励时，仅由电路初始储能所产生的响应。

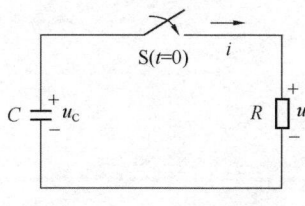

图 7.2-33 RC 电路图

如图 7.2-33 所示的电路，在开关 S 未闭合前，电容 C 已经充电，电容电压 $u_C(0_-) = U_0$。当 $t = 0$ 时刻开关 S 闭合，RC 电路接通，根据换路定则，有 $u_C(0_+) = u_C(0_-) = U_0$，电路在 $u_C(0_+)$ 作用下产生的电流为：

$$i(0_+) = \frac{U_0}{R} \quad (7.2\text{-}43)$$

这样，从 $t = 0_+$ 开始，电容通过电阻 R 放电。随着时间的增加，电容在初始时刻储存的能量逐渐被电阻所消耗，直到电容的储能被电阻完全消耗，这时电容电压为零，电流也为零，放电过程全部结束。

电容放电过程中电容电压和电流随时间变化的规律为：

$$\begin{cases} u_C(t) = U_0 \, e^{-\frac{t}{\tau}} \, (t \geq 0) \\ i(t) = \dfrac{U_0}{R} e^{-\frac{t}{\tau}} \, (t \geq 0) \\ u_R(t) = U_0 \, e^{-\frac{t}{\tau}} \, (t \geq 0) \\ \tau = RC \end{cases} \quad (7.2\text{-}44)$$

式中，τ 为时间常数，是表征电路过渡过程快慢的物理量。τ 值越大，过渡过程的进程越慢。

【例 7.2-12】 如图 7.2-34(a) 所示电路，在 $t = 0$ 时刻开关 S 闭合，S 闭合前电路已稳定。试求 $t \geq 0$ 时的 $i_1(t)$、$i_2(t)$ 和 $i_C(t)$。

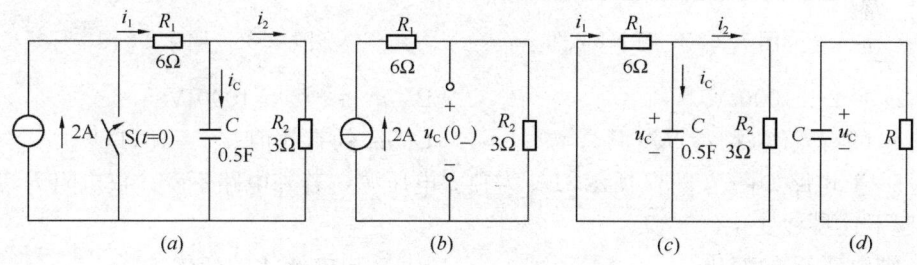

图 7.2-34 例 7.2-12 图

解析：（1）作 $t = 0_-$ 时的等效电路，如图 7.2-34(b) 所示，则有：

$$u_C(0_+) = u_C(0_-) = 2 \times 3 = 6\text{V}$$

（2）作 $t \geq 0$ 时的电路，如图 7.2-34(c) 所示，其等效电路如图 7.2-34(d) 所示，则等效电阻为：

$$R = R_1 // R_2 = \frac{6 \times 3}{6 + 3} = 2\Omega$$

故电路的时间常数为：

$$\tau = RC = 2 \times 0.5 = 1\text{s}$$

则 $u_C(t)$ 为：

$$u_C(t) = U_0 e^{-\frac{t}{\tau}} = 6 e^{-t} (t \geqslant 0)$$

因此，在图 7.2-34(c) 所示电路中，可求得：

$$i_1(t) = -\frac{u_C(t)}{R_1} = -e^{-t}$$

$$i_2(t) = \frac{u_C(t)}{R_2} = 2 e^{-t}$$

$$i_C(t) = C \frac{d u_C(t)}{dt} = -3 e^{-t}$$

习 题

【7.2-1】在直流稳态电路中，电阻、电感、电容元件上的电压与电流大小的比值分别为( )。

A. $R,0,0$ B. $0,0,\infty$ C. $R,\infty,0$ D. $R,0,\infty$

【7.2-2】在图 7.2-35 所示电路中，若 $u_1 = 5V$，$u_2 = 10V$，则 u_L 等于( )。

A. 5V   B. -5 V   C. 2.5V   D. 0 V

【7.2-3】如图 7.2-36 所示，设流经电感元件的电流 $i = 2\sin1000t$ A，若 $L = 1$mH，则电感电压为( )。

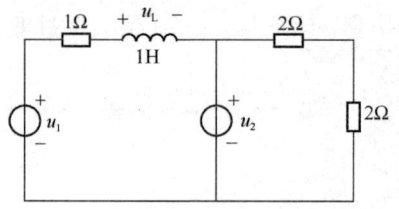
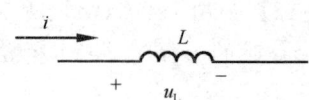

图 7.2-35 题 7.2-2 图   图 7.2-36 题 7.2-3 图

A. $u_L = 2\sin1000t$V   B. $u_L = -2\cos1000t$V

C. u_L 的有效值 $U_L = 2$V   D. u_L 的有效值 $U_L = 1.414$V

【7.2-4】电路如图 7.2-37 所示，U_S 为独立电压源，若外电路不变，仅电阻 R 变化时，将会引起下述哪种变化( )。

A. 端电压 U 的变化   B. 输出电流 I 的变化

C. 电阻 R 支路电流的变化   D. 上述三者同时变化

【7.2-5】在图 7.2-38 所示电路中，$I_1 = -4$A，$I_2 = -3$A，则 $I_3 = ($ $)$。

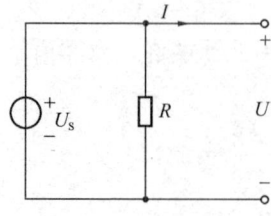
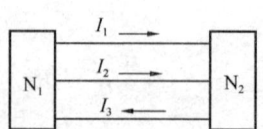

图 7.2-37 题 7.2-4 图   图 7.2-38 题 7.2-5 图

A. —1A   B. 7A   C. —7A   D. 1A

【7.2-6】图 7.2-39 所示电路消耗电功率 2W，则下列表达式中正确的是(   )。
A. $(8+R)I^2 = 2, (8+R)I = 10$
B. $(8+R)I^2 = 2, -(8+R)I = 10$
C. $-(8+R)I^2 = 2, -(8+R)I = 10$
D. $-(8+R)I^2 = 2, (8+R)I = 10$

【7.2-7】在图 7.2-40 所示电路中，a—b 端的开路电压 U_{abk} 为(   )。

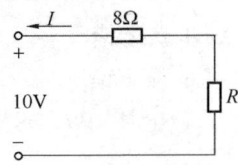
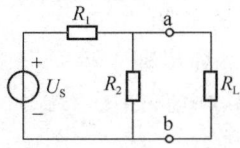

图 7.2-39 题 7.2-6 图   图 7.2-40 题 7.2-7 图

A. 0   B. $\dfrac{R_1 U_S}{R_1 + R_2}$

C. $\dfrac{R_2 U_S}{R_1 + R_2}$ D. $\dfrac{\dfrac{R_2}{R_L}}{R_1 + \dfrac{R_2}{R_L}}$

【7.2-8】已知电路如图 7.2-41 所示，其中，响应电流 I 在电压源单独作用时的分量为(   )。
A. 0.375A   B. 0.25A   C. 0.125A   D. 0.1875A

【7.2-9】图 7.2-42 所示两电路相互等效，由图 7.2-42(b) 可知，流经 10Ω 电阻的电流 $I_R = 1$A，由此可求得流经图 7.2-42(a) 电路中 10Ω 电阻的电流 I 等于(   )。

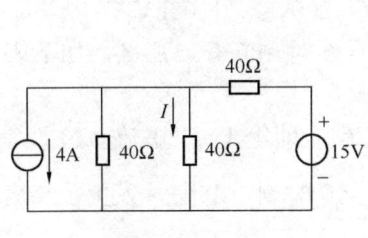
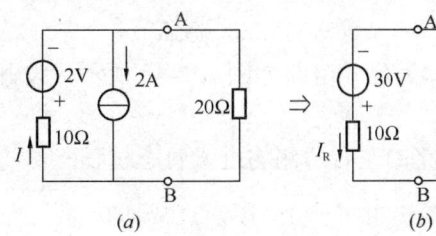

图 7.2-41 题 7.2-8 图   图 7.2-42 题 7.2-9 图

A. 1 A   B. —1 A   C. —3 A   D. 3 A

【7.2-10】已知电流 $i(t) = 0.1\sin(\omega t + 10°)$A，电压 $u(t) = 10\sin(\omega t - 10°)$V，则如下表述中正确的是(   )。
A. 电流 $i(t)$ 与电压 $u(t)$ 呈反相关系
B. $\dot{I} = 0.1\angle 10°$A，$\dot{U} = 10\angle -10°$V
C. $\dot{I} = 70.7\angle 10°$mA，$\dot{U} = -7.07\angle 10°$V
D. $\dot{I} = 70.7\angle 10°$mA，$\dot{U} = 7.07\angle -10°$V

【7.2-11】图 7.2-43 所示电路中，$u = 10\sin(1000t + 30°)\text{V}$，如果使用相量法求解图示电路中的电流 i，那么，如下步骤中存在错误的是( )。

步骤 1：$\dot{I}_1 = \dfrac{10}{R + j1000L}$

步骤 2：$\dot{I}_2 = 10 \cdot j1000C$

步骤 3：$\dot{I} = \dot{I}_1 + \dot{I}_2 = I\angle\psi_i$

步骤 4：$i = I\sqrt{2}\sin\psi_i$

A. 仅步骤 1 和步骤 2 错 B. 仅步骤 2 错
C. 步骤 1、步骤 2 和步骤 4 错 D. 仅步骤 4 错

【7.2-12】RLC 串联电路如图 7.2-44 所示，在工频电压 $u(t)$ 的激励下，电路的阻抗等于( )。

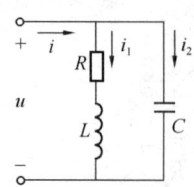

图 7.2-43　题 7.2-11 图　　　图 7.2-44　题 7.2-12 图

A. $R + 314L + 314C$
B. $R + 314L + 1/314C$
C. $\sqrt{R^2 + (314L - 1/314C)^2}$
D. $\sqrt{R^2 + (314L + 1/314C)^2}$

【7.2-13】一交流电路由 R、L、C 串联而成，其中 $R = 10\Omega$，$X_L = 8\Omega$，$X_C = 6\Omega$。通过该电路的电流为 10A，则该电路的有功功率、无功功率和视在功率分别为( )。

A. 1kW，1.6kvar，2.6kVA B. 1kW，200var，1.2kVA
C. 100W，200var，223.6VA D. 1kW，200var，1.02kVA

【7.2-14】已知电路如图 7.2-45 所示，设开关在 $t = 0$ 时刻断开，那么，如下表述中正确的是( )。

A. 电路的左右两侧均进入暂态过程
B. 电流 i_1 立即等于 i_S，电流 i_2 立即等于 0
C. 电流 i_2 由 $\left(\dfrac{1}{2}\right)i_S$ 逐渐衰减到 0
D. 在 $t = 0$ 时刻，电流 i_2 发生了突变

【7.2-15】图 7.2-46(a) 所示电路的激励电压如图 7.2-46(b) 所示，那么，从 $t = 0$ 时刻开始，电路出现暂态过程的次数和在换路时刻发生突变的量分别是( )。

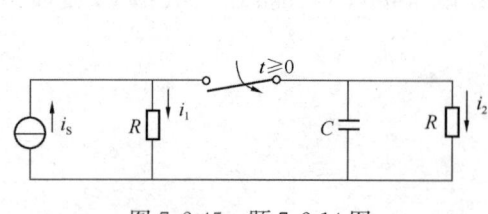

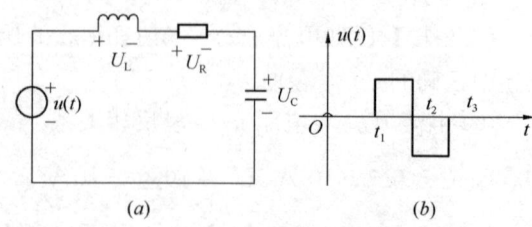

图 7.2-45　题 7.2-14 图　　　图 7.2-46　题 7.2-15 图

A. 3次，电感电压 B. 4次，电感电压和电容电流
C. 3次，电容电流 D. 4次，电阻电压和电感电流

习题答案及解析

【7.2-1】答案：D

解析：根据欧姆定律，$U=RI$，因此电阻元件上的电压与电流大小的比值为 R；当电感线圈中通过恒定电流，电感两端电压 $u_L=0$，此时电感元件可视为短路，故电感元件上的电压与电流大小的比值为 0；当电容元件两端加恒定电压，电流 i_C 为零，此时电容元件可视为开路，故电容元件上的电压与电流大小的比值为 ∞。

【7.2-2】答案：D

解析：图中所示电压源均为直流电压源，因此电感线圈中通过的是恒定电流，而当电感线圈中通过恒定电流时，电感两端电压 $u_L=0$，此时电感元件可视为短路。

【7.2-3】答案：D

解析：电感两端的电压为：

$$u_L = L\frac{\mathrm{d}i}{\mathrm{d}t} = 2000L\cos1000t = 2000 \times 0.001\cos1000t = 2\cos1000t\,\mathrm{V}$$

因此，电感电压的有效值为 $2/\sqrt{2}=\sqrt{2}=1.414\mathrm{V}$。

【7.2-4】答案：C

解析：端电压 U 一直等于 U_S，因此端电压 U 不发生变化；题干中表明外电路不变，因此输出电流 I 也不会发生变化；电阻 R 发生变化，其两端电压未发生变化，因此电阻 R 支路电流会发生变化。

【7.2-5】答案：C

解析：根据基尔霍夫电流定律：

$$I_3 = I_1 + I_2 = -7\mathrm{A}$$

【7.2-6】答案：B

解析：根据基尔霍夫电压定律：

$$10+(8+R)I=0 \rightarrow (8+R)I=-10$$

该电路中消耗的电功率为：

$$P = I^2(8+R) \rightarrow (8+R)I^2 = 2$$

【7.2-7】答案：C

解析：a～b 端的开路电压 U_{abk} 相当于 a、b 两点之间断开时的电压，因此 U_{abk} 应为电阻 R_1 与 R_2 串联时电阻 R_2 两端的电压，即：

$$U_{abk} = \frac{R_2}{R_1+R_2}U_S$$

【7.2-8】答案：C

解析：电压源单独作用时的电路如图 7.2-47 所示。其中 R_2 与 R_3 并联，R_1 分别与 R_2、R_3 串联。R_2 与 R_3 的等效电阻为：

$$R_{23} = \frac{R_2R_3}{R_2+R_3} = \frac{40 \times 40}{40+40} = 20\Omega$$

因此，R_2 两端的电压为：

$$U_{23} = \frac{R_{23}}{R_1 + R_{23}} U = \frac{20}{20+40} \times 15 = 5\text{V}$$

所以，响应电流 I 在电压源单独作用时的分量为：

$$I = \frac{U_{23}}{R_2} = \frac{5}{40} = 0.125\text{A}$$

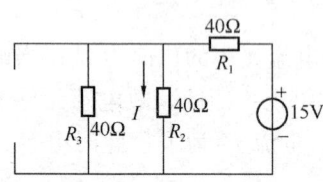

图 7.2-47　题 7.2-8 解析图

【7.2-9】答案：A

解析：由于图示两电路相互等效，因此图 7.2-42(a) 中流经 20Ω 电阻的电流应等于图 7.2-42(b) 中流经 20Ω 电阻的电流，其值为 1A。在图 7.2-42(a) 中根据基尔霍夫电流定律：

$$2 = I + 1 \rightarrow I = 1\text{A}$$

【7.2-10】答案：D

解析：若相位差等于 $180°$，则称反相，电流 $i(t)$ 与电压 $u(t)$ 之间相位差为 $20°$，因此并不呈反相关系。根据正弦量的相量表示法，$\dot{I}$ 与 $\dot{U}$ 分别为电流与电压的有效值相量，电流的有效值为 $0.1/\sqrt{2} = 0.0707$A，电压的有效值为 $10/\sqrt{2} = 7.07$V，因此：

$$\dot{I} = 0.0707\angle 10°\text{A} = 70.7\angle 10°\text{mA}$$

$$\dot{U} = 7.07\angle -10°\text{V}$$

【7.2-11】答案：C

解析：$\dot{I}_1$ 和 $\dot{I}_2$ 分别表示电流 i_1 和 i_2 的有效值相量，而步骤 1 和步骤 2 给出的则是幅值相量；根据基尔霍夫电流定律，可知步骤 3 是正确的；步骤 4 中 sin 后面跟的应是相位角 $(1000t+\psi_i)$，而不是初相位 ψ_i。

【7.2-12】答案：C

解析：RLC 串联电阻的阻抗模为：

$$|Z| = \sqrt{R^2 + (X_L - X_C)^2} = \sqrt{R^2 + (\omega L - 1/\omega C)^2}$$

工频电压的频率为 50Hz，则 ω 为：

$$\omega = 2\pi f = 2\pi \times 50 = 314\text{rad/s}$$

因此阻抗模为：

$$|Z| = \sqrt{R^2 + (\omega L - 1/\omega C)^2} = \sqrt{R^2 + (314L - 1/314C)^2}$$

【7.2-13】答案：D

解析：该电路阻抗为：

$$Z = R + j(X_L - X_C) = R + jX = 10 + j2\Omega$$

因此有功功率 P、无功功率 Q、视在功率 S 分别为：

$$P = I^2 R = 10^2 \times 10 = 1000\text{W} = 1\text{kW}$$

$$Q = I^2 X = 10^2 \times 2 = 200\text{var}$$

$$S = \sqrt{1000^2 + 200^2} = 1020\text{VA} = 1.02\text{kVA}$$

【7.2-14】答案：C

解析：电路左端无电容、电感这样的储能元件，因此未进入暂态过程；电路右端因有电容，故进入了暂态过程。将开关断开时，由于有电容的存在，电容会通过电阻 R 放电，因此电流 i_2 不会立即等于 0。在开关未断开时，$i_2(0_-) = \dfrac{i_S}{2}$，$u_C(0_-) = \dfrac{i_S}{2}R$，根据换路定则，$u_C(0_+) = \dfrac{i_S}{2}R$，$i_2(0_+) = \dfrac{i_S}{2}$。随着电容不断放电，最终将达到新的稳态，此时，电容的储能被电阻完全消耗，这时电流为零，放电过程全部结束，即 $i_2(\infty) = 0$。

【7.2-15】答案：A

解析：从图 7.2-46(b) 中可看到电压发生了 3 次突变，因此电路出现 3 次暂态过程；由于电流是不能突变的，因此，电容电流是不会发生突变的。

7.3 电动机与变压器

高频考点梳理

知识点	理想变压器	电动机的过载保护	三相异步电动机的起动
近三年考核频次	3	2	1

7.3.1 变压器

变压器是一种静止的电气设备，具备变换电压、电流和阻抗的作用。变压器由铁心和绕组构成。

1. 变压器的电压变换

与电源相连的称为一次绕组，与负载相连的称为二次绕组。

一次绕组的电压与二次绕组的电压之比为：

$$\dfrac{U_1}{U_{20}} \approx \dfrac{E_1}{E_2} = \dfrac{N_1}{N_2} = K \tag{7.3-1}$$

式中，U_1 为与一次绕组相接的交流电压 u_1 的有效值；U_{20} 为空载时二次绕组的端电压；E_1 为感应电动势 e_1 的有效值；E_2 为感应电动势 e_2 的有效值；N_1、N_2 分别为一次绕组、二次绕组的匝数；K 称为变压器的电压比。

2. 变压器的电流变换

一次绕组与二次绕组电流的有效值之比为：

$$\dfrac{I_1}{I_2} \approx \dfrac{N_2}{N_1} = \dfrac{1}{K} \tag{7.3-2}$$

变压器的额定电流 I_{1N} 和 I_{2N} 是指按规定工作方式（长时连续工作或短时工作或间歇工作）运行时一次、二次绕组允许通过的最大电流，它们是根据绝缘材料允许的温度确定的。二次绕组的额定电压是指一次绕组加上额定电压时二次绕组的空载电压。二次绕组的额定电压与额定电流的乘积称为变压器的额定容量（视在功率），即：

$$S_N = U_{2N}I_{2N} \approx U_{1N}I_{1N} （单相） \tag{7.3-3}$$

式中，S_N 为视在功率（单位是 VA），称为"容量"。

3. 变压器的阻抗变换

根据上述一次、二次绕组电压、电流的关系，可以得出：

$$\frac{U_1}{I_1} = \frac{\frac{N_1}{N_2}U_2}{\frac{N_2}{N_1}I_2} = \left(\frac{N_1}{N_2}\right)^2 \frac{U_2}{I_2} = K^2 Z_2$$

令 $Z_1 = \dfrac{U_1}{I_1}$，则：

$$Z_1 = K^2 Z_2 \tag{7.3-4}$$

式中，Z_1 是一次绕组的等效阻抗，或者称为变压器转移阻抗，即负载阻抗通过变压器转移到其输入端口的等效阻抗。

【例 7.3-1】 在图 7.3-1 中，交流信号源的电动势 $E = 120\text{V}$，内阻 $R_0 = 800\Omega$，负载电阻 $R_L = 8\Omega$。当 R_L 折算到原边的等效电阻 $R'_L = R_0$ 时，求变压器的匝数比和信号源输出的功率；将负载直接与信号源连接时，信号源输出多大的功率？

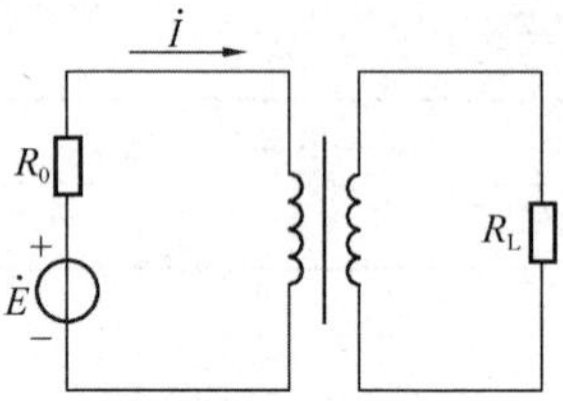

解析： （1）变压器的匝数比为：

$$K = \sqrt{\frac{Z_1}{Z_2}} = \sqrt{\frac{R'_L}{R_L}} = \sqrt{\frac{R_0}{R_L}} = \sqrt{\frac{800}{8}} = 10$$

信号源输出的功率为：

$$P = I^2 R_0 = \left(\frac{E}{R_0 + R'_L}\right)^2 R_0 = \left(\frac{120}{800 + 800}\right)^2 \times 800 = 4.5\text{W}$$

（2）将负载直接与信号源连接时，信号源输出的功率为：

$$P = \left(\frac{E}{R_0 + R_L}\right)^2 R_L = \left(\frac{120}{800 + 8}\right)^2 \times 8 = 0.176\text{W}$$

图 7.3-1 例 7.3-1 图

7.3.2 三相异步电动机

三相异步电动机分成两个基本部分：定子（固定部分）和转子（旋转部分）。

1. 三相异步电动机的接线

定子三相绕组的接法有星形联结和三角形联结两种，如图 7.3-2 所示。一般笼型电动机的接线盒中有 6 根引出线，标有 U_1、V_1、W_1、U_2、V_2、W_2，其中，U_1、U_2 是第一相绕组的两端；V_1、V_2 是第二相绕组的两端；W_1、W_2 是第三相绕组的两端。这六个引出线端在接电源之前，相互间必须正确连接。

2. 三相异步电动机的起动

电动机从接上电源开始运转起，一直加速到稳定运转状态的过程称为起动过程。由于电动机总是与生产机械连接在一起组成电力拖动机组，所以电动机应满足以下两项要求。

起动时，起动转矩要足够大。起动时，起

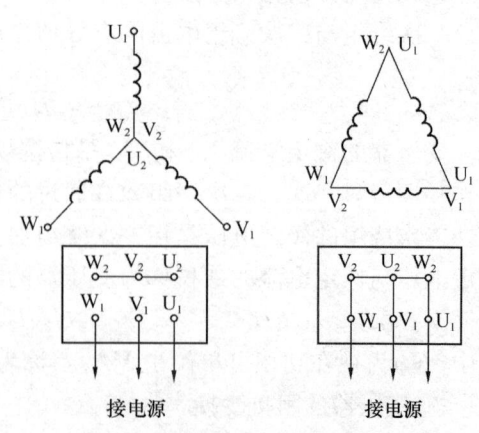

图 7.3-2 定子三相绕组的接法

动电流不能太大。

(1) 直接起动

直接起动就是利用刀开关或接触器将电动机直接接到具有额定电压的电源上。对于不经常起动的异步电动机，其容量不超过电源容量的30%时允许直接起动；对于频繁起动的异步电动机，其容量不超过电源容量的20%时允许直接起动。二三十千瓦以下的异步电动机一般都是采用直接起动的。

(2) 减压起动

如果电动机直接起动时引起的线路压降较大，必须采用减压起动。减压起动虽然可以减小起动电流，但同时也减小了起动转矩，这是减压起动的不足之处。因此减压起动仅适用于空载或轻载情况下起动。

常用的减压起动方法之一是星-三角换接起动。星-三角换接起动只适用于定子绕组在正常工作时是三角形联结的电动机，在起动时可把它连成星形，等到转速接近额定值时再换接成三角形。这样在起动时就把定子每相绕组上的电压降到正常工作电压的 $1/\sqrt{3}$，达到减压起动的目的。

由此可知，减压起动时定子绕组电流为直接起动时的 $1/3$。

由于转矩和电压的平方成正比，所以起动转矩也减小到直接起动时的 $\left(\frac{1}{\sqrt{3}}\right)^2 = \frac{1}{3}$。因此，此方法只适用于空载和轻载时起动。

3. 三相异步电动机的调速

(1) 变频调速

目前主要采用如图 7.3-3 所示的变频调速装置，它主要由整流器和逆变器两大部分组成。整流器先将频率 f 为 50Hz 的三相交流电变换为直流电，再由逆变器变换为频率 f_1 可调、电压有效值 U_1 也可调的三相交流电，供给三项笼型电动机。

(2) 变极调速

旋转磁场的同步转速 n_0 为：

$$n_0 = \frac{60 f_1}{p} \qquad (7.3-5)$$

式中，f_1 为电流频率，p 为磁场的极对数。

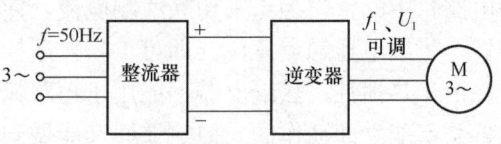

图 7.3-3 变频调速装置

由式 (7.3-5) 可知，如果极对数 p 减小一半，则旋转磁场的转速 n_0 便提高一倍，转子转速 n 差不多也提高一倍，因此改变 p 可得到不同的转速。

(3) 变转差率调速

在绕线转子电动机的转子电路中接入一个调速电阻。改变电阻的大小，可以得到平滑调速。例如增大调速电阻时，转差率 s 增大，而转速 n 下降。

4. 三相异步电动机的制动

(1) 能耗制动

能耗制动就是在切断三相电源的同时，接通直流电源，使直流电流通入定子绕组，直流电流产生的磁场是静止的，而转子由于惯性作用继续在原方向转动。因为这种方法是用消耗转子的动能来进行制动的，所以称为能耗制动。这种制动能量消耗小，制动平稳，但需要直流电源。在有些机床中采用这种制动方法。

（2）反接制动

如果异步电动机在运转中把它的任意两相电源接线对调，则电动机处于反接制动状态。两相电源接线对调后旋转磁场改变方向，这时电磁转矩的方向与转子原旋转方向相反，显然这个转矩是制动转矩。当转速降至接近零时，需利用某种控制电器将电源自动切断，否则电动机将反转。

（3）发电反馈制动

当转子的转速 n 超过旋转磁场的转速 n_0 时，这时的转矩也是制动的。当起重机快速下放重物时，就会发生这种情况。这时重物拖动转子，使其转速 $n > n_0$，重物受到制动而等速下降。实际上这时电动机已转入发电机运行，将重物的位能转换为电能而反馈到电网中去，所以称为发电反馈制动。

7.3.3 电动机的过载保护

热继电器是专门用来对连续运行的电动机进行过载及断相保护，以防止电动机过热而烧毁的保护电器。热继电器的工作原理图如图 7.3-4 所示。

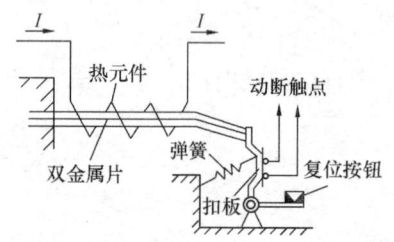

图 7.3-4 热继电器工作原理图

热继电器的双金属片为温度检测元件，由两种膨胀系数不同的金属片压焊而成，它被加热元件加热后，因两层金属片伸长率不同而弯曲。发热元件一般是一段电阻较小的电阻丝，直接串接在被保护的电动机的主电路中，在电动机正常运行时，热元件产生的热量不会使触点系统动作；当电动机过载，流过热元件的电流加大时，经过一定的时间，热元件产生的热量会使双金属片的弯曲程度超过一定值，通过扣板推动热继电器的触点动作（常开触点闭合，常闭触点断开）。通常用串联在接触器线圈电路（控制电路）中的常闭触点来切断线圈电流，使电动机主电路失电。故障排除后，按手动复位按钮，热继电器触点复位，即可重新接通控制电路。

由于热惯性，热继电器不能用于短路保护。因为短路保护要求电路立即断开，而热继电器是不能立即动作的，但热惯性又能做到在电动机起动或短时过载时不动作，这样就可以避免电动机不必要的停车。

习　题

【7.3-1】图 7.3-5 所示变压器在空载运行电路中，设变压器为理想器件，若：
$$u = \sqrt{2}U\sin\omega t$$
则此时（　　）。

A. $U_1 = \dfrac{\omega L U}{\sqrt{R^2 + (\omega L)^2}}$, $U_2 = 0$ 　　B. $U_1 = u$, $U_2 = \dfrac{1}{2}U_1$

C. $U_1 \neq u$, $U_2 = \dfrac{1}{2}U_1$ 　　D. $U_1 = u$, $U_2 = 2U_1$

【7.3-2】图 7.3-6 所示电路中，设变压器为理想器件，若：
$$u = 10\sqrt{2}\sin\omega t \text{V}$$

则( )。

A. $U_1 = \frac{1}{2}U$，$U_2 = \frac{1}{4}U$ 　　　　B. $I_1 = 0.01U$，$I_2 = 0$

C. $I_1 = 0.002U$，$I_2 = 0.004U$ 　　　　D. $U_1 = 0$，$U_2 = 0$

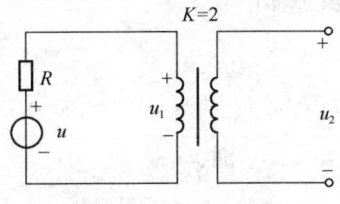

图 7.3-5　题 7.3-1 图　　　　　　图 7.3-6　题 7.3-2 图

【7.3-3】信号源 $U_S = 100\text{mV}$，内阻 $R_S = 200\Omega$，负载电阻 $R_L = 50\Omega$，今欲使负载从信号源获得最大功率，变压器的变比应为( )。

A. 5　　　　　　B. 4　　　　　　C. 3　　　　　　D. 2

【7.3-4】在信号源（u_S，R_S）和电阻 R_L 之间接入一个理想变压器，如图 7.3-7 所示，若 $u_S = 80\sin\omega t\text{V}$，$R_L = 10\Omega$，且此时信号源输出功率最大，那么，变压器的输出电压 u_2 等于( )。

A. $40\sin\omega t$ V　　　B. $20\sin\omega t$ V　　　C. $80\sin\omega t$ V　　　D. 20V

【7.3-5】在信号源（u_S，R_S）和电阻 R_L 之间接入一个理想变压器，如图 7.3-8 所示，若电压表和电流表的读数分别为 100V 和 2A，则信号源供出电流的有效值为( )。

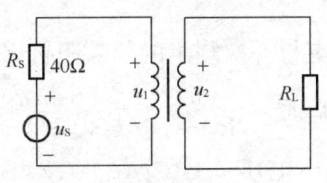 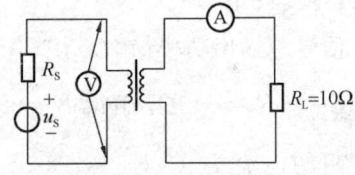

图 7.3-7　题 7.3-4 图　　　　　　图 7.3-8　题 7.3-5 图

A. 0.4A　　　　　B. 10A　　　　　C. 0.28A　　　　　D. 7.07A

【7.3-6】有一容量为 10kVA 的单相变压器，电压为 3300/220V，变压器在额定状态下运行。在理想的情况下副边可接 40W、220V、功率因数 $\cos\varphi = 0.44$ 的日光灯多少盏( )。

A. 110　　　　　B. 200　　　　　C. 250　　　　　D. 125

【7.3-7】三相异步电动机星-三角换接起动方案起动转矩为直接起动时的( )。

A. 1/2　　　　　B. 1/3　　　　　C. $1/\sqrt{3}$　　　　　D. 1/4

【7.3-8】设某三角形联结异步电动机全压起动时的起动电流 $I_{st} = 30\text{A}$，起动转矩 $T_{st} = 45\text{N·m}$，若对此台电动机采用星-三角换接起动方案，则起动电流和起动转矩分别为( )。

A. 17.32A，25.98N·m　　　　　B. 10A，15N·m

C. 10A，25.98N·m　　　　　　D. 17.32A，15N·m

【7.3-9】设某三角形联结三相异步电动机的全压起动转矩为 45N·m，当对其使用

星-三角换接起动方案时，分别带 12N·m、27N·m 的负载起动时（　　）。

A. 均能正常起动 B. 均不能正常起动
C. 前者能正常起动 D. 后者能正常起动

习题答案及解析

【7.3-1】答案：B

解析：二次绕组空载运行，说明二次绕组的电流 $I_2=0$，因此一次绕组的电流 $I_1=0$，从而 U_1 即为电源电压 u；由于变压器的电压比 $K=2$，即 $\dfrac{U_1}{U_2}=2$，因此 $U_2=\dfrac{1}{2}U_1$。

【7.3-2】答案：C

解析：根据一次绕组阻抗与二次绕组阻抗之间的关系 $Z_1=K^2Z_2$，可得一次绕组的阻抗 $Z_1=4\times100=400\Omega$，因此一次侧总电阻为 $400+100=500\Omega$，从而一次侧的电流 $I_1=\dfrac{U}{500}=0.002U$，一次侧的电压 $U_1=I_1Z_1=0.8U$；再根据一次绕组电流与二次绕组电流之间的关系 $\dfrac{I_1}{I_2}=\dfrac{1}{K}$，可得二次绕组电流 $I_2=KI_1=2\times0.002U=0.004U$，因此二次侧电压 $U_2=I_2Z_2=0.4U$。

【7.3-3】答案：D

解析：信号源输出功率最大，说明电源内阻 R_S 应与一次绕组的等效阻抗 Z_1 相等，因此 $Z_1=K^2R_L=R_S=200\Omega$，解得 $K=2$。

【7.3-4】答案：B

解析：信号源输出功率最大，说明电源内阻 R_S 应与一次绕组的等效阻抗 Z_1 相等，因此 $Z_1=K^2R_L=R_S=40\Omega$，解得 $K=2$。一次侧电流 $I_1=\dfrac{u_S}{R_S+Z_1}=\dfrac{80\sin\omega t}{40+40}=\sin\omega t\,A$，则二次侧绕组的电流 $I_2=KI_1=2\sin\omega t\,A$，因此输出电压 $u_2=I_2R_L=2\sin\omega t\times10=20\sin\omega t\,V$。

【7.3-5】答案：A

解析：电压表和电流表的读数分别为 100V 和 2A，说明 $U_1=100V$，$I_2=2A$，则 $U_2=I_2R_L=2\times10=20V$，因此电压比 $K=\dfrac{U_1}{U_2}=5$，电流 $I_1=\dfrac{1}{K}I_2=0.4A$。

【7.3-6】答案：A

解析：变压器的额定容量，即视在功率为 $S_N=U_{2N}I_{2N}\approx U_{1N}I_{1N}$，因此有功功率为 $P=S_N\cos\varphi=10\times0.44=4.4kW$，则副边可接的日光灯个数为 $4.4\times1000\div40=110$ 个。

【7.3-7】答案：B

解析：由于转矩和电压的平方成正比，所以采用星-三角换接起动时起动转矩减小到直接起动时的 $\left(\dfrac{1}{\sqrt{3}}\right)^2=\dfrac{1}{3}$。

【7.3-8】答案：B

解析：星-三角换接减压起动时定子绕组电流为直接起动时的 1/3。由于转矩和电压的平方成正比，所以起动转矩也减小到直接起动时的 1/3。因此，起动电流和起动转矩分别

为 $30 \times \frac{1}{3} = 10\text{A}$，$45 \times \frac{1}{3} = 15\text{N} \cdot \text{m}$。

【7.3-9】答案：C

解析：星-三角换接减压起动时，起动转矩减小到直接起动时的 1/3。因此，使用星-三角换接起动方案时，起动转矩为 $45 \times \frac{1}{3} = 15\text{N} \cdot \text{m}$，则前者能正常起动，而后者不能。

7.4 信 号 与 信 息

高频考点梳理

知识点	信号的分类	模拟信号描述方法	模拟信号的频谱	模拟信号增强	模拟信号滤波	数字信号的逻辑编码与逻辑演算	数字信号的数值编码与数值运算
近三年考核频次	3	2	1	2	1	6	3

7.4.1 信号的分类

1. 确定性信号与随机信号

若信号可以表示为确定的数学表达式，或信号的波形是确定的，这种信号称为确定性信号。在相同试验条件下不能够重复实现的信号称为不确定性信号或随机信号。

2. 连续信号与离散信号

自变量（多指时间）连续的信号（函数值可以不连续）称为连续信号，如图 7.4-1 所示。在离散的时间点上才有定义的信号称为离散信号或离散时间信号，如图 7.4-2 所示。

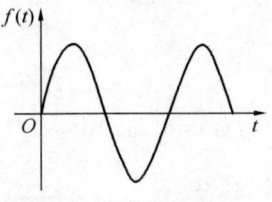

图 7.4-1 连续信号

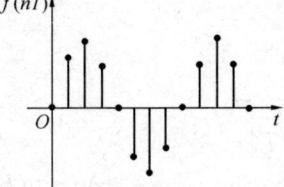

图 7.4-2 离散信号

3. 模拟信号和数字信号

模拟信号是由观测对象直接发出的原始形态的信号转换而来的。数字信号在时间上是连续的，但在数值上是离散的。数字信号并不是直接来自观测对象的信号，而是人工生成的，用来对信息编码的代码信号。

4. 周期信号与非周期信号

满足周期性条件的信号称为周期信号。

$$f(t) = f(t+nT) \qquad (7.4\text{-}1)$$

式中，T 为信号的周期。反之，不满足周期性条件的信号称为非周期信号。

5. 采样信号与采样保持信号

按等距离时间间隔读取连续信号的瞬时值，谓之采样；采样所得到的信号称为采样信号。在实际应用中，往往将采样得到的每一个瞬间信号在其采样周期内予以保持，生成所谓的采样保持信号。

【例 7.4-1】在以下关于信号的说法中，正确的是（　　）。
A. 代码信号是一串电压信号，故代码信号是一种模拟信号
B. 采样信号是时间上离散，数值上连续的信号
C. 采样保持信号是时间上连续，数值上离散的信号
D. 数字信号是直接反映数值大小的信号

解析：模拟信号是指用连续变化的物理量表示的信息，其信号的幅度或频率或相位随时间作连续变化，而代码信号随时间并不是连续变化的，故不是模拟信号；采样是按等距离时间间隔读取连续信号的瞬时值，因此其时间上是离散的，数值上是连续的；采样保持信号是将采样得到的每一个瞬间信号在其采样周期内予以保持，其兼有离散和连续的双重性质；数字信号并不是直接来自观测对象的信号，而是人工生成的，用来对信息编码的代码信号。综上，应选 B。

7.4.2　模拟信号的描述方法

1. 周期信号的描述

任何满足狄里赫利条件的周期性函数都可以利用傅里叶级数分解为无穷多个谐波分量的叠加，即：

$$f(t) = f(t+nT) = a_0 + \sum_{k=1}^{\infty} [a_k \cos(k\omega t) + b_k \sin(k\omega t)]$$

$$= a_0 + \sum_{k=1}^{\infty} A_{km} \sin(k\omega t + \psi_k) \tag{7.4-2}$$

其中，恒定分量为：

$$a_0 = \frac{1}{T} \int_0^T f(t) \mathrm{d}t \tag{7.4-3}$$

谐波分量为：

$$a_k = \frac{2}{T} \int_0^T f(t) \cos(k\omega t) \mathrm{d}t = f(k\omega); \quad b_k = \frac{2}{T} \int_0^T f(t) \sin(k\omega t) \mathrm{d}t = f(k\omega);$$

$$A_{km} \sin(k\omega t + \psi_k) \quad k = 1, 2, \cdots, \infty \tag{7.4-4}$$

谐波分量的幅值为：

$$A_{km} = \sqrt{a_k^2 + b_k^2} \tag{7.4-5}$$

谐波分量的初相位为：

$$\psi_k = \arctan \frac{a_k}{b_k} \tag{7.4-6}$$

由式（7.4-4）可知，周期函数的谐波分量有 ∞ 多个，分别称为：一次谐波（$k=1$）、二次谐波（$k=2$）等。周期函数的恒定分量 a_0 有时也称为零次谐波。

2. 非周期信号的描述

如图 7.4-3 所示，该阶跃信号为非周期信号，其可以用单位阶跃函数来表示。单位阶跃函数为：

$$\varepsilon(t) = \begin{cases} 1, t > 0 \\ 0, t < 0 \end{cases} \tag{7.4-7}$$

因此，图 7.4-3 所示的阶跃信号为：
$$u(t) = U \cdot \varepsilon(t - t_0)$$

【例 7.4-2】 非周期信号 $u(t)$ 如图 7.4-4 所示，若利用单位阶跃函数 $\varepsilon(t)$ 将其写成时间函数表达式，则 $u(t)$ 等于？

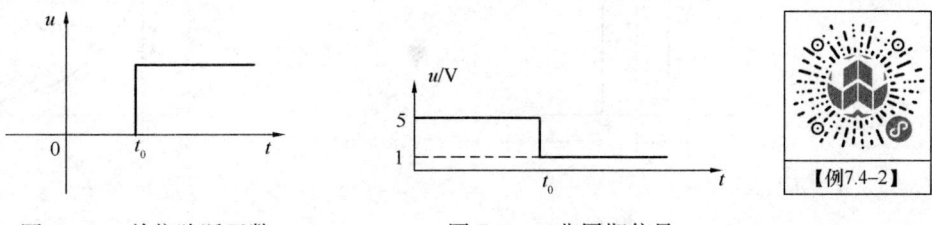

图 7.4-3　单位阶跃函数　　　　图 7.4-4　非周期信号

解析： 可将非周期信号 $u(t)$ 等效为两个信号 $u_1(t)$、$u_2(t)$ 的叠加。当 $t > t_0$ 时，$u(t) = 1$；当 $t < t_0$ 时，$u(t) = 5$，因此 $u(t)$ 为：
$$u(t) = u_1(t) + u_2(t) = 5\varepsilon(t) - 4\varepsilon(t - t_0)$$

7.4.3　模拟信号的频谱

1. 周期信号的频谱

图 7.4-5（a）表示的是一个方波信号。经过傅里叶级数分析，它的谐波组成情况为：

$$u(t) = \frac{4}{\pi} \left[\sin(2\pi f t) + \frac{1}{3}\sin(3 \cdot 2\pi f t) + \frac{1}{5}\sin(5 \cdot 2\pi f t) + \cdots \right] \qquad (7.4\text{-}8)$$

观察式（7.4-8）可发现，随着谐波次数 k 的增加，方波信号各个谐波的幅值按照 $\frac{1}{k}$ 的规律衰减，$\frac{4}{\pi}$ 的规律衰减，而它们的初相位却保持在 0°不变。将方波信号谐波成分的这种特性用图形的形式表达出来，就形成了图 7.4-5（b）、（c）所示的谱线形式。这种表示方波信号性质的谱线称为频谱。图 7.4-5（b）所示的谐波幅值谱线随频率的分布状况称为幅度频谱；图（c）则称为相位频谱，表示谐波的初相位与频率的关系。

从图 7.4-5 可知：

周期信号的频谱是离散的频谱，其谱线只出现在周期信号频率 ω 整数倍的地方。显然，随着信号周期的加长，各次谐波之间的距离在缩短，它的谱线也变得越加密集。

任何周期信号都有自己的离散形式的频谱。不同的周期信号，它们的频谱分布即包络线的形状也不相同。

2. 非周期信号频谱

非周期信号的幅值频谱和相位频谱都是连续的。图 7.4-6 给出非周期矩形脉冲信

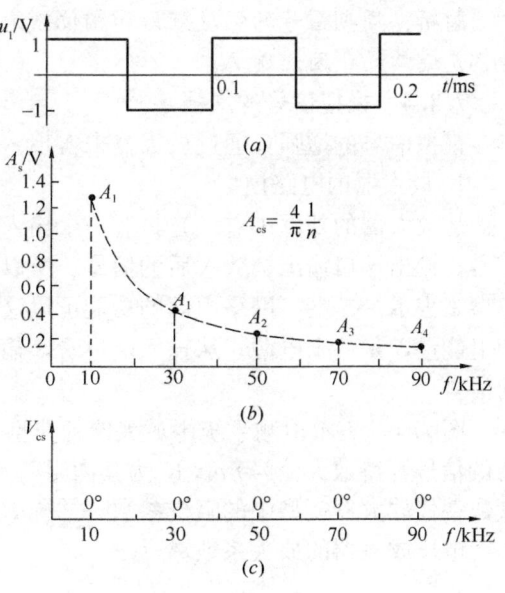

图 7.4-5　方波信号

号和非周期指数信号的幅值频谱分布形状。由于频谱是连续的，所以用包络线的形状来表示。

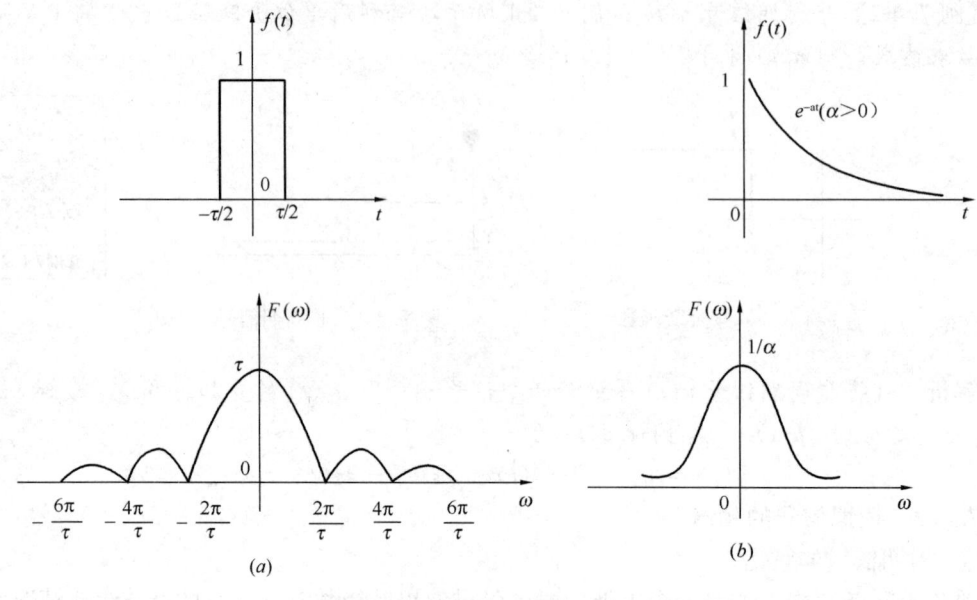

图 7.4-6　幅值频谱分布形状
(a) 非周期矩形脉冲信号；(b) 指数信号

【例 7.4-3】下列描述正确的是(　　)。
A. 周期信号的幅度频谱和相位频谱都是离散的
B. 周期信号的幅度频谱是离散的，相位频谱是连续的
C. 非周期信号的幅度频谱和相位频谱都是离散的
D. 非周期信号的幅度频谱是离散的，相位频谱是连续的

解析：周期信号的幅度频谱和相位频谱都是离散的，非周期信号的幅度频谱和相位频谱都是连续的，因此选 A。

7.4.4　模拟信号的增强
模拟信号的增强可通过放大器来实现。
1. 放大器的电路模型

从放大器的外部来看，它具有一个输入端口和一个输出端口，输入端口输入待放大的信号；输出端口输出被放大后的信号。所以，放大器的基本功能可以用一个二端口网络的模型来表示。二端口网络内部的功能可以这样来描述：从输出端口看，放大器输出电信号和电能量，是一个电源；从输入端口看，输入电信号控制放大器的工作，使它输出放大后的信号。

图 7.4-7 表示检测系统中放大器的典型工作方式。在图中，放大器的输入端接入传感器的信号（待放大信号）u_t，R_i 为其内阻，其输出端接有负载 R。为了简化分析，用纯电阻参数替代放大器模型中的阻抗参数，并称 R_i 为输入电阻，R_o 为输出电阻。

电压放大器的放大系数 A 为：

$$A = \frac{u_S}{u_i} \tag{7.4-9}$$

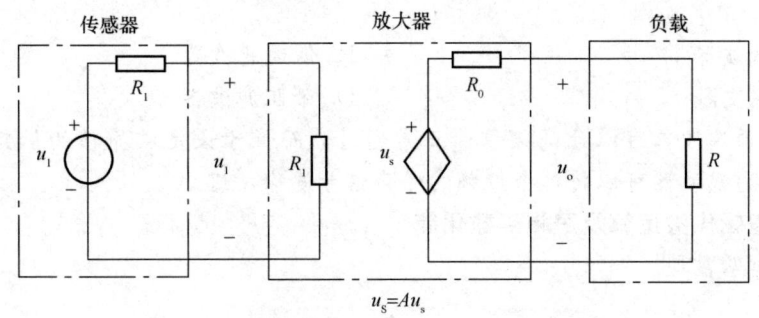

图 7.4-7 典型工作方式图

电压放大器的放大倍数 K_U 为：

$$K_U = \frac{u_o}{u_i} = \left(\frac{R}{R_o + R}\right)A \tag{7.4-10}$$

信号源电压被实际放大的倍数 K 为：

$$K = \frac{u_o}{u_t} = \left(\frac{R_i}{R_i + R_t}\right)K_U \tag{7.4-11}$$

2. 放大器的频率失真

信号经过放大器的放大处理，只有在放大器带宽内的信号被放大了，而其余的频率成分则被过滤掉了。所以，放大器输出信号的频谱结构和输入信号的频谱结构已不再完全相同，也就是说，经过放大器的处理，信号发生了失真并导致输出信号的波形发生畸变。

【例 7.4-4】 模拟信号经线性放大器放大后，信号中被改变的量是（　　）。

A. 信号的频率 　　　　　　　　B. 信号的幅值频谱
C. 信号的幅值 　　　　　　　　D. 信号的相位频谱

解析： 线性放大器的放大倍数 K_U 为一常量，根据 $K_U = \frac{u_o}{u_i}$，其放大的是信号的幅值，因此选 C。

7.4.5 模拟信号滤波

1. 低通滤波

低通滤波是一种过滤方式，规则为低频信号能正常通过，而超过设定临界值（f_H）的高频信号则被阻隔、减弱。但是阻隔、减弱的幅度则会依据不同的频率以及不同的滤波程序而改变。

2. 高通滤波

高通滤波是一种过滤方式，规则为高频信号能正常通过，而低于设定临界值（f_L）的低频信号则被阻隔、减弱。但是阻隔、减弱的幅度则会依据不同的频率以及不同的滤波程序而改变。

3. 带通滤波

带通滤波是一种过滤方式，规则为在一定频率区间（$f_L < f < f_H$）的信号能正常通过，而不在该区间的信号则被阻隔、减弱。但是阻隔、减弱的幅度则会依据不同的频率以及不同的滤波程序而改变。

【例 7.4-5】 一个高频模拟信号被一个低频的噪声信号污染后，能将这个噪声滤除的装置是( )。

　　A. 高通滤波器　　　　　　　　B. 低通滤波器
　　C. 带通滤波器　　　　　　　　D. 带阻滤波器

解析：高通滤波器可以让高频信号正常通过，而低于设定临界值的低频信号则被阻隔。因此，高通滤波器可以将这个低频的噪声信号滤除，选A。

7.4.6 逻辑代数运算及逻辑函数化简

1. 基本运算法则

$$0 \cdot A = 0 \quad 1 \cdot A = A \quad A \cdot A = A$$

$$A \cdot \overline{A} = 0 \quad 0 + A = A \quad 1 + A = A$$

$$A + A = A \quad A + \overline{A} = 1 \quad \overline{\overline{A}} = A$$

2. 基本定律

(1) 交换律

$$AB = BA$$

$$A + B = B + A$$

(2) 结合律

$$ABC = (AB)C = A(BC)$$

$$A + B + C = A + (B + C) = (A + B) + C$$

(3) 分配率

$$A(B + C) = AB + AC$$

$$A + BC = (A + B)(A + C)$$

(4) 吸收率

$$A(A + B) = A$$

(5) 反演律（摩根定律）

$$\overline{AB} = \overline{A} + \overline{B}$$

【例7.4-6】 对逻辑表达式 $ABC + A\overline{BC} + B$ 的化简结果是( )。

　　A. AB　　　　　　　　　　　　B. $A + B$
　　C. ABC　　　　　　　　　　　D. $A\overline{BC}$

解析：$ABC + A\overline{BC} + B = A(BC + \overline{BC}) + B = A + B$，故选B。

7.4.7 数字信号与二进制数

1. 二进制数

二进制数只用两个数字符号来表示（符号0和1），采取"逢二进一"的原则来表示。而十进制数用10个符号（0、1、…、9）、采取"逢十进一"的原则表示。二进制的基数是2，以 2^n 表示各个位的权值；十进制数的基数是10，以 10^n 表示各个位的权值。例如，二进制数1101表示的数是：

$$1101 = 1 \times 2^3 + 1 \times 2^2 + 0 \times 2^1 + 1 \times 2^0$$

而十进制数 2547 表示的数是：

$$2547 = 2\times 10^3 + 5\times 10^2 + 4\times 10^1 + 7\times 10^0$$

2. BCD 码

在数字系统中常采用 BCD 码（二-十进制）来将二进制编码转换为十进制编码。BCD 码只用来表示 0、…、9 十个数，即当二进制代码计到 1010 时就进位，然后再从头（从 0000）开始计数。

【例7.4-7】

【例 7.4-7】 写出十进制数 65 的二进制代码；用 BCD 码表示十进制数 65。

解析：（1）将十进制数 65 转换为二进制数的方法如图 7.4-8 所示。对 65 依次除以 2，将每次除以 2 之后的余数写在一旁，直到商小于 1 为止。然后将所得的余数按照从上到下的顺序，从左向右写出，此结果即为十进制数 65 的二进制代码，1000001。

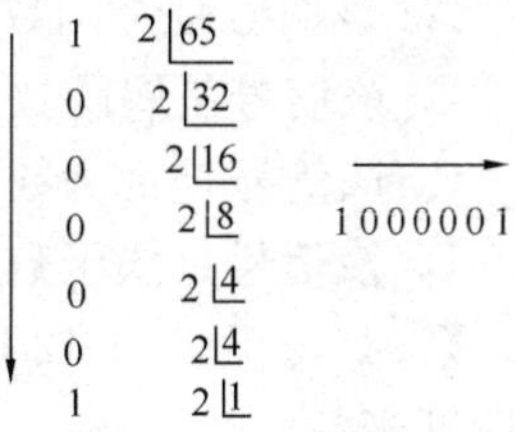

(2) $6_{10} = 0110_2$，$5_{10} = 0101_2$，因此 65 的 BCD 码是 $65_{10} = 01100101_2$。

图 7.4-8 二进制代码

习　题

【7.4-1】 图 7.4-9 所示电路的任意一个输出端，在任意时刻都只出现 0V 或 5V 这两个电压值（例如，在 $t = t_0$ 时刻获得的输出电压从上到下依次为 5V，0V，5V，0V），那么该电路的输出电压为(　　)。

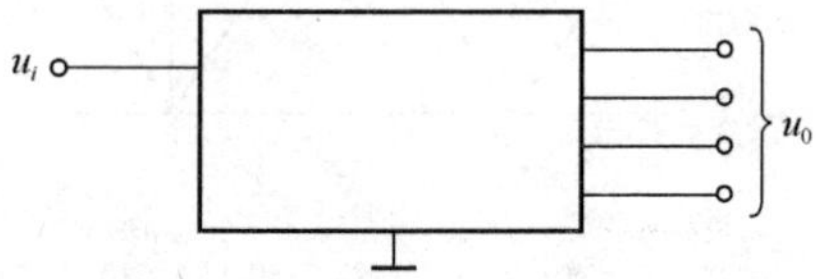

A. 是取值离散的连续时间信号
B. 是取值连续的离散时间信号
C. 是取值连续的连续时间信号
D. 是取值离散的离散时间信号

图 7.4-9　题 7.4-1 图

【7.4-2】 图 7.4-10 所示为电报信号、温度信号、触发脉冲信号和高频脉冲信号的波

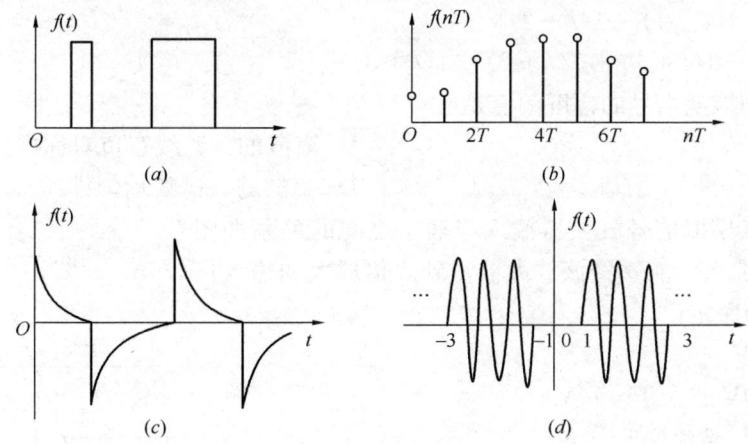

图 7.4-10　题 7.4-2 图
(a) 电报信号；(b) 温度信号；(c) 脉冲信号；(d) 高频脉冲

形，其中是连续信号的是（　　）。

 A. (a)、(c)、(d)   B. (b)、(c)、(d)

 C. (a)、(b)、(c)   D. (a)、(b)、(d)

【7.4-3】信号可以以编码的方式载入（　　）。

 A. 数字信号之中   B. 模拟信号之中

 C. 离散信号之中   D. 采样保持信号之中

【7.4-4】图7.4-11所示的是周期为T的三角波信号，在用傅里叶级数分析周期信号时，系数 a_0、a_n、b_n 判断正确的是（　　）。

 A. 该信号是奇函数且在一个周期内平均值为零，所以傅里叶系数 a_0 和 b_n 是零

 B. 该信号是偶函数且在一个周期内平均值不为零，所以傅里叶系数 a_0 和 a_n 不是零

 C. 该信号是奇函数且在一个周期内平均值不为零，所以傅里叶系数 a_0 和 a_n 不是零

 D. 该信号是偶函数且在一个周期内平均值为零，所以傅里叶系数 a_0 和 b_n 是零

【7.4-5】图7.4-12所示的非周期信号 $u(t)$ 的时域描述形式是（　　）。（注：$1(t)$ 是单位阶跃函数）

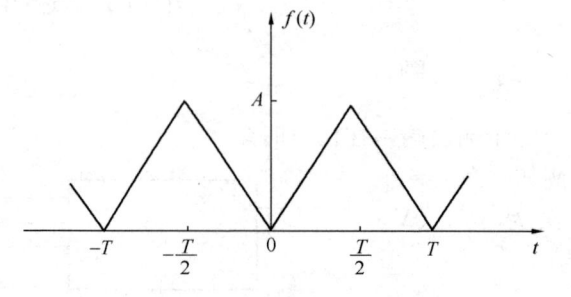
图7.4-11　题7.4-4图

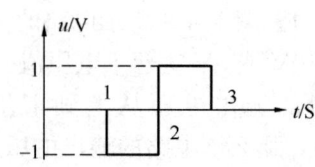
图7.4-12　题7.4-5图

 A. $u(t)=\begin{cases}1\text{V},t\leqslant 2\\-1\text{V},t>2\end{cases}$

 B. $u(t)=-1(t-1)+2\times 1(t-2)-1(t-3)\text{V}$

 C. $u(t)=1(t-1)-1(t-2)\text{V}$

 D. $u(t)=-1(t+1)+1(t+2)-1(t+3)\text{V}$

【7.4-6】非周期信号的幅度频谱是（　　）。

 A. 连续的   B. 离散的，谱线正负对称排列

 C. 跳变的   D. 离散的，谱线均匀排列

【7.4-7】某模拟信号放大器输入与输出之间的关系如图7.4-13所示，那么，能够经该放大器得到5倍放大的输入信号 $u_i(t)$ 最大值一定（　　）。

 A. 小于2V

 B. 小于10V或大于-10V

 C. 等于2V或者等于-2V

 D. 小于等于2V且大于等于-2V

【7.4-8】图7.4-14 (a) 所示电压信号波形经电路A变

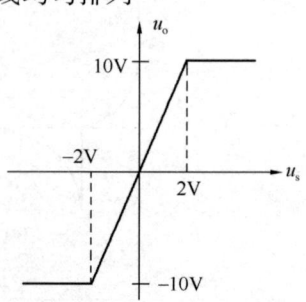
图7.4-13　题7.4-7图

换成图（b）波形，再经电路 B 变换成图（c）波形，那么，电路 A 和电路 B 应依次选用（　　）。

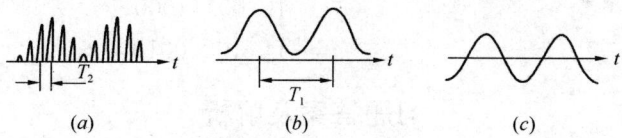

图 7.4-14　题 7.4-8 图

A. 低通滤波器和高通滤波器　　　　　B. 高通滤波器和低通滤波器
C. 低通滤波器和带通滤波器　　　　　D. 高通滤波器和带通滤波器

【7.4-9】对逻辑表达式 $(A+B)(A+C)$ 的化简结果是（　　）。
A. A　　　　　　　　　　　　　　B. $A^2+AB+AC+BC$
C. $A+BC$　　　　　　　　　　　　D. $(A+B)(A+C)$

【7.4-10】对逻辑表达式 $ABC+A\overline{BC}+B$ 的化简结果是（　　）。
A. AB　　　　　B. $A+B$　　　　　C. ABC　　　　　D. $A\overline{BC}$

【7.4-11】已知数字信号 A 和数字信号 B 的波形如图 7.4-15 所示，则数字信号 $F=\overline{AB}$ 的波形为（　　）。

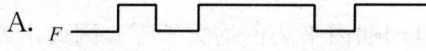

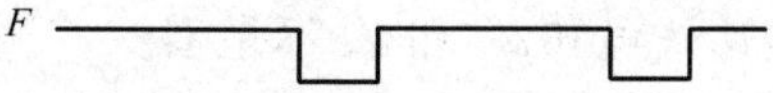

【7.4-12】信号的波形如图 7.4-16 所示，三者的函数关系是（　　）。

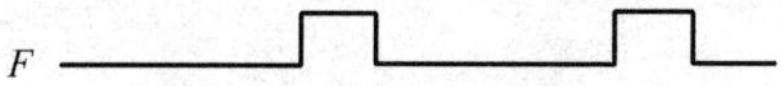

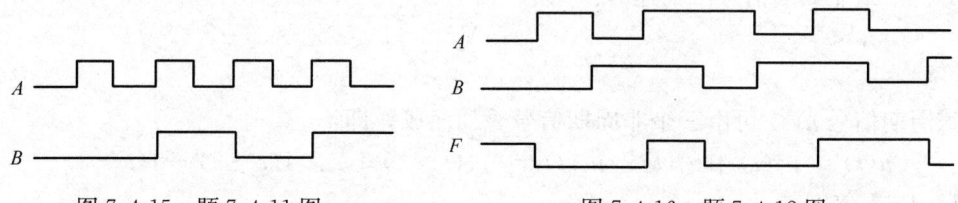

图 7.4-15　题 7.4-11 图　　　　　图 7.4-16　题 7.4-12 图

A. $F=\overline{AB}$　　　　　　　　　　　B. $F=\overline{A+B}$
C. $F=AB+\overline{A}\,\overline{B}$　　　　　　　　D. $F=A\overline{B}+\overline{A}B$

【7.4-13】逻辑函数 $F=f(A,B,C)$ 的真值表如图 7.4-17 所示，由此可知（　　）。
A. $F=\overline{A}(\overline{B}C+B\overline{C})+A(\overline{B}\,\overline{C}+BC)$
B. $F=\overline{B}C+B\overline{C}$
C. $F=\overline{B}\,\overline{C}+BC$
D. $F=\overline{A}+B+\overline{BC}$

【7.4-14】十进制数字 32 的 BCD 码为（　　）。
A. 00110010
B. 00100000
C. 100000

A	B	C	F
0	0	0	1
0	0	1	0
0	1	0	0
0	1	1	1
1	0	0	1
1	0	1	0
1	1	0	0
1	1	1	1

图 7.4-17　题 7.4-13 图

D. 00100011

【7.4-15】十进制数 81 的 BCD 码为( )。
A. 10000001　　　　　　　　　B. 00111000
C. 10010001　　　　　　　　　D. 10000010

习题答案及解析

【7.4-1】答案：A

解析：输出电压只有 0V 或 5V，因此其取值是离散的；另外题中提到是在任意时刻都只出现 0V 或 5V 这两个电压值，因此自变量（时间）是连续的，因此输出电压是取值离散的连续时间信号。

【7.4-2】答案：A

解析：可以看到（b）图的自变量时间是离散的，而其他三个图的自变量均是连续的，因此其中是连续信号的是（a）、（c）、（d）。

【7.4-3】答案：A

解析：数字信号并不是直接来自观测对象的信号，而是人工生成的，用来对信息编码的代码信号。

【7.4-4】答案：B

解析：由图 7.4-11 可见，该信号是偶函数，且周期内平均值均大于零，因此由 a_0 和 a_n 的表达式可知 a_0 和 a_n 不是零。

【7.4-5】答案：B

解析：该非周期信号可描述为：

$$u(t) = \begin{cases} -1\text{V}, 1 < t \leqslant 2 \\ 1\text{V}, 2 < t \leqslant 3 \end{cases}$$

该周期信号 $u(t)$ 可由三个非周期信号叠加而成，即：

$$u(t) = u_1(t) + u_2(t) + u_3(t) = -1(t-1) + 2 \times 1(t-2) - 1(t-3)$$

【7.4-6】答案：A

解析：非周期信号的幅值频谱和相位频谱都是连续的。

【7.4-7】答案：D

解析：由图可得，当 u_i 在 -2V 到 2V 之间时，$u_o = 5u_i$；当 $u_i > 2$V 和 $u_i < -2$V 时，$u_o = 10$V。因此，要获得 5 倍放大，则输入信号 $u_i(t)$ 最大值一定小于等于 2V 且大于等于 -2V。

【7.4-8】答案：A

解析：直流信号的频率为零。可看到图（b）与图（a）相比，图（b）中有直流分量，说明直流信号通过了滤波器，且图（b）的周期比图（a）的周期长，即频率小，因此电路 A 应选用低通滤波器；图（c）与图（b）相比，二者周期相同，但图（c）中没有直流分量，说明直流分量被阻隔了，因此电路 B 应选用高通滤波器。

【7.4-9】答案：C

解析：$(A+B)(A+C) = AA + AC + AB + BC = A + A(C+B) + BC = A(1 + C + B) + BC = A + BC$。

【7.4-10】答案：B

解析：$ABC+A\overline{BC}+B=A(BC+\overline{BC})+B=A+B$

【7.4-11】答案：D

解析：$F=\overline{AB}$ 的含义是：先对 AB 进行与运算，即 A 与 B 均为 1 时 AB 才是 1，然后对 AB 进行非运算，即当 AB 为 1 时，$\overline{AB}$ 为 0，AB 为 0 时，$\overline{AB}$ 为。其波形图如图 7.4-18 所示。

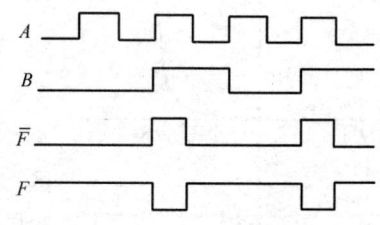

图 7.4-18 题 7.4-11 解析图

【7.4-12】答案：C

解析：对 F 为 1 的波段先进行与运算，再将其结果进行或运算，因此其逻辑函数为：$F=\overline{A}\overline{B}+AB$。

【7.4-13】答案：C

解析：对真值表中的内容进行与或运算，即对结果为 1 的行先进行相应的与运算，再将其结果进行或运算，其初步的逻辑函数为：

$$F=\overline{A}\,\overline{B}\,\overline{C}+\overline{A}BC+A\,\overline{B}\,\overline{C}+ABC$$

对上式进行化简：

$$F=\overline{A}\,\overline{B}\,\overline{C}+\overline{A}BC+A\,\overline{B}\,\overline{C}+ABC=(\overline{A}+A)\overline{B}\,\overline{C}+(\overline{A}+A)BC=\overline{B}\,\overline{C}+BC$$

【7.4-14】答案：A

解析：$3_{10}=0011_2$，$2_{10}=0010_2$，因此 BCD 码为 00110010。

【7.4-15】答案：A

解析：$8_{10}=1000_2$，$1_{10}=0001_2$，因此 BCD 码为 10000001。

7.5 模拟电子技术

高频考点梳理

知识点	晶体二极管	运算放大器	反相运算放大电路	同相运算放大电路	基于运算放大器的比较器电路	二极管单相半波整流电路	二极管单相桥式整流电路
近三年考核频次	2	1	1	1	1	1	1

7.5.1 晶体二极管

1. PN 结的单向导电特性

PN 结外加正向电压，即 PN 结正向偏置，PN 结导通，流过正向电流；PN 结外加反向电压，即 PN 结反向偏置，则截止，反向电流几乎为零。

2. 半导体二极管

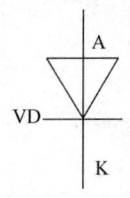

图 7.5-1 二极管结构

将 PN 结加上相应的电极引线和管壳封装，就成为半导体二极管。二极管的结构及图形符号如图 7.5-1 所示。接在 P 区的引出线称为阳极 A，接在 N 区的引出线称为阴极 K。二极管文字符号为 VD。

（1）二极管的伏安特性

二极管的电流 i 与其管压降 u 的关系曲线，叫做二极管的伏安特性曲线。在直角坐标系中，横坐标轴表示二极管管压降 u，纵坐标轴表示

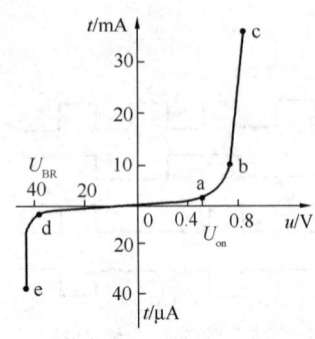

图 7.5-2 二极管电流与电压图

其电流 i，如图 7.5-2 所示。

从伏安特性曲线上可得出如下规律：

1) 正向特性

二极管正向偏置，曲线位于第一象限。它又可分为三段：从坐标原点 0 到 a 点为第一段，二极管外加正向电压较小，此时正向电流很小，呈现电阻较大。这段区域称为"死区"。对应 a 点的阈值电压 U_{on} 称为"死区电压"，其数值大小随二极管的结构材料不同而异，并受环境温度影响。一般来说，硅二极管的"死区电压"约为 0.5V，锗二极管的约为 0.1V。

正向电压超过阈值电压 U_{on} 后，随着正向电压的增加，内电场大大削弱，电流基本满足伏安方程式 (7.5-1)，按指数规律迅速增长。

$$i = I_{SR}(e^{\frac{u}{U_T}} - 1) \tag{7.5-1}$$

式中，U_T 为温度电压当量，在常温（300K）情况下，$U_T = 26\text{mV}$；I_{SR} 为反向饱和电流；i 为流过二极管的电流（mA）；u 为加在二极管两端的电压（V）。

若二极管承受正向偏压，通常 $u \gg 26\text{mV}$，有 $e^{\frac{u}{U_T}} \gg 1$，则：

$$i = I_{SR} e^{\frac{u}{U_T}} \tag{7.5-2}$$

这就是二极管电流随正向偏压按指数上升的规律，对应于曲线中的 ab 段，称为非线性区；当加在二极管两端的电压进一步增加时，正向电流增大，几乎呈线性规律上升，如曲线的 bc 段，常称为线性区。

由于二极管正向导通电阻极小，所以在使用时必须外加限流电阻，以免增加正向电压 u 时，i 急剧增大而烧坏管子。

2) 反向特性

二极管反相偏置，曲线位于第三象限。当反向电压在一定范围内变化时，反向电流几乎不变，所以又称为反向饱和电流，即曲线的 0d 段。当反向电流超过一定数值后（如 d 点电压 U_{BR}），反向电流急剧增大，这时二极管被"反向击穿"，对应的电压叫做"反向击穿电压"。

反向击穿分电击穿和热击穿。电击穿是可逆的，而热击穿不可逆。

(2) 二极管应用举例

1) 理想二极管

理想二极管如图 7.5-3 所示。其可表示为：正偏时，$i > 0$，$u = 0$，相当于短路；反偏时，$u < 0$，$i = 0$，相当于开路。

2) 应用举例

整流电路：利用半导体的单向导电性，可以将大小和方向都变化的正弦交流电变成单向脉动的直流电，称为整流，完成整流功能的电路称为整流电路。

图 7.5-4 所示为单相半波整流电路，假设二极管为理想模型，u_i 为正弦交流电。如图 7.5-4 (b) 所示，当 u_i 为正半周时，

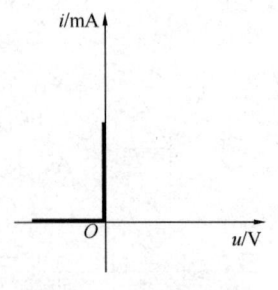

图 7.5-3 理想二极管

二极管导通，电流由上至下流过 R，因为二极管采用理想模型，正向导通电压为 0，所以在 R 上获得的电压波形和输入一致；当 u_i 为负半周时，二极管反向截止，表现为无穷大电阻，流过 R 中的电流为 0，所以在 R 上获得的电压也为 0。

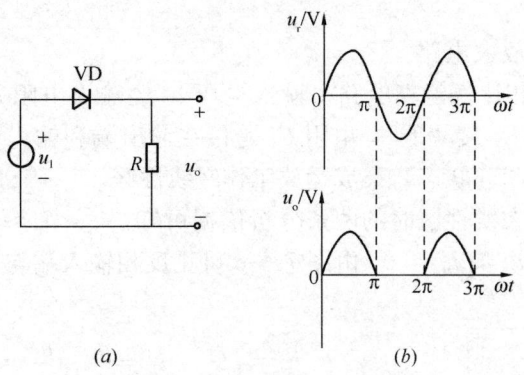

图 7.5-4　单相半波整流电路
(a) 半波整流电路；(b) 输入/输出电压波形

【例 7.5-1】 在图 7.5-5 所示电路中，二极管为理想二极管。设输入信号为 $u_i = 10\sin\omega t\,\text{V}$，$E = 5\text{V}$。试画出输出信号 u_o 的波形。

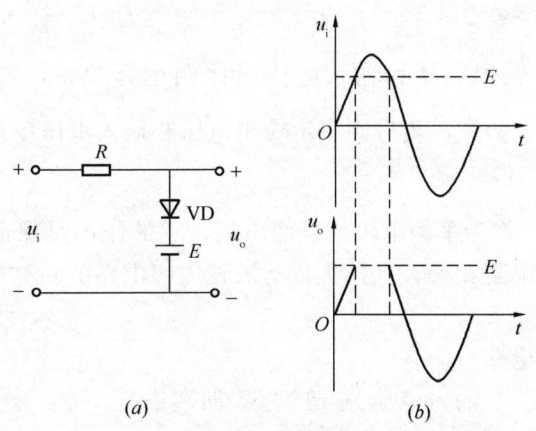

图 7.5-5　例 7.5-1 图
(a) 电路图；(b) 波形图

解析： 当 $u_i > E$ 时，二极管 VD 处于正向偏置而导通，相当于短路，输出电压 $u_o = E = 5\text{V}$；当 $u_i < E$ 时，二极管处于反向偏置而截止，相当于开路，输出电压等于输入电压 $u_o = u_i$。输入/输出电压波形如图 7.5-5 (b) 所示。由图可见，输出波形被限制在 E 值以下。

7.5.2　集成运算放大器

1. 理想集成运放的主要条件

开环电压放大倍数 $A_{uo} = \infty$；

开环差模输入电阻 $r_{id} = \infty$；

开环输出电阻 $r_o = 0$。

2. 集成运放工作在线性区的两条重要结论

"虚短"：集成运放两个输入端的电压近似相等，即 $u_+ \approx u_-$。

"虚断"：流进集成运放两个输入端的电流近似等于零，即 $i_+ = i_- \approx 0$。

3. 比例运算电路

（1）反相比例运算放大电路

图 7.5-6 所示为反相比例运算电路。输入电压 u_i 经输入电阻 R_1 引入到反相输入端，而同相输入端通过电阻 R_p 接"地"，电阻 R_f 跨接在输出端和输入端之间，形成深度电压负反馈，使电路工作在闭环状态，集成运放工作在线性区。

根据集成运放工作在线性区时的两条分析依据可知，$i_+ = i_- \approx 0$，R_p 上没有压降，故同相输入端 $u_+ = 0$，且 $u_- \approx u_+ = 0$。由图 7.5-6 可见反相输入端与输出端构成电流通路。

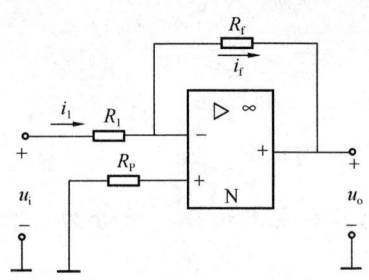

图 7.5-6 反相比例运算电路

$$i_1 = i_f$$

$$i_1 = \frac{u_i - u_-}{R_1} \approx \frac{u_i}{R_1}$$

$$i_f = \frac{u_- - u_o}{R_f} \approx -\frac{u_o}{R_f}$$

$$\frac{u_i}{R_1} = -\frac{u_o}{R_f}$$

$$u_o = -\frac{R_f}{R_1} u_i \tag{7.5-3}$$

式（7.5-3）表明，输出电压和输入电压是比例运算关系，式中的比例系数 $A_{uf} = -\frac{R_f}{R_1}$，称为闭环电压放大倍数，负号则表示输出电压和输入电压反相，反相比例运算电路也因此得名。

图中 $R_p = R_1 // R_f$，称为平衡电阻或补偿电阻，它的作用是保证集成运放的同相输入端和反相输入端的外接电阻相等，保持集成运放输入级电路的对称性，以消除静态基极电流对输出电压的影响。

（2）同相比例运算电路

如图 7.5-7 所示电路，输入电压 u_i 通过 R_p 加到集成运放的同相输入端，反相输入端经电阻 R_1 接地，电阻 R_f 跨接在输出端和反相输入端之间，起反馈作用，使电路工作在闭环状态，此电路称为同相比例运算电路。

根据理想运算放大器工作在线性区时的两条分析依据，即"虚断"和"虚短"的特点，即"虚断"和"虚短"的特点有：

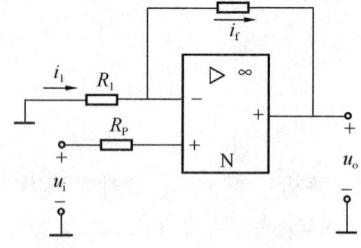

图 7.5-7 同相比例电路

$$u_- \approx u_+ = u_i$$
$$i_1 = i_f$$

由图 7.5-7 可列出：

$$i_1 = -\frac{u_-}{R_1} = -\frac{u_i}{R_1}$$

$$i_f = \frac{u_- - u_o}{R_f} = \frac{u_i - u_o}{R_f}$$

由此得出输出电压信号为：

$$-\frac{u_i}{R_1} = \frac{u_i - u_o}{R_f}$$

$$u_o = \left(1 + \frac{R_f}{R_1}\right)u_i \tag{7.5-4}$$

可见输出电压和输入电压成比例关系，且二者同相位。式中的比例系数为 $A_{uf} = \left(1 + \frac{R_f}{R_1}\right)$，也是闭环电压放大倍数，该系数总是大于或等于 1。

【例 7.5-2】 电路如图 7.5-8 所示，求 u_o。

解析： 由于虚断，$i_+ = 0$，故 u_i 被 R_2 和 R_3 串联分压，同相端的实际输入电压为：

$$u_+ = u_i \frac{R_3}{R_2 + R_3} \approx u_-$$

$$i_1 = -\frac{u_-}{R_1}$$

$$i_f = \frac{u_- - u_o}{R_f}$$

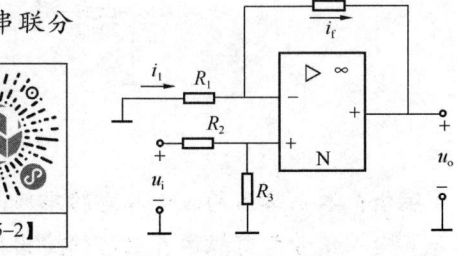

图 7.5-8 例 7.5-2 图

由于 $i_1 = i_f$，因此：

$$-\frac{u_-}{R_1} = \frac{u_- - u_o}{R_f} \rightarrow u_o = \left(1 + \frac{R_f}{R_1}\right)u_- = \left(1 + \frac{R_f}{R_1}\right)\frac{R_3}{R_2 + R_3}u_i$$

4. 加法运算电路

（1）反相加法运算电路

在图 7.5-6 电路的基础上，反相输入端增加若干个输入回路，成为反相加法运算电路，如图 7.5-9 所示。

输出电压为：

$$u_o = -\left(\frac{R_f}{R_1}u_{i1} + \frac{R_f}{R_2}u_{i2} + \frac{R_f}{R_3}u_{i3}\right) \tag{7.5-5}$$

平衡电阻 $R_p = R_1 // R_2 // R_3 // R_f$。

（2）同相加法运算电路

在图 7.5-7 的电路中，若在同相输入端增加若干个输入支路，成为同相加法运算电路，如图 7.5-10 所示。

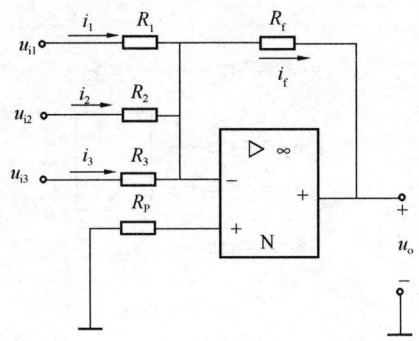
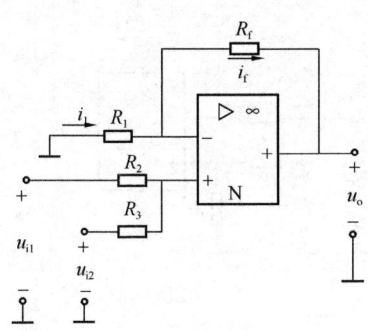

图 7.5-9 反相加法运算电路　　图 7.5-10 同相加法运算电路

输出电压为:

$$u_o = \left(1 + \frac{R_f}{R_1}\right)\left(\frac{R_3}{R_2+R_3} u_{i1} + \frac{R_2}{R_2+R_3} u_{i2}\right) \tag{7.5-6}$$

图中外部的元件参数应满足关系式 $R_2//R_3 = R_f//R_1$。

【例 7.5-3】两级运算放大器应用的实例。在图 7.5-11 所示电路中,已知 $u_{i1}=1V$,$u_{i2}=0.5V$,求输出电压 u_o。

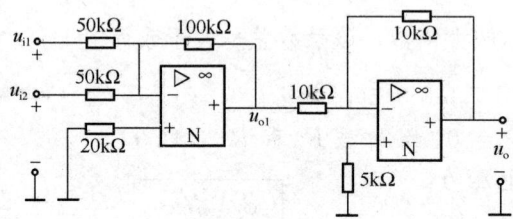

图 7.5-11 例 7.5-3 图

解析: 本电路由两级运算电路串联而成,第一级为反相加法运算电路,第二级为反相器,其输入信号为前级运算电路的输出信号 u_{o1}。

第一级的加法运算电路的输出电压 u_{o1} 为:

$$u_{o1} = -\left(\frac{R_{f1}}{R_1} u_{i1} + \frac{R_{f1}}{R_2} u_{i2}\right) = -\left(\frac{100}{50} \times 1 + \frac{100}{50} \times 0.5\right) = -3V$$

第二级的反相器的输出电压 u_o 为:

$$u_o = -\frac{R_{f2}}{R_3} u_{o1} = -\frac{10}{10} \times (-3) = 3V$$

5. 减法运算电路

如果集成运放的两个输入端都有信号输入,则为差分输入。减法运算电路是基本差分运算电路,如图 7.5-12 所示。

输出电压为:

$$u_o = \left(1 + \frac{R_f}{R_1}\right)\frac{R_3}{R_2+R_3} u_{i2} - \frac{R_f}{R_1} u_{i1} \tag{7.5-7}$$

【例 7.5-4】图 7.5-13 所示电路是具有四个输入电压的双端输入和差运算电路。应用叠加原理求解输出电压和输入电压之间的关系式。

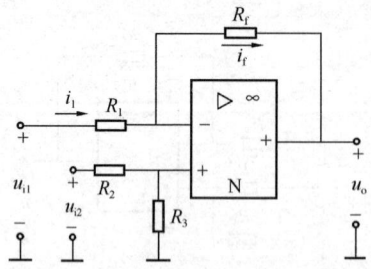

图 7.5-12 减法运算电路

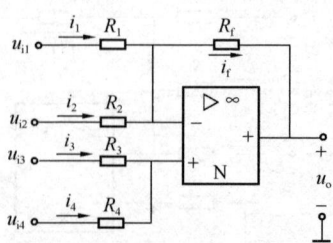

图 7.5-13 例 7.5-4 图

解析： 由于运算电路中的运算放大器工作在线性区，为线性放大元件，而外围电路均为线性电阻元件，因此整个电路为线性电路，可以应用叠加原理。

若令 $u_{i1} = u_{i2} = 0$，则该电路成为同相加法运算电路，其输出电压为：

$$u_o' = \left(1 + \frac{R_f}{R_1 // R_2}\right)\left(\frac{R_4}{R_3 + R_4} u_{i3} + \frac{R_3}{R_3 + R_4} u_{i4}\right)$$

若令 $u_{i3} = u_{i4} = 0$，则该电路成为反相加法运算电路，其输出电压为：

$$u_o'' = -\left(\frac{R_f}{R_1} u_{i1} + \frac{R_f}{R_2} u_{i2}\right)$$

因此，输出电压为：

$$u_o = u_o'' + u_o' = \left(1 + \frac{R_f}{R_1 // R_2}\right)\left(\frac{R_4}{R_3 + R_4} u_{i3} + \frac{R_3}{R_3 + R_4} u_{i4}\right) - \left(\frac{R_f}{R_1} u_{i1} + \frac{R_f}{R_2} u_{i2}\right)$$

6. 积分运算电路

与反相比例运算电路相比较，反馈元件用电容 C_f 代替 R_f，即构成积分运算电路，如图 7.5-14 所示。

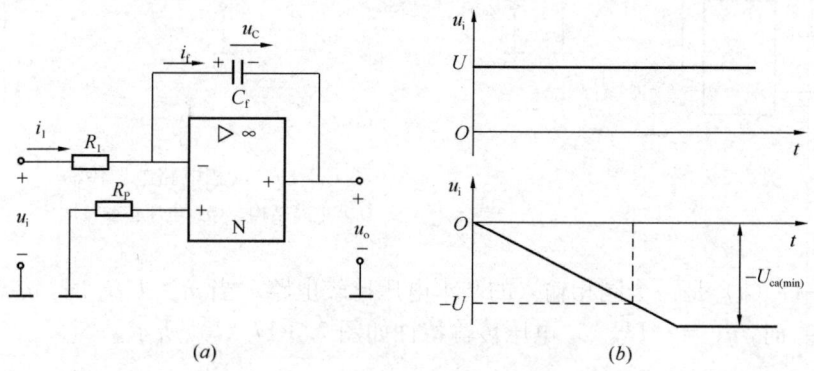

图 7.5-14　积分运算电路
(a) 积分电路；(b) 阶跃响应

输出电压为：

$$u_o = -u_C = -\frac{1}{C_f}\int i_f \mathrm{d}t = -\frac{1}{C_f}\int i_1 \mathrm{d}t = -\frac{1}{R_1 C_f}\int u_i \mathrm{d}t \tag{7.5-8}$$

若设输入电压 u_i 为正阶跃电压，即在 $t < 0$ 时，$u_i = 0$，在 $t \geqslant 0$ 时，u_i 突然跃变到电压 U，且设电容事先未充电。

当阶跃电压突然作用的瞬间，由于电容上的电压不能跃变，故输出电压 $u_o = 0$。此后，随着电容的逐渐充电，u_o 随时间近似按线性关系向负值方向增长，但不能无限增长下去。当 $u_i = U$ 时，输出电压为 $u_o \approx -\frac{U}{R_1 C_f} t$，即随着时间 t 的增加，u_o 向负值方向增大，直到达到负饱和值 $-U_{o(sat)}$ 为止，运算放大器进入饱和工作状态，u_o 保持不变，积分作用停止。积分时间常数 τ_i 越大，达到负饱和值 $-U_{o(sat)}$ 所需时间越长。u_o 随时间变化的波形如图 7.5-14 (b) 所示。外接平衡电阻 $R_p = R_1$。

【例 7.5-5】 试求图 7.5-15 所示电路的 u_o 与 u_i 的关系。

解析：由图 7.5-15 可列出：

$$i_1 \approx i_f, u_+ \approx u_- = 0, i_1 = \frac{u_i}{R_1}$$

$$u_o = -u_C - R_f i_f = -\frac{1}{C_f}\int i_f dt - R_f i_f = -\frac{1}{R_1 C_f}\int u_i dt - \frac{R_f}{R_1}U_1$$

7. 单门限电压比较电路

(1) 基本电压比较电路

图 7.5-16 (a) 是一个反相输入的基本电压比较电路。当 $u_i > U_{REF}$ 时，$u_o = -U_{o(sat)}$；当 $u_i < U_{REF}$ 时，$u_o = +U_{o(sat)}$。电路的输出状态在 $u_i = U_{REF}$ 处发生转换。$+U_{o(sat)}$ 和 $-U_{o(sat)}$ 分别接近电路的正负电源值。反相输入的电压比较电路的电压传输特性如图 7.5-16 (b) 所示。

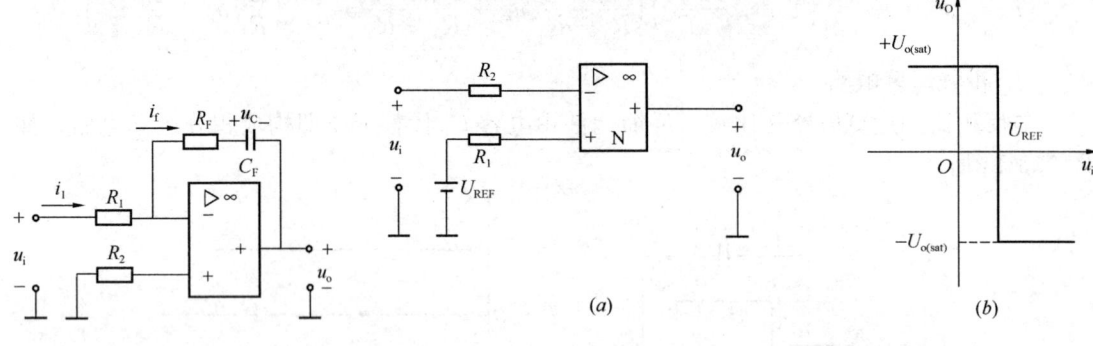

图 7.5-15 例 7.5-5 图

图 7.5-16 反相电路电压传输
(a) 电路结构；(b) 电压传输特性

图 7.5-17 (a) 是一个同相输入的基本电压比较电路。当 $u_i > U_{REF}$ 时，$u_o = +U_{o(sat)}$；当 $u_i < U_{REF}$ 时，$u_o = -U_{o(sat)}$。电压传输特性如图 7.5-17 (b) 所示。

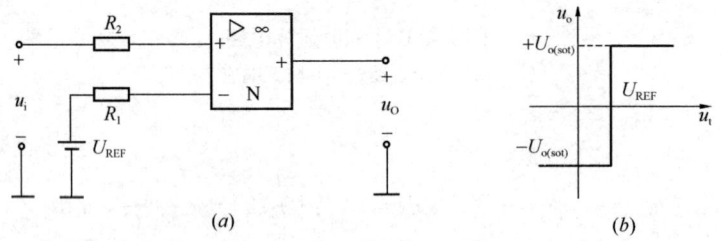

图 7.5-17 基本电压比较电路
(a) 电路结构；(b) 电压传输特性

(2) 具有限幅作用的电压比较电路

限幅电路是利用稳压管的稳压功能来实现的。如图 7.5-18 (a) 所示，比较器的输出通过限流电阻 R 接在特性相同的稳压管 VS_1 和 VS_2 上。

$u_i > U_{REF}$ 时，$u_o = -U_Z$；当 $u_i < U_{REF}$ 时，$u_o = +U_Z$。其中 U_Z 为稳压对管的稳定输出电压，且 $U_Z < U_{o(sat)}$。电压传输特性见图 7.5-18(b)。当输入电压 u_i 为正弦电压时，输出电压 u_o 为正、负半周宽度不等的矩形波，幅度被限制在 $-U_Z$ 和 $+U_Z$ 之间，如

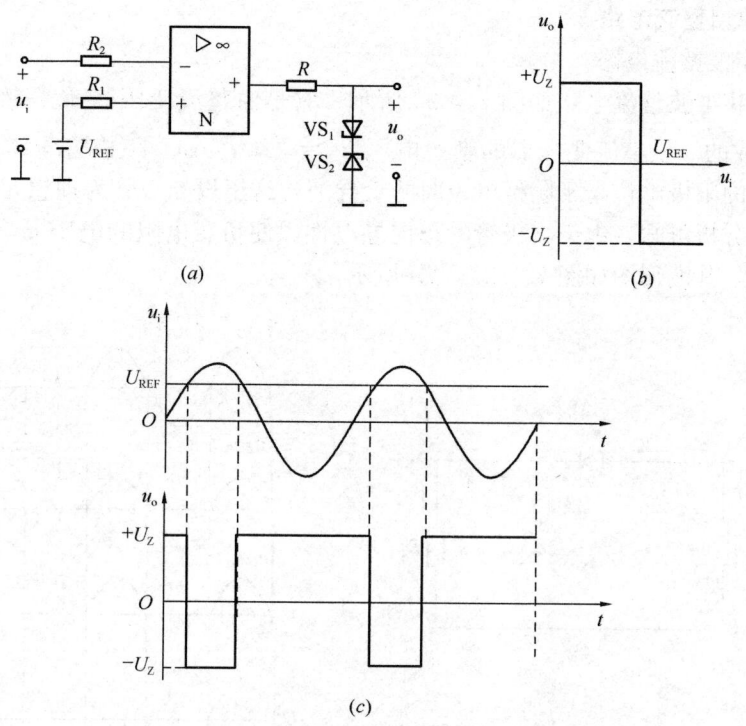

图 7.5-18 比较器输出电流
(a) 电路结构；(b) 电压传输特性；(c) 输入、输出电压波形图

图 7.5-18(c)所示。

【例 7.5-6】 图 7.5-19 (a) 所示电压比较电路，试画出其电压传输特性。

解析： 由图可见，输入电压 u_i 和参考基准电压 U_{REF} 都接在集成运放的反相输入端，同相输入端经平衡电阻 R_p 接地（$R_p = R_1 // R_2$）。

根据叠加原理，u_- 为：

$$u_- = \frac{R_2}{R_1 + R_2} u_i + \frac{R_1}{R_1 + R_2} u_{REF}, \quad u_+ = 0$$

由上式，可知在 $u_i = -\dfrac{R_1}{R_2} u_{REF}$ 时，电路输出电压的状态发生变化，其电压传输特性如图 7.5-19 (b) 所示。

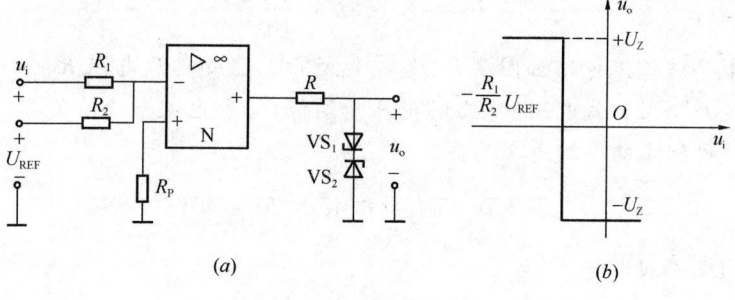

图 7.5-19 例 7.5-6 图
(a) 电路结构；(b) 电压传输特性

7.5.3 单相整流电路

1. 单相半波整流电路

二极管单相半波整流电路如图 7.5-20 所示。它是由整流变压器 T_r、整流二极管 VD 及负载 R_L 组成的。设整流变压器的副边电压 $u_2 = \sqrt{2}U_2\sin\omega t$。二极管 VD 具有单向导电性，只有当它的阳极电位高于阴极电位时才会导通，这里设二极管为理想元件。

由以上的分析可知，由于二极管的单向导电性，使负载电阻的电压 u_o 和电流 i_o 都具有单向脉动性，其波形图如图 7.5-20（b）所示。

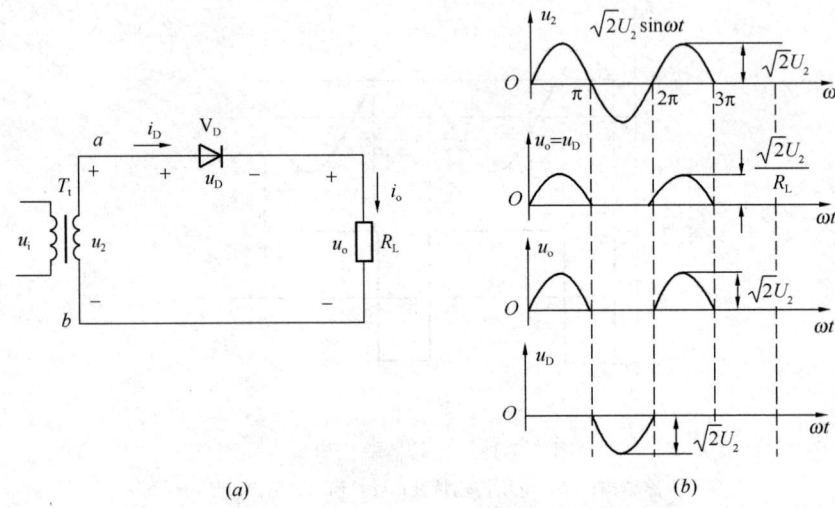

图 7.5-20 单相半波整流电路及电压波形图

在负载上得到的大小变化的单向脉动电压 u_o，常用一个周期的平均值来说明其大小。单向半波整流电压的平均值为：

$$U_o = 0.45U_2 \tag{7.5-9}$$

整流电流的平均值为：

$$I_o = \frac{U_o}{R_L} = 0.45\frac{U_2}{R_L} \tag{7.5-10}$$

在单向半波整流电路中，二极管的正向平均电流等于负载电流平均值：

$$I_D = I_o = 0.45\frac{U_2}{R_L} \tag{7.5-11}$$

【例 7.5-7】半波整流电路如图 7.5-20（a）所示。已知负载电阻 $R_L = 750\Omega$，变压器副边电压 $U = 20V$，求负载电阻 R_L 上的电压平均值 U_o 和电流平均值 I_o。

解析： 负载电阻上的平均电压为：

$$U_o = 0.45U = 0.45 \times 20 = 9V$$

流过负载的平均电流为：

$$I_o = \frac{U_o}{R_L} = \frac{9}{750} = 0.012A = 12mA$$

2. 单相桥式整流电路

单相桥式整流电路如图 7.5-21 所示。它是由 4 个二极管构成的桥式电路，其实质是由两个半波整流电路构成。

在电压 u_2 的正半周，即 $0 \leqslant \omega t \leqslant \pi$ 时，A 点电位高于 B 点，二极管 VD1 和 VD2 导通，而 VD3 和 VD4 截止。电流从 A 点流出，经过 VD1、R_L、VD2 流入 B 点，如图 7.5-21 中箭头所示。此时负载电阻 R_L 上的电压等于变压器副边电压，即 $u_o = u_2$。

在电压 u_2 的负半周，即 $\pi \leqslant \omega t \leqslant 2\pi$ 时，B 点电位高于 A 点，二极管 VD3 和 VD4 导通，而 VD1 和 VD2 截止。电流从 B 点流出，经过 VD3、R_L、VD4 流入 A 点。此时负载电阻 R_L 上的电压 $u_o = -u_2$。

图 7.5-22 为单相桥式整流电路部分的电压、电流波形。

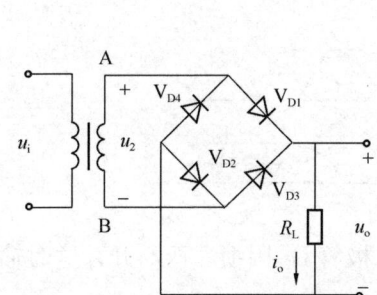

图 7.5-21 单相桥式整流电路

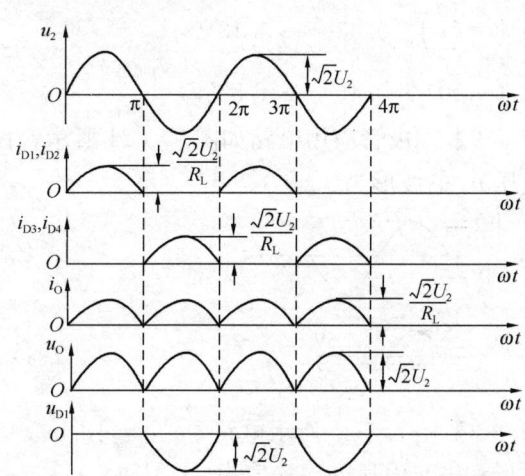

图 7.5-22 单相桥式整流电路电压电流波形

输出电压、电流的平均值分别为：

$$U_o = 0.9 U_2 \tag{7.5-12}$$

$$I_o = \frac{U_o}{R_L} = 0.9 \frac{U_2}{R_L} \tag{7.5-13}$$

在单相桥式整流电路中，因为每只二极管只在变压器副边电压的半个周期通过电流，所以，每只二极管的平均电流只有负载电阻上电流平均值的一半，即：

$$I_D = \frac{1}{2} I_o = 0.45 \frac{U_2}{R_L} \tag{7.5-14}$$

【例 7.5-8】 已知输入电压 $u_i = 8\sin(\omega t + 60°)V$，负载电阻 $R_L = 75\Omega$，现采用单相桥式整流电路。试求输出电压与输出电流的平均值。

解析： 输出电压的平均值为：

$$U_o = 0.9U = 0.9 \times \frac{8}{\sqrt{2}} = 5.09V$$

【例7.5-8】

输出电流的平均值为：

$$I_\text{o} = \frac{U_\text{o}}{R_\text{L}} = \frac{5.09}{75} = 0.068\text{A} = 68\text{mA}$$

习　题

【7.5-1】二极管应用电路如图 7.5-23（a）所示，电路的激励 u_i 如图 7.5-23（b）所示，设二极管为理想器件，则电路的输出电压 u_o 的平均值 U_o 为（　　）。

A. $\dfrac{10}{\sqrt{2}} \times 0.45 = 3.18\text{V}$

B. $10 \times 0.45 = 4.5\text{V}$

C. $\left(-\dfrac{10}{\sqrt{2}}\right) \times 0.45 = -3.18\text{V}$

D. $(-10) \times 0.45 = -4.5\text{V}$

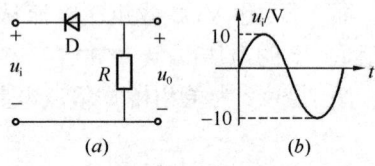

图 7.5-23　题 7.5-1 图

【7.5-2】二极管应用电路如图 7.5-24 所示，设二极管为理想器件，$u_\text{i} = 10\sin\omega t\text{V}$，则输出电压 u_o 的波形为（　　）。

A. 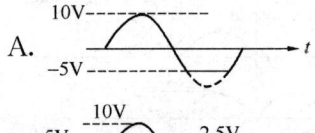　　　　　B.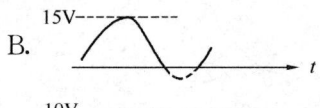

C. 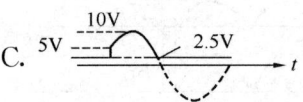　　　　　D.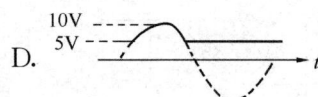

【7.5-3】图 7.5-25 所示电路中，$u_\text{i} = 10\sin\omega t\text{V}$，二极管 D_2 因损坏而断开，这时输出电压的波形和输出电压的平均值为（　　）。

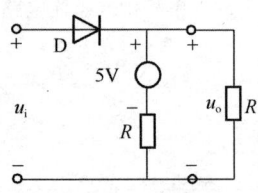　　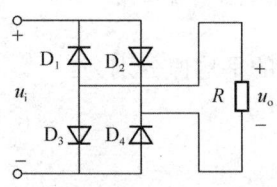

图 7.5-24　题 7.5-2 图　　图 7.5-25　题 7.5-3 图

A. 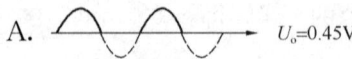 $U_\text{o}=0.45\text{V}$　　B.  $U_\text{o}=-0.45\text{V}$

C.  $U_\text{o}=-3.18\text{V}$　　D. $U_\text{o}=3.18\text{V}$

【7.5-4】电路如图 7.5-26 所示，D 为理想二极管，$u_\text{i} = 6\sin\omega t\text{V}$，则输出电压的最大值 U_oM 为（　　）。

A. 6V　　　　　　　　　　　　B. 3V

C. −3V　　　　　　　　　　　D. −6V

【7.5-5】图 7.5-27 所示电路中，若输入电压 $u_\text{i} = 10\sin(\omega t + 30°)\text{V}$，则输出电压的平均值 U_L 为（　　）。

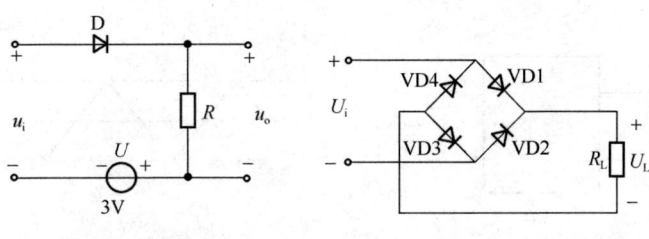

图 7.5-26　题 7.5-4 图　　　　图 7.5-27　题 7.5-5 图

A. 3.18V　　　B. 3V　　　C. 6.36V　　　D. 10V

【7.5-6】运算放大器应用电路如图 7.5-28 所示，设运算放大器输出电压的极限值为 ±11V，如果将 2V 电压接入电路的"A"端，电路的"B"端接地后，测得输出电压为 −8V，那么，如果将 2V 电压接入电路的"B"端，而电路的"A"端接地，则该电路的输出电压 u_o 等于(　　)。

A. 8V
B. −8V
C. 10V
D. −10V

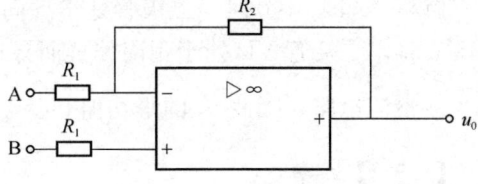

图 7.5-28　题 7.5-6 图

【7.5-7】如图 7.5-29 所示，已知 $u_o = -2\int u_i dt$，$C_f = 1\mu F$，试求积分运算中的 R_1、R_p。

A. 500kΩ，500kΩ　　　　　　B. 500kΩ，600kΩ
C. 600kΩ，500kΩ　　　　　　D. 600kΩ，600kΩ

【7.5-8】运算放大器应用电路如图 7.5-30 所示，该运算放大器线性工作区，输出电压与输入电压之间的运算关系是(　　)。

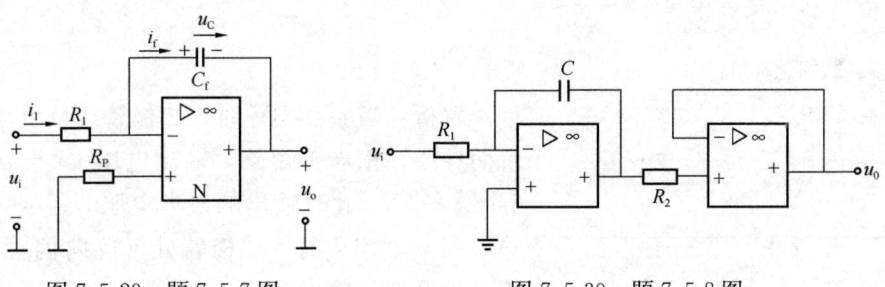

图 7.5-29　题 7.5-7 图　　　　图 7.5-30　题 7.5-8 图

A. $u_o = -\dfrac{1}{R_1 C}\int u_i dt$　　　　　B. $u_o = \dfrac{1}{R_1 C}\int u_i dt$

C. $u_o = -\dfrac{1}{(R_1+R_2)C}\int u_i dt$　　D. $u_o = \dfrac{1}{(R_1+R_2)C}\int u_i dt$

【7.5-9】将运算放大器直接用于两信号的比较，如图 7.5-31（a）所示，其中，$u_{i1} = -1V$，u_{i2} 的波形图由图 7.5-31（b）给出，则输出电压 u_o 等于(　　)。

A. u_{i2}　　　　　　　　　　　B. $-u_{i2}$
C. 正的饱和值　　　　　　　　D. 负的饱和值

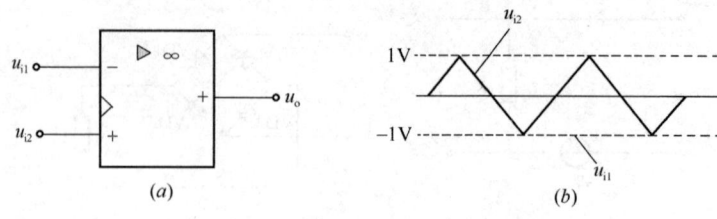

图 7.5-31 题 7.5-9 图

习题答案及解析

【7.5-1】答案：C

解析：当 $u_i > 0$ 时，二极管处于反向偏置而截止，相当于开路，输出电压 $u_o = 0$；当 $u_i < 0$ 时，二极管 VD 处于正向偏置而导通，相当于短路，输出电压 $u_o = u_i$，由于该电路为半波整流电路，因此 u_o 的平均值 $U_o = 0.45U = 0.45 \times \dfrac{-10}{\sqrt{2}} = -3.18\text{V}$。

【7.5-2】答案：C

解析：当 $u_i > 5\text{V}$ 时，二极管 VD 处于正向偏置而导通，相当于短路，输出电压 $u_o = u_i = 10\sin\omega t\text{V}$；当 $u_i < 5\text{V}$ 时，二极管处于反向偏置而截止，相当于开路，此时电路只有右半部分有电流通过，输出电压 u_o 即为电阻 R 两端的电压，因此 $u_o = 5 \div 2 = 2.5\text{V}$。

【7.5-3】答案：C

解析：当 $u_i > 0$ 时，电流本可以通过 D_2 所在的支路，但现在 D_2 因损坏而断开，因此电路中无电流通过，处于开路状态，故输出电压 $u_o = 0$；当 $u_i < 0$ 时，电流可通过 D_4 所在的支路，并经过 D_1，此时输出电压 $u_o = u_i$；综上，该电路为半波整流电路，因此 u_o 的平均值 $U_o = 0.45U = 0.45 \times \dfrac{-10}{\sqrt{2}} = -3.18\text{V}$。

【7.5-4】答案：B

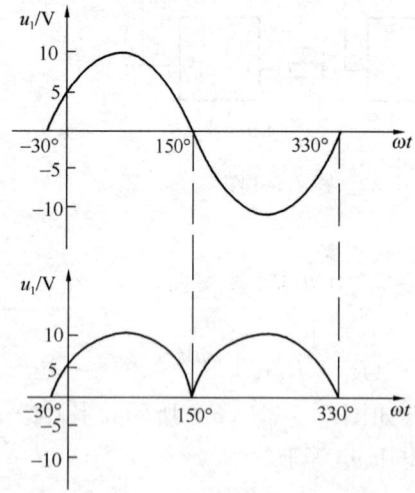

图 7.5-32 题 7.5-5 解析图

解析：当 $u_i > 3\text{V}$ 时，二极管 VD 处于正向偏置而导通，相当于短路，输出电压 $u_o = u_i - 3 = 6\sin\omega t - 3\text{V}$，此时输出的最大电压 $U_{oM} = 6 - 3 = 3\text{V}$；当 $u_i < 3\text{V}$ 时，二极管处于反向偏置而截止，相当于开路，输出电压 $u_o = 0$。综上，输出电压的最大值 U_{oM} 为 3V。

【7.5-5】答案：C

解析：当 $u_i > 0$ 时，电流的走向为 VD1 → R_L → VD3，此时输出电压 $u_o = u_i$；当 $u_i < 0$ 时，电流的走向为 VD2 → R_L → VD4，此时输出电压 $u_o = -u_i$，如图 7.5-32 所示。经上述分析可知，该电路为单相桥式整流电路，因此输出电压的平均值 $U_L = 0.9U_o = 0.9 \times 10 \div \sqrt{2} = 6.36\text{V}$。

【7.5-6】答案：C

解析：当将 2V 电压接入电路的"A"端，电路的"B"端接地时，此电路为反相比例运算电路，输出电压 $u_\mathrm{o}=-\dfrac{R_2}{R_1}u_\mathrm{i}=-2\dfrac{R_2}{R_1}=-8V$，因此 $\dfrac{R_2}{R_1}=4$；当将 2V 电压接入电路的"B"端，电路的"A"端接地时，输出电压 $u_\mathrm{o}=\left(1+\dfrac{R_2}{R_1}\right)u_\mathrm{i}=(1+4)\times 2=10V<11V$，因此输出电压 $u_\mathrm{o}=10V$。

【7.5-7】答案：A

解析：根据 $u_\mathrm{o}=-\dfrac{1}{R_1C_\mathrm{f}}\int u_\mathrm{i}\mathrm{d}t$ 可知，$\dfrac{1}{R_1C_\mathrm{f}}=2$，因此 $R_1=\dfrac{1}{2C_\mathrm{f}}=\dfrac{1}{2\times 10^{-6}}=500\mathrm{k\Omega}$；另外，外接平衡电阻 $R_\mathrm{p}=R_1=500\mathrm{k\Omega}$。

【7.5-8】答案：A

解析：该运算放大器应用电路的前半部分为积分运算电路，因此输出电压 $u_{\mathrm{o}1}=-\dfrac{1}{R_1C}\int u_\mathrm{i}\mathrm{d}t$；后半部分为同相比例运算电路，输出电压 $u_\mathrm{o}=(1+\dfrac{R_\mathrm{f}}{R_1})u_{\mathrm{o}1}$，由于 R_f 为零，因此 $u_\mathrm{o}=u_{\mathrm{o}1}=-\dfrac{1}{R_1C}\int u_\mathrm{i}\mathrm{d}t$。

【7.5-9】答案：C

解析：由图可得，$u_{\mathrm{i}2}>u_{\mathrm{i}1}$，且 $u_{\mathrm{i}2}$ 接在同相输入端，因此当 $u_{\mathrm{i}2}>u_{\mathrm{i}1}$ 时，$u_\mathrm{o}=+U_{\mathrm{o(sat)}}$，即输出电压 u_o 等于正的饱和值。

7.6 数字电子技术

高频考点梳理

知识点	与、或、非门的逻辑功能	D触发器	JK触发器	数字寄存器	脉冲计数器
近三年考核频次	1	2	1	1	1

7.6.1 逻辑运算及逻辑门

1. 基本逻辑运算及其逻辑门

（1）"与"逻辑及"与"门

用逻辑表达式来描述"与"逻辑，可写成：

$$F=A\cdot B \tag{7.6-1}$$

其运算规则为：

$$0\cdot 0=0$$

$$0\cdot 1=0$$

$$1\cdot 0=0$$

$$1\cdot 1=1$$

"与"门逻辑符号和"与"门的波形图如图 7.6-1 和图 7.6-2 所示。

图 7.6-1 "与"门逻辑符号　　　图 7.6-2 "与"门波形图

(2) "或"逻辑及"或"门

用逻辑表达式来描述"或"逻辑,可写成:

$$F = A + B \tag{7.6-2}$$

其运算规则为:

$$0 + 0 = 0$$
$$0 + 1 = 1$$
$$1 + 0 = 1$$
$$1 + 1 = 1$$

"或"门逻辑符号和"或"门的波形图如图 7.6-3 和图 7.6-4 所示。

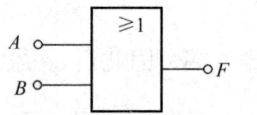 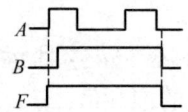

图 7.6-3 "或"门逻辑符号　　　图 7.6-4 "或"门波形图

(3) "非"逻辑及"非"门

用逻辑表达式来描述"非"逻辑,可写成:

$$F = \overline{A} \tag{7.6-3}$$

其运算规则为:

$$\overline{0} = 1$$
$$\overline{1} = 0$$

"非"门逻辑符号和"非"门的波形图如图 7.6-5 和图 7.6-6 所示。

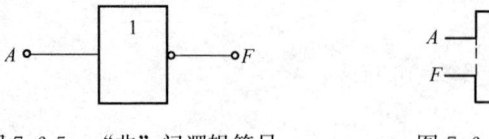

图 7.6-5 "非"门逻辑符号　　　图 7.6-6 "非"门波形图

2. 复合逻辑运算及其复合门

(1) "与非"逻辑运算及"与非"门

用逻辑表达式来描述"与非"逻辑,可写成:

$$F = \overline{A \cdot B} \tag{7.6-4}$$

其运算规则为:

$$\overline{0 \cdot 0} = 1$$
$$\overline{0 \cdot 1} = 1$$
$$\overline{1 \cdot 0} = 1$$
$$\overline{1 \cdot 1} = 0$$

"与非"门逻辑符号如图 7.6-7 所示。其工作波形图是将图 7.6-2 所示"与"门工作波形的输出 F 的波形取反。

（2）"或非"逻辑运算及"或非"门

用逻辑表达式来描述"或非"逻辑，可写成：

$$F = \overline{A + B} \tag{7.6-5}$$

其运算规则为：

$$\overline{0 + 0} = 1$$
$$\overline{0 + 1} = 0$$
$$\overline{1 + 0} = 0$$
$$\overline{1 + 1} = 0$$

"或非"门逻辑符号如图 7.6-8 所示。其工作波形图是将图 7.6-4 所示"或"门工作波形的输出 F 的波形取反。

图 7.6-7 "与非"门逻辑符号   图 7.6-8 "或非"门逻辑符号

（3）"与或非"逻辑运算及"与或非"门

"与或非"逻辑运算是"与"运算和"或非"运算的复合。先将输入逻辑变量 A、B 及 C、D 分别进行"与"运算，再进行"或非"运算，其逻辑表达式为：

$$F = \overline{A \cdot B + C \cdot D} \tag{7.6-6}$$

"与或非"门逻辑符号如图 7.6-9 所示。

（4）"同或"逻辑函数和"异或"逻辑函数及其逻辑门

"同或"逻辑函数式为：

$$F = \overline{A} \cdot \overline{B} + A \cdot B = A \odot B \tag{7.6-7}$$

"异或"逻辑函数式为：

$$F = A \cdot \overline{B} + \overline{A} \cdot B = A \oplus B \tag{7.6-8}$$

对于"同或"逻辑关系，当两个输入变量 A、B 取值相同时，输出变量 F 为 1，否则为 0。
对于"异或"逻辑关系，当两个输入变量 A、B 取值相异时，输出变量 F 为 1，否则为 0。
"异或"门的逻辑符号如图 7.6-10 所示。"异或"门加一个"非"门即为"同或"门。

图 7.6-9 "与或非"门逻辑符号   图 7.6-10 "异或"门逻辑符号

7.6.2 D触发器

D触发器的逻辑符号如图 7.6-11（a）所示。它有一个信号输入端 D 和一个时钟脉冲输入端 CP，$\overline{R}_D$、$\overline{S}_D$ 为直接置 0、置 1 端。

D触发器的状态方程为：

$$Q^{n+1} = D \tag{7.6-9}$$

即在 CP 脉冲的作用下，D 触发器的新状态总是与 D 端的状态相同。其真值表和波形图如图 7.6-11（b）、（c）所示。

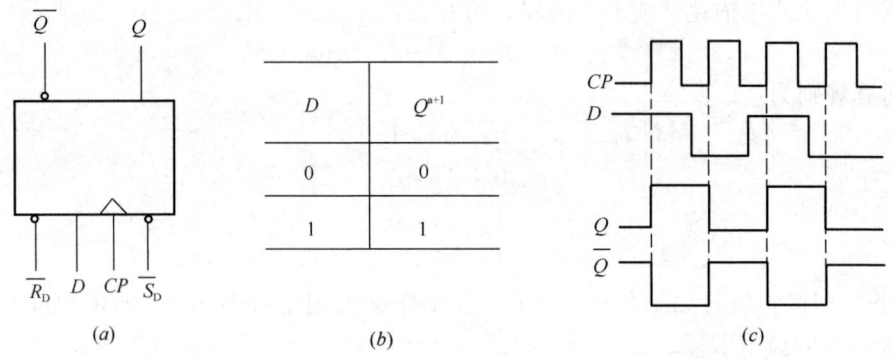

图 7.6-11　D 触发器逻辑符号
(a) 逻辑符号；(b) 真值表；(c) 波形图

【例 7.6-1】 图 7.6-12（a）所示为由一片双 D 触发器 CC4013 组成的移相电路，可输出两个频率相同，相位差 90°的脉冲信号，已知 CP 波形，试画出 Q_1 和 Q_2 端的波形，设 F_1 和 F_2 的初态为 0。

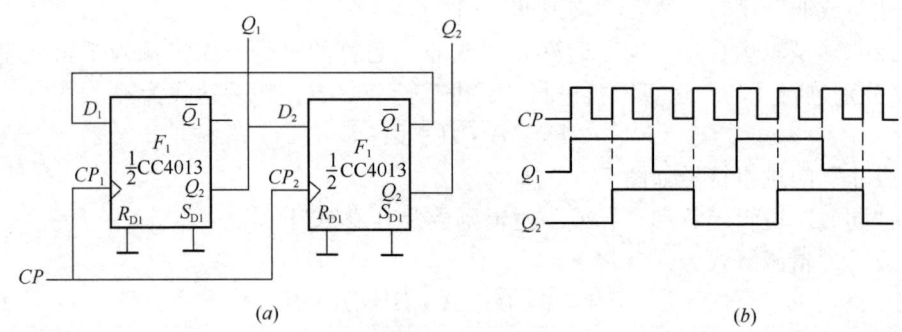

图 7.6-12　移相电路
(a) 电路图；(b) 移相波形

解析：电路中，两个 D 触发器共用一个 CP 脉冲，F_1 的 Q_1 接 F_2 的 D_2，F_2 的 $\overline{Q}_2$ 接 F_1 的 D_1。可写出两个触发器的状态方程为：

$$Q_1^{n+1} = D_1 = \overline{Q}_2^n$$

$$Q_2^{n+1} = D_2 = Q_1^n$$

在 CP 脉冲的作用下，可得图 7.6-12（b）所示的 Q_1、Q_2 端的波形。

7.6.3 JK 触发器

JK 触发器的逻辑符号如图 7.6-13 所示。

JK 触发器的状态方程为：

$$Q^{n+1} = J\overline{Q}^n + \overline{K}Q^n \tag{7.6-10}$$

JK 触发器的真值表及工作波形如图 7.6-14（a）、(b) 所示。

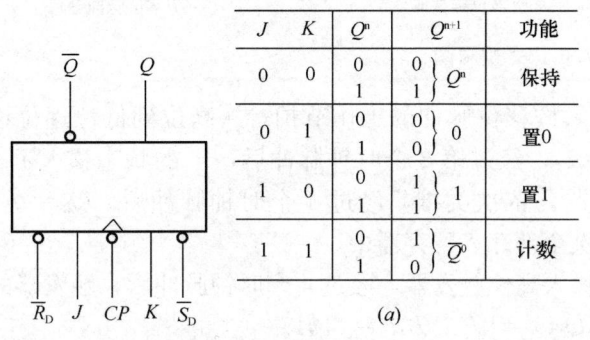

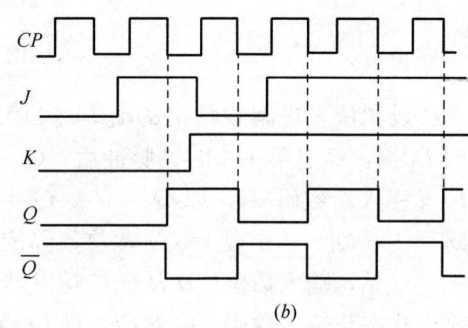

图 7.6-13　JK 触发器逻辑符号

图 7.6-14
(a) 真值表；(b) 工作波形图

【例 7.6-2】JK 触发器及其输入端 J、K 和 CP 的电压波形如图 7.6-15 所示，试画出 Q、$\overline{Q}$ 端对应的电压波形。设触发器的初始状态为 $Q=0$。

解析： 根据 JK 触发器的状态方程 $Q^{n+1}=J\overline{Q}^n+\overline{K}Q^n$，当 CP 第一次由 1 变为 0 时，JK 触发器触发，此时 $J=1$、$K=0$，因此 $Q^{n+1}=J\overline{Q}^n+\overline{K}Q^n=1$；当 CP 第二次由 1 变为 0 时，JK 触发器触发，此时 $J=0$、$K=1$，因此 $Q^{n+1}=J\overline{Q}^n+\overline{K}Q^n=0$……之后的分析同理，$\overline{Q}$ 的波形则是对 Q 的波形取反，其波形图如图 7.6-16 所示。

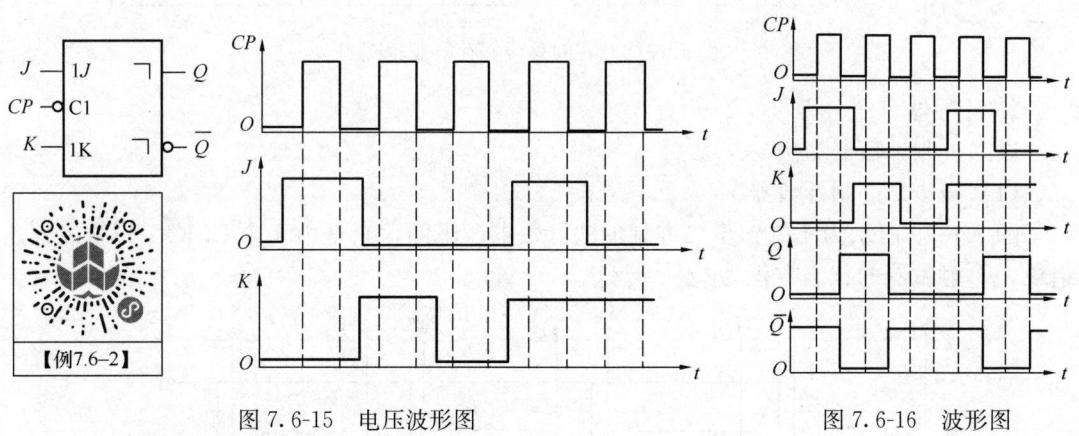

图 7.6-15　电压波形图　　　　　图 7.6-16　波形图

7.6.4 时序逻辑电路

1. 单向移位寄存器

以 4 位左向移位寄存器和 4 位右向移位寄存器为例。

（1）4 位左向移位寄存器

图 7.6-17 是由 D 触发器组成的 4 位左向移位寄存器逻辑图。

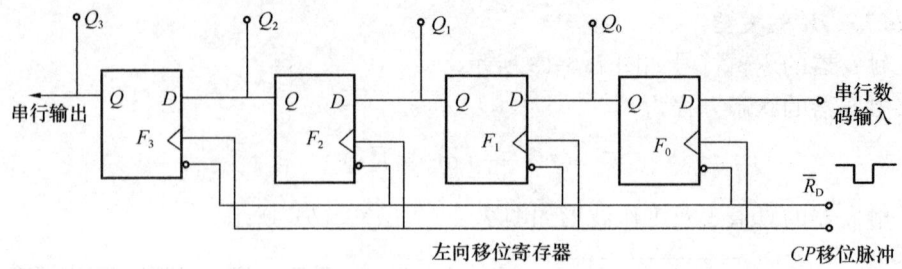

图 7.6-17 逻辑图

设 4 位二进制数码 $d_3d_2d_1d_0=1101$，按移位脉冲的工作节拍，从高位到低位逐位送到 D_0 端，经过第 1 个时钟脉冲后，$Q_0=d_3$，经过第 2 个时钟脉冲后，F_0 的状态移入 F_1，F_0 又移入新数码 d_2，即 $Q_1=d_3$，$Q_0=d_2$，依次类推，经过 4 个时钟脉冲后，$Q_3=d_3$、$Q_2=d_2$、$Q_1=d_1$、$Q_0=d_0$，4 位数码依次全部存入寄存器中。

可见，输入数码依次从低位触发器移入高位触发器，经过 4 个时钟脉冲后，触发器的输出状态与输入数码一一对应，即 $Q_3Q_2Q_1Q_0=d_3d_2d_1d_0=1101$。

(2) 4 位右向移位寄存器

右向移位寄存器的工作原理与左向移位寄存器的相同，不同之处在于它的待存数码是从低位向高位逐位传送的。图 7.6-18 是用 4 个主从型 JK 触发器组成的右向移位寄存器逻辑图。

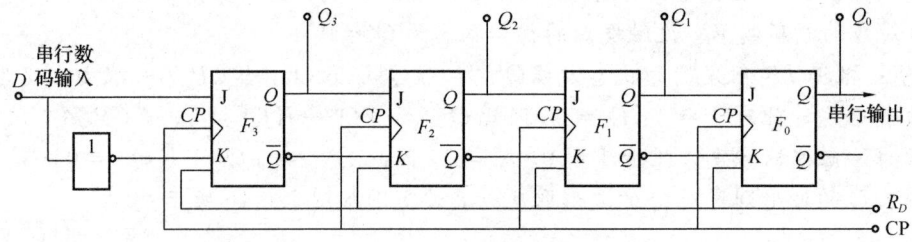

图 7.6-18 右向移位寄存器逻辑图

2. 计数器

以二进制计数器为例。

(1) 异步二进制计数器

图 7.6-19 所示为 4 位异步二进制加法计数器逻辑图，它是由 4 个 CMOS T' 触发器所组成，T' 触发器的状态方程为 $Q^{n+1}=\overline{Q}^n$。

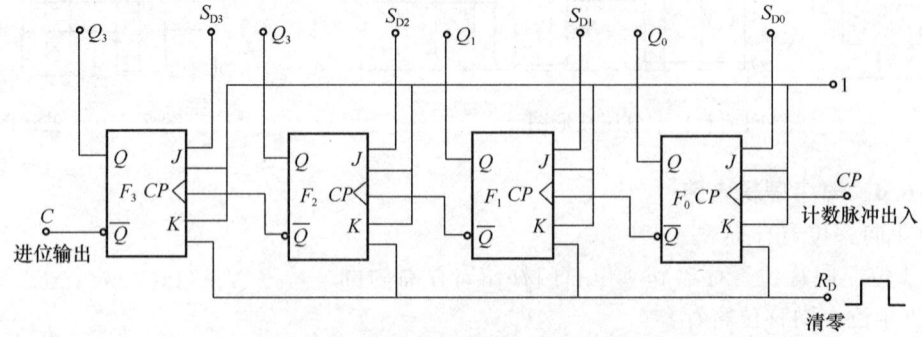

图 7.6-19 异步二进制加法计数器逻辑图

设计数器原状态为0000，当第1个计数脉冲输入后，F_0的Q_0由0变为1，$\overline{Q}_0$未产生进位信号，故F_3、F_2、F_1保持0状态，计数器的状态为0001；当第2个计数脉冲输入后，F_0的Q_0由1变为0，$\overline{Q}_0$产生一个正阶跃信号作用至F_1的CP端，使F_1的Q_1由0变1，而此时F_3、F_2仍保持0状态，计数器的状态为0010；依此类推。当第15个计数脉冲输入后，计数器的状态为1111，第16个计数脉冲输入，计数器的状态返回到0000。

由上述分析可知，一个4位二进制加法计数器有$2^4=16$种状态，每输入16个计数脉冲，计数器的状态就循环一次，故又称其为1位十六进制加法计数器。

（2）同步二进制计数器

图7.6-20是由4个CMOS JK触发器组成的4位同步二进制加法计数器的逻辑图，各位触发器受同一个计数脉冲触发，按各自不同的输入条件翻转。

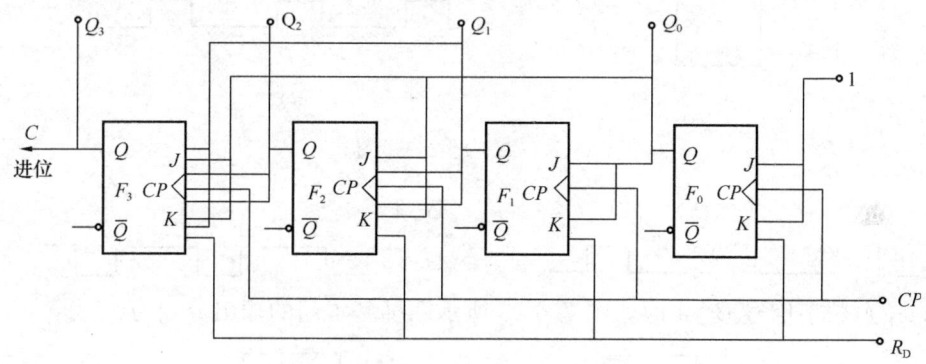

图7.6-20　逻辑图

由图7.6-20可得出各位触发器J、K端的逻辑关系式：

第一位触发器F_0接成T'触发器形式，$J_0=K_0=1$；

第二位触发器F_1的$J_1=K_1=Q_0$；

第三位触发器F_2的$J_2=K_2=Q_1Q_0$；

第四位触发器F_3的$J_3=K_3=Q_2Q_1Q_0$。

其工作过程为：设计数器原状态为0000。第1个计数脉冲到来后，F_0翻转为1态，由于此时F_1、F_2、F_3的输入均为0，故不翻转，计数器输出状态为0001；第2个计数脉冲到来前，由于F_1的输入$J_1=K_1=Q_0=1$，故在第2个计数脉冲到来后，F_0由1翻转为0，F_1由0翻转为1，而此时F_2、F_3的输入均为0，不翻转，计数器输出状态为0010；依此类推，直到第15个计数脉冲到来，计数器输出状态为1111，第16个计数脉冲到来，由于各位触发器均满足翻转条件，全部翻转为0，故计数器返回0000状态。

【例7.6-3】电路如图7.6-21所示，试分析其逻辑功能。

解析：这是一个同步计数器。由图可见，F_0的$J_0=\overline{Q}_1$，$K_0=1$，F_1的$J_1=Q_0$，$K_1=1$，将它们代入JK触发器的状态方程得：

$$Q_0^{n+1}=\overline{Q}_1^n\overline{Q}_0^n$$

【例7.6-3】

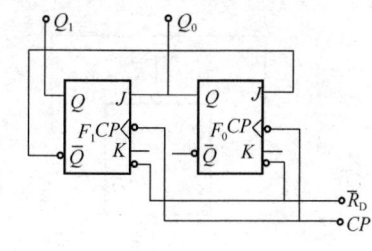

图7.6-21　电路图

$$Q_1^{n+1} = Q_0^n \overline{Q}_1^n$$

设计数器原状态为 $Q_1Q_0=00$，第一个计数脉冲到来后，Q_0^{n+1} 由 0 变为 1，Q_1^{n+1} 不变，此时状态为 $Q_1Q_0=01$；第二个计数脉冲到来后，Q_0^{n+1} 由 1 变为 0，Q_1^{n+1} 由 0 变为 1，此时状态为 $Q_1Q_0=10$；第三个计数脉冲到来后，$Q_0^{n+1}=0$，$Q_1^{n+1}=0$，此时状态为 $Q_1Q_0=00$。可见该技术器为三进制加法计数器。

习　题

【7.6-1】基本门电路如图 7.6-22（a）所示，其中，数字信号 A 由图 7.6-22（b）给出，那么，输出 F 为（　　）。

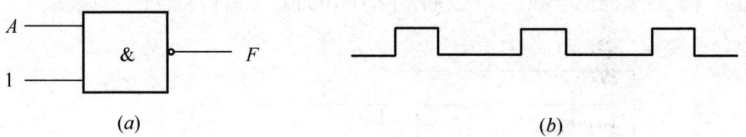

图 7.6-22　题 7.6-1 图

A. 0　　　　　　　　　　　　　　　　B. 1
C. ⎍⎍⎍　　　　　　　　　　　　　　D. ⎍⎍⎍

【7.6-2】数字信号 $B=1$ 时，图 7.6-23 所示两种基本门的输出分别为（　　）。

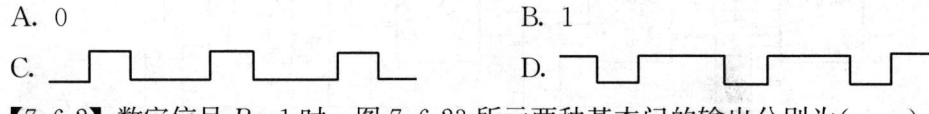

图 7.6-23　题 7.6-2 图

A. $F_1=A$，$F_2=1$　　　　　　　　　B. $F_1=1$，$F_2=A$
C. $F_1=1$，$F_2=0$　　　　　　　　　D. $F_1=0$，$F_2=A$

【7.6-3】D 触发器的应用电路如图 7.6-24 所示，设输出 Q 的初值为 0，那么，在时钟脉冲 cp 的作用下，输出 Q 为（　　）。

A. 0　　　　　　　　　　　　　　　　B. 1
C. cp　　　　　　　　　　　　　　　D. 脉冲信号，频率为时钟脉冲频率的 1/2

【7.6-4】图 7.6-25（a）所示电路中，复位信号 $\overline{R}_D$、信号 A 及时钟脉冲信号 cp 如图 7.6-25（b）所示，经分析可知，在第一个和第二个时钟脉冲的下降沿时刻，输出 Q 先后等于（　　）。

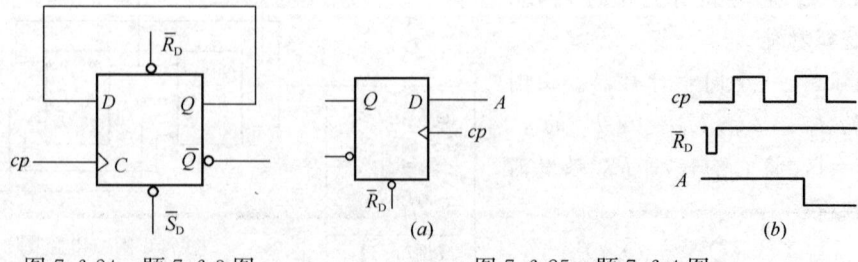

图 7.6-24　题 7.6-3 图　　　　　图 7.6-25　题 7.6-4 图

A. 0、0 B. 0、1 C. 1、0 D. 1、1

【7.6-5】图 7.6-26（a）所示电路中，复位信号、数据输入及时钟脉冲信号如图 7.6-26（b）所示，经分析可知，在第一个和第二个时钟脉冲的下降沿过后，输出 Q 先后等于( )。

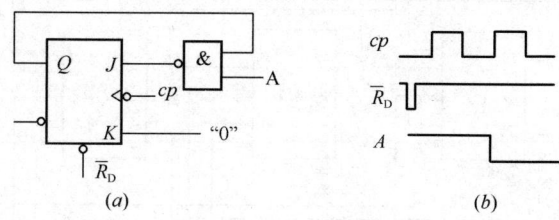

图 7.6-26　题 7.6-5 图

A. 0、0 B. 0、1 C. 1、0 D. 1、1

【7.6-6】JK 触发器及其输入信号波形如图 7.6-27 所示，那么，在 $t = t_0$ 和 $t = t_1$ 时刻，输出 Q 分别为( )。

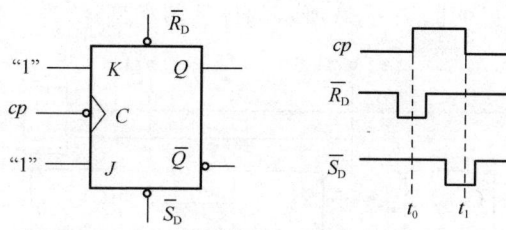

图 7.6-27　题 7.6-6 图

A. $Q(t_0) = 1, Q(t_1) = 0$ B. $Q(t_0) = 0, Q(t_1) = 1$
C. $Q(t_0) = 0, Q(t_1) = 0$ D. $Q(t_0) = 1, Q(t_1) = 1$

【7.6-7】由两个主从型 JK 触发器组成的逻辑电路如图 7.6-28（a）所示，设 Q_1、Q_2 的初始状态是 0、0，已知输入信号 A 和脉冲信号 cp 的波形，如图 7.6-28（b）所示，当第二个 cp 脉冲作用后，Q_1、Q_2 将变为( )。

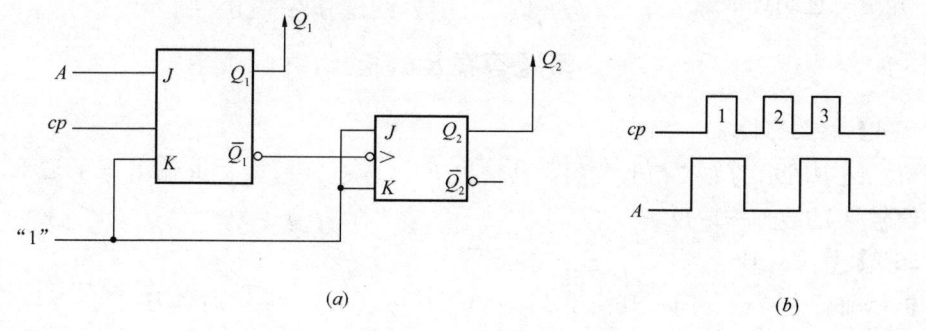

图 7.6-28　题 7.6-7 图

A. 1、1 B. 1、0
C. 0、1 D. 保持 0、0 不变

【7.6-8】图 7.6-29 是由 3 个 TTL 主从型 JK 触发器组成的一种计数器，通过分析说明该计数器的类型。（　　）

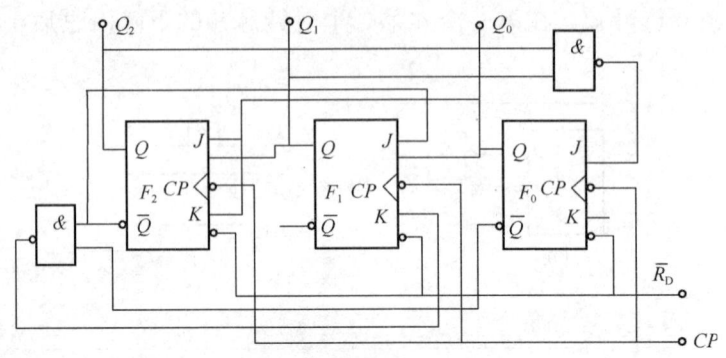

图 7.6-29　题 7.6-8 图

A. 同步六进制计数器　　　　　　　　B. 异步六进制计数器
C. 同步三进制计数器　　　　　　　　D. 异步三进制计数器

【7.6-9】通过分析，说明图 7.6-30 所示的计数器类型。（　　）

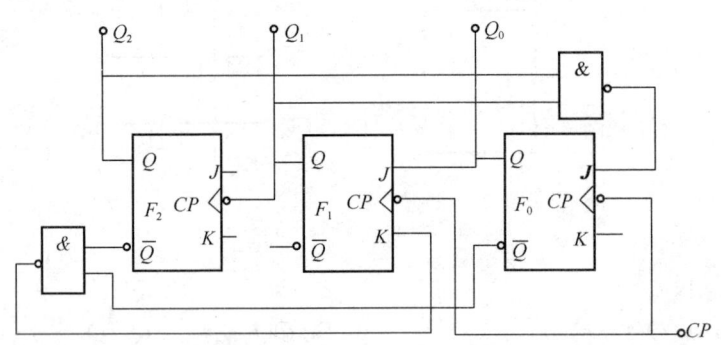

图 7.6-30　题 7.6-9 图

A. 异步七进制计数器　　　　　　　　B. 同步七进制计数器
C. 异步三进制计数器　　　　　　　　D. 同步三进制计数器

习题答案及解析

【7.6-1】答案：D

解析：图中所示的为"与非"门，其输出 $F = \overline{A \cdot 1} = \overline{A}$，因此输出 F 的波形图应该对数字信号 A 的波形图取反。

【7.6-2】答案：B

解析：前者为"或"门，其输出 $F_1 = A + B = A + 1 = 1$；后者为"与"门，其输出 $F_2 = A \cdot B = A \cdot 1 = A$。

【7.6-3】答案：A

解析：D 触发器的状态方程为：$Q^{n+1} = D = Q^n$，因此输出 Q 一直为 0。

【7.6-4】答案：D

解析：图中所示为 D 触发器，其状态方程为：$Q^{n+1}=D=A$，且图中 D 触发器为上升沿触发。在第一次上升沿之前，$\overline{R}_D=0$，触发器被置成 0 态。当 cp 第一次由 0 变为 1 时，根据状态方程，$Q^{n+1}=A=1$；当 cp 第二次由 0 变为 1 时，根据状态方程，$Q^{n+1}=A=1$，其波形图如图 7.6-31 所示。由于 D 触发器在下降沿时状态不发生变化，因此在第一个和第二个时钟脉冲的下降沿时刻，输出 Q 均等于 1。

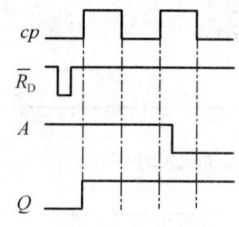

图 7.6-31
题 7.6-4 解析图

【7.6-5】答案：D

解析：图中所示为 JK 触发器，其状态方程为：$Q^{n+1}=J\overline{Q}^n+\overline{K}Q^n=\overline{A}\overline{Q}^n\overline{Q}^n+Q^n$，且图中 JK 触发器为下降沿触发。在第一次下降沿之前，$\overline{R}_D=0$，触发器被置成 0 态。当 cp 第一次由 1 变为 0 时，$A=1$，根据状态方程，$Q^{n+1}=\overline{A}\overline{Q}^n\overline{Q}^n+Q^n=1$；当 cp 第二次由 1 变为 0 时，$A=0$，根据状态方程，$Q^{n+1}=\overline{A}\overline{Q}^n\overline{Q}^n+Q^n=1$，其波形图如图 7.6-32 所示。由以上分析可知，在第一个和第二个时钟脉冲的下降沿过后，输出 Q 均等于 1。

【7.6-6】答案：B

解析：当 $\overline{R}_D=0,\overline{S}_D=1$ 时，无论触发器原状态是什么，新状态总为 $Q=0,\overline{Q}=1$；当 $\overline{R}_D=1,\overline{S}_D=0$ 时，无论触发器原状态是什么，新状态总为 $Q=1,\overline{Q}=0$。图中 t_0 时刻为 $\overline{R}_D=0,\overline{S}_D=1$，因此输出 $Q=0$；t_1 时刻为 $\overline{R}_D=1,\overline{S}_D=0$，因此输出 $Q=1$。

【7.6-7】答案：C

解析：图中所示为 JK 触发器，其状态方程分别为：$Q_1^{n+1}=J_1\overline{Q}_1^n+\overline{K}_1Q_1^n=A\overline{Q}_1^n$、$Q_2^{n+1}=J_2\overline{Q}_2^n+\overline{K}_2Q_2^n=\overline{Q}_2^n$。$JK$ 触发器为下降沿触发。在第一个 cp 脉冲作用后，$A=1$，$\overline{Q}_1^n=1$，$Q_1^{n+1}=A\overline{Q}_1^n=1$，此时 $\overline{Q}_1$ 由 1 变为 0，则 $Q_2^{n+1}=\overline{Q}_2^n=1$；在第二个 cp 脉冲作用后，$A=0$，$\overline{Q}_1^n=1$，$Q_1^{n+1}=A\overline{Q}_1^n=0$，此时 $\overline{Q}_1$ 由 0 变为 1，则 Q_2 不发生变化，仍然为 1。其波形图如图 7.6-33 所示。

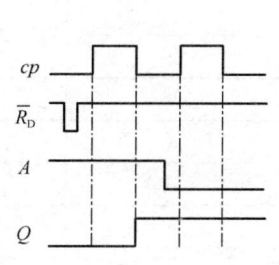

图 7.6-32　题 7.6-5 解析图

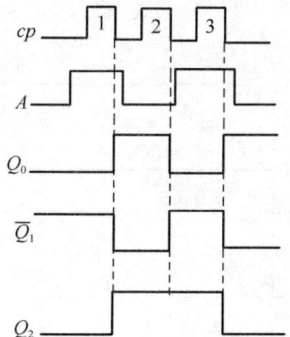

图 7.6-33　题 7.6-7 解析图

【7.6-8】答案：A

解析：由于各位触发器受同一个计数脉冲触发，因此为同步计数器。由图可得出各位触发器 J、K 端的逻辑关系式：第一位触发器 F_0 的 $J_0=\overline{Q_1Q_2}$、$K_0=1$，因此其状态方程

为 $Q_0^{n+1} = \overline{Q_1^n Q_2^n} \cdot \overline{Q_0^n}$；第二位触发器 F_1 的 $J_1 = \overline{Q_2} Q_0$、$K_1 = \overline{\overline{Q_0} \cdot \overline{Q_2}}$，因此其状态方程为 $Q_1^{n+1} = \overline{Q_2^n} Q_0^n \overline{Q_1^n} + \overline{Q_0^n \cdot \overline{Q_2^n}} Q_1^n$；第三位触发器 F_2 的 $J_2 = Q_1 Q_0$、$K_2 = Q_0$，因此其状态方程为 $Q_2^{n+1} = Q_1^n Q_0^n \overline{Q_2^n} + \overline{Q_0^n} Q_2^n$。根据以上状态方程，可得出其状态转换情况，如表 7.6-1 所示。

状态转换情况表　　　　　　　　　　　　　　　表 7.6-1

计数器脉冲序号	触发器状态			对应十进制数
	Q_2	Q_1	Q_0	
0	0	0	0	0
1	0	0	1	1
2	0	1	0	2
3	0	1	1	3
4	1	0	0	4
5	1	0	1	5
6	0	0	0	0（进位）

由上表可知，该计数器为同步六进制计数器。

【7.6-9】答案：A

解析：图中所示计数器的计数脉冲不是同时加到各触发器的计数输入端，因此该计数器是异步的。由图可得出各位触发器 J、K 端的逻辑关系式：第一位触发器 F_0 的 $J_0 = \overline{Q_1 Q_2}$、$K_0 = 1$，因此其状态方程为 $Q_0^{n+1} = \overline{Q_1^n Q_2^n} \cdot \overline{Q_0^n}$；第二位触发器 F_1 的 $J_1 = Q_0$、$K_1 = \overline{\overline{Q_0} \cdot \overline{Q_2}}$，因此其状态方程为 $Q_1^{n+1} = Q_0^n \overline{Q_1^n} + \overline{\overline{Q_0^n} \cdot \overline{Q_2^n}} Q_1^n$；第三位触发器 F_2 的 $J_2 = 1$、$K_2 = 1$，因此其状态方程为 $Q_2^{n+1} = \overline{Q_2^n}$。根据以上状态方程，可得出其状态转换情况（注意：只有当 Q_1 由 1 变为 0 时 F_2 才会触发），如表 7.6-2 所示。

状态转换情况表　　　　　　　　　　　　　　　表 7.6-2

计数器脉冲序号	触发器状态			对应十进制数
	Q_2	Q_1	Q_0	
0	0	0	0	0
1	0	0	1	1
2	0	1	0	2
3	0	1	1	3
4	1	0	0	4
5	1	0	1	5
6	1	1	0	6
7	0	0	0	0（进位）

由上表可知，该计数器为异步七进制计数器。

7.7 计算机系统

高频考点梳理

知识点	计算机的发展	计算机的分类	计算机硬件系统组成	存储器	输入/输出设备及控制系统	操作系统	操作系统特征	操作系统分类	支撑软件	应用软件
近三年考核频次	1	1	1	3	1	2	1	2	1	1

7.7.1 计算机系统组成

图 7.7-1 为计算机系统的层次结构。内核是硬件系统,是进行信息处理的实际物理装置。最外层是使用计算机的人,即用户。人与硬件系统之间的接口界面是软件系统,它大致可分为系统软件、支援软件和应用软件三层。

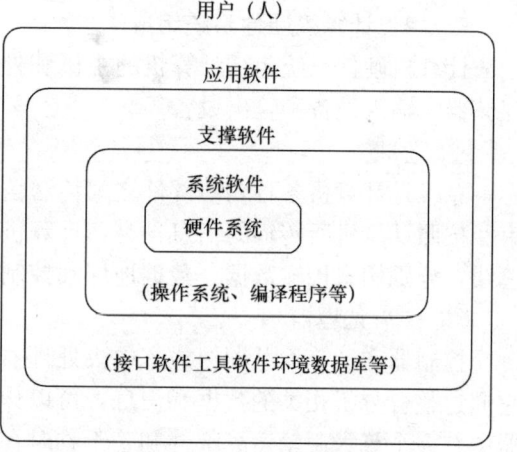

图 7.7-1 层次结构图

7.7.2 计算机的发展

世界上第一台计算机在 1946 年 2 月 14 日诞生于美国宾夕法尼亚大学,并取名为 ENIAC。采用的电子元器件:电子管,计算机发展到第二代采用的电子元器件:晶体管,第三代计算机采用电子元器件:中小规模集成电路,第四代采用电子元器件:大规模、超大规模集成电路并且在第四代计算机中出现了操作系统。

未来计算机将朝着巨型化、微型化、网络化、人工智能化、多媒体化的方向发展。

巨型化是指为了适应尖端科学技术的需要,发展高速度、大存储容量和功能强大的超级计算机。

微型化是指计算机的体积不断的缩小,台式电脑、笔记本电脑、掌上电脑、平板电脑体积逐步微型化,为人们提供便捷的服务。因此,未来计算机仍会不断趋于微型化,体积将越来越小。

网络化是指互联网将世界各地的计算机连接在一起,从此进入了互联网时代。

计算机人工智能化是未来发展的必然趋势。现代计算机具有强大的功能和运行速度,但与人脑相比,其智能化和逻辑能力仍有待提高。人类不断在探索如何让计算机能够更好的反映人类思维,使计算机能够具有人类的逻辑思维判断能力,可以通过思考与人类沟通交流,抛弃以往的依靠通过编码程序来运行计算机的方法,直接对计算机发出指令。

传统的计算机处理的信息主要是字符和数字。事实上,人们更习惯的是图片、文字、声音、像等多种形式的多媒体信息。多媒体技术可以集图形、图像、音频、视频、文字为一体，使信息处理的对象和内容更加接近真实世界。

【例 7.7-1】 计算机的发展方向是微型化、巨型化、多媒体化、智能化和（   ）。
  A. 网络化   B. 功能化
  C. 模块化   D. 系列化

解析：计算机的发展方向是微型化、巨型化、多媒体化、智能化和网络化，因此选 A。

7.7.3 计算机的分类

按照用途，可分为通用计算机和专用计算机。

按照 1989 年由 IEEE 科学巨型机委员会提出的运算速度分类法，可分为巨型机、大型机、小型机、工作站和微型计算机。

按照所处理的数据类型，可分为模拟计算机、数字计算机和混合型计算机等。

7.7.4 计算机硬件系统组成

计算机硬件系统包括计算机的主机和外部设备。主要部件分为：总线、中央处理器、存储器、输入设备和输出设备等。

1. 总线

总线是计算机各种功能部件之间传送信息的公共通信干线，它是由导线组成的传输线束。按照计算机所传输的信息种类，计算机的总线可以划分为数据总线、地址总线和控制总线，分别用来传输数据、数据地址和控制信号。

2. 中央处理器

控制器和运算器共同组成了中央处理器。控制器可以看作计算机的大脑和指挥中心，它通过整合分析相关的数据和信息，可以让计算机的各个组成部分有序地完成指令。运算器中有一个算术逻辑运算部件和若干临时存储数据的数据寄存器，其主要功能是对数据和信息进行运算和加工。

3. 存储器

存储器是用来存储程序和各种数据信息的记忆部件，可分成内存储器和外存储器。内存储器在程序执行期间被计算机频繁地使用，并且在一个指令周期期间是可直接访问的。外存储器要求计算机从一个外贮藏装置例如磁带或磁盘中读取信息。

内存储器有很多类型。随机存取存储器（RAM）在计算期间被用作高速暂存记忆区。数据可以在 RAM 中存储、读取和用新的数据代替。当计算机在运行时 RAM 是可得到的，它包含了放置在计算机此刻所处理的问题处的信息。大多数 RAM 是"不稳定的"，这意味着当关闭计算机时信息将会丢失。只读存储器（ROM）是稳定的。它被用于存储计算机在必要时需要的指令集。存储在 ROM 内的信息是硬接线的，且不能被计算机改变（因此称为"只读"）。

存储器由若干个存储单元构成，每个存储单元由若干个存储位构成，一个存储位可存储 0 或 1，这些相同位数的存储位构成的存储字即为存储单元的内容。每个存储单元有一条地址线控制其读或写，当其有效时，其对应存储单元的内容可以读出或写入，否则该单元不能读出或写入。每个存储单元有一个地址编码，通过地址译码器可将每一个地址编码译出其对应的地址线，控制存储单元内容的读写。

4. 输入设备

输入设备是人或外部与计算机进行交互的一种装置，用于把原始数据和处理这些数的程序输入到计算机中。键盘，鼠标，摄像头，扫描仪，光笔，手写输入板，游戏杆，语音输入装置等都属于输入设备。

5. 输出设备

输出设备是计算机人机互动的关键设备，它的特点是可以将计算机的信息以画面的形式展现出来，具有很好的直观性。常见的输出设备有显示器、打印机、语音和视频输出装置等。

【例7.7-2】在微机组成中用于传输信息的总线是指(　　)。

A. 数据总线，地址总线，控制总线

B. 数据总线，连结硬盘的总线，连结软盘的总线

C. 地址线，与网络连结的总线，与打印机连接的总线

D. 控制总线，光盘的连结总线，优盘的连结总线

解析：总线是计算机各种功能部件之间传送信息的公共通信干线。按照计算机所传输的信息种类，计算机的总线可以划分为数据总线、地址总线和控制总线，分别用来传输数据、数据地址和控制信号，因此选A。

7.7.5　计算机软件系统组成

计算机软件系统由系统软件、支撑软件和应用软件组成。

1. 系统软件

系统软件是指控制和协调计算机及外部设备，支持应用软件开发和运行的系统，是无需用户干预的各种程序的集合。例如操作系统，在微机上常见的有：DOS、WINDOWS、UNIX、OS/2等。

2. 支撑软件

支撑软件是支持其他软件的编制和维护的软件。常见的支撑软件有软件开发环境、数据库管理系统以及网络软件等。

3. 应用软件

应用软件是和系统软件相对应的，是用户可以使用的各种程序设计语言，以及用各种程序设计语言编制的应用程序的集合，分为应用软件包和用户程序。

7.7.6　操作系统

操作系统是管理计算机硬件与软件资源的计算机程序，同时也是计算机系统的内核与基石。操作系统需要处理如管理与配置内存、决定系统资源供需的优先次序、控制输入设备与输出设备、操作网络与管理文件系统等基本事务。

1. 操作系统特征

操作系统的特征有并发性、共享性、随机性、虚拟性和异步性。

操作系统的并发指的是计算机操作系统中同时存在着多个运行着的程序。应注意的是，并行性是指两个或多个事件在同一时刻发生，而并发性是指两个或多个事件在同一时间间隔内发生。

共享性指的是系统中的资源可供内存中多个并发执行的进程共同使用。资源共享方式分为互斥共享方式和同时共享方式。

随机性是指操作系统的运行是在一个随机的环境中，一个设备可能在任何时间向处理机发出中断请求，系统无法知道运行着的程序会在什么时候做什么事情。

虚拟是指把一个物理上的实体变为若干个逻辑上的对应物。物理实体是实际存在的，而逻辑上的对应物是用户感受到的。

异步指的是在多道程序环境下，允许多个程序并发执行，但由于资源有限，进程的执行不是一贯到底而是走走停停的，以不可预知的速度向前推进，这就是进程的异步性。

2. 操作系统功能

操作系统主要包括以下几个方面的功能：

进程管理，其工作主要是进程调度，在单用户单任务的情况下，处理器仅为一个用户的一个任务所独占，进程管理的工作十分简单；但在多道程序或多用户的情况下，组织多个作业或任务时，就要解决处理器的调度、分配和回收等问题。

存储管理：存储分配、存储共享、存储保护、存储扩张。

设备管理：设备分配、设备传输控制、设备独立性。

文件管理：文件存储空间的管理、目录管理、文件操作管理、文件保护。

作业管理是负责处理用户提交的任何要求。

3. 操作系统分类

计算机的操作系统根据不同的用途分为不同的种类。从功能角度分析，有实时系统、批处理系统、分时系统；从支持的用户数目分析，有单用户系统、多用户系统；从同时执行的任务数目分析，有单任务系统、多任务系统；从硬件结构和配置分析，有单机配置系统、多机配置系统。

【例 7.7-3】软件系统中，能够管理和控制计算机系统全部资源的软件是（　　）。

　　A. 操作系统　　　　　　　　　　B. 用户程序
　　C. 支撑软件　　　　　　　　　　D. 应用软件

解析：计算机软件系统由系统软件、支撑软件和应用软件组成。而操作系统是常见的系统软件，操作系统需要处理如管理与配置内存、决定系统资源供需的优先次序、控制输入设备与输出设备、操作网络与管理文件系统等基本事务，因此选 A。

习　题

【7.7-1】总线能为多个部件服务，它可分时地发送与接收各邮件的信息。所以，可以把总线看成是（　　）。

　　A. 一组公共信息传输路线　　　　B. 微机系统的控制信息传输路线
　　C. 操作系统和计算机硬件之间的控制线　　D. 输入/输出的控制线

【7.7-2】计算机系统内的系统总线是（　　）。

　　A. 计算机硬件系统的一个组成部分　　B. 计算机软件系统的一个组成部分
　　C. 计算机应用软件系统的一个组成部分　　D. 计算机系统软件的一个组成部分

【7.7-3】总线中的地址总线传输的是（　　）。

　　A. 主存储器的地址码或外围设备码　　B. 程序和数据
　　C. 控制信息　　　　　　　　　　D. 计算机的系统命令

【7.7-4】总线中的控制总线传输的是（　　）。

A. 程序和数据 B. 主存储器的地址码
C. 控制信息 D. 用户输入的数据

【7.7-5】在计算机的运算器上可以(   )。
A. 直接解微分方程 B. 直接进行微分运算
C. 直接进行积分运算 D. 进行算术运算和逻辑运算

【7.7-6】存储器的主要功能是(   )。
A. 自动计算 B. 进行输入输出
C. 存放程序和数据 D. 进行数值计算

【7.7-7】计算机存储器中的每一个存储单元都配置一个唯一的编号，这个编号就是(   )。
A. 一种寄存标志 B. 寄存器地址
C. 存储器的地址 D. 输入/输出地址

【7.7-8】按照应用和虚拟机的观点，软件可分为(   )。
A. 系统软件，多媒体软件，管理软件 B. 操作系统，硬件管理系统和网络软件
C. 网络系统，应用软件和程序设计语言 D. 系统软件，支撑软件和应用类软件

【7.7-9】计算机中最重要的系统软件是(   )。
A. 操作系统 B. 数据库管理软件
C. 网络工具 D. 网络游戏

【7.7-10】目前常用的计算机辅助设计软件是(   )。
A. Microsoft Word B. Auto CAD
C. Visual BASIC D. Microsoft Access

【7.7-11】目前，人们常用的文字处理软件有(   )。
A. Microsoft Word 和国产字处理软件 WPS
B. Microsoft Excel 和 Auto CAD
C. Microsoft Access 和 Visual Foxpro
D. Visual BASIC 和 Visual C++

【7.7-12】下面所列各种软件中，最靠近硬件一层的是(   )。
A. 高级语言程序 B. 操作系统
C. 用户低级语言程序 D. 服务性程序

【7.7-13】针对不同应用问题而专门开发的软件属于(   )。
A. 应用软件 B. 系统软件
C. 财务软件 D. 文字处理软件

【7.7-14】操作系统是对(   )进行管理的软件。
A. 硬件 B. 软件
C. 计算机资源 D. 应用程序

【7.7-15】在下面关于并发性的叙述中正确的是(   )。
A. 并发性是指若干事件在同一时刻发生
B. 并发性是指若干事件在不同时刻发生
C. 并发性是指若干事件在同一时间间隔发生

D. 并发性是指若干事件在不同时间间隔发生

习题答案及解析

【7.7-1】答案：A

解析：总线是计算机各种功能部件之间传送信息的公共通信干线，它是由导线组成的传输线束。

【7.7-2】答案：A

解析：计算机系统内的系统总线是计算机硬件系统的一个组成部分。

【7.7-3】答案：A

解析：总线中的地址总线用来传输数据地址。

【7.7-4】答案：C

解析：总线中的控制总线可以用来传输控制信息。

【7.7-5】答案：D

解析：运算器中有一个算术逻辑运算部件和若干临时存储数据的数据寄存器，因此在运算器上可以进行算术运算和逻辑运算。

【7.7-6】答案：C

解析：存储器是用来存储程序和各种数据信息的记忆部件。

【7.7-7】答案：C

解析：每一个存储单元都配置一个唯一的编号，这个唯一的编号就是每个存储单元的地址编码。

【7.7-8】答案：D

解析：按照应用和虚拟机的观点，软件分为系统软件、支撑软件和应用软件。

【7.7-9】答案：A

解析：操作系统是管理计算机硬件与软件资源的计算机程序，同时也是计算机系统的内核与基石。操作系统是计算机中最重要的系统软件。

【7.7-10】答案：B

解析：Microsoft Word是一种办公软件，用于文档的编写；Auto CAD是一种画图软件，是目前常用的计算机辅助设计软件；Visual BASIC是一种程序设计软件；Microsoft Office Access是由微软发布的关系数据库管理系统。

【7.7-11】答案：A

解析：Microsoft Word和国产字处理软件WPS都能够进行文档的编写，是目前人们常用的文字处理软件；Microsoft Excel是常用的数据处理软件，Auto CAD是一种画图软件，是目前常用的计算机辅助设计软件；Microsoft Office Access是由微软发布的关系数据库管理系统，Visual Foxpro数据库开发软件；Visual BASIC和Visual C++都是程序设计软件。

【7.7-12】答案：B

解析：操作系统是管理计算机硬件与软件资源的计算机程序，同时也是计算机系统的内核与基石，因此操作系统是最靠近硬件的。

【7.7-13】答案：A

解析：应用软件是和系统软件相对应的，是用户可以使用的各种程序设计语言，以及用各种程序设计语言编制的应用程序的集合，是针对不同应用问题而专门开发的软件。

【7.7-14】答案：C

解析：操作系统是管理计算机硬件与软件资源的计算机程序。

【7.7-15】答案：C

解析：并行性是指两个或多个事件在同一时刻发生，而并发性是指两个或多个事件在同一时间间隔内发生。

7.8 信 息 表 示

高频考点梳理

知识点	ASCII 编码	二进制编码	数据单位
近三年考核频次	2	1	2

信息在计算机内的表示；二进制编码；数据单位；计算机内数值数据的表示；计算机内非数值数据的表示；信息及其主要特征。

7.8.1 常用数制

1. 十进制

十进制，就是基数为 10 的计数进制，即"逢十进一"，其数值的每一位用 0，1，2，3，4，5，6，7，8，9 共 10 个数字符号来表示，这些数字符号称为数码，数码处于不同的位置代表的值是不同的，即权值不同。

例如，十进制数 2008.123 可写成：

$$2008.123 = 2\times10^3 + 0\times10^2 + 0\times10^1 + 8\times10^0 + 1\times10^{-1} + 2\times10^{-2} + 3\times10^{-3}$$

在描述十进制数时，可用后缀"D"与其他数制区分，如 $(13)_{10}$ 可写成 13D。一般十进制数后缀可省略。直接写出的数都看成是十进制数。

十进制数的性质是：小数点向右移位，数就扩大 10 倍；反之，小数点向左移一位，数就缩小 10 倍。

2. 二进制

二进制，就是基数为 2 的计数进制，即"逢二进一"，其数值的每位只能取 0 或 1 这两个数码之一。

例如，二进制数 11001.101 可写成：

$$(11001.101)_2 = 1\times2^4 + 1\times2^3 + 0\times2^2 + 0\times2^1 + 1\times2^0 + 1\times2^{-1} + 0\times2^{-2} + 1\times2^{-3}$$
$$= 25.625$$

描述二进制数的后缀为"B"，如 $(11001)_2$ 可写成 11001B。在二进制下，遵循"逢二进一"的规则，若某位为 1，再加上 1，则本位为 0，向前进位 1。例如：$(1)_2+(1)_2=(10)_2$。

二进制数的性质是：小数点向右移一位，数就扩大 2 倍；反之，小数点向左移一位，数就缩小 2 倍。

3. 八进制

八进制，就是基数为 8 的计数进制，即"逢八进一"，其数值的每一位用 0，1，2，

3，4，5，6，7共8个数字符号来表示。

例如，八进制数123.4可写成：
$$(123.4)_8 = 1\times 8^2 + 2\times 8^1 + 3\times 8^0 + 4\times 8^{-1} = 83.5$$

描述八进制数的后缀为"O"，如$(123.4)_8$可写成123.4O。在八进制下，遵循"逢八进一"的规则，若某位为7，再加上1，则本位为0，向前进位1。例如：$(7)_8 + (1)_8 = (10)_8$。

4. 十六进制

十六进制，就是基数为16的计数进制，即"逢十六进一"，其数值的每一位用0，1，2，3，4，5，6，7，8，9，A，B，C，D，E，F共16个数字符号来表示，A，B，C，D，E，F，用来表示10~15，以此区别十进制的数。

例如，十六进制数A5F.8可写成：
$$(A5F.8)_8 = 10\times 16^2 + 5\times 16^1 + 15\times 16^0 + 8\times 16^{-1} = 2655.5$$

描述十六进制数的后缀为"H"，如$(A5F.8)_8$可写成A5F.8H。在十六进制下，遵循"逢十六进一"的规则，若某位为F，再加上1，则本位为0，向前进位1。例如：$(F)_{16} + (1)_{16} = (10)_{16}$。

5. 数制的转换

(1) 二进制转换成十进制

将二进制数转换成十进制数的方法比较简单，只要根据二进制数按位权展开的表达式中各项相加即可求得。

【例7.8-1】将二进制数1101.01转换成十进制数。

解析：$1101.01 = 1\times 2^3 + 1\times 2^2 + 0\times 2^1 + 1\times 2^0 + 0\times 2^{-1} + 1\times 2^{-2} = 13.25$。

(2) 十进制转换成二进制

十进制转换成二进制要复杂一些，通常将整数部分和纯小数部分分开，分别转换为相应的二进制数，而后再连接起来。整数部分采用"除2取余"的方法，纯小数部分采用"乘2取整"的方法。

【例7.8-2】将十进制数307.8125转换成二进制数。

解析：先将整数部分307采用"除2取余"的方法转换

```
2 | 307        取余      低位
2 | 153  ……1    ↑
2 |  76  ……1
2 |  38  ……0
2 |  19  ……0
2 |   9  ……1
2 |   4  ……0
2 |   2  ……0
2 |   1  ……0
    0    ……1            高位
```

最后得到$307 = (100110011)_2$。

再将小数部分0.8125采用"乘2取整"的方法转换。

```
高位                取整           0.8125
 │                    ×              2
 │           1      ┌1┐. 6250
 │                    ×              2
 │           1      ┌1┐. 2500
 │                    ×              2
 │           0      ┌0┐. 5000
 │                    ×              2
 ↓
低位         1      ┌1┐. 0000
```

最后得到 $0.8125 = (0.1101)_2$。

将两部分连接起来得到 $307.8125 = (100110011.1101)_2$。

(3) 二进制与八进制的转换

由于 $8=2^3$ 所以一位八进制数相当于三位二进制数，这样八进制与二进制之间的转换比较简便。从八进制转换成二进制时，只要把每位八进制数用三位二进制数表示即可；而从二进制数转换成八进制数时，只需将每三位二进制数用一位八进制数表示即可。

【例 7.8-3】将二进制数 111101.110 转换成八进制数。

解析：$(111)_2 = (7)_8$，$(101)_2 = (5)_8$，$(110)_2 = (6)_8$

则 $(111101.110)_2 = (75.6)_8$

(4) 二进制与十六进制的转换

十六进制与二进制之间的转换也比较简便，$16=2^4$，所以一位十六进制数相当于四位二进制数，转换方法与八进制类似，用四位二进制数表示一位十六进制数。

【例 7.8-4】将二进制数 11101001.1101 转换成八进制数。

解析：$(1110)_2=(E)_{16}$，$(1001)_2=(9)_{16}$，$(1101)_2=(D)_{16}$

则 $(11101001.1101)_2=(E9.D)_{16}$

(5) 十进制与八进制或十六进制的转换

和十进制与二进制间转换类似，可用八进制与十六进制的定义规则来完成向十进制的转换。反向的转换同样可采用"除 8 取余"和"乘 8 取整"的方法将十进制数转化为八进制数，而用"除 16 取余"和"乘 16 取整"的方法可将十进制数转化为十六进制数。

7.8.2 数据的存储单位

在计算机中，任何信息都是采用二进制形式进行表示和处理的。数据的存储单位有位、字节、字等。

1. 位

比特，记作 bit，是最小的信息存储单位，存储 1 个二进制数。

2. 字节

拜特，记作 Byte，是信息存储的基本单位，1 字节，存储 8 位二进制数。

3. 字符

以一个信息为一个字符。一个英文字符需要一个字节，一个中文字符需要两个字节。

4. 字

一次计算机一次并行处理的一组二进制数，这一组二进制数称为"字"（Word），而这组二进制数的位数称为字长。一个"字"中可以存放一条计算机指令或一个数据，如果一个计算机系统以 32 位二进制的信息表示一条指令，就称这台计算机的"字长"为 32 位。

5. 其他存储单位

1kB=2^{10}B；1MB=2^{10}kB=2^{20}B；1GB=2^{10}MB=2^{30}B；1TB=2^{10}GB=2^{40}B

【例 7.8-5】计算机中度量数据的最小单位是（　　）。

A. 数 0　　　　　　B. 位　　　　　　C. 字节　　　　　　D. 字

解析：位是数据存储的最小单位，存储 1 个二进制数，一个字节存储 8 位二进制数，字是一次计算机一次并行处理的一组二进制数，常见的一个字有 32 位、64 位两种区别。故选 B。

7.8.3　计算机内非数值数据的表示

目前，计算机中使用最为广泛的西文字符编码是 ASCII 码，另外还有 EBCDIC 码，在这里主要介绍 ASCII 码（表 7.8-1）。

ASCII 码有 7 位版本和 8 位版本两种。国际上通用的是 7 位版本。7 位版本的 ASCII 码有 128 个元素，其中，通用控制字符 34 个，阿拉伯数字 10 个，大、小写英文字母 52 个，各种标点符号和运算符号 32 个。

ASCII 码表　　　　　　　　　　　　　　　　　　　　表 7.8-1

$b_7b_6b_5$ / $b_4b_3b_2b_1$	000	001	010	011	100	101	110	111
0000	NUL	DLE	SPACE	0	@	P	P	P
0001	SOH	DC1	!	1	A	Q	A	Q
0010	STX	DC2	"	2	B	R	B	R
0011	ETX	DC3	#	3	C	S	C	S
0100	EOT	DC4	$	4	D	T	D	T
0101	ENO	NAK	%	5	E	U	E	U
0110	ACK	SYN	&	6	F	V	F	V
0111	BEL	ETB	,	7	G	W	G	W
1000	BS	CAN	(	8	H	X	H	X
1001	HT	EM	)	9	I	Y	I	Y
1010	LF	SUB	*	:	J	Z	J	Z
1011	VT	ESC	+	;	K	[	K	{
1100	FF	FS	,	<	L	\	L	|
1101	CR	GS	-	=	M	}	M	]
1110	SO	RS	·	>	N	↑	N	~
1111	SI	US	/	?	O	←	o	DEL

几个常考的 ASCII 码，最好记住，"A"的 ASCII 码值为 1000001，即十进制的 65；"a"的 ASCII 码值为 1100001，即十进制的 97；0 的 ASCII 码值为 0110000，即十进制的 48。

在计算机中，字节是常用单位，采用 8 位表示一个字符，存放一个 ASCII 码，每个字节多余一个最高位，一般保持为"0"。

习 题

【7.8-1】计算机内的数字信息、文字信息、图像信息、视频信息、音频信息等所有信息都是用（　　）。

A. 不同位数的八进制数来表示的
B. 不同位数的十进制数来表示的
C. 不同位数的二进制数来表示的
D. 不同位数的十六进制数来表示的

【7.8-2】将二进制小数 0.1010101111 转换成相应的八进制数，其正确结果是（　　）。

A. 0.2536
B. 0.5274
C. 0.5236
D. 0.5281

【7.8-3】计算机的内存储器以及外存储器的容量通常是（　　）。

A. 一字节即 8 位二进制数为单位来表示
B. 以字节即 16 位二进制数为单位来表示
C. 以二进制为单位来表示
D. 一双字即 32 位二进制数为单位来表示

【7.8-4】将八进制数 763 转换成相应的二进制数，其正确结果是（　　）。

A. 110101110
B. 110111100
C. 100110101
D. 111110011

【7.8-5】与二进制数 11011101.1101 等值的十六进制数是（　　）。

A. EE.EE
B. DD.D
C. CC.C
D. CD.E

【7.8-6】"a"的 ASCII 码值为（　　）。

A. 100001
B. 1100001
C. 1000001
D. 1000000

【7.8-7】32 位的电脑系统，一条命令需要（　　）字节。

A. 32
B. 64
C. 4
D. 16

【7.8-8】存储器 1MB 等于（　　）。

A. 1000GB
B. 1024GB
C. 1024kB
D. 1024B

【7.8-9】十进制的 27.5 是二进制的（　　）。

A. 1011.1
B. 1100.1
C. 10011.1
D. 11011.1

习题答案及解析

【7.8-1】答案：C

解析：在计算机中，任何信息都是采用二进制形式进行表示和处理的。

【7.8-2】答案：B

解析：二进制数转换成八进制数时，只需将每三位二进制数用一位八进制数表示。$(101)_2=(5)_8$，$(010)_2=(2)_8$，$(111)_2=(7)_8$，$(100)_2=(4)_8$

则$(0.101\ 010\ 111\ 100)_2=(0.5274)_8$

【7.8-3】答案：A

解析：字节是数据存储中最常用的基本单位。一字节存储8位二进制数。

【7.8-4】答案：D

解析：八进制转换成二进制时，只要把每位八进制数用三位二进制数表示即可，

$(7)_8=(111)_2$，$(6)_8=(110)_2$，$(3)_8=(011)_2$

则$(763)_8=(111110011)_2$

【7.8-5】答案：B

解析：二进制转换成十六进制时，需将每四位二进制数用一位十六进制数表示，

$(1101)_2=(D)_{16}$，$(11011101.1101)_2=(DD.D)_{16}$

【7.8-6】答案：B

解析："a"的ASCII码值为1100001，"A"的ASCII码值为1000001

【7.8-7】答案：C

解析：一个32位计算机系统以32位二进制的信息表示一条指令，而一个字节是8位二进制信息，所以，一条指令需要，4个字节。

【7.8-8】答案：C

解析：$1MB=1024kB=2^{20}B$；$1GB=1024MB=2^{30}B$

【7.8-9】答案：C

解析：27通过除二取余的方法，可以算出$27=(11011)_2$

0.5可以通过乘二取整的方法，轻松算出$0.5=(0.1)_2$，$27.5=(11011.1)_2$

7.9 常用操作系统

高频考点梳理

知识点	Windows系统	存储管理
近三年考核频次	1	1

Windows发展；进程和处理器管理；存储管理；文件管理；输入/输出管理；设备管理；网络服务。(102-103)

7.9.1 操作系统

1. 操作系统的概念

操作系统（OperatingSystem，OS）是管理和控制计算机软硬件资源的系统软件（或

程序集合）。它合理地组织计算机的工作流程，以便提高资源的利用率，并为用户提供一个功能强大、使用方便的工作环境。常用的操作系统有 Windows、UNIX、Linux、DOS、Android 等。

2. 操作系统的管理

（1）处理器管理

处理器管理实质上是对处理器执行"时间"的管理，即如何将 CPU 合理地分配给每个任务。合理分配处理器并有效控制和管理其运行是操作系统中最重要的管理功能。在多道程序环境下，处理器的分配和运行都是以进程为基本单位的，因此对处理器的管理可以归结为对进程的管理。

（2）存储管理

存储管理实质是对存储空间的管理，主要是指对内存的管理。存储管理的主要任务是为多道程序的运行提供良好的环境，方便用户使用存储器，提高存储器的利用率以及能从逻辑上来扩充内存。

为了实现存储管理的任务，存储管理应具有以下四方面功能。

内存分配：内存分配的主要任务是为每道程序分配足够完整运行的内存空间，而且要提高存储器的利用率。

内存保护：为保证各道程序都能在自己的内存空间运行而互不干扰，系统必须提供安全保护功能，要求每道程序在执行时能随时检查对内存的所有访问是否合法。

地址映射：源程序经过编译后生成目标程序，它是以逻辑地址存放的（不是实际运行的地址），被称为逻辑地址空间。而内存空间是内存物理地址的集合。当程序要装入内存运行时，则要将逻辑地址转换为内存中的物理地址，称其为物理地址空间。在多道程序系统中，操作系统必须提供可以把程序地址空间中的逻辑地址转换为内存空间对应的物理地址的功能。我们把这种地址变换过程称为地址映射。

内存扩充：为了满足用户的要求并改善系统性能，可借助于虚拟存储技术，从逻辑上去扩充内存容量，使系统能够运行对内存需求量远比物理内存大得多的作业，虚拟存储技术的基本思想是：操作系统使用硬盘的部分空间模拟内存，为用户提供了一个比实际内存大得多的内存空间。

（3）设备管理

设备管理是指对计算机系统中除了 CPU 和内存外的所有 I/O 设备的管理。它的主要任务是为用户程序分配 I/O 设备，完成用户程序请求的输入输出操作，提高处理器和 I/O 设备的利用率，改善人机界面。

（4）文件管理

操作系统中的文件管理模块称为文件系统。文件管理的主要任务是有效地支持文件的存储、检索和修改等操作，解决文件的共享、保密和保护问题，使用户方便安全地使用所需的文件。

（5）作业管理

作业是指用户在一次操作过程中要求计算机所做工作的总和，也可以理解为用户让计算机干的一件事。作业管理的任务是为用户使用系统提供一个良好环境，让用户有效地组织自己的工作流程，使整个系统高效运行。

【例7.9-1】操作系统中的进程与处理器管理的主要功能是(　　)。
A. 实现程序的安装、卸载
B. 提高主存储器的利用率
C. 使计算机系统中的软/硬件资源得以充分利用
D. 优化外部设备的运行环境

解析： 处理器管理实质上是对处理器执行"时间"的管理，即如何将CPU合理地分配给每个任务。合理分配处理器并有效控制和管理其运行，即使计算机系统中的软/硬件资源得以充分利用。故选C。

【例7.9-2】计算机操作系统中的设备管理主要是(　　)。
A. 微处理器CPU的管理　　　　　　　B. 内存储器的管理
C. 计算机系统中的所有外部设备的管理　D. 计算机系统中的所有硬件设备的管理

解析： 设备管理是指对计算机系统中除了CPU和内存外的所有I/O设备的管理，即所有外部设备的管理，故答案选C。

7.9.2　Windows操作系统

1. Windows操作系统的发展

Windows操作系统是由美国Microsoft公司开发的基于图形界面的多任务操作系统。它界面友好，操作方便，深受广大用户的欢迎，是目前PC中应用最广泛的种操作系统。

Windows操作系统最初是作为DOS的图形化扩充而推出的。Microsoft公司自1985年推出Windows1.0以来，版本不断更新；2001年，推出Windows XP，它是第一个既适合家庭用户又适合商业用户的操作系统；2009年10月，Microsoft公司发布了Windows 7，实现了个人电脑从32位到64位系统的过渡；2012年10月，推出了Windows 8操作系统，它既支持个人电脑，也支持平板电脑；2015年7月，Microsoft公司推出Windows 10，它是新一代跨平台及设备应用的操作系统，支持个人电脑、平板电脑、手机等。

2. Windows操作系统的优点

（1）界面图形化：以前DOS的字符界面使得一些用户操作起来十分困难，而在Windows中的操作既直观、又方便。

（2）多任务：这是指可以同时让电脑执行不同的任务，并且互不干扰。

（3）网络支持良好：Windows内置了TCP/IP协议和拨号上网软件，用户只需进行简单的设置就能上网浏览、收发电子邮件等。

（4）出色的多媒体功能：在Windows中可以进行音频、视频的编辑/播放工作，可以支持高级的显卡、声卡。

（5）硬件支持良好：Windows95以后的版本都支持"即插即用（PlugandPlay）"技术，这使得新硬件的安装更加简单。随着Windows的不断升级，它能支持的硬件和相关技术也在不断增加。

（6）众多的应用程序：在Windows下有众多的应用程序可以满足用户各方面的需求。

3. Windows操作系统的缺点

Windows除了拥有上述众多的优点外，也有一些缺点。Windows众多的功能导致了它体积的庞大，程序代码的繁冗。这些都使得Windows系统不是十分稳定。Windows系统还有一些漏洞。虽然有些漏洞并不会干扰用户的一般操作，但在网络方面的漏洞却能对用户造成影响，这些漏洞使一些人有入侵系统和攻击系统的机会。

习 题

【7.9-1】操作系统中的文件管理是（　　）。
A. 对计算机的系统软件资源进行管理
B. 对计算机的硬件资源进行管理
C. 对计算机用户进行管理
D. 对计算机网络进行管理

【7.9-2】在计算机系统中，设备管理是指对（　　）。
A. 除 CPU 和内存储器以外的所有输入/输出设备的管理
B. 包括 CPU 和内存储器以及所有输入/输出设备的管理
C. 除 CPU 外，包括内存储器以及所有输入/输出设备的管理
D. 除内存储器外，包括 CPU 以及所有输入/输出设备的管理

【7.9-3】操作系统是一个庞大的管理系统控制程序，它有五大管理系统组成。在下面的四个供选择的答案中，不属于这五大管理系统的是（　　）。
A. 作业管理，存储管理　　　　　　B. 设备管理，文件管理
C. 进程管理，存储管理　　　　　　D. 中断管理，电源管理

【7.9-4】下列选项不属于操作系统的是（　　）。
A. Linux　　　　B. Win7　　　　C. Word　　　　D. DOS

【7.9-5】下列选项中，（　　）不属于 Windows 操作系统的优点。
A. 良好的硬件支持　　　　　　　　B. 良好的网络支持
C. 应用程序众多　　　　　　　　　D. 不会被病毒传染

习题答案及解析

【7.9-1】答案：A
解析：操作系统中的文件管理模块称为文件系统。文件管理的主要任务是有效地支持文件的存储、检索和修改等操作，解决文件的共享、保密和保护问题，使用户方便安全地使用所需的文件，是对计算机的系统软件资源进行管理。

【7.9-2】答案：A
解析：设备管理是指对计算机系统中除了 CPU 和内存外的所有 I/O 设备的管理。它的主要任务是为用户程序分配 I/O 设备，完成用户程序请求的输入输出操作，提高处理器和 I/O 设备的利用率，改善人机界面。

【7.9-3】答案：D
解析：操作系统可以分为五大管理功能：处理器管理、存储管理、设备管理、文件管理、作业管理。其中，处理器管理也可以称为进程管理，并没有中断管理和电源管理。

【7.9-4】答案：C
解析：Linux、Win7、DOS 都是常见的操作系统，而 word 属于应用软件。

【7.9-5】答案：D
解析：Windows 操作系统具有界面图形化、网络支持良好、出色的多媒体功能、硬

件支持良好、众多的应用程序的优点，但也会被病毒传染。

7.10 计算机与网络

高频考点梳理

知识点	计算机网络	网络安全	网络的分类	局域网	因特网	计算机病毒
近三年考核频次	2	1	1	1	1	2

计算机与计算机网络；网络概念；网络功能；网络组成；网络分类；局域网；广域网；因特网；网络管理；网络安全；Windows 系统中的网络应用；信息安全；信息保密。

7.10.1 计算机与计算机网络

构成信息化社会的三大支柱是计算机技术、通信技术和网络技术。

计算机网络是计算机技术与通信技术相结合的产物。

1. 计算机网络的定义

计算机网络是利用通信设备和通信线路，把地理上分散而各自具有独立工作能力的许多计算机（及其他智能设备）相互连接起来，在网络软件的管理和协调下，实现彼此之间的数据通信和资源共享（硬件、软件和数据等）的一个现代化综合服务系统。

2. 计算机网络的主要功能

（1）数据通信

数据通信是计算机网络最基本的功能，计算机网络使分散在不同部门、不同单位甚至不同国家或地区的计算机相互之间通信合作、传送数据、进行各种信息交换等。

（2）资源共享

资源共享是计算机网络中最有吸引力的功能，它使网络中的所有资源能够互通有无、分工协作，从而大大提高系统资源的利用率。从原理上来说，只要允许，网络上的计算机用户均可以共享整个计算机网络中的全部硬件、软件和数据等资源，而不必考虑资源所在的地理位置。

（3）实现分布式的信息处理

由于有了计算机网络，许多大型信息处理问题可以借助于分散在网络中的多台计算机协同完成，解决单机无法完成的信息处理任务。

（4）提高计算机系统的可靠性和可用性

计算机网络中的计算机互为后备机，一旦某台机器出现故障，它的任务可由网络中其他计算机取而代之，而不会引起整个系统瘫痪，从而提高了系统的可靠性。

3. 计算机网络的组成

计算机网络系统由硬件、软件和协议规则三部分组成。其中，硬件主要包括计算机设备、网络连接设备和传输介质三部分；软件包括网络操作系统和网络应用软件；协议规则就是网络中各种协议的集合，这些协议大多也以软件形式表现出来。

【例 7.10-1】实现计算机网络化后的最大好处是（　　）。

A. 存储容量被增大　　　　　　　　B. 计算机运行速度加快

C. 节省大量人力资源　　　　　　　　D. 实现了资源共享

解析：资源共享是计算机网络中最有吸引力的功能，它使网络中的所有资源能够互通有无、分工协作，从而大大提高系统资源的利用率。故选 D。

【例 7.10-2】 一个典型的计算机网络系统主要是由（　　）。
A. 网络硬件系统和网络软件系统组成
B. 主机和网络软件系统组成
C. 网络操作系统和若干计算机组成
D. 网络协议和网络操作系统组成

解析：计算机网络系统由硬件、软件和协议规则三部分组成。其中，硬件主要包括计算机设备、网络连接设备和传输介质三部分；软件包括网络操作系统和网络应用软件；协议规则就是网络中各种协议的集合，这些协议大多也以软件形式表现出来，所以一个典型的计算机网络系统主要是网络硬件系统和网络软件系统组成的。故选 A。

7.10.2　网络的分类

1. 网络的分类

(1) 按照网络的使用性质分类

按照网络的使用性质可分为公用网和专用网。

公用网一般由一个国家的电信部门组建、控制和管理，网络内的信号传输、转接装置可提供给任何部门和单位使用；专用网是由某个行业或公司为本部门自身业务工作需要所建造的网络，其专用性强、保密性好，一般不允许其他部门或单位使用。

(2) 按照网络的拓扑结构分类

根据网络中计算机之间连接的拓扑形式可分为星形网、树形网、总线形网、环形网、网状网和混合网等。

(3) 按照网络的覆盖范围分类

按照网络的覆盖范围和计算机之间连接的距离来划分，计算机网络一般分为局域网、广域网和城域网。

局域网是覆盖范围在 10km 以内的计算机网络，通常用于连接一幢或几幢大楼。由于传输距离短，局域网内传输速率高，并且传输可靠，误码率低，结构简单，容易实现。

广域网也称远程网，其覆盖范围通常为几十到几千 km，它的通信传输装置和媒体一般由电信部门提供。广域网可以实现跨越地区和国家的计算机连网。Internet 是目前世界上最大的广域网。

城域网的覆盖范围介于局域网和广域网之间，通常约为 5~50km，如覆盖范围是一个城市。

(4) 按照通信传播方式分类

按照通信传播方式分类，可以分为广播式网络和点到点网络。

广播式网络中，所有连网计算机都共享一条公共通信信道，当一台计算机发送报文分组时，所有其他计算机都会收到这个分组。

点到点网络中，一次通信仅发生在对信源计算机和信宿计算机之间。这种网络中，每条物理线路连接一对计算机。

(5) 按照网络的运行模式分类

客户/服务器模式和对等模式也是局域网目前流行的两种工作模式。

（6）按照传输介质分类

按传输介质可将计算机网络分为有线网和无线网。有线网的传输介质可以是同轴电缆、双绞线、电话线、光缆等，无线网通过微波、红外等无线方式传输。

客户机/服务器网络（Client/Server. C/S）：服务器是指专门提供服务的高性能计算机或专用设备；客户机是使用服务资源的用户计算机。客户机向服务器发出请求并获得服务，多台客户机可以共享服务器提供的各种资源。这是最常用、最重要的一种网络类型，不仅适合于同类计算机连网，也适合于不同类型的计算机连网。

对等网（Peer-To-Peer, P2P）：对等网不要求有服务器，每台客户机都可以与其他客户机对话，共享彼此的信息资源和硬件资源，组网的计算机一般类型相同。这种网络方式灵活方便，但是较难实现集中管理与监控，安全性也低，较适合于部门内部协同工作的小型网络。

2. 局域网

（1）局域网的特点

局域网是在较小地域范围内构成的计算机网络，一般是在一幢建筑物内或一个单位几幢建筑物内使用专用的高速通信线路把多台计算机相互连接而成。

主要特点如下：1）为一个单位所拥有，地理范围有限；2）具有较高的带宽，数据传输速率高；3）通信延迟时间较低，数据传输可靠；4）大多数传输采用总线形、环形及星形拓扑结构，结构简单，便于维护，容易实现；5）能进行广播或组播；6）通常由单一组织所拥有和使用，容易进行设备的更新及使用最新技术，以不断增强网络的功能。

（2）局域网的组成（图7.10-1）

局域网由网络硬件系统和网络软件系统共同组成，包括以下几部分。

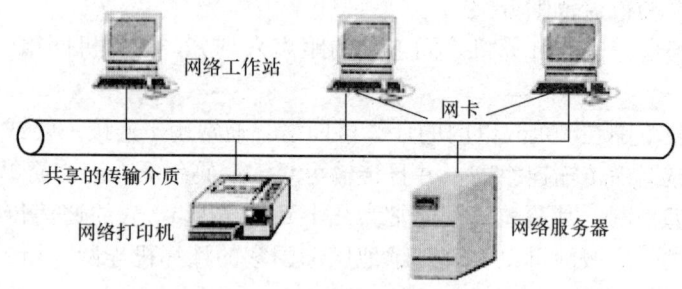

图7.10-1 局域网的组成

1）局域网的硬件资源，有网络服务器、网络工作站（如PC、平板电脑、智能手机等）、共享外部设备（如网络打印机、绘图仪等）。

2）局域网的网络通信硬件，有网卡、传输介质（如同轴电缆、双绞线、光缆）、网络互联设备（如集线器、交换机等）。

3）局域网软件系统，主要有网络操作系统、网络服务及各种网络应用软件等。

（3）局域网的拓扑结构

接入网络的计算机等设备均可视作网络上的一个节点，把网络中的电缆等传输介质抽象成线，从拓扑学的角度研究计算机网络的结构，那么节点之间相互连接的方式就形成了点和线组成的几何结构，这种结构称为网络的拓扑结构。局域网的基本拓扑结构有总线形结构、环形结构、星形结构、树形结构、网状结构，如图 7.10-2 所示。在实际构造网络时，大量的网络往往是这些基本拓扑结构的结合。

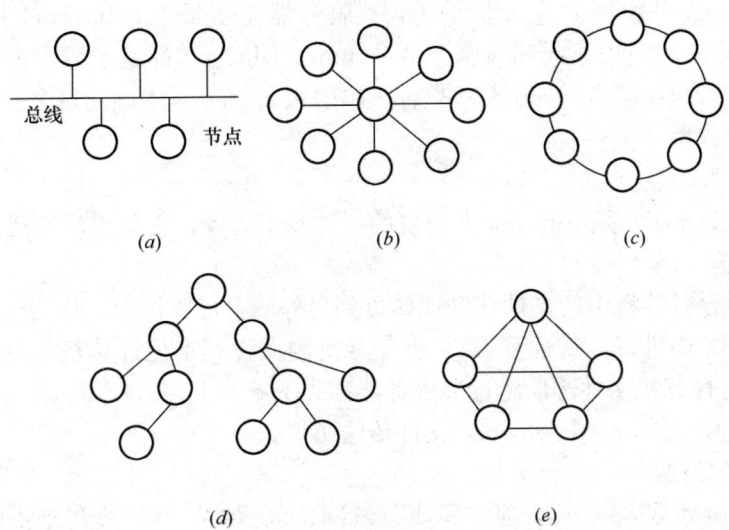

图 7.10-2　局域网的拓扑结构
(a) 总线形；(b) 星形；(c) 环形；(d) 树形；(e) 网状

3. 因特网

(1) 因特网的概述

因特网（Internet）是世界上最大的计算机网络，采用 TCP/IP 协议将遍布世界各地的计算机网络互联而形成的。

(2) IP 地址

Internet 中包含许多不同的复杂网络和不同类型的计算机，将它们连接在一起又能互相通信，依靠的是 TCP/IP 协议。为了实现计算机之间相互通信，在 Internet 上为每台主机分配一个唯一的地址，称为 IP 地址。它是 IP 协议提供的一种统一格式的地址。在网络上发送的每个包中，都必须包含发送方主机（源）的 IP 地址和接收方主机（目的）的 IP 地址。

每个 IP 地址被分成 4 段，每段 8 位（一个字节），每段即每个字节为 0~255，段与段之间由点号分开，例如，202.212.200.10，这种格式的地址也称为点分十进制地址。

(3) 域名系统

由于数字形式的 IP 地址不便于人们记忆和使用，因此，Internet 还采用了一种具有特定含义的字符型的主机命名方案域名系统，也就是说可用域名来表示 Internet 中的每一台主机的地址，而域名应该与各自的 IP 地址对应。

域名使用的字符可以是字母、数字和连字符，但必须以字母或数字开头并结尾。整个域名的总长不得超过 255 个字符。

TCP/IP 协议采用分层次结构方法命名域名。为了避免主机名字的重复，Internet 将整个网络的名字空间划分为许多不同的域，每个域又划分为若干子域，所有入网主机的名字即由一系列的"域"及其"子域"组成，子域的个数通常不超过 5 个，之间用"."分隔，从左到右级别逐级升高。

当用户访问网络中的某个主机时，只需按名访问，而无须关心它的 IP 地址。例如，www.cumt.edu.cn 是中国矿业大学的 www 服务器主机域名，Internet 用户只要使用 www.cumt.edu.cn 就可以访问到该服务器，cumt、edu、cn 都是子域，最高子域一般为国家或者地区或者组织域名，edu 表示教育机构的域名，cn 是中国的域名。

(4) 基本信息服务

1) 电子邮件

电子邮件 (E-mail) 是 Internet 上提供的一种基本服务，它应用最广泛。

2) 文件传输

把网络上一台计算机中的文件移动或拷贝到另外一台计算机上，称为文件传输。传输操作可以在两个方向进行，从远程 FTP 服务器复制文件到本地计算机称为下载（Download）。而将本地计算机文件传输给远程服务器称为上载或上传（Upload）。文件传输服务采用了 FTP（File Transfer Protocol）文件传输协议。

3) WWW 信息服务

WWW（World Wide Web）通常译成万维网、也称 3W 网，最初是由欧洲核物理研究中心（CERN）提出的，目前已经成为 Internet 上最流行、使用最广泛的一种信息检索服务系统。用户通过 WWW 浏览器软件可以查询和获取分布在世界各地的 Web 服务器上的信息资源，还可以进行网上购物、网上银行、证券交易等商务活动。

4) 即时通信

即时通信（Instant Messaging）是指能够即时发送和接收互联网消息等的通信服务。即时通信与电子邮件通信方式不同，要求参与通信的双方或多方必须同时在线，属于同步通信，而电子邮件属于异步通信。

【例 7.10-3】校园网是提高学校教学、科研水平不可缺少的设施，它是属于(　　)。

A. 局域网　　　　　　　　　　B. 城域网
C. 广域网　　　　　　　　　　D. 网际网

解析：局域网是在较小地域范围内构成的计算机网络，一般是在一幢建筑物内或一个单位几幢建筑物内使用专用的高速通信线路把多台计算机相互连接而成。校园网属于局域网。故选 A。

7.10.3 网络安全和信息安全

1. 网络安全和信息系统安全的定义

信息系统安全是指保护计算机信息系统中的资源（包括硬件、软件、存储介质、网络设备和数据等）免受毁坏、替换、盗窃或丢失等。它包含了物理安全和逻辑安全两个方面的内容。

网络安全问题从本质上讲是网络上的信息安全，是指网络系统的硬件、软件及其系统中的数据受到保护，不会因偶然或恶意的原因而遭到破坏、更改、泄露，系统连续可靠正常地运行，网络服务不中断。

2. 信息安全技术

现阶段比较成熟的信息安全技术有身份认证与访问控制技术、数据加密技术、数字签名技术、防火墙技术和入侵检测技术。

(1) 身份认证与访问控制技术

身份认证是访问控制的基础，是针对主动攻击的重要防御措施。

系统中信息资源的访问控制，其目的是控制不同用户对信息资源的访问权限，是针对越权使用资源的防御措施。

(2) 数据加密技术

数据加密是为了在网络通信即使被窃听的情况下仍能保证数据的安全性，对传输的数据进行加密。加密的基本思想是改变信息的排列方式，使得只有合法的接收方才能读懂，任何其他人即使窃取了信息也无法解密。把明文变换成密文的过程叫加密；把密文还原成明文的过程叫解密。加密和解密都需要有密钥和相应的算法，密钥一般是一串数字，而加解密算法是作用于明文或密文以及对应密钥的一个数学函数。

(3) 数字签名技术

数字签名就是通过密码技术对电子文档形成的签名，是附加在消息上并随消息起传送的一串代码（加密后得到）。数字签名的目的就是为了保证发送信息的真实性和完整性，解决网络通信中双方身份的确认，防止欺骗和抵赖行为的发生。

数字签名必须保证三点：1) 接收方能够核实发送方对报文的签名；2) 发送方不能抵赖对报文的签名；3) 接收方不能伪造对报文的签名。

(4) 防火墙技术

防火墙是在 Internet 中，为了保证内部网与 Internet 之间的安全所设的防护系统。防火墙是在两个网络之间执行访问控制策略的系统（软件硬件或两者兼有）。它在内部网络与外部网络之间设置障碍，以阻止外界对内部资源的非法访问，也可以防止内部对外部的不安全的访问。

(5) 入侵检测技术

入侵检测技术是提供实时的入侵检测及采取相应的防护手段，如记录证据用于跟踪和恢复、断开网络的连接、安全隔离等，即它能够发现危险攻击的特征，进而探测出攻击行为并发出警报，并采取保护措施。它既可以对付来自内部网络的攻击，还能够阻止黑客的入侵。

3. 计算机病毒

计算机病毒是一些人蓄意编制的一种具有寄生性和破坏性的计算机程序。它能在计算机系统中生存，通过自我复制来传播，在一定条件下被激活，从而给计算机系统造成一定损害甚至严重破坏。

计算机病毒有如下几个特点。

1) 破坏性，凡是软件能作用到的计算机资源（包括程序、数据甚至硬件）都会受到计算机病毒的破坏。

2) 隐蔽性，大多数计算机病毒程序夹杂在正常的可执行程序或数据文件里，不易被发现。

3) 传染性和传播性，计算机病毒能从一个被感染的文件扩散到许多其他文件。特别是在网络环境下，计算机病毒通过电子邮件、Web 文档等迅速而广泛地进行传播，这是计算机病毒最可怕的也是最本质的一种特点。

4) 潜伏性。计算机病毒可能会长时间潜伏在合法程序中，不立即发作，遇到一定条件，它就开始传染，或者激活其破坏机制开始进行破坏活动。

【例 7.10-4】下面四个选项中，不属于数字签名技术的是（　　）。
A. 权限管理
B. 接收者能够核实发送者对报文的签名
C. 发送者事后不能对报文的签名进行抵赖
D. 接收者不能伪造对报文的签名

解析：数字签名必须保证三点：1) 接收方能够核实发送方对报文的签名；2) 发送方不能抵赖对报文的签名；3) 接收方不能伪造对报文的签名。权限管理不属于数字签名技术。故选 A。

【例 7.10-5】在下面有关信息加密技术的论述中，不正确的是（　　）。
A. 信息加密技术是为提高信息系统及数据的安全性和保密性的技术
B. 信息加密技术是防止数据信息被别人破译而采用的技术
C. 信息加密技术是网络安全的重要技术之一
D. 信息加密技术是为清除计算机病毒而采用的技术

解析：数据加密是为了在网络通信即使被窃听的情况下仍能保证数据的安全性，对传输的数据进行加密，与计算机病毒无关。故选 D。

习　题

【7.10-1】广域网，又称为远程网，它所覆盖的地理范围一般（　　）。
A. 从几十米到几百米　　　　　　B. 从几百米到几公里
C. 从几公里到几百公里　　　　　D. 从几十公里到几千公里

【7.10-2】若按采用的传输介质的不同，可将网络分为（　　）。
A. 双绞线网、同轴电缆网、光纤网、无线网
B. 基带网和宽带网
C. 电路交换类、报文交换类、分组交换类
D. 广播式网络，点到点式网络

【7.10-3】我国专家把计算机网络定义为（　　）。
A. 通过计算机将一个用户的信息传送给另一个用户的系统
B. 由多台计算机、数据传输设备以及若干终端连接起来的多计算机系统
C. 将经过计算机储存、再生，加工处理的信息传输和发送的系统
D. 利用各种通信手段，把地理上分散的计算机连在一起，达到相互通信、共享软/硬件和数据等资源的系统

【7.10-4】局域网是指将各种计算机网络设备互连在一起的通信网络，但其覆盖的地理范围有限，通常在（　　）。
A. 几十米之内　　　　　　　　　B. 几百公里之内
C. 几公里之内　　　　　　　　　D. 几十公里之内

【7.10-5】网络软件是实现网络功能不可缺少的软件环境。网络软件主要包括（　　）。
A. 网络协议和网络操作系统　　　B. 网络互联设备和网络协议

C. 网络协议和计算机系统　　　　D. 网络操作系统和传输介质

【7.10-6】Internet 网使用的协议是（　　）。
A. Token　　　　　　　　　　B. x.25/x.75
C. CSMA/CD　　　　　　　　 D. TCP/IP

【7.10-7】下面 IP 地址中，合法的是（　　）。
A. 200.200.200.300　　　　　B. 200.200.200.1
C. 200，200，200，1　　　　　D. 200.200.256.1

【7.10-8】以下有关病毒的叙述正确的是（　　）。
A. 每一种计算机病毒，总是一个独立的软件，应对一个或多个文件
B. 计算机病毒不仅能感染应用程序文件，而且能感染数据文件
C. 加密或压缩的文件一般不会感染计算机病毒
D. 安装了病毒防火墙的计算机系统不会感染计算机病毒

【7.10-9】为确保企业局域网的信息安全，防止来自 Internet 的黑客入侵或病毒感染，采用（　　）可以实现一定的防范作用。
A. 网络计费软件　　　　　　　B. 邮件列表
C. 防火墙软件　　　　　　　　D. 防病毒软件

【7.10-10】Internet 的信息服务不包括（　　）。
A. 文件传输　　　　　　　　　B. WWW 信息服务
C. 即时通信　　　　　　　　　D. 防病毒

习题答案及解析

【7.10-1】答案：D
解析：广域网又称远程网，它一般是在不同城市之间的 LAN（局域网）或者 MAN（城域网）网络互联，它所覆盖的地理范围一般从几十公里到几千公里。

【7.10-2】答案：A
解析：按传输介质可将计算机网络分为有线网和无线网。有线网的传输介质可以是同轴电缆、双绞线、电话线、光缆等，无线网通过微波、红外等无线方式传输。

【7.10-3】答案：D
解析：计算机网络是利用通信设备和通信线路，把地理上分散而各自具有独立工作能力的许多计算机相互连接起来，在网络软件的管理和协调下，实现彼此之间的数据通信和资源共享的一个现代化综合服务系统。

【7.10-4】答案：C
解析：局域网是覆盖范围在 10km 以内的计算机网络，通常用于连接一幢或几幢大楼。

【7.10-5】答案：A
解析：软件包括网络操作系统和网络应用软件；协议规则就是网络中各种协议的集合，这些协议大多也以软件形式表现出来。

【7.10-6】答案：D
解析：因特网（Internet）是世界上最大的计算机网络，采用 TCP/IP 协议将遍布世

界各地的计算机网络互联而形成的。Token 是令牌环网使用的协议，在工业控制中使用较多。x.75 协议是前 CCITT 为实现国际分组交换网之间的互联而制定。CSMA/CD 是以太网使用的协议，以太网是为局域网而设计的，与 Internet 不同。

【7.10-7】答案：B

解析：IP 地址被分成 4 段，每段 8 位（一个字节），每段即每个字节为 0～255，段与段之间由点号"."分开，A、D 选项，数值超过了 255，C 选项错在各段之间用","分开。

【7.10-8】答案：B

解析：计算机病毒不一定是一个独立的软件，大多数计算机病毒程序夹杂在正常的可执行程序或数据文件里，不易被发现，加密和压缩的文件里也有可能感染病毒，防火墙是在 Internet 中，为了保证内部网与 Internet 之间的安全所设的防护系统，安装了病毒防火墙的计算机系统也可能通过别的文件传输途径感染病毒。

【7.10-9】答案：C

解析：防火墙是在 Internet 中，为了保证内部网与 Internet 之间的安全所设的防护系统。它在内部网络与外部网络之间设置障碍，以阻止外界对内部资源的非法访问，也可以防止内部对外部的不安全的访问。为了防止来自 Internet 的黑客入侵或病毒感染，应该采用防火墙软件进行防范。

【7.10-10】答案：D

解析：因特网的信息服务，包括电子邮件、文件传输、WWW 信息服务、即时通信。

第8章 法 律 法 规

考试大纲：
8.1 中华人民共和国建筑法
总则；建筑许可；建筑工程发包与承包；建筑工程监理；建筑安全生产管理；建筑工程质量管理；法律责任。
8.2 中华人民共和国安全生产法
总则；生产经营单位的安全生产保障；从业人员的权利和义务；安全生产的监督管理；生产安全事故的应急救援与调查处理。
8.3 中华人民共和国招标投标法
总则；招标；投标；开标；评标和中标；法律责任。
8.4 中华人民共和国合同法
一般规定；合同的订立；合同的效力；合同的履行；合同的变更和转让；合同的权利义务终止；违约责任；其他规定。
8.5 中华人民共和国行政许可法
费用总则；行政许可的设定；行政许可的实施机关；行政许可的实施程序；行政许可的费用。
8.6 中华人民共和国节约能源法
总则；节能管理；合理使用与节约能源；节能技术进步；激励措施；法律责任。
8.7 中华人民共和国环境保护法
总则；环境监督管理；保护和改善环境；防治环境污染和其他公害；法律责任。
8.8 建设工程勘察设计管理条例
总则；资质资格管理；建设工程勘察设计发包与承包；建设工程勘察设计文件的编制与实施；监督管理。
8.9 建设工程质量管理条例
总则；建设单位的质量责任和义务；勘察设计单位的质量责任和义务；施工单位的质量责任和义务；工程监理单位的质量责任和义务；建设工程质量保修。
8.10 建设工程安全生产管理条例
总则；建设单位的安全责任；勘察设计工程监理及其他有关单位的安全责任；施工单位的安全责任；监督管理；生产安全事故的应急救援和调查处理。
本章试题配置：6题

  本章是与工程建设有关法规的内容，其中的重点是《中华人民共和国建筑法》《中华人民共和国招标投标法》等内容。各种法规中与结构设计和项目施工工作有关的规定应当予以格外的关注。

近几年考查过的法律条文都用灰色底纹突出显示,并用上标注明了考查的年份,很多条文会重复考查,这更是学习记忆的重点。

8.1 中华人民共和国建筑法

高频考点梳理

知识点	申请领取施工许可证	建筑工程监理	承包
近三年考核频次	2（2019上午115题、2019下午13题）	1（2018上午115题）	1（2017上午115题）

1. 目录

第一章　总则
第二章　建筑许可
　　第一节　建筑工程施工许可
　　第二节　从业资格
第三章　建筑工程发包与承包
　　第一节　一般规定
　　第二节　发包
　　第三节　承包
第四章　建筑工程监理
第五章　建筑安全生产管理
第六章　建筑工程质量管理
第七章　法律责任
第八章　附则（不在考纲范围内）

2. 正文（节选）

第一章　总　　则

第一条　为了加强对建筑活动的监督管理,维护建筑市场秩序,保证建筑工程的质量和安全,促进建筑业健康发展,制定本法。

第二条　在中华人民共和国境内从事建筑活动,实施对建筑活动的监督管理,应当遵守本法。本法所称建筑活动,是指各类房屋建筑及其附属设施的建造和与其配套的线路、管道、设备的安装活动。

第三条　建筑活动应当确保建筑工程质量和安全,符合国家的建筑工程安全标准。

第四条　国家扶持建筑业的发展,支持建筑科学技术研究,提高房屋建筑设计水平,鼓励节约能源和保护环境,提倡采用先进技术、先进设备、先进工艺、新型建筑材料和现代管理方式。

第五条　从事建筑活动应当遵守法律、法规,不得损害社会公共利益和他人的合法权益。任何单位和个人都不得妨碍和阻挠依法进行的建筑活动。

第六条　国务院建设行政主管部门对全国的建筑活动实施统一监督管理。

第二章 建 筑 许 可

第一节 建筑工程施工许可

第七条 建筑工程开工前，建设单位应当按照国家有关规定向工程所在地县级以上人民政府建设行政主管部门申请领取施工许可证；但是，国务院建设行政主管部门确定的限额以下的小型工程除外。

按照国务院规定的权限和程序批准开工报告的建筑工程，不再领取施工许可证。(2012)(2011)

第八条 申请领取施工许可证，应当具备下列条件：

（一）已经办理该建筑工程用地批准手续；

（二）依法应当办理建设工程规划许可证的，已经取得建设工程规划许可证；

（三）需要拆迁的，其拆迁进度符合施工要求；

（四）已经确定建筑施工企业；

（五）有满足施工需要的资金安排、施工图纸及技术资料；

（六）有保证工程质量和安全的具体措施。

建设行政主管部门应当自收到申请之日起七日内，对符合条件的申请颁发施工许可证。(2009)(2019)

第九条 建设单位应当自领取施工许可证之日起三个月内开工。因故不能按期开工的，应当向发证机关申请延期；延期以两次为限，每次不超过三个月。既不开工又不申请延期或者超过延期时限的，施工许可证自行废止。(2013)

第十条 在建的建筑工程因故中止施工的，建设单位应当自中止施工之日起一个月内，向发证机关报告，并按照规定做好建筑工程的维护管理工作。建筑工程恢复施工时，应当向发证机关报告；中止施工满一年的工程恢复施工前，建设单位应当报发证机关核验施工许可证。(2019)

第十一条 按照国务院有关规定批准开工报告的建筑工程，因故不能按期开工或者中止施工的，应当及时向批准机关报告情况。因故不能按期开工超过六个月的，应当重新办理开工报告的批准手续。

第二节 从 业 资 格

第十二条 从事建筑活动的建筑施工企业、勘察单位、设计单位和工程监理单位，应当具备下列条件：

（一）有符合国家规定的注册资本；

（二）有与其从事的建筑活动相适应的具有法定执业资格的专业技术人员；

（三）有从事相关建筑活动所应有的技术装备；

（四）法律、行政法规规定的其他条件。

第十三条 从事建筑活动的建筑施工企业、勘察单位、设计单位和工程监理单位，按照其拥有的注册资本、专业技术人员、技术装备和已完成的建筑工程业绩等资质条件，划分为不同的资质等级，经资质审查合格，取得相应等级的资质证书后，方可在其资质等级许可的范围内从事建筑活动。(2014)

第十四条 从事建筑活动的专业技术人员,应当依法取得相应的执业资格证书,并在执业资格证书许可的范围内从事建筑活动。

第三章 建筑工程发包与承包

第一节 一般规定

第十五条 建筑工程的发包单位与承包单位应当依法订立书面合同,明确双方的权利和义务。

发包单位和承包单位应当全面履行合同约定的义务。不按照合同约定履行义务的,依法承担违约责任。

第十六条 建筑工程发包与承包的招标投标活动,应当遵循公开、公正、平等竞争的原则,择优选择承包单位。

建筑工程的招标投标,本法没有规定的,适用有关招标投标法律的规定。

第十七条 发包单位及其工作人员在建筑工程发包中不得收受贿赂、回扣或者索取其他好处。

承包单位及其工作人员不得利用向发包单位及其工作人员行贿、提供回扣或者给予其他好处等不正当手段承揽工程。

第十八条 建筑工程造价应当按照国家有关规定,由发包单位与承包单位在合同中约定。公开招标发包的,其造价的约定,须遵守招标投标法律的规定。

发包单位应当按照合同的约定,及时拨付工程款项。

第二节 发 包

第十九条 建筑工程依法实行招标发包,对不适于招标发包的可以直接发包。

第二十条 建筑工程实行公开招标的,发包单位应当依照法定程序和方式,发布招标公告,提供载有招标工程的主要技术要求、主要的合同条款、评标的标准和方法以及开标、评标、定标的程序等内容的招标文件。

开标应当在招标文件规定的时间、地点公开进行。开标后应当按照招标文件规定的评标标准和程序对标书进行评价、比较,在具备相应资质条件的投标者中,择优选定中标者。

第二十一条 建筑工程招标的开标、评标、定标由建设单位依法组织实施,并接受有关行政主管部门的监督。

第二十二条 建筑工程实行招标发包的,发包单位应当将建筑工程发包给依法中标的承包单位。建筑工程实行直接发包的,发包单位应当将建筑工程发包给具有相应资质条件的承包单位。[2016]

第二十三条 政府及其所属部门不得滥用行政权力,限定发包单位将招标发包的建筑工程发包给指定的承包单位。

第二十四条 提倡对建筑工程实行总承包,禁止将建筑工程肢解发包。[2016]

建筑工程的发包单位可以将建筑工程的勘察、设计、施工、设备采购一并发包给一个工程总承包单位[2016],也可以将建筑工程勘察、设计、施工、设备采购的一项或者多项发包给一个工程总承包单位；但是，不得将应当由一个承包单位完成的建筑工程肢解成若干部分发包给几个承包单位。

第二十五条 按照合同约定，建筑材料、建筑构配件和设备由工程承包单位采购的，发包单位不得指定承包单位购入用于工程的建筑材料、建筑构配件和设备或者指定生产厂、供应商。

第三节 承　　包

第二十六条 承包建筑工程的单位应当持有依法取得的资质证书，并在其资质等级许可的业务范围内承揽工程。

禁止建筑施工企业超越本企业资质等级许可的业务范围或者以任何形式用其他建筑施工企业的名义承揽工程。(2017) 禁止建筑施工企业以任何形式允许其他单位或者个人使用本企业的资质证书、营业执照，以本企业的名义承揽工程。

第二十七条 大型建筑工程或者结构复杂的建筑工程，可以由两个以上的承包单位联合共同承包。共同承包的各方对承包合同的履行承担连带责任。(2017)

两个以上不同资质等级的单位实行联合共同承包的，应当按照资质等级低的单位的业务许可范围承揽工程。

第二十八条 禁止承包单位将其承包的全部建筑工程转包给他人，禁止承包单位将其承包的全部建筑工程肢解以后以分包的名义分别转包给他人。(2017)

第二十九条 建筑工程总承包单位可以将承包工程中的部分工程发包给具有相应资质条件的分包单位；但是，除总承包合同中约定的分包外，必须经建设单位认可。施工总承包的，建筑工程主体结构的施工必须由总承包单位自行完成。

建筑工程总承包单位按照总承包合同的约定对建设单位负责；分包单位按照分包合同的约定对总承包单位负责。总承包单位和分包单位就分包工程对建设单位承担连带责任。

禁止总承包单位将工程分包给不具备相应资质条件的单位。禁止分包单位将其承包的工程再分包。(2013)

第四章　建　筑　工　程　监　理

第三十条 国家推行建筑工程监理制度。

国务院可以规定实行强制监理的建筑工程的范围。(2016)

第三十一条 实行监理的建筑工程，由建设单位委托具有相应资质条件的工程监理单位监理。建设单位与其委托的工程监理单位应当订立书面委托监理合同。

第三十二条 建筑工程监理应当依照法律、行政法规及有关的技术标准、设计文件和建筑工程承包合同，对承包单位在施工质量、建设工期和建设资金使用等方面，代表建设单位实施监督。

工程监理人员认为工程施工不符合工程设计要求、施工技术标准和合同约定的，有权要求建筑施工企业改正。

工程监理人员发现工程设计不符合建筑工程质量标准或者合同约定的质量要求的，应当报告建设单位要求设计单位改正。

第三十三条 实施建筑工程监理前，建设单位应当将委托的工程监理单位、监理的内容及监理权限,书面通知被监理的建筑施工企业。

第三十四条 工程监理单位应当在其资质等级许可的监理范围内,承担工程监理业务。

工程监理单位应当根据建设单位的委托,客观、公正地执行监理任务。

工程监理单位与被监理工程的承包单位以及建筑材料、建筑构配件和设备供应单位不得有隶属关系或者其他利害关系。

工程监理单位不得转让工程监理业务。(2018)

第三十五条 工程监理单位不按照委托监理合同的约定履行监理义务,对应当监督检查的项目不检查或者不按照规定检查,给建设单位造成损失的,应当承担相应的赔偿责任。

工程监理单位与承包单位串通,为承包单位谋取非法利益,给建设单位造成损失的,应当与承包单位承担连带赔偿责任。

第五章 建筑安全生产管理

第三十六条 建筑工程安全生产管理必须坚持安全第一、预防为主的方针,建立健全安全生产的责任制度和群防群治制度。

第三十七条 建筑工程设计应当符合按照国家规定制定的建筑安全规程和技术规范,保证工程的安全性能。

第三十八条 建筑施工企业在编制施工组织设计时,应当根据建筑工程的特点制定相应的安全技术措施;对专业性较强的工程项目,应当编制专项安全施工组织设计,并采取安全技术措施。

第三十九条 建筑施工企业应当在施工现场采取维护安全、防范危险、预防火灾等措施;有条件的,应当对施工现场实行封闭管理。

施工现场对毗邻的建筑物、构筑物和特殊作业环境可能造成损害的,建筑施工企业应当采取安全防护措施。

第四十条 建设单位应当向建筑施工企业提供与施工现场相关的地下管线资料,建筑施工企业应当采取措施加以保护。

第四十一条 建筑施工企业应当遵守有关环境保护和安全生产的法律、法规的规定,采取控制和处理施工现场的各种粉尘、废气、废水、固体废物以及噪声、振动对环境的污染和危害的措施。

第四十二条 有下列情形之一的,建设单位应当按照国家有关规定办理申请批准手续:

(一)需要临时占用规划批准范围以外场地的;
(二)可能损坏道路、管线、电力、邮电通讯等公共设施的;
(三)需要临时停水、停电、中断道路交通的;
(四)需要进行爆破作业的;
(五)法律、法规规定需要办理报批手续的其他情形。

第四十三条 建设行政主管部门负责建筑安全生产的管理,并依法接受劳动行政主管部门对建筑安全生产的指导和监督。

第四十四条 建筑施工企业必须依法加强对建筑安全生产的管理,执行安全生产责任制度，采取有效措施，防止伤亡和其他安全生产事故的发生。

建筑施工企业的法定代表人对本企业的安全生产负责。

第四十五条 施工现场安全由建筑施工企业负责。实行施工总承包的，由总承包单位负责。分包单位向总承包单位负责，服从总承包单位对施工现场的安全生产管理。

第四十六条 建筑施工企业应当建立健全劳动安全生产教育培训制度，加强对职工安全生产的教育培训；未经安全生产教育培训的人员，不得上岗作业。

第四十七条 建筑施工企业和作业人员在施工过程中，应当遵守有关安全生产的法律、法规和建筑行业安全规章、规程，不得违章指挥或者违章作业。作业人员有权对影响人身健康的作业程序和作业条件提出改进意见，有权获得安全生产所需的防护用品。作业人员对危及生命安全和人身健康的行为有权提出批评、检举和控告。

第四十八条 建筑施工企业应当依法为职工参加工伤保险缴纳工伤保险费。鼓励企业为从事危险作业的职工办理意外伤害保险，支付保险费。

第四十九条 涉及建筑主体和承重结构变动的装修工程，建设单位应当在施工前委托原设计单位或者具有相应资质条件的设计单位提出设计方案；没有设计方案的，不得施工。

第五十条 房屋拆除应当由具备保证安全条件的建筑施工单位承担，由建筑施工单位负责人对安全负责。

第五十一条 施工中发生事故时，建筑施工企业应当采取紧急措施减少人员伤亡和事故损失，并按照国家有关规定及时向有关部门报告。

第六章 建筑工程质量管理

第五十二条 建筑工程勘察、设计、施工的质量必须符合国家有关建筑工程安全标准的要求，具体管理办法由国务院规定。

有关建筑工程安全的国家标准不能适应确保建筑安全的要求时，应当及时修订。

第五十三条 国家对从事建筑活动的单位推行质量体系认证制度。从事建筑活动的单位根据自愿原则可以向国务院产品质量监督管理部门或者国务院产品质量监督管理部门授权的部门认可的认证机构申请质量体系认证。经认证合格的，由认证机构颁发质量体系认证证书。

第五十四条 建设单位不得以任何理由，要求建筑设计单位或者建筑施工企业在工程设计或者施工作业中，违反法律、行政法规和建筑工程质量、安全标准，降低工程质量。

建筑设计单位和建筑施工企业对建设单位违反前款规定提出的降低工程质量的要求，应当予以拒绝。

第五十五条 建筑工程实行总承包的，工程质量由工程总承包单位负责，总承包单位将建筑工程分包给其他单位的，应当对分包工程的质量与分包单位承担连带责任。分包单位应当接受总承包单位的质量管理。

第五十六条 建筑工程的勘察、设计单位必须对其勘察、设计的质量负责。勘察、设计文件应当符合有关法律、行政法规的规定和建筑工程质量、安全标准、建筑工程勘察、设计技术规范以及合同的约定。设计文件选用的建筑材料、建筑构配件和设备，应当注明其规格、型号、性能等技术指标，其质量要求必须符合国家规定的标准。[2011]

第五十七条 建筑设计单位对设计文件选用的建筑材料、建筑构配件和设备，不得指定生产厂、供应商。

第五十八条 建筑施工企业对工程的施工质量负责。

建筑施工企业必须按照工程设计图纸和施工技术标准施工，不得偷工减料。工程设计的修改由原设计单位负责，建筑施工企业不得擅自修改工程设计。

第五十九条 建筑施工企业必须按照工程设计要求、施工技术标准和合同的约定，对建筑材料、建筑构配件和设备进行检验，不合格的不得使用。

第六十条 建筑物在合理使用寿命内，必须确保地基基础工程和主体结构的质量。

建筑工程竣工时，屋顶、墙面不得留有渗漏、开裂等质量缺陷；对已发现的质量缺陷，建筑施工企业应当修复。

第六十一条 交付竣工验收的建筑工程，必须符合规定的建筑工程质量标准，有完整的工程技术经济资料和经签署的工程保修书，并具备国家规定的其他竣工条件。

建筑工程竣工经验收合格后，方可交付使用；未经验收或者验收不合格的，不得交付使用。

第六十二条 建筑工程实行质量保修制度。

建筑工程的保修范围应当包括地基基础工程、主体结构工程、屋面防水工程和其他土建工程，以及电气管线、上下水管线的安装工程，供热、供冷系统工程等项目；保修的期限应当按照保证建筑物合理寿命年限内正常使用，维护使用者合法权益的原则确定。具体的保修范围和最低保修期限由国务院规定。

第六十三条 任何单位和个人对建筑工程的质量事故、质量缺陷都有权向建设行政主管部门或者其他有关部门进行检举、控告、投诉。

第七章 法 律 责 任

第六十四条 违反本法规定，未取得施工许可证或者开工报告未经批准擅自施工的，责令改正，对不符合开工条件的责令停止施工，可以处以罚款。

第六十五条 发包单位将工程发包给不具有相应资质条件的承包单位的，或者违反本法规定将建筑工程肢解发包的，责令改正，处以罚款。

超越本单位资质等级承揽工程的，责令停止违法行为，处以罚款，可以责令停业整顿，降低资质等级；情节严重的，吊销资质证书；有违法所得的，予以没收。

未取得资质证书承揽工程的，予以取缔，并处罚款；有违法所得的，予以没收。

以欺骗手段取得资质证书的，吊销资质证书，处以罚款；构成犯罪的，依法追究刑事责任。

第六十六条 建筑施工企业转让、出借资质证书或者以其他方式允许他人以本企业的名义承揽工程的，责令改正，没收违法所得，并处罚款，可以责令停业整顿，降低资质等级；情节严重的，吊销资质证书。对因该项承揽工程不符合规定的质量标准造成的损失，建筑施工企业与使用本企业名义的单位或者个人承担连带赔偿责任。

第六十七条 承包单位将承包的工程转包的，或者违反本法规定进行分包的，责令改正，没收违法所得，并处罚款，可以责令停业整顿，降低资质等级；情节严重的，吊销资质证书。

承包单位有前款规定的违法行为的,对因转包工程或者违法分包的工程不符合规定的质量标准造成的损失,与接受转包或者分包的单位承担连带赔偿责任。

第六十八条 在工程发包与承包中索贿、受贿、行贿,构成犯罪的,依法追究刑事责任;不构成犯罪的,分别处以罚款,没收贿赂的财物,对直接负责的主管人员和其他直接责任人员给予处分。

对在工程承包中行贿的承包单位,除依照前款规定处罚外,可以责令停业整顿,降低资质等级或者吊销资质证书。

第六十九条 工程监理单位与建设单位或者建筑施工企业串通,弄虚作假、降低工程质量的,责令改正,处以罚款,降低资质等级或者吊销资质证书;有违法所得的,予以没收;造成损失的,承担连带赔偿责任;构成犯罪的,依法追究刑事责任。

工程监理单位转让监理业务的,责令改正,没收违法所得,可以责令停业整顿,降低资质等级;情节严重的,吊销资质证书。

第七十条 违反本法规定,涉及建筑主体或者承重结构变动的装修工程擅自施工的,责令改正,处以罚款;造成损失的,承担赔偿责任;构成犯罪的,依法追究刑事责任。

第七十一条 建筑施工企业违反本法规定,对建筑安全事故隐患不采取措施予以消除的,责令改正,可以处以罚款;情节严重的,责令停业整顿,降低资质等级或者吊销资质证书;构成犯罪的,依法追究刑事责任。

建筑施工企业的管理人员违章指挥、强令职工冒险作业,因而发生重大伤亡事故或者造成其他严重后果的,依法追究刑事责任。

第七十二条 建设单位违反本法规定,要求建筑设计单位或者建筑施工企业违反建筑工程质量、安全标准,降低工程质量的,责令改正,可以处以罚款;构成犯罪的,依法追究刑事责任。

第七十三条 建筑设计单位不按照建筑工程质量、安全标准进行设计的,责令改正,处以罚款;造成工程质量事故的,责令停业整顿,降低资质等级或者吊销资质证书,没收违法所得,并处罚款;造成损失的,承担赔偿责任;构成犯罪的,依法追究刑事责任。

第七十四条 建筑施工企业在施工中偷工减料的,使用不合格的建筑材料、建筑构配件和设备的,或者有其他不按照工程设计图纸或者施工技术标准施工的行为的,责令改正,处以罚款;情节严重的,责令停业整顿,降低资质等级或者吊销资质证书;造成建筑工程质量不符合规定的质量标准的,负责返工、修理,并赔偿因此造成的损失;构成犯罪的,依法追究刑事责任。

第七十五条 建筑施工企业违反本法规定,不履行保修义务或者拖延履行保修义务的,责令改正,可以处以罚款,并对在保修期内因屋顶、墙面渗漏、开裂等质量缺陷造成的损失,承担赔偿责任。

第七十六条 本法规定的责令停业整顿、降低资质等级和吊销资质证书的行政处罚,由颁发资质证书的机关决定;其他行政处罚,由建设行政主管部门或者有关部门依照法律和国务院规定的职权范围决定。

依照本法规定被吊销资质证书的,由工商行政管理部门吊销其营业执照。

第七十七条 违反本法规定,对不具备相应资质等级条件的单位颁发该等级资质证书的,由其上级机关责令收回所发的资质证书,对直接负责的主管人员和其他直接责任人员给予行政处分；构成犯罪的，依法追究刑事责任。

第七十八条 政府及其所属部门的工作人员违反本法规定，限定发包单位将招标发包的工程发包给指定的承包单位的，由上级机关责令改正；构成犯罪的，依法追究刑事责任。

第七十九条 负责颁发建筑工程施工许可证的部门及其工作人员对不符合施工条件的建筑工程颁发施工许可证的，负责工程质量监督检查或者竣工验收的部门及其工作人员对不合格的建筑工程出具质量合格文件或者按合格工程验收的，由上级机关责令改正，对责任人员给予行政处分；构成犯罪的，依法追究刑事责任；造成损失的，由该部门承担相应的赔偿责任。

第八十条 在建筑物的合理使用寿命内，因建筑工程质量不合格受到损害的，有权向责任者要求赔偿。

【例8.1-1】根据《中华人民共和国建筑法》规定，有关工程承发包的规定，下列理解错误的是（　　）。(2016年)

A. 关于对建筑工程进行肢解发包的规定，属于禁止性规定

B. 可以将建筑工程的勘察、设计、施工、设备采购一并发包给一个工程总承包单位

C. 建筑工程实行直接发包的，发包单位可以将建筑工程发包给具有资质证书的承包单位

D. 提倡对建筑工程实行总承包

解析：《中华人民共和国建筑法》（以下简称"《建筑法》"）第二十四条规定，提倡对建筑工程实行总承包，禁止将建筑工程肢解发包。建筑工程的发包单位可以将建筑工程的勘察、设计、施工、设备采购的一项或者多项发包给一个工程总承包单位；但是，不得将应当由一个承包单位完成的建筑工程肢解成若干部分发包给几个承包单位。第二十二条规定，建筑工程实行招标发包的，发包单位应当将建筑工程发包给依法中标的承包单位。建筑工程实行直接发包的，发包单位应当将建筑工程发包给具有相应资质条件的承包单位。故C项理解有偏差，不是"可以"，应是"应当"。应选C。

【例8.1-2】实行强制监理的建筑工程的范围由（　　）。(2016年)

A. 国务院规定

B. 省、自治区、直辖市人民政府规定

C. 县级以上人民政府规定

D. 建筑工程所在地人民政府规定

解析：《建筑法》第三十条规定，国家推行建筑工程监理制度，国务院可以规定实行强制监理的建筑工程的范围。应选A。

【例8.1-3】根据《建筑法》规定，对从事建筑业的单位实行资质管理制度，将从事建筑活动的工程监理单位，划分为不同的资质等级。监理单位资质等级的划分条件可以不考虑（　　）。(2014年)

A. 注册资本　　B. 法定代表人　　C. 已完成的建筑工程业绩　　D. 专业技术人员

解析：根据《建筑法》第十三条规定，从事建筑活动的建筑施工企业、勘察单位、设计单位和工程监理单位，按照其拥有的注册资本、专业技术人员、技术装备和已完成的建筑工程业绩等资质条件，划分为不同的资质等级，经资质审查合格，取得相应等级的资质

证书后,方可在其资质等级许可的范围内从事建筑活动。应选 B。

【例 8.1-4】 按照《建筑法》的规定,下列叙述正确的是(　　)。(2011 年)
  A. 设计文件选用的建筑材料、建筑构配件和设备,不得注明其规格、型号
  B. 设计文件选用的建筑材料、建筑构配件和设备,不得指定其生产厂、供应商
  C. 设计单位应按照建设单位提出的质量要求进行设计
  D. 设计单位对施工过程中发现的质量问题应当按监理单位的要求进行改正

解析: 根据《建筑法》第五十六条规定,建筑工程的勘察、设计单位必须对其勘察、设计的质量负责。勘察、设计文件应当符合有关法律、行政法规的规定和建筑工程质量、安全标准、建筑工程勘察、设计技术规范以及合同的约定。设计文件选用的建筑材料、建筑构配件和设备,应当注明其规格、型号、性能等技术指标,其质量要求必须符合国家规定的标准。第五十七条规定,建筑设计单位对设计文件选用的建筑材料、建筑构配件和设备,不得指定生产厂、供应商。应选 B。

习　题

【8.1-1】 根据《建筑法》的规定,某建设单位领取了施工许可证,下列情形中,可以不导致施工许可证废止的是(　　)。(2013 年)
  A. 领取施工许可证之日起三个月内因故不能按期开工,也未申请延期
  B. 领取施工许可证之日起按期开工后又中止施工
  C. 向发证机关申请延期开工 1 次,延期之日起三个月内因故仍不能按期开工,也未申请延期
  D. 向发证机关申请延期开工 2 次,超过六个月因故不能按期开工,继续申请延期

【8.1-2】 建筑工程开工前,建设单位应当按照国家有关规定申请领取施工许可证,颁发施工许可证的单位应该是(　　)。(2012 年)
  A. 县级以上人民政府建设行政主管部门
  B. 工程所在地县级以上人民政府建设工程监督部门
  C. 工程所在地省级以上人民政府建设行政主管部门
  D. 工程所在地县级以上人民政府建设行政主管部门

【8.1-3】 建筑工程开工前,建设单位应当按照国家有关规定向工程所在地以下何部门申请领取施工许可证?(　　)(2011 年)
  A. 市级以上政府建设行政主管
  B. 县级以上城市规划
  C. 县级以上政府建设行政主管
  D. 乡、镇级以上政府主管

【8.1-4】 按照《建筑法》规定,建设单位申领施工许可证,应该具备的条件之一是(　　)。(2009 年)
  A. 拆迁工作已经完成
  B. 已经确定监理企业
  C. 有保证工程质量和安全的具体措施
  D. 建设资金全部到位

【8.1-5】下列建设工程保险中，不属于自愿投保的险种有（　　）。
A. 机器损坏险　　　　　　　　　B. 建筑工程一切险
C. 安装工程一切险　　　　　　　D. 工伤保险

【8.1-6】某建设单位于 2014 年 2 月 1 日领取施工许可证，由于某种原因工程未能按期开工，该建设单位按照《建筑法》规定向发证机关申请延期，该工程最迟应当在（　　）开工。
A. 2014 年 3 月 1 日　　　　　　B. 2014 年 5 月 1 日
C. 2014 年 8 月 1 日　　　　　　D. 2014 年 11 月 1 日

【8.1-7】根据《建筑法》，下列情形中，符合施工许可证办理的规定是（　　）。
A. 某工程因故延期开工，向发证机关报告后施工许可证自动延期
B. 某工程因地震中止施工，1 年后向发证机关报告
C. 某工程因洪水中止施工，1 个月内向发证机关报告，2 个月后自行恢复施工
D. 某工程因政府宏观调控停建，1 个月内向发证机关报告，1 年后恢复施工前报发证机关核验施工许可证

【8.1-8】乙施工企业和丙施工企业联合共同承包甲公司的建筑工程项目，由于联合体管理不善，造成该建筑项目损失。关于共同承包责任的说法，正确的是（　　）。
A. 甲公司有权请求乙施工企业与丙施工企业承担连带责任
B. 乙施工企业和丙施工企业对甲公司各承担一半责任
C. 甲公司应该向过错较大的一方请求赔偿
D. 对于超过自己应赔偿的那部分份额，乙施工企业和丙施工企业都不能进行追偿

【8.1-9】关于施工企业承揽工程的说法，正确的是（　　）。
A. 施工企业可以允许其他企业使用自己的资质证书和营业执照
B. 施工企业应当拒绝其他企业转让资质证书
C. 施工企业在施工现场所设项目管理机构的项目负责人可以不是本单位人员
D. 施工企业由于不具备相应资质等级只能以其他企业名义承揽工程

【8.1-10】根据《建筑法》，以欺骗手段取得资质证书的需承担的法律责任是（　　）。
A. 资质许可由原资质许可机关予以撤回
B. 吊销资质证书，并处罚款
C. 给予警告，或处罚款
D. 申请企业 5 年内不得再次申请建筑业企业资质

习题答案及解析

【8.1-1】答案：B

解析：《建筑法》第九条规定，建设单位应当自领取施工许可证之日起三个月内开工。因故不能按期开工的，应当向发证机关申请延期；延期以两次为限，每次不超过三个月。既不开工又不申请延期或者超过延期时限的，施工许可证自行废止。第十条规定，在建的建筑工程因故中止施工的，建设单位应当自中止施工之日起一个月内，向发证机关报告，并按照规定做好建筑工程的维护管理工作。建筑工程恢复施工时，应当向发证机关报告；中止施工满一年的工程恢复施工前，建设单位应当报发证机关核验施工许可证。第十一条

规定，按照国务院有关规定批准开工报告的建筑工程，因故不能按期开工或者中止施工的，应当及时向批准机关报告情况。因故不能按期开工超过六个月的，应当重新办理开工报告的批准手续。

【8.1-2】答案：D

解析：根据《建筑法》第七条，建筑工程开工前，建设单位应当按照国家有关规定向工程所在地县级以上人民政府建设行政主管部门申请领取施工许可证；但是，国务院建设行政主管部门确定的限额以下的小型工程除外。按照国务院规定的权限和程序批准开工报告的建筑工程，不再领取施工许可证。

【8.1-3】答案：C

解析：根据《建筑法》第七条，建筑工程开工前，建设单位应当按照国家有关规定向工程所在地县级以上人民政府建设行政主管部门申请领取施工许可证。但是，国务院建设行政主管部门确定的限额以下的小型工程除外。按照国务院规定的权限和程序批准开工报告的建筑工程，不再领取施工许可证。

【8.1-4】答案：C

解析：根据《建筑法》第八条，申请领取施工许可证，应当具备下列条件：①已经办理该建筑工程用地批准手续；②在城市规划区的建筑工程，已经取得规划许可证；③需要拆迁的，其拆迁进度符合施工要求；④已经确定建筑施工企业；⑤有满足施工需要的施工图纸及技术资料；⑥有保证工程质量和安全的具体措施；⑦建设资金已经落实；⑧法律、行政法规规定的其他条件。

【8.1-5】答案：D

解析：本题考查的是建设工程保险的主要种类和投保权益。《建筑法》第四十八条规定，建筑施工企业应当依法为职工参加工伤保险缴纳工伤保险费。选项A、B、C都可自愿投保。

【8.1-6】答案：D

解析：本题考查的是施工许可证延期开工、核验和重新办理批准的规定。《建筑法》第九条规定，建设单位应当自领取施工许可证之日起3个月内开工。因故不能按期开工的，应当向发证机关申请延期；延期以两次为限，每次不超过3个月。既不开工又不申请延期或者超过延期时限的，施工许可证自行废止。

【8.1-7】答案：D

解析：本题考查的是施工许可证的相关规定。选项A工程延期开工的，应向发证机关申请延期，不是自动延期。选项B因故中止施工的，应当自中止施工之日起1个月内，向发证机关报告。选项C恢复施工时应向发证机关报告。

【8.1-8】答案：A

解析：本题考查的是建设工程共同承包的规定。《招标投标法》规定，联合体中标的，联合体各方应当共同与招标人签订合同，就中标项目向招标人承担连带责任。《建筑法》第二十七条也规定，共同承包的各方对承包合同的履行承担连带责任。

【8.1-9】答案：B

解析：本题考查的是施工企业资质违法行为应承担的法律责任。《建筑法》第六十六条规定，建筑施工企业转让、出借资质证书或者以其他方式允许他人以本企业的名义承揽工程的,责令改正,没收违法所得,并处罚款,可以责令停业整顿,降低资质等级;情节严重的,吊销资质证书。

【8.1-10】答案:B

解析:本题考查的是施工企业资质违法行为应承担的法律责任。《建筑法》第六十五条规定,以欺骗手段取得资质证书的,吊销资质证书,处以罚款;构成犯罪的,依法追究刑事责任。

8.2 中华人民共和国安全生产法

高频考点梳理

知识点	生产经营单位的安全生产保障	安全生产的监督管理	从业人员的安全生产权利义务
近三年考核频次	1(2019上午116题)	1(2018上午116题)	1(2017上午116题)

1. 目录

第一章　总则

第二章　生产经营单位的安全生产保障

第三章　从业人员的安全生产权利义务

第四章　安全生产的监督管理

第五章　生产安全事故的应急救援与调查处理

第六章　法律责任(不在考纲范围内)

第七章　附则(不在考纲范围内)

2. 正文(节选)

第一章　总　　则

第一条　为了加强安全生产工作,防止和减少生产安全事故,保障人民群众生命和财产安全,促进经济社会持续健康发展,制定本法。

第二条　在中华人民共和国领域内从事生产经营活动的单位(以下统称生产经营单位)的安全生产,适用本法;有关法律、行政法规对消防安全和道路交通安全、铁路交通安全、水上交通安全、民用航空安全以及核与辐射安全、特种设备安全另有规定的,适用其规定。

第三条　安全生产工作应当以人为本,坚持安全发展,坚持安全第一、预防为主、综合治理的方针,强化和落实生产经营单位的主体责任,建立生产经营单位负责、职工参与、政府监管、行业自律和社会监督的机制。

第四条　生产经营单位必须遵守本法和其他有关安全生产的法律、法规,加强安全生产管理,建立、健全安全生产责任制和安全生产规章制度,改善安全生产条件,推进安全生产标准化建设,提高安全生产水平,确保安全生产。

第五条　生产经营单位的主要负责人对本单位的安全生产工作全面负责。

第六条　生产经营单位的从业人员有依法获得安全生产保障的权利,并应当依法履行安全生产方面的义务。

第七条 工会依法对安全生产工作进行监督。

生产经营单位的工会依法组织职工参加本单位安全生产工作的民主管理和民主监督，维护职工在安全生产方面的合法权益。生产经营单位制定或者修改有关安全生产的规章制度，应当听取工会的意见。

第八条 国务院和县级以上地方各级人民政府应当根据国民经济和社会发展规划制定安全生产规划，并组织实施。安全生产规划应当与城乡规划相衔接。

国务院和县级以上地方各级人民政府应当加强对安全生产工作的领导，支持、督促各有关部门依法履行安全生产监督管理职责，建立健全安全生产工作协调机制，及时协调、解决安全生产监督管理中存在的重大问题。

乡、镇人民政府以及街道办事处、开发区管理机构等地方人民政府的派出机关应当按照职责，加强对本行政区域内生产经营单位安全生产状况的监督检查，协助上级人民政府有关部门依法履行安全生产监督管理职责。

第九条 国务院安全生产监督管理部门依照本法，对全国安全生产工作实施综合监督管理；县级以上地方各级人民政府安全生产监督管理部门依照本法，对本行政区域内安全生产工作实施综合监督管理。

国务院有关部门依照本法和其他有关法律、行政法规的规定，在各自的职责范围内对有关行业、领域的安全生产工作实施监督管理；县级以上地方各级人民政府有关部门依照本法和其他有关法律、法规的规定，在各自的职责范围内对有关行业、领域的安全生产工作实施监督管理。

安全生产监督管理部门和对有关行业、领域的安全生产工作实施监督管理的部门，统称负有安全生产监督管理职责的部门。

第十条 国务院有关部门应当按照保障安全生产的要求，依法及时制定有关的国家标准或者行业标准，并根据科技进步和经济发展适时修订。

生产经营单位必须执行依法制定的保障安全生产的国家标准或者行业标准。

第十一条 各级人民政府及其有关部门应当采取多种形式，加强对有关安全生产的法律、法规和安全生产知识的宣传，增强全社会的安全生产意识。

第十二条 有关协会组织依照法律、行政法规和章程，为生产经营单位提供安全生产方面的信息、培训等服务，发挥自律作用，促进生产经营单位加强安全生产管理。

第十三条 依法设立的为安全生产提供技术、管理服务的机构，依照法律、行政法规和执业准则，接受生产经营单位的委托为其安全生产工作提供技术、管理服务。

生产经营单位委托前款规定的机构提供安全生产技术、管理服务的，保证安全生产的责任仍由本单位负责。

第十四条 国家实行生产安全事故责任追究制度，依照本法和有关法律、法规的规定，追究生产安全事故责任人员的法律责任。

第十五条 国家鼓励和支持安全生产科学技术研究和安全生产先进技术的推广应用，提高安全生产水平。

第十六条 国家对在改善安全生产条件、防止生产安全事故、参加抢险救护等方面取得显著成绩的单位和个人，给予奖励。

第二章 生产经营单位的安全生产保障

第十七条 生产经营单位应当具备本法和有关法律、行政法规和国家标准或者行业标准规定的安全生产条件；不具备安全生产条件的，不得从事生产经营活动。

第十八条 生产经营单位的主要负责人对本单位安全生产工作负有下列职责：
（一）建立、健全本单位安全生产责任制；
（二）组织制定本单位安全生产规章制度和操作规程；
（三）组织制定并实施本单位安全生产教育和培训计划；
（四）保证本单位安全生产投入的有效实施；
（五）督促、检查本单位的安全生产工作，及时消除生产安全事故隐患；
（六）组织制定并实施本单位的生产安全事故应急救援预案；(2019)
（七）及时、如实报告生产安全事故。(2012)

第十九条 生产经营单位的安全生产责任制应当明确各岗位的责任人员、责任范围和考核标准等内容。

生产经营单位应当建立相应的机制，加强对安全生产责任制落实情况的监督考核，保证安全生产责任制的落实。

第二十条 生产经营单位应当具备的安全生产条件所必需的资金投入，由生产经营单位的决策机构、主要负责人或者个人经营的投资人予以保证，并对由于安全生产所必需的资金投入不足导致的后果承担责任。

有关生产经营单位应当按照规定提取和使用安全生产费用，专门用于改善安全生产条件。安全生产费用在成本中据实列支。安全生产费用提取、使用和监督管理的具体办法由国务院财政部门会同国务院安全生产监督管理部门征求国务院有关部门意见后制定。

第二十一条 矿山、金属冶炼、建筑施工、道路运输单位和危险物品的生产、经营、储存单位，应当设置安全生产管理机构或者配备专职安全生产管理人员。

前款规定以外的其他生产经营单位，从业人员超过一百人的，应当设置安全生产管理机构或者配备专职安全生产管理人员；从业人员在一百人以下的，应当配备专职或者兼职的安全生产管理人员。(2013)

第二十二条 生产经营单位的安全生产管理机构以及安全生产管理人员履行下列职责：
（一）组织或者参与拟订本单位安全生产规章制度、操作规程和生产安全事故应急救援预案；
（二）组织或者参与本单位安全生产教育和培训，如实记录安全生产教育和培训情况；
（三）督促落实本单位重大危险源的安全管理措施；
（四）组织或者参与本单位应急救援演练；
（五）检查本单位的安全生产状况，及时排查生产安全事故隐患，提出改进安全生产管理的建议；
（六）制止和纠正违章指挥、强令冒险作业、违反操作规程的行为；
（七）督促落实本单位安全生产整改措施。

第二十三条 生产经营单位的安全生产管理机构以及安全生产管理人员应当恪尽职

守，依法履行职责。

生产经营单位作出涉及安全生产的经营决策，应当听取安全生产管理机构以及安全生产管理人员的意见。

生产经营单位不得因安全生产管理人员依法履行职责而降低其工资、福利等待遇或者解除与其订立的劳动合同。

危险物品的生产、储存单位以及矿山、金属冶炼单位的安全生产管理人员的任免，应当告知主管的负有安全生产监督管理职责的部门。

第二十四条 生产经营单位的主要负责人和安全生产管理人员必须具备与本单位所从事的生产经营活动相应的安全生产知识和管理能力。

危险物品的生产、经营、储存单位以及矿山、金属冶炼、建筑施工、道路运输单位的主要负责人和安全生产管理人员，应当由主管的负有安全生产监督管理职责的部门对其安全生产知识和管理能力考核合格。考核不得收费。

危险物品的生产、储存单位以及矿山、金属冶炼单位应当有注册安全工程师从事安全生产管理工作。鼓励其他生产经营单位聘用注册安全工程师从事安全生产管理工作。注册安全工程师按专业分类管理，具体办法由国务院人力资源和社会保障部门、国务院安全生产监督管理部门会同国务院有关部门制定。

第二十五条 生产经营单位应当对从业人员进行安全生产教育和培训，保证从业人员具备必要的安全生产知识，熟悉有关的安全生产规章制度和安全操作规程，掌握本岗位的安全操作技能，了解事故应急处理措施，知悉自身在安全生产方面的权利和义务。未经安全生产教育和培训合格的从业人员，不得上岗作业。

生产经营单位使用被派遣劳动者的，应当将被派遣劳动者纳入本单位从业人员统一管理，对被派遣劳动者进行岗位安全操作规程和安全操作技能的教育和培训。劳务派遣单位应当对被派遣劳动者进行必要的安全生产教育和培训。

生产经营单位接收中等职业学校、高等学校学生实习的，应当对实习学生进行相应的安全生产教育和培训，提供必要的劳动防护用品。学校应当协助生产经营单位对实习学生进行安全生产教育和培训。

生产经营单位应当建立安全生产教育和培训档案，如实记录安全生产教育和培训的时间、内容、参加人员以及考核结果等情况。

第二十六条 生产经营单位采用新工艺、新技术、新材料或者使用新设备，必须了解、掌握其安全技术特性，采取有效的安全防护措施，并对从业人员进行专门的安全生产教育和培训。

第二十七条 生产经营单位的特种作业人员必须按照国家有关规定经专门的安全作业培训，取得相应资格，方可上岗作业。

特种作业人员的范围由国务院安全生产监督管理部门会同国务院有关部门确定。

第二十八条 生产经营单位新建、改建、扩建工程项目（以下统称建设项目）的安全设施，必须与主体工程同时设计、同时施工、同时投入生产和使用。安全设施投资应当纳入建设项目概算。

第二十九条 矿山、金属冶炼建设项目和用于生产、储存、装卸危险物品的建设项目，应当按照国家有关规定进行安全评价。

第三十条　建设项目安全设施的设计人、设计单位应当对安全设施设计负责。

矿山、金属冶炼建设项目和用于生产、储存、装卸危险物品的建设项目的安全设施设计应当按照国家有关规定报经有关部门审查，审查部门及其负责审查的人员对审查结果负责。

第三十一条　矿山、金属冶炼建设项目和用于生产、储存、装卸危险物品的建设项目的施工单位必须按照批准的安全设施设计施工，并对安全设施的工程质量负责。

矿山、金属冶炼建设项目和用于生产、储存危险物品的建设项目竣工投入生产或者使用前，应当由建设单位负责组织对安全设施进行验收；验收合格后，方可投入生产和使用。安全生产监督管理部门应当加强对建设单位验收活动和验收结果的监督核查。

第三十二条　生产经营单位应当在有较大危险因素的生产经营场所和有关设施、设备上，设置明显的安全警示标志。

第三十三条　安全设备的设计、制造、安装、使用、检测、维修、改造和报废，应当符合国家标准或者行业标准。

生产经营单位必须对安全设备进行经常性维护、保养，并定期检测，保证正常运转。维护、保养、检测应当作好记录，并由有关人员签字。

第三十四条　生产经营单位使用的危险物品的容器、运输工具，以及涉及人身安全、危险性较大的海洋石油开采特种设备和矿山井下特种设备，必须按照国家有关规定，由专业生产单位生产，并经具有专业资质的检测、检验机构检测、检验合格，取得安全使用证或者安全标志，方可投入使用。检测、检验机构对检测、检验结果负责。(2014)(2010)

第三十五条　国家对严重危及生产安全的工艺、设备实行淘汰制度，具体目录由国务院安全生产监督管理部门会同国务院有关部门制定并公布。法律、行政法规对目录的制定另有规定的，适用其规定。

省、自治区、直辖市人民政府可以根据本地区实际情况制定并公布具体目录，对前款规定以外的危及生产安全的工艺、设备予以淘汰。

生产经营单位不得使用应当淘汰的危及生产安全的工艺、设备。

第三十六条　生产、经营、运输、储存、使用危险物品或者处置废弃危险物品的，由有关主管部门依照有关法律、法规的规定和国家标准或者行业标准审批并实施监督管理。

生产经营单位生产、经营、运输、储存、使用危险物品或者处置废弃危险物品，必须执行有关法律、法规和国家标准或者行业标准，建立专门的安全管理制度，采取可靠的安全措施，接受有关主管部门依法实施的监督管理。

第三十七条　生产经营单位对重大危险源应当登记建档，进行定期检测、评估、监控，并制定应急预案，告知从业人员和相关人员在紧急情况下应当采取的应急措施。

生产经营单位应当按照国家有关规定将本单位重大危险源及有关安全措施、应急措施报有关地方人民政府安全生产监督管理部门和有关部门备案。

第三十八条　生产经营单位应当建立健全生产安全事故隐患排查治理制度，采取技术、管理措施，及时发现并消除事故隐患。事故隐患排查治理情况应当如实记录，并向从业人员通报。

县级以上地方各级人民政府负有安全生产监督管理职责的部门应当建立健全重大事故隐患治理督办制度，督促生产经营单位消除重大事故隐患。

第三十九条 生产、经营、储存、使用危险物品的车间、商店、仓库不得与员工宿舍在同一座建筑物内,并应当与员工宿舍保持安全距离。

生产经营场所和员工宿舍应当设有符合紧急疏散要求、标志明显、保持畅通的出口。禁止锁闭、封堵生产经营场所或者员工宿舍的出口。

第四十条 生产经营单位进行爆破、吊装以及国务院安全生产监督管理部门会同国务院有关部门规定的其他危险作业,应当安排专门人员进行现场安全管理,确保操作规程的遵守和安全措施的落实。

第四十一条 生产经营单位应当教育和督促从业人员严格执行本单位的安全生产规章制度和安全操作规程;并向从业人员如实告知作业场所和工作岗位存在的危险因素、防范措施以及事故应急措施。

第四十二条 生产经营单位必须为从业人员提供符合国家标准或者行业标准的劳动防护用品,并监督、教育从业人员按照使用规则佩戴、使用。

第四十三条 生产经营单位的安全生产管理人员应当根据本单位的生产经营特点,对安全生产状况进行经常性检查;对检查中发现的安全问题,应当立即处理;不能处理的,应当及时报告本单位有关负责人,有关负责人应当及时处理。检查及处理情况应当如实记录在案。

生产经营单位的安全生产管理人员在检查中发现重大事故隐患,依照前款规定向本单位有关负责人报告,有关负责人不及时处理的,安全生产管理人员可以向主管的负有安全生产监督管理职责的部门报告,接到报告的部门应当依法及时处理。

第四十四条 生产经营单位应当安排用于配备劳动防护用品、进行安全生产培训的经费。

第四十五条 两个以上生产经营单位在同一作业区域内进行生产经营活动,可能危及对方生产安全的,应当签订安全生产管理协议,明确各自的安全生产管理职责和应当采取的安全措施,并指定专职安全生产管理人员进行安全检查与协调。

第四十六条 生产经营单位不得将生产经营项目、场所、设备发包或者出租给不具备安全生产条件或者相应资质的单位或者个人。

生产经营项目、场所发包或者出租给其他单位的,生产经营单位应当与承包单位、承租单位签订专门的安全生产管理协议,或者在承包合同、租赁合同中约定各自的安全生产管理职责;生产经营单位对承包单位、承租单位的安全生产工作统一协调、管理,定期进行安全检查,发现安全问题的,应当及时督促整改。

第四十七条 生产经营单位发生生产安全事故时,单位的主要负责人应当立即组织抢救,并不得在事故调查处理期间擅离职守。

第四十八条 生产经营单位必须依法参加工伤保险,为从业人员缴纳保险费。

国家鼓励生产经营单位投保安全生产责任保险。

第三章 从业人员的安全生产权利义务

第四十九条 生产经营单位与从业人员订立的劳动合同,应当载明有关保障从业人员劳动安全、防止职业危害的事项,以及依法为从业人员办理工伤保险的事项。

生产经营单位不得以任何形式与从业人员订立协议,免除或者减轻其对从业人员因生产安全事故伤亡依法应承担的责任。

第五十条 生产经营单位的从业人员有权了解其作业场所和工作岗位存在的危险因素、防范措施及事故应急措施，有权对本单位的安全生产工作提出建议。(2017)

第五十一条 从业人员有权对本单位安全生产工作中存在的问题提出批评、检举、控告；(2017)有权拒绝违章指挥和强令冒险作业。

生产经营单位不得因从业人员对本单位安全生产工作提出批评、检举、控告或者拒绝违章指挥、强令冒险作业而降低其工资、福利等待遇或者解除与其订立的劳动合同。

第五十二条 从业人员发现直接危及人身安全的紧急情况时，有权停止作业或者在采取可能的应急措施后撤离作业场所。(2017)

生产经营单位不得因从业人员在前款紧急情况下停止作业或者采取紧急撤离措施而降低其工资、福利等待遇或者解除与其订立的劳动合同。

第五十三条 因生产安全事故受到损害的从业人员，除依法享有工伤保险外，依照有关民事法律尚有获得赔偿的权利的，有权向本单位提出赔偿要求。

第五十四条 从业人员在作业过程中，应当严格遵守本单位的安全生产规章制度和操作规程，服从管理，正确佩戴和使用劳动防护用品。

第五十五条 从业人员应当接受安全生产教育和培训，掌握本职工作所需的安全生产知识，提高安全生产技能，增强事故预防和应急处理能力。

第五十六条 从业人员发现事故隐患或者其他不安全因素，应当立即向现场安全生产管理人员或者本单位负责人报告；(2017)接到报告的人员应当及时予以处理。

第五十七条 工会有权对建设项目的安全设施与主体工程同时设计、同时施工、同时投入生产和使用进行监督，提出意见。

工会对生产经营单位违反安全生产法律、法规，侵犯从业人员合法权益的行为，有权要求纠正；发现生产经营单位违章指挥、强令冒险作业或者发现事故隐患时，有权提出解决的建议，生产经营单位应当及时研究答复；发现危及从业人员生命安全的情况时，有权向生产经营单位建议组织从业人员撤离危险场所，生产经营单位必须立即作出处理。

工会有权依法参加事故调查，向有关部门提出处理意见，并要求追究有关人员的责任。

第五十八条 生产经营单位使用被派遣劳动者的，被派遣劳动者享有本法规定的从业人员的权利，并应当履行本法规定的从业人员的义务。

第四章 安全生产的监督管理

第五十九条 县级以上地方各级人民政府应当根据本行政区域内的安全生产状况，组织有关部门按照职责分工，对本行政区域内容易发生重大生产安全事故的生产经营单位进行严格检查。

安全生产监督管理部门应当按照分类分级监督管理的要求，制定安全生产年度监督检查计划，并按照年度监督检查计划进行监督检查，发现事故隐患，应当及时处理。

第六十条 负有安全生产监督管理职责的部门依照有关法律、法规的规定，对涉及安全生产的事项需要审查批准（包括批准、核准、许可、注册、认证、颁发证照等，下同）或者验收的，必须严格依照有关法律、法规和国家标准或者行业标准规定的安全生产条件和程序进行审查；不符合有关法律、法规和国家标准或者行业标准规定的安全生产条件的，不得批准或者验收通过。对未依法取得批准或者验收合格的单位擅自从事有关活动的，负责行政审批的部门发现或者接到举报后应当立即予以取缔，并依法予以处理。对已经依法取得批准的单位，负责行政审批的部门发现其不再具备安全生产条件的，应当撤销原批准。(2018)

第六十一条　负有安全生产监督管理职责的部门对涉及安全生产的事项进行审查、验收，不得收取费用；不得要求接受审查、验收的单位购买其指定品牌或者指定生产、销售单位的安全设备、器材或者其他产品。

第六十二条　安全生产监督管理部门和其他负有安全生产监督管理职责的部门依法开展安全生产行政执法工作，对生产经营单位执行有关安全生产的法律、法规和国家标准或者行业标准的情况进行监督检查，行使以下职权：

（一）进入生产经营单位进行检查，调阅有关资料，向有关单位和人员了解情况；

（二）对检查中发现的安全生产违法行为，当场予以纠正或者要求限期改正；对依法应当给予行政处罚的行为，依照本法和其他有关法律、行政法规的规定作出行政处罚决定；

（三）对检查中发现的事故隐患，应当责令立即排除；重大事故隐患排除前或者排除过程中无法保证安全的，应当责令从危险区域内撤出作业人员，责令暂时停产停业或者停止使用相关设施、设备；重大事故隐患排除后，经审查同意，方可恢复生产经营和使用；

（四）对有根据认为不符合保障安全生产的国家标准或者行业标准的设施、设备、器材以及违法生产、储存、使用、经营、运输的危险物品予以查封或者扣押，对违法生产、储存、使用、经营危险物品的作业场所予以查封，并依法作出处理决定。

监督检查不得影响被检查单位的正常生产经营活动。

第六十三条　生产经营单位对负有安全生产监督管理职责的部门的监督检查人员（以下统称安全生产监督检查人员）依法履行监督检查职责，应当予以配合，不得拒绝、阻挠。

第六十四条　安全生产监督检查人员应当忠于职守，坚持原则，秉公执法。

安全生产监督检查人员执行监督检查任务时，必须出示有效的监督执法证件；对涉及被检查单位的技术秘密和业务秘密，应当为其保密。

第六十五条　安全生产监督检查人员应当将检查的时间、地点、内容、发现的问题及其处理情况，作出书面记录，并由检查人员和被检查单位的负责人签字；被检查单位的负责人拒绝签字的，检查人员应当将情况记录在案，并向负有安全生产监督管理职责的部门报告。

第六十六条　负有安全生产监督管理职责的部门在监督检查中，应当互相配合，实行联合检查；确需分别进行检查的，应当互通情况，发现存在的安全问题应当由其他有关部门进行处理的，应当及时移送其他有关部门并形成记录备查，接受移送的部门应当及时进行处理。

第六十七条　负有安全生产监督管理职责的部门依法对存在重大事故隐患的生产经营单位作出停产停业、停止施工、停止使用相关设施或者设备的决定，生产经营单位应当依法执行，及时消除事故隐患。生产经营单位拒不执行，有发生生产安全事故的现实危险的，在保证安全的前提下，经本部门主要负责人批准，负有安全生产监督管理职责的部门可以采取通知有关单位停止供电、停止供应民用爆炸物品等措施，强制生产经营单位履行决定。通知应当采用书面形式，有关单位应当予以配合。

负有安全生产监督管理职责的部门依照前款规定采取停止供电措施，除有危及生产安全的紧急情形外，应当提前二十四小时通知生产经营单位。生产经营单位依法履行行政决定、采取相应措施消除事故隐患的，负有安全生产监督管理职责的部门应当及时解除前款规定的措施。

第六十八条　监察机关依照行政监察法的规定，对负有安全生产监督管理职责的部门及其工作人员履行安全生产监督管理职责实施监察。

第六十九条　承担安全评价、认证、检测、检验的机构应当具备国家规定的资质条件，并对其作出的安全评价、认证、检测、检验的结果负责。

第七十条　负有安全生产监督管理职责的部门应当建立举报制度，公开举报电话、信箱或者电子邮件地址，受理有关安全生产的举报；受理的举报事项经调查核实后，应当形成书面材料；需要落实整改措施的，报经有关负责人签字并督促落实。

第七十一条　任何单位或者个人对事故隐患或者安全生产违法行为，均有权向负有安全生产监督管理职责的部门报告或者举报。

第七十二条　居民委员会、村民委员会发现其所在区域内的生产经营单位存在事故隐患或者安全生产违法行为时，应当向当地人民政府或者有关部门报告。

第七十三条　县级以上各级人民政府及其有关部门对报告重大事故隐患或者举报安全生产违法行为的有功人员，给予奖励。具体奖励办法由国务院安全生产监督管理部门会同国务院财政部门制定。

第七十四条　新闻、出版、广播、电影、电视等单位有进行安全生产公益宣传教育的义务，有对违反安全生产法律、法规的行为进行舆论监督的权利。

第七十五条　负有安全生产监督管理职责的部门应当建立安全生产违法行为信息库，如实记录生产经营单位的安全生产违法行为信息；对违法行为情节严重的生产经营单位，应当向社会公告，并通报行业主管部门、投资主管部门、国土资源主管部门、证券监督管理机构以及有关金融机构。

第五章　生产安全事故的应急救援与调查处理

第七十六条　国家加强生产安全事故应急能力建设，在重点行业、领域建立应急救援基地和应急救援队伍，鼓励生产经营单位和其他社会力量建立应急救援队伍，配备相应的应急救援装备和物资，提高应急救援的专业化水平。

国务院安全生产监督管理部门建立全国统一的生产安全事故应急救援信息系统，国务院有关部门建立健全相关行业、领域的生产安全事故应急救援信息系统。

第七十七条　县级以上地方各级人民政府应当组织有关部门制定本行政区域内生产安全事故应急救援预案，建立应急救援体系。

第七十八条　生产经营单位应当制定本单位生产安全事故应急救援预案，与所在地县级以上地方人民政府组织制定的生产安全事故应急救援预案相衔接，并定期组织演练。

第七十九条　危险物品的生产、经营、储存单位以及矿山、金属冶炼、城市轨道交通运营、建筑施工单位应当建立应急救援组织；生产经营规模较小的，可以不建立应急救援组织，但应当指定兼职的应急救援人员。

危险物品的生产、经营、储存、运输单位以及矿山、金属冶炼、城市轨道交通运营、建筑施工单位应当配备必要的应急救援器材、设备和物资，并进行经常性维护、保养，保证正常运转。

第八十条　生产经营单位发生生产安全事故后，事故现场有关人员应当立即报告本单位负责人。

单位负责人接到事故报告后，应当迅速采取有效措施，组织抢救，防止事故扩大，减少人员伤亡和财产损失，并按照国家有关规定立即如实报告当地负有安全生产监督管理职责的部门，不得隐瞒不报、谎报或者迟报，不得故意破坏事故现场、毁灭有关证据。

第八十一条　负有安全生产监督管理职责的部门接到事故报告后，应当立即按照国家有关规定上报事故情况。负有安全生产监督管理职责的部门和有关地方人民政府对事故情况不得隐瞒不报、谎报或者迟报。

第八十二条　有关地方人民政府和负有安全生产监督管理职责的部门的负责人接到生产安全事故报告后，应当按照生产安全事故应急救援预案的要求立即赶到事故现场，组织事故抢救。

参与事故抢救的部门和单位应当服从统一指挥，加强协同联动，采取有效的应急救援措施，并根据事故救援的需要采取警戒、疏散等措施，防止事故扩大和次生灾害的发生，减少人员伤亡和财产损失。

事故抢救过程中应当采取必要措施，避免或者减少对环境造成的危害。

任何单位和个人都应当支持、配合事故抢救，并提供一切便利条件。

第八十三条　事故调查处理应当按照科学严谨、依法依规、实事求是、注重实效的原则，及时、准确地查清事故原因，查明事故性质和责任，总结事故教训，提出整改措施，并对事故责任者提出处理意见。事故调查报告应当依法及时向社会公布。事故调查和处理的具体办法由国务院制定。

事故发生单位应当及时全面落实整改措施，负有安全生产监督管理职责的部门应当加强监督检查。

第八十四条　生产经营单位发生生产安全事故，经调查确定为责任事故的，除了应当查明事故单位的责任并依法予以追究外，还应当查明对安全生产的有关事项负有审查批准和监督职责的行政部门的责任，对有失职、渎职行为的，依照本法第八十七条的规定追究法律责任。

第八十五条　任何单位和个人不得阻挠和干涉对事故的依法调查处理。

第八十六条　县级以上地方各级人民政府安全生产监督管理部门应当定期统计分析本行政区域内发生生产安全事故的情况，并定期向社会公布。

【例8.2-1】某生产经营单位使用危险性较大的特种设备，根据《中华人民共和国安全生产法》规定，该设备投入使用的条件不包括(　　)。(2014年)

A. 该设备应由专业生产单位生产

B. 该设备应进行安全条件论证和安全评价

C. 该设备须经取得专业资质的检测、检验机构检测、检验合格

D. 该设备须取得安全使用证或者安全标志

解析：《中华人民共和国安全生产法》（以下简称"《安全生产法》"）第三十四条规定，生产经营单位使用的危险物品的容器、运输工具，以及涉及人身安全、危险性较大的海洋石油开采特种设备和矿山井下特种设备，必须按照国家有关规定，由专业生产单位生产，并经具有专业资质的检测、检验机构检测、检验合格，取得安全使用证或者安全标志，方可投入使用。检测、检验机构对检测、检验结果负责。应选B。

【例8.2-2】某施工单位是一个有职工185人的三级施工资质的企业，根据《安全生产法》规定，该企业下列行为中合法的是（　　）。(2013年)

A. 只配备兼职的安全生产管理人员

B. 委托具有国家规定的相关专业技术资格的工程技术人员提供安全生产管理服务，由其负责承担保证安全生产的责任

C. 安全生产管理人员经企业考核后即任职

D. 设置安全生产管理机构

解析：《安全生产法》第二十一条规定，矿山、金属冶炼、建筑施工、道路运输单位和危险物品的生产、经营、储存单位，应当设置安全生产管理机构或者配备专职安全生产管理人员。前款规定以外的其他生产经营单位，从业人员超过一百人的，应当设置安全生产管理机构或者配备专职安全生产管理人员；从业人员在一百人以下的，应当配备专职或者兼职的安全生产管理人员。应选D。

习　题

【8.2-1】根据《安全生产法》的规定，生产经营单位主要负责人对本单位的安全生产负总责，某生产经营单位的主要负责人对本单位安全生产工作的职责是（　　）。(2012年)

A. 建立、健全本单位安全生产责任制

B. 保证本单位安全生产投入的有效使用

C. 及时报告生产安全事故

D. 组织落实本单位安全生产规章制度和操作规程

【8.2-2】根据《安全生产法》的规定，生产经营单位使用的涉及生命危险、危险性较大的特种设备，以及危险物品的容器、运输工具，必须按照国家有关规定，由专业生产单位生产，并经取得专业资质的检测、检验机构检测、检验合格，取得（　　）。(2010年)

A. 安全使用证和安全标志，方可投入使用

B. 安全使用证或安全标志，方可投入使用

C. 生产许可证和安全使用证，方可投入使用

D. 生产许可证或安全使用证，方可投入使用

【8.2-3】根据《安全生产法》，不属于生产经营单位主要负责人的主要安全生产职责的是（　　）。

A. 保证本单位安全生产投入的有效实施

B. 及时、如实报告生产安全事故

C. 为从业人员缴纳意外伤害保险费

D. 建立、健全本单位安全生产责任制

【8.2-4】《安全生产法》规定，生产经营单位制定或者修改有关安全生产的规章制度，应当（　　）。

A. 经工会的同意
B. 听取工会的意见
C. 经职工大会审议通过
D. 经主管部门的批准

【8.2-5】施工企业的主要责任人，对于本单位生产安全工作的主要职责不包括（　　）。

A. 建立、健全本单位安全生产责任制
B. 组织制定本单位安全生产规章制度和操作规程
C. 保证本单位安全生产投入的有效实施
D. 编制专项工程施工方案

习题答案及解析

【8.2-1】答案：A

解析：《安全生产法》第十八条规定，生产经营单位的主要负责人对本单位安全生产工作负有下列职责：（一）建立、健全本单位安全生产责任制；（二）组织制定本单位安全生产规章制度和操作规程；（三）组织制定并实施本单位安全生产教育和培训计划；（四）保证本单位安全生产投入的有效实施；（五）督促、检查本单位的安全生产工作，及时消除生产安全事故隐患；（六）组织制定并实施本单位的生产安全事故应急救援预案；（七）及时、如实报告生产安全事故。

【8.2-2】答案：B

解析：《安全生产法》第三十四条规定，生产经营单位使用的涉及生命安全、危险性较大的特种设备，以及危险物品的容器、运输工具，必须按照国家有关规定，由专业生产单位生产，并经取得专业资质的检测、检验机构检测、检验合格，取得安全使用证或者安全标志，方可投入使用。检测、检验机构对检测、检验结果负责。

【8.2-3】答案：C

解析：本题考查的是施工单位主要负责人对安全生产工作全面负责。根据《安全生产法》第十八条，生产经营单位的主要负责人对本单位安全生产工作负有下列职责：（一）建立、健全本单位安全生产责任制；（二）组织制定本单位安全生产规章制度和操作规程；（三）保证本单位安全生产投入的有效实施；（四）督促、检查本单位的安全生产工作，及时消除生产安全事故隐患；（五）组织制定并实施本单位的安全生产事故应急救援预案；（六）及时、如实报告生产安全事故；（七）组织制定并实施本单位安全生产教育和培训计划。

【8.2-4】答案：B

解析：本题考查的是施工作业人员安全生产的权利和义务。根据《安全生产法》第七条，制定或修改有关安全生产的规章制度应当听取工会意见。注意是听取工会的意见，不是同意，工会无否决权。

【8.2-5】答案：D

解析：本题考查的是施工单位安全生产责任。根据《安全生产法》第十八条，生产经营单位的主要负责人对本单位安全生产工作负有下列职责：（一）建立、健全本单位安全生产责任制；（二）组织制定本单位安全生产规章制度和操作规程；（三）保证本单位安全生产投入的有效实施；（四）督促、检查本单位的安全生产工作，及时消除生产安全事故隐患；（五）组织制定并实施本单位的安全生产事故应急救援预案；（六）及时、如实报告生产安全事故；（七）组织制定并实施本单位安全生产教育和培训计划。

8.3 中华人民共和国招标投标法

高频考点梳理

知识点	可以不进行招标的情况	招投标活动的原则	投标
近三年考核频次	1（2019上午117题）	1（2019下午14题）	2（2018上午117题，2017上午117题）

1. 目录

第一章　总则

第二章　招标

第三章　投标

第四章　开标、评标和中标

第五章　法律责任

第六章　附则

2. 正文

第一章　总　　则

第一条　为了规范招标投标活动，保护国家利益、社会公共利益和招标投标活动当事人的合法权益，提高经济效益，保证项目质量，制定本法。

第二条　在中华人民共和国境内进行招标投标活动，适用本法。

第三条　在中华人民共和国境内进行下列工程建设项目包括项目的勘察、设计、施工、监理以及与工程建设有关的重要设备、材料等的采购，必须进行招标：

（一）大型基础设施、公用事业等关系社会公共利益、公众安全的项目；

（二）全部或者部分使用国有资金投资或者国家融资的项目；

（三）使用国际组织或者外国政府贷款、援助资金的项目。

前款所列项目的具体范围和规模标准，由国务院发展计划部门会同国务院有关部门制订，报国务院批准。

法律或者国务院对必须进行招标的其他项目的范围有规定的，依照其规定。

第四条　任何单位和个人不得将依法必须进行招标的项目化整为零或者以其他任何方式规避招标。

第五条　招标投标活动应当遵循公开、公平、公正和诚实信用的原则。(2014)(2019)

第六条 依法必须进行招标的项目,其招标投标活动不受地区或者部门的限制。[2019]任何单位和个人不得违法限制或者排斥本地区、本系统以外的法人或者其他组织参加投标,不得以任何方式非法干涉招标投标活动。

第七条 招标投标活动及其当事人应当接受依法实施的监督。

有关行政监督部门依法对招标投标活动实施监督,依法查处招标投标活动中的违法行为。

对招标投标活动的行政监督及有关部门的具体职权划分,由国务院规定。

第二章 招　　标

第八条 招标人是依照本法规定提出招标项目、进行招标的法人或者其他组织。

第九条 招标项目按照国家有关规定需要履行项目审批手续的,应当先履行审批手续,取得批准。

招标人应当有进行招标项目的相应资金或者资金来源已经落实,并应当在招标文件中如实载明。

第十条 招标分为公开招标和邀请招标。

公开招标,是指招标人以招标公告的方式邀请不特定的法人或者其他组织投标。

邀请招标,是指招标人以投标邀请书的方式邀请特定的法人或者其他组织投标。[2013]

第十一条 国务院发展计划部门确定的国家重点项目和省、自治区、直辖市人民政府确定的地方重点项目不适宜公开招标的,经国务院发展计划部门或者省、自治区、直辖市人民政府批准,可以进行邀请招标。

第十二条 招标人有权自行选择招标代理机构,委托其办理招标事宜。任何单位和个人不得以任何方式为招标人指定招标代理机构。

招标人具有编制招标文件和组织评标能力的,可以自行办理招标事宜。任何单位和个人不得强制其委托招标代理机构办理招标事宜。

依法必须进行招标的项目,招标人自行办理招标事宜的,应当向有关行政监督部门备案。

第十三条 招标代理机构是依法设立、从事招标代理业务并提供相关服务的社会中介组织。

招标代理机构应当具备下列条件:

(一)有从事招标代理业务的营业场所和相应资金;

(二)有能够编制招标文件和组织评标的相应专业力量;

第十四条 招标代理机构与行政机关和其他国家机关不得存在隶属关系或者其他利益关系。

第十五条 招标代理机构应当在招标人委托的范围内办理招标事宜,并遵守本法关于招标人的规定。

第十六条 招标人采用公开招标方式的,应当发布招标公告。依法必须进行招标的项目的招标公告,应当通过国家指定的报刊、信息网络或者其他媒介发布。

招标公告应当载明招标人的名称和地址、招标项目的性质、数量、实施地点和时间以及获取招标文件的办法等事项。[2009]

第十七条　招标人采用邀请招标方式的，应当向三个以上具备承担招标项目的能力、资信良好的特定的法人或者其他组织发出投标邀请书。

投标邀请书应当载明本法第十六条第二款规定的事项。

第十八条　招标人可以根据招标项目本身的要求，在招标公告或者投标邀请书中，要求潜在投标人提供有关资质证明文件和业绩情况，并对潜在投标人进行资格审查；国家对投标人的资格条件有规定的，依照其规定。

招标人不得以不合理的条件限制或者排斥潜在投标人，不得对潜在投标人实行歧视待遇。

第十九条　招标人应当根据招标项目的特点和需要编制招标文件。招标文件应当包括招标项目的技术要求、对投标人资格审查的标准、投标报价要求和评标标准等所有实质性要求和条件以及拟签订合同的主要条款。

国家对招标项目的技术、标准有规定的，招标人应当按照其规定在招标文件中提出相应要求。

招标项目需要划分标段、确定工期的，招标人应当合理划分标段、确定工期，并在招标文件中载明。

第二十条　招标文件不得要求或者标明特定的生产供应者以及含有倾向或者排斥潜在投标人的其他内容。

第二十一条　招标人根据招标项目的具体情况，可以组织潜在投标人踏勘项目现场。

第二十二条　招标人不得向他人透露已获取招标文件的潜在投标人的名称、数量以及可能影响公平竞争的有关招标投标的其他情况。

招标人设有标底的，标底必须保密。

第二十三条　招标人对已发出的招标文件进行必要的澄清或者修改的，应当在招标文件要求提交投标文件截止时间至少十五日前，以书面形式通知所有招标文件收受人。该澄清或者修改的内容为招标文件的组成部分。[2011]

第二十四条　招标人应当确定投标人编制投标文件所需要的合理时间；但是，依法必须进行招标的项目，自招标文件开始发出之日起至投标人提交投标文件截止之日止，最短不得少于二十日。

第三章　投　　标

第二十五条　投标人是响应招标、参加投标竞争的法人或者其他组织。

依法招标的科研项目允许个人参加投标的，投标的个人适用本法有关投标人的规定。

第二十六条　投标人应当具备承担招标项目的能力；国家有关规定对投标人资格条件或者招标文件对投标人资格条件有规定的，投标人应当具备规定的资格条件。

第二十七条　投标人应当按照招标文件的要求编制投标文件。投标文件应当对招标文件提出的实质性要求和条件作出响应。

招标项目属于建设施工的，投标文件的内容应当包括拟派出的项目负责人与主要技术人员的简历、业绩和拟用于完成招标项目的机械设备等。

第二十八条　投标人应当在招标文件要求提交投标文件的截止时间前，将投标文件送达投标地点。招标人收到投标文件后，应当签收保存，不得开启。投标人少于三个的，招标人应当依照本法重新招标。

在招标文件要求提交投标文件的截止时间后送达的投标文件，招标人应当拒收。(2017)

第二十九条 投标人在招标文件要求提交投标文件的截止时间前，可以补充、修改或者撤回已提交的投标文件，并书面通知招标人。补充、修改的内容为投标文件的组成部分。

第三十条 投标人根据招标文件载明的项目实际情况，拟在中标后将中标项目的部分非主体、非关键性工作进行分包的，应当在投标文件中载明。

第三十一条 两个以上法人或者其他组织可以组成一个联合体，以一个投标人的身份共同投标。

联合体各方均应当具备承担招标项目的相应能力；国家有关规定或者招标文件对投标人资格条件有规定的，联合体各方均应当具备规定的相应资格条件。由同一专业的单位组成的联合体，按照资质等级较低的单位确定资质等级。(2018)

联合体各方应当签订共同投标协议，明确约定各方拟承担的工作和责任，并将共同投标协议连同投标文件一并提交招标人。联合体中标的，联合体各方应当共同与招标人签订合同，就中标项目向招标人承担连带责任。

招标人不得强制投标人组成联合体共同投标，不得限制投标人之间的竞争。

第三十二条 投标人不得相互串通投标报价，不得排挤其他投标人的公平竞争，损害招标人或者其他投标人的合法权益。

投标人不得与招标人串通投标，损害国家利益、社会公共利益或者他人的合法权益。

禁止投标人以向招标人或者评标委员会成员行贿的手段谋取中标。

第三十三条 投标人不得以低于成本的报价竞标，也不得以他人名义投标或者以其他方式弄虚作假，骗取中标。

第四章 开标、评标和中标

第三十四条 开标应当在招标文件确定的提交投标文件截止时间的同一时间公开进行；开标地点应当为招标文件中预先确定的地点。

第三十五条 开标由招标人主持，邀请所有投标人参加。

第三十六条 开标时，由投标人或者其推选的代表检查投标文件的密封情况，也可以由招标人委托的公证机构检查并公证；经确认无误后，由工作人员当众拆封，宣读投标人名称、投标价格和投标文件的其他主要内容。

招标人在招标文件要求提交投标文件的截止时间前收到的所有投标文件，开标时都应当当众予以拆封、宣读。

开标过程应当记录，并存档备查。

第三十七条 评标由招标人依法组建的评标委员会负责。

依法必须进行招标的项目，其评标委员会由招标人的代表和有关技术、经济等方面的专家组成，成员人数为五人以上单数，其中技术、经济等方面的专家不得少于成员总数的三分之二。

前款专家应当从事相关领域工作满八年并具有高级职称或者具有同等专业水平，由招标人从国务院有关部门或者省、自治区、直辖市人民政府有关部门提供的专家名册或者招标代理机构的专家库内的相关专业的专家名单中确定；一般招标项目可以采取随机抽取方式，特殊招标项目可以由招标人直接确定。

与投标人有利害关系的人不得进入相关项目的评标委员会；已经进入的应当更换。

评标委员会成员的名单在中标结果确定前应当保密。

第三十八条　招标人应当采取必要的措施，保证评标在严格保密的情况下进行。

任何单位和个人不得非法干预、影响评标的过程和结果。

第三十九条　评标委员会可以要求投标人对投标文件中含义不明确的内容作必要的澄清或者说明，但是澄清或者说明不得超出投标文件的范围或者改变投标文件的实质性内容。

第四十条　评标委员会应当按照招标文件确定的评标标准和方法，对投标文件进行评审和比较；设有标底的，应当参考标底。评标委员会完成评标后，应当向招标人提出书面评标报告，并推荐合格的中标候选人。

招标人根据评标委员会提出的书面评标报告和推荐的中标候选人确定中标人。招标人也可以授权评标委员会直接确定中标人。

国务院对特定招标项目的评标有特别规定的，从其规定。

第四十一条　中标人的投标应当符合下列条件之一：

（一）能够最大限度地满足招标文件中规定的各项综合评价标准；

（二）能够满足招标文件的实质性要求，并且经评审的投标价格最低；但是投标价格低于成本的除外。

第四十二条　评标委员会经评审，认为所有投标都不符合招标文件要求的，可以否决所有投标。

依法必须进行招标的项目的所有投标被否决的，招标人应当依照本法重新招标。

第四十三条　在确定中标人前，招标人不得与投标人就投标价格、投标方案等实质性内容进行谈判。

第四十四条　评标委员会成员应当客观、公正地履行职务，遵守职业道德，对所提出的评审意见承担个人责任。

评标委员会成员不得私下接触投标人，不得收受投标人的财物或者其他好处。

评标委员会成员和参与评标的有关工作人员不得透露对投标文件的评审和比较、中标候选人的推荐情况以及与评标有关的其他情况。

第四十五条　中标人确定后，招标人应当向中标人发出中标通知书，并同时将中标结果通知所有未中标的投标人。

中标通知书对招标人和中标人具有法律效力。中标通知书发出后，招标人改变中标结果的，或者中标人放弃中标项目的，应当依法承担法律责任。

第四十六条　招标人和中标人应当自中标通知书发出之日起三十日内，按照招标文件和中标人的投标文件订立书面合同。招标人和中标人不得再行订立背离合同实质性内容的其他协议。(2010)

招标文件要求中标人提交履约保证金的，中标人应当提交。

第四十七条　依法必须进行招标的项目，招标人应当自确定中标人之日起十五日内，向有关行政监督部门提交招标投标情况的书面报告。

第四十八条 中标人应当按照合同约定履行义务，完成中标项目。中标人不得向他人转让中标项目，也不得将中标项目肢解后分别向他人转让。

中标人按照合同约定或者经招标人同意，可以将中标项目的部分非主体、非关键性工作分包给他人完成。接受分包的人应当具备相应的资格条件，并不得再次分包。

中标人应当就分包项目向招标人负责，接受分包的人就分包项目承担连带责任。

第五章 法 律 责 任

第四十九条 违反本法规定，必须进行招标的项目而不招标的，将必须进行招标的项目化整为零或者以其他任何方式规避招标的，责令限期改正，可以处项目合同金额千分之五以上千分之十以下的罚款；对全部或者部分使用国有资金的项目，可以暂停项目执行或者暂停资金拨付；对单位直接负责的主管人员和其他直接责任人员依法给予处分。

第五十条 招标代理机构违反本法规定，泄露应当保密的与招标投标活动有关的情况和资料的，或者与招标人、投标人串通损害国家利益、社会公共利益或者他人合法权益的，处五万元以上二十五万元以下的罚款，对单位直接负责的主管人员和其他直接责任人员处单位罚款数额百分之五以上百分之十以下的罚款；有违法所得的，并处没收违法所得；情节严重的，禁止其一年至二年内代理依法必须进行招标的项目并予以公告，直至由工商行政管理机关吊销营业执照；构成犯罪的，依法追究刑事责任。给他人造成损失的，依法承担赔偿责任。

前款所列行为影响中标结果的，中标无效。

第五十一条 招标人以不合理的条件限制或者排斥潜在投标人的，对潜在投标人实行歧视待遇的，强制要求投标人组成联合体共同投标的，或者限制投标人之间竞争的，责令改正，可以处一万元以上五万元以下的罚款。

第五十二条 依法必须进行招标的项目的招标人向他人透露已获取招标文件的潜在投标人的名称、数量或者可能影响公平竞争的有关招标投标的其他情况的，或者泄露标底的，给予警告，可以并处一万元以上十万元以下的罚款；对单位直接负责的主管人员和其他直接责任人员依法给予处分；构成犯罪的，依法追究刑事责任。

前款所列行为影响中标结果的，中标无效。

第五十三条 投标人相互串通投标或者与招标人串通投标的，投标人以向招标人或者评标委员会成员行贿的手段谋取中标的，中标无效，处中标项目金额千分之五以上千分之十以下的罚款，对单位直接负责的主管人员和其他直接责任人员处单位罚款数额百分之五以上百分之十以下的罚款；有违法所得的，并处没收违法所得；情节严重的，取消其一年至二年内参加依法必须进行招标的项目的投标资格并予以公告，直至由工商行政管理机关吊销营业执照；构成犯罪的，依法追究刑事责任。给他人造成损失的，依法承担赔偿责任。

第五十四条 投标人以他人名义投标或者以其他方式弄虚作假，骗取中标的，中标无效，给招标人造成损失的，依法承担赔偿责任；构成犯罪的，依法追究刑事责任。

依法必须进行招标的项目的投标人有前款所列行为尚未构成犯罪的，处中标项目金额千分之五以上千分之十以下的罚款，对单位直接负责的主管人员和其他直接责任人员处单位罚款数额百分之五以上百分之十以下的罚款；有违法所得的，并处没收违法所得；情节严重的，取消其一年至三年内参加依法必须进行招标的项目的投标资格并予以公告，直至由工商行政管理机关吊销营业执照。

第五十五条　依法必须进行招标的项目，招标人违反本法规定，与投标人就投标价格、投标方案等实质性内容进行谈判的，给予警告，对单位直接负责的主管人员和其他直接责任人员依法给予处分。

前款所列行为影响中标结果的，中标无效。

第五十六条　评标委员会成员收受投标人的财物或者其他好处的，评标委员会成员或者参加评标的有关工作人员向他人透露对投标文件的评审和比较、中标候选人的推荐以及与评标有关的其他情况的，给予警告，没收收受的财物，可以并处三千元以上五万元以下的罚款，对有所列违法行为的评标委员会成员取消担任评标委员会成员的资格，不得再参加任何依法必须进行招标的项目的评标；构成犯罪的，依法追究刑事责任。

第五十七条　招标人在评标委员会依法推荐的中标候选人以外确定中标人的，依法必须进行招标的项目在所有投标被评标委员会否决后自行确定中标人的，中标无效。责令改正，可以处中标项目金额千分之五以上千分之十以下的罚款；对单位直接负责的主管人员和其他直接责任人员依法给予处分。

第五十八条　中标人将中标项目转让给他人的，将中标项目肢解后分别转让给他人的，违反本法规定将中标项目的部分主体、关键性工作分包给他人的，或者分包人再次分包的，转让、分包无效，处转让、分包项目金额千分之五以上千分之十以下的罚款；有违法所得的，并处没收违法所得；可以责令停业整顿；情节严重的，由工商行政管理机关吊销营业执照。

第五十九条　招标人与中标人不按照招标文件和中标人的投标文件订立合同的，或者招标人、中标人订立背离合同实质性内容的协议的，责令改正；可以处中标项目金额千分之五以上千分之十以下的罚款。

第六十条　中标人不履行与招标人订立的合同的，履约保证金不予退还，给招标人造成的损失超过履约保证金数额的，还应当对超过部分予以赔偿；没有提交履约保证金的，应当对招标人的损失承担赔偿责任。

中标人不按照与招标人订立的合同履行义务，情节严重的，取消其二年至五年内参加依法必须进行招标的项目的投标资格并予以公告，直至由工商行政管理机关吊销营业执照。

因不可抗力不能履行合同的，不适用前两款规定。

第六十一条　本章规定的行政处罚，由国务院规定的有关行政监督部门决定。本法已对实施行政处罚的机关作出规定的除外。

第六十二条　任何单位违反本法规定，限制或者排斥本地区、本系统以外的法人或者其他组织参加投标的，为招标人指定招标代理机构的，强制招标人委托招标代理机构办理招标事宜的，或者以其他方式干涉招标投标活动的，责令改正；对单位直接负责的主管人员和其他直接责任人员依法给予警告、记过、记大过的处分，情节较重的，依法给予降级、撤职、开除的处分。

个人利用职权进行前款违法行为的，依照前款规定追究责任。

第六十三条　对招标投标活动依法负有行政监督职责的国家机关工作人员徇私舞弊、

滥用职权或者玩忽职守，构成犯罪的，依法追究刑事责任；不构成犯罪的，依法给予行政处分。

第六十四条 依法必须进行招标的项目违反本法规定，中标无效的，应当依照本法规定的中标条件从其余投标人中重新确定中标人或者依照本法重新进行招标。

第六章 附 则

第六十五条 投标人和其他利害关系人认为招标投标活动不符合本法有关规定的，有权向招标人提出异议或者依法向有关行政监督部门投诉。

第六十六条 涉及国家安全、国家秘密、抢险救灾或者属于利用扶贫资金实行以工代赈、需要使用农民工等特殊情况，不适宜进行招标的项目，按照国家有关规定可以不进行招标。(2019)

第六十七条 使用国际组织或者外国政府贷款、援助资金的项目进行招标，贷款方、资金提供方对招标投标的具体条件和程序有不同规定的，可以适用其规定，但违背中华人民共和国的社会公共利益的除外。

第六十八条 本法自 2000 年 1 月 1 日起施行。

【例 8.3-1】 根据《中华人民共和国招标投标法》规定，某工程项目委托监理服务的招投标活动，应当遵循的原则是（　　）。(2014 年)

A. 公开、公平、公正、诚实信用
B. 公开、平等、自愿、公平、诚实信用
C. 公正、科学、独立、诚实信用
D. 全面、有效、合理、诚实信用

解析：《中华人民共和国招标投标法》（以下简称"《招标投标法》"）第五条规定，招标投标活动应当遵循公开、公平、公正和诚实信用的原则。应选 A。

【例 8.3-2】 下列属于《招标投标法》规定的招标方式是（　　）。(2013 年)

A. 分开招标和直接招标
B. 公开招标和邀请招标
C. 公开招标和协议招标
D. 公开招标和公平招标

解析：根据《招标投标法》第十条，招标分为公开招标和邀请招标。公开招标是指招标人以招标公告的方式邀请不特定的法人或者其他组织投标；邀请招标是指招标人以投标邀请书的方式邀请特定的法人或者其他组织投标。应选 B。

【例 8.3-3】 根据《招标投标法》的规定，招标人和中标人按照招标文件和中标人的投标文件，订立书面合同的时间要求是（　　）。(2010 年)

A. 自中标通知书发出之日起 15 日内
B. 自中标通知书发出之日起 30 日内
C. 自中标单位收到中标通知书之日起 15 日内
D. 自中标单位收到中标通知书之日起 30 日内

解析：《招标投标法》第四十六条规定，招标人和中标人应当自中标通知书发出之日起三十日内，按照招标文件和中标人的投标文件订立书面合同。招标人和中标人不得再行订立背离合同实质性内容的其他协议。招标文件要求中标人提交履约保证金的，中标人应当提交。应选 B。

习　　题

【8.3-1】根据《招标投标法》的规定，某建设工程依法必须进行招标，招标人委托了招标代理机构办理招标事宜，招标代理机构的行为合法的是(　　)。(2012 年)

A. 编制投标文件和组织评标
B. 在招标人委托的范围内办理招标事宜
C. 遵守《招标投标法》关于投标人的规定
D. 可以作为评标委员会成员参与评标

【8.3-2】根据《招标投标法》的规定，招标人对已发出的招标文件进行必要的澄清或者修改的，应当以书面形式通知所有招标文件收受人，通过的时间应当在招标文件要求提交投标文件截止时间至少(　　)。(2011 年)

A. 20 日前　　　B. 15 日前　　　C. 7 日前　　　D. 5 日前

【8.3-3】根据《招标投标法》的规定，下列包括在招标公告中的是(　　)。(2009 年)

A. 招标项目的性质、数量
B. 招标项目的技术要求
C. 对招标人员资格审查的标准
D. 拟签订合同的主要条款

【8.3-4】某高速公路项目进行招标，开标后允许(　　)。

A. 评标委员会要求投标人以书面形式澄清含义不明确的内容
B. 投标人再增加优惠条件
C. 投标人撤销投标文件
D. 招标人更改招标文件中说明的评标定标办法

【8.3-5】关于中标和签订合同的说法，正确的是(　　)。

A. 招标人应当授权评标委员会直接确定中标人
B. 招标人与中标人签订合同的标的、价款、质量等主要条款应当与招标文件一致，但履行期限可以另行协商确定
C. 确定中标人的权利属于招标人
D. 中标人应当自中标通知书送达之日起 30 日内，按照招标文件与投标人订立书面合同

【8.3-6】根据《招标投标法》，开标的主持者是(　　)。

A. 建设行政主管部门
B. 招标代理机构
C. 招标人
D. 投标人推选的代表

【8.3-7】根据《招标投标法实施条例》，国有资金占控股地位的依法必须进行招标的项目，关于如何确定中标人的说法，正确的是(　　)。

A. 招标人可以确定任何一名中标候选人为中标人

B. 招标人可以授权评标委员会直接确定中标人

C. 排名第一的中标候选人放弃中标，必须重新招标

D. 排名第一的中标候选人被查实不符合条件的，应当重新招标

【8.3-8】根据《招标投标法》，投标人补充、修改或者撤回已提交的投标文件，并书面通知招标人的时间期限应在（　　）。

A. 评标截止时间前

B. 评标开始前

C. 提交投标文件的截止时间前

D. 投标有效期内

【8.3-9】按照《招标投标法》及相关法规的规定，下列评标定标行为中违法的是（　　）。

A. 甲企业投标报价明显低于标底合理幅度，评标委员会要求其作出书面说明

B. 乙企业投标报价比其他投标人低很多，又提供不了为何低的证据和说明，评标委员会未作为中标候选人推荐

C. 招标人在评标委员会推荐的中标候选人之外确定了中标人

D. 由于排名第一的中标候选人未能按规定提交履约保证金，招标人将排名第二的候选人定为中标人

习题答案及解析

【8.3-1】答案：B

解析：根据《招标投标法》第十五条，招标代理机构应当在招标人委托的范围内承担招标事宜。招标代理机构可以在其资格等级范围内承担下列招标事宜：①拟订招标方案，编制和出售招标文件、资格预审文件；②审查投标人资格；③编制标底；④组织投标人踏勘现场；⑤组织开标、评标，协助招标人定标；⑥草拟合同；⑦招标人委托的其他事项。

【8.3-2】答案：B

解析：《招标投标法》第二十三条规定，招标人对已发出的招标文件进行必要的澄清或者修改的，应当在招标文件要求提交投标文件截止时间至少十五日前，以书面形式通知所有招标文件收受人。该澄清或者修改的内容为招标文件的组成部分。

【8.3-3】答案：A

解析：《招标投标法》第十六条规定，招标人采用公开招标方式的，应当发布招标公告。依法必须进行招标的项目的招标公告，应当通过国家指定的报刊、信息网络或者其他媒介发布。招标公告应当载明招标人的名称和地址、招标项目的性质、数量、实施地点和时间以及获取招标文件的办法等事项。

【8.3-4】答案：A

解析：本题考查的是招标基本程序。《招标投标法》第三十九条规定，评标委员会可以要求投标人对投标文件中含义不明确的内容作必要的澄清或者说明，但是澄清或者说明不得超出投标文件的范围或者改变投标文件的实质性内容。

【8.3-5】答案：C

解析：本题考查的是招标基本程序。根据《招标投标法》第四十条，选项 A，招标人可以授权评标委员会直接确定中标人；选项 B，招标人与中标人签订合同的标的、价款、质量、履行期限等主要条款应当与招标文件和中标人的投标文件一致；选项 D，中标人应当自中标通知书发出之日起 30 日内，按照招标文件和中标人的投标文件订立书面合同。

【8.3-6】答案：C

解析：本题考查的是招标的基本程序。根据《招标投标法》第三十五条，开标由招标人主持。

【8.3-7】答案：B

解析：本题考查的是招标基本程序。根据《招标投标法》第四十条，招标人根据评标委员会提出的书面评标报告和推荐的中标候选人确定中标人。招标人也可以授权评标委员会直接确定中标人。

【8.3-8】答案：C

解析：本题考查的是投标人、投标文件的法定要求。《招标投标法》第二十九条规定，投标人在招标文件要求投标文件的截止时间前，可以补充、修改或者撤回已提交的投标文件，并书面通知招标人。

【8.3-9】答案：C

解析：本题考查的是中标的法定要求。根据《招标投标法》第五十七条，招标人不得在评标委员会推荐的中标候选人之外确定中标人。

8.4　中华人民共和国合同法

高频考点梳理

知识点	要约的含义	合同的履行
近三年考核频次	1（2019 上午 118）	2（2018 上午 118，2017 上午 118）

1. 目录

第一章　一般规定

第二章　合同的订立

第三章　合同的效力

第四章　合同的履行

第五章　合同的变更和转让

第六章　合同的权利义务终止

第七章　违约责任

第八章　其他规定

第九章　买卖合同（不在考纲范围）

第十章　供用电、水、气、热力合同（不在考纲范围）

第十一章　赠与合同（不在考纲范围）

第十二章　借款合同（不在考纲范围）

第十三章　租赁合同（不在考纲范围）
第十四章　融资租赁合同（不在考纲范围）
第十五章　承揽合同（不在考纲范围）
第十六章　建设工程合同（不在考纲范围）
第十七章　运输合同（不在考纲范围）
第十八章　技术合同（不在考纲范围）
第十九章　保管合同（不在考纲范围）
第二十章　仓储合同（不在考纲范围）
第二十一章　委托合同（不在考纲范围）
第二十二章　行纪合同（不在考纲范围）
第二十三章　居间合同（不在考纲范围）

2.正文（节选）

第一章　一般规定

第一条　为了保护合同当事人的合法权益，维护社会经济秩序，促进社会主义现代化建设，制定本法。

第二条　本法所称合同是平等主体的自然人、法人、其他组织之间设立、变更、终止民事权利义务关系的协议。

婚姻、收养、监护等有关身份关系的协议，适用其他法律的规定。

第三条　合同当事人的法律地位平等，一方不得将自己的意志强加给另一方。

第四条　当事人依法享有自愿订立合同的权利，任何单位和个人不得非法干预。

第五条　当事人应当遵循公平原则确定各方的权利和义务。

第六条　当事人行使权利、履行义务应当遵循诚实信用原则。

第七条　当事人订立、履行合同，应当遵守法律、行政法规，尊重社会公德，不得扰乱社会经济秩序，损害社会公共利益。

第八条　依法成立的合同，对当事人具有法律约束力。当事人应当按照约定履行自己的义务，不得擅自变更或者解除合同。

依法成立的合同，受法律保护。

第二章　合同的订立

第九条　当事人订立合同，应当具有相应的民事权利能力和民事行为能力。

当事人依法可以委托代理人订立合同。

第十条　当事人订立合同，有书面形式、口头形式和其他形式。(2012)

法律、行政法规规定采用书面形式的，应当采用书面形式。当事人约定采用书面形式的，应当采用书面形式。

第十一条　书面形式是指合同书、信件和数据电文（包括电报、电传、传真、电子数据交换和电子邮件）等可以有形地表现所载内容的形式。

第十二条　合同的内容由当事人约定，一般包括以下条款：

（一）当事人的名称或者姓名和住所；

（二）标的；
（三）数量；
（四）质量；
（五）价款或者报酬；
（六）履行期限、地点和方式；
（七）违约责任；
（八）解决争议的方法。

当事人可以参照各类合同的示范文本订立合同。

第十三条 当事人订立合同，采取要约、承诺方式。

第十四条 要约是希望和他人订立合同的意思表示，该意思表示应当符合下列规定：
（一）内容具体确定；
（二）表明经受要约人承诺，要约人即受该意思表示约束。

第十五条 要约邀请是希望他人向自己发出要约的意思表示。寄送的价目表、拍卖公告、招标公告、招股说明书、商业广告等为要约邀请。商业广告的内容符合要约规定的，视为要约。(2019)(2013)(2009)

第十六条 要约到达受要约人时生效。

采用数据电文形式订立合同，收件人指定特定系统接收数据电文的，该数据电文进入该特定系统的时间，视为到达时间；

未指定特定系统的，该数据电文进入收件人的任何系统的首次时间，视为到达时间。(2016)

第十七条 要约可以撤回。撤回要约的通知应当在要约到达受要约人之前或者与要约同时到达受要约人。

第十八条 要约可以撤销。撤销要约的通知应当在受要约人发出承诺通知之前到达受要约人。

第十九条 有下列情形之一的，要约不得撤销：
（一）要约人确定了承诺期限或者以其他形式明示要约不可撤销；
（二）受要约人有理由认为要约是不可撤销的，并已经为履行合同作了准备工作。(2014)

第二十条 有下列情形之一的，要约失效：
（一）拒绝要约的通知到达要约人；
（二）要约人依法撤销要约；
（三）承诺期限届满，受要约人未作出承诺；
（四）受要约人对要约的内容作出实质性变更。(2011)

第二十一条 承诺是受要约人同意要约的意思表示。

第二十二条 承诺应当以通知的方式作出，但根据交易习惯或者要约表明可以通过行为作出承诺的除外。

第二十三条 承诺应当在要约确定的期限内到达要约人。

要约没有确定承诺期限的，承诺应当依照下列规定到达：
（一）要约以对话方式作出的，应当即时作出承诺，但当事人另有约定的除外；
（二）要约以非对话方式作出的，承诺应当在合理期限内到达。

第二十四条 要约以信件或者电报作出的，承诺期限自信件载明的日期或者电报交发之日开始计算。信件未载明日期的，自投寄该信件的邮戳日期开始计算。要约以电话、传真等快速通讯方式作出的，承诺期限自要约到达受要约人时开始计算。

第二十五条 承诺生效时合同成立。

第二十六条 承诺通知到达要约人时生效。承诺不需要通知的，根据交易习惯或者要约的要求作出承诺的行为时生效。

采用数据电文形式订立合同的，承诺到达的时间适用本法第十六条第二款的规定。(2016)

第二十七条 承诺可以撤回。撤回承诺的通知应当在承诺通知到达要约人之前或者与承诺通知同时到达要约人。

第二十八条 受要约人超过承诺期限发出承诺的，除要约人及时通知受要约人该承诺有效的以外，为新要约。

第二十九条 受要约人在承诺期限内发出承诺，按照通常情形能够及时到达要约人，但因其他原因承诺到达要约人时超过承诺期限的，除要约人及时通知受要约人因承诺超过期限不接受该承诺的以外，该承诺有效。

第三十条 承诺的内容应当与要约的内容一致。受要约人对要约的内容作出实质性变更的，为新要约。有关合同标的、数量、质量、价款或者报酬、履行期限、履行地点和方式、违约责任和解决争议方法等的变更，是对要约内容的实质性变更。

第三十一条 承诺对要约的内容作出非实质性变更的，除要约人及时表示反对或者要约表明承诺不得对要约的内容作出任何变更的以外，该承诺有效，合同的内容以承诺的内容为准。

第三十二条 当事人采用合同书形式订立合同的，自双方当事人签字或者盖章时合同成立。

第三十三条 当事人采用信件、数据电文等形式订立合同的，可以在合同成立之前要求签订确认书。签订确认书时合同成立。

第三十四条 承诺生效的地点为合同成立的地点。

采用数据电文形式订立合同的，收件人的主营业地为合同成立的地点；没有主营业地的，其经常居住地为合同成立的地点。当事人另有约定的，按照其约定。

第三十五条 当事人采用合同书形式订立合同的，双方当事人签字或者盖章的地点为合同成立的地点。

第三十六条 法律、行政法规规定或者当事人约定采用书面形式订立合同，当事人未采用书面形式但一方已经履行主要义务，对方接受的，该合同成立。

第三十七条 采用合同书形式订立合同，在签字或者盖章之前，当事人一方已经履行主要义务，对方接受的，该合同成立。

第三十八条 国家根据需要下达指令性任务或者国家订货任务的，有关法人、其他组织之间应当依照有关法律、行政法规规定的权利和义务订立合同。

第三十九条 采用格式条款订立合同的，提供格式条款的一方应当遵循公平原则确定当事人之间的权利和义务，并采取合理的方式提请对方注意免除或者限制其责任的条款，按照对方的要求，对该条款予以说明。

格式条款是当事人为了重复使用而预先拟定，并在订立合同时未与对方协商的条款。

第四十条 格式条款具有本法第五十二条和第五十三条规定情形的，或者提供格式条款一方免除其责任、加重对方责任、排除对方主要权利的,该条款无效。

第四十一条 对格式条款的理解发生争议的,应当按照通常理解予以解释。对格式条款有两种以上解释的,应当作出不利于提供格式条款一方的解释。格式条款和非格式条款不一致的,应当采用非格式条款。

第四十二条 当事人在订立合同过程中有下列情形之一,给对方造成损失的,应当承担损害赔偿责任:

(一)假借订立合同,恶意进行磋商;

(二)故意隐瞒与订立合同有关的重要事实或者提供虚假情况;

(三)有其他违背诚实信用原则的行为。

第四十三条 当事人在订立合同过程中知悉的商业秘密,无论合同是否成立,不得泄露或者不正当地使用。泄露或者不正当地使用该商业秘密给对方造成损失的,应当承担损害赔偿责任。

第三章 合同的效力

第四十四条 依法成立的合同,自成立时生效。

法律、行政法规规定应当办理批准、登记等手续生效的,依照其规定。

第四十五条 当事人对合同的效力可以约定附条件。附生效条件的合同,自条件成就时生效。附解除条件的合同,自条件成就时失效。

当事人为自己的利益不正当地阻止条件成就的,视为条件已成就;不正当地促成条件成就的,视为条件不成就。

第四十六条 当事人对合同的效力可以约定附期限。附生效期限的合同,自期限届至时生效。附终止期限的合同,自期限届满时失效。

第四十七条 限制民事行为能力人订立的合同,经法定代理人追认后,该合同有效,但纯获利益的合同或者与其年龄、智力、精神健康状况相适应而订立的合同,不必经法定代理人追认。

相对人可以催告法定代理人在一个月内予以追认。法定代理人未作表示的,视为拒绝追认。合同被追认之前,善意相对人有撤销的权利。撤销应当以通知的方式作出。

第四十八条 行为人没有代理权、超越代理权或者代理权终止后以被代理人名义订立的合同,未经被代理人追认,对被代理人不发生效力,由行为人承担责任。

相对人可以催告被代理人在一个月内予以追认。被代理人未作表示的,视为拒绝追认。合同被追认之前,善意相对人有撤销的权利。撤销应当以通知的方式作出。

第四十九条 行为人没有代理权、超越代理权或者代理权终止后以被代理人名义订立合同,相对人有理由相信行为人有代理权的,该代理行为有效。

第五十条 法人或者其他组织的法定代表人、负责人超越权限订立的合同,除相对人知道或者应当知道其超越权限的以外,该代表行为有效。

第五十一条 无处分权的人处分他人财产,经权利人追认或者无处分权的人订立合同后取得处分权的,该合同有效。

第五十二条 有下列情形之一的,合同无效:

(一)一方以欺诈、胁迫的手段订立合同,损害国家利益;

(二)恶意串通,损害国家、集体或者第三人利益;
(三)以合法形式掩盖非法目的;
(四)损害社会公共利益;
(五)违反法律、行政法规的强制性规定。(2008)

第五十三条 合同中的下列免责条款无效:
(一)造成对方人身伤害的;
(二)因故意或者重大过失造成对方财产损失的。

第五十四条 下列合同,当事人一方有权请求人民法院或者仲裁机构变更或者撤销:
(一)因重大误解订立的;
(二)在订立合同时显失公平的。
一方以欺诈、胁迫的手段或者乘人之危,使对方在违背真实意思的情况下订立的合同,受损害方有权请求人民法院或者仲裁机构变更或者撤销。
当事人请求变更的,人民法院或者仲裁机构不得撤销。

第五十五条 有下列情形之一的,撤销权消灭:
(一)具有撤销权的当事人自知道或者应当知道撤销事由之日起一年内没有行使撤销权;
(二)具有撤销权的当事人知道撤销事由后明确表示或者以自己的行为放弃撤销权。

第五十六条 无效的合同或者被撤销的合同自始没有法律约束力。合同部分无效,不影响其他部分效力的,其他部分仍然有效。

第五十七条 合同无效、被撤销或者终止的,不影响合同中独立存在的有关解决争议方法的条款的效力。

第五十八条 合同无效或者被撤销后,因该合同取得的财产,应当予以返还;不能返还或者没有必要返还的,应当折价补偿。有过错的一方应当赔偿对方因此所受到的损失,双方都有过错的,应当各自承担相应的责任。

第五十九条 当事人恶意串通,损害国家、集体或者第三人利益的,因此取得的财产收归国家所有或者返还集体、第三人。

第四章 合同的履行

第六十条 当事人应当按照约定全面履行自己的义务。
当事人应当遵循诚实信用原则,根据合同的性质、目的和交易习惯履行通知、协助、保密等义务。

第六十一条 合同生效后,当事人就质量、价款或者报酬、履行地点等内容没有约定或者约定不明确的,可以协议补充;不能达成补充协议的,按照合同有关条款或者交易习惯确定。

第六十二条 当事人就有关合同内容约定不明确,依照本法第六十一条的规定仍不能确定的,适用下列规定:
(一)质量要求不明确的,按照国家标准、行业标准履行;没有国家标准、行业标准的,按照通常标准或者符合合同目的的特定标准履行。
(二)价款或者报酬不明确的,按照订立合同时履行地的市场价格履行(2018);依法应当执行政府定价或者政府指导价的,按照规定履行。

(三)履行地点不明确,给付货币的,在接受货币一方所在地履行;交付不动产的,在不动产所在地履行;其他标的,在履行义务一方所在地履行。

(四)履行期限不明确的,债务人可以随时履行,债权人也可以随时要求履行,但应当给对方必要的准备时间。

(五)履行方式不明确的,按照有利于实现合同目的的方式履行。

(六)履行费用的负担不明确的,由履行义务一方负担。

第六十三条 执行政府定价或者政府指导价的,在合同约定的交付期限内政府价格调整时,按照交付时的价格计价。逾期交付标的物的,遇价格上涨时,按照原价格执行;价格下降时,按照新价格执行。逾期提取标的物或者逾期付款的,遇价格上涨时,按照新价格执行;价格下降时,按照原价格执行。

第六十四条 当事人约定由债务人向第三人履行债务的,债务人未向第三人履行债务或者履行债务不符合约定,应当向债权人承担违约责任。

第六十五条 当事人约定由第三人向债权人履行债务的,第三人不履行债务或者履行债务不符合约定,债务人应当向债权人承担违约责任。

第六十六条 当事人互负债务,没有先后履行顺序的,应当同时履行。一方在对方履行之前有权拒绝其履行要求。一方在对方履行债务不符合约定时,有权拒绝其相应的履行要求。

第六十七条 当事人互负债务,有先后履行顺序,先履行一方未履行的,后履行一方有权拒绝其履行要求。先履行一方履行债务不符合约定的,后履行一方有权拒绝其相应的履行要求。

第六十八条 应当先履行债务的当事人,有确切证据证明对方有下列情形之一的,可以中止履行:

(一)经营状况严重恶化;

(二)转移财产、抽逃资金,以逃避债务;

(三)丧失商业信誉;

(四)有丧失或者可能丧失履行债务能力的其他情形。

当事人没有确切证据中止履行的,应当承担违约责任。

第六十九条 当事人依照本法第六十八条的规定中止履行的,应当及时通知对方。对方提供适当担保时,应当恢复履行。中止履行后,对方在合理期限内未恢复履行能力并且未提供适当担保的,中止履行的一方可以解除合同。

第七十条 债权人分立、合并或者变更住所没有通知债务人,致使履行债务发生困难的,债务人可以中止履行或者将标的物提存。

第七十一条 债权人可以拒绝债务人提前履行债务,但提前履行不损害债权人利益的除外。

债务人提前履行债务给债权人增加的费用,由债务人负担。

第七十二条 债权人可以拒绝债务人部分履行债务,但部分履行不损害债权人利益的除外。

债务人部分履行债务给债权人增加的费用,由债务人负担。

第七十三条 因债务人怠于行使其到期债权,对债权人造成损害的,债权人可以向人民法院请求以自己的名义代位行使债务人的债权,但该债权专属于债务人自身的除外。

代位权的行使范围以债权人的债权为限。债权人行使代位权的必要费用,由债务人负担。

第七十四条 因债务人放弃其到期债权或者无偿转让财产,对债权人造成损害的,债权人可以请求人民法院撤销债务人的行为。债务人以明显不合理的低价转让财产,对债权人造成损害,并且受让人知道该情形的,债权人也可以请求人民法院撤销债务人的行为。

撤销权的行使范围以债权人的债权为限。债权人行使撤销权的必要费用,由债务人负担。

第七十五条 撤销权自债权人知道或者应当知道撤销事由之日起一年内行使。自债务人的行为发生之日起五年内没有行使撤销权的,该撤销权消灭。(2017)

第七十六条 合同生效后,当事人不得因姓名、名称的变更或者法定代表人、负责人、承办人的变动而不履行合同义务。

第五章 变更和转让

第七十七条 当事人协商一致,可以变更合同。

法律、行政法规规定变更合同应当办理批准、登记等手续的,依照其规定。

第七十八条 当事人对合同变更的内容约定不明确的,推定为未变更。

第七十九条 债权人可以将合同的权利全部或者部分转让给第三人,但有下列情形之一的除外:

(一)根据合同性质不得转让;

(二)按照当事人约定不得转让;

(三)依照法律规定不得转让。

第八十条 债权人转让权利的,应当通知债务人。未经通知,该转让对债务人不发生效力。

债权人转让权利的通知不得撤销,但经受让人同意的除外。

第八十一条 债权人转让权利的,受让人取得与债权有关的从权利,但该从权利专属于债权人自身的除外。

第八十二条 债务人接到债权转让通知后,债务人对让与人的抗辩,可以向受让人主张。

第八十三条 债务人接到债权转让通知时,债务人对让与人享有债权,并且债务人的债权先于转让的债权到期或者同时到期的,债务人可以向受让人主张抵销。

第八十四条 债务人将合同的义务全部或者部分转移给第三人的,应当经债权人同意。

第八十五条 债务人转移义务的,新债务人可以主张原债务人对债权人的抗辩。

第八十六条 债务人转移义务的,新债务人应当承担与主债务有关的从债务,但该从债务专属于原债务人自身的除外。

第八十七条 法律、行政法规规定转让权利或者转移义务应当办理批准、登记等手续的,依照其规定。

第八十八条 当事人一方经对方同意，可以将自己在合同中的权利和义务一并转让给第三人。

第八十九条 权利和义务一并转让的，适用本法第七十九条、第八十一条至第八十三条、第八十五条至第八十七条的规定。

第九十条 当事人订立合同后合并的，由合并后的法人或者其他组织行使合同权利，履行合同义务。当事人订立合同后分立的，除债权人和债务人另有约定的以外，由分立的法人或者其他组织对合同的权利和义务享有连带债权，承担连带债务。

第六章 权利义务终止

第九十一条 有下列情形之一的，合同的权利义务终止：
（一）债务已经按照约定履行；
（二）合同解除；
（三）债务相互抵销；
（四）债务人依法将标的物提存；
（五）债权人免除债务；
（六）债权债务同归于一人；
（七）法律规定或者当事人约定终止的其他情形。

第九十二条 合同的权利义务终止后，当事人应当遵循诚实信用原则，根据交易习惯履行通知、协助、保密等义务。

第九十三条 当事人协商一致，可以解除合同。

当事人可以约定一方解除合同的条件。解除合同的条件成就时，解除权人可以解除合同。

第九十四条 有下列情形之一的，当事人可以解除合同：
（一）因不可抗力致使不能实现合同目的；
（二）在履行期限届满之前，当事人一方明确表示或者以自己的行为表明不履行主要债务；
（三）当事人一方迟延履行主要债务，经催告后在合理期限内仍未履行；
（四）当事人一方迟延履行债务或者有其他违约行为致使不能实现合同目的；
（五）法律规定的其他情形。

第九十五条 法律规定或者当事人约定解除权行使期限，期限届满当事人不行使的，该权利消灭。

法律没有规定或者当事人没有约定解除权行使期限，经对方催告后在合理期限内不行使的，该权利消灭。

第九十六条 当事人一方依照本法第九十三条第二款、第九十四条的规定主张解除合同的，应当通知对方。合同自通知到达对方时解除。对方有异议的，可以请求人民法院或者仲裁机构确认解除合同的效力。

法律、行政法规规定解除合同应当办理批准、登记等手续的，依照其规定。

第九十七条 合同解除后，尚未履行的，终止履行；已经履行的，根据履行情况和合同性质，当事人可以要求恢复原状、采取其他补救措施，并有权要求赔偿损失。

第九十八条 合同的权利义务终止，不影响合同中结算和清理条款的效力。

第九十九条 当事人互负到期债务，该债务的标的物种类、品质相同的，任何一方可以将自己的债务与对方的债务抵销，但依照法律规定或者按照合同性质不得抵销的除外。

当事人主张抵销的，应当通知对方。通知自到达对方时生效。抵销不得附条件或者附期限。

第一百条 当事人互负债务，标的物种类、品质不相同的，经双方协商一致，也可以抵销。

第一百零一条 有下列情形之一，难以履行债务的，债务人可以将标的物提存：

（一）债权人无正当理由拒绝受领；

（二）债权人下落不明；

（三）债权人死亡未确定继承人或者丧失民事行为能力未确定监护人；

（四）法律规定的其他情形。

标的物不适于提存或者提存费用过高的，债务人依法可以拍卖或者变卖标的物，提存所得的价款。

第一百零二条 标的物提存后，除债权人下落不明的以外，债务人应当及时通知债权人或者债权人的继承人、监护人。

第一百零三条 标的物提存后，毁损、灭失的风险由债权人承担。提存期间，标的物的孳息归债权人所有。提存费用由债权人负担。

第一百零四条 债权人可以随时领取提存物，但债权人对债务人负有到期债务的，在债权人未履行债务或者提供担保之前，提存部门根据债务人的要求应当拒绝其领取提存物。

债权人领取提存物的权利，自提存之日起五年内不行使而消灭，提存物扣除提存费用后归国家所有。

第一百零五条 债权人免除债务人部分或者全部债务的，合同的权利义务部分或者全部终止。

第一百零六条 债权和债务同归于一人的，合同的权利义务终止，但涉及第三人利益的除外。

【例8.4-1】某水泥厂以电子邮件的方式于2008年3月5日发出销售水泥的要约，要求2008年3月6日18：00前回复承诺。甲施工单位于2008年3月6日16：00对该要约发出承诺，由于网络原因，导致该电子邮件于2008年3月6日20：00到达水泥厂，此时水泥厂的水泥已经售完。下列关于对该承诺如何处理的说法，正确的是（   ）。（2016年）

A. 张厂长说邮件未能按时到达，可以不予理会

B. 李厂长说邮件是在期限内发出的，应该作为有效承诺，我们必须想办法给对方供应水泥

C. 王厂长说虽然邮件是在期限内发出的，但是到达晚了，可以认为是无效承诺

D. 赵厂长说我们及时通知对方，因该承诺到达已晚，不接受就是了

解析：《中华人民共和国合同法》（以下简称"《合同法》"）第二十六条规定，采用数

据电文形式订立合同的,承诺到达的时间适用本法第十六条第二款的规定。第十六条第二款规定,采用数据电文形式订立合同,收件人指定特定系统接收数据电文的,该数据电文进入该特定系统的时间,视为到达时间。本题中,甲施工单位在截止时间前向指定电文系统发送承诺,因此该电文进入系统的时间(2008年3月6日16:00)为承诺达到时间。应选B。

【例8.4-2】根据《合同法》规定,要约可以撤回和撤销,下列要约,不得撤销的是( )。(2014年)

A. 要约到达受要约人

B. 要约人确定了承诺期限

C. 受要约人未发出承诺通知

D. 受要约人即将发出承诺通知

解析:《合同法》第十九条规定,有下列情形之一的,要约不得撤销:(一)要约人确定了承诺期限或者以其他形式明示要约不可撤销;(二)受要约人有理由认为要约是不可撤销的,并已经为履行合同作了准备工作。应选B。

【例8.4-3】按照《合同法》的规定,下列情形中,要约不失效的是( )。(2011年)

A. 拒绝要约的通知到达要约人

B. 要约人依法撤销要约

C. 承诺期限届满,受要约人未作出承诺

D. 受要约人对要约的内容作出非实质性变更

解析:根据《合同法》第二十条,有下列情形之一的,要约失效:(一)拒绝要约的通知到达要约人;(二)要约人依法撤销要约;(三)承诺期限届满,受要约人未作出承诺;(四)受要约人对要约的内容作出实质性变更。应选D。

【例8.4-4】采用招投标式订立建设工程合同过程中,下面说法正确的是( )。(2009年)

A. 招标是合同订立中的要约,投标是合同订立中的承诺

B. 招标是合同订立中的要约,定标是合同订立中的承诺

C. 招标是合同订立中的要约,投标是合同订立中的反要约,定标是合同订立中的承诺

D. 招标是合同订立中的要约邀请,投标是合同订立中的要约,定标是合同订立中的承诺

解析:根据《合同法》第十五条规定,要约邀请是希望他人向自己发出要约的意思表示。寄送的价目表、拍卖公告、招标公告、招股说明书、商业广告等为要约邀请。应选D。

习　题

【8.4-1】根据《合同法》规定,下列行为中不属于要约邀请的是( )。(2013年)

A. 某建设单位发布招标公告

B. 某招标单位发出中标通知书

C. 某上市公司发出招股说明书
D. 某商场寄送的价目表

【8.4-2】《合同法》规定的合同形式中不包括( )。(2012年)
A. 书面形式　　B. 口头形式　　C. 特定形式　　D. 其他形式

【8.4-3】按照《合同法》的规定,招标人在招标时,招标公告属于合同中的( )。(2009年)
A. 要约　　B. 承诺　　C. 要约邀请　　D. 以上都不是

【8.4-4】《合同法》规定了无效合同的一些条件,符合无效合同的条件有( )。(2008年)
①违反法律和行政法规合同;
②采取欺诈、胁迫等手段所签订的合同;
③代理人签订的合同;
④违反国家利益成社会公共利益的经济合同。
A. ①②③　　B. ②③④　　C. ①③④　　D. ①②④

【8.4-5】根据《合同法》的相关规定,施工合同不属于( )。
A. 要式合同　　B. 实践合同　　C. 有偿合同　　D. 双务合同

【8.4-6】根据《合同法》,撤回要约的通知应当( )。
A. 在要约到达受要约人之后到达受要约人
B. 在受要约人发出承诺之前到达受要约人
C. 在受要约人发出承诺同时到达受要约人
D. 在要约到达受要约人之前到达受要约人

【8.4-7】根据《合同法》,下列文件中,属于要约邀请的有( )。
A. 投标文件　　　　　　　　B. 拍卖公告
C. 中标通知书　　　　　　　D. 符合要约要求的售楼广告

【8.4-8】甲公司向乙公司购买了一批钢材,双方约定采用合同书的方式订立合同,由于施工进度紧张,在甲公司的催促之下,双方在未签字盖章之前,乙公司将钢材送到了甲公司,甲公司接受并投入工程使用。甲、乙公司之间的买卖合同( )。
A. 无效　　B. 成立　　C. 可变更　　D. 可撤销

【8.4-9】2015年9月15日,甲公司与丙公司订立书面协议转让其对乙公司的30万元债权,同年9月25日甲公司将该债权转让通知了乙公司。关于该案的说法,正确的是( )。
A. 甲公司与丙公司之间的债权转让协议于2015年9月25日生效
B. 丙公司自2015年9月15日起可以向乙公司主张30万元的债权
C. 甲公司和乙公司就30万债务的清偿对丙公司承担连带责任
D. 甲公司和丙公司之间的债权转让行为于2015年9月25日对乙公司发生效力

【8.4-10】根据《合同法》,允许单方解除合同的情形是( )。
A. 由于不可抗力致使合同不能履行
B. 法定代表人变更
C. 当事人一方发生合并、分立

D. 当事人一方违约

【8.4-11】5月12日发生强烈地震,在建工程全部被毁。5月15日发包人向承包人发出书面通知,解除承包合同。5月17日承包人收到该通知,5月18日承包人作出了同意解除合同的回复。依据《合同法》,该施工合同解除的时间应为(　　)。

A. 5月12日　　　B. 5月15日　　　C. 5月17日　　　D. 5月18日

习题答案及解析

【8.4-1】答案:B

解析:《合同法》第十五条规定,要约邀请是希望他人向自己发出要约的意思表示。寄送的价目表、拍卖公告、招标公告、招股说明书、商业广告等为要约邀请。商业广告的内容符合要约规定的,视为要约。

【8.4-2】答案:C

解析:根据《合同法》第十条的规定,当事人订立合同有书面形式、口头形式和其他形式。法律、行政法规规定采用书面形式的,应当采取书面形式。当事人约定采用书面形式的,应当采用书面形式。

【8.4-3】答案:C

解析:《合同法》第十五条规定,要约邀请是希望他人向自己发出要约的意思表示。寄送的价目表、拍卖公告、招标公告、招股说明书、商业广告等均为要约邀请。商业广告的内容符合要约规定的,视为要约。

【8.4-4】答案:D

解析:根据《合同法》第五十二条规定,有下列情况之一的,合同无效:(一)一方以欺诈、胁迫的手段订立合同,损害国家利益;(二)恶意串通,损害国家、集体或者第三人利益;(三)以合法形式掩盖非法目的;(四)损害社会公共利益;(五)违反法律、行政法规的强制性规定。

【8.4-5】答案:B

解析:本题考查的是合同的分类。施工合同属于诺成合同、要式合同、有名合同、双务合同、有偿合同。

【8.4-6】答案:D

解析:本题考查的是要约。《合同法》第十七条规定,要约可以撤回,但撤回要约的通知应当在要约到达受要约人之前或者与要约同时到达受要约人。《合同法》第十八条规定,要约可以撤销,但撤销要约的通知应当在受要约人发出承诺通知之前到达受要约人。

【8.4-7】答案:B

解析:本题考查的是合同的要约与承诺。选项A属于要约,选项C属于承诺。选项D属于要约。

【8.4-8】答案:B

解析:本题考查的是合同的订立与合同成立。《合同法》第三十二条规定,"当事人采用合同书形式订立合同的,自双方当事人签字或者盖章时合同成立"。第三十七条还规定,"采用合同书形式订立合同,在签字或者盖章之前,当事人一方已经履行主要义务,对方接受的,该合同成立"。

【8.4-9】答案：D

解析：本题考查的是合同的履行、变更和转让。《合同法》第八十条规定，债权人转让权利的，应当通知债务人。未经通知，该转让对债务人不发生效力。当债务人接到权利转让的通知后，权利转让即行生效，原债权人被新的债权人替代，或者新债权人的加入使原债权人不再完全享有原债权。从通知之日，债务人可以向受让人主张抗辩权。

【8.4-10】答案：A

解析：本题考查的是合同的解除。根据《合同法》第九十三条，约定解除必须双方当事人协商，法定解除可以单方解除。

【8.4-11】答案：C

解析：本题考查的是法定解除的条件。根据《合同法》第九十四条，法定解除自通知到达对方时发生效力，不需要对方同意。

8.5 中华人民共和国行政许可法

高频考点梳理

知识点	对行政许可申请的处理
近三年考核频次	1（2019 上午 119）

1. 目录

第一章　总则

第二章　行政许可的设定

第三章　行政许可的实施机关

第四章　行政许可的实施程序

　第一节　申请与受理

　第二节　审查与决定

　第三节　期限

　第四节　听证

　第五节　变更与延续

　第六节　特别规定

第五章　行政许可的费用

第六章　监督检查（不在考纲范围）

第七章　法律责任（不在考纲范围）

第八章　附则（不在考纲范围）

2. 正文

第一章　总　　则

第一条　为了规范行政许可的设定和实施，保护公民、法人和其他组织的合法权益，维护公共利益和社会秩序，保障和监督行政机关有效实施行政管理，根据宪法，制定本法。

第二条　本法所称行政许可，是指行政机关根据公民、法人或者其他组织的申请，经依法审查，准予其从事特定活动的行为。

第三条　行政许可的设定和实施，适用本法。

有关行政机关对其他机关或者对其直接管理的事业单位的人事、财务、外事等事项的审批，不适用本法。

第四条　设定和实施行政许可，应当依照法定的权限、范围、条件和程序。

第五条　设定和实施行政许可，应当遵循公开、公平、公正、非歧视的原则。

有关行政许可的规定应当公布；未经公布的，不得作为实施行政许可的依据。行政许可的实施和结果，除涉及国家秘密、商业秘密或者个人隐私的外，应当公开。未经申请人同意，行政机关及其工作人员、参与专家评审等的人员不得披露申请人提交的商业秘密、未披露信息或者保密商务信息，法律另有规定或者涉及国家安全、重大社会公共利益的除外；行政机关依法公开申请人前述信息的，允许申请人在合理期限内提出异议。

符合法定条件、标准的，申请人有依法取得行政许可的平等权利，行政机关不得歧视任何人。

第六条　实施行政许可，应当遵循便民的原则，提高办事效率，提供优质服务。

第七条　公民、法人或者其他组织对行政机关实施行政许可，享有陈述权、申辩权；有权依法申请行政复议或者提起行政诉讼；其合法权益因行政机关违法实施行政许可受到损害的，有权依法要求赔偿。

第八条　公民、法人或者其他组织依法取得的行政许可受法律保护，行政机关不得擅自改变已经生效的行政许可。

行政许可所依据的法律、法规、规章修改或者废止，或者准予行政许可所依据的客观情况发生重大变化的，为了公共利益的需要，行政机关可以依法变更或者撤回已经生效的行政许可。由此给公民、法人或者其他组织造成财产损失的，行政机关应当依法给予补偿。

第九条　依法取得的行政许可，除法律、法规规定依照法定条件和程序可以转让的外，不得转让。

第十条　县级以上人民政府应当建立健全对行政机关实施行政许可的监督制度，加强对行政机关实施行政许可的监督检查。

行政机关应当对公民、法人或者其他组织从事行政许可事项的活动实施有效监督。

第二章　行政许可的设定

第十一条　设定行政许可，应当遵循经济和社会发展规律，有利于发挥公民、法人或者其他组织的积极性、主动性，维护公共利益和社会秩序，促进经济、社会和生态环境协调发展。

第十二条　下列事项可以设定行政许可：

（一）直接涉及国家安全、公共安全、经济宏观调控、生态环境保护以及直接关系人身健康、生命财产安全等特定活动，需要按照法定条件予以批准的事项；

（二）有限自然资源开发利用、公共资源配置以及直接关系公共利益的特定行业的市场准入等，需要赋予特定权利的事项；

（三）提供公众服务并且直接关系公共利益的职业、行业，需要确定具备特殊信誉、特殊条件或者特殊技能等资格、资质的事项；

（四）直接关系公共安全、人身健康、生命财产安全的重要设备、设施、产品、物品，需要按照技术标准、技术规范，通过检验、检测、检疫等方式进行审定的事项；

（五）企业或者其他组织的设立等，需要确定主体资格的事项；

（六）法律、行政法规规定可以设定行政许可的其他事项。

第十三条 本法第十二条所列事项，通过下列方式能够予以规范的，可以不设行政许可：

（一）公民、法人或者其他组织能够自主决定的；

（二）市场竞争机制能够有效调节的；

（三）行业组织或者中介机构能够自律管理的；

（四）行政机关采用事后监督等其他行政管理方式能够解决的。(2012)(2010)

第十四条 本法第十二条所列事项，法律可以设定行政许可。尚未制定法律的，行政法规可以设定行政许可。

必要时，国务院可以采用发布决定的方式设定行政许可。实施后，除临时性行政许可事项外，国务院应当及时提请全国人民代表大会及其常务委员会制定法律，或者自行制定行政法规。

第十五条 本法第十二条所列事项，尚未制定法律、行政法规的，地方性法规可以设定行政许可；尚未制定法律、行政法规和地方性法规的，因行政管理的需要，确需立即实施行政许可的，省、自治区、直辖市人民政府规章可以设定临时性的行政许可。临时性的行政许可实施满一年需要继续实施的，应当提请本级人民代表大会及其常务委员会制定地方性法规。

地方性法规和省、自治区、直辖市人民政府规章，不得设定应当由国家统一确定的公民、法人或者其他组织的资格、资质的行政许可；不得设定企业或者其他组织的设立登记及其前置性行政许可。其设定的行政许可，不得限制其他地区的个人或者企业到本地区从事生产经营和提供服务，不得限制其他地区的商品进入本地区市场。

第十六条 行政法规可以在法律设定的行政许可事项范围内，对实施该行政许可作出具体规定。

地方性法规可以在法律、行政法规设定的行政许可事项范围内，对实施该行政许可作出具体规定。

规章可以在上位法设定的行政许可事项范围内，对实施该行政许可作出具体规定。

法规、规章对实施上位法设定的行政许可作出的具体规定，不得增设行政许可；对行政许可条件作出的具体规定，不得增设违反上位法的其他条件。

第十七条 除本法第十四条、第十五条规定的外，其他规范性文件一律不得设定行政许可。

第十八条 设定行政许可，应当规定行政许可的实施机关、条件、程序、期限。

第十九条 起草法律草案、法规草案和省、自治区、直辖市人民政府规章草案，拟设定行政许可的，起草单位应当采取听证会、论证会等形式听取意见，并向制定机关说明设定该行政许可的必要性、对经济和社会可能产生的影响以及听取和采纳意见的情况。

第二十条　行政许可的设定机关应当定期对其设定的行政许可进行评价；对已设定的行政许可，认为通过本法第十三条所列方式能够解决的，应当对设定该行政许可的规定及时予以修改或者废止。

行政许可的实施机关可以对已设定的行政许可的实施情况及存在的必要性适时进行评价，并将意见报告该行政许可的设定机关。

公民、法人或者其他组织可以向行政许可的设定机关和实施机关就行政许可的设定和实施提出意见和建议。

第二十一条　省、自治区、直辖市人民政府对行政法规设定的有关经济事务的行政许可，根据本行政区域经济和社会发展情况，认为通过本法第十三条所列方式能够解决的，报国务院批准后，可以在本行政区域内停止实施该行政许可。

第三章　行政许可的实施机关

第二十二条　行政许可由具有行政许可权的行政机关在其法定职权范围内实施。

第二十三条　法律、法规授权的具有管理公共事务职能的组织，在法定授权范围内，以自己的名义实施行政许可。被授权的组织适用本法有关行政机关的规定。

第二十四条　行政机关在其法定职权范围内，依照法律、法规、规章的规定，可以委托其他行政机关实施行政许可。委托机关应当将受委托行政机关和受委托实施行政许可的内容予以公告。

委托行政机关对受委托行政机关实施行政许可的行为应当负责监督，并对该行为的后果承担法律责任。

受委托行政机关在委托范围内，以委托行政机关名义实施行政许可；不得再委托其他组织或者个人实施行政许可。

第二十五条　经国务院批准，省、自治区、直辖市人民政府根据精简、统一、效能的原则，可以决定一个行政机关行使有关行政机关的行政许可权。

第二十六条　行政许可需要行政机关内设的多个机构办理的，该行政机关应当确定一个机构统一受理行政许可申请，统一送达行政许可决定。

行政许可依法由地方人民政府两个以上部门分别实施的，本级人民政府可以确定一个部门受理行政许可申请并转告有关部门分别提出意见后统一办理，或者组织有关部门联合办理、集中办理。

第二十七条　行政机关实施行政许可，不得向申请人提出购买指定商品、接受有偿服务等不正当要求。

行政机关工作人员办理行政许可，不得索取或者收受申请人的财物，不得谋取其他利益。

第二十八条　对直接关系公共安全、人身健康、生命财产安全的设备、设施、产品、物品的检验、检测、检疫，除法律、行政法规规定由行政机关实施的外，应当逐步由符合法定条件的专业技术组织实施。专业技术组织及其有关人员对所实施的检验、检测、检疫结论承担法律责任。

第四章 行政许可的实施程序

第一节 申请与受理

第二十九条 公民、法人或者其他组织从事特定活动,依法需要取得行政许可的,应当向行政机关提出申请。申请书需要采用格式文本的,行政机关应当向申请人提供行政许可申请书格式文本。申请书格式文本中不得包含与申请行政许可事项没有直接关系的内容。

申请人可以委托代理人提出行政许可申请。但是,依法应当由申请人到行政机关办公场所提出行政许可申请的除外。

行政许可申请可以通过信函、电报、电传、传真、电子数据交换和电子邮件等方式提出。

第三十条 行政机关应当将法律、法规、规章规定的有关行政许可的事项、依据、条件、数量、程序、期限以及需要提交的全部材料的目录和申请书示范文本等在办公场所公示。

申请人要求行政机关对公示内容予以说明、解释的,行政机关应当说明、解释,提供准确、可靠的信息。

第三十一条 申请人申请行政许可,应当如实向行政机关提交有关材料和反映真实情况,并对其申请材料实质内容的真实性负责。行政机关不得要求申请人提交与其申请的行政许可事项无关的技术资料和其他材料。

行政机关及其工作人员不得以转让技术作为取得行政许可的条件;不得在实施行政许可的过程中,直接或者间接地要求转让技术。

第三十二条 行政机关对申请人提出的行政许可申请,应当根据下列情况分别作出处理:

(一)申请事项依法不需要取得行政许可的,应当即时告知申请人不受理;

(二)申请事项依法不属于本行政机关职权范围的,应当即时作出不予受理的决定,并告知申请人向有关行政机关申请;

(三)申请材料存在可以当场更正的错误的,应当允许申请人当场更正;

(四)申请材料不齐全或者不符合法定形式的,应当当场或者在五日内一次告知申请人需要补正的全部内容,逾期不告知的,自收到申请材料之日起即为受理;

(五)申请事项属于本行政机关职权范围,申请材料齐全、符合法定形式,或者申请人按照本行政机关的要求提交全部补正申请材料的,应当受理行政许可申请。(2019)

行政机关受理或者不予受理行政许可申请,应当出具加盖本行政机关专用印章和注明日期的书面凭证。

第三十三条 行政机关应当建立和完善有关制度,推行电子政务,在行政机关的网站上公布行政许可事项,方便申请人采取数据电文等方式提出行政许可申请;应当与其他行政机关共享有关行政许可信息,提高办事效率。

第二节 审查与决定

第三十四条 行政机关应当对申请人提交的申请材料进行审查。

申请人提交的申请材料齐全、符合法定形式，行政机关能够当场作出决定的，应当当场作出书面的行政许可决定。

根据法定条件和程序，需要对申请材料的实质内容进行核实的，行政机关应当指派两名以上工作人员进行核查。

第三十五条　依法应当先经下级行政机关审查后报上级行政机关决定的行政许可，下级行政机关应当在法定期限内将初步审查意见和全部申请材料直接报送上级行政机关。上级行政机关不得要求申请人重复提供申请材料。

第三十六条　行政机关对行政许可申请进行审查时，发现行政许可事项直接关系他人重大利益的，应当告知该利害关系人。申请人、利害关系人有权进行陈述和申辩。行政机关应当听取申请人、利害关系人的意见。

第三十七条　行政机关对行政许可申请进行审查后，除当场作出行政许可决定的外，应当在法定期限内按照规定程序作出行政许可决定。

第三十八条　申请人的申请符合法定条件、标准的，行政机关应当依法作出准予行政许可的书面决定。

行政机关依法作出不予行政许可的书面决定的，应当说明理由，并告知申请人享有依法申请行政复议或者提起行政诉讼的权利。

第三十九条　行政机关作出准予行政许可的决定，需要颁发行政许可证件的，应当向申请人颁发加盖本行政机关印章的下列行政许可证件：

（一）许可证、执照或者其他许可证书；

（二）资格证、资质证或者其他合格证书；

（三）行政机关的批准文件或者证明文件；

（四）法律、法规规定的其他行政许可证件。

行政机关实施检验、检测、检疫的，可以在检验、检测、检疫合格的设备、设施、产品、物品上加贴标签或者加盖检验、检测、检疫印章。

第四十条　行政机关作出的准予行政许可决定，应当予以公开，公众有权查阅。

第四十一条　法律、行政法规设定的行政许可，其适用范围没有地域限制的，申请人取得的行政许可在全国范围内有效。

第三节　期　　限

第四十二条　除可以当场作出行政许可决定的外，行政机关应当自受理行政许可申请之日起二十日内作出行政许可决定。二十日内不能作出决定的，经本行政机关负责人批准，可以延长十日，并应当将延长期限的理由告知申请人。但是，法律、法规另有规定的，依照其规定。[2013]

依照本法第二十六条的规定，行政许可采取统一办理或者联合办理、集中办理的，办理的时间不得超过四十五日；四十五日内不能办结的，经本级人民政府负责人批准，可以延长十五日，并应当将延长期限的理由告知申请人。

第四十三条　依法应当先经下级行政机关审查后报上级行政机关决定的行政许可，下级行政机关应当自其受理行政许可申请之日起二十日内审查完毕。但是，法律、法规另有规定的，依照其规定。

第四十四条 行政机关作出准予行政许可的决定,应当自作出决定之日起十日内向申请人颁发、送达行政许可证件,或者加贴标签、加盖检验、检测、检疫印章。

第四十五条 行政机关作出行政许可决定,依法需要听证、招标、拍卖、检验、检测、检疫、鉴定和专家评审的,所需时间不计算在本节规定的期限内。行政机关应当将所需时间书面告知申请人。

第四节 听 证

第四十六条 法律、法规、规章规定实施行政许可应当听证的事项,或者行政机关认为需要听证的其他涉及公共利益的重大行政许可事项,行政机关应当向社会公告,并举行听证。

第四十七条 行政许可直接涉及申请人与他人之间重大利益关系的,行政机关在作出行政许可决定前,应当告知申请人、利害关系人享有要求听证的权利;申请人、利害关系人在被告知听证权利之日起五日内提出听证申请的,行政机关应当在二十日内组织听证。

申请人、利害关系人不承担行政机关组织听证的费用。

第四十八条 听证按照下列程序进行:

(一)行政机关应当于举行听证的七日前将举行听证的时间、地点通知申请人、利害关系人,必要时予以公告;

(二)听证应当公开举行;

(三)行政机关应当指定审查该行政许可申请的工作人员以外的人员为听证主持人,申请人、利害关系人认为主持人与该行政许可事项有直接利害关系的,有权申请回避;

(四)举行听证时,审查该行政许可申请的工作人员应当提供审查意见的证据、理由,申请人、利害关系人可以提出证据,并进行申辩和质证;

(五)听证应当制作笔录,听证笔录应当交听证参加人确认无误后签字或者盖章。

行政机关应当根据听证笔录,作出行政许可决定。

第五节 变更与延续

第四十九条 被许可人要求变更行政许可事项的,应当向作出行政许可决定的行政机关提出申请;符合法定条件、标准的,行政机关应当依法办理变更手续。

第五十条 被许可人需要延续依法取得的行政许可的有效期的,应当在该行政许可有效期届满三十日前向作出行政许可决定的行政机关提出申请。但是,法律、法规、规章另有规定的,依照其规定。

行政机关应当根据被许可人的申请,在该行政许可有效期届满前作出是否准予延续的决定;逾期未作决定的,视为准予延续。

第六节 特别规定

第五十一条 实施行政许可的程序,本节有规定的,适用本节规定;本节没有规定的,适用本章其他有关规定。

第五十二条 国务院实施行政许可的程序,适用有关法律、行政法规的规定。

第五十三条 实施本法第十二条第二项所列事项的行政许可的,行政机关应当通过招标、拍卖等公平竞争的方式作出决定。但是，法律、行政法规另有规定的，依照其规定。

行政机关通过招标、拍卖等方式作出行政许可决定的具体程序，依照有关法律、行政法规的规定。

行政机关按照招标、拍卖程序确定中标人、买受人后，应当作出准予行政许可的决定，并依法向中标人、买受人颁发行政许可证件。

行政机关违反本条规定，不采用招标、拍卖方式，或者违反招标、拍卖程序，损害申请人合法权益的，申请人可以依法申请行政复议或者提起行政诉讼。

第五十四条　实施本法第十二条第三项所列事项的行政许可，赋予公民特定资格，依法应当举行国家考试的，行政机关根据考试成绩和其他法定条件作出行政许可决定；赋予法人或者其他组织特定的资格、资质的，行政机关根据申请人的专业人员构成、技术条件、经营业绩和管理水平等的考核结果作出行政许可决定。但是，法律、行政法规另有规定的，依照其规定。

公民特定资格的考试依法由行政机关或者行业组织实施，公开举行。行政机关或者行业组织应当事先公布资格考试的报名条件、报考办法、考试科目以及考试大纲。但是，不得组织强制性的资格考试的考前培训，不得指定教材或者其他助考材料。

第五十五条　实施本法第十二条第四项所列事项的行政许可的，应当按照技术标准、技术规范依法进行检验、检测、检疫，行政机关根据检验、检测、检疫的结果作出行政许可决定。

行政机关实施检验、检测、检疫，应当自受理申请之日起五日内指派两名以上工作人员按照技术标准、技术规范进行检验、检测、检疫。不需要对检验、检测、检疫结果作进一步技术分析即可认定设备、设施、产品、物品是否符合技术标准、技术规范的，行政机关应当当场作出行政许可决定。

行政机关根据检验、检测、检疫结果，作出不予行政许可决定的，应当书面说明不予行政许可所依据的技术标准、技术规范。

第五十六条　实施本法第十二条第五项所列事项的行政许可，申请人提交的申请材料齐全、符合法定形式的，行政机关应当当场予以登记。需要对申请材料的实质内容进行核实的，行政机关依照本法第三十四条第三款的规定办理。

第五十七条　有数量限制的行政许可，两个或者两个以上申请人的申请均符合法定条件、标准的，行政机关应当根据受理行政许可申请的先后顺序作出准予行政许可的决定。但是，法律、行政法规另有规定的，依照其规定。

第五章　行政许可的费用

第五十八条　行政机关实施行政许可和对行政许可事项进行监督检查，不得收取任何费用。但是，法律、行政法规另有规定的，依照其规定。

行政机关提供行政许可申请书格式文本，不得收费。

行政机关实施行政许可所需经费应当列入本行政机关的预算，由本级财政予以保障，按照批准的预算予以核拨。

第五十九条　行政机关实施行政许可，依照法律、行政法规收取费用的，应当按照公布的法定项目和标准收费；所收取的费用必须全部上缴国库，任何机关或者个人不得以任何形式截留、挪用、私分或者变相私分。财政部门不得以任何形式向行政机关返还或者变相返还实施行政许可所收取的费用。

第六章 监督检查

第六十条 上级行政机关应当加强对下级行政机关实施行政许可的监督检查，及时纠正行政许可实施中的违法行为。

第六十一条 行政机关应当建立健全监督制度，通过核查反映被许可人从事行政许可事项活动情况的有关材料，履行监督责任。

行政机关依法对被许可人从事行政许可事项的活动进行监督检查时，应当将监督检查的情况和处理结果予以记录，由监督检查人员签字后归档。公众有权查阅行政机关监督检查记录。

行政机关应当创造条件，实现与被许可人、其他有关行政机关的计算机档案系统互联，核查被许可人从事行政许可事项活动情况。

第六十二条 行政机关可以对被许可人生产经营的产品依法进行抽样检查、检验、检测，对其生产经营场所依法进行实地检查。检查时，行政机关可以依法查阅或者要求被许可人报送有关材料；被许可人应当如实提供有关情况和材料。

行政机关根据法律、行政法规的规定，对直接关系公共安全、人身健康、生命财产安全的重要设备、设施进行定期检验。对检验合格的，行政机关应当发给相应的证明文件。

第六十三条 行政机关实施监督检查，不得妨碍被许可人正常的生产经营活动，不得索取或者收受被许可人的财物，不得谋取其他利益。

第六十四条 被许可人在作出行政许可决定的行政机关管辖区域外违法从事行政许可事项活动的，违法行为发生地的行政机关应当依法将被许可人的违法事实、处理结果抄告作出行政许可决定的行政机关。

第六十五条 个人和组织发现违法从事行政许可事项的活动，有权向行政机关举报，行政机关应当及时核实、处理。

第六十六条 被许可人未依法履行开发利用自然资源义务或者未依法履行利用公共资源义务的，行政机关应当责令限期改正；被许可人在规定期限内不改正的，行政机关应当依照有关法律、行政法规的规定予以处理。

第六十七条 取得直接关系公共利益的特定行业的市场准入行政许可的被许可人，应当按照国家规定的服务标准、资费标准和行政机关依法规定的条件，向用户提供安全、方便、稳定和价格合理的服务，并履行普遍服务的义务；未经作出行政许可决定的行政机关批准，不得擅自停业、歇业。

被许可人不履行前款规定的义务的，行政机关应当责令限期改正，或者依法采取有效措施督促其履行义务。

第六十八条 对直接关系公共安全、人身健康、生命财产安全的重要设备、设施，行政机关应当督促设计、建造、安装和使用单位建立相应的自检制度。

行政机关在监督检查时，发现直接关系公共安全、人身健康、生命财产安全的重要设备、设施存在安全隐患的，应当责令停止建造、安装和使用，并责令设计、建造、安装和使用单位立即改正。

第六十九条 有下列情形之一的，作出行政许可决定的行政机关或者其上级行政机关，根据利害关系人的请求或者依据职权，可以撤销行政许可：
（一）行政机关工作人员滥用职权、玩忽职守作出准予行政许可决定的；
（二）超越法定职权作出准予行政许可决定的；
（三）违反法定程序作出准予行政许可决定的；
（四）对不具备申请资格或者不符合法定条件的申请人准予行政许可的；
（五）依法可以撤销行政许可的其他情形。
被许可人以欺骗、贿赂等不正当手段取得行政许可的，应当予以撤销。
依照前两款的规定撤销行政许可，可能对公共利益造成重大损害的，不予撤销。
依照本条第一款的规定撤销行政许可，被许可人的合法权益受到损害的，行政机关应当依法给予赔偿。依照本条第二款的规定撤销行政许可的，被许可人基于行政许可取得的利益不受保护。

第七十条 有下列情形之一的，行政机关应当依法办理有关行政许可的注销手续：
（一）行政许可有效期届满未延续的；
（二）赋予公民特定资格的行政许可，该公民死亡或者丧失行为能力的；
（三）法人或者其他组织依法终止的；
（四）行政许可依法被撤销、撤回，或者行政许可证件依法被吊销的；
（五）因不可抗力导致行政许可事项无法实施的；
（六）法律、法规规定的应当注销行政许可的其他情形。(2014)

第七章 法 律 责 任

第七十一条 违反本法第十七条规定设定的行政许可，有关机关应当责令设定该行政许可的机关改正，或者依法予以撤销。

第七十二条 行政机关及其工作人员违反本法的规定，有下列情形之一的，由其上级行政机关或者监察机关责令改正；情节严重的，对直接负责的主管人员和其他直接责任人员依法给予行政处分：
（一）对符合法定条件的行政许可申请不予受理的；
（二）不在办公场所公示依法应当公示的材料的；
（三）在受理、审查、决定行政许可过程中，未向申请人、利害关系人履行法定告知义务的；
（四）申请人提交的申请材料不齐全、不符合法定形式，不一次告知申请人必须补正的全部内容的；
（五）违法披露申请人提交的商业秘密、未披露信息或者保密商务信息的；
（六）以转让技术作为取得行政许可的条件，或者在实施行政许可的过程中直接或者间接地要求转让技术的；
（七）未依法说明不受理行政许可申请或者不予行政许可的理由的；
（八）依法应当举行听证而不举行听证的。

第七十三条 行政机关工作人员办理行政许可、实施监督检查，索取或者收受他人财物或者谋取其他利益，构成犯罪的，依法追究刑事责任；尚不构成犯罪的，依法给予行政处分。

第七十四条 行政机关实施行政许可，有下列情形之一的，由其上级行政机关或者监察机关责令改正，对直接负责的主管人员和其他直接责任人员依法给予行政处分；构成犯罪的，依法追究刑事责任：

（一）对不符合法定条件的申请人准予行政许可或者超越法定职权作出准予行政许可决定的；

（二）对符合法定条件的申请人不予行政许可或者不在法定期限内作出准予行政许可决定的；

（三）依法应当根据招标、拍卖结果或者考试成绩择优作出准予行政许可决定，未经招标、拍卖或者考试，或者不根据招标、拍卖结果或者考试成绩择优作出准予行政许可决定的。

第七十五条 行政机关实施行政许可，擅自收费或者不按照法定项目和标准收费的，由其上级行政机关或者监察机关责令退还非法收取的费用；对直接负责的主管人员和其他直接责任人员依法给予行政处分。

截留、挪用、私分或者变相私分实施行政许可依法收取的费用的，予以追缴；对直接负责的主管人员和其他直接责任人员依法给予行政处分；构成犯罪的，依法追究刑事责任。

第七十六条 行政机关违法实施行政许可，给当事人的合法权益造成损害的，应当依照国家赔偿法的规定给予赔偿。

第七十七条 行政机关不依法履行监督职责或者监督不力，造成严重后果的，由其上级行政机关或者监察机关责令改正，对直接负责的主管人员和其他直接责任人员依法给予行政处分；构成犯罪的，依法追究刑事责任。

第七十八条 行政许可申请人隐瞒有关情况或者提供虚假材料申请行政许可的，行政机关不予受理或者不予行政许可，并给予警告；行政许可申请属于直接关系公共安全、人身健康、生命财产安全事项的，申请人在一年内不得再次申请该行政许可。

第七十九条 被许可人以欺骗、贿赂等不正当手段取得行政许可的，行政机关应当依法给予行政处罚；取得的行政许可属于直接关系公共安全、人身健康、生命财产安全事项的，申请人在三年内不得再次申请该行政许可；构成犯罪的，依法追究刑事责任。

第八十条 被许可人有下列行为之一的，行政机关应当依法给予行政处罚；构成犯罪的，依法追究刑事责任：

（一）涂改、倒卖、出租、出借行政许可证件，或者以其他形式非法转让行政许可的；

（二）超越行政许可范围进行活动的；

（三）向负责监督检查的行政机关隐瞒有关情况、提供虚假材料或者拒绝提供反映其活动情况的真实材料的；

（四）法律、法规、规章规定的其他违法行为。

第八十一条 公民、法人或者其他组织未经行政许可，擅自从事依法应当取得行政许可的活动的，行政机关应当依法采取措施予以制止，并依法给予行政处罚；构成犯罪的，依法追究刑事责任。

【例8.5-1】 下列情形中，作出行政许可决定的行政机关或者其上级行政机关，应当

依法办理有关行政许可的注销手续的是( )。(2014年)

A. 取得市场准入行政许可的被许可人擅自停业、歇业
B. 行政机关工作人员对直接关系生命财产安全的设施监督检查时，发现存在安全隐患的
C. 行政许可证件依法被吊销的
D. 被许可人未依法履行开发利用自然资源义务的

解析：《中华人民共和国行政许可法》（以下简称"《行政许可法》"）第七十条规定，有下列情形之一的，行政机关应当依法办理有关行政许可的注销手续：（一）行政许可有效期届满未延续的；（二）赋予公民特定资格的行政许可，该公民死亡或者丧失行为能力的；（三）法人或者其他组织依法终止的；（四）行政许可依法被撤销、撤回，或者行政许可证件依法被吊销的；（五）因不可抗力导致行政许可事项无法实施的；（六）法律、法规规定的应当注销行政许可的其他情形。应选C。

【例8.5-2】根据《行政许可法》规定，除可以当场作出行政许可决定的外，行政机关应当自受理行政许可申请之日起作出行政许可决定的时限是( )。(2013年)

A. 5日内   B. 7日内   C. 15日内   D. 20日内

解析：《行政许可法》第四十二条规定，除可以当场作出行政许可决定的外，行政机关应当自受理行政许可申请之日起二十日内作出行政许可决定。二十日内不能作出决定的，经本行政机关负责人批准，可以延长十日，并应当将延长期限的理由告知申请人。但是，法律、法规另有规定的，依照其规定。应选D。

习　题

【8.5-1】根据《行政许可法》规定，下列可以设定行政许可的事项是( )。(2012年)

A. 企业或者其他组织的设立等，需要确定主体资格的事项
B. 市场竞争机制能够有效调节的事项
C. 行业组织或者中介机构能够自律管理的事项
D. 公民、法人或者其他组织能够自主决定的事项

【8.5-2】根据《行政许可法》的规定，下列可以不设行政许可事项的是( )。(2010年)

A. 有限自然资源开发利用等需要赋予特定权利的事项
B. 提供公众服务等需要确定资质的事项
C. 企业或者其他组织的设立等，需要确定文体资格的事项
D. 行政机关采用事后监督等其他行政管理方式

【8.5-3】根据《行政许可法》，下列法律法规中，不得设定任何行政许可的是( )。

A. 法律   B. 行政法规
C. 地方性法规   D. 部门规章

习题答案及解析

【8.5-1】答案：A

解析：根据《行政许可法》第十三条规定，本法第十二条所列事项，通过下列方式能够予以规范的，可以不设行政许可：（一）公民、法人或者其他组织能够自主决定的；（二）市场竞争机制能够有效调节的；（三）行业组织或者中介机构能够自律管理的；（四）行政机关采用事后监督等其他行政管理方式能够解决的。A项不属于第十三条规定的可以不设行政许可的内容。

【8.5-2】答案：D

解析：根据《行政许可法》第十三条规定，通过下列方式能够予以规范的，可以不设行政许可：（一）公民、法人或者其他组织能够自主决定的；（二）市场竞争机制能够有效调节的；（三）行业组织或者中介机构能够自律管理的；（四）行政机关采用事后监督等其他行政管理方式能够解决的。

【8.5-3】答案：D

解析：本题考查的是行政许可及其种类、法定程序。根据《行政许可法》第十二条和第十五条，可以设定行政许可的有法律、行政法规和地方性法规。

8.6 中华人民共和国节约能源法

高频考点梳理

知识点	总则
近三年考核频次	1（2017下午14）

1. 目录

第一章 总则

第二章 节能管理

第三章 合理使用与节约能源

 第一节 一般规定

 第二节 工业节能

 第三节 建筑节能

 第四节 交通运输节能

 第五节 公共机构节能

 第六节 重点用能单位节能

第四章 节能技术进步

第五章 激励措施

第六章 法律责任

第七章 附则（不在考纲范围内）

2. 正文（节选）

第一章 总 则

第一条 为了推动全社会节约能源，提高能源利用效率，保护和改善环境，促进经济社会全面协调可持续发展,制定本法。

第二条 本法所称能源,是指煤炭、石油、天然气、生物质能和电力、热力以及其他直接或者通过加工、转换而取得有用能的各种资源。(2017)

第三条 本法所称节约能源(以下简称节能),是指加强用能管理,采取技术上可行、经济上合理以及环境和社会可以承受的措施,从能源生产到消费的各个环节,降低消耗、减少损失和污染物排放、制止浪费,有效、合理地利用能源。

第四条 节约资源是我国的基本国策。国家实施节约与开发并举、把节约放在首位的能源发展战略。(2013)(2011)

第五条 国务院和县级以上地方各级人民政府应当将节能工作纳入国民经济和社会发展规划、年度计划,并组织编制和实施节能中长期专项规划、年度节能计划。

国务院和县级以上地方各级人民政府每年向本级人民代表大会或者其常务委员会报告节能工作。

第六条 国家实行节能目标责任制和节能考核评价制度,将节能目标完成情况作为对地方人民政府及其负责人考核评价的内容。

省、自治区、直辖市人民政府每年向国务院报告节能目标责任的履行情况。

第七条 国家实行有利于节能和环境保护的产业政策,限制发展高耗能、高污染行业,发展节能环保型产业。

国务院和省、自治区、直辖市人民政府应当加强节能工作,合理调整产业结构、企业结构、产品结构和能源消费结构,推动企业降低单位产值能耗和单位产品能耗,淘汰落后的生产能力,改进能源的开发、加工、转换、输送、储存和供应,提高能源利用效率。

国家鼓励、支持开发和利用新能源、可再生能源。

第八条 国家鼓励、支持节能科学技术的研究、开发、示范和推广,促进节能技术创新与进步。

国家开展节能宣传和教育,将节能知识纳入国民教育和培训体系,普及节能科学知识,增强全民的节能意识,提倡节约型的消费方式。

第九条 任何单位和个人都应当依法履行节能义务,有权检举浪费能源的行为。

新闻媒体应当宣传节能法律、法规和政策,发挥舆论监督作用。

第十条 国务院管理节能工作的部门主管全国的节能监督管理工作。国务院有关部门在各自的职责范围内负责节能监督管理工作,并接受国务院管理节能工作的部门的指导。

县级以上地方各级人民政府管理节能工作的部门负责本行政区域内的节能监督管理工作。县级以上地方各级人民政府有关部门在各自的职责范围内负责节能监督管理工作,并接受同级管理节能工作的部门的指导。

第二章 节 能 管 理

第十一条 国务院和县级以上地方各级人民政府应当加强对节能工作的领导,部署、协调、监督、检查、推动节能工作。

第十二条 县级以上人民政府管理节能工作的部门和有关部门应当在各自的职责范围内,加强对节能法律、法规和节能标准执行情况的监督检查,依法查处违法用能行为。

履行节能监督管理职责不得向监督管理对象收取费用。

第十三条 国务院标准化主管部门和国务院有关部门依法组织制定并适时修订有关节能的国家标准、行业标准，建立健全节能标准体系。

国务院标准化主管部门会同国务院管理节能工作的部门和国务院有关部门制定强制性的用能产品、设备能源效率标准和生产过程中耗能高的产品的单位产品能耗限额标准。

国家鼓励企业制定严于国家标准、行业标准的企业节能标准。

省、自治区、直辖市制定严于强制性国家标准、行业标准的地方节能标准，由省、自治区、直辖市人民政府报经国务院批准；本法另有规定的除外。

第十四条 建筑节能的国家标准、行业标准由国务院建设主管部门组织制定，并依照法定程序发布。

省、自治区、直辖市人民政府建设主管部门可以根据本地实际情况，制定严于国家标准或者行业标准的地方建筑节能标准，并报国务院标准化主管部门和国务院建设主管部门备案。

第十五条 国家实行固定资产投资项目节能评估和审查制度。不符合强制性节能标准的项目，建设单位不得开工建设；已经建成的，不得投入生产、使用。政府投资项目不符合强制性节能标准的，依法负责项目审批的机关不得批准建设。具体办法由国务院管理节能工作的部门会同国务院有关部门制定。(2010)

第十六条 国家对落后的耗能过高的用能产品、设备和生产工艺实行淘汰制度。淘汰的用能产品、设备、生产工艺的目录和实施办法，由国务院管理节能工作的部门会同国务院有关部门制定并公布。

生产过程中耗能高的产品的生产单位，应当执行单位产品能耗限额标准。对超过单位产品能耗限额标准用能的生产单位，由管理节能工作的部门按照国务院规定的权限责令限期治理。

对高耗能的特种设备，按照国务院的规定实行节能审查和监管。

第十七条 禁止生产、进口、销售国家明令淘汰或者不符合强制性能源效率标准的用能产品、设备；禁止使用国家明令淘汰的用能设备、生产工艺。

第十八条 国家对家用电器等使用面广、耗能量大的用能产品，实行能源效率标识管理。实行能源效率标识管理的产品目录和实施办法，由国务院管理节能工作的部门会同国务院市场监督管理部门制定并公布。

第十九条 生产者和进口商应当对列入国家能源效率标识管理产品目录的用能产品标注能源效率标识，在产品包装物上或者说明书中予以说明，并按照规定报国务院市场监督管理部门和国务院管理节能工作的部门共同授权的机构备案。

生产者和进口商应当对其标注的能源效率标识及相关信息的准确性负责。禁止销售应当标注而未标注能源效率标识的产品。

禁止伪造、冒用能源效率标识或者利用能源效率标识进行虚假宣传。

第二十条 用能产品的生产者、销售者，可以根据自愿原则，按照国家有关节能产品认证的规定，向经国务院认证认可监督管理部门认可的从事节能产品认证的机构提出节能产品认证申请；经认证合格后，取得节能产品认证证书，可以在用能产品或者其包装物上使用节能产品认证标志。

禁止使用伪造的节能产品认证标志或者冒用节能产品认证标志。

第二十一条 县级以上各级人民政府统计部门应当会同同级有关部门，建立健全能源统计制度，完善能源统计指标体系，改进和规范能源统计方法，确保能源统计数据真实、完整。

国务院统计部门会同国务院管理节能工作的部门，定期向社会公布各省、自治区、直辖市以及主要耗能行业的能源消费和节能情况等信息。

第二十二条 国家鼓励节能服务机构的发展，支持节能服务机构开展节能咨询、设计、评估、检测、审计、认证等服务。

国家支持节能服务机构开展节能知识宣传和节能技术培训，提供节能信息、节能示范和其他公益性节能服务。

第二十三条 国家鼓励行业协会在行业节能规划、节能标准的制定和实施、节能技术推广、能源消费统计、节能宣传培训和信息咨询等方面发挥作用。

第三章 合理使用与节约能源

第一节 一 般 规 定

第二十四条 用能单位应当按照合理用能的原则，加强节能管理，制定并实施节能计划和节能技术措施，降低能源消耗。

第二十五条 用能单位应当建立节能目标责任制，对节能工作取得成绩的集体、个人给予奖励。

第二十六条 用能单位应当定期开展节能教育和岗位节能培训。

第二十七条 用能单位应当加强能源计量管理，按照规定配备和使用经依法检定合格的能源计量器具。

用能单位应当建立能源消费统计和能源利用状况分析制度，对各类能源的消费实行分类计量和统计，并确保能源消费统计数据真实、完整。

第二十八条 能源生产经营单位不得向本单位职工无偿提供能源。任何单位不得对能源消费实行包费制。

第二节 工 业 节 能

第二十九条 国务院和省、自治区、直辖市人民政府推进能源资源优化开发利用和合理配置，推进有利于节能的行业结构调整，优化用能结构和企业布局。

第三十条 国务院管理节能工作的部门会同国务院有关部门制定电力、钢铁、有色金属、建材、石油加工、化工、煤炭等主要耗能行业的节能技术政策，推动企业节能技术改造。

第三十一条 国家鼓励工业企业采用高效、节能的电动机、锅炉、窑炉、风机、泵类等设备，采用热电联产、余热余压利用、洁净煤以及先进的用能监测和控制等技术。

第三十二条　电网企业应当按照国务院有关部门制定的节能发电调度管理的规定，安排清洁、高效和符合规定的热电联产、利用余热余压发电的机组以及其他符合资源综合利用规定的发电机组与电网并网运行，上网电价执行国家有关规定。

第三十三条　禁止新建不符合国家规定的燃煤发电机组、燃油发电机组和燃煤热电机组。

第三节　建筑节能

第三十四条　国务院建设主管部门负责全国建筑节能的监督管理工作。

县级以上地方各级人民政府建设主管部门负责本行政区域内建筑节能的监督管理工作。

县级以上地方各级人民政府建设主管部门会同同级管理节能工作的部门编制本行政区域内的建筑节能规划。建筑节能规划应当包括既有建筑节能改造计划。

第三十五条　建筑工程的建设、设计、施工和监理单位应当遵守建筑节能标准。

不符合建筑节能标准的建筑工程，建设主管部门不得批准开工建设；已经开工建设的，应当责令停止施工、限期改正；已经建成的，不得销售或者使用。

建设主管部门应当加强对在建建筑工程执行建筑节能标准情况的监督检查。

第三十六条　房地产开发企业在销售房屋时，应当向购买人明示所售房屋的节能措施、保温工程保修期等信息，在房屋买卖合同、质量保证书和使用说明书中载明，并对其真实性、准确性负责。

第三十七条　使用空调采暖、制冷的公共建筑应当实行室内温度控制制度。具体办法由国务院建设主管部门制定。

第三十八条　国家采取措施，对实行集中供热的建筑分步骤实行供热分户计量、按照用热量收费的制度。新建建筑或者对既有建筑进行节能改造，应当按照规定安装用热计量装置、室内温度调控装置和供热系统调控装置。具体办法由国务院建设主管部门会同国务院有关部门制定。

第三十九条　县级以上地方各级人民政府有关部门应当加强城市节约用电管理，严格控制公用设施和大型建筑物装饰性景观照明的能耗。

第四十条　国家鼓励在新建建筑和既有建筑节能改造中使用新型墙体材料等节能建筑材料和节能设备，安装和使用太阳能等可再生能源利用系统。

第四章　节能技术进步

第五十六条　国务院管理节能工作的部门会同国务院科技主管部门发布节能技术政策大纲，指导节能技术研究、开发和推广应用。

第五十七条　县级以上各级人民政府应当把节能技术研究开发作为政府科技投入的重点领域，支持科研单位和企业开展节能技术应用研究，制定节能标准，开发节能共性和关键技术，促进节能技术创新与成果转化。

第五十八条　国务院管理节能工作的部门会同国务院有关部门制定并公布节能技术、节能产品的推广目录，引导用能单位和个人使用先进的节能技术、节能产品。

国务院管理节能工作的部门会同国务院有关部门组织实施重大节能科研项目、节能示

范项目、重点节能工程。(2009)

第五十九条 县级以上各级人民政府应当按照因地制宜、多能互补、综合利用、讲求效益的原则，加强农业和农村节能工作，增加对农业和农村节能技术、节能产品推广应用的资金投入。

农业、科技等有关主管部门应当支持、推广在农业生产、农产品加工储运等方面应用节能技术和节能产品，鼓励更新和淘汰高耗能的农业机械和渔业船舶。

国家鼓励、支持在农村大力发展沼气，推广生物质能、太阳能和风能等可再生能源利用技术，按照科学规划、有序开发的原则发展小型水力发电，推广节能型的农村住宅和炉灶等，鼓励利用非耕地种植能源植物，大力发展薪炭林等能源林。

第六章 法 律 责 任

第六十八条 负责审批政府投资项目的机关违反本法规定，对不符合强制性节能标准的项目予以批准建设的，对直接负责的主管人员和其他直接责任人员依法给予处分。

固定资产投资项目建设单位开工建设不符合强制性节能标准的项目或者将该项目投入生产、使用的，由管理节能工作的部门责令停止建设或者停止生产、使用，限期改造；不能改造或者逾期不改造的生产性项目，由管理节能工作的部门报请本级人民政府按照国务院规定的权限责令关闭。(2010)

第六十九条 生产、进口、销售国家明令淘汰的用能产品、设备的，使用伪造的节能产品认证标志或者冒用节能产品认证标志的，依照《中华人民共和国产品质量法》的规定处罚。

第七十条 生产、进口、销售不符合强制性能源效率标准的用能产品、设备的，由市场监督管理部门责令停止生产、进口、销售，没收违法生产、进口、销售的用能产品、设备和违法所得，并处违法所得一倍以上五倍以下罚款；情节严重的，吊销营业执照。

第七十一条 使用国家明令淘汰的用能设备或者生产工艺的，由管理节能工作的部门责令停止使用，没收国家明令淘汰的用能设备；情节严重的，可以由管理节能工作的部门提出意见，报请本级人民政府按照国务院规定的权限责令停业整顿或者关闭。

第七十二条 生产单位超过单位产品能耗限额标准用能，情节严重，经限期治理逾期不治理或者没有达到治理要求的，可以由管理节能工作的部门提出意见，报请本级人民政府按照国务院规定的权限责令停业整顿或者关闭。

第七十三条 违反本法规定，应当标注能源效率标识而未标注的，由市场监督管理部门责令改正，处三万元以上五万元以下罚款。

违反本法规定，未办理能源效率标识备案，或者使用的能源效率标识不符合规定的，由市场监督管理部门责令限期改正；逾期不改正的，处一万元以上三万元以下罚款。

伪造、冒用能源效率标识或者利用能源效率标识进行虚假宣传的，由市场监督管理部门责令改正，处五万元以上十万元以下罚款；情节严重的，吊销营业执照。

第七十四条 用能单位未按照规定配备、使用能源计量器具的，由市场监督管理部门责令限期改正；逾期不改正的，处一万元以上五万元以下罚款。

第七十五条 瞒报、伪造、篡改能源统计资料或者编造虚假能源统计数据的，依照

《中华人民共和国统计法》的规定处罚。

第七十六条 从事节能咨询、设计、评估、检测、审计、认证等服务的机构提供虚假信息的，由管理节能工作的部门责令改正，没收违法所得，并处五万元以上十万元以下罚款。

第七十七条 违反本法规定，无偿向本单位职工提供能源或者对能源消费实行包费制的，由管理节能工作的部门责令限期改正；逾期不改正的，处五万元以上二十万元以下罚款。

第七十八条 电网企业未按照本法规定安排符合规定的热电联产和利用余热余压发电的机组与电网并网运行，或者未执行国家有关上网电价规定的，由国家电力监管机构责令改正；造成发电企业经济损失的，依法承担赔偿责任。

第七十九条 建设单位违反建筑节能标准的，由建设主管部门责令改正，处二十万元以上五十万元以下罚款。

设计单位、施工单位、监理单位违反建筑节能标准的，由建设主管部门责令改正，处十万元以上五十万元以下罚款；情节严重的，由颁发资质证书的部门降低资质等级或者吊销资质证书；造成损失的，依法承担赔偿责任。

第八十条 房地产开发企业违反本法规定，在销售房屋时未向购买人明示所售房屋的节能措施、保温工程保修期等信息的，由建设主管部门责令限期改正，逾期不改正的，处三万元以上五万元以下罚款；对以上信息作虚假宣传的，由建设主管部门责令改正，处五万元以上二十万元以下罚款。

第八十一条 公共机构采购用能产品、设备，未优先采购列入节能产品、设备政府采购名录中的产品、设备，或者采购国家明令淘汰的用能产品、设备的，由政府采购监督管理部门给予警告，可以并处罚款；对直接负责的主管人员和其他直接责任人员依法给予处分，并予通报。

第八十二条 重点用能单位未按照本法规定报送能源利用状况报告或者报告内容不实的，由管理节能工作的部门责令限期改正；逾期不改正的，处一万元以上五万元以下罚款。

第八十三条 重点用能单位无正当理由拒不落实本法第五十四条规定的整改要求或者整改没有达到要求的，由管理节能工作的部门处十万元以上三十万元以下罚款。

第八十四条 重点用能单位未按照本法规定设立能源管理岗位，聘任能源管理负责人，并报管理节能工作的部门和有关部门备案的，由管理节能工作的部门责令改正；拒不改正，处一万元以上三万元以下罚款。

第八十五条 违反本法规定，构成犯罪的，依法追究刑事责任。

第八十六条 国家工作人员在节能管理工作中滥用职权、玩忽职守、徇私舞弊，构成犯罪的，依法追究刑事责任；尚不构成犯罪的，依法给予处分。

【例 8.6-1】 节约资源是我国的基本国策，国家实施以下哪一项能源发展战略？（　　）(2013年)

A. 开发为主，合理利用

B. 利用为主，加强开发

C. 开发与节约并举，把开发放在首位

D. 节约与开发并举，把节约放在首位

解析：根据《中华人民共和国节约能源法》（以下简称"《节约能源法》"）第四条规定，节约资源是我国的基本国策。国家实施节约与开发并举、把节约放在首位的能源发展战略。应选 D。

【例 8.6-2】根据《节约能源法》的规定，国家实施的能源发展战略是（　　）。(2011年)

A. 限制发展高耗能、高污染行业，发展节能环保型产业
B. 节约与开发并举、把节约放在首位
C. 合理调整产业结构、企业结构、产品结构和能源消费结构
D. 开发和利用新能源、可再生能源

解析：《节约能源法》第四条规定，节约资源是我国的基本国策。国家实施节约与开发并举、把节约放在首位的能源发展战略。应选 B。

【例 8.6-3】根据《节约能源法》的规定，为了引导用能单位和个人使用先进的节能技术、节能产品，国务院管理节能工作的部门会同国务院有关部门（　　）。(2009年)

A. 发布节能技术政策大纲
B. 公布节能技术，节能产品推广目录
C. 支持科研单位和企业开展节能技术应用研究
D. 开展节能共性和关键技术，促进节能技术创新和成果转化

解析：《节约能源法》第五十八条规定，国务院管理节能工作的部门会同国务院有关部门制定并公布节能技术、节能产品的推广目录，引导用能单位和个人使用先进的节能技术、节能产品。国务院管理节能工作的部门会同国务院有关部门组织实施重大节能科研项目、节能示范项目、重点节能工程。应选 B。

习　题

【8.6-1】根据《节约能源法》的规定，对固定资产投资项目国家实行（　　）。(2010年)

A. 节能目标责任制和节能考核评价制度
B. 节能审查和监管制度
C. 节能评估和审查制度
D. 能源统计制度

【8.6-2】我国《节约能源法》规定，对直接负责的主管人员和其他直接责任人员依法给予处分，是因为批准或者核准的项目建设不符合（　　）。(2010年)

A. 推荐性节能标准　B. 设备能效标准　C. 设备经济运行标准　D. 强制性节能标准

【8.6-3】关于建筑节能的说法，正确的是（　　）。

A. 不符合强制性节能标准的项目，已经建成的项目，2 年后方可投入生产、使用
B. 在新建建筑和既有建筑节能改造中，必须使用节能建筑材料和节能设备
C. 在具备太阳能利用条件的地区，地方人民政府可以要求单位必须安装使用太阳能热水系统
D. 不符合强制性节能标准的项目，建设单位不得开工建设

【8.6-4】关于不符合建筑节能标准的建筑工程说法，错误的是（　　）。
A. 不得批准开工建设
B. 已开工建设的，应当责令停止施工
C. 已开工建设的，应当责令限期改正
D. 已建成的，可以正常使用

【8.6-5】根据《节约能源法》的规定，以下不属于用能单位能源消费方式的是（　　）。
A. 分类计量　　　B. 包费制　　　C. 分类统计　　　D. 利用状况分析

习题答案及解析

【8.6-1】答案：C

解析：《节约能源法》第十五条规定，国家实行固定资产投资项目节能评估和审查制度。不符合强制性节能标准的项目，依法负责项目审批或者核准的机关不得批准或者核准建设；建设单位不得开工建设；已经建成的，不得投入生产、使用。具体办法由国务院管理节能工作的部门会同国务院有关部门制定。

【8.6-2】答案：D

解析：根据《节约能源法》第六十八条规定，负责审批或者核准固定资产投资项目的机关违反本法规定，对不符合强制性节能标准的项目予以批准或者核准建设的，对直接负责的主管人员和其他直接责任人员依法给予处分。固定资产投资项目建设单位开工建设不符合强制性节能标准的项目或者将该项目投入生产、使用的，由管理节能工作的部门责令停止建设或者停止生产、使用，限期改造；不能改造或者逾期不改造的生产性项目，由管理节能工作的部门报请本级人民政府按照国务院规定的权限责令关闭。

【8.6-3】答案：D

解析：本题考查的是建筑节能的规定。选项 A，根据《节约能源法》第三十五条，已经建成的，不得投入生产、使用。选项 B，根据《节约能源法》第四十条，国家鼓励在新建建筑和既有建筑节能改造中使用新型墙体材料等节能建筑材料和节能设备，安装和使用太阳能等可再生能源利用系统。选项 C，在具备太阳能利用条件的地区，有关地方人民政府及其部门应当采取有效措施，鼓励和扶持单位、个人安装使用太阳能利用系统。选项 D，经审查不符合民用建筑节能强制性标准的，县级以上地方人民政府建设主管部门不得颁发施工许可证。

【8.6-4】答案：D

解析：本题考查的是建筑节能的规定。《节约能源法》第十五条规定，国家实行固定资产投资项目节能评估和审查制度。不符合强制性节能标准的项目，建设单位不得开工建设；已经建成的，不得投入生产、使用。

【8.6-5】答案：B

解析：本题考查的是施工节能的规定。根据《节约能源法》第二十八条，任何单位不得对能源消费实行包费制。

8.7 中华人民共和国环境保护法

高频考点梳理

知识点	保护和改善环境
近三年考核频次	1（2018 上午 119）

1. 目录

第一章　总则
第二章　监督管理
第三章　保护和改善环境
第四章　防治污染和其他公害
第五章　信息公开和公众参与
第六章　法律责任
第七章　附则（不在考纲范围内）

2. 正文（节选）

第一章　总　则

第一条　为保护和改善环境，防治污染和其他公害，保障公众健康，推进生态文明建设，促进经济社会可持续发展，制定本法。

第二条　本法所称环境，是指影响人类生存和发展的各种天然的和经过人工改造的自然因素的总体，包括大气、水、海洋、土地、矿藏、森林、草原、湿地、野生生物、自然遗迹、人文遗迹、自然保护区、风景名胜区、城市和乡村等。

第三条　本法适用于中华人民共和国领域和中华人民共和国管辖的其他海域。

第四条　保护环境是国家的基本国策。

国家采取有利于节约和循环利用资源、保护和改善环境、促进人与自然和谐的经济、技术政策和措施，使经济社会发展与环境保护相协调。

第五条　环境保护坚持保护优先、预防为主、综合治理、公众参与、损害担责的原则。

第六条　一切单位和个人都有保护环境的义务。

地方各级人民政府应当对本行政区域的环境质量负责。

企业事业单位和其他生产经营者应当防止、减少环境污染和生态破坏，对所造成的损害依法承担责任。

公民应当增强环境保护意识，采取低碳、节俭的生活方式，自觉履行环境保护义务。

第七条　国家支持环境保护科学技术研究、开发和应用，鼓励环境保护产业发展，促进环境保护信息化建设，提高环境保护科学技术水平。

第八条　各级人民政府应当加大保护和改善环境、防治污染和其他公害的财政投入，提高财政资金的使用效益。

第九条　各级人民政府应当加强环境保护宣传和普及工作，鼓励基层群众性自治组织、社会组织、环境保护志愿者开展环境保护法律法规和环境保护知识的宣传，营造保护环境的良好风气。

教育行政部门、学校应当将环境保护知识纳入学校教育内容，培养学生的环境保护意识。

新闻媒体应当开展环境保护法律法规和环境保护知识的宣传，对环境违法行为进行舆论监督。

第十条 国务院环境保护主管部门，对全国环境保护工作实施统一监督管理；县级以上地方人民政府环境保护主管部门，对本行政区域环境保护工作实施统一监督管理。县级以上人民政府有关部门和军队环境保护部门，依照有关法律的规定对资源保护和污染防治等环境保护工作实施监督管理。(2009)

第十一条 对保护和改善环境有显著成绩的单位和个人，由人民政府给予奖励。

第十二条 每年6月5日为环境日。

第二章 监 督 管 理

第十三条 县级以上人民政府应当将环境保护工作纳入国民经济和社会发展规划。

国务院环境保护主管部门会同有关部门，根据国民经济和社会发展规划编制国家环境保护规划，报国务院批准并公布实施。

县级以上地方人民政府环境保护主管部门会同有关部门，根据国家环境保护规划的要求，编制本行政区域的环境保护规划，报同级人民政府批准并公布实施。

环境保护规划的内容应当包括生态保护和污染防治的目标、任务、保障措施等，并与主体功能区规划、土地利用总体规划和城乡规划等相衔接。

第十四条 国务院有关部门和省、自治区、直辖市人民政府组织制定经济、技术政策，应当充分考虑对环境的影响，听取有关方面和专家的意见。

第十五条 国务院环境保护主管部门制定国家环境质量标准。

省、自治区、直辖市人民政府对国家环境质量标准中未作规定的项目，可以制定地方环境质量标准；对国家环境质量标准中已作规定的项目，可以制定严于国家环境质量标准的地方环境质量标准。地方环境质量标准应当报国务院环境保护主管部门备案。

国家鼓励开展环境基准研究。

第十六条 国务院环境保护主管部门根据国家环境质量标准和国家经济、技术条件，制定国家污染物排放标准。

省、自治区、直辖市人民政府对国家污染物排放标准中未作规定的项目，可以制定地方污染物排放标准；对国家污染物排放标准中已作规定的项目，可以制定严于国家污染物排放标准的地方污染物排放标准。地方污染物排放标准应当报国务院环境保护主管部门备案。

第十七条 国家建立、健全环境监测制度。国务院环境保护主管部门制定监测规范，会同有关部门组织监测网络，统一规划国家环境质量监测站（点）的设置，建立监测数据共享机制，加强对环境监测的管理。

有关行业、专业等各类环境质量监测站（点）的设置应当符合法律法规规定和监测规范的要求。

监测机构应当使用符合国家标准的监测设备，遵守监测规范。监测机构及其负责人对监测数据的真实性和准确性负责。

第十八条　省级以上人民政府应当组织有关部门或者委托专业机构，对环境状况进行调查、评价，建立环境资源承载能力监测预警机制。

第十九条　编制有关开发利用规划，建设对环境有影响的项目，应当依法进行环境影响评价。

未依法进行环境影响评价的开发利用规划，不得组织实施；未依法进行环境影响评价的建设项目，不得开工建设。

第二十条　国家建立跨行政区域的重点区域、流域环境污染和生态破坏联合防治协调机制，实行统一规划、统一标准、统一监测、统一的防治措施。

前款规定以外的跨行政区域的环境污染和生态破坏的防治，由上级人民政府协调解决，或者由有关地方人民政府协商解决。

第二十一条　国家采取财政、税收、价格、政府采购等方面的政策和措施，鼓励和支持环境保护技术装备、资源综合利用和环境服务等环境保护产业的发展。

第二十二条　企业事业单位和其他生产经营者，在污染物排放符合法定要求的基础上，进一步减少污染物排放的，人民政府应当依法采取财政、税收、价格、政府采购等方面的政策和措施予以鼓励和支持。

第二十三条　企业事业单位和其他生产经营者，为改善环境，依照有关规定转产、搬迁、关闭的，人民政府应当予以支持。

第二十四条　县级以上人民政府环境保护主管部门及其委托的环境监察机构和其他负有环境保护监督管理职责的部门，有权对排放污染物的企业事业单位和其他生产经营者进行现场检查。被检查者应当如实反映情况，提供必要的资料。实施现场检查的部门、机构及其工作人员应当为被检查者保守商业秘密。

第二十五条　企业事业单位和其他生产经营者违反法律法规规定排放污染物，造成或者可能造成严重污染的，县级以上人民政府环境保护主管部门和其他负有环境保护监督管理职责的部门，可以查封、扣押造成污染物排放的设施、设备。

第二十六条　国家实行环境保护目标责任制和考核评价制度。县级以上人民政府应当将环境保护目标完成情况纳入对本级人民政府负有环境保护监督管理职责的部门及其负责人和下级人民政府及其负责人的考核内容，作为对其考核评价的重要依据。考核结果应当向社会公开。

第二十七条　县级以上人民政府应当每年向本级人民代表大会或者人民代表大会常务委员会报告环境状况和环境保护目标完成情况，对发生的重大环境事件应当及时向本级人民代表大会常务委员会报告，依法接受监督。

第三章　保护和改善环境

第二十八条　地方各级人民政府应当根据环境保护目标和治理任务，采取有效措施，改善环境质量。

未达到国家环境质量标准的重点区域、流域的有关地方人民政府，应当制定限期达标规划，并采取措施按期达标。

第二十九条　国家在重点生态功能区、生态环境敏感区和脆弱区等区域划定生态保护红线，实行严格保护。

各级人民政府对具有代表性的各种类型的自然生态系统区域，珍稀、濒危的野生动植物自然分布区域，重要的水源涵养区域，具有重大科学文化价值的地质构造、著名溶洞和化石分布区、冰川、火山、温泉等自然遗迹，以及人文遗迹、古树名木，应当采取措施予以保护，严禁破坏。

第三十条　开发利用自然资源，应当合理开发，保护生物多样性，保障生态安全，依法制定有关生态保护和恢复治理方案并予以实施。

引进外来物种以及研究、开发和利用生物技术，应当采取措施，防止对生物多样性的破坏。

第三十一条　国家建立、健全生态保护补偿制度。

国家加大对生态保护地区的财政转移支付力度。有关地方人民政府应当落实生态保护补偿资金，确保其用于生态保护补偿。

国家指导受益地区和生态保护地区人民政府通过协商或者按照市场规则进行生态保护补偿。

第三十二条　国家加强对大气、水、土壤等的保护，建立和完善相应的调查、监测、评估和修复制度。

第三十三条　各级人民政府应当加强对农业环境的保护，促进农业环境保护新技术的使用，加强对农业污染源的监测预警，统筹有关部门采取措施，防治土壤污染和土地沙化、盐渍化、贫瘠化、石漠化、地面沉降以及防治植被破坏、水土流失、水体富营养化、水源枯竭、种源灭绝等生态失调现象，推广植物病虫害的综合防治。

县级、乡级人民政府应当提高农村环境保护公共服务水平，推动农村环境综合整治。

第三十四条　国务院和沿海地方各级人民政府应当加强对海洋环境的保护。向海洋排放污染物、倾倒废弃物，进行海岸工程和海洋工程建设，应当符合法律法规规定和有关标准，防止和减少对海洋环境的污染损害。

第三十五条　城乡建设应当结合当地自然环境的特点，保护植被、水域和自然景观，加强城市园林、绿地和风景名胜区的建设与管理。(2018)

第三十六条　国家鼓励和引导公民、法人和其他组织使用有利于保护环境的产品和再生产品，减少废弃物的产生。

国家机关和使用财政资金的其他组织应当优先采购和使用节能、节水、节材等有利于保护环境的产品、设备和设施。

第三十七条　地方各级人民政府应当采取措施，组织对生活废弃物的分类处置、回收利用。

第三十八条　公民应当遵守环境保护法律法规，配合实施环境保护措施，按照规定对生活废弃物进行分类放置，减少日常生活对环境造成的损害。

第三十九条　国家建立、健全环境与健康监测、调查和风险评估制度；鼓励和组织开展环境质量对公众健康影响的研究，采取措施预防和控制与环境污染有关的疾病。

第四章 防治污染和其他公害

第四十条 国家促进清洁生产和资源循环利用。

国务院有关部门和地方各级人民政府应当采取措施,推广清洁能源的生产和使用。

企业应当优先使用清洁能源,采用资源利用率高、污染物排放量少的工艺、设备以及废弃物综合利用技术和污染物无害化处理技术,减少污染物的产生。

第四十一条 建设项目中防治污染的设施,应当与主体工程同时设计、同时施工、同时投产使用。防治污染的设施应当符合经批准的环境影响评价文件的要求,不得擅自拆除或者闲置。(2016)

第四十二条 排放污染物的企业事业单位和其他生产经营者,应当采取措施,防治在生产建设或者其他活动中产生的废气、废水、废渣、医疗废物、粉尘、恶臭气体、放射性物质以及噪声、振动、光辐射、电磁辐射等对环境的污染和危害。

排放污染物的企业事业单位,应当建立环境保护责任制度,明确单位负责人和相关人员的责任。

重点排污单位应当按照国家有关规定和监测规范安装使用监测设备,保证监测设备正常运行,保存原始监测记录。

严禁通过暗管、渗井、渗坑、灌注或者篡改、伪造监测数据,或者不正常运行防治污染设施等逃避监管的方式违法排放污染物。

第四十三条 排放污染物的企业事业单位和其他生产经营者,应当按照国家有关规定缴纳排污费。排污费应当全部专项用于环境污染防治,任何单位和个人不得截留、挤占或者挪作他用。

依照法律规定征收环境保护税的,不再征收排污费。

第四十四条 国家实行重点污染物排放总量控制制度。重点污染物排放总量控制指标由国务院下达,省、自治区、直辖市人民政府分解落实。企业事业单位在执行国家和地方污染物排放标准的同时,应当遵守分解落实到本单位的重点污染物排放总量控制指标。

对超过国家重点污染物排放总量控制指标或者未完成国家确定的环境质量目标的地区,省级以上人民政府环境保护主管部门应当暂停审批其新增重点污染物排放总量的建设项目环境影响评价文件。

第四十五条 国家依照法律规定实行排污许可管理制度。

实行排污许可管理的企业事业单位和其他生产经营者应当按照排污许可证的要求排放污染物;未取得排污许可证的,不得排放污染物。

第四十六条 国家对严重污染环境的工艺、设备和产品实行淘汰制度。任何单位和个人不得生产、销售或者转移、使用严重污染环境的工艺、设备和产品。

禁止引进不符合我国环境保护规定的技术、设备、材料和产品。

第四十七条 各级人民政府及其有关部门和企业事业单位,应当依照《中华人民共和国突发事件应对法》的规定,做好突发环境事件的风险控制、应急准备、应急处置和事后恢复等工作。

县级以上人民政府应当建立环境污染公共监测预警机制,组织制定预警方案;环境受到污染,可能影响公众健康和环境安全时,依法及时公布预警信息,启动应急措施。

企业事业单位应当按照国家有关规定制定突发环境事件应急预案，报环境保护主管部门和有关部门备案。在发生或者可能发生突发环境事件时，企业事业单位应当立即采取措施处理，及时通报可能受到危害的单位和居民，并向环境保护主管部门和有关部门报告。

突发环境事件应急处置工作结束后，有关人民政府应当立即组织评估事件造成的环境影响和损失，并及时将评估结果向社会公布。

第四十八条　生产、储存、运输、销售、使用、处置化学物品和含有放射性物质的物品，应当遵守国家有关规定，防止污染环境。

第四十九条　各级人民政府及其农业等有关部门和机构应当指导农业生产经营者科学种植和养殖，科学合理施用农药、化肥等农业投入品，科学处置农用薄膜、农作物秸秆等农业废弃物，防止农业面源污染。

禁止将不符合农用标准和环境保护标准的固体废物、废水施入农田。施用农药、化肥等农业投入品及进行灌溉，应当采取措施，防止重金属和其他有毒有害物质污染环境。

畜禽养殖场、养殖小区、定点屠宰企业等的选址、建设和管理应当符合有关法律法规规定。从事畜禽养殖和屠宰的单位和个人应当采取措施，对畜禽粪便、尸体和污水等废弃物进行科学处置，防止污染环境。

县级人民政府负责组织农村生活废弃物的处置工作。

第五十条　各级人民政府应当在财政预算中安排资金，支持农村饮用水水源地保护、生活污水和其他废弃物处理、畜禽养殖和屠宰污染防治、土壤污染防治和农村工矿污染治理等环境保护工作。

第五十一条　各级人民政府应当统筹城乡建设污水处理设施及配套管网，固体废物的收集、运输和处置等环境卫生设施，危险废物集中处置设施、场所以及其他环境保护公共设施，并保障其正常运行。

第五十二条　国家鼓励投保环境污染责任保险。

第五章　信息公开和公众参与

第五十三条　公民、法人和其他组织依法享有获取环境信息、参与和监督环境保护的权利。

各级人民政府环境保护主管部门和其他负有环境保护监督管理职责的部门，应当依法公开环境信息、完善公众参与程序，为公民、法人和其他组织参与和监督环境保护提供便利。

第五十四条　国务院环境保护主管部门统一发布国家环境质量、重点污染源监测信息及其他重大环境信息。省级以上人民政府环境保护主管部门定期发布环境状况公报。

县级以上人民政府环境保护主管部门和其他负有环境保护监督管理职责的部门，应当依法公开环境质量、环境监测、突发环境事件以及环境行政许可、行政处罚、排污费的征收和使用情况等信息。

县级以上地方人民政府环境保护主管部门和其他负有环境保护监督管理职责的部门，应当将企业事业单位和其他生产经营者的环境违法信息记入社会诚信档案，及时向社会公布违法者名单。

第五十五条　重点排污单位应当如实向社会公开其主要污染物的名称、排放方式、排放浓度和总量、超标排放情况，以及防治污染设施的建设和运行情况，接受社会监督。

第五十六条 对依法应当编制环境影响报告书的建设项目，建设单位应当在编制时向可能受影响的公众说明情况，充分征求意见。

负责审批建设项目环境影响评价文件的部门在收到建设项目环境影响报告书后，除涉及国家秘密和商业秘密的事项外，应当全文公开；发现建设项目未充分征求公众意见的，应当责成建设单位征求公众意见。

第五十七条 公民、法人和其他组织发现任何单位和个人有污染环境和破坏生态行为的，有权向环境保护主管部门或者其他负有环境保护监督管理职责的部门举报。

公民、法人和其他组织发现地方各级人民政府、县级以上人民政府环境保护主管部门和其他负有环境保护监督管理职责的部门不依法履行职责的，有权向其上级机关或者监察机关举报。

接受举报的机关应当对举报人的相关信息予以保密，保护举报人的合法权益。

第五十八条 对污染环境、破坏生态，损害社会公共利益的行为，符合下列条件的社会组织可以向人民法院提起诉讼：

（一）依法在设区的市级以上人民政府民政部门登记；

（二）专门从事环境保护公益活动连续五年以上且无违法记录。

符合前款规定的社会组织向人民法院提起诉讼，人民法院应当依法受理。

提起诉讼的社会组织不得通过诉讼牟取经济利益。

第六章 法 律 责 任

第五十九条 企业事业单位和其他生产经营者违法排放污染物，受到罚款处罚，被责令改正，拒不改正的，依法作出处罚决定的行政机关可以自责令改正之日的次日起，按照原处罚数额按日连续处罚。

前款规定的罚款处罚，依照有关法律法规按照防治污染设施的运行成本、违法行为造成的直接损失或者违法所得等因素确定的规定执行。

地方性法规可以根据环境保护的实际需要，增加第一款规定的按日连续处罚的违法行为的种类。

第六十条 企业事业单位和其他生产经营者超过污染物排放标准或者超过重点污染物排放总量控制指标排放污染物的，县级以上人民政府环境保护主管部门可以责令其采取限制生产、停产整治等措施；情节严重的，报经有批准权的人民政府批准，责令停业、关闭。

第六十一条 建设单位未依法提交建设项目环境影响评价文件或者环境影响评价文件未经批准，擅自开工建设的，由负有环境保护监督管理职责的部门责令停止建设，处以罚款，并可以责令恢复原状。

第六十二条 违反本法规定，重点排污单位不公开或者不如实公开环境信息的，由县级以上地方人民政府环境保护主管部门责令公开，处以罚款，并予以公告。

第六十三条 企业事业单位和其他生产经营者有下列行为之一，尚不构成犯罪的，除依照有关法律法规规定予以处罚外，由县级以上人民政府环境保护主管部门或者其他有关部门将案件移送公安机关，对其直接负责的主管人员和其他直接责任人员，处十日以上十五日以下拘留；情节较轻的，处五日以上十日以下拘留：

（一）建设项目未依法进行环境影响评价，被责令停止建设，拒不执行的；

（二）违反法律规定，未取得排污许可证排放污染物，被责令停止排污，拒不执行的；

（三）通过暗管、渗井、渗坑、灌注或者篡改、伪造监测数据，或者不正常运行防治污染设施等逃避监管的方式违法排放污染物的；

（四）生产、使用国家明令禁止生产、使用的农药，被责令改正，拒不改正的。

第六十四条 因污染环境和破坏生态造成损害的，应当依照《中华人民共和国侵权责任法》的有关规定承担侵权责任。

第六十五条 环境影响评价机构、环境监测机构以及从事环境监测设备和防治污染设施维护、运营的机构，在有关环境服务活动中弄虚作假，对造成的环境污染和生态破坏负有责任的，除依照有关法律法规规定予以处罚外，还应当与造成环境污染和生态破坏的其他责任者承担连带责任。

第六十六条 提起环境损害赔偿诉讼的时效期间为三年，从当事人知道或者应当知道其受到损害时起计算。

第六十七条 上级人民政府及其环境保护主管部门应当加强对下级人民政府及其有关部门环境保护工作的监督。发现有关工作人员有违法行为，依法应当给予处分的，应当向其任免机关或者监察机关提出处分建议。

依法应当给予行政处罚，而有关环境保护主管部门不给予行政处罚的，上级人民政府环境保护主管部门可以直接作出行政处罚的决定。

第六十八条 地方各级人民政府、县级以上人民政府环境保护主管部门和其他负有环境保护监督管理职责的部门有下列行为之一的，对直接负责的主管人员和其他直接责任人员给予记过、记大过或者降级处分；造成严重后果的，给予撤职或者开除处分，其主要负责人应当引咎辞职：

（一）不符合行政许可条件准予行政许可的；

（二）对环境违法行为进行包庇的；

（三）依法应当作出责令停业、关闭的决定而未作出的；

（四）对超标排放污染物、采用逃避监管的方式排放污染物、造成环境事故以及不落实生态保护措施造成生态破坏等行为，发现或者接到举报未及时查处的；

（五）违反本法规定，查封、扣押企业事业单位和其他生产经营者的设施、设备的；

（六）篡改、伪造或者指使篡改、伪造监测数据的；

（七）应当依法公开环境信息而未公开的；

（八）将征收的排污费截留、挤占或者挪作他用的；

（九）法律法规规定的其他违法行为。

第六十九条 违反本法规定，构成犯罪的，依法追究刑事责任。

【例8.7-1】 根据《中华人民共和国环境保护法》规定，下列关于建设项目中防治污染的设施的说法中，不正确的是（　　）。（2016年）

A. 防治污染的设施，必须与主体工程同时设计、同时施工、同时投入使用

B. 防治污染的设施不得擅自拆除

C. 防治污染的设施不得擅自闲置

D. 防治污染的设施经建设行政主管部门验收合格后方可投入生产或者使用

解析：《中华人民共和国环境保护法》（以下简称"《环境保护法》"）第四十一条规定，建设项目中防治污染的设施，应当与主体工程同时设计、同时施工、同时投产使用。防止污染的设施应当符合经批准的环境影响评价文件的要求，不得擅自拆除或者闲置。D 项，防治污染的设施必须经原审批环境影响报告书的环境保护行政主管部门验收合格后，该建设工程项目方可投入生产或者使用。应选 D。

【例 8.7-2】根据《环境保护法》的规定，有关环境质量标准的下列说法中，正确的是（　　）。（2009 年）

A. 对国家污染物排放标准中已经做出规定的项目，不得在制定地方污染物排放标准
B. 地方人民政府对国家环境质量标准中未做出规定的项目，不得制定地方标准
C. 地方污染物排放标准必须经过国务院环境保护主管部门的审批
D. 向已有地方污染物排放标准的区域排放污染物的，应当执行地方排放标准

解析：《环境保护法》第十条规定，国务院环境保护行政主管部门根据国家环境质量标准和国家经济、技术条件，制定国家污染物排放标准。省、自治区、直辖市人民政府对国家污染物排放标准中未作规定的项目，可以制定地方污染物排放标准；对国家污染物排放标准中已作规定的项目，可以制定严于国家污染物排放标准。地方污染物排放标准须报国务院环境保护行政主管部门备案。凡是向已有地方污染物排放标准的区域排放污染物的，应当执行地方排放标准。应选 D。

习　题

【8.7-1】根据《环境保护法》，企业事业单位和其他生产经营者违法排放污染物受到罚款处罚，可以按日连续处罚。关于"按日连续处罚"的说法，正确的是（　　）。

A. 责令改正，拒不改正的，可以按原处罚数额按日连续处罚
B. 是否可以按日连续处罚，与是否责令改正无关
C. 责令改正，拒不改正的，可以重新确定处罚数额按日连续处罚
D. 地方性法规不得增加按日处罚的违法行为的种类

【8.7-2】《环境保护法》规定，企业事业单位和其他生产经营者违法排放污染物，受到罚款处罚，被责令改正，拒不改正的，依法作出处罚决定的行政机关可以（　　）。

A. 从其账户上直接扣款
B. 降低其资质等级
C. 自责令改正之日的次日起，按照原处罚数额按日连续处罚
D. 自责令改正之日的次日起，按照原处罚数额计算滞纳金

习题答案及解析

【8.7-1】答案：A

解析：本题考查的是大气污染的防治。《环境保护法》第五十九条还规定，"企业事业单位和其他生产经营者违法排放污染物，受到罚款处罚，被责令改正，拒不改正的，依法作出处罚决定的行政机关可以自责令改正之日的次日起，按照原处罚数额按日连续处罚。

【8.7-2】答案：C

解析：本题考查的是施工现场环境污染防治违法行为应承担的法律责任。《环境保护法》第五十九条规定，企业事业单位和其他生产经营者违法排放污染物，受到罚款处罚，被责令改正，拒不改正的，依法作出处罚决定的行政机关可以自责令改正之日的次日起，按照原处罚数额按日连续处罚。前款规定的罚款处罚，依照有关法律法规按照防治污染设施的运行成本、违法行为造成的直接损失或者违法所得等因素确定的规定执行。

8.8 建设工程勘察设计管理条例

高频考点梳理

知识点	暂无
近三年考核频次	

1. 目录

第一章 总则

第二章 资质资格管理

第三章 建设工程勘察设计发包与承包

第四章 建设工程勘察设计文件的编制与实施

第五章 监督管理

第六章 罚则

第七章 附则

2. 正文（节选）

第一章 总 则

第一条 为了加强对建设工程勘察、设计活动的管理，保证建设工程勘察、设计质量，保护人民生命和财产安全，制定本条例。

第二条 从事建设工程勘察、设计活动，必须遵守本条例。

本条例所称建设工程勘察，是指根据建设工程的要求，查明、分析、评价建设场地的地质地理环境特征和岩土工程条件，编制建设工程勘察文件的活动。

本条例所称建设工程设计，是指根据建设工程的要求，对建设工程所需的技术、经济、资源、环境等条件进行综合分析、论证，编制建设工程设计文件的活动。

第三条 建设工程勘察、设计应当与社会、经济发展水平相适应，做到经济效益、社会效益和环境效益相统一。

第四条 从事建设工程勘察、设计活动，应当坚持先勘察、后设计、再施工的原则。

第五条 县级以上人民政府建设行政主管部门和交通、水利等有关部门应当依照本条例的规定，加强对建设工程勘察、设计活动的监督管理。

建设工程勘察、设计单位必须依法进行建设工程勘察、设计，严格执行工程建设强制性标准，并对建设工程勘察、设计的质量负责。

第六条 国家鼓励在建设工程勘察、设计活动中采用先进技术、先进工艺、先进设备、新型材料和现代管理方法。

第二章　资质资格管理

第七条　国家对从事建设工程勘察、设计活动的单位，实行资质管理制度。具体办法由国务院建设行政主管部门商国务院有关部门制定。[2013]

第八条　建设工程勘察、设计单位应当在其资质等级许可的范围内承揽建设工程勘察、设计业务。

禁止建设工程勘察、设计单位超越其资质等级许可的范围或者以其他建设工程勘察、设计单位的名义承揽建设工程勘察、设计业务。禁止建设工程勘察、设计单位允许其他单位或者个人以本单位的名义承揽建设工程勘察、设计业务。

第九条　国家对从事建设工程勘察、设计活动的专业技术人员，实行执业资格注册管理制度。未经注册的建设工程勘察、设计人员，不得以注册执业人员的名义从事建设工程勘察、设计活动。

第十条　建设工程勘察、设计注册执业人员和其他专业技术人员只能受聘于一个建设工程勘察、设计单位；未受聘于建设工程勘察、设计单位的，不得从事建设工程的勘察、设计活动。

第十一条　建设工程勘察、设计单位资质证书和执业人员注册证书，由国务院建设行政主管部门统一制作。

第三章　建设工程勘察设计发包与承包

第十二条　建设工程勘察、设计发包依法实行招标发包或者直接发包。

第十三条　建设工程勘察、设计应当依照《中华人民共和国招标投标法》的规定，实行招标发包。

第十四条　建设工程勘察、设计方案评标，应当以投标人的业绩、信誉和勘察、设计人员的能力以及勘察、设计方案的优劣为依据，进行综合评定。[2011]

第十五条　建设工程勘察、设计的招标人应当在评标委员会推荐的候选方案中确定中标方案。但是，建设工程勘察、设计的招标人认为评标委员会推荐的候选方案不能最大限度满足招标文件规定的要求的，应当依法重新招标。

第十六条　下列建设工程的勘察、设计，经有关主管部门批准，可以直接发包：

（一）采用特定的专利或者专有技术的；

（二）建筑艺术造型有特殊要求的；

（三）国务院规定的其他建设工程的勘察、设计。

第十七条　发包方不得将建设工程勘察、设计业务发包给不具有相应勘察、设计资质等级的建设工程勘察、设计单位。

第十八条　发包方可以将整个建设工程的勘察、设计发包给一个勘察、设计单位；也可以将建设工程的勘察、设计分别发包给几个勘察、设计单位。

第十九条　除建设工程主体部分的勘察、设计外，经发包方书面同意，承包方可以将建设工程其他部分的勘察、设计再分包给其他具有相应资质等级的建设工程勘察、设计单位。

第二十条　建设工程勘察、设计单位不得将所承揽的建设工程勘察、设计转包。[2010]

第二十一条 承包方必须在建设工程勘察、设计资质证书规定的资质等级和业务范围内承揽建设工程的勘察、设计业务。

第二十二条 建设工程勘察、设计的发包方与承包方，应当执行国家规定的建设工程勘察、设计程序。

第二十三条 建设工程勘察、设计的发包方与承包方应当签订建设工程勘察、设计合同。

第二十四条 建设工程勘察、设计发包方与承包方应当执行国家有关建设工程勘察费、设计费的管理规定。

第四章 建设工程勘察设计文件的编制与实施

第二十五条 编制建设工程勘察、设计文件，应当以下列规定为依据：
（一）项目批准文件；
（二）城乡规划；
（三）工程建设强制性标准；
（四）国家规定的建设工程勘察、设计深度要求。

铁路、交通、水利等专业建设工程，还应当以专业规划的要求为依据。

第二十六条 编制建设工程勘察文件，应当真实、准确，满足建设工程规划、选址、设计、岩土治理和施工的需要。

编制方案设计文件，应当满足编制初步设计文件和控制概算的需要。

编制初步设计文件，应当满足编制施工招标文件、主要设备材料订货和编制施工图设计文件的需要。

编制施工图设计文件，应当满足设备材料采购、非标准设备制作和施工的需要，并注明建设工程合理使用年限。(2016)(2009)

第二十七条 设计文件中选用的材料、构配件、设备，应当注明其规格、型号、性能等技术指标，其质量要求必须符合国家规定的标准。

除有特殊要求的建筑材料、专用设备和工艺生产线等外，设计单位不得指定生产厂、供应商。

第二十八条 建设单位、施工单位、监理单位不得修改建设工程勘察、设计文件；确需修改建设工程勘察、设计文件的，应当由原建设工程勘察、设计单位修改。经原建设工程勘察、设计单位书面同意，建设单位也可以委托其他具有相应资质的建设工程勘察、设计单位修改。修改单位对修改的勘察、设计文件承担相应责任。

施工单位、监理单位发现建设工程勘察、设计文件不符合工程建设强制性标准、合同约定的质量要求的，应当报告建设单位，建设单位有权要求建设工程勘察、设计单位对建设工程勘察、设计文件进行补充、修改。

建设工程勘察、设计文件内容需要作重大修改的，建设单位应当报经原审批机关批准后，方可修改。

第二十九条 建设工程勘察、设计文件中规定采用的新技术、新材料，可能影响建设工程质量和安全，又没有国家技术标准的，应当由国家认可的检测机构进行试验、论证，出具检测报告，并经国务院有关部门或者省、自治区、直辖市人民政府有关部门组织的建设工程技术专家委员会审定后，方可使用。

第三十条 建设工程勘察、设计单位应当在建设工程施工前，向施工单位和监理单位说明建设工程勘察、设计意图，解释建设工程勘察、设计文件。

建设工程勘察、设计单位应当及时解决施工中出现的勘察、设计问题。

第五章 监 督 管 理

第三十一条 国务院建设行政主管部门对全国的建设工程勘察、设计活动实施统一监督管理。国务院铁路、交通、水利等有关部门按照国务院规定的职责分工，负责对全国的有关专业建设工程勘察、设计活动的监督管理。(2010)

县级以上地方人民政府建设行政主管部门对本行政区域内的建设工程勘察、设计活动实施监督管理。县级以上地方人民政府交通、水利等有关部门在各自的职责范围内，负责对本行政区域内的有关专业建设工程勘察、设计活动的监督管理。

第三十二条 建设工程勘察、设计单位在建设工程勘察、设计资质证书规定的业务范围内跨部门、跨地区承揽勘察、设计业务的，有关地方人民政府及其所属部门不得设置障碍，不得违反国家规定收取任何费用。

第三十三条 施工图设计文件审查机构应当对房屋建筑工程、市政基础设施工程施工图设计文件中涉及公共利益、公众安全、工程建设强制性标准的内容进行审查。县级以上人民政府交通运输等有关部门应当按照职责对施工图设计文件中涉及公共利益、公众安全、工程建设强制性标准的内容进行审查。

施工图设计文件未经审查批准的，不得使用。

第三十四条 任何单位和个人对建设工程勘察、设计活动中的违法行为都有权检举、控告、投诉。

第六章 罚 则

第三十五条 违反本条例第八条规定的，责令停止违法行为，处合同约定的勘察费、设计费1倍以上2倍以下的罚款，有违法所得的，予以没收；可以责令停业整顿，降低资质等级；情节严重的，吊销资质证书。

未取得资质证书承揽工程的，予以取缔，依照前款规定处以罚款；有违法所得的，予以没收。

以欺骗手段取得资质证书承揽工程的，吊销资质证书，依照本条第一款规定处以罚款；有违法所得的，予以没收。

第三十六条 违反本条例规定，未经注册，擅自以注册建设工程勘察、设计人员的名义从事建设工程勘察、设计活动的，责令停止违法行为，没收违法所得，处违法所得2倍以上5倍以下罚款；给他人造成损失的，依法承担赔偿责任。

第三十七条 违反本条例规定，建设工程勘察、设计注册执业人员和其他专业技术人员未受聘于一个建设工程勘察、设计单位或者同时受聘于两个以上建设工程勘察、设计单位，从事建设工程勘察、设计活动的，责令停止违法行为，没收违法所得，处违法所得2倍以上5倍以下的罚款；情节严重的，可以责令停止执行业务或者吊销资格证书；给他人造成损失的，依法承担赔偿责任。

第三十八条 违反本条例规定,发包方将建设工程勘察、设计业务发包给不具有相应资质等级的建设工程勘察、设计单位的,责令改正,处 50 万元以上 100 万元以下的罚款。

第三十九条 违反本条例规定,建设工程勘察、设计单位将所承揽的建设工程勘察、设计转包的,责令改正,没收违法所得,处合同约定的勘察费、设计费 25% 以上 50% 以下的罚款,可以责令停业整顿,降低资质等级;情节严重的,吊销资质证书。(2008)

第四十条 违反本条例规定,勘察、设计单位未依据项目批准文件,城乡规划及专业规划,国家规定的建设工程勘察、设计深度要求编制建设工程勘察、设计文件的,责令限期改正;逾期不改正的,处 10 万元以上 30 万元以下的罚款;造成工程质量事故或者环境污染和生态破坏的,责令停业整顿,降低资质等级;情节严重的,吊销资质证书;造成损失的,依法承担赔偿责任。

第四十一条 违反本条例规定,有下列行为之一的,依照《建设工程质量管理条例》第六十三条的规定给予处罚:

(一)勘察单位未按照工程建设强制性标准进行勘察的;
(二)设计单位未根据勘察成果文件进行工程设计的;
(三)设计单位指定建筑材料、建筑构配件的生产厂、供应商的;
(四)设计单位未按照工程建设强制性标准进行设计的。

第四十二条 本条例规定的责令停业整顿、降低资质等级和吊销资质证书、资格证书的行政处罚,由颁发资质证书、资格证书的机关决定;其他行政处罚,由建设行政主管部门或者其他有关部门依据法定职权范围决定。

依照本条例规定被吊销资质证书的,由工商行政管理部门吊销其营业执照。

第四十三条 国家机关工作人员在建设工程勘察、设计活动的监督管理工作中玩忽职守、滥用职权、徇私舞弊,构成犯罪的,依法追究刑事责任;尚不构成犯罪的,依法给予行政处分。

【例 8.8-1】下列有关编制建设工程勘察设计文件的说法中,错误的是( )。(2016 年)

A. 编制建设工程勘察文件,应当真实、准确,满足建设工程规划、选址、设计、岩土治理和施工的需要
B. 编制方案设计文件,应当满足编制初步设计文件的需要
C. 编制初步设计文件,应当满足编制施工招标文件、施工图设计文件的需要
D. 编制施工图设计文件,应当满足设备材料采购、非标准设备制作和施工的需要,并注明建设工程合理使用年限

解析:本题考点为建筑工程勘察设计文件编制和实施。根据《建设工程勘察设计管理条例》第二十六条,编制初步设计文件,应当满足编制施工招标文件、主要设备材料订货和编制施工图设计文件的需要。应选 C。

【例 8.8-2】国家对从事建设工程勘察、设计活动的单位实行( )。(2013 年)

A. 资格管理制度
B. 资质管理制度
C. 注册管理制度
D. 执业管理制度

解析:本题考点为工程勘察、设计活动的管理制度。根据《建设工程勘察设计管理条例》第七条规定,国家对从事建设工程勘察、设计活动的单位,实行资质管理制度。具

体办法由国务院建设行政主管部门商国务院有关部门制定。应选 B。

【例 8.8-3】下列行为违反了《建设工程勘察设计管理条例》的是(　　)。(2010 年)
A. 将建筑艺术造型有特定要求项目的勘察设计任务直接发包
B. 业主将一个工程建设项目的勘察设计分别发包给几个勘察设计单位
C. 勘察设计单位将所承揽的勘察设计任务进行转包
D. 经发包方同意，勘察设计单位将所承揽的勘察设计任务的非主体部分进行分包

解析：本题考点为工程发包和非分包的主体。根据《建设工程勘察设计管理条例》第二十条规定，建设工程勘察、设计单位不得将所承揽的建设工程勘察、设计转包。应选 C。

【例 8.8-4】建设工程勘察，设计单位将所承揽的建设工程勘察、设计转包的，责令改正，没收违法所得，处罚款为(　　)。(2008 年)
A. 合同约定的勘察费、设计费 25% 以上 50% 以下
B. 合同约定的勘察费、设计费 50% 以上 75% 以下
C. 合同约定的勘察费、设计费 75% 以上 100% 以下
D. 合同约定的勘察费、设计费 50% 以上 100% 以下

解析：根据《建设工程勘察设计管理条例》第三十九条规定，违反本条例规定，建设工程勘察、设计单位将所承揽的建设工程勘察、设计转包的，责令改正，没收违法所得，处合同约定的勘察费、设计费 25% 以上 50% 以下的罚款，可以责令停业整顿，降低资质等级。情节严重的，吊销资质证书。应选 A。

习　题

【8.8-1】根据《建设工程勘察设计管理条例》的规定，建设工程勘察、设计方案的评标一般不考虑(　　)。(2011 年)
A. 投标人资质　　　　　　　B. 勘察、设计方案的优劣
C. 设计人员的能力　　　　　D. 投标人的业绩

【8.8-2】根据《建设工程勘察设计管理条例》的规定，编辑初步设计文件应当(　　)。(2009 年)
A. 满足编制方案设计文件和控制概算的需要
B. 满足编制施工招标文件，主要设备材料订货和编制施工图设计文件的需要
C. 满足非标准设备制作，并注明建筑工程合理使用年限
D. 满足设备材料采购和施工的需要

习题答案及解析

【8.8-1】答案：A
解析：《建设工程勘察设计管理条例》第十四条规定，建设工程勘察、设计方案评标，应当以投标人的业绩、信誉和勘察、设计人员的能力以及勘察、设计方案的优劣为依据，进行综合评定。

【8.8-2】答案：B
解析：《建设工程勘察设计管理条例》第二十六条规定，编制建设工程勘察文件，应

当真实、准确，满足建设工程规划、选址、设计、岩土治理和施工的需要。编制方案设计文件，应当满足编制初步设计文件和控制概算的需要。编制初步设计文件，应当满足编制施工招标文件、主要设备材料订货和编制施工图设计文件的需要。编制施工图设计文件，应当满足设备材料采购、非标准设备制作和施工的需要，并注明建设工程合理使用年限。

8.9　建设工程质量管理条例

高频考点梳理

知识点	建设单位的质量责任和义务	建设工程质量保修
近三年考核频次	2（2018上午120，2018下午16）	2（2018下午21，2017上午119）

1. 目录

第一章　总则

第二章　建设单位的质量责任和义务

第三章　勘察、设计单位的质量责任和义务

第四章　施工单位的质量责任和义务

第五章　工程监理单位的质量责任和义务

第六章　建设工程质量保修

第七章　监督管理（不在考纲范围内）

第八章　罚则（不在考纲范围内）

第九章　附则（不在考纲范围内）

2. 正文（节选）

第一章　总　　则

第一条　为了加强对建设工程质量的管理，保证建设工程质量，保护人民生命和财产安全，根据《中华人民共和国建筑法》，制定本条例。

第二条　凡在中华人民共和国境内从事建设工程的新建、扩建、改建等有关活动及实施对建设工程质量监督管理的，必须遵守本条例。

本条例所称建设工程，是指土木工程、建筑工程、线路管道和设备安装工程及装修工程。

第三条　建设单位、勘察单位、设计单位、施工单位、工程监理单位依法对建设工程质量负责。

第四条　县级以上人民政府建设行政主管部门和其他有关部门应当加强对建设工程质量的监督管理。

第五条　从事建设工程活动，必须严格执行基本建设程序，坚持先勘察、后设计、再施工的原则。

县级以上人民政府及其有关部门不得超越权限审批建设项目或者擅自简化基本建设程序。

第六条　国家鼓励采用先进的科学技术和管理方法，提高建设工程质量。

第二章 建设单位的质量责任和义务

第七条 建设单位应当将工程发包给具有相应资质等级的单位。

建设单位不得将建设工程肢解发包。

第八条 建设单位应当依法对工程建设项目的勘察、设计、施工、监理以及与工程建设有关的重要设备、材料等的采购进行招标。

第九条 建设单位必须向有关的勘察、设计、施工、工程监理等单位提供与建设工程有关的原始资料。

原始资料必须真实、准确、齐全。(2019)

第十条 建设工程发包单位不得迫使承包方以低于成本的价格竞标，不得任意压缩合理工期。

建设单位不得明示或者暗示设计单位或者施工单位违反工程建设强制性标准，降低建设工程质量。

第十一条 施工图设计文件审查的具体办法，由国务院建设行政主管部门、国务院其他有关部门制定。(2012)

施工图设计文件未经审查批准的，不得使用。

第十二条 实行监理的建设工程，建设单位应当委托具有相应资质等级的工程监理单位进行监理，也可以委托具有工程监理相应资质等级并与被监理工程的施工承包单位没有隶属关系或者其他利害关系的该工程的设计单位进行监理。

下列建设工程必须实行监理：

（一）国家重点建设工程；

（二）大中型公用事业工程；

（三）成片开发建设的住宅小区工程；

（四）利用外国政府或者国际组织贷款、援助资金的工程；

（五）国家规定必须实行监理的其他工程。

第十三条 建设单位在开工前，应当按照国家有关规定办理工程质量监督手续，工程质量监督手续可以与施工许可证或者开工报告合并办理。

第十四条 按照合同约定，由建设单位采购建筑材料、建筑构配件和设备的，建设单位应当保证建筑材料、建筑构配件和设备符合设计文件和合同要求。

建设单位不得明示或者暗示施工单位使用不合格的建筑材料、建筑构配件和设备。

第十五条 涉及建筑主体和承重结构变动的装修工程，建设单位应当在施工前委托原设计单位或者具有相应资质等级的设计单位提出设计方案；没有设计方案的，不得施工。

房屋建筑使用者在装修过程中，不得擅自变动房屋建筑主体和承重结构。

第十六条 建设单位收到建设工程竣工报告后，应当组织设计、施工、工程监理等有关单位进行竣工验收。(2016)

建设工程竣工验收应当具备下列条件：

（一）完成建设工程设计和合同约定的各项内容；

（二）有完整的技术档案和施工管理资料；

（三）有工程使用的主要建筑材料、建筑构配件和设备的进场试验报告；

（四）有勘察、设计、施工、工程监理等单位分别签署的质量合格文件；
（五）有施工单位签署的工程保修书。
建设工程经验收合格的，方可交付使用。(2014)

第十七条 建设单位应当严格按照国家有关档案管理的规定，及时收集、整理建设项目各环节的文件资料，建立、健全建设项目档案，并在建设工程竣工验收后，及时向建设行政主管部门或者其他有关部门移交建设项目档案。

第三章 勘察、设计单位的质量责任和义务

第十八条 从事建设工程勘察、设计的单位应当依法取得相应等级的资质证书，并在其资质等级许可的范围内承揽工程。

禁止勘察、设计单位超越其资质等级许可的范围或者以其他勘察、设计单位的名义承揽工程。禁止勘察、设计单位允许其他单位或者个人以本单位的名义承揽工程。

勘察、设计单位不得转包或者违法分包所承揽的工程。

第十九条 勘察、设计单位必须按照工程建设强制性标准进行勘察、设计，并对其勘察、设计的质量负责。

注册建筑师、注册结构工程师等注册执业人员应当在设计文件上签字，对设计文件负责。

第二十条 勘察单位提供的地质、测量、水文等勘察成果必须真实、准确。

第二十一条 设计单位应当根据勘察成果文件进行建设工程设计。

设计文件应当符合国家规定的设计深度要求，注明工程合理使用年限。

第二十二条 设计单位在设计文件中选用的建筑材料、建筑构配件和设备，应当注明规格、型号、性能等技术指标，其质量要求必须符合国家规定的标准。

除有特殊要求的建筑材料、专用设备、工艺生产线等外，设计单位不得指定生产厂、供应商。

第二十三条 设计单位应当就审查合格的施工图设计文件向施工单位作出详细说明。

第二十四条 设计单位应当参与建设工程质量事故分析，并对因设计造成的质量事故，提出相应的技术处理方案。

第四章 施工单位的质量责任和义务

第二十五条 施工单位应当依法取得相应等级的资质证书，并在其资质等级许可的范围内承揽工程。

禁止施工单位超越本单位资质等级许可的业务范围或者以其他施工单位的名义承揽工程。禁止施工单位允许其他单位或者个人以本单位的名义承揽工程。

施工单位不得转包或者违法分包工程。

第二十六条 施工单位对建设工程的施工质量负责。

施工单位应当建立质量责任制，确定工程项目的项目经理、技术负责人和施工管理负责人。

建设工程实行总承包的，总承包单位应当对全部建设工程质量负责；建设工程勘察、设计、施工、设备采购的一项或者多项实行总承包的，总承包单位应当对其承包的建设工

程或者采购的设备的质量负责。(2013)

第二十七条 总承包单位依法将建设工程分包给其他单位的，分包单位应当按照分包合同的约定对其分包工程的质量向总承包单位负责，总承包单位与分包单位对分包工程的质量承担连带责任。(2013)

第二十八条 施工单位必须按照工程设计图纸和施工技术标准施工，不得擅自修改工程设计，不得偷工减料。

施工单位在施工过程中发现设计文件和图纸有差错的，应当及时提出意见和建议。

第二十九条 施工单位必须按照工程设计要求、施工技术标准和合同约定，对建筑材料、建筑构配件、设备和商品混凝土进行检验，检验应当有书面记录和专人签字；未经检验或者检验不合格的，不得使用。

第三十条 施工单位必须建立、健全施工质量的检验制度，严格工序管理，作好隐蔽工程的质量检查和记录。隐蔽工程在隐蔽前，施工单位应当通知建设单位和建设工程质量监督机构。

第三十一条 施工人员对涉及结构安全的试块、试件以及有关材料，应当在建设单位或者工程监理单位监督下现场取样，并送具有相应资质等级的质量检测单位进行检测。

第三十二条 施工单位对施工中出现质量问题的建设工程或者竣工验收不合格的建设工程，应当负责返修。

第三十三条 施工单位应当建立、健全教育培训制度，加强对职工的教育培训；未经教育培训或者考核不合格的人员，不得上岗作业。

第五章 工程监理单位的质量责任和义务

第三十四条 工程监理单位应当依法取得相应等级的资质证书，并在其资质等级许可的范围内承担工程监理业务。

禁止工程监理单位超越本单位资质等级许可的范围或者以其他工程监理单位的名义承担工程监理业务。禁止工程监理单位允许其他单位或者个人以本单位的名义承担工程监理业务。

工程监理单位不得转让工程监理业务。

第三十五条 工程监理单位与被监理工程的施工承包单位以及建筑材料、建筑构配件和设备供应单位有隶属关系或者其他利害关系的，不得承担该项建设工程的监理业务。

第三十六条 工程监理单位应当依照法律、法规以及有关技术标准、设计文件和建设工程承包合同，代表建设单位对施工质量实施监理，并对施工质量承担监理责任。(2016)

第三十七条 工程监理单位应当选派具备相应资格的总监理工程师和监理工程师进驻施工现场。

未经监理工程师签字，建筑材料、建筑构配件和设备不得在工程上使用或者安装，施工单位不得进行下一道工序的施工。未经总监理工程师签字，建设单位不拨付工程款，不进行竣工验收。

第三十八条 监理工程师应当按照工程监理规范的要求，采取旁站、巡视和平行检验等形式，对建设工程实施监理。

第六章 建设工程质量保修

第三十九条 建设工程实行质量保修制度。

建设工程承包单位在向建设单位提交工程竣工验收报告时，应当向建设单位出具质量保修书。(2017)质量保修书中应当明确建设工程的保修范围、保修期限和保修责任等。

第四十条 在正常使用条件下，建设工程的最低保修期限为：

（一）基础设施工程、房屋建筑的地基基础工程和主体结构工程，为设计文件规定的该工程的合理使用年限；

（二）屋面防水工程、有防水要求的卫生间、房间和外墙面的防渗漏，为5年；

（三）供热与供冷系统，为2个采暖期、供冷期；(2017)

（四）电气管线、给排水管道、设备安装和装修工程，为2年。(2018)

其他项目的保修期限由发包方与承包方约定。

建设工程的保修期，自竣工验收合格之日起计算。(2017)

第四十一条 建设工程在保修范围和保修期限内发生质量问题的，施工单位应当履行保修义务，并对造成的损失承担赔偿责任。

第四十二条 建设工程在超过合理使用年限后需要继续使用的，产权所有人应当委托具有相应资质等级的勘察、设计单位鉴定，并根据鉴定结果采取加固、维修等措施，重新界定使用期。

第七章 监督管理

第四十三条 国家实行建设工程质量监督管理制度。

国务院建设行政主管部门对全国的建设工程质量实施统一监督管理。国务院铁路、交通、水利等有关部门按照国务院规定的职责分工，负责对全国的有关专业建设工程质量的监督管理。

县级以上地方人民政府建设行政主管部门对本行政区域内的建设工程质量实施监督管理。县级以上地方人民政府交通、水利等有关部门在各自的职责范围内，负责对本行政区域内的专业建设工程质量的监督管理。

第四十四条 国务院建设行政主管部门和国务院铁路、交通、水利等有关部门应当加强对有关建设工程质量的法律、法规和强制性标准执行情况的监督检查。

第四十五条 国务院发展计划部门按照国务院规定的职责，组织稽察特派员，对国家出资的重大建设项目实施监督检查。

国务院经济贸易主管部门按照国务院规定的职责，对国家重大技术改造项目实施监督检查。

第四十六条 建设工程质量监督管理，可以由建设行政主管部门或者其他有关部门委托的建设工程质量监督机构具体实施。

从事房屋建筑工程和市政基础设施工程质量监督的机构，必须按照国家有关规定经国务院建设行政主管部门或者省、自治区、直辖市人民政府建设行政主管部门考核；从事专业建设工程质量监督的机构，必须按照国家有关规定经国务院有关部门或者省、自治区、直辖市人民政府有关部门考核。经考核合格后，方可实施质量监督。

第四十七条　县级以上地方人民政府建设行政主管部门和其他有关部门应当加强对有关建设工程质量的法律、法规和强制性标准执行情况的监督检查。

第四十八条　县级以上人民政府建设行政主管部门和其他有关部门履行监督检查职责时，有权采取下列措施：

（一）要求被检查的单位提供有关工程质量的文件和资料；

（二）进入被检查单位的施工现场进行检查；

（三）发现有影响工程质量的问题时，责令改正。

第四十九条　建设单位应当自建设工程竣工验收合格之日起 15 日内，将建设工程竣工验收报告和规划、公安消防、环保等部门出具的认可文件或者准许使用文件报建设行政主管部门或者其他有关部门备案。

建设行政主管部门或者其他有关部门发现建设单位在竣工验收过程中有违反国家有关建设工程质量管理规定行为的，责令停止使用，重新组织竣工验收。

第五十条　有关单位和个人对县级以上人民政府建设行政主管部门和其他有关部门进行的监督检查应当支持与配合，不得拒绝或者阻碍建设工程质量监督检查人员依法执行职务。

第五十一条　供水、供电、供气、公安消防等部门或者单位不得明示或者暗示建设单位、施工单位购买其指定的生产供应单位的建筑材料、建筑构配件和设备。

第五十二条　建设工程发生质量事故，有关单位应当在 24 小时内向当地建设行政主管部门和其他有关部门报告。对重大质量事故，事故发生地的建设行政主管部门和其他有关部门应当按照事故类别和等级向当地人民政府和上级建设行政主管部门和其他有关部门报告。

特别重大质量事故的调查程序按照国务院有关规定办理。

第五十三条　任何单位和个人对建设工程的质量事故、质量缺陷都有权检举、控告、投诉。

第八章　罚　　则

第五十四条　违反本条例规定，建设单位将建设工程发包给不具有相应资质等级的勘察、设计、施工单位或者委托给不具有相应资质等级的工程监理单位的，责令改正，处 50 万元以上 100 万元以下的罚款。

第五十五条　违反本条例规定，建设单位将建设工程肢解发包的，责令改正，处工程合同价款百分之零点五以上百分之一以下的罚款；对全部或者部分使用国有资金的项目，并可以暂停项目执行或者暂停资金拨付。

第五十六条　违反本条例规定，建设单位有下列行为之一的，责令改正，处 20 万元以上 50 万元以下的罚款：

（一）迫使承包方以低于成本的价格竞标的；

（二）任意压缩合理工期的；

（三）明示或者暗示设计单位或者施工单位违反工程建设强制性标准，降低工程质量的；

（四）施工图设计文件未经审查或者审查不合格，擅自施工的；

（五）建设项目必须实行工程监理而未实行工程监理的；
（六）未按照国家规定办理工程质量监督手续的；
（七）明示或者暗示施工单位使用不合格的建筑材料、建筑构配件和设备的；
（八）未按照国家规定将竣工验收报告、有关认可文件或者准许使用文件报送备案的。

第五十七条　违反本条例规定，建设单位未取得施工许可证或者开工报告未经批准，擅自施工的，责令停止施工，限期改正，处工程合同价款百分之一以上百分之二以下的罚款。

第五十八条　违反本条例规定，建设单位有下列行为之一的，责令改正，处工程合同价款百分之二以上百分之四以下的罚款；造成损失的，依法承担赔偿责任；
（一）未组织竣工验收，擅自交付使用的；
（二）验收不合格，擅自交付使用的；
（三）对不合格的建设工程按照合格工程验收的。

第五十九条　违反本条例规定，建设工程竣工验收后，建设单位未向建设行政主管部门或者其他有关部门移交建设项目档案的，责令改正，处1万元以上10万元以下的罚款。

第六十条　违反本条例规定，勘察、设计、施工、工程监理单位超越本单位资质等级承揽工程的，责令停止违法行为，对勘察、设计单位或者工程监理单位处合同约定的勘察费、设计费或者监理酬金1倍以上2倍以下的罚款；对施工单位处工程合同价款百分之二以上百分之四以下的罚款，可以责令停业整顿，降低资质等级；情节严重的，吊销资质证书；有违法所得的，予以没收。

未取得资质证书承揽工程的，予以取缔，依照前款规定处以罚款；有违法所得的，予以没收。

以欺骗手段取得资质证书承揽工程的，吊销资质证书，依照本条第一款规定处以罚款；有违法所得的，予以没收。

第六十一条　违反本条例规定，勘察、设计、施工、工程监理单位允许其他单位或者个人以本单位名义承揽工程的，责令改正，没收违法所得，对勘察、设计单位和工程监理单位处合同约定的勘察费、设计费和监理酬金1倍以上2倍以下的罚款；对施工单位处工程合同价款百分之二以上百分之四以下的罚款；可以责令停业整顿，降低资质等级；情节严重的，吊销资质证书。

第六十二条　违反本条例规定，承包单位将承包的工程转包或者违法分包的，责令改正，没收违法所得，对勘察、设计单位处合同约定的勘察费、设计费百分之二十五以上百分之五十以下的罚款；对施工单位处工程合同价款百分之零点五以上百分之一以下的罚款；可以责令停业整顿，降低资质等级；情节严重的，吊销资质证书。

工程监理单位转让工程监理业务的，责令改正，没收违法所得，处合同约定的监理酬金百分之二十五以上百分之五十以下的罚款；可以责令停业整顿，降低资质等级；情节严重的，吊销资质证书。

第六十三条　违反本条例规定，有下列行为之一的，责令改正，处10万元以上30万元以下的罚款：
（一）勘察单位未按照工程建设强制性标准进行勘察的；
（二）设计单位未根据勘察成果文件进行工程设计的；

（三）设计单位指定建筑材料、建筑构配件的生产厂、供应商的；

（四）设计单位未按照工程建设强制性标准进行设计的。

有前款所列行为，造成工程质量事故的，责令停业整顿，降低资质等级；情节严重的，吊销资质证书；造成损失的，依法承担赔偿责任。(2008)

第六十四条 违反本条例规定，施工单位在施工中偷工减料的，使用不合格的建筑材料、建筑构配件和设备的，或者有不按照工程设计图纸或者施工技术标准施工的其他行为的，责令改正，处工程合同价款百分之二以上百分之四以下的罚款；造成建设工程质量不符合规定的质量标准的，负责返工、修理，并赔偿因此造成的损失；情节严重的，责令停业整顿，降低资质等级或者吊销资质证书。

第六十五条 违反本条例规定，施工单位未对建筑材料、建筑构配件、设备和商品混凝土进行检验，或者未对涉及结构安全的试块、试件以及有关材料取样检测的，责令改正，处10万元以上20万元以下的罚款；情节严重的，责令停业整顿，降低资质等级或者吊销资质证书；造成损失的，依法承担赔偿责任。

第六十六条 违反本条例规定，施工单位不履行保修义务或者拖延履行保修义务的，责令改正，处10万元以上20万元以下的罚款，并对在保修期内因质量缺陷造成的损失承担赔偿责任。

第六十七条 工程监理单位有下列行为之一的，责令改正，处50万元以上100万元以下的罚款，降低资质等级或者吊销资质证书；有违法所得的，予以没收；造成损失的，承担连带赔偿责任：

（一）与建设单位或者施工单位串通，弄虚作假、降低工程质量的；

（二）将不合格的建设工程、建筑材料、建筑构配件和设备按照合格签字的。

第六十八条 违反本条例规定，工程监理单位与被监理工程的施工承包单位以及建筑材料、建筑构配件和设备供应单位有隶属关系或者其他利害关系承担该项建设工程的监理业务的，责令改正，处5万元以上10万元以下的罚款，降低资质等级或者吊销资质证书；有违法所得的，予以没收。

第六十九条 违反本条例规定，涉及建筑主体或者承重结构变动的装修工程，没有设计方案擅自施工的，责令改正，处50万元以上100万元以下的罚款；房屋建筑使用者在装修过程中擅自变动房屋建筑主体和承重结构的，责令改正，处5万元以上10万元以下的罚款。

有前款所列行为，造成损失的，依法承担赔偿责任。

第七十条 发生重大工程质量事故隐瞒不报、谎报或者拖延报告期限的，对直接负责的主管人员和其他责任人员依法给予行政处分。

第七十一条 违反本条例规定，供水、供电、供气、公安消防等部门或者单位明示或者暗示建设单位或者施工单位购买其指定的生产供应单位的建筑材料、建筑构配件和设备的，责令改正。

第七十二条 违反本条例规定，注册建筑师、注册结构工程师、监理工程师等注册执业人员因过错造成质量事故的，责令停止执业1年；造成重大质量事故的，吊销执业资格证书，5年以内不予注册；情节特别恶劣的，终身不予注册。

第七十三条 依照本条例规定，给予单位罚款处罚的，对单位直接负责的主管人员和其他直接责任人员处单位罚款数额百分之五以上百分之十以下的罚款。

第七十四条 建设单位、设计单位、施工单位、工程监理单位违反国家规定，降低工程质量标准，造成重大安全事故，构成犯罪的，对直接责任人员依法追究刑事责任。

第七十五条 本条例规定的责令停业整顿，降低资质等级和吊销资质证书的行政处罚，由颁发资质证书的机关决定；其他行政处罚，由建设行政主管部门或者其他有关部门依照法定职权决定。

依照本条例规定被吊销资质证书的，由工商行政管理部门吊销其营业执照。

第七十六条 国家机关工作人员在建设工程质量监督管理工作中玩忽职守、滥用职权、徇私舞弊，构成犯罪的，依法追究刑事责任；尚不构成犯罪的，依法给予行政处分。

第七十七条 建设、勘察、设计、施工、工程监理单位的工作人员因调动工作、退休等原因离开该单位后，被发现在该单位工作期间违反国家有关建设工程质量管理规定，造成重大工程质量事故的，仍应当依法追究法律责任。

【例8.9-1】根据《建设工程质量管理条例》规定，监理单位代表建设单位对施工质量实施监理，并对施工质量承担监理责任，其监理的依据不包括（　　）。(2016年)

A. 有关技术标准　　　　　B. 设计文件
C. 工程承包合同　　　　　D. 建设单位指令

解析：本题考查工程监理单位的质量责任和义务，《建设工程质量管理条例》第三十六条规定，工程监理单位应当依照法律、法规以及有关的技术标准、设计文件和建设承包合同，代表建设单位对施工质量实施监理，并对施工质量承担监理责任。应选D。

【例8.9-2】某建设工程项目完成施工后，施工单位提出工程竣工验收申请，根据《建设工程质量管理条例》规定，该建设工程竣工验收应当具备的条件不包括（　　）。(2014年)

A. 有施工单位提交的工程质量保证金
B. 有工程使用的主要建筑材料、建筑构配件和设备的进场试验报告
C. 有勘察、设计、施工、工程监理等单位分别签署的质量合格文件
D. 有完整的技术档案和施工管理资料

解析：本题考查建设工程竣工验收应当具备的条件，《建设工程质量管理条例》第十六条规定，建设单位收到建设工程竣工报告后，应当组织设计、施工、工程监理等有关单位进行竣工验收。建设工程竣工验收应当具备下列条件：建设工程竣工验收应当具备下列条件：（一）完成建设工程设计和合同约定的各项内容；（二）有完整的技术档案和施工管理资料；（三）有工程使用的主要建筑材料、建筑构配件和设备的进场试验报告；（四）有勘察、设计、施工、工程监理等单位分别签署的质量合格文件；（五）有施工单位签署的工程保修书。建设工程经验收合格的，方可交付使用。应选A。

【例8.9-3】设计单位未按照工程建设强制性标准进行设计的，责令改正，并处（　　）罚款。(2008年)

A. 5万元以下　　　　　B. 5万～10万元
C. 10万～30万元　　　D. 30万元以上

解析：根据《建设工程质量管理条例》第六十三条规定，违反本条例规定，有下

列行为之一的,责令改正,处10万元以上30万元以下的罚款:(一)勘察单位未按照工程建设强制性标准进行勘察的;(二)设计单位未根据勘察成果文件进行工程设计的;(三)设计单位指定建筑材料、建筑构配件的生产厂、供应商的;(四)设计单位未按照工程建设强制性标准进行设计的。有前款所列行为,造成工程质量事故的,责令停业整顿,降低资质等级。情节严重的,吊销资质证书。造成损失的,依法承担赔偿责任。应选C。

习 题

【8.9-1】某建设项目甲建设单位与乙施工单位签订施工总承包合同后,乙施工单位经甲建设单位认可将打桩工程分包给丙专业承包单位,丙专业承包单位又将劳务作业分包给丁劳务分包单位,由于丙专业分包单位从业人员责任心不强,导致该打桩工程部分出现了质量缺陷,对于该质量缺陷的责任承担,以下说法正确的是(　　)。(2013年)

A. 乙单位和丙单位承担连带责任

B. 丙单位和丁单位承担连带责任

C. 丙单位向甲单位承担全部责任

D. 乙、丙、丁三个单位共同承担责任

【8.9-2】根据《建设工程质量管理条例》的规定,施工图必须经过审查批准,否则不得使用,某建设单位投资的大型工程项目施工图设计已经完成,该施工图应该报审的管理部门是(　　)。(2012年)

A. 县级以上人民政府建设行政主管部门

B. 县级以上人民政府工程设计主管部分

C. 县级以上人民政府规划管理部门

D. 工程设计监理单位

【8.9-3】关于工程监理职责和权限的说法,错误的是(　　)。

A. 未经监理工程师签字,建筑材料不得在工程上使用

B. 未经监理工程师签字,施工企业不得进入下一道工序的施工

C. 未经专项监理工程师签字,建设单位不得拨付工程款

D. 未经总监签字,建设单位不得进行竣工验收

【8.9-4】根据《建设工程质量管理条例》,属于建设工程竣工验收应当具备的条件有(　　)。

A. 施工单位签署的工程保修书

B. 工程监理日志

C. 完成建设工程设计和合同约定的各项内容

D. 完整的技术档案和施工管理资料

【8.9-5】关于建设工程质量保修的说法,正确的是(　　)。

A. 不同类型的建设工程,其保修范围相同

B. 建设工程保修期内由于使用不当造成的损坏,施工企业不负责维修

C. 建设工程保修期与缺陷责任期的起始日相同

D. 建设工程质量保证金应在保修期满后返还

【8.9-6】《建设工程质量管理条例》设定的行政处罚不包括( )。
A. 罚款　　　　　　　　　　B. 拘役
C. 责令停业整顿　　　　　　D. 吊销企业营业执照

【8.9-7】根据《建设工程质量管理条例》，注册建造师因过错造成重大质量事故，情节特别恶劣的，将受到的行政处罚为( )。
A. 终身不予注册　　　　　　B. 吊销执业资格证书，5年内不予注册
C. 责令停止执业3年　　　　D. 责令停止执业1年

【8.9-8】建设单位申请施工许可证时，向发证机关提供的施工图纸及技术资料应当满足( )。
A. 施工需要并通过监理单位审查
B. 施工需要并按规定通过了审查
C. 编制招标文件的要求
D. 工程竣工验收备案的要求

【8.9-9】工程项目，建设单位未取得施工许可证便擅自开工，经查建设资金未落实。依照《建设工程质量管理条例》的规定，对此，对建设单位正确的处理方式是( )。
A. 处50万~100万元的罚款
B. 处工程合同价1‰~2‰的罚款
C. 处工程合同价2‰~4‰的罚款
D. 处工程合同价5‰以下的罚款

【8.9-10】《建设工程质量管理条例》规定，建设单位将工程发包给不具有相应资质等级单位的，责令改正，处以( )罚款。
A. 工程合同价款2%以上4%以下
B. 50万元以上100万元以下
C. 5000元以上10000以下
D. 工程合同价款0.5%以上1%以下

【8.9-11】根据《建筑工程质量管理条例》规定，未取得资质证书承揽工程承担的法律责任不包括( )。
A. 予以取缔
B. 对施工单位处以工程合同价款2%以上4%以下的罚款
C. 对施工单位处以50万元以上100万元以下的罚款
D. 有违法所得的予以没收

【8.9-12】根据《建设工程质量管理条例》，下列分包情形中，不属于违法分包的是( )。
A. 施工总承包合同中未有约定，承包单位又未经建设单位认可，就将其全部劳务作业交由劳务单位完成
B. 总承包单位将工程分包给不具备相应资质条件的单位
C. 施工总承包单位将工程主体结构的施工分包给其他单位
D. 分包单位将其承包的专业工程进行专业分包

【8.9-13】建设单位将工程发包给不具有相应资质条件的施工企业，或者违反规定将

建筑工程肢解发包的，责令改正，处以（　　）行政处罚。

A. 吊销资质证书　　　　　　B. 罚款
C. 停业整顿　　　　　　　　D. 降低资质等级

【8.9-14】按照《建设工程质量管理条例》规定，施工人员对涉及结构安全的试块、试件以及有关材料进行现场取样时应当（　　）。（2010年）

A. 在设计单位监督下现场取样
B. 在监督单位或监理单位监督下现场取样
C. 在施工单位质量管理人员监督下现场取样
D. 在建设单位或监理单位监督下现场取样

习题答案及解析

【8.9-1】答案：A

解析：《建筑法》第二十九条规定，建筑工程总承包单位按照总承包合同的约定对建设单位负责；分包单位按照分包合同的约定对总承包单位负责。总承包单位和分包单位就分包工程对建设单位承担连带责任。《建设工程质量管理条例》第二十六条规定，建设工程实行总承包的，总承包单位应当对全部建设工程质量负责。第二十七条规定，总承包单位依法将建设工程分包给其他单位的，分包单位应当按照分包合同的约定对其分包工程的质量向总承包单位负责，总承包单位与分包单位对分包工程的质量承担连带责任。

【8.9-2】答案：A

解析：《建设工程质量管理条例》第十一条规定，建设单位应当将施工图设计文件报县级以上人民政府建设行政主管部门或者其他有关部门审查。施工图设计文件审查的具体办法，由国务院建设行政主管部门会同国务院其他有关部门制定。

【8.9-3】答案：C

解析：本题考查的是工程监理、检验检测单位相关的安全责任。《建设工程质量管理条例》第三十七条规定，工程监理单位应当选派具备相应资格的总监理工程师和监理工程师进驻施工现场。未经监理工程师签字，建筑材料、建筑构配件和设备不得在工程上使用或者安装，施工单位不得进行下一道工序的施工。未经总监理工程师签字，建设单位不拨付工程款，不进行竣工验收。

【8.9-4】答案：B

解析：本题考查的是竣工验收应当具备的法定条件。第十六条，建设工程竣工验收应当具备下列条件：（一）完成建设工程设计和合同约定的各项内容；（二）有完整的技术档案和施工管理资料；（三）有工程使用的主要建筑材料、建筑构配件和设备的进场试验报告；（四）有勘察、设计、施工、工程监理等单位分别签署的质量合格文件；（五）有施工单位签署的工程保修书。建设工程经验收合格的，方可交付使用。

【8.9-5】答案：C

解析：本题考查的是建设工程质量保修书。根据《建设工程质量管理条例》第四十、四十一条选项A，不同类型的工程，保修期限是不同的；选项B，因使用单位使用不当造成的损坏问题，先由施工单位负责维修，其经济责任由使用单位自行负责；选项C，建工程保修期的起始日是竣工验收合格之日，缺陷责任期从工程通过竣（交）工验收之日起计，所以二者是相同的；选项 D，质量保证金是在缺陷责任期满后返还的。

【8.9-6】答案：B

解析：本题考查的是行政处罚。选项 B 属于刑罚。

【8.9-7】答案：A

解析：本题考查的是建造师及建造师工作中违法行为应承担的法律责任。《建设工程质量管理条例》第七十二条规定，违反本条例规定，注册建造师、注册结构工程师、监理工程师等注册执业人员因过错造成质量事故的，责令停止执业 1 年；造成重大质量事故的，吊销执业资格证书，5 年以内不予注册；情节特别恶劣的，终身不予注册。

【8.9-8】答案：B

解析：本题考查的是申请主体和法定批准条件。施工图纸是实行建设工程的最根本的技术文件。根据《建设工程质量管理条例》规定，施工图纸及技术资料应当满足施工需要，并已按规定进行了审查。

【8.9-9】答案：B

解析：本题考查的是办理施工许可证或开工报告违法行为应承担的法律责任。《建设工程质量管理条例》第五十七条规定，建设单位未取得施工许可证或者开工报告未经批准，擅自施工的，责令停止施工，限期改正，处工程合同价款 1%以上 2%以下的罚款。

【8.9-10】答案：B

解析：本题考查的是施工企业资质违法行为应承担的法律责任。根据《建设工程质量管理条例》第五十四条、处以 50 万元以上 100 万元以下罚款，记清罚款的数额。

【8.9-11】答案：C

解析：本题考查的是施工企业资质违法行为应承担的法律责任。C 是对建设单位的处罚，不是对施工单位。

【8.9-12】答案：A

解析：本题考查的是建设工程分包的规定。《建设工程质量管理条例》第七十八条中规定的违法分包，指下列行为：（一）总承包单位将建设工程分包给不具备相应资质的单位的；（二）建设工程总承包合同中未有约定，又未经建设单位认可，承包单位将其承包的部分建设工程交由其他单位完成的；（三）施工总承包单位将建设工程主体结构的施工分包给其他单位的；（四）分包单位将其承包的建设工程再分包的。

【8.9-13】答案：B

解析：本题考查的是禁止肢解发包、限制、排斥投标人的规定。《建设工程质量管理条例》第五十五条规定，建设单位将建设工程肢解发包的，或者发包给不具有相应资质条件的施工企业，责令改正，并处罚款。

【8.9-14】答案：D

解析：《建设工程质量管理条例》第三十一条规定，施工人员对涉及结构安全的试块、试件以及有关材料，应当在建设单位或者工程监理单位监督下现场取样，并送具有相应资质等级的质量检测单位进行检测。

8.10 建设工程安全生产管理条例

高频考点梳理

知识点	施工单位的安全责任	建设单位的安全责任
近三年考核频次	1（2018上午120）	1（2017上午120）

1. 目录

第一章　总则
第二章　建设单位的安全责任
第三章　勘察、设计、工程监理及其他有关单位的安全责任
第四章　施工单位的安全责任
第五章　监督管理
第六章　生产安全事故的应急救援和调查处理
第七章　法律责任（不在考纲范围内）
第八章　附则（不在考纲范围内）

2. 正文（节选）

第一章　总　　则

第一条　为了加强建设工程安全生产监督管理，保障人民群众生命和财产安全，根据《中华人民共和国建筑法》《中华人民共和国安全生产法》，制定本条例。

第二条　在中华人民共和国境内从事建设工程的新建、扩建、改建和拆除等有关活动及实施对建设工程安全生产的监督管理，必须遵守本条例。

本条例所称建设工程，是指土木工程、建筑工程、线路管道和设备安装工程及装修工程。

第三条　建设工程安全生产管理，坚持安全第一、预防为主的方针。

第四条　建设单位、勘察单位、设计单位、施工单位、工程监理单位及其他与建设工程安全生产有关的单位，必须遵守安全生产法律、法规的规定，保证建设工程安全生产，依法承担建设工程安全生产责任。

第五条　国家鼓励建设工程安全生产的科学技术研究和先进技术的推广应用，推进建设工程安全生产的科学管理。

第二章　建设单位的安全责任

第六条　建设单位应当向施工单位提供施工现场及毗邻区域内供水、排水、供电、供气、供热、通信、广播电视等地下管线资料，气象和水文观测资料，相邻建筑物和构筑物、地下工程的有关资料，并保证资料的真实、准确、完整。[2016]

建设单位因建设工程需要，向有关部门或者单位查询前款规定的资料时，有关部门或者单位应当及时提供。

第七条　建设单位不得对勘察、设计、施工、工程监理等单位提出不符合建设工程安

全生产法律、法规和强制性标准规定的要求，不得压缩合同约定的工期。

第八条 建设单位在编制工程概算时，应当确定建设工程安全作业环境及安全施工措施所需费用。(2017)

第九条 建设单位不得明示或者暗示施工单位购买、租赁、使用不符合安全施工要求的安全防护用具、机械设备、施工机具及配件、消防设施和器材。

第十条 建设单位在申请领取施工许可证时，应当提供建设工程有关安全施工措施的资料。(2016)

依法批准开工报告的建设工程，建设单位应当自开工报告批准之日起15日内，将保证安全施工的措施报送建设工程所在地的县级以上地方人民政府建设行政主管部门或者其他有关部门备案。

第十一条 建设单位应当将拆除工程发包给具有相应资质等级的施工单位。(2016)

建设单位应当在拆除工程施工15日前，将下列资料报送建设工程所在地的县级以上地方人民政府建设行政主管部门或者其他有关部门备案：

（一）施工单位资质等级证明；

（二）拟拆除建筑物、构筑物及可能危及毗邻建筑的说明；

（三）拆除施工组织方案；

（四）堆放、清除废弃物的措施。

实施爆破作业的，应当遵守国家有关民用爆炸物品管理的规定。

第三章　勘察、设计、工程监理及其他有关单位的安全责任

第十二条 勘察单位应当按照法律、法规和工程建设强制性标准进行勘察，提供的勘察文件应当真实、准确，满足建设工程安全生产的需要。

勘察单位在勘察作业时，应当严格执行操作规程，采取措施保证各类管线、设施和周边建筑物、构筑物的安全。

第十三条 设计单位应当按照法律、法规和工程建设强制性标准进行设计，防止因设计不合理导致生产安全事故的发生。

设计单位应当考虑施工安全操作和防护的需要，对涉及施工安全的重点部位和环节在设计文件中注明，并对防范生产安全事故提出指导意见。

采用新结构、新材料、新工艺的建设工程和特殊结构的建设工程，设计单位应当在设计中提出保障施工作业人员安全和预防生产安全事故的措施建议。

设计单位和注册建筑师等注册执业人员应当对其设计负责。

第十四条 工程监理单位应当审查施工组织设计中的安全技术措施或者专项施工方案是否符合工程建设强制性标准。

工程监理单位在实施监理过程中，发现存在安全事故隐患的，应当要求施工单位整改；情况严重的，应当要求施工单位暂时停止施工，并及时报告建设单位。施工单位拒不整改或者不停止施工的，工程监理单位应当及时向有关主管部门报告。

工程监理单位和监理工程师应当按照法律、法规和工程建设强制性标准实施监理，并对建设工程安全生产承担监理责任。(2010)

第十五条 为建设工程提供机械设备和配件的单位，应当按照安全施工的要求配备齐

全有效的保险、限位等安全设施和装置。

第十六条 出租的机械设备和施工机具及配件，应当具有生产（制造）许可证、产品合格证。

出租单位应当对出租的机械设备和施工机具及配件的安全性能进行检测，在签订租赁协议时，应当出具检测合格证明。

禁止出租检测不合格的机械设备和施工机具及配件。

第十七条 在施工现场安装、拆卸施工起重机械和整体提升脚手架、模板等自升式架设设施，必须由具有相应资质的单位承担。

安装、拆卸施工起重机械和整体提升脚手架、模板等自升式架设设施，应当编制拆装方案、制定安全施工措施，并由专业技术人员现场监督。

施工起重机械和整体提升脚手架、模板等自升式架设设施安装完毕后，安装单位应当自检，出具自检合格证明，并向施工单位进行安全使用说明，办理验收手续并签字。

第十八条 施工起重机械和整体提升脚手架、模板等自升式架设设施的使用达到国家规定的检验检测期限的，必须经具有专业资质的检验检测机构检测。经检测不合格的，不得继续使用。

第十九条 检验检测机构对检测合格的施工起重机械和整体提升脚手架、模板等自升式架设设施，应当出具安全合格证明文件，并对检测结果负责。

第四章 施工单位的安全责任

第二十条 施工单位从事建设工程的新建、扩建、改建和拆除等活动，应当具备国家规定的注册资本、专业技术人员、技术装备和安全生产等条件，依法取得相应等级的资质证书，并在其资质等级许可的范围内承揽工程。

第二十一条 施工单位主要负责人依法对本单位的安全生产工作全面负责。施工单位应当建立健全安全生产责任制度和安全生产教育培训制度，制定安全生产规章制度和操作规程，保证本单位安全生产条件所需资金的投入[2018]，对所承担的建设工程进行定期和专项安全检查，并做好安全检查记录。

施工单位的项目负责人应当由取得相应执业资格的人员担任，对建设工程项目的安全施工负责，落实安全生产责任制度、安全生产规章制度和操作规程，确保安全生产费用的有效使用，并根据工程的特点组织制定安全施工措施，消除安全事故隐患，及时、如实报告生产安全事故。

第二十二条 施工单位对列入建设工程概算的安全作业环境及安全施工措施所需费用，应当用于施工安全防护用具及设施的采购和更新、安全施工措施的落实、安全生产条件的改善，不得挪作他用。

第二十三条 施工单位应当设立安全生产管理机构，配备专职安全生产管理人员。

专职安全生产管理人员负责对安全生产进行现场监督检查。发现安全事故隐患，应当及时向项目负责人和安全生产管理机构报告；对违章指挥、违章操作的，应当立即制止。

专职安全生产管理人员的配备办法由国务院建设行政主管部门会同国务院其他有关部门制定。

第二十四条 建设工程实行施工总承包的，由总承包单位对施工现场的安全生产负总责。

总承包单位应当自行完成建设工程主体结构的施工。

总承包单位依法将建设工程分包给其他单位的，分包合同中应当明确各自的安全生产方面的权利、义务。总承包单位和分包单位对分包工程的安全生产承担连带责任。

分包单位应当服从总承包单位的安全生产管理，分包单位不服从管理导致生产安全事故的，由分包单位承担主要责任。

第二十五条 垂直运输机械作业人员、安装拆卸工、爆破作业人员、起重信号工、登高架设作业人员等特种作业人员，必须按照国家有关规定经过专门的安全作业培训，并取得特种作业操作资格证书后，方可上岗作业。

第二十六条 施工单位应当在施工组织设计中编制安全技术措施和施工现场临时用电方案，对下列达到一定规模的危险性较大的分部分项工程编制专项施工方案，并附具安全验算结果，经施工单位技术负责人、总监理工程师签字后实施，由专职安全生产管理人员进行现场监督[2016]：

（一）基坑支护与降水工程；

（二）土方开挖工程；

（三）模板工程；

（四）起重吊装工程；

（五）脚手架工程；

（六）拆除、爆破工程；

（七）国务院建设行政主管部门或者其他有关部门规定的其他危险性较大的工程。

对前款所列工程中涉及深基坑、地下暗挖工程、高大模板工程的专项施工方案，施工单位还应当组织专家进行论证、审查。

本条第一款规定的达到一定规模的危险性较大工程的标准，由国务院建设行政主管部门会同国务院其他有关部门制定。

第二十七条 建设工程施工前，施工单位负责项目管理的技术人员应当对有关安全施工的技术要求向施工作业班组、作业人员作出详细说明，并由双方签字确认。

第二十八条 施工单位应当在施工现场入口处、施工起重机械、临时用电设施、脚手架、出入通道口、楼梯口、电梯井口、孔洞口、桥梁口、隧道口、基坑边沿、爆破物及有害危险气体和液体存放处等危险部位，设置明显的安全警示标志。安全警示标志必须符合国家标准。

施工单位应当根据不同施工阶段和周围环境及季节、气候的变化，在施工现场采取相应的安全施工措施。施工现场暂时停止施工的，施工单位应当做好现场防护，所需费用由责任方承担，或者按照合同约定执行。

第二十九条 施工单位应当将施工现场的办公、生活区与作业区分开设置，并保持安全距离；办公、生活区的选址应当符合安全性要求。职工的膳食、饮水、休息场所等应当符合卫生标准。施工单位不得在尚未竣工的建筑物内设置员工集体宿舍。

施工现场临时搭建的建筑物应当符合安全使用要求。施工现场使用的装配式活动房屋应当具有产品合格证。

第三十条 施工单位对因建设工程施工可能造成损害的毗邻建筑物、构筑物和地下管线等，应当采取专项防护措施。

施工单位应当遵守有关环境保护法律、法规的规定，在施工现场采取措施，防止或者减少粉尘、废气、废水、固体废物、噪声、振动和施工照明对人和环境的危害和污染。

在城市市区内的建设工程，施工单位应当对施工现场实行封闭围挡。

第三十一条 施工单位应当在施工现场建立消防安全责任制度，确定消防安全责任人，制定用火、用电、使用易燃易爆材料等各项消防安全管理制度和操作规程，设置消防通道、消防水源，配备消防设施和灭火器材，并在施工现场入口处设置明显标志。

第三十二条 施工单位应当向作业人员提供安全防护用具和安全防护服装，并书面告知危险岗位的操作规程和违章操作的危害。

作业人员有权对施工现场的作业条件、作业程序和作业方式中存在的安全问题提出批评、检举和控告，有权拒绝违章指挥和强令冒险作业。

在施工中发生危及人身安全的紧急情况时，作业人员有权立即停止作业或者在采取必要的应急措施后撤离危险区域。

第三十三条 作业人员应当遵守安全施工的强制性标准、规章制度和操作规程，正确使用安全防护用具、机械设备等。

第三十四条 施工单位采购、租赁的安全防护用具、机械设备、施工机具及配件，应当具有生产（制造）许可证、产品合格证，并在进入施工现场前进行查验。

施工现场的安全防护用具、机械设备、施工机具及配件必须由专人管理，定期进行检查、维修和保养，建立相应的资料档案，并按照国家有关规定及时报废。

第三十五条 施工单位在使用施工起重机械和整体提升脚手架、模板等自升式架设设施前，应当组织有关单位进行验收，也可以委托具有相应资质的检验检测机构进行验收；使用承租的机械设备和施工机具及配件的，由施工总承包单位、分包单位、出租单位和安装单位共同进行验收。验收合格的方可使用。

《特种设备安全监察条例》规定的施工起重机械，在验收前应当经有相应资质的检验检测机构监督检验合格。

施工单位应当自施工起重机械和整体提升脚手架、模板等自升式架设设施验收合格之日起30日内，向建设行政主管部门或者其他有关部门登记。登记标志应当置于或者附着于该设备的显著位置。

第三十六条 施工单位的主要负责人、项目负责人、专职安全生产管理人员应当经建设行政主管部门或者其他有关部门考核合格后方可任职。

施工单位应当对管理人员和作业人员每年至少进行一次安全生产教育培训，其教育培训情况记入个人工作档案。安全生产教育培训考核不合格的人员，不得上岗。

第三十七条 作业人员进入新的岗位或者新的施工现场前，应当接受安全生产教育培训。未经教育培训或者教育培训考核不合格的人员，不得上岗作业。

施工单位在采用新技术、新工艺、新设备、新材料时，应当对作业人员进行相应的安全生产教育培训。

第三十八条 施工单位应当为施工现场从事危险作业的人员办理意外伤害保险。

意外伤害保险费由施工单位支付。实行施工总承包的，由总承包单位支付意外伤害保险费。意外伤害保险期限自建设工程开工之日起至竣工验收合格止。

第五章 监 督 管 理

第三十九条 国务院负责安全生产监督管理的部门依照《中华人民共和国安全生产法》的规定，对全国建设工程安全生产工作实施综合监督管理。

县级以上地方人民政府负责安全生产监督管理的部门依照《中华人民共和国安全生产法》的规定，对本行政区域内建设工程安全生产工作实施综合监督管理。

第四十条 国务院建设行政主管部门对全国的建设工程安全生产实施监督管理。国务院铁路、交通、水利等有关部门按照国务院规定的职责分工，负责有关专业建设工程安全生产的监督管理。

县级以上地方人民政府建设行政主管部门对本行政区域内的建设工程安全生产实施监督管理。县级以上地方人民政府交通、水利等有关部门在各自的职责范围内，负责本行政区域内的专业建设工程安全生产的监督管理。

第四十一条 建设行政主管部门和其他有关部门应当将本条例第十条、第十一条规定的有关资料的主要内容抄送同级负责安全生产监督管理的部门。

第四十二条 建设行政主管部门在审核发放施工许可证时，应当对建设工程是否有安全施工措施进行审查，对没有安全施工措施的，不得颁发施工许可证。

建设行政主管部门或者其他有关部门对建设工程是否有安全施工措施进行审查时，不得收取费用。

第四十三条 县级以上人民政府负有建设工程安全生产监督管理职责的部门在各自的职责范围内履行安全监督检查职责时，有权采取下列措施：

（一）要求被检查单位提供有关建设工程安全生产的文件和资料；

（二）进入被检查单位施工现场进行检查；

（三）纠正施工中违反安全生产要求的行为；

（四）对检查中发现的安全事故隐患，责令立即排除；重大安全事故隐患排除前或者排除过程中无法保证安全的，责令从危险区域内撤出作业人员或者暂时停止施工。

第四十四条 建设行政主管部门或者其他有关部门可以将施工现场的监督检查委托给建设工程安全监督机构具体实施。

第四十五条 国家对严重危及施工安全的工艺、设备、材料实行淘汰制度。具体目录由国务院建设行政主管部门会同国务院其他有关部门制定并公布。

第四十六条 县级以上人民政府建设行政主管部门和其他有关部门应当及时受理对建设工程生产安全事故及安全事故隐患的检举、控告和投诉。

第六章 生产安全事故的应急救援和调查处理

第四十七条 县级以上地方人民政府建设行政主管部门应当根据本级人民政府的要求，制定本行政区域内建设工程特大生产安全事故应急救援预案。

第四十八条 施工单位应当制定本单位生产安全事故应急救援预案，建立应急救援组织或者配备应急救援人员，配备必要的应急救援器材、设备，并定期组织演练。

第四十九条 施工单位应当根据建设工程施工的特点、范围，对施工现场易发生重大事故的部位、环节进行监控，制定施工现场生产安全事故应急救援预案。实行施工总承包的，由总承包单位统一组织编制建设工程生产安全事故应急救援预案，工程总承包单位和分包单位按照应急救援预案，各自建立应急救援组织或者配备应急救援人员，配备救援器材、设备，并定期组织演练。

第五十条 施工单位发生生产安全事故，应当按照国家有关伤亡事故报告和调查处理的规定，及时、如实地向负责安全生产监督管理的部门、建设行政主管部门或者其他有关部门报告；特种设备发生事故的，还应当同时向特种设备安全监督管理部门报告。接到报告的部门应当按照国家有关规定，如实上报。

实行施工总承包的建设工程，由总承包单位负责上报事故。

第五十一条 发生生产安全事故后，施工单位应当采取措施防止事故扩大，保护事故现场。需要移动现场物品时，应当做出标记和书面记录，妥善保管有关证物。

第五十二条 建设工程生产安全事故的调查、对事故责任单位和责任人的处罚与处理，按照有关法律、法规的规定执行。

【例8.10-1】根据《建设工程安全生产管理条例》的规定，施工单位实施爆破、起重吊装等工程时，应当安排现场的监督人员是（　　）。（2016年）

　　A. 项目管理技术人员　　　　B. 应急救援人员
　　C. 专职安全生产管理人员　　D. 专职质量管理人员

解析：《建设工程安全生产管理条例》第二十六条规定，施工单位应当在施工组织设计中编制安全技术措施和施工现场临时用电方案，对下列达到一定规模的危险性较大的分部分项工程编制专项施工方案，并附具安全验算结果，经施工单位技术负责人、总监理工程师签字后实施，由专职安全生产管理人员进行现场监督：（一）基坑支护与降水工程；（二）土方开挖工程；（三）模板工程；（四）起重吊装工程；（五）脚手架工程；（六）拆除、爆破工程；（七）国务院建设行政主管部门或者其他有关部门规定的其他危险性较大的工程。应选C。

【例8.10-2】根据《建设工程安全生产管理条例》，不属于建设单位的责任和义务的是（　　）。（2016年）

　　A. 向施工单位提供施工现场毗邻地区地下管道的资料
　　B. 及时报告安全生产事故隐患
　　C. 保证安全生产投入
　　D. 将拆除工程发包给具有相应资质的施工单位

解析：根据《建设工程安全生产管理条例》第二章，建设单位的安全责任包括：建设单位应当向施工单位提供施工现场及毗邻区域内供水、排水、供电、供气、供热、通信、广播电视等地下管线资料；建设单位应当将拆除工程发包给具有相应资质等级的施工单位；建设单位在申请领取施工许可证时，应当提供建设工程有关安全施工措施的资料。应选B。

习 题

【8.10-1】按照《建设工程安全生产管理条例》规定，工程监理单位在实施监理过程中，发现存在安全事故隐患的，应当要求施工单位整改；情况严重的，应当要求施工单位暂时停止施工，并及时报告（　　）。（2010年）

　　A. 施工单位　　B. 监理单位　　C. 有关主管部门　　D. 建设单位

【8.10-2】根据《建设工程安全生产管理条例》，不属于施工总承包单位应承担的生产责任的是(　　)。

A. 统一组织编制建设工程生产安全事故应急救援预案
B. 负责向有关部门上报施工生产安全事故
C. 自行完成建设工程主体结构的施工
D. 施工总承包单位与分包单位间约定责任与法定责任相抵触时，以约定责任为准

【8.10-3】根据《建设工程安全生产管理条例》，施工单位可以不在施工现场(　　)设置明显的安全警示标志。

A. 楼梯口 B. 配电箱
C. 塔吊   D. 基坑底部

【8.10-4】根据《建设工程安全生产管理条例》，在施工现场使用的装配式活动房屋，应当具有(　　)。

A. 销售许可证 B. 安装许可证
C. 产品合格证 D. 安全许可证

【8.10-5】根据《建设工程安全生产管理条例》，依法批准开工报告的建设工程，建设单位应当自开工报告批准之日起15日内，将(　　)报送建设工程所在地县级以上地方人民政府建设行政主管部门或者其他有关部门备案。

A. 保证安全施工的措施 B. 施工组织方案
C. 拆除建筑物的措施   D. 建设单位编制的工程概要

【8.10-6】根据《建设工程安全生产管理条例》，属于建设单位安全责任的有(　　)。

A. 编制施工安全生产规章制度
B. 向施工企业提供准确的地下管线资料
C. 保证设计文件符合工程建设强制性标准
D. 为从事特种作业的施工人员办理意外伤害保险

【8.10-7】根据《建设工程安全生产管理条例》，出租单位在签订机械设备租赁合同时，应出具(　　)。

A. 购货发票   B. 检测合格证明
C. 产品使用说明书 D. 相应的图片

【8.10-8】根据《建设工程安全生产管理条例》，国家对严重危及施工安全的工艺、设备、材料实行淘汰制度，具体目录由(　　)制定并公布。

A. 国务院建设行政主管部门
B. 国务院建设行政主管部门会同国务院其他有关部门
C. 省级以上人民政府建设行政主管部门
D. 国务院发展与改革委员会会同国务院其他有关部门

【8.10-9】关于施工企业强令施工人员冒险作业的说法，正确的是(　　)。

A. 施工人员有权拒绝该指令
B. 施工企业有权对不服从指令的施工人员进行处罚
C. 施工企业可以解除不服从管理的施工人员的劳动合同
D. 施工人员必须无条件服从施工企业发出的命令，确保施工生产进度的顺利开展

【8.10-10】根据《建设工程安全生产管理条例》，安装、拆卸施工起重机械作业前，安装单位应当编制（　　）。

  A. 技术规范   B. 拆装方案

  C. 设备运至现场的运输方案   D. 进度控制横道图

【8.10-11】根据《建设工程安全生产管理条例》，建设工程施工前，应当对有关安全施工的技术要求向施工作业班组、作业人员作出详细说明的是施工企业的（　　）。

  A. 负责项目管理的技术人员   B. 项目负责人

  C. 技术负责人   D. 安全员

【8.10-12】根据《建设工程安全生产管理条例》，分包单位从事危险作业人员的意外伤害保险费应由（　　）支付。

  A. 分包单位

  B. 建设单位

  C. 总承包单位和分包单位按一定比例共同

  D. 总承包单位

【8.10-13】《建设工程安全生产管理条例》规定，施工单位应当为（　　）办理意外伤害保险。

  A. 施工现场从事特殊工种的人员   B. 施工现场的所有人员

  C. 施工现场从事危险作业的人员   D. 施工现场的专职安全管理人员

【8.10-14】在施工现场安装、拆卸施工起重机械和整体提升脚手架、模板等自升式架设设备，必须由（　　）承担。

  A. 设备使用单位   B. 具有相应资质的单位

  C. 设备出租单位   D. 检验检测机构

习题答案及解析

【8.10-1】答案：D

解析：《建设工程安全生产管理条例》第十四条规定，工程监理单位应当审查施工组织设计中的安全技术措施或者专项施工方案是否符合工程建设强制性标准。工程监理单位在实施监理过程中，发现存在安全事故隐患的，应当要求施工单位整改；情况严重的，应当要求施工单位暂时停止施工，并及时报告建设单位。施工单位拒不整改或者不停止施工的，工程监理单位应当及时向有关主管部门报告。工程监理单位和监理工程师应当按照法律、法规和工程建设强制性标准实施监理，并对建设工程安全生产承担监理责任。

【8.10-2】答案：D

解析：本题考查的是施工总承包和分包单位的安全生产责任。选项D，安全生产的约定责任不能与法定责任相抵触。

【8.10-3】答案：D

解析：本题考查的是施工现场安全防护。根据《建设工程安全生产管理条例》第二十八条，施工单位应当在施工现场入口处、施工起重机械、临时用电设施、脚手架、出入通道口、楼梯口、电梯井口、孔洞口、桥梁口、隧道口、基坑边沿、爆破物及有害危险气体和液体存放处等危险部位，设置明显的安全警示标志。

【8.10-4】答案：C

解析：本题考查的是施工现场安全防护。根据《建设工程安全生产管理条例》第二十九条，施工现场使用的装配式活动房屋应当具有产品合格证。工现场临时设施的安全卫生要求：施工单位应将施工现场的办公区、生活区与作业区分开设置，并保持安全距离（三区分设）；施工单位不得在尚未竣工的建筑物内设置员工集体宿舍；施工现场临时搭建的建筑物应当符合安全使用要求；施工现场使用的装配式活动房屋应当具有产品合格证。

【8.10-5】答案：A

解析：本题考查的是建设单位相关的安全责任。根据《建设工程安全生产管理条例》第十条，依法批准开工报告的建设工程，建设单位应当自开工报告批准之日起15日内，将保证安全施工的措施报送建设工程所在地县级以上地方人民政府建设行政主管部门或者其他有关部门备案。

【8.10-6】答案：B

解析：本题考查的是建设单位相关的安全责任。A、D均为施工单位的安全责任。C为设计单位的责任。

【8.10-7】答案：B

解析：本题考查的是出租机械设备和施工机具及配件单位的安全责任。根据《建设工程安全生产管理条例》第十六条，出租单位应当对出租的机械设备和施工机具及配件的安全性能进行检测，在签订租赁协议时，应当出具检测合格证明。

【8.10-8】答案：B

解析：本题考查的是政府主管部门安全监督管理的相关规定。《建设工程安全生产管理条例》第四十五条规定，国家对严重危及施工安全的工艺、设备、材料实行淘汰制度。具体目录由国务院建设行政主管部门会同国务院其他有关部门制定并公布。

【8.10-9】答案：A

解析：本题考查的是施工作业人员安全生产的权利和义务。《建设工程安全生产管理条例》第三十二条进一步规定，作业人员有权对施工现场的作业条件、作业程序和作业方式中存在的安全问题提出批评、检举和控告，有权拒绝违章指挥和强令冒险作业。

【8.10-10】答案：B

解析：本题考查的是机械设备等单位相关的安全责任。《建设工程安全生产管理条例》第十七条规定，安装、拆卸施工起重机械和整体提升脚手架、模板等自升式架设设施，应当编制拆装方案、制定安全施工措施，并由专业技术人员现场监督。

【8.10-11】答案：A

解析：本题考查的是施工技术交底。根据《建设工程安全生产管理条例》第二十七条，建设工程施工前，施工单位负责项目管理的技术人员应当对有关安全施工的技术要求向施工作业班组、作业人员作出详细说明，并由双方签字确认，称之为安全施工技术交底。

【8.10-12】答案：D

解析：本题考查的是建筑意外伤害保险的规定。根据《建设工程安全生产管理条例》第三十八条，实行施工总承包的，由总承包单位支付意外伤害保险费。

【8.10-13】答案：C

解析：本题考查的是意外伤害保险的规定。意外伤害险的对象是施工现场从事危险作业的人员。

【8.10-14】答案：B

解析：本题考查的是设备检验检测单位的安全责任。《建设工程安全生产管理条例》第十七条规定，在施工现场安装、拆卸施工起重机械和整体提升脚手架、模板等自升式架设设施，必须由具有相应资质的单位承担。

第9章 工　程　经　济

考试大纲：
9.1　资金的时间价值
资金时间价值的概念；利息及计算；实际利率和名义利率；现金流量及现金流量图；资金等值计算的常用公式及应用；复利系数表的应用。
9.2　财务效益与费用估算
项目的分类；项目计算期；财务效益与费用；营业收入；补贴收入；建设投资；建设期利息；流动资金；总成本费用；经营成本；项目评价涉及的税费；总投资形成的资产。
9.3　资金来源与融资方案
资金筹措的主要方式；资金成本；债务偿还的主要方式。
9.4　财务分析
财务评价的内容；盈利能力分析（财务净现值、财务内部收益率、项目投资回收期、总投资收益率、项目资本金净利润率）；偿债能力分析（利息备付率、偿债备付率、资产负债率）；财务生存能力分析；财务分析报表（项目投资现金流量表、项目资本金现金流量表、利润与利润分配表、财务计划现金流量表）；基准收益率。
9.5　经济费用效益分析
经济费用和效益；社会折现率；影子价格；影子汇率；影子工资；经济净现值；经济内部收益率；经济效益费用比。
9.6　不确定性分析
盈亏平衡分析（盈亏平衡点、盈亏平衡分析图）；敏感性分析（敏感度系数、临界点、敏感性分析图）。
9.7　方案经济比选
方案比选的类型；方案经济比选的方法（效益比选法、费用比选法、最低价格法）；计算期不同的互斥方案的比选。
9.8　改扩建项目的经济评价特点
改扩建项目的经济评价特点。
9.9　价值工程
价值工程原理；实施步骤。
本章试题配置：8题

9.1 资金的时间价值

高频考点梳理

知识点	实际利率和名义利率	现金流量及现金流量图	资金等值计算的常用公式及应用
近三年考核频次	1	1	4

9.1.1 资金时间价值的概念

货币如果作为贮藏手段保存起来，不论经过多长时间仍为同名数量的货币，而不会发生数值的变化。货币的作用体现在流通中，货币作为社会生产资金参与再生产的过程即会得到增值、带来利润。货币的这种现象，一般称为资金的时间价值。

9.1.2 利息与利率

衡量资金时间价值的尺度有两种，其一为绝对尺度，即利息、盈利或收益；其二为相对尺度，即利率、盈利率或收益率。

1. 利息

利息是货币资金借贷关系中借方支付给贷方的报酬，即

$$I = F - P \tag{9.1-1}$$

式中：I——利息；

F——借款期结束时债务人应付总金额（或债权人应收总金额）；

P——借款期初的借款金额，即本金。

2. 利率

利率是指在一定时间所得利息额与原投入资金的比例，也称之为使用资金的报酬率，它反映了资金随时间变化的增值率，一般用百分数表示，即

$$i = \frac{I}{P} \times 100\% \tag{9.1-2}$$

用于表示计算利息的时间单位，称为计息周期，有年、季、月或日等不同的计息长度。

9.1.3 资金等值原理

1. 资金等值概念

资金等值是指在时间因素的作用下，在不同的时间点绝对值不等的资金而具有相同的价值。

影响资金等值的因素有三个：金额、金额发生的时间、利率。在这三个因素中，利率是关键因素，在处理资金等值问题时必须以相同利率作为比较计算的依据。

2. 现金流量与现金流量图

（1）现金流量

方案的经济分析中，为了计算方案的经济效益，往往把该方案的收入与耗费表示为现金流入与现金流出。方案带来的货币支出称为现金流出，方案带来的货币收入称为现金流入。研究周期内资金的实际支出与收入称为现金流量，现金流入表示为"＋"，现金流出表示为"－"。

现金流入与现金流出的代数和称作净现金流量。

（2）现金流量图

现金流入、现金流出及净现金流量统称为现金流量。将现金流量表示在二维坐标图上，则此图称为现金流量图。现金流量图是一种反映经济系统资金运动状态的图示，即把经济系统的现金流量绘在一时间坐标图中，表示出各现金流入、流出与相应时间的对应关系。

一个完整的现金流量图包含三个要素：时间轴、流入或流出的现金流和利率，如图9.1-1所示。

此图表示在方案开始时，即第1年年初支出现金10000元，在第2年年初（第1年年末）收入现金200元，在第2年年末支出现金11000元，第3年年末收入现金500元。

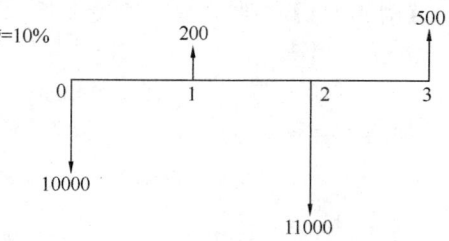

图9.1-1　案例现金流量图

（3）资金的时值、现值、终值、年金、折现

时点：现金流量图上，时间轴上的某一点称为时点。

时值：某个时间节点上对应的资金的值称为资金的时值。

现值：将任一时点上的资金折算到时间序列起点处的资金值称为资金的现值。

折现：将将来某时点处资金的时值折算为现值即对应零时值的过程称为折现。折现时使用的利率称为折现率或贴现率。

年金：年金是指一定时期内每期有相等金额的收付款项，又称为年值或等额支付系列。

终值：即资金发生在（或折算为）某一特定时间序列终点时的价值。

9.1.4　利息计算与资金等值计算的常用公式及应用

计算利息的方法有两种，即单利法和复利法，其中复利法的公式即为资金等值计算的常用公式。

1. 单利法

单利法以本金为基数计算利息，不将利息计入本金，利息不再生息。

单利计息的利息公式

$$I = P \cdot n \cdot i \tag{9.1-3}$$

单利计息的本利和公式

$$F = P \cdot (1 + n \cdot i) \tag{9.1-4}$$

式中：i——利率；

　　　n——计息期数；

　　　P——本金；

　　　I——利息；

　　　F——本利和，即本金与利息之和。

本章后文中i、n、P、I、F符号意义皆同。

2. 复利法

复利法是以本金和累计利息之和为基数计算利息的方法。

(1) 一次支付复利公式

1) 复利终值公式（已知 P，求 F）

$$F = P(1+i)^n = P(F/P, i, n) \tag{9.1-5}$$

式中 $(1+i)^n$ 称为一次支付终值系数，记为 $(F/P, i, n)$。

【例 9.1-1】李某现将 10000 元存放于银行，年存款利率为 5%，同一年后的本利和为多少？（　　）

A. 10100 元　　　B. 10200 元　　　C. 10300 元　　　D. 10500 元

解析：根据公式可得

$$F = P(1+i)^n = 10000 \times (1+5\%) = 10500(元)$$

故选 D。

2) 复利现值公式（已知 F，求 P）

$$P = F \frac{1}{(1+i)^n} = F(P/F, i, n) \tag{9.1-6}$$

式中 $\frac{1}{(1+i)^n}$ 称为一次支付现值系数，记为 $(P/F, i, n)$。

【例 9.1-2】某企业拟在今后第 5 年年末，能从银行取出 2 万元购置一台设备，若年利率为 10%，那么现在应存入银行多少钱？（　　）

A. 1.115 万　　　B. 1.235 万
C. 1.242 万　　　D. 1.284 万

解析：已知 $F=2$，$i=10\%$，$n=5$，求 P

$$P = F \frac{1}{(1+i)^n} = 2 \times \frac{1}{(1+10\%)^5} = 2 \times 0.6209 = 1.242(万元)$$

也可查复利系数表得 $(P/F, i, n) = 0.6209$

$$P = F(P/F, i, n) = 2 \times 0.6209 = 1.242(万元)$$

【例9.1-2】

故选 C。

(2) 等额现金流量序列公式

即现金流量序列所发生的现金收入与支付是以年金的形式出现的复利分析与计算。

1) 年金终值公式（已知 A，求 F）

其含义是在一个时间序列中，在利率为 i 的情况下，连续在每个计息期的期末收入（支出）一笔等额的资金 A，求 n 年后各年的本利和累积而成的总额 F，其现金流量图如图 9.1-2 所示。

$$F = A \cdot \frac{(1+i)^n - 1}{i} = A(F/A, i, n) \tag{9.1-7}$$

式中 $\frac{(1+i)^n - 1}{i}$ 称为年金复利终值系数，记为 $(F/A, i, n)$。

2) 偿债基金公式（已知 F，求 A）

其含义是为了筹集未来 n 后所需要的一笔资金，在利率为 i 的情况下，求每个计息期末应等额存入的资金额，其现金流量图如图 9.1-3 所示。

$$A = F \cdot \frac{i}{(1+i)^n - 1} = F(A/F, i, n) \tag{9.1-8}$$

式中 $\dfrac{i}{(1+i)^n-1}$ 称为偿债基金系数，记为 $(A/F,i,n)$。

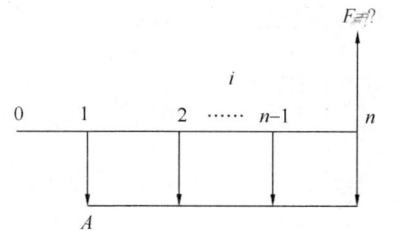

图 9.1-2　年金终值现金流量图

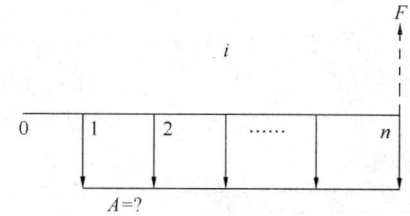

图 9.1-3　偿债基金现金流量图

3）年金现值公式（已知 A，求 P）

其含义是在 n 年内每年等额收取一笔资金 A，在利率为 i 的情况下，求此等额年金收支的现值总额，其现金流量图如图 9.1-4 所示。

$$P = A \cdot \dfrac{(1+i)^n-1}{i(1+i)^n} = A(P/A,i,n) \tag{9.1-9}$$

式中 $\dfrac{(1+i)^n-1}{i(1+i)^n}$ 称为年金现值系数，记作 $(P/A,i,n)$。

【例 9.1-3】为在未来 15 年终的每年年末回收资金 8 万元，在年利率为 8% 的情况下，现需向银行存多少钱？（　　）

A. 68.48 万元　　　　B. 75.56 万元　　　　C. 89.57 万元　　　　D. 105.36 万元

解析：已知 $A=8$，$i=8\%$，$n=15$

$$P = A \cdot \dfrac{(1+i)^n-1}{i(1+i)^n} = 8 \times \dfrac{(1+8\%)^{15}-1}{8\% \times (1+8\%)^{15}} = 68.48（万元）$$

故选 A。

4）资金回收公式（已知 P，求 A）

其含义是指在初期一次投入资金数额为 P，欲在 n 年内全部收回，则在利率为 i 的情况下，求每年年末应等额回收的资金。其现金流量图如图 9.1-5 所示。

$$A = P \cdot \dfrac{i(1+i)^n}{(1+i)^n-1} = P(A/P,i,n) \tag{9.1-10}$$

式中 $\dfrac{i(1+i)^n}{(1+i)^n-1}$ 称为资金回收系数，记作 $(A/P,i,n)$。

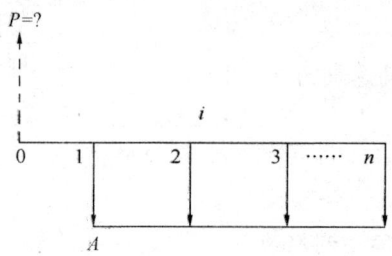

图 9.1-4　年金现值现金流量图

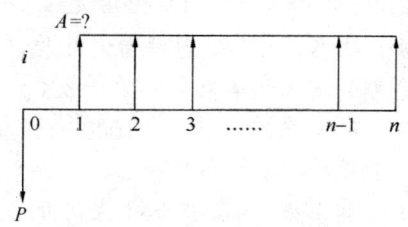

图 9.1-5　资金回收现金流量图

【例 9.1-4】某建设项目的投资准备用国外贷款，贷款方式为商业信贷，年利率为

20%。据测算投资额为 1000 万元，项目服务年限为 20 年，期末净残值为零。该项目年均净收益为多少时不至于亏本？（　　）

A.155.6 万元　　　B.178.6 万元　　　C.192.2 万元　　　D.205.4 万元

解析：已知 $P=1000$，$i=20\%$，$n=20$

$$A = P \cdot \frac{i(1+i)^n}{(1+i)^n-1} = 1000 \times \frac{20\%(1+20\%)^{20}}{(1+20\%)^{20}-1} = 1000 \times 0.2054 = 205.4(万元)$$

故选 D。

3. 名义利率与实际利率

在实际应用中，计息周期并不一定以一年为一个计息周期，可以按半年计息一次、每季一次、每月一次。因此，同样的年利率，由于计息期数的不同，本金所产生的利息也不同。这就出现了名义利率与实际利率的概念，通常所说的年利率是名义利率。

一个计息期的实际利率 i 与一年内计息次数的乘积是年名义利率。名义利率之间不能直接进行比较，除非它们在一年中的计息次数相同；否则，必须转化为以共同计息期间为基准的利率水平，然后再进行比较。通常以 1 年为比较基准年限，即比较实际年利率。

$$i_e = \left(1 + \frac{r}{m}\right)^m - 1 \tag{9.1-11}$$

式中：i_e ——实际年利率；

　　　r ——名义利率；

　　　m ——一年之中的计息周期数。

解决向哪一家银行借钱的问题，就是比较哪家银行的年实际利率更低。

6% 的名义利率，按半年计息，$r=6\%$，$m=2$，实际年利率为

$$i_e = \left(1 + \frac{6\%}{2}\right)^2 - 1 = 6.09\%$$

5.85% 的名义利率，按月计息，$r=5.85\%$，$m=12$，实际年利率为

$$i_e = \left(1 + \frac{5.85\%}{12}\right)^{12} - 1 = 6.01\%$$

可见应向报价年利率为 5.85% 且按月计息的银行借款。

并且可知实际年利率一定大于或等于名义利率。

【例 9.1-5】假定某人把 1000 元进行投资，时间为 10 年，利息按年利率 8%，每季度计息一次计算，求 10 年后的将来值。（　　）

A.1996 元　　　B.2456 元
C.2130 元　　　D.2208 元

【例9.1-5】

解析：由题意可知，每年计息 4 次，10 年的计息期为 $4 \times 10 = 40$ 次，每一计息期的实际利率为 $8\%/4 = 2\%$。

$$F = P(1+i)^n = 1000 \times (1+2\%)^{40} = 1000 \times 2.208 = 2208(元)$$

故选 D。

其名义利率为 8%，每年的计息期 $m=4$，实际年利率为

$$i = \left(1 + \frac{8\%}{4}\right)^4 - 1 = 8.2432\%$$

习　题

【9.1-1】某工程项目每年获净收益 100 万元，利率为 10%，项目可用每年所获的净收益在 6 年内回收初始投资，则初始投资为(　　)。

A. 335.7 万元　　　B. 435.5 万元　　　C. 498.7 万元　　　D. 521.2 万元

【9.1-2】某企业 5 年后需一次性支付 200 万元的借款，存款利率为 10%，从现在起企业每年需等额存入银行(　　)。

A. 32.75 万元　　　B. 35.67 万元　　　C. 38.42 万元　　　D. 40.58 万元

【9.1-3】某工程初期总投资为 1000 万元，利率为 5%，问在 10 年内要将总投资连本带息收回，每年净收益应为(　　)。

A. 95.2 万元　　　B. 106.7 万元　　　C. 118.2 万元　　　D. 129.5 万元

【9.1-4】某公司想贷款，有三家银行提供，A 银行年利率 19%，每月计息一次；B 银行年利率 19.5%，每季度计息一次；C 银行年利率 20%，半年计息一次。均按复利计息，若其他条件相同，公司应(　　)。

A. 向 A 银行借款　　　　　　　　B. 向 B 银行借款
C. 向 C 银行借款　　　　　　　　D. 向三个银行借款都一样

【9.1-5】某公司向银行借贷 500 万元，约定 3 年后归还。若年利率为 6%，按月计算利息，试求 3 年后该公司应归还银行多少？(　　)

A. 521.31 万元　　　B. 598.35 万元　　　C. 623.79 万元　　　D. 683.96 万元

【9.1-6】某个时点上实际发生的现金流入与现金流出的差额称为(　　)。

A. 利润　　　　　　　　　　　　B. 实际收入
C. 净现金流量　　　　　　　　　D. 经营成本

【9.1-7】衡量资金时间价值的尺度为(　　)。

A. 利润和利息　　　　　　　　　B. 利息和利率
C. 利润和利率　　　　　　　　　D. 成本和利息

习题答案及解析

【9.1-1】答案：B
解析：已知 A 求 P
$$P = 100 \times \frac{(1+10\%)^6 - 1}{(1+10\%)^6 \times 10\%} = 435.5(万元)$$

【9.1-2】答案：A
解析：已知 F 求 A
$$A = 200 \times \frac{10\%}{(1+10\%)^5 - 1} = 32.75(万元)$$

【9.1-3】答案：D
解析：已知 P 求 A
$$A = 1000 \times \frac{5\% \times (1+5\%)^{10}}{(1+5\%)^{10} - 1} = 129.5(万元)$$

【9.1-4】答案：A

解析：A 银行，$r=19\%$，$m=12$
实际年利率为
$$i_e = \left(1+\frac{19\%}{12}\right)^{12}-1 = 20.745\%$$

B 银行，$r=19.5\%$，$m=4$
实际年利率为
$$i_e = \left(1+\frac{19.5\%}{4}\right)^{4}-1 = 20.973\%$$

C 银行，$r=20\%$，$m=2$
实际年利率为
$$i_e = \left(1+\frac{20\%}{2}\right)^{2}-1 = 21\%$$

由实际年利率可知 A 银行最低，C 银行最高。

【9.1-5】答案：B

解析：根据题意可知，年名义利率为 6%，每年计息次数为 12 次，则年实际利率为：
$$i = \left(1+\frac{r}{m}\right)^{m}-1 = \left(1+\frac{6\%}{12}\right)^{12}-1 = 6.168\%$$

每年按实际利率计算利息，三年后的未来值
$$F = P(1+i)^n = 500\times(1+6.168\%)^3 = 598.35(万元)$$

【9.1-6】答案：C

解析：现金流入与现金流出的代数和称作净现金流量。

【9.1-7】答案：B

解析：衡量资金时间价值的尺度有两种，其一为绝对尺度，即利息、盈利或收益；其二为相对尺度，即利率、盈利率或收益率。

9.2 财务效益与费用估算

高频考点梳理

知识点	建设投资	建设期利息
近三年考核频次	1	1

9.2.1 收入与利润

1. 收入

根据企业经营的业务，企业的收入主要包括：主营业务收入、其他业务收入、营业外收入和投资收益。

主营业务收入是指企业在按照营业执照上规定的主营业务内容经营时所发生的收入。主营业务收入是企业利润形成的主要来源，不同企业其主营业务的表现形式有所不同。工业企业的主营业务收入是指销售产成品、自制半成品，以及提供代制、代修品等工业性劳务取得的收入。商品流通企业的基本业务收入是销售商品取得的收入。服务业的主营业务收入是指在提供劳务时所获取的收入。

其他业务收入是指企业在主营业务收入之外的其他销售或其他业务中取得的收入。它包括材料销售、技术转让、代购代销和包装物出租等业务的收入。

营业外收入是指企业在与生产经营无直接关系的经济活动中产生的各项收入。

投资收益是指企业在从事各项对外投资活动中获取的收益。

补贴收入是指企业按国家规定取得的各种补贴，包括国家财政拨付的专项储备商品、特准储备物资、临时储备商品的补贴、亏损补贴及其他补贴收入。

2. 利润

利润是企业在一定期间生产经营活动的最终成果，是收入与费用配比相抵后的余额。如果收入大于费用，其实现的纯收益即为利润；反之，则为亏损。公司利润总额一般包括营业利润、投资净收益、补贴收入和营业外收支净额等几部分，其计算公式为

$$利润总额＝营业利润＋营业外收入－营业外支出$$

$$营业利润＝营业收入－营业成本－税金及附加－营业费用－管理费用$$
$$－财务费用－资产减值损失＋公允价值变动净收益＋投资净收益$$

$$营业收入＝主营业务收入＋其他业务收入$$

$$净利润＝利润总额－所得税$$

营业利润指企业从事生产经营活动所产生的利润，是企业在某一会计期间的营业收入和为实现这些营业收入所发生的费用成本比较计算的结果，以及资本运营收益。它反映了企业的经营成果。

投资净收益，是指投资收益扣除投资损失后的数额。投资收益包括对外投资分得的利润、股利和债券利息，投资到期收回或者中途转让、出售取得款项高于账面价值的差额等。投资损失包括投资到期收回或中途转让、出售取得的款项低于账面价值的差额等。

9.2.2 费用支出

建设项目所支出的费用主要包括投资、成本费用、税金等。

项目总投资由建设投资、建设期利息和流动资金三部分组成。

1. 建设投资

建设投资是指按拟订的建设规模、产品方案、工程技术方案和建设内容进行建设所需的费用。

它包括工程费用、工程建设其他费用和预备费用。建设投资是投资中的重要组成部分，是项目工程经济分析的基础数据。

（1）工程费用

工程费用是指构成固定资产实体的各项投资。其包括生产工程、辅助生产工程、公用工程、服务工程等的投资。按性质划分，工程费用包括建筑工程费、设备及工器具购置费和安装工程费。

（2）工程建设其他费用

工程建设其他费用是指从工程筹建到工程竣工验收交付使用为止的整个建设期间，为保证工程建设顺利完成和交付使用后能够正常发挥效用而发生的各项费用。

按其内容大致可分为三类：土地费用，与项目建设有关的其他费用，与未来企业生产经营有关的其他费用。

（3）预备费用

预备费用是指为使工程顺利开展，避免不可预见因素造成的投资估计不足而预先安排

的费用。按我国现行规定，预备费用包括基本预备费和涨价预备费。

2. 建设期利息

建设期利息包括向国内银行和其他非银行金融机构、出口信贷、外国政府贷款、国际商业银行贷款以及在境内外发行的债券等在建设期间应偿还的贷款利息。建设期利息实行复利计算，计算方法分为以下两种情况。

（1）贷款总额一次性贷出且利率固定的贷款，按下式计算

$$I = F - P$$

其中，$F = P(1+i)^n$。

（2）当总贷款额是分年均衡发放时，建设期利息的计算可按当年借款在年中支用考虑，即当年贷款按半年计息，上年贷款按全年计息，计算公式为

$$I_j = \left(P_{j-1} + \frac{1}{2}A_j\right)i \tag{9.2-1}$$

式中：I_j——建设期第 j 年应计利息；
P_{j-1}——建设期第 $(j-1)$ 年贷款额累计金额与利息累计金额之和；
A_j——建设期第 j 年贷款金额；
i——年利率。

【例 9.2-1】某新建项目，建设期为 3 年。在建设期第一年借款 3000 万元，第二年借款 4000 万元，第三年借款 3000 万元，每年借款平均支用，年实际利率为 5.6%，则其建设期借款利息为（　　）。

A. 496.6 万元　　　B. 653.2 万元　　　C. 710.6 万元　　　D. 865.3 万元

解析：建设期各年利息计算如下

第一年 $P_0 = 0$，$A_1 = 3000$（万元）

$$I_1 = (P_0 + 0.5 \times A_1)i = (0.5 \times 3000) \times 5.6\% = 84(万元)$$

第二年 $P_1 = 3000 + 84 = 3084$（万元），$A_2 = 4000$（万元）

$$I_2 = (P_1 + 0.5 \times A_2)i = (3084 + 0.5 \times 4000) \times 5.6\% = 284.7(万元)$$

第三年 $P_2 = 3000 + 84 + 4000 + 284.7 = 7368.7$（万元），$A_3 = 3000$（万元）

$$I_3 = (P_2 + 0.5 \times A_3)i = (7368.7 + 0.5 \times 3000) \times 5.6\% = 496.6(万元)$$

建设期利息为

$$I = I_1 + I_2 + I_3 = 84 + 284.7 + 496.6 = 865.3(万元)$$

答案为 D。

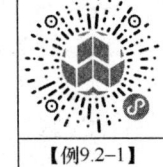
【例9.2-1】

3. 流动资金

流动资金是企业以货币购买劳动对象和支付工资时所垫支的劳动资金，是企业进行生产和经营活动的必要条件。它用于购买原材料、燃料、备品备件、低值易耗品、包装品、半成品、产成品、外购商品和一定数量的资金，形成生产储备，然后投入生产，经加工制成产品，通过销售回收货币。流动资金就是这样由生产领域进入流通领域，又从流通领域回到生产领域，反复循环，依次通过产、供、销三个环节。

流动资金的估算一般采用两种方法,即扩大指标估算法与分项详细估算法(定额估算法)。

(1) 扩大指标估算法

扩大指标估算法是按照流动资金占有某种基数的比率来估算流动资金。一般常用的基数有销售收入、经营成本、总成本和费用、固定资产投资等。

1) 按产值或销售收入资金率进行估算

一般加工工业项目多采用产值或销售收入资金来估算。

$$流动资金额 = 年产值(年销售收入额) \times 产值(销售收入)资金率 \qquad (9.2\text{-}2)$$

【例 9.2-2】已知某项目的年产值为 5000 万元,其类似企业百元产值的流动资金占用额为 20 元,则该项目的流动资金为(　　)。

A. 500 万元　　　　　B. 1000 万元　　　　　C. 1500 万元　　　　　D. 2000 万元

解析:$5000 \times 20\% = 1000$(万元)

答案为 B。

2) 按经营成本(或总成本)资金率估算

所谓成本资金率是指流动资金占经营成本(或总成本)的比率。

$$流动资金额 = 年经营成本(总成本) \times 经营成本(总成本)资金率 \qquad (9.2\text{-}3)$$

【例 9.2-3】某铁矿厂年经营成本为 8000 万元,经营成本资金率为 35%,则该矿厂的流动资金额为(　　)

A. 2000 万元　　　　　B. 2800 万元　　　　　C. 3000 万元　　　　　D. 4000 万元

解析:$8000 \times 35\% = 2800$(万元)

答案为 B。

3) 按固定资产价值资金率估算

固定资产价值资金率是流动资金占用固定资产投资的百分比。

$$流动资金额 = 固定资产价值总额 \times 固定资产价值资金率 \qquad (9.2\text{-}4)$$

4) 按单位产量资金率估算

单位产量资金率指单位产量占用流动资金的数额估算,如每吨原煤占用流动资金 5 元,即生产煤的单位产量资金率为 5 元/吨。

$$流动资金额 = 年生产能力 \times 单位产量资金率 \qquad (9.2\text{-}5)$$

(2) 分项详细估算法

资金分项详细估算法也称分项定额估算法,即指按流动资金的构成分项计算并汇总。

分项估算的思路是:先按照方案各年生产运行的强度,估算出各大类的流动资产的最低需要量,汇总以后减去该年估算出的正常情况下的流动负债(应付账款),就是该年所需的流动资金,再减去上年已注入的流动资金,就得到该年流动资金的增加额。当项目达到正常生产运行水平后,流动资金就可不再注入。

国际上通行的流动资金估算方法是按流动资产与流动负债差额来估算,具体估算方法见下列公式

$$流动资金 = 流动资产 - 流动负债 \qquad (9.2\text{-}6)$$

式中:流动资产=现金+应收及预付账款+存货;

流动负债=应付账款+预收账款。

1) 现金的估算

$$现金 =（年工资及福利费＋年其他费用）/周转次数 \quad (9.2\text{-}7)$$

式中，年其他费用＝制造费用＋管理费用＋财务费用＋销售费用－以上四项中所含的工资及福利费、折旧费、维简费、摊销费、修理费和利息支出

$$周转次数 = 360/最低需要周转天数$$

2) 应收（预付）账款的估算

$$应收（预付）账款 = 年经营成本 / 周转次数 \quad (9.2\text{-}8)$$

3) 存货的估算

存货包括各种外购原材料、燃料、包装物、低值易耗品、在产品、外购商品、协作配件、自制半成品和产成品等。

$$外购原材料、燃料 = 年外购原材料燃料费用 / 周转次数 \quad (9.2\text{-}9)$$

$$在产品 =（年外购原材料燃料及动力费＋年工资及福利费＋年修理费 \\ ＋年其他制造费用）/周转次数 \quad (9.2\text{-}10)$$

$$产成品 = 年经营成本 / 周转次数 \quad (9.2\text{-}11)$$

4) 应付（预收）账款的计算

$$应付账款 =（年外购原材料燃料及动力费＋备品备件费）/周转次数 \quad (9.2\text{-}12)$$

4. 总成本费用

总成本费用是指在一定时期内（一般为一年）为生产和销售产品或提供服务而发生的全部费用，它由制造成本和期间费用两大部分组成。

制造成本包括直接材料费、直接燃料和动力费、直接工资、其他直接支出和制造费用；期间费用包括管理费用、财务费用和营业费用。为了估算简便，财务评价中通常按成本要素进行归结分类估算。归结后，总成本费用由外购原材料费、外购燃料和动力费、工资及福利费、修理费、折旧费、摊销费、财务费用（主要指利息支出）以及其他费用组成。

5. 折旧费

折旧是对固定资产磨损的价值补偿。按照我国的税法，允许企业逐年提取固定资产折旧，并在所得税前列支。一般采用直线法，包括年限平均法和工作量法计提折旧，也允许采用加速折旧的方法（双倍余额递减法、年数总和法）。

（1）年限平均法

这种方法是把应提折旧的固定资产总额按规定的折旧年限平均分摊求得每年的折旧额。具有计算简便的特点，是一种常用的计算方法。

$$年折旧率 = \frac{1-预计净残值率}{折旧年限} \times 100\% \quad (9.2\text{-}13)$$

$$年折旧额 = 固定资产原值 \times 年折旧率 \quad (9.2\text{-}14)$$

式中：固定资产原值——由工程费用（建筑工程费、设备购置费、安装工程费）、固定资产其他费用、预备费和建设期利息构成（注：在增值税转型改革后，可抵扣固定资产进项税不得计入固定资产原值中）；

预计净残值率——预计净残值占固定资产原值的百分比；

折旧年限——选取税法规定的分类折旧年限，也可以选用按行业规定的综合折

旧年限计算。

【例 9.2-4】 某企业有一设备，原值为 500000 元，预计可以使用 20 年，按照有关规定，该设备报废时净残值率为 2%，则该设备的年折旧额为（　　）。

A. 20000 元　　　B. 25000 元　　　C. 30000 元　　　D. 35000 元

解析：年折旧率 $= \dfrac{1-预计净残值率}{折旧年限} \times 100\% = \dfrac{1-2\%}{20} \times 100\% = 4\%$

年折旧额 = 固定资产原值 × 年折旧率 = 500000 × 4% = 20000（元）

答案为 A。

(2) 工作量法

某些固定资产，例如客货运汽车、大型专用设备等，是非常年使用的，可以用实际工作量作为依据计算折旧。

1) 按照行驶里程计算

单位里程折旧额 = 固定资产原值 × (1 − 预计净残值率) / 总行驶里程　(9.2-15)

年折旧额 = 单位里程折旧额 × 年行驶里程　(9.2-16)

2) 按照工作小时计算

每工作小时折旧额 = 固定资产原值 × (1 − 预计净残值率) 总工作小时　(9.2-17)

年折旧额 = 每工作小时折旧额 × 年工作小时　(9.2-18)

(3) 双倍余额递减法

双倍余额递减法是在不考虑固定资产残值的情况下，根据每期期初固定资产账面余额和双倍的直线折旧率计算固定资产折旧的一种方法。

$$年折旧率 = \dfrac{2}{折旧年限} \times 100\% \quad (9.2\text{-}19)$$

$$年折旧额 = 年初固定资产净值 \times 年折旧率 \quad (9.2\text{-}20)$$

采用双倍余额递减法折旧时，应当在其固定资产折旧年限到期前 2 年内，将固定资产净值扣除预计净残值后的净额平均分摊。

(4) 年数总和法

这种方法是以应提折旧的固定资产总额为基础，乘以年折旧率得到折旧额。年折旧率是一个与年数总和有关的数值，年数越大，折旧率越小，折旧额越低。

$$年折旧率 = \dfrac{折旧年限 - 已使用年数}{折旧年限 \times (折旧年限 + 1)/2} \times 100\% \quad (9.2\text{-}21)$$

$$年折旧额 = (固定资产原值 - 预计净残值) \times 年折旧率 \quad (9.2\text{-}22)$$

6. 经营成本

经营成本是工程经济评价中特有的概念，应用于现金流量分析中。经营成本是项目总成本费用扣除折旧费、摊销费和利息支出以后的全部费用。

经营成本 = 总成本费用 − 折旧费 − 摊销费 − 利息支出

　　　　 = 外购原材料 + 外购燃料和动力 + 工资及福利

　　　　　+ 修理费 + 其他费用　　　　　　　　　　(9.2-23)

7. 固定成本

固定成本是指在总成本费用中，在一定生产规模限度内，费用与产量变化无关的部分。如工资及福利费（计件工资除外）、修理费、折旧费、摊销费和其他费用，利息支出一般也视为固定成本。

8. 可变成本

可变成本是指在总成本费用中，费用随产量变化而变化的部分。它可分为两种情况：一种是随产量变化而呈线性变化的费用，称为比例费用，如原材料费、燃料费等。另一种是随产量变化而呈非线性变化的费用，称为半比例费用，如某些动力费、运输费、计时工资的加班费。

9. 税金

产品或劳务取得了营业收入，就要缴纳相应的税费，包括增值税、消费税、资源税、城市维护建设税、土地增值税等。

(1) 增值税

增值税是以商品生产和流通各环节的新增价值或商品附加值为征税对象的一种流转税。凡在中国境内销售货物或提供加工、修理修配劳务以及进口货物的单位和个人，都是纳税人。

流转税是指以商品生产、商品流通和劳务服务的流转额为征税对象的各种税，包括增值税和消费税。

增值税税率分为13%、17%和零税率三个档次。

$$应纳税额 = 当期销项税额 - 当期进项税额 \\ = 当期销售额 \times 税率 - 当期进项税额 \quad (9.2\text{-}24)$$

式中：销项税额——按照销售额和规定税率计算并想购买方收取的增值税额；

进项税额——纳税人购进货物或者应税劳务所支付或负担的增值税额。

当期销项税额小于当期进项税额不足抵扣时，其不足部分可以结转下期继续抵扣。

当期销售额是不含增值税的销售额。若售价中含增值税，需把含税销售额还原成不含税的销售额，即

$$(不含税)销售额 = \frac{含税销售额}{1 + 增值税税率} \quad (9.2\text{-}25)$$

(2) 消费税

某些商品除了征收增值税，还要征收消费税，它是对一些特定消费品和消费行为征收的一种税。凡在中国境内生产、委托加工和进口所规定的应税消费品的单位和个人都是纳税人。

消费税是价内税，是价格的组成部分，实行从价定率法和从量定额法两种计算方法。

1) 从价定率法

从价定率法计税的税基同增值税。

$$应纳税额 = 销售额 \times 税率 = (含消费税价格 \times 销售量) \times 税率 \quad (9.2\text{-}26)$$

2) 从量定额法

$$应纳税额 = 销售量 \times 单位税额 \quad (9.2\text{-}27)$$

(3) 城市维护建设税

城市维护建设税是对一切有经营收入的单位和个人，就其经营收入征收的一种税。凡在中国境内缴纳增值税、消费税和营业税的单位和个人都是纳税人。

(4) 资源税

资源税是对在我国境内从事开采特定矿产品和生产盐的单位和个人征收的税种，凡在中国境内开采矿产品或生产盐的单位和个人都是纳税人。

(5) 土地增值税

土地增值税是按照转让房地产所取得的增值额征收的一种税，凡转让房地产（包括转让国有土地使用权、地上的建筑物及其附着物）取得了增值都要缴纳土地增值税。

习　题

【9.2-1】净利润是指(　　)。
A. 利润总额减去销售税金　　　　B. 利润总额减去增值税
C. 利润总额减去营业税　　　　　D. 利润总额减去所得税

【9.2-2】下列不属于项目总投资构成的是(　　)。
A. 建设投资　　B. 建设期利息　　C. 流动资金　　D. 税金

【9.2-3】不属于建设工程项目总投资中建设投资的是(　　)。
A. 安装工程费　　B. 土地费用　　C. 原材料购买费　　D. 涨价预备费

【9.2-4】下列不属于流转税的是(　　)。
A. 增值税　　B. 资源税　　C. 消费税　　D. 营业税

【9.2-5】计算固定资产各期折旧额时，可以先不考虑固定资产残值方法是(　　)。
A. 平均年限法　　B. 双倍余额递减法　　C. 工作量法　　D. 年数总和法

【9.2-6】某设备原始价值10000元，预计净残值为400元，使用年限为5年，用年数总和法计算的第4年折旧额为(　　)。
A. 3200元　　　B. 2560元　　　C. 1920元　　　D. 1280元

习题答案及解析

【9.2-1】答案：D

解析：净利润是指利润总额扣除所得税后的差额，计算公式为

$$净利润 = 利润总额 - 所得税$$

【9.2-2】答案：D

解析：项目总投资由建设投资、建设期利息和流动资金三部分组成。
不包括税金。

【9.2-3】答案：C

解析：建设投资是指按拟订的建设规模、产品方案、工程技术方案和建设内容进行建设所需的费用。它包括工程费用、工程建设其他费用和预备费用。

安装工程费属于工程费用；土地费用属于工程建设其他费用；涨价预备费属于预备费用；原材料购买费属于流动资金。

【9.2-4】答案：B

解析：流转税是指以商品生产、商品流通和劳务服务的流转额为征税对象的各种税，包括增值税和消费税，营业税并入增值税。

资源税不属于流转税。

【9.2-5】答案：B

解析：双倍余额递减法是在不考虑固定资产残值的情况下，根据每期期初固定资产账面余额和双倍的直线折旧率计算固定资产折旧的一种方法。

其余方法均需要考虑固定资产残值。

【9.2-6】答案：D

解析：计算折旧的基数为

$$10000-400=9600(元)$$

年数总和为

$$1+2+3+4+5=15(年)$$

第四年折旧额为

$$9600\times\frac{(5-3)}{15}=1280(元)$$

9.3 资金来源与融资方案

高频考点梳理

知识点	资金成本
近三年考核频次	1

9.3.1 资金筹措的主要方式

资金筹措又称融资，是以一定渠道为某种特定活动筹集所需资金的各种活动的总称。资金筹措主体的组织形式有新设项目法人融资和既有项目法人融资两种。

新建项目法人融资形式是指新组建项目法人进行融资的活动，具有以下特点：项目投资由新设项目法人的资本金和债务资金构成；由新项目法人承担融资责任和风险；从项目投产后的经济效益情况考查偿债能力。

既有项目法人融资形式是指依托现有法人进行的融资活动。具有以下特点：拟建项目不组建新的项目法人，由既有法人统一组织融资活动并承担融资责任和风险；拟建项目一般是在既有法人资产和信用的基础上进行，并形成增量资产；从既有法人的财务整体状况考查融资后的债务偿还能力。

1. 资本金筹措

资本金是指项目总投资中由投资者提供的资金，对投资项目来说是非债务资金，也是获得债务的基金的基础。国家对经营性项目实行资本金制度，规定了经营性项目的建设都要有一定数额的资本金，并提出了各行业的项目资本金的最低比例要求。在可行性研究阶段，应根据新设项目法人融资和既有项目法人融资的形式特点，分别研究资本金筹措方案。

（1）新设项目法人资本金筹措

新设项目法人融资形式下的资本金，是项目发起人和投资者为拟建项目所投入的资本金。项目资本金来源有：各级政府财政预算内资金、预算外资金和各种专项资金；国家授权投资机构入股的资金；国内外企业入股的资金；社会个人入股的资金；项目法人通过发行股票从证券市场筹集的资金。

(2) 既有项目法人资本金筹措

资本金来源主要有：企业可以用于项目的现金，即现金和银行存款中可用于项目投资的资金；资产变现的现金，即变卖资产所获得的资金；原有股东增资扩股；吸收新股东；发行股票筹集的资金。

在可行性研究报告中，应说明资本金的各种来源和数量，并附有该企业的财务报表，以便判断是否具备足够的资本金投资拟建项目。

2. 债务资金筹措

债务资金是项目总投资中除资本金外，从金融市场借入的资金。债务资金来源主要有以下几种渠道：

(1) 信贷融资

主要是国内政策性银行和商业银行等提供的贷款；世界银行、亚洲开发银行等国际金融机构贷款；外国政府贷款；出口信贷以及信托投资公司等非银行金融机构提供的贷款；进行信贷融资应说明拟提供贷款的机构及其贷款条件，包括支付方式、贷款期限、贷款利率、还本付息方式及其他附加条件。

(2) 债券融资

是指项目法人以其自身的盈利能力和信用条件为基础，通过发行银行债券等筹集资金，用于项目建设的融资方式。

(3) 融资租赁

融资租赁是资产拥有者将资产租给承租人，在一定时期内使用，由承租人支付租赁费的融资方式。融资租赁有以下几种形式：直接购买租赁、转租赁、售后租回租赁、衡平租赁、服务性租赁。

9.3.2 资金成本

资金成本是指项目为筹集和使用资金而支付的费用，包括资金筹集费和资金占用费两部分。

资金筹集费是指资金筹集过程中支付的一次性费用，如发行股票、债券支付的印刷费、发行手续费、律师费、资信评估费、公证费、担保费、广告费等；资金占用费是指占用资金支付的费用。资金占用费是融资企业经常发生的，而资金筹集费通常是在资金筹集时一次性发生，因此在计算资金成本时可作为融资金额的一项扣除。资本金占用费一般应按机会成本的原则计算，当机会成本难以计算时，可参照银行存款利率计算。

资金成本是选择资金来源，确定融资方案的重要依据，是评价投资项目，决定投资取舍的重要标准，也是衡量企业经营成果的重要尺度。

项目资金成本一般采用资金成本率相对数来表示，它是企业资金占用费与筹集资金的净额的比率，即

$$资金成本率 = \frac{资金占用费}{筹集资金总额 - 资金筹集费用} \times 100\% \qquad (9.3\text{-}1)$$

1. 资金成本的计算

(1) 各种融资方式资金成本的计算

各种融资方式资金成本的计算，是指发行股票、债券、银行贷款融资等资金成本的计算。企业融资有多种方式可供选择，它们的资金筹集和使用费用各不相同，通过资金成本

的计算与比较，能够按照成本高低比较选择各种融资方式。

1) 银行借款的资金成本

$$K_d = \frac{R_1(1-t)}{1-F_1} \tag{9.3-2}$$

式中：K_d——银行借款资金成本；
  R_1——长期借款利率；
  F_1——资金筹集费用率；
  t——所得税税率。

【例 9.3-1】某企业为某建设项目申请银行长期贷款 1000 万元，年利率为 10%，每年付息一次，到期一次还本。贷款管理费及手续费费率为 0.5%，企业所得税税率为 25%。则该项目长期借款的资金成本为（　　）。

A. 5.14%　　　　B. 6.66%　　　　C. 7.89%　　　　D. 8.32%

解析：根据公式可得

$$K_d = \frac{R_1(1-t)}{1-F_1} = \frac{(1-25\%) \times 10\%}{1-0.5\%} = 7.89\%$$

答案为 C。

2) 债券融资的资金成本

发行债券的成本主要是债券利息和融资费用。债券利息应按税后成本计算。债券的融资费用一般比较高，不可在计算资金成本时省略。计算公式为：

$$K_b = \frac{I_b(1-t)}{B(1-F_b)} \tag{9.3-3}$$

式中：K_b——债券资金成本；
  I_b——债券年利息；
  t——所得税税率；
  B——债券融资额；
  F_b——债券融资费用率。

【例 9.3-2】假定某公司发行面额为 1000 万元的 10 年期债券，票面利率为 8%；筹资费率为 5%，发行价格为 700 万元，公司所得税税率为 25%，该公司债券的资金成本为（　　）。

A. 6.30%　　　　B. 7.11%　　　　C. 8.56%　　　　D. 9.02%

解析：根据债券资金成本的计算公式

$$K_b = \frac{I_b(1-t)}{B(1-F_b)} = \frac{1000 \times 8\% \times (1-25\%)}{700 \times (1-5\%)} = 9.02\%$$

答案为 D。

3) 普通股成本

普通股成本属权益资金成本。权益资金的资金占用费是向股东分派的股利，而股利是以扣除所得税后的净利支付的，不能抵减所得税。计算普通股资金成本常用方法有"评价法"和"资本资产定价模型法"。

① 评价法

普通股资金成本的计算公式为：

$$K_c = \frac{D_c}{P_c(1-F_c)} + G \tag{9.3-4}$$

式中：K_c——普通股成本；

D_c——预期年股利额；

P_c——普通股融资额；

F_c——普通股融资费用率；

G——普通股股利年增长率。

【例 9.3-3】某公司发行的普通股正常市价为 800 万元，筹资费费率为 4%，第一年的股利增长率为 10%，以后每年增长 5%，其资金成本为（　　）。

A. 13.3%　　　　　B. 14.8%

C. 15.4%　　　　　D. 16.7%

解析：根据普通股资金成本计算公式得

$$K_c = \frac{D_c}{P_c(1-F_c)} + G = \frac{800 \times 10\%}{800 \times (1-4\%)} + 5\% = 15.4\%$$

因此选 C。

② 资本资产定价模型法

$$K_c = R_f + \beta(R_m - R_f) \tag{9.3-5}$$

式中：R_f——无风险报酬率；

R_m——平均风险股票必要报酬率；

β——股票的风险校正系数。

【例 9.3-4】某证券市场无风险报酬率为 10%，平均风险股票必要报酬率为 15%，某一股份公司普通股 β 值为 1.15，计算该普通股的资金成本为（　　）。

A. 15.40%　　　B. 15.75%　　　C. 16.00%　　　D. 16.26%

解析：根据计算公式得

$$K_c = R_f + \beta(R_m - R_f) = 10\% + 1.15 \times (15\% - 10\%) = 15.75\%$$

答案为 B。

4）优先股成本

优先股的优先权是相对于普通股而言的，是指公司在融资时，对优先股认购人给予某些优惠条件的承诺。优先股的优先权利，最主要的是优先于普通股分得股利。与负债利息的支付不同，优先股的股利不能在税前扣除，因而在计算优先股成本时无需经过所得税的调整。优先股成本的计算公式为：

$$K_p = \frac{D}{P_F(1-f)} \tag{9.3-6}$$

式中：K_p——优先股成本率；

D——年支付优先股股息；

P_F——企业实收股金；

f——优先股融资费用率。

由于优先股的股息在税后支付,而债券利息在税前支付;且当公司破产清算时,优先股持有人的求偿权在债券持有人之后,因此,风险要大,其成本也高于债券成本。

【例 9.3-5】某公司为某项目发行优先股股票,票面额按正常市价计算为 400 万元,筹资费费率为 4%,股息年利率为 14%,其资金成本为(   )。

A. 14.58%　　　B. 15.62%　　　C. 15.98%　　　D. 16.44%

解析：根据公式可推导

$$K_p = \frac{D}{P_F(1-f)} = \frac{P_F i}{P_F(1-f)} = \frac{i}{(1-f)}$$

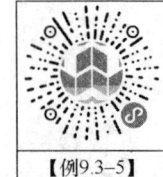

【例9.3-5】

所以

$$K_p = \frac{i}{(1-f)} = \frac{14\%}{1-4\%} = 14.58\%$$

答案为 A。

(2) 加权平均资金成本

为了反映整个融资方案的资金成本情况,在计算各种融资公式的个别资金成本的基础上,还要计算加权平均资金成本,它是企业比较各融资组合方案、进行资本结构决策的重要依据。

加权平均资金成本一般是以各种资金占全部资金的比重为权数,对个别资金成本进行加权平均确定的,计算公式为:

$$K_w = \sum_{j=1}^{n} K_j W_j \tag{9.3-7}$$

式中：K_w ——综合资金成本;

　　　K_j ——第 j 种个别资金成本;

　　　W_j ——第 j 种个别资金占全部资金的比重(权数)。

从以上公式可以看出,在个别资金成本一定的情况下,企业加权平均资金成本的高低取决于资本结构。

2. 影响资金成本的因素

影响资金成本的因素很多,归纳起来,主要包括以下因素:

(1) 融资期限;

(2) 市场利率;

(3) 企业信用等级;

(4) 抵押担保能力;

(5) 融资工作效率;

(6) 通货膨胀率;

(7) 政策因素;

(8) 资本结构。

习　题

【9.3-1】下列各项中不是既有项目法人融资的特点的是(   )。

A. 拟建项目不组建新的项目法人,由既有法人统一组织融资活动并承担融资责任和

风险

B. 拟建项目一般是在既有法人资产和信用的基础上进行的,并形成增量资产

C. 由新设项目法人承担融资责任和风险

D. 从既有法人的财务整体状况考查融资后的偿债能力

【9.3-2】项目资本金的筹措不包括(　　)。

A. 股东直接投资　　　　　　　　B. 银行贷款

C. 股票融资　　　　　　　　　　D. 政府投资

【9.3-3】项目债务筹资不包括(　　)。

A. 政府投资　　　B. 银行贷款　　　C. 发行债券　　　D. 融资租赁

【9.3-4】某公司从银行贷款1000万元,年利率为10%,在借款期间每季度支付一次利息,所得税税率为25%,不考虑手续费用,该借款的资金成本为(　　)。

A. 7.79%　　　　B. 7.92%　　　　C. 8.11%　　　　D. 8.23%

【9.3-5】某项目资金来源有普通股融资金额为400万元,资金成本为13.5%;银行长期借款金额为600万元,资金成本为10.6%;银行短期借款金额为300万元,资金成本为9.2%,该项目融资的加权平均资金成本为(　　)。

A. 10.33%　　　B. 10.54%　　　C. 10.94%　　　D. 11.17%

习题答案及解析

【9.3-1】答案:C

解析:既有项目法人融资的特点是:

拟建项目不组建新的项目法人,由既有法人统一组织融资活动并承担融资责任和风险;拟建项目一般是在既有法人资产和信用的基础上进行的,并形成增量资产;从既有法人的财务整体状况考查融资后的偿债能力。

不新设项目法人,由既有法人承担融资责任和风险。

【9.3-2】答案:B

解析:资本金筹措方式包括新设项目法人资本金筹措和既有项目法人资本金筹措两种。

股东直接投资和股票融资属于既有项目法人资本金筹措,政府投资属于新设项目法人资本金筹措。

银行贷款属于债务资金筹措,不属于资本金筹措。

【9.3-3】答案:A

解析:债务资金筹措方式包括银行贷款、发行债券和融资租赁三种。

政府投资属于资本金筹措中新设项目法人资本金筹措,不属于债务资金筹措。

【9.3-4】答案:A

解析:将名义利率这算为实际利率,即

$$R_1 = \left(1+\frac{r}{m}\right)^m - 1 = \left(1+\frac{10\%}{4}\right)^4 - 1 = 10.38\%$$

根据公式得

$$K_d = \frac{R_1(1-t)}{1-F_1} = \frac{10.38\% \times (1-25\%)}{1} = 7.79\%$$

【9.3-5】答案：D

解析：该项目融资总金额为

$$600+400+300=1300(万元)$$

加权平均资金成本为

$$K_w = \sum_{j=1}^{n} K_j W_j = \frac{400}{1300} \times 13.5\% + \frac{600}{1300} \times 10.6\% + \frac{300}{1300} \times 9.2\% = 11.17\%$$

9.4 财务分析

高频考点梳理

知识点	盈利能力分析
近三年考核频次	4

财务分析是根据国家现行财税制度和价格体系，分析、计算项目直接发生的财务效益和费用，编制有关报表，计算评价指标，考查项目的基本生存能力、盈利能力、偿债能力等财务状况，判别项目的财务可行性，明确项目对财务主体的价值贡献，为投资者的投资决策提供依据。

9.4.1 财务评价的内容

1. 财务评价的概念

财务评价是在国家现行财税制度和价格体系的前提下，从项目的角度出发，预测估计项目的财务效益与费用，编制财务报表，计算财务评价指标，分析考查项目财务盈利能力、偿债能力和财务生存能力，据以评价和判定项目在财务上的可行性，为项目的投资决策、融资决策以及银行审贷提供依据。

2. 财务评价的程序

（1）财务基础数据的收集；

（2）编制财务报表；

（3）计算与分析财务评价指标；

（4）进行不确定行分析与风险分析；

（5）编写财务评价报告。

9.4.2 盈利能力分析

财务盈利能力分析是财务评价的主要内容，它分析项目的投资能否从项目的收益中回收并获得一定的利润，它在财务现金流量表的基础上计算内部收益率等指标，以得出项目盈利能力水平的结论。盈利能力分析采用的主要评价指标如下：

1. 净现值

净现值是反映投资方案在计算期内获利能力的动态评价指标，是指项目按设定的折现率将各年的净现金流量折现到建设起点（计算期初）的现值之和。利用现金流量表可以计算出净现值，其表达式为：

$$NPV = \sum_{t=0}^{n} \frac{(CI-CO)_t}{(1+i_c)^t} \tag{9.4-1}$$

式中：NPV——净现值；
CI——现金流入量；
CO——现金流出量；
$(CI-CO)_t$——第 t 年的净现金流量；
i_c——基准折现率；
n——计算期年数。

其中，确定基准收益率应考虑年资金费用率、机会成本、投资风险和通货膨胀等因素，一般可按下式确定：

$$i_c = (1+i_1)(1+i_2)(1+i_3) - 1 \approx i_1 + i_2 + i_3 \tag{9.4-2}$$

式中：i_1——资金费用率与机会成本中较高者；
i_2——风险贴补率；
i_3——通货膨胀率。

财务净现值是评价项目盈利能力的绝对指标，它反映项目在满足按设定折现率要求的盈利能力之外，获得的超额盈利的现值。计算出的财务净现值可能有三种结果，即 $NPV>0$，$NPV=0$ 或 $NPV<0$。当 $NPV \geq 0$ 时，说明项目盈利能力等于甚至超过了按设定的基准折现率计算的盈利能力，从财务角度考虑，项目可以被接受；当 $NPV<0$ 时，说明项目盈利能力达不到按设定的基准折现率计算的盈利能力，从财务角度考虑，项目是不可行的。

净现值用于项目的财务分析时，计算时采用设定的折现率一般为基准收益率，其结果称为财务净现值，记为 $FNPV$；净现值用于项目的经济分析时，设定的折现率为社会折现率，其结果称为经济净现值，记为 $ENPV$。

【例 9.4-1】某项目的初始投资为 1000 万元，建设期 1 年，第二年投产并达产运营，第二年初投入流动资金 50 万元，达产期年经营费用为 20 万元，净收入 320 万元，项目经营期为 9 年，届时残值为 60 万元，已知行业基准折现率为 8%，计算该项目净现值为（　　）。

A. 601 万元　　　B. 536 万元　　　C. 666 万元　　　D. 705 万元

解析：
$NPV = -1000 - 50 \times (P/F, 8\%, 1) + (320-20) \times (P/A, 8\%, 9) \times (P/F, 8\%, 1)$
$\quad\quad + (50+60) \times (P/F, 8\%, 10)$

查表得
$(P/F, 8\%, 1) = 0.9259$
$(P/A, 8\%, 9) = 5.747$
$(P/F, 8\%, 10) = 0.4632$

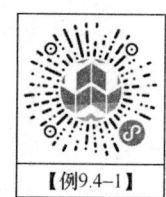
【例9.4-1】

代入得
$$NPV = 601 \text{ 万元}$$

故选 A。

2. 净年值

净年值是指项目计算期内各年现金流量的等额年值，通常用于比较不同寿命期的方案比选。其计算公式如下：

$$NAV = NPV \times (A/P, i_c, n) = \sum_{t=0}^{n} \frac{(CI-CO)_t}{(1+i_c)^t} \times (A/P, i_c, n) \qquad (9.4\text{-}3)$$

式中：NPV——净现值；

$(A/P, i_c, n)$——等额支付资金回收系数。

净年值跟净现值对同一项目进行比较时，结论是一致的，它们是等效指标。但在处理寿命期不同的多方案比选时，净年值指标更简便。

当方案的收益相同或者收益难以直接计算时（如教育、环保、国防等项目），进行方案比较也可以用年度费用等值 AC（费用年值）指标，其计算公式为

$$AC = NPV \times (A/P, i_c, n) = \sum_{t=0}^{n} \frac{CO_t}{(1+i_c)^t} \times (A/P, i_c, n) \qquad (9.4\text{-}4)$$

采用年度费用等值指标进行方案比选时，年度费用等值小的方案较优。

3. 内部收益率

内部收益率是指项目在计算期内各年净现金流量现值累计（净现值）等于零时的折现率。由于内部收益率不需要事先给定折现率，它求出的是项目实际能达到的投资效率，因此，内部收益率是项目评价指标中最重要的指标之一。其计算公式是：

$$\sum_{t=0}^{n} \frac{(CI-CO)_t}{(1+IRR)^t} = 0 \qquad (9.4\text{-}5)$$

式中：IRR——内部收益率。

上式计算起来过于繁琐，常用的求解方法有"内插法"。

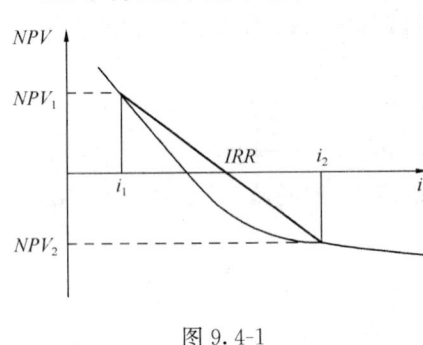

图 9.4-1

内插法适用于计算期不长、生产期内年净收益变化不大的项目，又有复利系数表可利用的情况。内插法求解原理如图 9.4-1 所示，具体求解过程如下。

(1) 计算各年的净现金流量。

(2) 试算，预先估计两个适当的折现率 i_1 和 i_2，其中 $i_1 < i_2$（为保证 IRR 的准确度，i_1 和 i_2 之间的差距一般不超过 2%，最大不超过 5%）且 $IRR(i_1) > 0$，$IRR(i_2) < 0$。如果估算的 i_1 和 i_2 不满足这两个条件则要重新估算，直至满足条件为止。

(3) 用内插法计算的公式为

$$IRR = i_1 + \frac{NPV_1}{NPV_1 + |NPV_2|} \times (i_2 - i_1) \qquad (9.4\text{-}6)$$

式中：i_1——插值用的低折现率；

i_2——插值用的高折现率；

NPV_1——用 i_1 计算的净现值；

NPV_2——用 i_2 计算的净现值。

内部收益率可以理解为，在项目的整个寿命期内，如按利率 $i = IRR$ 计算，在寿命期结束时，投资恰好被完全回收，即项目在寿命期内始终处于投资未被收回的状况。一般来说，项目的内部收益率越高，项目的投资效益就越好。

内部收益率用于财务分析时，称为财务内部收益率，记为 $FIRR$；用于经济分析时，称为经济内部收益率，记为 $EIRR$。

【例 9.4-2】 某项目现金流量如表 9.4-1 所示，设基准收益率 $i_c=12\%$，计算内部收益率为( )。

A. $IRR > i_c$　　B. $IRR = i_c$　　C. $IRR < i_c$　　D. 不确定

现金流量表　　　　　　　　　　　　　　表 9.4-1

年末	0	1	2	3	4	5
净现金流量（万元）	-200	40	50	60	70	80

解析： 根据题意得

$$NPV=-200+40\times(P/F,i,1)+50\times(P/F,i,2)+60\times(P/F,i,3)\\+70\times(P/F,i,4)+80\times(P/F,i,5)$$

分别取 $i_1=10\%$，$i_2=15\%$，代入上式计算其对应的净现值

$$NPV_1=20.25(万元),\ NPV_2=-8.16(万元)$$

根据公式得

【例9.4-2】

$$IRR=i_1+\frac{NPV_1}{NPV_1+|NPV_2|}\times(i_2-i_1)\\=10\%+\frac{20.25}{20.25+8.16}\times(15\%-10\%)\\=13.6\%$$

所以 $IRR > i_c$。

答案为 A。

4. 差额内部收益率

差额内部收益率是指使得两个互斥方案形成的差额现金流量的差额净现值为零时的折现率，又称为增额投资收益率。

$$\sum_{t=0}^{n}\frac{[(CI-CO)_2-(CI-CO)_1]_t}{(1+\Delta IRR)^t}=0 \qquad (9.4-7)$$

式中：$(CI-CO)_1$——投资小的方案的年净现金流量；

$(CI-CO)_2$——投资大的方案的年净现金流量；

ΔIRR——差额内部收益率；

n——计算期。

根据 ΔIRR 的概念及差额现金流量和 IRR 所具有的经济含义，ΔIRR 数值大小表明了下面几方面的经济含义：

当 $\Delta IRR = i_c$ 时，表明投资大的方案比投资小的方案多投资的资金所取得的收益恰好等于既定的收益率（基准收益率）；

当 $\Delta IRR > i_c$ 时，表明投资大的方案比投资小的方案多投资的资金所取得的收益大于既定的收益率；

当 $\Delta IRR < i_c$ 时，表明投资大的方案比投资小的方案多投入的资金的收益率未能达到既定的收益率。

5. 静态投资回收期

投资回收期是以项目的净收益回收项目投资所需的时间。也就是说，为补偿项目的投资而要积累一定的净收益所需要的时间，它是反映项目财务上投资回收能力的重要指标。

投资回收期有静态和动态之分，不考虑资金时间价值影响因素的，即为静态投资回收期。

投资回收期一般以年为单位，从项目建设起始年算起。其表达式为

$$\sum_{t=0}^{P_t}(CI-CO)_t=0 \qquad (9.4\text{-}8)$$

式中：P_t——投资回收期。

投资回收期可用现金流量表中累计净现金流量计算求得，详细计算公式如下所示：

$$P_t = 累计净现金流量开始出现正值的年份数 - 1 \\ + \frac{上年累计净现金流量的绝对值}{当年净现金流量} \qquad (9.4\text{-}9)$$

计算出投资回收期 P_t 后，应与部门或行业的基准投资回收期 P_c 进行比较，当 $P_t \leqslant P_c$ 时，表明项目投资在规定的时间内可以回收，该项目在投资回收能力上是可以接受的。

6. 动态投资回收期

动态投资回收期是将投资项目每年的净现金流量按基准收益率折成现值后，再推算投资回收期。动态投资回收期就是净现金流量累计现值等于零的时间。计算公式表示如下：

$$\sum_{t=0}^{P'_t}\frac{(CI-CO)}{(1+i_c)^t}=0 \qquad (9.4\text{-}10)$$

式中：P'_t——动态投资回收期。

7. 总投资收益率

总投资收益率是指项目达到设计能力后正常年份的息税前利润或生产运营期内年均息税前利润与项目总投资的比率。其计算公式为

$$总投资收益率 = \frac{正常年份息税前利润或年均息税前利润}{项目总投资} \times 100\% \qquad (9.4\text{-}11)$$

总投资收益率是融资后分析指标，可根据利润与利润分配表、项目投资使用计划与资金筹措表求得。在财务评价中，将总投资收益率与行业的收益率参考值对比，以判别项目的盈利能力是否达到所要求的水平。

8. 资本金净利润率

资本金净利润率是指项目达到设计生产能力后正常年份的净利润或项目生产运营期内年均净利润与项目资本金的比率。其计算公式为

$$资本金净利润率 = \frac{正常年份净利润或年平均净利润}{项目资本金} \times 100\% \qquad (9.4\text{-}12)$$

资本金净利润率是融资后分析指标，反映了投入项目的资本金盈利能力，可根据利润与利润分配表、项目投资使用计划与资金筹措表求得。

9.4.3 偿债能力分析

偿债能力分析主要是通过编制借款还本付息计划表利润与利润分配表，计算利息备付率、偿债备付率、借款偿还期三个主要指标，反映项目的借款偿还能力；并通过编制资产负债表，计算资产负债率、流动比率、速动比率等指标，考查项目的财务状况。

1. 利息备付率

利息备付率是指在借款偿还期内的息税前利润与应付利息的比值，该指标从付息资金来源的充裕性角度，反映偿付债务利息的保障程度和支付能力，其计算公式为

$$利息备付率 = \frac{息税前利润}{应付利息} = \frac{（利润总额＋应付利息）}{应付利息} \quad (9.4-13)$$

式中：应付利息——计入总成本费用的全部利息。

2. 偿债备付率

偿债备付率是指在借款偿还期内，用于计算还本付息的资金与应还本付息金额之比。该指标从还本付息资金来源的充裕性角度，反映偿付债务本息的保障程度和支付能力。其计算公式为

$$偿债备付率 = \frac{用于计算还本付息的资金}{应还本付息金额} \quad (9.4-14)$$

式中：用于计算还本付息的资金——息税折旧摊销前利润（息税前利润加上折旧和摊销）减去所得税后的余额，即包括可用于还款的利润、折旧和摊销，以及在成本中列支的利息费用；

应还本付息金额——还本金额及计入成本的利息额。

3. 借款偿还期

在某些情况下，为了考查项目承受债务的风险，需要计算最大还款能力下的借款偿还期，即在国家财政规定及项目具体财务条件下，项目投产后以可用作还款的利润（指未分配利润）、折旧摊销及其他收益偿还建设投资借款本金（含未付建设期利息）所需要的时间。若借款偿还期满足了贷款机构的要求，则认为项目的债务风险不大。

借款偿还期的表达式为：

$$I_d = \sum_{t=0}^{P_d} R_t \quad (9.4-15)$$

式中：I_d——建设投资借款本金和（未付）建设期利息之和；

P_d——借款偿还期（从借款开始年计算，若从投产年算起时应予注明）；

R_t——第 t 年可用于还款的最大资金额。

实际应用中，借款偿还期可由借款还本付息计划表直接推算，以年表示。其计算式为：

$$P_d = 借款偿还后开始出现盈余的年份数 － 开始借款年份数 + \frac{当年偿还本金额}{当年可用于还款的资金额} \quad (9.4-16)$$

【例 9.4-3】 某项目在第 14 年有了盈余资金。在第 14 年中，未分配利润为 7262.76 万元，可作为归还借款的折旧和摊销为 1942.29 万元，还款期间的企业留利为 98.91 万元。当年归还国内借款本金为 1473.86 万元，归还国内借款利息为 33.90 万元。项目开始借款年份为第 1 年，计算借款偿还期为（　　）。

A. 10.02 年　　　B. 11.32 年　　　C. 12.87 年　　　D. 13.16 年

解析：按公式有

$$P_d = 14 - 1 + \frac{1473.86}{7262.76 - 98.91 + 1942.29} = 13.16（年）（从借款开始年算起）$$

故答案为 D。

4. 资产负债率

资产负债率是指一定时点上负债总额与资产总额的比率，表示总资产中有多少是通过负债得来的。它是评价项目负债水平的综合指标，反映项目利用债权人提供资金进行经营活动的能力，并反映债权人发放贷款的安全程度。资产负债率可由资产负债表求得，其计算公式为：

$$资产负债率 = \frac{负债总额}{全部资产总额} \times 100\% \qquad (9.4\text{-}17)$$

5. 流动比率

流动比率是指一定时点上流动资产与流动负债的比率，反映项目流动资产在短期债务到期以前可以变为现金用于偿还流动负债的能力。流动比率可由资产负债表求得，其计算公式为

$$流动比率 = \frac{流动资产}{流动负债} \qquad (9.4\text{-}18)$$

6. 速动比率

速动比率是指一定时点上速动资产与流动负债的比率，反映项目流动资产中可以立即用于偿付流动负债的能力。速动比率可由资产负债表求得，其计算公式为

$$速动比率 = \frac{速动资产}{流动负债} \qquad (9.4\text{-}19)$$

式中：速动资产＝流动资产－存货。

9.4.4 财务生存能力分析

财务生存能力分析主要是考查项目在整个计算期内的资金充足程度，分析财务可持续性，判断在财务上的生存能力。对于非经营性项目，财务生存能力分析还兼有寻求政府补助维持项目持续运营的作用。

财务生存能力分析主要是通过编制财务计划现金流量表，同时兼顾借款还本付息计划和利润分配计划进行，应从两方面加以分析：

（1）分析是否有足够的净现金流量维持正常运营；

（2）各年累计盈余资金不出现负值是财务上可持续的必要条件。

9.4.5 财务分析报表

进行财务分析需要编制相关的财务分析报表。财务分析报表主要包括项目投资现金流量表、项目资本金现金流量表、投资各方现金流量表、利润与利润分配表、财务计划现金流量表、资产负债表、借款还本付息计划表等。表的具体格式不在这里具体表述，可查阅相关规范和书籍。

习　题

【9.4-1】项目的偿债能力主要指标不包括(　　)。
A. 利息备付率　　B. 偿债备付率　　C. 借款偿还期　　D. 速动比率

【9.4-2】用于建设项目偿债能力分析的指标是(　　)。
A. 投资回收期　　　　　　　　B. 流动比率
C. 资本金净利润率　　　　　　D. 财务净现值率

【9.4-3】如果财务内部收益率大于基准收益率，则(　　)。

A. 财务净现值大于零　　　　　　　　B. 财务净现值小于零
C. 财务净现值等于零　　　　　　　　D. 不确定

【9.4-4】评价项目盈利能力的绝对指标是(　　)。
A. 静态投资回收期　　　　　　　　　B. 动态投资回收期
C. 财务净现值　　　　　　　　　　　D. 内部收益率

【9.4-5】某项目各年的现金流量表见表9.4-2,已知 $i_c=10\%$,求净现值为(　　)。
A. $NPV<0$　　B. $NPV=0$　　C. $NPV>0$　　D. 不确定

现金流量表　　　　　　　　　　　　　　　　　　　　表 9.4-2

年份	0	1	2~7
销售收入	0	0	1500
投资	2000	2000	0
经营成本	0	0	100
净现金流量	-2000	-2000	1400

注：单位（万元）。

【9.4-6】某公司投资方案一次投资1000万元,预计每年净现金流量为300万元,寿命为5年,$(P/A,18\%,5)=3.127,(P/A,20\%,5)=2.991,(P/A,25\%,5)=2.689$,则该方案的内部收益率为(　　)。
A. $>25\%$　　　　　　　　　　　　B. $20\%\sim25\%$
C. $18\%\sim20\%$　　　　　　　　　D. $<18\%$

【9.4-7】某市建设一处公园,需一次性投资60万元,每年公园维护费用10万元,设基准折现率为10%,公园使用20年,则费用年值为(　　)。
A. 10 万元　　　　　　　　　　　　B. 13.54 万元
C. 17.05 万元　　　　　　　　　　　D. 20 万元

习题答案及解析

【9.4-1】答案：D

解析：偿债能力分析主要是通过编制借款还本付息计划表利润与利润分配表,计算利息备付率、偿债备付率、借款偿还期三个主要指标,反映项目的借款偿还能力。

速动比率属于偿债能力分析指标,但不是主要指标。

【9.4-2】答案：B

解析：偿债能力分析指标包括：利息备付率、偿债备付率、借款偿还期、资产负债率、流动比率、速动比率等。

其中利息备付率、偿债备付率和借款偿还期为主要指标。

【9.4-3】答案：A

解析：根据公式可得

财务内部收益率大于基准收益率等价于财务净现值大于零;

财务内部收益率等于基准收益率等价于财务净现值等于零;

财务内部收益率小于基准收益率等价于财务净现值小于零。

【9.4-4】答案：A

解析：净现值是反映投资方案在计算期内获利能力的动态评价指标，是指项目按设定的折现率将各年的净现金流量折现到建设起点（计算期初）的现值之和。

财务净现值是评价项目盈利能力的绝对指标，它反映项目在满足按设定折现率要求的盈利能力之外，获得的超额盈利的现值。

【9.4-5】答案：C

解析：由表中各年净现金流量和公式得

$$NPV = -2000 - 2000(P/F,10\%,1) + 1400(P/A,10\%,6)(P/F,10\%,1)$$
$$= -2000 - 2000 \times 0.9091 + 1400 \times 4.355 \times 0.9091$$
$$= 1724.58(万元) > 0$$

【9.4-6】答案：D

解析：根据 NPV-i 曲线可知，

内部收益率 IRR 为其上零点。

求净现值

$$NPV_1 = -1000 + 300 \times (P/A,18\%,5) = -1000 + 300 \times 3.127$$
$$= -61.9 \text{ 万元} < 0$$
$$NPV_2 = -1000 + 300 \times (P/A,20\%,5) = -1000 + 300 \times 2.991$$
$$= -102.7 \text{ 万元} < 0$$
$$NPV_3 = -1000 + 300 \times (P/A,25\%,5) = -1000 + 300 \times 2.689$$
$$= -193.3 \text{ 万元} < 0$$

所以 $IRR < 18\%$

【9.4-7】答案：C

解析：根据公式求净现值为

$$NPV = -60 - 10 \times (P/A,10\%,20) = -60 - 10 \times 8.5136 = -145.14(万元)$$

费用年值为

$$AC = NPV \times (A/P,10\%,20) = 145.14 \times 0.1175 = 17.05(万元)$$

9.5 经济费用效益分析

高频考点梳理

知识点	影子价格	社会折现率
近三年考核频次	2	1

9.5.1 经济费用效益分析概述

1. 概念

经济费用效益分析又称为国民经济评价，是项目经济评价的重要组成部分。它是按照资源合理配置的原则，采用影子价格、影子汇率和社会折现率等经济费用效益分析参数，从国家整体角度考查和确定项目的效益和费用，分析计算项目对国民经济带来的净贡献，以评价项目经济上的合理性。

2. 作用

(1) 正确反映项目对社会福利的净贡献，评价项目的经济合理性；
(2) 为政府合理配置资源提供依据；
(3) 政府审批或核准项目的重要依据；
(4) 为市场化运作的基础设施等项目提供财务方案的制定依据；
(5) 有助于实现企业利益、地区利益和全社会利益有机地结合和平衡。

3. 适用范围和主要工作

需要进行国民经济评价的项目主要有：具有自然垄断特征的项目；产出具有公共产品特征的项目；外部效果显著的项目（如对环境和公共利益影响重大的项目）；国家控制的战略性资源开发和关系国家经济安全的项目；受过度行政干预的项目；国家及地方政府参与投资的项目（如交通运输、农林水利、基础产业建设项目）等。

主要工作包括识别国民经济的效益和费用，测算和选取影子价格，编制经济费用效益分析报表，计算经济费用效益分析指标并进行方案比选。

经济费用效益分析采用"有无对比"方法，遵循统一的效益与费用划分原则。项目的效益是指项目对国民经济所作的贡献，分为直接效益和间接效益；项目的费用是指国民经济为项目付出的代价，分为直接费用和间接费用。

4. 费用和效益的识别原则

(1) 增量分析的原则；
(2) 考虑关联效果的原则；
(3) 以本国居民作为分析对象的原则；
(4) 调整转移支付的原则。

5. 费用和效益的计算原则

(1) 支付意愿原则；
(2) 受偿意愿原则；
(3) 机会成本原则；
(4) 实际价值计算原则。

9.5.2 经济费用效益分析的参数

1. 影子价格

影子价格是进行项目经济费用效益分析专用的计算价格。它依据经济分析的定价原则测定，反映项目投入和产出的真实经济价值，反映市场供求关系，反映资源的稀缺程度，反映资源合理配置的要求。

(1) 可外贸货物的影子价格

可外贸货物的影子价格以口岸价格为基础，先乘以影子汇率换算成人民币，再经适当加减国内的物流费用，作为投入物或产出物的"厂门口"影子价格。在实践中，为了简化计算，可以只对项目投入物中直接进口的和产出物中直接出口的，以进出口价格为基础测定影子价格，对于间接进出口的仍按国内市场价格定价。

直接进口的投入物的影子价格(到厂价) = 到岸价×影子汇率＋进口费用

(9.5-1)

直接出口的产出物的影子价格(出厂价) = 离岸价×影子汇率－出口费用

(9.5-2)

式中：影子汇率——外汇的影子价格，应能正确反映国家外汇的经济价值，由指定的专门机构统一发布。

进口费用和出口费用——货物进出口环节在国内发生的各种相关费用。

【例 9.5-1】 货物 A 进口到岸价为 100 美元/吨，进口费用为 50 元/吨；货物 B 出口离岸价 120 美元/吨，出口费用为 40 元/吨。若影子汇率为 1 美元＝6.35 元人民币，试计算货物 A、B 的影子价格各为（　　）。

A. 530 元/吨，600 元/吨　　　　　　B. 621 元/吨，589 元/吨
C. 685 元/吨，722 元/吨　　　　　　D. 732 元/吨，702 元/吨

解析：货物 A 的影子价格＝100×6.35＋50＝685（元/吨）
货物 B 的影子价格＝120×6.35－40＝722（元/吨）
故答案选 C。

(2) 市场定价的非外贸货物的影子价格

适用于国内市场没有价格管制的产品或服务，以市场价格为基础进行影子价格的测算。

$$投入物影子价格（到厂价）＝市场价格＋国内运杂费 \quad (9.5-3)$$

$$产出物影子价格（出厂价）＝市场价格－国内运杂费 \quad (9.5-4)$$

式中：投入物和产出物的影子价格是否含税，应视货物的供求情况，采取不同的处理。

(3) 土地的影子价格

对于占用非生产性用地，其影子价格应根据市场交易价格（适于市场完善情况）或者按消费者支付意愿（适于市场不完善或无市场交易价格情况）加以确定。

对于占用生产性用地，其影子价格应根据生产用地的机会成本及因改变土地用途而发生的新增资源消耗进行确定。即

$$占用生产性用地的土地影子价格＝土地机会成本＋新增资源消耗 \quad (9.5-5)$$

式中：土地机会成本——按照项目占用土地而使社会成员由此损失的该土地"最佳可行替代用途"的净效益计算。

新增资源消耗——按照有项目情况下土地被占用造成的原有土地上附属财产的损失和其他资源消耗来计算。

【例 9.5-2】 某项目需征地 275 亩（1 亩＝666.7m²），每亩实际征地费为 8 万元，其中，土地补偿和青苗补偿费为 2.2 万元，安置补助为 2 万元，拆迁费为 1.5 万元，耕地占用税为 0.84 万元，粮食开发基金为 0.56 万元，其他费用为 0.9 万元。土地的机会成本为 6.6 万元/亩，拆迁费按建筑工程的影子价格换算系数 1.1 计算，该土地的影子价格为（　　）。

A. 10.35 万元　　　B. 11.15 万元　　　C. 11.95 万元　　　D. 12.55 万元

解析：根据题意可知，
项目的新增资源消耗包括安置补助、拆迁费、其他费用。
土地补偿和青苗补偿费、耕地占用税、粮食开发基金属于转移支付。
土地影子价格＝土地机会成本＋新增资源消耗

【例9.5-2】

$$= 6.6 + 2 + 1.5 \times 1.1 + 0.9$$
$$= 11.15（万元）$$

答案为 B。

2. 影子工资

劳动力作为一种资源，是建设项目的特殊投入物。项目使用了劳动力，社会要为此付出代价，经济费用效益分析中用影子工资表示这种代价。影子工资一般由两部分组成：一是由于项目使用劳动力而导致别处被迫放弃的原有净效益，从这方面来看，影子工资体现了劳动力的机会成本；二是因劳动力的就业或转移增加的社会资源消耗，如迁移费用、城市基础设施配套及管理费用、培训费用等，反映了国家和社会为此付出的代价。

$$影子工资 = 名义工资 \times 影子工资换算系数 \tag{9.5-6}$$

式中：名义工资——财务评价中的工资及职工福利费之和。

影子工资换算系数的取值：对于技术性工种，换算系数为 1；对于非技术性工种，换算系数为 0.25～0.8，具体可根据当地非技术劳动力供求状况确定。非技术劳动力较为富余的地区可取低值，不太富余的可取高值，中间状态取 0.5。

3. 影子汇率

影子汇率是指能正确反映外汇真实价值的汇率，即外汇的影子价格。在经济费用效益分析中，影子汇率通过影子汇率换算系数计算。影子汇率换算系数是影子汇率与国家外汇牌价的比值，由国家专门机构统一组织测定和发布。根据现阶段我国外汇收支情况、进出口结构、进出口环节税费及出口退税补贴等情况，发布的影子汇率换算系数取值为 1.08。

$$影子汇率 = 外汇牌价 \times 影子汇率换算系数 \tag{9.5-7}$$

4. 社会折现率

社会折现率反映社会成员对于社会费用效益价值的时间偏好，又代表着社会投资所要求的最低动态收益率。

社会折现率根据社会经济发展目标、发展战略、发展优先顺序、发展水平、宏观调控意图、社会成员的费用效益时间偏好、社会投资的边际收益水平、资金供求状况、资金机会成本等因素综合分析，由国家专门机构统一组织测定和发布。目前我国发布的社会折现率为 8%，供各类建设项目评价统一使用。

社会折现率是项目经济评价的重要通用参数，在项目经济费用效益分析中作为计算经济净现值的折现率，并作为经济内部收益率的判别基准，只有经济内部收益率大于或等于社会折现率的项目才可行。

9.5.3 经济费用效益指标

经济费用效益分析主要是进行经济盈利能力分析，其主要指标是经济内部收益率和经济净现值。此外，还可以根据需要和可能计算间接效益和间接费用，纳入经济费用效益流量中，对难以量化的间接效益、间接费用应进行定性分析。

1. 经济内部收益率

经济内部收益率是指项目在计算期内各年经济净效益流量的现值累计等于零时的折现率。它是反映项目对社会经济所作净贡献的相对指标，也表示项目占用资金所获得的动态收益率。其表达式为

$$\sum_{t=0}^{n} \frac{(B-C)_t}{(1+EIRR)^t} = 0 \tag{9.5-8}$$

式中：B——国民经济效益流量；

C——国民经济费用流量；

$(B-C)_t$——第 t 年的国民经济净效益流量；

$EIRR$——经济内部收益率；

n——计算期。

经济内部收益率大于或等于社会折现率，表明项目对社会经济的净贡献超过或达到了社会收益率的要求，应认为项目可以接受。

2. 经济净现值

经济净现值是指用社会折现率将项目计算期内各年的净效益流量折算到建设期初的现值之和。它是反映项目对社会经济所作净贡献的绝对指标，其表达式为

$$ENPV = \sum_{t=0}^{n} \frac{(B-C)_t}{(1+i_s)^t} \tag{9.5-9}$$

式中：i_s——社会折现率；

$ENPV$——经济净现值。

当经济净现值大于或等于零时，表示社会经济为拟建项目付出代价后，可以得到超过或符合社会折现率所要求的以现值表示的社会盈余，应认为项目可以接受。

习　题

【9.5-1】某建设项目拟进口设备，已知设备离岸价为 148 万美元，到岸价为 150 万美元。进口环节增值税税率为 17%，关税税率为 10%。国内运杂费为 24 万元人民币，贸易费用率为 3%，外汇牌价为 1 美元等于 6 元人民币。影子汇率换算系数为 1.08。设备的影子价格为（　　）人民币。

　　A. 886 万元　　　　B. 996 万元　　　　C. 1023 万元　　　　D. 1098 万元

【9.5-2】经济费用效益分析的绝对指标是（　　）。

　　A. 经济内部收益率　　　　　　　　B. 财务内部收益率

　　C. 经济净现值　　　　　　　　　　D. 财务净现值

【9.5-3】项目经济费用效益分析主要进行（　　）分析。

　　A. 盈利能力　　B. 偿债能力　　C. 不确定性　　D. 以上都不对

【9.5-4】经济费用效益分析的指标是（　　）。

　　A. 投资回收期　　　　　　　　　　B. 经济净现值

　　C. 经济内部收益率　　　　　　　　D. 经济内部收益率和经济净现值

【9.5-5】费用和效益的计算原则不包括（　　）。

　　A. 支付意愿原则　　　　　　　　　B. 受偿意愿原则

　　C. 机会成本原则　　　　　　　　　D. 增量分析原则

【9.5-6】计算经济效益净现值采用的折现率是（　　）。

　　A. 基本收益率　　B. 社会折现率　　C. 国债平均率　　D. 银行贷款率

习题答案与解析

【9.5-1】答案：C

解析：根据题意可得

项目投入的进口环节增值税属于转移支付，不予考虑。

项目投入的进口关税属于转移支付，不予考虑。

贸易费用发生在国内，以人民币结算。

所以影子价格为

进口投入物的影子价格＝到岸价×影子汇率＋进口费用
$$= 150 \times 6 \times 1.08 + 150 \times 6 \times 3\% + 24 = 1023(万元)$$

【9.5-2】答案：C

解析：经济净现值是指用社会折现率将项目计算期内各年的净效益流量折算到建设期初的现值之和。它是反映项目对社会经济所作净贡献的绝对指标。

【9.5-3】答案：A

解析：经济费用效益分析主要是进行经济盈利能力分析，一般不进行偿债能力分析。

【9.5-4】答案：D

解析：经济费用效益分析主要指标是经济内部收益率和经济净现值。其中经济内部收益率是相对指标，经济净现值为主要指标。

【9.5-5】答案：D

解析：费用和效益的计算原则有：支付意愿原则；受偿意愿原则；机会成本原则；实际价值计算原则。

增量分析原则属于费用和效益的识别原则。

【9.5-6】答案：B

解析：计算经济效益净现值采用的折现率是社会折现率。

计算财务净现值采用的折现率是基准收益率。

9.6 不确定性分析

高频考点梳理

知识点	盈亏平衡分析	敏感性分析
近三年考核频次	1	1

不确定性分析是指通过对拟建项目实施有影响的不确定性因素进行分析，考查不确定性因素变化对项目实施经济效益的影响，预测项目可能承担的风险，评价项目的可靠性，为投资者权衡收益和风险、稳妥进行决策提供依据。不确定分析方法有盈亏平衡分析、敏感性分析等。

9.6.1 盈亏平衡分析

各种不确定性因素，如投资额、产品成本、销售量、销售价格等的变化会影响方案的经济效果，当这些因素的变化达到某一临界值时，就会使方案的经济效果发生质的变化，影响方案的取舍。盈亏平衡分析的目的就是寻找这种临界值，以判断方案对不确定性因素变化的承受能力，为决策提供依据。

盈亏平衡分析，是通过分析产品产量、成本和盈利能力之间的关系，找出方案盈利与亏损在产量、单价、单位产品成本等方面的临界值，以判断方案在各种不确定性因素作用下的抗风险能力。

盈亏平衡点（BEP）是方案盈利与亏损的临界点，即销售收入曲线与产品总成本曲线的交点（销售收入等于产品总成本）。

由于销售收入与产品销售量之间存在着线性和非线性两种关系，因而盈亏平衡点也有两种不同形式，即线性平衡点和非线性平衡点。

1. 线性盈亏平衡分析

线性平衡点为销售收入与产品销售量呈线性关系时所对应的盈亏平衡点，如图 9.6-1 所示。图中横坐标表示产品产量（或产品销售量），纵坐标表示销售收入与产品成本，销售收入线 B 与总成本线 C 的交点即为盈亏平衡点 BEP。在 BEP 的左边，总成本大于销售收入，方案亏损；在 BEP 的右边，销售收入大于总成本，方案盈利；在 BEP 点上，销售收入等于产品总成本，方案不盈不亏。

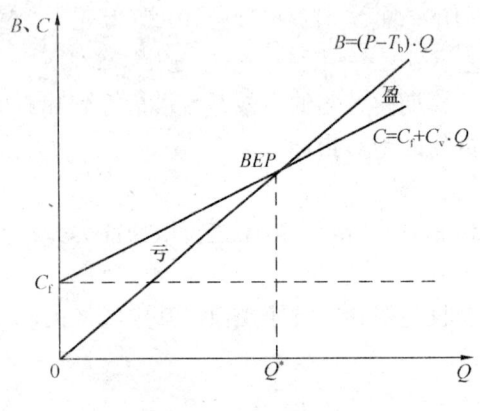

图 9.6-1 线性盈亏平衡分析图

盈亏平衡点可以用产量、生产能力利用率、销售收入或产品售价来表示。

盈亏平衡产量 Q^*：

$$Q^* = \frac{C_f}{P - T_b - C_v} \tag{9.6-1}$$

式中：C_f——固定成本；

P——单位产品价格；

T_b——单位产品销售税金及附加（包括增值税、消费税、城市维护建设税、教育费附加、地方教育费附加等）；

C_v——单位产品可变成本。

盈亏平衡生产能力利用率 E^*：

$$E^* = \frac{Q^*}{Q_d} \times 100\% = \frac{C_f}{(P - T_b - C_v) \cdot Q_d} \times 100\% \tag{9.6-2}$$

式中：Q_d——方案设计生产能力。

盈亏平衡销售收入 B^*：

$$B^* = (P - T_b) \times Q^* = \frac{(P - T_b) \cdot C_f}{P - T_b - C_v} \tag{9.6-3}$$

盈亏平衡产品售价 P^*：

$$P^* = \frac{B}{Q_d} + T_b = \frac{C}{Q_d} + T_b = \frac{C_f}{Q_d} + C_v + T_b \tag{9.6-4}$$

式中：B——销售收入（扣除销售税金及附加）；

C——产品总成本。

【例 9.6-1】 某工程方案设计生产能力为 1.5 万吨/年,产品销售价格为 3000 元/吨,销售税金及附加为 138 元/吨,年总成本为 3600 万元,其中固定成本为 1500 万元。试求以产量、销售收入、生产能力利用率和销售价格表示的盈亏平衡点分别为( )。

A. 产量 0.956 万吨,销售收入 2531 万元,利用率 70.2%,售价 2351 元/吨
B. 产量 1.026 万吨,销售收入 2936 万元,利用率 68.4%,售价 2536 元/吨
C. 产量 1.211 万吨,销售收入 3310 万元,利用率 65.7%,售价 2954 元/吨
D. 产量 1.425 万吨,销售收入 3618 万元,利用率 66.6%,售价 3514 元/吨

解析: 首先计算单位产品可变成本

$$C_v = \frac{C - C_f}{Q_d} = \frac{(3600 - 1500) \times 10^4}{1.5 \times 10^4} = 1400(元/吨)$$

盈亏平衡产量为

$$Q^* = \frac{C_f}{P - T_b - C_v} = \frac{1500 \times 10^4}{3000 - 138 - 1400} = 1.026(万吨)$$

盈亏平衡销售收入为

$$B^* = (P - T_b) \times Q^* = (3000 - 138) \times 1.026 = 2936(万元)$$

盈亏平衡生产能力利用率为

$$E^* = \frac{Q^*}{Q_d} \times 100\% = \frac{1.026}{1.5} \times 100\% = 68.4\%$$

盈亏平衡销售价格为

$$P^* = \frac{C_f}{Q_d} + C_v + T_b = \frac{1500 \times 10^4}{1.5 \times 10^4} + 1400 + 138 = 2538(元/吨)$$

故选 B。

2. 非线性盈亏平衡分析

非线性平衡点为销售收入与产品销售量呈非线性关系时所对应的盈亏平衡点,如图 9.6-2 所示。由于销售收入为曲线,故图中有两个盈亏平衡点。BEP_1、BEP_2 所对应的盈亏平衡产量分别为 Q_1^* 和 Q_2^*,当产量 Q 低于 Q_1^* 和高于 Q_2^*,均会因生产成本高于销售收入而使方案亏损;只有在 Q_1^* 和 Q_2^* 之间,方案才盈利。因此,方案必须在 Q_1^* 和 Q_2^* 之间安排生产与销售。

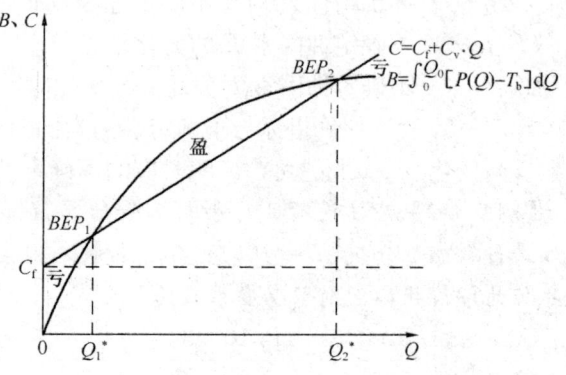

图 9.6-2 非线性盈亏平衡分析图

9.6.2 敏感性分析

敏感性分析也是不确定性分析的一种常用方法。它是通过分析、预测各种不确定性因素发生增减变化时对方案经济效果的影响,从中找出影响程度较大的因素敏感因素,并从敏感因素变化的可能性以及测算的误差分析方案风险的大小。

单因素敏感性分析的步骤与内容如下:

1. 确定分析指标

这里所述的分析指标,就是指敏感性分析的具体对象,即方案的经济效果指标,如净现值、净年值、内部收益率、投资回收年限等。各种经济效果指标都有其各自特定的含义,分析、评价所反映的问题也有所不同。

2. 选择不确定性因素,设定其变化幅度

影响方案经济效果的不确定性因素很多,如投资额、建设工期、产品价格、生产成本、贷款利率、销售量等。这些因素中的任何一个发生变化,都会引起方案经济效果的变动。但在实际工作中,不可能也不需要将影响经济效果的所有影响因素都进行不确定性分析,而应根据方案特点选择几种变化可能性较大,且对方案经济效果影响较大的因素进行敏感性分析。

3. 计算影响程度

对于各个不确定性因素的各种可能变化幅度,分别计算其对分析指标影响的具体数值,即固定其他不确定性因素,变动某一个或某几个因素,计算经济效果指标值。

在此基础上,建立不确定性因素与分析指标之间的对应数量关系,并用图或表格表示。

4. 寻找敏感因素

敏感因素是指其数值变化能显著影响分析指标的不确定性因素。判别敏感因素的方法有相对测定法和绝对测定法两种。

(1) 相对测定法

设定各不确定性因素一个相同的变化幅度(相对于确定性分析中的取值),比较在同一变化幅度下各因素的变动对分析指标的影响程度,影响程度大者为敏感因素。这种影响程度可以用敏感度系数表示。

$$S_{AF} = \frac{\Delta A/A}{\Delta F/F} \tag{9.6-5}$$

式中:S_{AF}——评价指标 A 对于不确定性因素 F 的敏感度系数;

$\Delta F/F$——不确定性因素 F 的变化率;

$\Delta A/A$——不确定性因素 F 发生 ΔF 变化时,评价指标 A 的相应变化率。

$S_{AF}>0$,表示评价指标与不确定性因素同向变化;$S_{AF}<0$,表示评价指标与不确定性因素反向变化。$|S_{AF}|$ 越大,说明对应的不确定性因素越敏感。

【例 9.6-2】某建设项目的基本参数估算值如表 9.6-1 所示,就年销售收入进行敏感性分析,$i_c=10\%$,年销售收入因素变动幅度为 $+10\%$,选定净年值为评价指标,则敏感度系数为(   )。

A. 7.93   B. 10.93
C. 15.44   D. 19.04

【例9.6-2】

基本参数估算值　　　　　　　　表 9.6-1

主要参数	投资 K (万元)	年销售收入 S (万元)	年经营成本 C (万元)	期末残值 L (万元)	寿命 n (年)
估算值	1500	600	250	200	6

解析: 计算基本方案的净年值

$NAV = -1500(A/P,10\%,6) + 600 - 250 + 200(A/F,10\%,6) = 31.52(万元)$

根据题意可得
$$\Delta S/S = +10\%, 即 S = 600(1+10\%) = 660(万元)$$
相应的净年值为
$$NAV = -1500(A/P,10\%,6) + 660 - 250 + 200(A/F,10\%,6) = 91.52(万元)$$
$$\Delta NAV/NAV = (91.52 - 31.52)/31.52 = 190.36\%$$
根据敏感度系数公式
$$S_{AF} = \frac{\Delta NAV/NAV}{\Delta S/S} = \frac{190.36\%}{10\%} = 19.04$$
答案为 D。

(2) 绝对测定法

设各不确定性因素均向对方案不利的方向变化，并取其可能出现的对方案最不利的数值，据此计算方案的经济效果指标，视其是否达到使方案无法被接受的程度，即 $NPV < 0$ 或 $IRR < i_0$。如果某个不确定性因素可能出现的最不利数值使方案变得不可接受，则表明该因素为方案的敏感因素。

绝对测定法有一种变通方法，先设定分析指标由可行变为不可行的数值（如 $NPV = 0$ 或 $IRR = i_0$ 等），然后分别求解各不确定性因素所对应的临界数值，该临界数值就称为临界点，或转换值。将各不确定性因素的临界点与其可能出现的最大变化幅度进行比较，如果可能出现的变化幅度超过其临界点，则表明该因素是方案的敏感因素。临界点可以采用临界点百分比或者临界值表示，临界点百分比表示不确定性因素相对于基本方案的变化率，临界值表示不确定性因素变化达到的绝对数值。

5. 综合评价，优选方案

根据确定性分析和敏感性分析的结果，综合评价方案，并选择最优方案。

根据每次计算时变动不确定性因素数目多少的不同，敏感性分析可以分为单因素敏感性分析和多因素敏感性分析。

习　题

【9.6-1】下列说法正确的是(　　)。
A. 对于线性盈亏平衡图，在盈亏平衡点左边时，方案盈利
B. 对于线性盈亏平衡图，在盈亏平衡点左边时，方案亏损
C. 对于非线性盈亏平衡图，在两个盈亏平衡点中间时，方案盈利
D. 以上都不对

【9.6-2】单因素敏感性分析图中，影响因素直线斜率(　　)，说明该因素越敏感。
A. 大于零　　　　B. 绝对值越大　　C. 小于零　　　　D. 绝对值越小

【9.6-3】项目盈亏平衡产品销量越高，表示项目(　　)。
A. 投产后盈利越大　　　　　　B. 抗风险能力越弱
C. 适应市场变化能力越强　　　D. 投产后风险越小

【9.6-4】对某方案进行单因素敏感性分析，采用的评价指标为内部收益率，选定不确定因素为经营成本，基本方案的内部收益率为 20%，当经营成本增加 15% 时，内部收益率为 14%，则经营成本的敏感度系数为(　　)。

A. −2.5	B. −3.1	C. 3.1	D. 2.5

习题答案及解析

【9.6-1】答案：C

解析：对于线性盈亏平衡图，在盈亏平衡点左边时，方案亏损；在盈亏平衡点左边时，方案盈利。A、B错误。

对于非线性盈亏平衡图，在两个盈亏平衡点中间时，方案盈利，C正确。

【9.6.2】答案：B

解析：单因素敏感性分析图中，影响因素直线斜率绝对值越大，其敏感度系数越大，该因素越敏感。

【9.6.3】答案：B

解析：项目盈亏产品销量越高，其盈亏平衡点越高，其亏损区域越大，越容易亏损，抗风险能力越弱。

【9.6-4】答案：A

解析：根据题意得

$$\Delta A/A = (15\% - 20\%)/20\% = -0.25$$

$$\Delta F/F = 10\%$$

$$S_{AF} = \frac{\Delta A/A}{\Delta F/F} = \frac{-0.25}{10\%} = -2.5$$

9.7 方案经济比选

高频考点梳理

知识点	互斥方案比选
近三年考核频次	1

方案经济比选是对不同的项目方案从技术和经济相结合的角度进行多方面的分析论证，比较、择优的过程。

9.7.1 方案比选的类型

1. 互斥型

在没有资源约束的条件下，在一组方案中，选择其中的一个方案则排除了接受其他任何一个的可能性，则这一组方案称为互斥型多方案，简称互斥多方案或互斥方案。这类多方案在实际工作中是最常见到的。

2. 独立型

在没有资源约束的条件下，在一组方案中，选择其中的一个方案并不排斥接受其他的方案，即一个方案是否采用与其他方案是否采用无关，则称这一组方案为独立型多方案，简称独立多方案或独立方案。

3. 混合型

在一组方案中，方案之间有些具有互斥关系，有些具有独立关系，则称这一组方案为混合方案。

9.7.2 方案经济比选的方法

独立方案的采用与否，取决于方案自身的经济性，可用净现值、净年值或内部收益率作为方案的评价指标。

对于互斥型方案，在多个方案进行比较选择时，有方案的计算期相等和计算期不等两种情况。

1. 计算期相等的互斥方案比较

寿命期相同的互斥方案进行比较选择，计算期通常设定为其寿命期，可以根据不同情况选用净现值法、增量分析法和最小费用法。

（1）净现值法

净现值法的基本步骤主要有：

第一步，首先计算各个备选方案的净现值，检验各个方案的绝对经济效果，去掉 $FNPV<0$ 的方案；

第二步，对绝对经济效果合格的方案，比较其净现值，以净现值最大的方案为最优方案。

（2）增量分析法

投资额不同的互斥方案比选的实质是判断增量投资的经济合理性，即投资大的方案相对于投资小的方案多投入的资金能否带来满意的增量收益。

1）差额净现值法

具体方法是将参选方案按投资额的大小排序，并增设一个方案。当基础方案可靠时，把基础方案和投资额最小的方案进行比较，计算投资增额净现值，若投资增额净现值大于零，则选择投资大的方案作为下一个基础方案；若投资增额净现值小于零，则选择投资小的方案作为下一个比较的基础方案，依此类推，最后保留的方案即为最优方案。

即：$\Delta FNPV(A-B) = FNPV(A) - FNPV(B)$

若 $\Delta FNPV(A-B) \geqslant 0$，表明增量投资可以接受，投资大的方案经济效果好；相反，若 $\Delta FNPV(A-B) < 0$，增量投资不可以接受，表明投资小的方案效果好。

【例9.7-1】方案 a、b、c 是互斥方案，其净现金流量见表 9.7-1，设基准折现率 $i_c=10\%$，则较好的方案是（　　）。

A. a方案　　　　　　　　　　B. b方案
C. c方案　　　　　　　　　　D. 三个方案一样

【例9.7-1】

净现金流量　　　　　　　　　表 9.7-1

年末	0	1~10
a方案	−200	39
b方案	−100	20
c方案	−150	24

解析：方案绝对效益检验：

$NPV_a = -200 + 39(P/A,10\%,10) = -200 + 39 \times 6.144 = 39.62 > 0$

$NPV_b = -100 + 20(P/A,10\%,10) = -100 + 20 \times 6.144 = 22.88 > 0$

$$NPV_c = -150 + 24(P/A, 10\%, 10) = -150 + 24 \times 6.144 = -2.54 < 0$$

方案 c 不满足经济性要求，舍弃。

a、b 相对效益检验

$$\Delta NPV_{a\text{-}b} = -(200-100) + (39-20)(P/A, 10\%, 10) = -100 + 19 \times 6.144 = 16.74$$

$\Delta NPV_{a\text{-}b} > 0$，故 a 方案优于 b 方案。

答案为 A。

2）差额投资内部收益率法

对于若干个互斥方案，可两两比较，分别计算两个方案的差额内部收益率 ΔIRR。判别标准为：$\Delta IRR > i_c$，说明投资增量是合理的，则投资大的方案为优；相反 $\Delta IRR < i_c$ 时，说明投资增量是不合理的，则投资小的方案为优。

差额内部收益率只反映两方案增量现金流的经济性（相对经济性），不能反映各方案自身的经济效果。

注意：互斥方案的比较，不能直接用内部收益率 *IRR* 进行比较。

如果选取相同的基准收益率，对于计算期相同的互斥方案，采用净现值法或差额内部收益率法，其评价结果是一致的。

(3) 最小费用法

最小费用法是现值法的一种特殊情况，包括费用现值法和费用年值法，这里只介绍费用现值法。

费用现值法就是指利用此方法所计算出的净现值只包括费用部分，即只计算各个备选方案的费用现值，并进行对比，以费用现值最低的方案为最佳方案。

其表达式为

$$PC = \sum_{t=0}^{n} \frac{CO_t}{(1+i)^t} = \sum_{t=0}^{n} CO_t(P/F, i, t) \tag{9.7-1}$$

2. 计算期不同的互斥方案的比选

寿命期不同和寿命期相同的互斥方案，在经济效果的评价内容和评价程序方面是一样的，通常都要进行绝对效果检验和相对效果检验。但是，由于寿命期不同的项目在时间上没有可比性，所以在进行比较之前要先进行调整。

按照分析期的不同，寿命期不同的互斥方案的比选主要有最小公倍数法、研究期法和年值法。

(1) 最小公倍数法

最小公倍数法，也称方案重复法，是以各投资方案寿命期的最小公倍数作为进行方案比选的共同的计算期，并假设各个方案在这个共同的计算期内重复进行，对各个方案计算期内各年的净现金流量进行重复计算，直至与共同的计算期相等。求出计算期内各个方案的净现值（或费用现值），净现值较大（或费用现值较小）的为最优方案。

最小公倍数法基于重复更新假设理论，主要包括两个方面：

第一，较长时间内，方案可以连续地以同种方案进行重复更新，直到多方案最小公倍数计算期；

第二，替代更新方案与原方案相比较，现金流完全相同，延长寿命后的方案现金流量以原方案寿命周期重复变化。

(2) 研究期法

研究期法，是指针对寿命期不相等的互斥方案，直接选取一个适当的分析期作为各个方案共同的计算期，在此计算期内对各个方案的净现值进行比较，以净现值最大的方案为最优方案。

(3) 年值法

在对计算期不同的法案进行比选时，年值法是最简单的方法，当参加比选的方案数目众多时，尤其是这样。该方法是通过分别计算各工程方案净现金流量的等额年值，并进行比较，以等额年值大于零且最大的方案为最优方案。

净年值的计算公式为

$$NAV = FNPV(A/P, i, n) \tag{9.7-2}$$

需要注意的是，当互斥方案的计算期相同时，净现值法和年值法的结论是完全一致的。但对于寿命期不相同的互斥方案，年值高的方案不一定净现值也高，所以不能直接对方案计算期的净现值进行比较，只能用方案计算期的年值进行比较。

习 题

【9.7-1】差额投资内部收益率小于基准收益率，则说明（　　）。
A. 少投资的方案不可行　　　　B. 多投资的方案较优
C. 少投资的方案较优　　　　　D. 不确定

【9.7-2】当多个工程项目的计算期不同时，较为简便的评价选优方法为（　　）。
A. 净现值法　　　　　　　　　B. 差额内部收益率法
C. 最小费用法　　　　　　　　D. 年值法

【9.7-3】某项目有 A、B 两个方案，方案 A 的初始投资为 900 万元，寿命期为 4 年，每年年末净收益为 330 万元；方案 B 的初始投资为 1400 万元，寿命期为 8 年，每年年末净收益为 400 万元。两方案均无残值，若基准收益率为 12%，进行对比（　　）。
A. A 方案优　　　　　　　　　B. B 方案优
C. 两个方案一样　　　　　　　D. 不确定

【9.7-4】若在 9.7-3 题中尚有 C 方案，其初始投资为 1800 万元，寿命期为 11 年，每年年末净收益为 390 万元，寿命期末残值为 770 万元，进行比较（　　）。
A. A 方案优　　　　　　　　　B. B 方案优
C. C 方案优　　　　　　　　　D. 三个方案一样

习题答案及解析

【9.7-1】答案：C

解析：对于若干个互斥方案，可两两比较，分别计算两个方案的差额内部收益率 ΔIRR。判别标准为：$\Delta IRR > i_c$，说明投资增量是合理的，则投资大的方案为优；相反 $\Delta IRR < i_c$ 时，说明投资增量是不合理的，则投资小的方案为优。

【9.7-2】答案：D

解析：按照分析期的不同，计算期不同的互斥方案的比选主要有最小公倍数法、研究期法和年值法。

净现值法、差额内部收益率法和最小现值法适用于计算期相同的互斥方案的比选。

【9.7-3】答案：B

解析：两方案寿命期的最小公倍数为 8 年。

$$NPV(8)_A = 330 \times (P/A,12\%,8) - 900 \times (P/A,12\%,4) - 900 = 167.36(万元)$$

$$NPV(8)_B = 400 \times (P/A,12\%,8) - 1400 = 587.0(万元)$$

$NPV(8)_B > NPV(8)_A$，故 B 方案最优。

【9.7-4】答案：C

解析：采用年值法

$$AE_A = 330 - 900 \times (A/P,12\%,4) = 33.72(万元)$$

$$AE_B = 400 - 1400 \times (A/P,12\%,8) = 118.18(万元)$$

$$AE_C = 390 - 1800 \times (A/P,12\%,11) + 770(A/F,12\%,11) = 124.15(万元)$$

$AE_C > AE_B > AE_A$，故 C 方案为最优。

9.8 改扩建项目的经济评价特点

高频考点梳理

知识点	改扩建项目的经济评价
近三年考核频次	1

改扩建项目是指既有法人依托现有企业进行改扩建与技术改造的项目，与新设法人项目相比，其最显著的组织特点就是不组建新的项目法人。

9.8.1 改扩建项目的主要特点

(1) 项目的活动与既有企业有联系但在一定程度上又有区别。

(2) 项目的融资主体和还款主体都是既有企业。

(3) 项目一般要利用既有企业的部分或全部资产、资源，但不发生产权转移。

(4) 建设期内企业生产经营与项目建设一般同时进行。

9.8.2 改扩建项目的经济评价特点

与从无到有的新设法人项目（新建项目）相比，改扩建项目的财务评价复杂程度高，牵扯面广，需要数据多，涉及项目和企业两个层次、"有项目"与"无项目"两个方面，其特殊性主要表现在：

(1) 在不同程度上利用了原有资产和资源，以增量调动存量，以较小的新增投入取得较大的效益；在财务评价中，注意应将原有资产作为沉没费用处理。

(2) 原来已在生产，若不进行改扩建，原有状况也会发生变化，因此项目效益与费用的识别与计算要比新设法人项目复杂得多，着重于增量分析与评价。

(3) 建设期内建设与生产可能同步进行。

(4) 项目与企业既有联系，又有区别。既要考查项目给企业带来的效益，又要考查企业整体的财务状况，这就提出了项目范围界定的问题。

(5) 出现"有项目"与"无项目"计算期是否一致问题。这时应以"有项目"的计算期为基础，对"无项目"进行计算期调整。调整的手段一般是追加投资或加大各年修理费，以延长其寿命期。在某些特殊情况下，也可以将"无项目"适时终止，其后的现金流量作零处理。

【例 9.8-1】 以下关于改扩建项目财务分析说法错误的是（　　）。
A. 应进行盈利能力分析
B. 应进行财务生存能力分析
C. 只需进行企业层次的财务分析
D. 应遵循"有无对比"原则

解析：改扩建项目的财务评价复杂程度高，牵扯面广，需要数据多，涉及项目和企业两个层次，对这两个层次都需要进行财务分析。答案为 C。

习　题

【9.8-1】 对于改扩建项目，以下说法正确的是（　　）。
A. 建设期内企业生产经营与项目建设不同时进行
B. 项目与企业既有联系，又有区别
C. 只对项目本身进行经济性评价，不考虑对既有企业的影响
D. 财务分析一般只按项目一个层次进行财务分析

【9.8-2】 下列不属于改扩建项目的特点的是（　　）。
A. 项目的活动与既有企业有联系但在一定程度上又有区别
B. 项目的融资主体和还款主体都是既有企业
C. 项目一般要利用既有企业的部分或全部资产、资源，但不发生产权转移
D. 新设项目法人，由新设项目法人承担融资责任和风险

习题答案与解析

【9.8-1】 答案：B
解析：建设期内企业生产经营与项目建设一般同时进行，A 错误。
需要对项目本身和企业都进行经济性评价，C 错误。
财务分析一般按项目和企业两个层次进行财务分析，D 错误。

【9.8-2】 答案：D
解析：改扩建项目的特点：项目的活动与既有企业有联系但在一定程度上又有区别；项目的融资主体和还款主体都是既有企业；项目一般要利用既有企业的部分或全部资产、资源，但不发生产权转移；建设期内企业生产经营与项目建设一般同时进行。
新设项目法人，由新设项目法人承担融资责任和风险是新设法人项目的特点。

9.9　价　值　工　程

高频考点梳理

知识点	价值系数法
近三年考核频次	2

9.9.1 价值工程的概念

价值工程是分析产品或作业的功能与成本的关系，力求以最低的寿命周期成本实现产品或作业的必要功能的一种有组织的技术经济活动。其定义可用公式表示为

$$价值 = \frac{功能}{成本} \tag{9.9-1}$$

$$V = \frac{F}{C} \tag{9.9-2}$$

1. 价值

价值工程中的"价值"一词的含义不同于政治经济学中的价值概念，它类似于生活中常说的"合算不合算"和"值不值"的意思。人们对于同一事物有不同的利益、需要和目的，对于同一事物的"价值"会有不同的认识。

2. 功能

功能是指分析对象用途、功效或作用，它是产品的某种属性，是产品对于人们的某种需要的满足能力和程度。产品或零件的功能通过设计技术和生产技术得以实现，并凝聚了设计与生产技术的先进性和合理性。

3. 成本

成本是指实现分析对象功能所需要的费用，是在满足功能要求条件下的制造生产技术和维持使用技术（这里的技术是指广义的技术，包括工具、材料和技能等）的耗费支出。"价值成本"中的成本包括3个方面的内容：功能现实成本、功能目标成本和寿命周期成本。

价值工程中所指的成本，通常是指产品寿命周期成本。从社会角度来看，产品寿命周期成本最小的产品方案是最经济方案。

9.9.2 价值工程的目标与工作程序

1. 价值工程的目标以及提高价值的途径

价值工程是以提高产品的价值为目标，这是用户需要，也是企业追求的目标。价值工程的特点之一，就是价值分析并不单纯追求降低成本，也不片面追求较高功能，而是追求 F/C 的比值的提高，追求产品功能与成本之间的最佳匹配关系。

从价值的定义及表达式可以看出，提高产品价值的途径有以下5种：

(1) 降低成本，功能保持不变；

(2) 成本保持不变，提高功能；

(3) 成本略有增加，功能提高很多；

(4) 功能减少一部分，成本大幅度下降；

(5) 成本降低的同时，功能能有提高。这可使价值大幅提高，是最理想的提高价值的途径。

2. 价值工程的工作程序

价值工程的工作过程可分为4个阶段，即准备阶段、分析阶段、创新阶段、实施阶段。其中，准备阶段的主要工作是选择价值工程对象；分析阶段的主要工作是进行功能成本分析；创新阶段的主要工作是进行方案创新设计以及方案评价。这3项主要工作构成了价值工程分析的基本框架。

(1) 对象选择（应明确目标、限制条件和分析范围）；
(2) 组成价值工程小组（由项目负责人、价值工程咨询专家、专业技术人员等组成）；
(3) 制订工作计划（具体执行人，执行日期，工作目标）；
(4) 收集整理信息资料（贯穿于价值工程工作的全过程）；
(5) 功能系统分析（明确功能特性要求，绘制功能系统图）；
(6) 功能评价（确定目标成本，确定功能改进区域）；
(7) 方案创新（提出各种不同的实现功能的方案）；
(8) 方案评价（从技术、经济和社会等方面综合评价各方案达到预定目标的可行性）；
(9) 提案编写（将选出的方案及有关资料编写成册）；
(10) 审批（委托单位或主管部门进行组织）；
(11) 实施与检查（制订实施计划，组织实施并跟踪检查）；
(12) 成果鉴定（对实施后取得的技术经济效果进行成果鉴定）。

9.9.3 价值工程对象的选择

价值工程对象的选择是指在众多的产品、零部件中从总体上选择价值分析的对象，为后续的深入的价值工程活动选择工作对象。

常用的选择方法有下面几种：

1. 因素分析法

因素分析法，又称经验分析法，即由价值工程小组成员根据专家经验，对影响因素进行综合分析，确定功能与成本配置不合理的产品或零部件，作为价值工程的对象。这是一种定性的方法。

选择的原则是：(1) 从设计方面看，结构复杂、性能差或技术指标低的产品或零部件；(2) 从生产方面看，产量大、工艺复杂、原材料消耗大且价格高并有可能替换的或废品率高的产品或零部件；(3) 从经营和管理方面看，用户意见多的、销路不畅的、系统配套差的、利润率低的、成本比重大的、市场竞争激烈的、社会需求量大的、发展前景好的或新开发的产品或零部件。

2. ABC法

ABC分析法是一种定量分析方法，是根据客观事物中普遍存在的不均匀分布规律，将其分为"关键的少数"和"次要的多数"，此法以对象数占总数的百分比为横坐标，以对象成本占总成本的百分比为纵坐标，绘制曲线分配图，如图9.9-1所示。

ABC法将全体对象分为A、B、C三类，其中：

A类对象的数目较小，一般只占总数的20%左右，但成本比重占70%左右；

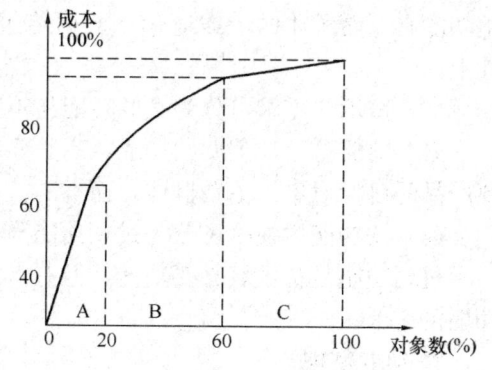

图9.9-1 ABC分析法

B类对象一般只占40%左右，其成本比重占20%左右；

C类对象占40%左右，其成本比重占10%左右。

显然A类对象是关键少数，应作为价值工程的对象；C类对象是次要多数，可不加分析；B类对象则视情况予以选择，可只做一般分析。

3. 百分比法

这是一种按某项费用或某种资源，在不同产品、作业中或某一产品、作业的不同组成部分中，所占的比重大小来选择对象。

4. 产品寿命周期法

产品从试制到被淘汰的整个过程称为产品的寿命周期。产品一般会经过4个阶段：投产期、成长期、成熟期和衰退期。

处在投产期的新产品是价值工程的对象。在设计新产品的过程中，应大力进行价值工程活动，使产品有较大的价值，使它一进入市场就能扩大市场份额，取得较高的利润。处于成熟期的产品，如企业决定再增加较少投资，提高它的功能或降低成本和售价，也应选为价值工程对象；或者产品销售额已下降，但还有可能对购买力低的用户打开销路，这样的产品也可选为价值工程的对象。

9.9.4 功能分析

功能分析是价值工程的核心。功能分析是通过分析对象资料，正确表达分析对象的功能，明确功能特性要求，从而弄清产品与部件各功能之间的关系，去掉不合理的功能，使产品功能结构更合理。

1. 功能分类

（1）按功能重要程度可分为基本功能与辅助功能。

基本功能是指产品必不可少的功能，决定了产品的主要用途。辅助功能是基本功能外的附加功能，可以根据用户的需要进行增减。如手机的基本功能是无线通信，辅助功能则有无线数据传接（短信）、计时、来电显示、电子数据记录等。

（2）按功能的用途可分为使用功能与美学功能。

使用功能反映产品的物质属性，促使产品、人及外界之间发生能量和物质的交流，是动态的功能。使用功能通过产品的基本功能和辅助功能而得以实现。美学功能反映产品的精神和艺术属性，是人对产品所产生的一种内在的精神感受，是静态的功能。如手机的使用功能有上面所述的无线通信、数据传送等，美学功能则体现在手机体型、色彩和装饰性上。

（3）按用户需求可分为必要功能与不必要功能。

必要功能是用户需要的功能，不必要功能是指用户不需要的功能。功能是否必要，是视产品的目标对象（消费群体）而言的。

（4）按功能的强度可分为过剩功能与不足功能。

过剩功能是指虽属必要功能，但有富余，功能强度超过了该产品所面对的消费群体对功能的需求。

2. 功能整理

功能整理就是用系统的观点将已经定义了的功能加以系统化，找出功能之间的逻辑关系，对功能进行分析归类，画出反映功能关系的功能系统图。通过功能整理分析，弄清哪些是基本的，哪些是辅助的，哪些是必要的，哪些是不必要的，哪些是需要加强的，哪些属于过剩的，从而为功能评价和方案构思提供依据。

3. 功能评价

功能评价是根据功能系统图，在同一级的各功能之间，计算并比较各功能价值的大小，从而寻求功能与成本在量上不匹配的具体改进目标以及大致经济效果的过程。功能评价方法：

(1) 功能成本法

功能成本法的特点是以功能的必要（最低）费用来计量功能，其步骤如下：

1) 确定一个产品（或部件）的全部零件的现实成本。

2) 将零件成本换算成功能成本。

在实际产品中，常常有下列情况，即实现一个功能要由几个零件来完成，或者一个零件有几个功能。因此，零件的成本不等于功能的成本，要把零件成本换算成功能成本。换算的方法是：一个零件有一个功能，则零件的成本就是功能的成本；一个零件有两个或两个以上功能，就把零件成本按功能的重要程度分摊给各个功能；上位功能的成本是下位功能的成本的合计。

3) 确定功能的必要成本（最低成本，也称目标成本）

确定的方法是：从实现每个功能的初步改进方案中找出成本最低的方案（要对改进方案的成本进行估算），以此方案的成本为功能的必要成本；或从厂内外已有的相同或相似零件的成本中找出最低成本，以此来确定功能的必要成本。

4) 计算各功能的价值

计算公式仍采用 $V = F/C$，但这里的 V 以价值系数表示，F 以实现这一功能的必要成本来计量，C 表示实现这一功能的现实成本，即有

$$价值系数 = \frac{实现功能的必要成本}{实现功能的现实成本} \tag{9.9-3}$$

通过计算，就可知道每种功能的现实价值的大小，计算出的功能价值（即价值系数）一般都小于1，即现实成本高于必要成本。现实成本和必要成本之差 $(C-F)$ 就是改善的幅度，也称期望值。

5) 按价值系数排序

按价值系数从小到大的顺序排队，确定价值工程对象、重点、顺序和目标。

(2) 强制确定法

强制确定法是一种目前流行较广的功能评价法，简称 FD 法。

它的基本思想是：产品的每一个零部件成本应该与该零部件功能的重要性对称，它以功能重要程度作为选择价值工程对象的决策指标。

将产品或组成产品部件的重要程度代替功能，再以这种重要性与相关的产品或部件成本来确定价值工程对象。

通常采用 0-1 打分法和 0-4 打分法。

1) 0-1 打分法

它是指将零部件排列起来后，就其功能的重要性逐一进行比较，重要的得 1 分，不重要的得 0 分。然后用每个零部件所得的分数乘以各零部件得分总和，求得各自的功能评价系数。

$$功能评价系数 = \frac{零部件的功能得分}{全部零部件功能总分} \tag{9.9-4}$$

功能评价系数的大小，说明该零部件在全部零部件中的重要程度。功能评价系数越大越重要。

$$成本系数 = \frac{各零部件的目前成本}{全部零部件的目前成本之和} \quad (9.9\text{-}5)$$

$$价值系数 = \frac{功能评价系数}{成本系数} \quad (9.9\text{-}6)$$

根据价值系数的概念可知：对于价值系数小于1的对象，应该考虑降低其成本；而对价值系数大于1的对象，则应考虑提高其功能。0-1打分法为我们提供了零部件改进的努力方向及大致程度。此法简单、易行、实用，应用的范围很广。但由于0-1打分法在做零部件重要性比较时只能给出0，1两种结果，而在实际中往往并不是非此即彼；同时，0-1打分法中总有一个零部件的得分为0，而这个零部件并不一定是没有存在的必要。为了克服这些缺点，有时候可采用0-4打分法。

【例9.9-1】某产品的一个功能域中有五项并列功能，请10名专家用0-1法评分，A、B、C、D、E得分分别为4.5、3.1、3.9、2.2、1.3，求C的功能系数为（　　）。

A. 0.21　　　　　B. 0.26
C. 0.29　　　　　D. 0.24

解析：根据公式得

$$F_C = \frac{3.9}{4.5+3.1+3.9+2.2+1.3} = \frac{3.9}{15} = 0.26$$

【例9.9-1】

答案为B。

2) 0-4打分法

此法的使用规则与0-1打分法基本相同，只是在进行零部件的逐一比较时，将比较打分的距离拉大，即将重要程度融入了重要性比较中。若两个零部件的重要性相差很大，则重要的打4分，不重要的打0分；若两个零部件的重要性相差不是很大，则重要的打3分不重要的打1分；若两个零部件的重要性无甚差别，则可分别打2分。

0-4打分法避免了0-1打分法造成的非此即彼、无法表示程度的不足，使得不确定度零部件的功能系数及其价值系数等能够更加接近实际。对于更加复杂的零部件功能系数和价值系数的求取，有时可依0-4打分法的规则加以扩充，采用多比例打分法。

习　题

【9.9-1】价值工程的目标表现为（　　）。
A. 产品价值的提高　　　　B. 产品功能的提高
C. 产品功能与成本的协调　　D. 产品价值与成本的协调

【9.9-2】价值工程的核心是（　　）。
A. 对象选择　　B. 方案制定　　C. 功能分析　　D. 效果评价

【9.9-3】功能整理的主要任务是（　　）。
A. 确定功能定义　　　　　B. 确定功能成本
C. 确定功能系统图　　　　D. 确定功能系数

【9.9-4】价值工程的总成本是（　　）。
A. 生产成本　　　　　　　B. 使用成本

C. 产品寿命周期成本　　　　　　D. 使用与维修费用成本

习题答案及解析

【9.9-1】答案：A

解析：价值工程是以提高产品的价值为目标，这是用户需要，也是企业追求的目标。价值工程的特点之一，就是价值分析并不单纯追求降低成本，也不片面追求较高功能，而是追求 F/C 的比值的提高，追求产品功能与成本之间的最佳匹配关系。

【9.9-2】答案：C

解析：功能分析是价值工程的核心。

【9.9-3】答案：C

解析：功能整理就是用系统的观点将已经定义了的功能加以系统化，找出功能之间的逻辑关系，对功能进行分析归类，画出反映功能关系的功能系统图。

【9.9-4】答案：C

解析：价值工程中所指的成本，通常是指产品寿命周期成本。从社会角度来看，产品寿命周期成本最小的产品方案是最经济方案。

执业资格考试丛书

一级注册结构工程师
基础考试教程

(附赠：模拟试题)

荣彬　姜南　主编

中国建筑工业出版社

目　录

模拟试卷 1（上午卷） ……………………………………………………………… 1
模拟试卷 1（上午卷）答案及解答 ………………………………………………… 22
模拟试卷 1（下午卷） ……………………………………………………………… 36
模拟试卷 1（下午卷）答案及解答 ………………………………………………… 45
模拟试卷 2（上午卷） ……………………………………………………………… 53
模拟试卷 2（上午卷）答案及解答 ………………………………………………… 73
模拟试卷 2（下午卷） ……………………………………………………………… 87
模拟试卷 2（下午卷）答案及解答 ………………………………………………… 96
模拟试卷 3（上午卷） ……………………………………………………………… 105
模拟试卷 3（上午卷）答案及解答 ………………………………………………… 125
模拟试卷 3（下午卷） ……………………………………………………………… 136
模拟试卷 3（下午卷）答案及解答 ………………………………………………… 145

模拟试卷 1(上午卷)

1. 要使得函数 $f(x) = \begin{cases} \dfrac{x\ln x}{1-x} & x>0 \text{ 且 } x \neq 1 \\ a & x = 1 \end{cases}$ 在 $(0, +\infty)$ 上连续，则常数 a 等于( )。

   A. 0　　　　　　B. 1　　　　　　C. -1　　　　　　D. 2

2. 函数 $y = \sin(1/x)$ 是定义域内的( )。

   A. 有界函数　　　B. 无界函数　　　C. 单调函数　　　D. 周期函数

3. 设 $\boldsymbol{\alpha}$、$\boldsymbol{\beta}$ 均为非零向量，则下面结论正确的是( )。

   A. $\boldsymbol{\alpha} \times \boldsymbol{\beta} = 0$ 是 $\boldsymbol{\alpha}$ 与 $\boldsymbol{\beta}$ 垂直的充要条件　　B. $\boldsymbol{\alpha} \cdot \boldsymbol{\beta} = 0$ 是 $\boldsymbol{\alpha}$ 与 $\boldsymbol{\beta}$ 平行的充要条件

   C. $\boldsymbol{\alpha} \times \boldsymbol{\beta} = 0$ 是 $\boldsymbol{\alpha}$ 与 $\boldsymbol{\beta}$ 平行的充要条件　　D. 若 $\boldsymbol{\alpha} = \lambda \boldsymbol{\beta}$($\lambda$ 是常数)，则 $\boldsymbol{\alpha} \cdot \boldsymbol{\beta} = 0$

4. 微分方程 $y' - y = 0$ 满足 $y(0) = 2$ 的特解是( )。

   A. $y = 2e^{-x}$　　B. $y = 2e^x$　　C. $y = e^x + 1$　　D. $y = e^{-x} + 1$

5. 设函数 $f(x) = \int_x^2 \sqrt{5+t^2}\,dt$ 则 $f'(1)$ 等于( )。

   A. $2 - \sqrt{6}$　　B. $2 + \sqrt{6}$　　C. $\sqrt{6}$　　D. $-\sqrt{6}$

6. 若 $y = y(x)$ 由方程 $e^y + xy = e$ 确定，则 $y'(0)$ 等于( )。

   A. $-y/e^y$　　B. $-y/(x+e^y)$　　C. 0　　D. $-1/e$

7. $\int f(x)\,dx = \ln x + C$，则 $\int \cos x f(\cos x)\,dx$ 等于( )。

   A. $\cos x + C$　　B. $x + C$　　C. $\sin x + C$　　D. $\ln(\cos x) + C$

8. 函数 $f(x, y)$ 在点 $P_0(x_0, y_0)$ 处有一阶偏导数是函数在该点连续的( )。

   A. 必要条件　　　　　　　　　　B. 充分条件

   C. 充分必要条件　　　　　　　　D. 既非充分又非必要条件

9. 过点 $(1, -2, 3)$ 且平行于 z 轴的直线的对称式方程是( )。

   A. $\begin{cases} x = 1 \\ y = -2 \\ z = 3+t \end{cases}$　　　　　　B. $(x-1)/0 = (y+2)/0 = (z-3)/1$

   C. $z = 3$　　　　　　　　　　D. $(x+1)/0 = (y-2)/0 = (z+3)/1$

10. 定积分 $\displaystyle\int_{\frac{1}{\pi}}^{\frac{2}{\pi}} \dfrac{\sin \frac{1}{x}}{x^2}\,dx$ 等于( )。

    A. 0　　　　　　B. -1　　　　　C. 1　　　　　　D. 2

11. 函数 $f(x)=\sin[x+(\pi/2)+\pi]$ 在区间 $[-\pi,\pi]$ 上的最小值点 x_0 等于（　　）。
A. $-\pi$　　　　　B. 0　　　　　C. $\pi/2$　　　　　D. π

12. 设 L 是椭圆周 $\begin{cases}x=a\cos\theta\\y=b\sin\theta\end{cases}(a>0,b>0)$ 的上半椭圆周，取顺时针方向，则曲线积分 $\int_L y^2\,dx$ 等于（　　）。

A. $(5/3)ab^2$　　　B. $(4/3)ab^2$　　　C. $(2/3)ab^2$　　　D. $(1/3)ab^2$

13. 级数 $\sum_{n=1}^{\infty}\dfrac{(-1)^n}{a_n}$（$a_n>0$）满足下列什么条件时收敛（　　）。

A. $\lim\limits_{n\to\infty}a_n=\infty$　　　　　　B. $\lim\limits_{n\to\infty}\dfrac{1}{a_n}=0$

C. $\sum_{n=1}^{\infty}a_n$ 发散　　　　　　D. a_n 单调增且 $\lim\limits_{n\to\infty}a_n=\infty$

14. 曲线 $f(x)=xe^{-x}$ 的拐点是（　　）。
A. $(2,2e^{-2})$　　　B. $(-2,-2e^2)$　　　C. $(-1,-e)$　　　D. $(1,e^{-1})$

15. 微分方程 $y''+y'+y=e^x$ 的一个特解是（　　）。
A. $y=e^x$　　　　　　　　　　B. $y=(1/2)e^x$
C. $y=(1/3)e^x$　　　　　　　　D. $y=(1/4)e^x$

16. 若圆域 $D:x^2+y^2\leqslant 1$，则二重积分 $\iint_D\dfrac{dxdy}{1+x^2+y^2}$ 等于（　　）。
A. $\pi/2$　　　　　B. π　　　　　C. $2\pi\ln2$　　　　　D. $\pi\ln2$

17. 幂级数 $\sum_{n=1}^{\infty}\dfrac{x^n}{n!}$ 的和函数 $S(x)$ 等于（　　）。
A. e^x　　　　　B. e^x+1　　　　　C. e^x-1　　　　　D. $\cos x$

18. 设 $z=y\varphi(x/y)$，其中 $\varphi(u)$ 具有二阶连续导数，则 $\partial^2 z/\partial x\partial y$ 等于（　　）。
A. $(1/y)\varphi''(x/y)$　　　　　　B. $(-x/y^2)\varphi''(x/y)$
C. 1　　　　　　　　　　　　D. $\varphi'(x/y)-(x/y)\varphi''(x/y)$

19. 矩阵 $A=\begin{bmatrix}0&0&-2\\0&3&0\\1&0&0\end{bmatrix}$ 的逆矩阵 A^{-1} 是（　　）。

A. $\begin{bmatrix}-\dfrac{1}{2}&0&0\\0&\dfrac{1}{3}&0\\0&0&1\end{bmatrix}$　　　　　B. $\begin{bmatrix}0&0&-\dfrac{1}{2}\\0&\dfrac{1}{3}&0\\1&0&0\end{bmatrix}$

C. $\begin{bmatrix}0&0&1\\0&\dfrac{1}{3}&0\\-\dfrac{1}{2}&0&0\end{bmatrix}$　　　　　D. $\begin{bmatrix}0&0&6\\0&2&0\\3&0&0\end{bmatrix}$

20. 设 A 为 $m\times n$ 矩阵，则齐次线性方程组 $Ax=0$ 有非零解的充分必要条件是( )。

    A. 矩阵 A 的任意两个列向量线性相关
    B. 矩阵 A 的任意两个列向量线性无关
    C. 矩阵 A 的任一列向量是其余列向量的线性组合
    D. 矩阵 A 必有一个列向量是其余列向量的线性组合

21. 设 $\lambda_1=6$，$\lambda_2=\lambda_3=3$ 为三阶实对称矩阵 A 的特征值，属于 $\lambda_2=\lambda_3=3$ 的特征向量为 $\xi_2=(-1, 0, 1)^T$，$\xi_3=(1, 2, 1)^T$，则属于 $\lambda_1=6$ 的特征向量是( )。

    A. $(1, -1, 1)^T$
    B. $(1, 1, 1)^T$
    C. $(0, 2, 2)^T$
    D. $(2, 2, 0)^T$

22. 设 A、B、C 是三个事件，与事件 A 互斥的事件是( )。

    A. $\overline{B \cup C}$
    B. $\overline{A \cup B \cup C}$
    C. $\overline{AB} + A\overline{C}$
    D. $A(B+C)$

23. 设二维随机变量 (X, Y) 的概率密度为

$$f(x,y) = \begin{cases} e^{-2ax+by} & x>0, y>0 \\ 0 & 其他 \end{cases}$$

则常数 a、b 应满足的条件是( )。

    A. $ab=-1/2$，且 $a>0, b<0$
    B. $ab=1/2$，且 $a>0, b>0$
    C. $ab=-1/2$，且 $a<0, b>0$
    D. $ab=1/2$，且 $a<0, b<0$

24. 设 $\hat{\theta}$ 是参数 θ 的一个无偏估计量，又方差 $D(\hat{\theta})>0$，则下列结论中正确的是( )。

    A. $(\hat{\theta})^2$ 是 θ^2 的无偏估计量
    B. $(\hat{\theta})^2$ 不是 θ^2 的无偏估计量
    C. 不能确定 $(\hat{\theta})^2$ 是还是不是 θ^2 的无偏估计量
    D. $(\hat{\theta})^2$ 不是 θ^2 的估计量

25. 有两种理想气体，第一种的压强为 P_1，体积为 V_1，温度为 T_1，总质量为 M_1，摩尔质量为 μ_1；第二种的压强为 P_2，体积为 V_2，温度为 T_2，总质量为 M_2，摩尔质量为 μ_2，当 $V_1=V_2$，$T_1=T_2$，$M_1=M_2$ 时，则 μ_1/μ_2 为( )。

    A. $\dfrac{\mu_1}{\mu_2} = \sqrt{\dfrac{P_1}{P_2}}$
    B. $\dfrac{\mu_1}{\mu_2} = \dfrac{P_1}{P_2}$
    C. $\dfrac{\mu_1}{\mu_2} = \sqrt{\dfrac{P_1}{P_2}}$
    D. $\dfrac{\mu_1}{\mu_2} = \dfrac{P_2}{P_1}$

26. 在恒定不变的压强下，气体分子的平均碰撞频率 $\bar{Z}$ 与温度 T 的关系为( )。

    A. 则 $\bar{Z}$ 与 T 无关
    B. 则 $\bar{Z}$ 与 $\sqrt{T}$ 成正比
    C. 则 $\bar{Z}$ 与 $\sqrt{T}$ 成反比
    D. 则 $\bar{Z}$ 与 T 成正比

27. 一定量的理想气体对外做了 500J 的功，如果过程是绝热的，气体内能的增量为( )。

    A. 0
    B. 500J
    C. -500J
    D. 250J

28. 热力学第二定律的开尔文表述和克劳修斯表述中( )。

    A. 开尔文表述指出了功热转换的过程是不可逆的

B. 开尔文表述指出了热量由高温物体传向低温物体的过程是不可逆的
C. 克劳修斯表述指出通过摩擦而使功变成热的过程是不可逆的
D. 克劳修斯表述指出气体的自由膨胀过程是不可逆的

29. 已知平面简谐波的方程为 $y=A\cos(Bt-Cx)$，式中 A、B、C 为正常数，此波的波长和波速分别为（　　）。

A. B/C，$2\pi/C$
B. $2\pi/C$，B/C
C. π/C，$2B/C$
D. $2\pi/C$，C/B

30. 对平面简谐波而言，波长 λ 反映（　　）。

A. 波在时间上的周期性
B. 波在空间上的周期性
C. 波中质元振动位移的周期性
D. 波中质元振动速度的周期性

31. 在波的传播方向上，有相距 3m 的两质元，两者的相位差为 $\pi/6$，若波的周期为 4s，则此波的波长和波速分别为（　　）。

A. 36m 和 6m/s
B. 36m 和 9m/s
C. 12m 和 6m/s
D. 12m 和 9m/s

32. 双缝干涉实验中，入射光的波长为 λ，用透明玻璃纸遮住双缝中的一条缝（靠近屏一侧），若玻璃纸中光程比相同厚度的空气的光程大于 2.5λ，则屏上原来的明纹处（　　）。

A. 仍为明条纹
B. 变为暗条纹
C. 既非明条纹也非暗条纹
D. 无法确定是明纹还是暗纹

33. 一束自然光垂直通过两块叠放在一起的偏振片，若两偏振片的偏振化方向间夹角由 α_1 转到 α_2，则转动前后透射光强度之比为（　　）。

A. $\cos^2\alpha_2/\cos^2\alpha_1$
B. $\cos\alpha_2/\cos\alpha_1$
C. $\cos^2\alpha_1/\cos^2\alpha_2$
D. $\cos\alpha_1/\cos\alpha_2$

34. 若用衍射光栅准确测定一单色可见光的波长，在下列各种光栅常数中，最好选用（　　）。

A. 1.0×10^{-1}mm
B. 5.0×10^{-1}mm
C. 1.0×10^{-2}mm
D. 1.0×10^{-3}mm

35. 在双缝干涉实验中，光的波长 600nm，双缝间距 2mm，双缝与屏的间距为 300cm，则屏上形成的干涉图样的相邻明条纹间距为（　　）。

A. 0.45mm
B. 0.90mm
C. 9.00mm
D. 4.50mm

36. 一束自然光从空气投射到玻璃表面上，当折射角为 30°时，反射光为完全偏振光，则此玻璃板的折射率为（　　）。

A. 2
B. 3
C. $\sqrt{2}$
D. $\sqrt{3}$

37. 某原子序数为 15 的元素，其基态原子的核外电子分布中，未成对电子数是（　　）。

A. 0
B. 1
C. 2
D. 3

38. 下列晶体中熔点最高的是（　　）。

A. NaCl
B. 冰
C. SiC
D. Cu

39. 将 $0.1\text{mol}\cdot\text{L}^{-1}$ 的 HAc 溶液冲稀一倍，下列叙述正确的是（　　）。

A. HAc 的解离度增大 B. 溶液中有关离子浓度增大
C. HAc 的解离常数增大 D. 溶液的 pH 值降低

40. 已知 $K_b(NH_3 \cdot H_2O) = 1.8 \times 10^{-5}$，将 0.2mol·L^{-1} 的 $NH_3 \cdot H_2O$ 溶液和 0.2mol·L^{-1} 的 HCl 溶液等体积混合，其溶液的 pH 为（　　）。

A. 5.12　　　　B. 8.87　　　　C. 1.63　　　　D. 9.73

41. 反应 $A(s) + B(g) \rightleftharpoons C(g)$ 的 $\Delta H < 0$，欲增大其平衡常数，可采取的措施是（　　）。

A. 增大 B 的分压 B. 降低反应温度
C. 使用催化剂 D. 减小 C 的分压

42. 两个电极组成原电池，下列叙述正确的是（　　）。

A. 作正极的电极的 $E_{(+)}$ 值必须大于零
B. 作负极的电极的 $E_{(-)}$ 值必须小于零
C. 必须是 $E_{(+)} > E_{(-)}$
D. 电极电势 E 值大的是正极，E 值小的是负极

43. 金属钠在氯气中燃烧生成氯化钠晶体，其反应的熵变是（　　）。

A. 增大　　　B. 减小　　　C. 不变　　　D. 无法判断

44. 某液态烃与溴水发生加成反应生成 2,3-二溴-2-甲基丁烷，该液态烃是（　　）。

A. 2-丁烯 B. 2-甲基-1-丁烯
C. 3-甲基-1-丁烯 D. 2-甲基-2-丁烯

45. 下列物质中与乙醇互为同系物的是（　　）。

A. $CH_2=CHCH_2OH$ B. 甘油
C. ⌬-CH_2OH D. $CH_3CH_2CH_2CH_2OH$

46. 下列有机物不属于烃的衍生物的是（　　）。

A. $CH_2=CHCl$ B. $CH_2=CH_2$
C. $CH_3CH_2NO_2$ D. CCl_4

47. 机构如图所示，杆 ED 的点 H 由水平绳拉住，其上的销钉 C 置于杆 AB 的光滑直槽中，各杆重均不计。已知 $F_P = 10kN$。销钉 C 处约束力的作用线与 x 轴正向所成的夹角为（　　）。

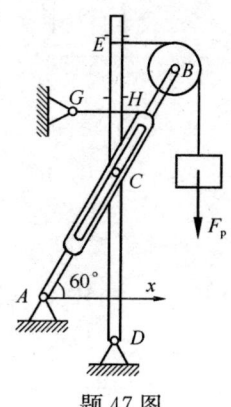

题 47 图

A. 0   B. 90°
C. 60°   D. 150°

48. 力 F_1、F_2、F_3、F_4 分别作用在刚体上同一平面内的 A、B、C、D 四点，各力矢首尾相连形成一矩形如图所示，该力系的简化结果为（　　）。

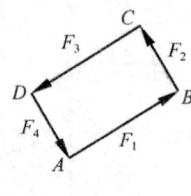

题 48 图

A. 平衡   B. 一合力
C. 一合力偶   D. 一力和一力偶

49. 如图所示，均质圆柱体重 P，直径为 D，置于两光滑的斜面上。设有图示方向力 F 作用，当圆柱不移动时，接触面 2 处的约束力大小为（　　）。

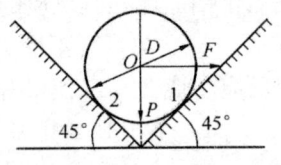

题 49 图

A. $N_2 = \frac{\sqrt{2}}{2}(P-F)$ B. $N_2 = \frac{\sqrt{2}}{2}F$

C. $N_2 = \frac{\sqrt{2}}{2}P$ D. $N_2 = \frac{\sqrt{2}}{2}(P+F)$

50. 杆 AB 的 A 端置于光滑水平面上，AB 与水平面夹角为 30°，杆重为 P，如图所示，B 处有摩擦，则杆 AB 平衡时，B 处的摩擦力与 x 方向的夹角为（　　）。

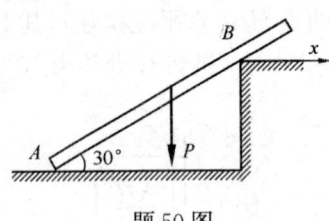

题 50 图

A. 90°   B. 30°   C. 60°   D. 45°

51. 点沿直线运动，其速度 $v = 20t + 5$。已知：当 $t = 0$ 时，$x = 5$m。则点的运动方程为（　　）。

A. $x = 10t^2 + 5t + 5$ B. $x = 20t + 5$
C. $x = 10t^2 + 5t$ D. $x = 20t^2 + 5t + 5$

52. 杆 OA 绕固定轴 O 转动，长为 l，某瞬时杆端 A 点的加速度 a 如图所示。则该瞬时

OA 的角速度及角加速度为(　　)。

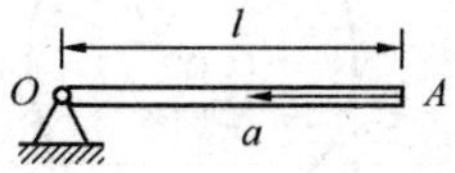

题 52 图

A. $0, \dfrac{a}{l}$
B. $\sqrt{\dfrac{a\cos\alpha}{l}}, \dfrac{a\sin\alpha}{l}$

C. $\sqrt{\dfrac{a}{l}}, 0$
D. $0, \sqrt{\dfrac{a}{l}}$

53. 一绳缠绕在半径为 r 的鼓轮上，绳端系一重物 M，重物 M 以速度 v 和加速度 a 向下运动，如图所示。则绳上两点 A、D 和轮缘上两点 B、C 的加速度是(　　)。

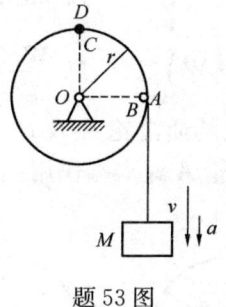

题 53 图

A. A、B 两点的加速度相同，C、D 两点的加速度相同
B. A、B 两点的加速度不相同，C、D 两点的加速度不相同
C. A、B 两点的加速度相同，C、D 两点的加速度不相同
D. A、B 两点的加速度不相同，C、D 两点的加速度相同

54. 汽车重 2800N，并以匀速 10m/s 的行驶速度，撞入刚性洼地，此路的曲率半径是 5m，取 $g=10\text{m/s}^2$。则在此处地面给汽车的约束力大小为(　　)。

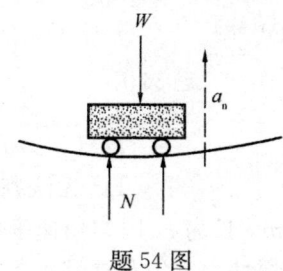

题 54 图

A. 5600N
B. 2800N
C. 3360N
D. 8400N

55. 图示均质圆轮，质量 m，半径 R，由挂在绳上的重为 W 的物块使其绕质心轴 O 转动。设重物的速度为 v，不计绳重，则系统动量、动能的大小是(　　)。

7

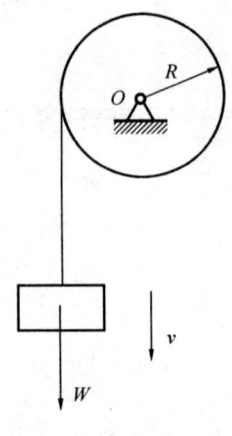

题 55 图

A. $\dfrac{Wv}{g}$；$\dfrac{1}{2}\dfrac{R^2\omega^2}{g}\left(\dfrac{1}{2}mg+W\right)$ B. mv；$\dfrac{1}{2}\dfrac{R^2\omega^2}{g}(mg+W)$

C. $\dfrac{Wv}{g}+mv$；$\dfrac{1}{2}\dfrac{R^2\omega^2}{g}\left(\dfrac{1}{2}mg-W\right)$ D. $\dfrac{Wv}{g}-mv$；$\dfrac{1}{2}\dfrac{R^2\omega^2}{g}(mg-W)$

56. 在两个半径及质量均相同的均质滑轮 A 及 B 上，各绕以不计质量的绳如图所示。轮 B 绳末端挂一重量为 P 的重物；轮 A 绳末端作用一铅垂向下的力 P。则此两轮的支座约束力大小的关系为(　　)。

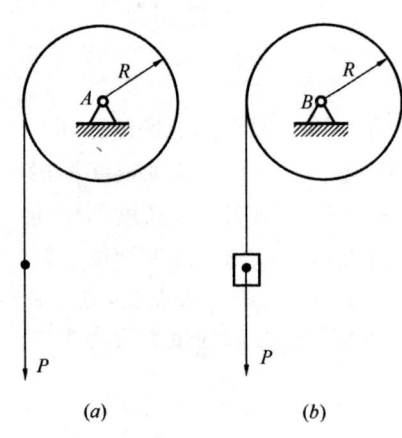

题 56 图

A. $F_A=F_B$　　　　　　　　　　B. $F_A>F_B$
C. $F_A<F_B$　　　　　　　　　　D. 无法判断

57. 均质细直杆 OA 的质量为 m，长为 l，以匀角速度 ω 绕 O 轴转动如图所示，此时将 OA 杆的惯性力系向 O 点简化。其惯性力主矢和惯性力主矩的数值分别为(　　)。

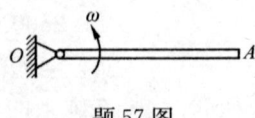

题 57 图

A. 0，0 B. $\frac{1}{2}ml\omega^2$，$\frac{1}{3}ml^2\omega^2$

C. $ml\omega^2$，$\frac{1}{2}ml^2\omega^2$ D. $\frac{1}{2}ml\omega^2$，0

58. 重为 W 的质点，由长为 l 的绳子连接，如图所示，则单摆运动的固有圆频率为（　　）。

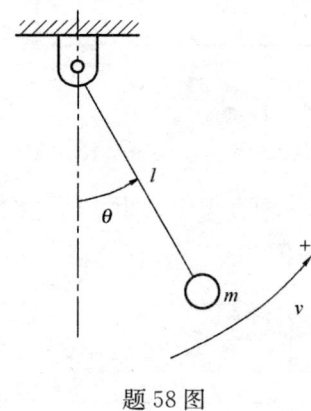

题 58 图

A. $\sqrt{\dfrac{g}{2l}}$ B. $\sqrt{\dfrac{W}{l}}$

C. $\sqrt{\dfrac{g}{l}}$ D. $\sqrt{\dfrac{2g}{l}}$

59. 已知拉杆横截面积 $A=100\text{mm}^2$，弹性模量 $E=200\text{GPa}$，横向变形系数 $\mu=0.3$，轴向拉力 $F=20\text{kN}$，拉杆的横向应变 ε' 是（　　）。

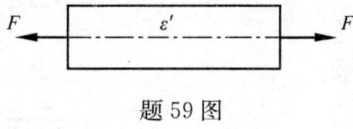

题 59 图

A. $\varepsilon'=0.3\times10^{-3}$ B. $\varepsilon'=-0.3\times10^{-3}$

C. $\varepsilon'=10^{-3}$ D. $\varepsilon'=-10^{-3}$

60. 图示两根相同的脆性材料等截面直杆，其中一根有沿横截面的微小裂纹。承受图示拉伸载荷时，有微小裂纹的杆件比没有裂纹杆件承载能力明显降低。其主要原因是（　　）。

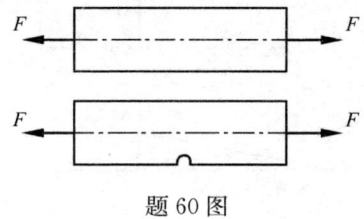

题 60 图

A. 横截面积小　　B. 偏心拉伸　　C. 应力集中　　D. 稳定性差

61. 冲床使用冲头在钢板上冲直径为 d 的圆孔，钢板的厚度 $t=10$mm，钢板剪切强度极限为 τ_b，冲头的挤压许可应力 $[\sigma_m]=2\tau_b$，钢板可冲圆孔的最小直径 d 是（　　）。

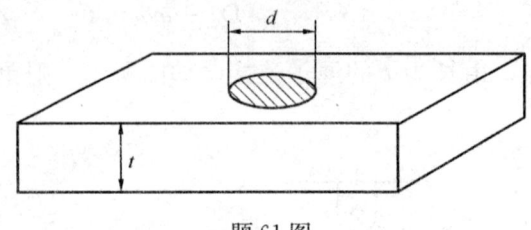

题 61 图

A. $d=80$mm　　B. $d=40$mm　　C. $d=20$mm　　D. $d=5$mm

62. 图示圆轴，B、C 截面处作用有集中转矩，CD 段作用有均匀分布的转矩 $\dfrac{T}{a}$，下面四个扭矩图中正确的是（　　）。

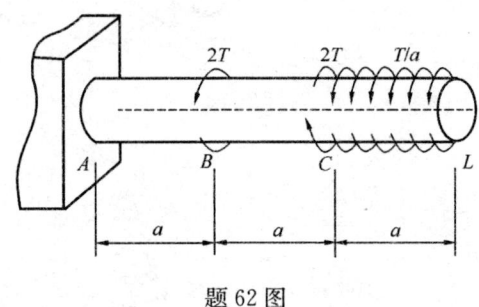

题 62 图

A. 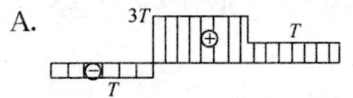　　　　B.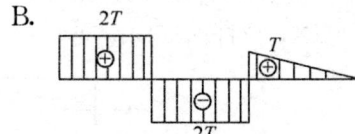

C. 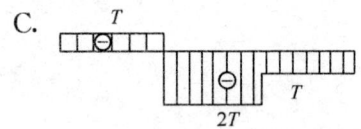　　　　D.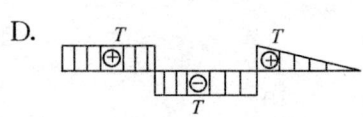

63. 外伸梁 AB 的弯矩图如图所示，梁上载荷 F、m 的值为（　　）。

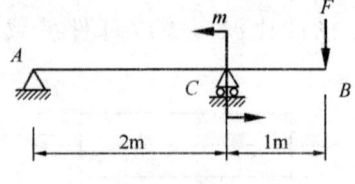

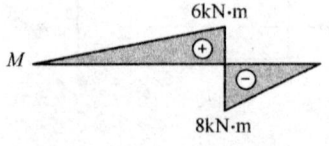

题 63 图

A. $F=8kN$, $M=14kN \cdot m$ B. $F=8kN$, $M=6kN \cdot m$
C. $F=6kN$, $M=8kN \cdot m$ D. $F=6kN$, $M=14kN \cdot m$

64. 悬臂梁 AB 由三根相同的矩形截面直杆胶合而成，材料的许可应力为 $[\sigma]$。承载时若胶合面完全开裂，接触面之间无摩擦力，假设开裂后三根杆的挠曲线相同，则开裂后的梁承载能力是原来的( )。

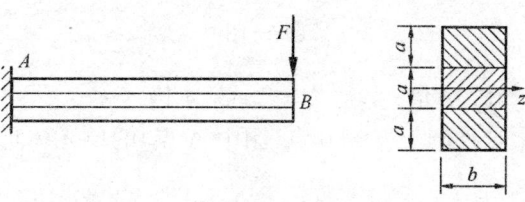

题 64 图

A. 1/9 B. 1/3 C. 两者相同 D. 3 倍

65. 梁的横截面为图示薄壁工字形，z 轴为截面中性轴。设截面上的剪力竖直向下，该截面上的最大弯曲切应力在( )。

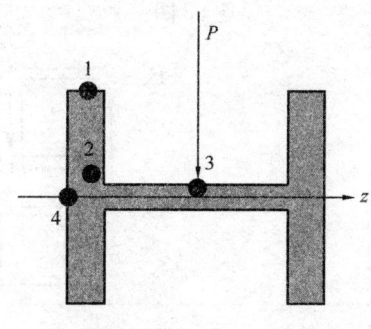

题 65 图

A. 翼缘的中性轴处 4 点 B. 腹板上缘延长线与翼缘相交处的 2 点
C. 左侧翼缘的上端 1 点 D. 腹板上边缘的 3 点

66. 图示悬臂梁自由端承受集中力偶 M_e。若梁的长度减小一半，梁的最大挠度是原来的( )。

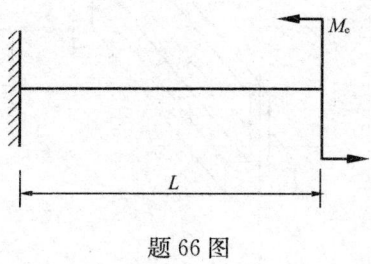

题 66 图

A. 1/2 B. 1/4 C. 1/8 D. 1/16

67. 矩形截面简支梁，梁中点承受集中力 F。若 $h=2b$。分别采用图(a)、图(b)两种方式放置，图(a)梁的最大挠度是图(b)梁的( )。

11

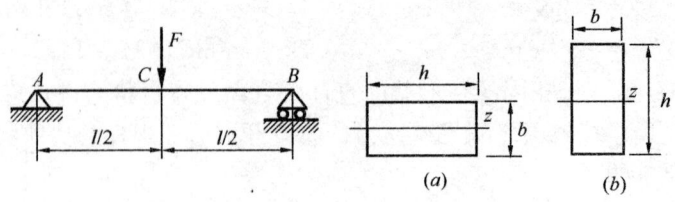

题 67 图

A. 0.5 倍 B. 2 倍 C. 4 倍 D. 8 倍

68. 图示圆轴，固定端外圆上 $y=0$ 点（图中 A 点）的单元体是（　　）。

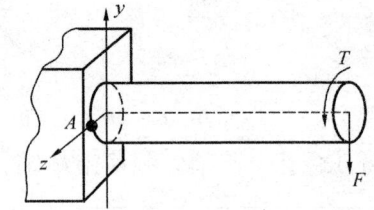

题 68 图

A. 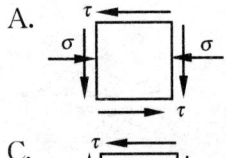 B.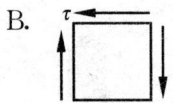

C. 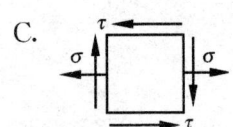 D.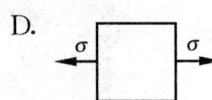

69. 图示 T 形截面杆，一端固定另一端自由，作用在自由端下缘的外力 F 与杆轴线平行，该杆将发生的变形是（　　）。

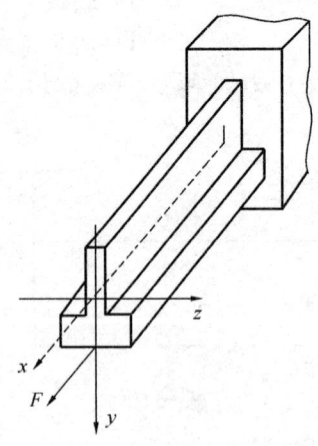

题 69 图

A. xy 平面和 xz 平面内的双向弯曲　　B. 轴向拉伸和 xz 平面内的平面弯曲
C. 轴向拉伸和 xy 平面内的平面弯曲　　D. 轴向拉伸

70. 一端固定另一端自由的细长（大柔度）压杆，长为 L（图 a），当杆的长度减小一半时（图 b），其临界载荷 F_{cr} 是原来的(　　)。

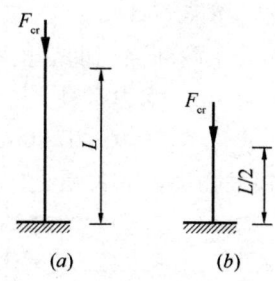

题 70 图

A. 4 倍　　　　B. 3 倍　　　　C. 2 倍　　　　D. 1 倍

71. 水的运动黏性系数随温度的升高而(　　)。

A. 增大　　　　B. 减小　　　　C. 不变　　　　D. 先减小然后增大

72. 密闭水箱如图所示，已知水深 $h=1\text{m}$，自由面上的压强 $p_0=90\text{kN/m}^2$，当地大气压强为 $p_a=101\text{kN/m}^2$，则水箱底部 A 点的真空度为(　　)。

A. -1.2kN/m^2　　　　　　B. 9.8kN/m^2

C. 1.2kN/m^2　　　　　　D. -9.8kN/m^2

73. 关于流线，错误的说法是(　　)。

A. 流线不能相交

B. 流线可以是一条直线，也可以是光滑的曲线，但不可能是折线

C. 在恒定流中，流线与迹线重合

D. 流线表示不同时刻的流动趋势

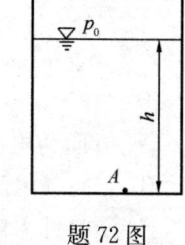

题 72 图

74. 两个水箱用两段不同直径的管道连接，如图所示，1～3 管段长 $l_1=10\text{m}$，直径 $d_1=200\text{mm}$，$\lambda_1=0.019$；3～6 管段长 $l_2=10\text{m}$，$d_2=100\text{mm}$，$\lambda_2=0.018$。管路中的局部管件：1 为入口($\xi_1=0.5$)；2 和 5 为 90°弯头($\xi_2=\xi_5=0.5$)；3 为渐缩管($\xi_3=0.024$)；4 为闸阀($\xi_4=0.5$)；6 为管道出口($\xi_6=1$)。若输送流量为 40L/s，则两水箱水面高度差为(　　)。

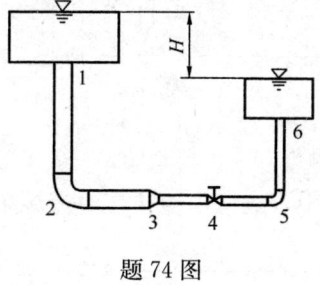

题 74 图

A. 3.501m　　　　　　　　　B. 4.312m

C. 5.204m　　　　　　　　　D. 6.123m

75. 在长管水力计算中，(　　)。

A. 只有速度水头可忽略不计
B. 只有局部水头损失可忽略不计
C. 速度水头和局部水头损失均可忽略不计
D. 两断面的测压管水头差并不等于两断面间的沿程水头损失

76. 矩形排水沟，底宽5m，水深3m，水力半径为（　　）。
A. 5m　　　　B. 3m　　　　C. 1.36m　　　　D. 0.94m

77. 潜水完全井抽水量大小与相关物理量的关系是（　　）。
A. 与井半径成正比　　　　B. 与井的影响半径成正比
C. 与含水层厚度成正比　　D. 与土体渗透系数成正比

78. 合力 F、密度 ρ、长度 l、流速 v 组合的无量纲数是（　　）。
A. $F/\rho vl$　　　B. $F/\rho v^2 l$　　　C. $F/\rho v^2 l^2$　　　D. $F/\rho v l^2$

79. 由图所示长直导线上的电流产生的磁场（　　）。

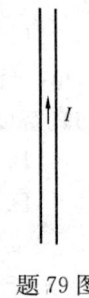

题 79 图

A. 方向与电流流向相同
B. 方向与电流流向相反
C. 顺时针方向环绕长直导线（自上向下俯视）
D. 逆时针方向环绕长直导线（自上向下俯视）

80. 已知电路如图所示，其中，电流 I 等于（　　）。

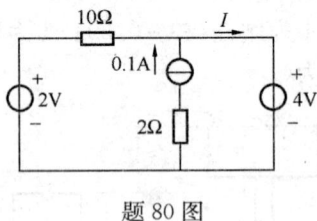

题 80 图

A. 0.1A　　　B. 0.2A　　　C. －0.1A　　　D. －0.2A

81. 已知电路如图所示，其中，响应电流 I 在电流源单独作用时的分量为（　　）。

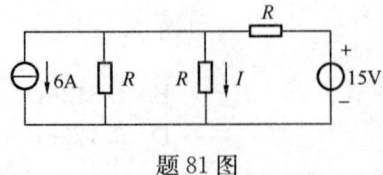

题 81 图

A. 因电阻 R 未知，而无法求出　　　　B. 3A
C. 2A　　　　　　　　　　　　　　　D. -2A

82. 用电压表测量图所示电路 $u(t)$ 和 $i(t)$ 的结果是 10V 和 0.2A，设电流 $i(t)$ 的初相位为 10°，电流与电压呈反相关系，则如下关系成立的是（　　）。

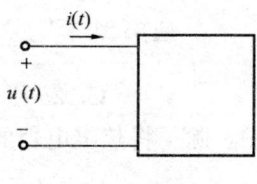

题 82 图

A. $\dot{U}=10\angle-10°\text{V}$　　　　　　B. $\dot{U}=-10\angle-10°\text{V}$
C. $\dot{U}=10\sqrt{2}\angle-170°\text{V}$　　　　D. $\dot{U}=10\angle-170°\text{V}$

83. 如图所示，测得某交流电路的端电压 u 及电流 i 分别为 110V，1A，两者的相位差为 30°，则该电路的有功功率、无功功率和视在功率分别为（　　）。

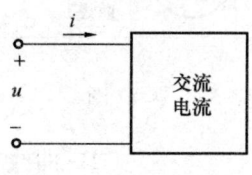

题 83 图

A. 95.3W，55Var，110VA　　　　B. 55W，95.3Var，110VA
C. 110W，110Var，110VA　　　　D. 95.3W，55Var，150.3VA

84. 已知电路如图所示，设开关在 $t=0$ 时刻断开，那么（　　）。

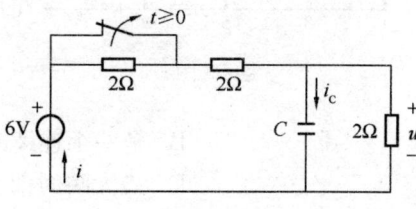

题 84 图

A. 电流 i_C 从 0 逐渐增长，再逐渐衰减到 0
B. 电容电压从 3V 逐渐衰减到 2V
C. 电容电压从 2V 逐渐增长到 3V
D. 时间常数 $\tau=4C$

85. 图中所示变压器为理想变压器，且 $N_1=100$ 匝，若希望 $I_1=1$A 时，$P_{R_2}=40$W，则 N_2 应为（　　）。

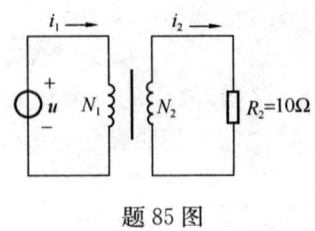

题 85 图

A. 50 匝　　　　B. 200 匝　　　　C. 25 匝　　　　D. 400 匝

86. 为实现对电动机的过载保护,除了将热继电器的热元件串接在电动机的供电电路中外,还应将其(　　)。

　　A. 常开触点串接在控制电路中　　　　B. 常闭触点串接在控制电路中
　　C. 常开触点串接在主电路中　　　　　D. 常闭触点串接在主电路中

87. 通过两种测量手段测得某管道中液体的压力和流量信号如图中的曲线 1 和曲线 2 所示,由此可以说明(　　)。

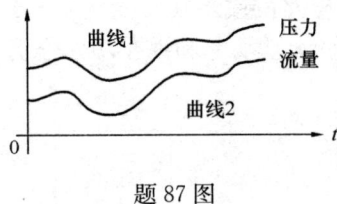

题 87 图

　　A. 曲线 1 是压力的数字信号　　　　　B. 曲线 2 是流量的数字信号
　　C. 曲线 1 和曲线 2 互为模拟信号　　　D. 曲线 1 和曲线 2 都是连续信号

88. 设周期信号 $u(t)$ 的幅值频谱如图所示,则该信号(　　)。

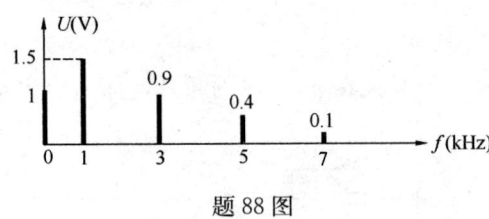

题 88 图

　　A. 是一个离散时间信号　　　　　　　B. 是一个连续时间信号
　　C. 在任意瞬间均取正值　　　　　　　D. 最大瞬时值为 1.5V

89. 设放大器的输入信号为 $u_1(t)$,输出信号为 $u_2(t)$,放大器的幅频特性如图所示。令 $u_1(t)=\sqrt{2}U_1\sin2\pi ft$,且 $f>f_H$,则(　　)。

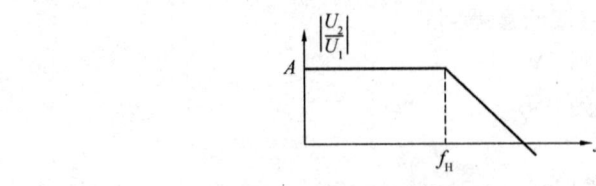

题 89 图

A. $u_2(t)$ 的出现频率失真　　　　　　B. $u_2(t)$ 的有效值 $U_2 = AU_1$
C. $u_2(t)$ 的有效值 $U_2 < AU_1$　　　　D. $u_2(t)$ 的有效值 $U_2 > AU_1$

90. 对逻辑表达式 $AD + \overline{A}\,\overline{D}$ 的化简结果是(　　)。

A. 0　　　　　　　B. 1　　　　　　C. $\overline{A}D + A\overline{D}$　　　　D. $\overline{AD} + AD$

91. 已知数字信号 A 和数字信号 B 的波形如图所示，则数字信号 $F = \overline{A+B}$ 的波形为(　　)。

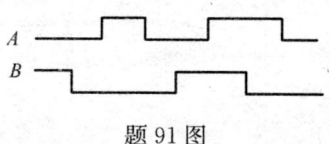

题 91 图

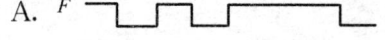

92. 十进制数字 88 的 BCD 码为(　　)。
A. 00010001　　　B. 10001000　　　C. 01100110　　　D. 01000100

93. 二极管应用电路如图 (a) 所示，电路的激励 u_i 如图 (b) 所示，设二极管为理想器件，则电路输出电压 u_o 的波形为(　　)。

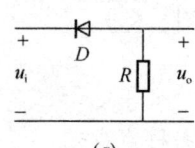 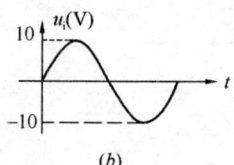

题 93 图

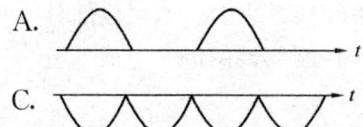 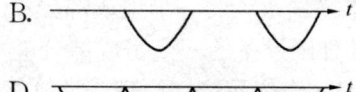

94. 图 (a) 所示电路中，运算放大器输出电压的极限值 $\pm U_{oM}$。当输入电压 $u_{i1} = 1V$，$U_{i2} = 2\sin\omega t\,V$ 时，输出电压波形如图 (b) 所示，那么，如果将 u_{i1} 从 1V 调至 1.5V，将会使输出电压的(　　)。

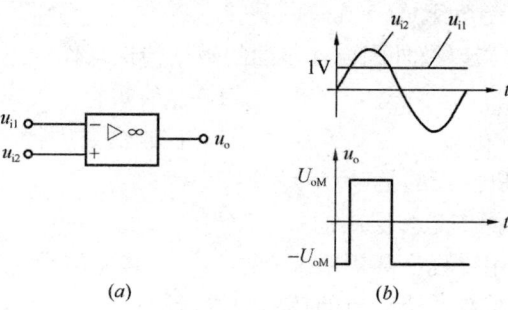

题 94 图

A. 频率发生改变   B. 幅度发生改变
C. 平均值升高   D. 平均值降低

95. 图(a)所示电路中，复位信号 $\bar{R}_D$、信号 A 及时钟脉冲信号 cp 如图(b)所示，经分析可知，在第一个和第二个时钟脉冲的下降沿时刻，输出 Q 先后等于( )。

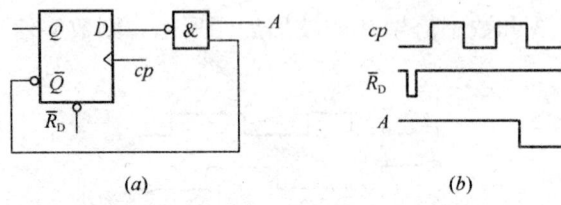

题 95 图

A. 0；0   B. 0；1
C. 1；0   D. 1；1

96. 如图所示时序逻辑电路是一个( )。

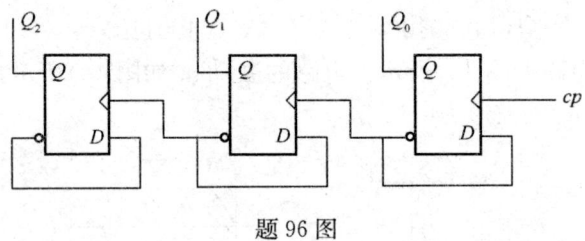

题 96 图

A. 左移寄存器   B. 右移寄存器
C. 异步三位二进制加法计数器   D. 同步六进制计数器

97. 计算机系统的内存储器是( )。
A. 计算机软件系统的一个组成部分   B. 计算机硬件系统的一个组成部分
C. 隶属于外围设备的一个组成部分   D. 隶属于控制部件的一个组成部分

98. 根据冯·诺依曼结构原理，计算机的硬件由( )。
A. 运算器、寄存器、打印机组成
B. 寄存器、存储器、硬盘存储器组成
C. 运算器、控制器、存储器、I/O 设备组成
D. CPU、显示器、键盘组成

99. 微处理器与存储器以及外围设备之间的数据传送操作通过( )。
A. 显示器和键盘进行   B. 总线进行
C. 输入/输出设备进行   D. 控制命令进行

100. 操作系统的随机性指的是( )。
A. 操作系统的运行操作是多层次的
B. 操作系统与单个用户程序共用系统资源
C. 操作系统的运行是在一个随机的环境中进行的
D. 在计算机系统中同时存在多个操作系统，且同时进行操作

101. Windows 2000 以及以后更新的操作系统版本是(   )。
    A. 一种单用户单任务的操作系统
    B. 一种多任务的操作系统
    C. 一种不支持虚拟存储器管理的操作系统
    D. 一种不适用于商业用户的操作系统

102. 十进制数 256.625，用八进制表示则是(   )。
    A. 412.5   B. 326.5
    C. 418.8   D. 400.5

103. 计算机的信息数量的单位常用 kB、MB、GB、TB 表示，它们中表示信息数量最大的一个是(   )。
    A. kB   B. MB   C. GB   D. TB

104. 下列选项中，不是计算机病毒特点的是(   )。
    A. 非授权执行性、复制传播性
    B. 感染性、寄生性
    C. 潜伏性、破坏性、依附性
    D. 人机共患性、细菌传播性

105. 按计算机网络作用范围的大小，可以将网络划分为(   )。
    A. X.25 网、ATM 网   B. 广域网、有线网、无线网
    C. 局域网、城域网、广域网   D. 环型网、星型网、树型网、混合网

106. 下列选项中，不属于局域网拓扑结构的是(   )。
    A. 星型   B. 互联型
    C. 环型   D. 总线型

107. 某项目借款 200 万元，借款期限 3 年年利率为 6%。若每半年计复利一次，则实际年利率会高出名义利率(   )。
    A. 0.16%   B. 0.25%
    C. 0.09%   D. 0.06%

108. 某建设项目的建设期为 2 年，第一年贷款额为 400 万元，第二年货款额 800 万元，贷款在年内均衡发生，贷款年利率为 6%，建设期内不支付利息。计算建设期贷款利息为(   )。
    A. 12 万元   B. 48.72 万元
    C. 60 万元   D. 60.72 万元

109. 某公司发行普通股筹资 8000 万元，筹资费率为 3%，第一年股利率为 10%，以后每年增长 5%，所得税率为 25%。则普通股资金成本为(   )。
    A. 7.73   B. 10.31
    C. 11.48   D. 15.31

110. 某投资项目原始投资额为 200 万元，使用寿命为 10 年，预计净残值为零。已知该项目第 10 年的经营净现金流量为 25 万元，回收营运资金 20 万元，则该项目第 10 年的净现金流量为(   )。
    A. 20 万元   B. 25 万元

C. 45万元 D. 65万元

111. 以下关于社会折现率的说法中不正确的是（   ）。
A. 社会折现率可用作经济内部收益率的判别基准
B. 社会折现率可用以衡量资金时间经济价值
C. 社会折现率可用作不同年份之间资金价值转换的折现率
D. 社会折现率不能反映资金占用的机会成本

112. 某项目在进行敏感性分析时，得到以下结论：产品价格下降10%，可使NPV=0；经营成本上升15%，可使NPV=0；寿命缩短20%，可使NPV=0；投资增加25%，可使NPV=0。则下列元素中，最敏感的是（   ）。
A. 产品价格 B. 经营成本
C. 寿命期   D. 投资

113. 现有两个寿命期相同的互斥投资方案A和B，B方案的投资额和净现值都大于A方案，A方案的内部收益率为14%，B方案的内部收益率为15%，差额的内部收益率为13%，则使A、B两方案优劣相等时的基准收益率应为（   ）。
A. 13%   B. 14%
C. 15%   D. 13%~15%

114. 某产品共有五项功能 F_1、F_2、F_3、F_4、F_5，用强制确定法确定零件功能评价系数时，其功能得分分别为3、5、4、1、2，则 F_3 的功能评价系数为（   ）。
A. 0.20   B. 0.13
C. 0.27   D. 0.33

115. 根据《建筑法》规定，施工企业可以将部分工程分包给其他具有相应资质的分包单位施工，下列情形中不违反有关承包的禁止性规定的是（   ）。
A. 建筑施工企业超越本企业资质等级许可的业务范围或者以任何形式用其他建筑施工企业的名义承揽工程
B. 承包单位将其承包的全部建筑工程转包给他人
C. 承包单位将其承包的全部建筑工程肢解以后以分包的名义分别转包给他人
D. 两个不同资质等级的承包单位联合共同承包

116. 根据《安全生产法》规定，从业人员享有权利并承担义务，下列情形中属于从业人员履行义务的是（   ）。
A. 张某发现直接危及人身安全的紧急情况时停止作业撤离现场
B. 李某发现事故隐患或者其他不安全因素，立即向现场安全生产管理人员或单位负责人报告
C. 王某对本单位安全生产工作中存在的问题提出批评、检举、控告
D. 赵某对本单位安全生产工作提出建议

117. 某工程实行公开招标，招标文件规定，投标人提交投标文件截止时间为3月22日下午5点整。投标人D由于交通拥堵于3月22日下午5点10分送达投标文件，其后果是（   ）。
A. 投标保证金被没收
B. 招标人拒收该投标文件

C. 投标人提交的投标文件有效
D. 由评标委员会确定为废标

118. 在订立合同时显失公平的合同，当事人可以请求人民法院撤销该合同，其行使撤销权的有效期限是( )。

A. 自知道或者应当知道撤销事由之日起五年内
B. 自撤销事由发生之日起一年内
C. 自知道或者应当知道撤销事由之日起一年内
D. 自撤销事由发生之日起五年内

119. 根据《建设工程质量管理条例》规定，下列有关建设工程质量保修的说法中，正确的是( )。

A. 建设工程的保修期，自工程移交之日其计算
B. 供冷系统在正常使用条件下，最低保修期限为2年
C. 供热系统在正常使用条件下，最低保修期限为2个采暖期
D. 建设工程承包单位向建设单位提交竣工结算资料时，应当出具质量保修书

120. 根据《建设工程安全生产管理条例》规定，建设单位确定建设工程安全作业环境及安全施工措施所需费用的时间是( )。

A. 编制工程概算时
B. 编制设计预算时
C. 编制施工预算时
D. 编制投资估算时

模拟试卷1(上午卷)答案及解答

1. C. 解答：由题意得有 $\lim\limits_{x\to 1}f(x)=f(1)=a$

即由洛必达法则，得

$$\lim_{x\to 1}\frac{x\ln x}{1-x}=\lim_{x\to 1}\frac{\ln x+1}{-1}=-1=a$$

即 $a=-1$。

2. A. 解答：因为 $-1\leqslant\sin(1/x)\leqslant 1$，即函数 $y=\sin(1/x)$ 是定义域内的有界函数。

3. C. 解答：AC两项，$\alpha\times\beta=0$ 是 α 与 β 平行的充要条件。B项，$\alpha\cdot\beta=0$ 是 α 与 β 垂直的充要条件。D项，若 $\alpha=\lambda\beta$（λ 是常数），则 α 与 β 相互平行，则有 $\alpha\times\beta=0$。

4. B. 解答：$y'-y=0$，即 $dy/dx=y$，则 $(1/y)dy=dx$，对等式两边积分，$\int(1/y)dy=\int 1dx$，得到 $\ln y=x+c_1$，解得 $y=e^{x+c_1}$ 即 $y=ce^x$，又 $y(0)=2$，解得 $c=2$，即 $y=2e^x$。

5. D. 解答：由 $f(x)=\int_x^2\sqrt{5+t^2}dt$ 可得：$f'(x)=0-\sqrt{5+x^2}$

即有：$f'(1)=-\sqrt{6}$

6. D. 解答：由方程 $e^y+xy=e$ 可得，当 $x=0$ 时，$y=1$。方程两边对 x 求导得 $e^yy'+y+xy'=0$，即 $y'=-y/(x+e^y)$，将 $x=0$，$y=1$ 代入，则可得 $y'=-1/e$。

7. B. 解答：由 $\int f(x)dx=\ln x+C$，可得 $f(x)=1/x$，则 $\int\cos x f(\cos x)dx=\int\cos x(1/\cos x)dx=x+C$。

8. D. 解答：偏导数存在，并不一定保证函数在该点连续，如：

$$f(x,y)=\begin{cases}(x^2+y)\sin\left(\dfrac{1}{x^2+y^2}\right) & (x,y)\neq 0\\ 0 & (x,y)=0\end{cases}$$

由定义可以求出 $f'_x(0,0)=f'_y(0,0)=0$，但 $\lim\limits_{\substack{x\to 0\\ y\to 0}}f(x,y)$ 不存在，因而也就不连续。

函数在该点连续，也并不能保证偏导数存在，如：

$$f(x,y)=\begin{cases}(x^2+y)\sin\left(\dfrac{1}{x^2+y^2}\right) & (x,y)\neq 0\\ 0 & (x,y)=0\end{cases}$$

由无穷小量×有界量=无穷小量，所以函数在 $(0,0)$ 处连续，而

$$f'_y(0,0)=\lim_{y\to 0}\frac{f(0,y)-f(0,0)}{y}$$

$$=\lim_{y\to 0}\sin\frac{1}{y^2}（不存在）$$

因而函数 $f(x,y)$ 在点 $P_0(x_0,y_0)$ 外有一阶偏导数是函数在该点连续的既非充分又非必要条件。

9. B. 解答：由题意可得此直线的方向向量为 $(0,0,1)$，又过点 $(1,-2,3)$，所以该直线的方程为 $(x-1)/0=(y+2)/0=(z-3)/1$。

10. C. 解答：换元法，令 $t=1/x$ 得

$$\int \frac{\sin t}{\frac{1}{t^2}} d\left(\frac{1}{t}\right) = -\int \sin t\, dt = \cos t + C = \cos \frac{1}{x} + C \ (C\text{ 为常数})$$

代入已知定积分得，

$$\text{原式} = \left[\cos \frac{1}{x} + C\right]_{\frac{1}{\pi}}^{\frac{2}{\pi}} = \cos \frac{\pi}{2} - \cos \pi = 1$$

11. B. 解答：对函数求导得 $f'(x)=\cos[x+(\pi/2)+\pi]$，令 $f'(x)=\cos[x+(\pi/2)+\pi]=0$，计算得 $x+(\pi/2)+\pi=(\pi/2)\pm k\pi$，$k=0,1,2,\cdots$，得 $x=\pm k\pi-\pi$，根据区间 $[-\pi,\pi]$ 知：①当 $k=0$ 时，$x=-\pi$，函数有最大值 1；②当 $k=1$ 时，x 只能取 0，函数有最小值 -1；③当 $k=2$ 时，x 只能取 π，函数有最大值 1。综上，知最小值点 x_0 等于 0。

12. B. 解答：由题意可得：$x^2/a^2+y^2/b^2=1$，即 $y^2=b^2-(b^2/a^2)x^2$，则有：

$$\int_L y^2 dx = \int_{-a}^{a}\left(b^2-\frac{b^2}{a^2}x^2\right)dx = \left[b^2 x - \frac{b^2}{3a^2}x^3\right]_{-a}^{a} = \frac{4}{3}ab^2$$

13. D. 解答：级数 $\sum_{n=1}^{\infty}\frac{(-1)^n}{a_n}$ 收敛的条件为 $1/a_n$ 单调递减且 $\lim_{n\to\infty}\frac{1}{a_n}=0$

即 a_n 单调递增且

$$\lim_{n\to\infty} a_n = \infty$$

14. A. 解答：$f(x)=xe^{-x}$，有 $f'(x)=(1-x)e^{-x}$，有 $f''(x)=(x-2)e^{-x}$，令 $f''(x)=0$，计算得 $x=2$，通过计算知，$f''(x)$ 在 2 的左、右两侧邻域内异号，又 $f(2)=2e^{-2}$，所以点 $(2,2e^{-2})$ 为曲线的拐点。

15. C. 解答：求解特征方程，可得 1 不是特征方程的根，根据已知微分方程的表达式，可设特解为 $y=Ae^x$，代入原方程解得 $A=1/3$，所以该微分方程的特解为 $y=(1/3)e^x$。

16. D. 解答：将此二重积分在极坐标下进行积分可得

$$\iint_D \frac{dxdy}{1+x^2+y^2} = \int_0^{2\pi}d\theta\int_0^1 \frac{1}{1+r^2}r\,dr = 2\pi\times\left[\frac{1}{2}\ln(1+r^2)\right]_0^1 = \pi\ln 2$$

17. C. 解答：考虑到 $\sum_{n=1}^{\infty}\frac{x^n}{n!}$ 为 e^x 的展开式，则

$$S(x) = \sum_{n=1}^{\infty}\frac{x^n}{n!} = \sum_{n=0}^{\infty}\frac{x^n}{n!} - 1 = e^x - 1$$

18. B. 解答：计算得，$\partial z/\partial x = y\cdot\varphi'(x/y)\cdot(1/y) = \varphi'(x/y)$，

$$\partial^2 z/\partial x\partial y = (-x/y^2)\varphi''(x/y)。$$

19. C. 解答：用矩阵的初等变换求矩阵的逆矩阵，计算如下

$$\begin{bmatrix} 0 & 0 & -2 & 1 & 0 & 0 \\ 0 & 3 & 0 & 0 & 1 & 0 \\ 1 & 0 & 0 & 0 & 0 & 1 \end{bmatrix} \rightarrow \begin{bmatrix} 1 & 0 & 0 & 0 & 0 & 1 \\ 0 & 1 & 0 & 0 & \frac{1}{3} & 0 \\ 0 & 0 & 1 & -\frac{1}{2} & 0 & 0 \end{bmatrix}$$

则有矩阵 A 的逆矩阵为 $\begin{bmatrix} 0 & 0 & 1 \\ 0 & \frac{1}{3} & 0 \\ -\frac{1}{2} & 0 & 0 \end{bmatrix}$

20. D. 解答：线性方程组 $Ax=0$ 有非零解，则 $|A|=0$，因而 $r(A)<n$，矩阵 A 的列向量线性相关，所以矩阵 A 必有一个列向量是其余列向量的线性组合。

21. A. 解答：矩阵 A 为实对称矩阵，由实对称矩阵的性质：不同特征值对应的特征向量相互正交，设属于 $\lambda_1=6$ 的特征向量为 $(x_1, x_2, x_3)^T$，$(-1, 0, 1) \cdot (x_1, x_2, x_3)=0$，$(1, 2, 1) \cdot (x_1, x_2, x_3)=0$，解得：$x_2=-x_3$，$x_1=x_3$。令 $x_3=1$，解得 $(x_1, x_2, x_3)^T=(1, -1, 1)^T$。

22. B. 解答：若事件 A 与 B 不能同时发生，则称事件 A 与 B 互不相容或互斥，记作 $AB=\emptyset$。A 项，由图(a)维恩图可知，$\overline{B \cup C}$ 与 A 相交为 A。B 项，$\overline{A \cup B \cup C}$（阴影部分）与 A 相交为 $\emptyset$，与事件 A 互斥。C 项，由图(c)维恩图可知，（阴影部分）与 A 相交为 A。D 项，A(B+C) 与 A 相交为 A(B+C)。

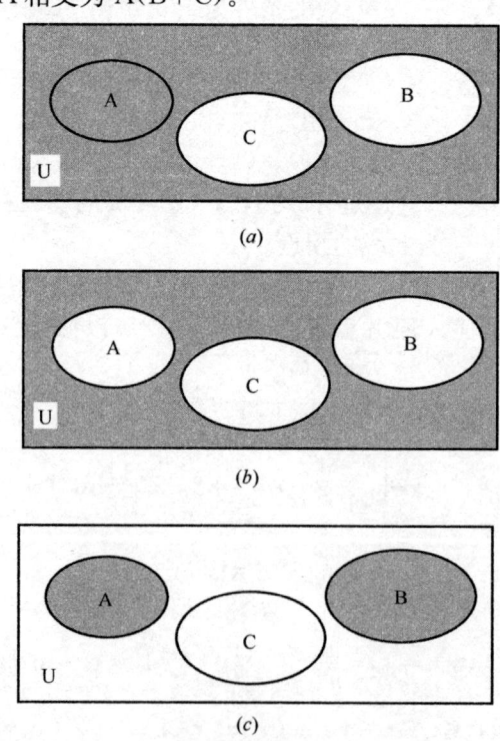

题 22 解答图

23. A. 解答：由题意可得
$$\int_{-\infty}^{+\infty}\int_{-\infty}^{+\infty} f(x,y) \mathrm{d}x\mathrm{d}y = 1$$
$$\int_{0}^{+\infty} e^{-2ax}\mathrm{d}x \cdot \int_{0}^{+\infty} e^{by}\mathrm{d}y = -\frac{1}{2a}e^{-2ax}\Big|_{0}^{+\infty} \cdot \frac{1}{b}e^{by}\Big|_{0}^{+\infty} = 1$$
分析知只有当 $a>0$，$b<0$ 时，该积分可解，则有：$[0+(1/2a)] \cdot [0-(1/b)]=-1/(2ab)=1$，解得：$ab=-1/2$。

24. B. 解答：若 $E(\hat{\theta})=\theta$ 则称 $\hat{\theta}$ 是 θ 的无偏估计量。由 $D(\hat{\theta})>0$ 可得 $D(\hat{\theta})=E(\hat{\theta}^2)-E^2(\hat{\theta})>0$，即 $E(\hat{\theta}^2)>E^2(\hat{\theta})=\theta^2$，所以 $\hat{\theta}^2$ 不是 θ^2 的无偏估计量。

25. D. 解答：根据题目条件列理想气体状态方程：$P_1V_1=\frac{M_1}{\mu_1}RT_1$，$P_2V_2=\frac{M_2}{\mu_2}RT_2$，当 $V_1=V_2$，$T_1=T_2$，$M_1=M_2$ 时，则 $\mu_1/\mu_2=P_2/P_1$。

26. C. 解答：气体分子平均碰撞频率 $\bar{Z}=\sqrt{2}\pi d^2 \bar{v} n$，根据麦克斯韦速率分布律和理想气体状态方程，可分别推出平均速率 $\bar{v}=\sqrt{\frac{8RT}{\pi M}}$，单位体积的分子数 $n=\frac{p}{RT}$，平均碰撞频率 $\bar{Z}=\sqrt{2}\pi d^2 \frac{p}{RT}\sqrt{\frac{8RT}{\pi M}}=\sqrt{2}\pi d^2 \sqrt{\frac{8}{\pi MRT}}$，压强恒定不变，$M$、$d$ 和 R 均为常数，则 $\bar{Z}$ 与 $\sqrt{T}$ 成反比。

27. C. 解答：根据热力学第一定律，$Q=\Delta E+W$，过程是绝热的，则 $Q=0$，气体对外做功 500J，$W=500$J，$\Delta E=-W=-500$J。

28. A. 解答：热力学第二定律，开尔文表述：不可能从单一热源吸收热量，使之完全变为有用功而不产生其他影响，说明功热转换的过程是不可逆的；克劳修斯表述：热量不能自动地从低温物体传向高温物体，说明热量传递是有方向性的，热量由高温物体传向低温物体的过程是不可逆的，故 A 选项的表述正确。

29. B. 解答：$y=A\cos\left(\frac{2\pi}{\lambda}x-\omega t-\phi_0\right)=A\cos\left(\frac{\omega}{u}x-\omega t-\phi_0\right)=A\cos(Cx-Bt)$，根据简谐波的振动方程的对应关系可以求解出，波长 $\lambda=\frac{2\pi}{C}$，波速 $u=\frac{B}{C}$。

30. B. 解答：波长是相邻同相波面的距离，是表征波的空间周期性的物理量。波动传播个波长的距离所需要的时间是波的周期，是表征波的时间周期性的物理量。

31. B. 解答：相距 3m 的两质元，相位差 $\Delta\varphi=\pi/6$，波长可以理解为相位差是 2π 的两个质元的距离，则波长 $\lambda=3\times 2\pi/\Delta\varphi=36$m，周期为 4s，波速 $u=\lambda/T=9$m/s。

32. B. 解答：在双缝干涉实验中，两个相干光源到光屏上的某点光程差为波长的整数倍时，产生干涉明纹，当光程差为波长的半整数倍时，则产生暗纹，本题中，插入玻璃纸后光程差改变 2.5λ，则原来光程差为波长整数倍的位置，变成了波长的半整数倍，即原来明纹的位置将会变成暗纹。

33. C. 解答：自然光通过第一个偏振片时，光强 $I_1=I_0/2$；根据马吕斯定律若两偏振片的偏振化方向间夹角为 α_1，通过第二个偏振片时，光强 $I_2=I_1\cos^2\alpha_1$；若两偏振片的偏振化方向间夹角为 α_2，通过两个偏振片时的光强 $I'_2=I_1\cos^2\alpha_2$，则转动前后透射光强度

25

之比为 $\cos^2\alpha_1/\cos^2\alpha_2$。

34. D. 解答：光栅的衍射方程为 $d\sin\theta=\pm k\lambda$, $k=0,1,2,\cdots$，而可见光波长范围约在 $0.38\sim0.76\mu m$ 之间，测定一单色可见光的波长，需要测量衍射角，为了便于观察，应选用 1.0×10^{-3}mm。

35. B. 解答：在双缝干涉实验中，双缝与屏的间距 $D=3000$mm，双缝的间距 $d=2$mm，相干光的波长 $\lambda=600\times10^{-6}$mm，相邻两明纹或暗纹间的距离

$$\Delta x = \frac{D}{d}\lambda = \frac{3000}{2}\times 600\times 10^{-6} = 0.9\text{mm}$$

36. D. 解答：根据布儒斯特定律，当入射角等于布儒斯特角时，反射光是完全偏振光，而且此时折射光与反射光相互垂直，在本题中，反射光为完全偏振光，折射角为 $30°$，则入射角为 $60°$，即布儒斯特角，且，$\tan 60° = \frac{n_2}{n_1} = \sqrt{3}$，空气的折射率为 1，则该玻璃的折射率 $n_2 = \sqrt{3}$。

37. D. 解答：根据能量最低原理、泡利不相容原理、洪德规律和近似能级顺序，原子序数为 15 的元素核外电子排布应当为 $1s^22s^22p^63s^23p^3$，其中 p 亚层有三个轨道，每个轨道各有一个电子，因此未成对电子数是 3。

38. C. 解答：NaCl、冰、SiC、Cu 分别属于离子晶体、分子晶体、原子晶体和金属晶体。一般情况下晶体熔点，原子晶体>金属晶体>离子晶体>分子晶体，因而 SiC>Cu>NaCl>冰。

39. A. 解答：A 选项中解离度=解离部分弱电解质的浓度/未解离前弱电解质的浓度 $\times 100\%$，溶液冲稀后，解离度会增大；B 选项中，溶液冲稀后，各离子浓度降低；C 选项中，温度不变，解离常数不变；D 选项中，$c(H^+)$ 降低，pH 值升高。

40. A. 解答：混合后生成 $0.1\text{mol}\cdot L^{-1}$ NH_4Cl，则 $c(H^+) = \sqrt{K_a\cdot c(NH_4^+)} = \sqrt{\frac{K_w}{K_b}\cdot c(NH_4^+)} = \sqrt{\frac{10^{-14}}{1.8\times 10^{-5}}\cdot 0.1} = 7.5\times 10^{-6}$，pH 值为 $-\lg(7.5\times 10^{-6})\approx 5.12$。

41. B. 解答：解离常数与温度有关，而与浓度无关，改变压强可以改变平衡；但不会改变平衡常数；催化剂只能改变反应速率，不会影响反应平衡。

42. D. 解答：电极电势较大的电极叫正极，电极电势较小的电极称为负极。

43. B. 解答：系统内物质微观粒子的混乱度越大，系统的熵值也越大。同一种物质，温度越高，熵值越大；不同物质，复杂分子的熵值大于简单分子；结构相似的物质，熵值随着相对原子质量增大而增大。

44. D. 解答：A 选项加成生成 2,3-二溴丁烷；B 选项加成生成 1,2-二溴-2-甲基丁烷；C 选项加成生成 1,2-二溴-3-甲基丁烷；D 选项加成生成 2,3-二溴-2-甲基丁烷。

45. D. 解答：具有同一通式，结构和化学性质相似，组成相差一个或多个 CH_2 单位的一系列化合物互称为同系物。乙醇的化学式为 C_2H_6O，A 选项为 C_3H_6O，B 选项为 $C_3H_8O_3$；C 选项为 C_7H_8O；D 选项为 $C_4H_{10}O$。

46. B. 解答：烃的衍生物是指烃分子(包括烷烃、烯烃、炔烃)中的氢原子被其他原子或者原子团所取代而生成的化合物。B 选项为烯烃，不是烃的衍生物。

47. D. 解答：对 AB 杆进行受力分析如图所示。由于销钉 C 置于杆 AB 的光滑直槽

中，因此销钉对杆的作用力 F_C 是垂直于杆 AB 的。另外，令 B 点处受到的合力 $\sqrt{2}F_P$ 与 C 点销钉对杆的作用力分别对 A 点取矩，可得销钉对杆的作用力 F_C 垂直与杆且向右。销钉对杆的作用力 F_C 与杆对销钉的作用力 F'_C 大小相等、方向相反，因此 F'_C 与 x 轴正向所成的夹角为 $150°$。

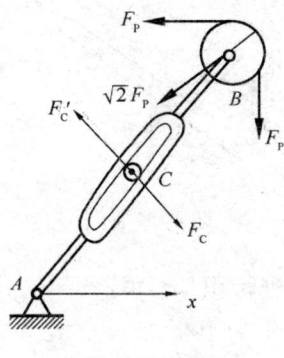

题 47 解答图

48. C. 解答：将各个力均对 A 点简化，简化结果如图所示。由图可得，最终简化结果是 F_2 与 F_3 在 A 点的力偶之和。

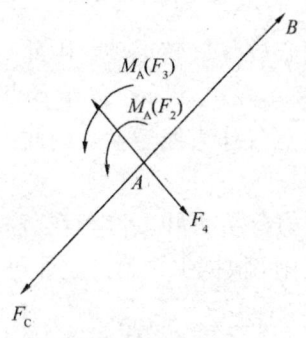

题 48 解答图

49. A. 解答：对均质圆柱体进行受力分析，如图所示。在 F_2 的方向上列平衡方程：

$$N_2 + \frac{\sqrt{2}}{2}F = \frac{\sqrt{2}}{2}P$$

解得：

$$N_2 = \frac{\sqrt{2}}{2}(P-F)$$

题 49 解答图

50. B. 解答：对杆 AB 进行受力分析如图所示。由图可见，杆 AB 水平方向不受到任何力的作用，因此只有 B 处摩擦力的方向沿杆向右时水平方向才能平衡，故 B 处摩擦力与 x 方向的夹角为 $30°$。

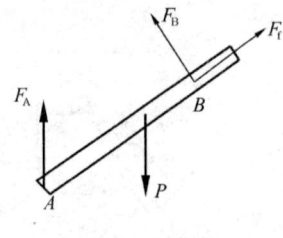

题 50 解答图

51. A. 解答：对 $v=20t+5$ 进行积分，得：$x=10t^2+5t+C$。当 $t=0$ 时，$x=5$m，则 $C=5$，因此，点的运动方程为 $x=10t^2+5t+5$。

52. C. 解答：从图中可看出，该瞬时 OA 只有法向加速度，无切向加速度。其法向加速度为 $a_n=\omega^2 r=\omega^2 l=a$，因此 $\omega=\sqrt{\dfrac{a}{l}}$；其切向加速度为 $a_\tau=\dfrac{dv}{dt}=\dfrac{d\omega r}{dt}=\alpha r=0$，因此，角加速度 $\alpha=0$。

53. D. 解答：C、D 两点绕圆心 O 作旋转运动，因此 C、D 两点的加速度为切向加速度和法向加速度之和，即 $a_C=a_D=a_\tau+a_n=a+\omega^2 r$；$B$ 点与 C、D 点一样，绕圆心 O 作旋转运动，因此 $a_B=a+\omega^2 r$，但 A 点仅作直线运动，因此 A 点只有切向加速度，即 $a_A=a_\tau=a$。

54. D. 解答：对汽车进行受力分析可知，汽车在竖直方向受到地面给汽车的竖直向上的约束力和汽车自身的重力，因此根据牛顿第二定律可列出：$N-W=ma_n$，则 $N=W+ma_n=W+m\dfrac{v^2}{r}=2800+280\times\dfrac{10^2}{5}=8400$N。

55. A. 解答：均质圆轮的动量 $P_1=0$，物块的动量 $P_2=mv=Wv/g$，因此系统的动量 $P=P_1+P_2=Wv/g$；均质圆轮的动能 $T_1=\dfrac{1}{2}J_z\omega^2=\dfrac{1}{2}\cdot\dfrac{1}{2}mR^2\omega^2=\dfrac{1}{4}mR^2\omega^2$，物块的动能 $T_2=\dfrac{1}{2}mv_C^2=\dfrac{1}{2}\dfrac{W}{g}v^2=\dfrac{1}{2}\dfrac{W}{g}R^2\omega^2$，因此系统的动能 $T=T_1+T_2=\dfrac{1}{4}mR^2\omega^2+\dfrac{1}{2}\dfrac{W}{g}R^2\omega^2=\dfrac{1}{2}\dfrac{R^2\omega^2}{g}\left(\dfrac{1}{2}mg+W\right)$。

56. B. 解答：假设两滑轮的重量均为 P'。对于均值滑轮 A，支座约束力的大小为 $F_A=P+P'$；对于均值滑轮 B，若重物下降的加速度为 a，则绳的拉力 $F_T=P-ma$，绳对均质圆轮 B 的拉力也为 $P-ma$，因此 $F_B=P-ma+P'$。综上，$F_A>F_B$。

57. D. 解答：惯性力主矢的大小为 $F=ma_C=m(a_\tau+a_n)=m\left(0+\omega^2\dfrac{l}{2}\right)=\dfrac{1}{2}ml\omega^2$；惯性力主矩的大小为 $M=J_O\alpha$，其中 α 为杆 OA 的角加速度，由于该杆以匀角速度运动，因此夹角速度为零，即惯性力主矩的大小也为零。

58. C. 解答：单摆运动的固有圆频率为：

$$\omega_0 = \frac{2\pi}{T} = \sqrt{\frac{g}{l}}$$

其中 l 为摆长。

59. B. 解答：横向应变 ε' 与纵向应变 ε 的关系为：

$$\varepsilon' = -\mu\varepsilon = -\mu\frac{\sigma}{E} = -\mu\frac{F}{EA} = -0.3 \times 10^{-3}$$

60. C. 解答：有微小裂纹，可以认为对于横截面积、中性轴位置没有影响。而在裂纹处，容易产生应力集中，造成杆件的疲劳裂纹，从而使杆件承载能力明显降低。

61. D. 解答：冲头应同时满足：$\sigma \leqslant [\sigma_m] = 2\tau_b, \tau \leqslant \tau_b$，即满足：$\frac{F}{\pi d^2} \leqslant 2\tau_b, \frac{F}{\pi dt} \leqslant \tau_b$。因此解得 $d = \frac{t}{2} = 5\text{mm}$。

62. D. 解答：根据扭矩的正负判定法则，A 截面处的扭矩为 T，则 AB 段扭矩为 T，BC 段扭矩为 $-T$，C 截面的扭矩为 T。

63. A. 解答：对 BC 段进行分析，左端距离 C 截面无限近，即 BC 段不受弯矩 m 作用，此时在 C 截面：$8\text{kN} \cdot \text{m} = F \times 1\text{m}$，可得：$F = 8\text{kN}$。$C$ 截面上作用的弯矩 m 会造成弯矩图在 C 截面上突变，故：$m = 6 - (-8) = 14\text{kN} \cdot \text{m}$。

64. B. 解答：弯曲正应力 $\sigma = \frac{M}{W}$，故危险截面为 A 截面。开裂前 A 截面的抗弯截面模量：$W_z = \frac{b(3a)^2}{6} = \frac{3ba^2}{2}$ 因此，开裂前 A 截面的拉应力为：

$$\sigma_A = \frac{M_A}{W_z} = \frac{FL}{\frac{3ba^2}{2}} = \frac{2FL}{3ba^2}$$

开裂后 A 截面的拉应力为：

$$\sigma'_A = \frac{M'_A}{W'_z} = \frac{\frac{FL}{3}}{\frac{ba^2}{6}} = \frac{2FL}{ba^2}$$

开裂后最大正应力为开裂前的 3 倍，故梁的承载能力为原来的 1/3。

65. B. 解答：切应力计算公式 $\tau = \frac{FS^*}{bI_z}$，式中 b 为截面宽度。若截面宽度不变，则切应力沿截面高度呈抛物线分布。由于腹板处截面宽度突然增大，则 z 轴附近切应力突然减小。因此，2 点处切应力最大。

66. B. 解答：梁原来的最大挠度 $v = \frac{M_eL^2}{2EI}$，梁长减半后的最大挠度 $v_1 = \frac{M_e\left(\frac{L}{2}\right)^2}{2EI} = \frac{v}{4}$。

67. C. 解答：对于图示简支梁，最大挠度 $v = \frac{Fl^3}{48EI}$，I 为截面主惯性矩。对于 a 梁，

主惯性矩 $I_\mathrm{a} = \dfrac{hb^3}{12} = \dfrac{b^4}{6}$；对于 b 梁，主惯性矩 $I_\mathrm{b} = \dfrac{bh^3}{12} = \dfrac{2b^4}{3}$，故 $v_\mathrm{a} = 4v_\mathrm{b}$。

68. B. 解答：圆轴受到弯扭组合作用，而由于 A 点处于中性轴上，因此只有扭转切应力作用，没有弯曲正应力作用。

69. C. 解答：将力 F 平移到形心 O 点，产生在 xy 平面内的弯矩。因此该杆发生轴向拉伸和 xy 平面内的平面弯曲。

70. A. 解答：图示压杆欧拉公式：$F_\mathrm{cr} = \dfrac{\pi^2 EI}{(2L)^2}$，当长度减小一半，临界载荷 F_cr 是原来的 4 倍。

71. B. 解答：水的黏滞性随温度升高而减小，这是因为黏滞性是分子间的吸引温度升高，分子间吸引力降低，动量增大；反之，温度降低，分子间吸引力增大，动量减小，对于液体，分子间的吸引力是决定性因素，所以液体的黏滞性随温度升高而减小。

72. C. 解答：静水压强公式，A 点的绝对压强 $p' = p_0 + \rho g h = 99.8\mathrm{kPa}$，真空度为大气压强减该点绝对压强的差，故 A 点真空度为 $p_\mathrm{v} = p_\mathrm{a} - p' = 1.2\mathrm{kPa}$。

73. D. 解答：ABC 选项都是流线的性质，流线不能相交，可以是一条直线，也可以是光滑的曲线，但不可能是折线，在恒定流中，流线与迹线重合，D 选项，表示不同时刻的流动趋势的是迹线。

74. C. 解答：可以列出两侧水箱表面伯努利方程：$Z_1 + \dfrac{p_\mathrm{a}}{\gamma} + \dfrac{\alpha_1 v_1^2}{2g} = Z_2 + \dfrac{p_\mathrm{a}}{\gamma} + \dfrac{\alpha_2 v_2^2}{2g} + h_\mathrm{w}$，忽略水面的流速，整理可得 $Z_1 - Z_2 = h_\mathrm{w}$，高度差即为管道的水头损失，1-3 管道的流速 $v_1 = Q/A_1 = 1.27\mathrm{m/s}$，4-6 管道的流速 $v_2 = Q/A_2 = 5.1\mathrm{m/s}$，1-3 管道的阻力损失为 $h_{\mathrm{w}1-3} = \left(\lambda_1 \dfrac{l_1}{d_1} + \xi_1 + \xi_2 + \xi_3\right)\dfrac{v_1^2}{2g} = 0.162\mathrm{m}$，4-6 管道的阻力损失为 $h_{\mathrm{w}4-6} = \left(\lambda_2 \dfrac{l_2}{d_2} + \xi_4 + \xi_5 + \xi_6\right)\dfrac{v_2^2}{2g} = 5.042\mathrm{m}$，两水箱的高度差为 $\Delta Z = h_\mathrm{w} = h_{\mathrm{w}1-3} + h_{\mathrm{w}4-6} = 5.204$。

75. C. 解答：长管管流中的能量损失以沿程损失为主，局部损失和流速水头所占比重很小，可以忽略不计。

76. C. 解答：矩形断面的面积 $A = 5 \times 3 = 15\mathrm{m}^2$，湿周 $\chi = 5 + 3 \times 2 = 11\mathrm{m}$，水力半径 $R = A/\chi = 1.36\mathrm{m}$。

77. D. 解答：潜水完全井即为完全普通井，其抽水量 $Q = \dfrac{\pi k(H^2 - h^2)}{\ln \dfrac{R}{r_0}}$，可见抽水量与渗透系数成正比，与井的半径，影响半径，含水层深度有关，但不成正比。

78. C. 解答：本题可以采用单位分析法，F 的单位为 $\mathrm{N} = \mathrm{kg \cdot m/s^2}$；密度 ρ 的单位为 $\mathrm{kg/m^3}$；l 的单位为 m；v 的单位为 $\mathrm{m/s}$；则 $F/\rho v^2 l^2$ 为无量纲组合。

79. D. 解答：电流产生的磁场方向可由右手螺旋定则确定，因此其方向为逆时针方向环绕长直导线（自上向下俯视）。

80. C. 解答：对图中的节点 a 列 KCL 方程：$I_2 + I_1 = I_2 + 0.1 = I$；对整个电路列 KVL 方程：$2 - 10I_2 - 4 = 0$。解得 $I_2 = -0.2\mathrm{A}$，$I = -0.1\mathrm{A}$。

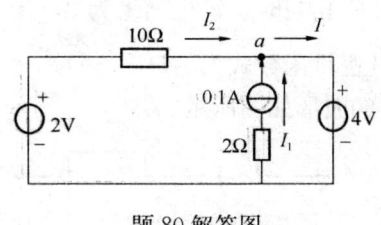

题 80 解答图

81. D. 解答：电流源单独作用时可将电压源处视为短路，因此电流源单独作用时，该电路可视作三个相同大小的电阻并联，因此电流的大小 $I=6\div3=2\mathrm{A}$，但实际方向与图中所标方向相反，故为 $-2\mathrm{A}$。

82. D. 解答：相位差等于 $180°$，称为反相，因此电压 $u(t)$ 的初相位为 $-170°$，电压的有效值相量表示为 $\dot{U}=10\angle-170°\mathrm{V}$（注：电压表与电流表测出的值均为有效值）。

83. A. 解答：有功功率 $P=UI\cos\varphi=110\times1\times\cos30°=95.26\mathrm{W}$，无功功率 $Q=UI\sin\varphi=110\times1\times\sin30°=55\mathrm{var}$，视在功率 $S=UI=110\times1=110\mathrm{VA}$。

84. B. 解答：当 $t<0$，即开关还未断开时，$u_C(0_-)=6\times\dfrac{2}{2+2}=3\mathrm{V}$，根据换路定则，$u_C(0_+)=u_C(0_-)=3\mathrm{V}$。根据基尔霍夫电流定律，$i(0_+)=i_C(0_+)+i_R(0_+)$，解得 $i_C(0_+)=i(0_+)-i_R(0_+)=\dfrac{6-3}{4}-\dfrac{3}{2}=-0.75\mathrm{A}$。当电路稳定时，$u_C(\infty)=6\times\dfrac{2}{2+2+2}=2\mathrm{V}$，$i_C(\infty)=0$。

85. A. 解答：变压器的电压比 $K=\dfrac{I_2}{I_1}$。由 $P_{R_2}=i_2^2R_2=10i_2^2=40$，可解得 $i_2=2\mathrm{A}$，因此 $K=\dfrac{N_1}{N_2}=\dfrac{I_2}{I_1}=\dfrac{2}{1}=2$，解得 $N_2=50$ 匝。

86. B. 解答：当电动机过载，流过热元件的电流加大时，经过一定的时间，热元件产生的热量会使双金属片的弯曲程度超过一定值，通过扣板推动热继电器的触点动作（常开触点闭合，常闭触点断开）。通常用串联在接触器线圈电路（控制电路）中的常闭触点来切断线圈电流，使电动机主电路失电。

87. D. 解答：从图中可看出压力和流量都是自变量连续的信号，因此均为连续信号。

88. B. 解答：周期信号的频谱是离散的频谱，此周期信号一定是连续时间信号。

89. A. 解答：信号经过放大器的放大处理，只有在放大器带宽内的信号被放大了，而其余的频率成分则被过滤掉。当 $f>f_H$ 时，放大倍数已经发生变化，信号发生了失真并导致输出信号的波形发生畸变。

90. C. 解答：对该逻辑表达式列真值表，见下表。

A	D	F
0	0	0
0	1	1
1	0	1
1	1	0

从上表中可以看出当 A 和 D 相同时，输出结果为 0，当 A 和 D 不同时，输出结果为 1，相当于"异或"逻辑函数，其逻辑函数式为 $\overline{A}D+A\overline{D}$。

91. B. 解答：$F=\overline{A+B}$ 的波形如图所示。

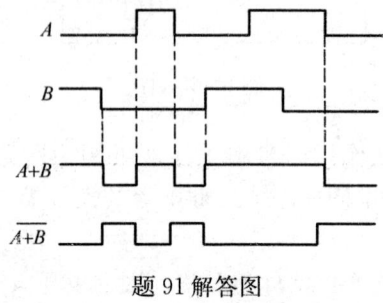

题 91 解答图

92. B. 解答：$8_{10}=1000_2$，因此 88 的 BCD 码是 $88_{10}=10001000_2$。

93. B. 解答：当 $u_i>0$ 时，二极管处于反向偏置而截止，相当于开路，输出电压 $u_o=0$；当 $u_i<0$ 时，二极管处于正向偏置而导通，相当于短路，输出电压 $u_o=u_i$。因此波形为 B 选项所示波形。

94. D. 解答：从图中可看出，当 $u_{i2}>u_{i1}$ 时，输出 U_{oM}；当 $u_{i2}<u_{i1}$ 时，输出 $-U_{oM}$。当 u_{i1} 从 1V 调至 1.5V 时，输出 U_{oM} 的时间会缩短，因此输出电压的平均值降低。

95. A. 解答：图中所示为 D 触发器，其状态方程为：$Q^{n+1}=D=\overline{AQ^n}$，且该 D 触发器为上升沿触发。在第一次上升沿之前，$\overline{R}_D=0$，触发器被置成 0 态。当 cp 第一次由 0 变为 1 时，根据状态方程，$Q^{n+1}=\overline{AQ^n}=0$；当 cp 第二次由 0 变为 1 时，根据状态方程，$Q^{n+1}=\overline{AQ^n}=0$，其波形图如图所示。由于 D 触发器在下降沿时状态不发生变化，因此在第一个和第二个时钟脉冲的下降沿时刻，输出 Q 均等于 0。

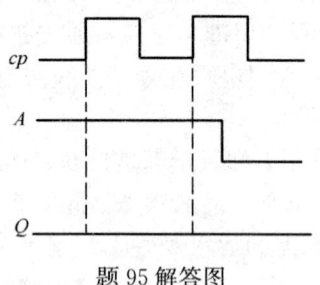

题 95 解答图

96. C. 解答：图中所示计数器的计数脉冲不是同时加到各触发器的计数输入端，因此该计数器是异步的。由图可得出各位触发器 D 端的逻辑关系式：第一位触发器的 $D_0=\overline{Q_0}$，因此其状态方程为 $Q_0^{n+1}=D_0=\overline{Q_0^n}$；第二位触发器的 $D_1=\overline{Q_1}$，因此其状态方程为 $Q_1^{n+1}=D_1=\overline{Q_1^n}$；第三位触发器的 $D_2=\overline{Q_2}$，因此其状态方程为 $Q_2^{n+1}=D_2=\overline{Q_2^n}$。根据以上状态方程，可得出其状态转换情况（注意：只有当 $\overline{Q_0}$ 和 $\overline{Q_1}$ 由 0 变为 1 时 D_1 和 D_2 才会触发），见下表。

计数器脉冲序号	触发器状态 $Q_2\ Q_1\ Q_0$	对应十进制数
0	0　0　0	0
1	0　0　1	1
2	0　1　0	2
3	0　1　1	3
4	1　0　0	4
5	1　0　1	5
6	1　1　0	6
7	1　1　1	7
8	0　0　0	0(进位)

由上表可知，该计数器为异步八进制计数器，即异步三位二进制加法计数器。

97. B. 解答：计算机硬件系统包括计算机的主机和外部设备。主要部件分为：总线、中央处理器、存储器、输入设备和输出设备等。

98. C. 解答：计算机由运算器、控制器、存储器、输入设备和输出设备五个逻辑部件组成。

99. B. 解答：总线是计算机各种功能部件之间传送信息的公共通信干线，它是由导线组成的传输线束。

100. C. 解答：随机性是指操作系统的运行是在一个随机的环境中，一个设备可能在任何时间向处理机发出中断请求，系统无法知道运行着的程序会在什么时候做什么事情。

101. B. 解答：计算机的操作系统根据不同的用途分为不同的种类。从功能角度分析，有实时系统、批处理系统、分时系统；从支持的用户数目分析，有单用户系统、多用户系统；从同时执行的任务数目分析，有单任务系统、多任务系统；从硬件结构和配置分析，有单机配置系统、多机配置系统。Windows 2000 以及以后更新的操作系统版本是一种多任务的操作系统。

102. D. 解答：需要将整数部分和纯小数部分分开，分别转换为相应的二进制数，首先是整数部分，256，数值大小比较简单，可以直接分解成 8 的指数相加的形式，$256=8^4$，对于比较复杂的可以采用"除 8 取余"的方法；然后是小数部分，采用"乘 8 取整"的方法，$0.625\times 8=5$，则 $0.625=(0.5)_8$，把两部分整合在一起 $256.625=(400.5)_8$。

103. D. 解答：$1kB=2^{10}B$；$1MB=2^{10}kB=2^{20}B$；$1GB=2^{10}MB=2^{30}B$；$1TB=2^{10}GB=2^{40}B$，kB<MB<GB<TB。

104. D. 解答：计算机病毒主要有如下几个特点。(1)破坏性(2)隐蔽性(3)传染性和传播性(4)潜伏性，虽然名称不同，但 ABC 的内容与计算机病毒的特点实质上是相符的，显然计算机病毒不可能具有人机共患性、细菌传播性。

105. C. 解答：按计算机网络作用范围的大小，即是按照网络的覆盖范围和计算机之间连接的距离来划分，计算机网络一般分为局域网、广域网和城域网。

106. B. 解答：局域网的基本拓扑结构有总线型结构、环型结构、星型结构、树型结构、网状结构，互联型并不是局域网的拓扑结构。

107. C. 解答：名义利率计算

$$r = i \times m$$

i 是计息周期利率，m 是一年的计息周期数。通常所说的年利率都是名义利率。

实际年利率计算

$$i_e = \left(1 + \frac{r}{m}\right)^m - 1 = \left(1 + \frac{6\%}{2}\right)^2 - 1 = 6.09\%$$

实际年利率高出名义利率 $i_e - r = 0.09\%$

故选 C。

108. D. 解答：建设期利息是指项目借款在建设期内发生并计入固定资产的利息。

在编制投资估算时通常假定借款均在每年的年中支用，借款第一年按半年计息，其余各年份按全年计息。计算公式为：

各年应计利息=(年初借款本息累计+本年借款额/2)×年利率

第 1 年借款利息 $Q_1 = \left(P_{1-1} + \frac{A_1}{2}\right) \times i = 200 \times 6\% = 12$（万元）；

第 2 年借款利息 $Q_1 = \left(P_{2-1} + \frac{A_2}{2}\right) \times i = \left(412 + \frac{800}{2}\right) \times 6\% = 48.72$（万元）；

建设期累加利息和为：12+48.72=60.72（万元）。

故选 D。

109. D. 解答：根据固定股利增长模型法计算，该公司普通股的资金成本为

$$K_s = \frac{D_c}{P_c(1-f)} + g = \frac{i_c}{1-f} + g = \frac{10\%}{1-3\%} + 5\% = 15.31\%$$

式中，P_c 为普通股票面值；D_c 为普通股预计年股利额；i_c 为普通股预计年股利率；g 为普通股利年增长率；f 为筹资费费率。

故选 D。

110. C. 解答：该项目第 10 年的净现金流量为：25+20=45（万元）。

111. D. 解答：社会折现率是指社会对资金时间价值的估量，是从整个国民经济角度所要求的资金投资收益率标准。社会折现率代表社会投资所应获得的最低收益率水平，在建设项目国民经济评价中是衡量经济内部收益率的基准值，也是计算项目经济净现值的折现率。

D 项，机会成本是指将有限资源投入到某种经济活动时所放弃的投入其他经济活动所能带来的最高收益。若某笔社会投资被占用，则意味着放弃了该笔投资由社会折现率计算得来的时间经济价值，该时间经济价值反映了资金占用的机会成本。

故选 D。

112. A. 解答：敏感度系数表示技术方案经济效果评价指标对不确定因素的敏感程度。计算公式为：

$$S_{AF} = \frac{\Delta A/A}{\Delta F/F}$$

式中，S_{AF} 为敏感度系数；$\Delta F/F$ 为不确定性因素 F 的变化率(%)；$\Delta A/A$ 为不确定性因素 F 发生 ΔF 变化时，评价指标 A 的相应变化率(%)。S_{AF} 越大，表明越敏感；反之，则不敏感。产品价格下降 10%、经营成本上升 15%、寿命缩短 20%、投资增加 25% 均属

于 $\Delta F/F$。

故选 A。

113. A. 解：差额内部收益率是指两个方案各年净现金流量差额的现值之和等于零时的折现率。或者说，两方案净现值(或净年值)相等时的折现率。

故选 A。

114. C. 解：01 评分法。即将零件排列起来，进行重要性对比，重要的得 1 分，不重要的得 0 分，求出各零件得分累计分数，其功能系数按下式计算：

$$功能系数(f_i) = \frac{零件得分累积}{总分} = \frac{4}{15} = 0.27$$

115. D. 解答：根据《建筑法》第二十六条和第二十七条，承包建筑工程的单位应当持有依法取得的资质证书，并在其资质等级许可的业务范围内承揽工程。禁止建筑施工企业超越本企业资质等级许可的业务范围或者以任何形式用其他建筑施工企业的名义承揽工程。禁止建筑施工企业以任何形式允许其他单位或者个人使用本企业的资质证书、营业执照，以本企业的名义承揽工程。大型建筑工程或者结构复杂的建筑工程，可以由两个以上的承包单位联合共同承包。共同承包的各方对承包合同的履行承担连带责任。

116. B. 解答：根据《安全生产法》第五十条、五十一条、五十二条和五十六条，生产经营单位的从业人员有权了解其作业场所和工作岗位存在的危险因素、防范措施及事故应急措施，有权对本单位的安全生产工作提出建议。从业人员有权对本单位安全生产工作中存在的问题提出批评、检举、控告；有权拒绝违章指挥和强令冒险作业。生产经营单位不得因从业人员对本单位安全生产工作提出批评、检举、控告或者拒绝违章指挥、强令冒险作业而降低其工资、福利等待遇或者解除与其订立的劳动合同。从业人员发现直接危及人身安全的紧急情况时，有权停止作业或者在采取可能的应急措施后撤离作业场所。从业人员发现事故隐患或者其他不安全因素，应当立即向现场安全生产管理人员或者本单位负责人报告；接到报告的人员应当及时予以处理。

117. B. 解答：根据《招标投标法》第二十八条，在招标文件要求提交投标文件的截止时间后送达的投标文件，招标人应当拒收。

118. C. 解答：根据《合同法》第七十五条，撤销权自债权人知道或者应当知道撤销事由之日起一年内行使。自债务人的行为发生之日起五年内没有行使撤销权的，该撤销权消灭。

119. C. 解答：根据《建设工程质量管理条例》第三十九条和第四十条，建设工程实行质量保修制度。建设工程承包单位在向建设单位提交工程竣工验收报告时，应当向建设单位出具质量保修书。在正常使用条件下，建设工程的最低保修期限为：(一)基础设施工程、房屋建筑的地基基础工程和主体结构工程，为设计文件规定的该工程的合理使用年限；(二)屋面防水工程、有防水要求的卫生间、房间和外墙面的防渗漏，为 5 年；(三)供热与供冷系统，为 2 个采暖期、供冷期；(四)电气管线、给排水管道、设备安装和装修工程，为 2 年。其他项目的保修期限由发包方与承包方约定。建设工程的保修期，自竣工验收合格之日起计算。

120. A. 解答：根据《建设工程安全生产管理条例》第八条，建设单位在编制工程概算时，应当确定建设工程安全作业环境及安全施工措施所需费用。

模拟试卷 1(下午卷)

1. 材料的孔隙率增加,特别是开口孔隙率增加时,会使材料的性能发生如下变化( )。
   A. 抗冻性、抗渗性耐腐蚀性提高
   B. 抗冻性、抗渗性耐腐蚀性降低
   C. 密度、导热系数、软化系数提高
   D. 密度、导热系数、软化系数降低

2. 当外力达到一定限度后,材料突然破坏,且破坏时无明显的塑性变形,材料的这种性质称为( )。
   A. 弹性　　　　　B. 塑性　　　　　C. 脆性　　　　　D. 韧性

3. 硬化水泥浆体的强度与自身的孔隙率有关,与强度直接有关的孔隙率是指( )。
   A. 总孔隙率　　　　　　　　　B. 毛细孔隙率
   C. 气孔孔隙率　　　　　　　　D. 层间孔隙率

4. 在我国西北干旱和盐渍土地区,影响地面混凝土构架耐久性的主要过程是( )。
   A. 碱骨料反应　　　　　　　　B. 混凝土碳化反应
   C. 盐结晶破坏　　　　　　　　D. 盐类化学反应

5. 混凝土材料的抗压强度与下列哪个因素不直接相关?( )
   A. 骨料强度　　　　　　　　　B. 硬化水泥浆强度
   C. 骨料界面过渡区　　　　　　D. 拌合水的品质

6. 以下性质中哪个不属于石材的工艺性质?( )
   A. 加工性　　　　　　　　　　B. 抗酸腐蚀性
   C. 抗钻性　　　　　　　　　　D. 磨光性

7. 配制乳化沥青时需要加入( )。
   A. 有机溶剂　　　　　　　　　B. 乳化剂
   C. 塑化剂　　　　　　　　　　D. 无机填料

8. 若 $\Delta X_{AB} < 0$,且 $\Delta Y_{AB} < 0$,下列何项表达了坐标方位角 α_{AB}?( )
   A. $\alpha_{AB} = \arctan(\Delta Y_{AB}/\Delta X_{AB})$
   B. $\alpha_{AB} = \arctan(\Delta Y_{AB}/\Delta X_{AB}) + \pi$
   C. $\alpha_{AB} = \pi - \arctan(\Delta Y_{AB}/\Delta X_{AB})$
   D. $\alpha_{AB} = \arctan(\Delta Y_{AB}/\Delta X_{AB}) - \pi$

9. 某图幅编号为 J50B001001,则该图比例尺为( )。
   A. 1∶100000　　　　　　　　　B. 1∶50000
   C. 1∶500000　　　　　　　　　D. 1∶250000

10. 经纬仪测量水平角时,下列何种方法用于测量两个方向所夹的水平角?( )
    A. 测回法　　　　　　　　　　B. 方向观测法
    C. 半测回法　　　　　　　　　D. 全圆方向法

11. 在工业企业建筑设计总平面图上，根据建（构）筑物的分布及建筑物的轴线方向，布设矩形网的主轴线，纵横两条主轴线要与建（构）筑物的轴线平行。下列何项关于主轴线上主点的个数的要求是正确的？（　　）
   A. 不少于 2 个 B. 不多于 3 个
   C. 不少于 3 个 D. 4 个以上

12. 视距测量方法测量水平距离时，水平距离 D 可用下列何公式表示（l 为尺间隔，α 为竖直角）？（　　）
   A. $D = Kl\cos^2\alpha$ B. $D = Kl\cos\alpha$
   C. $D = \frac{1}{2}Kl\sin^2\alpha$ D. $D = \frac{1}{2}Kl\sin\alpha$

13. 在我国，房地产价格评估制度是根据以下哪一层级的法律法规确立的一项房地产交易基本制度？（　　）
   A. 法律 B. 行政法规
   C. 部门规章 D. 政府规范性文件

14. 我国《节约能源法》所称能源，是指以下哪些能源和电子、热力以及其他直接或者通过加工、转换而取得有用能的各种资源？（　　）
   A. 煤炭、石油、天然气、生物质能 B. 太阳能、风能
   C. 煤炭、水电、核能 D. 可再生能源和新能源

15. 根据工程量清单计价法，为完成工程项目施工，发生于该工程施工前和施工过程中非工程实体项目的费用被称为（　　）。
   A. 工程建设费用 B. 措施费
   C. 规费 D. 直接工程费

16. 违反工程建设强制性标准造成工程质量、安全隐患或者工程事故的，按照《建设工程质量管理条例》有关规定（　　）。
   A. 对事故责任单位和责任人进行处罚
   B. 对事故责任单位的法定代表人进行处罚
   C. 对事故责任单位法定代理人进行处罚
   D. 对事故责任单位负责人进行处罚

17. 当沉桩采用以桩尖设计标高控制为主时，桩尖应处于的土层是（　　）。
   A. 坚硬的黏土 B. 碎石土
   C. 风化岩 D. 软土层

18. 冬期施工中配制混凝土用的水泥，应优先选用（　　）。
   A. 矿渣水泥 B. 硅酸盐水泥
   C. 火山灰水泥 D. 粉煤灰水泥

19. 对平面呈板式的六层钢筋混凝土预制结构吊装时，宜使用（　　）。
   A. 人字桅杆式起重机 B. 履带式起重机
   C. 附着式塔式起重机 D. 轨道式塔式起重机

20. 某工作最早完成时间与其所有紧后工作的最早开始时间之差中的最小值，称为（　　）。

A. 总时差 B. 自由时差
C. 虚工作 D. 时间间隔

21. 施工过程中，对于来自外部的各种因素所导致的工期延长，应通过工期签证予以扣除，下列不属于应办理工期签证的情形是（   ）。

A. 不可抗拒的自然灾害（地震、洪水、台风等）导致工期拖延
B. 由于设计变更导致的返工时间
C. 基础施工时，遇到不可预见的障碍物后停止施工，进行处理的时间
D. 下雨导致场地泥泞，施工材料运输不通畅导致工期拖延

22. 当钢筋混凝土受扭构件还同时作用有剪力时，此时构件的受扭承载力将发生下列哪种变化？（   ）

A. 减小 B. 增大 C. 不变 D. 不确定

23. 在按《混凝土结构设计规范》GB 50010—2010 所给的公式计算钢筋混凝土受弯构件斜截面承载力时，下列哪个不需考虑？（   ）

A. 截面尺寸是否过小
B. 所配的配箍是否大于最小配箍率
C. 箍筋的直径和间距是否满足其构造要求
D. 箍筋间距是否满足 10 倍纵向受力钢筋的直径

24. 下面给出的混凝土楼板塑性铰线正确的是（   ）。

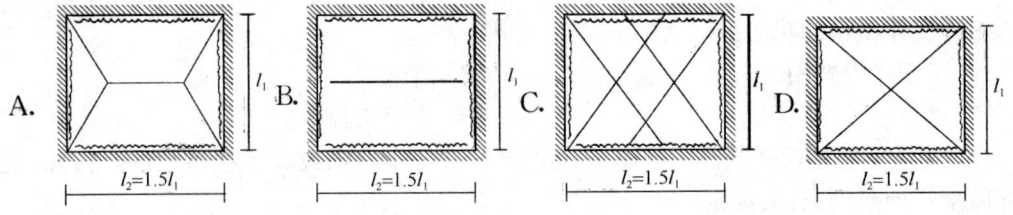

25. 下面关于钢筋混凝土剪力墙结构中边缘构件说法中不正确的是（   ）。

A. 分为构造边缘构件和约束边缘构件两类
B. 边缘构件内混凝土为受约束的混凝土，因此可提高墙体的延性
C. 构造边缘构件内可不设置箍筋
D. 所有剪力墙都要设置边缘构件

26. 高强度低合金钢划分为 A、B、C、D、E 五个质量等级，其划分指标为（   ）。

A. 屈服强度 B. 伸长率 C. 冲击韧性 D. 含碳量

27. 计算普通钢结构轴心受压构件的整体稳定性时应计算（   ）。

A. 构件的长细比 B. 板件的宽厚比
C. 钢材的冷弯效应 D. 构件的净截面处应力

28. 计算角焊缝抗剪承载力时需要限制焊缝的计算长度，主要考虑了（   ）。

A. 焊脚尺寸的影响 B. 焊缝剪应力分布的影响
C. 钢材标号的影响 D. 焊缝检测方法的影响

29. 钢结构屋盖中横向水平支撑的主要作用是（   ）。

A. 传递吊车荷载 B. 承受屋面竖向荷载

C. 固定檩条和系杆　　　　　　　　D. 提供屋架侧向支承点

30. 某截面尺寸、砂浆、块体强度等级都相同的墙体，下面哪种说法是正确的？（　　）

A. 承载能力随偏心矩的增大而增大

B. 承载能力随高厚比增加而减小

C. 承载能力随相邻横墙间距增加而增大

D. 承载能力不随截面尺寸、砂浆、砌体强度等级变化

31. 影响砌体结构房屋空间工作性能的主要因素是下面哪一项？（　　）

A. 房屋结构所用块材和砂浆的强度等级

B. 外纵墙的高厚比和门窗洞口的开设是否超过规定

C. 圈梁和构造柱的设置是否满足规范的要求

D. 房屋屋盖、楼盖的类别和横墙的距离

32. 墙梁设计时，下列概念正确的是（　　）。

A. 无论何种设计阶段，其顶面的荷载设计值计算方法相同

B. 托梁应按偏心受拉构件进行施工阶段承载力计算

C. 承重墙梁的支座处均应设落地翼墙

D. 托梁在使用阶段斜截面受剪承载力应按偏心受拉构件计算

33. 对多层砌体房屋总高度与总宽度比值要加以限制，主要是为了考虑（　　）。

A. 避免房屋两个主轴方向尺寸差异大、刚度悬殊，产生过大的不均匀沉陷

B. 避免房屋纵横两个方向温度应力不均匀，导致墙体产生裂缝

C. 保证房屋不致因整体弯曲而破坏

D. 防止房屋因抗剪不足而破坏

34. 图示体系的几何组成为（　　）。

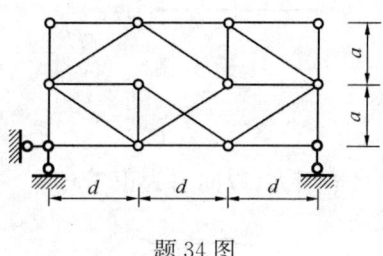

题 34 图

A. 无多余约束的几何不变体系　　　　B. 有多余约束的几何不变体系

C. 几何瞬变体系　　　　　　　　　　D. 几何常变体系

35. 图示刚架 M_{ED} 值为（　　）。

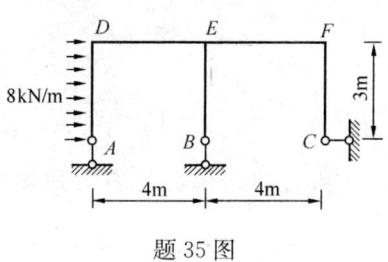

题 35 图

A. 36kN·m B. 48kN·m
C. 60kN·m D. 72kN·m

36. 图示对称结构 $M_{AD}=ql^2/36$（左拉），$F_{NAD}=-5ql/12$（压），则 M_{BC} 为（以下侧受拉为正）（　　）。

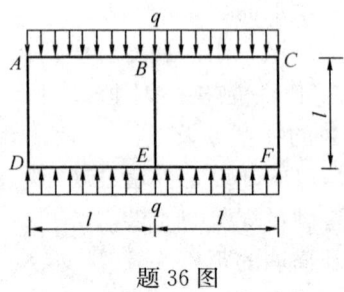

题 36 图

A. $-ql^2/6$ B. $ql^2/6$
C. $-ql^2/9$ D. $ql^2/9$

37. 图示圆弧曲梁 K 截面弯矩 M_K（外侧受拉为正）影响线 C 点竖标为（　　）。

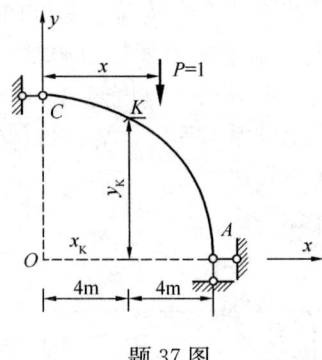

题 37 图

A. $4(\sqrt{3}-1)$ B. $4\sqrt{3}$ C. 0 D. 4

38. 图示三铰拱支座 B 的水平反力（以向右为正）等于（　　）。

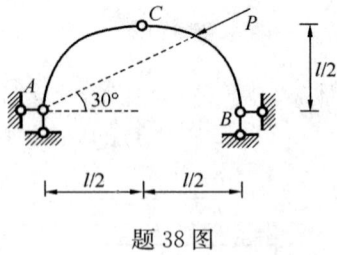

题 38 图

A. P B. $\dfrac{\sqrt{2}}{2}P$ C. $\dfrac{\sqrt{3}}{2}P$ D. $\dfrac{\sqrt{3}-1}{2}P$

39. 图示结构忽略轴向变形和剪切变形，若增大弹簧刚度 k，则 A 结点水平位移 Δ_{AH}（　　）。

40

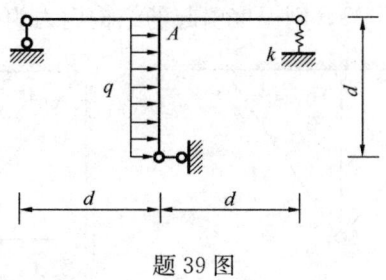

题 39 图

A. 增大 B. 减小
C. 不变 D. 可能增大，亦可能减小

40. 图示结构 $EI=$ 常数，在给定荷载作用下，水平反力 H_A 为（ ）。

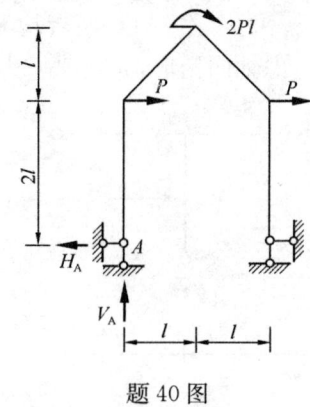

题 40 图

A. P B. $2P$ C. $3P$ D. $4P$

41. 图示结构 B 处弹性支座的弹簧刚度 $k=6EI/l^3$，B 截面的弯矩为（ ）。

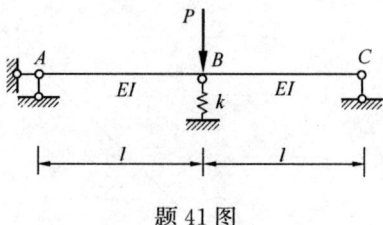

题 41 图

A. Pl B. $Pl/2$ C. $Pl/3$ D. $Pl/4$

42. 图示梁的抗弯刚度为 EI，长度为 l，欲使梁中点 C 弯矩为零，则弹性支座刚度 k 的取值为（ ）。

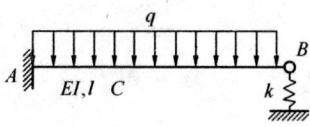

题 42 图

A. $3EI/l^3$ B. $6EI/l^3$ C. $9EI/l^3$ D. $12EI/l^3$

41

43. 图示桁架温度均升高 $t℃$，则温度引起的结构内力为（　　）。

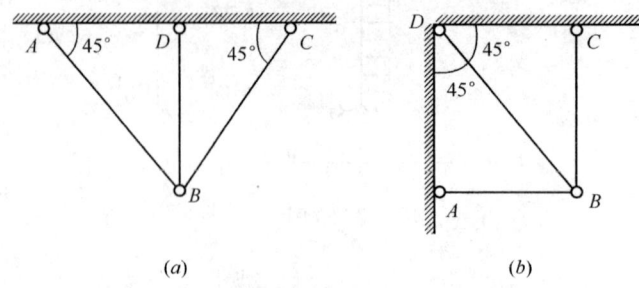

题 43 图

A.（a）无,（b）有　　　　　　　　B.（a）有,（b）无
C. 两者均有　　　　　　　　　　D. 两者均无

44. 图示结构 $EI=$ 常数，不考虑轴向变形，M_{BA} 为（以下侧受拉为正）（　　）。

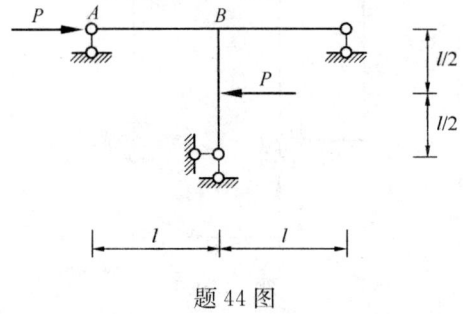

题 44 图

A. $Pl/4$　　　B. $-Pl/4$　　　C. $Pl/2$　　　D. $-Pl/2$

45. 图示结构用力矩分配法计算时，分配系数 μ_{A4} 为（　　）。

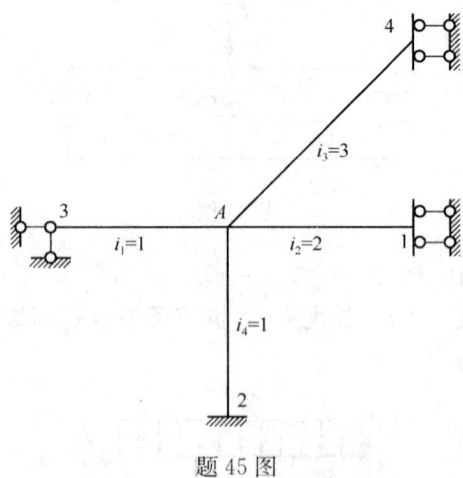

题 45 图

A. 1/4　　　B. 4/7　　　C. 1/2　　　D. 6/11

46. 图示结构，质量 m 在杆件中点，$EI=\infty$，弹簧刚度为 k，该体系的自振频率为（　　）。

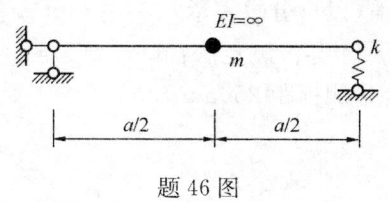

题 46 图

A. $\sqrt{\dfrac{9k}{4m}}$ B. $\sqrt{\dfrac{2k}{m}}$ C. $\sqrt{\dfrac{9k}{2m}}$ D. $\sqrt{\dfrac{4k}{m}}$

47. 图示单自由度体系受简谐荷载作用，简谐荷载频率等于结构自振频率的两倍，则位移的动力放大系数为(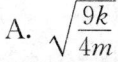)。

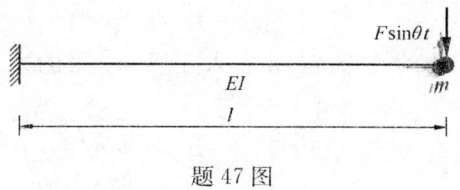

题 47 图

A. 2 B. 4/3 C. -1/2 D. -1/3

48. 单自由度体系自由振动时，实测振动 5 周后振幅衰减为 $y_5=0.04 y_0$，则阻尼比等于( )。

A. 0.05 B. 0.02 C. 0.008 D. 0.1025

49. 下述四种试验所选用的设备哪一种最不当？( )
A. 采用试件表面刷石蜡后，四周封闭抽真空产生负压方法薄壳试验
B. 采用电液伺服加载装置对梁柱节点构件进行模拟地震反应实验
C. 采用激振器方法对吊车梁做疲劳试验
D. 采用液压千斤顶对桁架进行承载力实验

50. 结构试验前，应进行预载，以下结论哪一条不当？( )
A. 混凝土结构预载值不可以超过开裂荷载
B. 预应力混凝土结构预载值可以超过开裂荷载
C. 钢结构的预载值可以加到使用荷载值
D. 预应力混凝土结构预载值可以加至使用荷载值

51. 对原结构损伤较小的情况下，在评定混凝土强度时，下列哪一种方法较为理想？( )
A. 回弹法 B. 超声波法
C. 钻孔后装法 D. 钻芯法

52. 应变片灵敏系数指下列哪一项？( )
A. 在单项应力作用下，应变片电子的相对变化与沿其轴向的应变之比值
B. 在 X、Y 双向应力作用下，X 方向应变片电阻的相对变化与 Y 方向应变片电阻的相对变化之比值
C. 在 X、Y 双向应力作用下，X 方向应变值与 Y 方向应变值之比值
D. 对于同一单向应变值，应变片在此应变方向垂直安装时的指示应变与沿此应变方

向安装指示应变的比值(以百分数表示)

53. 下列哪一种量测仪表属于零位测定法？( )

    A. 百分表应变量测装置(量测标距 250mm)

    B. 长标距电阻应变计

    C. 机械式杠杆应变仪

    D. 电阻应变式位移计(量测标距 250mm)

54. 厚度为 21.7mm 干砂试样在固结仪中进行压缩实验，当垂直应力由初始的 10.0kPa 增加到 40.0kPa 后，试样厚度减少了 0.043mm，那么该试样的体积压缩系数 m_v （MPa^{-1}）为( )。

    A. 8.40×10^{-2} B. 6.60×10^{-2}

    C. 3.29×10^{-2} D. 3.40×10^{-2}

55. 一个真空黏聚而成的土颗粒团坠入了 10m 深的水池池底，其刚度的变化为( )。

    A. 约提高 10%   B. 基本不变

    C. 约提高 10 倍   D. 约提高 1 倍

56. 完全饱和的黏土试样在三轴不排水试验中，先将围压提高到 40.0kPa，然后再将垂直加载附加应力提高至 37.7kPa，那么理论上该试样的孔隙水压力为( )。

    A. 52.57kPa   B. 40kPa

    C. 77.7kPa   D. 25kPa

57. 正常固结砂土地基土的内摩擦角为 30°，根据你的经验，其静止土压力系数为( )。

    A. 0.50   B. 1.0   C. 0.68   D. 0.25

58. 在软土上的建筑物为减小地基的变形和不均匀沉降，无效果的措施是( )。

    A. 减小基底附加压力   B. 调整基础宽度和埋深

    C. 增大基础的强度   D. 增加上部结构的刚度

59. 某 4×4 等间距排列的端承桩群，桩径 1m，桩距 5m，单桩承载力 2000kN/桩，此群桩承载力为( )。

    A. 32000kN   B. 16000kN

    C. 12000kN   D. 8000kN

60. 按地基处理作用机理，加筋法属于( )。

    A. 土质改良   B. 土的置换

    C. 土的补强   D. 土的化学加固

模拟试卷 1(下午卷)答案及解答

1. B. 解答：孔隙率是指材料中孔隙体积占总体积的比例，反映了材料的致密程度。孔隙率增加，材料的抗渗性、抗冻性、耐腐蚀性、导热系数和软化系数均会降低，材料的密度与孔隙率无关。

2. C. 解答：当外力达到一定限度后，材料突然破坏且破坏时无明显的塑性变形的性质称为脆性。

3. B. 解答：水泥加水拌合后，成为可塑的水泥浆，水泥浆逐渐变稠失去塑性，但尚不具有强度的过程，称为水泥的"凝结"。随后产生明显的强度并逐渐发展而成为坚强的人造石——水泥石，这一过程称为水泥的"硬化"。当水泥浆体完全失去可塑性，达到能承担一定荷载的强度，水泥表现为终凝并进入硬化阶段。进入硬化阶段后，水化速度减慢，水化物随时间的增长而逐渐增加，扩展到毛细孔中，使结构更趋致密，强度相应提高。由此可见硬化水泥浆体强度与毛细孔隙率密切相关。

4. D. 解答：盐类化学反应是指盐类离子(氯离子等)对混凝土的化学腐蚀，主要发生在盐渍土环境。

5. D. 解答：水泥的强度和水灰比是决定混凝土强度的主要因素，另外骨料的特性对混凝土的强度也有明显影响，骨料强度直接影响混凝土的强度；骨料表面状况会影响水泥石与骨料的粘结，故也直接影响混凝土的强度。拌合水的品质会影响混凝土的和易性、凝结时间及强度发展，不直接影响混凝土的强度。

6. B. 解答：石材的工艺性质包括加工性、磨光性、抗钻性等，抗酸腐蚀性属于石材的物理性质。

7. B. 解答：乳化沥青是沥青颗粒均匀分散在有乳化剂的水中而成的乳胶体，所以配制乳化沥青时需要加入乳化剂。

8. B. 解答：直线的方位角由标准方向的北端起顺时针方向到某直线水平的夹角，其取值为 $0°\sim360°$。由图可知，$\alpha_{AB} = \arctan(\Delta Y_{AB}/\Delta X_{AB}) + \pi$。

9. C. 解答：1:100 万比例尺的编号仍采用国际统一标准，其余比例尺的编号组成=1:100 万比例尺地形图编号+比例尺代号+行号+列号。J50B001001 的比例尺代码为 B，表示 1:500000 比例尺。

10. A. 解答：常见的水平角测量方法，主要有测回法、方向观测法和全圆方向法。测回法常用于测量两个方向之间的单角，方向观测法常用于一个测站上需测量的方向数多于两个时，全圆方向法用于观测的水平方向超过 3 个时。

11. C. 解答：方格网在布设时，纵横两条主轴线要与建筑物的轴线平行，且每条主轴线不得少于三个点，网点间距一般在 $100\sim300m$，且最好为整米数。

12. A. 解答：视距测量时，视线倾斜时的视距公式 $D = Kl\cos^2\alpha$。l 为尺间隔，α 为竖直角。

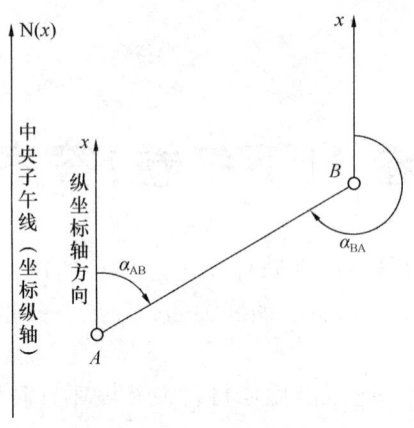

题 8 解答图

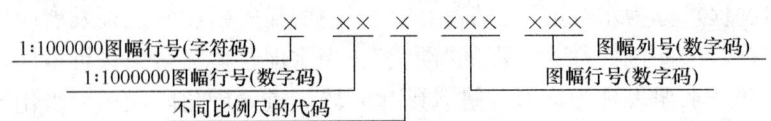

题 9 解答图

13. A. 解答：法律的制定权：全国人民代表大会和全国人民代表大会常务委员会行使国家立法权。全国人民代表大会常务委员会通过并修正了《中华人民共和国城市房地产管理法》。

14. A. 解答：根据《中华人民共和国节约能源法》第二条，本法所称能源，是指煤炭、石油、天然气、生物质能和电力、热力以及其他直接或者通过加工、转换而取得有用能的各种资源。

15. B. 解答：措施费是指为了完成工程项目施工，发生于该工程施工前和施工过程中非工程实体项目的费用，由施工技术措施费和施工组织措施费组成。

16. A. 解答：根据《建设工程安全生产管理条例》第五十二条，建设工程生产安全事故的调查、对事故责任单位和责任人的处罚与处理，按照有关法律、法规的规定执行。

17. D. 解答：摩擦型桩是利用桩侧的土与桩的摩擦力来支承上部荷载，在软土层较厚的地层中多为摩擦桩，一般是悬在软土层中的桩。

18. B. 解答：冬期施工中配制混凝土，应优先选用硅酸盐水泥，因为硅酸盐水泥的水化热较大。

19. D. 解答：对于多层装配式结构的吊装，由于构件安装高度较高，常选用大起重量履带起重机、固定式塔式起重机或轨道式塔式起重机。

20. B. 解答：自由时差是某工作最早完成时间与其所有紧后工作的最早开始时间之差中的最小值。总时差是指一项工作在不影响总工期的前提下所具有的机动时间，是该工作的最迟开始时间与最早开始时间之差。虚工作为了表示其相邻的前后工作之间相互制约、相互依存的逻辑关系，既不占用时间也不消耗资源。时间间隔是其紧后工作的最早开始时间与本工作最早完成时间之间的差值。

21. D. 解答：下雨导致场地泥泞，施工材料运输不通畅是施工单位的责任，不属于应办理工期签证的情形，延误的工期不能通过工期签证予以扣除。

22. A. 解答：剪扭构件在计算构件的抗剪承载力与抗扭承载力时，需要考虑剪力和扭矩的相关性，对构件的抗剪承载力和抗扭承载力公式予以修正。剪扭构件的受扭承载力：$T \leq 0.35 \beta_t f_t W_t + 1.2\sqrt{\zeta} \dfrac{f_{yv} A_{stl} A_{cor}}{s}$，式中：$\beta_t$——剪扭构件混凝土受承载力降低系数，一般剪扭构件的 β_t 值按下式计算 $\beta_t = \dfrac{1.5}{1 + 0.5 \dfrac{V}{T} \dfrac{W_t}{bh_0}}$，当 β_t 小于 0.5 时，取 0.5；当 β_t 大于 1.0 时，取 1.0。由此可见，剪力的存在使构件的抗扭承载力降低。

23. D. 解答：A 项，矩形、T 形和 I 形截面的受弯构件，其受剪截面应符合下列条件：当 $\dfrac{h_w}{b} \leq 4$ 时，$V \leq 0.25 \beta_c f_c bh_0$；当 $\dfrac{h_w}{b} \geq 6$ 时，$V \leq 0.20 \beta_c f_c bh_0$；当 $4 < \dfrac{h_w}{b} < 6$ 时，按线性内插法确定。因此需要考虑截面尺寸是否过小。BCD 三项，第 9.2.9 条规定，梁中箍筋的最大间距宜符合下表的规定：

梁高 h	$V > 0.7 f_t bh_0$	$V \leq 0.7 f_t bh_0$
$150 < h \leq 300$	150	200
200	200	300
350	250	350
$h > 800$	300	400

24. A. 解答：本题中板的相邻两边的长度比值为 1.5，按双向板设计。破坏机构的确定原则有：①对称结构具有对称的塑性铰线分布。②正弯矩部位出现正塑性铰线，负弯矩区域出现负塑性铰线。③应满足板块转动要求，塑性铰线通过相邻板块转动轴交点。④塑性铰线的数量应使整块板成为一个几何可变体系。

25. C. 解答：A 项，边缘构件分为构造边缘构件和约束边缘构件两类；B 项，抗震墙中设置边缘构件，主要是为了提高墙体的延性，边缘构件内混凝土受到约束，提高了墙体延性；C 项，构造边缘构件的配筋除满足抗弯承载力要求外，还需符合构造要求，需要设置箍筋；D 项，抗震墙两端和洞口两侧应设置边缘构件。

26. C. 解答：钢材质量等级划分主要依据是以对冲击韧性的要求区分的，对冷弯试验的要求也有区别。

27. A. 解答：除可考虑屈服后强度的实腹式构件外，轴心受压构件的稳定性计算应符合下式要求：$N/(\varphi A f) \leq 1.0$。稳定系数 φ 主要由构件的长细比、钢材的屈服强度和截面类型控制。

28. B. 解答：角焊缝抗剪时，多为侧面角焊缝。侧面角焊缝在弹性工作阶段沿长度方向受力不均，两端大而中间小。如果焊缝长度不是太大，焊缝两端达到屈服强度后，继续加载，应力会渐趋均匀；焊缝长度越长，当焊缝过长后，可能破坏首先发生在焊缝两端。

29. D. 解答：屋盖支撑的主要作用：①保证在施工和使用阶段厂房屋盖结构的空间几何稳定性；②保证屋盖结构的横向、纵向空间刚度和空间整体性；③为屋架弦杆提供必要的侧向支撑点，避免压杆侧向失稳和防止拉杆产生过大的振动；④承受和传递水平荷载。其中，横向水平支撑的作用是为屋架提供侧向支承点。

30. B. 解答：对无筋砌体墙、柱的承载力应按下式计算：$N/(\varphi A f) \leqslant 1.0$。式中，$\varphi$ 为高厚比 β 和轴向力的偏心距 e 对受压构件承载的影响系数；f 为砌体的抗压强度设计值；A 为截面面积。当高厚比 $\beta > 3$ 时，$\varphi = \dfrac{1}{1+12\left[\dfrac{e}{h}+\sqrt{\dfrac{1}{12}\left(\dfrac{1}{\varphi_0}-1\right)}\right]^2}$。式中，轴心受压构件的稳定系数为：$\varphi_0 = 1/[1+\alpha \beta^2]$，其中 α 为与砂浆强度等级有关的系数；β 为构件的高厚比。A 项，偏心距 e 增大，φ 减小，墙体承载能力减小；B 项，高厚比 β 增加，φ_0 减小，φ 减小，墙体承载能力减小；C 项，墙体承载能力与相邻横墙间距无关；D 项，墙体承载能力与截面尺寸、砂浆、砌体强度等级有关。

31. D. 解答：影响房屋空间工作性能的因素较多，但主要是屋盖、楼盖的类别及横墙的间距。屋盖或楼盖类别与砌体结构房屋的横墙间距最大间距限值有关。横墙的最大间距确定房屋的静力计算方案，横墙间距又直接影响砌体结构房屋的抗震性能，不同的抗震设防烈度，横墙的最大间距要求是不同的，抗震设防烈度越高，横墙的最大间距的限值越小。

32. C. 解答：A 项，顶面的荷载设计值计算方法与所处的设计阶段有关，有使用阶段及施工阶段墙梁荷载计算两种情况；B 项，施工阶段，托梁应按钢筋混凝土受弯构件进行抗弯、抗剪承载力验算；C 项，承重墙梁的支座处应设置落地翼墙，翼墙厚度，对砖砌体不应小于 240mm，对混凝土砌块砌体不应小于 190mm，翼墙宽度不应小于墙梁墙体厚度的 3 倍，并与墙梁墙体同时砌筑。当不能设置翼墙时，应设置落地且上、下贯通的混凝土构造柱；D 项，使用阶段，托梁跨中截面应按钢筋混凝土偏心受拉构件计算，托梁支座正截面和托梁斜截面应按钢筋混凝土受弯构件计算。

33. C. 解答：若砌体房屋考虑整体弯曲进行验算，目前的方法即使在 7 度时，超过三层就不满足要求，与大量的地震宏观调查结果不符。实际上，多层砌体房屋一般可以不做整体弯曲验算，但为了保证房屋的稳定性，限制了其高宽比。

34. D. 解答：先撤去不影响几何构造性质的简支支座以及四个角的二元体，得到如图所示结构。该结构可视为由 2 个刚片通过 3 根链杆连接而成，由于 3 根链杆平行且等长，所以该结构为几何常变体系。

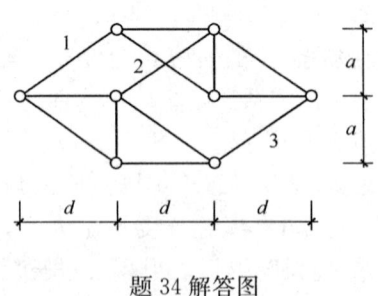

题 34 解答图

35. D. 解答：$\Sigma F_x = 0$，$F_C 3 \times 8 = 24$kN，所以 $M_{ED} = 24 \times 3 = 72$kN·m。

36. C. 解答：取隔离体 AB 如图所示，

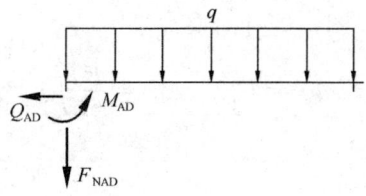

题 36 解答图

由题已知 $M_{AD}=ql^2/36$（左拉），$F_{NAD}=-5ql/12$（压），

对 B 取矩，由 $\Sigma M_B=0$，得 $M_{BA}+M_{AD}+F_{NAD}l+\dfrac{1}{2}ql^2=0$

代入数据，得 $M_{BA}+\dfrac{1}{36}ql^2-\dfrac{5}{12}ql\times l+\dfrac{1}{2}ql^2=0$

解得 $M_{BA}=-\dfrac{1}{9}ql^2$（上侧受拉），$M_{BC}=M_{BA}$。

37. A. 解答：由影响线的定义可知，M_K 影响线 C 点竖标即为单元荷载作用于 C 点时的 M_K 值，OK 连线与竖直方向的夹角 $\alpha=\pi/6$。先进行静力分析，由 $\Sigma F_y=0$ 得 $F_{Ay}=1\text{kN}$（竖直向上），由 $\Sigma M_A=0$，$1\times 8-F_C\times 8=0$，得 $F_C=1\text{kN}$（向左），由 $\Sigma F_x=0$ 得 $F_{Ax}=F_C=1\text{kN}$（向左）。取 K 截面右侧部分为隔离体，对 K 点取矩，$\Sigma M_K=0$，则 $M_K=-1\times 4+1\times 8\times \cos(\pi/6)=4(\sqrt{3}-1)$（外侧受拉）。

38. D. 解答：先对整体进行分析，$\Sigma M_B=0$，$R_{By}\cdot l=0$，解得 $R_{By}=0$；

$\Sigma F_y=0$，$R_{Ay}-P\cdot\sin30°=0$，$R_{Ay}-1/2P=0$，解得 $R_{Ay}=P/2$（方向向上）；

将结构从 C 点断开，取左半部分研究，对 C 点取矩，$\Sigma M_C=0$，$R_{Ax}\cdot\dfrac{l}{2}-\dfrac{P}{2}\cdot\dfrac{l}{2}=0$，解得 $R_{Ax}=P/2$（方向向右）；

继续对整体进行分析，$\Sigma F_x=0$，$R_{Ax}+R_{Bx}-P\cdot\cos30°=0$，$\dfrac{P}{2}+R_{Bx}-\dfrac{\sqrt{3}}{2}P=0$，解得 $R_{Bx}=\dfrac{\sqrt{3}-1}{2}P$。

39. B. 解答：A 点处的水平位移可以表示为：

$$\Delta_{AH}=\int\dfrac{\overline{M}_1 M_P}{EI}ds-\dfrac{c}{2}$$

式中，$\overline{M}_1$ 表示在 A 点施加向右水平单位力得到的结构弯矩图，M_P 表示结构在原有荷载下的弯矩图，c 为弹簧支座位移，向上为正，由于 $\overline{M}_1$ 和 M_P 图在同侧，所以第一项 $\int\dfrac{\overline{M}_1 M_P}{EI}ds$ 大于零，弹簧刚度变大，c 绝对值减小，A 点的水平位移减小。

40. A. 解答：可利用结构的对称性解答，图示结构为对称结构，荷载为反对称荷载，结构的内力应当是反对称的，因此梁支座的水平反力应当大小相等，等于结构上的外荷载 P，方向相同，所以水平反力 H_A 为 P（方向向左）。

41. D. 解答：首先取基本结构，断开 B 处支座，反力以 X_1 代替。在 B 处施加向上的

单位力，分别作出 $\overline{M}_1$ 图和 M_P 图，进行图乘可得

$$\delta_{11} = \frac{l^3}{6EI}, \quad \Delta_{1P} = \frac{Pl^3}{6EI}$$

力法方程：$X_1 \delta_{11} + \Delta_{1P} = -X_1/k$

解得 $X_1 = P/2$

将荷载作用下与单位作用力作用下的弯矩图叠加，可得原结构 B 截面的弯矩为 $M_B = M_{BP} + M_{B1} \cdot X_1 = \frac{Pl}{2} + \frac{l}{2} \cdot \frac{P}{2} = \frac{Pl}{4}$（下侧受拉）。

42. B. 解答：首先取基本结构，断开 B 处支座，反力以 X_1 代替。欲使梁中点 C 弯矩为零，则有

$$M_C = \frac{ql}{2} \cdot \frac{l}{4} - X_1 \cdot \frac{l}{2} = 0$$

解得 $X_1 = -ql/4$，再将 X_1 的值代回到力法基本方程中，即可求得弹簧刚度 k。

在 B 处施加向上的单位力，分别作出 $\overline{M}_1$ 图和 M_P 图，进行图乘可得

$$\delta_{11} = \frac{l^3}{3EI}, \quad \Delta_{1P} = -\frac{ql^4}{8EI},$$

将 $X_1 = -ql/4$ 代入力法方程 $X_1 \delta_{11} + \Delta_{1P} = -X_1/k$，解得 $k = 6EI/l^3$。

43. B. 解答：由题可知温度均匀升高，则有 $\Delta t = 0$，此时仅需考虑温度作用下轴力的影响，弯矩的影响为零。

对(a)取基本结构，令 BD 杆长为 l，断开 BD 链杆，用未知力 X_1 代替，如果力法方程中的自由项 $\Delta_{1t} = 0$，则结构在温度作用下无内力产生，此时

$$\Delta_{1t} = -\frac{\sqrt{2}}{2}\alpha t \times \sqrt{2}l \times 2 + 1 \times \alpha t \times l = -\alpha t l \neq 0$$

所以结构(a)会产生内力。

对(b)取基本结构，令 BD 杆长为 l，断开 BD 链杆，用未知力 X_1 代替，此时自由项

$$\Delta_{1t} = -\frac{\sqrt{2}}{2}\alpha t \times \frac{\sqrt{2}}{2}l \times 2 + 1 \times \alpha t \times l = 0$$

所以结构(b)不会产生内力。

44. B. 解答：首先取基本结构，反力以 X_1 代替，分别作出 $\overline{M}_1$ 图和 M_P 图，进行图乘可得

$$\delta_{11} = 2 \times \frac{1}{EI} \times \frac{1}{2} l^2 \times \frac{2}{3}l = \frac{2l^3}{3EI}$$

$$\Delta_{1P} = -\frac{1}{EI} \times \frac{1}{2} \times \frac{Pl^2}{2} \times \frac{2l}{3} = -\frac{Pl^3}{6EI}$$

力法方程 $X_1 \delta_{11} + \Delta_{1P} = 0$

解得 $X_1 = P/4$，于是 $M_{BA} = \frac{Pl}{4} - \frac{Pl}{2} = -\frac{Pl}{4}$（上侧受拉）。

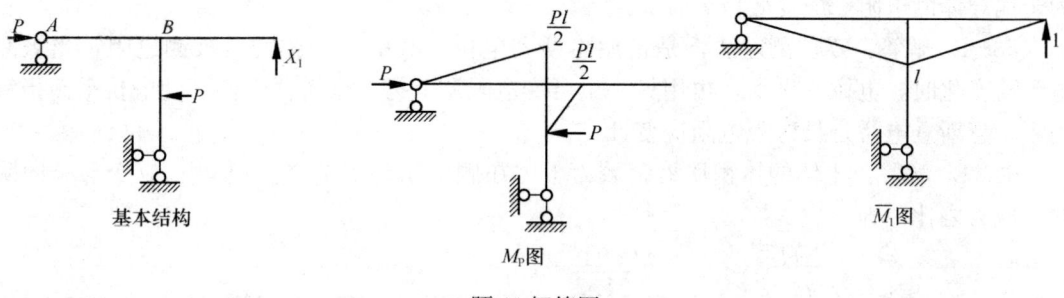

题 44 解答图

45. B. 解答：各杆件的转动刚度分别为 $S_{A1} = i_2 = 2$；$S_{A2} = 4i_4 = 4$；$S_{A3} = 3i_1 = 3$；$S_{A4} = 4i_3 = 12$。所以 $\mu_{A4} = S_{A4}/(S_{A1} + S_{A2} + S_{A3} + S_{A4}) = 12/(2+4+3+12) = 4/7$。

46. D. 解答：杆件刚度无穷大，不考虑杆件弯矩引起的位移，只需考虑弹性支座引起的位移。在质点处施加向下的单位力，计算杆件中点的位移，此时弹性支座处支反力为 $F_k = 1/2$（方向向上），于是杆件中点位移 $\delta_{11} = F_k/2k = 1/4k$（方向向下），所以体系自振频率为 $\omega = \sqrt{\dfrac{1}{m\delta_{11}}} = \sqrt{\dfrac{4k}{m}}$。

47. D. 解答：位移动力放大系数

$$\beta = \frac{1}{1 - \dfrac{\theta^2}{\omega^2}} = \frac{1}{1 - \dfrac{(2\omega)^2}{\omega^2}} = \frac{1}{1-4} = -\frac{1}{3}$$

48. D. 解答：单自由度体系有阻尼自由振动时，阻尼比计算公式

$$\xi = \frac{1}{2\pi n} \ln \frac{y_k}{y_{k+n}}$$

题中 n 为 5，则

$$\xi = \frac{1}{2\pi \times 5} \ln \frac{1}{0.04} = 0.1025$$

49. C. 解答：结构(吊车梁)疲劳试验，通常在结构疲劳试验机上进行，用液压脉动加载器加载。激振器有：机械式激振器(偏心块)，产生激振力做简谐运动，工作频率低(50~60Hz)；电磁式激振器，可产生激振力但其值不大，仅适用于小型结构及模型试验。激振器不适用于疲劳试验。

50. B. 解答：加载全部程序为预加载、标准荷载、破坏荷载三个阶段。在试验前对试件进行预加载，其目的是：①使试件各部分接触良好，进入正常工作状态，经过若干次预加载，使荷载与变形关系趋于稳定；②检查全部试验装置是否可靠；③检查全部测试仪器仪表是否工作正常；④检查全体试验人员的工作情况，使他们熟悉自己的任务和职责以保证试验工作顺利进行。预载一共分三级进行，每级取标准荷载的 20%，然后分 2~3 级卸完，对于混凝土试件，预载值不宜超过开裂荷载值的 70%。

51. D. 解答：钻芯法是用芯钻机从被测结构上钻取芯样，对芯样进行抗压强度试验，是一种直观可靠的检测混凝土强度的方法。

52. A. 解答：应变片的灵敏系数是指应变片的单位应变所引起的应变片电阻相对变化。当金属导体在外力作用下发生机械变形时，其电阻值将相应地发生变化，这种现象称

为金属导体的电阻—应变效应。

53. B. 解答：零位测定法，是指用惠斯登电桥，其中一个桥臂接被测电阻，当被测电阻值变化时，电桥不平衡，再用另一个可变电阻调节另一个桥臂阻值，使电桥平衡指针为零。惠斯登电桥是长标距电阻应变计。

54. B. 解答：土体的体积压缩系数为土体在侧限条件下的竖向（体积）应变与竖向附加压应力之比，即

$$m_v = \frac{\frac{\Delta H}{H}}{\Delta p} = \frac{\frac{0.043}{21.7}}{(40.0-10.0)\times 10^{-3}} = 6.60\times 10^{-2} \ (\text{MPa}^{-1})$$

故选 B。

55. B. 解答：真空中黏聚的土颗粒团中只存在土颗粒及水，可视为饱和土体状态。当坠入到 10m 深池底以后，仍为饱和土体状态，土颗粒团内部孔隙水压力不会发生变化，故土颗粒团抵抗剪切变形能力不会发生变化，刚度基本不变。

故选 B。

56. C. 解答：加荷瞬时，水来不及排出，全部外荷由孔隙水承担，在渗透固结过程中，随着水的逐渐排出，孔隙水压力逐渐消散，有效应力逐渐增长。而在三轴不排水试验中，孔隙水无法排出，由于试样饱和，因此外荷全部由孔隙水承担，因此理论上试样的孔隙水压力为 40.0+37.7=77.7kPa。

57. A. 解答：静止土压力系数可采用经验公式确定。

正常固结砂土地基，有效内摩擦角 $\varphi'=30°$，

静止土压力系数 $K_0 = 1-\sin\varphi' = 1-\sin 30° = 0.50$

58. C. 解答：A 项，减小基底附加压力，是减少基础不均匀沉降的根本措施；B 项，调整基础宽度和埋深，可以减小建筑物的基底压力，从而减小地基的不均匀沉降；C 项，增大基础强度对减小地基变形无明显效果；D 项，增加上部结构刚度将减小基础挠曲和内力不均匀分布，可以减小地基的不均匀沉降。

59. A. 解答：对于端承型群桩，可以认为群桩基础各桩的工作情况与独立单桩相同，因此群桩的承载力等于各单桩承载力之和，即

$$P_u = nQ_u = 4\times 4\times 2000 = 32000\text{kN}$$

60. C. 解答：加筋法是指在人工填土的路堤或挡墙内铺设土工合成材料（或钢带、钢条、钢筋混凝土带、尼龙绳等），或在边坡内打入土锚（或土钉、树根桩）等抗拉材料，依靠它们限制土的变形，改善土的力学性能，提高土的强度和稳定性的方法。

模拟试卷 2(上午卷)

1. 下列等式中不成立的是(　　)。
   A. $\lim\limits_{x\to 0}\dfrac{\sin x^2}{x^2}=1$ 　　　　B. $\lim\limits_{x\to\infty}\dfrac{\sin x}{x}=1$
   C. $\lim\limits_{x\to 0}\dfrac{\sin x}{x}=1$ 　　　　D. $\lim\limits_{x\to\infty}x\sin\dfrac{1}{x}$

2. 设 $f(x)$ 为偶函数，$g(x)$ 为奇函数，则下列函数中为奇函数的是(　　)。
   A. $f[g(x)]$ 　　　　B. $f[f(x)]$
   C. $g[f(x)]$ 　　　　D. $g[g(x)]$

3. 若 $f'(x_0)$ 存在，则 $\lim\limits_{x\to x_0}\dfrac{xf(x_0)-x_0 f(x)}{x-x_0}=($ 　　$)$。
   A. $f'(x_0)$ 　　　　B. $-x_0 f'(x_0)$
   C. $f(x_0)-x_0 f'(x_0)$ 　　　　D. $x_0 f'(x_0)$

4. 已知 $\varphi(x)$ 可导，则 $\dfrac{\mathrm{d}}{\mathrm{d}x}\displaystyle\int_{\varphi(x^2)}^{\varphi(x)}\mathrm{e}^{t^2}\mathrm{d}t$ 等于(　　)。
   A. $\varphi'(x)\mathrm{e}^{[\varphi(x)]^2}-2x\varphi'(x^2)\mathrm{e}^{[\varphi(x^2)]^2}$
   B. $\mathrm{e}^{[\varphi(x)]^2}-\mathrm{e}^{[\varphi(x^2)]^2}$
   C. $\varphi'(x)\mathrm{e}^{[\varphi(x)]^2}-\varphi'(x^2)\mathrm{e}^{[\varphi(x^2)]^2}$
   D. $\varphi'(x)\mathrm{e}^{[\varphi(x^2)]^2}-2x\varphi'(x^2)\mathrm{e}^{[\varphi(x)]^2}$

5. 若 $\displaystyle\int f(x)\mathrm{d}x=F(x)+C$ 则 $\displaystyle\int xf(1-x^2)\mathrm{d}x=($ 　　$)$。
   A. $F(1-x^2)+C$ 　　　　B. $-(1/2)F(1-x^2)+C$
   C. $(1/2)F(1-x^2)+C$ 　　　　D. $-(1/2)F(x)+C$

6. 若 $x=1$ 是函数 $y=2x^2+ax+1$ 的驻点，则常数 a 等于(　　)。
   A. 2　　　　B. -2　　　　C. 4　　　　D. -4

7. 设向量 $\boldsymbol{\alpha}$ 与向量 $\boldsymbol{\beta}$ 的夹角 $\theta=\pi/3$，$|\boldsymbol{\alpha}|=1$，$|\boldsymbol{\beta}|=2$，则 $|\boldsymbol{\alpha}+\boldsymbol{\beta}|$ 等于(　　)。
   A. $\sqrt{8}$　　　　B. $\sqrt{7}$　　　　C. $\sqrt{6}$　　　　D. $\sqrt{5}$

8. 微分方程 $y''=\sin x$ 的通解 y 等于(　　)。
   A. $-\sin x+C_1+C_2$ 　　　　B. $-\sin x+C_1 x+C_2$
   C. $-\cos x+C_1 x+C_2$ 　　　　D. $\sin x+C_1 x+C_2$

9. 设函数 $f(x)$，$g(x)$ 在 $[a,b]$ 上均可导 $(a<b)$，且恒正，若 $f'(x)g(x)+f(x)g'(x)>0$，则当 $x\in(a,b)$ 时，下列不等式中成立的是(　　)。
   A. $[f(x)/g(x)]>[f(a)/g(b)]$ 　　　　B. $[f(x)/g(x)]>[f(b)/g(b)]$
   C. $f(x)g(x)>f(a)g(a)$ 　　　　D. $f(x)g(x)>f(b)g(b)$

10. 由曲线 $y=\ln x$，y 轴与直线 $y=\ln a$，$y=\ln b(b>a>0)$ 所围成的平面图形的面积等于（ ）。

    A. $\ln b - \ln a$ B. $b-a$

    C. $e^b - e^a$ D. $e^b + e^a$

11. 下列平面中，平行于且与 yOz 坐标面非重合的平面方程是（ ）。

    A. $y+z+1=0$ B. $z+1=0$

    C. $y+1=0$ D. $x+1=0$

12. 函数 $f(x, y)$ 在点 $P_0(x_0, y_0)$ 处的一阶偏导数存在是该函数在此点可微分的（ ）。

    A. 必要条件   B. 充分条件

    C. 充分必要条件   D. 既非充分条件也非必要条件

13. 下列级数中，发散的是（ ）。

    A. $\sum\limits_{n=1}^{\infty} \dfrac{1}{n(n+1)}$ B. $\sum\limits_{n=1}^{\infty} \dfrac{1}{n^{\frac{3}{2}}}$

    C. $\sum\limits_{n=1}^{\infty} \left(\dfrac{n}{2n+1}\right)^2$ D. $\sum\limits_{n=1}^{\infty} (-1)^n \dfrac{1}{\sqrt{n}}$

14. 在下列微分方程中，以函数 $y=C_1 e^{-x} + C_2 e^{4x}$（$C_1, C_2$ 为任意常数）为通解的微分方程是（ ）。

    A. $y''+3y'-4y=0$ B. $y''-3y'-4y=0$

    C. $y''+3y'+4y=0$ D. $y''+y'-4y=0$

15. 设 L 是从点 $A(0, 1)$ 到点 $B(1, 0)$ 的直线段，则对弧长的曲线积分 $\int_L \cos(x+y)\,ds$ 等于（ ）。

    A. $\cos 1$ B. $2\cos 1$ C. $\sqrt{2}\cos 1$ D. $\sqrt{2}\sin 1$

16. 若正方形区域 D：$|x| \leqslant 1$，$|y| \leqslant 1$，则二重积分 $\iint\limits_D (x^2+y^2)\,dxdy$ 等于（ ）。

    A. 4   B. 8/3   C. 2   D. 2/3

17. 函数 $f(x)=a^x$（$a>0, a\neq 1$）的麦克劳林展开式中的前三项是（ ）。

    A. $1+x\ln a + x^2/2$ B. $1+x\ln a + x^2 \ln a/2$

    C. $1+x\ln a + (\ln a)^2 x^2/2$ D. $1+x/\ln a + x^2/(2\ln a)$

18. 设函数 $z=f(x^2 y)$，其中 $f(u)$ 具有二阶导数，则 $\dfrac{\partial^2 z}{\partial x \partial y}$ 等于（ ）。

    A. $f''(x^2 y)$ B. $f'(x^2 y) + x^2 f''(x^2 y)$

    C. $2x[f'(x^2 y) + yf''(x^2 y)]$ D. $2x[f'(x^2 y) + x^2 y f''(x^2 y)]$

19. 设 A、B 均为三阶方阵，且行列式 $|A|=1$，$|B|=-2$，A^T 为 A 的转置矩阵，则行列式 $|-2A^T B^{-1}|=$（ ）。

    A. -1 B. 1   C. -4 D. 4

20. 要使齐次线性方程组

$$\begin{cases} ax_1 + x_2 + x_3 = 0 \\ x_1 + ax_2 + x_3 = 0 \\ x_1 + x_2 + ax_3 = 0 \end{cases}$$

有非零解，则 a 应满足（　　）。

A. $-2 < a < 1$ B. $a=1$ 或 $a=-2$ C. $a \neq -1$ 且 $a \neq -2$ D. $a > 1$

21. 矩阵 $A = \begin{bmatrix} 1 & -1 & 0 \\ -1 & 3 & 0 \\ 0 & 0 & 0 \end{bmatrix}$ 所对应的二次型的标准形是（　　）。

A. $f = y_1^2 - 3y_2^2$ B. $f = y_1^2 - 2y_2^2$
C. $f = y_1^2 + 2y_2^2$ D. $f = y_1^2 - y_2^2$

22. 已知事件 A 与 B 相互独立，$P(\bar{A}) = 0.4$，$P(\bar{B}) = 0.5$，则 $P(A \cup B)$ 等于（　　）。

A. 0.6   B. 0.7   C. 0.8   D. 0.9

23. 设随机变量 X 的分布函数为

$$F(x) = \begin{cases} 0, & x \leq 0 \\ x^3, & 0 < x \leq 1 \\ 1, & x > 1 \end{cases}$$

则数学期望 $E(X)$ 等于（　　）。

A. $\int_0^1 3x^2 dx$ B. $\int_0^1 3x^3 dx$
C. $\int_0^1 \frac{x^4}{4} dx + \int_1^{+\infty} x dx$ D. $\int_0^{+\infty} 3x^3 dx$

24. 若二维随机变量 (X, Y) 的分布规律为：

Y＼X	1	2	3
1	1/6	1/9	1/18
2	1/3	α	β

且 X 与 Y 相互独立，则 α、β 取值为（　　）。

A. $\alpha = 1/6$，$\beta = 1/6$ B. $\alpha = 0$，$\beta = 1/3$
C. $\alpha = 2/9$，$\beta = 1/9$ D. $\alpha = 1/9$，$\beta = 2/9$

25. 1mol 理想气体（刚性双原子分子），当温度为 T 时，每个分子的平均平动动能为（　　）。

A. $(3/2)RT$ B. $(5/2)RT$
C. $(3/2)kT$ D. $(5/2)kT$

26. 一密闭容器中盛有 1mol 氦气（视为理想气体），容器中分子无规则运动的平均自由程仅决定于（　　）。

A. 压强 P B. 体积 V

C. 温度 T　　　　　　　　　　　　D. 平均碰撞频率 $\bar{Z}$

27. "理想气体和单一恒温热源接触做等温膨胀时，吸收的热量全部用来对外界做功。"对此说法，有以下几种讨论，其中正确的是(　　)。
   A. 不违反热力学第一定律，但违反热力学第二定律
   B. 不违反热力学第二定律，但违反热力学第一定律
   C. 不违反热力学第一定律，也不违反热力学第二定律
   D. 违反热力学第一定律，也违反热力学第二定律

28. 一定量的理想气体，由一平衡态(p_1, V_1, T_1)变化到另一平衡态(p_2, V_2, T_2)，若$V_2>V_1$，但$T_2=T_1$，无论气体经历怎样的过程(　　)。
   A. 气体对外做的功一定为正值　　B. 气体对外做的功一定为负值
   C. 气体的内能一定增加　　　　　D. 气体的内能保持不变

29. 一平面简谐波的波动方程为$y=0.01\cos10\pi(25t-x)$(SI)，则在$t=0.1$s时刻，$x=2$m处质元的振动位移是(　　)。
   A. 0.01cm　　　　　　　　　　　B. 0.01m
   C. −0.01m　　　　　　　　　　　D. 0.01mm

30. 一平面简谐波的波动方程为$y=0.02\cos\pi(50t+4x)$(SI)，此波的振幅和周期分别为(　　)。
   A. 0.02m，0.04s　　　　　　　　B. 0.02m，0.02s
   C. −0.02m，0.02s　　　　　　　D. 0.02m，25s

31. 当机械波在媒质中传播，一媒质质元的最大形变量发生在(　　)。
   A. 媒质质元离开其平衡位置的最大位移处
   B. 媒质质元离开其平衡位置的A处(A为振幅)
   C. 媒质质元离开其平衡位置的$A/2$处
   D. 媒质质元在其平衡位置处

32. 双缝干涉实验中，若在两缝后(靠近屏一侧)各覆盖一块厚度均为d，但折射率分别为n_1和n_2($n_2>n_1$)的透明薄片，则从两缝发出的光在原来中央明纹处相遇时，光程差为(　　)。
   A. $d(n_2-n_1)$　　　　　　　　B. $2d(n_2-n_1)$
   C. $d(n_2-1)$　　　　　　　　　D. $d(n_1-1)$

33. 在空气中做牛顿环实验，当平凸透镜垂直向上缓慢平移而远离平面镜时，可以观察到这些环状干涉条纹(　　)。
   A. 向右平移　　　　　　　　　　B. 静止不动
   C. 向外扩张　　　　　　　　　　D. 向中心收缩

34. 真空中波长为λ的单色光，在折射率为n的均匀透明媒质中，从A点沿某一路径传播到B点，路径的长度为l，A、B两点光振动的相位差为$\Delta\varphi$，则(　　)。
   A. $l=3\lambda/2$，$\Delta\varphi=3\pi$
   B. $l=3\lambda/(2n)$，$\Delta\varphi=3n\pi$
   C. $l=3\lambda/(2n)$，$\Delta\varphi=3\pi$

D. $l=3n\lambda/2$，$\Delta\varphi=3n\pi$

35. 空气中用白光垂直照射一块折射率为1.50、厚度为 0.4×10^{-6} m 的薄玻璃片，在可见光范围内，光在反射中被加强的光波波长是($1m=1\times10^9$ nm)( )。

   A. 480nm   B. 600nm   C. 2400nm   D. 800nm

36. 有一玻璃劈尖，置于空气中，劈尖角 $\theta=8\times10^{-5}$ rad(弧度)，用波长 $\lambda=589$ nm 的单色光垂直照射此劈尖，测得相邻干涉条纹间距 $l=2.4$ mm，则此玻璃的折射率为( )。

   A. 2.86   B. 1.53   C. 15.3   D. 28.6

37. 某元素正二价离子(M^{2+})的外层电子构型是 $3s^23p^6$，该元素在元素周期表中的位置是( )。

   A. 第三周期，第Ⅷ族   B. 第三周期，第ⅥA族
   C. 第四周期，第ⅡA族   D. 第四周期，第Ⅷ族

38. 在 Li^+、Na^+、K^+、Rb^+ 中，极化力最大的是( )。

   A. Li^+ B. Na^+ C. K^+ D. Rb^+

39. 浓度均为 $0.1 mol\cdot L^{-1}$ 的 NH_4Cl、$NaCl$、$NaAc$、Na_3PO_4 溶液，其pH值由小到大顺序正确的是( )。

   A. NH_4Cl、$NaCl$、$NaAc$、Na_3PO_4 B. Na_3PO_4、$NaAc$、$NaCl$、NH_4Cl
   C. NH_4Cl、$NaCl$、Na_3PO_4、$NaOAc$ D. $NaAc$、Na_3PO_4、$NaCl$、NH_4Cl

40. 某温度下，在密闭容器中进行如下反应 $2A(g)+B(g)\rightleftharpoons 2C(g)$，开始时，$p(A)=p(B)=300$ kPa，$p(C)=0$ kPa，平衡时 $p(C)=100$ kPa，在此温度下反应的标准平衡常数 $K^{\ominus}$ 是( )。

   A. 0.1   B. 0.4   C. 0.001   D. 0.002

41. 在酸性介质中，反应 $MnO_4^-+SO_3^{2-}+H^+\rightarrow Mn^{2+}+SO_4^{2-}$，配平后，$H^+$ 的系数为( )。

   A. 8   B. 6   C. 0   D. 5

42. 已知：酸性介质中，$E(ClO_4^-/Cl^-)=1.39V$，$E(ClO_3^-/Cl^-)=1.45V$，$E(HClO^-/Cl^-)=1.49V$，$E(Cl_2/Cl^-)=1.36V$，以上各电对中氧化型物质氧化能力最强的是( )。

   A. ClO_4^- B. ClO_3^-
   C. $HClO^-$ D. Cl_2

43. 下列反应的热效应等于 $CO_2(g)$ 的 $\Delta_f H_m$ 的是( )。

   A. $C(金刚石)+O_2(g)\rightarrow CO_2(g)$ B. $CO(g)+\frac{1}{2}O_2(g)\rightarrow CO_2(g)$
   C. $C(石墨)+O_2(g)\rightarrow CO_2(g)$ D. $2C(石墨)+2O_2(g)\rightarrow 2CO_2(g)$

44. 下列物质在一定条件下不能发生银镜反应的是( )。

   A. 甲醛   B. 丁醛   C. 甲酸甲酯   D. 乙酸乙酯

45. 下列物质一定不是天然高分子的是( )。

   A. 蔗糖   B. 塑料   C. 橡胶   D. 纤维素

46. 某不饱和烃催化加氢反应后，得到 $(CH_3)_2CHCH_2CH_3$，该不饱和烃是( )。

   A. 1-戊炔   B. 3-甲基-1-丁炔

C. 2-戊炔　　　　　　　　　　　　D. 1,2-戊二烯

47. 设力 F 在 x 轴上的投影为 F，则该力在与 x 轴共面的任一轴上的投影(　　)。
A. 一定不等于零　　　　　　　　B. 不一定不等于零
C. 一定等于零　　　　　　　　　D. 等于 F

48. 在如图所示边长为 a 的正方形物块 $OABC$ 上作用一平面力系，已知：力 $F_1 = F_2 = F_3 = 10\text{N}$，$a = 1\text{m}$，力偶的转向如图所示，力偶矩的大小为 $M_1 = M_2 = 10\text{N·m}$。则力系向 O 点简化的主矢、主矩为(　　)。

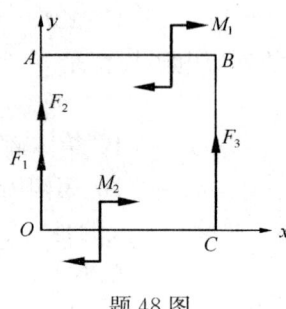

题 48 图

A. $F_R = 30\text{N}$(方向铅垂向上)，$M_O = 10\text{N·m}$(↻)
B. $F_R = 30\text{N}$(方向铅垂向上)，$M_O = 10\text{N·m}$(↺)
C. $F_R = 50\text{N}$(方向铅垂向上)，$M_O = 30\text{N·m}$(↻)
D. $F_R = 10\text{N}$(方向铅垂向上)，$M_O = 10\text{N·m}$(↺)

49. 在图示结构中，已知 $AB = AC = 2r$，物重 F_P，其余质量不计，则支座 A 的约束力为(　　)。

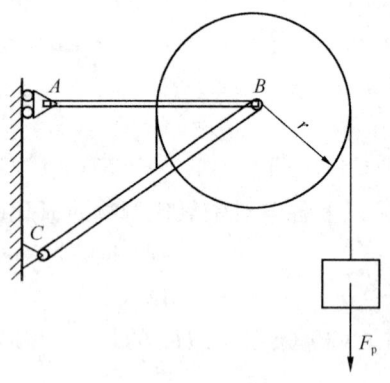

题 49 图

A. $F_A = 0$　　　　　　　　　　B. $F_A = \dfrac{1}{2}F_P$(←)

C. $F_A = \dfrac{3}{2}F_P$(→)　　　　　　D. $F_A = \dfrac{3}{2}F_P$(←)

50. 图示平面结构，各杆自重不计，已知 $q = 10\text{kN/m}$，$F_P = 20\text{kN}$，$F = 30\text{kN}$，$L_1 = 2\text{m}$，$L_2 = 5\text{m}$，B、C 处为铰链联结，则 BC 杆的内力为(　　)。

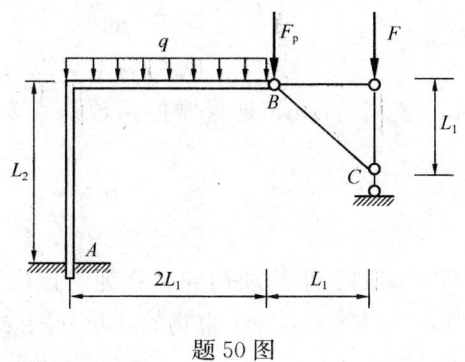

题 50 图

A. $F_{BC}=-30$kN B. $F_{BC}=30$kN
C. $F_{BC}=10$kN D. $F_{BC}=0$

51. 点的运动由关系式 $S=t^4-3t^3+2t^2-8$ 决定（S 以 m 计，t 以 s 计），则 $t=2$s 时的速度和加速度为（   ）。

A. -4m/s，16m/s^2 B. 4m/s，12m/s^2
C. 4m/s，16m/s^2 D. 4m/s，-16m/s^2

52. 质点以匀速度 15m/s 绕直径为 10m 的圆周运动，则其法向加速度为（   ）。

A. 22.5m/s^2 B. 45m/s^2 C. 0   D. 75m/s^2

53. 四连杆机构如图所示，已知曲柄 O_1A 长为 r，且 $O_1A=O_2B$，$O_1O_2=AB=2b$，角速度为 ω，角加速度为 α，则杆 AB 的中点 M 的速度、法向和切向加速度的大小分别为（   ）。

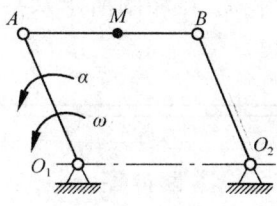

题 53 图

A. $v_M=b\omega$；$a_M^n=b\omega^2$；$a_M^\tau=b\alpha$ B. $v_M=b\omega$；$a_M^n=r\omega^2$；$a_M^\tau=r\alpha$
C. $v_M=r\omega$；$a_M^n=r\omega^2$；$a_M^\tau=r\alpha$ D. $v_M=r\omega$；$a_M^n=b\omega^2$；$a_M^\tau=b\alpha$

54. 质量为 m 的小物块在匀速转动的圆桌上，与转轴的距离为 r，如图所示。设物块与圆桌之间的摩擦系数为 μ，为使物块与桌面之间不产生相对滑动，则物块的最大速度为（   ）。

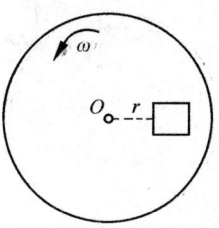

题 54 图

A. $\sqrt{\mu g}$ B. $2\sqrt{\mu gr}$

C. $\sqrt{\mu gr}$ D. $\sqrt{\mu r}$

55. 重 10N 的物块沿水平面滑行 4m，如果摩擦系数是 0.3，则重力及摩擦力各做的功是(　　)。

    A. 40N·m，40N·m   B. 0，40N·m

    C. 0，12N·m   D. 40N·m，12N·m

56. 质量 m_1 与半径 r 均相同的三个均质滑轮，在绳端作用有力或挂有重物，如图所示。已知均质滑轮的质量为 $m_1=2$kN·s²/m，重物的质量分别为 $m_2=0.2$kN·s²/m，$m_3=0.1$kN·s²/m，重力加速度按 $g=10$m/s 计算，则各轮转动的角加速度 a 间的关系是(　　)。

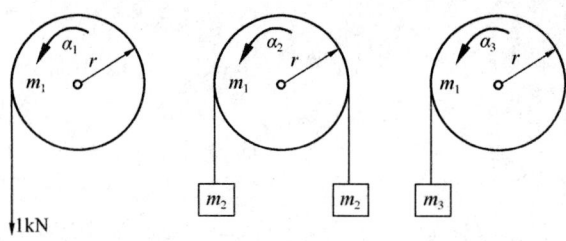

题 56 图

    A. $a_1=a_3>a_2$ B. $a_1<a_2<a_3$

    C. $a_1>a_3>a_2$ D. $a_1\neq a_2=a_3$

57. 均质细杆 OA，质量为 m，长 l。在如图所示水平位置静止释放，释放瞬时轴承 O 施加于杆 OA 的附加动反力为(　　)。

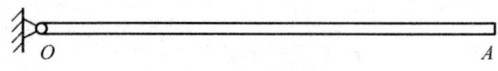

题 57 图

A. $3mg(↑)$ B. $3mg(↓)$ C. $\dfrac{3}{4}mg(↑)$ D. $\dfrac{3}{4}mg(↓)$

58. 图示两系统均做自由振动，其固有圆频率分别为(　　)。

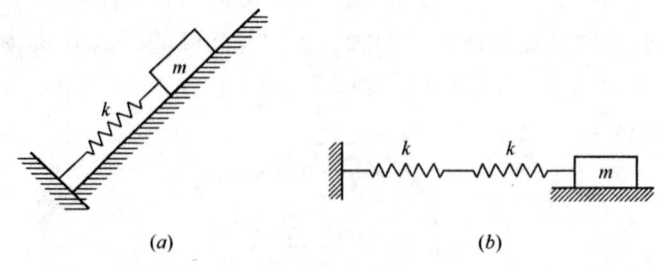

题 58 图

A. $\sqrt{\dfrac{2k}{m}}$，$\sqrt{\dfrac{k}{2m}}$ B. $\sqrt{\dfrac{k}{m}}$，$\sqrt{\dfrac{m}{2k}}$

C. $\sqrt{\dfrac{k}{2m}}, \sqrt{\dfrac{k}{m}}$ D. $\sqrt{\dfrac{k}{m}}, \sqrt{\dfrac{k}{2m}}$

59. 等截面杆，轴向受力如图所示，则杆的最大轴力是（　　）。

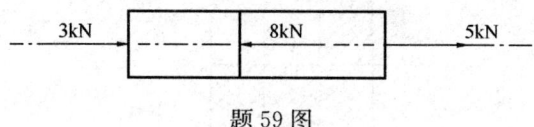

题 59 图

A. 8kN B. 5kN C. 3kN D. 13kN

60. 变截面杆 AC 受力如图所示。已知材料弹性模量为 E，杆 BC 段的截面积为 A，杆 AB 段的截面积为 2A，则杆 C 截面的轴向位移是（　　）。

A. $\dfrac{FL}{2EA}$ B. $\dfrac{FL}{EA}$

C. $\dfrac{2FL}{EA}$ D. $\dfrac{3FL}{EA}$

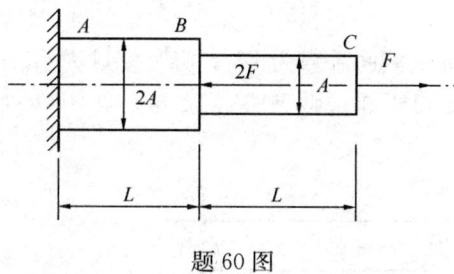

题 60 图

61. 直径 $d=0.5$m 的圆截面立柱，固定在直径 $D=1$m 的圆形混凝土基座上，圆柱的轴向压力 $F=1000$kN，混凝土的许用应力 $[\tau]=1.5$MPa。假设地基对混凝土板的支反力均匀分布，为使混凝土基座不被立柱压穿，混凝土基座所需的最小厚度 t 应是（　　）。

A. 159mm B. 212mm C. 318mm D. 424mm

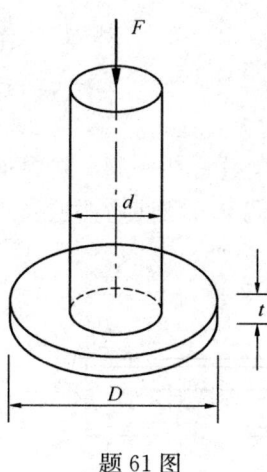

题 61 图

62. 实心圆轴受扭，若将轴的直径减小一半，则扭转角是原来的（　　）。

A. 2 倍 B. 4 倍 C. 8 倍 D. 16 倍

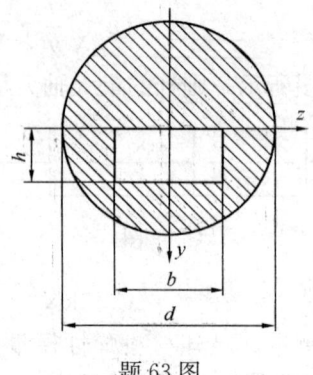

题 63 图

63. 图示截面对 z 轴的惯性矩 I_z 为（　　）。

A. $I_z = \dfrac{\pi d^4}{64} - \dfrac{bh^3}{3}$ 　　　　　　B. $I_z = \dfrac{\pi d^4}{64} - \dfrac{bh^3}{12}$

C. $I_z = \dfrac{\pi d^4}{32} - \dfrac{bh^3}{6}$ 　　　　　　D. $I_z = \dfrac{\pi d^4}{64} - \dfrac{13bh^3}{12}$

64. 图(a)所示圆轴的抗扭截面系数为 W_T，切变模量为 G。扭转变形后，圆轴表面 A 点处截取的单元体互相垂直的相邻边线改变了 γ 角，如图(b)所示。圆轴承受的扭矩 T 是（　　）。

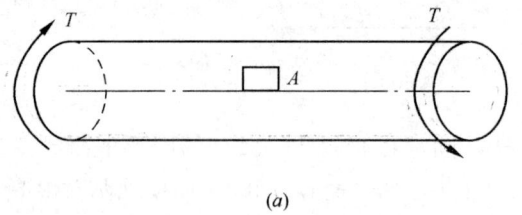

题 64 图

A. $T = G\gamma W_T$ 　　　　　　B. $T = \dfrac{G\gamma}{W_T}$

C. $T = \dfrac{\gamma W_T}{G}$ 　　　　　　D. $T = \dfrac{W_T}{G\gamma}$

65. 材料相同的两根矩形截面梁叠合在一起，接触面之间可以相对滑动且无摩擦力。设两根梁的自由端共同承担集中力偶 m，弯曲后两根梁的挠曲线相同，则上面梁承担的力偶矩是（　　）。

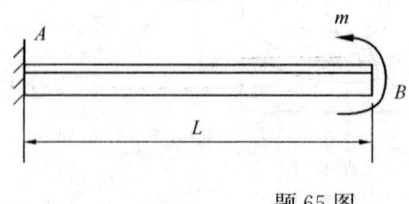 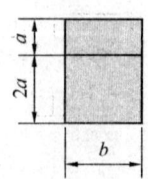

题 65 图

A. $m/9$ 　　　B. $m/5$ 　　　C. $m/3$ 　　　D. $m/2$

66. 图示等边角钢制成的悬臂梁 AB，C 点为截面形心，x 为该梁轴线，y'、z' 为形心主轴。集中力 F 竖直向下，作用线过形心，则梁将发生以下哪种变化（　　）。

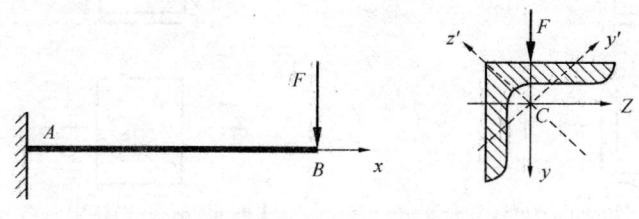

题 66 图

A. xy 平面内的平面弯曲
B. 扭转和 xy 平面内的平面弯曲
C. xy' 和 xz' 平面内的双向弯曲
D. 扭转及 xy' 和 xz' 平面内的双向弯曲

67. 图示直径为 d 的圆轴，承受轴向拉力 F 和扭矩 T。按照第三强度理论，截面危险的相当应力 σ_{eq3} 为（　　）。

题 67 图

A. $\sigma_{eq3} = \dfrac{32}{\pi d^3}\sqrt{F^2+T^2}$
B. $\sigma_{eq3} = \dfrac{16}{\pi d^3}\sqrt{F^2+T^2}$
C. $\sigma_{eq3} = \sqrt{\left(\dfrac{4F}{\pi d^2}\right)^2 + 4\left(\dfrac{16T}{\pi d^3}\right)^2}$
D. $\sigma_{eq3} = \sqrt{\left(\dfrac{4F}{\pi d^2}\right)^2 + 4\left(\dfrac{32T}{\pi d^3}\right)^2}$

68. 在图示 4 种应力状态中，最大切应力 τ_{max} 数值最大的应力状态是（　　）。

A. 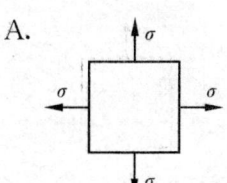 B. 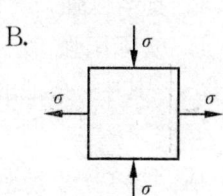 C. 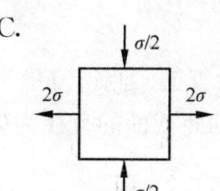 D.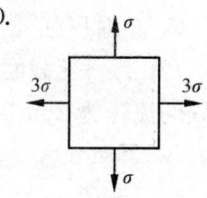

69. 图示圆轴固定端最上缘 A 点单元体的应力状态是（　　）。

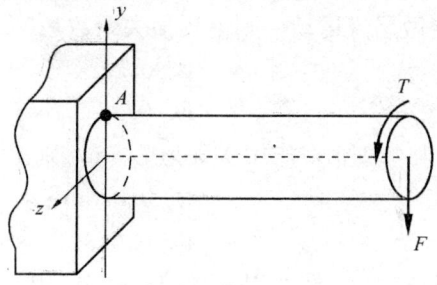

题 69 图

63

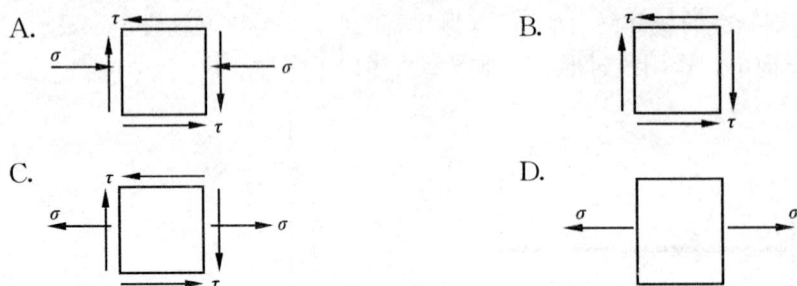

70. 图示三根压杆均为细长(大柔度)压杆,且弯曲刚度为 EI。三根压杆的临界荷载 F_{cr} 的关系为( )。

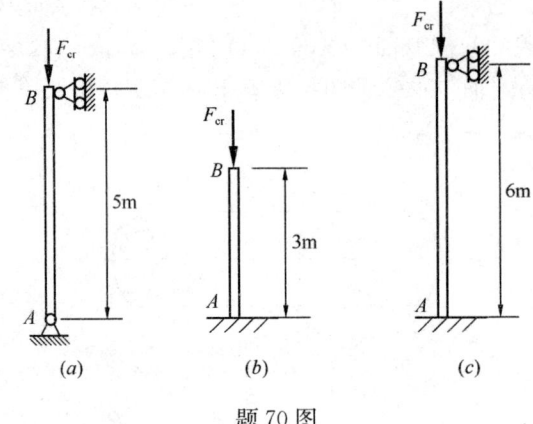

题 70 图

A. $F_{cra} > F_{crb} > F_{crc}$ B. $F_{crb} > F_{cra} > F_{crc}$

C. $F_{crc} > F_{cra} > F_{crb}$ D. $F_{crb} > F_{crc} > F_{cra}$

71. 压力表测出的压强是( )。

A. 绝对压强   B. 真空压强

C. 相对压强   D. 实际压强

72. 有一变截面压力管道,测得流量为 15L/s,其中一截面的直径为 100mm,另一截面处的流速为 20m/s,则此截面的直径为( )。

A. 29mm   B. 31mm

C. 35mm   D. 26mm

73. 一直径为 50mm 的圆管,动力黏度 $\mu=18\times10^{-3}$ Pa·s、密度 $\rho=0.85$ g/cm^3 的油在管内以 $v=10$ cm/s 的速度做层流运动,则沿程损失系数是( )。

A. 0.18   B. 0.23

C. 0.20   D. 0.27

74. 圆柱形管嘴,直径为 0.04m,作用水头为 7.5m,则出水流量为( )。

A. 0.008m^3/s   B. 0.023m^3/s

C. 0.020m^3/s   D. 0.013m^3/s

75. 同一系统的孔口出流,有效作用水头 H 相同,则自由出流与淹没出流关系为( )。

A. 流量系数不等，流量不等 B. 流量系数不等，流量相等
C. 流量系数相等，流量不等 D. 流量系数相等，流量相等

76. 一梯形断面明渠，水力半径 $R=1\text{m}$，底坡 $i=0.0008$，粗糙系数 $n=0.02$，则输水流速度为（　　）。

　　A. 1m/s B. 1.4m/s
　　C. 2.2m/s D. 0.84m/s

77. 渗流达西定律适用于（　　）。

　　A. 地下水渗流 B. 砂质土壤渗流
　　C. 均匀土壤层流渗流 D. 地下水层流渗流

78. 几何相似、运动相似和动力相似的关系是（　　）。

　　A. 运动相似和动力相似是几何相似的前提
　　B. 运动相似是几何相似和动力相似的表象
　　C. 只有运动相似，才能几何相似
　　D. 只有动力相似，才能几何相似

79. 图示环线半径为 r 的铁芯环路，绕有匝数为 N 的线圈，线圈中通有直流电流 I，磁环路上的磁场强度 H 处处均匀，则 H 值为（　　）。

　　A. $\dfrac{NI}{r}$、顺时针方向 B. $\dfrac{NI}{2\pi r}$、顺时针方向
　　C. $\dfrac{NI}{r}$、逆时针方向 D. $\dfrac{NI}{2\pi r}$、逆时针方向

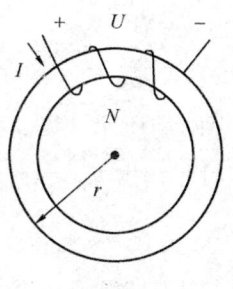

题 79 图

80. 在图示电路中，电压 $U=$（　　）。

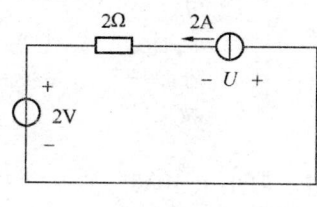

题 80 图

　　A. 0V B. 4V C. 6V D. −6V

81. 对于图示电路，可以列写 a、b、c、d 4 个结点的 KCL 方程和①、②、③、④、⑤ 5 个回路的 KVL 方程，为求出其中 6 个未知电流 $I_1 - I_6$，正确的求解模型应该是（　　）。

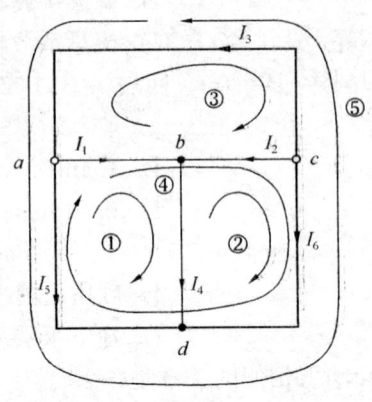

题 81 图

A. 任选 3 个 KCL 方程和 2 个 KVL 方程
B. 任选 3 个 KCL 方程和①、②、③3 个回路的 KVL 方程
C. 任选 3 个 KCL 方程和①、②、④3 个回路的 KVL 方程
D. 写出 4 个 KCL 方程和任意 2 个 KVL 方程

82. 已知交流电流 $i(t)$ 的周期 $T=1$ms，有效值 $I=0.5$A，当 $t=0$ 时，$i=0.5\sqrt{2}$A，则它的时间函数描述形式是（　　）。

A. $i(t)=0.5\sqrt{2}\sin1000t$A

B. $i(t)=0.5\sin200\pi t$A

C. $i(t)=0.5\sqrt{2}\sin(2000\pi t+90°)$A

D. $i(t)=0.5\sqrt{2}\sin(1000\pi t+90°)$A

83. 图（a）滤波器的幅频特性如图（b）所示，当 $u_i=u_{i1}=10\sqrt{2}\sin100t$V 时，输出 $u_o=u_{o1}$，当 $u_i=u_{i2}=10\sqrt{2}\sin10^4 t$V 时，输出 $u_o=u_{o2}$，则可以算出（　　）。

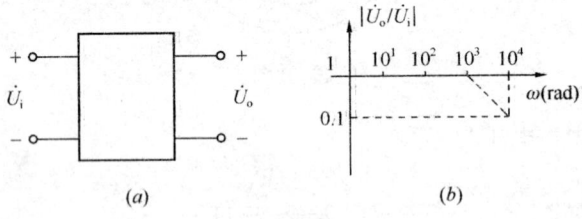

题 83 图

A. $U_{o1}=U_{o2}=10$V
B. $U_{o1}=10$V，U_{o2} 不能确定，但小于 10V
C. $U_{o1}<10$V，$U_{o2}=0$
D. $U_{o1}=10$V，$U_{o2}=1$V

84. 图（a）所示功率因数补偿电路中，$C=C_1$ 时得到相量图如图（b）所示，$C=C_2$ 时得到相量图如图（c）所示，那么（　　）。

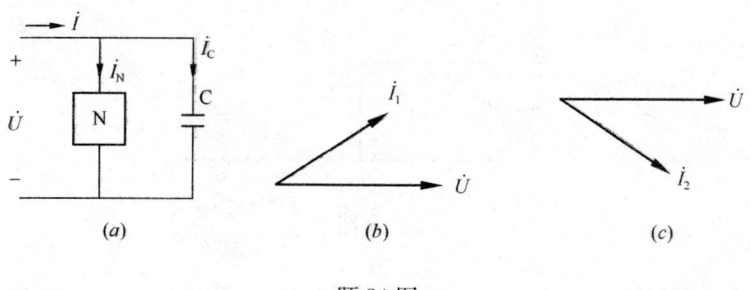

题 84 图

A. C_1 一定大于 C_2

B. 当 $C = C_1$ 时，功率因数 $\lambda|_{C_1} > 0$；当 $C = C_2$ 时，功率因数 $\lambda|_{C_2} < 0$

C. 因为功率因数 $\lambda|_{C_1} = \lambda|_{C_2}$，所以采用两种方案均可

D. $C = C_2$ 时，电路出现过补偿，不可取

85. 某单相理想变压器，其一次线圈为 550 匝，有两个二次线圈。若希望一次电压为 100V 时，获得的二次电压分别为 10V 和 20V，则 $N_2|_{10V}$ 和 $N_2|_{20V}$ 应分别为（   ）。

 A. 50 匝和 100 匝　　　　　　　　　B. 100 匝和 50 匝
 C. 55 匝和 110 匝　　　　　　　　　D. 110 匝和 55 匝

86. 为实现对电动机的过载保护，除了将热继电器的常闭触点串接在电动机的控制电路中外，还应将其热元件（   ）。

 A. 也串接在控制电路中　　　　　　B. 再并接在控制电路中
 C. 串接在主电路中　　　　　　　　D. 并接在主电路中

87. 某温度信号如图 (a) 所示，经温度传感器测量后得到图 (b) 波形，经采样后得到图 (c) 波形，再经保持器得到图 (d) 波形，则（   ）。

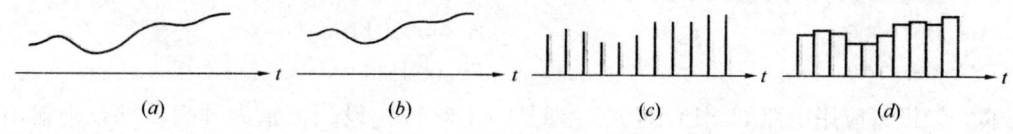

题 87 图

A. 图 (b) 是图 (a) 的模拟信号　　　　B. 图 (a) 是图 (b) 的模拟信号
C. 图 (c) 是图 (b) 的数字信号　　　　D. 图 (d) 是图 (a) 的模拟信号

88. 若某周期信号的一次谐波分量为 $5\sin 10^3 t$ V，则它的三次谐波分量可表示为（   ）。

 A. $U\sin 3 \times 10^3 t, U > 5\text{V}$　　　　B. $U\sin 3 \times 10^3 t, U < 5\text{V}$
 C. $U\sin 10^6 t, U > 5\text{V}$　　　　　　D. $U\sin 10^6 t, U < 5\text{V}$

89. 设放大器的输入信号为 $u_1(t)$，输出信号为 $u_2(t)$，放大器的幅频特性如图所示，设 $u_1(t) = \sqrt{2}U_{11}\sin 2\pi ft + \cdots + \sqrt{2}U_{1n}\sin 2n\pi ft$，若希望 $u_2(t)$ 不出现频率失真，则应使放大器的（   ）。

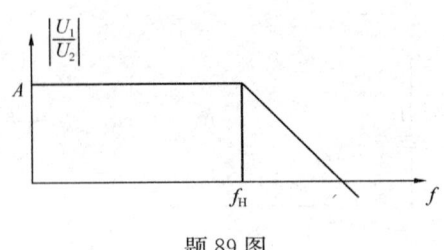

题 89 图

A. $f_H > f$ B. $f_H > nf$
C. $f_H < f$ D. $f_H < nf$

90. 对逻辑表达式 $\overline{AD+\overline{A}\overline{D}}$ 的化简结果是（   ）。

A. 0 B. 1
C. $\overline{A}D+A\overline{D}$ D. $\overline{AD}+AD$

91. 已知数字信号 A 和数字信号 B 的波形如图所示，则数字信号 $F=\overline{A+B}$ 的波形图为（   ）。

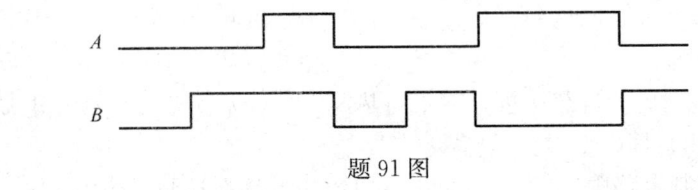

题 91 图

A. F B. F
C. F D. F

92. 十进制数字 16 的 BCD 码为（   ）。

A. 00010000 B. 00010110
C. 00010100 D. 00011110

93. 二极管应用电路如图所示，$u_A=1V$，$u_B=5V$，设二极管为理想器件，则输出电压 u_F（   ）。

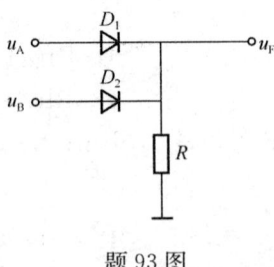

题 93 图

A. 等于 1V B. 等于 5V
C. 等于 0V D. 因 R 未知，无法确定

94. 运算放大器应用电路如图所示，$C=1\mu F$，$R=1M\Omega$，$u_{oM}=+10V$，若 $u_i=1V$，u_o（   ）。

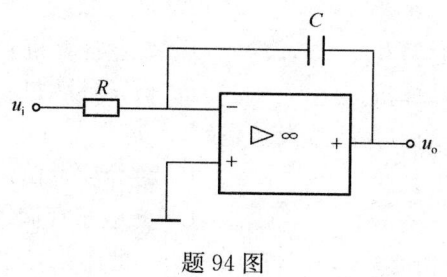

题 94 图

A. 等于 0V
B. 等于 1V
C. 等于 10V
D. $t < 10s$ 时，为 $-t$；在 $t \geq 10s$ 后，为 $-10V$

95. 图 (a) 所示电路中，复位信号 $\overline{R}_D$、信号 A 及时钟脉冲信号 cp 如图 (b) 所示，经分析可知，在第一个和第二个时钟脉冲的下降沿时刻，输出 Q 先后等于(　　)。

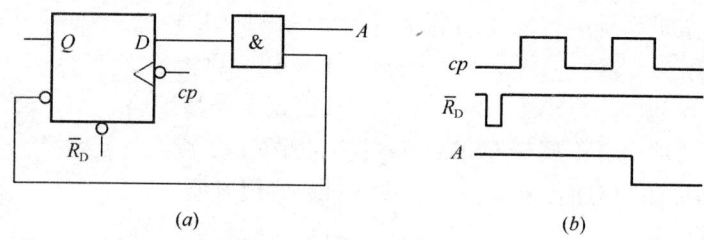

题 95 图

A. 0　0
B. 0　1
C. 1　0
D. 1　1

96. 图示电路是为(　　)。

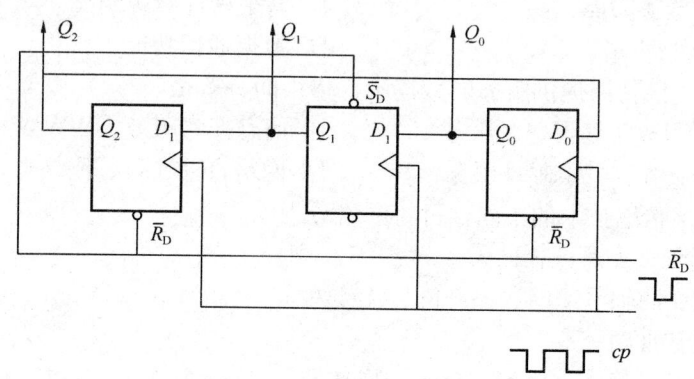

题 96 图

A. 左移的三位移位寄存器，寄存数据是 010
B. 右移的三位移位寄存器，寄存数据是 010
C. 左移的三位移位寄存器，寄存数据是 000
D. 右移的三位移位寄存器，寄存数据是 000

97. 计算机按用途可分为(　　)。
　　A. 专业计算机和通用计算机　　　　B. 专业计算机和数字计算机
　　C. 通用计算机和模拟计算机　　　　D. 数字计算机和现代计算机

98. 当前，微机所配备的内存储器大多是(　　)。
　　A. 半导体存储器　　　　　　　　　B. 磁介质存储器
　　C. 光线(纤)存储器　　　　　　　　D. 光电子存储器

99. 批处理操作系统的功能是(　　)将用户的一批作业有序地排列起来。
　　A. 在用户指令的指挥下、顺序地执行作业流
　　B. 计算机系统会自动地、顺序地执行作业流
　　C. 由专门的计算机程序员控制作业流的执行
　　D. 由微软提供的应用软件来控制作业流的执行

100. 杀毒软件应具有的功能是(　　)。
　　A. 消除病毒　　　　　　　　　　　B. 预防病毒
　　C. 检查病毒　　　　　　　　　　　D. 检查并消除病毒

101. 目前，微机系统中普遍使用的字符信息编码是(　　)。
　　A. BCD 编码　　　　　　　　　　　B. ASCII 编码
　　C. EBCDIC 编码　　　　　　　　　D. 汉字字型编码

102. 在下列选项中，不属于 Windows 特点的是(　　)。
　　A. 友好的图形用户界面　　　　　　B. 使用方便
　　C. 多用户单任务　　　　　　　　　D. 系统稳定可靠

103. 操作系统中采用虚拟存储技术，是为了对(　　)。
　　A. 外为存储空间的分配　　　　　　B. 外存储器进行变换
　　C. 内存储器的保护　　　　　　　　D. 内存储器容量的扩充

104. 通过网络传送邮件、发布新闻消息和进行数据交换是计算机网络的(　　)。
　　A. 共享软件资源功能　　　　　　　B. 共享硬件资源功能
　　C. 增强系统处理功能　　　　　　　D. 数据通信功能

105. 下列有关因特网提供服务的叙述中，错误的一条是(　　)。
　　A. 文件传输服务、远程登录服务　　B. 信息搜索服务、WWW 服务
　　C. 信息搜索服务、电子邮件服务　　D. 网络自动连接、网络自动管理

106. 若按网络传输技术的不同，可将网络分为(　　)。
　　A. 广播式网络、点对点式网络
　　B. 双绞线网、同轴电缆网、光纤网、无线网
　　C. 基带网和宽带网
　　D. 电路交换类、报文交换类、分组交换类

107. 某企业准备 5 年后进行设备更新，到时所需资金估计为 600 万元，若存款利率为 5%，从现在开始每年年末均等额存款，则每年应存款(　　)。[已知：$(A/F, 5\%, 5) = 0.18097$]
　　A. 78.65 万元　　　　　　　　　　B. 108.58 万元
　　C. 120 万元　　　　　　　　　　　D. 165.77 万元

108. 某项目投资于邮电通信业，运营后的营业收入全部来源于对客户提供的电信服务，则在估计该项目现金流时不包括（   ）。
    A. 企业所得税
    B. 增值税
    C. 城市维护建设税
    D. 教育税附加

109. 某项目向银行借款150万元，期限为5年，年利率为8%，每年年末等额还本付息次（即等额本息法），到第5年末还完本息。则该公司第2年年末偿还的利息为（   ）。[已知：$(A/P,8\%,5)=0.2505$]
    A. 9.954万元
    B. 12万元
    C. 25.575万元
    D. 37.575万元

110. 以下关于项目内部收益率指标的说法正确的是（   ）。
    A. 内部收益率属于静态评价指标
    B. 项目内部收益率就是项目的基准收益率
    C. 常规项目可能存在多个内部收益率
    D. 计算内部收益率不必事先知道准确的基准收益率i_c

111. 影子价格是商品或生产要素的任何边际变化对国家的基本社会经济目标所做贡献的价值，因而影子价格是（   ）。
    A. 目标价格
    B. 反映市场供求状况和资源稀缺程度的价格
    C. 计划价格
    D. 理论价格

112. 在对项目进行盈亏平衡分析时，各方案的盈亏平衡点生产能力利用率有如下四种数据，则抗风险能力较强的是（   ）。
    A. 30%
    B. 60%
    C. 80%
    D. 90%

113. 甲、乙为两个互斥的投资方案。甲方案现时点的投资为25万元，此后从第一年年末开始，年运行成本为4万元，寿命期为20年，净残值为8万元；乙方案现时点的投资额为12万元，此后从第一年年末开始，年运行成本为6万元，寿命期也为20年，净残值为6万元。若基准收益率为20%，则甲、乙方案费用现值分别为（   ）。[已知：$(P/A,20\%,20)=4.8696$，$(P/F,20\%,20)=0.02608$]
    A. 50.80万元，41.06万元
    B. 54.32万元，41.06万元
    C. 44.27万元，41.06万元
    D. 50.80万元，44.27万元

114. 某产品的实际成本为1000，它由多个零部件组成，其中一个零部件的实际成本为880元，功能评价系数为0.140，则该零部件的价值系数为（   ）。
    A. 0.628
    B. 0.880
    C. 1.400
    D. 1.591

115. 某工程项目甲建设单位委托乙监理单位对丙施工总承包单位进行监理，有关监理单位的行为符合规定的是（   ）。
    A. 在监理合同规定的范围内承揽监理业务
    B. 按建设单位委托，客观公正地执行监理任务

C. 与施工单位建立隶属关系或者其他利害关系

D. 将工程监理业务转让给具有相应资质的其他监理单位

116. 某施工企业取得了安全生产许可证后,在从事建筑施工活动中,被发现已经不具备安全生产条件,则正确的处理方法是( )。

　　A. 由颁发安全生产许可证的机关暂扣或吊销安全生产许可证

　　B. 由国务院建设行政主管部门责令整改

　　C. 由国务院安全管理部门责令停业整顿

　　D. 吊销安全生产许可证,5年内不得从事施工活动

117. 某工程项目进行公开招标,甲、乙两个施工单位组成联合体投标该项目,下列做法中,不合法的是( )。

　　A. 双方商定以一个投标人的身份共同投标

　　B. 要求双方至少一方应当具备承担招标项目的相应能力

　　C. 按照资质等级较低的单位确定资质等级

　　D. 联合体各方协商签订共同投标协议

118. 某建设工程总承包合同约定,材料价格按照市场价履约,但具体价款没有明确约定,结算时应当依据的价格是( )。

　　A. 订立合同时履行地的市场价格　　B. 结算时买方所在地的市场价格

　　C. 订立合同时签约地的市场价格　　D. 结算工程所在地的市场价格

119. 某城市计划对本地城市建设进行全面规划,根据《中华人民共和国环境保护法》的规定,下列城乡建设行为不符合《中华人民共和国环境保护法》规定的是( )。

　　A. 加强在自然景观中修建人文景观　　B. 有效保护植被、水域

　　C. 加强城市园林、绿地园林　　D. 加强风景名胜区的建设

120. 根据《建设工程安全生产管理条例》规定,施工单位主要负责人应当承担的责任是( )。

　　A. 落实安全生产责任制度、安全生产规章制度和操作规程

　　B. 保证本单位安全生产条件所需资金的投入

　　C. 确保安全生产费用的有效使用

　　D. 根据工程的特点组织特定安全施工措施

模拟试卷 2(上午卷)答案及解答

1. B. 解答：
B项，极限

$$\lim_{x\to\infty}\frac{\sin x}{x}$$

可化为

$$\lim_{x\to\infty}\frac{1}{x}\cdot\lim_{x\to\infty}\sin x$$

极限 $\lim\limits_{x\to\infty}\dfrac{1}{x}=0$

为无穷小量；而 $|\sin x|\leqslant 1$，$\sin x$ 为有界函数。因为有界函数与无穷小的乘积是无穷小，所以

$$\lim_{x\to\infty}\frac{\sin x}{x}=0$$

2. D. 解答：D项，令 $T(x)=g[g(x)]$。因为 $T(-x)=g[g(-x)]=g[-g(x)]=-g[g(x)]$，所以 $T(-x)=-T(x)$，所以 $g[g(x)]$ 为奇函数。

3. C. 解答：原式化简得

$$\lim_{x\to x_0}\frac{xf(x_0)-x_0f(x)}{x-x_0}=\lim_{x\to x_0}\frac{xf(x_0)-x_0f(x_0)+x_0f(x_0)-x_0f(x)}{x-x_0}$$

$$=\lim_{x\to x_0}\frac{f(x_0)(x-x_0)+x_0(f(x_0)-f(x))}{x-x_0}$$

$$=\lim_{x\to x_0}\frac{f(x_0)(x-x_0)}{x-x_0}-\lim_{x\to x_0}\frac{x_0(f(x_0)-f(x))}{x-x_0}$$

$$=f(x_0)-x_0f'(x_0)$$

4. A. 解答：由题意，计算得

$$\frac{\mathrm{d}}{\mathrm{d}x}\int_{\varphi(x^2)}^{\varphi(x)}\mathrm{e}^{t^2}\mathrm{d}t=\varphi'(x)\,\mathrm{e}^{[\varphi(x)]^2}-\mathrm{e}^{[\varphi(x^2)]^2}\frac{\mathrm{d}[\varphi(x^2)]}{\mathrm{d}x}$$

$$=\varphi'(x)\,\mathrm{e}^{[\varphi(x)]^2}-2x\varphi'(x^2)\,\mathrm{e}^{[\varphi(x^2)]^2}$$

5. B. 解答：分析得 $\int xf(1-x^2)\mathrm{d}x=(-1/2)\int f(1-x^2)\mathrm{d}(1-x^2)=(-1/2)F(1-x^2)+C$，这里 C 均表示常数。

6. D. 解答：函数 y 关于 x 求导，得 $y'=4x+a$，又因为 $y'=4\times 1+a=0$，计算得 $a=-4$。

7. B. 解答：计算得

$$|\boldsymbol{\alpha}+\boldsymbol{\beta}|=\sqrt{(\boldsymbol{\alpha}+\boldsymbol{\beta})^2}$$
$$=\sqrt{\boldsymbol{\alpha}^2+2\boldsymbol{\alpha\beta}+\boldsymbol{\beta}^2}$$
$$=\sqrt{|\boldsymbol{\alpha}|^2+2|\boldsymbol{\alpha}||\boldsymbol{\beta}|\cos\theta+|\boldsymbol{\beta}|^2}$$
$$=\sqrt{1^2+2\times1\times2\times\cos\frac{\pi}{3}+2^2}=\sqrt{7}$$

8. B. 解答：由 $(\sin x)'=\cos x$，$(\cos x)'=-\sin x$，则通过求原函数不定积分得 $y'=-\cos x+C_1$，再求一次不定积分得 $y=-\sin x+C_1x+C_2$，B 项符合题意。

9. C. 解答：因为 $[f(x)g(x)]'=f'(x)g(x)+f(x)g'(x)>0$，所以函数 $f(x)g(x)$ 在 $[a,b]$ 上单调递增。所以，当 $x\in(a,b)$ 时，$f(a)g(a)<f(x)g(x)<f(b)g(b)$。

10. B. 解答：由 $y=\ln x$ 得，$x=e^y$。由题意，得围成的平面图形的面积

$$S=\int_{\ln a}^{\ln b}e^y\mathrm{d}y=e^y\Big|_{\ln a}^{\ln b}=b-a$$

11. D. 解答：D 项，平面方程 $x+1=0$ 化简为 $x=-1$，显然平行 yOz 坐标面，且不重合。ABC 三项，均不平行于 yOz 坐标面。

12. A. 解答：函数 $f(x,y)$ 在 $P_0(x_0,y_0)$ 可微，则 $f(x,y)$ 在 $P_0(x_0,y_0)$ 的偏导数一定存在。反之，偏导数存在不一定能推出函数在该点可微。

13. C. 解答：A 项，因为级数的前 n 项和为：

$$S_n=\frac{1}{1\times2}+\frac{1}{2\times3}+\cdots+\frac{1}{(n-1)n}+\frac{1}{n(n+1)}$$
$$=1-\frac{1}{2}+\frac{1}{2}-\frac{1}{3}+\cdots+\frac{1}{n-1}-\frac{1}{n}+\frac{1}{n}-\frac{1}{n+1}$$
$$=1-\frac{1}{n+1}$$

求极限得：

$$\lim_{n\to\infty}S_n=\lim_{n\to\infty}\left(1-\frac{1}{n+1}\right)=1$$

所以级数 $\sum_{n=1}^{\infty}\frac{1}{n(n+1)}$ 收敛。

B 项，p 级数 $\sum_{n=1}^{\infty}\frac{1}{n^p}$，当 $p>1$ 时收敛，当 $p\leqslant1$ 时发散。因为 B 项中 $p=3/2>1$，所以级数 $\sum_{n=1}^{\infty}\frac{1}{n^p}$ 收敛。

C 项，级数的一般项如果不趋于零，则该级数必定发散。计算得：

$$\lim_{n\to\infty}\left(\frac{n}{2n+1}\right)^2=\left(\frac{1}{2}\right)^2=\frac{1}{4}\neq0$$

因此 C 项对应的该级数发散。

D 项，$\sum_{n=1}^{\infty}(-1)^n\frac{1}{\sqrt{n}}$ 为一个交错级数，又 $\frac{1}{\sqrt{n}}$ 随着 n 的增大，其值越来越小，且 $\lim_{n\to\infty}\frac{1}{\sqrt{n}}=0$

利用莱布尼兹定理知级数 $\sum_{n=1}^{\infty}(-1)^n \frac{1}{\sqrt{n}}$ 收敛。

14. B. 解答：由题意知，二阶常系数齐次线性微分方程的特征方程的两个根为-1和4，代入特征方程 $r^2+pr+q=0$，求得 $p=-3$，$q=-4$，有B项满足。

15. C. 解答：L是连接AB两点的直线，则直线的方程为：$y=1-x(0\leqslant x\leqslant 1)$，则

$$\int_L \cos(x+y)\mathrm{d}s = \int_0^1 \cos[x+(1-x)]\sqrt{1+(-1)^2}\mathrm{d}x$$

$$= \int_0^1 \sqrt{2}\cos 1 \mathrm{d}x = \sqrt{2}\cos 1 \cdot x \Big|_0^1 = \sqrt{2}\cos 1$$

16. B. 解答：根据积分区域及被积函数 x^2+y^2，利用积分对称性，得

$$\iint_D (x^2+y^2)\mathrm{d}x\mathrm{d}y = 4\int_0^1 \mathrm{d}x \int_0^1 (x^2+y^2)\mathrm{d}y$$

$$= 4\int_0^1 \left(x^2+\frac{1}{3}\right)\mathrm{d}x$$

$$= 4\left(\frac{1}{3}x^3+\frac{1}{3}x\right)\Big|_0^1$$

$$= \frac{8}{3}$$

17. C. 解答：麦克劳林公式是泰勒公式(在 $x_0=0$ 下)的一种特殊形式。函数 $f(x)$ 麦克劳林展开式为

$$f(x) = \sum_{n=0}^{\infty} \frac{(\ln a)^n}{n!} x^n$$

$$= 1 + x\ln a + \frac{(\ln a)^2}{2}x^2 + \frac{(\ln a)^3}{6}x^3 + \cdots$$

因此前三项是 $1+x\ln a+(\ln a)^2 x^2/2$。

18. D. 解答：$\partial^2 z/(\partial x \partial y)$ 是先关于 x 求导，再关于 y 求导，计算得

$$\frac{\partial^2 z}{\partial x \partial y} = \frac{\partial}{\partial y}\left(\frac{\partial z}{\partial x}\right)$$

$$= \frac{\partial}{\partial y}[f'(x^2 y) \cdot 2xy]$$

$$= f''(x^2 y) \cdot x^2 \cdot 2xy + f'(x^2 y) \cdot 2x$$

$$= 2x[f'(x^2 y) + x^2 y f''(x^2 y)]$$

19. D. 解答：因为A、B均为三阶方阵，计算得：$|-2A^T B^{-1}|=(-2)^3 \times |A^T| \times |B^{-1}|=(-2)^3 \times 1 \times (1/-2)=4$。

20. B. 解答：齐次线性方程组的系数矩阵作初等变换如下

$$\begin{bmatrix} a & 1 & 1 \\ 1 & a & 1 \\ 1 & 1 & a \end{bmatrix} \to \begin{bmatrix} 1 & 1 & a \\ 1 & a & 1 \\ a & 1 & 1 \end{bmatrix} \to \begin{bmatrix} 1 & 1 & a \\ 0 & a-1 & 1-a \\ 0 & 1-a & 1-a^2 \end{bmatrix}$$

$$\to \begin{bmatrix} 1 & 1 & a \\ 0 & a-1 & 1-a \\ 0 & 0 & 2-a-a^2 \end{bmatrix} \to \begin{bmatrix} 1 & 1 & a \\ 0 & a-1 & 1-a \\ 0 & 0 & -(a+2)(a-1) \end{bmatrix}$$

要使齐次线性方程组有非零解，则矩阵的秩 $r<3$，因此得 $a-1=0$ 或 $-(a+2)(a-1)=0$，计算得 $a=1$ 或 $a=-2$。

21. C. 解答：二次型的矩阵 $A=\begin{bmatrix} 1 & -1 & 0 \\ -1 & 3 & 0 \\ 0 & 0 & 0 \end{bmatrix}$ 则对应的二次型展开式为 $f(x_1, x_2, x_3) = x_1^2 + 3x_2^2 - 2x_1x_2 = (x_1-x_2)^2 + 2x_2^2$ 令

$$\begin{cases} y_1 = x_1 - x_2 \\ y_2 = x_2 \end{cases}$$

则上式化简得 $f = y_1^2 + 2y_2^2$。

22. C. 解答：因为 A、B 相互独立，得 $P(AB)=P(A)P(B)$，所以 $P(A \cup B) = P(A)+P(B)-P(AB)=P(A)+P(B)-P(A)P(B)=(1-0.4)+(1-0.5)-(1-0.4) \times (1-0.5)=0.8$。

23. B. 解答：由分布函数

$$F(x) = \begin{cases} 0, x \leqslant 0 \\ x^3, 0 < x \leqslant 1 \\ 1, x > 1 \end{cases}$$

计算得概率密度

$$f(x) = \begin{cases} 3x^2, 0 < x \leqslant 1 \\ 0, 其他 \end{cases}$$

因此得，数学期望 $E(x) = \int_{-\infty}^{+\infty} x f(x) \mathrm{d}x = \int_0^1 3x^3 \mathrm{d}x$

24. C. 解答：由已知表得，X 边缘分布率为：

X	1	2	3
P	1/2=1/6+1/3	1/9+α	1/18+β

Y 边缘分布率为：

Y	1	2
P	1/3=1/6+1/9+1/18	1/3+α+β

因为 X 与 Y 相互独立，所以 $P\{X=2, Y=1\}=P\{X=2\}P\{Y=1\}$，得：$1/9=(1/9+\alpha) \times 1/3$ 计算得 $\alpha=2/9$。同理，$P\{X=3, Y=1\}=P\{X=3\}P\{Y=1\}$，得：$1/18=(1/18+\beta) \times 1/3$ 计算得 $\beta=1/9$。

25. C. 解答：根据能量均分原理可知，气体处于平衡态时，气体分子的每个自由度的平均能量都相等，而且等于 $\frac{1}{2}kT$，刚性双原子分子具有 3 个平动自由度，2 个转动自由度，每个分子的平均平动动能为 $\frac{3}{2}kT$，故答案选 C。

26. B. 解答：根据分子平均自由程 $\bar{\lambda}$ 的计算公式：$\bar{\lambda} = \dfrac{1}{\sqrt{2}\pi d^2 n}$，气体为氦气，即有效直径 d 不变，分子数为 1mol，则分子数密度取决于气体体积，即容器容积，则容器中分子无规则运动的平均自由程仅决定于体积 V。

27. C. 解答：理想气体吸收热量，等温膨胀，对外做功，整个过程能量守恒，不违反热力学第一定律。热力学第二定律，系统不可能从单一热源吸收热量，使之完全变为有用功而不产生其他影响。本题是理想气体等温膨胀过程，理想气体与单一热源接触，从热源吸收热量并全部转化为功而不放出任何热量，但是在此过程中会产生其他影响——理想气体的体积膨胀。即当有其他影响产生时，从单一热源吸收的热量全部转化为功可以实现的，所以也不违反热力学第二定律。

28. D. 解答：理想气体从状态 1 变化到状态 2，内能是状态量，由系统的前后状态决定的而与过程无关，$T_2 = T_1$，则内能一定不变，故答案选 D。

29. C. 解答：平面简谐波的波动方程为 $y = 0.01\cos 10\pi(25t - x)$，将 $t = 0.1\text{s}$，$x = 2\text{m}$，代入振动方程，得出质元的振动位移是 $y = -0.01\text{m}$。

30. A. 解答：该平面简谐波的振动方程为：$y = A\cos\left(\dfrac{2\pi}{\lambda}x - \dfrac{2\pi}{T}t - \phi_0\right) = 0.02\cos(4\pi x + 50\pi t)$，根据对应位置的值可以求出，振幅 $A = 0.02\text{m}$，周期 $T = 2\pi/50\pi = 0.04\text{s}$。

31. D. 解答：当平面简谐波中的质元正处于其平衡位置时，加速度 $a = 0$，速度 V 达到最大，动能是最大的，此时的弹性介质的形变也达到最大，势能也是最大的，也说明在简谐波的传播过程中，在任何时刻，势能与动能都是同相位的，其值也是完全相等的。动能达到最大值时，势能也达到最大值；动能为零时，势能也为零。

32. A. 解答：在均匀介质中，两缝发出的光在原来中央明纹处的几何路程是相等的，光程差是由于透明薄片的折射率不同而产生的，故两光线的光程差 $\delta = d(n_2 - n_1)$。

33. D. 解答：在牛顿环的干涉实验中，明纹环的半径为 $r = \sqrt{\dfrac{(2k-1)R\lambda}{2n}}$，$k = 1, 2, 3\cdots$，当平凸透镜向上移动时，当平凸透镜接近光源，则 R 变小，而其他量没有变化，所以明纹的半径缩小，同理可知暗纹与明纹变化相同，故环状干涉条纹都渐渐向中心收缩。

34. C. 解答：从 A 点沿某一路径传播到 B 点的光程为 nl，相位差是 $\Delta\varphi$，条件不足以求出 l、$\Delta\varphi$ 的值，但通过光程相位差的关系可以推出 $\Delta\varphi = 2\pi nl/\lambda$，把 ABCD 选项的值代入验证，可以得出，只有 C 符合这一关系。

35. A. 解答：题目中用白光垂直照射薄玻璃片产生等倾干涉，光波被加强即产生明纹，明纹的产生条件是 $\delta = 2ne + \dfrac{\lambda}{2} = k\lambda$，$k = 1, 2, 3\cdots$，白光为可见光，其波长范围是 400~760nm，代入题设的条件，可以发现只有 $k = 3$ 时，此时被加强的光波波长为 480nm，满足可见光的范围，所以被加强的光波波长为 480nm。

36. B. 解答：玻璃劈尖产生的干涉为等厚干涉，在等厚干涉中，相邻明（或暗）条纹中心之间的距离为 $\Delta l = \dfrac{\Delta e}{\theta} = \dfrac{\lambda}{2n\theta}$，将题设条件代入条纹间距公式，可得 $n = 1.53$。

37. C. 解答：该元素原子的核外电子排布为 $1s^2 2s^2 2p^6 3s^2 3p^6 4s^2$，原子序数为 20，属于第四周期第ⅡA族。

38. A. 解答：当正离子的半径越小，所带电荷越多，正离子的极化作用越强；反之，当离子半径越大、电荷越少时，极化作用越弱；而在同一主族元素中，半径从上到下依次增大；因此 Li^+ 半径最小，极化力最大。

39. A. 解答：首先应当先考虑溶液的酸碱性，NH_4Cl 为弱碱强酸盐呈酸性，$NaCl$ 为强碱强酸盐呈中性，$NaAc$、Na_3PO_4 均为强碱弱酸盐呈碱性。由于 $NaAc$ 的 K_{a1} 值远远大于 Na_3PO_4 的 K_{a3} 值，因此 Na_3PO_3 的碱性最大，pH 值最大。

40. A. 解答：由题意得到关系

	$2A(g)$	$+B(g)$	$\rightleftharpoons 2C(g)$
开始时	300	300	0
反应	100	50	100
平衡后	200	250	100

则标准平衡常数 $= 100^2/(200^2 \times 250) = 0.1$。

41. B. 解答：氧化还原反应方程式配平最常用的方法有离子-电子法和氧化数法。方程式配平后，$2MnO_4^- + 5SO_3^{2-} + 6H^+ \rightarrow 2Mn^{2+} + 5SO_4^{2-} + 3H_2O$。

42. C. 解答：电对电极电势代数值越小，则该电对中的还原态物质越易失去电子，是越强的还原剂，对应的氧化态物质是越弱的氧化剂。电极电势的代数值越大，则该电对中氧化态物质是越强的氧化剂，对应的还原态物质就是越弱的还原剂。因此氧化能力 $HClO^- > ClO_3^- > ClO_4^- > Cl_2$。

43. C. 解答：标准条件下，1mol 的石墨完全燃烧 $CO_2(g)$ 的热效应等于 $CO_2(g)$ 的 $\Delta_f H_m$。

44. D. 解答：银镜反应的条件是存在醛基，D 项乙酸乙酯没有醛基，因此不能发生银镜反应。

45. A. 解答：由许多分子聚合为相对分子质量很大的聚合物，其相对分子质量一般是几万以上，亦称高分子化合物，天然高分子化合物是天然形成的高分子化合物。天然高分子化合物有：多肽、蛋白质、核糖核酸、多糖、天然橡胶、天然树脂等。蔗糖的相对分子质量是 342，不属于天然高分子。

46. B. 解答：A、C、D 选项催化加氢后生成正戊烷，B 选项 $CH \equiv CCH(CH_3)$ 催化加氢后生成 $(CH_3)_2CHCH_2CH_3$。

47. B. 解答：F 在 x 轴上的投影为零，说明力 F 与 x 轴平行，因此 F 仅在与 x 轴垂直的轴上的投影为零，对于与 x 轴不垂直的轴，力 F 的投影是不为零的。

48. A. 解答：F_1 和 F_2 向 O 点简化，均不会产生附加力偶；F_3 向 O 点简化，产生的附加力偶的矩为 $M_3 = F_3 a = 10N \cdot m$，方向为逆时针。因此简化后的主矢为 $F_R = F_1 + F_2 + F_3 = 30N$，方向铅垂向上；主矢为 $M_O = M_1 + M_2 - M_3 = 10N \cdot m$，方向为顺时针。

49. D. 解答：设支座 A 的约束力方向为水平向左，对 C 点取矩，由于整个结构平衡，因此 $\sum M_C = F_A \cdot 2r - F_p \cdot 3r = 0$，解得 $F_A = \frac{3}{2} F_p$，结果为正号，说明假设方向正确，为水平向左。

50. D. 解答：对右半部分进行受力分析，如图所示。对力 F 的作用点取矩，发现只有 F_{BC} 对 F 点有力矩，由于该结构稳定，所以力矩应为零，故 $F_{BC} = 0$。

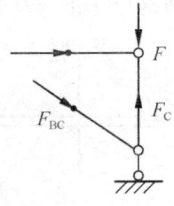

题 50 解答图

51. C. 解答：对 $s=t^4-3t^3+2t^2-8$ 求一阶导数，得 $v=4t^3-9t^2+4t$，将 $t=2\mathrm{s}$ 代入得 $v=4\mathrm{m/s}$；对 $v=4t^3-9t^2+4t$ 求一阶导数，得 $a=12t^2-18t+4$，将 $t=2\mathrm{s}$ 代入得 $a=16\mathrm{m/s^2}$。

52. B. 解答：法向加速度 $a_\mathrm{n}=\dfrac{v^2}{r}=\dfrac{15^2}{5}=45\mathrm{m/s^2}$。

53. C. 解答：刚体平动时，任一瞬时，各点的速度和加速度完全相同。杆 AB 做平动，因此 M 点的速度、法向和切向加速度均与 A 点相同。即 $v_\mathrm{M}=v_\mathrm{A}=\omega r$，$a_\mathrm{M}^\mathrm{n}=a_\mathrm{A}^\mathrm{n}=\omega^2 r$，$a_\mathrm{M}^\tau=a_\mathrm{A}^\tau=\alpha r$。

54. C. 解答：为使物块与桌面之间不产生相对滑动，由物块的静摩擦力来提供向心力，即 $F_\mathrm{f}=\mu F_\mathrm{N}=\mu mg=ma_\mathrm{n}=m\dfrac{v^2}{r}$，因此 $v=\sqrt{\mu gr}$。

55. C. 解答：摩擦力为 $0.3\times 10=3\mathrm{N}$，则摩擦力做功的大小为 $3\times 4=12\mathrm{N\cdot m}$；由于重力方向与物块的运动方向垂直，因此重力做功为 0。

56. C. 解答：第一个图，根据动量矩定理，$\dfrac{\mathrm{d}(J\omega_1)}{\mathrm{d}t}=J\alpha_1=1\cdot r$，解得 $\alpha_1=\dfrac{r}{J}=\dfrac{2r}{m_1r^2}=\dfrac{1}{r}$；同理，第二个图，$\dfrac{\mathrm{d}(J\omega_2+2m_2\omega_2 r^2)}{\mathrm{d}t}=J\alpha_2+2m_2\alpha_2 r^2=(m_2g-m_2g)r$，解得 $\alpha_2=0$；第一个图，$\dfrac{\mathrm{d}(J\omega_3+m_3\omega_3 r^2)}{\mathrm{d}t}=J\alpha_3+m_3\alpha_3 r^2=m_3gr$，解得 $\alpha_3=\dfrac{m_3gr}{\dfrac{m_1r^2}{2}+m_3r^2}=\dfrac{0.89}{r}$。综上：$\alpha_1>\alpha_3>\alpha_2$。

57. C. 解答：对杆 OA 进行受力分析如图所示。根据图中受力分析列方程组：

$$\begin{cases} \Sigma M_O=0 \to M_\mathrm{g}+F_\mathrm{g}^\tau \dfrac{l}{2}-mg\dfrac{l}{2}=0 \\ M_\mathrm{g}=J_O\alpha=\dfrac{1}{3}m\left(\dfrac{l}{2}\right)^2\alpha \\ F_\mathrm{g}^\tau=ma^\tau=m\dfrac{l}{2}\alpha \end{cases}$$

解得：

$$\alpha=\dfrac{3g}{2l}$$

因此，轴承 O 施加于杆 OA 的附加动反力为：

$$F_\mathrm{g}^\tau=ma^\tau=m\dfrac{l}{2}\alpha=\dfrac{3}{4}mg$$

由于计算结果为正数，因此该力的实际方向与图中假设方向一致。

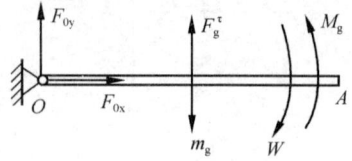

题 57 解答图

58. D. 解答：根据自由振动方程可得，$\omega_0 = \sqrt{\dfrac{k}{m}}$。对于图(a)，固有圆频率即为 $\sqrt{\dfrac{k}{m}}$；对于图(b)，$k' = \dfrac{k_1 k_2}{k_1 + k_2} = \dfrac{k}{2}$，因此固有圆频率为 $\sqrt{\dfrac{k}{2m}}$。

59. B. 解答：左半段轴力为 $-3kN$，右半段轴力为 $5kN$。

60. A. 解答：AB 段轴力为 $-F$，则 AB 段轴向位移 $x_{AB} = \dfrac{-FL}{E2A}$，$BC$ 段轴力为 F，则 BC 段轴向位移 $x_{BC} = \dfrac{FL}{EA}$，因此 C 点的位移 $x_C = x_{AB} + x_{BC} = \dfrac{FL}{2EA}$。

61. D. 解答：剪切应力 $\tau = \dfrac{F}{\pi d t} \leqslant [\tau]$，得：$t \geqslant \dfrac{F}{\pi d [\tau]} = 0.424m$。

62. D. 解答：圆轴扭转角 $\varphi = \dfrac{TL}{GI_p}$，其中：$I_p = \dfrac{\pi d^4}{32}$，故直径减小一半，扭转角为原来的 16 倍。

63. A. 解答：圆对 z 轴的惯性矩 $I_{z1} = \dfrac{\pi d^4}{64}$，矩形对 z 轴惯性矩 $I_{z2} = \dfrac{bh^3}{12} + bh \cdot \left(\dfrac{h}{2}\right)^2 = \dfrac{bh^3}{3}$，故 $I_z = I_{z1} - I_{z2} = \dfrac{\pi d^4}{64} - \dfrac{bh^3}{3}$。

64. A. 解答：圆轴表面最大剪应力 $\tau = \dfrac{T}{W_T} = G\gamma$，故 $T = G\gamma W_T$。

65. A. 解答：两根梁挠曲线相同，即自由端挠度相同，故：$v_s = v_x$，从而得到：$\dfrac{M_s l^2}{2EI_s} = \dfrac{M_x l^2}{2EI_x}$，式中 $I = \dfrac{bh^3}{12}$，因此可得：$I_s = \dfrac{1}{8} I_x$，代入等式得：$M_s = \dfrac{m}{9}$。

66. D. 解答：具有两个对称轴或反对称轴的截面，弯曲中心于形心重合；因此等边角钢形心不与弯曲中心重合，故发生扭转和双向弯曲。

67. C. 解答：根据第三强度理论：

$$\sigma_{eq3} = \sqrt{\sigma^2 + 4\tau^2} = \sqrt{\dfrac{F}{A} + \dfrac{T}{W_T}} = \sqrt{\left(\dfrac{4F}{\pi d^2}\right)^2 + 4\left(\dfrac{16T}{\pi d^3}\right)^2}$$

68. D. 解答：对于 A 项，$\sigma_1 = \sigma, \sigma_2 = \sigma, \sigma_3 = 0$，则 $\tau_{max}^a = \dfrac{\sigma_1 - \sigma_3}{2} = \dfrac{\sigma}{2}$，同理可得：$\tau_{max}^b = \dfrac{\sigma - (-\sigma)}{2} = \sigma$，$\tau_{max}^c = \dfrac{2\sigma - (-\sigma/2)}{2} = \dfrac{5\sigma}{4}$，$\tau_{max}^d = \dfrac{3\sigma - 0}{2} = \dfrac{3\sigma}{2}$。

69. C. 解答：A 点同时受到弯扭作用，弯曲作用产生拉应力，扭转作用产生切应力。

70. C. 解答：临界荷载 $F_{cr} = \dfrac{\pi^2 EI}{(\mu l)^2}$。a 杆 $\mu l|_a = 1\times 5 = 5$，b 杆 $\mu l|_b = 2\times 3 = 6$，c 杆 $\mu l|_c = 0.7\times 6 = 4.2$，故 $F_{crc} > F_{cra} > F_{crb}$。

71. C. 解答：压力表都是在相对大气压的基础上测压强，在无压力时读数为 0，其测出的压力值均为相对压强。

72. B. 解答：根据不可压缩流体连续性方程，该截面处的流量 $Q=15\text{L/s}$，$Q = v\pi d^2/4$，代入题设信息，可解得 $d=0.031\text{m}=31\text{mm}$。

73. D. 解答：层流过程中，沿程阻力损失系数 $\lambda=64/Re$，雷诺数 $Re = \dfrac{\rho v d}{\mu} = \dfrac{0.85\times 10^3 \times 0.1 \times 0.05}{18\times 10^{-3}} = 236$，（计算雷诺数要注意单位的统一），沿程损失系数 $\lambda=64/Re=64/236=0.27$。

74. D. 解答：圆柱形管嘴出流的水流量 $Q = \varphi \cdot A\sqrt{2gH_0}$，$\varphi=0.82$，代入题设中条件，可计算出流量，$Q = 0.82\times \dfrac{0.04^2 \pi}{4} \times \sqrt{2\times 9.8 \times 7.5} = 0.013\text{m}^3/\text{s}$。

75. D. 解答：当自由出流孔口与淹没出流孔口的形状、尺寸等条件相同，则流量系数相等，且作用水头相等时，出流量应相等。

76. B. 解答：在明渠均匀流中，可以利用曼宁公式可以计算出谢才系数 $C = \dfrac{1}{n}R^{\frac{1}{6}} = \dfrac{1^{\frac{1}{6}}}{0.02} = 50\text{m}^{0.5}/\text{s}$，断面平均流速，$v = C\sqrt{Ri} = 50 \times \sqrt{1\times 0.0008} = 1.4\text{m/s}$。

77. C. 解答：均质孔隙介质中渗流流速与水力坡度的一次方成正比，并与土的性质有关，记为达西定律，达西定律适用于均匀土壤层流渗流。

78. B. 解答：几何相似是力学相似的前提。有了几何相似，才有可能存在运动相似和动力相似。动力相似是运动相似的保证。运动相似是模型试验的目的，也就是几何相似和动力相似的表象。

79. B. 解答：电流产生的磁场方向可由右手螺旋定则确定，因此其方向为顺时针方向。根据安培环路定律，$H\cdot 2\pi r = NI$，解得 $H = \dfrac{NI}{2\pi r}$。

80. D. 解答：根据基尔霍夫电压定律，$2+2\times 2+U=0$，解得 $U=-6\text{V}$。

81. B. 解答：根据支路电流法步骤，可列出 $(n-1)$ 个独立的节点电流方程，其中 n 为节点个数，故可列出 3 个 KCL 方程；另外还需确定余下所需的方程数 $b-(n-1)$，即 $6-3=3$ 个，选择网孔列出独立的回路电压方程。①、②、③可列出独立的回路电压方程，而①、②、④不是独立的。

82. C. 解答：电流的时间函数描述的一般形式为 $i(t) = I_m \sin(\omega t + \varphi)$。根据题中信息，可确定 $I_m = 0.5\sqrt{2}\text{A}$、$\omega = \dfrac{2\pi}{T} = \dfrac{2\pi}{0.001} = 2000\pi \text{rad/s}$，$\varphi = 90°$，因此 $i(t) = 0.5\sqrt{2}\sin(2000\pi t + 90°)$。

83. D. 解答：当 $\omega = 100\text{rad/s}$ 时，$\dfrac{\dot{U}_o}{\dot{U}_i} = 1$，因此当 $u_{i1} = 10\sqrt{2}\sin 100t\text{V}$ 时，$u_{o1} = u_{i1}$

$=10\sqrt{2}\sin 100t\text{V}$，$U_{o1}=10\text{V}$；当 $\omega=10^4\text{rad/s}$ 时，$\dfrac{\dot{U}_o}{\dot{U}_i}=0.1$，因此当 $u_{i1}=10\sqrt{2}\sin 100t\text{V}$ 时，$u_{o1}=0.1\,u_{i1}=\sqrt{2}\sin 10^4 t\text{V}$，$U_{o2}=1\text{V}$。

84. A. 解答：$C=C_1$ 与 $C=C_2$ 时相量图如图所示。由图中分析可看出，$I_{C_1}>I_{C_2}$，由于 $I_{C_1}=\omega C_1 U$、$I_{C_2}=\omega C_2 U$，因此 $C_1>C_2$。

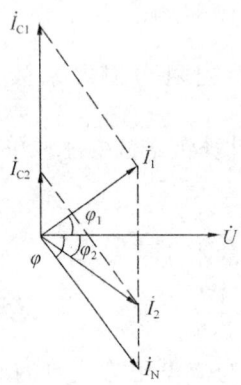

题 84 解答图

85. C. 解答：变压器的电压比 $K=\dfrac{N_1}{N_2}=\dfrac{U_1}{U_2}$，因此当 $U_1=100\text{V}$ 时，$N_2|10\text{V}=\dfrac{550}{10}=55$ 匝，$N_2|20\text{V}=\dfrac{550}{5}=110$ 匝。

86. C. 解答：热继电器的发热元件一般是一段电阻较小的电阻丝，直接串接在被保护的电动机的主电路中，在电动机正常运行时，热元件产生的热量不会使触点系统动作；当电动机过载，流过热元件的电流加大时，经过一定的时间，热元件产生的热量会使双金属片的弯曲程度超过一定值，通过扣板推动热继电器的触点动作(常开触点闭合，常闭触点断开)。通常用串联在接触器线圈电路(控制电路)中的常闭触点来切断线圈电流，使电动机主电路失电。

87. A. 解答：模拟信号是由观测对象直接发出的原始形态的信号转换而来的。图(a)是由观测对象直接发出的原始形态的信号，图(b)则是由其转换而来的，故图(b)是图(a)的模拟信号；图(c)是采样信号；图(d)是采样保持信号。

88. B. 解答：根据周期信号的 k 次谐波分量的通式 $A_{km}\sin(k\omega t+\psi_k)$，可判断出 $A_{1m}=5\text{V}$、$\omega=10^3\text{rad/s}$、$\psi_1=0°$。由于傅里叶级数的收敛性，周期信号各次谐波的幅值随着频率的升高而减小，因此当 $3\omega=3\times 10^3\text{rad/s}$ 时，$A_{3m}=U<5\text{V}$，初相位不变，因此三次谐波分量可表示为 $U\sin 3\times 10^3 t$，$U<5\text{V}$。

89. B. 解答：由 $u_1(t)$ 的时间函数表达式可看出该输入信号的最大频率为 nf，因此只要使 $nf<f_H$ 即可不出现频率失真。

90. C. 解答：$\overline{AD+\overline{A}D}=\overline{AD}\cdot\overline{\overline{A}D}=(\overline{A}+\overline{D})(A+\overline{D})=AA+A\overline{D}+A\overline{D}+\overline{D}\overline{D}=A\overline{D}+A\overline{D}$。

91. A. 解答：$F=\overline{\overline{A}+B}$ 的波形如图所示。

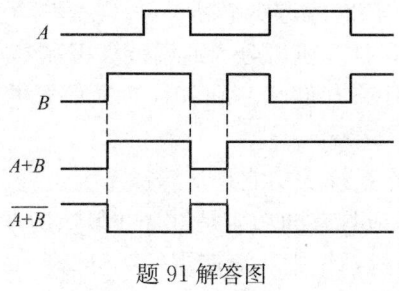

题 91 解答图

92. B. 解答：$1_{10}=0001_2$，$6_{10}=0110_2$ 因此 16 的 BCD 码是 $16_{10}=00010110_2$。

93. B. 解答：由于 $u_B > u_A$，因此 D_2 先导通。D_2 为理想二极管，因此相当于短路，无电压降，故 $u_F = u_B = 5V$。

94. D. 解答：从图中可看出，该电路为积分运算电路，$u_o = -\frac{1}{RC}\int u_i dt = -t$。因此当 $t < 10s$ 时，u_o 随时间近似按线性关系向负值方向增长，即 $u_o = -t$；当 $t \geqslant 10s$ 时，达到负饱和值 $-U_{oM}$，u_o 保持不变，即 $u_o = -10V$。

95. C. 解答：图中所示为 D 触发器，其状态方程为：$Q^{n+1} = D = A\overline{Q^n}$，且该 D 触发器为下降沿触发。在第一次下降沿之前，$\overline{R}_D = 0$，触发器被置成 0 态。当 cp 第一次由 1 变为 0 时，根据状态方程，$Q^{n+1} = A\overline{Q^n} = 1$；当 cp 第二次由 1 变为 0 时，根据状态方程，$Q^{n+1} = A\overline{Q^n} = 0$，其波形图如图所示。因此在第一个和第二个时钟脉冲的下降沿时刻，输出 Q 分别等于 1 和 0。

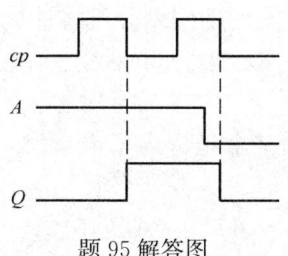

题 95 解答图

96. A. 解答：图中所示为下降沿触发的 D 触发器，根据 D 触发器的状态方程 $Q^{n+1} = D$，图中三个触发器从右到左状态方程依次为：$Q_0^{n+1} = Q_2^n$、$Q_1^{n+1} = Q_0^n$、$Q_2^{n+1} = Q_1^n$。对于 D_0 和 D_2，其 $\overline{R}_D = 1$，因此 $Q_2 = 1$，$Q_0 = 1$；对于 D_1，其 $\overline{S}_D = 1$，因此 $Q_1 = 0$。综上，初始时，$Q_2 Q_1 Q_0 = 101$。根据状态方程，该时序逻辑电路的真值表如下：

计数器脉冲序号	触发器状态 $Q_2\ Q_1\ Q_0$
0	1　0　1
1	0　1　1
2	1　1　0
3	1　0　1
4	……

由上表和状态方程可知，该时序逻辑电路是循环左移寄存器。

97．A．解答：按照用途，计算机可分为通用计算机和专用计算机。

98．A．解答：存储器是用来存储程序和各种数据信息的记忆部件。当前，微机所配备的内存储器大多是半导体存储器。

99．B．解答：批处理操作系统的功能是计算机系统会自动地、顺序地执行作业流。

100．D．解答：杀毒软件应具有的功能是检查并消除病毒。

101．B．解答：目前，微机系统中普遍使用的字符信息编码是 ASCII 编码。

102．C．解答：Windows 操作系统具有以下特点：界面图形化，即友好的图形用户界面；多任务，即单用户多任务，可以同时让电脑执行不同的任务，并且互不干扰；众多的应用程序，在 Windows 下有众多的应用程序可以满足用户各方面的需求，使用方便；同时 Windows 系统具有良好的网络支持和硬件支持，运行稳定可靠。故多用户单任务并不是 Windows 特点。

103．D．解答：虚拟存储技术的基本思想是：操作系统使用硬盘的部分空间模拟内存，为用户提供了一个比实际内存大得多的内存空间。

104．D．解答：数据通信是计算机网络最基本的功能，计算机网络使分散在不同部门、不同单位甚至不同国家或地区的计算机相互之间通信合作、传送数据、进行各种信息交换等。

105．D．解答：Internet 为用户提供的服务有，电子邮件(E-mail)、文件传输(FTP)、远程登录(Telnet)、信息服务(WWW)、电子公告板(BBS)、即时通信、网络游戏等。网络自动连接、网络自动管理并不属于 Internet 为用户提供的服务。

106．A．解答：按网络传输技术的不同划分可将计算机网络分为有线网和无线网。有线网的传输介质可以是同轴电缆、双绞线、电话线、光缆等，无线网通过微波、红外等无线方式传输。

107．B．解答：等额支付偿债基金是指为了未来偿还一笔债务 F，每期期末预先准备的年金等额支付偿债基金公式：
$$A = F(A/F,i,n) = 600 \times (A/F,5\%,5) = 108.58（万元）$$
故选 B。

108．B．解答：从企业的角度进行投资项目现金流量分析时，可不考虑增值税，因为增值税是价外税，不进入企业成本也不进入销售收入。

109．A．解答：借款为 150 万元，年利率 8%，期限为 5 年，年还款额：
$$A = P(A/P,8\%,5) = 150 \times (A/P,8\%,5) = 37.575（万元）$$
第一年还款利息为：150×8%=12（万元）
偿还本金为：37.575－12=25.575（万元）
第二年利息为：(150－25.575)×8%=9.954（万元）
故选 A。

110．D．解答：A 项，内部收益率是使项目净现值为零时的折现率，动态评价指标。

B 项，采用内部收益率指标评价项目方案时，基准收益率是方案好坏的一个判定准则。

C 项，图中所示净现值曲线与横坐标的交点所对应的利率就是内部收益率 IRR。可知常规项目只存在一个内部收益率。

D项正确。

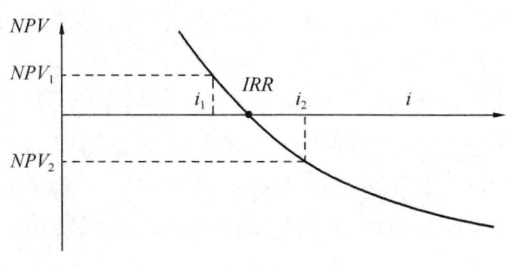

题110解答图

111. B. 解答：影子价格是计算经济费用效益分析中投入物或产出物所使用的计算价格，是社会处于某种最优状态下，能够反映社会劳动消耗、资源稀缺程度和最终产品需求状况的一种计算价格。影子价格应能够反映项目投入物和产出物的真实经济价值。

故选B。

112. A. 解答：盈亏平衡点是企业盈利与亏损的转折点，在该点上销售收入（扣除销售税金及附加）正好等于总成本费用。盈亏平衡点生产能力利用率越低，项目盈利可能性越大，抗风险能力越强。

故选A。

113. C. 解答：费用现值是指采用基准收益率计算费用的净现值。

甲、乙方案费用现值计算分别如下：

$PC_甲 = 25 + 4 \times (P/A, 20\%, 20) - 8 \times (P/F, 20\%, 20) = 44.27（万元）$

$PC_乙 = 12 + 6 \times (P/A, 20\%, 20) - 6 \times (P/F, 20\%, 20) = 41.06（万元）$

故选C。

114. D. 解答：成本系数为

$$成本系数 = \frac{零部件成本}{各零部件成本总和} = \frac{880}{10000} = 0.088$$

价值系数为

$$价值系数 = \frac{功能系数}{成本系数} = \frac{0.140}{0.088} = 1.591$$

故选D。

115. B. 解答：根据《中华人民共和国建筑法》第三十四条，工程监理单位应当在其资质等级许可的监理范围内，承担工程监理业务。工程监理单位应当根据建设单位的委托，客观、公正地执行监理任务。工程监理单位与被监理工程的承包单位以及建筑材料、建筑构配件和设备供应单位不得有隶属关系或者其他利害关系。工程监理单位不得转让工程监理业务。

116. A. 解答：根据《中华人民共和国安全生产法》第六十条，负有安全生产监督管理职责的部门依照有关法律、法规的规定，对涉及安全生产的事项需要审查批准（包括批准、核准、许可、注册、认证、颁发证照等，下同）或者验收的，必须严格依照有关法律、法规和国家标准或者行业标准规定的安全生产条件和程序进行审查；不符合有关法律、法规和国家标准或者行业标准规定的安全生产条件的，不得批准或者验收通过。对未依法取得批准或者验收合格的单位擅自从事有关活动的，负责行政审批的部门发现或者接到举报后应当立即予以取缔，并依法予以处理。对已经依法取得批准的单位，负责行政审批的部门发现其不再具备安全生产条件的，应当撤销原批准。

117. B. 解答：根据《招标投标法》第三十一条，两个以上法人或者其他组织可以组成一个联合体，以一个投标人的身份共同投标。联合体各方均应当具备承担招标项目的相应能力；国家有关规定或者招标文件对投标人资格条件有规定的，联合体各方均应当具备规定的相应资格条件。由同一专业的单位组成的联合体，按照资质等级较低的单位确定资质等级。

118. A. 解答：《合同法》第六十二条，当事人就有关合同内容约定不明确，依照本法第六十一条的规定仍不能确定的，适用下列规定：(一)质量要求不明确的，按照国家标准、行业标准履行；没有国家标准、行业标准的，按照通常标准或者符合合同目的的特定标准履行。(二)价款或者报酬不明确的，按照订立合同时履行地的市场价格履行；依法应当执行政府定价或者政府指导价的，按照规定履行。(三)履行地点不明确，给付货币的，在接受货币一方所在地履行；交付不动产的，在不动产所在地履行；其他标的，在履行义务一方所在地履行。(四)履行期限不明确的，债务人可以随时履行，债权人也可以随时要求履行，但应当给对方必要的准备时间。(五)履行方式不明确的，按照有利于实现合同目的的方式履行。(六)履行费用的负担不明确的，由履行义务一方负担。

119. A. 解答：根据《中华人民共和国环境保护法》第三十五条，城乡建设应当结合当地自然环境的特点，保护植被、水域和自然景观，加强城市园林、绿地和风景名胜区的建设与管理。

120. B. 解答：根据《建设工程安全生产管理条例》第二十一条，施工单位主要负责人依法对本单位的安全生产工作全面负责。施工单位应当建立健全安全生产责任制度和安全生产教育培训制度，制定安全生产规章制度和操作规程，保证本单位安全生产条件所需资金的投入，对所承担的建设工程进行定期和专项安全检查，并做好安全检查记录。施工单位的项目负责人应当由取得相应执业资格的人员担任，对建设工程项目的安全施工负责，落实安全生产责任制度、安全生产规章制度和操作规程，确保安全生产费用的有效使用，并根据工程的特点组织制定安全施工措施，消除安全事故隐患，及时、如实报告生产安全事故。A、C、D三项为是施工单位项目负责人应当承担的责任，B项才是施工单位主要负责人应当承担的责任。

模拟试卷2(下午卷)

1. 下列材料中属于韧性材料的是( )。
   A. 烧结普通砖　　　　　　　　　　B. 石材
   C. 高强混凝土　　　　　　　　　　D. 木材

2. 轻质无机材料吸水后,该材料的( )。
   A. 密实度增加　　　　　　　　　　B. 绝热性能提高
   C. 导热系数增大　　　　　　　　　D. 孔隙率降低

3. 硬化的水泥浆体中,位于水化硅酸钙凝胶的层间孔隙与凝胶有很强的结合作用,这些空隙一旦失去,水泥浆体将会( )。
   A. 发生主要矿物解体　　　　　　　B. 保持体积不变
   C. 发生显著的收缩　　　　　　　　D. 发生明显的温度变化

4. 混凝土配合比设计通常满足多项基本要求,这些基本要求不包括( )。
   A. 混凝土强度　　　　　　　　　　B. 混凝土和易性
   C. 混凝土水灰比　　　　　　　　　D. 混凝土成本

5. 增大混凝土的骨料含量,混凝土的徐变和干燥收缩的变化规律为( )。
   A. 都会增大　　　　　　　　　　　B. 都会减小
   C. 徐变增大,干燥收缩减小　　　　D. 徐变减小,干燥收缩增大

6. 衡量钢材的塑性变形能力的技术指标为( )。
   A. 屈服强度　　　　　　　　　　　B. 抗拉强度
   C. 断后伸长率　　　　　　　　　　D. 冲击韧性

7. 在测定沥青的延度和针入度时,需保持以下( )条件恒定。
   A. 室内温度　　　　　　　　　　　B. 沥青试件的温度
   C. 试件质量　　　　　　　　　　　D. 试件的养护条件

8. 图根导线测量中,以下何项反映了导线全长相对闭合差精度要求( )。
   A. $K \leqslant 1/2000$　　　　　　　　B. $K \geqslant 1/2000$
   C. $K \leqslant 1/5000$　　　　　　　　D. $K \approx 1/5000$

9. 水准测量中,对每一测站的高差都必须采取措施进行检核测量,这种检核称为测站检核。下列何项属于常用的测站检核方法( )。
   A. 双面尺法　　　　　　　　　　　B. 黑面尺读数
   C. 红面尺读数　　　　　　　　　　D. 单次仪器高法

10. 下列关于等高线的描述何项是正确的( )。
    A. 相同等高距下,等高线平距越小,地势越陡
    B. 相同等高距下,等高线平距越大,地势越陡
    C. 同一幅图中地形变化大时,选择不同的基本等高距

D. 同一幅图中任一条等高线一定是封闭的

11. 设 A、B 坐标系为施工坐标系，A 轴在测量坐标系中的方位角为 α，施工坐标系的原点为 O'，其坐标为 x_0 和 y_0，下列何项表达了点 p 的施工坐标 A_p、B_p 转换为测量坐标 x_p、y_p 的公式（　　）。

A. $\begin{pmatrix} x_p - x_0 \\ y_p - y_0 \end{pmatrix} = \begin{pmatrix} \cos\alpha & -\sin\alpha \\ \sin\alpha & \cos\alpha \end{pmatrix} \begin{pmatrix} A_p \\ B_p \end{pmatrix}$
B. $\begin{pmatrix} x_p - x_0 \\ y_p - y_0 \end{pmatrix} = \begin{pmatrix} \cos\alpha & \sin\alpha \\ \sin\alpha & \cos\alpha \end{pmatrix} \begin{pmatrix} A_p \\ B_p \end{pmatrix}$
C. $\begin{pmatrix} x_p - x_0 \\ y_p - y_0 \end{pmatrix} = \begin{pmatrix} \sin\alpha & -\cos\alpha \\ \cos\alpha & \sin\alpha \end{pmatrix} \begin{pmatrix} A_p \\ B_p \end{pmatrix}$
D. $\begin{pmatrix} x_p - x_0 \\ y_p - y_0 \end{pmatrix} = \begin{pmatrix} \sin\alpha & \cos\alpha \\ \cos\alpha & \sin\alpha \end{pmatrix} \begin{pmatrix} A_p \\ B_p \end{pmatrix}$

12. 偶然误差具有下列何种特性？（　　）
A. 测量仪器产生的误差
B. 外界环境影响产出的误差
C. 单个误差的出现没有一定规律性
D. 大量的误差缺乏统计规律性

13. 建筑工程的消防设计图纸及有关资料应由以下哪一个单位报送公安消防机构审核？（　　）
A. 建设单位
B. 设计单位
C. 施工单位
D. 监理单位

14. 房地产开发企业销售商品住宅，保修期应从何时计起？（　　）
A. 工程竣工之日起
B. 物业验收合格之日起
C. 购房人实际入住之日起
D. 开发企业向购房人交付房屋之日起

15. 施工单位签署建设工程项目质量合格的文件上，必须有哪类工程师签字盖章？（　　）
A. 注册建筑师
B. 注册结构工程师
C. 注册建造师
D. 注册施工管理师

16. 建设工程竣工验收，由哪一部门负责组织实施？（　　）
A. 工程质量监督机构
B. 建设单位
C. 工程监理单位
D. 房地产开发主管部门

17. 某基坑回填工程，检查其填土压实质量时，应（　　）。
A. 每三层取一次试样
B. 每 $1000m^2$ 取样不少于一组
C. 在每层上半部取样
D. 以干密度作为检测指标

18. 下列选项中有关先张法预应力筋放张的顺序，说法错误的是（　　）。
A. 压杆的预应力筋应同时放张
B. 梁应先放张预应力较大区域的预应力筋
C. 桩的预应力筋应同时放张
D. 板类构件应从板外边向里对称放张

19. 下列关于工作面的说法不正确的是（　　）。
A. 工作面是指安排专业工人进行操作或者布置机械设备进行施工所需的活动空间
B. 最小工作面所对应安排的施工人数和机械数量是最少的
C. 工作面根据专业工种的计划产量定额和安全施工技术规程确定
D. 施工过程不同，所对应的描述工作面的计量单位不一定相同

20. 网络计划中的关键工作是（　　）。

A. 自由时差总和最大线路上的工作　　　B. 施工工序最多线路上的工作
C. 总持续时间最短线路上的工作　　　　D. 总持续时间最长线路上的工作

21.《建设工程质量管理条例》规定,在正常使用条件下,电气管线、给排水管道、设备安装和装修工程的最低保修期为(　　)。

A. 3 年　　　　　B. 2 年　　　　　C. 1 年　　　　　D. 5 年

22. 关于钢筋混凝土受弯构件疲劳验算,下列哪种描述正确?(　　)

A. 正截面受压区混凝土的法向应力图可取为三角形,而不再取抛物状分布

B. 荷载应取设计值

C. 应计算正截面受压边缘处混凝土的剪应力和钢筋的应力幅

D. 应计算纵向受压钢筋的应力幅

23. 关于钢筋混凝土矩形截面小偏心受压构件的构造要求,下列哪种描述正确?(　　)

A. 宜采用高强度等级的混凝土

B. 宜采用高强度等级的纵筋

C. 截面长短边比值宜大于 1.5

D. 若采用高强度等级的混凝土,则需选用高强度等级的纵筋

24. 在均布荷载作用 $q=8kN/m^2$,如图所示的四边简支钢筋混凝土板最大弯矩应为(　　)。

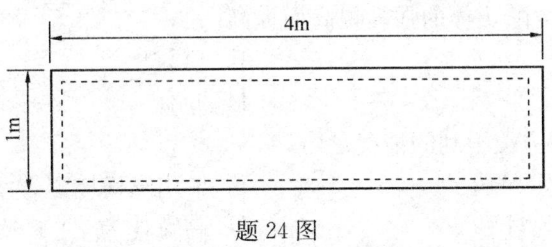

题 24 图

A. 1kN·m　　　B. 4kN·m　　　C. 8kN·m　　　D. 16kN·m

25. 钢筋混凝土框架结构在水平荷载作用下的内力计算可采用反弯点方法,通常反弯点的位置在(　　)。

A. 柱的顶端　　　　　　　　　　　B. 柱的底端
C. 柱高的中点　　　　　　　　　　D. 柱的下半段

26. 通过单向拉伸试验可检测钢材的(　　)。

A. 疲劳强度　　　　　　　　　　　B. 冷弯角
C. 冲击韧性　　　　　　　　　　　D. 伸长率

27. 计算钢结构框架柱弯矩作用平面内稳定性时采用的等效弯矩系数 β_{mx} 是考虑了(　　)。

A. 截面应力分布的影响　　　　　　B. 截面形状的影响
C. 构件弯矩分布的影响　　　　　　D. 支座约束条件的影响

28. 检测焊透对接焊缝质量时,如采用三级焊缝(　　)。

A. 需要进行外观检测和无损检测　　B. 只需进行外观检测

C. 只需进行无损检测　　　　　　　　D. 只需抽样20％进行检测

29. 钢屋盖结构中采用圆管刚性系杆时，应控制杆件的(　　)。

   A. 长细比不超过200　　　　　　　B. 应力设计值不超过150MPa
   C. 直径和壁厚之比不超过50　　　　D. 轴向变形不超过1/400

30. 作用在过梁上的荷载有砌体自重和过梁计算高度范围内的梁板荷载，对于砖砌体，可以不考虑高于$l_n/3$(l_n为过梁净跨)的墙体自重以及高度大于l_n上的梁板荷载，这是由于考虑了(　　)。

   A. 起拱产生的卸荷　　　　　　　　B. 应力重分布
   C. 应力扩散　　　　　　　　　　　D. 梁墙间的相互作用

31. 下列关于构造柱的说法，哪种是不正确的？(　　)

   A. 构造柱必须先砌墙后浇柱
   B. 构造柱应设置在震害较重，连接构造较薄弱和易于应力集中的部位
   C. 构造柱必须单独设基础
   D. 构造柱最小截面尺寸180mm×240mm

32. 砖砌体的抗压强度与砖及砂浆的抗压强度的关系，何种正确？(　　)

   ① 砖的抗压强度恒大于砖砌体的抗压强度
   ② 砂浆的抗压强度恒大于砖砌体的抗压强度
   ③ 砌体的抗压强度随砂浆的强度提高而提高
   ④ 砌体的抗压强度随块体的强度提高而提高

   A. ①②③④　　　　　　　　　　　B. ①③④
   C. ②③④　　　　　　　　　　　　D. ③④

33. 砌体房屋中对抗震不利的情况是(　　)。

   A. 楼梯间设在房屋尽端　　　　　　B. 采用纵横墙混合承重的结构布置方案
   C. 纵横墙布置均匀对称　　　　　　D. 高宽比为1∶1.5

34. 超静定结构是(　　)。

   A. 有多余约束的几何不变体系　　　B. 无多余约束的几何不变体系
   C. 有多余约束的几何可变体系　　　D. 无多余约束的几何可变体系

35. 图示刚架M_{EB}的大小为(　　)。

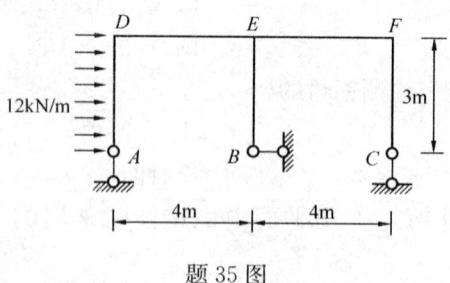

题35图

   A. 36kN·m　　　B. 54kN·m　　　C. 72kN·m　　　D. 108kN·m

36. 图示对称结构$M_{AD}=ql^2/36$(左拉)，$F_{NAD}=-5ql/12$(压)，则M_{BA}为(以下侧受拉为正)(　　)。

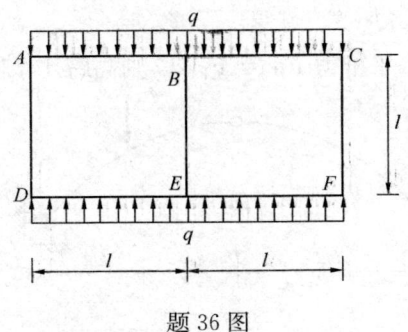

题 36 图

A. $-ql^2/6$ B. $ql^2/6$ C. $-ql^2/9$ D. $ql^2/9$

37. 图示结构的反力 F_H 为( )。

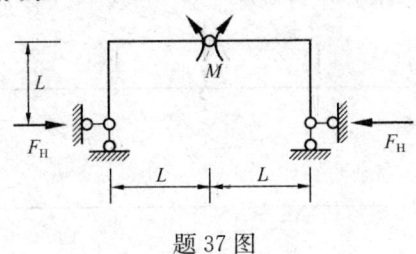

题 37 图

A. M/L B. $-M/L$ C. $2M/L$ D. $-2M/L$

38. 图示结构忽略轴向变形和剪切变形，若减小弹簧刚度 k，则 A 结点水平位移 Δ_{AH} ( )。

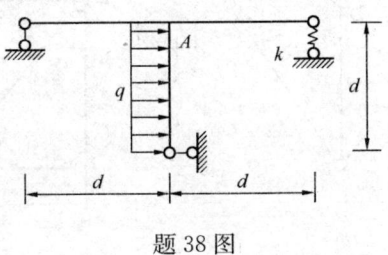

题 38 图

A. 增大
C. 不变
B. 减小
D. 可能增大，亦可能减小

39. 图示结构 $EI=$ 常数，在给定荷载作用下，竖向反力 V_A 为( )。

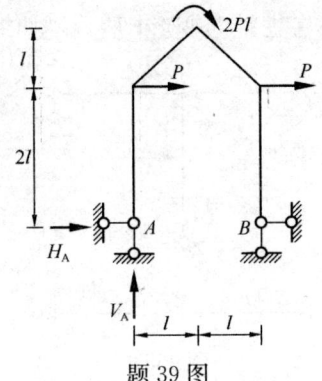

题 39 图

A. $-P$ B. $2P$ C. $-3P$ D. $4P$

40. 图示三铰拱，若使水平推力 $F_H = F_P/3$，则高跨比 f/L 应为（　　）。

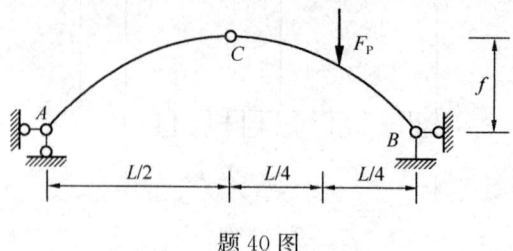

题 40 图

A. 3/8 B. 1/2 C. 5/8 D. 3/4

41. 图示结构 B 处弹性支座的弹簧刚度 $k = 12EI/l^3$，B 截面的弯矩为（　　）。

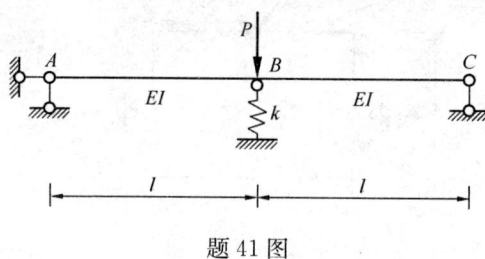

题 41 图

A. $Pl/2$ B. $Pl/3$ C. $Pl/4$ D. $Pl/6$

42. 图示两桁架温度均匀降低 t℃，则温度改变引起的结构内力为（　　）。

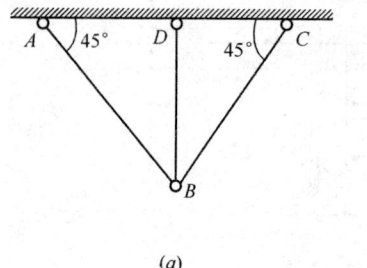

题 42 图

A. (a)无，(b)有 B. (a)有，(b)无
C. 两者均有 D. 两者均无

43. 图示结构 EI＝常数，不考虑轴向变形，F_{QAB} 为（　　）。

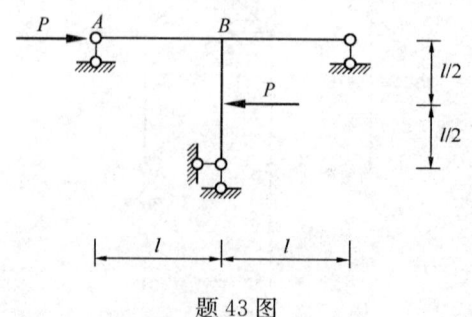

题 43 图

A. $P/4$ B. $-P/4$ C. $P/2$ D. $-P/2$

44. 图示圆弧曲梁 K 截面轴力 F_{NK}（受拉为正），影响线 C 点竖标为（   ）。

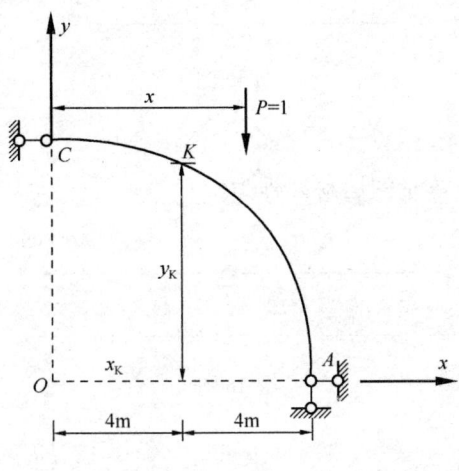

题 44 图

A. $\dfrac{\sqrt{3}-1}{2}$ B. $-\dfrac{\sqrt{3}-1}{2}$ C. $\dfrac{\sqrt{3}+1}{2}$ D. $-\dfrac{\sqrt{3}+1}{2}$

45. 图示结构用力矩分配法计算时，分配系数 μ_{A4} 为（   ）。

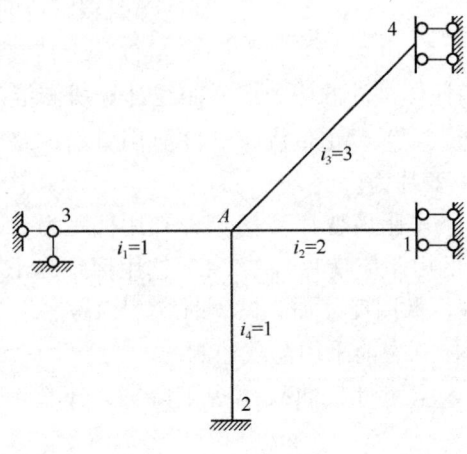

题 45 图

A. 1/4   B. 4/7   C. 1/2   D. 6/11

46. 单自由度体系受简谐荷载作用 $m\ddot{y}+c\dot{y}+ky=F\sin\theta t$，当简谐荷载频率等于结构自振频率，即 $\theta=\omega=\sqrt{K/M}$ 时，与外荷载平衡的力是（   ）。

A. 惯性力　　　　　　　　　　B. 阻尼力
C. 弹性力　　　　　　　　　　D. 弹性力＋惯性力

47. 图示单自由度体系受简谐荷载作用，当简谐荷载频率等于结构自振频率的两倍，则位移的动力放大系数为（   ）。

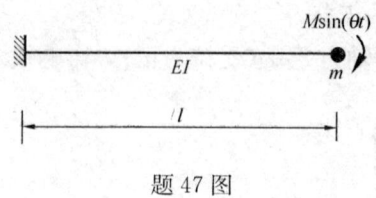

题 47 图

A. 2　　　　　B. 4/3　　　　　C. −1/2　　　　　D. −1/3

48. 不计阻尼时，图示体系的运动方程为（　　）。

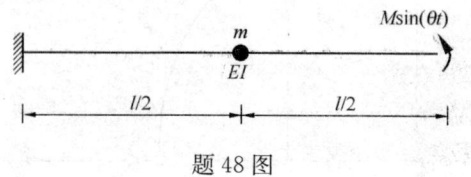

题 48 图

A. $m\ddot{y} + \dfrac{24EI}{l^3}y = M\sin(\theta t)$　　　　B. $m\ddot{y} + \dfrac{24EI}{l^3}y = \dfrac{3M}{l}\sin(\theta t)$

C. $m\ddot{y} + \dfrac{3EI}{l^3}y = \dfrac{3M}{8l}\sin(\theta t)$　　　　D. $m\ddot{y} + \dfrac{24EI}{l^3}y = \dfrac{3M}{8l}\sin(\theta t)$

49. 在结构试验室进行混凝土构件的最大承载能力试验，需在试验前计算最大加载值和相应变形值，应选取下列哪一项材料参数值进行计算？（　　）

　A. 材料的设计值　　　　　　　　B. 实际材料性能指标

　C. 材料的标准值　　　　　　　　D. 试件最大荷载值

50. 通过测量混凝土棱柱体试件的应力应变曲线计算所测混凝土试件的弹性模量，棱柱体试件的尺寸为 $100 \times 100 \times 300 \text{mm}^3$，浇筑试件所用骨料的最大粒径为 20mm，最适合完成该试件的应变测量的应变片为（　　）。

　A. 选用标距为 20mm 的电阻应变片　　　B. 选用标距为 50mm 的电阻应变片

　C. 选用标距为 80mm 的电阻应变片　　　D. 选用标距为 100mm 的电阻应变片

51. 对砌体结构墙体进行低周反复加载试验时，下列做法不正确的是（　　）。

　A. 水平反复荷载在墙体开裂前采用荷载控制

　B. 按位移控制加载时，应使骨架曲线出现下降段，下降到极限荷载的 90%，试验结束

　C. 通常以开裂位移为控制参数，按开裂位移的倍数逐级加载

　D. 墙体开裂后按位移进行控制

52. 为获得建筑结构的动力特性，常采用脉动法量测，下面描述方法的说明不正确的是（　　）。

　A. 结构受到的脉动激励来自大地环境的扰动，包括地基的微振、周边车辆的运动

　B. 还包括人员的运动和周围环境风的扰动

　C. 上述扰动对结构的激励可以看作为有限带宽的白噪声激励

　D. 脉动实测时采集到的信号可认为是非各态历经的平稳随机过程

53. 采用下面哪一种方法可检测混凝土内部钢筋的锈蚀？（　　）

A. 电位差法 B. 电磁感应法
C. 超声波方法 D. 声发射方法

54. 某外国,用固结仪实验结果计算土样的压缩指数(常数)时,不是用常数对数,而是用自然对数对应取值的。如果根据我国标准(常用对数),一个土样的压缩指数(常数)为 0.0112,那么根据那个外国标准,该土样的压缩指数为(   )。

A. 4.86E-03 B. 5.0E-04
C. 2.34E-03 D. 6.43E-03

55. 一个厚度为 25mm 的黏土固结实验结果表明:孔隙水压力的消散为零需要 11 分钟,该实验仅在样品上表面排水。如果地基中有层 4.6m 厚的同样黏土层,上下两个面都可以排水,那么该层黏土固结时间为(   )。

A. 258.6 天 B. 64.7 天
C. 15.5 天 D. 120 天

56. 与地基的临界水力坡降有关的因素为(   )。

A. 有效重度 B. 抗剪强度
C. 渗透系数 D. 剪切刚度

57. 一个离心机模型堤坝高 0.10m,当离心加速度为 61g 时破坏。那么用同种材料修筑的真实堤坝的最大可能高度为(   )。

A. 6.1m B. 10m
C. 61.1m D. 1m

58. 减小地基不均匀沉降的措施不包括(   )。

A. 增加建筑物的刚度和整体性
B. 同一建筑物尽量采用同一类型的基础并埋置于同一土层中
C. 采用钢筋混凝土十字交叉条形基础或筏板基础、箱形基础等整体性好的基础形式
D. 上部采用静定结构

59. 对桩周土层、桩尺寸和桩顶竖向荷载都一样的摩擦桩,桩距为桩径 3 倍的群桩的沉降量比单桩的沉降量(   )。

A. 大 B. 小
C. 大或小均有可能 D. 一样大

60. 土工聚合物在地基处理中的作用不包括(   )。

A. 排水作用 B. 加筋
C. 挤密 D. 反滤

模拟试卷 2(下午卷)答案及解答

1. D. 解答：在冲击、振动荷载作用下，材料能够吸收较大的能量，不发生破坏的性质，称为韧性，建筑钢材、木材等属于韧性材料。

2. C. 解答：因为水的导热系数比空气大，所以吸水后材料的导热系数增大。A 项，密实度是指材料的固体物质部分的体积占总体积的比例，吸水后固体物质部分体积不变而总体积增大，因此密实度会减小。B 项，吸水后材料的绝热性能降低。D 项，吸水后孔隙率不变。

3. C. 解答：水化硅酸钙凝胶中的层间孔中含有被氢键保持的水分，这些水分在一定条件下脱去，将使浆体产生干缩和徐变。

4. D. 解答：混凝土配合比设计应满足混凝土配制强度及其他力学性能、拌合物性能、长期性能和耐久性能的设计要求，拌合物性能通过和易性控制，耐久性能通过控制水灰比实现，所以混凝土配合比设计需满足的基本要求不包括成本。

5. B. 解答：混凝土骨料增加，混凝土的弹性模量会提高，徐变和干缩都会减小。

6. C. 解答：钢材的塑性变形能力由断后伸长率表征，它是指金属材料受外力作用断裂时，试件的伸长量与初始长度的百分比。

7. B. 解答：在测定沥青的延度和针入度时，需保持沥青试件温度恒定。

8. A. 解答：导线全长相对闭合差是导线全长闭合差和导线全长 ΣD 的比值，常用符号 K 表示。K 值反映了导线测角和测距的综合精度，不同等级的导线相对闭合容许值不同。对于图根导线，$K \leqslant 2000$；在困难地区，可适当放宽为 1/1000。规范规定：全长相对闭合差精度 $K \leqslant 1/(2000\alpha)$，$\alpha$ 为比例系数，宜取为 1，当采用 1∶500、1∶1000 比例尺测图时，其值可在 1~2 之间选用。

9. A. 解答：对每一测站的高差进行的检核测量叫作测站检核。常见的测站检核方法有双面尺法和双仪高法。

10. A. 解答：A、B 选项，等高线的平距越小，等高线越密集，地面坡度就越大，地势越陡；等高线的平距越大，等高线越稀疏，地面坡度就越小。C 选项中，在同一幅地形图中，按照等高线的规定绘制的等高线，叫作基本等高线，其等高距相等。D 选项，等高线是闭合的曲线，不一定在同一幅地形图内闭合，可能闭合在图外或者其他图上闭合。

11. A. 解答：由下图可知，$x_p - x_0 = A_p \cos\alpha - B_p \sin\alpha$，$y_p - y_0 = A_p \sin\alpha + B_p \cos\alpha$。

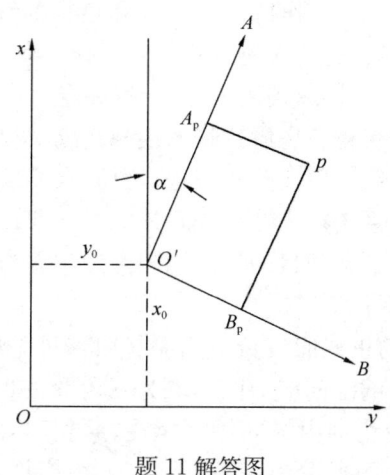

题 11 解答图

12. C. 解答：偶然误差是在相同的观测条件下，对某量进行一系列观测，单个误差的出现没有一定的规律，其数值大小和符号表现出偶然性，但大量的误差具有一定的统计规律性，又称随机误差。偶然误差具有有限性、趋向性、对称性和补偿性的特点。

13. A. 解答：《中华人民共和国消防法》第十一条，国务院住房和城乡建设主管部门规定的特殊建设工程，建设单位应当将消防设计文件报送住房和城乡建设主管部门审查，住房和城乡建设主管部门依法对审查的结果负责。

14. D. 解答：《商品房销售管理办法》第三十三条，房地产开发企业应当对所售商品房承担质量保修责任。当事人应当在合同中就保修范围、保修期限、保修责任等内容做出约定。保修期从交付之日起计算。

15. C. 解答：《注册建造师管理规定》第二十二条，建设工程施工活动中形成的有关工程施工管理文件，应当由注册建造师签字并加盖执业印章。施工单位签署质量合格的文件上，必须有注册建造师的签字盖章。

16. B. 解答：《建设工程质量管理条例》第十七条，建设单位应当严格按照国家有关档案管理的规定，及时收集、整理建设项目各环节的文件资料，建立、健全建设项目档案，并在建设工程竣工验收后，及时向建设行政主管部门或者其他有关部门移交建设项目档案。

17. D. 解答：压实度又称夯实度，指的是土或其他筑路材料压实后的干密度与标准最大干密度之比，以百分率表示。检验填土压实质量控制指标是土的压实度，是地基基础工程施工质量管理最重要的内在指标之一。基坑回填中，环刀法取样数量应按每层 $100 \sim 500 m^2$ 取样不少于一组，取样点应位于每层（夯实层或捣实层）的 2/3 深度处。

18. B. 解答：《混凝土结构工程施工规范》GB 50666—2011 第 6.4.12 条规定，先张法预应力筋的放张顺序应符合下列规定：对受弯或偏心受压的构件，应先同时放张预压应力较小区域的预应力筋，再同时放张预压应力较大区域的预应力筋。梁是受弯构件，应先同时放张预压应力较小区域的预应力筋，再同时放张预压应力较大区域的预应力筋。

19. B. 解答：最小工作面指为保证施工队安全生产和充分发挥劳动效率所必需的工作面，所以最小工作面所对应安排的施工人数和机械数量是最多的。

20．D．解答：在众多线路中，工作持续时间之和最长的线路，称为关键线路(除搭接网络计划外)。关键线路上的工作称为关键工作。

21．B．解答：《建设工程质量管理条例》第四十条规定，在正常使用条件下，建设工程的最低保修期限为：基础设施工程、房屋建筑的地基基础工程和主体结构工程，为设计文件规定的该工程的合理使用年限；屋面防水工程、有防水要求的卫生间、房间和外墙面的防渗漏，为5年；供热与供冷系统，为2个采暖期、供冷期；电气管线、给排水管道、设备安装和装修工程，为2年，其他项目的保修期限由发包方与承包方约定，建设工程的保修期，自竣工验收合格之日起计算。

22．A．解答：受弯构件的正截面疲劳应力验算时，可采用下列基本假定：①截面应变保持平面。②受压区混凝土的法向应力图形取为三角形。③钢筋混凝土构件，不考虑受拉区混凝土的抗拉强度，拉力全部由纵向钢筋承受；要求不出现裂缝的预应力混凝土构件，受拉区混凝土的法向应力图形取为三角形。④采用换算截面计算。根据该条款②规定，A项正确。B项，在疲劳验算中，荷载应取用标准值。CD两项，钢筋混凝土受弯构件疲劳验算时，应计算下列部位的混凝土应力和钢筋应力幅：①正截面受压区边缘纤维的混凝土应力和纵向受拉钢筋的应力幅；②截面中和轴处混凝土的剪应力和箍筋的应力幅。注：纵向受压普通钢筋可不进行疲劳验算。

23．A．解答：A项，小偏心受压构件的最大压应力大于轴心受压构件，故应采用高强度等级的混凝土；BD两项，由于钢筋的受压强度比混凝土的受压强度大得多，故纵筋不必采用高强钢筋以避免材料浪费；C项，小偏心受压构件截面的长宽比越大，最大压应力越大，故截面的长短边比值以较小为宜。

24．A．解答：两对边支承的板应按单向板计算；四边支承的板应按下列规定计算：①当长边与短边长度之比不大于2.0时，应按双向板计算；②当长边与短边长度之比大于2.0，但小于3.0时，宜按双向板计算；③当长边与短边长度之比不小于3.0时，宜按沿短边方向受力的单向板计算，并应沿长边方向布置构造钢筋。所以最大弯矩为：$M_{max} = ql^2/8 = 8 \times 1^2/8$ kN·m = 1 kN·m。

25．C．解答：反弯点法假定：对于上部各层柱，反弯点在柱中点；对于底层柱，由于柱脚为固定端，转角为零，但柱上端转角不为零，且上端弯矩较小，反弯点上移，故取反弯点在距固定端2/3高度处。

26．D．解答：钢材的标准拉伸试验可检测钢材的屈服强度、抗拉强度和伸长率；疲劳强度、冷弯角和冲击韧性分别由疲劳试验、冷弯试验和冲击试验确定。

27．C．解答：压弯构件在弯矩作用平面内和平面外的整体稳定性计算是根据两端受轴心压力和等弯矩的情况下导出的。为了普遍应用于弯矩沿杆长有变化的情况，必须引入将各种非均匀分布弯矩换算成与两端等弯矩效应相同的系数，即为等效弯矩系数。$\beta_{mx} = 0.6 + 0.4M_2/M_1$ 分析可知，等效弯矩系数是考虑了构件弯矩分布的影响。

28．A．解答：焊透对接三级焊缝应进行外观检测。无损检测的基本要求应符合：三级焊缝应根据设计要求进行相关的检测。ABC三项，根据规范规定，检测焊透对接焊缝质量时，采用三级焊缝时，需要进行外观检测和无损检测。D项，所有焊缝均应进行外观检测。

29．A．解答：刚性系杆既可受拉亦可受压，受拉时主要由强度条件以及刚度条件控制设计。受压时，除强度条件以及刚度条件以外，还要保证稳定性，受压刚性系杆用于防止檩条侧向变形，为防止系杆自身失稳，长细比要求不超过200。B项，钢材屈服强度一般高于150MPa。CD两项，直径与壁厚之比和轴向变形与控制条件无关。

30. A. 解答：过梁上承受的荷载有砌体自重和过梁计算高度范围内梁、板传来的荷载。试验表明，当过梁上砌体的砌筑高度超过 $l_n/3$ 后，跨中的挠度增加极小，这是由于砌体砌筑到一定高度之后，即可起到拱的作用，使一部分荷载不传给过梁而直接传给支承过梁的砖墙(窗间墙)。试验还表明，当在砌体高度等于 $0.8l_n$ 左右的位置施加外荷载时，由于砌体的组合作用，过梁的挠度变化也极微。

31. C. 解答：A项，在砌体房屋墙体的规定部位，按构造配筋，并按先砌墙后浇灌混凝土柱的施工顺序制成的混凝土柱，通常称为混凝土构造柱，简称构造柱。B项，第10.4.11条规定，过渡层应在底部框架柱、抗震墙边框柱、砌体抗震墙的构造柱或芯柱所对应处设置构造柱或芯柱，并宜上下贯通。C项错误，构造柱是对墙体的一种加强措施，也可以说是墙体的一部分，是为了加强结构整体性和提高变形能力，在房屋中设置的钢筋混凝土竖向约束构件，不是承重受力构件，所以构造柱不单独设置柱基或扩大基础面积。D项，构造柱的最小截面可为180mm×240mm(墙厚190mm时为180mm×190mm)。

32. A. 解答：烧结普通砖、烧结多孔砖砌体的抗压强度设计值，应按下表采用：

砖强度等级	砂浆强度等级					砂浆强度
	M15	M10	M7.5	M5	M2.5	0
MU30	3.94	3.27	2.93	2.59	2.26	1.15
MU25	3.60	2.98	2.68	2.37	2.06	1.05
MU20	3.22	2.67	2.39	2.12	1.84	0.94
MU15	2.79	2.31	2.07	1.83	1.60	0.82
MU10	—	1.89	1.69	1.50	1.30	0.67

当砖的强度等级一定时，砌体的抗压强度随砂浆强度的减小而减小；当砂浆的强度等级一定时，砌体的抗压强度随砖强度的减小而减小；而砌体的抗压强度始终没有超过其所对应的砖强度等级或者砂浆强度等级。其他类型的砖和砌体的规律也是完全相同的。

33. A. 解答：ABC三项，多层砌体房屋的建筑布置和结构体系，应符合下列要求：①应优先采用横墙承重或纵横墙共同承重的结构体系，不应采用砌体墙和混凝土墙混合承重的结构体系；②纵横向砌体抗震墙的布置应符合下列要求：宜均匀对称，沿平面内宜对齐，沿竖向应上下连续；且纵横向墙体的数量不宜相差过大；③略；④楼梯间不宜设置在房屋的尽端或转角处。D项，多层砌体房屋总高度与总宽度的最大比值，宜符合下表的要求。D项中高宽比为1∶1.5已经符合烈度为9度的抗震要求，是非常安全的。

地震烈度	6	7	8	9
最大高宽比	2.5	2.5	2.0	1.5

34. A. 解答：超静定结构的基本特征包括：①几何特征：几何不变，有多余约束；②静力特征：未知力数大于独立平衡方程式数。

35. D. 解答：图示刚架通过三个不共线的链杆与大地相连，结构为静定结构。由

$\Sigma F_x = 0$，得 $12 \times 3 - F_B = 0$，解得 $F_B = 36 \text{kN} \cdot \text{m}$（反向向左），所以 $M_{EB} = F_B l = 36 \times 3 = 108 \text{kN} \cdot \text{m}$。

36. C. 解答：取隔离体 AB 如图所示，

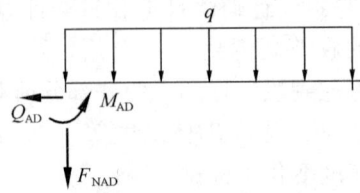

题 36 解答图

由题已知 $M_{AD} = ql^2/36$（左拉），$F_{NAD} = -5ql/12$（压）

对 B 取矩，由 $\Sigma M_B = 0$，得 $M_{BA} + M_{AD} + F_{NAD} l + \frac{1}{2} q l^2 = 0$

代入数据，得 $M_{BA} + \frac{1}{36} q l^2 - \frac{5}{12} q l \times l + \frac{1}{2} q l^2 = 0$. 解得 $M_{BA} = -\frac{1}{9} q l^2$（上侧受拉）

37. B. 解答：该结构为对称结构，受对称荷载作用，所以两支座处竖直反力均为零。取左侧结构分析，对中间铰取矩，$\Sigma M = M + F_H \cdot L = 0$，解得 $F_H = -M/L$。

38. A. 解答：A 点处的水平位移可以表示为：

$$\Delta_{AH} = \int \frac{\overline{M}_1 M_P}{EI} \mathrm{d}s + \frac{1}{4k}$$

式中，$\overline{M}_1$ 表示在 A 点施加向右水平单位力得到的结构弯矩图，M_P 表示结构在原有荷载下的弯矩图，由于 $\overline{M}_1$ 和 M_P 图在同侧，所以第一项 $\int \frac{\overline{M}_1 M_P}{EI} \mathrm{d}s$ 大于零，弹簧刚度减小，则由支座位移引起的第二项增大，A 点的水平位移增大。

39. C. 解答：对 B 点取矩，由 $\Sigma M_B = 0$，$V_A \cdot 2l + 2Pl + 2Pl = 0$，解得 $V_A = -3P$。

40. A. 解答：整体分析，对 A 点取矩，由 $\Sigma M_A = 0$，$F_{By} \cdot l - F_P \cdot \frac{3}{4} l = 0$，得 $F_{By} = 3F_P/4(\uparrow)$；由 $\Sigma F_y = 0$，$\frac{3}{4} F_P + F_{Ay} - F_P = 0$，解得 $F_{Ay} = F_P/4(\uparrow)$。将结构从 C 点断开，取左半部分研究，对 C 点取矩，由 $\Sigma M_C = 0$，$F_H \cdot f - F_{Ay} \cdot L/2 = 0$，解得 A 支座水平反力 $F_H = L F_P/8f(\rightarrow)$，又由题知 $F_H = F_P/3$，所以 $f/L = 3/8$。

41. D. 解答：首先取基本结构，断开 B 处支座，反力以 X_1 代替。在 B 处施加向上的单位力，分别作出 $\overline{M}_1$ 图和 M_P 图，进行图乘可得

$$\delta_{11} = \frac{l^3}{6EI} \quad \Delta_{1P} = -\frac{Pl^3}{6EI}$$

力法方程：$X_1 \delta_{11} + \Delta_{1P} = -X_1/k$，解得 $X_1 = 2P/3$

将荷载作用下单位作用力作用下的弯矩图叠加，可得原结构 B 截面的弯矩为 $M_B = M_{BP} + M_{B1} \cdot X_1 = \frac{Pl}{2} - \frac{l}{2} \cdot \frac{2P}{3} = \frac{Pl}{6}$（下侧受拉）。

42. B. 解答：由题可知温度均匀降低，则有 $\Delta t = 0$，此时仅需考虑温度作用下轴力的影响，弯矩的影响为零。

对(a)取基本结构，令 BD 杆长为 l，断开 BD 链杆，用未知力 X_1 代替，如果力法方程中的自由项 $\Delta_{1t} = 0$，则结构在温度作用下无内力产生，此时

$$\Delta_{1t} = -\frac{\sqrt{2}}{2}\alpha t \times \sqrt{2}l \times 2 + 1 \times \alpha t \times l = -\alpha t l \neq 0$$

所以结构(a)会产生内力。

对(b)取基本结构，令 BD 杆长为 l，断开 BD 链杆，用未知力 X_1 代替，此时自由项

$$\Delta_{1t} = -\frac{\sqrt{2}}{2}\alpha t \times \frac{\sqrt{2}}{2} l \times 2 + 1 \times \alpha t \times l = 0$$

所以结构(b)不会产生内力。

43. B. 解答：首先取基本结构，反力以 X_1 代替，分别作出 $\overline{M}_1$ 图和 M_P 图，进行图乘可得

$$\delta_{11} = 2 \times \frac{1}{EI} \times \frac{1}{2} l^2 \times \frac{2}{3} l = \frac{2l^3}{3EI}$$

$$\Delta_{1P} = -\frac{1}{EI} \times \frac{1}{2} \times \frac{Pl^2}{2} \times \frac{2l}{3} = -\frac{Pl^3}{6EI}$$

力法方程 $X_1 \delta_{11} + \Delta_{1P} = 0$. 解得 $X_1 = P/4$，于是对下侧约束点取矩可得

$$F_{Ay} = \frac{\left(\dfrac{Pl}{4} + \dfrac{Pl}{2} - Pl\right)}{l} = -\frac{P}{4}$$

故 $F_{QBA} = F_{Ay} = -\dfrac{P}{4}$。

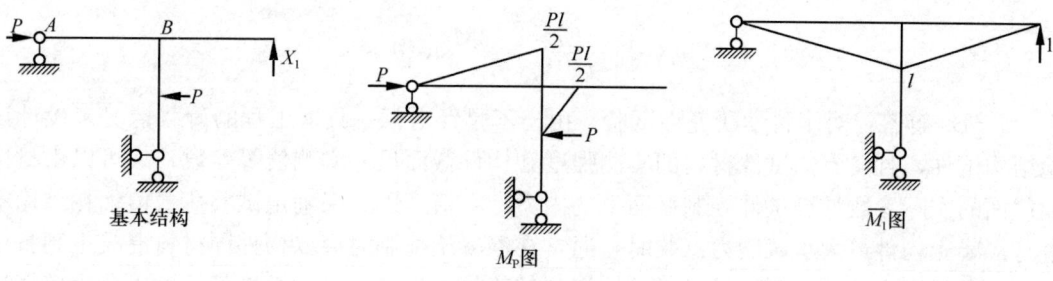

题 43 解答图

44. D. 解答：由影响线的定义可知，F_{NK} 影响线 C 点竖标即为单元荷载作用于 C 点时的 F_{NK} 值，OK 连线与竖直方向的夹角 $\alpha = \pi/6$。先进行静力分析，由 $\Sigma F_y = 0$ 得 $F_{Ay} = 1\mathrm{kN}$(竖直向上)，由 $\Sigma M_A = 0$，$1 \times 8 - F_C \times 8 = 0$，得 $F_C = 1\mathrm{kN}$(向左)，由 $\Sigma F_x = 0$ 得 $F_{Ax} = F_C = -1\mathrm{kN}$(方向向左)。取 K 截面右侧部分为隔离体，此时 K 点轴力为：

$$F_{NK} = -\left(1 \times \cos\frac{\pi}{6} + 1 \times \sin\frac{\pi}{6}\right) = -\frac{\sqrt{3}+1}{2} \text{(受压)}$$

45. B. 解答：各杆件的转动刚度分别为 $S_{A1}=i_2=2$；$S_{A2}=4i_4=4$；$S_{A3}=3i_1=3$；$S_{A4}=4i_3=12$。所以 $\mu_{A4}=S_{A4}/(S_{A1}+S_{A2}+S_{A3}+S_{A4})=12/(2+4+3+12)=4/7$。

46. B. 解答：单自由度体系有阻尼强迫振动，位移及受力特点是：当 θ/ω 很小时，体系振动很慢，惯性力、阻尼力都很小，这时动荷载主要由弹性恢复力平衡，位移与荷载基本同步；当 θ/ω 很大时，体系振动很快，惯性很大，而弹性力和阻尼力较小，这时动荷载主要由惯性力平衡，位移与动荷载方向相反；当 $\theta/\omega\approx 1$ 时，位移与荷载的相位角相差接近 90 度，这时惯性力与弹性恢复力平衡而动荷载与阻尼力平衡。

47. D. 解答：位移动力放大系数

$$\beta=\frac{1}{1-\dfrac{\theta^2}{\omega^2}}=\frac{1}{1-\dfrac{(2\omega)^2}{\omega^2}}=\frac{1}{1-4}=-\frac{1}{3}$$

48. B. 解答：先计算体系刚度 k，在 m 上施加一单位力，画出 M_1 图如图所示，则

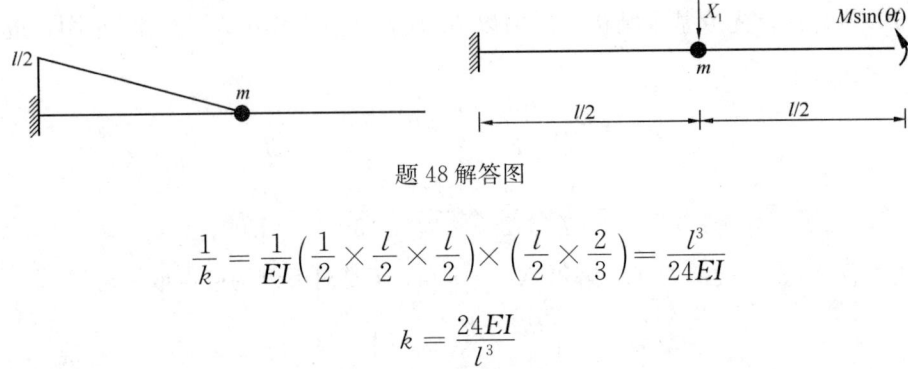

题 48 解答图

$$\frac{1}{k}=\frac{1}{EI}\left(\frac{1}{2}\times\frac{l}{2}\times\frac{l}{2}\right)\times\left(\frac{l}{2}\times\frac{2}{3}\right)=\frac{l^3}{24EI}$$

$$k=\frac{24EI}{l^3}$$

再求 m 处的等效简谐荷载，选取如图所示的基本结构，建立力法方程 $X_1\delta_{11}+\Delta_{1P}=0$，可求得 $\delta_{11}=l^3/24EI$，$\Delta_{1P}=(-l^2/8)M\sin(\theta t)$，解得 $X_1=3M\sin(\theta t)/l$

所以图示体系的运动方程为

$$m\ddot{y}+\frac{24EI}{l^3}y=\frac{3M}{l}\sin(\theta t)$$

49. B. 解答：对于科学研究性试验，由于不是针对某一具体工程的荷载情况来设计试验结构试件，且又不知试件材料的实测强度和构件截面尺寸实测值等参数，故可以由材性和截面的实际参数计算试件控制截面上的内力计算值，以此来确定试验荷载值。在结构室进行混凝土构件最大承载能力试验时，通常在混凝土配制时会取构件同材料混凝土制备标准试块进行压力试验、弹性模量试验、劈裂试验等来确定材料的性能指标。以此为依据进行构件最大承载能力及变形量的试验前的预计算来确定试验的加载设备、加载机制等试验条件。

50. D. 解答：根据《混凝土结构试验方法标准》GB/T 50152—2012 第 6.4.4 条第 1 款规定，金属粘贴式电阻应变计或电阻片的技术等级不应低于 C 级，其应变计电阻、灵敏系数、蠕变和热输出等工作特性应符合相应等级的要求；量测混凝土应变的应变计或电阻片的长度不应小于 50mm 和 4 倍粗骨料粒径。

51. B. 解答：B 项，按位移控制加载时，应使骨架曲线出现下降段，墙体至少应加载

到荷载下降为极限荷载的85%时，方可停止试验。

52. D. 解答：脉动法通常用于测量整体建筑物的动力特性，通过测量建筑物由于外界不规则的干扰而产生的微小振动，即"脉动"来确定建筑物的动力特性。AB两项，建筑结构受到的脉动主要与地面脉动、风和气压变化有关，特别是受城市车辆、机器设备等产生的扰动和附近地壳内部小的破裂以及远处地震传来的影响尤为显著，建筑结构的脉动为此类环境随机振动的响应；CD两项，脉动法假设脉动激励信号是白噪声信号，假设建筑物的脉动是一种平稳的各态历经的随机过程，并假设结构各阶阻尼比很小，各阶固有频率频率和振型，用各峰值处的半功率带确定阻尼比。

53. A. 解答：根据《建筑结构检测技术标准》GB/T 50344—2004 第D.0.1条规定，钢筋锈蚀状况的检测可根据测试条件和测试要求选择剔凿检测方法、电化学测定方法，或综合分答判定方法，其中电化学测定方法即为电位差法。B项，电磁感应法是以岩石的导电性、导磁性和介电性的差异为物质基础，应用电磁感应原理，通过观测和研究人工或天然源形成的电磁场的空间分布和时间（或频率）的变化规律，从而寻找良导矿床或解决有关的各类地质问题的一组电法勘查的重要分支方法。C项，超声波常常被用于监测工程施工过程的质量和验收工程，通过精确的测定首波波形和幅度、声速，再综合分答其变化及大小，能够推测混凝土的内部结构、性能及其组成情况。D项，声发射法是通过接收和分答材料的声发射信号来评定材料性能或结构完整性的无损检测方法。

54. A. 解答：我国标准（常用对数）土样压缩指数的计算为：

$$C_c = \frac{e_1 - e_2}{\lg p_2 - \lg p_1} = 0.0112$$

$$e_1 - e_2 = 0.0112 \lg \frac{p_2}{p_1} = 0.0112 \frac{\ln \frac{p_2}{p_1}}{\ln 10}$$

$$C_c' = \frac{e_1 - e_2}{(\lg p_2 - \lg p_1) \ln 10} = \frac{0.0112}{\ln 10} = 4.86 \times 10^{-3}$$

55. B. 解答：由渗流固结理论方程

$$T_v = \frac{C_v t}{H^2} = \frac{C_v \times 11 \text{min}}{(0.025 \text{m})^2}$$

$$\frac{T_v}{C_v} = \frac{11 \text{min}}{(0.025 \text{m})^2}$$

双面排水时，上半部和单面排水的解完全相同，因此双面排水的4.6m厚黏土层，等效于单面排水的2.3m厚黏土层，因此，

$$t = H^2 \frac{T_v}{C_v} = 2.3^2 \times \frac{11}{0.025^2} = 93104 \text{min} = 64.7 \text{ 天}$$

56. A. 解答：临界水力坡降公式为：

$$i_{cr} = \frac{\gamma'}{\gamma_w}$$

式中，γ'为土的有效重度；γ_w为水的重度。

因此，地基的临界水力坡降与有效重度和水的重度有关。

57. A. 解答：离心模型试验就是通过施加离心力使模型的容重增大，从而使模型中各点的应力与原型一致。对于用原型材料按比例尺1：n制成的模型，只要离心模型加速

度达到 $a=ng$，加载条件与原型相同，就可以使离心模型达到与原型相同的应力状态。

由离心加速度 $61g$ 可得 $n=61$，故真实堤坝可能的高度为：
$$H=0.10\text{m} \times n = 0.10\text{m} \times 61 = 6.1\text{m}$$

58. D. 解答：A 项，属于减小地基不均匀沉降的措施中的结构措施。

B 项，当天然地基不能满足建筑物沉降变形控制要求时，必须采取技术措施，如打预制钢筋混凝土短桩等。同一建筑物尽量采用同一类型的基础并埋置于同一土层中。

C 项，钢筋混凝土十字交叉条形基础或筏板基础、箱形基础等整体性好，受力面积增大，有效减小地基不均匀沉降。

D 项错误，为减小地基不均匀沉降，上部结构应采用超静定结构，增加结构约束，以此增大建筑物的刚度和整体性。

59. A. 解答：群桩效应是指群桩基础受竖向荷载后，由于承台、桩、土的相互作用使其桩侧阻力、桩端阻力、沉降等性状发生变化而与单桩明显不同，承载力往往不等于各单桩承载力之和这一现象。摩擦型桩群桩导致应力分布的范围及强度均较大，应力传递的深度也将比单桩情况大，所以群桩的沉降量比单桩的沉降量要大。

桩距为桩径 3 倍时会出现群桩效应，因此群桩沉降量比单桩沉降量要大。

60. C. 解答：土工聚合物是指岩土工程中应用的合成材料的总称。

土工聚合物可置于岩土或其他工程结构内部、表面或各结构层之间，具有加强保护岩土或其他结构的功能，是一种新型工程材料，其作用有加筋、反滤、排水、隔离、防渗、防护。

模拟试卷 3(上午卷)

1. 极限 $\lim\limits_{x\to 0}\dfrac{3+e^{\frac{1}{x}}}{1-e^{\frac{2}{x}}}$ 为( )。

   A. 3   B. -1 C. 0   D. 不存在

2. 函数 $f(x)$ 在点 $x=x_0$ 处连续是 $f(x)$ 在点 $x=x_0$ 处可微的( )。

   A. 充分条件   B. 充要条件
   C. 必要条件   D. 无关条件

3. 当 $x\to 0$ 时，$\sqrt{1-x^2}-\sqrt{1+x^2}$ 与 x^k 是同阶无穷小，则常数 k 等于( )。

   A. 3   B. 2   C. 1   D. $\dfrac{1}{2}$

4. 设 $y=\ln(\sin x)$，则二阶导数 y'' 等于( )。

   A. $\dfrac{\cos x}{\sin^2 x}$ B. $\dfrac{1}{\cos^2 x}$

   C. $\dfrac{1}{\sin^2 x}$ D. $-\dfrac{1}{\sin^2 x}$

5. 若函数 $f(x)$ 在 $[a,b]$ 上连续，在 (a,b) 内可导，且 $f(a)=f(b)$，则在 (a,b) 内满足 $f(x_0)=0$ 的点 x_0 ( )。

   A. 必存在且只有一个   B. 至少存在一个
   C. 不一定存在   D. 不存在

6. $f(x)$ 在 $(-\infty,+\infty)$ 连续，导数函数 $f'(x)$ 图形如图所示，则 $f(x)$ 存在( )。

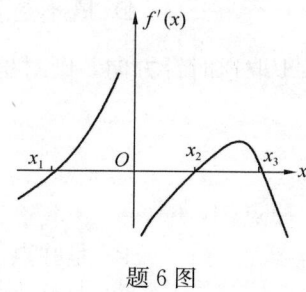

题 6 图

   A. 一个极小值和两个极大值   B. 两个极小值和两个极大值
   C. 两个极小值和一个极大值   D. 一个极小值和三个极大值

7. 不定积分 $\displaystyle\int \dfrac{x}{\sin^2(x^2-1)}dx$ 等于( )。

   A. $-\dfrac{1}{2}\cot(x^2+1)+C$ B. $-\dfrac{1}{\sin(x^2-1)}+C$

C. $-\frac{1}{2}\tan(x^2+1)+C$ D. $-\frac{1}{2}\cot x+C$

8. 广义积分 $\int_{-2}^{2}\frac{1}{(1-x)^2}dx$ 的值为( )。

A. $\frac{4}{3}$ B. $-\frac{4}{3}$ C. $\frac{2}{3}$ D. 发散

9. 向量 $\boldsymbol{\alpha}=(2,1,-1)$，$\boldsymbol{\beta}\parallel\boldsymbol{\alpha}$，$\boldsymbol{\alpha}\cdot\boldsymbol{\beta}=3$，则 $\boldsymbol{\beta}=$( )。

A. $(2,1,-1)$ B. $\left(\frac{3}{2},\frac{3}{4},-\frac{3}{4}\right)$

C. $\left(1,\frac{1}{2},-\frac{1}{2}\right)$ D. $\left(1,-\frac{1}{2},\frac{1}{2}\right)$

10. 过点 $(2,0,-1)$ 且垂直于 xoy 面的直线方程为( )。

A. $\frac{x-2}{1}=\frac{y}{0}=\frac{z-1}{0}$ B. $\frac{x-2}{0}=\frac{y}{1}=\frac{z-1}{0}$

C. $\frac{x-2}{0}=\frac{y}{0}=\frac{z+1}{1}$ D. $\begin{cases}x=0\\z=-1\end{cases}$

11. 微分方程 $y\ln x dx - x\ln y dy = 0$ 满足条件 $y(1)=1$ 的特解是( )。

A. $\ln^2 x + \ln^2 y = 1$ B. $\ln^2 x - \ln^2 y = 1$

C. $\ln^2 x + \ln^2 y = 0$ D. $\ln^2 x - \ln^2 y = 0$

12. 若 D 是由 x 轴、y 轴及直线 $2x+y-2=0$ 所围成的闭区域，则二重积分 $\iint\limits_{D}dxdy$ 的值等于( )。

A. 1   B. 2   C. $\frac{1}{2}$ D. -1

13. 函数 $y=C_1 C_2 e^{-x}$（C_1,C_2 是任意常数）是微分方程 $y''-2y'-3y=0$ 的( )。

A. 通解   B. 特解

C. 不是解   D. 既不是通解又不是特解，而是解

14. 设圆周曲线 $L:x^2+y^2=1$ 取逆时针方向，则对坐标的曲线积分 $\int_L\frac{ydx-xdy}{x^2+y^2}$ 的值等于( )。

A. 2π B. -2π C. π D. 0

15. 对于函数 $f(x,y)=xy$，原点 $(0,0)$( )。

A. 不是驻点   B. 是驻点但非极值点

C. 是驻点且为极小值点   D. 是驻点且为极大值点

16. 关于级数 $\sum\limits_{n=1}^{\infty}(-1)^{n-1}\frac{1}{n^p}$ 收敛性的正确结论是( )。

A. $0<P\leqslant 1$ 时发散   B. $P>1$ 时条件收敛

C. $0<P\leqslant 1$ 时绝对收敛   D. $0<P\leqslant 1$ 时条件收敛

17. 设函数 $z=\left(\frac{y}{x}\right)^x$，则全微分 $dz\bigg|\begin{matrix}x=1\\y=2\end{matrix}$ 等于( )。

A. $\ln2\mathrm{d}x - \dfrac{1}{2}\mathrm{d}y$ 　　　　　　　B. $(\ln2+1)\mathrm{d}x - \dfrac{1}{2}\mathrm{d}y$

C. $2\left[(\ln2-1)\mathrm{d}x + \dfrac{1}{2}\mathrm{d}y\right]$ 　　　D. $\dfrac{1}{2}\ln2\mathrm{d}x + 2\mathrm{d}y$

18. 幂级数 $\displaystyle\sum_{n=1}^{\infty}(-1)^{n-1}\dfrac{x^{2n-1}}{2n-1}$ 的收敛域是( )。

    A. $[-1,1]$ 　　　　　　　　　　　B. $(-1,1]$

    C. $[-1,1)$ 　　　　　　　　　　　D. $(-1,1)$

19. 若 n 阶方阵 A 满足 $|A|=b(b\neq 0, n>2)$，而 A^* 是 A 的伴随矩阵，则 $|A^*|$ 等于( )。

    A. b^n 　　　　　　　　　　　　B. b^{n-1}

    C. b^{n-2} 　　　　　　　　　　　D. b^{n-3}

20. 已知二阶实对称矩阵 A 的特征值是 1，A 的对应于特征值 1 的特征向量为 $(1,-1)^T$，若 $|A|=-1$，则 A 的另一个特征值及其对应的特征向量是( )。

    A. $\begin{cases}\lambda=1\\ x=(1,1)^T\end{cases}$ 　　　　B. $\begin{cases}\lambda=-1\\ x=(1,1)^T\end{cases}$

    C. $\begin{cases}\lambda=-1\\ x=(-1,1)^T\end{cases}$ 　　　D. $\begin{cases}\lambda=1\\ x=(1,-1)^T\end{cases}$

21. 设二次型 $f(x_1,x_2,x_3)=x_1^2+tx_2^2+3x_3^2+2x_1x_2$，要是 f 的秩为 2，则 t 的值等于( )。

    A. 3 　　　　B. 2 　　　　C. 1 　　　　D. 0

22. 设 A、B 为两个事件，且 $P(A)=\dfrac{1}{3}$，$P(B)=\dfrac{1}{4}$，$P(B|A)=\dfrac{1}{6}$，则 $P(A|B)$ 等于( )。

    A. $\dfrac{1}{9}$ 　　　　　　　　　　B. $\dfrac{2}{9}$

    C. $\dfrac{1}{3}$ 　　　　　　　　　　D. $\dfrac{4}{9}$

23. 设随机向量 (X,Y) 的联合分布律为

X/Y	-1	0
1	1/4	1/4
2	1/6	a

则 a 的值等于( )。

A. $\dfrac{1}{3}$ 　　　B. $\dfrac{2}{3}$ 　　　C. $\dfrac{1}{4}$ 　　　D. $\dfrac{3}{4}$

24. 设总体 X 服从均匀分布 $U(1,\theta)$，$\bar{X}=\dfrac{1}{n}\displaystyle\sum_{i=1}^{n}x_i$，则 θ 的矩估计为( )。

    A. $\bar{X}$ 　　　　　　　　　　　B. $2\bar{X}$

    C. $2\bar{X}-1$ 　　　　　　　　　D. $2\bar{X}+1$

25. 关于温度的意义，有下列几种说法：
(1) 气体的温度是分子平均平动动能的量度
(2) 气体的温度是大量气体分子热运动的集体表现，具有统计意义
(3) 温度的高低反映物质内部分子运动剧烈程度的不同
(4) 从微观上看，气体的温度表示每个气体分子的冷热程度
这些说法中正确的是(　　)。

　　A. (1)、(2)、(4)　　　　　　　　B. (1)、(2)、(3)
　　C. (2)、(3)、(4)　　　　　　　　D. (1)、(3)、(4)

26. 设 $\bar{v}$ 代表气体分子运动的平均速率，v_p 代表气体分子运动的最概然速度，v_{rms} 代表气体分子运动的方均根速率，处于平衡状态下理想气体，三种速率关系为(　　)。

　　A. $\bar{v} = v_p = v_{rms}$　　　　　　B. $\bar{v} = v_p < v_{rms}$
　　C. $v_p < \bar{v} < v_{rms}$　　　　　　D. $v_p > \bar{v} > v_{rms}$

27. 理想气体向真空作绝热膨胀(　　)。

　　A. 膨胀后，温度不变，压强减小　　B. 膨胀后，温度降低，压强减小
　　C. 膨胀后，温度升高，压强减小　　D. 膨胀后，温度不变，压强不变

28. 两个卡诺热机的循环曲线如图所示，一个工作在温度为 T_1 与 T_3 的两个热源之间，另一个工作在温度为 T_2 与 T_3 的两个热源之间，已知这两个循环曲线所包围的面积相等，由此可知(　　)。

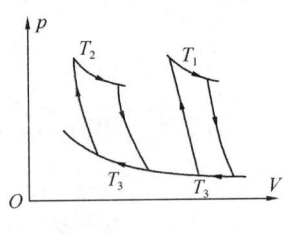

题 28 图

　　A. 两个热机的效率一定相等
　　B. 两个热机从高温热源所吸收的热量一定相等
　　C. 两个热机向低温热源所放出的热量一定相等
　　D. 两个热机吸收的热量与放出的热量(绝对值)的差值一定相等

29. 刚性双原子分子理想气体的定压摩尔热容量 C_P，与其定体摩尔热容量 C_V 之比，C_P/C_V 等于(　　)。

　　A. 5/3　　　　　　　　　　　　B. 3/5
　　C. 7/5　　　　　　　　　　　　D. 5/7

30. 一横波沿绳子传播时，波的表达式为 $y = 0.05\cos(4\pi x - 10\pi t)$ (SI)，则(　　)。

　　A. 其波长为 0.5m　　　　　　　B. 波速为 5m/s
　　C. 波速为 25m/s　　　　　　　　D. 频率为 2Hz

31. 火车疾驰而来时，人们听到的汽笛音调，与火车远离而去时人们听到的汽笛音调比较，音调(　　)。

A. 由高变低 B. 由低变高
C. 不变 D. 变高,还是变低不能确定

32. 在波的传播过程中,若保持其他条件不变,仅使振幅增加一倍,则波的强度增加到( )。

A. 1倍 B. 2倍 C. 3倍 D. 4倍

33. 两列相干波,其表达式为 $y_1 = A\cos 2\pi\left(\nu t - \dfrac{x}{\lambda}\right)$ 和 $y_2 = A\cos 2\pi\left(\nu t + \dfrac{x}{\lambda}\right)$,在叠加后形成的驻波中,波腹处质元振幅为( )。

A. A B. $-A$ C. $2A$ D. $-2A$

34. 在玻璃(折射率 $n_3 = 1.60$)表面镀一层 MgF_2(折射率 $n_2 = 1.38$)薄膜作为增透膜,为了使波长为 500nm(1nm= 10^{-9} m)的光从空气($n_1 = 1.00$)正入射时尽可能少反射,MgF_2 薄膜的最少厚度应是( )。

A. 78.1nm B. 90.6nm
C. 125nm D. 181nm

35. 在单缝衍射实验中,若单缝处波面恰好被分成奇数个半波带,在相邻半波带上,任何两个对应点所发出的光在明条纹处的光程差为( )。

A. λ B. 2λ C. $\lambda/2$ D. $\lambda/4$

36. 在双缝干涉实验中,用单色自然光,在屏上形成干涉条纹。若在两缝后放一个偏振片,则( )。

A. 干涉条纹的间距不变,但明纹的亮度加强
B. 干涉条纹的间距不变,但明纹的亮度减弱
C. 干涉条纹的间距变窄,且明纹的亮度减弱
D. 无干涉条纹

37. 下列元素中第一电离能最小的是( )。

A. H B. Li C. Na D. K

38. $H_2C=HC-CH=CH_2$ 分子中所含化学键共有( )。

A. 4个 σ 键,2个 π 键 B. 9个 σ 键,2个 π 键
C. 7个 σ 键,4个 π 键 D. 5个 σ 键,4个 π 键

39. 在 $NaCl$、$MgCl_2$、$AlCl_3$、$SiCl_4$ 四种物质的晶体中,离子极化作用最强是( )。

A. $NaCl$ B. $MgCl_2$
C. $AlCl_3$ D. $SiCl_4$

40. pH=2 的溶液中的 $c(OH^-)$ 是 pH=4 的溶液中 $c(OH^-)$ 的倍数是( )。

A. 2 B. 0.5 C. 0.01 D. 100

41. 某反应在 298K 及标准态下不能自发进行,当温度升高到一定值时,反应能自发进行,符合此条件的是( )。

A. $\Delta_r H_m^\theta > 0, \Delta_r S_m^\theta > 0$ B. $\Delta_r H_m^\theta < 0, \Delta_r S_m^\theta < 0$
C. $\Delta_r H_m^\theta < 0, \Delta_r S_m^\theta > 0$ D. $\Delta_r H_m^\theta > 0, \Delta_r S_m^\theta < 0$

42. 下列物质水溶液的 pH>7 的是( )。

A. NaCl B. Na$_2$CO$_3$
C. Al$_2$(SO$_4$)$_3$ D. (NH$_4$)$_2$SO$_4$

43. 已知 $E(Fe^{3+}/Fe^{2+}) = 0.77V$，$E(MnO_4^-/Mn^{2+}) = 0.151V$，当同时提高两电对电酸度时，两电对电极电势数值的变化是（　　）。

A. $E(Fe^{3+}/Fe^{2+})$ 变小，$E(MnO_4^-/Mn^{2+})$ 变大
B. $E(Fe^{3+}/Fe^{2+})$ 变大，$E(MnO_4^-/Mn^{2+})$ 变大
C. $E(Fe^{3+}/Fe^{2+})$ 不变，$E(MnO_4^-/Mn^{2+})$ 变大
D. $E(Fe^{3+}/Fe^{2+})$ 不变，$E(MnO_4^-/Mn^{2+})$ 不变

44. 分子式为 C$_5$H$_{12}$ 各种异构体中，所含甲基数和它的一氯代物的数目与下列情况相符的是（　　）。

A. 2个甲基，能生成4种一氯代物 B. 3个甲基，能生成5种一氯代物
C. 3个甲基，能生成4种一氯代物 D. 4个甲基，能生成4种一氯代物

45. 在下列有机化合物中，经催化加氢反应后不能生成2-甲基戊烷的是（　　）。

A. CH$_2$=CCH$_2$·CH$_2$·CH$_3$
         |
         CH$_3$

B. (CH$_3$)$_2$CHCH$_2$CH=CH$_2$

C. CH$_3$·C=CH·CH$_2$CH$_3$
        |
        CH$_3$

D. CH$_3$·CH$_2$CHCH=CH$_2$
              |
              CH$_3$

46. 以下是分子式为 C$_5$H$_{12}$O 的有机物，其中能被氧化为含相同碳原子数的醛的化合物是（　　）。

① CH$_2$CH$_2$CH$_2$CH$_2$CH$_3$
   |
   OH

② CH$_3$CHCH$_2$CH$_2$CH$_3$
       |
       OH

③ CH$_3$CH$_2$CHCH$_2$CH$_3$
           |
           OH

④ CH$_3$CHCH$_2$CH$_3$
       |
       CH$_2$OH

A. ①② B. ③④
C. ①④ D. 只有①

47. 图示三铰刚架中，若将作用于构件 BC 上的力 F 沿其作用线移至构件 AC 上，则 A、B、C 处约束力的大小（　　）。

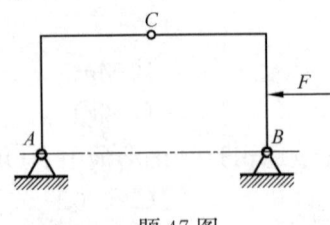

题 47 图

A. 都不变 B. 都改变
C. 只有C处改变 D. 只有C处不改变

48. 平面力系如图所示，已知：$F_1 = 160N$，$M = 4N·m$，该力系向 A 点简化后的主矩大小应为（　　）。

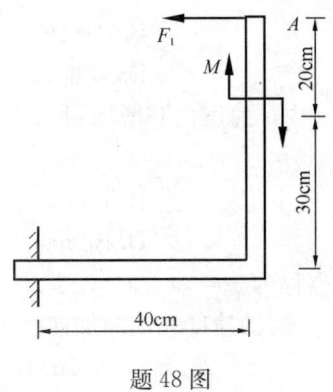

题 48 图

A. $M_A = 4\text{N}\cdot\text{m}$ B. $M_A = 1.2\text{N}\cdot\text{m}$
C. $M_A = 1.6\text{N}\cdot\text{m}$ D. $M_A = 0.8\text{N}\cdot\text{m}$

49. 图示承重装置，B、C、D、E 处均为光滑铰链连接，各杆和滑轮的重量略去不计，已知：a，r 及 F_p。则固定端 A 的约束力偶为（　　）。

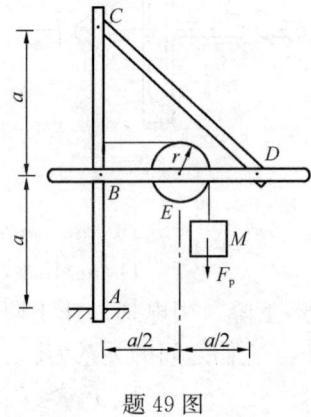

题 49 图

A. $M_A = F_p \times \left(\dfrac{a}{2} + r\right)$（顺时针） B. $M_A = F_p \times \left(\dfrac{a}{2} + r\right)$（逆时针）

C. $M_A = F_p r$（逆时针） D. $M_A = \dfrac{a}{2} F_p$（顺时针）

50. 判断图示桁架结构中，内力为零的杆数是（　　）。

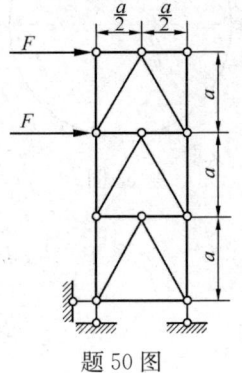

题 50 图

A. 3根杆 B. 4根杆
C. 5根杆 D. 6根杆

51. 汽车匀加速运动,在10s内,速度由0增加到5m/s。则汽车在此时间内行驶距离为( )。

A. 25m B. 50m
C. 75m D. 100m

52. 物体作定轴转动的运动方程为$\varphi=4t-3t^2$(φ以rad计,t以s计),则此物体内转动半径$r=0.5$m的一点,在$t=1$s时的速度和切向加速度为( )。

A. 2m/s,20m/s² B. -1m/s,-3m/s²
C. 2m/s,8.54m/s² D. 0,20.2m/s²

53. 图示机构中,曲柄$OA=r$,以常角速度ω转动。则滑动构件BC的速度、加速度的表达式为( )。

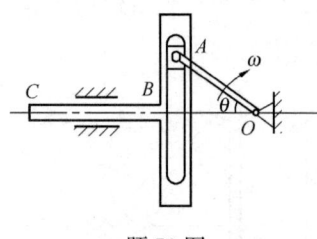

题53图

A. $r\omega\sin\omega t$,$r\omega\cos\omega t$ B. $r\omega\cos\omega t$,$r\omega^2\sin\omega t$
C. $r\sin\omega t$,$r\omega\cos\omega t$ D. $r\omega\sin\omega t$,$r\omega^2\cos\omega t$

54. 重为W的货物由电梯载运下降,当电梯加速下降、匀速下降及减速下降时,货物对地板的压力分别为F_1、F_2、F_3,它们之间的关系为( )。

A. $F_1=F_2=F_3$ B. $F_1>F_2>F_3$
C. $F_1<F_2<F_3$ D. $F_1<F_2>F_3$

55. 均质圆盘质量为m,半径为R,在铅垂图面内绕O轴转动,图示瞬时角速度为ω,则其对O轴的动量矩大小为( )。

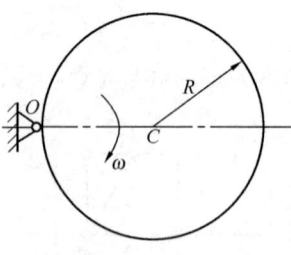

题55图

A. $mR\omega$ B. $\frac{1}{2}mR\omega$
C. $\frac{1}{2}mR^2\omega$ D. $\frac{3}{2}mR^2\omega$

56. 均质圆柱体半径为 R，质量 m，绕关于对纸面垂直的固定水平轴自由转动，初瞬时静止（$\theta = 0°$），如图所示，则圆柱体在任意位置 θ 时的角速度是(　　)。

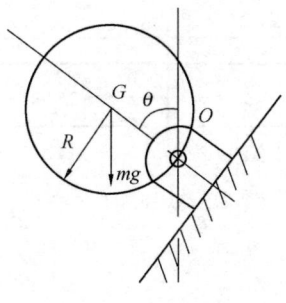

题 56 图

A. $\sqrt{\dfrac{4g(1-\sin\theta)}{3R}}$ B. $\sqrt{\dfrac{4g(1-\cos\theta)}{3R}}$

C. $\sqrt{\dfrac{2g(1-\cos\theta)}{3R}}$ D. $\sqrt{\dfrac{g(1-\cos\theta)}{2R}}$

57. 质量为 m 的物块 A，置于水平成 θ 角的倾面 B 上，如图所示。A 与 B 间的摩擦系数为 f，当保持 A 与 B 一起以加速度 a 水平向右运动时，物块 A 的惯性力是(　　)。

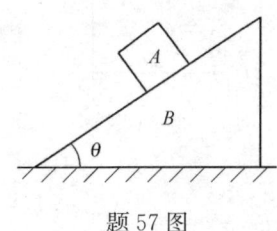

题 57 图

A. $ma(\leftarrow)$ B. $ma(\rightarrow)$

C. $ma(\nearrow)$ D. $ma(\swarrow)$

58. 一无阻尼弹簧-质量系统受简谐激振力作用，当激振频率为 $\omega_1 = 6\text{rad/s}$ 时，系统发生共振。给质量块增加 1kg 的质量后重新试验，测得共振频率为 $\omega_2 = 5.86\text{rad/s}$。则原系统的质量及弹簧刚度系数是(　　)。

A. 19.68kg，623.55N/m   B. 20.68kg，623.55N/m

C. 21.68kg，744.53N/m   D. 20.68kg，744.53N/m

59. 图示四种材料的应力-应变曲线中，强度最大的材料是(　　)。

A. A B. B C. C D. D

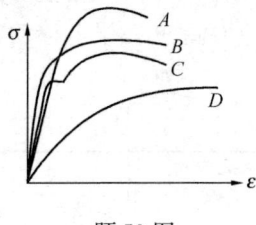

题 59 图

60. 图示等截面直杆，杆的横截面面积为 A，材料的弹性模量为 E，在图示轴向载荷作用下杆的总伸长量为（ ）。

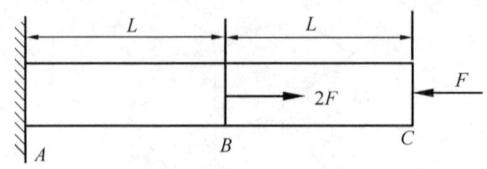

题 60 图

A. $\Delta L = 0$ 　　　　　　　　　　B. $\Delta L = \dfrac{FL}{4EA}$

C. $\Delta L = \dfrac{FL}{2EA}$ 　　　　　　D. $\Delta L = \dfrac{FL}{EA}$

61. 两根木杆用图示结构连接，尺寸如图，在轴向外力 F 作用下，可能引起连接结构发生剪切破坏的名义切应力是（ ）。

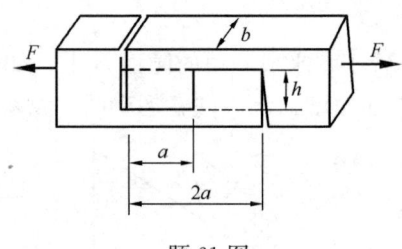

题 61 图

A. $\tau = \dfrac{F}{ab}$ 　　B. $\tau = \dfrac{F}{ah}$ 　　C. $\tau = \dfrac{F}{bh}$ 　　D. $\tau = \dfrac{F}{2ab}$

62. 扭转切应力公式 $\tau = \dfrac{T}{I_P}\rho$ 适用的杆件是（ ）。

A. 矩形截面杆　　　　　　　　　B. 任意实心截面杆
C. 弹塑性变形的圆截面杆　　　　D. 线弹性变形的圆截面杆

63. 已知实心圆轴按强度条件可承受的最大扭矩为 T，若改变该轴的直径，使其横截面积增加 1 倍，则可承受的最大扭矩为（ ）。

A. $\sqrt{2}T$ 　　　　B. $2T$ 　　　　C. $2\sqrt{2}T$ 　　　　D. $4T$

64. 在下列关于平面图形几何性质的说法中，错误的是（ ）。

A. 对称轴必定通过图形形心　　　　B. 两个对称轴的交点必为图形形心
C. 图形关于对称轴的静矩为零　　　D. 使静矩为零的轴必定为对称轴

65. 悬臂梁的载荷如图，若集中力偶 m 在梁上移动，梁的内力变化情况是（ ）。

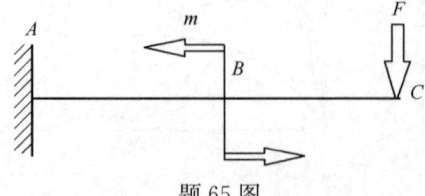

题 65 图

A. 剪力图、弯矩图均不变 B. 剪力图、弯矩图改变
C. 剪力图不变、弯矩图改变 D. 剪力图改变、弯矩图不变

66. 图示悬臂梁，若梁的长度增加一倍，梁的最大正应力和最大切应力是原来的( )。

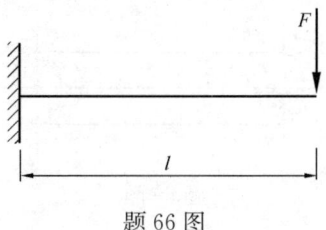

题 66 图

A. 均不变
B. 均是原来的 2 倍
C. 正应力是原来的 2 倍，切应力不变
D. 正应力不变，切应力是原来的 2 倍

67. 简支梁受力如图，梁的挠度曲线是图示的四条曲线中的( )。

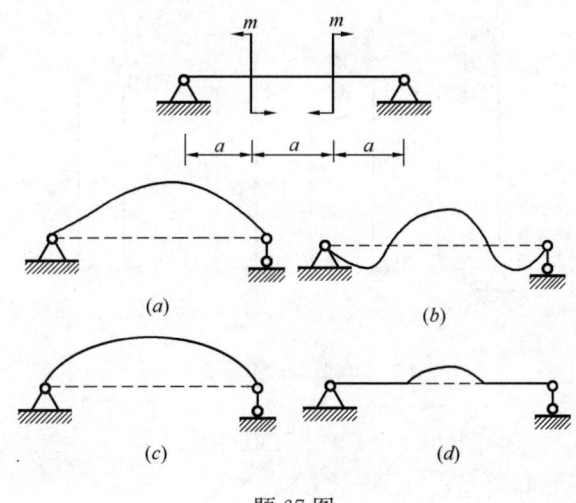

题 67 图

A. 图(a)　　　B. 图(b)　　　C. 图(c)　　　D. 图(d)

68. 两单元体分别如图(a)、(b)所示。关于其主应力和主方向，下面论述中正确的是( )。

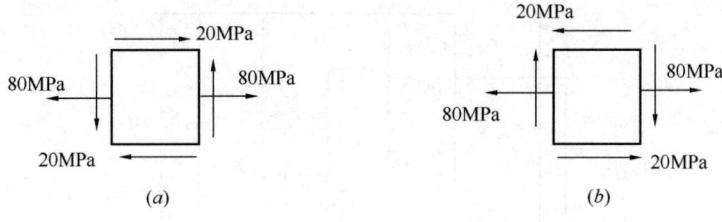

题 68 图

A. 主应力大小和方向均相同　　　　　　B. 主应力大小相同，但方向不同
C. 主应力大小和方向均不同　　　　　　D. 主应力大小不同，方向相同

69. 图示圆轴截面积为 A。抗弯截面系数为 W，若同时受到扭矩 T、弯矩 M 和轴向力 F_N 的作用，按照第三强度理论，下面的强度条件表达式正确的是(　　)。

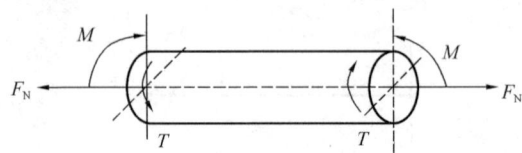

题 69 图

A. $\dfrac{F_N}{A}+\dfrac{1}{W}\sqrt{M^2+T^2}\leqslant[\sigma]$　　　　B. $\sqrt{\left(\dfrac{F_N}{A}\right)^2+\left(\dfrac{M}{W}\right)^2+\left(\dfrac{T}{2W}\right)^2}\leqslant[\sigma]$

C. $\sqrt{\left(\dfrac{F_N}{A}+\dfrac{M}{W}\right)^2+\left(\dfrac{T}{W}\right)^2}\leqslant[\sigma]$　　　D. $\sqrt{\left(\dfrac{F_N}{A}+\dfrac{M}{W}\right)^2+4\left(\dfrac{T}{W}\right)^2}\leqslant[\sigma]$

70. 图示四根细长(大柔度)压杆，弯曲刚度均为 EI，其中具有最大临界载荷 F_{cr} 的压杆是(　　)。

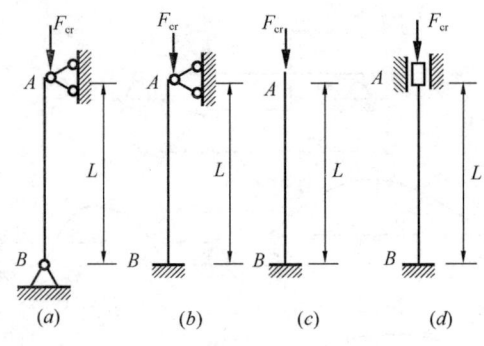

题 70 图

A. 图(a)　　　　B. 图(b)　　　　C. 图(c)　　　　D. 图(d)

71. 连续介质假设意味着是(　　)。

A. 流体分子相互紧连　　　　　　　　B. 流体的物理量时连续函数
C. 流体分子间有间隙　　　　　　　　D. 流体不可压缩

72. 盛水容器形状如图所示，已 $h_1=0.9\text{m}$，$h_2=0.4\text{m}$，$h_3=1.1\text{m}$，$h_4=0.75\text{m}$，$h_5=1.33\text{m}$。求各点的表压强(　　)。

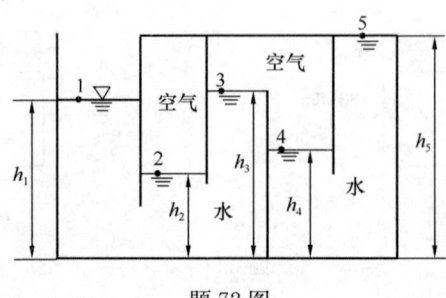

题 72 图

A. $p_1=0$　　　　$p_2=4.90\text{kPa}$　　$p_3=-1.96\text{kPa}$　$p_4=-1.96\text{kPa}$　$p_5=-7.64\text{kPa}$
B. $p_1=-4.90\text{kPa}$　$p_2=0$　　　　$p_3=-6.86\text{kPa}$　$p_4=-6.86\text{kPa}$　$p_5=-19.4\text{kPa}$
C. $p_1=1.96\text{kPa}$　$p_2=6.86\text{kPa}$　$p_3=0$　　　　$p_4=0$　　　　$p_5=-5.68\text{kPa}$
D. $p_1=7.64\text{kPa}$　$p_2=12.54\text{kPa}$　$p_3=5.68\text{kPa}$　$p_4=5.68\text{kPa}$　$p_5=0$

73. 流体的连续性方程适用于（　　）。
A. 可压缩流体　　　　　　　　　B. 不可压缩流体
C. 理想流体　　　　　　　　　　D. 任何流体

74. 尼古拉斯实验曲线中，当某管路流动在紊流光滑区内时，随着雷诺数 Re 的增大，其沿程阻力系数将（　　）。
A. 增大　　　　　　　　　　　　B. 减小
C. 不变　　　　　　　　　　　　D. 增大或减小

75. 正常工作条件下的薄壁小孔口 d_1 与圆柱形外管嘴 d_2 相等，作用水头 H 相等，则孔口与管嘴的流量的关系是（　　）。
A. $Q_1>Q_2$　　　　　　　　　B. $Q_1<Q_2$
C. $Q_1=Q_2$　　　　　　　　　D. 条件不足无法确定

76. 半圆形明渠，半径 $r_0=4\text{m}$，水力半径为（　　）。
A. 4m　　　　　　　　　　　　　B. 3m
C. 2m　　　　　　　　　　　　　D. 1m

77. 有一完全井，半径 $r_0=0.3\text{m}$，含水层厚度 $H=15\text{m}$，抽水稳定后，井水深度 $h=10\text{m}$，影响半径 $R=375\text{m}$，已知井的抽水量是 $0.0276\text{m}^3/\text{s}$，求土壤的渗流系数 k 为（　　）。
A. 0.0005m/s　　　　　　　　　B. 0.0015m/s
C. 0.0010m/s　　　　　　　　　D. 0.00025m/s

78. L 为长度量纲，T 为时间量纲，则沿程损失系数 λ 的量纲为（　　）。
A. L　　　　　　　　　　　　　B. L/T
C. L^2/T　　　　　　　　　　　D. 无量纲

79. 图示铁心线圈通以直流电流 I，并在铁心中产生磁通 Φ，线圈的电阻为 R，那么，线圈两端的电压为（　　）。

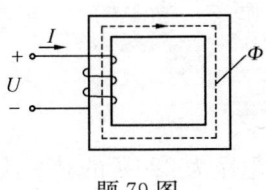

题 79 图

A. $U=IR$　　　　　　　　　　　B. $U=N\dfrac{\mathrm{d}\phi}{\mathrm{d}t}$
C. $U=-N\dfrac{\mathrm{d}\phi}{\mathrm{d}t}$　　　　　　　　D. $U=0$

80. 图示电路，如下关系成立的是（　　）。

117

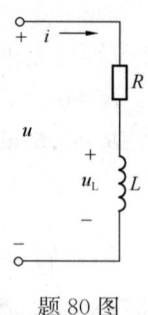

题 80 图

A. $R = \dfrac{u}{i}$ 　　　　　　　　　　B. $u = i(R+L)$

C. $i = L\dfrac{\mathrm{d}u}{\mathrm{d}t}$ 　　　　　　　　D. $U_L = L\dfrac{\mathrm{d}i}{\mathrm{d}t}$

81. 图示电路中，电流 I_S 为（　　）。

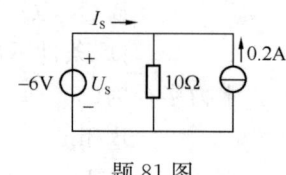

题 81 图

A. $-0.8\mathrm{A}$ 　　　B. $0.8\mathrm{A}$ 　　　C. $0.6\mathrm{A}$ 　　　D. $-0.6\mathrm{A}$

82. 图示电流 $i(t)$ 和电压 $u(t)$ 的相量分别为（　　）。

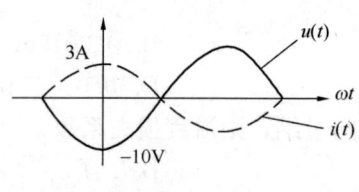

题 82 图

A. $\dot{I} = j2.12\mathrm{A}, \dot{U} = -j7.07\mathrm{V}$

B. $\dot{I} = 2.12\angle 90°\mathrm{A}, \dot{U} = -7.07\angle -90°\mathrm{V}$

C. $\dot{I} = j3\mathrm{A}, \dot{U} = -j10\mathrm{V}$

D. $\dot{I} = 3\mathrm{A}, \dot{U}_m = -10\mathrm{V}$

83. 额定容量为 20kVA、额定电压为 220V 的某交流电源，为功率为 8kW、功率因数为 0.6 的感性负载供电后，负载电流的有效值为（　　）。

A. $\dfrac{20\times 10^3}{220} = 90.9\mathrm{A}$ 　　　　B. $\dfrac{8\times 10^3}{0.6\times 220} = 60.6\mathrm{A}$

C. $\dfrac{8\times 10^3}{220} = 36.36\mathrm{A}$ 　　　　D. $\dfrac{20\times 10^3}{0.6\times 220} = 151.5\mathrm{A}$

84. 图示电路中，电感及电容元件上没有初始储能，开关 S 在 $t=0$ 时刻闭合，那么，在开关闭合瞬间，电路中取值为 10V 的电压是（　　）。

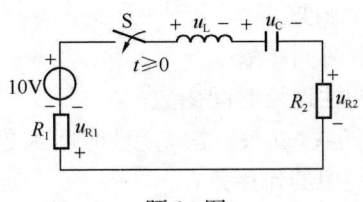

题 84 图

A. u_L B. u_C C. $u_{R_1}+u_{R_2}$ D. u_{R_2}

85. 设图示变压器为理想器件，且 $u_S = 90\sqrt{2}\sin\omega t\text{V}$，开关 S 闭合时，信号源的内阻 R_1 与信号源右侧电路的等效电阻相等，那么，开关 S 断开后，电压（　　）。

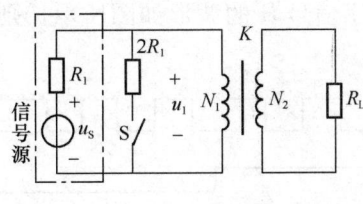

题 85 图

A. u_1，因变压器的匝数比 K、电阻 R_L、R_1 未知而无法确定

B. $u_1 = 45\sqrt{2}\sin\omega t\text{V}$

C. $u_1 = 60\sqrt{2}\sin\omega t\text{V}$

D. $u_1 = 30\sqrt{2}\sin\omega t\text{V}$

86. 三相异步电动机在满载起动时，为了不引起电网电压的过大波动，应该采用的异步电动机类型和起动方案是（　　）。

A. 鼠笼式电动机和 Y-△降压起动

B. 鼠笼式电动机和自耦调压器降压起动

C. 绕线式电动机和转子绕组串电阻起动

D. 绕线式电动机和 Y-A 降压起动

87. 在模拟信号、采样信号和采样保持信号这几种信号中，属于连续时间信号的是（　　）。

A. 模拟信号与采样保持信号   B. 模拟信号和采样信号

C. 采样信号与采样保持信号   D. 采样信号

88. 模拟信号 $\mu_1(t)$ 和 $\mu_2(t)$ 的幅值频谱分别如图（a）和图（b）所示，则在时域中（　　）。

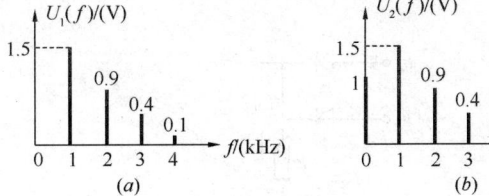

题 88 图

A. $\mu_1(t)$ 和 $\mu_2(t)$ 是同一个函数

B. $\mu_1(t)$ 和 $\mu_2(t)$ 都是离散时间函数

C. $\mu_1(t)$ 和 $\mu_2(t)$ 都是周期性连续时间函数

D. $\mu_1(t)$ 是非周期性时间函数，$\mu_2(t)$ 是周期性时间函数

89. 放大器在信号处理系统中的作用是（　　）。

A. 从信号中提取有用信息　　　　　　B. 消除信号中的干扰信号

C. 分解信号中的谐波成分　　　　　　D. 增强信号的幅值以便于后续处理

90. 对逻辑表达式 $ABC+A\bar{B}+AB\bar{C}$ 的化简结果是（　　）。

A. A　　　　　B. $A\bar{B}$　　　　　C. AB　　　　　D. $AB\bar{C}$

91. 已知数字信号 A 和数字信号 B 的波形如图所示，则数字信号 $F=\overline{A+B}$ 的波形为（　　）。

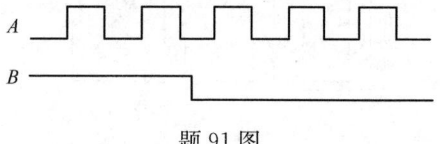

题 91 图

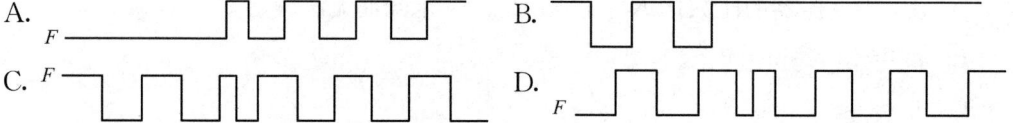

92. 逻辑函数 $F=f(A,B,C)$ 的真值表如图所示，由此可知（　　）。

A	B	C	F
0	0	0	0
0	0	1	1
0	1	0	1
0	1	1	0
1	0	0	0
1	0	1	0
1	1	0	0
1	1	1	0

题 92 图

A. $F=\overline{ABC}+B\bar{C}$　　　　　　B. $F=\bar{A}\bar{B}C+\bar{A}B\bar{C}$

C. $F=\overline{ABC}+\bar{A}BC$　　　　　　D. $F=A\overline{BC}+ABC$

93. 二极管应用电路如图所示，图中，$u_A=1V$，$u_B=5V$，$R=1kΩ$，设二极管均为理想器件，则电流 $i_R=$（　　）。

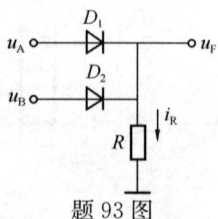

题 93 图

A. 5mA B. 1mA
C. 6mA D. 0mA

94. 图示电路中，能够完成加法运算的电路(　　)。

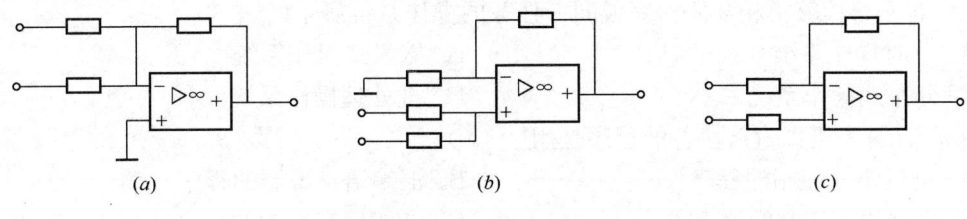

题 94 图

A. 是图(a)和图(b) B. 仅是图(a)
C. 仅是图(b) D. 是图(c)

95. 图示电路中，复位信号及时钟脉冲信号如图所示，经分析可知，在 t_1 时刻，输出 Q_{JK} 和 Q_D 分别等于(　　)。

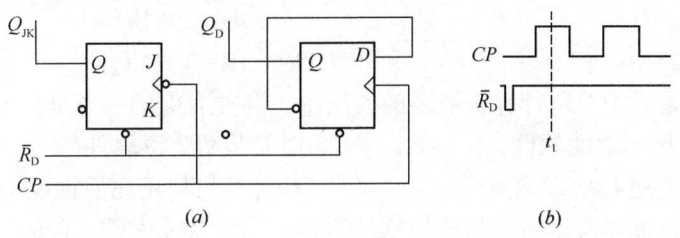

题 95 图

A. 0　0 B. 0　1
C. 1　0 D. 1　1

96. 图示时序逻辑电路的工作波形如图(b)所示，由此可知，图(a)电路是一个(　　)。

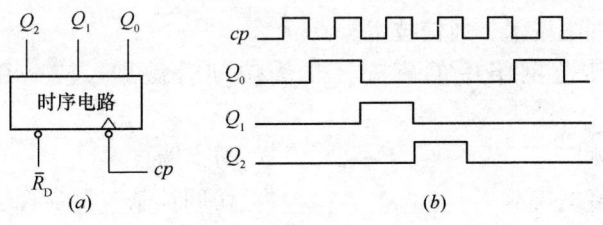

题 96 图

A. 右移寄存器 B. 三进制计数器
C. 四进制计数器 D. 五进制计数器

97. 根据冯·诺依曼结构原理，计算机的 CPU 是由(　　)。

A. 运算器、控制器组成 B. 运算器、寄存器组成
C. 控制器、寄存器组成 D. 运算器、存储器组成

98. 在计算机内，为有条不紊地进行信息传输操作，要用总线将硬件系统中的各个部

件( )。

 A. 连接起来   B. 串接起来
 C. 集合起来   D. 耦合起来

99. 若干台计算机相互协作完成同一任务的操作系统属于( )。

 A. 分时操作系统   B. 嵌入式操作系统
 C. 分布式操作系统   D. 批处理操作系统

100. 计算机可以直接执行的程序是用( )。

 A. 自然语言编制的程序   B. 汇编语言编制的程序
 C. 机器语言编制的程序   D. 高级语言编制的程序

101. 汉字的国标码是用2个字节码表示，为与ASCII码区别，是将2个字节的最高位( )。

 A. 都置成0   B. 都置成1
 C. 分别置成1和0   D. 分别置成0和1

102. 下面所列的四条存储容量单位之间换算表达式中，其中正确的一条是( )。

 A. 1GB=1024B   B. 1GB=1024kB
 C. 1GB=1024MB   D. 1GB=1024TB

103. 下列四条关于防范计算机病毒的方法中，并非有效的一条是( )。

 A. 不使用来历不明的软件   B. 安装防病毒软件
 C. 定期对系统进行病毒检测   D. 计算机使用完后锁起来

104. 下面四条描述操作系统与其他软件明显不同的特征中，正确的一条是( )。

 A. 并发性、共享性、随机性   B. 共享性、随机性、动态性
 C. 静态性、共享性、同步性   D. 动态性、并发性、异步性

105. 构成信息化社会的主要技术支柱有三个，分别是( )。

 A. 计算机技术、通信技术、网络技术
 B. 数据库、计算机技术、数字技术
 C. 可视技术、大规模集成技术、网络技术
 D. 动画技术、网络技术、通信技术

106. 为有效地防范网络中的冒充、非法访问等威胁，应采用的网络安全技术是( )。

 A. 数据加密技术   B. 防火墙技术
 C. 身份验证与鉴别技术   D. 访问控制与目录管理技术

107. 某项目向银行借款，按半年复利计息，年实际利率为8.6%，则年名义利率为( )。

 A. 8%   B. 8.16%   C. 8.24%   D. 8.42%

108. 对于国家鼓励发展的缴纳增值税的经营性项目，可以获得增值税的优惠。在财务评价中，先征后返的增值税应记作项目的( )。

 A. 补贴收入   B. 营业收入
 C. 经营成本   D. 营业外收入

109. 下列筹资方式中，属于项目资本金的筹集方式的是( )。

A. 银行贷款 B. 政府投资
C. 融资租赁 D. 发行债券

110. 某建设项目预计第三年息税前利润为 200 万元，折旧与摊销为 30 万元，所得税为 20 万元。项目生产期第三年应还本付息金额为 100 万元。则该年的偿债备付率为（　　）。
A. 1.5 B. 1.9
C. 2.1 D. 2.5

111. 在进行融资前项目投资现金流量分析时，现金流量应包括（　　）。
A. 资产处置收益分配 B. 流动资金
C. 借款本金偿还 D. 借款利息偿还

112. 某拟建生产企业设计年产 6 万吨化工原料，年固定成本为 1000 万元，单位可变成本、销售税金和单位产品增值税之和为 800 元，单位产品售价为 1000 元/吨。销售收入和成本费用均采用含税价格表示。以生产能力利用率表示的盈亏平衡点为（　　）。
A. 9.25% B. 21%
C. 66.7% D. 83.3%

113. 某项目有甲、乙两个建设方案，投资分别为 500 万元和 1000 万元，项目期均为 10 年，甲项目年收益为 140 万元，乙项目年收益为 250 万元。假设基准收益率为 10%，则两项目的差额净现值为（　　）。（已知：$(P/A, 10\%, 10) = 6.1446$）
A. 175.9 万元 B. 360.24 万元
C. 536.14 万元 D. 896.38 万元

114. 某项目打算采用甲工艺进行施工，但经广泛的市场调研和技术论证后，决定用乙工艺代替甲工艺，并达到了同样的施工质量，且成本下降 15%。根据价值工程原理，该项目提高价值的途径是（　　）。
A. 功能不变，成本降低
B. 功能提高，成本降低
C. 功能和成本均下降，但成本降低幅度更大
D. 功能提高，成本不变

115. 某投资亿元的建设工程，建设工期 3 年，建设单位申请领取施工许可证，经审查该申请不符合法定条件的是（　　）。
A. 已经取得该建设工程规划许可证
B. 已依法确定施工单位
C. 到位资金达到投资额的 30%
D. 该建设工程设计已经发包由某设计单位完成

116. 根据《安全生产法》规定，组织制定并实施本单位的生产安全事故应急救援预案的责任人是（　　）。
A. 项目负责人 B. 安全生产管理人员
C. 单位主要负责人 D. 主管安全的负责人

117. 根据《招标投标法》规定，下列工程建设项目，项目的勘察、设计、施工、监理以及与工程建设有关的重要设备、材料等的采购，按照国家有关规定可以不进行招标的

是( )。

    A. 大型基础设施、公用事业等关系社会公共利益、公众安全的项目
    B. 全部或者部分使用国有资金投资或者国家融资的项目
    C. 使用国际组织或者外国政府贷款、援助资金的项目
    D. 利用扶贫资金实行以工代赈、需要使用农民工的项目

118. 订立合同需要经过要约和承诺两个阶段，下列关于要约的说法，错误的是( )。

    A. 要约是希望和他人订立合同的意思表示
    B. 要约内容应当具体确定
    C. 要约是吸引他人向自己提出订立合同的意思表示
    D. 经受要约人承诺，要约人即受该意思表示约束

119. 根据《行政许可法》的规定，行政机关对申请人提出的行政许可申请，应当根据不同情况分别作出处理，下列行政机关的处理，符合规定的是( )。

    A. 申请事项依法不需要取得行政许可的，应当即时告知申请人向有关行政机关申请
    B. 申请事项依法不属于本行政机关职权范围的，应当即时告知申请人不需申请
    C. 申请材料存在可以当场更正的错误的，应当告知申请人 3 日内补正
    D. 申请材料不齐全，应当当场或者在 5 日内一次告知申请人需要补正的全部内容

120. 依据《建设工程质量管理条例》，下列有关建设单位的质量责任和义务的说法，正确的是( )。

    A. 建设工程发包单位不得暗示承包方以低价竞标
    B. 建设单位在办理工程质量监督手续前，应当领取施工许可证
    C. 建设单位可以明示或者暗示设计单位违反工程建设强制性标准
    D. 建设单位提供的与建设工程有关的原始资料必须真实、准确、齐全

模拟试卷 3(上午卷)答案及解答

1. D. 解答：设 $f(x) = \dfrac{3+e^{\frac{1}{x}}}{1-e^{\frac{2}{x}}}$，则 $f(0^-) = 3, f(0^+) = \lim\limits_{x \to 0^+} \dfrac{3+e^{\frac{1}{x}}}{1-e^{\frac{2}{x}}} = -1$，所以极限不存在。

2. C. 解答：可微 $\Leftrightarrow$ 可导 $\to$ 连续，所以选 C。

3. B. 解答：$\lim\limits_{x \to 0} \dfrac{\sqrt{1-x^2}-\sqrt{1+x^2}}{x^2} = \lim\limits_{x \to 0} \dfrac{-2x^2}{x^2(\sqrt{1-x^2}+\sqrt{1+x^2})} = -1$，所以选 B。

4. D. 解答：$y' = \dfrac{\cos x}{\sin x} = \cot x, y'' = -\csc^2 x$，所以选 D。

5. B. 解答：由罗尔中值定理知，选 B。

6. B. 解答：$x=0$ 处导数不存在，在 $x_1, 0, x_2, x_3$ 的两侧导数符号依次为由负到正，由正到负，由负到正，由正到负，所以 x_1, x_2 是极小值点，另外两个点是极大值点。

7. A. 解答：$\displaystyle\int \dfrac{x}{\sin^2(x^2-1)} dx = \int \dfrac{1}{2} \csc^2(x^2+1) d(x^2+1) = -\dfrac{1}{2} \cot^2(x^2+1) + C$

8. D. 解答：$\displaystyle\int_{-2}^{2} \dfrac{1}{(1-x)^2} dx = \int_{-2}^{1} \dfrac{1}{(1-x)^2} dx + \int_{1}^{2} \dfrac{1}{(1-x)^2} dx = \dfrac{1}{1-x}\bigg|_{-2}^{\varepsilon+1} + \dfrac{1}{1-x}\bigg|_{\varepsilon+1}^{2}$
$= \infty$

所以发散。

9. C. 解答：设 $\boldsymbol{\beta} = k\boldsymbol{\alpha}, \boldsymbol{\alpha} \cdot \boldsymbol{\beta} = \boldsymbol{\alpha} \cdot k\boldsymbol{\alpha} = 6k = 3$，所以 $k = \dfrac{1}{2}, \boldsymbol{\beta} = \left(1, \dfrac{1}{2}, -\dfrac{1}{2}\right)$，选 C。

10. C. 解答：方向向量 $\vec{S} = (0,0,1)$，选 C。

11. D. 解答：$\dfrac{\ln y}{y} dy = \dfrac{\ln x}{x} dx, \dfrac{1}{2} \ln^2 y = \dfrac{1}{2} \ln^2 x + C, \ln^2 y = \ln^2 x + C$，由已知，$C=0$，选 D。

12. A. 解答：该二重积分等于 D 的面积，等于 1，选 A。

13. D. 解答：特征方程 $r^2 - 2r - 3 = 0$ 的解是 $r = -1, 3$，通解是 $y = C_1 e^{-x} + C_2 e^{3x}$，选 D。

14. B. 解答：$x = \cos\theta, y = \sin\theta$，$I = -\displaystyle\int_0^{2\pi} d\theta = -2\pi$，选 B。

15. B. 解答：$f_x = y, f_y = x$，$(0, 0)$ 是驻点。$f_{xx} = f_{yy} = 0, f_{xy} = 1, AC - B^2 = -1$，所以不是极值点。

16. D. 解答：关于这个级数的正确说法是：
$P \leqslant 0$ 时发散，$0 < P \leqslant 1$ 时条件收敛，$P > 1$ 时绝对收敛。选 D。

17. C. 解答：$\ln z = x\ln\dfrac{y}{x}$，$\dfrac{1}{z}z_x = \ln\dfrac{y}{x} - 1$，所以 $z_x = z(\ln\dfrac{y}{x} - 1)$，$\dfrac{1}{z}z_y = \dfrac{x}{y}$，所以 $Z_y = z\dfrac{x}{y}$，$z_x(1,2) = 2(\ln 2 - 1)$，$Z_y = 1$，$dz = 2(\ln 2 - 1)dx + dy$，选 C。

18. A. 解答：当 $x=1$ 时 $\sum\limits_{n=1}^{\infty}(-1)^{n-1}\dfrac{1}{2n-1}$ 收敛，同理 $x=-1$ 代入时也收敛，所以选 A。

19. B. 解答：$|A^*| = |A|^{n-1}$，选 B。

20. B. 解答：设另一个特征值为 λ，则 $\lambda \cdot 1 = |A| = -1$，设另一个特征向量为 β，则 β 与 $(1,-1)^T$ 正交，故 $\beta = (1,1)^T$，选 B。

21. C. 解答：$\begin{vmatrix} 1 & 1 & 0 \\ 1 & t & 0 \\ 0 & 0 & 3 \end{vmatrix} = 3\begin{vmatrix} 1 & 1 \\ 1 & t \end{vmatrix} = 3(t-1) = 0$，$t = 1$，选 C。

22. B. 解答：$P(AB) = P(A)P(B|A) = \dfrac{1}{18}$，$P(A/B) = \dfrac{P(AB)}{P(B)} = \dfrac{\frac{1}{18}}{\frac{1}{4}} = \dfrac{2}{9}$，选 B。

23. A. 解答：$\dfrac{1}{4} + \dfrac{1}{4} + \dfrac{1}{6} + a = 1$，$a = \dfrac{1}{3}$，选 A。

24. C. 解答：$E(X) = \dfrac{1+\theta}{2} = \bar{X}$，$\theta = 2\bar{X} - 1$，选 C。

25. B. 解答：宏观上看，温度表现物体的冷热，但从微观角度看，温度是反映物质内部分子热运动剧烈程度的物理量，因此气体的温度是大量分子热运动的集体表现，有统计意义，(2)(3)正确，(4)错误；分子的平均平动动能 $\bar{\varepsilon}_k = \dfrac{3}{2}kT$，与温度成正比，且只有温度决定所以气体温度是分子平均平动动能的量度。

26. C. 解答：根据麦克斯韦速率分布律，算出三种速率的值，平均速率 $\bar{v} = \sqrt{\dfrac{8RT}{\pi M}}$，最概然速率 $v_p = \sqrt{\dfrac{2RT}{M}}$，方均根速率 $v_{rms} = \sqrt{\dfrac{3RT}{M}}$，方均根 v_{rms} 最大，平均速率 $\bar{v}$ 次之，最概然速率 v_p 最小。

27. A. 解答：气体向真空做绝热膨胀，吸放热为零，对外做功为零，内能不变，气体量不变，所以温度不变，膨胀后，气体所占体积变大，根据理想气体状态方程，气体的压强变小。

28. D. 解答：根据两个卡诺循环的 P-V 图，可知，$T_1 > T_2 > T_3$，卡诺循环的热机效率 $\eta_1 = 1 - \dfrac{T_3}{T_1}$，$\eta_2 = 1 - \dfrac{T_3}{T_2}$，$\eta_1 > \eta_2$，A 错误；两循环曲线所包围的面积相等，则循环过程对外做功相等，即两个热机吸收的热量与放出的热量的差值相等，而吸收和放出的热量无法确定是否相等，故答案选 D。

29. C. 解答：刚性双原子分子理想气体的定压摩尔热容 $C_P = \dfrac{i+2}{2}R$，定体摩尔热容

$C_V=\dfrac{i}{2}R$，刚性双原子分子自由度 $i=5$，则 $C_P/C_V=\dfrac{i+2}{i}=\dfrac{7}{5}$。

30. A. 解答：$y=A\cos\left(\dfrac{2\pi}{\lambda}x-\omega t-\phi_0\right)=A\cos\left(\dfrac{\omega}{u}x-\omega t-\phi_0\right)=0.05\cos(4\pi x-10\pi t)$，波长 $\lambda=2\pi/4\pi=0.5$m，波速 $u=10\pi/4\pi=2.5$m/s，频率 $\nu=u/\lambda=5$Hz。

31. A. 解答：设人作为接收器静止，火车作为波源，以 V_S 的速度行驶，声音传播速度为 u，根据多普勒效应，火车驶来时，$\nu_R=\dfrac{u}{u-V_S}\nu_S$，火车远离时，$\nu_R=\dfrac{u}{u+V_S}\nu_S$，所以火车从驶来到远离，音调由高变低。

32. D. 解答：其他条件不变，波的强度与振幅的平方成正比，振幅增加一倍，波强变成原来的 4 倍。

33. C. 解答：两列相干波叠加后形成驻波，其振幅 $A^2=A_1^2+A_2^2+2A_1A_2\cos\Delta\varphi$，波腹处的振幅 $A'=\sqrt{A^2+A^2+2A^2}=2A$。

34. B. 解答：反射光在返回入射面处与入射的光的光程差为 $\delta=2n_2e$，若尽可能减少反射，则应在入射面上，相消干涉（反射光经过两个表明，两个表面的反射都有半波损，结果不用考虑半波损），令 $\delta=2n_2e=(2k-1)\dfrac{\lambda}{2}$，最少厚度，则令 $k=1$，代入题设条件求解，得出最小厚度 $e=90.6$nm。

35. C. 解答：根据夫琅禾费单缝衍射，在单缝处波面被分为奇数个半波带时，会产生明暗纹，在相邻半波带上，任何两个对应点发出的光在明纹处的光程差为 $\lambda/2$，相位差为 π。

36. B. 解答：单色自然光经过偏振片，光强变为原来的 1/2，明纹的亮度减弱；其他条件均为改变，干涉条纹的间距：$\Delta x=\dfrac{D}{d}\lambda$，间距不变。

37. D. 解答：第一电离能是指气态原子失去一个电子成为气态正离子所需要的能量。随着核电荷数的增加，第一电离能呈小波折逐渐增大的规律；同一主族的第一电离能从上向下逐渐减小。因此，本题元素 K 的第一电离能最小。

38. B. 解答：该分子中，含有 6 个 C—H 键、1 个 C—C 键和 2 个碳碳双键。单键都是 σ 键，双键中有一个 σ 键和一个 π 键，因此含有 9 个 σ 键，2 个 π 键。

39. D. 解答：阳离子的极化能力与离子半径和所带电荷有关。离子半径越小，所带电荷越多，极化能力越强。

40. C. 解答：pH=2 的溶液中的 $c(OH^-)=\dfrac{K_w}{c(H^+)}=\dfrac{10^{-14}}{10^{-2}}=10^{-12}$，pH=4 的溶液中的 $c(OH^-)=\dfrac{K_w}{c(H^+)}=\dfrac{10^{-14}}{10^{-4}}=10^{-10}$，$n=10^{-12}/10^{-10}=0.01$。

41. A. 解答：在等温条件下，反应的吉布斯函数变为：$\Delta G=\Delta H-T\Delta S$。当 $\Delta_r H_m^\theta>0$，$\Delta_r S_m^\theta>0$，在高温下能正方向自发反应。

42. B. 解答：A 选项为强酸强碱盐呈中性，B 选项为强碱弱酸盐呈碱性，C 和 D 选项为弱碱强酸盐呈酸性。

43. C. 解答：Fe^{3+}/Fe^{2+} 半反应中无 H^+ 参与，提高电对电酸度不会对 $E(Fe^{3+}/Fe^{2+})$ 产生不影响；MnO_4^-/Mn^{2+} 半反应中 H^+ 浓度增大会促使反应向正反应方向进行，使得

$E(MnO_4^-/Mn^{2+})$ 变大。

44．C．解答：分子式为 C_5H_{12} 的各种异构体均属于烷烃；当有2个甲基时，能生成3种一氯代物；当有3个甲基时，能生成4种一氯代物；当有4个甲基时，能生成1种一氯代物。

45．D．解答：A、B、C选项经催化加氢反应均能生成2-甲基戊烷；D选项经催化加氢反应生成3-甲基戊烷，即 $CH_3CH_2CH(CH_3)CH_2CH_3$。

46．C．解答：当羟基与碳链端点的碳原子相连时，可以氧化成为醛；当羟基与碳链中间的碳原子相连时，容易氧化成为酮。

47．D．解答：根据三力平衡汇交定理，对图中结构进行受力分析，如图所示。设每段长度均为 $2a$。在 (a) 图中对 B 点取矩：$F \cdot a - F_C \cdot 2\sqrt{2}a = 0$，解得 $F_C = \dfrac{F}{2\sqrt{2}}$，$F_A = F_C = \dfrac{F}{2\sqrt{2}}$，$F_{By} = F_{Cy} = \dfrac{F}{4}$，$F_{Bx} = F - F_{Cx} = F - \dfrac{F}{4} = \dfrac{3}{4}F$，所以 $F_B = \sqrt{F_{Bx}^2 + F_{By}^2} = \dfrac{\sqrt{10}}{4}F$；在 (b) 图中对 A 点取矩：$F \cdot a - F_C \cdot 2\sqrt{2}a = 0$，解得 $F_C = \dfrac{F}{2\sqrt{2}}$，$F_B = F_C = \dfrac{F}{2\sqrt{2}}$，$F_{Ay} = F_{Cy} = \dfrac{F}{4}$，$F_{Ax} = F - F_{Cx} = F - \dfrac{F}{4} = \dfrac{3}{4}F$，所以 $F_A = \sqrt{F_{Ax}^2 + F_{Ay}^2} = \dfrac{\sqrt{10}}{4}F$。综上，A、B 处约束力大小发生了改变，C 处约束力大小未发生改变。

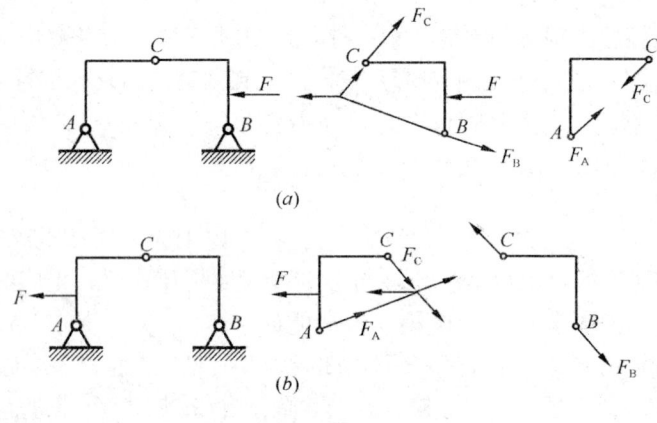

题47解答图

48．A．解答：从图中可看出，力 F_1 作用线经过 A 点，因此向 A 点简化时不会产生附加力偶，所以该力系向 A 点简化后的主矩大小即为 M 的大小 $4N \cdot m$。

49．B．解答：对 A 点取矩，设 A 处的约束力偶方向为逆时针，由于该力系平衡，因此 $\sum M_A = M_A - F_P\left(\dfrac{a}{2} + r\right) = 0$，解得 $M_A = F_P\left(\dfrac{a}{2} + r\right)$。由于计算结果为正值，因此实际方向与假设方向相同，即为逆时针方向。

50．A．解答：根据L形结点（无荷载作用的两杆结点，若两杆不在同一直线上，这两个杆都为零杆）和T形结点（无荷载作用的三杆结点，若其中两杆在同一直线上，则第三根杆为零杆），可判断出有3根零杆。

51．A．解答：由题可得加速度 $a = 5 \div 10 = 0.5 \text{m/s}^2$，因此行驶距离 $x = v_0 t + \dfrac{1}{2}at^2 = $

$\frac{1}{2} \times 0.5 \times 10^2 = 25\text{m}$。

52. B. 解答：根据运动方程，可得出角速度 $\omega = \dfrac{\mathrm{d}\varphi}{\mathrm{d}t} = 4 - 6t$，角加速度 $\alpha = \dfrac{\mathrm{d}\omega}{\mathrm{d}t} = -6$。当 $t = 1\text{s}$ 时，速度 $v = \omega r = (4-6) \times 0.5 = -1\text{m/s}$；切向加速度 $a^\tau = \dfrac{\mathrm{d}v}{\mathrm{d}t} = \dfrac{\mathrm{d}\omega r}{\mathrm{d}t} = \alpha r = -6 \times 0.5 = -3\text{m/s}^2$。

53. D. 解答：由题意可知，$v_A = \omega r$，$a_A = \sqrt{a_A^{\tau 2} + a_A^{n 2}} = \sqrt{0 + (\omega^2 r)^2} = \omega^2 r$，构件 BC 的速度与加速度分别为 A 处速度与加速度在 BC 方向的分量，即 $v_{BC} = v_A \sin\theta = \omega r \sin\theta = \omega r \sin\omega t$，$a_{BC} = a_A \cos\theta = \omega^2 r \cos\theta = \omega^2 r \cos\omega t$。

54. C. 解答：设电梯的加速度大小为 a。电梯加速下降时：$F_1 - W = -\dfrac{W}{g}a$，解得 $F_1 = W - \dfrac{W}{g}a$；电梯匀速下降时：$F_2 - W = 0$，解得 $F_2 = W$；电梯减速下降时：$F_3 - W = \dfrac{W}{g}a$，解得 $F_3 = W + \dfrac{W}{g}a$。因此，$F_1 < F_2 < F_3$。

55. D. 解答：绕定轴转动刚体的动量矩大小为 $J_O \omega$。根据转动惯量的平行移轴定理，$J_O = J_C + mR^2 = \dfrac{1}{2}mR^2 + mR^2 = \dfrac{3}{2}mR^2$，因此，该均质圆盘对 O 轴的动量矩为 $\dfrac{3}{2}mR^2\omega$。

56. B. 解答：该均质圆柱体只有重力做功，因此在任意位置 θ 时做功为 $mgR(1-\cos\theta)$；初动能为零，θ 时的动能为 $\dfrac{1}{2}J_O\omega^2$，其中 $J_O = \dfrac{1}{2}mR^2 + mR^2 = \dfrac{3}{2}mR^2$。综上，根据动能定理：

$$mgR(1-\cos\theta) = \frac{1}{2} \times \frac{3}{2}mR^2 \cdot \omega^2 - 0 \rightarrow \omega = \sqrt{\frac{4g(1-\cos\theta)}{3R}}$$

57. A. 解答：惯性力的方向与加速度方向相反，因此物块 A 的惯性力大小为 $F_{gA} = ma$，方向水平向左。

58. D. 解答：当激振频率与系统的固有圆频率相等时，系统发生共振。因此：

$$\begin{cases} \omega_1 = \sqrt{\dfrac{k}{m}} = 6 \\ \omega_2 = \sqrt{\dfrac{k}{m+1}} = 5.86 \end{cases}$$

解得：$m = 20.68\text{kg}$，$k = 744.53\text{N/m}$。

59. A. 解答：在应力-应变曲线中，应力越大，材料的强度越大。

60. A. 解答：分析轴力，$F_{AB} = F$，$F_{BC} = -F$，故杆总伸长量 $\Delta L = \dfrac{FL}{EA} + \dfrac{-FL}{EA} = 0$。

61. A. 解答：剪切面面积 $A_s = ab$，故剪切名义切应力 $\tau = \dfrac{F}{A_s} = \dfrac{F}{ab}$。

62. D. 解答：公式适用于线弹性范围（$\tau_{max} \leqslant \tau$）、小变形条件下的等截面实心或空心圆直杆。

63. C. 解答：实心圆轴扭转切应力公式：$\tau = \dfrac{T}{W_P} = \dfrac{T}{\dfrac{\pi D^3}{16}}$。已知 $\dfrac{A_2}{A_1} = 2$，则直径比 $\dfrac{D_2}{D_1}$

$=\sqrt{2}$。由于 $\dfrac{T_1}{\dfrac{\pi D_1^3}{16}}=\dfrac{T_2}{\dfrac{\pi D_2^3}{16}}$，可得 $\dfrac{T_2}{T_1}=2\sqrt{2}$。

64. D. 解答：轴过形心，则静矩为零。

65. C. 解答：力偶移动对剪力图没有影响，对弯矩图造成弯矩突变位置的改变。

66. C. 解答：弯曲正应力 $\sigma=\dfrac{My}{I_z}$，其中 $M=Fl$，故长度增加一倍，正应力是原来的 2 倍。弯曲切应力 $\tau=\dfrac{FS_z^*}{bI_z}$，与梁长无关。

67. D. 解答：分析梁的弯矩，可以得到梁的最左段、最右段无弯矩，中段向上弯曲。

68. B. 解答：通过应力圆法分析可得主应力大小相同，方向不同。

69. C. 解答：第三强度理论：$\sigma_{\text{eq}3}=\sqrt{\sigma^2+4\tau^2}\leqslant[\sigma]$，轴力长生的拉应力 $\sigma_1=\dfrac{F}{A}$，弯矩产生的弯曲正应力 $\sigma_2=\dfrac{M}{W}$，扭矩产生的切应力 $\tau=\dfrac{T}{W_P}$。在实心圆轴中，$W_P=2W$，故 $\sigma_{\text{eq}3}=\sqrt{\left(\dfrac{F_N}{A}+\dfrac{M}{W}\right)^2+\left(\dfrac{T}{W}\right)^2}\leqslant[\sigma]$。

70. D. 解答：$F_{\text{cr}}=\dfrac{\pi^2 EI}{(\mu l)^2}$，$\mu_A=1$，$\mu_B=0.7$，$\mu_C=2$，$\mu_D=0.5$。

71. B. 解答：这种"连续介质"的模型意味着两点方便，第一，它使我们不考虑复杂的微观分子运动，只考虑在外力作用下的宏观机械运动；第二，流体的物理量是连续函数，能运用数学分析的连续函数工具。

72. A. 解答：1 点与大气相连，$p_1=0$，$p_2=p_1+\rho g(h_1-h_2)=4.9\text{kPa}$，$p_3=p_1+\rho g(h_1-h_3)=-1.96\text{kPa}$，3 与 4 液面上空气相连，则 $p_3=p_4=-1.96\text{kPa}$，$p_5=p_4+\rho g(h_4-h_5)=-7.644\text{kPa}$。

73. B. 解答：不可压缩流体，利用流体的密度不变，可以通过质量守恒推出流体连续性方程 $u_1 A_1=u_2 A_2$。

74. B. 解答：如图所示，Ⅰ区为层流区，Ⅱ区为临界区，Ⅲ区为紊流光滑区，Ⅳ区为紊流过渡区，Ⅴ区为紊流粗糙区，在紊流光滑区，随着 Re 的加大，其沿程阻力系数减小。

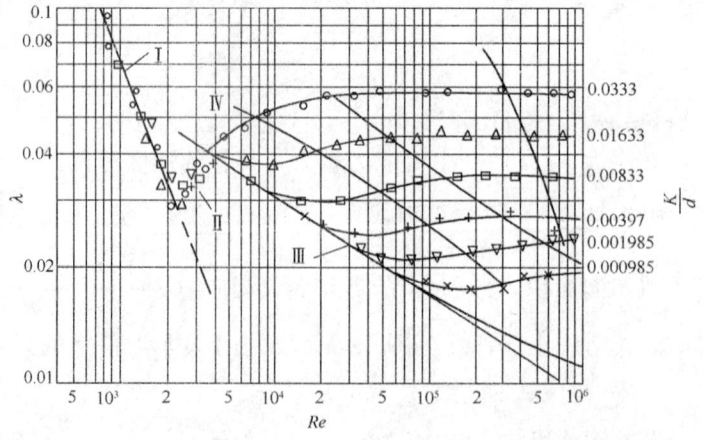

题 74 解答图

75. B. 解答：由于管嘴存在真空现象，增大的作用水头，若在相同直径 d、相同作用水头 H 条件下，管嘴过流量要大于孔口的过流量。

76. C. 解答：过流断面面积 $A = \dfrac{\pi r_0^2}{2}$，湿周 $\chi = \pi r_0$，水力半径 $R = \dfrac{A}{\chi} = \dfrac{r_0}{2} = 2\text{m}$。

77. A. 解答：普通完全井的水流量方为 $Q = \dfrac{\pi k(H^2 - h^2)}{\ln \dfrac{R}{r_0}}$，代入题设条件，可以计算出土壤的渗流系数 $k = 5.01 \times 10^{-4}\text{m/s}$。

78. D. 解答：可以用单位分析法，沿程阻力损失系数没有单位，则 λ 无量纲，同时也可以采用量纲平衡原理，$h_l = \lambda \dfrac{l}{d} \dfrac{v^2}{2g}$，$L = \lambda \dfrac{L}{L} \dfrac{(L/T)^2}{L/T^2}$，可以推出 λ 无量纲。

79. B. 解答：根据电磁感应定律，感应电动势为 $E = n\dfrac{\Delta \Phi}{\Delta t}$，因此线圈两端的电压为 $U = n\dfrac{\mathrm{d}\Phi}{\mathrm{d}t}$。

80. D. 解答：电感两端的电压为 $u_L = L\dfrac{\mathrm{d}i_L}{\mathrm{d}t}$，因此 D 选项正确。A 选项应为 $R = \dfrac{u - u_L}{i}$；B 选项应为 $u = iR + u_L$；C 选项应为 $i = \dfrac{u - u_L}{R}$。

81. A. 解答：对图中电路进行相应的标记，如图所示。对左边的网孔列 KVL 方程：$-6 + U_R = 0$，解得 $U_R = 6\text{V}$；对节点 a 列 KCL 方程：$I_S + I_R + 0.2 = I_S + \dfrac{U_R}{10} + 0.2 = 0$，解得 $I_S = -0.8\text{A}$。

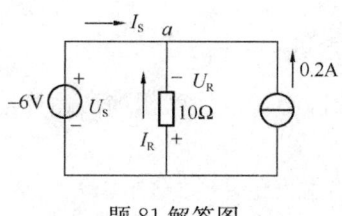

题 81 解答图

82. A. 解答：从图中可看出，电流的有效值为 $3 \div \sqrt{2} = 2.12\text{A}$、初相位为 $90°$，电压的有效值为 $10 \div \sqrt{2} = 7.07\text{A}$、初相位为 $-90°$。因此 $\dot{I} = 2.12\angle 90°\text{A} = j2.12\text{A}$，$\dot{U} = 7.07\angle -90°\text{V} = -j7.07\text{V}$。

83. B. 解答：$P = UI\cos\varphi = 220 \times 0.6 I = 8000$，解得 $I = \dfrac{8000}{220 \times 0.6} = 60.6\text{A}$。

84. C. 解答：当 $t < 0$ 时，即开关未闭合前，$u_L(0_-) = u_C(0_-) = 0$，根据换路定则，$u_L(0_+) = u_C(0_+) = 0$，因此 $u_{R_1} + u_{R_2} = 10\text{V}$。

85. C. 解答：设 R'_L 为 R_L 折算到原边的等效电阻，则根据题意，$2R_1 // R'_L = R_1$，解得 $R'_L = 2R_1$。当开关 S 闭合时，$u_1 = \dfrac{2R_1}{R_1 + 2R_1} u_S = 60\sqrt{2}\sin\omega t\text{V}$。

86. C. 解答：减压起动仅适用于空载或轻载情况下起动，转子串电阻起动适于转子为线绕式的电动机起动，且转子串电阻既可以降低起动电流，又可以增加起动力矩。因此满载

131

起动时，应采用的异步电动机类型和起动方案是绕线式电动机和转子绕组串电阻启动。

87. A. 解答：按等距离时间间隔读取连续信号的瞬时值，谓之采样；采样所得到的信号称为采样信号，因此采样信号是离散信号；将采样得到的每一个瞬间信号在其采样周期内予以保持，生成采样保持信号，因此采样保持信号是连续信号。

88. C. 解答：图(b)与图(a)的区别仅是当频率为零时，有模拟信号的存在，因此说明图(b)的模拟信号中有直流信号；另外，周期信号的幅值频谱是离散的频谱，其谱线只出现在周期信号频率ω整数倍的地方，因此$\mu_1(t)$与$\mu_2(t)$均是周期性连续时间函数。

89. D. 解答：放大器放大的是信号的幅值。

90. A. 解答：$ABC + A\bar{B} + AB\bar{C} = AB(C+\bar{C}) + A\bar{B} = AB + A\bar{B} = A(B+\bar{B}) = A$。

91. A. 解答：$F = \overline{A+B}$ 的波形如图所示。

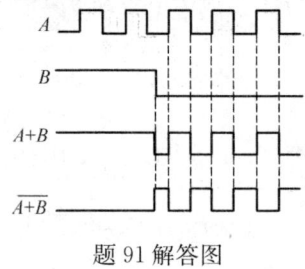

题 91 解答图

92. B. 解答：对真值表中的内容进行与或运算，即对结果为 1 的行先进行相应的与运算，再将其结果进行或运算，其逻辑函数为：$F = \bar{A}BC + \bar{A}B\bar{C}$。

93. A. 解答：由于 $u_B > u_A$，因此 D_2 先导通。D_2 为理想二极管，因此相当于短路，无电压降，故电流 $i_R = \dfrac{u_B}{R} = \dfrac{5}{1} = 5\text{mA}$。

94. A. 解答：从图中可看出，图(a)是反相加法运算电路，图(b)是同相加法运算电路，图(c)是减法运算电路。

95. B. 解答：右侧为上升沿触发的 D 触发器，$D = \overline{Q_D}$，其状态方程为 $Q_D^{n+1} = \overline{Q_D^n}$；左侧为下降沿触发的 JK 触发器，$J=1$，$K=1$，其状态方程为 $Q_{JK}^{n+1} = \overline{Q_{JK}^n}$。在第一次上升沿与下降沿之前，$\bar{R}_D = 0$，触发器被置成 0 态。$t_1$ 时刻之前，仅有一次上升沿，故 D 触发器触发，$Q_D^{n+1} = \overline{Q_D^n} = 1$，$JK$ 触发器未触发，Q_{JK}^{n+1} 仍为 0。

96. C. 解答：由工作波形图可看出，该时序逻辑电路的触发器为下降沿触发，根据波形图列出真值表，见下表。

计数器脉冲序号	触发器状态			对应十进制数
	Q_2	Q_1	Q_0	
0	0	0	0	0
1	0	0	1	1
2	0	1	0	2
3	1	0	0	3
4	0	0	0	0(进位)

由上表可知，该计数器为四进制计数器。

97. A. 解答：控制器和运算器共同组成了中央处理器(CPU)。

98. A. 解答：总线是计算机各种功能部件之间传送信息的公共通信干线，它是由导线组成的传输线束。在计算机内，要用总线将硬件系统中的各个部件连接起来。

99. C. 解答：能使计算机网络中的若干台计算机系统相互协作完成一个共同任务的操作系统是分布式操作系统。

100. C. 解答：计算机可以执行的程序是用机器语言编制的程序。

101. B. 解答：《信息交换用汉字编码字符集》规定了进行一般汉字信息处理交换用的 6763 个汉字和 682 个非汉字图形字符的代码。每个汉字用两个字节表示，每个字节为七位二进制码。在机器中为了达到中西文兼容的目的，为区分汉字与 ASCII 码，规定汉字机内编码的最高位为 1。

102. C. 解答：$1GB=2^{10}MB=2^{20}kB=2^{30}B$；$1TB=2^{10}GB$，故 C 选项正确。

103. D. 解答：计算机病毒是一些人蓄意编制的一种具有寄生性和破坏性的计算机程序。它能在计算机系统中生存，通过自我复制来传播，在一定条件下被激活，从而给计算机系统造成一定损害甚至严重破坏。显然 D 选项把计算机使用完后锁起来，并不能防范病毒，ABC 均是防范病毒的有效措施。

104. A. 解答：操作系统的特征有并发性、共享性、随机性、虚拟性和异步性。

105. A. 解答：构成信息化社会的三大技术支柱是计算机技术、通信技术和网络技术。

106. B. 解答：解析：防火墙是在 Internet 中，为了保证内部网与 Internet 之间的安全所设的防护系统。它在内部网络与外部网络之间设置障碍，以阻止外界对内部资源的非法访问，也可以防止内部对外部的不安全的访问。为有效地防范网络中的冒充、非法访问等威胁，应该采用防火墙软件进行防范。

107. D. 解答：实际年利率计算公式为

$$i_e = \left(1+\frac{r}{m}\right)^m - 1$$

所以，名义利率计算公式为

$$r = m(\sqrt[m]{(i_e+1)} - 1) = 2 \times (\sqrt{8.6\% + 1} - 1) \times 100\% = 8.42\%$$

故选 D。

108. D. 解答：补贴收入是指企业按国家规定取得的各种补贴，包括国家财政拨付的专项储备商品、特准储备物资、临时储备商品的补贴、亏损补贴及其他补贴收入。

营业收入是指企业在按照营业执照上规定的主营业务内容经营时所发生的收入。

经营成本是项目总成本费用扣除折旧费、摊销费和利息支出以后的全部费用。

营业外收入是指企业在与生产经营无直接关系的经济活动中产生的各项收入。

先征后返的增值税属于营业外收入。

故选 D。

109. B. 解答：项目资本金来源有：各级政府财政预算内资金、预算外资金和各种专项资金；国家授权投资机构入股的资金；国内外企业入股的资金；社会个人入股的资金；项目法人通过发行股票从证券市场筹集的资金。

故选 B。

110. C. 解答：偿债备付率计算公式为

$$偿债备付率 = \frac{用于计算还本付息的资金}{应还本付息金额} = \frac{200+30-20}{100} = 2.1$$

故选 C。

111. B. 解答：方案带来的货币支出称为现金流出，方案带来的现金收入称为现金流入。研究周期内资金的实际支出与收入称为现金流量。
故选 B。

112. D. 解答：以生产能力利用率表示的盈亏平衡点计算公式为

$$E^* = \frac{Q^*}{Q_d} \times 100\% = \frac{C_f}{(P-T_b-C_v) \cdot Q_d} \times 100\% = \frac{1 \times 10^7}{(1000-800) \times 6 \times 10^4} \times 100\%$$
$$= 83.3\%$$

故选 D。

113. A. 解答：甲项目净现值为
$NPV(甲) = -500 + 140 \times (P/A, 10\%, 10) = -500 + 140 \times 6.1446 = 360.244（万元）$
乙项目净现值为
$NPV(乙) = -1000 + 250 \times (P/A, 10\%, 10) = -1000 + 250 \times 6.1446 = 536.15（万元）$
差额净现值为
$\Delta NPV(乙-甲) = NPV(乙) - NPV(甲) = 536.15 - 360.244 = 175.9（万元）$
故选 A。

114. A. 解答：价值与功能、成本的关系为

$$价值 = \frac{功能}{成本}$$

功能不变，成本降低，价值将增加。
故选 A。

115. C. 解答：根据《建筑法》第八条，申请领取施工许可证，应当具备的条件包括有满足施工需要的资金安排、施工图纸及技术资料。C 项中，到位资金达到投资额的 30%，不满足施工需要的资金安排，不符合申请施工许可证的法定条件。

116. C. 解答：根据《安全生产法》第十八条，生产经营单位的主要负责人对本单位安全生产工作负有下列职责包括：组织制定并实施本单位的生产安全事故应急救援预案。

117. D. 解答：《招标投标法》第六十六条规定，涉及国家安全、国家秘密、抢险救灾或者属于利用扶贫资金实行以工代赈、需要使用农民工等特殊情况，不适宜进行招标的项目，按照国家有关规定可以不进行招标。

118. C. 解答：《合同法》第十五条规定，要约邀请是希望他人向自己发出要约的意思表示。寄送的价目表、拍卖公告、招标公告、招股说明书、商业广告等为要约邀请。商业广告的内容符合要约规定的，视为要约。

119. D. 解答：《行政许可法》第三十二条规定，行政机关对申请人提出的行政许可申请，应当根据下列情况分别作出处理：（一）申请事项依法不需要取得行政许可的，应当即时告知申请人不受理；（二）申请事项依法不属于本行政机关职权范围的，应当即时作出不予受理的决定，并告知申请人向有关行政机关申请；（三）申请材料存在可以当场

更正的错误的，应当允许申请人当场更正；（四）申请材料不齐全或者不符合法定形式的，应当当场或者在五日内一次告知申请人需要补正的全部内容，逾期不告知的，自收到申请材料之日起即为受理；（五）申请事项属于本行政机关职权范围，申请材料齐全、符合法定形式，或者申请人按照本行政机关的要求提交全部补正申请材料的，应当受理行政许可申请。

120. D. 解答：《建设工程质量管理条例》第九条规定，建设单位必须向有关的勘察、设计、施工、工程监理等单位提供与建设工程有关的原始资料。原始资料必须真实、准确、齐全。

模拟试卷 3(下午卷)

1. 亲水材料的润湿角( )。
   A. $>90°$ B. $\leqslant 90°$ C. $>45°$ D. $\leqslant 180°$

2. 含水率 5% 的砂 250g,其中所含的水量为( )。
   A. 12.5g   B. 12.9g   C. 11.0g   D. 11.9g

3. 某工程基础部分使用大体积混凝土浇筑,为降低水泥水化温升,针对水泥可以用如下措施( )。
   A. 加大水泥用量   B. 掺入活性混合材料
   C. 提高水泥细度   D. 降低碱含量

4. 粉煤灰是现代混凝土材料胶凝材料中常用的矿物掺合物,其主要活性成分是( )。
   A. 二氧化硅和氧化钙   B. 二氧化硅和三氧化二铝
   C. 氧化钙和三氧化二铝   D. 氧化铁和三氧化二铝

5. 混凝土强度的形成受到其养护条件的影响,主要是指( )。
   A. 环境温湿度   B. 搅拌时间
   C. 试件大小   D. 混凝土水灰比

6. 石油沥青的软化点反映了沥青的( )。
   A. 黏滞性   B. 温度敏感性
   C. 强度   D. 耐久性

7. 钢材中的含碳量降低,会降低钢材的( )。
   A. 强度   B. 塑性
   C. 可焊性   D. 韧性

8. 下列何项表示 AB 两点间的坡度?( )
   A. $i_{AB}=\dfrac{h}{D_{AB}}\%$ B. $i_{AB}=\dfrac{H_B-H_A}{D_{AB}}$
   C. $i_{AB}=\dfrac{H_A-H_B}{D_{AB}}$ D. $i_{AB}=\dfrac{H_{AB}-H_B}{D_{AB}}\%$

9. 下列何项是利用仪器所提供的一条水平视线来获取的?( )
   A. 三角高程测量   B. 物理高程测量
   C. GPS 高程测量   D. 水准测量

10. 下列何项对比例尺精度的解释是正确的?( )
    A. 传统地形图上 0.1mm 所代表的实地长度
    B. 数字地形图上 0.1mm 所代表的实地长度
    C. 数字地形图上 0.2mm 所代表的实地长度

D. 传统地形图上 0.2mm 所代表的实地长度

11. 钢尺量距时,下面改正是不需要的是( )。
   A. 尺长改正 B. 温度改正
   C. 倾斜改正 D. 地球曲率和大气折光改正

12. 建筑物的沉降观测是依据埋设在建筑物附件的水准点进行的,为了防止由于某个水准点的高程变动造成差错,一般至少埋设( )水准点。
   A. 3个 B. 4个 C. 6个 D. 10个以上

13. 《建筑法》关于申请领取施工许可证的相关规定中,下列表述中正确的是( )。
   A. 需要拆迁的工程,拆迁完毕后建设单位才可以申请领取施工证
   B. 建设行政主管部门应当自收到申请之日起一个月内,对符合条件的申请人颁发施工许可证
   C. 建设资金必须全部到位后,建设单位才可以申请领取施工许可证
   D. 领取施工许可证按期开工的工程,终止施工不满一年又恢复施工应向发证机关报告

14. 根据《招标投标法》,依法必须进行招标的项目,其招标投标活动不受地区或者部门的限制。该规定体现了《招标投标法》的( )原则。
   A. 公开 B. 公平 C. 公正 D. 诚实信用

15. 下列选项错误的是( )。
   A. 环境影响评价的对象包括了规划与建设项目两大部分
   B. 已经进行了环境影响评价的规划所包含的具体建设项目,其环境影响内容建设单位可以简化
   C. 环境影响评价文件中的环境影响报告书或者环境影响报告表,应当由具有环境影响评价资质的机构编制
   D. 环境保护行政主管部门可以为建设单位指定对其建设项目进行环境影响评价资质的机构

16. 取得注册结构工程师职业资格证书者,要从事结构工程设计业务的,须申请注册,下列情形中,可以予以注册的是( )。
   A. 甲不具有完全民事行为能力
   B. 乙曾受过刑事处罚,处罚完毕之日至申请注册之日已满3年
   C. 丙因曾在结构工程设计业务中犯有错误并受到了行政处罚,处罚决定之日起至申请注册之日已满3年
   D. 丁收到吊销注册结构工程师注册证书处罚,处罚决定之日起至申请注册已满3年

17. 作为检验填土压实质量控制指标的是( )。
   A. 土的干密度 B. 土的压实度
   C. 土的压缩比 D. 土的可松性

18. 采用钢管抽芯法留设孔道时,抽管时间宜为( )。
   A. 混凝土初凝前 B. 混凝土初凝后,终凝前
   C. 混凝土终凝后 D. 混凝土达到30%设计强度

19. 设置脚手架剪刀撑的目的是( )。

A. 抵抗风荷载 B. 增加建筑结构的稳定
C. 方便外装饰的施工操作 D. 为悬挂吊篮创造条件

20. 进行"资源有限-工期最短"优化时，当将某工作移出超过限量的资源时段后，计算发现工期增量小于零，以下说明正确的是（　　）。
A. 总工期不变 B. 总工期会缩短
C. 总工期会延长 D. 这种情况不会出现

21. 以整个建设项目或建筑群为编制对象，用以指导整个建筑群或建设项目施工全过程的各项施工活动的综合技术经济文件为（　　）。
A. 分部工程施工组织设计 B. 分项工程施工组织设计
C. 施工组织总设计 D. 单位工程施工组织设计

22. 建筑结构用的碳素钢强度与延性间关系是（　　）。
A. 强度越高，延性越高 B. 延性不随强度而变化
C. 强度越高，延性越低 D. 强度越低，延性越低

23. 钢筋混凝土受弯构件界限中和轴高度确定的依据是（　　）。
A. 平截面假定及纵向受拉钢筋达到屈服和受压区边缘混凝土达到极限压应变
B. 平截面假定和纵向受拉钢筋达到屈服
C. 平截面假定和受压区边缘混凝土达到极限压应变
D. 仅平截面假定

24. 五等跨连续梁，为使第2和3跨间的支座上出现最大负弯矩，活荷载应布置在以下（　　）。

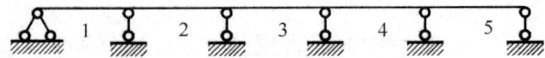

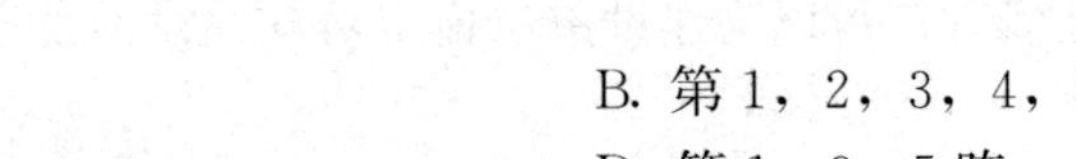

题24图

A. 第2，3，4跨 B. 第1，2，3，4，5跨
C. 第2，3，5跨 D. 第1，3，5跨

25. 高层筒中筒结构、框架-筒体结构设置加强层的作用是（　　）。
A. 使结构侧向位移变小和内筒弯矩减小 B. 增加结构刚度，不影响内力
C. 不影响刚度，增加结构整体性 D. 使结构刚度降低

26. 钢材检验塑性的试验方法为（　　）。
A. 冷弯试验 B. 硬度试验
C. 拉伸试验 D. 冲击试验

27. 设计钢结构圆管截面支撑压杆时，需要计算构件的（　　）。
A. 挠度 B. 弯扭稳性
C. 长细比 D. 扭转稳定性

28. 采用三级对接焊缝拼接的钢板，如采用引弧板，计算焊缝强度时（　　）。
A. 应折减焊缝计算长度 B. 无需折减焊缝计算长度
C. 应折减焊缝厚度 D. 应采用角焊设计强度值

29. 结构钢材的碳当量指标反映了钢材的（　　）。

A. 屈服强度大小 B. 伸长率大小
C. 冲击韧性大小 D. 可焊性优劣

30. 砌体是由块材和砂浆组合而成的，砌体抗压强度与块材及砂浆强度的关系是（　　）。

A. 砂浆的抗压强度恒小于砌体的抗压强度
B. 砌体的抗压强度随砂浆强度提高而提高
C. 砌体的抗压强度与块材的抗压强度无关
D. 砌体的抗压强度与块材的抗拉强度有关

31. 截面尺寸为 240mm×370mm 的砖砌短柱，当轴向力 N 偏心距如图所示时受压承载力顺序为（　　）。

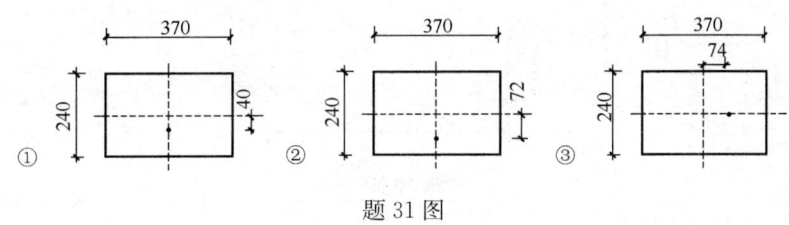

题 31 图

A. 1＜3＜2 B. 1＜2＜3
C. 3＜1＜2 D. 3＜2＜1

32. 砌体结构的设计原则是（　　）。

① 采用以概率理论为基础的极限状态设计方法
② 按承载力极限状态设计，进行变形验算满足正常使用极限状态要求
③ 按承载力极限状态设计，由相应构造措施满足正常使用极限状态要求
④ 根据建筑结构的安全等级，按重要性系数考虑其重要程度

A. ①②④ B. ①③④ C. ②④ D. ③④

33. 用水泥砂浆与用同等级混合砂浆砌筑的砌体（块材相同），两者的抗压强度（　　）。

A. 相等 B. 前者小于后者
C. 前者大于后者 D. 不一定

34. 超静定结构的计算自由度（　　）。

A. ＞0 B. ＜0 C. ＝0 D. 不定

35. 图示结构 BC 杆轴力为（　　）。

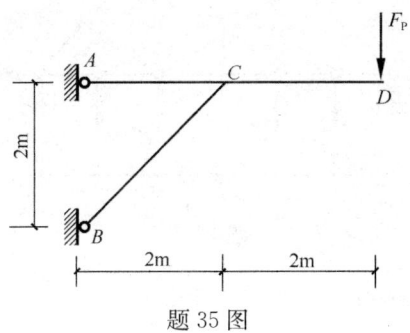

题 35 图

A. $-2F_P$ B. $2\sqrt{2}F_P$
C. $-2\sqrt{2}F_P$ D. $-4F_P$

36. 图示刚架 M_{DC} 为（下侧受拉为正）（　　）。

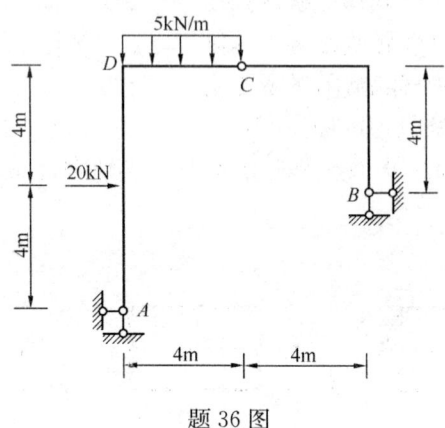

题 36 图

A. 20kN·m B. 40kN·m
C. 60kN·m D. 0kN·m

37. 图示三铰拱，若使高跨比为 1/2，则水平推力 F_H 为（　　）。

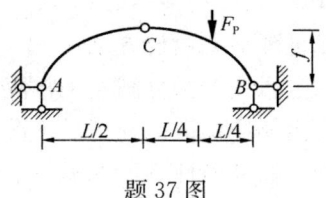

题 37 图

A. $1/4F_P$ B. $1/2F_P$
C. $3/4F_P$ D. $3/8F_P$

38. 图示桁架杆 1 的内力为（　　）。

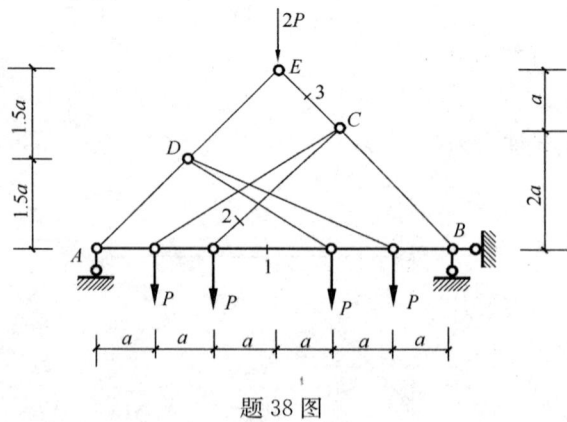

题 38 图

A. $-P$ B. $-2P$ C. P D. $2P$

140

39. 图示三铰拱支座 A 的竖向反力（以向上为正）等于（　　）。

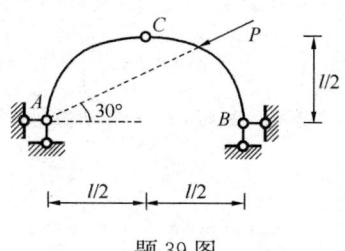

题 39 图

A. P B. $\dfrac{1}{2}P$ C. $\dfrac{\sqrt{3}}{2}P$ D. $\dfrac{\sqrt{3}-1}{2}P$

40. 图示结构 B 截面转角位移为（以顺时针为正）（　　）。

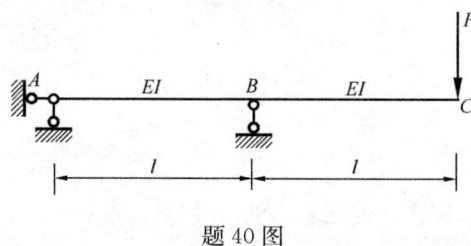

题 40 图

A. $\dfrac{Pl^2}{EI}$ B. $\dfrac{Pl^2}{2EI}$ C. $\dfrac{Pl^2}{3EI}$ D. $\dfrac{Pl^2}{4EI}$

41. 图示（a）结构若化为（b）所示的等效结构，则（b）中弹簧的等效刚度 K_0 为（　　）。

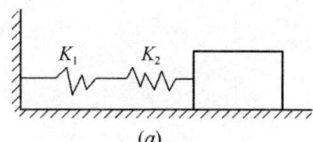 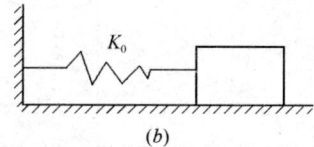

题 41 图

A. K_1+K_2　　　　　　　　B. $\dfrac{K_1 \cdot K_2}{K_1+K_2}$

C. $\dfrac{K_1+K_2}{2}$　　　　　　　　D. $\sqrt{K_1 \cdot K_2}$

42. 图示梁的抗弯刚度为 EI，长度为 L，$K=6EI/L$，跨中 C 截面弯矩为（以下侧受拉为正）（　　）。

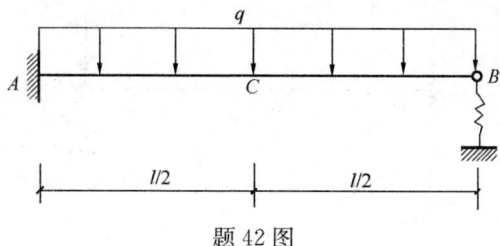

题 42 图

A. 0 B. $\frac{1}{32}ql^2$

C. $\frac{1}{48}ql^2$ D. $\frac{1}{64}ql^2$

43. 图示结构 $EI=$ 常数，当支座 A 发生转角 θ 时 B 处截面的转角为（以顺时针为正）（　　）。

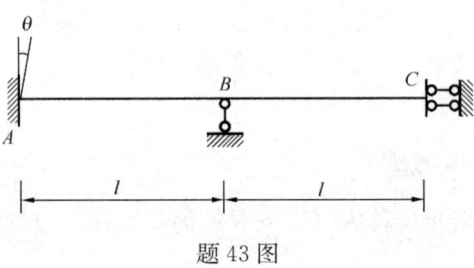

题 43 图

A. $\frac{1}{3}\theta$ B. $\frac{2}{5}\theta$

C. $-\frac{1}{3}\theta$ D. $-\frac{2}{5}\theta$

44. 图示结构用力矩分配法计算时，分配系数 μ_{AC} 为（　　）。

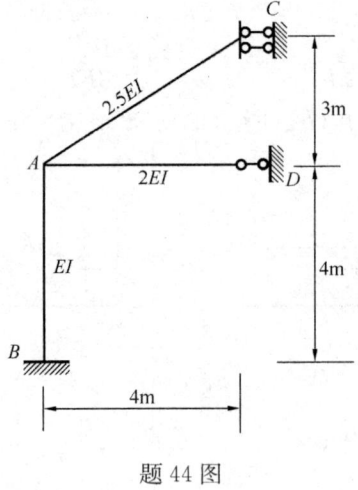

题 44 图

A. 1/4　　　　B. 1/2　　　　C. 2/3　　　　D. 4/9

45. 图示结构 B 处弹性支座的弹簧刚度 $k=3EI/l^3$，B 结点向下的竖向位移为（　　）。

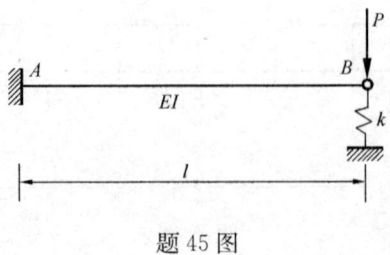

题 45 图

A. $Pl^3/12EI$ B. $Pl^3/6EI$
C. $Pl^3/4EI$ D. $Pl^3/3EI$

46. 图示简支梁在所示移动荷载下截面 K 的最大弯矩值是（　　）。

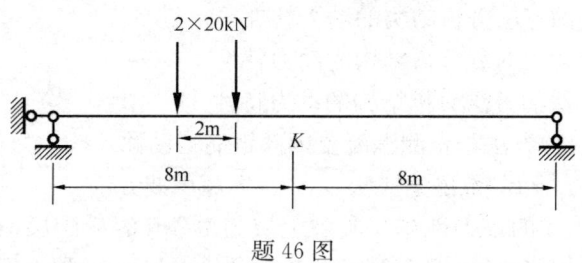

题 46 图

A. 120kN·m   B. 140kN·m   C. 160kN·m   D. 180kN·m

47. 设 μ_a 和 μ_b 分别表示图（a）、（b）所示两结构的位移动力系数，则（　　）。

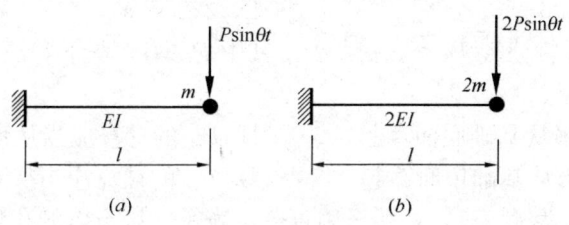

题 47 图

A. $\mu_a = \dfrac{1}{2}\mu_b$ B. $\mu_a = -\dfrac{1}{2}\mu_b$ C. $\mu_a = \mu_b$ D. $\mu_a = -\mu_b$

48. 单自由度体系自由振动时，实测振动10周后振幅衰减为 $y_{10} = 0.0016\, y_0$，则阻尼比等于（　　）。

A. 0.05   B. 0.02   C. 0.08   D. 0.1025

49. 为测定结构材料的实际物理力学性能指标，应包括以下哪些内容？（　　）
A. 强度、变形、轴向应力-应变曲线   B. 弹性模量、泊松比
C. 强度、泊松比、轴向应力-应变曲线   D. 强度、变形、弹性模量

50. 标距 L=200mm 的手持应变仪，用千分表进行量测读数，读数为 3 小格，测得应变值为（$\mu\varepsilon$ 表示微应变）（　　）。

A. $1.5\mu\varepsilon$ B. $15\mu\varepsilon$ C. $6\mu\varepsilon$ D. $12\mu\varepsilon$

51. 利用电阻应变原理实测钢梁受到弯曲荷载作用下的弯曲应变，如图所示的测点布置和桥臂连接方式，试问电桥的测试值是实际值的（　　）倍。（注：V 是被测构件材料的泊松比）

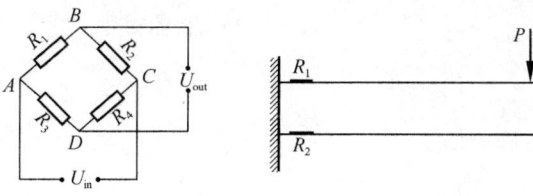

题 51 图

A. $2(1+V)$ B. 1 C. 2 D. $(1+V)$

52. 为获得建筑物的动力特性，下面哪种激振方法是不正确的？（ ）

   A. 采用脉动法量测和分析结构的动力特性
   B. 采用锤击激励的方法分析结构的动力特性
   C. 对结构施加拟动力荷载分析结构的动力特性
   D. 采用自由振动法的方法分析结构的动力特性

53. 采用下面哪一种方法可检测混凝土内部钢筋的锈蚀？（ ）

   A. 声发射方法 B. 电磁感应法 C. 超声波方法 D. 电位差法

54. 由两层土体组成的一个地基，其中上层为厚 4m 的粉砂层，其下则为粉质土层，粉砂的天然容重为 $17 kN/m^3$，而粉质黏土的容重为 $20 kN/m^3$，那么埋深 6m 处的总竖向自重应力为（ ）。

   A. 108 kPa
   B. 120 kPa
   C. 188 kPa
   D. 222 kPa

55. 软弱下卧层验算公式 $P_z + P_{cz} \leqslant f_{az}$；其中 P_{cz} 为软弱下卧层顶面处土的自重压力值，下面说法正确的是（ ）。

   A. P_{cz} 的计算应当从基础底面算起
   B. P_{cz} 的计算应当从地下水位算起
   C. P_{cz} 的计算应当从基础顶面算起
   D. P_{cz} 的计算应当从地表算起

56. 土体的孔隙比为 47.71%，那么用百分比表示的该土体的孔隙率为（ ）。

   A. 109.60%
   B. 91.24%
   C. 67.70%
   D. 32.30%

57. 影响岩土的抗剪强度的因素有（ ）。

   A. 应力路径
   B. 剪胀性
   C. 加载速度
   D. 以上都是

58. 桩基岩土工程勘察中对碎石土宜采用的原位测试手段为（ ）。

   A. 静力触探
   B. 标准贯入试验
   C. 旁压试验
   D. 重型或超重型圆锥动力触探

59. 某匀质地基承载力特征值为 100kPa，基础深度的地基承载力修正系数为 1.5，地下水位深 2m，水位以上天然重度为 $16 kN/m^3$，水位以下饱和重度为 $20 kN/m^3$，条形基础宽 3m，则基础埋置深度为 3m 时，按深宽修正后的地基承载力为（ ）。

   A. 151kPa
   B. 165kPa
   C. 171kPa
   D. 181kPa

60. 打入式敞口钢管桩属于（ ）。

   A. 非挤土桩
   B. 部分挤土桩
   C. 挤土桩
   D. 端承桩

模拟试卷 3（下午卷）答案及解答

1. B. 解答：当 $\theta \leqslant 90°$ 时，水分子之间的内聚力小于水分子与材料表面分子之间的相互吸引力，此种材料称为亲水材料；$\theta > 90°$ 时，水分子之间的内聚力大于水分子与材料表面分子之间的吸引力，材料表面不会被水浸润，此种材料称为憎水材料。

2. D. 解答：含水率＝所含水的质量/材料的干燥质量
设所含水的质量为 m，则有 $m/(250-m)=5\%$，解得 $m=11.9g$。

3. B. 解答：掺入活性混合材料可有效降低水泥水化温升。

4. B. 解答：粉煤灰的主要活性成分是二氧化硅和三氧化二铝。

5. A. 解答：养护条件主要是指环境温湿度，其余三项会影响混凝土强度，但不属于养护条件。

6. B. 解答：沥青软化点是反映沥青的温度敏感性的重要指标，温度敏感性是指石油沥青的黏滞性和塑性随温度升降而变化的性能。

7. A. 解答：钢材中含碳量增加，钢材的强度提高，而塑性和韧性会下降。

8. B. 解答：坡度有三种表达方式：倾斜百分率或千分率，即 $i\%=h/D$；倾斜角 $\alpha=\arctan(h/D)$；倾斜率 $i=h/D$。

9. D. 解答：水准测量是利用水准仪所提供的水平视线，测量地面上两点间的高差，如果已知某点的高程，可以算出另一点的高程。

10. A. 解答：比例尺的精度是指在传统地形图中，地形图上 0.1mm 所代表的实地长度。特别的，数字的形图不存在比例尺精度的概念。

11. D. 解答：钢尺量距中，改正后的水平距离每一尺段 $d=l+\Delta l_d+\Delta l_t+\Delta l_h$，其中 Δl_d、Δl_t、Δl_h 分别为尺长改正、温度改正和倾斜改正。

12. A. 解答：为了相互校核并防止由于个别水准点的高程变化造成差错，一般至少布设三个水准点，且三个水准点之间最好可以安置一次仪器联测。

13. D. 解答：《建筑法》第八条，申请领取施工许可证，应当具备下列条件：（一）已经办理该建筑工程用地批准手续；（二）依法应当办理建设工程规划许可证的，已经取得建设工程规划许可证；（三）需要拆迁的，其拆迁进度符合施工要求；（四）已经确定建筑施工企业；（五）有满足施工需要的资金安排、施工图纸及技术资料；（六）有保证工程质量和安全的具体措施。建设行政主管部门应当自收到申请之日起七日内，对符合条件的申请颁发施工许可证。第十条，在建的建筑工程因故中止施工的，建设单位应当自中止施工之日起一个月内，向发证机关报告，并按照规定做好建筑工程的维护管理工作。建筑工程恢复施工时，应当向发证机关报告；中止施工满一年的工程恢复施工前，建设单位应当报发证机关核验施工许可证。

14. B. 解答：《招标投标法》第五条，招标投标活动应当遵循公开、公平、公正和诚实信用的原则。所谓公正，就是指"给每个人他（她）所应得"；而所谓公平，则是指对待人或对待事要"一视同仁"。

15. D. 解答：《环境影响评价法》规定，任何单位和个人不得为建设单位指定对其建设项目进行环境影响评价的机构。

16. C. 解答：《注册建造师管理规定》第十五条，申请人有下列情形之一的，不予注册：（一）不具有完全民事行为能力的；（二）申请在两个或者两个以上单位注册的；（三）未达到注册建造师继续教育要求的；（四）受到刑事处罚，刑事处罚尚未执行完毕的；（五）因执业活动受到刑事处罚，自刑事处罚执行完毕之日起至申请注册之日止不满 5 年的；（六）因前项规定以外的原因受到刑事处罚，自处罚决定之日起至申请注册之日止不满 3 年的；（七）被吊销注册证书，自处罚决定之日起至申请注册之日止不满 2 年的；（八）在申请注册之日前 3 年内担任项目经理期间，所负责项目发生过重大质量和安全事故的；（九）申请人的聘用单位不符合注册单位要求的；（十）年龄超过 65 周岁的；（十一）法律、法规规定不予注册的其他情形。

17. B. 解答：压实度又称夯实度，指的是土或其他筑路材料压实后的干密度与标准最大干密度之比，以百分率表示。检验填土压实质量控制指标是土的压实度，是地基基础工程施工质量管理最重要的内在指标之一。

18. B. 解答：钢管抽芯法是预先将钢管埋设在模板内孔道位置处，在混凝土浇筑过程中和浇筑之后，每间隔一段时间慢慢转动钢管，使之不与混凝土粘结，待混凝土初凝后终凝前抽出钢管，即形成孔道。

19. A. 解答：剪刀撑就是脚手架上的斜向支撑，设置脚手架剪刀撑的目的是保证脚手架整体结构不变形，具有抵抗风荷载等横向荷载的能力。

20. D. 解答："资源有限-工期最短"优化是指在资源有限时，保持各个工作的每日资源需要量（强度）不变，寻求工期最短的施工计划。其前提条件是优化工程中不改变各个工作的持续时间，且各个工作每天的资源需要量是均衡的、合理的，优化过程中不予改变。所以当将某工作移出超过限量的资源时段后，工期增量不会小于零。

21. C. 解答：施工组织总设计是以一个建设项目为对象进行编制，用以指导其建设全过程中各项全局性施工部署的技术、经济、组织的综合性文件。

22. C. 解答：在碳素钢中，碳是仅次于纯铁的主要元素，直接影响钢材的强度、塑性、韧性和可焊性等。碳含量增加，钢的强度提高，而塑性、韧性和疲劳强度下降，同时恶化钢的可焊性和抗腐蚀性。

23. A. 解答：钢筋混凝土受弯构件界限中和轴高度确定的依据是：平截面假定及纵向受拉钢筋达到屈服和受压区边缘混凝土达到极限压应变。

24. C. 解答：求某支座最大负弯矩或支座左、右截面最大剪力时，应该在支座左右两侧布置活荷载，然后隔跨布置。

25. A. 解答：在高层筒中筒结构、框架-筒体结构中设置加强层，可以使结构侧向位移变小和内筒弯矩减小。

26. A. 解答：硬度试验可以检测钢材的硬度，拉伸试验用于测量钢材的抗拉强度，冲击试验用于测量钢材的韧性。

27. C. 解答：钢结构圆管截面支撑压杆的破坏受整体稳定的控制，而整体稳定可以通过限制其长细比来控制。

28. B. 解答：采用三级对接焊缝拼接的钢板，如采用引弧板，不用考虑起弧和灭弧长度，因此计算焊缝强度时无需折减焊缝计算长度。

29. D. 解答：在碳素钢中，碳是仅次于纯铁的主要元素，直接影响钢材的强度、塑性、韧性和可焊性等。碳含量增加，钢的强度提高，而塑性、韧性和疲劳强度下降，同时恶化钢的可焊性和抗腐蚀性。因此，对含碳量要加以限制，一般不应超过0.22%，在焊接结构中还应低于0.20%。

30. B. 解答：砂浆的抗压强度不一定小于砌体的抗压强度，砌体的抗压强度随砂浆强度提高而提高，砌体的抗压强度与块材的抗压强度有关，砌体的抗压强度与块材的抗拉强度无关。

31. C. 解答：短柱的承载力影响系数 $\varphi = \dfrac{1}{1+12\,(e/h)^2}$，其中，$h$ 为矩形截面轴向力偏心方向的边长，影响系数越大，承载力越高，通过计算可得承载力大小顺序。

32. B. 解答：砌体结构的设计原则是：采用以概率理论为基础的极限状态设计方法；按承载力极限状态设计，由相应构造措施满足正常使用极限状态要求；根据建筑结构的安全等级，按重要性系数考虑其重要程度。

33. A. 解答：砌体的强度设计指标与块体和砂浆的强度等级有关，与砂浆的类别无关，当砂浆的强度等级相同时，砌体的强度设计值相等。

34. B. 解答：计算自由度>0，说明体系具有运动自由度，因而体系是可变的；计算自由度=0 或<0，表明体系的约束数正好与自由度数持平或者有多余约束。超静定结构的几何特征是几何不变，有多余约束，所以计算自由度<0。

35. B. 解答：对结构整体进行静力分析，先对 C 取矩，
$\sum M_C = 0$，$R_{Ay} \cdot 2 - F_P \cdot 2 = 0$，解得 $R_{Ay} = F_P$（方向向下），
由 $\sum F_y = 0$，$R_B \sin\dfrac{\pi}{4} - F_P - F_P = 0$，解得 $R_B = 2\sqrt{2}\,F_P$。

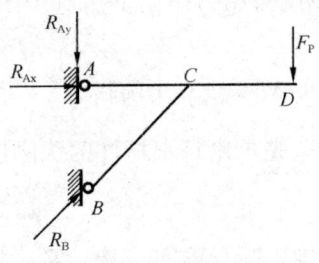

题 35 解答图

36. D. 解答：先对整体进行分析，对 B 点取矩，$\sum M_B = 0$，$5 \times 4 \times 6 + 4R_{Ax} - 8R_{Ay} = 0$，得

$$30 + R_{Ax} - 2R_{Ay} = 0 \tag{1}$$

从 C 点截断，对左半部分进行分析，对 C 点取矩，$\sum M_C = 0$，$5 \times 4 \times 2 + 20 \times 4 + 8R_{Ax} - 4R_{Ay} = 0$，得

$$30 + 2R_{Ax} - R_{Ay} = 0 \tag{2}$$

联立（1）式和（2）式，得 $R_{Ax} = -10\text{kN}$（方向向左），$R_{Ay} = 0\text{kN}$，所以 $M_{DC} = 10 \times$

$4-20\times2=0$。

37. A. 解答：整体分析，对 A 点取矩，由 $\Sigma M_A=0$，$F_{By}\cdot l-F_P\cdot\frac{3}{4}l=0$，得 $F_{By}=3F_P/4(\uparrow)$；由 $\Sigma F_y=0$，$\frac{3}{4}F_P+F_{Ay}-F_P=0$，解得 $F_{Ay}=F_P/4(\uparrow)$。将结构从 C 点断开，取左半部分研究，对 C 点取矩，由 $\Sigma M_C=0$，$F_H\cdot f-F_{Ay}\cdot L/2=0$，解得 A 支座水平反力 $F_H=LF_P/8f(\rightarrow)$，又由题知 $f/L=1/2$，所以 $F_H=F_P/4$。

38. D. 解答：先求出两支座的支反力，$R_A=R_{By}=3P$，$R_{Bx}=0$，利用结点法，从 A 结点开始，可求出 1 杆内力为 $2P$。

39. B. 解答：先对整体进行分析，$\Sigma M_B=0$，$R_{By}\cdot l=0$，解得 $R_{By}=0$；
$\Sigma F_y=0$，$R_{Ay}-P\cdot\sin30°=0$，$R_{Ay}-1/2P=0$，解得 $R_{Ay}=P/2$（方向向上）。

40. C. 解答：去掉 B 支座，在 B 处施加单位弯矩，作出单位弯矩作用下的 $\overline{M}_1$ 图，然后作出原荷载作用下的 M_P 图，两图进行图乘，即得 B 处转角 $Pl^2/3EI$。

41. B. 解答：(a) 结构的柔度系数为 $f_a=\frac{1}{K_1}+\frac{1}{K_2}$，(b) 结构的柔度系数为 $f_b=\frac{1}{K_0}$，由题意知 $f_a=f_b$，即 $\frac{1}{K_1}+\frac{1}{K_2}=\frac{1}{K_0}$，解得弹簧的等效刚度 $K_0=\frac{K_1\cdot K_2}{K_1+K_2}$。

42. A. 解答：首先取基本结构，断开 B 处支座，反力以 X_1 代替。在 B 处施加向上的单位力，分别作出 $\overline{M}_1$ 图和 M_P 图，进行图乘可得

$$\delta_{11}=\frac{l^3}{3EI},\ \Delta_{1P}=\frac{ql^3}{12EI}$$

力法方程：$X_1\delta_{11}+\Delta_{1P}=-X_1/k$

解出 X_1，再将荷载作用下单位作用力作用下的弯矩图叠加，可得原结构 B 截面的弯矩为 $M_C=0$。

43. D. 解答：利用位移法，由 $M_{BA}=0$ 可解得。

44. D. 解答：线刚度 $i=\frac{EI}{l}$，先求出每根杆件的线刚度，然后计算转动刚度，则分配系数 $\mu_{AC}=S_{AC}/(S_{AC}+S_{AD}+S_{AB})$。

45. D. 解答：首先取基本结构，断开 B 处支座，反力以 X_1 代替。在 B 处施加向上的单位力，分别作出 $\overline{M}_1$ 图和 M_P 图，进行图乘可得

$$\delta_{11}=\frac{l^3}{3EI},\ \Delta_{1P}=\frac{ql^3}{3EI},$$

力法方程：$X_1\delta_{11}+\Delta_{1P}=-X_1/k$。解得 X_1 后可求得位移 B 结点处竖直向下的位移为 $Pl^3/3EI$。

46. B. 解答：由影响线的定义可知，M_K 影响线 K 点竖标即为单元荷载作用于 K 点时的 M_K 值，作出影响线如图所示。当其中一个荷载移动到 K 点时，弯矩值最大，为 $20\times4+20\times3=140\text{kN}\cdot\text{m}$。

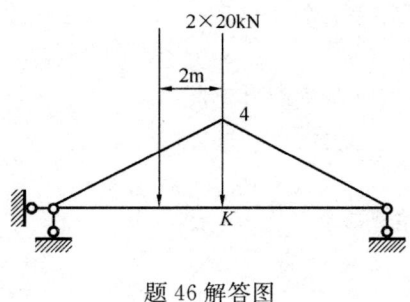

题 46 解答图

47. C. 解答：动力系数

$$\mu = \frac{1}{1-\left(\frac{\theta}{\omega}\right)^2}$$

自振频率 $\omega = \sqrt{\frac{k}{m}} = \sqrt{\frac{1}{m\delta}}$，图示两结构的柔度系数和简谐振动频率 θ 均相等，所以 $\mu_a = \mu_b$。

48. D. 解答：单自由度体系有阻尼自由振动时，阻尼比计算公式

$$\xi = \frac{1}{2\pi n} \ln \frac{y_k}{y_{k+n}}$$

题中 n 为 5，则 $\xi = \frac{1}{2\pi \times 10} \ln \frac{1}{0.0016} = 0.1025$

49. A. 解答：材料的物理力学性能即在一定的温度条件和外力作用下，抵抗变形和断裂的能力。弹性模量和泊松比均为弹性常量，而实际的材料不可能是理想的弹性材料，实际的材料必定是有一定的塑性的，因此实际物理力学性能指标应包括强度、变形和轴向应力-应变曲线。

50. B. 解答：手持应变仪的标距为 $L=200$mm，所测变形为 $\Delta L=0.003$mm，故应变 $\varepsilon = \Delta L/L = 0.003/200 = 15 \times 10-6 = 15\mu\varepsilon$。

51. C. 解答：这是一个半桥测应变的电路图，且 $\varepsilon_1 = -\varepsilon_2$，故 $\varepsilon_仪 = \varepsilon_1 - \varepsilon_2 = 2\varepsilon_1$，即电桥的测试值是实际值的 2 倍。

52. C. 解答：AD 两项，根据不同的激励方法，结构动力特性的试验测定大体可分为自由振动法、共振法和脉动法三种。B 项，锤击激励属于自由振动法中的突加荷载法。

53. D. 解答：根据《建筑结构检测技术标准》GB/T 50344—2004 第 D.0.1 条规定，钢筋锈蚀状况的检测可根据测试条件和测试要求选择剔凿检测方法、电化学测定方法或综合分答判定方法，其中电化学测定方法即为电位差法。A 项，声发射法是通过接收和分答材料的声发射信号来评定材料性能或结构完整性的无损检测方法。B 项，电磁感应法是以岩石的导电性、导磁性和介电性的差异为物质基础，应用电磁感应原理，通过观测和研究人工或天然源形成的电磁场的空间分布和时间（或频率）的变化规律，从而寻找良导矿床或解决有关的各类地质问题的一组电法勘查的重要分支方法。C 项，超声波常常被用于监测工程施工过程的质量和验收工程，通过精确地测定首波波形和幅度、声速，再综合分答其变化及大小，能够推测混凝土的内部结构、性能及其组成情况。

54. A. 解答：根据自重应力公式

$$\sigma_{cz} = \gamma_1 h_1 + \gamma_2 h_2 = 17 \times 4 + 20 \times 2 = 108 \text{kPa}$$

故选 A。

55. D. 解答：P_{cz} 为软弱下卧层顶面自重应力

根据公式 $P_{cz} = \sum_{i=1}^{n} \gamma_i h_i$，

可知计算高度从地表开始算起。

故选 D。

56. D. 解答：根据公式

$$n = \frac{e}{1+e} = \frac{47.71\%}{1+47.71\%} \times 100\% = 32.30\%$$

故选 D。

57. D. 解答：应力路径、剪胀性、加载速度均影响岩土的抗剪强度。

58. D. 解答：圆锥动力触探适用于强风化、全风化岩石、粉土、砂土和碎石；

标准贯入试验适用于一般黏性土、粉土、砂土；

静力触探适用于黏性土、粉土、砂土、含少量碎石的土。

故选 D。

59. A. 解答：基础底面以上土的加权平均重度为

$$\gamma_0 = \frac{16 \times 2 + (20-10) \times 1}{3} = 14 \text{ kN/m}^3$$

根据公式

$$f_a = f_{ak} + \eta_b \gamma (b-3) + \eta_d \gamma_0 (d-0.5) = 100 + \eta_b \gamma (3-3) + 1.5 \times 14 \times (3-0.5)$$
$$= 151 \text{kPa}$$

故选 A。

60. B. 解答：非挤土桩：钻孔灌注桩、先钻孔后打入的预制桩，将桩体积相同的土挖出，土没有排挤；侧土应力松弛，侧阻力减少。

挤土桩：打入时，将桩位大量土排挤开，围土性质变化。如实心预制桩、管桩、木桩、沉管灌注桩等。

部分挤土桩：原状结构和工程性质变化不大。如开口钢管桩、H 型钢桩等。

端承桩：桩顶荷载全部或主要由桩端阻力承受。

故选 B。

执业资格考试丛书

一级注册结构工程师
基础考试教程

(下册)

荣彬　姜南　主编

中国建筑工业出版社

目 录

(上 册)

第1章　数学	1
1.1　空间解析几何	2
1.2　微分学	12
1.3　积分学	36
1.4　无穷级数	56
1.5　常微分方程	64
1.6　概率与数理统计	69
1.7　线性代数	81
第2章　物理学	96
2.1　热学	96
2.2　波动学	117
2.3　光学	127
第3章　化学	144
3.1　物质的结构和物质状态	144
3.2　溶液	155
3.3　化学反应速率及化学平衡	166
3.4　氧化还原反应与电化学	177
3.5　有机化学	187
第4章　理论力学	206
4.1　静力学	206
4.2　运动学	227
4.3　动力学	242
第5章　材料力学	272
5.1　材料在拉伸压缩时的力学性能	272
5.2　拉伸和压缩	274
5.3　剪切和挤压	281
5.4　扭转	285
5.5　截面几何性质	293
5.6　弯曲	302
5.7　应力状态	320
5.8　组合变形	329
5.9　压杆稳定	338
第6章　流体力学	345

6.1	流体的主要物性与流体静力学	345
6.2	流体动力学基础	360
6.3	流动阻力和能量损失	373
6.4	孔口管嘴管道流动	381
6.5	明渠恒定流	388
6.6	渗流、井和集水廊道	393
6.7	相似原理和量纲分析	400

第7章 电气与信息 408

7.1	电磁学概念	409
7.2	电路知识	413
7.3	电动机与变压器	435
7.4	信号与信息	441
7.5	模拟电子技术	451
7.6	数字电子技术	465
7.7	计算机系统	477
7.8	信息表示	483
7.9	常用操作系统	488
7.10	计算机与网络	492

第8章 法律法规 501

8.1	中华人民共和国建筑法	502
8.2	中华人民共和国安全生产法	514
8.3	中华人民共和国招标投标法	526
8.4	中华人民共和国合同法	536
8.5	中华人民共和国行政许可法	549
8.6	中华人民共和国节约能源法	561
8.7	中华人民共和国环境保护法	570
8.8	建设工程勘察设计管理条例	579
8.9	建设工程质量管理条例	585
8.10	建设工程安全生产管理条例	598

第9章 工程经济 609

9.1	资金的时间价值	610
9.2	财务效益与费用估算	616
9.3	资金来源与融资方案	624
9.4	财务分析	630
9.5	经济费用效益分析	638
9.6	不确定性分析	643
9.7	方案经济比选	648
9.8	改扩建项目的经济评价特点	652
9.9	价值工程	653

(下　册)

第10章　土木工程材料 … 661
10.1　材料科学与物质结构基础知识 … 661
10.2　无机胶凝材料 … 669
10.3　混凝土 … 680
10.4　沥青及改性沥青 … 702
10.5　建筑钢材 … 709
10.6　木材、石材和黏土 … 719

第11章　工程测量 … 731
11.1　测量基本概念 … 731
11.2　水准测量 … 738
11.3　角度测量 … 745
11.4　距离测量 … 752
11.5　测量误差基本知识 … 757
11.6　控制测量 … 762
11.7　地形图测绘 … 772
11.8　地形图应用 … 781
11.9　建筑工程测量 … 784

第12章　职业法规 … 793
12.1　法律法规 … 793
12.2　职业道德 … 804

第13章　土木工程施工与管理 … 815
13.1　土石方工程与桩基础工程 … 815
13.2　钢筋混凝土工程与预应力混凝土工程 … 836
13.3　结构吊装工程与砌体工程 … 852
13.4　施工组织设计 … 862
13.5　流水施工原理 … 868
13.6　网络计划技术 … 878
13.7　施工管理 … 888

第14章　结构设计 … 897
14.1　钢筋混凝土结构部分 … 898
14.2　钢结构部分 … 994
14.3　砌体结构部分 … 1042

第15章　结构力学 … 1077
15.1　平面体系的几何组成 … 1077
15.2　静定结构受力分析与特性 … 1090
15.3　静定结构的位移 … 1107
15.4　超静定结构受力分析及特性 … 1117

15.5	影响线及应用 ………………………………………………………	1132
15.6	结构动力特性与动力反应 …………………………………………	1138

第16章 结构试验 ……………………………………………………………… 1147
- 16.1 试件设计、荷载设计、观测设计与材料试验 ………………… 1147
- 16.2 结构试验的加载设备和量测仪器 ……………………………… 1157
- 16.3 结构静力（单调）加载试验 …………………………………… 1169
- 16.4 结构低周反复加载试验 ………………………………………… 1177
- 16.5 结构动力试验 …………………………………………………… 1183
- 16.6 模型试验 ………………………………………………………… 1187
- 16.7 结构试验的非破损技术 ………………………………………… 1193

第17章 土力学与地基基础 …………………………………………………… 1203
- 17.1 土的物理性质和工程分类 ……………………………………… 1203
- 17.2 土中应力 ………………………………………………………… 1211
- 17.3 地基变形 ………………………………………………………… 1216
- 17.4 土的抗剪强度 …………………………………………………… 1230
- 17.5 土压力、地基承载力和边坡稳定 ……………………………… 1237
- 17.6 地基勘察 ………………………………………………………… 1253
- 17.7 浅基础 …………………………………………………………… 1258
- 17.8 深基础 …………………………………………………………… 1275
- 17.9 地基处理 ………………………………………………………… 1282

附赠：模拟试题

第 10 章 土木工程材料

考试大纲：
10.1 材料科学与物质结构基础知识
材料的组成：化学组成、矿物组成及其对材料性质的影响；
材料的微观结构及其对材料性质的影响：原子结构、离子键、金属键、共价键和范德华力、晶体与无定形体（玻璃体）；
材料的宏观结构及其对材料性质的影响；
建筑材料的基本性质：密度、表观密度与堆积密度，孔隙与孔隙率、孔隙特征，亲水性与憎水性，吸水性与吸湿性，耐水性、抗渗性、抗冻性、导热性，强度与变形性能、脆性与韧性。
10.2 无机胶凝材料
气硬性胶凝材料：石膏和石灰技术性质与应用；
水硬性胶凝材料：水泥的组成、水化与凝结硬化机理、性能与应用。
10.3 混凝土
原材料技术要求、拌合物的和易性及影响因素、强度性能与变形性能、耐久性、抗渗性、抗冻性、碱-骨料反应、混凝土外加剂与配合比设计。
10.4 沥青及改性沥青
组成、性质和应用。
10.5 建筑钢材
建筑钢材的组成、组织与性能的关系，加工处理及其对钢材性能的影响，建筑钢材的种类与选用。
10.6 木材、石材和黏土
木材：组成、性质和应用。
石材和黏土：组成、性质和应用。
本章试题配置：7题

10.1 材料科学与物质结构基础知识

高频考点梳理

知识点	孔隙率及孔隙特征	材料的吸水性	砂的含水率	材料的变形性能	材料的韧性
近三年考核频次	1	1	1	1	1

10.1.1 材料的组成

材料的组成是决定材料性质的最基本因素，包括化学组成和矿物组成。

化学组成是指构成材料的化学元素及化合物的种类和数量。当材料与环境各类物质相接触时，它们之间必然要按化学规律发生相互作用。例如，材料受到酸、碱、盐类物质的侵蚀作用；材料遇火时的可燃性、耐火性等。

矿物组成是指构成材料的矿物种类和数量。如天然石材、无机胶凝材料等，其矿物组成是在其化学组成确定的条件下决定材料的主要因素。

【例 10.1-1】下列矿物中仅含有碳元素的是（ ）。
A. 石膏　　　　　B. 石灰　　　　　C. 石墨　　　　　D. 石英

解析：石膏的主要成分为硫酸钙，石灰的主要成分为氧化钙，石墨的成分为碳，石英的主要成分为氧化硅。所以应选 C 项。

10.1.2 材料的微观结构

材料的结构可分为宏观结构、细观结构和微观结构。其中，微观结构是指原子、分子层次的结构，可用电子显微镜和 X 射线来进行分析研究。按微观结构材料可分为晶体、玻璃体、胶体。

1. 晶体

质点（离子、原子、分子）在空间上按特定的规则，呈周期性排列时所形成的结构称为晶体结构。晶体按质点和化学键分类见表 10.1-1。

晶体的类型和实例　　　　　表 10.1-1

晶体的类型	原子晶体	离子晶体	分子晶体	金属
微粒间的作用力	共价键	离子键	范德华力	金属键
实例	石英、金刚石、碳化硅	$CaCl_2$、$NaCl$、MgO	有机化合物	钢材

2. 玻璃体

玻璃体也称无定形体或非晶体，是具有一定化学成分的熔融物质经急冷而形成的物质，化学结构不稳定，容易与其他物质起化学反应。如火山灰、粒化高炉渣等。

3. 胶体

胶体是指一些细小的固体粒子（直径为 $1\sim100\mu m$）分散在介质中所组成的结构，一般属于非晶体。与晶体和玻璃体结构相比，胶体结构的强度较低，变形较大。

【例 10.1-2】下列各种晶体间作用力的叙述，不合理的是（ ）。
A. 原子晶体的各原子之间由原子键来联系
B. 离子晶体的离子键靠静电吸引力结合
C. 分子晶体靠分子间的范德华力结合
D. 金属晶体中金属键通过自由电子的库仑引力结合

解析：原子晶体的各原子之间由共价键来联系，其余选项描述正确。所以应选 A 项。

10.1.3 材料的宏观结构

材料的宏观结构是指用肉眼或放大镜能够分辨的粗大组织。土木工程材料的宏观结构，按其孔隙特征可分为致密结构、多孔结构、微孔结构；按其组织构造特征可分为堆聚结构、纤维结构、层状结构、散粒结构。

10.1.4 材料的基本物理性质

1. 密度、表观密度与堆积密度

密度 ρ：
$$\rho = \frac{M}{V}$$

表观密度 ρ_0：
$$\rho_0 = \frac{M}{V_0}$$

堆积密度 ρ_0'：
$$\rho_0' = \frac{M}{V_0'}$$

式中，V 为材料在绝对密实状态下的体积，单位为 cm³；V_0 为材料在自然状态下的体积，单位为 cm³ 或 m³；V_0' 为材料的堆积体积，单位为 m³。

2. 孔隙与孔隙率、孔隙特征

（1）密实度：指材料的体积内被固体物质充实的程度。按下式计算：
$$D = \frac{V}{V_0} \times 100\% \quad 或 \quad D = \frac{\rho_0}{\rho} \times 100\%$$

（2）孔隙率：指材料的体积内孔隙体积所占的比例。按下式计算：
$$P = \frac{V_0 - V}{V_0} = 1 - \frac{V}{V_0} = \left(1 - \frac{\rho_0}{\rho}\right) \times 100\%$$

即 $D + P = 1$ 或 密实度＋孔隙率＝1

孔隙率或密实度的大小直接反映了材料的致密程度。

（3）填充率：指在某堆体积中，被散粒材料的颗粒所填充的程度。按下式计算：
$$D' = \frac{V}{V_0'} \times 100\% \quad 或 \quad D' = \frac{\rho_0'}{\rho} \times 100\%$$

（4）空隙率：指在某堆体积中，散粒材料颗粒之间的空隙体积所占的比例。按下式计算：
$$P' = \frac{V_0' - V}{V_0'} = 1 - \frac{V}{V_0'} = \left(1 - \frac{\rho_0'}{\rho}\right) \times 100\%$$

即 $D' + P' = 1$ 或 填充率＋空隙率＝1

空隙率的大小反映了散粒材料颗粒之间相互填充的程度。空隙率可作为控制混凝土集料的级配及计算砂率的依据。

3. 亲水性和憎水性

如图 10.1-1 所示，θ 为润湿边角，当 $\theta \leqslant 90°$ 时，这种材料称为亲水性材料；当 $\theta > 90°$ 时，这种材料称为憎水性材料。

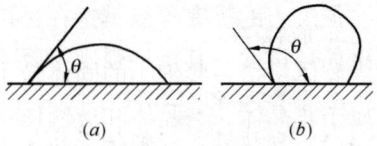

图 10.1-1 材料润湿边角
(a) 亲水性材料；(b) 憎水性材料

4. 吸水性与吸湿性

（1）含水率：材料中所含水的质量与干燥状态下的材料的质量之比，称为材料的含水率。可按下式计算：
$$W = \frac{m_1 - m}{m} \times 100\%$$

式中，W 为材料的含水率；m 为材料在干燥状态下的质量，单位为 g；m_1 为材料在含水状态下的质量，单位为 g。

(2) **吸水性**：材料与水接触且吸收水分的性质，称为材料的吸水性。当材料吸水饱和时，其含水率称为吸水率。

(3) **吸湿性**：材料在潮湿空气中吸收水分的性质，称为吸湿性。吸湿的作用一般是可逆的，也就是说，材料既可以吸收空气中的水分，又可以向空气中释放水分。

材料与空气湿度达到平衡时的含水率称为平衡含水率。保温材料吸湿含水后，导热系数将增大，保温性能会降低。

5. 耐水性、抗渗性和抗冻性

(1) **耐水性**：材料抵抗水的破坏作用的能力称为材料的耐水性。可用软化系数来表示：

$$软化系数 = \frac{材料在吸水饱和状态下的抗压强度}{材料在干燥状态下的抗压强度}$$

软化系数的范围在 0~1 之间。长期受水浸泡或处于潮湿环境中的重要建筑物，应选择软化系数在 0.85 以上的材料来建造。

(2) **抗渗性**：材料抵抗压力水渗透的性质称为抗渗性。材料的抗渗性可用渗透系数来表示：

$$K = \frac{Qd}{AtH}$$

式中，Q 为透水量（cm^3）；d 为试件厚度（cm）；A 为透水面积（cm^2）；t 为时间（h）；H 为静水压力水头（cm）。

渗透系数越小，则表示材料的抗渗性能越好。对于防潮、防水材料，如沥青、油毡、沥青混凝土、瓦等材料，常用渗透系数表示其抗渗性。

对于砂浆、混凝土等材料，常用抗渗等级表示，即

$$S = 10H - 1$$

式中，S 为抗渗等级，H 表示试件开始渗水时的水压力（MPa）。

抗渗等级越高，则表示材料的抗渗性能越好。

(3) **抗冻性**：材料在吸水饱和状态下，能经受多次冻融循环作用而不破坏，同时也不严重降低强度的性质称为抗冻性，用"抗冻标号"表示。

混凝土的抗冻等级是指在标准养护条件下 28d 龄期的立方体试件，在吸水饱和后进行冻融循环试验，其抗压强度下降不超过 25%，质量损失不超过 5% 时的最大循环次数。

6. 导热性和热容量

(1) **导热性**：材料传导热量的性质称为导热性，以导热系数表示。导热系数越大，其传导的热量就越多。

影响材料导热系数的主要因素有材料的物质组成、微观结构、孔隙构造、温度、湿度和热流方向等。

(2) **热容量**：材料受热（或冷却）时吸收（或放出）热量的性质称为材料的热容量，用比热容表示。比热容是指质量为 1g 的材料，当温度升高（或降低）1K 时所吸收（或释放）的能量。

【例 10.1-3】某种材料的孔隙率增大时，它的（　　）一定下降。

①密度；②表观密度；③吸水率；④强度；⑤抗冻性。

A. ①② B. ①③ C. ②④ D. ②③⑤

解析： 吸水率和抗冻性取决于开口孔隙率的大小和特征，而不仅仅取决于孔隙率；密度是指材料在绝对密实状态下单位体积的质量，是自身属性，与孔隙率无关；表观密度是指材料在自然状态下，不含开口孔时单位体积的质量，孔隙率增大，表观密度降低；材料的强度与其组成、结构构造有关，材料的孔隙率增大，则强度降低。所以应选 C 项。

【例 10.1-4】下列材料与水有关的性质中，哪一项叙述是正确的？（　　）
A. 润湿边角 $\theta \leqslant 90°$ 的材料称为憎水材料
B. 石蜡、沥青均是亲水材料
C. 材料吸水后，将使强度与保温性提高
D. 软化系数越小，表面材料的耐水性越差

解析： 软化系数越小，说明泡水后材料的强度下降越明显，耐水性越差。润湿边角 $\theta > 90°$ 的材料为憎水材料，如石蜡、沥青。材料吸水后，强度和保温性降低。所以应选 D 项。

【例 10.1-5】含水率为 4% 的中砂 2500kg，其中含水（　　）kg。
A. 96.2　　　　B. 98.2　　　　C. 100　　　　D. 104.2

解析： 含水率 =（含水状态的重量－干燥状态的重量）/ 干燥状态的重量 ×100% =（水的重量）/（含水状态的重量－水的重量）×100%；设水的重量为 M，有 $M/(2500-M)×100\% = 4\%$，解得 $M = 96.2$kg，所以应选 A 项。

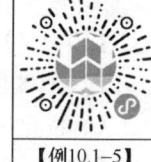
【例10.1-5】

【例 10.1-6】材料积蓄热量的能力称为（　　）。
A. 导热系数　　　　　　　　B. 热容量
C. 温度　　　　　　　　　　D. 传热系数

解析： 导热系数和传热系数表示材料传递热量的能力，热容量反映材料的蓄热能力。所以应选 B 项。

10.1.5 材料的力学性质

1. 强度与变形性能

（1）强度：材料在外力（荷载）作用下抵抗破坏的能力称为强度。根据外力作用方式的不同，材料强度有抗压强度、抗拉强度、抗弯强度及抗剪强度等。

（2）变形性能：材料的变形性能指弹性和塑性。材料在外力作用下产生变形，当外力除去后变形随即消失，完全恢复原来形状的性质称为弹性；材料在外力作用下，当应力超过一定限值时产生显著变形，且不产生裂缝或发生断裂，外力取消后，仍保持变形后的形状和尺寸的性质称为塑性。混凝土等材料为弹塑性材料。

2. 脆性和韧性

（1）脆性：当外力达到一定限度后，材料突然破坏且破坏时无明显的塑性变形，材料的这种性质称为脆性。脆性材料不利于抵抗振动和冲击荷载，会使结构发生突然性破坏，是工程中应避免的。

（2）韧性：在冲击、振动荷载作用下，材料能够吸收较大的能量且不发生破坏的性质，称为韧性。建筑钢材（软钢）、木材等属于韧性材料。

【例 10.1-7】脆性材料的特征是（　　）。
A. 破坏前无明显变形　　　　　B. 抗压强度与抗拉强度均较高
C. 抗冲击破坏时吸收能量大　　D. 受力破坏时，外力所做的功大

解析：脆性材料破坏前无明显变形，抗拉强度远小于抗压强度，受力破坏时吸收能量小，外力做功小。所以应选 A 项。

习　题

【10.1-1】材料的结构可分为(　　)。
 A. 晶体、玻璃体　　　　　　　　　　B. 晶体、凝胶体
 C. 晶体、玻璃体、胶体　　　　　　　D. 晶体、玻璃体、凝胶体

【10.1-2】以下哪种微观结构或性质的材料不属于晶体？(　　)
 A. 结构单元在三维空间规律排列
 B. 非固定熔点
 C. 材料的任一部分都具有相同的性质
 D. 在适当的环境中能自发地形成封闭的几何多面体

【10.1-3】对于同一种材料，各种密度参数的大小排列为(　　)。
 A. 密度＞堆积密度＞表观密度　　　　B. 密度＞表观密度＞堆积密度
 C. 堆积密度＞密度＞表观密度　　　　D. 表观密度＞堆积密度＞密度

【10.1-4】材料的孔隙率降低，则其(　　)。
 A. 密度增大而强度提高　　　　　　　B. 表观密度增大而强度提高
 C. 密度减小而强度降低　　　　　　　D. 表观密度减小而强度降低

【10.1-5】密度为 2.6g/cm³ 的岩石具有 20% 的孔隙率，则其表观密度为(　　)。
 A. 2080kg/m³　　B. 2340kg/m³　　C. 2680kg/m³　　D. 2600kg/m³

【10.1-6】某种多孔材料密度为 2.0g/cm³，表观密度为 1.6g/cm³。该多孔材料的孔隙率为(　　)。
 A. 20%　　　　B. 25%　　　　C. 30%　　　　D. 35%

【10.1-7】吸声材料的孔隙特征应该是(　　)。
 A. 均匀而封闭　　　　　　　　　　　B. 小而封闭
 C. 小而连通、开口　　　　　　　　　D. 大而连通、开口

【10.1-8】下列与材料的孔隙率没有关系的是(　　)。
 A. 强度　　　　B. 绝热性　　　　C. 密度　　　　D. 耐久性

【10.1-9】具有封闭孔隙特征的多孔材料，适合用作(　　)建筑材料。
 A. 吸声　　　　　　　　　　　　　　B. 隔声
 C. 保温　　　　　　　　　　　　　　D. 承重

【10.1-10】憎水材料的润湿边角(　　)。
 A. ＞90°　　　B. ≤90°　　　C. ＞45°　　　D. ≤180°

【10.1-11】500g 潮湿的砂经过烘干后，质量变为 485g，其含水率为(　　)。
 A. 5.00%　　　B. 3.09%　　　C. 4.50%　　　D. 5.50%

【10.1-12】材料的软化系数是指(　　)。
 A. 吸水率与含水率之比
 B. 材料饱和抗压强度与干燥抗压强度之比
 C. 材料受冻后抗压强度与受冻前抗压强度之比

D. 材料饱和弹性模量与干燥弹性模量之比

【10.1-13】耐水材料的软化系数应大于（　　）。
A. 0.8　　　　　　B. 0.85　　　　　　C. 0.9　　　　　　D. 1.0

【10.1-14】对混凝土抗渗性能影响最大的因素是（　　）。
A. 水灰比　　　　　　　　　　　B. 骨料的最大粒径
C. 砂率　　　　　　　　　　　　D. 水泥品种

【10.1-15】抗冻等级是指混凝土28d龄期试件在吸水饱和后所能承受的最大冻融循环次数，其前提条件是（　　）。
A. 抗压强度下降不超过5%，质量损失不超过25%
B. 抗压强度下降不超过10%，质量损失不超过20%
C. 抗压强度下降不超过20%，质量损失不超过10%
D. 抗压强度下降不超过25%，质量损失不超过5%

【10.1-16】在组成一定时，为使材料的导热系数降低，应（　　）。
A. 提高材料的孔隙率　　　　　　B. 提高材料的含水率
C. 增加开口大孔的比例　　　　　D. 提高材料的密实度

【10.1-17】绝热材料的导热系数与含水率的关系是（　　）。
A. 含水率越大，导热系数越小　　B. 含水率越大，导热系数越大
C. 含水率与导热系数无关　　　　D. 含水率越小，导热系数越大

【10.1-18】关于绝热材料的性能，下列哪一项叙述是错误的？（　　）
A. 材料中固体部分的导热能力比空气小
B. 材料受潮后，导热系数增大
C. 各向异性的材料中与热流平行方向的热阻小
D. 导热系数随温度升高而增大

【10.1-19】材料的抗弯强度与下列试件的哪些条件有关？（　　）
①受力情况；②材料重量；③截面形状；④支撑条件。
A. ①②③　　　　　B. ②③④　　　　　C. ①③④　　　　　D. ①②④

习题答案及解析

【10.1-1】答案：C
解析：材料的结构可分为宏观结构、细观结构和微观结构。按微观结构材料可分为晶体、玻璃体、胶体。

【10.1-2】答案：B
解析：质点在空间上按特定的规则，呈周期性排列时所形成的结构称为晶体结构，即结构单元在三维空间规律性排列。晶体构造使晶体在适当的环境中能够自发地形成封闭的几何多面体，宏观晶体材料为各向同性，即材料的任一部分都具有完全相同的性质。晶体材料具有一定的熔点。非晶体材料没有固定的熔点。

【10.1-3】答案：B
解析：密度是指材料在绝对密实状态下单位体积的质量；表观密度是指在自然状态下单位体积的质量；堆积密度是指散粒材料在堆积状态下单位体积的质量。所以对于同一材

料，各种密度的排列顺序为：密度＞表观密度＞堆积密度。

【10.1-4】答案：B

解析：材料的密度是指材料在绝对密实状态下单位体积的质量，表观密度是指在自然状态下单位体积的质量，所以密度与孔隙率无关。孔隙率降低，即材料的密实度增加，表观密度增大，而强度提高。

【10.1-5】答案：A

解析：孔隙率 $P=1-\dfrac{表观密度}{密度}=\left(1-\dfrac{\rho_0}{\rho}\right)\times 100\%$，则表观密度＝（1－P）×密度＝（1－20％）×2.6＝2.08g/cm³＝2080kg/m³。

【10.1-6】答案：A

解析：孔隙率 $P=1-\dfrac{表观密度}{密度}=\left(1-\dfrac{\rho_0}{\rho}\right)\times 100\%=\left(1-\dfrac{1.6}{2.0}\right)\times 100\%=20\%$。

【10.1-7】答案：C

解析：材料孔隙率高、孔隙细小，吸声性较好；孔隙过大，效果较差，并且过多的封闭微孔对吸声不利。

【10.1-8】答案：C

解析：密度是材料在绝对密实状态下单位体积的质量，与孔隙率无关。孔隙率越大，强度越低，表观密度越小，导热系数越小；材料耐久性中的抗渗性和抗冻性与孔隙率、孔隙特征等有很大关系。

【10.1-9】答案：C

解析：封闭孔隙中含有很多的空气，使其导热系数小，可以用作保温材料。吸声材料需要具有开孔孔隙，隔声和承重材料要求密实性高，即孔隙率小。

【10.1-10】答案：A

解析：材料在空气中与水接触时，表面能被水浸润的性质称为亲水性，反之则为憎水性。表征材料亲水性的指标是润湿边角，亲水材料的润湿边角≤90°，憎水材料的润湿边角＞90°。

【10.1-11】答案：B

解析：含水率＝水的质量/材料的干燥质量
＝（500－485）/485＝3.09％

【10.1-12】答案：B

解析：材料软化系数是指材料吸水饱和的抗压强度与干燥抗压强度之比。

【10.1-13】答案：B

解析：耐水性是指材料长期在饱和水的作用下不破坏，其强度也不显著降低的性质，一般用软化系数表示。工程上将软化系数大于等于0.85的材料称为耐水性材料。

【10.1-14】答案：A

解析：影响混凝土抗渗性能的主要因素是混凝土的密实度和孔隙特征。其中，水灰比是影响混凝土密实度的主要因素，一般情况下，水灰比越大，材料越密实，则抗渗性越好。

【10.1-15】答案：D

解析：混凝土的抗冻等级是指在标准养护条件下28d龄期的立方体试件，在吸水饱后进行冻融循环试验，其抗压强度下降不超过25%，质量损失不超过5%时的最大循环次数。

【10.1-16】答案：A

解析：因为空气的导热系数低于水的导热系数，在组成一定时，增加空气含量（即提高孔隙率，降低密实度）可以降低导热系数，如果孔隙中含水，则增大了导热系数，开口孔隙会形成对流传热效果，使导热能力增大。

【10.1-17】答案：B

解析：水的导热能力强，含水率越大，导热系数越大。

【10.1-18】答案：A

解析：材料中固体部分的导热能力比空气强。

【10.1-19】答案：C

解析：材料的抗弯强度与受力情况、截面形状和支承条件有关，和材料重量无关。

10.2 无机胶凝材料

高频考点梳理

知识点	水泥水化	水泥凝结硬化
近三年考核频次	1	2

土木工程材料中，凡是经过一系列物理、化学作用，能将散粒状或块状材料粘结成整体的材料，统称为胶凝材料。

根据胶凝材料的化学成分，一般可分为无机胶凝材料和有机胶凝材料两大类。根据无机胶凝材料凝结硬化条件的不同，又可分为气硬性胶凝材料和水硬性胶凝材料两大类。常用的气硬性胶凝材料有石灰、石膏和水玻璃，一般只适用于地上或干燥环境，不适用于潮湿环境，更不可用于水中；水硬性胶凝材料包括各种水泥，既适用于地上，也适用于地下或水中。

10.2.1 石灰

1. 石灰的生产、熟化与硬化

（1）石灰的原料与生产

生产石灰的原料是以$CaCO_3$为主要成分的石灰石，石灰石经煅烧分解，即得生石灰（CaO）。

$$CaCO_3 \xrightarrow{900℃} CaO + CO_2 \uparrow$$

石灰石按氧化镁含量分为钙质生石灰（MgO≤5%）与镁质生石灰（MgO＞5%）。

（2）石灰的熟化

工地上使用石灰时，通常将生石灰加水，使之消解为消石灰——氢氧化钙，这个过程称为石灰的"消化"或"熟化"。

$$CaO + H_2O = Ca(OH)_2 + 15.5kcal$$

石灰熟化过程伴随体积膨胀和放热。

(3) 石灰的硬化

石灰浆在空气中逐渐硬化，包括了同时进行的两个过程：

1) 结晶作用——石灰浆中的水分蒸发，氢氧化钙逐渐从饱和溶液中呈结晶析出。

2) 碳化作用——氢氧化钙与空气中的二氧化碳化合生成碳酸钙晶体，释放出水分并被蒸发。

2. 石灰的技术性质

(1) 良好的保水性

用石灰调成的石灰砂浆具有良好的可塑性，在水泥砂浆中加入石灰浆，使可塑性显著提高，克服了水泥砂浆保水性差的特点。

(2) 凝结硬化慢、强度低

已硬化的石灰强度很低，1∶3石灰砂浆28d抗压强度通常只有0.2~0.5MPa，受潮后石灰溶解，强度更低，在水中还会溃散。

(3) 耐水性差

已硬化的石灰，由于氢氧化钙结晶易溶于水，因而耐水性差。因此，石灰不宜用于潮湿环境，也不宜用于重要建筑物的基础。

(4) 体积收缩大

石灰在硬化过程中，蒸发大量的游离水而引起显著收缩，收缩变形会促使制品开裂。

3. 石灰的应用

建筑工程中所用的石灰可分为三个品种：建筑生石灰、建筑生石灰粉和建筑消石灰粉。我国建材行业将其分为三个等级：优等品、一等品和合格品。

(1) 石灰乳涂料和石灰砂浆

将消石灰粉或熟化好的石灰膏加入水搅拌稀释，成为石灰乳涂料，主要用于内墙和顶棚刷白。用石灰膏和消石灰粉配制的石灰砂浆或水泥石灰砂浆是砌筑工程中常用的胶凝材料。

(2) 灰土和三合土

消石灰粉与黏土按一定比例配合称为灰土，再加入煤渣、炉灰、砂等，即成三合土，广泛用于建筑物基础和地面的垫层。

(3) 硅酸盐制品

将消石灰粉或磨细生石灰与砂或粉煤灰、火山灰等硅质材料，经配合拌匀，加水搅拌、成型、养护（常压或高压蒸汽养护）等工序制得的制品，因其内部的胶凝物质基本上是水化硅酸钙，所以称为硅酸盐制品。常用的有蒸养粉煤灰砖及砌块，蒸压灰砂砖及砌块等。

(4) 碳化石灰板

将磨细生石灰、纤维状填料或轻质骨料加水搅拌成型为坯体，然后再通入高浓度二氧化碳进行人工碳化（12~24h）而制成的一种轻质板材。

【例10.2-1】石灰的陈伏期为(　　)。

A. 两个月以上　　　　　　　　B. 两星期以上
C. 一个星期以上　　　　　　　D. 两天以上

解析：工程上，将生石灰加大量的水（生石灰质量的2~3倍）熟化成石灰乳，然后经筛网流入储灰池并"陈伏"至少两周,以消除过火石灰的危害,经沉淀除去多余的水分得到的膏状物即为石灰膏。所以应选 B 项。

【例 10.2-2】煅烧石灰石可作为无机胶凝材料,其具有气硬性的原因是能够反应生成( )。

  A. 氢氧化钙   B. 水化硅酸钙
  C. 二水石膏   D. 水化硫铝酸钙

解析:煅烧石灰石产生的生石灰 CaO 在使用时加水消解为熟石灰,其主要成分为 $Ca(OH)_2$。在硬化过程中与空气中的 CO_2 发生反应,形成不溶于水的 $CaCO_3$ 晶体,产生强度。所以应选 A 项。

【例 10.2-3】三合土垫层是用下列哪三种材料拌合铺设?( )

  A. 水泥、石灰、砂子
  B. 消石灰、碎砖碎石、砂或掺少量黏土
  C. 生石灰、碎砖碎石、砂
  D. 石灰、砂子、纸筋

解析:消石灰粉与黏土按一定比例配合称为灰土,再加入煤渣、炉灰、砂等,即成三合土,广泛用于建筑物基础和地面的垫层。所以应选 B 项。

10.2.2 石膏

1. 石膏的原料、生产及品种

生产石膏的主要原料是天然二水石膏,又称软石膏或生石膏。生产石膏的主要工序是加热与磨细。由于加热方式和温度的不同,可生产不同性质的石膏品种,统称为熟石膏。石膏品种主要有建筑石膏、高强石膏、硬石膏等。

2. 建筑石膏的技术性质

(1) 凝结硬化快。建筑石膏的凝结,一般初凝时间只有 3~5min,终凝时间只有 20~30min。在室内自然干燥条件下,达到完全硬化的时间约一周。

(2) 硬化后体积微膨胀(约 1%)。因此硬化产物外形饱满,不出现裂纹。

(3) 硬化后孔隙率增大(可达 50%~60%)。因此其强度低(与水泥相比),表观密度较小,导热性较低,吸声性、吸湿性较强。

(4) 耐水性和抗冻性差。

(5) 耐热性差。石膏制品不可长期用于 65℃ 以上的高温环境中,因此耐热性差。

3. 石膏的应用

建筑石膏常用于室内抹灰、粉刷,油漆打底层,也可用于制作各种建筑装饰制件和石膏板等。

石膏板具有轻质、保温、隔热、吸声、不燃,以及容量大、吸湿性大,可调节室内温度和湿度,施工方便等性能,是一种有发展前途的新型板材。

【例 10.2-4】石膏制品具有良好的抗火性,是因为( )。

  A. 石膏制品保温性好   B. 石膏制品含大量结晶水
  C. 石膏制品孔隙率大   D. 石膏制品高温下不变形

解析:石膏硬化后的结晶物 $CaSO_4 \cdot 2H_2O$ 遇到火烧时,结晶水蒸发,吸收热量,并在表面生成具有良好绝热性的无结晶水产物,起到阻止火焰蔓延和温度升高的作用,所以石膏有良好的抗火性。所以应选 B 项。

【例 10.2-5】 下列建筑石膏的哪一项性质是正确的？（　　）

A. 硬化后出现体积收缩

B. 硬化后吸湿性强、耐水性较差

C. 制品可长期用于 65℃ 以上高温中

D. 石膏制品的强度一般比石灰制品的低

解析：建筑石膏硬化后体积微膨胀（约 1%），石膏制品不可长期用于 65℃ 以上的高温环境中，石膏制品的强度低于水泥制品，高于石灰制品。所以应选 B 项。

10.2.3 硅酸盐水泥

水泥呈粉末状，与水混合后，经过物理化学反应过程能由可塑性浆体变成坚硬的石状体，并能将散粒材料胶结成为整体，所以水泥是一种良好的矿物胶凝材料。水泥品种很多，用于一般土木建筑工程的水泥为通用水泥，如硅酸盐水泥、矿渣硅酸盐水泥等；适应专门用途的水泥称为特种水泥，如中、低热水泥、道路水泥、砌筑水泥等；具有比较突出的某种性能的水泥称为特种水泥，如快硬硅酸盐水泥、抗硫酸盐水泥、膨胀水泥等，其中，硅酸盐水泥是最基本的。

1. 硅酸盐水泥的生产及矿物组成

（1）硅酸盐水泥的生产

硅酸盐水泥的原料主要是石灰质原料和黏土质原料两类。石灰质原料主要提供 CaO，它可以采用石灰石、白垩、石灰质凝灰岩等；黏土质原料主要提供 SiO_2、Al_2O_3 及少量 Fe_2O_3，它可以采用黏土、黄土等。

硅酸盐水泥生产的大致步骤是：先把几种原材料按适当比例配合后在磨机中磨成生料；然后将制得的生料入窑进行煅烧；再把烧好的熟料配以适当的石膏（和混合材料）在磨机中磨成细粉，即得到水泥。

水泥生料在窑内的煅烧过程，虽方法各异，但都要经历干燥、预热、分解、熟料烧成及冷却等几个阶段。其中，熟料烧成是水泥生产的关键，必须有足够的时间，以保证水泥熟料的质量。

（2）水泥熟料矿物组成

1) 硅酸盐水泥的主要熟料矿物的名称和含量范围如下：

2) 硅酸三钙 $3CaO \cdot SiO_2$，简写 C_3S，含量 37%~60%；

3) 硅酸二钙 $2CaO \cdot SiO_2$，简写 C_2S，含量 15%~37%；

4) 铝酸三钙 $3CaO \cdot Al_2O_3$，简写 C_3A，含量 7%~15%；

铁铝酸四钙 $4CaO \cdot Al_2O_3 \cdot Fe_2O_3$，简写 C_4AF，含量 10%~18%。

在以上的主要熟料矿物中，硅酸三钙和硅酸二钙的总含量在 70% 以上，铝酸三钙与铁铝酸四钙的含量在 25% 左右，故称为硅酸盐水泥。除主要熟料矿物外，水泥中还含有少量游离氧化钙、游离氧化镁和碱，但其含量一般不超过水泥量的 10%。

2. 硅酸盐水泥的水化及凝结硬化

（1）硅酸盐水泥的水化

熟料矿物与水发生的水解或水化作用统称为水化。熟料矿物与水发生水化反应，生成水化产物，并放出一定热量。

四种熟料矿物的水化特性各不相同，对水泥的强度、凝结硬化速度及水化放热等的影响也不相同；各种水泥熟料矿物水化所表现出的特性见表10.2-1和如图10.2-1所示。水泥是几种熟料矿物的混合物，改变熟料矿物成分间的比例时，水泥的性质即发生相应变化，例如提高硅酸三钙的含量，可以制得高强度水泥；又如降低铝酸三钙和硅酸三钙的含量，可制得水化热低的水泥，如大坝水泥。

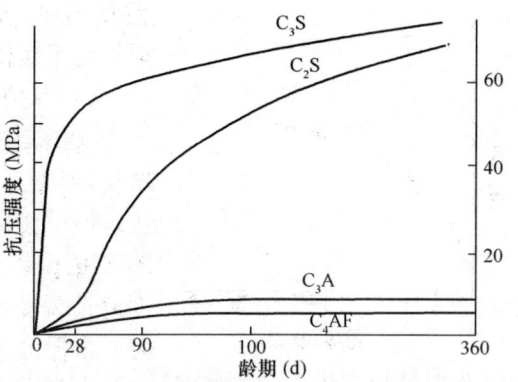

图 10.2-1 各种熟料矿物的强度增长

各种熟料矿物单独与水作用时表现出的特性　　　　　　　表 10.2-1

名称	硅酸三钙	硅酸二钙	铝酸三钙	铁铝酸四钙
凝结硬化速度	快	慢	最快	快
28d 水化放热量	多	少	最多	中
强度	高	早期低、后期高	低	低

（2）硅酸盐水泥的凝结硬化

水泥加水拌和后，成为可塑的水泥浆，水泥浆逐渐变稠失去塑性，但尚不具有强度的过程，称为水泥的"凝结"。随后产生明显的强度并逐渐发展成为坚强的人造石——水泥石，这一过程称为水泥的"硬化"。凝结和硬化是人为地划分的，实际上是一个连续的、复杂的物理化学变化过程，可以用下式表示：

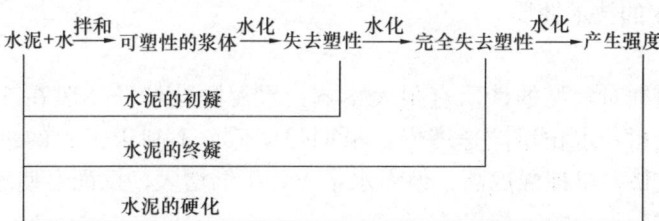

（3）影响水泥凝结硬化的主要因素

1）熟料矿物组成的影响

硅酸盐水泥的熟料矿物组成，是影响水泥的水化速度、凝结硬化过程和强度等的重要因素。

2）水泥细度的影响

水泥颗粒的粗细直接影响水泥的水化、凝结硬化、水化热、强度、干缩等性质。水泥颗粒越细，其与水接触越充分，水化反应速度越快，水化热越大，早期强度较高；但水泥颗粒太细，在相同的稀稠程度下，单位需水量增多，硬化后，水泥石中的毛细孔增多，干缩增大，反而会影响后期强度。同时，水泥颗粒太细，易与空气中的水分及二氧化碳反应，使水泥不易久存。通常水泥颗粒的粒径在 0.007～0.2mm 范围内。

3）龄期（养护时间）的影响

随着龄期的增加，水泥水化更加充分，凝胶数量不断增加，毛细孔隙减少，密实度和强度增加。水泥在 3~14d 内的强度增长较快，28d 后强度增长趋于缓慢，如图 10.2-2 所示。

4) 养护温度和湿度

通常水泥的养护温度在 5~20℃，有利于水泥强度的增长。温度升高，水泥水化反应速度加快，其强度增长也快，但反应速度太快所形成的结构不致密，反而会导致后期强度下降；当温度下降时，其水化反应速度也降低，强度增长缓慢，早期强度较低；当温度接近 0℃ 或低于 0℃ 时，水泥停止水化。

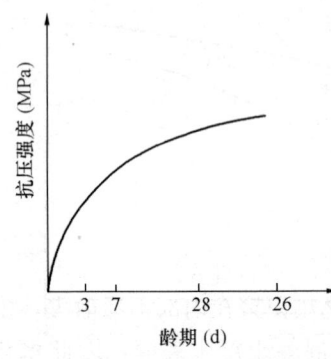

图 10.2-2 水泥水化龄期对强度的影响

水是水泥水化、硬化的必要条件。若环境湿度大，水分不易蒸发，水泥浆体能保持足够的水分参与水化；若环境干燥，水泥浆体的水分会很快蒸发，水泥浆体由于缺水，水化不能正常进行，甚至使水化停止，强度不再增长，严重的会导致水泥石或混凝土表面产生干缩裂缝。

5) 水灰比（W/C）

水灰比是水泥拌和时水与水泥的用量之比。水灰比越大，水泥砂浆就越稀，凝结硬化后水泥石中的毛细孔越多，有效受力面积下降，水泥石的强度下降；同时由于毛细孔的增多，水泥石的抗冻性、抗渗性也急剧下降。

6) 石膏掺量

水泥中掺入适量石膏，可调节水泥的凝结硬化速度。在水泥粉磨时，若不掺入石膏或石膏掺入不足时，水泥会发生瞬凝现象；加入适量的石膏会延缓水泥的凝结；但如果掺量过多，则会促使水泥凝结加快，同时还会在后期引起水泥石的膨胀而开裂破坏。

3. 硅酸盐水泥的技术性质

（1）细度

水泥颗粒的粗细对水泥的性质有很大影响，水泥颗粒粒径一般在 0.007~0.2mm 范围内。水泥颗粒太粗，水化反应速度慢，早期强度低，不利于工程的进度；水泥颗粒太细，水化反应速度快，早期强度高，但需水量大，干缩增大，反而会使后期强度降低。

（2）凝结时间

为保证水泥在施工时有充足的时间来完成搅拌、运输、振捣、成型等，水泥的初凝时间不宜过短，施工完毕后，又希望水泥尽快硬化，有利于下一步工序的开展，因此水泥的终凝时间不宜过长。硅酸盐水泥标准规定，初凝时间不得早于 45min，终凝时间不得迟于 6.5h。

（3）体积安定性

如果水泥已经硬化后，产生不均匀的体积变化，即所谓体积安定性不良，就会使构件产生膨胀性裂缝，降低建筑物质量，甚至引起严重事故。

体积安定性不良的原因，一般是由于熟料中所含游离氧化钙过多，也可能是由于熟料中所含游离氧化镁过多或掺入的石膏过多。国家标准规定，水泥熟料中游离氧化镁含量不得超过 5.0%，水泥中三氧化硫含量不得超过 3.5%，以控制水泥的体积安定性。

（4）强度及强度等级

硅酸盐水泥分为 42.5、42.5R、52.5、52.5R、62.5、62.5R 等六个等级，其中代号

R 表示早强型水泥。

（5）碱含量

水泥中的碱含量按 $Na_2O+0.658K_2O$ 计算值来表示；若使用活性骨料，碱含量过高将引起碱骨料反应。

（6）水化热

水泥在水化过程中放出的热称为水泥的水化热。水化放热量和放热速度不仅决定于水泥的矿物成分，而且还与水泥细度、水泥中掺混合材料及外加剂的品种、数量等有关。

大型基础、水坝、桥墩等大体积混凝土构筑物，由于水化热积聚在内部不易散失，内部温度常升到 50~60℃以上，内外温度差所引起的应力可使混凝土产生裂缝，因此水化热对大体积混凝土是有害因素。

4. 硅酸盐水泥的应用

硅酸盐水泥强度等级较高，主要用于重要结构的高强度混凝土和预应力混凝土工程。

硅酸盐水泥凝结硬化较快、耐冻性好，适用于要求凝结快、早期强度高，冬期施工及严寒地区遭受反复冻融的工程。

水泥石中有较多的氢氧化钙，耐软化侵蚀和耐化学腐蚀性差，故硅酸盐水泥不适用于经常与流动的淡水接触及有水压作用的工程；也不适用于受海水、矿物水等作用的工程。

硅酸盐水泥在水化过程中，水化热的热量大，不宜用于大体积混凝土工程。

【例 10.2-6】有关通用硅酸盐水泥的技术性质及应用中不正确的叙述是（ ）。

A. 水泥强度是指水泥胶砂强度，而非水泥净浆强度
B. 水泥熟料中，铝酸三钙水化速度最快，水化热最高
C. 水泥的细度指标作为强制性指标
D. 安定性不良的水泥严禁用于建筑工程

解析：根据规范规定，水泥的强制性指标包括安定性、标准稠度用水量、凝结时间和强度，细度为选择性指标。所以应选 C 项。

【例 10.2-7】水泥矿物水化放热最大的是（ ）。

A. 硅酸三钙 B. 硅酸二钙
C. 铁铝酸四钙 D. 铝酸三钙

解析：放出热量的多少排序为：铝酸三钙＞硅酸三钙＞铁铝酸四钙＞硅酸二钙。所以应选 D 项。

【例 10.2-8】水泥颗粒的大小通常用水泥的细度来表征，水泥的细度是指（ ）。

A. 单位质量水泥占有的体积 B. 单位体积水泥的颗粒总表面积
C. 单位质量水泥的颗粒总表面积 D. 单位颗粒表面积的水泥质量

解析：水泥的细度是指单位质量水泥的颗粒总表面积，单位是 m^2/kg。所以应选 C 项。

【例 10.2-9】生产硅酸盐水泥，在粉磨熟料时，加入适量石膏对水泥起的作用是（ ）。

A. 促凝 B. 增强 C. 缓凝 D. 防潮

解析：水泥中掺入适量石膏，可调节水泥的凝结硬化速度，加入适量的石膏会延缓水泥的凝结。所以应选 C 项。

【例 10.2-10】 以下关于水泥与混凝土凝结时间的叙述，正确的是（　　）。

A. 水灰比越大，凝结时间越短
B. 温度越高，水泥凝结得越慢
C. 混凝土的凝结时间与配置该混凝土所用水泥的凝结时间并不一致
D. 水泥浆凝结的主要原因是水分蒸发

解析： 无论是单独的水泥还是混凝土中的水泥，其水化的主要原因是水泥的水化反应，其速度主要取决于水化反应的快慢，但也受到温度、水灰比等的影响。尤其应注意的是，混凝土的凝结时间与配置该混凝土所用水泥的凝结时间可能不一致，因为混凝土的水灰比可能不等于水泥凝结时间测试所用水灰比，并且混凝土中可能还掺有影响凝结时间的外加剂。所以应选 C 项。

10.2.4 常用水泥的特性及应用

我国广泛使用的六种水泥见表 10.2-2。

常用六种水泥的特性及应用　　　　表 10.2-2

名称	硅酸盐水泥	普通水泥	矿渣水泥	火山灰水泥	粉煤灰水泥	复合水泥
代号	P·Ⅰ、P·Ⅱ	P·O	P·S	P·P	P·P	P·F
特性	早期强度高、水化热高、耐冻性好、耐热性差、耐腐蚀性差、耐磨性好	早期强度高、水化热较高、抗冻性较好、耐热性较差、耐腐蚀性较差、干缩性小、耐磨性较好	早期强度低、后期强度增长较快、水化热低、耐热性好、耐腐蚀性好、干缩大、抗冻性差、抗渗性差、抗碳化能力差	其他性能同矿渣水泥，只是干缩更大，抗渗性好，但耐热性差	其他性质同矿渣水泥，但干缩较小，抗裂性好，不耐热	早期强度较高，其他性能和矿渣水泥相同
应用范围	早期强度有要求的工程；受冻融循环的混凝土工程；地上、地面及水下的混凝土工程；钢筋混凝土工程，高强混凝土工程；预应力混凝土工程；有耐磨要求的混凝土工程	与硅酸盐水泥的应用基本相同	耐腐蚀性要求较高的混凝土工程；大体积混凝土工程；耐热要求的混凝土工程；蒸养预制构件；地上、地面及水中混凝土和钢筋混凝土结构	有抗渗要求的混凝土工程；地下及水中的大体积混凝土结构；蒸汽养护的混凝土构件；耐腐蚀要求较高的工程；养护较好的混凝土工程	可用于大体积混凝土工程；蒸汽养护的混凝土制品；抗裂性要求较高的结构；耐腐蚀性要求较高的工程；养护较好的一般混凝土及钢筋混凝土工程	可用于矿渣水泥所有的工程，但可用于早期强度有要求的混凝土工程
不适用的范围	大体积混凝土工程；受化学侵蚀的工程；耐热混凝土工程	与硅酸盐水泥基本相同	早期强度有要求的工程；冬期施工及冻融循环的工程	干燥环境的混凝土工程；耐磨要求较高的混凝土工程；耐高温、早期强度有要求的混凝土工程；冬期施工及冻融循环的工程	早期强度要求较高的混凝土工程；抗冻要求的混凝土工程；耐磨要求较高的工程	根据所掺混合材料确定它的使用范围

【例 10.2-11】大体积混凝土施工应选用（　　）。
A. 硅酸盐水泥　　　　　　　　B. 铝酸盐水泥
C. 矿渣水泥　　　　　　　　　D. 膨胀水泥

解析：大体积混凝土施工应选用水化热低的水泥，如矿渣水泥等掺混合材料水泥。所以应选 C 项。

【例 10.2-12】有耐磨性要求的混凝土，应优先选用下列哪种水泥？（　　）
A. 硅酸盐水泥　　　　　　　　B. 火山灰水泥
C. 粉煤灰水泥　　　　　　　　D. 硫铝酸盐水泥

解析：在六大通用水泥中，硅酸盐水泥的耐磨性最好。硫铝酸盐水泥虽具有快硬早强、微膨胀等特点，但在一般混凝土工程中较少采用。所以应选 A 项。

习　题

【10.2-1】为消除过火石灰的危害，所采取的措施是（　　）。
A. 结晶　　　　　　　　　　　B. 碳化
C. 煅烧　　　　　　　　　　　D. 陈伏

【10.2-2】下列胶凝材料中，哪种材料的凝结硬化过程属于结晶、碳化过程？（　　）
A. 石灰　　　　　　　　　　　B. 硅酸盐水泥
C. 石膏　　　　　　　　　　　D. 矿渣硅酸盐水泥

【10.2-3】下列哪一组材料全部属于气硬性胶凝材料？（　　）
A. 石灰、水泥　　　　　　　　B. 沥青、建筑石膏
C. 石灰、建筑石膏　　　　　　D. 石膏、水泥

【10.2-4】石灰不适用于下列哪一种情况？（　　）
A. 用于基础垫层　　　　　　　B. 用于硅酸盐水泥的原料
C. 用于砌筑砂浆　　　　　　　D. 用于屋面防水隔热层

【10.2-5】用石灰浆罩墙面时，为避免收缩开裂，应掺入下列中（　　）。
A. 适量盐　　　　　　　　　　B. 适量纤维材料
C. 适量石膏　　　　　　　　　D. 适量水泥

【10.2-6】石灰硬化的特点是（　　）。
A. 硬化速度慢、强度高　　　　B. 硬化速度慢、强度低
C. 硬化速度快、强度高　　　　D. 硬化速度快、强度低

【10.2-7】石灰熟化消解的特点是（　　）。
A. 吸热、体积不变　　　　　　B. 吸热、体积增大
C. 放热、体积减小　　　　　　D. 放热、体积增大

【10.2-8】在水泥石灰混合砂浆中，石灰所起的作用是（　　）。
A. 增加砂浆强度　　　　　　　B. 提高砂浆抗渗性
C. 提高砂浆可塑性　　　　　　D. 减少砂浆收缩

【10.2-9】建筑石膏不具备下列哪一种性能？（　　）
A. 干燥时不开裂　　　　　　　B. 耐水性好

C. 机械加工方便 　　　　　　　　D. 抗火性好

【10.2-10】下列(　　)在凝结硬化时发生体积微膨胀。
A. 火山灰水泥 　　　　　　　　B. 石灰
C. 铝酸盐水泥 　　　　　　　　D. 石膏

【10.2-11】下列建筑石膏的性质，正确的是(　　)。
A. 硬化后出现体积收缩
B. 建筑石膏的储存期为6个月
C. 硬化后吸湿性强，耐水性较差
D. 石膏制品的强度一般比石灰制品低

【10.2-12】建筑石膏凝结硬化后，其(　　)。
A. 导热性变小，吸声性变差 　　　　B. 导热性变小，吸声性变强
C. 导热性变大，吸声性变差 　　　　D. 导热性变大，吸声性变强

【10.2-13】伴随着水泥的水化和各种水化产物的陆续生成，水泥浆的流动性发生较大的变化，其中水泥浆的初凝是指其(　　)。
A. 开始明显固化 　　　　　　　　B. 流动性基本丧失
C. 黏性开始减小 　　　　　　　　D. 强度达到一定水平

【10.2-14】引起硅酸盐水泥体积安定性不良的因素是(　　)。
①游离氧化钠　②游离氧化钙　③游离氧化镁　④石膏　⑤氧化硅
A. ②③④ 　　　　　　　　　　B. ①②④
C. ②③⑤ 　　　　　　　　　　D. ①②③

【10.2-15】水泥的强度是指(　　)。
A. 水泥净浆的强度 　　　　　　　B. 混合材料的强度
C. 其主要成分硅酸钙的强度 　　　D. 1∶3水泥胶砂试块的强度

【10.2-16】硅酸盐水泥的下列性质及应用中，哪一项是错误的？(　　)
A. 凝结硬化速度较快，抗冻性好，适用于冬期施工
B. 水化放热量大，宜用于大体积混凝土工程
C. 强度等级较高，常用于重要结构中
D. 含有较多的氢氧化钙，不宜用于有水压作用的工程

【10.2-17】细度是指影响水泥性能的重要物理指标，以下哪一项叙述是错误的？(　　)
A. 颗粒越细，水泥早期强度越高
B. 颗粒越细，水泥凝结硬化速度越快
C. 颗粒越细，水泥越不易受潮
D. 颗粒越细，水泥成本越高

【10.2-18】与普通硅酸盐水泥相比，下列四种水泥的特性中哪一条是错误的？(　　)
A. 火山灰水泥的耐热性较好 　　　　B. 铝酸盐水泥的快硬性较好
C. 粉煤灰水泥的干缩性较小 　　　　D. 矿渣水泥的耐硫酸盐侵蚀性较好

【10.2-19】有抗渗要求的混凝土不宜采用(　　)。
A. 普通水泥 　　　　　　　　　　B. 火山灰水泥

C. 矿渣水泥　　　　　　　　　　　D. 粉煤灰水泥

【10.2-20】最适宜在低温环境施工的水泥是（　　）。
A. 硅酸盐水泥　　　　　　　　　　B. 火山灰水泥
C. 矿渣水泥　　　　　　　　　　　D. 粉煤灰水泥

【10.2-21】在干燥环境下的混凝土工程，应优先选用下列中的哪种水泥？（　　）
A. 硅酸盐水泥　　　　　　　　　　B. 火山灰水泥
C. 矿渣水泥　　　　　　　　　　　D. 粉煤灰水泥

【10.2-22】由（　　）制成的混凝土构件不宜用于蒸汽养护。
A. 普通水泥　　　　　　　　　　　B. 火山灰水泥
C. 粉煤灰水泥　　　　　　　　　　D. 矿渣水泥

【10.2-23】矿渣水泥不适用于以下哪一种混凝土工程？（　　）
A. 早期强度较高的　　　　　　　　B. 与水接触的
C. 抗碳化要求高的　　　　　　　　D. 有抗硫酸盐侵蚀要求的

习题答案及解析

【10.2-1】答案：D
解析：陈伏可以消除过火石灰的危害。

【10.2-2】答案：A
解析：石灰的凝结硬化过程包括结晶和碳化。

【10.2-3】答案：C
解析：水泥属于水硬性胶凝材料，沥青属于有机胶凝材料。气硬性胶凝材料主要有石灰、石膏、水玻璃。

【10.2-4】答案：D
解析：石灰是气硬性胶凝材料，不耐水，不宜用于屋面防水隔热层。石灰的用途有：石灰乳涂料和石灰砂浆、灰土和三合土（用于基础垫层）、硅酸盐制品、碳化石灰板。

【10.2-5】答案：B
解析：纤维材料可起拉结作用，类似于钢筋混凝土中的钢筋。

【10.2-6】答案：B
解析：石灰凝结硬化慢、强度低，已硬化的石灰强度很低，1∶3石灰砂浆28d抗压强度通常只有0.2～0.5MPa。

【10.2-7】答案：D
解析：石灰熟化过程伴随体积膨胀和放热。

【10.2-8】答案：C
解析：石灰具有良好的保水性，用石灰调成的石灰砂浆具有良好的可塑性，在水泥砂浆中加入石灰浆，使可塑性显著提高，克服了水泥砂浆保水性差的特点。

【10.2-9】答案：B
解析：建筑石膏耐水性差，因为在潮湿环境或水中，建筑石膏的主要产物二水硫酸钙会溶解在水中，使制品强度不断降低而破坏。

【10.2-10】答案：D

解析：石膏硬化可产生微膨胀，其余三种则产生收缩或微收缩。

【10.2-11】答案：C

解析：建筑石膏硬化后体积出现膨胀；建筑石膏一般贮存期为三个月，超过三个月，其强度将降低30%左右；石膏制品的强度比石灰制品的高。

【10.2-12】答案：B

解析：建筑石膏凝结硬化后导热性变小，吸声性变强。

【10.2-13】答案：A

解析：水泥加水拌和后，成为可塑的水泥浆，水泥浆逐渐变稠失去塑性，但尚不具有强度的过程，称为水泥的"凝结"，即浆体开始出现明显的固化现象。

【10.2-14】答案：A

解析：引起硅酸盐水泥体积安定性不良的因素是过量的游离氧化钙、游离氧化镁或石膏。

【10.2-15】答案：D

解析：水泥强度，是指水泥与标准砂按1∶3质量比混合，再加水制成水泥胶砂试件的强度。

【10.2-16】答案：B

解析：硅酸盐水泥水化放热量大，不宜用于大体积混凝土工程。

【10.2-17】答案：C

解析：颗粒越细，水泥的化学活性越高，在存放中越容易受潮。

【10.2-18】答案：A

解析：与普通水泥相比，火山灰水泥的耐热性较差而抗渗性好。

【10.2-19】答案：C

解析：矿渣水泥的抗渗性较差。

【10.2-20】答案：A

解析：低温环境施工应选择凝结硬化速度快的硅酸盐水泥。

【10.2-21】答案：D

解析：干燥环境下的混凝土，因环境湿度小，混凝土容易失水收缩，所以应选择干缩性小、抗裂性好的粉煤灰水泥。

【10.2-22】答案：A

解析：掺混合材料的水泥适宜蒸汽养护，普通水泥不宜进行蒸汽养护。

【10.2-23】答案：A

解析：矿渣水泥的凝结硬化速度较慢，早期强度发展较慢。

10.3 混 凝 土

高频考点梳理

知识点	混凝土配合比设计	混凝土骨料	混凝土耐久性	混凝土强度	混凝土的徐变和收缩
近三年考核频次	2	1	1	2	1

10.3.1 普通混凝土原材料的技术要求

普通混凝土（简称为混凝土）由水泥、砂、石和水所组成，为改善混凝土的某些性能，还常加入适量的外加剂和掺合料。在混凝土中，砂、石起骨架作用，称为骨料；水泥与水形成水泥浆，水泥浆包裹在骨料表面并填充空隙。在硬化前，水泥浆起润滑作用，赋予拌合物一定的和易性，便于施工。水泥浆硬化后，则将骨料胶结成一个结实的整体。

1. 水泥

（1）品种选择

采用何种水泥，应根据混凝土工程特点和所处的环境条件，参照表10.2-2选用。

（2）强度等级选择

水泥强度等级的选择应与混凝土的设计强度等级相适应。原则上是配制高强度等级的混凝土，选用高强度等级水泥；配制低强度等级的混凝土，选用低强度等级水泥。

如必须用高强度等级水泥配制低强度等级混凝土时，会使水泥用量偏少，影响和易性和密实度，所以应掺入一定数量的掺合料。如必须使用低强度等级水泥配制高强度等级混凝土时，会使水泥用量过多，不经济，而且会影响混凝土的其他技术性质。

2. 细骨料

粒径在0.16～5mm之间的骨料为细骨料（砂）。配制混凝土所采用的细骨料的质量要求有以下几方面：

（1）有害杂质

砂中常含有一些有害杂质，如云母、黏土、淤泥、粉砂等，粘附在砂的表面，妨碍水泥与砂的粘结，降低混凝土强度；同时还增加混凝土的用水量，从而加大混凝土的收缩，降低抗冻性和抗渗性。一些有机杂质、硫化物及硫酸盐，都对水泥有腐蚀作用。

重要工程混凝土使用的砂，应进行碱活性检验，经检验判断为有潜在危害时，应使用含碱量小于0.6%的水泥或采用能抑制碱-骨料反应的掺合料，如粉煤灰等；当使用含钾、钠离子的外加剂时，必须进行专门试验。海砂含盐量较大，对钢筋有锈蚀作用，故对钢筋混凝土，海砂中氯离子含量不应超过0.06%。预应力混凝土不宜用海砂，若必须使用时，应保证氯离子含量不得大于0.02%。

（2）颗粒形状及表面特征

细骨料的颗粒形状及表面特征会影响其与水泥的粘结及混凝土拌合物的流动性。山砂的颗粒多具棱角，表面粗糙，与水泥粘结较好，用它拌制的混凝土强度较高，但拌合物的流动性较差；河砂、海砂，其颗粒多呈圆形，表面光滑，与水泥的粘结较差，用来拌制混凝土，混凝土的强度较低，但拌合物的流动性较好。

（3）砂的颗粒级配及粗细程度

砂的颗粒级配，即表示砂大小颗粒的搭配情况。砂的粗细程度，是指不同粒径的砂粒混合在一起后的总体的粗细程度。

砂的颗粒级配及粗细程度，常用筛分析的方法进行测定。用级配区表示砂的颗粒级配，用细度模数表示砂的粗细程度。

（4）砂的坚固性

砂的坚固性是指砂在气候、环境变化或其他物理因素作用下抵抗破裂的能力。

3. 粗骨料

普通混凝土常用的粗骨料有碎石和卵石。由天然岩石或卵石经破裂、筛分而得的，粒径大于 5mm 的岩石颗粒，称为碎石或碎卵石。岩石是由于自然条件作用而形成的，粒径大于 5mm 的颗粒，称为卵石。

配制混凝土的粗骨料的质量要求有以下几个方面：

(1) 有害杂质

粗骨料中常含有一些有害杂质，如黏土、淤泥、细屑、硫酸盐、硫化物和有机杂质等，它们的危害作用与在细骨料中的相同。

当粗骨料中夹杂着活性氧化硅时，如果混凝土中所用的水泥又含有较多的碱，就可能发生碱骨料破坏。这是因为水泥中碱性氧化物水解后形成的氢氧化钠和氢氧化钾与骨料中的活性氧化硅起化学反应，结果在骨料表面生成了复杂的碱-硅酸凝胶。这样就改变了骨料与水泥浆原来界面，生成的凝胶是无限膨胀性的，由于凝胶为水泥石所包围，故当凝胶吸水不断肿胀时，会把水泥石胀裂。

这种碱性氧化物和活性氧化硅之间的化学反应通常称为碱骨料反应。

(2) 颗粒形状及表面特征

粗骨料的颗粒形状及表面特征同样会影响其与水泥的粘结及混凝土拌合物的流动性。粗骨料的颗粒形状还有属于针状和片状的，这种针、片状的颗粒过多，会使混凝土强度降低。

(3) 最大粒径及粒径级配

粗骨料中公称粒径的上限称为该粒级的最大粒径，最大粒径应根据混凝土工程特点和所处环境条件等进行选择。石子级配好坏对节约水泥和保证混凝土具有良好的和易性有很大关系。特别是拌制高强度混凝土，石子级配更为重要。

(4) 强度

为保证混凝土的强度要求，粗骨料都必须质地致密，具有足够的强度。碎石或卵石的强度可用岩石立方体强度和压碎指标两种方法来表示。

(5) 坚固性

有抗冻要求的混凝土所用粗骨料，要求测定其坚固性，用硫酸钠溶液法检验。

4. 骨料的含水状态及饱和面干吸水率

骨料一般有干燥状态、气干状态、饱和面干状态和湿润状态四种含水状态，如图 10.3-1 所示。骨料含水率等于或接近零时，称为干燥状态；含水率与大气湿度相平衡时，称为气干状态；骨料表面干燥而内部孔隙含水达到饱和时，称为饱和面干状态；骨料不仅内部孔隙充满水，而且表面还附有一层表面水时称为湿润状态。

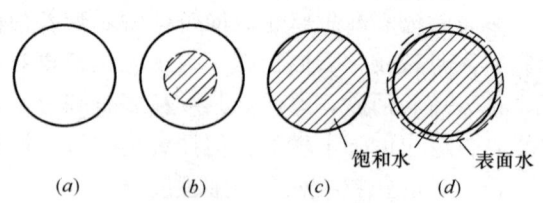

图 10.3-1 骨料的含水状态
(a) 干燥状态；(b) 气干状态；
(c) 饱和面干状态；(d) 湿润状态

骨料在饱和面干状态时的含水率，称为饱和面干吸水率。在计算混凝土中各项材料的配合比时，如以饱和面干骨料为基准，则不会影响混凝土的用水量和骨料用量。

5. 混凝土拌合及养护用水

混凝土拌合用水按水源可分为饮用水、地表水、地下水、海水以及经适当处理或处置后的工业废水。

对混凝土拌合及养护用水的质量要求是：不得影响混凝土的和易性及凝结；不得有损于混凝土强度发展；不得降低混凝土的耐久性、加快钢筋腐蚀及导致预应力钢筋脆断；不得污染混凝土表面。

6. 混凝土外加剂

混凝土外加剂是指在拌制混凝土过程中掺入的用以改善混凝土性能的物质，其掺量一般不大于水泥质量的5％（特殊情况除外）。常用的外加剂有减水剂、早强剂、缓凝剂、速凝剂、引气剂、防水剂、防冻剂、膨胀剂等。

（1）减水剂

减水剂是指在混凝土坍落度基本相同的条件下，能减少拌合用水量的外加剂。减水剂一般为表面活性剂。

减水剂的使用效果：①在维持用水量和水灰比不变的条件下，可增大混凝土拌合物的流动性；②在维持拌合物流动性和水泥用量不变的条件下，可减少水泥用量，从而降低了水灰比，可提高混凝土强度；③显著改善了混凝土的孔结构，提高了密实度，从而可提高混凝土的耐久性；④在保持流动性及水灰比不变的条件下，减少用水量，相应减少了水泥用量，即节约了水泥；⑤减水剂的加入减少混凝土拌合物泌水、离析现象，延缓拌合物的凝结时间和降低水化放热速度等效果。

（2）早强剂

能加速混凝土早期强度发展的外加剂称为早强剂，多在冬季或紧急抢修时使用。

（3）引气剂

在搅拌混凝土过程中，能引入大量均匀分布的、稳定而封闭的气泡的外加剂，称为引气剂。引气剂掺入混凝土，可改善混凝土拌合物的和易性，提高混凝土的流动性；改善混凝土的保水性和黏聚性；提高混凝土的耐久性、抗渗性和抗冻性；但由于引入大量的气泡，减少了混凝土受压有效面积，会使混凝土强度和耐磨性有所降低。

（4）缓凝剂

能延长混凝土凝结时间而不显著降低混凝土后期强度的外加剂称为缓凝剂。

（5）速凝剂

能使混凝土迅速凝结硬化的外加剂称为速凝剂。

（6）防冻剂

防冻剂是指能使混凝土在负温下硬化，并在规定养护条件下达到预期性能的外加剂。

（7）膨胀剂

膨胀剂是指能使混凝土产生一定体积膨胀的外加剂。

（8）泵送剂

泵送剂是指能够改善混凝土拌合物泵送性能的外加剂。

（9）常用混凝土外加剂的适用范围

常用混凝土外加剂的适用范围见表10.3-1。

常用混凝土外加剂的适用范围 表 10.3-1

外加剂类型		使用目的或要求	适宜的混凝土工程	备注
减水剂	木质素磺酸盐	改善混凝土拌合物流变性能	一般混凝土、大模板、大体积浇筑、滑模施工、泵送混凝土、夏季施工	不宜单独用于冬期施工、蒸汽养护、预应力混凝土
	萘系	显著改善混凝土拌合物流变性能	早强、高强、流态、防水、蒸养、泵送混凝土	
	水溶性树脂系	显著改善混凝土拌合物流变性能	早强、高强、蒸养、流态混凝土	
	糖类	改善混凝土拌合物流变性能	大体积、夏季施工等有缓凝要求的混凝土	不宜单独用于有早强要求、蒸养混凝土
早强剂	氯盐类	要求显著提高混凝土早期强度；冬期施工时为防止混凝土早期受冻破坏	冬期施工、紧急抢修工程、有早强或防冻要求的混凝土；硫酸盐类使用与不允许掺氯盐的混凝土	氯盐类的掺量限制应符合 GB 50204 的规定；属于 GB 50204 规定不允许掺氯盐的结构物，均不能使用氯盐类；有机胺类应严格控制掺量，掺量过多会造成严重缓凝和强度下降
	硫酸盐类			
	有机胺类			
引水剂	松香热聚物	改善混凝土拌合物和易性；提高混凝土抗冻、抗渗等耐久性	抗冻、防渗、抗硫酸盐的混凝土、水工大体积混凝土、泵送混凝土	不宜用于蒸养混凝土、预应力混凝土
缓凝剂	木质素磺酸盐	要求缓凝的混凝土、降低水化热、分层浇筑的混凝土过程中为防止出现冷缝等	夏季施工、大体积混凝土、泵送及滑模施工、远距离运输的混凝土	掺量过大，会使混凝土长期不硬化、强度严重下降；不宜单独用于蒸养混凝土；不宜用于低于 5℃ 下施工的混凝土
	糖类			
速凝剂	红星 1 型	施工中要求快凝、快硬的混凝土，迅速提高早期强度	矿山井巷、铁路隧道、引水涵洞、地下工程及喷锚支护时的喷射混凝土或喷砂浆；抢修、堵漏工程	常与减水剂复合使用，以防混凝土后期强度降低
	711 型			
	782 型			
防冻剂	氯盐类	要求混凝土在负温下能继续水化、硬化、增长强度，防止冰冻破坏	负温下施工的无筋混凝土	如含强电解质的早强剂的，应符合 GB 50119 中的有关规定
	氯盐阻锈类		负温下施工的钢筋混凝土	
	无氯盐类		负温下施工的钢筋混凝土和预应力钢筋混凝土	如含硝酸盐、亚硝酸盐、碳酸盐，不得用于预应力混凝土；如含六价铬盐、亚硝酸盐等有毒防冻剂，严禁用于饮水工程及与食品接触部位

续表

外加剂类型		使用目的或要求	适宜的混凝土工程	备注
膨胀剂	①硫铝酸钙类	减少混凝土干缩裂缝，提高抗裂性和抗渗性，提高机械设备和构件的安装质量	补偿收缩混凝土；填充用膨胀混凝土；自应力混凝土（仅用于常温下使用的自应力钢筋混凝土压力管）	①、③不得用于长期处于80℃以上的工程中，②不得用于海水和有侵蚀性水的工程；掺膨胀剂的混凝土只适用于有约束条件的钢筋混凝土工程和填充性混凝土工程；掺膨胀剂的混凝土不得用硫铝酸盐水泥、铁铝酸盐水泥和高铝水泥
	②氧化钙类			
	③硫铝酸钙—氧化钙类			
泵送剂	非引气型剂	混凝土泵送施工中为保证混凝土拌合物的可泵性，防止堵塞管道	泵送施工的混凝土	掺引气型外加剂的，泵送混凝土的含气量不宜大于4%
	引气型剂			

7. 混凝土掺合料

为了节约水泥、改善混凝土性能，在拌制混凝土时掺入的矿物粉状材料，称为掺合料。常用的有粉煤灰、硅粉、磨细矿渣粉、烧黏土、天然火山灰质材料（如凝灰岩粉、沸石岩粉等）及磨细自燃煤矸石，其中粉煤灰的应用最为普遍。

【例10.3-1】骨料的所有孔隙充满水但表面没有水膜，该含水状态被称为骨料的（　　）。

A. 气干状态　　　　　　　　　　B. 绝干状态
C. 潮湿状态　　　　　　　　　　D. 饱和面干状态

解析：骨料一般有干燥状态、气干状态、饱和面状态和湿润状态四种含水状态。骨料含水率等于或接近零时称为干燥状态；含水率与大气湿度相平衡时称为气干状态；骨料表面干燥而内部孔隙含水达饱和时称为饱和面干状态；骨料不仅内部孔隙充满水，而且表面还附有一层表面水时称为湿润状态。所以应选D项。

【例10.3-2】配制混凝土，在条件许可时，应尽量选用最大粒径的集料，是为了达到下列中的哪几项目的？（　　）

①节省骨料　②减少混凝土干缩　③节省水泥　④提高混凝土强度

A.①②　　　　B.②③　　　　C.③④　　　　D.①④

解析：选用最大粒径的粗集料，主要目的是减少混凝土干缩，其次也可节省水泥。所以应选B项。

【例10.3-3】普通混凝土用砂的颗粒级配如不合格，说明（　　）。

A. 砂子的细度模数偏大　　　　　B. 砂子有害杂质含量过高
C. 砂子的细度模数偏小　　　　　D. 砂子不同粒径的搭配不当

解析：砂的级配是指砂中不同粒径的颗粒之间的搭配效果，与细度模数或有害杂质含量无关。级配合格表明砂子不同粒径的搭配良好，所以应选D项。

【例10.3-4】下列混凝土外加剂中，不能提高混凝土抗渗性的是（　　）。

A. 膨胀剂 B. 减水剂
C. 缓凝剂 D. 引气剂

解析： 缓凝剂只改变凝结时间，通常对混凝土的抗渗性没有影响。膨胀剂补偿收缩和减水剂减少用水量都可提高混凝土的密实度，从而提高其抗渗性。引气剂形成的微小封闭气泡可改善混凝土的孔隙结构，从而提高其抗渗性。所以应选 C 项。

【例 10.3-5】 已知某混凝土工程所用的粗骨料含有活性氧化硅，则以下抑制碱-骨料反应的措施中哪一项是错误的？（　　）

A. 掺粉煤灰或硅灰等掺合料 B. 将该混凝土用于干燥部位
C. 减少粗骨料用量 D. 选用低碱水泥

解析： 抑制碱-骨料反应的措施有：选用不含活氧化硅的骨料，选用低碱水泥，提高混凝土的密实度。另外，采用矿物掺合料，或者将该混凝土用于干燥部位，也可控制碱-骨料反应的发生。减少粗骨料用量不能抑制碱-骨料反应，所以应选 C 项。

10.3.2 普通混凝土的主要技术性质

1. 混凝土拌合物的和易性

（1）和易性的概念及指标

混凝土在未凝结硬化以前，称为混凝土拌合物。和易性是指混凝土拌合物易于施工操作（拌合、运输、浇灌、捣实）并能获得质量均匀、成型密实的性能。和易性是一项综合的技术性质，包括有流动性、黏聚性和保水性等三方面的含义。

目前，尚没有能够全面反映混凝土拌合物和易性的测定方法。在工地和试验室，通常是做坍落度试验测定拌合物的流动性，并辅以直观经验评定黏聚性和保水性。根据坍落度的不同，可将混凝土拌合物分为 4 级，见表 10.3-2。坍落度试验只适用于骨料最大粒径不大于 40mm，坍落度值不小于 10mm 的混凝土拌合物。

混凝土按坍落度的分级　　　　表 10.3-2

级别	名称	坍落度（mm）
T_1	低塑性混凝土	10～40
T_2	塑性混凝土	50～90
T_3	流动性混凝土	100～150
T_4	大流动性混凝土	≥160

对于干硬性的混凝土拌合物（坍落度值小于 10mm），通常采用维勃稠度仪测定其稠度（维勃稠度）。

（2）坍落度的选择

选择混凝土拌合物的坍落度，要根据构件截面大小、钢筋疏密和捣实方法来确定。混凝土灌筑时的坍落度宜按表 10.3-3 选用。

混凝土灌筑时的坍落度　　　　表 10.3-3

项次	结构种类	坍落度（mm）
1	基础或地面的垫层；无配筋的大体积结构（挡土墙、基础等）或配筋稀疏的结构	10～30
2	板、梁和大型及中型截面的柱子	30～50
3	配筋密列的结构（薄壁、斗仓、筒仓、细柱等）	50～70
4	配筋特密的结构	70～90

表10.3-3系指采用机械振捣的坍落度,采用人工捣实时可适当增大。

(3) 影响和易性的主要因素

1) 水泥浆的数量

混凝土拌合物中的水泥浆,赋予混凝土拌合物以一定的流动性。在水灰比不变的情况下,单位体积拌合物内,如果水泥浆越多,则拌合物的流动性越大。

2) 水泥浆的稠度

水泥浆的稠度是由水灰比所决定的。在水泥用量不变的情况下,水灰比越小,水泥浆就越稠,混凝土拌合物的流动性就越小。

3) 砂率

砂率是混凝土中砂的质量占砂、石总质量的百分率。砂率的变动会使骨架的空隙率和骨料的总表面积有显著改变,因而对混凝土拌合物的和易性产生显著影响。如砂率过大,会使混凝土拌合物的流动性减小;如砂率过小,又不能保证在粗骨料之间有足够的砂浆层,也会降低混凝土拌合物的流动性,而且会严重影响其黏聚性和保水性。

4) 水泥品种和骨料的性质

用矿渣水泥和某些火山灰水泥时,拌合物的坍落度一般较普通水泥时小,而且矿渣水泥将使拌合物的泌水性显著增加。一般卵石拌制的混凝土拌合物比碎石拌制的流动性好。河砂拌制的混凝土拌合物比山砂拌制的流动性好。骨料级配好的混凝土拌合物的流动性好。

5) 外加剂

在拌制混凝土时,加入很少量的减水剂,能使混凝土拌合物在不增加水泥用量的条件下,获得很好的和易性,增大流动性和改善黏聚性、降低泌水性。

6) 时间和温度

拌合物拌制后,随时间的延长而逐渐变得干稠,流动性减小。拌合物的和易性也受温度影响,因为环境温度的升高,水分蒸发及水泥水化反应加快,拌合物的流动性变差,而且坍落度损失也变快。

(4) 改善和易性的措施

1) 尽可能降低砂率。通过试验,采用合理砂率,有利于提高混凝土的质量和节约水泥。

2) 改善砂、石(特别是石子)的级配。

3) 尽量采用较粗的砂、石。

4) 当混凝土拌合物坍落度太小时,维持水灰比不变,适当增加水泥和水的用量,或者加入外加剂等;当拌合物坍落度太大时,但黏聚性良好时,可保持砂率不变,适当增加砂、石。

2. 混凝土的强度

(1) 混凝土的受力变形及破坏过程

混凝土在不同受力阶段的变形和破坏过程如图10.3-2和图10.3-3所示。

(2) 混凝土立方体抗压强度及强度等级

根据国家标准试验方法制作边长为150mm的立方体试件,在标准条件(温度$20\pm3°C$,相对湿度90%以上)养护到28d龄期,测得的抗压强度值为混凝土立方体试件抗压

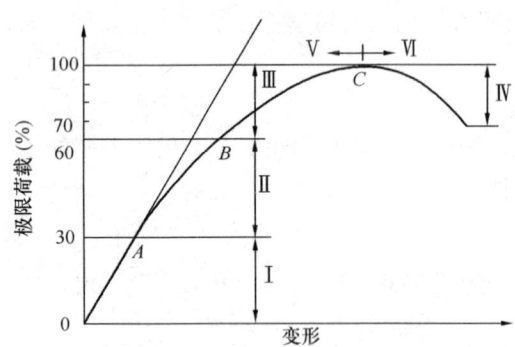

图 10.3-2 混凝土的受力变形曲线
Ⅰ—界面裂缝无明显变化；Ⅱ—界面裂缝增长；
Ⅲ—出现砂浆裂缝和连续裂缝；Ⅳ—连续裂
缝迅速发展；Ⅴ—裂缝缓慢发展；Ⅵ—裂缝迅速增长

强度（简称立方抗压强度），以 f_{cu} 表示。

混凝土立方体抗压标准强度（或称立方体抗压强度标准值）系指按标准方法制作和养护的边长为 150mm 的立方体试件，在 28d 龄期用标准试验方法测得的强度总体分布中具有不低于 95％保证率的抗压强度值，以 $f_{cu,k}$ 表示。

混凝土强度等级是按混凝土立方体抗压标准强度来划分的。混凝土强度等级采用符号 C 与立方体抗压强度标准值（以 MPa 计）表示。普通混凝土划分为下列 12 个强度等级：C7.5、C10、C15、C20、C25、C30、C35、C40、C45、C50、C55 及 C60。

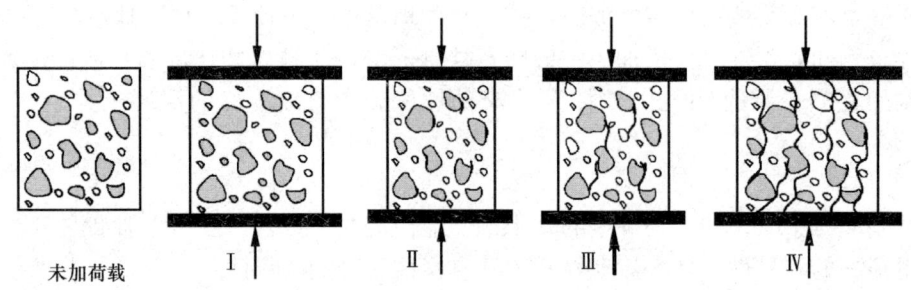

图 10.3-3 不同受力阶段裂缝示意图

（3）混凝土轴心抗压强度

确定混凝土强度等级是采用立方体试件，但实际工程中，钢筋混凝土结构形式极少是立方体的，大部分是棱柱体（正方形截面）或圆柱体。为了使测得的混凝土强度接近于混凝土结构的实际情况，在钢筋混凝土结构计算中，计算轴心受压构件（例如柱子、桁架的腹杆等）时，都是采用混凝土的轴心抗压强度作为依据。

按标准规定，轴心抗压强度应采用 150mm×150mm×300mm 的棱柱体作为标准试件。通过许多组棱柱体和立方体试件的强度试验表明：在立方抗压强度 f_{cu}=10～55MPa 的范围内，轴心抗压强度与立方体抗压强度之比为 0.70～0.80。

（4）混凝土抗拉强度

混凝土的抗拉强度只有抗压强度的 1/10～1/20，并且随着混凝土强度等级的提高，比值有所降低。混凝土在工作时一般不依靠其抗拉强度，但抗拉强度对于开裂现象有重要意义，在结构设计中抗拉强度是确定混凝土抗裂度的重要指标。我国采用立方体（国际上多用圆柱体）的劈裂抗拉试验来测定混凝土的抗拉强度，称为劈裂抗拉强度 f_{ts}。

（5）影响混凝土抗压强度的因素

1）水灰比和水泥强度等级——决定混凝土强度的主要因素

水泥是混凝土中的活性组分，其强度的大小直接影响着混凝土强度的高低。在配合比相同的条件下，所用的水泥强度等级越高，制成的混凝土强度也越高。当用同一种水泥（品种及强度等级相同）时，混凝土的强度主要取决于水灰比。因为水泥水化时所需的结合水，一般只占水泥质量的 23% 左右，但在拌制混凝土拌合物时，为了获得必要的流动性，常需要较多的水（占水泥质量的 40%～70%），也即较大的水灰比。当混凝土硬化后，多余的水分就残留在混凝土中形成水泡或蒸发后形成气孔，大大地减少了混凝土在抵抗荷载时的实际有效断面，而且可能在孔隙周围产生应力集中。因此，可以认为，在水泥强度等级相同的情况下，水灰比越小，水泥石的强度越高，与骨料的粘结力也越大，混凝土的强度也越高。但应说明，如果加水太少（水灰比太小），拌合物过于干硬，在一定的捣实成型条件下，无法保证浇灌质量，混凝土中将出现较多的蜂窝、孔洞，强度也将下降。

根据工程实践的经验，得出关于混凝土强度（f_{cu}）与水灰比（W/C）、水泥强度（f_{ce}）等因素之间保持近似恒定的关系。一般采用下面直线型的经验公式来表示：

$$f_{cu} = \alpha_a f_{ce} \left(\frac{C}{W} - \alpha_b \right)$$

式中：α_a、α_b——回归系数，与骨料品种、水泥品种等因素有关，其数值通过试验求得。

《普通混凝土配合比设计规程》JGJ 55—2011 规定，对碎石混凝土，α_a 可取 0.53，α_b 可取 0.20；对鹅卵石混凝土，α_a 可取 0.49，α_b 可取 0.13。

2）养护的温度和湿度

养护温度高，可以增大初期水化速度，混凝土初期强度也高。在养护温度较低的情况下，由于水化缓慢，具有充分的扩散时间，从而使水化物在水泥石中均匀分布，有利于后期强度发展。当温度降至冰点以下时，则由于混凝土中的水分大部分结冰，水泥颗粒不能和冰发生化学反应，混凝土的强度停止发展。

周围环境的湿度对水泥的水化作用能否正常进行有显著影响：湿度适当，水泥水化便能顺利进行，使混凝土强度得到充分发展；湿度不够，混凝土会失水干燥而影响水泥水化作用的正常进行，甚至停止水化。

所以，为了使混凝土正常硬化，必须在成型后一定时间内维持周围环境有一定的温度和湿度。混凝土在自然条件下养护，称为自然养护，即在混凝土凝结后（一般在 12h 以内），表面加以覆盖和浇水：一般硅酸盐水泥、普通水泥与矿渣水泥配制的混凝土，需浇水保温至少 7d；使用火山灰水泥、粉煤灰水泥，或掺用缓凝型外加剂，或抗渗要求的混凝土，不少于 14d。

3）龄期

混凝土在正常养护条件下，其强度将随着龄期的增长而增长。最初的 7～14d 内，强度增长较快，28d 以后缓慢增长，但龄期延续很久，其强度仍有所增长。普通水泥制成的混凝土，在标准条件养护下，混凝土强度的发展大致与其龄期的对数成正比关系（龄期不小于 3d），计算公式如下：

$$f_n = f_{28} \frac{\lg n}{\lg 28}$$

式中：f_n——nd 混凝土抗压强度（MPa）；

f_{28}——28d 混凝土抗压强度（MPa）。

3. 混凝土的变形性能

(1) 化学收缩

由于水泥水化生成物的体积比反应前物质的总体积小，使混凝土收缩，这种收缩称为化学收缩。其收缩量是随混凝土硬化龄期的延长而增加的，大致与事件的对数成正比，一般在混凝土成型后40多天内增长较快，以后就渐趋稳定。化学收缩是不能恢复的。

(2) 干湿变形

干湿变形是指混凝土随周围环境变化而产生的湿胀干缩变形。混凝土干燥时，首先蒸发气孔水和毛细孔水，气孔水蒸发不引起收缩，毛细孔水的蒸发会导致混凝土收缩。当毛细孔水蒸发完后继续干燥，则凝胶体颗粒内的凝胶孔吸附水也发生蒸发，使凝胶体紧缩，体积减小。一般湿胀的变形量很小，无明显破坏作用，而干缩变形则显著且往往引起混凝土开裂。影响混凝土干缩的因素主要有水泥品种、细度与用量，以及水灰比、骨料质量及养护条件等。一般来说，水泥用量大、水灰比大、砂石用量少，则干缩值也大（水泥用量不宜大于550kg/m³）。

在一般工程设计中，通常采用混凝土的线性收缩值为 $(150\sim 200)\times 10^{-6}$，即每1m收缩 $150\sim 200\mu m$。

(3) 温度变形

温度变形即混凝土热胀冷缩的变形，其线性膨胀系数约为 10×10^{-5}，即温度升高1℃，每米膨胀0.01mm。温度变形对大体积混凝土及大面积混凝土工程极为不利。

在混凝土硬化初期，水泥水化放出较多的热量，使得大体积混凝土内部的温度较外部高，这将使内部混凝土的体积产生较大的膨胀，而外部混凝土却随气温降低而收缩。内部膨胀和外部收缩相互制约，在外表混凝土中将产生很大拉应力，严重时使混凝土产生裂缝。因此对大体积混凝土工程，必须尽量设法减少混凝土发热量，如采用低热水泥、减少水泥用量、采取人工降温等措施。一般纵长的钢筋混凝土结构物，应采取每隔一段长度设置伸缩缝，以及在结构物中设置温度钢筋等措施。

(4) 在荷载作用下的变形

1) 在短期荷载作用下的变形

混凝土是一种弹塑性体，它在受力时，既会产生可以恢复的弹性变形，又会产生不可恢复的塑性变形，其应力与应变之间的关系不是直线，而是曲线，如图10.3-4所示。

在应力-应变曲线上任一点的应力 σ 与其应变 ε 的比值，叫做混凝土在该应力下的变形模量，它反映混凝土所受应力与所产生应变之间的关系。在混凝土结构或钢筋混凝土结构设计中，常采用一种按标准方法测得的静力受压弹性模量 E_c。

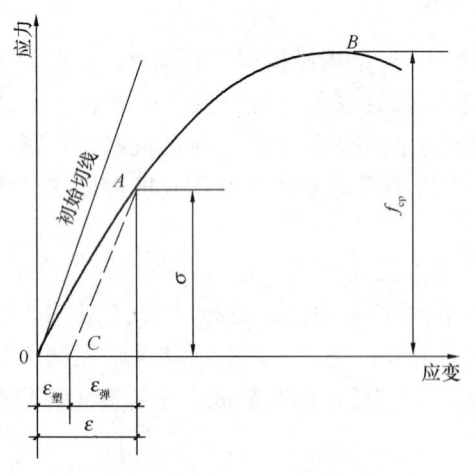

图10.3-4 混凝土在压力作用下的应力-应变曲线

混凝土的强度越高，弹性模量越高，两者存在一定的相关性。当混凝土的强度等级由C10增高到C60时，其弹性模量大致是由 1.75×10^4 MPa 增至 3.60×10^4 MPa。

2) 徐变

混凝土在长期荷载作用下，沿着力作用方向的变形会随时间不断增长，即荷载不变而变形仍随时间增大，一般要延续2～3年才逐渐趋于稳定。这种长期荷载作用下产生的变形，通常称为徐变。

混凝土徐变，一般认为是由于水泥石凝胶体在长期荷载作用下的黏性流动，并向毛细孔中移动，同时吸附在凝胶粒子上的吸附水因荷载应力而向毛细孔迁移渗透的结果。混凝土的徐变值与水泥品种、水泥用量、水灰比、混凝土的弹性模量、养护条件等因素有关。如水灰比较小或混凝土在水中养护、骨料用量较多时，其徐变较小。混凝土的徐变应变一般可达$(3\sim15)\times10^{-4}$，即0.3～1.5mm/m。

混凝土的徐变，对钢筋混凝土构件来说，能消除钢筋混凝土内的应力集中，使应力较均匀地重新分布；对大体积混凝土来说，能消除一部分由于温度变形所产生的破坏应力。但在预应力钢筋混凝土结构中，混凝土的徐变将使钢筋的预应力受到损失。

4. 混凝土的耐久性

把混凝土抵抗环境介质作用并长期保持其良好的使用性能和外观完整性，从而维持混凝土结构的安全、正常使用的能力称为耐久性。混凝土的耐久性能主要包括抗渗、抗冻、抗侵蚀、碳化、碱骨料反应以及混凝土中钢筋锈蚀等性能。

(1) 抗渗性

抗渗性是指混凝土抵抗水、油等液体在压力作用下渗透的性能。它直接影响混凝土的抗冻性和抗侵蚀性。混凝土的抗渗性主要与其密实度及内部孔隙的大小和构造有关。混凝土内部的互相连通的孔隙和毛细管通路，以及由于在混凝土施工成型时，振捣不实产生的蜂窝、孔洞，都会造成混凝土渗水。

混凝土的抗渗性一般采用抗渗等级表示，抗渗等级是按标准试验方法进行试验，用每组6个试件中4个试件未出现渗水时的最大水压力来表示的。如分为P4、P6、P8、P10、P12 5个等级，即相应表示能抵抗0.4、0.6、0.8、1.0MPa及1.2MPa的水压力而不渗水。抗渗等级≥P6级的混凝土为抗渗混凝土。

影响混凝土抗渗性的因素有水灰比、水泥品种、骨料的最大粒径、养护方法、外加剂及掺合料等。

(2) 抗冻性

混凝土的抗冻性是指混凝土在水饱和状态下，经受多次循环冻融作用，能保证强度和外观完整性的能力。混凝土受冻融破坏是由于混凝土内部孔隙中的水在负温下结冰后体积膨胀造成的静水压力和因冰水蒸汽压的差别推动未冻水向冻结区的迁移造成的渗透压力，当这两种压力所产生的内应力超过混凝土的抗拉强度，混凝土就会产生裂缝，多次冻融使裂缝不断扩展，直至破坏。

当混凝土采用的原材料质量好、水灰比小、具有封闭细小孔隙（如掺入引气剂的混凝土）及掺入减水剂、防冻剂等时，其抗冻性都较高。

混凝土抗冻性一般用抗冻等级表示。抗冻等级是采用慢冻法，以龄期28d的试块在吸水饱和后，承受反复冻融循环，以抗压强度下降不超过25%，而且重量损失不超过5%时所能承受最大冻融循环次数来确定。

(3) 碱-骨料反应

碱-骨料反应是指混凝土内水泥中的碱性氧化物与骨料中的活性二氧化硅发生化学反

应，生成碱-硅酸凝胶，该凝胶吸水后会产生很大的体积膨胀，导致混凝土膨胀开裂而破坏。这种碱性氧化物和活性氧化硅之间的化学反应称为碱-骨料反应。

抑制碱-骨料反应的措施如下：

1）条件允许时可选择非活性骨料；

2）当不可能采用完全没有活性的骨料时，则应严格控制混凝土中总的碱量；

3）掺用活性混合材料，与混凝土中碱（包括 Na^+、K^+ 和 Ca^{++}）起反应，抑制碱-骨料反应；

4）减少水分。

(4) 提高混凝土耐久性的措施

1）合理选择水泥品种；

2）适当控制混凝土的水灰比及水泥用量；

3）选用较好的砂、石骨料；

4）掺用引气剂或减水剂；

5）加强混凝土质量的生产控制。

【例10.3-6】在不影响混凝土强度的前提下，当混凝土的流动性太大或太小时，调整的方法通常是（　　）。

A. 增减用水量　　　　　　　　B. 保持水灰比不变，增减水泥用量

C. 增大或减少水灰比　　　　　D. 增减砂石比

解析：改变水灰比、水泥强度、骨料强度、骨料最大粒径、碎石粗糙程度以及砂率都会较大影响混凝土的强度。混凝土的流动性大是因为含水量高，AC两项，减少用水量时，水泥石中由于水分蒸发留下的孔隙越少，则水泥石强度提高，进而提高了混凝土的强度；B项，保持水灰比不变，增减水泥用量时也会增减用水量，使流动性减小，同时不影响混凝土强度；D项，增减砂石比会影响砂率，水灰比不变，调整砂率就会改变混凝土的浆集比，改变混凝土的和易性，强度降低。所以应选B项。

【例10.3-7】混凝土强度是在标准养护条件下达到标准养护龄期后测量得到的，如实际工程中混凝土的环境温度比养护温度低了10℃，则混凝土的最终强度与标准强度相比（　　）。

A. 一定较低　　　　　　　　　B. 一定较高

C. 相同　　　　　　　　　　　D. 不能确定

解析：混凝土的养护温度越低，其强度发展越慢，所以当实际工程混凝土的环境温度低于标准养护温度时，在相同的龄期时，混凝土的实际强度比标准强度低，但是一定的时间后，混凝土的最终强度会达到标准养护条件下的强度。所以应选C项。

【例10.3-8】混凝土强度的形成受到其养护条件的影响，主要是指（　　）。

A. 环境温、湿度　　　　　　　B. 搅拌时间

C. 试件大小　　　　　　　　　D. 混凝土水灰比

解析：为了获得质量良好的混凝土，混凝土成型后必须进行适当的养护，以保证水泥水化过程的正常进行。混凝土标准养护试块是在温度为20℃±2℃范围内，湿度不小于95%的条件下，养护28d，所以养护过程需要控制的参数为湿度和温度。所以应选A项。

【例10.3-9】混凝土材料在外部力学荷载、环境温度以及内部物理化学过程的作用下

均会产生变形,以下属于内部物理化学引起的变形是(　　)。

  A. 混凝土徐变　　　　　　　　　B. 混凝土干燥收缩
  C. 混凝土温度收缩　　　　　　　D. 混凝土自身收缩

解析：混凝土的自身收缩是由于水的迁移而引起的,由于水泥水化时消耗水分,造成凝胶孔的液面下降而形成弯月面,产生自干燥作用,从而导致混凝土体的相对湿度降低和体积减小而最终自身收缩,这属于内部物理化学引起的变形。所以应选 D 项。

【例 10.3-10】在沿海地区,钢筋混凝土构件的主要耐久性问题是(　　)。

  A. 内部钢筋锈蚀　　　　　　　　B. 碱-骨料反应
  C. 硫酸盐反应　　　　　　　　　D. 冻融破坏

解析：A 项,在钢筋外部混凝土保护层出现贯穿裂缝之前,内部钢筋的锈蚀可以忽略。B 项,碱-骨料反应发生的条件是较高含量的碱性物质和骨料活性成分以及混凝土处于潮湿环境中。C 项,硫酸盐反应需要一定量的硫酸根离子,而海水可以提供这些硫酸根离子。D 项,冻融破坏发生的条件是饱和水条件以及冻融循环。所以应选 C 项。

【例 10.3-11】从工程角度,混凝土中钢筋防锈最经济的措施是(　　)。

  A. 使用高效减水剂　　　　　　　B. 使用环氧树脂涂刷钢筋表面
  C. 使用不锈钢钢筋　　　　　　　D. 增加混凝土保护层厚度

解析：以上措施均可以防止混凝土中钢筋锈蚀。使用环氧树脂涂刷钢筋表面和使用不锈钢钢筋会大幅度增加成本；增加混凝土保护层厚度会增加混凝土用量,减少有效使用面积,不经济。所以通过使用高效减水剂提高混凝土的密实度,从而达到提高混凝土中钢筋的防锈效果,是最经济有效的措施,应选 A 项。

10.3.3　普通混凝土的配合比设计

混凝土配合比是指混凝土中各组成材料数量之间的比例关系。混凝土配合比设计,实质上就是确定水泥、水、砂与石子这四项基本组成材料用量之间的三个比例关系。即：水与水泥之间的比例关系,常用水灰比表示；砂与石子之间的比例关系,常用砂率表示；水泥浆与骨料之间的比例关系,常用单位用水量（1m³ 混凝土的用水量）来反映。

混凝土配合比设计包括初步配合比计算、试配和调整等步骤。

1. 初步配合比的计算

（1）配制强度（$f_{cu,0}$）的确定

一般按下式计算：

$$f_{cu,0} = f_{cu,k} + 1.645\sigma$$

式中：$f_{cu,0}$——混凝土的配制强度（MPa）；

   $f_{cu,k}$——设计的混凝土立方体抗压强度（MPa）；

   σ——混凝土强度标准差（MPa）,这是施工单位混凝土质量控制水平高低的反映,强度标准差宜根据同类混凝土统计资料计算确定,当无统计资料时,可按《普通混凝土配合比设计规程》JGJ 55—2011 选用。

（2）确定水灰比

根据已测定的水泥实际强度 f_{ce}（或选用的水泥强度等级）、粗骨料种类及所要求的混凝土配制强度（$f_{cu,0}$）,按混凝土强度公式计算出所要求的水灰比值（适用于混凝土强度等级小于 C60）：

$$\frac{W}{C} = \frac{\alpha_a f_{ce}}{f_{cu,0} + \alpha_a \alpha_b f_{ce}}$$

式中：α_a、α_b——回归系数，与骨料、水泥品种等因素有关，其数值通过试验求得。《普通混凝土配合比设计规程》JGJ 55—2011 规定，对碎石混凝土，α_a 可取 0.53，α_b 可取 0.20；对鹅卵石混凝土，α_a 可取 0.49，α_b 可取 0.13。

计算所得的水灰比值应符合其他标准对满足耐久性要求所规定的最大水灰比值。

(3) 选取每 $1m^3$ 混凝土的用水量（W_0）

用水量的多少，主要根据所要求的混凝土坍落度值及所用骨料的种类、规格来选择。所以应考虑工程种类与施工条件，按表 10.3-3 确定适宜的坍落度值，再参考表 10.3-4 定出每 $1m^3$ 混凝土的用水量。

干硬性和塑性混凝土的用水量（kg/m^3）　　　　　表 10.3-4

拌合物稠度		卵石最大粒径（mm）				碎石最大粒径（mm）			
项目	指标	10	20	31.5	40	16	20	31.5	40
维勃稠度（s）	15～20	175	160		145	180	170		155
	10～15	180	165		150	185	175		160
	5～10	185	170		155	190	180		165
坍落度（mm）	10～30	190	170	160	150	200	185	175	165
	30～50	200	180	170	160	210	195	185	175
	50～70	210	190	180	170	220	205	195	185
	70～90	215	195	185	175	230	215	205	195

(4) 计算混凝土的单位用水量（C_0）

根据已选定的每 $1m^3$ 混凝土用水量（W_0）和得出的灰水比（$\frac{C}{W}$）值，可求出水泥用量（C_0）：

$$C_0 = \frac{C}{W} \times W_0$$

为保证混凝土的耐久性，由上式计算得出的水泥用量还要满足规定的最小水泥用量的要求。

(5) 选取合理的砂率（S_p）

合理的砂率值主要应根据混凝土拌合物的坍落度、黏聚性及保水性等特征来确定，一般应通过试验找出合理砂率。如无使用经验，则可按骨料种类、规格及混凝土的水灰比，参考表 10.3-5 选用合理砂率。

混凝土的砂率　　　　　表 10.3-5

水灰比	卵石最大粒径（mm）			碎石最大粒径（mm）		
(W/C)	10	20	40	16	20	40
0.40	26～32	25～31	24～40	30～35	29～34	27～32
0.50	30～35	29～34	28～33	33～38	32～37	30～35
0.60	33～38	32～37	31～36	36～41	35～37	33～38
0.70	36～41	35～40	34～39	39～44	38～43	36～41

另外，砂率也可根据以砂填充石子空隙并稍有富余，以拨开石子的原则来确定。

（6）计算粗、细骨料的用量（G_0）及（S_0）

粗、细骨料的用量可以用体积法或假定表观密度法求得。

1）体积法

假定混凝土拌合物的体积等于各组成材料绝对体积和混凝土拌合物中所含空气的体积之总和。因此，在计算 $1m^3$ 混凝土拌合物的各材料用量时，可列出下式：

$$\frac{C_0}{\rho_c} + \frac{G_0}{\rho_{ag}} + \frac{S_0}{\rho_{as}} + \frac{W_0}{\rho_w} + 10\alpha = 1000L$$

又根据已知的砂率可列出下式：

$$\frac{S_0}{S_0 + G_0} \times 100\% = S_p\%$$

式中：C_0——$1m^3$ 混凝土的水泥用量（kg）；

G_0——$1m^3$ 混凝土的粗骨料用量（kg）；

S_0——$1m^3$ 混凝土的细骨料用量（kg）；

W_0——$1m^3$ 混凝土的用水量（kg）；

ρ_c——水泥密度（g/cm^3）；

ρ_{ag}——粗骨料近似密度（g/cm^3）；

ρ_{as}——细骨料近似密度（g/cm^3）；

ρ_w——水的密度（g/cm^3）；

α——混凝土含气量百分数（%），在不使用引气型外加剂时，α 可取为 1。

以上两个关系式可求出粗、细骨料的用量。

2）假定表观密度法（质量法）

根据经验，如果原材料情况比较稳定，所配制的混凝土拌合物的表观密度将接近一个固定值，这就可以先假设（即估计）一个混凝土拌合物的表观密度 ρ_{oh}（kg/m^3），因此可列出下式：

$$C_0 + G_0 + S_0 + W_0 = \rho_{oh}$$

同样根据已知砂率可列出下式：

$$\frac{S_0}{S_0 + G_0} \times 100\% = S_p\%$$

由以上两个关系式可求出粗、细骨料的用量。

在上述关系式中，ρ_c 取 2.9～3.1，$\rho_w = 1.0$；ρ_{ag} 及 ρ_{as} 应由试验测得，ρ_{oh} 可根据累计的试验资料确定，在无资料时可根据骨料的近似密度、粒径以及混凝土强度等级，在 2400～2500kg/m^3 的范围内选取。

通过以上六个步骤便可将水、水泥、砂和石子的用量全部求出，得到初步配合比，供试配用。

2. 配合比的试配、调整与确定

前面计算得出的配合比，配成的混凝土不一定与原设计要求完全相符。因此必须检验其和易性，并加以调整，使之符合设计要求，然后实测拌合物的表观密度，计算出调整后的配合比（基准配合比），再以此配合比复核强度，按《普通混凝土配合比设计规程》

JGJ 55—2011 的规定方法确定混凝土设计配合比（通常称实验室配合比）。

3. 施工配合比

设计配合比，是以干燥材料为基准的，而工地存放的砂、石等材料都含有一定的水分，所以现场材料的实际称量应按工地砂、石的含水情况进行修正，修正后的配合比叫做施工配合比。工地存放的砂、石的含水情况常有变化，应按变化情况，随时加以修正。

现假定工地测出砂的含水率为 W_s、石子的含水率为 W_g，则将上述设计配合比换算为施工配合比，其材料的称重应为：

$$C' = C(\text{kg})$$
$$S' = S(1+W_s)(\text{kg})$$
$$G' = G(1+W_s)(\text{kg})$$
$$W' = W - S \cdot W_s - G \cdot W_g(\text{kg})$$

【例 10.3-12】进行混凝土配合比设计时，确定水灰比的根据是( )。
①强度 ②和易性 ③耐久性 ④坍落度 ⑤骨料品种
A. ①②　　　　　B. ①④　　　　　C. ①③　　　　　D. ③⑤

解析：进行混凝土配合比设计时，确定水灰比是采用混凝土强度公式，根据混凝土强度计算而初步确定，然后根据耐久性要求进行耐久性校核，最终确定水灰比的取值。所以应选 C 项，确定水灰比的根据是强度和耐久性。

【例 10.3-13】某混凝土配合比设计中，已知单位用水量为 200kg，水灰比为 0.5，砂率 40%，按重量法计（假定混凝土拌合物的体积密度为 3000kg/m³），则单位石子用量为( )。

A. 960kg　　　　B. 2400kg　　　　C. 1440kg　　　　D. 600kg

解析：水灰比＝用水量/水泥用量，所以水泥量＝用水量/水灰比＝200/0.5＝400kg。砂+石子＝3000－400－200＝2400kg，石子率＝1－40%＝60%，所以单位石子用量为 2400×60%＝1440kg。所以应选 C 项。

【例 10.3-14】某混凝土工程所用的混凝土实验室配合比为：水泥为 400kg，砂为 800kg，石子为 2400kg，水为 300kg。该工程所用砂含水率为 2.5%，石子含水率为 2.0%，则其施工配合比为( )。

【例10.3-14】

A. 水泥 410kg，砂 820kg，石子 2448kg，水为 232kg
B. 水泥 400kg，砂 820kg，石子 2448kg，水为 300kg
C. 水泥 400kg，砂 820kg，石子 2448kg，水为 232kg
D. 水泥 410kg，砂 820kg，石子 2448kg，水为 232kg

解析：施工配合比计算如下：

水泥的用量＝400kg，砂的用量＝砂×(1+砂含水率)＝800×(1+2.5%)＝820kg，石子的用量＝石子×(1+石子含水率)＝2400×(1+2%)＝2448kg，水的用量＝300－800×2.5%－2400×2%＝232kg。所以应选 C 项。

习　题

【10.3-1】用高强度等级水泥配制低强度混凝土时，为保证工程的技术经济要求，应采用( )。

A. 掺混合料 B. 减少砂率
C. 增大粗骨料粒径 D. 增加砂率

【10.3-2】泵送混凝土施工选用的外加剂是（　　）。
A. 早强剂　　　B. 速凝剂　　　C. 减水剂　　　D. 缓凝剂

【10.3-3】采用特细砂配制混凝土时，以下措施中不可取的是（　　）。
A. 采用较小砂率 B. 适当增加水泥用量
C. 采用较小的坍落度 D. 掺减水剂

【10.3-4】减水剂能够使混凝土在保持相同坍落度的前提下，大幅减小其用水量，因此能够提高混凝土的（　　）。
A. 流动性　　　B. 强度　　　C. 黏聚性　　　D. 捣实性

【10.3-5】普通混凝土用砂的细度模数范围一般在（　　）。
A. 3.7~3.1 B. 3.0~2.3
C. 3.7~0.7 D. 2.2~1.6

【10.3-6】钢筋混凝土构件的混凝土，为提高其早期强度而掺入早强剂，下列哪一种材料不能用作早强剂？（　　）
A. 氯化钠 B. 硫酸钠
C. 三乙醇胺 D. 复合早强剂

【10.3-7】最适宜冬期施工采用的混凝土外加剂是（　　）。
A. 引气剂　　　B. 减水剂　　　C. 缓凝剂　　　D. 早强剂

【10.3-8】划分混凝土强度等级的依据是（　　）。
A. 混凝土的立方体试件抗压强度值
B. 混凝土的立方体试件抗压强度标准值
C. 混凝土的棱柱体试件抗压强度值
D. 混凝土的抗弯强度值

【10.3-9】在寒冷地区的混凝土发生冻融破坏时，如果表面有盐类作用，其破坏程度（　　）。
A. 会减轻 B. 与有无盐类无关
C. 会加重 D. 视盐类浓度而定

【10.3-10】压碎指标是表示（　　）强度的指标。
A. 砂子　　　B. 石子　　　C. 混凝土　　　D. 水泥

【10.3-11】影响混凝土强度的主要因素有（　　）。
①水泥强度　②水灰比　③水泥用量　④养护温、湿度　⑤砂石用量
A. ①②③　　　B. ①②⑤　　　C. ②③④　　　D. ①②④

【10.3-12】影响混凝土拌合物流动性的主要因素是（　　）。
A. 砂率 B. 水泥浆数量
C. 骨料的级配 D. 水泥品种

【10.3-13】下列关于混凝土坍落度的叙述中，正确的是（　　）。
A. 坍落度是表示塑性混凝土拌合物和易性的指标
B. 干硬性混凝土拌合物的坍落度小于10mm时，须用维勃稠度（s）表示其稠度

C. 泵送混凝土拌合物的坍落度一般不低于200mm

D. 在浇筑板、梁和大型及中型截面的柱子时，混凝土拌合物的坍落度宜选用70～90mm

【10.3-14】海水不得用于拌制钢筋混凝土和预应力混凝土，主要是因为海水中含有大量盐，（　　）。

A. 会使混凝土腐蚀　　　　　　　　B. 会导致水泥凝结变慢

C. 会导致水泥快速凝结　　　　　　D. 会促使钢筋被腐蚀

【10.3-15】在下列混凝土的技术性能中，正确的是（　　）。

A. 抗剪强度大于抗压强度

B. 轴心抗压强度小于立方体抗压强度

C. 混凝土不受力时内部无裂纹

D. 徐变对混凝土有害无利

【10.3-16】测定混凝土强度用的标准试件是（　　）。

A. 70.7mm×70.7mm×70.7mm　　　B. 100mm×100mm×100mm

C. 150mm×150mm×150mm　　　　D. 200mm×200mm×200mm

【10.3-17】对混凝土抗渗性能影响最大的因素是（　　）。

A. 水灰比　　　　　　　　　　　　B. 骨料最大粒径

C. 砂率　　　　　　　　　　　　　D. 水泥品种

【10.3-18】影响混凝土徐变但不影响其干燥收缩的因素为（　　）。

A. 环境湿度　　　　　　　　　　　B. 混凝土骨料含量

C. 混凝土水灰比　　　　　　　　　D. 外部应力水平

【10.3-19】混凝土的干燥收缩和徐变的规律相似，而且最终变形量也相互接近，原因是两者具有相同的微观机理，均为（　　）。

A. 毛细孔的排水　　　　　　　　　B. 骨料的吸水

C. 过渡区的变形　　　　　　　　　D. 凝胶孔水分的移动

【10.3-20】混凝土的强度受到其材料的组成、养护条件和试验方法的影响，其中试验方法的影响体现在（　　）。

A. 试验设备的选择　　　　　　　　B. 试验地点的选择

C. 试验尺寸的选择　　　　　　　　D. 温湿环境的选择

【10.3-21】普通混凝土的抗拉强度只有其抗压强度的（　　）。

A. 1/2～1/5　　　　　　　　　　　B. 1/5～1/10

C. 1/10～1/20　　　　　　　　　　D. 1/20～1/30

【10.3-22】影响混凝土强度的因素除水泥强度等级、骨料质量、施工方法、养护龄期条件外，还有一个因素是（　　）。

A. 和易性　　　　　　　　　　　　B. 水灰比

C. 含气量　　　　　　　　　　　　D. 外加剂

【10.3-23】下列关于混凝土坍落度试验的描述，不合理的是（　　）。

A. 混凝土坍落度试验可以衡量塑性混凝土流动性

B. 混凝土坍落度试验可以评价塑性混凝土黏聚性

C. 混凝土坍落度试验可以评价塑性混凝土保水性
D. 混凝土坍落度试验不可以评价塑性混凝土黏聚性和保水性

【10.3-24】关于混凝土湿胀干缩的叙述，不合理的是(　　)。
A. 混凝土内毛细管内水分蒸发是引起干缩的原因之一
B. 混凝土内部吸附水分的蒸发引起凝胶体收缩是引起干缩的原因之一
C. 混凝土中的粗骨料可以抑制混凝土的收缩
D. 混凝土的干缩可以完全恢复

【10.3-25】在混凝土配合比设计中，选用合理砂率的主要目的是(　　)。
A. 提高混凝土的强度　　　　　　　B. 改善拌合物的和易性
C. 节省水泥　　　　　　　　　　　D. 节省粗骨料

【10.3-26】混凝土配合比计算中，试配强度高于混凝土的设计强度，其提高幅度取决于(　　)。
①混凝土强度保证率　②施工和易性要求　③耐久性要求　④施工控制水平　⑤水灰比　⑥骨料品种
A. ①②　　　　　B. ①③　　　　　C. ①⑤　　　　　D. ①④

【10.3-27】配制混凝土，在条件许可时，尽量选用最大粒径的粗骨料，是为了(　　)。
①节省骨料　②节省水泥　③减少混凝土干缩　④提高混凝土强度
A. ①②　　　　　B. ②③　　　　　C. ③④　　　　　D. ①④

【10.3-28】混凝土配合比设计中需要确定的基本不变量不包括(　　)。
A. 混凝土用水量　　　　　　　　　B. 混凝土砂率
C. 混凝土温度收缩　　　　　　　　D. 混凝土密度

【10.3-29】已知某混凝土的实验室配合比是：水泥 200kg，砂 500kg，石子 1000kg，水 200kg。另知现场的砂含水率是 3%，石子含水率是 1%，则其施工配合比是(　　)。
A. 水泥 200kg，砂 515kg，石子 1010kg，水为 200kg
B. 水泥 202kg，砂 500kg，石子 100kg，水为 175kg
C. 水泥 200kg，砂 515kg，石子 1010kg，水为 175kg
D. 水泥 202kg，砂 515kg，石子 1010kg，水为 200kg

习题答案及解析

【10.3-1】答案：A
解析：在用较高强度等级的水泥配制较低强度的混凝土时，为满足工程的技术经济要求，应采用掺混合材料或掺合料的方法。

【10.3-2】答案：C
解析：泵送混凝土施工选用的外加剂应能显著提高拌合物的流动性，故应采用减水剂。

【10.3-3】答案：D
解析：采用特细砂配制混凝土时，因特细砂的比表面积大，掺减水剂虽然能提高混凝土的流动性，但也使砂料表面的大量水分得以释放，使拌合物的稳定性难以维持，易出现

泌水、离析、和易性差等现象。

【10.3-4】答案：B

解析：减水剂在维持拌合物流动性和水泥用量不变的条件下，可减少水泥用量，从而降低了水灰比，可提高混凝土强度。

【10.3-5】答案：B

解析：砂子的粗细程度常用细度模数 F.M 表示，它是指不同粒径的砂粒混在一起后的平均粗细程度。细度模数在 3.7～3.1 的是粗砂，3.0～2.3 的是中砂，2.2～1.6 的是细砂，1.5～0.7 属于特细砂。在配合比相同的情况下，若砂子过粗，拌出的混凝土黏聚性差，容易产生分离、泌水现象；若砂子过细，虽然拌制的混凝土黏聚性较好，但流动性显著减小，为满足黏聚性要求，需耗用较多水泥，混凝土强度也较低。因此，混凝土用砂不宜过粗，也不宜过细，以中砂较为适宜。

【10.3-6】答案：A

解析：氯化钠因含氯离子，对钢筋有腐蚀作用，故而不能采用。

【10.3-7】答案：D

解析：冬期施工应尽量使混凝土强度迅速发展，故最适宜采用的混凝土外加剂是早强剂。

【10.3-8】答案：B

解析：根据规范规定，混凝土强度等级应按立方体抗压强度标准值确定，是指按标准方法制作、养护的边长为 150mm 的立方体试件，在 28d 或设计规定龄期以标准试验方法测得的具有 95% 保证率的抗压强度值。

【10.3-9】答案：C

解析：在寒冷地区混凝土发生冻融破坏时，表面有盐类，会使破坏程度加重。

【10.3-10】答案：B

解析：压碎指标是表示粗骨料石子强度的指标。

【10.3-11】答案：D

解析：影响混凝土强度的主要因素是水泥强度和水灰比，还与温度和湿度有关。

【10.3-12】答案：B

解析：影响混凝土拌合物流动性的主要因素是水泥浆的数量与流动性，其次为砂率、骨料级配、水泥品种等。

【10.3-13】答案：B

解析：坍落度是表示塑性混凝土拌合物流动性的指标，而不是和易性，A 项错误；B 项正确；泵送混凝土拌合物的坍落度一般不低于 150mm，C 项错误；在浇筑板、梁和大型及中型截面的柱子时，混凝土拌合物的坍落度宜选用 30～50mm，而不是 70～90mm，D 项错误。

【10.3-14】答案：D

解析：海水中的盐主要对混凝土中的钢筋有危害，促使其被腐蚀；其次，盐对混凝土中的水泥硬化产物也有腐蚀作用。

【10.3-15】答案：B

解析：由于环箍效应的轴心影响，混凝土的轴心抗压强度小于立方体抗压强度，B 项正确。A项，混凝土的抗剪强度小于抗压强度；C项，由于水化收缩、干缩等使得混凝土在不受力时内部存在裂缝；D项，徐变的优点是可以减轻大体积混凝土因温度变化所产生的破坏应力，缓和局部应力集中，松弛支座沉陷引起的应力；其缺点是使受弯构件的挠度增大，使预应力钢筋混凝土结构中的预加应力受到损失。

【10.3-16】答案：C

解析：根据规范规定，混凝土强度等级应按立方体抗压强度标准值确定，是指按标准方法制作、养护的边长为150mm的立方体试件，在28d或设计规定龄期以标准试验方法测得的具有95%保证率的抗压强度值。所以应选C项。

【10.3-17】答案：A

解析：影响混凝土抗渗性能的主要因素是混凝土的密实度和孔隙特征。其中，水灰比是影响混凝土密实度的主要因素，一般情况下，水灰比越大，材料越密实，则抗渗性越好。

【10.3-18】答案：D

解析：混凝土在长期荷载作用下，沿着力作用方向的变形会随时间不断增长，即荷载不变而变形仍随时间增大，这种长期荷载作用下产生的变形，通常称为徐变，徐变的大小与外部应力水平有关。干燥收缩是由于环境湿度低于混凝土自身湿度引起失水而导致的变形。环境湿度越小，水灰比越大（表明混凝土内部的自由水分越多），骨料（混凝土中的骨料具有减少收缩的作用）含量越低时，干缩越大。干缩与外部应力水平无关。

【10.3-19】答案：D

解析：徐变是由于凝胶孔中的水分向毛细孔中迁移引起的。干燥收缩是由于湿度降低导致凝胶孔和毛细孔中的水分失去引起的。所以凝胶孔水分的移动是干燥收缩和徐变的共同机理。

【10.3-20】答案：C

解析：测定混凝土强度时，由于环箍效应的影响，试件尺寸越大，测得的强度值越小。

【10.3-21】答案：C

解析：普通混凝土的抗拉强度一般为抗压强度的1/10~1/20。

【10.3-22】答案：B

解析：决定混凝土强度的主要因素是水灰比和水泥强度等级。

【10.3-23】答案：D

解析：在工地和试验室，通常是做坍落度试验测定拌合物的流动性，并辅以直观经验评定黏聚性和保水性。所以混凝土坍落度试验可以评价塑性混凝土的黏聚性和保水性。

【10.3-24】答案：D

解析：混凝土干燥收缩是由于湿度降低导致凝胶孔和毛细孔中的水分失去引起的。环境湿度越小，水灰比越大（表明混凝土内部的自由水分越多），骨料（混凝土中的骨料具有减少收缩的作用）含量越低时，干缩越大。混凝土的干缩不可以完全恢复。

【10.3-25】答案：B

解析：混凝土配合比是指混凝土中各组分材料数量之间的比例关系。砂率是指细骨料含量（重量）占骨料总量的百分数。试验证明，采用合理砂率时，在用水量和水泥用量不变的情况下，可使拌合物获得所要求的流动性和良好的黏聚性与保水性。

【10.3-26】答案：D

解析：试配强度的公式表达如下：

$$f_{cu,0} = f_{cu,k} + t\sigma$$

式中：$f_{cu,0}$——配制强度；

$f_{cu,k}$——设计强度；

t——概率（由强度保证率决定）；

σ——强度波动幅度（与施工控制水平有关）。

由公式可以看出，提高幅度取决于混凝土强度保证率和施工控制水平。

【10.3-27】答案：B

解析：选用最大粒径的粗骨料，主要目的是减少混凝土干缩，其次也可节省水泥。

【10.3-28】答案：D

解析：混凝土配合比设计的目的是确定各组成材料的用量，所以需要确定的基本变量中不包括混凝土的密度。

【10.3-29】答案：C

解析：水泥的用量＝200kg，砂的用量＝砂×(1＋砂含水率)＝500×(1＋3％)＝515kg，石子的用量＝石子×(1＋石子含水率)＝1000×(1＋1％)＝1010kg，水的用量＝200－500×3％－1000×1％＝175kg。

10.4 沥青及改性沥青

高频考点梳理

知识点	沥青的性质	乳化沥青的配制方法
近三年考核频次	2	1

10.4.1 石油沥青

石油沥青是石油原油经蒸馏等提炼出各种轻质油（如汽油、柴油等）及润滑油以后的残留物，或再经加工而得的产品。它是一种有机胶凝材料，在常温下呈固体、半固体或黏性液体，颜色为褐色或黑褐色。

1. 石油沥青的组成

石油沥青的主要组分是油分、树脂和地沥青质。

（1）油分

油分为淡黄色至红褐色的油状液体，是沥青中分子量最小和密度最小的组分，密度介于 $0.7\sim1\mathrm{g/cm^3}$ 之间。在170℃较长时间加热，油分可以挥发。油分能溶于石油醚、二硫化碳、三氯甲烷、苯、四氯化碳和丙酮等有机溶剂中，但不溶于酒精。油分赋予沥青以流动性。

（2）树脂（沥青脂胶）

沥青脂胶为黄色至黑褐色黏稠物质（半固体），分子量比油分大（600～1000），密度为 $1.0\sim1.1\mathrm{g/cm^3}$。沥青脂胶中绝对大部分属于中性树脂，它赋予沥青以良好的粘结性、塑性和可流动性。中性树脂含量增加,石油沥青的延度和粘结力等品质越好。

(3) 地沥青质(沥青质)

地质沥青为深褐色至黑色固态无定形物质(固体粉末),分子量比树脂大(1000以上),密度大于 $1g/cm^3$。地质沥青是决定石油沥青温度敏感性、黏性的重要组成部分,其含量越多,则软化点越高,黏性越大,就越硬脆。

另外,石油沥青中还含有 2%~3% 的沥青碳和似碳物,它能降低石油沥青的粘结力;石油沥青中还含有蜡,它会降低石油沥青的粘结性和塑性,同时对温度特别敏感(即温度稳定性差),所以蜡是石油沥青的有害成分。

2. 石油沥青的技术性质

(1) 防水性

石油沥青是憎水材料,几乎完全不溶于水,同时它具有一定的塑性,能适应材料或构件的变形,所以石油沥青具有良好的防水性,故广泛用作土木工程的防潮、防水材料。

(2) 黏滞性(黏性)

石油沥青的黏滞性是反映沥青材料内部阻碍其相对流动的一种特性,是划分沥青牌号的主要性能指标。黏滞性的大小与组分及温度有关,地沥青质含量较高,同时又有适量树脂,而油分含量较少时,则黏滞性较大;在一定温度范围内,当温度升高时,则黏滞性随之降低,反之则随之增大。

土木工程中多采用针入度和标准黏度来表示石油沥青的黏滞性。对于黏稠石油沥青,常用针入度表示,它反映石油沥青抵抗剪切变形的能力。针入度值越小,表明黏度越大。针入度是在规定温度 25℃ 条件下,以规定重量 100g 的标准针,经历规定时间 5s 贯入试样中的深度,以 1/10mm 为单位表示。对于液体石油沥青或较稀的石油沥青,可用标准黏度表示。标准黏度是在规定温度(20、25、30℃ 或 60℃)、规定直径(3、5 或 10mm)的孔口流出 $50cm^3$ 沥青所需的时间秒数,常用符号 "$C_t^d T$" 表示,d 为流孔直径,t 为试样温度,T 为流出 $50cm^3$ 沥青的时间。

(3) 塑性

塑性是指石油沥青在外力作用时产生变形而不破坏,除去外力后,则仍保持变形后形状的性质。它是沥青性质的重要指标之一。石油沥青的塑性用延度(伸长度)表示,延度越大,塑性越好。沥青延度是把沥青试样制成 ∞ 字形标准试模(中间最小截面积 $1cm^2$),在规定速度(5cm/min)和规定温度(25℃)下拉断时的伸长,以厘米为单位表示。

(4) 温度敏感性

温度敏感性是指石油沥青的黏滞性和塑性随温度升降而变化的性能,通常用软化点来表示。软化点越高,表明沥青的耐热性越好,即温度稳定性越好。

(5) 大气稳定性

大气稳定性是指石油沥青在热、阳光、氧气和潮湿等因素的长期综合作用下抵抗老化的性能。石油沥青的大气稳定性常以蒸发损失和蒸发后针入度比来评定。蒸发损失百分数越小和蒸发后针入度比越大,则表示大气稳定性越高,"老化" 越慢。

3. 石油沥青的应用

石油沥青按用途分为建筑石油沥青、道路石油沥青和普通石油沥青三种。在土木工程中使用的主要是建筑石油沥青和道路石油沥青。

(1) 建筑石油沥青

建筑石油沥青按针入度指标划分牌号，每一牌号的沥青还应保证相应的延度、软化度、溶解度、蒸发损失、蒸发后针入度比、闪点等。

建筑石油沥青针入度小（黏性较大），软化点较高（耐热性较好），但延伸度较小（塑性较小），主要用作制造油纸、油毡、防水涂料和沥青嵌缝膏。它们绝大部分用于屋面及地下防水、沟槽防水防腐蚀及管道防腐等工程。

(2) 道路石油沥青

道路石油沥青牌号较多，主要用于道路路面或车间地面等工程。用于二级以下公路和城市次干路、支路路面，应选用中、轻交通量道路石油沥青；用于高速公路、一级公路和城市快速路、主干道路路面，应选用重交通量道路石油沥青。一般拌制成沥青混合料使用。道路石油沥青还可作密封材料、胶粘剂及沥青涂料等。

【例10.4-1】评定石油沥青主要性能的三大指标是（　　）。
①延度　②针入度　③抗压强度　④柔度　⑤软化点　⑥坍落度
A.①②③　　　B.①②④　　　C.①②⑤　　　D.②⑤⑥

解析：评价黏稠石油沥青主要性能的三大指标是延度、针入度、软化点。所以应选C项。

【例10.4-2】石油沥青的软化点反映了沥青的（　　）。
A. 黏滞性　　　　　　　　　　B. 温度敏感性
C. 强度　　　　　　　　　　　D. 耐久性

解析：沥青软化点是指沥青受热由固态转变为具有一定流动态势时的温度，用来表示石油沥青的温度稳定性。软化点越高，表明沥青的耐热性越好。所以应选B项。

10.4.2 改性沥青

通常由石油加工生产的沥青并不能完全满足土木工程对沥青的性能要求，即良好的低温韧性，足够的高温稳定性，一定的抗老化能力，较强的黏附力，以及对构架变形有良好的适应性和耐疲劳性等。因此，常用矿物填料和高分子合成材料对沥青进行改性。改性沥青主要用于生产防水材料。橡胶、树脂和矿物填料等统称为石油沥青的改性材料。

1. 橡胶改性沥青

橡胶是沥青的重要改性材料，它和沥青有较好的混溶性，并能使沥青具有橡胶的很多优点，如高温变形小，低温柔性好。由于橡胶的品种不同，掺入的方法也有所不同，而各种橡胶沥青的性能也有差异。现将常用的几种分述如下：

(1) 氯丁橡胶改性沥青

沥青中掺入氯丁橡胶后，可使其气密性、低温柔性、耐化学腐蚀性、耐气候性等得到大大改善。氯丁橡胶改性沥青可用于路面的稀浆封层和制作密封材料和涂料等。

(2) 丁基橡胶改性沥青

丁基橡胶改性沥青具有优异的耐分解性，并有较好的低温抗裂性能和耐热性能，多用于道路路面工程和制作密封材料、涂料。

(3) 热塑性弹性体（SBS）改性沥青

SBS改性沥青具有良好的耐高温性、优异的低温柔性和耐疲劳性，是目前应用最成功和用量最大的一种改性沥青。主要用于制作防水卷材和铺筑高等级公路路面等。

(4) 再生橡胶改性沥青

再生胶掺入沥青以后，同样可大大提高沥青的气密性、低温柔性、耐光、热、臭氧性、耐气候性。再生橡胶改性沥青可以制作卷材、片材、密封材料、胶粘剂和涂料等，随着科学技术的发展，加工方法的改进，各种新品种的制品将会不断增多。

2. 树脂改性沥青

用树脂改性石油沥青，可以改进沥青的耐寒性、耐热性、粘结性和不透气性。由于石油沥青中含芳香性化合物很少，故树脂和石油沥青的相容性较差，而且可用的树脂品种也较少，常用的树脂有古马隆树脂、聚乙烯、乙烯－乙酸乙烯共聚物（EVA）、无规聚丙烯APP等。

3. 橡胶和树脂改性沥青

橡胶和树脂同时用于改善沥青的性质，使沥青同时具有橡胶和树脂的特性。并且树脂比橡胶便宜，橡胶和树脂又有较好的混溶性，故效果较好。

配制时，因为采用的原材料品种、配比、制作工艺不同，所以可以得到很多性能各异的产品。主要有卷、片材，密封材料，防水涂料等。

4. 矿物填充料改性沥青

为了提高沥青的粘结能力和耐热性，降低沥青的温度敏感性，经常加入一定数量的矿物填充料。常用的矿物填充料大多是粉状的和纤维状的，主要的有滑石粉、石灰石粉、硅藻土和石棉等。

【例 10.4-3】沥青卷材与改性沥青卷材相比较，沥青卷材的缺点是(　　)。
①耐热性低　②低温抗裂性差　③断裂延性小　④施工及材料成本高　⑤耐久性差
A. ①②③⑤　　　　B. ①②③④　　　　C. ②③⑤　　　　D. ①②③

解析：沥青卷材与改性沥青卷材相比较，耐热性低，低温抗裂性差，断裂延性小，耐久性差，但施工及材料成本低。所以应选 A 项。

10.4.3 沥青的应用

1. 冷底子油

冷底子油是一种沥青涂料，将建筑石油沥青（30%～40%）与汽油或其他有机溶剂（60%～70%）相溶合而成。冷底子油实际上是常温下的沥青溶液，其黏度小，渗透性好。在常温下将冷底子油刷涂或喷到混凝土、砂浆或木材等材料表面后，即逐渐掺入毛细孔中，待溶剂挥发后，便形成一层牢固的沥青膜，使在其上做的防水层与基层得以牢固粘贴。

2. 沥青胶（玛蹄脂）

沥青胶为沥青与矿质填充料的均匀混合物。填充料可为粉状的，如滑石粉、石灰石粉等；也可为纤维状的，如石棉屑、木纤维等。

沥青胶分为热用和冷用两种。在热用沥青胶中，填充料掺量一般为 10%～30%；而冷用沥青胶的配比一般是：沥青 40%～50%，绿油 25%～30%，矿粉 10%～30%，有时还加入不到 5% 的石棉。

沥青胶可用来粘贴防水卷材，用作接缝材料等。

沥青胶的标号主要按耐热度来划分，对柔韧性和粘结力也作了规定。应根据工程性质、屋面坡度和当地历年最高气温来选择标号。

3. 建筑防水沥青嵌缝油膏

建筑防水沥青嵌缝油膏是一种冷用膏状材料，它以石油沥青为基料，加入改性材料（如废橡胶粉或硫化鱼油）、稀释剂（如松节油等）及填充剂（石棉绒、滑石粉）等混合而成，主要用在屋面、墙面、沟槽等处作防水层的嵌缝材料。

嵌缝油膏的标号主要按照耐热度与低温柔性来划分。施工时，应注意基层表面的清洁与干燥，用冷底子油打底并干燥后，再用油膏嵌缝。油膏表面可加覆盖层（如油毡、塑料等）。

4. 沥青防水卷材

（1）常用油毡

常用油毡指用低软化点沥青浸渍原纸，然后以高软化点沥青涂盖两面，再涂刷或撒布隔离材料（粉状或片状）而制成的纸胎防水卷材，分为石油沥青油毡与煤沥青油毡两类。需注意的是：在施工时，石油沥青油毡要用石油沥青胶结料粘结，煤沥青油毡则用煤沥青胶结料粘结。

（2）沥青再生胶油毡

这是一种无胎防水卷材，由再生橡胶、10号石油沥青及碳酸钙填充料，经混炼、压延而成。沥青再生胶油毡具有较好的弹性、不透水性与低温柔性，以及较高的延伸性、抗拉强度与热稳定性。这些优点使之适用于水工、桥梁、地下建筑物管道等重要防水工程，以及建筑物变形缝的防水处理。

（3）SBS改性沥青柔性油毡

SBS改性沥青柔性油毡以聚酯纤维无纺布为胎体，以SBS橡胶改性沥青为面层，以塑料薄膜为隔离层，是一种新型防水卷材。这种油毡表面带有砂粒，具有较高的耐热性、低温柔性、弹性及耐疲劳性等，是目前性能最佳的油毡之一。这种新型油毡施工时可以冷粘贴（使用氯丁黏合剂），也可以热熔粘贴（使用汽油喷灯等）。

（4）铝箔面油毡

这种油毡以玻璃纤维毡为胎基，浸注氧化沥青，在上表面用压纹铝箔贴面，在地面则撒布细颗粒矿物材料，或覆盖以聚氯乙烯蜡。这种防水卷材具有良好的热反射功能及装饰功能，适用于作多层防水工程的面层。

习 题

【10.4-1】石油沥青的主要组分是（ ）。
A. 油分、沥青碳　　　　　　　　　　B. 油分、沥青质、蜡
C. 油分、树脂、沥青碳　　　　　　　D. 油分、树脂、沥青质

【10.4-2】石油沥青中沥青质含量较高时，会使沥青出现（ ）。
A. 黏性增加，温度稳定性增加　　　　B. 黏性减少，温度稳定性增加
C. 黏性增加，温度稳定性减少　　　　D. 黏性减少，温度稳定性减少

【10.4-3】沥青组分中的蜡使沥青具有（ ）。
A. 良好的流动性能　　　　　　　　　B. 良好的耐热性
C. 良好的粘结性能　　　　　　　　　D. 较差的温度稳定性

【10.4-4】沥青中的矿物填充料不包括（　　）。
A. 石棉粉　　　　　　　　　　　B. 石灰石粉
C. 滑石粉　　　　　　　　　　　D. 石英粉

【10.4-5】树脂是沥青的改性材料之一，下列各项不属于树脂改性沥青优点的是（　　）。
A. 耐寒性提高　　　　　　　　　B. 耐热性提高
C. 和沥青有较好的相容性　　　　D. 粘结性提高

【10.4-6】石油沥青和煤沥青在常温下都是固态或半固态，均为黑色，而它们的性能却相差很大，它们间可用直接燃烧法加以鉴别，石油沥青燃烧时（　　）。
A. 烟无色，基本无刺激性臭味　　B. 烟无色，有刺激性臭味
C. 烟黄色，基本无刺激性臭味　　D. 烟黄色，有刺激性臭味

【10.4-7】沥青是一种有机胶凝材料，以下哪一个性能不属于它？（　　）
A. 粘结性　　　B. 塑性　　　C. 憎水性　　　D. 导电性

【10.4-8】针入度表示沥青的哪几方面性能？（　　）
① 沥青抵抗剪切变形的能力
② 反映在一定条件下沥青的相对黏度
③ 沥青的延伸度
④ 沥青的粘结力
A. ①②　　　B. ①③　　　C. ②③　　　D. ①④

【10.4-9】适用于地下防水工程，或作为防腐材料的沥青材料是（　　）。
A. 石油沥青　　B. 煤沥青　　C. 天然沥青　　D. 建筑石油沥青

【10.4-10】下列关于沥青的叙述，哪一项是错误的？（　　）
A. 石油沥青按针入度划分牌号
B. 沥青针入度越大，则牌号越大
C. 沥青耐腐蚀性较差
D. 沥青针入度越大，则地沥青质含量越低

【10.4-11】随着石油沥青牌号的变小，其性能有什么变化？（　　）
A. 针入度变小，软化点降低　　　B. 针入度变小，软化点升高
C. 针入度变大，软化点降低　　　D. 针入度变大，软化点升高

【10.4-12】沥青中掺入一定量的磨细矿物填充料可使沥青的什么性能改善？（　　）
A. 弹性和延性　　　　　　　　　B. 耐寒性与不透水性
C. 粘结力和耐热性　　　　　　　D. 强度和密实度

【10.4-13】冷底子油在施工时对基面的要求是（　　）。
A. 平整、光滑　　　　　　　　　B. 洁净、干燥
C. 坡度合理　　　　　　　　　　D. 除污去垢

【10.4-14】在测定沥青的延度和针入度时，需保持以下（　　）条件恒定。
A. 室内温度　　　　　　　　　　B. 试件所处水浴的温度
C. 时间质量　　　　　　　　　　D. 试件的养护条件

【10.4-15】我国建筑防水工程中，过去以采用沥青油毡为主，但沥青材料有以下哪些

缺点？(   )
①抗拉强度低；②抗渗性不好；③抗裂性差；④对温度变化较敏感
A. ①③   B. ①②④   C. ②③④   D. ①③④

【10.4-16】下列关于石油沥青黏滞性的描述中，正确的是(   )。
A. 地沥青质组分含量多者，温度升高，则黏滞性大
B. 地沥青质组分含量多者，温度下降，则黏滞性大
C. 地沥青质组分含量少者，温度升高，则黏滞性大
D. 地沥青质组分含量少者，温度下降，则黏滞性大

习题答案及解析

【10.4-1】答案：D
解析：石油沥青的主要组分是油分、树脂和地沥青质。

【10.4-2】答案：A
解析：地质沥青是决定石油沥青温度敏感性、黏性的重要组成部分，其含量越多，则软化点越高，黏性越大，即越硬脆，温度稳定性增加。

【10.4-3】答案：D
解析：石油沥青中的是石油沥青的有害成分，它会降低石油沥青的粘结性和塑性，同时对温度特别敏感（即温度稳定性差）。

【10.4-4】答案：D
解析：沥青中的矿物填充料大多是粉状的和纤维状的，主要的有滑石粉、石灰石粉、硅藻土和石棉等，不包括石英粉。

【10.4-5】答案：C
解析：用树脂改性石油沥青，可以改进沥青的耐寒性、耐热性、粘结性和不透气性。由于石油沥青中含芳香性化合物很少，故树脂和石油沥青的相容性较差。

【10.4-6】答案：A
解析：石油沥青燃烧时烟无色，略有松香或石油味，但无刺激性臭味。煤沥青燃烧时产生的烟较多，为黄色，有臭味且有毒。

【10.4-7】答案：D
解析：沥青无导电性。

【10.4-8】答案：A
解析：针入度表示沥青抵抗剪切变形的能力，或者在一定条件下的相对黏度。

【10.4-9】答案：B
解析：煤沥青的防腐效果在各种沥青中最为突出。

【10.4-10】答案：C
解析：通常沥青具有良好的耐腐蚀性。石油沥青按其针入度划分牌号，牌号越大，说明针入度越大，黏性越差，即其中地沥青质含量越少。

【10.4-11】答案：B
解析：石油沥青随着牌号的减小，针入度变小，软化点升高，延度降低，即石油沥青的黏性增大，塑性降低，耐热性提高。

【10.4-12】答案：C

解析：沥青中掺入一定量的磨细矿物填充料可使沥青的粘结力和耐热性改善。

【10.4-13】答案：B

解析：冷底子油在施工时对基面的要求是洁净、干燥。

【10.4-14】答案：B

解析：沥青的针入度和延性对温度的变化很敏感，试验时规定试件的温度，一般采取水浴的方式控制温度。所以测定沥青针入度和延度时，需保持试件所处水浴的温度恒定。

【10.4-15】答案：D

解析：沥青材料有多项缺点，但其抗渗性尚好。

【10.4-16】答案：B

解析：石油沥青中地沥青质组分含量多者，温度下降，则黏滞性大。

10.5 建筑钢材

高频考点梳理

知识点	钢材的力学性能
近三年考核频次	2

10.5.1 钢材的组成与性能的关系

1. 钢的基本晶体组织及其对钢材性能的影响

钢是一种多晶体材料。单晶体具有各向异性的特征，而多晶体则为各向同性。钢的宏观力学性能由其内部结构和化学成分所决定。

(1) 纯铁的晶格类型

钢是铁和碳的合金晶体，其中铁元素是最基本的成分。纯铁的晶格有两种类型，即体心立方晶体和面心立方晶体，前者是铁原子排列在正六面体的中心及各个顶点而构成的空间格子，后者是铁原子排列在正六面体的八个顶点及六个面的中心构成的空间格子。

随着温度的变化，纯铁内部的原子排列也会发生变化。在常温下，纯铁呈体心立方晶格构造，这种铁称为 α-Fe，在 910～1390℃ 的温度范围中呈面心立方晶格。

(2) 钢的基本晶体组织

由于铁原子和碳原子的结合方式不同而形成不同形态的聚合体，称作晶体组织。铁原子和碳原子之间的结合物有三种基本形式：固溶体、化合物和二者的机械混合物。碳素钢在常温下形成的基本晶体组织有：

1) 铁素体

铁素体是碳溶于 α-Fe 晶格中的固溶体，强度、硬度低，但塑性和韧性很好。

2) 渗碳体

渗碳体是铁和碳的化合物（Fe_3C），其含碳量高达 6.67%，其晶体结构复杂，性质硬脆，塑性差，抗拉强度低。

3) 珠光体

珠光体是铁素体和渗碳体组成的机械混合物，含碳量0.8%，塑性好，强度和硬度高。

2. 化学成分对钢材性能的影响

建筑钢材中除铁元素外，还包含碳、硅、锰、磷、硫、氧、氮、钛等元素，含量虽少，但对钢材的影响很大，分述如下：

(1) 碳：建筑钢材中含碳量不大于0.8%，碳含量的增加将提高钢材的抗拉强度与硬度，但使塑性与韧性降低，焊接性能、耐腐蚀性能也随之下降。建筑结构用的钢材多为含碳0.25%以下的低碳钢及含碳0.52%以下的低合金钢。

(2) 硅：当钢中含硅量小于1.0%时，Si含量的增加能显著提高钢的强度，而对塑性及韧性没有明显影响。

(3) 锰：锰是炼钢时为脱氧去硫而加入的。锰能消除钢的热脆性，改善热加工性。当含锰量为0.8%~1.0%时，可显著提高钢的强度和硬度，几乎不降低钢的塑性和韧性。

(4) 磷：磷为有害元素，它能引发冷脆性、造成塑性、韧性显著下降，可焊性、冷弯性也变差。

(5) 硫：硫为有害元素，它引发热脆性，使各种机械性能降低，在热加工过程中易断裂。

(6) 氧：氧是有害元素，能使钢的机械性能下降，特别是韧性下降，氧还有促进时效倾向的作用，氧化物所造成的低熔点使钢的可焊性变差。

(7) 氮：氮对钢性质的影响与碳、磷相似，使钢的强度提高，塑性和韧性显著下降。

【例10.5-1】钢材中的含碳量增加，可提高钢材的(   )。

A. 强度　　　　　　B. 塑性　　　　　　C. 可焊性　　　　　　D. 韧性

解析：钢材中含碳量增加，钢材的强度和硬度提高，塑性和韧性降低，焊接性能下降。所以应选A项。

10.5.2 钢材的力学性能

钢材的力学性能主要有抗拉、冷弯、冲击韧性、硬度和耐疲劳性等。

1. 抗拉性能

抗拉性能是钢材的重要性能，可用低碳钢（软钢）受拉的应力-应变来阐明，如图10.5-1所示，分为弹性阶段、屈服阶段、强化阶段、颈缩阶段四个阶段。

低碳钢受拉时的主要力学性能指标如下：

(1) 屈服点 σ_s

试件被拉伸进入塑性变形屈服阶段BC（见图10.5-1），屈服段的应力上限值对应的点为$C_上$，下限值对应的点为$C_下$，对于低碳钢，一般以$C_下$对应的应力作为屈服点或屈服强度，记作σ_s。钢材受力达到屈服以后，由于变形迅速发展，尽管尚未破坏，但已不能满足使用要求，故设计中一般以屈服点作为强度取值的依据。

对于屈服现象不明显的钢，如中碳钢或高碳钢（硬钢），其应力-应变曲线则与低碳钢的明显不同，见图10.5-2，其抗拉强度高，塑性变形小，屈服现象不明显。对这类钢材难以测得屈服点，故规范以产生0.2%残余变形时的应力值作为名义屈服点，以$\sigma_{0.2}$表示。

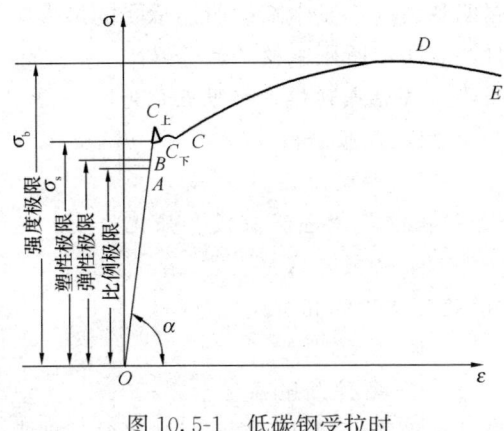

图 10.5-1 低碳钢受拉时的应力-应变曲线

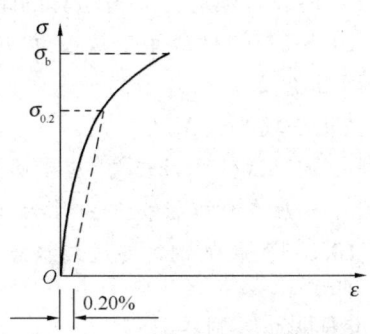

图 10.5-2 中碳钢或高碳钢受拉时的应力-应变曲线

(2) 抗拉强度 σ_b

应力—应变图（见图 10.5-1）中，曲线最高点 D 对应的应力 σ_b 称为抗拉强度。在一定范围内，屈强比 σ_s/σ_b 小则表明钢材在超过屈服点工作时可靠性较高，较为安全。

(3) 伸长率

记试件拉断后标距部分的长度 L_1，原标距长度 L_0，则伸长率 δ 规定为：

$$\delta = \frac{L_1 - L_0}{L_0} \times 100\%$$

δ 表明了钢材的塑性变形能力。δ 值还与 L_0/d_0 值有关（d_0 为试件直径）。常用 $L_0/d_0 = 5$ 及 $L_0/d_0 = 10$ 两种试件，相应的 δ 分别记作 δ_5 与 δ_{10}。

2. 冷弯性能

冷弯性能是指钢材在常温下承受弯曲变形的能力，它表征在恶劣条件下钢材的塑性。冷弯性能指标以试件被弯曲的角度（90°、180°）及弯心直径 d 与试件厚度（或直径）a 的比值 d/a 来表示。

3. 冲击韧性

冲击韧性是指钢材抵抗冲击荷载的能力。按规范规定，将带有 V 形缺口的试件，进行冲击试验。试件在冲击荷载作用下折断时所吸收的功，称为冲击吸收功（或 V 形冲击功）A_{kv}（J）。钢材的化学成分、组成状态、内在缺陷及环境等都是影响冲击韧性的重要因素。A_{kv} 值随试验温度的下降而减小，当温度降低达到某一范围时，A_{kv} 急剧下降而呈现脆性断裂，这种现象称为冷脆性。发生冷脆时的温度称为脆性临界温度，其数值越低，说明钢材的低温冲击韧性越好。因此，对直接承受动荷载而且可能在负温下工作的重要结构，必须进行冲击韧性检验。

4. 硬度

钢材的硬度是指其表面局部体积内抵抗外物压入产生塑性变形的能力，表征值常用布氏硬度 HB（还有洛氏硬度、维氏硬度），通过专门试验测得。

5. 耐疲劳性

在交变应力作用下的结构构件，钢材往往在应力远低于抗拉强度时发生断裂，这种现象称为钢材的疲劳破坏。疲劳破坏的危险应力用疲劳极限（σ_r）来表示，它是指疲劳试验中，试件在交变应力作用下，于规定的周期基数内不发生断裂所能承受的最大应力。设计承受反复荷载且须进行疲劳验算的结构时，应测定所用钢材的疲劳极限。

【例 10.5-2】 钢材试件受拉应力-应变曲线上从原点到弹性极限点称为（　　）。

A. 弹性阶段　　　　　　　　B. 屈服阶段
C. 强化阶段　　　　　　　　D. 颈缩阶段

解析： 钢材试件受拉应力-应变曲线分为弹性阶段、屈服阶段、强化阶段、颈缩阶段四个阶段，从原点到弹性极限点称为弹性阶段。所以应选 A 项。

【例 10.5-3】 表明钢材超过屈服点工作时的可靠性的指标是（　　）。

A. 比强度　　　　　　　　　B. 屈强比
C. 屈服强度　　　　　　　　D. 条件屈服强度

解析： 屈强比是指钢材屈服点与抗拉强度的比值，可以反映钢材使用时的可靠性和安全性。屈强比越小，反映钢材受力超过屈服点工作时的安全可靠程度越大，但太小则反映钢材性能未能充分利用，造成浪费。钢材屈强比一般应小于 0.83。所以应选 B 项。

10.5.3　钢材的冷加工强化及时效硬化、热处理和焊接

1. 冷加工强化

将钢材于常温下进行冷拉、冷拔或冷轧，使其产生塑性变形，从而提高屈服强度，称为冷加工强化。

2. 时效硬化

将经过冷加工后的钢材在常温下存放 15～20d，或加热到 100～200℃并保持一定时间，这一过程称时效处理，前者称为自然时效，后者称人工时效。

3. 热处理

热处理是指将钢材按一定规则加热、保温和冷却，以改变其组织，从而获得所需要的性能的一种工艺措施。

4. 焊接

焊接连接是钢结构的主要连接方式，在工业与民用建筑的钢结构中，焊接结构占 90% 以上。建筑钢材的焊接方法最主要的是钢结构焊接用的电弧焊和钢筋连接用的电渣压力焊。焊件的质量主要取决于选择正确的焊接工艺和适当的焊接材料，以及钢结构本身的可焊性。

焊接质量的检验方法主要有取样试件试验和原位非破损检验两类。

【例 10.5-4】 对钢材的冷弯性能要求越高，实验时采用的（　　）。

A. 弯曲角度愈大，弯心直径对试件直径的比值越大
B. 弯曲角度愈小，弯心直径对试件直径的比值越小
C. 弯曲角度愈小，弯心直径对试件直径的比值越大
D. 弯曲角度愈大，弯心直径对试件直径的比值越小

解析： 冷弯性能是指钢材在常温下承受弯曲变形的能力。冷弯试验是将钢材按规定的弯曲角度与弯心直径进行弯曲，检查受弯部位的外拱面和两侧面，不发生裂纹、起层或断裂为合格。弯曲角度越大，弯心直径对试件厚度（或直径）的比值愈小，则表示钢材冷弯性能越好。所以应选 D 项。

【例 10.5-5】 钢材经过冷加工、时效处理后，性能发生了下列哪项变化？（　　）

A. 屈服点和抗拉强度提高，塑性和韧性降低
B. 屈服点降低，抗拉强度、塑性和韧性提高
C. 屈服点提高，抗拉强度、塑性和韧性降低
D. 屈服点降低，抗拉强度提高，塑性和韧性都降低

解析： 钢材经冷加工后，随着时间的延长，钢的屈服强度和抗拉强度逐渐提高，而塑性和韧性逐渐降低的现象称为应变时效。所以应选 A 项。

10.5.4 建筑钢材的种类与选用

1. 建筑钢材的主要钢种

（1）普通碳素结构钢

《碳素结构钢》GB/T 700—2006 规定，碳素结构钢共有 5 个牌号，牌号由屈服点字母、屈服点数值、质量等级符号与脱氧方法符号组成。例如 Q235-BZ，表示这种碳素结构钢的屈服点 $\sigma_s \geqslant 235$MPa（当钢材厚度或直径≤16mm 时）；质量等级为 B，即硫、磷均控制在 0.045% 以下；脱氧程度为镇静钢。

碳素钢的屈服强度和抗拉强度随含碳量的增加而增高，伸长率则随含碳量的增加而下降。其中 Q235 的强度和伸长率均居中等，两者得以兼顾，所以是结构钢常用的牌号。

一般而言，碳素结构钢的塑性较好，适宜于各种加工，在焊接、冲击及适当超载的情况下也不会突然破坏，它的化学性能稳定，对轧制、加热或骤冷的敏感性较小，因而常用于热轧钢筋。

（2）低合金高强结构钢

在碳素结构钢的基础上加入总量小于 5% 的合金元素（如硅、锰等），即得低合金高强度结构钢。

根据《低合金高强度结构钢》GB/T 1591—2018 的规定，共分为 8 个牌号，每个牌号分若干个质量等级。低合金钢强度较高，塑性、韧性及可焊性等均较好，且成本不高，尤其适用于大跨度、承受动荷载和冲击荷载作用的结构。

2. 常用建筑用钢

（1）钢筋

钢筋主要用于钢筋混凝土和预应力钢筋混凝土的配筋，是土木工程中用量最大的钢材之一。主要品种有以下几种：

1）低碳钢热轧圆盘条

建筑用的低碳钢热轧圆盘条由 Q215 和 Q235 碳素结构钢经热轧而成，其具有强度较低，但塑性好，伸长率高，便于弯折成形，容易焊接等特点。可用作中、小型钢筋混凝土结构的受力钢筋或箍筋，以及作为冷加工（冷拉、冷拔、冷轧）的原料。

2）钢筋混凝土用热轧带肋钢筋

钢筋混凝土用热轧带肋钢筋采用低合金钢热轧而成，横截面通常为圆形，且表面带有两条纵肋和沿长度方向均匀分布的横肋。其含碳量为 0.17%～0.25%，主要合金元素有硅、锰、钒、铌、钛等，有害元素硫和磷的含量应控制在 0.045% 以下。

热轧带肋钢筋具有较高的强度，塑性和可焊性也较好。钢筋表面带有纵肋和横肋，从而加强了钢筋与混凝土之间的握裹力。可用于钢筋混凝土结构的受力钢筋，以及预应力钢筋。

3) 冷轧带肋钢筋

冷轧带肋钢筋采用热轧圆盘条经冷轧而成，表面带有沿长度方向均匀分布的二面或三面的月牙肋。冷轧带肋钢筋是采用冷加工方法强化的典型产品，冷轧后强度明显提高，但塑性也随之降低，使强屈比变小，但其强屈比 $\sigma_b/\sigma_{0.2}$ 不得小于 1.05。这种钢筋适用于中、小预应力混凝土结构构件和普通钢筋混凝土结构构件。

4) 预应力混凝土热处理钢筋

预应力混凝土用热处理钢筋是指用热轧中碳低合金钢钢筋经淬火、回火调质处理的钢筋。

5) 预应力混凝土用钢丝与钢绞线

预应力混凝土用钢丝是采用优质碳素钢或其他性能相应的钢种，经冷加工及时效处理或热处理而制得的高强度钢丝。若将两根、三根或七根圆形截面的钢丝捻成一束，而成预应力混凝土用钢绞线。

预应力钢丝、钢绞线等均属于冷加工强化及热处理钢材，拉伸试验时没有屈服点，但抗拉强度远远超过热轧钢筋及冷轧钢筋，并具有较好的柔韧性，应力松弛率低。

(2) 型钢

1) 热轧型钢

常用的热轧型钢有角钢（等边和不等边）、工字钢、槽钢、T形钢、H形钢、Z形钢等。我国建筑用热轧型钢主要采用碳素结构钢和低合金钢。在碳素结构钢中主要采用Q235-A（含碳量约为 0.14%～0.22%），其强度较适中，塑性和可焊性较好，而且冶炼容易、成本低廉，适合土木工程使用。在低合金钢中主要采用 Q345（16Mn）及 Q390（15MnV），可用于大跨度、承受动荷载的钢结构中。

2) 冷弯薄壁型钢

冷弯薄壁型钢通常用 2～6mm 薄钢板冷弯或模压而成，有角钢、槽钢等开口薄壁型钢及方形、矩形等空心薄壁型钢。可用于轻型钢结构。

3) 钢板与压型钢板

用光面扎辊轧制而成的扁平钢材称为钢板。按轧制温度的不同，钢板又可分热轧和冷轧两类。按厚度来分，热轧钢板可分为厚板（厚度大于 4mm）和薄板（厚度为 0.35～0.4mm）两种；冷轧钢板只有薄板（厚度 0.2～4mm）。厚板可用于型钢的连接与焊接，组成钢结构承力构件，薄板可用作屋面或墙面等围护结构，或作为薄壁型钢的原料。

薄钢板经辊压或冷弯可制成截面呈 V 形、U 形、梯形或类似形状的波纹，并可采用有机涂层、镀锌等表面保护层的钢板，称压型钢板，在建筑上常用作屋面板、楼板、墙板及装饰等。还可将其与保温材料等复合，制成复合墙板等，用途十分广泛。

【例 10.5-6】建筑工程中所用的钢绞线一般采用什么钢材？（　　）

A．普通碳素结构钢　　　　　　　　B．优质碳素结构钢
C．普通低合金结构钢　　　　　　　D．普通中合金钢

解析：建筑工程中所用的钢绞线一般采用优质碳素结构钢，所以应选 B 项。

10.5.5 钢材的防火与防腐蚀

1. 钢材的防火

对于长期处于高温条件下的结构物，或遇到火灾等特殊情况时，则必须考虑温度对钢

材性能的影响。高温对钢材性能的影响不能简单地用应力-应变关系来评定，而必须加上温度与高温持续时间两个因素，通常钢材的蠕变现象会随温度的升高而愈益显著，蠕变则导致应力松弛，此外，由于在高温下晶界强度比晶粒强度低，晶界的滑动对微裂纹的影响起了重要作用，此裂纹在拉应力的作用下不断扩展而导致断裂。因此，随着温度的升高，其持久强度将显著下降。

因此，在钢结构或钢筋混凝土结构遇到火灾时，应考虑高温透过保护层后对钢筋或型钢金相组织及力学性能的影响。尤其是在预应力结构中，还必须考虑钢筋在高温条件下的预应力损失所造成的整个结构物应力体系的变化。

鉴于以上原因，在钢结构中应采取预防包裹措施，高层建筑更应如此，其中包括设置防火板或涂刷防火涂料等。在钢筋混凝土结构中，钢筋应具有一定厚度的保护层。

表10.5-1所列为钢筋或型钢保护层对构件耐火极限的影响示例，由列举的典型构件可见，钢材进行防火保护的必要性。

钢材防火保护层对构件耐火极限的影响 表10.5-1

构件名称	规格	保护层厚度（mm）	耐火极限（h）
钢筋混凝土圆孔空心板	3300×600×180	10	0.9
	3300×600×200	30	1.5
预应力钢筋混凝土圆孔板	3300×600×90	10	0.4
	3300×600×110	30	0.85
无保护层钢柱		0	0.25
砂浆保护层钢柱		50	1.35
防火涂料保护层钢柱		25	2
无保护层钢梁		0	0.25
防火涂料保护层的钢梁		15	1.50

2．钢材的锈蚀与防止

（1）钢材被腐蚀的主要原因

1）化学腐蚀

钢材与周围介质直接发生化学反应而引起的腐蚀，称为化学腐蚀。通常是由于氧化作用，使钢材中的铁形成疏松的氧化铁而被腐蚀。在干燥环境中，化学腐蚀进行缓慢，但在潮湿环境和湿度较高时，腐蚀速度加快，这种腐蚀亦可由空气中的二氧化碳或二氧化硫作用，以及其他腐蚀性物质的作用而产生。

2）电化学腐蚀

金属在潮湿气体以及导电液体（电解质）中，由于电子流动而引起的腐蚀，称为电化学腐蚀。

钢铁在酸碱盐溶液及海水中发生的腐蚀，地下管线的土壤腐蚀，在大气中的腐蚀，与其他金属接触处的腐蚀，均属于电化学腐蚀。电化学腐蚀是钢铁腐蚀的主要形式。

3）应力腐蚀

钢材在应力状态下腐蚀加快的现象，称为应力腐蚀。所以，钢筋冷弯处、预应力钢筋等都会因为应力存在而加速腐蚀。

(2) 防止钢材腐蚀的措施

混凝土中的钢筋处于碱性介质条件下，而氧化保护膜为碱性，故不致锈蚀。但应注意，若在混凝土中大量掺入掺合料，或因碳化反应会使混凝土内部环境中性化，或由于在混凝土外加剂中带入一些卤素离子，特别是氯离子，会使锈蚀迅速发展。

混凝土配筋的防腐蚀措施主要有提高混凝土密实度、确保保护层厚度、限制氯盐外加剂及加入防锈剂等。对于预应力筋，一般含碳量较高，又经过冷加工强化或热处理，较易发生腐蚀，应予以重视。

钢结构中型钢的防锈，主要采用表面涂覆的方法。例如表面刷漆，常用底漆有红丹防锈底漆、环氧富锌底漆、铁红环氧底漆等；面漆有灰铅漆、醇酸磁漆、酚醛磁漆等。薄壁型钢及薄钢板制品可采用热浸镀锌或镀锌后加涂塑料复合层。

习　题

【10.5-1】衡量钢材的塑性高低的技术指标为（　　）。
　　A. 屈服强度　　　B. 抗拉强度　　　C. 断后伸长率　　　D. 冲击韧性

【10.5-2】钢材牌号（如Q235）中的数字表示钢材的（　　）。
　　A. 屈服强度　　　B. 伸长率　　　C. 冲击韧性　　　D. 抗拉强度

【10.5-3】某碳素钢含有下列元素：①S；②Mn；③C；④P；⑤O；⑥N；⑦Si；⑧Fe。下列哪一组全是有害元素？（　　）
　　A. ①②③④　　　B. ③④⑤⑥　　　C. ①④⑤⑥　　　D. ①④⑤⑦

【10.5-4】金属晶体是各向异性的，而金属材料却是各向同性的，其原因是（　　）。
　　A. 因金属材料的原子排列时完全无序的
　　B. 因金属材料中的晶粒是随机取向的
　　C. 因金属材料是玻璃体与晶体的混合物
　　D. 因金属材料多为金属键结合

【10.5-5】要提高建筑钢材的强度并消除脆性，改善性能，一般应适量加入下列元素中的哪种？（　　）
　　A. C　　　B. Na　　　C. Mn　　　D. K

【10.5-6】随着钢材中含碳量的增加，钢材的（　　）。
　　A. 强度提高，塑性增大　　　B. 强度降低，塑性减小
　　C. 强度提高，塑性减小　　　D. 强度降低，塑性增大

【10.5-7】我国热轧钢筋分为四级，其分级依据是下列中的哪几个因素？（　　）
①脱氧程度；②屈服极限；③抗拉强度；④冷弯性能；⑤冲击韧性；⑥伸长率
　　A. ①②③④　　　　　　　　B. ②③④⑤
　　C. ②③④⑥　　　　　　　　D. ①②③⑥

【10.5-8】我国碳素结构钢与低合金钢的产品牌号，是采用下列哪一种方法表示的？（　　）
　　A. 采用汉语拼音字母
　　B. 采用化学元素
　　C. 采用阿拉伯数字、罗马字母

D. 采用汉语拼音字母、阿拉伯数字相结合

【10.5-9】钢材经冷加工后，性能会发生显著变化，但不会发生下列中的哪种变化？（　　）
A. 强度提高　　　　　　　　B. 塑性增大
C. 变硬　　　　　　　　　　D. 塑性降低

【10.5-10】通常建筑钢材中含碳量增加，将使钢材性能发生下列中的哪项变化？（　　）
A. 冷脆性下降　　　　　　　B. 时效敏感性提高
C. 可焊性提高　　　　　　　D. 抗大气锈蚀性提高

【10.5-11】钢材表面锈蚀的原因中，下列哪一条是主要的？（　　）
A. 钢材本身含有杂质
B. 有外部电解质作用
C. 表面不平，经冷加工后存在内应力
D. 电化学作用

【10.5-12】钢材合理的屈强比数值应控制在（　　）范围内。
A. 0.3~0.45　　　　　　　　B. 0.4~0.55
C. 0.5~0.65　　　　　　　　D. 0.6~0.75

【10.5-13】下列关于冲击韧性的叙述，合理的是（　　）。
A. 冲击韧性指标是通过对试件进行弯曲试验来确定的
B. 使用环境的温度影响钢材的冲击韧性
C. 钢材的脆性临界温度越高，说明钢材的低温冲击韧性越好
D. 对于承受荷载较大的结构用钢，必须进行冲击韧性检验

【10.5-14】钢材的疲劳极限或疲劳强度是指（　　）。
A. 在一定的荷载作用下，达到破坏的时间
B. 在交变荷载作用下，直到破坏所经历的应力交变周期数
C. 在均匀递加荷载作用下，发生断裂时的最大应力
D. 在交变荷载作用下，于规定的周期基数内不发生断裂所能承受的最大应力

【10.5-15】建筑钢材产生冷加工强化的原因是（　　）。
A. 钢材在塑性变形中缺陷增多，晶格严重畸变
B. 钢材在塑性变形中消除晶格缺陷，晶格畸变减小
C. 钢材在冷加工过程中密实度提高
D. 钢材在冷加工过程中形成较多的具有硬脆性渗碳体

【10.5-16】钢材中脱氧最充分、质量最好的是（　　）。
A. 沸腾钢　　　　　　　　　B. 半镇静钢
C. 镇静钢　　　　　　　　　D. 特殊镇静钢

习题答案及解析

【10.5-1】答案：C
解析：断后伸长率（即伸长率）是衡量钢材塑性变形的指标。屈服强度和抗拉强度是

衡量钢材抗拉性能的指标，冲击韧性是衡量钢材抵抗冲击荷载作用能力的指标。

【10.5-2】答案：A

解析：钢材牌号中的数字表示钢材的屈服强度。

【10.5-3】答案：C

解析：S、P、O、N是钢材中的有害元素，S会引发热脆性，使各种机械性能降低，在热加工过程中易断裂；P能引发冷脆性、造成塑性、韧性显著下降，可焊性、冷弯性也变差；O能使钢的机械性能下降，特别是韧性下降，O还有促进时效倾向的作用，氧化物所造成的低熔点使钢的可焊性变差；N对钢性质的影响与碳、磷相似，使钢的强度提高，塑性和韧性显著下降。

【10.5-4】答案：B

解析：金属材料各向同性的原因是金属材料中的晶粒随机取向，使晶体的各向异性得以抵消。

【10.5-5】答案：C

解析：通常合金元素可以改善钢材性能，提高强度，消除脆性。Mn属于合金元素。

【10.5-6】答案：C

解析：含碳量增加，可以提高建筑钢材的强度，但是塑性降低。

【10.5-7】答案：C

解析：我国热轧钢筋分为四级，其分级依据是强度与变形性能指标，屈服强度与抗拉强度是强度指标，冷弯性能与伸长率是变形性能指标。

【10.5-8】答案：D

解析：我国碳素结构钢如Q235与低合金钢Q390的牌号命名，采用屈服点字母Q与屈服点数值表示。

【10.5-9】答案：B

解析：钢材冷加工可提高强度，降低塑性和韧性。

【10.5-10】答案：B

解析：建筑钢材中含碳量增加，强度提高，塑性、韧性、可焊性和耐蚀性降低，增大冷脆性与时效倾向。

【10.5-11】答案：D

解析：钢材的腐蚀通常由电化学反应、化学反应引起，但以电化学反应为主。

【10.5-12】答案：D

解析：钢材合理的屈强比数值应控制在0.6～0.75。

【10.5-13】答案：B

解析：冲击韧性随温度的降低而下降，所以使用环境的温度会影响钢材的冲击韧性。A项，冲击韧性指标是通过标准试件的弯曲冲击韧性试验确定的；C项，钢材的脆性临界温度越低，说明钢材的低温冲击韧性越好；D项，对于承受动荷载的结构用钢，必须进行冲击韧性检验。

【10.5-14】答案：D

解析：钢材的疲劳极限在交变荷载作用下，于规定的周期基数内不发生断裂所能承受的最大应力。

【10.5-15】答案：A

解析：建筑钢材产生冷加工强化的原因是钢材在塑性变形中缺陷增多，晶格严重畸变。

【10.5-16】答案：D

解析：钢材中脱氧程度从小到大排序为：沸腾钢、半镇静钢、镇静钢、特殊镇静钢。

10.6 木材、石材和黏土

高频考点梳理

知识点	石材的工艺性质
近三年考核频次	1

10.6.1 木材

木材是人类使用最早的建筑材料之一。木材具有很多优点：

(1) 轻质高强，对热、声和电的传导性能比较低；
(2) 有很好的弹性和塑性、能承受冲击和振动等作用；
(3) 容易加工、木纹美观；
(4) 在干燥环境或长期置于水中均有很好的耐久性。

木材也有使其应用受到限制的缺点，如构造不均匀性，各向异性，易吸湿、吸水从而导致形状、尺寸、强度等物理、力学性能变化；长期处于干湿交替环境中，其耐久性变差；易燃、易腐、天然瑕疵较多等。

1. 木材的分类与构造

(1) 木材的分类

木材的树种很多，从树叶的外观形状可将木材分为针叶树木和阔叶树木两大类。

针叶树的树干直而高大，纹理顺直，木质较软，故又称软木。软木材较易加工，表观密度和胀缩变形较小，强度较高，耐腐蚀性较强。故建筑工程上常用作承重结构材料，如杉木、红松、白松、黄花松等。

阔叶树的树干通直部分较短，材质坚硬，故又称硬（杂）木材。硬木材一般较重，加工较难，胀缩变形较大，易翘曲、开裂，不宜作承重结构材料。多用于内部装饰和家具，如榆木、水曲柳、柞木等。

(2) 木材的宏观构造

木材由树皮、木质部、髓心组成。木质部位于髓心与树皮之间，是建筑材料使用的主要部分。

(3) 木材的微观构造

无数管状细胞紧密结合、纵向排列。细胞由细胞壁和细胞腔组成，木材的细胞壁越厚，腔越小，木材越密实，表观密度和强度也越大，但其胀缩变形也大。与春材比较，夏材的细胞壁较厚，腔较小。

2. 木材的物理性质

(1) 密度与表观密度

木材的密度各树种相差不大，一般为 $1.48\sim1.56\mathrm{g/cm^3}$。

木材的表观密度则随木材孔隙率、含水量以及其他一些因素的变化而不同，木材的表观密度越大，其湿胀干缩率也越大。

（2）吸湿率与含水率

木材中所含的水根据其存在形式可分为三类：

1）自由水是存在于细胞腔和细胞间隙中的水。木材干燥时，自由水首先蒸发。自由水的含量影响木材的表观密度、燃烧性和抗腐蚀性。

2）吸附水是存在于细胞壁中的水。木材受潮时，细胞壁首先吸水。吸附水含量的变化是影响木材强度和湿胀干缩的主要因素。

3）化合水是木材化学成分组成中的结合水。水分进入木材后，首先吸附在细胞壁内的细纤维间，成为吸附水，吸附水饱和后，其余的水成为自由水。木材干燥时，首先失去自由水，然后才失去吸附水。当木材细胞腔和细胞间隙中的自由水完全脱去为零，而细胞壁吸附水尚未饱和时，木材的含水率称为"木材的纤维饱和点"。纤维饱和点随树种而异，一般在25%~35%之间，平均为30%左右。木材含水量的多少与木材的表观密度、强度、耐久性、加工性、导热性和导电性等有着一定关系。尤其是纤维饱和点是木材物理力学性质发生变化的转折点。

木材的含水率随周围空气的湿度变化而变化，直到木材含水率与周围空气的湿度达到平衡为止，此时的含水率称为平衡含水率。

（3）湿胀干缩

木材含水率在纤维饱和点以内进行干燥时，会产生长度和体积的收缩，即干缩。而含水率在纤维饱和点以内受潮时，则会产生长度和体积的膨胀，即湿胀。

木材的湿胀干缩对木材的使用有严重影响，干缩使木结构构件连接处产生缝隙而致结合松弛，湿胀则造成凸起。为了避免这种情况，最基本的办法是预先将木材进行干燥，使木材的含水率与构件所使用的环境湿度相适应。

（4）其他物理性质

木材的导热系数随其表观密度增大而增大。顺纹方向的导热系数大于横纹方向的导热系数。干木材具有很高的电阻。当木材的含水量提高或温度升高时，木材电阻会降低。木材具有较好的吸声性能，故常用软木板、木丝板、穿孔板等作为吸声材料。

3. 木材的力学性质

（1）木材的强度

木材构造的特点，使木材的各种力学性能具有明显的方向性，在顺纹方向，木材的抗拉和抗压强度都比横纹方向高得多。土木工程中木材所受荷载主要有压、拉、弯、剪切等。

1）抗压强度

木材广泛应用于受压构件，由于构造的不均匀性，抗压强度可分为顺纹抗压强度和横纹抗压强度。顺纹受压破坏是木材细胞壁丧失稳定性的结果，并非纤维的断裂，工程中常见的柱、桩、斜撑及桁架等承重构件均是顺纹受压。木材横纹受压时，开始细胞壁弹性变形，此时变形与外力成正比，当超过比例极限时，细胞壁失去稳定，细胞腔被压扁，随即产生大量变形。所以，木材的横纹抗压强度以使用中所限制的变形量来决定，通常取其比例极限作为横纹抗压强度极限指标。

2) 抗拉强度

木材的顺纹抗拉强度是木材各种力学强度中最高的。木材单纤维的抗拉强度可达 80~200MPa，因此顺纹受拉破坏时往往不是纤维被拉断而是纤维间被撕裂。木材在使用中不可能是单纤维受力，木材的疵病（木节、斜纹、裂缝等）会使木材实际能承受的作用力远远低于单纤维受力。木材的横纹抗拉强度很小，仅为顺纹抗拉强度的 1/10~1/40，这是因为木材纤维之间的横向连接薄弱。另外，含水率对木材顺纹抗拉强度的影响不大。

3) 抗弯强度

木材弯曲时内部应力十分复杂，上部是顺纹受压，下部为顺纹受拉，在水平面上还有剪切力作用。木材受弯破坏时，通常是受压区首先达到强度极限，形成微小的不明显的皱纹，这是并不立即破坏，随着外力增大，皱纹慢慢地在受压区扩展，产生大量塑性变形，当受拉区内纤维达到强度极限时，因纤维本身的断裂及纤维间连接的破坏而最后破坏。

木材的抗弯强度很高，为顺纹抗压强度的 1.5~2 倍。因此，在土木工程中常用作受弯构件，如用于桁架、梁、桥梁、底板等。但木节、斜纹等对木材的抗弯强度影响很大，特别是当它们分布在受拉区时尤为显著。

4) 剪切强度

根据作用力与木材纤维方向的不同，分为：顺纹剪切、横纹剪切和横纹切断三种，如图 10.6-1 所示。

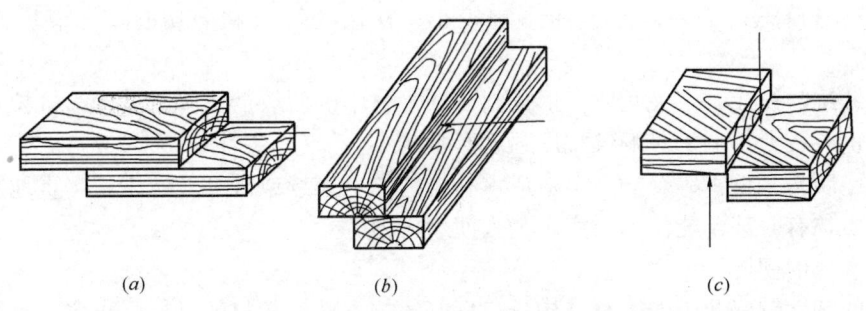

图 10.6-1 木材的剪切
(a) 顺纹剪切；(b) 横纹剪切；(c) 横纹切断

顺纹剪切时，木材的绝大部分纤维本身并不破坏，只是破坏剪切面中纤维间的连接，所以顺纹抗剪强度很小。横纹剪切时，剪切是破坏剪切面中纤维的横向连接，因此木材的横纹剪切强度比顺纹剪切强度还要低。横纹切断时，剪切破坏是将木材纤维切断，因此横纹切断强度较大，一般为顺纹剪切强度的 4~5 倍。

为了便于比较，现将木材各种强度间数值大小关系列于表 10.6-1 中。

木材各种强度的大小关系 表 10.6-1

抗压		抗拉		抗弯	抗剪	
顺纹	横纹	顺纹	横纹		顺纹	横纹
1	1/10~1/3	2~3	1/20~1/3	3/2~2	1/7~1/3	1/2~1

(2) 影响木材强度的主要因素

1) 含水量的影响

木材含水率的变化，对木材各种强度的影响程度是不同的，对抗弯和顺纹抗压影响较大，对顺纹抗剪影响较小，而对顺纹抗拉几乎没有影响。

2) 负荷时间的影响

木材抵抗长期荷载的能力低于抵抗短期荷载的能力。木材在长期荷载下不致引起破坏的最大强度，称为持久强度。木材的持久强度比短期荷载作用下的极限强度小得多，一般仅为极限强度的50%～60%。

一切木结构都处于某一种负荷的长期作用下，因此在设计木结构时，应考虑负荷时间对木材强度的影响。

3) 温度的影响

当环境温度升高时，木材中的胶结物质处于软化状态，其强度和弹性均降低。通常在长期受热环境中，如温度可能超过50℃时，则不应采用木结构。当温度降至0℃以下时，其中水分结冰，木材强度增大，但木材变得较脆，一旦解冻，各项强度都将比未解冻时的强度低。

4) 疵病的影响

木材在生产、采伐、保存过程中，所产生的内部和外部的缺陷，统称为疵病。木材的疵病主要有木节、斜纹、裂纹、腐朽和虫害等。

木节可分活节、死节、松软节、腐朽节等几种，其中活节影响较小。木节使木材顺纹抗拉强度显著降低，而对顺纹抗压影响较小；在横纹抗压和剪切时，木节反而会增加强度。

在木纤维与树成一定夹角时，形成斜纹。木材中的斜纹严重降低其顺纹抗拉强度，对抗弯强度也有较大影响，对顺纹抗压强度影响较小。

裂纹、腐朽、虫害等疵病，会造成木材构造的不连续或破坏其组织，严重地影响木材的力学性质，有时甚至能使木材完全失去使用价值。

(3) 木材的韧性

木材的韧性较好，因而木材结构具有良好的抗震性。木材的韧性受很多因素影响，如木材的密度越大，冲击韧性越好；高温会使木材变脆，韧性降低；而负温则会使湿木材变脆，而韧性降低，有时甚至能使木材完全失去使用价值。

(4) 木材的硬度和耐磨性

木材的硬度和耐磨性主要取决于细胞组织的紧密度，各个截面相差显著，木材横截面的硬度和耐磨性都较径切面和弦切面为高。

4. 木材的防护与应用

(1) 木材的防腐

木材的腐朽为真菌侵害所致，真菌在木材中的生存和繁殖必须同时具备3个条件：即适当的水分、空气和湿度。最适宜腐朽菌繁殖的条件是：木材含水率为35%～50%，温度为25～30℃，木材中有一定量的空气存在。只要设法破坏其中一个条件，就能防止木材腐朽。

木材除易受真菌侵蚀外，还会遭受昆虫的蛀蚀，如白蚁、天牛、蠹虫等。

木材防腐与防虫通常采用两种方式：一种是创造条件，使木材不适于真菌寄生和繁殖，最常用的办法是通过通风、排湿、表面涂刷油漆等措施，保证木结构经常处于干燥状态，使其含水率在20%以下；另一种是把木材变为有毒的物质，使其不能作真菌和昆虫的养料，通常是把化学防腐剂、防虫剂注入木材内，使木材成为真菌和昆虫有毒的物质。

(2) 木材防火

木材的防火是将木材经过具有阻燃性的化学物质处理后，变成难染的材料，使其遇小火能自熄，遇大火能延缓或阻滞燃烧蔓延，从而赢得扑救的时间。木材防火处理方法有表面处理法和溶液浸注法两种。

表面处理法是采用不燃性材料覆盖在木材的表面，阻止木材直接与火焰接触，同时也起到防腐和装饰作用。这类材料包括金属、水泥砂浆、石膏及防火材料。

溶液浸注法是将阻燃剂注入木材内，分为常压浸注和加压浸注，与注入防腐剂方法类似。木材浸注等级及要求为：

一级浸注：保证木材无可燃性；

二级浸注：保证木材缓燃；

三级浸注：在露天火源作用下，能延迟木材燃烧起火。

浸注处理前，要求木材必须达到充分气干，并经初步加工成型，以免防火处理后再进行大量锯、刨等加工而将浸有阻燃剂的部分除去。

(3) 木材的应用

木材的应用最常见的有以下几种：胶合板、胶合夹芯板、刨花板、木丝板、木屑板、纤维板、镶拼地板。

【例10.6-1】 导致木材物理力学性质发生改变的临界含水率是(　　)。

A. 最大含水率　　　　　　　B. 平衡含水率
C. 纤维饱和点　　　　　　　D. 最小含水率

解析：纤维饱和点是指当木材中的吸附水达到饱和、而尚无自由水时的含水率。当含水率低于纤维饱和点时，含水率越大则强度越低，超过时不再有此规律。因此，纤维饱和点是木材物理力学性能发生改变的临界含水率。A项，最大含水率是指木材可吸收水分的最大含量；B项，平衡含水率是指木材在一定空气状态（温度、相对湿度）下最后达到的吸湿或稳定含水率；D项，最小含水率是指木材可吸收水分的含量。所以应选C项。

【例10.6-2】 影响木材强度的因素较多，下列哪个因素与木材强度无关？(　　)

A. 纤维饱和点以下含水量变化　　　B. 负荷时间
C. 纤维饱和点以上含水量变化　　　D. 疵病

解析：当含水率低于纤维饱和点时，含水率越大则强度越低，超过时不再有此规律。所以应选C项。

10.6.2 石材

1. 岩石的组成和分类

岩石是由矿物组成的，是由各种不同的地质作用所形成的天然固态矿物的集合体。天然岩石根据生成条件，按地质分类法，可分为三大类：

(1) 岩浆岩

岩浆岩又称火山岩，是由地壳内的岩浆冷凝而成，具有结晶构造而没有层理。

(2) 沉积岩

沉积岩又称水成岩，是由地表的各类岩石经自然界的风化作用破坏后被水流、冰川或风力搬运至不同地方，再经逐层沉积并在覆盖层的压力作用或天然矿物胶结剂的胶结作用下重新压实胶结而成的岩石。

(3) 变质岩

变质岩是地壳中原有的各类岩石，在地层的压力或温度作用下，原岩石在固体状态下发生变质作用而形成的岩石。通常，沉积岩在变质时，由于受到高压重结晶的作用，形成的变质岩较原来的沉积岩更为紧密。

2. 石材的技术性质

天然石材的技术性质可分为物理性质、力学性质与工艺性质。

(1) 物理性质

1) 表观密度

表观密度的大小常间接反映石材的致密程度与孔隙多少。在通常情况下，同种石材的表观密度越大，则抗压强度越高，吸水率越小，耐久性越强，导热性越好。

天然石材根据表观密度大小可分为：

轻质石材表观密度＜1800kg/m³，多用作墙体材料。

重质石材表观密度＞1800kg/m³，多用作基础、桥涵、挡土墙及道路等方面。

2) 吸水性

吸水率大于1.5%的岩石称为低吸水岩石，介于1.5%～3.0%的称为中吸水性岩石，高于3.0%的称为高吸水性岩石。石材的吸水性对其强度与耐水性有很大影响。石材吸水后，会降低颗粒之间的粘结力，而使强度降低。

3) 耐水性

石材的耐水性以软化系数表示。根据软化系数的大小，可将石材分为高、中、低三个等级。软化系数＞0.90为高耐水性，软化系数在0.75～0.90的为中耐水性，软化系数在0.60～0.75的为低耐水性，软化系数＜0.60者不允许用于重要建筑物中。

4) 抗冻性

石材的抗冻性是根据石材在水饱和状态下能经受的冻融循环次数（强度降低值不超过25%，质量损失不超过5%，无贯穿裂缝）来表示。

5) 耐热性

耐热性与其化学成分及矿物组分有关。含有石膏的石材，在100℃以上时就开始破坏；含有碳酸镁的石材，温度高于725℃会发生破坏；含有碳酸钙的石材，温度达到827℃时开始破坏。由石英与其他矿物所组成的结晶石材如花岗岩等，当温度达到700℃以上时，由于石英受热发生膨胀，强度迅速下降。

6) 导热性

主要与其致密程度有关。具有封闭孔隙的石材，导热性较差。

(2) 力学性质

1) 抗压强度

石材的抗压强度是以三个边长为70mm的立方体试块的抗压强度平均值表示。

2) 冲击韧性

天然石材是典型的脆性材料，其冲击韧性决定于岩石的矿物成分与构造。石英岩、硅质砂岩脆性较大。含暗色矿物较多的辉长岩、辉绿岩等具有较高的韧性。通常，晶体结构的岩石较非晶体结构的岩石具有较高的韧性。

3) 硬度

它取决于矿物组成的硬度与构造。凡由致密、坚硬矿物组成的石材，其强度就高。岩石的硬度以莫氏硬度表示。

4) 耐磨性

它是指石材在使用条件下抵抗摩擦、边缘剪切以及冲击等复杂作用的性质。石材的耐磨性与其内部组成矿物的硬度、结构、构造特征以及石材的抗压强度和冲击韧性等性质有关。组成矿物越坚硬构造越致密，以及抗压强度和冲击韧性越高，则石材的耐磨性越好。

(3) 工艺性质

1) 加工性

它是指对岩石劈解、破碎与凿琢等加工工艺的难易程度。凡强度、硬度、韧性较高的石材，不易加工；质脆而粗糙，有颗粒交错结构，含有层状或片状构造以及业已风化的岩石，都难以满足加工要求。

2) 磨光性

它指岩石能否磨成光滑表面的性质。致密、均匀、细粒的岩石，一般都有良好的磨光性，可以磨成光滑亮洁的表面。疏松多孔、有鳞片状构造的岩石，磨光性均不好。

3) 抗钻性

它指岩石钻孔时其难易程度的性质。影响抗钻性的因素很复杂，一般与岩石的强度、硬度等性质有关。

3. 石材的选用

在建筑设计和施工中，应根据适用性和经济性的原则选用石材。常用的岩石有如下：

花岗岩，常用于作基础、闸坝、桥墩、台阶、路面、墙石和勒脚及纪念性建筑等。

玄武岩，常用作高强度混凝土的骨料，也用其铺筑道路的路面。

石灰岩，其块石可作基础、墙身、阶及路面等，其碎石是常用的混凝土骨料，此外它也是生产水泥和石灰的主要原料。

砂岩，致密的硅质砂岩的性能接近于花岗岩，可用于纪念性建筑及耐酸工程等；钙质砂岩的性质类似于石灰岩，较易加工，可用作基础、踏步、人行道工程等，但不耐酸的侵蚀；铁质砂岩的性能比钙质砂岩差，其密实者可用于一般建筑工程；黏土质砂岩浸水易软化，土木工程中一般不用。

大理岩，大理岩又称大理石，构造致密，密度大，但硬度不高，易于分割、锯切、雕刻性能好，磨光后非常美观，可用于高级建筑物的装饰和饰面工程。但由于其主要成分为碳酸钙，易被酸侵蚀，所以除个别品种（如汉白玉）外，一般不宜用作室外装饰。

石英岩，常用作重要建筑物的贴面石，耐磨耐酸的贴面材料，其碎块可用于道路建设或作混凝土的骨料。

片麻岩，常用作碎石、块石及人行道石板等。

4. 石材的加工类型

土木工程中使用的天然石材常加工为散粒状、块状，形状规则的石块、石板，形状特殊的石制品等。

（1）砌筑用石材

砌筑用石材分为毛石、料石两类。毛石（又称片石或块石）是由爆破直接得到的石块。按其表面的平整程度分为乱毛石和平毛石两类。料石（又称条石）是由人工或机械开采出的较规则的并略加凿琢而成的六面体石块。

（2）板材

用致密岩石凿平或锯解而成的厚度一般为 20mm 的石材，称为板材。常用于建筑装饰工程，作为墙面和地面的饰面材料。

（3）颗粒状石材

碎石，天然岩石经人工或机械破碎而成的粒径大于 5mm 的颗粒状石料，其性质决定于母岩的品质，主要用于配制混凝土或作道路、基础等的垫层。

卵石，母岩经自然条件风化、磨蚀、冲刷等作用而形成的表面较光滑的颗粒状石材。用途同碎石，还可作为装饰混凝土（如粗露石混凝土等）的骨料和园林庭院地面的铺砌材料等。

石渣，用天然大理石或花岗岩等的残碎料加工而成，具有多种颜色和装饰效果。可用作人造大理石、水磨石、斩假石、水刷石等的骨料，还可用于制作干粘石制品。

【例 10.6-3】下列石材中，属于人造石材的有（　　）。

A. 毛石　　　　B. 料石　　　　C. 石板材　　　　D. 铸石

解析：铸石是采用天然岩石（玄武岩、辉绿岩等）或工业废渣（高炉矿渣、钢渣、铜渣等）为主要原料，经配料、熔融、浇注、热处理等工序制成的晶体排列规整、质地坚硬和细腻的非金属工业材料，属于人造石。毛石、料石、石板材都属于天然石材。所以应选 D 项。

【例 10.6-4】花岗岩属于（　　）。

A. 火成岩　　　　B. 变质岩　　　　C. 沉积岩　　　　D. 深成岩

解析：岩浆岩又称火成岩，由地壳内部熔融岩浆上升冷却而成，其根据岩浆冷却条件分为深成岩、浅成岩、喷出岩。深成岩包括花岗岩、正长岩、闪长岩等。所以应选 D 项。

10.6.3 黏土

1. 土的组成

土是固体颗粒、水与空气的混合物，即三相系。土的颗粒互相联结形成土的骨架。当土骨架中的孔隙全部被水占领时，这种土称为饱和土；当骨架中的孔隙仅含空气时，称之为干土；三相并存，则称之为湿土。

（1）土的固相

1）成土矿物

原生矿物：石英、长石、云母，吸水能力弱、无塑性。

次生矿物：黏土矿物、高岭石、伊利石、蒙脱石，吸水能力强、可胀缩、有塑性。

2）黏土矿物的晶体

硅氧四面体与铝氧八面体构成含水铝硅酸盐。

3）土粒的大小与土的级配

根据土粒的大小将土划分为不同的范围，即粒组。巨粒组：漂石粒、卵石粒；粗粒组：砾粒、砂粒；细粒组：粉粒、黏粒。

土的级配：土中各范围粒组中土粒的相对含量。级配良好的土，压实时能达到较高的密实度，故透水性低、强度高、压缩性低。

4）颗粒分析试验

土的级配曲线有两种：粒径分布曲线（横坐标为土粒粒径，纵坐标为小于某粒径的土粒含量）、粒组频率曲线（横坐标为某粒组平均粒径，纵坐标为该粒组的土粒含量）。

从粒径分布曲线可得到以下两个参数：

不均匀系数

$$C_u = \frac{d_{60}}{d_{10}}$$

曲率系数

$$C_c = \frac{(d_{30})^2}{d_{60} d_{10}}$$

其中，d_{60}、d_{30}、d_{10} 分别表示曲线上纵坐标为60%、30%、10%所对应的横坐标即粒径。

国标规定：对于砾、砂，$C_u \geqslant 5$，且 $C_c = 1 \sim 3$，则土的级配良好。

(2) 土的液相

土的液相类型及主要作用力见表10.6-2。

土的液相类型及主要作用力　　　　　　表10.6-2

水的类型		主要作用力
吸着水		物理化学力
自由水	毛细管水	表面张力与重力
	重力水	重力

2. 黏土的性质

(1) 无黏性土的相对密实度 D_r

$$D_r = \frac{e_{max} - e_0}{e_{max} - e_{min}}$$

式中，e_{max}、e_0、e_{min}——分别为无黏性土最松状态、天然状态、最密状态的孔隙比。

在工程上，用 D_r 划分土的状态：

$0 < D_r \leqslant 1/3$　疏松的；

$1/3 < D_r \leqslant 2/3$　中密的；

$2/3 < D_r \leqslant 1$　密实的。

(2) 黏性土的稠度

稠度是指黏性土的干湿程度，或在某一含水率下抵抗外力作用而变形的能力，是黏性土最主要的物理状态指标。

在黏性土的状态转变过程中，有三种界限含水率或稠度界限：

液限（w_L）——流态→可塑状态转变的界限含水率；

塑限（w_P）——可塑态→半固态转变的界限含水率；

缩限（w_S）——半固态→固态转变的界限含水率；

塑性指数即液限与塑限的差值，塑性指数越大，表明土的颗粒越细，黏聚力越大，内摩擦角越小。

(3) 土的压实性

影响压实性的因素：

1) 含水率：当含水率较小时，土的干密度随含水率增大而提高；当含水率等于最佳含水率时，干密度达到最大值；达到最佳含水率后，干密度随含水率的增加反而降低。

2) 击数。

3) 土类与级配：含水率相同时，黏性土的黏粒含量越高或塑性指标越大，则越难以压实；对同一类土，级配良好，则易于压实，反之则不易压实。

4) 粗粒含量：粗粒含量过大，则表明土的级配不佳，不易压实。

【例 10.6-5】黏性土由半固态变成可塑状态时的界限含水率称为土的（　　）。

A. 塑性指数　　　　　　　　　　B. 液限
C. 塑限　　　　　　　　　　　　D. 最佳含水率

解析：塑限是指土由可塑状态过渡到半固体状态时的界限含水率，可用搓条法直接测定，或用液、塑限联合测定法获得。A 项，塑性是表征细粒土物理性能的一个重要特征，一般用塑性指数来表示，液限与塑限的差值称为塑性指数；B 项，土从流动状态转变为可塑状态的界限含水率称为液限；D 项，对同一种土料，在标准击实条件下，能够达到的干密度的最大值称为最大干密度，此时相应的含水率称为最佳含水率。所以应选 C 项。

习　题

【10.6-1】下列木材中适宜做装饰材料的是（　　）。

A. 松木　　　　B. 杉木　　　　C. 水曲柳　　　　D. 柏木

【10.6-2】木材的力学性质为各向异性，表现为（　　）。

A. 抗拉强度，顺纹方向最大
B. 抗拉强度，横纹方向最大
C. 抗剪强度，横纹方向最大
D. 抗弯强度，横纹与顺纹方向相近

【10.6-3】干燥的木材吸水后，其变形最大的方向是（　　）。

A. 纵向　　　　B. 径向　　　　C. 弦向　　　　D. 不确定

【10.6-4】木材从干燥到含水会对其使用性能有各种影响，下列叙述中正确的是（　　）。

A. 木材含水使其导热性减小，强度减低，体积膨胀
B. 木材含水使其导热性增大，强度不变，体积膨胀
C. 木材含水使其导热性增大，强度减低，体积膨胀
D. 木材含水使其导热性减小，强度提高，体积膨胀

【10.6-5】木材在使用前应进行干燥处理，窑干木材的含水率为（　　）。

A. 12%～15%　　　B. <12%　　　C. 15%～18%　　　D. 18%

【10.6-6】地表岩石经长期风化、破碎后，在外力作用下搬运、堆积，再经胶结、压实等再造作用而形成的岩石称为（　　）。
　　A. 变质岩　　　　　　B. 沉积岩　　　　　C. 岩浆岩　　　　　D. 火成岩

【10.6-7】大理石属于（　　）。
　　A. 变质岩　　　　　　B. 沉积岩　　　　　C. 岩浆岩　　　　　D. 火成岩

【10.6-8】大理石的主要矿物成分是（　　）。
　　A. 石英　　　　　　　B. 方解石　　　　　C. 长石　　　　　　D. 石灰石

【10.6-9】大理石饰面板，适用于下列哪种工程？（　　）
　　A. 室外工程　　　　　　　　　　　　　　B. 室内工程
　　C. 室内及室外工程　　　　　　　　　　　D. 接触酸性物质的工程

【10.6-10】石材吸水后，导热系数将增大，这是因为（　　）。
　　A. 水的导热系数比密闭空气大
　　B. 水的比热比密闭空气大
　　C. 水的密度比密闭空气大
　　D. 材料吸水后导致其中的裂纹增大

【10.6-11】土的塑性指数越高，土的（　　）。
　　A. 黏聚性越高　　　　　　　　　　　　　B. 黏聚性越低
　　C. 内摩擦角越大　　　　　　　　　　　　D. 粒度越粗

【10.6-12】以下关于土壤的叙述，合理的是（　　）。
　　A. 土壤压实时，其含水率越高，压实度越高
　　B. 土壤压实时，其含水率越高，压实度越低
　　C. 黏土颗粒越小，液限越低
　　D. 黏土颗粒越小，其孔隙率越高

【10.6-13】黏土塑性高，说明（　　）。
　　A. 黏土粒子的水化膜薄，可塑性好　　　　B. 黏土粒子的水化膜薄，可塑性差
　　C. 黏土粒子的水化膜厚，可塑性好　　　　D. 黏土粒子的水化膜厚，可塑性差

【10.6-14】黏土是由（　　）长期风化而成。
　　A. 碳酸盐类岩石　　　　　　　　　　　　B. 铝硅酸盐类岩石
　　C. 硫酸盐类岩石　　　　　　　　　　　　D. 大理岩

习题答案及解析

【10.6-1】答案：C

解析：木材分为针叶树和阔叶树。针叶树（又称软木树）的树干通直高大，纹理平顺，材质均匀，表观密度和胀缩变形小，耐腐蚀性较强，材质较软，多用作承重构件，有松、杉、柏。阔叶树（又称硬木树）强度较高，纹理漂亮，胀缩翘曲变形较大，易开裂，较难加工，适合作装饰，有水曲柳、桦木、椴木、柚木、樟木、榉木、榆木等。

【10.6-2】答案：A

解析：木材的顺纹抗拉强度是木材各种力学强度中最高的，木材的横纹抗拉强度很小，仅为顺纹抗拉强度的1/10～1/40；木材的顺纹抗剪强度很小，横纹抗剪强度比顺纹

抗剪强度还要低。

【10.6-3】答案：C

解析：木材干湿变形最大的方向是弦向。

【10.6-4】答案：C

解析：在纤维饱和点以下范围内，木材含水使其导热性增大，强度降低，体积膨胀。

【10.6-5】答案：B

解析：通常木材的纤维饱和点、平衡含水率、窑干含水率的数值依次递减，分别为 20%～35%、10%～18%、<12%。

【10.6-6】答案：B

解析：岩石根据形成机理分为岩浆岩、沉积岩和变质岩三种。其中，地表岩石经长期风化、破碎后，在外力作用下搬运、堆积，再经胶结、压实等再造作用而形成的岩石称为沉积岩。

【10.6-7】答案：A

解析：大理石属于变质岩，由石灰岩或白云岩变质而成。

【10.6-8】答案：B

解析：大理石的主要矿物成分为方解石或白云石，是碳酸盐类岩石。

【10.6-9】答案：B

解析：大理石的主要化学成分为碳酸钙，易被侵蚀，除个别品种外一般不宜作室外装饰，天然大理石可制成高级装饰工程的饰面板，是理想的室内高级装饰材料。

【10.6-10】答案：A

解析：水的导热系数比密闭空气大。

【10.6-11】答案：A

解析：土的塑性指数是指液限与塑限的差值。塑性指数越大，表明土的颗粒越细，比表面积越大，黏聚力越大，内摩擦角越小。

【10.6-12】答案：D

解析：对同一类土，级配良好，则易于压实。如级配不好，多为单一粒径的颗粒，则孔隙率反而高。

【10.6-13】答案：C

解析：塑限是黏性土由可塑态向半固态转变的界限含水率。黏土塑限高，说明黏土粒子的水化膜厚，可塑性好。

【10.6-14】答案：B

解析：黏土是由铝硅酸盐类岩石长期风化而成。

第11章 工程测量

考试大纲：

11.1 测量基本概念

地球的形状和大小；地面点位的确定；测量工作的基本概念。

11.2 水准测量

水准测量原理；水准仪的构造、使用和检验校正；水准测量方法及成果整理。

11.3 角度测量

经纬仪的构造、使用和检验校正；水平角观测；垂直角观测。

11.4 距离测量

卷尺量距；视距测量；光电测距。

11.5 测量误差基本知识

测量误差分类与特性；评定精度的标准；观测值的精度评定；误差传播定律。

11.6 控制测量

平面控制网的定位与定向；导线测量；交会定点；高程控制测量。

11.7 地形图测绘

地形图基本知识；地物平面图测绘；等高线地形图测绘。

11.8 地形图应用

地形图应用的基本知识；建筑设计中的地形图应用；城市规划中的地形图应用。

11.9 建筑工程测量

建筑工程控制测量；施工放样测量；建筑安装测量；建筑工程变形观测。

本章试题配置：5题

11.1 测量基本概念

11.1.1 地球的形状和大小

1. 测绘学与测量学

（1）测绘学是测量学和制图学的统称

1）测绘学的研究对象是地球整体及其表面和外层空间中的各种自然物体、人造物体的有关空间信息。

2）研究的任务是对这些与地理空间有关的信息进行采集、处理、管理、更新和利用。

3）测绘学的实质是确定地面上某一点的点位。

（2）测量学

1）概念：测量学是研究测定地面点的几何位置、地球形状、地球重力场，以及地球表面自然形态和人工设施的几何形态的科学。

2) 研究对象：地球及其表面，目前已经由静态发展到动态，既有宏量也有微量。

3) 研究内容：分为测设和测定两部分。

① 测设：将人们的工程设计通过测量的手段，标定在地面上，以备施工。

② 测定：将地面上客观存在的物体，通过测量的手段，将其测为数据或者图形。

(3) 制图学：结合社会和自然信息的地理分布，研究绘制全球和局部地区各种比例尺的地形图和专题地图的理论和技术的科学。

2. 水准面

(1) 水准面：自由静止的水面。水准面上处处重力位相等，是等位面，水准面上的任何一点均与重力方向正交。

(2) 大地水准面：水准面有无穷多个，并且相互不相交，也不互相平行，其中与静止的平均海水面相重合的闭合水准面，称为大地水准面。在野外测量时，测量上统一以大地水准面作为基准面。大地水准面是个不规则的曲面，是个物理面，其与地球内部物质构造密切相关。

(3) 大地体：大地水准面所包含的形体称为大地体。

重力方向线：测量工作的基线，又称为铅垂线。测量仪器中的垂球指向方向就是铅垂线方向；水准器中气泡居中后，水准管圆弧法线方向与铅垂线方向一致。

3. 旋转椭球面

由于大地水准面的不规则，大地体并不是一个规则的几何球体，测量中选择可用数学公式严格描述的旋转椭圆代替大地体，将旋转椭球面代替大地水准面作为测量计算和制图的基准面。

$$e = \frac{a-b}{a}$$

其中 a 为长半轴，b 为短半轴，e 为扁率。特别地，当 $e=0$ 时，椭球则变为了圆球。旋转椭球的标准方程可写成：

$$\frac{x^2}{a^2} + \frac{y^2}{a^2} + \frac{z^2}{b^2} = 1$$

4. 地球椭圆

(1) 参考椭圆：由于受到技术条件的限制，过去只能用个别国家或局部地区的大地测量资料推求椭球元素，只能作为地球形状和大小的参考。

椭球定位：参考椭球确定后，必须确定椭球和大地体的相关位置，使椭球体与大地体间达到最好扣合的工作。

(2) 总地球椭球：与大地体密合得最好的地球椭球。总地球椭球具有的性质有：

1) 和地球大地体体积和质量相等。

2) 椭球中心的质心与地球质心重合。

3) 椭球的短轴与地球地轴重合。

4) 椭球与全球大地水准面差距的平方和最小。

【例 11.1-1】下列叙述中，错误的是(　　)。

A. 测量学的研究对象有地球及其表面，已经由静态发展到动态，有宏量也有微量

B. 测量学是结合社会和自然信息的地理分布，研究绘制全球和局部地区各种比例尺的地形图和专题地图的理论和技术的科学

C. 测绘学的研究内容分为测量学和制图学两部分

D. 测绘学的研究对象是地球整体及其表面和外层空间中的各种自然物体、人造物体的有关空间信息

解析：测量学是研究测定地面点的几何位置、地球形状、地球重力场，以及地球表面自然形态和人工设施的几何形态的科学；制图学是结合社会和自然信息的地理分布，研究绘制全球和局部地区各种比例尺的地形图和专题地图的理论和技术的科学。因此答案选 B。

【例 11.1-2】下列描述中，具有规则的形状和大小的是（　　）。

A. 大地水准面　　　　　　　　B. 大地体
C. 水准面　　　　　　　　　　D. 旋转椭球面

【例11.1-2】

解析：由于大地水准面的不规则，大地体并不是一个规则的几何球体，测量中选择可用数学公式严格描述的旋转椭圆代替大地体，将旋转椭球面代替大地水准面作为测量计算和制图的基准面。因此答案选 D。

11.1.2 地面点位的确定

1. 地面点空间位置一般需要三个量表示（图 11.1-1）：两个量是地面点沿着投影线（铅垂线或法线）在投影面（大地水准面、椭球面或平面）上的坐标；另一个量则是点沿着投影线到投影面的距离（高度）。地面点空间坐标与选用的椭球及坐标系统有关。

2. 坐标系统

（1）天文坐标系

天文坐标系：以垂线和大地水准面为基准线和基准面，过地面点与地轴的平面为子午线，以该平面与格林尼治子午面间的二面角为经度，以过该点的铅垂线与赤道面交角为纬度，组成的坐标系。

特点：可以通过天文测量得到天文坐标，但受环境条件限制，定位速度慢，定位精度高。

（2）大地坐标系

大地坐标系：以法线和椭球体面为基准线和基准面，地面点投影到椭球面上的投影点与椭球短轴构成的子午面与格林尼治子午面间的二面角为大地经度，过地面点法线与赤道面交角为大地纬度，过地面点沿法线到椭球面的高程称为大地高。

选定不同的椭球，大地坐标也会不一样；若选用参考椭球，建立的是参考坐标系；若选用总地球椭圆且坐标原点在地球质心，建立的是地心坐标。

（3）空间直角坐标系

空间直角坐标系：以地球椭球体中心为坐标原点，x 轴与格林尼治子午面与地球赤道面交

图 11.1-1　地面点空间位置的确定

线重合，z 轴指向地球北极，y 轴垂直于 xOy 平面（构成右手坐标系），组成的坐标系。

（4）高斯平面直角坐标系

1）高斯平面直角坐标系：以高斯横切椭圆柱正形投影的方法，用一个椭圆柱套在地球椭球外，与地球南北极相切，并于椭球体某一子午线相切，椭圆柱中心轴通过椭球体赤道面及椭球中心，将中央子午线两侧一定经度范围内的椭球面上的点、线按照正形条件投影到椭圆柱面，然后将椭圆柱面沿着南北极的母线展开成平面。将中央子午线与赤道的交点经投影后，定位坐标原点；中央子午线投影为纵坐标轴，为 x 轴；赤道投影为横坐标轴，为 y 轴；从而构成高斯平面直角坐标系。

2）特点：中央子午线长度不变形，离中央子午线越远变形越大，并凹向中央子午线，各纬度投影后凸向赤道。距离中央子午线越大，其投影的误差越大，为了不超过测图和施工精度，常常将长度变形控制在一定的测图精度范围内。

3）控制测图精度的方法有 分带投影法。

分带投影法：将投影区域限制在靠近中央子午线两侧的狭长地带。投影宽度是以两条中央子午线间的经度差来划分，常用的投影宽度有三度带、六度带。分带越多，精度越高。

4）坐标换带

六度带：以格林尼治子午线起，自西向东每隔 6°为一带，可以分成 60 个带，按照 1~60 进行编号。其中央子午线经度计算为：

$$L_0 = 6°N - 3°$$

三度带：在六度带基础的划分上，每隔 3°为一带，可以分为 120 个带，按照 1~120 进行编号。其中央子午线经度计算为：

$$L'_0 = 3°N$$

特别地，三度带的奇数带与六度带的中央子午线重合；偶数带为六度带分带子午线经度。

我国经度从东经 74°到东经 135°，处于 11 个 6°带、21 个 3°带。

高斯平面直角坐标 x 值表示该点到赤道的距离；y 表示所在分带中央子午线西移 500km 后的横坐标值。

5）高斯平面直角坐标系与笛卡尔平面坐标系的比较

① 高斯坐标系纵坐标为 x，横坐标为 y；正向指北，笛卡尔坐标系纵坐标为 y，横坐标为 x，正向指东。

② 高斯坐标系方位角以纵坐标 x 的正方向算起，顺时针计算；笛卡尔平面坐标系方位角以横坐标 x 的正方向（东方向）算起，逆时针计算。

③ 高斯坐标系以东北为第一象限，顺时针划分四象限；笛卡尔平面坐标系以东北为第一象限，逆时针划分四象限。

（5）平面独立坐标系

独立坐标系：为了满足城市测量和工程应用需要，在可以不考虑地球曲率影响，任意选定投影面和投影中央子午线而建立的坐标系。以该地区的子午线为 x 轴，向北为正。

特别地，当 测量区域较小（半径小于 10km），可以用测区中心点的切平面代替椭球面作为基准面；为了避免坐标为负值，常将坐标原点选为测区的西南角。

(6) 我国常用的坐标系

1) 1954 北京坐标系

采用克拉索夫斯基椭圆，以我国呼玛、吉林拉、东宁三个基线网和苏联大地联网后的坐标作为我国天文大地网坐标，推算出北京名义上的原点坐标。但是该坐标系存在参考椭圆长半轴偏大、基准轴定向不明确、定位精度不高等问题。

2) 1980 西安坐标系

以平差后的天文大地网坐标为坐标系，选用 IUGG-75 地球椭圆，大地原点选在陕西省泾阳县永乐镇。由于进行了平差处理，1980 西安坐标系的全国大地水准面和椭圆面差距在 20m 以内，边长精度为 1/500000。

3) 新 1954 北京坐标系

新 1954 北京坐标系：将 1980 西安坐标系的三个定位参数平移到克拉索夫斯基椭圆中心，长半径和扁率采用克拉索夫斯基椭圆的参数，而定位定向与 1980 西安坐标系相同，所建立的坐标系叫做新 1954 北京坐标系。因而，新 1954 北京坐标系的精度与 1980 西安坐标系相同，坐标值与 1954 北京坐标系相同。

4) 2000 国家大地坐标系统（CGCS2000）

2000 国家大地坐标系：z 轴由原点指向历元 2000.0 的地球参考极的方向，x 轴由原点指向格林尼治参考子午线与地球赤道面的交点，x 轴、y 轴和 z 轴构成右手正交坐标系。我国北斗卫星导航定位导航系统采用的就是 2000 国家大地坐标系统。

5) WGS-84 坐标系

采用 WGS-84 椭圆，坐标原点在地心，而建立的世界大地坐标系统。GNSS 卫星定位系统采用的是 WGS-84 坐标系。

3. 地面点的高程

(1) 概念（图 11.1-2）

绝对高程：从地面点沿铅垂线到大地水准面的距离，用 H 表示。

相对高程：又称假定高程，某点到任意水准面的距离，用 H' 表示。

高差：地面两点间的高程差，用 h 表示。

$$h_{AB} = H_B - H_A = H'_B - H'_A$$

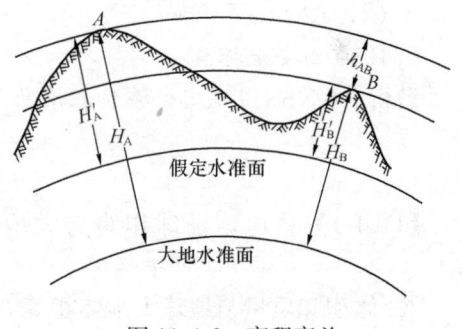

图 11.1-2　高程高差

高程基准面：通过高程零点（海水的平均高度）的大地水准面。

(2) 我国常用的高程基准面

1) 1956 年黄海高程系

以山东省青岛市的国家验潮站 1950 年到 1956 年的资料推算出的黄海平均海水面作为我国高程起算面，并在青岛市观象山建立水准原点而建立的高程系统。特别地，水准原点到国家验潮站平均海水面为 72.289m，并以此推算各地高程。

2) 1985 年国家高程基准

与 1956 年黄海高程系不同的是，1985 年国家高程基准以山东省青岛市的国家验潮站 1953 年到 1959 年的资料推算出的黄海平均海水面作为我国高程起算面，水准原点到国家验潮站平均海水面为 72.2604m。

4. 测量工作的基本概念

(1) 测量工作的原则

测量工作应当遵循的两大原则：一是由整体到局部、由控制到碎步、由高级到低级；其二是步步检核。测绘工作每个过程、每项成果都必须检核，在前期工作无误后方可进行后续工作。

(2) 测量的基本工作是测角、量边、测高程。

【例 11.1-3】关于测量工作的原则，下列叙述错误的是(　　)。

A. 测量工作应当由整体到局部

B. 由控制到碎步

C. 完成测量过程后，尽快完成各过程的校核

D. 由高级到低级

解析： 测量工作应当遵循的两大原则：一是由整体到局部、由控制到碎步、由高级到低级；其二是步步检核。因此答案选 C。

【例 11.1-4】我国常用的高程基准面是(　　)。

A. 全球平均海水面　　　　　　B. 黄海平均海水面

C. 东海平均海水面　　　　　　D. 南海平均海水面

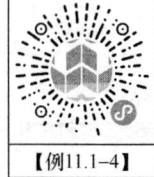

【例11.1-4】

解析： 我国常用以山东省青岛市的国家验潮站资料推算出的黄海平均海水面作为我国高程起算面，并在青岛市观象山建立水准原点而建立的高程系统。因此答案选 B。

【例 11.1-5】GNSS 卫星定位系统采用的就是(　　)。

A. CGCS2000 坐标系　　　　　B. WGS-84 坐标系

C. 1980 西安坐标系　　　　　　D. 新 1954 北京坐标系

解析： GNSS 卫星定位系统采用的是 WGS-84 坐标系。因此答案选 B。

习　题

【11.1-1】总地球椭球作为与大地体密合得最好的地球椭球具有的性质，错误的是(　　)。

A. 体积和质量与地球大地体相等

B. 椭球中心的质心与地球质心重合

C. 短轴与地球地轴重合

D. 椭球与全球大地水准面差距的平方和为零

【11.1-2】关于地球形状和大小，下列叙述错误的是(　　)。

A. 测量仪器中的垂球指向方向就是铅垂线方向

B. 大地水准面是个不规则的曲面，与地球内部物质构造密切相关

C. 通过测量的手段，将地面上客观存在的物体测为数据或者图形的工作，叫做测设

D. 水准面有无穷多个，且相互不相交，也不互相平行

【11.1-3】某点采用 1985 年黄海高程系得到的绝对高程，相比 1956 年黄海高程系得到的绝对高程会(　　)。

A. 偏大 B. 相同
C. 偏小 D. 不确定

【11.1-4】测量中可以用测区中心点的切平面代替椭球面作为基准面，那么此时的测量区域大小为（   ）。

A. 区域面积小于 $10km^2$ B. 区域面积小于 $20km^2$
C. 半径小于 $20km$ D. 半径小于 $10km$

【11.1-5】为了避免坐标为负值，常将坐标原点选为测区的（   ）。

A. 西北角 B. 东南角
C. 西南角 D. 中心

【11.1-6】高斯平面直角坐标系与笛卡尔平面坐标系的比较，下列说法错误的是（   ）。

A. 高斯坐标系纵坐标为 x，横坐标为 y，正向指北；笛卡尔平面坐标系纵轴为 y，横轴为 x，正向指东
B. 高斯坐标系方位角和笛卡尔平面坐标系以纵坐标 x 的正方向顺时针计算
C. 高斯坐标系和笛卡尔平面坐标系均以东北为第一象限
D. 高斯坐标系顺时针划分四象限，笛卡尔平面坐标系逆时针划分四象限

【11.1-7】地面点空间位置一般需要三个量，这三个量是（   ）。

A. 距离、时间、高度 B. 平面两个坐标、高度
C. 方向、高度、距离 D. 方向、时间、速度

【11.1-8】我国北斗卫星导航定位导航系统采用的就是（   ）。

A. CGCS2000 坐标系 B. WGS-84 坐标系
C. 1980 西安坐标系 D. 新 1954 北京坐标系

习题答案及解析

【11.1-1】答案：D

解析：总地球椭球具有的性质有：1）和地球大地体体积和质量相等。2）椭球中心的质心与地球质心重合。3）椭球的短轴与地球地轴重合。4）椭球与全球大地水准面差距的平方和最小。特别的，只有当椭球与全球大地水准面重合，差距平方和才能为零。

【11.1-2】答案：C

解析：通过测量的手段，将地面上客观存在的物体测为数据或者图形的工作，叫做测定；测设是将人们的工程设计通过测量的手段，标定在地面上，以备施工。

【11.1-3】答案：C

解析：1956 年黄海高程系中，水准原点到国家验潮站平均海水面为 $72.289m$；1985 年国家高程基准中，水准原点到国家验潮站平均海水面为 $72.2604m$。同一个坐标点，1985 年黄海高程系的高程偏小。

【11.1-4】答案：D

解析：当测量区域较小（半径小于 $10km$），可以用测区中心点的切平面代替椭球面作为基准面。

【11.1-5】答案：C

解析：为了避免坐标为负值，常将坐标原点选为测区的西南角。

【11.1-6】答案：B

解析：高斯平面直角笛卡尔平面坐标系纵轴为 y，横轴为 x，坐标系与笛卡尔平面坐标系的比较：①高斯坐标系纵坐标为 x，横坐标为 y，正向指北；正向指东。②高斯坐标系方位角以纵坐标 x 的正方向算起，顺时针计算；笛卡尔平面坐标系方位角以横坐标 x 的正方向（东方向）算起，逆时针计算。③高斯坐标系以东北为第一象限，顺时针划分四象限；笛卡尔平面坐标系以东北为第一象限，逆时针划分四象限。

【11.1-7】答案：B

解析：地面点空间位置一般需要三个量表示，两个量是地面点沿着投影线（铅垂线或法线）在投影面（大地水准面、椭球面或平面）上的坐标；另一个量则是点沿着投影线到投影面的距离（高度）。地面点空间坐标与选用的椭球及坐标系统有关。

【11.1-8】答案：A

解析：我国北斗卫星导航定位导航系统采用的就是 2000 国家大地坐标系统。

11.2 水 准 测 量

高频考点梳理

知识点	水准测量原理	测站检核
近三年考核频次	1	1

11.2.1 水准测量原理

1. 水准测量原理

（1）水准测量原理：利用水准仪所提供的水平视线，测量地面上两点间的高差，如果已知某点的高程，可以算出另一点的高程。

（2）高差法：已知某 A 点的高程，求另一点 B 高程的方法。

1）测定 A、B 点间的高差 h_{AB}

将水准仪放置在 A、B 之间，并在 A、B 处竖立水准尺（图 11.2-1）。通过水准仪的水平视线，按照 B 点前视 A 点后视的顺序，先后得到前视读数 b 和后视读数 a。则 B 点对 A 点高差为：

$$h_{AB} = a - b$$

特别的，当 B 点比 A 点高时，$a > b$，$h_{AB} > 0$；当 A 点比 B 点高时，$b > a$，$h_{AB} < 0$。

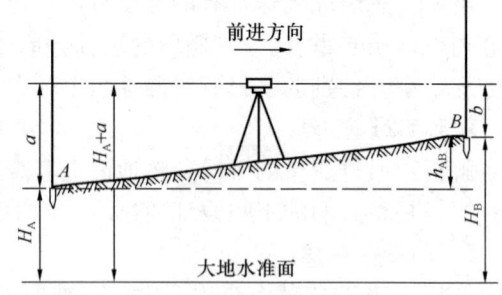

图 11.2-1 水准测量

2）计算未知点的高程

$$H_B = H_A + h_{AB} = H_A + (a - b)$$

（3）仪高法：安置一次仪器后测出若干个前视点待定高程，通过水准仪的视线高 H，计算待定点 B 的高程。

$$H_i = H_A + a$$

$$H_B = H_i - b$$

2. 水准仪

(1) 水准仪的命名和分类

水准仪的主要作用是为测量高差提供一条水平视线。

水准仪可以按照精度分为 DS05、DS1、DS3、DS10 四个等级，其中 D、S 分别表示大地测量和水准仪，后面的数字表示精度（每公里往返高差中数的中误差，单位 mm）。其中 DS05、DS1 称为精密仪器。

水准仪按照构造分为微倾式水准仪、自动安平水准仪和数字水准仪等。

(2) 水准仪的构造

微倾式水准仪主要由望远镜、水准仪和基座三部分组成。此外，水准测量时，还需要配套的水准尺和尺垫。

1) 望远镜

望远镜由物镜、目镜、调焦透镜和十字丝分划板组成。物镜和目镜一般采用复合透镜组，调焦镜为凹透镜，位于物镜和目镜之间；通过调节调焦螺旋，使调焦镜在望远镜筒内平移实现对光；十字丝分划板上竖直的长丝叫做竖丝，与之垂直的长丝叫做横丝或中丝，用来瞄准目标和读取读数；中丝上下的两条短横线，叫做视距丝，用来测定距离。

视准轴（物镜光心和十字丝的连线）保持水平，照准远处的水准尺；调节目镜的调焦螺旋，以使十字丝清晰；调节物镜使水准尺成像在十字丝分划板平面上，放大后读数。

2) 水准器

水准器的作用是整平。常见的水准器有两类：管水准器和圆水准器。

① 管水准器：内部装有液体并保留有气泡的密闭玻璃管，可以指示视准轴是否水平。其纵向内壁磨成圆弧形，外表面刻有 2mm 间隔的分划线，2mm 所对应的圆心角叫做水准管分划值。水准管圆弧半径越大，分划值就越小，那么水准管灵敏度就越高，整平后的精度越高。

水准管轴：通过分划线的对称中心作水准管圆弧的纵切线。

$$\tau = \frac{2}{R}\rho$$

其中，R 为水准管圆弧半径（mm），$\rho = 206265''$。

② 圆水准器：顶部内部磨成球面，刻有圆分划圈。可以指示仪器竖轴是否竖直。

3) 基座：用于支承仪器上部并通过连接螺旋使一起与三脚架相连的仪器。特别的，基座上的三个脚螺旋可以使圆水准器气泡居中。

4) 水准尺和尺垫

水准尺可以分为单面尺和双面尺。单面水准尺仅有黑白相间的分划，尺底为零，常见的有塔尺和折尺。双面水准尺有黑白和红白两种分划，有 2m 和 3m 两种，两根尺为一对，黑白分划从零开始，红白分划则从某一常数值开始（一根尺底读数为 4.687m，另一根 4.787m）。

尺垫的作用是竖直水准尺和标示转点。

(3) 水准仪提供水平视线的条件，主要是轴线间应当满足以下几何条件：

1) 圆水准器轴平行于竖轴。

2) 十字丝横丝垂直于竖轴。

3）水准管轴平行于视准轴。

特别的，当观测时保持前后视距相等，则可以消除条件③对高差的影响。

（4）水准仪的使用

撑开三脚架，使仪器头大致保持水平，高度保持适中，稳固架设在地面上，用连接螺旋将水准仪连接在脚架上，然后进行"粗平—瞄准—精平—读数"。

1）粗平。转动基座的三个脚螺旋，使圆水准器气泡居中，整平时气泡移动的方向始终与左手大拇指的运动方向一致。粗平的目的是借助圆水准器气泡居中，使仪器竖轴竖直。

2）瞄准。转动目镜调焦螺旋，使十字丝清晰，松开制动螺旋，利用镜上照门和准星将望远镜对准水准尺，并调整物镜调焦螺旋，使看准水准尺，并消除视差。

视差：观测者眼睛在目镜端上下微动，十字丝横丝与物像相对移动的现象。消除视差的方法，继续调焦，直到没有视差为止。

3）精平。转动微倾螺旋，使水准管气泡两端的半像吻合。

4）读数。用十字丝横丝（中丝）读数，由上而下读数。读数是用黑面时，两点高差为：

$$h_{AB} = a - b$$

读数是用红面时，两点高差为：

$$h_{AB} = a - b \pm 0.100$$

其中，a表示后视读数，b表示前视读数。读数前，应当保证管水准器居中，以使视线水平；同时尽可能使前后视距相等，以消除水准管轴和视准轴不平行、地球曲率和大气折光等对结果的影响。

（5）水准仪的检验与校正

1）圆水准器的检验与校正

检验：实质是保证圆水准器轴平行于仪器竖轴。安好仪器后，调整脚螺旋使圆水准器气泡居中，将仪器沿竖轴旋转$180°$，观察此时气泡是否居中，若不居中则要校正。

校正：稍松圆水准器下面中间部位的固紧螺丝，然后调整三个校正螺丝，使气泡向居中位置移动偏离量的一半，然后调整脚螺旋，使圆水准器气泡居中。

2）十字丝的检验与校正

检验：实质是保证十字丝横丝垂直于仪器竖轴。安置好仪器后，用十字丝横丝对准一个点状目标，然后固定制动螺旋，转动水平微动螺旋，观察目标点是否沿横丝移动，若目标点偏移横丝则要校正。

校正：用螺丝刀松开分划板座相邻两颗固定螺丝，转动分划板座，改正偏离值的一半。

3）管水准器的检验与校正

检验：实质是保证水准管轴平行于视准轴。在S_1安置好仪器后（图11.2-2），向两侧各量约40m处定出A、B两点，在S_1处测出A、B两点的高差，并进行测站检核，高差之差不大于3mm则取均值作为两点的高差h_{AB}。再在离B点约3m处的S_2安置好仪器后，精平后读出B点水准尺的读数b_2，读出A点水准尺的读数a_2'。$a_2 = b_2 + h_{AB}$。比较a_2'和a_2的值，若不相等，则计算i角。对于DS3级微倾水准仪，i角值不得大于$20''$，如果超限

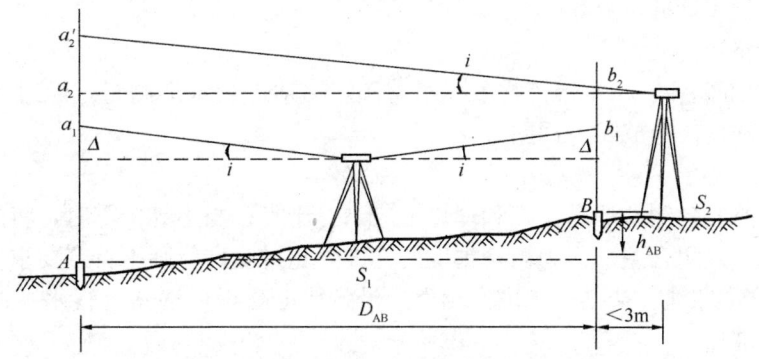

图 11.2-2 管水准器的检验与校正

则需要改正。

$$i = \frac{a'_2 - a_2}{D_{AB}}\rho$$

校正：转动微倾螺旋使中丝对准 A 点尺上正确读数 a_2，用拨针稍松水准管一端的左右两颗校正螺丝，再拨动上下两个校正螺丝，使气泡两个半像符合，最后拧紧四颗螺丝。

【例 11.2-1】 水准仪提供水平视线，要满足的几何条件叙述不正确的是（　　）。

A. 圆水准器轴平行于竖轴　　　　　　B. 十字丝横丝垂直于竖轴
C. 水准管轴平行于视准轴　　　　　　D. 十字丝纵丝平行于水准管轴

解析：水准仪提供水平视线的条件，主要是轴线间应当满足以下几何条件：圆水准器轴平行于竖轴；十字丝横丝垂直于竖轴；水准管轴平行于视准轴。因此答案选 D。

【例 11.2-2】 圆水准器的检验与校正的实质是保证（　　）。

A. 圆水准器轴平行于竖轴　　　　　　B. 十字丝横丝垂直于竖轴
C. 水准管轴平行于视准轴　　　　　　D. 新 1954 北京坐标系

解析：圆水准器的检验实质是保证圆水准器轴平行于仪器竖轴。因此答案选 A。

【例 11.2-3】 在水准测量时，已知 A 点坐标为 27.153m，后视读数为 1.100m，对 B、C、D，前视读数分别为 2.395m、2.063m、0.985m，则这四个点中最高点和最低点为（　　）。

A. A、B　　　　　　　　　　　B. B、D
C. C、B　　　　　　　　　　　D. D、B

解析：本题可以用各观测点的坐标和读数的组合来表示视准轴高程。$H_{视线} = H_B + b = H_A + a = H_C + c = H_D + d$，计算得到 $H_{视线} = H_B + 2.395 = H_A + 1.100 = H_C + 2.063 = H_D + 0.985$。D 点为最高点，B 点为最低点，因此答案选 D。

11.2.2 水准测量方法

1. 路线水准测量

（1）水准点：事先埋设标志在地面上，用水准测量方法建立的高程控制点。

按照等级要求和用途，可以分为永久性和临时性。永久性的水准点，一般用钢筋混凝土制成的或者刻制在不受破坏的基岩上；临时性的水准点，可制成混凝土桩或方木桩。

（2）转点：水准测量中，每站之间的立尺点，仅起高程传递的作用。

测站：安置仪器的位置。
(3) 水准路线
1) 闭合水准路线：从水准点出发，沿着环线逐站进行水准测量，经过个高程待定点后，回到该水准点，形成闭合回路。

$$f_h = \Sigma h_i$$

闭合水准路线各测站的高差之和理论上应当等于零；当不等于零时，将高差观测值和理论值之差（高差闭合差）作为衡量精度的标准，超过允许值则不符合要求。

2) 附合水准路线：从某一水准点出发，沿各待定高程点逐站进行水准测量，最后附合到另一个水准点上。

附合水准路线的高差闭合差：

$$f_h = \Sigma h_i - (H_B - H_A)$$

f_h 超过允许值则不符合要求。

3) 支水准路线：从某一水准点出发，既没有附合到另一水准点，也没有闭合到原来的水准点，因此叫做支水准路线。必须对支水准路线进行往返观测，以便检核。

4) 水准网：当测区范围较大或者待求高程点较多时，可以由若干条单一水准路线相互连接构成网装，称为水准网。

结点：单一水准路线相互连接的点。

单节点附合水准网：由多个水准点和一个结点构成的水准网。

独立水准网：由多个结点和一个水准点构成的水准网。

2. 测站的检核

对每一测站的高差进行的检核测量，叫做测站检核。常见的测站检核方法有双面尺法和双仪高法。

(1) 双面尺法

双面尺法：将水准仪安置在两立尺点之间，高度不变，分别读取前后视水准尺的黑、红两面读数，测两次高程以检核测站成果的正确性。

使用黑/红面时

$$h = a - b$$

所得高差为：

$$\Delta h = h_{黑} - h_{红} \pm 0.100m$$

当四等水准测量时，$|\Delta h| \leqslant$ 5mm 时，取其平均值作为测站的观测高度。

(2) 双仪高法

双仪高法是指在同一测站上用不同的仪器高度测得的两次高差，相互比较后检核。特别的，仪器高度变化应当大于 10cm，两次所测高差之差不应超过容许值（等外水准的容许值为 6mm），否则须重测。

3. 水准测量的内业计算

水准测量内业计算，是指外业测量成果满足规范精度要求后，按照一定的原则把高差闭合差分配到各实测高差中去，确保经改正后的高差严格满足检核条件，最后用改正后的高差值计算各待求点高程。

特别的，水准测量内业的前提是外业测量及成果满足规范要求，即高差闭合差应当满足容许值的要求。高差闭合差的容许值 $f_{h容}$ 与水准测量的精度等级有关。

当测站在同一条水准路线上时，可认为观测条件相同，因此闭合差的调整可按与测站数成正比的分配原则进行。

【例 11.2-4】对每一测站的高差进行的检核测量，叫做测站检核。常见的测站检核方法有（　　）。

A. 单仪高法　　　　　　　　　　B. 双仪高法
C. 黑面尺法　　　　　　　　　　D. 红面尺法

解析：常见的测站检核方法有双面尺法和双仪高法。因此答案选 B。

【例 11.2-5】双仪高法是指在同一测站上用不同的仪器高度测得的两次高差，相互比较后检核。特别的，仪器高度变化应当（　　）。

A. 大于 10cm　　　　　　　　　B. 大于上次仪高的 1/10
C. 大于上次仪高的 1/20　　　　　D. 不确定

解析：双仪高法仪器高度变化应当大于 10cm。因此答案选 A。

习　题

【11.2-1】十字丝的检验方法是（　　）。

A. 对准一个点状目标，转动水平微动螺旋，观察目标点是否沿横丝移动
B. 对准一个点状目标，转动望远镜，观察目标点是否沿纵丝移动
C. 对准一个点状目标，转动望远镜，观察目标点是否沿横丝移动
D. 对准一个点状目标，转动水平微动螺旋，观察目标点是否沿纵丝移动

【11.2-2】DS10 水准仪中，D、S、10 分别表示（　　）。

A. 大地测量、水准仪、往返一测回高差中数的中误差（mm）
B. 大地测量、水准仪、每公里往返高差中数的中误差（mm）
C. 水准仪、大地测量、每公里往返高差中数的中误差（mm）
D. 水准仪、大地测量、往返一测回高差中数的中误差（mm）

【11.2-3】水准测量中保持前后视距相等，对结果的影响不可以消除的有（　　）。

A. 水准管轴和视准轴不平行
B. 圆水准器轴与仪器竖轴不平行
C. 地球曲率
D. 大气折光

【11.2-4】在 A、B 间水准测量时，已知 A 点高程为 27.153m，后视读数为 1.100m，前视读数为 2.395m，则 B 点的高程为（　　）。

A. 28.448m　　　　　　　　　　B. 28.253m
C. 25.858m　　　　　　　　　　D. 24.762m

【11.2-5】水准测量内业计算的前提和实质是（　　）。

A. 外业测量及成果满足规范要求、校验外业测量成果
B. 高差闭合差为零、校验外业测量成果
C. 外业测量进行了严格校核、高差闭合差分配到实测高差

D. 外业测量及成果满足规范要求、把高差闭合差分配到各实测高差

【11.2-6】当测站在同一条水准路线上时，可认为观测条件相同，因此闭合差的调整可按（　　）的分配原则进行。

A. 与测站数成正比　　　　　　　　B. 与路线长度成正比

C. 与路线长度成正比　　　　　　　D. 与路线长度成正比

【11.2-7】用于闭合水准测量的公式是（　　）。

A. $f_h = \sum h_i$
B. $f_h = \sum h_i - (H_B - H_A)$
C. $f_h = \sum h_{往} - \sum h_{返}$
D. $f_h = \sum a - \sum b$

习题答案及解析

【11.2-1】答案：A

解析：十字丝的检验方法是安置好仪器后，用十字丝横丝对准一个点状目标，然后固定制动螺旋，转动水平微动螺旋，观察目标点是否沿横丝移动，若目标点偏移横丝则要校正。

【11.2-2】答案：B

解析：水准仪可以按照精度分为DS05、DS1、DS3、DS10四个等级，其中D、S分别表示大地测量和水准仪，后面的数字表示精度（每公里往返高差中数的中误差，单位mm）。因此答案选B。

【11.2-3】答案：B

解析：前后视距相等，以消除水准管轴与视准轴不平行、地球曲率和大气折光等对结果的影响。

【11.2-4】答案：C

解析：将水准仪放置在A、B之间，并在A、B处竖立水准尺。通过水准仪的水平视线，按照B点前视A点后视的顺序，先后得到前视读数b和后视度数a。

$$H_B = H_A + h_{AB} = H_A + (a-b)$$

计算得到 $H_B = 27.153 + (1.100 - 2.395) = 27.153 - 1.295 = 25.858\text{m}$。

【11.2-5】答案：D

解析：水准测量内业的前提是外业测量及成果满足规范要求，即高差闭合差应当满足容许值点的要求。水准测量内业计算，是指外业测量成果满足规范精度要求后，按照一定的原则把高差闭合差分配到各实测高差中去，确保经改正后的高差严格满足检核条件，最后用改正后的高差值计算各待求点高程。

【11.2-6】答案：A

解析：当测站在同一条水准路线上时，可认为观测条件相同，因此闭合差的调整可按与测站数成正比的分配原则进行。

【11.2-7】答案：A

解析：闭合水准路线各测站的高差之和理论上应当等于零；当不等于零时，将高差观测值和理论值之差（高差闭合差）作为衡量精度的标准，超过允许值则不符合要求。

11.3 角 度 测 量

高频考点梳理

知识点	水平角观测
近三年考核频次	1

11.3.1 角度测量原理

1. 经纬仪

(1) 经纬仪的分类

按照构造原理分为光学经纬仪和电子经纬仪。

按照精度高低分为DJ07、DJ1、DJ2、DJ6、DJ15、DJ60等级别。DJ07、DJ1、DJ2为精密经纬仪，DJ6为光学经纬仪。

(2) DJ6光学经纬仪的构造

DJ6光学经纬仪主要由基座、水平度盘和照准部三部分组成。

1) 基座

基座用于支承整个仪器。其中心连接螺旋能将基座及整个仪器固连在三脚架上；基座上的三角螺旋可用于整平仪器；其连接螺旋下方可悬挂垂球，使仪器中心与测站点在同一铅垂线上。

2) 水平度盘

由玻璃制成的圆环，其上刻有分划，使用时应保持水平。

3) 照准部

照准部上有望远镜、竖直度盘、水准管和读数显微镜。位于水平度盘之上，可绕其旋转轴旋转，照准部旋转轴的几何中心为经纬仪竖轴线VV；横轴HH即水平轴，其几何中心线就是望远镜的旋转轴。

2. 经纬仪的使用

在进行角度测量时，先将经纬仪安置在测站上，然后在进行观测，步骤可以简述为对中、整平、瞄准和读数。

(1) 对中

目的：利用垂球或者光学对中器，使仪器中心与测站点位于同一个铅垂线上。

步骤：使用时，先将仪器中心大致对准测站，再旋转对中器目镜调焦螺旋，以看清分划板的对中标志和测站点。旋转脚螺旋使对中标志对准测站点，再伸缩架腿使圆水准器气泡居中，反复几次后，当照准部水准管气泡居中后，旋松连接螺旋，手扶基座平移架头仪器，使对中器分划圈对准测站。

(2) 整平

目的：仪器竖轴处于铅直位置和水平度盘处于水平位置。

步骤：先转动照准部，使水准管与基座上任意两个脚螺旋的连线平行，相向转动这两个脚螺旋使水准管气泡居中，再将照准部旋转90°，再转动另一个脚螺旋使气泡居中。反复操作直到任意位置均能使气泡居中。

特别的，旋转脚螺旋时气泡移动的方向始终与左手大拇指运动方向一致。

（3）瞄准

松开水平制动螺旋和望远镜制动螺旋，将望远镜指向明亮背景，调节目镜使十字丝清晰。调节望远镜制、微动螺旋和水平制、微动螺旋精确瞄准目标，再调节调焦螺旋使目标清晰。特别的，测量水平角时应将十字丝纵丝对准目标底部，测量竖直角时应将十字丝横丝对准目标底部。

（4）读数

调整反光镜，使读数窗明亮，调节显微镜调焦螺旋，使刻划数字清晰，然后读取正确读数。特别的，若分微尺最小分划为 $1'$，则估读的秒数应当是 $6''$ 的倍数。分微尺的零线为指标线，读取被分微尺覆盖的度盘分划注记，即为读数；由该度盘分划线在分微尺上截取不足 $1°$ 的角值，两者相加即得到完整读数。

（5）经纬仪的使用，需要满足轴线的关系：

1) 照准部水准管轴垂直于仪器的竖轴（LL⊥VV）；
2) 仪器的横轴垂直于视准轴（HH⊥CC）；
3) 仪器的横轴垂直于仪器的竖轴（HH⊥VV）；
4) 十字丝竖丝垂直于仪器的横轴。

3. 经纬仪的检验与校正

（1）照准部水准管轴的检验与校正

检验：目的是保证照准部水准管轴垂直于仪器的竖轴。先将仪器整平，转动照准部使水准管平行于基座上一对脚螺旋的连线，调节该两个脚螺旋使水准管气泡居中。转动照准部180°，若此时气泡仍居中，则说明满足；反之，若偏离量超过一格，则要校正。

校正：在转动照准部180°后，使用拨针拨动水准管校正螺丝，使退回偏离值的一半，在用脚螺旋调节水准管气泡居中，这时若水准管轴水平，竖轴则竖直。

（2）十字丝竖丝的检验与校正

检验：目的是保证十字丝竖丝垂直于仪器的横轴。用十字丝交点精确瞄准清晰目标 A，然后固定照准部并旋紧望远镜制动螺旋，慢慢转动望远镜微动螺旋，使望远镜上下移动，如果 A 点不偏离竖丝，则满足要求，否则要校正。

校正：旋下目镜分划板护盖，松开四个压环螺丝，慢慢转动十字丝分划板座，使竖丝重新与目标 A 重合，再作检验，直到条件满足。最后拧紧压环螺丝，旋上十字丝护盖。

（3）视准轴的检验与校正

检验：目的是保证仪器的横轴垂直于视准轴。在平坦地区选择约 $60m$ 的 A、B 点，在其中间的 O 点安置经纬仪，在 A 点设一标志物，在 B 点横置与 OB 垂直的毫米刻划直尺，且 A 点、B 点和仪器高度大致相同。先盘左瞄准 A 点，固定照准部，纵转望远镜到 B 尺得读数 B_1；再转动照准部，使盘右瞄准 A 点，再纵转望远镜到 B 尺得读数 B_2。若 B_1 与 B_2 重合或算得的视准差小于规定值，则符合要求。

校正：保持 B 尺不动，并在尺上定出一点 B_3，使得 B_1 到 B_2 的距离是 B_2 到 B_3 的四倍，用拨针拨动左右两个十字丝校正螺丝，一松一紧，平移十字丝分划板，直到十字丝交点与 B_3 点重合。

（4）横轴的检验与校正

检验：目的是保证仪器的横轴垂直于竖轴。在距离墙面约 30m 处安置经纬仪，在盘左位置瞄准墙上一目标点，固定照准部后，将望远镜大致放平，在墙上标出十字丝交点所对的位置 P_1；再用盘右瞄准 P 点，放平望远镜后，在墙上标出十字丝交点所对的位置 P_2。若 P_1 和 P_2 重合，则满足要求。

校正：用望远镜瞄准 P_1 和 P_2 中点，固定照准部；然后抬高望远镜，打开十字丝交点上移至 P_2 点，校正后打开支架护盖，放松支架内的校正螺丝，转动偏心轴承环，使横轴一段升高或者降低，将十字丝交点对准 P 点。

(5) 竖盘指标差的检验与校正

检验：目的是保证经纬仪在竖盘指标水准管气泡居中时，竖盘指标线处于正确位置。安置经纬仪，用盘左、盘右观测同一目标点，分别在竖盘指标水准管气泡居中时，读取盘左、盘右读数 L 和 R。计算指标差 x，若超出 $\pm 1'$ 的范围，则需要校正。

校正：经纬仪位置不动，仍用盘右瞄准原目标。转动竖盘指标水准管微动螺旋，使竖盘读数为不含指标差的正确值，然后用拨针拨动竖盘指标水准管校正螺旋，使气泡居中。

【例 11.3-1】使用经纬仪角度测量时，先将经纬仪安置在测站上，然后在进行观测，步骤为(　　)。

【例11.3-1】

A. 粗平、瞄准、精平和读数
B. 对中、瞄准、整平和读数
C. 对中、整平、瞄准和读数
D. 粗平、对中、精平和读数

解析：使用经纬仪进行角度测量时，先将经纬仪安置在测站上，然后在进行观测，步骤可以简述为对中、整平、瞄准和读数。使用水准仪进行水准测量时，撑开三脚架，使仪器头大致保持水平，高度保持适中，稳固架设在地面上，用连接螺旋将水准仪连接在脚架上，然后进行"粗平－瞄准－精平－读数"。因此答案选 A。

【例 11.3-2】经纬仪使用前需要竖盘指标差的检验与校正，其目的是(　　)。

A. 在水准管气泡居中时竖盘指标线处于正确位置
B. 照准部水准管轴垂直于仪器的竖轴
C. 仪器的横轴垂直于仪器的竖轴
D. 十字丝竖丝平行于仪器的横轴

解析：竖盘指标差的检验与校正的目的是保证经纬仪在竖盘指标水准管气泡居中时，竖盘指标线处于正确位置。因此答案选 A。

11.3.2 水平角观测

1. 水平角测量原理

地面上一点到两目标的方向线间所夹的水平角，就是两个方向线所作两竖直面间的二面角。

特别的，使用经纬仪测定水平轴时，必须保证仪器中心安置在水平角的顶点上，刻度盘要保持水平，刻度盘中心与角顶点在同一铅垂线。当望远镜随仪器照准部旋转时，水平刻度盘固定不动；望远镜瞄准不同方向就可在水平刻度盘上得到不同的读数，两读数差值即为所测水平角。

2. 水平角测量方法

常见的水平角测量方法，主要有测回法和方向观测法。

(1) 测回法

1) 测回法：常用于测量两个方向之间的单角。

2) 测回法的观测步骤：

① 先在角顶点 O 上安置好经纬仪，在 A、B 两点设置照准标志。

② 在盘左位置，先精确瞄准左方目标 A，并读取水平度盘读数 a_1；顺时针旋转照准部，瞄准右方目标 B，并读取水平度盘读数 b_1。根据读数计算出盘左（上半测回）所测水平角：

$$\beta_L = b_1 - a_1$$

③ 在盘右位置，先精确瞄准右方目标 B，并读取水平度盘读数 b_2；逆时针旋转照准部，瞄准左方目标 A，并读取水平度盘读数 a_2。根据读数计算出盘右（下半测回）所测水平角：

$$\beta_R = b_2 - a_2$$

④ 上下半测回合称为一测回。若上下半测回角度之差不大于 $40''$，则计算一测回角值为：

$$\beta = \frac{\beta_L + \beta_R}{2}$$

测回法采用盘左和盘右观测可消除仪器的一部分系统误差；为了减少度盘刻划不均匀误差的影响，可以多观测几个测回，每次测回的起始读数增加 $180°/n$。

(2) 方向观测法

1) 方向观测法：当一个测站上需测量的方向数多于两个时，采用的水平角测量方法。

2) 方向观测法的观测步骤：

① 先在角顶点 O 上安置好经纬仪，在 A、B、C、D 等点设置照准标志。

② 在盘左位置，将度盘设置成略大于 $0°$，观测的起始方向为 A，读取读数 a；顺时针方向转动照准部，分别瞄准 B、C、D 后读数。校核再次瞄准目标 A，读取归零读数 a'。若 a 与 a' 读数之差超过规定，则要重测。

③ 在盘右位置，逆时针方向转动照准部，分别瞄准 A、D、C、B 后读数，最后回到 A 点读数。并检验下半测回归零差。

④ 数据计算

两倍视准差：$2C = $ 盘左读数 $-$（盘右读数 $\pm 180°$）

各方向的平均读数：平均读数 $= \frac{1}{2}$[盘左读数 $+$（盘右读数 $\pm 180°$）]

归零后方向值：归零方向值 $=$ 各方向平均读数 $-$ 起始方向平均读数

【例 11.3-3】使用经纬仪测量水平角时，需要测量多于 3 个方向的夹角的方法是（　　）。

A. 测回法　　　　　　　　　　B. 半测回法

C. 方向观测法　　　　　　　　D. 全圆方位法

解析：使用经纬仪测量水平角时，测量两个方向之间的单角采用测回法，一个测站上需测量的方向数多于两个采用方向观测法。因此答案选 C。

11.3.3 竖直角观测

1. 竖直角测量原理

竖直角：同一竖直面内倾斜视线与水平视线间的夹角。其数值的绝对值不大于 $90°$，视线向上倾斜时符号为正，视线向下倾斜时符号为负。

在观测竖直角时，只需要观测目标点一个方向，并读取竖盘读数即为竖直角。

2. 竖盘构造

经纬仪的竖盘装置包括了竖直度盘、竖盘指标水准管和竖盘指标水准管微动螺旋。$0°$ 和 $180°$ 刻划线始终与视准轴一致，且 $0°$ 在目镜端，竖盘指标水准管与指标线固连在一起，当气泡居中时指标线处于正确位置。盘左位置且视线水平时，竖盘读数为 $90°$；盘右位置且视线水平时，竖盘读数为 $270°$。

3. 竖直角测量方法

(1) 竖直角测量步骤

1) 仪器安置在测站上，盘左位置瞄准目标点 M，使十字丝精确切准目标顶端。

2) 转动竖盘指标水准管微动螺旋，使竖盘指标水准管气泡居中，读取盘左竖盘读数 L。

3) 盘右位置，再瞄准 M 点并调节竖盘指标水准管使气泡居中，读取盘右竖盘读数 R。

4) 计算竖直角。

$$盘左：\alpha_L = 90° - L$$

$$盘右：\alpha_R = R - 270°$$

则一测回的角值：

$$\alpha = \frac{\alpha_L + \alpha_R}{2} = \frac{1}{2}(R - L - 180°)$$

(2) 竖盘指标差

竖盘指标差：盘左或盘右的始读数与正确位置相差的小角度。

$$x = \frac{\alpha_R - \alpha_L}{2} = \frac{1}{2}(R + L - 360°)$$

在竖直角观测中，盘左盘右观测一测回即可消除竖盘指标差的影响。指标差 x 可以用来观测质量，同一测站观测不同目标时，对于 DJ6 级经纬仪的指标差不应超过 $25''$。

4. 角度测量误差分析

(1) 仪器误差

1) 视准轴误差：由于望远镜视准轴不垂直于横轴引起的。特别的，可以用盘左盘右来消除视准轴误差。

2) 横轴误差：由于横轴不垂直于竖轴引起的。特别地，可以用盘左盘右来消除横轴误差。

3) 竖轴误差：由于仪器竖轴与测站铅垂线不重合，或者仪器竖轴不垂直于水准管轴、水准管整平不完善、气泡不居中引起的。竖轴误差无法消除，需要送检验部门校正。

4）竖盘指标差：由于竖盘指标差不处于正确的位置引起的。可以用盘左盘右来消除横轴误差。

5）照准部偏心差：由照准部旋转中心与水平度盘分划中心不重合引起的指标读数误差。照准部偏心差可取盘左盘右的平均值予以减小。

水平度盘偏心差：水平度盘旋转中心与水平度盘分划中心不重合的误差。水平度盘偏心差可采用对径180°读数取平均数予以减少。

竖直度盘偏心差：竖直度盘圆心与仪器横轴的中心线不重合带来的误差。竖直度盘偏心差一般可忽略，可以采用对向观测的方法消除。

6）度盘刻划不均匀误差：仪器零部件加工不完善引起的误差。度盘刻划不均匀误差，可以在各测回之间变换度盘位置的方法减小。

（2）观测误差

1）对中误差：仪器中心与测站中心不在同一铅垂线上。对中误差不能通过观测方法予以消除。

2）目标偏心误差：由于标杆倾斜且望远镜无法瞄准其底部、棱镜的中心不在测站的铅垂线上引起的。观测时，尽量使标志竖直，并瞄准标杆底部，必要时可用垂线或者专用标牌照准。

3）照准误差：测量角度时，人的眼睛通过望远镜瞄准目标产生的误差。

4）读数误差。

（3）外界条件的影响

观测角度在一定的外界条件进行，外界条件及其变化对观测质量有直接的影响。因此，要选择目标成像清晰稳定的有利时间观测，设法克服或避开不利条件的影响，以提高观测成果的质量。

【例11.3-4】竖直度盘偏心差的常用的消除方法是（　　）。

A. 各测回之间变换度盘位置　　　　B. 对向观测
C. 送检验部门校正　　　　　　　　D. 盘左盘右

解析：竖直度盘偏心差是竖直度盘圆心与仪器横轴的中心线不重合带来的误差。竖直度盘偏心差一般可忽略，可以采用对向观测的方法消除。因此答案选B。

【例11.3-5】在经纬仪水平角测量过程中，仪器高度发生变化，则测量结果（　　）。

A. 变大　　　　　　　　　　　　　B. 变小
C. 不变　　　　　　　　　　　　　D. 无法确定

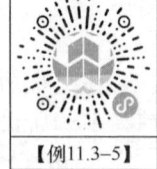
【例11.3-5】

解析：水平角是两个方向线所作两竖直面间的二面角，经纬仪的高度变化不影响结果。因此答案选C。

习　　题

【11.3-1】使用经纬仪角度测量时需要满足轴线的关系，表述错误的（　　）。

A. 照准部水准管轴垂直于仪器的竖轴
B. 仪器的横轴垂直于仪器的竖轴

C. 十字丝竖丝平行于仪器的横轴
D. 仪器的横轴垂直于视准轴

【11.3-2】照准部水准管轴的检验与校正中,在转动照准部180°后,使用拨针拨动水准管校正螺丝,使退回偏离值的( )。

A. 2倍
B. 1/4
C. 1/2
D. 2倍

【11.3-3】经纬仪测量水平角时,减少度盘刻划不均匀误差的方法是( )。

A. 盘左和盘右观测
B. 多观测几个测回且起始读数增加 $180°/n$
C. 多次测量取平均值
D. 测回法多次测量

【11.3-4】经纬仪测量水平角时,在 O 处安置经纬仪盘左盘右照准 A 点读数分别 $0°24'18''$、$180°23'58''$,盘左盘右照准 B 点读数分别为 $73°52'36''$、$253°52'20''$,则$\angle AOB$水平角为( )。

A. $73°28'18''$
B. $73°28'22''$
C. $73°28'20''$
D. $73°28'40''$

【11.3-5】经纬仪测量竖直角时,在 O 处安置经纬仪盘左盘右照准 A 点读数分别 $81°12'36''$、$278°47'12''$,其竖直角为( )。

A. $8°47'24''$
B. $8°47'18''$
C. $8°47'12''$
D. $8°47'06''$

【11.3-6】经纬仪视线水平时,盘左盘右时竖盘读数分别为( )。

A. 90°、270°
B. 270°、90°
C. 0°、180°
D. 180°、0°

【11.3-7】下列各项角度误差,不能用盘左盘右来消除的是( )。

A. 视准轴误差
B. 竖轴误差
C. 竖盘指标差
D. 横轴误差

习题答案及解析

【11.3-1】答案:C

解析:经纬仪的使用,需要满足轴线的关系:照准部水准管轴垂直于仪器的竖轴(LL⊥VV);仪器的横轴垂直于视准轴(HH⊥CC);仪器的横轴垂直于仪器的竖轴(HH⊥VV);十字丝竖丝垂直于仪器的横轴。

【11.3-2】答案:C

解析:照准部水准管轴的校正步骤中,在转动照准部180°后,使用拨针拨动水准管校正螺丝,使退回偏离值的一半,在用脚螺旋调节水准管气泡居中,这时若水准管轴水平,竖轴则竖直。

【11.3-3】答案:B

解析:测回法采用盘左和盘右观测可消除仪器的一部分系统误差;为了减少度盘刻划不均匀误差的影响,可以多观测几个测回,每次测回的起始读数增加 $180°/n$。

【11.3-4】答案：C

解析：盘左（上半测回）所测水平角 $\beta_L = b_1 - a_1 = 73°52'36'' - 0°24'18'' = 73°28'18''$，盘右（下半测回）所测水平角：$\beta_R = b_2 - a_2 = 253°52'20'' - 180°23'58'' = 73°28'22''$，计算一测回角值为：$\beta = (\beta_L + \beta_R)/2 = (73°28'18'' + 73°28'22'')/2 = 73°28'20''$。

【11.3-5】答案：B

解析：盘左所测竖直角 $\alpha_L = 90° - L = \alpha_L = 90° - 81°12'36'' = 8°47'24''$，盘右竖直角：$\alpha_R = R - 270° = 278°47'12'' - 270° = 8°47'12''$，计算一测回角值为：$\alpha = (\alpha_L + \alpha_R)/2 = 8°47'18''$。

【11.3-6】答案：A

解析：经纬仪在盘左位置且视线水平时，竖盘读数为 $90°$；盘右位置且视线水平时，竖盘读数为 $270°$。

【11.3-7】答案：B

解析：经纬仪在盘左位置且视线水平时，视准轴误差、横轴误差、竖盘指标差可以用盘左盘右消除，照准部偏心差可取盘左盘右的平均值予以减小，竖轴误差无法消除，需要送检验部门校正。

11.4 距离测量

高频考点梳理

知识点	视距测量	坐标方位角	钢尺量距
近三年考核频次	1	1	1

11.4.1 钢尺量距

1. 钢尺量距：利用具有标准长度的钢尺直接量测地面两点间的距离。普通钢尺是钢制带尺，尺宽 10~15mm，长度有 20m、30m、50m 等多种规格。

2. 直线定线：为了使所量线段在一条直线上，需要将每一尺段首尾的标杆标定在待测直线上。常用于距离较长或者地面起伏大的两点间分段测量。

方法：欲量 A、B 间的距离，一人站在 A 端后面，并瞄准 AB，指挥另一人左右移动标杆，直到三个标杆一条直线上，然后将标杆竖直插下。

3. 量距方法

（1）整尺法量距

后尺手持钢尺零端对准地面标识点，前尺手拿一组测钎持钢尺末端。丈量时前后尺手按定线方向沿地面拉紧钢尺，前尺手在尺末端分划处垂直插下一个测钎，这样就量定了一个尺段。然后，前后尺同时将钢尺抬起前行，前尺手移动到第一根测钎处，用零端对准测钎，然后继续依次插下第二个测钎，依次继续丈量。不到一个整尺段距离为余长。则水平距离为：

$$D = nl + \Delta l$$

其中，n 表示尺段数，l 表示钢尺量程，Δl 表示余长。

（2）水平量距法和倾斜量距法

1）水平量距法：在地面起伏不大时，将钢尺拉平，采用垂球尖对尺端投于地面进行丈量的方法。为了提高精度，应采用往返测量，取均值。

方法：后手尺将零端点对准地面点，前手尺目估，使钢尺水平，并拉紧钢尺在垂球尖处插上测钎，如此依次测量到目标终点。

2）倾斜量距法：当倾斜地面的坡度均匀时，可以将钢尺贴在地面上量出斜距，再用水准测量的方法测出高差，根据高差和斜距推算出平距。为了提高精度，应采用往返测量，取均值。

3）相对误差：往返测量值差值的绝对值与平均值的比值。

$$K = \frac{|D_{往} - D_{返}|}{\frac{1}{2}(D_{往} + D_{返})} = \frac{1}{\left|\frac{\overline{D}}{\Delta D}\right|} = \frac{1}{M}$$

其中，$D_{往}$、$D_{返}$ 分别表示往返测量值，$\overline{D}$ 表示往返测量值均值，ΔD 表示往返测量值差值。

（3）精密量距

使用条件：量测精度的要求高于 1/10000 以上。

方法：利用经纬仪在木桩上的白铁皮上形成十字定位线，用经过检定的钢尺或因瓦尺丈量，测量并控制测量时钢尺的拉力，并记录现场温度。每尺段要移动钢尺前后位置三次。

4. 钢尺量距的改正

（1）尺长改正

$$\Delta l_d = \frac{l' - l_0}{l_0} l = \frac{\Delta l}{l_0} l$$

其中，l_0 为钢尺名义长度，l' 为钢尺检定实际长度。

（2）温度改正

$$\Delta l_t = \alpha(t - t_0)l$$

其中，t_0 为钢尺标准温度，t 为测量时实际温度，α 为钢尺膨胀系数（$\alpha = 0.0000125/℃$）。

（3）倾斜改正

$$\Delta l_h = -\frac{h^2}{2l}$$

其中，h 为测得高差，l 为地面量斜距。

（4）改正后的水平距离

每一尺段　　　　　　$d = l + \Delta l_d + \Delta l_t + \Delta l_h$

$$D_{往} = \Sigma d_{往}, D_{返} = \Sigma d_{返}$$

若相对误差 K 小于容许值时，则全长距离：

$$D = \frac{1}{2}(D_{往} + D_{返})$$

5. 钢尺量距的误差分析

影响钢尺量距精度的因素有定线误差、尺长误差、温度测量误差、钢尺倾斜误差、拉力不均误差、钢尺对准误差、读数误差等。但是，要求各项误差对测距的影响在 1/30000 以内。

(1) 定线误差：由于钢尺没有准确安放在待量距离的直线方向造成的量距结果偏大。

$$\Delta \varepsilon = -\frac{2\varepsilon^2}{l}$$

其中，ε 为定线误差，$\Delta \varepsilon$ 为一尺段的量距误差。

(2) 尺长误差：由于钢尺名义长度与实际长度之差产生的误差。在高精度量距时，应当加尺长改正，并要求钢尺尺长检定误差小于 1mm。

(3) 温度误差：由于温度变化而引起的误差。为了减小温度误差，测量时最好选择阴天。

(4) 拉力误差：由于钢尺的弹性受拉而引起的误差。钢尺伸长误差为：

$$\Delta \lambda_P = \frac{\Delta P \cdot l}{EA}$$

其中，E 为弹性模量（$E = 2\times 10^6 \text{kg/cm}^2$），$A$ 为钢尺断面积，ΔP 为钢尺拉力误差。特别的是，当拉力误差为 3kg，尺长为 30m，钢尺量距误差为 1mm，应当采用弹簧秤控制。

(5) 钢尺倾斜误差：由于钢尺不水平或测量距离时，两端高差测定有误差引起的误差。

(6) 钢尺对准与读数误差：由于钢尺对点误差、测钎安置误差及读数误差引起的误差。

【例 11.4-1】影响钢尺量距精度的因素有定线误差、尺长误差、温度测量误差、钢尺倾斜误差、拉力不均误差、钢尺对准误差等。一般要求各项误差对测距的影响在（　　）以内。

A. 1/30000　　　　　　　　　　B. 1/20000
C. 1/3000　　　　　　　　　　　D. 1/2000

解析：钢尺量距要求各项误差对测距的影响在 1/30000 以内。因此，答案选 A。

11.4.2 视距测量与直线定向

1. 视距测量

(1) 利用望远镜内的视距装置配合视距尺，根据几何光学和三角测量原理，同时测定距离和高差的方法叫做视距测量。

(2) 视线水平时的视距公式

$$D = Kl + c \approx 100l$$
$$h = i - s$$

其中，i 为仪器高（仪器横轴到桩顶距离），s 为十字丝中丝读数，K 为视距乘常数（一般为 100），l 为尺间隔，D 为待测距离。

(3) 视线倾斜时的视距公式

$$D = Kl\cos^2\alpha$$
$$h = D\tan\alpha + i - s$$

其中，α 为视线中丝读数为 s 时的竖直角。

2. 直线定向

(1) 直线定向：先选择一个标准方向，再根据直线与标准方向之间的关系确定其直线方向。

（2）常用的标准方向线

1）真子午线方向：过地面某点真子午线与地球表面交线的方向，真子午线北端所指方向为正北方向，可以用天文测量或用陀螺经纬仪方法测定。

2）磁子午线方向：过地球某点磁子午线的切线方向，磁子午线北端所指方向为磁北方向，可以用罗盘仪测定，当磁针静止时指针指的方向为磁子午线方向。

3）坐标纵轴方向：将高斯平面直角坐标系的中央子午线作为坐标纵轴，坐标纵轴北端所指方向为坐标北方向。

（3）直线定向方法

直线的方位角：由标准方向的北端起顺时针方向到某直线水平的夹角，其取值为 $0°\sim360°$。

若标准方向为真子午方向，得到的是真方位角（A）；若标准方向为磁子午方向，得到的是磁方位角（A_m）；若标准方向为坐标纵轴方向，得到的是坐标方位角（α）。

1）真方位角与磁方位角

磁偏角：由于地球磁极与地球旋转轴南北极不重合，过地面上某点的真子午线与磁子午线间存在夹角，其夹角为磁偏角 δ（图 11.4-1）。当磁子午线北端偏于真子午线以东为东偏，磁偏角取正值；当磁子午线北端偏于真子午线以西为西偏，磁偏角取负值。则真方位角与磁方位角为：

$$A = A_m + \delta$$

磁方位角常用于精度较低、定向困难的地区；真子午线常用于大地测量。

2）真子午线与坐标子午线

子午线收敛角：地面上真子午线与坐标子午线方向之间的夹角，其夹角为子午收敛角 γ（图 11.4-2）。当真子午线北端偏于坐标子午线以东为东偏，收敛角取负值；当真子午线北端偏于坐标子午线为西偏，收敛角取正值。则真方位角与坐标方位角为：

$$A_{AB} = \alpha_{AB} + \gamma$$

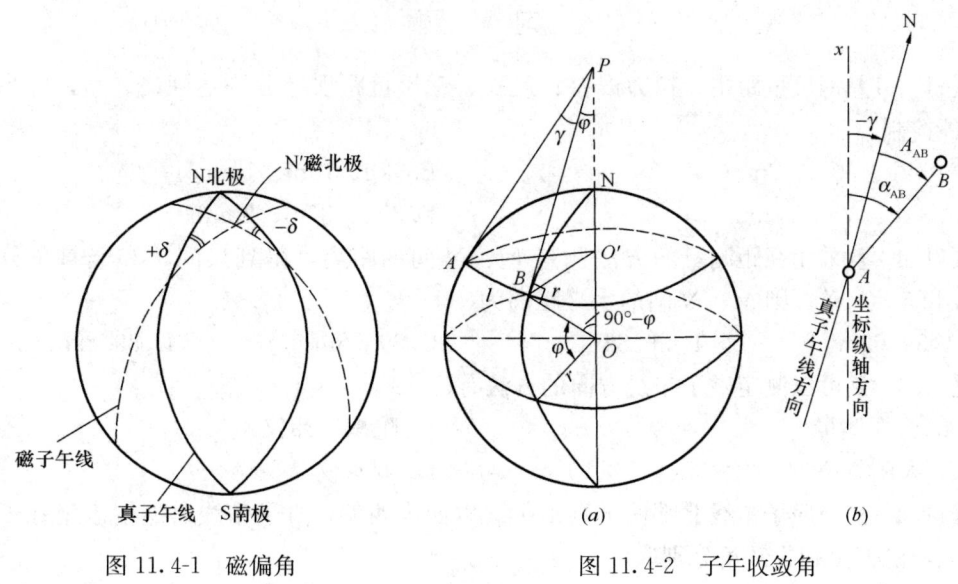

图 11.4-1 磁偏角　　　　图 11.4-2 子午收敛角

（4）正反坐标方位角

正方位角：过起点 A 坐标纵轴的北方向与直线 AB 的夹角 α_{AB}，称为直线 AB 的正方位角。

负方位角：过起点 B 坐标纵轴的北方向与直线 BA 的夹角 α_{BA}，称为直线 AB 的负方位角。

正负方位角相差 180°（图 11.4-3）：

$$\alpha_{AB} = \alpha_{BA} \pm 180°$$

利用正、反方位角的关系和测定折角可以推算连续折线上各线段的坐标方位角。

$$\alpha_{ij} = \alpha_{AB} - \Sigma\beta_{iy} + n \times 180°$$
$$\alpha_{ij} = \alpha_{AB} + \Sigma\beta_{iz} - n \times 180°$$

其中，β_{iz} 为折现推算前进方向的左角，β_{iy} 为折现推算前进方向的右角。

特别的，当有折线构成闭合图形，并与已知点 A 连接，各边方位角为：

$$\alpha_{Bn} = \alpha_{B1} - \Sigma\beta_i + n \times 180$$

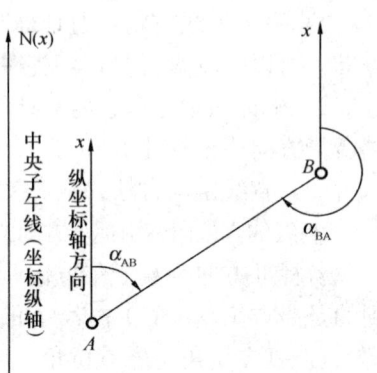

图 11.4-3 坐标方位角

【例 11.4-2】已知 $\Delta X_{AB} > 0, \Delta Y_{AB} < 0$，则坐标方位角 α_{BA} 的表达式为（　　）。

A. $\alpha_{BA} = \tan^{-1}\dfrac{\Delta Y_{AB}}{\Delta X_{AB}}$

B. $\alpha_{BA} = \tan^{-1}\dfrac{\Delta Y_{AB}}{\Delta X_{AB}} + \pi$

C. $\alpha_{BA} = \pi - \tan^{-1}\dfrac{\Delta Y_{AB}}{\Delta X_{AB}}$

D. $\alpha_{BA} = \tan^{-1}\dfrac{\Delta Y_{AB}}{\Delta X_{AB}} + \pi$

【例11.4-2】

解析：直线的方位角：由标准方向的北端起顺时针方向到某直线水平的夹角，其取值为 0°～360°。因此，答案选 A。

习　题

【11.4-1】钢尺量距中，拉力误差、尺长、钢尺量距误差分别达到（　　），应当采用弹簧秤控制。

A. 5kg、30m、2mm　　　　　　　B. 3kg、20m、1mm

C. 3kg、30m、1mm　　　　　　　D. 3kg、30m、2mm

【11.4-2】采用视距测量的方法测量 M、N 间的距离，得到尺间距和竖直角分别为 0.4m 和 5°30′00″，则 M、N 间的水平距离为（　　）。

A. 39.63m　　　B. 39.82m　　　C. 39.76m　　　D. 39.89m

【11.4-3】可以测定磁子午线方向的方法有（　　）。

A. 天文测量　　　　　　　　　　B. 陀螺经纬仪

C. 太阳方位　　　　　　　　　　D. 罗盘仪

【11.4-4】当磁子午线北端偏于真子午线以西为西偏，真子午线北端偏于坐标子午线为西偏，磁偏角和收敛角分别取（　　）。

A. 负值　正值　　　　　　　　　B. 负值　负值

C. 负值　正值　　　　　　　　　　D. 正值　正值

习题答案及解析

【11.4-1】答案：C

解析：当拉力误差为 3kg，尺长为 30m，钢尺量距误差为 1mm，应当采用弹簧秤控制。

【11.4-2】答案：C

解析：视线倾斜时的视距公式 $D = Kl\cos^2\alpha = 100 \times 0.4\cos^2(5°30'00'') = 39.63\text{m}$。

【11.4-3】答案：D

解析：真子午线北端所指方向为正北方向，可以用天文测量或用陀螺经纬仪方法测定；磁子午线北端所指方向为磁北方向，可以用罗盘仪测定，当磁针静止时指针指的方向为磁子午线方向；坐标纵轴北端所指方向为坐标北方向。

【11.4-4】答案：A

解析：当磁子午线北端偏于真子午线以东为东偏，磁偏角取正值；当磁子午线北端偏于真子午线以西为西偏，磁偏角取负值。当真子午线北端偏于坐标子午线以东为东偏，收敛角取负值；当真子午线北端偏于坐标子午线为西偏，收敛角取正值。

11.5　测量误差基本知识

高频考点梳理

知识点	测量误差的分类与特性
近三年考核频次	1

11.5.1　测量误差分类与特征

1. 测量与观测值

（1）测量与观测值概念

测量：人们认识自然、认识客观事物的必要手段和途径。

观测：通过一定的仪器、工具和方法对某量进行量测，称为观测，所得数据称为观测值。

（2）观测与观测值的分类

按照测量时所处观测条件分类：同精度测量、不同精度测量。

按照观测值与未知值间关系分类：直接观测、间接观测。

按照各观测值间的关系分类：独立观测、非独立观测。

（3）测量误差及其来源

1）真误差：观测值与被观测量的真值间的差值。

特别是，测量中的测量误差是无法避免的，但是错误是可以避免的。

2）测量误差的来源：

① 测量仪器：任何仪器的精密度具有一定限度，使得观测值精密度受限。

② 观测者：由于观测者视力、听力、身体状况等的鉴别能力有一定的局限性，对测量结果产生影响。

③ 外界环境：外界环境的差异和变化，会直接对观测结果产生影响。

2. 测量误差的种类

按照测量误差对测量结果影响性质的不同，测量误差可以分为粗差、系统误差和偶然误差。

（1）粗差：又称错误，由于观测者不正确使用仪器或者疏忽大意或者因为外界条件意外变动而引起的差错。特别是，粗差可以通过规范的测量方法避免。

（2）系统误差：在不同的观测条件下，对某量进行的一系列观测中，数值大小与正负符号固定不变，或按一定规律变化的误差。

1）系统误差具有累积性。系统误差反映了观测结果的准确度。

准确度：观测值对真值的偏离程度或接近程度。

2）降低或消除系统误差的措施：

① 对观测值加以改正。

② 采用对称观测的方法，抵消系统误差。

③ 检校仪器，降低仪器的系统误差。

（3）偶然误差：在相同的观测条件下，对某量进行一系列观测，单个误差的出现没有一定的规律，其数值大小和符号表现出偶然性，但大量的误差具有一定的统计规律性，又称随机误差。

1）偶然误差反映了测量结果的精密度。精密度是指在同一观测条件下，用同一中观测方法对某量多次测量时，各观测值之间的相互离散程度。

2）偶然误差的特征

① 有界性：在一定的观测条件下，偶然误差的绝对值不会超过一定的限度，即偶然误差是有界的。

② 趋向性：绝对值小的误差比绝对值大的误差出现的机会大。

③ 对称性：绝对值相等的正负误差出现的个数大致相等。

④ 抵偿性：偶然误差的算术平均值随着观测次数无限增加趋于零。

3）偶然误差不能用计算来改正或用一定的观测方法简单地加以消除，只能根据其特性来合理地处理数据，以提高观测成果的质量。

（4）测量平差：又称平差，即对一组剔除了粗差的观测值。首先应寻找、判断和排除系统误差，或将其控制在允许范围内，然后根据偶然误差的特征对该组观测值进行数学处理，求出最接近未知量真值的估值（最或是值），同时评定观测结果质量的优劣（精度）。

【例 11.5-1】测量中的测量误差和错误分别是（　　）的。

A. 无法避免、无法避免　　　　　　B. 可以避免、可以避免

C. 无法避免、可以避免　　　　　　D. 可以避免、无法避免

解析：测量中的测量误差是无法避免的，但是错误是可以避免的。因此，答案选 C。

【例 11.5-2】下列降低或消除系统误差的措施，错误的是（　　）。

A. 对观测值加以改正　　　　　　　B. 采用对称观测的方法

C. 检校仪器　　　　　　　　　　　D. 多次测量取平均值

解析：降低或消除系统误差的措施：对观测值加以改正；采用对称观测的方法，抵消系统误差；检校仪器，降低仪器的系统误差。特别是，多

【例11.5-2】

次测量取平均值无法消除或者降低系统误差。因此，答案选 D。

【例 11.5-3】 关于偶然误差的叙述，错误的是(　　)。

A. 在一定的观测条件下，偶然误差的绝对值不会超过一定的限度

B. 绝对值小的误差比绝对值大的误差出现的机会一样大

C. 绝对值相等的正负误差出现的个数大致相等

D. 偶然误差的算术平均值随着观测次数无限增加趋于零

解析： 偶然误差的特征有：有界性，在一定的观测条件下，偶然误差的绝对值不会超过一定的限度，即偶然误差是有界的；趋向性，绝对值小的误差比绝对值大的误差出现的机会大；对称性，绝对值相等的正负误差出现的个数大致相等；抵偿性，偶然误差的算术平均值随着观测次数无限增加趋于零。因此，答案选 B。

11.5.2 观测值精度的指标

1. 精确度

精确度：衡量观测成果的优劣，是准确度与精密度的总称。

精密度：又称为精度，可用于描述对于基本不含系统误差，而主要含有偶然误差的一组观测值。

同精度测量：在相同的观测条件下，对某量进行的一组测量，对应着同一种误差分布，这一组观测值中的每一个观测值具有相同的精度。

2. 观测值精度的指标

(1) 精度指数

偶然误差概率密度函数

$$y = \frac{h}{\sqrt{\pi}} e^{-h^2 \Delta^2}$$

特别是，函数最大值为 $y = \dfrac{h}{\sqrt{\pi}}$，$h$ 值越大，函数的最大值也越大，曲线两侧坡度越陡，表示偶然误差分布较为密集，说明小误差出现的概率较大，观测结果的精度较高。

(2) 中误差

设在同精度观测下，对某一真值观测 n 次出现一组偶然误差 Δ_1、Δ_2、…、Δ_n。则中误差为：

$$m = \pm \sqrt{\frac{\sum_{1}^{n} \Delta^2}{n}}$$

(3) 极限误差：在一定的观测条件下，偶然误差的绝对值不会超出一定的限度值。

在实际测量工作中，以三倍中误差作为偶然误差的极限值，称为极限误差。极限误差也常用作测量工作中的容许误差。

$$|\Delta_{极}| = 3|m|$$

特别是，在对精度要求较高时，可取二倍中误差作为容许误差。

$$|\Delta_{容}| = 2|m|$$

(4) 相对误差：误差的绝对值与相应观测值之比，在测量上常将其分子化为 1。如果计算相对误差 K 时，分子采用的中误差，则可称其为相对中误差。

特别是，相对中误差越小，说明观测结果的精度越高。

3. 误差传播定律

误差传播定律：表示观测值函数的中误差与观测值中误差之间关系的定律。

$$m_z = \pm\sqrt{\left(\frac{\partial f}{\partial x_1}\right)^2 m_1^2 + \left(\frac{\partial f}{\partial x_2}\right)^2 m_2^2 + \cdots + \left(\frac{\partial f}{\partial x_n}\right)^2 m_n^2}$$

常见函数的中误差传播公式见表 11.5-1。

中误差传播公式　　　　　　　　　　　　　　表 11.5-1

函数名称	函数式	中误差传播公式
倍数函数	$Z = Ax$	$m_z = \pm Am$
和差函数	$Z = x_1 \pm x_2$	$m_z = \pm\sqrt{m_1^2 + m_2^2}$
	$Z = x_1 \pm x_2 \pm \cdots \pm x_n$	$m_z = \pm\sqrt{m_1^2 + m_2^2 + \cdots + m_n^2}$
线性函数	$Z = A_1 x_1 \pm A_2 x_2 \pm \cdots \pm A_n x_n$	$m_z \pm \sqrt{A_1^2 m_1^2 + A_2^2 m_2^2 + \cdots + A_n^2 m_n^2}$

4. 同精度直接测量平差

(1) 最或是值

在测量次数有限时，可以认为算术平均值是根据已有的观测数据，所能求得的最接近真值的近似值，称为最或是值。

$$L = \frac{l_1 + l_2 + \cdots + l_n}{n} = \frac{[l]}{n}$$

其中，n 表示测量的次数，l_1、l_2、$\cdots$、l_n 表示各测量值。

(2) 观测值中误差

贝塞尔公式：同精度测量中用观测值的改正数计算观测值中误差的公式。

$$m = \pm\sqrt{\frac{[vv]}{n-1}}$$

(3) 最或是值的中误差

对某量进行 n 次同精度观测后，同精度观测的未知量最或是值的中误差

$$M = \pm\frac{m}{\sqrt{n}} = \pm\sqrt{\frac{[vv]}{n \times (n-1)}}$$

【例 11.5-4】同精度测量是指（　　）的测量。

A. 相同的观测条件　　　　　　　　B. 相同的系统误差

C. 相同的允许误差　　　　　　　　D. 相同的偶然误差

解析：同精度测量是在相同的观测条件下，对某量进行的一组测量，对应着同一种误差分布，这一组观测值中的每一个观测值具有相同的精度。因此，答案选 A。

【例 11.5-5】在实际测量工作中，一般测量工作和精度要求较高的容许误差分别为（　　）。

A. 三倍中误差、二倍中误差

B. 三倍中误差、一倍中误差

C. 二倍中误差、二倍中误差

D. 一倍中误差、二倍中误差

【例 11.5-5】

解析：在实际测量工作中，以三倍中误差作为偶然误差的极限值，称为极限误差。极限误差也常用作测量工作中的容许误差。特别地，在对精度要求较高时，可取二倍中误差作为容许误差。因此，答案选 A。

习　题

【11.5-1】关于偶然误差的叙述，错误的是（　　）。
A. 在一定的观测条件下，偶然误差的绝对值不会超过一定的限度
B. 绝对值小的误差比绝对值大的误差出现的机会小
C. 绝对值相等的正负误差出现的个数大致相等
D. 偶然误差的算术平均值随着观测次数无限增加趋于零

【11.5-2】在测量工作中，对于四个四边形的内角用相同的条件观测，得到四边形的闭合差为 $+3''$、$-2''$、$+1''$、$+4''$，则中误差为（　　）。
A. $+1''$　　　　B. $±1''$　　　　C. $±4''$　　　　D. $±3''$

【11.5-3】对于四边形的内角 A、B、C 三个内角进行直接观测，其中误差分别为 $±1''$、$±4''$、$±2''$，从而计算得到 D 角，则 D 角中误差为（　　）。
A. $+7''$　　　　B. $-7''$　　　　C. $±4.6''$　　　　D. $-4.6''$

【11.5-4】偶然误差概率密度函数为

$$y = \frac{h}{\sqrt{\pi}} e^{-h^2 \Delta^2}$$

h 值越大，观测结果的精度和函数的最大值分别是（　　）。
A. 越高　越大　　　　　　　　B. 越低　越大
C. 越高　越小　　　　　　　　D. 越低　越小

习题答案及解析

【11.5-1】答案：B

解析：偶然误差的特征有：有界性，在一定的观测条件下，偶然误差的绝对值不会超过一定的限度，即偶然误差是有界的；趋向性，绝对值小的误差比绝对值大的误差出现的机会大；对称性，绝对值相等的正负误差出现的个数大致相等；抵偿性，偶然误差的算术平均值随着观测次数无限增加趋于零。

【11.5-2】答案：B

解析：根据观测值中误差公式得到：$m = \pm\sqrt{\dfrac{\sum\limits_1^n \Delta^2}{n}} = \pm\sqrt{\dfrac{3^2-2^2+1^2+4^2}{4}} = \pm 2.7''$ $\approx \pm 3''$。

【11.5-3】答案：C

解析：$\angle D = 360° - \angle A - \angle B - \angle C$，根据误差传播定律公式得到：$m_D = \pm\sqrt{m_A^2 + m_B^2 + m_C^2} = \pm\sqrt{1^2+4^2+2^2} = \pm 4.6''$。

【11.5-4】答案：A

解析：函数最大值为 $y = \dfrac{h}{\sqrt{\pi}}$，$h$ 值越大，函数的最大值也越大，曲线两侧坡度越陡，表示偶然误差分布较为密集，说明小误差出现的概率较大，观测结果的精度较高。

11.6 控 制 测 量

高频考点梳理

知识点	导线测量
近三年考核频次	1

11.6.1 控制测量及导线测量

1. 控制测量

（1）基本概念

控制网：在地面按照一定规范布设并进行测量得到的一系列相互联系的控制点所构成的网状结构。

控制测量：在一定区域内，为地形测图和工程测量建立控制网所进行的测量工作，包括平面控制测量和高程控制测量。

（2）平面控制测量：测定控制点平面坐标所进行的测量工作，平面控制网的建立可采用三角测量、三边测量、边角测量、导线测量和全球导航定位系统的方法建立。

三角测量：测量三角网上各三角形顶点的水平角，再根据起始边长、方位角、起始点坐标来推求各顶点水平位置的测量方法。

三边测量：测量三角网上各三角形的边长，再根据方位角、起始点坐标来推求各顶点水平位置的测量方法。

边角测量：综合运用三角测量和三边测量来推求各顶点水平位置的测量方法。

（3）高程控制测量

测定控制点高程所进行的测量工作，叫做高程控制测量，其主要采用水准测量、三角高程测量和 GNSS 高程测量的方法建立。

（4）控制网的布设原则

控制网的布设应当遵循整体控制、局部加密，高级控制、低级加密的原则。

2. 导线测量

（1）导线测量：将地面上一系列的点依照相邻次序连成折线形式，并依次测定各折线边的长度、转折角，再根据起始数据以推求各点的平面位置的测量方法。

导线测量的特点：布设灵活，要求通视方向少，边长直接测定，精度均匀，适宜布设在建筑物密集视野不开阔的地区，也适于用作狭长地带。

（2）导线布设的形式

1）附合导线

附合导线：布设在两个高级控制点间的导线。从一个高级控制点 B 和已知方向 AB 出发，经导线点 1、2、3、4 点再附合到另一个高级控制点 C 和已知方向 CD 上。

2）闭合导线

闭合导线：起始并回到同一个高级控制点的导线。从高级控制点 A 和已知方向 AB 出发，经导线点 1、2、3、4 点再回到 A 点形成一个闭合多边形。

3）支导线

支导线：仅从一个已知点和一个已知方向出发，支出 1、2 个点。支导线常用于导线点数目不能满足局部测图要求时。特别是，由于支导线缺乏校核，因此支导线一般不超过两个点。

(3) 导线测量的外业工作

导线测量的外业工作有：踏勘选点、边长测量、角度测量和连接测量。

1）踏勘选点

选点前，应当收集测区及附近已有高级控制点的有关数据和已有地形图；然后在图上大致拟定导线走向及点位，定出初步方案；再进行实地踏勘，选定导线点位置。特别是，需要分级布设时，要先确定首级导线。

导线点的实际位置确定的要求：

① 导线点应选在土质坚实、便于保存标志和安置仪器的地方，在测区内均匀分布，周围视野要开阔。

② 严格遵守测量规范中不同比例尺测图对导线点应有的个数和导线边长的规定。

③ 相邻导线点间应通视良好。为保证测角精度，相邻边长度之比一般不超过 3 倍。

④ 钢尺量距中，导线点应选在地势平坦便于量距的地方。

导线点选定后，应当在地面上建立标志，并沿导线走向顺序编号，绘制导线略图。对于一、二、三级导线点，一般埋设混凝土桩。

2）边长测量

各级导线边长测量均可用光电测距仪，结合竖直角进行倾斜改正；一、二、三级导线，可用钢尺量距。特别是，一、二、三级导线使用光电测距仪时，需要对导线边一端测两个测回或者在两端各一测回，并且取均值气象改正；对于图根导线，只需在各导线边的一个端点上安置仪器测定一测回，且无需气象改正。一、二、三级导线使用钢尺量距，对于图根导线，需往返测量，当尺长改正数大于 1/10000、量距平均温度与检定温差绝对值大于 10℃、坡度大于 2%时，应分别进行尺长、温度、倾斜改正。

3）角度测量

采用测回法，对于附合导线或支导线，应当采用导线前进方向同一测，即均测左侧角或右侧角；闭合导线一般均选用内角。

4）连接测量

导线定向：导线连接角的测量，以使导线点的坐标纳入国家坐标系或该地区的统一坐标系中。对于与高级控制点连接的导线，要测出连接角；对于独立导线，需要用罗盘仪或其他方法测出起始方位角。

(4) 导线测量的内业计算

导线测量的内业计算前应当先检查抄录起始数据是否正确、外业观测记录和计算是否有误。然后绘制导线略图，在图上标注起算数据和测量数据。导线测量内业计算的目的是计算出各导线点的坐标。

1）附合导线计算（图 11.6-1）

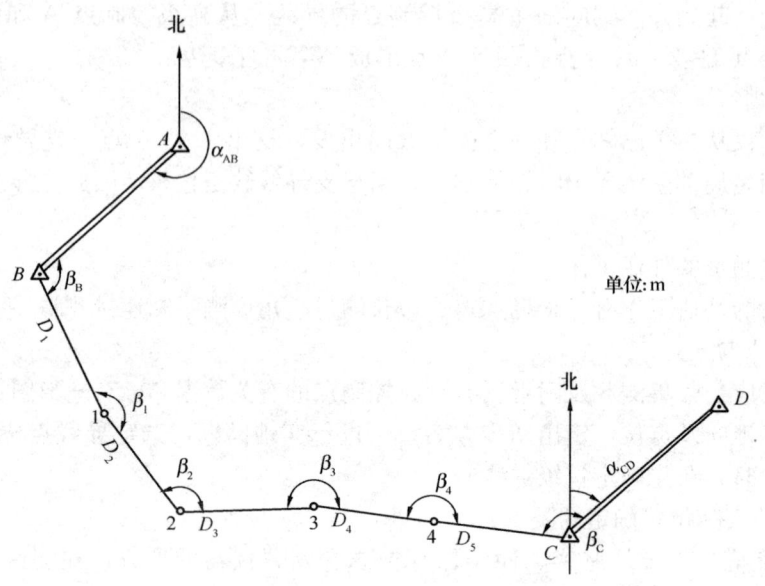

图 11.6-1　附合导线

已知的高级控制点 A、B 和 C、D，已知的起始数据有 α_{AB}、α_{CD}、x_B、y_B、x_C、y_C，角度和边长观测值为 β_i、D_i，从而计算 1、2、3、4 点的坐标。附合导线应当满足：角度闭合和坐标闭合（横坐标闭合和纵坐标闭合）。

① 坐标方位角的计算与调整

根据连续折线上各线段的坐标方位角计算公式，推算 CD 的坐标方位角：

$$\alpha'_{CD} = \alpha_{AB} + \Sigma\beta_i - n \times 180°$$

角度闭合差及其容许值的计算：

$$f_B = \alpha'_{CD} - \alpha_{CD}$$

$$f_{B容} = \pm 40''\sqrt{n}$$

当 $|f_{B容}| < |f_B|$ 时，应当重新测量；当 $|f_{B容}| \geq |f_B|$ 时，应当对各角值调整。

$$\beta'_i = \beta_i - \frac{f_B}{n}$$

计算各边的方位角：

$$\alpha_{ij} = \alpha_{AB} + \Sigma\beta'_i - i \times 180°$$

最后，作为检核，改正后的各角度推算的 α'_{CD} 应当等于 α_{CD}。

② 坐标增量闭合差的计算与调整

BC 间的导线，各边的坐标增量之和应当等于 B、C 两点的纵横坐标之差。

$$\begin{cases} \Sigma\Delta x_{理} = x_C - x_B = x_{终} - x_{始} \\ \Sigma\Delta y_{理} = y_C - y_B = y_{终} - y_{始} \end{cases}$$

量边的误差和角度闭合差调整，使得出现坐标增量闭合差。

$$\begin{cases} f_x = \Sigma\Delta x'_i - \Sigma\Delta x_{理} = \Sigma\Delta x'_i - (x_{终} - x_{始}) \\ f_y = \Sigma\Delta y'_i - \Sigma\Delta y_{理} = \Sigma\Delta y'_i - (y_{终} - y_{始}) \end{cases}$$

导线全长闭合差：

$$f = \sqrt{f_x^2 + f_y^2}$$

导线全长相对闭合差：导线全长闭合差和导线全长 ΣD 的比值，常用符号 K 表示。K 值反映了导线测角和测距的综合精度，不同等级的导线相对闭合容许值不同。对于图根导线，$K \leqslant 2000$；在困难地区，可适当放宽为 $1/1000$。若 $K \leqslant K_{容}$，则说明符合要求，可以进行坐标增量的调整；反之，需要重测。

坐标增量的调整：将闭合差 f_x、f_y 分别求反按照与边长成正比的原则，分配给相应的各边坐标增量。坐标增量改正数为：

$$\begin{cases} V_{xi} = -\dfrac{f_x}{\Sigma D} \cdot D_i \\ V_{yi} = -\dfrac{f_y}{\Sigma D} \cdot D_i \end{cases}$$

改正后的坐标增量：

$$\Delta x_i = \Delta x'_i + V_{xi}$$
$$\Delta y_i = \Delta y'_i + V_{yi}$$

③ 坐标计算

$$\begin{cases} x_{i+1} = x_i + \Delta x_{i,i+1} \\ y_{i+1} = y_i + \Delta y_{i,i+1} \end{cases}$$

最后检核 C 点坐标等于已知 C 点坐标，否则计算错误。

2）闭合导线计算（图 11.6-2）

闭合导线计算同样要满足角度闭合和坐标闭合，但是由于闭合导线以闭合的几何图形作为校核条件，因此与附合导线角度闭合和坐标增量闭合差的计算略有不同。

角度闭合计算和调整

导线理论角度应当等于 n 边形内角和：

$$\Sigma\beta_{理} = (n-2) \times 180°$$

角度闭合差：

$$f_\beta = \Sigma\beta_{测} - \Sigma\beta_{理} = \Sigma\beta_{测} - (n-2) \times 180°$$

其角度调整方法同附合导线计算。

坐标增量闭合差的调整与计算

由于起始于同一个点，因此其理论值应当为 0。坐标增量闭合差理论值：

$$\begin{cases} \Sigma\Delta x_{理} = 0 \\ \Sigma\Delta y_{理} = 0 \end{cases}$$

坐标增量闭合差：

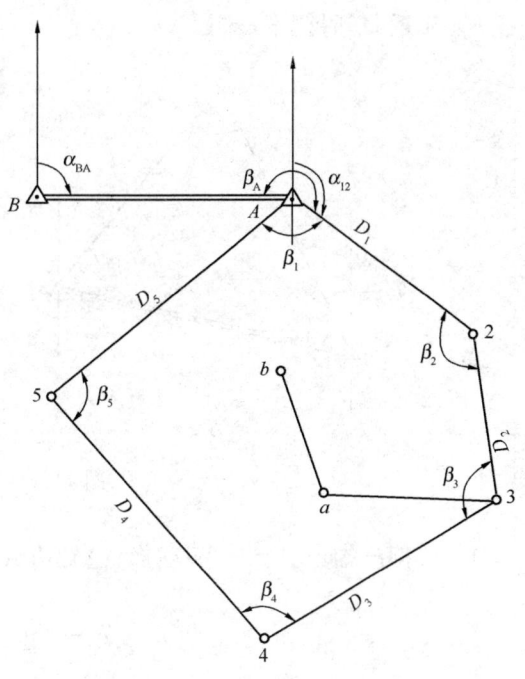

图 11.6-2　闭合导线及支导线

$$\begin{cases} f = \Sigma \Delta x_i - 0 = \Sigma \Delta x_i \\ f = \Sigma \Delta y_i - 0 = \Sigma \Delta x_i \end{cases}$$

其坐标增量的调整方法同附合导线计算。特别地，调整后的坐标增量应当满足：

$$\Sigma \Delta x_i = 0, \Sigma \Delta y_i = 0$$

3）导线内业计算中应当注意

① 内业计算中数字取位应当遵循规范要求（表11.6-1）。

导线内业计算数字取位要求　　　　　　　　　　　　表 11.6-1

等级	角度观测值	角度改正数	方位角	边长与坐标
一、二级导线	1″	1″	1″	0.001m
图根导线	0.1′	0.1′	0.1′	0.01m

② 内业计算中，每一计算步骤都要严格校核。只有在方位角闭合差消除后，才能进行坐标增量计算。

3. 控制点加密

当原有控制点不能满足测图和施工的要求时，须采用全站仪进行加密，常采用极坐标法。也可以用交会法来加密少量的控制点，叫做交会定点，常用的交会法有前方交会、后方交会和距离交会。

（1）前方交会（图11.6-3）

前方交会：在已知点 A、B 处分别观测 P 点的水平角，从而得到 P 点坐标的方法。特别地，为了检核需要从三个已知点向 P 点进行角度观测；为了保证精度，γ 角应当控制在 30°～120° 之间，靠近 60°时精度最高。

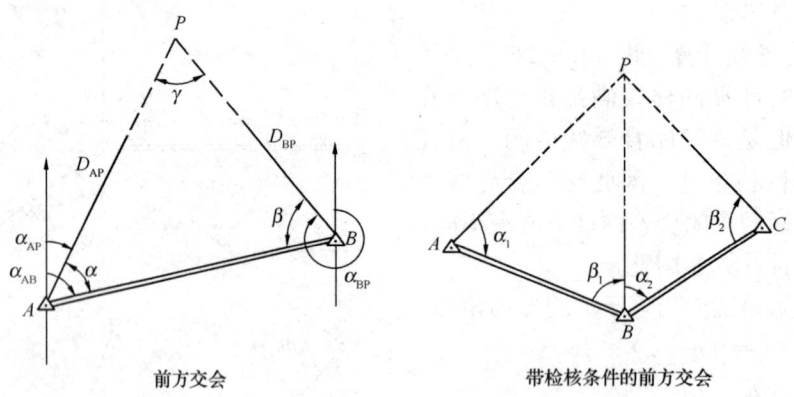

前方交会　　　　　　　带检核条件的前方交会

图 11.6-3　前方交会

1）根据已知点 A、B 坐标计算已知边 AB 的方位角和边长

$$\alpha = \tan^{-1} \frac{y_B - y_A}{x_B - x_A}$$

$$D = \sqrt{(x_B - x_A)^2 + (y_B - y_A)^2}$$

2）推算 AP 和 BP 边的坐标方位角和边长

$$\begin{cases} \alpha_{AP} = \alpha_{AB} - \alpha \\ \alpha_{BP} = \alpha_{BA} + \beta \end{cases}$$

$$\begin{cases} D_{AP} = \dfrac{D_{AB}\sin\beta}{\sin\gamma} \\ D_{BP} = \dfrac{D_{AB}\sin\alpha}{\sin\gamma} \end{cases}$$

$$\gamma = 180° - (\alpha + \beta)$$

3) 计算 P 点坐标

$$\begin{cases} x_P = x_A + D_{AP}\cos\alpha_{AP} \\ y_P = y_A + D_{AP}\sin\alpha_{AP} \end{cases}$$

$$\begin{cases} x_P = x_B + D_{BP}\cos\alpha_{BP} \\ y_P = y_B + D_{BP}\sin\alpha_{BP} \end{cases}$$

(2) <u>后方交会</u>（图 11.6-4）

后方交会：在点 P 上安置仪器，观测 P 到已知点 A、B、C 间的夹角，从而求解 P 点坐标的方法。其优点有：<u>野外工作量少，不需要多个已知点设站观测。</u>

1) 计算公式

$$\begin{cases} a = (x_A - x_B) + (y_A - y_B)\cot\beta_1 \\ b = -(y_A - y_B) + (x_A - x_B)\cot\beta_1 \\ c = (x_B - x_C) + (y_B - y_C)\cot(-\beta_2) \\ d = (x - x) + (y - y)\cot(-\beta_2) \end{cases}$$

$$K = \dfrac{a + c}{b + d}$$

$$\begin{cases} \Delta x_{BP} = \dfrac{a - Kb}{1 + K^2} \\ \Delta y_{BP} = \Delta x_{BP} \cdot K \end{cases}$$

P 点坐标为：

$$\begin{cases} x_P = x_B + \Delta x_{BP} \\ y_P = y_B + \Delta y_{BP} \end{cases}$$

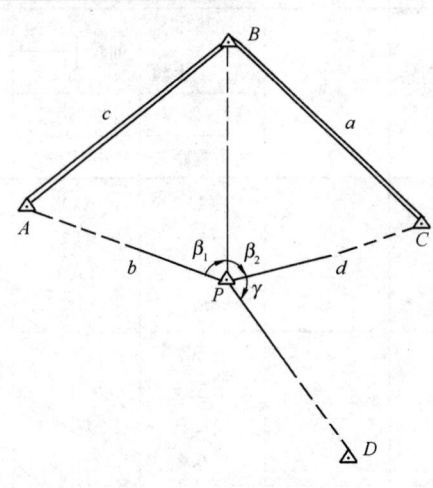

图 11.6-4 后方交会

2) P 点的检查

在 P 点对已知的第四点观测得到 γ 角。根据 A、B、C 三点数据和所测夹角，计算得到 P 点坐标后，计算 α_{PD}、α_{PC} 的值。

$$\gamma' = \alpha_{PD} - \alpha_{PC}$$

观测差值：

$$\Delta\gamma = \gamma' - \gamma$$

Δγ 应当小于其容许值，否则测量不合格，需要重测。

3) 危险圆问题

当 A、B、C 三个已知点和 P 点在一个圆周上时，由于其夹角不变，因此无解，特别是，当 P 点在圆周旁时精度低。将 A、B、C 点三点共圆的圆周称为<u>危险圆</u>。

$$a+c=0$$
$$b+d=0$$

此时，K 值不存在，因此无法求解。

为了避免 P 点在危险圆及附近，提高精度的措施：

① P 点的位置最好在三个已知点构成的三角形的重心附近。

② β 值在 $30°\sim120°$。

③ P 点离危险圆的距离大于等于危险圆的半径。

④ 从 P 点到 A、B、C 点的距离，最长边与最短边的距离之比不得大于 3。

4. 三、四等水准测量

三、四等水准网应当从附近的国家高一级水准点引测高程，且水准点间距控制在 $1\sim 2$km，其使用的水准尺一般为双面水准尺。实例见表 11.6-2。

三、四等水准测量观测　　　　　　　　　表 11.6-2

测自 A 至 B　　　日期 2005 年 5 月 10 日　　　仪器：上光 60252
开始 7 时 05　　　　天气晴、微风　　　　　　观测者：李明
结束 8 时 07　　　　成像清晰稳定　　　　　　记录者：肖钢

测站编号	点号	后尺 下丝 上丝 后视距离 前后视距差	前尺 下丝 上丝 前视距离 累积差	方向及尺号	中丝水准尺读数 黑色面	中丝水准尺读数 红色面	$K+$黑$-$红	平均高差	备注
		(1) (2) (9) (11)	(4) (5) (10) (12)	后 前 后一前	(3) (6) (15)	(8) (7) (16)	(14) (13) (17)	(18)	
1	$A\sim$转1	1.587 1.213 37.4 -0.2	0.755 0.379 37.6 -0.2	后 前 后一前	1.400 0.567 $+0.833$	6.187 5.255 $+0.932$	0 -1 $+1$	$+0.8325$	
2	转1$\sim$转2	2.111 1.737 37.4 -0.1	2.186 1.811 37.5 -0.3	后02 前02 后一前	1.924 1.998 -0.074	6.611 6.786 -0.175	0 -1 $+1$	-0.0745	

(1) 一个测站上的观测

一个测站的观测顺序可以为"后-前-前-后"和"后-后-前-前"（四等水准）。"后-前-前-后"目的是为了抵消水准仪与水准尺下沉产生的误差。下面介绍"后-前-前-后"观测顺序的步骤。

1) 照准后视尺黑面，读取上下丝的读数 (1)、(2) 和中丝的读数 (3)。

2) 照准前视尺黑面，读取上下丝的读数 (4)、(5) 和中丝的读数 (6)。

3) 照准前视尺红面，读取中丝的读数 (7)。

4) 照准后视尺红面，读取中丝的读数 (8)。

(2) 测站的计算、检测与限差

1) 视距的计算

后视距离　(9) = (1) - (2)

前视距离　(10) = (4) - (5)

前后视距差　(11) = (9) - (10)

特别的，三等水准测量，前后视距差不能超过±3m；四等水准测量，前后视距差不能超过±5m。

前后视距累积差　本站(12) = 前站(12) + 本站(11)

特别地，三等水准测量，前后视距累积差不能超过±5m；四等水准测量，前后视距累积差不能超过±10m。

2) 同一水准尺黑、红面读数差

前尺 (13) = (6) + K_1 - (7)

后尺 (14) = (3) + K_2 - (8)

其中，K_1、K_2 分别表示前尺、后尺的红黑读数常数差。其中，三等水准黑红面读数差不得大于±2mm，四等不得大于±3mm。

3) 高差计算

黑面高差 (15) = (3) - (6)

红面高差 (16) = (8) - (7)

检核计算 (17) = (14) - (13) = (15) - (16) ± 0.100

特别的，三等水准不得超过 3mm，四等不得超过 5mm。

高差中数 $(18) = \frac{1}{2}[(15)+(16)\pm 0.100]$

在观测过程中，如果发现某项超限，应当重测，直到均满足要求后才能进行下一步。

(3) 总检测计算

总视距差

$$\Sigma(9) - \Sigma(10) < 容许值$$

高差中数

$$\Sigma(18) = \frac{1}{2}[\Sigma(15) + \Sigma(16)] \pm 0.100$$

在每测站检核后，进行每页计算检核：

$$\Sigma(15) = \Sigma(3) - \Sigma(6)$$

$$\Sigma(16) = \Sigma(8) - \Sigma(7)$$

$$\Sigma(9) - \Sigma(10) = 本页末站(12) - 前页末站(12)$$

当测站数为奇数：$\Sigma(18) = \frac{1}{2}[\Sigma(15) + \Sigma(16) \pm 0.100]$。

当测站数为偶数：$\Sigma(18) = \frac{1}{2}[\Sigma(15) + \Sigma(16)]$。

(4) 水准路线测量成果的计算及检核

三、四等水准路线高差闭合差的计算、调整方法与普通水准测量相同。

5. 三角高程测量

(1) 三角高程测量

根据已知点 A 设测站，找准点所观测未知点 B 的竖直角和两点间距离，从而计算得到两点间的高差（图 11.6-5）。特点是精度较低，适合起伏较大而不便于施测水准的情况，常用于山区各种比例尺的高程控制。

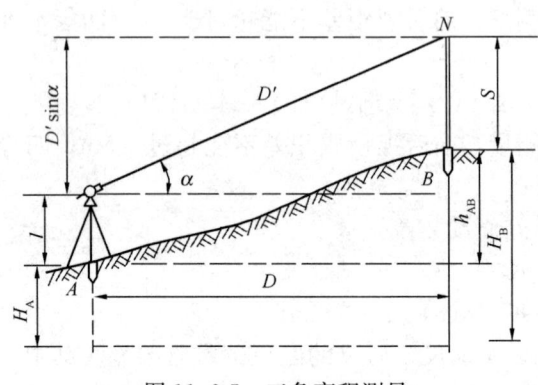

图 11.6-5 三角高程测量

A、B 两点高差

$$h_{AB} = D' \cdot \sin\alpha + i - S$$

B 点高程

$$H_B = H_A + h_{AB}$$

(2) 二差改正：球差改正和气差改正的合称。

$$f = 6.7 \times D^2 \text{（cm）}$$

其中 D 值是以千米为单位，1km 内的二差改正数见表 11.6-3。

二差改正数　　　　　　　表 11.6-3

D (km)	0.1	0.2	0.3	0.4	0.5	0.6	0.7	0.8	0.9	1.0
f (cm)	0	0	1	1	2	2	3	4	6	7

特别的，三角高程测量一般采用对向观测，然后取对向观测所得高差绝对值的平均值，可以消除二差影响。

(3) 三角高程测量分为一、二两级，其对向观测值差值不得大于 $0.02D_m$ 和 $0.04D_m$（其中 D 以 km 为单位），并取平均值作为高差。

三角高程测量路线应当组合闭合或附合路线，没边均须取对向测量。路线高差闭合差为：

$$f_{h容} = \pm 0.05 \sqrt{\Sigma D^2} \text{（m）}$$

其中，D 以 km 为单位。当 $f_h > f_{h容}$ 时，应当重测；当 $f_h \leqslant f_{h容}$ 时，将闭合差按照以边长成正比分配给各高差，再按调整后的高差推算各点高程。

【例 11.6-1】下列关于控制网的布设原则，叙述错误的是（　　）。
A. 整体控制、局部加密　　　　　　B. 高级控制、低级加密
C. 步步校核　　　　　　　　　　　D. 平面控制网与高程控制网单独布设

解析：控制网的布设，应当遵循整体控制、局部加密；高级控制、低级加密的原则。平面控制网与高程控制网可单独布设也可布设成三维控制网。因此，答案选 D。

【**例 11.6-2**】为了保证精度，前方交会的 γ 角应当控制在（　　）之间，靠近（　　）时精度最高。

A. 30°～120°　45°　　　　　　　B. 45°～135°　45°
C. 45°～135°　60°　　　　　　　D. 30°～120°　60°

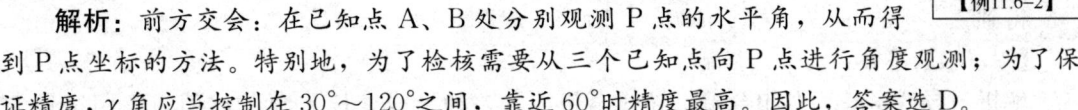
【例11.6-2】

解析：前方交会：在已知点 A、B 处分别观测 P 点的水平角，从而得到 P 点坐标的方法。特别地，为了检核需要从三个已知点向 P 点进行角度观测；为了保证精度，γ 角应当控制在 30°～120°之间，靠近 60°时精度最高。因此，答案选 D。

习　题

【**11.6-1**】从高级控制点 A 和已知方向 AB 出发，经导线点 1、2、3、4 点再回到 A 点形成一个闭合多边形的测量方法，叫做（　　）。

A. 附合导线　　　　　　　　　　B. 闭合导线
C. 支导线　　　　　　　　　　　D. 控制网

【**11.6-2**】下列关于导线测量的叙述，正确的是（　　）。

A. 导线测量布设灵活，要求通视方向少
B. 导线测量的边长直接测定，但精度不均匀
C. 导线测量适宜布设在建筑物密集视野不开阔的地区，不适于用作狭长地带。
D. 导线测量的外业工作有踏勘选点、边长测量、角度测量和高程测量。

【**11.6-3**】已知直线 AB 的方位角 $\alpha_{AB} = 100°$，$\beta_{右} = 187°$，则直线 BC 的方位角 α_{BC} 为（　　）。

A. 87°　　　　　　　　　　　　B. 93°
C. 353°　　　　　　　　　　　　D. 287°

【**11.6-4**】对于图根导线的导线全长相对闭合差，一般情况下和在困难地区的容许值分别为（　　）。

A. 1/2000 和 1/1000　　　　　　B. 1/1000 和 1/2000
C. 1/2000 和 1/3000　　　　　　D. 1/3000 和 1/2000

【**11.6-5**】坐标增量的调整是将闭合差分别（　　）按照（　　）的原则，分配给相应的各边坐标增量。

A. 求反　与控制点数成正比　　　B. 取绝对值　与边长成正比
C. 取绝对值　与控制点数成正比　D. 求反　与边长成正比

习题答案及解析

【**11.6-1**】**答案**：B

解析：附合导线是布设在两个高级控制点间的导线；闭合导线是起始并回到同一个高级控制点的导线，从高级控制点 A 和已知方向 AB 出发，经导线点 1、2、3、4 点再回到 A 点形成一个闭合多边形；支导线仅从一个已知点和一个已知方向出发，支出 1、2 个点。

【**11.6-2**】**答案**：A

解析：导线测量的特点：布设灵活，要求通视方向少，边长直接测定，精度均匀，适宜布设在建筑物密集视野不开阔的地区，也适于用作狭长地带。导线测量的外业工作有：踏勘选点、边长测量、角度测量和连接测量。

【11.6-3】答案：B

解析：根据连续折线上各线段的坐标方位角计算公式，推算 CD 的坐标方位角：

$$\alpha'_{CD} = \alpha_{AB} - \Sigma\beta_{右} + n \times 180°$$

得到 $\alpha_{BC} = \alpha_{AB} - \beta_{右} + n \times 180° = 100° - 187° + 180° = 93°$。

【11.6-4】答案：A

解析：导线全长相对闭合差是导线全长闭合差和导线全长 ΣD 的比值，常用符号 K 表示。K 值反映了导线测角和测距的综合精度，不同等级的导线相对闭合容许值不同。对于图根导线，$K \leqslant 2000$；在困难地区，可适当放宽为 1/1000。

【11.6-5】答案：D

解析：坐标增量的调整是将闭合差 f_x、f_y 分别求反按照与边长成正比的原则，分配给相应的各边坐标增量。

11.7 地形图测绘

高频考点梳理

知识点	等高线地形图	分幅编号与图廓注记	比例尺精度
近三年考核频次	1	1	1

11.7.1 地形图基本知识

1. 地形图：按照一定的比例，用规定的符号表示地物、地貌平面位置和高程的正射投影图。地形图可以反映地面高低起伏的自然地貌，也可以反映人为环境。除了普通地形图外，在线路工程的规划、设计、施工中，往往也有断面图。

断面图：反映在某一特定方向线上地面高低起伏状态，并按一定比例尺缩绘的图。沿线路垂直，相对于线路两侧有一定宽度的断面图，叫做横断面图；沿着线路方向延伸的断面图，叫做纵断面图。

2. 地形图的比例尺

(1) 地形图的比例尺：地形图上任意一段线段长度与地面上相应线段的实际水平长度之比。

(2) 比例尺的种类：

1) 数字比例尺：一般用分子为 1 的分数形式表示。数字比例尺常写于图幅下方正中处。

图的比例尺计算：

$$\frac{d}{D} = \frac{1}{\frac{D}{d}} = \frac{1}{M}$$

其中，d 为图上直线长度，D 为地面上对应长度，M 为比例尺分母。

以比例尺为 1:1000 的地形图为例，其比例尺的含义为：图上 1cm 的线段，表示地面上的实际长度为 1cm 的 1000 倍，即 10m。

比例尺的大小是按照比例尺的比值来衡量的，比例尺的分母越大，比例尺就越小；反之，分母越小，比例尺就越大。

地形图可以根据比例尺的大小分为大比例尺、中比例尺和小比例尺地形图。比例尺为 1∶500、1∶1000、1∶2000、1∶5000、1∶10000 的地形图为大比例尺地形图；比例尺为 1∶25000、1∶50000、1∶100000 的地形图为中比例尺地形图；比例尺为 1∶250000、1∶500000、1∶1000000 的地形图为小比例尺地形图。

2）图示比例尺

使用纸载地形图时，为了减小由图纸伸缩引起的误差，同时方便用图，须在地形图中同时绘制图示比例尺。

图示比例尺：在一条直线上截取若干相等的线段（2cm 或 1cm）作为比例尺的基本单位，再把最左端的一个基本单位分成十等份。

（3）比例尺的精度

比例尺的精度：在传统地形图中，地形图上 0.1mm 所代表的实地长度。特别是，数字地形图不存在比例尺精度的概念。

（4）比例尺的选用

在工程建设的初步规划设计阶段，常使用比例尺为 1∶2000、1∶5000、1∶10000 的地形图；在详细规划设计和施工阶段，常使用比例尺为 1∶2000、1∶1000、1∶500 的地形图。

地形图比例尺的选用原则：

1）图中显示地物地貌的详尽程度和明晰程度应达到设计要求。
2）图中平面点位和高程的精度应达到设计要求。
3）图幅大小应便于总图设计布局。
4）在满足各项要求的前提下，尽量选用小的比例尺。

3. 地物符号

地形是地物和地貌的总称。地物符号根据地物的大小、测图的比例尺和描绘方法，可以分为比例符号、非比例符号、半比例符号和地物标记四类。

（1）比例符号：地物的轮廓较大，将其形状大小按照比例尺缩绘到图上。在地形图中，比例符号的大小和面积可以在图中量出。

（2）非比例符号：轮廓较小的地物（如水准点、钻孔等），无法将其形状大小按照比例绘制在图上，所以用规定的符号表示。

特别的，非比例符号除了形状大小不依比例绘制外，其地面的地物中心位置与符号中心位置也不一定相同。

地物中心位置与符号中心位置，需要注意：

1）圆形、三角形等规则的几何图形符号，以图形几何中心为实地地物中心位置。
2）烟塔、水塔等宽底符号，以图形底部中心为实地地物中心位置。
3）独立树、路标等底端为直角的符号，以图形直角顶点为实地地物中心位置。
4）路灯、消火栓等几何图形组合符号，以下方图形几何中心为实地地物中心位置。
5）不规则的几何图形，且没有宽底和直角顶点，以符号下方两端的中心为实地地物中心位置。

(3) 半比例符号

半比例符号：对于道路、管道等带状延伸地物，其长度可以按照比例尺缩绘，但宽度无法依比例表示的符号，又称线性符号。因此，半比例符号的长度可以在图中度量出来，但是宽度无法确定。

半比例符号的中心线，一般可以表示其实地地物中线的位置；特别的如城墙等，实地地物中线的位置在符号底线上。

(4) 地物注记：用文字、数字或特有的符号对地物加以说明，如河流的名称、江河流向等。

4. 地貌符号

地貌：地表面的高低起伏状态，在地形图中常用等高线法表示地貌。

(1) 等高线：地面上高程相等的相邻点连续形成的闭合曲线。

(2) 等高距与等高线平距

等高距：相邻等高线之间的高差，符号为 h。在同一幅地形图中，等高距是相同的。

等高线平距：相邻等高线之间的水平距离，符号为 d。

特别地，等高线平距可以反映地面坡度的变化。等高线的平距越小，等高线越密集，地面坡度就越大；等高线的平距越大，等高线越稀疏，地面坡度就越小。

(3) 常见地貌的等高线特点

1) 山丘与洼地

山丘与洼地的等高线均为一组封闭的曲线。不同的是，山丘中间高四周低，洼地中间低四周高，因而山丘的内圈等高线高程注记大于外圈，洼地的内圈等高线高程注记小于外圈。

当没有高程注记时，可以用示坡线表示。示坡线为垂直等高线的短线，其指示方向为下坡方向。山丘的示坡线由内圈指向外圈，洼地的示坡线由外圈指向内圈。

2) 山脊与山谷

山脊：山的凸棱由山顶延伸至山脚。山脊最高的棱线为山脊线，又称分水线。山脊的等高线为一组凸向低处的曲线。将山顶沿着山脊线并通过鞍部连接而成的边界为汇水范围。

山谷：相邻两个山脊间的凹部。山谷两侧叫做谷坡，两谷坡相交的部分叫做谷底。谷底最低点的连线称为山谷线，又称集水线。山谷的等高线为一组凸向高处的曲线。

3) 鞍部

鞍部：相邻两个山头之间呈马鞍形的低凹部位。鞍部的等高线是两组相对的山脊等高线和山谷等高线的对称组合。

4) 陡崖

陡崖：坡度在 70°以上的陡峭崖壁，采用特定的符号表示。

(4) 等高线的分类

1) 首曲线：在同一幅地形图中，按照等高线的规定绘制的等高线，又称基本等高线。

2) 计曲线：为了读图的方便，每五倍于等高距的等高线均加粗描绘。

3) 间曲线：为了明显地表示局部地貌，按照图式规定的等高距的一半描绘的等高线，又叫做半距等高线。间曲线在地形图中用长虚线表示。

(5) 等高线的特征

1) 等高线是闭合的曲线，即使不在同一幅地形图内闭合也在图外或者其他图上闭合。
2) 在同一等高线上的点，高程相等。
3) 不同高程的等高线不能相交。特别是，陡崖用特殊符号表示其相交或重叠。
4) 同一幅地形图的等高距相等。
5) 山脊线、山谷线与等高线正交。

【例11.7-1】在比例尺为1∶10000的地形图为例，图上1cm的线段，表示地面上的实际长度为（ ）。

A. 10m　　　　　　　　　　　　B. 100m
C. 1000m　　　　　　　　　　　D. 1m

解析：图的比例尺计算：

$$\frac{1}{D} = \frac{1}{\frac{D}{d}} = \frac{1}{M} = \frac{1}{10000}$$

解得 $D=10000$cm，即100m。因此，答案选B。

【例11.7-2】与比例尺为1∶10000的地形图相比，1∶1000的地形图的比例尺（ ），能展示实际范围（ ）。

A. 更小　更小　　　　　　　　B. 更大　更大
C. 更大　更小　　　　　　　　D. 更小　更大

解析：比例尺的大小是按照比例尺的比值来衡量的，比例尺的分母越大，比例尺就越小，能展示的实际范围越大；反之，分母越小，比例尺就越大，能展示的实际范围越小。因此，答案选C。

11.7.2 分幅编号与图廓注记

1. 地形图的分幅编号，通常有两种：按坐标格网划分的正方形或矩形分幅法、按经纬仪划分的梯形分幅法。

(1) 正方形或矩形分幅法

1∶500、1∶1000、1∶2000地形图一般采用50cm×50cm或者40cm×50cm分幅；1∶5000地形图可以采用40cm×40cm正方形分幅（表11.7-1）。

不同比例尺的图幅关系　　　　表11.7-1

比例尺	内幅大小(cm)	实地面积(km^2)	一幅1∶5000的图幅所包含本图幅的数目	比例尺	内幅大小(cm)	实地面积(km^2)	一幅1∶5000的图幅所包含本图幅的数目
1∶5000	40×40	4	1	1∶1000	50×50	0.25	16
1∶2000	50×50	1	4	1∶500	50×50	0.0625	64

大比例地形图的编号常采用图廓西南角坐标公里数编号法。当图廓西南角的坐标为 $x=3420.0$km，$y=521.0$km 时，因此编号为3420.0-521.0（图11.7-1）。

大比例尺地形图的图廓及图外注记，主要包括图名、图号，图幅结合表，内外图廓和坐标网，测图日期、测图方法等。

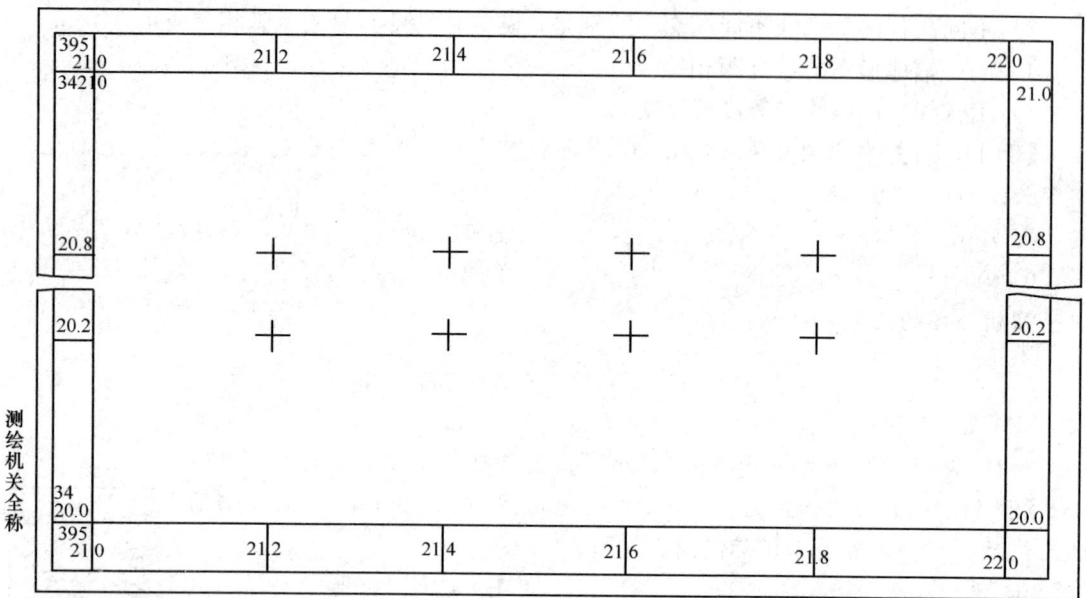

图 11.7-1 地形图图廓

(2) 梯形分幅法：以 1∶1000000 比例尺的地形图为基础，实行全球统一的分幅和编号，是按照经纬仪划分的，又称为国际分幅（表 11.7-2）。

1) 1∶1000000 地形图的分幅编号

不同比例尺的图幅关系　　　　　　　　　　　　　表 11.7-2

比例尺		$\dfrac{1}{1000000}$	$\dfrac{1}{500000}$	$\dfrac{1}{250000}$	$\dfrac{1}{100000}$	$\dfrac{1}{50000}$	$\dfrac{1}{25000}$	$\dfrac{1}{10000}$	$\dfrac{1}{5000}$
图幅范围	经差	6°	3°	1°30′	30′	15′	7′30″	3′45″	1′52.5″
	纬差	4°	2°	1°	20′	10′	5′	2′30″	1′15″
行列数量关系	行数	1	2	4	12	24	48	96	192
	列数	1	2	4	12	24	48	96	192
比例尺代码		A	B	C	D	E	F	G	H
不同比例尺的图幅数量关系		1	4	16	144	576	2304	9216	36864
			1	4	36	144	576	2304	9216
				1	9	36	144	576	2304
					1	4	16	64	256
						1	4	16	64
							1	4	16
								1	4

每幅 1∶1000000 地形图是由纬差 4°和经差 6°的子午线所形成的梯形组成的，图号为：图幅行号＋图幅列号。

整个地球表面由子午线分为 60 个六度带，自经度 180°开始，自西向东编号为 1、2、3、…、60。以 4°纬度纬度圈，由赤道起自北向南到纬度 88°分为 22 个横行编号为 A、B、…、V。

2) 1∶500000～1∶500 地形图的分幅编号

1∶500000～1∶500 地形图的分幅编号均以 1∶1000000 地形图编号为基础，采用行列编号方法。将 1∶1000000 地形图按所含各比例尺的纬差和经差划分行列，横行从上到下，纵行从左到右的顺序分别用三位数字码表示，并用不同的字符代码区别各比例尺地形图（图 11.7-2）。

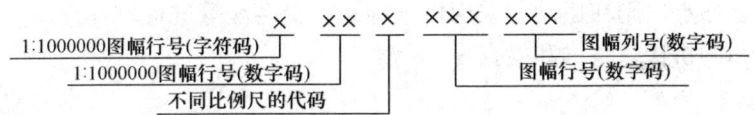

图 11.7-2　各种比例尺地形图的分幅关系

2. 地形图测绘方法

地形图测绘：遵循"从整体到局部，从控制到碎部"的原则，在控制测量工作结束后，根据图根控制点测定地物、地貌特征点的平面位置和高程，并按照规定的比例尺和符号缩绘成地形图。

常用的地形图成图方法有：以平板仪、经纬仪、皮尺等测量工具的传统测量方法；以电子全站仪为主要测量工具，并辅以计算机等的数字化测量和自动化成图方法；摄影测量方法。下面介绍传统测绘方法的步骤：

（1）测图前的准备

测图前，需要做好仪器、工具及相关数据资料的准备工作，同时要做好图纸的准备、绘制坐标网格、展绘控制点的工作。

在野外测量中常使用表面磨毛后的聚酯薄膜，使用中可以用水洗涤纸面，并可直接在底图上着墨晒蓝图，但是要注意防火和防折。坐标网格绘好后，应检查方格顶点是否在同一直线上并偏离值控制在 0.2mm 以内，方格网线条应当很细且用 3H 铅笔绘制，方格网的辅助线条最后应当擦去。各控制点展绘在图上后，用比例尺量测相邻点的长度，并与实际距离比较，其差值不应超过图上 0.3mm。

（2）碎部测量方法

1）对于地物，碎部点应当选在地物轮廓线的方向变化处。特别是，对于形状极不规则的地物，主要地物凹凸部分在图上大于 0.4mm 应当表示出来，小于 0.4mm 时则可以用直线连接。

2）对于地貌，碎部点应当选择在最能反映地貌特征的山脊线、山谷线等的地形线上。同时，在地面较为平坦或坡度无显著变化的地区，碎部点的间距和测量碎步点最大间距应当满足规范要求。

3）经纬仪测绘法

经纬仪测绘法：将经纬仪安置在测站上，用已知点 B 作为定向点，然后依次瞄准目标点夹角和距离，将贴有展点图的平板安置在经纬仪近处，用量角器和直尺测出夹角、距离和高差将碎部点展于图上。

测量步骤为：

① 将经纬仪安置在测站 A，量仪器高度，记录到厘米。

② 对准定向点 B，使度盘归零。

③ 照准检查点 C，检查 AC 方向是否正确。

④ 照准碎部点上的视距尺，测算夹角、距离和高差。

⑤ 在安放在经纬仪近处的平板上，用直径大于 30cm 的量角器，展绘碎部点方向和距离，以确定碎部点平面点位，并根据测点高程计算碎部点高程。

⑥ 完成一个测站的碎步测量后，搬站前重新检查定向。

如需增设测站点，则在搬站前采用极坐标系、交会法等进行增补。

(3) 地形图的拼接、整饰和检查

1) 拼接

拼接工作在相邻图幅间进行，其目的是检查或消除因测量误差和绘图误差引起的相邻图幅衔接处的地形误差，以保证整个测区地形图的连贯、合理和完整。

2) 整饰

整饰工作的目的是保证地形图图面更加合理、清晰和美观，包括地物描述、地貌描绘、各项图外注记等。

3) 地形图的检查

为保证地形图的质量，除施测工程中加强自查和互查外，在地形图测完后，还应有上级测绘成果质监部门和用户对成图质量做一次全面检查，包括室内检查和业外检查。

【例 11.7-3】对于形状极不规则的地物，主要地物凹凸部分可以用直线连接的情况是(　　)。

A. 实际长度小于 4m　　　　　　B. 实际长度小于 40m

C. 图上长度小于 0.4mm　　　　D. 图上长度小于 4mm

解析：对于形状极不规则的地物，主要地物凹凸部分在图上大于 0.4mm 应当表示出来，小于 0.4mm 时则可以用直线连接。因此答案选 C。

【例 11.7-4】下列关于等高线的特征，说法错误的是(　　)。

A. 等高线是闭合的曲线

B. 在同一等高线上的点，高程相等

C. 不同高程的等高线可能相交

D. 同一幅地形图的等高距相等

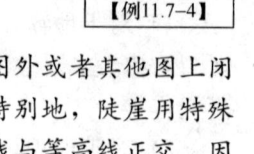

【例11.7-4】

解析：等高线是闭合的曲线，即使不在同一幅地形图内闭合也在图外或者其他图上闭合；在同一等高线上的点，高程相等；不同高程的等高线不能相交。特别地，陡崖用特殊符号表示其相交或重叠；同一幅地形图的等高距相等；山脊线、山谷线与等高线正交。因此，答案选 C。

习　题

【11.7-1】地形图可以根据比例尺的大小分为大比例尺、中比例尺和小比例尺地形图。下列地物地貌描述最详细的中比例尺地形图的是(　　)。

A. 1∶10000 B. 1∶50000
C. 1∶25000 D. 1∶100000

【11.7-2】关于地形图比例尺的选用原则，下列说法错误的是（ ）。
A. 显示地物地貌的详尽程度和明晰程度需要达到设计要求
B. 平面点位和高程的精度应达到设计要求
C. 图幅大小应便于总图设计布局
D. 在满足各项要求的前提下，尽量选用大的比例尺

【11.7-3】圆形、三角形等规则的几何图形符号，以（ ）为实地地物中心位置。
A. 图形重心 B. 图形几何中心
C. 符号下方两端 D. 图形顶点

【11.7-4】等高线平距是相邻等高线之间的水平距离，等高线的平距越小，等高线越（ ），地面坡度就越（ ）。
A. 密集，大 B. 稀疏，大
C. 稀疏，小 D. 密集，小

【11.7-5】山丘与洼地的等高线均为一组封闭的曲线。不同的是，山丘的内圈等高线高程注记（ ）外圈，洼地的示坡线由（ ）指向另一侧。
A. 大于，外圈 B. 小于，外圈
C. 大于，内圈 D. 小于，内圈

【11.7-6】汇水范围是将山顶沿着（ ）并通过（ ）连接而成的边界。
A. 山脊线，鞍部 B. 山脊线，山谷线
C. 山谷线，山顶 D. 山谷线，山脊线

【11.7-7】等高线可以分为首曲线、计曲线、间曲线。各类等高线间等高距，从小到大排序为（ ）。
A. 首曲线、计曲线、间曲线 B. 首曲线、间曲线、计曲线
C. 间曲线、计曲线、首曲线 D. 间曲线、首曲线、计曲线

【11.7-8】某地形图编号为J50B001002，那么该地的经纬度可能是（ ）。
A. 北纬39°30′10″，东经116°30′10″ B. 北纬39°30′10″，东经117°30′10″
C. 北纬40°30′10″，东经116°30′10″ D. 北纬40°30′10″，东经117°30′10″

【11.7-9】某地的纬度为北纬39°30′10″，经度为东经116°30′10″，那么其所处的1∶1000000地形图的图号为（ ）。
A. J50 B. H50 C. J49 D. H49

【11.7-10】在比例尺为1∶1000的地形图中，比例精度是（ ）。
A. 0.1m B. 10m C. 1m D. 1cm

【11.7-11】地形图中，地物的最短线段的长度为0.25m，则该地形图的比例尺是（ ）。
A. 1∶2000 B. 1∶2500 C. 1∶1000 D. 1∶4000

习题答案及解析

【11.7-1】答案：C

解析：比例尺为1：500、1：1000、1：2000、1：5000、1：10000的地形图为大比例尺地形图；比例尺为1：25000、1：50000、1：100000的地形图为中比例尺地形图；比例尺为1：250000、1：500000、1：1000000的地形图为小比例尺地形图。且比例尺越大，地物地貌等描述越详细。

【11.7-2】答案：D

解析：在满足各项要求的前提下，尽量选用小的比例尺，降低成本。

【11.7-3】答案：B

解析：地物中心位置与符号中心位置，需要注意：圆形、三角形等规则的几何图形符号，以图形几何中心为实地地物中心位置；烟塔、水塔等宽底符号，以图形底部中心为实地地物中心位置；独立树、路标等底端为直角的符号，以图形直角顶点为实地地物中心位置；路灯、消火栓等几何图形组合符号，以下方图形几何中心为实地地物中心位置。

【11.7-4】答案：A

解析：等高线平距可以反映地面坡度的变化。等高线的平距越小，等高线越密集，地面坡度就越大；等高线的平距越大，等高线越稀疏，地面坡度就越小。

【11.7-5】答案：C

解析：山丘中间高四周低，洼地中间低四周高，因而山丘的内圈等高线高程注记大于外圈，洼地的内圈等高线高程注记小于外圈。山丘的示坡线由内圈指向外圈，洼地的示坡线由外圈指向内圈。

【11.7-6】答案：A

解析：山脊最高的棱线为山脊线，又称分水线。山脊的等高线为一组凸向低处的曲线。将山顶沿着山脊线并通过鞍部连接而成的边界为汇水范围。

【11.7-7】答案：D

解析：首曲线是在同一幅地形图中，按照等高线的规定绘制的等高线，又称基本等高线；计曲线是每五倍于等高距的等高线，均加粗描绘；间曲线是为了明显的表示局部地貌，按照图式规定的等高距的一半描绘的等高线，又叫做半距等高线。

【11.7-8】答案：A

解析：根据各种比例尺地形图的分幅关系，可以知道该地形图编号表示的是：1：500000地形图对应的1：1000000图幅行列号为J50，且所在的分幅位置为第一行第二列，因此其经纬度在北纬38°～40°，东经117°～120°。

【11.7-9】答案：A

解析：整个地球表面由子午线分为60个六度带，自经度180°开始，自西向东编号为1、2、3、…、60。以4°纬度纬度圈，由赤道起自北向南到纬度88°分为22个横行编号为A、B、…、V。该地所在地形图的图号为J50。

【11.7-10】答案：A

解析：在比例尺为1：1000的地形图中，比例精度是0.1mm×1000＝0.1m。

【11.7-11】答案：B

解析：地物的最短线段的长度为0.25m，比例尺计算为0.1mm/0.25m＝1：2500。

11.8 地形图应用

高频考点梳理

知识点	坡度计算
近三年考核频次	1

11.8.1 地形图应用的基本知识

1. 在地形图上确定点位坐标

先根据图廓上的坐标注记，找出 p 点所在坐标网格的 a、b、c、d，过 p 点做 x 轴的平行线交 k、g，量取 ak 和 kp，计算 p 点坐标：

$$x_p = x_a + kp$$
$$y_p = y_a + ak$$

2. 在地形图上量算线段长度

图上线段两端点距离乘以测图比例尺分母，便可以得到线段实际长度。根据图上量取线段两端点的坐标，根据下列公式求平距：

$$D_{pq} = \sqrt{(x_p - x_q)^2 + (y_p - y_q)^2}$$

3. 在地形图上量测方位角

根据 p、q 两点的坐标，反算出直线的坐标方位角：

$$\alpha_{pq} = \arctan \frac{y_q - y_p}{x_q - x_p}$$

此外，也可以利用量角器直接测量直线的坐标方位角，应量测 pq 的正反坐标方位角，然后减去 $180°$ 后取平均值。

4. 计算地形图上某点的高程

当未知点 c 处于等高线上时，直接读出等高线所在高程即可；当未知点在两条等高线之间，其高程可以内插计算得到：先通过 c 点连一条直线，读出直线与未知点两侧的等高线交点 m、n 的高程，则高程为：

$$h_1 = \frac{d_1}{d} h_0$$

其中，h_0 为等高距，d 为 mn 的长度，d_1 为 mc 的长度。

5. 在地形图上量测曲线长度

曲线测量：用曲线计沿着曲线描测，读出读数，从而计算得到曲线长度。

先用曲线计沿着 10cm 的一条直线滚动，测出计算盘的格数，多次量测后取平均值 m，得到每小格的线长度 q 为：

$$q = \frac{10}{m}(\text{cm})$$

在图上量测曲线长度后，读出读数 n，则该曲线长度为：

$$D = qnM$$

6. 在地形图上确定直线的坡度

在地形图中，先确定平面上两点的平距 D，再测出两点的高差，算出高差与平距的比值。

特别的，坡度有三种表达方式：倾斜百分率或千分率，即 $i\% = h/D$；倾斜角 $\alpha = \arctan(h/D)$；倾斜率 $i = h/D$。

【例11.8-1】在地形图上量取得到 p、q 两点坐标，并计算得到 $y_q - y_p = 150$m，$x_q - x_p = -200$m，则 pq 直线的坐标方位角是(　　)。

A. 37°　　　　B. 53°
C. 143°　　　D. 127°

【例11.8-1】

解析：pq 直线的坐标方位角计算公式为

$$\alpha_{pq} = \arctan\frac{y_q - y_p}{x_q - x_p} = \arctan\frac{150}{-200} = 37°$$

因此，答案选 C。

11.8.2 建筑工程中地形图的应用

1. 面积量算

在建筑工程中，可以运用地形图，计算工程面积、土方量等。目前，常用的面积量算方法有图解法和解析法。直接法是解析法的一种。

（1）直接法

将测区分割成若干个简单的几何图形，如三角形、矩形等。以三角形为例，量测出底边 l 和高 h，计算得到面积：

$$A = \frac{lh}{2}$$

或者量测三边长度 a、b、c，则面积公式为：

$$S = \frac{a+b+c}{2}$$

$$A = \sqrt{S(S-a)(S-b)(S-c)}$$

（2）解析法

在地形图上，用坐标计算面积。已知四边形 1、2、3、4 四个顶点的坐标，计算面积：

$$P = \frac{1}{2}[(x_2+x_1)(y_2-y_1)+(x_3+x_2)(y_3-y_2)+(x_4+x_3)(y_4-y_3) \\ +(x_4+x_1)(y_1-y_4)]$$

（3）图解法

常用的图解法有求积仪法和方格法。

1) 求积仪法：将求积仪在地形图上，沿着面状轮廓描绘，而求得图形面积。

注意点：

① 量测面积时，图纸应当光滑、无皱折。
② 定积求积仪尽量采用极点在左在右两次量测，以减少仪器系统误差的影响。
③ 描迹时，要均匀用力，要平拉，不要左右晃动。要严格沿线运行。
④ 小图斑可以描述多次取均值得到最后结果。

2) 方格法

将方格透明薄纸蒙在图形上固定好，数出完整的大方格数和小方格，用肉眼估算不完整方格数，并将其凑整出完整的小方格数，再加上完整的大方格数和小方格数，最后按照图形比例尺得到实地面积。特别是，应当移动方格纸重测算一次，以保证两次之差不大于 $0.0003M\sqrt{P}$，其中 P 的单位为 m^2。

2. 绘制断面图

为了得到公路、管线、铁路工程的概算和坡度，需要绘制断面图，以了解沿纵线的地形情况。

首先在地形图上，选取断面图的两端点作一条直线，与各等高线相交，相交点高程即为等高线高程；以距离一端点的水平距离 d 为横轴，高程 H 为纵轴，按照比例作高程尺；将地形图上交点和特征点，并结合对应的高程绘到图上，连接后得到断面图。特别是，高程比例尺的大小要根据地形起伏状况决定，一般为水平比例尺的 5～10 倍。

3. 平整场地

(1) 绘制方格网

方格的边长根据地形复杂程度、地形图比例尺及估算精度的不同而不同。在 1∶500 地形图中，常用 10m 或 20m。方格绘制完成后，需要排序编号，并标注各顶点高程在顶点右上方。

(2) 计算设计高程

计算设计高程，可以先求出各方格四个顶点的平均高程（H_1、H_2、H_3、…、H_n），再求得各方格的平均高程作为设计高程：

$$H_0 = \frac{\sum H_i}{n}$$

角点是方格网的一个方格的顶点，边点是两个方格的公用顶点，拐点是三个方格的公用顶点，中点是四个方格的公用顶点。计算设计高程也可以直接通过角点、边点、拐点、中点高程的计算得到：

$$H_0 = \frac{\sum H_\text{角} + 2\sum H_\text{边} + 3\sum H_\text{拐} + 4\sum H_\text{中}}{4n}$$

(3) 计算挖填高度

$$\Delta H = H_0 - H$$

当挖填高度值大于零时，为填；当挖填高度值小于零时，为挖。

(4) 计算挖填土方量

特别地，挖填土方量不能正负抵消，应当分别计算填挖方工程量。

$$V = \left(\frac{1}{4}\sum \Delta H_\text{角} + \frac{2}{4}\sum \Delta H_\text{边} + \frac{3}{4}\sum \Delta H_\text{拐} + \sum \Delta H_\text{中}\right)S$$

其中，$\Delta H_\text{角}$、$\Delta H_\text{边}$、$\Delta H_\text{拐}$、$\Delta H_\text{中}$ 分别表示挖/填的角点、边点、拐点、中点挖填高度，S 为一个单元方格的面积。

习 题

【11.8-1】求积仪法是将求积仪在地形图上，沿着面状轮廓描绘，而求得图形面积。下列关于求积仪法叙述，错误的是(　　)。

A. 量测面积时，图纸应当光滑、无皱折

B. 尽量采用极点在左在右两次量测，以减少仪器偶然误差的影响

C. 描迹时，要均匀用力，要平拉，不要左右晃动

D. 小图斑可以描述多次取均值得到最后结果

【11.8-2】已知四边形 1、2、3、4 四个顶点的坐标，则该四边形的面积为(   )。

A. $P = \frac{1}{2}[x_2(y_2 - y_1) + x_3(y_3 - y_2) + x_4(y_4 - y_3) + x_1(y_1 - y_4)]$

B. $P = \frac{1}{2}[x_1(y_2 - y_1) + x_2(y_3 - y_2) + x_3(y_4 - y_3) + x_4(y_1 - y_4)]$

C. $P = \frac{1}{2}[(x_2 + x_1)(y_2 - y_1) + (x_3 + x_2)(y_3 - y_2) + (x_4 + x_3)(y_4 - y_3) + (x_4 + x_1)(y_1 - y_4)]$

D. $P = \frac{1}{2}[(x_2 - x_1)(y_2 - y_1) + (x_3 - x_2)(y_3 - y_2) + (x_4 - x_3)(y_4 - y_3) + (x_4 - x_1)(y_1 - y_4)]$

【11.8-3】关于建筑工程中地形图的应用，下列说法中错误的是(   )。
A. 计算挖填土方量时，挖填土方量不能正负抵消，应当分别计算填挖方工程量
B. 方格法应当移动方格纸重测算一次，以保证两次之差不大于 $0.0003M\sqrt{P}$
C. 高程比例尺的大小要根据地形起伏状况决定，一般为水平比例尺的 5~10 倍
D. 当挖填高度值大于零时，为挖；当挖填高度值小于零时，为填

习题答案及解析

【11.8-1】答案：B

解析：求积仪法应当注意：量测面积时，图纸应当光滑、无皱折；定积求积仪尽量采用极点在左在右两次量测，以减少仪器系统误差的影响；描迹时，要均匀用力，要平拉，不要左右晃动。要严格沿线运行；小图斑可以描述多次取均值得到最后结果。

【11.8-2】答案：C

解析：在地形图上，用坐标计算面积。已知四边形 1、2、3、4 四个顶点的坐标，计算面积：

$P = \frac{1}{2}[(x_2 + x_1)(y_2 - y_1) + (x_3 + x_2)(y_3 - y_2) + (x_4 + x_3)(y_4 - y_3) + (x_4 + x_1)(y_1 - y_4)]$

【11.8-3】答案：D

解析：计算挖填高度 $\Delta H = H_0 - H$。当挖填高度值大于零时，为填；当挖填高度值小于零时，为挖。

11.9 建筑工程测量

高频考点梳理

知识点	建筑施工控制网	沉降观测
近三年考核频次	1	1

11.9.1 建筑控制测量和放样测量

1. 施工测量

（1）施工测量：使用测量手段，将设计好的建（构）筑物的平面位置和高程，按设计的要求测设到实地，并在施工过程中时时处处为满足施工进度的要求、为保证施工质量服务。

（2）特点：其精度与建筑物的大小、所用材料和用途有关，不是由比例尺决定的，且精度高于地形测量；施工测量贯穿于施工的全过程；施工现场交叉工作多、人流车流密集，对测量工作影响大，各种测量标志必须坚实稳固地埋置在不易破坏处。

（3）原则：由整体到局部、先控制后细部、步步校核。

2. 测设的基本内容和方法

（1）已知水平距离的测设

1）一般法：又称往返测设分中法，从起点 A 用钢尺量出已知距离，得到 B' 点，再往返测量 AB'，得到往返测量的较差 ΔL，如果 ΔL 在限差内则取均值作为结果，并在实地移动较差的一半，得到最终点 B（图 11.9-1a）。

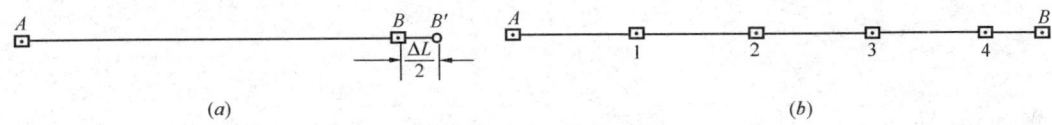

图 11.9-1 水平距离的测设

(a) 一般法测设；(b) 精确法测设

2）精确法：用于测设精度要求较高的情况（图 11.9-1b）。

精确法的步骤为：

首先，将经纬仪安置在 A 点，标定直线方向，沿该方向用钢尺量出尺段长，打下带有铁皮顶的木桩作为尺段点。然后，用水准仪测出各个相邻桩顶间的高差。精密测量测出各尺段距离，并进行尺长改正、温度改正、高差改正，得到各尺段长度，求和得到 D_0。计算测设余长：

$$q' = q - \Delta l'_d - \Delta l'_t - \Delta l'_h$$

其中，$\Delta l'_d$、$\Delta l'_t$、$\Delta l'_h$ 分别表示余长的尺长、温度、高差改正数。

最后，根据余长值从 A 点测设得到 B 点，用大木桩标定，并测量余长值来校核。

3）归化法

在起点开始沿给定方向略大于已知距离处，临时固定 B' 点。在 AB' 间多次丈量，在较差符合要求时取中间值 L'，得到 AB' 长度的最可靠值，计算 $\Delta L = L' - L$；由 B' 点向 A 点量出 ΔL 得到 B 点。特别是，AB' 间高差较大时要测出高差，进行倾斜改正。

（2）已知角的测设

已知角的测设目的是，在已知一个方向及其相关的水平角，将另一个方向测设在实地。

1）一般法（图 11.9-2a）：

在地面上，已知 AB 的方向及其测设角度为 β，那么在 A 点安置经纬仪，用盘左瞄准 B 点得到 a_1 读数，转动照准部使读数为 b_1，定位点 C'，其中 $b_1 = \beta + a_1$；再用用盘左瞄准 B 点得到 a_2 读数，转动照准部使读数为 b_2，定位点 C''，其中 $b_2 = \beta + a_2$。如果不重合，取

C'和C''两点的中点C。最后用测回法测量$\angle CAB$，校核与β角的差值是否满足要求。

2) 精确法：精度比一般法要高（图11.9-2b）

在A点安置经纬仪，用一个盘位测设β角得到C'点，再用测回法多次测量$\angle C'AB$得到β'，再测量AC'的距离D，计算C'点的垂距l。从C'点按照$\Delta\beta$确定l改正方向，量出l得到C点。

$$\Delta\beta = \beta - \beta'$$
$$l = D\tan\Delta\beta \approx \frac{\Delta\beta}{\rho}D$$

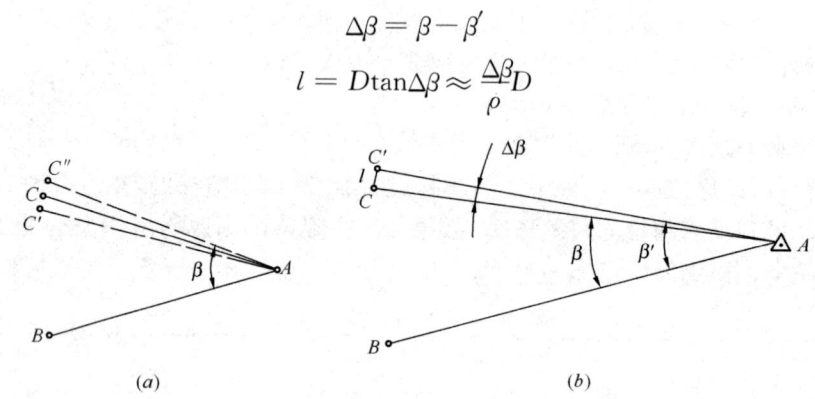

图11.9-2 已知角的测设
(a) 一般法测设水平角；(b) 精确法测设水平角

(3) 高程点的测设

根据已知点的高程，引测得到高程点。已知BMA点的高程为H_A，想要测设高程为H_B的B点；首先将水准仪大致安置在AB靠近中点的位置，读出后视读数a；然后计算得到后视读数值$b = H_A + a + H_B$，将视线对准水准尺上的b值，此时水准尺紧贴在B点桩处，以尺底为准画一条横线表示B点高程线（图11.9-3）。

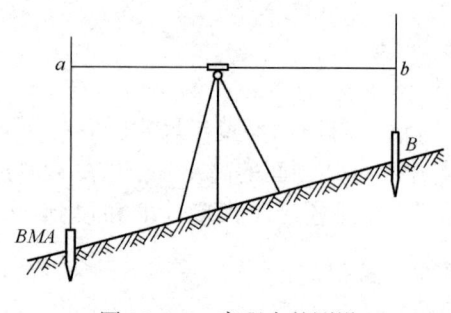

图11.9-3 高程点的测设

(4) 平面点位的测设

1) 直角坐标法

直角坐标法适用于建筑方格网、建筑基线等具有相互垂直轴线的控制网形式，具有精度高、计算简单、测设方便的优点，需要从长边开始测设以保证精度。

$$\begin{cases} \Delta x_1 = x_R - x_O & \Delta y_1 = x_R - x_O \\ \Delta x_2 = x_S - x_O & \Delta y_2 = x_S - x_O \end{cases}$$

已知OA、OB是相互垂直的坐标轴线，已知O点坐标以及S、R、P、Q点的坐标，先将仪器安置在O点，瞄准B点，测设出Δx_1、Δx_2得到1、2两点；再将仪器分别安置在1、2点处转$90°$后测设Δy_1、Δy_2，得到P、Q、S、R四点；最后校核建筑物各边长和内角。

2) 极坐标法

极坐标法通过测设一个角度和一条边长得到放样点。1、2、3点为已知的测量控制点，需要测设建筑物的R、Q四点。

$$\begin{cases} \alpha_{2R} = \tan^{-1} \dfrac{y_R - y_2}{x_R - x_2} \quad \alpha_{4Q} = \tan^{-1} \dfrac{y_Q - y_4}{x_Q - x_4} \\ \beta_1 = \alpha_{23} - \alpha_{2R} \quad \beta_2 = \alpha_{4Q} - \alpha_{43} \\ D_1 = \dfrac{y_R - y_2}{\sin \alpha_{2R}} = \dfrac{x_R - x_2}{\cos \alpha_{2R}} \\ D_1 = \dfrac{y_R - y_2}{\sin \alpha_{2R}} = \dfrac{x_R - x_2}{\cos \alpha_{2R}} \end{cases}$$

具体步骤是：在 2 点安置经纬仪，测设 β_1 角的 D_1 距离得到 R 点；同理，在 4 点上安置经纬仪，测设 β_2 角的 D_2 距离得到 Q 点；最后，需要校核 RQ 的长度。

3）全站仪法

全站仪法就是通过角度测量放样法和坐标放样法测设平面点位，其优点是不需要事先计算设计数据。

4）角度交会法

角度交会法是通过只测设角度不需要测设距离，来对平面点测设的方法，适用于不便于量距或控制点远离测设点的情况。

角度交会法的步骤是：测设一个平面点，需要用三个已知点构成两个三角形交会测设。首先需要根据未知点和三个已知点的坐标计算各指向角；然后，在 A、B、C 三点安置经纬仪按照指向角，并在 P 点附近沿 AP、BP、CP 方向各打两个小木桩，且在桩顶钉小钉拉细线；细线交点就是所求 P 点，如果三条线不交于一个点，需要先校核三角形边长，若合格则取构成的三角形重心为 P 点。

5）距离交会法

距离交会法是在两个控制点上，量取两段平距交会出点的平面位置的方法。特别是，测设时交会角要控制在 60°～120°之间最适宜。

3. 建筑施工控制网

（1）由于工程建设各阶段要求不同，其测量控制网的形式、精度、点的密度也有所不同，在施工阶段建立的为施工服务的控制网，称为施工控制网。施工控制网在充分利用测图控制网的条件下，根据不同的施工和地形条件，可以采用导线网、方格网（矩形网）、三角网或边角网等形式。

（2）建筑方格网：又称矩形施工控制网。厂区较大的工业企业，建筑物既多又规则，在地势平坦的情况下，宜建立矩形控制网作为施工场区的首级控制。在场区控制网的基础上，建立厂房矩形控制网作为厂房矩形控制网作为厂房施工控制。

方格网在布设时，纵横两条主轴线要与建筑物的轴线平行，且每条主轴线不得少于 3 个点，网点间距一般在 100～300m，且最好为整米数。《工程测量规范》GB 50026 规定：主点的点位中误差（相对于邻近的测量控制点）不应超过±5cm；首级控制中测角中误差不得大于 5″，边长相对中误差不得大于 1/30000；二级控制中测角中误差不得大于 8″，边长相对中误差不得大于 1/20000。

（3）建筑场地的高程控制

建筑场地的高程控制多采用水准测量的方法建立。在高程测设时，尽可能满足一次安置仪器就可以完成测设。在矩形网点上可以加设三、四等水准点，必要时在易于保存的地方设置三、四等水准点。在建（构）筑物内，往往将建（构）筑物的室内地坪高程作为±0.000，以方便内部测设。如不同的建（构）筑物有不同的±0.000，施工放样时要注意。

【例 11.9-1】建筑方格网中，首级控制在《工程测量规范》GB 50026 主要技术要求有（　　）。

A. 主点点位中误差不超过±5cm；中测角中误差不大于5″，边长相对中误差不大于1/30000

B. 主点点位中误差不超过±5cm；中测角中误差不大于8″，边长相对中误差不大于1/20000

C. 主点点位中误差不超过±5cm；中测角中误差不大于5″，边长相对中误差不大于1/20000

D. 主点点位中误差不超过±5cm；中测角中误差不大于8″，边长相对中误差不大于1/30000

解析：《工程测量规范》GB 50026 规定：主点的点位中误差（相对于邻近的测量控制点）不应超过±5cm；首级控制中测角中误差不得大于5″，边长相对中误差不得大于1/30000；二级控制中测角中误差不得大于8″，边长相对中误差不得大于1/20000。因此答案选 A。

11.9.2 建筑施工测量

1. 建筑施工测量：是指工业与民用建筑的施工测量，如办公楼、住宅、厂房、仓库等的施工测量。

2. 一般民用建筑的施工测量（图 11.9-4）

（1）首先熟悉建筑设计总平面图、建筑平面图和基础平面图等。

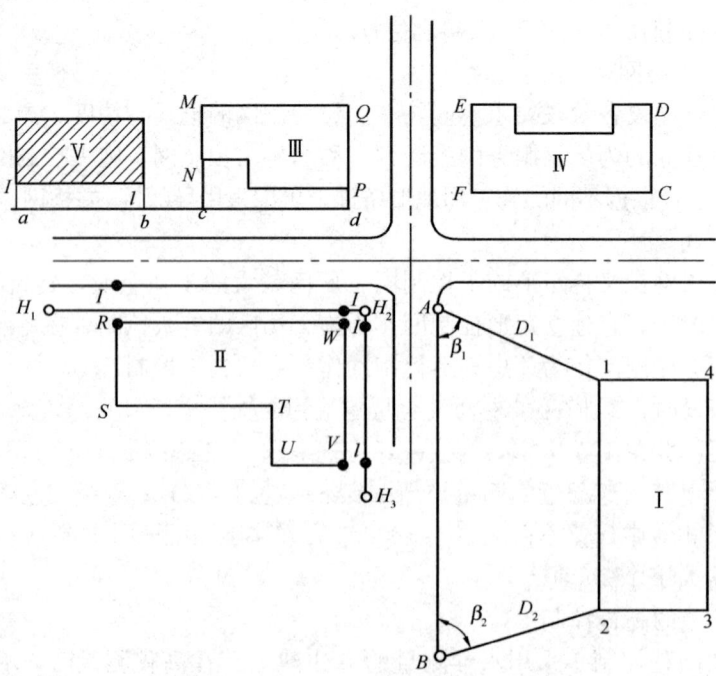

图 11.9-4　一般民用建筑物的定位

（2）根据设计要求对拟建建筑物进行定位和细部测设。其定位方式可以有以下几种：

1）建筑物Ⅰ是根据导线点 A、B 采用极坐标定位的方法确定的，其中1、2、3、4为拟建建筑物的四个轴线交点。

2）建筑物Ⅱ是根据红线桩 H_1、H_2、H_3，按规定离开红线 l，用直角坐标系定位的。

3）建筑物Ⅲ是根据已有建筑物Ⅴ与建筑物Ⅲ的几何关系定位的。

4）建筑物Ⅳ是作道路中心线的平行线测设 F、E、D、C 四点的。

特别的，当轴线的多个交点定位后，要检查轴线的长度和90°的角是否符合要求，距离的相对精度要小于1/5000，拐角的误差不能大于±1′。轴线的控制桩要设置在距离基槽外边线一定距离外，并加以保护。当建筑物向上砌筑时，需要将轴线控制桩将轴线投测到墙上，并且每升高一层投测一次。

3. 工业厂房的施工测量

工业厂房的施工测量，包括了柱列轴线的测设、柱子吊装测量、吊车梁和吊车轨道安装等的工作。

(1) 柱列轴线的测设

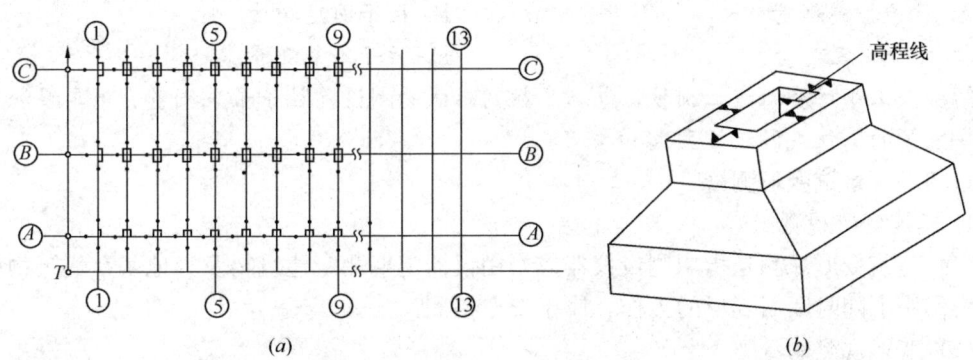

图11.9-5 柱列轴线的测设及柱的吊装
(a) 由厂房控制网的轴线确定柱位；(b) 杯形基础

轴线 A、B、C、… 和 1、2、3、… 是厂房控制网的轴线，纵横轴线的交点就是柱子的位置（图11.9-5a）。在每条柱子的柱列轴线上各设定位小木桩两个，在桩顶钉一个小钉，拉线交出柱子的中心位置。在浇筑基础后，可以恢复柱子的位置。

(2) 柱子吊装的测量工作

1）在柱子吊装前，先在杯形基础顶面，根据轴线控制桩拉线投测出4条轴线，并在轴线上用"△"标明，在杯口内壁（离杯底整分米数）引测一条高程线（图11.9-5b）。

2）在柱子的三侧弹出柱中心线。当柱子吊入杯形基础时，柱脚中心线要对准杯形基础中心线，并在垂直方向的两侧处，用距柱子1.5倍柱高距离处安放两台经纬仪同时竖直校正。定位后二次灌浆固定。

3）吊装时要求：

① 柱子偏离柱列轴线不得超过5mm。

② 牛腿面高程和设计高程之差不得超过±5mm，柱高大于5m时，可适当增大到±8mm。

③ 柱子竖向偏差不得大于柱高的1/1000，且不得大于20mm。

④ 柱子校正所用的经纬仪，需要在使用前严格校正，且避免阳光暴晒下作业，最好在早晨或者阴天吊装校正。

（3）吊车梁和吊车轨道的安装测量

1）吊车梁和吊车轨道的安装测量的步骤，首先是在吊车梁顶面和两端弹出梁的中心线，再用高程传递得到柱上水准点（高于牛腿面设计高程一常数），然后进行牛腿面中心线的投测弹线，最后安装吊车梁，并检查梁面标高和梁上中心线。

2）其目的是 使吊车梁中心线、轨道中心线和牛腿面上的中心线在同一竖直面内，梁面和轨道面在设计的高程位置上，轮距和轨距满足要求 。

3）安装时要求：
① 梁两端接头处高差不得超过±3mm，否则在梁下钢板垫平。
② 用柱上标高线，每3m检测一处轨道高程，与设计高程差不得超过±3mm。
③ 两轨距与设计轨距不得大于±5mm。

【例11.9-2】工业厂房的施工测量，包括柱列轴线的测设、（　　）、吊车梁和吊车轨道安装等的工作。

A. 柱子控制测量　　　　　　　　B. 柱子固定测量
C. 柱子安装测量　　　　　　　　D. 柱子吊装测量

解析：工业厂房的施工测量，包括了柱列轴线的测设、柱子吊装测量、吊车梁和吊车轨道安装等的工作。因此答案选D。

11.9.3 建筑变形测量

1. 建筑变形观测

（1）建筑变形观测是指用测量仪器或专用仪器定期测定建筑物及其地基在建筑物荷载和外力作用下随时间而变形的工作，属于安全检测。

（2）变形观测的分类

1）内部变形观测：建筑物内部应力、温度变化的测量，动力特征及其加速度的测量等。

2）外部变形观测：沉降观测、位移观测、倾斜观测、裂缝观测和挠度观测等。

（3）变形观测的特点

1）观测精度要求高。
2）需要重复观测。
3）要求采用严密的数据处理方法。

（4）变形观测系统

1）基准点：为了测出观测点的变化，必须要有一定数量的位置固定或变化甚小的点。
2）工作基点：介于观测点与基准点之间的过渡点，埋设在被观测对象附近，在观测期间内保持稳定。
3）观测点：位于建筑物上，能准确反映建筑物变形的点。

2. 沉降观测

沉降观测：测定建筑物上所设观测点与基准点之间随时间变化的高差变化量。

（1）水准点的布设

1）为了相互校核并防止由于个别水准点的高程变化造成差错，一般至少布设3个水准点，且3个水准点之间最好可以安置一次仪器联测。

2) 水准点应当埋设在受压、受震范围以外、埋设在冻土线以下0.5m，埋设后一般不宜少于15d后方可开始观测。

3) 工作基点距离观测点不得大于100m。

(2) 观测点的布设

一般在建筑物的四周角点，沿外墙每隔10~20m设立观测点；在最容易沉降变形的位置需要设立观测点。柱上观测点的标高一般在室外地坪+0.5m处。

(3) 沉降观测的时间

水准点和观测点埋设稳固后至少要观测两次；民用高层建筑每加高1~5层观测一次，应至少在增加荷载25%、50%、75%、100%时各观测一次；施工过程中停工和重新开工各观测一次，且停工期间每2~3个月观测一次；竣工后，每隔1~2个月观测一次直到每次沉降量在5~10mm以内，随后第一年观测3~4次、第二年观测2~3次，随着沉降量减小延长观测周期直到降低到小于0.01~0.04mm/d。

(4) 沉降观测的**技术要求**

水准路线应尽量构成闭合环的形式；沉降观测中，需要做到固定观测员、固定仪器、固定施测路线，以提高精度；测完观测点后，需要再测后视，其两次后视读数之差不得大于±1mm；前后视观测最好用同一根水准尺，水准尺离仪器距离应小于40m；精度指标也需要满足规范要求，一般普通厂房和混凝土大坝要求能反映2mm的沉降量，大型建筑物、重要厂房和重要设备地基的沉降要求能反映1mm的沉降量，精密仪器的沉降要求能反映0.05~0.2mm的沉降量。

【例11.9-3】一般情况下，一般普通厂房和混凝土大坝要求能反映（　　）的沉降量，大型建筑物、重要厂房和重要设备地基的沉降要求能反映（　　）的沉降量，精密仪器的沉降要求能反映（　　）的沉降量。

A. 2mm　1mm　0.05~0.2mm　　　　B. 1mm　2mm　0.05~0.2mm

C. 0.05~0.2mm　2mm　1mm　　　　D. 2mm　0.05~0.2mm　1mm

解析：一般普通厂房和混凝土大坝要求能反映2mm的沉降量，大型建筑物、重要厂房和重要设备地基的沉降要求能反映1mm的沉降量，精密仪器的沉降要求能反映0.05~0.2mm的沉降量。因此，答案选A。

习　题

【11.9-1】在建（构）筑物内，往往选择作为内部测设的±0.000是（　　）。

A. 室外地坪高程　　　　　　　　B. 室内地坪高程

C. 海平面　　　　　　　　　　　D. 大地水准面

【11.9-2】下列因素中，与施工测量精度无关的是（　　）。

A. 建筑物的大小　　　　　　　　B. 建筑物所用材料

C. 建筑物用途　　　　　　　　　D. 地形图比例尺

【11.9-3】方格网在布设时，每条主轴线不得少于（　　），网点间距一般在（　　）。

A. 三个点　100~300m　　　　　　B. 三个点　200~400m

C. 四个点　200~400m　　　　　　D. 四个点　100~300m

【11.9-4】对拟建建筑物进行定位，常用的定位方式，不正确的是(　　)。
A. 极坐标定位　　　　　　　　　B. 直角坐标系定位
C. 几何关系定位　　　　　　　　D. 高程测量

【11.9-5】当轴线的多个交点定位后，要检查轴线的长度和90°的角是否符合要求，距离的相对精度要小于(　　)，拐角的误差不能大于(　　)。
A. 1/5000　　±1′　　　　　　　B. 1/2000　　±1′
C. 1/2000　　±2′　　　　　　　D. 1/5000　　±2′

【11.9-6】在停工期间每(　　)观测一次；在竣工后，每隔(　　)观测一次直到每次沉降量在5～10mm以内。
A. 1～2个月　　2～3个月　　　　B. 1～2个月　　1～2个月
C. 2～3个月　　1～2个月　　　　D. 2～3个月　　2～3个月

习题答案及解析

【11.9-1】答案：B

解析：在建（构）筑物内，往往将建（构）筑物的室内地坪高程作为±0.000，以方便内部测设，因而不同的建（构）筑物有不同的±0.000，施工放样时要注意。

【11.9-2】答案：D

解析：施工测量的精度与建筑物的大小、所用材料和用途有关，不是由比例尺决定的，且精度高于地形测量。

【11.9-3】答案：A

解析：方格网在布设时，纵横两条主轴线要与建筑物的轴线平行，且每条主轴线不得少于3个点，网点间距一般在100～300m，且最好为整米数。

【11.9-4】答案：D

解析：对拟建建筑物进行定位，常用的定位方式有极坐标定位、直角坐标系定位、几何关系定位、平行线测设四种。

【11.9-5】答案：A

解析：当轴线的多个交点定位后，要检查轴线的长度和90°的角是否符合要求，距离的相对精度要小于1/5000，拐角的误差不能大于±1′。

【11.9-6】答案：C

解析：施工过程中停工和重新开工各观测一次，且停工期间每2～3个月观测一次；竣工后，每隔1～2个月观测一次直到每次沉降量在5～10mm以内，随后第一年观测3～4次、第二年观测2～3次，随着沉降量减小延长观测周期直到降低到小于0.01～0.04mm/d。

第12章 职业法规

考试大纲：
12.1 我国有关基本建设、建筑、房地产、城市规划、环保等方面的法律法规。
12.2 工程设计人员的职业道德和行为准则。
本章试题配置：4题

12.1 法律法规

12.1.1 中华人民共和国消防法

第十一条 国务院住房和城乡建设主管部门规定的特殊建设工程，建设单位应当将消防设计文件报送住房和城乡建设主管部门审查，住房和城乡建设主管部门依法对审查的结果负责。前款规定以外的其他建设工程，建设单位申请领取施工许可证或者申请批准开工报告时应当提供满足施工需要的消防设计图纸及技术资料。

第十二条 特殊建设工程未经消防设计审查或者审查不合格的，建设单位、施工单位不得施工；其他建设工程，建设单位未提供满足施工需要的消防设计图纸及技术资料的，有关部门不得发放施工许可证或者批准开工报告。

第十三条 国务院住房和城乡建设主管部门规定应当申请消防验收的建设工程竣工，建设单位应当向住房和城乡建设主管部门申请消防验收。前款规定以外的其他建设工程，建设单位在验收后应当报住房和城乡建设主管部门备案，住房和城乡建设主管部门应当进行抽查。依法应当进行消防验收的建设工程，未经消防验收或者消防验收不合格的，禁止投入使用；其他建设工程经依法抽查不合格的，应当停止使用。

第十五条 公众聚集场所在投入使用、营业前，建设单位或者使用单位应当向场所所在地的县级以上地方人民政府消防救援机构申请消防安全检查。消防救援机构应当自受理申请之日起十个工作日内，根据消防技术标准和管理规定，对该场所进行消防安全检查。未经消防安全检查或者经检查不符合消防安全要求的，不得投入使用、营业。

第五十八条 违反本法规定，有下列行为之一的，由住房和城乡建设主管部门、消防救援机构按照各自职权责令停止施工、停止使用或者停产停业，并处三万元以上三十万元以下罚款：（一）依法应当进行消防设计审查的建设工程，未经依法审查或者审查不合格，擅自施工的；（二）依法应当进行消防验收的建设工程，未经消防验收或者消防验收不合格，擅自投入使用的；（三）本法第十三条规定的其他建设工程验收后经依法抽查不合格，不停止使用的。建设单位未依照本法规定在验收后报住房和城乡建设主管部门备案的，由住房和城乡建设主管部门责令改正，处五千元以下罚款。

第五十九条 违反本法规定，有下列行为之一的，由住房和城乡建设主管部门责令改正或者停止施工,并处一万元以上十万元以下罚款:(一)建设单位要求建筑设计单位或者建筑施工企业降低消防技术标准设计、施工的;(二)建筑设计单位不按照消防技术标准强制性要求进行消防设计的;(三)建筑施工企业不按照消防设计文件和消防技术标准施工,降低消防施工质量的;(四)工程监理单位与建设单位或者建筑施工企业串通,弄虚作假,降低消防施工质量的。

【例 12.1-1】建筑工程的消防设计图纸及有关资料应由以下哪一个单位报送公安消防机构审核?( )

A. 建设单位　　　　B. 设计单位　　　　C. 施工单位　　　　D. 监理单位

解析:依据《中华人民共和国消防法》第十一条,建设单位应当将消防设计文件报送住房和城乡建设主管部门审查。因此答案选 A。

12.1.2　中华人民共和国城市房地产管理法

第二条　在中华人民共和国城市规划区国有土地(以下简称国有土地)范围内取得房地产开发用地的土地使用权,从事房地产开发、房地产交易,实施房地产管理,应当遵守本法。本法所称房屋,是指土地上的房屋等建筑物及构筑物。本法所称房地产开发,是指在依据本法取得国有土地使用权的土地上进行基础设施、房屋建设的行为。本法所称房地产交易,包括房地产转让、房地产抵押和房屋租赁。

第十二条　土地使用权出让,由市、县人民政府有计划、有步骤地进行。出让的每幅地块、用途、年限和其他条件,由市、县人民政府土地管理部门会同城市规划、建设、房产管理部门共同拟定方案,按照国务院规定,报经有批准权的人民政府批准后,由市、县人民政府土地管理部门实施。直辖市的县人民政府及其有关部门行使前款规定的权限,由直辖市人民政府规定。

第十三条　土地使用权出让,可以采取拍卖、招标或者双方协议的方式。商业、旅游、娱乐和豪华住宅用地,有条件的,必须采取拍卖、招标方式;没有条件,不能采取拍卖、招标方式的,可以采取双方协议的方式。采取双方协议方式出让土地使用权的出让金不得低于按国家规定所确定的最低价。

第十四条　土地使用权出让最高年限由国务院规定。

第十五条　土地使用权出让,应当签订书面出让合同。土地使用权出让合同由市、县人民政府土地管理部门与土地使用者签订。

第二十六条　以出让方式取得土地使用权进行房地产开发的,必须按照土地使用权出让合同约定的土地用途、动工开发期限开发土地。超过出让合同约定的动工开发日期满一年未动工开发的,可以征收相当于土地使用权出让金百分之二十以下的土地闲置费;满二年未动工开发的,可以无偿收回土地使用权;但是,因不可抗力或者政府、政府有关部门的行为或者动工开发必需的前期工作造成动工开发迟延的除外。

第四十七条　房地产抵押,是指抵押人以其合法的房地产以不转移占有的方式向抵押权人提供债务履行担保的行为。债务人不履行债务时,抵押权人有权依法以抵押的房地产拍卖所得的价款优先受偿。

第四十九条　房地产抵押,应当凭土地使用权证书、房屋所有权证书办理。

【例 12.1-2】在我国,房地产价格评估制度是根据以下哪一层级的法律法规确立的一项房地产交易基本制度?( )

A. 法律　　　　　B. 行政法规　　　　C. 部门规章　　　　D. 政府规范性文件

解析：2007年8月30日第十届全国人民代表大会常务委员会第二十九次会议《关于修改〈中华人民共和国城市房地产管理法〉的决定》修正。全国人民代表大会和全国人民代表大会常务委员会行使国家立法权。因此答案选A。

12.1.3　商品房销售管理办法

第八条　房地产开发企业应当在商品房现售前将房地产开发项目手册及符合商品房现售条件的有关证明文件报送房地产开发主管部门备案。

第十八条　商品房销售可以按套（单元）计价，也可以按套内建筑面积或者建筑面积计价。商品房建筑面积由套内建筑面积和分摊的共有建筑面积组成，套内建筑面积部分为独立产权，分摊的共有建筑面积部分为共有产权，买受人按照法律、法规的规定对其享有权利、承担责任。按套（单元）计价或者按套内建筑面积计价的，商品房买卖合同中应当注明建筑面积和分摊的共有建筑面积。

第三十三条　房地产开发企业应当对所售商品房承担质量保修责任。当事人应当在合同中就保修范围、保修期限、保修责任等内容做出约定。保修期从交付之日起计算。商品住宅的保修期限不得低于建设工程承包单位向建设单位出具的质量保修书约定保修期的存续期；存续期少于《规定》中确定的最低保修期限的，保修期不得低于《规定》中确定的最低保修期限。非住宅商品房的保修期限不得低于建设工程承包单位向建设单位出具的质量保修书约定保修期的存续期。在保修期限内发生的属于保修范围的质量问题，房地产开发企业应当履行保修义务，并对造成的损失承担赔偿责任。因不可抗力或者使用不当造成的损坏，房地产开发企业不承担责任。

第三十四条　房地产开发企业应当在商品房交付使用前按项目委托具有房产测绘资格的单位实施测绘，测绘成果报房地产行政主管部门审核后用于房屋权属登记。房地产开发企业应当在商品房交付使用之日起60日内，将需要由其提供的办理房屋权属登记的资料报送房屋所在地房地产行政主管部门。房地产开发企业应当协助商品房买受人办理土地使用权变更和房屋所有权登记手续。

第三十七条　未取得房地产开发企业资质证书，擅自销售商品房的，责令停止销售活动，处5万元以上10万元以下的罚款。

第三十八条　违反法律、法规规定，擅自预售商品房的，责令停止违法行为，没收违法所得；收取预付款的，可以并处已收取的预付款1%以下的罚款。

【例12.1-3】房地产开发企业销售商品住宅，保修期应从何时计起？（　　　）

A. 工程竣工之日起　　　　　　　　B. 物业验收合格之日起
C. 购房人实际入住之日起　　　　　D. 开发企业向购房人交付房屋之日起

解析：依据《商品房销售管理办法》第三十三条，保修期从交付之日起计算。因此答案选D。

12.1.4　环境污染防治法

第十三条　新建、改建、扩建的建设项目，必须遵守国家有关建设项目环境保护管理的规定。建设项目可能产生环境噪声污染的，建设单位必须提出环境影响报告书，规定环境噪声污染的防治措施，并按照国家规定的程序报生态环境主管部门批准。环境影响报告书中，应当有该建设项目所在地单位和居民的意见。

第十四条　建设项目的环境噪声污染防治设施必须与主体工程同时设计、同时施工、同时投产使用。建设项目在投入生产或者使用之前，其环境噪声污染防治设施必须按照国家规定的标准和程序进行验收；达不到国家规定要求的，该建设项目不得投入生产或者使用。

第二十九条　在城市市区范围内，建筑施工过程中使用机械设备，可能产生环境噪声污染的，施工单位必须在工程开工十五日以前向工程所在地县级以上地方人民政府生态环境主管部门申报该工程的项目名称、施工场所和期限、可能产生的环境噪声值以及所采取的环境噪声污染防治措施的情况。

第三十条　在城市市区噪声敏感建筑物集中区域内，禁止夜间进行产生环境噪声污染的建筑施工作业，但抢修、抢险作业和因生产工艺上要求或者特殊需要必须连续作业的除外。因特殊需要必须连续作业的，必须有县级以上人民政府或者其有关主管部门的证明。前款规定的夜间作业，必须公告附近居民。

第四十八条　违反本法第十四条的规定，建设项目中需要配套建设的环境噪声污染防治设施没有建成或者没有达到国家规定的要求，擅自投入生产或者使用的，由县级以上生态环境主管部门责令限期改正，并对单位和个人处以罚款；造成重大环境污染或者生态破坏的，责令停止生产或者使用，或者报经有批准权的人民政府批准，责令关闭。

【例12.1-4】我国环境污染防治法规定的承担民事责任的方式是（　　）。
A. 排除危害、赔偿损失、恢复原状　　　B. 排除危害、赔偿损失、支付违约金
C. 具结悔过、赔偿损失、恢复原状　　　D. 排除危害、赔礼道歉、恢复原状

解析：支付违约金适用于违约责任，具结悔过是刑法中的非刑罚处理方法之一。赔礼道歉责任主要适用于人身权或财产权受侵害的情形。选A。

12.1.5　土地管理法

第四条　国家实行土地用途管制制度。国家编制土地利用总体规划，规定土地用途，将土地分为农用地、建设用地和未利用地。严格限制农用地转为建设用地，控制建设用地总量，对耕地实行特殊保护。前款所称农用地是指直接用于农业生产的土地，包括耕地、林地、草地、农田水利用地、养殖水面等；建设用地是指建造建筑物、构筑物的土地，包括城乡住宅和公共设施用地、工矿用地、交通水利设施用地、旅游用地、军事设施用地等；未利用地是指农用地和建设用地以外的土地。使用土地的单位和个人必须严格按照土地利用总体规划确定的用途使用土地。

第十九条　土地利用总体规划按照下列原则编制：（一）严格保护基本农田，控制非农业建设占用农用地；（二）提高土地利用率；（三）统筹安排各类、各区域用地；（四）保护和改善生态环境，保障土地的可持续利用；（五）占用耕地与开发复垦耕地相平衡。

第二十条　县级土地利用总体规划应当划分土地利用区，明确土地用途。乡（镇）土地利用总体规划应当划分土地利用区，根据土地使用条件，确定每一块土地的用途，并予以公告。

第二十二条　城市建设用地规模应当符合国家规定的标准，充分利用现有建设用地，不占或者尽量少占农用地。城市总体规划、村庄和集镇规划，应当与土地利用总体规划相衔接，城市总体规划、村庄和集镇规划中建设用地规模不得超过土地利用总体规划确定的城市和村庄、集镇建设用地规模。在城市规划区内、村庄和集镇规划区内，城市和村庄、

集镇建设用地应当符合城市规划、村庄和集镇规划。

第四十三条 任何单位和个人进行建设，需要使用土地的，必须依法申请使用国有土地；但是，兴办乡镇企业和村民建设住宅经依法批准使用本集体经济组织农民集体所有的土地的，或者乡（镇）村公共设施和公益事业建设经依法批准使用农民集体所有的土地的除外。前款所称依法申请使用的国有土地包括国家所有的土地和国家征收的原属于农民集体所有的土地。

第四十四条 建设占用土地，涉及农用地转为建设用地的，应当办理农用地转用审批手续。省、自治区、直辖市人民政府批准的道路、管线工程和大型基础设施建设项目、国务院批准的建设项目占用土地，涉及农用地转为建设用地的，由国务院批准。在土地利用总体规划确定的城市和村庄、集镇建设用地规模范围内，为实施该规划而将农用地转为建设用地的，按土地利用年度计划分批次由原批准土地利用总体规划的机关批准。在已批准的农用地转用范围内，具体建设项目用地可以由市、县人民政府批准。本条第二款、第三款规定以外的建设项目占用土地，涉及农用地转为建设用地的，由省、自治区、直辖市人民政府批准。

第四十五条 征收下列土地的，由国务院批准：（一）基本农田；（二）基本农田以外的耕地超过三十五公顷的；（三）其他土地超过七十公顷的。征收前款规定以外的土地的，由省、自治区、直辖市人民政府批准，并报国务院备案。征收农用地的，应当依照本法第四十四条的规定先行办理农用地转用审批。其中，经国务院批准农用地转用的，同时办理征地审批手续，不再另行办理征地审批；经省、自治区、直辖市人民政府在征地批准权限内批准农用地转用的，同时办理征地审批手续，不再另行办理征地审批，超过征地批准权限的，应当依照本条第一款的规定另行办理征地审批。

第四十六条 国家征收土地的，依照法定程序批准后，由县级以上地方人民政府予以公告并组织实施。被征收土地的所有权人、使用权人应当在公告规定期限内，持土地权属证书到当地人民政府土地行政主管部门办理征地补偿登记。

第五十二条 建设项目可行性研究论证时，土地行政主管部门可以根据土地利用总体规划、土地利用年度计划和建设用地标准，对建设用地有关事项进行审查，并提出意见。

第五十三条 经批准的建设项目需要使用国有建设用地的，建设单位应当持法律、行政法规规定的有关文件，向有批准权的县级以上人民政府土地行政主管部门提出建设用地申请，经土地行政主管部门审查，报本级人民政府批准。

第七十三条 买卖或者以其他形式非法转让土地的，由县级以上人民政府土地行政主管部门没收违法所得；对违反土地利用总体规划擅自将农用地改为建设用地的，限期拆除在非法转让的土地上新建的建筑物和其他设施，恢复土地原状，对符合土地利用总体规划的，没收在非法转让的土地上新建的建筑物和其他设施；可以并处罚款；对直接负责的主管人员和其他直接责任人员，依法给予行政处分；构成犯罪的，依法追究刑事责任。

【例12.1-5】根据我国《土地管理法》，土地利用总体规划的编制原则之一是（　　）。
A. 严格控制农业建设占用未利用土地　　B. 严禁占用基本农田
C. 严格控制土地利用率　　D. 占用耕地与开发复垦耕地相平衡

解析： 依据第十一条，土地利用总体规划按照下列原则编制：（一）严格保护基本农田，控制非农业建设占用农用地；（二）提高土地利用率；（三）统筹安排各类、各区域用地；(四)保护和改善生态环境，保障土地的可持续利用；(五)占用耕地与开发复垦耕地相平衡。选 D。

12.1.6 建设项目环境保护管理条例

第七条 国家根据建设项目对环境的影响程度，按照下列规定对建设项目的环境保护实行分类管理：(一)建设项目对环境可能造成重大影响的，应当编制环境影响报告书，对建设项目产生的污染和对环境的影响进行全面、详细的评价；(二)建设项目对环境可能造成轻度影响的，应当编制环境影响报告表，对建设项目产生的污染和对环境的影响进行分析或者专项评价；(三)建设项目对环境影响很小，不需要进行环境影响评价的，应当填报环境影响登记表。

第八条 建设项目环境影响报告书，应当包括下列内容：(一)建设项目概况；(二)建设项目周围环境现状；(三)建设项目对环境可能造成影响的分析和预测；(四)环境保护措施及其经济、技术论证；(五)环境影响经济损益分析；(六)对建设项目实施环境监测的建议；(七)环境影响评价结论。

建设项目环境影响报告表、环境影响登记表的内容和格式，由国务院环境保护行政主管部门规定。

第九条 依法应当编制环境影响报告书、环境影响报告表的建设项目，建设单位应当在开工建设前将环境影响报告书、环境影响报告表报有审批权的环境保护行政主管部门审批；建设项目的环境影响评价文件未依法经审批部门审查或者审查后未予批准的，建设单位不得开工建设。

环境保护行政主管部门审批环境影响报告书、环境影响报告表，应当重点审查建设项目的环境可行性、环境影响分析预测评估的可靠性、环境保护措施的有效性、环境影响评价结论的科学性等，并分别自收到环境影响报告书之日起 60 日内、收到环境影响报告表之日起 30 日内，作出审批决定并书面通知建设单位。

环境保护行政主管部门可以组织技术机构对建设项目环境影响报告书、环境影响报告表进行技术评估，并承担相应费用；技术机构应当对其提出的技术评估意见负责，不得向建设单位、从事环境影响评价工作的单位收取任何费用。

依法应当填报环境影响登记表的建设项目，建设单位应当按照国务院环境保护行政主管部门的规定将环境影响登记表报建设项目所在地县级环境保护行政主管部门备案。

环境保护行政主管部门应当开展环境影响评价文件网上审批、备案和信息公开。

【例 12.1-6】建设项目对环境可能造成轻度影响的，应当编制(　　)。
A. 环境影响报告书　　　　　　　B. 环境影响报告表
C. 环境影响分析表　　　　　　　D. 环境影响登记表

解析：依据《建设项目环境保护管理条例》第七条，建设项目对环境可能造成轻度影响的，应当编制环境影响报告表，对建设项目产生的污染和对环境的影响进行分析或者专项评价。选 B。

12.1.7 建设项目环境保护设计规定

第五条 环境保护设计必须按国家规定的设计程序进行，执行环境影响报告书(表)的编审制度，执行防治污染及其他公害的设施与主体工程同时设计、同时施工、同时投产的"三同时"制度。

第六条 项目建议书阶段：项目建议书中应根据建设项目的性质、规模、建设地区的环境现状等有关资料，对建设项目建成投产后可能造成的环境影响进行简要说明，其主要内容如下：一、所在地区的环境现状；二、可能造成的环境影响分析；三、当地环保部门的意见和要求；四、存在的问题。

第六十三条 各设计单位应有一名领导主管环境保护设计工作。对本单位所承担的建设项目的环境保护设计负全面领导责任。

第六十四条 各设计单位根据工作需要设置环境保护设计机构或专业人员，负责编制建设项目各阶段综合环境保护设计文件。

第六十五条 设计单位必须严格按国家有关环境保护规定做好以下工作：一、承担或参与建设项目的环境影响评价；二、接受设计任务书后，必须按环境影响报告书（表）及其审批意见所确定的各种措施开展初步设计，认真编制环境保护篇（章）；三、严格执行"三同时"制度，做到防治污染及其他公害的设施与主体工程同时设计。

【例 12.1-7】根据《建设项目环境保护设计规定》，环保设施与主体工程的关系为（ ）。

A. 先后设计、施工、投产　　　　　　B. 同时设计、先后施工、投产
C. 同时设计、施工、先后投产　　　　D. 同时设计、施工、投产

解析：第五条，环境保护设计必须按国家规定的设计程序进行，执行环境影响报告书（表）的编审制度，执行防治污染及其他公害的设施与主体工程同时设计、同时施工、同时投产的"三同时"制度。选 D。

12.1.8 建设工程设计文件编制深度规定

1.0.5 各阶段设计文件编制深度应按以下原则进行（具体应执行第 2、3、4 章条款）：1 方案设计文件，应满足编制初步设计文件的需要，应满足方案审批或报批的需要。注：本规定仅适用于报批方案设计文件编制深度。对于投标方案设计文件的编制深度，应执行住房和城乡建设部颁发的相关规定。2 初步设计文件，应满足编制施工图设计文件的需要，应满足初步设计审批的需要。3 施工图设计文件，应满足设备材料采购、非标准设备制作和施工的需要。注：对于将项目分别发包给几个设计单位或实施设计分包的情况，设计文件相互关联处的深度应满足各承包或分包单位设计的需要。

2.1.1 方案设计文件

1 设计说明书，包括各专业设计说明以及投资估算等内容；对于涉及建筑节能、环保、绿色建筑、人防等设计的专业，其设计说明应有相应的专门内容；2 总平面图以及相关建筑设计图纸（若为城市区域供热或区域燃气调压站，应提供热能动力专业的设计图纸，具体见 2.3.3 条）；3 设计委托或设计合同中规定的透视图、鸟瞰图、模型等。

3.1.1 初步设计文件

1 设计说明书，包括设计总说明、各专业设计说明。对于涉及建筑节能、环保、绿色建筑、人防、装配式建筑等，其设计说明应有相应的专项内容；2 有关专业的设计图纸；3 主要设备或材料表；4 工程概算书；5 有关专业计算书（计算书不属于必须交付的设计文件，但应按本规定相关条款的要求编制）。

3.2.3 总指标

1 总用地面积、总建筑面积和反映建筑功能规模的技术指标；2 其他有关的技术经

济指标。

12.1.9 工程建设强制性条文

1. 具备法律性质

《建筑工程质量管理条例》是国务院通过行政立法程序公布的法令，具备法律性质，对整顿建筑市场，规范建筑市场中的竞争行为，起到了重要作用。《强制性条文》作为《条例》的延伸和补充，从技术的角度来保证建设工程的质量，同样具备某些法律的属性。

2. 具备影响结构安全的重要性

作为《工程建设标准强制性条文》的结构类条文、最主要的考虑因素是安全。尽管单靠强制性条文并不能完全解决结构的安全问题，但是相对而言，入选的强制性条文都具备影响结构安全的重要性。

3. 重要性

工程建设强制性标准是直接涉及工程质量、安全、卫生及环境保护等方面的工程建设标准强制性条文。强制性条文颁布以来，国务院有关部门、各级建设行政主管部门和广大工程技术人员高度重视，纷纷开展了贯彻实施强制性条文的活动，以准确理解强制性条文的内容，把握强制性条文的精神实质，全面了解强制性条文的产生背景、作用、意义和违反强制性条文的处罚等内容。

《工程建设强制性条文》是工程建设过程中的强制性技术规定，是参与建设活动各方执行工程建设强制性标准的依据。执行《工程建设强制性条文》既是贯彻落实《建设工程质量管理条例》的重要内容，又是从技术上确保建设工程质量的关键，同时也是推进工程建设的标准体系改革所迈出的关键一步。

4. 基本知识

工程建设标准是为在工程建设领域内获得最佳秩序，对建设活动或其结果规定共同的和重复使用的规则、导则或特性的文件。工程建设标准化是为在工程建设领域内获得最佳秩序，对实际的或潜在的问题制定共同的和重复使用的规则的活动。工程建设地方标准化是为使一定区域内的建设工程获得最佳秩序，对实际的或潜在的问题制定共同的和重复使用的规则的活动。工程建设标准体系：某一工程建设领域的所有工程建设标准，都存在着客观的内在联系，它们相互依存、相互制约、相互补充和衔接，构成一个科学的有机整体，这个科学的有机整体谓之工程建设标准体系。

标准、规范、规程的区别：标准是为在一定的范围内获得最佳的秩序，对活动或其结果规定共同的和重复使用的规则、导则或特性的文件。规范一般是在工农业生产和工程建设中，对设计、施工、制造、检验等技术事项所做的一系列规定。规程则是对作业、安装、鉴定、安全、管理等技术要求和实施程序所做的统一规定。

5. 强制性条文在工程建设活动中发挥的作用

(1) 实施《工程建设标准强制性条文》是贯彻《建设工程质量管理条例》的一项重大举措。

《条例》是对国家强制性标准实施监督的严格规定，打破了传统的单纯依靠行政管理保证建设工程质量的概念，开始走上了行政管理和技术规范并重的保证建设工程质量的道路。

(2) 编制《工程建设标准强制性条文》是推进工程建设标准体制改革所迈出的关键性

的一步。

工程建设标准化是国家、行业和地方政府从技术控制的角度，为建设市场提供运行规则的一项基础性工作，对引导和规范建设市场行为具有重要的作用。我国现行的工程建设标准体制是强制性和推荐性相结合的体制，这一体制是《标准化法》所规定的。在建立和完善社会主义市场经济体制和应对加入 WTO 的新形势下，需要进行改革和完善，需要与时俱进。

就目前而言，我国工程建设技术领域距离直接形成技术法规，按照技术法规与技术标准体制运作还需要有一个法律的准备过程，还有许多工作要做。为向技术法规过渡而编制的《工程建设标准强制性条文》，标志着启动了工程建设标准体制的改革，而且迈出了关键性的一步，今后通过对《工程建设标准强制性条文》，内容的不断完善和改造，将会逐步形成我国的工程建设技术法规体系。

（3）强制性条文对保证工程质量、安全、规范建筑市场具有重要的作用。

工程建设强制性标准是技术法规性文件，是工程质量管理的技术依据。

（4）制定和严格执行强制性标准是应对加入世界贸易组织的重要举措。

技术法规是政府颁布的强制性文件，技术法规是一个国家的主权体现，必须执行；技术标准是竞争的手段和自愿采用的，在中国境内从事工程建设活动的各个企业和个人必须严格执行中国的强制性标准。执行强制性标准既能保证工程质量安全、规范建筑市场，又能切实保护我们的民族工业，应对加入 WTO 之后的挑战，维护国家和人民的根本利益。

6. 贯彻实施的要素

标准化工作的三大任务：制定标准、实施标准和对实施标准的监督。一个强制性的文件制定出来后，要得到贯彻执行，应当遵循实施的三个要素：权威性、公众的意识、对执行的监督。

【例 12.1-8】《工程建设标准强制性条文》是设计或施工时（　　）。

A. 重要的参考指标　　　　　　　　B. 必须绝对遵守的技术法规
C. 必须绝对遵守的管理标准　　　　D. 必须绝对遵守的工作标准

解析：《工程建设强制性条文》是工程建设过程中的强制性技术规定，是参与建设活动各方执行工程建设强制性标准的依据。执行《工程建设强制性条文》既是贯彻落实《建设工程质量管理条例》的重要内容，又是从技术上确保建设工程质量的关键，同时也是推进工程建设的标准体系改革所迈出的关键的一步。答案为 B。

12.1.10　民用建筑节能条例

《民用建筑节能条例》已经 2008 年 7 月 23 日国务院第 18 次常务会议通过，现予公布，自 2008 年 10 月 1 日起施行。

第一条　为了加强民用建筑节能管理，降低民用建筑使用过程中的能源消耗，提高能源利用效率，制定本条例。

第二条　本条例所称民用建筑节能，是指在保证民用建筑使用功能和室内热环境质量的前提下，降低其使用过程中能源消耗的活动。

第三条　各级人民政府应当加强对民用建筑节能工作的领导，积极培育民用建筑节能服务市场，健全民用建筑节能服务体系，推动民用建筑节能技术的开发应用，做好民用建筑节能知识的宣传教育工作。

第九条 国家积极推进供热体制改革，完善供热价格形成机制，鼓励发展集中供热，逐步实行按照用热量收费制度。

第十六条 施工单位应当对进入施工现场的墙体材料、保温材料、门窗、采暖制冷系统和照明设备进行查验；不符合施工图设计文件要求的，不得使用。工程监理单位发现施工单位不按照民用建筑节能强制性标准施工的，应当要求施工单位改正；施工单位拒不改正的，工程监理单位应当及时报告建设单位，并向有关主管部门报告。墙体、屋面的保温工程施工时，监理工程师应当按照工程监理规范的要求，采取旁站、巡视和平行检验等形式实施监理。未经监理工程师签字，墙体材料、保温材料、门窗、采暖制冷系统和照明设备不得在建筑上使用或者安装，施工单位不得进行下一道工序的施工。

第十八条 实行集中供热的建筑应当安装供热系统调控装置、用热计量装置和室内温度调控装置；公共建筑还应当安装用电分项计量装置。居住建筑安装的用热计量装置应当满足分户计量的要求。

第二十三条 在正常使用条件下，保温工程的最低保修期限为5年。保温工程的保修期，自竣工验收合格之日起计算。

习　　题

【12.1-1】公众聚集场所在投入使用前，建设单位应当向消防救援机构申请消防安全检查。消防救援机构应当自受理申请之日起（　　）内，对该场所进行消防安全检查。

　　A. 七个工作日　　　　　　　　B. 十个工作日
　　C. 十五个工作日　　　　　　　D. 一个月

【12.1-2】《中华人民共和国城市房地产管理法》中所称房地产交易不包括（　　）。

　　A. 房产中介　　　　　　　　　B. 房地产抵押
　　C. 房屋租赁　　　　　　　　　D. 房地产转让

【12.1-3】未取得（　　），擅自销售商品房的，责令停止销售活动，处5万元以上10万元以下的罚款。

　　A. 房地产开发企业资质证书　　　B. 房地产销售资质证书
　　C. 商品房现售条件的有关证明文件　D. 房屋所有权证书

【12.1-4】在城市市区范围内，建筑施工过程可能产生环境噪声污染，（　　）必须在工程开工十五日以前向工程所在地生态环境主管部门申报。

　　A. 监督单位　　B. 建设单位　　C. 施工单位　　D. 承包单位

【12.1-5】国家编制土地利用总体规划，规定土地用途，将土地分为（　　）。①基本农田用地；②农用地；③建设用地；④预留用地；⑤未利用地。

　　A. ①②③④　　B. ②③④　　C. ③④⑤　　D. ②③⑤

【12.1-6】建设项目对环境可能造成重大影响的，应当编制（　　）。

　　A. 环境影响报告书　　　　　　B. 环境影响报告表
　　C. 环境影响分析表　　　　　　D. 环境影响登记表

【12.1-7】项目建议书对建设项目建成投产后可能造成的环境影响进行简要说明，其主要内容有（　　）。

①所在地区的环境现状；②可能造成的环境影响分析；③当地环保部门的意见和要求；④存在的问题；⑤责任划分

A. ②③④　　　　B. ①②③④　　　　C. ③④⑤　　　　D. ②③⑤

【12.1-8】工程初步设计说明书中总指标应包括下列哪些内容（　　）。

①总用地面积；②主要建筑材料的总消耗量；③总概算及单项建筑工程概算；④总建筑面积、总概算（投资）存在的问题；⑤其他相关的技术经济指标及分析

A. ①②③④　　　　B. ①③④⑤　　　　C. ①②④⑤　　　　D. ①②③⑤

【12.1-9】强制性条文实施应当遵循的三大要素是（　　）。

①权威性；②规范性；③公众的意识；④对执行的监督

A. ①②③　　　　B. ①③④　　　　C. ②③④　　　　D. ①②④

【12.1-10】下列《民用建筑节能条例》中错误的是（　　）。

A. 条例目的是加强民用建筑节能管理，降低民用建筑使用过程中的能源消耗，提高能源利用效率
B. 前提是保证民用建筑使用功能和室内热环境质量
C. 保温工程的最低保修期限为7年。
D. 保温工程的保修期，自竣工验收合格之日起计算。

习题答案及解析

【12.1-1】答案：B

解析：根据《中华人民共和国消防法》第十五条，公众聚集场所在投入使用、营业前，建设单位或者使用单位应当向场所所在地的县级以上地方人民政府消防救援机构申请消防安全检查。消防救援机构应当自受理申请之日起十个工作日内，根据消防技术标准和管理规定，对该场所进行消防安全检查。未经消防安全检查或者经检查不符合消防安全要求的，不得投入使用、营业。

【12.1-2】答案：A

解析：根据《中华人民共和国城市房地产管理法》第二条。在中华人民共和国城市规划区国有土地（以下简称国有土地）范围内取得房地产开发用地的土地使用权，从事房地产开发、房地产交易，实施房地产管理，应当遵守本法。本法所称房屋，是指土地上的房屋等建筑物及构筑物。本法所称房地产开发，是指在依据本法取得国有土地使用权的土地上进行基础设施、房屋建设的行为。本法所称房地产交易，包括房地产转让、房地产抵押和房屋租赁。

【12.1-3】答案：A

解析：根据《商品房销售管理办法》第三十七条，未取得房地产开发企业资质证书，擅自销售商品房的，责令停止销售活动，处5万元以上10万元以下的罚款。

【12.1-4】答案：C

解析：根据《环境污染防治法》第二十九条，在城市市区范围内，建筑施工过程中使用机械设备，可能产生环境噪声污染的，施工单位必须在工程开工十五日以前向工程所在地县级以上地方人民政府生态环境主管部门申报该工程的项目名称、施工场所和期限、可能产生的环境噪声值以及所采取的环境噪声污染防治措施的情况。

【12.1-5】答案：D

解析：根据《土地管理法》第四条，国家实行土地用途管制制度。国家编制土地利用总体规划，规定土地用途，将土地分为农用地、建设用地和未利用地。

【12.1-6】答案：A

解析：根据《建设项目环境保护管理条例》第七条，建设项目对环境可能造成重大影响的，应当编制环境影响报告书，对建设项目产生的污染和对环境的影响进行全面、详细的评价。

【12.1-7】答案：B

解析：根据《建设项目环境保护设计规定》第六条，项目建议书阶段：项目建议书中应根据建设项目的性质、规模、建设地区的环境现状等有关资料，对建设项目建成投产后可能造成的环境影响进行简要说明，其主要内容如下：一、所在地区的环境现状；二、可能造成的环境影响分析；三、当地环保部门的意见和要求；四、存在的问题。

【12.1-8】答案：D

解析：根据《建设工程设计文件编制深度规定》3.2.3，1 总用地面积、总建筑面积和反映建筑功能规模的技术指标；2 其他有关的技术经济指标。第④条为总面积和总投资问题，不是技术经济指标。

【12.1-9】答案：B

解析：根据《工程建设强制性条文》，标准化工作的三大任务：制定标准、实施标准和对实施标准的监督。一个强制性的文件制定出来后，要得到贯彻执行，应当遵循实施的三个要素：权威性、公众的意识、对执行的监督。

【12.1-10】答案：C

解析：根据《民用建筑节能条例》第二十三条，在正常使用条件下，保温工程的最低保修期限为 5 年。保温工程的保修期，自竣工验收合格之日起计算。

12.2 职 业 道 德

12.2.1 注册结构工程师职业资格制度暂行规定

第一章 总 则

第一条 为了加强对结构工程设计人员的管理，提高工程设计质量与水平，保障公众生命和财产安全，维护社会公共利益，根据执业资格制度的有关规定，制定本规定。

第二条 注册结构工程师资格制度纳入专业技术人员执业资格制度，由国家确认批准。

第三条 本规定所称注册结构工程师，是指取得中华人民共和国注册结构工程师执业资格证书和注册证书，从事房屋结构、桥梁结构及塔架结构等工程设计及相关业务的专业技术人员。

注册结构工程师分为一级注册结构工程师和二级注册结构工程师。

第四条 建设部、人事部和省、自治区、直辖市人民政府建设行政主管部门、人事行政主管部门依照本规定对注册结构工程师的考试、注册和执业实施指导、监督和管理。

第五条 全国注册结构工程师管理委员会由建设部、人事部和国务院有关部门的代表及工程设计专家组成。

省、自治区、直辖市可成立相应的注册结构工程师管理委员会。

各级注册结构工程师管理委员会可依照本规定及建设部、人事部有关规定，负责或参照注册结构工程师的考试和注册等具体工作。

第二章 考 试 与 注 册

第六条 注册结构工程师考试实行全国统一大纲、统一命题、统一组织的办法，原则上每年举行一次。

第七条 建设部负责组织有关专家拟定考试大纲、组织命题，编写培训教材、组织考前培训等工作；人事部负责组织有关专家审定考试大纲和试题，会同有关部门组织考试并负责考务等工作。

第八条 一级注册结构工程师资格考试由基础考试和专业考试两部分组成。通过基础考试的人员，从事结构工程设计或相关业务满规定年限，方可申请参加专业考试。

一级注册结构工程师考试具体办法由建设部、人事部另行制定。

第九条 注册结构工程师资格考试合格者，由省、自治区、直辖市人事（职改）部门颁发人事部统一印制、加盖建设部和人事部印章的中华人民共和国注册结构工程师执业资格证书。

第十条 取得注册结构工程师执业资格证书者，要从事结构工程设计业务的，须申请注册。

第十一条 有下列情形之一的，不予注册：

（一）不具备完全民事行为能力的。

（二）因受刑事处罚，自处罚完毕之日起至申请注册之日止不满 5 年的。

（三）因在结构工程设计或相关业务中犯有错误受到行政处罚或者撤职以上行政处分，自处罚、处分决定之日起申请注册之日止满 2 年的。

（四）受吊销注册结构工程师注册证书处罚，自处罚决定之日起至申请注册之日止不满 5 年的。

（五）建设部和国务院有关部门规定不予注册的其他情形的。

第十二条 全国注册结构工程师管理委员会和省、自治区、直辖市注册结构工程师管理委员会依照本规定第十一条，决定不予注册的，应当自决定之日起 15 日内书面通知申请人。若有异议的，可自收到通知之日起 15 日内向建设部或各省、自治区、直辖市人民政府建设行政主管部门申请复议。

第十三条 各级注册结构工程师管理委员会按照职责分工应将准于注册的注册结构工程师名单报同级建设行政主管部门备案。

建设部或各省、自治区、直辖市人民政府建设行政主管部门发现有与注册规定不符的，应通知有关注册结构工程师管理委员会撤销注册。

第十四条 准予注册的申请人，分别由全国注册结构工程师管理委员会和省、自治区、直辖市注册结构工程师管理委员会核发由建设部统一制作的注册结构工程师注册证书。

第十五条 注册结构工程师注册有效期为2年，有效期届满需要继续注册的，应当在期满前30日内办理注册手续。

第十六条 注册结构工程师注册后，有下列情形之一的，由全国或省、自治区、直辖市注册结构工程师管理委员会撤销注册，收回注册证书：

（一）完全丧失民事行为能力的。

（二）受刑事处罚的。

（三）因在工程设计或者相关业务中造成工程事故，受到行政处罚或者撤职以上行政处分的。

（四）自行停止注册结构工程师业务满2年的。

被撤销注册的当事人对撤销注册有异议的，可以自接到撤销注册通知之日起15日内向建设部或省、自治区、直辖市人民政府建设行政主管部门申请复议。

第十七条 被撤销注册的人员可依照本规定的要求重新注册。

第三章 执 业

第十八条 注册结构工程师的执业范围：

（一）结构工程设计；

（二）结构工程设计技术咨询；

（三）建筑物、构筑物、工程设施等调查和鉴定；

（四）对本人主持设计的项目进行施工指导和监督；

（五）建设部和国务院有关部门规定的其他业务。

一级注册结构工程师的执业范围不受工程规模及工程复杂程度的限制。

第十九条 注册结构工程师执行业务，应当加入一个勘察设计单位。

第二十条 注册结构工程师执行业务。由勘察设计单位统一接受委托并统一收费。

第二十一条 因结构设计质量造成的经济损失，由勘察设计单位承担赔偿责任；勘察设计单位有权向签字的注册结构工程师追偿。

第二十二条 注册结构工程师执业管理和处罚办法由建设部另行规定。

第四章 权利和义务

第二十三条 注册结构工程师有权以注册结构工程师的名义执行注册结构工程师业务。

非注册结构工程师不得以注册结构工程师的名义执行注册结构工程师业务。

第二十四条 国家规定的一定跨度、高度等以上的结构工程设计，应当由注册结构工程师主持设计。

第二十五条 任何单位和个人修改注册结构工程师的设计图纸，应当征得该注册结构工程师同意；但是因特殊情况不能征得该注册结构工程师同意的除外。

第二十六条 注册结构工程师应当履行下列义务：

（一）遵守法律、法规和职业道德，维护社会公众利益；

（二）保证工程设计的质量，并在其负责的设计图纸上签字盖章；

（三）保守在执业中知悉的单位和个人的秘密；

（四）不得同时受聘于二个以上勘察设计单位执行业务；

（五）不得准许他人以本人名义执行业务。

第二十七条 注册结构工程师按规定接受必要的继续教育，定期进行业务和法规培训，并作为重新注册的依据。

第五章 附 则

第二十八条 在全国实施注册结构工程师考试之前，对已经达到注册结构工程师资格水平的，可经考核认定，获得注册结构工程师资格。

考核认定办法由建设部、人事部另行制定。

第二十九条 外国人申请参加中国注册结构工程师全国统一考试和注册以及外国结构工程师申请在中国境内执行注册结构工程师业务，由国务院主管部门另行规定。

第三十条 二级注册结构工程师依照本规定的原则执行，具体实施办法由建设部、人事部另行制定。

第三十一条 本规定自发布之日起施行。本规定由建设部、人事部在各自的职责内负责解释。

【例 12.2-1】 注册结构工程师执行业务，应当加入一个（　　）。

A. 勘察设计单位　　B. 设计单位　　C. 施工单位　　D. 工程监理单位

解析： 根据《注册结构工程师职业资格制度暂行规定》第十九条，注册结构工程师执行业务，应当加入一个勘察设计单位。选 A。

12.2.2 注册建造师管理规定

第一章

第一条 为了加强对注册建造师的管理，规范注册建造师的执业行为，提高工程项目管理水平，保证工程质量和安全，依据《建筑法》、《行政许可法》、《建设工程质量管理条例》等法律、行政法规，制定本规定。

第二条 中华人民共和国境内注册建造师的注册、执业、继续教育和监督管理，适用本规定。

第三条 本规定所称注册建造师，是指通过考核认定或考试合格取得中华人民共和国建造师资格证书（以下简称资格证书），并按照本规定注册，取得中华人民共和国建造师注册证书（以下简称注册证书）和执业印章，担任施工单位项目负责人及从事相关活动的专业技术人员。未取得注册证书和执业印章的，不得担任大中型建设工程项目的施工单位项目负责人，不得以注册建造师的名义从事相关活动。

第四条 国务院建设主管部门对全国注册建造师的注册、执业活动实施统一监督管理；国务院铁路、交通、水利、信息产业、民航等有关部门按照国务院规定的职责分工，对全国有关专业工程注册建造师的执业活动实施监督管理。县级以上地方人民政府建设主管部门对本行政区域内的注册建造师的注册、执业活动实施监督管理；县级以上地方人民政府交通、水利、通信等有关部门在各自职责范围内，对本行政区域内有关专业工程注册建造师的执业活动实施监督管理。

第二章 注 册

第五条 注册建造师实行注册执业管理制度，注册建造师分为一级注册建造师和二级注册建造师。

取得资格证书的人员，经过注册方能以注册建造师的名义执业。

第六条 申请初始注册时应当具备以下条件：

（一）经考核认定或考试合格取得资格证书；

（二）受聘于一个相关单位；

（三）达到继续教育要求；

（四）没有本规定第十五条所列情形。

第七条 取得一级建造师资格证书并受聘于一个建设工程勘察、设计、施工、监理、招标代理、造价咨询等单位的人员，应当通过聘用单位向单位工商注册所在地的省、自治区、直辖市人民政府建设主管部门提出注册申请。省、自治区、直辖市人民政府建设主管部门受理后提出初审意见，并将初审意见和全部申报材料报国务院建设主管部门审批；涉及铁路、公路、港口与航道、水利水电、通信与广电、民航专业的，国务院建设主管部门应当将全部申报材料送同级有关部门审核。符合条件的，由国务院建设主管部门核发《中华人民共和国一级建造师注册证书》，并核定执业印章编号。

第八条 对申请初始注册的，省、自治区、直辖市人民政府建设主管部门应当自受理申请之日起，20日内审查完毕，并将申请材料和初审意见报国务院建设主管部门。国务院建设主管部门应当自收到省、自治区、直辖市人民政府建设主管部门上报材料之日起，20日内审批完毕并作出书面决定。有关部门应当在收到国务院建设主管部门移送的申请材料之日起，10日内审核完毕，并将审核意见送国务院建设主管部门。

对申请变更注册、延续注册的，省、自治区、直辖市人民政府建设主管部门应当自受理申请之日起5日内审查完毕。国务院建设主管部门应当自收到省、自治区、直辖市人民政府建设主管部门上报材料之日起，10日内审批完毕并作出书面决定。有关部门在收到国务院建设主管部门移送的申请材料后，应当在5日内审核完毕，并将审核意见送国务院建设主管部门。

第九条 取得二级建造师资格证书的人员申请注册，由省、自治区、直辖市人民政府建设主管部门负责受理和审批，具体审批程序由省、自治区、直辖市人民政府建设主管部门依法确定。对批准注册的，核发由国务院建设主管部门统一样式的《中华人民共和国二级建造师注册证书》和执业印章，并在核发证书后30日内送国务院建设主管部门备案。

第十条 注册证书和执业印章是注册建造师的执业凭证，由注册建造师本人保管、使用。注册证书与执业印章有效期为3年。一级注册建造师的注册证书由国务院建设主管部门统一印制，执业印章由国务院建设主管部门统一样式，省、自治区、直辖市人民政府建设主管部门组织制作。

第十一条 初始注册者，可自资格证书签发之日起3年内提出申请。逾期未申请者，须符合本专业继续教育的要求后方可申请初始注册。

申请初始注册需要提交下列材料：

（一）注册建造师初始注册申请表；

（二）资格证书、学历证书和身份证明复印件；
（三）申请人与聘用单位签订的聘用劳动合同复印件或其他有效证明文件；
（四）逾期申请初始注册的，应当提供达到继续教育要求的证明材料。

第十二条 注册有效期满需继续执业的，应当在注册有效期届满 30 日前，按照第七条、第八条的规定申请延续注册。延续注册的，有效期为 3 年。

申请延续注册的，应当提交下列材料：
（一）注册建造师延续注册申请表；
（二）原注册证书；
（三）申请人与聘用单位签订的聘用劳动合同复印件或其他有效证明文件；
（四）申请人注册有效期内达到继续教育要求的证明材料。

第十三条 在注册有效期内，注册建造师变更执业单位，应当与原聘用单位解除劳动关系，并按照第七条、第八条的规定办理变更注册手续，变更注册后仍延续原注册有效期。

申请变更注册的，应当提交下列材料：
（一）注册建造师变更注册申请表；
（二）注册证书和执业印章；
（三）申请人与新聘用单位签订的聘用合同复印件或有效证明文件；
（四）工作调动证明（与原聘用单位解除聘用合同或聘用合同到期的证明文件、退休人员的退休证明）。

第十四条 注册建造师需要增加执业专业的，应当按照第七条的规定申请专业增项注册，并提供相应的资格证明。

第十五条 申请人有下列情形之一的，不予注册：
（一）不具有完全民事行为能力的；
（二）申请在两个或者两个以上单位注册的；
（三）未达到注册建造师继续教育要求的；
（四）受到刑事处罚，刑事处罚尚未执行完毕的；
（五）因执业活动受到刑事处罚，自刑事处罚执行完毕之日起至申请注册之日止不满 5 年的；
（六）因前项规定以外的原因受到刑事处罚，自处罚决定之日起至申请注册之日止不满 3 年的；
（七）被吊销注册证书，自处罚决定之日起至申请注册之日止不满 2 年的；
（八）在申请注册之日前 3 年内担任项目经理期间，所负责项目发生过重大质量和安全事故的；
（九）申请人的聘用单位不符合注册单位要求的；
（十）年龄超过 65 周岁的；
（十一）法律、法规规定不予注册的其他情形。

第十六条 注册建造师有下列情形之一的，其注册证书和执业印章失效：
（一）聘用单位破产的；
（二）聘用单位被吊销营业执照的；

（三）聘用单位被吊销或者撤回资质证书的；

（四）已与聘用单位解除聘用合同关系的；

（五）注册有效期满且未延续注册的；

（六）年龄超过 65 周岁的；

（七）死亡或不具有完全民事行为能力的；

（八）其他导致注册失效的情形。

第十七条 注册建造师有下列情形之一的，由注册机关办理注销手续，收回注册证书和执业印章或者公告注册证书和执业印章作废：

（一）有本规定第十六条所列情形发生的；

（二）依法被撤销注册的；

（三）依法被吊销注册证书的；

（四）受到刑事处罚的；

（五）法律、法规规定应当注销注册的其他情形。注册建造师有前款所列情形之一的，注册建造师本人和聘用单位应当及时向注册机关提出注销注册申请；有关单位和个人有权向注册机关举报；县级以上地方人民政府建设主管部门或者有关部门应当及时告知注册机关。

第十八条 被注销注册或者不予注册的，在重新具备注册条件后，可按第七条、第八条规定重新申请注册。

第十九条 注册建造师因遗失、污损注册证书或执业印章，需要补办的，应当持在公众媒体上刊登的遗失声明的证明，向原注册机关申请补办。原注册机关应当在 5 日内办理完毕。

第三章 执 业

第二十条 取得资格证书的人员应当受聘于一个具有建设工程勘察、设计、施工、监理、招标代理、造价咨询等一项或者多项资质的单位，经注册后方可从事相应的执业活动。

担任施工单位项目负责人的，应当受聘并注册于一个具有施工资质的企业。

第二十一条 注册建造师的具体执业范围按照《注册建造师执业工程规模标准》执行。注册建造师不得同时在两个及两个以上的建设工程项目上担任施工单位项目负责人。注册建造师可以从事建设工程项目总承包管理或施工管理，建设工程项目管理服务，建设工程技术经济咨询，以及法律、行政法规和国务院建设主管部门规定的其他业务。

第二十二条 建设工程施工活动中形成的有关工程施工管理文件，应当由注册建造师签字并加盖执业印章。施工单位签署质量合格的文件上，必须有注册建造师的签字盖章。

第二十三条 注册建造师在每一个注册有效期内应当达到国务院建设主管部门规定的继续教育要求。继续教育分为必修课和选修课，在每一注册有效期内各为 60 学时。经继续教育达到合格标准的，颁发继续教育合格证书。继续教育的具体要求由国务院建设主管部门会同国务院有关部门另行规定。

第二十四条 注册建造师享有下列权利：

（一）使用注册建造师名称；

（二）在规定范围内从事执业活动；
（三）在本人执业活动中形成的文件上签字并加盖执业印章；
（四）保管和使用本人注册证书、执业印章；
（五）对本人执业活动进行解释和辩护；
（六）接受继续教育；
（七）获得相应的劳动报酬；
（八）对侵犯本人权利的行为进行申述。

第二十五条　注册建造师应当履行下列义务：
（一）遵守法律、法规和有关管理规定，恪守职业道德；
（二）执行技术标准、规范和规程；
（三）保证执业成果的质量，并承担相应责任；
（四）接受继续教育，努力提高执业水准；
（五）保守在执业中知悉的国家秘密和他人的商业、技术等秘密；
（六）与当事人有利害关系的，应当主动回避；
（七）协助注册管理机关完成相关工作。

第二十六条　注册建造师不得有下列行为：
（一）不履行注册建造师义务；
（二）在执业过程中，索贿、受贿或者谋取合同约定费用外的其他利益；
（三）在执业过程中实施商业贿赂；
（四）签署有虚假记载等不合格的文件；
（五）允许他人以自己的名义从事执业活动；
（六）同时在两个或者两个以上单位受聘或者执业；
（七）涂改、倒卖、出租、出借或以其他形式非法转让资格证书、注册证书和执业印章；
（八）超出执业范围和聘用单位业务范围内从事执业活动；
（九）法律、法规、规章禁止的其他行为。

第四章　监　督　管　理

第二十七条　县级以上人民政府建设主管部门、其他有关部门应当依照有关法律、法规和本规定，对注册建造师的注册、执业和继续教育实施监督检查。

第二十八条　国务院建设主管部门应当将注册建造师注册信息告知省、自治区、直辖市人民政府建设主管部门。省、自治区、直辖市人民政府建设主管部门应当将注册建造师注册信息告知本行政区域内市、县、市辖区人民政府建设主管部门。

第二十九条　县级以上人民政府建设主管部门和有关部门履行监督检查职责时，有权采取下列措施：
（一）要求被检查人员出示注册证书；
（二）要求被检查人员所在聘用单位提供有关人员签署的文件及相关业务文档；
（三）就有关问题询问签署文件的人员；
（四）纠正违反有关法律、法规、本规定及工程标准规范的行为。

第三十条 注册建造师违法从事相关活动的，违法行为发生地县级以上地方人民政府建设主管部门或者其他有关部门应当依法查处，并将违法事实、处理结果告知注册机关；依法应当撤销注册的，应当将违法事实、处理建议及有关材料报注册机关。

第三十一条 有下列情形之一的，注册机关依据职权或者根据利害关系人的请求，可以撤销注册建造师的注册：

（一）注册机关工作人员滥用职权、玩忽职守作出准予注册许可的；

（二）超越法定职权作出准予注册许可的；

（三）违反法定程序作出准予注册许可的；

（四）对不符合法定条件的申请人颁发注册证书和执业印章的；

（五）依法可以撤销注册的其他情形。

申请人以欺骗、贿赂等不正当手段获准注册的，应当予以撤销。

第三十二条 注册建造师及其聘用单位应当按照要求，向注册机关提供真实、准确、完整的注册建造师信用档案信息。注册建造师信用档案应当包括注册建造师的基本情况、业绩、良好行为、不良行为等内容。违法违规行为、被投诉举报处理、行政处罚等情况应当作为注册建造师的不良行为记入其信用档案。注册建造师信用档案信息按照有关规定向社会公示。

第五章 法 律 责 任

第三十三条 隐瞒有关情况或者提供虚假材料申请注册的，建设主管部门不予受理或者不予注册，并给予警告，申请人1年内不得再次申请注册。

第三十四条 以欺骗、贿赂等不正当手段取得注册证书的，由注册机关撤销其注册，3年内不得再次申请注册，并由县级以上地方人民政府建设主管部门处以罚款。其中没有违法所得的，处以1万元以下的罚款；有违法所得的，处以违法所得3倍以下且不超过3万元的罚款。

第三十五条 违反本规定，未取得注册证书和执业印章，担任大中型建设工程项目施工单位项目负责人，或者以注册建造师的名义从事相关活动的，其所签署的工程文件无效，由县级以上地方人民政府建设主管部门或者其他有关部门给予警告，责令停止违法活动，并可处以1万元以上3万元以下的罚款。

第三十六条 违反本规定，未办理变更注册而继续执业的，由县级以上地方人民政府建设主管部门或者其他有关部门责令限期改正；逾期不改正的，可处以5000元以下的罚款。

第三十七条 违反本规定，注册建造师在执业活动中有第二十六条所列行为之一的，由县级以上地方人民政府建设主管部门或者其他有关部门给予警告，责令改正，没有违法所得的，处以1万元以下的罚款；有违法所得的，处以违法所得3倍以下且不超过3万元的罚款。

第三十八条 违反本规定，注册建造师或者其聘用单位未按照要求提供注册建造师信用档案信息的，由县级以上地方人民政府建设主管部门或者其他有关部门责令限期改正；逾期未改正的，可处以1000元以上1万元以下的罚款。

第三十九条 聘用单位为申请人提供虚假注册材料的，由县级以上地方人民政府建设主管部门或者其他有关部门给予警告，责令限期改正；逾期未改正的，可处以1万元以上3万元以下的罚款。

第四十条 县级以上人民政府建设主管部门及其工作人员，在注册建造师管理工作中，有下列情形之一的，由其上级行政机关或者监察机关责令改正，对直接负责的主管人员和其他直接责任人员依法给予处分；构成犯罪的，依法追究刑事责任：

（一）对不符合法定条件的申请人准予注册的；
（二）对符合法定条件的申请人不予注册或者不在法定期限内作出准予注册决定的；
（三）对符合法定条件的申请不予受理或者未在法定期限内初审完毕的；
（四）利用职务上的便利，收受他人财物或者其他好处的；
（五）不依法履行监督管理职责或者监督不力，造成严重后果的。

第六章 附 则

第四十一条 本规定自2007年3月1日起施行。

【例12.2-2】施工单位签署建设工程项目质量合格的文件上，必须有哪类工程师签字盖章？（　　）

A. 注册建筑师　　　B. 注册结构工程师　　C. 注册建造师　　　D. 注册施工管理师

解析：根据《注册建造师规定》第二十二条，施工单位签署质量合格的文件上，必须有注册建造师的签字盖章。答案为C。

习 题

【12.2-1】下列有关《注册结构工程师职业资格制度暂行规定》说法错误的是（　　）。

A. 注册结构工程师能从事房屋结构、桥梁结构及塔架结构等工程设计及相关业务。
B. 取得注册结构工程师执业资格证书者可以直接开始从事结构工程设计业务。
C. 全国注册结构工程师管理委员会决定不予注册的，应当自决定之日起15日内书面通知申请人。
D. 注册结构工程师不得同时受聘于两个以上勘察设计单位执行业务。

【12.2-2】（　　）负责组织有关专家拟定考试大纲、组织命题，编写培训教材、组织考前培训等工作；（　　）负责组织有关专家审定考试大纲和试题，会同有关部门组织考试并负责考务等工作。

A. 建设部，建设部　　　　　　　B. 建设部，组织部
C. 人事部，建设部　　　　　　　D. 建设部，人事部

【12.2-3】下列有关《注册建造师管理规定》说法错误的是（　　）。

A. 本规定自2008年施行。
B. 注册建造师可以从事建设工程项目总承包管理或施工管理，建设工程项目管理服务。
C. 注册建造师分为一级注册建造师和二级注册建造师。
D. 注册建造师信用档案应当包括注册建造师的基本情况、业绩、良好行为、不良行为等内容。

【12.2-4】建设工程施工活动中形成的有关工程施工管理文件，应当由（　　）签字并

加盖执业印章。

A. 注册建筑师　　　B. 注册结构工程师　C. 注册建造师　　　D. 注册施工管理师

习题答案及解析

【12.2-1】答案：B

解析：根据《注册结构工程师职业资格制度暂行规定》第十条，取得注册结构工程师执业资格证书者，要从事结构工程设计业务的，须申请注册。

【12.2-2】答案：D

解析：根据《注册结构工程师职业资格制度暂行规定》第七条，建设部负责组织有关专家拟定考试大纲、组织命题，编写培训教材、组织考前培训等工作；人事部负责组织有关专家审定考试大纲和试题，会同有关部门组织考试并负责考务等工作。

【12.2-3】答案：A

解析：《注册建造师管理规定》自 2007 年 3 月 1 日起施行。

【12.2-4】答案：C

解析：根据《注册建造师管理规定》第二十二条，建设工程施工活动中形成的有关工程施工管理文件，应当由注册建造师签字并加盖执业印章。施工单位签署质量合格的文件上，必须有注册建造师的签字盖章。

第 13 章 　土木工程施工与管理

考试大纲：
13.1 　土石方工程与桩基础工程
土方工程的准备与辅助工作；机械化施工；爆破工程；预制桩、灌注桩施工；地基加固处理技术。
13.2 　钢筋混凝土工程与预应力混凝土工程
钢筋工程；模板工程；混凝土工程；钢筋混凝土预制构件制作；混凝土冬、雨季施工；预应力混凝土施工。
13.3 　结构吊装工程与砌体工程
起重安装机械与液压提升工艺；单层与多层房屋结构吊装；砌体工程与砌块墙的施工。
13.4 　施工组织设计
施工组织设计分类；施工方案；进度计划；平面图；措施。
13.5 　流水施工原理
节奏专业流水；非节奏专业流水；一般的搭接施工。
13.6 　网络计划技术
双代号网络图；单代号网络图；网络计划优化。
13.7 　施工管理
现场施工管理的内容及组织形式；进度、技术、全面质量管理；竣工验收。
本章试题配置：5 题

土木工程施工学科的主要任务通俗地讲就是研究如何又好、又快、又省地建造各类建筑物、构筑物、地下工程、市政工程、交通工程和水利工程等。

本章节的内容包括两大部分，第一部分是施工技术和方法（13.1 至 13.3 节），第二部分是施工组织和管理（13.4 至 13.7 节）。针对第一部分，读者需重点把握施工技术和方法的工艺特点和基本要求等，同时注意施工方法的适用范围和施工机械的选用。针对第二部分，学习的重点在于掌握施工组织和管理的一些基本概念，并会一些简单的计算。

13.1 　土石方工程与桩基础工程

高频考点梳理

知识点	土方的填筑与压实	摩擦桩沉桩的方法与特点
近三年考核频次	2（2019.17，2018.17）	1（2017.17）

本节包括两大部分：土石方工程（13.1.1～13.1.6）和桩基础工程（13.1.6～13.1.7）。

最常见的土石方工程有：场地平整、基坑（槽）开挖、地坪填土、路基填筑及基坑回填等。此外，排水、降水、基坑支护等准备工作和辅助工程也是土石方工程施工中必须认真设计与实施安排的。

土石方工程施工主要有以下特点：工期长；施工面积和工程量大，劳动繁重；大多为露天作业，施工条件复杂，施工中易受地区气候条件影响；土体本身是一种天然物质，种类繁多，施工时受工程地质和水文地质条件的影响也很大。因此，为了减轻劳动强度，提高劳动生产效率，确保土方在施工阶段的安全，加快工程进度和降低工程成本，在组织施工时，应根据工程特点和周边环境，制定合理施工方案，尽可能采用新技术和机械化施工，为给其后续工作尽快提供工作面做好准备。

一般多层建筑物当地基较好时多采用天然浅基础，它造价低、施工简便。如果天然浅土层较弱，可采用机械压实、强夯、堆载预压、深层搅拌、化学加固等方法进行地基加固，形成人工地基。如深部土层也较弱、建（构）筑物的上部荷载较大或对沉降有严格要求的高层建筑、地下建筑以及桥梁基础等，则需采用深基础。

桩基础是一种常用的深基础形式，它由桩和承台组成。桩的材料可使用混凝土、钢或组合材料。

按照承载性状的不同，桩可分为端承型桩、摩擦—端承型桩及摩擦型桩、端承—摩擦型桩四类。端承型桩基桩端嵌入坚硬土层，在极限承载力状态下，上部结构荷载通过桩传至桩端土层；摩擦型桩则是利用桩侧的土与桩的摩擦力来支承上部荷载，在软土层较厚的地层中多为摩擦桩；摩擦—端承型桩在极限承载力状态下，桩顶荷载主要由桩端阻力承受，小部分由摩擦力承担；端承—摩擦型桩在极限承载力状态下，桩顶荷载主要由桩侧阻力承受，小部分由桩端阻力承担。

按照使用的功能分类，桩可分为竖向抗压桩、竖向抗拔桩、水平受荷桩及复合受荷桩。

按施工方法桩可分为预制桩和灌注桩两大类。预制桩是在工厂或施工现场制成的各种形式的桩，然后用锤击、静压、振动或水冲等方法沉桩入土。灌注桩则就地成孔，而后在钻孔中放置钢筋笼、灌注混凝土成桩。灌注桩根据成孔的方法，又可分为钻孔、挖孔、冲孔及沉管成孔等方法。工程中一般根据土层情况、周边环境状况及上部荷载等确定桩型与施工方法。

根据在成桩过程中是否挤土，分为非挤土桩，如干作业钻（挖）孔灌注桩、泥浆护壁或套管护壁钻（挖）孔灌注桩等；部分挤土桩，如长螺旋压灌灌注桩、冲孔灌注桩、预钻孔打入（静压）实心预制桩、打入（静压）敞口钢管桩、敞口预应力混凝土空心桩、H型钢桩等；挤土桩，如沉管灌注桩、夯（挤）扩灌注桩、打入（静压）实心预制桩、闭口预应力混凝土空心桩和闭口钢管桩等。

桩的直径（边长）$d \leqslant 250mm$ 的称为小直径桩；$250mm < d < 800mm$ 的桩称为中等直径桩 $d \geqslant 800mm$ 的桩称为大直径桩。

13.1.1　土的工程分类与性质

1. 土的工程分类

在土方工程施工和工程预算定额中，根据土的开挖难易程度，将土分为如松软土、普通土、坚土、砂砾坚土、软石、次坚石、坚石和特坚石八类。前四类为一般土，后四类为岩石。正确区分和鉴别土的种类，可以合理地选择施工方法和准确地套用定额计算土方工程费用。

2. 土的工程性质

土的工程性质对土方工程的施工方法、机械设备的选择、基坑（槽）降水、劳动力消耗以及工程费用等有直接的影响，其基本的工程性质如下所述。

（1）土的含水量

土的含水量是指土中水的质量与固体颗粒质量之比，以百分率表示。土的含水率随气候条件、季节和地下水的影响而变化，对降低地下水、挖土的难易程度、土方边坡的稳定性及填方密实程度有直接的影响。

【例 13.1-1】土的含水量是指土中的（　　）。

A. 水与湿土的重量之比的百分数
B. 水与干土的重量之比的百分数
C. 水重与孔隙体积之比的百分数
D. 水与干土的体积之比的百分数

解析：土的含水量是指土中水的质量与固体颗粒质量之比，以百分率表示。答案为 B。

（2）土的可松性

土具有可松性，即自然状态下的土，经过开挖后，其体积因松散而增大，以后虽经回填压实，仍不能恢复。自然状态下的土经开挖后内部组织被破坏，其体积因松散而增加，以后虽经回填压实，仍不能恢复其原来的体积，土的这种性质称为土的可松性。土的可松性用可松性系数（包括最初可松性系数和最后可松性系数）表示。

土的可松性对土方的平衡调配、基坑开挖留弃土方量、运输工具数量计算等，均有直接影响。其中，土的最初可松性系数 K_s 是计算车辆装运土方体积及选择挖土机械的主要参数；土的最终可松性系数 K'_s 是计算填方所需挖土工程量的主要参数，K_s、K'_s 的大小与土质有关。

【例 13.1-2】某土方工程挖方量为 100m³，已知该土的 $K_s = 1.25$，$K'_s = 1.05$，实际需运走的土方量是（　　）。

A. 800m³　　　　B. 962m³
C. 1250m³　　　D. 1050m³

解析：土方挖方量为自然状态的体积 V_1，经过开挖和装车已变为松散体积 V_2，故需使用最初可松性系数 K_s。即实际需运走的土方量 $V_2 = V_1 \times K_s = 1000 \times 1.25 = 1250 (m^3)$。答案为 C。

（3）土的渗透性

土的渗透性是指土体被水透过的性质。土体孔隙中的自由水在重力作用下会发生流动，当基坑（槽）开挖至地下水位以下，地下水会不断流入基坑（槽）。地下水在土中渗流中受到土颗粒的阻力，其大小与土的渗透性及地下水渗流的路程长短有关。法国学者达西根据砂土渗透实验，发现水在土中的渗流速度（v）与水力坡度（i）成正比即

$$v = ki$$

水力坡度 i 是土体中两点的水位差 h 与渗流路程 l 之比，即 $i = \dfrac{h}{l}$。显然，渗流速度 v 与 h 成正比，与渗流的路程长度 l 成反比。比例系数 k 称为土的渗透系数（单位 m/d 或 cm/d）。它与土的颗粒级配、密实程度等有关。k 一般由试验确定，也可以查找参考表。

土的渗透系数是选择人工降低地下水位方法的依据，也是分层填土时确定相邻两层结合面形式的依据。

（4）土方边坡

土方边坡是指土体自由倾斜能力的大小，一般用边坡坡度和边坡系数表示。边坡坡度是指边坡深度 h 与边坡宽度 b 之比。工程中通常以 $1:m$ 表示边坡的大小，m 称为边坡系数。

（5）土的密度

土在天然状态下单位体积的质量叫土的密度。不同的土，密度不同。土的密度越大，强度越高。

13.1.2 土方工程的准备与辅助工作

1. 土方工程施工前应做好的各项准备工作

（1）场地清理。包括拆除施工区域内的房屋、古墓；拆除或搬迁通信和电力设备上下水管道和其他构筑物；迁移树木；清除树墩及含有大量有机物的草皮、耕植土和河道淤泥等。

（2）地面水排除。场地内积水会影响施工，故地面水和雨水均应及时排走，使得场地内保持干燥。地面水的排除一般采用排水沟、截水沟、挡水土坎等。临时性排水设施应尽可能与永久性排水设施相结合。

（3）修筑好临时设施及供水、供电、供压缩空气（当开挖石方时）管线，并试水、试电、试气。搭设必需的临时工棚，如工具棚、材料库、油库、维修棚、休息棚、办公棚等。

（4）修建运输道路。修筑场地内机械运行的道路（宜结合永久性道路修建），路面宜为双车道，宽度不小于7m，两侧设排水沟。

（5）做好设备运转。对进场土方机械、运输车辆及各种辅助设备进行维修检查、试运转，并运往现场。

（6）编制土方工程施工组织设计。主要确定基坑（槽）的降水方案，确定挖、填土方和边坡处理方法，土方开挖机械选择及组织，填方土料选择及回填方法。

【例 13.1-3】下列哪一个一般不是工地临时供水设计的内容？（　　）

A. 选择水源　　　　　　　　　　B. 设计配水管网
C. 确定消防最大用水量　　　　　D. 决定需水量

解析：工地临时供水设计的内容一般包括：决定需水量、选择水源、设计配水管网（必要时并设计取水、净水和储水构筑物）。答案为 C。

2. 场地设计标高的确定

（1）场地设计标高应满足的要求

大型工程项目通常都要确定场地设计平面，进行场地平整。场地平整就是将自然地面改造成人们所要求的平面。场地设计标高的基本要求：应满足规划、生产工艺及运输、排水及最高洪水位等要求，并力求使场地内土方挖填平衡且土方量最小。

(2) 确定场地设计标高的方法

两种方法：

1) 一般方法

如场地比较平坦，对场地设计标高无特殊要求，可按照"挖填土方量相等"的原则确定场地设计标高。

2) 最佳设计平面

最佳设计平面满足建筑规划、生产工艺和运输要求及场地排水，场内土方挖填平衡、并使土方的总工程量最小。应用最小二乘法的原理求最佳设计平面。

(3) 场地设计标高的调整

实际工程中，对计算所得的设计标高，还应考虑下述因素进行调整，这些工作在完成土方量计算后进行。

1) 考虑土的最终可松性；

2) 考虑工程余土或工程用土；

3) 采用场外取土或弃土。

场地设计平面的调整工作也是繁重的，如修改设计标高，则须重新计算土方工程量。

3. 土方工程量计算及土方调配

(1) 土方工程量计算

在土方工程施工之前，通常要计算土方的工程量。但土方工程的外形往往复杂、不规则，要得到精确的结果很困难。一般情况下，都将其假设或划分成为一定的几何形状，并采用具有一定精度而又和实际情况近似的方法进行计算。主要是基坑（槽）和路堤的土方量计算和场地平整土方量计算。

(2) 土方调配

土方调配的目的是在使土方总运输量（$m^3 \cdot m$）最小或土方运输成本最小的条件下，确定填挖方区土方的调配方向和数量，从而缩短工期和降低成本。一般用"线性规划"方法或"表上作业法"进行土方调配。

4. 基坑（槽）、管沟降水（地下水控制）

在地下水位较高的地区开挖基坑或沟槽时，土的含水层被切断，地下水会不断地渗入基坑。雨期施工时，地面水也会流入基坑。为了保证施工的正常进行，防止出现流沙、边坡失稳和地基承载能力下降等现象，必须在基坑或沟槽开挖前或开挖时，做好降水、排水工作。基坑或沟槽的排水方法可分为明排水法（集水明排）、人工降低地下水位法（降水）、截水和回灌。

(1) 流沙及其防治

当基坑开挖到地下水位以下时，有时坑底土会呈现流动状态，随着地下水涌入基坑，这种现象称为流沙。此时，地基土完全失去承载能力，土边挖边冒，施工条件恶化，严重时会造成边坡塌方，甚至危及邻近建筑物。

1) 地下水

地下水即为地面以下的水，主要是由雨水、地面水渗入地层或水蒸气在地层中凝结而成。地下水可分为上层滞水（结合水）、潜水和层间水（自由水）三种。

① 上层滞水。它是含在岩石和土孔隙中的水，不受重力作用的影响，以大气降水和水蒸气凝结作为补源，也可由潜水毛细管作用引升而成悬浮状态存在。由于它没有明显的水平方向移动，所以在此层水中打井或采用一般抽水措施是无效的。

② 潜水。它是存在于地面以下第一个稳定隔水层（不透水层）顶板以上的自由水，有一个自由水面。其水面受地质、气候及环境的影响，雨季时水位高，冬季时水位下降；附近有河、湖等，地表水存在时也会互相补给。潜水面至地表的距离称为潜水的埋藏深度，潜水面以下至隔水层顶板的距离为含水层厚度。这种水在重力作用下能作水平移动。如钻孔、打井至该层时，孔、井中的水面即为潜水水位，其标高即为地下水位标高。

③ 层间水。层间水是埋藏于两个隔水层（不透水层）之间的地下水。当水充满两个隔水层之间时，含水层会产生静水压力，由稳定的隔水层承受这种压力，这种水称为承压层间水。它没有自由水面，也不会由当地水源补给，其水位、水量受气候的影响较潜水小。若打井到达此含水层时，水会自动喷出。当水未充满两个隔水层时，称为无压层间水。

2) 地下水流网

水在土中稳定渗流时，水流情况不随时间而变，土的孔隙比和饱和度也不变，流入任意单元体的水量等于该单元体流出的水量，以保持平衡。若用流网表示稳定渗流，其流网由一组流线和一组等势线组成。

流线是指地下水从高水位向低水位渗流的路线。等势线是指各水流线上水头值相等的点连成的面（等势面）在平面或剖面上所表示的线。等势线与流线成正交。

如果根据降水方案绘出相应的流网，即可直观地考查水在土体中的渗流途径，更主要的是流网可用于计算基坑（槽）的渗流量（涌水量）及确定土体中各点的水头和水力梯度。

3) 动水压力与流沙

当基坑（槽）挖土到达地下水位以下，而土质是细砂或粉砂，又采用明排水法时，基坑（槽）底下面的土会形成流动状态，随地下水涌入基坑，这种现象称为流沙。此时土体完全丧失承载能力，边挖边冒，造成施工条件恶化，难以达到设计深度，严重时会造成边坡塌方及附近建筑物、构筑物下沉、倾斜、倒塌等。因此，在施工前必须对工程地质和水文地质资料进行详细调查研究，采取有效措施，防止流沙产生。

① 动水压力

动水压力是指流动中的地下水对土颗粒产生的压力。

② 流沙产生的原因

水流在水位差作用下，对单位土体（土颗粒）产生动水压力如图 13.1-1 所示，而动水压力方向与水流（流线）方向一致。对于图 13.1-1 中的单位土体 1 而言，水流线向下，则动水压力向下，与重力方向一致，土体趋于稳定；对单位土体 2 而言，水流线向上，则动水压力向上，与重力方向相反，这时土颗粒在水中不但受到水的浮力，而且还受到向上的动水压力作用，有向上举的趋势。当动水压力等于或大于土的浸水容重

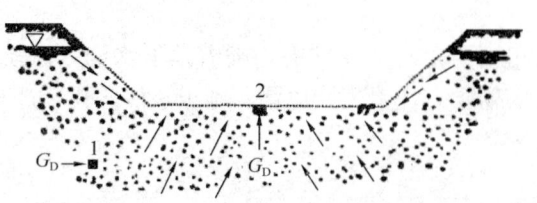

图 13.1-1　动水压力对地基土的影响

γ' 时，即

$$G_D \geq \gamma'$$

则土颗粒失去自重，处于悬浮状态，土的抗剪强度等于零，土颗粒随渗流的水一起流入基坑（槽）。此时如果土质为砂质土，即发生流沙现象。

当地下水位越高，坑（槽）内外水位差越大时，动水压力越大，就越容易发生流沙现象。

实践经验表明，具有下列性质的土，在一定动水压力作用下，就有可能发生流沙现象。a. 土的颗粒组成中，黏粒含量小于10%，粉粒的粒径为0.005～0.05mm，含量大于75%；b. 在土的颗粒级配中，土的不均匀系数小于5；c. 土的天然孔隙比大于43%；d. 土的天然含水量大于30%。因此，流沙现象经常发生在细砂、粉砂及粉质砂土中。实践还表明，在可能发生流沙的土质处，基坑（槽）挖深超过地下水位线0.5m左右时就会发生流沙现象。

此外，当基坑（槽）底部位于不透水层内，而其下面为承压蓄水层，基坑（槽）底不透水层的覆盖厚度的重量小于承压水的顶托力时，基坑（槽）底部便可能发生管涌现象，如图13.1-2所示。即

$$H\gamma_w > h\gamma$$

式中：H——压力水头（m）；

h——坑（槽）底不透水层厚度（m）；

γ_w——水的重度；

γ——土的重度。

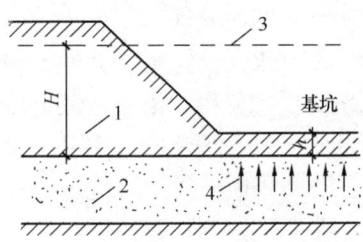

图13.1-2 管涌冒沙
1—不透水层；2—透水层；3—压力水位线；4—承压水的顶托力

③ 流沙的防治

发生流沙的主要条件是动水压力的大小和方向。因此，在基坑（槽）开挖中，防止流沙的途径一是减小或平衡动水压力；二是改变动水压力的方向设法使动水压力的方向向下，或是截断地下水流；三是改善土质。其具体措施如下。

a. 在枯水期施工。因为枯水期地下水位低，基坑内外水位差小，动水压力小，此时施工不易发生流沙。

b. 打板桩法。将板桩打入基坑（槽）底下面一定深度，增加地下水的渗流路程，从而减少水力坡度，降低动水压力，防止流沙发生。目前所用的板桩有钢板桩、钢筋混凝土板桩、木板桩等。此法需要大量板桩，一次投资较高，但钢板桩、木板桩可回收再利用，钢筋混凝土板桩又可作为地下结构的一部分（如工程桩、衬墙等），钢板桩同时可作为挡土的支护结构。所以，在深基施工中常用钢筋混凝土板桩，在管沟、基槽施工中常使用钢板桩和木板桩。

c. 水下挖土法。采用不排水法施工，使得坑（槽）内外水压相平衡，消除动水压力（$\Delta h=0$），从而防止流沙产生。此法在沉井挖土下沉过程中常被采用。

d. 筑地下连续墙、地下连续灌注桩法。此法是在基坑周围先灌注一道钢筋混凝土的连续墙或连续的圆形桩，以承重、挡土、截水并防止流沙现象发生。此法在深基支护中常被采用。

e. 筑水泥土墙法。此法是在基坑（槽）周围连续将土和水泥拌和成一道水泥土墙，

这样既可挡土又可挡水。

f. 人工降低地下水位。如采用轻型井点等降水方法，使得地下水的渗流向下，动水压力的方向也朝下，从而可有效地防止流沙现象发生，并增大土颗粒间的压力。

g. 改善土质。主要方法是向产生流沙的土质中注入水泥浆或采用硅化注浆。硅化注浆是利用硅酸钠（水玻璃）为主剂的混合溶液或水玻璃水泥浆，通过注浆管均匀地注入地层，浆液赶走土粒间或岩土裂隙中的水分和空气，并将砂土胶结成一个整体，形成强度较大、阻滞性能好的结石体，从而防治流沙。

此外，在含有大量地下水土层或沼泽地区施工时，还可以采用土壤冻结法、烧结法等，截止地下水流入基坑（槽）内，以防止流沙现象的产生。

当基坑（槽）出现局部或轻微流沙现象时，可抛入石块、装土（或砂）麻袋把流沙压住。如果坑（槽）底冒沙太快，土已失去承载力，则此法无效。因此，对位于易发生流沙地区的基础工程，应尽可能采用桩基或沉井施工，以节约防治流沙所增加的费用。

(2) 明排水法

明排水法又称集水井法，属于重力降水，是采用截、疏、抽的方法来进行排水，即在基坑开挖过程中，沿基坑底周围或中央开挖排水沟，并设置一定数量的集水井，使得基坑内的水经排水沟流向集水井，然后用水泵抽走（图 13.1-3）。

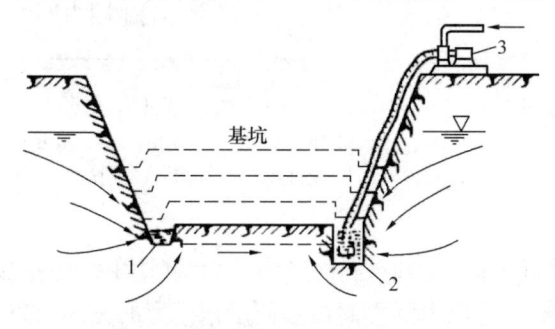

图 13.1-3　集水井降水
1—排水沟；2—集水井；3—水泵

施工中，应根据基坑（槽）底涌水量的大小、基础的形状和水泵的抽水能力，决定排水沟的截面尺寸和集水井的个数。排水沟和集水井应在基础边线 0.4m 以外。当坑（槽）底为砂质土时，排水沟边缘应离开坡脚不小于 0.3m，以免影响边坡稳定。排水沟的截面一般为 0.3m×0.5m，沟底低于挖土工作面不小于 0.5m，并向集水井方向保持 3‰左右的纵向坡度；每间隔 20~40m 设置一个集水井，其直径或宽度为 0.6~0.8m，深度随挖土深度增加而加深，且低于挖土面 0.7~1.0m。集水井积水到一定深度，将水抽出坑外。基坑（槽）挖至设计标高后，集水井底比沟底低 0.5m 以上，并铺设碎石滤水层。为了防止井壁由于抽水时间较长而将泥砂抽出及井底土被搅动而塌方，井壁可用竹、木、砖、水泥管等进行简单加固。

用明排水法降水时，所采用的抽水泵主要有离心泵、潜水泵、软轴泵等，其主要性能包括流量、扬程和功率等。选择水泵时，水泵的流量和扬程应满足基坑涌水量和坑底降水深度的要求。

明排水法由于设备简单、排水方便，地上采用比较广泛。它适用于水流较大的粗粒土层的排水、降水，因为水流一般不致将粗粒带走；也可以用于渗水量较小的黏性土层降水，即渗透系数为 7~20m/d 的土质。降水深度在 5m 以内。该方法不适宜细砂土和粉砂土层，因为地下水渗出会带走细粒而发生流沙现象，使得边坡坍塌、坑底凸起而难以施工。在这种情况下就必须采取有效的措施和方法防止流沙现象的发生。

(3) 人工降低地下水位（降水）

人工降低地下水位，就是在基坑（槽）开挖前，预先在基坑（槽）四周埋设一定数量的滤水管（井），利用抽水设备从中抽水，使地下水位降低至坑（槽）底标高以下500mm以下，直至基础施工结束为止。这样，可使所挖的土始终保持干燥状态，改善了施工条件。同时，还使动水压力方向向下，从根本上防止流沙发生，并增加土中有效应力，提高土的强度和密实度。在降水过程中，基坑（槽）附近的地基土壤会有一定的沉降，施工时应加以注意。

人工降低地下水位的方法有轻型井点、喷射井点、电渗井点、管井井点（大口井）等，各种方法的选用可视土的渗透系数、降水深度、工程特点、设备条件及经济条件等（参照表13.1-1）。其中以轻型井点的理论最为完善，应用较广。但目前很多深基坑（槽）降水都采用大口井方法，它的设计是以经验为主、理论计算为辅，目前尚无这种井的规程。下面重点介绍轻型井点的理论和大口井的成功经验。

降水井类型及使用条件　　　　　　　　　　　　表 13.1-1

降水井类型	渗透系数（m/d）	降水深度（m）	土质类型	水文地质特征
轻型井点	0.1～20.0	一级<6 二级<20	填土、粉土、黏性土、砂土	上层滞水或者水量不大的潜水
喷射井点	0.1～20.0	<20		
电渗井点	<0.1	按井点确定	黏性土	
管井井点	1.0～200.0	>5	粉土、砂土、碎石土、可熔岩、破碎带	含水丰富的潜水、承压水、裂隙水

1）轻型井点

轻型井点是沿基坑四周或一侧每隔一定距离埋入井点管（下端为滤管）至蓄水层内，井点管上端通过弯联管与总管连接，利用抽水设备将地下水从井点管内不断抽出，使原有地下水位降至坑底以下的一种降水方法（图13.1-4）。

① 轻型井点的设备

轻型井点设备主要包括井点管、滤管、集水总管、抽水设备等。

A. 滤管：滤管长1.0～1.2m，它与井点管用螺丝套头连接。滤管是井点设备的重要部分，其构造是否合理，对抽水效果影响很大。

B. 井点管和弯联管：井点管长5～7m，宜采用直径为38～57mm的无缝钢管，可整根或分节组成。井点管的上端用弯联管与总管相连。弯联管宜装有阀门，以便检修井点。近年来有的弯联管采用透明塑料管，可随时观察井点管的工作情况，有的采用橡胶管，可避免两端不均匀沉降而泄漏。

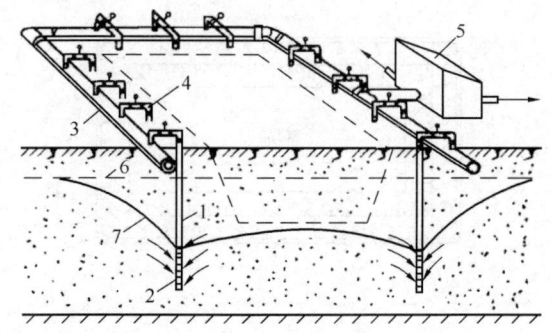

图 13.1-4　轻型井点降低地下水位全貌
1—井点管；2—滤管；3—总管；4—弯联管；5—水泵；
6—原有地下水位线；7—降低后的地下水位线

C. 集水总管：集水总管为内径100～127mm的无缝钢管，每节长4m，其间用橡皮套管连接，并用钢箍固定，以防漏水。总管上还装有与弯联管连接的短接头，间距0.8～1.6m。

D. 抽水设备：轻型井点的抽水设备主机由真空泵、离心水泵和水汽分离器组成，称为真空泵轻型井点。

② 轻型井点的布置

轻型井点的布置应根据基坑大小和深度、土质、地下水位高低与流向、降水深度要求等而定。井点布置是否恰当，对降水效果、施工速度影响很大。

A. 平面布置

当基坑或沟槽宽度小于 6m，水位降低值不大于 6m 时，可采用单排井点，布置在地下水流的上游一侧，其两端的延伸长度一般以不小于坑（槽）宽度为宜（图 13.1-5）。如基坑宽度大于 6m 或土质不良、渗透系数较大时则宜采用双排井点。当基坑面积较大（$L/B \leqslant 5$，降水深度 $S \leqslant 5m$，坑宽 B 小于 2 倍的抽水影响半径 R）时，宜采用环形井点（图 13.1-6）。当基坑面积过大或 $L/B > 5$ 时，可分段进行布置。无论哪种布置方案，井点管距离基坑（槽）壁一般不宜小于 $0.7 \sim 1.0m$，以防漏气。井点管间距应根据土质、降水深度、工程性质等确定，一般为 $0.8 \sim 1.6m$，或由计算和经验确定。

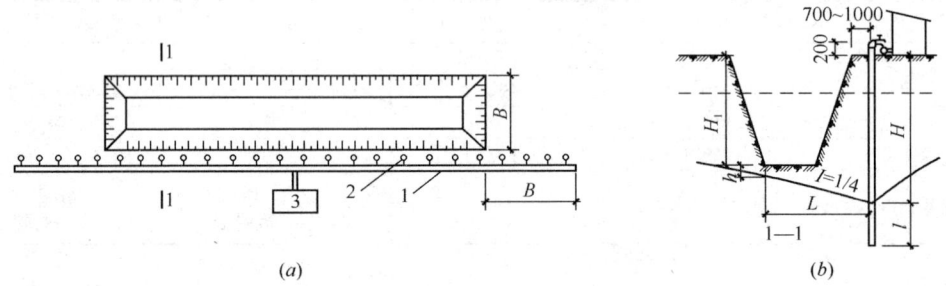

图 13.1-5 单排线状井点的布置
(a) 平面布置；(b) 高程布置
1—总管；2—井管；3—泵站

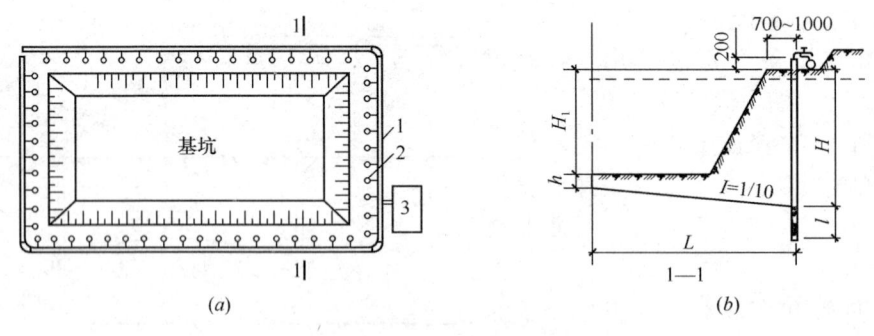

图 13.1-6 环形井点的布置
(a) 平面布置；(b) 高程布置
1—总管；2—井管；3—泵站

B. 高程布置

井点管的埋置深度 H（不包括滤管）按下式计算，见图 13.1-6 (b)。

$$H \geqslant H_1 + h + IL \tag{13.1-1}$$

式中：H_1——井点管埋置面至基坑（槽）底的距离（m）；

h——基坑（槽）底面（单排井点时为远离井点一侧坑（槽）底边缘，双排、环

形时为坑中心处)至降低后地下水位的距离,一般为0.5~1.0m;

I——地下水降落坡度,根据众多工程实测结果:环形、双侧井点宜为1/10,单排井点宜为1/4;

L——井点管至基坑(槽)中心的水平距离(单排井点为井点管至基坑(槽)另侧的水平距离),见图13.1-5、图13.1-6。

一级轻型井点利用真空泵抽吸地下水时,其降水深度理论上可达10.3m,但考虑抽水设备及管路系统的水头损失,一般不超过6m。如果根据式(13.1-1)算出的 H 值大于降水深度6m(一层井点管长度一般也是6m标准长度),则应降低井点管埋置面,以适应降水深度要求。此外,在确定井点管埋置深度时,还应考虑到井点管般要露出地面0.2~0.3m。在任何情况下,滤管必须埋在透水层内。

为了充分利用抽吸能力,总管的布置标高宜接近地下水位线(要事先挖槽),水泵轴心标高宜与总管平行或略低于总管,总管应具有0.25%~0.5%坡度(坡向泵房),各根滤管最好设在同一水平面上。

当一级(一层)井点未达到上述埋置及降水深度要求时,即 $H \geqslant H_1 + h + IL > 6.0\text{m} - (0.2 \sim 0.3)\text{m}$ 时,可视土质情况,先用其他方法排水(如明排水法),挖去一层土再布置井点系统;或采用二级井点,即先挖去第一级井点所疏干的土,然后再布置第二级井点,使降水深度增加(图13.1-7)。

③ 轻型井点的计算

轻型井点计算包括涌水量的计算、井点管数量与井距确定以及抽水设备的选用等。

井点系统涌水量的计算比较复杂,受到许多不易确定因素(如水文地质因素和各种技术因素)的影响,很难得出精确的计算结果。但如能仔细分析水文地质资料和选用适当的数据及计算公式,其误差一般可保持在一定范围内,能满足工程施工设计精度要求。

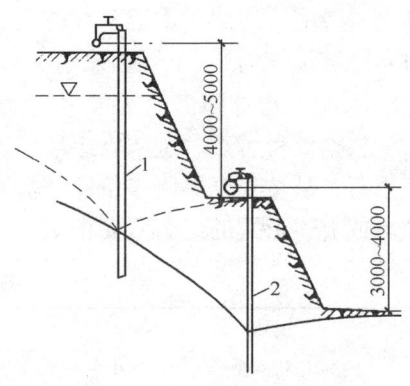

图13.1-7 二级轻型井点
1—第一级井点管;2—第二级井点管

2)喷射井点

喷射井点根据工作时所使用的液体或气体的不同,分为喷水井点和喷气井点两种。其设备主要由配设井管、高压水泵和管路组成。

喷射井管分外管和内管两部分,在内管下端有喷射器与滤管相连。喷射器由喷嘴、混合室、扩散室等组成。工作时,用高压水泵把压力为0.7~0.8MPa的水经过总管分别压入井点管中,高压水经外管与内管之间的环形空间,并经喷射器侧孔流向喷嘴,由于喷嘴处截面突然缩小,压力水经喷嘴以很高的流速喷入混合室,使该室压力下降,造成一定的真空。此时,地下水被吸入混合室与高压水汇合流经扩散管,沿内管上升经排水总管排出,地下水不断从井点管中抽走,而使地下水位逐渐下降,达到设计要求的降水深度。

采用喷射井点,降水深度可达8~20m。

【例13.1-4】当基坑降水深度超过8m时,比较经济的降水方法是( )。

A. 轻型井点   B. 喷射井点   C. 电渗井点   D. 管井井点

解析：一级轻型井点的降水深度在6m左右，若降水深度超过8m，则需要二级轻型井点，这种做法不经济。管井井点的费用比较大。采用喷射井点，降水深度可达8～20m，满足降水深度的要求，同时比较经济。答案为B。

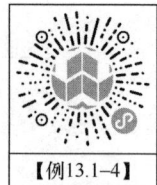
【例13.1-4】

3）电渗井点

当土的渗透系数很小时，采用轻型井点或喷射井点的效果很差。这时宜改用电渗井点。

电渗井点是以原有的井点管（轻型井点或喷射井点）作为阴极，沿基坑外围布置，采用套管冲枪成孔埋设；以钢管或钢筋作为阳极，埋在井点管内侧，通入直流电后，带正电荷的孔隙水自阳极向阴极移动（电渗现象）。在电渗与真空的双重作用下，强制地下水在井点管附近积集，经井点管快速排出，地下水位逐渐下降。

电渗井点适用于在黏土、粉质黏土、淤泥等土质中降水。

4）管井井点

管井井点就是沿基坑一定距离设置一个管井，每个管井单独用一台水泵不断抽水以降低地下水位。适用于渗透系数较大、地下水量大的情况。当采用离心泵或真空降水设备时，降水深度为6～10m；采用潜水泵或深井泵时，降水深度可达数十米。

5．土方边坡和土壁支撑

根据工程特点、基坑周边环境、开挖深度、工程地质与水文地质、施工作业设备和施工季节、基坑安全等级等条件，基坑支护可选用支挡式结构、土钉墙、重力式水泥土墙、放坡或上述形式的组合。支护结构选型的适用条件见表13.1-2。

各类支护结构的适用条件　　　　　表13.1-2

结构类型		适用条件	
		安全等级	基坑深度、环境条件、土类和地下水条件
支挡式结构	锚拉式结构	一级二级三级	适用于较深的基坑	1．排桩适用于可采用降水或截水帷幕的基坑 2．地下连续墙宜同时用作主体结构地下结构的外墙，可同时用于截水 3．锚杆不宜用于软土层和高水位的碎石土、砂土层中 4．当邻近基坑有建筑物地下室、地下构筑物时，锚杆的有效长度不足时，不宜采用锚杆 5．当锚杆施工会造成基坑周边建筑物的损害或者违反城市地下空间规划等规定时，不宜采用锚杆
	支撑式结构		适用于较深的基坑	
	悬臂式结构		适用于较浅的基坑	
	双排桩		当锚拉式结构和支撑式结构不适用时，可采用双排桩	
	支护结构与主体结构相结合的逆作法		适用于基坑周边环境条件很复杂的深基坑	
土钉墙	单一土钉墙	二级三级	适用于地下水位以上或降水的非软土基坑，且基坑深度不宜大于12m	当基坑潜在滑动面内有建筑物、重要地下管线时，不宜采用土钉墙
	预应力锚杆复合土钉墙		适用于地下水位以上或降水的非软土基坑，且基坑深度不宜大于15m	
	水泥土桩复合土钉墙		用于非软土基坑时，基坑深度不宜大于12m；用于淤泥质土基坑时，基坑深度不宜大于6m；不宜用于在高水位的碎石土和砂土层中	
	微型桩符合土钉墙		适用于地下水位以上或降水的基坑，用于非软土基坑时，基坑深度不宜大于12m；用于淤泥质土基坑时，基坑深度不宜大于6m	

续表

结构类型	安全等级	适用条件
		基坑深度、环境条件、土类和地下水条件
重力式水泥土墙	二级三级	适用于淤泥质土、淤泥基坑,且基坑深度不宜大于7m
放坡	三级	1. 施工场地满足放坡条件 2. 放坡与上述支护结构形式相结合

对支护结构要进行强度、稳定和变形方面的计算,三方面都需满足要求。计算方法包括圆弧滑动简单条分发、弹性支点法等,后者应用较多。

13.1.3 填土压实

1. 对填土的要求

(1) 淤泥土、冻土、强膨胀性土、盐渍土、有机物含量大于8%的土均不能用作填料。

(2) 应水平分层填土、分层夯实,每层的厚度根据土的种类及压实机械而定。

(3) 为了防止基础被蓄水浸泡,采用两种透水性不同的土料时,应分别分层填筑,透水性小的宜在上层;

(4) 不同填料不应混填。

【例13.1-5】在填方工程中,如采用透水性不同的土料分层填筑时,下层宜填筑( )。(2013年)

A. 渗透系数极小的填料　　　　　B. 渗透系数较小的填料
C. 渗透系数中等的填料　　　　　D. 渗透系数较大的填料

解析:为了保证填筑密实,填筑应该要分层进行,并尽量采用同类土填筑,填土中如采用不同透水性的土料填筑时,必须将透水性较大的土层置于透水性较小的土层之下,且不得将各种土料任意混杂使用。这是为了防止基础被蓄水浸泡。答案为D。

2. 压实方法

(1) 碾压法:利用机械滚轮的压力压实土壤,使之达到所需的密实度,适用于大面积填筑。碾压机械有平碾和羊足碾。碾压时,行驶速度不宜过快;对松土应先轻碾初步压实,再用重碾或振动碾压,以避免土层强烈起伏;对无限制的填土,应先压边部后压中间,利于压实。

【例13.1-6】在压实松土时,应当采用( )。

A. 先轻碾后重碾　　　　　　　　B. 先重碾后轻碾
C. 先振动碾压后停止振动碾压　　D. 先快速碾压后慢速碾压

解析:对松土应先轻碾初步压实,再用重碾或振动碾压,以避免土层强烈起伏。答案为A。

(2) 夯实法:利用夯锤下落的冲击力来夯实土壤,此法主要用于小面积回填土。常用夯实法有人工夯实法(如木夯、石夯等)和机械夯实法(夯实机械如夯锤、内燃夯土机、蛙式打夯机等)。

(3) 振动压实法:将振动压实机置于土层表面,借助振动机构使压实机械振动,土颗粒发生相对位移而达到紧密状态。此方法对于非黏性土效果较好。

3. 影响填土压实质量的因素

(1) 压实功的影响：填土压实后的重度与压实机械在其上所施加的功有一定的关系。实际施工中，填土压实后的密实度与压实遍数有关。土在一定含水率下，开始压实时土的密实度急剧增加，接近土的最大干密度后，虽经反复压实，但密度无变化。对于不同的土，以及压实后的密实度要求不同时，各类压实机械的压实遍数也不同。

(2) 含水率的影响：干燥的土，由于颗粒之间的摩阻力较大，填土不易压实；含水率较高的土，由于土颗粒间的孔隙全部被水填充而呈饱和状态，土也不能被压实且易出现"橡皮土"；只有处于最佳含水率范围内的土才易于被压实。

(3) 铺土厚度的影响：土在压实功作用下，所受压应力随深度的增加而减小，其影响深度与压实机械、土的性质和土的含水率有关。铺土厚度应小于压实机械压土时的作用深度，最优铺土厚度可使土方压实机械的功耗费最小且土被压得更密实。

土方填筑厚度及压实遍数应根据土质、压实系数及所用机具确定。如无试验依据时，可根据表 13.1-3 确定。

填土施工时的分层厚度及压实遍数　　　　　表 13.1-3

压实机具	分层厚度（mm）	每层压实遍数	压实机具	分层厚度（mm）	每层压实遍数
平碾	250～300	6～8	打夯机	200～250	3～4
振动压实机	250～350	3～4	人工打夯	≤200	3～4

土的压实质量，需通过取样，测其干密度进行检验。取样位置为每层压实后土的下半部。

【例 13.1-7】作为检验填土压实质量控制指标的是(　　)。

A. 土的干密度　　　　　　　　B. 土的压实度
C. 土的压缩比　　　　　　　　D. 土的可松性

解析：土的干密度，是指单位体积土中固体颗粒的质量，用 ρ_d 表示；它是检验填土压实质量的控制指标。答案为 A。

13.1.4 土方机械化施工

1. 主要土方机械

(1) 推土机

推土机是一种能够进行挖掘、运输和排弃岩土的土方工程机械，可以独立完成铲土、运土及卸土三种作业。它操作灵活、运转方便。因此应用范围广。推土机的推运距离在 100m 之内，运距在 50m 左右经济效果好。

(2) 铲运机

铲运机是一种能综合完成全部土方施工工序（挖土、运土、卸土和平土）的机械。铲运机管理简单，生产效率高，且运行费用低，常用于大面积场地平整、开挖大型基坑、填筑路基等。自行式铲运机适用于运距为 800～3500m 的大型土方工程施工，以运距在 800～1500m 以内生产效率最高；拖式铲运机适用于运距为 80～800m 的土方工程施工，以运距在 200～350m 效率最高。

(3) 单斗挖土机

单斗挖土机在土方工程中应用最广，种类很多，按其工作装置可分为正铲、反铲、拉铲和抓铲等不同挖土机，但常用的为正铲和反铲挖土机。正铲挖土机的工作特点是"前进向上、强制切土"，用于开挖停机面以上的土方，且需与汽车配合完成整个挖运作业。反铲挖土机的工作特点是"后退向下、强制切土"，用以挖掘停机面以下的土方，主要用于开挖基坑、基槽或管沟。拉铲挖土机的工作特点是"后退向下、自重切土"，适用于填筑路基、开挖沟渠或水中挖土。抓铲挖土机的工作特点是"直上直下、自重或强制切土"，适用于深的井、坑、槽的开挖。

【例13.1-8】反铲挖土机的特点是（　　）。
A. 前进向上、强制切土　　　　　B. 后退向下、强制切土
C. 后退向下、自重切土　　　　　D. 直上直下、自重或强制切土
解析： 反铲挖土机的特点是"后退向下、强制切土"。选 B。

2. 土方机械的选择

(1) 当地形起伏不大，坡度在20°以内，土方开挖或场地平整的面积较大，土的含水量适当，平均运距在1km以内时，采用铲运机较合适。

(2) 地形起伏较大，一般挖土高度在3m以上，运距超过1km，工程量较大且集中时，一般可根据情况从下述三种方式中选择：

1) 正铲挖土机配合自卸汽车进行施工，并在弃土区配备推土机平整土堆；
2) 用推土机将土推入漏斗，用自卸汽车在漏斗下装土并运走；
3) 用推土机预先将土堆成一堆，用装载机把土撞到汽车上运走。

(3) 开挖基坑时，可根据运距长短、挖掘深浅，分别采用推土机、铲运机或挖土机配合自卸汽车进行施工。

13.1.5 土石方爆破工程

把炸药埋置于地下深处引爆后，由于原来体积很小的炸药在极短时间内通过化学变化立刻转化为气体状态，体积迅速增加，产生极大的压力、冲击力和很高的温度，使周围的介质（土、石等）受到不同程度的破坏，称之为爆破。

1. 炸药、炸药量的计算及起爆方法

(1) 炸药

在外界能量作用下，能由其本身的能量发生爆炸的物质叫炸药。不同种类的炸药，其爆速、爆力、猛度和敏感度及安定性是不同的，在使用时应予以注意。

(2) 炸药量的计算

爆破时，用药量应根据岩石的硬度、岩石的缝隙、临空面的多少、估计爆破的土石方量以及施工经验来确定，一般通过理论计算后再通过试爆复核，最后确定实际的用药量。

(3) 起爆方法

1) 火花起爆：它是利用导火索在燃烧时的火花引爆雷管，然后再使炸药发生爆炸。用火花起爆时，同时点燃导火索的根数要受到限制，因此，同时爆破的药包也受到限制。

2) 电力起爆：它是利用电雷管中的电力引火装置，使雷管中的起爆炸药爆炸，然后使药包爆炸。大规模爆破及同时起爆较多炮眼时，多采用电力起爆。

3) 导爆索起爆：导爆索的外形和导火索相似，但它的药芯由高级烈性炸药组成。皮线绕以红色线条以与导火索区别。导爆索起爆不需雷管，但本身必须用雷管引爆。这种方

法成本较高，主要用于深孔爆破和大规模的药室爆破，不宜用于一般的炮眼法爆破。

4) 导爆管起爆：它是用直径约 3mm、内壁涂有混合炸药粉末的塑料软管构成的导爆管，将击发雷管产生的爆轰波传递至非电毫秒雷管而起爆。导爆管具有良好的传爆、耐火、抗冲击、抗水、抗电和强度性能，起爆感度高、传爆速度快，应用普遍。

2. 爆破方法

（1）炮眼法

炮眼法属于小爆破，是在被爆破的岩内凿直径为 25～75mm、深度为 1～5m 的筒形泡眼，然后装药进行爆破。

（2）拆除爆破

拆除爆破又名控制爆破，它通过一定的技术措施，严格控制爆破能量和爆破规模，使爆破的声响、振动、破坏区以及破碎物的散坍，控制在规定限度内的一种爆破技术。它在城市和工厂的发展过程中，对已有房屋和构筑物的改建、拆除提供了安全有效的方法。

13.1.6 桩基础工程

桩的作用在于将上部建筑结构的载重传递到深处承载力较大的土层上，或者使软土层挤实，以提高土壤的承载力和密实度，保证建筑物的稳定和减少其沉降量。当上部结构质量很大，而软弱土层又较厚时，采用桩基施工可省去大量的土方工作量、支撑工作量和排水、降水设施，一般均能获得良好的经济效果。

1. 桩的分类

根据桩在土壤中的工作性质，可分为端承桩、摩擦桩、锚固桩三种。穿过软土层而桩端达到岩层或坚硬土层的桩，称为端承桩；反之，悬在软土层中靠摩擦力承重的桩，称为摩擦桩；主要承受抗拔拉力和水平力的桩，称为锚固桩。

按桩的施工方法不同，分为预制桩和灌注桩两大类。预制桩是在工厂或施工现场制成各种材料和形式的桩，而后用沉桩设备将桩打入、压入、振入或旋入土中；灌注桩是在施工现场的桩位上先成孔，然后在孔内灌注混凝土而成。

【例 13.1-9】按照施工方法的不同，桩基础可以分为（   ）。（2009 年）
①灌注桩；②摩擦桩；③钢管桩；④预制桩；⑤端承桩。
A. ①④   B. ②⑤   C. ①③⑤   D. ③④

解析：桩基础按施工方法可分为预制桩和灌注桩，按桩在土壤中的工作性质（受力情况）可分为端承桩和摩擦桩。选 A。

2. 预制钢筋混凝土打入桩施工

（1）预制钢筋混凝土打入桩

1) 打桩设备

① 桩锤：桩锤是对桩施加冲击，把桩打入土中的主要机具。桩锤主要有四种：落锤、柴油锤、汽锤和液压锤。桩锤型号选择应遵循"重锤轻击"的原则，以利桩的下沉，同时避免锤头回弹或打碎桩头。

【例 13.1-10】在锤击沉桩施工中，若发现桩锤回弹大而沉降量很小，这是因为（   ）。
A. 桩锤太重   B. 桩锤太轻
C. 桩锤落距太大   D. 桩锤落距太小

解析：由于桩锤太轻会导致冲击力小，能量大多被桩身吸收，桩锤型号选择应遵循"重锤轻击"的原则，以利桩的下沉，同时避免锤头回弹或打碎桩头。选 B。

② 桩架：桩架是支持桩身和桩锤，在打桩过程中引导打桩的方向，并在打桩前吊装就位的设备。常用的桩架有两种基本形式：一种是具有托盘或船形轨道的步履式桩架，另一种是装在履带底盘上的打桩架。

③ 动力设备：动力设备主要是指为汽锤提供汽源的设备。

2）预制桩的制作、起吊、运输和堆放

较短的桩多在预制厂生产，较长的桩一般在打桩现场附近预制。现场预制桩多用叠浇法施工，但不宜超过三层。桩之间要做好隔离层，上层桩或邻桩的浇筑，应在下层桩或邻桩的混凝土达到设计强度的 30% 以后方可进行。当混凝土桩达到设计强度的 100% 后，方可起吊和运输。起吊时，起吊点的位置由设计决定。桩堆放时，地面必须平整坚实，垫木的间距应根据起吊点位置确定。各层垫木应位于同一垂直线上，预制桩的堆放层数不宜超过四层。不同规格的桩，应分别堆放。

3）打桩

① 打桩准备

打桩前应做好现场自然条件、地质条件、附近建筑物及管线情况调查工作；清除地上及地下障碍物（如果桩下有障碍物，在预制桩打桩过程中会导致贯入度骤减）；做好场地平整、排水工作；放线和定桩位，并设置不少于 2 个水准点；打试桩不少于两根，以检验工艺是否合理、设备是否正常；确定合理的沉桩顺序，以保证沉桩速度、质量和周围建筑物及管线的安全。

确定沉桩顺序的原则为先深后浅、先大后小、先长后短、先密后疏。对于密集桩群（中心距小于桩断面边长或直径的 4 倍），应自中心向两侧或四周对称施打。当一侧毗邻建筑物时，由毗邻处向外施打。

【例 13.1-11】 在预制桩打桩过程中，如发现贯入度有骤减，说明（　　）。

A. 桩尖破坏　　　　B. 桩身破坏　　　　C. 桩下有障碍物　　D. 遇软土层

解析：打桩前应做好各项准备工作：①清除妨碍施工的地上和地下的障碍物；②平整施工场地；③定位放线；④设置供电、供水系统；⑤安设打桩机等。在预制桩打桩过程中，若贯入度减小，说明桩下可能有障碍物。选 C。

② 施打方法

在桩架就位后，即可吊桩。垂直对准桩位中心缓缓放下，插入土中，位置要准确。在桩顶扣好桩帽或桩箍，使桩稳定后，即可除去吊钩，起锤劲压并轻击数锤，随即观察桩身与桩帽、桩锤等是否在同一轴线上，接着可正常施打。在打桩过程中，要经常注意观察，如发现问题应及时纠正。

③ 打桩质量控制

打桩的质量要视打入后的偏差是否在允许范围之内、贯入度与沉桩标高是否满足设计要求以及桩顶、桩身是否被打坏而定。终止打桩的原则为：对端承桩以控制最后贯入度（最后 10 击的入土深度）为主，以沉桩标高为辅；对摩擦桩则相反。

在桩顶设计标高与施工场地标高相同时，或桩基施工结束后，应对桩位进行检查。

在桩顶设计标高低于施工场地标高，送桩后，无法对桩位进行检查时，对打入桩可在每根桩的桩顶沉至场地标高时，进行中间验收；待全部桩施工结束，承台或底板开挖到设计标高后，再进行最终验收。

打（压）入桩（预制混凝土方桩、预应力管桩、钢桩）的桩位偏差，必须符合桩位允许偏差的规定。斜桩倾斜度的偏差不得大于倾斜角正切值的15%（倾斜角是指桩的纵向中心线与铅垂线间的夹角）。

（2）静力压桩

打入桩噪声大，在城市中施工会带来公害。因此，当条件具备时，可采用静力压桩。

静力压桩法是利用桩机本身的自重平衡沉桩阻力，在沉桩压力的作用下，克服压桩过程中的桩侧摩阻力及桩端阻力而将桩压入土中。

静力压桩法完全避免了桩锤的冲击运动，故在施工中无振动噪声和空气污染，同时对桩身产生的应力也大大减小。因此，它广泛应用于闹市中心建筑较密集区。但是这种方法对土层的适应性有一定的局限，一般适用于软弱的土层，当存在厚度大于2m的中密以上砂夹层时不宜采用此法。

静力压桩机分为机械式和液压式两种，前者只能用于压桩，后者可压桩亦可拔桩。

（3）振动法沉桩

振动法是利用振动锤沉桩，将桩与振动锤连接在一起，利用高频振动激振桩身，使桩身周围的土体产生液化而减小沉桩阻力，并靠桩锤及桩体的自重将桩沉入土中。

它适用于长度不大的钢管桩、H型钢桩及混凝土预制桩，还常用于沉管灌注桩施工。振动锤可适用于软土、粉土、松砂等土层，不宜用于密实的粉性土、砾石及岩石。

振动锤施工速度快、使用方便、费用低、结构简单、维修方便，但是耗电量大、噪声大，在硬质土层中不易贯入。

3. 灌注桩施工

灌注桩是直接在桩位上就地成孔，然后在孔内安放钢筋笼（也有直接插筋或省缺钢筋的），再灌注混凝土而成。根据成孔工艺不同，分为干作业成孔、泥浆护壁成孔套管成孔和爆扩成孔等。泥浆护壁的作用主要有保护孔壁、防止塌孔、携渣和冷却、润滑机具等作用。

灌注桩施工技术近年来发展很快，还出现了夯扩成管灌注桩、钻孔压浆成桩等一些新工艺灌注桩能适应各种地层的变化，无需接桩，施工时无振动、无挤土、噪声小，宜在建筑物密集地区采用。但与预制桩相比，它也存在操作要求严格、质量不易控制、成孔时排出大量泥浆、桩需养护检测后才能开始下一道作业等缺点。

（1）钻孔灌注桩

钻孔灌注桩是利用钻孔机钻出桩孔，然后灌注混凝土或钢筋混凝土而成。施工时无振动，不挤土，能在各种土层条件下施工。根据地层情况及地下水位埋深，可采用于作业成孔或泥浆护壁成孔工艺。但这种桩承载能力较低，沉降量也较大。

钻孔灌注桩钢筋骨架主筋的直径不宜小于16mm，间距不得小于10cm，箍筋直径宜采用6~8mm，骨架应一次绑扎好，起重机起吊，用导向钢筋送入孔内，防止带入泥土杂物。钢筋定位后，应立即灌注混凝土，防止塌孔。灌注前应进行清孔，孔底泥渣厚度：端承桩不大于50mm，摩擦桩不大于150mm。宜采用压灌混凝土后插筋法或后注浆工艺，以提高承载力、减少沉降量。

(2) 挖孔灌注桩

随着高层及超高层、重型及超重型工业与民用建筑的发展，小直径单桩和群桩基础在承受大荷载或满足沉降要求等方面已受到一定的限制，因而大直径灌注桩已被许多国家采用。其桩径为 1~3m，桩深度达到 20~40m，最深可达 80m。其成孔常采用人工或大型机械挖孔。

(3) 沉管灌注桩

沉管灌注桩，是利用与桩的设计尺寸相适应的一根钢管，在端部套上预制的钢靴，打入土中，然后将钢筋骨架放入钢管内，再灌注混凝土，并随灌随将钢管拔出，利用拔时的振动将混凝土振捣密实。沉管灌注桩的施工方法根据承载力的要求不同，可分别采用单打法、复打法和反插法。复打法是在灌注混凝土前不放钢筋笼，拔管后在原位复打，放入钢筋笼后再次灌混凝土成桩；反插法是在拔管过程中每上拔 1m，再下沉 0.5m 的方法。沉管灌注桩施工宜采用复打法，避免产生缩颈现象。

【例 13.1-12】下列同规格的灌注桩中，由于施工方法不同，承载能力最低的是（　　）。

A. 钻孔灌注桩　　　　　　　　B. 单打沉管灌注桩
C. 反插沉管灌注桩　　　　　　D. 复打沉管灌注桩

解析：钻孔灌注桩是非挤土桩，而沉管灌注桩是挤土桩，故钻孔灌注桩的承载能力最低。在沉管灌注桩中，单打法的成桩断面不超过桩管的 1.3 倍，反插法可达到 1.5 倍，复打法可达到 1.8 倍左右。所以复打沉管灌注桩的承载能力最高。

答案为 A。

(4) 爆扩灌注桩

爆扩灌注桩是用钻孔及爆扩法成孔。钻孔后，在孔底放入炸药，灌注少量混凝土，引爆炸药，孔底形成扩大头。此时，混凝土落入孔底腔内，再放入钢筋笼，灌注混凝土成桩。

13.1.7 地基加固处理技术

当地基的强度不足或土的压缩性较大，不能满足建筑物的地基要求时，就需要针对不同的情况，对地基进行加固处理。

地基加固处理称为土质稳定。其目的：提高地基土的抗剪强度；降低软弱土的压缩性，减少基础的沉降和不均匀沉降，改善土的透水性，起到截水防渗的作用，改善土的动力特性，防止液化。

按照其作用机理，地基处理大致可以分为土质改良、置换和补强。土质改良是指利用机械、化学、电、热等手段增加土体的密度，使地基土固结，此方法可尽可能利用原有地基。土的置换是将软弱土层换填为良质土。土的补强是指采用薄膜、绳网、板桩等约束地基土，或者在土中放入抗拉强度高的补强材料形成复合地基以加强和改善地基土的剪切特性。

地基加固处理的方法包括换土垫层、碾压夯实、排水固结、振动挤密和化学加固等，具体方法的选用应根据地基的条件和处理的指标范围等多方面进行考虑。

【例 13.1-13】对暗沟等软弱土的浅层地基处理，可采用（　　）。

A. 排水固结法　　　　　　　　B. 碾压夯实法

C. 振密挤密法　　　　　　　　　D. 换土垫层法

解析：根据地基处理方法的各自的适用范围，暗沟等软弱土的浅层地基处理适合用换土垫层法。

答案为 D。

习　题

【13.1-1】泥浆护壁成孔过程中，泥浆的作用除了保护孔壁、防止塌孔外，还有（　　）。（2011 年）
　　A. 提高钻进速度　　　　　　　　B. 排出土渣
　　C. 遇硬土层易钻进　　　　　　　D. 保护钻机设备

【13.1-2】在建筑物稠密且为淤泥质土的基坑支护结构中，其支撑结构宜选用（　　）。（2010 年）
　　A. 自立式（悬臂式）　　　　　　B. 锚拉式
　　C. 土层锚杆　　　　　　　　　　D. 钢结构水平支撑

【13.1-3】具有"后退向下，强制切土"特点的单斗挖土机是什么挖土机？（　　）。（2008 年）
　　A. 正铲　　　　B. 反铲　　　　C. 抓铲　　　　D. 拉铲

【13.1-4】当钢筋混凝土预制桩运输与打桩时，桩身混凝土强度应达到设计强度的多少？（　　）
　　A. 70%　　　　B. 50%　　　　C. 100%　　　　D. 90%

【13.1-5】打预制桩时，当桩距小于 4 倍桩径时，不宜采用的打桩顺序为（　　）。
　　A. 逐排打设　　　　　　　　　　B. 自中央向两边打设
　　C. 自中央向边缘打设　　　　　　D. 分段打设

【13.1-6】为了防止沉管灌注桩/打拔管灌注桩/套管成孔灌注桩发生颈缩现象，可采用哪种方法施工（　　）。
　　A. 跳打法　　　B. 分段打设　　C. 复打法　　　D. 逐排打

【13.1-7】当采用不同类型的土进行土方填筑时，应该（　　）。
　　A. 将透水性较小的土层置于透水性较大的土层之下
　　B. 只要分层填筑就可以
　　C. 将不同类型的土混合均匀填筑
　　D. 将透水性较小的土层置于透水性较大的土层之上

【13.1-8】可进行场地平整、基坑开挖、土方压实、松土的机械是（　　）。
　　A. 推土机　　　B. 铲运机　　　C. 平地机　　　D. 摊铺机

【13.1-9】以下支护结构中，既有挡土又有止水作用的支护结构是（　　）。
　　A. 混凝土灌注桩加挂网抹面护壁　　B. 密排式混凝土灌注桩
　　C. 土钉墙　　　　　　　　　　　　D. 钢板桩

【13.1-10】某工程使用端承桩基础，基坑拟采用放坡挖，其坡度大小与（　　）无关。
　　A. 持力层位置　　　　　　　　　B. 开挖深度与方法
　　C. 坡顶荷载及排水情况　　　　　D. 边坡留置时间

【13.1-11】从建筑施工的角度，根据（　　），可将土石分为八类。
A. 粒径大小　　　B. 承载能力　　　C. 坚硬程度　　　D. 孔隙率

【13.1-12】正铲挖土机挖土的特点是（　　）。
A. 后退向下，强制切土　　　　　　B. 前进向上，强制切土
C. 后退向下，自重切土　　　　　　D. 直上直下，自重切土

【13.1-13】基坑（槽）的土方开挖时，以下说法不正确的是（　　）。
A. 土体含水量大且不稳定时，应采取加固措施
B. 一般应采用"分层开挖，先撑后挖"的开挖原则
C. 开挖时如有超挖应立即整平
D. 在地下水位以下的土，应采取降水措施后开挖

【13.1-14】某基坑工程安全等级为一级，不宜选用（　　）支护结构。
A. 排桩　　　　　　　　　　　　　B. 地下连续墙
C. 重力式水泥土墙　　　　　　　　D. 钢板桩加锚索

习题答案及解析

【13.1-1】答案：B

解析：泥浆护壁是指在充满水和膨润土以及其他外加剂的混合液的情况下，对地下连续墙成槽、钻孔灌注桩成孔等工程。泥浆对槽壁的静压力和泥浆在槽壁上形成的泥皮可以有效地防止槽、孔壁坍塌。泥浆相对密度大，加大了孔内的水压力，可以稳固孔壁，防止塌孔。泥浆还具有携渣和冷却、润滑机具等作用，具有一定黏度的泥浆可以携同泥渣一起排出。

【13.1-2】答案：D

解析：淤泥类土（包括淤泥质土、淤泥质砂土、淤泥质黏土）作为一种区域性特殊类土，具有天然含水量高、孔隙比大、透水性低、中压缩性、高灵敏度、抗剪强度低、承载力低、饱水状态下还具有触变、流变等特性，对工程的地质条件有着特殊影响。建筑物稠密且为淤泥质土的基坑，土质松软且对位移控制严格，应该采用钢结构水平支撑这种适用于土质较松散或湿度很高的场地的支撑结构。ABC 三项，自力式（悬臂式）支撑、锚拉式支撑、土层锚杆支撑多用用于土质较好、有较大内聚力和内摩擦角、开挖深度浅、对位移要求不严格的场地。

【13.1-3】答案：B

解析：反铲挖土机的特点是"后退向下，强制切土"。A项，正铲挖土机的特点是"前进向上，强制切土"；C项，抓铲挖土机的特点是"直上直下，自重切土"；D项，拉铲挖土机的特点是"后退向下，自重切土"。

【13.1-4】答案：C

解析：当钢筋混凝土预制桩运输与打桩时，桩身混凝土强度应达到设计强度的100%。

【13.1-5】答案：A

解析：打预制桩时，当桩距小于4倍桩径时，不宜采用逐排打设。

【13.1-6】答案：C

835

解析：为了防止沉管灌注桩/打拔管灌注桩/套管成孔灌注桩发生颈缩现象，可采用复打法。

【13.1-7】答案：D

解析：当采用不同类型的土进行土方填筑时，应该将透水性较小的土层置于透水性较大的土层之上。

【13.1-8】答案：A

解析：可进行场地平整、基坑开挖、土方压实、松土的机械是推土机。

【13.1-9】答案：D

解析：钢板桩是既有挡土又有止水作用的支护结构。

【13.1-10】答案：A

解析：某工程使用端承桩基础，基坑拟采用放坡挖，其坡度大小与边坡留置时间、开挖深度与方法、坡顶荷载及排水情况有关，与持力层位置无关。

【13.1-11】答案：C

解析：在土方工程施工和工程预算定额中，根据土的开挖难易程度，将土分为如松软土、普通土、坚土、砂砾坚土、软石、次坚石、坚石和特坚石八类。前四类为一般土，后四类为岩石。正确区分和鉴别土的种类，可以合理地选择施工方法和准确地套用定额计算土方工程费用。

【13.1-12】答案：B

解析：正铲挖土机挖土的特点是前进向上，强制切土。

【13.1-13】答案：C

解析：基坑（槽）的土方开挖时，严禁超挖。

【13.1-14】答案：C

解析：只有支挡式支护结构符合安全等级为一级的基坑工程的要求，支挡式结构包括锚拉式结构、支撑式结构、悬臂式结构、双排桩以及支护结构与主体结构相结合的逆作法。而重力式水泥土墙适用于安全等级为二级或三级的基坑工程。

13.2 钢筋混凝土工程与预应力混凝土工程

高频考点梳理

知识点	钢管抽芯法留设孔道	钢筋工程	常用水泥的适用条件
近三年考核频次	1（2019.19）	1（2018.18）	1（2017.18）

混凝土结构按照施工方法可以分为现浇和预制两种。前者整体性好、抗震能力强、结构形体灵活，但是工期较长、受气候条件影响大。后者构件常在工厂批量生产，具有施工工期短、机械化程度高、劳动强度低、绿色环保程度高等优点，但耗钢量较大，需要大型起重运输设备。为了发挥各自的长处，这两种方法在施工中往往兼而有之。

钢筋混凝土工程由钢筋、模板和混凝土三个分项工程组成。

预应力混凝土工程是指对在结构承受外荷载之前，预先对其在外荷载作用下的受拉区施加压应力，以改善结构使用性能的结构形式的建设过程。

13.2.1 钢筋工程

1. 钢筋的种类

混凝土结构用的钢筋，可分为热轧钢筋、热处理钢筋和冷加工钢筋。热轧钢筋包括低碳钢（HPB）、低合金钢钢筋（HRB）；热处理钢筋包括用余热处理（RRB）或晶粒细化（HRBF）等工艺加工的钢筋，这类钢筋强度较高，但是强屈比低且焊接性能不佳；冷加工钢筋强度较高但是脆性大，且不宜用于承受动力作用的构件已很少使用。热轧和热处理钢筋按屈服强度分为300MPa、335MPa、400MPa、500MPa级四个等级，按表面形状分为光圆钢筋和带肋钢筋；直径12mm以下的钢筋来料多为盘圆，16mm以上多为直条。

预应力钢筋按材料类型分为预应力用钢丝、螺纹钢筋、钢绞线等。螺纹钢筋的屈服强度为785～1080MPa；消除应力钢丝和钢绞线为硬钢，无屈服强度，极限强度为1570～1960MPa。

2. 钢筋的检验

钢筋进场时，应检查产品合格证及出厂检验报告等质量证明文件、钢筋外观，并抽样检验力学性能和重量偏差。钢筋外观应全数检查，要求平直、无损伤，表面无裂纹、油污颗粒状或片状老锈。抽样检验应按照国家标准分批次、规格、品种，每5～60t抽取2根钢筋制作试件，通过试验检验其屈服强度、抗拉强度、伸长率、弯曲性能和重量偏差，检验结果应符合相关标准规定。

抗震结构所用抗震钢筋的实测强屈比不得小于1.25，屈服强度实测值与标准值之比不大于1.3，最大作用力下总伸长率不小于9%。

当施工中发现钢筋脆断、焊接性能不良或力学性能显著不正常等现象时，应对该批钢筋进行化学成分检验或其他专项检验。

3. 钢筋的连接

钢筋的连接方法包括焊接、机械连接和绑扎连接。

连接的一般规定如下：①钢筋的接头宜设置在受力较小处；抗震设防结构的梁端、柱端箍筋加密区内不宜设置接头，且不得进行钢筋搭接。②同一纵向受力钢筋不宜设置两个或两个以上接头。③接头末端至钢筋弯起点的距离不应小于钢筋直径的10倍。④钢筋的接头位置宜互相错开。当采用焊接或机械连接时，在同一连接区段（长为35倍钢筋直径且不小于500mm）内，受拉接头的面积百分率不应大于50%；受压接头，或避开框架梁端、柱端箍筋加密区的Ⅰ级机械接头不限。⑤直接承受动力荷载的结构构件中，不宜采用焊接接头；采用机械连接时，同区段内的接头量不应大于50%。

钢筋焊接分为压焊和溶焊两种形式。其中，压焊包括闪光对焊、电阻点焊和气压焊；溶焊包括电弧焊和电渣压力焊。钢筋的焊接质量与钢材的可焊性、焊接工艺有关。含碳、锰数量增加，则可焊性差；而含适量的钛可以改善可焊性。

4. 钢筋的配料和加工

钢筋的配料，就是根据施工图纸，分别计算出各根钢筋切断时的直线长度，然后编制配料单。计算方法见本章习题13.2-6及解析。为了加工方便，根据配料单上的钢筋编号，分别填写配料牌，作为钢筋加工的重要依据。

施工中如果供应的钢筋品种和规格与设计图纸要求不符时，可以进行代换。钢筋代换的方法有"等强代换""等面积代换"和"按抗裂性要求代换"三种。

钢筋的加工包括冷拔、调直（机械设备调直和冷拉法调直）、除锈、下料切断、镦头、弯曲成型等工作，取决于成品种类。钢筋加工宜在常温状态下进行，加工过程中不应对钢筋进行加热。钢筋加工方法宜采用机械设备加工，有利于保证钢筋的加工质量。钢筋应一次弯折到位。钢筋冷拔可提高抗拉强度，降低塑性。影响冷拔钢丝质量的主要因素是原材料的质量和冷拔总压缩率。

【例13.2-1】钢筋经冷拉后不得用作构件的（　　）。
　　A. 箍筋　　　　　B. 预应力钢筋　　　C. 吊环　　　　　D. 主筋
解析：吊环为承受动力作用的构件，对延性要求很高。冷拉处理会降低钢材的延性，提高脆性，所以冷拉后的钢筋不宜用作构件的吊环。根据《钢框胶合板模板技术规程》JGJ 96—2011第3.3.1条规定，吊环应采用HPB235钢筋制作，严禁采用冷加工钢筋。
答案为C。

13.2.2　模板工程

模板系统包括模板、支承件和紧固件。模板是为了保证结构和构件的形状和尺寸。模板要求有足够的刚度、强度和稳定性，接缝严密，拆装方便，可以周转使用。

1. 模板的种类

模板分为木模板、定型组合模板、大型工具式的大模板、爬升模板、滑升模板、隧道模、台模、永久模板等。

（1）组合钢模板

采用模数制设计，通用模板的宽度以50mm进级，长度模数以150mm进级（长度超过900mm时以300mm进级）。为了便于板块间的连接，边框上有连接孔，板块的连接件有钩头螺栓、U形卡、L形插销、紧固螺栓（拉杆）。组合钢模板拆装方便，通用性强，周转率高。

（2）爬升模板

简称爬模，由爬模、爬架（也有没有爬架的爬模）和爬升设备组成，是施工剪力墙体系和筒体体系的钢筋混凝土结构高层建筑的一种有效的模板体系。其中，爬架是一格构式钢架，用来提升爬模，由下部附墙架和上部支撑架两部分组成，高度超过三个层高。

（3）大模板

由面板、加劲肋、支撑桁架、稳定机构等组成。用大模板浇筑墙体，待浇筑的混凝土强度达到$1N/mm^2$就可以拆模，待混凝土强度大于$4N/mm^2$才能在其上吊装楼板。现浇混凝土剪力墙的施工应优先选择大模板。

【例13.2-2】现浇混凝土结构剪力墙施工应优先使用（　　）。
　　A. 组合钢模板　　B. 爬升模板　　　　C. 大模板　　　　D. 滑升模板
解析：现浇混凝土剪力墙的施工应优先选择大模板。
答案为C。

（4）滑升模板

宜用于浇筑剪力墙体系或筒体体系的高层建筑；高耸的筒仓、竖井、电视塔、烟囱等构筑物。滑升模板由模板系统、操作平台系统和液压系统三部分组成。混凝土的出模强度为$0.2\sim0.4N/mm^2$。模板呈锥形，单面锥度为$(0.2\%\sim0.5\%)H$（H为模板高度），以模板上口以下三分之二模板高度处的净间距为结构断面的厚度；模板外面上下各布置一道围圈用于支撑和固定模板,承受模板传来的混凝土侧压力等。用滑升模板浇筑墙体时,现浇楼板的施工方法有三种:降模施工法、逐层空滑现浇楼板法、与滑模施工墙体同时间隔数层自下而上的现浇楼板法。

2. 模板及支架的传力方式与承载力验算

(1) 模板的传力方式

模板力的传递包括梁和墙两种:

梁:底板→大、小横杆→通过扣件到竖杆;墙:模板→竖杆(内楞)→横杆(外楞)→斜撑。

(2) 模板的承载力验算

模板及支架在设计之后应当进行承载力验算。

模板及支架设计验算的荷载共 8 项,永久性荷载 4 项(包括模板及支架自重 G_1、新浇筑混凝土自重 G_2、钢筋自重 G_3、新浇筑混凝土对模板侧压力 G_4);可变荷载 4 项(包括施工人员及设备产生的荷载 Q_1、混凝土下料产生的水平荷载 Q_2、泵送混凝土或不均匀堆载等因素产生的水平荷载 Q_3、风荷载 Q_4)。对于各项荷载的标准值确定,有相应的规定。

应当采用最不利的荷载基本组合进行设计,参与模板及支架承载力计算的各项荷载应当遵照表 13.2-1 规定。

参与模板及支架承载力计算的各项荷载 表 13.2-1

	计算内容	参与荷载项
模板	底面模板的承载力	$G_1+G_2+G_3+Q_1$
	侧面模板的承载力	G_4+Q_2
支架	支架水平杆及节点承载力	$G_1+G_2+G_3+Q_1$
	立杆的承载力	$G_1+G_2+G_3+Q_1+Q_4$
	支架结构的整体稳定性	$G_1+G_2+G_3+Q_1+Q_3$ $G_1+G_2+G_3+Q_1+Q_4$

之后应进行的承载能力、模板及支架的变形验算以及支架的抗倾覆验算都有相应的计算方法和规定要求,此处略去。

3. 模板的安装与拆除

(1) 模板的安装

首先应明确力的传递途径,保证模板工程的承载力和刚度。注意要有适当的起拱(跨度≥4m)一般构件:1/1000~3/1000(预应力结构取下限)。

(2) 模板的拆除

能保证混凝土结构或构件的几何尺寸和位置时应尽早拆除,以便模板能尽早周转。拆除模板的一般顺序为:先支的后拆,后支的先拆;先拆除非承重部分,后拆除承重部分。

侧模拆除时应能保证混凝土结构或构件能自立,保证结构或构件的表面和棱角不致损坏的前提下就能拆除。任何跨度的悬挑构件拆除其底模的时候,混凝土立方体抗压强度都至少达到设计强度的 100%。现浇混凝土的梁,跨度小于 8m 时,拆模时应达到设计强度标准值的 75%。

【例 13.2-3】某悬挑长度为 2m 的现浇阳台板，采用强度等级为 C30 的混凝土。当拆除其底模时，混凝土立方体强度至少要达到（   ）。

A. $15N/mm^2$　　　　B. $21N/mm^2$　　　　C. $22.5N/mm^2$　　　　D. $30N/mm^2$

解析：任何跨度的悬挑构件拆除其底模的时候，混凝土立方体抗压强度都至少达到设计强度的 100%。

答案为 D。

13.2.3 混凝土工程

混凝土工程包括混凝土的制备、运输、浇筑、振捣和养护等施工过程。

1. 混凝土的制备

(1) 混凝土施工配置强度的确定

混凝土制备之前应当根据下式确定混凝土施工配置强度，以达到 95% 的保证率。

$$f_{cu,0} = f_{cu,k} + 1.645\sigma$$

式中：σ——施工单位的混凝土强度标准差（MPa）；

$f_{cu,0}$——混凝土的施工配制强度（MPa）；

$f_{cu,k}$——设计的混凝土强度标准值（MPa）。

当施工单位有近期（不超过 3 个月）同一品种混凝土的强度资料时，计算求得：

$$\sigma = \sqrt{\frac{\sum_{i=0}^{n} f_{cu,i}^2 - n\mu_{fcu}^2}{n-1}}$$

式中：$f_{cu,i}$——第 i 组混凝土试件强度（MPa）；

μ_{fcu}——n 组混凝土试件强度平均值（MPa）；

n——统计周期内相同混凝土强度等级的试件组数，$n \geq 30$。

当强度等级不高于 C30 时，如计算 $\sigma < 3.0$MPa 时，取 $\sigma = 3.0$MPa；

当强度等级不低于 C30 时，如计算 $\sigma \geq 3.0$MPa 时，按计算结果取。

强度等级高于 C30 且低于 C60 时，如 $\sigma \geq 4.0$MPa 时，按计算结果取；若 $\sigma < 4.0$MPa，取 $\sigma = 4.0$MPa。

当施工单位没有近期的同一品种混凝土的强度资料时：

当强度等级≤C20，取 $\sigma = 4.0$MPa；

当强度等级 C25～C45，取 $\sigma = 5.0$MPa；

当强度等级 C50～C55，取 $\sigma = 6.0$MPa。

泵送混凝土的最小水泥用量是 $300kg/m^3$。对混凝土集料的最大粒径的要求：不要超过结构最小截面的 1/4，钢筋最小净距的 3/4。

在实际混凝土的现场制备中，为了保证按照配合比投料，按照砂石实际含水量进行修正，需要进行施工配合比的换算。

试验室所确定的配合比，其各级骨料不含有超粒径颗粒，且以饱和面干状态。但施工时，各级骨料中常含有一定量超粒径颗粒，而且其含水量常超过饱和面干状态。因此应根据实测骨料超粒径含量及砂石表面含水量，将试验室配合比换算为施工配合比。其目的在于准确地实现试验室配合比，而不是改变试验室配合比。

(2) 混凝土的搅拌

混凝土搅拌方式包括人工搅拌和机械搅拌，机械搅拌包括自落式和强制式两种。

1) 混凝土搅拌机理及搅拌机选择

① 自落式重力扩散机理——"自落式搅拌机"

自落式搅拌利用"重力"的作用自由下落，物料下落时，颗粒间相互穿插，翻拌，混合而扩散均匀。

② 强制式剪切扩散机理——"强制式搅拌机"

强制式搅拌利用转动的叶片强迫物料相互间产生剪切滑移而达到混合和扩散均匀化。

③ 选择搅拌机

自落式搅拌机宜用于搅拌塑性混凝土，强制式搅拌机宜用于搅拌干硬性混凝土、轻集料混凝土、高性能混凝土等各种混凝土。

2) 混凝土搅拌制度的确定

搅拌制度包括搅拌时间、投料顺序和进料容量等规章。

搅拌时间是指自原料全部投入搅拌筒时起，到开始卸料时为止所经历的时间。它与搅拌质量密切相关。它随搅拌机类型、出料量、骨料品种和混凝土坍落度的不同而变化，但是最短不能小于60s。

投料顺序常用的有一次投料法和两次投料法。一次投料法是在上料斗中先装入石子，再加入水泥和砂，然后一次投入到搅拌机内。两次投料法亦称"裹砂石法混凝土搅拌工艺"。它是分两次加水，两次搅拌。用这种工艺搅拌时，先将全部的石子、砂和70%的拌和水倒入搅拌机，拌和15s使集料湿润，再倒入全部水泥进行造壳搅拌30s左右，之后加入30%的拌和水再进行糊化搅拌60s左右即完成。与普通搅拌工艺相比，该工艺使混凝土强度提高10%～20%或节约水泥5%～10%。

进料容量是将搅拌前各种材料的体积积累起来的容量，如任意超载，就会使材料在搅拌筒内无充分的空间进行掺和，影响混凝土拌和物的均匀性。

2. 混凝土的运输

对混凝土拌和物运输的基本要求是：不产生离析现象，保证规定的坍落度和在混凝土初凝之前有充分的时间进行浇筑和捣实。

混凝土运输工作分为地面运输、垂直运输和楼面运输三种情况。混凝土地面运输，如采用商品混凝土，运输距离较远时，多采用混凝土搅拌运输车。混凝土如来自工地搅拌站，多用载重为1t的小型机动翻斗车，近距离亦可用双轮手推车等。混凝土垂直运输，我国多用塔式起重机、混凝土泵、快速提升斗和井架。混凝土楼面运输，我国以双轮手推车为主，亦可用机动灵活的小型机动翻斗车。采用泵送混凝土时，则用布料杆布料。

3. 混凝土的浇筑和捣实

(1) 混凝土浇筑应注意的问题

1) 防止离析：普通混凝土浇筑的倾落高度，当骨料粒径在25mm及以下时，不得超过6m；骨料粒径大于25mm时，不得超过3m，否则应沿串筒、斜槽、溜管或振动溜管下料。

2) 正确留置施工缝：施工缝指的是在混凝土浇筑过程中，因设计要求或施工需要分段浇筑，而在先、后浇筑的混凝土之间所形成的接缝。施工缝并不是一种真实存在的"缝"，它只是因先浇筑混凝土超过初凝时间，而与后浇筑的混凝土之间存在一个结合面，该结合面被称之为施工缝。施工缝的位置应设置在结构受剪力较小和便于施工的部位，且应符合下列规定：柱、墙应留水平缝，梁、板的混凝土应一次浇筑，不留施工缝。混凝土结构多要求整体浇筑，如因技术或组织上的原因不能连续浇筑时，且停顿时间有可能超过混凝土的初凝时间时，则应事先确定在适当位置上留置施工缝。施工缝是结构中的薄弱环节，宜留设在受剪力最小、施工方便的部位。

3) 施工缝的处理：待接槎处强度达到1.2MPa后，清理松动石子，冲洗干净，先浇筑与混凝土浆液成分相同的砂浆一层，方可继续施工新的混凝土。

(2) 混凝土的浇筑方法

1) 现浇多层混凝土框架结构的浇筑：浇筑柱子时，一个施工段内的每排柱子应由外向内地对称浇筑，不要由一端向另一端推进，预防柱子模板逐渐受推倾斜而导致误差累积难以纠正。在一般情况下，梁和板应同时浇筑，从一端开始向前推进。只有当梁的高度大于1m时才允许将梁单独浇筑，此时的施工缝留在楼板板面下20～30mm处。为保证质量，混凝土应分层浇筑，每层厚度应符合有关规定。

2) 大体积钢筋混凝土结构浇筑：为保证结构的整体性，大体积钢筋混凝土的浇筑方案，有全面分层、分段分层和斜面分层三种。全面分层用于面积较小的大体积混凝土，面积大时常用斜面分层，也可用分段分层。应根据结构物的具体尺寸、捣实方法和混凝土的供应能力，通过计算选择浇筑方案。此外，对大体积混凝土还需采用多种控温措施，避免开裂。

3) 水下浇筑混凝土：水下或泥浆中浇筑混凝土，目前多用导管法。

【例13.2-4】浇筑混凝土单向板时，施工缝应留置在(　　)。(2013年)

A. 中间1/3跨度范围内且平行于板的长边
B. 平行于板的长边的任何位置
C. 平行于板的短边的任何位置
D. 中间1/3跨度范围内

解析：根据《混凝土结构工程施工规范》GB 50666—2011第8.6.3条第2款规定，单向板施工缝应留设在与跨度方向平行任何位置。施工缝是结构中的薄弱环节，宜留设在受剪力最小、施工方便的部位。

答案为C。

【例13.2-5】混凝土施工缝应留置在(　　)。(2013年)

A. 结构受剪力较小且便于施工的位置
B. 结构受弯矩较小且便于施工的位置
C. 结构受力复杂处
D. 遇水停工处

解析：施工缝的位置应设置在结构受剪力较小和便于施工的部位。

答案为A。

(3) 混凝土的密实成型

混凝土拌和物浇筑之后，需经密实成型才能赋予混凝土制品或结构一定的外形和内部结构。另外，强度、抗冻性、抗渗性、耐久性等皆与密实成型的好坏有关。在建筑施工中，多借助于机械振动、挤压、离心等方式使混凝土拌和物密实成型。

振动机械按其工作方式分为内部振动器、表面振动器、外部振动器和振动台。

内部振动器又称插入式振动器，其振动棒体在电动机带动下高速转动而产生高频微幅的振动，多用于振实梁、柱、墙、厚板和大体积混凝土结构等。

表面振动器又称平板振动器，它在混凝土表面进行振捣，适用于楼板、地面等薄型构件。

外部振动器又称附着式振动器，它固定在模板的外部，通过模板将振动传给混凝土拌和物，宜于振捣断面小而钢筋密的构件。

振动台是混凝土制品厂中的固定生产设备，用于振实预制构件。

(4) 混凝土养护

混凝土的自然养护。自然养护分为洒水养护和喷涂薄膜养生液养护两种。洒水养护即用草帘等将混凝土覆盖，经常洒水使其保持湿润，养护时间长短取决于水泥品种。喷涂薄膜养生液养护适用于不易洒水养护的高耸构筑物和大面积混凝土结构。它是将过氯乙烯树脂塑料溶液用喷枪喷涂在混凝土表面上，溶液挥发后在混凝土表面形成一层塑料薄膜，将混凝土与空气隔绝，阻止其中水分的蒸发以保证水化作用的正常进行。

浇筑完的混凝土应及时洒水养护，在日最低气温低于5℃时，不得洒水养护。自然养护时间，普通硅酸盐水泥和矿渣水泥不少于7d，抗渗混凝土、C60以上的混凝土要求不少于14d。

混凝土的蒸汽养护。蒸汽养护是靠由锅炉制备的蒸汽笼罩刚灌筑的混凝土衬砌的表面实现的衬砌养护。混凝土材料结硬需要的温度和湿度主要靠热蒸汽提供，适用于寒冷地区冬季在洞口和颈部衬砌的施工。混凝土灌筑完毕后开始供汽，养护总时间与工程地段、气温情况和水泥品种等有关，需因地制宜凭借经验确定。初次使用时可参照对喷水自然养护的规定初步选定。蒸汽养护的混凝土构件出池后，表面温度于外界温差不得大于20℃。

(5) 混凝土质量的检查

为了保证混凝土的质量，在搅拌和浇筑过程中，应检查混凝土组成材料的质量和用量，并在搅拌和浇筑地点检查混凝土坍落度。上述检查在每一工作班内至少两次，如混凝土配合比有变动时，还应及时检查。

对施工完毕的混凝土，应作出最后鉴定。其内容除检查混凝土的外观质量外，主要是检查混凝土抗压强度。对于特殊混凝土，还应按设计要求进行抗冻、抗渗和耐腐蚀等特殊性能的检查。

混凝土的外观检查，主要检查表面有无蜂窝、麻面、裂缝、露筋、脱皮掉角等缺陷和几何尺寸是否正确。

为了确定混凝土是否能达到设计强度等级，确定结构和构件能否拆模、起吊，以及预应力筋张拉和放松的时间等，在浇筑过程中，应该用同样的混凝土制作一批试块，分别在标准条件及与构件相同的条件下进行养护，经过一定时间后进行检验试压。标准条件下养护28d的试块用来评定混凝土是否达到设计强度等级；而用与构件相同条件下养护的试块来确定构件当时的实际强度，以判断能否拆模、张拉、起吊和承受施工荷载。

4. 混凝土的冬期施工

气象资料显示，室外日平均气温连续5天稳定低于5℃时，混凝土就进入冬期施工。混凝土冬期施工的核心是使其达到受冻临界强度之前，不遭受冻害。受冻临界强度是指混凝土遭受冻害，后期强度损失在5%以内的预养护强度值。普通硅酸盐水泥配制的混凝土，其临界强度定为混凝土设计强度等级值的30%，矿渣硅酸水泥配制的混凝土为40%。

混凝土的冬期施工方法主要有蓄热法、蒸气加热法、电热法、暖棚法和掺外加剂法。无论采用什么方法，均应保证混凝土在冻结前达到受冻临界强度。

蓄热法是常用的方法，首先要将水和集料加热，或采用热拌混凝土，使混凝土在搅拌、运输和浇筑过程中不致受冻，且出机温度不低于10℃、入模温度不低于5℃。应优先采用加热水的方法，只有当水加热至允许的温度而热量尚不能满足时，才考虑对砂石集料加热。水及集料的加热温度应根据热工计算确定，但不得超过表13.2-2的规定。

拌和水及集料最高温度（单位：℃）　　　　表13.2-2

项目	拌和水	集料
强度等级小于42.5的普通水泥、矿渣水泥	80	60
强度等级等于及大于42.5的普通水泥、矿渣水泥	60	40

配制冬期混凝土，应选用硅酸盐水泥或普通硅酸盐水泥，水泥强度等级不应低于32.5，最小水泥用量每立方米混凝土不少于280kg，水胶比不应大于0.55。**混凝土搅拌时间要比常温下规定的时间增加50%，使其拌制均匀和传热均匀。**

【例13.2-6】 某工程冬期施工中使用普通硅酸盐水泥拌制的混凝土强度等级为C40，则其要求防冻的最低立方体抗压强度为（　　）。（2016年）
A. 5N/mm²　　　B. 10N/mm²
C. 12N/mm²　　D. 15N/mm²

解析：冬期浇筑的混凝土抗压强度，在受冻前，普通硅酸盐拌制的混凝土不得低于其抗压强度标准值的30%，即40×0.3=12N/mm²。

答案为C。

【例13.2-7】 冬期施工时混凝土的搅拌时间应比常温搅拌时间延长（　　）。（2016年）
A. 30%　　　B. 40%　　　C. 50%　　　D. 60%

解析：配制冬期混凝土，搅拌时间要比常温下规定的时间增加50%，使其拌制均匀和传热均匀。

答案为C。

13.2.4　钢筋混凝土预制构件制作

尺寸和质量大的构件，可在施工现场制作，以避免繁重的运输。定型化的中小型构件，则应发挥工厂化生产的优点在预制厂制作。

施工现场就地制作构件，为节省模板材料，可用土胎膜和砖胎膜，还可以安装活动底板，用分节脱模法加速模板周转。为节约底模板，或场地狭小，屋架、柱子等大型构件可平卧叠浇，即利用已预制好的构件作底模板，沿构件两侧安装侧模板再浇上层构件混凝土。上层构件的模板安装和混凝土浇筑，需待下层构件混凝土强度达到5MPa后方可进行。

现场制作空心构件，为形成孔洞，除用内模外，还可用胶囊充压缩空气作为内模，待混凝土初凝后，将胶囊放气抽出，便形成圆形孔洞。胶囊内的气压根据气温、胶囊尺寸和施工外力而定，以保证几何尺寸正确。

预制厂制作构件的工艺方案，根据成型和养护不同，有以下三种方案。

1. 台座法

台座是表面光滑平整的混凝土地坪、胎膜或混凝土槽。构件的成型、养护和脱模等生产过程都在台座上的同一地点进行。构件在整个生产过程中固定在一个地方，而操作工人和生产机具是顺序地从一个构件移至另一个构件，来完成各项生产过程用。台座法生产构件，设备简单，投资少；但占地面积大，机械化程度较低，生产受气候影响，设法缩短台座的生产周期是提高生产效率的重要手段。

2. 机组流水法

此法在车间内生产，将整个车间根据生产工艺的要求划分为几个工段，每个工段皆配备相应的工人和机具设备，构件成型、养护、脱模等生产过程分别在有关的工段循序完成。生产时构件随同模板沿着工艺流水线，借助于起重运输设备，从一个工段移至下一个工段，分别完成有关的生产过程，而操作工人的工作地点是固定的。构件随同模板在各工段停留的时间长短可以不同。此法比台座法效率高，机械化程度较高，占地面积小；但建厂投资较大，生产过程中运输繁忙，宜于生产定型的中小型构件。

3. 传送带流水法

用此法生产，模板在一个呈封闭环形的传送带上移动，生产工艺中的各个生产过程（如清理模板、涂刷隔离剂、排放钢筋、预应力张拉、浇筑混凝土等）都是在沿传送带循序分布的各个工作区中进行。生产时，模板沿着传送带有节奏地从一个工作区移至下一个工作区，则各工作区要求在相同的时间内完成各自的生产过程，以保证有节奏连续生产。此法是目前最先进的工艺方案，生产效率高，机械自动化程度高；但设备复杂，投资大，宜于大型预制厂大批量生产定型构件。

13.2.5 预应力混凝土工程

普通钢筋混凝土构件受力后，由于混凝土抗拉极限应变值只有 0.0001～0.00015，如果要保证混凝土不开裂，则受拉钢筋的应力只能达到 20～30MPa，即使构件允许出现裂缝，当裂缝的宽度限制在 0.2～0.3mm 时，受拉钢筋的应力也只能达到 150～250MPa。为了克服普通钢筋混凝土构件过早出现裂缝这一缺点，创造了对钢筋混凝土施加预应力的方法。即在构件的受拉区域，利用钢筋的回弹力，对混凝土预先施加压应力，使混凝土产生一定的压缩变形。当构件受力后，受拉区混凝土的拉伸变形首先由压缩变形抵消，然后随着外力的增加混凝土才继续被拉伸，这就延缓了裂缝的出现。通过合理设计和精心施工，能使构件在使用荷载作用下不出现裂缝。这种施加预应力的混凝土，叫预应力混凝土。它比普通钢筋混凝土构件的截面小、质量轻、刚度大、抗裂性和耐久性好，能节约材料、降低造价，并能扩大预制装配程度，因而在建筑工程中得到了广泛应用。

预应力混凝土的施工工艺有先张法、后张法、后张自锚法和电热法。这里仅讨论先张法和后张法。

1. 先张法

先张法是在浇筑混凝土构件之前，张拉预应力筋，将其临时锚固在台座或钢模上，然后浇筑混凝土构件，待混凝土达到一定强度（一般不低于混凝土强度标准值的75%）并使预应力筋与混凝土之间有足够黏结力时，放松预应力筋，预应力筋弹性回缩，借助混凝土与预应力筋之间的黏结，对混凝土施加预压应力。

用台座法施工时（见图 13.2-1），预应力筋的张拉、锚固，混凝土构件的浇筑、养护和预应力筋的放松等工序皆在台座上进行,预应力筋的张拉力由台座承受。先张法施工工艺有预应力筋的张拉、混凝土的浇筑与养护和预应力筋的放松。

(1) 预应力筋的张拉

张拉时的控制应力按设计确定。张拉后实际预应力值的偏差不得大于或小于规定值的5%,张拉程序可按下列程序之一进行:一种张拉至 $105\%\sigma_{con}$,持荷 2 分钟后张拉应力下降到 $100\%\sigma_{con}$,另一种是直接张拉至 $103\%\sigma_{con}$。其中,σ_{con} 为预应力筋的张拉控制应力。前者通过超张拉并保持 2min,使钢筋的松弛变形基本完成来减少钢筋松弛造成的预应力损失;后者是储存 3% 的控制应力,以弥补松弛预应力损失。

预应力筋的张拉控制应力,不得超过表 13.2-3 的规定。当有下列情况之一时,可比表 13.2-2 的规定提高 $0.05f_{ptk}$:

① 为提高构件在施工阶段的抗裂性能而在使用阶段受压区内设置的预应力钢筋;

② 为部分抵消由于应力松弛、摩擦、钢筋分批张拉,以及预应力筋与张拉台座之间的温差等因素产生的预应力损失。

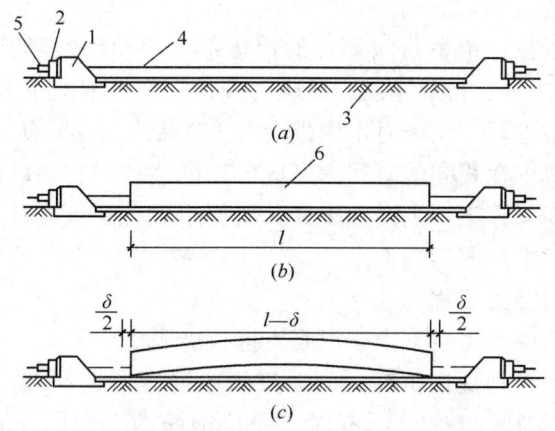

图 13.2-1 先张法生产示意图
1—台座承力结构;2—横梁;3—台面;4—预应力筋;
5—夹具;6—构件

预应力筋张拉控制预应力 σ_{con} 限值　　　　　表 13.2-3

钢筋种类	张拉控制预应力 σ_{con} 限值
消除应力钢丝、钢绞线	$0.4f_{ptk} < \sigma_{con} \leq 0.80f_{ptk}$
中强度预应力钢丝	$0.4f_{ptk} < \sigma_{con} \leq 0.75f_{ptk}$
预应力螺纹钢筋	$0.5f_{pyk} < \sigma_{con} \leq 0.90f_{pyk}$

注:f_{ptk} 是预应力筋极限强度标准值;f_{pyk} 指预应力螺纹钢筋屈服强度标准值。

张拉时,为避免台座承受过大的偏心压力,应先张拉靠近台座截面重心处的预应力筋。张拉完毕,预应力筋对设计位置的偏差不得大于 5mm,也不得大于构件截面最短边长的 4%。

在浇混凝土前,对于断裂、滑脱的预应力筋必须更换。

多根同时张拉的钢丝,应抽查丝的应力值,其偏差不得大于或小于按一个构件全部钢丝预应力总值的5%。

(2) 混凝土的浇筑与养护

确定预应力混凝土的配合比时，应尽量减小混凝土的收缩和徐变。混凝土振捣密实时，振动器不应碰撞钢丝，混凝土未达到一定强度前，不允许碰撞或踩动钢丝。

当预应力混凝土进行湿热养护时，应采取正确的养护制度以减少由于温差引起的预应力损失。

(3) 预应力筋的放松

混凝土强度达到设计规定的数值（一般不小于混凝土标准强度的75%）后，才可放松预应力筋。过早放松会因为预应力筋的回缩而引起较大的预力损失。预应力筋的放松应根据配筋情况和数量，选用正确的方法和顺序，否则会引起构件翘曲、开裂和预应力筋断裂等现象发生。

2. 后张法

构件或块体制作时，在放置预应力筋的部位预先留设孔道（或放置无黏结预应力筋），待混凝土达到规定强度后，孔道内穿入预应力筋，用张拉机具夹持预应力筋，并将其张拉至设计规定的控制应力，然后借助锚具，将预应力筋锚固在构件端部，最后进行孔道灌浆（亦有不灌浆者），这种方法称为后张法。

后张法施工工艺有孔道留设、预应力筋张拉和孔道灌浆（无黏结预应力筋除外）三部分。

(1) 孔道留设

孔道留设是后张法构件制作中的关键工艺之一。孔道直径取决于预应力筋和锚具。孔道留设方法有钢管抽芯法、胶管油芯法和预埋波纹管法，预埋波纹管法多用于曲线形孔道。

1）钢管抽芯法：预先将钢管埋设在模板内孔道位置处，在混凝土浇筑过程中和浇筑之后，每间隔一段时间慢慢转动钢管，使之不与混凝土粘结，待混凝土初凝后、终凝前抽出钢管，即形成孔道。

2）胶管抽芯法：胶管有五层或七层夹布胶管和钢丝网胶管两种。前者质软，用间距不大于0.5m的钢筋井字架固定位置，浇筑混凝土前，先往胶管内充入0.6~0.8MPa的压缩空气或压力水，待浇筑的混凝土初凝后，放出压缩空气或压力水，管径缩小而与混凝土脱离，便于抽出。后者质硬，具有一定弹性，留孔的方法与钢管一样，只是浇筑混凝土后不需转动，由于其具有一定的弹性，抽管时在拉力作用下断面缩小易于拔出。

3）预埋波纹管法：波纹管为特制的带波纹的金属管，与混凝土有良好的黏结力。波纹管不再抽出，用间距不大于1m的钢筋井字架予以固定。

(2) 预应力筋张拉

张拉预应力筋时，构件混凝土的强度应按设计规定。如设计无规定，则同条件养护试件的抗压强度不低于设计强度等级值的75%。

后张法预应力筋的张拉应注意下列问题：

1）对配有多根预应力筋的构件，不可同时张拉，只能分批、对称地进行张拉。

2）对平卧叠浇的预应力混凝土构件，上层构件的重力产生的水平摩阻力，会影响下层构件在预应力筋张拉时混凝土弹性压缩的自由变形，待上层构件起吊后，由于摩阻力影响消失会增加混凝土弹性压缩的变形,从而引起预应力损失,因此,可采取逐层加大超张拉的办法来弥补该预应力损失。但顶、底构件的应力差不得超过5%,不能满足时应进行二次补强。

3) 为减少预应力筋与预留孔孔壁摩擦而引起的损失,对长度大于20m的曲线形预应力筋和长度大于35m的直线形预应力筋宜在两端张拉;对较短的预应力筋,可在一端张拉。对无粘结预应力的,当其长度大于40m时宜两端张拉。

(3) 孔道灌浆

预应力筋张拉后,应随即进行孔道灌浆。灌浆宜用强度等级不低于32.5的普通硅酸盐水泥调制的水泥浆,其强度不宜低于30MPa,且应有较大的流动性和较小的干缩性、泌水性。水灰比不应大于0.45。

习 题

【13.2-1】关于梁模板拆除的一般顺序,下面描述正确的是( )。(2011年)
Ⅰ. 先支的先拆,后支的后拆;Ⅱ. 先支的后拆,后支的先拆;
Ⅲ. 先拆除承重部分,后拆除非承重部分;Ⅳ. 先拆除非承重部分,后拆除承重部分。
A. Ⅰ、Ⅲ B. Ⅱ、Ⅳ C. Ⅰ、Ⅳ D. Ⅱ、Ⅲ

【13.2-2】在进行钢筋混凝土框架结构的施工过程中,对混凝土集料的最大粒径的要求,下面正确的是( )。(2011年)
A. 不超过结构最小截面的1/4,钢筋间最小净距的1/2
B. 不超过结构最小截面的1/4,钢筋间最小净距的3/4
C. 不超过结构最小截面的1/2,钢筋间最小净距的1/2
D. 不超过结构最小截面的1/2,钢筋间最小净距的3/4

【13.2-3】影响冷拔低碳钢丝质量的主要因素是( )。(2011年)
A. 原材料的质量 B. 冷拔的次数 C. 冷拔总压缩率 D. A和C

【13.2-4】在模板和支架设计计算中,对梁模板的底板进行强度(承载力)计算时,其计算荷载应为( )。(2009年)
A. 模板及支架自重、新浇筑混凝土的重量、钢筋重量、施工人员和浇筑设备、混凝土堆积料的重量
B. 模板及支架自重、新浇筑混凝土的重量、钢筋重量、倾倒混凝土时产生的荷载
C. 模板及支架自重、新浇筑混凝土的重量、钢筋重量、振捣混凝土时产生的荷载
D. 新浇筑混凝土的侧压力、振捣混凝土时产生的荷载

【13.2-5】混凝土搅拌时间的确定与下列哪几项有关?( )。
①混凝土的和易性;②搅拌机的型号;③用水量的多少;④骨料的品种。
A. ①②④ B. ②④ C. ①②③ D. ①③④

【13.2-6】下图所示直径为$d=22$mm的钢筋的下料长度为( )。

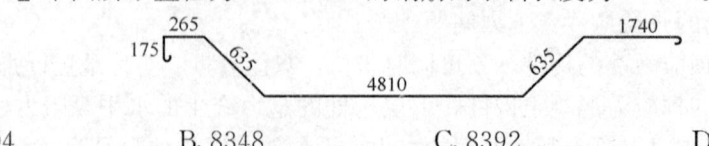

A. 8304 B. 8348 C. 8392 D. 8432

【13.2-7】某工程在评定混凝土强度质量时,其中两组试块的试件强度分别为:28.0、32.2、33.1和28.1、33.5、34.7,则这两试块的强度代表值为( )。
A. 32.2;33.5 B. 31.1;34.1 C. 31.1;32.1 D. 31.1;33.5

【13.2-8】泵送混凝土的最小水泥用量是( )。
A. 200kg/m³ B. 300kg/m³ C. 400kg/m³ D. 500kg/m³

【13.2-9】在浇筑肋形楼盖的混凝土时,宜沿着( )方向浇筑。
A. 主梁方向 B. 次梁方向 C. 随意方向 D. 沿45°角方向

【13.2-10】搅拌混凝土时,为了保证按配合比投料,要按砂石实际( )进行修正,调整以后的配合比称为施工配合比。
A. 含泥量 B. 称量误差 C. 含水量 D. 粒径

【13.2-11】钢筋冷拉一般是在什么温度下对钢筋进行强力拉伸,其冷拉控制应力为多大?( )
A. 低温,超过钢筋屈服强度
B. 常温,不超过钢筋屈服强度
C. 低温,不超过钢筋屈服强度
D. 常温,超过钢筋屈服强度

【13.2-12】所谓混凝土的自然养护,是指在平均气温不低于( )条件下,在规定时间内使混凝土保持足够的湿润状态。
A. 0℃ B. 3℃ C. 5℃ D. 10℃

【13.2-13】当混凝土厚度不大而面积很大时宜采用( )方法进行浇筑。
A. 全面分层 B. 分段分层 C. 斜面分层 D. 局部分层

【13.2-14】冬期施工中,配制混凝土用的水泥强度等级不应低于( )。
A. 32.5 B. 42.5 C. 52.5 D. 62.5

【13.2-15】蒸汽养护的混凝土构件出池后,表面温度于外界温差不得大于( )。
A. 10℃ B. 20℃ C. 30℃ D. 40℃

【13.2-16】先张法预应力混凝土构件是利用( )使混凝土建立预应力的。
A. 通过钢筋热胀冷缩
B. 张拉钢筋
C. 通过端部锚具
D. 混凝土与预应力的粘结力

【13.2-17】在下列设备中不属于爬升模板的是( )。
A. 爬升支架 B. 爬升设备 C. 大模板 D. 提升架

【13.2-18】拆装方便、通用性较强、周转率高的模板是( )。
A. 大模板 B. 组合钢模板 C. 滑升模板 D. 爬升模板

【13.2-19】当梁的高度大于( )时,可单独浇筑。
A. 0.5m B. 0.8m C. 1m D. 1.2m

【13.2-20】钢筋的冷拉调直必须控制钢筋的( )。
A. 变形 B. 强度 C. 冷拉率 D. 刚度

习题答案及解析

【13.2-1】答案:B

解析:模板拆除时,可采取先支的后拆、后支的先拆,先拆非承重模板、后拆承重模板的顺序,并应从上而下进行拆除。浇筑钢筋混凝土拆模时应符合下列规定:①侧模应在混凝土强度能保证其表面及棱角不受损伤后,方可拆除。②底膜及支架应在同条件养护的试件满足如下要求后方可拆除:跨度小于等于2m的板,应达到设计强度标准值的50%以上;跨度2~8m的板和跨度小于等于8m的梁、拱、壳,应达到75%;跨度大于8m的梁、板、拱、壳以及任何跨度悬臂的构件,应达到100%。③后张法施工的预应力混凝土构件,侧模宜在张拉前拆除,底模应在张拉后拆除。

【13.2-2】答案:B

解析:根据《混凝土质量控制标准》GB 50164—2011 第2.2.3条第2款规定,对于混凝土结构,粗骨料最大公称粒径不得大于构件截面最小尺寸的1/4,且不得大于钢筋最小净间距的3/4;对混凝土实心板,骨料的最大公称粒径不宜大于板厚的1/3,且不得大于40mm;对于大体积混凝土,粗骨料最大公称粒径不宜小于31.5mm。

【13.2-3】答案:D

解析:钢筋冷拔是用热轧钢筋(直径8mm以下)通过钨合金的拔丝模进行强力冷拔。钢筋通过拔丝模时,受到轴向拉伸与径向压缩的作用,使钢筋内部晶格变形而产生塑性变形,因而抗拉强度提高(可提高50%~90%),塑性降低,呈硬钢性质。光圆钢筋经冷拔后称"冷拔低碳钢丝"。在钢筋冷加工中,影响冷拔低碳钢丝质量的主要因素是原材料的质量和冷拔总压缩率。

【13.2-4】答案:C

解析:根据《建筑施工模板安全技术规范》JGJ 162—2008 第4.3.2条表4.3.2的规定,梁和拱模板的底板及支架的计算承载能力组合为 $G_{1k}+G_{2k}+G_{3k}+Q_{2k}$,根据第4.2.3条表4.2.3的规定,荷载类型分为:模板及支架自重标准值(G_{1k})、新浇混凝土自重标准值(G_{2k})、钢筋自重标准值(G_{3k})、新浇混凝土对模板的侧压力标准值(G_{4k})、施工人员及施工设备荷载标准值(Q_{1k})、振捣混凝土时产生的荷载标准值(Q_{2k})、倾倒混凝土时产生的荷载标准值(Q_{3k}),以及风荷载(w_k)。

【13.2-5】答案:A

解析:在生产中,应根据混凝土拌合料要求的均匀性、混凝土强度增长的效果及生产效率等因素,规定合适的搅拌时间。混凝土搅拌时间的确定与搅拌机的型号、骨料的品种和粒径以及混凝土的和易性等有关。

【13.2-6】答案:C

解析:钢筋切断时的长度称为下料长度。钢筋的下料长度=外包尺寸+端头弯钩长度-量度差值。端头弯钩长度和度量差值分别按表13.2-4和表13.2-5取值。

端头弯钩长度　　　　　　　　　　　　　　　　　　　　　表13.2-4

钢筋直径 d (mm)	≤6	8~10	12~18	20~28	32~36
一个弯钩长度(mm)	4d	6d	5.5d	5d	4.5d

度量差值　　　　　　　　　　　　　　　　　　　　　　　表13.2-5

钢筋弯曲角度	30°	45°	60°	90°	135°
钢筋弯曲调整值(mm)	0.3d	0.5d	1d	2d	3d

根据题干可得:下料长度=175+265+2×635+4810+1740+2×5×22-4×0.5×22

—1×2×22=8392mm。

【13.2-7】答案：D

解析：混凝土立方体抗压强度计算应精确至 0.1MPa，强度值的确定应符合下列规定：①三个试件实测值的算术平均值作为该组试件的强度值（精确至 0.1MPa）；②三个实测值中的最大值或最小值中如有一个与中间值的差值超过中间值的 15%时，则把最大及最小值一并舍除，取中间值作为该组试件的抗压强度值；③如最大值和最小值与中间值的差均超过中间值的 15%，则该组试件的试验结果无效。本题中，第一组试件的强度代表值应取平均值 31.1；第二组试件中，(33.5-28.1)/33.5×100%＝16.1%＞15%，因此舍去最大值和最小值，取中间值 33.5 为强度代表值。

【13.2-8】答案：B

解析：泵送混凝土的最小水泥用量是 $300kg/m^3$。

【13.2-9】答案：B

解析：在浇筑肋形楼盖的混凝土时，宜沿着次梁方向浇筑。

【13.2-10】答案：C

解析：搅拌混凝土时，为了保证按配合比投料，要按砂石实际含水量进行修正，调整以后的配合比称为施工配合比。

【13.2-11】答案：D

解析：钢筋冷拉一般是在常温下对钢筋进行强力拉伸，其冷拉控制应力超过钢筋屈服强度。

【13.2-12】答案：C

解析：所谓混凝土的自然养护，是指在平均气温不低于5℃条件下，在规定时间内使混凝土保持足够的湿润状态。

【13.2-13】答案：B

解析：当混凝土厚度不大而面积很大时宜采用分段分层方法进行浇筑。

【13.2-14】答案：A

解析：冬期施工中，配制混凝土用的水泥强度等级不应低于 32.5。

【13.2-15】答案：B

解析：蒸汽养护的混凝土构件出池后，表面温度于外界温差不得大于 20℃。

【13.2-16】答案：D

解析：先张法预应力混凝土构件是利用混凝土与预应力的粘结力使混凝土建立预应力的。

【13.2-17】答案：D

解析：爬升模板简称爬模，由爬模、爬架（也有没有爬架的爬模）和爬升设备组成，是施工剪力墙体系和筒体体系的钢筋混凝土结构高层建筑的一种有效的模板体系。其中，爬架是一格构式钢架，用来提升爬模，由下部附墙架和上部支撑架两部分组成，高度超过三个层高。提升架不属于爬升模板。

【13.2-18】答案：B

解析：拆装方便、通用性较强、周转率高的模板是组合钢模板。

【13.2-19】答案：C

解析：当梁的高度大于1m时，可单独浇筑。
【13.2-20】答案：C
解析：钢筋的冷拉调直必须控制钢筋的冷拉率。

13.3 结构吊装工程与砌体工程

高频考点梳理

知识点	起重机的分类
近三年考核频次	1（2017.19）

13.3.1 起重安装机械

完成结构吊装任务主导因素是正确选用起重机具。常见的起重机械有桅杆式起重机、自行杆式起重机和塔式起重机。

1. 桅杆式起重机

桅杆式起重机具有制作简单、装拆方便、起重量较大（可达100t以上）、受地形限制小的优点，能用于其他起重机械不能安装的一些特殊结构和设备的吊装。但其服务半径小，移动困难，需要拉设较多的缆风绳，故一般仅用于安装工程量集中的工程。桅杆式起重机按其构造不同，可分为独脚拔杆、人字拔杆、悬臂拔杆和牵缆式桅杆起重机等几种。

2. 自行杆式起重机

自行杆式起重机具有灵活性大、移动方便、适用范围广等优点。常用的自行杆式起重机有履带式起重机、轮胎式起重机和汽车式起重机三种（图13.3-1）。

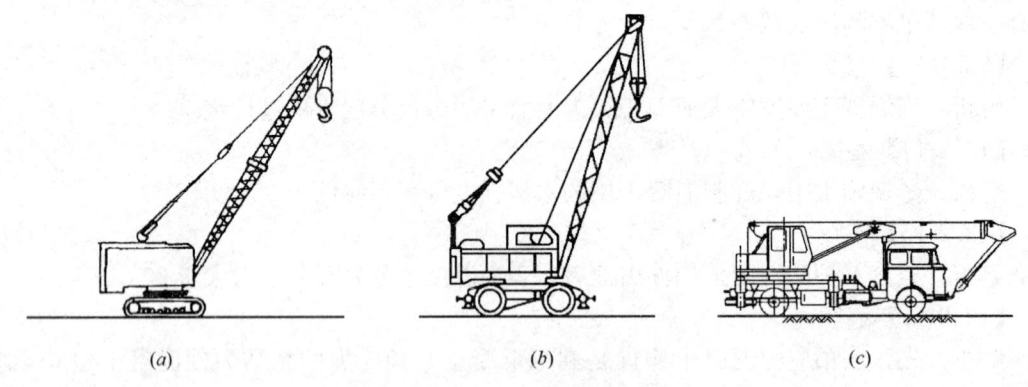

图13.3-1 三种自行杆式起重机
(a) 履带式；(b) 轮胎式；(c) 汽车式

（1）履带式起重机

履带式起重机是一种通用的起重机械，它由行走装置、回转机构、机身及起重臂等部分组成。行走装置为链式履带，以减少对地面的压力；回转机构为装在底盘上的转盘，使机身可回转360°；机身内部有动力装置、卷扬机及操纵系统；起重臂是用角钢组成的格构式杆件，下端铰接在机身的前面，随机身回转，起重臂可分节接长，其顶端设有两套滑轮组（起重滑轮组及变幅滑轮组），钢丝绳通过滑轮组连接到机身内部的卷扬机上。履带式起重机具有较大的起重能力和工作速度，在平整坚实的道路上还可负载行走；但其行走速度较慢，且履带对路面的破坏性较大，故当进行长距离转移时，需用平板拖车运输。常用的履带式起重机起重量为 100～500kN，目前最大的起重量达 3000kN，最大起重高度可达 135m，广泛用于单层工业厂房、旱地桥梁等结构的安装工程，以及其他吊装工程中。随着起重臂仰角增大，履带式起重机的起重量和起重高度增大，回转半径减小。

（2）汽车式起重机

汽车式起重机是把起重机构安装在普通载重汽车或专用汽车底盘上的一种自行式起重机。其行驶的驾驶室与起重操纵室是分开的。起重臂的构造形式有桁架臂和伸缩臂两种，目前普遍使用的是液压伸缩臂起重机。汽车式起重机的优点是行驶速度快，转移方便，对路面损伤小。因此，特别适用于流动性大，经常变换地点的作业。其缺点是起重作业时必须将可伸缩的支腿落地，且支腿下需安放枕木，以增大机械的支承面积，并保证必要的稳定性。这种起重机不能负荷行驶，也不适于在松软或泥泞的地面上工作。汽车式起重机主要技术参数有最大起重量、最小工作半径和最大起升高度。

（3）轮胎式起重机

轮胎式起重机是把起重机构安装在加重型轮胎和轮轴组成的特制底盘上的一种全回转式起重机，其上部构造与履带式起重机基本相同，但行走装置为轮胎。起重机设有四个可伸缩的支腿，在平坦地面上进行小起重量吊装时，可不用支腿并吊物低速行驶，但一般情况下均使用支腿以增加机身的稳定性，并保护轮胎。与汽车式起重机相比其优点有横向尺寸较宽、稳定性较好、车身短、转弯半径小等。但其行驶速度较汽车式慢，故不宜做长距离行驶，也不适于在松软或泥泞的地面上工作。

3. 塔式起重机

塔式起重机简称塔吊，是一种塔身直立、起重臂安装在塔身顶部并可作 360°回转的起重机械。除用于结构安装工程外，也广泛用于多层和高层建筑的垂直运输。塔式起重机的类型很多，按其在工程中使用和架设方法的不同可分为轨道式起重机、固定式起重机、附着式起重机和内爬式起重机四种（图 13.3-2）。

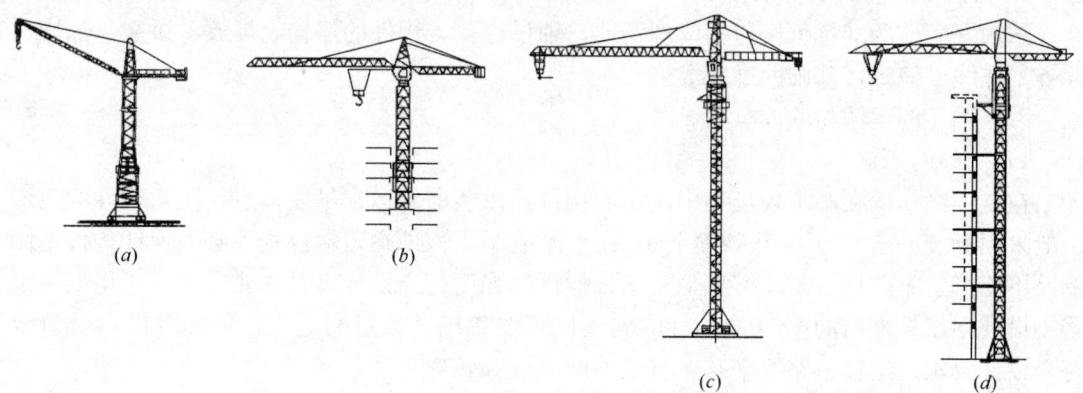

图 13.3-2　四种塔式起重机
(a) 轨道式起重机；(b) 内爬式起重机；(c) 固定式起重机；(d) 附着式起重机

（1）轨道式塔式起重机

该起重机在直线或曲线轨道上均能运行，且可负荷运行，生产效率高。它作业面大，覆盖范围为长方形空间，适合于条状的建筑物或其他结构物。轨道式塔式起重机塔身的受力状况较好、造价低、拆装快、转移方便、无需与结构物拉结；但其占用施工场地较多，且铺设轨道的工作量大，因而台班费用较高。10层以下的民用建筑和多层工业建筑才多用轨道式塔式起重机。

(2) 固定式塔式起重机

该起重机的塔身固定在混凝土基础上。它安装方便，占用施工场地小，但起升高度不大，一般在50m以内，适合于多层建筑的施工。

(3) 附着式塔式起重机

该起重机的塔身固定在建筑物或构筑物近旁的混凝土基础上，且每隔20m左右的高度用系杆与近旁的结构物用锚固装置连接起来。因其稳定性好，故而起升高度大，一般为70～100m，有些型号可达160m高。起重机依靠顶升系统，可随施工进程自行向上顶升接高。它占用施工场地很小，特别适合在较狭窄工地施工，但因塔身固定，服务范围受到限制。

(4) 内爬式塔式起重机

该起重机安装在建筑物内部的结构上（常利用电梯井、楼梯间等空间），借助于爬升机构随建筑物的升高而向上爬升，一般每隔1～2层楼便爬升一次。由于起重机塔身短，用钢量省，因而造价低。它不占用施工场地，不需要轨道和附着装置，但须对结构进行相应的加固，且不便拆卸。内爬式塔式起重机适用于施工场地非常狭窄的高层建筑的施工；当建筑平面面积较大时，采用内爬式起重机也可扩大服务范围。

13.3.2 钢筋混凝土单层工业厂房结构吊装

单层工业厂房常采用装配式钢筋混凝土结构，主要承重构件中除基础现浇外，柱、吊车梁、屋架、天窗架和屋面板等均为预制构件。根据构件的尺寸、重量及运输构件的能力，预制构件中较大的一般在现场就地制作，中小型的多集中在工厂制作。结构安装工程是单层工业厂房施工的主导工程。

1. 结构安装前的准备工作

结构安装前的准备工作包括清理场地，铺设道路，构件的运输、堆放、拼装、加固、检查、弹线、编号，基础的准备等。

(1) 构件的运输与堆放

1) 构件的运输

在工厂制作或在施工现场集中制作的构件，吊装前要运到吊装地点就位。构件的运输一般采用载重汽车、半托式或全托式的平板拖车。构件在运输过程中必须保证构件不倾倒、不变形、不破坏，为此有如下要求：构件的强度，当设计无具体要求时，不得低于混凝土设计强度标准值的75%；构件的支垫位置要正确，数量要适当，装卸时吊点位置要符合设计要求；运输道路要平整，有足够的宽度和转弯半径。

2) 构件的堆放

构件应按平面图规定的位置堆放，避免二次搬运。构件堆放应符合下列规定：堆放构件的场地应平整坚实，并具有排水措施；构件就位时，应根据设计的受力情况搁置在垫木或支架上，并应保持稳定；重叠堆放的构件，吊环应向上，标志朝外；构件之间垫以垫木，上下层垫木应在同一垂直线上；重叠堆放构件的堆垛高度应根据构件和垫木强度、地面承载力及堆垛的稳定性确定；采用支架靠放的构件必须对称靠放和吊运，上部用木块隔开。

(2) 构件的拼装和加固

为了便于运输和避免扶直过程中损坏构件，天窗架及大型屋架可制成两个半榀（"榀"指一个平面结构体）运到现场后拼装成整体。构件的拼装分为平拼和立拼两种。前者将构件平放拼装，拼装后扶直，一般适用于小跨度构件，如天窗架。后者适用于侧向刚度较差的大跨度屋架，构件拼装时在吊装位置呈直立状态，可减少移动和扶直工序。

对于一些侧向刚度较差的天窗架、屋架，在拼装、焊接、翻身扶直及吊装过程中，为了防止变形和开裂，一般都用横杆进行临时加固。

(3) 构件的质量检查

在吊装之前应对所有构件进行全面检查，检查的主要内容如下：

1) 构件的外观：包括构件的型号、数量、外观尺寸（总长度、截面尺寸、侧向弯曲）、预埋件及预留洞位置以及构件表面有无空洞、蜂窝、麻面、裂缝等缺陷。

2) 构件的强度：当设计无具体要求时，一般柱子要达到混凝土设计强度的75%，大型构件（大孔洞梁、屋架）应达到100%，预应力混凝土构件孔道灌浆的强度不应低于15MPa。

(4) 构件的弹线与编号

构件在质量检查合格后，即可在构件上弹出吊装的定位墨线，作为吊装时定位、校正的依据。

1) 在柱身的三个面上弹出几何中心线，此线应与基础杯口顶面上的定位轴线相吻合，此外，在牛腿面和柱顶面弹出吊车梁和屋架的吊装定位线（图13.3-3）。

2) 屋架上弦顶面弹出几何中心线，并延至屋架两端下部，再从屋架中央向两端弹出天窗架、屋面板的吊装定位线。

3) 吊车梁应在梁的两端及顶面弹出吊装定位准线。在对构件弹线的同时，应依据设计图纸对构件进行编号，编号应写在明显的部位，对上下、左右难辨的构件，还应注明方向，以免吊装时出错。

(5) 基础准备

装配式混凝土柱的基础一般为杯形基础，基础准备工作的内容主要包括杯口弹线和杯底抄平。

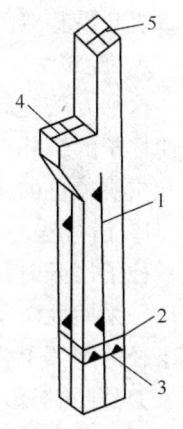

图13.3-3 柱子的弹线

1—柱子中心线；2—基础标高线；3—基础顶面线；4—吊车梁定位线；5—柱顶中心线

1) 杯口弹线：在杯口顶面弹出纵、横定位轴线，作为柱对位、校正的依据。

2) 杯底抄平：为了保证柱牛腿标高的准确，在吊装前需对杯底的标高进行调整（抄平）。调整前先测量出杯底原有标高（小柱可测中点，大柱则测四个角点）；再测量出柱脚底面至牛腿顶面的实际距离，计算出杯底标高的调整值；然后用水泥砂浆或细石混凝土填抹至需要的标高。杯底标高调整后，应加以保护，以防杂物落入。

2. 构件吊装工艺

构件吊装一般包括：绑扎、起吊、对位、临时固定、校正和最后固定等工序。

(1) 柱的安装

1) 柱的绑扎

柱的绑扎方法、绑扎位置和绑扎点数应视柱的形状、长度、截面、配筋、起吊方法及起重机性能等因素而定。因柱起吊时吊离地面的瞬间由自重产生时弯矩最大，其最合理的绑扎点位置，应按柱产生的正负弯矩绝对值相等的原则来确定。一般中小型柱（自重在13t以下）大多采用一点绑扎；重柱或配筋少而细长的柱（如抗风柱）为防止在起吊过程中柱身断裂，常采用两点甚至三点绑扎。对于有牛腿的柱，其绑扎点应选在牛腿以下200mm处。工字形断面和双肢柱，应选在矩形断面处，否则应在绑扎位置用方木加固翼缘，防止翼缘在起吊时损坏。

按照柱起吊后柱身是否垂直，分为直吊法和斜吊法。

① 斜吊绑扎法：当柱平卧起吊的抗弯能力满足要求时，可采用斜吊绑扎。该方法的特点是柱不需要翻身，起重钩可低于柱顶，当柱身较长，起重机臂长不够时，用此法较方便，但因柱身倾斜，就位时对中较困难。

② 直吊绑扎法：当柱平卧起吊的抗弯能力不足时，吊装前需先将柱翻身后再绑扎起吊，此时就要采取直吊绑扎法。该方法的特点是吊索从柱的两侧引出，上端通过卡环或滑轮挂在铁扁担上。起吊时，铁扁担位于柱顶上，柱身呈垂直状态，便于柱垂直插入杯口和对中、校正。但由于铁扁担高于柱顶，需用较长的起重臂。

2) 柱的起吊

柱子起吊方法按照吊升时的运动特点主要有旋转法和滑行法，按照使用机械数量可分为单机起吊和双机起吊。

A. 旋转法

这种方法是起重机边起钩、边回转起重杆，使柱子绕柱脚旋转而吊起插入杯口。该法应使柱子的绑扎点、柱脚中心和杯口心三点共弧，该弧的圆心为起重机的回转中心，半径为起重机吊桩的起重半径。柱子堆放时，应尽量使柱脚靠近基础，以提高吊装速度。

B. 滑行法

柱子吊升时，起重机只升吊钩，起重杆不动，使柱脚沿地面滑行逐渐直立，然后插入杯口。采用此法吊升时，柱的绑扎点应布置在杯口附近，并与杯口中心位于起重机同一工作半径的圆弧上，以便移动吊柱就位。

3) 柱的对位和临时固定

柱脚插入杯口后，先进行悬空对位，用八个楔块从柱的四边插入杯口，并用撬棍撬动柱脚使柱子的安装中心线对准杯口的安装中心线，使柱身基本保持直立，即可落钩将柱脚放到杯底，并复查对线；随后，由两人面对面地打紧四周楔子加以临时固定。

4) 柱的校正

校正内容包括平面定位轴线的位置、标高和垂直度的校正。

5) 柱的最后固定

在钢筋混凝土柱的底部四周与基础杯口的空隙之间，分两次浇筑细石混凝土，捣固密实，作为最后固定。

(2) 吊车梁的吊装

吊车梁的安装应在柱子杯口第二次浇筑的细石混凝土强度达到设计强度的75%以后进行。吊车梁绑扎时，吊钩应对准重心，起吊后使构件保持水平。吊车梁就位时应缓慢落下,争取使吊车梁中心线与支承面的中心线能一次对准,并使两端搁置长度相等。吊车梁的校正,应在屋盖结构构件校正和最后固定后进行。

(3) 屋架的安装

工业厂房的钢筋混凝土屋架一般在现场平卧叠浇。吊装的施工顺序是:绑扎,扶直就位,吊升、对位与临时固定,校正、最后固定。吊装时,混凝土强度应达到设计强度的100%。

1) 绑扎:屋架的绑扎点,应选在上弦节点处或其附近,对称于屋架的重心,吊点的数目及位置,与屋架的形式和跨度有关,一般由设计确定。吊索与水平面的夹角宜不小于60°,且不应小于45°。

2) 扶直就位:由于屋架在现场平卧预制,吊装前要先翻身扶直。扶直时,屋架部分地改变了构件的受力性质。因此,必要时应采取加固措施。扶直屋架有两种方法:

①正向扶直,即起重机位于屋架下弦一边,首先以吊钩对准屋架的上弦中心,收紧吊钩,然后略略起臂使屋架脱模;接着升钩、起臂,使屋架以下弦为轴缓缓转为直立状态。

②反向扶直,即起重机位于屋架上弦一边,吊钩对准上弦中心,随着升钩、降臂,使屋架绕下弦转动而直立。

3) 吊升、对位与临时固定:屋架吊至柱顶以上,使屋架的端头轴线与柱顶轴线重合,然后用缆风绳与地面牵拉或用钢管与已固定的屋架连接,进行临时固定,屋架固定稳妥后起重机才能脱钩。

4) 校正、最后固定:屋架主要校正垂直偏差,使其符合规范规定;校正无误后,立即用电焊焊牢作为最后固定。

【例13.3-1】屋架采用反向扶直时,起重机立于屋架上弦一边,吊钩对位上弦中心,则臂与吊钩满足下列( )关系。(2013年)

A. 升臂升钩　　　B. 升臂降钩　　　C. 降臂升钩　　　D. 降臂降钩

解析:扶直屋架时由于起重机与屋架的相对位置不同,有两种方法:①正向扶直。起重机位于屋架下弦一边,扶直时,吊钩对准上弦中点,收紧起重钩,再起臂约2°,随之升钩、起臂,使屋架以下弦为轴缓慢转为直立状态。②反向扶直。起重机位于屋架上弦一边,吊钩对准上弦中点,收紧吊钩,起臂约2°,随之升钩、降臂,使屋架绕下弦转动而直立。屋架扶直之后,立即排放就位,一般靠柱边斜向排放,或以3~5榀为一组平行于柱边纵向排放。

答案为C。

3. 结构吊装方案

(1) 起重机型号的选择

一般钢筋混凝土单层工业厂房的结构吊装,多采用自行式起重机。

起重机型号选择取决于起重机的三个工作参数,即起重量Q、起重高度H、起重半径R。它们均应满足结构吊装的要求。

1) 起重量Q

起重机的起重量必须大于所吊装构件的重量与索具重量之和,即

$$Q \geqslant Q_1 + Q_2$$

式中:Q——起重机的起重量(t);

　　　　Q_1 —— 构件的重量（t）；
　　　　Q_2 —— 索具的重量（t）。
　　2) 起重高度 H
　　起重机的其中高度必须满足所装构件的吊装高度要求，即

$$H = h_1 + h_2 + h_3 + h_4$$

式中：H —— 起重机的起重高度（m），从停机面算起至吊钩中心；
　　　h_1 —— 安装支座表面高度（m），从停机面算起；
　　　h_2 —— 安装空隙，一般不少于 0.3m；
　　　h_3 —— 绑扎点至所吊构件底面的垂直距离（m）；
　　　h_4 —— 索具高度（m），自绑扎点至吊钩中心的高度。
　　3) 起重半径 R
　　当起重机可以不受限制地开到构件安装位置附近时，可不验算起重半径；但是当起重机受到限制不能靠近安装位置时，则应验算起重机的起重半径为一定值时的重量、起重高度能否满足吊装构件的要求。
　　(2) 起重机台数的确定
　　起重机台数，根据厂房的工程量、工期和起重机的台班产量，按下式确定

$$N = \frac{1}{T \cdot C \cdot K} \Sigma \frac{Q_i}{P_i}$$

式中：N —— 起重机台数；
　　　T —— 工期；
　　　C —— 每天工作班数；
　　　K —— 时间利用系数，一般取 0.8～0.9；
　　　Q —— 某种构件的安装工程量；
　　　P —— 起重机相应的产量定额。
　　(3) 结构吊装方法
　　1) 分件吊装法：起重机每开行一次，仅吊装一种或几种构件的吊装方式，通常分三次开行吊装完全部构件。第一次开行，吊装全部柱，经校正后固定；待接头混凝土达到设计强度的 70% 后，第二次开行，吊装全部吊车梁、连系梁及柱间支撑；第三次开行，依次按节间吊装屋盖系统（包括屋架、天窗架、屋面板及屋面支撑等）。
　　2) 综合吊装法：起重机在厂房内一间一间地吊装，直至完成。即先吊装一个节间柱子，随后吊装这个节间的吊车梁、连系梁、屋架和屋面板等构件；一个节间的全部构件吊装完后，起重机退至下一个节间进行吊装，直至整个厂房结构吊装完毕。
　　(4) 现场预制构件的平面布置和吊装前的构件堆放
　　1) 现场预制构件的平面布置：单层工业厂房在现场预制的构件主要是柱子和屋架，有时还有吊车梁。在预制时，应对它们的预制位置仔细加以规划布置，以便于施工。
　　① 柱子的布置有斜向布置和纵向布置两种。
　　② 屋架的布置有斜向布置，以及正、反斜向布置和正、反纵向布置三种，其中以斜向布置方式采用较多。

③ 吊车梁可靠近柱子基础顺纵轴线或略作倾斜布置，也可插在柱子之间预制。

2) 吊装前构件的堆放：为配合吊装工艺的要求，各种构件在起吊前应按一定要求进行堆放。

13.3.3 多层房屋结构吊装

1. 结构吊装方法与吊装顺序

多层装配式框架结构的吊装方法，按构件吊装顺序不同，有分件吊装法和综合吊装法。

（1）分件吊装法

按其流水方式的不同，又分为分层分段流水吊装法和分层大流水吊装法。前者是以一个楼层为一个施工层，而每一个施工层又再划分成若干个施工段，以便流水作业，起重机在某施工段内作数次往返开行。每次开行，吊装该段内的某一种构件，直至吊完该施工段的全部构件，依次转入后续工段；后者是每个施工层不再划分施工段而按一个楼层组织各工序的流水。

（2）综合吊装法

它是以一个节间或若干个节间为一个施工段，以房屋的全高为一个施工层来组织各工序的流水。起重机把一个施工段的构件吊装至房屋的全高，然后转移到下一个施工段。

2. 构件的平面布置与堆放

多层房屋的预制构件，除较重、较长的柱子需在现场就地预制外，其他构件大多数在工厂集中预制后运入工地吊装。因此，构件的平面布置要着重解决柱子的现场预制布置和预制构件的堆放问题。

3. 结构构件的吊装

（1）框架结构构件的吊装

多层装配式框架结构由柱、主梁、次梁、楼板组成。在吊装过程中，要注意处理好柱子的绑扎和校正以及梁、柱接头。吊装顺序：按构件底部安装标高，由低向高进行。

（2）大型墙板结构构件的吊装

装配式大型墙板的吊装方法主要有储存吊装法和直接吊装法两种。储存吊装法，即将构件从生产场地或预制厂运至吊装机械工作半径范围内储存。直接吊装法即随运随吊。吊装时应逐间封闭，以利稳定。

13.3.4 砌体工程

砌体工程是指烧结普通砖、烧结多孔砖、蒸压灰砂普通砖、混凝土砖、各种中小型砌块和石材的砌筑。砌体工程包括材料运输、脚手架搭设、砌筑和勾缝等。

1. 砌筑材料

（1）块体

砌块可分为小型空心砌块和中型块。小型空心砌块是人工砌筑的；中型砌块主要利用小型机械吊装，主要工序为：铺灰、砌块吊装就位、校正、灌缝和镶砖。

（2）砂浆

常用的砌筑砂浆有水泥砂浆、混合砂浆。砌筑砂浆按照强度划分为五个等级，分别为M15、M10、M7.5、M5和M2.5。砂浆按照拌制地点分为现拌砂浆和干混砂浆，按照用途分为一般砂浆和专用砂浆。

砂浆用砂的含泥量应满足下列要求：对水泥砂浆和强度等级不小于M5的水泥混合砂

浆，不应超过5%；对强度等级小于M5的水泥混合砂浆，不应超过10%；人工砂、山砂及特细砂，应经试配满足砌筑砂浆技术条件要求。

砌筑材料准备，生石灰熟化要用网过滤，熟化时间不少于7d。常温下砌筑砖砌体时，对烧结普通砖、烧结多孔砖要提前1~2d浇水湿润，含水率宜为10%~15%；蒸压灰砂砖、蒸压煤灰砖的含水率宜为8%~12%。

【例13.3-2】 砌筑砂浆的强度等级划分中，强度等级最高的是( )。（2016年）

A. M20   B. M25   C. M10   D. M15

解析： 常用的砌筑砂浆有水泥砂浆、混合砂浆。砌筑砂浆按照强度划分为五个等级，分别为M15、M10、M7.5、M5和M2.5。其中M15是最高等级。

答案为D。

2. 砌筑工艺

对脚手架的基本要求是宽度满足工人操作、材料堆置和运输的需要；坚固稳定；装拆简便；能多次周转使用。脚手架的种类很多，按其搭设位置分为外脚手架和里脚手架；按其所用材料分为木脚手架、竹脚手架和金属脚手架；按其构造形式分为立杆式、框式、桥式、吊式、挂式、升降式和工具式脚手架；按搭设高度分为高层脚手架和普通脚手架等。

常用的组合式脚手架，如扣件式钢管脚手架、碗扣式钢管脚手架、门式脚手架等。其中，扣件式钢管脚手架是由标准的钢管（立杆、横杆、斜杆）和特制扣件组成的脚手架骨架与脚手板、防护构件、连墙件等组成的，是目前最常用的一种脚手架；碗扣式钢管脚手架由钢管立杆、横杆、碗扣接头等组成；门式脚手架的基本单元是由一副门式框架、两副剪刀撑、一副水平梁架和四个连接器，可作为外脚手架、里脚手架和满堂脚手架。

目前高层建筑等施工应用较为广泛的是升降式脚手架，包括自升式、互升式、整体升降式三种类型。建筑施工的外脚手架有单排式和双排式。

脚手架在高度超过7m后，必须与建筑物进行拉结或者设置抛撑。规范规定，不得在下列墙体或部位设置脚手眼：

（1）120mm厚墙、清水墙、料石墙、独立柱和附墙柱；

（2）过梁上与过梁成60°的三角形范围及过梁净跨度1/2的高度范围内；

（3）宽度小于1m的窗间墙；

（4）门窗洞口两侧石砌体300mm，其他砌体200mm范围内；转角处石砌体600mm，其他砌体450mm范围内；

（5）梁或梁垫下及其左右500mm范围内；

（6）设计不允许设置脚手眼的部位；

（7）轻质墙体；

（8）夹心复合墙外叶墙。

在砖砌工程中，设计要求的洞口尺寸超过300mm时，应设置过梁或砌筑平拱。

砌体材料运输主要利用井架、龙门架、塔式起重机和施工电梯。

在砖砌体施工中，砌筑砖墙通常包括抄平、放线、摆砖样、立皮数杆、挂准线、铺灰、砌砖、勾缝等工序。其中，实心砖砌体的砌筑形式为：一顶一丁、三顺一丁、梅花丁，采用"三一"砌砖法砌筑。清水外墙面勾缝应加浆勾缝，用1:1.5水泥浆勾缝。

砖墙砌筑应横平竖直、砂浆饱满、上下错缝、内外搭砌、接槎牢固。砌体灰缝砂浆应密实饱满，砖墙水平灰缝砂浆饱满度不低于80%，砖柱水平灰缝和竖向灰缝饱满度不低于90%，以满足抗压强度的要求。竖向灰缝隙的饱满程度可明显地提高砌体抗剪强度。砖砌体的水平灰缝隙厚度和竖向灰缝宽度一般规定为10mm，不应小于8mm，也不应大于12mm。实心砖砌体应砌成斜槎，普通砖砌体斜槎水平投影长度不应小于高度的2/3；多孔砖砌体斜槎长高比不应小于1/2。留斜槎确有困难时，除转角处外，可从墙面引出不小于1230mm的直槎，并加设拉结筋。

习 题

【13.3-1】砌体工程中，下列墙体或部位中可以留设脚手眼的是（　　）。（2010年）

A. 120mm厚砖墙、空斗墙和砖柱

B. 宽度小于2m，但大于1m的窗间墙

C. 门洞窗口两侧200mm和距转角450mm的范围内

D. 梁和梁垫下及其左右500mm范围内

【13.3-2】砖砌体的砌筑时应做到"横平竖直、砂浆饱满、组砌得当、接槎可靠"。那么水平灰缝砂浆饱满度应不小于（　　）。（2009年）

A. 80%　　　　B. 85%　　　　C. 90%　　　　D. 95%

【13.3-3】砖砌工程中，设计要求的洞口尺寸超过（　　）mm时，应设置过梁或砌筑平拱。（2008年）

A. 300　　　　B. 400　　　　C. 500　　　　D. 600

【13.3-4】结构构件的吊装过程一般为（　　）。

A. 绑扎、起吊、对位、临时固定、校正和最后固定

B. 绑扎、起吊、临时固定、对位、校正和最后固定

C. 绑扎、起吊、对位、校正、临时固定和最后固定

D. 绑扎、起吊、校正、对位、临时固定和最后固定

【13.3-5】完成结构吊装任务主导因素是正确选用（　　）。

A. 起重机　　　B. 塔架　　　C. 起重机具　　　D. 起重索具

【13.3-6】下列哪种不是汽车式起重机的主要技术性能（　　）。

A. 最大起重量　　　　　　　　B. 最小工作半径

C. 最大起升高度　　　　　　　D. 最小行驶速度

【13.3-7】（　　）层以下的民用建筑和多层工业建筑才多用轨道式塔式起重机。

A. 5层　　　　B. 10层　　　C. 10层以上　　　D. 40层

【13.3-8】履带式起重机当起重臂长一定时，随着仰角的增大（　　）。

A. 起重量和回转半径增大　　　　B. 起重高度和回转半径增大

C. 起重量和起重高度增大　　　　D. 起重量和回转半径减小

习题答案及解析

【13.3-1】答案：B

解析：根据《砌体结构工程施工质量验收规范》GB 50203—2011 第3.0.9条规定，

不得在下列墙体或部位设置脚手眼：①120mm 厚墙、清水墙、料石墙、独立柱和附墙柱。②过梁上与过梁成 60°角的三角形范围及过梁净跨度 1/2 的高度范围内。③宽度小于 1m 的窗间墙。④门窗洞口两侧石砌体 300mm，其他砌体 200mm 范围内；转角处石砌体 600mm，其他砌体 450mm 范围内。⑤梁或梁垫下及其左右 500mm 范围内。⑥设计不允许设置脚手眼的部位。⑦轻质墙体。⑧夹心复合墙外叶墙。

【13.3-2】答案：A

解析：根据《砌体结构工程施工质量验收规范》GB 50203—2011 第 5.2.2 条规定，砌体灰缝砂浆应密实饱满，砖墙水平灰缝的砂浆饱满度不得低于 80%，砖柱水平灰缝和竖向灰缝饱满度不得低于 90%。

【13.3-3】答案：A

解析：根据《砌体结构工程施工质量验收规范》GB 50203—2011 第 3.0.11 条规定，设计要求的洞口、沟槽、管道应于砌筑时正确留出或预埋，未经设计同意，不得打凿墙体和在墙体上开凿水平沟槽。宽度超过 300mm 的洞口上部，应设置钢筋混凝土过梁。

【13.3-4】答案：A

解析：结构构件的吊装过程一般为绑扎、起吊、对位、临时固定、校正和最后固定。

【13.3-5】答案：C

解析：完成结构吊装任务主导因素是正确选用起重机具。

【13.3-6】答案：D

解析：汽车式起重机的主要技术性能包括最大起重量、最小工作半径和最大起升高度。

【13.3-7】答案：B

解析：10 层以下的民用建筑和多层工业建筑才多用轨道式塔式起重机。

【13.3-8】答案：C

解析：履带式起重机当起重臂长一定时，随着仰角的增大，起重量和起重高度增大。

13.4 施工组织设计

高频考点梳理

知识点	单位工程施工组织设计
近三年考核频次	1（2019.21）

施工组织设计是根据施工的预期目标和施工条件，选择最合理的施工方案，并以此为核心编制的，指导拟建工程施工全过程中各项活动的技术、经济和组织的综合性文件。它的任务是对拟建工程在人力和物力、时间和空间、技术和组织上，做出全面而合理的安排，进行科学的管理，以达到提高工程质量、加快工程进度、降低工程成本、预防安全事故的目的。

13.4.1 施工组织设计的分类

根据施工组织设计的编制对象不同，可分为施工组织设计大纲、施工组织总设计、单项（位）工程施工组织设计和分部（项）工程施工组织设计。

1. 施工组织设计大纲

施工组织设计大纲是以一个投标工程项目为对象进行编制，用以指导该投标工程全过程各项活动的技术、经济、组织的综合性文件。它是确定工程项目投标报价的依据，也是投标书的组成部分，其编制目的是为了中标。

2. 施工组织总设计

施工组织总设计是以一个建设项目为对象进行编制，用以指导其建设全过程中各项全局性施工部署的技术、经济、组织的综合性文件。它是经过招投标确定了总承包单位之后，在总承包单位的主持下，会同各分包单位共同编制的。

施工组织总设计是以整个建设工程项目为对象，在初步设计或扩大初步设计阶段，对整个建设工程的总体战略部署；或以若干单位工程组成的群体工程或特大型项目为主要对象，对整个施工过程起统筹规划、重点控制作用的施工组织设计，是指导全局性施工的技术和经济纲要。

施工组织总设计是以若干单位工程组成的群体工程或大型项目为主要对象编制的施工组织设计，对整个项目的施工过程起统筹规划、重点控制的作用。

3. 单项（位）工程施工组织设计

单项（位）工程施工组织设计是以一个单项或一个单位工程为对象进行编制，用以指导其施工全过程中各项施工活动的技术、经济、组织的综合性文件。它是在签订相应工程施工合同之后，由具体承包单位负责编制的。

4. 分部（项）工程施工组织设计

分部（项）工程施工组织设计是以某重要的分部工程或分项工程为对象进行编制，用以指导该分部（项）工程作业活动的技术、经济、组织的综合性文件。它是在编制单项（位）工程施工组织设计的同时，由承包单位编制，作为该项目专业工程具体实施的依据。

【例 13.4-1】以整个建设项目或建筑群为编制对象，用以指导其施工全过程各项施工活动的综合技术经济文件为（　　）。（2010 年）

A. 分部工程施工组织设计　　　　B. 分项工程施工组织设计
C. 单位工程施工组织设计　　　　D. 施工组织总设计

解析：施工组织总设计是以一个建设项目或建筑群为编制对象，用以指导其施工全过程各项活动的技术和经济的综合性文件。A、B 两项，分部分项工程施工组织设计，是以分部分项工程为编制对象，具体实施施工全过程的各项施工活动的综合性文件；C 项，单位工程施工组织设计是以一个建筑物、构筑物或一个交、竣工工程系统为编制单位，用以指导其施工全过程各项活动的技术和经济综合性文件。

答案为 D。

13.4.2 施工组织设计的基本内容

施工组织设计的编制内容，根据工程规模和特点的不同而有所差异，但不论何种施工组织设计，一般都应具备如下基本内容。

1. 工程概况

它包括建设工程的名称、性质、建设地点、建设规模、建设期限、自然条件、施工条件、资源条件、建设单位的要求等。

2. 施工方案

应根据拟建工程的特点，结合人力、材料、机械设备、资金等条件，全面安排施工程序和顺序，并从该工程可能采用的几个施工方案中选择最佳方案。

3. 施工进度计划

施工进度计划反映了最佳施工方案在时间上的安排，应采用先进的计划理论和计算方法，综合平衡进度计划，使工期、成本、资源等通过优化调整达到既定目标。在此基础上，编制相应的人力和时间安排计划、资源需要量计划、施工准备计划。

4. 施工平面图

施工平面图是施工方案和施工进度计划在空间上的全面安排，它把投入的各种材料、构件、机械、运输，工人的生产、生活场地及各种临时工程设施等，合理地布置在施工现场，使整个现场能有组织地进行文明施工。

施工平面图是施工过程的空间组织的图解形式，用以表达现有地形地物、拟建构筑物为施工服务的各类临时设施、运输道路机械设备等的平面位置。工程施工现场为露天作业，占地面积大，功能分区复杂，容纳的人员众多，因此必须对施工现场面用地进行科学的组织和规划，否则会造成施工过程的混乱，影响工程进度并增加造价，甚至发生重大安全事故。

13.4.3 施工方案的选择

施工方案的选择是单位工程施工组织设计的核心工作，是单位工程施工组织设计中带决策性的重要环节，应在拟定的几个可行的施工方案中，经过分析、比较，选用最优的施工方案，并将其作为安排施工进度计划和设计施工平面图的依据。施工方案的选择一般包括确定施工程序及施工起点流向和施工顺序，选择重要分部分项工程的施工方法和施工机械，确定工程施工的流水组织等。在拟定施工方案前，应首先研究决定该工程施工中的几个主要问题：

① 整个单位工程施工的分段情况，每一施工段中配备的主要机械情况，机械配备与施工段工程量及运输是否相适应。

② 工程施工中哪些构件是现场预制，哪些构件是预制构件厂供应。

③ 结构吊装和设备安装的配合情况，各协作单位的确定以及土建单位与各协作单位的协调情况。

④ 施工的总工期。

1. 施工部署

应遵循"先地下、后地上""先土建、后设备""先主体、后围护""先结构、后装修"的一般原则，结合具体工程的建筑结构物特征、施工条件和建设要求，合理确定工程项目的施工程序，包括确定工程项目各楼层、各单元（跨）的施工顺序，施工段的划分，确定各主要施工过程的流水方向等。在确定各施工过程的先后顺序时，应考虑：①施工工艺的要求；②施工方法和施工机械的要求；③施工组织的要求；④施工质量的要求；⑤当地的气候条件；⑥安全技术的要求。

施工部署的主要内容有：①确定各主要单位工程的施工开展程序和开、竣工日期；②建立项目组织体系，划分工程任务和施工区段，明确项目关系；③确定施工准备工作的规划，如三通一平分期规划、重要机械申请订货计划；④拟定各单位工程的关键分部工程施工技术方案，通过技术经济分析，在安全可行的基础上选定工程的关键技术方案；⑤形成完整的施工部署技术文件，使之成为整个施工组织设计文件的核心。

【例13.4-2】施工部署中应解决的问题不包括（　　）。
A. 确定工程开展程序
B. 拟订工程项目的施工方案
C. 明确施工任务划分与组织安排
D. 编制施工准备工作计划

解析：拟订工程项目的施工方案是施工部署完成之后的工作。因此应选B。

2. 选择施工方案

应遵循先进性、可行性、安全性、经济性的原则，选择主要施工过程的施工方法、施工机械、工艺流程和措施。

施工方法和施工机械的选择是紧密联系的，在技术上它主要解决施工过程的施工手段和工艺问题。这些问题的解决，在很大程度上受到结构形式和建筑特征的制约。

在选择施工方案时，不仅要拟定进行某一施工过程的操作流程和方法，而且要提出质量要求，以及达到这些质量要求的技术措施，并要预见可能发生的问题和提出预防措施，同时提出必要的安全措施。按常规做法和工人熟练的项目，可不必详细拟定，只要提出这些项目在本工程上的一些特殊要求即可。

施工方案的比较：每一施工过程都可以采用多种不同的施工方法和施工机械来完成。确定施工方案时，应当根据现有的或可能获得的机械的实际情况，首先拟定几个技术上可行的方案，然后从技术及经济方面互相比较，从中选出最合理的方案，使技术上的可行性同经济上的合理性统一起来。比较主要从以下四个方面进行：施工工期、降低成本率、劳动消耗量和投资效益。

13.4.4 编制进度计划

施工进度计划是施工组织设计的关键内容，是控制工程施工进度和工程施工期限等各项施工活动的依据，进度计划是否合理，直接影响施工速度、成本和质量。因此施工组织设计的一切工作都要以施工进度为中心来安排。施工进度计划的编制一般遵循以下步骤：①划分施工过程；②计算工作量；③确定劳动量和机械台班数量；④确定各施工过程的持续施工时间（天或周）；⑤编制施工进度计划的初始方案；⑥检查和调整施工进度计划初始方案。

单位工程施工进度计划一般由施工单位编制。

13.4.5 设计施工平面图

在施工现场上，除拟建建筑物外，还有各种拟建工程所需的各种临时设施，如混凝土搅拌站、材料堆场及仓库、工地临时办公室及食堂等。为了使现场施工科学有序、安全地进行，我们必须对施工现场进行合理的平面规划和布置。

施工平面图是施工方案在现场空间上的体现，反映已建工程和拟建工程之间，以及各种临时建筑、临时设施之间的合理位置关系。现场布置得好，就可以使现场管理得好，为文明施工创造条件；反之，如果现场施工平面布置得不好，施工现场道路不通畅，材料堆放混乱，就会对施工进度、质量、安全、成本产生不良后果。因此施工平面图设计是施工组织设计中一个很重要的内容。

1. 施工平面图的主要内容

（1）原有建筑物和拟建房屋、构筑物的位置及尺寸；

（2）起重机械的位置开行路线和服务范围，这是首要考虑的因素；

（3）水、电、道路的布置与外线的连接；

（4）各种材料及半成品的堆场和仓库；

（5）一切为施工服务的大型临时设施。

2. 施工平面图的设计原则

（1）尽量少占土地；

（2）临时性建筑业务设施尽量不占用拟建土地上的或地下的永久性建（构）筑物和设施的位置；

（3）最大限度地降低工地的运输费；

（4）临时工程的费用应尽量减少；

（5）工地上各项设施的布置应该体现"以人为本"的原则；

（6）遵循劳动保护和防火面的法规与技术要求。

3. 施工平面图的设计步骤

（1）熟悉、分析有关资料；

（2）确定垂直运输机械的位置；

（3）选择砂浆及混凝土搅拌站的位置；

（4）确定材料及半成品的位置；

（5）确定场内运输道路；

（6）确定各类临时设施的位置。

【例 13.4-3】施工平面图设计时，首先要考虑的是(　　)。(2008 年)

A. 确定垂直运输机械的位置

B. 布置运输道路

C. 布置生产、生活用的临时设置

D. 布置搅拌站、材料堆场的位置

解析：在施工平面图设计中，应优先确定大型起重机械的位置。因此应选 A。

习　题

【13.4-1】在安排各施工过程的先后顺序时，可以不考虑(　　)。

A. 施工工艺的要求　　　　　　　　B. 施工管理人员的素质

C. 施工组织的要求　　　　　　　　D. 施工质量的要求

【13.4-2】确定一般建筑工程项目的施工程序时，不宜采取的是(　　)。

A. 先地下，后地上　　　　　　　　B. 先设备，后土建

C. 先主体，后围护　　　　　　　　D. 先结构，后装修

【13.4-3】施工组织设计分为(　　)类。

A. 2　　　　　　B. 3　　　　　　C. 4　　　　　　D. 5

【13.4-4】施工立体设计是指设计一个能满足(　　)建筑施工中结构、设备和装修等不同阶段施工要求的供水、供电、废物排放的立体系统。

A. 高层　　　　　B. 多层　　　　　C. 大跨　　　　　D. 多跨

【13.4-5】施工总平面图的设计应先从（　　）入手。

A. 仓库　　　　　B. 运输方式　　　C. 加工厂　　　　D. 临时设施

【13.4-6】单位工程施工进度计划一般由（　　）编制。

A. 建设单位　　　B. 施工单位　　　C. 设计单位　　　D. 监理单位

【13.4-7】下列不属于建筑施工组织设计的内容的是（　　）。

A. 施工准备工作计划
B. 施工方案、施工进度计划和施工平面布置图
C. 劳动力、机械设备、材料和构件供应计划
D. 竣工验收工作计划

【13.4-8】下列（　　）工作是施工方案的核心内容。

A. 施工方法
B. 施工材料和施工力量的确定
C. 施工质量和施工安全的保证
D. 施工进度计划和施工平面图的设计

习题答案及解析

【13.4-1】答案：B

解析：各施工过程的先后顺序与施工组织、施工工艺、施工质量有密切关系。

【13.4-2】答案：B

解析：施工部署应遵循"先地下、后地上""先土建、后设备""先主体、后围护""先结构、后装修"的一般原则，结合具体工程的建筑结构物特征、施工条件和建设要求，合理确定工程项目的施工程序，包括确定工程项目各楼层、各单元（跨）的施工顺序，施工段的划分，确定各主要施工过程的流水方向等。

【13.4-3】答案：C

解析：根据施工组织设计的编制对象不同，可分为施工组织设计大纲、施工组织总设计、单项（位）工程施工组织设计和分部（项）工程施工组织设计。

【13.4-4】答案：A

解析：施工立体设计是指设计一个能满足高层建筑施工中结构、设备和装修等不同阶段施工要求的供水、供电、废物排放的立体系统。

【13.4-5】答案：B

解析：施工总平面图的设计应先从运输方式入手。

【13.4-6】答案：B

解析：单位工程施工进度计划一般由施工单位编制。

【13.4-7】答案：D

解析：施工组织设计是根据施工的预期目标和施工条件，选择最合理的施工方案，并以此为核心编制的，指导拟建工程施工全过程中各项活动的技术、经济和组织的综合性文件。它的任务是对拟建工程在人力和物力、时间和空间、技术和组织上，做出全面而合理的安排，进行科学的管理，以达到提高工程质量、加快工程进度、降低工程成本、预防安

全事故的目的。竣工验收工作计划不属于建筑施工组织设计的内容。

【13.4-8】答案：A

解析：施工方法是施工方案的核心内容。

13.5 流水施工原理

高频考点梳理

知识点	空间参数
近三年考核频次	1（2018.19）

流水施工是将拟建工程按其工程特点和结构部位划分为若干个施工段，根据规定的施工顺序，组织各施工队（组），依次连续地在各施工段上完成自己的工序，使施工有节奏进行的施工方法。

13.5.1 流水施工的概念

在建筑工程施工中，常用的施工组织方式有依次施工、平行施工和流水施工三种。这三种组织方式不同，工作效率有别，适用范围各异。

流水施工组织方式是将拟建工程的整个建造过程分解为若干个不同的施工过程，也就是划分成若干个工作性质不同的分部、分项工程或工序；同时将拟建工程在平面上划分成若干个劳动量大致相等的施工段，在竖向上划分成若干个施工层；按照施工过程成立相应的专业工作队；各专业工作队按照一定的施工顺序投入施工，在完成一个施工段上的施工任务后，在专业队的人数、使用的机具和材料均不变的情况下，依次地、连续地投入到下一个施工段，在规定时间内，完成同样的施工任务；不同的专业工作队在工作时间上最大限度地、合理地搭接起来；一个施工层的全部施工任务完成后，专业工作队依次地、连续地投入到下一个施工层，保证施工全过程在时间上、空间上有节奏、连续、均衡地进行下去，直到完成全部施工任务。

这种将拟建工程的整个建造过程分解为若干个不同的施工过程，按照施工过程成立相应的专业工作队，采取分段流动作业，并且相邻两专业队最大限度地搭接平行施工的组织方式，称为流水施工组织方式。如果按照流水施工组织方式组织施工，其施工进度、工期和劳动量等方面有如下特点：

（1）科学地利用了工作面，争取了时间，计算总工期比较合理；

（2）工作队及其工人实现了专业化生产，有利于改进操作技术，可以保证工程质量和提高劳动生产率；

（3）工作队及其工人能够连续作业，相邻两个专业工作队之间，实现了最大限度地、合理地搭接；

（4）每天投入的资源量较为均衡，有利于资源供应的组织工作；

（5）为现场文明施工和科学管理，创造了有利条件。

13.5.2 流水施工的技术经济效益

流水施工在工艺划分、时间排列和空间布置上都是一种科学合理而又先进的施工组织方式，必然会给相应的项目经理部带来显著的技术经济效益。主要表现在以下几点：

(1) 流水施工的节奏性、均衡性和连续性，减少了时间间歇，使工程项目尽可能早地竣工，能够更好地提高投资效益；

(2) 工人实现了专业化生产，有利于提高技术水平，工程质量有了保障，也减少了项目使用过程中的维修费用；

(3) 工人实现了连续作业，便于改善劳动组织、操作技术和施工机具，有利于提高劳动生产率，降低工程成本，提高承建单位利润；

(4) 以合理劳动组织和平均先进劳动定额指导施工，能够充分发挥施工机械和操作工人的生产效率。

(5) 流水施工高效率，可以减少施工中的管理费，资源消耗平衡，减少物资损失，有利于提高承建单位经济效益。

13.5.3 流水施工分级和表达方式

1. 流水施工分级

根据流水施工组织的范围划分，流水施工通常可分为：

(1) 分项工程流水施工

分项工程流水施工也称为细部流水施工，它是一个专业工程内部组织的流水施工。在项目施工进度计划表上，它是一条标有施工段或工作队编号的水平进度指示线段或斜向进度指示线段。

(2) 分部工程流水施工

分部工程流水施工也称为专业流水施工，是在一个分部工程内部、各分项工程之间组织的流水施工。在项目施工进度计划上，它由一组施工段或工作队编号的水平进度指示线段或斜向进度指示线段表示。

(3) 单位工程流水施工

单位工程流水施工也称为综合流水施工，是一个单位工程内部、各分部工程之间组织的流水施工。反映在项目施工进度计划上，是一个项目施工总进度计划。

2. 流水施工表达方式

流水施工的表达方式主要有横道图和网络图两种，其中横道图表达方式又有水平指示图表、垂直指示图表两种。流水施工网络图的表达方式详见本章第6节（13.6）。

(1) 水平指示图表

流水施工水平指示图表的表达方式如图13.5-1所示。横坐标表示流水施工的持续时间，即施工进度；纵坐标表示开展流水施工的施工过程、专业工作队名称、编号和数目；呈梯形分布的水平线段和圆圈中的编号，表示施工段数及进入施工的开展顺序。这种图表一般提供给作业班主。

(2) 垂直指示图表

流水施工垂直指示图表的表达方式如图13.5-2所示。横坐标表示流水施工的持续时间，即施工进度；纵坐标表示开展流水施工的施工段数及编号；斜向线段表示一个施工过程或专业工作队分别投入各个施工段工作的时间和顺序。这种图表一般提供给项目经理或建设单位。

13.5.4 流水施工参数

在组织项目流水施工时，用以表达流水施工在施工工艺、空间布置和时间排列方面开

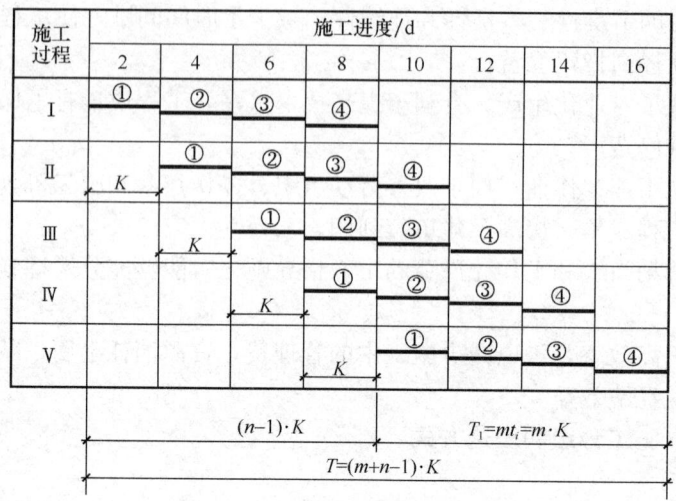

图 13.5-1　流水施工水平指示图

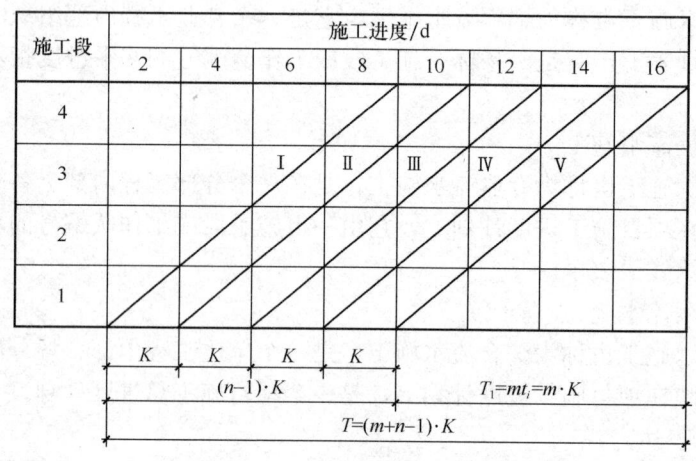

图 13.5-2　流水施工垂直指示图

展状态的参数，统称为流水参数。它包括工艺参数、空间参数和时间参数三类。

1. 工艺参数

在组织工程项目流水施工时，用以表达流水施工在施工工艺上的开展顺序及其特性的参量，称为工艺参数。它包括施工过程和流水强度两种。

(1) 施工过程

把拟建工程在平面上划分为若干个劳动量大致相等的施工段落，即为施工过程。

1) 施工过程分类

在工程项目施工中，施工过程所包含的施工范围可大可小，既可以是分项工程或分部工程，也可以是单位工程或单项工程。根据工艺性质不同，一般可划分为以下几类。

① 制备类施工过程

制备类施工过程是指为了提高建设产品的加工能力而形成的施工过程，如砂浆、混凝土、构配件和制品的制备过程。它一般不占用工程项目的施工空间，不影响总工期，因此不必反映在进度计划表上。

② 运输类施工过程

运输类施工过程是指将建设材料、构配件、设备和制品等物资，运到建设工地仓库或现场使用地点而形成的施工过程。它一般不占用工程项目的施工空间，不影响总工期，通常不列入施工进度计划中；但在结构吊装工程中，若采用随运随吊方案的运输过程时，它对总工期有一定影响，须列入施工进度计划中。

③ 砌筑安装类施工过程

砌筑安装类施工过程是指在施工项目空间上，直接进行最终建设产品加工而形成的施工过程。如砌砖墙、现浇结构支模板、绑扎钢筋、浇筑混凝土等分项工程或基础工程、主体工程、屋面工程和装饰工程等分部工程。它们占用施工项目的空间并影响总工期，必须列入进度计划表中。

2) 施工过程数目的确定

施工过程的数目以 n 表示，它是流水施工的基本参数之一。拟建工程项目的施工过程数目较多，在确定列入施工进度计划表中的施工过程时，应注意以下几个问题。

① 占用工程项目施工空间并对工期有直接影响的分部分项工程才能列入表中。

② 施工过程数目要适量，它与施工过程划分的粗细程度有关。划分太细，将使流水施工组织复杂化，造成主次不分明；太粗，则使进度计划过于笼统，不能起到指导施工的作用。一般情况下，对于控制性进度计划，项目划分可粗一些，通常只需列出分部工程的名称；而对于实施性进度计划，项目划分得应细一些，通常要列出分项工程的名称。

③ 要找出主导施工过程（即工程量大、对工期影响大或对流水施工起决定性作用的关键环节）。

④ 某些穿插性施工过程可合并到主导施工过程中，或对在同一时间内由同专业工作队施工的，可合并为一个施工过程。而对于次要的零星分项工程，可合并为其他工程。

⑤ 水暖电卫工程和设备安装工程通常由专业工作队负责施工，在一般土建工程施工进度计划中，只反映这些工程与土建工程的配合情况即可。

(2) 流水强度

某施工过程在单位时间内所完成的工程量，称为该施工过程的流水强度。流水强度一般以 V 表示，它可由公式计算求得。

1) 机械作业流水强度

$$V_{机} = \sum_{j=1}^{x} R \cdot S$$

式中：$V_{机}$——某施工过程的机械作业流水强度；

R——投入施工过程的某种施工机械台数；

S——投入施工过程的某种施工机械产量定额；

x——投入施工过程的施工机械种类数。

2) 人工作业流水强度

$$V_{人} = R \cdot S$$

式中：$V_{人}$——某施工过程的人工作业流水强度；

R——投入施工过程的专业工作队的工人数；
　　S——投入施工过程的专业工作队平均产量定额。
2. 空间参数

在组织项目流水施工时，用以表达流水施工在空间布置上所处状态的参量，均称为空间参数。它包括工作面、施工段和施工层三种。

【例 13.5-1】描述流水施工空间参数的指标不包括（　　）。(2016 年)
A. 建筑面积　　　B. 施工段　　　C. 工作面　　　D. 施工层

解析：在施工组织设计中，一般把流水施工参数分为：①工艺参数，包括施工过程和流水强度；②时间参数，包括流水节拍、流水步距、间歇时间、组织搭接时间和流水工期；③空间参数，包括工作面、施工段和施工层。因此应选 A。

(1) 工作面

某专业工种的工人在生产建设产品时所必须具备的活动空间，称为该工种的工作面。它是根据该工种的产量定额和安全施工技术规程的要求确定。工作面确定合理与否，将直接影响专业工种的生产效率，所以必须认真对待，合理确定。建筑施工中主要工种的工作面参考数据可查相应的参考数据表。

(2) 施工段

为了有效地组织流水施工，通常把拟建工程项目在平面上划分成若干个劳动量大致相等的施工段落，这些施工段落称为施工段。施工段的数目以 m 表示，它是流水施工的基本参数之一。

1) 划分施工段的目的和原则

一般情况下，一个施工段内只安排一个施工过程的专业工作队进行施工。在一个施工段上，只有当前一个施工过程的工作队提供足够的工作面后，后一个施工过程的工作队才能进入该段从事下一个施工过程的施工。

划分施工段是组织流水施工的基础。就建筑产品生产的单件性特点而言，它不适用于组织流水施工。但是，建筑产品体形庞大的固有特征，又为组织流水施工提供了空间条件——可以把一个体形庞大的"单件商品"划分成具有若干个施工段、施工层的"批量产品"，使其满足流水施工的基本要求，在保证工程质量的前提下，为专业工作队确定合理的空间活动范围，使其按流水施工的原理，集中人力和物力，迅速地、依次地、连续地完成各段的任务，为相邻专业工作队尽早地提供工作面，达到缩短工期的目的。

施工段的划分，在不同的分部工程中，可以采用相同或不同的划分方法。在同一分部工程中最好采用统一的段数，但也不能排除特殊情况。如在工业厂房的预制工程中，柱和屋架的施工段划分就不一定相同；对于多栋同类型房屋的施工，允许以栋号为施工段组织大流水施工。

施工段划分的数目应得当，数目过多势必会减少工人数而延长工期，数目过少又会造成资源供应过分集中，不利于组织流水施工。因此，为了使施工段划分得科学合理，一般应当遵循以下原则：

① 同一专业工作队在各个施工段的劳动量应大致相等，其相差幅度不宜超过 10%～15%。

② 为了充分发挥工人（或机械）的生产效率，不仅要满足专业工程对工作面的要求，

而且要使施工段所能容纳的劳动力人数（或机械台数），满足劳动组织优化要求。

③ 施工段数目多少，要满足合理流水施工组织要求，即应使 $m \geq n$。

④ 为了保证项目结构完整性，施工段分界线应尽可能与结构自然界限相一致，如温度缝和沉降缝等处；如果必须将分界线设在墙体中间时，应将其设在门窗洞口处，这样可以减少留槎，便于修复墙体。

⑤ 对于多层建筑物，既要在平面上划分施工段，又要在竖向上划分施工层。保证专业工作队在施工段和施工层之间，有组织、有节奏、均衡和连续地进行流水施工。

2) 施工段数目（m）与施工过程数目（n）之间的关系

当 $m>n$ 时，流水施工呈现的特点是：各专业工作队均能连续施工；施工段有闲置，但这种情况不一定有害，它可以用于技术间歇和组织间歇时间。

在项目实际施工中，若某些施工过程需要考虑技术间歇时，则可用公式确定每层的最少施工段数：

$$m_{\min} = n + \frac{\sum Z}{K}$$

式中：$m_{\min}$ ——每层需划分的最少施工段数；

　　　n ——施工过程或专业工作队数；

　　　$\sum Z$ ——某些施工过程要求的技术间歇时间的总和；

　　　K ——流水步距（在流水施工中，相邻两个专业工作队先后开始施工的时间间隔，称为流水步距）。

当 $m=n$ 时，流水施工呈现的特点是：各专业工作队均能连续施工；施工段不存在闲置的工作面。这是理论上最为理想的流水施工组织方式，如果采取这种方式，要求项目管理者必须提高施工管理水平，不能允许有任何时间上的拖延。

当 $m<n$ 时，流水施工呈现的特点是：各专业工作队在跨越施工层时，均不能连续施工而产生窝工，施工段没有闲置。但特殊情况下，施工段也会出现空闲，以致造成大多数专业工作队停工。因一个施工段只供一个专业工作队施工，这样，超过施工段数的专业工作队就因无工作面而停止。这种情况，对有数幢同类型建筑物的工程，可通过组织各建筑物之间的大流水施工来避免上述停工现象的出现；但对单一建筑物的流水施工时不适宜的，应加以杜绝。

从上面三个情况可以看出，施工段数的多少，直接影响工期的长短，而且想要保证专业工作队连续施工，必须满足 $m \geq n$。

应该指出，当无层间关系或无施工层（如某些单层建筑物、基础工程等）时，施工段数不受公式的限制，可按前面所述划分施工段的原则进行确定。

(3) 施工层

在组织流水施工时，为了满足专业工种对操作高度和施工工艺的要求，将拟建工程项目在竖向划分为若干个操作层。这些操作层称为施工层。施工层一般以 j 表示。

施工层的划分，要按工程项目的具体情况，根据建筑物的高度、楼层来确定。如砌筑工程的施工层高度一般为 1.2m，室内抹灰、木装饰、粉刷、油漆、玻璃和水电安装等，可按楼层进行施工层划分。

3. 时间参数

在组织流水施工时，用以表达流水施工在时间排列上的参数，称为时间参数。它包括：流水节拍、流水步距、技术间歇、组织间歇和平行搭接时间五种。

(1) 流水节拍

在组织流水施工时，每个专业工作队在各个施工段上完成各自的施工过程所必需的持续时间，均称为流水节拍。流水节拍以 t_i^j 表示，它是流水施工的基本参数之一。

流水节拍数值太小，可以反映流水速度快慢、资源供应量大小。根据流水节拍数值特征，一般流水施工又区分为：有节奏流水（等节拍专业流水、成倍节拍流水）和无节奏流水等施工组织方式。

影响流水节拍的因素主要有：项目施工中采用的施工方案、各施工段投入的劳动力人数或施工机械台班数、工作班次以及该施工段工程量的多少。为避免工作队转移时浪费工时，流水节拍在数值上应为半个班的整数倍。其数值可按定额计算法确定，此外还有工期倒排法和经验估算法，这里不加详述。

定额计算法根据各施工段的工程量、能够投入的资源量（工人数、机械台班数和材料量等），按照公式确定。

$$t_i^j = \frac{Q_i^j}{S_i^j R_i^j N_i^j} = \frac{P_i^j}{R_i^j N_i^j}$$

式中：t_i^j ——某专业工作队在第 i 个施工段的流水节拍；

Q_i^j ——某专业工作队在第 i 个施工段的要完成的工程量；

S_i^j ——某专业工作队在第 i 个施工段的计划产量定额；

R_i^j ——某专业工作队在第 i 个施工段的工人数量或机械台班数量；

N_i^j ——某专业工作队在第 i 个施工段的工作班次；

P_i^j ——某专业工作队在第 i 个施工段的劳动量。

确定流水节拍时，应注意以下几个问题。

1) 流水节拍在数值上应为半个班的整数倍，最好取为整数；

2) 应首先确定主导施工过程的流水节拍，据此再确定其他施工过程的流水节拍，并尽可能是有节奏的，以便组织节奏流水；

3) 采用的施工方法、投入的劳动力或施工机械的多少，以及工作班次的数目等因素都对流水节拍有影响，可通过调整这些因素来改变流水节拍的大小；

4) 流水节拍的取值既要满足专业工作队劳动组织方面的限制和要求，又要满足工作面的需要。

【例 13.5-2】流水施工中，流水节拍是指(　　)。

A. 一个施工过程在各个施工段上的总持续时间

B. 一个施工过程在一个施工段上的总持续时间

C. 两个相邻施工过程先后进入流水施工段的时间间隔

D. 流水施工的工期

【例13.5-2】

解析：在组织流水施工时，每个专业工作队在各个施工段上完成各自的施工过程所必需的持续时间，均称为流水节拍。因此应选 B。

(2) 流水步距

在流水施工中，相邻两个专业工作队先后开始施工的时间间隔，称为流水步距，通常用 K 来表示。当施工段确定后，流水步距的大小同流水节拍一样，均直接影响到流水施工的工期。K 越大，则工期越长；反之，则越短。K 的数目取决于参加流水的施工过程数或专业工作队数，如施工过程数为 n，则 K 的总数为 $(n-1)$；若专业工作队数为 n_1，则 K 的总数为 (n_1-1)。

确定流水步距的基本原则是：

1) 始终保持两个施工过程的先后工艺顺序；
2) 保持各施工过程的连续作业；
3) 使相邻专业队实现最大限度地、合理地搭接。

流水步距的计算方法很多，应根据流水节拍的特征来确定。其简便计算方法主要有：潘特考夫斯基法、图上分析法和分析计算法。下面着重介绍常用的方法——潘特考夫斯基法，它的文字表达式为："累加数列错位相减取其最大差"，其计算步骤如下：

1) 根据专业工作队在各施工段上的流水节拍，求累加数列；
2) 根据施工顺序，对所求相邻的两累加数列，错位相减；
3) 根据错位相减的结果，确定相邻专业工作队之间的流水步距，即取相减结果中数值最大者。

（3）平行搭接时间

在组织流水施工中，有时为了缩短工期，在工作面允许的前提下，如果前一个专业工作队完成部分施工任务后，能够提前为后一个专业工作队提供工作面，使后者提前进入前一个施工段，因而两者在同一施工段上平行搭接施工，这个平行搭接时间，称为两个专业工作队之间的平行搭接时间，记作 $C_{j,j+1}$。

（4）技术间歇时间

在组织流水施工中，除了要考虑专业工作队之间的流水步距之外，还要根据建筑材料或者现浇构件的工艺性质，考虑合理的工艺等待时间，这个等待时间称为技术间歇时间，记作 $Z_{j,j+1}$，例如现浇混凝土的养护时间、抹灰层和油漆层的干燥硬化时间等。

（5）组织间歇时间

在组织流水施工中，由于施工技术或施工组织原因而造成的流水步距以外增加的间歇时间，称为组织间歇时间，用 $G_{j,j+1}$ 表示。例如回填土前地下管道检查验收、施工机械转移和砌砖墙前墙身位置弹线以及其他作业前的准备工作。

在组织流水施工时，项目经理部对技术间歇和组织间歇的时间，可根据项目施工中的具体情况分别考虑或同一考虑。但两者的概念、内容和作用是不同的，必须结合具体情况灵活处理。

（6）流水工期

从第一个施工队投入流水施工开始，到最后一个施工队完成该流水组施工为止的整个持续时间称为流水工期，用 T 表示。由于一项工程往往由多个流水组构成，故流水工期并非工程的总工期。

4. 流水施工的组织方法

在土木工程施工中，分部工程流水（即专业流水）是组织流水施工的基础。根据工程项目施工的特点和流水参数的不同，一般专业流水施工组织分为固定节拍专业流水、成倍节拍专业流水和非节奏专业流水三种。

(1) 固定节拍专业流水

在固定节拍专业流水中,各施工过程的流水节拍均为常数,故也称为全等节拍流水或等节奏流水。固定节拍专业流水一般适用于工程规模较小、结构比较简单、施工过程不多的房屋或某些构筑物的施工,常用于组织一个分部工程的流水施工。

1) 固定节拍专业流水施工组织的特点

① 各流水节拍彼此相等。如有 n 个施工过程,则

$$t_1 = t_2 = \cdots = t_n = t(常数)$$

② 流水步距彼此相等,而且等于流水节拍,即

$$K_{1,2} = K_{2,3} = \cdots = K_{n-1,n} = t(常数)$$

③ 各专业工作队在各施工段上能够连续作业,施工段之间没有空闲时间。

④ 专业工作队数等于施工过程数,即 $n_1 = n$。

2) 施工段数 m 的确定

① 无层间关系时,施工段数 m 按划分施工段的基本要求确定即可。

② 各施工过程的流水节拍是相同的,其工期的计算为:

$$T = (m+n-1) \cdot B + \Sigma Z = (m-n-1) \cdot K + \Sigma Z$$

其中,T 为施工工期;n 为施工过程数;m 为施工段数;B 为流水步距;K 为流水节拍;ΣZ 为工艺间歇时间及组织间歇时间总和。

(2) 成倍节拍专业流水

成倍节拍专业流水,是指不同施工过程之间,其流水节拍互成倍数,可以按一般成倍节拍专业流水和加快成倍节拍专业流水组织施工。一般成倍节拍专业流水的工期的计算为:

$$T = \sum_{i=2}^{n} B_i + t_n + \Sigma Z$$

式中,B_i 为流水步距总和,其计算方法是:

$$B_i = \begin{cases} K_{i-1} & (当 K_{i-1} \leqslant K_i) \\ mK_{i-1} - (m-1)K_i & (当 K_{i-1} > K_i) \end{cases}$$

式中,K_{i-1} 为前面施工过程的流水节拍;K_i 为后面施工过程的流水节拍。

加快成倍节拍专业流水的工期计算为:

$$T = (m+N-1)K_0 + \Sigma Z$$

式中 N 为工作队(组)总数;K_0 为所有流水节拍的最大公约数。

(3) 非节奏专业流水

非节奏专业流水的工期,是指在没有工艺间歇的情况下,仍然是由流水步距总和与最后一个施工过程的持续时间组成,其工期的计算为:

$$T = \Sigma B_i + t_n$$

【例 13.5-3】在有关流水施工的概念中,下列正确的是( )。(2011年)

A. 对于非节奏专业流水施工,工作队在相邻施工段上的施工,可以间断

B. 节奏专业流水的垂直进度图表中,各个施工相邻过程的施工进度线

【例13.5-3】

是相互平行的

C. 在组织搭接施工时，应先计算相邻施工过程的流水步距

D. 对于非节奏专业流水施工，各施工段上允许出现暂时没有工作队投入施工的现象

解析：对于非节奏专业流水施工，各施工段上允许出现暂时没有工作队投入施工的现象。答案为 D。

习 题

【13.5-1】在加快成倍节拍流水中，任何两个相邻专业工作队间的流水步距等于所有流水节拍的（ ）。

  A. 最小值   B. 最小公倍数   C. 最大值   D. 最大公约数

【13.5-2】流水施工的时间参数不包括（ ）。

  A. 总工期   B. 流水节拍和流水步距

  C. 组织和技术间歇时间   D. 平行搭接时间

【13.5-3】某施工段的工程量为 200 单位，可安排的施工队人数为 25 人，每人每天完成 0.8 个单位，则该队在该段中的流水节拍应是（ ）。

  A. 12d   B. 8d   C. 10d   D. 6d

【13.5-4】对有技术间歇的分层分段流水施工，最少施工段数应（ ）施工过程数。

  A. 小于   B. 等于   C. 大于   D. 不大于

【13.5-5】下列不属于确定流水步距的基本要求的是（ ）。

  A. 始终保持两个施工过程的先后工艺顺序

  B. 保持各施工过程的连续作业

  C. 始终保持各工作面不空闲

  D. 使前后两施工过程施工时间有最大搭接

【13.5-6】某二层楼进行固定节拍专业流水施工，每层施工段数为 3，施工过程有 3 个，流水节拍为 2d，流水工期为（ ）。

  A. 16d   B. 10d   C. 12d   D. 8d

习题答案及解析

【13.5-1】**答案**：D

解析：在加快成倍节拍专业流水中，任何两个相邻专业工作队间的流水步距等于所有流水节拍的最大公约数。

【13.5-2】**答案**：A

解析：组织流水施工时，用以表达流水施工在时间排列上的参数，称为时间参数。它包括：流水节拍、流水步距、技术间歇、组织间歇和平行搭接时间五种。

【13.5-3】**答案**：C

解析：流水节拍的大小与施工段的工程量、施工队的人数以及劳动定额有关，定额计算法根据各施工段的工程量、能够投入的资源量（工人数、机械台班数和材料量等），按照公式确定，本题流水节拍＝施工段的工程量/(施工队人数×劳动定额)＝200/(25×0.8)＝10d。

【13.5-4】答案：C

解析：对有技术间歇的分层分段流水施工，最少施工段数应大于施工过程数，否则将会造成窝工。

【13.5-5】答案：C

解析：确定流水步距应考虑始终保持两个施工过程的先后工艺顺序、保持各施工过程的连续作业、使前后两施工过程施工时间有最大搭接，但是允许有工作面的空闲。

【13.5-6】答案：A

解析：固定节拍专业流水，流水步距为 2，$T=(m+n-1) \cdot B + \sum Z = (m-n-1) \cdot K + \sum Z = (3 \times 2 + 3 - 1) \times 2 = 16d$。

13.6 网络计划技术

高频考点梳理

知识点	关键线路	自由时差的计算
近三年考核频次	1（2018.20）	1（2017.20）

13.6.1 网络计划的基本概念

1. 网络计划技术的含义

网络计划是指用网络图表示各项工作开展方向和开工、竣工时间的进度计划。而网络图是一种表达各项工作先后次序和所需时间的网状图，又称工序流水图和箭头图。

网络计划技术是用网络计划对任务的工作进度进行安排和控制，以保证实现预定目标的科学的计划管理技术。

2. 网络计划的原理

统筹法的基本原理是：首先应用网络图形来表达一项计划（或工程）中各项工作的开展顺序及其相互之间的关系，通过对网络图进行时间参数的计算，找出计划中的关键工作和关键线路；继而通过不断改进网络计划，寻求最优方案，以求在计划执行过程中对计划进行有效的控制与监督，保证合理地使用人力、物力和财力，以最小的消耗取得最大的经济效果。因此，这种方法得到了世界各国的承认，广泛应用在各行各业的计划与管理中。

3. 网络计划方法的特点

在建设工程中，进度计划有两种表达方式，即横道计划和网络计划。横道计划前面已述，网络计划与其相比，具有相同的功能——表达工程进度计划。但由于表达方式不同，所以有其自身的特色。网络计划能全面而明确地反映各工作之间的相互制约和相互依赖关系；能进行各种时间参数的计算；在名目繁多、错综复杂的计划中找出决定工程进度的关键工作，便于计划管理者集中力量抓主要矛盾，确保工期，避免盲目施工；能从许多可行方案中，选出最优方案；能反映出各工作的机动时间，当某一作业提前或拖后时，能从计划中预见到对其后续工作和总工期的影响，而且能够根据变化的情况，迅速进行调整，保证自始至终对计划进行有效的控制与监督；利用网络计划中反映出的各项工作的时间储备，可以更好地调配人力、物力，以达到降低成本的目的；更重要的是它的出现与发展可以利用电子计算机从许多方案中按不同目标（工期、成本、资源等）对计划进行计算、优化和调整，从中选出最佳方案，以便为施工组织者随时提供许多信息，有利于加强施工管理。但网络计划技术在计算劳动力资源消耗量时较横道计划困难。

4. 网络计划的分类

按照网络图中逻辑关系和工作持续时间的不同，网络计划分类如表 13.6-1 所示。在众多类型中，关键线路网络（CPM）是建设施工中常见的网络计划。按工作的表达方式不同又可分为单代号网络计划、双代号网络计划及时标网络计划。这三种网络计划是本节介绍的内容。

网络计划的类型　　　　　　表 13.6-1

类型		持续时间	
		肯定型	非肯定型
逻辑关系	肯定型	关键线路网络（CPM） 搭接网络计划	计划评审技术（RERT）
	非肯定型	决策树型网络 决策关键线路网络（DCPM）	图示评审技术（GERT） 随机网络计划（QGERT） 风险型随机网络（VERT）

13.6.2 双代号网络计划

1. 双代号网络图的构成和基本符号

（1）双代号网络图的构成

任何一项工程都需要进行许多工作（或称活动、过程、工序）。如果用一条箭线表示一项工作，将工作名称写在箭线上方，完成该工作的时间写在箭线下方，箭尾用圆圈表示工作的开始，箭头用圆圈表示工作的结束，圆圈内均有不同的编号，两个圆圈的号码就代表这项工作，则这种表示方式就称为双代号表示法，如图 13.6-1 所示。如果把工程计划的许多工作按先后顺序用上述方法，从左到右绘制成一个网状图，则该网状图就称为双代号网络图，如图 13.6-2 所示。

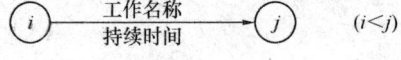

图 13.6-1　双代号网络图工作表示方法

由图 13.6-2 可以看出，双代号网络图是由箭线、节点（圆圈）和线路组成的。虚箭线表示工作间的逻辑关系。

（2）基本符号

1）箭线

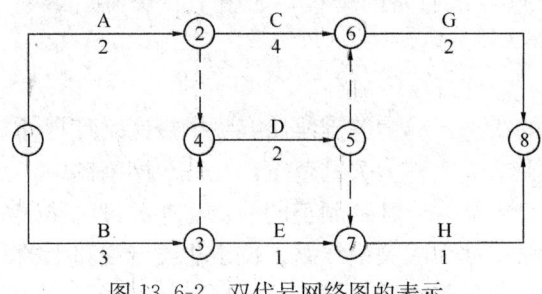

图 13.6-2　双代号网络图的表示

箭线又称箭杆，它在双代号网络图中表示一项工作，用实箭线表示。在工程计划中箭线通常用以表示一道工序或一个施工过程，需要占用时间，消耗资源；在无时间坐标的约束条件下，箭线的长度与所反映工作的持续时间长短无关；箭线的指向表示工作的前进方向；箭线的绘制可画成直线、斜线或折线。

在双代号网络图中，为了正确表达工作之间的相互制约、相互依赖关系而引入"虚箭线"，"虚箭线"，它是一项虚拟的工作，既无工作内容，又不占用时间，也不消耗资源。虚箭线的画法如图 13.6-3 所示。网络图中一项工作与其他工作的相互关系有两类，一类是直接关系，另一类是无直接关系。有直接关系的工作又分为紧前工作、紧后工作和平行工作。在图 13.6-4 中，支模 1 是支模 2 和绑筋两项工作的紧前工作；反之，支模 2 和绑筋是支模 1 的紧后工作；支模 2 和绑筋又属于平行工作，为了区分支模 2 和绑筋两项工作的代号，引入了虚工作 3、4。

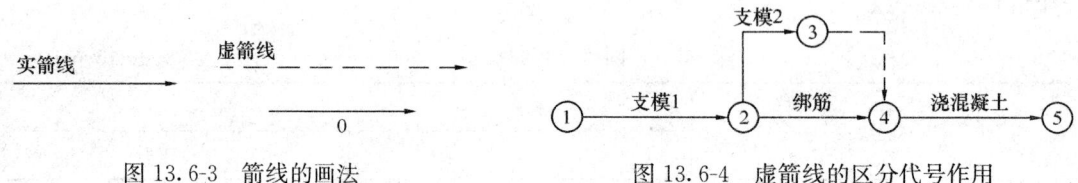

图 13.6-3　箭线的画法　　　　　　图 13.6-4　虚箭线的区分代号作用

虚箭线在双代号网络图中起联系、断路和区分的作用。如有 A、B、C、D 四项工作，A 完成后进行 C、D，D 又在 B 后进行，所绘逻辑关系如图 13.6-5 所示，该图的虚工作连接了 A、D 两项工作，断开了 B、C 之间的通路，即起联系、断路之作用。

2）节点

节点又称事件，一般用圆圈表示，在双代号网络图中表示一项工作的开始或结束。节点只表示一个"瞬间"，它既不消耗时间，也不消耗资源，只是起前后工作衔接的作用，如图 13.6-6 所示。网络图中有三种节点，第一个节点为"起点节点"，它意味着一项工程或任务的开始；最后一个节点为"终点节点"，它意味着一项工程或任务的完成；其他节点为"中间节点"，它意味着前面工作的结束和后面工作的开始。网络图中一个节点一个编号，不得有重号，但可以不连续，编号时只要保证箭头节点编号大于箭尾节点的编号即可。

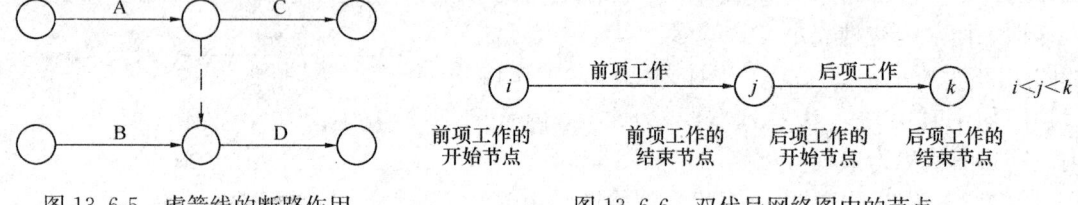

图 13.6-5　虚箭线的断路作用　　　　　　图 13.6-6　双代号网络图中的节点

3）线路及关键线路

① 线路

线路是指网络图中从起点节点到终点节点各条通路的全程，如图 13.6-2 中，共有 6 条线路。

② 关键线路

在众多线路中，工作持续时间之和最长的线路，称为关键线路（除搭接网络计划外）。关键线路上的工作称为关键工作，关键线路上的节点称为关键节点。在一个网络图中，至少有一条关键线路。关键线路可用双线箭线、粗箭线或其他颜色的箭线与非关键线路区分开。工作持续时间之和仅短于关键线路的线路，称为次关键线路。位于非关键线路上的非关键工作，都有若干机动时间，叫做时差，它意味着这些工作可适当推迟而不影响总计划工期。

2. 双代号网络图的绘制

（1）绘制双代号网络图的基本规则

1）必须正确表达各工作之间的逻辑关系。网络图是由各种逻辑关系组合而成的。所谓逻辑关系是指工作之间客观上存在的一种先后顺序关系，它包括工艺关系和组织关系。要想正确反映出各工作之间的逻辑关系，首先要解决三个问题：其一是该工作有哪些紧前工作；其二是该工作必须在哪些工作之前进行；其三是该工作与哪些工作平行进行，而后绘出网络图形。

2）在网络图中，除了整个网络计划的起点节点外，不允许出现没有紧前工作的尾部节点，即没有箭头进入的尾部节点。

3）在网络图中，除了整个网络图的终点节点外，不允许出现没有紧后工作的"尽头节点"，即没有箭线引出的节点。

4）网络图中不允许出现回路。

5）网络图中不允许出现同样编号的工作。

6）网络图中不允许出现没有开始的节点工作，即从箭头直接引出工作。

7）网络图中尽量避免交叉箭线，如无法避免时可用"暗桥法"或"指向法"表示。

8）网络图中不允许出现双向箭头或无箭头的线段。

9）网络图的绘制尽量做到箭线和图形的工整。

（2）双代号网络图的绘制方法和步骤

绘制网络图之前，应当正确制定整个工程的施工方案，确定施工顺序，并列出工作项目和相互关系。网络图的绘制步骤为：无紧前工作首先画；紧后工作跟着画；正确使用虚工作；检查工作顺序关系；调整整理再编号。

3. 双代号网络图时间参数的计算

在网络图上将各项工作标以工作持续时间后，即可进行时间参数的计算，为网络计划的优化、调整和执行提供明确的时间概念。网络图时间参数的计算内容主要包括：各节点的最早时间和最迟时间；各项工作的最早开始时间、最早完成时间、最迟开始时间、最迟完成时间；各项工作的总时差、自由时差以及关键线路的持续时间（计算工期 T_c）。

网络图时间参数的计算有许多方法，一般常用的有分析计算法、图上计算法、表上计算法、矩阵计算法和电算法等。本节主要结合计算公式介绍图上计算法，即图上分析计算法，其他方法与其原理相同，不再赘述。

（1）工作持续时间的计算

1）单一时间计算法

当网络图中各项工作的可变因素较少，且具有一定的时间消耗统计资料时，就可以确定出一个肯定的时间消耗值。

单一时间计算法主要是根据劳动定额或预算定额、施工方法、投入的劳动力、机具和资源等资料进行确定，又称"定额计算法"。计算公式为

$$D_{i-j} = \frac{Q_{i-j}}{S \cdot R_{i-j} \cdot N}$$

式中：D_{i-j} —— $i-j$ 工作的持续时间（小时、天、周、旬、月、季、年……）；

Q_{i-j} —— $i-j$ 工作的工程量；

S —— 产量定额；

R_{i-j} —— $i-j$ 工作每班投入的人数或机械台数；

N —— 每天工作班次。

2) 三时估算法

如果网络图中各项工作的可变因素多，又不具备一定的时间消耗统计资料，则不能确定出一个肯定的单一时间值。此时，只有根据概率计算方法，首先估计出三个时间值，即最短、最长和最可能持续时间，再加权平均算出一个期望值作为工作的持续时间，这种计算方法叫做三时估算法，又称经验计算法。其计算公式为

$$D_{i-j} = \frac{a+4c+b}{6}$$

式中：a —— $i-j$ 工作最短估计时间（又称最乐观时间）；

b —— $i-j$ 工作最长估计时间（又称最悲观时间）；

c —— $i-j$ 工作最可能估计时间，是指按正常条件估计的，完成某项工作最可能的持续时间；

a、b、c 三个时间值都是基于可能性的一种估计，具有随机性。

3) 工期计算法

对于规定工期内必须完成的工程项目，往往采用倒排进度法。

(2) 时间参数计算方法——图上分析计算法

网络计划的各种时间参数必须有一个统一的计量标准才便于计算。无论是工作开始时间还是完成时间，都一律以时间单位的终了时刻为准。如某工作完成时间是第 8 天，则指的是第 8 天终了时刻（下班或第 24 时刻）完成；某工作开始时间为第 9 天，则指第 8 天终了时有可能开始，而实际上是在次一天，即第 9 天上班时开始等。以后的计算均规定网络计划的起始工作从第 0 天开始。

图上分析计算法有按节点法计算时间参数和按工作法计算时间参数两种。

双代号网络图中计算的内容及代表符号如下：

① 各节点的最早时间 ET_i；

② 各节点的最迟时间 LT_i；

③ 各工作最早开始时间 ES_{i-j}；

④ 各工作最早完成时间 EF_{i-j}；

⑤ 各工作最迟开始时间 LS_{i-j}；

⑥ 各工作最迟完成时间 LF_{i-j}；

⑦ 各工作总时差 TF_{i-j}；

⑧ 各工作自由时差 FF_{i-j}；

⑨ 计算工期 T_c。

13.6.3 单代号网络计划

单代号网络图与双代号网络图的最大不同在于：单代号网络图用节点及其编号表示工作，用箭线表示工作之间的逻辑关系。单代号网络图具有容易绘制、没有虚箭线、便于修改等优点。

(1) 单代号网络图的构成

1) 箭线

箭线含义是表示工作关系,其特点是不占用时间,不消耗资源。

2) 节点

节点含义是表示一项具体的工作,其特点是既占用时间,又消耗资源。

3) 参数

参数是各种资源的消耗量。

(2) 单代号网络图的绘图规则（同双代号）

(3) 单代号网络图的绘制方法与步骤（同双代号）

方法：前进法、后退法、从总体到局部。

步骤：项目分解、分析关系并填写工作关系表、绘制。

(4) 单代号网络图的时间参数计算

单代号网络图时间参数的计算中,时间参数的种类有：ET_i,LT_i,ES_{i-j},EF_{i-j},LS_{i-j},LF_{i-j},TF_{i-j},FF_{i-j},T_c,计算方法同"双代号网络图"。

【例 13.6-1】 单代号网络图中,某工作最早完成时间与其紧后工作的最早开始时间之差为( )。(2013 年)

A. 总时差　　　　B. 自由时差　　　　C. 虚工作　　　　D. 时间间隔

解析： 相邻两项工作 i 和 j 之间的时间间隔 $LAG_{i,j}$ 等于紧后工作 j 的最早开始时间 ES_j 和本工作的最早完成时间 EF_i 之差。A 项,总时差是指双代号网络图中一项工作在不影响总工期的前提下所具有的机动时间,用工作的最迟开始时间与最早开始时间之差表示。B 项,自由时差是指某工作最早完成时间与其所有紧后工作的最早开始时间之差中的最小值。C 项,虚工作是指在双代号网络图中,只表示其相邻的前后工作之间相互制约、相互依存的逻辑关系,既不占用时间也不消耗资源的一种虚拟工作。

答案为 D。

13.6.4　网络计划的优化

1. 网络计划优化的概念与优化方式

(1) 网络计划优化的含义

网络计划优化就是在满足既定的约束条件下（工期、成本或资源）,按某一目标,如缩短工期、节约费用、资源平衡等,通过不断调整初始网络计划,寻找最优网络计划方案的过程。

(2) 网络计划的优化方式

网络计划的优化方式分为工期优化、工期—成本优化和工期资源优化。

1) 工期优化的作用在于当网络计划的计算工期不能满足要求工期时,通过不断压缩关键线路上的关键工作的持续时间,达到缩短工期,满足要求工期的目的。

2) 工期—成本优化的作用是在完成一项工程的多种施工方法和组织方式中,确定一个付出的费用最低或较低的最优或较优的方案。因为不同的施工方法和组织方式,完成同一工作会有不同的持续时间与费用。而一项工程是由很多工作组成,所以安排一项工程计划时就可能出现多种方案,它们的总工期和总成本也因此而有所不同。因此,需要从多种方案中确定一种较适宜的方案,即需要用工期—成本优化的方法解决。

3）工期资源优化的作用是解决一个部门或单位在一定时间内所能供应的各种资源（劳动力、机械及材料等）有一定限度的情况下，如何经济而有效地利用这些资源的问题。在资源计划安排时有两种情况：一种情况是网络计划需要的资源受到限制，如果不增加资源数量（例如劳动力）可能会迫使工程的工期延长，或者不能进行（材料供应不及时）；另一种情况是在一定时间内如何合理安排各工作的活动时间，使可供使用的资源均衡地消耗。

对于不同的优化方式，有不同的优化理论和方法，但有些优化方法必须借助计算机来完成。本节中主要介绍工期优化和工期-成本优化的方法。

2. 网络计划的工期优化

当网络计划的计算工期 T_c 大于要求的工期时，需要改变计划的施工方案和组织方式。但是在许多情况下，若仍然不能达到要求，那么唯一的途径就是增加劳动力或机械设备，缩短工作的持续时间。但缩短哪一项或哪几项工作才能缩短工期呢？

工期优化的方法就是使计划编制者有目的地去压缩关键工作的持续时间。解决此类问题的方法有"顺序法""加权平均法""选择法"等。"顺序法"是按关键工作开工的时间来确定，先干的工作先压缩。"加权平均法"是按关键工作持续时间长短的百分比压缩。这两种方法没有考虑需要压缩的关键工作所需的资源是否有保证及相应的增加幅度。"选择法"更接近于实际需要，故在此详细介绍。

(1) "选择法"工期优化所考虑的因素

应按下列因素选择缩短持续时间的关键工作：

1）缩短持续时间对质量影响不大的工作；

2）有充足的工作面，安全有保障的工作；

3）有充足的材料和机械供应的工作；

4）缩短持续时间所需增加费用最少的工作。

(2) 工期优化的方法和步骤

1）计算初始网络计划正常时间情况下的时间参数，找出关键线路及计算工期。

2）按要求工期确定应缩短的工期目标 ΔT。

$$\Delta T = T_c - T_p$$

3）确定缩短的关键工作：每次同时缩短各关键线路上的一项关键工作。当考虑的上述因素相同时，尽量先缩短中间工作，而后缩短最前的工作，最后缩短最后的工作，确保缩短后的计划能实现目标。

4）确定缩短工作的持续时间：为了保证缩短关键工作的持续时间就是缩短工期的时间，每次缩短工作的时间可按下列公式确定

$$\Delta D_{i-j} = \min\{D_{i-j}^N - D_{i-j}^c, TF_{i-j}^p\}$$

式中：ΔD_{i-j}——被缩短工作 $i-j$ 的缩短时间（$i-j$ 可能是一项、也可能是几项工作）；

D_{i-j}^N——工作的正常工作时间；

D_{i-j}^c——工作的极限工作时间；

TF_{i-j}^p——与 $i-j$ 工作平行工作的总时差。

5）绘出调整关键工作持续时间后的网络计划，并重新计算时间参数。

6）重复 3）~5）步工作，直到计算工期满足要求工期为止。

3. 网络计划的工期-成本优化

(1) 时间和费用的关系

1) 工期与费用

工程成本包括直接费用和间接费用两部分。在一定范围内,直接费用随着时间的延长而减少,而间接费则随着时间的延长而增加。

2) 工作持续时间与费用

就工作而言,只发生直接费用。完成一项工作的施工方法很多,但是总有一个是费用最低的,就称与之相应的持续时间为正常时间;如果要加快工作的进度,就要加班加点,增加工作班次,增加或换用大功率机械设备,采取更有效的施工方法等措施,采用这些措施一般都要增加费用,但工作持续时间在一定条件下也只能缩短到一定的限度,这个时间称为"极限时间"。

工作时间与费用的关系曲线主要有连续型和非连续型两种。

(2) 工期-成本优化方式

从成本的观点来分析问题,目的就是使整个工程的总成本最低。具体的问题可以有下列几种情况。

1) 在规定工期的条件下,求出工程的最低成本。

2) 如希望进一步缩短工期,则应考虑如何使增加的成本最小。

3) 要求以最低成本完成整个工程计划时,如何确定它的最优工期?

4) 如准备增加一定数量的费用,以缩短工程的工期,它可以比原计划缩短多少时间?

(3) 优化的方法和步骤

1) 首先计算初始网络图在正常时间情况下的时间参数,确定关键线路和计算工期。

2) 计算各工作的费用变化率和正常时间情况下的总费用 C。

3) 确定缩短工作。为了保证每次缩短工作所增加的费用最少,应首先缩短关键工作中 ΔC_{i-j} 最小的工作,即

一条关键线路时:$\Delta C_{i-j} = \min\{\Delta \Sigma_{i-j}\}$

多条关键线路时:$\Delta C_{i-j(\min)} = \min\{\Sigma \Delta \Sigma_{i-j}\}$

式中:$\Sigma \Delta C_{i-j}$——同时缩短的关键工作组合费用变化率(同时缩短相同时间)。

4) 确定缩短时间:利用式 $\Delta D_{i-j} = \min\{D^N_{i-j} - D^c_{i-j}, TF^p_{i-j}\}$(见前)确定。

5) 计算费用增加值:

$$c_i = c_{i-1} + \Delta C_{i-j(\min)} \cdot \Delta D_{i-j}$$

式中:c_{i-1}——第 $i-1$ 次缩短时增加的费用;

c_i——第 i 次缩短后增加的费用。

6) 绘制缩短后的网络图,并计算时间参数,找出关键线路和工期。

计算缩短后的总费用:

$$C_i = C_0 + c_i + C'_i$$

式中:C_i——第 i 次缩短后的总费用;

C_0——各工作均为正常时间情况下的直接费用之和;

c_i——同前;

C'_i——第 i 次缩短后的总间接费。

7) 根据优化目标,重复上述 3) ~6) 步工作,直到满足要求为止。

从以上方法和步骤可以看出,工期-成本优化同工期优化基本相同,只是在确定缩短工作时不同,工期-成本优化只考虑单一因素,即费用的增减,同时增加了费用的计算。

【例 13.6-2】对工程网络进行工期-成本优化的主要目的是( )。(2016 年)
A. 确定工程总成本最低时的工期
B. 确定工期最短时的工程总成本
C. 确定工程总成本固定条件下的最短工期
D. 确定工期固定下的最低工程成本

解析: 网络计划的优化是指在一定约束条件下,按既定目标对网络计划进行不断改进,以寻求满意方案的过程。网络计划的优化目标应按计划任务的需要和条件选定,包括工期目标、费用目标和资源目标。根据优化目标的不同,网络计划的优化可分为工期优化、费用优化和资源优化三种。其中,费用优化又称工期-成本优化,是指寻求工程总成本最低时的工期安排,或按要求工期寻求最低成本的计划安排的过程。

答案为 A。

4. 网络计划的检查与调整

网络计划在执行过程中应经常检查其实际执行情况,将检查的结果进行分析,而后确定后续计划的调整方案,这样才能发挥网络计划的作用。

(1) 对进度偏差的分析

当检查发现实际进度与计划进度相比出现偏差时,首先分析该偏差对后续工作及对工期的影响。其分析步骤包括以下几个方面。

1) 分析进度偏差的工作是否为关键工作

若出现偏差的工作为关键工作,则无论偏差大小,都会对后续工作及总工期产生影响,必须采取相应的调整措施;若出现偏差的工作不是关键工作,则根据偏差值与总时差和自由时差的大小关系,确定对后续工作及总工期的影响程度。

2) 分析进度偏差是否大于总时差

若工作的进度偏差大于该工作的总时差,说明此偏差必将影响后续工作及总工期,必须采取相应的调整措施;若工作的进度偏差小于或等于该工作的总时差,说明此偏差对总工期无影响,但对后续工作的影响程度,需要根据比较偏差与自由时差的情况来确定。

3) 分析进度偏差是否大于自由时差

若工作的进度偏差大于该工作的自由时差,说明对后续工作产生了影响,应该如何调整,要根据后续工作允许影响的程度而定(有无自由时差);若工作的进度偏差小于或等于该工作的自由时差,则说明对后续工作无影响,因此,原计划不需调整。经过如此分析,进度控制管理人员便可以确定应该调整产生进度偏差的工作和调整偏差值的大小,以便确定新的调整措施。

(2) 网络计划的调整方法

在对实施的网络计划分析的基础上,应确定调整原计划的方法,主要有以下两种。

1) 改变某些工作间的逻辑关系

若检查的实际施工进度产生的偏差影响了总工期,在工作之间的逻辑关系允许改变的条件下,改变关键线路或超过计划工期的非关键线路上的有关工作之间的逻辑关系,以便达到缩短工期的目的。例如，可以把依次进行的有关工作改成平行的或互相搭接的以及分成几个施工段的流水施工等，都可以达到缩短工期的目的。这种方法调整的效果是很显著的。

2) 缩短某些工作的持续时间

这种方法是不改变工作之间的逻辑关系，而是缩短某些关键工作的持续时间。实际上就是采用工期优化或工期-成本优化的方法，来达到缩短实施的网络计划的工期，实现原计划工期的目的。

习 题

【13.6-1】进行资源有限-工期最短优化时，当将某工作移出超过限量的资源时段后，计算发现工期增量小于零，以下说明正确的是(　　)。(2010年)

A. 总工期会延长　　　　　　　　B. 总工期会缩短
C. 总工期不变　　　　　　　　　D. 这种情况不会出现

【13.6-2】某工程双代号网络图如图所示，则工作①—③的局部时差为(　　)。(2009年)

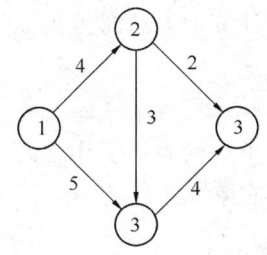

A. 1d　　　　B. 2d　　　　C. 3d　　　　D. 4d

【13.6-3】双代号网络图的三要素是(　　)。

A. 节点、箭杆和工作作业时间
B. 紧前工作、紧后工作和工作作业时间
C. 工作、事件、线路
D. 工期、关键线路和非关键线路

【13.6-4】在网络计划中，(　　)为0，则该工作必为关键工作。

A. 自由时差　　　　　　　　　　B. 总时差
C. 时间间隔　　　　　　　　　　D. 工作持续时间

【13.6-5】在双代号网络计划中引入虚工作的一个原因是(　　)。

A. 表达不需消耗时间的工作
B. 表达不需消耗资源的工作
C. 表达工作间的逻辑关系
D. 节省箭线和节点

【13.6-6】对工程网络计划进行优化的目的，以下说法不正确的是(　　)。

A. 使工期符合要求　　　　　　　B. 寻求最低成本的工期
C. 使总资源用量最小　　　　　　D. 使资源强度最低

习题答案及解析

【13.6-1】答案：D

解析："资源有限，工期最短"优化是指利用网络的自由时差和总时差来优化资源的方法。未超出原工期时，总工期不变；超出原工期时，有工期增量。所以工期增量小于零的情况不会出现。

【13.6-2】答案：B

解析：局部时差是指各工作在不影响计划子目标工期，或后续工作最早可能开始的情况下所具有的机动时间。经计算，工作①—③的紧后工作③—④的最早开始时间为7d，工作①—③的最早完成时间为5d。工作①—③的局部时差＝紧后工作的最早开始时间－本工作的最早完成时间，即7－5＝2d。

【13.6-3】答案：C

解析：双代号网络图的三要素是工作、事件和线路。

【13.6-4】答案：B

解析：在网络计划时间参数的计算中，总时差为0的工作必在关键线路上，必为关键工作。

【13.6-5】答案：C

解析：在双代号网络图中，为了正确表达工作之间的相互制约、相互依赖关系而引入"虚箭线"，它是一项虚拟的工作，它既无工作内容，又不占用时间，也不消耗资源。

【13.6-6】答案：C

解析：对工程网络计划进行优化的目的包括工期、费用和资源。其中工期优化的目的是使工期符合要求，费用优化主要是寻求最低成本的工期和进度安排，资源优化的目的是使资源按照时间分布合理，强度降低。

13.7 施 工 管 理

高频考点梳理

知识点	办理工期签证的情形
近三年考核频次	1（2017.21）

施工管理是指建筑产品（项目）施工全过程的组织和管理，即以建筑产品（项目）为对象的管理，其内容包括施工准备、施工组织设计、项目管理、施工调度、竣工验收、保修回访等。

13.7.1 现场施工管理的内容和组织形式

施工现场首先要做好场容及环境管理，现场周围要封闭严密，大门内设施工平面图，安全、消防保卫、场容卫生制度表，应严格实施环境卫生和环境保护管理。组织施工人员进行施工图纸的学习和会审、进行技术交底，做好工程质量的检查、验收及有关设备的管理和技术档案工作等。

现场施工管理的组织形成，由工程承包公司建立项目经理部负责施工现场的全面管理工作；项目经理部在项目经理的领导下实行项目经理负责制；在一般项目施工过程中，项目经理部应分设工程技术组、采购供应组、合同管理组、财务管理组、行政事务组等。

施工管理的组织形式一般有以下三种：

1. 部门控制式

它是按照职能原则建立的项目组织，是在不打乱企业现行建制下，把项目委托给企业内某一专业部门或施工队，由单一部门的领导负责组织项目的实施。

这种组织形式一般只适用于小型简单的项目，不需涉及众多部门。其优点是：职责明确，职能专一，关系简单，便于协调。其缺点是：不能适应大型复杂项目或者涉及多个部门的项目，因而局限性较大。

2. 工程队式

它是完全按照对象原则组织的项目管理机构，企业职能部门处于服从地位。它是由公司任命项目经理，而由项目经理从其他部门抽调或招聘得力人才组成项目管理班子，然后抽调施工队伍组成工程队。在这里，所有人员都只服从项目经理的领导。

这种组织形式适用于大型项目和工期要求紧迫的项目，或者要求多工种、多部门密切配合的项目。

工程队式项目组织机构形式具有以下优点：

① 项目组织成员来自企业各职能部门和单位，各有专长，可互补长短，协同工作；
② 各专业人员集中现场办公，减少了扯皮和等待时间，工作效率高，解决问题快；
③ 项目经理权力集中，行政干预少，决策及时，指挥得力；
④ 弱化了项目与企业职能部门的结合，便于项目经理协调关系而开展工作。

工程队式项目组织机构形式具有以下缺点：

① 组建之初，来自不同部门的人员彼此之间不够熟悉，可能配合不力；
② 由于项目施工一次性特点，有些人员可能存在临时观念；
③ 当人员配置不当时，人员不能在更大范围内调剂余缺，造成忙闲不均，人才浪费；
④ 对于企业来讲，专业人员分散在不同的项目上，相互交流困难，职能部门的优势难以发挥。

综上所述，这种组织机构形式适用于大型施工项目、工期要求紧迫的施工项目，以及要求多工种多部门密切配合的施工项目。

3. 矩阵式

它吸收了部门控制式和工程队式的优点，发挥职能部门的纵向优势和项目组织的横向优势，把职能原则和对象原则结合起来，形成了一种纵向职能机构和横向项目机构相交叉的"矩阵"型组织形式。

在矩阵式组织中，企业的专业职能部门和临时性项目组织同时交互作用。纵向职能部门负责人对所有项目中的本专业人才均负有领导责任，并按项目实施的要求把他们有效地组织协调到一起，为实现项目目标共同配合工作。这种组织形式能充分利用人才，但对项目经济的组织协调工作提出了更高的要求。它适合大型综合施工企业或多工种、多部门、多技术配合的项目。

矩阵式项目组织机构是现代大型项目管理中应用最广泛的组织形式，它吸收了部门控制式的优点，发挥职能部门的纵向优势和项目组织的横向优势，把职能原则和对象原则结合起来（图13.7-1）。

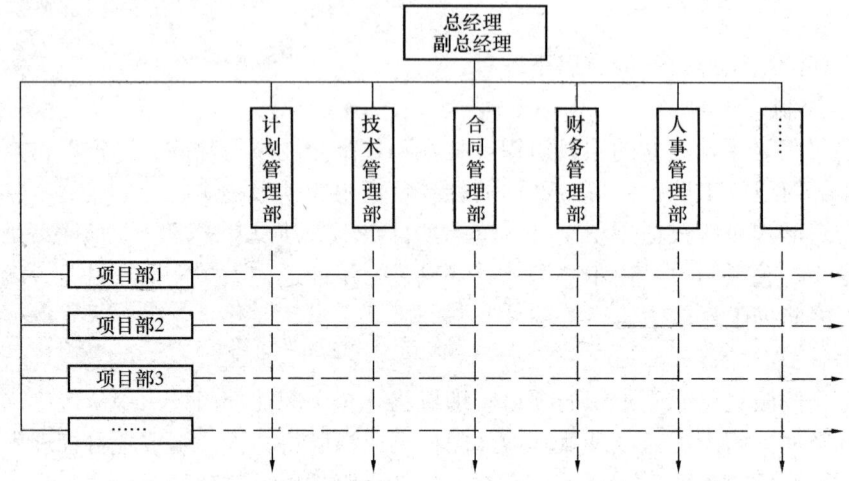

图13.7-1　矩阵式项目组织机构形式

矩阵式组织机构形式具有以下优点：

① 兼有部门控制式和工作队式两种项目组织机构形式的优点，将职能管理和项目管理相结合，可实现企业长期例行性管理和项目一次性管理的一致性；

② 能通过对人员的及时调配，以尽可能少的人力实现多个项目管理的高效率；

③ 项目组织具有弹性和应变能力。

矩阵式组织机构形式具有以下缺点：

① 矩阵制式项目组织机构的结合部多，组织内部的人际关系、业务关系、沟通渠道等都较复杂，容易造成信息量膨胀，引起信息流不畅或失真，若项目经理和职能部门负责人双方产生重大分歧难以统一时，还需企业领导出面协调；

② 项目组织成员接受职能部门和项目经理的双重领导，当领导之间意见不一致时，当事人将无所适从；

③ 在项目施工高峰期，一些服务于多个项目的人员，可能应接不暇而顾此失彼。这种机构形式适用于同时承担多个项目管理工程的企业以及大型、复杂的施工项目。

【例13.7-1】大型综合施工企业宜采用（　　）现场施工管理形式。

A. 部门控制式　　　B. 工程队式

C. 矩阵式　　　　　D. 混合制式

解析：矩阵式适合大型综合施工企业或多工种、多部门、多技术配合的项目。

答案为C。

【例13.7-1】

13.7.2　施工进度控制

施工进度控制的主要任务：一是准确、及时、全面、系统地收集、整理、分析进度计划执行过程中的有关资料，明确地反映施工进度状况，进行必要的检查和监督；二是通过施工进度计划的执行情况，为计划的调整及如何加强进度控制提供必要的依据。

项目的进度管理依据项目的进度目标进行，使用的工具是各种进度计划，如横道、关键线路图（CPM）、计划评审技术图（PERT）。

【例 13.7-2】施工过程中设计变更是经常发生的，下列关于设计变更处理的方式规定中不正确的是(　　)。(2013 年)

A. 对于变更较少的设计，设计单位可通过变更通知单，由建设单位自行修改，在修改的地方加盖图章，注明设计变更编号

B. 若设计变更对施工产生直接影响，涉及工程造价与施工预算的调整，施工单位应及时与建设单位联系，根据承包合同和国家有关规定，商讨解决办法

C. 设计变更与分包施工单位有关，应及时将设计变更交给分包施工单位

D. 设计变更若与以前洽商记录有关，要进行对照，看是否存在矛盾或不符之处

解析：设计变更是指设计单位依据建设单位要求调整，或对原设计内容进行修改、完善和优化的过程。设计变更应以图纸或设计变更通知单的形式发出，并交给建设单位和工程总包单位协商处理。

答案为 C。

13.7.3 技术管理

技术管理是对施工生产中一系列技术活动和技术工作进行计划、组织、指挥、调节和控制，亦即采用科学有效的方法和制度对施工生产中的各种复杂技术进行合理安排，以保证有组织、有计划地进行施工。并不断提高企业的科学技术和管理水平。

1. 技术管理的任务

（1）正确贯彻执行国家各项技术政策和法令，认真执行国家和有关主管部门制定的技术规范和规定。

（2）科学组织各项技术工作，建立企业正常的生产技术秩序，保证施工生产的顺利进行。

（3）充分发挥各级技术人员和工人群众的积极作用，促进企业生产技术不断更新和发展，推进技术进步。

（4）加强技术教育，不断提高企业的技术素质和经济效益，以达到保证工程质量、节约材料和能源、降低工程成本的目的。

2. 技术管理的环节和条件

技术管理的三个环节是：施工前各项技术准备工作；施工中的贯彻、执行、监督和检查；施工后的验收总结和提高。

技术管理的五个条件是：合格的人员；先进的技术设备；严格的技术要求；科学的管理制度；科学试验条件。

3. 技术管理的制度

技术管理的一项重要基础工作是建立和健全严格的技术管理制度，技术管理制度主要有：施工图纸的学习和会审制度（图纸会审是指承担施工阶段监理的监理单位组织施工单位以及建设单位、材料、设备供货等相关单位，在收到审查合格的施工图设计文件后，在设计交底前进行的全面细致熟悉和审查施工图纸的活动）；方案制定和技术交底制度；材料检验制度；计量管理制度；翻样（施工技术人员按图纸计算工料时列出详细加工清单并画出加工简图）与加工订货制度；工程质量检查及验收制度；设计变更和技术核定制度；技术档案和指照设计文件规定的内容和施工图资料管理制度等。

13.7.4 全面质量管理

全面质量管理是企业为了保证和提高产品质量,综合运用一套质量管理体系、手段和方法进行的系统管理活动。它要求企业全体职工和所有部门参加,综合运用现代科学和管理技术成果,控制影响质量全过程的各因素,并以研制、生产和提供用户满意的产品和服务为主要目标。全面质量管理在保证和提高工程质量、提高工效和降低成本方面,比传统的质量管理方法有着显著的成效。

1. 全面质量管理的特点

(1) 质量和质量管理的概念是广义的。
(2) 预防和检查相结合,以预防为主。
(3) 实行从计划、勘察设计、施工直到使用过程的全面质量管理。
(4) 企业各部门全体人员共同参加质量管理。
(5) 采用科学的管理方法,尊重客观实际,用数据说话。
(6) 不仅要达到质量标准,还要满足用户的需要。
(7) 在管理过程中不断总结提高,实行标准化、制度化。

2. 全面质量管理的实施

(1) 要有明确的质量目标和质量计划。
(2) 按质量管理工作的 PDCA 循环（PDCA 循环的含义是将质量管理分为四个阶段,即计划（Plan）、执行（Do）、检查（Check）、处理（Act）。在质量管理活动中,要求各项工作作出计划、实施计划、检查实施效果,然后将成功的纳入标准,不成功的留待下一循环去解决。这一工作方法是质量管理的基本方法,也是企业管理各项工作的一般规律）组织质量管理的全部活动。
(3) 要建立专职的质量管理部门。
(4) 建立质量责任制。
(5) 开展质量管理小组活动。
(6) 建立高效率的质量信息反馈系统,实现质量管理业务的标准化等。

施工现场质量管理应有相应的施工技术标准、健全的质量管理体系、施工质量检验制度和综合施工质量水平考核制度。

建筑工程应该按下列规定进行施工质量控制:建筑工程采用的材料、半成品、成品、建筑构配件、器具和设备应进行现场验收;各工序应按施工技术标准进行质量控制,每道工序完成后应进行检查;相关各专业工种之间,应进行交接检验,并形成记录。

【例 13.7-3】全面质量管理要求(   )参加质量管理。
A. 企业所有部门的管理人员　　　　B. 技术质量部门的全体人员
C. 生产部门的管理人员　　　　　　D. 企业所有部门的全体人员

解析:全面质量管理是企业为了保证和提高产品质量,综合运用一套质量管理体系、手段和方法进行的系统管理活动。它要求企业全体职工和所有部门参加。

答案为 D。

13.7.5 施工质量验收

1. 质量验收的划分和顺序

检验批验收→分项工程验收→分部工程验收→单位工程验收。

其中，检验批可根据施工及质量控制和专业验收需要按楼层、施工段、变形缝等进行划分。

2. 质量验收的要求

（1）验收应在施工单位自检合格的基础上进行。

（2）参验的各方人员应具备相应的资格。

（3）检验批的质量应按主控项目和一般项目验收。其合格要求为：主控项目抽样检验均合格；一般项目抽样检验合格，计数项合格率符合规范，且无严重缺陷。

（4）对于设计结构安全、节能、环保、主要使用功能的试件、材料应按规定见证检验。

（5）隐蔽工程在隐蔽前验收，合格后方可继续施工。

（6）对于设计结构安全、节能、环保、使用功能的重要分部工程，应在验收前抽样检验。

（7）工程的观感质量，应由验收人员现场检查，共同确认。

3. 检验批质量不合要求时的处理

（1）经返工返修或更换构件部件的应重新进行验收。

（2）经有资质的检测单位检测鉴定，达到设计要求的应予以验收；达不到设计要求，但经原设计单位核算，可满足结构安全和使用功能的可予以验收。

（3）经返修或加固处理，能够满足结构可靠性要求的，可根据技术处理方案和协商文件进行验收。

13.7.6 竣工验收

竣工验收是建设全过程的最后一个程序。它是建设投资成果转入生产或使用的标志，是全面考核基本建设成果、检验设计和施工质量的重要环节，是建设单位会同施工单位、设计单位（国家主管部门代表）汇报建设项目按批准的设计内容建成后的工程质量、造价、形成的生产能力和综合效益等全面情况及交付新增固定资产的过程。竣工验收对促进建设项目及时投入生产，发挥投资成果，总结建设经验，都有着重要作用。

凡列入固定资产投资计划的建设项目或单项工程，按照设计文件规定的内容和施工图要求全部建成或分期建成，具备投产和使用条件的，都要及时组织验收。

1. 竣工验收的依据

竣工验收由施工单位提出申请，由建设单位（或业主）组织进行，其验收依据是：上级主管部门批准的计划任务书；初步设计或扩大初步设计；施工图纸和说明书；招投标文件和合同；设计修改签证；现行的施工验收规范和标准；主管部门有关的审批、修改和调整意见等。

【例 13.7-4】工程的竣工验收应由(　　)提交申请。

A. 主管部门　　　　　　　　B. 建设单位
C. 施工单位　　　　　　　　D. 设计单位

解析：建设项目的竣工验收，应在施工单位自检合格后，向建设单位提交验收申请；建设单位负责组织，会同施工、生产或使用、设计、监理单位及与项目有关的单位共同进行验收。

答案为 C。

2. 竣工验收的条件

(1) 生产性工程和辅助公用设施，已按设计建成，能满足生产要求。

(2) 主要工艺设备已安装配套，经联动负荷试车合格，安全生产和环境保护符合要求，已形成生产能力，能够生产出设计文件中所规定的产品。

(3) 生产性建设项目中的职工宿舍和其他必要的生活福利设施以及生产准备工作，能适应投产初期的需要。

(4) 非生产性建设项目，土建工程及房屋建筑附属的给水排水、采暖通风、电气、煤气及电梯已安装完毕，室外的各种管线已施工完毕，可以向用户供水、供电、供暖、供煤气，具备正常的使用条件。

3. 竣工验收的组织

竣工验收的组织要根据建设项目的重要性、规模大小和隶属关系而定。竣工验收的组织形式有验收委员会、验收领导小组或验收小组等。

建设项目的竣工验收，应在施工单位自检合格后，向建设单位提交验收申请；建设单位负责人组织，会同施工、生产或使用、设计、监理单位及与项目有关的单位共同进行验收。

习　题

【13.7-1】质量管理需按照 PDCA 循环组织质量管理的全部活动，其中的"D"指的是（　　）。

　　A. 执行　　　　　　B. 计划　　　　　　C. 检查　　　　　　D. 处理

【13.7-2】图纸会审工作属于（　　）方面的工作。

　　A. 全面质量管理　　　　　　　　　　B. 技术管理

　　C. 现场施工管理　　　　　　　　　　D. 文档管理

【13.7-3】当采用匀速进展横道图比较工作的实际进度与计划进度时，如果表示实际进度的横道线右端落在检查日期的右侧，这表明（　　）。

　　A. 实际进度与进度计划一致

　　B. 实际进度拖后

　　C. 实际进度超前

　　D. 无法说明实际进度与计划进度的关系

【13.7-4】有关施工过程质量验收的内容正确的是（　　）。

　　A. 主控项目可有不符合要求的检验结果

　　B. 一个或若干个分项工程构成检验批

　　C. 检验批可根据施工及质量控制和专业验收需要按楼层、施工段、变形缝等进行划分

　　D. 分部工程是在所含分项验收基础上的简单相加

【13.7-5】下列不属于施工技术管理制度的有（　　）。

　　A. 计量管理制度　　　　　　　　　　B. 设计变更制度

　　C. 质量管理制度　　　　　　　　　　D. 材料检验制度

【13.7-6】建设项目竣工验收的组织者是（　　）。

　　A. 建设单位　　　B. 质量监督站　　　C. 施工单位　　　D. 监理单位

【13.7-7】下列哪个不是施工进度管理所使用的工具？（　　）
A. 排列图　　　　B. 横道图　　　　C. 关键线路图　　　　D. 计划评审技术图

【13.7-8】施工承包企业在施工现场负责全面管理工作的是（　　）。
A. 项目经理　　　　　　　　　　B. 企业法定代表人
C. 企业总经理　　　　　　　　　D. 企业技术负责人

习题答案及解析

【13.7-1】答案：A

解析：PDCA 循环的含义是将质量管理分为四个阶段，即计划（Plan）、执行（Do）、检查（Check）、处理（Act）。在质量管理活动中，要求各项工作作出计划、实施计划、检查实施效果，然后将成功的纳入标准，不成功的留待下一循环去解决。这一工作方法是质量管理的基本方法，也是企业管理各项工作的一般规律。

【13.7-2】答案：B

解析：技术管理的一项重要基础工作是建立和健全严格的技术管理制度，技术管理制度包括施工图纸的学习和会审制度（图纸会审是指承担施工阶段监理的监理单位组织施工单位以及建设单位、材料、设备供货等相关单位，在收到审查合格的施工图设计文件后，在设计交底前进行的全面细致熟悉和审查施工图纸的活动）。

【13.7-3】答案：C

解析：匀速进展是指在工程项目中，每项工作在单位时间内完成的任务量都是相等的，即工作的进展速度是均匀的。此时，每项工作累计完成的任务量与时间呈线性关系。完成的任务量可以用实物工程量、劳动消耗量或费用支出表示。为了便于比较，通常用上述物理量的百分比表示。当采用匀速进展横道图比较工作的实际进度和计划进度时，实际进度线的右端落在检查日期线的右侧表明实际进度超前，实际进度线的右端落在检查日期线的左侧表示实际进度拖后，实际进度线与检查日期线重合表明实际进度与计划进度一致。

【13.7-4】答案：C

解析：检验批是指按同一生产条件或按规定的方式汇总起来供检验用的，由一定数量样本组成的检验体。检验批是建筑学术语，其属性是工程质量验收的基本单元，应用在建筑、桥梁工程。检验批可根据施工及质量控制和专业验收需要按楼层、施工段、变形缝等进行划分，这样更有利于反映有关施工过程的质量状况。主控项目不可有不符合要求的检验结果。分部工程不是在所含分项验收基础上的简单相加。

【13.7-5】答案：C

解析：技术管理制度主要有：施工图纸的学习和会审制度；方案制定和技术交底制度；材料检验制度；计量管理制度；翻样与加工订货制度；工程质量检查及验收制度；设计变更和技术核定制度；施工图资料管理制度等。

【13.7-6】答案：A

解析：建设项目的竣工验收，应在施工单位自检合格后，向建设单位提交验收申请；建设单位负责组织，会同施工、生产或使用、设计、监理单位及与项目有关的单位共同进行验收。

【13.7-7】答案：A

解析：项目的进度管理是依据项目的进度目标进行，使用的工具是各种进度计划，如横道、关键线路图和计划评审技术图。排列图不是施工进度管理所使用的工具。

【13.7-8】答案：A

解析：项目经理是指企业建立以项目经理责任制为核心，对项目实行质量、安全、进度、成本管理的责任保证体系和全面提高项目管理水平设立的重要管理岗位。项目经理要负责处理所有事务性质的工作。

第14章 结 构 设 计

考试大纲:
14.1 钢筋混凝土结构
材料性能:钢筋、混凝土、粘结;
基本设计原则:结构功能、极限状态及其设计表达式、可靠度;
承载能力极限状态计算:受弯构件、受扭构件、受压构件、受拉构件、冲切、局压、疲劳;
正常使用极限状态:抗裂、裂缝、挠度;
预应力混凝土:轴心受拉构件、受弯构件;
构造要求;
梁板结构:塑性内力重分布、单向板肋梁楼盖、双向板肋梁楼盖、无梁楼盖;
单层厂房:组成与布置、排架计算、柱、牛腿、吊车梁、屋架、基础;
多层及高层房屋:结构体系及布置、框架近似计算、叠合梁剪力墙结构、框架-剪力墙、结构设计要点、基础;
抗震设计要点:一般规定、构造要求。
14.2 钢结构
钢材性能:基本性能、影响钢材性能的因素、结构钢种类、钢材的选用;
构件:轴心受力构件、受弯构件(梁)、拉弯和压弯构件的计算和构造;
连接:焊缝连接、普通螺栓和高强度螺栓连接、构件间的连接;
钢屋盖:组成、布置、钢屋架设计。
14.3 砌体结构
材料性能:块材、砂浆、砌体;
基本设计原则:设计表达式;
承载力:受压、局压;
混合结构房屋设计:结构布置、静力计算、构造;
房屋部件:圈梁、过梁、墙梁、挑梁;
抗震设计要求:一般规定、构造要求。
本章试题配置:12题

14.1 钢筋混凝土结构部分

高频考点梳理

知识点	混凝土受压构件横向约束的作用	混凝土小偏心受压	塑性内力重分布	轴压比限值的作用	剪扭构件的受扭承载力的计算	双向板按塑性铰线法	混凝土构件斜截面承载力的计算	反弯点法	受弯构件
近三年考核频次	1	2	1	1	1	1	1	1	2

14.1.1 钢筋混凝土材料性能

1. 钢筋

混凝土结构用的钢材有钢筋、钢丝和钢绞线三种。钢筋可分为热轧钢筋、冷加工钢筋、热处理钢筋和预应力螺纹钢筋。钢丝按加工方法可分为中强度预应力钢丝和消除预应力钢丝。钢绞线是由多根钢丝绞合构成再经过低温回火消除内应力制成的钢制品。根据钢筋的力学性能可分为有明显屈服点和明显流幅的软钢、无明显屈服点和无明显流幅的硬钢。其中,热轧钢筋属于软钢。热处理钢筋和消除应力钢丝为硬钢。

钢筋性能的指标主要是屈服强度、极限强度、伸长率、冷弯试验、钢筋疲劳强度等。

当构件中钢筋的应力到达屈服点后,会产生很大的塑性变形使钢筋混凝土构件出现很大的变形和过宽的裂缝,以致不能使用,所以对有明显流幅的钢筋,在计算承载力时以下屈服点作为钢筋强度限值;对没有明显流幅或屈服点的预应力钢丝、钢绞线和热处理钢筋,通常用残余应变为0.2%时的应力作为它的条件屈服强度。《混凝土结构设计规范》GB 50010—2010(2015年版)(以下简称《混规》)中也规定在构件承载力设计时,取极限抗拉强度的85%作为条件屈服强度。

极限强度或抗拉强度,该指标对于硬钢是作为强度标准值取值的依据;对于软钢,对其有一个最低限值的要求。

钢筋除了要有足够的强度外,还应具有一定的塑性变形能力。通常用最大力下总伸长率和冷弯性能两个指标衡量钢筋的塑性。

伸长率,该指标衡量钢筋塑性性能,是钢筋标准试件拉断时的残余应变,用δ表示。

总伸长率δ_{gt}(也称均匀伸长率),是指钢筋最大力下的总伸长率。根据我国钢筋标准,将δ_{gt}作为控制钢筋延性的指标。《混规》规定,普通钢筋、预应力筋在最大力下的总伸长率不应小于表14.1-1规定的数值。

普通钢筋及预应力筋在最大力下的总伸长率限值 表14.1-1

钢筋品种	普通钢筋			预应力筋
	HPB400	HRB335 HRB400 HRBF400 HRB500 HRBF500	RRB400	
δ_{gt}	10.0	7.5	5.0	3.5

冷弯试验是将直径为d的钢筋绕直径为D的弯芯弯曲到规定的角度,若无裂纹断裂

及起层现象，则表示合格。弯芯的直径 D 越小，弯转角越大，说明钢筋的塑性越好。

【例 14.1-1】 钢筋的力学性能指标包括：(1) 极限抗拉强度；(2) 屈服点；(3) 最大力下总伸长率；(4) 冷弯试验，其中检验塑性的指标是（　）。

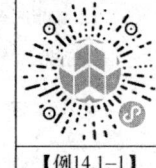
【例14.1-1】

A. 极限抗拉强度
B. 极限抗拉强度和伸长率
C. 极限抗拉强度和伸长率
D. 最大力下总伸长率和冷弯试验

解析： 最大力下总伸长率和冷弯试验均为塑性指标，极限抗拉强度和屈服点为强度指标。

答案为 D。

钢筋的疲劳是指钢筋在承受重复周期性的动荷载作用下，经过一定次数后，突然脆性断裂的现象。

钢筋的疲劳试验有两种方法：一种是直接进行单根原状钢筋轴拉试验，另一种是将钢筋埋入混凝土中使其重复受拉或受弯的试验。《混规》规定了不同等级钢筋的疲劳应力幅限值，要求满足的循环次数为 200 万次，并规定同一纤维上钢筋最小应力与最大应力比值（即疲劳应力比值）$\rho^f = \sigma_{min}^f / \sigma_{max}^f$，当 $\rho^f \geqslant 0.9$ 时可不进行疲劳强度验算。

影响钢筋疲劳强度的因素还有：最小应力值的大小、钢筋外表面几何尺寸和形状、钢筋的直径、钢筋的强度、钢筋的加工和使用环境以及加载的频率等。

《混规》对钢筋的选用规定是：纵向受力普通钢筋可采用 HRB400、HRB500、HRBF400、HRBF500、HRB335、RRB400、HPB300 钢筋；梁、柱和斜撑构件的纵向受力普通钢筋宜采用 HRB400、HRB500、HRBE400、HRBF500 钢筋；箍筋宜采用 HRB400、HRBF400、HRB335、HPB300、HRB500、HRBF500 钢筋；预应力筋宜采用预应力钢丝、钢绞线和预应力螺纹钢筋。此外，HRB335 钢筋的直径范围为 6~14mm。

普通钢筋、预应力筋及横向钢筋的强度设计值，见《混规》4.2.3 条。

2. 混凝土

(1) 混凝土的强度

1) 混凝土的立方体抗压强度和强度等级

由于立方体试件的强度比较稳定，所以我国以立方体强度值作为在给定的统一试验方法下衡量混凝土强度的基本指标。同时，立方体抗压强度也是评价混凝土强度等级的标准。

《混规》规定，混凝土立方体抗压强度标准值 $f_{cu,k}$ 是指按标准方法制作、养护的边长为 150mm 的立方体试件在 28d 或设计规定龄期以标准试验方法测得的具有 95% 保证率的抗压强度，单位为 N/mm^2。

《混规》规定混凝土强度等级应按立方体抗压强度标准值确定，混凝土立方体抗压强度标准值用符号 f_c 表示。即，用上述标准试验方法测得的抗压强度作为混凝土的强度等级。《混规》考虑了高强度混凝土，规定的混凝土强度等级有 C15、C20、C25、C30、C35、C40、C45、C50、C55、C60、C65、C70、C75 和 C80 共 14 个等级。

2) 轴心抗压强度标准值 f_{ck}

我国《普通混凝土力学性能试验方法》规定以 150mm×150mm×300mm 的棱柱体作为混凝土轴心抗压强度试验的标准试件。其制作和试验条件与立方体抗压强度相同。

《混规》中规定，轴心抗压强度标准值与立方体抗压强度标准值的关系按下式确定

$$f_{ck} = 0.88 \alpha_{c1} \alpha_{c2} f_{cu,k}$$

式中：α_{c1}——棱柱体强度与立方体强度的比值，对 C50 及以下，$\alpha_{c1}=0.76$，对 C80，$\alpha_{c1}=0.82$，中间按线性内插；

α_{c2}——混凝土脆性折减系数，对 C40 及以下，$\alpha_{c2}=1.0$，对 C80，$\alpha_{c2}=0.87$，中间值按线性内插；

0.88——考虑实际混凝土构件与试件混凝土强度之间的差异而取用的折减系数。

3) 抗拉强度标准值 f_{tk}

《混规》中取轴心抗拉强度标准值及与立方体抗压强度标准值 $f_{cu,k}$ 的关系为

$$f_{tk} = 0.88 \times 0.395 f_{cu,k}^{0.55} (1 - 0.645\delta)^{0.45} \times \alpha_{c2}$$

式中：δ——变异系数；

0.395 和 0.55——轴心抗拉强度与立方体抗压强度的折减系数。

混凝土抗拉强度离散性大而且低，并伴随混凝土强度等级的提高而降低。

(2) 复杂应力状态下混凝土的强度

1) 双向受力时的强度

<u>混凝土双向受压时两个方向的抗压强度比单轴受压时有所提高。</u>

混凝土一个方向受压，另一个方向受拉时，其抗压或抗拉强度都比单轴抗压或者抗拉时的强度低，这是由于异号应力加速变形的发展，较快地达到极限应变值的缘故。

混凝土双向受拉时，其抗拉强度与单轴受拉时无明显差别。

2) 三向受压时的强度

圆柱体在等侧压应力下的三轴受压试验表明，其抗压强度有较大的提高。在实际工程中，对于钢管混凝土柱或配置密排螺旋箍筋的钢筋混凝土柱，由于混凝土受到钢管壁或螺旋箍筋的约束，使它处于三向受力状态，可以利用这一特性，考虑混凝土抗压强度的提高。

3) 剪应力与单轴正应力共同作用下的强度

试验结果表明，当存在剪应力 τ 时，混凝土的抗压、抗拉强度都将有所降低。当压应力 σ 存在时，若 $\sigma \leqslant 0.6 f_c$（f_c 为混凝土轴心抗压强度值），其抗剪强度将随 σ 的增大而提高；但在 $\sigma > 0.6 f_c$ 之后，其抗剪强度将随 σ 的加大而下降；当 σ 趋近于 f_c 时，将降至小于纯剪强度；当存在拉应力时，其抗剪强度将进一步降低。

【例 14.1-2】有关横向约束逐渐增加对混凝土竖向抗压性能的影响，下列说法中正确的是（　　）。

A. 抗压强度不断提高，但其变形能力逐渐下降
B. 抗压强度不断提高，但其变形能力保持不变
C. 抗压强度不断提高，变形能力也得到改善
D. 抗压强度和变形能力均逐渐下降

【例14.1-2】

解析：混凝土受压构件在横向约束作用下处于三向约束状态。由于受到侧向的压力约束作用，最大主应力轴的抗压强度有较大程度的增长，受压承载力明显提高，同时极限压

应变也变大,故其变形能力也得到改善。

答案为 C。

(3) 短期荷载作用下混凝土的应力-应变关系

混凝土在一次短期加载荷载长期作用和多次重复荷载作用下会产生变形,这类变形称为受力变形。另外,混凝土由于硬化过程中的收缩以及温度和湿度变化也会产生变形,这类变形称为体积变形。变形是混凝土的一个重要力学性能。

1) 混凝土单轴(单调)受压应力-应变关系

混凝土受压时的应力-应变关系是混凝土最基本的力学性能之一。一次短期加载是指荷载从零开始单调增加至试件破坏,也称为单调加载。

图 14.1-1 为实测的典型混凝土棱柱体受压应力-应变曲线。可以看到,这条曲线包括上升段和下降段两个部分。A 点为比例极限点。超过 A 点,进入裂缝稳定扩展的第二阶段,至临界点 B,临界点的应力可以作为长期抗压强度的依据。此后,试件中所积蓄的弹性应变能保持大于裂缝发展所需要的能

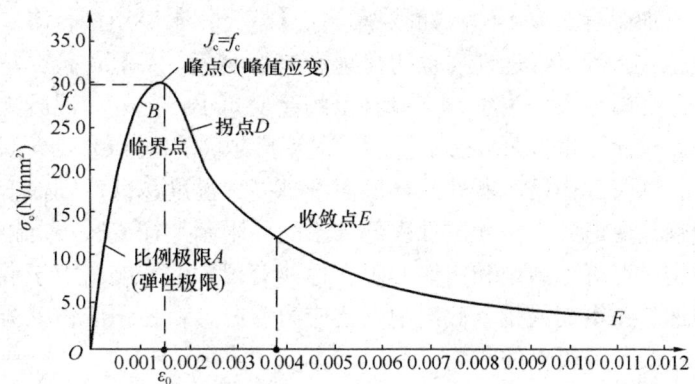

图 14.1-1 混凝土棱柱体受压应力-应变曲线

量,从而形成裂缝发展的不稳定状态直至峰点 C,这一阶段为第三阶段,这时的峰值应力通常作为混凝土棱柱体的抗压强度 f_c,相应的应变称为峰值应变 ε_0,其值在 0.0015～0.005 之间波动,通常取为 0.002。

下降段 CE 是混凝土到达峰值应力后裂缝继续扩展、传播,从而引起应力应变关系变化的反映。从收敛点 E 开始以后的曲线称为收敛段,这时贯通的主裂缝已很宽,结构内聚力几乎耗尽,对无侧向约束的混凝土,收敛段 EF 已失去结构意义。

2) 混凝土的弹性模量与变形模量

混凝土不是弹性材料,所以不能用已知的混凝土应变乘以规范中所给的弹性模量值去求混凝土的应力。只有当混凝土应力很低时,其弹性模量与变形模量值才近似相等。混凝土的弹性模量可按下式计算

$$E_c = \frac{10^5}{2.2 + \dfrac{34.7}{f_{cu,k}}}$$

应力应变曲线上任一点与原点连线的割线斜率称为混凝土的变形模量 E'_c,

$$E'_c = \frac{\varepsilon_e}{\varepsilon} E_c = \nu E_c$$

式中:ε——总应变;

ε_e——弹性应变;

ν——弹性系数，$\nu = \dfrac{\varepsilon_e}{\varepsilon}$。

(4) 荷载长期作用时的变形——徐变

结构或材料承受的荷载或应力不变，而应变或变形随时间增长的现象称为混凝土的徐变。徐变反映了荷载长期作用下混凝土的变形性能，因此混凝土的徐变特性主要与时间参数有关。

混凝土的徐变与混凝土的应力大小有着密切的关系，应力越大徐变也越大。

当混凝土应力较大时（例如大于 $0.5f_c$），徐变应变与应力不成正比，徐变比应力增长要快，称为非线性徐变。

加载时混凝土的龄期越早，徐变越大；水泥用量越多，徐变越大；水灰比越大，徐变也越大。骨料弹性性质也明显地影响徐变值，一般，骨料越坚硬，弹性模量越高，对混凝土徐变的约束作用越大，混凝土的徐变越小。此外，混凝土的制作方法、养护时的温度和湿度对徐变也有重要影响。养护时温度越高、湿度越大，水泥水化作用越充分，徐变越小。而受到荷载作用后所处的环境温度越高、湿度越低，则徐变越大。构件的形状、尺寸也会影响徐变值，大尺寸试件内部失水受到限制，徐变减小。钢筋的存在等对徐变也有影响。徐变对混凝土结构和构件的工作性能有很大的影响。由于混凝土的徐变，会使构件的变形增加，在钢筋混凝土截面中引起应力重分布，在预应力混凝土结构中会造成预应力损失。

(5) 混凝土的收缩

混凝土的收缩值随着时间而增长，蒸汽养护混凝土的收缩值要小于常温养护下的收缩值。这是因为混凝土在蒸汽养护过程中，高温高湿的条件加速了水泥的水化和凝结硬化，一部分游离水由于水泥水化作用被快速吸收，使脱离试件表面蒸发的游离水减小，因此其收缩应变相应减小。

养护不好以及混凝土构件的四周受约束从而阻止混凝土收缩时，会使混凝土构件表面或水泥地面上出现收缩裂缝。影响混凝土收缩的因素如下：

① 水泥的品种：水泥强度等级越高，制成的混凝土收缩越大。
② 水泥的用量：水泥越多，收缩越大；水灰比越大，收缩也越大。
③ 骨料的性质：骨料的弹性模量越大，收缩越小。
④ 养护条件：在结硬过程中周围温、湿度越大，收缩越小。
⑤ 混凝土制作方法：混凝土越密实，收缩越小。
⑥ 使用环境：使用环境的温度、湿度越大时，收缩越小。
⑦ 构件的体积与表面积比值：其比值越大时，收缩越小。

3. 钢筋与混凝土之间的粘结与锚固

钢筋与混凝土之间的粘结与锚固是两者能共同工作的基础。

(1) 形成粘结的因素

水泥的水化作用，使钢筋与混凝土的接触面上形成的胶力；混凝土收缩对钢筋产生的握裹力；混凝土与钢筋之间的机械咬合力。

(2) 钢筋与混凝土之间的粘结应力

钢筋与混凝土的接触界面上沿钢筋纵向分布的纵向剪应力称为粘结力。

钢筋与混凝土之间粘结面上单位面积所能承担的最大粘结应力，称为粘结强度。粘结强度的高低对钢筋的锚固长度、搭接长度、裂缝的间距与宽度都有直接的影响。粘结强度越高,则锚固长度、搭接长度及裂缝间距和宽度都将减小。

习　　题

【14.1.1-1】《混规》中混凝土强度的基本代表值是(　　)。
A. 立方体抗压强度设计值　　　　B. 立方体抗压强度标准值
C. 轴心抗压强度标准值　　　　　D. 轴心抗压强度设计值

【14.1.1-2】混凝土各种强度指标就其数值的大小比较,有(　　)。
A. $f_{cu,k} > f_c > f_{t,k} > f_t$
B. $f_{cu,k} > f_t > f_c > f_{t,k}$
C. $f_{cu,k} > f_{t,k} > f_c > f_t$
D. $f_{cu,k} > f_t > f_{t,k} > f_c$

【14.1.1-3】混凝土的强度等级按照(　　)确定。
A. 立方体抗压强度标准值　　　　B. 轴心抗压强度设计值
C. 轴心抗压强度标准值　　　　　D. 立方体抗压强度平均值

【14.1.1-4】混凝土的强度等级是由立方体抗压强度试验值按(　　)的原则确定的。
A. 取平均值 μ_f,超值保证率 50%
B. 取 $\mu_f - 1.645\sigma_f$,超值保证率 95%
C. 取 $\mu_f - 2\sigma_f$,超值保证率 97.72%
D. 取 $\mu_f - \sigma_f$,超值保证率 84.13%

【14.1.1-5】采用非标准试块时,换算系数为(　　)。
A. 采用边长 100mm 立方块的抗压强度取 1.0
B. 边长为 100mm 立方块的抗压强度取 1.05
C. 边长为 100mm 立方块的抗压强度取 0.95,若做劈拉强度时取 0.85
D. 边长为 100mm 立方块劈拉强度取 0.90

【14.1.1-6】一般说来,混凝土内部最薄弱的环节是(　　)。
A. 水泥石的抗拉强度
B. 砂浆的抗拉强度
C. 砂浆与粗骨料接触面间的粘结
D. 水泥与骨料接触面间的粘结

【14.1.1-7】与单向受压比较,混凝土多向受力时,(　　)情况下强度降低。
A. 两向受压　　　　　　　　　　B. 一拉一压
C. 三向受压　　　　　　　　　　D. 不确定

【14.1.1-8】其他条件相同的情况下,同一混凝土试块在双向受压状态下所测得的抗压强度极限值比单向受压状态下所测得的抗压强度极限值高的主要原因是(　　)。
A. 双向受压时的外压力比单向受压时多
B. 双向受压时的纵向压缩变形比单向受压时小
C. 双向受压时混凝土的横向变形受约束
D. 双向受压时混凝土的横向应力小

【14.1.1-9】混凝土的侧向约束压应力提高了混凝土的（   ）。
A. 抗压强度 B. 延性
C. 抗拉强度 D. 抗压强度和延性

【14.1.1-10】配置螺旋钢筋后的混凝土圆柱体试件的抗压强度高的原因是螺旋钢筋（   ）。
A. 参与了混凝土的受压工作 B. 使混凝土不出现细微裂缝
C. 约束了混凝土的横向变形 D. 承受了剪力

【14.1.1-11】混凝土极限压应变 ε_u 大致为（   ）。
A. $(3.0\sim3.5)\times10^{-4}$ B. $(3.0\sim3.5)\times10^{-3}$
C. $(1.0\sim1.5)\times10^{-3}$ D. $(2.0\sim2.5)\times10^{-4}$

【14.1.1-12】混凝土的强度等级越高，则 σ-ε 曲线的下降段（   ）。
A. 越平缓 B. 越陡峭 C. 变化不大 D. 越长

【14.1.1-13】混凝土试块在一次短期加载时，其受压应力-应变曲线，下列叙述正确的是（   ）。
A. 上升段是一条直线
B. 下降段只能在强度不大的实验机上测出
C. 混凝土强度高时，曲线的峰部曲率较小
D. 混凝土压应力达到最大时，并不立即破坏

【14.1.1-14】不同强度等级的混凝土试块，其他条件相同情况下抗压试验测得的应力-应变曲线具有（   ）的特点。
A. 曲线的峰值越高，下降段越陡，延性越好
B. 曲线的峰值越低，下降段越缓，延性越好
C. 曲线的峰值越高，混凝土的极限压应变越大
D. 曲线的峰值越低，下降段越缓，延性越差

【14.1.1-15】混凝土弹性模量的基本测定方法是（   ）。
A. 在很小的应力（$\sigma_c \leqslant 0.4 f_c$）下做重复的加载卸载试验所测得
B. 在很大的应力（$\sigma_c > 0.5 f_c$）下做重复的加载卸载试验所测得
C. 应力在 $\sigma_c=0\sim0.5 f_c$ 之间重复加载10次，取 $\sigma_c=0.5 f_c$ 时所测得的变形值作为确定混凝土弹性模量的依据
D. 在很大的应力（$\sigma_c > 0.5 f_c$）下做单次加载试验所测得

【14.1.1-16】混凝土在持续不变的压力长期作用下随时间延续而增长的变形称为（   ）。
A. 应力松弛 B. 收缩变形 C. 徐变 D. 干缩

【14.1.1-17】钢筋混凝土轴心受压构件在长期不变荷载作用下，（   ）。
A. 徐变使混凝土压应力减小、钢筋压应力增大
B. 混凝土及钢筋的压应力均不变
C. 徐变使混凝土压应力减小
D. 徐变使混凝土压应力增大，钢筋压应力减小

【14.1.1-18】混凝土的水灰比越大，水泥用量越多，则徐变及收缩值（   ）。

A. 减少 B. 增大
C. 基本不变 D. 徐变减小，收缩值增大

【14.1.1-19】混凝土的徐变，下列叙述不正确的是（　　）。
A. 徐变是在长期不变荷载作用下，混凝土的变形随时间的延长而增长的现象
B. 水灰比和水泥用量越大，徐变越小
C. 徐变对结构的影响，多数情况下是不利的
D. 持续应力的大小对徐变有重要影响

【14.1.1-20】减小混凝土徐变的措施是（　　）。
A. 加大水泥用量，提高养护时的温度和湿度
B. 加大骨料用量，提高养护时的温度，降低养护时的湿度
C. 延迟加载时的龄期，降低养护时的湿度和温度
D. 减小水泥用量，提高养护时的温度和湿度

【14.1.1-21】钢的含碳量越高，则其（　　）。
A. 强度越高，延性越高 B. 强度越低，延性越高
C. 强度越高，延性越低 D. 强度越低，延性越低

【14.1.1-22】对于无明显屈服点的钢筋，其强度标准值按（　　）取值。
A. 最大应变对应的应力 B. 极限抗拉强度
C. 条件屈服强度 D. 0.9 倍极限强度

【14.1.1-23】热轧钢筋冷拉后，（　　）。
A. 可提高抗拉强度和抗压强度
B. 只能提高抗拉强度
C. 可提高塑性，强度提高不多
D. 只能提高抗压强度

【14.1.1-24】混凝土结构对钢筋性能的要求不包括（　　）。
A. 强度 B. 钢筋锚固形式
C. 与混凝土的粘结力 D. 塑性

【14.1.1-25】变形钢筋与混凝土间的粘结能力（　　）。
A. 比光面钢筋的粘结能力略有提高
B. 取决于钢筋的直径大小
C. 主要取决于钢筋表面凸出的肋的作用
D. 比光面钢筋的粘结能力降低

【14.1.1-26】混凝土保护层厚度是指（　　）。
A. 内排纵筋外表面至混凝土外表面的距离
B. 最外层钢筋外表面至混凝土表面的距离
C. 外排纵筋的内表面至混凝土外表面的距离
D. 最外层纵筋内表面至混凝土外表面的距离

【14.1.1-27】钢筋混凝土梁的承载能力与素混凝土梁的承载能力相比（　　）。
A. 相同 B. 有所提高 C. 提高许多 D. 有所降低

【14.1.1-28】钢筋混凝土梁的抵抗开裂的能力与素混凝土梁相比（　　）。

A. 提高许多　　　　B. 提高不多　　　　C. 完全相同　　　　D. 有所降低

习题答案及解析

【14.1.1-1】答案：B

解析：混凝土强度的基本代表值是立方体抗压强度标准值。

【14.1.1-2】答案：A

解析：$f_{cu,k}$ 为立方体抗压强度标准值，f_c 为混凝土棱柱体的抗压强度，$f_{t,k}$ 为轴心抗拉强度标准值，f_t 为轴心抗拉强度。

【14.1.1-3】答案：A

解析：混凝土的强度等级按照立方体轴心抗压强度标准值确定。

公式为 $f_{ck} = 0.88 \alpha_{c1} \alpha_{c2} f_{cu,k}$

【14.1.1-4】答案：B

解析：混凝土的强度等级是由立方体抗压强度试验值按取 $\mu_f - 1.645 \sigma_f$，超值保证率95%的原则确定的。

【14.1.1-5】答案：C

解析：采用非标准试块时，换算系数为边长为100mm立方块的抗压强度取0.95，若做劈拉强度时取0.85。

【14.1.1-6】答案：C

解析：砂浆与粗骨料接触面间的粘结是混凝土内部比较薄弱的环节。

【14.1.1-7】答案：B

解析：两向受压和三向受压均会使强度有所提高。

【14.1.1-8】答案：C

解析：双向受压时混凝土的横向变形受约束，从而提高了混凝土试块的抗压强度。

【14.1.1-9】答案：D

解析：混凝土的侧向约束压应力提高了混凝土的抗压强度和延性。对于抗拉强度无明显影响。

【14.1.1-10】答案：C

解析：螺旋钢筋可以约束混凝土的横向变形，相当于施加了侧向约束力。

【14.1.1-11】答案：B

解析：混凝土极限压应变 ε_u 大致为 $(3.0 \sim 3.5) \times 10^{-3}$。

【14.1.1-12】答案：B

解析：混凝土强度等级越高，延性越差。

【14.1.1-13】答案：D

解析：见短期荷载作用下混凝土的应力-应变关系。

【14.1.1-14】答案：B

解析：强度越高，峰值越大，延性越差。

【14.1.1-15】答案：C

解析：应力在 $\sigma_c = 0 \sim 0.5 f_c$ 之间重复加载10次，取 $\sigma_c = 0.5 f_c$ 时所测得的变形值作为确定混凝土弹性模量的依据，此法为测定混凝土弹性模量的方法。

【14.1.1-16】答案：C

解析：见混凝土徐变的定义。

【14.1.1-17】答案：A

解析：徐变使混凝土压应力减小、钢筋压应力增大。

【14.1.1-18】答案：B

解析：水泥用量越多，徐变越大；水灰比越大，徐变也越大。水泥越多收缩越大；水灰比越大，收缩也越大。

【14.1.1-19】答案：B

解析：水泥用量越多，徐变越大；水灰比越大，徐变也越大。

【14.1.1-20】答案：D

解析：水泥用量越少，徐变越小；水灰比越小，徐变也越小。提高养护时的温度和湿度亦可减小徐变。

【14.1.1-21】答案：C

解析：钢的含碳量越高，强度越高，脆性越大。

【14.1.1-22】答案：C

解析：对于无明显屈服点的钢筋，其强度标准值按条件屈服点取值。

【14.1.1-23】答案：B

解析：冷拉后塑性降低，抗拉强度提高。

【14.1.1-24】答案：B

解析：混凝土结构对钢筋的强度、塑性和与混凝土的粘结力均有要求。

【14.1.1-25】答案：C

解析：钢筋表面凸出的肋的作用属于机械咬合作用，占变形钢筋与混凝土间的粘结能力的大部分。

【14.1.1-26】答案：B

解析：最外层钢筋外表面至混凝土表面的距离为混凝土保护层厚度。

【14.1.1-27】答案：C

解析：钢筋混凝土梁的承载能力比素混凝土梁的承载能力高。

【14.1.1-28】答案：B

解析：钢筋混凝土梁的抵抗开裂的能力与素混凝土梁相比相差不多。

14.1.2 基本设计原则

1. 结构功能要求

我国《建筑结构可靠性设计统一标准》GB 50068—2018（以下简称《可靠性标准》）中建筑结构应该满足的功能要求可概括为：1）安全性；2）适用性；3）耐久性。

上述功能要求，即结构在规定的时间内(在设计基准期内)，在规定的条件下（正常设计、正常施工、正常使用和正常维修）完成预定功能的能力，称为结构的可靠性。

2. 结构的极限状态

我国《可靠性标准》将结构极限状态分为两类。

(1) 承载能力极限状态

结构或构件达到最大承载能力或者达到不适于继续承载的变形状态，称为承载能力极限状态。当结构或构件由于材料强度不够而破坏，或因疲劳而破坏，或产生过大的塑性变形而不能继续承载，结构或构件丧失稳定；结构转变为机动体系时，结构或构件就超过了承载能力极限状态。超过承载能力极限状态后，结构或构件就不能满足安全性的要求。

（2）正常使用极限状态

结构或构件达到正常使用或耐久性能中某项规定限度的状态称为正常使用极限状态。例如，当结构或构件出现影响正常使用的过大变形、裂缝过宽、局部损坏和震动时可认为结构或构件超过了正常使用极限状态。超过了正常使用极限状态结构或构件就不能满足适用性和耐久性的功能要求。

结构或者构件按承载能力极限状态进行设计后，还应该按正常使用极限状态进行验算。

3. 结构上的作用、作用效应 S、结构抗力 R、结构的功能函数 Z

（1）结构上的作用

结构上的作用是指施加在结构上的集中荷载与分布荷载（包括永久荷载、可变荷载等）或引起结构外加变形或约束变形因素的总称。

结构上的作用按下列原则分类：

1）按随时间变异分为：a. 永久作用；b. 可变作用；c. 偶然作用。

2）按随空间位置的变异分为：a. 固定作用；b. 自由作用。

3）按结构的反应特点分为：a. 静态作用；b. 动态作用。

（2）作用效应 S

施加在结构上的直接作用或者间接作用，以及在结构或结构构件内产生的内力和变形，总称为作用效应，用"S"表示。

（3）结构抗力 R

结构或结构构件承受内力和变形的能力，总称为结构抗力，如构件的承载能力、刚度、抵抗裂缝的能力等。

（4）结构的功能函数 Z 与极限状态方程

结构安全可靠的基本条件应符合下式要求：

$$Z=g(R,S)=R-S \geqslant 0$$

称之为结构的功能函数。

功能函数是判别结构失效或可靠的标准，当 $Z>0$ 时，结构处于可靠状态；当 $Z=0$ 时，结构处于极限状态；当 $Z<0$ 时，结构处于失效状态。

4. 结构可靠度

（1）结构的可靠度

结构的可靠度指在规定的设计基准期内（我国为50年），在规定的条件下（正常设计、正常施工、正常使用），完成预定功能（结构安全性、适用性、耐久性）的概率。结构可靠度就是结构可靠性的概率度量。

（2）结构的可靠概率和失效概率与可靠指标

结构的可靠性是用结构完成预定功能的概率的大小来定量描述的。

可靠度用可靠概率描述，可靠概率=$1-P_f$，P_f 为失效概率。

图 14.1-2 表示 Z 的概率密度分布曲线。

如果将曲线对称轴至纵轴的距离表示成 σ_Z 的倍数，取

$$\mu_Z = \beta \sigma_Z$$

用失效概率 P_f 来度量结构的可靠性有明确的物理意义，能较好地反映问题的实质。由于可靠指标 β 与失效概率 P_f 在数量上有一一对应关系（见图 14.1-2），β 越大，P_f 越小；反之，β 越小，P_f 则越大。若用 β 来度量结构可靠度，可使问题简化。

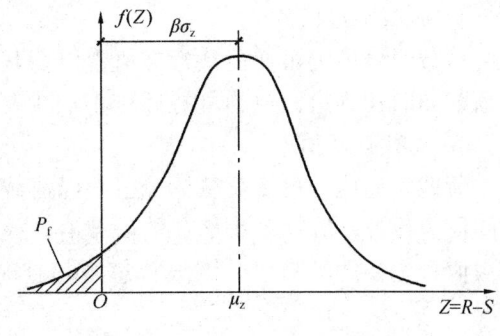

图 14.1-2 Z 的概率密度分布曲线

（3）结构和结构构件的破坏类型分为延性破坏和脆性破坏。《可靠性标准》根据结构的安全等级和破坏类型，在对代表性的构件进行可靠度分析的基础上，规定了按承载能力极限状态设计时的目标可靠指标 β 值，见表 14.1-2。用可靠指标 β 进行结构设计和可靠度校核，可以较全面地考虑可靠度影响因素的客观变异性，使结构满足预期的可靠度要求。

结构构件承载能力极限状态的目标可靠指标 β　　　　表 14.1-2

破坏类型	安全等级		
	一级	二级	三级
延性破坏	3.7	3.2	2.7
脆性破坏	4.2	3.7	3.2

【例 14.1-3】混凝土结构的目标可靠指标要求为 3.7（脆性破坏）和 3.2（延性破坏）时，结构的安全等级属于（　　）。

A. 一级，重要建筑　　　　　　　　B. 二级，重要结构

C. 二级，一般建筑　　　　　　　　D. 三级，次要建筑

解析：一级对应于重要建筑，二级对应于一般建筑，三级对应于次要建筑。

答案为 C。

5. 极限状态设计表达式

对于一般结构构件，若根据规定可靠指标去进行结构设计，则必须利用荷载、材料、构件尺寸等的概率分布规律、统计参数，计算很复杂。因此，我国《可靠性标准》建议采用结构构件实用设计表达式。

（1）荷载的代表值

① 荷载标准值

在结构设计基准期内，在正常情况下可能出现的最大荷载值，也是极限状态设计时采用的荷载代表值。

永久荷载标准值 G_k 是按构件的设计尺寸和材料容重的标准值确定的值。

可变荷载标准值 Q_k 是统一由设计基准期最大荷载概率分布的某一分位数确定的，一般取具有 95% 保证率的上分位值，即取平均值加 1.645 倍的标准差。但对不少尚缺少研究的可变荷载，一般还沿用传统习惯的经验数值。

② 荷载组合值

荷载组合值为可变荷载标准值乘以荷载组合值系数。这是考虑到两种或两种以上的可变荷载同时达到最大值的可能性较小，在设计中采用荷载组合值。

③ 荷载频遇值

荷载频遇值为可变荷载标准值乘以荷载频遇值系数，是指在设计基准期内被超越的总时间仅为设计基准期一小部分的荷载值；或在设计基准期内其超越概率为某一给定频率的荷载值，主要用于当一个极限状态被超越时将产生局部损害、较大变形或短暂振动等的情况。

④ 荷载准永久值

荷载准永久值为可变荷载标准值乘以荷载准永久值系数，是指在设计基准期内被超越的时间为设计基准期一半的荷载值，主要用在当长期效应是决定因素时的一些情况。

(2) 荷载分项系数与荷载设计值

① 荷载分项系数

它是设计计算中反映荷载不确定性关系与结构可靠度相关联的分项系数。

a. 永久荷载分项系数 γ_G：当其效应对结构不利时，对由可变荷载控制的组合，取 1.2；对由永久荷载控制的组合，取 1.35。当其效应对结构有利时，一般情况下取 1.0；对结构的倾覆滑移或漂浮验算，应取 0.9。

b. 可变荷载分项系数 γ_Q：一般情况下取 1.4，对标准值大于 $4kN/m^2$ 的工业房屋楼面结构的活荷载应取 1.3。

② 荷载设计值

荷载设计值为荷载代表值乘以荷载分项系数后的值。只有按承载力极限状态计算荷载效应时才需考虑荷载分项系数与荷载设计值。

6. 材料强度指标取值

(1) 强度标准值

由于材料性能存在离散性，即使是同一批生产的钢筋，每根钢筋的强度也不会完全相同。为保证设计时材料强度取值的可靠性，一般对同一等级的材料，取具有一定保证率的强度值作为该等级强度的标准值。《混规》规定材料强度的标准值应具有不小于 95% 的保证率，这相当于

$$f_k = f_m - 1.645\sigma = f_m(1 - 1.645\delta)$$

式中：f_k——材料强度标准值；

　　　f_m——材料强度的平均值；

　　　σ——材料强度的均方差；

　　　δ——材料强度的变异系数。

需要注意的是，材料强度标准值是保证材料强度品质的代表值，不是材料的实际强度。在实验研究和计算混凝土结构或构件实际承载力时，应采用实测强度的平均值。

(2) 材料分项系数

分项系数确定之后，即可确定强度设计值。材料强度标准值除以材料的分项系数，即可得到材料的强度设计值。《混规》中同时给出了钢筋和混凝土强度的设计值。

对预应力钢丝、消除应力钢丝、钢绞线和预应力螺纹钢筋的设计值系根据其条件屈服点（在构件承载力设计时，取极限抗拉强度的85%作为条件屈服点）确定。

7. 极限状态设计实用表达式

（1）承载力极限状态设计表达式

《混规》采用以概率理论为基础的极限状态设计法，结构构件的承载力设计应根据荷载效应的基本组合和偶然组合进行。其一般公式为

$$\gamma_0 S \leqslant R$$

1）结构构件重要性系数

结构构件的重要性系数，与安全等级对应，对安全等级为一级或设计使用年限为100年及以上的结构构件不应小于1.1；对安全等级为二级或设计使用年限为50年的结构构件不应小于1.0；对安全等级为三级或设计使用年限为5年及以下的结构构件不应小于0.9；在抗震设计中，不考虑结构构件的重要性系数。

建筑物中各类结构构件的安全等级，宜与整个结构的安全等级相同，对其中部分结构构件的安全等级可根据其重要程度适当调整，但不得低于三级。对有特殊要求的建筑物，其安全等级应根据具体情况另行确定。

2）荷载效应的组合设计值 S

对于基本组合，荷载效应组合的设计值 S 应从下列组合值中取最不利值确定：

① 由可变荷载效应控制的组合

$$S = \gamma_G S_{Gk} + \gamma_{Q1} S_{Q1k} + \sum_{i=1}^{n} \gamma_{Qi} \varphi_{ci} S_{Qik}$$

式中：γ_G——永久荷载的分项系数；

γ_{Qi}——第 i 个可变荷载的分项系数，其中 γ_{Q1} 为可变荷载 Q_1 的分项系数；

S_{Gk}——按永久荷载标准值 G_k 计算的荷载效应值；

S_{Qik}——按第 i 个可变荷载标准值 Q_{ik} 计算的荷载效应值，其中 S_{Q1k} 为诸可变荷载效应中起控制作用者；

φ_{ci}——可变荷载 Q_i 的组合值系数；

n——参与组合的可变荷载数。

② 由永久荷载效应控制的组合

$$S = \gamma_G S_{Gk} + \sum_{i=1}^{n} \gamma_{Qi} \varphi_{ci} S_{Qik}$$

基本组合中的设计值仅适用于荷载与荷载效应为线性的情况。

对于一般排架、框架结构可采用以下简化式：

由可变荷载效应控制的组合

$$S = \gamma_G S_{Gk} + \gamma_{Q1} S_{Q1k}$$

$$S = \gamma_G S_{Gk} + 0.9 \sum_{i=1}^{n} \gamma_{Qi} \varphi_{ci} S_{Qik}$$

（2）偶然组合

对于偶然组合，极限状态设计表达式宜按下列原则确定：偶然作用的代表值不乘以分项系数，与偶然作用同时出现的可变荷载，应根据观测资料和工程经验采用适当的代表值。具体的设计表达式及各种系数应符合专门规范的规定。

（3）正常使用极限状态表达式

按正常使用极限状态设计，主要是验算构件的变形和抗裂度或裂缝宽度。按正常使用极限状态设计时可适当降低对可靠度的要求。《可靠性标准》规定计算时取荷载标准值，不需乘分项系数，也不考虑结构重要性系数 γ_0。可变荷载的最大值并非长期作用于结构之上，所以应按其在设计基准期内作用时间的长短和可变荷载超越总时间或超越次数，对其标准值进行折减。《可靠性标准》采用一个小于1的准永久值系数和频遇值系数来考虑这种折减。荷载的准永久值系数是根据在设计基准期内荷载达到和超过该值的总持续时间与设计基准期内总持续时间的比值而确定。荷载的准永久值系数乘以可变荷载标准值所得乘积称为荷载的准永久值。

可变荷载有四种代表值，即标准值、组合值、准永久值和频遇值。其中标准值称为基本代表值，其他代表值可由基本代表值乘以相应的系数得到。各类可变荷载和相应的组合值系数、准永久值系数、频遇值系数可在荷载规范中查到。

实际设计时，常需要区分荷载的短期作用（标准组合、频遇组合）和荷载的长期作用（准永久组合）下构件的变形大小和裂缝宽度计算。所以，《可靠性标准》规定按不同的设计目的，分别选用荷载的标准组合、频遇组合和荷载的准永久组合。标准组合主要用于当一个极限状态被超越时将产生严重的永久性损害的情况，频遇组合主要用于当某个极限状态被超越时将产生局部损害、较大变形或短暂振动的情况，准永久组合主要用在当长期效应是决定性因素的情况。

① 按荷载的标准组合时，荷载效应组合的设计值 S_d 应按下式计算

$$S_d = S_{Gk} + S_{Q1k} + \sum_{i=2}^{n} \psi_{ci} S_{Qik}$$

式中：ψ_{ci}——可变荷载组合值系数。

② 按荷载的频遇组合时，荷载效应组合的设计值 S_d 应按下式计算

$$S_d = S_{Gk} + \psi_{f1} S_{Q1k} + \sum_{i=2}^{n} \psi_{qi} S_{Qik}$$

③ 按荷载的准永久组合时，荷载效应组合的设计值 S_d 应按下式计算

$$S_d = S_{Gk} + \sum_{i=1}^{n} \psi_{qi} S_{Qik}$$

式中：ψ_{f1}、S_{Q1k}——在频遇组合中起控制作用的一个可变荷载频遇值效应；

ψ_{qi}、S_{Qik}——第 i 个可变荷载准永久值效应。

S_d 的计算公式仅适用于荷载效应与荷载为线性关系的情况。

（4）挠度验算

钢筋混凝土受弯构件的最大挠度 f_{max} 应按荷载的准永久组合，预应力混凝土受弯构件

的最大挠度应按荷载的标准组合，并均应考虑荷载长期作用的影响进行计算，其计算值不应超过《混规》规定的挠度限值 $f_{\lim}$，即

$$f_{\max} \leqslant f_{\lim}$$

（5）裂缝验算

根据正常使用阶段对结构构件裂缝的不同要求，将结构构件正截面的裂缝控制等级分为三级：

一级——严格要求不出现裂缝的构件，在荷载标准组合计算时，构件受拉边缘混凝土不应产生拉应力。

二级——一般要求不出现裂缝的构件，在荷载标准组合计算时，构件受拉边缘混凝土拉应力不应大于混凝土抗拉强度标准值。

三级——允许出现裂缝的构件，对钢筋混凝土构件，按荷载准永久组合并考虑长期作用影响计算时，构件的最大裂缝宽度 $w_{\max}$ 不应超过《混规》规定的最大裂缝宽度限值 $w_{\lim}$。

对预应力混凝土构件，按荷载标准组合并考虑长期作用影响计算时，构件的最大裂缝宽度 $w_{\max}$ 不应超过《混规》规定的最大裂缝宽度限值 $w_{\lim}$，即

$$w_{\max} \leqslant w_{\lim}$$

对二 a 类环境的预应力混凝土构件，尚应按荷载准永久组合计算，且构件受拉边缘混凝土的拉应力不应大于混凝土的抗拉强度标准值。

习 题

【14.1.2-1】结构在使用期间不随时间而变化的荷载称为（   ）。

A. 永久荷载　　　　　　　　　　B. 可变荷载

C. 偶然荷载　　　　　　　　　　D. 频遇荷载

【14.1.2-2】下列情况，承载能力极限状态是指（   ）。

A. 裂缝宽度超过规范限值

B. 挠度超过规范限值

C. 结构或构件达到最大承载力或达到不适于继续承载的变形

D. 预应力的构件中混凝土的拉应力超过规范限值

【14.1.2-3】下列（   ）状态应按正常使用极限状态验算。

A. 结构作为刚体失去平衡

B. 影响耐久性能的局部损伤

C. 因过度的塑性变形而不适于继续承载

D. 构件失去稳定

【14.1.2-4】若用 S 表示结构或构件截面上的荷载效应，用 R 表示结构或构件截面的抗力，结构或构件截面处于极限状态时（   ）。

A. $R>S$　　　　B. $R<S$　　　　C. $R=S$　　　　D. $R\leqslant S$

【14.1.2-5】承载能力极限状态下结构处于失效状态时，其功能函数（   ）。

A. 大于零　　　　B. 等于零　　　　C. 小于零　　　　D. 以上都不是

【14.1.2-6】我国现行规范设计是以（　　）为基础的。
A. 半概率　　　　B. 全概率　　　　C. 近似概率　　　　D. 安全系数法

【14.1.2-7】结构在规定时间内，在规定条件下完成预定功能的概率称为结构的（　　）。
A. 安全度　　　　B. 可靠度　　　　C. 可靠性　　　　D. 适用性

【14.1.2-8】结构使用年限超过设计使用年限后（　　）。
A. 可靠度丧失　　　　　　　　　B. 结构立即丧失其功能
C. 不失效则可靠度不变　　　　　D. 完成预定功能的能力减弱

【14.1.2-9】结构可靠度指标（　　）。
A. 随结构抗力的离散性的增大而增大
B. 随结构抗力的均值的增大而减小
C. 随结构抗力的离散性的增大而减小
D. 随作用效应均值的增大而增大

【14.1.2-10】下列荷载分项系数，不正确的叙述是（　　）。
A. γ_G 当永久荷载效应对结构不利时，对由可变荷载效应控制的组合一般取 1.2，对由永久荷载效应控制的组合取 1.35
B. γ_Q 用于计算可变荷载设计值
C. γ_G 不分场合均取 1.2
D. γ_Q 一般取 1.4

【14.1.2-11】荷载的代表值有标准值、组合值、频遇值和准永久值，其中（　　）为荷载的基本代表值。
A. 组合值　　　　B. 准永久值　　　　C. 频遇值　　　　D. 标准值

【14.1.2-12】材料强度的设计值是（　　）。
A. 材料强度的平均值
B. 材料强度的标准值
C. 材料强度的平均值减去 3 倍标准差
D. 材料强度的标准值除以材料分项系数

【14.1.2-13】按承载能力极限状态设计时，计算式中采用的材料强度值使用（　　）。
A. 材料强度的平均值　　　　　　B. 材料强度的设计值
C. 材料强度的标准值　　　　　　D. 材料强度的极限变形值

【14.1.2-14】按承载能力极限状态设计时，计算式中的荷载值应是（　　）。
A. 荷载的平均值　　　　　　　　B. 荷载的标准值
C. 荷载的设计值　　　　　　　　D. 荷载的准永久值

【14.1.2-15】以下几种情况中，使结构进入承载能力极限状态的是（　　）。
A. 结构的一部分出现倾覆　　　　B. 梁出现过大的挠度
C. 梁出现裂缝　　　　　　　　　D. 钢筋生锈

【14.1.2-16】按正常使用极限状态验算时，计算公式中的材料强度值应使用（　　）。
A. 材料强度的标准值　　　　　　B. 材料强度的平均值
C. 材料强度的设计值　　　　　　D. 材料强度的极限压应变值

【14.1.2-17】承载能力极限状态设计时，应进行荷载效应的（　　）。
A. 偶然组合和标准组合　　　　　　B. 基本组合和标准组合
C. 基本组合和偶然组合　　　　　　D. 标准组合和准永久组合

【14.1.2-18】正常使用极限状态设计时，应进行荷载效应的（　　）。
A. 标准组合、频遇组合和准永久组合
B. 基本组合、偶然组合和准永久组合
C. 标准组合、基本组合和准永久组合
D. 频遇组合、偶然组合和准永久组合

习题答案及解析

【14.1.2-1】答案：A
解析：永久荷载即结构在使用期间不随时间而变化的荷载。

【14.1.2-2】答案：C
解析：承载能力极限状态指的是结构或构件达到最大承载力或达到不适于继续承载的变形。

【14.1.2-3】答案：B
解析：结构或构件达到正常使用或耐久性能中某项规定限度的状态称为正常使用极限状态。

【14.1.2-4】答案：C
解析：结构或构件截面处于极限状态时 $R=S$。

【14.1.2-5】答案：C
解析：功能函数小于 0，结构处于失效状态；等于 0 处于极限状态。

【14.1.2-6】答案：C
解析：我国现行规范设计是以近似概率为基础的。

【14.1.2-7】答案：B
解析：可靠度指的是结构在规定时间内，在规定条件下完成预定功能的概率。

【14.1.2-8】答案：D
解析：结构使用年限超过设计使用年限后完成预定功能的能力减弱。

【14.1.2-9】答案：C
解析：随结构抗力的离散性的增大，结构可靠度指标减小；随结构抗力的平均性的增大，结构可靠度指标增大；随作用效应均值的增大而减小。

【14.1.2-10】答案：C
解析：永久荷载分项系数 γ_G：当其效应对结构不利时，对由可变荷载控制的组合，取 1.2；对由永久荷载控制的组合，取 1.35。当其效应对结构有利时，一般情况下取 1.0；对结构的倾覆滑移或漂浮验算，应取 0.9。可变荷载分项系数 γ_Q：一般情况下取 1.4，对标准值大于 $4kN/m^2$ 的工业房屋楼面结构的活荷载应取 1.3。

【14.1.2-11】答案：D
解析：荷载的基本代表值为标准值。

【14.1.2-12】答案：D

解析：材料强度的标准值除以材料分项系数即得到材料强度的设计值。

【14.1.2-13】答案：B

解析：按承载能力极限状态设计时，计算式中采用的材料强度值使用材料强度的设计值。

【14.1.2-14】答案：C

解析：按承载能力极限状态设计时，计算式中的荷载值应是荷载的设计值。

【14.1.2-15】答案：A

解析：见承载能力极限状态的定义。

【14.1.2-16】答案：A

解析：按正常使用极限状态验算时，计算公式中的材料强度值应使用材料强度的标准值。

【14.1.2-17】答案：C

解析：承载能力极限状态设计时，应进行荷载效应的基本组合和偶然组合。

【14.1.2-18】答案：A

解析：正常使用极限状态设计时，应进行荷载效应的标准组合、频遇组合和准永久组合。

14.1.3 钢筋混凝土构件承载力极限状态计算

1. 钢筋混凝土受弯构件正截面承载力

（1）正截面抗弯承载力

试验表明，由于纵向受拉钢筋配筋率 ρ 的不同，受弯构件正截面受弯破坏形态有适筋破坏、超筋破坏和少筋破坏三种。

1）适筋破坏

适筋截面破坏的特点是钢筋先屈服，混凝土后压碎。适筋截面的破坏不是突然发生的，而是变形增加较大，破坏有明显预兆，属于延性破坏。

2）超筋破坏

超筋截面破坏的特点是混凝土先压碎，而钢筋不屈服。破坏时，梁的变形很小，裂缝宽度不大，破坏突然，没有明显预兆，属于脆性破坏。

【例14.1-4】超筋梁破坏时，钢筋应变和受压区边缘混凝土应变满足（　）。

A. $\varepsilon_s < \varepsilon_y, \varepsilon_c = \varepsilon_u$ B. $\varepsilon_s \leqslant \varepsilon_y, \varepsilon_c < \varepsilon_u$

C. $\varepsilon_s > \varepsilon_y, \varepsilon_c \geqslant \varepsilon_u$ D. $\varepsilon_s > \varepsilon_y, \varepsilon_c < \varepsilon_u$

【例14.1-4】

解析：超筋截面破坏。超筋截面破坏的特点是混凝土先压碎，而钢筋不屈服。如果纵向受拉钢筋配置过多，在受压区边缘的混凝土达到弯曲受压的极限压应变 ε_{cu}^0 时，受拉钢筋尚未屈服，而受压区混凝土先被压碎。

答案：A

3）少筋破坏

少筋截面破坏的特点是受拉区混凝土一开裂，受拉钢筋迅速达到屈服。这种破坏是很突然的，也属于脆性破坏。

（2）适筋梁的三个应力阶段

1) 第Ⅰ阶段

从开始加载到受拉混凝土即将开裂，称为第Ⅰ阶段。在第Ⅰ阶段时，从开始施加荷载到受拉区混凝土开裂前，整个截面均受力。第Ⅰ阶段的Ⅰa通常作为受弯构件正截面抗裂验算的依据。

2) 第Ⅱ阶段

第Ⅱ阶段是裂缝发生、开展的阶段，其主要特点是：梁是带裂缝工作的，在裂缝截面处，受拉区大部分混凝土退出工作，拉力由纵向受拉钢筋承担，但是受拉钢筋尚未达到屈服，受压区混凝土已发生不充分的塑性变形。第Ⅱ阶段通常作为裂缝宽度与变形验算的依据。

3) 第Ⅲ阶段

对适筋梁，当受拉钢筋应力屈服时，受压区混凝土一般尚未被压坏。

第Ⅲ阶段也是截面的破坏阶段，其主要特点是：破坏开始于纵向受拉钢筋屈服，终结于受压区混凝土压碎。第Ⅲ阶段的Ⅲa通常作为正截面受弯承载力计算的依据。

(3) 受弯构件正截面承载力计算的基本假定

在计算正截面受弯承力的设计值 M_u 时，钢筋和混凝土的材料强度应取强度设计值。

平截面基本假定如下：

① 截面应变保持平面（平均应变的平截面假定）；

② 不考虑混凝土的抗拉强度；

③ 混凝土受压的应力与应变关系曲线按下列规定取用：

$$\varepsilon_c \leqslant \varepsilon_0 \text{ 时}, \sigma_c = f_c\left[1 - \left(\frac{\varepsilon_c}{\varepsilon_0}\right)^n\right]$$

$$\varepsilon_0 < \varepsilon_c \leqslant \varepsilon_{cu} \text{ 时}, \sigma_c = f_c$$

④ 纵向钢筋的应力取钢筋应变与其弹性模量的乘积，但其绝对值不应大于其强度设计值，纵向受拉钢筋极限拉应变取为0.01。

(4) 矩形截面与T形截面受弯构件

1) 单筋矩形截面

对于仅配受拉钢筋的矩形截面适筋受弯构件，正截面受弯承载力的基本计算公式及适用条件为

$$\alpha_1 f_c bx = f_y A_s$$

$$M = \alpha_1 f_c bx\left(h_0 - \frac{x}{2}\right)$$

式中：M——正截面的弯矩设计值；

α_1——混凝土受压区等效矩形应力图系数；

f_c——混凝土轴心抗压强度设计值（N/mm²）；

f_y——钢筋的抗拉强度设计值（N/mm²）；

A_s——纵向受拉钢筋截面面积；

b——截面宽度；

x——受压区高度（或受压区计算高度）；

h——截面高度;

h_0——截面有效高度 $h_0 = h - a$。

采用相对受压区高度 ξ，上式可写成

$$\alpha_1 f_c b \xi h_0 = f_y A_s$$
$$M = \alpha_1 f_c b h_0^2 (1 - 0.5\xi)$$

a 为纵向受拉钢筋合力点到截面受拉区边缘的距离。在截面设计中钢筋直径和数量等还未确定的情况下，a 值往往需要预先估计，当环境类别为一类时，一般至少取

梁内布置一排钢筋时：$a = 45$mm，故 $h_0 = (h - 45)$ mm

梁内布置两排钢筋时：$a = 70$mm，故 $h_0 = (h - 70)$ mm

对于板：$a = 25$mm，故 $h_0 = (h - 25)$ mm

当环境类别为二类、三类时，考虑混凝土保护层最小厚度的变化，应作适当调整。

正截面受弯承载力计算公式仅适用于适筋梁。适筋梁应满足最大配筋率和最小配筋率的要求。

①为防止超筋脆性破坏，应满足

$$\xi \leqslant \xi_b$$

②为防止少筋破坏，应满足

$$\rho \geqslant \rho_{\min} \frac{f_c}{f_y}$$

2) 双筋矩形截面

当 $\xi \leqslant \xi_b$ 时，双筋矩形截面达到受弯承载力极限状态时的计算公式及使用条件为

$$\alpha_1 f_c b x + f'_y A'_s = f_y A_s$$

$$M = \alpha_1 f_c b x \left(h_0 - \frac{x}{2}\right) + f'_y A'_s (h_0 - a')$$

式中：f'_y——达到极限受弯承载力时受压钢筋 A'_s 的应力。

为防止超筋破坏，控制单筋截面部分不要形成超筋，需满足

$$\xi \leqslant \xi_b$$

为保证受压钢筋的强度能充分利用，需要满足

$$x \geqslant 2a'$$

双筋截面一般不会出现少筋破坏情况，故一般可不必验算最小配筋率。

需要注意的是，理论上可以提高 A'_s 从而提高双筋截面的受弯承载力，但是受压钢筋过多时会造成钢筋拥挤，施工困难，且不经济。所以，双筋截面中的受压钢筋用量应控制在合理的范围内。

3) 第一类 T 形截面

第一类 T 形截面，混凝土受压区高度在翼缘内即 $x \leqslant h'_f$，受压区为矩形，如图 14.1-3 所示。

第一类 T 形截面的设计计算方法与矩形截面类似。

4) 第二类 T 形截面

第二类 T 形截面，混凝土受压区进入腹板，则 $x > h'_f$，受压

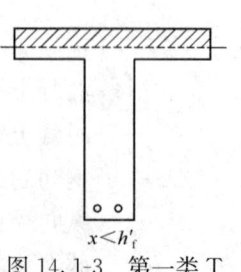

图 14.1-3 第一类 T 形截面

区为 T 形，如图 14.1-4 所示。

第二类 T 形截面的计算，中和轴在腹板中，截面受压区为 T 形。

其正截面抗弯承载力按下列公式计算：

$$M_u = \alpha_1 f_c bx\left(h_0 - \frac{x}{2}\right) + \alpha_1 f_c(b'_f - b)h'_f\left(h_0 - \frac{h'_f}{2}\right) + f'_y A'_s(h_0 - a'_s)$$

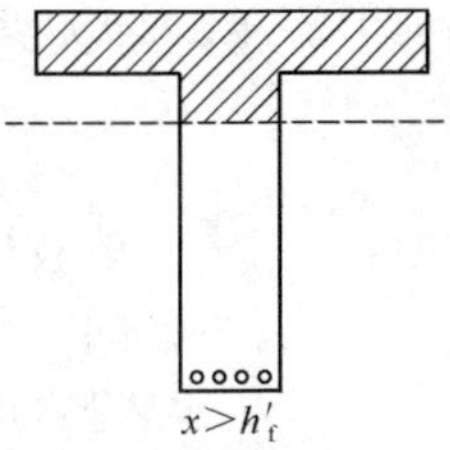

混凝土受压区高度按下列公式确定

$$\alpha_1 f_c[bx + (b'_f - b)h'_f] = f_y A_s - f'_y A'_s$$

图 14.1-4 第二类 T 形截面

为了防止出现超筋破坏，且保证 A_s 的 $\sigma_s = f_y$ 及 A'_s 的 $\sigma'_s = f'_y$，也应满足下式要求

$$\xi \leqslant \xi_b$$
$$x \geqslant 2a'$$

(5) 纵向受压钢筋 A'_s 的作用

1) 可提高截面极限抗弯承载力，当 $x > x_b$ 时，可以增加 A'_s，使 $x \leqslant x_b$。
2) 可承受变号弯矩。
3) 可减小混凝土徐变，提高构件长期刚度。
4) 可作架立筋用。
5) 可提高构件延性，改善抗震性能。

2. 钢筋混凝土受弯构件斜截面承载力

(1) 影响梁斜截面受剪承载力的主要因素及破坏形态

影响无腹筋简支梁斜截面承载力的主要因素有剪跨比、混凝土强度和纵筋配筋率。

1) 剪跨比的影响

剪跨比既可以表示为截面的弯矩与剪力的比值，对集中荷载作用下的梁，又可以表示为"剪跨"与截面有效高度的比值。剪跨比 λ 定义为

$$\lambda = \frac{M}{Vh_0} = \frac{a}{h_0}$$

剪跨比是影响梁的斜截面承载力的主要因素之一，如前所述，它可以决定斜截面破坏的形态。剪跨比由小到大变化时，破坏形态从斜压型向剪压型，再向斜拉型过渡。

2) 混凝土强度的影响

无论是斜拉破坏还是剪压破坏和斜压破坏都与混凝土的强度有密切的关系。

在同一剪跨比的条件下，抗剪强度随混凝土强度的提高而增大。不同剪跨比的梁，其破坏形态不同，抗剪强度取决于混凝土的抗压或抗拉强度。随着混凝土强度的提高，抗剪强度的提高幅度有较大差别，且大剪跨比的情况下，抗剪强度随混凝土强度的提高而增加的速率低于小剪跨比的情况。

考虑高强混凝土，抗剪强度和混凝土拉压强度并不是严格的线性关系，并且混凝土抗压强度越高，二者的线性关系越不明显。

3) 纵筋配筋率的影响

纵筋对抗剪强度的影响主要是直接在横截面承受一定剪力，发挥"销栓"作用。同时纵筋对梁的斜截面承载力也有一定影响，纵筋能抑制斜裂缝的发展，增大斜裂缝间交互面

的剪力传递，增加纵筋量能加大混凝土剪压区高度，从而间接提高梁的抗剪能力。

$$\rho_{sv} = \frac{nA_{sv1}}{bs}$$

式中：A_{sv1}——单肢箍筋截面积；

n——同一截面内箍筋的肢数；

b——梁宽度；

s——箍筋间距。

4）截面尺寸和形状的影响

对无腹筋混凝土受弯构件，随着高度增加，斜截面上出现的裂缝宽度加大，裂缝内表面骨料之间的机械咬合作用被削弱，使得接近开裂端部的开裂区拉应力弱化，传递剪应力的能力下降，构件破坏时，斜面受剪承载力随着构件高度的增加而降低。

5）破坏形态

a. 斜压破坏

这种破坏多发生在集中荷载距支座较近，且剪力大而弯矩小的区段，即剪跨比比较小（$\lambda < 1$）时，或者剪跨比适中但腹筋配置量过多，以及腹板宽度较窄的T形或工形梁。箍筋应力一般达不到屈服强度。

b. 剪压破坏

这种破坏常发生在剪跨比适中（$1 \leqslant \lambda < 3$），且腹筋配置量适当时，是最典型的斜截面破坏。箍筋的应力达到屈服强度。

c. 斜拉破坏

这种破坏发生在剪跨比较大（$\lambda > 3$），且箍筋配置量过少的情况。破坏荷载与开裂荷载很接近。

与适筋梁正截面破坏相比较，斜压破坏、剪压破坏和斜拉破坏时梁的变形要小，且具有脆性破坏的特征，尤其是斜拉破坏，破坏前梁的变形很小，有较明显的脆性。

(2) 矩形、T形和I形截面的受弯构件抗剪承载力计算

对矩形、T形和工形截面的受弯构件斜截面受剪承载力计算采用下列基本形式

$$V \leqslant V_c + V_s + V_b$$

式中：V——构件斜截面上的剪力设计值；

V_c——混凝土项的受剪承载力；

V_s——箍筋项的受剪承载力，包括箍筋起着直接承受部分剪力的作用和间接限制斜裂缝宽度增强混凝土骨料咬合力等作用；

V_b——与斜裂缝相交的弯起钢筋的受剪承载力设计值。

实际工程中结构上的荷载分布有时是很复杂的，可能是多个任意分布的不等值集中荷载或均布荷载，也可能是两种荷载同时作用。《混规》为了简化计算，当仅配有箍筋时，分两种情况分别给出计算公式。

当仅配置箍筋时矩形T形和工形截面受弯构件的斜截面受剪承载力按下式计算：

$$V \leqslant V_{cs} = \alpha_{cv} f_t b h_0 + f_{yv} \frac{A_{sv}}{s} h_0$$

式中：V_{cs}——构件斜截面上混凝土和箍筋的受剪承载力设计值；

f_t——混凝土抗拉强度设计值；

h_0 —— 截面的有效高度；

b —— 构件的截面宽度，T形和工形截面取腹板宽度；

f_{yv} —— 箍筋的抗拉强度设计值；

A_{sv} —— 配置在同一截面内箍筋各肢的全部截面积 $A_{sv} = nA_{sv1}$（n 为在同一截面内箍筋的肢数，A_{sv1} 为单肢箍筋的截面面积）；

s —— 箍筋的间距；

α_{cv} —— 截面混凝土受剪承载力系数，对一般受弯构件取0.7；对集中荷载作用下（包括作用多种荷载，且其中集中荷载对支座截面或节点边缘所产生的剪力值占总剪力值的75%以上的情况）的独立梁，取 $\alpha_{cv} = \dfrac{1.75}{\lambda+1.0}$，$\lambda$ 为计算剪跨比，可取 $\lambda = \dfrac{a}{h_0}$（a 为集中荷载作用点至支座截面或节点边缘的距离），当 λ 小于1.5时，取 $\lambda=1.5$，当 λ 大于3.0时，取 $\lambda=3.0$。

当梁内还配置弯起钢筋时，上式中

$$V_b = 0.8 f_y A_{sb} \sin \alpha_s$$

式中：f_y —— 纵筋抗拉强度设计值；

A_{sb} —— 同一弯起平面内弯起钢筋的截面面积；

α_s —— 斜截面上弯起钢筋的切线与构件纵向轴线的夹角，一般取 $\alpha_s = 45°$，当梁较高时，可取 $\alpha_s = 60°$。

(3) 计算公式的适用范围

矩形、T形和工形截面受弯构件的受剪截面应符合下列条件：

当 $\dfrac{h_w}{b} \leqslant 4$ 时，属于一般梁，应满足

$$V \leqslant 0.25 \beta_c f_c b h_0$$

当 $\dfrac{h_w}{b} \geqslant 6$ 时，属于薄腹梁，应满足

$$V \leqslant 0.20 \beta_c f_c b h_0$$

当 $4 < \dfrac{h_w}{b} < 6$ 时，按线性内插法求得。

式中：h_w —— 为截面的腹板高度，矩形截面取有效高度 h_0，T形截面取有效高度减去上翼缘高度，工形截面取腹板净高；

b —— 矩形截面宽度，T形与I形截面的腹板宽度；

β_c —— 考虑到高强混凝土的抗剪性能，引入了混凝土强度影响系数 β_c，当混凝土强度等级不超过C50时 β_c 取1.0，当混凝土强度等级为C80时 β_c 取0.8，C50~C80按线性内插法确定。

(4) 抗剪承载力的计算位置

① 剪力最大的支座边缘截面；

② 受拉区弯起钢筋弯起点处截面，因此处的抗剪承载力中，其弯筋抗剪承载力值

$$V_b = 0.8 f_y A_{sb} \sin \alpha_s$$

已全部不起作用，截面的抗剪承载力突然降低；

③ 箍筋截面面积或间距改变处的截面，因该截面的箍筋抗剪承载力突然降低；

④ 腹板宽度改变处，当腹板宽度突然变小时，混凝土抗剪承载力将降低。

(5) 最小箍筋配筋率及最大箍筋间距

在需要按计算配置箍筋时《混规》规定了最小箍筋配筋率，即配箍率的下限值为

$$\rho_{\mathrm{sv,min}} = 0.24 \frac{f_{\mathrm{t}}}{f_{\mathrm{yv}}}$$

箍筋的分布与斜裂缝的宽度有关。《混规》规定：梁中箍筋的最大间距宜符合表14.1-3的规定。

梁中箍筋最大间距 $s \leqslant s_{\max}$ 表 14.1-3

梁高 h	$V > 0.7 f_{\mathrm{t}} b h_0$	$V \leqslant 0.7 f_{\mathrm{t}} b h_0$
150<h≤300	150	200
200	200	300
350	250	350
h>800	300	400

3. 钢筋混凝土受弯构件构造措施

(1) 纵向受力钢筋

纵向受力钢筋的经济配筋率，板为0.4%～0.8%，梁为0.6%～1.5%。纵向受力钢筋在支座处的锚固不应小于《混规》规定的锚固长度（见《混规》第9.3条），并注意伸入支座的最少根数与最小面积。

(2) 纵筋的截断

一般情况不宜在正弯矩区段内截断纵筋。而对悬臂梁、连续梁（板）等在支座附近负弯矩区段配置的纵筋，通常根据弯矩图的变化，将按计算不需要的纵筋截断，以节省钢材。

1) 为了保证理论断点处不出现裂缝，钢筋强度仍能充分被利用，纵筋实际截断点应至理论断点以外20d处。

2) 为了保证钢筋强度能充分发挥，自充分利用点至钢筋截断点的距离当 $V \leqslant 0.7 f_{\mathrm{t}} b h_0$ 时为 $1.2 l_{\mathrm{a}}$（l_{a} 为受拉钢筋的锚固长度）；当 $V > 0.7 f_{\mathrm{t}} b h_0$ 时为 $1.2 l_{\mathrm{a}} + h_0$。

应取 1) 与 2) 两者中的较大值作为钢筋的实际截断点位置。

(3) 延伸长度

根据粘结锚固试验，并结合过去工程实践，《混规》规定梁支座截面负弯矩区纵向受拉钢筋不宜在受拉区截断，如必须截断应按以下规定进行。

当 $V > 0.7 f_{\mathrm{t}} b h_0$ 时，应延伸至按正截面受弯承载力计算不需要该钢筋的截面以外不小于 h_0 且不小于 $20d$ 处截断；且从该钢筋强度充分利用面伸出的长度 l_{d} 应满足

$$l_{\mathrm{d}} \geqslant 1.2 l_{\mathrm{a}} + h_0$$

当 $V \leqslant 0.7 f_{\mathrm{t}} b h_0$ 时，应延伸至按正截面受弯承载力计算不需要该钢筋的截面以外不小于 $20d$ 处截断，且从该钢筋强度充分利用截面伸出的长度不应小于 $1.2 l_{\mathrm{a}}$。

(4) 纵筋的锚固

1) 伸入梁支座范围内的纵向受力钢筋数量：当梁宽为100mm及以上时，不应小于2

根，当梁宽小于 100mm 时可为 1 根。

2）钢筋混凝土简支梁和连续梁简支端的下部纵向受力钢筋伸入梁支座范围内的锚固长度 l_{as} 应符合相关要求。

3）当设置弯起钢筋时，弯起钢筋的弯终点外应留有平行梁轴线方向的锚固长度，其长度在受拉区不应小于 $20d$，在受压区不应小于 $10d$。

（5）纵筋的弯起

1）为了保证正截面与斜截面的抗弯承载力，应使抵抗弯矩图 M_u 包住设计弯矩图 M，受拉区钢筋应在离该钢筋充分利用点截面 $h_0/2$ 以后才能弯起。

2）为了保证斜截面抗剪承载力，抗剪承载力图 V_u 应包住剪力设计值图 V，前一道弯起钢筋的下弯点至下一道弯起钢筋的上弯点之间的距离应不大于 s_{max}（箍筋允许的最大间距）。

（6）箍筋的相关构造要求

当梁中配有按计算需要的纵向受压钢筋时，箍筋应做成封闭式。此时，箍筋的间距不应大于 $15d$（d 为纵向受压钢筋的最小直径）与 400mm；当一层内的纵向受压钢筋多于 5 根且直径大于 18mm 时，箍筋间距不应大于 $10d$；当梁的宽度大于 400mm 且一层内的纵向受压钢筋多于 3 根时，或当梁的宽度不大于 400mm 但一层内的纵向受压钢筋多于 4 根时，应设置复合箍筋。

4. 钢筋混凝土受扭构件

（1）影响钢筋混凝土纯扭构件破坏特征的主要因素

混凝土强度等级及截面尺寸之外，影响其破坏特征的还有以下三个主要因素：

1）受扭纵向钢筋配筋率 $\rho_{sv} = \dfrac{A_{stl}}{bh}$，其中 A_{stl} 为取对称布置的全部受扭纵筋截面积，b、h 为受扭构件截面短边和长边尺寸。

2）受扭筋配筋率 $\rho_{sv} = \dfrac{2A_{st1}}{bs}$，其中 A_{st1} 为沿构件截面周边所配箍筋的单肢截面，b、s 为受扭箍筋间距。

3）受扭构件纵向钢筋与箍筋的配筋强度比值 ζ，即沿截面核心周长单位长度上受扭纵筋的强度与沿构件轴线单位长度上受扭箍筋的强度之比，可按下式计算

$$\zeta = \dfrac{\dfrac{f_y A_{stl}}{u_{cor}}}{\dfrac{f_{yv} A_{st1}}{s}} = \dfrac{f_y A_{stl} s}{f_{yv} A_{st1} u_{cor}}$$

式中：u_{cor}——截面核心部分的周长。

（2）钢筋混凝土纯扭构件的破坏形态

受扭构件的破坏形态与受扭纵筋和受扭箍筋配筋率的大小有关，大致可分为适筋破坏、部分超筋破坏、超筋破坏和少筋破坏四类。

1）对于正常配筋条件下的钢筋混凝土构件，在扭矩作用下，纵筋和箍筋首先到达屈服强度，然后混凝土压碎而破坏。这种破坏与受弯构件适筋梁类似，属延性破坏。此类受扭构件称为适筋受扭构件。

2）若纵筋和箍筋不匹配，两者配筋比率相差较大，例如纵筋的配筋率比箍筋的配筋

率小得多，则破坏时仅配筋率较小的纵筋屈服，而箍筋不屈服；反之，则箍筋屈服，纵筋不屈服，此类构件称为部分超筋受扭构件。部分超筋受扭构件破坏时，也具有一定的延性，但比适筋受扭构件的截面延性小。

3) 当纵筋和箍筋配筋率都过高，致使纵筋和箍筋都没有达到屈服强度，而混凝土先行压坏，这种破坏和受弯构件超筋梁类似，属脆性破坏类型。这种受扭构件称为超筋受扭构件。

4) 若纵筋和箍筋配置过少，一旦裂缝出现，构件会立即发生破坏。此时，纵筋和箍筋力不仅能达到屈服强度而且可能进入强化阶段，其破坏特性类似于受弯构件的少筋梁。这种破坏以及上述超筋受扭构件的破坏，均属脆性破坏，应在设计中避免。

(3) 矩形截面纯扭构件的抗扭承载力计算

《混规》基于变角度空间桁架模型分析和试验资料的统计分析并考虑可靠性的要求给出以下计算公式：

$$T \leqslant 0.35 f_t W_t + 1.2 \sqrt{\zeta} \frac{f_{yv} A_{stl} A_{cor}}{s}$$

上式右侧的第一项为混凝土的受扭作用，第二项为钢筋的受扭作用。

式中：ζ——受扭构件纵向钢筋与箍筋的配筋强度比值，为避免出现受扭超筋破坏，材料不能充分发挥作用，值应符合 $0.6 \leqslant \zeta \leqslant 1.7$ 的要求，一般取 $\zeta=1\sim1.2$，当 $\zeta>1.7$ 时，取 $\zeta=1.7$；

A_{stl}——受扭计算中沿截面周边所配置箍筋的单肢截面面积；

f_{yv}——箍筋的抗拉强度设计值，按规范采用，但取值不应大于 $360N/mm^2$；

A_{cor}——截面核心部分的面积；

s——受扭箍筋间距。

(4) 矩形截面剪扭构件的抗剪扭承载力计算

对于剪力和扭矩共同作用下的矩形截面一般剪扭构件。受剪承载力和受扭承载力设计计算公式如下：

① 一般剪扭构件的受剪承载力

$$V \leqslant 0.7(1.5-\beta_t) f_t b h_0 + f_{yv} \frac{A_{sv}}{s} h_0$$

② 剪扭构件的受扭承载力

$$T \leqslant 0.35 \beta_t f_t W_t + 1.2 \sqrt{\zeta} \frac{f_{yv} A_{stl} A_{cor}}{s}$$

式中：β_t——剪扭构件混凝土受扭承载力降低系数，一般剪扭构件的 β_t 值按下式计算

$$\beta_t = \frac{1.5}{1+0.5 \frac{V W_t}{T b h_0}}$$

集中荷载作用下受剪扭构件的受承载力：

$$V \leqslant \frac{1.75}{\lambda+1}(1.5-\beta_t) f_t b h_0 + f_{yv} \frac{A_{sv}}{s} h_0$$

集中荷载下剪扭构件 β_t 按下式计算：

$$\beta_t = \frac{1.5}{1 + 0.2(\lambda + 1)\dfrac{VW_t}{Tbh_0}}$$

计算出的剪扭构件混凝土受扭承载力降低系数 β_t 值若小于 0.5，则不考虑扭矩对混凝土受剪承载力的影响，取 $\beta_t = 0.5$；若大于 1.0，则不考虑剪力对混凝土受扭承载力的影响，取 $\beta_t = 1.0$ 计算。λ 为计算截面的剪跨比。

(5) 弯剪扭构件承载力计算

弯剪扭构件配筋的一般原则是：纵向钢筋应按受弯构件的正截面受弯承载力和剪扭构件的受扭承载力分别计算所需的纵筋截面面积并在相应的位置配置纵筋；箍筋应按受剪承载力和受扭承载力分别计算所需的箍筋截面面积并在相应位置进行配置箍筋。

为进一步简化计算，《混规》还规定：在弯矩、剪力和扭矩共同作用下但剪力或扭矩较小的矩形、T形、I形和箱形钢筋截面混凝土弯剪扭构件，当符合下列条件时，可按下列规定进行承载力计算：

当 $V \leqslant 0.35 f_t b h_0$ 或 $V \leqslant 0.875 f_t b h_0 / (\lambda + 1)$ 时，可仅按受弯构件的正截面受弯承载力和纯扭构件扭曲截面受扭承载力分别进行计算；

当 $T \leqslant 0.175 f_t W_t$ 时，可仅按受弯构件的正截面受弯承载力和斜截面受剪承载力分别进行计算。

(6) 配筋构造要求

1) 弯剪扭构件受扭纵向受力钢筋的最小配筋率

$$\rho_{tl,\min} = 0.6\sqrt{\dfrac{T}{Vb}}\dfrac{f_t}{f_y}$$

其中 $\dfrac{T}{Vb} > 2$ 时，取 $\dfrac{T}{Vb} = 2$。受扭纵向受力钢筋的间距不应该大于 200m 和梁的截面宽度。

2) 箍筋的构造

为了防止少筋破坏受扭箍筋最小配筋率的要求

$$\rho_{sv} \geqslant 0.28\dfrac{f_t}{f_{yv}}$$

当满足条件 $V \leqslant 0.7 f_t W_t$ 时可按受扭钢筋的最小配筋率、箍筋最大间距和最小直径的要求按构造配置钢筋。

3) 构件的截面尺寸

为了保证弯剪扭构件在破坏时混凝土不首先被压碎，对于在弯矩、剪力和扭矩共同作用下，且 $\dfrac{h_w}{b} < 6$ 的矩形、T形、I形和 $\dfrac{h_w}{t_w} \leqslant 6$ 的箱形截面混凝土构件，其截面尺寸应符合下列要求：

当 $\dfrac{h_w}{b} \leqslant 4 \left(\dfrac{h_w}{t_w} \leqslant 4\right)$ 时

$$\dfrac{V}{bh_0} + \dfrac{T}{0.8W_t} \leqslant 0.25\beta_c f_c$$

当 $\dfrac{h_w}{b} = 6 \left(\dfrac{h_w}{t_w} = 6\right)$ 时

$$\frac{V}{bh_0} + \frac{T}{0.8W_t} \leqslant 0.20\beta_c f_c$$

当 $4 < \frac{h_w}{b} < 6$（$4 < \frac{h_w}{t_w} < 6$）时，按线性内插法确定。

当截面尺寸符合下列要求时

$$\frac{V}{bh_0} + \frac{T}{W_t} \leqslant 0.7 f_t$$

或

$$\frac{V}{bh_0} + \frac{T}{W_t} \leqslant 0.7 f_t + 0.07\frac{N}{bh_0}$$

则可不进行构件截面受剪扭承载力计算，但为了防止构件脆断和保证构件破坏时具有一定的延性，《混规》规定应按构造要求配筋。

为了避免发生超筋破坏，构件的截面尺寸应满足以下要求

$$T \leqslant 0.20\beta_c f_c W_t$$

(7) T形、I形截面纯扭构件抗扭承载力计算

将其截面划分为几个矩形截面进行配筋计算，矩形截面划分的原则是首先满足腹板截面的完整性，然后再划分受压翼缘和受拉翼缘的面积。划分的各矩形截面所承担的扭矩值，按各矩形截面的受扭塑性抵抗矩与截面的总受扭塑性抵抗矩的比值进行分配的原则进行确定。

5. 钢筋混凝土受压构件

(1) 普通箍筋轴心受压构件

1) 长柱的破坏荷载低于其他条件相同的短柱破坏荷载，其承载能力降低越多。此外，在长期荷载的作用下，由于混凝土的徐变，侧向挠度将增大得更多，从而使长柱的承载能力降低得更多。

2) 承载力计算公式

《混规》给出的轴心受压构件的承载力计算公式如下

$$N \leqslant 0.9\varphi(f_c A + f'_c A'_s)$$

式中：N——轴向力设计值；

0.9——可靠度调整系数；

φ——钢筋混凝土构件的稳定系数，随构件长细比的增加而降低，对于短柱取 $\varphi = 1.00$；

f_c——混凝土的轴心抗压强度设计值；

A——构件截面面积；

f'_c——纵向钢筋的抗压强度设计值；

A'_s——全部纵向钢筋的截面面积，当钢筋配筋率大于3%时，式中 A 应改用 ($A - A'_s$)。

(2) 配有螺旋箍筋的轴心受压构件

螺旋箍柱和焊接环筋柱的配箍率高，能约束核心混凝土在纵向受压时产生的横向变形，从而提高了混凝土抗压强度和变形能力，混凝土处于三向受压状态。

1) 其正截面的抗压承载力计算公式为

$$N \leqslant 0.9(f_c A_{cor} + 2\alpha f_y A_{ss0} + f'_c A'_s)$$

式中：A_{cor}——构件的核心截面面积；

α——间接钢筋对承载力的影响系数，当混凝土强度等级不超过 C50 时，取 $\alpha = 1.0$；当混凝土强度等级为 C80 时，取 $\alpha = 0.85$；当混凝土强度等级在 C50 与 C80 之间时，按直线内插法确定；

f_y——间接钢筋的抗拉强度设计值；

A_{ss0}——间接钢筋的换算截面面积，$A_{ss0} = \pi \dfrac{d_{cor} A_{ss1}}{s}$；

A_{ss1}——单根间接钢筋的截面面积；

d_{cor}——构件的核心直径。

2) 使用条件

为使间接钢筋外面的混凝土保护层对抵抗脱落有足够的安全，《混规》规定按上式算得的构件承载力不应比同条件的普通箍筋轴心受压构件算得的大 50%。

另外，规定凡属下列情况之一者，不考虑间接钢筋的影响而按照普通箍筋轴心受压构件计算：

a. 当 $l_0/d > 12$ 时，此时因为长细比较大，有可能因纵向弯曲引起螺旋箍筋不起作用；

b. 当按上式算得受压承载力小于按普通箍筋轴心受压构件算得的受压承载力时；

c. 当间接钢筋换算截面面积 A_{ss0} 小于纵筋全部截面面积的 25% 时，可以认为间接钢筋配置得太少，套箍作用的效果不明显。

(3) 影响偏心受压构件破坏形态的主要因素与偏心受压构件的破坏形态

1) 影响偏心受压构件破坏形态的主要因素

除构件截面尺寸、形式及材料强度等级对破坏形态有影响之外，影响偏心受压构件破坏形态的主要因素还有构件的长细比（计算长度 l_0 与偏心方向截面高度 h 之比 l_0/h，或 l_0/i，i 为弯矩作用平面内的回转半径）、相对偏心距 $\left(e/h_0 = \dfrac{M}{Nh_0}\right)$、纵向钢筋的配筋率（靠近轴力一侧的受压配筋率与远离轴向力一侧的配筋率）。

2) 偏心受压短柱的破坏

受拉破坏又称大偏心受压破坏，其发生于相对偏心距较大且受拉钢筋配置合适时。大偏心受压破坏属延性破坏，破坏时有明显预兆，变形能力较大，受压区的纵筋能达到受压屈服。受拉破坏形态的特点是受拉钢筋先达到屈服强度，然后受压区混凝土压碎，与适筋梁破坏形态相似。

受压破坏又称小偏心受压破坏。受压破坏的特点是截面破坏从受压区开始，发生以下两种情况。

a. 相对偏心距较小时，构件截面全部受压或大部分受压。破坏时，压应力较大一侧的混凝土被压坏，同侧的受压钢筋也达到受压屈服强度；距轴向力 N 较远一侧的钢筋（远侧钢筋），可能受拉也可能受压，但不屈服。当偏心距很小，而轴向力 N 较大（$N > \alpha_1 f_c b h_0$）时，远侧钢筋也可能受压屈服。

另外，相对偏心距很小时，由于截面的实际形心和构件的几何中心不重合，纵向受压钢筋比纵向受拉钢筋多很多时，也会发生离轴向力作用点较远一侧的混凝土先被压坏，称为反向破坏。

b. 相对偏心距虽然较大，但却配置了很多的受拉钢筋，致使受拉钢筋始终不屈服破坏时，受压区边缘混凝土达到极限压应变值，受压钢筋应力达到受压屈服强度；而远侧钢筋受拉不屈服。破坏无明显预兆，压碎区段较长，混凝土强度高，破坏更具突然性。

小偏心受压破坏形态的特点是混凝土先被压碎，"远侧钢筋"可能受拉也可能受压，但都不屈服，具有脆性破坏特征。

"受拉破坏"与"受压破坏"都属于材料破坏，其相同之处是截面的最终破坏都是受压区边缘混凝土达到极限压应变而被压碎。不同之处在于截面破坏的起因，前者是受拉钢筋应力先达到屈服强度，而后受压混凝土被压碎，后者是截面的受压部分先发生破坏。

在"受拉破坏"和"受压破坏"之间存在一种破坏，称为"界限破坏"。界限破坏的主要特征是：在受拉钢筋达到屈服强度的同时，受压区混凝土被压碎。界限破坏也属于受拉破坏。

3）偏心受压长柱的破坏

偏心受压长柱在纵向弯曲影响下，可能发生两种形式的破坏。柱的长细比很大时（$l_0/h>30$），构件会产生纵向弯曲失去平衡的失稳破坏。当柱的长细比在一定范围内时（$l_0/h=5\sim30$），虽然会产生纵向弯曲，偏心距增大，但其破坏与短柱（$l_0/h\leqslant 5$）破坏相同，属于材料破坏。

（4）考虑二阶效应后控制截面的弯矩设计值 M

结构中的二阶效应是指作用在结构上的重力荷载或构件中的轴压力在变形后的结构构件中引起的附加内力（如弯矩）和附加变形（如结构侧移、构件挠曲）。

对于有侧移和无侧移结构的偏心受压杆件，若杆件的长细比较大时，在轴力作用下，单曲率变形，由于杆件自身挠曲变形的影响，通常会增大杆件中间区段截面的弯矩，即产生 $P\text{-}\delta$ 效应。

弯矩作用截面对称的偏心受压构件，当柱端弯矩比不大于 0.9 且轴压比不大于 0.9 时，若杆件的长细比满足要求，则考虑杆件自身挠曲后中间区段截面的弯矩值通常不会超过杆端弯矩，即可以不考虑该方向杆件自身挠曲产生的附加弯矩的影响。否则，需要考虑杆件自身挠曲产生的附加弯矩

$$\frac{l_c}{i} \leqslant 34 - 12\frac{M_1}{M_2}$$

式中：M_1、M_2——偏心受压构件两端截面按结构分析确定的对同一主轴的弯矩设计值；绝对值较大端为 M_2，绝对值较小端为 M_1，当构件按单曲率弯曲时，$\dfrac{M_1}{M_2}$ 为正，否则为负；

l_c——构件的计算长度，可近似取偏心受压构件相应主轴方向两支撑点之间的距离，注意，这里不是 l_0；

i——偏心方向的截面回转半径。

《混规》偏于安全地规定除排架结构柱以外的偏心受压构件，在其偏心方向上考虑杆件自身挠曲影响的控制截面弯矩设计值可按下列公式计算

$$M = C_m \eta_{ns} M_2$$

$$C_m = 0.7 + 0.3 \frac{M_1}{M_2}$$

$$\eta_{ns} = 1 + \frac{1}{1300(M_2/N + e_a)/h_0} \left(\frac{l_c}{h}\right)^2 \zeta_c$$

$$\zeta_c = 0.5 f_c A/N$$

当 $C_m \eta_{ns}$ 小于 1.0 时，取 1.0；对于剪力墙类构件，可取 $C_m \eta_{ns} = 1.0$。

式中：C_m——柱端截面偏心距调节系数，当小于 0.7 时取 0.7；

    η_{ns}——弯矩增大系数；

    N——与弯矩设计值 M_2 相应的轴向压力设计值；

    ζ_c——截面曲率修正系数，大于 1.0 时取 1.0。

(5) 矩形截面偏心受压构件正截面抗压承载力计算

当 $\xi \leqslant \xi_b$ 时为大偏心破坏（受拉破坏）；

当 $\xi > \xi_b$ 时为小偏心破坏（受压破坏）。

1) 大偏心受压构件（受拉破坏，$\xi \leqslant \xi_b$）的计算公式：

$$N = \alpha_1 f_c b x + f'_y A'_s - f_y A_s$$

$$Ne = \alpha_1 f_c b x \left(h_0 - \frac{x}{2}\right) + f'_y A'_s (h_0 - a')$$

$$e = e_i + \frac{h}{2} - a$$

$$e_i = M/N + e_a$$

式中：N——轴向力设计值；

    α_1——混凝土强度调整系数；

    e——轴向力作用点至受拉钢筋 A_s 合力点之间的距离；

    M——考虑二阶效应后控制截面的弯矩设计值；

    a——纵向受拉钢筋合力点至截面近边缘的距离；

    x——受压区计算高度；

    e_a——附加偏心距，考虑荷载作用位置的不定性、混凝土质量的不均匀性和施工误差以及计算偏差等因素的不利影响，其值取 $h/30$（h 是指偏心方向的截面尺寸）和 20mm 两者中的较大者。

适用条件：$x \leqslant x_b$，$x \geqslant 2a'$

式中：a'——纵向受压钢筋合力点至受压区边缘的距离。

2) 小偏心受压构件（受压破坏，$\xi > \xi_b$）

矩形截面小偏心受压破坏时，受压区混凝土被压碎，受压钢筋的应力达到屈服强度，而远侧钢筋可能受拉而不屈服或受压。

计算公式如下

$$N = \alpha_1 f_c b x + f'_y A'_s - \sigma_s A_s$$

$$Ne = \alpha_1 f_c b x \left(h_0 - \frac{x}{2}\right) + f'_y A'_s (h_0 - a')$$

$$Ne' = \alpha_1 f_c b x \left(\frac{x}{2} - a'\right) - \sigma_s A_s (h_0 - a')$$

$$\sigma_s = \frac{\xi - \xi_1}{\xi_b - \beta_1} f_y$$

式中：x——受压区计算高度，当 $x>h$ 时，取 $x=h$；

σ_s——钢筋 A_s 的应力值，应满足 $-f'_y \leqslant \sigma_s \leqslant f_y$；

e、e'——轴向力作用点至受拉钢筋 A_s 合力点和受压钢筋 A'_s 合力点之间的距离。

(6) M-N 承载力相关曲线

对给定的一个偏心受压构件，受压承载力 N 与受弯承载力 M 是相互关联的。试验表明，小偏心受压的情况，随着轴向力的增加，正截面的受弯承载力随之减小；大偏心受压情况，轴向压力的存在会使正截面受弯承载力提高。界限状态时，构件的受弯承载力达到最大值。

图 14.1-5 是 N 与 M 的试验关系曲线。

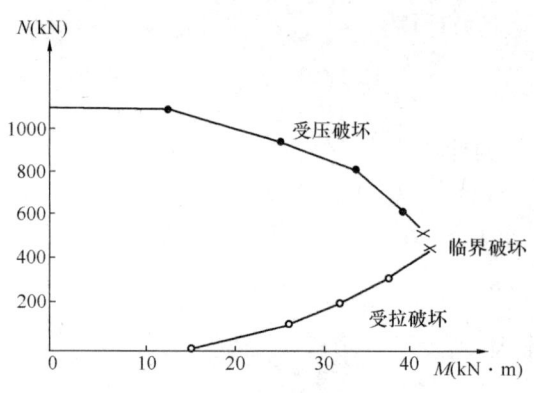

图 14.1-5 N 与 M 的试验关系曲线

N-M 相关曲线可以分为大偏心受压破坏和小偏心受压破坏两个曲线段，由曲线可以看出有如下特点：

1) $M=0$ 时，N 最大；$N=0$ 时，M 不是最大；界限破坏时，M 最大。

2) 小偏心受压时，N 随 M 的增大而减小；大偏心受压时，N 随 M 的增大而增大。

3) 对称配筋时，若截面形状和尺寸相同，混凝土的强度等级和钢筋级别也相同，但配筋数量不同时，在界限破坏时 N_b 是相同的。因此各条 N-M 曲线的界限破坏点在同一水平处。

(7) 偏心受压构件斜截面抗剪承载力计算

试验表明，轴压力的存在，能推迟垂直裂缝的出现，并使裂缝宽度减小，使受压区高度增大，斜裂缝倾角变小纵筋的拉力降低，从而使构件斜截面承载力提高。但是，这个提高有一定限度，当轴压比 $N/(f_c bh)=0.3\sim0.5$ 时，斜截面承载力达到最大值。当 $N/(f_c bh)$ 大于 0.4 后斜截面受剪承载力随着 $N/(f_c bh)$ 的增加反而减小。当 $N<0.3f_c bh$ 时，不同剪跨比构件的轴压力影响差别不大。

《混规》对矩形截面偏心受压构件的斜截面受剪承载力采用下列公式计算：

$$V \leqslant \frac{1.75}{\lambda+1} f_t b h_0 + f_{yv}\frac{A_{sv}}{s}h_0 + 0.07N$$

式中：λ——偏心受压构件计算截面的剪跨比；

N——与剪力设计值 V 相应的轴向压力设计值，当 $N>0.3f_c A$ 时，取 $N=0.36A$，A 为构件的截面面积。

当符合下列要求时

$$V \leqslant \frac{1.75}{\lambda+1} f_t b h_0 + 0.07N$$

可不进行斜截面受剪承载力的计算，仅需根据构造要求配置箍筋。

(8) 受压构件的基本构造要求

1) 材料

混凝土强度等级应大于等于C20，且以等级高为宜；钢筋以 $f_y \leqslant 0.002E_s$ 为宜，一般为热轧钢筋。

2) 截面

轴压以方形、圆形为宜，偏压以矩形（现浇柱）、I形（预制柱）为宜，最小截面尺寸为250mm×250mm。

3) 纵筋

直径 $d \geqslant 12$mm，配筋率（按全部受压钢筋计算），$\rho_{min} = 0.6\%$，$\rho_{max} = 5\%$；净距 $s_n \geqslant 50$mm（竖直浇筑混凝土），$s_n \geqslant 30$mm 及 $1.5d$（水平浇筑混凝土）；中距 $s \leqslant 300$mm（轴压）；偏心受压柱中，垂直弯矩作用平面的纵向受力钢筋，$s \leqslant 300$mm；当截面高度 $h \geqslant 600$mm 时，在侧面应设置直径为10~16mm的纵向构造钢筋，并相应地设置复合箍筋或拉筋。

4) 箍筋

箍筋应做成封闭式，末端应做成135°弯钩，弯钩末端平直段长度不应小于箍筋直径的5倍。间距不应大于400mm及构件截面短边尺寸，且不应大于 $15d$，d 为纵筋的最小直径。直径不应小于 $d/4$，且不应小于6m，d 为纵筋的最大直径。当全部纵向受力钢筋的配筋率大于3%时，箍筋直径不应小于8mm，间距不应大于 $10d$（d 为最小受力钢筋直径），且不应大于200mm，箍筋弯钩末端平直段长度不应小于纵筋直径的10倍。当柱截面短边尺寸大于400mm且各边纵向钢筋多于3根时，或当柱截面短边尺寸不大于400mm，但各边纵向钢筋多于4根时，应设置复合箍筋。在纵筋搭接长度范内箍筋的间距，当搭接钢筋为受拉时，不应大于 $5d$，且不应大于100mm；当搭接钢筋为受压时，不应大于 $10d$，且不应大于200m，d 为搭接钢筋的最小直径。

【例14.1-5】 对于钢筋混凝土受压构件，当相对受压区高度大于1时，则（　　）。

A. 属于大偏心受压构件

B. 受拉钢筋受压但一定达不到屈服

C. 受压钢筋侧混凝土一定先被压溃

D. 受拉钢筋一定处于受压状态且可能先于受压钢筋达到屈服状态

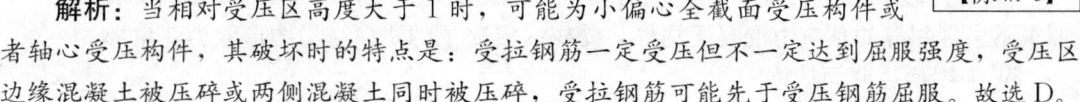
【例14.1-5】

解析： 当相对受压区高度大于1时，可能为小偏心全截面受压构件或者轴心受压构件，其破坏时的特点是：受拉钢筋一定受压但不一定达到屈服强度，受压区边缘混凝土被压碎或两侧混凝土同时被压碎，受拉钢筋可能先于受压钢筋屈服。故选D。

6. 钢筋混凝土受拉构件

(1) 轴心受拉构件的承载力

轴心受拉构件破坏时，混凝土早已被拉裂，全部拉力由钢筋来承担，直到钢筋屈服。轴心受拉构件正截面受拉承载力按下式计算

$$N \leqslant f_y A_s$$

式中：N——轴向拉力设计值；

f_y——钢筋的抗拉强度设计值；

A_s——受拉钢筋的全部截面面积。

(2) 偏心受拉构件正截面受拉承载力

受拉构件与小偏心受拉构件，距轴向拉力 N 较近一侧的纵向钢筋 A_s，较远一侧的为 A'_s，当轴向拉力 N 作用在钢筋 A_s 合力点及 A'_s 合力点范围以外时，为大偏心受拉，当轴向拉

力 N 作用在钢筋 A_s 合力点及合力点 A'_s 范围以内时，为小偏心受拉。

1) 大偏心受拉构件正截面的承载力计算公式及使用条件如下

$$N = f_y A_s - f'_y A'_s - \alpha_1 f_c bx$$

$$Ne = \alpha_1 f_c bx \left(h_0 - \frac{x}{2}\right) + f'_y A'_s (h_0 - a')$$

$$e = e_0 - \frac{h}{2} + a$$

为保证受拉钢筋 A_s 达到屈服，应满足 $\xi < \xi_b$ 的条件；
为保证受压钢筋 A'_s 达到屈服，应满足 $x \geqslant 2a'$ 的条件；
当 $x < 2a'$ 时，对 A'_s 形心取矩则有

$$A'_s = \frac{Ne'}{f_y(h_0 - a)}$$

2) 小偏心受拉构件正截面承载力计算公式如下

$$Ne = f'_y A'_s (h_0 - a')$$
$$Ne' = f_y A_s (h'_0 - a)$$

3) 偏心受拉构件斜截面受剪承载力

一般偏心受拉构件，在承受弯矩和拉力的同时，也存在着剪力，当剪力较大时，不能忽视斜截面承载力的计算。

偏心受拉构件的斜截面受剪承载力可按下式计算

$$V \leqslant \frac{1.75}{\lambda + 1} f_t b h_0 + f_{yv} \frac{A_{sv}}{s} h_0 - 0.2N$$

与偏心受压构件相同，受剪截面尚应符合《混规》的要求。

7. 疲劳验算

(1) 需做疲劳验算的混凝土受弯构件，其正截面疲劳应力应按以下基本假定进行计算：
① 截面应变保持平面。
② 受压区混凝土的法向应力图形取为三角形。
③ 对钢筋混凝土构件，不考虑受拉区混凝土的抗拉强度，拉力全部由纵向钢筋承受；对要求不出现裂缝的预应力混凝土构件，受拉区混凝土的法向应力图形取为三角形。
④ 采用换算截面计算。

(2) 在疲劳验算中，荷载应采用标准值。对吊车荷载应乘以动力系数，对悬挂吊车（包括电动葫芦）及工作级别 A1~A5 的软钩吊车，动力系数可取 1.05；对工作级别为 A6~A8 的软钩吊车、硬钩吊车和其他特种吊车，动力系数可取 1.1。

(3) 钢筋混凝土受弯构件疲劳验算时，应计算下列部位的应力：
① 正截面受压区边缘纤维的混凝土应力和纵向受拉钢筋的应力幅。
② 截面中和轴处混凝土的剪应力和箍筋的应力幅。
纵向受压钢筋可不进行疲劳验算。

(4) 钢筋混凝土受弯构件正截面的疲劳应力采用下列公式验算

$$\sigma_{cc,max}^f \leqslant f_c^f$$
$$\Delta \sigma_{si}^f \leqslant \Delta f_y^f$$

式中：$\sigma_{cc,max}^f$——截面受压区边缘纤维混凝土的压应力，按《混规》第 6.7.5 条计算；

$\Delta\sigma_{si}^f$ ——截面受拉区第 i 层纵向钢筋的应力幅，按《混规》第 6.7.5 条计算，当纵向拉钢筋为同一钢种时，可仅验算最外层钢筋的应力幅；

f_c^f ——混凝土轴心抗压疲劳强度设计值；

Δf_y^f ——钢筋的疲劳应力幅限值，见《混规》表 4.2.6-1。

其他有关疲劳验算的规定详见《混规》第 6.7 节。

习 题

【14.1.3-1】钢筋混凝土受弯构件截面尺寸和材料强度等级确定后，其正截面受弯承载力与受拉区纵向钢筋配筋率 ρ 之间的关系是（　）。

A. ρ 愈大，正截面受弯承载力也愈大

B. $\rho_{min}\dfrac{h}{h_0} \leqslant \rho \leqslant \rho_{max}$ 时，正截面受弯承载力也愈大

C. 当 $\rho < \rho_{max}$ 时，则正截面受弯承载力愈小

D. ρ 愈小，正截面受弯承载力愈小

【14.1.3-2】钢筋混凝土梁即将开裂时，受拉钢筋的应力 σ_s 与配筋率 ρ 的关系是（　）。

A. ρ 增大，σ_s 减小　　　　　　B. ρ 增大，σ_s 增大

C. ρ 与 σ_s 关系不大　　　　　　D. ρ 与 σ_s 相关

【14.1.3-3】少筋梁破坏时，（　）。

A. $\varepsilon_s < \varepsilon_y, \varepsilon_c = \varepsilon_u$，裂缝宽度及挠度过大

B. $\varepsilon_s > \varepsilon_y, \varepsilon_c \leqslant \varepsilon_u$，裂缝宽度及挠度过大

C. $\varepsilon_s > \varepsilon_y, \varepsilon_c \geqslant \varepsilon_u$，即受压区混凝土压碎

D. $\varepsilon_s < \varepsilon_y, \varepsilon_c \geqslant \varepsilon_u$，即受压区混凝土压碎

【14.1.3-4】对适筋梁，受拉钢筋刚屈服时（　）。

A. 承载力达到极限　　　　　　B. 受压边缘混凝土达到 ε_u

C. $\varepsilon_s = \varepsilon_y, \varepsilon_c < \varepsilon_u$　　　　D. $\varepsilon_s < \varepsilon_y, \varepsilon_c > \varepsilon_u$

【14.1.3-5】钢筋混凝土适筋梁正截面破坏的第三阶段末的表现是（　）。

A. 受拉区钢筋先屈服，随后受压区混凝土被压碎

B. 受拉区钢筋未屈服，受压区混凝土被压碎

C. 受拉区钢筋和受压区混凝土的应力均不定

D. 受拉区钢筋屈服的同时，受压区混凝土被压碎

【14.1.3-6】钢筋混凝土适筋梁被破坏时（　）。

A. 受拉钢筋屈服和受压区混凝土压坏必须同时发生

B. 混凝土受压破坏先于受拉钢筋屈服

C. 受拉钢筋先屈服，然后混凝土压坏

D. 受拉钢筋屈服，受压混凝土未压坏

【14.1.3-7】不能作为单矩形梁适筋条件的是（　）。

A. $x \leqslant x_b$　　　　　　　　　　B. $\xi \leqslant \xi_b$

C. $\alpha_s \leqslant \alpha_{smax}$　　　　　　　　D. $M > \alpha_{smax}$

【14.1.3-8】正截面承载能力计算中采用等效矩形应力图形,其确定原则为( )。
A. 保证压应力合力的大小和作用点位置不变
B. 矩形面积 $\alpha_1 f_x x$ 等于曲线面积,$x = \beta_{1x c}$
C. 由平截面假定确定 $x = \beta_1 x_c$
D. 压应力合力的大小不变,作用点位置发生变化

【14.1.3-9】一般来讲,提高混凝土受弯梁的极限承载力的有效方法是( )。
A. 提高混凝土强度等级　　　　　B. 提高钢筋强度等级
C. 增大梁宽　　　　　　　　　　D. 增大梁高

【14.1.3-10】钢筋混凝土梁的保护层厚度是指( )。
A. 箍筋表面至梁表面的距离　　　B. 箍筋形心至梁表面的距离
C. 纵筋表面至梁表面的距离　　　D. 纵筋形心至梁表面的距离

【14.1.3-11】钢筋混凝土单筋受弯梁 ρ_{max} 值( )。
A. 是个定值　　　　　　　　　　B. 钢筋强度高,ρ_{max} 小
C. 混凝土强度等级高,ρ_{max} 小　D. 钢筋强度高,ρ_{max} 大

【14.1.3-12】钢筋混凝土楼板的受拉钢筋的一般配筋百分率 ρ 是( )。
A. 尽量接近最大配筋率 ρ_{max}
B. 尽量接近最小配筋率 ρ_{min}
C. 0.4%~0.8%
D. 1.0%~2.0%

【14.1.3-13】构件截面尺寸和材料强度等相同,钢筋混凝土受弯构件正截面承载力与纵向受拉钢筋配筋百分率 ρ 的关系是( )。
A. ρ 越大,M_u 亦越大
B. ρ 越大,M_u 按线性关系增大
C. 当 $\rho_{min}\dfrac{h}{h_0} \leqslant \rho \leqslant \rho_{max}$ 时,M_u 随 ρ 增大按线性关系增大
D. 当 $\rho_{min}\dfrac{h}{h_0} \leqslant \rho \leqslant \rho_{max}$ 时,M_u 随 ρ 增大非线性关系增大

【14.1.3-14】对钢筋混凝土受弯梁增大受拉筋配筋不能改变梁的( )。
A. 极限弯矩　　　　　　　　　　B. 钢筋屈服时的弯矩
C. 开裂弯矩　　　　　　　　　　D. 受压区高度

【14.1.3-15】截面尺寸一定的单筋矩形截面受弯梁,其正截面最大受弯承载力与( )有关。
A. 纵向受拉钢筋的配筋率　　　　B. 横向钢筋的配筋率
C. 梁的跨度　　　　　　　　　　D. 横向钢筋的强度

【14.1.3-16】钢筋混凝土受弯双筋梁,当计算 A_s、A'_s 时,用钢量最少的方法是( )。
A. $\xi = \xi_b$　　　　　　　　　B. 取 $A_s = A'_s$
C. 使 $x = 2a'$　　　　　　　　D. 使 $x = a'$

【14.1.3-17】钢筋混凝土双筋矩形截面受弯构件,当 $x < 2a'$ 时,表明( )。

A. 受拉钢筋不屈服 B. 受拉、受压钢筋均已屈服
C. 受压钢筋不屈服 D. 应加大截面尺寸

【14.1.3-18】钢筋混凝土 T 形截面梁的正截面承载力计算中，假定在受压区翼缘计算宽度 b'_f 内（ ）。

A. 压应力按三角形分布

B. 压应力按抛物线型分布

C. 压应力均匀分布

D. 压应力部分均匀分布，部分非均匀分布

【14.1.3-19】T 形截面正截面受弯承载力计算时，属于第一类（中和轴在翼缘内）T 形截面的判别式是（ ）。

A. $M > \alpha_1 f_c b'_f h'_f (h_0 - h'_f/2)$ 或 $f_y A_s \leqslant \alpha_1 f_c b'_f h'_f$

B. $M \leqslant \alpha_1 f_c b'_f h'_f (h_0 - h'_f/2)$ 或 $f_y A_s \leqslant \alpha_1 f_c b'_f h'_f$

C. $M \leqslant \alpha_1 f_c b'_f h'_f (h_0 - h'_f/2)$ 或 $f_y A_s = \alpha_1 f_c b'_f h'_f$

D. $M = \alpha_1 f_c b'_f h'_f (h_0 - h'_f/2)$ 或 $f_y A_s = \alpha_1 f_c b'_f h'_f$

【14.1.3-20】对无腹筋梁的三种破坏形态，以下说法正确的是（ ）。

A. 只有斜压破坏属于脆性破坏 B. 只有斜拉破坏属于脆性破坏
C. 三种破坏都属于脆性破坏   D. 只有剪压破坏属于脆性破坏

【14.1.3-21】条件相同的无腹筋梁，发生斜压、剪压和斜拉三种破坏形态时，梁斜截面承载力的大致关系是（ ）。

A. 斜压破坏承载力＞剪压破坏承载力＞斜拉破坏承载力

B. 剪压破坏承载力＞斜压破坏承载力＞斜拉破坏承载力

C. 剪压破坏承载力＜斜压破坏承载力＜斜拉破坏承载力

D. 斜压破坏承载力＜剪压破坏承载力＞斜拉破坏承载力

【14.1.3-22】钢筋混凝土梁剪切破坏的剪压区多发生在（ ）。

A. 弯矩最大截面   B. 剪力最大截面
C. 弯矩和剪力都较大截面 D. 剪力较大，弯矩较小截面

【14.1.3-23】钢筋混凝土斜截面承载力计算公式是建立在（ ）基础上的。

A. 斜拉破坏 B. 斜压破坏
C. 剪压破坏 D. 剪拉破坏

【14.1.3-24】钢筋混凝土梁的斜拉破坏一般发生在（ ）。

A. 剪跨比很小时   B. 剪跨比较大时
C. 与剪跨比无关时 D. 配箍数量很大时

【14.1.3-25】无腹筋钢筋混凝土梁沿斜截面的受剪承载力与剪跨比的关系是（ ）。

A. 随剪跨比的增加而提高

B. 随剪跨比的增加而降低

C. 在一定的范围内随剪跨比的增加而提高

D. 在一定的范围内随剪跨比的增加而降低

【14.1.3-26】仅配箍筋的梁，受剪承载力计算公式为 $\alpha_{cv} f_t b h_0 + f_{yv} \dfrac{A_{sv}}{s} h_0$，在荷载形

式及 ρ_{sv} 一定的情况下,提高受剪承载力的最有效措施是增大(　　)。

A. h_0 B. f_t
C. b D. f_y

【14.1.3-27】在梁的斜截面受剪承载力计算时,必须对梁的面尺寸加以限制(不能过小),其目的是为了防止发生(　　)。

A. 斜拉破坏 B. 剪压破坏
C. 斜压破坏 D. 斜截面弯曲破坏

【14.1.3-28】在钢筋混凝土梁承载力的计算中,若 $V > 0.25\beta_c f_c b h_0$,则采取的措施应(　　)。

A. 增加箍筋用量 B. 加大截面尺寸
C. 配置弯起钢筋 D. 增大纵筋配筋率

【14.1.3-29】计算钢筋混凝土斜截面受剪承载力时,若 $V > 0.7 f_t b h_0$,则(　　)。

A. 需要按计算配置箍筋 B. 不需要配置箍筋
C. 可仅按构造配置箍筋 D. 应增大纵筋数量

【14.1.3-30】钢筋混凝土梁斜截面受剪承载力的计算位置之一是(　　)。

A. 跨中正截面 B. 支座中心截面
C. 受拉区弯起钢筋起点所处斜截面 D. 跨中斜截面

【14.1.3-31】轴向压力对钢筋混凝土构件斜截面受剪承载力的影响是(　　)。

A. 有轴向压力可提高构件的受剪承载力
B. 轴向压力对构件的受剪承载力无多大关系
C. 一般轴向压力可提高构件受剪承载力,但当轴向压力过大时,反而会降低构件抗剪承载力
D. 有轴向压力可降低构件的受剪承载力

【14.1.3-32】双筋矩形截面梁配有足够的数量的箍筋,与无腹筋梁相比,可以提高(　　)。

A. 梁的斜截面的受剪承载力 B. 梁的正截面的受弯承载力
C. 梁的截面的受压承载力 D. 梁的截面的受拉承载力

【14.1.3-33】构件的抵抗弯矩图的形状大小取决于(　　)。

A. 构件的荷载形式和大小 B. 构件的截面尺寸及钢筋数量
C. 斜截面抗剪承载力 D. 构件的支承条件

【14.1.3-34】为了保证斜截面抗弯能力,必须使弯起钢筋的(　　)。

A. 弯起点离开其充分利用点 h_0
B. 弯起点离开其充分利用点 $0.5h$
C. 弯起点离开其充分利用点 $0.5h_0$
D. 弯起点离开其充分利用点 h

【14.1.3-35】《混规》中钢筋的锚固长度 l_a 是指(　　)。

A. 受拉锚固长度 B. 受压锚固长度
C. 搭接锚固长度 D. 延伸锚固长度

【14.1.3-36】薄腹梁的截面限制条件较严格,因为(　　)。

A. 无法多配箍筋 B. 斜压破坏时抗剪能力低
C. 剪压区内腹板先压碎 D. 斜拉破坏时抗剪能力高

【14.1.3-37】集中荷载作用为主的连续梁，计算受剪承载力时，剪跨比可以使用（　　）。
A. 计算剪跨比 B. 广义剪跨比
C. 计算剪跨比和广义剪跨比的较大值 D. 计算剪跨比和广义剪跨比的较小值

【14.1.3-38】集中荷载作用下的连续梁与广义剪跨比相同的简支梁相比抗剪能力要低，其主要原因是（　　）。
A. 反弯点的存在，导致两临界斜裂缝上下纵筋均匀受拉，受压和受剪截面面积减少
B. 反弯点的存在，导致两临界斜裂缝上下纵筋均匀受拉，受压和受剪截面面积减少，但上下纵筋均匀受压
C. 剪跨段内弯矩一般较大
D. 剪跨段内弯矩一般比较小

【14.1.3-39】截面上同时作用有剪应力和压应力时（　　）。
A. 剪应力降低了混凝土的抗拉强度，但提高了其抗拉强度
B. 剪应力提高了混凝土的抗拉强度和抗压强度
C. 不太高的压应力可提高混凝土的抗剪强度
D. 不太高的拉应力可提高混凝土的抗剪强度

【14.1.3-40】高度、截面尺寸、配筋以及材料强度相同的钢筋混凝土柱，其轴心受压承载力最大的支撑条件为（　　）。
A. 两端嵌固
B. 一端嵌固，一端不动铰支
C. 两端不动铰支
D. 一端嵌固，一端自由

【14.1.3-41】钢筋混凝土轴心受压短柱，在钢筋屈服前，随着压力的增大，混凝土压力的增长速率（　　）。
A. 比钢筋快 B. 线性增长
C. 比钢筋慢 D. 非线性增长

【14.1.3-42】钢筋混凝土轴心受压构件在长期不变的荷载作用下，由于混凝土的徐变构件中的（　　）。
A. 钢筋应力减小，混凝土应力增加 B. 钢筋应力增加，混凝土应力减小
C. 钢筋和混凝土应力都增加 D. 钢筋和混凝土应力都减小

【14.1.3-43】钢筋混凝土轴心受压柱，在其他条件相同时（　　）。
A. 短柱的承载能力高于长柱的承载能力
B. 短柱的承载能力低于长柱的承载能力
C. 短柱的延性高于长柱的延性
D. 短柱的承载能力等于长柱的承载能力

【14.1.3-44】钢筋混凝土螺旋箍筋柱的承载力较普通箍筋柱的承载力高的原因是（　　）。

A. 螺旋箍的弹簧作用 B. 螺旋箍筋使纵筋难以被压屈
C. 螺旋筋的存在增加了总的配筋率 D. 螺旋箍筋约束了混凝土的横向变形

【14.1.3-45】钢筋混凝土螺旋箍筋柱中的螺旋箍筋主要是（　　）。
A. 承受剪力 B. 承受拉力
C. 承受压力 D. 构造作用

【14.1.3-46】一圆形截面钢筋混凝土螺旋箍筋柱，柱长细比为 $l_0/d=13$，按螺旋箍筋柱计算该柱的承载力为 550kN，按普通箍筋柱计算，该柱的承载力为 400kN。该柱的承载力应视为（　　）。
A. 500kN B. 475kN
C. 400kN D. 550kN

【14.1.3-47】《混规》规定：按螺旋箍筋柱计算的承载力不得超过普通箍筋柱的 1.5 倍，这是为了（　　）。
A. 限制截面尺寸 B. 在使用阶段，防止外层混凝土脱落
C. 不发生脆性破坏 D. 保证构件的延性

【14.1.3-48】对钢筋混凝土偏心受压构件，何种情况下可直接用 x 判别大小偏压（　　）。
A. 对称配筋时 B. 不对称配筋时
C. 对称配筋与不对称配筋均可 D. 小偏心受压，反向破坏时

【14.1.3-49】钢筋混凝土大偏心受压构件的破坏特征是（　　）。
A. 靠近轴向力一侧的钢筋和混凝土应力不定，而另一侧钢筋受压屈服，混凝土压碎
B. 远离轴向力一侧的钢筋应力不定，而另一侧钢筋压屈，混凝土压碎
C. 远离轴向力一侧的钢筋先受拉屈服，随后另一侧钢筋压屈，混凝土压碎
D. 靠近轴向力一的钢筋和混凝土先屈服和压碎，而运离纵向力一侧的钢随后受拉屈服

【14.1.3-50】钢筋混凝土偏压构件的受弯承载力（　　）。
A. 随着轴向力的增加而增加 B. 随着轴向力的减少而增加
C. 小偏受压时随着轴向力的增加而增加 D. 大偏受压随着轴向力的增加而增加

【14.1.3-51】在钢筋混凝土大偏心受压构件和大偏心受拉构件的正截面受弯承力计算中，要求受压区高度 $x \geqslant 2a'$ 是为了（　　）。
A. 保证受压钢筋在构件破坏时能达到极限抗压强度
B. 防止受压钢筋压屈
C. 避免保护层剥落
D. 保证受压钢筋在构件破坏时能达到其抗压强度设计值

【14.1.3-52】对称配筋的钢筋混凝土偏心受压柱，大小偏心受压构件的判别条件是（　　）。
A. $\xi \leqslant \xi_b$ 时为大偏心受压构件
B. $e_i = M/N + e_a > 0.3h_0$ 时为大偏心受压构件
C. $\xi > \xi_b$ 时为大偏心受压构件
D. $\xi \leqslant \xi_b$ 时为小偏心受压构件

【14.1.3-53】钢筋混凝土大偏心受压构件中，全部纵向钢筋能充分利用的条件是（　　）。

A. $\xi \leqslant \xi_b$
B. $\xi \geqslant \dfrac{2a'}{h_0}$

C. ξ 为任意值
D. $\xi \leqslant \xi_b$ 和 $\xi \geqslant \dfrac{2a'}{h_0}$

【14.1.3-54】钢筋混凝土偏心受压构件界限破坏时（　　）。
A. 离轴力较远一侧钢筋屈服与受压区混凝土外边缘达到极限压应变同时发生
B. 离轴力较远一侧钢筋屈服与离轴力较近一侧钢筋屈服同时发生
C. 离轴力较远一侧钢筋屈服比受压区混凝土压碎早发生
D. 离轴力较远一侧钢筋屈服比受压区混凝土压碎晚发生

【14.1.3-55】钢筋混凝土小偏心受压构件的破坏特征表现为（　　）。
A. 受拉钢筋屈服后，受压混凝土破坏
B. 混凝土压坏，受压钢筋屈服
C. 混凝土压坏时，受拉钢筋和受压钢筋全部屈服
D. 混凝土压坏，钢筋受拉屈服

【14.1.3-56】钢筋混凝土轴心受拉构件正面承载力计算中，截面上的拉应力（　　）。
A. 由纵向钢筋承担
B. 由纵向钢筋和混凝土共同承担
C. 由混凝土承担
D. 由部分纵向钢筋和混凝土共同承担

【14.1.3-57】钢筋混凝土受拉构件大小偏心受拉的判定取决于（　　）。
A. 相对受压区高度
B. 配筋量
C. 拉力作用点位置
D. 相对受压区高度和配筋量

【14.1.3-58】钢筋混凝土受拉构件的受剪承载力（　　）。
A. 随着轴力的增大而不断减小
B. 与轴力大小无关
C. 随轴力的增大而减小，但当轴力达到一定值时，就不再减小
D. 随轴力的增大而增大

【14.1.3-59】钢筋混凝土受拉构件达到极限承载力时（　　）。
A. 轴心受拉构件和大偏心受拉构件的裂缝将贯通
B. 轴心受拉构件裂缝将贯通，小偏心受拉构件的裂缝将贯通
C. 小偏心受拉构件和大偏心受拉构件都存在受压区
D. 以上都不能确定

【14.1.3-60】钢筋混凝土纯扭构件，受扭纵筋和箍筋的配筋强度比为 $0.6 \leqslant \zeta \leqslant 1.7$，当构件破坏时（　　）。
A. 纵筋和箍筋都能达到屈服强度
B. 仅纵筋达到屈服强度
C. 仅箍筋达到屈服强度
D. 纵筋和箍筋都不能达到屈服强度

【14.1.3-61】《混规》对于剪扭构件所采用的计算模式是（　　）。

A. 混凝土承载力及钢筋承载力均考虑相关关系
B. 混凝土承载力及钢筋承载力都不考虑相关关系
C. 混凝土承载力不考虑相关关系，钢筋承载力考虑相关关系
D. 混凝土承载力考虑相关关系，钢筋承载力不考虑相关关系

【14.1.3-62】钢筋混凝土 T 形和工形截面剪扭构件可划分成矩形块计算，此时（　　）。
A. 腹板承受截面的全部剪力和扭矩
B. 翼缘承受截面的全部剪力和扭矩
C. 截面的全部剪力由腹板承受，截面的全部扭矩由腹板和翼缘共同承受
D. 截面的全部扭矩由腹板承受，截面的全部剪力由腹板和翼缘共同承受

【14.1.3-63】素混凝土构件的实际抗扭承载力是（　　）。
A. 等于按弹性分析方法确定的
B. 等于按塑性分析方法确定的
C. 大于按塑性分析方法确定的而小于按弹性分析方法确定的
D. 大于按弹性分析方法确定的而小于按塑性分析方法确定的

【14.1.3-64】钢筋混凝土受扭构件的受扭纵筋与受扭箍筋的配筋强度比 ζ 应（　　）。
A. 小于 0.5　　　　　　　　　　B. 在 0.6～1.7 之间
C. 不受限　　　　　　　　　　　D. 大于 2.0

【14.1.3-65】钢筋混凝土受扭构件破坏中，作为受扭承载力计算依据的是（　　）。
A. 适筋破坏　　　　　　　　　　B. 超筋破坏
C. 部分超筋破坏　　　　　　　　D. 少筋破坏

【14.1.3-66】钢筋混凝土抗扭计算时截面核心区是指（　　）。
A. 箍筋外边缘所围成的区域　　　B. 箍筋内边缘所围成的区域
C. 箍筋截面中线所围成的区域　　D. 受剪力的区域

【14.1.3-67】弯剪扭作用下的钢筋混凝土构件受剪承载力计算公式与无扭矩作用的构件的受剪承载力计算公式区别在于（　　）。
A. 钢筋抗剪部分　　　　　　　　B. 混凝土项的抗剪部分
C. 剪跨比的影响　　　　　　　　D. 纵筋与箍筋配筋强度比的影响

习题答案及解析

【14.1.3-1】答案：B
解析：$\rho_{\min}\dfrac{h}{h_0} \leqslant \rho \leqslant \rho_{\max}$ 时（在适筋范围内），正截面受弯承载力也愈大。

【14.1.3-2】答案：C
解析：受拉钢筋此时已经接近屈服。

【14.1.3-3】答案：B
解析：少筋截面破坏。少筋截面破坏的特点是受拉区混凝土一开裂，受拉钢筋迅速达到屈服。如果纵向受拉钢筋配置得过少，受拉区混凝土一开裂，把原来所承担的一部分力传递给纵向受拉钢筋，使纵向受拉钢筋的应力和应变突然增大，纵向受拉钢筋屈服，钢筋

经历整个流幅进入强化，这时裂缝往往只有一条，不仅宽度很大，而且延伸很高，梁的挠度也很大，即使受压区混凝土还没有压碎，也认为梁已破坏。

【14.1.3-4】答案：C

解析：适筋截面破坏的特点是钢筋先屈服，混凝土后压碎。对有明显屈服点的纵向受拉钢筋，当钢筋屈服以后，应力不增加而拉应变继续增长，致使在纵向钢筋屈服的截面处形成一条迅速向上发展且宽度明显增大的临界垂直裂缝，正截面的受压区高度将迅速减小，受压区边缘纤维的压应变值达到混凝土弯曲受压的极限压应变 ε_{cu}^0 时，混凝土剥落，最后被压碎。由此可见，适筋截面的破坏不是突然发生的，而是增加较大，破坏有明显预兆，属于延性破坏。

【14.1.3-5】答案：A

解析：钢筋混凝土适筋梁正截面破坏的第三阶段末的表现是受拉区钢筋先屈服，随后受压区混凝土被压碎。

【14.1.3-6】答案：C

解析：钢筋混凝土适筋梁被破坏时受拉钢筋先屈服，然后混凝土压坏。

【14.1.3-7】答案：D

解析：单矩形梁适筋条件即不超筋，不少筋，$\rho_{min} \dfrac{h}{h_0} \leq \rho \leq \rho_{max}$。

【14.1.3-8】答案：A

解析：正截面承载能力计算中采用等效矩形应力图形，其确定原则为保证压应力合力的大小和作用点位置不变。

【14.1.3-9】答案：D

解析：提高混凝土受弯梁的极限承载力的有效方法是增大梁高。

【14.1.3-10】答案：A

解析：箍筋表面至梁表面的距离即保护层厚度。

【14.1.3-11】答案：B

解析：$\rho \leq \rho_{max} = \alpha_1 \xi_b \dfrac{f_c}{f_y}$，钢筋强度高，$\rho_{max}$ 小；混凝土强度等级高，ρ_{max} 大。

【14.1.3-12】答案：C

解析：梁的经济配筋率范围是 0.6%～1.5%，板的经济配筋率范围是 0.4%～0.8%。

【14.1.3-13】答案：D

解析：适筋范围内，M_u 随 ρ 增大非线性关系增大。

【14.1.3-14】答案：C

解析：开裂弯矩主要与混凝土的强度等级有关。

【14.1.3-15】答案：A

解析：截面尺寸一定的单筋矩形截面受弯梁，其正截面可能的最大受弯承载力与纵向受拉钢筋的配筋率有关。

【14.1.3-16】答案：A

解析：一般来说，正截面受弯构件采用双筋是不经济的，为节省用钢量，设计时应尽量利用混凝土的抗压能力，取相对受压区高度 $\xi = \xi_b$。

【14.1.3-17】答案：C

解析：钢筋混凝土双筋矩形截面受弯构件，当 $x<2a'$ 时，表明受压钢筋不屈服。

【14.1.3-18】答案：C

解析：钢筋混凝土 T 形截面梁的正截面承载力计算中，假定在受压区翼缘计算宽度 b'_f 内压应力均匀分布。

【14.1.3-19】答案：B

解析：T 形截面正截面受弯承载力计算时，第一类（中和轴在翼缘内）T 形截面判别式是 $M \leqslant \alpha_1 f_c b'_f h'_f (h_0 - h'_f/2)$ 或 $f_y A_s \leqslant \alpha_1 f_c b'_f h'_f$。

【14.1.3-20】答案：C

解析：适筋梁正截面破坏相比较，斜压破坏、剪压破坏和斜拉破坏时梁的变形要小，且具有脆性破坏的特征，尤其是斜拉破坏，破坏前梁的变形很小，有较明显的脆性。

【14.1.3-21】答案：A

解析：条件相同的无腹筋梁，发生斜压、剪压和斜拉三种破坏形态时，斜压破坏承载力＞剪压破坏承载力＞斜拉破坏承载力。

【14.1.3-22】答案：C

解析：钢筋混凝土梁剪切破坏的剪压区多发生在弯矩和剪力都较大截面。

【14.1.3-23】答案：C

解析：钢筋混凝土斜截面承载力计算公式是建立在剪压破坏基础上的。

【14.1.3-24】答案：B

解析：随着剪跨比的增大，会发生斜压破坏，剪压破坏，斜拉破坏。

【14.1.3-25】答案：D

解析：随着剪跨比的增大，剪跨比对抗剪承载力的影响减弱，名义剪应力与剪跨比大致上成双曲线关系。

【14.1.3-26】答案：A

解析：提高受剪承载力的有效措施是增大梁高。

【14.1.3-27】答案：C

解析：在设计时，通过采取构造措施可以有效避免斜拉破坏和斜压破坏，配置一定数量的箍筋，且满足最小配箍率的要求，可以防止斜拉破坏的；不把梁的尺寸设计得过小可以防止斜压破坏。

【14.1.3-28】答案：B

解析：$V>0.25\beta_c f_c b h_0$ 说明截面尺寸不足，应加大截面尺寸。

【14.1.3-29】答案：C

解析：计算钢筋混凝土斜截面受剪承载力时，若 $V>0.7 f_t b h_0$，则可仅按构造要求配箍筋。

【14.1.3-30】答案：C

解析：钢筋混凝土梁斜截面受剪承载力的计算位置包括受拉区弯起钢筋起点所处斜截面。

【14.1.3-31】答案：C

解析：一般轴向压力可提高构件受剪承载力，但当轴向压力过大时，反而会降低构件抗剪承载力。

【14.1.3-32】答案：A

解析：双筋矩形截面梁配有足够的数量的箍筋，与无腹筋梁相比，可以提高梁的斜截面受剪承载力。

【14.1.3-33】答案：B

解析：构件的抵抗弯矩图的形状大小取决于构件的截面尺寸及钢筋数量。

【14.1.3-34】答案：C

解析：构造要求。

【14.1.3-35】答案：A

解析：钢筋的锚固长度 l_a 即受拉锚固长度。

【14.1.3-36】答案：B

解析：斜压破坏时抗剪能力低，因此要严格限制薄腹梁的截面限制条件。

【14.1.3-37】答案：A

解析：对集中荷载作用下（包括作用多种荷载，且其中集中荷载对支座截面或节点边缘所产生的剪力值占总剪力值的75%以上的情况）的独立梁，取 $\alpha_{cv}=\dfrac{1.75}{\lambda+1.0}$，$\lambda$ 为计算剪跨比，可取 $\lambda=\dfrac{a}{h_0}$（a 为集中荷载作用点至支座截面或节点边缘的距离），当 $\lambda<1.5$ 时，取 $\lambda=1.5$，当 $\lambda>3.0$ 时，取 $\lambda=3.0$。

【14.1.3-38】答案：A

解析：集中荷载作用下的连续梁由于反弯点的存在，导致两临界斜裂缝上下纵筋均匀受拉，受压和受剪截面面积减少，抗剪能力低于广义剪跨比相同的简支梁。

【14.1.3-39】答案：C

解析：不太高的压应力可提高混凝土的抗剪强度。

【14.1.3-40】答案：A

解析：两端嵌固的钢筋混凝土柱的轴心受压承载力最大，因为其边界约束条件最多。

【14.1.3-41】答案：C

解析：钢筋混凝土轴心受压短柱，在钢筋屈服前，随着压力的增大，混凝土压力的增长速率比钢筋慢。

【14.1.3-42】答案：B

解析：钢筋混凝土轴心受压构件在长期不变的荷载作用下，由于混凝土的徐变构件中的钢筋应力增加，混凝土应力减小。

【14.1.3-43】答案：A

解析：试验表明，长柱的破坏荷载低于其他条件相同的短柱破坏荷载，长细比越大，其承载能力降低得越多，对于长细比很大的细长柱，还有可能发生失稳破坏。

【14.1.3-44】答案：D

解析：螺旋箍筋柱和焊接环筋柱的配箍率高，能约束核心混凝土在纵向受压时产生的横向变形，从而提高混凝土抗压强度和变形能力。

【14.1.3-45】答案：B

解析：钢筋混凝土螺旋箍筋柱中的螺旋箍筋主要承受拉力。

【14.1.3-46】答案：C

解析：当 $l_0/d>12$ 时，因为长细比比较大，有可能因为纵向弯曲而引起螺旋箍筋不起作用，因此，不考虑间接钢筋的影响而按照普通箍筋柱计算承载力。

【14.1.3-47】答案：B

解析：《混规》规定：为了防止外层混凝土在使用阶段脱落，按螺旋箍筋柱计算的承载力不得超过普通箍筋柱的 1.5 倍。

【14.1.3-48】答案：A

解析：对称配筋时，钢筋混凝土偏心受压构件，可直接用 x 判别大小偏压。

【14.1.3-49】答案：C

解析：钢筋混凝土大偏心受压构件的破坏特征是远离轴向力一侧的钢筋先受拉屈服，随后另一侧钢筋压屈，混凝土压碎。

【14.1.3-50】答案：D

解析：钢筋混凝土大偏压构件受弯承载力随着轴向力的增加而增加。

【14.1.3-51】答案：D

解析：受压区高度 $x \geq 2a'$ 是为了保证受压钢筋在构件破坏时能达到其抗压强度设计值。

【14.1.3-52】答案：A

解析：当 $\xi \leq \xi_b$ 时为大偏心受压构件，当 $\xi > \xi_b$ 时为小偏心受压构件。

【14.1.3-53】答案：D

解析：$\xi \leq \xi_b$ 保证为大偏心受压构件，$\xi \geq \dfrac{2a'}{h_0}$ 即 $x \geq 2a'$，保证全部纵筋能够被充分利用。

【14.1.3-54】答案：A

解析：钢筋混凝土偏心受压构件界限破坏时离轴力较远一侧钢筋屈服与受压区混凝土外边缘达到极限压应变同时发生。

【14.1.3-55】答案：B

解析：混凝土压坏，受压钢筋屈服为钢筋混凝土小偏心受压构件的破坏特征。

【14.1.3-56】答案：A

解析：轴心受拉构件破坏前，混凝土早已被拉裂，全部拉力由纵向钢筋承担，直到钢筋屈服。

【14.1.3-57】答案：C

解析：与偏心受压构件类似，偏心受拉构件按轴向拉力的作用位置不同，分为大小偏心受拉构件。

【14.1.3-58】答案：C

解析：试验表明，拉力的存在会使斜裂缝提前出现，甚至形成斜裂缝贯通全截面，构件的斜截面承载力比无轴向拉力时要降低，但是降低的程度与轴向力的数值有关。

【14.1.3-59】答案：B

解析：钢筋混凝土受拉构件达到极限承载力时轴心受拉构件裂缝将贯通，小偏心受拉构件的裂缝将贯通。

【14.1.3-60】答案：A

解析：试验表明，若ζ在0.5～2.0范围内变化，构件破坏时，其受扭纵筋和箍筋应力均可达到屈服强度，为了稳妥，《混规》取ζ的限制条件为0.6～1.7，当ζ>1.7时，取1.7。

【14.1.3-61】答案：D

解析：《混规》对于剪扭构件所采用的计算模式是混凝土承载力考虑相关关系，钢筋承载力不考虑相关关系。

【14.1.3-62】答案：C

解析：钢筋混凝土T形和I形截面剪扭构件可划分成矩形块计算，此时截面的全部剪力由腹板承受，截面的全部扭矩由腹板和翼缘共同承受。

【14.1.3-63】答案：D

解析：素混凝土构件的实际抗扭承载力是大于按弹性分析方法确定的，而小于按塑性分析方法确定的抗扭承载力。

【14.1.3-63】答案：B

解析：钢筋混凝土受扭构件的受扭纵筋与受扭箍筋的配筋强度比ζ介于0.6～1.7之间。

【14.1.3-65】答案：A

解析：适筋破坏是钢筋混凝土受扭构件破坏时受扭承载力的计算依据。

【14.1.3-66】答案：B

解析：钢筋混凝土抗扭计算时截面核心区是指箍筋内边缘所围成的区域。

【14.1.3-67】答案：B

解析：弯剪扭作用下的钢筋混凝土构件受剪承载力计算公式与无扭矩作用的构件的受剪承载力计算公式区别在于混凝土项的抗剪部分。

14.1.4 正常使用极限状态验算

1. 裂缝形成的原因及其控制

混凝土构件在施工中和正常使用阶段常会出现因为荷载和非荷载（混凝土收缩、温度变化、结构不均匀沉降、混凝土凝结硬化的影响等）因素的裂缝。裂缝宽度验算采用内力标准组合值和材料强度的标准值。

2. 裂缝宽度验算

（1）平均裂缝间距

平均裂缝间距是计算平均裂缝宽度的基础，平均裂缝宽度等于平均裂缝间距（l_m）范围内的钢筋的拉伸长度与混凝土回缩的差值。

平均裂缝间距（l_m）主要和受拉钢筋直径与配筋率的比值成正比。

平均裂缝间距（l_{cr}）的计算公式如下

$$l_{cr} = 1.9 c_s + 0.08 d_{eq}/\rho_{te}$$

式中：c_s——最外层纵向受拉钢筋外边缘至受拉区底边的距离（mm），当c_s<20时，取c_s=20，当c_s>65，取c_s=65；

d_{eq}——受拉区纵向受拉钢筋的等效直径（mm），$d_{eq} = \Sigma n_i d_i^2 / \Sigma(v_i n_i d_i)$；

d_i——受拉区第 i 种纵向受拉钢筋的公称直径（mm）；

n_i——受拉区第 i 种纵向受拉钢筋的根数；

v_i——受拉区第 i 种纵向受拉钢筋的相对粘结特征系数；

ρ_{te}——按有效受拉混凝土截面面积计算的纵向受拉钢筋配筋率，$\rho_{te}=A_s/A_{te}$，在最大裂缝宽度计算中，当 $\rho_{te}<0.01$ 时，取 $\rho_{te}=0.01$；

A_s——受拉区纵向受拉钢筋的截面面积；

A_{te}——有效受拉混凝土截面面积。

【例 14.1-6】混凝土构件的平均裂缝间距与（　　）无关。

A．混凝土强度等级　　　　　　B．混凝土保护层厚度

C．纵向受拉钢筋直径　　　　　D．纵向钢筋配筋率

解析：见平均裂缝间距的计算公式。答案为 A。

【例14.1-6】

（2）平均裂缝宽度

平均裂缝宽度等于在裂缝之间的一段范围内钢筋的平均伸长和混凝土平均伸长之差。

（3）最大裂缝宽度

《混规》对于矩形、T 形、倒 T 形和工形截面的钢筋混凝土受拉、受弯和偏心受压构件中，考虑裂缝宽度分布不均匀系数和长期作用影响的最大裂缝宽度的计算公式

$$w_{\max} = \alpha_{cr}\psi\frac{\sigma_s}{E_s}(1.9\,c_s + 0.08\,d_{eq}/\rho_{te})$$

式中：α_{cr}——构件受力特征系数，按规范取用；

σ_s——按荷载准永久组合计算的钢筋混凝土构件纵向受拉钢筋的等效应力。

对于直接承受吊车荷载且需作疲劳验算的受弯构件，可将计算求得的最大裂缝宽度乘以系数 0.85；对 $e_0/h_0 \leq 0.55$ 的偏心受压构件，可不验算裂缝宽度。

3．受弯构件的挠度验算

（1）钢筋混凝土构件受弯变形的特点

对于钢筋混凝土，它是非均质的非弹性材料，与匀质弹性材料不同，混凝土材料的非线性性能和钢筋混凝土受弯构件的带裂缝工作，使得构件截面的弯曲刚度是一个变量，而非常数。

（2）短期刚度

钢筋混凝土受弯构件的短期刚度，考虑荷载准永久组合的长期作用对挠度增大的影响，根据平均应变的平截面假定，可求得平均曲率

$$\phi = \frac{1}{r_m} = \frac{\varepsilon_{sm}+\varepsilon_{cm}}{h_0}$$

式中：r_m——平均曲率半径；

ε_{sm}——受拉钢筋平均应变；

ε_{cm}——受压区边缘混凝土的平均应变。

荷载效应准永久组合作用下的短期刚度

$$B_s = \frac{E_s A_s h_0^2}{1.15\psi + 0.2 + \dfrac{6\,\alpha_E \rho}{1+3.5\,\gamma_f'}}$$

式中：ψ——裂缝间纵向受拉钢筋应变不均匀系数；

α_E——钢筋弹性模量与混凝土弹性模量的比值；

ρ——纵向受拉钢筋配筋率；

γ'_f——受压翼缘截面面积与腹板有效截面面积的比值。

(3) 截面弯曲刚度 B（长期刚度）

长期荷载作用下受弯构件挠度不断增大的原因有如下几个方面：

① 受压混凝土的徐变，使压应力随时间增长而增大。同时，由于受压混凝土塑性变形的发展，使内力臂减小，引起受拉钢筋应力和应变的增大。

② 受拉混凝土和受拉钢筋间徐变滑移，使受拉钢筋平均应变随时间增大。

③ 混凝土收缩，当受压区混凝土收缩比受拉区大时，梁的挠度将增大。

最小刚度假定：

即在构件同号弯矩区段内，取最小的面刚度作为整个构件刚度来计算其挠度。这样，用 B 取代 EI 后，仍采用材料力学的公式计算受弯构件的挠度。挠度验算时，要求计算的挠度值 f 应满足

$$f \leqslant [f]$$

式中：$[f]$——允许挠度值；

f——按最小刚度原则计算的挠度计算值。

按荷载短期效应组合并考虑荷载长期作用影响的"长期刚度" B 主要是考虑了受压区混凝土徐变的影响，以及受拉区钢筋与混凝土粘结滑移徐变和混凝土收缩的影响，并利用挠度增大系数 θ 来反映，$f = \theta f_s$。对于矩形、T 形、倒 T 形和 I 形截面受弯构件的"长期刚度"为

$$B = \frac{M_k}{M_q(\theta - 1) + M_k} B_s$$

式中：M_k——按荷载效应的标准组合计算的弯矩，取计算区段内的最大弯矩；

M_q——按荷载效应的准永久组合计算的弯矩，取计算区段内的最大弯矩；

θ——考虑荷载长期作用对挠度增大的影响系数。

习 题

【14.1.4-1】混凝土构件裂缝宽度的确定方法为(　　)。

A. 构件受拉区外表面上混凝土的裂缝宽度

B. 受拉钢筋内侧构件侧表面上混凝土的裂缝宽度

C. 受拉钢筋外侧构件侧表面上混凝土的裂缝宽度

D. 受拉钢筋重心水平处构件侧表面上混凝土的裂缝宽度

【14.1.4-2】提高截面刚度的最有效措施是(　　)。

A. 提高混凝土强度等级　　　　　　B. 增大构件截面高度

C. 增加钢筋配筋量　　　　　　　　D. 改变截面形状

【14.1.4-3】根据环境类别，室内正常条件下混凝土结构的裂缝宽度限值比室外大，梁柱保护层厚度小是因为(　　)。

A. 室外条件差，混凝土易碳化

B. 室内虽有 CO_2 且容易碳化，但钢筋不易生锈

C. 室外温差大，易开裂

D. 室内通风差，钢筋很容易生锈

【14.1.4-4】防止钢筋混凝土构件裂缝开展宽度过大，可（　　）。

A. 使用高强度钢筋　　　　　　B. 减小钢筋用量

C. 使用细直径钢筋　　　　　　D. 使用大直径钢筋

【14.1.4-5】一般情况下钢筋混凝土受弯构件是（　　）。

A. 不带裂缝工作的　　　　　　B. 带裂缝工作的

C. 带裂缝工作，裂缝宽度不受限制　　D. 没有裂缝，但拉应力受限制

【14.1.4-6】验算钢筋混凝土梁的裂缝宽度时采用的荷载为（　　）。

A. 荷载标准值/准永久值　　　　B. 荷载设计值

C. 荷载平均值　　　　　　　　D. 荷载的实测值

【14.1.4-7】钢筋混凝土梁正截面的（　　）是按第Ⅰ应力阶段的应力应变关系计算的。

A. 变形和裂缝　　　　　　　　B. 抗裂度

C. 正截面承载力　　　　　　　D. 受压应变

【14.1.4-8】其他条件相同时，钢筋的保护层厚度与平均裂缝间距的关系是（　　）。

A. 保护层愈厚，平均裂缝间距愈小　　B. 保护层愈厚，平均裂缝间距愈大

C. 保护层与平均裂缝间距没有影响　　D. 保护层愈小，平均裂缝间距愈大

【14.1.4-9】其他条件相同的情况下，钢筋的保护层厚度与裂缝宽度关系是（　　）。

A. 保护层与裂缝宽度无关　　　　B. 保护层愈厚，裂缝宽度愈小

C. 保护层愈厚，裂缝宽度愈大　　D. 保护层愈小，裂缝宽度愈大

【14.1.4-10】钢筋混凝土轴心受拉构件的平均裂缝间距 l_m 与纵筋直径 d 及配筋率 ρ 的关系是（　　）。

A. d 越大，l_m 越小　　　　B. d 越小，l_m 越小

C. ρ 越大，l_m 越大　　　　D. 无明显关系

【14.1.4-11】钢筋混凝土受弯构件减小裂缝宽度最有效的措施之一是（　　）。

A. 增加截面尺寸

B. 提高混凝土强度等级

C. 增加受拉钢筋截面面积，减小裂缝截面的钢筋应力

D. 增加钢筋的直径

【14.1.4-12】钢筋混凝土受弯构件挠度计算与材料力学方法 $\left(f=\alpha\dfrac{Ml^2}{EI}\right)$ 相比，主要不同点是（　　）。

A. 后者 EI 为常数，前者每个截面 EI 为常数，沿长度方向为变数

B. 前者沿长向 EI 为变数，每个截面 EI 也是变数

C. α 不为常数

D. α 为常数

【14.1.4-13】计算钢筋混凝土构件的挠度时，需将裂缝截面钢筋应变值乘以不均匀系数 ψ，这是因为（　　）。

A. 两裂缝间混凝土还承受一定拉力
B. 混凝土不是弹性材料
C. 钢筋强度尚未充分发挥
D. 钢筋应力与应变不成正比

【14.1.4-14】计算钢筋混凝土梁的挠度时，荷载采用( )。
A. 平均值
B. 标准值/准永久值
C. 设计值
D. 实测值

【14.1.4-15】验算钢筋混凝土受弯构件挠度，当出现 $f>[f]$ 时，采取( )措施最有效。
A. 加大截面的宽度
B. 提高混凝土强度等级
C. 提高钢筋强度等级
D. 加大截面的高度

【14.1.4-16】验算钢筋混凝土受弯构件裂缝宽度和挠度的目的是( )。
A. 使构件能够带裂缝工作
B. 使构件满足正常使用极限状态的要求
C. 使构件满足承载能力极限状态的要求
D. 使构件能在弹性阶段工作

【14.1.4-17】进行钢筋混凝土简支梁的挠度计算时，最小刚度原则是指( )。
A. 沿梁长的平均刚度
B. 沿梁长挠度最小值处的截面刚度
C. 取沿梁长，相同弯矩区段内，正弯矩最大值处的截面刚度
D. 取沿梁长平均弯矩

【14.1.4-18】钢筋混凝土梁截面的弯曲刚度 B 随荷载的增加及荷载持续增加而( )。
A. 逐渐增加
B. 开始增加，随后减小
C. 保持不变
D. 逐渐减小

习题答案及解析

【14.1.4-1】答案：D
解析：受拉钢筋重心水平处构件侧表面上混凝土的裂缝宽度为混凝土的裂缝宽度。

【14.1.4-2】答案：B
解析：增大构件截面高度可以有效提高截面刚度。

【14.1.4-3】答案：B
解析：室内虽有 CO_2 且容易碳化，但钢筋不易生锈，因此在正常条件下，混凝土结构的裂缝宽度和梁柱保护层厚度比较小。

【14.1.4-4】答案：C
解析：使用细直径钢筋，可以防止钢筋混凝土构件裂缝开展宽度过大。

【14.1.4-5】答案：B
解析：一般情况下钢筋混凝土受弯构件是带裂缝工作的，但是裂缝的宽度要满足小于最大裂缝宽度的要求。

【14.1.4-6】答案：A
解析：验算钢筋混凝土梁的裂缝宽度时采用的荷载为荷载标准值/准永久值。

【14.1.4-7】答案：A

解析：钢筋混凝土梁正截面的变形和裂缝是按第Ⅰ应力阶段的应力应变关系计算的。

【14.1.4-8】答案：B

解析：保护层越厚，平均裂缝间距越大；保护层越厚，裂缝宽度越大。

【14.1.4-9】答案：C

解析：保护层越厚，平均裂缝间距越大；保护层越厚，裂缝宽度越大。

【14.1.4-10】答案：B

解析：平均裂缝间距（l_{cr}）的计算公式如下：$l_{cr} = 1.9 c_s + 0.08 d_{eq}/\rho_{te}$。

【14.1.4-11】答案：C

解析：增加受拉钢筋截面面积或者减小裂缝截面的钢筋应力可以有效减小混凝土受弯构件的裂缝宽度。

【14.1.4-12】答案：B

解析：构件挠度的关键。对于钢筋混凝土，它是非均质的非弹性材料，与匀质弹性材料不同，混凝土材料的非线性性能和钢筋混凝土受弯构件的带裂缝工作，使得构件截面的弯曲刚度是一个变量，而非常数。

【14.1.4-13】答案：A

解析：在纯弯段内，钢筋的应力是不均匀的，钢筋应力在裂缝之间最小，而在裂缝截面处最大，因此应考虑裂缝之间受拉混凝土参加工作的影响，需要乘以不均匀系数 ψ。

【14.1.4-14】答案：B

解析：计算钢筋混凝土梁的挠度时，荷载采用标准值/准永久值。

【14.1.4-15】答案：D

解析：挠度超过限值时，可以提高混凝土的截面高度。

【14.1.4-16】答案：B

解析：正常使用极限状态验算的内容即裂缝宽度和挠度验算。

【14.1.4-17】答案：C

解析：最小刚度假定：即在构件同号弯矩区段内，取最小的面刚度作为整个构件刚度来计算其挠度。这样，用 B 代替 EI 后，仍采用材料力学的公式计算受弯构件的挠度。

【14.1.4-18】答案：B

解析：弯曲刚度即长期刚度，会随着荷载和荷载的持续增加而增加，随后减小。

14.1.5 预应力混凝土

1. 预应力混凝土的基本概念

预应力混凝土：根据需要人为地引入某一大小的反向荷载，用以部分或全部抵消荷载的一种加筋混凝土。

预应力混凝土结构的混凝土强度等级不应小于C30。

2. 施加预应力的方法

张拉预应力钢筋的方法主要有先张法和后张法两种。

先张法是指首先在台座上或钢模内张拉钢筋，然后浇筑混凝土的一种方法。先张法具有生产工序少、工艺简单、施工质量容易控制的特点。

后张法是指先浇筑混凝土构件，然后直接在构件上张拉预应力钢筋的一种施工方式。

后张法的特点是不需要台座，可预制，也可以现场施工。需要对预应力钢筋逐个进行张拉，锚具用量较多，又不能重复使用，且比较费工费时，因此成本较高。

3. 预应力损失

预应力损失包括锚固损失 σ_{l1}，摩擦损失 σ_{l2}，温差损失 σ_{l3}，预应力筋的松弛损失 σ_{l4}，混凝土收缩、徐变损失 σ_{l5}，混凝土局部挤压引起的损失 σ_{l6}（表 14.1-4）。

各阶段预应力损失值的组合　　　表 14.1-4

预应力损失值的组合	先张法构件	后张法构件
混凝土预压前（第一批）的损失	$\sigma_{l1} + \sigma_{l2} + \sigma_{l3} + \sigma_{l4}$	$\sigma_{l1} + \sigma_{l2}$
混凝土预压后（第二批）的损失	σ_{l5}	$\sigma_{l4} + \sigma_{l5} + \sigma_{l6}$

注：① 先张法预应力混凝土构件所求得的预应力总损失值不应小于 100N/mm^2；
　　② 后张法预应力混凝土构件所求得的预应力总损失值不应小于 80N/mm^2。

【例 14.1-7】预应力混凝土先张法构件的第一批预应力损失值的组合应该是（　　）。

A. $\sigma_{\mathrm{I}} = \sigma_{l1} + \sigma_{l2} + \sigma_{l4}$　　　　B. $\sigma_{\mathrm{I}} = \sigma_{l1} + \sigma_{l3} + \sigma_{l4} + \sigma_{l2}$

C. $\sigma_{\mathrm{I}} = \sigma_{l1} + \sigma_{l3} + \sigma_{l5}$　　　　D. $\sigma_{\mathrm{I}} = \sigma_{l1} + \sigma_{l4} + \sigma_{l5}$

解析：答案为 B。见表 14.1-4。

4. 先张法构件预应力钢筋的传递长度

先张法构件预应力筋的应力传递长度可按下式计算

$$l_{\mathrm{tr}} = \alpha \frac{\sigma_{\mathrm{pe}}}{f'_{\mathrm{tk}}} d$$

式中：σ_{pe}——放张时预应力钢筋的有效预应力值；

　　　d——预应力筋的公称直径；

　　　α——预应力钢筋外形系数；

　　　f'_{tk}——与放张时混凝土立方体抗压强度 f'_{cu} 相应的轴心抗拉强度标准值。

预应力传递长度是指从预应力筋应力为零的端部到应力为 σ_{pe} 截面之间的长度。

5. 预应力混凝土构件的构造要求

预应力混凝土构件的构造，除应满足钢筋混凝土结构的有关规定外，还应满足对张拉工艺、锚固措施、预应力钢筋种类等方面的构造要求。

6. 施工阶段的验算要求

1）施加预应力时混凝土的强度

施加预应力时，所需的混凝土立方体抗压强度应经计算确定，但不宜低于混凝土设计强度值的 75%。

2）施工阶段验算时，截面法向应力应满足的要求

对制作、运输及安装等施工阶段预拉区允许出现拉应力的构件或预压时全截面受压的构件，在预加应力、自重及施工荷载作用下（必要时应考虑动力系数），截面边缘的混凝土法向应力宜符合下列规定

$$\sigma_{\mathrm{ct}} \leqslant f'_{\mathrm{tk}}$$
$$\sigma_{\mathrm{cc}} \leqslant 0.8 f'_{\mathrm{ck}}$$

截面边缘的混凝土法向应力可按下列公式计算

$$\sigma_{cc} = \sigma_{pc} + \frac{N_k}{A_0} \pm \frac{M_k}{W_0}$$

式中：σ_{cc}、σ_{ct}——分别为相应施工阶段计算截面边缘纤维的混凝土压应力、拉应力；

f'_{tk}、f'_{ck}——分别为与各施工阶段混凝土立方体抗压强度相应的抗拉强度标准值抗压强度标准值；

N_k、M_k——分别为构件自重及施工荷载的标准组合在计算截面产生的轴向力值、弯矩值；

W_0——验算边缘的换算截面弹性抵抗矩。

习　题

【14.1.5-1】预应力混凝土与普通混凝土相比，提高了(　　)。
A. 正截面承载力　　　　　　　　B. 抗裂性能
C. 延性　　　　　　　　　　　　D. 混凝土强度

【14.1.5-2】部分预应力混凝土在使用荷载作用下，构件截面混凝土(　　)。
A. 不出现拉应力　　　　　　　　B. 允许出现拉应力
C. 不出现压应力　　　　　　　　D. 允许出现压应力

【14.1.5-3】预应力混凝土结构的混凝土强度等级不应低于(　　)。
A. C25　　　　　　　　　　　　B. C30
C. C40　　　　　　　　　　　　D. C45

【14.1.5-4】预应力混凝土构件，当采用钢绞线、中强度预应力钢丝、消除预应力钢丝、预应力螺纹钢筋做预应力钢筋时，混凝土强度等级不宜小于(　　)。
A. C25　　　　　　　　　　　　B. C30
C. C40　　　　　　　　　　　　D. C45

【14.1.5-5】先张法预应力混凝土构件求得的预应力总损失值不应小于(　　)。
A. $80N/mm^2$　　　　　　　　　B. $100N/mm^2$
C. $90N/mm^2$　　　　　　　　　D. $110N/mm^2$

【14.1.5-6】后张法预应力混凝土构件求得的预应力总损失值不应小于(　　)。
A. $80N/mm^2$　　　　　　　　　B. $100N/mm^2$
C. $90N/mm^2$　　　　　　　　　D. $110N/mm^2$

【14.1.5-7】其他条件相同，预应力混凝土梁受剪承载力与钢筋混凝土梁的受剪承载力相比，其承载力要(　　)。
A. 相同　　　　　　　　　　　　B. 小
C. 大　　　　　　　　　　　　　D. 不能确定

【14.1.5-8】预应力混凝构件的主要优点是提高构件的(　　)。
A. 正截面承载力　　　　　　　　B. 抗裂度
C. 延性　　　　　　　　　　　　D. 抗弯能力

【14.1.5-9】用预应力混凝土可以建造大跨度结构，因为(　　)。
A. 有反拱，变形小
B. 可使用高强钢筋及高强混凝土，结构承载力及刚度大

C. 可作拼装手段、预先检
D. 无反拱，变形小

【14.1.5-10】软钢或中等强度钢筋不宜作预应力钢筋，因为（　　）。
A. 与高等级混凝土不相配　　　　B. 有效预应力低
C. 不能有效地提高构件的承载力　　D. 钢筋抗拉强度过高

【14.1.5-11】混凝土构件施加预应力（　　）。
A. 提高了构件的抗裂能力　　　　B. 提高了构件的承载能力
C. 既提高了抗裂能力又提高了承载能力　D. 降低了构件承载力

【14.1.5-12】对混凝土构件施加预应力的主要目的是（　　）。
A. 提高承载力
B. 避免裂缝或在使用阶段减少裂缝宽度，发挥高强材料的作用
C. 对构件进行检验
D. 提高了构件的抗拉性能

【14.1.5-13】后张法预应力混凝土构件，预应力是通过（　　）来传递预应力的。
A. 钢筋与混凝土间粘结力　　　　B. 孔道内压力灌浆后与砂浆间的粘结力
C. 锚具直接挤压混凝土　　　　　D. 预应力钢筋受压

【14.1.5-14】预应力混凝土后张法构件锚固区的局部承压，包括承压区截面尺寸和局部承载力验算。截面尺寸验算是为了（　　）。
A. 验算无间接配筋时的局部承压承载力
B. 防止使用阶段出现纵向裂缝和承压面下沉
C. 防止张拉钢筋时出现纵向裂缝和承压面下沉
D. 防止截面尺寸过大

【14.1.5-15】预应力混凝土中预应力摩擦损失与（　　）。
A. 孔径大小有关　　　　　　　　B. 张拉端至计算截面的孔道长度有关
C. 混凝土强度等级有关　　　　　D. 预应力钢筋的强度有关

【14.1.5-16】预应力混凝土由于混凝土收缩徐变造成的预应力损失，其规律是（　　）。
A. 后张法比先张法的小　　　　　B. 干燥环境的构件较小
C. 潮湿环境的构件较大　　　　　D. 混凝土强度等级高，损失大

【14.1.5-17】先张法或后张法预应力混凝土，其适用范围分别是（　　）。
A. 先张法适用于工厂预制构件，后张法适用于现浇构件
B. 先张法适用于工厂预制的中、小型构件，后张法宜用于大型构件及现浇构件
C. 先张法宜用于中小型构件，后张法宜用于大型构件
D. 先张法宜用于通用构件和标准构件，后张法宜用于非标准构件

【14.1.5-18】先张法预应力混凝土构件和后张法预应力混凝土构件，其传递预应力的方法区别是（　　）。
A. 先张法是钢筋混凝土之间的粘结力来传递预应力，而后张法则靠工作锚具来保持预应力
B. 后张法是靠钢筋混凝土间的粘结力来传递预应力，而先张法则靠工作锚具来保持

  预应力

  C. 先张法依靠传力架保持顶应力，而后张法则靠千斤顶来保持预应力

  D. 先张法是靠传力架保持预应力，而后张法则靠工作锚具来保持预应力

<h2 style="text-align:center;">习题答案及解析</h2>

  【14.1.5-1】答案：B

解析：预应力混凝土与普通混凝土相比，提高了抗裂性能。

  【14.1.5-2】答案：B

解析：部分预应力混凝土在使用荷载作用下，构件截面混凝土允许出现拉应力。

  【14.1.5-3】答案：B

解析：预应力混凝土结构的混凝土强度等级不应低于C30。

  【14.1.5-4】答案：C

解析：预应力混凝土构件，当采用钢绞线、中强度预应力钢丝、消除预应力钢丝、预应力螺纹钢筋做预应力钢筋时，混凝土强度等级不宜小于C40。

  【14.1.5-5】答案：B

解析：先张法预应力混凝土构件求得的预应力总损失值不应小于100N/mm^2。

  【14.1.5-6】答案：A

解析：后张法预应力混凝土构件求得的预应力总损失值不应小于80N/mm^2。

  【14.1.5-7】答案：C

解析：其他条件相同，预应力混凝土梁受剪承载力与钢筋混凝土梁的受剪承载力相比，由于预应力的存在，其承载力会得到提高，但相应的延性会降低。

  【14.1.5-8】答案：B

解析：预应力混凝构件抗裂性能提高，延性降低。

  【14.1.5-9】答案：B

解析：用预应力混凝土可以建造大跨度结构，因为可使用高强钢筋及高强混凝土，结构承载力及刚度大。

  【14.1.5-10】答案：B

解析：软钢或中等强度钢筋有效预应力低，不宜作预应力钢筋。

  【14.1.5-11】答案：A

解析：混凝土构件施加预应力提高了抗裂能力和受剪承载力，但是对于承载力的提高不多。

  【14.1.5-12】答案：B

解析：施加预应力的目的是避免裂缝或在使用阶段减少裂缝宽度，发挥高强材料的作用。

  【14.1.5-13】答案：C

解析：先张法是指首先在台座上或钢模内张拉钢筋，然后浇筑混凝土的一种方法。先张法具有生产工序少、工艺简单、施工质量容易控制的特点。后张法是指先浇筑混凝土构件，然后直接在构件上张拉预应力钢筋的一种施工方式。后张法的特点是不需要台座，可预制，也可以现场施工。需要对预应力钢筋逐个进行张拉，锚具用量较多，又不能重复使

用，且比较费工费时，因此成本较高。

【14.1.5-14】答案：C

解析：为了防止张拉钢筋时出现纵向裂缝和承压面下沉，应进行截面的尺寸验算。

【14.1.5-15】答案：B

解析：预应力混凝土中预应力摩擦损失与张拉端至计算截面的孔道长度有关。

【14.1.5-16】答案：A

解析：预应力混凝土由于混凝土收缩徐变造成的预应力损失，后张法比先张法的小。

【14.1.5-17】答案：B

解析：先张法适用于工厂预制的中、小型构件，后张法宜用于大型构件及现浇构件。

【14.1.5-18】答案：A

解析：先张法是钢筋混凝土之间的粘结力来传递预应力，而后张法则靠工作锚具来保持预应力。

14.1.6 钢筋混凝土梁板结构

1. 塑性内力重分布

按弹性理论计算连续梁、板时，假定整个连续梁沿长度方向是等刚度的，且在受力全过程中，抗弯刚度始终不变，因此荷载效应（内力）与荷载呈线性关系。当连续梁某跨的某一截面达到极限承载力时，即可认为整个连续梁发生破坏。

应力重分布是指，由于材料非线性（如徐变、收缩）或裂缝出现后传力机构的改变，导致截面上的应力分布与弹性应力分布不一致的现象，这种现象与构件的约束条件无关。也就是说，无论是静定结构还是超静定结构都存在应力重分布现象。

（1）钢筋混凝土受弯构件的塑性铰

对钢筋混凝土受弯构件在外荷载的作用下，当受拉钢筋应力达到屈服强度以后，塑性应变增大而钢筋应力维持不变。随着截面受压区高度的减小，中和轴上升，内力臂略有增大，截面的弯矩也有所增加，但弯矩的增量不大，而截面的曲率增量却很大，在弯矩曲率图上基本是一条水平线。这样，在弯矩基本维持不变的情况下，截面曲率急剧增加，截面"屈服"形成了一个能转动的"铰"，称为塑性铰。

将塑性铰与结构力学中的理想铰比较，可看出：①塑性铰能承受（基本不变的）弯矩，理想铰不能承受弯矩；②塑性铰具有一定长度，理想铰集中于一点；③塑性铰只能沿弯矩方向转动，理想铰可任意转动。

（2）影响塑性内力重分布的因素

1）塑性铰的转动能力

塑性铰的转动能力较大、延性好，是连续梁、板结构中允许出现的。

2）斜截面承载能力

为了保证连续梁内力重分布能充分发展，构件必须要有足够的受剪承载能力。

3）结构正常使用条件

下列结构或构件不宜采用考虑塑性内力重分布的方法计算内力：

① 直接承受动荷载和重复荷载的工业与民用建筑。

② 轻质混凝土结构和其他特种混凝土结构。

③ 在使用阶段不允许出现裂缝或对裂缝有较严格限制的结构，如水池、自防水屋面、

地下水位以下的地下室外墙和底板以及受侵蚀性气体或液体严重作用的结构。

④ 预应力混凝土结构（裂缝宽度和挠度要求更严格）和二次受力的叠合结构。

⑤ 重要的或可靠性要求较高的构件。

(3) 弯矩调幅法

考虑钢筋混凝土连续梁、板的塑性内力重分布的方法很多，一般用弯矩调幅法，即对结构按弹性理论算得的某些弯矩绝对值较大的支座截面弯矩进行适当的调整，以考虑结构非弹性变形所引起的内力重分布，然后按调整后的内力进行截面设计和配筋构造。

弯矩调幅法的具体步骤如下：

① 按弹性方法计算连续梁的内力，并确定弯矩包络图；

② 将支座最大弯矩按调幅系数 β 下调，调幅后的支座弯矩设计值为

$$M_a = M_e(1-\beta)$$

③ 根据调幅后的支座弯矩设计值，计算相应工况下的跨中弯矩设计值 M_l，此时，应满足静力平衡条件，即连续梁任意跨两端支座调幅后的弯矩 M_B 和 M_C（取绝对值）的平均值与跨度中点处的弯矩 M_l 之和，不得小于按简支条件求得的跨度中点处弯矩值 M_0。

【例 14.1-8】两端固定的均布荷载作用钢筋混凝土梁，其支座负弯矩与正弯矩的极限承载力绝对值相等。若按塑性内力重分布计算，支座弯矩调幅系数为（　　）。

A. 0.8　　　　B. 0.75　　　　C. 0.7　　　　D. 0.65

【例14.1-8】

解析：根据《混规》第 5.4.3 条规定，钢筋混凝土梁支座或节点边缘截面的负弯矩调幅幅度不宜大于 25%；弯矩调整后的梁端截面相对受压区高度不应超过 0.35，且不宜小于 0.10。钢筋混凝土板的负弯矩调幅幅度不宜大于 20%。调幅系数定义为：$\beta = 1 - M_a/M_d$。式中，M_a 为调整后的弯矩值；M_d 为按弹性分析算得的荷载弯矩设计值。故支座弯矩调幅系数为：$\beta = 1 - 25\% = 0.75$。

答案为 B。

2. 单向板肋梁楼盖

由板、次梁和主梁组成的楼盖结构中，每一区格都有梁或墙支承，形成四边支承板，当全部荷载通过短跨方向受弯传给长边支座时，称为单向板肋梁楼盖。当板的长跨 l_2 与短跨 l_1 比大于 2 时，通常按单向板设计。

单向板设计计算要点：

(1) 计算简图和计算跨度

1) 支承在砖墙或梁上的板支座均按铰支座考虑。

2) 计算跨度。与支座情况及板的厚度有关，可参照有关结构设计手册的规定采用。

3) 计算简化。多跨连续板，当跨度相差不超过 10%，且各跨截面尺寸及荷载相同时，可近似按等跨连续板计算；跨度在 5 跨以内，按实际跨数计算；跨度超过 5 跨，近似按 5 跨计算，其余各中间跨的内力，按 5 跨连续板的第 3 跨采用。

(2) 荷载计算

1) 板的永久荷载标准值按实际计算，楼面荷载标准值按《荷载规范》采用。

2) 取宽度为 1m 的板带作为计算单元，板带上的荷载按均布计算。

3) 折算荷载：考虑计算简图（铰支）与实际工作状态的差异，用增大永久荷载和减

小可变荷载的办法进行调整。折算永久荷载 g' 和折算可变荷载 q' 按下式计算

$$g' = g + \frac{q}{2}$$

$$q' = \frac{q}{2}$$

式中：g ——实际永久荷载；

q ——实际可变荷载。

支承在墙上或钢梁上的板不作此调整。

4) 最不利荷载：

① 求某支座最大负弯矩或支座左、右截面最大剪力时，应该在支座左右两侧布置活荷载，然后隔跨布置。

② 求某跨跨内最大正弯矩时，应在本跨布置活荷载，然后隔跨布置。

③ 求某跨跨内最小正弯矩（或最大负弯矩），本跨不布置活荷载，而在其左右邻跨布置，然后隔跨布置。

【例 14.1-9】五跨等跨连续梁，现求第三跨跨中最大弯矩，活荷载应布置在( )跨。

A. 1, 2, 3　　B. 1, 2, 4　　C. 2, 4, 5　　D. 1, 3, 5

解析：求某跨跨内最大正弯矩时，应在本跨布置活荷载，然后隔跨布置。答案为 D。

【例14.1-9】

(3) 计算内力方法的选择

除直接承受动力荷载作用的构件，以及要求不出现裂缝或处于侵蚀环境等情况下的结构外，其余均可按塑性理论计算。

跨中及支座弯矩　　　　　　　$M = \alpha(g+q) l_0^2$

支座剪力　　　　　　　　　　$V = \beta(g+q) l_n$

式中：α、β ——分别为弯矩、剪力系数；

g、q ——分别为均布恒载、均布活载；

l_0、l_n ——分别为板的计算跨度、净跨。

对于跨度差小于 10% 的不等跨连续板，仍可按上式计算，但支座弯矩应按相邻跨的较大计算跨度计算，跨中弯矩仍取本跨的计算跨度计算。

(4) 截面配筋计算

1) 按构造要求确定板厚度，板应满足最小厚度和最小厚跨比的要求（详见有关结构设计手册规定）。

2) 考虑钢筋混凝土板的推力效应，对四周与梁整体连接的单向板，其中间跨的跨中截面及中间支座截面的计算弯矩可减少 20%，其他截面不折减。

3) 选择钢筋时应先内跨后外跨，先跨中后支座，以便于充分弯起钢筋。

(5) 单向板构造规定

板的最小厚度、最小厚跨比、支承长度、配筋构造规定及方法详见有关钢筋混凝土结构设计手册或《混规》第 9.1 条规定。

次梁设计计算要点：

(1) 计算简图和计算跨度

1) 支承条件：支承在砖墙或主梁上按铰支考虑。支承在柱上，当梁柱的线刚度比大于 5 时，按铰接于柱的连续梁计算；否则，应按弹性嵌固于柱上的框架梁计算。

2) 计算跨度应以弹性理论或塑性理论，分别按不同规定采用（详见有关结构设计手册）。

(2) 计算内力规定

1) 次梁承受的荷载为次梁两侧由板短跨传来的永久荷载与可变荷载的均布荷载，5 跨或 5 跨以内的连续梁按实际跨数计算；5 跨以上的连续梁，当跨度相差不超过 10%，且各跨截面尺寸和荷载相同时，可近似按 5 跨梁计算。

2) 对于直接承受动力荷载作用，以及要求不出现裂缝的连续梁，应按弹性理论计算。连续梁的永久荷载为各跨布置，对可变荷载应考虑最不利组合和截面包络图。在设计整体楼盖时，应考虑支座宽度的影响，支座计算内力应取支座边缘处内力。计算内力时应取折算永久荷载与折算可变荷载，即

折算永久荷载 $\qquad g' = g + \dfrac{1}{4}q$

折算可变荷载 $\qquad q' = \dfrac{3}{4}q$

3) 除上述 2) 的情况外，均可按塑性理论方法计算。对均布荷载作用下的等跨连续梁，可由调幅法求得下列弯矩和剪力。

$$M = \alpha(g+q)\, l_0^2$$

$$V = \beta(g+q)\, l_n$$

(3) 梁的截面配筋计算

1) 按正截面抗弯承载力计算配筋时，对跨中取 T 形截面，对支座则取矩形截面。

2) 当梁高跨比 $h/l = 1/18 \sim 1/12$，截面的宽高比 $b/h = 1/3 \sim 1/2$ 时，一般可不作使用阶段的挠度和裂缝宽度验算。

主梁设计计算要点：

(1) 计算简图和计算跨度

1) 支承条件的确定同前述次梁。

2) 计算跨度的取值应分别按弹性或塑性理论计算方法根据有关结构设计手册确定。

(2) 计算规定

1) 主梁承受的荷载为主梁两侧由次梁传来的集中永久荷载和集中可变荷载（支反力）主梁的自重可简化为集中力，与次梁传来的集中力叠加。计算简图、跨数的取法同前述次梁。

2) 对于直接承受动力荷载作用以及要求不出现裂缝的主梁，应按弹性理论计算，内力计算时要考虑荷载的最不利组合和截面的包络图。对支座的计算内力（M、V）应考虑主梁支座的宽度影响，配筋计算时应取支座边缘的内力。

3) 连续主梁按塑性理论计算时，须按弹性理论考虑荷载的最不利组合，并作出截面内力包络图，然后利用调幅法进行计算，对最不利荷载作用下的弹性弯矩图进行调整，而且应当符合本节前述的塑性内力重分布条件。

(3) 主梁的截面配筋计算

1) 计算正截面抗弯承载力时,通常跨中按 T 形截面,支座按矩形截面计算。

2) 考虑到主梁支座处,存在板、次梁、主梁钢筋的交错重叠,主梁上部的负弯矩纵向钢筋的有效高度 h_0 将减小。单排布置时,取 $h_0=h-(50\sim60)$;双排布置时,取 $h_0=h-(70\sim90)$。

3) 在次梁与主梁相交的次梁两侧应设置附加吊筋或附加抗剪箍筋,并按下列规定设置:

①承载力计算

$$F \leqslant 2 f_y A_{sb} \sin\alpha + mn A_{sv1} f_{yv}$$

式中:F——作用于主梁上的集中力;

A_{sb}——吊筋总截面面积;

A_{sv1}——附加箍筋单肢面积;

m——在配筋区布置长度 s 范围内附加箍筋的个数;

n——同一截面内附加箍筋肢数;

α——吊筋的弯起角度;

f_y、f_{yv}——分别为箍筋、吊筋的抗拉强度设计值。

② 附加箍筋的布置长度 s

附加箍筋或吊筋应设置在以次梁为中心的"附加箍筋布置长度 s"的范围内。

$$s = 2h_1 + 3b$$

式中:b——次梁宽度;

h_1——次梁底至主梁底的距离。

单向板肋梁楼盖的相关构造要求,内容详见《混规》9.1 条、9.2 条的规定。

3. 双向板肋梁楼盖

如前所述,当四边支承板的边长之比以 $l_x/l_y \leqslant 2$ 时,在纵横四个方向的弯曲都不能忽略,应按双向板设计。此时的楼盖称为双向板肋梁楼盖。

(1) 按线弹性方法计算单区格双向板

根据弹性薄板小挠度理论,已编制了一套计算表,并且符合工程需要的精度,设计时可直接查相关资料。

(2) 多区格连续双向板

多区格连续双向板的内力计算比单区格双向板更为复杂。为了简化计算,在工程中采用以单区格板计算结果为基础的实用计算方法。其计算假定如下:

①支承梁的抗弯刚度很大,不产生竖向位移。由此可以略去远跨荷载的影响。

②连续板在支座处可以自由转动,即略去了梁的侧向抗扭刚度。

③双向板沿同一方向相邻跨度的比值 $l_{min}/l_{max} \geqslant 20.75$,以免计算误差过大。

多区格连续双向板的活荷载布置,可以仿照连续单向板的活荷载布置,即在计算各区格跨中最大弯矩时,将活荷载隔跨布置;在计算各区格支座最大弯矩时,将活荷载并跨布置。

1) 连续双向板各区格跨中最大弯矩

区格连续双向板的边界条件既不是完全嵌固又不是理想简支，为了利用单区格双向板在典型边界条件下的系数表，在计算连续双向板各区格跨中最大正弯矩时，仿照连续梁中的活荷载布置，按棋盘式布置活荷载 p，即在两个方向上活荷载 p 均隔跨布置。

2) 连续双向板支座最大弯矩

将均布活荷载满布楼盖的各区格，此时各中间支座处垂直截面的转角为零。可假定各区格在中间支座处嵌固，所有中间区格板均按四边固定的单区格双向板计算其支座最大弯矩。

(3) 按塑性理论计算双向板

板中连续的一些截面均出现塑性铰，连成一起则称为塑性铰线（也称屈服线），其概念与连续梁中的塑性铰概念相似，后者出现在杆系结构中，前者出现在板式结构中，两者都是因受拉钢筋屈服所致。当板中出现足够数量的塑性铰线后，板成为机动体系，达到其承载能力极限状态而破坏，这时板所承受的荷载称为极限荷载。

1) 塑性铰线的确定

一般将裂缝出现在板底的称为正塑性铰线；裂缝出现在板面的称为负塑性铰线。板中塑性铰线的分布形式与诸多因素有关，如板的平面形状、周边支承条件、纵横两个方向跨中及支座截面的配筋量、荷载类型等。具体确定塑性铰线时，通常根据以下规律判断：

① 分布荷载作用下，塑性铰线是直线，因为它是两块板的交线。
② 集中荷载作用下，塑性铰线由荷载作用点呈放射状向外。
③ 当板产生竖向位移时，板块必绕一转动轴转动。
④ 两相邻板块的塑性铰线必经过该两个板块旋转轴的交点。
⑤ 板的支承边必是转动轴。
⑥ 转动轴必定通过柱支承点。

2) 双向板的极限荷载

四边连续板，在荷载作用下，沿板的支座边由于负弯矩的作用形成塑性铰线，跨中的板底在正弯矩作用下沿长边方向并向四角发展形成塑性铰线，根据虚功原理及极限荷载的上限定理可以求出双向板的极限荷载。

① 在设计双向板时，通常已知荷载设计值 $(g+q)$，净跨 l，要求确定内力和配筋，共有四个未知量，取跨中弯矩 m_x、m_y，支座弯矩 $m'_x = m''_x$、$m'_y = m''_y$，但仅有一个方程式，因此，应当设 $m_x/m_y = a = 1/n^2$、$n = l_y/l_x$、$m'_x/m_x = m''_x/m_x = m'_y/m_y = m''_y/m_y = \beta = 1.5 \sim 2.5$，即可以求出 m_x，然后利用 α、β，依次求出 m_y、m'_x、m'_y、m''_y、m''_x。

② 考虑四边整体梁起拱的影响时，应对计算弯矩加以折减。
③ 多区格板的计算简图同弹性板。
④ 配筋率 $\rho = 0.4\% \sim 0.8\%$ 为宜，钢筋直径不宜相差过大，且应均匀布置。

(4) 双向板支承梁的设计

当承受均布荷载作用时，钢筋混凝土双向板的底面中央及沿 45°对角线方向出现裂缝，因此由双向板传给支承梁的荷载，应按三角形或梯形分布。

支承梁的内力，可按弹性理论计算或考虑塑性内力重分布的调幅法计算。

对等跨或近似等跨（跨度相差不超过 10%）的连续支承梁，可按支座弯矩等效的原则将三角形荷载与梯形荷载等效为均布荷载 q。再利用均布荷载下等跨连续梁的计算表格来计算梁的支座弯矩，梁的跨中弯矩及剪力则需按静力平衡条件求解。

三角形荷载作用时

$$q_\mathrm{e} = \frac{5}{8} q'$$

梯形荷载作用时

$$q_\mathrm{e} = (1 - 2\alpha^2 + \alpha^3) q'$$

式中：α——系数；

q'——作用在支承梁上的三角形荷载及梯形荷载的最大值。

对于无内柱的双向板楼盖，其板仍按连续双向板计算，支承梁的内力则按结构力学的交叉梁系进行计算。

4. 无梁楼盖

无梁楼盖也是一种双向受力的楼盖，但沿柱中心线不设置梁，楼面荷载直接通过板的变形传给柱，板内双向布置受力钢筋。

(1) 无梁楼盖受力特点

无梁楼盖中板的受力可视为支承在柱上的交叉"板带"体系，可划分为柱上板带与跨中板带。跨中板带可视为支承在另一方向的柱上板带的多跨连续梁，而柱上板带则相当于以柱为支点的多跨连续梁或与柱形成连续框架梁（视柱的线刚度大小而定），由于柱的存在，柱上板带的刚度要比跨中板带大得多，要承担的弯矩也大得多。

(2) 无梁楼盖的破坏形态

1) 沿柱上板带或跨中板带产生受弯破坏；

2) 沿板柱连接面，即柱的四周边产生 45°方向的冲切破坏，为了提高板柱连接面的抗冲切能力，可设柱帽。

(3) 无梁楼盖的计算方法

若按弹性理论计算，可采用下列两种方法：

1) 直接设计法

在试验研究与实践经验基础上给出了两个方向截面总弯矩分配系数，再将截面总弯矩分配给柱上板带和跨中板带，该方法只适用于规则柱网情况，并必须满足一定的条件。

2) 等代框架法

将无梁楼盖作了下列假设，简化成等代框架进行计算。

a. 将无梁楼盖沿纵、横柱列方向划分为纵、横方向的等代框架。

b. 等代梁的宽度取等于板跨中心线间的距离，等代梁的高度取板厚，等代梁的跨度等于 $(l_\mathrm{x} - 2/3c)$ 或 $(l_\mathrm{y} - 2/3c)$。

3) 等代柱截面取柱本身截面，楼层等代柱的计算高度取层高减去柱帽高度，底层等代柱的计算高度取基础面至底层楼板底面的高度减去柱帽高度。

4) 当有竖向荷载时，可采用远端固定的分层法进行计算。

按简化等代框架计算时，应考虑活荷载的不利组合，并将最后等代框架的弯矩值按计算的弯矩分配系数分配给柱上板带和跨中板带。

柱帽及无楼盖的构造要求和配筋方法此部分内容可查阅有关参考书。

习 题

【14.1.6-1】在计算钢筋混凝土肋梁楼盖连续次梁内力时，为考虑主梁对次梁的转动约束，用折算荷载代替实际计算荷载，其做法是（　　）。
A. 减小恒载，减小活载　　　　B. 增大恒载，减小活载
C. 减小恒载，增大活载　　　　D. 增大恒载，增大活载

【14.1.6-2】现浇钢筋混凝土单向板肋梁楼盖的主次梁相交处，在主梁中设置附加横向钢筋的目的是（　　）。
A. 承担剪力　　　　　　　　　B. 防止主梁发生受弯破坏
C. 防止主梁产生过大的挠度　　D. 防止主梁由于斜裂缝引起的局部破坏

【14.1.6-3】板内分布钢筋不仅可使主筋定位，分担局部荷载，还可（　　）。
A. 承担负弯矩　　　　　　　　B. 承受收缩和温度应力
C. 减少裂缝宽度　　　　　　　D. 增加主筋与混凝土的粘结

【14.1.6-4】五跨等跨连续梁，现求最左端支座最大剪力，活荷载应布置在（　　）。
A. 1，2，4　　B. 2，3，4　　C. 1，2，3　　D. 1，3，5

【14.1.6-5】按单向板进行设计的是（　　）。
A. 600mm×3300mm 的预制空心楼板
B. 长短边之比小于2的四边固定板
C. 长短边之比等于15，两短边嵌固，两长边简支
D. 长短边相等的四边简支板

【14.1.6-6】对于两跨连续梁，（　　）。
A. 活荷载两跨满布时，各跨跨中正弯矩最大
B. 活荷载两跨满布时，各跨跨中负弯矩最大
C. 活荷载单跨布置时，中间支座处负弯矩最大
D. 活荷载单跨布置时，另一跨跨中负弯矩最大

【14.1.6-7】多跨连续梁（板）按弹性理论计算，为求得某跨跨中最大负弯矩，活荷载应布置在（　　）。
A. 该跨，然后隔跨布置　　　　B. 该跨及相邻跨
C. 所有跨　　　　　　　　　　D. 该跨左右相邻各跨，然后隔跨布置

【14.1.6-8】超静定结构考虑塑性内力重分布计算时，必须满足（　　）。
A. 变形连续条件
B. 静力平衡条件
C. 采用热处理钢筋的限制
D. 拉区混凝土的应力小于等于混凝土轴心抗拉强度

【14.1.6-9】在确定梁的纵筋弯起点时，要求抵抗弯矩图不得切入设计弯矩图以内，即应包在设计弯矩图的外面，这是为了保证梁的（　　）。
A. 正截面受弯承载力　　　　　B. 斜截面受剪承载力
C. 受拉钢筋的锚固　　　　　　D. 箍筋的强度被充分利用

【14.1.6-10】按弹性理论计算单向板肋梁楼盖时，板和次梁采用折算荷载来计算的原

因是(　　)。
   A. 考虑到在板的长跨方向也能传递一部分荷载
   B. 考虑到塑性内力重分布的有利影响
   C. 考虑到支座转动的弹性约束将减小活荷载隔跨布置时的不利影响
   D. 以上均不对

【14.1.6-11】为了设计上的便利，对于四边均有支承的板，当(　　)按单向板设计。

   A. $\dfrac{l_2}{l_1} \leqslant 2$　　B. $\dfrac{l_2}{l_1} \leqslant 1$　　C. $\dfrac{l_2}{l_1} \leqslant 3$　　D. $\dfrac{l_2}{l_1} > 3$

【14.1.6-12】关于塑性铰，下面叙述正确的是(　　)。
   A. 塑性铰不能传递任何弯矩而能任意方向转动
   B. 塑性铰集中于一点
   C. 塑性铰处弯矩不等于0而等于该截面的受弯承载力 M_u
   D. 塑性铰与理想铰基本相同

习题答案及解析

【14.1.6-1】答案：B

解析：计算内力时应取折算永久荷载与折算可变荷载，即折算永久荷载 $g' = g + \dfrac{1}{4}q$，折算可变荷载 $q' = \dfrac{3}{4}q$。

【14.1.6-2】答案：D

解析：现浇钢筋混凝土单向板肋梁楼盖的主次梁相交处，为了防止主梁由于斜裂缝引起的局部破坏，应在主梁中设置附加横向钢筋。

【14.1.6-3】答案：B

解析：板内分布钢筋不仅可使主筋定位，分担局部荷载，还可承受收缩和温度应力。

【14.1.6-4】答案：D

解析：求某支座最大负弯矩或支座左、右截面最大剪力时，应该在支座左右两侧布置活荷载，然后隔跨布置。

【14.1.6-5】答案：A

解析：《混规》规定，两对边支撑的板应按单向板计算；四边支撑的板，当 $2 < l_x/l_y < 3$，宜按双向板计算，当 $l_x/l_y \geqslant 3$ 时，可按沿短跨方向受力的单向板设计。

【14.1.6-6】答案：D

解析：对于两跨连续梁，活荷载单跨布置时，另一跨跨中负弯矩最大。

【14.1.6-7】答案：D

解析：多跨连续梁（板）按弹性理论计算，为求得某跨跨中最大负弯矩，活荷载应该跨左右相邻各跨，然后隔跨布置。

【14.1.6-8】答案：D

解析：超静定结构考虑塑性内力重分布计算时，必须满足拉区混凝土的应力小于等于混凝土轴心抗拉强度。

【14.1.6-9】答案：A

解析：在确定梁的纵筋弯起点时，为了保证梁的正截面受弯承载力，要求抵抗弯矩图不得切入设计弯矩图以内，即应包在设计弯矩图的外面。

【14.1.6-10】答案：C

解析：考虑到支座转动的弹性约束将减小活荷载隔跨布置时的不利影响，在按弹性理论计算单向板肋梁楼盖时，板和次梁应采用折算荷载来计算。

【14.1.6-11】答案：D

解析：为了设计上的便利，对于四边均有支承的板，当 $\frac{l_2}{l_1} > 3$ 时，按单向板设计。

【14.1.6-12】答案：C

解析：塑性铰不能任意方向转动，与理想铰有着较大的区别。

14.1.7 单层厂房

1. 组成与布置

单层钢筋混凝土柱铰接排架结构是由多种构件组成的空间受力体系。

（1）结构组成

1）屋盖结构

屋盖结构分无檩和有檩两种体系，无檩体系由大型屋面板、屋面梁（或屋架）以及屋盖支撑组成；有檩体系由小型屋面板、檩条、屋面梁（或屋架）以及屋盖支撑组成。屋盖结构的作用主要是围护和承重（承受屋盖结构的自重、屋面活荷载、雪荷载和其他荷载，并将这些荷载传给排架柱）以及采光和通风等。

2）横向排架

横向排架由横梁（屋面梁或屋架）横向柱列和基础组成，它是厂房的基本承重结构，其作用是承受竖向荷载（结构自重、屋面活荷载、雪荷载和吊车竖向荷载等）和横向水平荷载（风载和吊车横向制动力、地震作用）并将荷载传至地基。

3）纵向排架

纵向排架由纵向柱列（包括基础）、连系梁、吊车梁和柱间支撑等组成，其作用是保证厂房结构的纵向稳定性和刚度，并承受作用在山墙和天窗端壁上通过屋盖结构传来的纵向风载、吊车纵向水平荷载、纵向地震作用以及温度应力等。

4）吊车梁

吊车梁简支在柱牛腿上，主要承受吊车竖向荷载、横向和纵向水平荷载，并将它们分别传至横向或纵向排架。

5）支撑

单层厂房的支撑包括屋盖支撑和柱间支撑，其作用是加强厂房结构的空间刚度，并保证结构构件在安装和使用阶段的稳定性和安全性；同时传递风载和吊车水平荷载或地震作用。

6）基础

基础承受柱和基础梁传来的荷载并将它们传至地基。

7）围护结构

围护结构包括纵墙和横墙（山墙）及由墙梁、抗风柱（有时还有抗风梁或抗风桁架）和基础梁等组成的墙架。这些构件所承受的荷载，主要是墙体和构件的自重以及作用在墙面上的风荷载。

(2) 结构布置

1）厂房平面布置

柱网布置首先满足生产工艺要求，并应符合统一模数，厂房跨度可选 9m、12m、15m、18m、21m、24m、27m、30m、33m、36m 等。柱间距可选用 6m、9m 和 12m。厂房应按《混规》要求设置变形缝。除有要求外，一般可不设沉降缝。在地震区应按防震缝要求做伸缩缝。变形缝处应设双排架。

2）厂房剖面布置

柱高按生产工艺要求确定，应满足吊车轨顶标高及吊车安全运行的要求，并应符合模数。

3）屋盖结构布置

屋盖应优先采用自重较轻的压型钢板、轻质大型屋面板等。有檩屋盖中，常用冷弯薄壁型钢、轻型 H 型钢檩条，檩条应布置在屋架节点上。天窗架应从两端的第二柱间开始布置，对于抗震设防烈度为 8 度及 8 度以上的地区，则应从第三柱间开始布置。有抽柱时，应沿纵向布置托架。

4）支撑系统布置

支撑系统主要是用于加强厂房的整体刚度和稳定，并传递风荷载及吊车水平荷载，可分为屋盖支撑和柱间支撑两大类，屋支撑包括上弦横向水平支撑、下弦横向水平支撑、纵向水平支撑、竖向支撑及纵向水平系杆、天窗架支撑等，柱间支撑又分为上柱支撑和下柱支撑。

横向水平支撑布置在温度区段的两端。上、下弦横向水平支撑最好布置在同一柱间内。

纵向水平支撑一般是由交叉角钢等杆件和屋架下弦第一节间组成水平桁架。

竖向支撑一般是由角钢杆件与屋架中的直腹杆或天窗架中的立柱组成垂直桁架，一般布置在厂房温度区段两端第一或第二柱之间，并在下弦柱高度处布置通长水平受拉系杆。

系杆一般通长设置，一端最终连接于竖向支撑或上、下弦横向水平支撑节点上。

关于各种支撑的设置原则，详见有关结构设计手册。

柱间支撑的上柱柱间支撑一般设在温度区段两侧与屋盖横向水平支撑相对应的柱间，以及温度区段中央柱间；下柱柱间支撑设置在温度区段中部与上柱柱间支撑相应的位置。

5）围护结构布置

厂房檐口处的柱高小于等于 8m、跨度小于等于 12m 时，抗风柱可用砖壁柱，一般采用钢筋混凝土抗风柱。对圈梁、过梁、连系梁和基础梁应综合考虑，尽可能一梁多用。

2. 排架计算

(1) 计算单元

作用在厂房排架上的各种荷载，除吊车荷载外，沿厂房纵向都是均匀分布的，如结构自重、雪荷载、风荷载等。横向排架的间距一般都是相等的，因此在不考虑排架间的空间作用的情况下，中间各横向排架受力情况是完全相同的。计算时，可通过任意两榀相邻排架的中线，截取一部分厂房作为计算单元。

(2) 基本假定与计算简图

1）柱下端固接于基础顶面，横梁（屋架或屋面大）铰接在柱上。

2) 横梁为没有轴向变形的刚性杆件。
3) 排架的跨度以厂房轴线为准。

(3) 柱截面尺寸的确定

排架计算属超静定问题，其内力与杆件尺寸有关，故在计算中需初步确定柱的尺寸。

柱截面尺寸主要根据厂房的跨度、高度及吊车起重量等参数确定，必须能满足承载力与刚度的要求。钢筋混凝土工字形截面柱可参考同类厂房初步选定。工字形截面柱的翼缘厚度不宜小于 120mm，腹板厚度不宜小于 100mm。

管柱或其他柱可根据经验和工程具体条件选用。为了保证吊车的正常运行，确定柱截面尺寸时，尚应考虑到应使吊车的外边缘与上柱侧面之间留有一定的空隙。吊车端部尺寸 b 应根据吊车样本确定。

(4) 排架荷载计算

1) 竖向荷载

a. 自重荷载

恒载包括屋盖、吊车梁和柱的自重以及支撑在柱上的围护墙的重量等，其值可根据构件的设计尺寸和材料的容重进行计算；对于标准构件，可从标准图集上查出。

b. 屋面活荷载

屋面活荷载包括雪荷载、积灰荷载和屋面均布活荷载等。考虑到不可能在屋面积雪很深时进行屋面施工，故规定雪荷载与屋面均布活荷载不同时考虑，设计时取两者中的较大值。积灰荷载应与雪荷载或屋面均布活荷载中的较大者同时考虑。

2) 吊车荷载

吊车荷载可分为竖向荷载和水平荷载两种形式。吊车荷载由吊车两端行驶的四个轮子以集中力形式作用于两边的吊车梁上。

吊车竖向荷载：吊车竖向荷载是指吊车（大车和小车）重量与所吊重量经吊车梁传给柱的竖向压力。

吊车水平荷载：吊车水平荷载分为横向水平荷载和纵向水平荷载两种。

3) 风荷载

风荷载垂直作用于建筑物的表面，分压力和吸力两种，作用在单层厂房排架上的风荷载是由计算单元这部分墙身和屋面传来的。

柱顶以下的风荷载可按均布荷载计算，其标准值为

$$q_k = B w_k$$

式中：B——计算单元的宽度（即纵向柱距）（m）；

w_k——风荷载标准值（kN/m²）。

柱顶以上墙面、屋面与天窗架所受的风荷载可折算成作用在柱顶的集中力 F。

(5) 等高排架的内力计算——剪力分配法

对于等高排架，可采用下面介绍的剪力分配法计算；对于不等高排架，可用力法进行计算。

1) 柱顶作用水平集中力 F 时，第 i 柱顶剪力 V 可按下式计算

$$V_i = \eta_i F$$

式中：η_i——柱 i 的剪力分配系数；

$$\eta_i = \frac{\frac{1}{\delta_i}}{\sum_{i=1}^{n}\frac{1}{\delta_i}}$$

式中：δ_i——悬臂柱 i 顶部作用单位水平力时在柱顶产生的水平位移。

2）任意荷载作用时的排架内力计算

为了能利用上述的剪力分配系数，分析任意荷载作用下的排架时，必须把计算过程分为以下步骤：

① 先在排架柱顶附加不动铰支座以阻止水平侧移，求出其支座反力 R_a。

② 撤除附加不动铰支座且施加反向作用于排架柱顶，使排架恢复到原始受力状态。

③ 叠加上述两步骤中的内力，即为排架的实际内力。

(6) 排架考虑厂房空间作用时的计算

m 称为厂房的"空间作用分配系数"。

空间作用分配系数 m 值的大小主要与下列因素有关：

① 屋盖刚度。屋盖刚度大时，沿纵向分布的荷载能力强，空间作用好，m 值就小。因此无檩屋盖的 m 值小于有檩屋盖。

② 厂房两端有无山墙。山墙的横向刚度很大，能分担大部分的水平荷载。故两端有山墙的厂房的 m 值远远小于无山墙的 m 值。

③ 厂房长度。厂房的长度大，水平荷载可由较多的横向排架分担，则 m 值小，空间作用大。

④ 荷载形式。局部水平荷载（如吊车水平荷载）作用下，厂房的空间作用好；当厂房承均匀分布的水平荷载（如风荷载）时，因各排架直接承受的荷载基本相同，仅靠两端的山墙分担荷载，其空间作用小；若两端无山墙，在均布水平荷载作用下，接近于平面排架受力，无空间作用。

(7) 排架内力组合

1）控制截面

为便于施工，阶梯形柱的各段均采用相同的截面配筋，并根据各段柱产生最危险内力的截面（即"控制截面"）进行计算。

上柱：最大弯矩及轴力通常产生于上柱的柱底截面。

下柱：在吊车竖向荷载作用下，牛腿顶面处截面的弯矩最大；在风荷载或吊车横向水平力作用下，柱底截面，故常取此两截面为下柱的控制截面。

2）内力组合

根据可能需要的最大配筋量，一般应进行以下四种不利内力组合：

N_{max} 以及相应的 M 和 V；

N_{min} 以及相应的 M 和 V；

$+M_{max}$ 以及相应的 N 和 V；

$-M_{max}$ 以及相应的 N 和 V。

3. 柱

(1) 单层厂房结构中钢筋混凝土柱的设计内容包括以下几方面：

①选择柱的形式；②确定柱的外形尺寸；③计算柱的配筋（在排架内力计算和内力组

合的基础上，进行截面配筋设计，并验算柱在吊装阶段的强度和抗裂度）；④进行支撑吊车梁和墙梁的牛腿设计；⑤进行连接构造设计。

（2）柱截面设计与构造

1）柱截面配筋计算

单层厂房柱的纵向受力钢筋和箍筋，应根据非地震组合和地震组合两种设计状况下控制截面的最不利内力组合 M 和 V，按偏心受压构件进行各控制截面配筋计算。为方便施工，一般采用对称配筋。

排架柱在平面外（即垂直于排架方向）的强度，一般按轴心受压构件进行验算，其轴力应取上述组合情况下的最大轴力设计值。

排架柱在平面内的正截面承载力应按照偏心受压构件计算，并应考虑轴力的二阶效应，将弯矩设计值乘以增大系数。

2）构造要求

柱中纵向受力钢筋和箍筋的最小配筋率，应满足混凝土构件最小配筋率的要求。

柱中纵向钢筋的配置应符合下列规定：

① 纵向受力钢筋直径不宜小于 12mm，全部纵向钢筋的配筋率不宜大于 5%。

② 纵向钢筋的净间距不应小于 50mm，且不宜大于 300mm；对水平浇筑的预制柱，纵向钢筋的最小净间距可按梁的有关规定取用。

③ 垂直于弯矩作用平面的侧面上，纵向受力钢筋的中距不宜大于 300mm；截面高度不小于 600m 时，在柱的侧面上应设置直径不小于 10mm 的纵向构造钢筋，并相应设置复合箍筋或拉筋。

柱中的箍筋应符合下列规定：

① 箍筋直径不应小于 $d/4$，且不应小于 6mm，d 为纵向钢筋的最大直径。

② 箍筋间距不应大于 400m 及构件截面的短边尺寸，且不应大于 $15d$，d 为纵向钢筋的最小直径。

③ 当柱截面短边尺寸大于 400m 且各边纵向钢筋多于 3 根时，或当柱截面短边尺寸不大于 400m 但各边纵向钢筋多于 4 根时，应设置复合箍筋。

④ 柱中的周边箍筋应做成封闭式，且末端应做成 135°弯钩，弯钩末端平直段长度不应为 $5d$，d 为箍筋直径。

⑤ 柱中全部纵向受力钢筋的配筋率大于 3%时，箍筋直径不应小于 8m，间距不应大于 $10d$，且不应大于 200mm。箍筋末端应做成 135°弯钩，且弯钩末端平直段长度不应小于 $10d$，d 为纵向受力钢筋的最小直径。

抗震设计时，单层厂房柱混凝土强度等级不应低于 C20。

抗震设计，单层厂房柱应设置箍筋加密区，加密区的范围应符合下列要求：

① 对柱顶区段，取柱顶以下 500mm，且不小于柱顶截面高度。

② 对吊车梁区段，取上柱根部（阶梯形柱牛腿面）至吊车梁顶面以上 300mm。

③ 对牛腿（柱肩）区段，取牛腿全高。

④ 对柱根，取基础顶面（下柱柱底）至室内地坪以上 500mm。

⑤ 对柱间支撑与柱连接节点和柱位移受约束的部位，取节点上、下各 300mm。

加密区箍筋间距不应大于 100mm。

厂房柱侧向受约束且剪跨比不大于2的排架柱，柱顶预埋钢板和柱箍筋加密区的构造尚应符合下列要求：

① 柱顶预埋钢板沿排架平面方向的长度，宜取柱顶的截面高度，且不得小于截面高度的 1/2 及 300mm。

② 屋架的安装位置，宜减小在柱顶的偏心，其柱顶轴向力的偏心距不应大于截面高度的 1/4。

③ 柱顶轴向力排架平面内的偏心距在截面高度的 1/6～1/4 范围内时，柱顶箍筋加密区的箍筋体积配筋率：抗震烈度为 6 度不宜小于 0.8%，8 度不宜小于 1.0%，9 度不宜小于 1.2%。

④ 加密区箍筋宜配置四肢箍，肢距不大于 200mm。

4. 牛腿设计

排架柱在支撑吊车梁、连系梁、墙梁、屋架及托架的部位设置牛腿，目的是在不增大柱截面的情况下，增大支撑面积，保证构件之间的可靠连接，有利于构件的安装。

牛腿按其上竖向荷载的作用线至下柱边缘的水平距离 a 与其截面有效高度 h_0 之比分为两种：当 $a/h_0>1$ 时，为长牛腿，按悬臂梁进行设计；当 $a/h_0 \leq 1$ 时，为短牛腿。单层厂房中柱牛腿一般均设计成短牛腿。

牛腿本身很小，却承受着很大的竖向荷载以及由混凝土收缩、徐变、结构水平位移、风荷载、水平地震作用引起的水平力。所以，必须保证牛腿的强度和抗裂要求。

牛腿设计的内容包括确定牛腿的截面尺寸，进行配筋计算和构造设计。

(1) 牛腿的破坏形态

弯压破坏：当 $0.75<a/h_0 \leq 1$ 和纵筋配筋率较低时弯压破坏；

斜压破坏：当 $0.1<a/h_0 \leq 0.75$ 时斜压破坏；

剪切破坏：当 $a/h_0 \leq 0.1$ 时剪切破坏。

(2) 牛腿的尺寸

牛腿的高度是按抗裂要求确定的。因牛腿负载很大，设计时应使其在使用荷载下不出现裂缝。影响牛腿第一条斜裂缝出现的主要参数是剪跨比、水平荷载与竖向荷载的大小。

在构造上，为了防止沿加载板内侧发生非根部受拉破坏，要求牛腿的外边缘高度 h_1 应不小于 $h/3$，且不应小于 200mm；牛腿底面的倾角不应大于 45°。此外，牛腿外边缘与吊车梁外边的距离 c_1 不宜小于 70mm，否则会影响牛腿的局部承压能力，并可能造成牛腿外缘混凝土保护层剥落。

5. 吊车梁

(1) 吊车梁类型

常用的吊车梁有钢筋混凝土吊车梁、预应力混凝土吊车梁、钢吊车梁，主要包括：钢筋混凝土等截面吊车梁、预应力混凝土等截面或变截面吊车梁、部分预应力混凝土吊车梁、组合式吊车梁、实腹式钢吊车梁、下吊式或桁架式钢吊车梁等。

(2) 吊车受力特点

承受吊车竖向移动轮压作用；承受吊车横向及纵向水平制动力作用；吊车梁与轨道自重作用；吊车梁面受弯剪扭共同作用以及疲劳作用。

6. 屋架

(1) 屋架（或屋面梁）种类与选型

常用的屋架（或屋面梁）有钢筋混凝土屋架和预应力混凝土（或工字形薄腹屋面梁）屋架，可由钢筋混凝土、预应力混凝土、轻质钢组成各种类型的屋架，它们具有各种不同跨度、形状与应用范围，而且均有标准图集可以选用，应根据设计的具体条件，按下列方法选出适宜的屋架。

(2) 屋架的作用及受力特点

1) 屋架的作用

保证厂房内部有一个必要的大空间，作为排架分析中的水平横，承受拉压力，承受屋盖上的永久荷载与可变荷载，与屋盖支撑体系组成水平及竖向的空间受力结构体系，保证厂房整体刚度与稳定。

2) 屋架的受力特点

屋架由梁演变而来，上、下弦杆主要承担弯矩，相当于工形梁翼缘；腹杆主要承担剪力，相当于梁的板。屋架在等节点荷载作用下，弯矩包络图接近于抛物线，中间大，两端为零。由此可以得出：对平行弦屋架，因高度不变其弦杆轴力是中间大、两端小，腹杆内力和梁剪力一样，两端大、中间小；对拱形屋架，上弦轴线接近于抛物线，弦杆轴力比较均匀，腹杆内力几乎为零；三角形屋架的高度是线性变化，弦杆轴力是中间小、两端大；折线形屋架受力状态介于拱形与三角形之间；梯形屋架则介于平行弦屋架与三角形屋架之间。

习 题

【14.1.7-1】单层厂房结构是由横向排架和纵向连系构件以及（ ）等所组成的空间体系。

  A. 刚架   B. 支撑   C. 弦杆   D. 腹杆

【14.1.7-2】单层工业厂房结构承受的荷载主要有（ ）。

  A. 恒载作用   B. 活荷载作用

  C. 恒载、活荷载及地震作用 D. 不能确定

【14.1.7-3】由荷载传力路径可知：竖向荷载中屋面板上的雪荷载、屋面荷载通过（ ）传给柱子。

  A. 屋架   B. 屋盖

  C. 支撑   D. 吊车梁

【14.1.7-4】由荷载传力路径可知：竖向荷载中的吊车竖向荷载通过（ ）传给柱子。

  A. 屋架   B. 屋盖及吊车梁

  C. 支撑   D. 吊车梁及柱牛腿

【14.1.7-5】由荷载传力路径可知：吊车梁上的竖向荷载作用在（ ）。

  A. 屋架   B. 柱牛腿   C. 支撑   D. 吊车梁

【14.1.7-6】由荷载传力路径可知：水平荷载中的吊车横向制动力通过（ ）传给柱子。

  A. 屋架   B. 柱牛腿   C. 支撑   D. 吊车梁

【14.1.7-7】由荷载传力路径可知：水平荷载中的风荷载通过（ ）传给柱子。

  A. 墙圈梁   B. 柱牛腿   C. 柱间支撑   D. 吊车梁

【14.1.7-8】由荷载传力路径可知：水平荷载中的吊车纵向制动力通过吊车梁传

给( )。
  A. 墙圈梁　　　　B. 柱牛腿　　　　C. 柱间支撑　　　　D. 吊车梁

【14.1.7-9】屋架下弦纵向水平支撑应设在( )。
  A. 有横向水平支撑的节间　　　　B. 屋架下弦中间节间
  C. 有纵向水平支撑的节间　　　　D. 屋架下弦端节间

【14.1.7-10】屋架跨度小于( )m可不设屋架竖向支撑。
  A. 19　　　　B. 18　　　　C. 17　　　　D. 16

【14.1.7-11】屋架跨度为( )m时,屋架中部设一道竖向支撑。
  A. 18～30　　　　B. 15～40　　　　C. 15～30　　　　D. 18～40

【14.1.7-12】屋架跨度为大于( )m时,屋架跨度1/3处各设一道竖向支撑。
  A. 25　　　　B. 30　　　　C. 35　　　　D. 40

【14.1.7-13】对于装配式钢筋混凝土排架结构,在有封闭的墙体内或土中时,伸缩缝最大间距为( )mm。
  A. 80　　　　B. 90　　　　C. 100　　　　D. 110

【14.1.7-14】预制钢筋混凝土柱除了进行使用阶段的强度计算外,还必须进行( )验算。
  A. 强度　　　　B. 刚度　　　　C. 稳定　　　　D. 吊装

【14.1.7-15】牛腿截面高度由( )。
  A. 抗裂要求控制　　　　B. 承载力控制
  C. 经验公式控制　　　　D. 构造要求确定

【14.1.7-16】无檩体系屋盖结构的缺点是( )。
  A. 整体性差　　　　B. 屋盖自重大
  C. 抗震性能差　　　　D. 构造复杂

【14.1.7-17】有檩体系屋盖结构的优点是( )。
  A. 整体性好　　　　B. 构造简单
  C. 抗震性能好　　　　D. 构件重量轻

【14.1.7-18】厂房屋盖的屋架一般假设为( )进行计算。
  A. 理想刚接平面桁架　　　　B. 理想刚接空间桁架
  C. 理想铰接平面桁架　　　　D. 理想铰接空间桁架

【14.1.7-19】屋面均布荷载按水平投影面积汇集为( )荷载,计算屋架杆件的轴力。
  A. 节点荷载　　　　B. 杆件集中荷载
  C. 线荷载　　　　D. 面荷载

【14.1.7-20】牛腿受拉钢筋应配置于( )。
  A. 牛腿下边水平位置
  B. 牛腿上边水平位置
  C. 牛腿下边斜向位置
  D. 牛腿上边加载点至牛腿下边下柱的相交点斜向位置

习题答案及解析

【14.1.7-1】 答案：B

解析：单层厂房结构是由横向排架和纵向连系构件以及支撑等所组成的空间体系。

【14.1.7-2】 答案：C

解析：单层工业厂房结构承受的荷载主要有恒载、活荷载及地震作用。

【14.1.7-3】 答案：A

解析：竖向荷载中屋面板上的雪荷载、屋面荷载通过屋架传给柱子。

【14.1.7-4】 答案：D

解析：竖向荷载中的吊车竖向荷载通过吊车梁及柱牛腿传给柱子。

【14.1.7-5】 答案：B

解析：吊车梁上的竖向荷载作用在柱牛腿。

【14.1.7-6】 答案：D

解析：水平荷载中的吊车横向制动力通过吊车梁传给柱子。

【14.1.7-7】 答案：A

解析：水平荷载中的风荷载通过墙圈梁传给柱子。

【14.1.7-8】 答案：C

解析：水平荷载中的吊车纵向制动力通过吊车梁传给柱间支撑。

【14.1.7-9】 答案：D

解析：屋架下弦纵向水平支撑应设在屋架下弦端节间。

【14.1.7-10】 答案：B

解析：构造要求。

【14.1.7-11】 答案：A

解析：构造要求。

【14.1.7-12】 答案：B

解析：构造要求。

【14.1.7-13】 答案：C

解析：见《混规》第9.1.1条，钢筋混凝土结构伸缩缝的最大间距表。

【14.1.7-14】 答案：D

解析：预制钢筋混凝土柱除了进行使用阶段的强度计算外，还必须进行吊装验算。

【14.1.7-15】 答案：A

解析：牛腿截面高度的经验公式是为了保证牛腿裂度满足使用要求。

【14.1.7-16】 答案：B

解析：无檩体系屋盖结构的缺点是屋盖自重大。

【14.1.7-17】 答案：D

解析：有檩体系屋盖结构的优点是构件重量轻，缺点是构件重量大，整体性较差。

【14.1.7-18】 答案：C

解析：厂房屋盖的屋架一般假设为理想铰接平面桁架进行计算。

【14.1.7-19】 答案：A

解析：屋面均布荷载按水平投影面积汇集为节点荷载荷载，计算屋架杆件的轴力。

【14.1.7-20】答案：B

解析：牛腿受拉钢筋应配置于牛腿上边水平位置。

14.1.8 钢筋混凝土高层及多层房屋

1. 结构体系及布置

(1) 设计基本原则

结构体系是指结构抵抗外部作用的构件类型和组成方式是建筑物的受力（传力）（传载）构件系统。主要分为：竖向结构体系和水平结构体系及基础。

水平结构体系：主要由梁、板等组成的楼板、屋盖等，承担竖向荷载。

竖向结构体系：主要由柱、剪力墙、筒体等构件组成，主要传递（承受）水平力。

(2) 结构体系选择

1) 框架结构

组成构件：由横梁和立柱通过节点连接构成的平面结构体系，如果整幢结构都由框架作为抗侧向力单元，就称为框架结构体系。

优点：①建筑平面布置灵活，分隔方便；②整体性、抗震性能好，结构具有较好的塑性变形能力；③外墙采用轻质填充材料时，结构自重小。

缺点：梁、柱较柔，节点弱，侧向变形大，刚度小，正是这一点，限制了框架结构的建造高度。

受力变形特点：每根杆系弯曲积累，合成以后呈总体剪切形变形特征。

使用范围：高度不大的高层建筑，以15～20层以下为宜，适用于工业、民用建筑高度≤60m。

2) 剪力墙结构

组成构件：一片巨大的钢筋混凝土墙体，相当于固定在底部的悬臂梁。

优点：①整体性好、刚度大，抵抗侧向变形能力强；②抗震性能较好，设计合理时结构具有较好的塑性变形能力。因此剪力墙结构适宜的建造高度比框架结构要高。

缺点：平面布置不灵活，建筑空间分隔不自由，不能提供大空间。结构自重大。

受力变形特点：总体弯曲型（开孔较大时趋于剪切形）。

适用范围：适用于住宅、办公楼。

3) 框架-剪力墙结构

组成构件：将框架、剪力墙两种抗侧力结构结合在一起使用，或者将剪力墙围成封闭的筒体，再与框架结合起来使用，就形成了框架-剪力墙（框架筒体）结构体系。

优点：能获得大空间，房间布置灵活，比全框架增大了侧向刚度，抗震性能好。

缺点：由于建筑功能要求，剪力墙位置往往受到限制，造成刚心、质心不重合，在水平力下产生扭转，另外，超高层不适用。

适用范围：一般广泛用于办公楼、教学楼、病房、旅馆公寓等。

受力变形特点：侧向变形呈总体弯剪型，上下各层层间变形趋于均匀，顶点侧移减小。

4) 筒体结构

实腹筒：由剪力墙围合而成的固定在基础上的悬臂箱形梁。

框筒：由密排柱和刚度很大的密群梁形成的密柱深梁框架围合而成的筒体。

桁架筒：由筒的四壁做成桁架就形成桁架筒。

由此有机组合：

框架筒体：由核心混凝土内筒与外框架通过楼盖组成。

筒中筒：由实腹筒组成内部核心筒外框筒或桁架筒组成外筒通过楼盖组成。

成束筒：两个以上框筒（或其他筒体）排成一起成束状，称为成束筒外筒。

优点：具有很好的空间整体作用和抗风抗震性能，建筑布置灵活，能提供较大的可自由分隔的空间，适用于超高层（30层以上或100m以上）的办公楼、旅馆、综合楼等建筑。

（3）结构布置原则

1）不同结构体系建筑的适用高度

不同结构体系有不同的抗水平力的能力，如超过了某规定的高度（限值），常规设计很难达到各相关规程的要求，即使勉强去设计达到了，也难免在经济上付出较大的代价。

《高层建筑混凝土结构技术规程》JGJ 3—2010（以下简称《高规》）将高层分为A、B两类。

A类：是指目前数量、范围最广泛的建筑（乙、丙类），见表14.1-5，凡超过表14.1-5（如建筑方案要求）则最大高度限制见表14.1-6。

B类：总高度尽量放宽，但其抗震等级及有关计算构造措施均相应加严，另外为保证B类房屋建筑的设计质量还需按有关规定进行超限高层建筑的抗震审查复核。

2）不同结构体系建筑的高宽比限制

对高层建筑最大高宽比限制是概念设计的又一重要体现。高宽比实际上反映了建筑物的"苗条"程度。其目的是对结构刚度、整体稳定、承载能力和经济合理性的宏观控制。高层建筑结构可近似看作固定于基础上的悬臂构件，因此增加建筑的平面尺寸对减少其侧移十分有效。

注：当主体结构与裙房相连时，高宽比按裙房以上的结构的高度与宽度设计。

A类高度钢筋混凝土高层建筑的最大适用高度（m）　　　　表14.1-5

结构体系		非抗震设计	抗震设防烈度				
			6度	7度	8度		9度
					0.20g	0.30g	
框架		70	60	50	40	35	—
框架-剪力墙		150	130	120	100	80	50
剪力墙	全部落地剪力墙	150	140	120	100	80	60
	部分框支剪力墙	130	120	100	80	50	不应采用
筒体	框架-核心筒	160	150	130	100	90	70
	筒中筒	200	180	150	120	100	80
板柱-剪力墙		110	80	70	55	40	不应采用

注：1. 表中框架不含异形柱框架；
2. 部分框支剪力墙结构指地面以上有部分框支剪力墙的剪力结构；
3. 甲类建筑，6、7、8度时宜按本地区抗震设防烈度提高一度后符合本表要求，9度时应专门研究；
4. 框架结构、板柱-剪力墙结构以及9度抗震设防的表列其他结构，当房屋高度超过本表数值时，结构设计应有可靠依据，并采取有效的加强措施。

B类高度钢筋混凝土高层建筑的最大适用高度（m） 表14.1-6

结构体系		非抗震设计	抗震设防烈度			
			6度	7度	8度	
					0.20g	0.30g
框架-剪力墙		170	160	140	120	100
剪力墙	全部落地剪力墙	180	170	150	130	110
	部分框支剪力墙	150	140	120	100	80
筒体	框架-核心筒	220	210	180	140	120
	筒中筒	300	280	230	170	150

注：1. 部分框支剪力墙结构指地面以上有部分框支剪力墙的剪力结构；
2. 甲类建筑，6、7度时宜按本地区设防烈度提高一度后符合本表的要求，8度时应专门研究；
3. 当房屋高度超过表中数值时，结构设计应有可靠依据，并采取有效的加强。

（4）水平承重结构的选型

特点：对保证建筑物的整体稳定和传递水平力有重要作用。结构计算中一般假设楼板平面内刚度为无穷大，使空间问题变为平面问题，大大简化了计算。实际结构中也要求楼板应具有足够的平面内刚度以保持建筑物的空间整体稳定性及有效传递水平力。

《高规》规定：$H>50m$ 的框-剪、筒体及复杂高层均应采用现浇楼盖；剪力墙、框架也宜用现浇楼盖。混凝土强度等级不宜低于C20，不宜高于C40。$H \leqslant 50m$ 时，8、9度框-剪结构也宜用现浇楼盖，6、7度框剪结构可用装配整体式楼盖，但应符合一定构造要求。

$H \leqslant 50m$ 时，框架剪力墙结构可用装配式楼盖，但应符合一定构造要求，见《高规》第4.5.4条。

房屋的顶层、结构转换层、平面复杂或开洞过大的楼层、作为上部结构嵌固部位的地下室楼层应采用现浇楼盖结构且符合一定构造要求，见《高规》第4.5.5条。

现浇预应力混凝土楼板厚度可按跨度的1/50～1/45采用，且不宜小于150mm，并应采取措施防止或减少主体结构对楼板施加预应力的阻碍作用。

（5）下部结构的选型

基础形式有以下几种：

1）柱下独立基础；2）条形基础；3）钢筋混凝土筏形基础。

（6）结构平面布置

平面形状宜简单、规则、对称、均匀。结构平面上刚度、质量、竖向荷载宜分布均匀，并尽量使结构抗侧刚度中心、平面形心、质量中心三心合一以减少扭转效应。

对有抗震要求的B类混合结构及复杂高层建筑，更应简单规则，减少偏心。平面布置时应尽量减少偏心、扭转效应的产生，因为高层对扭转影响特别敏感，且靠增加构件承载力抵抗效果不明显。

楼层平面削弱过大对高层结构非常不利。凡开大洞削弱均应采取构造措施：加厚洞口附近楼板，提高楼板的配筋率；采用双层双向配筋，或加配斜向钢筋；洞口边缘设置边梁、暗梁；在楼板洞口角部集中配置斜向钢筋。

规则结构：指体型规则、平面布置均匀、对称，并具有很好的抗扭刚度；竖向质量和刚度无突变的结构。

三种平面不规则的类型：

① 扭转不规则：楼层的最大弹性水平位移（或层间位移），大于该楼层两端弹性水平位移（或层间位移）平均值的1.2倍。

② 凹凸不规则：结构平面凹进的一侧尺寸，大于相应投影方向总尺寸的30%。

③ 楼板局部不连续：楼板的尺寸和平面刚度急剧变化。

（7）结构竖向布置

竖向体型宜规则、均匀，避免过大的外挑和内收，刚度沿高宜下大上小，逐渐匀变。不应采取严重不规则结构，本层楼层侧向刚度不宜小于相邻上部楼层侧向刚度的70%或其上相邻三层侧向刚度平均值的80%。

A类建筑的楼层层间抗侧力结构的受剪承载力不宜小于上一层受剪承载力的80%，不应小于上一层受剪承载的65%；

B类不应小于上一层受剪承载力的75%。竖向抗侧构件宜上下贯通，否则按部分框支剪力墙、框支核心筒及复杂结构处理。

对结构上下有收进或挑出时，其尺寸要求见《高规》3.5.5条。

三种竖向不规则类型：

① 侧向刚度不规则：该层的侧向刚度小于相邻上一层的70%，或小于其上相邻三个楼层侧向刚度平均值的80%。

② 竖向抗侧力构件不连接：竖向抗侧力构件的内力由水平转换构件向下传递。

③ 楼层承载力突变：抗侧力结构的层间受剪承载力小于相邻上一层的80%。

结论：结构布置尽可能做到简单、规则、均匀、对称，使结构具有足够的承载力、刚度和变形能力，避免因局部破坏而导致整个结构破坏，避免局部突变和扭转效应而形成薄弱部位，使结构具有多道抗震防线。

（8）变形缝的设置

变形缝是伸缩缝、沉降缝、防震缝的总称。

高层建筑宜采用调整平面形状和结构布置，避免结构不规则，亦可采用结构措施如选择节点连接、设刚性层，采取分阶段施工，设后浇带等来解决问题，避免设变形缝。

1）伸缩缝：高层由于温度变化引起，为防止由此引起的房屋开裂，伸缩缝最大间距见表14.1-7。

伸缩缝的最大间距 表14.1-7

结构体系	施工方法	最大间距（mm）
框架结构	现浇	55
剪力墙结构	现浇	45

注：1. 框架-剪力墙的伸缩缝间距可根据结构的具体布置情况取表中框架结构与剪力墙结构之间的数值；

2. 当屋面无保温或隔热措施、混凝土的收缩较大或室内结构因施工外需时间较长时，伸缩间距应适当减小；

3. 位于气候干燥地区、夏季炎热且暴雨频繁地区的结构、伸缩缝的间距宜适当减小。

2）沉降缝：高层建筑中主楼和裙房交接，重量相差大，常设沉降缝，但采取以下措施可不设：①基础为桩基，且支承在基岩上；②调整主楼与裙房的基底土压力，使沉降量基本一致；③预留沉降差，主楼先浇，裙房后浇，或在主裙间留出后浇带，待沉降基本稳定后连为整体。

3）防震缝：高层建筑中如上部结构平面形状需要划分为两个以上单元时，各部分刚度和荷载相差大且无有效措施，另外对于有较大错层时，则其间宜设防震缝，设缝宜符合《高规》第 3.4.10 条规定。

防震缝的最小宽度：①框架 $H \leqslant 15m$，可取 100mm，超过 15m 的部分，6、7、8、9 度相应每增加高度 5m、4m、3m、2m，宜加宽 20mm；②框架-剪力墙结构房屋可按①部分规定的 70%采用，剪力墙结构房屋可按①部分规定的 50%采用，但两者二者均不宜小于 100mm。

两侧结构体系不同时，按不利的结构类型确定房屋高度不同时，防震缝宽度可按较低的房屋高度确定。当相邻结构的基础存在较大沉降差时，宜增大防震缝的宽度。防震缝宜沿房屋全高设置，地下室、基础可不设防震缝，但在与上部防震缝对应处应加强构造和连接。结构单元之间或主楼与裙房之间不宜采用牛腿托梁的做法设置防震缝，否则应采取可靠措施。

2. 框架近似计算

（1）竖向荷载下的内力近似计算方法——分层法

1）两点假定（简化）：①框架侧移较小（对称框架侧移为 0），忽略。②其他上下层梁上竖载对本层构件影响较小，忽略。

2）计算步骤

根据叠加原理：

① 将框架分层。各梁及荷载与原结构相同，远端柱端假定视为固端，原底层柱底仍为固端，底层柱线刚度不变，其他二层及以上柱均因原为弹性嵌固现假定为固端，因此各柱修正线刚度为 0.9，并忽略各梁的水平侧移（即假定有铰支撑）。

② 对各层部分用弯矩分配法或二次弯矩分配法求出弯矩图，其中除底层柱底固定端与原结构相同，则底层柱远端传递系数仍为 1/2，其他二层及以上柱远端弯矩传递系数均为 1/3。

③ 组装叠加

各梁端弯矩即为组装叠加后的终值；各柱将上下两层柱端弯矩相叠加，如果此弯矩与梁端弯矩不平衡，需要更精确时，将该节点的不平衡弯矩做再次分配，叠加各自所得杆端弯矩即为最终弯矩；可由弯矩图求剪力、轴力图。

（2）反弯点法的假定及适用范围

1）基本假定

① 假定框架横梁刚度为无穷大。

② 假定底层柱子的反弯点位于柱子高度的 2/3 处，其余各层柱的反弯点位于柱中。

2）反弯点法的计算步骤

①计算框架梁柱的线刚度，判断是否大于 3。

②计算柱子的侧向刚度。

③将层间剪力在柱子中进行分配，求得各柱剪力值

$$V_{ij} = \frac{d_{ij}}{\sum_{i=1}^{m} d_{ij}} V_{pj}$$

式中：d_{ij}——第 j 层第 i 根柱抗侧移刚度；
V_{pj}——第 j 层的总剪力值；
m——第 j 层的柱的数量。

④ 按反弯点高度计算到柱子端部弯矩

第 1 层第 i 柱：上端弯矩 $(M_{i1}^{上})_c = V_{i1} \cdot h_1/3$

下端弯矩 $(M_{i1}^{下})_c = V_{i1} \cdot 2h_1/3$

第 j 层第 i 柱：则上下端弯矩相等，即

$$(M_{ij}^{上})_c = (M_{ij}^{下})_c = V_{i1} \cdot h/2$$

⑤ 利用节点平衡计算梁端弯矩，进而求得梁端剪力

j 层边柱边梁弯矩

$$(M_j)_b = (M_j^{上})_c + (M_{j+1}^{下})_c$$

j 层中柱的左右梁端弯矩

$$(M_{j左})_b = [(M_j^{上})_c + (M_{j+1}^{下})_c] \frac{i_{bj左}}{i_{bj左} + i_{bj右}}$$

$$(M_{j右})_b = [(M_j^{上})_c + (M_{j+1}^{下})_c] \frac{i_{bj右}}{i_{bj左} + i_{bj右}}$$

⑥ 计算柱子的轴力。

【例 14.1-10】用反弯点法近似计算水平荷载下框架内力时，其基本假定是（　　）。

A. 节点无水平位移，同层各节点角位移相等

B. 节点无水平及角位移

C. 节点无角位移，同层各节点水平位移相等

D. 节点有角位移，无水平位移

【例14.1-10】

解析：用反弯点法近似计算水平荷载下框架内力时，其基本假定是节点无角位移，同层各节点水平位移相等。选 C。

(3) **D 值法**

1) 反弯点法存在的问题

当梁的线刚度与柱的线刚度之比小于 3 时：

A. 梁、柱线刚度接近或梁的线刚度小于柱的线刚度时，框架节点对柱的约束应为弹性支承，不再是固端支承；

B. 柱的抗侧刚度不但与柱的线刚度和层高有关，而且还与梁的线刚度等因素有关。

2) 修正的抗侧刚度 D

$$D_{jk} = \alpha_c \, i_c \, \frac{12}{h_j^2}$$

式中：α_c——考虑柱上下端节点弹性约束的修正系数，其计算公式如下

一般层柱

$$\alpha_c = \frac{K}{2+K}$$

$$K = \frac{i_1 + i_2 + i_3 + i_4}{2 i_c}$$

底层柱

$$\alpha_c = \frac{K+0.5}{2+K}$$

$$K = \frac{i_1+i_2}{2i_c}$$

h_j——该楼层层高；

i_c——柱线刚度。

求得 D 值后，可按与反弯点法类似的推导，得出第 j 层第 k 柱的剪力

$$V_{jk} = \frac{D_{jk}}{\sum_{i=1}^{m} D_{jk}} V_j$$

3) 修正后的柱反弯点高度

柱的反弯点位置取决于该柱上下端转角的比值。

影响柱两端转角的因素有：侧向外荷载的形式、梁柱线刚度比、结构总层数及该柱所在的层次、柱上下横梁线刚度比、上下层层高的变化。

反弯点高度

$$yh = (y_0 + y_1 + y_2 + y_3)h$$

4) 求柱端弯矩（略）

5) 求梁端弯矩（略）

(4) 位移近似计算

水平力下框架侧移由两部分组成：

① 由梁、柱的弯曲变形积累引起的结构侧移，这部分为主要的。

② 由柱轴向变形引起的结构侧移。如层数不多时，柱轴向变形较小，整个框架自下而上的侧移类同竖向悬臂柱在均布水平荷载下的总体剪切变形曲线。

高层建筑中，框架柱轴力加大，由柱轴向变形引起的侧移（呈弯曲型）不能忽略，等同悬臂柱。

对于建筑高度 $H<5m$，或高宽比 $H/B<4$ 的框架，一般只考虑第一种侧移。第 j 层框架层间位移 Δu_j 与层间剪力 V_{Fj} 之间的关系为

$$\Delta u_j = \frac{V_{Fj}}{\sum_{i=1}^{m} D_{jk}}$$

则框架顶点的总位移 u 应为各层间位移之和

$$u = \sum_{j=1}^{m} \Delta u_j$$

3. 叠合梁设计计算要点

叠合梁在装配式框架中应用时，如果在施工阶段对预制部分梁设有可靠的下部支撑，则在竖向荷载作用下的框架内力分析应考虑安装和使用两个阶段。

1) 安装阶段

梁上设计荷载为 q（梁板自重加上施工荷载），梁高为预制部分高度 h，按简支梁计算内力及相应的承载力和挠度。

2) 使用阶段

梁上设计荷载为 $q_2 = q - q_1$，q 为全部使用荷载设计值，梁高为预制部分高度 h_1，加上后浇混凝土高度，梁的总高度为 h，按框架分析内力，其框架梁内力为

$$M_{b中} = M_b^{I} + M_b^{II}$$
$$M'_b = M_b^{II'}$$

式中：M_b^{I} ——安装阶段在 q_1 作用下的跨中弯矩；

M_b^{II}、$M_b^{II'}$ ——分别为使用阶段 q_2 在作用下按框架分析求得的跨中和支座弯矩。

4. 剪力墙结构

（1）剪力墙结构平面协同工作分析

1）在竖向荷载作用下，各片剪力墙承受的压力可近似按各肢剪力墙负荷面积分配；

2）在水平荷载作用下，各片剪力墙承受的水平荷载可按结构平面协同工作分析，即研究水平荷载在各榀剪力墙之间分配问题的一种简化分析方法。

（2）整截面墙的内力和位移计算

在水平荷载作用下，整截面墙可视为上端自由、下端固定的竖向悬臂梁，其任意截面的弯矩和剪力可按照材料力学方法进行计算。

整截面墙的等效刚度计算公式为

$$E_c I_{eq} = \frac{E_c I_w}{1 + \frac{9\mu I_w}{A_w H^2}}$$

式中：E_c ——混凝土的弹性模量；

I_w ——剪力墙惯性矩，小洞口整体截面墙取组合截面惯性矩，整体小开口墙取组合截面惯性矩的 80%；

μ ——截面形状系数，矩形截面 $\mu = 1.2$；

A_w ——无洞口剪力墙的截面积，小洞口整体截面墙取折算截面面积，整体小开口墙取墙肢截面面积之和。

（3）剪力墙分类的判别

1）剪力墙的受力特点

整截面墙如同竖向悬臂构件，截面正应力呈直线分布，沿墙的高度方向弯矩图既不发生突变也不出现反弯点，变形曲线以弯曲型为主。

独立悬臂墙是指墙面洞口很大，连梁刚度很小，墙肢的刚度又相对较大时，即 α 值很小（$\alpha \leqslant 1$）的剪力墙。每个墙肢相当于一个悬臂墙，墙肢轴力为零，各墙肢自身截面上的正应力呈直线分布。弯矩图既不发生突变也无反弯点，变形曲线以弯曲型为主。

整体小开口墙的洞口较小，α 值很大，墙的整体性很好。水平荷载产生的弯矩主要由墙肢的轴力负担，墙肢弯矩较小，弯矩图有突变，但基本上无反弯点，截面正应力接近于直线分布，变形曲线仍以弯曲型为主。

双肢墙（联肢墙）介于整体小开口墙和独立悬臂墙之间，连梁对墙肢有一定的约束作用，仅在一些楼层，墙肢局部弯矩较大，整个截面正应力已不再呈直线分布，变形曲线为弯曲型。

壁式框架是指洞口较宽，连梁与墙肢的截面弯曲刚度接近，墙肢中弯矩与框架柱相似，其弯矩图不仅在楼层处有突变，而且在大多数楼层中都出现反弯点，变形曲线呈整体剪切型。

2）**剪力墙分类判别式**

根据整体工作系数和墙肢惯性矩比 $\dfrac{I_n}{I}$，剪力墙分类的判别如下：

当剪力墙无洞口，或虽有洞口但洞口面积与墙面面积之比不大于 0.16，且孔洞口净距及孔边距离大于孔洞长边尺寸时，按整截面墙计算。

当 $\alpha<1$ 时，可不考虑连梁的约束作用，各墙肢分别按独立的悬臂墙计算。

当 $1\leqslant \alpha <10$ 时，按联肢墙计算。

当 $\alpha \geqslant 10$，且 $\dfrac{I_n}{I}\leqslant \zeta$ 时，按整体小开口墙计算。

当 $\alpha \geqslant 10$，且 $\dfrac{I_n}{I}> \zeta$ 时，按壁式框架计算。

(4) 剪力墙截面设计

1) 墙肢正截面抗弯承载力：略
2) 墙肢斜截面抗剪承载力：略
3) 施工缝的抗滑移验算

按一级抗震等级设计的剪力墙，要防止水平施工缝处发生滑移。水平施工缝处的抗滑移能力宜符合下式要求

$$V_{wj} \leqslant \dfrac{1}{\gamma_{RE}}(0.6 f_y A_s + 0.8N)$$

4) 轴压比限值

抗震设计时，一、二级抗震等级的剪力墙底部加强部位（一般为塑性铰区），其重力荷载代表值作用下墙肢的轴压比不宜超过表 14.1-8 的限值。

剪力墙轴压比限值表　　　　　　　　　　　　表 14.1-8

轴压比	一级（9度）	一级（7、8度）	二级
$\dfrac{N}{f_c A}$	0.4	0.5	0.6

5) 边缘构件的设计

约束边缘构件的设计：约束边缘构件的主要措施是加大约束边缘构件的长度 l_c 及其体积配箍率 ρ_v，体积配箍率 ρ_v 由配箍特征值 λ_v 计算，即

$$\rho_v = \lambda_v \dfrac{f_c}{f_{yv}}$$

构造边缘构件的设计：构造边缘构件按构造要求设置（图 14.1-6），箍筋的无支长度不应大于 300mm，拉筋的水平间距不应大于纵向钢筋间距的 2 倍。当剪力墙端部为端柱时，端柱中纵向钢筋及箍筋宜按框架柱的构造要求配置。

(5) 剪力墙设计构造要求

1) 剪力墙混凝土强度等级

a. 为了保证剪力墙的承载能力和变形要求，剪力墙混凝土强度等级不宜太低；
b. 一般剪力墙结构混凝土强度等级不应低于 C20；
c. 带有筒体和短肢剪力墙结构混凝土强度等级不应低于 C25。

2) 剪力墙截面尺寸

当剪力墙的截面尺寸过小而使截面剪应力过高时，即使配置了很多抗剪钢筋，也会在

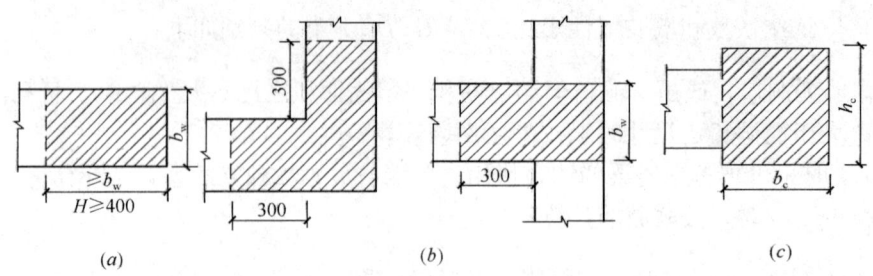

图 14.1-6 剪力墙的边缘构件

早期出现斜裂缝，而且很可能在钢筋还没有来得及发挥作用时，混凝土就已发生剪切破坏。因此，应规定剪力墙截面尺寸的最小值以限制剪力墙截面上的名义剪应力：

无地震作用组合时

$$V_w \leqslant 0.25 \beta_c f_c b_w h_{w0}$$

有地震作用组合时

剪跨比 λ 大于 2.5 时 $\quad V_w \leqslant 0.20 \dfrac{1}{\gamma_{RE}} \beta_c f_c b_w h_{w0}$

剪跨比 λ 不大于 2.5 时 $\quad V_w \leqslant 0.15 \dfrac{1}{\gamma_{RE}} \beta_c f_c b_w h_{w0}$

3）剪力墙开洞时的构造要求

当剪力墙墙面开有非连续小洞口（各边长度小 800mm），且在整体计算中不考虑其影响时，应在洞口四周采取加强措施，以抵抗洞口的应力集中，可将洞口处被截断的分布钢筋分别集中配置在洞口上、下和左、右两边，且钢筋直径不应小于 12mm（如图 14.1-7 所示）。

5. 框架-剪力墙结构

（1）基本要求

双向抗侧力体系

1）在框架-剪力墙结构中，框架与剪力墙协同工作共同抵抗水平荷载，其中剪力墙是结构的主要抗侧力构件；

2）为了使框架-剪力墙结构在两个主轴方向均具有必需的水平承载力和侧向刚度，应在两个主轴方向均匀布置剪力墙，形成双向抗侧力体系；

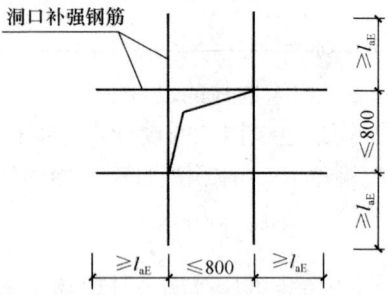

图 14.1-7 剪力墙洞口补强配筋示意

3）如果仅在一个主轴方向布置剪力墙，将造成两个主轴方向结构的水平承载力和侧向刚度悬殊，可能使结构整体扭转，对结构不利。

节点刚性连接与构件对中布置

1）在框架-剪力墙结构中，为了保证结构的整体刚度和几何不变性，同时为提高结构在大震作用下的稳定性而增加其赘余约束，主体结构构件的连接（节点）应采用刚接；

2）梁与柱或柱与剪力的中心线重合，以使内力传递和分布合理，且保证节点核心区的完整性。

（2）剪力墙的布置

1）剪力墙宜均匀布置在建筑物的周边附近、楼梯间、电梯间、平面形状变化或恒载较大的部位，剪力墙的间距不宜过大；平面形状回凸较大时，宜在凸出部分的端部布置剪力墙。

2）纵、横向剪力墙宜组成L形、T形和［形等形式，以使纵墙（横墙）可以作为横墙（纵墙）的翼缘；楼、电梯间等竖井宜尽量与靠近的抗侧力结构结合布置，以增强其空间刚度和整体性。

3）剪力墙布置不宜过分集中，单片剪力墙底部承担的水平剪力不宜超过结构底部总剪力的40%，以免结构的刚度中心与房屋的质量中心偏离过大、墙截面配筋过多以及不合理的基础设计。当剪力墙墙肢截面高度过大时，可用门窗洞口或施工洞形成联肢墙。

4）剪力墙宜贯通建筑物全高，避免刚度突变；剪力墙开洞时，洞口宜上、下对齐。抗震设计时，剪力墙的布置宜使结构各主轴方向的侧向刚度接近。

5）保证框架与剪力墙协同工作，其剪力墙的布置宜符合下列要求：横向剪力墙沿房屋长方向的间距宜满足表14.1-9的要求，当这些剪力墙之间的楼盖有较大开洞时，剪力墙的间距应适当减小；纵向剪力墙不宜集中布置在房屋的两尽端。

剪力墙的间距限制　　　　表14.1-9

楼面形式	非抗震设计（取较小值）	抗震设防烈度（取较小值)		
		6度、7度	8度	9度
现浇	$5.0B$, 60	$4.0B$, 50	$3.0B$, 40	$2.0B$, 30
装配整体	$3.5B$, 50	$3.0B$, 40	$2.5B$, 30	—

（3）框架与剪力墙的协同工作

框架剪力墙结构是由框架和剪力墙组成的结构体系。在水平荷载作用下，平面内刚度很大的楼盖将二者连接在一起组成框架剪力墙结构时，二者之间存在协同工作问题。

特点：

1）在水平荷载作用下，单独剪力墙的变形曲线以弯曲变形为主；单独框架的变形曲线以整体剪切变形为主。

2）在框架剪力墙结构中，其变形曲线介于弯曲型与整体剪切型之间。在结构下部，剪力墙的位移比框架小，墙将框架向左拉，框架将墙向右拉；在结构上部，剪力墙的位移比框架大，框架将墙向左推，墙将框架向右推。

3）二者之间存在协同工作使框架剪力墙结构的侧移大大减小，内力分布更趋合理。

基本假定：

1）楼板在自身平面内的刚度为无限大。这保证了楼板将整个结构单元内的所有框架和剪力墙连为整体，不产生相对变形。

2）房屋的刚度中心与作用在结构上的水平荷载（风荷载或水平地震作用）的合力作用点重合，在水平荷载作用下房屋不产生绕竖轴的扭转。

习　题

【14.1.8-1】高层建筑抗震设计时，应具有（　　）抗震防线。

A. 多道   B. 两道   C. 一道   D. 不需要

【14.1.8-2】下列叙述满足高层建筑规则结构要求的是( )。
A. 结构有较多错层   B. 质量分布不均匀
C. 抗扭刚度低   D. 刚度、承载力、质量分布均匀、无突变

【14.1.8-3】高层建筑结构的受力特点是( )。
A. 竖向荷载为主要荷载,水平荷载为次要荷载
B. 水平荷载为主要荷载,竖向荷载为次要荷载
C. 竖向荷载和水平荷载均为主要荷载
D. 不一定

【14.1.8-4】8 度抗震设防时,框架-剪力墙结构的最大高宽比限值是( )。
A. 2   B. 3   C. 4   D. 5

【14.1.8-5】钢筋混凝土高层结构房屋在确定抗震等级时,除考虑地震烈度、结构类型外,还应该考虑( )。
A. 房屋高度   B. 高宽比   C. 房屋层数   D. 地基土类别

【14.1.8-6】用 D 值法计算水平荷载作用下规则框架的内力时,其基本假定是( )。
A. 同层节点水平位移及角位移相等
B. 同层各节点水平及角位移均不同
C. 同层各节点水平位移相等,角位移不相等
D. 同层各节点水平位移不相等,角位移相等

习题答案及解析

【14.1.8-1】答案:A
解析:高层建筑抗震设计时,应具有多道防线。

【14.1.8-2】答案:D
解析:高层建筑结构应符合刚度、承载力、质量分布均匀、无突变。

【14.1.8-3】答案:C
解析:高层建筑结构的受力特点是竖向荷载和水平荷载均为主要荷载。

【14.1.8-4】答案:C
解析:构造要求。

【14.1.8-5】答案:A
解析:钢筋混凝土高层结构房屋在确定抗震等级时,应考虑地震烈度、结构类型和房屋高度。

【14.1.8-6】答案:A
解析:用 D 值法计算水平荷载作用下规则框架的内力时,其基本假定是同层节点水平位移及角位移相等。

14.1.9 抗震设计一般规定与构造要求

1. 高层建筑结构的抗震设防

(1) 基本烈度:该地区在未来一定时期内(如 50 年)在一般场地条件下可能遭遇的

最大地震烈度。一般采用建筑物所在地区的基本烈度。对于重要和特别重要的建筑加以调整。

建筑根据其使用功能的重要性分为：
甲类建筑：重大建筑工程和地震时可能发生严重次生灾害的建筑；
乙类建筑：地震时使用功能不能中断或需要尽快恢复的建筑；
丙类建筑：除甲、乙、丁类以外的一般建筑；
丁类建筑：抗震次要的建筑。

(2) 设防烈度的取值

除甲类外，其他建筑取本地区基本烈度作为计算设防烈度。确定建筑的抗震构造措施时，除甲类有特殊的规定外对于乙类建筑按基本烈度提高一度作为设防烈度（9度适当增强措施），对于丙类建筑，按原基本烈度，对于丁类建筑，则降低一度设防。国家抗震文件规定，6度区内100万以上人口大城市的高层建筑，抗震计算和构造按7度设防。

(3) 抗震设防的三个水准目标

现阶段，我国的房屋建筑采用三个水准抗震设防目标，即"小震不坏，中震可修，震大不倒"。在小震作用下，房屋应该不需修理并可继续使用；在中震作用下，允许结构局部进入屈服阶段，经过一般修理即可继续使用；在大震作用下，构件可能严重屈服，结构破坏，但房屋不应倒塌、不应出现危及生命财产的严重破坏。

小、中、大震是指概率统计意义上的地震烈度。小震是指该地区50年内超越概率约为63%的地震烈度，即众值烈度，又称多遇地震；中震是指该地区50年内超越概率约为10%的地震烈度，又称基本烈度或设防烈度；大震是指该地区50年内超越概率约为2%～3%的地震烈度，又称为罕遇地震。

各个地区和城市的设防烈度是由国家规定的。某地区的设防烈度，是指基本烈度，也就是指中震。小震烈度大约比基本烈度低1.5度，大震烈度大约比基本烈度高1度。

(4) 两阶段设计

对建筑抗震的三个水准设防要求，是通过"两阶段"设计来实现。

1) 第一阶段

① 采用第一水准烈度的地震动参数，先计算出结构在弹性状态下的地震作用效应，与风、重力等荷载效应组合，并引入承载力抗震调整系数，进行构件截面设计，从而满足第一水准的强度要求；

② 采用同一地震动参数计算出结构的弹性层间位移角，使其不超过规定的限值。同时采取相应的抗震构造措施，保证结构具有足够的延续、变形能力和塑性耗能，从而自动满足第二水准的变形要求。

2) 第二阶段

采用第三水准烈度的地震动参数，计算出结构（特别是柔弱楼层和抗震薄弱环节）的弹塑性层间位移角，使之小于《建筑抗震设计规范》GB 50011—2010（2016年版）（以下简称《抗震规范》）限值，并结合采取必要的抗震构造措施，从而满足第三水准的防倒塌要求。

(5) 地震影响

建筑所在地区遭受的地震影响，应采用相应于抗震设防烈度的设计基本加速度和特征周期表征。抗震设防烈度和设计基本地震加速度的取值对应于表 14.1-10 的规定。设计地震加速度为 0.15g 和 0.30g 地区内的建筑，除《抗震规范》另有规定外，应分别按抗震设防烈度为 7 度和 8 度的要求进行抗震设防设计。

抗震设防烈度和设计基本地震加速度值的对应关系　　　　　表 14.1-10

抗震设防烈度	6	7	8	9
设计基本地震加速度值	0.05g	0.10g(0.15g)	0.20g(0.30g)	0.40g

注：g 为重力加速度。

地震影响的特征周期应根据建筑所在地的设计地震分组和场地类别确定，《抗震规范》的设计地震共分为三组。我国主要城镇（县级及县级以上城镇）中心地区的抗震设防烈度、设计基本加速度值和所属的设计地震分组，可按《抗震规范》附录 A 采用。

（6）结构抗震验算的一般规定

验算范围：除 6 度建筑（Ⅴ类场地上的较高层除外）和规定可不进行验算的结构外，均应验算。验算内容：①截面抗震验算；②抗震变形验算。

多遇地震作用下的弹性变形验算——非结构构件的破坏（表 14.1-11）。

罕遇地震作用下的弹塑性变形验算——抗倒塌。

地震作用下的效应组合　　　　　表 14.1-11

组合类型	地震作用	用途
多遇地震作用下作用效应组合	多遇地震	截面抗震验算
多遇地震作用下短期组合	多遇地震	弹性变形验算
罕遇地震作用下短期组合	罕遇地震	弹塑性变形验算

2. 设计计算基本规定

（1）极限承载能力的验算

极限承载能力验算的一般表达式为：

不考虑地震作用的组合内力：$\gamma_0 S \leqslant R$

考虑地震作用的组合内力：$S_E \leqslant \dfrac{R_E}{\gamma_{RE}}$

式中：S、S_E——由荷载组合得到的构件内力设计值；

R、R_E——不考虑抗震及考虑抗震时构件承载力设计值；

γ_0——结构重要性系数；

γ_{RE}——承载力抗震调整系数，可按表 14.1-12 采用。

承载力抗震调整系数　　　　　表 14.1-12

材料	结构构件	受力状态	γ_{RE}
钢	柱，梁，支撑，节点板件，螺栓，	强度	0.75
	焊缝柱，支撑	稳定	0.80
砌体	两端均有构造柱、芯柱的抗震墙	受剪	0.9
	其他抗震墙	受剪	1.0

续表

材料	结构构件	受力状态	γ_{RE}
混凝土	梁	受弯	0.75
	轴压比小于0.15的柱	偏压	0.75
	轴压比不小于0.15的柱	偏压	0.80
	抗震墙	偏压	0.85
	各类构件	受剪、偏拉	0.85

(2) 结构抗震等级

钢筋混凝土房屋应根据设防烈度、类别、结构类型和房屋高度采用不同的抗震等级(表 14.1-13、表 14.1-14),并应符合相应的计算和构造措施要求。

A 类高度的高层建筑结构抗震等级　　　表 14.1-13

结构类型		烈度						
		6度		7度		8度		9度
框架	高度(m)	≤30	>30	≤30	>30	≤30	>30	≤25
	框架	四	三	三	二	二	一	一
框架-剪力墙	高度(m)	≤60	>60	≤60	>60	≤60	>60	≤50
	框架	四	三	三	二	二	一	一
	剪力墙	三		二		一		一
剪力墙	高度(m)	≤80	>80	≤80	>80	≤80	>80	≤60
	剪力墙	四	三	三	二	二	一	一
框支剪力墙	非底部加强部位剪力墙	四	三	三	二	二		不应采用
	底部加强部位剪力墙	三	二	二	二	一		
	框支框架	二		二		一		
筒体	框筒	框架	三		二		一	一
		核心筒	二		二		一	一
	筒中筒	内筒	三		二		一	一
		外筒	三		二		一	一
板柱-剪力墙	板柱的柱	三		二		一		不应采用
	剪力墙	二		二		二		

B 类高度的高层建筑结构抗震等级　　　表 14.1-14

结构类型		烈度		
		6度	7度	8度
框架-剪力墙	框架	二	一	一
	剪力墙	二	一	特一
剪力墙	剪力墙	二	一	一
框支剪力墙	非底部加强部位剪力墙	二	一	一
	底部加强部位剪力墙	一	一	特一
	框支框架	一	特一	特一

续表

结构类型		烈度		
		6度	7度	8度
框架-核心筒	框架	二	一	一
	核心筒	二	一	特一
筒中筒	内筒	二	一	特一
	外筒	二	一	特一

（3）水平位移验算

1）位移限制

高层建筑的位移要限制在一定范围内，这是因为：①过大的位移会使人感觉不舒服，影响使用。这一点主要是对风荷载而言的，在地震发生时，人的舒适感是次要的。②过大的位移会使填充墙或建筑装修出现裂缝或损坏，也会使电梯轨道变形。③过大的位移会使主体结构出现裂缝甚至破坏。④过大的位移会使结构产生附加内力。

2）高层建筑对位移的限制，实际上是对抗侧移刚度的要求，衡量标准是结构顶点位移和层间位移，《高规》给出了有关位移的限制（表14.1-15）。

$$(\Delta u/h)_{max} \leqslant \Delta u/h$$

高层建筑结构位移限制值　　　　　　　　　　　　表 14.1-15

材料	结构高度	结构类型	限制值
钢筋混凝土结构	不大于150m	框架	1/550
		框架-剪力墙、框筒	1/80
		剪力墙、筒中筒	1/1000
		框支层	1/1000
	不小于125m	各种类型	1/500
钢结构		各种类型	1/250

注：高度在150～250m之间的钢筋混凝土高层建筑，限制值按上表中的两类限制值插入计算。

3）大震下的变形验算

按照我国《抗震规范》提出的"三水准"（小震不坏、中震可修、大震不倒）及"两阶段"（弹性阶段、弹塑性阶段）的设计原则，遇到下列情况时，必须进行罕遇地震作用下的变形验算：

① 7～9度设防的、楼层屈服强度系数小于0.5的框架结构；

② 7～9度设防的、高度较大且沿高度结构的刚度和质量分布很不均匀的高层建筑；

③ 特别重要的建筑。

其中，楼层屈服强度系数 ξ_y 按下式计算

$$\xi_y = \frac{V_y^a}{V_e}$$

式中：V_y^a——按楼层实际配筋及材料强度标准值计算的楼层承载力，以楼层剪力表示；

V_e——在罕遇地震作用下，由等效地震荷载按弹性计算所得的楼层剪力。

3. 对抗震结构的要求

抗震结构体系应根据建筑的抗震设防类别、抗震设防烈度、建筑高度、场地条件、地基、结构材料和施工等因素，经技术、经济和使用条件综合比较确定。

(1) 抗震结构体系

①应具有明确的计算简图和合理的地震作用传递途径；②应避免因部分结构或构件破坏而导致整个结构丧失抗震能力或对重力荷载的承载能力；③应具备必要的抗震承载力、良好的变形能力和消耗地震能量的能力；④对可能出现的薄弱部位，应采取措施提高其抗震能力；⑤宜有多道抗震防线；⑥宜具有合理的刚度和承载力分布，避免因局部削弱或突变形成薄弱部位，产生过大的应力集中或塑性变形集中；⑦结构在两个主轴方向的动力特性宜相近。

(2) 结构构件

抗震结构的构件，应力求避免出现脆性破坏，并采取下列措施，以改善其变形能力。

①砌体结构应按规定设置钢筋混凝土圈梁和构造柱、芯柱，或采用约束砌体、配筋砌体等；②混凝土结构构件应控制截面尺寸和纵向受力钢筋、箍筋的设置，防止剪切破坏先于弯曲破坏、混凝土的压溃先于钢筋的屈服、钢筋的锚固粘结破坏先于钢筋破坏；③预应力混凝土构件，应配有足够的非预应力钢筋；④钢结构构件的尺寸应合理控制，避免局部失稳或整个构件失稳；⑤多、高层的混凝土楼、屋盖宜优先采用现浇混凝土板。当采用混凝土预制装配式楼、屋盖时，应从楼盖体系和构造上采取措施确保各预制板之间连接的整体性。

(3) 构件连接

①构件节点的破坏，不应先于其连接的构件；②预埋件的锚固破坏，不应先于连接件；③装配式结构构件的连接，应能保证结构的整体性；④预应力混凝土构件的预应力钢筋，宜在节点核心区以外锚固。

(4) 装配式单层厂房

各种抗震支撑系统，应保证地震时厂房的整体性和稳定性。

4. 隔震和消能减震

隔震和消能减震设计，可用于对抗震安全性和使用功能有较高要求或专门要求的建筑采用隔震或消能减震设计的建筑，当遭遇到本地区的多遇地震影响、设防地震影响和罕遇地震影响时，可按高于《抗震规范》第1.0.1条的基本设防目标进行设计。

5. 结构材料与施工

抗震结构对材料和施工质量的特别要求，应在设计文件中注明。

(1) 砌体结构材料

① 普通砖和多孔砖的强度等级不应低于MU10，其砌筑砂浆强度等级不应低于M5；

② 混凝土小型空心砌块的强度等级不应低于MU7.5，其砌筑砂浆强度等级不应低于Mb7.5。

(2) 混凝土结构材料

混凝土的强度等级，框支梁、框支柱及抗震等级为一级的框架梁、柱、节点核芯区，不应低于C30；构造柱、芯柱、圈梁及其他各类构件不应低于C20。

混凝土的强度等级，抗震墙不宜超过C60；其他构件，9度时不宜超过C60，8度时不宜超过 C70。

(3) 钢筋

普通钢筋宜优先采用延性、韧性和焊接热性较好的钢筋；普通钢筋的强度等级，纵向受力钢筋宜选用符合抗震性能指标的不低于 HRB400 级热轧钢筋，也可采用符合抗震性能指标的 HRB335 级热轧钢筋。箍筋宜选用符合抗震性能指标的不低于 HRB335 级热轧钢筋，也可选用 HPB300 级热轧钢筋。

抗震等级为一级、二级的框架结构，其纵向受力钢筋采用普通钢筋时，钢筋的抗拉强度实测值与屈服强度实测值的比值不应小于 1.25，钢筋的屈服强度实测值与强度标准值的比值不应大于 1.3，且钢筋在最大拉力下的总伸长率实测值不应小于 9%。

在施工中，当需要以强度等级较高的钢筋替代原设计中的纵向受力钢筋时，应按照钢筋抗拉承载力设计值相等的原则换算，并应满足最小配筋率要求。

(4) 钢结构材料

① 钢材的屈服强度实测值与抗拉强度实测值的比值不应大于 0.85；

② 钢材应有明显的屈服台阶，且伸长率应大于 20%；

③ 钢材应有良好的焊接性和合格的冲击韧性；

④ 钢材宜采用 Q235 等级 B、C、D 的碳素结构钢及 Q345 等级 B、C、D、E 的低合金高强度结构钢；当有可靠依据时，尚可采用其他钢种和钢号；

⑤ 采用焊接连接的钢结构，当接头的焊接约束度较大、钢板厚度不小于 40mm 且承受沿板厚方向的拉力时，钢板厚度方向截面收缩率不应小于国家标准《厚度方向性能钢板》GB/T 5313 关于 Z15 级规定的容许值。

(5) 施工

钢筋混凝土构造柱和底部框架抗震墙房屋中的砌体抗震墙，其施工应先砌墙后浇构造柱和框架梁柱。

6. 构造要求

结构抗震设计包括概念设计、抗震验算与构造要求三部分。构造要求是解决在前两部分的抗震设计与验算中尚未包括到的重要与关键部分，从构造要求上加以补充，以提高结构与结构构件及节点的延性和耗能能力。具体的构造要求很多，可参阅有关规范及结构设计计算手册。下面仅提供应注意的要点。

(1) 框架结构的构造要求

强柱弱梁：设计时应保证在框架结构中，塑性铰首先出现在梁的端部，而不是框架柱先破坏（保证框架柱的抗弯能力大于框架梁）。

强剪弱弯：设计时应保证框架结构在使用过程中，避免在梁发生弯曲破坏之前，发生构件的剪切破坏。

强节点弱构件：设计时应保证框架结构中，避免节点破坏发生在构件破坏之前。

1) 框架梁

梁纵向钢筋的构造要求：

梁纵向受拉钢筋的数量除按计算确定外，还必须考虑温度、收缩应力所需要的钢筋数量，以防止梁发生脆性破坏和控制裂缝宽度。纵向受拉钢筋的最小配筋百分率和最大配筋率要求。沿梁全长顶面和底面应至少各配置两根纵向钢筋，钢筋的直径不应小于12mm。框架梁的纵向钢筋不应与箍筋、拉筋及预埋件等焊接。

梁箍筋的构造要求：

应沿框架梁全长设置箍筋。箍筋的直径、间距及配筋率等要求与一般梁的相同。

2) 梁柱节点

① 现浇梁柱节点

梁柱节点处于剪压复合受力状态，为保证节点具有足够的受剪承载力，防止节点产生剪切脆性破坏，必须在节点内配置足够数量的水平箍筋。节点内的箍筋除应符合上述框架柱箍筋的构造要求外，其箍筋间距不直大于250mm；对四边有梁与之相连的节点，可仅沿节点周边设置矩形箍筋。

② 装配整体式梁柱节点

装配整体式框架的节点设计是这种结构设计的关键环节。设计时应保证节点的整体性；应进行施工阶段和使用阶段的承载力计算。在保证结构整体受力性能的前提下，连接形式力求简单，传力直接受力明确；应安装方便，误差易于调整，并且安装后能较早承受荷载，以便于上部结构的继续施工。

(2) 剪力墙结构的构造要求

连梁顶面、底面纵向受力钢筋伸入墙内的锚固长度，非抗震设计时不应小于l_a；抗震设计时不应小于l_{aE}且不应小于600mm。

抗震设计时，沿连梁全长的构造应按框架梁梁端加密区箍筋的构造要求采用；非抗震设计时，沿连梁全长的箍筋直径不应小于6mm，间距不应大于150mm。

顶层连梁纵向钢筋伸入墙体的长度范围内，应配置间距不大于150mm的构造箍筋，箍筋直径应与该连梁的箍筋直径相同。

墙体水平分布钢筋应作为连梁的腰筋在连梁范围内拉通连续配置，当连梁截面高度大于700mm时，其两侧面沿梁高范围设置的纵向构造钢筋（腰筋）的直径不应小于10mm，间距不应大200mm；对跨高比不大于2.5的连梁，梁两侧的纵向构造钢筋腰筋的面积配筋率不应小于0.3%。

(3) 柱的截面尺寸要求

1) 柱的截面宽度和高度均不宜小于300mm，圆柱直径不宜小于350mm；

2) 剪跨比宜大于2；

3) 截面长边与短边的边长比不宜大于3；

4) 柱轴压比不宜超过表14.1-16的规定，建造于Ⅳ类场地且较高的高层建筑，柱轴压比限值应适当减小。

柱轴压比限值　　　　表14.1-16

结构类型	抗震等级			
	一	二	三	四
框架结构	0.75	0.75	0.85	0.90
框架-抗震墙、板柱-抗震墙、框架-核心筒及筒中筒	0.75	0.85	0.90	0.95

续表

结构类型	抗震等级			
	一	二	三	四
部分框支抗震墙	0.6	0.7	—	—

注：1. 轴压比指柱组合的轴压力设计值与柱的全截面面积和混凝土轴心抗压强度设计值乘积之比值，可不进行地震作用计算的结构，取无地震作用组合的轴力设计值。
2. 表内限值适用于剪跨比大于 2、混凝土强度等级不高于 C60 的柱；剪跨比不大于 2 的柱轴压比限值应降低 0.05，剪跨比小于 1.5 的柱，轴压比限值应专门研究并采取特殊构造措施。
3. 沿柱全高采用井字复合箍筋且箍筋肢距不大于 200mm、间距不大于 100mm、直径不小于 12mm，或沿柱全高采用连续复合螺旋箍，螺旋箍筋净距不大于 100mm，箍筋肢距不大于 200mm、直径不小于 12mm，或沿柱全高采用连续复合矩形螺旋箍，螺旋筋净距不大于 80mm，箍筋肢距不大于 200mm、直径不小于 10mm，轴压比限值均可增加 0.10。
4. 在柱的截面中部附加芯柱，其中另加的纵向钢筋的总面积不少于柱截面面积的 0.8%，轴压比限值可增加 0.05；此项措施与注 3 的措施共同采用时，轴压比限值可增加 0.15 但箍筋的配筋特征值仍可按增加 0.10 的要求确定。
5. 柱轴压比不应大于 1.05。

【例 14.1-11】 钢筋混凝土结构抗震设计中轴压比限值的作用是（　　）。

A. 使混凝土得到充分利用　　　　B. 确保结构的延性
C. 防止构件剪切破坏　　　　　　D. 防止柱的纵向屈曲

解析：框架柱所承受的轴向压力，可影响其变形能力。轴向力愈大，柱的变形能力就愈小，所以轴压比的大小是影响框架柱延性的一个主要因素。钢筋混凝土结构抗震设计中限制轴压比，主要是为了控制结构的延性，防止脆性破坏。

答案为 B。

习　题

【14.1.9-1】 在框架结构的抗震设计中，控制柱轴压比的目的是（　　）。

A. 控制柱在轴压范围内破坏　　　B. 控制柱在小偏压范围内破坏
C. 控制柱在大偏压范围内破坏　　D. 控制柱在双向偏压范围内破坏

【14.1.9-2】《抗震规范》规定：框架-抗震墙房屋的防震缝宽度是框架结构房屋的（　　）。

A. 80%，且不宜小于 70mm　　　B. 70%，且不宜小于 70mm
C. 60%，且不宜小于 70mm　　　D. 90%，且不宜小于 70mm

【14.1.9-3】 框架-剪力墙结构侧移曲线为（　　）。

A. 弯曲型　　　　　　　　　　　B. 剪切型
C. 弯剪型　　　　　　　　　　　D. 复合型

【14.1.9-4】 不属于抗震概念设计的是（　　）。

A. 正确合理地进行选址　　　　　B. 结构总体布置
C. 承载力验算　　　　　　　　　D. 良好的变形能力设计

【14.1.9-5】 框架-抗震墙结构布置中，关于抗震墙的布置，下列做法错误的是（　　）。

A. 抗震墙在结构平面的布置应对称均匀
B. 抗震墙应沿结构的纵横向设置
C. 抗震墙宜与中线重合
D. 抗震墙宜布置在两端的外墙

【14.1.9-6】地震系数表示地面运动的最大加速度与重力加速度之比，一般，地面运动的加速度越大，则地震烈度（　　）。
A. 越低　　　　　B. 不变　　　　　C. 越高　　　　　D. 不能判定

【14.1.9-7】框架结构侧移曲线为（　　）。
A. 弯曲型　　　　　　　　　　B. 复合型
C. 弯剪型　　　　　　　　　　D. 剪切型

【14.1.9-8】抗震设防结构布置原则为（　　）。
A. 合理设置沉降缝　　　　　　B. 增加基础埋深
C. 足够的变形能力　　　　　　D. 增大自重

习题答案及解析

【14.1.9-1】答案：C
解析：在框架结构的抗震设计中，控制柱轴压比的目的为控制柱在大偏压范围内破坏。

【14.1.9-2】答案：B
解析：见《抗震规范》第6.1.4条。

【14.1.9-3】答案：C
解析：框架结构侧移曲线为弯曲型，剪力墙结构侧移曲线为剪切型，框架-剪力墙结构侧移曲线为弯剪型。

【14.1.9-4】答案：C
解析：抗震概念设计包括正确合理地进行选址、结构总体布置、良好的变形能力设计。

【14.1.9-5】答案：D
解析：抗震墙不宜布置在两端的外墙。

【14.1.9-6】答案：C
解析：地震系数表示地面运动的最大加速度与重力加速度之比，一般，地面运动的加速度越大，则地震烈度越高。

【14.1.9-7】答案：D
解析：框架结构侧移曲线为弯曲型，剪力墙结构侧移曲线为剪切型，框架-剪力墙结构侧移曲线为弯剪型。

【14.1.9-8】答案：C
解析：抗震设防结构布置原则是具有足够的变形能力。

14.2 钢结构部分

高频考点梳理

知识点	钢材的性能	钢材的构造措施	钢结构的连接	钢结构轴心受力构件	钢屋盖结构的布置以及各部分的作用	钢结构压弯整体稳定性计算
近三年考核频次	3	1	3	2	2	1

14.2.1 钢材性能

1. 钢结构的特点

(1) 强度高，塑性韧性好；(2) 重量轻；(3) 材质均匀，和力学计算的假定比较符合；(4) 制作简便，施工工期短；(5) 密闭性较好；(6) 耐腐蚀性差；(7) 钢材耐热但不耐火；(8) 钢材的低温脆性。

2. 钢结构对材料的要求

钢的种类繁多，性能差别很大，适用于钢结构的只是一小部分。钢结构的钢必须符合下列要求：

(1) 较高的抗拉强度 f_u 和屈服点 f_y，f_y 是衡量结构承载能力的指标，f_y 高则可减轻结构自重。f_u 是衡量钢材经过较大变形后的抗拉能力，反映钢材内部组织的优劣，f_u 高可以增加结构的安全保障。

(2) 足够的变形能力，较高的塑性和韧性，塑性和韧性好，减轻结构脆性破坏的倾向，通过较大的塑性变形调整局部应力，具有较好的抵抗重复荷载作用的能力。

(3) 良好的工艺性能（包括冷加工、热加工和可焊性能），易于加工成各种形式的结构，不致因加工而对结构的强度、塑性、韧性等造成较大的不利影响。

根据具体工作条件，有时还要求具有适应低温、高温和腐蚀性环境的能力。

3. 钢材的破坏形式

钢材有两种性质完全不同的破坏形式：塑性破坏和脆性破坏。

塑性破坏：由于变形过大，超过了材料或构件可能的应变能力，在构件的应力达到了钢材的抗拉强度后才发生。

脆性破坏：塑性变形很小，甚至没有塑性变形，计算应力可能小于钢材的屈服点，断裂从应力集中处开始。

4. 各种因素对钢材主要性能的影响

(1) 化学成分

铁（Fe）：是钢材的基本元素，纯铁质软，在碳素结构钢中约占99%，碳和其他元素仅占1%，但对钢材的力学性能却有着决定性的影响。

在碳素钢中，碳是仅次于纯铁的主要元素，直接影响钢材的强度、塑性、韧性和可焊性等。碳含量增加，钢的强度提高，而塑性、韧性和疲劳强度下降，同时恶化钢的可焊性和抗腐蚀性。因此，对含碳量要加以限制，一般不应超过0.22%，在焊接结构中还应低于0.20%。

硫和磷（特别是硫）：有害成分，降低钢材的塑性、韧性、可焊性和疲劳强度。高温时，硫使钢变脆—热脆；低温时，磷使钢变脆—冷脆。一般硫的含量应不超过0.045%，磷的含量不超过0.045%。但是，磷可提高钢材的强度和抗锈性。高磷钢，磷含量可达0.12%，这时应减少钢材中的含碳量，以保持一定的塑性和韧性。

氧和氮：有害杂质，氧使钢热脆；氮使钢冷脆。由于氧、氮容易在熔炼过程中逐出，一般不会超过极限含量，故通常不要求做含量分析。

（2）冶金缺陷

常见的冶金缺陷：偏析、非金属夹杂、气孔、裂纹及分层等。

（3）钢材硬化

冷作硬化（或应变硬化）：提高了钢的屈服点，同时降低了钢的塑性和韧性。

时效硬化（俗称老化）：使钢材的强度提高，塑性、韧性下降。

人工时效：时效硬化的过程一般很长，但如在材料塑性变形后加热，可使时效硬化发展特别迅速。

应变时效：应变硬化（冷作硬化）后又加时效硬化。

（4）温度影响

钢材性能随温度变化：温度升高，钢材强度降低，应变增大；温度降低，钢材强度略有增加，塑性和韧性却会降低而变脆。

200℃以内钢材性能没有很大变化，430～540℃之间强度急剧下降，600℃时强度很低不能承担荷载。

蓝脆现象：250℃左右，钢材的强度略有提高，同时塑性和韧性均下降，材料有转脆的倾向，钢材表面氧化膜呈现蓝色。

徐变现象：当温度在260～320℃时，在应力持续不变的情况下，钢材以很缓慢的速度继续变形。

低温冷脆：当温度从常温开始下降，特别是在负温度范围内时，钢材强度虽有提高，但其塑性和韧性降低，材料逐渐变脆。

（5）应力集中

实际上存在着孔洞、截面突变以及钢材内部缺陷等。构件中的应力分布不再均匀，某些区域产生局部高峰应力，另外一些区域应力降低，形成所谓应力集中现象。

高峰区的最大应力与净截面的平均应力之比称为应力集中系数。

静载、常温可不考虑应力集中的影响。

动载、负温应力集中的影响十分突出，引起脆性破坏，故在设计中应采取措施避免或减小应力集中，并选用质量优良的钢材。

（6）反复荷载作用

疲劳：在直接的连续反复的动力荷载作用下，根据试验，钢材的强度将降低，即低于一次静力荷载作用下的拉伸试验的极限强度。

疲劳破坏表现为突然发生的脆性断裂。

钢材的疲劳断裂：微观裂纹在连续重复荷载作用下不断扩展直至断裂的脆性破坏。

钢材的疲劳强度取决于应力集中（或缺口效应）和应力循环次数。

疲劳破坏属高周低应变疲劳，总应变幅小，破坏前荷载循环次数多。规范规定，循环

次数 $N \geqslant 5 \times 10^4$，应进行疲劳计算。

进行疲劳强度计算时，注意：

1) 容许应力幅法，荷载采用标准值，不考虑荷载分项系数和动力系数，应力按弹性工作计算。

2) 应力幅概念，不论应力循环是拉应力还是压应力，只要应力幅超过容许值就产生疲劳裂纹。但在完全压应力（不出现拉应力）循环中，裂纹不会继续发展，故此种情况可不予验算。

3) 根据试验，不同钢种的不同静力强度对焊接部位的疲劳强度无显著影响。故可认为，疲劳容许应力幅与钢种无关。

5. 钢的种类和钢材规格

（1）钢的种类

用途分类：结构钢、工具钢和特殊钢（如不锈钢等）。

结构钢：建筑用钢、机械用钢。

冶炼方法：转炉钢、平炉钢。

脱氧方法：沸腾钢（F）、半镇静钢（B）、镇静钢（Z）和特殊镇静钢（TZ），镇静钢和特殊镇静钢的代号可以省去。

成型方法：轧制钢（热轧、冷轧）、锻钢和铸钢。

化学成分：碳素钢和合金钢。

建筑工程中采用碳素结构钢、低合金高强度结构钢和优质碳素结构钢。

1) 碳素结构钢

按质量等级分为 A、B、C、D 四级。

A 级钢只保证抗拉强度、屈服点、伸长率，必要时尚可附加冷弯试验的要求，化学成分对碳、锰可以不作为交货条件。

B、C、D 级钢均保证抗拉强度、屈服点、伸长率、冷弯和冲击韧性（分别为+20℃，0℃，-20℃）等力学性能，化学成分碳、硫、磷的极限含量。

钢的牌号表示方法：屈服点的字母 Q、屈服点数值、质量等级符号（A、B、C、D）、脱氧方法符号四个部分按顺序组成。

根据厚度（直径）＜16mm 的钢材的屈服点数值，分为 Q195、Q215、Q235、Q255、Q275。

钢结构一般仅用 Q235。

钢的牌号根据需要可为 Q235A、Q235B、Q235C、Q235D 等。

2) 低合金高强度结构钢

牌号表示方法：根据厚度（直径）＜16mm 钢材的屈服点大小，分为 Q295、Q345、Q390、Q420、Q460。

钢的牌号仍有质量等级符号，除与碳素结构钢 A、B、C、D 四个等级相同外增加一个等级 E，主要是要求-40℃的冲击韧性。钢的牌号如：Q345-B、Q390-C 等。

A 级钢应进行冷弯试验，其他质量级别钢如供方能保证弯曲试验结果符合规定要求，可不作检验。Q460 和各牌号 D、E 级钢一般不供应型钢、钢棒。

【例 14.2-1】常用结构钢材中，含碳量不作为交货条件的钢材型号是（　　）。

A. Q345A B. Q235B-b C. Q345B D. Q235A-F

解析：我国碳素结构钢有五种牌号，Q235 是钢结构常用的钢材品种，其质量等级分为 A、B、C、D 四级，由 A 到 D 表示质量由低到高。其中，Q235A 级钢根据买方需要可提供 180°冷弯试验，但无冲击规定，含碳量、含硅量和含锰量不作为交货条件。选 D。

(2) 钢材的选择

选择钢材时考虑的因素有：

1) 重要性
2) 荷载性质

直接承受动态荷载的结构和强烈地震区的结构，应选用综合性能好的钢材；一般承受静态荷载的结构则可选用价格较低的 Q235 钢。

3) 连接方法

连接方法：焊接和非焊接。

焊接结构对材质的要求应严格一些，而非焊接结构对含碳量可降低要求。

4) 结构所处的工作条件

低温时钢材容易冷脆，因此在低温条件下工作的结构，尤其是焊接结构，应选用具有良好抗低温脆断性能的镇静钢。此外，露天结构的钢材容易产生时效，有害介质作用的钢材容易腐蚀、疲劳和断裂，也应加以区别地选择不同材质。

5) 钢材厚度

薄钢材辊轧次数多，轧制的压缩比大，厚度大的钢材压缩比小；所以厚度大的钢材不但强度较小，而且塑性、冲击韧性和焊接性能也较差。

【例 14.2-2】四种厚度不等的 16Mn 钢板，其中（　　）钢板设计强度最高。

A. 16 mm B. 20mm C. 25mm D. 30mm

解析：厚度较大的钢材不但强度小，而且塑性、冲击韧性和焊接性能也比较差。答案为 A。

(3) 钢材选择的规定

承重结构的钢材，应保证抗拉强度、屈服点、伸长率和硫、磷的含量，对焊接结构尚应保证碳的含量。

焊接承重结构以及重要的非焊接承重结构的钢材还应具有冷弯试验的合格保证。

需要验算疲劳的焊接结构的钢材，应具有常温冲击韧性的合格保证。当结构工作温度等于或低于 0℃但高于 -20℃时，Q235 钢和 Q345 钢应具有 0℃冲击韧性的合格保证；对 Q390 和 Q420 钢应具有 -20℃冲击韧性的合格保证；当结构工作温度低于 -20℃时，对 Q235 钢和 Q345 钢应具有 -20℃冲击韧性的合格保证；对 Q390 和 Q420 钢应具有 -40℃冲击韧性的合格保证。

需要验算疲劳的非焊接结构的钢材，应具有常温冲击韧性的合格保证，当结构工作温度等于或低于 -20℃时，对 Q235 钢和 Q345 钢应具有 0℃冲击韧性的合格保证；对 Q390 钢和 Q420 钢应具有 -20℃冲击韧性的合格保证。

习　题

【14.2.1-1】目前我国钢结构设计（　　）。

A. 全部采用以概率理论为基础的近似概率极限状态设计方法

B. 采用分项系数表达的极限状态设计方法

C. 除疲劳计算按容许应力幅、应力按弹性状态计算外，其他采用以概率理论为基础的近似概率极限状态设计方法

D. 部分采用弹性方法，部分采用塑性方法

【14.2.1-2】按承载力极限状态设计钢结构时，应考虑（　　）。

A. 荷载效应的基本组合

B. 荷载效应标准的组合

C. 荷载效应的基本组合，必要时尚应考虑荷载效应的偶然组合

D. 荷载效应的频遇组合

【14.2.1-3】钢材的设计强度是根据（　　）确定的。

A. 比例极限　　　B. 弹性　　　　　C. 屈服点　　　　D. 抗拉强度

【14.2.1-4】钢材的伸长率 δ 是反映材料（　　）的性能指标。

A. 承载能力　　　　　　　　　B. 抵抗冲击荷载能力

C. 弹性变形能力　　　　　　　D. 塑性变形能力

【14.2.1-5】钢结构对动力荷载适应性较强，是由于钢材具有（　　）。

A. 良好的塑性　　　　　　　　B. 高强度和良好的塑性

C. 良好的韧性　　　　　　　　D. 质地均匀、各向同性

【14.2.1-6】下列因素中（　　）与钢构件发生脆性破坏无直接关系。

A. 钢材屈服点的大小　　　　　B. 钢材含碳量

C. 负温环境　　　　　　　　　D. 应力集中

【14.2.1-7】钢材的疲劳破坏属于（　　）破坏。

A. 弹性　　　　　B. 塑性　　　　　C. 脆性　　　　　D. 低周高应变

【14.2.1-8】对钢材的疲劳强度影响不显著的是（　　）。

A. 应力幅　　　　B. 应力比　　　　C. 钢种　　　　　D. 应力循环次数

【14.2.1-9】吊车梁的受拉下翼缘在下列不同板边的加工情况下，疲劳强度最高的是（　　）。

A. 两侧边为轧制边

B. 两侧边为火焰切割边

C. 一侧边为轧制边，另一侧边为火焰切割边

D. 一侧边为刨边，另一侧边为火焰切割边

习题答案及解析

【14.2.1-1】答案：C

解析：除疲劳计算按容许应力幅、应力按弹性状态计算外，目前我国钢结构设计其他采用以概率理论为基础的近似概率极限状态设计方法。

【14.2.1-2】答案：C

解析：按承载力极限状态设计钢结构时，应考虑荷载效应的基本组合，必要时尚应考虑荷载效应的偶然组合。

【14.2.1-3】答案：C

解析：钢材的设计强度是根据屈服点确定的。

【14.2.1-4】答案：D

解析：钢材的伸长率δ是反映材料塑性变形能力的性能指标。

【14.2.1-5】答案：C

解析：钢结构对动力荷载适应性较强，是由于钢材具有良好的韧性。

【14.2.1-6】答案：A

解析：钢材屈服点的大小与钢构件发生脆性破坏无直接关系，其余三项均会导致钢材的脆性破坏。

【14.2.1-7】答案：C

解析：钢材的疲劳断裂属于脆性破坏。

【14.2.1-8】答案：C

解析：钢材的疲劳强度与钢种（强度）无关。

【14.2.1-9】答案：A

解析：刨边和火焰切割边相比于轧制边有着更大的应力集中和残余应力，因此疲劳强度会降低。

14.2.2 钢结构的连接

1. 钢结构的连接方法和特点

连接方法：焊缝连接、铆钉连接和螺栓连接三种（图14.2-1）。

 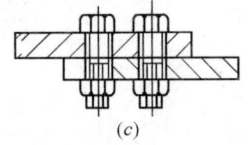

图 14.2-1 钢结构的连接方法

(a) 焊接连接；(b) 铆钉链接；(c) 螺栓连接

（1）焊接连接

焊接是最主要的连接方法。

钢结构常用焊接方法：通常采用电弧焊（包括手工电弧焊）、埋弧焊（自动或半自动焊）以及气体保护焊等。

（2）螺栓连接

分为普通螺栓连接和高强度螺栓连接两种。

1) 普通螺栓连接

普通螺栓分为 A、B、C 三级。

A 与 B 级为精制螺栓，C 级为粗制螺栓。

C 级螺栓材料性能等级为 4.6 级或 4.8 级，小数点前面的数字表示螺栓成品的抗拉强度不小于 $400N/mm^2$，小数点及小数点以后数字表示其屈强比为 0.6 或 0.8。A 级和 B 级螺栓材料性能等级则为 5.6 级或 8.8 级。

螺栓孔的直径比螺栓杆的直径大 1.5～2mm。螺栓杆与螺栓孔之间有较大的间隙，受剪力作用时，将会产生较大的剪切滑移，连接的变形大。安装方便，且能有效地传递拉力，可用于沿螺栓杆轴受拉的连接中，以及次要结构的抗剪连接或安装时的临时固定。

2）高强度螺栓连接

两种类型：摩擦型连接、承压型连接。

摩擦型连接：依靠摩擦阻力传力，并以剪力不超过接触面摩擦力作为设计准则；

承压型连接：允许接触面滑移，以连接达到破坏的极限承载力作为设计准则。

采用45号钢、40B钢和20MnTiB钢加工而成，经热处理后，螺栓抗拉强度应分别不低于$800N/mm^2$和$1000N/mm^2$，即前者的性能等级为8.8级，后者的性能等级为10.9级。

摩擦型连接螺栓的孔径比螺栓公称直径大1.5～2.0mm；承压型连接高强度螺栓的孔径比螺栓公称直径大1.0～1.5mm。

摩擦型连接的剪切变形小，弹性性能好，施工较简单，可拆卸，耐疲劳，特别适用于承受动力荷载的结构。

承压型连接的承载力高于摩擦型，连接紧凑，但剪切变形大，故不得用于承受动力荷载的结构中。

2. 焊缝和焊接连接的形式

(1) 焊缝的形式：角焊缝、对接焊缝。

角焊缝：连接板件不必坡口，焊缝金属填充在连接板件形成的直角或斜角区域内。

直角角焊缝：两焊脚边的夹角为90°，微凸的等腰直角三角形，直角边边长h_f称为角焊缝的焊脚尺寸。$h_e=0.7h_f$为直角角焊缝的有效厚度（图14.2-2）。

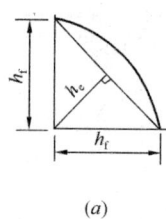
(a)

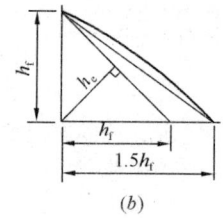
(b)

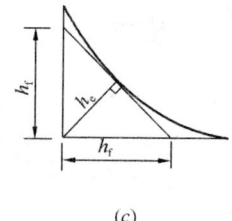
(c)

图14.2-2 直角角焊缝截面

(2) 焊接连接的形式

1）焊接连接形式

被连接板件的相互位置：对接、搭接、T形连接和角部连接四种。

连接所采用的焊缝主要有对接焊缝和角焊缝。

对接连接：主要用于厚度相同或接近相同的两构件的相互连接。

T形连接：省工省料，常用于制作组合截面。

角部连接：主要用于制作箱形截面。

2）焊缝的施焊位置

平焊、横焊、立焊及仰焊。平焊（又称俯焊）施焊方便。立焊和横焊要求焊工的操作水平比平焊高一些。仰焊的操作条件最差，焊缝质量不易保证，因此应尽量避免采用仰焊。

(3) 焊缝缺陷和质量检验

1) 焊缝缺陷

焊缝缺陷：焊接过程中产生于焊缝金属或附近热影响区钢材表面或内部的缺陷。

常见的缺陷：裂纹、焊瘤、烧穿、弧坑、气孔、夹渣、咬边、未熔合、未焊透等；焊缝尺寸不符合要求、焊缝成形不良等。

裂纹是焊缝连接中最危险的缺陷。

2) 焊缝质量检验

缺陷削弱焊缝受力面积，焊缝处应力集中，对连接的强度、冲击韧性及冷弯性能等均有不利影响。焊缝质量检验极为重要。

外观检查：检查外观缺陷和几何尺寸。

内部无损检验：检查内部缺陷。

《钢结构工程施工质量验收规范》规定焊缝按其检验方法和质量要求分为一、二、三级。三级焊缝只要求对全部焊缝作外观检查且符合三级质量标准；一级、二级焊缝除外观检查外，还要求一定数量的超声波检验并符合相应级别的质量标准。

(4) 角焊缝的构造要求和计算

角焊缝按其与作用力的关系可分为：

① 正面角焊缝：焊缝长度方向与作用力垂直；
② 侧面角焊缝：焊缝长度方向与作用力平行；
③ 斜焊缝：焊缝长度方向与作用力方向成一角度；
④ 围焊缝：正面、侧面、斜焊缝组成的混合焊缝。

侧面角焊缝（图14.2-3）主要承受剪应力，塑性较好，弹性模量低，强度也较低。

传力线通过时产生弯折，应力沿焊缝长度方向的分布不均匀，呈两端大而中间小的状态。

焊缝越长，应力分布不均匀性越显著，但在临界塑性工作阶段时，产生应力重分布，可使应力分布的不均匀现象渐趋缓和。

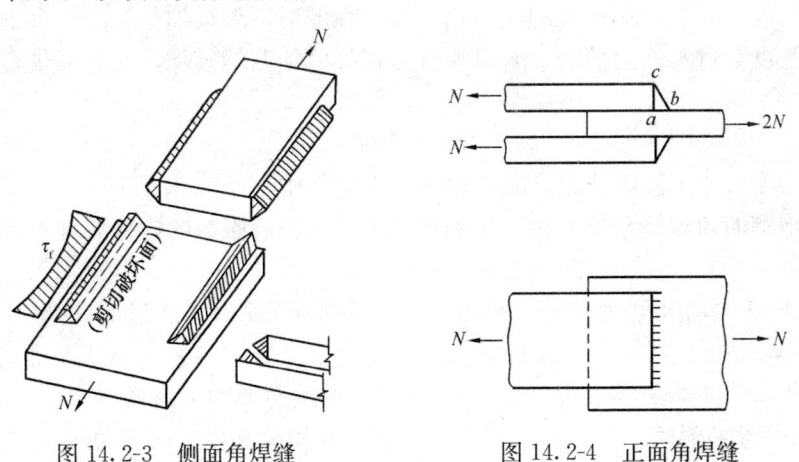

图14.2-3 侧面角焊缝　　　图14.2-4 正面角焊缝

正面角焊缝（图14.2-4）受力复杂，截面中的各面均存在正应力和剪应力，焊根处存在着很严重的应力集中。

正面角焊缝的破坏强度高于侧面角焊缝，但塑性变形能力差。

斜焊缝的受力性能和强度值介于正面角焊缝和侧面角焊缝之间。

1) 角焊缝的构造要求——最小焊脚尺寸

焊脚尺寸过小，施焊时冷却速度过快，产生淬硬组织，导致母材开裂。

焊脚尺寸

$$h_f \geqslant 1.5\sqrt{t_2}$$

t_2 为较厚焊件厚度（mm），焊脚尺寸取整数。

自动焊熔深较大，最小焊脚尺寸可减小 1mm；T 形连接的单面角焊缝，增加 1mm；当焊件厚度小于或等于 4mm 时，取与焊件厚度相同。

2) 最大焊脚尺寸

避免焊缝收缩时产生较大的残余应力和残余变形，热影响区扩大，产生热脆，较薄焊件烧穿，除钢管结构外，焊脚尺寸

$$h_f \leqslant 1.2 t_1$$

t_1 为较薄焊件厚度（mm）。

板件边缘的焊缝：板件厚度 $t > 6mm$ 时，$h_f \leqslant t - (1\sim2)$ mm

$T \leqslant 6mm$ 时，取 $h_f \leqslant t$。

3) 角焊缝的最小计算长度

焊脚尺寸大而长度较小时，焊件的局部加热严重，焊缝起灭弧所引起的缺陷相距太近，以及焊缝中可能产生的其他缺陷（气孔、非金属夹杂等），使焊缝不够可靠。

搭接连接的侧面角焊缝，如果焊缝长度过小，由于力线弯折大，会造成严重应力集中。为了使焊缝能够具有一定的承载能力，侧面角焊缝或正面角焊缝的计算长度不得小于 $8h_f$ 和 40mm。

4) 侧面角焊缝的最大计算长度

侧面角焊缝在弹性阶段沿长度方向受力不均匀，两端大中间小。焊缝越长，应力集中越明显。

若焊缝长度适宜，两端点处的应力达到屈服强度后，继续加载，应力会渐趋均匀。

若焊缝长度超过某一限值时，有可能首先在焊缝的两端破坏，故一般规定侧面角焊缝的计算长度

$$l_w \leqslant 60 h_f$$

当实际长度大于上述限值时，其超过部分在计算中不予考虑。

若内力沿侧面角焊缝全长分布，比如焊接梁翼缘板与腹板的连接焊缝，计算长度可不受上述限制。

【例 14.2-3】计算角焊缝抗剪承载力时需要限制焊缝的计算长度，主要考虑了（　　）。

A. 焊脚尺寸的影响　　　　　　B. 焊缝剪应力分布的影响

C. 钢材标号的影响　　　　　　D. 焊缝检测方法的影响

【例14.2-3】

解析：角焊缝抗剪时，多为侧面角焊缝。侧面角焊缝在弹性工作阶段沿长度方向受力不均，两端大而中间小。如果焊缝长度不是太大，焊缝两端达到屈服强度后，继续加载，应力会渐趋均匀；焊缝长度越长，当焊缝过长后，可能破坏首先发生在焊

缝两端。选 B。

5）搭接连接的构造要求

当板件端部仅有 2 条侧面角焊缝时，连接的承载力与 b/l_w 有关，b 为两侧焊缝的距离，l_w 为侧焊缝长度。当 $b/l_w>1$ 时，连接的承载力随着 b/l_w 比值的增大而明显下降。

为使连接强度不致过分降低，要求 $b/l_w \leqslant 1$。

为避免焊缝横向收缩，引起板件向外发生较大拱曲，b 不宜大于 $16t$（$t>12mm$）或 $190mm$（$t\leqslant 12mm$），t 为较薄焊件的厚度。

搭接连接中，仅采用正面角焊缝时，搭接长度不得小于焊件较小厚度的 5 倍，也不得小于 25mm（图 14.2-5）。

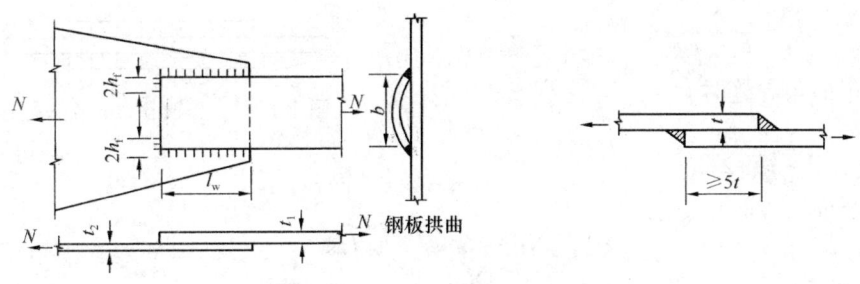

图 14.2-5 搭接连接示意图

6）减小角焊缝应力集中的措施

端部搭接采用三面围焊时，在转角处截面突变，会产生应力集中，如在此处起灭弧，可能出现弧坑或咬肉等缺陷，从而加大应力集中的影响，故所有围焊的转角处必须连续施焊。

对于非围焊情况，当角焊缝的端部在构件转角处时，可连续地作长度为 $2h_f$ 的绕角焊。

3. 直角角焊缝的计算

直角角焊缝强度计算的基本公式

试验表明，直角角焊缝的破坏常发生在 45°的最小截面，此截面（有效厚度与焊缝计算长度的乘积）称为焊缝的有效截面或计算截面。

（1）直角角焊缝在各种应力共同作用下的计算式：

$$\sqrt{\left(\frac{\sigma_f}{\beta_f}\right)^2 + \tau_f^2} \leqslant f_f^w$$

$$\sigma_f = \frac{N_y}{h_e l_w}$$

$$\tau_f = \frac{N_x}{h_e l_w}$$

式中：β_f——正面角焊缝的强度增大系数，直接承受动力荷载时取 1.0；
N_y——垂直于焊缝长度方向的轴向力；
h_e——直角角焊缝的有效厚度，$h_e=0.7h_f$；
l_w——焊缝的计算长度，考虑起灭弧缺陷，按各条焊缝的实际长度每端减去 h_f 计算；

N_x ——在焊缝有效截面上引起平行于焊缝长度方向的剪应力；
f_f^w ——角焊缝强度设计值。

角焊缝的基本计算公式。只要将焊缝应力分解为垂直于焊缝长度方向的应力和平行于焊缝长度方向的应力，基本公式就可适用于任何受力状态。

(2) 轴心力作用的角焊缝连接计算

1) 盖板连接的角焊缝计算（图 14.2-6）

轴心力通过焊缝中心时，认为焊缝应力是均匀分布的。

只有侧面角焊缝时

$$\tau_f = \frac{N}{h_e \Sigma l_w} \leqslant f_f^w$$

只有正面角焊缝时

$$\sigma_f = \frac{N}{h_e \Sigma l_w} \leqslant \beta_f f_f^w$$

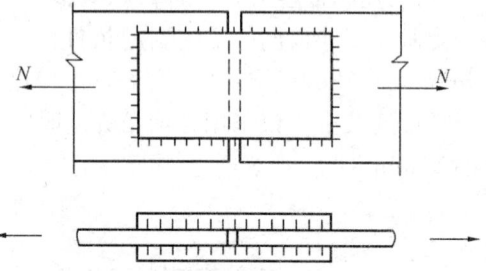

图 14.2-6 受轴心力的盖板连接

采用三面围焊时

$$N_1 = \beta_f f_f^w \Sigma h_e l_{w1}$$

$$\tau_f = \frac{N - N_1}{\Sigma h_e l_{w1}} \leqslant f_f^w$$

2) 承受斜向轴心力的角焊缝连接计算（图 14.2-7）

直接法：

$$\frac{N}{\Sigma h_e l_w} \leqslant \beta_{f\theta} f_f^w$$

$$\beta_{f\theta} = \frac{1}{\sqrt{1 - \sin^2 \frac{\theta}{3}}}$$

(3) 弯矩、轴心力和剪力共同作用的角焊缝连接计算（图 14.2-8）

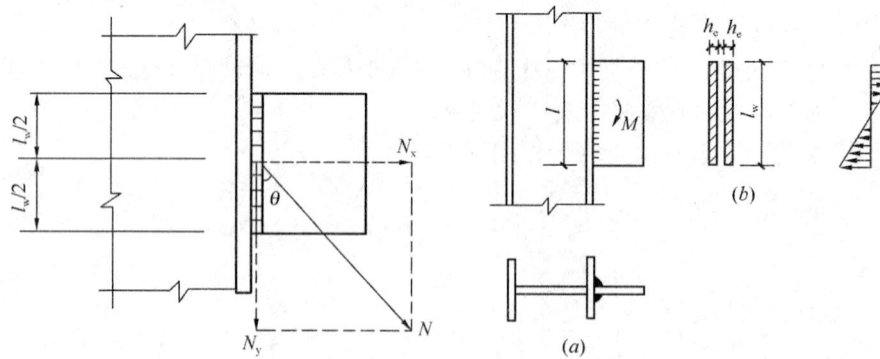

图 14.2-7 斜向轴心力作用　　图 14.2-8 受弯矩作用的角焊缝构件

1) 弯矩作用的角焊缝连接计算

$$\sigma_f = \frac{M}{W_w} = \frac{6M}{2 h_e l_w^2} \leqslant \beta_f f_f^w$$

2) 弯矩、轴心力和剪力共同作用的角焊缝连接计算（图 14.2-9）

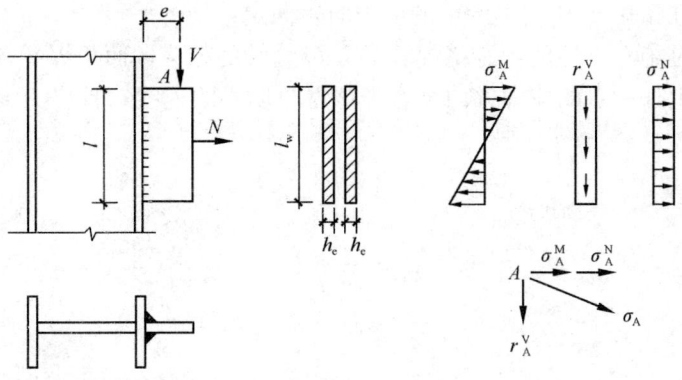

图 14.2-9 弯矩、轴心力和剪力共同作用的角焊缝

$$\sigma_f = \frac{6M}{2\,h_e\,l_w^2} + \frac{N}{2h_e\,l_w}$$

$$\tau_f = \frac{V}{2h_e\,l_w}$$

$$\sqrt{\left(\frac{\sigma_f}{\beta_f}\right)^2 + \tau_f^2} \leqslant f_f^w$$

工字梁（或牛腿）与钢柱翼缘的角焊缝连接，通常承受弯矩和剪力的共同作用。计算时通常假设腹板焊缝承受全部剪力，弯矩则由全部焊缝承受。

（4）扭矩和剪力共同作用的角焊缝连接计算

1）扭矩作用的环形角焊缝计算（图 14.2-10）

焊缝的有效厚度比圆环直径小得多，可视为薄壁圆环的受扭问题。有效截面任一点上所受的切线方向的剪应力

$$\tau_f = \frac{T \times r}{I_p} \leqslant f_f^w$$

式中：r——圆心至焊缝有效截面中线的距离；

I_p——焊缝有效截面的惯性矩，$I_p = 2\pi h_e r^3$。

2）扭矩作用的角焊缝计算（图 14.2-11）

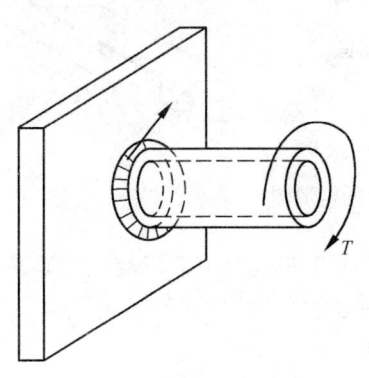

图 14.2-10 扭矩作用下的环形角焊缝

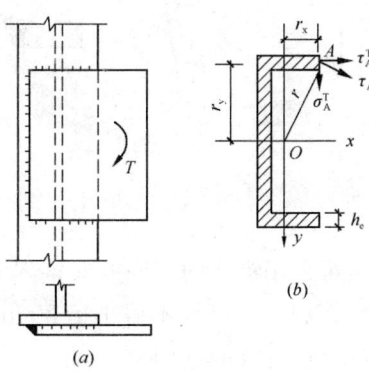

图 14.2-11 扭矩作用下的角焊缝

计算角焊缝在扭矩 T 作用下产生的应力时，假定：

① 被连接件是绝对刚性的，有绕焊缝形心 O 旋转的趋势，而角焊缝本身是弹性；

② 角焊缝群上任一点的应力方向垂直于该点与形心的连线，且应力大小与连线长度 r 成正比。

$$\tau_f = \frac{T \times r_y}{I_p}$$

$$\sigma_f = \frac{T \times r_x}{I_p}$$

$$\sqrt{\left(\frac{\sigma_f}{\beta_f}\right)^2 + \tau_f^2} \leqslant f_f^w$$

4. 对接焊缝的构造要求

(1) 对接焊缝的强度

焊缝按其检验方法和质量要求分为一级、二级和三级。三级焊缝对全部焊缝作外观检查；一级、二级焊缝除外观检查外还要求一定数量的超声波检验。

如焊缝中不存在缺陷，焊缝金属的强度高于母材。

但焊缝中可能有气孔、夹渣、咬边、未焊透等缺陷。焊接缺陷对受压、受剪的对接焊缝影响不大，可认为受压、受剪的对接焊缝与母材强度相等，但受拉的对接焊缝对缺陷甚为敏感，由于三级检验的焊缝允许存在的缺陷较多，故其抗拉强度为母材强度的 85%，而一、二级焊缝的抗拉强度可认为与母材强度相等。

(2) 对接焊缝的构造要求（图 14.2-12）

对接焊缝拼接处，焊件宽度不同或厚度在一侧相差 4mm 以上，应在宽度方向或厚度方向从一侧或两侧做成坡度不大于 1:2.5（直接承受动力荷载时不大于 1:4）的斜角，以使截面过渡，减小应力集中。

弧坑等缺陷对承载力影响极大，焊接时一般应设置引弧板和引出板，焊后将它割除。受静力荷载设置引弧（出）板困难时，允许不设置，此时焊缝计算长度等于实际长度减 $2t$。t 为连接件的较小厚度，在 T 形接头中 t 为腹板的厚度。

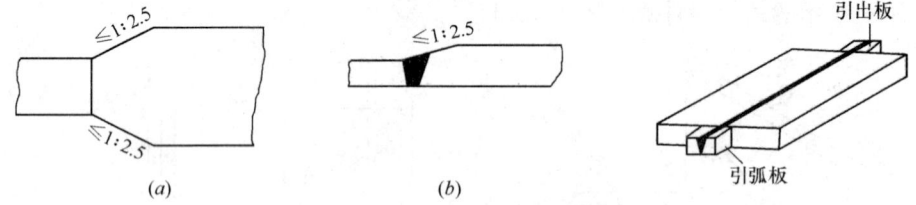

图 14.2-12 对接焊缝的构造图

钢板拼接可采用纵横两方向的对接焊缝，十字或 T 形交叉，T 形交叉时距离不得小于 200mm，且拼接料的长度均不得小于 300mm（图 14.2-13）。

(3) 焊缝质量等级的选用

规范对焊缝质量等级的选用有如下规定：

1) 需要进行疲劳计算的构件中，垂直于作用力方向的横向对接焊缝受拉时应为一级，受压时应为二级。

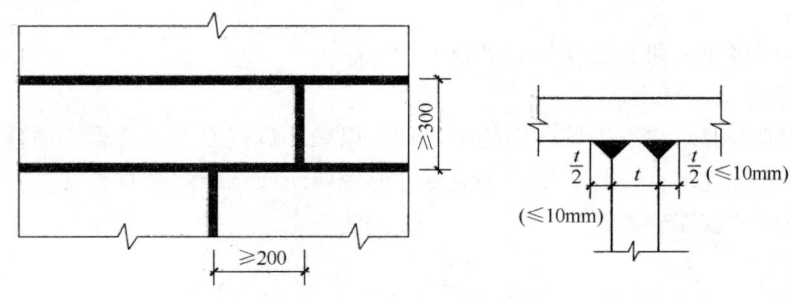

图 14.2-13 T 形拼接的构造

2）在不需要进行疲劳计算的构件中，要求与母材等强的受拉对接焊缝应不低于二级；受压时宜为二级。

3）重级工作制和起重量 $Q>50t$ 的中级工作制吊车梁的腹板与上翼缘板之间以及吊车桁架上弦杆与节点板之间的 T 形接头焊透的对接与角接组合焊缝，不应低于二级。

4）由于角焊缝的内部质量不易探测，故规定其质量等级一般为三级，只对直接承受动力荷载且需要验算疲劳和起重量 $Q>50t$ 的中级工作制吊车梁才规定角焊缝的外观质量应符合二级。

5. 焊接应力和焊接变形

（1）焊接应力的分类

1）纵向焊接应力：沿焊缝长度方向；

2）横向焊接应力：垂直于焊缝长度方向；

3）厚度方向的焊接应力。

（2）焊接残余应力对结构性能的影响

1）对结构静力强度的影响

常温工作并具有一定塑性的钢材，静荷作用下，焊接应力不影响结构的静力强度。

2）对结构刚度的影响

构件上存在焊接残余应力会降低结构的刚度。

3）对受压构件承载力的影响

焊接残余应力使构件的有效面积和有效惯性矩减小，从而必定降低其稳定承载力。

4）对低温冷脆的影响

厚板或具有交叉焊缝将产生三向焊接拉应力，阻碍了塑性变形的发展，增加了钢材在低温下的脆断倾向。

5）对疲劳强度的影响

焊缝及其附近的主体金属残余拉应力通常达到钢材的屈服点，此部位正是形成和发展疲劳裂纹最为敏感的区域。焊接残余应力对结构的疲劳强度有明显不利影响。

（3）焊接变形

焊接过程中，由于不均匀的加热和冷却，焊接区在纵向和横向收缩时，导致构件产生局部鼓曲、弯曲、歪曲和扭转等。焊接变形包括纵、横收缩，弯曲变形，角变形和扭曲变形等，通常是几种变形的组合。

任一焊接变形超过验收规范的规定时，必须进行校正，以免影响构件在正常使用条件下的承载能力。

(4) 减少焊接应力和焊接变形的措施

1) 设计措施

①尽可能使焊缝对称于构件截面的中性轴,以减小焊接变形。②采用适宜的焊脚尺寸和焊缝长度。③焊缝不宜过分集中。④应尽量避免两条或三条焊缝垂直交叉。⑤尽量避免在母材厚度方向的收缩应力。

2) 工艺措施

① 合理的施焊次序:采用分段退焊,厚焊缝采用分层焊,工字形截面按对角跳焊。

② 采用反变形:施焊前给构件一个与焊接变形反方向的预变形,使之与焊接所引起的变形相抵消,从而达到减小焊接变形的目的。

③ 小尺寸焊件:焊前预热,或焊后回火加热至600℃左右,然后缓慢冷却,可以消除焊接应力和焊接变形。也可采用刚性固定法将构件加以固定来限制焊接变形,但却增加了焊接残余应力。

6. 螺栓和铆钉连接的排列和构造要求

螺栓和铆钉的排列分为并列和错列两种形式(图14.2-14)。并列比较简单整齐,布置紧凑,连接板尺寸小,螺栓孔对构件截面削弱较大。错列可以减小对截面的削弱,但螺栓排列松散,连接板尺寸较大。

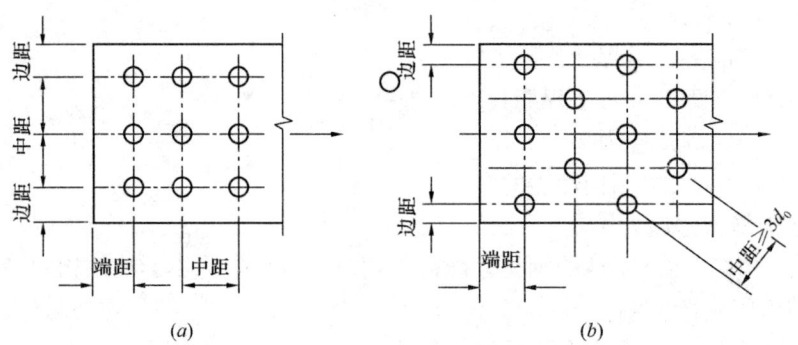

图14.2-14 螺栓的并列和错列

螺栓和铆钉在构件上的排列应考虑以下要求:

1) 受力要求

垂直于受力方向:受拉构件各排螺栓的中距及边距不能过小,以免使螺栓周围应力集中相互影响,钢板截面削弱过多,降低其承载能力。在顺力作用方向:端距应按被连接件材料的抗挤压及抗剪切等强度条件确定,以使钢板在端部不致被螺栓冲剪破坏,端距不应小于$2d_0$;中距不宜过大,否则被连接板件间容易发生鼓曲现象。

2) 构造要求

中距及边距不宜过大,否则连接板件间不能紧密贴合,潮气侵入缝隙使钢材锈蚀。

3) 施工要求

保证一定空间,便于打锚和采用扳手拧紧螺帽。根据扳手尺寸和工人的施工经验,规定最小中距为$3d_0$。

根据以上要求规范规定了螺栓和铆钉的容许距离。

7. 普通螺栓连接的工作性能和计算

(1) 普通螺栓的抗剪连接

1) 抗剪连接的工作性能

螺栓抗剪连接达到极限承载力时，可能的破坏形式：

① 栓杆直径较小时，栓杆可能先被剪断；

② 栓杆直径较大、板件较薄时，板件可能先被挤坏，栓杆和板件的挤压是相对的，也把这种破坏叫做螺栓承压破坏；

③ 板件截面可能因螺栓孔削弱截面太多而被拉断；

④ 端距太小，端距范围内的板件有可能被栓杆冲剪破坏。

第③种破坏形式属于构件的强度计算；第④种破坏形式由螺栓端距$\geqslant 2d_0$来保证。因此，抗剪螺栓连接的计算只考虑第①、②种破坏形式。

2) 一个普通螺栓的抗剪承载力

普通螺栓连接的抗剪承载力，应考虑螺栓杆受剪和孔壁承压两种情况。

假定螺栓受剪面上的剪应力均匀分布，一个抗剪螺栓的抗剪承载力设计值为

$$N_v^b = n_v \frac{\pi d^2}{4} f_v^b$$

式中：n_v——受剪面数目，单剪 $n_v=1$，双剪 $n_v=2$，四剪 $n_v=4$；

d——螺栓杆直径（螺栓的公称直径）；

f_v^b——螺栓抗剪强度设计值。

螺栓的实际承压应力分布情况难以确定，简化计算，假定螺栓承压应力分布于螺栓直径平面上，且假定该承压面上的应力为均匀分布，则一个抗剪螺栓的承压承载力设计值式为

$$N_c^b = d \sum t f_c^b$$

式中：$\sum t$——在同一受力方向的承压构件的较小总厚度；

f_c^b——螺栓承压强度设计值。

3) 轴心剪力作用的普通螺栓群计算

试验表明，螺栓群承受轴心剪力时，螺栓群在长度方向各螺栓受力不均匀，两端大，中间小。

当沿受力方向的连接长度 $l_1 \leqslant 15d_0$ 时，连接工作进入弹塑性阶段后，内力发生重分布，螺栓群中各螺栓受力逐渐均匀，故可认为轴心力 N 由每个螺栓平均分担，螺栓数为

$$n = \frac{N}{N_{min}^b}$$

式中：N_{min}^b——一个螺栓抗剪承载力设计值与承压承载力设计值的较小值。

当 $l_1 > 15d_0$ 时，连接工作进入弹塑性阶段后，各螺杆所受内力不易均匀，端部螺栓首先达到极限强度而破坏，随后由外向里依次破坏。为防止端部螺栓提前破坏，因此，当 $l_1 > 15d_0$ 时，螺栓的抗剪和承压承载力设计值应乘以折减系数 η 予以降低

$$\eta = 1.1 - \frac{l_1}{150 d_0}$$

当 $l_1 > 60d_0$ 时，$\eta = 0.7$。

则所需抗剪螺栓数为

$$n = \frac{N}{\eta N_{\min}^b}$$

【例 14.2-4】 计算钢结构螺栓连接超长接头承载力时，需要对螺栓的抗剪承载力进行折减，主要是考虑了（　　）。

A. 螺栓剪力分布不均匀的影响　　B. 连接钢板厚度
C. 螺栓等级的影响　　D. 螺栓间距的差异

解析：根据《钢结构设计标准》GB 50017—2017 条文说明第 11.4.5 条规定，当构件的节点处或拼接接头的一端，螺栓（包括普通螺栓和高强度螺栓）或铆钉的连接长度过大时，螺栓或铆钉的受力很不均匀，端部的螺栓或铆钉受力最大，往往首先破坏，并将依次向内逐个破坏。因此规定当连接长度＞$15d_0$ 时，应将承载力设计值乘以折减系数。答案为 A。

4）扭矩作用的普通螺栓群计算（图 14.2-15）

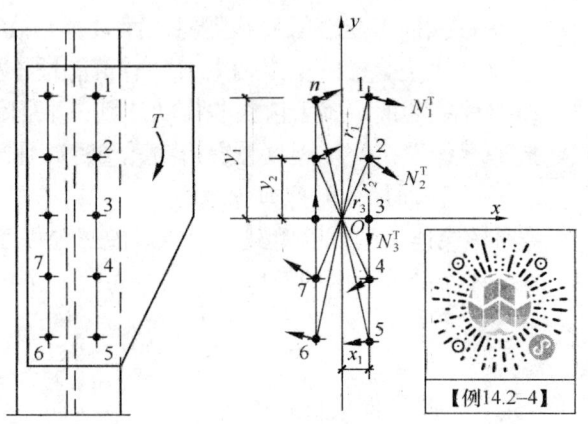

图 14.2-15　扭矩作用的普通螺栓群计算示意图

首先布置螺栓，然后计算受力最大螺栓所承受的剪力，再和 $N_{\min}^b$ 进行比较。

被连接板件绕螺栓群形心旋转，各螺栓所受剪力大小与该螺栓至形心距离 r_i 成正比，其方向与连线该螺栓至形心垂直。

$$N_1^T = \frac{N y_1}{\sum y_i^2}$$

$$N_1^T \leqslant N_{\min}^b$$

（2）普通螺栓的抗拉连接

1）抗拉螺栓连接的破坏形式为栓杆被拉断，一个抗拉螺栓的承载力设计值为

$$N_t^b = \frac{\pi d^2}{4} f_t^b$$

2）轴心拉力作用的普通螺栓群计算

螺栓群在轴心力作用下的抗拉连接，通常假定每个螺栓平均受力，则连接所需螺栓数为

$$n = \frac{N}{N_t^b}$$

3）弯矩作用的普通螺栓群计算（图 14.2-16）

剪力 V 通过承托板传递。离中和轴越远的螺栓受拉力越大，压应力由弯矩指向一侧的部分端板承受，设中和轴至端板受压边缘的距离为 c。受拉螺栓截面是孤立的几个螺栓点；端板受压区则是宽度较大的实体矩形截面。计算形心位置作为中和轴时，所求得的端板受压区高度 c 总是很小，中和轴通常在弯矩指向一侧最外排螺栓附近的某个位置。实际

计算时可近似地取中和轴位于最下排螺栓 O 处，即认为连接变形为绕 O 处水平轴转动，螺栓拉力与 O 点算起的纵坐标 y 成正比。偏安全忽略力臂很小的端板受压区部分的力矩。

$$M = \sum_{i=1}^{n} \frac{N_i}{y_i} y_i^2$$

$$N_i = \frac{M}{\sum y_i^2} \leqslant N_t^b$$

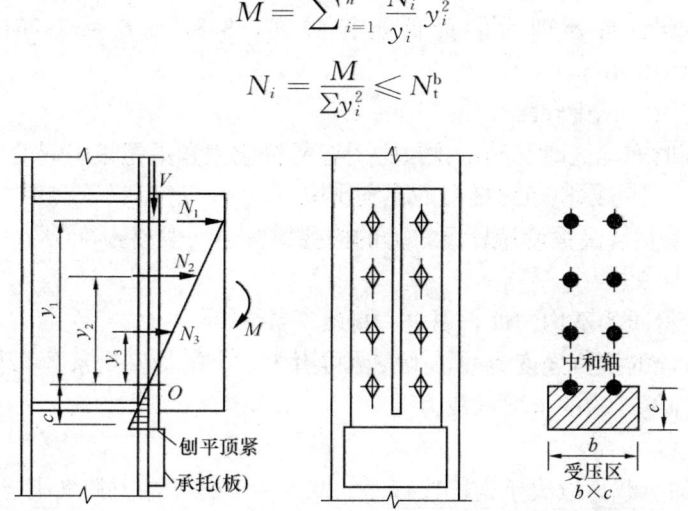

图 14.2-16 弯矩作用的普通螺栓群计算示意图

(3) 普通螺栓连接受剪力和拉力的共同作用

承受剪力和拉力共同作用的普通螺栓应考虑两种可能的破坏形式：一是螺杆受剪兼受拉破坏；二是孔壁承压破坏。

根据试验，兼受剪力和拉力的螺杆，无量纲化后的相关关系近似为一圆曲线，螺杆计算式为

$$\sqrt{\left(\frac{N_v}{N_v^b}\right)^2 + \left(\frac{N_t}{N_t^b}\right)^2} \leqslant 1$$

8. 高强度螺栓连接的工作性能和计算

(1) 高强度螺栓连接的工作性能

高强度螺栓连接和普通螺栓连接的区别：普通螺栓连接受剪时依靠栓杆承压和抗剪传递剪力，预拉力很小，可略去不计，高强螺栓除材料强度高外，施加很大的预拉力，板件间存在很大的摩擦力。预拉力、抗滑移系数和钢材种类等都直接影响高强度螺栓连接的承载力。

高强度螺栓连接按受力特征分为摩擦型连接和承压型连接。

摩擦型连接依靠被连接件之间的摩擦阻力传递剪力，以剪力等于摩擦力作为承载能力的极限状态。

1) 高强度螺栓的预拉力

预拉力的控制方法分为大六角头型和扭剪型两种，都是通过拧紧螺帽使螺杆受到拉伸产生预拉力，使被连接板件间产生压紧力。

2) 预拉力的确定

预拉力设计值 P （取 5kN 的整数倍）

$$P = \frac{0.9 \times 0.9 \times 0.9}{1.2} A_e f_u$$

式中：A_e——螺栓螺纹处的有效面积；

f_u——螺栓经热处理后的最低抗拉强度，8.8 级 $f_u = 830\text{MPa}$；10.9 级 $f_u = 1040\text{MPa}$。

系数考虑了以下几个因素：

① 拧紧螺帽时螺栓同时受到由预拉力引起的拉应力和由扭矩引起的剪应力作用。试验表明可取系数 1.2 考虑扭矩对螺杆的不利影响。

② 施工时为了弥补高强度螺栓预拉力的松弛损失，一般超张拉 5%～10%，为此考虑一个超张拉系数 0.9。

③ 考虑螺栓材质的不均匀性，引进一折减系数 0.9。

④ 由于以螺栓的抗拉强度为准，为安全再引入一个附加安全系数 0.9。

（2）一个高强度螺栓的抗剪承载力

1）摩擦型连接

摩擦型连接的承载力取决于构件接触面的摩擦力，此摩擦力的大小与螺栓所受预拉力和摩擦面的抗滑移系数以及连接的传力摩擦面数有关。一个摩擦型连接高强度螺栓的抗剪承载力设计值为：

$$N_v^b = 0.9 n_f \mu P$$

式中：n_f——连接的传力摩擦面数；

μ——摩擦面的抗滑移系数；

P——螺栓所受预拉力。

2）承压型连接

承压型连接受剪时，允许接触面滑动并以连接达到破坏的极限状态作为设计准则，接触面的摩擦力只起延缓滑动的作用。连接达到极限承载力时，螺杆伸长，预拉力几乎全部消失，故高强度螺栓承压型连接的计算方法与普通螺栓连接相同。只是应采用高强度螺栓的强度设计值。当剪切面在螺纹处时，高强度螺栓承压型连接的抗剪承载力应按螺纹处的有效截面计算。但对于普通螺栓，其抗剪强度设计值是根据连接的试验数据统计而定的，试验时不分剪切面是否在螺纹处，故计算抗剪强度设计值时用公称直径。

（3）一个高强度螺栓的抗拉承载力

1）摩擦型连接

作用于螺栓的外拉力不超过 P 时，螺杆内的拉力增加很少，可认为此时螺杆的预拉力基本不变。同时螺栓的超张拉试验表明，当外拉力过大时，卸荷后螺杆中的预拉力会变小，即发生松弛现象。但当外拉力小于螺杆预拉力的 80% 时，即无松弛现象发生。因此，抗拉承载力设计值取为：

$$N_t^b = 0.8P$$

上式没有考虑连接变形产生撬力的影响，可采用增设加劲肋的办法增大连接的刚度。

2）承压型连接

同普通螺栓。

习 题

【14.2.2-1】采用高强度螺栓摩擦型连接与承压型连接，在相同螺栓直径的条件下，它们对螺栓孔要求（　　）。
  A. 摩擦型连接孔要求略大，承压型连接孔要求略小
  B. 摩擦型连接孔要求略小，承压型连接孔要求略大
  C. 两者孔要求相同
  D. 无要求

【14.2.2-2】如图 14.2-17 所示的 T 形连接中 $t_1=6mm$，$t_2=12mm$，若采用等角角焊缝连接，按构造要求，焊脚尺寸 h_f 取（　　）最合适。
  A. 4mm　　　　B. 6mm　　　　C. 8mm　　　　D. 10mm

【14.2.2-3】焊接残余应力对构件的（　　）无影响。
  A. 变形　　　　B. 静力强度
  C. 疲劳强度　　D. 整体稳定

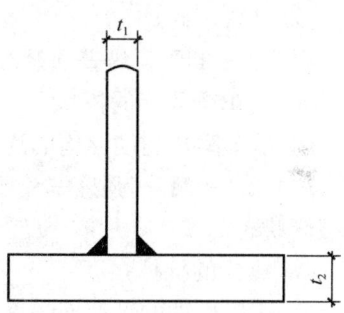

图 14.2-17　题 14.2.2-2 图

【14.2.2-4】摩擦型连接的高强度螺栓在杆轴方向受拉时，承载力（　　）。
  A. 与摩擦面的处理方法有关
  B. 与摩擦面的数量有关
  C. 与螺栓直径有关
  D. 与螺栓的性能等级无关

【14.2.2-5】在弹性阶段，侧面角焊缝应力沿长度方向的分布为（　　）。
  A. 均分分布　　　　　　　　B. 一端大、一端小
  C. 两端大、中间小　　　　　D. 两端小、中间

【14.2.2-6】以下关于对接焊缝的描述，其中错误的是（　　）。
  A. 板厚度相差大于 4m 的承受静力荷载的对接连接中，应从板的一侧或两侧做成坡度不大于 1：2.5 的斜坡，以减少应力集中
  B. 当对接正焊缝的强度低于焊件的强度时，为提高连接的承载力，可改用斜缝
  C. 在钢结构设计中，若板件较厚而受力较小时，可以采用部分焊透的对接焊缝
  D. 当对接焊缝的质量等级为一级或二级时，必须在外观检查的基础上再做无损检测，检测比例为焊缝长度的 20%

【14.2.2-7】普通螺栓受剪连接主要有四种破坏形式，即（Ⅰ）螺杆剪断；（Ⅱ）孔壁挤压破坏；（Ⅲ）构件拉断；（Ⅳ）端部钢板冲剪破坏。在设计时应按下述（　　）组序号进行计算。
  A. （Ⅰ）、（Ⅱ）　　　　　　　B. （Ⅰ）、（Ⅱ）、（Ⅲ）、（Ⅳ）
  C. （Ⅰ）、（Ⅱ）、（Ⅲ）　　　D. （Ⅰ）、（Ⅱ）、（Ⅳ）

【14.2.2-8】在改建、扩建工程中，以静载为主的结构，混合连接可以考虑共同工作的是（　　）。
  A. 高强度螺栓摩擦型连接与普通螺栓连接

B. 高强度螺栓摩擦型连接与高强度螺栓承压型连接

C. 侧面角焊缝与高强度螺栓承压型连接

D. 侧面角焊缝与高强度螺栓摩擦型连接

【14.2.2-9】如图 14.2-18 所示的角焊缝在 P 的作用下，设计控制点是（　　）。

A. a、b 点　　　　　　B. b、d 点

C. e、d 点　　　　　　D. a、e 点

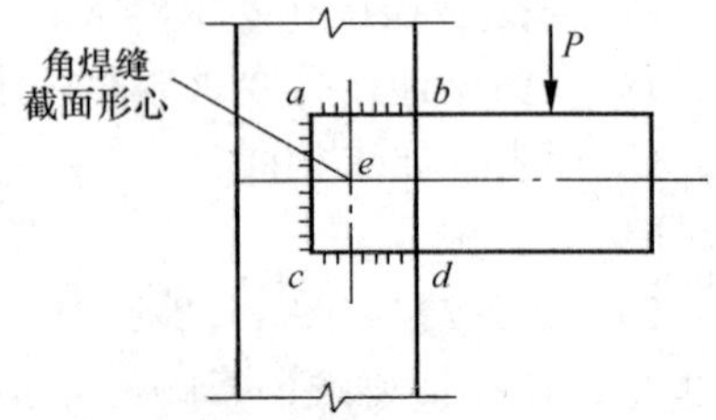

【14.2.2-10】高强螺栓摩擦型连接与承压型连接相比（　　）。

A. 没有本质区别

B. 施工方法相同

C. 承载力计算方法不同

D. 材料不同

图 14.2-18　题 14.2.2-9 图

【14.2.2-11】C 级普通螺栓连接宜用于（　　）。

A. 吊车梁翼缘的拼接　　　　　　B. 屋盖支撑的连接

C. 吊车梁与制动结构的连接　　　D. 框架梁与框架柱的连接

【14.2.2-12】高强度螺栓摩擦型连接受剪破坏时，作用剪力超过了（　　）作为承载能力极限状态。

A. 螺栓的抗拉强度　　　　　　B. 连接板件间的摩擦力

C. 连接板件的毛截面强度　　　D. 连接板件的孔壁承压强度

【14.2.2-13】轴心受压柱端部铣平时，其与底板的连接焊缝、铆钉或螺栓的计算应（　　）。

A. 取柱最大压力的 15%　　　　B. 取柱最大压力的 25%

C. 取柱最大压力的 50%　　　　D. 取柱最大压力的 75%

【14.2.2-14】重级工作制吊车焊接吊车梁的腹板与上翼缘间的焊缝（　　）。

A. 必须采用一级焊透对接焊缝　　B. 可采用三级焊透对接

C. 可采用角焊缝　　　　　　　　D. 可采用二级焊透对接焊缝

【14.2.2-15】图 14.2-19 为普通 C 级螺栓连接，螺栓为 M18，孔径为 19.5mm，钢材为 Q235，连接能承担的拉力设计值 N 为（　　）kN。

A. 176　　　　B. 158　　　　C. 206　　　　D. 150

【14.2.2-16】图 14.2-20 为高强度螺栓连接，采用 4 个 11.8 级螺栓 M20 的高强度螺栓，预拉力 $P=180$kN，连接件能承受的最大拉力设计值为（　　）kN。

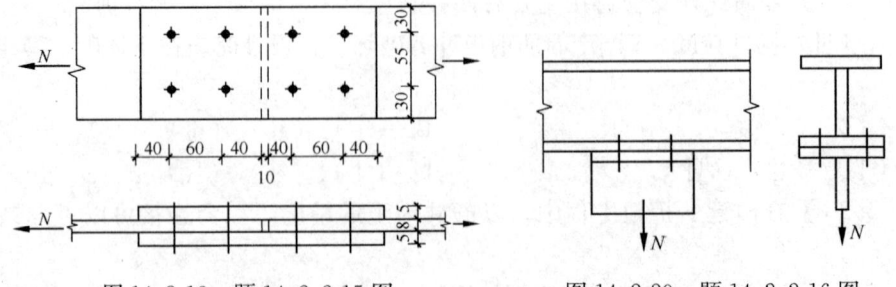

图 14.2-19　题 14.2.2-15 图　　　　图 14.2-20　题 14.2.2-16 图

A. 570　　　　　　B. 550　　　　　　C. 580　　　　　　D. 560

习题答案及解析

【14.2.2-1】答案：A

解析：摩擦型连接的螺栓的孔径比螺栓公称直径大 1.5～2.0mm，承压型连接的螺栓孔径比螺栓的公称直径大 1.0～1.5mm。

【14.2.2-2】答案：B

解析：焊脚尺寸 $h_f \leq 1.2 t_1 = 7.2 \text{mm}$，$h_f \geq 1.5\sqrt{t_2} = 5.19 \text{mm}$，因此取 6mm。

【14.2.2-3】答案：B

解析：常温工作并具有一定塑性的钢材，静荷作用下，焊接应力不影响结构的静力强度。

【14.2.2-4】答案：C

解析：摩擦型连接高强度螺栓的抗剪承载力设计值为：$N_v^b = 0.9 n_f \mu P$。

【14.2.2-5】答案：C

解析：在弹性阶段，侧面角焊缝应力沿长度方向的分布为两端大、中间小。

【14.2.2-6】答案：D

解析：见《钢结构工程施工质量验收规范》。

【14.2.2-7】答案：C

解析：（Ⅳ）可以通过限制螺栓端距大于或等于 $2d_0$ 加以避免，即构造要求，不需计算。

【14.2.2-8】答案：D

解析：栓—焊混合连接是指高强度螺栓摩擦型连接和侧面角焊缝或对接焊缝的混合连接。

【14.2.2-9】答案：B

解析：b、d 处受力最大。

【14.2.2-10】答案：C

解析：高强螺栓摩擦型连接与承压型连接相比承载力计算方法不同，施工方法有区别，材料相同。

【14.2.2-11】答案：B

解析：C 级螺栓一般用于沿螺栓杆轴受拉的连接，以及次要结构的抗剪连接或安装时的临时固定。

【14.2.2-12】答案：B

解析：高强度螺栓摩擦型连接受剪破坏时，作用剪力超过了连接板件间的摩擦力作为承载能力极限状态。

【14.2.2-13】答案：A

解析：轴心受压柱端部铣平时，其与底板的连接焊缝、铆钉或螺栓的计算应取柱最大压力的 15%。

【14.2.2-14】答案：D

解析：重级工作制吊车焊接吊车梁的腹板与上翼缘间的焊缝可采用二级焊透对接

焊缝。

【14.2.2-15】答案：B

解析：

(1) 单个普通螺栓的受剪承载力：$N_v^b = n_v \dfrac{\pi d^2}{4} f_v^b = 2 \times \dfrac{\pi \times 18^2}{4} \times 140 = 71.22 \text{kN}$

单个普通螺栓的承压承载力 $N_c^b = d \Sigma t f_c^b = 18 \times 8 \times 305 = 43.92 \text{kN}$

所以，4个普通螺栓承载力设计值为：$4 \times 43.92 = 175.68 \text{kN}$

(2) 钢板净截面承载力：

$$d_c = \max(18+4, 19.5) = 22 \text{mm}$$

$$N = A_n \times 0.7 f_u = (120 - 2 \times 22) \times 8 \times 0.7 \times 370 = 157.47 \text{kN}$$

(3) 钢板毛截面承载力

$$N = Af = 120 \times 8 \times 215 = 206.4 \text{kN}$$

所以，该钢板的承载力设计值为 157.47kN

【14.2.2-16】答案：C

解析：$N = 4 N_t^b = 4 \times 0.8 P = 4 \times 0.8 \times 180 = 576 \text{kN}$

14.2.3 钢结构轴心受力构件

1. 概述

轴心受力构件：轴心受拉和轴心受压。

轴心受力构件的截面形式有轧制型钢截面、冷弯薄壁型钢截面、组合截面、格构截面。

轴心受力构件的设计，应同时满足承载力极限状态和正常使用极限状态的要求。

受拉构件的设计：进行强度和刚度的验算。

受压构件的设计：进行强度、稳定和刚度的验算。

构件的刚度是通过限制其长细比来保证的。

2. 轴心受拉构件的强度和刚度

(1) 轴心受拉构件的强度计算

截面的平均应力达到钢材的屈服点为承载力极限状态。

对于有孔洞削弱的轴心受力构件，仍以其净截面的平均应力达到其强度限值作为设计时的控制值：

$$\sigma = \dfrac{N}{A_n} \leqslant f$$

采用高强度螺栓摩擦型连接的构件，验算净截面强度时应考虑一部分剪力已由孔前接触面传递，验算最外列螺栓处危险截面的强度时，应按下式计算

$$\sigma = \dfrac{N'}{A_n} \leqslant f$$

$$N' = N\left(1 - 0.5 \dfrac{n_1}{n}\right)$$

摩擦型连接的拉杆，除验算净截面强度外，还应验算毛截面强度

$$\sigma = \dfrac{N}{A} \leqslant f$$

(2) 轴心受力构件的刚度计算

刚度是以限制其长细比来保证的，即

$$\lambda = \frac{l_0}{i} \leqslant [\lambda]$$

$$i = \sqrt{\frac{I}{A}}$$

式中：l_0——构件的计算长度；

i——截面对应于屈曲轴的回转半径；

$[\lambda]$——构件的容许长细比。

《钢结构设计标准》根据构件的重要性和荷载情况，分别规定了轴心受拉和轴心受压构件的容许长细比（表14.2-1、表14.2-2）。

受压构件长细比容许值 表14.2-1

构件名称	容许长细比
轴心受压柱、桁架和天窗架中的压杆	150
柱的缀条、吊车梁或吊车桁架以下的柱间支撑	150
支撑	200
用以减小受压构件计算长度的杆件	200

注：1. 当杆件内力设计值不大于承载能力的50%时，容许长细比值可取200。
2. 计算单角钢受压构件的长细比时，应采用角钢的最小回转半径，但计算在交叉点相互连接的交叉杆件平面外的长细比时，可采用与角钢肢边平行轴的回转半径。
3. 跨度等于或大于60m的桁架，其受压弦杆、端压杆和直接承受动力荷载的受压腹杆的长细比不宜大于120。
4. 验算容许长细比时，可不考虑扭转效应。

受拉构件的容许长细比 表14.2-2

构件名称	承受静力荷载或间接承受动力荷载的结构			直接承受动力荷载的结构
	一般建筑结构	对腹杆提供平面外支点的弦杆	有重级工作制起重机的厂房	
桁架的构件	350	250	250	250
吊车梁或吊车桁架以下柱间支撑	300	—	200	—
除张紧的圆钢外的其他拉杆、支撑、系杆等	400	—	300	—

注：1. 除对腹杆提供平面外支点的弦杆外，承受静力荷载的结构受拉构件，可仅计算竖向平面内的长细比。
2. 在直接或间接承受动力荷载的结构中，计算单角钢受拉构件的长细比时，应采用角钢的最小回转半径，但计算在交叉点相互连接的交叉杆件平面外的长细比时，可采用与角钢肢边平行轴的回转半径。
3. 中、重级工作制吊车桁架下弦杆的长细比不宜超过200。
4. 在设有夹钳或刚性料耙等硬钩起重机的厂房中，支撑的长细比不宜超过300。
5. 受拉构件在永久荷载与风荷载组合作用下受压时，其长细比不宜超过250。
6. 跨度等于或大于60m的桁架，其受拉弦杆和腹杆的长细比，承受静力荷载或间接承受动力荷载时不宜超过300，直接承受动力荷载时，不宜超过250。
7. 柱间支撑按拉杆设计时，竖向荷载作用下柱子的轴力应按无支撑时考虑。

【例 14.2-5】 简支平行弦钢屋架下弦杆的长细比应控制在( )。

A. 不大于 150　　　B. 不大于 300　　　C. 不大于 350　　　D. 不大于 400

解析： 简支平行弦钢屋架下弦杆为受拉杆件。根据《钢结构设计标准》GB 50017—2017 第 7.4.7 条表 7.4.7 受拉构件容许长细比，可查得：一般建筑的桁架杆件的容许长细比不应超过 350。答案为 C。

3. 轴心受压构件的整体稳定

当长细比较大截面又没有削弱时，轴心受压构件一般不会发生强度破坏，整体稳定是受压构件确定截面的决定性因素。

(1) 理想轴心受压构件的屈曲临界力

理想轴心受压构件：构件完全挺直，荷载沿构件形心轴作用，无初始应力、初弯曲和初偏心等缺陷，截面沿构件是均匀的。

压力达到某临界值时，理想轴心受压构件可能以三种屈曲形式丧失稳定：

①弯曲屈曲；②扭转屈曲；③弯扭屈曲。

(2) 初始缺陷对轴心受压构件承载力的影响

实际工程中的构件不可避免地存在着初弯曲、荷载初偏心和残余应力等初始缺陷，这些缺陷会降低轴心受压构件的稳定承载力，必须加以考虑。

(3) 轴心受压构件的整体稳定计算

轴心受压构件所受应力应不大于整体稳定的临界应力，考虑抗力分项系数，轴心受压构件的整体稳定计算采用下列形式

$$\frac{N}{\varphi A} \leqslant f$$

式中：φ——轴心受压构件的整体稳定系数，应根据截面分类和构件的长细比，按整体稳定系数表查出；

A——构件的毛截面面积；

N——轴心压力设计值。

(4) 轴心受压构件的局部稳定

为了提高轴心受压构件的稳定承载力，一般组成轴心受力构件的板件的厚度与板的宽度相比都较小，如果这些板件过薄，则在压力作用下，板件将离开平面位置而发生凸曲现象，这种现象称为板件局部失稳。

1) 工字形截面

① 翼缘

翼缘板悬伸部分的宽厚比 b/t 与长细比应满足

$$\frac{b}{t} \leqslant (10 + 0.1\lambda)\sqrt{\frac{235}{f_y}}$$

式中：λ——构件两方向长细比的较大值。当 $\lambda < 30$ 时，取 $\lambda = 30$；当 $\lambda > 100$ 时，取 $\lambda = 100$。

② 腹板

腹板高厚比的简化表达式：

$$\frac{h_0}{t_w} = (25 + 0.5\lambda)\sqrt{\frac{235}{f_y}}$$

当腹板高厚比不满足要求时，除了加厚腹板外，可采用有效截面的概念进行计算，腹板截面面积仅考虑两侧宽度各为 $20 t_w\sqrt{235/f_y}$ 的部分，但计算构件的稳定系数时仍用全截面。

可在腹板中部设置纵向加劲肋，h_0 取翼缘与纵向加劲肋之间的距离。

2）T形截面

① 翼缘

$$\frac{b}{t} \leqslant (10+0.1\lambda)\sqrt{\frac{235}{f_y}}$$

② 腹板

热轧剖分 T 形钢

$$\frac{h_0}{t_w} = (25+0.5\lambda)\sqrt{\frac{235}{f_y}}$$

焊接 T 形钢

$$\frac{h_0}{t_w} = (13+0.17\lambda)\sqrt{\frac{235}{f_y}}$$

3）箱形截面

① 受压翼缘

$$\frac{b_0}{t} \leqslant 40\sqrt{\frac{235}{f_y}}$$

② 腹板

$$\frac{h_0}{t_w} \leqslant 40\sqrt{\frac{235}{f_y}}$$

(5) 实腹式轴心受压构件的截面设计

一般采用双轴对称截面，避免弯扭失稳。常用截面形式有型钢截面和组合截面两种形式。根据内力大小、计算长度、加工量、材料供应等情况综合进行考虑。

原则：面积的分布尽量开展；两个主轴方向尽量等稳定性；便于与其他构件进行连接；尽可能构造简单，制造省工，取材方便。

1）实腹式轴心受压构件的截面设计

根据压力设计值、计算长度选定合适的截面形式，再初步确定截面尺寸，然后进行强度、整体稳定、局部稳定、刚度等的验算。具体步骤如下：

实腹式轴心受压构件的长细比应符合所规定的容许长细比要求。事实上，在进行整体稳定验算时，构件的长细比已求出，以确定整体稳定系数，因而刚度验算可与整体稳定验算同时进行。

2）实腹式轴心受压构件的构造要求

腹板高厚比大于 $80\sqrt{235/f_y}$ 时，为防止腹板在施工和运输过程中发生变形，提高构件的抗扭刚度，应设置横向加劲肋。横向加劲肋的间距不得大于 $3h_0$，其截面尺寸要求为双侧加劲肋的外伸宽度

$$b_s \geqslant \frac{h_0}{30}+40$$

厚度

$$t_s \geqslant \frac{b_s}{15}$$

实腹式构件的翼缘与腹板的连接焊缝受力很小，不必计算，可按构造要求确定焊缝尺寸。

为了保证大型实腹式构件（工字形或箱形）截面几何形状不变，提高构件的抗扭刚度，在受有较大的水平集中力作用处和每个运送单元的端部均应设置横隔。横隔的间距不得大于构件较大宽度的9倍或8m。

工字形构件的横隔只能用钢板，它与横向加劲肋的区别在于与翼缘同宽，而横向加劲肋通常较窄。箱形截面构件的横隔，有一边或两边不能预先焊接，可先焊两边或三边，装配后再在构件壁钻孔用电渣焊焊接其他边。

(6) 格构式轴心受压构件的截面设计

格构式轴心受压构件一般采用两个肢件组成，例如用两根槽钢或 H 型钢作为肢件，肢件间用缀条或缀板连成整体。格构柱两肢间距离的确定以两个主轴的等稳定性为准则（图 14.2-21）。

在柱的横截面上穿过肢件腹板的轴称为实轴；穿过两肢之间缀材面的轴称为虚轴。

缀条一般用单根角钢做成，而缀板通常用钢板做成。采用四根角钢组成的四肢格构式柱，适用于长度较大而受力较小的柱，四面皆以缀材相连，两个主轴 x 和 y 都为虚轴。三面用缀材相连的三肢格构式柱，一般采用圆管作为肢件，受力性能较好，两个主轴也都为虚轴。

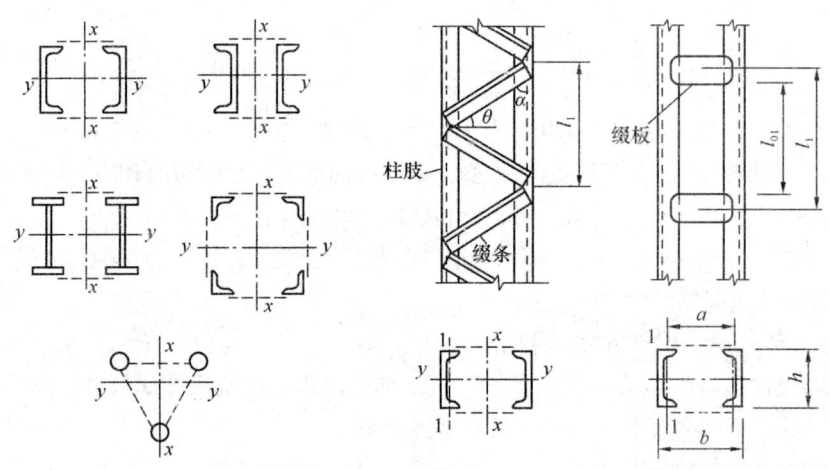

图 14.2-21 格构式构件

1) 格构式轴心受压构件绕虚轴的换算长细比

格构式构件绕实轴的稳定计算：与实腹式相同。

格构式构件绕虚轴的稳定计算：绕虚轴的整体稳定临界力比长细比相同的实腹式轴心受压构件低。

构件整体弯曲后，将产生弯矩和剪力。实腹式轴心受压构件，剪力引起的附加变形很小，对临界力的影响只占千分之三左右。因此，确定实腹式轴心受压构件整体稳定的临界力时，仅仅考虑由弯矩作用所产生的变形，忽略剪力所产生的变形。

格构式构件，当绕虚轴失稳时，因肢件之间并不是连续的板而只是每隔一定距离用缀条或缀板联系起来，构件的剪切变形较大，剪力造成的附加影响不能忽略。采用换算长细比来考虑缀材剪切变形对稳定承载力的影响。

① 双肢格构式构件的换算长细比

缀条式格构构件绕虚轴的换算长细比

$$\lambda_{0x} = \sqrt{\lambda_x^2 + 27\frac{A}{A_1}}$$

式中：A_1——一个节间内两侧斜缀条的面积之和。

缀板式格构构件中缀板与肢件的连接可视为刚接，因而分肢和缀板组成一个多层框架，假定变形时反弯点在各节点的中点。

$$\lambda_{0x} = \sqrt{\lambda_x^2 + \lambda_1^2}$$

② 四肢格构式构件的换算长细比

当缀件为缀条时

$$\lambda_{0x} = \sqrt{\lambda_x^2 + 40\frac{A}{A_{1x}}}$$

$$\lambda_{0y} = \sqrt{\lambda_y^2 + 40\frac{A}{A_{1y}}}$$

当缀件为缀板时

$$\lambda_{0x} = \sqrt{\lambda_x^2 + \lambda_1^2}$$

$$\lambda_{0y} = \sqrt{\lambda_y^2 + \lambda_1^2}$$

2) 格构式轴心受压构件的缀材设计

① 格构式轴心受压构件的横向剪力

格构式构件绕虚轴失稳发生弯曲时，缀材要承受剪力的作用。剪力的数值为

$$V = \frac{Af}{85}\sqrt{\frac{235}{f_y}}$$

② 缀条的设计

缀条一般采用单系缀条，也可采用交叉缀条。缀条可视为以分肢为弦杆的平行弦桁架的腹杆，内力与桁架腹杆的计算方法相同。

在横向剪力作用下，一个斜缀条的轴心力为

$$N_1 = \frac{V_1}{n\cos\theta}$$

式中：V_1——分配到一个缀材面上的剪力；

n——承受剪力 V_1 的斜缀条数，单系缀条时，$n=1$；交叉缀条时，$n=2$；

θ——缀条的倾角。

由于剪力方向不定，斜缀条可能受拉也可能受压，应按轴心压杆选择截面。

缀条一般采用单角钢，与柱单面连接，考虑到受力时的偏心和受压时的弯扭，当按轴心受力构件设计时，应将钢材强度设计值乘以下列折减系数：

a. 按轴心受力计算构件的强度和连接时 $\eta = 0.85$。

b. 按轴心受压计算构件的稳定性时

等边角钢 $\eta = 0.6 + 0.0015\lambda$，但不大于 1.0；

短边相连的不等边角钢 $\eta = 0.5 + 0.0025\lambda$，但不大于 1.0；

长边相连的不等边角钢 $\eta = 0.70\lambda$。

λ 为缀条的长细比，对中间无联系的单角钢压杆，按最小回转半径计算，当 $\lambda < 20$ 时，取 $\lambda = 20$。交叉缀条体系的横缀条按受压力 $N = V_1$ 计算。为了减小分肢的计算长度，单系缀条可加横缀条，其截面尺寸一般与斜缀条相同，也可按容许长细比确定。

③ 缀板的设计

可视为一多层框架。

3）格构式构件的构造要求

格构式构件横截面中部空心，抗扭刚度较差。为了提高其抗扭刚度，保证构件在运输和安装过程中的截面形状不变，应每隔一段距离设置横隔。横隔的间距不得大于构件较大宽度的 9 倍或 8m，且每个运送单元的端部均应设置横隔。

当构件某一处受有较大水平集中力作用时，也应在该处设置横隔，以免分肢局部受弯。横隔可用钢板或交叉角钢制成。

习 题

【14.2.3-1】实腹式轴心受拉构件设计计算的内容为（　　）。

A. 强度　　　　　　　　　　　　B. 强度和整体稳定

C. 强度、局部稳定和整体稳定　　D. 强度、刚度（长细比）

【14.2.3-2】对有孔眼等削弱的轴心受拉构件承载力，《钢结构设计标准》采用的准则为净截面（　　）。

A. 最大应力达到钢材屈服点

B. 最大应力达到钢材抗拉强度

C. 平均应力达到钢材屈服点

D. 平均应力达到钢材抗拉强度

【14.2.3-3】下列轴心受拉构件，可不验算正常使用极限状态的为（　　）。

A. 屋架下弦　　　　　　　　　　B. 托架受拉腹杆

C. 受拉支撑杆　　　　　　　　　D. 预应力拉杆

【14.2.3-4】计算高强度螺栓摩擦型连接的轴心受拉构件的强度时（　　）。

A. 只需计算净截面强度

B. 只需计算毛截面强度

C. 需计算净截面强度和毛截面强度

D. 视具体情况计算净截面强度和毛截面强度

【14.2.3-5】轴心受压构件设计算时要满足（　　）的要求。

A. 强度、刚度（长细比）

B. 强度、整体稳定、刚度（长细比）

C. 强度、整体稳定、局部稳定

D. 强度、整体稳定、局部稳定、刚度（长细比）

【14.2.3-6】轴心受压构件的强度与稳定，应分别满足（　　）。

A. $\sigma = \dfrac{N}{A_n} \leqslant f$，$\sigma = \dfrac{N}{A_n} \leqslant \varphi f$
B. $\sigma = \dfrac{N}{A_n} \leqslant f$，$\sigma = \dfrac{N}{A} \leqslant \varphi f$
C. $\sigma = \dfrac{N}{A} \leqslant f$，$\sigma = \dfrac{N}{A_n} \leqslant \varphi f$
D. $\sigma = \dfrac{N}{A} \leqslant f$，$\sigma = \dfrac{N}{A} \leqslant \varphi f$

【14.2.3-7】a 类截面的轴心受压构件稳定系数 φ 值最高是由于（　　）。

A. 截面是轧制截面　　　　　　　　B. 截面的刚度最大
C. 初弯曲的影响最小　　　　　　　D. 残余应力的影响最小

【14.2.3-8】轴心受压构件整体稳定的计算公式 $N \leqslant \varphi A f$，其物理意义是（　　）。

A. 截面平均应力不超过钢材强度设计值
B. 截面最大应力不超过钢材强度设计值
C. 截面平均应力不超过构件欧拉临界应力设计值
D. 构件轴力设计值不超过构件稳定极限承载力设计值

【14.2.3-9】为了提高轴心受压构件的整体稳定性，在构件截面面积不变的情况下，构件截面应使其面积分布（　　）。

A. 尽可能集中于截面形心　　　　　B. 尽可能远离截面形心
C. 任意分布，无影响　　　　　　　D. 尽可能集中于截面剪切中心

【14.2.3-10】格构式轴心受压柱整体稳定计算时，用换算长细比 λ_{0x} 代替 λ_x，这是考虑（　　）。

A. 格构柱弯曲变形的影响　　　　　B. 格构柱剪切变形的影响
C. 缀材弯曲变形的影响　　　　　　D. 缀材剪切变形的影响

【14.2.3-11】计算格构式轴心受压柱绕虚轴 x-x 轴整体稳定，其稳定系数应根据（　　）查表确定。

A. λ_x　　　　B. λ_{0x}　　　　C. λ_y　　　　D. λ_{0y}

【14.2.3-12】双肢缀条式轴心受压柱绕实轴和虚轴等稳定的要求是（　　）。

A. $\lambda_{0y} = \lambda_y$
B. $\lambda_{0y} = \sqrt{\lambda_x^2 + 40\dfrac{A}{A_{1x}}}$
C. $\lambda_{0y} = \sqrt{\lambda_y^2 + 40\dfrac{A}{A_{1y}}}$
D. $\lambda_x = \lambda_y$

【14.2.3-13】双肢格构式轴心受压柱，实轴为 x-x 轴、虚轴为 y-y 轴，应根据（　　）确定肢件间距离。

A. $\lambda_x = \lambda_y$　　　　　　　　　　B. $\lambda_{0y} = \lambda_x$
C. $\lambda_{0y} = \lambda_y$　　　　　　　　　D. 强度条件

【14.2.3-14】为了（　　），确定轴心受压实腹柱的截面形式时，应使两个主轴方向的长细比尽可能接近。

A. 便于与其他构件连接　　　　　　B. 构造简单、制造方便
C. 达到经济效果　　　　　　　　　D. 便于运输、安装和减少节点类型

【14.2.3-15】提高轴心受压构件腹板局部稳定常用的合理方法是（　　）。

A. 增加板件宽厚比　　　　　　　　B. 增加板件厚度

C. 增加板件宽度　　　　　　　　D. 设置纵向加劲肋

【14.2.3-16】与柱单面连接的等边角钢缀条，$\lambda=100$，按轴心受压构件计算稳定时，钢材强度设计值应采用的折减系数是（　　）。
　　A. 0.65　　　　B. 0.70　　　　C. 0.75　　　　D. 0.85

【14.2.3-17】与柱单面连接的等边角钢缀条，按轴心受压构件计算连接强度时，焊缝强度设计值的折减系数是（　　）。
　　A. 0.585　　　B. 0.630　　　C. 0.675　　　D. 0.850

【14.2.3-18】当缀条采用单角钢时，按轴心受力验算其承载力，但必须将设计强度按《钢结构设计标准》中的规定乘以折减系数，原因是（　　）。
　　A. 格构式柱所给的剪力值是近似的
　　B. 缀条很重要，应提高其安全性
　　C. 缀条破坏将引起绕虚轴的整体失稳
　　D. 单角钢缀条实际为偏心受力均件

【14.2.3-19】轴心受压柱腹板局部稳定的保证条件是 $\dfrac{h_0}{t_w}$ 不大于某一限值，此限值（　　）。
　　A. 与钢材强度和柱的长细比无关
　　B. 与钢材强度有关，而与柱的长细比无关
　　C. 与钢材强度无关，而与柱的长细比有关
　　D. 与钢材强度和柱的长细比均有关

【14.2.3-20】工字形截面轴心受压构件腹板高厚比不能满足按腹板全截面有效进行计算的要求时（　　）。
　　A. 可在计算腹板截面积时仅考虑计算高度两边 $20 t_w\sqrt{\dfrac{235}{f_y}}$ 的范围
　　B. 必须加厚腹板
　　C. 必须设置纵向加劲肋
　　D. 必须设置横向加劲肋

习题答案及解析

【14.2.3-1】答案：D
解析：实腹式轴心受拉构件设计计算的内容为强度和刚度、刚度通过限制长细比率保证。

【14.2.3-2】答案：B
解析：对有孔眼等削弱的轴心受拉构件承载力，《钢结构设计标准》采用的准则为净截面最大应力达到钢材抗拉强度。

【14.2.3-3】答案：D
解析：预应力拉杆由于预应力的存在，不会产生过大的变形或弯曲，因此不必验算其正常使用极限状态。

【14.2.3-4】答案：C

解析：计算高强度螺栓摩擦型连接的轴心受拉构件的强度时，需计算净截面强度和毛截面强度。

【14.2.3-5】答案：D

解析：构造要求。

【14.2.3-6】答案：B

解析：轴心受压构件的强度验算需要用净截面面积，稳定验算需要用毛截面面积。

【14.2.3-7】答案：D

解析：轧制圆管以及轧制普通工字钢绕 x 轴失稳时其残余应力影响较小，属于 a 类。

【14.2.3-8】答案：D

解析：轴心受压构件整体稳定的计算公式 $N \leqslant \varphi A f$，其物理意义是构件轴力设计值不超过构件稳定极限承载力设计值。

【14.2.3-9】答案：B

解析：为了提高轴心受压构件的整体稳定性，在构件截面面积不变的情况下，构件截面应使其面积分布尽可能远离截面形心。

【14.2.3-10】答案：D

解析：采用换算长细比来考虑缀材剪切变形对稳定承载力的影响。

【14.2.3-11】答案：B

解析：格构式构件在计算绕虚轴的整体稳定时需要用换算长细比。

【14.2.3-12】答案：B

解析：应使两个方向等稳定，通过控制其长细比相等即可。

【14.2.3-13】答案：B

解析：应使两个方向等稳定，通过控制其长细比相等即可。

【14.2.3-14】答案：C

解析：确定轴心受压实腹柱的截面形式时，应使两个主轴方向的长细比尽可能接近，用钢量较少，可以达到经济效果。

【14.2.3-15】答案：D

解析：设置纵向加劲肋可以有效提高轴心受压构件腹板局部稳定性能。

【14.2.3-16】答案：C

解析：按轴心受压计算构件的稳定性时等边角钢 $\eta = 0.6 + 0.0015\lambda = 0.6 + 0.0015 \times 100 = 0.75 < 1.0$。

【14.2.3-17】答案：D

解析：按轴心受力计算构件的强度和连接时 $\eta = 0.85$。

【14.2.3-18】答案：D

解析：缀条一般采用单角钢，与柱单面连接，考虑到受力时的偏心和受压时的弯扭，当按轴心受力构件设计时，应将钢材强度设计值乘以折减系数。

【14.2.3-19】答案：D

解析：$\dfrac{h_0}{t_w} = (25 + 0.5\lambda)\sqrt{\dfrac{235}{f_y}}$，与钢材强度和柱的长细比均有关。

【14.2.3-20】答案：A

解析：工字形截面轴心受压构件腹板高厚比不能满足按腹板全截面有效进行计算的要求时，除了加厚腹板外，还可以采用有效截面的概念进行计算，计算时，腹板截面积时仅考虑计算高度两边 $20\,t_w\sqrt{235/f_y}$ 的范围，但是计算构件的稳定系数 φ 时仍可采用全截面；亦可在腹板中部设置纵向加劲肋。

14.2.4 钢结构受弯构件

1. 梁的类型和应用

承受横向荷载的构件称为受弯构件，包括实腹式和格构式两大类。

实腹式受弯构件通常称为梁，例如房屋建筑中的楼盖梁、工作平台梁、吊车梁、屋面檩条和墙架横梁等。

按制作方法钢梁分为型钢梁和组合梁两种。

梁的设计必须同时满足承载力极限状态（强度、整体稳定和局部稳定）和正常使用极限状态（挠度）。

2. 梁的强度和刚度

（1）梁的强度

包括抗弯强度、抗剪强度、局部承压强度、折算应力。

1）抗弯强度

梁上作用荷载不断增加时，弯曲应力的发展过程可分为三个阶段：弹性阶段、弹塑性阶段、塑性阶段。

在主平面内受弯的实腹构件，其抗弯强度应按下式计算

$$\frac{M_x}{\gamma_x W_{nx}} + \frac{M_y}{\gamma_y W_{ny}} \leqslant f$$

式中：W_{nx}、W_{ny}——梁的净截面模量；

γ_x、γ_y——截面塑性发展系数，为避免梁失去强度之前受压翼缘局部失稳，当梁受压翼缘的自由外伸宽度 b 与其厚度 t 之比大于 $13\sqrt{235/f_y}$ 但不超过 $15\sqrt{235/f_y}$ 时，应取 $\gamma_x=1.0$；直接承受动力荷载且需要计算疲劳的梁，例如重级工作制吊车梁，塑性深入截面将使钢材发生硬化，促使疲劳断裂提前出现，取 $\gamma_y=\gamma_x=1.0$，即按弹性工作阶段进行计算。

梁的抗弯强度不满足时，增大梁的高度最有效。

2）抗剪强度

截面上的最大剪应力发生在腹板中和轴处。在主平面受弯的实腹构件，其抗剪强度应按下式计算

$$\tau_{\max} = \frac{VS}{I\,t_w} \leqslant f_v$$

式中：S——中和轴以上毛截面对中和轴的面积矩；

t_w——腹板厚度。

抗剪强度不足时，有效的办法是增大腹板的面积，但腹板高度 h_0 一般由梁的刚度条件和构造要求确定，故设计时常采用加大腹板厚度。

3) 局部承压强度

当梁的翼缘受有沿腹板平面作用的固定集中荷载（包括支座反力）且该荷载处又未设置支承加劲肋时，或受有移动的集中荷载（如吊车的轮压）时，应验算腹板计算高度边缘的局部承压强度。

假定集中荷载从作用处以 $1:2.5$（h_y 高度范围）和 $1:1$（h_R 高度范围）扩散，均匀分布于腹板计算高度边缘。梁的局部承压强度可按下式计算

$$\sigma_c = \frac{\psi F}{t_w l_z} \leqslant f$$

式中：F——集中荷载，对动力荷载应考虑动力系数；

ψ——集中荷载增大系数：对重级工作制吊车轮压，$\psi = 1.35$；对其他荷载，$\psi = 1.0$；

l_z——集中荷载在腹板计算高度边缘的假定分布长度，其计算方法如下：

跨中集中荷载 $l_z = a + 5h_y + 2h_R$

梁端支反力 $l_z = a + 2.5h_y + a_1$

a——集中荷载沿梁跨度方向的支承长度，对吊车轮压可取为 50mm；

h_y——自梁承载的边缘到腹板计算高度边缘的距离；

h_R——轨道的高度，计算处无轨道时 $h_R = 0$；

a_1——梁端到支座板外边缘的距离，按实际取，但不得大于 $2.5h_y$。

腹板的计算高度 h_0：轧制型钢梁为腹板在与上、下翼缘相交接处两内弧起点间的距离；焊接组合梁为腹板高度；铆接（或高强度螺栓连接）组合梁为上、下翼缘与腹板连接的铆钉（或高强度螺栓）线间最近距离。

当计算不能满足时，在固定集中荷载处（包括支座处），应用支承加劲肋予以加强，并对支承加劲肋进行计算；对移动集中荷载则加大腹板厚度。

(2) 梁的刚度

梁的刚度验算即为梁的挠度验算。梁的刚度不足，其将会产生较大变形，影响正常使用。

按下式验算梁的刚度

$$v \leqslant [v]$$

式中：v——荷载标准值（不考虑荷载分项系数和动力系数）产生的最大挠度；

$[v]$——梁的容许挠度，规范根据实践经验规定。

(3) 梁的整体稳定

1) 梁的整体失稳现象

梁主要用于承受弯矩，为充分发挥材料的强度，其截面通常设计得高而窄。荷载作用在最大刚度平面内，当荷载较小时，仅在弯矩作用平面内弯曲，当荷载增大到某一数值后，梁在弯矩作用平面内弯曲的同时，将突然发生侧向弯曲和扭转，并丧失继续承载的能力，称为梁的弯扭屈曲或整体失稳（图

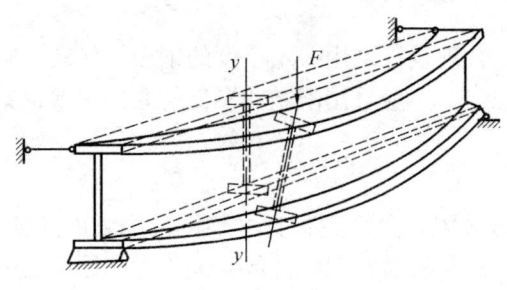

图 14.2-22 梁的整体失稳

14.2-22)。

2) 梁的扭转

根据支承条件和荷载形式的不同，扭转分为自由扭转（圣维南扭转）和约束扭转（弯曲扭转）。

3) 梁的整体稳定系数

① 梁整体稳定的保证

为提高梁的整体稳定，当梁上有密铺的刚性铺板时，应使之与梁的受压翼缘连牢；若无刚性铺板或铺板与梁受压翼缘连接不可靠，则应设置平面支撑。楼盖或工作平台梁格的平面支撑有横向平面支撑和纵向平面支撑两种，横向支撑使主梁受压翼缘的自由长度由其跨长减小为 l_1；纵向支撑是为了保证整个楼面的横向刚度。

下列情况，梁的整体稳定可以得到保证，不必计算：

a. 有刚性铺板密铺在梁的受压翼缘上并与其牢固连接，能阻止梁受压翼缘的侧向位移时；

b. 型钢或工字形等截面简支梁受压翼缘的自由长度 l_1 与其宽度 b_1 之比不超过所规定的数值时；

c. 形截面简支梁，其截面尺寸满足 $h/b_0 \leqslant 6$，且 $l_1/b_0 < 95(235/f_y)$。

② 梁的整体稳定计算

当不满足前述不必计算整体稳定条件时，应对梁的整体稳定进行计算

$$\frac{M_x}{\varphi_b W_x} \leqslant f$$

式中：M_x——绕强轴作用的最大弯矩；

W_x——按受压纤维确定的梁毛截面模量；

φ_b——梁的整体稳定系数。

梁的整体稳定承载力不足时，可采用加大梁的截面尺寸或增加侧向支撑的办法予以解决，前一种办法中以增大受压翼缘的宽度最有效。

不论梁是否需要计算整体稳定性，梁的支承处均应采取构造措施以阻止其端截面的扭转。

(4) 梁的局部稳定和腹板加劲肋设计

组合梁由翼缘与腹板焊接而成，如果板件的宽厚比很大，板中压应力或剪应力达到某数值后，受压翼缘或腹板可能偏离其平面位置，出现波形鼓曲，这种现象称为梁局部失稳。

热轧型钢板件能够满足局部稳定要求，不必计算。

1) 受压翼缘的局部稳定

梁的受压翼缘板主要承受均布压应力作用。合理设计采用一定厚度的钢板，使翼缘临界应力不低于钢材的屈服点从而使翼缘不丧失稳定。一般采用限制宽厚比的办法来保证梁受压翼缘板的稳定。

2) 腹板的局部稳定

对于承受静力荷载和间接承受动力荷载的组合梁，允许腹板在梁整体失稳之前屈曲，并利用其屈曲后强度。对于直接承受动力荷载的吊车梁及类似构件或其他不考虑屈曲后强度的组合梁，以腹板的屈曲为承载能力的极限状态。

提高腹板的稳定性，可增加腹板的厚度，也可设置加劲肋。后一措施往往比较经济。

加劲肋包括横向、纵向和短加劲肋。横、纵加劲肋交叉处切断纵向加劲肋，横向加劲肋贯通，尽可能使纵向加劲肋两端支承于横向加劲肋。

加劲肋和翼缘使腹板成为若干四边支承的矩形板区格。区格一般受有弯曲应力、剪应力以及局部压应力的共同作用。

横向加劲肋主要防止由剪应力和局部压应力可能引起的腹板失稳，纵向加劲肋主要防止由弯曲压应力可能引起的腹板失稳。梁腹板的主要作用是抗剪，剪应力最容易引起腹板失稳。因此，三种加劲肋中横向加劲肋是最常用的。

【例 14.2-6】 焊接工形截面钢梁设置腹板横向加劲肋的目的是（　　）。

A. 提高截面的抗弯强度　　　　B. 减少梁的挠度
C. 提高腹板局部稳定性　　　　D. 提高翼缘局部承载能力

【例14.2-6】

解析：不考虑屈曲后强度的腹板，通常设置横向加劲肋和纵向加劲肋来保证其局部稳定，且横向、纵向加劲肋的尺寸应满足《钢结构设计标准》GB 50017—2017 的要求。答案为 C。

(5) 考虑腹板屈曲后强度的组合梁承载力计算

四边支承薄板的屈曲性能不同于压杆，压杆一旦屈曲，表明其达到承载能力极限状态，屈曲荷载也就是其极限荷载；四边支承的薄板则不同，屈曲荷载并不是其极限荷载，薄板屈曲后还有较大的继续承载能力，称为屈曲后强度。

腹板可视为支承在上、下翼缘和两横向加劲肋的四边支承板。如果支承较强，当腹板屈曲后发生侧向位移时，腹板中面内将产生薄膜拉应力形成薄膜张力场，薄膜张力场可阻止侧向位移的加大，使梁能继续承受更大的荷载，直至腹板屈服或板的四边支承破坏，这就是产生腹板屈曲后强度的原因。

利用腹板的屈曲后强度，腹板不必设置纵向加劲肋，可以获得更好的经济效果。

(6) 考虑腹板屈曲后强度的加劲肋设计

腹板仅配置支承加劲肋不能满足承载力要求时，应在腹板两侧成对配置中间横向加劲肋。腹板高厚比超过 $170\sqrt{235/f_y}$（受压翼缘扭转受到约束）或超过 $150\sqrt{235/f_y}$（受压翼缘扭转未受到约束）也可只设置横向加劲肋，其间距一般采用 $a=(1.0\sim1.5)h_0$。

习　题

【14.2.4-1】 计算工字形截面梁的抗弯强度，采用公式 $\dfrac{M_x}{\gamma_x W_{nx}} \leqslant f$，取 $\gamma_x=1.05$，梁的受压翼缘外伸肢宽厚比不大于（　　）。

A. $15\sqrt{\dfrac{235}{f_y}}$　　B. $13\sqrt{\dfrac{235}{f_y}}$　　C. $9\sqrt{\dfrac{235}{f_y}}$　　D. $(10+0.1\lambda)\sqrt{\dfrac{235}{f_y}}$

【14.2.4-2】 验算工字形截面梁的折算应力公式为 $\sqrt{\sigma^2+3\tau^2} \leqslant \beta_1 f$，式中 σ、τ 应为（　　）。

A. 验算截面中的最大正应力和最大剪应力
B. 验算截面中的最大正应力和验算点的剪应力
C. 验算截面中的最大剪应力和验算点的正应力

D. 验算截面中验算点的正应力和剪应力

【14.2.4-3】保证工字形截面梁受压翼缘局部稳定的方法是（　　）。
A. 设置纵向加劲肋 B. 设置横向加劲肋
C. 采用有效宽度 D. 限制其宽厚比

【14.2.4-4】工字形截面梁受压翼缘宽厚比限值为 $\frac{b}{t} \leqslant 15\sqrt{\frac{235}{f_y}}$，式中 b 为（　　）。
A. 翼缘板外伸宽度 B. 翼缘板全部宽度
C. 翼缘板全部宽度的 1/3 D. 翼缘板的有效宽度

【14.2.4-5】工字形截面梁受压翼缘，保证局部稳定的宽厚比限值，对 Q235 钢为 $\frac{b}{t} \leqslant 15$，对 Q345 钢，此宽厚比限值应（　　）。
A. 比 15 更小 B. 仍等于 15
C. 比 15 更大 D. 可能大于 15，也可能小于 15

【14.2.4-6】不考虑腹板屈曲后强度，工字形截面梁腹板高厚比 $\frac{h_0}{t_w}=100$ 时，梁腹板可能（　　）。
A. 因弯曲应力引起屈曲，需设纵向加劲肋
B. 因弯曲应力引起屈曲，需设横向加劲肋
C. 因剪应力引起屈曲，需设纵向加劲肋
D. 因剪应力引起屈曲，需设横向加劲肋

【14.2.4-7】配置加劲肋是提高梁腹板局部稳定的有效措施，当 $\frac{h_0}{t_w} > 170$（不考虑腹板屈曲后强度）时，腹板（　　）。
A. 可能发生剪切失稳，应配置横向加劲肋
B. 可能发生弯曲失稳，应配置纵向加劲肋
C. 剪切失稳和弯曲失稳均可能发生，应同时配置纵向加劲肋与横向加劲肋
D. 不致失稳，不必配置加劲肋

【14.2.4-8】受固定集中荷载作用，当局部承压强度不能满足要求时，采用的较合理的措施是（　　）。
A. 加厚翼缘
B. 在集中荷载作用处设置支承加劲肋
C. 增加横向加劲的数量
D. 加厚腹板

【14.2.4-9】梁的支承加劲肋应设置在（　　）。
A. 弯曲应力大的区段
B. 剪应力大的区段
C. 上翼缘或下翼缘有固定作用力的部位
D. 有吊车轮压的部位

【14.2.4-10】对于承受均布荷载的热轧 H 型钢简支梁，应计算（　　）。
A. 抗弯强度、腹板折算应力、整体稳定、局部稳定

B. 抗弯强度、抗剪强度、整体稳定、局部稳定
C. 抗弯强度、腹板上边缘局部承压强度、整体稳定
D. 抗弯强度、抗剪强度、整体稳定、挠度

【14.2.4-11】最大弯矩和其他条件均相同的简支梁，当( )时整体稳定最差。
A. 均匀弯矩作用 B. 满跨均布荷载作用
C. 跨中集中荷载作用 D. 满跨均布荷载与跨中集中荷载共同作用

【14.2.4-12】跨中无侧向支撑的组合梁，当验算整体稳定不足时，宜采用( )。
A. 加大梁的截面积 B. 加大梁的高度
C. 加大受压翼缘板的宽度 D. 加大腹板的厚度

【14.2.4-13】为了提高荷载作用在上翼缘的简支工字形截面梁的整体稳定，可在( )处设侧向支撑，以减小梁出平面的计算长度。
A. 梁腹板高度的 1/2 B. 靠近梁下翼缘的腹板 $(1/5～1/4)h_0$
C. 靠近梁上翼缘的腹板 $(1/5～1/4)h_0$ D. 上翼缘

【14.2.4-14】在进行梁的整体稳定验算时，当计算的 $\varphi_b > 0.6$ 时，应将 φ_b 用相应的 φ_b' 代替，这说明( )。
A. 梁的临界应力大于抗拉强度
B. 梁的临界应力大于屈服点
C. 梁的临界应力大于比例极限
D. 梁的临界应力小于比例极限

【14.2.4-15】如图 14.2-23 所示的各简支梁，除截面放置和荷载作用位置有所不同外，其他条件均相同，则整体稳定为( )。

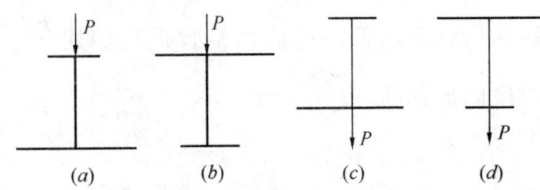

图 14.2-23 题 14.2.4-15 图

A. (a) 最差、(d) 最好 B. (a) 最好、(d) 最差
C. (b) 最差、(c) 最好 D. (b) 最好、(c) 最差

【14.2.4-16】如图 14.2-24 所示的钢梁，因整体稳定要求，需在跨中设侧向支撑点，其位置以图中( )为最佳。

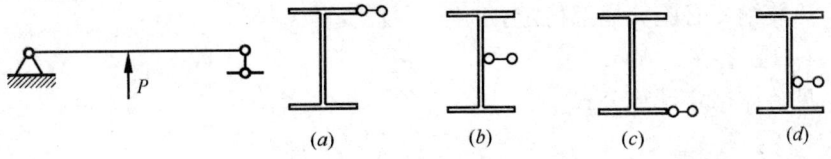

图 14.2-24 题 14.2.4-16 图

A. (a) B. (b) C. (c) D. (d)

习题答案及解析

【14.2.4-1】答案：B

解析：为避免梁强度破坏之前受压翼缘局部失稳，梁的受压翼缘外伸肢宽厚比不大于 $13\sqrt{\dfrac{235}{f_y}}$。

【14.2.4-2】答案：D

解析：验算工字形截面梁的折算应力公式为 $\sqrt{\sigma^2+3\tau^2}\leqslant\beta_1 f$，式中 σ、τ 分别为验算截面中验算点的正应力和剪应力。

【14.2.4-3】答案：D

解析：为避免梁强度破坏之前受压翼缘局部失稳，梁的受压翼缘外伸肢宽厚比不大于 $13\sqrt{\dfrac{235}{f_y}}$。

【14.2.4-4】答案：A

解析：工字形截面梁受压翼缘宽厚比限值为 $\dfrac{b}{t}\leqslant 15\sqrt{\dfrac{235}{f_y}}$，式中 b 为翼缘板外伸宽度。

【14.2.4-5】答案：A

解析：宽厚比限值为 $15\sqrt{\dfrac{235}{f_y}}=15\sqrt{\dfrac{235}{345}}<15$。

【14.2.4-6】答案：D

解析：不考虑腹板屈曲后强度，工字形截面梁腹板高厚比 $\dfrac{h_0}{t_w}=100$ 时，梁腹板可能因剪应力引起屈曲，需设横向加劲肋。

【14.2.4-7】答案：C

解析：当 $\dfrac{h_0}{t_w}$ 大于 80 时，应配置横向加劲肋；大于 170 时，应增加配置纵向加劲肋。

【14.2.4-8】答案：B

解析：梁的支座处和上翼缘受有较大固定集中荷载处，应设置支承加劲肋。

【14.2.4-9】答案：C

解析：梁的支座处和上翼缘受有较大固定集中荷载处，应设置支承加劲肋。

【14.2.4-10】答案：D

解析：热轧钢不必验算局部稳定。

【14.2.4-11】答案：A

解析：见整体稳定计算公式。

【14.2.4-12】答案：C

解析：受压翼缘对于整体稳定的影响最大，增大受压翼缘的宽度可以有效改善梁的整体稳定。

【14.2.4-13】答案：D

解析：此情况下上翼缘为受压翼缘，在上翼缘设置侧向支撑可以约束梁的平面外位移。

【14.2.4-14】答案：C

解析：当计算的 $\varphi_b > 0.6$ 时，梁已经进入非弹性工作阶段，整体稳定临界应力有了明显的降低，即梁的临界应力大于比例极限。

【14.2.4-15】答案：A

解析：受压翼缘越大，整体稳定越好，因此（a）（b）相比，（a）差，（b）（d）相比，（d）的荷载作用在下翼缘，可以产生一个反向的附加力矩，有效的梁的侧向弯曲扭转，因此（d）更好。

【14.2.4-16】答案：C

解析：侧向支撑一般要设置在受压翼缘处。

14.2.5 钢结构拉弯和压弯构件

1. 拉弯和压弯构件的特点

拉弯或压弯构件：同时承受轴向力和弯矩的构件。

设计时，应同时满足承载能力极限状态和正常使用极限状态的要求。拉弯构件需要计算其强度和刚度（限制长细比）；压弯构件则需要计算强度、整体稳定（弯矩作用平面内稳定和弯矩作用平面外稳定）、局部稳定和刚度（侧移，限制长细比）。

2. 拉弯和压弯构件的强度

考虑钢材的塑性性能，拉弯和压弯构件是以截面出现塑性铰作为其强度极限状态。

拉弯和压弯构件的强度计算式

$$\frac{N}{A_n} \pm \frac{M_x}{\gamma_x W_{nx}} \pm \frac{M_y}{\gamma_y W_{ny}} \leqslant f$$

式中：γ_x、γ_y——截面塑性发展系数，为避免梁失去强度之前受压翼缘局部失稳，当梁受压翼缘的自由外伸宽度 b 与其厚度 t 之比大于 $13\sqrt{235/f_y}$，但不超过 $15\sqrt{235/f_y}$ 时，应取 $\gamma_x = 1.0$；直接承受动力荷载且需要计算疲劳的梁，例如重级工作制吊车梁，塑性深入截面将使钢材发生硬化，促使疲劳断裂提前出现，取 $\gamma_y = \gamma_x = 1.0$，即按弹性工作阶段进行计算。

3. 实腹式压弯构件的整体稳定

压弯构件的截面尺寸通常由稳定承载力确定。双轴对称截面一般将弯矩绕强轴作用，单轴对称截面则将弯矩作用在对称轴平面内。构件可能在弯矩作用平面内弯曲失稳，也可能在弯矩作用平面外弯扭失稳。所以，压弯构件要分别计算弯矩作用平面内和弯矩作用平面外的稳定性。

(1) 弯矩作用平面内的稳定计算

目前确定压弯构件弯矩作用平面内极限承载力的方法很多，可分为两大类，一类是边缘屈服准则的计算方法，一类是精度较高的数值计算方法。

1) 边缘屈服准则

当截面最大受压纤维屈服时构件失去承载能力，适用于格构式构件。

《钢结构设计标准》将边缘屈服准则导出的相关公式作为格构式压弯构件绕虚轴平面内稳定计算的相关公式，引入抗力分项系数

$$\frac{N}{\varphi_x A} + \frac{\beta_m M_x}{W_{1x}\left(1 - \varphi_x \frac{N}{N_{Ex}}\right)} \leq f$$

2) 最大强度准则

实腹式受压最大边缘刚屈服时尚有较大强度储备，即容许截面塑性深入。因此宜采用最大强度准则，以具有初始缺陷的构件为计算模型，求解极限承载力。

3) 《钢结构设计标准》计算公式

实腹式压弯构件弯矩作用平面内的稳定计算式

$$\frac{N}{\varphi_x A} + \frac{\beta_{mx} M_x}{\gamma_x W_{1x}\left(1 - 0.8 \frac{N}{N'_{Ex}}\right)} \leq f$$

式中：β_{mx} ——等效弯矩系数。

(2) 弯矩作用平面外的稳定计算

引入非均匀弯矩作用时的等效弯矩系数、箱形截面的调整系数以及抗力分项系数后，得到压弯构件在弯矩作用平面外稳定计算的相关公式为

$$\frac{N}{\varphi_y A} + \eta \frac{\beta_{tx} M_x}{\varphi_b W_{1x}} \leq f$$

式中：M_x ——所计算构件段范围内（构件侧向支承点间）的最大弯矩；

β_{tx} ——等效弯矩系数，应根据所计算构件段的荷载和内力情况确定，取值方法与弯矩作用平面内的等效弯矩系数相同；

η ——调整系数，箱形截面0.7，其他截面1.0；

φ_y ——弯矩作用平面外的轴心受压构件稳定系数；

φ_b ——均匀弯曲梁的整体稳定系数，可采用近似计算公式。

(3) 双向弯曲实腹式压弯构件的整体稳定

弯矩作用在两个主轴平面内为双向弯曲压弯构件，工程中较为少见。《钢结构设计标准》规定了双轴对称截面的计算方法。

(4) 实腹式压弯构件的局部稳定

为保证压弯构件中板件的局部稳定，限制翼缘和腹板的宽厚比及高厚比。

1) 受压翼缘的宽厚比

压弯构件受压翼缘应力情况与梁受压翼缘基本相同，因此自由外伸宽度与厚度之比以及箱形截面翼缘在腹板之间的宽厚比均与梁受压翼缘的宽厚比限值相同。

2) 腹板的高厚比

① 工字形截面

长细比较小的压弯构件，整体失稳时截面的塑性深度实际上已超过了$0.25h_0$，长细比较大的压弯构件，截面塑性深度则不到$0.25h_0$，甚至腹板受压最大的边缘还没有屈服。因此，h_0/t_w之值宜随长细比的增大而适当放大。

工字形截面压弯构件腹板高厚比限值

当$0 \leq \alpha_0 \leq 1.6$时

$$\frac{h_0}{t_w} = (16\alpha_0 + 25 + 0.5\lambda)\sqrt{\frac{235}{f_y}}$$

当 $1.6 < \alpha_0 \leqslant 2.0$ 时

$$\frac{h_0}{t_w} = (48\alpha_0 + 0.5\lambda - 26.2)\sqrt{\frac{235}{f_y}}$$

式中：α_0——应力梯度。

② T 形截面

a. 弯矩使腹板自由边受压

当 $\alpha_0 \leqslant 1.0$（弯矩较小）时，T 形截面腹板中压应力分布不均的有利影响不大，宽厚比限值采用与翼缘板相同；当 $\alpha_0 > 1.0$（弯矩较大）时，有利影响较大，故提高 20%。

b. 弯矩使腹板自由边受拉

热轧剖分 T 形钢

$$\frac{h_0}{t_w} = (15 + 0.2\lambda)\sqrt{\frac{235}{f_y}}$$

焊接 T 形钢

$$\frac{h_0}{t_w} = (13 + 0.17\lambda)\sqrt{\frac{235}{f_y}}$$

③ 箱形截面

两腹板受力可能不一致，翼缘对腹板的约束因常为单侧角焊缝也不如工字形截面，因而箱形截面的宽厚比限值取为工字形截面腹板的 0.8 倍。

当 $0 \leqslant \alpha_0 \leqslant 1.6$ 时

$$\frac{h_0}{t_w} = 0.8(16\alpha_0 + 25 + 0.5\lambda)\sqrt{\frac{235}{f_y}}$$

当 $1.6 < \alpha_0 \leqslant 2.0$ 时

$$\frac{h_0}{t_w} = 0.8(48\alpha_0 + 0.5\lambda - 26.2)\sqrt{\frac{235}{f_y}}$$

且不小于 $40\sqrt{\frac{235}{f_y}}$。

④ 圆管截面

一般圆管截面构件的弯矩不大，故其直径与厚度之比的限值与轴心受压构件的规定相同。

$$\frac{D}{t} \leqslant 100\frac{235}{f_y}$$

4. 实腹式压弯构件的设计

(1) 截面形式

压弯构件，当承受的弯矩较小时其截面形式与一般的轴心受压构件相同。当弯矩较大时，宜采用弯矩平面内截面高度较大的双轴或单轴对称截面。

(2) 截面选择及验算

(3) 构造要求

设计中有时采用较薄的腹板，当腹板的高厚比不满足要求时，可考虑腹板中间部分由于失稳而退出工作，计算时腹板截面面积仅考虑两侧宽度各为 $20t_w\sqrt{\frac{235}{f_y}}$ 的部分（计算构件的稳定系数时仍用全截面)。也可在腹板中部设置纵向加劲肋,此时腹板的受压较大翼缘与纵向加劲肋之间的高厚比应满足要求。

当腹板 $\dfrac{h_0}{t_w}>80$ 时,为防止腹板在施工和运输中发生变形,应设置间距不大于 h_0 的横向加劲肋。另外,设有纵向加劲肋的同时也应设置横向加劲肋。加劲肋的截面选择与梁中加劲肋截面的设计相同。

5. 格构式压弯构件的设计

(1) 弯矩绕虚轴作用的格构式压弯构件

1) 弯矩作用平面内的整体稳定计算

弯矩绕虚轴作用的格构式压弯构件,由于截面中部空心,不能考虑塑性的深入发展,故弯矩作用平面内的整体稳定计算适宜采用边缘屈服准则

$$\frac{N}{\varphi_x A}+\frac{\beta_m M_x}{W_{1x}\left(1-\varphi_x \dfrac{N}{N_{Ex}}\right)} \leqslant f$$

式中:W_{1x}——$W_{1x}=I_x/y_0$,y_0 为由 x 轴到压力较大分肢轴线的距离或到压力较大分肢腹板外边缘的距离,二者取较大值。

2) 分肢的稳定计算

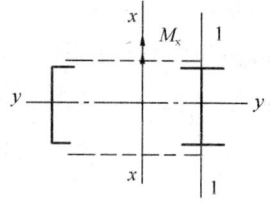

在弯矩作用平面外的整体稳定性一般由分肢的稳定计算得到保证,故不必再计算整个构件在平面外的整体稳定性。

将整个构件视为一平行弦桁架,两分肢看作桁架体系的弦杆(图 14.2-25)

分肢 1:$N_1 = N\dfrac{y_2}{a}+\dfrac{M}{a}$

分肢 2:$N_2 = N - N_1$

缀条式压弯构件的分肢按轴心压杆计算。分肢的计算长度,在缀材平面内取缀条体系的节间长度;在缀条平面外,取整个构件两侧向支撑点间的距离。

进行缀板式压弯构件的分肢计算时,除轴心力外,还应考虑由剪力作用引起的局部弯矩,按实腹式压弯构件验算单肢的稳定性。

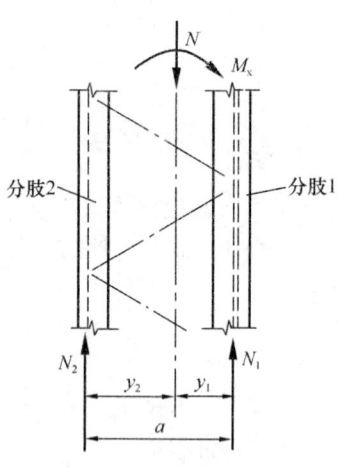

3) 缀材的计算

计算压弯构件的缀材时,应取构件实际剪力和计算剪力两者中的较大值。其计算方法与格构式轴心受压构件相同。

图 14.2-25 分肢的稳定计算简图

(2) 弯矩绕实轴作用的格构式压弯构件

当弯矩作用在与缀材面相垂直的主平面内时,构件绕实轴产生弯曲失稳,受力性能与实腹式压弯构件完全相同。因此,弯矩绕实轴作用的格构式压弯构件,弯矩作用平面内和平面外的整体稳定计算均与实腹式构件相同,在计算弯矩作用平面外的整体稳定时,长细比应取换算长细比,整体稳定系数取 1.0。

习 题

【14.2.5-1】计算如图 14.2-26 所示的格构式压弯构件绕虚轴的整体稳定时，截面模量 $W_{1x} = I_x/y_0$，其中 $y_0 = (\quad)$。

A. y_1　　　　B. y_2　　　　C. y_3　　　　D. y_4

【14.2.5-2】单轴对称截面的压弯构件，应使弯矩（　　）。

A. 绕非对称轴作用　B. 绕对称轴作用
C. 绕任意主轴作用　D. 视情况绕对称轴或非对称轴作用

【14.2.5-3】格构式压弯构件缀材的设计剪力（　　）。

A. 取构件实际剪力设计值

B. 由公式 $V = \dfrac{Af}{85}\sqrt{\dfrac{235}{f_y}}$ 计算

C. 取构件实际剪力设计值和 $V = \dfrac{Af}{85}\sqrt{\dfrac{235}{f_y}}$ 二者中的较大值

D. 取 $V = \dfrac{dM}{dz}$ 的计算值

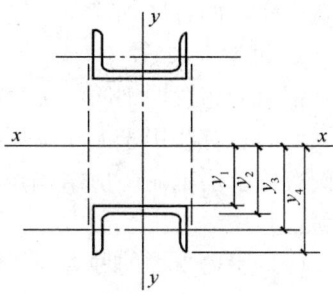

图 14.2-26　题 14.2.5-1 图

【14.2.5-4】有侧移的单层钢框架入采用等截面柱，柱与基础固接，与横梁铰接，框架平面内柱的计算长度系数 μ 为（　　）。

A. 2.03　　　　B. 1.5　　　　C. 1.03　　　　D. 0.5

习题答案及解析

【14.2.5-1】答案：C

解析：y_0 为由 x 轴到压力较大分肢轴线的距离或到压力较大分肢腹板外边缘的距离，二者取较大值。

【14.2.5-2】答案：A

解析：单轴对称截面的压弯构件，应使弯矩绕非对称轴作用，使压力作用在材料分布较多的一侧。

【14.2.5-3】答案：C

解析：格构式压弯构件缀材的设计剪力取构件实际剪力设计值和 $V = \dfrac{Af}{85}\sqrt{\dfrac{235}{f_y}}$ 二者中的较大值。

【14.2.5-4】答案：A

解析：查有侧移框架柱的计算长度系数表，当柱与基础铰接时，$K_2 = 0$；当柱与基础刚接时，$K_2 = 10$。

14.2.6　钢屋盖结构

1. 钢屋盖结构组成

钢屋盖结构分为无檩屋盖和有檩屋盖。无檩屋盖采用尺寸为 1.5m×6.0m 的大型屋面板直接搁置在屋架或天窗架上。有檩屋盖是在屋架或天窗架上设置实腹式型钢檩条或桁架式檩条来支承屋面材料。

钢屋盖结构一般由屋架、托架、天窗架、檩条（有檩屋盖）、屋面构件（大型屋面板）或其他屋面材料（波形石棉瓦、瓦楞铁、压型钢板）、屋盖支撑系统组成，与钢筋混凝土屋盖一样，两者区别仅在于组成承重构件的材料不同。

2. 钢屋盖布置

钢屋的布置同钢筋混凝土屋盖布置类同，但由于钢屋盖应用的跨度要比钢筋混凝土屋盖大，而且有些用于大吨位重级工作制吊车的厂房，其支撑布置要求严格一些，设计时可查阅有关单层工业厂房结构设计或结构构造设计手册。下面仅就钢屋盖的主要内容加以说明。

（1）屋盖支撑的种类与作用

屋盖支撑的主要作用：1) 保证在施工和使用阶段厂房屋盖结构的空间几何稳定性；2) 保证屋盖结构的横向、纵向空间刚度和空间整体性；3) 为屋架弦杆提供必要的侧向支撑点，避免压杆侧向失稳和防止拉杆产生过大的振动；4) 承受和传递水平荷载。

（2）屋盖支撑的布置

所有屋盖必须设置上弦横向水平支撑、竖向支撑和系杆，是否设置下弦横向或纵向水平支撑则视具体情况而定。

1) 横向水平支撑

上弦横向水平支撑应设置在房屋的两端或横向温度缝区段的两端。一般设在第一柱间或第二柱间（此时第一柱间设置刚性系杆），间距（净距）不宜大于 60m。

下弦横向水平支撑若需设置时，一般宜设在厂房端部及伸缩缝处的第一柱间，并且与上弦横向水平支撑布置在同一柱间。若具有下列情况之时，宜设置下弦水平支撑：

a. 山墙抗风柱与屋架下弦连接，纵向水平力通过下弦传递；b. 厂房内设有重级工作制吊车，或起重量大于 10t 的中级工作制吊车，或设有振动设备时；c. 有纵向运行的悬挂吊车且吊点设在下弦时；d. 钢屋盖跨度大于 18m 时。

2) 竖向支撑

竖向支撑一般是角钢杆件与屋架中的直腹杆或天窗架中的立柱组成的垂直桁架。跨度不超过 30m 的梯形屋架以及跨度不超过 24m 的三角形屋架，应在跨中设置一道竖向支撑；当跨度大于上述数值时，宜在 1/3 跨度附近或天窗架侧腿处设置两道；梯形屋架还应在两端各设一道，当有托架时可由托架代替；天窗架的竖向支撑，一般在两侧设置，当天窗宽度大于 12m 时还应在中央设置一道，竖向支撑应与上、下弦横向水平支撑设置在同一柱间。

3) 下弦纵向水平支撑

下弦纵向水平支撑设在屋架下弦（三角形屋架也可设在上弦）端节间，沿两纵向柱列通长布置，与下弦横向水平支撑组成封闭体系。凡符合下列条件之一时，均应设置下弦纵向水平支撑：a. 厂房高度或跨度大于 24m 时；b. 厂房内设有重级工作制吊车和起重量大于 50t 的中级工作制吊车时；c. 厂房内设有较大振动设备（如大于 5t 的自由锻锤）时；d. 在厂房排架计算中考虑空间工作时；e. 柱距等于或大于 12m 且设有托架时，应在局部加设纵向支撑，并由托架两端各延伸一个柱间设置。

(3) 系杆

系杆的作用是充当屋架上、下弦的侧向支撑点。系杆一般通长设置，一端最终连接于竖向支撑或上、下弦横向水平支撑的节点上。能承受拉力又能承受压力的系杆为刚性系杆，通常采用双角钢组成的十字形截面；只能承受拉力的系杆为柔性系杆，通常采用单角钢截面。

3. 钢屋架的设计

(1) 普通钢屋架的形式

1) 选型原则

使用要求：屋架外形与排水坡度相适应。

经济要求：屋架外形与弯矩图一致，弦杆内力均匀；杆件长拉短压；腹杆数量少，总长度短，夹角 $30°\sim60°$。

2) 屋架外形（图 14.2-27）

(2) 钢屋架的主要尺寸

1) 屋架跨度

根据工艺/使用要求确定，考虑屋面板宽度模数，常用跨度：12m/15m/18m/21m/24m/27m/30m/36m。

2) 屋架高度

根据经济/刚度/建筑/屋面坡度/运输条件等条件确定。

三角形屋架：$(1/6\sim1/4)L$

梯形屋架：跨中 $(1/10\sim1/6)L$；端部 1.6~2.2m（铰接）/1.8~2.4m（刚接）

运输高度：3.85m

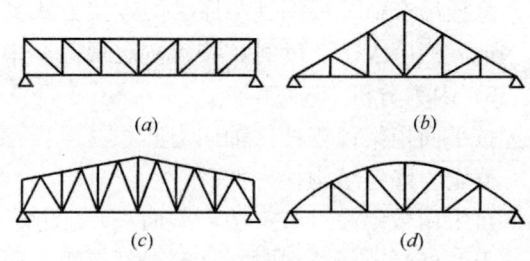

图 14.2-27 普通钢屋架的外形
(a) 矩形屋架；(b) 三角形屋架；
(c) 梯形屋架；(d) 曲拱形屋架

3) 节间尺寸

上弦节间尺寸根据屋面做法确定。

无檩体系：大型屋面板 1.5~1.8m

有檩体系：檩条间距 0.8~2.0m

屋面荷载尽量直接作用在上弦节点上。

(3) 钢屋架计算分析

1) 计算假定

钢屋架的节点为铰接：节点刚度引起次应力（弯曲应力）

杆件轴线在同一平面内，汇交于节点中心：杆件偏心

荷载作用在屋架节点上，且在屋架平面内：节间荷载

2) 荷载类型

永久荷载：结构及屋面自重；

可变荷载：屋面活荷/积灰/雪荷/风荷/悬挂吊车荷载。

3) 荷载组合

①永久荷载＋可变荷载；②永久荷载＋半跨可变荷载；③钢结构自重＋半跨屋面板＋半跨屋面活荷。

4) 荷载计算（图14.2-28）

屋面荷载汇集到上弦节点，可按下式计算：

$$p_i = r_i q_k s a / \cos \alpha$$

屋架结构自重（kN/m^2）按经验公式估算并作用在上弦节点：

$$q_k = 0.117 + 0.011 l$$

吊顶荷载汇集作用在钢屋架下弦节点。

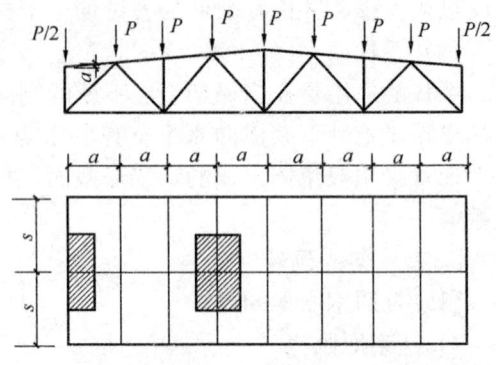

图14.2-28 节点荷载汇集简图

屋面坡度小于30°时，屋盖承受风吸力的作用，对结构有利，一般可不考虑，风荷载很大时或采用对风荷载较为敏感的轻型屋面时，应按《荷载规范》计算风荷载。

悬挂吊车荷载根据其与屋架的连接方式具体计算。

地震烈度大于7度时，按《抗震规范》采用附加竖向荷载的方式考虑地震荷载。

5) 内力分析

按平面桁架计算杆件轴向力：

假定为静定结构；

可采用数解法（节点法，截面法）/图解法。

上弦杆受节间荷载时，计算局部弯矩：简支梁 M_0，端节间正弯矩 $0.8M_0$，其他节间正、负弯矩 $0.6M_0$（图14.2-29）。

屋架与柱刚接时，还应计算屋架端弯矩引起的屋架杆件内力（图14.2-30）。

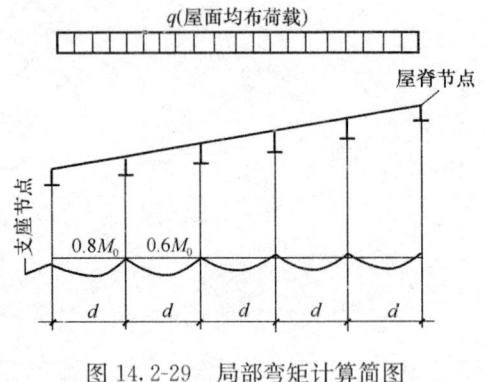

图14.2-29 局部弯矩计算简图

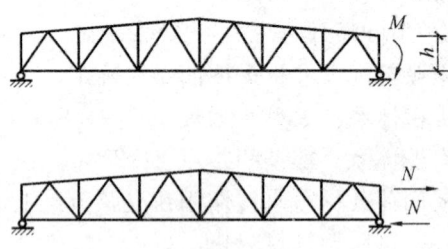

图14.2-30 屋架端弯矩的作用

(4) 钢屋架杆件设计

1) 杆件计算长度（图14.2-31）

屋架平面内：根据节点中心距离确定；考虑节点刚度，压杆失稳时将受到拉杆的约束（弹性嵌固），拉杆越多，拉力越大，拉杆线刚度越大，约束作用越强。

受压（上）弦杆/支座竖杆/端斜杆 $l_{0x}=l$（l 为几

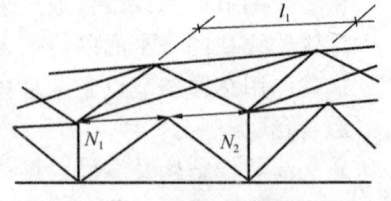

图14.2-31 二节间压力不等时屋架弦杆平面外的计算长度

何长度）

其他腹杆 $l_{0x}=0.8l$（与下弦连接的节点嵌固作用较大）

下弦杆 $l_{0x}=l$

屋架平面外：与侧向支撑点间距有关

上弦杆：有檩体系 檩条与支撑不连接 $l_{0y}=l_1$；檩条与支撑连接 $l_{0y}=l_1/2$（檩条间距）；

无檩体系 屋面板与屋架3点可靠连接时，$l_{0y}=2B$ 且 $<3m$；否则，$l_{0y}=l_1$

下弦杆 $l_{0y}=l_1$

腹杆 $l_{0y}=l$（杆件几何长度）

侧向支撑点间距为杆件节间长度的2倍时，取杆件内力为此二节间内力较大值，杆件计算长度：$l_{0y}=l_1(0.75+0.25N_2/N_1)$ 且 $l_{0y}\geqslant 0.5l_1$

对双角钢十字形截面和单角钢截面的腹杆，斜平面屈曲，$l_{0x}=0.9l$。

2）杆件截面形式（图14.2-32）

截面形式选择的原则是与杆件两个方向的计算长度相配合，使杆件两个方向的长细比接近相等，即达到等稳定。

等边角钢 T形截面 $i_y\approx(1.3\sim1.5)i_x$，适用于钢屋架腹杆；

不等边角钢 T形截面 短肢相连 $i_y\approx(2.6\sim2.9)i_x$，适用于钢屋架上下弦杆，平面外支撑间距为节间长度的2～3倍；

不等边角钢 T形截面 长肢相连 $i_y\approx(0.75\sim1.0)i_x$，适用于钢屋架端竖杆、端斜杆及有局部弯矩作用的上弦杆；

等边角钢 十字截面 $i_y\approx i_x$，适用于有竖向支撑连接的竖腹杆。

3）垫板设置（图14.2-33）

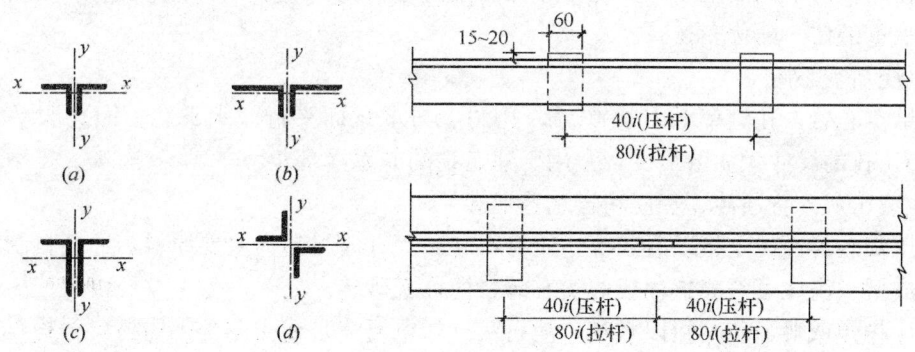

图14.2-32 钢屋架杆件截面选择　　图14.2-33 屋架杆件的垫板布置

垫板长应伸出角钢肢15～20mm，宽60mm，与节点板等厚，间距不大于40i（压杆）和80i（拉杆），且每根杆件至少两块，十字形截面垫板沿两个方向交错布置。

4）截面规格

角钢规格不宜小于L45×4/L56×36×4；

角钢规格一般选用5～6种；

弦杆尽量采用一种规格，跨度>24m时可改变截面一次（等肢厚，变肢宽）；

屋架中内力较小的杆件一般可按刚度要求选择截面。

14.3 砌体结构部分

高频考点梳理

知识点	砌体结构抗震设计	砌体结构材料性能	墙梁的设计方法	砌体结构承载力设计	房屋静力计算方案的划分	砌体结构构造柱的设置
近三年考核频次	2	2	1	2	2	2

14.3.1 砌体结构材料性能

砌体结构是由块体和砂浆砌筑而成的，故块体与砂浆的力学性能决定了砌体的力学性能。

1. 块体

(1) 砖

我国目前常用的砖有烧结普通砖、烧结多孔砖、烧结空心砖、蒸压灰砂普通砖、蒸压粉煤灰普通砖、混凝土普通砖和混凝土多孔砖。

1) 烧结普通砖

烧结普通砖是以煤矸石、页岩、粉煤灰或黏土为主要原料，经过焙烧而成的实心或孔洞率不大于15%且外形尺寸符合规定的砖。

2) 烧结多孔砖

烧结多孔砖以煤矸石、页岩、粉煤灰或黏土为主要原料，经焙烧而成，孔洞率不大于35%，孔洞多与承压面垂直（竖孔，即孔洞垂直于砖的大面），孔的尺寸小而数量多，主要用于承重部位，简称多孔砖。

3) 烧结空心砖

烧结空心砖，孔洞率不小于40%，孔洞多与承压面平行（水平孔，即孔洞平行于砖的大面），孔的尺寸大而数量少，常用于建筑物的非承重部位。

4) 蒸压灰砂普通砖、蒸压粉煤灰普通砖

蒸压灰砂普通砖是指以石灰等钙质材料和砂等硅质材料为主要原料，经坯料制备、压制排气成型、高压蒸汽养护而成的实心砖，简称灰砂砖。

蒸压粉煤灰普通砖是指以石灰、消石灰（如电石渣）或水泥等钙质材料与粉煤灰等硅质材料及集料（砂等）为主要原料，掺加适量石膏，经坯料制备、压制排气成型高压蒸汽养护而成的实心砖，简称粉煤灰砖。蒸压灰砂普通砖和蒸压粉煤灰普通砖的规格尺寸均与烧结普通砖相同。

5) 混凝土普通砖、混凝土多孔砖

混凝土砖是指以水泥为胶结材料，以砂、石等为主要集料，经加水搅拌成型、养护制成的一种多孔的混凝土半盲孔砖或实心砖。

(2) 砌块

砌块是指采用普通混凝土或利用浮石、火山渣、陶粒等为骨料制成的轻集料混凝土砌块。砌块的尺寸比砖大，用砌块代替砖砌筑砌体，可节省砂浆、减少劳动量、加快施工速度。砌块按有无孔洞或空心率大小可分为实心砌块和空心砌块。一般将无孔洞或空心率小于25%的砌块称为实心砌块，将空心率大于或等于25%的砌块称为空心砌块。

砌块按尺寸大小可分为小型、中型、大型三种。通常把砌块高度为180~350mm的称为小型砌块，高度为360~900mm的称为中型砌块，高度大于900mm的称为大型砌块。

1）混凝土砌块

我国目前在承重墙体材料中应用最为普遍的是混凝土小型空心砌块，它是由普通混凝土或轻集料混凝土制成的，主要规格尺寸为390mm×190mm×190mm，空心率为25%~50%，简称混凝土砌块或砌块。

2）轻集料混凝土砌块

轻集料混凝土砌块包括煤矸石混凝土砌块和孔洞率不大于35%的火山渣、浮石、陶粒混凝土砌块。它具有轻质高强、保温、隔热性能好的特点，广泛应用于各种建筑的墙体结构中，特别适用于对保温、隔热性能要求较高的结构。

（3）石材

天然石材按重力密度大小可分为重石与轻石两种。重力密度大于18kN/m³者为重石，如花岗岩、砂岩、石灰石等；重力密度小于18kN/m³者为轻石，如凝灰岩、贝壳灰岩等。重石具有强度高、抗冻性能好、耐久性好等优点，常用于建筑物的承重墙体、基础、挡土墙等。

石材一般采用重质天然石，按其外形加工的规整程度可分为毛石和料石。

（4）块体的强度等级

块体的强度等级是块体力学性能的基本标志，用符号"MU"表示，是由标准试验方法得出的块体极限抗压强度并按规定的评定方法确定的，单位为MPa。

国家标准《砌体结构设计规范》GB 50003—2011规定了各种块体的强度等级，承重结构的块体的强度等级见表14.3-1，自承重墙的空心砖、轻集料混凝土砌块的强度等级见表14.3-2。

承重结构的块体的强度等级　　表14.3-1

块体		强度等级
砖	烧结普通砖、烧结多孔砖	MU30、MU25、MU20、MU15、MU10
	蒸压灰砂普通砖、蒸压粉煤灰普通砖	MU25、MU20、MU15
	混凝土普通砖、混凝土多孔砖	MU30、MU25、MU20、MU15
砌块	混凝土砌块、轻集料混凝土砌块	MU20、MU15、MU10、MU7.5、MU5
石材	毛石、料石	MU100、MU80、MU60、MU50、MU40、MU30、MU20

自承重墙的空心砖、轻集料混凝土砌块的强度等级　　表14.3-2

块体	强度等级
空心砖	MU10、MU7.5、MU5、MU3.5
轻集料混凝土砌块	MU10、MU7.5、MU5、MU3.5

2. 砂浆

砂浆是由砂、适量的无机胶凝材料（水泥、石灰、石膏、黏土等）、水以及根据需要加入的掺和料和外加剂等组分，按一定比例搅拌而成的一种粘结材料。

砂浆在砌体中的作用：将单个块体粘连成整体；垫平块体的上、下表面，使块体的应力分布较为均匀；填满块材间隙，以提高砌体的防水、抗冻、防风、保温等性能。

水泥砂浆、水泥混合砂浆、非水泥砂浆的强度等级分为五级：M15、M10、M7.5、M5和M2.5。

烧结普通砖、烧结多孔砖、蒸压灰砂普通砖和蒸压粉煤灰普通砖砌体采用的普通砂浆强度等级为M15、M10、M7.5、M5和M2.5。

料石、毛石砌体采用的砂浆强度等级为M15、M5和M2.5。

3. 砌体

砌体是由不同尺寸和形状的块体用砂浆砌筑而成的整体，所以块体的排列方式应使它们能较均匀地承受外力，否则不但会降低砌体的受力性能，而且会削弱甚至破坏建筑物的整体协调受力能力。按在砌体中是否配筋，可以将砌体分为无筋砌体和配筋砌体。

（1）砌体的轴心抗压强度平均值

国家标准《砌体结构设计规范》给出了与国际标准接近、物理概念明确、适用于各类砌体的抗压强度平均值的通用表达式

$$f_m = k_1 f_1^\alpha (1 + 0.07 f_2) k_2 \tag{14.3-1}$$

式中：f_m——砌体抗压强度平均值（MPa）；

f_1——用标准试验方法测得的块体的抗压强度平均值（MPa）；

α——与块体高度有关的参数（表14.3-3）；

f_2——用标准试验方法测得的砂浆的抗压强度平均值（MPa）；

k_1——砌体类型、砌筑方法等因素对砌体强度的影响系数；

k_2——低强度等级的砂浆对砌体强度影响的修正系数。

砌体轴心抗压强度平均值系数表　　　　　　　　　　表14.3-3

砌体类型	k_1	α	k_2
烧结普通砖、烧结多孔砖、蒸压灰砂普通砖、蒸压粉煤灰普通砖、混凝土普通砖、混凝土多孔砖	0.78	0.5	当$f_2<1$时，$k_2=0.6+0.4f_2$
混凝土砌块、轻集料混凝土砌块	0.46	0.9	当$f_2=0$时，$k_2=0.8$
毛料石	0.79	0.5	当$f_2<1$时，$k_2=0.6+0.4f_2$
毛石	0.22	0.5	当$f_2<2.5$时，$k_2=0.4+0.24f_2$

注：1. k_2在表列条件以外时均等于1。

2. 计算混凝土砌块砌体的轴心抗压强度平均值时，当$f_2>10$MPa时，应乘系数$1.1-0.01f_2$，MU20的砌体应乘系数0.95，且满足$f_1 \geqslant f_2$，$f_1 \leqslant 20$MPa。

当砖的强度等级一定时，砌体的抗压强度随砂浆强度的减小而减小；当砂浆的强度等级一定时，砌体的抗压强度随砖强度的减小而减小；而砌体的抗压强度始终没有超过其所对应的砖强度等级或者砂浆强度等级。其他类型的砖和砌体的规律也是完全相同的。

（2）砌体的轴心受拉、受弯、受剪性能

砌体的轴心抗压强度较高，而轴心抗拉强度、弯曲抗拉强度和抗剪强度都较低。

1) 砌体的轴心受拉性能

与砌体抗压强度相比，砌体抗拉强度很低，在实际工程中圆形水池的池壁是砌体结构中常见的轴心受拉构件，在静水压力作用下池壁承受环向轴心拉力。

规范只列出了砌体沿齿缝截面破坏的轴心抗拉强度平均值计算公式，见表14.3-4。

2) 砌体的受弯性能

砌体结构中的挡土墙、地下室墙体等属于平面外受弯构件。砌体受弯破坏总是从受拉一侧开始，砌体的抗弯能力由其弯曲抗拉强度决定。试验表明，砌体受弯破坏形态有三种：沿齿缝破坏、沿块体与竖向灰缝截面破坏、沿通缝截面破坏。

规范只列出了砌体沿齿缝与沿通缝截面受弯破坏时的弯曲抗拉强度平均值计算公式，见表14.3-4。

3) 砌体的受剪性能

砌体结构中的门窗过梁、拱过梁等可能发生受剪破坏。砌体结构在风荷载和水平地震作用下发生的破坏也以受剪破坏为主。砌体结构承受纯剪状态较少，一般均伴随压力作用。

4) 砌体的轴心抗拉强度、弯曲抗拉强度、抗剪强度平均值

砌体的轴心抗拉强度、弯曲抗拉强度、抗剪强度主要取决于砂浆的强度，各强度平均值计算公式见表14.3-4。

轴心抗拉强度平均值$f_{t,m}$、弯曲抗拉强度平均值$f_{tm,m}$和抗剪强度平均值$f_{v,m}$　　　　表14.3-4

砌体种类	$f_{t,m}=k_3\sqrt{f_2}$	$f_{tm,m}=k_4\sqrt{f_2}$		$f_{v,m}=k_5\sqrt{f_2}$
	k_3	k_4		k_5
		沿齿缝	沿通缝	
烧结普通砖、烧结多孔砖、混凝土普通砖、混凝土多孔砖	0.141	0.250	0.125	0.125
蒸压灰砂普通砖、蒸压粉煤灰普通砖	0.09	0.18	0.09	0.09
混凝土砌块	0.069	0.081	0.056	0.069
毛石	0.075	0.113	—	0.188

注：f_2为用标准试验方法测得的砂浆的抗压强度平均值。

【例14.3-1】砌体在轴心受压时，块体的受力状态为（　　）。

A. 压力　　　　　　　　　　B. 剪力、压力
C. 弯矩、压力　　　　　　　D. 弯矩、剪力、压力、拉力

【例14.3-1】

解析：由于块体之间砌筑砂浆的各向异性和表面的凹凸不平，会使块体处于复杂的受力状态下，可能受弯矩、剪力、压力和拉力的共同作用。又由于块体的抗弯、抗剪强度远低于抗压强度，因而较早地使单个块体出现裂缝，导致块体的抗压能力不能充分发挥，这是砌体抗压强度远低于块体抗压强度的主要原因。

答案为D。

习 题

【14.3.1-1】中心受压砌体中的砖处于（　　）的复杂应力状态下。
Ⅰ．整体受压　　　　　　　　　　Ⅱ．受弯
Ⅲ．受剪　　　　　　　　　　　　Ⅳ．局部受压
Ⅴ．横向受拉
A．Ⅰ、Ⅱ　　　　　　　　　　　　B．Ⅰ、Ⅱ、Ⅲ
C．Ⅰ、Ⅱ、Ⅲ、Ⅳ　　　　　　　　D．Ⅱ、Ⅲ、Ⅳ、Ⅴ

【14.3.1-2】砌体局部受压可能有三种破坏形式，工程设计中一般应按（　　）来考虑。
A．先裂后坏　　B．一裂即坏　　C．未裂先坏　　D．以上均不对

【14.3.1-3】砖砌体的抗压强度要比砖的抗压强度（　　）。
A．低　　　　　B．高　　　　　C．相等　　　　D．不一定

【14.3.1-4】砌体沿齿缝截面破坏的抗拉强度，主要是由（　　）决定的。
A．块体强度　　　　　　　　　　　B．砂浆强度
C．砂浆和块体的强度　　　　　　　D．上述 A、B、C 均不对

【14.3.1-5】烧结普通砖具有全国统一的规格，其尺寸为（　　）。
A．240mm×115mm×53mm　　　　　B．240mm×120mm×53mm
C．240mm×115mm×60mm　　　　　D．230mm×115mm×53mm

【14.3.1-6】砖砌体水平灰缝的标准厚度为（　　）。
A．2～4mm　　　B．4～6mm　　　C．10～12mm　　D．15～18mm

【14.3.1-7】下面关于砌体抗压强度的影响因素的说法正确的是（　　）。
A．砌体抗压强度随砂浆和块体的强度等级的提高而增大，且按相同比例提高砌体的抗压强度
B．砂浆的变形性能越大，越容易砌筑，砌体的抗压强度越高
C．块体的外形越规则、平整，则砌体的抗压强度越高
D．砌体中灰缝越厚，越容易施工，则砌体的抗压强度越高

【14.3.1-8】下面关于砖砌体的强度与砂浆和砖强度的关系说法正确的是（　　）。
(1) 砖砌体抗压强度取决于砖和砂浆的强度等级；(2) 烧结普通砖的抗剪强度仅取决于砂浆的强度等级；(3) 烧结普通砖轴心抗拉强度仅取决于砂浆的强度等级；(4) 烧结普通砖沿通缝截面破坏时，弯曲抗拉强度取决于砂浆的强度等级；(5) 烧结普通砖沿齿缝截面破坏时，弯曲抗拉强度取决于砖的强度等级。
A．(1)(2)(3)(5)　　　　　　　　　B．(1)(2)(5)
C．(1)(2)(3)(4)　　　　　　　　　D．(1)(3)(4)

习题答案及解析

【14.3.1-1】答案：D
解析：由于砂浆层不饱满等因素，使砖块不能均匀受压。

【14.3.1-2】答案：A
解析：砌体的破坏分为 3 个阶段，到第三阶段才丧失承载能力。

【14.3.1-3】答案：A

解析：砌体的破坏总是由单块砖出现裂缝开始的，砌体的轴心抗压强度远低于所用砖的抗压强度。

【14.3.1-4】答案：B

解析：由砌体的性能可知，砌体轴心抗拉强度主要取决于块体与砂浆之间的粘结强度，一般与砂浆粘结强度有关；当沿齿缝截面破坏时，其抗拉强度与砂浆抗压强度有关，故应选 B 项。

【14.3.1-5】答案：A

解析：烧结普通砖具有全国统一的规格，其尺寸为 240mm×115mm×53mm。

【14.3.1-6】答案：C

解析：砖砌体水平灰缝的标准厚度为 10～12mm。

【14.3.1-7】答案：C

解析：A 项，砂浆和块体对于砌体的抗压强度的影响程度的比例不同；B 项，砂浆的变形性能越大，越容易砌筑，砌体的抗压强度越低；D 项，灰缝过厚或薄均会使抗压强度变低。

【14.3.1-8】答案：C

解析：烧结普通砖沿通缝截面破坏时，弯曲抗拉强度取决于砂浆的强度等级，因此（5）是不对的。

14.3.2 砌体结构设计基本原则

1. 砌体结构的设计方法

《砌体结构设计规范》采用以概率理论为基础的极限状态设计方法，以可靠指标度量结构的可靠度，采用分项系数的设计表达式进行结构计算。与钢筋混凝土结构相同，砌体结构应按承载能力极限状态进行设计，并满足正常使用极限状态的要求。

2. 砌体的强度标准值

砌体的强度标准值是保证率不低于 95% 的材料强度，即强度概率分布函数 0.05 的分位值。各类砌体的强度标准值可通过下式计算：

$$f_k = f_m - 1.645\sigma_f = f_m(1 - 1.645\delta_f)$$

式中：f_m——砌体的强度平均值；

σ_f——砌体强度的标准差；

δ_f——砌体强度的变异系数，其值根据大量的试验资料经统计分析得到，具体可按表 14.3-5 采用。

砌体强度的变异系数　　　　表 14.3-5

砌体种类	受力性能	δ_f
毛石砌体	抗压	0.24
	抗拉、抗弯、抗剪	0.26
其他砌体	抗压	0.17
	抗拉、抗弯、抗剪	0.20

3. 砌体的强度设计值

砌体的强度设计值 f 是砌体结构构件进行承载力极限状态设计时所采用的砌体强度代表值，其等于砌体强度标准值 f_k 除以材料性能分项系数 γ_f，计算公式如下：

$$f = \frac{f_k}{\gamma_f}$$

砌体的材料性能分项系数不仅考虑了可靠度，还考虑了施工质量对砌体强度的影响。

根据砌体施工质量的分级，A 级时，取 $\gamma_f = 1.5$；B 级时，取 $\gamma_f = 1.6$；C 级时，取 $\gamma_f = 1.8$。一般情况下，砌体材料性能分项系数宜按 B 级考虑。

4. 砌体强度设计值的调整

下列情况的各类砌体，其砌体强度设计值应乘以调整系数 γ_a：

(1) 对无筋砌体构件，其截面面积小于 $0.3m^2$ 时，γ_a 为其截面面积加 0.7；对配筋砌体构件，当其中砌体截面面积小于 $0.2m^2$ 时，γ_a 为其截面面积加 0.8。构件截面面积以"m^2"计。

(2) 当砌体用强度等级小于 M5.0 的水泥砂浆砌筑时，对各类砌体的抗压强度设计值，γ_a 为 0.9；对沿砌体灰缝截面破坏时砌体的轴心抗拉、弯曲抗拉和抗剪强度设计值，γ_a 为 0.8。

(3) 当验算施工中房屋的构件时，γ_a 为 1.1。

5. 砌体结构的耐久性规定

砌体结构的耐久性包括两个方面：一是对配筋砌体结构构件钢筋的保护，二是对砌体材料的保护。砌体结构的耐久性与钢筋混凝土结构既有相同之处又有一些优势。相同之处是指砌体结构中的钢筋保护增加了砌体部分，因而比混凝土结构的耐久性好，无筋砌体尤其是烧结类砖砌体的耐久性更好。

习　题

【14.3.2-1】《砌体结构设计规范》规定，下列情况的各类砌体强度设计值应乘以调整系数 γ_a，

Ⅰ. 有吊车房屋和跨度不小于 9m 的多层房屋，γ_a 为 0.9

Ⅱ. 有吊车房屋和跨度不小于 9m 的多层房屋，γ_a 为 0.8

Ⅲ. 构件截面 A 小于 $0.3m^2$ 时取 $\gamma_a = A + 0.7$

Ⅳ. 构件截面 A 小于 $0.3m^2$ 时取 $\gamma_a = 0.85$

下列(　　)是正确的。

A. Ⅰ、Ⅲ　　　　B. Ⅰ、Ⅳ　　　　C. Ⅱ、Ⅲ　　　　D. Ⅱ、Ⅳ

【14.3.2-2】验算截面尺寸为 240mm×1000mm 的砖柱，采用水泥砂浆砌筑，施工质量为 A 级，则砌体抗压强度的调整系数 γ_a 应取(　　)。

A. $0.9 \times (0.24 + 0.7)$　　　　B. $(0.24 + 0.7) \times 1.00$

C. $0.9 \times (0.24 + 0.7) \times 1.05$　　　　D. 上述 A、B、C 均不对

【14.3.2-3】下面关于砌体强度设计值的调整系数 γ_a 的说法哪种是不正确的？(　　)

A. 验算用水泥砂砌筑的砌体时 γ_a

B. 验算施工中房屋构件时，$\gamma_a<1$，因为砂浆没有结硬

C. 砌体截面面积 $A<0.3m^2$ 时，$\gamma_a=0.7+A$，因为截面面积较小的砌体构件，局部碰损或缺陷对强度的影响较大

D. 验算有吊车房屋或跨度大于9m的房屋时，$\gamma_a=0.9$ 是因为这两种情况受力复杂

【14.3.2-4】进行砌体结构设计时，必须满足下面哪些要求？（　　）

①砌体结构必须满足承载能力极限状态；②砌体结构必须满足正常使用极限状态；③一般工业与民用建筑中的砌体构件，可靠指标 $\beta \geqslant 3.2$；④一般工业与民用建筑中的砌体构件，可靠指标 $\beta \geqslant 3.7$。

A. ①②③　　　　B. ①②④　　　　C. ①④　　　　D. ①③

【14.3.2-5】下面关于配筋砌体构件的强度设计值调整系数比的说法，哪种是不正确的？（　　）

A. 对配筋砌体构件，当其中砌体采用水泥砂浆时，不需要进行调整

B. 配筋砌体构件截面面积小于 $0.2m^2$ 时，$\gamma_a=0.8+A$

C. 施工质量控制等级为C级，$\gamma_a=0.89$

D. 对配筋砌体构件，当其中砌体采用水泥砂浆时，仅对砌体强度乘以调整系数 γ_a

习题答案及解析

【14.3.2-1】答案：A

解析：参考《砌体结构设计规范》相关要求。

【14.3.2-2】答案：A

解析：水泥砂浆调整系数为0.9；施工质量为A级，计算时不调整 γ_a，又截面面积 $0.24\times1=0.24m^2<0.3m^2$，应调整 γ_a，所以有：$\gamma_a=0.9\times(0.24+0.7)$，所以应选A项。

【14.3.2-3】答案：B

解析：当验算施工中的房屋时，$\gamma_a=1.1$。

【14.3.2-4】答案：B

解析：一般工业与民用建筑中的砌体构件，可靠指标 $\beta \geqslant 3.7$，因此③错误。

【14.3.2-5】答案：A

解析：对于配筋砌体构件，如果砌体截面面积小于 $0.2m^2$，γ_a 为其截面面积加上0.8。

14.3.3 砌体构件的承载力计算

1. 受压构件的承载力计算

（1）墙、柱的高厚比验算

墙、柱的高厚比是指墙、柱的计算高度与墙厚或矩形柱较小边长的比值，用符号 β 表示。

墙、柱的高厚比越大，其稳定性越差，从而影响墙、柱的正常使用。因此，《砌体结构设计规范》明确规定，在设计中，墙、柱的高厚比不应超过允许高厚比限值 $[\beta]$。验算墙、柱的高厚比是保证墙、柱在施工阶段和使用期间的稳定性，使砌体结构能满足正常使用极限状态的一项重要构造措施。

进行高厚比验算的构件主要包括承重的柱、无壁柱墙、带壁柱墙、带构造柱墙及非承

重墙。由于高厚比与构件的计算高度有关,因此需要先确定构件的计算高度。

墙、柱的计算高度 H_0 应根据房屋的类别和构件两端的支承条件等确定,可按表 14.3-6 采用。

受压构件的计算高度 H_0 表 14.3-6

房屋类别			柱		带壁柱墙或周边拉结的墙		
			排架方向	垂直排架方向	$s>2H$	$H<s\leqslant 2H$	$s\leqslant H$
有吊车的单层房屋	变截面柱上段	弹性方案	$2.5H_u$	$1.25H_u$	$2.5H_u$		
		刚性、刚弹性方案	$2.0H_u$	$1.25H_u$	$2.0H_u$		
	变截面柱下段		$1.0H_l$	$0.8H_l$	$1.0H_l$		
无吊车的单层、多层房屋	单跨	弹性方案	$1.5H$	$1.0H$	$1.5H$		
		刚弹性方案	$1.2H$	$1.0H$	$1.2H$		
	多跨	弹性方案	$1.25H$	$1.0H$	$1.25H$		
		刚弹性方案	$1.1H$	$1.0H$	$1.1H$		
	刚性方案		$1.0H$	$1.0H$	$1.0H$	$0.4s+0.2H$	$0.6s$

注:1. 表中 H_u 为变截面柱的上段高度,H_l 为变截面柱的下段高度。
   2. 对于上端为自由端的构件,$H_0=2H$。
   3. 独立砖柱,当无柱间支承时,柱在垂直排架方向的 H_0 应按表中数值乘以 1.25 后采用。
   4. s 为房屋横墙间距,当验算对象为横墙时,则指纵墙间距。
   5. 自承重墙的计算高度应根据周边支承或拉结条件确定。

高厚比 β 按下列公式计算:

对于矩形截面

$$\beta = \gamma_\beta \frac{H_0}{h}$$

对于 T 形截面

$$\beta = \gamma_\beta \frac{H_0}{h_T}$$

式中:γ_β ——不同材料砌体构件的高厚比修正系数,按表 14.3-7 采用;
   H_0 ——受压构件的计算高度;
   h ——矩形截面轴向力偏心方向的边长,当轴心受压时为截面较小边长;
   h_T —— T 形截面的折算厚度,可近似按 $3.5i$ 计算。

高厚比修正系数 γ_β 表 14.3-7

砌体材料类别	修正系数
烧结普通砖、烧结多孔砖	1.0
混凝土普通砖、混凝土多孔砖、混凝土及轻骨料混凝土砌块	1.1
蒸压灰砂普通砖、蒸压粉煤灰普通砖、细料石	1.2
粗料石、毛石	1.5

注:对灌孔混凝土砌块砌体,γ_β 取 1.0。

(2) 受压短构件的受力分析

单向偏心受压短柱承载力可在轴心受压（$N=fA$）的基础上表达如下：
$$N \leqslant \alpha_1 fA$$

式中：α_1——砌体短柱单向偏心受压影响系数，偏心距影响系数 α_1 与偏心距 e 和截面回转半径 i 之比有关；

f——砌体抗压强度设计值。

(3) 受压长构件的受力分析

在设计中可认为 $\beta > 3$ 的砌体墙、柱为受压长构件。当细长的砌体柱或高而薄的砌体墙承受轴心压力时，往往由于偶然偏心的影响产生侧向变形，引起纵向弯曲，导致构件受压承载力降低。纵向弯曲的不利影响可通过考虑轴心受压构件的稳定系数 φ_0 来反映。《砌体结构设计规范》规定稳定系数按下式计算：
$$\varphi_0 = \frac{1}{1+\alpha\beta^2}$$

式中：β——构件的高厚比；

α——与砂浆强度等级有关的系数。

(4) 受压构件承载力计算公式

受压构件的承载力计算公式如下：
$$N \leqslant \varphi fA$$

式中：N——轴向力设计值；

φ——高厚比 β 和轴向力的偏心距 e 对受压构件承载力的影响系数；

f——砌体的抗压强度设计值；

A——截面面积，对各类砌体均应按毛截面计算。

在应用上式时，要注意以下几点：

1) 要考虑砌体强度设计值的调整系数 γ_a；

2) 对于矩形截面构件，若轴向力偏心方向的截面边长大于另一边长，除按单向偏心受压计算外，还应对较小边长方向按轴心受压进行验算；

3) 试验表明，偏心距过大时，砌体受压承载力值离散且较低，可靠度难以保证，因此《砌体结构设计规范》规定 $e \leqslant 0.6y$，其中 y 为截面中心到轴向力所在偏心方向截面边缘的距离，轴向力的偏心距 e 按内力设计值（M/N）计算，当偏心距 e 超过上述规定时应采取适当措施减小偏心距，如加大截面尺寸或者改变结构方案等；

4) 在计算影响系数时，由于砌体材料种类不同，构件的承载能力会有很大差异，计算无筋砌体受压承载力时，无论用公式计算影响系数 φ 或查用 φ 表，都要对高厚比 β 乘以修正系数 γ_β。

2. 砌体局部受压承载力计算

对砌体进行受压计算时，要进行局部受压承载力验算。

砌体局部受压大致有以下三种破坏形态：

纵向裂缝发展而引起的破坏，如图 14.3-1(a) 所示；劈裂破坏，如图 14.3-1

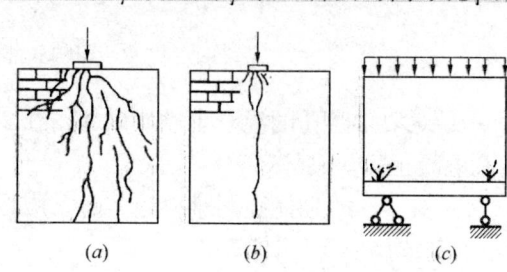

图 14.3-1 砌体局部受压破坏形态

(b) 所示；砌体局部压碎破坏，如图 14.3-1 (c) 所示。

局部受压范围内的砌体由于"套箍强化"作用和"应力扩散"作用，抗压强度有很大程度的提高。

(1) 砌体局部均匀受压承载力计算

砌体截面中受局部均匀压力时的承载力，应满足下式要求：

$$N_l \leqslant \gamma f A_l$$

式中：N_l——局部受压面积上的轴向力设计值；

γ——砌体局部抗压强度提高系数，按下式计算

$$\gamma = 1 + 0.35 \sqrt{\frac{A_0}{A_l} - 1}$$

f——砌体抗压强度设计值；

A_l——局部受压面积，$A_l < 0.3 m^2$ 时，可不考虑强度调整系数 γ_a 的影响；

A_0——影响砌体局部抗压强度的计算面积。

由上式可以看出，γ 与 $\frac{A_0}{A_l}$ 有关，$\frac{A_0}{A_l}$ 越大，γ 越大。但 $\frac{A_0}{A_l}$ 大于某一限值时会发生危险的劈裂破坏，因此由上式求出的 γ 值应符合下列规定：

1) 在 14.3-2 (a) 的情况下，$\gamma \leqslant 1.25$；
2) 在 14.3-2 (b) 的情况下，$\gamma \leqslant 1.5$；
3) 在 14.3-2 (c) 的情况下，$\gamma \leqslant 2.0$；
4) 在 14.3-2 (d) 的情况下，$\gamma \leqslant 2.5$。

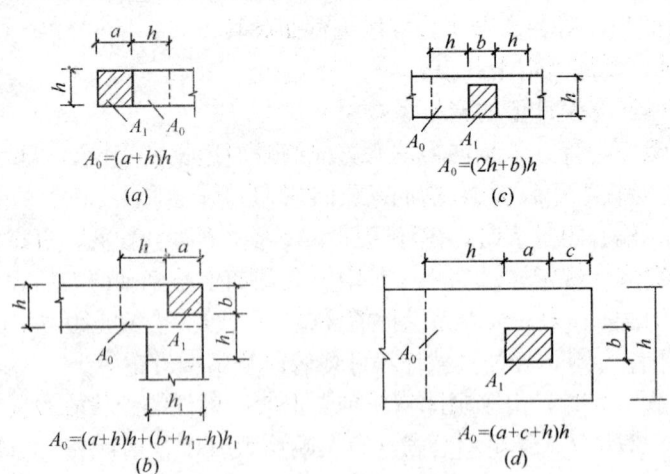

图 14.3-2 影响局部抗压强度的计算面积

5) 对要求灌孔的混凝土砌块砌体，在 3) 和 4) 的情况下，尚应符合 $\gamma \leqslant 1.5$；对未灌孔混凝土砌块砌体，$\gamma = 1.0$。

6) 对多孔砖砌体孔洞难以灌实时，应按 $\gamma = 1.0$ 取用；当设置混凝土垫块时，按垫块下的砌体局部受压计算。

(2) 梁端支承处砌体局部受压

梁端有效支承长度 a_0 （mm）按下式计算：

$$a_0 = 10\sqrt{\frac{h_c}{f}}$$

式中：h_c——梁的截面高度（mm）；
　　　f——砌体抗压强度设计值（MPa）。

按上式计算的 a_0 应满足 $a_0 \leqslant a$，a 为梁端实际支承长度。

局部受压面积 $A_l = a_0 b$，b 为梁的截面宽度（mm）。

梁端支承处砌体局部受压承载力按下式计算：

$$\psi N_0 + N_l \leqslant \eta \gamma f A_l$$

式中：ψ——上部荷载的折减系数，按下式计算，当 $\dfrac{A_0}{A_l} \geqslant 3$ 时，取 $\psi = 0$；

$$\psi = 1.5 - 0.5 A_0 / A_l$$

　　　N_0——局部受压面积内上部轴向力设计值（N），$N_0 = \sigma_0 A_l$，$A_l = a_0 b$；
　　　N_l——梁端支承压力设计值（N）；
　　　σ_0——上部平均压应力设计值（MPa）；
　　　η——梁端底面压应力图形的完整系数，应取 0.7，对于过梁和墙梁应取 1.0。

(3) 梁端设有刚性垫块的砌体局部受压

当梁端支承处砌体的局部受压不能满足局部均匀受压承载力计算公式的要求时，可在梁端下部设置刚性垫块，以增大砌体的局部受压面积。为了能均匀地分布梁端支承反力，垫块必须有足够的刚度。

1) N_l 的作用位置

梁端设有刚性垫块时，垫块上 N_l 作用点的位置可取梁端有效支承长度 a_0 的 2/5。

a_0 应按下式确定

$$a_0 = \delta_1 \sqrt{\frac{h_c}{f}}$$

式中：δ_1——垫块影响系数，δ_1 与 σ_0/f 的值有关，取值见表 14.3-8；
　　　h_c——梁的高度。

系数 δ_1 值表　　　　表 14.3-8

σ_0/f	0	0.2	0.4	0.6	0.8
δ_1	5.4	5.7	6.0	6.9	7.8

注：表中所列数值之间的数值可采用插入法求得。

2) 梁端设有刚性垫块的砌体局部受压承载力

试验表明，刚性垫块下砌体的局部受压和砌体偏心受压相似，因此可近似采用砌体偏心受压的计算方法，其承载力按下式计算：

$$N_0 + N_l \leqslant \varphi \gamma_1 f A_b$$

式中：N_0——垫块面积 A_b 内上部轴向力设计值（N），$N_0 = \sigma_0 A_b$；
　　　A_b——垫块面积（mm²），$A_b = a_b b_b$；

a_b——垫块伸入墙内的长度（mm）;

b_b——垫块的宽度（mm）;

φ——垫块上 N_0 及 N_l 的合力影响系数，应采用当 $\beta \leqslant 3$ 时的 φ 值;

γ_1——垫块外砌体面积的有利影响系数，$\gamma_1 = 0.8\gamma$ 且 $\geqslant 1$，γ 为砌体局部抗压强度提高系数，计算时以 A_b 代替 A_l。

（4）梁下设置柔性垫梁的砌体局部受压

当梁下设有钢筋混凝土垫梁时，垫梁可以把传来的集中荷载分散到一定宽度范围的墙上去。有时采用钢筋混凝土垫梁代替刚性垫块，也可以利用露梁作为垫梁。由于垫梁是柔性的，可以把垫梁看作是受集中荷载作用的弹性地基梁。试验表明，梁下竖向压应力的分布范围较大，当垫梁下的体发生局部受压破坏时，竖向压应力的峰值与砌体抗压强度之比为 1.5～1.6。因此，《砌体结构设计规范》参照弹性地基梁理论，规定垫梁下可提供应力长度为 πh_0，其应力分布按三角形考虑（图 14.3-3）。

《砌体结构设计规范》规定，梁下设有长度大于 πh_0 的垫梁下的砌体局部受压承载力应按下式计算：

$$N_0 + N_l \leqslant 2.4 \delta_2 b_b h_0$$

$$N_0 = \frac{\pi b_b h_b \sigma_0}{2}$$

$$h_0 = 2 \left(\frac{E_c I_c}{Eh} \right)^{\frac{1}{3}}$$

式中：N_0——垫梁上部轴向力设计值（N）;

b_b——垫梁在墙厚方向的宽度（mm）;

δ_2——整梁底面压应力分布系数，当荷载沿墙厚方向均匀发布时取 1.0，否则取 0.8;

h_0——垫梁折算高度（mm）;

E_c——垫梁的混凝土弹性模量;

I_c——垫梁的截面惯性矩;

E——砌体的弹性模量;

h——墙厚（mm）。

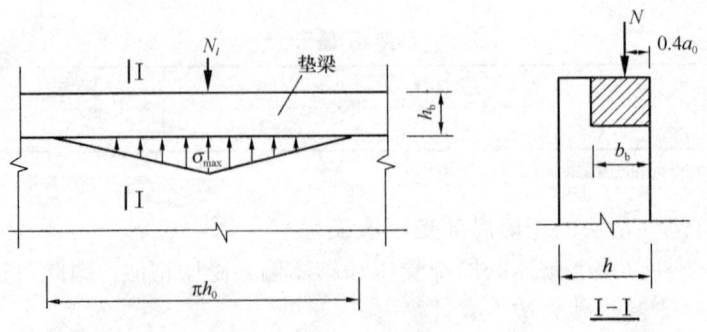

图 14.3-3 垫梁下局部受压

习 题

【14.3.3-1】受压砌体墙的计算高度 H_0 与下面哪项无关(　　)。
A. 房屋静力计算方案　　　　　　B. 横墙间距
C. 构件支承条件　　　　　　　　D. 墙体采用的砂浆和块体的强度等级

【14.3.3-2】砌体局部受压强度提高的主要原因是(　　)。
A. 局部砌体处于三向受力状态　　B. 套箍作用和应力扩散作用
C. 受压面积小　　　　　　　　　D. 砌体起拱作用而卸荷

【14.3.3-3】下面关于配筋砖砌体的说法哪种是正确的?(　　)
A. 轴向力的偏心距超过规定限值时,宜采用网状配筋砖砌体
B. 网状配筋砖砌体抗压强度较无筋砌体提高的主要原因是由于砌体中配有钢筋,钢筋的强度较高,可与砌体共同承担压力
C. 网状配筋砖砌体,在轴向压力作用下,砖砌体纵向受压,钢筋弹性模量大,变形小,阻止砌体受压时横向变形的发展,间接提高了受压承载力
D. 网状配筋砖砌体的配筋率越大,砌体强度越高,应尽量增大配筋率

【14.3.3-4】某截面为 250mm×240mm 的钢筋混凝土柱,支承在 490mm 厚砖墙上,墙用 MU10 级砖、M2.5 混合砂浆砌筑,试问下图中哪种情况砖墙可能最先发生局压破坏?(　　)

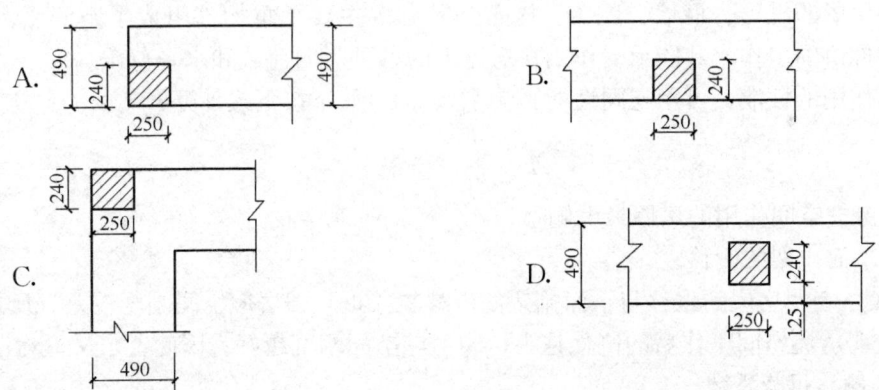

【14.3.3-5】某截面尺寸、砂浆、块体强度等级都相同的墙体,下面哪种说法是正确的?(　　)
A. 承载能力随偏心距的增大而增大　　B. 承载能力随高厚比增加而减小
C. 承载能力随相邻横墙间距增加而增大　D. 承载能力不变

习题答案及解析

【14.3.3-1】答案：D
解析：受压砌体墙的计算高度 H_0 与墙体采用的砂浆和块体的强度等级无关,应根据房屋类别和构件两端的支撑条件确定。

【14.3.3-2】答案：B
解析：砌体局部受压强度提高的主要原因是套箍作用和应力扩散作用。

【14.3.3-3】答案：C

解析：A项，偏心距超过截面核心范围，或构件的高厚比大于16时，不宜采用网状配筋砖砌体构件；B项，网状配筋砖砌体抗压强度较无筋砌体提高的主要原因是套箍作用；D项，网状配筋砖砌体的配筋率在一定范围内，会提高砌体的强度，超过或低于这个范围，会降低强度。

【14.3.3-4】答案：A

解析：先计算局部抗压强度提高系数γ，其值越大，局部抗压强度越大。A项的系数值最大。

【14.3.3-5】答案：B

解析：承载能力随相邻横墙间距增加而减小，随偏心距增大而减小。

14.3.4 混合结构房屋设计

砌体结构房屋通常由墙、柱及楼（屋）盖组成。楼（屋）盖等水平承重构件采用钢筋混凝土结构或木结构，而墙、柱及基础等竖向承重结构构件采用砌体结构。

1. 房屋的结构布置

在承重墙的布置中，一般有三种方案可供选择：纵墙承重体系、横墙承重体系、纵横墙承重体系。

2. 房屋的静力计算方案

（1）房屋的空间工作性能

砌体结构房屋的纵墙、横墙、屋盖、楼盖和基础等主要承重构件组成了空间受力体系，各承重构件协同工作，共同承受作用在房屋上的各种竖向荷载和水平荷载。

房屋空间作用的性能，可用空间性能影响系数 η 表示。η 按下式计算：

$$\eta = \frac{u_s}{u_p}$$

式中：u_s——考虑空间作用的房屋最大侧移；

u_p——平面排架的侧移。

η 值较大，表明房屋的位移与平面排架的位移较接近，即房屋空间刚度较差。反之，η 值越小，表明房屋空间工作后的侧移越小，即房屋空间刚度越好。因此，η 又称为考虑空间工作后的侧移折减系数。

（2）房屋静力计算方案的分类

1）刚性方案

当房屋的横墙间距较小，屋盖和楼盖的刚度较大时，房屋的空间刚度也较大。若在水平荷载作用下，房屋的水平位移很小，房屋空间性能影响系数 η 小于下限值时，可假定墙、柱顶端的水平位移为零。因此，在确定墙、柱的计算简图时，可以忽略房屋的水平位移，把楼盖和屋盖视为墙、柱的不动铰支承，墙、柱的内力按侧向有不动铰支承的竖向构件计算。

2）弹性方案

当横墙间距较大，或无横墙（山墙），屋盖和楼盖的水平刚度较小时，房屋的空间刚度较小。若在水平荷载作用下，房屋的水平位移较大，房屋空间性能影响系数 η 大于上限值时，空间作用的影响可以忽略。其静力计算可按屋架（大梁）与墙柱为铰接，墙柱下端固定于基础，不考虑房屋空间工作的平面排架来计算。

弹性方案房屋在水平荷载作用下,墙顶水平位移较大,而且墙内会产生较大的弯矩。因此,如果增加房屋的高度,房屋的刚度将难以保证;如增加纵墙的截面面积,势必耗费材料。所以,对于多层砌体结构房屋,不宜采用弹性方案。

3)刚弹性方案

房屋的空间刚度介于刚性方案与弹性方案之间,房屋空间性能影响系数 η 位于上限与下限值之间时,在水平荷载的作用下,水平位移比弹性方案房屋要小,但不能忽略不计。其静力计算可根据房屋空间刚度的大小,按考虑房屋空间工作的排架来计算。

(3) 静力计算方案的确定

《砌体结构设计规范》根据屋(楼)盖水平刚度的大小和横墙间距两个主要因素来划分静力计算方案。根据相邻横墙间距及屋盖或楼盖的类别,由表14.3-9确定房屋的静力计算方案。

房屋的静力计算方案　　　　　　　　　　　　　　　　　表 14.3-9

屋盖或楼盖类别	刚性方案	刚弹性方案	弹性方案
1	$s<32$	$32\leqslant s\leqslant72$	$s>72$
2	$s<20$	$20\leqslant s\leqslant48$	$s>48$
3	$s<16$	$16\leqslant s\leqslant36$	$s>36$

注:1. 表中 s 为房屋横墙间距,其单位为 m。
2. 对无山墙或伸缩缝处无横墙的房屋,应按弹性方案考虑。

表14.3-9是根据屋(楼)盖刚度和横墙间距来确定房屋的静力计算方案。此外,横墙的刚度也是影响房屋空间性能的一个重要因素,作为刚性和刚弹性方案房屋的横墙,还应符合下列要求:

1) 横墙中开有洞口时,洞口的水平截面面积不应超过横墙截面面积的50%;
2) 横墙的厚度不宜小于180m;
3) 单层房屋的横墙长度不宜小于其高度,多层房屋的横墙长度不宜小于 $H/2$(H 为横墙总高度);
4) 当横墙不能同时符合上述要求时,应对横墙的刚度进行验算。如横墙的最大水平位移值 $\mu_{max}\leqslant H/4000$ 时,仍可视作刚性或刚弹性方案房屋的横墙。符合此刚度要求的一段横墙或其他结构构件(如框架等)也可视作刚性或刚弹性方案房屋的横墙。

【例 14.3-2】按刚性方案计算的砌体房屋的主要特点为(　　)。
A. 空间性能影响系数 η 大,刚度大
B. 空间性能影响系数 η 小,刚度小
C. 空间性能影响系数 η 小,刚度大
D. 空间性能影响系数 η 大,刚度小

【例14.3-2】

解析:空间性能影响系数是外荷载作用下房屋排架水平位移的最大值与外荷载作用下平面排架的水平位移的最大值的比值。空间性能影响系数的值越大,建筑物的空间性能越弱。砌体房屋采用刚性方案时,空间刚度较大,空间性能影响系数较小。答案为C。

3. 单层房屋的墙体计算

(1) 单层刚性方案房屋墙体的计算

1) 计算单元

计算单层房屋承重墙时，一般选择有代表性的一段墙体作为计算单元。有门窗洞口的纵墙，取窗间墙截面作为计算单元。无门窗洞口墙，若墙体承受均布荷载，则取1m长的墙体作为计算单元；当墙体承受大梁传来的集中荷载时，可取开间中线到中线的墙段作为计算单元，并取一个开间的墙体截面面积为计算截面，但计算截面宽度不宜超过层高的2/3，也就是当开间大于2/3层高时，计算截面的宽度宜取2/3层高，有壁柱时，可取2/3层高加壁柱宽度。当墙体单独承受集中荷载作用时，计算单元宽度和计算截面宽度均近似取层高的2/3。对不规则的情况，应选择荷载较大、计算截面较小的墙段作为计算单元。

2）计算假定

单层刚性方案房屋墙体的水平变位很小，静力分析时可认为水平变位为零，故采用以假定进行计算：

① 纵墙（柱）下端嵌固于基础，上端与屋面大梁或屋架铰接；

② 屋面结构可作为纵墙（柱）上端的不动铰支座。

3）计算简图

在上述假定下，该承重墙体可简化为上端铰支、下端固定的竖向构件，如图14.3-4所示。

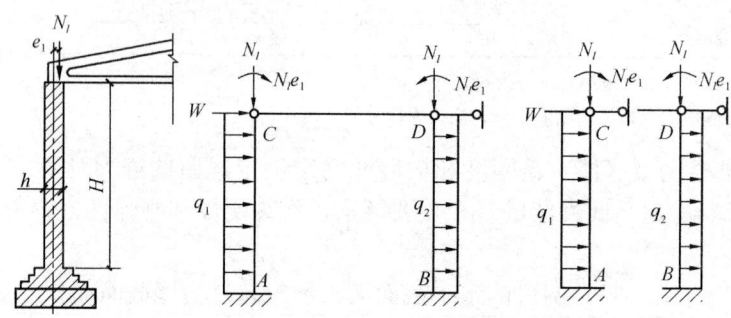

图14.3-4 单层刚性方案房屋纵墙计算简图

（2）单层弹性方案房屋墙体的计算

1）计算单元

以单层单跨的房屋为例，一般取有代表性的一个开间为计算单元，算出计算单元内的各种荷载值。该计算单元的结构可简化为一个有侧移的平面排架，即按不考虑空间作用的平面排架进行墙、柱的分析。

2）计算假定

在结构简化为计算简图的过程中，考虑了下列两条假定：

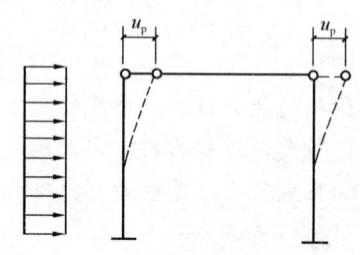

图14.3-5 单层弹性方案房屋墙体的计算简图

① 墙（柱）下端嵌固于基础顶面，屋架或屋面大梁与墙（柱）顶部的连接为铰接；

② 屋架或屋面梁可视作刚度无限大的系杆，即轴向变形可忽略。

3）计算简图

根据上述假定，其计算简图为有侧移的平面排架（图14.3-5），由排架内力分析求得墙体的内力。

（3）单层刚弹性方案房屋墙体的计算

1) 计算简图

刚弹性方案单层房屋的空间刚度介于弹性方案与刚性方案之间。由于房屋的空间作用，墙（柱）顶在水平方向的侧移受到一定的约束作用。其计算简图与弹性方案的计算简图相类似，所不同的是在排架柱顶加上一个弹性支座，以考虑房屋的空间工作。

2) 内力计算

刚弹性方案房屋在水平及竖向荷载共同作用下的计算简图如图 14.3-6（a）所示。其可分解为竖向荷载作用和风荷载作用两部分，如图 14.3-6（b）（c）所示。在竖向荷载作用下，由于房屋及荷载对称，则排架无侧移，其内力计算结果与刚性方案相同。

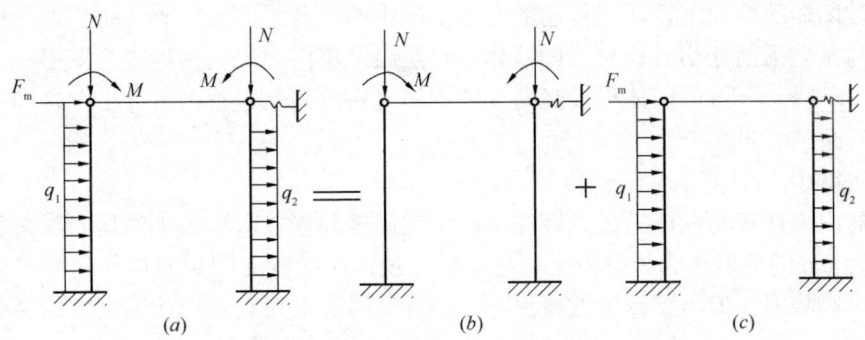

图 14.3-6　单层刚弹性方案房屋的计算简图

4. 多层房屋的墙体计算

多层砌体结构房屋应避免设计成弹性方案的房屋。这是因为此类房屋的楼面梁与墙柱的连接处只能假定为铰接，在水平荷载作用下，墙、柱水平位移较大，不能满足使用要求。这类房屋空间刚度较差，极易引起连续倒塌。

在难以避免而采用弹性方案时，为使设计偏于安全，宜按梁与墙铰接分析横梁内力，按梁与墙刚接验算墙体承载力。对于铰接点的构造与计算，均可按梁与墙铰接设计，并在构造上尽量减少墙体对梁端的嵌固作用。计算简图确定后，内力分析方法与单层结构类似，即在每个楼层处加水平约束链杆，求出约束反力后，再反向面加在结构上。

多层砌体结构房屋，横墙相对较多，一般多为刚性方案房屋。

(1) 多层刚性方案房屋墙体的计算

1) 计算单元的选取

多层房屋计算单元选取的方法与单层房屋相同。如图 14.3-7 所示，对于纵墙，在平

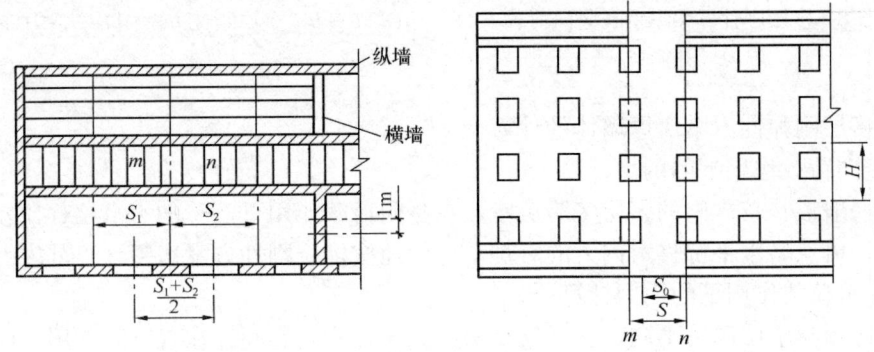

图 14.3-7　多层刚性方案房屋承重纵墙的计算单元

面图上选取有代表性的一段（通常为一个开间），对有门窗洞口的纵墙，其计算单元取窗间墙截面，即取最小截面处，并按等截面杆件计算。对于横墙，通常取1m宽的墙段作为计算单元。

2）墙体在竖向荷载作用下的内力计算

① 纵墙的内力计算

在竖向荷载作用下，计算单元内的墙体如图14.3-8（a）所示，如同一竖向连续梁，屋盖、各层楼盖与基础顶面作为该竖向连续梁的支承点，如图14.3-8（b）所示。由于楼盖的梁（板）搁置于墙体内，削弱了墙体的截面，并使其连续性受到影响。因此，可以认为在墙体被削弱的截面上，所能传递的弯矩是较小的。为了简化计算，可近似地假定墙体在楼盖处与基础顶面处均为铰接，即墙体在每层高度范围内可近似地视为两端铰支的竖向构件（图14.3-8c），每层墙体可按竖向放置的简支构件独立进行内力分析，这样的近似处理是偏于安全的。

② 横墙的内力计算

横墙的内力计算与纵墙类似。墙体一般承受屋盖和楼盖直接传来的均布线荷载。通常可取宽度为1m的横墙作为计算单元，每层横墙视作两端铰支的竖向构件。每层构件的高度取值与纵墙相同。但当屋顶为坡屋顶时，该计算层高取层高加山墙尖高度的一半，如图14.3-9所示。

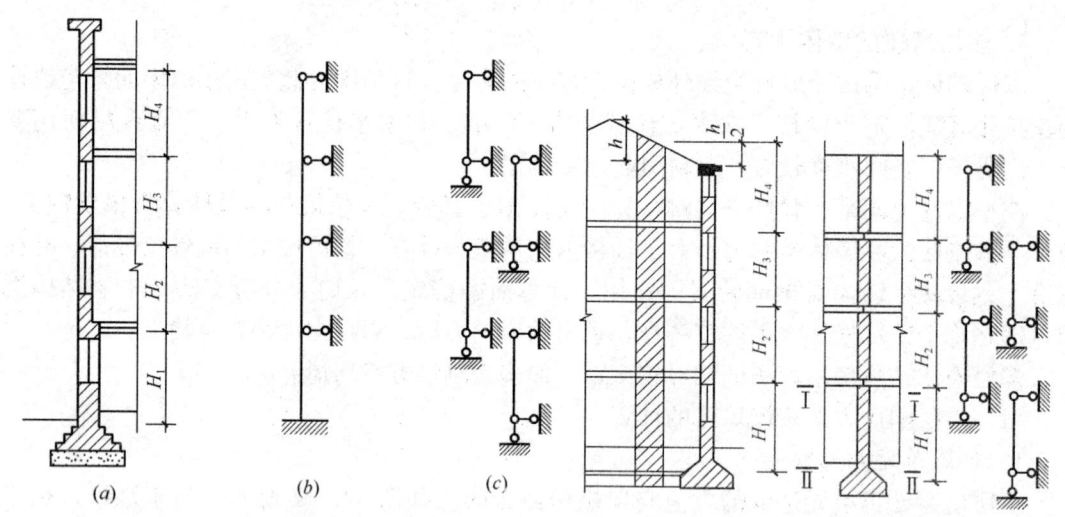

图14.3-8 多层刚性方案纵墙在竖向荷载下的内力计算简图

图14.3-9 多层刚性方案横墙的内力计算简图

（2）多层刚弹性方案房屋墙体的计算

1）竖向荷载作用下的内力计算

对于一般形状较规则的多层多跨房屋，在竖向荷载作用下产生的水平位移比较小，为简化计算，可忽略水平位移对内力的影响，近似地按多层刚性方案房屋计算其内力。

2）水平荷载作用下的内力计算

多层房屋与单层房屋不同，它不仅在房屋纵向各开间之间存在着空间作用，而且沿房屋竖向各楼层也存在着空间作用，这种层间的空间作用还是相当强的。因此，多层房屋的空间作用比单层房屋的空间作用要大。

现以最简单的两层单跨对称的刚弹性方案房屋为例（图 14.3-10a），说明其在水平荷载作用下的计算方法与步骤。

① 在两个楼层处附加水平连杆约束，按刚性方案计算出在水平荷载 q 作用下两柱的内力和约束反力 R_1、R_2，如图 14.3-10（b）所示。

② 将 R_1、R_2 分别乘以空间性能影响系数 η_i，并反向作用于结点上（图 14.3-10c），求出构件内力值。

③ 将上述两步的计算结果叠加，即可求得最后的构件内力值。

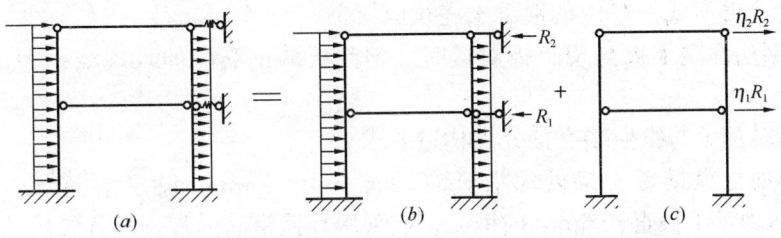

图 14.3-10　刚弹性方案多层房屋的计算简图

（3）上柔下刚多层房屋墙体的计算

由于建筑使用功能要求，房屋下部各层横墙间距较小，符合刚性方案房屋要求，而顶层空间较大、横墙较少，不符合刚性方案要求。在结构计算中，将顶层不符合刚性方案要求而下面各层符合刚性方案要求的多层房屋，称为上柔下刚多层房屋。这类房屋的顶层常为会议室、俱乐部、食堂等，下部各层为办公室、宿舍等。

竖向荷载作用下，由于各楼层侧移较小，为简化计算，可按多层刚性方案房屋的方法进行分析；水平荷载作用下，上柔下刚多层房屋顶层墙、柱的内力分析方法与单层刚弹性方案房屋类似，计算简图如图 14.3-11 所示。

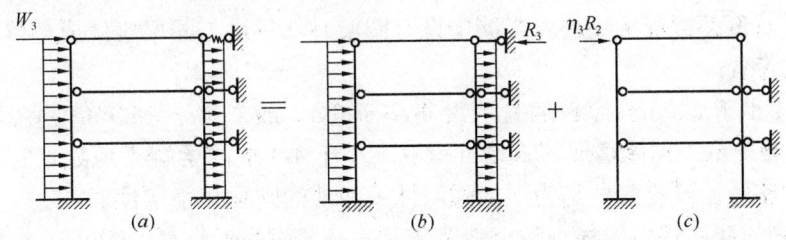

图 14.3-11　上柔下刚多层房屋的计算简图

当房屋底层横墙间距较大，属于刚弹性方案；而上面各层横墙间距较小，属刚性方案，则此类房屋属于下柔上刚多层房屋，该类房屋抗震、抗倒塌性能差，设计中宜予以避免。

5. 房屋墙、柱的一般构造要求

在进行砌体结构房屋设计时，不仅要求砌体结构和构件满足承载力要求，还要求其具有良好的工作性能和足够的耐久性。因此，要对承载力计算中未考虑的一些因素，通过采取必要、合理的构造措施来加以保证。在静力作用下，砌体结构房屋墙柱构造要求主要包括以下内容：墙、柱高厚比的要求；墙、柱的一般构造要求；防止或减轻墙体开裂的主要措施。墙、柱高厚比要求及验算在上一节有详细介绍,本节主要介绍后两项内容。

(1) 预制板的支承、连接构造要求

1) 预制钢筋混凝土板在混凝土圈梁上的支承长度不应小于80mm,板端伸出的钢筋应与圈梁可靠连接,且同时浇筑。

2) 预制钢筋混凝土板在墙上的支承长度不应小于100mm,并应按下列方法进行连接:

① 板支承于内墙时,板端钢筋伸出长度不应小于70mm,且与支座处沿墙配置的纵筋绑扎,用强度等级不低于C25的混凝土浇筑成板带;

② 板支承于外墙时,板端钢筋伸出长度不应小于100m,且与支座处沿墙配置的纵筋绑扎,用强度等级不低于C25的混凝土浇筑成板带。

3) 预制钢筋混凝土板与现浇板对接时,预制板端钢筋应伸入现浇板中进行连接后,再浇筑现浇板。

(2) 墙体转角处与纵横墙交接处的构造要求

墙体转角处与纵横墙交接处应沿竖向每隔400~500mm设拉结钢筋,其数量为每120mm墙厚不少于1根直径6mm的钢筋;或采用焊接钢筋网片,埋入长度从墙的转角或交接处算起,对实心砖墙每边不小于500mm,对多孔砖墙和砌块墙不小于700mm。

(3) 墙、柱截面最小尺寸

同混凝土构件相似,墙、柱截面尺寸越小,其稳定性越差,且截面的碰损和削弱对墙、柱的承载力影响显著。因此,《砌体结构设计规范》规定,承重的独立砖柱截面尺寸不应小于240mm×370mm,毛石墙的厚度不宜小于350mm,毛料石柱较小边长不宜小于400m。当有振动荷载时,墙柱不宜采用毛石砌体。

(4) 墙、柱上垫块设置

当屋架及大梁搁置于墙、柱上时,会使支承处的砌体处于局部受压状态,容易发生局部受压破坏。因此,《砌体结构设计规范》规定,跨度大于6m的屋架和跨度大于4.8m(对砖砌体)、4.2m(对砌块和料石砌体)、3.9m(对毛石砌体)的梁,应在支承处砌体上设置混凝土或钢筋混凝土垫块;当墙中设有圈梁时,垫块与圈梁宜浇成整体。

(5) 壁柱设置

1) 当梁支承于240mm厚砖墙且跨度不小于6m,或支承于180mm厚砖墙且跨度不小于4.8m以及支承于砌体墙或料石墙且跨度不小于4.8m的梁端支承处,宜加设壁柱或采取其他加强措施。设置壁柱是为了加强墙体平面外的刚度和稳定性。

2) 山墙处的壁柱或构造柱宜砌至山墙顶部,且屋面构件应与山墙可靠连接。

(6) 混凝土砌块墙体的构造要求

为增强混凝土砌块砌体结构房屋的整体性和抗裂能力,对砌块砌体提出以下要求:

1) 砌块砌体应分皮错缝搭砌,上、下皮搭砌长度不得小于90mm。当搭砌长度不满足上述要求时,应在水平灰缝内设置不少于2根、直径不小于4mm的焊接钢筋网片(横向钢筋的间距不宜大于200mm,网片每端应伸出该垂直缝不小于300mm)。

2) 砌块墙与后砌隔墙交接处,应沿墙高每400mm在水平灰缝内设置不少于2根、直径不小于4mm、横筋间距不大于200mm的焊接钢筋网片。

3) 混凝土砌块房屋,宜将纵横墙交接处、距墙中心线每边不小于300mm范围内的孔洞,采用不低于Cb20灌孔混凝土沿全墙高灌实。

4) 混凝土砌块墙体的下列部位，如未设圈梁或混凝土垫块，应采用不低于Cb20灌孔混凝土将孔洞灌实：

① 搁栅、檩条和钢筋混凝土楼板的支承面下，高度不应小于200mm的砌体；
② 屋架、梁等构件的支承面下，长度不应小于600mm、高度不应小于600mm的砌体；
③ 挑梁支承面下，距墙中心线每边不应小于300mm、高度不应小于600mm的砌体。

(7) 在砌体中留槽洞及埋设管道时应遵守的规定：

1) 不应在截面长边小于500mm的承重墙体、独立柱内埋设管线。

2) 不宜在墙体中穿行暗线或预留、开凿沟槽，当无法避免时，应采取必要的措施或按削弱后的截面验算墙体的承载力。

3) 对受力较小或未灌孔的砌块砌体，允许在墙体的竖向孔洞中设置管线。

(8) 填充墙与隔墙的构造要求

填充墙、隔墙应分别采取措施与周边主体结构构件可靠连接，连接构造和嵌缝材料应能满足传力、变形、耐久和防护要求。

(9) 预制梁的锚固

支承在墙、柱上的吊车梁、屋架及跨度大于或等于9m（对砖砌体）、7.2m（对砌块和料石砌体）的预制梁的端部，应采用固件与墙、柱上的垫块锚固。

6. 防止或减轻墙体开裂的主要措施

(1) 设置伸缩缝

将建筑物分割成两个或若干个独立单元，彼此能自由伸缩的竖向缝，称为伸缩缝。通常有双墙伸缩缝、双柱伸缩缝等。为防止或减轻混合结构房屋在正常使用条件下，因房屋长度过大，由温差和砌体干缩引起墙体产生竖向整体裂缝，应在墙体中设置伸缩缝。伸缩缝应设在因温度和收缩变形可能引起应力集中、砌体产生裂缝可能性最大的地方。伸缩缝的最大间距可按表14.3-10采用。

砌体房屋伸缩缝的最大间距　　　　　　　　　　　　表14.3-10

屋盖或楼盖类别		间距（m）
整体式或装配整体式钢筋混凝土结构	有保温层或隔热层的屋盖、楼盖	50
	无保温层或隔热层的屋盖	40
装配式无檩体系钢筋混凝土结构	有保温层或隔热层的屋盖、楼盖	60
	无保温层或隔热层的屋盖	50
装配式有檩体系钢筋混凝土结构	有保温层或隔热层的屋盖	75
	无保温层或隔热层的屋盖	60
瓦材屋盖、木屋盖或楼盖、轻钢屋盖		100

注：1. 表中数值只用于烧结普通砖、烧结多孔砖、配筋砌块砌体房屋。对石砌体、蒸压灰砂普通砖、蒸压粉煤灰普通砖、混凝土砌块、混凝土普通砖和混凝土多孔砖房屋取表中数值乘以0.8。当墙体有可靠外保温措施时，其间距可取表中数值。
2. 在钢筋混凝土屋面上挂瓦的屋盖应按钢筋混凝土屋盖采用。
3. 层高大于5m的烧结普通砖、烧结多孔砖、配筋砌块砌体结构单层房屋的伸缩缝间距可取表中数值乘以1.3。
4. 温差较大且变化频繁的地区和严寒地区内不采暖的房屋及构筑物伸缩缝的最大间距，应按表中数值予以适当减小。
5. 墙体的伸缩缝应与结构的其他变形缝相重合，缝宽应满足各种变形缝的变形要求；在进行立面处理时，必须保证缝隙的变形作用。

(2) 设置竖向控制缝

所谓控制缝，是指将墙体分割成若干个独立墙肢的缝，允许墙肢在其平面内自由变形，并对外力有足够的抵抗能力。当房屋刚度较大时，可在窗台下或窗台角处墙体内、在墙体高度或厚度突然变化处设置竖向控制缝。竖向控制缝宽度不宜小于25mm，缝内填以压缩性能好的填充材料，且外部用密封材料密封，并采用不吸水的、闭孔发泡聚乙烯实心圆棒（背衬）作为密封膏的隔离物，如图14.3-12所示。

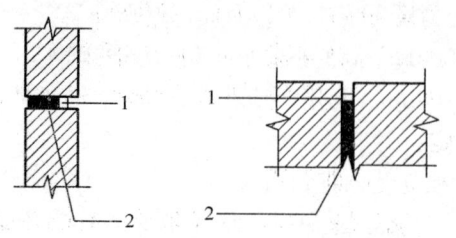

图 14.3-12 控制缝构造
1—不吸水的、闭孔发泡聚乙烯实心圆棒；
2—柔软、可压缩的填充物

(3) 防止或减轻由地基不均匀沉降引起墙体裂缝的措施

由于地基不均匀沉降对墙体内力影响极为复杂，故很难精确计算其影响。工程实践表明，减轻地基不均匀沉降的措施主要包括以下方面：

① 合理的结构布置；
② 设置沉降缝；
③ 加强房屋的整体刚度。

习　题

【14.3.4-1】对于整体式的钢筋混凝土屋盖，当 $s<32$ 时，砌体结构房屋的静力计算方案属于(　　)。

A. 刚性方案　　　　　　　　B. 刚弹性方案
C. 弹性方案　　　　　　　　D. 不能确定

【14.3.4-2】对于整体式的钢筋混凝土屋盖，当 $s>72$ 时，砌体结构房屋的静力计算方案属于(　　)。

A. 刚性方案　　　　　　　　B. 刚弹性方案
C. 弹性方案　　　　　　　　D. 不能确定

【14.3.4-3】墙、柱的计算高度与其相应厚度的比值，称为(　　)。

A. 高宽比　　　　　　　　　B. 长宽比
C. 高厚比　　　　　　　　　D. 高长比

【14.3.4-4】墙体作为受压构件稳定性的验算通过(　　)验算。

A. 高宽比　　　　　　　　　B. 长宽比
C. 高厚比　　　　　　　　　D. 高长比

【14.3.4-5】墙体验算时，以(　　)为计算单元。

A. 开间　　　　　　　　　　B. 柱距
C. 梁距　　　　　　　　　　D. 1m宽度

【14.3.4-6】多层房屋刚性方案的竖向荷载作用下的墙体验算中底层高度取(　　)。

A. 一层地面到二层楼盖的距离
B. 基础大放脚顶到楼盖支承面之间的高度
C. 一层地面到二层楼面的距离

D. 两层楼（屋）盖结构支承面之间的高度

【14.3.4-7】多层房屋刚性方案的竖向荷载作用下的墙体验算中底层以上各层的高度取（　　）。

A. 一层地面到二层楼盖的距离
B. 基础大放脚顶到楼盖支承面之间的高度
C. 一层地面到二层楼面的距离
D. 两层楼（屋）盖结构支承面之间的高度

【14.3.4-8】混合结构房屋的空间刚度与（　　）有关。

A. 屋盖（楼盖）类别、横墙间距　　　B. 横墙间距、有无山墙
C. 有无山墙、施工质量　　　　　　　D. 屋盖（楼盖）类别、施工质量

习题答案及解析

【14.3.4-1】答案：A

解析：见表 14.3-9。

【14.3.4-2】答案：C

解析：见表 14.3-9。

【14.3.4-3】答案：C

解析：高厚比的概念。

【14.3.4-4】答案：C

解析：墙体作为受压构件稳定性的验算通过高厚比验算。

【14.3.4-5】答案：B

解析：墙体验算时，以柱距为计算单元。

【14.3.4-6】答案：B

解析：多层房屋刚性方案的竖向荷载作用下的墙体验算中底层高度取基础大放脚顶到楼盖支承面之间的高度。

【14.3.4-7】答案：D

解析：多层房屋刚性方案的竖向荷载作用下的墙体验算中底层以上各层的高度取两层楼（屋）盖结构支承面之间的高度。

【14.3.4-8】答案：A

解析：混合结构房屋的空间刚度与屋盖（楼盖）类别、横墙间距有关。

14.3.5　砌体结构房屋部件

1. 过梁

砌体结构房屋中，为了承担门、窗洞口以上的墙体自重以及承受上部墙体和楼盖传来的荷载，在门、窗洞口上设置的梁称为过梁。常用的过梁有钢筋混凝土过梁和砖砌过梁两类。砖砌过梁按其构造不同分为钢筋砖过梁、砖砌平拱过梁和砖砌弧拱过梁等。

（1）过梁的荷载

《砌体结构设计规范》规定，过梁上的荷载按下列规定采用：

1）墙体荷载

① 对砖砌体，当过梁上的墙体高度 $h_w < l_n / 3$ 时（l_n 为过梁净跨），墙体荷载应按墙

体的均布自重采用；当过梁上的墙体高度$h_w \geqslant l_n/3$时，应按高度为$l_n/3$墙体的均布自重采用。

② 对砌块砌体，当过梁上的墙体高度$h_w < l_n/2$时，墙体荷载应按墙体的均布自重采用；当过梁上的墙体高度$h_w \geqslant l_n/2$时，应按高度为$l_n/2$墙体的均布自重采用。

2) 梁、板荷载

对砖和砌块砌体，当梁、板下的体高度$h_w < l_n$时，过梁应计入梁、板传来的荷载；当梁、板下的墙体高度$h_w \geqslant l_n$时，可不考虑梁、板荷载。

(2) 过梁承载力的计算

如前所述，过梁与过梁上的砌体形成组合结构，但由于过梁跨度一般很小，为简化计算，过梁计算不是按组合截面而是按"计算截面高度"或按钢筋混凝土截面计算。

1) 钢筋混凝土过梁

钢筋混凝土过梁的承载力，应按混凝土受弯构件计算，考虑到砌体和混凝土的组合作用，应按上述方法进行荷载取值并按两端简支进行跨中正截面受弯承载力和支座斜截面受剪承载力计算；计算弯矩时，计算跨度取$1.1l_n$与l_n＋两端支座宽度一半二者中较大者；计算剪力时，计算跨度取净跨度。钢筋混凝土过梁还应进行梁端下砌体的局部承压验算。在验算过梁下砌体局部受压承载力时，考虑到过梁与上部砌体的组合作用使其变形减小，梁端底面压应力图形完整系数$\eta = 1.0$；又由于过梁跨度一般很小，因而过梁端部以外尚有足够的截面可供上部荷载卸荷及提高局部抗压强度，因此可不考虑上层荷载的影响，取上部荷载折减系数$\psi = 0$。

2) 钢筋砖过梁

钢筋砖过梁同样需要进行跨中正截面受弯承载力和支座斜截面承载力验算，其中受剪承载力计算不考虑钢筋在支座处的有利作用，仍按受弯构件的受剪承载力公式计算。其受弯承载力验算公式如下（其中0.85为内力臂系数）：

$$M \leqslant 0.85 h_0 f_y A_s$$

式中：M——按简支梁计算的跨中弯矩设计值；

h_0——过梁截面的有效高度，且$h_0 = h - a_s$；

A_s——受拉钢筋的截面面积；

f_y——受拉钢筋的强度设计值；

a_s——受拉钢筋重心至截面下边缘的距离；

h——过梁的截面计算高度，取过梁底面以上的墙体高度，但不大于$l_n/3$，当考虑梁、板传来的荷载时，则按梁、板下的高度采用。

2. 墙梁

当过梁的跨度较大，支承长度较小，承受的梁、板荷载较大时，过梁应按墙梁考虑。墙梁是由钢筋混凝土托梁和梁上计算高度范围内的砌体墙组成的组合构件。墙梁可以使底层形成大空间，因此适用于底层为商店、车库的多层砌体结构房屋。

(1) 墙梁的分类

按承受的荷载分：

1) 自承重墙梁：只承受托梁自重和托梁顶面以上墙体重量的墙梁，如单层房屋自承重墙的基础梁。

2）承重墙梁：除了承受托梁自重和托梁顶面以上墙体重量外，还承受由楼盖或屋盖传来荷载的墙梁，如底层为大空间、上层为小开间时设置的墙梁。

按支承情况分可分为简支墙梁、框支墙梁和连续墙梁。

按墙体开洞情况分可分为无洞口墙梁和有洞口墙梁。

（2）墙梁计算的一般规定

1）设计规定

墙梁设计时，按《砌体结构设计规范》的规定使用烧结普通砖体、混凝土普通砖体、混凝土多孔砖砌体和混凝土砌块砌体的墙梁设计应符合表 14.3-11 的规定。

墙梁的一般规定   表 14.3-11

墙梁类别	墙体总高度 (m)	跨度 (m)	墙体高跨比 h_w/l_{0i}	托梁高跨比 h_b/l_{0i}	洞宽比 b_h/l_{0i}	洞高 h_h
承重墙梁	≤18	≤9	≥0.4	≥1/10	≤0.3	≤$\frac{5h_w}{6}$ 且 $h_w-h_h \geq 0.4m$
自承重墙梁	≤18	≤12	≥1/3	≥1/15	≤0.8	—

注：1. 墙体总高度指托梁顶面到檐口的高度，带阁楼的坡屋面应算到山尖墙 1/2 高度处；
2. h_w 为墙体计算高度，h_b 为托梁截面高度，l_{0i} 为墙梁计算跨度，b_h 为洞口宽度，h_h 为洞口高度。

2）墙梁的计算简图

墙梁的计算简图如图 14.3-13 所示，图中各计算参数按下列规定采用：

① 墙梁计算跨度 $l_0(l_{0i})$

对简支墙梁和连续墙梁取净跨的 1.1 倍，即 $1.1l_n(1.1)$ 或支座中心线距离 $l_c(l_{ci})$ 的较小值；对框支墙梁取框架柱中心线间的距离。

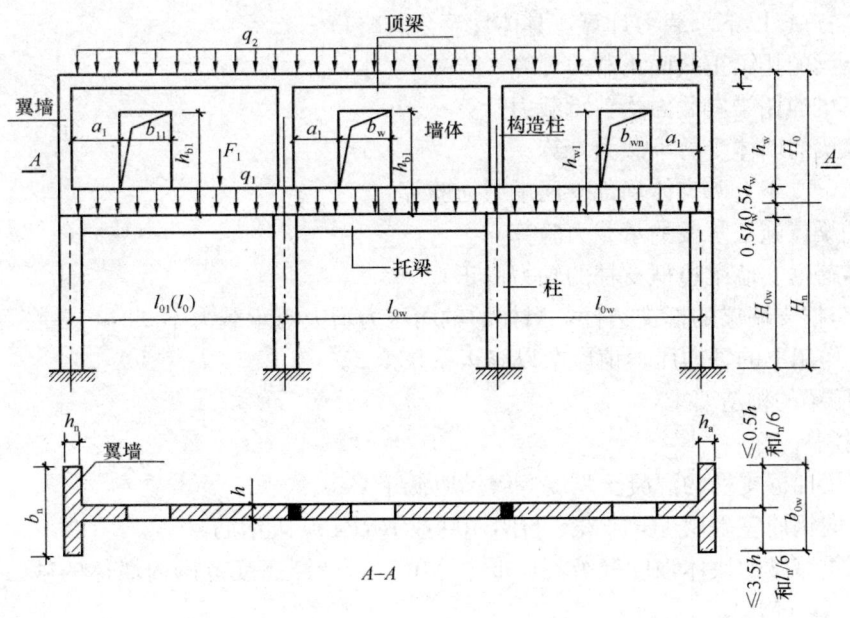

图 14.3-13 墙梁的计算简图

② 墙体计算高度 h_w

墙体计算高度取托梁顶面上一层墙体高度（包括顶梁高度），当 $h_w > l_0$ 时，取 $h_w = l_0$（对连续墙梁和多跨框支墙梁，l_0 取各跨的平均值）。

③ 墙梁跨中截面计算高度 H_0

$$H_0 = h_w + 0.5 h_b$$

④ 翼墙的计算宽度 b_f

取窗间墙宽度或横墙间距的 2/3，且每边不大于 3.5h（h 为墙体厚度）和 $l_0/6$。

⑤ 框架柱计算高度 H_c

$$H_c = H_{cn} + 0.5 h_b$$

式中：H_{cn}——框架柱的净高，取基础顶面至托梁底面的距离。

3) 墙梁的计算荷载

在墙梁设计中，应分别按使用阶段和施工阶段作用的荷载计算。

① 使用阶段墙梁上的荷载

a. 承重墙梁：托梁顶面的荷载设计值 q_1、F_1 取托梁自重及本层楼盖的恒荷载和活荷载；墙梁顶面的荷载设计值 q_2 取托梁以上各层墙体自重以及墙梁顶面以上各层楼（屋）盖的恒荷载和活荷载，集中荷载可沿作用的跨度近似化简为均布荷载。

b. 自承重墙梁：墙梁顶面的荷载设计值 q_2 取托梁自重及托梁以上墙体自重。

② 施工阶段托梁上的荷载

a. 托梁自重及本层楼盖的恒荷载。

b. 本层楼盖的施工荷载。

c. 墙体自重，可取高度为 $l_{0max}/3$ 的墙体自重（l_{0max} 为各计算跨度的最大值），开洞时尚应按洞顶以下实际分布的墙体自重复核。

(3) 墙梁的承载力计算

墙梁需进行以下承载力计算，具体计算公式略。

1) 墙梁的托梁正截面承载力计算

2) 墙梁的托梁斜截面受剪承载力计算

3) 墙梁的墙体受剪承载力计算

4) 托梁支座上部砌体局部受压承载力验算

5) 托梁在施工阶段的承载力验算

6) 多跨框支墙梁边框支柱的轴力修正

对多跨框支墙梁的框支边柱，当柱的轴向压力增大对承载力不利时，在墙梁顶面荷载设计值 q_2 作用下的轴向压力值应乘以修正系数 1.2。

(4) 墙梁的构造要求

1) 材料

① 托梁和框支柱的混凝土强度等级不应低于 C30。

② 纵向钢筋宜采用 HRB335、HRB400 或 RRB400 级钢筋。

③ 承重墙梁的块体强度等级不应低于 MU10，计算高度范围内墙体的砂浆强度等级不应低于 M10(Mb10)。

2) 墙体

① 框支墙梁的上部砌体房屋以及设有承重的简支墙梁或连墙梁的房屋,应满足刚性方案房屋的要求。

② 墙梁的计算高度范围内的墙体厚度,对砖砌体不应小于240mm,对混凝土砌块砌体不应小于190mm。

③ 墙梁洞口上方应设置混凝土过梁,其支承长度不应小于240mm,洞口范围内不应施加集中荷载。

④ 承重墙梁的支座处应设置落地翼墙,墙厚度对砖砌体不应小于240mm,对混凝土砌块砌体不应小于190mm,翼墙宽度不应小于墙梁墙体厚度的3倍,并与墙砌筑;当不能设置翼墙时,应设置落地且上、下贯通的构造柱。

⑤ 当墙梁墙体在靠近支座1/3跨度范围内开洞时,支座处应设置落地且上、下贯通的混凝土构造柱,并应与每层圈梁连接。

⑥ 墙梁计算高度范围内的墙体,每天可砌高度不应超过1.5m,否则应加设临时支撑。

3) 托梁

① 托梁两侧各两个开间的楼盖应采用现浇混凝土楼盖,楼板厚度不宜小于120mm,当楼板厚度大于150mm时,应采用双层双向钢筋网,楼板上应少开洞;洞口尺寸大于800mm时,应设洞口边梁。

② 托梁每跨底部的纵向受力钢筋应通长设置,不得在跨中弯起或截断;钢筋连接应采用机械连接或焊接。

③ 托梁跨中截面的纵向受力钢筋总配筋率不应小于0.6%。

④ 托梁上部通长布置的纵向钢筋面积与跨中下部纵向钢筋面积的比值不应小于0.4,连续墙梁或多跨框支墙梁的托梁支座上部附加纵向钢筋从支座边缘算起每边延伸长度不应小于 $l_0/4$。

⑤ 承重墙梁的托梁在砌体墙、柱上的支承长度不应小于350mm,纵向受力钢筋伸入支座长度应符合受拉钢筋的锚固要求。

⑥ 当托梁截面高度 $h_b \geqslant 450$mm 时,应沿梁截面高度设置通长水平腰筋,其直径不应小于12mm,间距不应大于200mm。

⑦ 对于洞口偏置的墙梁,其托梁的箍筋加密区范围应延伸到洞口外,距洞边的距离大于或等于托梁截面高度 h_b,箍筋直径不应小于8mm,间距不应大于100mm。

3. 挑梁

(1) 挑梁的抗倾覆验算

砌体中钢筋混凝土挑梁的抗倾覆可按下式进行验算:

$$M_{0v} \leqslant M_r$$
$$M_r = 0.8G_r(l_2 - x_0)$$

式中:M_{0v}——挑梁的荷载设计值对计算倾覆点产生的倾覆力矩;

M_r——挑梁的抗倾覆力矩设计值;

G_r——挑梁的抗倾覆荷载,为挑梁尾端上部45°扩展角的阴影范围(其水平长度为 l_3)内本层的砌体与楼面恒荷载标准值之和,当上部楼层无挑梁时,抗倾覆荷载中可计及上部楼层的楼面永久荷载;

l_2——G_r 作用点至墙外边缘的距离(mm);

x_0——计算倾覆点至墙外边缘的距离（mm）。

（2）挑梁下砌体局部受压承载力验算

挑梁下砌体局部受压承载力可按下式验算：

$$N_l \leqslant \eta \gamma f A_l$$

式中：N_l——挑梁下的支承压力，可取 $N_l = 2R$，R 为挑梁的倾覆荷载设计值；

η——梁端底面压应力图形的完整系数，可取 0.7；

γ——砌体局部抗压强度提高系数，对图 14.3-14（a）可取 1.25，对图 14.3-14（b）可取 1.5；

A_l——挑梁下砌体局部受压面积，$A_l = 1.2bh_b$。

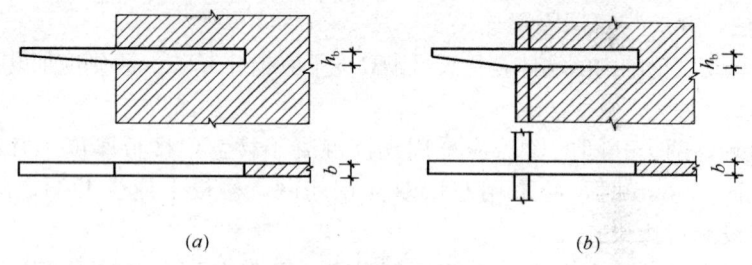

图 14.3-14 挑梁下砌体局部受压

（3）挑梁本身承载力验算

挑梁按混凝土受弯构件计算。由于挑梁倾覆点不在墙外边缘而在离墙边 x_0 处，挑梁最大弯矩设计值 M_{max} 在接近 x_0 处，最大剪力设计值 V_{max} 在墙边，故挑梁内力可按下式计算：

$$M_{max} = M_0$$
$$V_{max} = V_0$$

式中：M_0——挑梁的荷载设计值对计算倾覆点截面产生的弯矩；

V_0——挑梁的荷载设计值在挑梁墙外边缘处截面产生的剪力。

（4）挑梁的构造要求

挑梁设计除应符合现行国家标准《混凝土结构设计规范》的有关规定外，尚应满足下列要求：

1）纵向受力钢筋至少应有 1/2 的钢筋面积伸入梁尾端，且不少于 2φ12，其余钢筋伸入支座的长度不应少于 $2l_1/3$；

2）挑梁埋入砌体长度 l_1 与挑出长度 l 之比宜大于 1.2；当挑梁上无嵌固端砌体时，l_1 与 l 之比宜大于 2。

4. 圈梁

在房屋的檐口、窗顶、楼层、吊车梁顶或基础顶面标高处，沿墙体水平方向设置封闭状的按构造配筋的混凝土梁式构件称为圈梁。圈梁一般与构造柱（在砌体房屋墙体的规定部位，按构造配筋，并按先砌墙后浇灌混凝土柱的施工顺序制成的混凝土柱）共同使用，对增强砌体结构房屋的整体性、空间刚度及减轻墙体裂缝等有非常重要的作用。

圈梁的作用：

① 圈梁与构造柱将纵、横墙连成整体，形成套箍，提高了房屋的整体性。

② 圈梁可以箍住预制的楼（屋）盖，增强其整体刚度。

③ 圈梁可减小墙体的自由长度，增加墙体的稳定性；其与构造柱对墙体在竖向平面内进行约束，限制墙体斜裂缝的开展，且不延伸出两道圈梁之间的墙体，在一定程度上延缓墙体裂缝的出现与发展。

④ 圈梁还能有效地消除或减弱由于地震或其他原因引起地基不均匀沉降对房屋的破坏作用。特别是檐口处和基础顶面处的圈梁，抵御不均匀沉降的能力更为明显。

⑤ 圈梁跨过门窗洞口时，若接近洞口且配筋不少于过梁，可兼作过梁使用。

习 题

【14.3.5-1】砌体结构中圈梁的作用有（　　）。
① 圈梁与构造柱将纵、横墙连成整体，形成套箍，提高了房屋的整体性。
② 圈梁可以箍住预制的楼（屋）盖，增强其整体刚度。
③ 圈梁可增大墙体的自由长度。
④ 圈梁能有效地消除或减弱由于地震引起地基不均匀沉降对房屋的破坏作用。
A. ①②④ B. ①②③④
C. ①③④ D. ①②③

【14.3.5-2】下列关于挑梁的构造要求说法正确的是（　　）。
A. 纵向受力钢筋至少应有1/2的钢筋面积伸入梁尾端，且不少于2φ12
B. 其余钢筋伸入支座的长度不应多于$2l_1/3$
C. 挑梁埋入砌体长度l_1与挑出长度l之比宜小于1.2
D. 当挑梁上无嵌固端砌体时，l_1与l之比宜小于2

习题答案及解析

【14.3.5-1】答案：A

解析：圈梁的作用：①圈梁与构造柱将纵、横墙连成整体，形成套箍，提高了房屋的整体性。②圈梁可以箍住预制的楼（屋）盖，增强其整体刚度。③圈梁可减小墙体的自由长度，增加墙体的稳定性；其与构造柱对墙体在竖向平面内进行约束，限制墙体斜裂缝的开展，且不延伸出两道圈梁之间的墙体，在一定程度上延缓墙体裂缝的出现与发展。④圈梁还能有效地消除或减弱由于地震或其他原因引起地基不均匀沉降对房屋的破坏作用。特别是檐口处和基础顶面处的圈梁，抵御不均匀沉降的能力更为明显。

【14.3.5-2】答案：A

解析：挑梁的构造要求：挑梁设计除应符合现行国家标准《混凝土结构设计规范》的有关规定外，尚应满足下列要求：1）纵向受力钢筋至少应有1/2的钢筋面积伸入梁尾端，且不少于2φ12，其余钢筋伸入支座的长度不应少于$2l_1/3$；2）挑梁埋入砌体长度l_1与挑出长度l之比宜大于1.2；当挑梁上无嵌固端砌体时，l_1与l之比宜大于2。

14.3.6 砌体结构抗震设计要点

1. 结构选型和布置

多层砌体房屋的建筑结构布置，应符合下列要求：
（1）应优先采用横墙承重或纵横墙共同承重的结构体系，不应采用砌体墙和混凝土墙混合承重的结构体系；

（2）纵横向砌体抗震墙的布置应符合下列要求：

① 宜均匀对称，沿平面内宜对齐，沿竖向应上下连续，且纵横向墙体的数量不宜相差过大；

② 平面轮廓凹凸尺寸不应超过典型尺寸的50%，当超过典型尺寸的25%时，房屋转角处应采取加强措施；

③ 楼板局部大洞口的尺寸不宜超过楼板宽度的30%，且不应在墙体两侧同时开洞；

④ 房屋错层的楼板高差超过500mm时，应按两层计算，错层部位的墙体应采取加强措施；

⑤ 同一轴线上的窗间墙宽度宜均匀，墙面洞口的面积在地震烈度为6、7度时不宜大于墙面总面积的55%，8、9度时不宜大于50%；

⑥ 在房屋宽度方向的中部应设置内纵墙，其累计长度不宜少于房屋总长度的60%（高宽比不大于4的墙段不计入）。

2. 房屋总高度及层数的限值

一般情况下，房屋的层数和高度不应超过表14.3-12的规定。

多层砌体房屋的层数和总高度限值　　　　　　　　　　　表14.3-12

房屋类别		最小墙厚(m)	烈度和设计基本地震加速度									
			6		7				8			9	
			0.05g		0.10g		0.15g		0.20g		0.30g		0.40g
			高度(m)	层数	高度(m)	层数	高度(m)	层数	高度(m)	层数	高度(m)	层数	高度(m)	层数
多层砌体房屋	普通砖	240	21	7	21	7	21	7	18	6	15	5	12	4
	多孔砖	240	21	7	21	7	18	6	18	6	15	5	9	3
		190	21	7	18	6	15	5	15	5	12	4	—	—

注：1. 房屋的总高度指室外地面到主要屋面板板顶或檐口的高度，半地下室从地下室室内地面算起，全地下室和嵌固条件好的半地下室应允许从室外地面算起；对带阁楼的坡屋面应算到山尖墙的1/2高度处。

2. 室内外高差大于0.6m时，房屋总高度应允许比表中的数据适当增加，但增加量应小于1.0m。

3. 乙类的多层砌体房屋仍按本地区设防烈度查表，其层数应减少一层且总高度应降低3m。

横墙较少的多层砌体房屋，总高度应比表14.3-12的规定数值降低3m，层数相应减少一层；横墙很少的多层砌体房屋，还应再减少一层。

3. 房屋的最大高宽比限值

为了使多层砌体房屋有足够的稳定性和整体抗弯能力，房屋的高宽比应满足表14.3-13要求。

房屋最大高宽比　　　　　　　　　表14.3-13

地震烈度	6	7	8	9
最大高宽比	2.5	2.5	2.0	1.5

注：1. 单面走廊房屋总宽度不包括走廊宽度。

2. 建筑平面接近正方形时，其高宽比宜适当减小。

4. 抗震墙间距的最大限值

为了满足楼盖对传递水平地震作用所需刚度的要求，根据《建筑抗震设计规范》，按多层砌体房屋的结构类型、烈度大小和楼盖刚性的不同，规定了抗震横墙的最大间距应符合表 14.3-14 的要求。

房屋类别多层砌体房屋抗震横墙的间距（m） 表 14.3-14

房屋类别		地震烈度			
		6	7	8	9
多层砌体房屋	现浇或装配整体式钢筋混凝土楼、	15	15	11	7
	屋盖装配式钢筋混凝土楼、	11	11	9	4
	屋盖木屋盖	9	9	4	—
底部框架-抗震墙砌体房屋	上部各层	同多层砌体房屋			
	底层或底部两层	18	15	11	—

注：1. 多层砌体房屋的顶层，除木屋盖外的最大横墙间距外，其他应允许适当放宽，但应采取相应加强措施；
2. 多孔砖抗震横墙厚度为 190mm 时，最大间距应比表中数值减少 3m。

5. 房屋局部尺寸的限值

在强烈地震作用下，房屋首先在最薄弱的部位破坏。这些薄弱部位一般是窗间墙、尽端墙段以及突出屋面的女儿墙等。因此，有必要对这些部位的尺寸进行控制。《建筑抗震设计规范》明确规定，多层砌体房屋的局部尺寸限值应符合表 14.3-15 要求。

多层砌体房屋的局部尺寸限值（m） 表 14.3-15

部位	地震烈度			
	6	7	8	9
承重窗间墙最小宽度	1.0	1.0	1.2	1.5
尽端至门窗洞边的最小距离	1.0	1.0	1.2	1.5
非承重外墙尽端至门窗洞边的最小距离	1.0	1.0	1.0	1.0
内墙阳角至门窗洞边的最小距离	1.0	1.0	1.5	2.0
无锚固女儿墙（非出入口处）的最大高度	0.5	0.5	0.5	0.0

注：1. 局部尺寸不足时应采用局部加强措施弥补；
2. 出入口处的女儿墙应有锚固。

6. 多层砖房屋抗震构造措施

（1）设置构造柱

构造柱的作用如下：

① 构造柱可以提高砌体房屋的抗剪强度，因而提高墙体的初裂荷载和极限承载力。试验证明，构造柱对抗剪强度的提高大概在 20%～30%。

② 构造柱可加强结构的整体性。由于构造柱增强了内外墙交接处的连接，有效提高了砌体的整体性。内外墙交接处是结构的薄弱环节，施工中常常不能同时咬槎砌筑，形成内外墙的直缝，地震中有可能发生外墙倾倒。设置构造柱后，允许内外墙分别施工，既方便了施工，又增强了内外墙的连接。

③ 构造柱可以防止墙体或房屋的倒塌。地震作用下墙体中形成交叉裂缝并破裂成四块后，构造柱可约束破碎的三角形块体。破碎墙体仍然可以作为支撑上部的竖向荷载，抵抗水平地震作用，消耗地震能量。

构造柱的设置部位：构造柱作为主要抗震墙体的边缘构件，设置在有横墙的内外墙交接处可以充分发挥作用。特别是当构造柱的间距比较大（如8m左右）时，构造柱排列可能在横墙处，也有可能在无横墙处，应尽量将构造柱设置在有横墙处。多层砖砌体房屋构造柱的具体设置部位见表14.3-16。

多层砖砌体房屋构造柱设置要求 表14.3-16

房屋层数				设置部位
6度	7度	8度	9度	
四、五	三、四	二、三		楼、电梯间四角，楼梯斜梯段上下端对应的墙体处；外墙四角和对应转角；错层部位横墙与外纵墙交接处；大房间内外墙交接处；较大洞口两侧	隔12m或单元横墙与外纵墙交接楼梯间对应的另一侧内横墙与外纵墙交接处
六	五	四	二		隔开间横墙（轴线）与外墙交接处，山墙与内纵墙交接处
七	≥六	≥五	≥三		内纵墙（轴线）与外墙交接处，内墙的局部较小墙垛处，内纵墙与横墙（轴线）交接处

注：较大洞口，内墙指不小于2.1m的洞口；外墙在内外墙交接处已设置构造柱时允许适当放宽，但洞侧墙体应加强。

【例14.3-3】砌体结构中构造柱的作用是（   ）。
① 提高砖砌体房屋的抗剪能力；
② 构造柱对砌体起了约束作用，使砌体变形能力增强；
③ 提高承载力、减小墙的截面尺寸；
④ 提高墙、柱高厚比的限值。

【例14.3-3】

A. ①②　　　　B. ①③④　　　　C. ①②④　　　　D. ③④

解析：构造柱对砌体起约束作用，使结构房屋承受变形的性能大为改善，在一定程度上提高砌体的抗剪能力。验算带构造柱墙的高厚比时，墙的允许高厚比$[\beta]$可乘以修正系数μ_c，系数μ_c恒大于1，可见构造柱具有提高墙、柱高厚比的作用。因此选C。

(2) 设置现浇钢筋混凝土圈梁

设置圈梁是多层砌体房屋的一种经济有效的抗震措施。历来震害证实，在同一烈度区，设有圈梁的房屋比没有设置圈梁的房屋震害要轻得多。圈梁可加强墙体间以及墙体与楼盖间的连接，因而增强了房屋的整体性和空间刚度。根据试验资料分析，当钢筋混凝土预制板周围加设圈梁时，楼盖水平刚度可提高15～20倍。

1) 多层砖砌体房屋的现浇钢筋混凝土圈梁的设置应符合下列要求：
① 装配式钢筋混凝土楼盖，应按照表14.3-17的要求设置圈梁。
② 纵墙承重时，每层均应设置圈梁，且间距比表14.3-17内要求适当加密。

砖砌体房屋现浇钢筋混凝土圈梁设置要求　　　　表 14.3-17

设防烈度	6、7 度	8 度	9 度
外墙和内纵墙	屋盖处及每层楼盖处	屋盖处及每层楼盖处	屋盖处及每层楼盖处
内横墙	屋盖处及每层楼盖处；屋盖处间距不应大于 4.5m，楼盖处间距不应大于 7.5m；构造柱对应部位	屋盖处及每层楼盖处；各层所有横墙，且间距不应大于 4.5m；构造柱对应部位	屋盖处及每层楼盖处；各层所有横墙

③ 现浇或装配整体式钢筋混凝土屋、楼盖与墙体有可靠连接的房屋可不另设圈梁，但楼板沿墙体周边应加强配筋，并应与相应的构造柱钢筋可靠连接。

2）多层砖砌体房屋的现浇钢筋混凝土圈梁的构造应符合下列要求：

① 圈梁应闭合，遇有洞口圈梁应上下搭接，圈梁宜与预制板设在同一标高处或紧贴板底。

② 圈梁在表 14.3-17 中要求的间距内无横墙时，应利用梁或板缝中的配筋替代圈梁。

③ 圈梁的截面高度不应小于 120mm，配筋应符合表 14.3-18 的要求；基础圈梁的截面高度不应小于 180mm，配筋不应少于 4ϕ12。

圈梁配筋要求　　　　表 14.3-18

配筋	6、7 度	8 度	9 度
最小纵筋	4ϕ10	4ϕ12	4ϕ14
最大箍筋间距（mm）	250	200	150

7. 多层砌块房屋抗震构造措施

（1）设置钢混凝土芯柱

为了增加混凝土小砌块房屋的整体性和延性，提高其抗震能力，可结合空心砌块的特点，在墙体的适当部位设置钢筋混凝土芯柱。

（2）多层小砌块房屋圈梁的要求

多层小砌块房屋的现浇钢筋混凝土圈梁的设置部位应按照多层砌体房屋圈梁的要求执行，圈梁宽度不应小于 190mm，配筋不应小于 4ϕ12，箍筋间距不应大于 200mm。

（3）多层小砌块房屋的层数要求

多层小砌块房屋的层数，6 度时超过五层，7 度时超过四层，8 度时超过三层和 9 度时，在底层和顶层的窗台标高处，沿纵横墙应设置通长水平现浇钢筋混凝土带，其截面高度不小于 60mm，纵筋不小于 2ϕ10，并应有分布拉结筋，混凝土强度等级不应低于 C20。

【例 14.3-4】对多层砌体房屋总高度与总宽度比值要加以限制，主要是为了考虑（　　）。

A. 避免房屋两个主轴方向尺寸差异大、刚度悬殊，产生过大的不均匀沉陷

B. 避免房屋纵横两个方向温度应力不均匀，导致墙体产生裂缝

C. 保证房屋不致因整体弯曲而破坏

D. 防止房屋因抗剪不足而破坏

解析：根据《建筑抗震设计规范》GB 50011—2010（2016 年版）条文说明第 7.1.4

条规定，若砌体房屋考虑整体弯曲进行验算，目前的方法即使在7度时，超过三层就不满足要求，与大量的地震宏观调查结果不符。实际上，多层砌体房屋一般可以不做整体弯曲验算，但为了保证房屋的稳定性，限制了其高宽比。因此选C。

习　题

【14.3.6-1】 钢筋混凝土圈梁中的纵向钢筋不应少于（　　）。
A. 4ϕ12　　　　　　B. 4ϕ10　　　　　　C. 3ϕ10　　　　　　D. 3ϕ12

【14.3.6-2】 钢筋混凝土圈梁的高度不应小于（　　）mm。
A. 90　　　　　　　B. 100　　　　　　　C. 110　　　　　　　D. 120

【14.3.6-3】 多层小砌块房屋的芯柱混凝土强度等级不应低于（　　）。
A. 20　　　　　　　B. 25　　　　　　　C. 30　　　　　　　D. 35

【14.3.6-4】 下列关于多层砖砌体房屋的现浇钢筋混凝土圈梁的构造要求说法正确的是（　　）。
A. 圈梁不应闭合，遇有洞口圈梁应上下搭接
B. 圈梁不能利用梁或板缝中的配筋替代圈梁
C. 基础圈梁的截面高度不应小于120mm，配筋不应少于4ϕ12
D. A、B、C均不正确

习题答案及解析

【14.3.6-1】 答案：B
解析：构造要求。

【14.3.6-2】 答案：D
解析：构造要求。

【14.3.6-3】 答案：A
解析：构造要求。

【14.3.6-4】 答案：D
解析：多层砖砌体房屋的现浇钢筋混凝土圈梁的构造应符合下列要求：
① 圈梁应闭合，遇有洞口圈梁应上下搭接，圈梁宜与预制板设在同一标高处或紧贴板底。
② 圈梁在规定间距内无横墙时，应利用梁或板缝中的配筋替代圈梁。
③ 圈梁的截面高度不应小于120mm，配筋应符合表14.3-18的要求；基础圈梁的截面高度不应小于180mm，配筋不应少于4ϕ12。

第 15 章 结 构 力 学

考试大纲：
15.1 平面体系的几何组成
名词定义；几何不变体系的组成规律及其应用。
15.2 静定结构受力分析与特性
静定结构受力分析方法；反力、内力的计算与内力图的绘制；静定结构特性及其应用。
15.3 静定结构的位移
广义力与广义位移；虚功原理；单位荷载法；荷载下静定结构的位移计算；图乘法；支座位移和温度变化引起的位移；互等定理及其应用。
15.4 超静定结构受力分析及特性
超静定次数；力法基本体系；力法方程及其意义；等截面直杆的转动刚度；力矩分配系数与传递系数；单结点的力矩分配；对称性利用半结构法；超静定结构位移；超静定结构特性。
15.5 影响线及应用
影响线概念；简支梁、静定多跨梁、静定桁架反力及内力影响线；连续梁影响线；形状影响线应用；最不利荷载位置；内力包络图概念。
15.6 结构动力特性与动力反应
单自由度体系周期、频率；简谐荷载与突加荷载作用下简单结构的动力系数、振幅与最大动内力；阻尼对振动的影响；多自由度体系自振频率与主振型；主振型正交性。
本章试题配置：15 题

15.1 平面体系的几何组成

高频考点梳理

知识点	平面体系的几何组成分析
近三年考核频次	3

1. 名词定义

刚片，指不会产生变形的刚性平面体。由刚片组成的体系称为刚片系。

几何可变体系，指当不考虑材料的应变时，体系中各杆的相对位置或体系的形状可以改变的体系。

几何不变体系，指当不考虑材料的应变时，体系中各杆的相对位置或体系的形状都不能改变的体系。

几何瞬变体系是几何可变体系的特殊情况。如果某一几何可变体系发生微量位移后即成为几何不变体系，则称此体系为几何瞬变体系（此时构件有高阶微量的变形，会产生无穷大的内力）。能发生有限量位移的体系称为常变体系。

自由度，指物体运动时的独立几何参数数目。如一个点在平面的自由度为 2；一个刚片在平面内的自由度为 3。

约束，指限制物体或体系运动的各种装置。可分为外部约束和内部约束两种，外部约束是指体系与基础之间的联系，也就是支座；而内部约束则是指体系内部各杆之间或结点之间的联系，如铰接点、刚结点和链杆等。一根链杆相当于一个约束；一个连接两个刚片的单铰相当于两个约束；一个连接 n 个刚片的复铰相当于 $n-1$ 个单铰，即 $2(n-1)$ 个约束；一个连接两个刚片的单刚性结点相当于三个约束；一个连接 n 个刚片的复刚性结点相当于 $n-1$ 个单刚性结点，即 $3(n-1)$ 个约束。

一个平面体系的自由度 W 为：

$$W = 3n - 2H - R$$

式中：n 为体系中的刚片总数；H 为体系中的单铰总数；R 为体系中的支杆总数。

$W>0$ 时，该体系一定是几何可变的；$W \leq 0$ 时，该体系可能是几何不变的也可能是几何可变的，应根据体系中的约束布置情况确定。

如果在体系中增加一个约束，体系减少一个独立的运动参数，该约束称为必要约束。如果在体系中增加一个约束，体系的独立运动参数并不减少，该约束称为多余约束。

只有几何不变体系才能用作常规结构。

研究体系几何组成分析的目的是：

（1）判定给定体系是否几何不变，掌握几何不变体系的组成规则及其应用，确保结构的几何不变性。

（2）了解结构各部分的组成关系，以便于受力分析。

2. 平面体系的几何组成分析

（1）等效刚片、等效链杆和虚铰

几何组成分析时，一个内部几何不变的平面体系，可用一个相应的刚片来代替，此刚片称为等效刚片；而一根两端为铰的非直线杆件，可用一根相应的两端为铰的直线形链杆来代替，此直线链杆称为等效链杆。

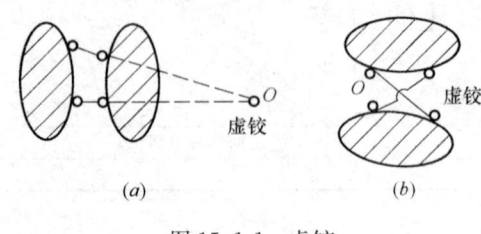

图 15.1-1 虚铰

虚铰是指连接两个刚片的两根链杆的交叉点或其延长线的交点 (O)，如图 15.1-1 所示。

（2）平面几何不变体系的基本组成规则

1）**两刚片规则**：两个刚片用不共点的三根链杆连接，组成几何不变体系，且无多余约束。

2）**三刚片规则**：三个刚片用不共线的三个铰相互连接，组成几何不变体系，且无多余约束。

3）**二元体规则**：增减二元体（不共线两链杆铰接点）不改变原有体系的几何构造性质。

这三条规则实质上就是三角形规则。然而根据连接两个刚片的两杆约束与铰可相互替换，又可演变出多种组成形式，如图 15.1-2 所示，需注意灵活应用。

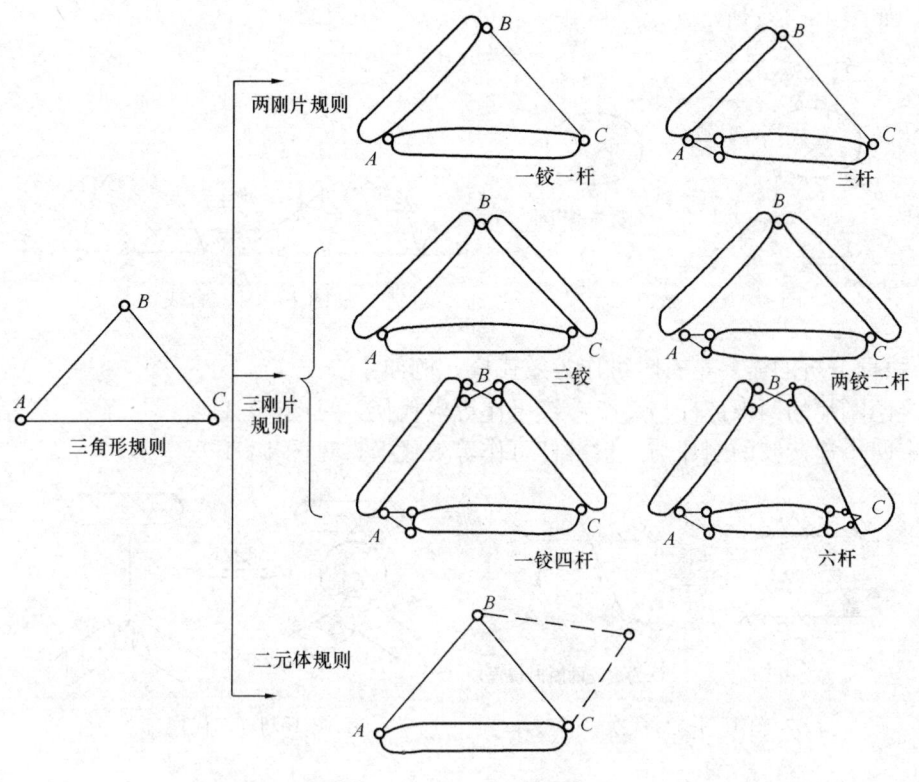

图 15.1-2 三角形规则

在上述规则中都有一定的限制条件，当不满足这些限制条件时，体系一般为瞬变体系（有时为常变体系），见图 15.1-3，(a)～(d) 为瞬变，(e)、(f) 为常变。

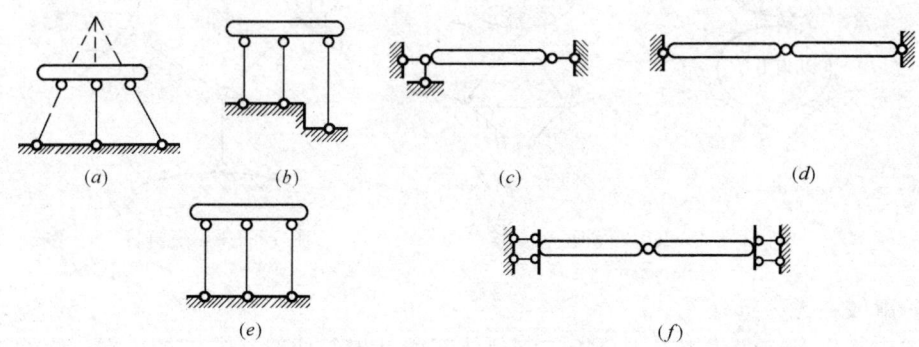

图 15.1-3 瞬变体系和常变体系

3. 组成分析方法

（1）组成分析这部分内容的重点要求是能正确地理解和表述与组成分析有关的名词概念，能应用无多余约束几何不变体系的组成规则分析平面体系的几何构造性质。

（2）对体系进行组成分析常采用的措施：

1）撤去不影响几何构造性质的部分以使问题简化。如可撤去二元体，可撤去与某刚片（基础）只用不共点三链杆相连的部分，如图 15.1-4 所示。

2）逐次应用基本组成规则将小刚片合成大刚片，将体系归结为两刚片或三刚片相连的情况，如图 15.1-5 所示。

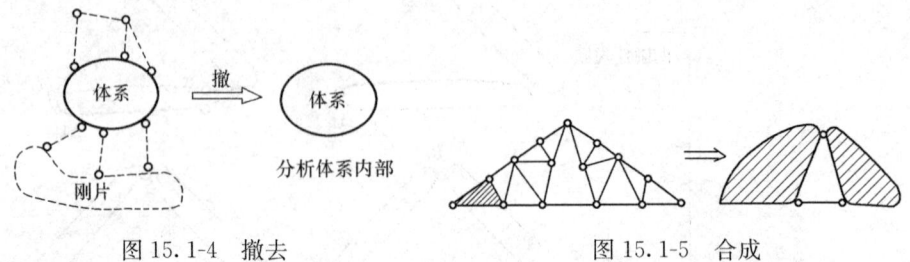

图 15.1-4 撤去 　　图 15.1-5 合成

3）根据分析的需要，有时可作等效代换，例如：

连接两刚片的两根链杆与一个单铰可作等效代换，见图 15.1-6。

具有两个连接铰的刚片与一根链杆可作等效代换，见图 15.1-7。

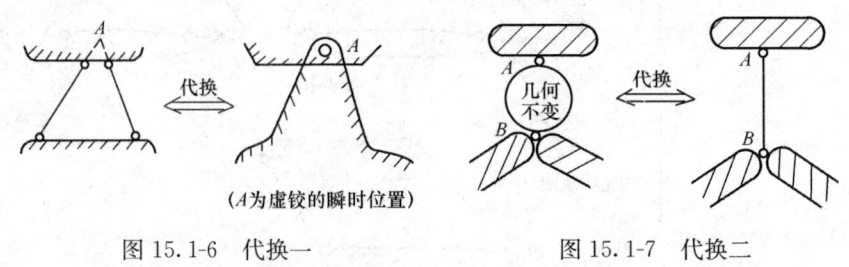

图 15.1-6 代换一 　　图 15.1-7 代换二

具有三个连接铰的刚片与三根链杆可作等效代换，见图 15.1-8。

三根链杆汇交的 Y 形结点（见图 15.1-9），必须有一杆视为刚片。

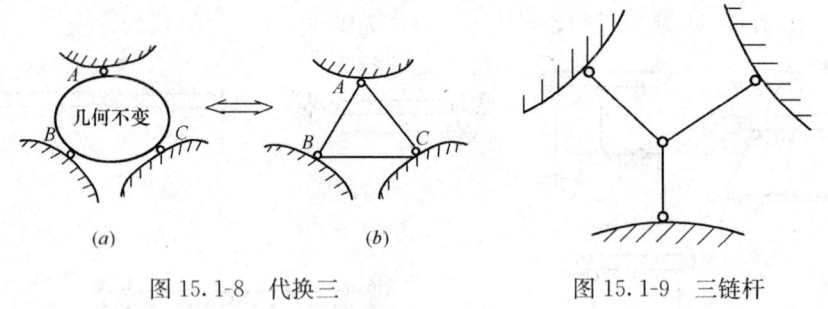

图 15.1-8 代换三 　　图 15.1-9 三链杆

（3）虚铰在无穷远处

在应用三个单铰两两相连来分析三刚片体系的几何组成时，若三铰不在一直线上则体系为几何不变，若三铰共线则体系为几何瞬变。这里所指的铰包括实铰和虚铰，在几何组成分析中，常常会碰到虚铰在无穷远处的情况，下面对此情形作进一步说明。

1）一个虚铰在无穷远处

如图 15.1-10（a）所示，刚片Ⅰ、Ⅱ、Ⅲ分别用 O_{13}、O_{23}、O_{12} 三铰两两相连，其中虚铰 O_{12} 在无穷远处。分析时可将刚片Ⅲ用 $O_{13}O_{23}$ 代替，如图 15.1-10（b）所示。根据两刚片规则可知，若三个链杆不平行，则该体系为几何不变体系；若三个链杆相互平行且不等长，则该体系为几何瞬变体系；若三个链杆相互平行且等长，则该体系为几何常变体系。

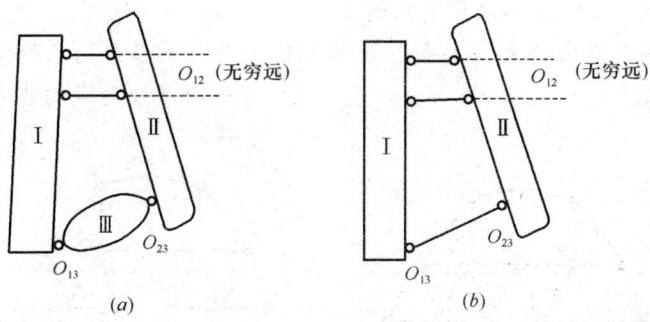

图 15.1-10 一个虚铰在无穷远处

2) 两个虚铰在无穷远处

如图 15.1-11（a）所示，刚片Ⅰ、Ⅱ、Ⅲ分别用 O_{13}、O_{23}、O_{12} 三铰两两相连，其中 O_{12}、O_{13} 为无穷远处的虚铰。若用链杆 $O_{13}O_{23}$ 代替刚片Ⅲ，链杆 $O_{13}O_{23}$ 在无穷远的 O_{13} 处于刚片Ⅰ相连，如图 15.1-11（b）所示，设刚片Ⅰ连接一刚臂，使它在无穷远处的 O_{13} 处与链杆 $O_{13}O_{23}$ 相连。这样，链杆 $O_{13}O_{23}$ 与原刚片Ⅰ、Ⅲ之间的链杆平行，原体系转化为两刚片Ⅰ、Ⅱ用三个链杆相连。根据两刚片规则，若两对链杆不平行，则体系是几何不变的；若两对链杆平行但不等长，则体系是几何瞬变的；若两对链杆平行且等长，则体系是几何可变的。

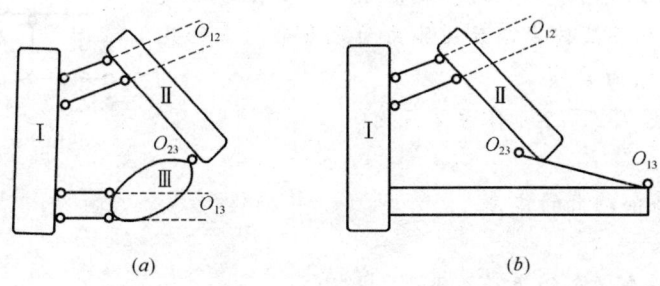

图 15.1-11 两个虚铰在无穷远处

3) 三个虚铰在无穷远处

三个虚铰在无穷远处表示三刚片间用三对相互平行的链杆相连，由所有无穷点均位于无穷线上的原理不难得出体系为几何瞬变；若三对相互平行链杆各自等长，如图 15.1-12（a）所示，则体系为几何常变。值得注意的是，这里的每对链杆都是从刚片的同侧方向与其他刚片连接，而不是如图 15.1-12（b）所示部分从刚片的异侧方向与其他刚片连接，图 15.1-12（b）所示的体系是瞬变。

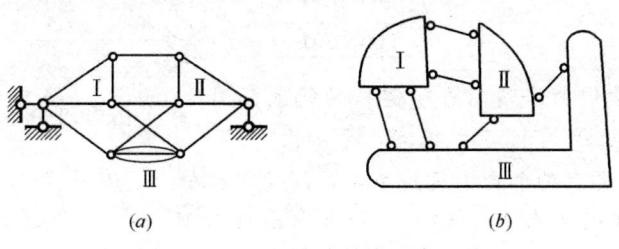

图 15.1-12 三个虚铰在无穷远处

【例 15.1-1】图 15.1-13 示体系是几何(   )。
A. 不变，有两个多余约束的体系
B. 不变且无多余约束的体系
C. 瞬变的体系
D. 有一个多余约束的体系

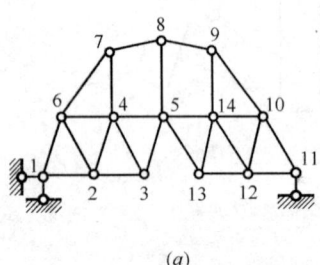
(a)

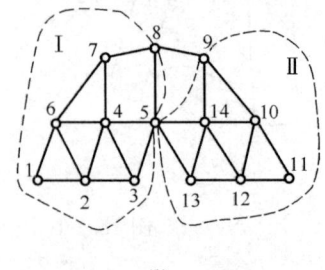
(b)

【例15.1-1】

图 15.1-13 例 15.1-1 图

解析：该体系由三个支座链杆将上部体系与大地连接，它符合两刚片规则，故可先撤去三个支座链杆，对上部体系进行分析，如图 15.1-13（b）所示。

内部分析：从一小三角形 1-2-6 出发，不断增加二元体，即 64-24、67-47、43-23、45-35、78-58，形成刚片Ⅰ。同理，以另一小三角形 10-11-12 出发，不断增加二元体，形成刚片Ⅱ，如图 15.1-13（b）所示。刚片Ⅰ、刚片Ⅱ用铰 5 及链杆 8-9 相连，由两刚片规则可知，上部为无多余约束的几何不变体系，再加上三根支座链杆后，仍为几何不变体系，故原体系为无多余约束的几何不变体系。故答案为 B 项。

【例 15.1-2】图 15.1-14 示体系是几何(   )。
A. 可变的体系
B. 不变且无多余约束的体系
C. 瞬变的体系
D. 不变，有一个多余约束的体系

图 15.1-14 例 15.1-2 图

解析：上段横杆与基础刚接，可与基础看成一体，左边竖杆看作一刚片，刚片和大地刚片通过一铰（左下角两链杆看作一铰）一杆（倾斜杆）连接，多余一条链杆（右边竖杆），故图示体系为几何不变，有一个多余约束的体系。所以应选 D 项。

【例 15.1-3】图 15.1-13 示平面体系的计算自由度为(   )。
A. 2 个
B. 1 个
C. 0 个
D. −1 个

【例15.1-3】

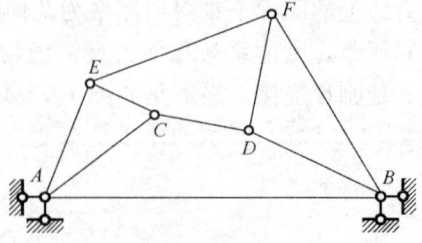
图 15.1-15 例 15.1-3 图

解析：将体系看作由许多结点受链杆的约束而组成。计算自由度数 W 可按下式确定：$W = 2J - B$，式中 J 为结点（具有两个自由度）个数，B 为单链杆（具有一个约束）个数。本题中，结点个数为 6，链杆根数为 13。因此，计算自由度数 W 为：$2 \times 6 - 13 = -1$。所以应选 D 项。

【例 15.1-4】图 15.1-16 示体系是几何(　　)。

A. 不变，有两个多余约束的体系
B. 不变且无多余约束的体系
C. 瞬变的体系
D. 有一个多余约束的体系

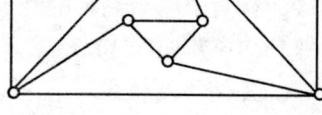

图 15.1-16　例 15.1-4 图

解析：体系中的小铰接三角形与大铰接三角形用不交于一点的三根链杆相连，组成无多余约束的几何不变体系，两边的折线杆件相当于多余的两根链杆。因此，该体系几何不变，且有两个多余约束。所以应选 A 项。

习　　题

【15.1-1】图 15.1-17 示体系是几何(　　)。
A. 瞬变体系　　　　　　　　　　B. 不变且无多余约束的体系
C. 不变体系　　　　　　　　　　D. 不变，有两个多余约束的体系

【15.1-2】如图 15.1-18 所示的铰接体系为(　　)。
A. 瞬变体系　　　　　　　　　　B. 几何不变体系
C. 不变且无多余约束的体系　　　　D. 不变，有两个多余约束的体系

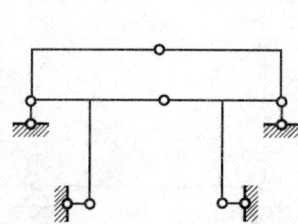

图 15.1-17　题 15.1-1 图

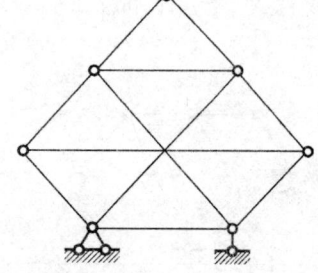

图 15.1-18　题 15.1-2 图

【15.1-3】如图 15.1-19 所示体系为(　　)。
A. 瞬变体系　　　　　　　　　　B. 几何不变体系
C. 不变且无多余约束的体系　　　　D. 不变，有一个多余约束的体系

【15.1-4】图 15.1-20 示体系的自由度为(　　)。
A. 2 个　　　　B. −1 个　　　　C. 3 个　　　　D. 1 个

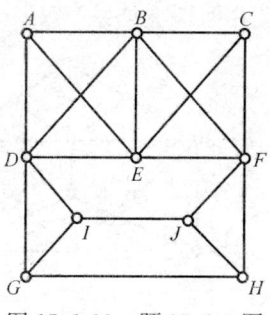

图 15.1-19　题 15.1-3 图

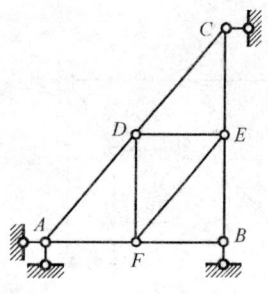

图 15.1-20　题 15.1-4 图

【15.1-5】如图 15.1-21 所示体系为( )。
A. 有一个多余约束的几何瞬变体系   B. 几何不变体系
C. 有两个多余约束的几何瞬变体系   D. 不变,有一个多余约束的体系

【15.1-6】如图 15.1-22 所示体系为( )。
A. 几何不变体系   B. 几何可变体系
C. 不变且无多余约束的体系   D. 不变,有一个多余约束的体系

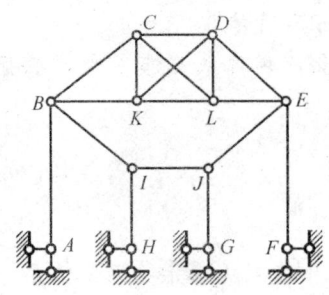

图 15.1-21 题 15.1-5 图

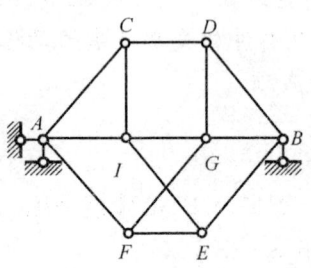

图 15.1-22 题 15.1-6 图

【15.1-7】如图 15.1-23 所示体系为( )。
A. 瞬变体系   B. 几何不变体系
C. 不变且无多余约束的体系   D. 不变,有一个多余约束的体系

【15.1-8】图 15.1-24 示平面体系,多余约束的个数是( )。
A. 1 个   B. 2 个   C. 3 个   D. 4 个

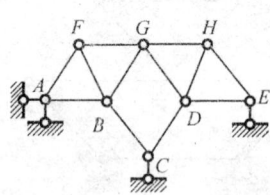

图 15.1-23 题 15.1-7 图

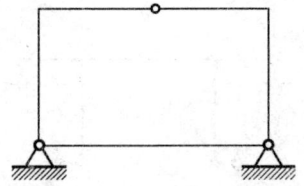

图 15.1-24 题 15.1-8 图

【15.1-9】图 15.1-25 示体系是几何( )。
A. 不变的体系   B. 不变且无多余约束的体系
C. 瞬变的体系   D. 不变,有一个多余约束的体系

【15.1-10】如图 15.1-26 所示体系是为( )。
A. 几何不变体系,无多余约束   B. 几何不变体系,有多余约束
C. 几何常变体系   D. 几何瞬变体系

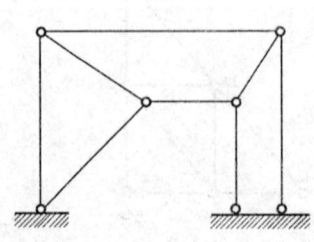

图 15.1-25 题 15.1-9 图

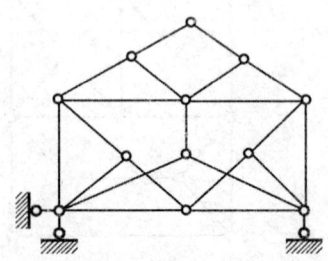

图 15.1-26 题 15.1-10 图

【15.1-11】如图 15.1-27 所示体系可用(　　)。
A. 二刚片规则分析为几何不变体系 B. 二刚片规则分析为几何瞬变体系
C. 三刚片规则分析为几何不变体系 D. 三刚片规则分析为几何瞬变体系

【15.1-12】如图 15.1-28 所示体系可用三刚片规则进行分析,三个刚片应是(　　)。
A. △ABC,△CDE 与基础 B. △ABC,杆 FD 与基础
C. △CDE,杆 BF 与基础 D. △ABC,△CDE 与△BFD

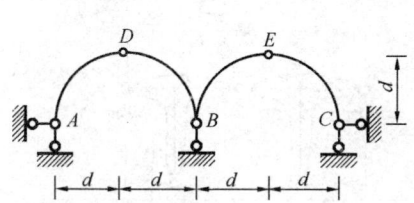

图 15.1-27　题 15.1-11 图

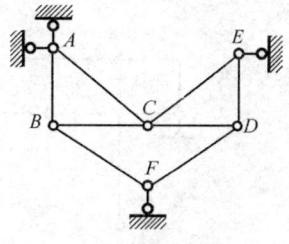

图 15.1-28　题 15.1-12 图

【15.1-13】如图 15.1-29 所示体系的几何组成为(　　)。
A. 常变体系 B. 瞬变体系
C. 无多余约束的几何不变体系 D. 有多余约束的几何不变体系

【15.1-14】图 15.1-30 示体系的几何组成为(　　)。
A. 几何不变,无多余约束 B. 几何不变,有多余约束
C. 瞬变体系 D. 常变体系

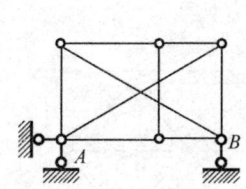

图 15.1-29　题 15.1-13 图

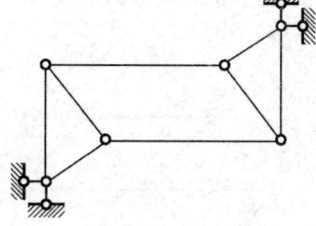

图 15.1-30　题 15.1-14 图

【15.1-15】如图 15.1-31 所示体系的几何组成为(　　)。
A. 常变体系 B. 瞬变体系
C. 无多余约束的几何不变体系 D. 有多余约束的几何不变体系

【15.1-16】如图 15.1-32 所示体系的几何组成为(　　)。
A. 常变体系 B. 瞬变体系
C. 无多余约束的几何不变体系 D. 有多余约束的几何不变体系

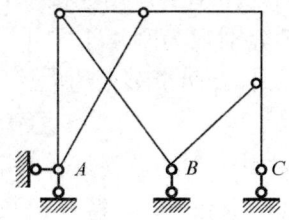

图 15.1-31　题 15.1-15 图

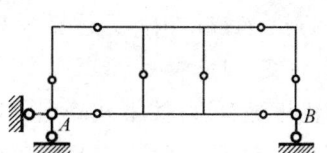

图 15.1-32　题 15.1-16 图

习题答案及解析

【15.1-1】答案：B

解析：撤去上部两折杆组成的二元体，对体系进行分析，如图15.1-33（b）所示将中间部分看作刚片Ⅰ、Ⅱ，将基础看作刚片Ⅲ，根据三刚片规则，Ⅰ、Ⅱ、Ⅲ刚片通过不共线的三铰A（实铰）、B（虚铰）和C（虚铰）相互连接，故所给体系为几何不变且无多余约束的体系。

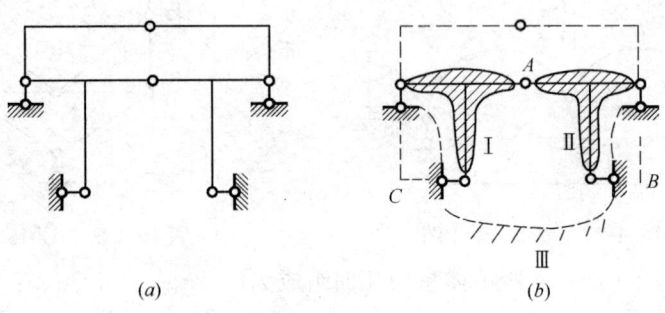

图15.1-33 题15.1-1解图

【15.1-2】答案：A

解析：撤去不影响几何构造的性质的顶部二元体及底部简支支座后，剩下9根杆件，可视为3个刚片，6根链杆，见图15.1-34（b）。刚片Ⅰ、Ⅱ、Ⅲ用虚铰（1，2）、（2，3）、（3，1）相互连接且三铰共线，原体系为瞬变体系。

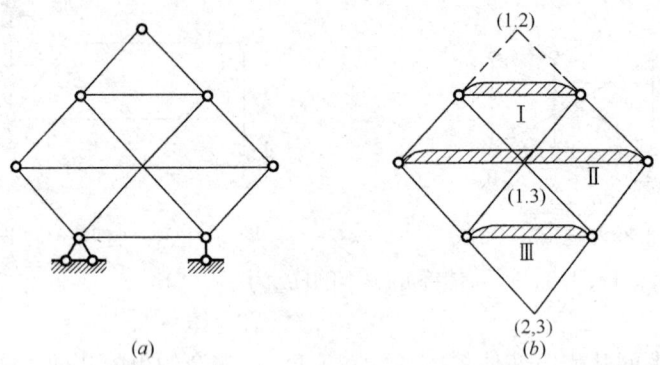

图15.1-34 题15.1-2解图

【15.1-3】答案：A

解析：首先将ABCFED这个具有两个多余约束的几何不变体用连接于D、F两点的链杆代替，如图15.1-35（b）所示，再将GID、HJF分别视为刚片Ⅰ、Ⅱ，用三根平行的链杆（DF、IJ、GH）相连，体系为几何瞬变体系，且有两个多余约束。

【15.1-4】答案：B

解析：自由度数W可按下式确定：$W=2J-B$，式中J为结点（具有两个自由度）个数，B为单链杆（具有一个约束）个数。本题中，结点个数为6，链杆根数为（9+4）。因此，计算自由度数W为：$2\times6-(9+4)=-1$。

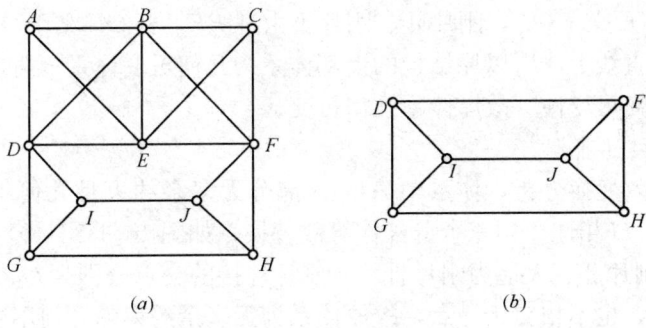

图 15.1-35　题 15.1-3 解图

【15.1-5】答案：A

解析：从小三角形 BCK 出发，不断增加二元体得一刚片 BKLEDC，该刚片中有一多余链杆。将 BKLEDC、链杆 IJ 和大地分别视为刚片Ⅰ、Ⅱ、Ⅲ，三刚片连接的交点分别为 O_{12}、O_{13}、O_{23}，如图 15.1-36（b）所示。由于三铰位于一条直线上，所以该体系为有一个多余约束的几何瞬变体系。

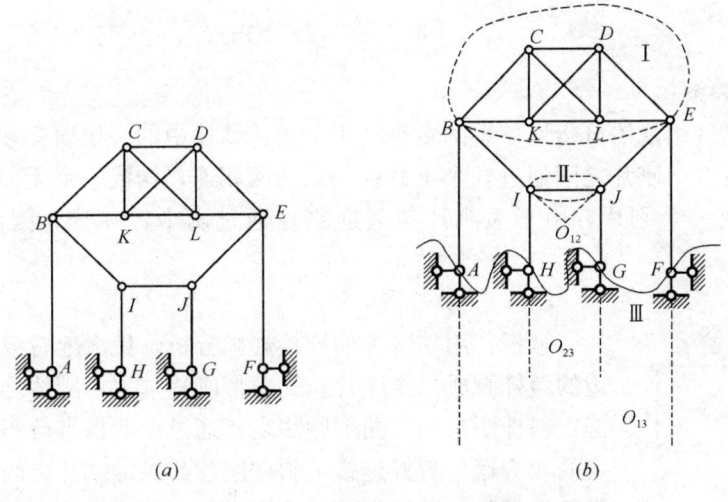

图 15.1-36　题 15.1-5 解图

【15.1-6】答案：B

解析：先撤去三根支座链杆，分析上部体系。分别取 ACI、BDG、EF 为刚片Ⅰ、Ⅱ、Ⅲ，如图 15.1-37（b）所示。刚片Ⅰ、刚片Ⅱ由杆 CD、杆 GI 交于 O_{12}，刚片Ⅰ、刚

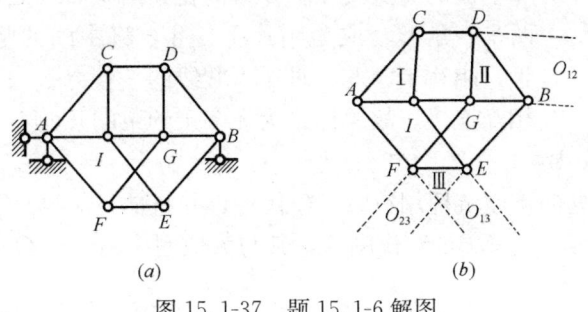

图 15.1-37　题 15.1-6 解图

片Ⅲ由杆 AF、杆 IE 交于 O_{13}，刚片Ⅱ、刚片Ⅲ由杆 BE、杆 GF 交于 O_{23}。由于三个无穷远处的虚铰位于一直线上，所以原结构的上部体系为几何可变体系。再加上三个支座链杆后不改变体系的几何可变性，故原体系几何可变。

【15.1-7】答案：C

解析：采用等效变换分析，体系中 AFGB 部分无多余约束且几何不变，与其他部分只用三个铰 A、B、G 相连，用三个链杆作等效替换，如图 15.1-38（b）所示，以 DEHG 为刚片Ⅰ、BC 为刚片Ⅱ、大地为刚片Ⅲ，三刚片连接的交点分别为 O_{12}、O_{13}、O_{23}，三交点既不在一直线上，也不相交于一点，故原体系为无多余约束的几何不变体系。

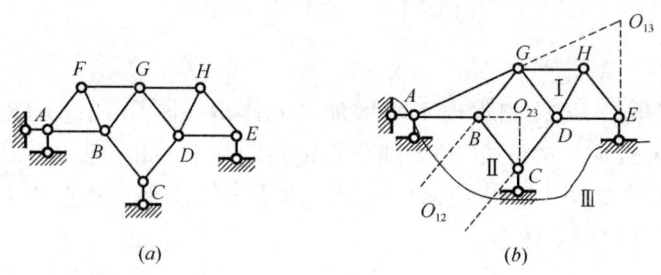

图 15.1-38 题 15.1-7 解图

【15.1-8】答案：A

解析：用刚片组成法分析该体系的多余约束个数：结构中的一根横杆和两根折杆可视作 3 个刚片，这 3 个刚片之间通过 3 个不共线的铰两两相连，构成一个无多余约束的大刚片。将大地看成一个刚片，由于大刚片与大地刚片通过两个铰相连，因此多余约束为 1 个。

【15.1-9】答案：B

解析：用三刚片的连接规则分析，把大地看成一个刚片，右边的斜杆看成一个刚片。三角形刚片与大地刚片之间通过实铰连接，斜杆刚片与三角形刚片之间通过由两根平行不等长的链杆组成的无穷远处瞬铰连接，斜杆刚片与大地刚片之间也通过由两根平行不等长的链杆组成的无穷远处瞬铰连接；这三个铰不在同一直线上，所以组成的体系是几何不变体系且无多余约束。

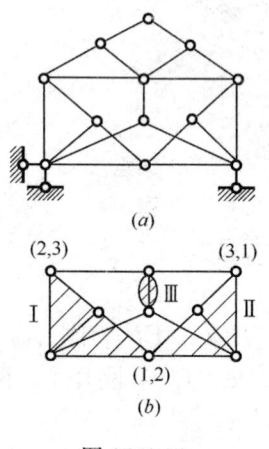

图 15.1-39
题 15.1-10 解图

【15.1-10】答案：A

解析：先撤去对体系的几何组成无影响的上面的三个二元体和下面的简支支座，体系简化如图 15.1-39（b）所示。将下部的两个三角形合成为刚片Ⅰ、Ⅱ，将中间的竖杆等效代换为刚片Ⅲ，刚片Ⅰ、Ⅱ、Ⅲ用不共线的三铰（1，2）、（2，3）、（3，1）相互连接，故原体系为无多余约束的几何不变体系。

【15.1-11】答案：B

解析：将 A、C 处的支座链杆用铰 A、C 代替，并将曲杆 AD、CE 用直线链杆代替，如图 15.1-40（b）所示，将 DBE 看作刚片，其与大地刚片用交于 O 点的三链杆相连，故体系为瞬变体系。

【15.1-12】答案：C

解析：选项 D 不含基础，且△BFD 不能构成刚片，显然不对。选项 A，交于 F 点的三根链杆都看成约束，无法分析。故杆 BF、FD 之一需视为刚片，而△ABC 与△CDE 只能其中之一视为刚片。正确分析见图 15.1-41（b），刚片Ⅰ（△CDE）、刚片Ⅱ（杆 BF）及刚片Ⅲ（基础）用不共线的三铰（1，2）、（2，3）及（3，1）相连，为几何不变体系，且无多余约束，答案应选 C 项。

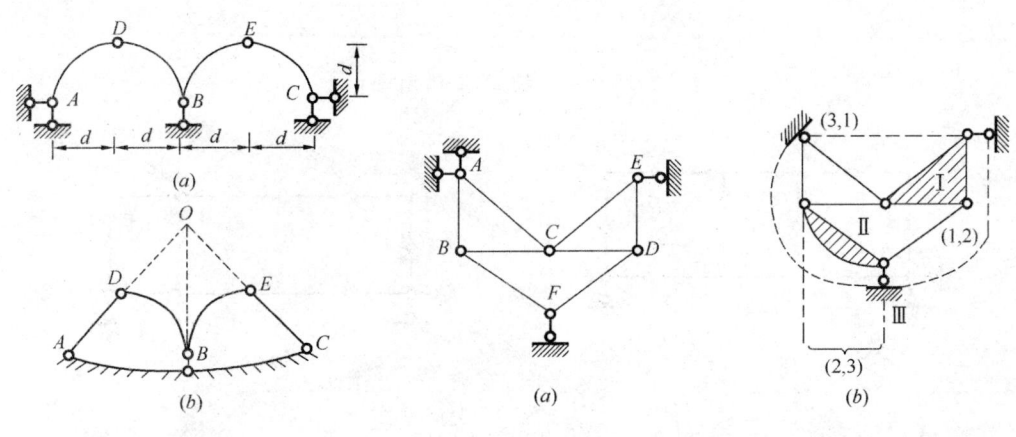

图 15.1-40 题 15.1-11 解图　　　　图 15.1-41 题 15.1-12 解图

【15.1-13】答案：B

解析：去除铰接杆系与地基间联系的简支支座，仅分析杆系结构，如图 15.1-42（b）所示，三刚片Ⅰ、Ⅱ、Ⅲ构成瞬变体系。

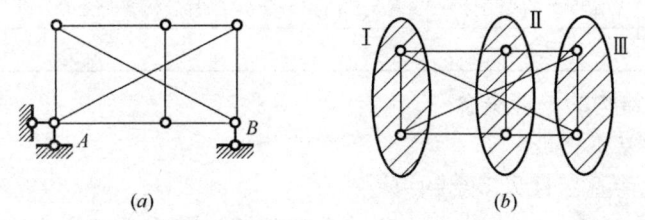

图 15.1-42 题 15.1-13 解图

【15.1-14】答案：A

解析：按三刚片规则分析，右上三角形刚片与基础右上铰连接，左下三角形刚片与基础用左下铰连接，两个三角形刚片用两个平行链杆连接形成无限远铰，三铰不共线，故体系为几何不变且无多余约束。

【15.1-15】答案：C

解析：铰 A 可视为地基上的一个二元片，如图 15.1-43（b）所示，则地基、刚片Ⅰ、刚片Ⅱ构成无多余约束的几何不变体系。

【15.1-16】答案：D

解析：如图 15.1-44（b）所示，将中间部分视为有一个多余约束的刚片，在其左边与两个刚片通过铰 1、2、3 相连；同理，其右边通过铰 4、5、6 相连，所以整个体系为只有一个多余约束的几何不变体系。

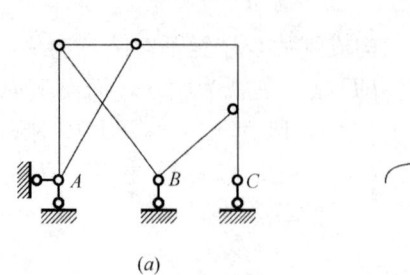
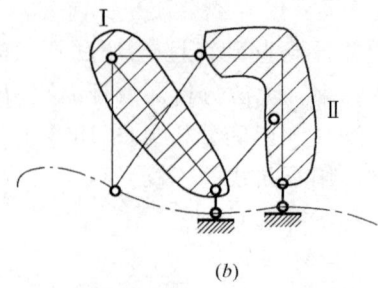

图 15.1-43　题 15.1-15 解图

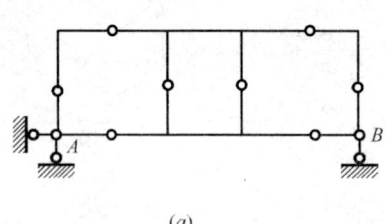
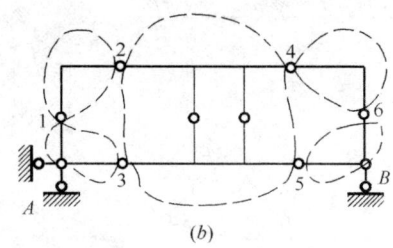

图 15.1-44　题 15.1-16 解图

15.2　静定结构受力分析与特性

高频考点梳理

知识点	静定刚架的受力分析	静定拱的受力分析	静定桁架的受力分析	静定结构特性
近三年考核频次	3	3	1	1

15.2.1　静定结构的一般概念

1. 静定结构的基本特征

几何特征：几何不变且无多余约束。

静力特征：未知力数与独立平衡方程式个数相等，满足平衡方程的反力、内力解答唯一。

2. 静定结构的一般性质

（1）静定结构由于给定荷载引起的内力与组成结构的材料以及杆件的截面形状尺寸无关，即与截面刚度（EA、EI）无关。

（2）在静定结构中支座位移、温度改变及制作误差等非荷载因素不会引起内力。亦即只要不受荷载，静定结构就不会产生内力。

（3）静定结构的局部平衡性

在静定结构中，如果某一局部可以与外力维持平衡，则其余部分的内力为零。

（4）静定结构的荷载等效变换特性

当静定结构上的荷载做等效变换（保持合力不变）时，其影响范围是包含荷载变化范围的最小几何不变部分，而其余部分的内力保持不变。

（5）静定结构的几何构造变换特性

当静定结构的某一局部作几何构造变换时，其影响范围是包含构造变换局部的最小几何不变部分，而其余部分的内力不变。

(6) 基本部分上的荷载只使基本部分受力，而附属部分上的荷载使附属部分及基本部分都受力。

掌握静定结构的上述性质，有时会给内力求解工作带来诸多方便。例如，根据局部平衡特性很容易得到如图 15.2-1 所示的内力。

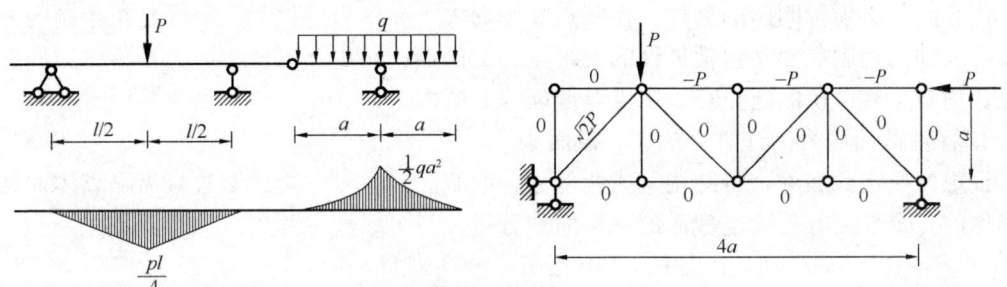

图 15.2-1 通过局部平衡求内力

【例 15.2-1】下列有关静定结构特性的叙述中，错误的是（　　）。
A. 满足静力平衡条件的静定结构的反力和内力只有唯一解
B. 温度改变、支座位移、构件制造误差、材料收缩等因素，均会在静定结构中引起反力和内力
C. 平衡力系作用在静定结构的某一内部几何不变部分时，只在该部分产生反力和内力，其余部分不受影响
D. 静定结构的某一内部几何不变部分上的荷载作等效变换时，只在该部分的内力产生变化，而其余部分的反力和内力均保持不变

解析：有关静定结构特性的叙述中错误的是 B 项，温度改变、支座位移、构件制造误差、材料收缩等因素，在静定结构中均不引起反力和内力。

15.2.2 各类静定结构受力分析的基本方法

根据静定结构的基本特征可知静定结构的受力分析就是个平衡问题，因而进行受力分析的基本原则和方法是：

(1) 用截面法截取适当的隔离体，画受力图；
(2) 针对隔离体受力图，应用平衡方程计算反力及内力。

在静定结构的计算中应注意以下两点：

(1) 注意把受力分析与几何组成分析联系起来，根据结构的几何组成特点选取合适的计算途径。一般来说，组成分析是"搭"的顺序，而受力分析是"拆"的顺序。
(2) 在应用平衡方程时，应注意矩心及投影轴的选取，最好使一个平衡方程只含一个未知力，尽量避免解联立方程，以节省工作量，减少计算错误。

静定结构的计算步骤，一般是先求支座反力，然后求杆件截面内力，再作内力图。

15.2.3 静定梁的计算

1. 内力正负号和内力图绘制的规定

平面杆件截面一般有三个内力分量：轴力 $N(F_N)$、剪力 $Q(F_Q)$ 和弯矩 M。内力正负

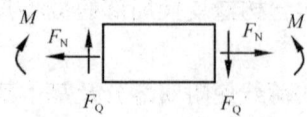

图15.2-2 内力为正号

号规定如下：轴力以拉力为正；剪力以绕隔离体顺时针方向转动为正；弯矩以使得梁的下侧纤维受拉为正。图15.2-2所示的内力符号均为正号。

在结构力学中，规定弯矩图画在杆件截面受拉纤维一侧，不注明正负号；剪力图和轴力图可画在杆件的任一侧，注明正负号。

所有内力必须标明图的名称、控制点竖标的大小和单位。控制点竖标是指绘制内力图时需要用到的控制截面（包括杆件的支承点、交汇点、转折点以及集中力和集中力偶的作用点、均布荷载区段的起止点、中点等截面等）的内力值。

2. 杆件截面内力的计算方法——截面法

设想在指定截面处，将结构截成两部分，取截面一边（左边或右边）为隔离体，利用隔离体的三个平衡方程确定截面的三个内力分量。三个平衡方程为：

$$\Sigma F_x = 0, \Sigma F_y = 0, \Sigma M = 0$$

3. 荷载与内力之间的微分关系

由直杆中微段的平衡条件（图15.2-3）可得出荷载与内力之间的微分关系

$$\left.\begin{array}{l} \dfrac{dF_N}{dx} = -p(x) \\[4pt] \dfrac{dF_Q}{dx} = -q(x) \\[4pt] \dfrac{dM}{dx} = -m(x) + F_Q \end{array}\right\}$$

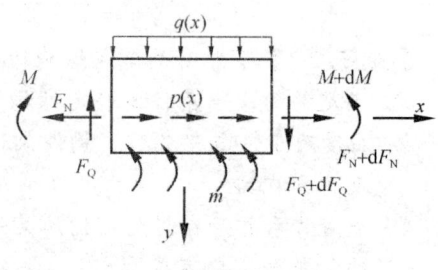

图15.2-3 微段的平衡

根据上述微分关系，可得出如下荷载、内力图特征：

(1) 无载段（$q=0$），Q图为水平线，M图为斜直线。

(2) 在均布荷载段（$q=$常数），Q图为斜直线，M图为抛物线，当q向下时，M图下凸。

(3) 在集中力P作用点处，Q图有突变，突变值为P，M图数值连续，但出现尖点，当P点向下时，尖点也向下。

(4) 在集中力偶m作用点处，Q图连续，M图有突变，突变值为m。

4. 叠加法作弯矩图

叠加法作弯矩图是以简支梁的弯矩图为基础进行叠加。

如图15.2-4所示的简支梁受杆端力矩M_A、M_B及均布分布荷载q作用，要作弯矩图，可以先作杆端力矩M_A、M_B作用下的弯矩图（梯形），再作均匀分布荷载q作用下的弯矩

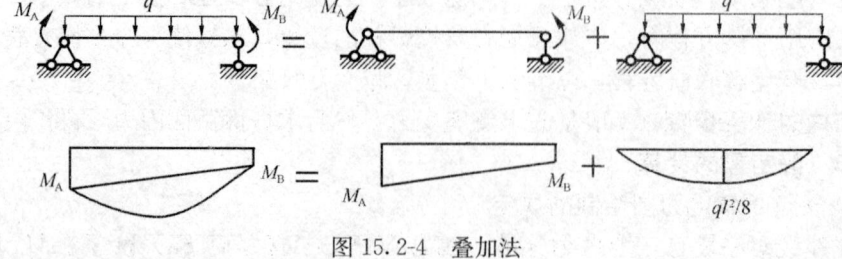

图15.2-4 叠加法

图（抛物线），最后将这两个弯矩图叠加，得到杆端力矩 M_A、M_B 和均布分布荷载 q 共同作用下的弯矩图。

叠加法可推广应用于任一杆件或杆件中的某一区段，不仅可作弯矩图，而且也可作其他内力图。这里值得注意的是，叠加是指弯矩图纵坐标的叠加，不是图形的拼合，叠加是代数叠加，考虑正负号。

注意：a. 弯矩图叠加是竖标叠加，不是图形的拼合；b. 要熟练地掌握简支梁在跨中荷载作用下的弯矩图；c. 利用叠加法可以少求或不求反力就可绘制弯矩图；d. 利用叠加法可以少求控制截面的弯矩；e. 问题越复杂外力越多，叠加法的优越性越突出。

5. 简支斜梁的计算

简支斜梁的计算与水平梁的计算相同，先计算支座反力，然后用截面法计算内力。在竖向荷载作用下，简支斜梁的支座反力、弯矩图和相应水平梁的支座反力、弯矩图相等，不同的是由于斜梁轴线是斜直线，在竖向荷载作用下，斜梁有轴力，且剪力和轴力是水平梁剪力的两个投影分量。

对于如图 15.2-5 所示受竖向均布荷载作用的斜梁，其支座反力和任意截面的内力公式为

$$\left. \begin{array}{l} F_{yA} = F_{yA}^0 \\ F_{yB} = F_{yB}^0 \\ F_{xA} = F_{xA}^0 \end{array} \right\}$$

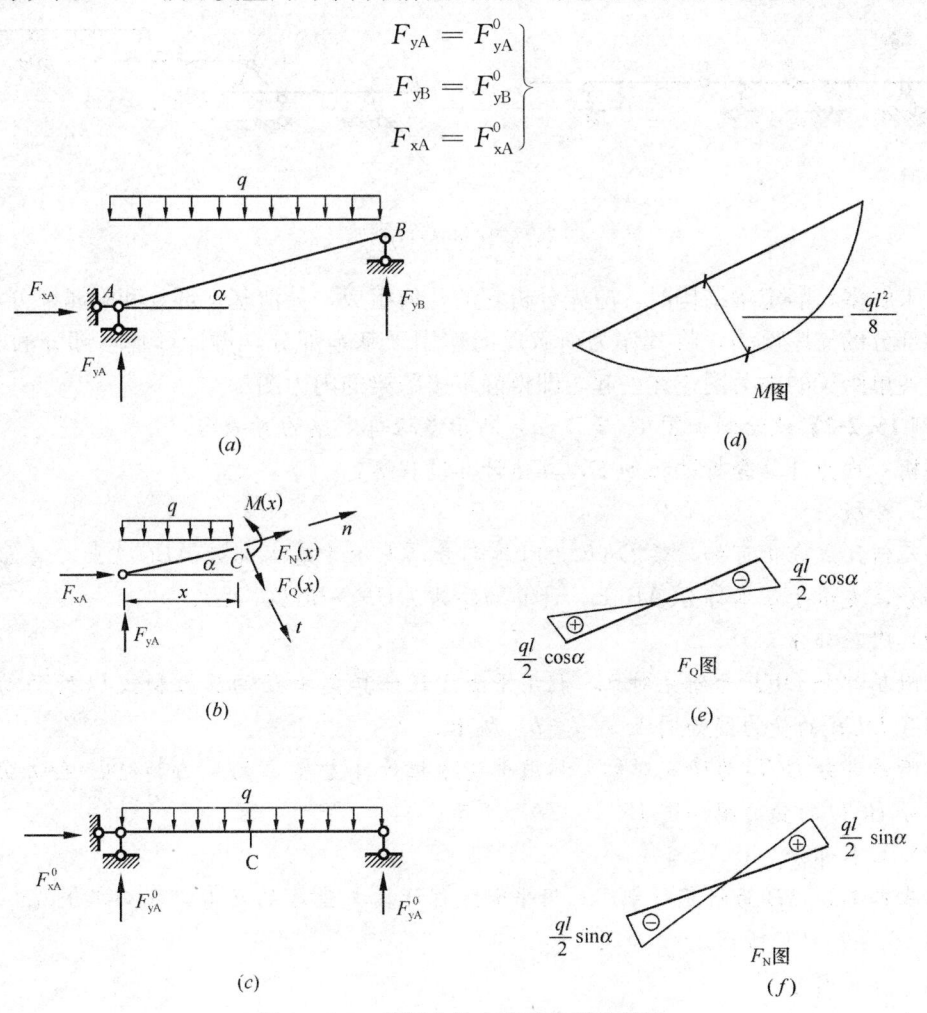

图 15.2-5 受竖向均布荷载作用的斜梁

$$M = M^0$$
$$F_Q = F_Q^0 \cos\alpha$$
$$F_N = -F_Q^0 \sin\alpha$$

式中，F_y^0、F_x^0 为与斜梁同跨度、同荷载的水平简支梁（称为代梁）的支座反力；M^0、F_Q^0、F_N^0 为代梁上任意截面处的三个内力。

对于斜梁杆件，绘制内力图可以利用分段叠加法，内力图的纵坐标应垂直于杆件的轴线。

6. 多跨梁的计算

多跨静定梁是由若干个单跨静定梁通过铰连接而成的静定结构。就其各部分的组成而言，可分为基本部分和附属部分。基本部分可以不依赖附属部分而独立承担荷载并维持平衡，而附属部分则必须依赖基本部分才能承担荷载并保持平衡。

对于如图 15.2-6（a）所示三跨静定梁，可形象地用图 15.2-6（b）所示的分层关系来表示，底层是基本部分，比底层高的是附属部分，附属部分逐步升高。

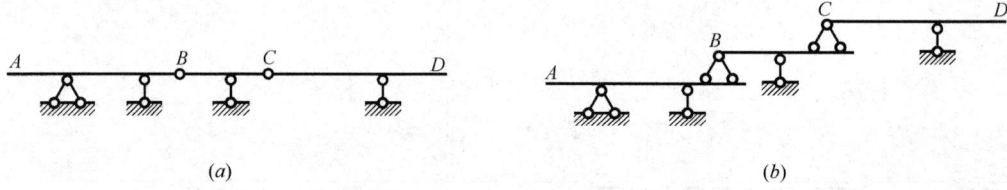

图 15.2-6 三跨静定梁

在求解多跨静定梁结构时，应先分析它的几何组成，分清基本部分和附属部分，先计算附属部分的支座反力，将其作为荷载反向作用于基本部分，再计算基本部分的支座反力。将各单跨梁的内力图连在一起，即得静定多跨梁的内力图。

【例 15.2-2】试绘制如图 15.2-7（a）所示多跨静定梁的弯矩图。

解析：内力计算分析过程如下，具体计算过程略：

（1）分析

由几何组成分析可知，梁 DEF 为附属部分，支承于基本部分 ABCD 上，梁 BCD 为附属部分，支承于基本部分 AB 上，计算顺序为 DEF→BCD→AB。

（2）附属部分

取附属部分 DEF 为研究对象，利用平衡方程计算支座 F 的反力和铰 D 处的约束力，附属部分 DEF 的受力图如图 15.2-7（b）所示。

取附属部分 BCD 为研究对象，利用平衡方程计算支座 C 的反力和铰 B 处的约束力，附属部分 BCD 的受力图如图 15.2-7（b）所示。

（3）基本部分

取基本部分 AB 为研究对象，利用平衡方程计算支座 A 的反力，基本部分 AB 的受力图如图 15.2-7（b）所示。

（4）计算内力

计算控制截面 A、G、C、E 处的弯矩值，绘制各杆段的弯矩图。

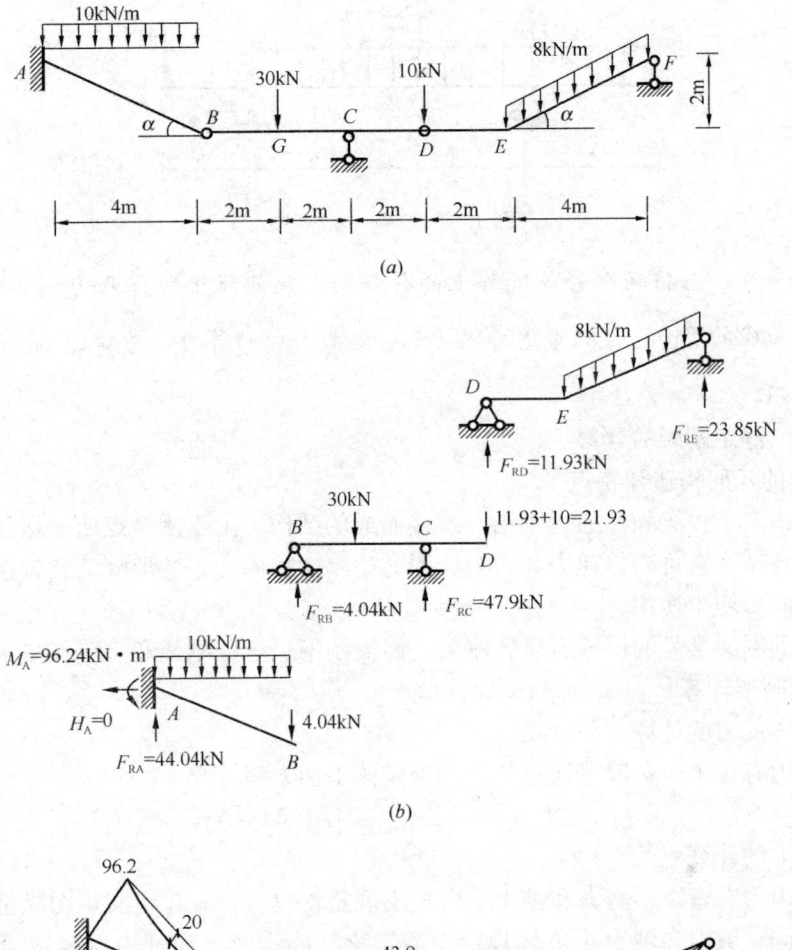

图 15.2-7 例 15.2-2 图

(5) 绘弯矩图

根据各杆段的弯矩图绘全梁弯矩图,如图 15.2-7(c)所示。

(6) 注意

用叠加法绘制斜杆段弯矩图时,所叠加的弯矩为相应于斜杆的简支斜梁弯矩,控制纵标应根据均布荷载的分布方式确定。AB 梁段的控制弯矩 $M_{max} = ql^2/8 = (10 \times 4^2)/8 = 20(kN \cdot m)$,EF 梁段的控制弯矩 $M_{max} = ql \times (l/\cos\alpha)/8 = 8 \times 4 \times (4/0.4\sqrt{5})/8 = 17.9(kN \cdot m)$。

【例 15.2-3】如图 15.2-8 所示梁截面 C 的剪力 Q_C 为( )。

A. $-3kN$ B. $-2kN$ C. 0 D. $+2kN$

解析:分析结构特点可知此题使用叠加原理计算更为简便,AB 间的均布荷载引起截

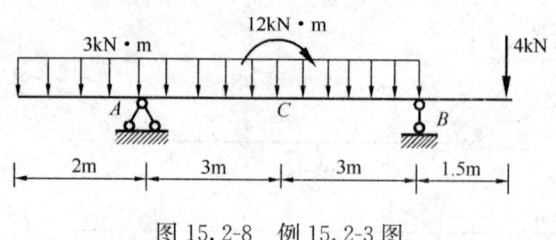

图 15.2-8　例 15.2-3 图

面 C 的剪力为零，而将两个外伸段端上的荷载向支座处简化所得两力偶为等值、反向，也不引起截面 C 的剪力，故只考虑力偶荷载引起截面 C 的剪力，易知 $Q_C = -\dfrac{12}{6} = -2\text{kN}$。所以应选 B 项。

15.2.4　静定刚架的计算

1. 刚架的几何构造和特点

刚架是由若干根梁和柱通过刚结点连接而成的结构。由于刚结点所连接各杆的杆端不能发生相对转动，它可以传递力和力矩。因此，刚架的内力、变形峰值比铰接结构小，能跨越较大空间，便于使用。

静定平面刚架常见的形式有悬臂刚架、简支刚架、三铰刚架和多跨或多层刚架。

2. 一般刚架计算

（1）支座反力的计算

支座反力有三个，一般可通过如下三个整体平衡方程计算

$$\Sigma F_x = 0, \Sigma F_y = 0, \Sigma M = 0$$

（2）内力的计算

刚架的内力有弯矩、剪力和轴力。弯矩不规定正负号，只规定弯矩图纵坐标画在梁或柱的受拉一侧；剪力和轴力正负号规定与静定梁相同；剪力和轴力可画在梁或柱的任一侧，但必须标明正负号。

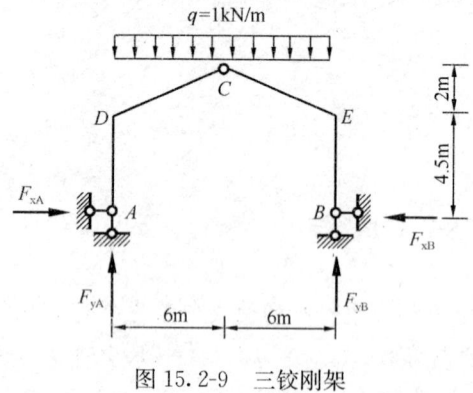

图 15.2-9　三铰刚架

杆端截面内力计算与静定梁内力计算过程相同，利用截面法取截面一边（左边或右边）为隔离体，利用隔离体的三个平衡方程来确定截面的三个内力分量。

$$\Sigma F_x = 0, \Sigma F_y = 0, \Sigma M = 0$$

（3）三铰刚架的计算

在竖向荷载作用下，三铰刚架会产生水平支座反力，这是三铰刚架的受力特点。三铰刚架支座反力有四个（见图 15.2-9），除利用整体平衡的三个方程外，还需利用铰不能承受弯矩的特点，补充一个中间铰 C 弯矩为零的方程，即

$$\Sigma F_x = 0, \Sigma F_y = 0, \Sigma M = 0, \Sigma M_C = 0$$

三铰刚架各杆的内力计算与一般平面刚架相同。

（4）多跨、多层刚架计算

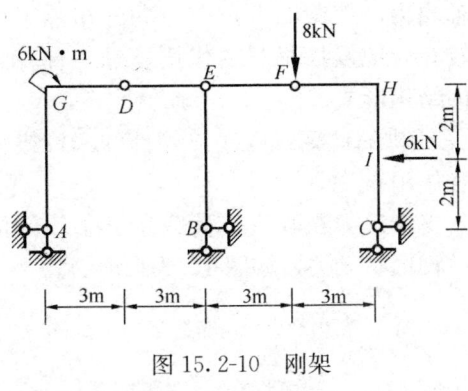

图 15.2-10 刚架

图 15.2-10 所示的刚架是以三铰刚架 AGDEB 为基本部分，通过链杆 EF 与附属部分 FHC 构成两跨刚架。计算支座反力时，应先计算 FHC 支座反力和约束力（EF 链杆的轴力），再计算三铰刚架 AGDEB 支座反力。

与多跨静定梁一样，在分析这类刚架时，可先进行几何组成分析，确定基本部分和附属部分，按照与组成次序相反的顺序截取杆件，计算支座反力。计算时应注意各部分之间的作用与反作用之间的关系。

各杆的内力计算与一般平面刚架的计算方法相同。绘制内力图时，用分解和组合方法，先分别绘制各杆的内力图，再组合在一起，即得到刚架的内力图。

（5）不求或少求反力绘制弯矩图

有些结构由于本身以及作用荷载的特殊性，在作内力图时，可不求或少求反力，而根据内力图的形状及变化特征直接作内力图。

如结构含有悬臂梁或简支梁（两端铰接直杆承受横向荷载），可直接绘出弯矩图；若直杆为无荷区段，弯矩图为直线；铰处弯矩为零；由刚结点处的力矩平衡条件，利用叠加法作弯矩图；外力与杆轴重合时不产生弯矩；外力与杆轴平行、外力偶产生的弯矩为常数以及对称性等利用。

剪力图可根据弯矩图的斜率或杆段的平衡条件求得；根据剪力图并结合结点投影平衡条件又可作出轴力图及支座反力。

【例 15.2-4】 图 15.2-11 所示刚架中，M_{AC} 等于( )。

A. $2kN \cdot m$（右拉）
B. $2kN \cdot m$（左拉）
C. $4kN \cdot m$（右拉）
D. $4kN \cdot m$（左拉）

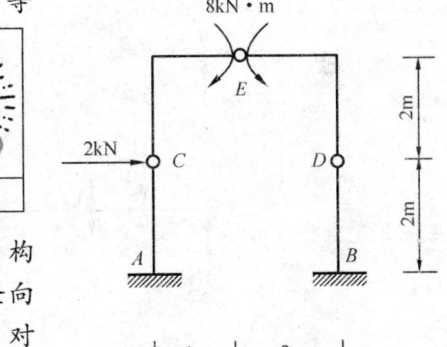

图 15.2-11 例 15.2-4 图

解析：图为静定刚架结构，先求解附属结构 CED，对 D 点取矩，$\Sigma M_D = 0$，可得 CD 支座的竖向力为零；把 CED 结构拆开，以 CE 部分为隔离体，对 E 点取矩，$\Sigma M_E = 0$，$Q_{CE} \times 2 = 8kN$，可得折杆 C 端剪力为：$Q_{CE} = 4kN(\rightarrow)$；分析结点 C，根据水平方向受力平衡：$\Sigma F_{cx} = 0, -4+2+Q_{CA} = 0$，解得 $Q_{CA} = 2kN$；最后，求解主体结构 AC，可得截面 A 的弯矩为：$M_{AC} = 2 \times 2 = 4kN \cdot m$（右拉）。所以应选 C 项。

15.2.5 三铰拱

1. 拱的力学特性

在竖向荷载作用下，不仅能产生竖向反力，而且能产生水平反力（推力）的曲线型结构称为拱。由于推力的存在，使拱截面上的弯矩较相应简支梁的弯矩大为减小，拱截面上

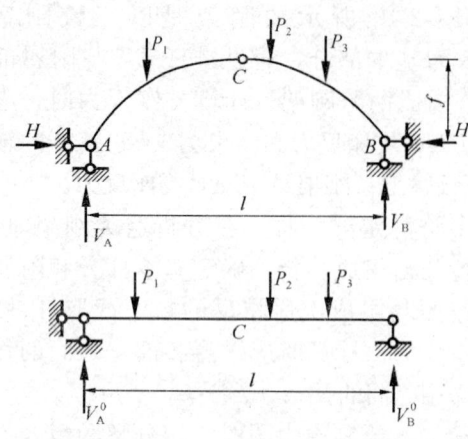

增加了轴向力，使截面上正应力的分布趋于均匀，能较充分地发挥材料的作用，是一种较经济合理的结构形式。

2. 三铰拱的计算（两底铰等高的三铰拱受竖向荷载作用）

(1) 支座反力：取决于荷载及三个铰的位置，与拱轴形状无关。如图 15.2-12 所示。

$$V_A = V_A^0$$

$$V_B = V_B^0$$

$$H = \frac{M_C^0}{f}$$

图 15.2-12 三铰拱支座反力

(2) 截面内力：取决于荷载、三个铰的位置及拱轴形状。如图 15.2-13 所示。

$$M = M^0 - Hy$$

$$Q = Q^0 \cos\varphi - H \sin\varphi$$

$$N = -Q^0 \sin\varphi - H \cos\varphi$$

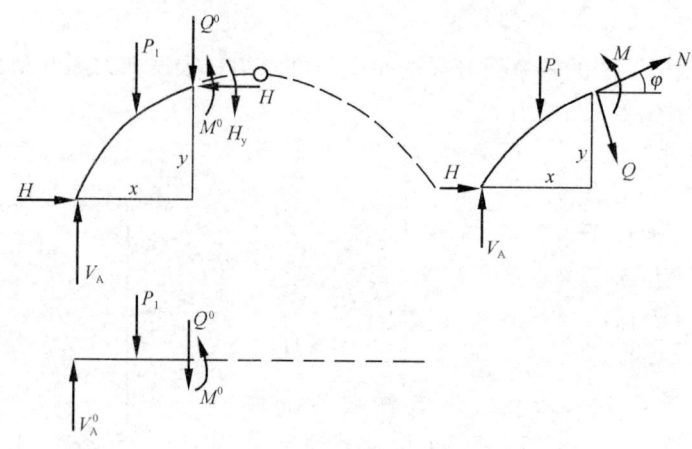

图 15.2-13 三铰拱截面内力

3. 合理拱轴的概念

在一定荷载作用下，使拱处于无弯矩状态（各截面弯矩、剪力均为零，只受轴力）的轴线称为拱的合理轴线。

求法

$$y(x) = \frac{M_{(x)}^0}{H}$$

由此式可知，拱的合理轴线的纵坐标与相应简支梁的弯矩成正比，故合理轴线的形状与相应简支梁的弯矩图（倒置）相似。

图 15.2-14 给出了几种荷载情况下的合理轴线，其中，沿水平线的均布荷载作用下的

合理轴线为二次抛物线（见图15.2-14d），填土荷载作用下的合理轴线为悬链线（见图15.2-14e），均匀内压或外压作用下的合理轴线为圆（见图15.2-14f）。

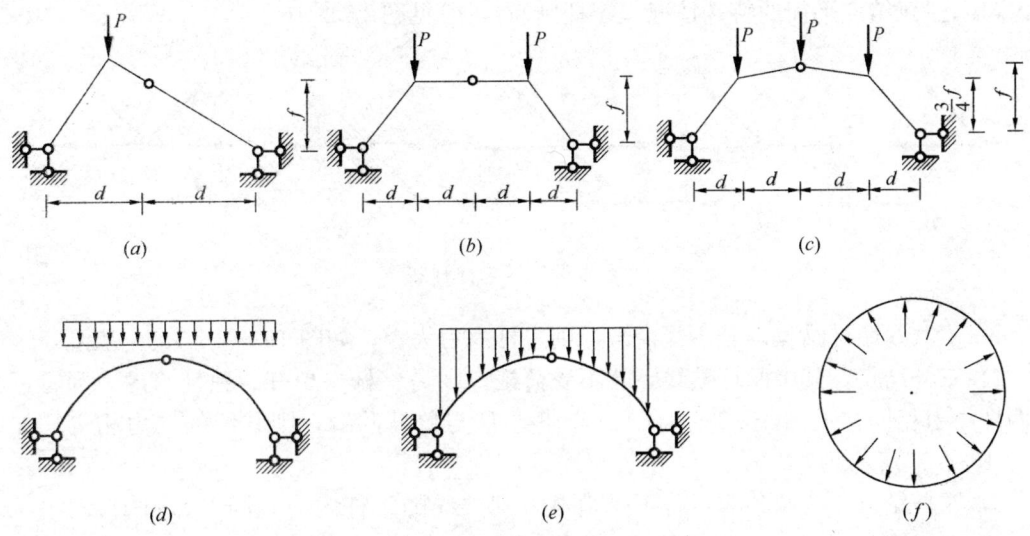

图15.2-14 几种荷载情况下的合理轴线

【例15.2-5】 图15.2-15所示静定三铰拱，拉杆AB的轴力等于（　　）。

A. 6kN　　　　　　　　B. 8kN
C. 10kN　　　　　　　 D. 12kN

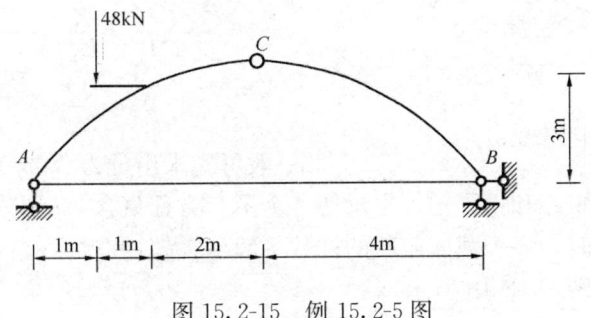

图15.2-15 例15.2-5图

解析：计算步骤如下：①整体对A点取矩，由$\Sigma M_A=0$，得$48\times 1-F_{By}\times 8=0$，解得$F_{By}=6\text{kN}(\uparrow)$；②利用截面法，从C点和拉杆AB中间截断，取右半部分，对C点取矩，由$\Sigma M_C=0$，得$N_{AB}\times 3-F_{By}\times 4=0$，解得$N_{AB}=F_{By}\times 4/3=8\text{kN}$。所以应选B项。

15.2.6 静定桁架

1. 桁架的特点

桁架是铰接几何不变体系。理想桁架的杆件都是二力杆，杆件截面内力只有轴力，能充分发挥材料的作用，是一种经济合理的受力形式。

2. 静定桁架内力的解法

结点法：依次（使未知力不超过两个）截取结点为隔离体，应用平面汇交力系的平衡方程求杆件内力。

截面法：用适当的截面截取桁架的一部分（至少含两个结点）为隔离体，应用平面一般力系的平衡方程求截断杆的内力。

3. 应用技巧

(1) 注意结点平衡的特殊情况（零杆判断），参见图 15.2-16。

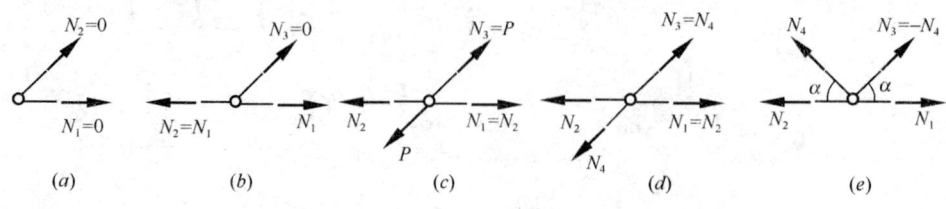

图 15.2-16 零杆判断

1) 不共线两杆结点，若不受荷载，则二杆内力为零，如图 15.2-16（a）所示。

2) 三杆结点，其中两杆共线，若不受荷载，则另一杆（单杆、独杆）内力为零，共线两杆内力相同，见图 15.2-16（b），若外力 P 与单杆共线，则共线的二力相等，如图 15.2-16（c）所示。

3) 四杆结点，两两共线，若不受荷载，则共线的二杆内力相同，如图 15.2-16（d）所示。

4) 四杆结点：二杆共线，另二杆在同侧且倾斜角相同（K 形结点），则同侧二杆内力大小相等，受力性质相反，如图 15.2-16（e）所示。

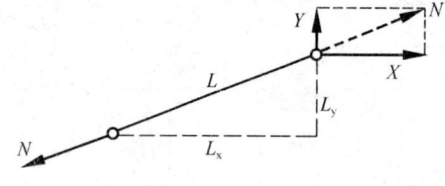

图 15.2-17 应用投影比例关系

(2) 注意应用投影比例关系，由图 15.2-17 可得。

$$\frac{N}{L}=\frac{X}{L_x}=\frac{Y}{L_y}$$

$$N=\frac{L}{L_x}X=\frac{L}{L_y}Y$$

一般可先求出分力 X 或 Y，再求轴力 N。

(3) 恰当地选取矩心和投影轴，尽量使一个平衡方程只含一个未知量。

(4) 应用截面法时，一个截面截断的杆数一般不宜超过三根，当有特殊条件可以利用时，可超过三根，如图 15.2-18 所示。

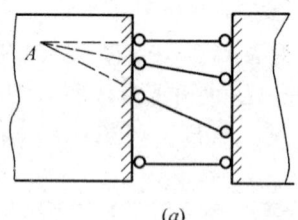 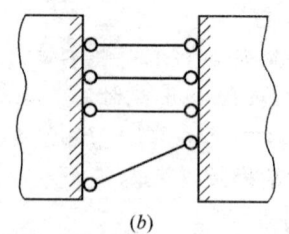

图 15.2-18 利用特殊条件

(5) 对于联合桁架，宜先用截面法求出联系杆的内力。

(6) 利用对称性

对称桁架在对称荷载作用下，对称杆的内力大小相等、受力性质相同。位于对称轴上的无载 K 形结点有零杆，如图 15.2-19 所示。

对称桁架在反对称荷载作用下，对称杆的内力大小相等、受力性质相反。位于对称轴上的杆件内力为零，如图 15.2-19 所示。

对称桁架在一般荷载作用下，可考虑（如果计算简单）分解为对称荷载与反对称荷载两种情况的组合。

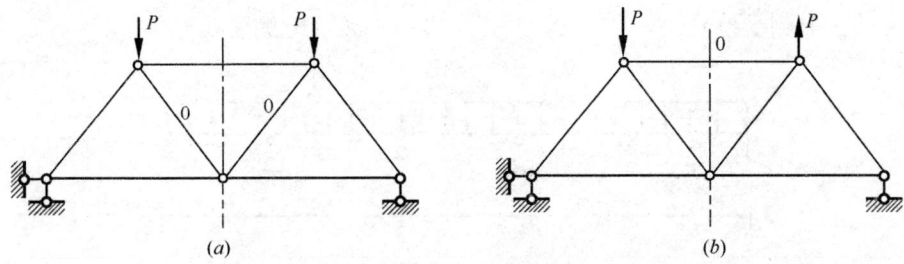

图 15.2-19 利用对称性

【**例 15.2-6**】桁架受力如图 15.2-20 所示，下列杆件中，非零杆是(　　)。

A. 杆 2-4
B. 杆 5-7
C. 杆 1-4
D. 杆 6-7

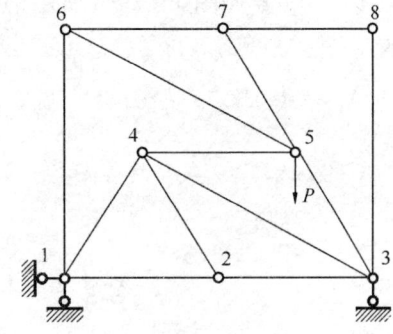

图 15.2-20 例 15.2-6 图

解析：对 8 结点分析可知，7-8、8-3 杆为零杆；对 7 结点分析可知，5-7、6-7 杆为零杆；对 6 结点分析可知，5-6、1-6 杆为零杆。对 5 结点分析可知，4-5 和 3-5 杆为非零杆；对 1 结点分析可知，4-1 和 2-1 杆为非零杆；对 2 结点进行分析，2-4 杆为零杆；2-3 杆为非零杆；对 4 结点进行分析，3-4 杆为非零杆。所以应选 C 项。

习　题

【15.2-1】下面方法中，不能减小静定结构弯矩的是(　　)。
A. 在简支梁的两端增加伸臂段，使之成为伸臂梁
B. 减少简支梁的跨度
C. 增加简支梁的梁高，从而增大截面惯性矩
D. 对于拱结构，根据荷载特征，选择合理拱轴曲线

【15.2-2】图 15.2-21 示结构，A 支座提供的约束力矩是(　　)。
A. 60kN·m，下表面受拉　　　　B. 60kN·m，上表面受拉

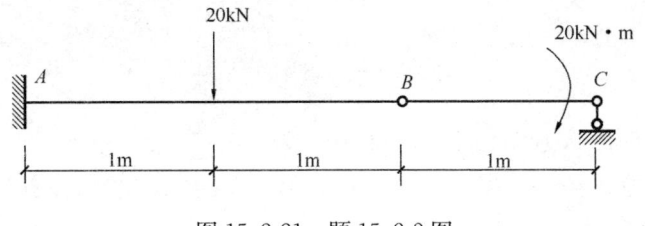

图 15.2-21 题 15.2-2 图

C. 20kN·m，下表面受拉 D. 20kN·m，上表面受拉

【15.2-3】如图 15.2-22 所示梁截面 A 的弯矩 M_A 为（ ）。

A. $\dfrac{3}{2}ql^2$（上侧受拉） B. ql^2（上侧受拉）

C. $\dfrac{1}{2}ql^2$（上侧受拉） D. $\dfrac{1}{2}ql^2$（下侧受拉）

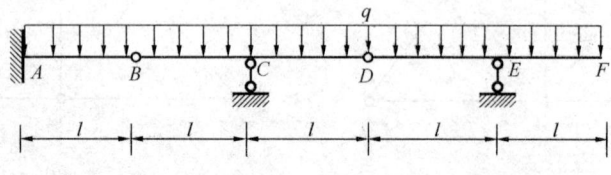

图 15.2-22 题 15.2-3 图

【15.2-4】如图 15.2-23 所示梁，截面 A、C 的弯矩（以下侧受拉为正）M_A、M_C 分别为（ ）。

A. $-\dfrac{1}{2}qa^2$，$-\dfrac{1}{2}qa^2$ B. $-\dfrac{3}{2}qa^2$，$-\dfrac{1}{2}qa^2$

C. $2qa^2$，0 D. $\dfrac{1}{2}qa^2$，$-\dfrac{3}{2}qa^2$

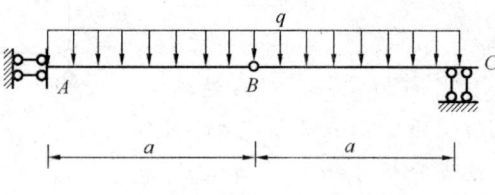

图 15.2-23 题 15.2-4 图

【15.2-5】如图 15.2-24（a）、（b）所示两种斜梁仅右支座链杆方向不同，则两种梁的弯矩 M、剪力 Q 及轴力 N 的状况为（ ）。

A. M、Q 图相同，N 图不同 B. Q、N 图相同，M 图不同
C. N、M 图相同，Q 图不同 D. M、Q、N 图都不相同

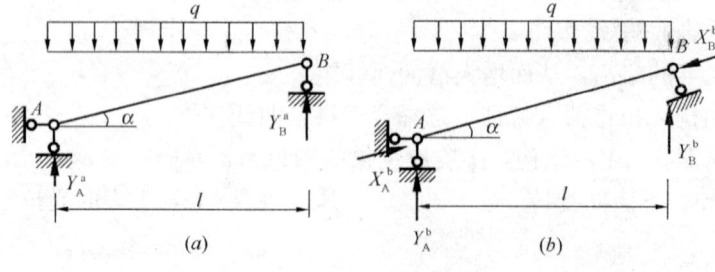

图 15.2-24 题 15.2-5 图

【15.2-6】图 15.2-25 示结构中 M_{CA} 和 Q_{CB} 为（ ）。

A. $M_{CA}=0$，$Q_{CB}=\pm m/l$ B. $M_{CA}=m$（左边受拉），$Q_{CB}=0$
C. $M_{CA}=0$，$Q_{CB}=-m/l$ D. $M_{CA}=m$（左边受拉），$Q_{CB}=-m/l$

【15.2-7】如图 15.2-26 所示结构，剪力 Q_{DA} 等于(　　)。
A. $-3kN$　　　　　　　　　　B. $-1.5kN$
C. 0　　　　　　　　　　　　D. $1.5kN$

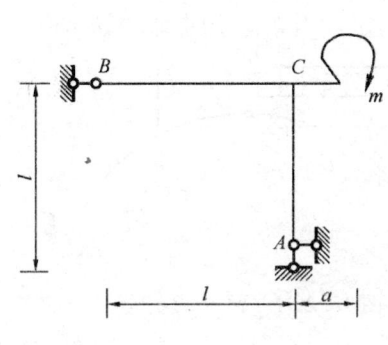
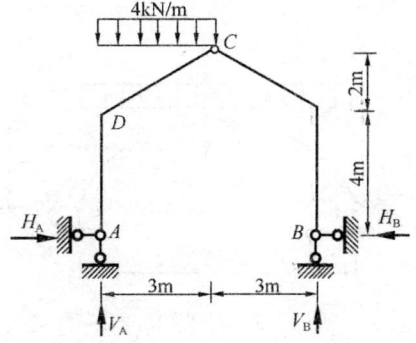

图 15.2-25　题 15.2-6 图　　　　图 15.2-26　题 15.2-7 图

【15.2-8】如图 15.2-27 所示结构，截面 A、B 的受拉侧分别为(　　)。
A. 外侧、外侧　　　B. 内侧、内侧
C. 外侧、内侧　　　D. 内侧、外侧

【15.2-9】如图 15.2-28 所示结构弯矩 M_{AB} 的绝对值等于(　　)。
A. 0　　　　　　　　B. $\frac{1}{8}ql^2$
C. $\frac{1}{2}ql^2$　　　　　　D. ql^2

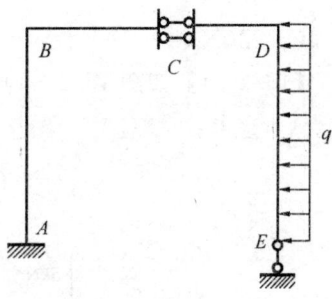

图 15.2-27　题 15.2-8 图

【15.2-10】如图 15.2-29 所示结构，弯矩 M_{EF} 的绝对值等于(　　)。
A. $\frac{1}{2}ql^2-Pd$　　　　　　B. $M+Pd$
C. $\frac{1}{2}Pd$　　　　　　　　D. Pd

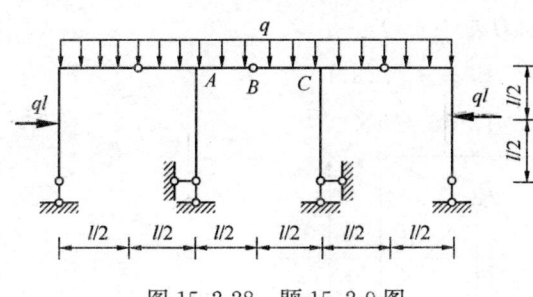
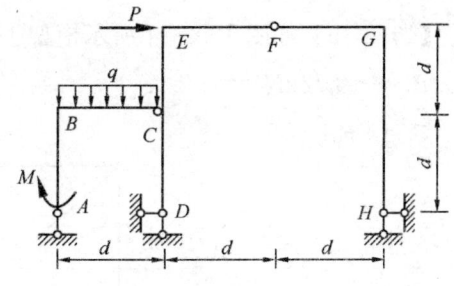

图 15.2-28　题 15.2-9 图　　　　图 15.2-29　题 15.2-10 图

【15.2-11】如图 15.2-30 所示三铰拱，若用合力代替其所受荷载，则其(　　)。
A. 竖向反力增大，水平反力不变　　　　B. 竖向反力减小，水平反力不变

C. 竖向反力不变，水平反力增大　　　　D. 竖向反力不变，水平反力减小

【15.2-12】如图15.2-31所示三铰拱，当拱轴上各点纵坐标y增至ky时（k为任意常数），则拱截面D的弯矩(　　)。

A. 增大
B. 减小
C. 不变
D. 不定，当$k>1$时增大，$k<1$时减小

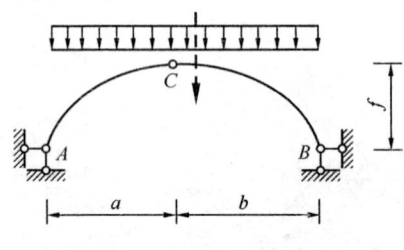

图15.2-30　题15.2-11图

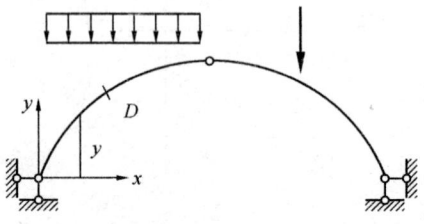

图15.2-31　题15.2-12图

【15.2-13】如图15.2-32所示三铰拱AB杆的拉力等于(　　)。

A. 18kN
B. 20kN
C. 22kN
D. 24kN

【15.2-14】如图15.2-33所示桁架①的轴力为(　　)。

A. $-\dfrac{1}{3}P$
B. $-\dfrac{2}{3}P$
C. $\dfrac{2}{3}P$
D. P

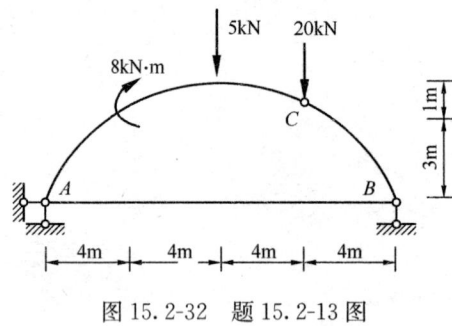

图15.2-32　题15.2-13图

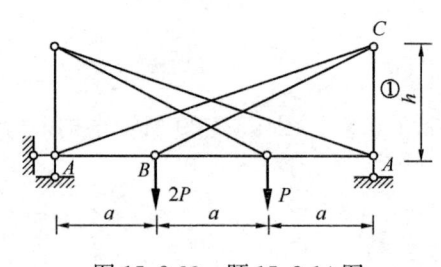

图15.2-33　题15.2-14图

【15.2-15】如图15.2-34所示桁架①的轴力为(　　)。

A. $-10\sqrt{2}$kN
B. $-15\sqrt{2}$kN
C. $10\sqrt{2}$kN
D. $15\sqrt{2}$kN

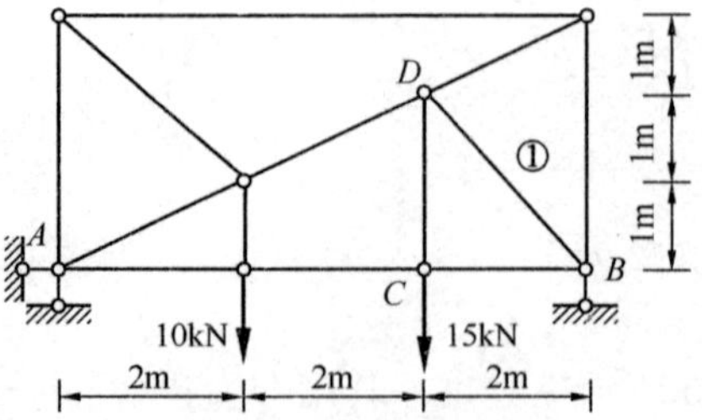

图15.2-34　题15.2-15图

习题答案及解析

【15.2-1】答案: C

解析:静定结构的弯矩只与外部条件有关,与结构自身的性质无关,增加简支梁的梁高,从而增大截面惯性矩有利于提高结构自身的抗力,但不能减小外力效应,所以应选 C 项,其他三项均与外荷载有关,且均能减小弯矩。

【15.2-2】答案: C

解析:先取 BC 部分进行分析,对 B 点取矩,$\Sigma M_B = 20 - F_{Cy} \times 1 = 0$,求得 $F_{Cy} = 20\text{kN}(\uparrow)$;再分析整体部分,对 B 点取矩,$\Sigma M_A = 20 \times 1 + 20 - 20 \times 3 = -20\text{kN} \cdot \text{m}$,下表面受拉。

【15.2-3】答案: C

解析:将 DF 部分上的荷载求和引起支座 E 的反力,组成平衡力系,对别处的内力无影响,同理 BD 部分上的荷载也只引起自身的内力,截面 B 的剪力为零,所以 $M_A = \frac{1}{2}ql^2$(上侧受拉)。

【15.2-4】答案: D

解析:由 AB 杆段的平衡得截面 B 的剪力 $Q_B = -qa$,进而可得 $M_A = \frac{1}{2}qa^2$,$M_C = -\frac{3}{2}qa^2$。

【15.2-5】答案: A

解析:若将图 15.2-24(b)的支座反力沿竖向及梁轴方向分解,则竖向力 $Y_A^b = Y_A^a$、$Y_B^b = Y_B^a$ 及均布荷载 q 组成平衡力系,两图完全相同,而梁轴方向的一对平衡力 $X_A^b = X_B^b$ 只影响轴力 N,对梁的弯矩 M、剪力 Q 无影响,所以两斜梁的 M、Q 图相同,而 N 图不同。

【15.2-6】答案: B

解析:对 A 点取矩,可得支座反力为:$F_B = m/l(\leftarrow)$。由整体受力平衡可知:$F_{Ax} = -F_B = -m/l(\rightarrow)$;对 AC 杆分析可知,C 截面的弯矩为:$M_{CA} = F_{Ax} \cdot l = m$(左边受拉);对 BC 杆分析可知,BC 杆上无剪力作用,故 C 截面的剪力为:$Q_{CB} = 0$。

【15.2-7】答案: B

解析:此三铰刚架在竖向荷载作用下的竖向反力与相应简支梁的竖向反力相同,均布荷载的合力在跨度的四分点,可得 $V_B = \frac{1}{4} \times 4 \times 3 = 3\text{kN}(\uparrow)$,$V_A = \frac{3}{4} \times 4 \times 3 = 9\text{kN}(\uparrow)$,再由 $M_C = 0$ 得 $H_A = H_B = 1.5\text{kN}(\rightarrow\leftarrow)$,所以 $Q_{DA} = H_A = -1.5\text{kN}$。

【15.2-8】答案: D

解析:由于 C 处为滑动连接,则 BD 杆剪力为零,由 CDE 部分平衡可知 E 处反力为零,进而将荷载对 A、B 取矩,可判断其受拉侧,或能画出弯矩图形状(见图 15.2-35b),由 M 的轮廓图便可得知截面 A、B 的受拉侧分别为内侧、外侧。

【15.2-9】答案: B

解析:此题为对称结构承受对称荷载,则铰 B 处剪力为零,取 AB 部分为隔离体可

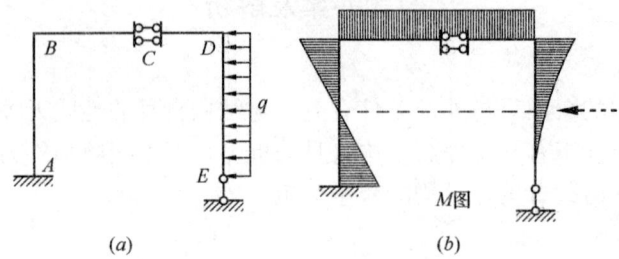

图 15.2-35　题 15.2-8 解图

得弯矩 $M_{AB} = \frac{1}{2}q\left(\frac{l}{2}\right)^2 = \frac{1}{8}ql^2$。

【15.2-10】答案：D

解析：由附属部分 ABC 的平衡可知，铰 C 处的水平约束力为零，所以荷载 M 及 q 对右边基本部分的弯矩没有影响，故可排除选项 A、B。而基本部分为对称三铰刚架，若将 E 处集中力的一半 $P/2$ 沿其作用线移至 G 处（此变化只影响 EG 段的轴力，而对弯矩没有影响），则为对称结构承受反对称荷载，引起支座 D、H 的反对称水平力为 $P/2(\leftarrow)$，故可得 $M_{ED} = \frac{P}{2} \times (2d) = Pd$，再由结点 E 平衡，得 $M_{EF} = Pd$（内侧受拉）。

【15.2-11】答案：C

解析：此三铰拱的竖向反力可由整体平衡求得，与其相应简支梁的反力相同，据此可排除答案 A、B，用合力代替后，相应简支梁上于顶铰对应截面的弯矩 M_C^0 增大，由 $H = \frac{M_C^0}{f}$ 可知其水平反力增大。

【15.2-12】答案：C

解析：图示三铰拱任一截面的弯矩 $M = M^0 - Hy$，当 y 变成 ky 时，M^0 不变，H 变为 H/k，而乘积 $(H/k) \cdot ky$ 不变，所以 M 不变。

【15.2-13】答案：D

解析：整体平衡可求得 $V_B = \frac{3}{4} \times 20 + \frac{1}{2} \times 5 + \frac{8}{16} = 18\text{kN}(\uparrow)$，再分析 CB 部分，由 CB 部分平衡可求得 $N_{AB} = \frac{18 \times 4}{3} = 24\text{kN}$（拉）。

【15.2-14】答案：B

解析：此桁架为联合桁架，切断三根联系杆，取出 ABC 部分为隔离体，由 $\Sigma M_A = 0$ 可得 $N_1 = -\frac{2Pa}{3a} = -\frac{2}{3}P$。

【15.2-15】答案：A

解析：用截面法取出包含杆 CD 的隔离体如图 15.2-36（b）所示，由 $\Sigma M_A = 0$，可得
$$N_1 = Y_1\sqrt{2} = -\frac{15(4)}{6}\sqrt{2} = -10\sqrt{2}\text{kN}$$

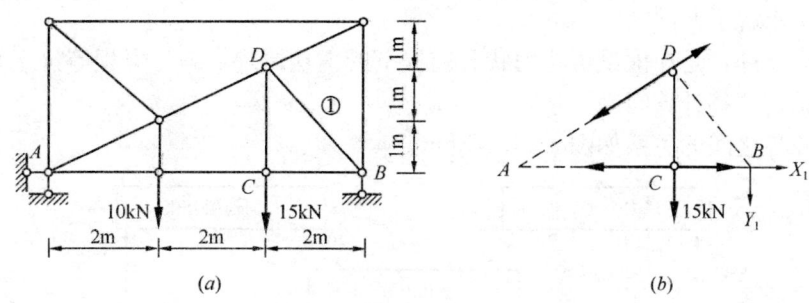

图 15.2-36 题 15.2-15 解图

15.3 静定结构的位移

高频考点梳理

知识点	单位荷载法求位移
近三年考核频次	3

15.3.1 变形体的虚功原理

1. 广义力与广义位移

广义力：指以各种不同方式作用在结构上的力，如集中力、集中力偶、分布力等。

广义位移：指能唯一地决定结构几何位置改变的彼此独立的量，如线性位移、角位移、相对线位移、相对角位移。

2. 虚功原理

虚功原理表示第一状态的外力在第二状态的位移上做的虚功，等于第一状态的内力在第二状态的变形上做的虚功。虚功原理所讨论的是同一体系上的两个互不相关状态（力状态和位移状态）之间的内在联系，由于力和位移都可以是真实的或虚设的，虚功原理具有普遍意义。

虚功原理：变形体处于平衡的必要和充分条件是，在满足体系变形协调和位移边界条件的任意微小虚位移过程中，变形体系上所有外力所做虚功的总和（$W_{外}$）等于变形体中各微段截面上的内力在其变形上所做虚功的总和（$W_{变}$），即：

$$W_{外} = W_{变}$$

或

$$\Sigma P\Delta + \Sigma RC = \Sigma \int N\mathrm{d}u + \Sigma \int M\mathrm{d}\theta + \Sigma \int V\mathrm{d}\eta$$

式中，P 为做虚功的广义力；Δ 为与 P 相对应的广义位移；C 为支座的线位移或角位移；R 是与 C 相应的做虚功的支座反力或反力矩；M、N、V 分别表示虚功的平衡力系中微段上的弯矩、轴向力、剪力；$\mathrm{d}\theta$、$\mathrm{d}u$、$\mathrm{d}\eta$ 分别表示虚位移状态中同一微段的弯曲变形、轴向变形、平均剪切变形。

变形体的虚功原理适用于弹性、非弹性、线性、非线性等变形体的结构分析。

3. 虚功原理的两种表现形式和两种应用

（1）虚位移原理：是在虚设可能位移前提下的虚功原理，虚位移方程等价于静力平衡方程，可用于求解平衡问题。

（2）虚力原理：是在虚设可能力状态前提下的虚功原理，虚力方程等价于几何连续方程，可用于结构位移计算问题。

上述各原理之间的关系如图 15.3-1 所示。

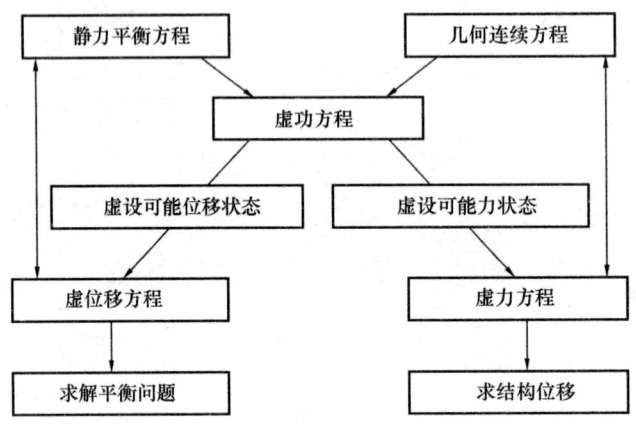

图 15.3-1　各原理之间的关系

【例 15.3-1】在建立虚功方程时，力状态与位移状态的关系是（　　）。
A. 彼此独立无关　　　　　　　　　　B. 位移状态必须是由力状态产生的
C. 互为因果关系　　　　　　　　　　D. 力状态必须是由位移状态产生的

解析：虚功原理表示第一状态的外力在第二状态的位移上做的虚功，等于第一状态的内力在第二状态的变形上做的虚功。虚功原理所讨论的是同一体系上的两个互不相关状态（力状态和位移状态）之间的内在联系。所以应选 A 项。

15.3.2　单位荷载法求位移

单位荷载法，在结构拟求位移 Δ 处沿该方向施加相应的广义单位力 $P=1$，它与支座反力、内力构成一个虚拟的平衡体系，然后令此平衡力系在结构荷载产生的实际位移和变形上做虚功，则由虚功方程得（结构无支座位移，设 $C=0$）

$$1 \times \Delta_{ip} = \Sigma \int \overline{N}_i \mathrm{d}u_\mathrm{p} + \Sigma \int \overline{M}_i \mathrm{d}\theta_\mathrm{p} + \Sigma \int \overline{V}_i \mathrm{d}\eta_\mathrm{p}$$

线弹性结构，上式变为：

$$\Delta_{ip} = \Sigma \int \frac{\overline{N}_i N_\mathrm{p}}{EA} \mathrm{d}s + \Sigma \int \frac{\overline{M}_i M_\mathrm{p}}{EI} \mathrm{d}s + \Sigma \int \frac{k\overline{V}_i V_\mathrm{p}}{GA} \mathrm{d}s$$

当求解得到的 Δ_{ip} 为正时，表明 Δ_{ip} 的方向与所施加的单位力同向，否则为反向。

理想平面桁架公式：$\Delta_{ip} = \Sigma \int \dfrac{\overline{N}_i N_\mathrm{p}}{EA} \mathrm{d}s$

梁和刚架简化公式：$\Delta_{ip} = \Sigma \int \dfrac{\overline{M}_i M_\mathrm{p}}{EI} \mathrm{d}s$

组合结构简化公式：$\Delta_{ip} = \Sigma \int \dfrac{\overline{M}_i M_\mathrm{p}}{EI} \mathrm{d}s + \Delta_{ip} = \Sigma \int \dfrac{\overline{N}_i N_\mathrm{p} l}{EA}$

上述式子中，N_p、M_p、V_p 为结构在实际荷载作用下产生的轴力、弯矩、剪力；k 为截面剪应力不均匀分布系数；$\overline{N}_i$、$\overline{M}_i$、$\overline{V}$ 为由虚设的广义单位力产生的轴力、弯矩、剪力；E、G 为材料的弹性模量、剪变模量。

【例 15.3-2】图 15.3-2 示桁架 K 点的竖向位移为最小的图为（　　）。

A．(a)　　　　　　　　　　　　B．(b)
C．(c)　　　　　　　　　　　　D．(d)

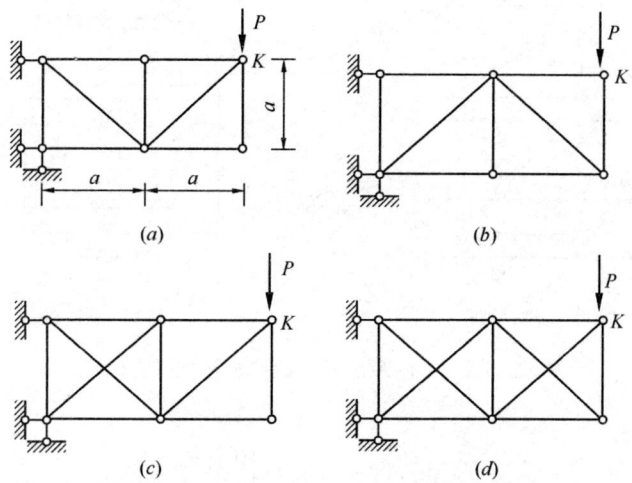

图 15.3-2　例 15.3-2 图

解析： 由静定结构位移的计算公式

$$\Delta_{ip} = \Sigma \int \frac{\overline{N}_i N_p}{EA} ds + \Sigma \int \frac{\overline{M}_i M_p}{EI} ds$$

可知结构的位移与刚度有关，结构刚度越大，竖向位移越小。在四个选项中，D 项的结构组成最复杂，刚度最大，所以位移最小。答案应选 D 项。

15.3.3　图乘法

在等截面直杆中，$EI=$ 常数，杆轴为直线，以及 $\overline{M}$ 和 M_p 图中至少有一个为直线图形（一般 $\overline{M}$ 图为直线图形）时，可以应用两个弯矩图进行图形相乘来计算荷载作用下的位移。图乘法计算位移的公式是

$$\Delta = \frac{1}{EI} \int \overline{M}_i M_p ds = \frac{1}{EI} \omega y_0$$

式中，ω 为任一 M 图（直线或曲线均可）的面积；y_0 为面积 ω 的 M 图的形心对应的直线弯矩图的纵坐标，即 y_0 必须在直线图上量取。该式的正负号规定：ω 和 y_0 在杆件的同一侧时乘积为正，反之为负。常用图形的面积计算及其形心位置，如图 15.3-3 所示。

【例 15.3-3】图示梁 C 点的竖向位移为（　　）。

A．$5Pl^3/(48EI)$　　　　　　　　B．$Pl^3/(6EI)$
C．$7Pl^3/(24EI)$　　　　　　　　D．$3Pl^3/(8EI)$

【例15.3-3】

解析： 在 C 点施加一竖直向下的单位作用力，作出实际荷载和虚设荷载下的弯矩图，如图 15.3-5 所示。

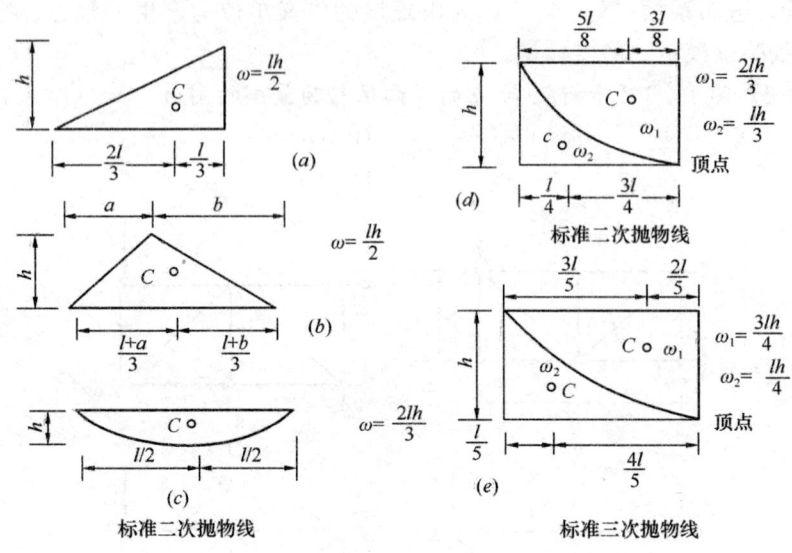

图 15.3-3 常用图形的面积计算及其形心位置

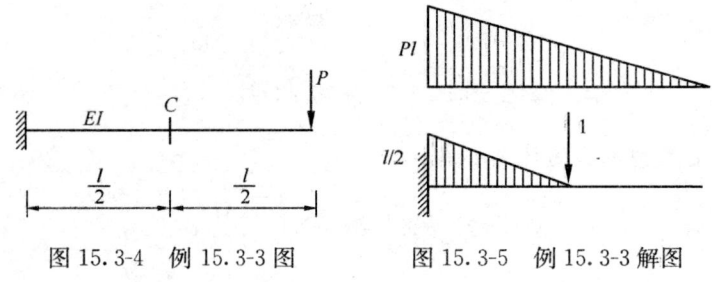

图 15.3-4 例 15.3-3 图   图 15.3-5 例 15.3-3 解图

由于虚设荷载弯矩图为多段折线，因此需要分段图乘。第一段中由曲线围成的三角形的形心横坐标为：$x_0 = l/2 \cdot 1/3 = l/6$，对应实际荷载弯矩图上的竖标 $y_0 = Pl \cdot 5l/6 = 5Pl^2/6$；第二段曲线面积为零，因此进行图乘可得

$$\Delta_C = 1/2 \times l/2 \times l/2 \times (5Pl/6)/EI = 5Pl^3/(48EI)$$

所以应选 A 项。

15.3.4 支座位移和温度变化引起的位移

1. 支座位移 C 引起的位移计算

静定结构由于支座移动不会产生内力和变形，只发生刚体位移，支座移动所引起的位移计算公式为

$$\Delta_{ic} = -\Sigma \overline{R}_i C$$

式中，Δ_{ic} 为结构拟求位移处沿 i 方向由支座位移 C 引起的位移；$\overline{R}_i$ 为与 C 相应的由虚拟状态的广义单位力产生的支座反力；C 为实际的支座位移。当 $\overline{R}_i$ 与实际支座位移 C 方向一致时，乘积为正，反之为负。

2. 温度变化引起的位移计算

静定结构由于温度变化虽不会产生内力，但结构产生变形和位移。设 t_0 为杆件轴线

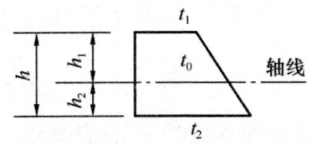

图 15.3-6 温度变化引起的位移计算

温度的变化值（升高为正，$t_0 = \dfrac{h_1 t_2 + h_2 t_1}{h}$，见图 15.3-6），$\Delta_t$ 为杆件上、下边缘的温度变化值的差值（$\Delta_t = |t_2 - t_1|$），α 为材料的线膨胀系数，h 为杆件截面高度，静定结构在温度变化下引起的位移计算公式为

$$\Delta_{it} = \sum \alpha t_0 \int \overline{N}_i \mathrm{d}s + \sum \dfrac{\alpha \Delta_t}{h} \int \overline{M}_i \mathrm{d}s$$

式中，Δ_{it} 为结构的拟求位移处沿 i 方向由温度变化引起的位移。轴力 $\overline{N}_i$ 以拉伸为正，弯矩 $\overline{M}_i$ 和温差 Δ_t 引起的弯曲为同侧受拉时乘积为正，否则为负。

【例 15.3-4】 图 15.3-7 示结构，$EI=$ 常数，截面高度 $h=$ 常数，线膨胀系数为 α，外侧环境温度降低 $t℃$，内侧环境温度升高 $t℃$。引起的 C 点竖向位移大小为（   ）。

A. $3\alpha t L^2/h$
B. $4\alpha t L^2/h$
C. $9\alpha t L^2/h$
D. $6\alpha t L^2/h$

【例15.3-4】

解析： 静定结构在温度变化下引起的位移计算公式为

$$\Delta_{it} = \sum \alpha t_0 \int \overline{N}_i \mathrm{d}s + \sum \dfrac{\alpha \Delta_t}{h} \int \overline{M}_i \mathrm{d}s$$

在 C 点施加单位竖向力，并绘制弯矩图，如图 15.3-8 所示，则 C 点位移为：

$$\Delta_C = \dfrac{2\alpha t}{h}\left(L \cdot L + \dfrac{1}{2} \cdot L\right) = 3\alpha t L^2/h$$

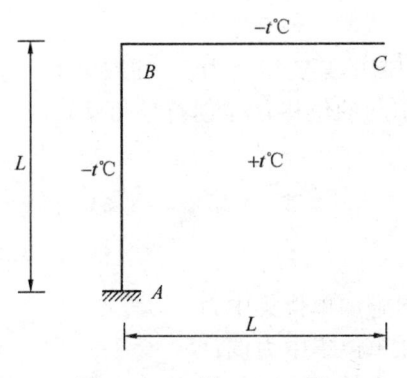

图 15.3-7 例 15.3-4 图

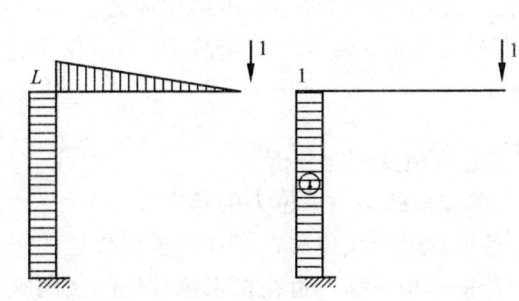

图 15.3-8 例 15.3-4 解图

所以应选 A 项。

【例 15.3-5】 图 15.3-9 示刚架，EI 为常数，忽略轴向变形。当 D 支座发生支座沉降 δ 时，B 点转角为（   ）。

A. δ/L
B. $2\delta/L$
C. $\delta/(2L)$
D. $2\delta/(3L)$

解析： 支座移动所引起的位移计算公式为

$$\Delta_{ic} = -\sum \overline{R}_i C$$

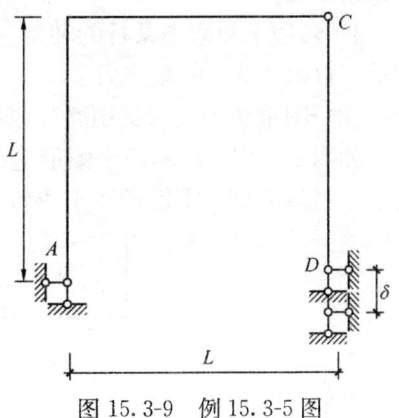

图 15.3-9 例 15.3-5 图

利用单位荷载法，在 B 点作用一个顺时针方向的单位力矩，求得 D 点的支座反力为 $1/L(\uparrow)$，所以有 $\Delta_{\varphi B}=-\delta\cdot(-1/L)=\delta/L$。所以选 A 项。

15.3.5 互等定理

互等定理仅适用于线性变形体系，其应用条件为：①材料处于弹性阶段，应力与应变成正比；②结构变形很小，不影响力的作用。

1. 功的互等定理

在任一线性弹性结构中，第一状态的外力在第二状态的位移上所作的虚功 W_{12} 等于第二状态的外力在第一状态的位移上所作的虚功 W_{21}，即

$$W_{12}=W_{21}$$

2. 位移互等定理

在任一线性弹性结构中，由单位荷载 $P_1=1$ 引起的与荷载 P_2 相应的位移 δ_{21} 在数值上等于由单位荷载 $P_2=1$ 引起的与荷载 P_1 相应的位移 δ_{12}，即

$$\delta_{12}=\delta_{21}$$

3. 反力互等定理

在任一线性弹性结构中，由单位支座位移 $c_1=1$ 引起的与支座位移 c_2 相应的支座反力 k_{21} 在数值上等于由单位支座位移 $c_2=1$ 时引起的与支座位移 c_1 相应的位移 k_{12}，即

$$k_{12}=k_{21}$$

4. 反力位移互等定理

在任一线性弹性结构中，由单位荷载 $P_1=1$ 引起的某支座反力 k_{12} 在数值上等于由该支座发生与反力相一致的单位荷载 $P_2=1$ 作用处引起的位移 δ_{21}，但符号相反，即

$$k_{12}=-\delta_{21}$$

5. 注意事项及例题分析

（1）单位荷载法中单位力的建立

1）若拟求竖向线位移，可在拟求位移处的竖向施加单位集中力；

2）若拟求角位移，可在拟求位移处的竖向施加单位集中力偶；

3）若拟求两点之间的相对水平位移，可在此两点施加一对大小相等方向相反的水平单位集中力；

4）若拟求桁架中某杆的转角（杆长为 l），可在此杆两端垂直于杆轴方向各施加方向相反、数值为 $1/l$ 的集中力。

（2）图乘法中灵活运用叠加原理

如图 15.3-10 所示两个图形进行图乘时，可将其中一个，如图（a）分解为矩形和三角形，然后分别与下面的图形进行图乘。

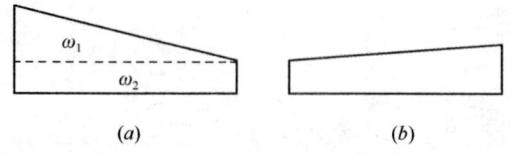

图 15.3-10 图乘

习 题

【15.3-1】 图 15.3-11 示结构，EA=常数，杆 BC 的转角为（　　）。

A. $P/(2EA)$ B. $P/(EA)$
C. $3P/(2EA)$ D. $2P/(EA)$

【15.3-2】 图 15.3-12 示结构，EI 为常数。结点 B 处弹性支撑刚度系数 $k=3EI/L^3$，C 点的竖向位移为（　　）。

A. PL^3/EI B. $4PL^3/3EI$
C. $11PL^3/6EI$ D. $2PL^3/3EI$

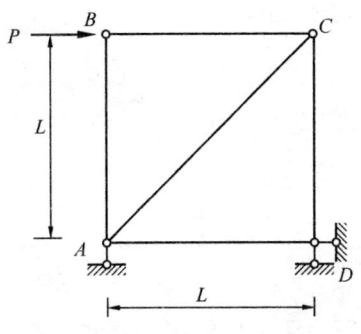 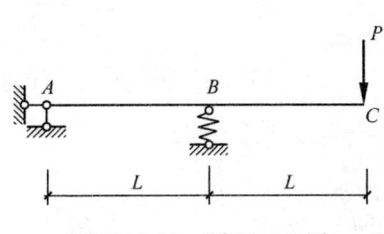

图 15.3-11　题 15.3-1 图　　　　图 15.3-12　题 15.3-2 图

【15.3-3】 图 15.3-13 示刚架支座 A 下移量为 a，转角为 α，则 B 端竖向位移（　　）。

A. 与 h、l、EI 均有关 B. 与 h、l 有关，与 EI 无关
C. 与 l 有关，与 h、EI 无关 D. 与 EI 有关，与 h、l 无关

【15.3-4】 设 a、b 与 φ 分别为图 15.3-14 示结构支座 A 发生的位移及转角，由此引起的 B 点水平位移（向左为正）Δ_{BH} 为（　　）。

A. $l\varphi - a$ B. $l\varphi + a$
C. $a - l\varphi$ D. 0

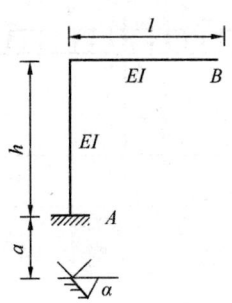 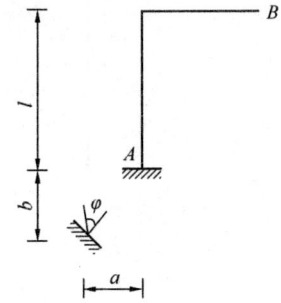

图 15.3-13　题 15.3-3 图　　　　图 15.3-14　题 15.3-4 图

【15.3-5】 图 15.3-15 示结构 A、B 两点相对水平位移（以离开为正）为（　　）。

A. $-2qa^4/(3EI)$ B. $2qa^4/(3EI)$
C. $-2qa^4/(12EI)$ D. $2qa^4/(12EI)$

【15.3-6】图 15.3-16 示结构，各杆 $EI = 13440 \text{kN} \cdot \text{m}^2$，当支座 B 发生图示的支座移动时，结点 E 的水平位移为（　　）。

A. 4.357cm（→）　　　　　　　　B. 4.357cm（←）

C. 2.643cm（→）　　　　　　　　D. 2.643cm（←）

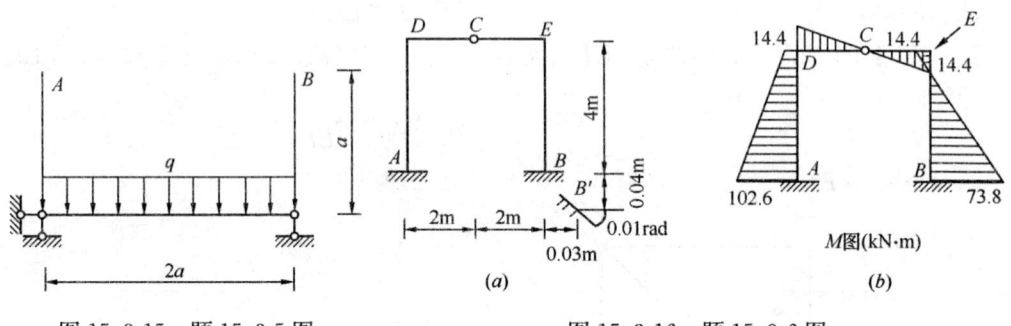

图 15.3-15　题 15.3-5 图　　　　图 15.3-16　题 15.3-6 图

【15.3-7】如图 15.3-17 所示梁中点的挠度为（　　）。

A. $\dfrac{1}{12}\dfrac{Pl^3}{EI}$　　　　　　　　B. $\dfrac{3}{32}\dfrac{Pl^3}{EI}$

C. $\dfrac{5}{48}\dfrac{Pl^3}{EI}$　　　　　　　　D. $\dfrac{1}{8}\dfrac{Pl^3}{EI}$

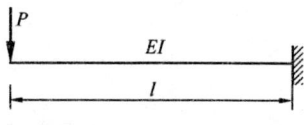

图 15.3-17　题 15.3-7 图

【15.3-8】如图 15.3-18 所示结构截面 A、B 间的相对转角 φ_{AB} 为（　　）。

A. $\dfrac{1}{6}\dfrac{qa^3}{EI}$　　B. $\dfrac{1}{3}\dfrac{qa^3}{EI}$　　C. $\dfrac{1}{2}\dfrac{qa^3}{EI}$　　D. $\dfrac{2}{3}\dfrac{qa^3}{EI}$

【15.3-9】如图 15.3-19 所示结构 a、l、h 均大于零，B 点的水平位移为（　　）。

A. 向左　　　　　　　　　　　　B. 向右

C. 为零　　　　　　　　　　　　D. 不定，需根据 a、l、h 的比值而定

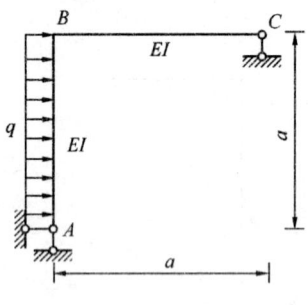　　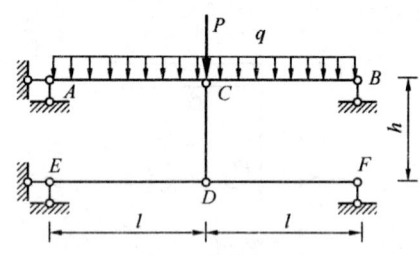

图 15.3-18　题 15.3-8 图　　　　图 15.3-19　题 15.3-9 图

【15.3-10】如图 15.3-20 所示桁架各杆 EA 相同，结点 B 的竖向位移 Δ_B^V 等于（　　）。

A. 0　　　　B. $\dfrac{1}{\sqrt{2}}\dfrac{Pd}{EA}$　　　　C. $\dfrac{Pd}{EA}$　　　　D. $\sqrt{2}\dfrac{Pd}{EA}$

【15.3-11】图 15.3-21 示对称结构 C 点的水平位移 $\Delta_{CH} = \Delta(\rightarrow)$，若 AC 杆 EI 增大一倍，BC 杆 EI 不变，则 Δ_{CH} 变为（　　）。

A. 2Δ　　　　　　B. 1.5Δ　　　　　　C. 0.5Δ　　　　　　D. 0.75Δ

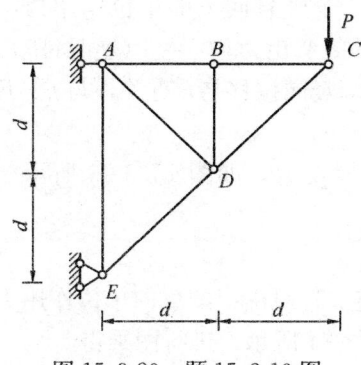

图 15.3-20　题 15.3-10 图　　　　　　图 15.3-21　题 15.3-11 图

习题答案及解析

【15.3-1】答案：B

解析：根据单位荷载法，理想平面桁架的位移计算公式：$\Delta_{ip}=\Sigma\int\dfrac{\overline{N}_iN_p}{EA}$，在 B、C 两点施加方向相反、大小相等的竖向力 $1/L$，求出相应轴力，如图 15.3-22 (a) 所示，在 P 作用下的内力图如图 15.3-22 (b) 所示，则 BC 杆的转角为：

$$\theta_{BC}=\dfrac{(-1/L)(-P)\cdot L}{EA}=\dfrac{P}{EA}$$

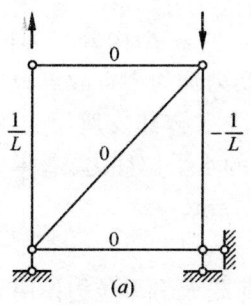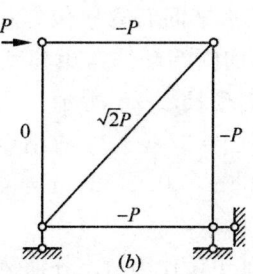

图 15.3-22　题 15.3-1 解图

【15.3-2】答案：D

解析：C 点位移受到两方面的影响：首先是外荷载产生的位移，在 C 处施加竖向单位力，由图乘法求得：

$$\Delta_{cy1}=\dfrac{1}{EI}\left(P\cdot L\cdot L\times\dfrac{1}{2}\times L\times\dfrac{2}{3}\times 2\right)=\dfrac{2PL^3}{3EI}$$

其次是支座移动产生的位移，由弹簧作用有

$$\Delta_{cy2}=-\Sigma F_{RK}C_K=-(-2)\cdot\dfrac{2P}{k}=\dfrac{4PL^3}{3EI}$$

因此，C 点的竖向位移为

$$\Delta_{cy}=\Delta_{cy1}+\Delta_{cy2}=\dfrac{2PL^3}{3EI}+\dfrac{4PL^3}{3EI}=\dfrac{2PL^3}{EI}$$

【15.3-3】答案：C

解析：用单位荷载法进行计算，在 B 端施加一个竖直向下的单位作用力，对结构进行受力分析，得到 A 处的竖向力 $F_y=1(\uparrow)$，A 处的弯矩为 $M_A=1$（逆时针），故 B 端的竖向位移 $\Delta_{By}=F_y\times a+M_A\times\alpha=a+l\alpha$。所以 B 端竖向位移与 l 有关，与 h、EI 均无关。

【15.3-4】答案：C

解析：在 B 处施加单位作用力，可求得 A 支座反力，如图 15.3-23 所示。根据位移计算公式，得 $\Delta B_H=-\Sigma\overline{R}C=-(-1\times a+l\varphi)$。

【15.3-5】答案：A

解析：求 A、B 两点的相对位移，可在两点施加一对虚拟的反向单位作用力。画出虚拟状态下的弯矩图和实际状态下的弯矩图如图 15.3-24 所示，进行图乘得

$$\Delta_{AB}=-\frac{1}{EI}\left(\frac{2}{3}\frac{qa^2}{2}2a\right)a=-\frac{2qa^4}{3EI}$$

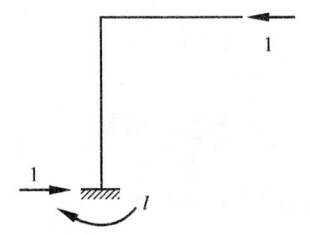
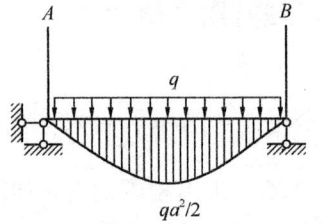
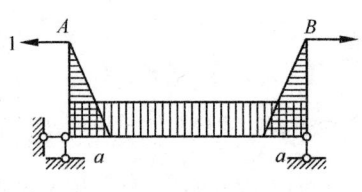

图 15.3-23　题 15.3-4 解图　　　　　图 15.3-24　题 15.3-5 解图

【15.3-6】答案：A

解析：在 E 点施加水平向右的单位作用力，可将结构分解为一个正对称结构和一个反对称结构，正对称结构内的杆件弯矩和支座反力均为零，故只可求解反对称结构。取反对称结构的半边结构如图 15.3-25 所示，用力法求解其支座反力为：$M_B=8/7$（左侧受拉），$F_{Bx}=1/2(\leftarrow)$，$F_{By}=3/7(\uparrow)$，故结点 E 的水平位移为 $\Delta_{Ex}=[(8/7)\times0.01+(3/7)\times0.04+(1/2)\times0.03]\mathrm{m}=0.04357\mathrm{m}=4.357\mathrm{cm}(\rightarrow)$。

【15.3-7】答案：C

解析：在梁中点施加单位作用力，分别做出荷载 P 和单位力作用下的弯矩图，如图 15.3-26 (b) (c) 所示。利用图乘法，可得梁中点挠度为：$\frac{1}{EI}\times\frac{1}{2}\times\frac{l}{2}\times\frac{l}{2}\times\frac{5}{6}Pl=\frac{5}{48}\frac{Pl^3}{EI}(\downarrow)$。

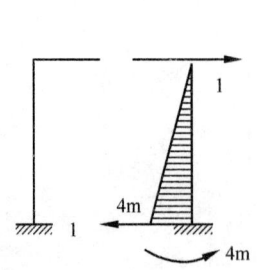
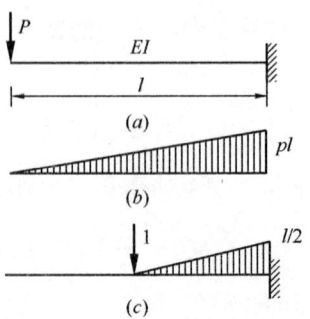

图 15.3-25　题 15.3-6 解图　　　　　图 15.3-26　题 15.3-7 解图

【15.3-8】答案：B

解析：在 A、B 处施加一对单位力偶，分别做外力作用下和单位力偶作用下的弯矩图，如图 15.3-27（b）（c）所示。利用图乘法，可得 $\varphi_{AB} = \dfrac{1}{EI} \times \dfrac{2}{3} \times \dfrac{qa^2}{2} \times a = \dfrac{1}{3}\dfrac{qa^3}{EI}$。

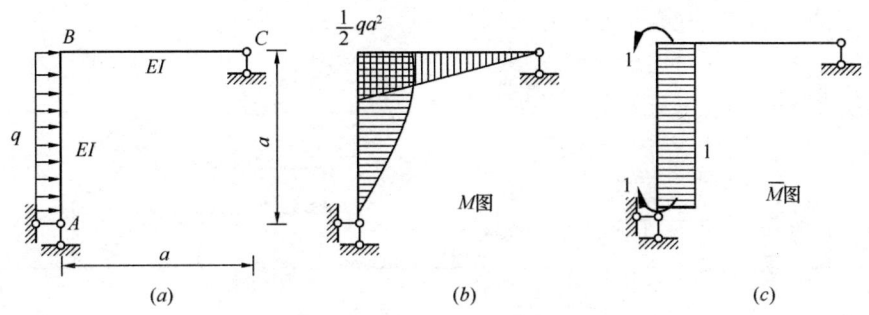

图 15.3-27　题 15.3-8 解图

【15.3-9】答案：B

解析：荷载 P 引起的弯矩图在水平杆的上侧，竖杆弯矩为零，若在 B 点虚设向左的单位集中力，它引起的单位弯矩图在外侧，图乘为正，所以 B 点的水平位移向左。

【15.3-10】答案：D

解析：荷载 P 引起 AB、BC、CD、DE 四杆内力为非零值，其中 $N_{DE} = -\sqrt{2}P$。在 B 点施加竖直向下单位集中力引起 BD、AD、DE、AE 四杆的内力为非零值，其中 $\overline{N}_{DE} = -\dfrac{\sqrt{2}}{2}$，可见荷载 P 与单位力引起的非零内力只有 DE 杆重叠，故

$$\Delta_B^V = \Sigma \dfrac{\overline{N} N_P l}{EA} = \dfrac{(-\sqrt{2}P)\left(-\dfrac{\sqrt{2}}{2}\right)\sqrt{2}d}{EA} = \sqrt{2}\dfrac{Pd}{EA}$$

【15.3-11】答案：D

解析：本题荷载弯矩图及求位移加单位力引起的弯矩图均为反对称图形，故图乘时可分左、右分别图乘然后相加。按题意，位移可表达为 $\Delta_{CH} = \dfrac{1}{2}\Delta + \dfrac{1}{2}\Delta = \Delta$。

当 AC 杆刚度由 EI 变为 $2EI$ 时，由于图乘时刚度在分母，故新的位移 $\Delta'_{CH} = \dfrac{1}{2} \times \dfrac{1}{2}\Delta + \dfrac{1}{2}\Delta = \dfrac{3}{4}\Delta$。

15.4　超静定结构受力分析及特性

高频考点梳理

考点	超静定结构内力计算	超静定结构位移计算	对称性的利用	转动刚度	位移法
考核频次	5	3	3	2	4

15.4.1 力法

1. 超静定次数

超静定结构的多余约束数,即未知力数多余独立平衡方程式的数目,称为超静定次数。判定超静定次数的实用方法是:将原超静定结构变为几何不变的、静定的结构,所需撤去多余约束数目,即为超静定次数。

2. 力法

(1) 力法基本思路(见图 15.4-1)

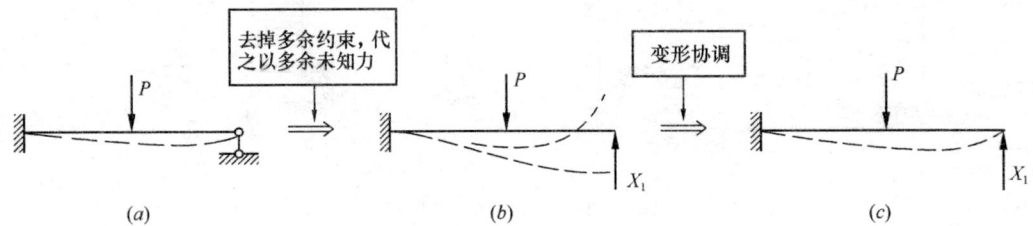

图 15.4-1 力法基本思路

(a) 超静定结构;(b) 力法基本体系;(c) 力法方程 $\delta_{11}X_1 + \Delta_{1P} = 0$

(2) 力法的基本原理

力法是以多余未知力为基本未知量的求解方法,其要点是:

1) 选择力法基本未知量和力法基本结构,建立力法基本体系;
2) 建立力法典型方程。

n 次超静定结构的力法典型方程为:

$$\delta_{11}X_1 + \delta_{12}X_2 + \cdots + \delta_{1n}X_n + \Delta_{1P} + \Delta_{1t} + \Delta_{1c} = \Delta_1$$

$$\delta_{21}X_1 + \delta_{22}X_2 + \cdots + \delta_{2n}X_n + \Delta_{2P} + \Delta_{2t} + \Delta_{2c} = \Delta_2$$

$$\cdots$$

$$\delta_{n1}X_1 + \delta_{n2}X_2 + \cdots + \delta_{3n}X_n + \Delta_{nP} + \Delta_{nt} + \Delta_{1c} = \Delta_n$$

其中 X_i 为多余未知力($i=1,2,\cdots,n$);δ_{ij} 为基本结构仅由 $X_j=1(j=1,2,\cdots,n)$ 产生的沿 X_i 方向的位移,为基本结构的柔度系数;Δ_{iP}、Δ_{it}、Δ_{ic} 分别为基本结构仅由荷载、温度变化、支座位移产生的沿 X_i 方向的位移,为力法典型方程的自由项;Δ_i 为原超静定结构在荷载、温度变化、支座位移作用下的已知位移。

力法方程等式左端是基本体系沿多余未知力方向的位移,等式右端是原结构沿同一方向的位移,两者大小相等,变形协调。

【例 15.4-1】 用力法求解图示结构 (EI=常数)。基本体系及基本未知量如图 15.4-2 所示,力法方程中的系数 Δ_{1P} 为( )。

A. $-5qL^4/(36EI)$ B. $5qL^4/(36EI)$
C. $-qL^4/(24EI)$ D. $qL^4/(24EI)$

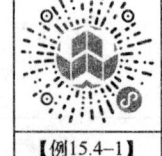

【例15.4-1】

解析:正确答案为 C 项。先作基本体系在 $X_1=1$ 时结构的弯矩 M_1 图,然后作出基本体系在实际荷载作用下的弯矩 M_P 图(图 15.4-3),采用图乘法,可得:

$$\Delta_{1P} = (-1/EI) \times (2/3) \times L \times (qL^2/8) \times (L/2) = -qL^4/(24EI)$$

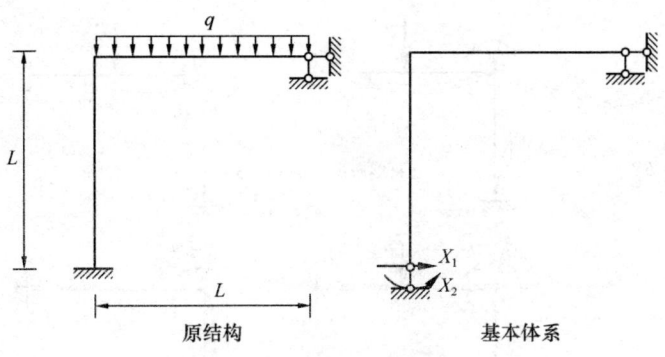

图 15.4-2 例 15.4-1 图

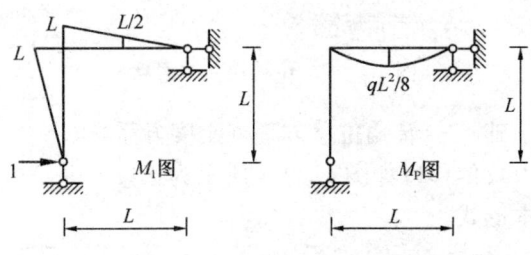

图 15.4-3 例 15.4-1 解图

【例 15.4-2】用力法求解图示结构（EI 为常数），基本体系及基本未知量如图 15.4-4 所示，柔度系数 δ_{11} 为（ ）。

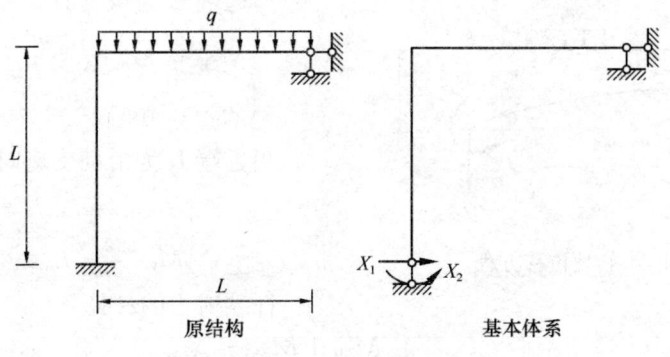

图 15.4-4 例 15.4-2 图

A. $2L^3/(3EI)$ B. $L^3/(3EI)$
C. $L^3/(2EI)$ D. $3L^3/(2EI)$

解析： 正确答案为 A 项。在 A 支座处施加水平单位作用力，画出弯矩图（图 15.4-5），图乘可得：

$$\delta_{11} = \frac{1}{EI}\left(L \times L \times \frac{1}{2} \times L \times \frac{2}{3} \times 2\right) = \frac{2}{3}\frac{L^3}{EI}$$

15.4.2 位移法

1. 位移法基本概念

(1) 解题基本思路（见图 15.4-6）

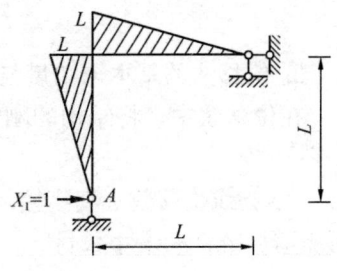

图 15.4-5 例 15.4-2 解图

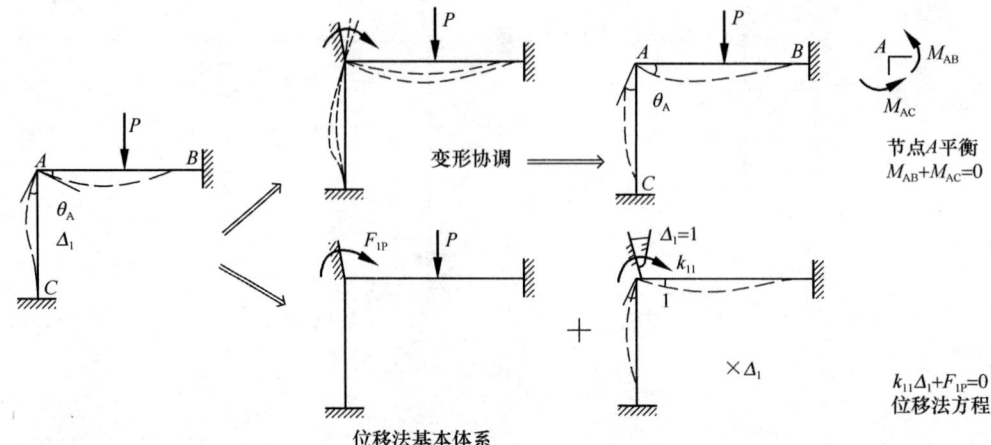

图 15.4-6 位移法基本思路

(2) 位移法计算的基础——**转角位移方程（刚度方程）**
符号规定：杆端内力及位移以如图 15.4-7 所示为正。
转角位移方程的基本形式

$$\begin{cases} M_{AB} = 4i_{AB}\theta_A + 2i_{AB}\theta_B - 6i_{AB}\dfrac{\Delta_{AB}}{l_{AB}} + M_{AB}^F \\ M_{BA} = 2i_{AB}\theta_A + 4i_{AB}\theta_B - 6i_{AB}\dfrac{\Delta_{AB}}{l_{AB}} + M_{BA}^F \end{cases}$$

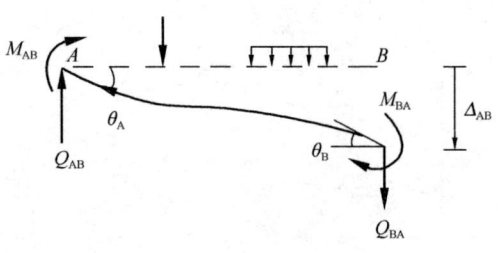

当远端 B 为铰支时

$$\begin{cases} M_{AB} = 3i_{AB}\theta_A - 3i_{AB}\dfrac{\Delta_{AB}}{l_{AB}} + M_{AB}^F \\ M_{BA} = 0 \end{cases}$$

当远端 B 为滑动支座时

$$\begin{cases} M_{AB} = i_{AB}\theta_A + M_{AB}^F \\ M_{BA} = -i_{AB}\theta_A + M_{BA}^F \end{cases}$$

图 15.4-7 转角位移方程

杆端剪力的计算

$$\begin{cases} Q_{AB} = -\dfrac{M_{AB}+M_{BA}}{l_{AB}} + Q_{AB}^0 \\ Q_{BA} = -\dfrac{M_{AB}+M_{BA}}{l_{AB}} + Q_{BA}^0 \end{cases}$$

2. 位移法的基本未知量与基本体系
在位移法中，将结构的刚结点的角位移和独立的结点线位移作为基本未知量。

==结点角位移 = 刚接点数==

==结点线位移数 = 变刚接（含固定端）为铰接所得体系的自由度数 = 组织结点线位移所需增加链杆的最小数目==

3. 位移法求解的两种途径及其原理要点
(1) 通过平衡条件建立位移法基本方程

1）选择位移法基本未知量，通过转角位移方程，用基本未知量表达杆端内力。
2）建立位移法基本方程，针对角位移，建立相应结点隔离体的平衡方程；针对线位移，建立相应截面截取隔离体的平衡方程，如图 15.4-8 所示。

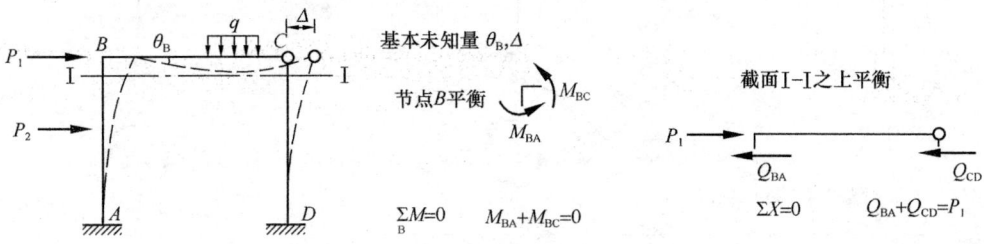

图 15.4-8　截取隔离体

（2）通过基本体系建立位移法典型方程
1）选择位移法基本未知量和位移法基本结构，建立位移法基本体系。
2）建立位移法典型方程。
例如图 15.4-9 所示，在结点 B 附加刚臂，在结点 C 附加水平链杆，形成位移法基本体系，相应的位移法典型方程为

$$\begin{cases} k_{11}\Delta_1 + k_{12}\Delta_2 + F_{1P} = 0 \\ k_{21}\Delta_1 + k_{22}\Delta_2 + F_{2P} = 0 \end{cases}$$

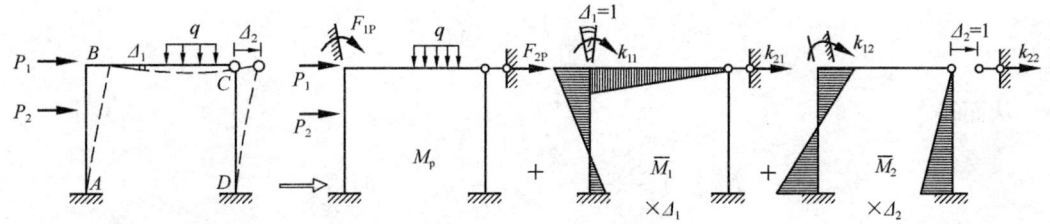

图 15.4-9　建立位移法典型方程

其中，<mark>刚度系数 k_{ij} 表示在基本结构上，由于第 j 个附加约束产生单位位移而引起第 i 个附加约束中的反力</mark>。根据反力互等定理可知，$k_{ij} = k_{ji}$；自由项 F_{iP} 表示在基本结构上由于荷载作用引起第 i 个附加约束的反力。

位移方程等式左端是基本体系上附加约束中的总反力，而原结构并无附加约束，故其值应等于零。

4. 力矩分配法
（1）力矩分配法的基本概念——单结点力矩分配

如图 15.4-10 所示，按位移法原理，图 15.4-10（a）可以分解为图 15.4-10（b）与图 15.4-10（c）的组合。由图 15.4-10（b）结点 A 的平衡可得，约束力矩 M_A 等于结点 A 各杆固端弯矩的代数和。

$$M_A = M_{A1}^F + M_{A2}^F + M_{A3}^F = \sum M_{Aj}^F$$

由图 15.4-10（c）可得各杆近端分配弯矩

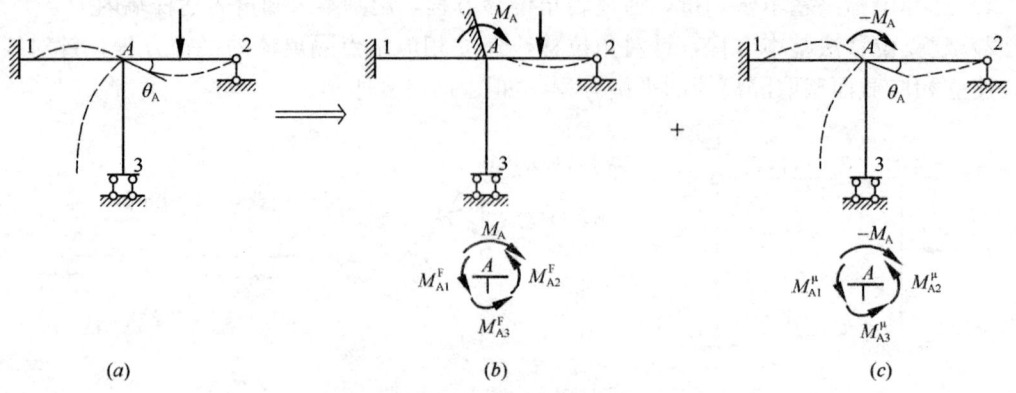

图 15.4-10 单结点力矩分配

$$M_{A1}^\mu = 4i_1\theta_A = S_{A1}\theta_A$$

$$M_{A2}^\mu = 3i_2\theta_A = S_{A2}\theta_A$$

$$M_{A3}^\mu = i_3\theta_A = S_{A3}\theta_A$$

结点 A 平衡 $M_{A1}^\mu + M_{A2}^\mu + M_{A2}^\mu = -M_A$

$$(S_{A1} + S_{A2} + S_{A3})\theta_A = (\Sigma S_{Aj})\theta_A = -M_A$$

解得

$$\theta_A = \frac{1}{\Sigma S_{Aj}}(-M_A)$$

从而得

$$M_{A1}^\mu = \frac{S_{A1}}{\Sigma S_{Aj}}(-M_A) = \mu_{A1}(-M_A)$$

$$M_{A2}^\mu = \frac{S_{A2}}{\Sigma S_{Aj}}(-M_A) = \mu_{A2}(-M_A)$$

$$M_{A3}^\mu = \frac{S_{A3}}{\Sigma S_{Aj}}(-M_A) = \mu_{A3}(-M_A)$$

相应远端弯矩（称为传递弯矩）

$$M_{1A}^C = \frac{1}{2} \times 4i_1\theta_A = \frac{1}{2}M_{A1}^\mu = C_{A1}M_{A1}^\mu$$

$$M_{2A}^C = 0 \times 3i_2\theta_A = 0 \times M_{A2}^\mu = C_{A2}M_{A2}^\mu$$

$$M_{3A}^C = -1 \times i_3\theta_A = -1 \times M_{A3}^\mu = C_{A3}M_{A3}^\mu$$

上述各杆端弯矩的计算可统一写成：

分配系数

$$\mu_{AK} = \frac{S_{AK}}{\Sigma S_{Aj}}$$

分配弯矩

$$M_{AK}^{\mu} = \mu_{AK}(-M_A)$$

传递系数

$$M_{KA}^{C} = C_{AK}M_{AK}^{\mu}$$

其中，C_{AK} 为 A 端向 K 端的传递系数。

最后杆端弯矩还需叠加各杆的固端弯矩

$$M_{AK} = M_{AK}^{F} + M_{AK}^{\mu}$$

$$M_{KA} = M_{KA}^{F} + M_{KA}^{C}$$

(2) 力矩分配法的三个要素

1) 固端弯矩

一般可查表，常见数据应记住，见图 15.4-11。

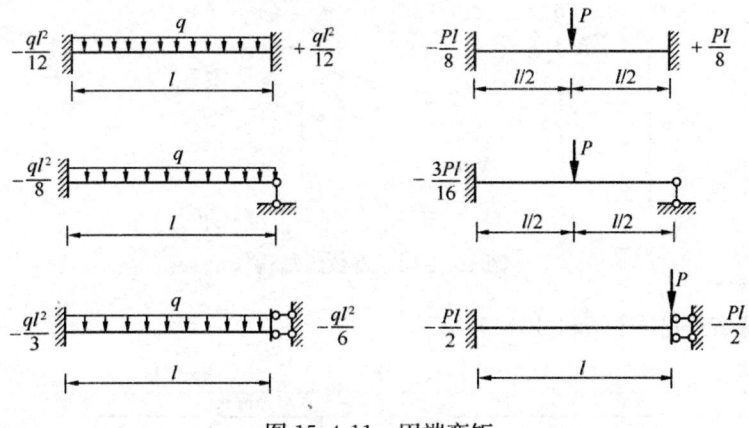

图 15.4-11　固端弯矩

2) 分配系数

杆件近端的力矩分配系数＝近端转动刚度/交于近端各杆端转动刚度之和

近端转动刚度 是指：使近端产生单位转角所需要的近端弯矩，它取决于杆件的线刚度及远端的支承形式，见表 15.4-1。

近端转动刚度和传递系数　　表 15.4-1

支承形式	远端固定	远端铰支	远端滑动
近端转动刚度 S_{AK}	$4i_{AK}$	$3i_{AK}$	i_{AK}
传递系数 C_{AK}	1/2	0	−1

3) 传递系数

杆件由近端传向远端的传递系数是指：当近端产生转角时，远端弯矩与近端弯矩之比。它取决于远端的支承形式，见表 15.4-1。

传递弯矩＝传递系数×分配弯矩

5. 对称性的利用与半结构

当结构的形状、约束形式、刚度等都对称于某根轴线时，该结构为对称结构。

对称结构在对称荷载作用下，其内力分布及位移分布都是对称的，反对称的内力及位移为零。

对称结构在反对称荷载作用下，其内力分布及位移分布都是反对称的，对称的内力及位移为零。

利用对称性，用对称轴作截面，截取半边结构进行计算。在截断处需添加适当的支座，以保证与原结构受力情况及位移情况完全一致。半结构的选取方法如下：

(1) 奇数跨结构（图 15.4-12）

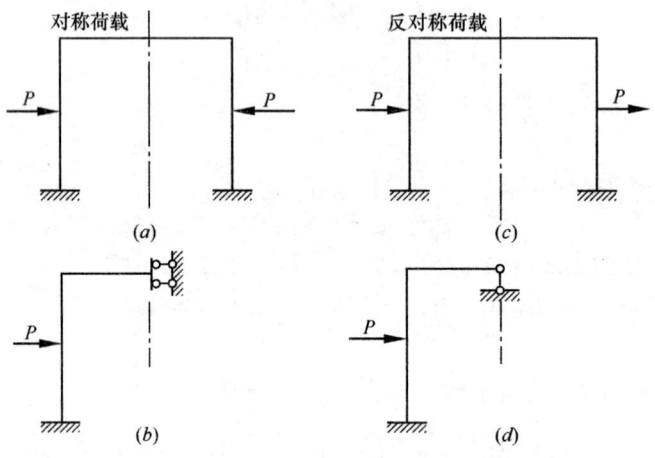

图 15.4-12 奇数跨结构

(2) 偶数跨结构（图 15.4-13）

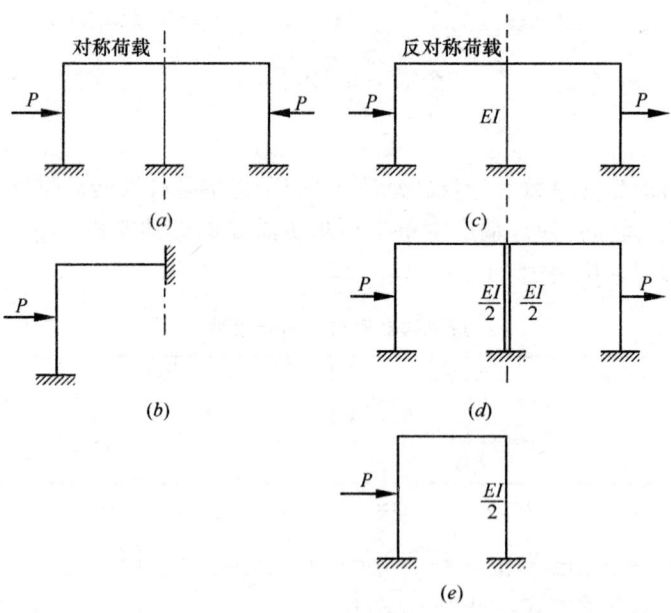

图 15.4-13 偶数跨结构

6. 超静定结构的位移计算

采用单位荷载法，先求出超静定结构由于实际外因引起的内力，并在所求位移地点沿所求位移方向虚设单位力，求其相应内力，代入位移计算公式进行计算。为简化计算，虚设单位力可加在由原超静定结构变来的任何一个静定结构上。

7. 超静定结构特性

（1）同时满足超静定结构的平衡条件、变形协调条件和物理条件的超静定结构内力的解是唯一真实的解。

（2）超静定结构在荷载作用下的内力与各杆刚度的相对比值有关，而与各杆刚度的绝对值无关，但在非荷载（如温度变化、杆件制造误差、支座位移等）作用下会产生内力，这种内力与各杆刚度的绝对值有关，且成正比。

（3）超静定结构的内力分布比静定结构均匀，刚度和稳定性都有所提高。

【例 15.4-3】用位移法求解图 15.4-14 所示结构，独立的基本未知量个数为（　　）。

A. 1　　　　B. 2　　　　C. 3　　　　D. 4

解析：图示结构只需要在中间的刚结点上增加刚臂即可，即只有一个基本未知量。所以应选 A 项。

【例 15.4-4】图 15.4-15 所示结构当水平支杆产生单位位移时（未注的杆件抗弯刚度为 EI），B-B 截面的弯矩值为（　　）。

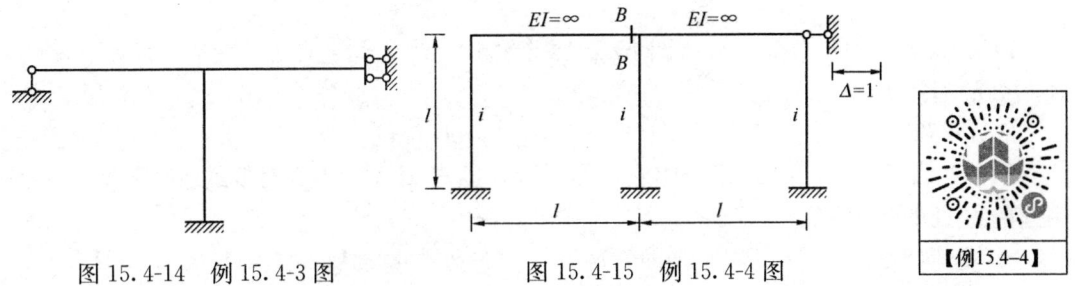

图 15.4-14　例 15.4-3 图　　图 15.4-15　例 15.4-4 图

A. EI/l^2　　B. $2EI/l^2$　　C. $3EI/l^2$　　D. 不定值

解析：正确答案为 C 项。作 M_1、M_2、M_P 图如图 15.4-16 所示。

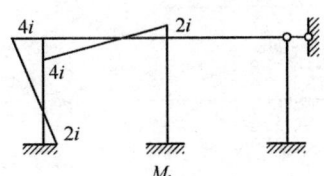 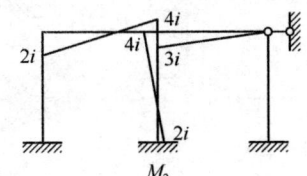 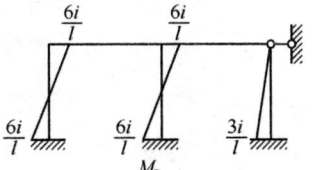

图 15.4-16　例 15.4-4 解图

列位移方程：

$$\begin{cases} 8iX_1 + 2iX_2 = \dfrac{6i}{l} \\ 2iX_1 + 11iX_2 = \dfrac{6i}{l} \end{cases}$$

解得 $X_1 = 9/(14l)$，$X_2 = 3/(7l)$。

利用叠加法求 B 截面弯矩：$M_B = 9 \times 2i/(14l) + 3 \times 4i/(7l) = 3i/l = 3EI/l^2$。

【例 15.4-5】图 15.4-17 所示结构利用对称性简化后的

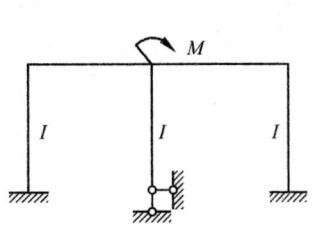

图 15.4-17　例 15.4-5 图

计算简图为(   )。

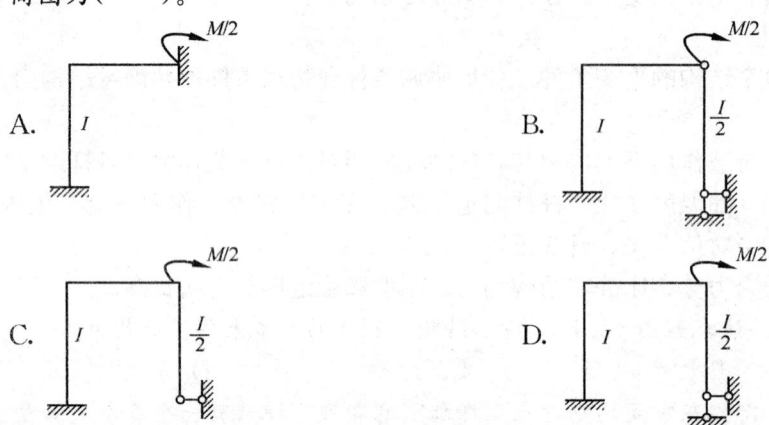

解析： 图示结构为受反对称荷载，偶数跨。可将中柱视为刚度为 $I/2$、所受弯矩为原结构的一半、相距为零的两个柱子。所以应选 D 项。

习　题

【15.4-1】用力矩分配法分析图 15.4-18 示结构，先锁住结点 B，然后再放松，则传递到 C 处的力矩为(   )。

A. $ql^2/27$　　　　B. $ql^2/54$　　　　C. $ql^2/23$　　　　D. $ql^2/46$

【15.4-2】图 15.4-19 示梁 AB，EI 为常数，固支端 A 发生顺时针的支座转动 θ，由此引起的 B 处的转角为(   )。

A. θ，顺时针　　B. θ，逆时针　　C. $\theta/2$，顺时针　　D. $\theta/2$，逆时针

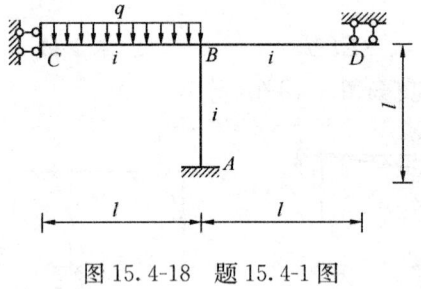

图 15.4-18　题 15.4-1 图

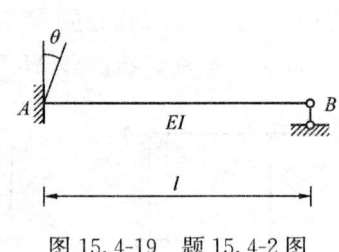

图 15.4-19　题 15.4-2 图

【15.4-3】图 15.4-20 示结构，D 支座沉降量为 a。用力法求解（EI=常数），基本体系及基本变量如图，基本方程 $\delta_{11}X_1 + \Delta_{1c} = 0$，则 Δ_{1c} 为(   )。

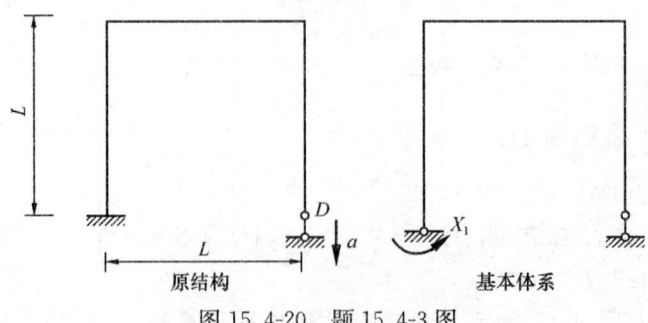

图 15.4-20　题 15.4-3 图

A. $-2a/(L)$ B. $-3a/(2L)$
C. $-a/(L)$ D. $-a/(2L)$

【15.4-4】若要保证图15.4-21示结构在外荷载作用下，梁跨中截面产生负弯矩（上侧纤维受拉），可采用（   ）。

A. 增大二力杆刚度且减小横梁刚度
B. 减小二力杆刚度且增大横梁刚度
C. 减小均布荷载 q
D. 该结构为静定结构，与构件刚度无关

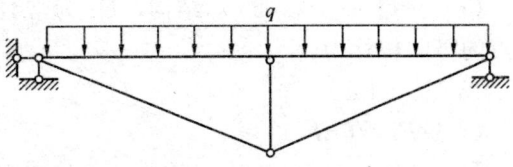

图15.4-21　题15.4-4图

【15.4-5】图示结构取图15.4-22（b）为力法基本体系，EI为常数，下列哪项是错误的？（   ）

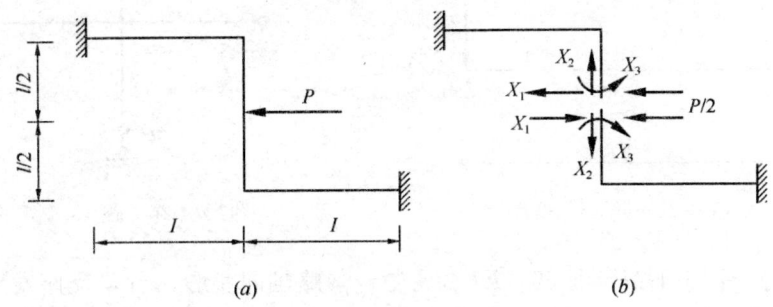

图15.4-22　题15.4-5图

A. $\delta_{23}=0$ B. $\delta_{31}=0$
C. $\Delta_{2P}=0$ D. $\delta_{12}=0$

【15.4-6】图15.4-23示结构（E为常数），杆端弯矩（顺时针为正）正确的一组为（   ）。

A. $M_{AB}=M_{AD}=M/4,\ M_{AC}=M/2$ B. $M_{AB}=M_{AD}=M_{AC}=M/3$
C. $M_{AB}=M_{AD}=0.4M,\ M_{AC}=0.2M$ D. $M_{AB}=M_{AD}=M/3,\ M_{AC}=2M/3$

【15.4-7】图15.4-24示结构用位移法计算时，独立的结点线位移和结点角位移分别为（   ）。

A. 2，3　　　　B. 1，3　　　　C. 3，3　　　　D. 2，4

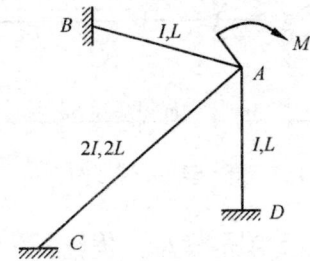

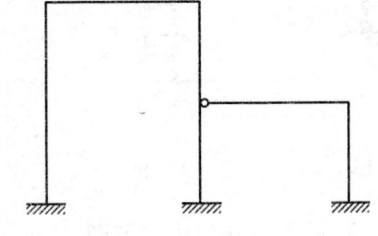

图15.4-23　题15.4-6图　　　　图15.4-24　题15.4-7图

【15.4-8】用位移法计算静定、超静定结构时，每根杆都视为（   ）。

A. 单跨静定梁　　　　　　　　　　B. 单跨超静定梁
C. 两端固定梁　　　　　　　　　　D. 一端固定而另一端铰支的梁

【15.4-9】图15.4-25示结构，EI为常数。结点B处弹性支撑刚度系数$k=3EI/L^3$，C点的竖向位移为(　　)。

A. PL^3/EI　　　　　　　　　　B. $4PL^3/3EI$
C. $11PL^3/6EI$　　　　　　　　D. $2PL^3/EI$

【15.4-10】图15.4-26示结构的超静定次数为(　　)。

A. 2　　　　B. 3　　　　C. 4　　　　D. 5

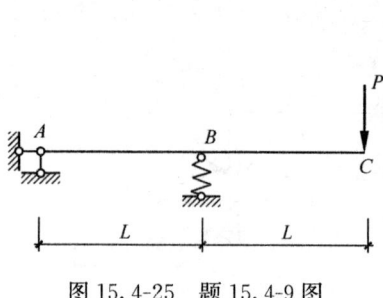
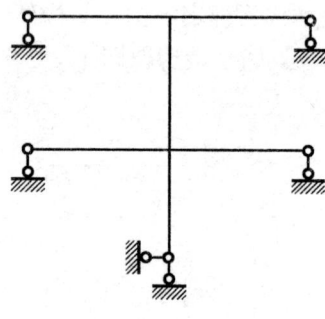

图15.4-25　题15.4-9图　　　　　图15.4-26　题15.4-10图

【15.4-11】图15.4-27示刚架，EI为常数，忽略轴向变形。当D支座发生支座沉降δ时，B点转角为(　　)。

A. δ/L　　　B. $2\delta/L$　　　C. $\delta/(2L)$　　　D. $\delta/(3L)$

【15.4-12】图15.4-28示组合结构，梁AB的抗弯刚度为EI，二力杆的抗拉刚度都为EA。DG杆的轴力为(　　)。

A. 0　　　　　　　　　　　　　　B. P，受拉
C. P，受压　　　　　　　　　　D. $2P$，受拉

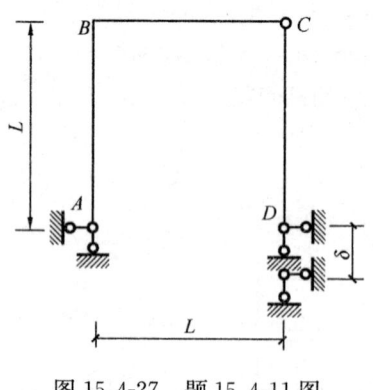
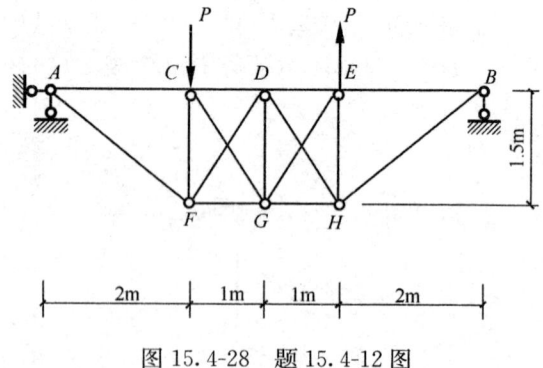

图15.4-27　题15.4-11图　　　　　图15.4-28　题15.4-12图

【15.4-13】用力矩分配法求解图15.4-29示结构，分配系数μ_{BD}、传递系数C_{BA}分别为(　　)。

A. $\mu_{BD}=3/10, C_{BA}=-1$　　　　B. $\mu_{BD}=3/7, C_{BA}=-1$
C. $\mu_{BD}=3/10, C_{BA}=1/2$　　　D. $\mu_{BD}=3/7, C_{BA}=1/2$

【15.4-14】图 15.4-30 示梁线刚度为 i，长度为 l，当 A 端发生微小转角 α，B 端发生微小位移 $\Delta = l\alpha$ 时，梁两端的弯矩（对杆端顺时针为正）为（ ）。

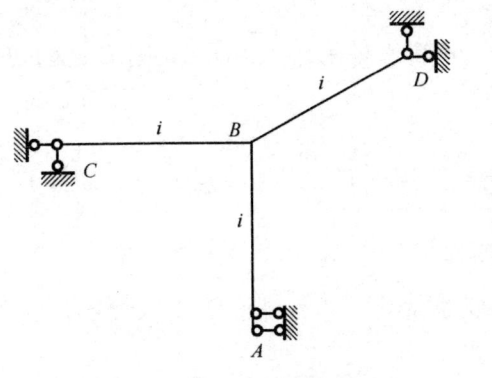

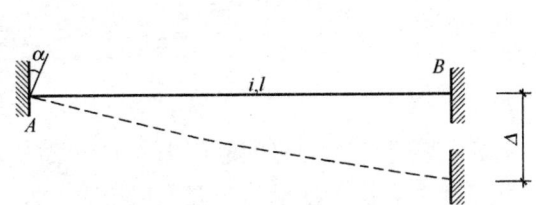

图 15.4-29 题 15.4-13 图   图 15.4-30 题 15.4-14 图

A. $M_{AB} = 2i\alpha$，$M_{BA} = 4i\alpha$ B. $M_{AB} = -2i\alpha$，$M_{BA} = -4i\alpha$
C. $M_{AB} = 10i\alpha$，$M_{BA} = 8i\alpha$ D. $M_{AB} = -10i\alpha$，$M_{BA} = -8i\alpha$

【15.4-15】图 15.4-31 示梁 AB，EI 为常数，支座 D 的反力 R_D 为（ ）。
A. $ql/2$ B. ql C. $3ql/2$ D. $2ql$

【15.4-16】图 15.4-32 示刚架，各杆线刚度相同，则结点 A 的转角大小为（ ）。

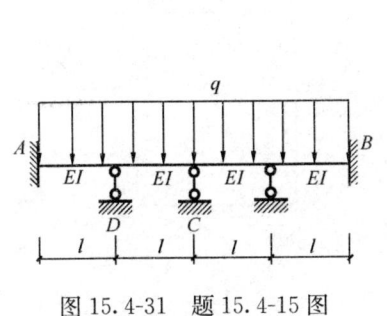

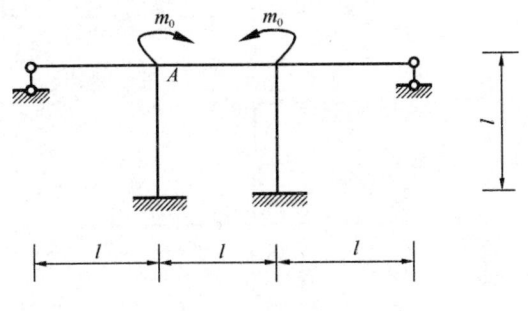

图 15.4-31 题 15.4-15 图   图 15.4-32 题 15.4-16 图

A. $m_0/(9i)$ B. $m_0/(8i)$ C. $m_0/(11i)$ D. $m_0/(4i)$

【15.4-17】图 15.4-33 示连续梁，EI 为常数，用力矩分配法求得结点 B 的不平衡力矩为（ ）。

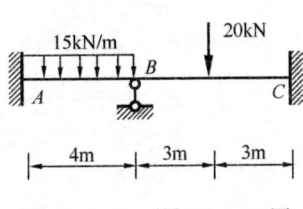

A. -20 kN·m
B. 15 kN·m
C. -5 kN·m
D. 5 kN·m

图 15.4-33 题 15.4-17 图

习题答案及解析

【15.4-1】答案：A

解析：锁住结点 B，BC 杆在 q 作用下产生的 B 端弯矩为 $ql^2/3$，BC、BA、BD 的转动刚度分别为 i、$4i$、$4i$。根据刚度分配原则可知三杆的分配系数分别为 $1/9$、$4/9$、$4/9$，

故 BC 杆 B 端的弯矩为 $(ql^2/3)\cdot(1/9)=-ql^2/27$。$BC$ 杆端的传递系数为 -1，故 C 处弯矩为 $ql^2/27$。

【15.4-2】答案：D

解析：在 B 处施加一个顺时针的单位力矩，可得 A 处的弯矩为 $1/2$，则 B 处的转角为 $\theta_B=-(1/2)\cdot\theta=-\theta/2$（逆时针）。

【15.4-3】答案：C

解析：如图 15.4-20 所示，基本体系在 $\overline{X}=1$ 作用下 D 处的支座反力为 $1/L(\downarrow)$，因此 $\Delta_{1c}=-(1/L)\cdot a=-a/L$。

【15.4-4】答案：A

解析：应增大二力杆的刚度来改变横梁的受力状态，二力杆刚度越大，竖杆对横梁的支撑作用越大，使得横梁跨中产生负弯矩。

【15.4-5】答案：D

解析：将该结构下部分绕截点旋转 $180°$，旋转后的力 X_1、X_2 与上半部分相同，而 X_3、$P/2$ 的方向相反。作 M_P、M_2、M_3、M_1 图（图 15.4-34），由对称性可得，$\delta_{12}\neq 0$，$\delta_{23}=0$，$\delta_{31}=0$，$\Delta_{2P}=0$。

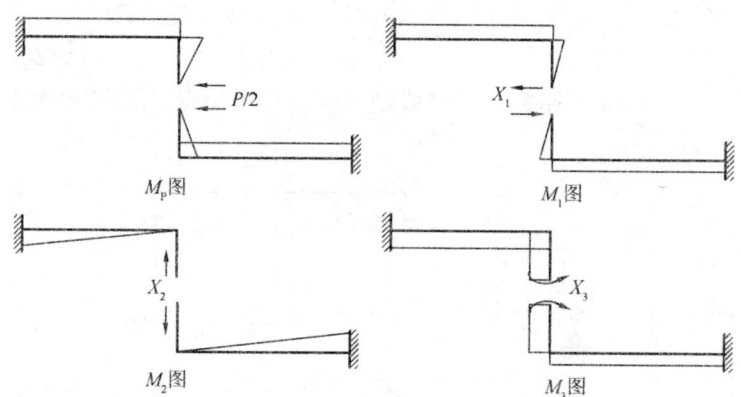

图 15.4-34　题 15.4-5 解图

【15.4-6】答案：B

解析：三根杆件的线刚度相同，远端均为固定端，力矩分配系数只和杆件的刚度和杆端的固定形式有关。由力矩分配法和近端转动刚度和力矩分配系数相同，所以 $M_{AB}=M_{AD}=M_{AC}=M/3$。

【15.4-7】答案：D

解析：结构独立的线位移可用机构法判断，把最左边和最右边的刚结点处用支杆固定，则整个结构的线位移和支杆的线位移是有关系的，所以独立的线位移有两个。一般情况结构的刚结点处均会发生角位移，在组合结点处（铰和支杆相连的结点）也会发生角位移，所以结构有四个独立角位移。

【15.4-8】答案：B

解析：位移法求解超静定结构，与超静定次数无关，位移法的基本结构一般可以看作单跨静定梁的组合体。

【15.4-9】答案：D

解析：C点位移受到两方面的影响：①外荷载的产生的位移。运用单位荷载法，在C处设一竖直向下的单位力，由图乘法得：

$$\Delta_{cy1} = \frac{1}{EI}\left(P \cdot L \cdot L \times \frac{1}{2} \times L \times \frac{2}{3} \times 2\right) = \frac{2PL^3}{3EI}$$

② 支座移动时产生的位移。由弹簧作用，有

$$\Delta_{cy2} = -\Sigma F_{RK} C_K = -(-2) \cdot \frac{2P}{k} = \frac{4PL^3}{3EI}$$

因此，C点的竖向位移为：

$$\Delta_{cy} = \Delta_{cy1} + \Delta_{cy2} = \frac{2PL^3}{3EI} + \frac{4PL^3}{3EI} = \frac{2PL^3}{EI}$$

【15.4-10】答案：B
解析：将原结构去掉三个竖向链杆即成为静定结构，所以原结构的超静定次数为3。

【15.4-11】答案：A
解析：在B点作用一个顺时针方向的单位力矩，求得D点的支座反力为$1/L(\uparrow)$，故$\Delta_{\varphi B} = -\delta \cdot (-1/L) = \delta/L$。

【15.4-12】答案：A
解析：该结构为对称结构，受到反对称荷载作用。在对称轴处，正对称内力（轴力、弯矩）为零，反对称内力（剪力）不为零，因此DG杆的轴力为零。

【15.4-13】答案：C
解析：该结构BA杆相当于两端固定的梁，B结点处各杆的转动刚度分别为：$S_{BA} = 4i$，$S_{BC} = 3i$，$S_{BD} = 3i$，则分配系数$\mu_{BD} = 3i/(4i+3i+3i) = 3/10$。两端固定杆BA的传递系数为$C_{BA} = 1/2$。

【15.4-14】答案：B
解析：在转角α单独作用下，$M_{AB} = 4i\alpha$，$M_{BA} = 2i\alpha$；在$\Delta = l\alpha$单独作用下，$M_{AB} = -6i\alpha$，$M_{BA} = -6i\alpha$。故共同作用下，$M_{AB} = -2i\alpha$，$M_{BA} = -4i\alpha$。

【15.4-15】答案：B
解析：原结构为正对称荷载作用下的正对称结构，可利用对称性解题。取半结构AC，原结构中C处不能转动且没有位移，所以可将C端取为固定端。再取结构AC的半结构AD，同理，D端也可取为固定端，此时支座D的反力为$ql/2$，则整体结构支座D的反力为$2 \times ql/2 = ql$。

【15.4-16】答案：A
解析：利用对称性，取半对称结构如图所示，在结点A处加一个刚性支座，则结构中只有一个未知的角位移。分析结点A，可知$(3+4+2)i\theta_A = m_0$，所以$\theta_A = m_0/(9i)$。

【15.4-17】答案：D
解析：根据力矩分配法可知，传递弯矩等于分配弯矩乘以传递系数，则$M_B^F = (15 \times 4^2/12) - (20 \times 6/8) = 5$kN·m。

15.5 影响线及应用

高频考点梳理

高频考点	利用影响线计算静定结构内力	计算固定荷载下某量值的值
近三年考核频次	2	1

15.5.1 影响线的概念

当方向不变的单位集中力 $P=1$ 在结构上移动时，表示结构某量随单位集中力位置变化规律的图线，称为该量的影响线。

$$影响线竖标量纲 = \frac{影响量的量纲}{集中力的量纲}$$

15.5.2 静定结构的影响线

1. 静定法作影响线

用静力法作静定结构反力及内力影响线的步骤是：

（1）选定坐标系，以坐标 x 表示移动荷载 $P=1$ 的位置。

（2）将 x 视为不变，$P=1$ 视为固定荷载，利用隔离体平衡条件列出拟求影响系数量 Z 值，即影响系数方程。

（3）依据影响系数方程作影响线并标明正负号和控制点的纵坐标值。

1）简支梁支座反力、弯矩和剪力影响线是最基本的影响线。由简支梁影响线向两端延长即可得到伸臂简支梁支座反力和支座间截面内力的影响线，而伸臂上各截面内力影响线与悬臂梁对应的影响线相同。

2）多跨静定梁的影响线

先分清多跨静定梁的基本部分和附属部分以及它们之间传力特点，再利用单跨梁的影响线即可绘出多跨静定梁的影响线。当单位集中荷载在基本部分移动时，对附属部分无影响。

3）静定桁架的影响线

单跨梁式桁架的支座反力影响线与相应单跨梁的反力影响线相同，作杆件内力影响线的方法与单跨梁的内力影响线作法相似，它具有的特点是：①桁架承受移动荷载是通过结点传递的；②移动荷载在桁架上移动分在上弦移动和在下弦移动，移动的位置不同，杆件内力的影响线不同。

2. 机动法作影响线

用机动法作静定结构反力及内力影响线的步骤是：

（1）撤去与需作影响线的量 Z 相对应的约束，代以所求的未知力。

（2）使体系沿量 Z 的正方向发生单位位移，作荷载作用点的虚位移图。

（3）标注正负号和控制值，即得所要求量的影响线。

【例 15.5-1】如图 15.5-1 所示桁架，杆①轴力（以受拉为正）影响线在与结点 C 对应位置的竖标为（　　）。

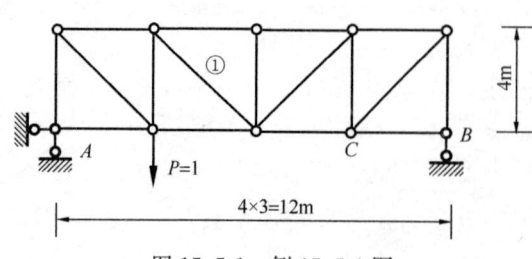

图 15.5-1　例 15.5-1 图

A. $-\dfrac{1}{4}$ B. $\dfrac{1}{4}$

C. $\dfrac{3}{16}$ D. $\dfrac{5}{16}$

解析： 将 $P=1$ 放在 C 点，可求得杆①轴力为 $\dfrac{5}{16}$ kN，所以应选 D 项。

15.5.3 连续梁的影响线

如图 15.5-2 所示，应用虚位移原理可得：

$$Z \cdot \delta_Z + 1 \cdot \delta_P = 0$$

$$Z = -\dfrac{1}{\delta_Z}\delta_P$$

此式表明，δ_P 图即按一定比例代表 Z 的影响线。若取 $\delta_Z=1$，则

$$Z = -\delta_P$$

这时，δ_P 图就是 Z 的影响线。

用机动法作连续梁的影响线的步骤是：

（1）撤去与所求约束力相应的约束代以 Z。

（2）使体系沿 Z 的方向发生位移，作出荷载作用点的挠度图，即力影响线的形状。

（3）取 $\delta_Z=1$，便确定了影响线的数值。

（4）横坐标以上图形为正号，横坐标以下图形为负号。

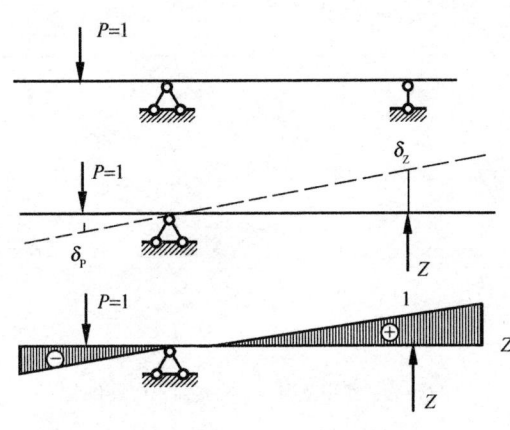

图 15.5-2 虚位移原理

【例 15.5-2】如图 15.5-3 所示结构，单位力 $P=1$ 在 EF 范围内移动，构成弯矩（下侧受拉为正）M_C 的影响线是（　）。

A. 一条向右上方倾斜的直线
B. 一条向右下方倾斜的直线
C. 一条平行于基线的直线
D. 两条倾斜的直线

解析： 正确答案为 A 项。若按静力法解题，$M_C = \dfrac{1}{4} N_{CD} l$（$N_{CD}$ 以受压为正），M_C 与 N_{CD} 影响线成比例，为一条过基线左端点向右上方倾斜的直线。若按机动法解题，将 C 处刚接变铰接，沿正号弯矩 M_C 方向施加单位相对转角，这时杆 EF 向右上方倾斜，形成 δ_P 图，即 M_C 的影响线。

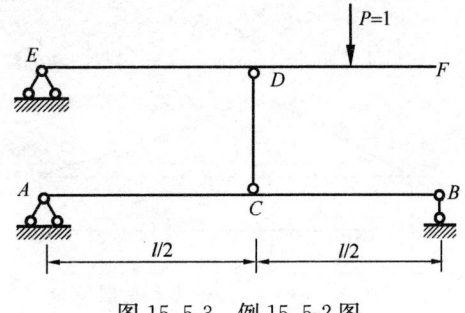

图 15.5-3 例 15.5-2 图

15.5.4 影响线的应用

1. 计算固定荷载作用下某量值的值（表 15.5-1）

利用影响线求量值 表 15.5-1

序号	图形	计算公式
1	P_1, P_2, P_n 作用于 S 影响线（y_1、y_2、y_n）	$S = \sum_{i=1}^{n} P_i y_i$
2	P_1, P_3, R, P_3, P_n 作用于 S 影响线（y_1、y_2、y、y_n）	$S = R \cdot y$ （R 为 P_1、P_2、…、P_n 的合力）
3	q_x 作用于 AB 段，S 影响线	$S = \int_A^B q_x y \mathrm{d}x$
4	q 均布作用于 AB 段，S 影响线	$S = qw$ （w 为 q 作用范围内影响线面积代数和）

2. 确定最不利荷载位置

最不利荷载位置，指荷载移动时，使结构上某量值发生最大值或最小值（最大负值）的荷载位置。

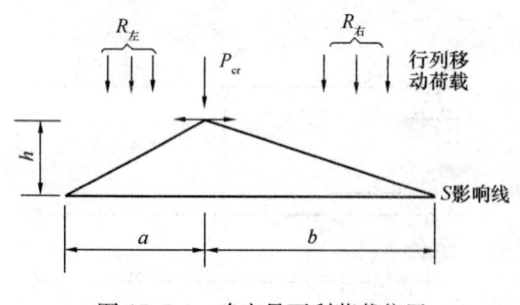

图 15.5-4 确定最不利荷载位置

当影响线为三角形时，如图 15.5-4 所示，设 P_{cr} 位于三角形影响线顶点，三角形左、右直线上荷载的合力分别为 $R_左$、$R_右$，则荷载的临界位置的判别条件是：

行列荷载稍向右移：$\dfrac{R_左}{a} \leqslant \dfrac{P_{cr}+R_右}{b}$

行列荷载稍向左移：$\dfrac{R_左+P_{cr}}{a} \geqslant \dfrac{R_右}{b}$

3. 内力包络图

承受移动荷载的结构需求出每个截面的最大内力和最小内力，连接各截面的最大、最小内力的图形称为内力包络图。如弯矩包络图、剪力包络图等。

【例 15.5-3】在图 15.5-5 所示移动荷载（间距为 0.2m、0.4m 的三个集中力，大小为 6kN、10kN 和 2kN）作用下，结构 A 支座的最大弯矩为（　　）。

A. 26.4kN·m B. 28.2kN·m

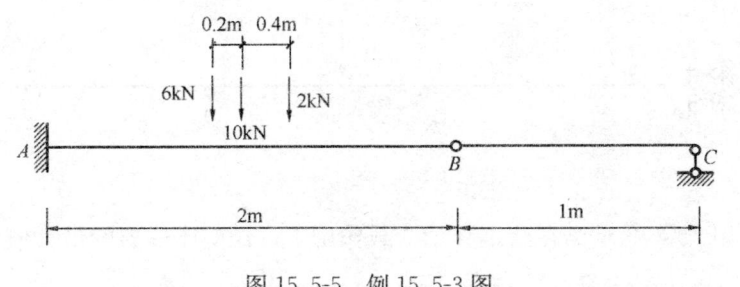

图 15.5-5 例 15.5-3 图

C. 30.8kN·m   D. 33.2kN·m

解析：利用静定法作 M_A 的影响线，先在 A 处加一单位荷载，得 $M_A=0$；然后在 B 处加一单位荷载，得 $M_A=2$kN·m；在 C 处加一单位荷载，得 $M_A=0$。连线可画出 M_A 的影响线，如图 15.5-5 所示。B 处竖标为 $y_B=2$m，当 10kN 位于 B 点时，荷载处于最不利位置，通过叠加方法算得：$M_A=10\times2+6\times1.8+2\times1.2=33.2$kN·m。所以应选 D 项。

习　题

【15.5-1】图 15.5-6 示圆弧曲梁 K 截面轴力 F_{NK}（受拉为正）影响线在 C 点竖标为（　　）。

A. $\dfrac{\sqrt{3}-1}{2}$　　　　　　　　B. $-\dfrac{\sqrt{3}-1}{2}$

C. $\dfrac{\sqrt{3}+1}{2}$　　　　　　　　D. $-\dfrac{\sqrt{3}+1}{2}$

【15.5-2】图 15.5-7 示移动荷载（间距为 0.4m 的两个集中力，大小分别为 6kN 和 10kN）在桁架结构的上弦移动，杆 BE 的最大压力为（　　）。

A. 0kN　　　B. 6.0kN　　　C. 6.8kN　　　D. 8.2kN

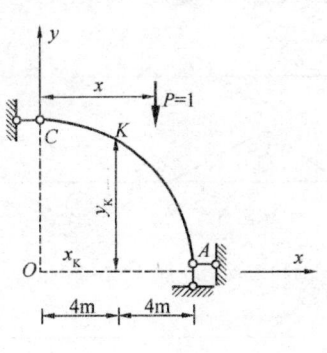

图 15.5-6　题 15.5-1 图

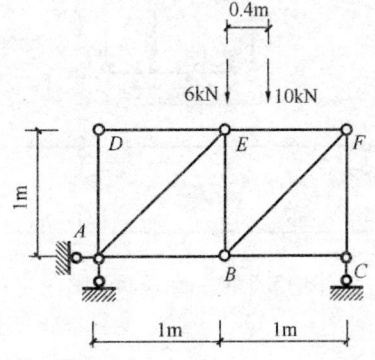

图 15.5-7　题 15.5-2 图

【15.5-3】如图 15.5-8 所示连续梁，截面 K 的剪力 Q_K、弯矩 M_K 的影响线在 AK 段分别为（　　）。

A. 曲线、曲线　　　　　　　　B. 直线、直线
C. 曲线、直线　　　　　　　　D. 直线、曲线

1135

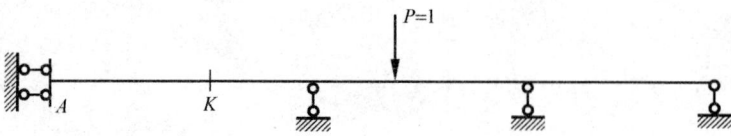

图 15.5-8　题 15.5-3 图

【15.5-4】图 15.5-9 示梁在给定移动荷载作用下，B 支座反力的最大值为(　　)。

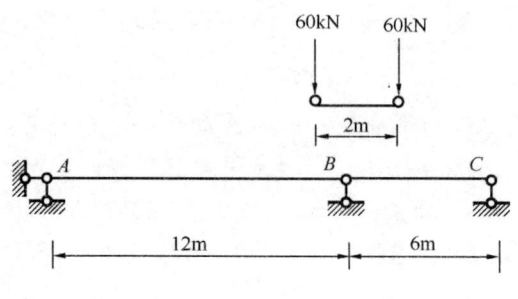

图 15.5-9　题 15.5-4 图

A. 110kN　　　　B. 100kN　　　　C. 120kN　　　　D. 160kN

【15.5-5】图 15.5-10 示梁在移动荷载作用下，则使截面 C 的弯矩达到最大值时，C 截面处作用的移动荷载为(　　)。

A. 50kN　　　　B. 40kN　　　　C. 60kN　　　　D. 80kN

【15.5-6】图 15.5-11 示静定梁及 M_C 的影响线，当梁承受全长向下均布荷载作用时，则弯矩 M_C 的值为(　　)。

A. $M_C > 0$　　　　　　　　　　B. $M_C < 0$
C. $M_C = 0$　　　　　　　　　　D. M_C 不定，取决于 a 值

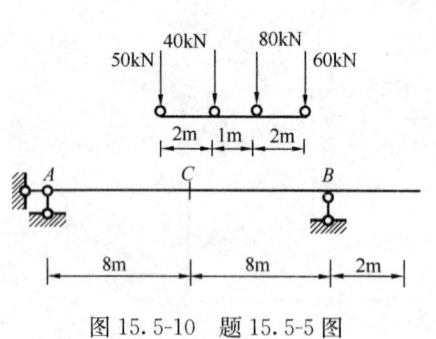

图 15.5-10　题 15.5-5 图

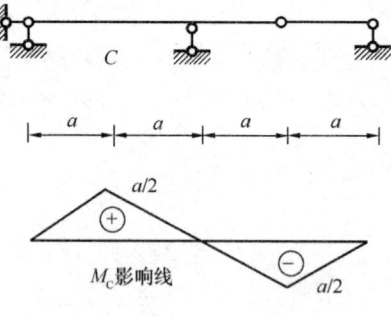

图 15.5-11　题 15.5-6 图

习题答案及解析

【15.5-1】答案：D

解析：当单位荷载位于 C 点时，可求得圆弧曲梁 K 截面轴力 F_{NK} 影响线在 C 点的竖标，此时支座的三个反力均为 1。取 CK 隔离体如图 15.5-12 所示，利用平衡条件可得 $N_K = -\dfrac{\sqrt{3}}{2} - \dfrac{1}{2} = -\dfrac{\sqrt{3}+1}{2}$。

【15.5-2】答案：C

解析：BE 杆的影响线图形如图 15.5-13 所示，根据影响线图形可知当 10kN 的力作用在 E 点时，BE 杆有最大压力。此时 10kN 的力对杆 BE 的作用力为 $N_1 = 10 \times \frac{1}{2} = 5$kN，6kN 的力对杆 BE 的作用力为 $N_2 = 6 \times \left[\frac{1}{2} \times (1-0.4) \div 1\right] = 1.8$kN，所以 BE 杆的最大作用力为 $N_1 + N_2 = 5 + 1.8 = 6.8$kN。

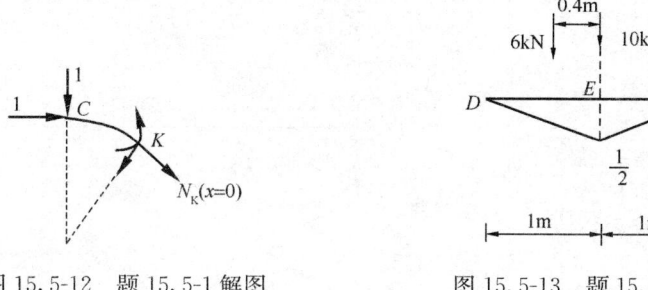

图 15.5-12　题 15.5-1 解图　　　　图 15.5-13　题 15.5-2 解图

【15.5-3】答案：D

解析：剪力 Q_K 为静定力，其影响线由直线组成，弯矩 M_K 为超静定力，其影响线为曲线。

【15.5-4】答案：A

解析：用机动法得 B 支座反力的影响线如图 15.5-14 所示，根据图形可知当右侧 60kN 的力作用在 B 支座时，B 支座反力有最大值，$N_{max} = N_1 + N_2 = 60 \times 1 + 60 \times [(12-2)/12] = 60 + 50 = 110$kN。

【15.5-5】答案：D

解析：利用机动法画出结构的影响线，如图 15.5-15 所示。

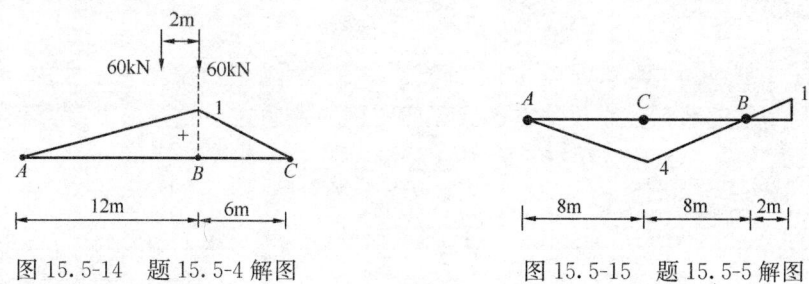

图 15.5-14　题 15.5-4 解图　　　　图 15.5-15　题 15.5-5 解图

把四个集中荷载分别放在影响线的顶点，求取最大的弯矩值，最大弯矩值对应的荷载即为最大不利荷载位置。分别计算如下：

将 60kN 放在顶点处，得 $M_{60} = 60 \times 4 + 80 \times 4 \times (6/8) + 40 \times 4 \times (5/8) + 50 \times 4 \times (3/8) = 655$kN·m

将 80kN 放在顶点处，得 $M_{80} = 80 \times 4 + 60 \times 4 \times (6/8) + 40 \times 4 \times (7/8) + 50 \times 4 \times (5/8) = 765$kN·m

将 40kN 放在顶点处，得 $M_{40} = 40 \times 4 + 80 \times 4 \times (7/8) + 60 \times 4 \times (5/8) + 50 \times 4 \times$

$(6/8) = 740\text{kN} \cdot \text{m}$

将 50kN 放在顶点处，得 $M_{50} = 50 \times 4 + 40 \times 4 \times (6/8) + 80 \times 4 \times (5/8) + 60 \times 4 \times (3/8) = 610\text{kN} \cdot \text{m}$

对比可知弯矩值最大时对应的临界荷载为 80kN。

【15.5-6】答案：C

解析：由 M_C 的影响线可以看出，正负影响线面积之和为零，所以弯矩 M_C 的值为零。

15.6 结构动力特性与动力反应

高频考点梳理

高频考点	单自由度体系在简谐荷载下的强迫振动	单自由度体系的动力放大系数	单自由度体系的自振频率	阻尼比	单自由度体系的运动方程
近三年考核频次	3	1	1	1	1

15.6.1 单自由度体系自振周期与频率

结构的动力自由度指确定运动过程中任一时刻全部质量的位置所需的独立几何参数的数目。

经初始干扰后，体系自身的振动（没有动荷载作用）称为自由振动。图 15.6-1 代表一单自由度振动体系，取静平衡位置为坐标原点，重力 mg 与相应静弹性恢复力 $S_{静} = -k\Delta_{st}$ 满足静力平衡条件，与动位移 $y(t)$ 相应的惯性力 $I(t) = -m\ddot{y}(t)$ 及弹性恢复力 $S(t) = -ky(t)$ 满足动力平衡条件，如图 15.6-1（c）所示，则

$$m\ddot{y}(t) + ky(t) = 0$$

这就是单自由度体系自由振动的振动微分方程。这种利用刚度系数 k 建立动力平衡方程的方法称为刚度法。由于刚度系数 k 与柔度系数 δ 互为倒数，故振动微分方程又可写为

$$y(t) = \delta \cdot [-m\ddot{y}(t)]$$

此式的含义是：动位移就是将惯性力当成静荷载所产生的静位移，如图 15.6-1（d）所示，这种利用柔度系数建立位移方程（写动位移的表达式）的方法称为柔度法。

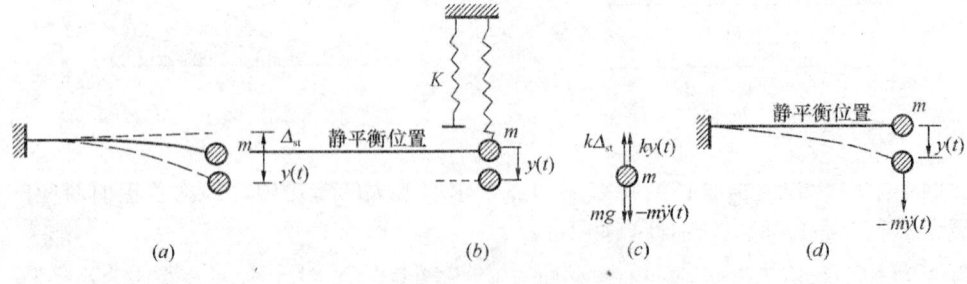

图 15.6-1 单自由度振动体系

单自由度体系无阻尼自振频率 ω、自振周期 T 的计算：

$$\omega = \sqrt{\frac{K}{m}} = \sqrt{\frac{1}{m\delta}} = \sqrt{\frac{g}{\Delta_{st}}}$$

$$T = \frac{2\pi}{\omega} = 2\pi\sqrt{\frac{m}{K}} = 2\pi\sqrt{\frac{\Delta_{st}}{g}}$$

式中，Δ_{st} 是体系在质量 m 处沿其自由度方向由重量（mg）产生的静力位移。

由上述公式已知，结构的自振频率、自振周期只与结构的质量和刚度有关。

【例 15.6-1】图 15.6-2 示结构，忽略轴向变形，梁柱质量忽略不计。该结构动力自由度的个数为（　　）。

A. 1　　　　　B. 2
C. 3　　　　　D. 4

解析：该结构忽略轴向变形，故在竖直杆及水平杆中部的两个 m 处分别有一个水平自由度和竖向自由度，故共有 2 个独立自由度。所以应选 B 项。

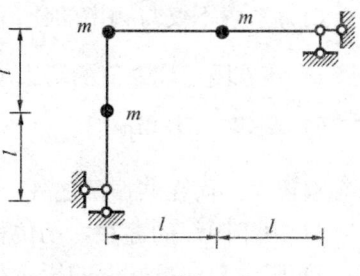

图 15.6-2　例 15.6-1 图

15.6.2 单自由度体系强迫振动

1. 单自由度体系强迫振动（表 15.6-1）

单自由度体系无阻尼与有阻尼强迫振动表　　　　　表 15.6-1

类别		位移动力系数（μ）	最大位移（y_{max}）
无阻尼	简谐荷载 $P(t)=P\sin\theta t$	$\mu = \dfrac{1}{1-\dfrac{\theta^2}{\omega^2}}$	$y_{max}=\mu y_{st}=\mu \cdot P\delta$
	突加常量荷载 P	$\mu = 2$	$y_{max}=2y_{st}=2P\delta$
	突加常量短时荷载	$\dfrac{t_1}{T} > \dfrac{1}{2}$，$\mu = 2$ $\dfrac{t_1}{T} < \dfrac{1}{2}$，$\mu = 2\sin\dfrac{\omega t_1}{2}$	$y_{max}=\mu y_{st}=\mu \cdot P\delta$
有阻尼	简谐荷载 $P(t)=P\sin\theta t$	$\mu = \dfrac{1}{\sqrt{\left(1-\dfrac{\theta^2}{\omega^2}\right)^2 + \dfrac{4\xi^2\theta^2}{\omega^2}}}$	$y_{max}=\mu y_{st}=\mu \cdot P\delta$

2. 阻尼对振动的影响

(1) 单自由度体系有阻尼自由振动

有阻尼的自振频率 ω_r 略小于无阻尼的自振频率 ω。但一般建筑结构 ξ 值很小，当 $\xi < 0.2$ 时，取 $\omega_r = \omega$，即忽略阻尼对自振频率的影响。

阻尼对振幅的影响较为明显，由于阻尼，振幅随时间逐渐衰减，振动能量逐渐消耗。严格讲，这种运动已不再具有周期性，但仍具有波动性和明显的等时性，习惯上称它为衰减振动。阻尼比 ξ 越大，振动衰减的速度越快。阻尼比 ξ 是反映振动体系阻尼情况的基本参数，其值可通过实测相差一个周期 $T_r\left(T_r=\dfrac{2\pi}{\omega_r}\approx\dfrac{2\pi}{\omega}\right)$ 的两个振幅 y_k 及 y_{k+1} 由下式计算得到

$$\xi = \frac{1}{2\pi}\ln\frac{y_k}{y_{k+1}}$$

对于大阻尼（$\xi > 1$）及临界阻尼（$\xi = 1$）的情况，振动微分方程的解函数已不再具有波动性，不会出现振动情况。

(2) 单自由度体系有阻尼强迫振动

动力系数

$$\mu = \frac{1}{\sqrt{\left(1-\dfrac{\theta^2}{\omega^2}\right)^2 + \dfrac{4\xi^2\theta^2}{\omega^2}}}$$

动力系数不仅与频率的比值 $\dfrac{\theta}{\omega}$ 有关，而且与阻尼比 ξ 有关。

1) 随着阻尼比 ξ 值的增大（$0 \leqslant \xi \leqslant 1$），动力系数 μ 的峰值明显下降。

2) 在 $\dfrac{\theta}{\omega} = 1$ 共振时，动力系数为 $\mu = \dfrac{1}{2\xi}$。在共振区 $0.75 \leqslant \dfrac{\theta}{\omega} \leqslant 1.25$ 范围内 ξ 对 μ 的影响很大，而在共振区之外，可忽略阻尼的影响，按无阻尼问题考虑。

3) 由于阻尼的存在，动位移总是滞后于动荷载。

4) 阻尼对自振频率的影响很小，计算自振频率时，可按无阻尼体系计算。

【例15.6-2】单自由度体系自由振动时实测10周后振幅衰减为最初的1%，则阻尼比为（　　）。

A. 0.1025　　　　B. 0.0950
C. 0.0817　　　　D. 0.0733

解析：正确答案为D项。阻尼比计算如下：

$$\xi = \left(\frac{1}{2\pi j}\right)\ln\left(\frac{y_n}{y_{n+j}}\right) = \left[\frac{1}{(2 \times 3.14 \times 10)}\right] \times \ln\left[\frac{y_n}{1\% \times y_n}\right] = 0.0733$$

【例15.6-2】

15.6.3 多自由度体系的自振频率与主振型正交性

对多自由度体系的 n 个自振频率 $\omega_k (k = 1, 2, \cdots, n)$，若按它们的数值从小到大依次排列，则分别称为第1，第2，…，第 n 频率，总称为体系自由振动的频率。

多自由度体系有以下几点需要注意：

（1）多自由度体系的自振频率可由频率方程得出，自振频率的个数与体系动力自由度的数目相等。n 个自由度体系就有 n 个自振频率。

（2）**多自由度体系作简谐振动时，各点位移均按同一简谐函数变化，故各质点振幅间的相对比值反映了任一时刻的振动形式，这种振动形式称为主振型。**对应于每个自振频率都可由振型方程求出相应的主振型。主振型就是单频自由振动的振动形式。n 个自由度体系，有 n 个主振型，它们反映了体系自由振动的基本形式。若初始干扰严格符合某一主振型的要求，就会实现该主振型的振动。在任意初始干扰体系下的振动是各主振型的线性组合。

（3）体系的自振频率、主振型及主振型的正交性，都是体系本身固有的动力性质，取决于体系本身的刚度（柔度）及质量的分布情况，而与外界荷载无关。

主振型及其正交性见表15.6-2。

主振型及其正交性　　　　　　　　　　　　　　　　表15.6-2

项目	柔度法	刚度法
振幅方程	$\left([F][M] - \dfrac{[I]}{\omega^2}\right)\{A\} = \{0\}$	$([K] - \omega^2[M])\{A\} = \{0\}$

续表

项目	柔度法	刚度法
频率方程	$D = \left| [F][M] - \dfrac{[I]}{\omega^2} \right| = 0$	$D = \left| [K] - \omega^2[M] \right| = 0$
两自由度的主振型	$\rho_1 = \dfrac{A_2^{(1)}}{A_1^{(1)}} = \dfrac{\dfrac{1}{\omega_1^2} - f_{11}m_1}{f_{12}m_2}$ $\rho_2 = \dfrac{A_2^{(2)}}{A_1^{(2)}} = \dfrac{\dfrac{1}{\omega_2^2} - f_{11}m_1}{f_{12}m_2}$	$\rho_1 = \dfrac{A_2^{(1)}}{A_1^{(1)}} = \dfrac{\omega_1^2 m_1 - K_{11}}{K_{12}}$ $\rho_2 = \dfrac{A_2^{(2)}}{A_1^{(2)}} = \dfrac{\omega_2^2 m_1 - K_{11}}{K_{12}}$
不同主振型正交性条件 ($\omega_i \neq \omega_j$)	$\{A^{(i)}\}^T[M]\{A^{(j)}\} = 0$	$\{A^{(i)}\}^T[K]\{A^{(j)}\} = 0$

【例 15.6-3】已知结构刚度矩阵

$$K = \begin{bmatrix} 20 & -5 & 0 \\ -5 & 8 & -3 \\ 0 & -3 & 3 \end{bmatrix}$$

第一主振型为

$$\begin{Bmatrix} 0.163 \\ 0.569 \\ 1 \end{Bmatrix}$$

则第二主振型可能为( )。

A. $\begin{Bmatrix} -0.627 \\ -1.227 \\ 1 \end{Bmatrix}$ B. $\begin{Bmatrix} -0.924 \\ -1.227 \\ 1 \end{Bmatrix}$

C. $\begin{Bmatrix} -0.627 \\ -2.158 \\ 1 \end{Bmatrix}$ D. $\begin{Bmatrix} -0.924 \\ -1.823 \\ 1 \end{Bmatrix}$

解析：根据主振型关于刚度矩阵的正交性，设第二主振型为 $\begin{Bmatrix} x \\ y \\ z \end{Bmatrix}$，则

$$\begin{Bmatrix} 0.163 \\ 0.569 \\ 1 \end{Bmatrix}^T \begin{bmatrix} 20 & -5 & 0 \\ -5 & 8 & -3 \\ 0 & -3 & 3 \end{bmatrix} \begin{Bmatrix} x \\ y \\ z \end{Bmatrix} = 0$$

解得第二振型为 $\begin{Bmatrix} -0.924 \\ -1.227 \\ 1 \end{Bmatrix}$，所以应选 B 项。

习 题

【15.6-1】多自由度的自由振动是( )。

A. 简谐振动　　　　　　　　　　　　B. 若干简谐振动的叠加
C. 衰减周期振动　　　　　　　　　　D. 难以确定

【15.6-2】用动平衡法进行动力分析时，其中的惯性力（　　）。

A. 实际上不存在

B. 实际就作用在质点上

C. 实际存在，但不作用在质点上

D. 竖向振动时存在，其余方向不存在

【15.6-3】如图 15.6-3 所示，梁 $EI=$ 常数。弹簧刚度为 $k=48EI/l^3$，梁的质量忽略不计，则结构的自振频率为（　　）。

A. $\sqrt{\dfrac{32EI}{ml^3}}$　　B. $\sqrt{\dfrac{192EI}{5ml^3}}$　　C. $\sqrt{\dfrac{192EI}{9ml^3}}$　　D. $\sqrt{\dfrac{96EI}{9ml^3}}$

【15.6-4】图 15.6-4 所示梁的质量沿轴线均匀分布，该结构动力自由度个数为（　　）。

A. 1　　　　B. 2　　　　C. 3　　　　D. 无穷多

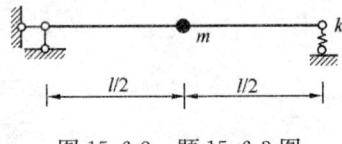

图 15.6-3　题 15.6-3 图　　　　　图 15.6-4　题 15.6-4 图

【15.6-5】图 15.6-5 所示体系杆的质量不计，$EI_1=\infty$，则体系的自振频率 ω 等于（　　）。

A. $\sqrt{\dfrac{3EI}{ml}}$　　B. $\dfrac{1}{h}\sqrt{\dfrac{3EI}{ml}}$

C. $\dfrac{2}{h}\sqrt{\dfrac{EI}{ml}}$　　D. $\dfrac{1}{h}\sqrt{\dfrac{EI}{3ml}}$

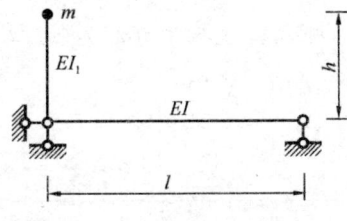

图 15.6-5　题 15.6-5 图

【15.6-6】无阻尼单自由度体系的自由振动方程的通解为 $y(t)=C_1\sin\omega t+C_2\cos\omega t$，则质点的振幅为（　　）。

A. $y_{\max}=C_1$　　　　　　　　　　B. $y_{\max}=C_2$

C. $y_{\max}=C_1+C_2$　　　　　　　D. $y_{\max}=\sqrt{C_1^2+C_2^2}$

【15.6-7】结构自振周期 T 的物理意义是（　　）。

A. 每秒振动的次数　　　　　　　　　B. 干扰力变化一周所需的秒数

C. 2π 秒内振动的次数　　　　　　　D. 振动一周所需秒数

【15.6-8】已知无阻尼单自由度体系的自振频率 $\omega=60\text{s}^{-1}$，质点的初位移 $y_0=0.4\text{cm}$，初速度 $v_0=15\text{cm/s}$，则质点的振幅为（　　）。

A. 0.65cm　　　　　　　　　　　　B. 4.02cm

C. 0.223cm　　　　　　　　　　　D. 0.472cm

【15.6-9】图 15.6-6 所示结构，质量 m 在杆件中点，$EI=\infty$，弹簧刚度为 k。该体系自振频率为（　　）。

A. $\sqrt{\dfrac{9k}{4m}}$ B. $\sqrt{\dfrac{2k}{m}}$ C. $\sqrt{\dfrac{9k}{2m}}$ D. $\sqrt{\dfrac{4k}{m}}$

【15.6-10】 EI 为常数，如图 15.6-7 所示梁的自振频率为（　　）。

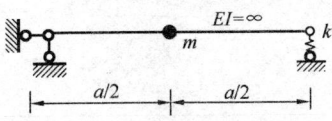
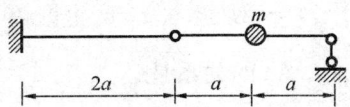

图 15.6-6　题 15.6-9 图　　　　　　　　　图 15.6-7　题 15.6-10 图

A. $\sqrt{\dfrac{6EI}{5ma^3}}$ B. $\sqrt{\dfrac{3EI}{5ma^3}}$ C. $\sqrt{\dfrac{EI}{5ma^3}}$ D. $\sqrt{\dfrac{EI}{2ma^3}}$

【15.6-11】 无阻尼等截面梁承受一静力荷载 P（图 15.6-8），设在 $t=0$ 时，撤掉荷载 P，则点 m 的动位移为（　　）。

A. $y(t) = \dfrac{Pl^3}{3EI}\cos\sqrt{\dfrac{3EI}{ml^3}}t$　　　　B. $y(t) = \dfrac{Pl^3}{3EI}\sin\sqrt{\dfrac{3EI}{ml^3}}t$

C. $y(t) = \dfrac{Pl^3}{8EI}\cos\sqrt{\dfrac{3EI}{ml^3}}t$　　　　D. $y(t) = \dfrac{Pl^3}{8EI}\sin\sqrt{\dfrac{3EI}{ml^3}}t$

【15.6-12】 如图 15.6-9 所示体系的动力自由度是（　　）。

A. 2　　　　　B. 3　　　　　C. 4　　　　　D. 5

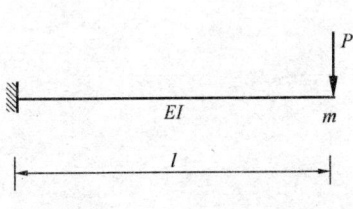
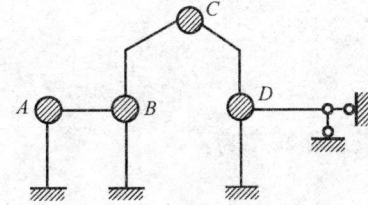

图 15.6-8　题 15.6-11 图　　　　　　　　　图 15.6-9　题 15.6-12 图

【15.6-13】 在图 15.6-10 所示结构中，若要使其自振频率 ω 增大，可以（　　）。

A. 增大 P　　　　　　　　　　B. 增大 m

C. 增大 EI　　　　　　　　　　D. 增大 l

【15.6-14】 如图 15.6-11(a)(b) 所示两结构仅支承形式不同，经初始干扰后（　　）。

A. 图（a）振动得快　　　　　　B. 图（b）振动得快

C. 振动得一样快　　　　　　　D. 受干扰大的振动得快

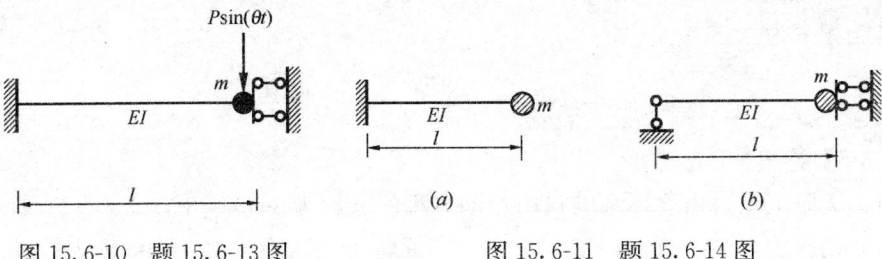

图 15.6-10　题 15.6-13 图　　　　图 15.6-11　题 15.6-14 图

【15.6-15】某单位自由度振动结构自振频率为 ω，考虑作用质点上动荷载的两种情况：

(1) $P_1(t) = P\sin\dfrac{3\omega}{4}t$，产生振幅 A_1；

(2) $P_2(t) = 2P\sin\dfrac{3\omega}{4}t$，产生振幅 A_2。

振幅 A_1、A_2 的关系是（　　）。

A. $A_1 > A_2$
B. $A_1 < A_2$
C. $A_1 = A_2$
D. 不能确定

习题答案及解析

【15.6-1】答案：B

解析：一般来说不同自由度的自由振动，其自振频率是不一样的。对于多自由度体系来说，其自由振动是若干简谐振动的叠加。

【15.6-2】答案：A

解析：动平衡法是指应用达朗贝尔原理来研究非自由质点系的动力学问题。其原理是引入虚加惯性力后用静力学中研究平衡问题的方法来处理动力学中的不平衡问题。用动平衡法进行动力分析时，其中的惯性力实际上不存在，是虚加于物体的。

【15.6-3】答案：B

解析：采用柔度法进行计算，在 m 处施加竖直向下的单位作用力，则结构在 m 处产生的竖向位移为：

$$\delta = 2 \cdot \dfrac{1}{EI} \cdot \dfrac{1}{2} \cdot \dfrac{l}{4} \cdot \dfrac{l}{2} \cdot \dfrac{2}{3} \cdot \dfrac{l}{4} + \dfrac{1}{2k} \cdot \dfrac{1}{2} = \dfrac{5l^3}{192EI}$$

所以自振频率为：

$$\sqrt{\dfrac{1}{m\delta}} = \sqrt{\dfrac{192EI}{5m^3}}$$

【15.6-4】答案：D

解析：题中梁的质量沿轴线均匀分布，体系中的运动质量为无穷多个，因此动力自由度也为无穷多个。

【15.6-5】答案：B

解析：如图 15.6-12 所示沿振动方向加单位力求柔度系数，

$$\delta = \dfrac{1}{EI_1}\dfrac{1}{2}h^2 \times \dfrac{2}{3}h + \dfrac{1}{EI}\dfrac{1}{2}hl \times \dfrac{2}{3}h = \dfrac{h^2 l}{3EI}$$

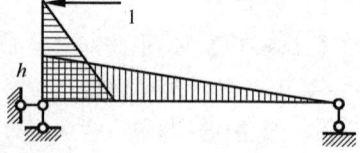

图 15.6-12　题 15.6-5 解图

则自振频率为：

$$\omega = \sqrt{\dfrac{1}{m\delta}} = \sqrt{\dfrac{3EI}{mh^2 l}} = \dfrac{1}{h}\sqrt{\dfrac{3EI}{ml}}$$

【15.6-6】答案：D

解析：无阻尼单自由度体系的自由振动方程的通解为 $y(t) = C_1\sin\omega t + C_2\cos\omega t$。若能正确表达，则应使 $C_1 = a\cos\alpha$，$C_2 = a\sin\alpha$，则通解可表达为 $y(t) = a\sin(\omega t + \alpha)$。式中，$a$ 为振幅，且

$$a = \sqrt{C_1^2 + C_2^2}$$

【15.6-7】答案：D

解析：结构自振周期 T 是指结构按基本振型（第一振型）完成一次自由振动所需的时间。

【15.6-8】答案：D

解析：质点作无阻尼单自由度体系的自由振动，振幅为

$$a = \sqrt{y_0^2 + \frac{v_0^2}{\omega^2}} = \sqrt{(0.4)^2 + \left(\frac{15}{60}\right)^2} = 0.472\text{cm}$$

【15.6-9】答案：D

解析：由于 $EI = \infty$，可知梁为刚性梁，所以简支梁跨中质量的竖向振动的柔度系数只由弹簧引起。跨中施加单位作用力，弹簧受力 $1/2$，向下位移 $1/(2k)$，所以跨中的位移为：$\delta = 1/(4k)$，所以可得体系的自振频率为

$$f = \sqrt{\frac{1}{m\delta}} = \sqrt{\frac{4k}{m}}$$

【15.6-10】答案：A

解析：利用柔度法解题，如图 15.6-13 所示，可得

$$\delta = \frac{1}{EI}\left(\frac{1}{2}a \times 2a \times \frac{2}{3}a + 2 \times \frac{1}{2} \times \frac{a}{2} \times a \times \frac{2}{3} \times \frac{a}{2}\right) = \frac{5}{6} \times \frac{a^3}{EI}$$

所以 $\omega = \sqrt{\frac{1}{m\delta}} = \sqrt{\frac{6EI}{5ma^3}}$

【15.6-11】答案：A

解析：利用图乘法可求得该结构的初位移为 $\frac{Pl^3}{3EI}$，按题意，质点作初速度为零，初位移为 $\frac{Pl^3}{3EI}$ 的单自由度体系无阻尼自由振

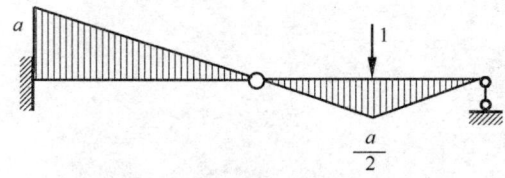

图 15.6-13 题 15.6-10 解图

动，其运动方程为 $y(t) = y_0\cos\omega t + \frac{v_0}{\omega}\sin\omega t = \frac{Pl^3}{3EI}\cos\omega t$，其中 $\omega = \sqrt{\frac{1}{m\delta}} = \sqrt{\frac{3EI}{ml^3}}$。

【15.6-12】答案：B

解析：在集中质量体系的动力分析中，一般都假定杆件有弹性而无质量，且不计受弯杆件的轴向变形。在此事先约定的前提下，在 A 点加一个水平链杆即可确定 A、B 的位置，在 C 点需加水平、竖向两根链杆，才能确定 C 点的位置。所以该体系有三个动力自由度。

【15.6-13】答案：C

解析：频率 $\omega = \sqrt{\frac{k}{m}}$，由此式可知增大自振频率可增大刚度。

【15.6-14】答案：C

解析：图示两结构的柔度系数相同，均为 $\delta = \frac{l^3}{3EI}$，质量相同，因此自振频率相同，

故两个结构的振动快慢相同，与所受干扰大小无关。

【15.6-15】答案：A

解析：$P_1(t)$ 作用时，动力系数 $\beta_1 = \dfrac{1}{1-\left(\dfrac{3}{4}\right)^2} = \dfrac{16}{7}$，振幅 $A_1 = \dfrac{16}{7}\delta P$；$P_2(t)$ 作用时，动力系数 $\beta_1 = \dfrac{1}{1-\left(\dfrac{1}{4}\right)^2} = \dfrac{16}{15}$，振幅 $A_1 = \dfrac{16}{15}\delta(2P)$。比较可知，$A_1 > A_2$。

第16章 结 构 试 验

考试大纲：
16.1 结构试验的试件设计、荷载设计、观测设计、材料的力学性能与试验的关系
16.2 结构试验的加载设备和量测仪器
16.3 结构静力（单调）加载试验
16.4 结构低周反复加载试验（伪静力试验）
16.5 结构动力试验
结构动力特性量测方法；结构动力响应量测方法。
16.6 模型试验
模型试验的相似原理；模型设计与模型材料。
16.7 结构试验的非破损检测技术
本章试题配置：5题

16.1 试件设计、荷载设计、观测设计与材料试验

高频考点梳理

知识点	结构试验设计	结构应变试验
近三年考核频次	1	1

16.1.1 试件设计

结构试验有现场试验与室内试验。

现场试验是在实际的结构或构件上进行试验。现场试验分研究性试验和鉴定性试验两类。

室内试验，鉴定构件的承载力、变形、抗裂和裂缝宽度，须采用实际构件。对成批生产的构件，按同一工艺正常生产不超过 1000 个构件，且不超过 3 个月的同类型产品为一批，在每批中应随机抽取 1 个构件作为试件进行检验。构件结构性能检验结果均应符合《混凝土结构工程施工质量验收规范》GB 50204—2015 的规定。

研究性试验需要对结构构件的尺寸、形状、数量、加载方法进行设计。比原型结构缩小比例较大的试件，需用相似理论进行设计，称为模型试验。通常缩尺的结构或构件试验称为一般结构试验（或小结构试验）。

试件形状要满足在试验时形成和实际工作相一致的应力状态和边界条件。

框架受水平地震作用的弯矩试件布置见图 16.1-1(a)，柱身 A-A、B-B 部位的试件形状见图 16.1-1(b)(c)，梁端 C-C、梁中 D-D 部位的试件形状见图 16.1-1(d)(e)，梁柱节

点采用十字形试件见图 16.1-1(f)。

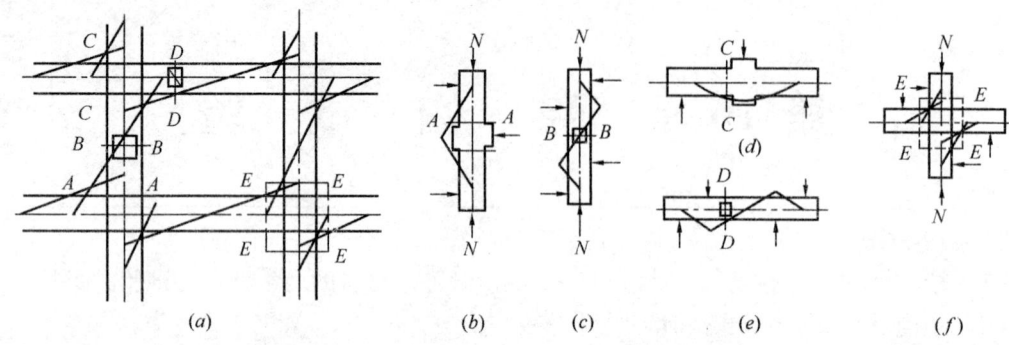

图 16.1-1 框架结构中的梁、柱和节点试件

试件的数量,对于某一试验指标,例如砌块墙体的抗剪强度试验,考虑影响因素(墙体高宽比、砂浆强度、正应力 σ_0 和芯柱数量 4 个因素),每个因素选择 3 个不同状态(水平),选用 $L_9(3^4)$ 正交试验表,见表 16.1-1。

$L_9(3^4)$ 墙体抗剪强度试验　　表 16.1-1

试验次数	试验因素				试验指标
	A 墙体高宽比	B 砂浆强度	C 正应力 σ_0 (MPa)	D 芯柱数量	墙体抗剪强度 (MPa)
1	1.2	A	0.4	0	
2	1.2	B	0.5	1	
3	1.2	C	0.6	2	
4	1.0	A	0.5	2	
5	1.0	B	0.6	0	
6	1.0	C	0.4	1	
7	0.8	A	0.6	1	
8	0.8	B	0.4	2	
9	0.8	C	0.5	0	

$L_9(3^4)$ 表示:试验次数 9 次,4 个因素,每个因素有 3 个水平。

为了保证试件的制作质量,试件的原材料、施工工艺,应符合有关标准的要求,还应保证量测仪器用的预埋件和预留孔洞位置正确,尽可能减少截面的削弱。在试件制作过程中保护预埋的传感元件和引出线。

试件设计的构造措施见图 16.1-2。图中支座反力和集中力作用处设预埋垫板,防止试件和支墩的局部承压破坏(图 16.1-2a~c);混凝土垫梁使墙顶面均匀受压(图 16.1-2d);偏心受压柱设牛腿、配钢筋，防止试验过程牛腿先于柱子破坏（图 16.1-2e）。

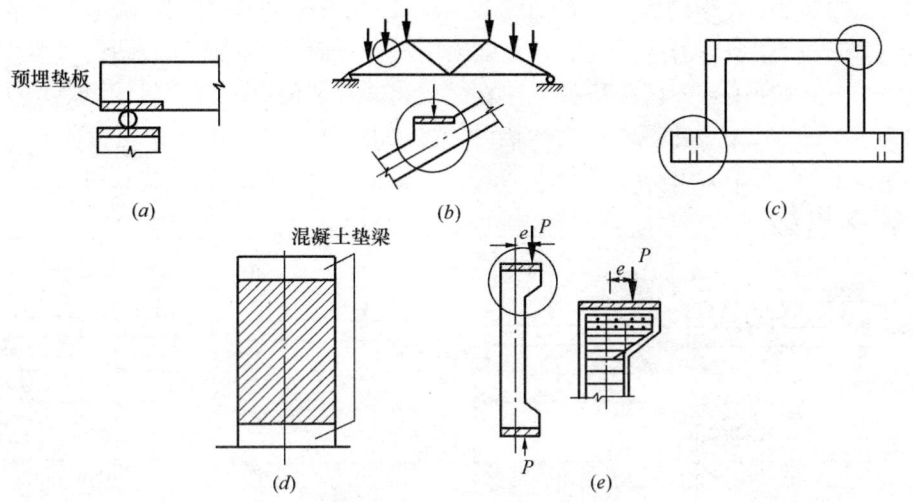

图 16.1-2 试件设计的构造措施

【例 16.1-1】 采用 $L_4(2^3)$、$L_8(2^7)$ 和 $L_{16}(2^{15})$ 三种正交表进行试验时，下列阐述正确的是（　　）。

A. 试验次数不同、因素不同、水平不同
B. 试验次数不同、因素不同、水平相同
C. 试验次数不同、因素相同、水平不同
D. 试验次数相同、因素相同、水平不同

解析： 正交表中"L"代表正交表，L 下角的数字表示试验次数，括号内的数字"2"表示水平数，2 上角的数字表示因素的数量。三种正交表试验次数和因素数均不同，但水平数相同。选 B。

【例 16.1-2】 结构试验分为生产性试验和研究性试验两类，下列不属于研究性试验解决的问题的是（　　）。

A. 综合鉴定建筑的设计和施工质量　　B. 为发展和推广新结构提供实践经验
C. 为制定设计规范提供依据　　　　　D. 验证结构计算理论的假定

解析： 结构试验的目的有：①科学研究性试验，包括验证结构计算理论的各种假定，为发展和推广新结构、新材料与新工艺提供实践经验，为制定设计规范提供依据。②生产鉴定性试验，包括：a. 鉴定结构设计和施工质量的可靠程度；b. 鉴定预制构件的产品质量；c. 工程改建或加固，通过试验判断结构的实际承载能力；d. 为处理受灾结构和工程事故提供技术根据；e. 对已建结构进行可靠性检验，推定结构剩余寿命。答案选 A。

16.1.2　荷载设计

1. 加载图式

为使结构构件的试验与实际工作状态一致，构件位置优先采用正位试验。对自重较大的吊车梁、柱、屋架等构件，当不便于吊装、运输和量测时，可采用卧位试验。为了减小构件变形、支撑面的摩擦力和自重弯矩，应将试件平卧在滚轴上，并保持水平状态。试验梁板的抗裂和裂缝宽度，可采用反位试验，对观测裂缝比较方便。

试验荷载在试验结构构件上的布置形式(包括集中荷载、均布荷载等)称为加载图式。加载图式应和设计结构构件时的计算简图一致。当试验条件受限制时,为了试验方便,在不影响试验主要目的的前提下,允许采用与计算简图不同的加载图式,但应遵守等效原则。这个等效原则是:试验荷载与计算荷载在试验结构构件的控制截面上,产生某一相同的作用效应(轴力、弯矩、剪力、挠度等)。如图 16.1-3 所示,在均布荷载 q 作用下的简支梁,用一个集中力 $P=ql$ 二分点加载,V_{max} 等效,但 M_{max} 不等效;用二集中力四分点加载或四集中力八分点加载,则 V_{max} 和 M_{max} 均等效。

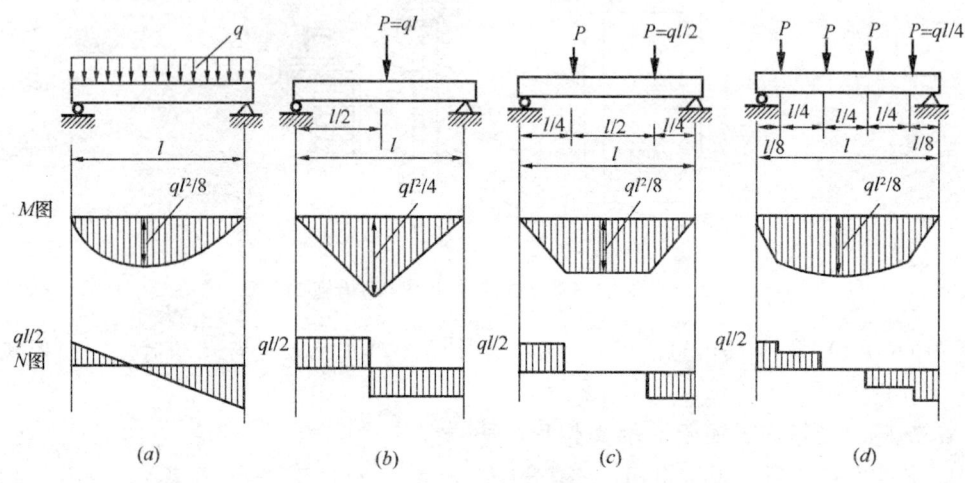

图 16.1-3 等效荷载示意图

(a) 设计荷载;(b) 一集中力二分点加载;(c) 二集中力四分点加载;(d) 四集中力八分点加载

在变形量测时,均布荷载 q 作用下的简支梁,换算成等效荷载时,在各级荷载作用下的短期荷载挠度实测值,按表 16.1-2 乘以相应的修正系数 Ψ。

加载图式修正系数　　　　　　　　表 16.1-2

名称	加载图式	修正系数 Ψ
均布荷载		1.0
二集中力四分点等效荷载		0.91
二集中力三分点等效荷载		0.98

续表

名称	加载图式	修正系数 Ψ
四集中力八分点等效荷载	$l/8$ $l/4$ $l/4$ $l/4$ $l/8$	0.97
八集中力十六分点等效荷载	$l/16$ $l/8$ $l/8$ $l/16$	1.0

2. 试验荷载的确定

(1) 对结构构件的挠度、裂缝宽度试验，应确定正常使用极限状态试验荷载值（简称为使用状态试验荷载值）；

(2) 对结构构件的抗裂试验，应确定开裂试验荷载值；

(3) 对结构构件的承载力试验，应确定承载能力极限状态试验荷载值，简称承载力试验荷载值。

进行鉴定（检验）试验，设计用均布荷载简支梁，检验用三分点加载。正常使用短期荷载检验值 F_s 和承载力检验荷载设计值 F_d 按下列原则进行计算。

正常使用极限状态、跨中截面弯矩 M 等效：

$$F_s = \frac{3}{8}(G_k + Q_k)bl \tag{16.1-1}$$

承载力极限状态、跨中截面弯矩等效：

$$F_d = \frac{3}{8}(\gamma_G G_k + \gamma_Q Q_k)bl \tag{16.1-2}$$

式中：G_k、Q_k——分别为恒载、活载标准值；

γ_G、γ_Q——分别为恒载、活载的分项系数；

b——板的宽度；

l——梁板的计算跨度。

如果试验荷载用二集中力四分点加载，则式（16.1-1）、式（16.1-2）中的系数由 3/8 改为 1/2。实际加载时，结构构件的自重和加载设备的重量，应作为试验荷载的一部分，在施加的检验荷载计算值中扣除。式（16.1-1）应为：

$$F_s = \frac{3}{8}(G_k + Q_k - Q_{自})bl \tag{16.1-3}$$

3. 加载程序

一般结构静载试验的加载程序为：预加载→试验荷载→破坏荷载。图 16.1-4 是一个典型的静载试验加载程序。

(1) 预加载

预加载可分级加载，但不宜超过混凝土和预应力混凝土结构构件开裂荷载的 70%，以免影响结构性能的评定。预加载的目的是：

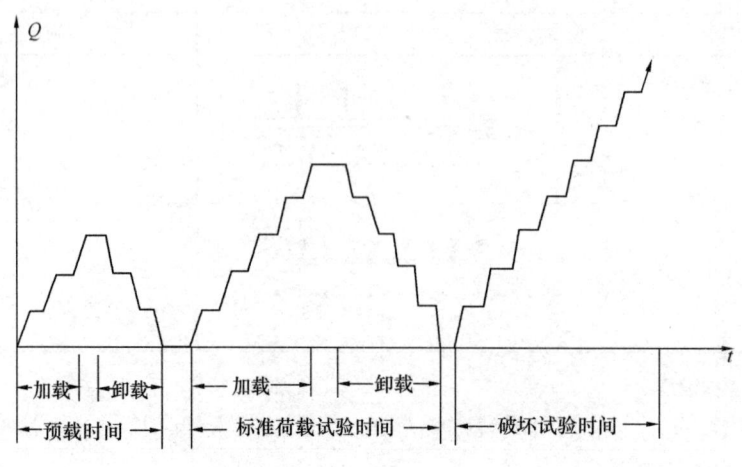

图 16.1-4 静载试验加载程序

1) 检查试验装置、量测仪表工作是否正常;
2) 减少试件和各支承装置间的接触变形;
3) 检查现场的组织工作和试验人员加载、仪表观测是否正确。

(2) 加载和卸载

试验荷载亦称标准荷载,需分级加载和卸载。

1) 在达到使用状态短期试验(检验)荷载值以前,每级荷载不宜大于 20% 的试验荷载值,超过试验荷载值后,每级加载值不大于 10% 的试验荷载。

2) 对于研究性试验,加载值到 90% 开裂荷载计算值后,每级加载不大于 5% 的试验荷载值;对于鉴定性试验,试验荷载接近抗裂荷载时,每级荷载不宜大于该荷载值的 5%。

3) 对于研究性试验,加载到承载力试验荷载计算值的 90% 时,每级按 5% 试验荷载值加载;对于鉴定性试验,加载接近承载力检验荷载时,每级按 5% 的承载力检验荷载值加载。

4) 每级荷载间歇时间的长短,取决于结构变形的发展情况,即结构变形基本上充分表现后,就可加下一级荷载。如果持续时间过短,结构变形不能充分发展,变形值偏小,在进行破坏荷载试验时,破坏荷载值偏高。

5) 试件卸载亦需分级,但级距可放大,每级卸载值按 20%~50% 的试验荷载值。每级卸载后,试件上保留的荷载与加载时的某一级荷载相对应,其目的是便于观测试件变形的恢复情况,了解结构构件的非弹性性质。

为了使卸载后的残余变形充分发展,对一般结构构件持续时间为 45min,对于新结构构件和跨度大于 12m 的结构构件,持续时间为 18h。

【例 16.1-3】有一均布荷载作用的简支梁,进行研究性试验时,在短期荷载作用下,实测梁的挠度曲线,其等效荷载采用( )。

A. 二集中力四分点加载 B. 二集中力三分点加载
C. 四集中力八分点加载 D. 八集中力十六分点加载

解析：均布荷载简支梁，在短期荷载作用下，梁的挠度曲线可用等效荷载八集中力十六分点加载实测。当采用等效荷载二集中力四分点加载时，实测挠度值应乘修正系数 0.91；当采用二集中力三分点加载时，应乘修正系数 0.98；而采用四集中力八分点加载时，修正系数为 0.97。均不能直接用实测数据。选 D。

【例 16.1-4】一般结构静载试验有预加载，下列关于预加载目的的论述没有必要的是（　　）。

A. 试件和试验装置设计是否合理
B. 检查试验装置、量测仪表工作是否正常
C. 减少试件和各支承装置间的接触变形
D. 检查现场的组织工作和试验人员加载、仪表观测是否正确

解析：试件和试验装置设计是否合理，用预加载的方法是不能解决的。选 A。

【例 16.1-5】混凝土和预应力混凝土结构构件试验，预加载应分级加载，加载值不宜超过构件开裂荷载的（　　）。

A. 30%　　　　B. 50%　　　　C. 70%　　　　D. 90

解析：混凝土和预应力混凝土构件的开裂荷载比较低，预加载一般为一级、二级，最多为三级，加载值不宜超过 70%的开裂荷载。若预加载为开裂荷载的 30%或 50%，有时会觉得偏低；但若达到 90%的开裂荷载，则由于混凝土强度的离散性，可能会导致构件开裂。选 C。

16.1.3 观测设计

试验的观测设计应包括以下内容：
（1）试验要求确定观测项目；
（2）布置测点位置；
（3）选择合适的仪表；
（4）确定观测方法。

1. 确定观测项目

（1）整体变形

结构的位移、挠度、转角、支座偏移代表结构的整体变形。结构的整体变形最能反映试件受力后的全貌，结构任何部位异常变形或局部破坏都能在整体变形中得到反映。

一个构件的挠度曲线至少有 5 个测点（包括跨中或集中荷载作用下位移最大处和两端支座沉降处），见图 16.1-5(a)。由挠度曲线不仅可以知道构件的刚度变化，而且可区分构件的弹性和非弹性性质。构件任何部位的异常变形或局部破坏均会在位移上得到反映，如图 16.1-5(b)所示曲线中的拐点。

（2）裂缝量测

在正常使用极限状态中，裂缝宽度是重要指标之一；因此，试验时应对结构在各级荷载作用下的裂缝发生、发展和试件的破坏作详细观测和记录，以便对结构的受力性能作出全面的判断。

（3）局部变形

结构构件的局部变形如构件的应变、曲率、裂缝、一点的位移和钢筋滑移等可以反映构件受载后的局部情况。

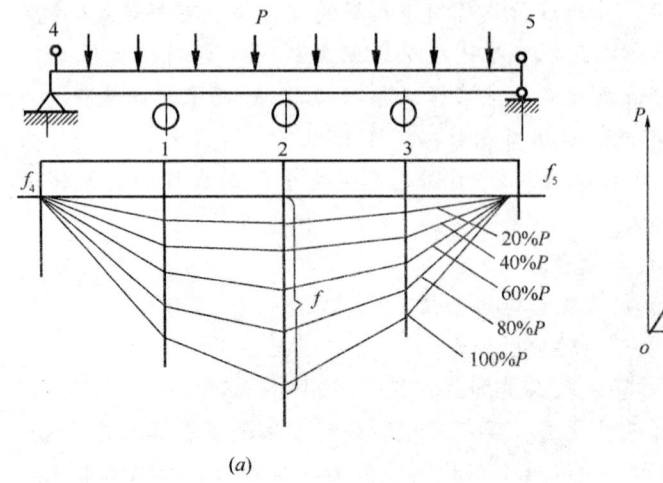
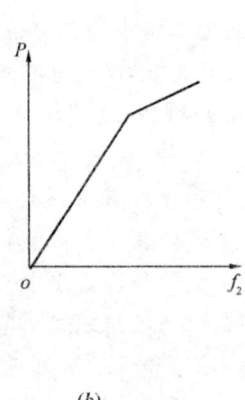

图 16.1-5 构件的挠度曲线

2. 测点布置

测点布置应遵循以下原则：

(1) 在满足试验要求的前提下，测点宜少不宜多，使试验工作重点突出；

(2) 测点位置要有代表性，最大挠度和最大应力等测点作为控制测点；

(3) 保证量测数据的可靠性，应布置一定数量的校核性测点（包括零应力点）；

(4) 测点布置便于测读和安全。

3. 仪器的选择

(1) 能满足测点所需的量程和精度。一般试验相对误差不超过 5%，仪表的最小刻度不大于 5‰ 的最大被测值。仪器的量程，最大被测值宜在仪器满量程的 1/5~2/3 范围内，最大被测值不宜大于仪器最大量程的 80%。

(2) 现场试验环境复杂，影响因素多，应选择合适的电测、机测仪表。如果测点的数量多，位置高、远，则采用电测仪表。

(3) 尽可能使用自动记录装置。

(4) 量测仪器的型号、规格尽可能一致，控制测点或校核性测点可同时使用两种类型仪器，便于比较。

4. 材料的力学性能试验

钢筋和混凝土的力学性能指标，对于正确估计结构构件的承载力、挠度、抗裂性、裂缝宽度，以及试验中荷载分级均具有重要意义。同时，在试验资料整理分析和评定试验结果时，也需要构件材料的实际力学性能。

钢筋的力学性能试验包括屈服强度、抗拉强度、伸长率和冷弯性能。

在制作混凝土结构构件时，应同时制作立方体试块，与结构构件同条件养护，以确定试验构件中混凝土的实际强度。当需要测定混凝土的应力或轴心抗压强度时，应同时制作棱柱体试件，以确定混凝土的弹性模量和轴心抗压强度，并绘制混凝土的应力-应变曲线。当进行抗裂性能试验时，应同时制作抗拉试件，以测定混凝土的抗拉强度。

【例 16.1-6】结构静力试验，确定观测项目时，应（　　）。

A. 首先考虑整体变形测量，其次考虑局部变形测量
B. 首先考虑局部变形测量，其次考虑整体变形测量
C. 考虑整体变形测量
D. 考虑局部变形测量

解析：在结构静力试验前，进行观测项目设计时，不能仅考虑整体变形或局部变形测量；而是首先考虑如何进行试件的整体变形测量，再考虑局部变形量测问题。答案为 A。

【**例 16.1-7**】仪器的量程，最大被测值宜在仪器满量程的（ ）之内。
A. 1/3～2/3　　　　　　　　B. 1/5～2/3
C. 1/4～2/3　　　　　　　　D. 1/3～1/2

解析：仪器的量程，最大被测值宜在仪器满量程的 1/5～2/3 范围内，选 B。

习　题

【**16.1-1**】设计混凝土结构构件时，用下列试验荷载值来验算构件的承载力、变形、抗裂性和裂缝宽度时，不正确的是（ ）。
A. 对构件的刚度进行试验时，应确定承载力极限状态的试验荷载值
B. 对构件的裂缝宽度进行试验时，应确定正常使用极限状态的试验荷载值
C. 对构件的抗裂性进行试验时，应确定开裂试验荷载值
D. 对构件进行承载能力试验时，应确定承载能力试验荷载值

【**16.1-2**】进行结构试验时，观测设计不应包括（ ）。
A. 按照试验的目的和要求，确定试验的观测项目
B. 按照试验的观测项目，布置测点位置
C. 选择测试仪器和数据采集方法
D. 按照试验的目的和要求，确定试验的加载方案

【**16.1-3**】下列结构静力试验的观测项目中，反映结构的局部变形的是（ ）。
A. 挠度　　　　　　　　　　B. 位移
C. 裂缝　　　　　　　　　　D. 转角

【**16.1-4**】在梁的试验观测项目中，首先应该考虑梁的整体变形。对梁的整体变形，最基本的测试项目是（ ）。
A. 裂缝　　　　　　　　　　B. 转角
C. 挠度　　　　　　　　　　D. 应变

【**16.1-5**】结构试验对测试仪器进行选择时，下列选择正确的是（ ）。
A. 仪器的最小刻度值不大于 3‰ 的最大被测值
B. 仪器的精确度要求，相对误差不超过 5%
C. 最大被测值不宜大于仪器最大量程的 70%
D. 最大被测值宜在仪器量程的 $\frac{1}{2}$ 范围内

【**16.1-6**】结构试验时，要正确估计结构的承载力、挠度等，应采用混凝土的（ ）。
A. 材料的平均值　　　　　　B. 材料的标准值
C. 材料的设计值　　　　　　D. 材料实际的力学性能

【16.1-7】正确和合理的（　　）对整个试验工作会有很大的好处，反之，不仅影响试验工作的顺利进行，甚至会导致整个试验的失败，严重的还会发生安全事故。

A. 加载　　　　　　　　　　　　B. 理论计算
C. 荷载设计　　　　　　　　　　D. 制作试件

【16.1-8】测试仪器的选择要求最大被测值宜在仪器满量程的 $\frac{1}{5} \sim \frac{2}{3}$ 范围内，一般最大被测值不宜大于选用仪器最大量程的（　　）。

A. 70%　　　　　　　　　　　　B. 80%
C. 90%　　　　　　　　　　　　D. 100%

习题答案及解析

【16.1-1】答案：A

解析：对构件的刚度进行试验时，应确定正常使用极限状态的试验荷载值。

【16.1-2】答案：D

解析：试验的加载方案属于结构试验的荷载设计内容，不在观测设计项目之内。
其余三项内容均为结构试验的观测设计项目。

【16.1-3】答案：C

解析：结构静力试验观测项目，反映结构局部变形的有应变、裂缝、钢筋滑移。而挠度、位移、转角和支座偏移等，均为结构静力试验观测中反映结构整体变形的项目。

【16.1-4】答案：C

解析：对梁通过挠度的测量，不仅能知道构件的刚度、构件所处的弹性或非弹性状态，而且也能反映出混凝土梁是否有开裂的局部变形。而裂缝和应变反映的是构件的局部变形；转角虽能反映构件的整体变形，但不是最基本的。

【16.1-5】答案：B

解析：选择仪器时，仪器的精确度要求相对误差不超过5%。而仪器的最小刻度值要求不大于5%的最大被测值；一般最大被测值不宜大于仪器最大量程的80%；最大被测值宜在仪器满量程的 $\frac{1}{5} \sim \frac{2}{3}$ 范围内。

【16.1-6】答案：D

解析：结构试验时，正确估计结构的承载力、挠度等，均需采用材料的实际力学性能。

【16.1-7】答案：C

解析：正确和合理的荷载设计对整个试验工作会有很大的好处，反之，不仅影响试验工作的顺利进行，甚至会导致整个试验的失败，严重的还会发生安全事故。

【16.1-8】答案：B

解析：能满足测点所需的量程和精度。一般试验相对误差不超过5%，仪表的最小刻度不大于5%的最大被测值。仪器的量程，最大被测值宜在仪器满量程的1/5~2/3范围内，最大被测值不宜大于仪器最大量程的80%。

16.2 结构试验的加载设备和量测仪器

高频考点梳理

知识点	应变测量标距要求	试验加载装置的设计
近三年考核频次	1	1

16.2.1 加载设备

1. 重力加载

重力加载物有铁块、砖、水、砂石以及其他废构件等重物。重物荷载常作为均布荷载直接堆载在结构表面上。为了防止重物荷载本身的起拱作用，造成试验构件的卸载，重物应分堆，每堆之间有一定间隙，如图 16.2-1 所示。

用水加载做楼板的静载试验，是一个简单易行的方案，可观测楼板变形、板底裂缝和板底钢筋应力，见图 16.2-2。

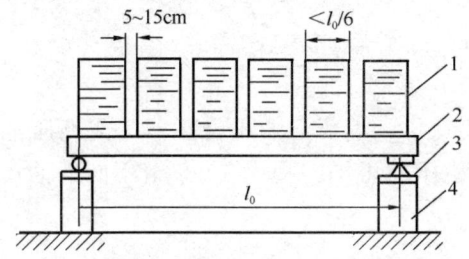

图 16.2-1 重物对板加均布荷载
1—重物；2—试验板；3—支座；4—支墩

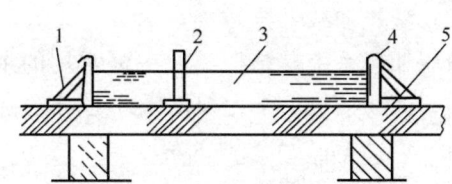

图 16.2-2 水作为均布荷载
1—侧向支撑；2—标尺；3—水；
4—防水胶布或塑料布；5—试件

楼板的静载试验，除加均布荷载外，也可加两个集中荷载，见图 16.2-3 (a)。由于受加载设备的限制，对试验构件加集中力荷载时，可利用杠杆加载装置，见图 16.2-3 (b)(c)，但集中荷载最大值不超过 200kN。

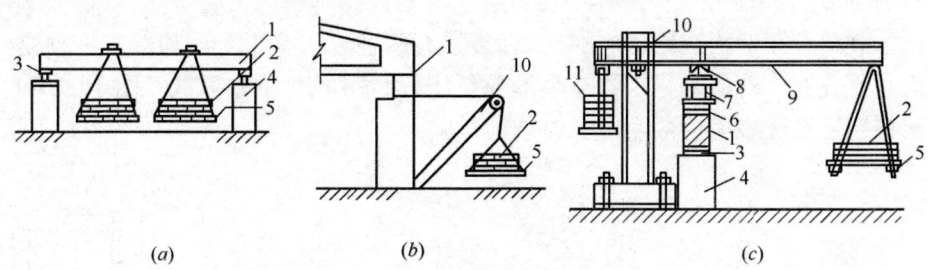

图 16.2-3 重物加集中荷载
1—试件；2—重物；3—支座；4—支墩；5—荷载盘；6—分配梁支座；
7—分配梁；8—加载支点；9—杠杆；10—荷载支架；11—杠杆平衡重

2. 液压加载

液压加载是目前最常用的加载方法，有手动液压千斤顶加载、长柱试验机加载、同步液压加载系统、电液伺服加载系统。

(1) 手动液压千斤顶加载

图 16.2-4 是一个简支梁三分点加载的加载装置。用一个液压千斤顶和一个分配梁对试验构件施加两个集中荷载，千斤顶上部设有一个荷载传感器，通过应变仪控制加载值，横梁的拉杆固定在台座或底梁上。

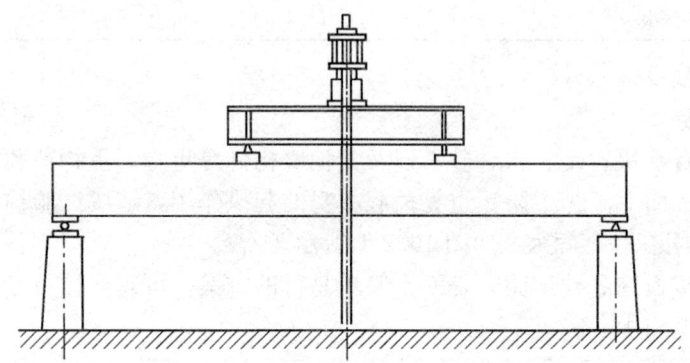

图 16.2-4 简支梁用千斤顶分配梁加载装置

(2) 液压加载系统

液压加载系统是结构试验中最常用的加载设备，主要由液压稳压器（或高压油泵）、分油器、高压油管、千斤顶组成。不同型号的稳压器可同时提供 1～5 组不同的油压，压力从 0～250MPa 到 0～3000MPa。

(3) 电液伺服加载系统

电液伺服加载系统是目前最先进的结构试验加载设备。电液伺服加载系统主要采用了电液伺服阀进行闭环控制，因而可获得高精度的加载控制，还易于对试验进行不同力学参数（如位移、荷载、应变等）的控制，以及在试验过程中进行控制参数的转换。

3. 机械机具加载

常用的机械加载机具和设备有螺旋式千斤顶、弹簧、手动葫芦、绞盘、卷扬机等。

由机械式激振器产生的正弦波荷载，用于测定结构的动力特性。

4. 气压加载

气压加载适合于对板壳结构施加均布荷载。有两种方式实现气压加载，一种是采用空气压缩机对气囊充气；一种是用真空泵形成负压，利用大气压差加载（图 16.2-5）。大气压差加载特别适合于表面为曲面的壳体结构试验。

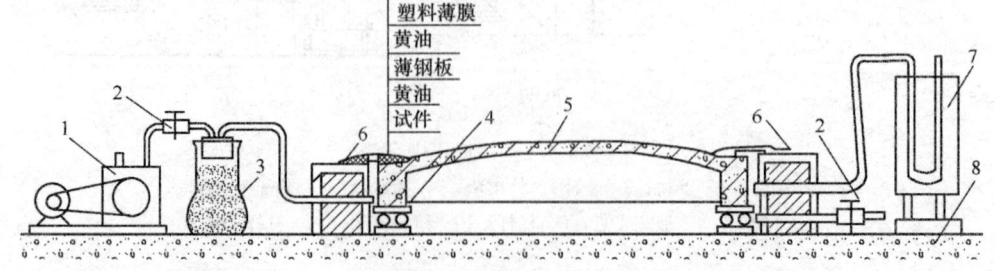

图 16.2-5 大气压差加载

1—真空泵；2—阀门；3—过滤瓶；4—铰支座；5—试件；6—台座侧壁；7—真空计；8—混凝土地坪

5. 支座和支墩

在结构设计中,常见的支座或边界条件为简支边界或固定边界。在结构试验中,简支边界条件采用铰支座实现,铰支座有如下几种类型:

(1) 活动铰支座

活动铰支座容许架设在支座上的构件自由转动和在一个方向上移动。它提供一个竖向的支座反力,不能传递弯矩,也不能传递水平力。

(2) 固定铰支座

固定铰支座容许架设在支座上的构件自由转动但不能移动。

(3) 柱式试件的铰支座

柱或墙体的试验所采用的支座也属于固定铰支座。在柱受压试验中,对压力作用点有比较高的定位要求。如图 16.2-6 所示,在长柱试验机上进行偏心受压柱的静载试验,偏心距是试验中的一个主要控制因素。

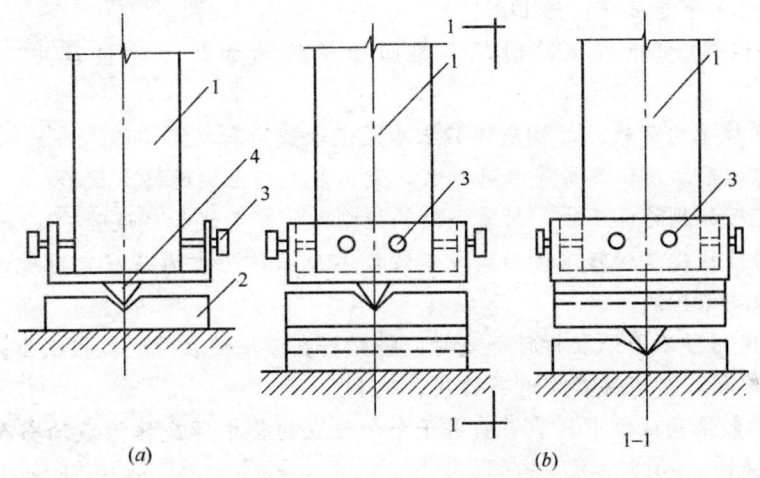

图 16.2-6 柱和墙板压屈试验的铰支座
(a) 单向铰支座;(b) 双向铰支座
1—试件;2—铰支座;3—调整螺丝;4—刀口

为防止试件支承处局部破坏,垫板厚度应保证有足够的刚度。用于钢筋混凝土构件上垫板厚度 δ 可按下式计算

$$\delta = \sqrt{\frac{2f_{cu}b^2}{f}}$$

式中:f_{cu}——试件混凝土立方体抗压强度(MPa);
b——滚轴中线至板边缘的距离(mm);
f——垫板钢材的计算强度(MPa)。

【例 16.2-1】 在选择试验荷载和加载方法时,下列要求不全面的是( )。

A. 试验加载设备和装置应满足结构设计荷载图式的要求

B. 荷载的传递方式和作用点要明确,荷载的数值要稳定

C. 荷载分级的分度值要满足试验量测的精度要求

D. 加载装置安全可靠,满足强度要求

解析：试验加载装置要安全可靠，不仅要满足强度要求，还必须按变形要求满足刚度要求，不能影响结构的自由变形和因刚度不足对试件卸荷而减轻结构实际承受的荷载。选D。

【例16.2-2】在进行构件试验时，加载设备必须有足够的强度和刚度，其主要目的是(　　)。

A. 避免加载过程加载设备因强度不足而破坏
B. 避免加载过程影响试件强度
C. 避免加载过程加载设备因强度不足产生过大的变形，影响试件的变形
D. 避免加载过程由于加载设备变形不稳定，影响加载值的稳定

解析：加载设备应具有足够的强度和刚度，主要是由于加载过程中加载设备也有变形。如果加载设备刚度不足，变形不稳定，就会对试件产生卸荷作用而减轻试件实际承受的荷载。加载设备有足够的强度和刚度，对试件的强度和试件的变形就没有影响，而加载过程加载设备也不可能破坏。选D。

【例16.2-3】结构静力试验时，下列四项试验的加载方法设计中，不够妥当的是(　　)。

A. 采用水作重力荷载，对钢筋混凝土水箱做承载力和抗渗试验
B. 采用螺旋千斤顶和弹簧等机具加载，做钢筋混凝土梁的持久试验
C. 采用气压加载的负压法，对薄壳结构模型做均布荷载加载试验
D. 采用松散状建筑材料（黄砂）或不装筐不分垛作为重力荷载直接施加于大型屋面板，做均布荷载试验

解析：当使用砂石等松散材料加载时，将材料直接堆放在屋面板板面上，将会造成荷载材料本身的起拱，对试件产生卸荷作用。选D。

【例16.2-4】结构试验中，能够将若干个加载点的集中荷载转换成均布荷载施加于试件端面的装置是(　　)。

A. 杠杆　　　　B. 分配梁　　　　C. 卧梁　　　　D. 反力架

解析：卧梁上有几个加载点，通过卧梁将集中力扩散在试件的上端面，形成均布荷载。而杠杆对试件施加集中力；分配梁将集中力通过分配梁对试件施加两个或多个集中力；反力架用于对试件施加水平力。选C。

【例16.2-5】杠杆加载试验中，杠杆制作方便，荷载值稳定不变，当结构有变形时，荷载可以保持恒定，对于(　　)尤为适用。

A. 动力荷载　　　　　　　　B. 循环荷载
C. 持久荷载　　　　　　　　D. 较大的短期荷载

解析：杠杆制作方便，有足够的强度、刚度时，荷载值稳定不变，当结构有变形时，荷载可以保持恒定，对于做持久荷载试验比较合适。而杠杆加载不能做动力荷载和循环加载试验；短期荷载，荷载值较大时也不能用杠杆加载。选C。

【例16.2-6】试验装置设计和配置应满足一定的要求，下列要求不对的是(　　)。

A. 采用先进技术，满足自动化的要求，减轻劳动强度，方便加载，提高试验效率和质量
B. 应使试件的跨度、支承方式、支撑等条件和受力状态满足设计计算简图，并在整

个试验过程中保持不变
C. 试验装置不应分担试件应承受的试验荷载，也不应阻碍试件变形的自由发展
D. 试件装置应有足够的强度和刚度，并有足够的储备，在最大试验荷载作用下，保证加载设备参与结构试件工作

解析：试件的跨度、支承方式、支撑等条件和受力状态不可能完全满足设计计算简图，只需试验荷载图式与计算简图图式所产生的内力值相等或极为接近即可。加载设备的基本要求有：①荷载试验的作用，应符合实际荷载作用的传递方式，能使被试验结构、构件再现其实际工作状态的边界条件，使截面或部位产生的截面内力与设计计算等效；②产生的荷载值应当明确，满足试验的精确度，除模拟动力作用之外，荷载值应能保持相对稳定，不会随时间、环境条件的改变和结构的变形而变化；③加载设备本身应有足够的承载力和刚度，并有足够的储备保证使用安全可靠；④加载设备不应参与结构工作，以致改变结构的受力状态或使结构产生次内力；⑤应能方便调节和分级加（卸）载，易于控制加（卸）载速率，分级值应能满足精度要求；⑥尽量采用先进技术，满足自动化的要求，减轻劳动强度，方便加载，提高试验效率和质量。选 B。

【例 16.2-7】 柱子试验中铰支座是一个重要的试验设备，比较可靠灵活的铰支座是（　　）。
A. 圆球形铰支座　　　　　　B. 半球形铰支座
C. 可动铰支座　　　　　　　D. 刀口铰支座

解析：柱子试验通常放在长柱试验机上进行试验，柱子上下两端设刀口铰支座，保证受力点位置的准确。选 D。

【例 16.2-8】 下述四种试验所选用的设备最不当的是（　　）。
A. 采用试件表面刷石蜡后，四周封闭抽真空产生负压方法做薄壳试验
B. 采用电液伺服加载装置对梁柱节点构件进行模拟地震反应试验
C. 采用激振器方法对吊车梁做疲劳试验
D. 采用液压千斤顶对桁架进行承载力试验

解析：激振器用以产生激励力，并能将这种激励力施加到其他结构和设备上的装置，结构（吊车梁）疲劳试验，施加的荷载应为脉动循环的荷载，通常在结构疲劳试验机上进行，用液压脉动加载器加载。激振器产生的为对称循环荷载，而且一般的激振器也没有足够的激振力。答案选 C。

16.2.2 量测仪器

结构试验时要对作用在结构构件上的荷载（包括支座反力）和结构构件的局部或整体变形进行量测，这种量测的工具称量测仪器。量测仪器分机测仪器和电测仪器。机测仪器将量测的参数经放大后直接显示在仪器的表盘上；而电测仪器将感受参数变化的量测仪器称为一次仪表（如电阻应变片、位移、荷载传感器等），将物理参数经电量放大显示部分称为二次仪表（如电阻应变仪等）。

1. 量测仪器的性能用其主要技术指标来表示：
(1) 刻度值：是指每一个最小刻度代表被量测的数值；
(2) 量程：指测量上限值和下限值之差；
(3) 灵敏度：指仪表在稳态下，某物理量输出值与输入值的比值；

(4) 精度：指仪表指示值与被测值的符合程度；

(5) 滞后：指仪表输入量从起始值到最大值，再从最大值到起始值之差。

2. 在选用量测仪表时，应考虑下列要求：

(1) 仪器的量程和精度：仪器的量程为1.5倍最大被测值，仪器的精度常以最大量程的相对误差来表示，并以相对误差值判定仪器的精度等级。如精度为0.2级的仪表，示值误差不超过最大量程的±0.2%。

(2) 动力试验用仪表，其线性范围、相频和幅频特性应满足试验要求。

(3) 安装在结构上的仪表，应质量轻、体积小、不影响被测结构的工作性能。

(4) 选用仪表时，应考虑试验的环境条件。

(5) 仪表使用前必须进行率定。

仪器的率定（标定）是要确定仪器的灵敏度和精确度，确定实验数据的误差。仪器的率定有两种情况：一是单件率定，确定某一件仪器的灵敏度和精确度；二是系统率定，确定几台仪器组成的系统的灵敏度和精确度。

3. 结构试验中需要测量两种位移：线位移和角位移。

(1) 线位移量测

线位移量测允许使用钢直尺、百分表、千分表、大量程百分表、水准仪等。

百分表最小分度值为0.01mm，量程为10mm、20mm、30mm等。

千分表的最小分度值为0.001mm，量程为1mm，主要用于量测钢筋在混凝土中的滑移，也可用作角位移、应变等量测的指示仪表。

位移也可用位移传感器接应变仪量测（电测）。位移传感器的准确度不应低于1.0级，最小分度值不宜大于所测总位移的1.0%，示值误差应为±1.0%F.S（F.S表示量测仪表的满量程）。

(2) 倾角仪

倾角仪的最小分度值不宜大于$5''$，电子倾角仪的示值误差应为±1.0%F.S。

4. 应变量测

应变量测指测单位长度的伸长量Δl，$\varepsilon = \frac{\Delta l}{l}$，$\varepsilon$是指$l$标距范围内的平均应变。量测方法有机测和电测两种。

(1) 机测法

机测法通常在被测构件表面放置杠杆应变仪，或者带空穴的测点用手持式应变仪量测，见图16.2-7。

用杠杆应变仪量测应变时，根据应变值ε按下式选择标距l。

$$\varepsilon = \frac{\Delta Z}{Kl}$$

式中：ΔZ——仪器读数盘上前后两次读数差；

K——仪器的放大率，$K=1000$；

l——标距。

一台手持式应变仪可进行多点量测，测点可长期放在试件上，但测量误差偏大。

(2) 电测法

电测法是在试件测点处粘贴电阻应变片（计），见图 16.2-8。试件受力后测点处产生变形，使应变片的电阻丝产生拉伸或压缩，阻值发生变化。电阻的变化率为

$$\frac{dR}{R} = K\varepsilon$$

式中：K——应变片的灵敏系数；
ε——金属丝的应变。

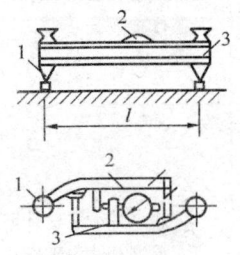

图 16.2-7 手持式应变仪
1—脚标；2—千分表；
3—仪器架

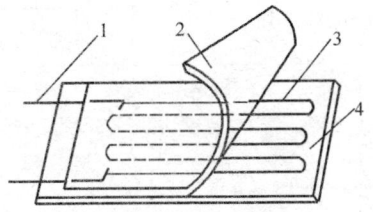

图 16.2-8 电阻应变计
1—引出线；2—覆盖层；
3—电阻栅；4—基底

电阻应变片（计）的主要技术指标有：
1) 电阻值 R，R 一般为 120Ω；
2) 标距 l，即电阻丝栅的有效长度，应变梯度大，则选用小标距；
3) 灵敏系数 K，表示单位应变引起应变片的相对电阻变化。

将应变片接入应变仪的电桥（惠斯登电桥）上，使电桥有一个电压（V_0）输出，经滤波和放大，在仪器的指示盘上显示应变的数值（图 16.2-9）。当接入电桥上的四个应变片阻值 R 相同，灵敏系数 K 相同，输出电压 V_0。可写成

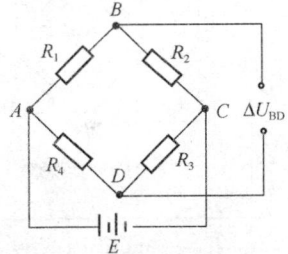

图 16.2-9 惠斯登电桥

$$V_0 = \frac{1}{4} V_i K (\varepsilon_1 - \varepsilon_2 + \varepsilon_3 - \varepsilon_4)$$

常用的电桥形式和应变计的布置见表 16.2-1。

常用的电桥形式和应变计布置   表 16.2-1

序号	电桥形式	应变计布置	测量项目和特点
1	1/4 电桥	R_{g1}	1. 测点处沿应变计轴向的应变。 2. 需另外布置温度补偿。 3. 每个应变计（测点）需一个电桥，相互间不影响

续表

序号	电桥形式	应变计布置	测量项目和特点
2	半桥(弯曲桥路)		1. 测点处截面的弯曲应变。 2. 温度补偿为工作片相互补偿。 3. 测得应变为两个应变的绝对值之和。当两个应变的绝对值相等时，测量灵敏度提高为 2 倍
3	半电桥(泊松比桥路)		1. 测点处沿应变计轴向的应变。 2. 温度补偿为工作片相互补偿。 3. 测量灵敏度提高为 $(1+\nu)$ 倍
4	全桥(弯曲桥路)		1. 测点处截面的弯曲应变。 2. 温度补偿为工作片相互补偿。 3. 测得应变为四个应变的绝对值之和，当四个应变的绝对值相等时，测量灵敏度提高至 4 倍

电阻应变量测是目前应变量测的主要方法，它的优点有：

1）测点数多，精确地量测 1×10^{-6} 应变，应变量测范围可达 $\pm 11100\times 10^{-6}$；

2）电阻应变片的体积小、质量轻，可安装在复杂、空间很小的区段内，且不影响结构的静态和动态特性；

3）对环境适应性强，可在高温（800～1000℃）、高压（1 万个大气压）及水中进行量测；

4）便于与计算机联用，实现量测自动化。

应变片的种类繁多，按敏感材料有丝绕式和箔式（可耐高温）等；按基底材料有纸基和胶基（可防潮）等。

应变片的粘贴工艺是电测的重要环节之一。应变片需进行分选（阻值差小于 0.5Ω）、测点表面处理、胶粘剂的选择（常用 502 胶和环氧树脂胶）、固化处理、粘贴质量检查（阻值和绝缘电 $500M\Omega$ 以上）以及防潮处理等。

应变片粘贴在试件上，当环境温度变化时，由于敏感材料与试件材料线膨胀系数不同，而产生敏感材料的约束变形，再加上温度变化引起敏感材料的自由变形，使阻值改变产生视应变。为了消除视应变需粘贴温度补偿片，称温度补偿。量测时，温度补偿片与试件上的工作必须阻值、灵敏系数相同，粘贴在相同材料上，处在同一个温度场。

(3) 精度与误差

用百分表、千分表等仪表构成的应变测量装置，其标距误差应为±1.0%，最小分度值不大于被测总应变的1.0%。

双杠杆应变仪的示值误差和标距误差均为±1%，最小分度值不宜大于被测总应变的2%。

静态电阻应变仪的精度不应低于B级，最小分度值不宜大于$10×10^{-6}$。

5. 裂缝宽度的量测

裂缝宽度量测一般用刻度放大镜，其最小分度值不宜大于0.05mm。

6. 变形量测

几种变形量测仪器与装置见图16.2-10。

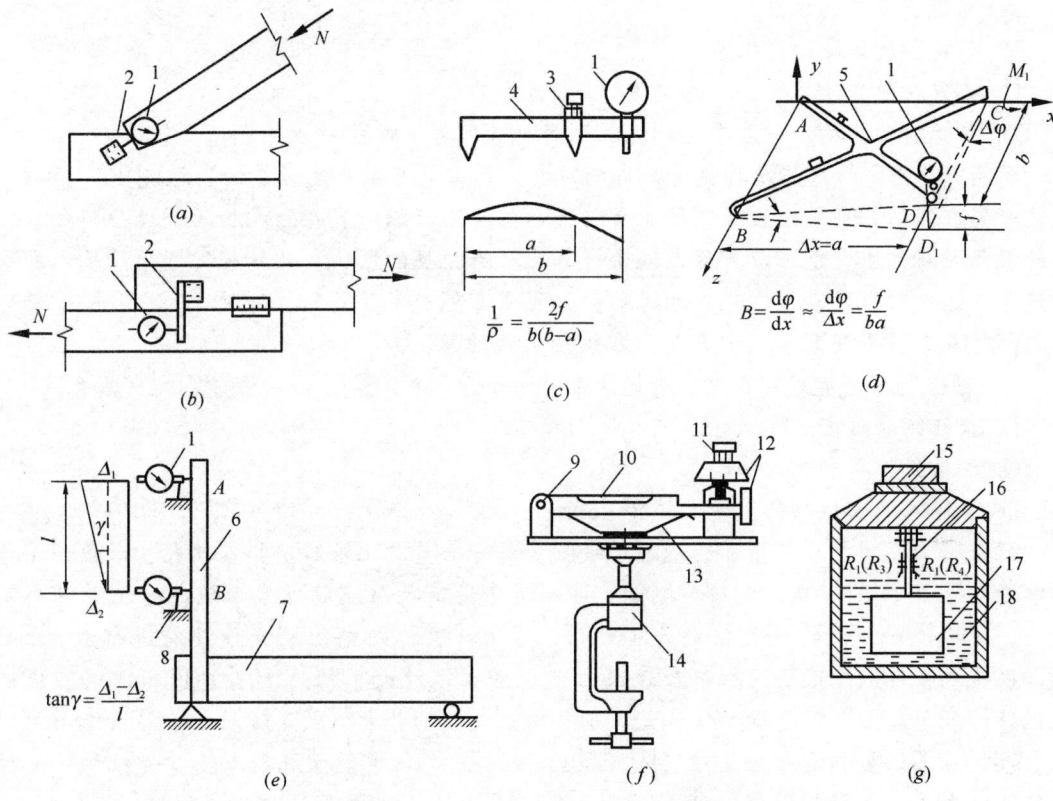

图 16.2-10 几种变形量测仪器与装置
(a) 千分表测挤压装置；(b) 千分表测滑移装置；(c) 千分表测曲率装置；
(d) 千分表测扭角装置；(e) 千分表测转角装置；(f) 水准管式倾角仪；(g) 电阻应变式倾角传感器
1—千分表；2—角铁；3—活动点滑块；4—固定点刚性杆；5—可伸缩十字刚性架；6—刚性杆；7—试件；
8—千分表架；9—铰；10—长水准管；11—微调螺丝；12—度盘；13—弹簧片；14—夹具；
15—圆水准器；16—电阻应变计（R_1、R_2、R_3、R_4）；17—质量块；18—油

(1) 转角

测定构件节点或截面的转角，可用位移计，也可用水准式或电子式倾角仪。

(2) 曲率

曲率的测定通常用位移计制作一个特定的装置进行量测。

(3) 扭角

用位移计测得某点的位移进行扭角计算。

(4) 力的量测

力的量测是机械式的各种测力计。由于电测技术的发展，目前常用的各种压（拉）力传感器，用应变仪显示力的数值。

弹簧式拉（压）力测力计的最小分度值不应大于 2.0%F.S.，示值误差应为±1.5%。负荷传感器精度不低于C级，对于长期试验，精度不低于B级，最小分度值不宜大于被测力值总量的1%，示值误差应为 1.0%F.S.。

【例 16.2-9】下列关于校核性测点的布置不正确的是（　　）。

A. 布置在零应力位置

B. 布置在应力较大的位置

C. 布置在理论计算有把握的位置

D. 若为对称结构，一边布置测点，则另一边布置一些校核性测点

解析：选 B。为保证结构测量数据的可靠性，需要布置一定数量的校核测点。校核测点应布置在容易判别或比较量测值正常与否的位置，可以布置在结构物的边缘凸角和零应力的截面或杆件上，也可以布置在理论计算比较有把握的区域，此外经常利用结构本身和荷载作用的对称性，在控制测点相对称的位置上布置一定数量的校核测点。

【例 16.2-10】下列量测仪表属于零位测定法的是（　　）。

A. 百分表应变量测装置（量测标距 250mm）

B. 长标距电阻应变计

C. 机械式杠杆应变仪

D. 电阻应变式位移计（量测标距 250mm）

解析：零位测定法是指，测量时用被测量与标准量相比较，用指零仪表指示被测量与标准量相等（平衡），从而获得被测量，即测量中没有将被测物理量示值进行放大的测量方法。A 项，百分表的放大倍数为 100 倍；B 项，长标距电阻应变计没有进行放大；C 项，机械式杠杆应变仪采用杠杆原理进行示值放大，放大率约为 1000；D 项，电阻应变式位移计采用放大电路进行示值放大，不同增益电阻的放大倍数是不同的。答案选 B。

【例 16.2-11】一电阻应变片（$R=120\Omega$，$K=2.0$），粘贴于混凝土轴心受拉构件平行于轴线方向，试件材料的弹性模量为 $E=2\times10^5$MPa，若加载至应力 $\sigma=$ 400MPa 时，应变片的阻值变化 dR 为（　　）。

A. 0.24Ω B. 0.48Ω

C. 0.42Ω D. 0.96Ω

解析：由应变片应变与应力公式可得，应变与应力的变化成线性关系。应变 $\varepsilon=\sigma/E=400/(2\times10^5)=0.002$，应变片的阻值变化率为：$dR/R=K\times\varepsilon$，$K$ 为灵敏度系数，则应变片的阻值变化 dR 为：

$dR=K\times\varepsilon\times R=2.0\times0.002\times120=0.48\Omega$。答案选 B。

【例 16.2-12】下列钢筋混凝土构件的各测量参数中，不适宜用位移计测量的是（　　）。

A. 简支梁的转角 B. 截面曲率
C. 顶部截面应变 D. 受扭构件应变

解析：纯扭构件（梁）在扭矩的作用下，构件发生扭转，通常沿梁表面粘贴45°应变片来测量梁的应变。答案选D。

习 题

【16.2-1】支座的形式和构造与试件的类型和（　　）的要求等因素有关。
 A. 力的边界条件 B. 位移的边界条件
 C. 边界条件 D. 平衡条件

【16.2-2】下列几项对滚动铰支座的基本要求，不正确的是（　　）。
 A. 保证结构在支座处力的传递 B. 保证结构在支座处能自由转动
 C. 结构在支承处有钢垫板 D. 滚轴的直径需进行强度验算

【16.2-3】结构试验时，固定铰支座可以使用于（　　）。
 A. 连续梁结构的一端 B. 简支梁的两端
 C. 悬臂梁结构的一端 D. 柱或墙板构件的两端

【16.2-4】试件支承装置中，各支墩的高差不宜大于试件跨度的（　　）。
 A. 1/50 B. 1/100 C. 1/150 D. 1/200

【16.2-5】为检验已建结构性能，需在现场唯一使用的荷载试验方法是（　　）。
 A. 反位试验 B. 原位试验
 C. 正位试验 D. 异位试验

【16.2-6】结构试验中为了测读方便，减少观测人员，测点的布置宜适当（　　）。
 A. 分散 B. 集中 C. 加密 D. 稀疏

【16.2-7】对试件进行各种参数测量时，其测点布置应遵循一定的原则。下列阐述不够准确的是（　　）。
 A. 测点布置宜少不宜多 B. 测点位置要有代表性
 C. 应布置一定数量的校核性测点 D. 测点布置便于测读和安全

【16.2-8】在利用电阻应变仪测量混凝土构件应变时，由于混凝土材质的非均匀性，应变仪的标距至少应大于骨料粒径的（　　）。
 A. 1～2倍 B. 2～3倍 C. 3～4倍 D. 4～5倍

【16.2-9】手持应变仪常用于现场测量，适用于测量实际结构的应变，且适用于（　　）。
 A. 持久试验 B. 冲击试验
 C. 动力试验 D. 破坏试验

【16.2-10】为提高液压加载器的加载精度和准确性，应优先采用（　　）量测荷载值。
 A. 压力表 B. 荷载传感器
 C. 位移计 D. 压力传感器

【16.2-11】用应变计测量试件应变时，为了得到准确的应变测量结果，应该使应变计与被测物体变形（　　）。
 A. 不一致 B. 不相仿
 C. 相仿 D. 一致

【16.2-12】结构静载试验时量测仪器精度要求为( )。
A. 测量最大误差不超过 5%　　　　B. 测量最大误差不超过 2%
C. 测量误差不超过 5%　　　　　　D. 测量误差不超过 2%

习题答案及解析

【16.2-1】答案：C
解析：支座的形式和构造与试件的类型和边界条件等因素有关。这里，边界条件既考虑力又考虑变形。支座的形式和构造与试件的类型仅考虑力的边界条件或位移的边界条件是不够的；实质上，平衡条件从力方面来考虑也是不合适的。

【16.2-2】答案：B
解析：对滚动铰支座，必须保证结构在支座处既能自由转动，也能水平移动。

【16.2-3】答案：A
解析：对于两跨连续梁，梁的一端为固定铰支座，另外两个支座为滚动铰支座。而简支梁一端为固定铰支座，另一端为滚动铰支座；悬臂梁为固定端支座，由固定铰支座加拉杆共同组成；柱两端为刀铰支座，墙板上端为自由端，下端为固定端。

【16.2-4】答案：D
解析：试件两端的支承，各支墩的高度差不宜大于试件跨度的 1/200。支墩的高差大，试件安装不水平，会产生水平分力，对试验结果产生一定的误差。试件的高差如达到试件跨度的 1/50、1/100 或 1/150，均可能会对试验结果产生较大的水平分力和试验误差。

【16.2-5】答案：B
解析：结构建成后，通常无法将结构放在某一种试验装置上进行检验，而只能采取原位施加荷载的方法检验，通常荷载为重力荷载。

【16.2-6】答案：B
解析：结构试验中为了测读方便，减少观测人员，测点的布置宜适当集中。

【16.2-7】答案：A
解析：试件试验时，布置一些测点对一些参数进行量测，要求在满足试验目的前提下，测点宜少不宜多。不能片面强调测点的多或少。其余三条阐述是正确的。

【16.2-8】答案：C
解析：在利用电阻应变仪测量混凝土构件应变时，由于混凝土材质的非均匀性，应变仪的标距至少应大于骨料粒径的 3~4 倍。

【16.2-9】答案：A
解析：手持应变仪常用于现场测量，适用于测量实际结构的应变，且适用于持久试验。

【16.2-10】答案：B
解析：用一个液压千斤顶和一个分配梁对试验构件施加两个集中荷载，千斤顶上部设有一个荷载传感器，通过应变仪控制加载值，横梁的拉杆固定在台座或底梁上，可提高液压加载器的加载精度和准确性。

【16.2-11】答案：D
解析：用应变计测量试件应变时，为了得到准确的应变测量结果，应该使应变计与被测物体变形一致。

【16.2-12】答案：A

解析：试验所用仪器要符合量测所需的精度要求，一般的试验，要求测定结果的相对误差不超过5％。精度要求高的试验需要高精度，误差要非常小。结构静载试验属于正常普通试验，应使仪表的最小刻度值不大于5％的最大被测值。

16.3 结构静力（单调）加载试验

高频考点梳理

知识点	最大承载能力试验	变形的量测
近三年考核频次	1	1

16.3.1 构件的破坏

1. 轴拉、偏拉、受弯、大偏压构件

在加载过程中，出现下列破坏标志之一时，此构件破坏：

(1) 有明显流限的热轧钢筋，受拉主筋达到屈服强度，受拉应变达到0.01；无明显流限的钢筋，主筋应变达到0.01。
(2) 受拉主筋拉断。
(3) 受拉主筋处最大垂直裂缝宽度达1.5mm。
(4) 挠度达到跨度的$l/50$，对悬臂结构，挠度达到悬臂长的$l/25$。
(5) 受压区混凝土压坏。

2. 轴心受压或小偏心受压

构件的破坏标志是混凝土受压破坏。

3. 受剪构件

构件的破坏标志是：
(1) 斜裂缝端部受压区混凝土剪压破坏；
(2) 沿斜截面混凝土斜向受压破坏；
(3) 沿斜截面撕裂形成斜拉破坏；
(4) 箍筋或弯起钢筋与斜裂缝交汇处的斜裂缝宽度达到1.5mm；
(5) 钢筋末端相对于混凝土的滑移值达0.2mm。

4. 极限荷载的取值

当加载过程中试件破坏，应取前一级荷载值作为结构构件的极限荷载实测值；当在荷载持续时间内试件破坏，应取本级荷载与前一级荷载的平均值作为极限荷载；荷载持续时间后试件破坏，取本级荷载为极限荷载。

【例16.3-1】下列几种在不同受力状态下的混凝土构件破坏标志，不正确的是( )。

A. 大偏心受压构件受压区混凝土压坏
B. 小偏心受压构件混凝土受压破坏
C. 轴心受拉构件主筋处垂直裂缝宽度达1.5mm
D. 受剪构件钢筋末端相对于混凝土的滑移值为0.3mm

解析：选D。受剪的混凝土构件破坏标志之一是，钢筋末端相对于混凝土的滑移值达到 0.2mm。

16.3.2 变形的量测

1. 结构构件的整体变形

结构构件的整体变形主要有竖向平面内的挠度和侧向位移。

(1) 任何构件的挠度或侧向位移都是指截面中轴线上的变形。因此，挠度测点位置必须布置在中轴线上，或在中轴线两侧对称布置。

(2) 构件跨中最大挠度是指消除支座沉降后的挠度最大值，测点不少于3个。

(3) 宽度大于600mm的构件、双向板、桁架的挠度测点，三铰拱的水平位移测点，以及悬臂式构件的测点见图16.3-1。

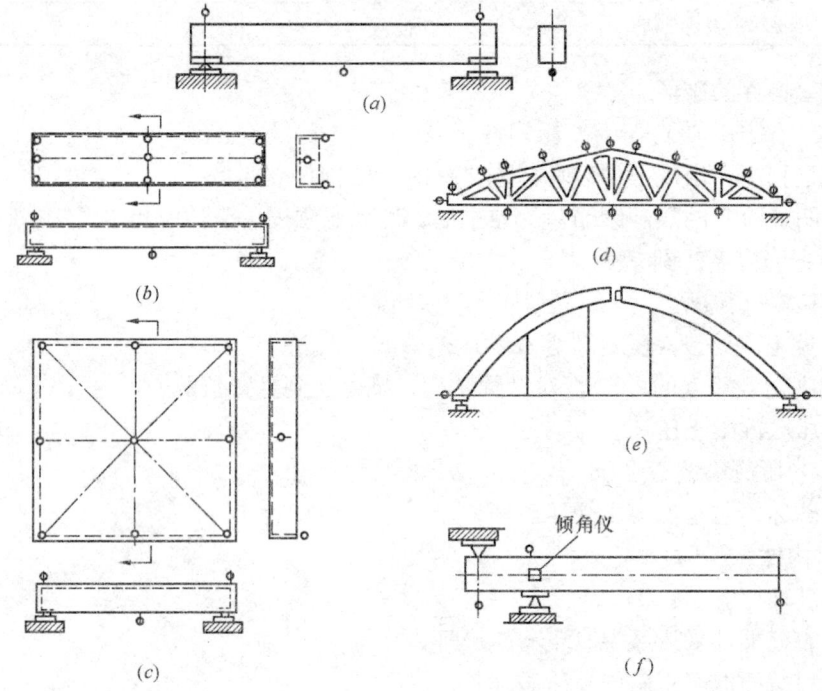

图 16.3-1 挠度测点布置

(a) 受弯构件测点；(b) 宽度大于600mm的构件测点；(c) 双向板测点；(d) 桁架挠度测点；
(e) 侧向推力水平位移测点；(f) 悬臂式结构测点

2. 结构构件的局部变形

(1) 受弯构件

在弯矩最大截面上布置不少于两个应变测点；需要量测沿截面高度的应变分布规律时，测点数不宜少于5个，且在同一截面受拉主筋上布置应变测点，见图16.3-2。

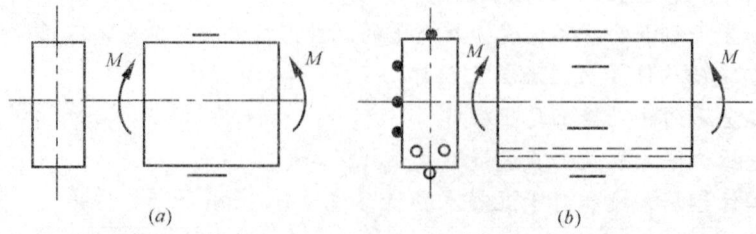

图 16.3-2 受弯构件截面应变测量测点布置

(2) 轴拉（压）构件

为了消除因荷载或材料不均匀引起的偏心，应在截面形心主轴方向布置两个测点。

(3) 复杂受力构件

偏心受力构件量测截面上不少于2个测点；双向受弯构件，在构件截面边缘处测点不少于3个；双向弯曲扭转构件截面测点不少于4个，详见图16.3-3。

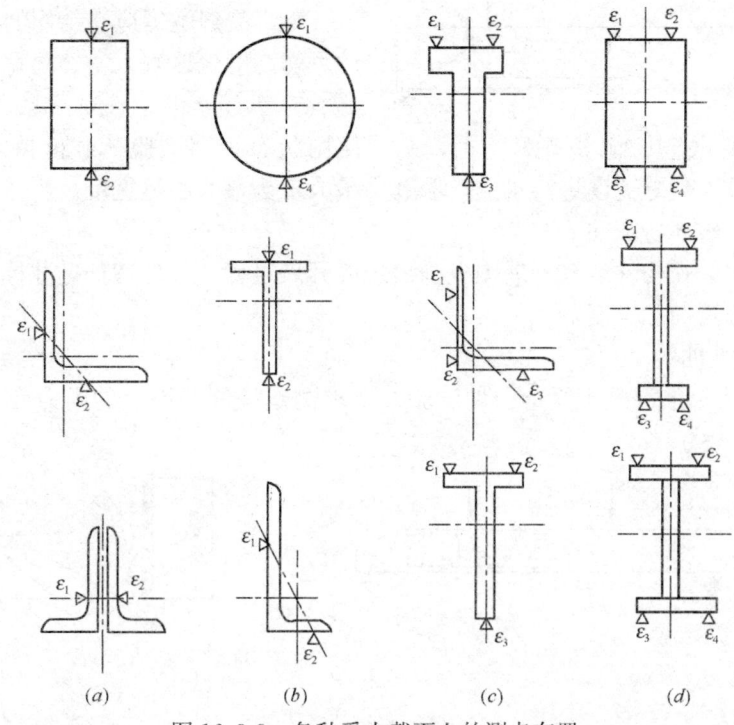

图 16.3-3 各种受力截面上的测点布置
(a) 轴向受力构件；(b) 压弯构件；(c) 双向弯曲构件；(d) 双向弯曲扭转构件

(4) 其他受力构件

对同时受剪力和弯矩作用的构件，需量测主应力大小和方向及剪应力时，应布置45°或60°平面三向应变测点，或称45°、60°应变花，见图16.3-4。

对纯扭构件，在构件量测截面两长边方向、侧面对应部位上，布置与扭转轴线成45°方向的测点，数量根据试验要求确定，见图16.3-5。

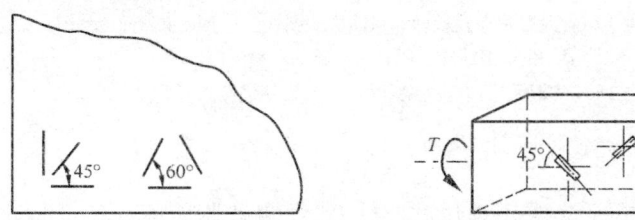

图16.3-4 三向应变量测测点布置　　图 16.3-5 受扭构件应变量测测点布置

3. 抗裂试验与裂缝量测

(1) 抗裂试验

结构构件进行抗裂试验时，在加载过程中测出第一条垂直裂缝或斜裂缝的位置，并确定相应的荷载值。

用读数显微镜观察裂缝时，其开裂荷载的取值与极限荷载的取法相同。用荷载挠度曲线方法时，取曲线上首次发生突变时的荷载为开裂荷载值。用连续布置应变片法时，取任一应变片应变增量有突变时的荷载为开裂荷载。测点布置见图 16.3-6。

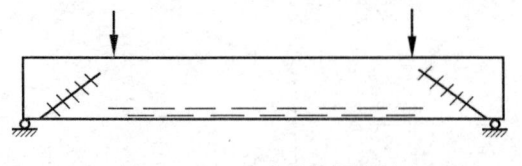

图 16.3-6　应变片检测裂缝

(2) 裂缝宽度

垂直裂缝宽度应在结构的侧面相应于受拉主筋高度处量测，斜裂缝宽度应在与箍筋或弯起钢筋交汇处量测。最大裂缝宽度应在使用状态短期试验荷载值持续 30min 结束时，选取三条较大裂缝宽度进行量测，取其中最大值为最大裂缝宽度。

(3) 裂缝及破坏特征图

试验过程中，在构件裂缝开展图上画出裂缝开展过程、破坏特征，并标注出现裂缝时的荷载值、裂缝走向和宽度。

4. 荷载-应变曲线

图 16.3-7 为钢筋混凝土受弯构件试验，要求测定控制截面上的内力变化及其与荷载的关系。

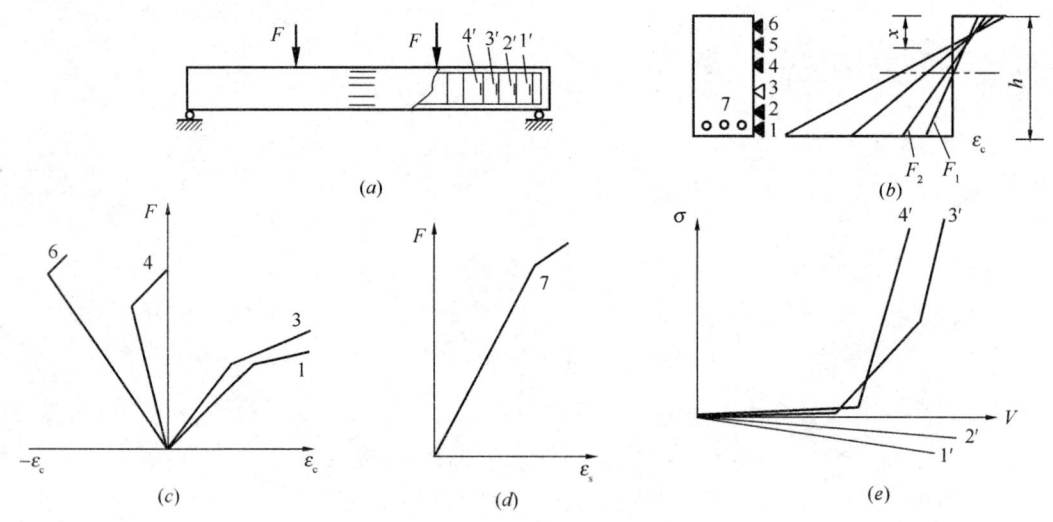

图 16.3-7　荷载-应变曲线

(a) 钢筋混凝土试件及贴片布置；(b) 截面应变图；(c) 混凝土表面应变图；
(d) 受拉钢筋应变图；(e) 箍筋受剪力图
1～7 为混凝土应变测点号；1′～4′为箍筋测点号

5. 构件试验

(1) 柱子

受压构件（短柱）的试验，采用正位试验。一般观测破坏荷载、各级荷载下侧向位移值和变形曲线、控制截面或区域的应力变化以及裂缝开展情况。

高大的柱子采用卧位试验（图 16.3-8），试验时要考虑结构自重所产生的影响。

(2) 屋架

屋架一般采用正位试验。由于屋架平面外刚度较弱，安装时应设侧向支撑，以保证屋

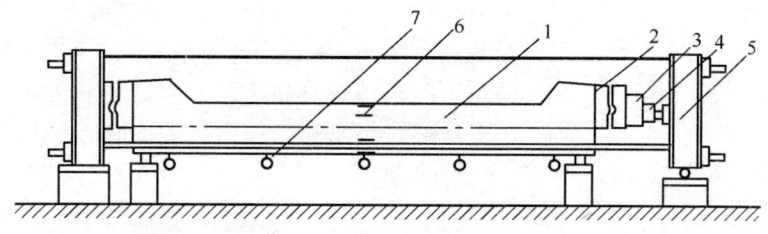

图 16.3-8 偏心受压柱的卧位试验
1—试件；2—铰支座；3—加载器；4—传感器；5—荷载支承架；6—电阻应变计；7—挠度计

架上弦的侧向稳定,如图 16.3-9 所示。

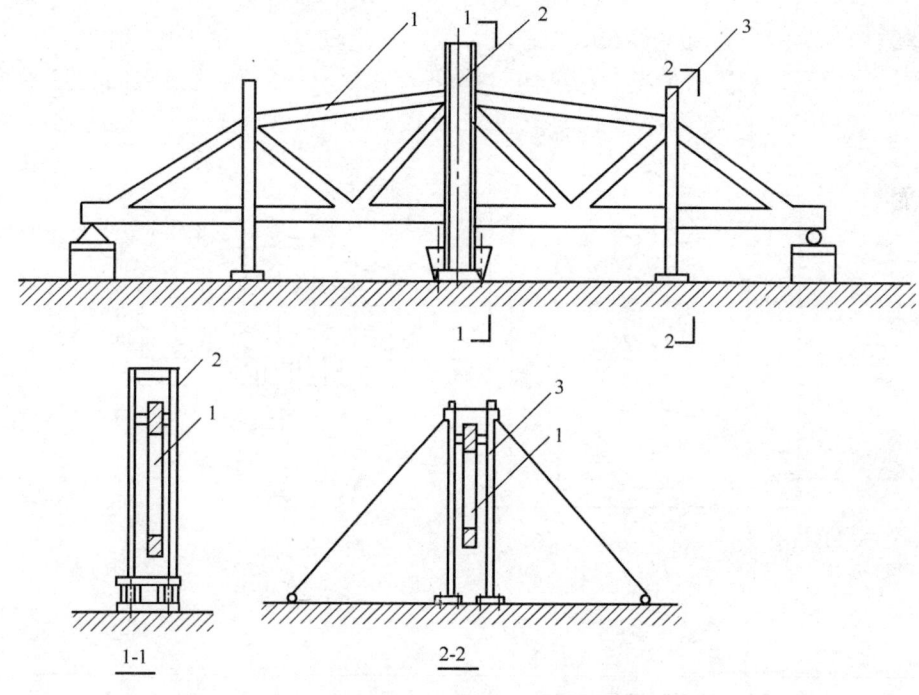

图 16.3-9 屋架试验及支撑
1—屋架；2—支撑架；3—支撑立柱

屋架的杆件内力测点布置见图 16.3-10，1-1 测点量测上弦杆的轴力，2-2 测点量测节

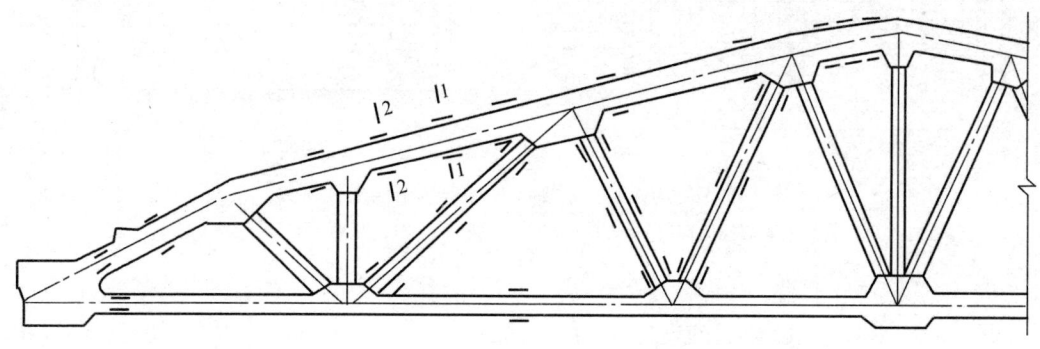

图 16.3-10 预应力钢筋混凝土屋架试验测量杆件内力测点位置

1173

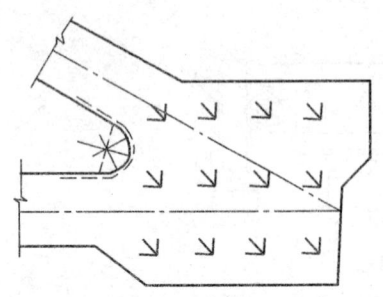

图 16.3-11 屋架端部节点上应变测点布置

点的次应力影响。测量端节点的应力分布规律，布置应变测点见图 16.3-11，通过计算求得端节点上的主应力、剪应力的数值及分布规律。测量上下弦杆交接处豁口的应力情况，可沿豁口周边布置单向应变测点。

（3）薄壳

薄壳是空间受力体系，壳体弯矩很小，荷载主要由轴向力承受。单位面积上荷载不太大，可以用重力直接加载，也可用壳面预留孔施加悬吊荷载，见图 16.3-12。如果需要较大荷载进行破坏试验，可用同步液压加载器加载，见图 16.3-13。

壳体结构观测的内容有位移和应变。由于测点数量较多，为此，利用结构对称和荷载对称，根据结构形状和受力情况，在结构对称的 1/2、1/4 或 1/8 区域内布置测点作为分析的依据，其他区域内布置适量的测点进行校核。图 16.3-14 表示了双曲扁壳的测点布置。

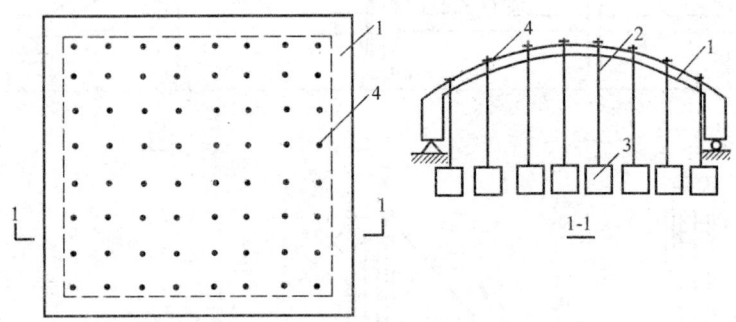

图 16.3-12 通过壳面预留孔施加悬吊荷载
1—试件；2—荷重吊杆；3—荷重；4—壳面预留洞孔

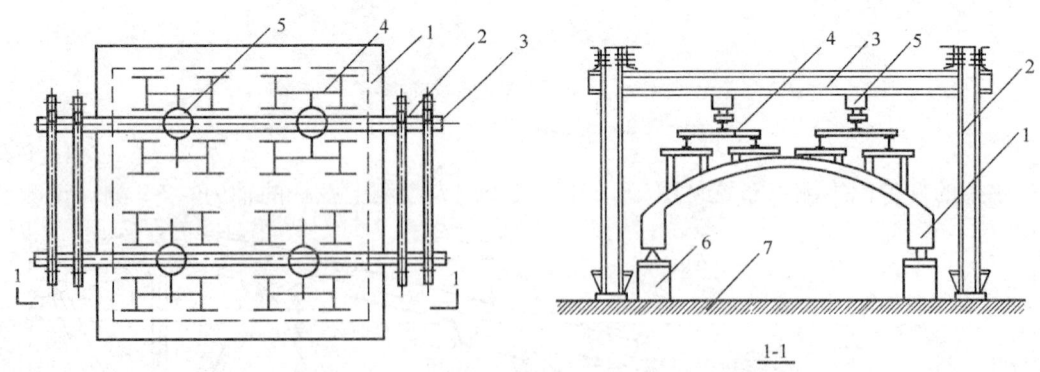

图 16.3-13 用液压加载器进行壳体结构加载试验
1—试件；2—荷载支承架立柱；3—横梁；4—分配梁系统；5—液压加载器；6—支座；7—试验台座

（4）钢筋混凝土楼盖

钢筋混凝土楼盖是已建成的整体结构，一般不做破坏性试验，布置荷载时应考虑荷载的最不利组合。

1) 单跨楼板

对于横向无联系（板缝未灌实）的装配式预制板，取并排的三块板施加荷载进行试验。对于横向有联系的现浇混凝土板，至少取 $3l$（l 为板的跨度）宽度进行加载，保证中间板条跨中弯矩和单独的简支板相同。

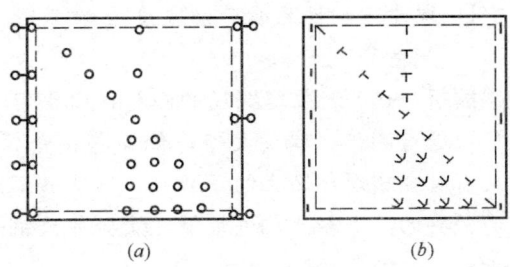

图 16.3-14　双曲扁壳的测点
(a) 位移；(b) 应变

2) 多跨连续板

多跨连续板求第一跨和中间跨跨中最大正弯矩 M_{max} 的荷载布置见图 16.3-15（a）(b)，支座最大负弯矩 $-M_{max}$ 的荷载布置见图 16.3-15（c）～（e）。

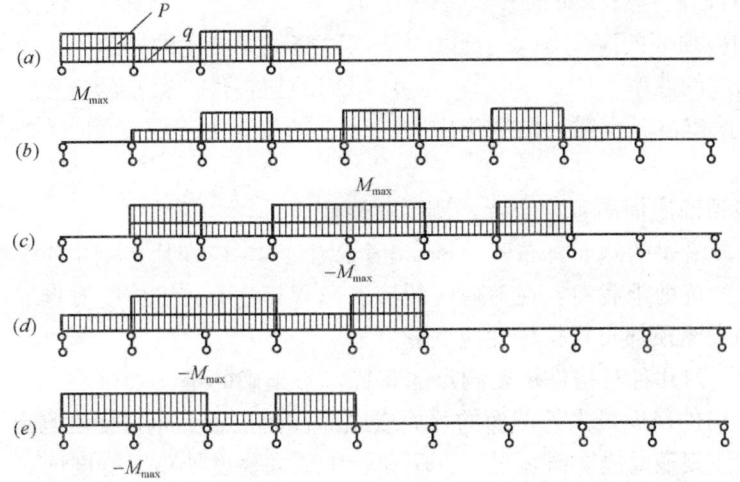

图 16.3-15　为求得弯矩的计算值所用的连续梁式结构加载图
(a) 在第一跨；(b) 在中间跨；(c) 在中间支座；(d) 在第三支座；(e) 在第二支座

【例 16.3-2】确定钢筋混凝土构件开裂荷载时，下列几种方法中，不正确的是（　　）。

A. 加载过程中构件开裂，取本级荷载和前一级荷载的平均值为开裂荷载

B. 加载持续时间后构件开裂，取本级荷载为开裂荷载

C. 荷载挠度曲线上首次发生突变时的荷载

D. 连续布置应变片法，取任一应变片应变增量有突变时的荷载

解析： 选 A。钢筋混凝土构件，加载过程中开裂，取前一级荷载值为构件开裂荷载实测值。

【例 16.3-3】测量混凝土受弯构件最大裂缝宽度，关于测量位置，下列正确的是（　　）。

A. 取受拉主筋处的一条宽度大的裂缝进行测量

B. 取受弯构件底面的一条宽度大的裂缝进行测量

C. 取受拉主筋处三条宽度大的裂缝（包括第一条裂缝和宽度最大的裂缝）进行测量

【例16.3-3】

D. 取受弯构件底面三条宽度大的裂缝（包括第一条裂缝和宽度最大的裂缝）进行测量

解析： 选 C。裂缝宽度的测量，由于肉眼不易判断，通常取三条最宽的裂缝，用读数显微镜进行测读，取最大值；位置取在受拉主筋处。取受拉主筋处一条宽度大的裂缝测读，有时会出现判断上的不正确，可能并不是最大值；取受弯构件的底面裂缝进行测读是没有必要的。混凝土构件裂缝过宽会导致钢筋锈蚀，因此裂缝宽度的测读位置应在受拉主筋处。

习　题

【16.3-1】钢筋混凝土梁在各种受力情况下，用位移计（百分表或千分表）进行下列各种参数测量时，测量有困难的参数是(　　)。

A. 受弯构件顶面的应变　　　　　　B. 简支梁支座的转角
C. 受弯构件的曲率　　　　　　　　D. 纯扭构件（梁）的应变

【16.3-2】简支混凝土梁，两个集中力三分点加载，关于应变测点的布置，下列不合理的是(　　)。

A. 纯弯段顶面底面布置应变片，测平截面假定
B. 在剪弯段沿梁的侧面，布置一排（5 个以上）45°应变片，测主应力轨迹线
C. 研究梁的抗剪承载力，在剪弯区的箍筋和弯起筋上布置应变测点
D. 在梁的支座顶部布置校核性应变测点

【16.3-3】下列几种对构件挠度测点的布置，不正确的是(　　)。

A. 在简支构件挠度最大处截面的顶面或底面任何位置上布置挠度测点
B. 简支构件测最大挠度时，可在支座和跨中最大挠度处布置挠度测点
C. 测偏心受压短柱的纵向弯曲时，在柱子侧面布置 5 个以上测点，其中两个在柱子的两端
D. 屋架在上、下弦节点处和支座处布置挠度测点

【16.3-4】薄壳结构都有侧边构件，为了校核壳体的边界支承条件，需在侧边构件上布置挠度计来测量它的（　　）位移。

A. 垂直　　　　　　　　　　　　　B. 水平
C. 垂直和水平　　　　　　　　　　D. 转动

【16.3-5】当对混凝土结构构件的刚度、裂缝宽度进行试验时，应确定正常使用(　　)的试验荷载值。

A. 弹性状态　　　　　　　　　　　B. 开裂状态
C. 屈服状态　　　　　　　　　　　D. 极限状态

习题答案及解析

【16.3-1】**答案：** D

解析： 纯扭构件（梁）在扭矩的作用下，构件发生扭转，通常沿梁表面粘贴 45°的应变片进行量测梁的应变。而用位移计（百分表或千分表），可以测量梁顶面的应变、梁支座的转角和梁的曲率。

【16.3-2】答案：A

解析：混凝土简支梁测纯弯段的平截面假定，需在同一截面上布置5个以上水平方向的应变测点。

【16.3-3】答案：A

解析：简支构件，在挠度最大处截面的顶面或底面应布置挠度测点，测点在形心主轴上，减小量测误差。

【16.3-4】答案：C

解析：测量垂直和水平位移。

【16.3-5】答案：D

解析：当对混凝土结构构件的刚度、裂缝宽度进行试验时，应确定正常使用极限状态的试验荷载值。

16.4 结构低周反复加载试验

高频考点梳理

知识点	低周反复荷载试验
近三年考核频次	2

16.4.1 试验及加载装置

1. 结构低周反复试验

结构低周反复加载试验是指一定力或位移周期性地反复或重复施加在结构构件上，通过试验来获得试验构件的强度、抗裂度、变形能力、刚度和破坏机理，称为结构抗震静力试验或伪静力试验。如果以某一确定的地震加速度记录输入，通过联机系统求得结构的恢复力-位移的非周期性关系，称之为拟动力试验，但其实质仍为静力试验。

低周反复加载试验的试件大多是单个构件，试验设备比较简单，加载过程中可以仔细观察其变形和破坏现象，但其缺点是不能反映其实际地震时材料的应变速率影响。

2. 加载装置

试验装置是使被试验结构或构件处在预期受力状态的各种装置的总称。

图16.4-1给出墙体结构试验装置，用来进行钢筋混凝土剪力墙或砌体剪力墙的低周反复荷载试验。图中传力杆将往复作动器的反复荷载施加到被试验的墙片两端；竖向的千斤顶向墙片施加竖向荷载，模拟实际结构中墙体受到的重力荷载；千斤顶的支座安装摩擦系数很小的滚动装置，使得千斤顶能够跟随墙片的水平变形而移动，千斤顶始终保持垂直。

图16.4-2给出框架结构中梁柱节点的试验装置。在这个试验装置中，柱的上下两端不能够产生水平位移，但能够自由转动，模拟框架柱反弯点的受力状态。柱下端的千斤顶施加荷载，使柱产生轴向压力。安装在梁端的两个往复作动器同步施加反复荷载，模拟地震作用下框架节点的受力状态。

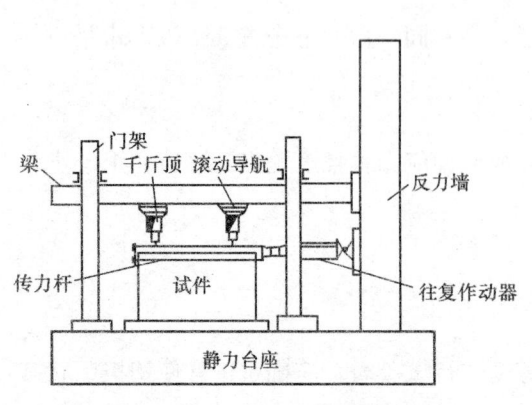
图 16.4-1 墙体结构试验装备

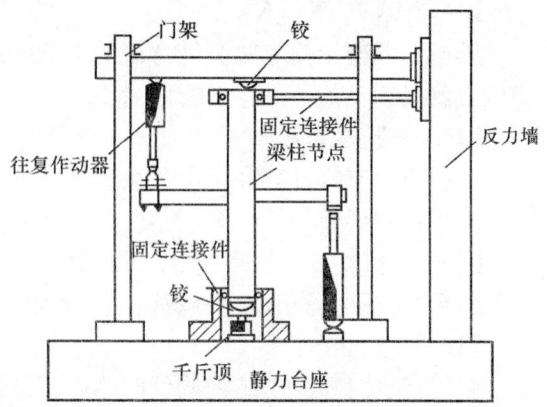
图 16.4-2 框架结构中梁柱节点试验装置

【例 16.4-1】下列不是低周反复加载试验的优点的是( )。
A. 在试验过程中可以随时停下来观察结构的开裂和破坏状态
B. 便于检验数据和仪器的工作情况
C. 可按试验需要修正和改变加载历程
D. 试验的加载历程由研究者按力或位移对称反复施加

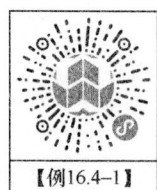
【例16.4-1】

解析：低周反复荷载试验是指对结构或结构构件施加多次往复循环作用的静力试验，是使结构或结构构件在正反两个方向重复加载和卸载的过程，用以模拟地震时结构在往复振动中的受力特点和变形特点。低周反复试验的优点包括：①试验设备比较简单；②加载历程可人为控制，并可按需加以改变或修正；③在试验的过程中，可以停下来观察结构的开裂和破坏状态，便于检验校核试验数据和仪器设备工作情况。D 项，低周反复加载静力试验的缺点是试验的加载历程是事先由研究者主观确定的，荷载是按位移或力对称反复施加，因此与任一次确定性的非线性地震反应相差很远，不能反映出应变速率对结构的影响。因此答案选 D。

【例 16.4-2】对结构构件进行低周反复加载试验，对模拟地震作用时其不足之处是( )。
A. 对结构构件施加低周反复作用的力或位移，模拟地震作用
B. 可以评定结构构件的抗震性能
C. 加载历程是主观确定的，与实际地震作用历程无关
D. 试验过程中可以停下来观测试件的开裂和破坏形态

解析：选 C。由于低周反复加载试验是对结构构件施加反复作用的力或位移，这种加载历程是在试验前预定的，试验过程也可以改变，与实际地震记录的加速度无直接关系。

16.4.2 加载制度

加载制度决定低周反复荷载试验的进程。根据试验的目的不同，常用的加载制度可分为三种：位移控制加载、荷载控制加载和荷载-位移混合控制加载。

位移控制加载是结构低周反复荷载试验最常用的加载制度。当试验加载按位移控制时，每一次反复加载的幅值为预先规定的位移值；当试验加载为荷载控制时，每一次反复

加载的幅值为预先规定的荷载值。

结构在试验中表现出来的性能与加载制度有十分密切的关系。钢筋混凝土悬臂柱低周反复荷载试验，如果采用等位移幅值控制加载，得到图 16.4-3（a）所示的试验结果曲线。如果采用等荷载幅值控制加载，得到如图 16.4-3（b）所示的试验结果曲线。两种加载制度从不同的角度反映了钢筋混凝土柱的抗震性能。

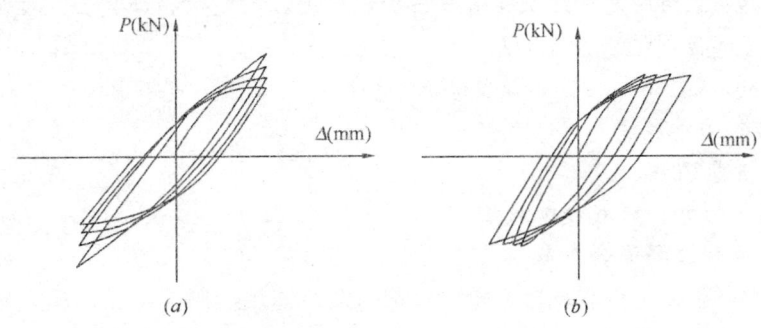

图 16.4-3　试验结果
(a) 等位移幅值控制；(b) 等荷载幅值控制

《建筑抗震试验规程》JGJ/T 101—2015 对加载制度做出了规定，基本原则为：

（1）试验结果应能够反映被试验结构的主要特征状态，得到特征点的试验数据。例如，混凝土结构构件或砌体结构的开裂荷载，结构的屈服荷载和屈服时的变形，结构的极限荷载和对应的变形。这里的极限荷载是指结构经历最大荷载后到破坏状态时的荷载，并规定混凝土结构的极限荷载为最大荷载的 85%。

（2）试验过程中，应保持反复加载的连续性和均匀性，加载速度、卸载速度和反向加载速度应一致。

（3）试验应采用荷载-位移双控制的加载制度。被试验结构或构件屈服前，采用荷载控制，分级加载；接近预估的开裂荷载或屈服荷载时宜减小级差进行加载；屈服后应采用变形控制，变形值取为被试验结构或构件屈服时的最大位移值，并以该位移值的倍数为级差，确定控制的位移幅值。

（4）施加反复荷载的次数可根据试验目的确定。一般在结构屈服前反复一次，屈服后反复三次。

实际上，在结构低周反复荷载试验中，由于试验目的的不同以及结构性能的差别，加载制度也有所不同。例如，为了研究不规则的地震运动导致的结构损伤积累，可以采用混合变幅加载制度，如图 16.4-4 所示。

结构低周反复荷载试验多采用电液伺服系统作为加载设备，不论采用哪种加载制度，都应事先做好充分准备，将有关加载制度的控制数据输入到加载设备控制系统的计算机中，使试验能够均匀连续地进行。

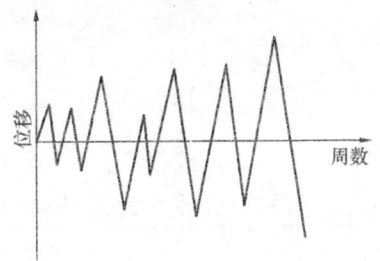

图 16.4-4　混合变幅加载

【例 16.4-3】在检验构件承载能力的低周反复加载试验，下列不属于加载制度的是( )。

A. 试验始终控制位移加载

B. 控制加速度加载

C. 先控制作用力加载再转换位移控制加载

D. 控制作用力和位移的混合加载

解析：选 B。低周反复加载试验有三种加载制度：控制位移加载法、控制作用力加载法、控制作用力和控制位移混合加载法。

【例 16.4-4】研究结构构件的强度降低率和刚度退化率，可采用( )。

A. 控制作用力加载法

B. 等幅位移加载法

C. 控制作用力和位移混合加载法

D. 变幅、等幅位移混合加载

解析：选 B。等幅位移加载时，每加一周荷载后强度和刚度降低，反复增加次数可得到结构构件强度降低率和刚度退化率。

16.4.3 测点布设与数据采集

1. 测点布设

图 16.4-5 为钢梁混凝土柱组合结构的梁柱节点的测试传感器布置方案。其中，钢悬臂梁根部的上下翼缘粘贴电阻应变计量测钢梁的应变，采用位移传感器量测混凝土柱表面的平均应变和节点区的剪切变形。钢悬臂梁端部与电液伺服作动器相连，安装在作动器上的力传感器和位移传感器量测梁端受到的力和位移。

图 16.4-5　钢梁-混凝土组合结构的梁柱节点的测试传感器布置方案

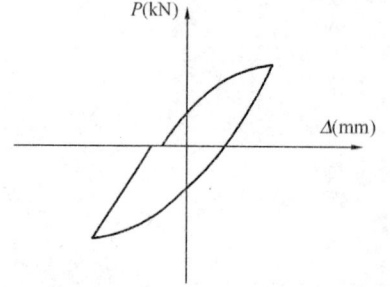

图 16.4-6　60 个点的不闭合的滞回环

2. 数据采集

反复荷载试验中采集的数据通常经过转换后存入计算机。也就是说，加载控制系统向作动器每发出一次加载信号，数据采集系统就进行一次数据采集。例如，反复荷载试验中的每一个循环由 60 次加载信号组成，数据采集系统就采集存贮 60 组测试数据（图 16.4-6）。

16.4.4 结构构件的抗震试验分析

1. 强度

结构强度是低周反复加载试验的一项主要指标。低周反复加载试验中各阶段强度指标包括以下几种：

(1) 开裂荷载

试件出现水平裂缝、垂直裂缝或斜裂缝时的截面内力或应力值。

(2) 屈服荷载

试件刚度开始明显变化时的截面内力或应力值。

(3) 极限荷载

指试件达到最大承载力后，达到某一剩余承载能力时的截面内力或应力值。现今试验标准和规程规定可取极限荷载的85%。

2. 刚度

刚度和位移以及加载周次都有关系，并始终都在变化。

3. 延性系数

延性系数反映结构构件的变形能力，是评价结构抗震性能的一个重要指标。

在低周反复荷载试验所得的骨架曲线上，结构破坏时的极限变形和屈服时的屈服变形值之比称为延性系数，即

$$\mu = \frac{\Delta_u}{\Delta_y}$$

砌体结构的变形能力为砌体极限荷载作用下的变形与初裂时的变形之比。用 μ 来表示则为：

$$\mu = \frac{\Delta_{极}}{\Delta_{裂}}$$

4. 能量耗散

结构构件吸收能量的好坏，可由滞回曲线所包围的滞回环面积和它的形状来衡量。

习　题

【16.4-1】用砖、石砌筑的墙体，进行低周反复加载试验，延性系数用 $\mu = \frac{\Delta_u}{\Delta_y}$，下列四种情况中，实际中采用的是(　　)。

A. Δ_y 取开裂荷载时的变形，Δ_u 取极限荷载时的变形

B. Δ_y 取屈服荷载时的变形，Δ_u 取极限荷载时的变形

C. Δ_y 取屈服荷载时的变形，Δ_u 取下降段 0.85 极限荷载时的变形

D. Δ_y 取开裂荷载时的变形，Δ_u 取下降段 0.85 极限荷载时的变形

【16.4-2】以剪切变形为主的砖石墙体，进行低周反复加载试验时，以下不能满足试验要求的是(　　)。

A. 墙的顶面加竖向均布荷载

B. 墙的侧面顶部加低周反复的推、拉水平力

C. 墙体底部为固定的边界条件

D. 墙体顶部能平移的边界条件

【16.4-3】对砌体墙进行低周反复加载试验时，下列做法不正确的是（　　）。
A. 水平反复荷载在墙体开裂前采用荷载控制
B. 墙体开裂后按位移进行控制
C. 通常以开裂位移为控制参数，按开裂位移的倍数逐级加载
D. 按位移控制加载时，应使骨架曲线出现下降段，下降到极限荷载的80%，试验结束

【16.4-4】在进行低周反复加载试验，以判断结构是否具有良好的恢复力特性时，下列参数不能用的是（　　）。
A. 延性　　　　　　　　　　　B. 裂缝宽度
C. 退化率　　　　　　　　　　D. 能量耗散

【16.4-5】对构件进行低周反复加载试验时，为减少竖向荷载对试件水平位移的约束，在加载器顶部装有（　　）。
A. 固定支座　　　　　　　　　B. 滚动支座
C. 铰支座　　　　　　　　　　D. 支墩

【16.4-6】墙体开裂前其变形曲线基本是一条直线，故在控制荷载试验时，每级荷载反复（　　）次即可。
A. 1～2　　　B. 1～3　　　C. 2～3　　　D. 2～4

习题答案及解析

【16.4-1】答案：D
解析：砌体结构属于脆性结构，能测得开裂荷载时的变形 Δ_y；砌体结构不同于钢筋混凝土结构，无法得到屈服荷载及其相应的变形。Δ_u 取下降段 0.85 极限荷载时的变形。

【16.4-2】答案：B
解析：以剪切变形为主的砖石墙体，进行低周反复加载试验时，使墙体出现交叉斜裂缝的破坏现象，反复加载的水平力应作用在墙体高度的1/2处。墙顶部加水平力，墙体属剪、弯型构件。

【16.4-3】答案：D
解析：用砌体砌筑的墙体，进行低周反复加载试验时，为便于发现墙体开裂和开裂荷载，开裂前按荷载控制，开裂后按开裂位移的倍数逐级增加进行控制，直到骨架曲线出现下降段，荷载下降到85%的极限荷载，试验结束。

【16.4-4】答案：B
解析：结构构件的延性、强度或刚度退化率和耗能能力均是判断结构构件是否具有良好恢复力特性的重要参数。只有裂缝宽度不是判断结构恢复力特性的参数。

【16.4-5】答案：B
解析：对构件进行低周反复加载试验时，为减少竖向荷载对试件水平位移的约束，在加载器顶部装有滚动支座。

【16.4-6】答案：C
解析：在进行低周反复加载时，每级荷载要求反复循环的次数，主要由试件变形是否

趋于稳定而定，一般在墙体开裂前其变形曲线基本上是一直线，故在控制荷载试验时，每级荷载仅反复一次即可。开裂后，墙体产生一定的塑性变形和摩擦变形，一般情况下反复2～3次，变形就基本上趋于稳定。也有人认为，砖石及砌块结构属于脆性，所以第一次反复加载后，即可以反映试件的变形性能。这样在控制变形加载时，也与控制荷载试验时一样，每级荷载进行一次反复，直至试件完全破坏。

16.5 结构动力试验

高频考点梳理

知识点	结构动力特性的测试	结构动力试验	脉动法
近三年考核频次	2	1	1

16.5.1 动力试验仪器

在结构振动试验中，目前常用的振动测量方法是电测法。振动参数的测量系统通常由三部分组成：传感器、信号放大器、显示器及记录仪。电测法的测振传感器又称为拾振器。拾振器感受结构的振动，将机械振动信号变换为电量信号，并将电量信号传给信号放大器。

由于拾振器输出的信号非常微弱，需要对信号加以放大才能进行显示和记录，因此需要使用信号放大器。显示器和记录仪分别将放大了的振动信号通过图像或数字显示和保存。常用的图像显示装置为示波器。过去的记录装置有笔式记录仪、磁带记录仪、磁盘记录，如今在计算机普及条件下，基本实现了显示、记录、分析为一体的振动信号采集分析系统。

【例 16.5-1】振动参数的测量系统是由（　　）三部分组成。
A. 传感器、信号放大器、显示器及记录仪
B. 传感器、信号放大器、电阻器
C. 传感器、电阻器、显示器及记录仪
D. 传感器、信号放大器、显示器

解析：振动参数的测量系统通常由三部分组成：传感器、信号放大器、显示器及记录仪。选 A。

16.5.2 结构动力特性试验

结构动力特性反应结构固有的动态参数，主要包括自振周期、阻尼系数、振型等基本参数。这些特性参数是由结构的组成形式、质量分布、刚度分布、构造连接等自身因素决定的，与外荷载无关。

在测定结构的动力特性时，结构必须振动，根据测振传感器灵敏度的不同，对结构振动幅值有一定的要求，因此需要对结构激振，激振的方法主要有人工激振法和环境随机激振法。人工激振法又可分为自由振动法和强迫振动法。

1. 人工激振法

（1）自由振动法

自由振动是指没有外界干扰力输入的振动，由于阻尼不可避免地存在，自由振动总是

逐渐衰减,因此也称为自由衰减振动。

将测振传感器布置在主体结构振动幅值较大部位,但要避免布置在某些可能有局部振动的构件,如桥梁的栏杆等。

1) 自振频率的测定

如果通过机械力成功激振,则现有的测振手段可以很方便地测得自由衰减振动幅值与时间关系曲线,简称时域曲线(图 16.5-1),则相邻两个波峰之间的时长即为自由振动周期,其倒数即为自振频率。为了提高测量精度,可以取若干个周期平均值。在激振力持续的时间里,结构的振动尚不属于自由振动,因此测振记录的时域曲线中的起始数个周期宜忽视。

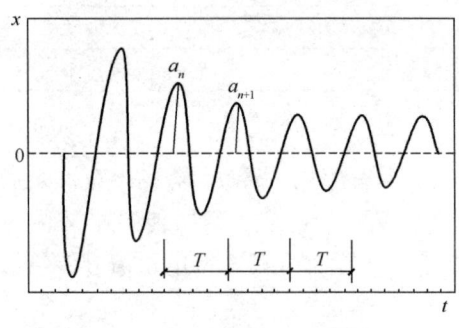

图 16.5-1 自由振动时域曲线

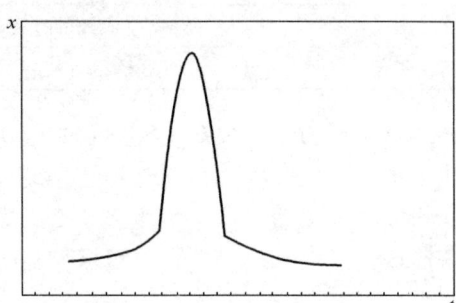

图 16.5-2 自由振动频域曲线

2) 阻尼测定

自由振动之所以随时间逐渐衰减,就是因为阻尼的存在。因此,自由振动时域曲线衰减的快慢就体现了阻尼的大小。

阻尼比

$$\xi = \frac{1}{2\pi} \ln \frac{a_n}{a_{n+1}}$$

(2) 强迫振动——扫频激振法

1) 自振频率的测定

扫频激振法采用专门的离心机激振器。这种激振器的振动频率可以控制和调整,通过连续改变激振器的振动频率,对结构进行各种频率的激振。

2) 阻尼测定

在扫频激振法中测量结构的阻尼,是根据共振曲线,运用结构动力学原理进行估算。阻尼测定为共振峰附近的一段幅频特性曲线,记共振峰值点的频率为 ω_n,幅值为 A;在 $\frac{A}{\sqrt{2}}$ 处作水平线交幅频曲线于 a、b 两点,交点对应的频率分别为 ω_1、ω_2,两点之间的频带宽度 $\Delta\omega = \omega_2 - \omega_1$,则有阻尼比:

$$\xi = \frac{\omega_2 - \omega_1}{2\omega_n}$$

2. 环境随机激振法(脉动法)

有些振动是微小而不规则的,并引起结构物的振动响应,其振幅一般在 0.01mm 以下,这种环境随机振动也称为脉动。环境随机振动法也称为脉动法。

（1）频谱分析法

环境随机振动是各种频率的谐量的合成，而结构物固有频率的谐量为各种频率谐量中的主要谐量。因此运用傅里叶变化进行频谱分析，可以把合成的随机振动分解成若干个单一频率的简谐振动分量，获得结构振动的频谱图，频谱图中相对突出的峰即为固有频率。

（2）主谐量法

对于频率丰富的环境随机振动，总有与结构物频率吻合或接近的频率成分。当这些振动通过结构物时，远离结构固有频率的信号被抑制，而与结构物固有频率接近的信号被放大。因此，在振动记录中常常出现"拍振"现象，可以按"拍"的特征直接读取频率量值。如果结构物各部位在同一频率处的相位和振幅符合振型规律，则可确定该频率就是固有频率。

（3）振幅谱法

脉动振幅谱也称功率谱，又称均方根谱。振幅谱反映了单位频带内信号功率随频率的变化关系，功率谱保留了频谱的幅度信息，没有相位信息，所以频谱不同的信号其功率谱仍可能相似。利用振幅谱的峰值可以确定建筑物的固有频率，用各峰值的半功率带确定阻尼比。

【例 16.5-2】要测定动力荷载的特性，下列没有必要测定的是（　　）。

A. 作用力的大小　　　　　　　　B. 作用力的方向
C. 动力系数　　　　　　　　　　D. 作用频率及其规律

解析：选 C。动力荷载的特性包括力的大小、力的方向、作用频率及其规律，不包括动力系数。

【例 16.5-3】下列有关结构动力特性的说法中正确的是（　　）。

A. 在振源的作用下产生的　　　　B. 与外荷载无关
C. 可以用静力试验法测定　　　　D. 可以按结构动力学的理论精确计算

解析：选 B。结构的动力特性包括结构的自振频率、阻尼系数（阻尼比）、振型等基本参数，这些参数与结构的形式、质量分布、结构刚度、材料性质和构造等因素有关，与外荷载无关。

【例 16.5-4】结构动力试验研究的计算分析中不能由计算所得的参数为（　　）。

A. 结构的阻尼比　　　　　　　　B. 结构的固有振型
C. 结构的固有频率　　　　　　　D. 结构的质量

解析：选 A。结构动力试验研究的计算分析中，结构质量为已知，结构阻尼比必须由试验测得，固有振型和固有频率可根据动力方程计算得到。

16.5.3 结构动力响应试验

1. 结构动力响应试验的概念

动力响应试验包括测试结构在动荷载作用下的动位移、振动速度、加速度、变形等参数，测试这些振动参数，可以分析评价结构的安全性，结构对使用功能的影响、对人员舒适度或健康的影响。动力响应试验还包括振源和动荷载特性识别。振源识别就是在多种振源共同作用的情况下，寻找主导结构振动的主振源，进行振动环境治理；动荷载特性主要指动荷载的大小、方向、频率、分布等。

2. 振动量的测试

对结构振动量的测试就是现场实测结构的动力响应,在生产实践中不时会遇到,一般根据振动的影响范围,选择振动影响最大的特定部位布置测点,记录下实测振动波形,分析振动产生的影响原因或危害。

测试结构物疲劳应力时,应将测点布置在危险控制截面上;如需测定振动对精密仪器和产品生产工艺的影响,则应将测点布置在精密仪器的基座处或其他关键部位;若是测定机器运转所产生的振动对人员身体健康的影响,则应将测点布置在人员经常所处的地方。

3. 主振源的测定

在测出时程曲线后,通过对其进行频谱分析,当某振动幅值较大的频率与其中一个振源接近时,即可判断这一振源为主振源。

【例 16.5-5】结构强迫振动的频率和作用力的频率相同,具有此频率的振源就是( )。

A. 主振源　　　　　　　　　　B. 次振源
C. 合成振源　　　　　　　　　D. 附加振源

解析:结构强迫振动的频率和作用力的频率相同,具有此频率的振源就是主振源。选 A。

习　　题

【16.5-1】下列几种试验方法中,不属于结构动力特性试验方法的是(　　)。

A. 环境随机振动方法　　　　　B. 自由振动法
C. 疲劳振动试验　　　　　　　D. 强迫振动法

【16.5-2】对结构构件动力响应参数的测量,下列测量项目中,不需要的是(　　)。

A. 构件某特定点的动应变　　　B. 构件代表性测点的动位移
C. 构件的动力系数　　　　　　D. 动荷载的大小、方向、频率

【16.5-3】离心力加载是根据旋转质量产生的离心力对结构施加(　　)。

A. 自由振动　　　　　　　　　B. 简谐振动
C. 阻尼振动　　　　　　　　　D. 弹性振动

【16.5-4】结构在等幅稳定、多次重复荷载作用下,为测试结构(　　)而进行的动力试验为结构疲劳试验。

A. 动力特性　　　　　　　　　B. 疲劳性能
C. 动力反应　　　　　　　　　D. 阻尼系数

【16.5-5】下列不是振动量参数的是(　　)。

A. 位移　　　　　　　　　　　B. 速度
C. 加速度　　　　　　　　　　D. 阻尼

习题答案及解析

【16.5-1】答案:C

解析:疲劳振动试验是研究结构在多次重复或反复荷载作用下的结构性能,不是结构

的动力特性试验方法。

【16.5-2】答案：D

解析：动应变、动位移和动力系数为结构构件的动力响应。而动荷载的大小、方向频率为动力荷载特性，动力响应参数不需量测。

【16.5-3】答案：B

解析：用离心力加载，根据旋转质量产生的离心力，对结构施加简谐振动荷载。垂直分力为 $P_V=m\omega^2 r\sin\omega t$，水平分力为 $P_H=m\omega^2 r\cos\omega t$。

【16.5-4】答案：B

解析：结构在等幅稳定、多次重复荷载作用下，为测试结构疲劳性能而进行的动力试验为结构疲劳试验。

【16.5-5】答案：D

解析：阻尼不是振动量参数。

16.6 模 型 试 验

高频考点梳理

知识点	量纲分析法
近三年考核频次	1

16.6.1 相似理论

1. 相似理论的概念

相似理论是模型试验的基础。进行结构模型试验的目的是试图从模型试验的结果分析预测原型结构的性能，相似性要求将模型结构和原型结构联系起来。

一个物理现象区别于另一个物理现象在于两个方面，即质的区别和量的区别。我们采用基本物理量实现对物理现象的量的描述。这些基本物理量称为量纲（英文为 Dimension）。在结构模型设计和试验中，通过量纲分析确定模型结构和原型结构的相似关系。

2. 模型的相似要求和相似常数

结构模型试验中的"相似"是指原型结构和模型结构的主要物理量相同或成比例在相似系统中，各相同物理量之比称为相似常数、相似系数或相似比。

(1) 几何相似

"几何相似"要求模型和原型对应的尺寸成比例，该比例即为几何相似常数。以矩形截面简支梁为例，原型结构的截面尺寸为 $b_p \times h_p$，跨度为 L_p，模型结构为 b_m，h_m，L_m。几何相似可以表达为：

$$\frac{h_m}{h_p} = \frac{b_m}{b_p} = \frac{L_m}{L_p} = S_l$$

式中，S_l 为几何相似常数。

(2) 质量相似

动力学问题中，结构的质量是影响结构动力性能的主要因素之一。结构动力模型要求模型的质量分布（包括集中质量）与原型的质量分布相似，即模型与原型对应部位的质量成比例：
$$S_m = \frac{m_m}{m_p} \text{ 或用质量密度表示} S_\rho = \frac{\rho_m}{\rho_p}$$

注意到质量等于密度与体积的乘积：
$$S_\rho = \frac{\rho_m}{\rho_p} \cdot \frac{V_m}{V_p} \cdot \frac{V_p}{V_m} = \frac{S_m}{S_l^3}$$

由此可见，给定几何相似常数后密度相似常数可由质量相似常数导出。

（3）荷载相似

荷载或力要求模型和原型在对应部位所受的荷载大小成比例，方向相同。集中荷载相似常数可以表示为：
$$S_P = \frac{P_m}{P_p} = \frac{A_m}{A_p} \frac{\sigma_m}{\sigma_p} = S_l^2 S_\sigma$$

式中，S_σ 为应力相似常数。如果模型结构的应力与原型结构应力相同，即 $S_\sigma = 1$，则由上式可以得到 $S_P = S_l^2$。可见引入应力相似常数后，力相似常数可用几何相似常数表示。类似的可以得到：

线荷载相似常数 $S_w = S_l S_\sigma$

面荷载相似常数 $S_q = S_\sigma$

集中力矩相似常数 $S_M = S_l^3 S_\sigma$

（4）应力和应变相似

（5）时间相似

（6）边界条件和初始条件相似

3. 相似定理

（1）相似第一定理

相似第一定理的表述为：彼此相似的现象，单值条件相同，相似判据的数值相同。

（2）相似第二定理

相似第二定理表述为：当一物理现象由 n 个物理量之间的函数关系来表示，且这些物理量中包含 m 种基本量纲时，可以得到 $(n-m)$ 个相似判据。相似第二定理也称为 π 定理。

（3）相似第三定理

相似第三定理表述为：凡具有同一特性的物理现象，当单值条件彼此相似，且由单值条件的物理量所组成的相似判据在数值上相等，则这些现象彼此相似。按照相似第三定理，两个系统相似的充分必要条件是决定系统物理现象的单值条件相似。

4. 量纲分析方法

（1）量纲的基本概念

量纲，又称因次，它说明测量物理量时采用的单位的性质。选择一组彼此独立的量纲为基本量纲，其他物理量的量纲可由基本量纲导出，称为导出量纲。列出常用物理量的量纲见表 16.6-1。

（2）物理方程的量纲均衡性和齐次性

在描述物理现象的基本方程中，各项的量纲应相等，同名物理量应采用同一种单位，这就是物理方程的量纲均衡性。

常用物理量及物理常数的量纲 表 16.6-1

物理量	质量系统	绝对系统	物理量	质量系统	绝对系统
长　度	$[L]$	$[L]$	冲　量	$[MLT]^{-1}$	$[FT]$
时　间	$[T]$	$[T]$	功　率	$[ML^2T^{-3}]$	$[FLT^{-1}]$
质　量	$[M]$	$[FL^{-1}T^2]$	面积二次矩	$[L^4]$	$[L^4]$
力	$[MLT^{-2}]$	$[F]$	质量惯性矩	$[ML^2]$	$[FLT^2]$
温　度	$[\theta]$	$[\theta]$	表面张力	$[MT^{-2}]$	$[FL^{-1}]$
速　度	$[LT^{-1}]$	$[LT^{-1}]$	应　变	$[1]$	$[1]$
加速度	$[LT^{-2}]$	$[LT^{-2}]$	比　重	$[ML^{-2}T^{-2}]$	$[FL^{-3}]$
频　率	$[T^{-1}]$	$[T^{-1}]$	密　度	$[ML^{-3}]$	$[FL^{-4}T^2]$
角　度	$[1]$	$[1]$	弹性模量	$[ML^{-1}T^{-2}]$	$[FL^{-2}]$
角速度	$[T^{-1}]$	$[T^{-1}]$	泊松比	$[1]$	$[1]$
角加速度	$[T^{-2}]$	$[T^{-2}]$	线膨胀系数	$[\theta^{-1}]$	$[\theta^{-1}]$
应力或压强	$[ML^{-1}T^{-2}]$	$[FL^{-2}]$	比　热	$[L^2T^{-2}\theta^{-1}]$	$[L^2T^{-2}\theta^{-1}]$
力　矩	$[ML^2T^{-2}]$	$[FL]$	导热率	$[MLT^{-3}\theta^{-1}]$	$[FT^{-1}\theta^{-1}]$
热或能量	$[ML^2T^{-2}]$	$[FL]$	热容量	$[ML^{-1}T^{-2}\theta^{-1}]$	$[FL^{-1}T^{-1}\theta^{-1}]$

【例 16.6-1】当模型结构和原型结构有集中力（外荷载 P）和分布荷载（结构自重 M）同时作用时，要求有统一的荷载相似常数，相似常数间的关系为（　　）。

A. $S_P = S_\rho S_l^{-3} S_g$
B. $S_P = S_\rho C_l^3 S_g$
C. $S_P = S_l^{-3} S_g$
D. $S_P = C_l^3 S_g$

【例16.6-1】

解析：选 B。当集中力 P 和分布荷载 M 同时作用，要求有统一的相似常数，则 $S_P = S_M$，$S_M = S_m S_g$，$S_m = S_\rho C_l^3$，所以 $S_P = S_\rho C_l^3 S_g$。

【例 16.6-2】在静力模型试验中，若长度相似常数 $S_l = \dfrac{[L_m]}{[L_P]}$，线荷载相似常数 $S_q = \dfrac{[q_m]}{[q_P]} = \dfrac{1}{10}$，则原型结构和模型结构材料弹性模量 S_E 为（　　）。

A. $\dfrac{1}{40}$ B. $\dfrac{1}{2.5}$ C. 2.5   D. $\dfrac{1}{1.6}$

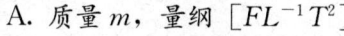

解析：选 B。$S_E = \dfrac{S_q}{S_l} = \dfrac{\frac{1}{10}}{\frac{1}{4}} = \dfrac{1}{2.5}$。

【例 16.6-3】用力 $[F]$、长度 $[L]$ 和时间 $[T]$ 为基本物理量，下列物理量的量纲错误的是（　　）。

A. 质量 m，量纲 $[FL^{-1}T^2]$
B. 刚度 k，量纲 $[FL^{-1}]$
C. 阻尼 C，量纲 $[FL^{-1}T]$
D. 加速度 a，量纲 $[LT^{-2}]$

【例16.6-3】

解析：选 C。阻尼 C 的量纲为 $[FL^{-1}T]$。

16.6.2　结构模型设计

1. 模型的概念

模型一般是指按比例制成的小物体，它与另一个通常是更大的物体在形状上精确地相似，模型的性能在一定程度可以代表或反映与它相似的更大物体的性能。

2. 模型设计步骤

模型设计是结构模型试验的关键环节。一般情况下，结构模型设计的程序为：

(1) 分析试验目的和要求，选择模型基本类型。缩尺比例大的模型多为弹性模型，强度模型要求模型材料性能与原型材料性能较为接近。

(2) 对研究对象进行理论分析，用分析方程法或量纲分析法得到相似判据。对于复杂结构，其力学性能常采用数值方法计算，很难得到解析的方程式，多采用量纲分析法确定相似判据。

(3) 确定几何相似常数和结构模型主要部位尺寸。选择模型材料。

(4) 根据相似条件确定各相似常数。

(5) 分析相似误差，对相似常数进行必要的调整。

(6) 根据相似第三定理分析相似模型的单值条件，在结构模型设计阶段，主要关注边界条件和荷载作用点等局部条件。

(7) 形成模型设计技术文件，包括结构模型施工图、测点布置图、加载装置图等。

3. 静力结构模型设计

(1) 线弹性模型设计

线弹性性能是工程结构的主要性能之一。对于由同一种材料组成的结构，影响应力大小的因素有荷载 F、结构几何尺寸 L 和材料的泊松比 ν。设计线弹性相似模型时，要求

$$S_\sigma = \frac{S_F}{S_L^2}$$

(2) 非线性结构模型设计

工程结构可能出现两类典型的非线性现象，一类是由于材料的应力应变关系为非线性关系所引起，称为材料非线性。另一类是由于结构产生较大的变形或转动使结构的平衡关系发生变化而引起，称为几何非线性。两种非线性的共同之处是它们都使得结构荷载与结构变形之间为非线性关系。但对于几何非线性的结构，结构的应力和应变之间可以保持线性关系。对于这种情况，应力与荷载、结构尺寸、材料弹性模量以及泊松比有关。

模型与原型应满足下列相似关系：

$$\left(\frac{E l^2}{F}\right)_\mathrm{m} = \left(\frac{E l^2}{F}\right)_\mathrm{P}, \nu_\mathrm{m} = \nu_\mathrm{P}$$

(3) 钢筋混凝土强度模型设计

对钢筋混凝土强度模型选用的材料有较严格的相似要求。理想的模型混凝土和模型钢筋应与原型结构的混凝土和钢筋之间满足下列相似要求：

1) 几何相似的混凝土受拉和受压的应力-应变曲线；
2) 在承载能力极限状态，有基本相近的变形能力；
3) 多轴应力状态下，相同的破坏准则；
4) 钢筋和混凝土之间有相同的粘结-滑移性能；
5) 相同的泊松比。

图 16.6-1 给出一组相似的混凝土的应力-应变曲线。从图 16.6-1 可以看出，模型混凝土和原型混凝土的应力-应变曲线基本上是相似的，可以采用相同的函数描述曲线方程，如二次抛物线。

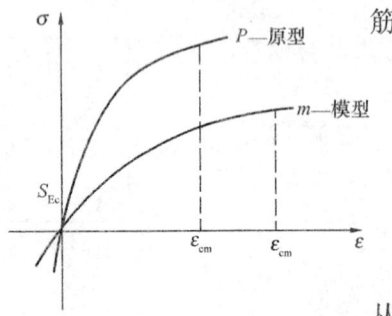

图 16.6-1 原型与模型混凝土应力-应变曲线

但在图 16.6-1 中，由于模型混凝土的强度低于原型混凝土的强度，导致它们的初始弹性模量不同，随着应力增加，混凝土的切线模量也不相同。在相似理论中，这种材料性能的差别导致模型结构与原型结构在性能上的差别，有时称为模型的畸变，或称模型为畸变模型。表 16.6-2 给出钢筋混凝土结构强度模型的相似要求。

钢筋混凝土结构强度模型的相似常数　　　　　表 16.6-2

类　型	物理量	量　纲	理想模型	实际应用模型
材料性能	混凝土应力	FL^{-2}	S_σ	1
	混凝土应变	—	1	1
	混凝土弹性模量	FL^{-2}	S_σ	1
	混凝土泊松比	—	1	1
	混凝土比重	FL^{-3}	S_σ/S_l	$1/S_l$
	钢筋应力	FL^{-2}	S_σ	1
	钢筋应变	—	1	1
	钢筋弹性模量	FL^{-2}	S_σ	1
	粘结应力	FL^{-2}	S_σ	1
几何特征	线尺寸	L	S_l	S_l
	线位移	L	S_l	S_l
	角位移	—	1	1
	钢筋面积	L^2	S_l^2	S_l^2
荷　载	集中荷载	F	$S_\sigma S_l^2$	S_l^2
	线荷载	FL^{-1}	$S_\sigma S_l$	S_l
	分布荷载	FL^{-2}	S_σ	1
	弯矩或扭矩	FL	$S_\sigma S_l^3$	S_l^3

【例 16.6-4】 理想的模型混凝土和模型钢筋应与原型结构的混凝土和钢筋之间不需要满足的相似要求是（　　）。

A. 几何相似的混凝土受拉和受压的应力-应变曲线

B. 在承载能力极限状态，有基本相近的最大承载能力

C. 多轴应力状态下，相同的破坏准则

D. 钢筋和混凝土之间有相同的粘结-滑移性能

解析：理想的模型混凝土和模型钢筋应与原型结构的混凝土和钢筋之间满足下列相似要求：

1) 几何相似的混凝土受拉和受压的应力-应变曲线；

2) 在承载能力极限状态，有基本相近的变形能力；

3) 多轴应力状态下，相同的破坏准则；

4) 钢筋和混凝土之间有相同的粘结-滑移性能；

5) 相同的泊松比。

因此选 B。

习 题

【16.6-1】模型和原型结构,对各种物理参数相似的要求,以下不正确的是(　　)。
　　A. 几何相似要求模型和原型结构之间所有对应部分尺寸成比例
　　B. 荷载相似要求模型和原结构各对应点荷载大小成比例
　　C. 质量相似要求模型和原型结构对应部分质量成比例
　　D. 时间相似要求模型和原型结构对应时间成比例

【16.6-2】对模型和原型结构边界条件相似的要求,以下不需要的是(　　)。
　　A. 支承条件相似　　　　　　　　　B. 约束情况相似
　　C. 边界上受力情况相似　　　　　　D. 初始条件相似

【16.6-3】基本构件性能研究的试件大部分是采用(　　)。
　　A. 足尺模型　　　B. 缩尺模型　　　C. 结构模型　　　D. 近似模型

【16.6-4】实践证明,结构的尺寸效应、构造要求、试验设备和经费条件等因素将制约试件的(　　)。
　　A. 强度　　　　　B. 刚度　　　　　C. 尺寸　　　　　D. 变形

【16.6-5】下列试验中可以不遵循严格的相似条件的是(　　)。
　　A. 缩尺模型试验　　　　　　　　　B. 相似模型试验
　　C. 足尺模型试验　　　　　　　　　D. 原型试验

【16.6-6】结构模型设计中所表示的各物理量之间的关系式均是无量纲的,它们均是在假定采用理想(　　)的情况下推导求得的。
　　A. 脆性材料　　　B. 弹性材料　　　C. 塑性材料　　　D. 弹塑性材料

【16.6-7】下列试件的尺寸比例,不符合一般试验要求的是(　　)。
　　A. 屋架采用原型试件或足尺模型
　　B. 框架节点采用原型比例的 1/2～1/4
　　C. 砌体的墙体试件为原型比例的 1/4～1/2
　　D. 薄壳等空间结构采用原型比例的 1/5～1/20

习题答案及解析

【16.6-1】答案：B
解析：荷载相似要求模型和原型结构各对应点所受荷载方向一致,荷载大小成比例。所以,B 项阐述不全面。

【16.6-2】答案：D
解析：初始条件包括几何位置、质点位移、速度和加速度,为结构的动力问题,与结构的边界条件无关。而支承条件、约束情况和受力情况是结构边界条件相似中需要的。

【16.6-3】答案：B
解析：基本构件性能研究的试件大部分是采用缩尺模型。

【16.6-4】答案：C
解析：结构的尺寸效应、构造要求、试验设备和经费条件等因素将制约试件的尺寸。

【16.6-5】答案：A

解析：缩尺模型试验可以不遵循严格的相似条件。

【16.6-6】答案：B

解析：结构模型设计中所表示的各物理量之间的关系式均是无量纲的，它们均是在假定采用理想弹性材料的情况下推导求得的。

【16.6-7】答案：B

解析：框架节点一般为原型比例的 $\frac{1}{2} \sim 1$。屋架、砌体的墙体和薄壳等空间结构试件采用的比例，均符合一般试验的要求。

16.7 结构试验的非破损技术

高频考点梳理

知识点	结构非破损检测技术
近三年考核频次	3

16.7.1 混凝土结构非破损检测

1. 非破损检测混凝土强度

非破损方法是检测混凝土结构强度的常见方法。检测时，梁柱检测部位应接近结构的中部，不宜选择顶部的浇筑面。楼板宜在底部进行，不宜选择楼板顶部的弱区混凝土，必须要在板表面进行时，需除掉表层混凝土 10~20mm 厚。

表 16.7-1 列出了以一个标准取芯试验做对比，各种试验方法的相对试验测点数量。

相对测点数　　　　　　　　　　　　　　　　表 16.7-1

试验方法	标准芯样	小直径芯样	回弹法	超声法	拔出法	贯入阻力法
测点数量	1	3	10	1	6	3

2. 回弹法检测混凝土强度

混凝土的抗压强度是决定混凝土结构和构件受力性能的主要因素，与其表面硬度存在一定的相关性。根据这种相关性建立的混凝土抗压强度的测试方法就是回弹法。

（1）回弹法的原理与基本概念

回弹法的原理就是利用具有规定动能的重锤弹击混凝土表面，初始动能发生重分配，剩余的动能则回传给重锤。被吸收的能量取决于混凝土表面的硬度，混凝土表面硬度低，受弹击后表面塑性变形和残余变形大，被混凝土吸收的能量就多，回弹给重锤的能量就少；反之，混凝土表面硬度高，受弹击后塑性变形小，吸收的能量少，回弹给重锤的能量就多，因而回弹值高，间接地反映了混凝土的抗压强度。

回弹原理如图 16.7-1 所示，回弹值 R 可由下式表示：

$$R = \frac{x}{l} \times 100\%$$

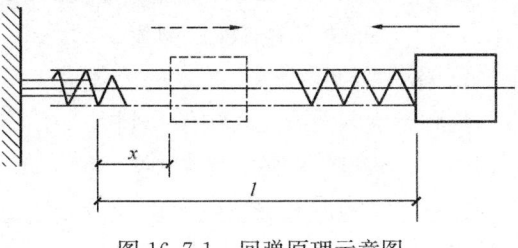

图 16.7-1　回弹原理示意图

式中：l——弹击弹簧的初始拉伸长度；

x——重锤反弹位置或重锤回弹时弹簧拉伸长度。

由于回弹仪测强曲线代表性的限制，回弹法只适用于 14～1000d 范围内的自然养护、评定强度在 10～60MPa 的普通混凝土。

(2) 回弹法的技术要求

1) 结构或构件混凝土强度检测可采用下列两种方式，其适用范围及结构或构件数量应符合下列规定：

单个检测：适用于单个结构或构件的检测。

批量检测：适用于在相同的生产工艺条件下，混凝土强度等级相同，原材料、配合比、成型工艺、养护条件基本一致且龄期相近的同类结构或构件。按批进行检测的构件，抽检数量不得少于同批构件总数的 30％且构件数量不得少于 10 件。抽检构件时，应随机抽取并使所选构件具有代表性。

2) 测点是指回弹一次所对应的一个读数值。测区是指试样在相同条件下的一个试块。每一结构或构件的测区应符合下列规定：

①每一结构或构件测区数不应少于 10 个，对某一方向尺寸小于 4.5m 且另一方向尺寸小于 0.3m 的构件，其测区数量可适当减少，但不应少于 5 个。

② 相邻两测区的间距应控制在 2m 以内，测区离构件端部或施工缝边缘的距离不宜大于 0.5m，且不宜小于 0.2m。

③ 测区应选在使回弹仪处于水平方向检测混凝土浇筑侧面。当不能满足这一要求时，可使回弹仪处于非水平方向检测混凝土浇筑侧面、表面或底面。

④ 测区宜选在构件的两个对称可测面上，也可选在一个可测面上，且应均匀分布。在构件的重要部位及薄弱部位必须布置测区，并应避开预埋件。

⑤ 测区的面积不宜大于 $0.04m^2$。

(3) 回弹值的测定方法

1) 检测时，回弹仪的轴线应始终垂直于结构或构件的混凝土检测面，缓慢施压，准确读数，快速复位。

2) 每一测区应记取 16 个回弹值，每一测点只允许回弹一次，每一测点的回弹值读数精确到 0.1，测区平均回弹值如式：

$$R_m = \frac{\sum_{i=1}^{10} R_i}{10}$$

式中：R_m——测区平均回弹值，精确至 0.1；

R_i——第 i 个测点的回弹值。

(4) 碳化深度值测量

1) 对于老旧混凝土，由于受到大气中 CO_2 的作用，混凝土中部分未碳化的 $Ca(OH)_2$ 逐渐成 $CaCO_3$ 变硬，因而测试的回弹值偏高，应给予修正，修正方法与碳化深度有关。

2) 回弹值测量完毕后，应在有代表性的位置上测量碳化深度值，测点数不应少于构件测区数的 30％，每一测面至少选择 2～3 点测其碳化深度，取其平均值按式计算，为该构件每测区的碳化深度值。当碳化深度值极差大于2.0mm时,应在每一测区测量碳化深度值。

$$d_\mathrm{m} = \frac{\sum_{i=1}^{n} d_i}{n}$$

式中：n——碳化深度的测量次数；
　　　d_i——第i次测量的碳化深度（mm）；
　　　d_m——测区平均碳化深度，$d_\mathrm{m} \leq 0.4$mm，取$d_\mathrm{m}=0$，$d_\mathrm{m} > 6$mm，取$d_\mathrm{m}=6$mm。

3) 碳化深度值测量，可采用适当的工具在测区表面形成直径约15mm的孔洞，其深度应大于混凝土的碳化深度。

(5) 混凝土强度的计算

1) 结构或构件第i个测区混凝土强度换算值，可按所求得的平均回弹值（R_m）及所求得的平均碳化深度值（d_m）计算。当有地区测强曲线或专用测强曲线时，混凝土强度换算值应按地区测强曲线或专用测强曲线换算得出。

2) 结构或构件的测区混凝土强度平均值可根据各测区的混凝土强度换算值计算。当测区数为10个及以上时，应计算强度标准差。平均值及标准差应按下式计算：

$$m_{f_\mathrm{cu}^\mathrm{c}} = \frac{\sum_{i=1}^{n} f_{\mathrm{cu},i}^\mathrm{c}}{n}$$

$$S_{f_\mathrm{cu}^\mathrm{c}} = \sqrt{\frac{\sum_{i=1}^{n} (f_{\mathrm{cu},i}^\mathrm{c})^2 - n(m_{f_\mathrm{cu}^\mathrm{c}})^2}{n-1}}$$

式中：$m_{f_\mathrm{cu}^\mathrm{c}}$——结构或构件测区混凝土强度换算值的平均值（MPa），精确至0.1MPa；
　　　n——对于单个检测的构件，取一个构件的测区数；对批量检测的构件，取被抽检构件测区数之和；
　　　$S_{f_\mathrm{cu}^\mathrm{c}}$——结构或构件测区混凝土强度换算值的标准差（MPa），精确至0.01MPa。

3) 结构或构件的混凝土强度推定值（$f_{\mathrm{cu},e}$）应按下式确定：
当该结构或构件测区数少于10个时：

$$f_{\mathrm{cu},e} = f_{\mathrm{cu},\min}^\mathrm{c}$$

式中：$f_{\mathrm{cu},\min}^\mathrm{c}$——构件中最小的测区混凝土强度换算值。

当该结构或构件的测区强度值中出现小于10.0MPa的值时：

$$f_{\mathrm{cu},e} < 10.0 \mathrm{MPa}$$

当该结构或构件测区数不少于10个或按批量检测时：

$$f_{\mathrm{cu},e} = m_{f_\mathrm{cu}^\mathrm{c}} - 1.645 S_{f_\mathrm{cu}^\mathrm{c}}$$

注：结构或构件混凝土强度推定值是指相应于强度换算值总体分布中保证率不低于95%的结构或构件中混凝土抗压强度值。

4) 对按批量检测的构件，当该批构件混凝土强度标准差出现下列情况之一时，该批构件应全部按单个构件检测：

当该批构件混凝土强度平均值小于25MPa时：
$$S_{f_{cu}} > 4.5\text{MPa}$$
当该批构件混凝土强度平均值不小于25MPa时：
$$S_{f_{cu}} > 5.5\text{MPa}$$

(6) 混凝土强度钻芯修正

当检测条件与测强曲线的适用条件有较大差异时，可采用同条件试件或钻取混凝土芯样进行修正，试件或钻取芯样数量不应少于6个。钻取芯样时，每个部位应钻取一个芯样。计算时，测区混凝土强度换算值应乘以修正系数。

修正系数应按下式计算：

$$\eta = \frac{1}{n} \sum_{i=1}^{n} \frac{f_{cu,i}}{f_{cu,i}^c}$$

式中：η——修正系数，精确到0.01；

$f_{cu,i}$——第i个混凝土立方体试件（边长为150mm）的抗压强度值，精确到0.1MPa；

$f_{cu,i}^c$——对应第i个试件或芯样部位回弹值和碳化深度值的混凝土强度换算值；

n——试件数。

3. 超声法检测混凝土强度

超声法是利用混凝土的强度与其他物理量特征值的相互关系基础上的一种方法。超声法利用混凝土的抗压强度与超声波在混凝土中的传播参数（声速、衰减等）之间的相互关系检测混凝土的强度。

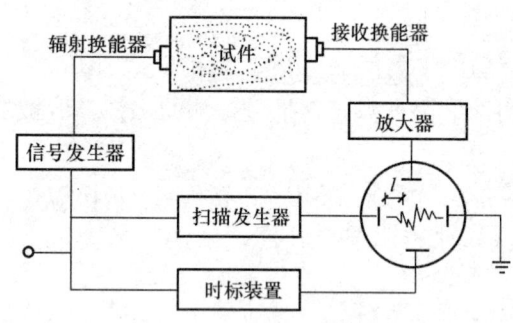

图16.7-2 混凝土超声波检测原理

(1) 基本原理

超声波法利用超声检测仪的高频电震荡激励仪器换能器中的压电晶体，由压电效应产生机械振动发出的声波在介质中传播，其原理如图16.7-2所示。

混凝土强度越高，相应超声声速也越大，经试验回归，可以利用这种相关性反映相关规律的线性数学模型拟合，即通过试验建立混凝土强度与声速的关系曲线或者经验公式。

(2) 超声法的应用

在现场进行结构混凝土强度检测时，应选择浇筑混凝土的侧面为测试面，一般以0.2m×0.2m的面积为一测区。每一试件上相邻测区间距不大于2m，测试面应清洁、平整、无缺陷、无饰面层。每个测区应在相对侧面上布置3个测点，相对面上对应的发射探头和接受探头在一条轴线上。测试时必须保持换能器与测试混凝土表面有良好的耦合，并利用黄油或凡士林等耦合剂减少声波的反射损失。

测区声波传播速度按下式求得：

$$v = \frac{l}{t_\mathrm{m}}$$

式中：l——超声测距（km/s）；

t_m——测区平均声时值（μs）。

4. 超声-回弹综合法检测混凝土强度

（1）超声-回弹综合法基本原理

超声-回弹综合法测量混凝土强度技术，本质就是超声法与回弹法的综合测试技术。超声回弹综合法能减少混凝土中的物理量在单独采用超声法和回弹法测试中产生的影响因素的干扰。以往试验证明，综合法的f_cu-v-R_m相关关系推定混凝土抗压强度时，不需考虑碳化深度的影响，其精度优于回弹或者超声单纯的一种方法，可减少测试误差。

超声回弹综合法检测时，构件上每一测区的混凝土强度根据同一测区的实测的超声波声速值v及回弹平均值d_m建立的f_cu-v-R_m关系测强曲线推定的。曲面形曲线回归方程所拟合的测强曲线比较符合三者之间的相关性，如下式

$$f_\mathrm{cu}^c = a\, v^b R_\mathrm{m}^c$$

式中：f_cu^c——混凝土强度换算值；

v^b——超声波在混凝土中的传播速度（km/s）；

R_m——回弹平均值；

a——常数项；

b,c——回归系数。

（2）超声-回弹法检测技术

1）回弹法测试与回弹值的计算

规程规定：回弹值的量测与计算，原则上参照回弹法量测，不同在于该法不需要测量混凝土的碳化深度，计算时不考虑碳化深度的影响。其他对测试面和测试角度计算修正方法相同。

2）超声法测试声速值计算

超声测点的布置应在回弹测试的同测区内，每一测区布置3个测点，超声宜优选用对测法（见图16.7-3）或者角测法（见图16.7-4），也可采用单面平测（见图16.7-5）。超声测试时，换能器辐射面应通过耦合剂与混凝土面良好耦合。

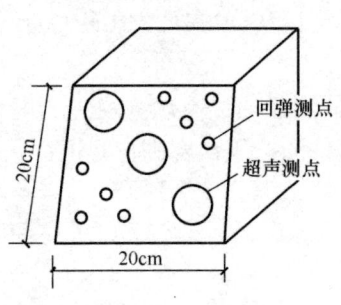

图16.7-3 超声波对测示意图

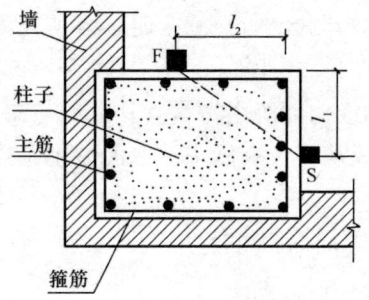

图16.7-4 超声波角测示意图

F—发射换能器；S—接收换能器

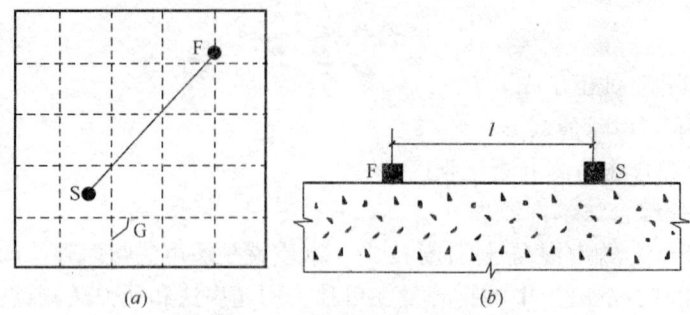

图 16.7-5　超声波平测示意图
(a) 平面示意；(b) 立面示意
F—发射换能器；S—接收换能器；G—钢筋轴线

当在混凝土浇筑方向的侧面对测时，测区中声速代表值应根据测区中三个点的混凝土的声速值，按下式计算：

$$v = \frac{1}{3}\sum_{i=1}^{3}\frac{l_i}{t_i - t_0}$$

式中：v——测区混凝土中声速代表值（km/s）；

l_i——第 i 个测点的超声测距（mm），精确到 1mm；

t_i——第 i 个测点的混凝土中声时值（μs），精确到 0.1μs；

t_0——声时初读数（μs）。

（3）超声回弹法检测混凝土强度的推定

1）测区的混凝土强度换算值，可按照上述修正后的测区回弹代表值和声速代表值，优先采用强度测强曲线或地区测强曲线换算。

2）当有地区和专用测强曲线时，按全国统一测区混凝土换算表查得，也可按下列全国统一测区混凝土抗压强度计算下式计算。

当粗骨料为卵石时

$$f_{cu,i}^c = 0.0056\, v_{ai}^{1.439}\, R_{ai}^{1.769}$$

当粗骨料为碎石时

$$f_{cu,i}^c = 0.0162\, v_{ai}^{1.656}\, R_{ai}^{1.410}$$

式中：$f_{cu,i}^c$——构件第 i 个测区混凝土抗压强度换算值（MPa）。

3）当结构的测区少于 10 个时，各测区混凝土抗压强度换算值的平均值 $m_{f_{cu}^c}$ 和标准差 $S_{f_{cu}^c}$，按照回弹法公式计算。

4）当结构或构件所用材料及其龄期与制定的测强曲线有较大的差异时，应采用同条件立方体试块或从构件测区中钻取混凝土芯样试件的抗压强度进行修正。试件数量不宜少于 4 个。

5. 其他非破损检测方法

（1）电位差法

钢筋的锈蚀，可用电位差法加以测定。其原理是由于钢筋的腐蚀产生腐蚀电流，锈蚀的程度不同，其接地电位差也不一样

（2）电磁法

电磁法是利用电磁感应原理，检测铁磁性材料的不可见位置、大小及内部缺陷情况等。当前此类设备主要有两种：钢筋位置测定仪和磁粉探伤机。

钢筋位置测定仪是检测钢筋混凝土结构中钢筋的位置、直径和保护层厚度等的有效仪器。

（3）声发射法

利用声发射仪来检测正在产生和变化着的结构缺陷（裂缝）。

（4）射线法

射线法探测，利用射线对各种物质的穿透力来检测物体内部构造或缺陷。

【例 16.7-1】钢筋锈蚀的检测可采用(   )。

A. 电位差法　　　　　　　　B. 电磁感应法
C. 声音发射法　　　　　　　D. 射线法

解析：根据《建筑结构检测技术标准》GB/T 50344—2004 附录 D 第 D.0.1 条规定，钢筋锈蚀状况的检测可根据测试条件和测试要求选择剔凿检测方法、电化学测定方法或综合分析判定方法。A项，电位差法即规范中的电化学测定方法；B项，电磁感应法主要用于检测钢筋的直径、位置及分布；C项，声音发射法主要用于混凝土内部缺陷的检测；D项，射线法一般用于混凝土裂缝检测。因此答案选 A。

【例 16.7-2】非破损检测技术可应用于混凝土、钢材和砖石砌体等各种材料组成的结构构件的结构试验中，下列对该技术的叙述中，正确的是(   )。

A. 对结构整体工作性能仅有轻微影响
B. 对结构整体工作性能有较为严重的影响
C. 测定与结构设计有关的影响因素
D. 测定与结构材料性能有关的各种物理量

解析：选 D。非破损检测技术是在不破坏、不影响结构整体工作性能的前提下，测定与结构材料性能有关的各种物理量，来推定结构材料强度和检测内部缺陷的一种检测技术。而认为该技术对结构整体工作性能有轻微影响或有较为严重影响，以及测定与结构设计有关的影响因素都是不正确的。

【例 16.7-3】非破损检测技术，不能完成的要求是(   )。

A. 评定结构构件的施工质量
B. 处理工程中的事故，进行结构加固
C. 检验已建结构的可靠性和剩余寿命
D. 确定结构构件的承载能力

解析：选 D。要正确定出结构构件的承载能力，需要对结构构件进行破坏性试验。

【例 16.7-4】采用超声波检测混凝土内部的缺陷，下面检测方法不适宜使用的是(   )。

A. 检测混凝土内部空洞和缺陷的范围　　B. 检测混凝土表面损伤厚度
C. 检测混凝土内部钢筋直径和位置　　　D. 检测混凝土裂缝深度

解析：选 C。超声波检验混凝土缺陷是指采用低频超声波检测仪测量混凝土内部缺陷：裂缝深度、表面损伤厚度、内部空洞和不密实的位置及范围等，但是不能测定钢筋的直径和位置，因为超声波遇到钢筋会发生"短路"现象。

【例 16.7-5】 下列不能用超声法进行检测的是( )。
A. 混凝土的裂缝　　　　　　　　B. 混凝土的强度
C. 钢筋的位置　　　　　　　　　D. 混凝土的内部缺陷

解析：超声法测混凝土主要是根据超声波的传播速度和混凝土的强度之间存在的关系，与钢筋无关。用超声法可以检测混凝土强度、混凝土裂缝和混凝土内部缺陷，但无法检测钢筋的位置。钢筋位置通过钢筋检测仪检测，其基本原理为利用电磁感应原理检测，可检测现有钢筋混凝土或新建钢筋混凝土内部钢筋直径、位置、分布及钢筋的混凝土保护层厚度。答案选 C。

【例 16.7-6】 超声回弹综合法检测混凝土强度时( )。
A. 既能反映混凝土的弹塑性，又能反映混凝土的内外层状态
B. 测量精度稍逊于超声法或回弹法
C. 先进行超声测试，再进行回弹测试
D. 依据固定的 f_{cu}^c-v-R_m 关系曲线推定混凝土强度

解析：选 A，超声和回弹都是以混凝土材料的应力应变行为与强度的关系为依据。超声波在混凝土材料中的传播速度反映了材料的弹性性质，由于声波穿透被检测的材料，因此也反映了混凝土内部构造的有关信息。回弹法的回弹值反映了混凝土的弹性性质，同时在一定程度上也反映了混凝土的塑性性质，但它只能确切反映混凝土表层约 3cm 厚度的状态。当采用超声回弹综合法时，它能反映混凝土的弹性，又能反映混凝土的塑性。既能反映混凝土表层状态，又能反映混凝土的内部构造。两者对测量产生影响的因素相互补偿，因此碳化深度不考虑，不进行修正，比单一测量方法精度高。

16.7.2 局部破损检测构件混凝土强度

1. 钻芯法

钻芯法是在被测结构构件有代表性的部位钻芯取圆柱形芯样，经必要的加工后进行抗压强度试验，由抗压强度来推定混凝土立方体抗压强度。钻芯法被认为是一种直接、可靠，而又能较好反映材料实际情况的局部破损检验方法。

芯样试件宜在与被测构件混凝土干湿度基本一致的条件下进行抗压强度试验。干燥构件，芯样在室内自然干燥 3d 进行试验；潮湿构件，芯样在 20℃±5℃ 的清水中浸泡 40～48h，从水中取出后进行试验。

2. 拔出法

拔出法是用一根螺栓或类似装置，部分埋入混凝土中，然后拔出，通过测定其拔出力的大小来评定混凝土强度。主要方法有先装法和后装法两类。

两类方法的基本概念都是建立在拔出力与混凝土抗压强度的相关关系上，其优点是能比较直接反映混凝土的强度，虽测表面某一深度，但比回弹法深度大，比超声法影响因素少，比取芯法方便，费用低，损伤范围小。

【例 16.7-7】 在评定混凝土强度时，下列方法较为理想的是( )。
A. 回弹法　　　　　　　　　　　B. 超声波法
C. 钻孔后装法　　　　　　　　　D. 钻芯法

解析：钻芯法是指在被测结构构件有代表性的部位钻芯取圆柱形芯样，经必要的加工后进行抗压强度试验，由抗压强度来推定混凝土的立方体抗压强度的方法。钻芯法被认为

是一种直接、可靠,而又能较好反映材料实际情况的局部破损检验方法。答案选 D。

习　题

【16.7-1】混凝土有下列情况,采取相应措施后,拟用回弹法测试其强度,正确的措施是(　　)。
　　A. 测试部位表面与内部质量有明显差异或内部存在缺陷,内部缺陷经补强
　　B. 硬化期间遭受冻伤的混凝土,待其解冻后即可测试
　　C. 蒸汽养护的混凝土,在构件出池经自然养护 7d 后可测试
　　D. 测试部位厚度小于 100mm 的构件,设置支撑固定后测试

【16.7-2】对相同强度等级的混凝土,用回弹仪测定混凝土强度时,下列说法中正确的是(　　)。
　　A. 自然养护的混凝土构件回弹值高于标准养护的混凝土
　　B. 自然养护的混凝土构件回弹值等于标准养护的混凝土
　　C. 自然养护的混凝土构件回弹值小于标准养护的混凝土
　　D. 自然养护的混凝土构件回弹值近似于标准养护的混凝土

【16.7-3】用超声法检测单个混凝土构件的强度时,要求不少于 10 个测区,测区面积为(　　)。
　　A. 50mm×50mm　　　　　　　　B. 100mm×100mm
　　C. 150mm×150mm　　　　　　　D. 200mm×200mm

【16.7-4】现代材料科学和应用物理学的发展为结构非破损检测技术提供了(　　)。
　　A. 理论基础　　B. 仪器设备　　C. 测试工具　　D. 工程基础

【16.7-5】用回弹仪弹击混凝土表面时,由仪器重锤回弹能量的变化,反映混凝土的(　　)性质,故此法称为回弹法。
　　A. 抗压强度　　B. 抗拉强度　　C. 硬度　　　　D. 耐久性

【16.7-6】使用后装拔出法检测混凝土强度时,被检测混凝土的强度不应低于(　　)。
　　A. 2MPa　　　B. 5MPa　　　C. 8MPa　　　D. 10MPa

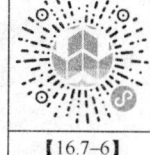
【16.7-6】

【16.7-7】钻芯法检测结构混凝土强度时,芯样抗压试件的高度和直径之比应在(　　)范围内。
　　A. 1~2　　　B. 1~3　　　C. 2~3　　　D. 2~4

【16.7-8】回弹值测量完毕后,应选择不少于构件的(　　)测区数在有代表性的位置上测量碳化深度值。
　　A. 20%　　　B. 30%　　　C. 40%　　　D. 50%

习题答案及解析

【16.7-1】答案:D
解析:厚度小于 100mm 的构件,为了保证回弹时无颤动,需设置支撑固定后进行测试。而其他情况如:测试部位表面与内部质量有明显差异,硬化期间受冻伤的混凝土,以及蒸汽养护的混凝土出池后经自然养护 7d 后,表面未干燥等均不能用回弹法检测混凝土

强度。

【16.7-2】答案：A

解析：对相同等级的混凝土，混凝土在潮湿、水中养护时，由于水化作用比较好，早期、后期混凝土强度比在干燥条件下养护的混凝土强度要高，但表面硬度由于被水软化，反而降低。因此，标准养护的混凝土回弹值要低于自然养护的回弹值。

【16.7-3】答案：D

解析：在现场进行结构混凝土强度检测时，应选择浇筑混凝土的侧面为测试面，一般以 0.2m×0.2m 的面积为一测区。每一试件上相邻测区间距不大于 2m，测试面应清洁、平整、无缺陷，无饰面层。每个测区应在相对侧面上布置 3 个测点，相对面上对应的发射探头和接受探头在一条轴线上。测试时必须保持换能器与测试混凝土表面有良好的耦合，并利用黄油或凡士林等耦合剂减少声波的反射损失。

【16.7-4】答案：A

解析：现代材料科学和应用物理学的发展为结构非破损检测技术提供了理论基础。

【16.7-5】答案：A

解析：回弹法的原理就是利用具有规定动能的重锤弹击混凝土表面，初始动能发生重分配，剩余的动能则回传给重锤。被吸收的能量取决于混凝土表面的硬度，混凝土表面硬度低，受弹击后表面塑性变形和残余变形大，被混凝土吸收的能量就多，回弹给重锤的能量就少；反之，混凝土表面硬度高，受弹击后塑性变形小，吸收的能量少，回弹给重锤的能量就多，因而回弹值高，间接地反映了混凝土的抗压强度。

【16.7-6】答案：D

解析：(1) 被检测混凝土强度不应低于 10MPa；

(2) 检测部位混凝土表层与内部质量应一致；

(3) 检测应在常温 5~35℃下进行。

【16.7-7】答案：A

解析：用钻芯法，芯样直径取 100mm 或 150mm，高度与直径之比为 1~2。

【16.7-8】答案：B

解析：回弹值测量完毕后，应在有代表性的位置上测量碳化深度值，测点数不应少于构件测区数的 30%，每一测面至少选择 2~3 点测其碳化深度，取其平均值按式计算，为该构件每测区的碳化深度值。当碳化深度值极差大于 2.0mm 时，应在每一测区测量碳化深度值。

第17章 土力学与地基基础

考试大纲：
17.1 土的物理性质及工程分类
土的生成和组成；土的物理性质；土的工程分类。
17.2 土中应力
自重应力；附加应力。
17.3 地基变形
土的压缩性；基础沉降；地基变形与时间关系。
17.4 土的抗剪强度
抗剪强度的测定方法；土的抗剪强度理论。
17.5 土压力、地基承载力和边坡稳定
土压力计算；挡土墙设计；地基承载力理论；边坡稳定。
17.6 地基勘察
工程地质勘察方法；勘察报告分析与应用。
17.7 浅基础
浅基础类型；地基承载力设计值；浅基础设计；减少不均匀沉降损害的措施；地基、基础与上部结构共同工作概念。
17.8 深基础
深基础类型；桩与桩基础的分类；单桩承载力；群桩承载力；桩基础设计。
17.9 地基处理
地基处理方法；地基处理原则；地基处理方法选择。
本章试题配置：7题

17.1 土的物理性质和工程分类

高频考点梳理

知识点	土的组成	土的物理性质指标
近三年考核频次	1	1

17.1.1 土的组成

土是一种松散的颗粒堆积物，由固相、液相和气相三部分组成。固相部分主要是土粒，有时还有粒间胶结物和有机质，它们在土中起着骨架作用；液相部分为水及其溶解物；气相部分为空气和其他气体。三者之间的数量关系如图17.1-1所示。如土中孔隙全部为水

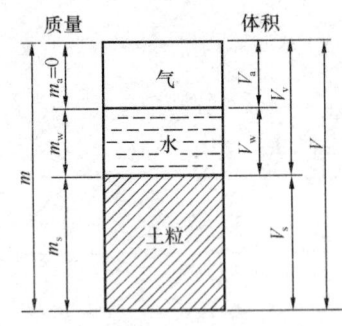

图 17.1-1　土的三相图

m_s—土粒的质量；m_w—土中水质量；m—土的总质量，$m=m_s+m_w$；V_s—土粒体积；V_w—土中水体积；V_a—土中气体积；V_v—土中孔隙体积，$V_v=V_w+V_a$；V—土的总体积，$V=V_s+V_w+V_a$

填充时，称为饱和土；如土中孔隙全部为气体充满时，为干土；如孔隙中同时存在空气和水时，为湿土。在一般情况下，在地下水位以上一定高度范围内的土为湿土。饱和土和干土为二相系，湿土为三相系，只有当饱和土完全冻结时，土才为单相系。

1. 土的固体颗粒

固体颗粒构成土骨架，它是土的三相组成中的主体，其大小、形状、矿物成分及组成情况是决定土的物理力学性质的主要因素。

（1）颗粒大小和粒径分组

随着颗粒大小不同，土可以具有很不相像的性质。例如粗颗粒的砾石，具有很大的透水性，完全没有黏性和可塑性；而细颗粒的黏土则透水性很小，黏性和可塑性较大。颗粒的大小通常以粒径表示。工程上按粒径上大小分组，称为粒组，即某一级粒径的变化范围。

（2）土的颗粒级配

土体中土粒的大小及其组成情况，通常以土中各个粒组的相对含量（各粒组占土粒总量的百分数）来表示，称为土的颗粒级配。要确定各粒组的相对含量，需要将各粒组分离开，分别称重，实验室常用的有筛分法和比重计法。

根据颗粒大小分析试验结果，可以绘制如图 17.1-2 所示的颗粒级配累积曲线。由曲线的坡度可以大致判断土的均匀程度。如曲线较陡，则表示粒径大小相差不多，土粒较均匀，级配不良；反之，曲线平缓，则表示粒径大小相差悬殊，土粒不均匀，即级配良好。

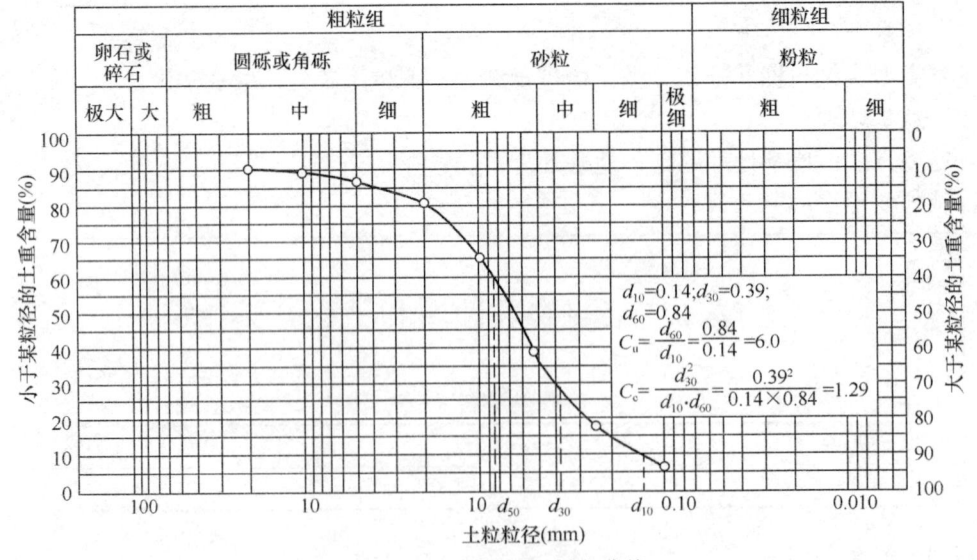

图 17.1-2　颗粒级配累积曲线

从曲线中可直接求得各粒组的颗粒含量及粒径分布的均匀程度，进而估测土的工程性质。其中一些特征粒径，可作为选择建筑材料的依据。并评价土的级配优劣。特征粒径有

d_{10}、d_{30} 和 d_{60}。小于某粒径的土粒质量占土总质量的 10% 的粒径称为有效粒径 d_{10}，小于某粒径的土粒质量占土总质量的 30% 的粒径称为中值粒径 d_{30}，小于某粒径的土粒质量占土总质量的 60% 的粒径称为限定粒径 d_{60}。采用特征粒径，可确定两个评价指标：不均匀系数 C_u 和曲率系数 C_c。

$$C_u = \frac{d_{60}}{d_{10}} \tag{17.1-1}$$

$$C_c = \frac{d_{30}^2}{d_{60}d_{10}} \tag{17.1-2}$$

C_u 愈大，则曲线愈平缓，表示土粒大小的分布范围越大，$C_u > 10$，土粒不均匀，级配良好，作为填方工程的土料时，则比较容易获得较大的密实度；C_u 愈小，则曲线愈陡，表示土粒大小的分布范围越小，$C_u < 5$ 的土称为匀粒土，级配不良。

单独只用一个指标 C_u 来确定土的级配情况是不够的，要同时考虑累积曲线的整体形状，所以需要参考曲率系数 C_c 值。一般认为：同时满足 $C_u \geq 5$ 和 $C_c = 1 \sim 3$ 两个条件的土，则为级配良好的土。

2. 土中水

土中水分为结合水和自由水，结合水是指在电分子引力下吸附于土粒表面不能传递静水压力、不能任意流动的土中水；自由水是存在于土粒表面电场影响范围以外的土中水。

结合水又细分为强结合水和弱结合水两种。自由水按所受作用力的不同，可分为重力水和毛细水两种。重力水是存在于地下水位以下的透水土层中的地下水，它在重力或水头差作用下将产生流动，能传递静水和动水压力；毛细水是受到水与空气交界面处表面张力作用、存在于地下水位以上的透水层中的自由水。由于水分子和土粒分子之间的吸附力即水、气界面上的表面张力，地下水将沿着这些毛细管被吸引上来，而在地下水位以上形成一定高度的毛细水带，这一高度称为毛细水的上升高度。在工程中，毛细水的上升高度和速度对于建筑物地下部分的防潮措施和地基土的浸湿、冻胀等有重要影响。

3. 土中气

土中的气体存在于孔隙中未被水所占据的部位，包括与大气相连通的和不连通的气体两类。在粗颗粒的沉积物中常见到与大气相连通的空气，它对土的工程性质影响不大；在细颗粒中则存在与大气隔绝的封闭气泡，对土的工程性质影响较大。

17.1.2 土的物理性质指标

1. 土的三个基本物理指标

（1）土的密度 ρ

在天然状态下，单位体积土的质量称为土的密度（单位 g/cm³ 或 t/m³），即

$$\rho = \frac{m}{V} \tag{17.1-3}$$

土的密度一般采用"环刀法"测定。

（2）土的含水量 w

在天然状态下，土中水的质量与土粒质量之比，称为土的含水量，即

$$w = \frac{m_w}{m_s} \times 100\% \tag{17.1-4}$$

含水量是衡量土湿度的一个重要指标,一般采用"烘干法"测定。

(3) 土粒相对密度(土粒比重)d_s (G_s)

土的固体颗粒质量与同体积 4℃时纯水的质量比,称为土粒相对密度,即

$$d_s = \frac{m_s}{V_s \rho_{w1}} = \frac{\rho_s}{\rho_{w1}} \tag{17.1-5}$$

式中:ρ_s——土粒密度(g/cm³);

ρ_{w1}——纯水在 4℃时的密度,等于 1g/cm³ 或 1t/m³。

一般情况下,土粒相对密度在数值上等于土粒密度,但两者含义不同,前者是两种物质的质量密度之比,无量纲;后者是土粒的质量密度,有单位。土粒相对密度一般采用"比重瓶法"测定。

2. 换算指标

(1) 土的干密度 ρ_d

单位体积中固体颗粒的质量,称为土的干密度,即

$$\rho_d = \frac{m_s}{V} \tag{17.1-6}$$

(2) 土的饱和密度 ρ_{sat}

土孔隙中全部充满水时,单位体积土的质量,称为土的饱和密度,即

$$\rho_{sat} = \frac{m_s - V_v \rho_w}{V} \tag{17.1-7}$$

式中:ρ_w——水的密度,近似取 $\rho_w = 1$g/cm³。

(3) 土的有效密度 ρ'

在地下水位下,单位体积中土粒的质量扣除同体积水的质量后的密度,称为土的有效密度,即

$$\rho' = \frac{m_s - V_s \rho_w}{V} \tag{17.1-8}$$

(4) 土的孔隙比 e

土中孔隙体积与土粒体积之比,称为土的孔隙比

$$e = \frac{V_v}{V_s} \tag{17.1-9}$$

(5) 土的孔隙率 n

土中孔隙体积与土的总体积之比(用百分数表示),称为土的孔隙率,即

$$n = \frac{V_v}{V} \times 100\% \tag{17.1-10}$$

(6) 土的饱和度 S_r

土中被水充满的孔隙体积与孔隙总体积之比(用百分数表示),称为土的饱和度,即

$$S_r = \frac{V_w}{V_v} \tag{17.1-11}$$

3. 指标常用换算公式

常见的土的三相比例指标换算公式列于表 17.1-1。

指 标 换 算　　　　　　　表 17.1-1

名　　称	符　号	常用换算公式
干密度	ρ_d	$\rho_d = \dfrac{\rho}{(1+w)} = \dfrac{d_s \rho_w}{1+e}$
饱和密度	ρ_{sat}	$\rho_{sat} = \dfrac{d_s + e}{1+e}\rho_w$
有效密度	ρ'	$\rho' = \rho_{sat} - \rho_w = \dfrac{d_s - 1}{1+e}\rho_w$
孔隙比	e	$e = \dfrac{d_s(1+w)\rho_w}{\rho} - 1$
孔隙率	n	$n = \dfrac{e}{1+e} = 1 - \dfrac{\rho_d}{d_s \rho_w}$
饱和度	S_r	$S_r = \dfrac{w d_s}{e} = \dfrac{w \rho_d}{n \rho_w}$

选 B。

17.1.3 土的物理状态指标

1. 砂土的相对密实度

考虑土粒级配的影响，在工程中引入了相对密实度 D_r 的概念，即

$$D_r = \dfrac{e_{\max} - e}{e_{\max} - e_{\min}} \tag{17.1-12}$$

由于土的天然孔隙比，最大孔隙比和最小孔隙比较难准确测定，使得相对密实度的应用受到限制，因此在通常采用标准贯入试验锤击数 N 划分砂土密实度的标准。

标准贯入试验是在现场进行的一种原位测试，具体方法是：用卷扬机将质量为 63.5kg 的钢锤，提升 76cm 高度，让钢锤自由下落，打击贯入器，使贯入器贯入土中深为 30cm 所需的锤击数，记为 $N_{63.5}$。

$$N_{63.5} \leqslant 10 \quad\quad 松散$$
$$10 < N_{63.5} \leqslant 15 \quad\quad 稍密$$
$$15 < N_{63.5} \leqslant 30 \quad\quad 中密$$
$$N_{63.5} > 30 \quad\quad 密实$$

【例 17.1-1】某细土测得 $w = 23.2\%$，$\gamma = 16\ \text{kN/m}^3$，$G_s = 2.68$，取 $\gamma_w = 10\ \text{kN/m}^3$。将土样放入振动容器中，振动后土样的质量为 0.415kg，量得体积为 $0.22 \times 10^{-3}\ \text{m}^3$。松散时，测得质量为 0.420kg，体积为 $0.35 \times 10^{-3}\ \text{m}^3$。求土样的相对密实度为（　　）。

A. 0.22　　　B. 0.25　　　C. 0.29　　　D. 0.33

解析：

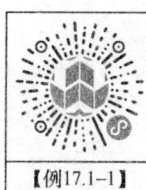
【例17.1-1】

天然孔隙比 $e = \dfrac{\gamma_w G_s (1+w)}{\gamma} - 1 = \dfrac{10 \times 2.68 \times (1+0.232)}{16} - 1 = 1.064$

最大干重度 $\gamma_{d\max} = \dfrac{m_s}{V} = \dfrac{0.415 \times 9.8 \times 10^{-3}}{0.22 \times 10^{-3}} = 18.5\ \text{kN/m}^3$

最小干重度 $\gamma_{d\min} = \dfrac{m_s}{V} = \dfrac{0.420 \times 9.8 \times 10^{-3}}{0.35 \times 10^{-3}} = 11.8\ \text{kN/m}^3$

最大孔隙比 $e_{\max} = \dfrac{\gamma_w G_s}{\gamma_{d\min}} - 1 = \dfrac{10 \times 2.68}{11.8} - 1 = 1.271$

最小孔隙比 $e_{\min} = \dfrac{\gamma_w G_s}{\gamma_{d\max}} - 1 = \dfrac{10 \times 2.68}{18.5} - 1 = 0.449$

$$D_r = \frac{e_{\max} - e}{e_{\max} - e_{\min}} = \frac{1.271 - 1.064}{1.271 - 0.449} = 0.25$$

答案为 B。

2. 黏性土的界限含水量

黏性土从一种状态转变为另一种状态的分界含水量称为界限含水量。土由可塑状态过渡到流动状态的界限含水量，称为液限，用 w_L 表示；土由半固态变化到可塑状态的界限含水量称为塑限，称为塑限，用 w_p 表示。

我国常采用锥式液限仪来测定黏性土的液限，可用"搓条法"来测定塑限，但结果不准确，故常用锥式液限仪联合测定法测出液限和塑限。

3. 黏性土的塑性指数和液性指数

塑性指数，是指土的液限与塑限的差值（省去%），用 I_p 表示，即

$$I_p = w_L - w_p \tag{17.1-13}$$

塑性指数表示黏性土处于可塑状态的含水量的变化范围，习惯上用不带百分数的数值表示。

液性指数，是指黏性土的天然含水量和塑限的差值与塑性指数之比，表征土的天然含水量与界限含水量之间的相对关系，用 I_L 表示，即

$$I_L = \frac{w - w_p}{w_L - w_p} = \frac{w - w_p}{I_p} \tag{17.1-14}$$

可以利用 I_L 来划分黏性土所处的软硬状态，如下所示

$$I_L \leqslant 0 \quad\quad 坚硬$$
$$0 < I_L \leqslant 0.25 \quad\quad 硬塑$$
$$0.25 < I_L \leqslant 0.75 \quad\quad 可塑$$
$$0.75 < I_L \leqslant 1.0 \quad\quad 软塑$$
$$I_L > 1.0 \quad\quad 流塑$$

【例 17.1-2】某土样 $w = 29.5\%$，$w_L = 34.8\%$，$w_P = 20.9\%$。该土样的液性指数为（　　）。

A. 0.246　　　　B. 0.433　　　　C. 0.620　　　　D. 0.851

解析：

根据公式

$$I_P = w_L - w_p = 34.8 - 20.9 = 13.9$$
$$I_L = \frac{w - w_P}{I_P} = \frac{29.5 - 20.9}{13.9} = 0.620$$

【例17.1-2】

答案为 C。

17.1.4 土的压实性

土的压实性是指在一定的含水率下，以人工或机械的方法，使土能够压实到某种密实程度的性质。

为了保证填土有足够的强度、较小的压缩性和透水性，施工中常常需要压实填料，以提高土的密实度和均匀性。填土的密实度通常以其干密度 ρ_d 来表示。

土的压实性在室内通过击实试验来研究的，具体试验仪器和方法见现行的《土工试验方法标准》GB/T 50123；在室外通过现场碾压试验。

1. 含水率和压实功能的影响

对同一种土料,分别在不同的含水率下,用同一击数将它们分层击实,测定土样的含水率和密度,再算出相应的干密度,绘制出曲线如图 17.1-3 所示。从图中可以看出,当含水率较小时,土的干密度随着含水率的增加而增大,而当干密度随着含水率的增加达到某一值后,含水率的继续增加反而使干密度减小,干密度的这一最大值称为该击数下的最大干密度 ρ_{dmax},此时相应的含水率称为最优含水率 w_{op}。这说明,当击数一定时,只有在某一含水率下才能获得最佳的击实效果。

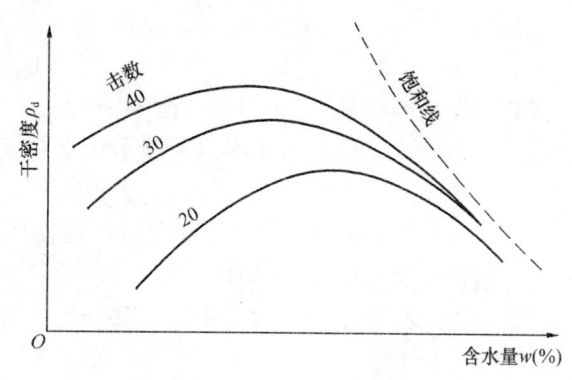

图 17.1-3 含水率与干密度的关系曲线

土的压实性还与压实功能有关,在实验室内压实功能是用击数来反映的,对于同一种土,压实功能小,则所能达到的最大干密度小,最优含水率大;压实功能大,则所能达到的最大干密度大,最优含水率小。用同一种土料在不同含水率下分别用不同的击数进行击实试验,得到一组随击数而异的含水率与干密度关系曲线,如图 17.1-3 所示。其中虚线为饱和线,即饱和度为 100% 时的含水率与干密度的关系曲线。从图中可知,土料的最大干密度和最优含水率不是常数,最大干密度随击数的增加而增大,最优含水率则随之减小,并且只靠增加压实功能来提高土的最大干密度是有一定限度的;当含水率较低时击数的影响较显著,当含水率较高时,含水率与干密度关系曲线趋近于饱和线,即此时提高压实功能是无效的。

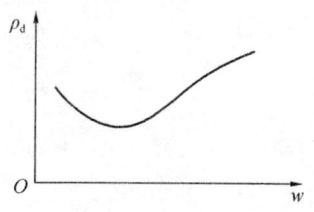

图 17.1-4 无黏性含水率与干密度的关系曲线

2. 土类和级配的影响

土的压实性还与土的种类、级配等因素有关。试验表明,同样含水率情况下,黏性土的黏粒含量愈高或塑性指数愈大,愈难以压实。

对于无黏性土,含水率对压实性的影响没有像黏性土那么敏感,击实试验结果如图 17.1-4 所示。可以看出其击实曲线与黏性土的不同,在含水率较大时得到较高的干密度。因此,在无黏性土的实际填土中,通常需要不断洒水使其在较高含水率下压实。

在同一土类中,土的级配对它的压实性影响很大,级配良好的土,易于压实,级配不良的土,不易于压实。

习　题

【17.1-1】某工程地质勘察中,用体积为 100cm³ 的环刀取原状土做试验,用天平称得湿土质量为 190.2g,烘干后质量为 150.1g,土粒相对密度为 2.68,求该土样的孔隙比为(　　)。

  A. 0.638　　　　　B. 0.785　　　　　C. 0.797　　　　　D. 0.808

【17.1-2】某砂土土样的密度为 1.77g/cm³,含水量为 9.8%,土粒相对密度为 2.67,

烘干后测定最小孔隙比为 0.461，最大孔隙比为 0.943，求相对密实度（　　）。

A. 0.845　　　　B. 0.556　　　　C. 0.595　　　　D. 0.602

【17.1-3】下列关于土中水说法错误的是（　　）。

A. 结合水是指在电分子引力下吸附于土粒表面可以传递静水压力、不能任意流动的土中水

B. 自由水是存在于土粒表面电场影响范围以外的土中水

C. 结合水又细分为强结合水和弱结合水两种

D. 自由水按所受作用力的不同，可分为重力水和毛细水两种

【17.1-4】中值粒径为一特定粒径，即小于该粒径的土粒质量累计百分数为（　　）。

A. 10%　　　　B. 30%　　　　C. 50%　　　　D. 60%

【17.1-5】工程上的均粒土，其不均匀系数值的范围是（　　）。

A. <5　　　　B. ≥5　　　　C. 5~10　　　　D. >10

【17.1-6】计算土不均匀系数的参数是（　　）。

A. 有效粒径

B. 有效粒径和中值粒径

C. 有效粒径和限定粒径

D. 有效粒径、中值粒径和限定粒径

【17.1-7】计算曲率系数 C_c 的参数是（　　）。

A. 有效粒径

B. 有效粒径和中值粒径

C. 有效粒径和限定粒径

D. 有效粒径、中值粒径和限定粒径

习题答案及解析

【17.1-1】答案：B

解析：根据公式

$$\rho = \frac{190.2}{100} = 1.902 \text{g/cm}^3$$

$$w = \frac{190.2 - 150.1}{150.1} \times 100\% = 26.7\%$$

$$e = \frac{d_s(1+\omega)\rho_w}{\rho} - 1 = \frac{2.68 \times (1+26.7\%) \times 1}{1.902} - 1 = 0.785$$

【17.1-2】答案：C

解析：根据公式

$$e = \frac{d_s(1+\omega)\rho_w}{\rho} - 1 = \frac{2.67 \times (1+9.8\%) \times 1}{1.77} - 1 = 0.656$$

$$D_r = \frac{e_{\max} - e}{e_{\max} - e_{\min}} = \frac{0.943 - 0.656}{0.943 - 0.461} = 0.595$$

【17.1-3】答案：A

解析：土中水分为结合水和自由水，结合水是指在电分子引力下吸附于土粒表面不能

传递静水压力、不能任意流动的土中水。故 A 错误。

【17.1-4】答案：B

解析：小于某粒径的土粒质量占土总质量的 30% 的粒径称为中值粒径。

【17.1-5】答案：A

解析：C_u 愈小，则曲线愈陡，表示土粒大小的分布范围越小，$C_u<5$ 的土称为匀粒土，级配不良。

【17.1-6】答案：C

解析：$C_u=\dfrac{d_{60}}{d_{10}}$

其中 d_{10} 为有效粒径，d_{60} 为限定粒径。

【17.1-7】答案：D。

解析：$C_c=\dfrac{d_{30}^2}{d_{60}d_{10}}$

其中 d_{10} 为有效粒径，d_{60} 为限定粒径，d_{30} 为中值粒径。

17.2 土 中 应 力

高频考点梳理

知识点	自重应力
近三年考核频次	2次

17.2.1 土中自重应力

由土体自身重力在地基内所产生的应力称为自重应力，也称竖向有效应力。在计算土中自重应力时，假设地基为均质连续的半无限空间体，土体在自重应力作用下只产生竖向变形，而无侧向位移和剪切变形。

1. 土中自重应力计算

一般情况下，天然地基土往往是成层的，而各层土具有不同的重度。如地下水位位于同一土层中，计算自重应力时，地下水位面也应作为分层的界面。如图 17.2-1 所示，天然地面下深度 z 范围内各层土的厚度为 h_i，重度为 γ_i，则深度 z 处土的自重应力可通过对各层土自重应力求和得到，即

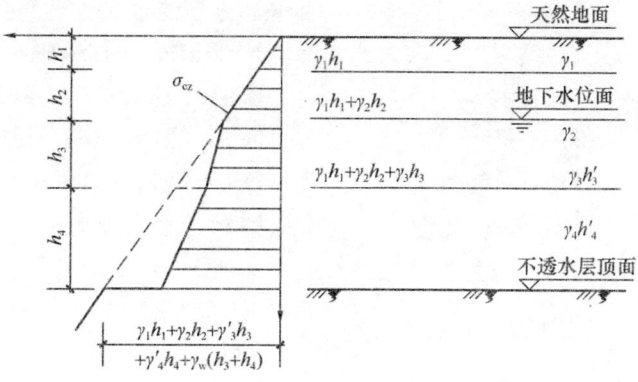

图 17.2-1 成层土中竖向自重应力沿深度的分布

$$\sigma_{cz} = \gamma_1 h_1 + \gamma_2 h_2 + \cdots + \gamma_n h_n = \sum_{i=1}^{n} \gamma_i h_i \qquad (17.2\text{-}1)$$

式中：σ_{cz}——天然地面下任意深度处的竖向有效自重应力（kPa）；

$\quad\quad\quad n$——深度 z 范围内的土层总数；

$\quad\quad\quad h_i$——第 i 层土的厚度（m）；

$\quad\quad\quad \gamma_i$——第 i 层土的天然重度，对地下水位以下的土层取浮重度。

在地下水位以下，如埋藏有不透水层，由于不透水层中不存在水的浮力，所以不透水层顶面的自重应力值及层面以下的自重应力应按上覆土层的水土总重计算。

2. 地下水位升降对土中自重应力的影响

地下水位升降，使地基土中自重也相应发生变化。图 17.2-2（a）为地下水位下降的情况，这使得地基中有效自重应力增加，从而引起地面大面积沉降。在进行基坑开挖时，若降水过深，时间过长，则常引起坑外地表下沉而导致邻近建筑物开裂、倾斜。图 17.2-2（b）为地下水位长期上升的情况，这会引起地基承载力的减小、湿陷性土的塌陷现象等。

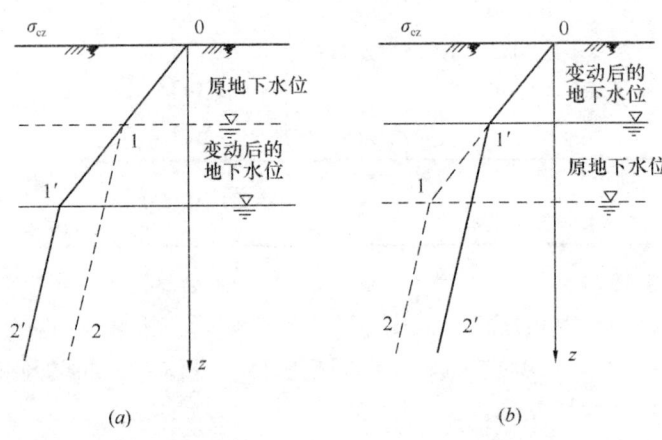

图 17.2-2 地下水位升降对土中自重应力的影响

0—1—2 线为原来自重应力的分布；0—1′—2′线为地下水位变动后自重应力的分布

【例 17.2-1】某建筑场地的地质柱状图和土的有关指标列于图 17.2-3 中。图中所示 2 点处土层的自重应力及作用在基岩顶面的土自重应力和静水压力之和分别为（　　）。

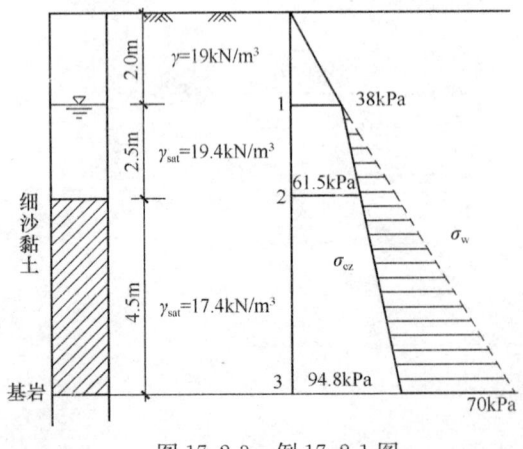

图 17.2-3 例 17.2-1 图

A. 38kPa，94.8kPa

B. 94.8kPa，161.5kPa

C. 61.5kPa，164.8kPa

D. 60.3kPa，166.6kPa

解析：答案为 C。

本例天然地面下第一层细砂厚 4.5m，其中地下水位以上和以下的厚度分别为 2.0m 和 2.5m；第二层为厚 4.5m 的黏土层。计算 2 点处的自重应力以及基岩顶面处的自重应力为：
$$\sigma_{cz2} = \gamma_1 h_1 + \gamma'_1 h_2 = 19 \times 2.0 + (19.4 - 10) \times 2.5 = 61.5 \text{(kPa)}$$
$$\sigma_{cz3} = \gamma_1 h_1 + \gamma'_1 h_2 + \gamma'_2 h_3 = 61.5 + (17.4 - 10) \times 4.5 = 94.8 \text{(kPa)}$$

基岩顶面处的静水压力如图中阴影部分所示
$$\sigma_w = \gamma_w (h_2 + h_3) = 10 \times 7.0 = 70.0 \text{(kPa)}$$

故总压力为 164.8kPa，故选 C。

17.2.2 基底压力

建筑物荷载通过基础传递至地基，在基础底面与地基之间产生接触应力。它既是基础作用于地基表面的基底压力，又是地基反作用于基础底面的基底反力。

1. 中心荷载下的基底压力

中心荷载下的基础，其所受荷载的合力通过基底形心。基底压力假定为均匀分布如图 17.2-4 所示，此时基底平均压力 p (kPa) 按下式计算

$$p = \frac{F + G}{A} \tag{17.2-2}$$

式中：F——作用在基础上的竖向力（kN）；

G——基础自重及其上回填土重力之和（kN），$G = \gamma_G A d$，其中 γ_G 为基础及回填土的平均重度，一般取 20kN/m³，但地下水位以下部分应扣去浮力为 10kN/m³，d 为基础埋深，必须从设计地面或室内外平均设计地面算起，如图 17.2-4 所示；

A——基底面积（m²），对于矩形基础 $A = lb$，l 和 b 分别为矩形基底的长度和宽度。

对于荷载沿长度方向均匀分布的条形基础，则沿长度方向截取一单位长度的截条进行基底平均压力 p 的计算，此时式（17.2-2）中 A 改为 b，F 及 G 则为基础截条内的相应值（kN/m³）。

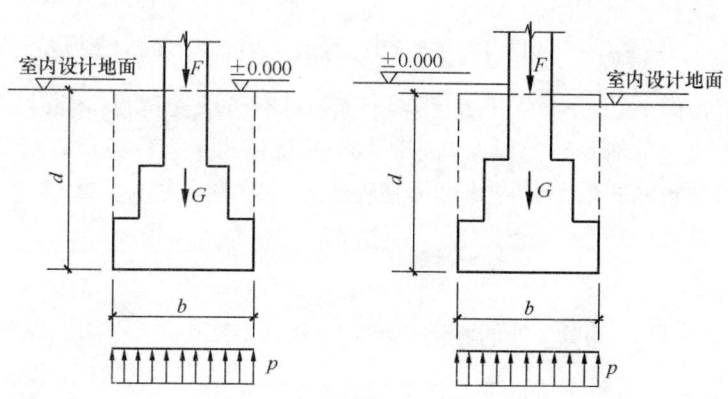

图 17.2-4 中心荷载下的基底压力分布

2. 偏心荷载下的基底压力

对于单向偏心荷载下的矩形基础如图 17.2-5 所示。设计时，通常基底长边方向取与偏心方向一致，基底两边缘最大、最小压力 p_{max}、p_{min}（kPa）按材料力学短柱偏心受压公式计算

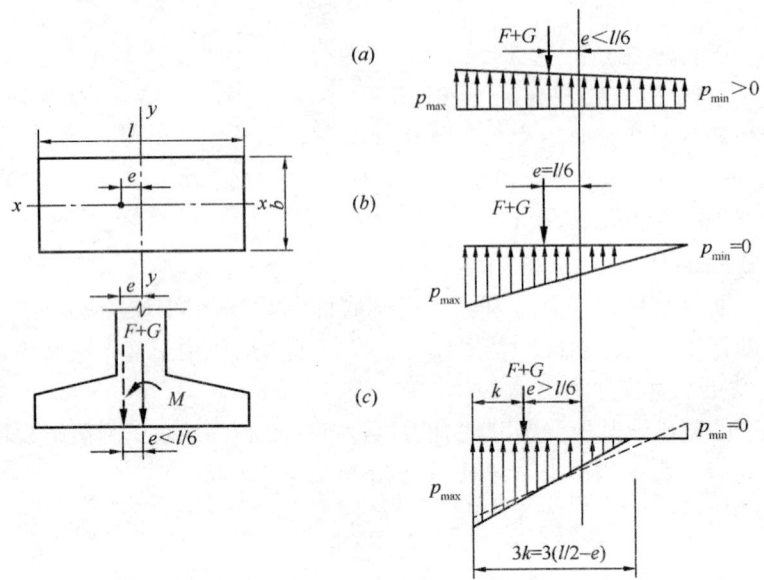

图 17.2-5 单向偏心荷载下的矩形基础

$$\left.\begin{array}{r}p_{\max}\\p_{\min}\end{array}\right\}=\frac{F+G}{lb}\pm\frac{M}{W}=\frac{F+G}{lb}\left(1\pm\frac{6e}{l}\right) \quad (17.2\text{-}3)$$

式中：M——作用在矩形基础底面的力矩；

W——基础底面的抵抗矩，$W=\dfrac{bl^2}{6}$；

e——荷载偏心距，$e=\dfrac{M}{F+G}$。

如图 17.2-5 (a) 所示，当 $e<\dfrac{l}{6}$ 时，基底压力分布图呈梯形；如图 17.2-5 (b) 所示，当 $e=\dfrac{l}{6}$ 时，呈三角形；如图 17.2-5 (c) 所示，当 $e>\dfrac{l}{6}$ 时，距偏心荷载较远的基底边缘反力为负值，即 $p_{\min}<0$，由于基底与地基之间不能承受拉力，此时基底与地基局部脱开，而使基底压力重新分布。根据偏心荷载与基底反力平衡的条件，荷载合力 $F+G$ 应通过三角形反力分布图的形心，由此可得基底边缘的最大压力 $p_{\max}$ 为

$$p_{\max}=\frac{2(F+G)}{3bk} \quad (17.2\text{-}4)$$

式中：k——合力作用点至 $p_{\max}$ 处的距离，$k=\dfrac{l}{2}-e$；

b——垂直于力矩作用方向的基础底面边长；

l——偏心方向基础底面边长。

【例 17.2-2】某基础底面尺寸 $l=3\text{m}$，$b=2\text{m}$，基础顶面作用轴心力 $F_k=450\text{kN}$，弯矩 $M_k=150\text{kN}\cdot\text{m}$，基础埋深为 1.2m，计算基底最大压力为（　　）。

A. 48.9kPa　　B. 100.5kPa　　C. 149.1kPa　　D. 197.6kPa

解析：答案为 C。

基础自重及其上回填土重 $G_k = \gamma_G A d = 20 \times 3 \times 2 \times 1.2 = 144$（kN）

偏心距 $e = \dfrac{M_k}{F_k + G_k} = \dfrac{150}{450 + 144} = 0.253\text{m} < \dfrac{l}{6} = 0.5\text{m}$

基底最大压力为

$$p_{k\max} = \dfrac{F_k + G_k}{bl}\left(1 + \dfrac{6e}{l}\right) = \dfrac{450 + 144}{2 \times 3} \times \left(1 + \dfrac{6 \times 0.253}{3}\right) = 149.1(\text{kPa})$$

【例17.2-2】

3. 基底附加压力

建筑物建造前，土中早已存在自重应力，基底附加压力是作用在基础底面的压力与基底处原有土中自重应力之差。一般天然土层在自重作用下的变形早已结束，因此只有基底附加压力才能引起地基的附加应力和变形（图17.2-6）。

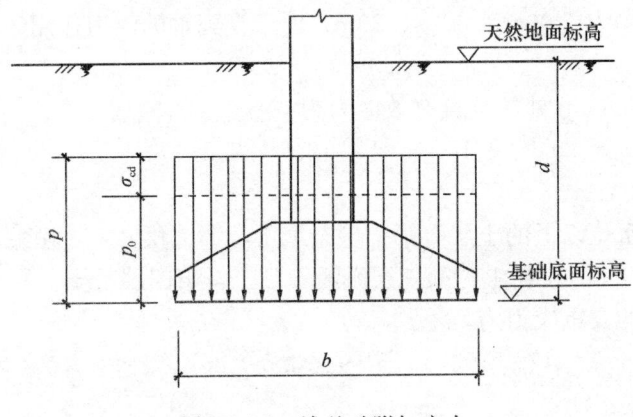

图17.2-6 浅基础附加应力

基底平均附加压力值 p_0 应按下式计算

$$p_0 = p - \sigma_{cd} = p - \gamma_0 d \tag{17.2-5}$$

式中：p——基底平均压力（kPa）；

σ_{cd}——基底处土的自重应力标准值（kPa）；

γ_0——基底标高以上天然土层的加权平均重度，其中地下水位以下取有效重度（kN/m³）；

d——基础埋置深度，从天然地面算起（m）。

习 题

【17.2-1】均匀地基中，如果土的重度为 16.8kN/m³，饱和重度为 18.9kN/m³，地表超载 20.03kN/m³，地下水位埋深为 1.80m，毛细水向上渗流 0.8m。那么地基埋深 3.00m 处的垂直有效应力为（ ）。

A. 62.63kPa　　B. 70.71kPa　　C. 59.83kPa　　D. 60.45kPa

【17.2-2】某建筑场地的地层分布均匀，第一层杂填土厚 1.5m，$\gamma = 17$ kN/m³；第二层粉黏土厚 4m，$\gamma = 19$kN/m³、$d_s = 2.73$、$w = 31\%$，地下水位在地面下 2m 深处；第三层淤泥质黏土厚 8m，$\gamma = 18.2$kN/m³、$d_s = 2.71$、$w = 41\%$；第四层粉土厚 3m，$\gamma =$

$19.5kN/m^3$、$d_s=2.72$、$w=27\%$；第五层砂岩未钻穿。计算砂岩顶层处土的竖向自重应力为（　　）。

A. 155.3kPa　　　B. 160.6kPa　　　C. 165.1kPa　　　D. 171.8kPa

【17.2-3】某轴心受压基础底面尺寸为$l=b=2m$，基础顶面作用集中力450kN，基础埋深1.5m，已知地质剖面第一层为杂质土，厚0.5m，$\gamma_1=16.8\ kN/m^3$；以下为黏土，$\gamma_2=18.5kN/m^3$，计算基底附加压力为（　　）。

A. 98.2kPa　　　B. 102.7kPa　　　C. 115.6kPa　　　D. 134.1kPa

习题答案及解析

【17.2-1】答案：A

解析：本题中，毛细水上升部分层厚0.8m，重度应为饱和重度；地下水位以下、地基埋深以上部分层厚为3.00－1.80＝1.20m，由于受到水的浮力作用，因为重度应为浮重度。

因此地基埋深3.00m处的垂直有效应力为

$$p_0=\sum\gamma_i h=20.03+16.8\times1+18.9\times0.8+8.9\times1.2=62.63kPa$$

【17.2-2】答案：B

解析：在地下水位以上的土层有第一层杂填土，第二层0.5m粉黏土；在地下水位以下的土层有第二层3.5m粉黏土，第三层淤泥质黏土，第四层粉土。

故砂岩顶面土的自重应力为

$$p_0=\sum\gamma_i h=1.5\times17+19\times0.5+9\times3.5+8.2\times8+19.5\times3=160.6kPa$$

【17.2-3】答案：C

解析：基础自重及其上回填土重为$G_k=\gamma_G Ad=20\times2\times2\times1.5=120$（kN）

基底压力为 $p_k=\dfrac{F_k+G_k}{A}=\dfrac{450+120}{2\times2}=142.5(kPa)$

基底处土的自重应力 $\sigma_{cz}=\gamma_1 h_1+\gamma_2 h_2=16.8\times0.5+18.5\times1.0=26.9(kPa)$

基底附加压力 $p_0=p_k-\sigma_{cz}=142.5-26.9=115.6(kPa)$

17.3 地基变形

高频考点梳理

知识点	土的压缩性	地基变形与时间关系
近三年考核频次	2次	3次

17.3.1 土的压缩性

地基土在压力作用下体积减小的性质，称为土的压缩性。土的压缩可看作是土中水和气体从孔隙中被挤出，与此同时，土颗粒相应发生移动，重新排列，靠拢挤紧，从而土孔隙体积减小。

1. 土的压缩性指标

根据土的侧限压缩性试验可以得到土的e-p曲线和e-$\lg p$曲线，如图17.3-1和图

17.3-2 所示。

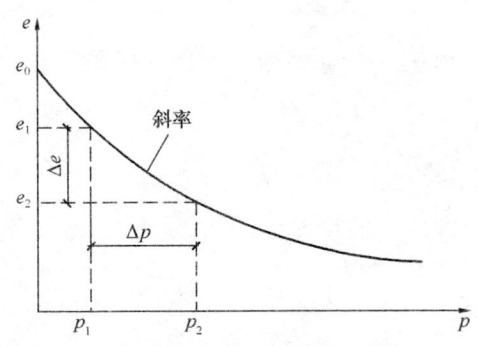

图 17.3-1　由 e-p 曲线确定压缩系数 a

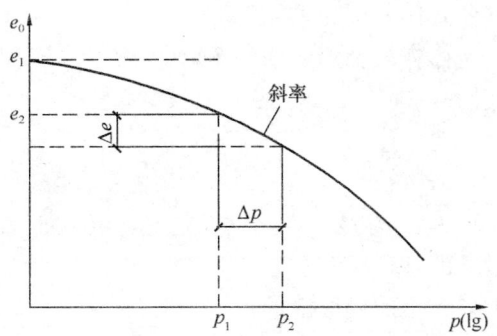

图 17.3-2　由 e-$\lg p$ 曲线确定压缩系数 C_c

（1）土的压缩系数

在 e-p 曲线上，用切线的斜率来表示土的压缩性，称为压缩系数。实用上，可以用割线斜率来代替切线斜率。为统一标准，在工程实践中，通常以 $p_1=100\text{kPa}$ 及 $p_2=200\text{kPa}$ 相对应的孔隙比 e_1 和 e_2 计算土的压缩系数，如式（17.3-1）所示。

$$a_{1-2}=\frac{e_1-e_2}{p_2-p_1}(\text{MPa}^{-1}) \tag{17.3-1}$$

根据压缩系数 a_{1-2} 来评价土的压缩性的高低：

当 $a_{1-2}<0.1\text{MPa}^{-1}$ 时，为低压缩性土；

当 $0.1\text{MPa}^{-1}\leqslant a_{1-2}<0.5\text{MPa}^{-1}$ 时，为中压缩性土；

当 $a_{1-2}\geqslant 0.5\text{MPa}^{-1}$ 时，为高压缩性土。

（2）土的压缩指数

对于 e-$\lg p$ 曲线，它的后段接近直线段，如图 17.3-2 所示，其斜率 C_c 称为压缩指数。

$$C_c=\frac{e_1-e_2}{\lg p_2-\lg p_1}=\frac{e_1-e_2}{\lg\dfrac{p_2}{p_1}} \tag{17.3-2}$$

同压缩系数 a 一样，压缩指数 C_c 也能用来确定土的压缩性大小，C_c 值越大，土的压缩性越高。

（3）土的压缩模量

土体在完全侧限条件下，土中应力增量与应变增量的比值称为土的压缩模量，用 E_s 表示，它是表示土压缩性的又一指标：

$$E_s=\frac{\Delta p}{\Delta\varepsilon_z}=\frac{1+e_1}{a_{1-2}}(\text{MPa}) \tag{17.3-3}$$

式中：$\Delta\varepsilon_z$——压力应变增量 Δp 作用下的竖向应变增量，$\Delta\varepsilon_z=\dfrac{\Delta H}{H_1}$。

压缩模量也用来评价土的压缩性高低，但在实际工程中很少用该指标来判定土的压缩性高低，一般认为：

$E_s>15\text{MPa}$ 时，为低压缩性土；

$15\text{MPa}\geqslant E_s>4\text{MPa}$ 时，为中压缩性土；

$E_s \leqslant 4\mathrm{MPa}$ 时，为高压缩性土。

(4) 体积压缩系数

土体在完全侧限条件下，体积应变增量与应力增量的比值称为土的体积压缩系数，用 m_v 表示，即：

$$m_v = \frac{\Delta \varepsilon_z}{\Delta p} = \frac{1}{E_s} = \frac{a}{1+e_1} \tag{17.3-4}$$

可见，m_v 越大，压缩性越高。相对而言，土的压缩模量在国内用得较多，而国外则偏爱土的体积压缩系数。

(5) 土的变形模量

土的变形模量 E_0 是土体在无侧限条件下的应力与应变的比值，可由现场载荷试验确定，它与 E_s 的关系为：

$$E_0 = \left(1 - \frac{2\mu^2}{1-\mu}\right) E_s \tag{17.3-5}$$

其中，μ 为土的泊松比。

2. 土的回弹、再压缩曲线和超固结比

(1) 土的回弹及再压缩曲线

在室内压缩试验时，如果在加载后，逐级进行卸载，可得土的回弹曲线；但若卸载失败后，又重新加载，则再压缩曲线将大致循回弹曲线，直至接近初始压缩曲线，才又循其方向发展，如图 17.3-3 所示。从图中可见，压缩曲线与回弹曲线并不重合，说明土在卸载后，变形不能全部恢复，故土不是理想弹性体，其变形包括弹性变形和残余变形两部分。

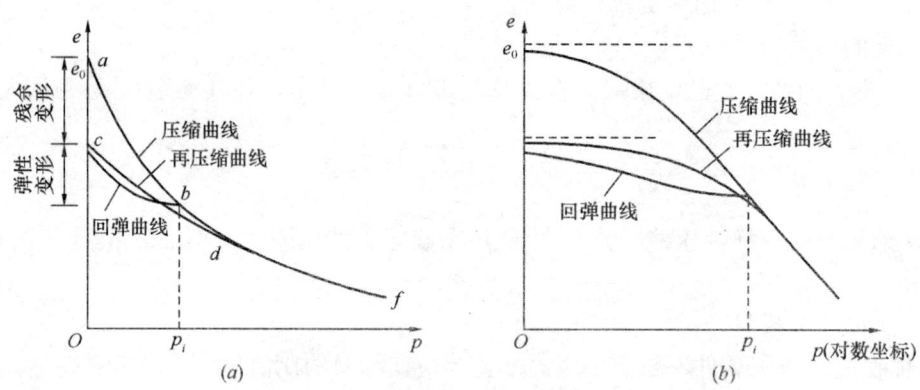

图 17.3-3　土的回弹与再压缩曲线
(a) $e\text{-}p$ 曲线；(b) $e\text{-}\lg p$ 曲线

另外，回弹和再压缩曲线比初始压缩曲线平缓，说明土体经过一次压缩和回弹后，压缩性已降低，故应力历史对土的压缩性能有较大影响，了解土的这种性质，可利用其对原来压缩性大的地基进行预压，以减小地基的变形量。对预估某些开挖量大、开挖时间长的基础沉降时，亦应考虑土减压回弹的影响。分析应力历史对土压缩性的影响通常使用 $e\text{-}\lg p$ 曲线。

(2) 超固结比

土在历史上所经受过的最大竖向有效应力称为土的**先期固结压力**，常用 p_c 来表示，通常用卡萨格兰德法来确定，如图 17.3-4 所示。

先期固结压力可用于判断土的固结状态。将土的先期固结压力 p_c 与现在土所受的压力 p_0 比值定义为土的超固结比，用 OCR 表示

$$OCR = \frac{p_c}{p_0} \quad (17.3-6)$$

对于原位地基土而言，p_0 一般指现有上覆土层的自重应力。根据超固结比将土分为三种：$OCR>1$，称为超固结土；$OCR=1$，称为正常固结土；$OCR<1$，称为欠固结土。

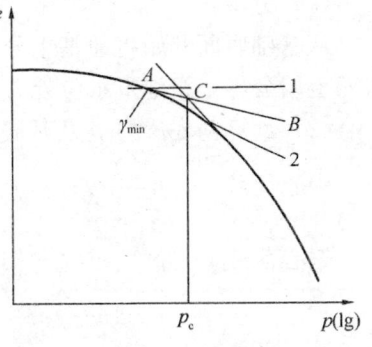

图 17.3-4 确定先期固结压力 p_c 的卡萨格兰德法

根据土的固结状态可以对土的压缩性作出评价，相对而言，超固结土的压缩性最低，而欠固结土的压缩性最高。

17.3.2 基础沉降

地基土层在建筑物荷载作用下，不断产生压缩，至压缩稳定后，地基表面的沉降量称为地基的最终沉降量或基础沉降量。计算其目的是在建筑设计中，预知该建筑物建成后将产生的最终沉降量、沉降差、倾斜及局部倾斜，并判断这些地基变形值是否超出允许的范围，以便在建筑物设计时，为采取相应的工程措施提供科学依据，保证建筑物的安全。

1. 分层总和法

分层总和法假定地基土是均质、各向同性的半无限弹性体；地基土在外荷载作用下，只产生竖向变形，侧向不发生膨胀变形；采用基底中心点下的附加应力计算地基变形量。将有限厚度范围内（即压缩层）的地基土分为若干层，分别求出各分层地基的应力，然后用土的应力-应变关系求出各分层的变形量，总和起来就是地基的最终沉降量，如图 17.3-5 所示。

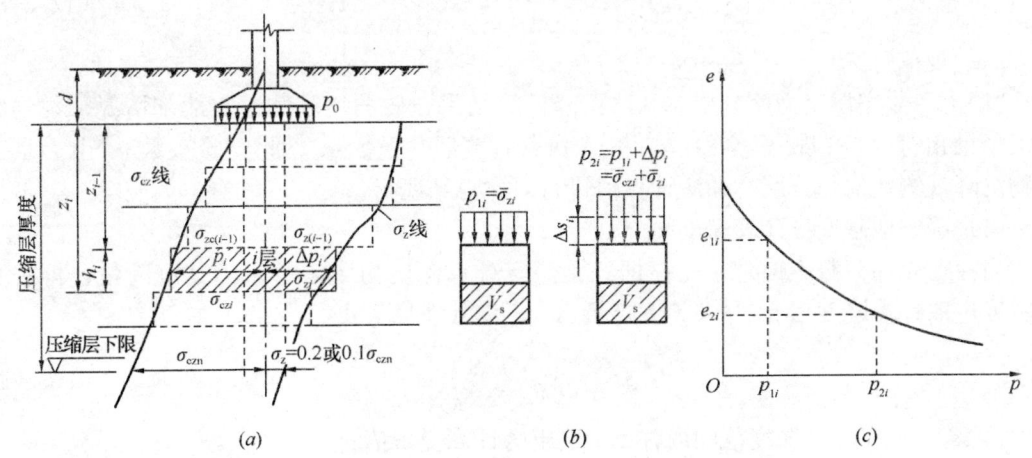

图 17.3-5 分层总和法

计算步骤如下：

(1) 分层:

从基础底面开始将地基土分为若干薄层,分层原则:厚度 $h_i \leqslant 0.4b$ (b 为基础宽度);天然土层分界处;地下水位处。

(2) 计算基底压力 p 及基底附加压力 p_0:

中心荷载 $\quad p = \dfrac{F+G}{A}$

偏心荷载 $\quad p_{\min}^{\max} = \dfrac{F+G}{A}\left(1 + \dfrac{6e}{l}\right)$

$\quad\quad\quad\quad p_0 = p - \gamma_0 d$

(3) 计算各分层面上土的自重应力 σ_{czi} 和附加应力 σ_{zi},并绘制分布曲线。

(4) 按"应力比"法确定沉降计算深度 z_n。

(5) 计算各分层土的平均自重应力 $\bar{\sigma}_{czi} = \dfrac{\sigma_{cz(i-1)} + \sigma_{czi}}{2}$ 和平均附加应力 $\bar{\sigma}_{zi} = \dfrac{\sigma_{z(i-1)} + \sigma_{zi}}{2}$,并设 $p_{1i} = \bar{\sigma}_{czi}$,$p_{2i} = \bar{\sigma}_{czi} + \bar{\sigma}_{zi}$。

(6) 按以下公式计算各分层土的变形量 Δs_i:

$$\Delta s_i = \left(\dfrac{e_{1i} - e_{2i}}{1 + e_{2i}}\right) h_i = \dfrac{a_i}{1 + e_{1i}}(p_{2i} - p_{1i}) h_i = \dfrac{\bar{\sigma}_{zi}}{E_{si}} h_i \quad (17.3\text{-}7)$$

式中:a_i——第 i 层土的压缩系数;

$\quad\quad E_{si}$——第 i 层土的侧限压缩模量;

$\quad\quad e_{1i}$——第 i 层土压缩前(自重应力 p_{1i} 作用下)的孔隙比;

$\quad\quad e_{2i}$——第 i 层土压缩终止后(即自重应力与附加应力之和 p_{2i} 作用下)的孔隙比;

$\quad\quad h_i$——第 i 层土的厚度。

(7) 计算地基最终沉降量 s。

将沉降计算深度范围内各土层压缩变形量相加,可得:

$$s = \Delta s_1 + \Delta s_2 + \cdots + \Delta s_n = \sum_{i=1}^{n} \Delta s_i \quad (17.3\text{-}8)$$

2. "规范"法

"规范"法实质是为使分层总和法沉降计算结果在软弱地基和坚实地基情况,都与实测沉降量相符合,"规范"法引入了一个沉降计算经验系数 φ_s。此经验系数 φ_s 由大量建筑物沉降观测数值与分层总和法计算值进行对比总结所得。

(1) 确定地基变形计算深度 z_n

当存在相邻荷载影响时,先根据经验假定计算深度为 z_n,并求出其沉降量,再按基底宽度选取计算厚度 Δz,并求其沉降量 $\Delta s'_n$,使其满足下式:

$$\Delta s'_n \leqslant 0.025 \sum_{i=1}^{n} \Delta s'_i \quad (17.3\text{-}9)$$

式中:$\Delta s'_i$——在计算深度范围内,第 i 层土的计算变形值;

$\quad\quad \Delta s'_n$——在计算深度向上取厚度为 Δz 的土层计算变形值。

如果确定的计算深度下部仍有较软土层时,应继续计算。

(2) 计算总沉降量

$$s = \varphi_s s' = \varphi_s \sum_{i=1}^{n} \frac{p_0}{E_{si}} (z_i \bar{a}_i - z_{i-1} \bar{a}_{i-1}) \qquad (17.3\text{-}10)$$

式中： s——地基最终沉降量；

s'——按分层总和法计算出的地基沉降量；

φ_s——沉降计算经验系数，根据地区沉降观测资料及经验确定；

n——地基变形计算深度范围内所划分的土层数；

p_0——对应于荷载效应准永久组合时的基础底面处的附加应力；

E_{si}——基础底面下第 i 层土的压缩模量，应取土的自重应力至土的自重应力与附加应力之和的应力段计算；

z_i、z_{i-1}——基础底面至第 i 层土、第 $i-1$ 层土底面的距离；

$\bar{a}_i$、$\bar{a}_{i-1}$——基础底面计算点至第 i 层土、第 $i-1$ 层土底面范围内平均附加应力系数，可查相应表格。

3. 沉降历史的组成

地基的总沉降量为瞬时沉降、固结沉降和次固结沉降三者之和，如图 17.3-6 所示。

$$s = s_d + s_c + s_s \qquad (17.3\text{-}11)$$

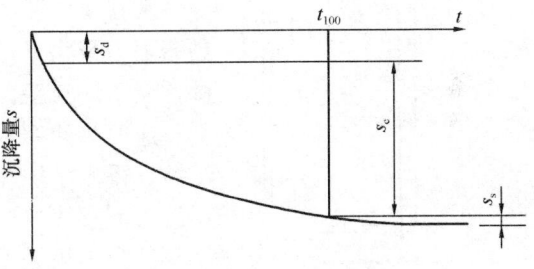

图 17.3-6　总沉降量

式中： s_d——瞬时沉降，瞬时沉降是地基受荷后立即发生的沉降，对饱和土体来说，受荷的瞬间孔隙中的水尚未排出，只发生剪切变形，土体体积没有变化；

s_c——固结沉降，地基受荷后产生的附加应力，使土体的孔隙压缩而产生的沉降称为固结沉降，这部分沉降通常是地基沉降的主要部分；

s_s——次固结沉降，地基在外荷作用下，经历很长时间，土体中超孔隙水压力已完全消散，有效应力不变的情况下，由土的固体骨架长时间缓慢蠕变所产生的沉降称为次固结沉降。

17.3.3 地基沉降与时间的关系

地基在附加荷载作用下至变形稳定需要经历一定的时间过程，不同土层变形的时间历程也不同。碎石土或砂土的透水性好，压缩性小，其变形所经历的时间段，可认为在外荷载施加完毕时，其沉降已稳定；对于黏性土，完成固结所需时间比较长。

1. 土的渗透性

液体从物质微孔中透过的现象称为渗透。土体具有被液体（如土中水）透过的性质称为土的渗透性，或透水性。

水在饱和土体中渗流时，在垂直于渗流方向取一个土体截面，该截面叫过水截面。在时间 t 内渗流通过该过水截面（其面积为 A）的渗流量为 Q，则渗流速度为

$$v = \frac{Q}{At} \qquad (17.3\text{-}12)$$

渗流速度表征渗流在过水截面上的平均流速，并不代表水在土中渗流的真实流速，水

在饱和土体中渗流时，其实际平均流速为

$$\bar{v} = \frac{Q}{nAt} \tag{17.3-13}$$

式中：n——土体的孔隙率。

在单位流程中水头损失的多少表征水在土中渗流的推动力的大小，可以用水力坡降（也称水力梯度）来表示，即

$$i = \frac{\Delta h}{L} \tag{17.3-14}$$

式中：Δh——水头损失也叫水头差；

L——渗流长度。

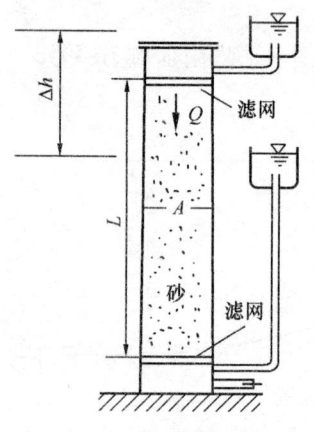

图 17.3-7　达西渗透试验

水在土中的渗流是从高水头向低水头流动，因此水流渗透的方向取决于水头。

(1) 达西定律

水在土中流动时，由于土的孔隙通道很小，渗流过程中黏滞阻力很大；所以在多数情况下，水在土中的流速十分缓慢，属于层流范围。

达西为研究水在砂土中的流动规律，进行了大量的渗流试验，得出了层流条件下土中水渗流速度和水头损失之间关系的渗流规律，即达西定律。试验装置如图 17.3-7 所示。

试验结果表明：在某一时段 t 内，水从砂土中流过的渗流量 Q 与过水断面 A 和土体两端测压管中的水位差 Δh 成正比，与土体在测压管间的距离 L 成反比，达西定律可表示为

$$q = \frac{Q}{t} = k\frac{\Delta h A}{L} = kAi \tag{17.3-15}$$

$$v = \frac{q}{A} = ki \tag{17.3-16}$$

式中：q——单位时间渗流量；

v——渗流速度；

i——水力坡降；

k——土的渗透系数，其物理意义是单位水力坡降时的渗流速度。

在黏性土中由于土颗粒周围结合水膜的存在而使土体呈现一定的黏滞性。一般认为黏土中自由水的渗流必然会受到结合水膜黏滞阻力的影响，只有当水力坡降达到一定值后渗流才能发生，将这一水力坡降称为黏性土的起始水力坡降 i_0，即存在一个达西定律有效范围的下限值。此时，达西定律可写成

$$v = k(i - i_0) \tag{17.3-17}$$

(2) 渗透系数的测定

渗透系数的影响因素有：土颗粒的粒径、级配和矿物成分；土的孔隙比；土的结构和构造；土的饱和度；渗流水的性质。

渗透系数的测定试验方法分为室内试验和现场测试两大类，室内试验包括常水头试验和变水头试验，现场试验主要采用抽水试验。

常水头试验就是在试验时，水头保持为一常数，如图 17.3-8 (a) 所示。L 为试样厚度，A 为试样截面积，h 为作用于试样的水头，这三者均可直接测定。试验时测出某时间间隔 t 内流过试样的总水量 Q，即可根据达西定律求出渗透系数 k。

$$k = \frac{QL}{Aht} \tag{17.3-18}$$

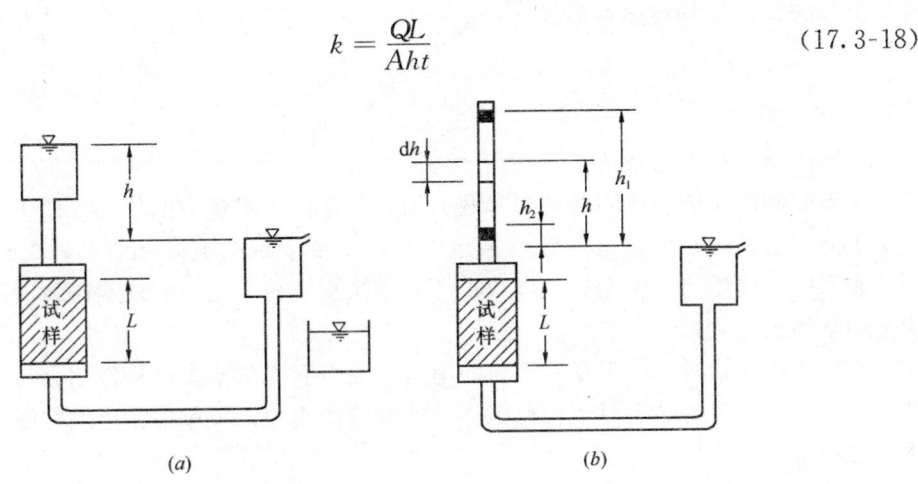

图 17.3-8 渗透实验示意图
(a) 常水头实验；(b) 变水头实验

对于黏土，其渗透系数很小，流过土样的总渗流水量也很小，不易准确测定，或者测定总水量的时间需要很长，会因蒸发和温度的变化影响试验精度，这时就得用变水头试验。

变水头试验就是在整个试验过程中，渗透水头随时间而变化的一种试验方法，如图 17.3-8 (b) 所示。试验过程中，某任一时间 t 作用于土样的水头高为 h，经过 dt 时间间隔后，刻度管（截面积为 a）的水位降落了 dh，则从时间 t 至 $t+dt$ 时间间隔内流经土样的水量 dQ 为

$$dQ = -a\,dh$$

式中的负号表示水量 Q 随水头 h 的降低而增加。

同一时间内作用于试样的水力坡降 i，根据达西定律，其水量为

$$dQ = kiA\,dt = k\frac{h}{L}A\,dt$$

上两式联立得

$$dt = -\frac{aL\,dh}{kAh}$$

积分推导可得

$$k = \frac{aL}{A(t_2 - t_1)}\ln\frac{h_1}{h_2} \tag{17.3-19}$$

对于成层土的渗透系数，需要分别测定各层土的渗透系数，然后根据水流方向，计算其相应的平均渗透系数。图 17.3-9 中，每一层土都是各向同性的，各土层的

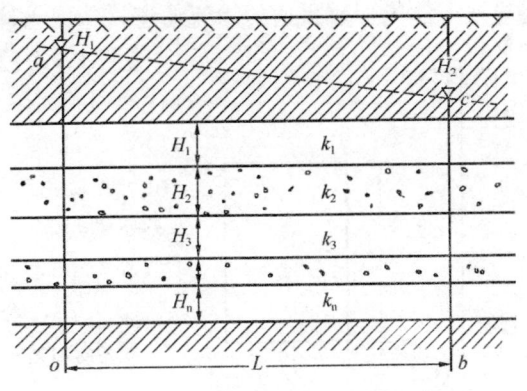

图 17.3-9 层状土层中的渗流

渗透系数分别为 k_1、k_2、$k_3\cdots$，各土层的厚度分别为 H_1、H_2、$H_3\cdots$，总土层厚度为 H。

沿 x 方向的平均渗透系数为

$$k_{\mathrm{x}} = \frac{1}{H}(k_1 H_1 + k_2 H_2 + k_3 H_3 + \cdots) \tag{17.3-20}$$

沿 y 方向的平均渗透系数为

$$k_{\mathrm{y}} = \frac{H}{\dfrac{H_1}{k_1} + \dfrac{H_2}{k_2} + \dfrac{H_3}{k_3} + \cdots} \tag{17.3-21}$$

(3) 渗透力和渗透破坏

渗流引起的渗透破坏问题主要有两大类：一是由于渗流力的作用，使土体颗粒流失或局部土体产生移动，导致土体变形甚至失稳，主要表现为流砂和管涌；二是由于渗流作用，使水压力或浮力发生变化，导致土体或结构物失稳，主要表现为岸坡滑动或挡土墙等构造物整体失稳。

水在土体流动时，由于受到土粒的阻力，而引起水头损失，从作用力与反作用力的原理可知，水流经过时必定对土颗粒施加一种渗透作用力。单位体积土颗粒所受到的渗流作用力为渗透力。

设单位土体内的渗透力为 J，土粒对水流阻力为 T，根据渗透破坏试验可得

$$J = T = \gamma_{\mathrm{w}} i \tag{17.3-22}$$

渗透力是一种体积力，量纲与 γ_{w} 相同。渗透力的大小和水利坡降成正比，其方向与渗透方向一致。

流砂现象是在向上的渗透力作用下，粒间有效应力为零时，颗粒群发生悬浮、移动的现象。它的产生不仅取决于渗透力的大小，同时与土的颗粒级配、密度及透水性等条件相关。

使土开始发生流砂现象时的水力坡降称为临界水力坡降 i_{cr}，显然渗透力等于土的浮重度时，土处于产生流砂的临界状态，因此临界水力坡降为

$$i_{\mathrm{cr}} = \frac{\gamma'}{\gamma_{\mathrm{w}}} = (d_{\mathrm{s}} - 1)(1 - n) = \frac{d_{\mathrm{s}} - 1}{1 + e} \tag{17.3-23}$$

管涌现象是在水流渗透作用下，土中的细颗粒在粗颗粒形成的孔隙中移动，以致流失，随着土的孔隙不断扩大，渗流速度不断增加，较粗的颗粒也相继被水流逐渐带走，最终导致土体内形成贯通的渗流通道，造成土体坍塌的现象。

【例 17.3-1】如图 17.3-10 所示，在长为 10cm，面积 8 cm² 的圆筒内装满砂土。经测定，粉砂的土粒相对密度 $d_{\mathrm{s}}=2.65$，孔隙比 $e=0.9$，筒下端与管相连，管内水位高出筒 5cm（固定不变），流水自下而上通过试样后可溢流出去。求临界水力坡降，并判断是否会产生流砂现象（　　）。

A. 0.55，会　　　　　　B. 0.60，不会
C. 0.75，会　　　　　　D. 0.87，会

解析：D。

水力坡降：$i = \dfrac{\Delta h}{L} = \dfrac{5}{10} = 0.5$

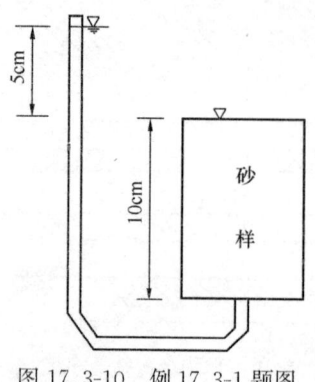

图 17.3-10　例 17.3-1 题图

渗透力：$J = \gamma_w i = 10 \times 0.5 = 5 \text{kN/m}^3$

土的浮重度：$\gamma' = \dfrac{d_s - 1}{1 + e} \gamma_w = \dfrac{2.65 - 1}{1 + 0.9} \times 10 = 8.7 \text{kN/m}^3$

临界水力坡降：$i_{cr} = \dfrac{\gamma'}{\gamma_w} = \dfrac{8.7}{10} = 0.87$

$i < i_{cr}$，故不会发生流砂现象。

2. 饱和黏性土的渗透固结

饱和黏性土在压力作用下，孔隙水随时间逐渐被排除，同时孔隙体积也随之缩小，这一过程称为饱和黏性土的渗透固结。

饱和土的单向固结模型为图 17.3-11 所示的带弹簧活塞的冲水容器。整个模型表示饱和土，弹簧模拟土的颗粒骨架，活塞上的小孔模拟排水条件，容器中的水相当于孔隙中的自由水，以 u 表示外荷载 p 在孔隙水中引起的超静水压力；以 σ' 表示土骨架中产生的有效应力，根据静力平衡条件有：

$$p = \sigma' + u \tag{17.3-24}$$

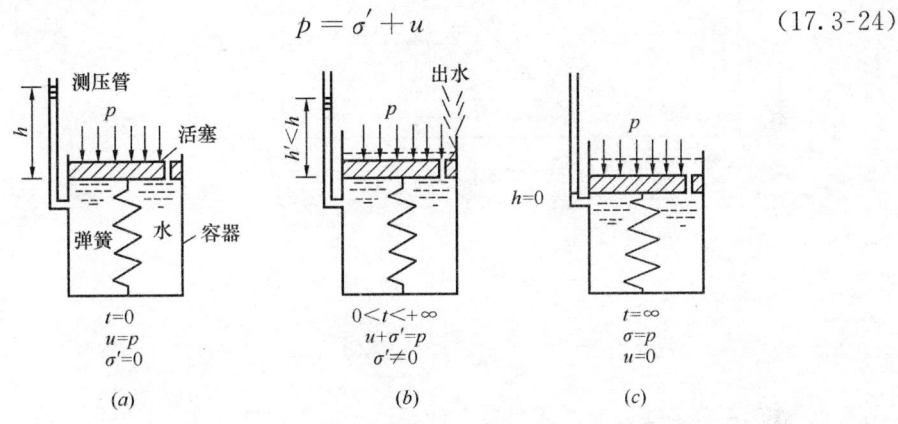

图 17.3-11　饱和土的单向固结模型

显然，有效应力 σ' 与孔隙水压力 u 对外力 p 的分担作用与时间有关。

当 $t = 0$ 时，即活塞顶面骤然受到压力 p 的作用，水来不及排出，弹簧没有变形和受力，外力全部由孔隙水来承担，即：$\sigma' = 0$，$u = p$。

随着作用时间的增加，水受到压力后开始从活塞孔中排出，孔隙水压力 u 减小，活塞下降，弹簧开始受力变形，并随着变形的增长，其承受的压力也不断增长，在这一阶段，$\sigma' + u = p$，$\sigma' > 0$，$u < p$。

当 $t \to \infty$ 时，水从排水孔充分排除，孔隙水压力完全消散，活塞下降到外力完全由弹簧承担，饱和黏性土的渗透固结完成，即：$\sigma' = p$，$u = 0$。

由此可得，饱和土的渗透固结也就是孔隙水压力消散和有效应力相应增长的过程。

3. 太沙基一维固结理论（单向固结理论）

固结理论的目的在于求解土体中某点的孔隙水压力随时间和深度变化的规律。

太沙基提出固结理论时，作出如下假设：

（1）土是均质、各向同性的饱和体；

（2）土颗粒和水都是不可压缩的；

（3）土的压缩和水的渗透只沿竖直方向发生；

（4）土中水的运动服从达西定理；

（5）在渗透固结过程中，土的渗透系数 k 和压缩系数 a 均为常数；

（6）荷载是瞬时一次施加的。

考虑图 17.3-12（a）所示最简单的情况。有一饱和土层，厚为 H，表面有透水层，底面为不透水及不可压缩的层。设该土层在自重应力下固结已完成，现该土层表面骤然施加连续均布荷载 p_0，则在土中一起的附加应力 $\sigma_z=(p_0)$ 沿深度均匀分布。由于水只能向上渗流从表面排除，当排水固结开始后，表面的孔隙水压力立即降到零，而地面的孔隙水压力则降低得很少，其任意深度处的孔隙水压力随 z 不同而变化。随着时间的增长，曲线逐渐发生变化，如图 17.3-12 中虚线，由此可见，有效应力 σ' 和孔隙水压力 u 是时间 t 和深度 z 的函数。

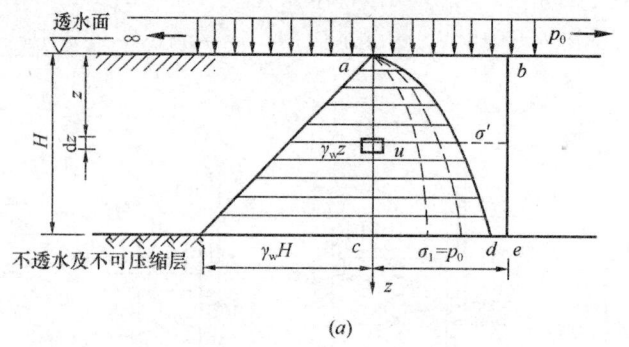
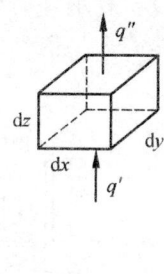

图 17.3-12 饱和黏性土层的固结

$$C_v = \frac{k(1+e)}{\gamma_w a} \tag{17.3-25}$$

式中：k——土的渗透系数（cm/s）；

　　　e——土固结前的初始孔隙比；

　　　a——土的压缩系数（MPa^{-1}）；

　　　γ_w——水的重度，取 $10kN/m^3$；

　　　C_v——土的竖向固结系数。

4. 固结度

地基在固结过程中任一时刻 t 的沉降量 s_t 与其最终固结沉降量 s_∞ 之比值 U_t 称为固结度，表示地基在 t 时所完成的固结程度。

$$U_t = \frac{s_t}{s_\infty} \tag{17.3-26}$$

上式适用于任意 σ_z 分布和地基排水条件的情况，它表明土层的固结度也就是土中孔隙水压力向有效应力转化过程的完成程度，显然，固结度随有效应力的增大固结过程逐渐增大，由 $t=0$ 时为零增至 $t=\infty$ 时为 1.0。

当 $U_t>30\%$ 时，可经推导得

$$U_t = 1 - \frac{8}{\pi^2} e^{-\frac{\pi^2}{4}T_v} \tag{17.3-27}$$

其中：T_v——竖向固结时间因数。

$$T_v = \frac{C_v t}{H^2} \tag{17.3-28}$$

显然固结度 U_t 是时间因数 T_v 的函数。当排水面的附加应力与不排水面的附加应力相等时，地基中应力的分布图形为矩形，适用于土层在自重应力作用下已固结，基础面积较大而压缩层较薄的情况。

【例 17.3-2】某饱和黏性土层的厚度为 10m，在大面积（20m×20m）荷载 p_0=120kPa 作用下，土层的初始孔隙比 e=1.0，压缩系数为 0.3MPa，渗透系数 k=18mm/年。黏土层在单面排水条件下，加荷 1 年时的沉降量为（ ）。

A. 80mm B. 68mm C. 72mm D. 70mm

解析：答案为 C。

大面积荷载，黏土层中附加应力沿深度均匀分布，即 $\sigma_z = P_0 = 120$kPa。

【例17.3-2】

黏土层的最终沉降量
$$s = \frac{a}{1+e}\sigma_z H = \frac{3\times 10^{4}}{1+1}\times 120\times 10^{3}\times 10 = 180(\text{mm})$$

竖向固结系数
$$C_v = \frac{k(1+e)}{a\gamma_w} = \frac{1.8\times 10^{-2}\times(1+1)}{3\times 10^{-4}\times 10} = 12(\text{m}^2/\text{年})$$

对于单面排水，时间因数为
$$T_v = \frac{C_v T}{H^2} = \frac{12\times 1}{10^2} = 0.12$$

查表得相应的固结度 U_t=40%

则加荷 1 年的沉降量为
$$s_t = 0.4\times 180 = 72(\text{mm})$$

习　题

【17.3-1】某土样进行室内压缩试验，土样 d_s=2.7，γ=19kN/m³，w=22%，环刀高为 2cm。当 p_1=100kPa，稳定压缩量 s_1=0.8mm，p_2=200kPa 时，s_2=1mm，求压缩模量 E_{s1-2} 为（ ）。

A. 8.73MPa B. 8.56MPa C. 8.80MPa D. 7.45MPa

【17.3-2】厚度为 36.7mm 干砂试样在固结仪中进行压缩实验，当垂直应力由初始的 20.0kPa 增加到 45kPa 后，试验的厚度减少了 0.074mm，那么该试样的体积压缩系数 m_v（MPa⁻¹）为（ ）。

A. 0.25 B. 0.14 C. 0.33 D. 0.08

【17.3-3】评价地基土压缩性高低的指标是（ ）。

A. 压缩系数 B. 固结系数 C. 沉降影响系数 D. 渗透系数

【17.3-4】若土的压缩曲线（e-p 曲线）较陡，则表明（ ）。

A. 土的压缩性较大 B. 土的压缩性较小
C. 土的密实度较大 D. 土的孔隙比较小

【17.3-5】在饱和土的排水固结过程中，若外载荷不变，则随着土中有效应力增加（ ）。

A. 孔隙水压力相应增加　　　　　　B. 孔隙水压力相应减少
C. 总应力相应增加　　　　　　　　D. 总应力相应减少

【17.3-6】无黏性土无论是否饱和，其实际达到稳定的所需时间都比透水性小的饱和黏性土（　　）。

A. 长得多　　　　　　　　　　　　B. 短得多
C. 差不多　　　　　　　　　　　　D. 有时更长，有时更短

【17.3-7】已知土中某点的总应力 $\sigma=100$kPa，孔隙水压力 $u=-20$kPa，则有效应力 σ' 等于（　　）。

A. 20kPa　　　B. 80kPa　　　C. 100kPa　　　D. 120kPa

【17.3-8】下列说法中，错误的是（　　）。

A. 土在压力作用下体积会减小
B. 土的压缩主要是土中孔隙体积的减少
C. 土的压缩所需时间与土的透水性有关
D. 土的固结压缩量与土的透水性有关

【17.3-9】土的一维固结微分方程表示（　　）。

A. 土的压缩性大小与固结快慢
B. 固结度与时间和深度的关系
C. 孔隙水压力与时间和深度的关系
D. 孔隙水压力与时间的关系

【17.3-10】一层 4.4m 厚的黏土层受到 25.0kPa 的地表超载。其渗透系数为 0.0005m/d。根据以往经验该层黏土会被压缩 0.055m。若仅上或下表面发生渗透，则计算的主固结完成的时间约为（　　）。

A. 194d　　　B. 170d　　　C. 155d　　　D. 150d

【17.3-11】完全饱和的黏土试样在三轴不排水试验中，先将围压提高到 42.0kPa，然后再将垂直加载杆附加应力提高至 25.4kPa，那么理论上该试样的孔隙水压力为（　　）。

A. 66kPa　　　B. 54.6kPa　　　C. 67.4kPa　　　D. 70kPa

【17.3-12】一个厚度为19mm的黏土固结实验结果表明：孔隙水压力的消散为零需要8分钟，该实验上表面排水。如果地基中有一层 3.5m 厚的同样的黏土层，且其上下两个面都可以排水，那么该层黏土固结时间为（　　）。

A. 87.5d　　　B. 66.6d　　　C. 47.1d　　　D. 35.2d

习题答案及解析

【17.3-1】答案：A

解析：初始孔隙比

$$e_0 = \frac{d_s(1+\omega_0)\rho_w}{\rho} - 1 = \frac{2.7 \times (1+22\%) \times 1}{1.9} - 1 = 1.73$$

由 $e_i = e_0 - \frac{s_i}{H_0}(1+e_0)$ 得

$$e_1 = 1.73 - \frac{0.8}{20} \times (1+1.73) = 1.62$$

$$e_2 = 1.73 - \frac{1.0}{20} \times (1+1.73) = 1.59$$

压缩系数
$$a_{1-2} = \frac{e_1-e_2}{p_2-p_1} = \frac{1.62-1.59}{0.2-0.1} = 0.3(\text{MPa}^{-1})$$

压缩模量
$$E_s = \frac{1+e_1}{a_{1-2}} = \frac{1+1.62}{0.3} = 8.73(\text{MPa})$$

【17.3-2】答案：D

解析：土体的体积压缩系数定义为，土体在侧限条件下的竖向应变与竖向附加压应力之比。

竖向应变 $\varepsilon = \frac{\Delta H}{H} = \frac{0.074}{36.7} = 0.002$

故体积压缩系数为
$$m_v = \frac{\varepsilon}{\Delta p} = \frac{0.002}{(45-20)\times 10^{-3}} = 0.08(\text{MPa}^{-1})$$

【17.3-3】答案：A

解析：评价地基土压缩性高低的指标是压缩系数。

【17.3-4】答案：A

解析：压缩系数为 e-p 曲线的任意一点的切线斜率，曲线越陡，则压缩系数越大，压缩系数越大，则压缩性越大。

【17.3-5】答案：B

解析：外荷载不变，土中总应力不变。
$$\sigma = \sigma' + u$$
土中有效应力增加，相应的，孔隙水压力减小。

【17.3-6】答案：B

解析：无黏性土无论是否饱和，其实际达到稳定的所需时间都比透水性小的饱和黏性土短得多。

【17.3-7】答案：D

解析：由 $\sigma = \sigma' + u$ 得
$$\sigma' = \sigma - u = 100 + 20 = 120\text{kPa}$$

【17.3-8】答案：D

解析：土的固结压缩量与土的透水性无关，与固结度有关。

【17.3-9】答案：C

解析：土的一维固结微分方程可表示为
$$C_v \frac{\partial^2 u}{\partial z^2} = \frac{\partial u}{\partial t}$$

其中土的竖向固结系数为
$$C_v = \frac{k(1+e)}{\gamma_w a}$$

由推导公式可知，土的竖向固结系数本质上代表着孔隙水压力，故一维固结方程代表着孔隙水压力与时间和深度的关系。

【17.3-10】答案：A

解析：黏土层受到地表超载，则
$$\sigma_z = p_0 = 25\text{kPa}$$

由公式 $s = \dfrac{a}{1+e_0}\sigma_z H$ 得
$$\frac{a}{1+e_0} = \frac{s}{\sigma_z H} = \frac{0.055}{25 \times 4.4} = 5 \times 10^{-4}\ \text{kPa}^{-1}$$

则竖向固结系数为 $C_v = \dfrac{k(1+e)}{\gamma_w a} = \dfrac{5 \times 10^{-4}}{5 \times 10^{-4} \times 10} = 0.1\text{m}^2/\text{d}$

又固结度为1，时间因数为1，故主固结时间为 $t = \dfrac{T_v H^2}{C_v} = \dfrac{1 \times 4.4^2}{0.1} = 194\text{d}$

【17.3-11】答案：C

解析：饱和土的渗透固结的实质是孔隙水压力向有效应力转化的过程。加荷瞬时，水来不及排出，外荷载全部由孔隙水来承担，在渗透固结过程中，随着水的逐渐排出，孔隙水压力逐渐消散，有效应力逐渐增长。而在三轴不排水试验中，孔隙水无法排出，由于试样饱和，因此外荷载全部由孔隙水承担，因此试样的孔隙水压力为67.4kPa。

【17.3-12】答案：C

解析：根据饱和土的渗流固结推导出的竖向固结时间因数 $T_v = \dfrac{C_v t}{H^2}$ 得出
$$\frac{T_v}{C_v} = \frac{t}{H^2} = \frac{8\text{min}}{(0.019\text{m})^2}$$

当双面排水时，土层上半部的解和单面排水的解完全相同，所以题中一层上下两面都可以排水的3.5m厚黏土层，等效于一层只有上表面排水的1.75m厚黏土层，因此
$$t = \frac{T_v}{C_v} H^2$$
$$= \frac{8\text{min}}{(0.019\text{m})^2} \times (1.75\text{m})^2$$
$$= 67867\text{min} = 47.1\text{d}$$

17.4 土的抗剪强度

高频考点梳理

知识点	土的抗剪强度理论	抗剪强度的测定方法
近三年考核频次	2次	1次

17.4.1 土的抗剪强度理论

在外荷载和自重作用下，建筑物地基内将产生剪应力和相应的变形，同时也将引起抵抗这种剪切变形的阻力。当地基保持稳定时，土体内的剪应力和剪阻力将处于平衡状态。如果剪应力增加，剪阻力亦相应增大。当剪阻力增大到一定的限度时，土体就要发生破坏，这个限度就是土的抗剪强度，所以土的抗剪强度就是指土体抵抗剪切破坏的能力。

1. 库仑公式

砂土:
$$\tau_f = \sigma\tan\varphi \tag{17.4-1}$$

黏性土:
$$\tau_f = c + \sigma\tan\varphi \tag{17.4-2}$$

式中：τ_f——土的抗剪强度；
   σ——作用在剪切面上的法向应力；
   c——土的黏聚力；
   φ——土的内摩擦角。

式 (17.4-1) 与式 (17.4-2) 统称为库仑公式，可分别用图 17.4-1 (a) (b) 表示，图中直线也称为抗剪强度包线。其中，c、φ 称为土的抗剪强度指标，它们能反映土的抗剪强度的大小，是土的力学性质的两个重要指标。

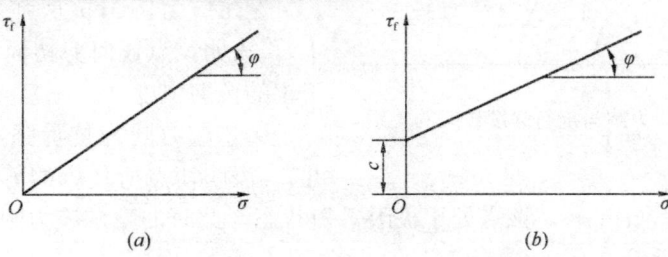

图 17.4-1 抗剪强度与法向应力之间的关系
(a) 砂土；(b) 黏性土

2. 摩尔-库仑强度理论

摩尔-库仑强度理论：以库仑公式计算土的剪切面抗剪强度 τ_f，按摩尔应力圆法计算该剪切面上的剪应力 τ，根据剪应力是否达到抗剪强度（$\tau = \tau_f$）作为破坏标准的理论。

当土体中某点任意平面上的剪应力等于土的抗剪强度时，将该点濒于破坏的临界状态称为极限平衡状态。表征该状态下的各种应力之间的关系称为极限平衡条件。

(1) 单元体上的应力和摩尔应力圆

以平面应变为例，考察土中某点在大主应力 σ_1 和小主应力 σ_3 作用下是否产生破坏。该点的应力状态如图 17.4-2 单元体所示，根据静力平衡条件，可求得任一斜截面 m-n 上的法向应力 σ 和剪应力 τ 为：

$$\left.\begin{array}{l}\sigma = \dfrac{1}{2}(\sigma_1 + \sigma_3) + \dfrac{1}{2}(\sigma_1 - \sigma_3)\cos2\alpha \\ \tau = \dfrac{1}{2}(\sigma_1 - \sigma_3)\sin2\alpha\end{array}\right\} \tag{17.4-3}$$

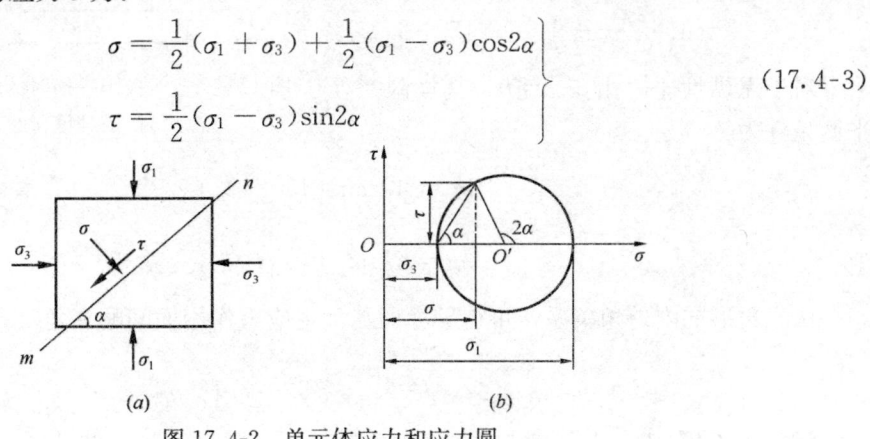

图 17.4-2 单元体应力和应力圆
(a) 单元体上的应力；(b) 应力圆（摩尔圆）

摩尔应力圆的公式

$$\left(\sigma - \frac{\sigma_1 - \sigma_2}{2}\right)^2 + \tau^2 = \left(\frac{\sigma_1 - \sigma_3}{2}\right)^2 \quad (17.4\text{-}4)$$

表示纵、横坐标分别是 τ 及 σ 的圆，圆心为 $\left(\frac{\sigma_1 + \sigma_3}{2}, 0\right)$，圆半径等于 $\frac{\sigma_1 - \sigma_3}{2}$，如图 17.4-2（b）所示。

(2) 极限平衡

为判断土中某点是否破坏，可将该点的摩尔应力圆和土的抗剪强度包线绘在同一坐标系并比较，如图17.4-3 所示。

摩尔应力圆与抗剪强度包线相离（圆 Ⅰ），表明该点任何剪切面上的剪应力均小于土的抗剪强度（$\tau < \tau_f$），该点未破坏。

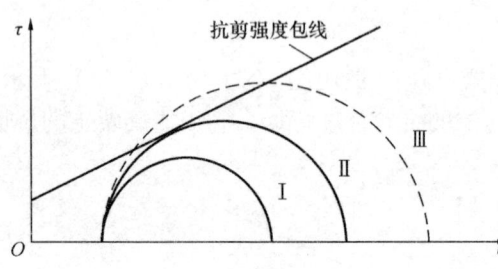

图 17.4-3 摩尔应力圆与抗剪强度包线的关系

摩尔应力圆与抗剪强度包线相切（圆 Ⅱ），表明切点所代表的剪切面上，剪应力等于土的抗剪强度（$\tau = \tau_f$），该点处于极限平衡状态，此时的摩尔应力圆亦称为极限应力圆，如图 17.4-3 所示。

摩尔应力圆与抗剪强度包线相割（圆Ⅲ），这种情况是不可能出现的，因为当剪切面上的剪应力超过土的抗剪强度时（$\tau > \tau_f$），该点已经破坏，应力已超出弹性范畴，相应的应力状态或摩尔应力圆也就不可能存在。

经三角函数换算后可得黏性土的极限平衡条件（图 17.4-4）：

$$\sigma_1 = \sigma_3 \tan^2\left(45° + \frac{\varphi}{2}\right) + 2c \cdot \tan\left(45° + \frac{\varphi}{2}\right) \quad (17.4\text{-}5)$$

或

$$\sigma_3 = \sigma_1 \tan^2\left(45° - \frac{\varphi}{2}\right) - 2c \cdot \tan\left(45° - \frac{\varphi}{2}\right) \quad (17.4\text{-}6)$$

对于无黏性土，由于 $c=0$，其极限平衡条件为：

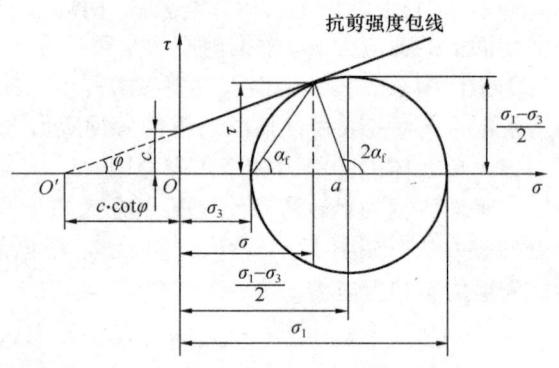

图 17.4-4 极限平衡时的摩尔应力圆与抗剪强度包线

$$\sigma_1 = \sigma_3 \tan^2\left(45° + \frac{\varphi}{2}\right) \quad (17.4\text{-}7)$$

或

$$\sigma_3 = \sigma_1 \tan^2\left(45° - \frac{\varphi}{2}\right) \quad (17.4\text{-}8)$$

由三角形的内外角关系，可得破坏面与大主应力作用面间的夹角

$$\alpha_f = \frac{1}{2}(90° + \varphi) = 45° + \frac{\varphi}{2} \quad (17.4\text{-}9)$$

【例 17.4-1】已知土中某点的应力状态为 $\sigma_1 = 700\text{kPa}$，$\sigma_3 = 200\text{kPa}$，土的抗剪强度参数为 $c = 20\text{kPa}$，$\varphi = 30°$，判断土是否发生剪切破坏。

解析：

$$\sigma_{1f} = \sigma_3 \tan^2\left(45° + \frac{\varphi}{2}\right) + 2c \cdot \tan\left(45° + \frac{\varphi}{2}\right)$$

$$= 200 \times \tan^2\left(45° + \frac{30°}{2}\right) + 2 \times 20 \times \tan\left(45° + \frac{30°}{2}\right)$$

$$= 600 + 40\sqrt{3} = 669.3 \text{(kPa)}$$

【例17.4-1】

由于土体在围压 $\sigma_3 = 200$ kPa 下，所能承受的最大主应力为 $\sigma_{1f} = 669.3$ kPa 小于 $\sigma_1 = 700$ kPa，说明摩尔圆被剪破，土体发生剪切破坏。

同理，

$$\sigma_{3f} = 700 \tan^2\left(45° - \frac{30°}{2}\right) - 2 \times 20 \tan\left(45° - \frac{30°}{2}\right) = 210.2 \text{(kPa)}$$

由于计算所能承受的最小主应力为 $\sigma_{3f} = 210.2$ kPa，大于土中实际的最小主应力 $\sigma_3 = 200$ kPa，说明摩尔圆被剪破，土体发生剪切破坏。

17.4.2 抗剪强度指标的测定方法

土的抗剪强度指标的测定方法目前有多种，在室内常用的有直接剪切试验、三轴压缩试验和无侧限抗压强度试验；在现场原位进行的有十字板剪切试验等。

（1）直接剪切试验

直接剪切试验使用的仪器为直剪仪，我国普遍采用应变控制式直剪仪，除此之外还有应力控制式直剪仪。

直剪仪在等速剪切过程中，可按固定时间间隔测得试样剪应力大小，就能绘制在一定的法向应力 σ 作用下，试样剪切位移 Δ 与剪应力 τ 的对应关系，如图 17.4-5（a）所示。对同一种土取至少 3 个相同试样，分别在不同的法向应力 σ 作用下剪切破坏，按一定的比例尺将试验结果绘制成图 17.4-5（b）所示的抗剪强度 τ_f 与法向应力 σ 之间的关系。试验表明结果是一条直线，可用库仑公式表示。

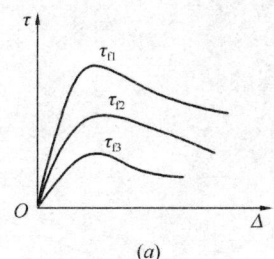
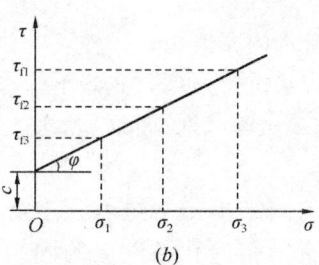

图 17.4-5 直接剪切试验
（a）不同垂直压力作用下的 τ-Δ 曲线；（b）直剪试验结果

为了近似模拟土在实际受剪情况下的排水条件，直剪试验可分为快剪、固结快剪和慢剪三种方法。

快剪试验：是在试样施加法向应力 σ 后，立即快速施加水平剪应力使试样剪切破坏。

固结快剪试验：是允许试样在竖向压力下充分排水，待固结稳定后，再快速施加水平剪应力使试样剪切破坏。

慢剪试验：是允许试样在竖向压力下排水，待固结稳定后，以缓慢的速率施加水平剪应力使试样破坏，此试验应采用应力控制式直剪仪。

上述三种直剪试验的方法与实际工程的关系是：

快剪适用于施工速度快、地基土排水不良的情况；

慢剪适用于施工速度慢、地基土排水良好的情况；

固结快剪可用于介于上述两种情况之间的实际工程。

(2) 三轴压缩试验

三轴压缩试验是测定土抗剪强度的一种比较完善的方法。三轴压缩仪分为应变控制式和应力控制式两种，应变控制式三轴压缩仪由压力室、轴向加载系统、周围压力加载系统、孔隙水压力量测系统等组成。

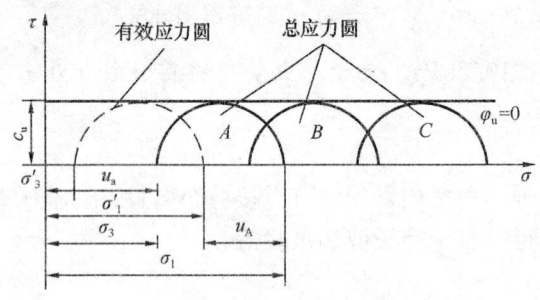

图 17.4-6　不固结不排水试验结果

相对应于直接剪切试验的三种试验方式，三轴压缩试验常采用如下三种不同的试验方法：

1) 不固结不排水试验（对应快剪，以符号 UU 表示）

在不排水条件下对土样施加不同的周围压力，得到试验结果如图 17.4-6 所示，图中 A、B、C 分别表示三个试件在不同的 σ_3 作用下破坏时的总应力圆，虚线是有效应力圆。试验结果表明，虽然三个试验时间的围压不同，但剪切破坏时的主应力差相等，表现为三个总应力圆直径相同，因而破坏包线为一条水平线。

抗剪强度指标为

$$\varphi_u = 0$$
$$c_u = \tau_f = \frac{\sigma_1 - \sigma_3}{2} \tag{17.4-10}$$

式中：φ_u——不排水内摩擦角；

c_u——不排水抗剪强度，亦即不排水试验得到的黏聚力。

2) 固结不排水试验（对应固结快剪，以符号 CU 表示）

饱和黏性土的固结不排水抗剪强度受应力历史的影响，正常固结饱和黏性土的固结不排水试验结果如图 17.4-7 所示，图中以实线表示总应力圆和总应力破坏包线，虚线表示有效应力圆和有效应力破坏包线，u_f 为孔隙水压力。总应力破坏包线和有效应力破坏包线都通过原点，说明未受任何固结压力的土（如泥浆状土）

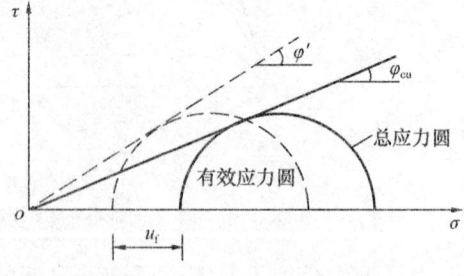

图 17.4-7　固结不排水试验结果

不会具有抗剪强度。总应力破坏包线的倾角为固结不排水试验内摩擦角 φ_{cu}，有效应力破坏包线的倾角为固结不排水试验有效内摩擦角 φ'，显然 $\varphi' > \varphi_{cu}$。

3) 固结排水试验（对应慢剪，以符号 CD 表示）

固结排水试验在整个试验过程中，孔隙水压力始终为零，总应力等于有效应力，所以总应力圆就是有效应力圆，总应力破坏包线就是有效应力破坏包线，正常固结土固结排水试验结果如图 17.4-8 所示。正常固结土的破坏包线通过原点，固结排水黏聚力 $c_d=0$，固结排水内摩擦角为 φ_d。试验证明，c_d、φ_d 与固结不排水试验得到的 c'、φ' 很接近，由于固结排水试验所需的时间太长，故实用中用 c'、φ' 代替 c_d、φ_d，但是两者的试验条件是有差别的，固结不排水试验在剪切过程中试样的体积保持不变，而固结排水试验在剪切过程中试样的体积一般要发生变化，故 φ_d 略大于 φ'。

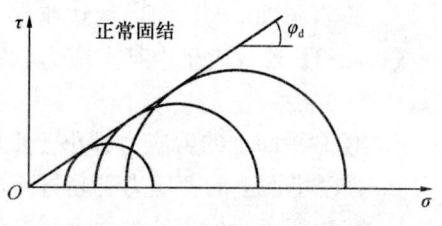

图 17.4-8　固结排水试验结果

以上三种三轴压缩试验方法所测得的抗剪强度指标可以应用于不同的土工问题分析方法中，具体如表 17.4-1 所示。

三种试验方法的抗剪强度指标　　　　　　表 17.4-1

试验方法	分析方法	应力圆		抗剪强度指标
		圆心坐标	半径	
不固结不排水试验	总应力法	$\left(\dfrac{\sigma_{1f}+\sigma_{3f}}{2},0\right)$	$\dfrac{1}{2}(\sigma_{1f}-\sigma_{3f})$	c_u、φ_u
固结不排水试验	总应力法	$\left(\dfrac{\sigma_{1f}+\sigma_{3f}}{2},0\right)$	$\dfrac{1}{2}(\sigma_{1f}-\sigma_{3f})$	c_{cu}、φ_{cu}
	有效应力法	$\left(\dfrac{\sigma'_{1f}+\sigma'_{3f}}{2},0\right)$	$\dfrac{1}{2}(\sigma_{1f}-\sigma_{3f})$	c'、φ'
固结排水试验	有效应力法 $u=0,\sigma=\sigma'$	$\left(\dfrac{\sigma_{1f}+\sigma_{3f}}{2},0\right)$	$\dfrac{1}{2}(\sigma_{1f}-\sigma_{3f})$	c_d、φ_d

（3）无侧限抗压强度试验

无侧限抗压强度试验相当于周围压力 $\sigma_3=0$ 的三轴压缩试验，用于测定饱和黏性土的不固结不排水抗剪切强度，还可用来测定土的灵敏度。

剪切破坏时试样所能承受的最大轴向压力 q_u 称为无侧限抗压强度。可以根据无侧限抗压强度 q_u 得到土的不固结不排水强度 c_u。

$$c_u=\tau_f=\dfrac{q_u}{2} \tag{17.4-11}$$

（4）十字板剪切试验

十字板在现场测定的土的抗剪强度，属于不排水剪切的试验条件，因此其结果应与无侧限抗压强度试验结果接近。十字板剪切仪适用于饱和软黏土，特别适用于难于取样或试样在自重作用下不能保持原有形状的软黏土。它的优点是构造简单，操作方便，试验时对土的结构扰动较小，在实际中得到广泛应用。

习　题

【17.4-1】土中一点发生剪切破坏时，破裂面与小主应力作用面的夹角为（　　）。

A. $45°+\varphi$　　　　B. $45°+\dfrac{\varphi}{2}$　　　　C. $45°$　　　　D. $45°-\dfrac{\varphi}{2}$

【17.4-2】在下列影响土的抗剪强度的因素中，最重要的因素是实验时的（　　）。

A. 排水条件　　　　B. 剪切速率　　　　C. 应力状态　　　　D. 应力历史

【17.4-3】若代表土中某点应力状态的摩尔应力圆与抗剪强度包线相切，则表明土中该点（　　）。

A. 任意平面上的剪应力都小于土的抗剪强度
B. 任意平面上的剪应力都超过土的抗剪强度
C. 在相切点所代表的平面上，剪应力正好等于抗剪强度
D. 在最大剪应力作用面上，剪应力正好等于抗剪强度

【17.4-4】在现场原位进行的试验是（　　）。

A. 直接剪切试验　　　　　　　　B. 无侧限抗压强度试验
C. 十字板剪切试验　　　　　　　D. 三轴压缩试验

【17.4-5】对于施工速度慢，排水良好的土，用下列哪种试验方法合适（　　）。

A. 快剪试验　　　　　　　　　　B. 慢剪试验
C. 固结快剪试验　　　　　　　　D. 无侧限抗压强度试验

【17.4-6】三轴压缩试验在不同排水条件下得到的内摩擦角的关系是（　　）。

A. $\varphi_u > \varphi_{cu} > \varphi_d$　　　　　　　　B. $\varphi_d > \varphi_{cu} > \varphi_u$
C. $\varphi_{cu} > \varphi_u > \varphi_d$　　　　　　　　D. $\varphi_u > \varphi_d > \varphi_{cu}$

【17.4-7】通过无侧限抗压强度试验可以测得饱和黏性土的（　　）。

A. c_u 和 S_t　　　B. c_u 和 k　　　C. a 和 E_s　　　D. c_{cu} 和 φ_{cu}

【17.4-8】对一饱和黏性土试样进行无侧限抗压强度试验，测得其无侧限抗压强度为40kPa，则该土的不排水抗剪强度为（　　）。

A. 2kPa　　　　B. 5kPa　　　　C. 10kPa　　　　D. 20kPa

【17.4-9】已知地基土的抗剪强度指标 $c = 10\text{kPa}$，$\varphi = 30°$，问当地基中某点的大主应力 $\sigma_1 = 400\text{kPa}$，而小主应力 σ_3 为（　　）时，该点刚好发生剪切破坏。

A. 162.7kPa　　　B. 110.2kPa　　　C. 133.5kPa　　　D. 121.8kPa

习题答案及解析

【17.4-1】答案：D

解析：根据极限平衡状态下的摩尔圆中三角几何关系可得

破裂面与大主应力作用面的夹角为 $45° + \dfrac{\varphi}{2}$

破裂面与小主应力作用面的夹角为 $45° - \dfrac{\varphi}{2}$

【17.4-2】答案：A

解析：在下列影响土的抗剪强度的因素中，最重要的因素是实验时的排水条件。

【17.4-3】答案：C

解析：根据摩尔应力圆定义：

若代表土中某点应力状态的摩尔应力圆与抗剪强度包线相切，则表明土中该点在相切点所代表的平面上，剪应力正好等于抗剪强度。

【17.4-4】答案：C

解析：十字板剪切试验为现场原位试验。

【17.4-5】答案：B

解析：慢剪适用于施工速度慢、地基土排水良好的情况。

【17.4-6】答案：B

解析：$\varphi_u = 0$

$\varphi_d > \varphi' > \varphi_{cu} > 0$

【17.4-7】答案：A

解析：无侧限抗压试验可以测得无侧限抗压强度 q_u 和灵敏度 S_t；由无侧限抗压强度 q_u 可得不固结不排水强度 c_u。

【17.4-8】答案：D

解析：无侧限抗压强度是不排水强度的两倍，即

$$c_u = \frac{q_u}{2} = \frac{40}{2} = 20\text{kPa}$$

【17.4-9】答案：D

解析：根据公式

$$\sigma_3 = \sigma_1 \tan^2\left(45° - \frac{\varphi}{2}\right) - 2c \cdot \tan\left(45° - \frac{\varphi}{2}\right)$$

$$= 400 \times \tan^2\left(45° - \frac{30°}{2}\right) - 2 \times 10 \times \tan\left(45° - \frac{30°}{2}\right)$$

$$= 121.8\text{kPa}$$

17.5 土压力、地基承载力和边坡稳定

高频考点梳理

知识点	土压力	地基承载力
近三年考核频次	1次	2次

17.5.1 土压力及其计算

1. 土压力及静止土压力的计算

在建筑、水利、道路、桥梁工程中，为防止土体滑坡或坍塌，经常需要修建各种挡土结构，通常称之为挡土墙。土压力就是指挡土墙后的填土因自重或外荷载作用对墙背产生的侧向压力。土压力的计算是挡土墙设计的重要依据。

影响挡土墙土压力大小及其分布规律的因素很多，挡土墙的位移方向和位移量是最主要的因素。根据挡土墙位移情况和墙后土体所处的应力状态，可将土压力分为以下三种：

主动土压力：当挡土墙向离开土体方向位移至墙后土体达到极限平衡状态时，如图17.5-1（a）所示，作用在挡土墙上的土压力称为主动土压力，用 E_a 表示。

被动土压力：当挡土墙在外力作用下，向土体方向位移至墙后土体达到极限平衡状态时，如图17.5-1（b）所示，作用在墙背上的土压力称为被动土压力，用 E_p 表示。

静止土压力：当挡土墙静止不动，墙后土体处于弹性平衡状态时，如图17.5-1（c）所示，作用在墙背上的土压力称为静止土压力，用 E_0 表示。

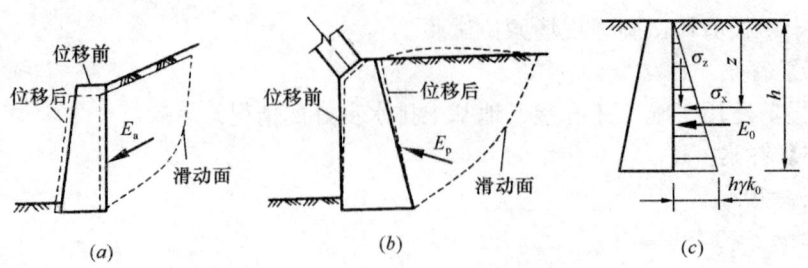

图 17.5-1 挡土墙上的三种土压力
(a) 主动土压力；(b) 被动土压力；(c) 静止土压力

试验研究表明，在相同条件下，主动土压力小于静止土压力，而静止土压力小于被动土压力，即

$$E_a < E_0 < E_p$$

而且产生被动土压力所需的位移量 δ_p 远大于产生主动土压力所需的位移量 δ_a，如图 17.5-2 所示。

静止土压力犹如半空间弹性变形体在土的自重作用下无侧向变形时的水平侧压力，如图 17.5-1 (c) 所示，故填土表面以下任意深度 z 处的静止土压力强度可按下式计算：

$$\sigma_0 = \sigma_x = k_0 \gamma z \qquad (17.5-1)$$

式中：k_0——土的侧压力系数或静止土压力系数；
γ——墙后填土的重度。

图 17.5-2 土压力与墙身位移的关系图

静止土压力系数 k_0 与土的性质、密实程度等因素有关，一般砂土可取 0.35～0.50；黏性土可取 0.50～0.70。对无黏性土和正常固结土，也可近似按下列半经验公式计算：

$$k_0 = 1 - \sin\varphi' \qquad (17.5-2)$$

式中：φ'——土的有效内摩擦角。

由式（17.5-1）可知，静止土压力沿墙高呈三角形分布，如图 17.5-1 (c) 所示，如果取单位墙长，则作用在墙上的静止土压力为

$$E_0 = \frac{1}{2}\gamma h^2 k_0 \qquad (17.5-3)$$

式中：h——挡土墙墙高。

E_0 的作用点在距离墙底 $\frac{h}{3}$ 处，方向指向墙背，且始终与墙背面垂直。

【例 17.5-1】某建于岩基上的挡土墙，墙高 $h=6.0$m，墙后填土为中砂，重度 $\gamma=18.2$kN/m³，有效内摩擦角 $\varphi'=30°$。计算作用在挡土墙上的静止土压力为（　）。

A. 177.7kN/m
B. 165.2kN/m
C. 163.8kN/m
D. 154.6kN/m

【例17.5-1】

解析：答案为 C。
静止土压力系数 $k_0 = 1 - \sin\varphi' = 1 - \sin 30° = 0.5$
墙底静止土压力强度分布值为 $\sigma_0 = k_0 \gamma h = 0.5 \times 18.2 \times 6.0 = 54.6$ (kPa)

静止土压力合力为

$$E_0 = \frac{1}{2}\gamma h^2 k_0 = \frac{1}{2} \times 18.2 \times 6.0^2 \times 0.5 = 163.8(\text{kN/m})$$

2. 主动土压力和被动土压力的计算

土压力的计算理论主要有朗肯土压力理论和库仑土压力理论。

(1) 朗肯土压力理论

朗肯土压力理论是通过研究弹性半空间体内的应力状态，根据土的极限平衡条件而得出的土压力计算方法，它假设以墙背垂直、光滑、填土面水平的挡土墙代替半空间左侧的土，使墙背与土的接触面上满足剪应力为零的边界条件以及产生主动或被动朗肯状态的变形边界条件。

1) 主动土压力

当土中某点达到极限平衡条件时，大、小主应力 σ_1、σ_3 之间应满足以下关系：

无黏性土：$\sigma_3 = \sigma_1 \tan^2\left(45° - \dfrac{\varphi}{2}\right)$

黏性土：$\sigma_3 = \sigma_1 \tan^2\left(45° - \dfrac{\varphi}{2}\right) - 2c \cdot \tan\left(45° - \dfrac{\varphi}{2}\right)$

设墙背竖直光滑，填土面水平，如图 17.5-3 (a) 所示，当挡土墙离开填土位移时，墙背土体中离地表任意深度 z 处竖向应力 σ_z 为大主应力 σ_1，σ_x 为小主应力 σ_3，故可得朗肯主动土压力强度 σ_a 为

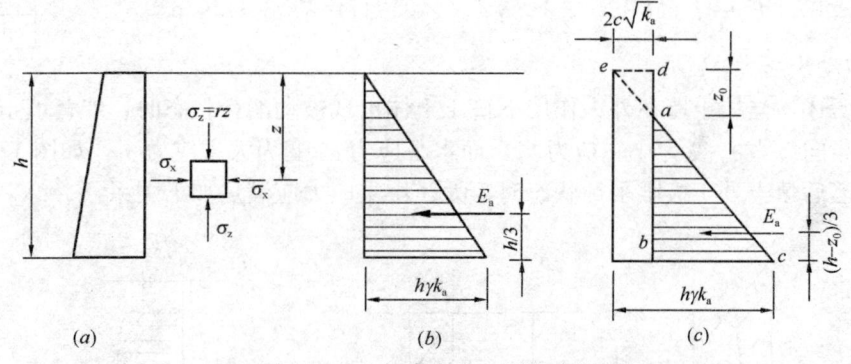

图 17.5-3 朗肯主动土压力分析

(a) 主动土压力图示；(b) 无黏性土土压力分布；(c) 黏性土土压力分布

无黏性土：

$$\sigma_a = \sigma_x = \gamma z \tan^2\left(45° - \frac{\varphi}{2}\right) = \gamma z k_a \tag{17.5-4}$$

黏性土：

$$\sigma_a = \gamma z \tan^2\left(45° - \frac{\varphi}{2}\right) - 2c\tan\left(45° - \frac{\varphi}{2}\right) = \gamma z k_a - 2c\sqrt{k_a} \tag{17.5-5}$$

式中：k_a——主动土压力系数，$k_a = \tan^2\left(45° - \dfrac{\varphi}{2}\right)$。

无黏性土的主动土压力强度与 z 成正比，沿墙高的压力呈三角形分布，如图 17.5-3 (b) 所示，取单位墙长计算，则主动土压力为

$$E_a = \frac{1}{2}\gamma h^2 k_a \tag{17.5-6}$$

且 E_a 通过三角形形心,即作用在离墙底 $\dfrac{h}{3}$ 处。

黏性土主动土压力由土自重引起的土压力 $\gamma z k_a$ 和土的黏聚力引起的负侧压力 $2c\sqrt{k_a}$ 两部分组成,这两部分土压力叠加的结果如图 17.5-3(c)所示,取单位墙长计算,则主动土压力为

$$E_a = \frac{1}{2}(h-z_0)(\gamma h k_a - 2c\sqrt{k_a}) = \frac{1}{2}\gamma h^2 k_a - 2hc\sqrt{k_a} + \frac{2c^2}{\gamma} \quad (17.5\text{-}7)$$

式中:z_0——临界深度,$z_0 = \dfrac{2c}{\gamma\sqrt{k_a}}$

且 E_a 通过三角形压力分布图 abc 的形心,即作用在离墙底 $\dfrac{h-z_0}{3}$ 处。

【例 17.5-2】重力式挡土墙,墙高 5m,墙背垂直光滑,墙后填无黏性土,填土面水平,填土性质为 $c=0$,$\varphi=40°$,$\gamma=18.0$ kN/m³,求作用于挡土墙上的主动土压力为( )。

A. 48.8kN/m   B. 80.3kN/m   C. 110.6kN/m   D. 103.8kN/m

解析:答案为 A。

主动土压力系数 $k_a = \tan^2\left(45° - \dfrac{\varphi}{2}\right) = \tan^2\left(45° - \dfrac{40°}{2}\right) = 0.217$

主动土压力 $E_a = \dfrac{1}{2}\gamma H^2 k_a = \dfrac{1}{2} \times 18 \times 5^2 \times 0.217 = 48.8$ (kN/m)

【例17.5-2】

2)被动土压力

如前所述,当挡土墙在外力作用下挤压土体出现被动朗肯状态时,墙背填土中任意深度 z 处的竖向应力 σ_z 变为小主应力 σ_3,而水平应力 σ_x 变为大主应力 σ_1,如图 17.5-4(a)所示。当墙后填土处于极限平衡状态时,大、小主应力应满足如下关系:

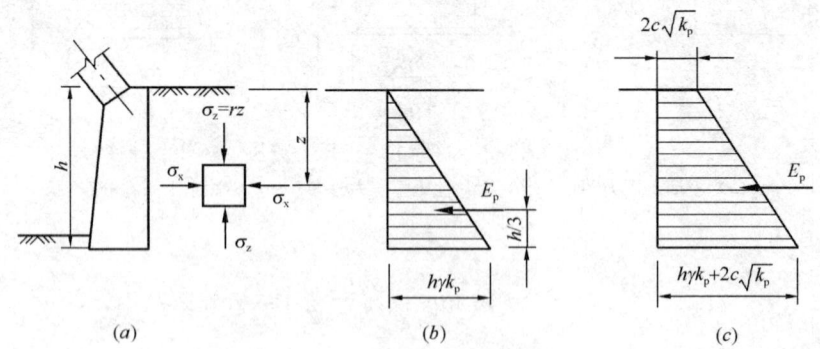

图 17.5-4 朗肯被动土压力分析
(a) 被动土压力图示;(b) 无黏性土;(c) 黏性土

无黏性土:$\sigma_3 = \sigma_1 \tan^2\left(45° - \dfrac{\varphi}{2}\right)$

黏性土:$\sigma_3 = \sigma_1 \tan^2\left(45° - \dfrac{\varphi}{2}\right) - 2c \cdot \tan\left(45° - \dfrac{\varphi}{2}\right)$

将 $\sigma_3 = \sigma_z = \gamma z$ 代入上两式,即可导得朗肯被动土压力强度 σ_p 为:

无黏性土：
$$\sigma_p = \gamma z \tan^2\left(45° + \frac{\varphi}{2}\right) = \gamma z k_p \quad (17.5\text{-}8)$$

黏性土：
$$\sigma_p = \gamma z \tan^2\left(45° + \frac{\varphi}{2}\right) + 2c\tan\left(45° + \frac{\varphi}{2}\right) = \gamma z k_p + 2c\sqrt{k_p} \quad (17.5\text{-}9)$$

式中：k_p——被动土压力系数，$k_p = \tan^2\left(45° + \frac{\varphi}{2}\right)$。

被动土压力分布图如图 17.5-4 所示，若取单位墙长计算，则被动土压力为：

无黏性土：
$$E_p = \frac{1}{2}\gamma h^2 k_p \quad (17.5\text{-}10)$$

黏性土：
$$E_p = \frac{1}{2}\gamma h^2 k_p + 2hc\sqrt{k_p} \quad (17.5\text{-}11)$$

被动土压力 E_p 通过被动土压力强度 σ_p 分布图的形心。

【**例 17.5-3**】重力式挡土墙，墙高 5m，墙背垂直光滑，墙后填无黏性土，填土面水平，填土性质为 $c=0$，$\varphi=40°$，$\gamma=18.0\ \text{kN/m}^3$，求作用于挡土墙上的被动土压力为（　　）。

A. 481.8kN/m　　　B. 830.3kN/m　　　C. 1129.6kN/m　　　D. 1034.8kN/m

解析：答案为 D。

被动土压力系数 $k_p = \tan^2\left(45° + \frac{\varphi}{2}\right) = \tan^2\left(45° + \frac{40°}{2}\right) = 4.599$

被动土压力 $E_p = \frac{1}{2}\gamma H^2 k_p = \frac{1}{2} \times 18 \times 5^2 \times 4.599 = 1034.8(\text{kN/m})$

(2) 库仑土压力理论

库仑土压力理论是根据墙后土体处于极限平衡状态并形成一滑动楔体时，从楔体的静力平衡条件得出的土压力计算理论。

其基本假设为：墙后填土是理想的散粒体（黏聚力 $c=0$）；滑动破裂面为通过墙踵的平面；滑动楔体视为刚体。

库仑土压力理论适用于砂土或碎石填料的挡土墙计算，可考虑墙背倾斜、填土面倾斜以及填土间的摩擦等多种因素。

1) 主动土压力

计算简图如图 17.5-5 所示。

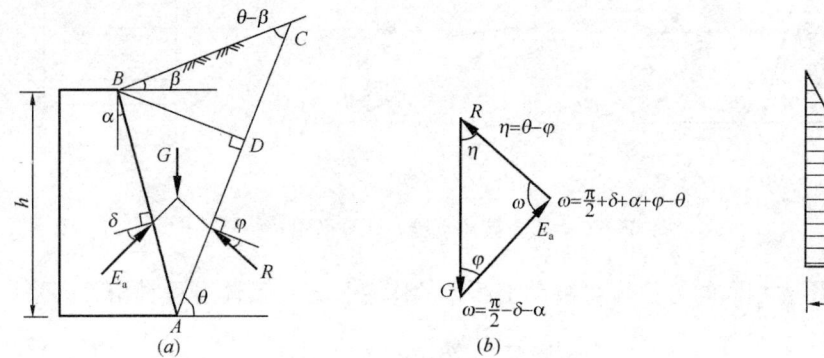

图 17.5-5　库仑主动土压力计算简图

具体推导过程参考相关书籍，库仑主动土压力的一般表达式为：

$$E_a = \frac{1}{2}\gamma h^2 k_a \tag{17.5-12}$$

其中：

$$k_a = \frac{\cos^2(\varphi-\alpha)}{\cos^2\alpha\cos(\alpha+\delta)\left[1+\sqrt{\dfrac{\sin(\varphi+\delta)\sin(\varphi-\beta)}{\cos(\alpha+\delta)\cos(\alpha-\beta)}}\right]^2} \tag{17.5-13}$$

式中：α——墙背与竖直线的夹角，俯斜时取正号，仰斜时取负号；

β——墙后填土面与水平面的夹角；

δ——土与墙体材料间的外摩擦角；

k_a——库仑主动土压力系数。

当墙背竖直（$\alpha=0$）、光滑（$\delta=0$）、填土面水平（$\beta=0$）时，式（17.5-13）变为：

$$k_a = \tan^2\left(45°-\frac{\varphi}{2}\right)$$

可见，在此条件下，库仑公式与朗肯公式完全相同。因此，朗肯理论是库仑理论的特殊情况。

沿墙高的土压力分布强度 σ_a，可通过 E_a 对 z 求导得到，将式（17.5-12）中的 h 改为 z，则：

$$\sigma_a = \frac{dE_a}{dz} = \frac{d}{dz}\left(\frac{1}{2}\gamma z^2 k_a\right) = \gamma z k_a \tag{17.5-14}$$

由上式可见，主动土压力分布强度沿墙高呈三角形线性分布，如图 17.5-5（c）所示，土压力合力作用点离墙底 $\dfrac{h}{3}$，方向与墙背的法线成 δ 角。其中土压力分布图只表示其数值大小，而不代表其作用方向。

2）被动土压力

当挡土墙在外力作用下挤压土体，如图 17.5-6（a）所示，楔体沿破裂面向上隆起而处于极限平衡状态时，可得作用在楔体上的力三角形，如图 17.5-6（b）所示。

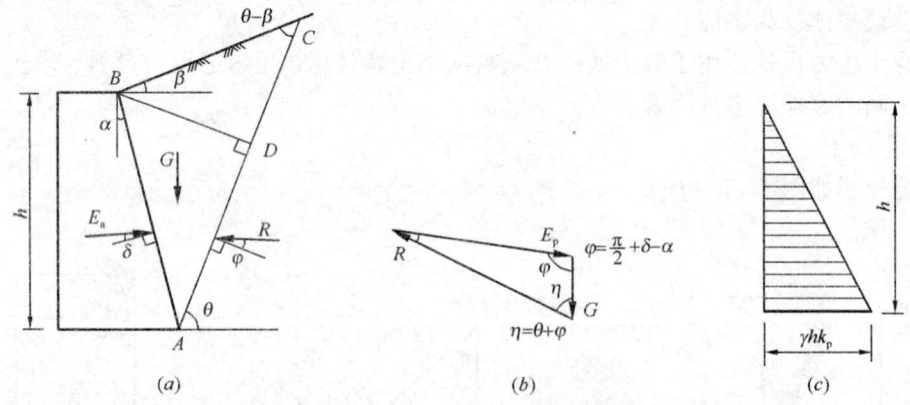

图 17.5-6 库仑被动土压力计算简图

按求主动土压力相同的方法可得被动土压力的库仑公式，具体过程看相关书籍：

$$E_p = \frac{1}{2}\gamma h^2 k_p \tag{17.5-15}$$

其中：

$$k_p = \frac{\cos^2(\varphi+\alpha)}{\cos^2\alpha\cos(\alpha-\delta)\left[1-\sqrt{\frac{\sin(\varphi+\delta)\sin(\varphi+\beta)}{\cos(\alpha-\delta)\cos(\alpha-\beta)}}\right]^2} \quad (17.5\text{-}16)$$

当墙背竖直（$\alpha=0$）、光滑（$\delta=0$）、填土面水平（$\beta=0$）时，式（17.5-16）变为：

$$k_p = \tan^2\left(45°+\frac{\varphi}{2}\right)$$

与无黏性土的朗肯土压力完全相同。被动土压力强度可按下式计算：

$$\sigma_p = \frac{dE_p}{dz} = \frac{d}{dz}\left(\frac{1}{2}\gamma z^2 k_p\right) = \gamma z k_p \quad (17.5\text{-}17)$$

被动土压力分布强度沿墙高呈三角形线性分布，如图 17.5-6（c）所示，土压力合力作用点离墙底 $\frac{h}{3}$，作用线方向在墙背法线上侧并与墙背的法线成 δ 角。

3. 朗肯理论与库仑理论的比较

(1) 相同点

朗肯土压力理论和库仑土压力理论均属于极限状态土压力理论。即，用这两种理论计算出的土压力都是墙后土体处于极限平衡状态下的主动与被动土压力。

(2) 不同点

朗肯土压力理论概念明确，公式简单，便于记忆，可用于黏性填土和无黏性填土，在工程中应用广泛。但必须假定墙背直立、光滑，填土面水平，使计算条件和适用范围受到限制，且由于该理论忽略了墙背与土体间的摩擦影响，使计算的主动土压力值偏大，被动土压力值偏小，结果偏于安全，可能会对工程经济性产生影响。

库仑土压力理论假设墙后填土破坏时破裂面为平面，而实际为曲面。实践证明，只有当墙背倾角 α 与土体间的外摩擦角 δ 较小时，主动土压力的破裂面才接近于平面，因此计算结果存在一定的偏差。工程实践表明，库仑理论计算的主动土压力值与实际土压力观测值之间存在 2‰～10‰的偏差，基本上能满足工程精度要求；但在计算被动土压力时，计算值与实际观测值之间的误差为 2～3 倍甚至更大。

综上所述，对于计算主动土压力，两种理论差别都不大。朗肯土压力公式简单，在工程中得到广泛应用，不过在具体使用中，要注意边界条件是否符合朗肯理论的规定，以免得到错误结果。库仑理论可适用于比较广泛的边界条件，包括各种墙背倾角、填土面倾角和墙背与土的摩擦角等，在工程中应用更广；对于被动土压力的计算，当 α 与 δ 较小时，这两种土压力理论尚可应用，当 α 与 δ 较大时，误差都很大，均不宜采用。

17.5.2 地基承载力

1. 地基变形

地基从开始变形到破坏的整个过程可以用现场载荷试验来进行研究，试验结果绘制成图 17.5-7 所示的 p-s 曲线，从曲线上可以看出，地基变形经历了三个阶段：

(1) 压密阶段（或线弹性变形阶段）：相当于 p-s 曲线上的 Oa 段，在这一阶段，p-s 曲线接近于直线，土中各点的剪应力均小于土的抗剪强度，土体处于弹性平衡状态。土

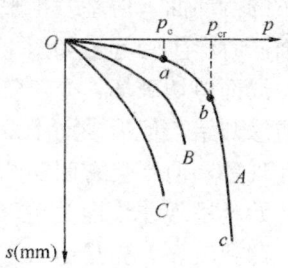

图 17.5-7 p-s 曲线

的变形主要由土的压密变形产生。

(2) 剪切变形阶段（或弹塑性变形阶段）：相当于 p-s 曲线上的 ab 段，这一阶段的变形曲线不再保持线性关系，表面地基局部范围的土中剪应力已经达到土的抗剪强度，土体发生剪切破坏，破坏区域也称为塑性区。塑性区首先从基础边缘开始出现，随后向地基深处和基础宽度方向发展，直至在地基中出现连续滑动面。

(3) 破坏阶段：相当于 p-s 曲线的 bc 段，此时塑性区也在土中连通，形成连续的滑动面，即使很小的荷载增量，也会引起地基土的较大变形，同时基础周围地面出现隆起现象，地基完全丧失稳定，发生整体剪切破坏。

相应于地基变形的三个阶段，在 p-s 曲线上两个转折点，分别对应如下两个荷载：

临塑荷载 p_c：即将出现而尚未出现塑性区时对应的竖向压力，相当于 p-s 曲线上线弹性变形段的末端（即图 17.5-7 曲线上的 a 点）对应的竖向荷载。

极限荷载 p_{cr}：地基发生剪切破坏时所能承受的最大竖向压力，相当于 p-s 曲线上 b 点对应的竖向荷载。

界限（临界）荷载：地基中发生任一大小塑性区时，其相应的荷载。如基底宽度为 b，塑性区展开深度为 $\frac{b}{4}$ 或 $\frac{b}{3}$ 时，相应的荷载为 $p_{\frac{1}{4}}$、$p_{\frac{1}{3}}$，称为界限荷载。

2. 地基的破坏形式

试验研究表明，在荷载作用下，建筑物地基的破坏通常是由于承载力不足而引起的剪切破坏，其形式可分为整体剪切破坏、局部剪切破坏和冲剪破坏（或刺入破坏）三种，如图 17.5-8 所示。

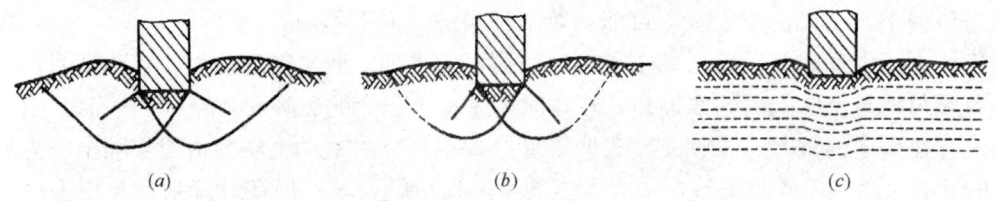

图 17.5-8 地基的破坏形式
(a) 整体剪切破坏；(b) 局部剪切破坏；(c) 冲剪破坏（或刺入破坏）

整体剪切破坏：当基底荷载较小时，基底压力与沉降基本上呈直线关系，属于线性变形阶段。当荷载增加到某一数值时，基础边缘处的土开始发生剪切破坏，随着荷载的增加，剪切破坏区逐渐扩大，此时压力与沉降之间呈曲线关系，如图 17.5-7 曲线 A，属于弹塑性变形阶段。如果基础上的荷载继续增加，剪切破坏区不断扩展，最终在地基中形成连续的滑动面，地基发生整体剪切破坏。此时，基础急剧下沉或向一侧倾倒，基础周围的地面同时产生隆起，如图 17.5-8 (a) 所示。

局部剪切破坏：介于整体剪切破坏与冲剪破坏之间的一种破坏形式，剪切破坏也从基础边缘开始，但滑动面不发展到地面，而是限制在地基内部某一区域，基础周围地面也有隆起现象，但不会有明显的倾斜和倒塌，如图 17.5-8 (b) 所示。压力和沉降关系曲线从一开始就呈现非线性关系，如图 17.5-7 曲线 B。

冲剪破坏：先是由于基础下软弱土的压缩变形使基础连续下沉，如果荷载继续增加到某一数值时，基础可能向下"刺入"土中，基础侧面附近的土体应垂直剪切而破坏，如图

17.5-8 (c) 所示。冲剪破坏时，地基中没有出现明显的连续滑动面，基础周围的地面不隆起，基础没有很大的倾斜，压力沉降关系曲线与局部剪切破坏的情况类似，不出现明显的转折现象，如图 17.5-7 曲线 C。

地基发生破坏的形式，与地基土的压缩性有关。一般对于密实砂土和坚硬黏土，将发生整体剪切破坏；而对于压缩性较大的松砂和软黏土，则常常发生局部剪切破坏。此外，地基破坏形式还与基础埋置深度、加荷速率等因素有关，当基础埋置深度较浅、荷载为缓慢施加时，将趋向于发生整体剪切破坏；如果基础埋置深度较大、荷载是快速施加或是冲击荷载，则趋向于发生局部剪切破坏或冲剪破坏。

3. 地基承载力特征值的确定

地基承载力特征值是在保证地基稳定的条件下，使建筑物的沉降不超过允许值的地基承载力。根据现场载荷试验定义为：在现场载荷试验所得的 p-s 曲线上直线段内规定的沉降量所对应的压力值称为地基承载力特征值，用 f_a 表示。

（1）按原位试验确定地基承载力

浅层平板载荷试验确定地基承载力特征值，通常 f_a 取 p-s 曲线上的比例界限荷载值或极限荷载值的一半，可适用于确定浅部地基土层的承压板下应力主要影响范围内的承载力。《建筑地基基础设计规范》GB 50007—2011 规定如下：

1) 当 p-s 曲线上有比例界限时，取该比例界限所对应的荷载值；

2) 当满足终止加载条件之一时，其对应的前一级荷载定位极限荷载，当该值小于对应比例界限的荷载值的 2 倍时，取极限荷载值的一半；

3) 不能按上两点要求确定时，当压板面积为 $0.25\sim0.5\text{m}^2$ 时，可取 $\dfrac{s}{b}=0.010\sim0.015$ 所对应的荷载（s 为变形量），但其值不应大于最大加载量的一半；

4) 同一土层参加统计的试验点不应少于三个，当各试验实测值的极差不得超过其平均值的 30% 时，取平均值作为土层的地基承载力特征值 f_{ak}，再经过宽度修正，得出修正后的地基承载力特征值 f_a。

对于深层平板载荷试验，《建筑地基基础设计规范》GB 50007—2011 规定如下：

① 当 p-s 曲线上有比例界限时，取该比例界限所对应的荷载；

② 当满足终止加载条件之一时，其对应的前一级荷载定位极限荷载，当该值小于对应比例界限的荷载值的 2 倍时，取极限荷载值的一半；

③ 不能按上述两条要求确定时，可取 $\dfrac{s}{d}=0.01\sim0.015$ 所对应的荷载值（s 为变形量），但其值不应大于最大加载量的一半；

④ 同一土层参加统计的试验点不应少于三个，当各试验实测值的极差不得超过其平均值的 30% 时，取平均值作为土层的地基承载力特征值 f_{ak}，再经过宽度修正，得出修正后的地基承载力特征值 f_a。

（2）按修正公式计算承载力

理论分析和工程实践均已证明，基础的埋深、基础底面尺寸影响地基的承载能力。而上述原位试验未能反映这两个因素影响。通常采用经验修正的方法来考虑实际基础的埋置深度和基础宽度对地基承载力的有利影响。《建筑地基基础设计规范》GB 50007—2011 规定,当基础宽度大于 3m 或埋置深度大于 0.5m 时,从荷载试验或其他原位测试、经验值等方法确定的地基承载力特征值 f_{ak},尚应按下式修正

$$f_a = f_{ak} + \eta_b \gamma (b-3) + \eta_d \gamma_0 (d-0.5) \tag{17.5-18}$$

式中:f_a——修正后的地基承载力特征值;
η_b——基础宽度的地基承载力的修正系数,按基底下土的类别查表;
η_d——基础埋深的地基承载力的修正系数,按基底下土的类别查表;
γ——基础底面以下土的重度,地下水位以下取浮重度;
γ_0——基础底面以上土的加权平均重度,地下水位以下取浮重度;
b——基础底面宽度,当基础宽度小于 3m 按 3m 取值,大于 6m 按 6m 取值;
d——基础的埋置深度,一般自室外地面标高算起。在填方整平地区,可自填土地面标高算起,但填土在上部结构施工后完成时,应从天然地面标高算起;对于地下室,如采用箱形基础或筏形基础时,基础的埋置深度自室外地面标高算起;当采用独立基础或条形基础时,应从室内地面标高算起。

(3) 按土的抗剪强度指标计算地基承载力

对于给定的基础,地基从开始出现塑性区到整体破坏,相应的基础荷载有一个相当大的变化范围。实践证明,地基中出现小范围的塑性区对安全并无妨碍,而且相应的荷载与极限荷载 p_u 相比,一般仍有足够的安全度。因此,《建筑地基基础设计规范》GB 50007—2011 结合经验采用以临界荷载 $p_{\frac{1}{4}}$ 为基础的理论公式计算地基承载力特征值。

当荷载偏心距 e 小于或等于 0.033 倍基础底面宽度时,采用试验和统计得到的土的抗剪强度指标标准值,可按下式计算地基承载力特征值。式中已考虑深度和宽度因素不需要作修正。

$$f_a = M_b \gamma b + M_d \gamma_0 d + M_c c_k \tag{17.5-19}$$

式中:f_a——由土的抗剪强度指标确定的地基承载力特征值;
M_b, M_d, M_c——承载力系数;
c_k——基底下一倍短边宽度深土的黏聚力标准值。

其余同上式。

17.5.3 挡土墙

1. 挡土墙类型

常用的挡土墙形式有重力式、衡重式、悬臂式和加筋挡土墙等。一般应根据工程需要土质情况、材料来源、施工技术及造价等因素合理地选择。

重力式挡土墙一般由块石、混凝土材料砌筑,墙身截面较大,主要依靠自身重力来维持墙体稳定性。墙高一般小于 10m,超过 10m 则宜选择其他形式的挡土墙。重力式挡土墙以其构造简单、施工方便,能就地取材,故在工程中应用广泛。根据墙背倾斜方向和截面形状,重力式挡土墙可分为仰斜式、折背式、直立式和俯斜式四种,如图 17.5-9 所示。

2. 重力式挡土墙的计算

计算步骤如下:
(1) 抗倾覆稳定性验算

抗倾覆安全系数

$$K_t \geqslant 1.5$$

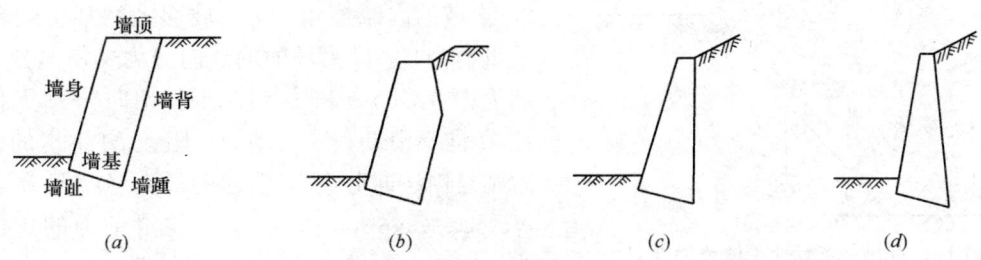

图 17.5-9　重力挡土墙形式
(a) 仰斜式；(b) 折背式；(c) 直立式；(d) 俯斜式

(2) 抗滑稳定性验算

基底的抗滑稳定安全系数

$$K_s \geqslant 1.3$$

(3) 整体稳定性验算
(4) 地基承载力及墙身强度验算
(5) 重力式挡土墙的构造措施

具体步骤见规范和相关书籍，这里不再叙述。

17.5.4　土坡稳定分析

土坡是指具有倾斜坡面的土体，可分为天然土坡和人工土坡。由于土坡表面倾斜，在自重及外荷载作用下，土体具有自上而下的滑动趋势。

土坡失稳的根本原因在于土体内部某个面上的剪应力达到了该面上的抗剪强度，土体的稳定平衡遭到破坏。实际工程中，按照规模及性质的不同，土坡失稳表现为滑坡、塌方、坍塌、溜塌、溜滑等多种形式。

1. 影响土坡稳定的因素

影响土坡稳定有多种因素，其主要因素如下：

(1) 土坡的几何条件。如土坡坡度和高度。坡脚越小，坡高越小，则土坡越稳定。
(2) 土的性质。土的性质越好，土坡越稳定。
(3) 土坡作用力发生变化。例如人工开挖坡脚、在坡顶建造建筑物使坡顶受荷，或由于打桩、地震等引起的振动改变了原来的平衡状态，促使土坡坍塌。
(4) 土体抗剪强度由于外界各种因素的影响而降低。例如由于外界气候等自然条件的变化，使土体时干时湿、收缩膨胀、冻结、融化等，从而使土变松、强度降低，土坡内因雨水的侵入使土湿化，孔隙水压力增加，强度降低。
(5) 静水压力的作用。例如雨水或地面水流入土坡中的竖向裂缝，对土坡产生侧向压力，从而促进土坡的滑动。因此黏性土坡发生裂缝常是土坡稳定性的不利因素，也是滑坡的预兆之一。
(6) 地下水的渗透。当土坡中存在与滑动方向一致的渗透力时，对土坡稳定不利。

2. 无黏性土坡的稳定性分析

由于无黏性土颗粒间无黏聚力存在，只有摩阻力，因此只要坡面不滑动，土坡就可以保持稳定状态。砂土土坡的稳定平衡条件如图 17.5-10 所示。

沿土坡长度方向截取单位长度土坡，作为平面应变问题进行分析。设土坡的坡角为

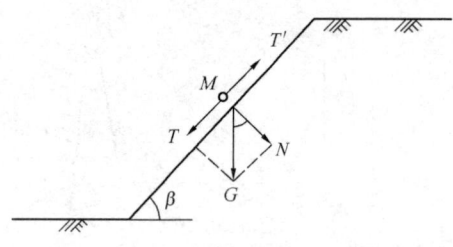

β，土坡的内摩擦角为 φ，坡面上的某土颗粒 M 的重力为 G。G 沿坡面的法向分力、切向分力分别为 $N=G\cos\beta$ 和 $T=G\sin\beta$。切向分力 T 使颗粒 M 向下滑动，为滑动力。阻止 M 下滑的抗滑力则是由法向分力 N 引起的最大静摩擦力 $T'=N\tan\varphi=G\cos\beta\tan\varphi$。抗滑力与滑动力的比值称为稳定安全系数，用 K_s 表示，即

图 17.5-10　无黏性土坡稳定性分析

$$K_s = \frac{T'}{T} = \frac{G\cos\beta\tan\varphi}{G\sin\beta} = \frac{\tan\varphi}{\tan\beta} \tag{17.5-20}$$

由式（17.5-20）可知，当 $\beta=\varphi$ 时，即抗滑力等于滑动力，土坡处于极限平衡状态，因此土坡稳定的极限坡角等于砂土的内摩擦角 φ。无黏性土坡的稳定性与坡高无关，而仅与坡角有关，只要坡角 $\beta<\varphi$ 土坡就是稳定的。为了保证土坡具有足够的安全储备，可取 $K_s=1.1\sim1.5$。

3. 黏性土坡的稳定性分析

黏性土的抗剪强度包括摩擦强度和黏聚强度两个组成部分。由于黏聚力的存在，均质黏性土坡发生滑坡时，其滑动面形状多数为曲面，通常可近似地假设为圆弧滑动面。

根据土坡的坡角大小、土的强度指标以及土中硬层的位置的不同，圆弧滑动面的形式一般有三种：

圆弧滑动面通过坡脚 B 点，如图 17.5-11（a）所示，称为坡脚圆；

圆弧滑动面通过坡面 E 点，如图 17.5-11（b）所示，称为坡面圆；

圆弧滑动面通过坡脚以外的 A 点，如图 17.5-11（c）所示，称为中点圆。

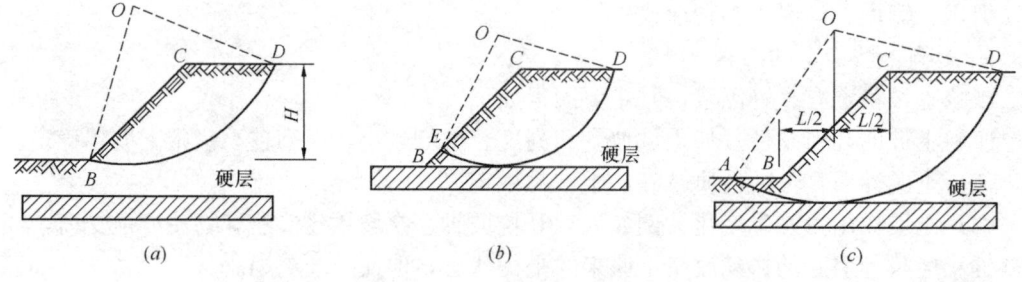

图 17.5-11　均质黏性土坡的三种圆弧滑动面
（a）坡脚圆；（b）坡面圆；（c）中点圆

黏性土坡稳定性分析的常用方法有：瑞典圆弧法（整体圆弧滑动法）、泰勒稳定因数法、条分法等。

（1）瑞典圆弧法（整体圆弧滑动法）

瑞典圆弧法假定黏性土坡失稳破坏时的滑动面为一圆柱面，将滑动面以上的土体视为刚体，并以其为脱离体，分析在极限平衡条件下脱离体上作用的各种力。

黏性土坡如图 17.5-12 所示，AC 为假定的滑动面，圆心为 O，半径为 R。当土体 ABC 保持稳定时

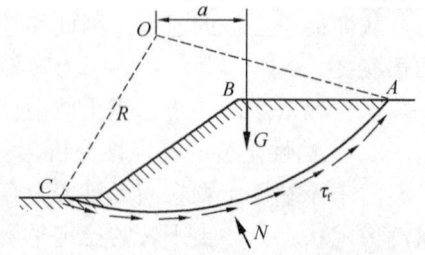

图 17.5-12　黏性土坡的整体圆弧滑动

必须满足力矩平衡条件（滑动面上的法向反力 N 的作用线通过圆心，不产生绕圆心 O 转动的力矩），故稳定安全系数为

$$K_s = \frac{M_R}{M_S} = \frac{\tau_f l_{AC} R}{Ga} \quad (17.5\text{-}21)$$

式中：M_R——抗滑力矩；

M_S——滑动力矩；

τ_f——土体的抗剪强度（kPa）；

l_{AC}——滑弧 AC 弧长（m）；

R——圆弧半径（m）；

G——沿土坡长度方向单位宽度滑体自重（kN/m）；

a——土体重心离滑弧圆心的水平距离（m）。

(2) 泰勒稳定因数法

泰勒认为在黏性土土坡稳定分析中，土坡高度 H、坡角 β 与土的 c、γ、φ 有关，他把三个参数 c、γ、H 组成一个新的参数 N_s，称为稳定因数，通过大量计算绘制出如图 17.5-13 所示的图。

稳定因数：

$$N_s = \frac{\gamma H}{c} \quad (17.5\text{-}22)$$

稳定安全系数：

$$K_s = \frac{N'_s}{N_s} = \frac{\frac{\gamma H'}{c}}{\frac{\gamma H}{c}} = \frac{H'}{H} \quad (17.5\text{-}23)$$

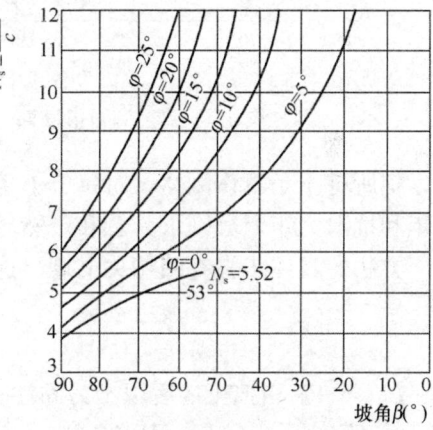

图 17.5-13　稳定因数 N_s 与 β、φ 的关系

式中：γ——土的重度（kN/m³）；

c——土的黏聚力（kPa）；

H——土坡高度（m）；

H'——土坡处于极限状态时的临界高度（m）；

N_s——由实际土坡计算的稳定因数；

N'_s——由图 17.5-13 查得的土坡处于极限状态时的稳定因数。

若土坡的实际稳定因数 N_s 小于由图中查得的稳定因数 N'_s，则表示土坡是稳定的，若 $N_s > N'_s$，则表示土坡是危险的。

泰勒认为圆弧滑动面的 3 种形式是与土的内摩擦角、土坡坡脚以及硬层埋藏深度等因素有关，他提出

当 $\varphi > 3°$ 或者 $\varphi = 0°$，且 $\beta > 53°$ 时，滑动面为坡脚圆。

当 $\varphi = 0°$，且 $\beta < 53°$ 时，滑动面可能是中点圆，也有可能是坡脚圆或坡面圆，它取决于坡下坚硬土层面离土坡坡顶的距离 h_d 与土坡高度 h 的比值 n_d，称为深度系数，即 $n_d = \frac{h_d}{h}$。当 n_d 较大时，即硬土层较深时，滑动面呈中点圆，随 n_d 减小，逐渐转为坡脚元，n_d

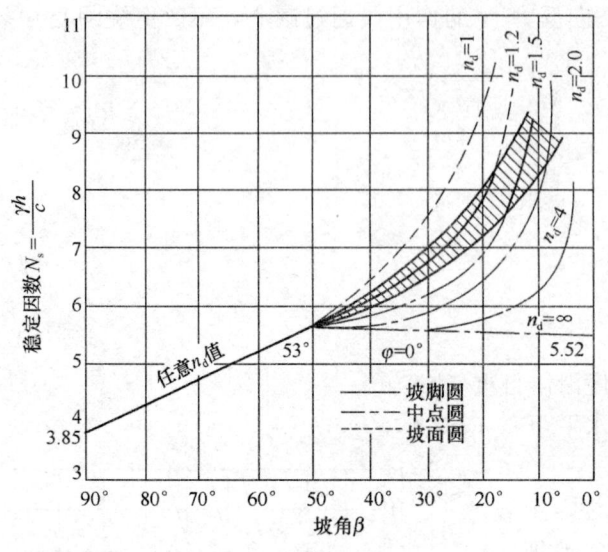

图 17.5-14 圆弧滑动面

再小，则转为坡面圆（图 17.5-14）。

(3) 条分法

实际工程中土坡的轮廓形状比较复杂，由多层土构成，有时尚存在某些特殊外力，如爆破产生的冲击波、地震等，此时滑弧上各区段土的抗剪强度各不相同，并与各点法向应力有关，此时无法用以上公式进行计算。而且圆弧法是将滑动体作为一个整体来计算，对非均质土坡或比较复杂的土坡均不适用。条分法是解决这一问题的基本方法，在工程中得到广泛应用。

条分法的基本原理是将具有圆弧滑面的滑动土体分成若干垂直土条，把所有土条看作刚体，对每个土条进行受力分析，分别求出各土条对滑弧中心的滑动力矩和抗滑力矩，分别求其总和，然后求得土坡的稳定安全系数。

方法的具体步骤查阅相关书籍，这里不再叙述。

习　题

【17.5-1】当挡土墙后填土为黏性土，且有地下水时，墙背所受的总压力将(　　)。

A. 不变　　　　B. 减小　　　　C. 增大　　　　D. 无法确定

【17.5-2】对同一地基，下列指标数值最小的是(　　)。

A. P_u　　　　B. $P_{1/4}$　　　　C. $P_{1/3}$　　　　D. P_{cr}

【17.5-3】所谓地基极限承载力是指(　　)。

A. 地基中开始出现塑性区时的承载力

B. 地基发生剪切破坏时的承载力

C. 地基中形成连续滑动面时的承载力

D. 以上均不对

【17.5-4】根据载荷试验确定地基承载力时，p-s 曲线开始不再保持线性关系时，表示地基土处于何种受力状态(　　)。

A. 弹性状态　　　　　　　　　B. 整体破坏状态

C. 弹塑性变形状态　　　　　　D. 以上均不是

【17.5-5】载荷试验的曲线形态上，从线性关系开始变成非线性关系时的界限荷载称为(　　)。

A. 容许荷载　　　　　　　　　B. 临塑荷载

C. 临界荷载　　　　　　　　　D. 极限荷载

【17.5-6】下面对土坡稳定分析方法的说法错误的是(　　)。

A. 条分法考虑了土的应力应变关系

B. 土坡稳定分析方法有瑞典条分法和毕肖普法
C. 瑞典条分法和毕肖普法都假定滑动面为圆柱面、滑动面以上的土体为刚体、每一土条上的安全系数相同并等于整个滑动面上的平均安全系数
D. 瑞典条分法不计条间力，毕肖普法考虑了条间力

【17.5-7】三种土压力的大小关系为（　　）。
A. $E_a>E_p>E_0$
B. $E_0>E_p>E_a$
C. $E_p>E_0>E_a$
D. $E_p>E_a>E_0$

【17.5-8】由于朗肯土压力理论假定墙背与填土之间无摩擦，因此计算结果与实际有出入，一般情况下计算出的（　　）。
A. 主动土压力偏小，被动土压力偏大
B. 主动土压力和被动土压力都偏小
C. 主动土压力和被动土压力都偏大
D. 主动土压力偏大，被动土压力偏小

【17.5-9】挡土墙后的填土为中砂，其内摩擦角为28°，墙背铅垂，土面水平，则按朗肯土压力理论计算被动土压力时，土中破坏面与墙面的夹角为（　　）。
A. 0°　　　　　B. 31°　　　　　C. 45°　　　　　D. 60°

【17.5-10】挡土墙的稳定性验算应满足（　　）。
A. $K_t \geqslant 1.5$，$K_s \geqslant 1.3$
B. $K_t \geqslant 1.5$，$K_s \geqslant 1.2$
C. $K_t \geqslant 1.4$，$K_s \geqslant 1.2$
D. $K_t \geqslant 1.4$，$K_s \geqslant 1.3$

【17.5-11】已知某挡土墙高 $h=6m$，墙背垂直、光滑，墙后填土为黏性土，填土面水平，土的物理性质指标为：$c=10kPa$，$\varphi=20°$，$\gamma=18 kN/m^3$。求主动土压力（　　）。
A. 77.8kN/m
B. 85.6kN/m
C. 96.1kN/m
D. 102.5kN/m

习题答案及解析

【17.5-1】答案：C
解析：有地下水，土的含水量增加。

工程上一般可忽略对砂土抗剪强度指标的影响，但对于黏性土，随着含水量的增加，抗剪强度指标明显降低，导致墙背土压力增大。

【17.5-2】答案：D
解析：$p_{cr}=\dfrac{\pi(\gamma_m d+c\cot\varphi)}{\cot\varphi+\varphi-\dfrac{\pi}{2}}+\gamma_m d$

$$p_{1/4}=\dfrac{\pi\left(\gamma_m d+c\cot\varphi+\dfrac{\gamma b}{4}\right)}{\cot\varphi+\varphi-\dfrac{\pi}{2}}+\gamma_m d$$

$$p_{1/3}=\dfrac{\pi\left(\gamma_m d+c\cot\varphi+\dfrac{\gamma b}{3}\right)}{\cot\varphi+\varphi-\dfrac{\pi}{2}}+\gamma_m d$$

【17.5-3】答案：B

解析：地基极限承载力是地基发生剪切破坏时的承载力。

【17.5-4】答案：C

解析：根据载荷试验确定地基承载力时，$p\text{-}s$ 曲线开始不再保持线性关系时，表示地基土处于弹塑性变形状态。

【17.5-5】答案：B

解析：载荷试验的曲线形态上，从线性关系开始变成非线性关系时的界限荷载称为临塑荷载。

【17.5-6】答案：A

解析：条分法的基本原理是将具有圆弧滑面的滑动土体分成若干垂直土条，把所有土条看作刚体，对每个土条进行受力分析，分别求出各土条对滑弧中心的滑动力矩和抗滑力矩，分别求其总和，然后求得土坡的稳定安全系数。

未考虑土的应力应变关系，A 错误。

【17.5-7】答案：C

解析：主动土压力是当挡土墙向离开土体方向位移至墙后土体达到极限平衡状态时，作用在挡土墙上的土压力，用 E_a 表示。

被动土压力是当挡土墙在外力作用下，向土体方向位移至墙后土体达到极限平衡状态时，作用在墙背上的土压力，用 E_p 表示。

静止土压力是当挡土墙静止不动，墙后土体处于弹性平衡状态时，作用在墙背上的土压力，用 E_0 表示。

通过公式和具体计算可知对同一挡土墙，主动土压力最小，静止土压力次之，被动土压力最大。

【17.5-8】答案：D

解析：朗肯土压力理论假定墙背直立、光滑，填土面水平，使计算条件和适用范围受到限制，且由于该理论忽略了墙背与土体间的摩擦影响，使计算的主动土压力值偏大，被动土压力值偏小。

【17.5-9】答案：C

解析：按朗肯土压力理论计算被动土压力时，土中破坏面与墙面的夹角为 45°。

【17.5-10】答案：A

解析：稳定性验算时

抗倾覆安全系数 $K_t \geqslant 1.5$

基底的抗滑稳定安全系数 $K_s \geqslant 1.3$

【17.5-11】答案：B

解析：主动土压力系数

$$k_a = \tan^2\left(45° - \frac{\varphi}{2}\right) = \tan^2\left(45° - \frac{20°}{2}\right) = 0.49$$

$$\sqrt{k_a} = \sqrt{0.49} = 0.70$$

因为填土是黏性土，故需计算临界深度

$$z_0 = \frac{2c}{\gamma \sqrt{k_a}} = \frac{2 \times 10}{18 \times 0.70} = 1.6\text{m}$$

主动土压力为

$$E_a = \frac{1}{2}(h-z_0)(\gamma h k_a - 2c\sqrt{k_a})$$
$$= \frac{1}{2}(6-1.6) \times (18 \times 6 \times 0.49 - 2 \times 10 \times 0.70)$$
$$= 85.6 \text{kN/m}$$

故选 B。

17.6 地基勘察

高频考点梳理

知识点	工程地质勘察方法
近三年考核频次	2次

17.6.1 地基勘察分级与分阶段

地基勘察的目的：查明拟建建筑物场地及附近的工程及水文地质条件，掌握地基土层的分布及其工程性状，获取真实可靠的地质资料及土的工程性质参数，从而为建筑物场地选址、建筑平面布置、地基与基础的设计和施工，提供必要的资料。

地基勘察任务和内容：查明场地的工程地质条件（地形地貌、地层条件、地质构造、水文地质、不良地质现象、岩土物理力学性质指标）；进行岩土工程评价；室内试验与原位测试；进行现场检验或监测；分析与评价，编写勘察报告等。

1. 地基勘察分级（三方面，三等级）

从工程重要性、场地复杂程度、地基复杂程度三方面，对岩土工程难度和复杂性进行等级划分，对工程勘察、设计和施工控制作出技术和管理性规定。

(1) 工程重要性

据工程规模和特征，以及岩土问题造成工程破坏或影响正常使用的后果，分为三个等级：

一级工程，重要工程，破坏后果很严重；

二级工程，一般工程，破坏后果严重；

三级工程，次要工程，破坏后果不严重。

(2) 场地复杂程度

1) 一级场地（复杂场地），符合下列条件之一：

① 对建筑抗震危险的地段；

② 不良地质作用强烈发育：泥石流、崩塌、土洞、塌陷、岸边冲刷、地下潜蚀等极不稳定的场地；

③ 地质环境已经或可能受到强烈破坏：对工程安全构成直接威胁，如浅层地下采空、沉降盆地边缘、地裂缝、沼泽化等；

④ 地形地貌复杂；

⑤ 有影响工程的多层地下水，岩溶裂隙水或其他水文地质条件复杂、需专门研究的场地。

2）二级场地，符合下列条件之一：
① 对建筑抗震不利的地段；
② 不良地质作用一般发育：指虽有不良地质现象但并不十分强烈，对工程安全影响不严重；
③ 地质环境已经或可能受到一般破坏：指已有或将有地质环境问题，但不强烈，对工程安全影响不严重；
④ 地形地貌较复杂；
⑤ 基础位于地下水位以下的场地。
3）三级场地（简单场地），符合下列条件：
① 抗震设防烈度等于或小于6度，或对建筑抗震有利的地段；
② 不良地质作用不发育；
③ 地质环境基本未受破坏；
④ 地形地貌简单；
⑤ 地下水对工程无影响。

确定场地复杂程度等级，从一级开始，向二级、三级推定，以最先满足者为准。确定地基复杂程度等级，也按此法。

(3) 地基复杂程度
1）一级地基（复杂地基），符合下列条件之一：
①岩土种类多，很不均匀，性质变化大，需特殊处理；
②严重湿陷、膨胀、盐渍、污染的特殊性岩土，以及其他情况复杂，需作专门处理的岩土。
2）二级地基（中等复杂地基），符合下列条件之一：
①岩土种类较多，不均匀，性质变化不大；
②除上述1）中②以外的特殊性岩土。
3）三级地基（简单地基），符合下列条件：
① 岩土种类单一、均匀，性质变化不大；
② 无特殊性岩土。

根据工程重要性等级、场地复杂性等级和地基复杂性等级，按下列条件划分勘察等级：
甲级：在工程重要性、场地复杂程度和地基复杂程度等级中，有一项或多项为一级；
乙级：除勘察等级为甲级和丙级以外的勘察项目；
丙级：工程重要性、场地复杂程度和地基复杂程度等级均为三级。

2. 勘察阶段的划分
(1) 可行性研究勘察（选址勘察）
选址勘察：对拟建场地的稳定性和适宜性作出评价，主要针对大型工程。
主要内容有：搜集资料（当地的工程地质、岩土工程和建筑经验等）；踏勘条件（场地地层、构造、不良地质作用和地下水等工程地质条件）；勘探工程（进行工程地质测绘和必要的勘探工作）；比选场地。

下列地区、地段不宜选为场址：

1) 不良地质现象发育且对场地稳定性有直接危害或潜在威胁的地区，如泥石流、崩塌、滑坡、塌陷和地下侵蚀等地；
2) 地基土性质不良的场地；
3) 对建筑物抗震危险的地段；
4) 洪水或地下水对建筑场地有严重不良影响的地段；
5) 地下有尚未开发的有价值矿藏或未稳定采空区。
(2) 初步勘察（评价拟建地段场地的稳定性）
主要内容：
1) 搜集与分析可行性研究阶段岩土工程勘察报告；
2) 初步查明地层分布、构造、岩性、地下水及冻深；
3) 查明场地不良地质现象成因、分布、对稳定性影响及趋势；
4) 对抗震设防烈度大于或等于6度场地，判断地震效应；
5) 初步制定水和土对建筑材料的腐蚀性；
6) 对高层建筑可能采取的地基基础类型、基坑开挖和支护、工程降水方案进行初步分析评价。
(3) 详细勘察（技术设计或施工图设计）
1) 按不同建筑物，提出设计所需的详细岩土技术资料；
2) 对地基土进行工程分析评价，如：建筑地基良好，可采用天然地基；若地基软弱，采用深基础或进行地基加固处理；
3) 对相关方案进行论证，如基础设计方案、地基处理、基坑支护、工程降水方案、对不良地质作用的防治方案等。
(4) 施工勘察（场地条件复杂或有特殊要求）
1) 高层或多层建筑：均需进行施工验槽，发现异常情况需进行施工勘察；
2) 基坑：开挖后遇局部古井、水沟、坟墓等软弱部位，需要换土处理时，需进行换土压实后干密度测试检验；
3) 深基础：设计与施工需进行有关检测工作；
4) 软弱地基处理：需进行施工设计和检验工作；
5) 地基存在岩溶或土洞：需进一步查明分布范围及处理；
6) 基槽边失稳滑动：则需进行勘测与处理。

17.6.2 工程地质勘察方法

1. 工程地质测绘与调查

通过调查和实地观察了解场地地质土层的分布和地质环境及不良物理地质现象的一种勘察工作方法。

(1) 岩石出露或地貌、地质条件较复杂场地，应进行工程地质测绘，地质条件简单场地，可用调查代替工程地质测绘；
(2) 宜在可行性研究或初步勘察阶段进行；
(3) 测绘和调查范围应包括场地及其附近地段。

2. 勘探

(1) 物探

通过物理的方法对工程地质进行勘探的方法。

主要包括：电阻率法、电位法、地震、声波、电视测井等。

（2）钻探

利用钻机等工具在地基中钻孔，取土样现场鉴别土类，取原状土进行室内试验的勘探方法。

包括手钻和机钻两种方法。

（3）掘探（坑探、井探、槽探）

在建筑场地上用人工开挖探井、探槽或平洞，直接观察了解槽壁土层情况与性质。

适用范围：钻探法难以进行勘察的土层；钻探法难以准确查明的土层；黄土地基勘察。

（4）触探

触探包括静力触探与动力触探，同时它们也属于原位测试的范畴，故下文进行详细介绍。

3. 原位测试

在工程场地位置处，直接测定天然条件下土的工程性质，以获取反映工程实际条件的岩土性质参数的方法。

适用条件：

难以采取不扰动试样或试样代表性差的岩土层，如砂土、碎石土、软土、淤泥、软弱夹层、风化岩等；

重大工程项目，必须取得大体积、具宏观结构的岩土体相关资料；

需快速并直接了解土层在剖面上的连续变化；

室内难以进行的试验，如岩土应力测试。

（1）静力触探

用静力匀速将标准规格圆锥形的金属探头压入土中，量测探头贯入阻力，借以间接判断土的物理力学性质的测试方法。

适用土类：黏性土、粉土、砂土、含少量碎石的土。

试验装置：静力触探仪。

（2）动力触探

利用一定的重锤能量，将与触杆相连接的圆锥形探头打入土中，根据打入的难易程度（贯入度）得到每打入一定深度所需的锤击数，来判定土的工程性质。

1) 标准贯入试验

适用范围：一般黏性土、粉土、砂土。

试验装置：标准贯入器、穿心锤、钻杆。

2) 圆锥动力触探

适用范围：强风化，全风化岩石、粉土、砂土和碎石。

试验仪器：按锤击能量大小：轻型、重型、超重型。

（3）旁压试验

在钻孔中进行的横向载荷试验，利用弹性介质平面应变小孔扩张理论，能测定较深处土层的变形模量和承载力。

(4) 载荷试验

载荷试验的原理是在试验土面上逐级加上荷载,并观测每级荷载下土的变形,根据试验结果绘制 p-s 曲线。

(5) 十字板剪切试验

试验装置:十字测头(矩形,径高比 1∶2,板厚 2~3mm)、传力杆、测力计等。

试验步骤:插入十字板头;静置 2~3min,开始试验;剪切速率 1°~2°/10s;峰值强度或稳定测值后,顺扭转方向连续转动 6 圈,测重塑土不排水抗剪强度。

十字板剪切仪是一种使用方便的原位测试仪器,工程应用比较广泛,通常用以测定饱和黏性土的原位不排水强度,特别适用于均匀饱和软黏土。

17.6.3 地基勘察报告

1. 勘察目的、任务和要求;
2. 拟建工程概况;
3. 勘察工作与勘察方法;
4. 场地地形、地貌;地层、地质构造;岩土工程性质、地下水、不良地质现象的描述与评价;
5. 场地稳定性和适宜性的评价;
6. 岩土工程参数统计分析与选用;
7. 对工程地基稳定性、承载力、最终沉降量的估计,基础及地基处理方案的建议;
8. 可能问题及其监控与预防措施的建议;
9. 附件。

习 题

【17.6-1】某工程,重要性等级为二级,拟建在对抗震危险的地段,其地形地貌简单,地基为湿陷性黄土。应按( )布置勘察工作。

A. 甲级 B. 乙级
C. 丙级 D. 视场地复杂程度确定

【17.6-2】下列选项不属于建筑工程勘察的工作阶段的是( )。

A. 可行性研究勘察 B. 预可研勘察
C. 详细勘察 D. 施工勘察

【17.6-3】下列方法不属于属于勘探方法的是( )。

A. 声波勘探 B. 静力触探
C. 坑槽探 D. 旁压试验

习题答案及解析

【17.6-1】答案:A
解析:对抗震危险的地段属于一级场地;
地基为湿陷性黄土为一级地基;
故等级为甲级。

【17.6-2】答案:B

解析：勘察工作阶段有：可行性研究勘察；初步勘察；详细勘察和施工勘察。
【17.6-3】答案：D
解析：声波勘探和坑槽探属于勘探方法；
静力触探既属于勘探方法又属于原位测试；
旁压试验属于原位测试。

17.7 浅 基 础

高频考点梳理

知识点	浅基础的设计	减少不均匀沉降损害的措施
近三年考核频次	1次	3次

17.7.1 浅基础的类型

基础类型选择因素：建筑物性质、用途、重要性、结构形式、荷载性质大小等；地基的性质，岩土层分布、岩土性质、地下水性质等。

天然地基上的浅基础：设置在天然地基上，埋置深度＜5.0m的一般基础，如柱基、墙基等；埋置深度＞5.0m，但小于基础宽度的大尺寸基础，如箱形基础、筏形基础等。

特点：计算中不必考虑基础侧面摩擦力。

1. 基础结构类型

(1) 独立基础

配置于柱下或塔式结构物之下的单个基础。可分为柱下独立基础和墙下独立基础。其构造形式通常有现浇台阶形基础、现浇锥形基础和预制柱的杯口基础，如图17.7-1所示。

特点：长、宽、埋深等尺寸可自由调整。

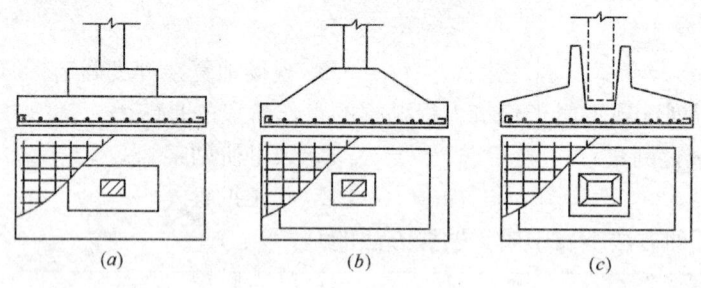

图 17.7-1 独立基础

(2) 条形基础

配置于墙（柱）下的长条形基础。可分为墙下条形基础和柱下条形基础，如图17.7-2所示。墙下条形基础是墙的通用基础形式，柱下条形基础在当柱的荷载较大，土层承载力较低，独立基础面积过大时采用。

特点：抗弯刚度较大。

如果地基松软且在两个方向分布不均，需要基础两个方向具有一定的刚度来调整不均匀沉降，则可在柱网下沿纵横两个方向设置钢筋混凝土条形基础，从而形成柱下十

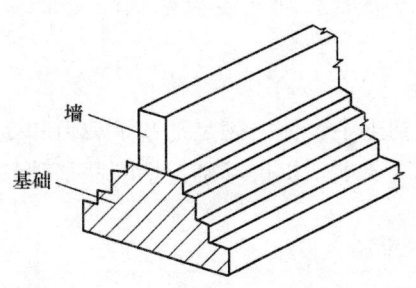
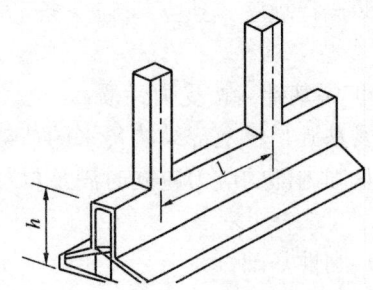

图 17.7-2 条形基础

字交叉基础。

(3) 筏形基础

大面积整体钢筋混凝土板式或梁板式基础（图 17.7-3）。

基础特点：埋深浅，基底压力小，利于调整不均匀沉降。

应用范围：软弱地基、荷载很大，交叉条基不能满足承载力和变形要求；相邻基础间距很小；水位常年位于地下室地坪以上。

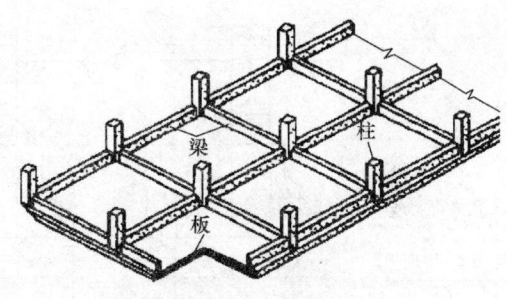

图 17.7-3 筏形基础

(4) 箱形基础

由钢筋混凝土底板、顶板、侧墙、内隔墙组成的，具有一定高度的箱形、整体性基础（图 17.7-4）。

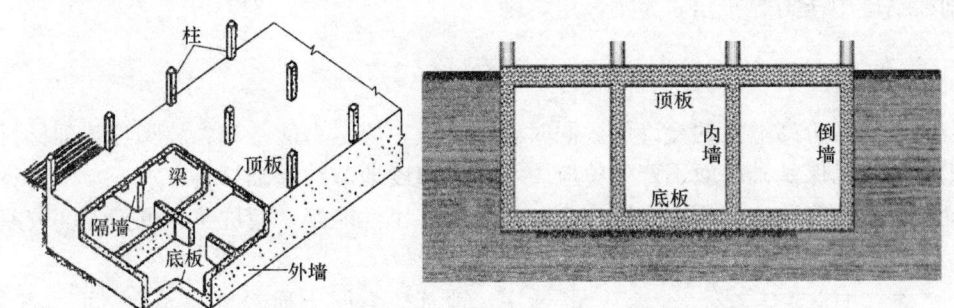

图 17.7-4 箱形基础

特点：空间刚度大，仅发生基本均匀的沉降和不大的整体倾斜。

应用：软弱地基高层、超高层、重型或对不均匀沉降有严格要求的建筑物；高层与超高层建筑的箱形基础往往与地下室结合考虑。

(5) 壳体基础

以壳体结构形成的空间薄壁基础。

特点：形状可以做成各种形状的壳体，充分利用拱效应，改善基础受力性能。

形式：一般正圆锥及其组合形式的壳体基础。

应用：高耸建筑物或构筑物，如烟囱、水塔、电视塔等基础。

遵循选择顺序：独立基础→条形基础→交叉条形基础→筏板基础→箱形基础→深基础。

2. 扩展基础（按受力性质）

扩展基础是将上部结构传来的荷载侧向扩展到土中，使之满足地基承载力和变形的要求，而基础内部的应力应同时满足材料本身的强度要求。扩展基础包括刚性基础和柔性基础两种。

（1）刚性基础

刚性基础也称为无筋扩展基础，是由砖、砌块、素混凝土、灰土、三合土等材料做成满足刚性角要求并不需要配置钢筋的基础，包括柱下独立基础、墙下条形基础等。为便于施工，刚性基础一般做成台阶状，如图17.7-5所示。

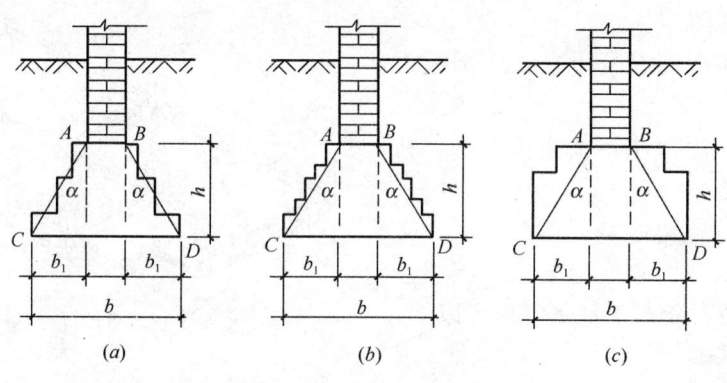

图17.5-5 刚性基础

刚性基础中压力分布角 α 为刚性角，则

$$\tan\alpha = \frac{b_1}{h}$$

需要满足台阶高宽比的允许值。同时在设计中，应尽力使基础大放脚与基础材料的刚性角相一致，确保基础底面不产生拉应力，最大限度地节约基础材料。

特点：结构简单，主要承受压应力。一般用抗压性能好，而抗拉、抗剪强度较差的混凝土、毛石、砖、三合土等建造。

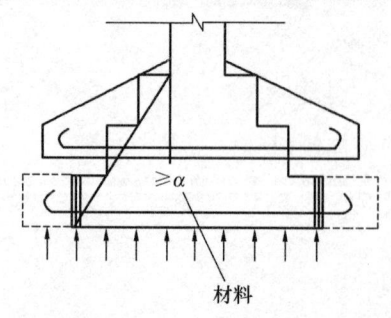

图17.7-6 柔性基础

适用：地基持力层土质较好，无沟、塘、井、坑，下卧层无淤泥质软弱层。6层及以下民建和砖墙承重的轻型厂房（三合土不宜用作4层以上民建基础材料）。

（2）柔性基础

柔性基础也称为扩展基础，是能承受一定弯曲变形的基础；**通常指抗拉性能较好的钢筋混凝土基础**（图17.7-6）。

当基础的高度不能满足刚性角要求时，可以做成钢筋混凝土基础，用钢筋承受基础底部的拉应力，以保证基础不发生断裂。

基础类型的选择如表17.7-1所示。

基础类型的选择 表 17.7-1

结构类型	岩土性质、荷载条件	基础类型
多层砖混结构	土质均匀，承载力高，无软弱下卧层，地下水位以上；荷载不大（五层以下建筑）	刚性基础
	土质不均匀，承载力较低，有软弱下卧层；基础需浅埋时	墙下钢筋混凝土条基或墙下交叉钢筋混凝土条基
	土质不均匀，承载力低；荷载较大，采用条基面积超过建筑物投影面积50%时	墙下筏板基础
高层框架、剪力墙结构（有地下室）	可采用天然地基时	筏板基础或箱形基础
框架结构（无地下室）	土质均匀，承载力较高；荷载较小，柱网分布均匀	柱下钢筋混凝土独立基础
	土质不匀，承载力低；荷载较大，采用独立基础不能满足	柱下钢筋混凝土条基或柱下交叉钢筋混凝土条基
	土质不匀，承载力低，荷载大，柱网分布不均，采用条基面积超过建筑物投影面积50%	柱下筏板基础
全剪力墙10层以上住宅结构	地基土层较好；荷载分布均匀	墙下钢筋混凝土条基
	当上述条件不能满足时	墙下筏板基础或箱基

17.7.2 浅基础设计

1. 基本规定

（1）设计等级

根据建筑物规模、功能和特征；地基复杂程度；地基问题造成建筑物破坏和影响正常使用的程度，将设计等级分为甲级、乙级和丙级三个等级，如表17.7-2所示。

地基基础设计等级 表 17.7-2

设计等级	建筑和地基类型
甲级	重要的工业与民用建筑 30层以上的高层建筑 体型复杂，层数相差超过10层的高低层连成一体的建筑物 大面积的多层地下建筑物（如地下车库、商场、运动场等） 对地基变形有特殊要求的建筑物 复杂地质条件下的坡上建筑物（包括高边坡） 对原有工程影响较大的新建建筑物 场地和地基条件复杂的一般建筑物 位于复杂地质条件及软土地区的二层及二层以上地下室的基坑工程 开挖深度大于15m的基坑工程 周边环境条件复杂、环境保护要求高的基坑工程
乙级	除甲级、丙级以外的工业与民用建筑物 除甲级、丙级以外的基坑工程
丙级	场地和地基条件简单、荷载分布均匀的七层及七层以下民用建筑及一般工业建筑；次要的轻型建筑物 非软土地区且场地地质条件简单、基坑周边环境条件简单、环境保护要求不高且开挖深度小于5.0m的基坑工程

(2) 设计要点

1) 各等级地基设计均要满足承载力要求。

作用组合：按正常使用极限状态下的标准组合；

抗力：采用地基承载力特征值。

2) 甲、乙级应按地基变形设计。

基础底面作用：按正常使用极限状态下作用的准永久组合，不计入风载与地震。

3) 丙级建筑，除有特殊规定，均可不作变形验算。设计等级为丙级的建筑物有下列情况之一时，仍应作变形验算：

① 地基承载力小且体型复杂基础：承载力特征值小于130kPa；

② 地面荷载不均：基础上及附近堆载，相邻基础距离近或荷载差异大；

③ 偏心荷载：软弱地基上的建筑物存在偏心荷载时；

④ 厚欠固结土：存在厚度较大或厚薄不均的填土，其自重固结未完成；

⑤ 建筑距离：相邻建筑过近，可能发生倾斜时。

4) 常受水平荷载作用的高层建筑、高耸结构、水工结构、挡土结构，以及斜坡或边坡附近的建筑、构筑物，除验算承载力、变形外，还需验算地基稳定性。

采用承载力极限状态下作用基本组合，但分项系数均取1。

5) 确定基础或桩台高度、支撑结构截面、计算内力、确定配筋和验算强度。

采用承载能力极限状态下作用的基本组合，并采用规定的相应分项系数。

6) 基础设计安全等级、结构设计使用年限、结构重要性系数按有关规范规定采用，但结构重要性系数 $\gamma_0 \geq 1.0$。

(3) 设计步骤

掌握资料：地基工程条件和岩土勘察结果；

地基处理：处理方法结合实际；考虑先进性和技术经济；

基础布设：基础结构类型和平面布置方案以及建筑材料；

基础埋深：选择地基持力，确定基础埋置深度；

基础荷载：确定承载力和基础上作用组合，初定基础尺寸；

基础计算：按设计等级，验算地基强度、变形和稳定性；

基础设计：进行基础的结构和构造设计；

编制图册：编制基础的设计图和施工图；

编制报告：工程预算书和设计说明书。

2. 基础埋深

基础底面埋在地面（一般指设计地面）以下的深度，称为基础的埋置深度。

基本原则：在保证安全可靠前提下尽量浅埋。

基本要求：基础埋深大于50cm；基础顶距离设计地表大于10cm。

影响基础埋置深度的因素主要有以下几个方面：

(1) 与建筑物有关的条件（用途、类型、荷载）

1) 用途功能：设施要求，如地下室、设备层、人防工程或电梯；有地下室的建筑，埋深由地下室标高决定，工业建筑中的地下设施和设备基础，不能离建筑物基础太近。

2) 结构类型：高层稳定要求和抗倾覆要求。高层稳定要求：土基上高层、超高层建筑，因竖向荷载大，又要承受风力、地震力等水平荷载，为保证稳定，基础埋深应随建筑高度适当增大；抗倾覆要求：高耸构筑物要保证抗倾覆稳定性。

3) 荷载特征：抗震要求、抗拔要求和抗滑要求。抗震要求：在抗震设防区，天然土基上的箱基、筏基基础埋深不宜小于建筑物高度的 1/15；桩箱或桩筏基础埋深（不计桩长）不宜小于建筑物高度的 1/18~1/20；抗滑要求：岩基上高层、超高层建筑，需依靠基础侧面土体来承担水平荷载，故基础埋深要考虑；抗拔要求：承受上拔力的构筑物基础，必须有足够的埋深。

(2) 相邻建筑物基础埋深

相邻基础要求：新基础埋深不宜大于原建筑物基础。若埋深大于原基础，则两基础间应保持一定净距，其数值应据原建筑荷载、基础和土质确定，一般不宜小于基础底面高差的 1~2 倍。即

$$\frac{\Delta H}{L} \leqslant 0.5 \sim 1.0$$

式中：ΔH——相邻基础底面标高差（m）；

L——相邻基础净距（m）。

当无法满足上述要求时，应采取分段施工，设置临时加固支撑、打板桩、地下连续墙等施工措施，或加固原有建筑物地基。

(3) 地基的工程地质和水文地质条件

1) 地基土条件，如图 17.7-7 所示。

图 17.7-7 地基土情况

① 全好土（图 17.7-7a）：分布匀、承载力高、压缩性小。在满足其他要求时尽量浅埋。

② 全软土（图 17.7-7b）：深厚软土，压缩性高、承载力小。只有低层房屋可用，否则需要进行处理。

③ 上软下硬（图 17.7-7c）：根据软土厚度和建筑物类型确定。

软土厚度＜2m：基底应作用在好土层上；

软土厚度 2~5m：低层建筑物可采用上部软弱土作为持力层，避免大量开挖土方，但应适当加强上部结构刚度，或对持力层进行处理；

软土厚度＞5m：除筏形、箱形等大尺寸基础及带地下室基础外，一般均可按上述第二种情况处理。

④ 上硬下软（图 17.7-7d）：尽量浅埋，且需验算下卧层承载力；若好土层很薄，则按全软土（图 17.7-7b）处理。

⑤好土软土互层（图17.7-7e）：根据各土层的厚度和承载力，参照上述原则选择。

当地基土在平面上分布不均或上部荷载分布不均时，可采用不同的基础埋深来调整不均匀沉降。

2）水文地质条件：当存在地下水时，尽量将基础建造在地下水位之上。若需埋在地下水位之下时，应保护地基土不受扰动；考虑可能出现的施工与设计问题；地下水浮托力引起基础底板的内力变化。

(4) 地基冻融条件

季节性冻土地区基础埋置深度宜大于场地冻结深度。对于深厚季节冻土地区，当建筑基础底面土层为不冻胀、弱冻胀、冻胀土时，基础埋置深度可以小于场地冻结深度，基底允许冻土层最大厚度应根据当地经验确定，无地区经验时，基础最小埋深 d_{min} 可按下式计算：

$$d_{min} = z_d - h_{max} \tag{17.7-1}$$

式中：z_d——场地冻结深度（m）；

h_{max}——基础底面下允许冻土层的最大厚度（m）。

【例 17.7-1】在保证安全可靠的前提下，浅基础埋深设计应考虑（　　）。

A. 尽量采用人工地基　　　　B. 尽量埋在地下水位以下

C. 尽量浅埋　　　　　　　　D. 尽量埋在冻结深度以上

解析：答案为 C。

基础埋深的基本原则为在保证安全可靠前提下尽量浅埋。

3. 地基验算

(1) 地基承载力验算

地基承载力验算是一项最基本的地基计算，各种等级的建筑物地基都必须满足承载力的要求，作用组合采用正常使用极限状态下作用的标准组合。地基承载力特征值的确定详见 17.5.2，这里不再叙述。

1）持力层的承载力验算

持力层：直接支撑基础的地基土层。作用在持力层上的平均基底压力不能超过该土层的承载能力。

当轴心荷载作用时

$$p_k \leqslant f_a \tag{17.7-2}$$

式中：p_k——相应于荷载作用的标准组合时，基底平均压力（kPa）；

f_a——修正后的地基承载力特征值（kPa）。

当偏心荷载作用时，除了需要符合公式 (17.7-2) 要求外，还应符合下式要求

$$p_{kmax} \leqslant 1.2 f_a \tag{17.7-3}$$

式中：p_{kmax}——相应于荷载作用的标准组合时，基础底边缘的最大压力值（kPa）。

2）软弱下卧层的承载力验算

软弱下卧层：持力层下，强度与模量明显低于持力层的土层。

若下卧层埋藏的不太深，扩散到下卧层的应力可能大于其承载力，此时地基有失效的可能。软弱下卧层承载力应满足

$$p_z + p_{cz} \leqslant f_{az} \tag{17.7-4}$$

式中：p_z——相应于荷载作用标准组合时，作用在软弱下卧层顶面的附加压力（kPa）；

p_{cz}——软弱下卧层顶面的土体自重应力（kPa）；

f_{az}——软弱下卧层顶面埋深为 z 处，修正后的地基承载力特征值（kPa）。

验算后若不满足要求，则加大基底面积，减小基底压力；改变地基基础方案。

依据半无限弹性体理论，假设基底压力以 θ 角向下扩散（图17.7-8）。

对条形基础和矩形基础式中的 p_z 可按下列公式计算

条形基础

$$p_z = \frac{b(p_k - p_c)}{b + 2z\tan\theta} \quad (17.7\text{-}5)$$

矩形基础

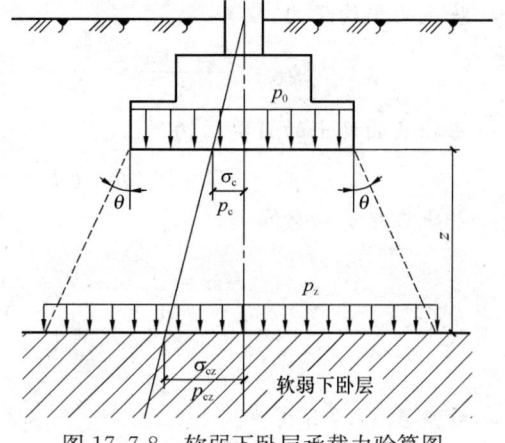

图 17.7-8 软弱下卧层承载力验算图

$$p_z = \frac{lb(p_k - p_c)}{(b + 2z\tan\theta)(l + 2z\tan\theta)} \quad (17.7\text{-}6)$$

式中：b——矩形或条形基础底面宽度（m）；

l——矩形基础底面长度（m）；

p_k——基础底面压力（kPa）；

p_c——基础底面处土的自重压力（kPa）；

z——基础底面距软弱下卧层顶面的距离（m）；

$θ$——地基压力扩散角（°），与持力层模量（E_{s1}）及下卧层模量（E_{s2}）的模量比相关（表17.7-3）。

地基压力扩散角　　　　　　　表 17.7-3

$\alpha = \dfrac{E_{s1}}{E_{s2}}$	z/b	
	0.25	0.50
3	6°	23°
5	10°	25°
10	20°	30°

注：E_{s1} 为上层土的压缩模量；E_{s2} 为下层土的压缩模量。

模量比越大，扩散越强，θ 越大；

持力层越厚，扩散越强，θ 越大。

$z < 0.25b$ 时一般取 $θ = 0$，必要时，宜由试验确定；$z \geq 0.5b$ 时 θ 值不变。

【例 17.7-2】条形基础宽 2m，基底埋深 1.50m，地下水位在地面以下 1.50m，基础底面的设计荷载为 350kN/m，地基土分布：第一层土厚度为 3m，天然重度 $γ = 20.0$ kN/m³，压缩模量 $E_{s1} = 12$MPa；第二层为软弱下卧层，其厚度为 5m，天然重度 $γ = 18.0$ kN/m³，压缩模量 $E_{s2} = 4$MPa；扩散到软弱下卧层顶面的附加压力 p_z 最接近于下列哪一个数值(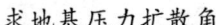)。

  A. 77kPa   B. 89kPa   C. 102kPa   D. 115kPa

解析：答案为 B。

基底的平均压力

【例17.7-2】

$$p_k = \frac{F_k + G_k}{A} = \frac{F_k}{b} = \frac{350}{2} = 175 \text{kPa}$$

基础底面处土的自重压力

$$p_c = 1.5 \times 20 = 30 \text{kPa}$$

求地基压力扩散角

$$z = 1.5\text{m}, b = 2\text{m}, \alpha = \frac{E_{s1}}{E_{s2}} = \frac{12}{4} = 3$$

$$\frac{z}{b} = \frac{1.5}{2} = 0.75 > 0.5$$

故查表17.7-3得

$$\theta = 23°$$

$$p_z = \frac{b(p_k - p_c)}{b + 2z\tan\theta} = \frac{2 \times (175 - 30)}{2 + 2 \times 1.5 \times \tan 23°} = 88.59 \text{kPa}$$

（2）地基变形验算

地基变形量 s 的计算采用《建筑地基基础设计规范》修正后的分层总和法，详见17.3.2，这里不再叙述。

在地基极限状态设计中，变形验算是重要的验算，一般要求建筑物的地基变形计算值不应大于地基变形允许值，即

$$s \leqslant [s] \tag{17.7-7}$$

地基变形允许值见《建筑地基基础设计规范》，这里不再叙述。

若变形验算不满足，需要调整：

增加基础底面尺寸；增大基础埋深，采用补偿式基础；采取构造、施工措施，处理地基、调整荷载等。

（3）地基稳定验算

竖向荷载作用：地基很少失稳，一般不作稳定验算。

水平荷载作用：挡土墙、水工建筑物；高层建筑、高耸结构等，必须进行稳定验算。

水平和竖向荷载共同作用，可能会发生沿基底产生表层滑动；深层整体滑动破坏，需要验算。

地基稳定验算作用组合：承载能力极限状态基本组合。各作用分项系数为1.0，数值与承载力验算所用标准组合相同。

地基稳定验算方法：单一安全系数方法。具体方法查阅相关书籍，这里不再做介绍。

4. 基础底面尺寸确定

（1）轴心荷载作用下

在竖向轴心荷载作用下，可将基础底面的压力看作是均匀分布，此时，基底压力应不大于该处修正后的地基承载力特征值。

$$p_k = \frac{F_k + G_k}{A}$$

$$p_k \leqslant f_a$$

式中：p_k——相应于荷载作用标准组合时基础底面处平均压力值（kPa）；
F_k——相应于荷载作用标准组合时上部结构传至基础顶面的竖向力值（kN）；
G_k——基础自重和基础底面以上土重（kN）；
A——基础底面面积（m²）。

在实际计算过程中

$$G_k = \gamma_G A d \tag{17.7-8}$$

式中：γ_G——基础及基础上填土的平均重度，一般取 20 kN/m³；
d——基础埋深（对外墙、外柱基础，若室内外地面存在高差，则取室内外平均埋深，m）。

对于矩形基础，基础底面积应满足以下要求：

$$A \geqslant \frac{F_k}{f_a - \gamma_G d} \tag{17.7-9}$$

对于条形基础，可取 1m 长作为计算单元：

$$b \geqslant \frac{F_k}{f_a - \gamma_G d} \tag{17.7-10}$$

（2）偏心荷载作用下
对于矩形基础，基底最大和最下压力设计值可如下计算

$$p_{k\max} = \frac{F_k + G_k}{A} + \frac{M}{W} = \frac{F_k + G_k}{A}\left(1 + \frac{6e}{l}\right)$$

$$p_{k\min} = \frac{F_k + G_k}{A} - \frac{M}{W} = \frac{F_k + G_k}{A}\left(1 - \frac{6e}{l}\right)$$

式中：M——相应于荷载作用标准组合时作用于基础底面的力矩值（kN·m）；
W——基础底面的抵抗矩（m³），$W = \frac{bl^2}{6}$（对于条形基础为 $W = \frac{b^2}{6}$）；
e——偏心距（m），$e = \frac{M}{F_k + G_k}$。

当 $e > \frac{l}{6}$ 时，基础局部与地基脱开，但基底反力仍应与偏心荷载平衡，此时基础边缘最大压力如下：

$$p_{k\max} = \frac{2(F_k + G_k)}{3ba}$$

式中：a——合力作用点至基底最大压力边缘的距离（m）；
b——垂直于力矩作用方向的基础底边长（m）。

在非抗震设计时，宽高比大于 4 的高层建筑，基础底面不宜出现零应力区；宽高比小于等于 4 的高层建筑，基础底面与地基土之间的零应力区面积不应超过基础底面积的 15%。

确定偏心受压基础底面尺寸时，可按如下步骤进行计算：

1）先不考虑偏心，按中心荷载作用，计算出基础底面积 $A_1 = \frac{F_k}{f_a - \gamma_G d}$；

2) 按偏心大小初步确定面积，$A_0 = (1.1 \sim 1.4) A_1$；
3) 根据面积 A_0 计算 p_{kmax} 和 p_{kmin}；
4) 按《建筑地基基础设计规范》要求验算基底压力：

$$p_k = \frac{1}{2}(p_{kmax} + p_{kmin}) \leqslant f_a, p_{kmax} \leqslant 1.2 f_a$$

若不满足要求，或基底压力过小，需调整基础尺寸，重新验算；
5) 当持力层下有软弱下卧层时，还应进行软弱下卧层的验算。

5. 无筋扩展基础（刚性基础）设计

刚性基础特点：

满足台阶宽高比允许值时，强度得到保证。刚性基础一般按构造要求设计，不必进行强度验算（实际已验算）。

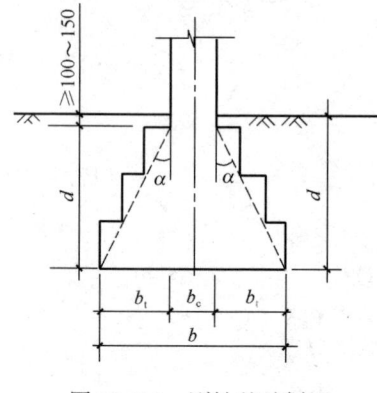

图 17.7-9 刚性基础剖面

(1) 基础底面积

保证基底压力不超过地基土承载力；采用正常使用极限状态下作用的标准组合。

计算方法与步骤同基础底面尺寸确定。

(2) 基础高度

保证基础受力后不发生强度破坏；采用承载能力极限状态下作用的基本组合。

按刚性角要求确定，如图 17.7-9 所示。

由图可知基础两侧外伸长度为 b_t 需满足刚性角要求，即

$$\frac{b_t}{h} \leqslant \tan\alpha$$

基础最小高度为

$$h_{min} = \frac{b_t}{\tan\alpha} = \frac{b - b_c}{2\tan\alpha} \quad (17.7\text{-}11)$$

式中：b_c——墙、柱宽度（mm）；
　　　b——基础宽度（mm）；
　　　b_t——基础两侧外伸长度（mm）；
　　　$\tan\alpha$——基础台阶宽高比的允许值。

基础顶面必须埋置于设计地面以下 100～150mm，以保护基础不受外力作用外环境影响。

基础埋置深度 d 须大于基础高度 h 加上 100～150mm，即 $d \geqslant h + (100 \sim 150)$ mm。

【例 17.7-3】无筋扩展基础需要验算（　　）。
A. 刚性角　　　　　　　　　　B. 冲切验算
C. 抗弯验算　　　　　　　　　D. 斜截面抗剪验算

解析：答案为 A。

对于无筋扩展基础，如果基础尺寸满足刚性角的要求，则基础截面抗弯和冲切均满足，斜截面抗剪也满足，故只需要对刚性角进行验算。

6. 扩展基础（柔性基础）设计

与刚性基础设计相比：

相同：基础埋置深度设计方法、基础平面尺寸确定方法。

不同：钢筋承担弯拉应力，基础无需满足刚性角要求，高度可减小；但需满足抗冲击、抗弯以及抗剪和局部抗压的要求。

(1) 基础的破坏形式

破坏形式有：冲切破坏；剪切破坏；弯曲破坏；顶面局部受压破坏。

破坏的具体验算这里不再叙述，可查阅相关书籍和规范。

1) 冲切破坏：控制基础高度

弯、剪荷载共同作用→斜裂缝→裂缝向上扩展→未开裂部分应力迅速增加→斜裂缝拉断→斜拉破坏（冲切破坏）。

《建筑地基基础设计规范》规定：

冲切锥体落在基础底面内：验算冲切；

锥体不完全落在基础底面内：验算剪切；

验算冲切时，无论荷载轴心、偏心，均仅考虑最不利一侧。

2) 剪切破坏

基础宽度较小，冲切破坏锥体可能落在基础以外，可能在柱与基础交界处或在台阶的变阶处沿铅直面发生剪切破坏。

3) 弯曲破坏：决定基础底板配筋

基础反力产生过大弯矩引起的沿墙边、柱边、台阶边的基础破坏。

基础竖直截面上所产生的弯矩小于等于其抗弯强度。

4) 顶面受压破坏

当基础混凝土强度等级小于柱体混凝土强度等级时，在基础顶面可能产生局部受压破坏。

(2) 基础的构造要求

1) 现浇型柱下扩展基础一般做成锥形和台阶形

尺寸：

锥形基础顶部每边应沿柱边放出 50mm。

锥形基础的边缘高度通常不小于 200mm，锥台坡度 $i \leqslant 1:3$。

台阶形基础每台阶高度通常为 300～500mm；高宽比不大于 2.5。

混凝土：

基础下设素混凝土垫层：厚度不小于 70mm，强度等级 C10。

基础混凝土强度等级：不应低于 C20。

钢筋：

受力钢筋最小直径：不宜小于 10mm，间距宜为 100～200mm。

钢筋保护层厚度：有垫层时不宜小于 35mm，无垫层时不宜小于 70mm。

分布钢筋的面积：不小于受力钢筋面积的 1/10。

2) 预制钢筋混凝土柱与杯口基础的连接（图 17.7-10）

柱插入深度：

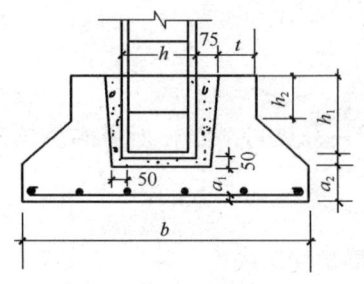

图17.7-10 预制柱下独立基础

可按相关表选取,并应满足锚固长度要求和吊装时柱的稳定性。

基础的杯底厚度和壁厚:
查阅相关表格选取。

杯壁的配筋:

当柱为轴心或小偏心受压,且$t/h_2 \geqslant 0.65$,或大偏心受压且$t/h_2 \geqslant 0.75$时,杯壁可不配筋。

当柱为轴心或小偏心受压,且$0.5 \leqslant t/h_2 < 0.65$时,可按相关表配筋。

其他情况下应按计算配筋。

3) 墙下扩展基础分无肋型和带肋型

当墙体为砖砌体,且放大脚不大于1/4砖长,计算基础弯矩时,悬臂长度应取自放大脚边缘起算的实际悬臂长度加1/4砖长,即$b_t+0.06m$(图17.7-11)。

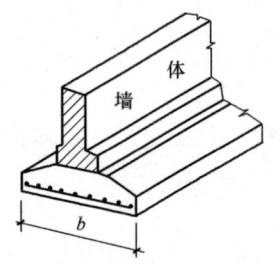 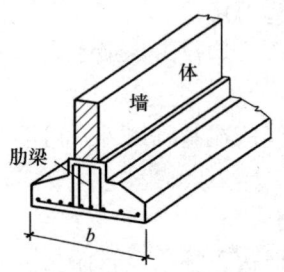 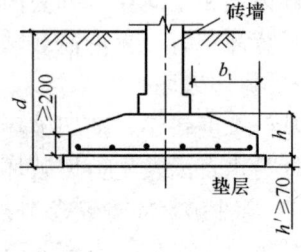

图17.7-11 墙下扩展基础

7. 柱下条形基础

软弱地基上框架或排架结构常用:条形基础梁,交叉基础梁。

(1) 基础计算

《建筑地基基础设计规范》规定除应符合相关要求外,还应符合下列规定:

1) 在比较均匀的地基上,上部结构刚度较好,荷载分布较均匀,且条形基础梁的高度不小于1/6柱距时,地基反力可按直线分布,条形基础梁的内力可按连续梁计算,此时边跨跨中弯矩及第一内支座的弯矩值宜乘以1.2的系数;

2) 当不满足1)条的要求时,宜按弹性地基梁计算;

3) 对交叉条形基础,交点上的柱荷载,可按静力平衡条件及变形协调条件,进行分配,其内力可按本条上述规定,分别进行计算;

4) 应验算柱边缘处基础梁的受剪承载力;

5) 当存在扭矩时,尚应作抗扭计算;

6) 当条形基础的混凝土强度等级小于柱的混凝土强度等级时,应验算柱下条形基础梁顶面的局部受压承载力。

(2) 基础构造

1) 钢筋混凝土梁:由肋梁和翼板组成,形成基底面积较大的倒T结构。

2) 纵向截面:相等,梁宽略大于该向柱边长。梁与柱可靠连接。

3) 梁尺寸：增大基底面积，提高纵向抗弯刚度。

高 h 由抗弯计算确定（一般取柱距的 $1/8 \sim 1/4$）；

翼板宽度 b 由地基承载力确定；

翼板厚度 h' 由梁截面横向抗弯计算确定。

4) 梁配筋：适应梁的复杂受力状态。

梁的上下侧均配置纵向受力钢筋；

梁高>700mm 时，梁两侧沿高度隔 300～400mm 设构造腰筋。

5) 梁混凝土强度等级：一般不低于 C20。

6) 下垫层：软弱土基础梁底敷设不小于 100mm 厚的砂石垫层。

8. 筏板基础

筏基按自身结构特点分可分为：平板式、梁板式筏基。

荷载较小、柱距较小且等距时：平板式（等厚）筏基。

柱荷载较大、柱距较大时：梁板式筏基。

(1) 基础计算

《建筑地基基础设计规范》规定：

当地基土比较均匀、地基压缩层范围内无软弱土层或可液化土层、上部结构刚度较好、柱网和荷载较均匀、相邻柱荷载及柱间距的变化不超过 20%，且梁板式筏基梁的高跨比或平板式筏基板的厚跨比不小于 1/6 时，筏形基础可仅考虑局部弯曲作用。筏形基础的内力，可按基底反力直线分布进行计算，计算时基底反力应扣除底板自重及其上填土的自重。当不满足上述要求时，筏基内力可按弹性地基梁板方法进行分析计算。

(2) 基础构造

1) 筏基埋深

一般浅基础埋深要求；

持力层、下卧层承载力；高层建筑及地基稳定性要求；

地下室高度与结构；邻建、地下管线与设施安全要求。

2) 筏基平面形状与面积

形状：形心与重心尽量重合，尽量对称、规整设计。

面积：承载力要求；基础形心与建筑重心关系。

3) 筏基厚度

一般拟设厚度：按每层楼需 50mm 设计，再验算；

梁板式厚度要求：板厚/板跨≤1/20，且板厚≤300mm；

4) 筏基与结构的连接（上部结构、地下室、地面）

与上部结构的连接：满足结构安全的抗冲切、抗剪切要求；

与地下室外墙的连接：承受外部水土压力；抗变形、抗裂、防渗要求；

与地面的连接：通常铺设约 100mm 的垫层；需基底排水时，采用砂砾石垫层。

5) 筏基配筋与混凝土等级

配筋依据：筏板条带的内力。

混凝土等级：一般不低于 C30，采用防水混凝土。

配筋率、构造要求等：详见《高层建筑箱形与筏形基础技术规范》。

9. 箱形基础

基础计算详见相关规范。

基础构造要求：

(1) 基础高度：箱基底板底面至顶板顶面的距离。

一般为建筑高度的 1/8～1/12；

不宜小于基础长度（不含外挑部分）的 1/20，且不小于 3m（净高不小于 2.2m）；

满足地下空间使用需要。

(2) 基础埋深

满足地下结构要求；

地震设防区，不小于建筑高度的 1/15。

(3) 基础平面布置与面积

平面形状简单、对称，便于计算；

形心与建筑重心尽量重合；

面积满足持力层、软弱下卧层承载力要求。

(4) 箱基顶、底板设计

满足整体、局部抗弯刚度要求；

一般需开展正截面抗弯、斜截面抗剪、抗冲切验算；

底板需具有较大刚度及良好的防水性能。

17.7.3 减轻建筑物不均匀沉降的措施

沉降：地基发生变形，建筑物难免沉降，但地基过量变形将使建筑物损坏或影响其功能。

原因：上部荷载差异大；下部地基不均匀。

危害：建筑物开裂、损坏，甚至无法继续使用。

措施：建筑设计层面；结构措施层面；施工技术层面。

1. 建筑设计措施

(1) 建筑体型力求简单

避免平面布置复杂，减小地基中附加应力的叠加。

避免立面高差悬殊，减小地基中附加应力的差异。

遇软弱地基时，要力求：平面形状简单，如用"一"字形；立面体型变化不宜过大，砌体承重结构房屋高差不宜超过 1～2 层。

(2) 控制长高比；合理布置墙体

对于 2 层以上建筑，若预测 $s \geq 120mm$ 时，长高比宜小于 2.5，否则宜设置沉降缝。

合理布置纵、横墙，可以增加建筑物的整体刚度，尤其是纵向，对大跨度（如教室）一般要求纵墙内、外都贯通。

(3) 合理设计相邻建筑物基础间净距

根据影响建筑物的预估平均沉降量 s，以及被影响建筑物的长高比确定，按《建筑地基基础设计规范》取值。

(4) 合理设置沉降缝

分割原则：用沉降缝将建筑物分割为若干独立的单元，单元体型简单、长高比小、结构类型不变、所处地基比较均匀,自成沉降体系。

分割部位:

1) 长高比过大的建筑物的适当位置;
2) 平面形状复杂的建筑物转折部位;
3) 地基土的压缩性有明显变化处;
4) 建筑物高度或荷载很大差别处;
5) 建筑物结构(包括基础)类型截然不同处;
6) 分期建造房屋的交界处。

沉降缝应从屋顶到基础,将建筑物完全分割开;沉降缝内不可充填;沉降缝宽度以不影响相邻建筑单元的沉降为准。

(5) 控制与调整建筑物各部分标高

根据各部分预估的沉降量,采取相应的措施:

根据预估的沉降量,适当提高地下设施和室内地坪的标高;

建筑物各部分有联系时,可适度提高沉降较大者的标高;

在结构物与设备之间预留足够的净空;

当有管道穿越建筑物时,预留足够大尺寸的孔洞。

2. 结构设计措施

(1) 减轻建筑物的自重

采用轻质材料或构件;

选用轻型结构;

采用轻型基础形式。

(2) 减小或调整基底的附加应力

设置地下室或半地下室,利用挖去的土重补偿建筑物的部分重量,减小附加应力;

调整建筑与设备荷载的部位,或改变基底尺寸,控制与调整基底压力,减小不均匀沉降。

(3) 增强基础刚度

交叉梁、筏基、箱基,提高抗变形能力,调整不均匀沉降。

(4) 增强上部结构刚度或采用非敏感性结构

铰接排架、三铰拱结构等,可减小地基沉降在结构中引起的附加应力。

(5) 设置圈梁

增强砖石结构房屋的整体性,提高墙体承受挠曲应力的能力;还起抗震作用。

3. 工程施工措施

(1) 地基处理

对于结构敏感性土地基,力求避免扰动,破坏结构。

基础浇筑前预留 200mm 厚地基土,浇筑时再清除。

清理上层扰动土,铺设一层粗砂或碎石,压实后再浇筑基础。

(2) 施工顺序

采用先重后轻,先高后低的结构施工顺序。

(3) 施工过程

注意堆载、降水、基坑开挖工艺等对周围环境的影响。

习 题

【17.7-1】下列不是减少建筑物沉降和不均匀沉降的有效措施的是( )。
A. 在适当的部位设置沉降缝
B. 调整各部分的荷载分布、基础宽度或埋置深度
C. 采用覆土少、自重轻的基础形式或采用轻质材料作回填土
D. 加大建筑物的层高和柱网尺寸

【17.7-2】当地基比较软弱，基础埋置深度受限制，不宜采用( )。
A. 筏板基础   B. 条形基础
C. 十字交叉基础   D. 刚性基础

【17.7-3】墙下钢筋混凝土条形基础的高度由( )确定的。
A. 抗冲切破坏强度验算   B. 抗剪强度验算
C. 扩散角   D. 刚性角

【17.7-4】对无筋扩展基础要求基础台阶宽高比允许值是因为( )。
A. 材料的抗压强度较高
B. 限制基础底面宽度要求
C. 材料的抗弯抗拉强度较低
D. 地基承载力低

【17.7-5】以下基础形式中不需要按刚性角要求设计的是( )。
A. 墙下混凝土条形基础
B. 柱下钢筋混凝土独立基础
C. 墙下条形砖基础
D. 毛石基础

【17.7-6】按《建筑地基基础设计规范》GB 50007—2011 的规定选取地基承载力深宽修正系数时，指出不能影响地基承载力深宽修正系数的取值的选项是( )。
A. 土的类别   B. 土的孔隙比
C. 土的重度   D. 土的液性指数

【17.7-7】为解决新建建筑物与已有的相邻建筑物距离过近，且基础埋深又深于相邻建筑物基础埋深的问题，不可以采取( )。
A. 增大建筑物之间的距离
B. 增大新建建筑物基础埋深
C. 在基坑开挖时采取可靠的支护措施
D. 采用无埋式筏板基础

习题答案及解析

【17.7-1】答案：D
解析：加大建筑物的层高和柱网尺寸不是减少建筑物沉降和不均匀沉降的有效措施。A项属于建筑设计措施，B项属于结构设计措施，C项属于工程施工措施。

【17.7-2】答案：D

解析：当地基比较软弱，基础埋置深度受限制，不宜采用刚性基础。

【17.7-3】答案：A

解析：墙下钢筋混凝土条形基础的高度由抗冲切破坏强度验算确定的。

【17.7-4】答案：C

解析：因为刚性基础的材料的抗弯抗拉强度较低，满足台阶宽高比允许值时，强度得到保证。刚性基础一般按构造要求设计，不必进行强度验算。

【17.7-5】答案：B

解析：柱下钢筋混凝土独立基础属于扩展基础即柔性基础，钢筋承担弯拉应力，基础无需满足刚性角要求，高度可减小。

墙下混凝土条形基础、墙下条形砖基础、毛石基础属于刚性基础，需要满足刚性角。

【17.7-6】答案：C

解析：地基承载力深宽修正系数与土的类别、土的孔隙比、土的重度有关，与土的液性指数无关。

【17.7-7】答案：B

解析：增大新建建筑物基础埋深，会使其更加超过相邻建筑物的基础埋深，更容易造成建筑物的不均匀沉降。故 B 错误。

17.8 深 基 础

高频考点梳理

知识点	桩与桩基础的分类	群桩承载力
近三年考核频次	1次	2次

17.8.1 深基础

埋深较大（通常>5m），以坚实土层或岩层作为持力层，采用特殊结构形式，特殊施工方法建设的基础。

功能：把所承受的荷载相对集中地传到深部岩土地层。

类型：桩基础，地下连续墙，沉井或沉箱基础、墩基础。

适用：天然地基浅基不满足承载力和变形要求，且不宜采用地基处理措施；高层建筑或重型设备对基础埋深要求高。

17.8.2 桩基础及其分类

定义：由桩及桩顶承台组成的基础。

优点：承载力高，稳定性好，沉降小。

缺点：工程量大，施工复杂，造价高。

桩基础应用范围：竖向荷载很大，只有深部才有满足承载力的持力层；水平荷载很大，如风、浪、土压、地震和冲击力；利用较少桩将部分荷载传到深部，减少不均匀沉降；控制机器设备基础系统的振幅、自振频率；设计基础地面比天然地面高，或基础底下土可能被冲蚀，形成承台与地基土脱离的高承台桩基；地下水位高，加大基础埋深需深基坑开挖和人工降水；地下水作用下，地下结构可能上浮；基础穿越具有特殊性质的厚土层。

桩基础的分类：

1. 按使用功能分为四类

(1) 竖向抗压桩：使用最广泛，分为摩擦桩和端承桩。

1) 摩擦型桩：竖向极限荷载作用下，桩顶荷载全部或主要由桩侧阻力承受。

2) 端承型桩：桩顶荷载全部或主要由桩端阻力承受。

(2) 竖向抗拔桩：如抗浮桩、抗冻胀桩。

(3) 水平受荷桩：如抗滑桩、基坑排桩等。

(4) 复合受荷桩：如码头结构的斜桩、交叉桩等。

2. 按承台与地面相对位置分为两类

(1) 低承台桩基础：桩身及承台底面埋置于土中的桩基础。

(2) 高承台桩基础：桩身上部及承台底面位于地面以上的桩基础。

3. 按成桩工艺分为两类

(1) 预制桩：工厂或现场预制，通过锤击、静压或振动等方法将桩沉入到设计深度。

按桩身材料，可分为混凝土预制桩、钢桩和木桩三类。

按成桩方式，可分为锤击法成桩，振动法成桩和静压法成桩。

(2) 灌注桩：设计桩位处成孔，然后在孔内下放钢筋笼，再灌注混凝土。

1) 钻孔灌注桩：在桩位直接钻孔、排土、清孔底残渣、放钢筋笼、浇混凝土。使用最广泛。

按使用配筋，用钢省；可控制桩长；施工速度快；可进入岩层。

常用桩径 600～650mm，桩长 10～30m；泥浆护壁，桩径可达 1500～3000mm。

2) 沉管灌注桩：锤击或振动沉管打桩机将带有桩尖钢管沉入土中成孔，浇灌混凝土，拔出钢管安放钢筋笼，浇混凝土。

施工速度快；但宜出现缩颈、离析。

硬塑黏土、中粗砂层，桩径 400～500mm，桩长 20m。

3) 挖孔灌注桩：桩位，人工或机械挖孔，成孔，放钢筋笼，浇筑混凝土。

孔底干净，施工简单；空间小，流砂。

直径 0.8～3.5m 桩，挖深 1m 喷射混凝土护壁（小直径）或下套管（大直径）。

4) 爆扩灌注桩：桩位，就地成孔后，孔底放炸药，浇少量混凝土，炸开扩大孔底；再放钢筋笼，浇筑混凝土。

桩径 200～350mm，扩底 2～3 倍，桩长 4～6m。

4. 按成桩方法分为三类

(1) 非挤土桩：钻孔灌注桩、先钻孔后打入的预制桩，将桩体积相同的土挖出，土没有排挤；侧土应力松弛，侧阻力减少。

(2) 挤土桩：打入时，将桩位大量土排挤开，围土性质变化。如实心预制桩、管桩、木桩、沉管灌注桩等。

对于黏性土：重塑作用降低抗剪强度；

对于无黏性土：振动挤密使抗剪强度提高。

(3) 部分挤土桩：原状结构和工程性质变化不大。如开口钢管桩、H型钢桩等。

桩型选用原则：经济合理，安全适用，保护环境。

桩型选用依据：结构类型；荷载性质；使用功能；穿越土层；持力层土性；水文条件；施工设备；施工经验；工程造价；材料供应。

【例17.8-1】以下桩挤土效应不显著的是(　　)。
A. 钻孔灌注桩　　　　　　　　B. 钢筋混凝土预制桩
C. 木桩　　　　　　　　　　　D. 打入式钢管桩

解析：答案为A。

钻孔灌注桩为非挤土桩。故挤土效应不显著。

17.8.3 单桩承载力

单桩的破坏模式，取决于桩周土抗剪强度、桩端支撑情况及桩的类型。具体分为：屈曲破坏、整体剪切破坏、刺入破坏。

单桩承载力：在外载作用下，单桩不丧失稳定、不产生过大变形时的承载力。对应于正常使用极限状态。

1. 单桩竖向承载力

单桩竖向极限承载力（Q_u）：单桩在竖向荷载作用下到达破坏状态前或出现不适于继续承载的变形时所对应的最大荷载，它取决于土对桩的支承阻力和桩身承载力。

单桩竖向承载力特征值（R_a）：单桩竖向极限承载力标准值除以安全系数后的承载力值。

单桩竖向承载力确定：

(1) 静载试验法

确定单桩竖向承载力的最佳方法。

关于单桩静载试验的有关规定：

强制要求：一级建筑，必须进行静载荷试验；

试桩数量：同一条件下不少于总桩数1%，并不少于3根；

大直径端承桩：桩端持力层为密实砂卵石或承载力类似土层时，可采用深层平板试验确定桩端承载力；

土体结构性：预制桩试验时间需考虑孔隙水压的消散以及土体强度恢复。

极限承载力的确定：

据Q-s曲线如图17.8-1所示，取陡降段起点荷载值；

当$\Delta s_{n+1}/\Delta s_n \geqslant 2$时，且经24h仍未稳定而停止加载，取前一级荷载。

(2) 静力触探法

地基基础设计等级为丙级的建筑物，可采用静力触探及标准贯入度试验参数确定承载力特征值。

静力触探试验由于设备简单、自动化程度高等优点，被认为是一种很有发展前途的确定单桩承载力的

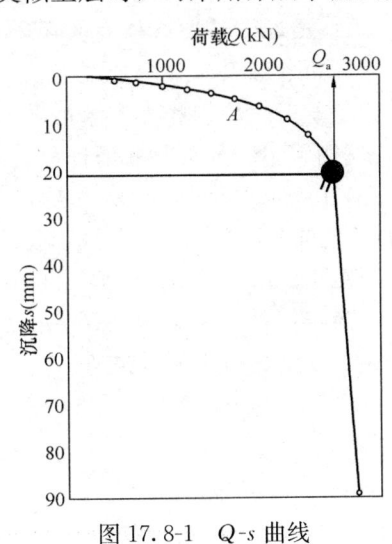

图17.8-1　Q-s曲线

方法，国外应用极广。

(3) 按公式估算

初步设计时，单桩竖向承载力特征值可按公式估算。

静力学公式是根据桩侧摩阻力、桩端阻力与土层的物理力学状态指标的经验关系来确定单桩竖向承载力。这种方法可用于初估单桩承载力特征值及桩数，在各地区各部门均有大量应用。

对于一般灌注桩和预制桩：

$$Q_{uk} = Q_{sk} + Q_{pk} = u\sum q_{sik}l_i + q_{pk}A_p \qquad (17.8\text{-}1)$$

式中：Q_{uk}——总极限侧阻力标准值；

Q_{pk}——总极限端阻力标准值；

q_{sik}——桩侧第 i 层土的极限侧阻力标准值，如无当地经验时，可按相关表取值；

q_{pk}——极限端阻力标准值，如无当地经验时，可按相关表取值；

u——桩身周长；

l_i——桩周第 i 层土的厚度；

A_p——桩端面积。

单桩承载力特征值 R_a 可按下式求得

$$R_a = \frac{Q_{uk}}{k} \qquad (17.8\text{-}2)$$

式中 k 值一般取 2.0。

(4) 桩身材料计算

根据桩身结构强度确定单桩竖向承载力，将桩视为一轴向受压构件，按《混凝土结构设计规范》或《钢结构设计规范》进行计算。

【例17.8-2】关于桩基竖向承载力特征值的确定方法，错误的是（　　）。

A. 可采用静载荷试验确定

B. 采用原位测试的静力触探及标准贯入试验参数确定

C. 采用弹性长桩理论计算确定

D. 通过深层平板载荷试验法确定端承承载力

解析：答案为 C。

静载荷试验、静力触探、深层平板载荷试验均属于荷载试验法确定。

【例17.8-3】某钻孔灌注桩，桩身直径 0.4m，桩长 10m，土层分布：0～6m 为黏土，$q_{sik}=40$kPa；6m 以下为中砂层，$q_{sik}=55$kPa；$q_{pk}=3500$kPa。估算单桩承载力特征值（　　）。

A. 1018kN B. 509kN C. 2034kN D. 1107kN

解析：由题可知 $u=\pi d=\pi\times 0.4=1.257$m

总极限侧阻力标准值为

$$\begin{aligned}
Q_{uk} &= Q_{sk} + Q_{pk} = u\sum q_{sik}l_i + q_{pk}A_p \\
&= 1.257\times(40\times 6+55\times 4)+3500\times\pi\times 0.2^2 \\
&= 578.2 + 439.8 \\
&= 1018\text{kN}
\end{aligned}$$

【例17.8-3】

单桩承载力特征值

$$R_a = \frac{Q_{uk}}{k} = \frac{1018}{2} = 509 \text{kN}$$

选 B。

2. 单桩抗拔承载力

与承压桩差异：桩相对土向上运动；桩周土应力状态、应力路径和变形不同；摩阻力一般小于受压桩。

一般来讲，桩在承受上拔荷载后，其抗力可来自三个方面：桩侧摩阻力、桩重以及有扩大端头桩的桩端阻力。其中对直桩来讲，桩侧摩阻力是最主要的。

影响单桩抗拔承载力的因素：桩几何特性（桩长、断面形状、尺寸）；桩身自重；桩材料（类型、强度）；桩侧土特性（土类；软硬、密实度）。

抗拔桩一般以抗拔静载试验确定单桩抗拔承载力，重要工程均应进行现场抗拔试验。对次要工程或无条件进行抗拔试验时，实用上可按经验公式估算单桩抗拔承载力。

3. 单桩水平承载力

水平受荷桩承载力要求：桩周土不会丧失稳定；桩身不会断裂破坏；桩顶位移在允许范围。

单桩水平承载力影响因素：桩身强度、刚度、入土深度；桩顶约束条件；桩周土层性质；群桩桩间相互影响。

对于重要建筑物，水平荷载较大的建筑物，需要通过桩的水平静载试验来确定单桩水平承载力。

17.8.4 群桩承载力

实际工程中，大多数桩基为由桩顶承台连接的多根桩，称之为群桩基础。

1. 端承型群桩基础

如图 17.8-2 所示，端承型群桩的桩端持力层坚硬，轴向压力作用下桩身几乎只有弹性压缩而无整体位移，桩侧摩擦阻力的发挥受到较大限制，在桩底平面处地基所受压力可认为只分布在桩底面积范围内，可以认为群桩基础各桩的工作情况与独立单桩相同，因此群桩的承载力等于各单桩承载力之和，即

$$R_n = nR \quad (17.8\text{-}3)$$

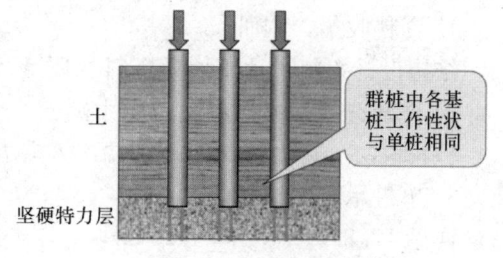

图 17.8-2 端承型群桩基础

式中：R_n——群桩竖向承载力（kN）；

n——群桩中的桩数；

R——单桩竖向承载力（kN）。

2. 摩擦型群桩基础

群桩效应：群桩基础受竖向力后，其总承载力并不等于各单桩承载力之和。

对于摩擦型群桩基础，当桩间距足够大，即 $S_a > 6d$ 时，如图 17.8-3 (a) 所示，不会产生群桩效应，$R_n = nR$；当桩间距 S_a

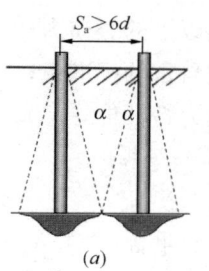
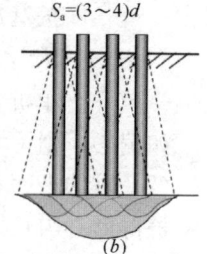

图 17.8-3 摩擦型群桩基础

≤6d时，如图17.8-3（b）所示，群桩承载力并不等于各单桩承载力之和。对于黏性土地基，群桩承载力小于各单桩承载力之和，但在砂土地基中，打桩时桩周围的土振密，群桩承载力将大于各单桩承载力之和。

群桩效应系数为

$$\eta = \frac{R_n}{nR} \tag{17.8-4}$$

对于黏性土，在竖向荷载作用下，因基桩、承台、土的相互作用，导致桩侧、桩端阻力及沉降性状与单桩明显不同：群桩承载力小于单桩承载力之和，沉降量大于单桩沉降量。

群桩效应影响因素：群桩中桩间距；桩数；桩长；地基土刚度；群桩排列形式。

【例17.8-4】关于黏性土的群桩效应问题，以下说法正确的是（　　）。

A. 桩间距影响群桩承载力
B. 群桩沉降量小于基桩沉降量
C. 群桩承载力大于基桩承载力之和
D. 以上说法均正确

解析：答案为A。

对于黏性土，在竖向荷载作用下，因基桩、承台、土的相互作用，导致桩侧、桩端阻力及沉降性状与单桩明显不同：群桩承载力小于单桩承载力之和，沉降量大于单桩沉降量。B、C、D错误。

桩间距过大则不会产生群桩效应，影响群桩承载力，A正确。

17.8.5　桩基础的设计

1. 资料收集，调研

结构设计资料、地基地质资料、环境及施工条件资料。

2. 桩型选择，桩长及截面尺寸初定

桩长取决于持力层深度。桩端进入持力层深度（1~3）d。

3. 单桩承载力特征值

详见17.8.3。

4. 桩数确定及桩位布置

（1）桩数 n：

$$n \geqslant \frac{F_k + G_k}{R_a} \tag{17.8-5}$$

式中：F_k——桩基承台顶面以上的竖向力；

G_k——承台及以上土自重的标准值；

R_a——单桩竖向承载力特征值。

如偏心，则可增加10%~20%。

（2）桩的平面布置：

桩群形心与长期荷载重心重合；

桩基在受横向力和力矩较大方向有较大的抵抗矩；

条件允许时，宜采用长桩。提高单桩承载力，减少桩量，加大桩距，减少挤土效应；

桩-箱、剪力墙桩-筏基础,布置于墙下。
5. 桩基承载力验算。
6. 桩基沉降验算。
7. 承台及桩身的设计计算与验算。

习　题

【17.8-1】关于承台,以下说法正确的是(　　)。
A. 承台高低对地基承载力有影响
B. 承台不会破坏
C. 承台与地基变形无关
D. 承台一定会先发生破坏

【17.8-2】将桩分为预制桩和灌注桩是根据桩的(　　)进行分类的。
A. 承载性质　　　B. 使用功能　　　C. 施工方法　　　D. 材料性能

【17.8-3】在极限承载力状态下,桩顶荷载全部由桩端阻力承受的是(　　)。
A. 端承摩擦桩　　　　　　　　B. 端承桩
C. 摩擦端承桩　　　　　　　　D. 摩擦桩

【17.8-4】当预制桩的规格不同时,打桩的顺序应为(　　)。
A. 先浅后深、先大后小、先短后长
B. 先深后浅、先大后小、先长后短
C. 先深后浅、先小后大、先短后长
D. 先浅后深、先小后大、先短后长

【17.8-5】打桩时,有可能使建筑物产生不均匀沉降的是(　　)。
A. 分段打桩　　　　　　　　B. 自中间向四周打桩
C. 逐排打桩　　　　　　　　D. 都是

习题答案与解析

【17.8-1】答案:A
解析:承台会发生破坏,但不一定先发生破坏,承台影响地基变形和地基承载力。

【17.8-2】答案:C
解析:按成桩工艺分为两类:预制桩和灌注桩。

【17.8-3】答案:B
解析:端承桩在极限承载力状态下,桩顶荷载全部由桩端阻力承受。
摩擦型桩在极限荷载作用下,桩顶荷载全部或主要由桩侧阻力承受。

【17.8-4】答案:B
解析:当预制桩的规格不同时,打桩的顺序应为先深后浅、先大后小、先长后短,这样不会引起建筑物的不均匀沉降。

【17.8-5】答案:C
解析:打桩时,逐排打桩有可能使建筑物产生不均匀沉降。

17.9 地 基 处 理

高频考点梳理

知识点	地基处理方法
近三年考核频次	2次

17.9.1 概述

1. 地基处理

如果天然地基很软弱，不能满足建筑物对地基的强度和变形要求时，则应事先对地基进行人工改良加固，再建造基础，这种加固地基的方法称为地基处理，所形成的地基称为人工地基。

2. 软弱地基

软弱地基是指由淤泥、淤泥质土、冲填土、杂填土或其他高压缩性土层构成的地基。

淤泥土与淤泥质土：亦称为软土，第四纪后期滨海、三角洲等环境沉积形成。多是饱和态，含有机质，天然含水量>液限，孔隙比>1。

淤泥：孔隙比 $e>1.5$，$w>w_L$（$I_L>1.0$）。

淤泥质土：孔隙比 $e=1.0\sim1.5$，$w>w_L$（$I_L>1.0$）。

土性为"三高两低"，即高含水量；高压缩性；高流变性；低强度；低渗透性。

3. 地基处理的目的

改善软弱地基和不良地基性质：

(1) 提高土的强度：地基承载力不足——增大地基承载力。

(2) 增加土的刚度：地基压缩性过大——减少地基沉降量。

(3) 改善土的水力特性

防渗：止水，防治堤坝、闸基渗漏等；

排水：固结，处理软基等；

渗透稳定：反滤，防治管涌，流土；

抗冻性：排水，减少毛细现象。

(4) 改善抗震性能

液化：加密、围封；

震陷：干松砂、溶洞。

4. 地基处理原则

(1) 因地制宜：不同状态、不同厚度地层，采用不同方法。

(2) 方法适用性：把握各种处理方法的优缺点和适用范围。

(3) 技术综合性：研发适用不同工程条件的复合处理技术。

17.9.2 地基处理方法

1. 置换法

(1) 垫层置换法

垫层置换法是将基础底面下一定范围内的软弱土层挖去，然后分层回填强度较大的砂、碎石、素土、灰土或土工聚合物等材料，并加以夯实或振密的一种地基处理方法。

垫层作用：增大地基的承载力，减少沉降量，加速软弱土层的排水固结。

适用范围：软黏土、淤泥、湿陷性土、填土、一般黏性土（承载力低）等的浅层地基处理。处理深度一般控制在3m以内，但不宜小于0.5m。

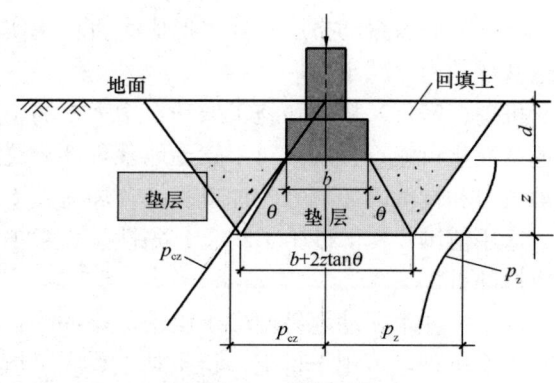

图17.9-1 垫层置换法

垫层设计如图17.9-1所示。

厚度z：根据垫层底部软弱地层承载力计算，一般$0.5m<z<3.0m$。

宽度B：
$$B = b + 2z\tan\theta$$

垫层底部软弱土层承载力：
$$p_{cz} + p_z \leqslant f_{az}$$

【例17.9-1】垫层的厚度确定的依据是（　　）。
A. 基础底面尺寸　　　　　　B. 基础底面应力扩散角
C. 持力层强度　　　　　　　D. 软弱下卧层强度

解析：答案为D。

垫层厚度z：根据垫层底部软弱地层承载力计算，一般$0.5m<z<3.0m$。

(2) 土桩置换法——复合地基

仿桩基础布置，在软弱土层中成孔，回填土石料，形成刚度大于围土的土质桩，与围土组成复合地基，共同承受荷载。

面积置换率：每根桩面积与其控制面积之比。

水泥粉煤灰砂石（CFG）桩：原位成孔后，充填水泥粉煤灰砂石的掺和料。桩刚度相对较大，具有刚性桩传力特点。

水泥土搅拌桩：桩位搅拌成桩。强制搅拌时，喷射水泥浆（水泥粉）和土混合成桩。适用于正常固结淤泥和淤泥质土、粉土、黄土、素填土、黏土以及无流动地下水的松散砂土地基。

高压喷射注浆桩：也属桩位搅拌成桩方法。用相当高的压力，将压缩空气、水、水泥浆液，经沉入土层中的喷射管，由旋喷头侧面喷嘴以很高的速度喷出，直接冲击破坏土体，土颗粒与浆液搅拌、混合、凝固，形成强度很高、渗透性较低的加固土体。高压旋喷形式有单管法、双管法和三管法。

2. 加密法

目的：降低压缩性，提高强度。

(1) 机械压密法

静重碾压；冲击荷重压密；振动板压密。

(2) 深层挤密法

砂石桩法：

将砂或碎石振动挤压入孔，形成大直径密实桩体。与挤密土组成复合地基持力层，提高地基承载力、减小变形。

机理：密实，挤密和施工振动，增大桩周土密度，提高承载力，降低压缩性。有效消除地基液化可能；置换，对于软土地基，部分置换，并构成复合地基，增大抗剪强度，提高承载力和抗滑破坏能力；加速固结，加速软土排水固结，增大强度，提高承载力。

适用范围：松散砂土、粉土、黏性土、素填土及杂填土地基。

振冲桩：

砂土中注水振动容易使砂土压密。振冲法，边振动，边冲水，故称"振动水冲法"。

置换机理，可用于粉土、粉质黏土、人工填土。按复合地基设计。

CFG 桩：

加固机理：置换作用为主；挤密作用为辅。

（3）强夯法

加固机理：动态能量，波传播和密实固结。机理比较复杂。

加固效果：提高承载力、减小沉降；降低液化可能和湿陷性。

优缺点：快速、经济，效果好；噪声、振动大，影响环境。

适用性：碎石土、砂土、低饱和度粉土、黏土、黄土、填土。

（4）预压固结法

在地基上预先施加荷载，如堆石、堆土、真空等，使地基产生压缩固结。卸除预加荷载，再进行基础施工。由于大部分地基沉降在预压过程已完成，基础实际沉降量大大减小；土层压密，强度提高，承载力增加。

堆载预压法：

要求：预压荷载≥基础底面设计压力；沉降要求高时取 1.2～1.5 倍；预定时间地基土各点竖向有效应力≥建筑物荷载引起附加应力；加载后的固结度≥90%；加载过程软弱土层不发生破坏，地基保持稳定。

真空预压法：

将不透气薄膜铺设于地基表面的砂垫层上，在垫层内埋设管路，用真空泵抽取垫层和砂井中空气，形成真空腔，促使软土排水压密。

3. 胶结法

通过向土中注入固化材料，或采用冻结、烧结使土颗粒牢固粘结在一起，提高土强度，减小压缩性。可分为：灌（注）浆法、冻结法、烧结法。其中灌（注）浆法按功能和机理，可分为三类。

（1）渗透灌（注）浆

用压力将浆液灌注入岩体裂隙或土孔隙中，置换孔隙水、气，固化并黏结颗粒。减小渗透性，提高强度、整体性和刚度。

（2）劈裂灌（注）浆

原理与方法：与利用渗透性，将浆液灌入孔隙的渗透灌浆不同，劈裂灌浆以大于土层初始应力和土抗拉强度的压力，劈裂土体，形成垂向劈裂缝，沟通隐蔽裂隙和孔洞，灌浆加固。

应用：处理坝提隐患、透水细砂层防渗加固。

(3) 压密灌（注）浆

原理与方法：与渗透及劈裂灌浆不同，通过钻孔在地基中灌入浓稠浆液，稠浆不能进入孔隙，在出浆段挤密围土，形成浆泡。0.3~2m 土体有效压密，浆泡继续扩展成球形，产生很大抬升力。

应用：加固软土，但易引起高的超抗压，需控制注浆和凝固速率。抬升地层，控制基础变形，或调整基础-围土关系。

4. 加筋法

土工合成材料加筋法、土钉加固法。

土工合成材料：以人工合成材料为原料，制成各种产品，置于土体表面或内部，加强、保护土体。

土工合成材料功能：排水；防渗；隔离、反滤；加筋；护坡。

5. 托换法

坑式托换、桩式托换。

习　题

【17.9-1】下列不是软土地基特性的是（　　）。
　A. 高含水量　　　　　　　　B. 高压缩性
　C. 高流变性　　　　　　　　D. 高渗透性

【17.9-2】下列不是垫层置换法的设计要点的是（　　）。
　A. 确定垫层的密度　　　　　B. 确定垫层的厚度
　C. 确定垫层的宽度　　　　　D. 确定垫层的承载能力

【17.9-3】地基处理的目的不包括（　　）。
　A. 提高土的强度　　　　　　B. 增加土的刚度
　C. 提高土的流变性　　　　　D. 改善抗震性能

【17.9-4】在进行地基处理时，淤泥和淤泥质土的浅层处理宜采用（　　）。
　A. 强夯法　　　　　　　　　B. 垫层置换法
　C. 砂石桩挤密法　　　　　　D. 振冲挤密法

【17.9-5】对软土地基用真空预压法加固，下面指标会减小的是（　　）。
　A. 土的重度　　　　　　　　B. 饱和度
　C. 压缩系数　　　　　　　　D. 抗剪强度

习题答案及解析

【17.9-1】答案：D

解析：软土地基的特性是高含水量，高压缩性，高流变性，低强度，低渗透性，D 错误。

【17.9-2】答案：A

解析：垫层置换法的设计要点是垫层厚度、宽度、承载力的确定，A 错误。

【17.9-3】答案：C

解析：地基处理的目的是：提高土的强度；增加土的刚度；改善土的水力特性，降低流变性；改善抗震性能。

【17.9-4】答案：B

解析：垫层置换法适用于软黏土、淤泥、湿陷性土、填土、一般黏性土（承载力低）等的浅层地基。

强夯法适用性于碎石土、砂土、低饱和度粉土、黏土、黄土、填土。

砂石桩挤密法适用于松散砂土、粉土、黏性土、素填土及杂填土地基。

振冲挤密法适用于粉土、粉质黏土、人工填土。

【17.9-5】答案：C

解析：真空预压法：将不透气薄膜铺设于地基表面的砂垫层上，在垫层内埋设管路，用真空泵抽取垫层和砂井中空气，形成真空腔，促使软土排水压密。孔隙水排出，孔隙比减小，压缩系数降低，土的重度增大，抗剪强度增加，饱和度变化很小。